DIMENSÃO	MÉTRICA	MÉTRICA/INGLESA
Viscosidade, cinemática	1 m²/s = 104 cm²/s 1 stoke = 1 cm²/s = 10⁻⁴ m²/s	1 m²/s = 10,764 ft²/s = 3,875 × 10⁴ ft²/h 1 m²/s = 10,764 ft²/s
Volume	1 m³ = 1000 L = 10⁶ cm³ (cc)	1 m³ = 6,1024 × 10⁴ in³ = 35,315 ft³ = 264,17 gal (U.S.) 1 galão americano = 231 in³ = 3,7854L 1 fl onça = 29,5735 cm³ = 0,0295735 L 1 galão americano = 128 fl onças
Vazão de volume	1 m³/s = 60,000 L/min = 10⁶ cm³/s	1 m³/s = 15,850 gal/min = 35,315 ft³/s = 2,118,9 ft³/min (CFM)

*Fator exato de conversão entre unidades métricas e inglesas.

Algumas Constantes Físicas

CONSTANTE FÍSICA	MÉTRICA	INGLESA
Aceleração padrão da gravidade	$g = 9,80665$ m/s²	$g = 32,174$ ft/s²
Pressão atmosférica padrão	$P_{atm} = 1$ atm $= 101,325$ kPa $= 1,01325$ bar $= 760$ mm Hg (0°C) $= 10,3323$ m H_2O (4°C)	$P_{atm} = 1$ atm $= 14,696$ psia $= 2116,2$ lbf/ft² $= 29,9213$ in de Hg (32°F) $= 406,78$ in H_2O (39,2°F)
Constante universal do gás	$R_u = 8,31447$ kJ/kmol · K $= 8,31447$ kN · m/kmol · K	$R_u = 1,9859$ Btu/lbmol · R $= 154,37$ ft · lbf/lbmol · R

Propriedades Normalmente Usadas

PROPRIEDADE	MÉTRICA	INGLESA
Ar a 20°C (68°F) e 1 atm		
Constante específica do gás*	$R_{ar} = 0,2870$ kJ/kg · K $= 287,0$ m²/s² · K	$R_{ar} = 0,06855$ Btu/lbm · R $= 53,34$ ft · lbf/lbm · R $= 1,716$ ft²/s² · R
Razão entre calores específicos	$k = c_P/c_v = 1,40$	$k = c_P/c_v = 1,40$
Calores específicos	$c_P = 1,007$ kJ/kg · K $= 1007$ m²/s² · K $c_v = 0,7200$ kJ/kg · K $= 720,0$ m²/s² · K	$c_P = 0,2404$ Btu/lbm · R $= 187,1$ ft · lbf/lbm · R $= 6,019$ ft²/s² · R $c_v = 0,1719$ Btu/lbm · R $= 133,8$ ft · lbf/lbm · R $= 4,304$ ft²/s² · R
Velocidade do som	$c = 343,2$ m/s $= 1,236$ km/h	$c = 1126$ ft/s $= 767,7$ mi/h
Densidade	$\rho = 1,204$ kg/m³	$\rho = 0,07518$ lbm/ft³
Viscosidade	$\mu = 1,825 \times 10^{-5}$ kg/m · s	$\mu = 1,227 \times 10^{-5}$ lbm/ft · s
Viscosidade cinemática	$\nu = 1,516 \times 10^{-5}$ m²/s	$\nu = 1,632 \times 10^{-4}$ ft²/s
Água líquida a 20°C (68°F) e 1 atm		
Calor específico ($c = c_P = c_v$)	$c = 4,182$ kJ/kg · K $= 4182$ m²/s² · K	$c = 0,9989$ Btu/lbm · R $= 777,3$ ft · lbf/lbm · R $= 25.009$ ft²/s² · R
Densidade	$\rho = 998,0$ kg/m³	$\rho = 62,30$ lbm/ft³
Viscosidade	$\mu = 1,002 \times 10^{-3}$ kg/m · s	$\mu = 6,733 \times 10^{-4}$ lbm/ft · s
Viscosidade cinemática	$\nu = 1,004 \times 10^{-6}$ m²/s	$\nu = 1,081 \times 10^{-5}$ ft²/s

*Independentemente da pressão ou temperatura

| Ç99m | Çengel, Yunus A.
    Mecânica dos fluidos : fundamentos e aplicações / Yunus A. Çengel, John M. Cimbala ; tradução: Fábio Saltara, Jorge Luis Baliño, Karl Peter Burr. – 3. ed. – Porto Alegre : AMGH, 2015.
    xxiii, 990 p. : il. color. ; 28 cm.

    ISBN 978-85-8055-490-8

    1. Engenharia mecânica - Fluidos. I. Cimbala, John M. II. Título.

                                                          CDU 621-036.71 |

Catalogação na publicação: Poliana Sanchez de Araujo – CRB 10/2094

YUNUS A. ÇENGEL
Department of Mechanical Engineering
University of Nevada, Reno

JOHN M. CIMBALA
Department of Mechanical and Nuclear Engineering
The Pennsylvania State University

3ª Edição

Mecânica dos fluidos

Fundamentos e aplicações

Tradução:

Fábio Saltara
Engenheiro mecânico pela Escola Politécnica da Universidade de São Paulo
Mestre e Doutor em Engenharia Mecânica pela Universidade de São Paulo
Professor do Departamento de Engenharia Mecânica na Escola Politécnica da USP

Jorge Luis Baliño
Engenheiro Nuclear e Doutor em Engenharia Nuclear pelo Instituto Balseiro, Argentina
Professor do Departamento de Engenharia Mecânica na Escola Politécnica da USP

Karl Peter Burr
Mestre em Engenharia Naval e Oceânica pela Universidade de São Paulo
Doutor em Ocean Engineering pelo Massachusetts Institute of Technology
Professor do Centro de Engenharia, Modelagem e Ciências Sociais Aplicadas na Universidade Federal do ABC

AMGH Editora Ltda.
2015

Obra originalmente publicada sob o título *Fluid Mechanics, 3rd Edition*
ISBN 0073380326 / 9780073380322

Original edition copyright ©2012, The McGraw-Hill Global Education Holdings, LLC, New York, New York.
All rights reserved.

Portuguese language translation copyright ©2015, AMGH Editora Ltda., a Grupo A Educação S.A. company.
All rights reserved.

Gerente editorial: *Arysinha Jacques Affonso*

Colaboraram nesta edição:

Editora: *Denise Weber Nowaczyk*

Capa: *Márcio Monticelli (arte sobre capa original)*

Leitura final: *Bianca Basile Parracho e Daniele Dall'Oglio Stangler*

Tradutores da 1a edição: *Katia Aparecida Roque e Mario Moro Fecchio*

Editoração: *Techbooks*

Reservados todos os direitos de publicação, em língua portuguesa, à
AMGH EDITORA LTDA., uma parceria entre GRUPO A EDUCAÇÃO S.A. e McGRAW-HILL EDUCATION
Av. Jerônimo de Ornelas, 670 – Santana
90040-340 – Porto Alegre – RS
Fone: (51) 3027-7000   Fax: (51) 3027-7070

É proibida a duplicação ou reprodução deste volume, no todo ou em parte, sob quaisquer
formas ou por quaisquer meios (eletrônico, mecânico, gravação, fotocópia, distribuição na Web
e outros), sem permissão expressa da Editora.

Unidade São Paulo
Av. Embaixador Macedo Soares, 10.735 – Pavilhão 5 – Cond. Espace Center
Vila Anastácio – 05095-035 – São Paulo – SP
Fone: (11) 3665-1100   Fax: (11) 3667-1333

SAC 0800 703-3444 – www.grupoa.com.br

IMPRESSO NO BRASIL
PRINTED IN BRAZIL

Sobre os Autores

Yunus A. Çengel é Professor Emérito de Engenharia Mecânica na Universidade de Nevada, Reno. É bacharel em engenharia mecânica pela Universidade Técnica de Istambul e Mestre e Ph.D. em engenharia mecânica pela Universidade Estadual da Carolina do Norte. Suas áreas de pesquisa são a energia renovável, dessalinização, análise de energia, aperfeiçoamento da transferência de calor, transferência de calor por radiação e conservação de energia. Foi diretor do Industrial Assessment Center (IAC) na Universidade de Nevada, Reno, de 1996 a 2000. Dirigiu equipes de alunos de engenharia em inúmeras instalações industriais na região norte do Estado de Nevada e na Califórnia para fazerem avaliações e preparou relatórios de conservação de energia, minimização de resíduos e melhoria da produtividade.

O Dr. Çengel é coautor do livro didático amplamente adotado, *Termodinâmica*, 7ª edição, e autor do livro *Transferência de Calor e Massa: Uma Abordagem Prática*, 4ª edição, ambos publicados em português pela Bookman Editora. Alguns dos seus livros didáticos foram traduzidos para o chinês, japonês, coreano, espanhol, turco, italiano e grego.

O Dr. Çengel recebeu diversos Outstanding Teacher Awards, e recebeu também o ASEE Meriam/Wiley Distinguished Author Award pela excelência como autor em 1992 e novamente em 2000.

O Dr. Çengel é engenheiro profissional registrado no Estado de Nevada, é membro da American Society of Mechanical Engineers (ASME) e da American Society for Engineering Education (ASEE).

John M. Cimbala é professor de Engenharia Mecânica na Universidade Estadual da Pensilvânia, na University Park. É bacharel em Engenharia Aeroespacial pela Universidade Estadual da Pensilvânia e é Mestre em Aeronáutica pelo California Institute of Technology (CalTech). Recebeu seu Ph.D. em Aeronáutica do CalTech em 1984 sob a supervisão do professor Anatol Roshko, a quem será eternamente grato. Suas áreas de pesquisa incluem mecânica dos fluidos computacional, fluido-mecânica experimental e transferência de calor, turbulência, modelagem de turbulência, turbomaquinaria, qualidade do ar no interior de ambientes e controle de poluição atmosférica. Durante suas licenças sabáticas, o professor Cimbala trabalhou na Langley Research Center da NASA (1993-94), onde aprimorou seus conhecimentos em dinâmica dos fluidos computacional (CFD), e na Weir American Hydo (2010-11), onde realizou análises em CFD para auxiliar no *design* de hidroturbinas.

O Dr. Cimbala é coautor do livro didático *Indoor Air Quality Engineering: Environmental Health and Control of Indoor Pollutants* (2003), publicado pela Marcel-Dekker, Inc. Ele também colaborou em partes de outros livros, e é o autor e co-autor de dezenas de *papers* para periódicos e conferências. Mais informações podem ser encontradas em www.mne.psu.edu/cimbala.

O professor Cimbala recebeu diversos Outstanding Teaching Awards e vê os livros que escreve como uma extensão do seu amor pelo ensino. É membro do American Institute of Aeronautics and Astronautics (AIAA), da American Society of Mechanical Engineers (ASME), da American Society for Engineering Education (ASEE) e da American Physical Society (APS).

Dedicatória

A todos os estudantes, com a esperança de estimular seu desejo de explorar nosso maravilhoso universo, do qual a mecânica dos fluidos é uma parte pequena, mas fascinante. E às nossas esposas, Zehra e Suzy, por seu eterno apoio.

Prefácio

A mecânica dos fluidos é um tema entusiasmante e fascinante, com aplicações ilimitadas que variam de sistemas biológicos microscópicos a automóveis, aviões e propulsão de aeronaves. Contudo, historicamente, ela também é um dos assuntos mais desafiadores para os estudantes universitários, pois a análise apropriada de um problema de mecânica dos fluidos não exige apenas conhecimento, mas também experiência e intuição física. Esperamos que este livro, através de suas meticulosas explicações dos conceitos e do uso de inúmeros exemplos práticos, esboços, figuras e fotografias, preencha a lacuna entre o conhecimento e a aplicação adequada desse conhecimento.

A mecânica dos fluidos é um tema maduro; as equações e aproximações básicas estão bem estabelecidas e podem ser encontradas em qualquer livro didático introdutório. Nosso livro se distingue por apresentar a matéria em uma ordem progressiva, do item mais simples ao mais difícil, construindo cada capítulo sobre os alicerces firmados nos capítulos anteriores. Fornecemos mais diagramas e fotografias do que outros livros porque a mecânica de fluidos é uma matéria de caráter altamente visual. Somente por meio de ilustrações os estudantes poderão compreender inteiramente a relevância matemática deste material.

OBJETIVOS

Este livro foi escrito para a primeira disciplina de Mecânica dos Fluidos destinada a estudantes universitários de engenharia. Há material o suficiente para dividir a disciplina em duas, se necessário. Presume-se que os leitores tenham um *background* adequado em cálculo, física, mecânica aplicada e termodinâmica. Os objetivos deste texto são:

- Apresentar *os princípios e as equações básicas* da dinâmica dos fluidos.
- Apresentar numerosos e diversificados *exemplos de engenharia* do mundo real para que o estudante adquira a intuição necessária para aplicar corretamente os princípios da mecânica dos fluidos.
- Desenvolver um *entendimento intuitivo* da mecânica dos fluidos ao enfatizar a física e reforçá-lo por meio de figuras e fotografias ilustrativas.

O livro contém material o suficiente para proporcionar certa flexibilidade ao ensinar a disciplina. Os professores de engenharia aeronáutica e aeroespacial, por exemplo, podem enfatizar o escoamento potencial, o coeficiente de resistência aerodinâmica, o escoamento compressível, turbomaquinaria e CFD, enquanto os professores de engenharia mecânica e civil podem optar por enfatizar o fluxo em tubulações e o escoamento em canais abertos, respectivamente.

FILOSOFIA E MÉTODO

Nesta edição do *Mecânica dos Fluidos: Fundamentos e Aplicações,* foi adotada a mesma filosofia e os mesmos objetivos dos outros livros escritos por Yunus Çengel.

- Comunicar-se com os futuros engenheiros *de uma maneira simples, mas precisa.*
- Conduzir os estudantes ao entendimento claro e sólido dos *princípios básicos* da mecânica dos fluidos.
- Estimular o raciocínio criativo e o desenvolvimento de uma *compreensão mais profunda* e da *percepção intuitiva* da mecânica dos fluidos.
- Ser lido pelos estudantes com *interesse* e *entusiasmo* em vez de ser meramente um guia para resolução de problemas.

A melhor maneira de aprender é através da prática. Fizemos um esforço diferenciado ao longo de todo o livro com o intuito de reforçar a matéria apresentada (tanto no próprio capítulo como nos capítulos anteriores). Muitos dos exemplos de problemas ilustrados e problemas de final de capítulo são abrangentes e incentivam os estudantes a revisar conceitos e intuições adquiridos.

Em todo o livro apresentamos exemplos gerados pela dinâmica de fluidos computacional (CFD) e apresentamos um capítulo introdutório sobre o assunto. Nosso objetivo não é ensinar detalhes sobre os algoritmos numéricos associados à CFD (isso deve ser buscado em uma disciplina específica). Nossa intenção é apresentar aos estudantes universitários as capacidades e limitações da CFD como uma ferramenta de engenharia. Utilizamos as soluções CFD de modo muito similar aos resultados experimentais obtidos em uma prova no túnel aerodinâmico (ou seja, para reforçar a compreensão da física de escoamento dos fluidos e fornecer visualizações do escoamento que tenham qualidade e ajudem a explicar o comportamento do fluido).

CONTEÚDO E ORGANIZAÇÃO

Este livro está organizado em quinze capítulos, iniciando com os conceitos fundamentais dos fluidos, das suas propriedades e dos escoamentos de fluidos e encerrando com uma introdução à dinâmica dos fluidos computacional.

- O Capítulo 1 apresenta uma introdução básica aos fluidos, classificações do escoamento dos fluidos, volume de controle *versus* formulações de sistemas, dimensões, unidades, algarismos significativos e técnicas de resolução de problemas.
- O Capítulo 2 é dedicado à propriedade dos fluidos como, por exemplo, densidade, pressão de vapor, calores específicos, viscosidade e tensão superficial.
- O Capítulo 3 trata da estática e pressão dos fluidos, inclusive manômetros e barômetros, forças hidrostáticas em superfícies submersas, capacidade de flutuação e estabilidade e fluidos que se movimentam como sólidos.
- O Capítulo 4 aborda tópicos relacionados à cinemática dos fluidos como, por exemplo, as diferenças entre as descrições lagrangiana e euleriana dos escoamentos dos fluidos, padrões de escoamento, visualização do escoamento, vorticidade e rotacionalidade e o teorema de transporte de Reynolds.
- O Capítulo 5 introduz as leis fundamentais de conservação de massa, momento e energia, com ênfase no uso apropriado da massa, equação de Bernoulli, a equação da energia e as aplicações dessas equações em engenharia.

- O Capítulo 6 aplica o teorema de transporte de Reynolds ao momento linear e ao momento angular e enfatiza aplicações práticas de engenharia na análise do momento de um volume de controle finito.
- O Capítulo 7 reforça o conceito de homogeneidade dimensional e introduz o teorema Pi de Buckingham de análise dimensional, similaridade dinâmica e o método das variáveis repetidas – úteis em todo o resto do livro e em muitas disciplinas de Ciências e Engenharia.
- O Capítulo 8 é dedicado ao escoamento em tubulações e dutos. Discutimos as diferenças entre o escoamento laminar e turbulento, perdas de atrito em tubulações e dutos e perdas menores em redes de tubulação. Explicamos também como escolher apropriadamente uma bomba ou ventilador que sirva em uma rede de tubulações. Finalmente, discutimos vários dispositivos experimentais que são usados para medir a vazão e a velocidade do escoamento e fazemos uma breve introdução à mecânica dos biofluidos.
- O Capítulo 9 trata da análise diferencial do escoamento de fluidos e inclui a derivação e aplicação da equação da continuidade, a equação de Cauchy e a equação de Navier–Stokes. Introduzimos também a função corrente e descrevemos sua utilidade na análise dos escoamentos de fluidos e fazemos uma breve introdução aos biofluidos. Por fim, destacamos alguns dos aspectos singulares da análise diferencial relacionada à mecânica dos biofluidos.
- O Capítulo 10 discute várias aproximações das equações de Navier–Stokes e apresenta exemplos de soluções referentes a cada aproximação, inclusive o escoamento lento, escoamento não viscoso, escoamento irrotacional e camadas limite.
- O Capítulo 11 aborda as forças que atuam sobre os corpos (resistência e sustentação), explicando a distinção entre atrito e arrasto de pressão e fornecendo os coeficientes de arrasto para muitos formatos geométricos comuns. Este capítulo enfatiza a aplicação de medições obtidas no túnel aerodinâmico conjugadas com os conceitos de similaridade dinâmica e análise dimensional introduzidos no Capítulo 7.
- O Capítulo 12 estende a análise do escoamento de fluidos ao escoamento compressível, em que o comportamento dos gases é fortemente afetado pelo número de Mach, e são introduzidos os conceitos de ondas de expansão, ondas de choque normais e oblíquas e vazão bloqueada.
- O Capítulo 13 trata do escoamento em canais abertos e alguns dos recursos particulares associados ao escoamento de líquidos que têm superfícies livres como, por exemplo, as ondas superficiais e saltos hidráulicos.
- O Capítulo 14 examina a turbomaquinaria mais detalhadamente, inclusive as bombas, ventiladores e turbinas. Enfatiza a como as bombas e turbinas funcionam, em vez de seu projeto detalhado. Discutimos também o projeto global de bombas e turbinas, com base nas leis da similaridade dinâmica e análises simplificadas do vetor velocidade.
- O Capítulo 15 descreve os conceitos fundamentais da dinâmica dos fluidos computacional (CFD) e mostra aos estudantes como usar códigos CFD comerciais como uma ferramenta para resolver problemas complexos de mecânica dos fluidos. Enfatizamos a aplicação da CFD em vez dos algoritmos usados em códigos CFD.

Cada capítulo contém um grande número de problemas no final, que pode ser utilizado como trabalho de casa. A maioria dos problemas que envolvem cálculos está no sistema internacional de unidades (SI). Os Apêndices fornecem as propriedades termodinâmicas e de fluidos de diversos materiais, além de somente ar e água, acompanhados de tabelas e esquemas úteis. Muitos dos problemas de final de capítulo requerem o uso das propriedades dos materiais contidas nos apêndices para tornar os problemas mais reais.

FERRAMENTAS DE APRENDIZAGEM

Ênfase na física

Uma característica peculiar deste livro é a ênfase dada aos aspectos físicos da matéria de estudo, além das representações e manipulações matemáticas.

Os autores acreditam que a educação de estudantes universitários deve concentrar-se no desenvolvimento de uma compreensão dos mecanismos físicos subjacentes e no perfeito domínio da resolução de problemas práticos que o engenheiro provavelmente encontrará na vida real. O desenvolvimento intuitivo também deve transformar o estudo em uma experiência mais inovadora e valiosa para os estudantes.

Uso efetivo da associação

Uma mente observadora não terá dificuldades para entender a engenharia. Afinal de contas, todos os princípios da engenharia são fundamentados em nossas *experiências do dia a dia* e em *observações experimentais*. Portanto, uma abordagem intuitiva, física, é usada ao longo deste livro inteiro. Frequentemente, são traçados *paralelos* entre a matéria ministrada e o cotidiano dos alunos a fim de que eles possam relacionar a matéria com aquilo que já sabem.

Autodidatismo

O conteúdo do livro é apresentado em um nível que o estudante médio pode acompanhar confortavelmente. Ele "conversa" com os estudantes; de fato, ele é *autoinstrutivo*. Observando que os princípios científicos têm como base observações experimentais, a maioria das derivações deste livro está fundamentada em argumentos físicos e, deste modo, fácil de seguir e entender.

Uso extensivo de imagens

Figuras são importantes instrumentos de aprendizagem que ajudam o aluno a entender a situação, e este livro faz uso eficaz de gráficos. Ele contém mais figuras, fotografias e ilustrações do que qualquer outro livro desta categoria. As figuras chamam a atenção e estimulam a curiosidade e o interesse. A maioria delas serve para enfatizar alguns conceitos-chave que, de outro modo, passariam despercebidos e algumas servem como resumos.

Numerosos exemplos resolvidos com um procedimento sistemático de resolução

Cada capítulo contém diversos *exemplos* resolvidos que tornam o conteúdo mais claro e ilustram o uso dos princípios básicos em um contexto que auxilia no desenvolvimento da intuição do estudante. É utilizada uma abordagem *intuitiva* e *sistemática* na resolução de todos os exemplos de problemas. A metodologia de resolução inicia com o relato do problema e com a identificação dos objetivos. As hipóteses e estimativas são então declaradas, juntamente com suas justificativas. As propriedades necessárias para resolver o problema também são listadas.

São utilizados valores numéricos juntamente com números para enfatizar que números sem unidades não são significativos. A importância do resultado de cada exemplo é discutida depois das soluções.

Uma grande variedade de problemas realistas de final de capítulo

Os problemas de final de capítulo estão agrupados sob tópicos específicos com o objetivo de facilitar a escolha do problema tanto pelos professores quanto pelos alunos. Dentro de cada grupo de problemas encontram-se as Questões Conceituais, indicadas por "C", para verificar o nível de entendimento dos conceitos básicos. Os Problemas de Revisão são mais abrangentes por natureza e não estão diretamente ligados a uma seção específica de um capítulo – em alguns casos exigem uma revisão da matéria aprendida nos capítulos anteriores. Problemas de Projeto e Dissertação destinam-se a estimular os estudantes a fazer julgamentos no âmbito da engenharia, a realizar uma exploração independente de tópicos de interesse e a comunicar suas descobertas de maneira profissional. Problemas com o ícone são resolvidos usando-se o EES ou outro software adequado de engenharia. Diversos problemas relacionados à economia e segurança foram incorporados ao texto.

Uso de notação comum

O uso de uma notação diferente para as mesmas quantidades em diferentes cursos de engenharia há muito é uma fonte de descontentamento e confusão. Um estudante que trata tanto da mecânica dos fluidos como da transferência de calor, por exemplo, precisa usar a notação Q para a taxa de vazão volumétrica em um curso e para a transferência de calor em outro. A necessidade de haver uma padronização das notações na área da engenharia frequentemente tem sido levantada, até mesmo em alguns relatórios de conferências patrocinadas pela National Science Foundation através das Foundation Coalitions, mas pouco esforço se fez até hoje a este respeito. Neste livro, fizemos um esforço consciente para minimizar este conflito ao adotarmos a familiar notação de termodinâmica $\dot{V}$ para taxa de vazão volumétrica, reservando, assim, a notação Q para a transferência de calor. Além disso, utilizamos coerentemente um ponto sobre a letra para denotar a taxa de tempo. Achamos que tanto os estudantes quanto os professores apreciarão este esforço para promovermos uma notação comum.

Unidades do sistema internacional (SI) ou do sistema internacional e inglês conjuntamente

Em reconhecimento do fato de que as unidades inglesas ainda são amplamente utilizadas em algumas indústrias, tanto o SI como as unidades do sistema inglês são usados neste texto, com ênfase no SI.

Abordagem conjunta da equação de Bernoulli e das equações da energia

A equação de Bernoulli é uma das equações mais frequentemente usadas na mecânica dos fluidos, mas também é uma das mais usadas de maneira equivocada.

Portanto, é importante enfatizar as limitações do uso desta equação idealizada e mostrar como levar em conta apropriadamente as imperfeições e os prejuízos irreversíveis. No Capítulo 5, introduzimos a equação da energia diretamente na equação de Bernoulli e demonstramos como as soluções de muitos problemas práticos de engenharia diferem daqueles que são obtidos usando-se esta equação. Isso ajuda os estudantes a obterem uma visão realista.

Um capítulo separado sobre a CFD

Códigos comerciais de Dinâmica dos Fluidos Computacional (CFD) são amplamente usados no exercício da engenharia, no projeto e análise de sistemas de escoamento e tomaram-se extremamente importantes para os engenheiros terem um sólido entendimento dos aspectos fundamentais, das capacidades e limitações da CFD. Reconhecendo que a maioria dos currículos escolares de graduação em engenharia não tem espaço para um curso integral de CFD, foi incluído um capítulo para compensar esta deficiência e para fornecer aos alunos uma base adequada sobre as potencialidades e fragilidades da CFD.

Aplicação em foco

Ao longo do livro são realçados exemplos denominados Aplicação em Foco, nos quais uma aplicação real da mecânica dos fluidos é apresentada. Uma característica particular desses exemplos especiais é que foram escritos por autores convidados renomados. As aplicações foram projetadas para mostrar aos estudantes como a mecânica dos fluidos tem diversas aplicações em uma ampla variedade de campos. Incluem também impactantes fotografias de pesquisas dos autores convidados.

Glossário de termos de mecânica dos fluidos

Ao longo de todos os capítulos, quando um termo ou conceito chave é introduzido e definido, ele aparece em **negrito preto**. Os termos fundamentais de mecânica dos fluidos aparecem em **negrito azul** e compõem um abrangente glossário no final do livro desenvolvido pelo professor James Brasseur, da Universidade Estadual da Pensilvânia. Este glossário é uma excelente ferramenta de aprendizagem e revisão para os estudantes à medida que progridem no estudo da mecânica dos fluidos.

Fatores de conversão e nomenclatura

Nas páginas finais do livro, estão relacionados fatores de conversão frequentemente usados, constantes físicas e propriedades do ar e da água a 20°C de temperatura e pressão atmosférica, lista dos símbolos, subscritos e sobrescritos importantes utilizados no texto.

Material complementar

Para os estudantes Os alunos interessados em resolver os problemas indicados com o software EES podem baixar uma versão estudantil no site www.grupoa.com.br. Basta acessar o livro e clicar no link Conteúdo Online.

Para os professores Os professores interessados em material adicional (em inglês) devem fazer o cadastro no site www.grupoa.com.br, buscar pelo livro e clicar no link Material do Professor. Está disponível o Manual de Soluções, apresentações em Power Point© e imagens coloridas.

AGRADECIMENTOS

Os autores gostariam de agradecer com muito apreço pelos numerosos e valiosos comentários, sugestões, críticas construtivas e elogios recebidos dos seguintes avaliadores e revisores:

Bass Abushakra
Milwaukee School of Engineering

John G. Cherng
University of Michigan – Dearborn

Peter Fox
Arizona State University

Sathya Gangadbaran
Embry Riddle Aeronautical University

Jonathan Istok
Oregon State University

Tim Lee
McGill University

Nagy Nosseir
San Diego State University

Robert Spall
Utah State University

Nossos agradecimentos especiais ao professor Gary Settles e aos seus colegas da Penn State (Lori Dodson-Dreibelbis, J. D. Miller e Gabrielle Tremblay). Da mesma forma, os autores são gratos a diversas pessoas da Fluent Inc. Agradecemos também a James Brasseur, da Penn State, pela criação do precioso Glossário de termos de mecânica dos fluidos, Glenn Brown, da Oklahoma State, por fornecer muitos itens de interesse histórico ao longo do livro, aos autores convidados David F. Hill (trechos do Capítulo 13) e Keefe Manning (seções sobre biofluidos), a Mehmet Kanoglu, da University of Gaziantep, pela preparação dos problemas em "Fundamentos de Engenharia – Problemas de exame" e as soluções dos problemas de EES, e ao professor Tahsin Engin, da Sakarya University, por contribuir com diversos problemas de final de capítulo.

Nosso reconhecimento à equipe de tradução da Coreia que, durante esse processo, apontou erros e inconsistências da primeira e segunda edição, que já estão corrigidos. A equipe inclui Yun-ho Choi, Ajou University; Nae-Hyun Kim, University of Incheon; Woonjean Park, Korea University of Technology & Education; Wonnam Lee, Dankook University; Sang-Won Cha, Suwon University; Man Yeong Ha, Pusan National University; and Yeol Lee, Korea Aerospace University.

Por fim, um agradecimento muito especial a nossas famílias, principalmente às nossas esposas, Zebra Çengel e Suzanne Cimbala, pela contínua paciência, compreensão e apoio durante a preparação deste livro, que exigiu muitas longas horas, durante as quais elas precisaram cuidar sozinhas dos assuntos familiares porque seus maridos estavam grudados no computador.

Yunus A. Çengel

John M. Cimbala

Sumário Resumido

CAPÍTULO 1
Introdução e Conceitos Básicos   1

CAPÍTULO 2
Propriedades dos Fluidos   37

CAPÍTULO 3
Pressão e Estática dos Fluidos   75

CAPÍTULO 4
Cinemática dos Fluidos   133

CAPÍTULO 5
Equações de Bernoulli e de Energia   185

CAPÍTULO 6
Análise de Momento nos Sistemas de Escoamento   243

CAPÍTULO 7
Análise Dimensional e Modelagem   291

CAPÍTULO 8
Escoamento Interno   347

CAPÍTULO 9
Análise Diferencial de Escoamento de Fluido   437

CAPÍTULO 10
Soluções Aproximadas da Equação de Navier-Stokes   515

CAPÍTULO 11
Escoamento Externo: Arrasto e Sustentação   607

CAPÍTULO 12
Escoamento Compressível   659

CAPÍTULO 13
Escoamento em Canal Aberto   725

CAPÍTULO 14
Turbomáquinas   787

CAPÍTULO 15
Introdução à Dinâmica dos Fluidos Computacional   879

Sumário

CAPÍTULO 1
Introdução e Conceitos Básicos 1

- **1–1** Introdução 2
  - O que é um fluido? 2
  - Áreas de aplicação da mecânica dos fluidos 4
- **1–2** Uma breve história da mecânica dos fluidos 6
- **1–3** Condição de não escorregamento 8
- **1–4** Classificação dos escoamentos de fluidos 9
  - Regiões de escoamento viscoso *versus* não viscoso 10
  - Escoamento interno *versus* externo 10
  - Escoamento compressível *versus* incompressível 10
  - Escoamento laminar *versus* turbulento 11
  - Escoamento natural (ou não forçado) *versus* forçado 11
  - Escoamento estacionário *versus* não estacionário 12
  - Escoamentos uni, bi e tridimensionais 13
- **1–5** Sistema e volume de controle 15
- **1–6** Importância das dimensões e unidades 16
  - Algumas unidades SI e inglesas 17
  - Homogeneidade dimensional 19
  - Razões de conversão de unidades 20
- **1–7** Modelagem em engenharia 22
- **1–8** Técnica de resolução de problema 23
- **1–9** Pacotes de aplicativos para engenharia 25
  - Engineering Equation Solver (EES) (solucionador de equações de engenharia) 26
  - Software de DFC 27
- **1–10** Exatidão, precisão e algarismos significativos 28
  - Resumo 31
  - Referências e leituras sugeridas 31
  - Problemas 33

CAPÍTULO 2
Propriedades dos Fluidos 37

- **2–1** Introdução 38
  - Meio contínuo 38
- **2–2** Densidade e gravidade específica 39
  - Densidade dos gases ideais ou perfeitos 40
- **2–3** Pressão de vapor e cavitação 41
- **2–4** Energia e calores específicos 43
- **2–5** Coeficiente de compressibilidade e velocidade do som 44
  - Coeficiente de expansão volumétrica 46
  - Velocidade do som e número de Mach 48
- **2–6** Viscosidade 51
- **2–7** Tensão superficial e efeito capilar 55
  - Efeito capilar 58
  - Resumo 61
  - Referências e leituras sugeridas 63
  - Problemas 63

CAPÍTULO 3
Pressão e Estática dos Fluidos 75

- **3–1** Pressão 76
  - Pressão em um ponto 77
  - Variação da pressão com a profundidade 78
- **3–2** Dispositivos de medição de pressão 81
  - O barômetro 81
  - O manômetro 84
  - Outros dispositivos de medição de pressão 88
- **3–3** Introdução à estática dos fluidos 89
- **3–4** Forças hidrostáticas sobre superfícies planas submersas 89
- **3–5** Forças hidrostáticas sobre superfícies curvas submersas 95

3–6 Flutuação e estabilidade 98
　　Estabilidade de corpos imersos e flutuantes 101

3–7 Fluidos em movimento de corpo rígido 103
　　Aceleração em uma trajetória reta 106
　　Rotação em um recipiente cilíndrico 107
　　Resumo 111
　　Referências e leituras sugeridas 112
　　Problemas 112

CAPÍTULO 4
Cinemática dos Fluidos 133

4–1 Descrições lagrangiana e euleriana 134
　　Campo de aceleração 136
　　Derivada material 139

4–2 Padrões de escoamento e visualização de escoamentos 141
　　Linhas de corrente e tubos de corrente 141
　　Linhas de trajetória 143
　　Linhas de emissão 144
　　Linhas de tempo 146
　　Técnicas de refração para visualização do escoamento 147
　　Técnicas de visualização do escoamento em superfícies 148

4–3 Representação gráfica dos dados de escoamento de fluidos 148
　　Gráficos de perfil 149
　　Gráficos vetoriais 149
　　Gráfico de contornos 150

4–4 Outras descrições cinemáticas 151
　　Tipos de movimento ou deformação dos elementos de fluido 151

4-5 Vorticidade e Rotacionalidade 156
　　Comparação entre dois escoamentos circulares 159

4–6 O teorema de transporte de Reynolds 160
　　Dedução alternativa do teorema de transporte de Reynolds 165
　　Relação entre a derivada material e o TTR 167
　　Resumo 168
　　Referências e leituras sugeridas 170
　　Problemas 170

CAPÍTULO 5
Equações de Bernoulli e de Energia 185

5–1 Introdução 186
　　Conservação de massa 186
　　Conservação da quantidade de movimento linear 186
　　Conservação de energia 186

5–2 Conservação de massa 187
　　Vazões de massa e volume 187
　　Princípio de conservação de massa 189
　　Volumes de controle móveis ou deformáveis 191
　　Balanço de massa para processos com escoamento estacionário 191
　　Caso especial: escoamento incompressível 192

5–3 Energia mecânica e eficiência 194

5–4 A equação de Bernoulli 199
　　Aceleração de uma partícula de fluido 199
　　Dedução da equação de Bernoulli 200
　　Balanço de forças transversal às linhas de corrente 202
　　Escoamento compressível não estacionário 202
　　Pressões estática, dinâmica e de estagnação 202
　　Limitações do uso da equação de Bernoulli 204
　　Linha piezométrica (HGL) e linha de energia (EGL) 205
　　Aplicações da equação de Bernoulli 207

5–5 Equação geral da energia 214
　　Transferência de energia por calor, Q 215
　　Transferência de energia por trabalho, W 215

5–6 Análise de energia de escoamentos estacionário 219
　　Caso especial: escoamento incompressível sem dispositivo de trabalho mecânico e com atrito desprezível 221
　　Fator de correção da energia cinética, α 221
　　Resumo 228
　　Referências e leituras sugeridas 229
　　Problemas 230

CAPÍTULO 6
Análise de Momento nos Sistemas de Escoamento 243

6–1 Leis de Newton 244

6–2 Escolhendo um volume de controle 245

6–3 Forças que atuam sobre um volume de controle 246

6–4 A equação do momento linear 249
　　Casos especiais 251
　　Fator de correção do fluxo de momento, β 251
　　Escoamento em regime permanente 253
　　Escoamento em regime permanente com uma entrada e uma saída 254
　　Escoamento sem forças externas 254

6–5 Revisão do movimento de rotação e do momento angular 263

6–6 Equação do momento angular 265

Casos especiais 267
Escoamento sem momentos externos 268
Dispositivos com escoamento radial 269

Resumo 275

Referências e leituras sugeridas 275

Problemas 276

CAPÍTULO 7
Análise Dimensional e Modelagem 291

7–1 Dimensões e unidades 292

7–2 Homogeneidade dimensional 293
Adimensionalização das equações 294

7–3 Análise dimensional e similaridade 299

7–4 O método das variáveis repetidas e o teorema Pi de Buckingham 303

7–5 Testes experimentais e similaridade incompleta 319
Configuração de um experimento e correlação dos dados experimentais 319
Similaridade incompleta 320
Teste do túnel de vento 320
Escoamentos com superfícies livres 323

Resumo 327

Referências e leituras sugeridas 327

Problemas 327

CAPÍTULO 8
Escoamento Interno 347

8–1 Introdução 348

8–2 Escoamentos laminar e turbulento 349
Número de Reynolds 350

8–3 A região de entrada 351
Comprimentos de entrada 352

8–4 Escoamento laminar em tubos 353
Queda de pressão e perda de carga 355
Efeito da gravidade na velocidade e na vazão em escoamento laminar 357
Escoamento laminar em tubos não circulares 358

8-5 Escoamento turbulento em tubos 361
Tensão de cisalhamento turbulenta 363
Perfil da velocidade turbulenta 364
O diagrama de Moody e a equação de Colebrook 367
Tipos de problemas de escoamento de fluidos 369

8–6 Perdas menores 374

8–7 Redes de tubulações e seleção de bomba 381
Tubos em série e em paralelo 381
Sistemas de tubulações com bombas e turbinas 383

8–8 Medição de vazão e velocidade 391
Sonda de Pitot e sonda estática de Pitot 391
Medidores de vazão por obstrução: medidores de orifício, Venturi e bocal 392
Medidores de vazão por deslocamento positivo 396
Medidores de vazão tipo turbina 397
Medidores de vazão de área variável (rotâmetros) 398
Medidores de vazão ultrassônicos 399
Medidores de vazão eletromagnéticos 401
Medidores de vazão de vórtice 402
Anemômetros térmicos (fio quente e filme quente) 402
Velocimetria laser Doppler 404
Velocimetria por imagem de partícula 406
Introdução à mecânica dos biofluidos 408

Resumo 417

Referências e leituras sugeridas 418

Problemas 419

CAPÍTULO 9
Análise Diferencial de Escoamento de Fluido 437

9–1 Introdução 438

9–2 Conservação da massa – a equação da continuidade 439
Dedução usando o teorema do divergente 439
Dedução usando um volume de controle infinitesimal 440
Forma alternativa da equação da continuidade 443
Equação da continuidade em coordenadas cilíndricas 444
Casos especiais da equação da continuidade 444

9–3 A função corrente 450
A função corrente em coordenadas cartesianas 450
A função corrente em coordenadas cilíndricas 457
A função corrente compressível 458

9–4 Conservação da quantidade de movimento – equação de Cauchy 459
Dedução usando o teorema do divergente 459
Dedução usando um volume de controle infinitesimal 460

Sumário **xxi**

Forma alternativa da equação de Cauchy 463
Dedução usando a segunda lei de Newton 463

9–5 **A equação de Navier-Stokes** 464
Introdução 464
Fluidos newtonianos *versus* fluidos não newtonianos 465
Dedução da equação de Navier-Stokes para escoamento incompressível, isotérmico 466
Equações da continuidade e de Navier-Stokes em coordenadas cartesianas 468
Equações da continuidade e de Navier-Stokes em coordenadas cilíndricas 469

9–6 **Análise diferencial dos problemas de escoamentos de fluidos** 470
Cálculo do campo de pressão para um campo de velocidade conhecido 470
Soluções exatas das equações da continuidade e de Navier-Stokes 475
Análise diferencial de escoamentos em mecânica dos biofluidos 493

Resumo 499
Referências e leituras sugeridas 499
Problemas 499

CAPÍTULO 10
Soluções Aproximadas da Equação de Navier-Stokes 515

10–1 Introdução 516

10–2 Equações de movimento adimensionais 517

10–3 A aproximação de escoamento lento 520
Arrasto em uma esfera em escoamento lento 523

10–4 Aproximação para regiões invíscidas do escoamento 525
Dedução da equação de Bernoulli em regiões de escoamento sem viscosidade 526

10–5 A aproximação de escoamento irrotacional 529
Equação da continuidade 529
Equação do momento 531
Dedução da equação de Bernoulli em regiões irrotacionais do escoamento 531
Regiões irrotacionais do escoamento bidimensional 534
Superposição em regiões irrotacionais do escoamento 538
Escoamentos planares irrotacionais elementares 538
Escoamentos irrotacionais formados pela superposição 545

10–6 A aproximação de camada limite 554
As equações da camada limite 559
O procedimento de camada limite 564
Espessura de deslocamento 568
Espessura de momento 571
Camada limite turbulenta sobre placa plana 573
Camadas limite com gradientes de pressão 578
A técnica integral de momento para camadas limite 583

Resumo 591
Referências e leituras sugeridas 592
Problemas 594

CAPÍTULO 11
Escoamento Externo: Arrasto e Sustentação 607

11–1 Introdução 608

11–2 Arrasto e sustentação 610

11–3 Arrastos de atrito e pressão 614
Reduzindo o arrasto pelo carenamento 615
Separação de escoamento 616

11–4 Coeficientes de arrasto de geometrias comuns 617
Sistemas biológicos e arrasto 618
Coeficiente de arrasto de veículos 621
Superposição 623

11–5 Escoamento paralelo sobre placas planas 625
Coeficiente de atrito 627

11–6 Escoamento sobre cilindros e esferas 629
Efeito da rugosidade da superfície 632

11–7 Sustentação 634
Asas finitas e arrasto induzido 638
Sustentação gerada pela rotação 639

Resumo 643
Referências e leituras sugeridas 644
Problemas 646

CAPÍTULO 12
Escoamento Compressível 659

12–1 Propriedades de estagnação 660

12–2 Escoamento isentrópico unidimensional 663
Variação da velocidade do fluido com a área de escoamento 665
Relações de propriedades para escoamento isentrópico de gases ideais 667

- 12–3 Escoamento isentrópico através de bocais 669
  - Bocais convergentes 670
  - Bocais convergentes-divergentes 674
- 12–4 Ondas de choque e ondas de expansão 678
  - Choques normais 678
  - Choques oblíquos 684
  - Ondas de expansão de Prandtl–Meyer 688
- 12–5 Escoamento em duto com transferência de calor e atrito desprezível (escoamento de Rayleigh) 693
  - Relações de propriedades para o escoamento de Rayleigh 699
  - Escoamento bloqueado de Rayleigh 700
- 12–6 Escoamento adiabático em duto com atrito (escoamento de Fanno) 702
  - Relações de propriedades para o escoamento de Fanno 705
  - Escoamento de Fanno bloqueado 708
  - Resumo 713
  - Referências e leituras sugeridas 714
  - Problemas 714

CAPÍTULO 13
Escoamento em Canal Aberto 725

- 13–1 Classificação dos escoamentos em canal aberto 726
  - Escoamentos uniformes e variados 726
  - Escoamentos laminar e turbulento em canais 727
- 13–2 Número de Froude e velocidade de onda 729
  - Velocidade das ondas de superfície 731
- 13–3 Energia específica 733
- 13–4 Equações de continuidade e energia 736
- 13–5 Escoamento uniforme em canais 737
  - Escoamento crítico uniforme 739
  - Método da superposição para perímetros não uniformes 740
- 13–6 Melhores seções transversais hidráulicas 743
  - Canais retangulares 745
  - Canais trapezoidais 745
- 13–7 Escoamento gradualmente variado 747
  - Perfis de superfície líquida em canais abertos, $y(x)$ 749
  - Alguns perfis de superfície representativos 752
  - Solução numérica para o perfil de superfície 754
- 13–8 Escoamento rapidamente variado e salto hidráulico 757
- 13–9 Controle e medição do escoamento 761
  - Comportas de fundo 762
  - Comportas de vertedouro 764
  - Vertedouro de soleira espessa 765
  - Resumo 772
  - Referências e leituras sugeridas 773
  - Problemas 773

CAPÍTULO 14
Turbomáquinas 787

- 14–1 Classificações e terminologia 788
- 14–2 Bombas 790
  - Curvas de desempenho da bomba e escolha de uma bomba para um sistema de tubulações 791
  - Cavitação nas bombas e carga de sucção líquida positiva 797
  - Bombas em série e paralelo 800
  - Bombas de deslocamento positivo 803
  - Bombas dinâmicas 806
  - Bombas centrífugas 806
  - Bombas axiais 816
- 14–3 Leis de semelhança de bombas 824
  - Análise dimensional 824
  - Velocidade específica de bomba 827
  - Leis de semelhança 829
- 14–4 Turbinas 833
  - Turbinas por deslocamento positivo 834
  - Turbinas dinâmicas 834
  - Turbinas por impulso 835
  - Turbinas de reação 837
  - Turbinas a gás e a vapor 847
  - Turbinas eólicas 847
- 14–5 Leis de semelhança para turbinas 855
  - Parâmetros adimensionais para turbinas 855
  - Velocidade específica de turbina 857
  - Resumo 862
  - Referências e leituras sugeridas 862
  - Problemas 863

CAPÍTULO 15
Introdução à Dinâmica dos Fluidos Computacional 879

- 15–1 Introdução e fundamentos 880
  - Motivação 880
  - Equações do movimento 880
  - Procedimento de solução 881
  - Equações adicionais do movimento 883

Geração e independência de malha 884
Condições de contorno 888
A prática leva à perfeição 893

15–2 **Cálculos de CFD laminares** 893
Região de desenvolvimento do escoamento num tubo para Re = 500 893
Escoamento ao redor de um cilindro circular para Re = 150 896

15–3 **Cálculos de CFD turbulentos** 902
Escoamento ao redor de um cilindro circular em Re = 10.000 905
Escoamento ao redor de um cilindro circular com Re = 10^7 907
Projeto do estator de um ventilador axial com palhetas direcionais 907

15–4 **CFD com transferência de calor** 915
Elevação de temperatura por meio de um trocador de calor com escoamento cruzado 915
Resfriamento de um conjunto de chips de circuito integrado 917

15–5 **Simulações de CFD para o escoamento compressível** 922
Escoamento compressível através de um bocal convergente-divergente 923
Choques oblíquos sobre uma cunha 927

15–6 **Cálculos de CFD para o escoamento em canal aberto** 928
Escoamento sobre uma protuberância na parte inferior de um canal 929
Escoamento através de uma comporta basculante (ressalto hidráulico) 930

Resumo 932
Referências e leituras sugeridas 932
Problemas 933

APÊNDICE 1
Tabelas e Diagramas de Propriedades (em Unidades SI) 939

GLOSSÁRIO 957

ÍNDICE 970

Capítulo 1

Introdução e Conceitos Básicos

Neste capítulo, apresentamos os conceitos básicos comumente usados na análise do escoamento dos fluidos. Iniciamos com uma discussão dos estados da matéria e das diversas maneiras de classificar o escoamento dos fluidos, tais como regiões de escoamento *viscoso versus não viscoso, escoamento interno versus externo, escoamento compressível versus incompressível, escoamento laminar versus turbulento, escoamento natural versus forçado e escoamento estacionário versus escoamento não estacionário*. Discutimos também a condição de não escorregamento nas interfaces sólido-fluido e apresentamos uma breve história do desenvolvimento da mecânica dos fluidos.

Depois de apresentarmos os conceitos de *sistema* e *volume de controle*, revemos os *sistemas de unidades* que serão utilizados. Em seguida, discutimos como os modelos matemáticos para problemas de engenharia são montados e como interpretar os resultados obtidos pela análise de tais modelos. Segue a apresentação de uma técnica de solução de problemas, intuitiva e sistemática, que pode ser usada como um modelo na *solução dos problemas de engenharia*. Por fim, discutimos exatidão (acurácia), precisão e algarismos significativos nas medidas e cálculos de engenharia.

OBJETIVOS

Ao terminar a leitura deste capítulo você deve ser capaz de:

- Compreender os conceitos básicos de mecânica dos fluidos e reconhecer os vários tipos de problema de escoamento de fluidos encontrados na prática
- Modelar problemas de engenharia e resolvê-los de maneira sistemática
- Ter conhecimento prático de acurácia, precisão e algarismos significativos, além de reconhecer a importância da homogeneidade dimensional nos cálculos de engenharia

Imagem Schlieren mostrando a pluma térmica produzida pelo professor Cimbala enquanto ele o recebe no fascinante mundo da mecânica dos fluidos.
Michael J. Hargather and Brent A. Craven, Penn State Gas Dynamics Lab. Utilizado com permissão.

1–1 INTRODUÇÃO

A **Mecânica** é a ciência física mais antiga e trata de corpos tanto estacionários como em movimento sob a influência de forças. O ramo da mecânica que trata dos corpos em repouso é denominado **estática**, ao passo que o ramo que trata dos corpos em movimento denomina-se **dinâmica**. A subcategoria **mecânica dos fluidos** é definida como a ciência que trata do comportamento dos fluidos em repouso (*estática dos fluidos*) ou em movimento (*dinâmica dos fluidos*) e da interação entre fluidos e sólidos ou outros fluidos nas fronteiras. A mecânica dos fluidos também é chamada de **dinâmica dos fluidos**, considerando os fluidos em repouso como um caso especial de movimento com velocidade zero (Figura 1–1).

A mecânica dos fluidos também é dividida em várias categorias. O estudo do movimento dos fluidos que podem ser aproximados como incompressíveis (tal como líquidos, especialmente água e gases em baixa velocidade) é geralmente denominado **hidrodinâmica**. Uma subcategoria da hidrodinâmica é a **hidráulica**, que trata do escoamento dos líquidos em tubulações e canais abertos. A **dinâmica dos gases** trata do escoamento dos fluidos que sofrem mudanças de densidade significativas, como o caso do escoamento de gases em alta velocidade através de bocais. A categoria **aerodinâmica** trata do escoamento de gases (especialmente ar) sobre corpos tais como aeronaves, foguetes e automóveis em velocidades altas ou baixas. Algumas outras categorias especializadas, como meteorologia, oceanografia e hidrologia tratam de escoamentos que ocorrem na natureza.

FIGURA 1–1 A mecânica dos fluidos trata de líquidos e gases em movimento ou em repouso.
© *Vol. 16/Photo Disc.*

O que é um fluido?

Você deve se lembrar da física que uma substância existe em três estados ou fases fundamentais: sólido, líquido e gasoso. (Em temperaturas muito altas também existe o plasma.) Uma substância no estado líquido ou gasoso é denominada **fluido**. A distinção entre um sólido e um fluido é baseada na capacidade da substância de resistir a uma tensão de cisalhamento (ou tangencial) aplicada, que tende a mudar sua forma. O sólido resiste à tensão de cisalhamento aplicada deformando-se, ao passo que *o fluido deforma-se continuamente sob a influência da tensão de cisalhamento*, não importando o quão pequena ela seja. Nos sólidos a tensão é proporcional à *deformação*, mas nos fluidos a tensão é proporcional à *taxa de deformação*. Quando uma força de cisalhamento constante é aplicada, o sólido eventualmente pára de deformar-se num certo ângulo de deformação fixo, enquanto o fluido nunca pára de deformar-se e a taxa de deformação tende para um certo *valor* constante.

Considere um bloco retangular de borracha posicionado firmemente entre duas placas. Quando a placa superior é puxada com força F, enquanto a placa inferior é mantida fixa, o bloco de borracha deforma-se como mostrado na Figura 1–2. O ângulo de deformação α (chamado de *deformação de cisalhamento ou deslocamento angular*) aumenta proporcionalmente à força aplicada F. Supondo que não haja deslizamento entre a borracha e as placas, a superfície superior da borracha é deslocada em um valor igual ao deslocamento da placa superior, enquanto a superfície inferior permanece estacionária. No equilíbrio, a força líquida que atua sobre a placa na direção horizontal deve ser nula, e, portanto, uma força de mesma intensidade, mas oposta a F deve atuar sobre a placa. A força oposta que se desenvolve na interface placa-borracha devida ao atrito é expressa por $F = \tau A$, onde τ é a tensão de cisalhamento e A é a área de contato entre a placa superior e a borracha. Quando a força é removida, a borracha volta à sua posição original. Tal fenômeno também é observado em outros sólidos, como um bloco de aço, desde que a força não ultrapasse o regime elástico. Se esse experimento for repetido com um fluido (com duas placas grandes paralelas colocadas num

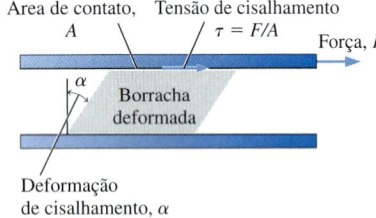

FIGURA 1–2 Deformação de uma borracha escolar posicionada entre duas placas paralelas sob a influência de uma força de cisalhamento. A tensão de cisalhamento mostrada é aplicada na borracha – uma tensão de cisalhamento igual e oposta atua na placa superior.

grande corpo de água, por exemplo), a camada de fluido em contato com a placa superior move-se continuamente com a velocidade da placa, não importando quão pequena seja a força *F*. A velocidade do fluido decresce com a profundidade devido ao atrito entre as camadas de fluido, chegando a zero na camada em contacto com a placa inferior.

Você deve se lembrar de que na estática a **tensão** é definida como força por unidade de área e é determinada dividindo-se a força pela área sobre a qual ela atua. A componente normal da força que atua sobre a superfície por unidade de área é chamada de **tensão normal**, e o componente tangencial da força que atua sobre uma superfície por unidade de área é chamado de **tensão de cisalhamento** (Figura 1–3). Num fluido em repouso, a tensão normal é chamada de **pressão**. Um fluido em repouso está no estado de tensão de cisalhamento nulo. Quando as paredes são removidas ou o recipiente do líquido é inclinado, desenvolve-se uma tensão enquanto o liquído esparrama-se ou move-se para manter a superfície livre na horizontal.

Em um líquido, grupos de moléculas movem-se uns em relação a outros, mas o volume permanence relativamente constante devido às fortes forças de coesão entre as moléculas. Como resultado, o líquido toma a forma do recipiente no qual está contido e, no caso de um recipiente sujeito a um campo gravitacional, forma-se uma superfície livre. Um gás, por outro lado, expande-se até encontrar as paredes do recipiente e preenche todo o espaço disponível. Tal fato ocorre porque as moléculas estão bastante espaçadas e as forças coesivas entre elas são muito pequenas. Ao contrário dos líquidos, os gases não formam uma superfície livre (Figura 1–4).

Embora sólidos e fluidos sejam facilmente distinguíveis na maioria dos casos, tal distinção não é tão clara em alguns casos limítrofes. Por exemplo, o *asfalto* parece e comporta-se como um sólido, visto que resiste à tensão de cisalhamento durante curtos períodos de tempos. Mas deforma-se lentamente e comporta-se como um fluido quando tais forças são exercidas durante longos períodos de tempo. Alguns plásticos, chumbo e misturas de argila exibem comportamento similar. Tais casos limítrofes estão além do objetivo deste texto. Os fluidos que abordaremos neste livro são claramente reconhecidos como fluidos.

As ligações intermoleculares são mais fortes nos sólidos e mais fracas nos gases. Uma razão é que as moléculas nos sólidos estão agrupadas mais próximas umas das outras, enquanto nos gases elas estão separadas por distâncias relativamente grandes (Figura 1–5).

As moléculas de um sólido são arranjadas num padrão que se repete por todo o sólido. Devido às pequenas distâncias entre suas moléculas, as forças

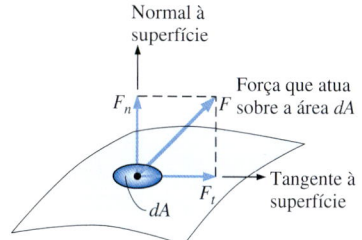

Tensão normal: $\sigma = \dfrac{F_n}{dA}$

Tensão de cisalhamento: $\tau = \dfrac{F_t}{dA}$

FIGURA 1–3 Tensão normal e tensão de cisalhamento na superfície de um elemento de fluido. No caso de fluidos em repouso, a tensão de cisalhamento é nula e a pressão é a única tensão normal.

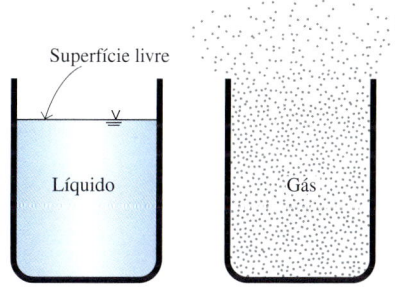

FIGURA 1–4 Ao contrário do líquido, o gás não forma uma superfície livre e expande-se para preencher todo o espaço disponível.

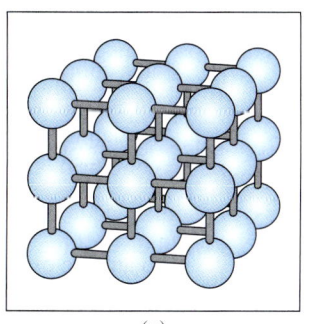
(*a*)

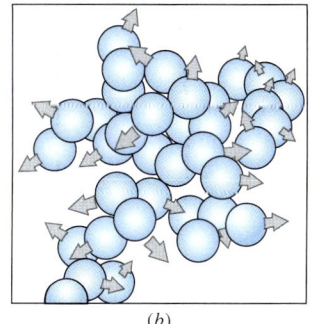
(*b*)

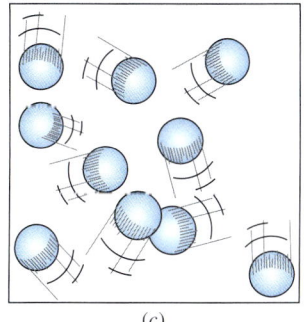
(*c*)

FIGURA 1–5 Arranjo de átomos em estados diferentes: (*a*) as moléculas em posições relativamente fixas num sólido, (*b*) os grupos de moléculas movem-se em torno uns dos outros no estado líquido, (*c*) moléculas movem-se aleatoriamente no estado gasoso.

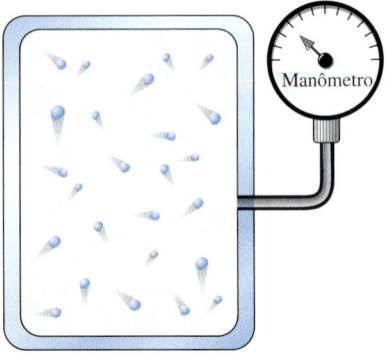

FIGURA 1–6 Numa escala microscópica, a pressão é determinada pela interação entre moléculas de gás individuais. Entretanto, numa escala macroscópica, podemos medir a pressão com um manômetro.

FIGURA 1–7 Dinâmica de fluidos é utilizada extensivamente no projeto de corações artificiais. Aqui temos o coração artificial elétrico da Penn State.

Foto cortesia de Biomedical Photography Lab, Penn State Biomedical Engineering Institute. Usado com permissão.

atrativas entre elas são maiores e mantêm as moléculas em posições fixas. O espaço entre as moléculas no estado líquido não é muito diferente daquele no estado sólido, exceto que as moléculas não estão mais em posições fixas umas em relação às outras, mas podem girar e transladar-se livremente. Num líquido, as forças intermoleculares são mais fracas do que nos sólidos, porém ainda são mais fortes em comparação aos gases. As distâncias entre as moléculas aumentam ligeiramente à medida que um sólido se liquefaz, sendo a água uma exceção notável.

No estado gasoso, as moléculas estão distantes umas das outras e não existe ordem molecular. As moléculas do gás movem-se aleatoriamente, colidindo umas contra as outras e contra as paredes do recipiente em que estão contidas. As forças intermoleculares são muito pequenas, particularmente em baixas densidades, e as colisões são o único modo de interação entre as moléculas. As moléculas em estado gasoso possuem um nível de energia consideravelmente maior do que quando estão nos estados líquido ou sólido. Portanto, o gás precisa liberar uma grande quantidade de energia antes que possa condensar ou congelar.

As palavras *gás* e *vapor* geralmente são usadas como sinônimos. O estado de vapor é costumeiramente chamado de *gás* quando uma substância está acima da temperatura crítica. Em geral, *vapor* significa gás que não está muito distante do estado de condensação.

Qualquer sistema fluido prático consiste em um grande número de moléculas, e as propriedades do sistema naturalmente dependem do comportamento dessas moléculas. Por exemplo, a pressão de um gás num recipiente é resultado do momento transferido entre as moléculas e as paredes do recipiente. Entretanto, não é necessário conhecer o comportamento das moléculas do gás para determinar a pressão no recipiente. Basta instalar um manômetro no recipiente (Figura 1–6). Essa abordagem macroscópica ou *clássica* não requer o conhecimento do comportamento individual das moléculas e fornece um modo direto e fácil para solucionar problemas de engenharia. A abordagem microscópica mais elaborada, ou *estatística*, baseada no comportamento médio de grandes grupos de moléculas individuais, é bastante complexa e usada neste texto apenas no papel de suporte.

Áreas de aplicação da mecânica dos fluidos

A mecânica dos fluidos é amplamente utilizada tanto nas atividades diárias como no projeto de sistemas de engenharia modernos, de aspiradores de pó a aeronaves supersônicas. Portanto, é importante desenvolver uma boa compreensão dos princípios básicos da mecânica dos fluidos.

Para começar, a mecânica dos fluidos desempenha uma função vital no corpo humano. O coração está constantemente bombeando sangue para todas as partes do corpo humano através das artérias e veias, e os pulmões são as regiões de escoamento de ar em direções alternadas. Todos os corações artificiais, máquinas de respirar e sistemas de diálise são projetados usando a dinâmica dos fluidos.

Uma casa comum é, sob certo aspecto, um salão de exposições repleto de aplicações da mecânica dos fluidos. Os sistemas de canalização de água, gás natural e esgoto para residências individuais e para uma cidade inteira são projetados primariamente com base na mecânica dos fluidos. O mesmo também acontece com as redes de canalização e dutos dos sistemas de aquecimento e ar condicionado. Uma geladeira contém tubos por onde flui o refrigerante, um compressor que pressuriza esse refrigerante e dois trocadores de calor onde o refrigerante absorve e expele calor. A mecânica dos fluidos desempenha o papel principal no projeto de todos esses componentes. Até mesmo a operação de uma simples torneira é baseada na mecânica dos fluidos.

Podemos também observar as numerosas aplicações da mecânica dos fluidos num automóvel. Todos os componentes associados ao transporte de combustível do tanque aos cilindros – tubulação de combustível, bomba de combustível, injetores de combustível ou carburador –, bem como a mistura do ar com o combustível nos cilindros e a descarga dos gases de combustão dos tubos de exaustão são analisados usando-se a mecânica dos fluidos. A mecânica dos fluidos também é usada no projeto do sistema de aquecimento e ar-condicionado, dos sistemas de freio hidráulico, direção hidráulica, transmissão automática e do sistema de lubrificação, no projeto do sistema de refrigeração do bloco do motor, incluindo o radiador e a bomba d'água, e até nos pneus. A forma aerodinâmica suave dos modelos de automóveis recentes é o resultado dos esforços para minimizar o arrasto ao utilizar extensivamente a análise do escoamento sobre superfícies.

Em escala mais ampla, a mecânica dos fluidos desempenha um papel principal no projeto e análise de aeronaves, embarcações, submarinos, foguetes, motores a jato, turbinas eólicas, dispositivos biomédicos, refrigeração de componentes eletrônicos e sistemas de transporte de água, óleo cru e gás natural. É também considerada no projeto de edificações, pontes e até mesmo em cartazes, para garantir que as estruturas resistam à força do vento. Diversos fenômenos naturais como ciclo de chuvas, padrões de clima, elevação da água do chão ao topo das árvores, ventos, ondas dos oceanos e correntes em grandes corpos de água também são governados pelos princípios da mecânica dos fluidos (Figura 1–8).

Escoamentos naturais e clima
© Vol. 16/Photo Disc.

Embarcações
© Vol. 5/Photo Disc.

Aeronaves e espaçonaves
© Vol. 1/Photo Disc.

Usinas termelétricas
© Vol. 57/Photo Disc.

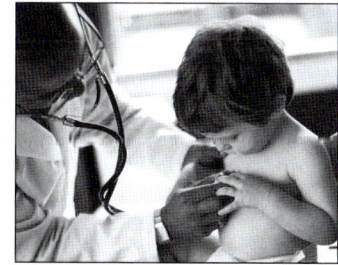

Corpo humano
© Vol. 110/Photo Disc.

Automóveis
© Fotografia de John M. Cimbala.

Turbinas eólicas
© Vol. 17/Photo Disc.

Sistemas de tubulação e encanamentos
Fotografia de John M. Cimbala.

Aplicações industriais
Cortesia de UMDE Engineering, Contracting and Trading. Usada com permissão.

FIGURA 1–8 Algumas áreas de aplicação da mecânica dos fluidos.

1-2 UMA BREVE HISTÓRIA DA MECÂNICA DOS FLUIDOS[1]

Um dos primeiros problemas de engenharia enfrentados pela humanidade, à medida que as cidades foram se desenvolvendo, foi o suprimento de água para uso doméstico e irrigação de plantações. Nosso estilo de vida urbano só pode ser mantido com abundância de água e está claro, através da arqueologia, que cada civilização de sucesso da pré-história investiu na construção e manutenção dos sistemas de água. Os aquedutos romanos, alguns dos quais ainda estão em uso, são os melhores exemplos conhecidos. Entretanto, talvez o exemplo de engenharia mais impressionante do ponto de vista técnico foi construído na cidade helenística de Pergamon, atual Turquia. Lá, entre 283 e 133 AC, foi construída uma série de tubulações de chumbo e argila pressurizadas (Figura 1–9), com até 45 km de comprimento e que operava com pressão maior que 1,7 MPa (180 m de altura de carga). Infelizmente, os nomes da maioria desses construtores primitivos perderam-se no tempo. A contribuição mais antiga e reconhecida para a teoria da mecânica dos fluidos foi feita pelo matemático grego Arquimedes (285–212 a.C.). Ele formulou e aplicou o princípio do empuxo no primeiro teste não destrutivo da história para determinar o teor de ouro da coroa do Rei Hiero I. Os romanos construíram grandes aquedutos e educaram muitos povos conquistados sobre os benefícios da água limpa, porém, de modo geral, tinham uma compreensão geral muito pobre da teoria dos fluidos. (Talvez não devessem ter assassinado Arquimedes quando saquearam Siracusa.)

FIGURA 1–9 Trecho da adutora de Pergamon. Cada seção da tubulação de argila tinha de 13 a 18 cm de diâmetro.
Cortesia de Gunther Garbrecht. Usada com permissão.

Durante a Idade Média a aplicação de maquinaria hidráulica expandiu-se vagarosamente, mas com persistência. Elegantes bombas a pistão foram desenvolvidas para remover água das minas e moinhos movidos a água e vento foram aperfeiçoados para moer grãos, forjar metais e outras tarefas. Pela primeira vez na história humana registrada, trabalhos significativos foram realizados sem a força do músculo de uma pessoa ou animal e essas invenções têm o mérito de possibilitar a posterior Revolução Industrial. Novamente, os criadores da maioria do progresso são desconhecidos, mas os dispositivos propriamente ditos foram bem documentados por diversos escritores técnicos como Georgius Agricola (Figura 1–10).

A Renascença trouxe desenvolvimento contínuo dos sistemas e máquinas de fluido, porém o fato mais importante foi o aperfeiçoamento do método científico e sua adoção em toda a Europa. Simon Stevin (1548–1617), Galileo Galilei (1564–1642), Edme Mariotte (1620–1684) e Evangelista Torricelli (1608–1647) estavam entre os primeiros a aplicar o método científico aos fluidos quando investigaram distribuições de pressão hidrostática e vácuo. Esse trabalho foi integrado e refinado pelo brilhante matemático e filósofo Blaise Pascal (1623–1662). O monge italiano, Benedetto Castelli (1577–1644) foi a primeira pessoa a publicar um enunciado do princípio de continuidade para fluidos. Além de formular equações de movimento para sólidos, Sir Isaac Newton (1643–1727) aplicou suas leis para fluidos e explorou a inércia e resistência de fluidos, jatos livres e viscosidade. Tal esforço foi ampliado pelo suíço Daniel Bernoulli (1700–1782) e seu associado Leonard Euler (1707–1783). Juntos, seu trabalho definiu as equações de energia e momento. O tratado clássico de Bernoulli de 1738, *Hydrodynamica*, pode ser considerado o primeiro texto sobre mecânica dos fluidos. Por fim, Jean d'Alembert (1717–1789) desenvolveu a ideia de componentes de velocidade e aceleração, uma expressão diferencial para a continuidade e seu "paradoxo" de resistência nula para movimento uniforme em regime permanente sobre um corpo.

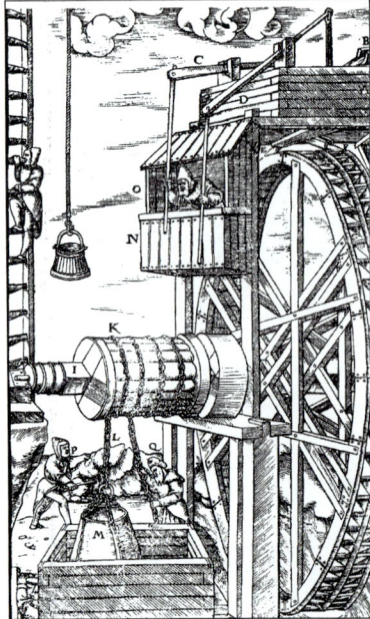

FIGURA 1–10 Guincho de mina acionado por roda hidráulica reversível.
G. Agricola, De Re Metalica, Basel, 1556.

---

[1] Esta seção é uma contribuição do Professor Glenn Brown da Oklahoma State University.

O desenvolvimento da teoria da mecânica dos fluidos até o fim do século XVIII teve pouco impacto sobre a engenharia, visto que as propriedades e parâmetros dos fluidos eram pouco quantificados e a maior parte das teorias, abstrações que não podiam ser quantificadas para fins de projeto. A situação mudou com o desenvolvimento da escola de engenharia francesa liderada por Riche de Prony (1755–1839). Prony (ainda conhecido pelo seu freio para medir potência) e seus associados em Paris, da Ecole Polytechnique (escola politécnica) e da Ecole Ponts et Chaussees (escola de pontes e açudes), foram os primeiros a incluir cálculo e teoria científica no currículo de engenharia, o que se tornou um modelo para o resto do mundo. (Agora você sabe quem culpar pelo sofrido primeiro ano como calouro.) Antonie Chezy (1718–1798), Louis Navier (1785–1836), Gaspard Coriolis (1792–1843), Henry Darcy (1803–1858) e muitos outros que conribuíram para a engenharia e teoria dos fluidos foram estudantes e/ou professores nessas escolas.

Em meados do século XIX, avanços fundamentais chegavam de várias frentes. O médico Jean Poiseuille (1799–1869) mediu com precisão o escoamento de fluidos múltiplos em tubos capilares, enquanto na Alemanha Gotthilf Hagen (1797–1884) definiu a diferença entre escoamento laminar e turbulento em tubulações. Na Inglaterra, Lord Osborne Reynolds (1842–1912) continuou esse trabalho e desenvolveu o número adimensional que leva seu nome. De modo similar, em paralelo ao trabalho inicial de Navier, George Stokes (1819–1903) completou a equação geral do movimento dos fluidos (com atrito) que leva seus nomes. William Froude (1810–1879) desenvolveu quase sozinho os procedimentos e comprovou o valor de ensaios com modelos físicos. A competência americana igualou-se à dos europeus como demonstrado pelo trabalho pioneiro de James Francis (1815–1892) e Lester Pelton (1829–1908) sobre turbinas e pela invenção do medidor Venturi por Clemens Herschel (1842–1930).

No final do século XIX contribuições significativas para a teoria da mecânica de fluidos foram realizadas por cientistas e engenheiros irlandeses e ingleses incluindo, além de Reynolds e Stokes, William Thomson, Lord Kelvin (1824–1907), William Strutt, Lord Rayleigh (1842–1919) e Sir Horace Lamb (1849–1934). Esses indivíduos investigaram um grande número de problemas como análise dimensional, escoamento irrotacional, movimento de vórtices, cavitação e ondas. Em sentido mais amplo, esse trabalho também explorou os elos entre mecânica dos fluidos, termodinâmica e transferência de calor.

O alvorecer do século XX trouxe dois desenvolvimentos monumentais. Em 1903, os autodidatas Santos Dumont, no Brasil, e os irmãos Wright nos EUA, por meio da aplicação da teoria e ensaios experimentais aperfeiçoaram o aeroplano. Sua invenção primitiva foi completa e continha todas as principais caracterís-

FIGURA 1–11 Aparelho original de Osborne Reynolds para demonstrar o aparecimento de turbulência em escoamentos em tubos, sendo operado por John Lienhard na Universidade de Manchester em 1975.

Fotografia cortesia de John Lienhard, da Universidade de Houston. Usada com permissão.

FIGURA 1–12 Os irmãos Wright levantam voo em Kitty Hawk.
National Air and Space Museum/Smithsonian Institution.

FIGURA 1–13 Velhas e novas tecnologias de turbinas eólicas ao norte de Woodward, OK. As turbinas modernas têm capacidade de 1,6 MW.
Fotografia cedida pelo Oklahoma Wind Power Initiative. Usada com permissão.

ticas do avião moderno (Figura 1–12). As equações de Navier–Stokes eram de pouca utilidade até essa época por serem muito difíceis de resolver. Num artigo pioneiro em 1904, o alemão Ludwig Prandtl (1875–1953) demonstrou que os escoamentos dos fluidos podem ser divididos em uma camada próxima das paredes, a *camada limite*, onde os efeitos do atrito são significativos, e uma camada externa onde tais efeitos são desprezíveis e as equações simplificadas de Euler e Bernoulli são aplicáveis. Seus alunos, Theodore von Kármán (1881–1963), Paul Blasius (1883–1970), Johann Nikuradse (1894–1979) e outros ampliaram essa teoria com aplicações tanto em hidráulica como em aerodinâmica. (Durante a Segunda Guerra Mundial, ambos os lados beneficiaram-se da teoria: Prandtl permaneceu na Alemanha, e seu melhor aluno, o húngaro de nascimento Theodore von Kármán, trabalhou na América.)

Os meados do século XX podem ser considerados a época de ouro das aplicações da mecânica dos fluidos. As teorias existentes eram adequadas às tarefas necessárias e as propriedades e parâmetros dos fluidos estavam bem definidos. Isso suportou a imensa expansão dos setores de aeronáutica, químico, industrial e de recursos hidráulicos, e cada um levou a mecânica dos fluidos para novas direções. A pesquisa e o trabalho sobre mecânica dos fluidos em fins do século XX foram dominados pelo desenvolvimento do computador digital na América do Norte. A capacidade de resolver problemas grandes e complexos, como a modelagem do clima global ou otimização do projeto de uma pá de turbina, ofereceu um benefício à nossa sociedade que os criadores da mecânica dos fluidos do século XVIII nunca poderiam ter imaginado (Figura 1–13). Os princípios apresentados nas páginas a seguir foram aplicados a escoamentos variando desde um instante em uma escala microscópica até 50 anos de simulação de toda uma bacia hidrográfica. É realmente de nos deixar atônitos.

Até onde irá a mecânica dos fluidos no século XXI e além? Francamente, mesmo uma extrapolação limitada além do presente seria pura tolice. Entretanto, se a história nos ensina algo, é que os engenheiros vão aplicar o que sabem para beneficiar a sociedade, pesquisar o que não sabem e se divertir enormemente no processo.

1–3 CONDIÇÃO DE NÃO ESCORREGAMENTO

O escoamento de um fluido geralmente é confinado por superfícies sólidas e é importante compreender como a presença de superfícies sólidas afeta o escoamento de um fluido. Sabemos que a água de um rio não flui por cima de grandes rochas, mas passa em torno delas. Isto é, a velocidade da água na direção normal à superfície da rocha deve ser nula e a água que se aproxima no sentido perpendicular a uma superfície pára completamente na superfície. O que não é tão óbvio é que a água que se aproxima da rocha com qualquer ângulo também para completamente na superfície da rocha e assim a velocidade tangencial da água na superfície também é nula.

Considere o escoamento de um fluido num cano em repouso ou sobre uma superfície sólida não porosa (isto é, impermeável ao fluido). Todas as observações experimentais indicam que um fluido em movimento pára totalmente na superfície e assume velocidade zero (nula) em relação à superfície. Ou seja, um fluido em contato direto com um sólido "gruda" na superfície e não há escorregamento. Tal fato é conhecido como **condição de não escorregamento**. A propriedade responsável pela condição de não escorregamento e pelo desenvolvimento da camada limite é a viscosidade, discutida no Capítulo 2.

A fotografia da Figura 1–14, obtida de um videoclipe, mostra claramente a evolução do gradiente de velocidade como resultado do fluido "grudando" no bordo de ataque arredondado de um perfil de asa. A camada que "gruda" na superfície desacelera a camada de fluido adjacente, devido às forças viscosas entre as camadas do fluido, que, por sua vez, desacelera a camada seguinte e assim por diante. Uma das consequências da condição de não escorregamento é que todos os perfís de velocidade devem ter valor nulo, em relação à superfície, nos pontos de contato entre o fluido e a superfície sólida (Figura 1–15). Portanto, a condição de não escorregamento é responsável pelo desenvolvimento do perfil de velocidade. A região de escoamento adjacente à parede, na qual os efeitos viscosos (e portanto os gradientes de velocidade) são significativos, é chamada de **camada limite**. Outra consequência da condição de não escorregamento é o *arrasto de superfície*, ou o *arrasto de fricção*, que é a força que o fluido exerce sobre a superfície na direção do escoamento.

Quando o fluido é forçado a mover-se sobre uma superfície curva, como a face externa de um cilindro, a uma velocidade suficientemente alta, a camada-limite pode não permanecer mais colada à superfície e em algum ponto separa-se dela – um processo denominado **separação de escoamento** (Figura 1–16). Enfatizamos que a condição de não escorregamento aplica-se a *qualquer* ponto ao longo da superfície, até mesmo a jusante do ponto de separação. A separação de escoamento é discutida com mais detalhes no Capítulo 9.

Um fenômeno similar a condição de não escorregamento ocorre com a transferência de temperatura. Quando dois corpos com temperaturas diferentes entram em contato, ocorre transferência de calor até que ambos tenham a mesma temperatura nos pontos de contato. Portanto, um fluido e uma superfície sólida têm a mesma temperatura nos pontos de contato. Essa propriedade é conhecida como **condição de continuidade da temperatura**.

1–4 CLASSIFICAÇÃO DOS ESCOAMENTOS DE FLUIDOS

Anteriormente, definimos mecânica dos fluidos como a ciência que trata do comportamento dos fluidos em repouso ou em movimento, e da interação dos fluidos com sólidos ou com outros fluidos em suas fronteiras. Há grande variedade de problemas de escoamento de fluidos encontrados na prática e, em geral, é conveniente classificá-los com base em características comuns para estudá-los em grupos. Há muitas maneiras de classificar problemas de escoamentos de fluidos e a seguir apresentamos algumas categorias gerais.

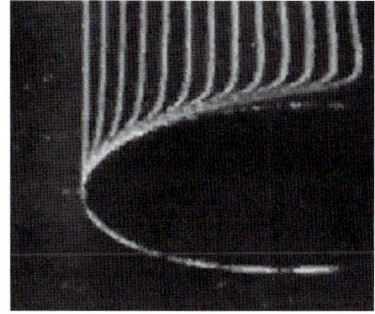

FIGURA 1–14 Desenvolvimento do perfil da velocidade devido à condição de não escorregamento à medida que o fuido escoa sobre o bordo de ataque arredondado.

"Hunter Rouse: Laminar and Turbulent Flow Film." Copyright IIHR-Hydroscience & Engineering, University of Iowa. Usada com permissão.

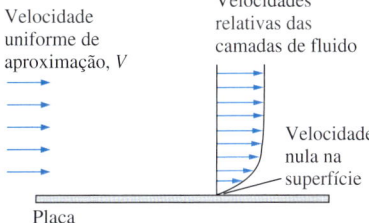

FIGURA 1–15 Um fluido movendo-se sobre uma superfície em repouso atinge parada total na superfície devido à condição de não escorregamento.

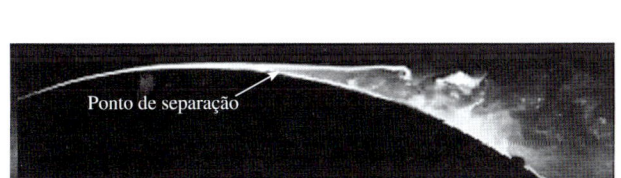

FIGURA 1–16 Separação do escoamento durante o escoamento sobre uma superfície curva.

Fotografia de G. M. Homsy et al, "Multi-Media Fluid Mechanics", Cambridge Univ. Press (2001). ISBN 0-521-78748-3. Reimpressa com permissão.

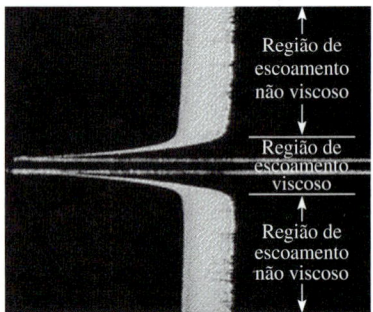

FIGURA 1–17 O escoamento de uma corrente de fluido originalmente uniforme sobre uma placa plana e as regiões de escoamento viscoso (próximo à placa, de ambos os lados) e escoamento não viscoso (afastado da placa).

Fundamentals of Boundary Layers, National Committee from Fluid Mechanics Films, © *Education Development Center.*

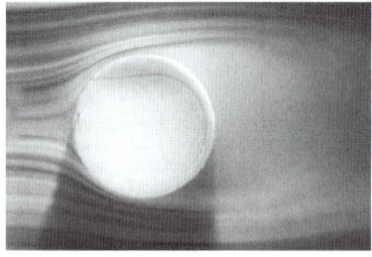

FIGURA 1–18 Escoamento externo ao redor de uma bola de tênis e a região da esteira turbulenta.

Cortesia Nasa e Cislunar Aerospace, Inc.

Regiões de escoamento viscoso *versus* não viscoso

Quando duas camadas de fluido movem-se uma em relação à outra, desenvolve-se uma força de atrito entre elas e a camada mais lenta tenta reduzir a velocidade da camada mais rápida. Tal resistência interna ao escoamento é quantificada pela propriedade de *viscosidade* do fluido, uma medida da aderência interna do fluido. A viscosidade é causada por forças coesivas entre as moléculas de um líquido e por colisões moleculares nos gases. Não existe fluido com viscosidade nula e, assim, todo o escoamento de fluidos envolve efeitos viscosos de algum grau. Os escoamentos com efeitos do atrito significativos chamam-se **escoamentos viscosos**. Entretanto, em muitos escoamentos de interesse prático, há *regiões* (tipicamente regiões afastadas de superfícies sólidas) onde as forças viscosas são desprezivelmente pequenas quando comparadas às forças inerciais e de pressão. Desprezar os termos viscosos em regiões de **escoamento não viscoso** simplifica bastante a análise, sem muita perda de precisão.

O desenvolvimento de regiões de escoamento viscoso ou não viscoso como resultado da inserção de uma placa plana paralela a uma corrente com velocidade uniforme é mostrado na Figura 1–17. O fluido gruda em ambas as faces da placa em virtude da condição de não escorregamento, e a fina camada-limite na qual os efeitos viscosos são significativos, próxima à superfície da placa, é a *região de escoamento viscoso*. A região de escoamento afastada de ambos os lados da placa e não afetada pela presença da placa é a *região de escoamento não viscoso*.

Escoamento interno *versus* externo

O escoamento dos fluidos é classificado como interno ou externo dependendo de o escoamento do fluido ser em um espaço confinado ou sobre uma superfície. O escoamento não confinado de um fluido sobre uma superfície, tal como uma placa, um arame ou um cano, é um escoamento externo. O escoamento em um tubo ou duto é um escoamento interno se o fluido estiver inteiramente limitado por superfícies sólidas. O escoamento de água em um cano, por exemplo, é um escoamento interno, o escoamento de ar sobre uma bola ou sobre um tubo exposto durante uma ventania é um escoamento externo (Figura 1–18). O escoamento de líquidos num duto é chamado de *escoamento de canal aberto* se o duto estiver apenas parcialmente cheio com o líquido e houver uma superfície livre. Os escoamentos de água em rios ou valas de irrigação são exemplos de tais escoamentos.

Os escoamentos internos são dominados pela influência da viscosidade em todo o campo do escoamento. Nos escoamentos externos, os efeitos viscosos estão restritos às camadas-limites próximas das superfícies sólidas e às regiões de esteira a jusante dos corpos.

Escoamento compressível *versus* incompressível

Um escoamento é classificado como *compressível* ou *incompressível* dependendo da variação da sua densidade durante o escoamento. A incompressibilidade é uma aproximação, quando um escoamento é dito ser **incompressível** se a densidade permanecer aproximadamente constante ao longo do tempo. Portanto, quando o escoamento (ou o fluido) é definido como incompressível o volume de cada porção do fluido permanece inalterado durante o decorrer de seu movimento.

As densidades dos líquidos são essencialmente constantes e, portanto, esse escoamento é tipicamente incompressível. Portanto, os líquidos são comumente chamados de *substâncias incompressíveis*. Por exemplo, uma pressão de 210 atm atuando sobre água líquida causa mudança no valor da densidade dessa água a 1 atm de somente 1%. Gases, por outro lado, são altamente compressíveis. A mudança de pressão de apenas 0,01 atm, por exemplo, causa uma mudança de 1% na densidade do ar atmosférico.

Ao analisar foguetes, espaçonaves e outros sistemas que envolvem escoamentos de gás em altas velocidades (Figura 1–19), a velocidade do gás é frequentemente expressa em termos do **número de Mach**, adimensional, definido pela expressão

$$\text{Ma} = \frac{V}{c} = \frac{\text{Velocidade de escoamento}}{\text{Velocidade de som}}$$

onde c é a **velocidade do som**, cujo valor é de 346 m/s no ar à temperatura ambiente e ao nível do mar. O escoamento é denominado **sônico** quando Ma = 1, **subsônico** quando Ma < 1, **supersônico** quando Ma > 1, e **hipersônico** quando Ma $\gg$ 1. Parâmeros adimensionais são discutidos em detalhes no Capítulo 7.

Os escoamentos líquidos são incompressíveis a um alto nível de precisão, mas a variação da densidade nos escoamentos de gás e o consequente nível de aproximação feito ao modelar os escoamentos de gases como incompressíveis dependem do número Mach. Os escoamentos de gases podem ser considerados, em geral, como aproximadamente incompressíveis se as mudanças de densidade estiverem abaixo de cerca de 5%, o que usualmente é o caso quando Ma < 0,3. Portanto, os efeitos da compressibilidade do ar podem ser desprezados para velocidades abaixo de cerca de 100 m/s.

Pequenas mudanças na densidade dos líquidos correspondentes a grandes mudanças de pressão podem ainda ter consequências consideráveis. O irritante "golpe de ariete" numa tubulação de água, por exemplo, é causado pelas vibrações geradas no cano pela reflexão das ondas de pressão que surgem após o súbito fechamento de válvulas.

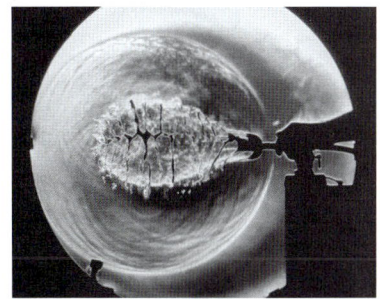

FIGURA 1–19 Imagem Schlieren da onda de choque esférica produzida por um balão estourando no Penn State gás Dynamics Lab. Vários choques secundários são vistos no ar ao redor do balão.

Fotografia de G. S. Settles, Penn State University. Usada com permissão.

Escoamento laminar *versus* turbulento

Alguns escoamentos são suaves e ordenados enquanto outros são um tanto caóticos. O movimento altamente ordenado dos fluidos caracterizado por camadas suaves de fluido é denominado **laminar**. A palavra *laminar* origina-se do movimento de partículas adjacentes do fluido, agrupadas em "lâminas". O escoamento dos fluidos com alta viscosidade, como os óleos, em baixas velocidades é tipicamente laminar. O movimento altamente desordenado dos fluidos que ocorre em altas velocidades e é caracterizado por flutuações de velocidade é chamado de **turbulento** (Figura 1–20). O escoamento de fluidos com baixa viscosidade, como o ar, em altas velocidades é tipicamente turbulento. Um escoamento que se alterna entre laminar e turbulento é chamado de **transitório**. Os experimentos realizados por Osborn Reynolds, nos anos 1880, resultaram na criação do número adimensional denominado **número de Reynolds, Re**, como o parâmetro-chave para a determinação do regime do escoamento em canos (Capítulo 8).

Escoamento natural (ou não forçado) *versus* forçado

Um escoamento de fluidos é dito ser natural ou forçado, dependendo de como o movimento do fluido foi iniciado. No **escoamento forçado**, o fluido é obrigado a fluir sobre uma superfície ou num tubo por meios externos como uma bomba ou uma ventoinha. Nos **escoamentos naturais**, qualquer movimento do fluido é devido a meios naturais como o efeito de flutuação, que se manifesta com a elevação do fluido mais quente (e, portanto, mais leve) e a descida do fluido mais frio (e portanto mais denso) (Figura 1–21). Nos sistemas de aquecimento de água

Laminar

Transitório

Turbulento

FIGURA 1–20 Escoamentos laminar, transitório e turbulento sobre uma placa plana.

Cortesia de ONERA, fotografia de Werlé.

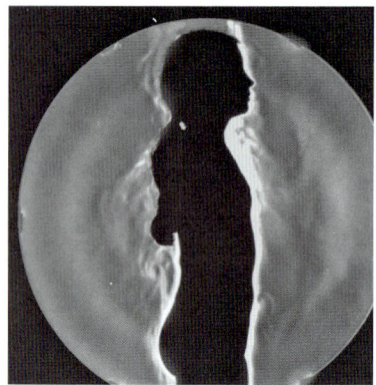

FIGURA 1–21 Nesta imagem "schlieren" de uma jovem de maiô, a elevação de ar mais leve quente ao redor de seu corpo indica que os seres humanos e animais de sangue quente estão cercados por uma camada térmica ascendente de ar aquecido.

G. S. Settles, Gas Dynamics Lab, Penn State University. Usada com permissão.

por energia solar, por exemplo, o efeito de termossifão é comumente usado para substituir as bombas, localizando o reservatório de água suficientemente acima dos coletores solares.

Escoamento estacionário *versus* não estacionário

Os termos *estacionário* e *uniforme* são usados frequentemente na engenharia e é importante ter uma compreensão clara de seus significados. O termo **estacionário** implica *não haver mudança de propriedades, velocidade, temperatura, etc., ao longo do tempo*. O oposto de estacionário é **não estacionário**. O termo **uniforme** implica *não haver mudança com a localização* em uma região específica. Esses significados são consistentes com seu uso rotineiro (distribuição uniforme etc.).

Os termos *não estacionário* e *transiente* são usados, com frequência, como intercambiáveis, entretanto não são sinônimos. Em mecânica dos fluidos, não estacionário é o termo mais genérico aplicável a qualquer escoamento não estacionário, mas **transiente** é usado tipicamente para escoamentos que estão se desenvolvendo. Quando se dá partida no motor de um foguete, por exemplo, há *efeitos transitórios* (pressão é criada dentro do motor do foguete, o escoamento é acelerado, etc.) até que o motor se acomode e opere regularmente. O termo **periódico** refere-se ao tipo de escoamento não estacionário no qual o escoamento oscila em torno de um valor médio estacionário.

Diversos dispositivos, como turbinas, compressores, caldeiras, condensadores e trocadores de calor operam durante longos períodos de tempo sob as mesmas condições e são classificados como *dispositivos de escoamento estacionário*. (Observe que o campo do escoamento nas proximidades das lâminas rotativas de uma turbomáquina naturalmente é não estacionário, mas consideramos o campo total do escoamento em vez de detalhes localizados quando classificamos dispositivos.) Durante o período de escoamento em regime estacionário, as propriedades do fluido podem mudar de um local para outro no dispositivo, porém em qualquer ponto fixo permanecem constantes. Portanto, o volume, a massa e a energia total contida em um dispositivo com escoamento em regime estacionário ou em uma seção do escoamento permanecem constantes e em um regime de operação estacionário (Figura 1–22).

FIGURA 1–22 Comparação entre *(a)* um instantâneo de um escoamento não estacionário e *(b)* imagem de longa exposição do mesmo escoamento.

Fotografias de Eric A. Paterson. Usadas com permissão.

(a)

(b)

As condições de escoamento estacionário podem ser bem aproximadas por dispositivos destinados a operação contínua, como turbinas, bombas, caldeiras, condensadores e trocadores de calor de usinas de energia ou sistemas de refrigeração. Alguns dispositivos cíclicos, como motores de movimento alternado ou compressores, não satisfazem às condições de escoamento estacionário visto que o escoamento nas entradas e saídas é pulsante e, portanto, não estacionário. Entretanto, as propriedades do fluido variam com o tempo de maneira periódica e o escoamento através desses dispositivos ainda pode ser analisado como um processo de escoamento estacionário ao usar valores médios no tempo para as propriedades.

Algumas visualizações fascinantes de escoamento de fluidos são mostradas no livro *An Album of Fluid Motion* (*Álbum de movimentos dos fluidos*) de Milton Van Dyke (1982). Uma bela ilustração de campo de escoamento não estacionário é mostrada na Figura 1–23, reproduzida do livro de Van Dyke. A Figura 1–23a é um quadro de uma película de alta velocidade, que mostra redemoinhos grandes, alternados e turbulentos que deixam um rastro oscilatório periódico a partir da base abrupta do objeto. Os redemoinhos produzem ondas de choque que se propagam na direção da montante alternadamente sobre as superfícies superior e inferior do aerofólio. A Figura 1–23b mostra o mesmo campo de escoamento, mas a película foi exposta durante um tempo maior de modo que a imagem mostra a média temporal sobre 12 ciclos. O campo do escoamento resultante da média temporal parece "estacionário" uma vez que os detalhes das oscilações não estacionárias perdem-se durante a longa exposição.

Um dos trabalhos mais importantes de um engenheiro é determinar se é suficiente estudar apenas as características do escoamento estacionário representado pela média temporal para um dado problema, ou se é necessário um estudo mais detalhado das características não estacionárias do escoamento. Se o engenheiro estiver interessado apenas nas propriedades gerais do campo do escoamento (como média temporal do coeficiente de arrasto, velocidade média e campos de pressão), uma descrição via média temporal como a ilustrada na Figura 1–23b, uma média temporal de medidas experimentais ou um cálculo analítico ou numérico da média temporal do campo de escoamento serão suficientes. Entretanto, se ele estiver interessado nos detalhes do campo de escoamento não estacionário, como vibrações induzidas pelo escoamento, flutuações não estacionárias da pressão ou ondas sonoras emitidas por turbilhões turbulentos ou ondas de choque, a descrição via média temporal do escoamento será insuficiente.

A maioria dos exemplos analíticos e computacionais fornecidos neste livro refere-se a escoamentos estacionários ou resultantes de médias temporais, apesar de ocasionalmente salientarmos algumas características relevantes de escoamentos não estacionários.

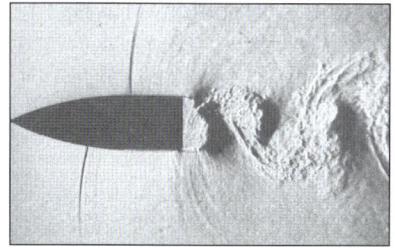

(a)

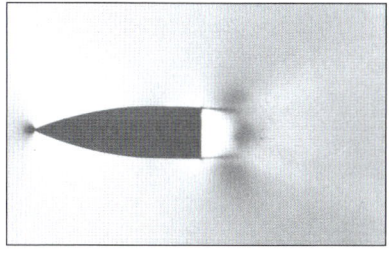

(b)

FIGURA 1–23 Esteira oscilante de aerofólio com base abrupta de número Mach 0,6. A fotografia (*a*) é uma imagem instantânea e a fotografia (*b*) é uma imagem de longa exposição (média temporal).

(*a*) Dyment, A., Flodrops, J. P. & Gryson, P. 1982 in Flow Visualization II, W. Merzkirch, ed., 331–336. Washington: Hemisphere. Usada com permissão de Arthur Dyment.

(*b*) Dyment, A. & Gryson, P. 1978 in Inst. Mèc. Fluides Lille, No. 78-5. Usada com permissão de Arthur Dyment.

Escoamentos uni, bi e tridimensionais

Um campo de escoamento é melhor caracterizado pela sua distribuição de velocidade e, portanto, o escoamento é dito ser uni, bi ou tridimendional se a sua velocidade varia basicamente em uma, duas ou três dimensões, respectivamente. Um típico escoamento de fluidos envolve geometria tridimensional e a velocidade pode variar em todas as três dimensões, implicando um escoamento tridimensional [$\vec{V}(x, y, z)$ em coordenadas cartesianas ou $\vec{V}(r, \theta, z)$ em coordenadas cilíndricas]. Entretanto, a variação de velocidade em certas direções pode ser pequena em relação à variação em outras direções e pode ser ignorada com erro desprezível. Nesses casos, o escoamento pode ser convenientemente modelado como uni ou bidimensional, o que é mais fácil de analisar.

FIGURA 1–24 Desenvolvimento do perfil da velocidade em um cano circular. $V = V(r, z)$ e, portanto, o escoamento é bidimensional na região da entrada e torna-se unidimensional a jusante, quando o perfil da velocidade se desenvolve completamente e permanece sem mudança na direção do escoamento, $V = V(r)$.

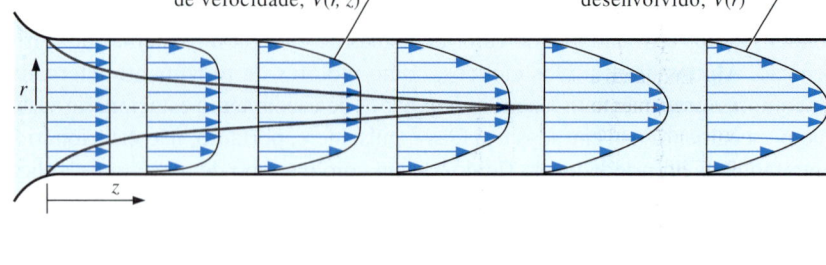

FIGURA 1–25 O escoamento ao redor da antena do automóvel é aproximadamente bidimensional, exceto quando próximo ao topo e à base da antena.

Considere o escoamento estacionário de um fluido através de um cano circular acoplado a um grande reservatório. A velocidade do fluido em qualquer local na superfície do cano é nula devido à condição de não escorregamento, e o escoamento é bidimensional na região de entrada do cano visto que a velocidade muda em ambas as direções r e z, mas não na direção do angulo θ. O perfil da velocidade desenvolve-se completamente e permanece sem mudança depois de uma certa distância da entrada (cerca de 10 vezes o diâmetro do cano em um escoamento turbulento, mas menos em um escoamento laminar, como na Figura 1–24), o escoamento nessa região é dito estar *totalmente desenvolvido*. Um escoamento totalmente desenvolvido em um cano circular é *unidimensional*, uma vez que a velocidade varia na direção radial r, mas não nas direções angular θ ou axial z, como mostrado na Figura 1–24. Isto é, o perfil da velocidade será o mesmo em qualquer ponto ao longo do eixo z e é simétrico em torno do eixo do cano.

Observe que a dimensionalidade do escoamento também depende da escolha do sistema de coordenadas e de sua orientação. O escoamento no cano discutido, por exemplo, é unidimensional em relação às coordenadas cilíndricas, mas bidimensional em coordenadas cartesianas – o que mostra a importância da escolha do sistema de coordenadas mais apropriado. Observe também que, mesmo neste escoamento simples, a velocidade não será uniforme ao longo da seção transversal do cano devido à condição de não escorregamento. Entretanto, em uma entrada bem arredondada, o perfil da velocidade pode ser aproximado como quase uniforme no cano, visto que a velocidade é aproximadamente constante ao longo do raio, exceto quando muito próximo da parede do cano.

O escoamento pode ser considerado aproximadamente *bidimensional* quando a razão do aspecto for grande e o escoamento não mudar de forma observável ao longo da dimensão mais longa. Por exemplo, o escoamento de ar ao redor da antena de um automóvel pode ser considerado bidimensional, exceto na proximidade das extremidades, uma vez que o comprimento da antena é muito maior que seu diâmetro e o escoamento de ar que a atinge é razoavelmente uniforme (Figura 1–21).

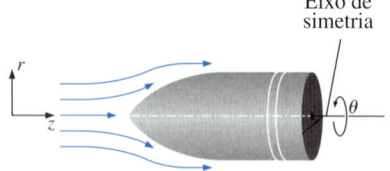

FIGURA 1–26 Escoamento com simetria axial sobre uma bala.

EXEMPLO 1–1 Escoamento com simetria axial ao redor de uma bala

Considere uma bala movimentando-se por ar calmo durante um curto período no qual a velocidade da bala é quase constante. Determine se a média temporal do escoamento de ar sobre uma bala durante sua trajetória é uni, bi ou tridimensional (Figura 1–26).

SOLUÇÃO Deve se determinar se o escoamento sobre a bala é uni, bi ou tridimensional.

Hipótese Não há ventos significativos e a bala não gira.

Análise A bala possui um eixo de simetria e é, portanto, um corpo axi-simétrico. O escoamento de ar incidente sobre a bala é paralelo ao seu eixo e espera-se que a média temporal do escoamento seja rotacionalmente simétrica em relação ao eixo de simetria da bala – tais escoamentos são ditos axialmente simétricos. A velocidade, neste caso, varia com a distância axial *z* e com a distância radial *r*, mas não com o ângulo *θ*. Portanto, o escoamento médio de ar sobre a bala é **bidimensional**.

Discussão Enquanto a média temporal do escoamento de ar é simétrica em relação ao eixo, o escoamento de ar *instantâneo* não é, como ilustrado pela Figura 1–23. Em coordenadas cartesianas, o escoamento seria tridimensional. Além disso, muitas balas giram.

FIGURA 1–27 Sistema, vizinhança e fronteira.

1–5 SISTEMA E VOLUME DE CONTROLE

Um **sistema** é definido como uma *quantidade de matéria ou uma região do espaço escolhida para estudo*. A massa ou região fora do sistema é denominada **vizinhança**. A superfície real ou imaginária que separa o sistema de sua vizinhança é chamada de **fronteira** (Figura 1–27) e pode ser *fixa* ou *móvel*. Observe que a fronteira é a superfície de contato compartilhada tanto pelo sistema como pela vizinhança. Matematicamente falando, a fronteira tem espessura nula e assim não contém qualquer massa, nem ocupa volume no espaço.

Os sistemas são considerados *fechados* ou *abertos*, dependendo se uma massa fixa ou um volume no espaço forem escolhidos para estudo. Um **sistema fechado** (também conhecido como **massa de controle**, ou simplesmente *sistema*, se o contexto o deixa claro) consiste em uma quantidade fixa de massa, e nenhuma porção pode cruzar sua fronteira. Porém, a energia, sob a forma de calor ou de trabalho, pode cruzar sua fronteira, e o volume de um sistema fechado não precisa ser fixo. Se, como um caso especial, nem a energia puder cruzar a fronteira, o sistema é chamado de sistema isolado.

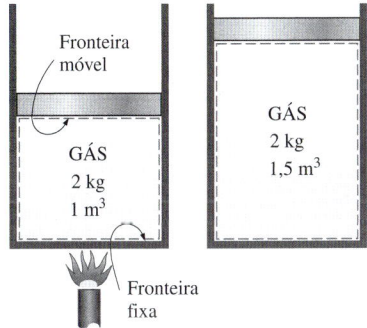

FIGURA 1–28 Sistema fechado com fronteira móvel.

Considere o dispositivo pistão-cilindro Figura 1–28. Digamos que queremos determinar o que acontece quando o gás contido nele é aquecido. Como estamos focando nossa atenção no gás, ele é nosso sistema. As superfícies internas do pistão e do cilindro formam a fronteira, e como não há massa cruzando essa fronteira, ele é um sistema fechado. Observe que a energia pode cruzar a fronteira e parte dela (a superfície interna do pistão, neste caso) pode se mover. Exceto o gás, todo o resto, incluindo o pistão e o cilindro, forma a vizinhança.

Um **sistema aberto**, ou **volume de controle**, como é denominado frequentemente, é uma *região do espaço selecionada*, que em geral compreende um dispositivo que inclui escoamento de massa, como um compressor, turbina ou bocal. O escoamento através desses dispositivos é mais bem estudado ao selecionar dentro do próprio dispositivo a região a ser usada como volume de controle. Ambas, massa e energia, podem cruzar a fronteira do volume de controle.

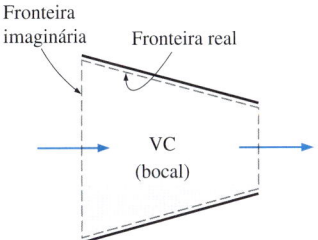

(*a*) Volume de controle (VC) com fronteiras real e imaginária

Um grande número de problemas de engenharia envolve escoamento de massa que entra e sai do sistema e, portanto, são modelados como *volumes de controle*. Um aquecedor de água, um radiador de automóvel, uma turbina e um compressor, envolvem escoamento de massa e devem ser analisados como volumes de controle (sistemas abertos) em vez de massas de controle (sistemas fechados). Em geral, *qualquer região arbitrária no espaço* pode ser selecionada como volume de controle. Não há regras definidas para a seleção de volumes de controle, mas uma escolha apropriada certamente torna a análise bem mais fácil. Se fôssemos analisar o escoamento de ar através de um bocal, por exemplo, uma boa escolha para o volume de controle seria a região do próprio bocal.

Um volume de controle pode ser fixo em tamanho e forma, como no caso do bocal, ou pode incluir uma fronteira móvel, como mostrado na Figura 1–29*b*. A maioria dos volumes de controle, entretanto, têm fronteiras fixas e não incluem quaisquer fronteiras móveis. Um volume de controle também pode envolver interações de calor e trabalho assim como um sistema fechado, além da interação de massa.

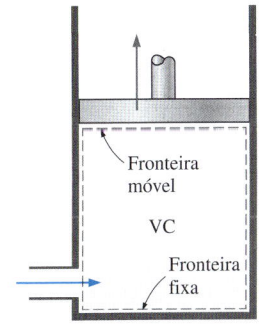

(*b*) Volume de controle (VC) com fronteiras fixa e móvel

FIGURA 1–29 Um volume de controle pode incluir fronteiras fixa, móvel, real e imaginária.

1-6 IMPORTÂNCIA DAS DIMENSÕES E UNIDADES

Qualquer quantidade física pode ser caracterizada por **dimensões**. As grandezas designadas dimensões são chamadas de **unidades**. Algumas dimensões básicas, como massa m, comprimento L, tempo t, a temperatura T são definidas como dimensões **primárias** ou **fundamentais**, enquanto outras como velocidade V, energia E e volume V são expressas em termos de dimensões primárias e são chamadas de **dimensões secundárias** ou **dimensões derivadas**.

Muitos sistemas de unidades foram desenvolvidos ao longo dos anos. Apesar dos grandes esforços das comunidades científica e de engenharia para unificar o mundo com um único sistema de unidades, dois conjuntos de unidades ainda estão em uso atualmente, o **sistema inglês**, também conhecido como *United States Customary System* (USCS) (Sistema Usual dos Estados Unidos) e o sistema métrico **SI** (de *Le Système International d' Unités*), também conhecido como *Sistema Internacional*. O SI é um sistema simples e lógico com base em uma relação decimal entre as diversas unidades e usado em trabalhos científicos e de engenharia na maioria das nações industrializadas, inclusive na Inglaterra. O sistema inglês, no entanto, não tem base numérica sistemática aparente e várias unidades desse sistema são relacionadas umas às outras arbitrariamente (12 polegadas = 1 pé, 1 milha = 5280 pés, 4 quartos = 1 galão, etc.) o que o torna confuso e difícil de aprender. Os Estados Unidos são o único país industrializado que ainda não se converteu totalmente ao sistema métrico.

Os esforços sistemáticos para desenvolver um sistema de unidades aceitável universalmente datam de 1790 quando a Assembléia Nacional Francesa encarregou a Academia de Ciências Francesa de criar tal sistema de unidades. Uma versão inicial do sistema métrico logo foi desenvolvida na França, mas não teve aceitação universal até 1875 quando o *Tratado de Convenção Métrica* foi preparado e assinado por 17 nações, inclusive os Estados Unidos. Nesse tratado internacional, foram estabelecidos o metro e o grama como as unidades para comprimento e massa, respectivamente, e foi estabelecida a *Conferência Geral de Pesos e Medidas* (CGPM) que deveria reunir-se a cada seis anos. Em 1960, a CGPM criou o SI, baseado em seis quantidades fundamentais cujas unidades foram adotadas em 1954 na Décima Conferência de Pesos e Medidas: *metro* (m) para comprimento, *quilograma* (kg) para massa, *segundo* (s) para tempo, *ampère* (A) para corrente elétrica, *grau Kelvin* (°K) para temperatura e candela (cd) para intensidade luminosa (quantidade de luz). Em 1971, a CGPM adicionou uma sétima quantidade e unidade fundamental: *mole* (mol) para quantidade de matéria.

Baseado no programa de notação introduzido em 1967, o símbolo de grau foi oficialmente removido da unidade de temperatura absoluta e todos os nomes das unidades deveriam ser escritos em minúsculas mesmo que fossem derivados de nomes próprios (Tabela 1–1). Entretanto, a abreviatura da unidade deve ser escrita em maiúscula se a unidade for derivada de nome próprio. Por exemplo, a unidade de força SI, cujo nome deriva de Sir Isaac Newton (1647–1723), é *newton* (não Newton) e é abreviada por N. Além disso, o nome completo da unidade pode ser pluralizado, mas sua abreviatura não. Por exemplo, o comprimento de um objeto pode ser escrito 5 m ou 5 metros, mas não *5 ms* ou *5 metro*. Finalmente, nas abreviaturas das unidades não deve ser usado ponto, a menos que estejam no final de uma sentença. Por exemplo, a abreviatura apropriada de metro é m (não m.).

O movimento recente de mudança a favor do sistema métrico nos Estados Unidos parece ter começado em 1968 quando o Congresso, em resposta ao que estava acontecendo no resto do mundo, aprovou o Metric Study Act (lei de estudo métrico). O Congresso continuou a promover uma mudança voluntária para o sistema métrico aprovando o Metric Conversion Act (lei de conversão métrica) em 1975. Um acordo comercial aprovado pelo Congresso em 1988 estabeleceu

TABELA 1–1

As sete dimensões fundamentais (ou primárias) e suas unidades no SI

Dimensão	Unidade
Comprimento	metro (m)
Massa	quilograma (kg)
Tempo	segundo (s)
Temperatura	kelvin (K)
Corrente elétrica	ampère (A)
Quantidade de luz	candela (cd)
Quantidade de matéria	mole (mol)

TABELA 1–2

Prefixos padrão das unidades no SI

Múltiplo	Prefixo
10^{12}	tera, T
10^{9}	giga, G
10^{6}	mega, M
10^{3}	quilo, k
10^{2}	hecto, h
10^{1}	deca, da
10^{-1}	deci, d
10^{-2}	centi, c
10^{-3}	mili, m
10^{-6}	micro, μ
10^{-9}	nano, n
10^{-12}	pico, p

Setembro de 1992 como a meta para que todas as agências federais adotassem o sistema métrico. Entretanto, a data-limite foi relaxada posteriormente, sem planos claros para o futuro.

Como salientado, o SI baseia-se numa relação decimal entre as unidades. Os prefixos usados para exprimir os múltiplos das várias unidades estão relacionados na Tabela 1–2. Eles são padrão para todas as unidades e o estudante é encorajado a decorá-las devido ao seu uso extensivo (Figura 1–30).

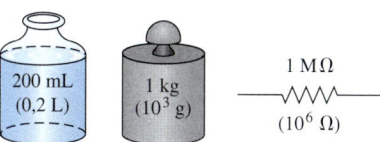

FIGURA 1–30 Os prefixos das unidades SI são usados em todos os ramos da engenharia.

Algumas unidades SI e inglesas

No SI, as unidades de massa, comprimento e tempo são quilograma (kg), metro (m) e segundo (s), respectivamente. As unidades respectivas no sistema inglês são libra-massa (lbm), pé (ft) e segundo (s). O símbolo *lb* é a abreviatura de *libra*, a unidade antiga de peso romana. Os ingleses mantiveram esse símbolo mesmo após o fim da ocupação romana da Bretanha em 410. As unidades de massa e comprimento nos dois sistemas são relacionadas uma à outra por

$$1 \text{ lbm} = 0{,}45359 \text{ kg}$$
$$1 \text{ ft} = 0{,}3048 \text{ m}$$

No sistema inglês, em geral a força é considerada uma das dimensões primárias e é designada por uma unidade não derivada. Tal consideração é uma fonte de confusão e erro, e requer o uso de uma constante dimensional (g_c) em muitas fórmulas. Para evitarmos essa inconveniência, consideramos força como dimensão secundária, cuja unidade decorre da segunda lei de Newton, isto é,

$$\text{Força} = (\text{Massa})(\text{Aceleração})$$

ou
$$F = ma \tag{1–1}$$

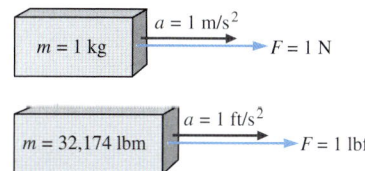

FIGURA 1–31 Definição de unidades de força.

No SI, a unidade de força é o newton (N), definido como *a força necessária para acelerar uma massa de 1 kg a uma taxa de 1 m/s²*. No sistema inglês, a unidade de força é a **libra-força** (lbf), definida como *a força necessária para acelerar uma massa de 32,174 lbm (1 slug) a uma taxa de 1 ft/s²* (Figura 1–31). Isto é,

$$1 \text{ N} = 1 \text{ kg} \cdot \text{m/s}^2$$
$$1 \text{ lbf} = 32{,}174 \text{ lbm} \cdot \text{ft/s}^2$$

A força de 1 N é aproximadamente igual ao peso de uma pequena maçã ($m = 102$ g), enquanto a força de 1 lbf é aproximadamente equivalente ao peso de quatro maçãs médias ($m_{total} = 454$ g), como mostrado na Figura 1–32. Outra unidade de força de uso comum em muitos países europeus é o *quilograma-força* (kgf), que é o peso de uma massa de 1 kg ao nível do mar (1 kgf = 9,807 N).

O termo **peso** com frequência é usado incorretamente para expressar massa, particularmente pelos "vigilantes do peso". Ao contrário de massa, o peso W é uma *força*. É a força gravitacional aplicada a um corpo, e sua intensidade é determinada pela segunda lei de Newton,

$$W = mg \quad (\text{N}) \tag{1–2}$$

onde m é a massa do corpo e g, a aceleração da gravidade no local (g é 9,807 m/s² ou 32,174 ft/s² ao nível do mar e 45° de latitude). Uma balança comum de banheiro mede a força gravitacional que atua sobre um corpo. O peso por unidade de volume de uma substância é chamado de **peso específico** γ e é determinado por $\gamma = \rho g$, onde ρ é a densidade.

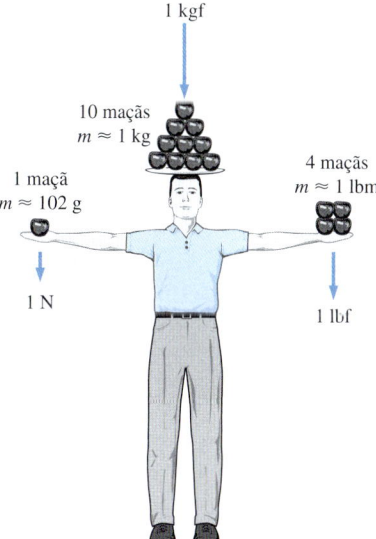

FIGURA 1–32 As magnitudes relativas das unidades de força newton (N), quilograma-força (kgf) e libra-força (lbf).

FIGURA 1–33 Um corpo pesando 150 lbf na Terra pesa apenas 25 lbf na Lua.

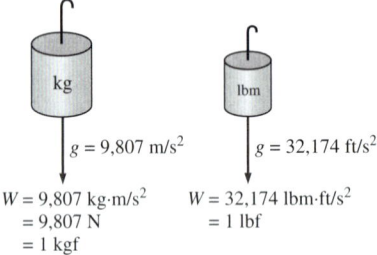

FIGURA 1–34 O peso de uma unidade de massa ao nível do mar.

FIGURA 1–35 Um fósforo comum produz cerca de 1 Btu (ou 1 kJ) de energia se completamente queimado.

Fotografia de John M. Cimbala.

A massa de um corpo permanece a mesma independentemente de sua localização no universo. Seu peso, entretanto, se altera com a mudança da aceleração gravitacional. Um corpo pesa menos no topo de um morro uma vez que g decresce com a altitude. Na superfície da lua, um astronauta pesa cerca de um sexto do que ele ou ela pesa normalmente na Terra (Figura 1–33).

Ao nível do mar, uma massa de 1 kg pesa 9,807 N, como ilustrado na Figura 1–34. Uma massa de 1 lbm, entretanto, pesa 1 lbf, o que leva as pessoas a acreditar que libra-massa e libra-força podem ser usados como sinônimos de libra (lb), o que frequentemente causa erros no sistema inglês.

Deve levar em conta, portanto, que a *força da gravidade* atuando sobre uma massa resulta da *atração* entre as massas e é proporcional ao valor das massas e inversamente proporcional ao quadrado da distância entre elas. Portanto, a aceleração da gravidade g no local depende da *densidade local* da crosta terrestre, da *distância* ao centro da Terra e, com menor influência, das posições da Lua e do Sol. O valor de g varia, conforme o local, de 9,8295 m/s^2 a 4500 m abaixo do nível do mar, até 7,3218 m/s^2 a 100.000 m acima do nível do mar. Entretanto, em altitudes de até 30.000 m, a variação de g do valor 9,807 m/s^2 ao nível do mar é menor do que 1%. Portanto, para a maioria dos propósitos práticos, a aceleração da gravidade pode ser suposta *constante,* com um valor de 9,81 m/s^2. É interessante notar que o valor de g aumenta com a distância abaixo do nível do mar, alcançando um máximo a cerca de 4500 m abaixo do nível do mar e depois começa a decrescer. (Quanto você imagina que seja o valor de g no centro da Terra?)

A principal causa da confusão entre massa e peso é que a massa, em geral, é medida *indiretamente,* medindo-se a *força da gravidade* que ela exerce. Essa abordagem também assume que as forças exercidas por outros efeitos, como a flutuação no ar e movimento do fluido, são desprezíveis. É como medir a distância até uma estrela medindo a mudança da tonalidade de sua cor para vermelho, ou medir até altitude de um avião medindo a pressão barométrica. Essas medições também são ambas indiretas. A maneira *direta* correta de medir a massa é compará-la a um valor de massa conhecido, o que, todavia, é trabalhoso e mais usado para aferição e medição de metais preciosos.

O trabalho, que é uma forma de energia, pode ser simplesmente definido como o produto da força pela distância. Portanto, tem como unidade o "newton-metro (N · m)", que é chamado de **joule** (J). Isto é,

$$1\ J = 1\ N \cdot m \tag{1–3}$$

Uma unidade de energia mais comum no SI é o quilojoule (1 kJ = 10^3 J). No sistema inglês, a unidade de energia é o **Btu** (British thermal unit), definido como a energia necessária para aumentar a temperatura de 1 lbm de água a 68°F por 1°F. No sistema métrico, a quantidade de energia necessária para aumentar a temperatura de 1 g de água a 14,5°C por 1°C é definida como 1 **caloria** (cal), e 1 cal = 4,1868 J. Os valores de quilojoule e Btu são quase idênticos (1 Btu = 1.0551 kJ). Aqui está uma boa maneira de entender estas unidades: Se você acender um fósforo e deixá-lo queimar, irá produzir aproximadamente 1 Btu (ou 1 kJ) de energia (Fig. 1–35).

A unidade para a taxa de tempo de energia é o joule por segundo (J/s), que é chamado de **watt** (W). No caso de trabalho, a taxa de variação da energia no tempo é chamada de *potência*. A unidade comumente usada para a potência é o hp (horse power), o que equivale a 745,7 W. A energia elétrica normalmente é expressa na unidade de quilowatt-hora (kWh), equivalente a 3600 kJ. Um aparelho elétrico com a potência de 1 kW consome 1 kWh de eletricidade ao executar continuamente durante uma hora. Ao lidar com a geração de energia elétrica, as unidades kW e kWh são frequentemente confundidas. Note-se que kW ou kJ/s é uma unidade de potência, enquanto kWh é uma unidade de energia. Portanto, declarações como "a nova turbina eólica irá gerar 50 kW de eletricidade por ano" são sem sentido e incorretas. A afirmação correta deveria ser "a nova turbina eólica com uma potência nominal de 50 kW irá gerar 120.000 kWh de eletricidade por ano".

Homogeneidade dimensional

Sabemos desde o ensino médio que maçãs e laranjas não podem ser somadas, mas de alguma maneira o fazemos (por engano, claro). Na engenharia, todas as equações devem ser *dimensionalmente homogêneas*. Ou seja, todos os termos da equação devem ter a mesma dimensão. Se, em algum estágio de uma análise, tivermos de somar dimensões ou unidades diferentes, isso é uma indicação clara de que cometemos um erro em uma etapa anterior. Então, verificar as dimensões (ou unidades) é ferramenta valiosa para detectar erros.

EXEMPLO 1–2 Geração de energia elétrica por uma turbina eólica

Uma escola paga $0,09/kWh pela energia elétrica. Para reduzir a sua fatura de energia, a escola instala uma turbina eólica (Fig. 1–36), com uma potência nominal de 30 kW. Se a turbina opera 2.200 horas por ano na potência nominal, determine a quantidade de energia elétrica gerada pela turbina eólica e o dinheiro economizado pela escola por ano.

SOLUÇÃO A turbina eólica é instalada para gerar eletricidade. A quantidade de energia elétrica gerada e o dinheiro economizado por ano devem ser determinados.

Análise A turbina eólica gera energia elétrica a uma taxa de 30 kW ou 30 kJ/s. Então, a quantidade total de energia elétrica gerada por ano é

Energia total = (energia por unidade de tempo) (Intervalo de tempo)
= (30 kW) (2200 h)
= **66.000 kWh**

O dinheiro economizado por ano é o valor dessa energia determinado como

Dinheiro economizado = (energia total) (Custo unitário de energia)
= (66.000 kWh) ($ 0,09/kWh)
= **5.940 dólares**

Discussão A produção anual de energia elétrica também pode ser determinada em kJ por manipulações de unidades como

$$\text{Energia total} = (30 \text{ kW})(2200 \text{ h})\left(\frac{3600 \text{ s}}{1 \text{ h}}\right)\left(\frac{1 \text{ kJ/s}}{1 \text{ kW}}\right) = 2{,}38 \times 10^8 \text{ kJ}$$

o que equivale a 66.000 kWh (1 kWh = 3600 kJ).

FIGURA 1–36 Uma turbina eólica, como discutido no Exemplo 1–2.
Fotografia de Andy Cimbala.

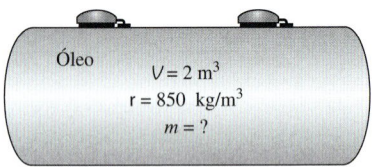

FIGURA 1–37 Esquema para o Exemplo 1–3.

Todos sabemos, por experiência, que unidades podem dar terríveis dores de cabeça se não forem cuidadosamente usadas na solução de um problema. No entanto, com atenção e habilidade, as unidades podem trazer benefícios. Elas podem ser usadas para verificar fórmulas, e até mesmo para *deduzir* fórmulas, como explicado no exemplo a seguir.

> **EXEMPLO 1–3** Obtenção de fórmulas pelas considerações sobre unidades
>
> Um reservatório está cheio de óleo cuja densidade é $\rho = 850$ kg/m^3. Se o volume do reservatório é $V = 2$ m^3, determine a quantidade de massa m no reservatório.
>
> **SOLUÇÃO** O volume do reservatório é dado. A massa de óleo deve ser determinada.
>
> **Hipóteses** O óleo é uma substância incompressível e, portanto, sua densidade é constante.
>
> **Análise** A Fig. 1–37 mostra um esboço do sistema que acabamos de descrever. Suponha que esqueçamos a fórmula que relaciona massa com densidade e volume. No entanto, sabemos que a massa tem quilograma como unidade. Ou seja, quaisquer cálculos que façamos têm que resultar em unidades de quilograma. Salientando tais informações, temos
>
> $$\rho = 850 \text{ kg/m}^3 \quad \text{e} \quad V = 2 \text{ m}^3$$
>
> Podemos eliminar m^3 e obter kg pela multiplicação das duas quantidades. Portanto, a fórmula que procuramos deve ser
>
> $$m = \rho V$$
>
> Assim,
>
> $$m = (850 \text{ kg/m}^3)(2 \text{ m}^3) = \mathbf{1700 \text{ kg}}$$
>
> **Discussão** Observe que esta abordagem pode não dar certo para fórmulas mais complicadas. Constantes adimensionais também podem estar presentes nas fórmulas, e não podem ser derivadas a partir de somente considerações de unidades.

FIGURA 1–38 Sempre verifique as unidades nos seus cálculos.

O estudante deve ter em mente que uma fórmula que não seja dimensionalmente homogênea está definitivamente errada (Figura 1–38), mas uma fórmula dimensionalmente homogênea não está necessariamente correta.

Razões de conversão de unidades

Assim todas as dimensões não primárias podem ser formadas por combinações apropriadas de dimensões primárias, *todas as unidades não primárias (**unidades secundárias**) podem ser formadas por combinações de unidades primárias*. Unidades de força, por exemplo, podem ser expressas como

$$N = kg \frac{m}{s^2} \quad \text{e} \quad \text{lbf} = 32{,}174 \text{ lbm} \frac{\text{ft}}{s^2}$$

Também podem ser expressas mais convenientemente como *razões de conversão de unidades*

$$\frac{\text{N}}{\text{kg}\cdot\text{m/s}^2} = 1 \quad \text{e} \quad \frac{\text{lbf}}{32{,}174\ \text{lbm}\cdot\text{ft/s}^2} = 1$$

Razões de conversão de unidades são iguais a 1 e adimensionais. Assim, tais razões (ou seus inversos) podem ser inseridas convenientemente em qualquer cálculo para converter unidades adequadamente (Fig. 1–39). Os estudantes são encorajados a sempre usar razões de conversão de unidades como as apresentadas neste texto ao converterem unidades. Alguns textos inserem nas equações a constante de gravitação arcaica g_c definida como $g_c = 32{,}174\ \text{lbm}\cdot\text{ft/lbf}\cdot\text{s}^2 = \text{kg}\cdot\text{m/N}\cdot\text{s}^2 = 1$ a fim de forçar as unidades a se equipararem. Tal prática traz confusão desnecessária e é enfaticamente desencorajada. Recomendamos, ao contrário, que os estudantes usem as razões de conversão de unidades.

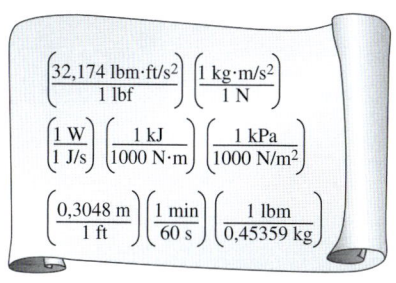

FIGURA 1–39 Cada razão de conversão de unidades (bem como o seu inverso) exatamente igual a um. Aqui estão algumas razões de conversão de unidade comumente usadas.

EXEMPLO 1–4   O peso de uma libra-massa

Mostre que 1,00 lbm pesa 1,00 lbf na Terra, usando razões de conversão de unidades (Fig. 1–40).

SOLUÇÃO A massa de 1,00 lbm está submetida à gravidade padrão da Terra. Determine seu peso em lbf.

Hipóteses São assumidas as condições padrão ao nível do mar.

Propriedades A constante de gravidade é $g = 32{,}174\ \text{ft/s}^2$.

Análise Vamos aplicar a segunda lei de Newton para calcular o peso (força) que corresponde à massa e aceleração conhecidas. O peso de qualquer objeto é igual a sua massa multiplicada pelo valor local da aceleração da gravidade. Assim,

$$W = mg = (1{,}00\ \text{lbm})(32{,}174\ \text{ft/s}^2)\left(\frac{1\ \text{lbf}}{32{,}174\ \text{lbm}\cdot\text{ft/s}^2}\right) = \mathbf{1{,}00\ lbf}$$

Discussão A quantidade entre grandes parênteses nesta equação é uma razão de conversão de unidades. A massa é a mesma independentemente de sua localização. Entretanto, em algum outro planeta com valor diferente de aceleração da gravidade, o peso de 1 lbm será diferente do valor calculado neste exemplo.

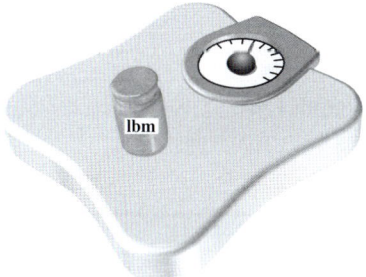

FIGURA 1–40 A massa de 1 lbm pesa 1 lbf na Terra.

O texto impresso em uma caixa de flocos de milho, pode dizer "Peso líquido: uma libra (454 gramas)" (ver Fig. 1–41). Tecnicamente, isso significa que o conteúdo da caixa pesa 1,00 lbf na Terra e tem *massa* de 453,6 g (0,4536 kg). Usando a segunda lei de Newton, o peso real na Terra do cereal no sistema métrico é

$$W = mg = (453{,}6\ \text{g})(9{,}81\ \text{m/s}^2)\left(\frac{1\ \text{N}}{1\ \text{kg}\cdot\text{m/s}^2}\right)\left(\frac{1\ \text{kg}}{1000\ \text{g}}\right) = 4{,}49\ \text{N}$$

FIGURA 1–41 Idiossincrasia do sistema métrico de unidades.

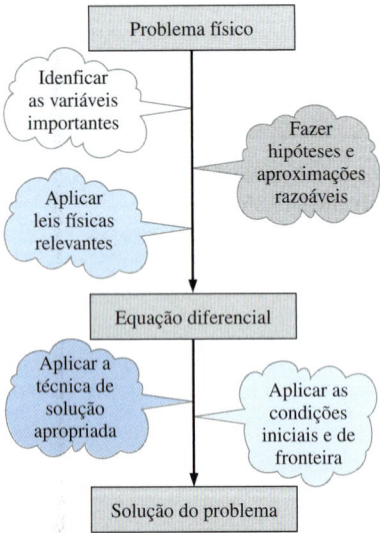

FIGURA 1–42 Modelagem matemática de problemas físicos.

1–7 MODELAGEM EM ENGENHARIA

Um dispositivo ou processo de engenharia pode ser estudado tanto *experimentalmente* (testando e tomando medidas) quanto *analiticamente* (por análises ou cálculos). A abordagem experimental tem a vantagem de lidarmos com o próprio sistema físico e a quantidade desejada é determinada por mensuração dentro dos limites do erro experimental. Entretanto, tal abordagem é cara, consome tempo e é frequentemente impraticável. Além disso, o sistema em estudo pode até não existir. Por exemplo, os sistemas de aquecimento e de tubulações de um edifício geralmente devem ser dimensionados com base nas especificações fornecidas, mas *antes* que o edifício seja realmente construído. A abordagem analítica (incluindo a abordagem numérica) tem a vantagem de ser rápida e de baixo custo, porém os resultados obtidos estão condicionados à precisão das hipóteses, das aproximações e das idealizações feitas na análise. Nos estudos de engenharia, um bom compromisso geralmente é alcançado reduzindo-se as escolhas por meio de análise e depois verificando os resultados experimentalmente.

A descrição da maioria dos problemas científicos envolve equações que relacionam as mudanças de algumas variáveis-chave entre si. Usualmente, quanto menor for o incremento selecionado nas variáveis que mudam, mais geral e precisa será a descrição. No caso-limite de mudanças infinitesimais ou diferenciais das variáveis, obtemos *equações diferenciais* que fornecem fórmulas matemáticas precisas para os princípios e leis físicas, por representar as taxas de variação como *derivadas*. Portanto, as equações diferenciais são usadas para investigar uma grande variedade de problemas científicos e de engenharia (Fig. 1–42). Entertanto, muitos problemas encontrados na prática podem ser resolvidos sem recorrer às equações diferenciais e as complicações associadas a elas.

O estudo de fenômenos físicos envolve duas etapas importantes. Na primeira, todas as variáveis que afetam o fenômeno são identificadas, hipóteses e aproximações razoáveis são feitas e a interdependência entre as variáveis é estudada. As leis e princípios físicos relevantes são então invocados e o problema é formulado matematicamente. A equação propriamente dita é muito instrutiva, porque mostra o grau de dependência de algumas varáveis em relação a outras e a importância relativa dos diversos termos. Na segunda etapa, o problema é resolvido com uma abordagem apropriada e os resultados são interpretados.

Muitos processos que parecem ocorrer na natureza de maneira aleatória e sem qualquer ordem são de fato governados por leis físicas visíveis ou nem tão visíveis. Tais leis estão lá, mesmo que não as notemos, governando de forma consistente e previsível o que parecem ser eventos costumeiros. A maioria dessas leis é bem definida e compreendida pelos cientistas, o que torna possível prever o curso de um evento antes que ele ocorra ou estudar matematicamente vários aspectos de um evento sem realmente realizar experimentos caros e que consomem tempo. Neste fato reside o poder da análise. Resultados bastante precisos para problemas práticos significativos podem ser obtidos com um esforço relativamente pequeno, usando um modelo matemático adequado e realista. A preparação de tais modelos requer o conhecimento adequado do fenômeno natural considerado e das leis relevantes, bem como um julgamento bem fundamentado. Um modelo não realista obviamente irá gerar resultados imprecisos e portanto inaceitáveis.

Um analista trabalhando em um problema de engenharia frequentemente precisa fazer uma escolha entre um modelo muito preciso, mas complexo e outro

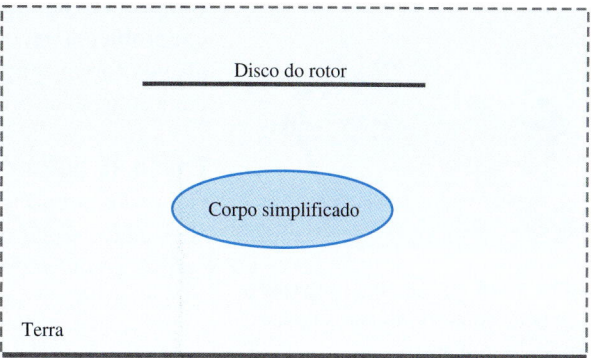

(a) Problema real de engenharia   (b) Modelo minimalista do problema de engenharia

FIGURA 1–43 Modelos simplificados são muitas vezes utilizados em mecânica dos fluidos para obter soluções aproximadas para difíceis problemas de engenharia. Aqui, o rotor do helicóptero é modelado por um disco, o qual sofre uma mudança súbita na pressão. O corpo do helicóptero é modelado por um elipsoide simples. Este modelo simplificado reproduz as características essenciais do escoamento de ar na proximidade do solo.

Fotografia de John M. Cimbala

mais simples, porém não tão preciso. A escolha certa depende da situação. A escolha certa geralmente é o modelo mais simples que dê resultados satisfatórios (Fig. 1–43). Além disso, é importante considerar as condições de operação reais ao selecionar o equipamento.

A preparação de modelos muito precisos, porém complexos, geralmente não é tão difícil. Tais modelos, no entanto, não são úteis para o analista se forem difíceis e consumirem muito tempo para serem resolvidos. O modelo, no mínimo, deve refletir as características essenciais do problema físico representado. Há muitos problemas relevantes no mundo real que podem ser analisados com um modelo simples. Mas deve-se sempre ter em mente que resultados obtidos por meio de uma análise são no máximo tão precisos quanto as hipótese feitas para a simplificação do problema. Portanto, a solução obtida não deve ser aplicada a situações em que as hipóteses originais não são válidas.

Uma solução não consistente com a natureza do problema observado indica que o modelo matemático usado é muito grosseiro. Nesse caso, um modelo mais realista deve ser preparado, eliminando-se uma ou mais hipóteses questionáveis. Isso resultará num modelo mais complexo que, naturalmente, será mais difícil de resolver. Portanto, qualquer solução de um problema deve ser interpretada no contexto de sua formulação.

1–8 TÉCNICA DE RESOLUÇÃO DE PROBLEMA

O primeiro passo para aprender qualquer ciência é compreender seus fundamentos e adquirir um conhecimento apropriado sobre ela. O passo seguinte é dominar os fundamentos testando esse conhecimento, o que é feito resolvendo-se problemas significativos do mundo real. A solução de tais problemas, especialmente os complicados, requer uma abordagem sistemática. Usando a abordagem passo a passo, o engenheiro transforma a solução de um problema

FIGURA 1–44 A abordagem passo a passo pode simplificar enormemente a solução de problemas.

complicado na solução de vários problemas simples (Fig. 1–44). Ao solucionar um problema, recomendamos que você use os seguintes passos com cuidado, quando forem aplicáveis. Isso o ajudará a evitar as armadilhas comuns associadas à solução de problemas.

Passo 1: definição do problema
Com suas próprias palavras, defina resumidamente o problema, as informações-chave dadas e as quantidades a serem determinadas. Isso serve para ter certeza de que o problema e os objetivos foram compreendidos antes de tentar solucioná-lo.

Passo 2: diagrama esquemático
Desenhe um esboço realista do sistema físico envolvido e relacione as informações relevantes na figura. O esboço não precisa ser complicado, mas deve representar o sistema real e mostrar suas características-chave. Indique qualquer interação de energia e massa com a vizinhança. Listar as informações dadas no esboço ajuda a ver o problema como um todo. Verifique também se há propriedades que permanecem constantes durante um processo (como a temperatura durante um processo isotérmico) e saliente-os no esboço.

Passo 3: hipóteses e aproximações
Informe todas as hipóteses e aproximações apropriadas feitas para simplificar o problema e possibilitar obter uma solução. Justifique as hipóteses questionáveis. Considere valores razoáveis para as quantidades necessárias cujos valores são desconhecidos. Por exemplo, na ausência de dados específicos para a pressão atmosférica, pode-se considerar o valor de 1 atm. Entretanto, deve-se observar na análise que a pressão atmosférica diminui com o aumento de altitude. Por exemplo, ela cai para 0,83 atm em Denver (altitude de 1610 m) (Fig. 1–45).

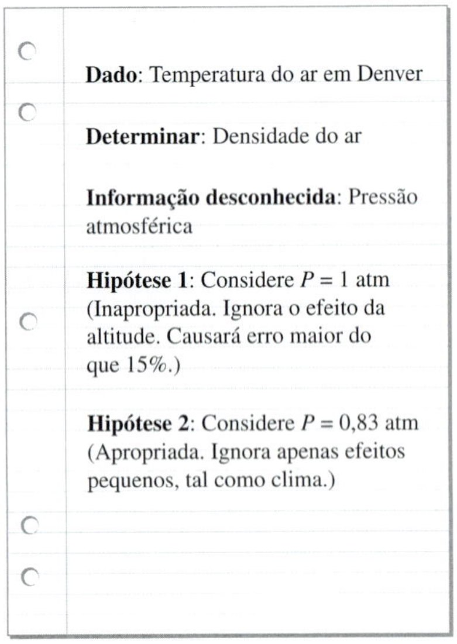

Passo 4: leis físicas
Aplique todas as leis básicas e os princípios físicos relevantes (como conservação de massa) e reduza-os a sua forma mais simples utilizando as hipóteses feitas. Entretanto, a região em que uma lei física é aplicada deve estar claramente identificada. Por exemplo, o aumento da velocidade da água que flui por um bocal é analisado aplicando-se a conservação de massa entre a entrada e a saída do bocal.

FIGURA 1–45 As hipóteses feitas ao resolver um problema de engenharia devem ser razoáveis e justificáveis.

> **Dado**: Temperatura do ar em Denver
>
> **Determinar**: Densidade do ar
>
> **Informação desconhecida**: Pressão atmosférica
>
> **Hipótese 1**: Considere $P = 1$ atm (Inapropriada. Ignora o efeito da altitude. Causará erro maior do que 15%.)
>
> **Hipótese 2**: Considere $P = 0,83$ atm (Apropriada. Ignora apenas efeitos pequenos, tal como clima.)

Passo 5: propriedades
Determine propriedades desconhecidas em estados conhecidos necessários para resolver o problema por meio de relações entre propriedades ou tabelas. Relacione as propriedades separadamente e indique a sua fonte, se aplicável.

Passo 6: cálculos
Substitua as quantidades conhecidas nas relações simplificadas e execute os cálculos para determinar as incógnitas. Preste atenção especial às unidades e ao cancelamento de unidades e lembre-se que uma quantidade dimensional sem unidade não tem sentido. Além disso, não dê a falsa impressão de alta precisão copiando todos os dígitos da tela da calculadora – arredonde com uma quantidade apropriada de algarismos significativos (Seção 1–10).

Passo 7: raciocínio, verificação e discussão

Certifique-se de que os resultados obtidos sejam razoáveis e intuitivos e verifique a validade das hipóteses questionáveis. Repita os cálculos que resultaram em valores não razoáveis. Por exemplo, sob as mesmas condições de teste, o arrasto aerodinâmico em um automóvel *não* deve aumentar depois de tornar a forma do automóvel mais suave (Fig. 1–46).

Mostre, também, o significado dos resultados e discuta suas implicações. Indique as conclusões que podem ser extraídas dos resultados e qualquer recomendação que possa ser feita a partir delas. Enfatize as limitações sob as quais os resultados são aplicáveis, e tenha cuidado com más interpretações possíveis e com o uso dos resultados em situações em que as hipóteses fundamentais não se apliquem. Por exemplo, se você determinou que o uso de um cano de diâmetro maior numa tubulação proposta traz um custo adicional de $5.000,00 em materiais, mas reduz o custo anual de bombeamento em $3.000,00, indique que a tubulação de diâmetro maior paga a diferença de custo com a economia de eletricidade que é proporcionada em menos de dois anos. Entretanto, explique também que apenas os custos adicionais do material dos canos de diâmetro maior foram considerados na análise.

Tenha em mente que as soluções apresentadas a seus professores, assim como qualquer análise de engenharia apresentada a outras pessoas é uma forma de comunicação. Consequentemente, clareza, organização, completude e aparência visual são da maior importância para máxima eficácia (Fig. 1–47). Além do mais, a clareza serve também como uma boa ferramenta de verificação, visto que é muito fácil detectar erros e inconsistências num trabalho organizado. Negligência e omissão de passos para ganhar tempo acabam consumindo mais tempo e causam ansiedade desnecessária.

A abordagem descrita aqui é usada nos problemas resolvidos como exemplo sem explicitar cada passo. Em certos problemas, alguns dos passos não se aplicam ou são desnecessários. Por exemplo, frequentemente não é prático relacionar as propriedades separadamente. Entretanto, não podemos deixar de enfatizar a importância de uma abordagem lógica e ordenada para a solução de problemas. A maioria das dificuldades encontradas ao resolver um problema não é devida à falta de conhecimento, mas à falta de organização. Recomendamos fortemente que você siga esses passos na solução de problemas até que desenvolva uma abordagem própria que funcione melhor para você.

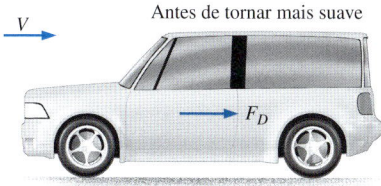

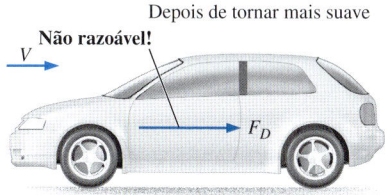

FIGURA 1–46 Os resultados obtidos numa análise de engenharia devem ser verificados em relação à razoabilidade.

FIGURA 1–47 Asseio e organização são altamente valorizados pelos empregadores.

1–9 PACOTES DE APLICATIVOS PARA ENGENHARIA

Talvez você esteja imaginando por que estamos a ponto de empreender um estudo detalhado dos fundamentos de outra ciência da engenharia. Afinal de contas, quase todos os problemas que podemos encontrar na prática podem ser resolvidos por um dos diversos pacotes de programas de computador. Tais pacotes de aplicativos fornecem não apenas os resultados numéricos desejados, mas também saídas de dados sob a forma de gráficos coloridos para apresentações impressionantes. Atualmente é inimaginável praticar engenharia sem usar algum desses programas. Esse tremendo poder de cálculo disponível com o simples toque de um botão é, ao mesmo tempo, uma benção e uma maldição. Certamente tornam os engenheiros capazes de resolver problemas de modo fácil e rápido, mas também abrem a porta para abusos e desinformação. Nas mãos de pessoas sem treinamento adequado, tais programas são tão perigosos como armas sofisticadas e poderosas nas mãos de soldados mal treinados.

Pensar que uma pessoa usando programas de engenharia sem treinamento apropriado sobre os fundamentos possa praticar a engenharia é o mesmo que imaginar que uma pessoa usando uma chave de fenda tenha condições de trabalhar como mecânico. Se fosse verdade que os estudantes de engenharia não necessitam de todos os cursos fundamentais atuais porque praticamente tudo pode ser feito por computadores, também seria verdadeiro que os empregadores não precisam de engenheiros bem pagos porque qualquer pessoa que saiba usar um processador de textos também poderia aprender a usar estes aplicativos de engenharia. Entretanto, as estatísticas mostram que a necessidade de engenheiros é crescente e não decrescente, apesar da disponibilidade desses potentes programas.

Devemos sempre lembrar de que todo o poder de cálculo e os programas de engenharia disponíveis hoje são apenas *ferramentas*, e as ferramentas só têm significado nas mãos de mestres. Ter o melhor programa de processamento de texto não torna alguém um bom escritor, mas certamente facilita o trabalho de um bom escritor e o torna mais produtivo (Fig. 1–48). As calculadoras portáteis não eliminaram a necessidade de ensinar adição e subtração, e os programas médicos sofisticados não substituíram o treinamento em escolas de medicina. Portanto, nem os programas de engenharia substituirão o ensino tradicional de engenharia. Eles simplesmente causarão uma mudança de ênfase nos cursos da matemática para a física. Isto é, será dedicado mais tempo à discussão dos aspectos físicos dos problemas e menos tempo para os procedimentos de resolução.

Todas as ferramentas maravilhosas e potentes disponíveis atualmente acarretam uma sobrecarga sobre os engenheiros. Eles ainda devem ter uma compreensão completa dos fundamentos, desenvolver sensibilidade sobre os fenômenos físicos, serem capazes de "ver" os dados sob uma perspectiva apropriada e fazer julgamentos de engenharia sensatos, como seus predecessores. Entretanto, devem fazê-lo muito melhor e mais rápido, usando modelos mais realistas gerados pelas ferramentas poderosas disponíveis atualmente. Os engenheiros do passado tinham que contar com cálculos manuais, réguas de cálculo e mais recentemente com calculadoras de mão e computadores. Atualmente, contam com muitos programas. O acesso fácil a tal poder e a possibilidade de que um engano simples ou interpretação errônea possam causar grandes danos tornam mais importante do que nunca ter um sólido treinamento nos fundamentos da engenharia. Neste texto, fazemos um esforço extra para enfatizar o desenvolvimento de uma compreensão intuitiva e física dos fenômenos naturais, em vez de dar enfase aos detalhes matemáticos dos procedimentos de solução.

FIGURA 1–48 Um excelente processador de texto não torna alguém um bom escritor, simplesmente torna um bom escritor um escritor mais eficiente.
© *Ingram Publishing RF*

Engineering Equation Solver (EES) (solucionador de equações de engenharia)

O EES é um programa que soluciona sistemas de equações algébricas lineares ou não lineares e sistemas de equações diferenciais. Ele tem uma vasta biblioteca de funções de propriedades termodinâmicas, bem como funções matemáticas, e permite ao usuário fornecer dados adicionais sobre propriedades. Diferente de alguns aplicativos, o EES não resolve problemas de engenharia, resolve apenas as equações fornecidas pelo usuário. Portanto, o usuário deve compreender o problema e formulá-lo aplicando leis e relações físicas relevantes. O EES economiza esforço e tempo consideráveis do usuário simplesmente resolvendo as equações matemáticas não adequadas para cálculos à mão e possibilitando a condução de estudos paramétricos de forma rápida e conveniente. O EES é um programa poderoso, intuitivo e muito fácil de usar, como mostrado no Exemplo 1–5.

> **EXEMPLO 1–5** Resolução de sistema de equações com o EES
>
> A diferença entre dois números é 4 e a soma dos quadrados destes dois números é igual à soma dos números mais 20. Determine os dois números.
>
> **SOLUÇÃO** São dadas as equações da diferença e da soma dos quadrados dos dois números, que devem ser calculados.
>
> *Análise* Iniciamos o programa EES dando um clique duplo sobre seu ícone, abrindo um arquivo novo e digitando o seguinte na tela em branco que aparece:
>
> $$x - y = 4$$
>
> $$x^2 + y^2 = x + y + 20$$
>
> Esta é a expressão matemática exata do enunciado do problema, onde x e y indicam as incógnitas. A solução deste sistema de duas equações não lineares com duas incógnitas é obtida dando um único clique sobre o ícone "calculator" (calculadora) da barra de tarefas. Obtém-se (Fig 1–49)
>
> $$x = 5 \quad \text{e} \quad y = 1$$
>
> *Discussão* Observe que tudo o que fizemos foi formular o problema, como faríamos numa folha de papel. O EES cuidou de todos os detalhes matemáticos da solução. Observe também que as equações podem ser lineares ou não lineares e que podem ser digitadas em qualquer ordem, com as incógnitas em qualquer um dos dois lados. Programas amigáveis de solução de equações, como o EES, permitem que o usuário se concentre na física do problema sem se preocupar com as complexidades matemáticas associadas à solução do sistema de equações resultante.

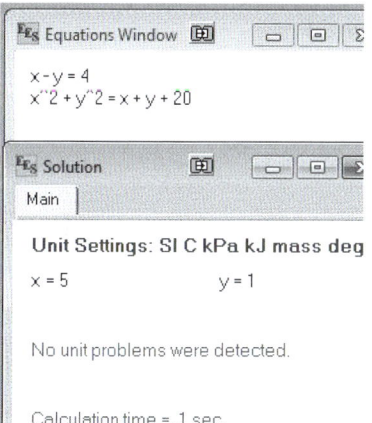

FIGURA 1–49 Imagens da tela do EES para o Exemplo 1–5.

Software de DFC

A dinâmica de fluidos computacional (DFC) é amplamente utilizada na engenharia e pesquisa, e será abordada em detalhes no Capítulo 15. Mostramos também exemplos de soluções de DFC ao longo do livro, pois gráficos de DFC são ótimos para ilustrar linhas de corrente de escoamentos, campos de velocidade, distribuições de pressão, etc. – além do que somos capazes de visualizar em laboratório. No entanto, como existem vários diferentes pacotes DFC comerciais disponíveis para os usuários, e o acesso dos alunos a estes códigos é altamente dependente de licenças departamentais, nós não fornecemos problemas no final do capítulo sobre DFC vinculados a qualquer pacote de DFC particular. Em vez disso, propomos alguns problemas de DFC gerais no Capítulo 15.

1–10 EXATIDÃO, PRECISÃO E ALGARISMOS SIGNIFICATIVOS

Nos cálculos de engenharia, não são conhecidos mais do que certo número de algarismos significativos, geralmente três algarismos. Consequentemente, os resultados obtidos não podem ter precisão maior do que o número de algarismos significativos dos dados. Relatar resultados com mais algarismos significativos implica precisão maior do que existe, e deve ser evitado.

Independentemente do sistema de unidades usado, os engenheiros devem estar cientes dos três princípios que governam o uso apropriado dos números: exatidão (acurácia), precisão e algarismos significativos. Para as medidas de engenharia, eles são definidos como se segue:

- **Erro de exatidão** (*inexatidão*) é o valor de uma leitura menos o valor verdadeiro. Em geral, a exatidão de um conjunto de medidas refere-se à proximidade do valor da média da leitura em relação ao valor verdadeiro. Exatidão geralmente é associada a erros repetetivos e fixos.

- **Erro de precisão** é o valor de uma leitura menos o valor da média das leituras. Em geral, a precisão de um conjunto de medidas refere-se à fineza da resolução e à capacidade de repetição do instrumento de medida. Geralmente, a precisão é associada a erros não repetitivos e aleatórios.

- **Algarismos significativos** são os dígitos relevantes e expressivos.

Uma medida ou cálculo podem ser muito precisos sem serem muito exatos, e vice-versa. Por exemplo, suponha que o valor real da velocidade do vento seja 25,00 m/s. Dois anemômetros A e B fazem cinco leituras, cada um, da velocidade do vento:

Anemômetro A: 25,50, 25,69, 25,52, 25,58 e 25,61 m/s.
   Média de todas as leituras = 25,58 m/s.

Anemômetro B: 26,3, 24,5, 23,9, 26,8 e 23,6 m/s.
   Média de todas as leituras = 25,02 m/s.

Claramente, o anemômetro A é mais preciso, visto que nenhuma das leituras difere por mais de 0,11 m/s da média. Entretanto, a média 25,58 m/s, é 0,58 m/s maior do que a velocidade verdadeira do vento indicando **erro de desvio** significativo, também chamado de **erro constante** ou **erro sistemático**. Por outro lado, o anemômetro B não é muito preciso, pois suas leituras variam bastante em torno da média; porém sua média total está muito mais próxima do valor verdadeiro. Consequentemente, o anemômetro B é mais exato do que o anemômetro A – pelo menos para este conjunto de leituras – ainda que seja menos preciso. A diferença entre exatidão e precisão pode ser ilustrada claramente por uma analogia com o disparo de um revólver num alvo, como mostrado na Fig. 1–50. O atirador A é muito preciso, mas não muito exato, enquanto o atirador B tem melhor exatidão total, mas menos precisão.

Muitos engenheiros não prestam a devida atenção ao número de algarismos significativos em seus cálculos. O algarismo menos significativo de um número indica a precisão da medida ou cálculo. Por exemplo, um resultado escrito como 1,23 (três algarismos significativos) indica que o resultado é preciso até o algarismo da segunda casa decimal; isto é, o número está entre 1,22 e 1,24. Expressar o número com mais dígitos seria incorreto. O número de algarismos significativos é mais facilmente avaliado quando o número é escrito em notação exponencial; a quantidade de algarismos significativos pode então ser facilmente contada, in-

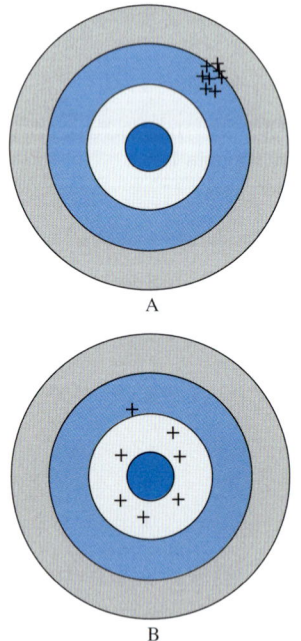

FIGURA 1–50 Ilustração de exatidão *versus* precisão. O atirador A é mais preciso, porém menos exato, enquanto o atirador B é mais exato, porém menos preciso.

clusive os zeros. Ou então, o dígito menos significativo pode ser sublinhado para indicar a intenção do autor. Alguns exemplos são apresentados na Tabela 1–3.

Ao executar cálculos ou manipulações de diversos parâmetros, o resultado final é geralmente tão preciso quanto o parâmetro menos preciso do problema. Por exemplo, suponha que A e B sejam multiplicados para obter C. Se $A = 2,3601$ (cinco algarismos significativos) e $B = 0,34$ (dois algarismos significativos), então $C = 0,80$ (apenas dois algarismos são significativos no resultado final). Observe que a maioria dos estudantes fica tentada a escrever $C = 0,802434$, com seis algarismos significativos, uma vez que este é o resultado exibido na calculadora depois de multiplicar os dois números.

Vamos analisar este exemplo simples cuidadosamente. Suponha que o valor exato de B é 0,33501, o que é lido pelo instrumento como 0,34. Suponha também que A é exatamente 2,3601, como medido por um instrumento mais exato e preciso. Neste caso, $C = A \times B = 0,79066$, com cinco algarismos significativos. Note que nossa primeira resposta, $C = 0,80$ difere por um algarismo na segunda casa decimal. Da mesma maneira, se B for 0,34499, e o instrumento o ler como 0,34, o produto de A por B seria 0,81421, com cinco algarismos significativos. Nossa resposta original de 0,80 novamente difere por um na segunda casa decimal. O ponto principal aqui é que 0,80 (com dois algarismos significativos) é o melhor que se pode esperar deste produto, uma vez que um dos valores tinha apenas dois algarismos significativos. Outra maneira de ver esse fato é dizer que após os dois primeiros algarismos da resposta, os algarismos restantes são inexpressivos ou sem significado. Por exemplo, se alguém reporta que a calculadora exibe, 2,3601 vezes 0,34 igual a 0,802434, os últimos quatro algarismos são *sem significado*. Como mostrado, o resultado final deve ficar entre 0,79 e 0,81 – quaisquer algarismos, além dos dois algarismos significativos não são apenas sem significado, mas também *enganosos*, pois indicam ao leitor maior precisão do que realmente existe.

Como outro exemplo, considere um recipiente de 3,75 L cheio de gasolina, cuja densidade é 0,845 kg/L, e determine sua massa. Provavelmente a primeira ideia que vem à sua mente é multiplicar o volume pela densidade para obter 3,16875 kg de massa, o que implica falsamente que a massa assim determinada tem precisão de seis algarismos significativos. Porém, a massa não pode ter precisão maior do que três algarismos significativos porque tanto o volume como a densidade têm precisão de apenas três algarismos significativos. Portanto, o resultado deve ser arredondado para três algarismos significativos e o valor da massa deve ser registrado como 3,17 kg em vez do valor que a calculadora mostra (Fig. 1–51). O resultado 3,16875 kg seria correto somente se o volume e a massa fossem dados como 3,75000 L e 0,845000 kg/L, respectivamente. O valor 3,75 L implica que estamos razoavelmente confiantes de que o volume seja preciso dentro de ±0,01 L e não possa ser nem 3,74 ou 3,76 L. Entretanto, o volume pode ser 3,746, 3,750, 3,753 etc., uma vez que todos são arredondados para 3,75 L.

Você também deve ter em mente que algumas vezes preferimos introduzir pequenos erros a fim de evitar o incômodo de pesquisar dados mais exatos. Por exemplo, ao lidarmos com água líquida, frequentemente usamos o valor 1000 kg/m³ para densidade, mas esse é o valor da densidade da água pura a 0°C. O uso de tal valor a 75°C resultará num erro de 2,5% uma vez que a densidade nessa temperatura é 975 kg/m³. Os minerais e impurezas na água introduzem um erro adicional. Sendo esse o caso, não tenha escrúpulos em arredondar os resultados finais para um número razoável de algarismos significativos. Além disso, um pequeno grau de incerteza nos resultados da análise de engenharia usualmente é a regra, não a exceção.

TABELA 1–3
Algarismos significativos

Número	Notação exponencial	Número de algarismos significativos
12,3	$1,23 \times 10^1$	3
123.000	$1,23 \times 10^5$	3
0,00123	$1,23 \times 10^{-3}$	3
40.300	$4,03 \times 10^4$	3
40.300,	$4,0300 \times 10^4$	5
0,005600	$5,600 \times 10^{-3}$	4
0,0056	$5,6 \times 10^{-3}$	2
0,006	$6,0 \times 10^{-3}$	1

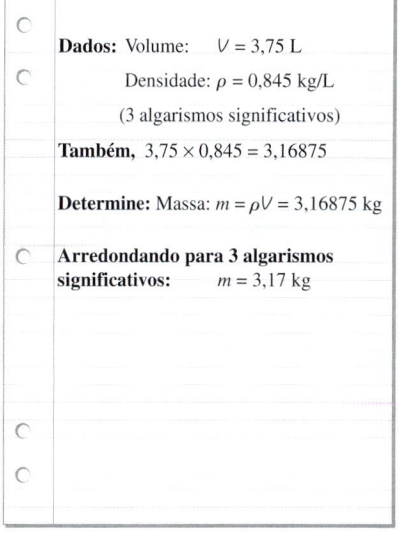

FIGURA 1–51 O resultado com mais algarismos significativos do que dos dados indica falsamente mais precisão.

Ao escrever resultados intermediários num cálculo, é recomendável manter alguns dígitos "extras" para evitar erros de arredondamento. Contudo, o resultado final deve ser escrito com o número de algarismos significativos em consideração. Também é necessário ter em mente que um certo número de algarismos significativos de precisão no resultado não implica necessariamente o mesmo número de dígitos de *exatidão* geral. Um erro de desvio em uma das leituras pode, por exemplo, reduzir significativamente a exatidão geral do resultado, talvez até tornando sem sentido o último algarismo significativo e reduzindo em um a quantidade total de algarismos confiáveis. Valores determinados experimentalmente estão sujeitos a erros de medição e tais erros são refletidos nos resultados obtidos. Por exemplo, se a densidade de uma substância tiver incerteza de 2%, então a massa determinada por esse valor de densidade também terá incerteza de 2%.

Finalmente, quando a quantidade de algarismos significativos for desconhecida, o padrão aceito na engenharia é de três algarismos significativos. Portanto, se o comprimento de um cano for dado como 40 m, assumimos que o valor seja 40,0 m a fim de justificar o uso de três algarismos significativos nos resultados finais.

FIGURA 1–52 Fotografia para o Exemplo 1–6 de medição da vazão de volume.
Fotografia de John M. Cimbala.

EXEMPLO 1–6   Algarismos significativos e vazão de volume

Jennifer está realizando uma experiência com a água fria de uma mangueira de jardim. Para estimar a vazão de volume de água através da mangueira, ela cronometra o tempo gasto para encher um recipiente (Fig. 1–52). O volume de água coletado é $V = 1{,}1$ gal durante o período de tempo $\Delta t = 45{,}62$ s, medido com cronômetro. Calcule a vazão de volume através da mangueira em unidades de metros cúbicos por minuto.

SOLUÇÃO A vazão de volume deve ser determinada por meio de medições de volume e do intervalo de tempo decorrido.

Hipóteses **1** Jennifer registrou suas medições adequadamente, de modo que a medição do volume é precisa até dois algarismos significativos, enquanto o período de tempo é preciso até quatro algarismos significativos. **2** Não há perda de água devido a derrame para fora do recipiente.

Análise A vazão de volume $\dot{V}$ é o volume deslocado por unidade de tempo e é expressa por

Vazão de volume:
$$\dot{V} = \frac{\Delta V}{\Delta t}$$

Substituindo-se pelos valores medidos, a vazão de volume é

$$\dot{V} = \frac{1{,}1 \text{ gal}}{45{,}62 \text{ s}} \left(\frac{3{,}7854 \times 10^{-3} \text{ m}^3}{1 \text{ gal}} \right) \left(\frac{60 \text{ s}}{1 \text{ min}} \right) = \mathbf{5{,}5 \times 10^{-3} \text{ m}^3/\text{min}}$$

Discussão O resultado final é fornecido com dois algarismos significativos pois não podemos ter confiança em uma precisão maior do que esta. Se este resultado fosse um passo intermediário em cálculos subsequentes, seriam considerados alguns algarismos extras para evitar o acúmulo de erro de arredondamento. Em tais casos, a vazão de volume seria escrita $\dot{V} = 5{,}4765 \times 10^{-3}$ m³/min. Não podemos dizer nada sobre a *exatidão* do nosso resultado com base nas informações dadas, pois não dispomos de informações sobre erros sistemáticos nas medições tanto de volume como de tempo.

Tenha em mente também que boa precisão não garante boa exatidão. Por exemplo, se as pilhas do cronômetro estiverem fracas, sua exatidão poderá ser

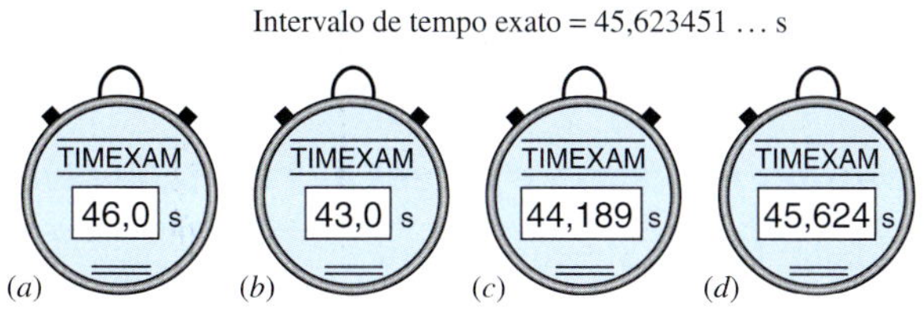

Intervalo de tempo exato = 45,623451 ... s

(a) TIMEXAM 46,0 s
(b) TIMEXAM 43,0 s
(c) TIMEXAM 44,189 s
(d) TIMEXAM 45,624 s

FIGURA 1–53 Um instrumento com muitos algarismos de resolução (cronômetro *c*) pode ser menos exato do que um instrumento com poucos algarismos de resolução (cronômetro *a*). O que você tem a dizer sobre os cronômetros *b* e *d*?

bem baixa, apesar de o mostrador ainda exibir precisão de quatro algarismos significativos.

Frequentemente, precisão é associada com *resolução*, que é uma medida do detalhe da medição que o instrumento exibe. Por exemplo, dizemos que um voltímetro digital com cinco algarismos no mostrador é mais preciso que um voltímetro digital com mostrador de apenas três algarismos. Entretanto, a quantidade de algarismos exibidos não tem relação alguma com a *exatidão* geral da medida. Um instrumento pode ser muito preciso sem ser muito exato quando há erros de desvio significativos. Da mesma maneira, um instrumento que exibe poucos algarismos pode ser mais exato do que outro que exiba muitos algarismos (Fig. 1–53).

RESUMO

Neste capítulo foram introduzidos e discutidos alguns conceitos básicos da mecânica dos fluidos. Uma substância na fase líquida ou gasosa é considerada um *fluido*. A *mecânica dos fluidos* é a ciência que trata do comportamento dos fluidos em repouso ou em movimento e da interação de fluidos com sólidos ou outros fluidos nas fronteiras.

O escoamento de um fluido sem limitações sobre uma superfície é um *escoamento externo*, e o escoamento em uma tubulação ou duto é um *escoamento interno* se o fluido estiver completamente limitado por superfícies sólidas. O escoamento de um fluido é classificado como *compressível* ou *incompressível*, dependendo da variação da densidade do fluido durante o escoamento. As densidades dos líquidos são essencialmente constantes, e, portanto, o escoamento dos líquidos é tipicamente incompressível. O termo *estacionário* implica *não haver mudança com o tempo*. O oposto de estacionário é *não estacionário*. O termo *uniforme* implica *não haver mudança com a posição* em uma região especificada. Um escoamento é denominado *unidimensional* quando a velocidade muda em uma única dimensão. Um fluido em contato direto com uma superfície sólida "gru-da" à superfície e não há escorregamento. Tal fato é conhecido como *condição de não escorregamento*, a qual leva à formação de *camadas-limite* ao longo de superfícies sólidas. Neste livro, nos concentramos em escoamentos estacionários, viscosos e incompressíveis – tanto internos como externos.

Um sistema com massa fixa é chamado de *sistema fechado*, e um sistema que envolva transferência de massa através de suas fronteiras é chamado de *sistema aberto* ou *volume de controle*. Um grande número de problemas de engenharia envolve o fluxo de massa que entra e sai de um sistema e são, portanto, modelados como volume de controle.

Nos cálculos, é importante prestar atenção especial às unidades das quantidades para evitar erros causados por unidades inconsistentes e seguir uma abordagem sistemática. Também é importante reconhecer que as informações fornecidas são conhecidas até um determinado número de algarismos significativos e que os resultados obtidos não têm maior exatidão com mais algarismos significativos. As informações dadas sobre dimensões e unidades; técnicas de resolução de problemas; e exatidão, precisão e dígitos significativos serão usadas ao longo de todo o livro.

REFERÊNCIAS E LEITURAS SUGERIDAS

1. American Society for Testing and Materials. *Standards for Metric Practice*. ASTM E 380-79, January 1980.
2. G. M. Homsy, H. Aref, K. S. Breuer, S. Hochgreb, J. R. Koseff, B. R. Munson, K. G. Powell, C. R. Robertson, and S. T. Thoroddsen. *Multi-Media Fluid Mechanics* (CD). Cambridge: Cambridge University Press, 2000.
3. M. Van Dyke. *An Album of Fluid Motion*. Stanford, CA: The Parabolic Press, 1982.

APLICAÇÃO EM FOCO

O que explosões nucleares e pingos de chuva têm em comum

Autor convidado: Lorenz Sigurdson, Vortex Fluid Dynamics Lab,
University of Alberta

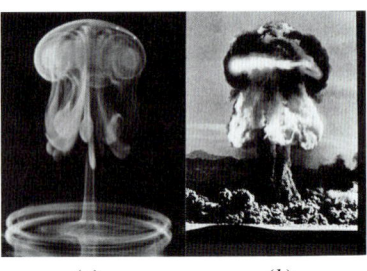

(a)   (b)

FIGURA 1-54 Comparação da estrutura de vórtice criada por: (*a*) uma gota d'água após o impacto com uma poça dágua (foto invertida, de Peck e Sigurdson, 1994); e (*b*) teste nuclear acima do solo, em Nevada, em 1957 (Departamento de Energia, EUA). A gota de 2,6 milímetros foi tingida com traçador fluorescente e iluminada por um raio estroboscópico 50 ms depois de cair 35 milímetros e chocar-se com a poça imaculada. A gota era aproximadamente esférica no instante do impacto com a poça de água. A interrupção de um raio laser pela queda da gota foi usada para ativar o cronômetro que controlou o tempo de emissão da luz estroboscópica após o impacto da gota. Os detalhes do cuidadoso procedimento experimental para criar a fotografia da gota são descritos por Peck e Sigurdson (1994) e Peck et al. (1995). Os traçadores adicionados ao escoamento no caso da bomba foram principalmente calor e poeira. O calor é proveniente da "bola de fogo" original que, para esse teste em particular (o evento "Priscilla" da operação Plumbob), era suficientemente grande para atingir o solo considerando onde a bomba estava suspensa inicialmente. Portanto, a condição geométrica inicial do traçador era uma esfera que interceptava o solo.

(*a*) De Peck, B., e Sigurdson, L. W., *Phys. Fluids*, 6(2)(Part 1), 564, 1994. Usada com permissão do autor.

(*b*) Departamento de Energia dos EUA. Fotografia de Lorenz Sigurdson.

Por que as imagens da Fig. 1–54 parecem semelhantes? A Figura 1–54*b* mostra um teste nuclear acima do solo executado pelo Departamento de Energia dos EUA em 1957. A explosão atômica criou uma "bola de fogo" da ordem de 100 m de diâmetro. A expansão é tão rápida que há uma característica de escoamento compressível: uma onda de choque esférica em expansão. A imagem da Fig. 1–54*a* é um evento diário inofensivo: é uma imagem *invertida* de uma gota de água tingida com corante após cair em uma poça de água, vista debaixo da superfície da poça. Ela poderia ter caído de sua colher em uma xícara de café, ou ser um respingo secundário depois de um pingo de chuva bater sobre a superfície de um lago. Por que há uma similaridade tão forte entre estes dois eventos completamente diferentes? A aplicação dos princípios fundamentais da mecânica dos fluidos aprendidos neste livro vai ajudá-lo a compreender muito da resposta, embora fosse possível ir bem mais fundo.

A água tem *densidade* maior do que o ar (Capítulo 2), portanto a gota sofreu *flutuação* negativa (Capítulo 3) ao cair através do ar, antes do impacto. A "bola de fogo" de gás quente é menos densa do que o ar frio que a circundava, assim tem flutuação positiva e sobe. A *onda de choque* (Capítulo 12) refletida do solo também contribui com uma força positiva para cima sobre a "bola de fogo". A estrutura principal no topo de cada imagem é denominada *anel de vórtice*. Esse anel é um minitornado com uma *vorticidade* concentrada (Capítulo 4) e suas extremidades formam um círculo que fecha sobre si próprio. As leis da *cinemática* (Capítulo 4) nos dizem que o anel de vórtice levará o fluido na direção do topo da página. Em ambos os casos isto ocorre devido às forças aplicadas e devido à lei do momento aplicada por meio de uma *análise de volume de controle* (Capítulo 5). Pode-se também analisar este problema pela *análise diferencial* (Capítulos 9 e 10) ou pela *dinâmica de fluidos computacional* (Capítulo 15). Mas, por que o formato do material traçador parece tão similar? Isso ocorre se houver *similaridade geométrica* e *cinemática* aproximada (Capítulo 7), e se a técnica de *visualização de escoamento* (Capítulo 4) for similar. Os traçadores passivos de calor e poeira para a bomba, assim como o corante fluorescente para a gota foram introduzidos de maneira semelhante como obsevado no texto abaixo da figura.

Conhecimento adicional de cinemática e dinâmica de vórtices ajuda a explicar com mais detalhes a similaridade da estrutura do vórtice nas imagens, como discutido por Sigurdson (1997), e Peck e Sigurdson (1994). Observe os lóbulos sob o anel principal do vórtice, as estrias na coluna e o anel na base de cada estrutura. Há também similaridade topológica dessa estrutura com outras estruturas de vórtices que ocorrem em turbulência. A comparação da gota com a bomba nos dá uma melhor compreensão de como as estruturas turbulentas são criadas e evoluem. Que outros segredos da mecânica dos fluidos ainda podem ser revelados ao explicar a similaridade entre esses dois escoamentos?

Referências

Peck, B., and Sigurdson, L.W., "The Three-Dimensional Vortex Structure of an Impacting Water Drop," *Phys. Fluids*, 6(2) (Part 1), p. 564, 1994.

Peck, B., Sigurdson, L.W., Faulkner, B., and Buttar, I., "An Apparatus to Study Drop-Formed Vortex Rings," *Meas. Sci. Tech.*, 6, p. 1538, 1995.

Sigurdson, L.W., "Flow Visualization in Turbulent Large-Scale Structure Research," Chapter 6 in *Atlas of Visualization*, Vol. III, Flow Visualization Society of Japan, eds., CRC Press, pp. 99–113, 1997.

PROBLEMAS*

Introdução, classificação e sistema

1–1C O que é um fluido? Como um fluido difere de um sólido? Como um gás difere de um líquido?

1–2C Considere o escoamento de ar sobre as asas de um avião. Este escoamento é interno ou externo? E o escoamento de gases através de um motor a jato?

1–3C Defina escoamento e fluido incompressíveis. O escoamento de um fluido compressível deve ser obrigatoriamente tratado como compressível?

1–4C Defina escoamentos interno, externo e de canal aberto.

1–5C Como é definido o número de Mach de um escoamento? O que um número de Mach 2 indica?

1–6C Quando um avião está voando a uma velocidade constante em relação ao chão, é correto dizer que o número de Mach deste avião também é constante?

1–7C Considere o escoamento de ar com um número de Mach 0,12. Este escoamento pode ser definido como incompressível?

1–8C O que é a condição de não escorregamento? Qual a sua causa?

1–9C O que é escoamento forçado? Como se diferencia do escoamento natural? O escoamento causado pelos ventos é forçado ou natural?

1–10C O que é uma camada-limite? O que causa o desenvolvimento de uma camada-limite?

1–11C Qual é a diferença entre as abordagens clássica e estatística?

1–12C O que é um processo de escoamento estacionário?

1–13C Defina tensão, tensão normal, tensão de cisalhamento e pressão.

1–14C Ao analisar a aceleração de gases quando escoam por um bocal, o que você escolheria como seu sistema? Que tipo de sistema é este?

1–15C Quando um sistema é fechado e quando é um volume de controle?

1–16C Você está tentando entender como um compressor de ar alternativo (um dispositivo pistão-cilindro) funciona. Qual sistema você usaria? Que tipo de sistema é este?

1–17C O que são sistema, vizinhanças e fronteira?

Massa, força e unidades

1–18C Explique por que o ano-luz tem a dimensão de comprimento.

1–19C Qual é a diferença entre kg-massa e kg-força?

1–20C Qual é a diferença entre libra-massa e libra-força?

1–21C Em uma reportagem, é afirmado que um motor turbofan recentemente desenvolvido produz 15.000 libras de impulso para impulsionar uma aeronave para frente. A "libra" mencionada aqui é lbm ou lbf? Explique.

1–22C Qual é a força líquida que atua sobre um automóvel trafegando com velocidade constante de 70 km/h (a) numa estrada plana e (b) numa estrada morro acima?

1–23 Um tanque plástico de 6 kg com volume de 0,18 m³ está cheio com água líquida. Considerando que a densidade da água seja de 1000 kg/m³, determine o peso do sistema combinado.

1–24 Qual é o peso, em N, de um objeto com massa de 200 kg em um local onde $g = 9,6$ m/s²?

1–25 Qual é o peso de uma substância de 1 kg em N, kN, kg·m/s², kgf, lbm·ft/s² e lbf?

1–26 Determine a massa e o peso do ar contido em um compartimento cujas dimensões são 6 m × 6 m × 8 m. Considere a densidade do ar 1,16 kg/m³.

Respostas: 334,1 kg, 3277 N

1–27 Ao resolver um problema, a pessoa acaba em algum momento na equação $E = 16$ kJ $+ 17$ kJ/kg. Aqui E é o total de energia e tem como unidade quilojoules. Determine como corrigir o erro e discuta o que pode ter causado isso.

1–28E Um astronauta com 195-lbm levou sua balança de banheiro (uma balança de mola) e uma balança de haste (que compara massas) para a lua, onde a gravidade local é $g = 5,48$ ft/s². Determine o quanto ele vai pesar (a) na balança de mola e (b) na balança de haste.

Respostas: (a) 33,2 lbf, (b) 195 lbf

1–29 A aceleração de aeronaves de alta velocidade é, por vezes, expressa em multiplos de g (múltiplos do valor padrão da gravidade). Determine a força resultante, em N, que um homem de 90 kg experimentaria em uma aeronave com aceleração de 6 g.

1–30 Uma pedra de 5 kg é jogada para cima com uma força de 150 N em um local onde a aceleração gravitacional local é 9,79 m/s². Determinar a aceleração da pedra, em m/s².

1–31 Resolva o Problema 1–30 usando o *software* EES (ou um similar). Imprima toda a solução, incluindo os resultados numéricos com as unidades apropriadas.

1–32 O valor da aceleração gravitacional g diminui com a elevação de 9,807 m/s² ao nível do mar para 9,767 m/s² a uma altitude de 13.000 m, onde os grandes aviões de passageiros voam. Determine a redução percentual do peso de um avião voando a 13.000 m em relação ao seu peso ao nível do mar.

---

* Problemas identificados com a letra "C" são questões conceituais e encorajamos os estudantes a responder a todos. Problemas identificados com a letra "E" são em unidades inglesas, e usuários do SI podem ignorá-los. Problemas com o ícone "disco rígido" são resolvidos com o programa EES. Problemas com o ícone ESS são de natureza abrangente e devem ser resolvidos com um solucionador de equações, preferencialmente o programa EES.

1–33 Na latitude de 45°, a aceleração da gravidade em função da altitude z acima do nível do mar é dada por $g = a - bz$, onde $a = 9,807$ m/s² e $b = 3,32 \times 10^{-6}$ s⁻². Determine a altitude acima do nível do mar a qual o peso de um objeto decresce 1%.

Resposta: 29,500 m

1–34 Um aquecedor de água com resistência de 4 kW funciona por 2 horas para elevar a temperatura da água até o nível desejado. Determine a quantidade de energia elétrica utilizada em kWh e em kJ.

1–35 O tanque de gasolina de um automóvel é enchido com um bocal que libera gasolina a uma vazão constante. Com base somente em considerações de unidade das quantidades envolvidas, obtenha uma relação do tempo de enchimento em termos do volume V do tanque (em L) e da vazão de gasolina ($\dot{V}$, em L/s).

1–36 Uma piscina de volume V (em m³) deve ser enchida com água utilizando uma mangueira de diâmetro D (em m). Se a descarga média tem velocidade V (em m/s) e o tempo de enchimento é t (em segundos), obtenha uma relação para o volume da piscina baseada somente em considerações de unidade das quantidades envolvidas.

1–37 Com base somente em considerações de unidade, mostre que a energia necessária para acelerar um carro de massa m (em kg) do repouso até a velocidade V (em m/s) no intervalo de tempo t (em segundos) é proporcional à massa e ao quadrado da velocidade do carro e inversamente proporcional ao intervalo de tempo.

1–38 Um avião voa horizontalmente a 70 m/s. Sua hélice oferece 1500 N de empuxo (força de avanço) para superar o arrasto aerodinâmico (força para trás). Usando análise dimensional e razões de conversão de unidade, calcule a potência útil fornecida pelo propulsor em kW e em hp.

1–39 Se o avião do Problema 1–38 pesa 1.450 lbf, estime a força de sustentação produzida pelas asas do avião (em lbf e newtons) ao voar a 70,0 m/s.

1–40 A escada de um caminhão de bombeiros levanta um bombeiro (e seu equipamento de peso total de 280 lbf) a uma altura de 40 ft para lutar contra o incêndio em um edifício. (a) Mostrando todos os seus cálculos e utilizando as razões de conversão de unidade, calcule o trabalho realizado pela escada no bombeiro em unidades de Btu. (b) Se a energia útil fornecida pela escada para levantar o bombeiro é 3,50 hp, estime quanto tempo é preciso para levantar o bombeiro.

1–41 Um homem vai a um mercado comum comprar um bife para o jantar. Ele encontra um bife de 12 onças (1 lbm = 16 oz) por US$ 3,15. Em seguida, ele vai ao mercado internacional ao lado e encontra um bife de 320 g de qualidade idêntica por US$ 3,30. Qual é a melhor compra?

1–42 A água a 20°C de uma mangueira de jardim enche um recipiente de 2,0 L em 2,85 s. Usando razões de conversão de unidades e mostrando seus cálculos, determine a vazão de volume em litros por minuto (L/min) e a vazão de massa em kg/s.

1–43 Uma empilhadeira levanta uma caixa 90,5 kg a 1,80 m. (a) Mostrando seus cálculos e com as razões de conversão de unidades, calcule o trabalho realizado pela empilhadeira na caixa, em unidades de kJ. (b) Se a empilhadeira leva 12,3 segundo para levantar a caixa, calcule a potência útil fornecida à caixa em quilowatts.

Modelagem e solução de problemas de engenharia

1–44 Ao modelar um processo de engenharia, como escolher corretamente entre um modelo simples, mas bruto e um modelo complexo, mas exato? O modelo complexo, necessariamente, é a melhor escolha, pois é mais preciso?

1–45 Qual é a diferença entre a abordagem analítica e a experimental para problemas de engenharia? Discuta as vantagens e desvantagens de cada uma delas.

1–46 Qual é a importância da modelagem na engenharia? Como são preparados os modelos matemáticos para processos de engenharia?

1–47 Qual é a diferença entre precisão e exatidão? Uma medição pode ser muito precisa, mas inexata? Explique.

1–48 Como surgem as equações diferenciais no estudo de um problema físico?

1–49 Qual é o valor dos pacotes de *software* de engenharia em (a) educação em engenharia e (b) na prática de engenharia.

1–50 Resolva este sistema de três equações com três incógnitas usando EES:

$$2x - y + z = 9$$
$$3x^2 + 2y = z + 2$$
$$xy + 2z = 14$$

1–51 Resolva este sistema de duas equações com duas incógnitas usando EES:

$$x^3 - y^2 = 10,5$$
$$3xy + y = 4,6$$

1–52 Determine uma raiz real positiva para esta equação usando EES:

$$3,5x^3 - 10x^{0,5} - 3x = -4$$

1–53 Resolva este sistema de três equações com três incógnitas usando EES:

$$x^2 y - z = 1,5$$
$$x - 3y^{0,5} + xz = -2$$
$$x + y - z = 4,2$$

Problemas de revisão

1–54 A força reativa desenvolvida por um motor a jato para empurrar um avião para a frente é chamada de impulso, e o impulso desenvolvido pelo motor de um Boeing 777 é de cerca de 85.000 lbf. Expresse este impulso em N e em kgf.

1-55 O peso das pessoas pode mudar um pouco de um local para outro, como resultado da variação da aceleração da gravidade g com a elevação. Considerando esta variação pela da relação do Problema 1-33, determine o peso de uma pessoa de 80,0 kg ao nível do mar ($z = 0$), em Denver ($z = 1.610$ m), e no topo do Monte Everest ($z = 8.848$ m).

1-56E Um estudante compra um ar condicionado de janela de 5000 BTU para o quarto de seu apartamento. Ele monitora o ar condicionado durante uma hora em um dia quente e determina que ele opera aproximadamente 60 por cento do tempo (ciclo de trabalho = 60 por cento) para manter o quarto à temperatura quase constante. (a) Mostrando seus cálculos e utilizando as razões de conversão de unidades, calcule a taxa de transferência de calor para o quarto através das paredes, janelas, etc, em unidades de Btu/h e kW. (b) Se a razão de eficiência de energia (EER) do ar condicionado é de 9,0 e a eletricidade custa 7,5 centavos de dólar por quilowatt-hora, calcule o quanto custa (em centavos) para o estudante manter o ar condicionado funcionando durante uma hora.

1-57 Para líquidos, a viscosidade dinâmica μ, que é uma medida de resistência contra o escoamento, é aproximada como $\mu = a10^{b/(T-c)}$, onde T é a temperatura absoluta, a, b e c são constantes experimentais. Usando os dados listados na Tabela A-7 para o metanol a 20°C, 40°C e 60°C, determine as constantes a, b e c.

1-58 Um parâmetro importante no projeto de escoamentos bifásicos de misturas líquido-sólido em tubos é a velocidade terminal de sedimentação abaixo da qual o escoamento torna-se instável e, eventualmente, o tubo fica obstruído. Com base em estensos testes de transporte, a velocidade terminal de decantação de uma partícula sólida na água em repouso, é dada por $V_L = F_L \sqrt{2gD(S-1)}$, onde F_L é um coeficiente experimental, g é a aceleração da gravidade, D é o diâmetro do tubo e S é a gravidade específica da partícula sólida. Qual é a dimensão de F_L? Essa equação é dimensionalmente homogênea?

1-59 Considere o fluxo de ar através de uma turbina eólica, cujas lâminas varrem uma zona de diâmetro D (em m). A velocidade média do ar através da área varrida é V (em m/s). Baseado nas unidades das quantidades envolvidas, mostre que a vazão de massa de ar (em kg/s) através da área varrida é proporcional à densidade do ar, à velocidade do vento e ao quadrado do diâmetro da área varrida.

1-60 A força de arrasto exercida sobre um carro pelo ar depende de um coeficiente de arrasto sem dimensão, da densidade do ar, da velocidade do carro e da área frontal do carro. Ou seja, F_D = função $(C_{Arrasto}, A_{frontal}, \rho, V)$. Com base em considerações de unidades, obtenha uma relação para a força de arrasto.

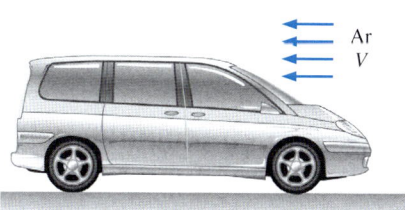

FIGURA P1-60

Problemas adicionais

1-61 A velocidade de uma aeronave é de 260 m/s no ar. Se a velocidade do som no local é de 330 m/s, o voo da aeronave é

(a) Sônico (b) Subsônico (c) Supersônico (d) Hipersônico

1-62 A velocidade de uma aeronave é de 1250 Km/h. Se a velocidade do som no local é de 315 m/s, o número de Mach é:

(a) 0,5 (b) 0,85 (c) 1,0 (d) 1,10 (e) 1,20

1-63 Se massa, calor e trabalho não podem atravessar as fronteiras de um sistema, o sistema é chamado:

(a) Isolado (b) Isotérmico (c) Adiabático

(d) Massa de controle (e) Volume de controle

1-64 O peso de uma massa 10 kg ao nível do mar é:

(a) 9,81 N (b) 32,2 kgf (c) 98,1 N (d) 10 N (e) 100 N

1-65 O peso de uma massa de 1 lbm é:

(a) 1 lbm·ft/s² (b) 9,81 lbf (c) 9,81 N (d) 32,2 lbf (e) 1 lbf

1-66 Um kJ não é igual a:

(a) 1 kPa·m³ (b) 1 kN·m (c) 0,001 MJ

(d) 1000 J (e) 1 kg·m²/s²

1-67 Qual é a unidade para a quantidade de energia?

(a) Btu/h (b) kWh (c) kcal/h (d) hp (e) kW

1-68 Uma usina hidrelétrica opera em sua potência nominal de 7 MW. Se a usina produziu 26 milhões de kWh de energia elétrica em um determinado ano, o número de horas que a planta operou naquele ano é:

(a) 1.125 h (b) 2.460 h (c) 2.893 h (d) 3.714 h (e) 8.760 h

Problemas de projeto e dissertação

1-69 Escreva um ensaio sobre os diversos dispositivos de medição de volume e de massa utilizados ao longo da história. Além disso, explique o desenvolvimento das unidades modernas de massa e de volume.

1-70 Pesquise na Internet como adicionar ou subtrair números corretamente, tendo em consideração o número de dígitos de significativos. Escreva um resumo da técnica adequada, e em seguida, use-a para resolver os seguintes casos: (a) 1,006 + 23,47; (b) 703.200 − 80,4; e (c) 4,6903 − 14,58. Cuide para expressar a sua resposta final em termos do número adequado de dígitos significativos.

Capítulo 2

Propriedades dos Fluidos

OBJETIVOS

Ao terminar a leitura deste capítulo você deve ser capaz de:

- Ter um conhecimento prático das propriedades básicas dos fluidos e compreender a aproximação de meio contínuo

- Ter um conhecimento prático sobre a viscosidade e as consequências dos efeitos do atrito causados no escoamento dos fluidos

- Calcular a ascensão (ou queda) capilar em tubos devido ao efeito da tensão superficial

Neste capítulo, discutimos as propriedades encontradas na análise do escoamento de fluidos. Abordamos primeiro as *propriedades intensivas* e *extensivas* e definimos *densidade* e *gravidade específica*. Continuamos com uma discussão sobre *pressão de vapor*, *energia* (e suas várias formas), *calor específico* dos gases ideais e das substâncias incompressíveis, o *coeficiente de compressibilidade* e a *velocidade do som*. Discutimos então a *viscosidade*, que desempenha um papel dominante na maioria dos aspectos do escoamento dos fluidos. Finalmente apresentamos a *tensão superficial* e determinamos a *ascensão capilar* a partir de condições de equilíbrio estático. A *pressão* é discutida no Capítulo 3 juntamente com a estática dos fluidos.

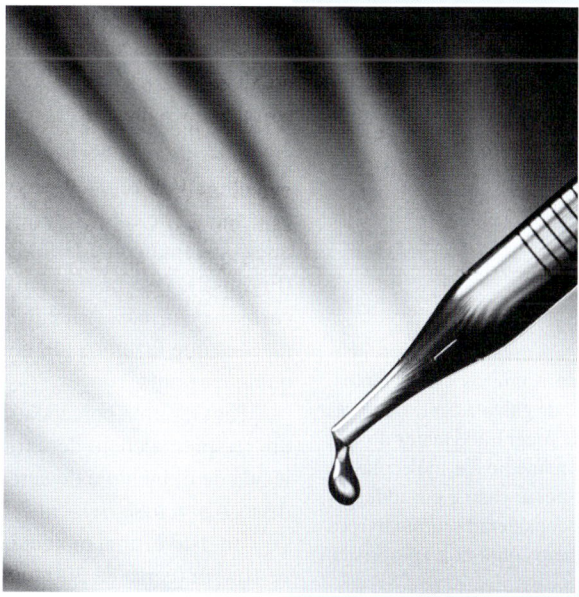

A formação de uma gota ocorre quando fluido é forçado para fora de um pequeno tubo. O formato da gota é determinado por um balanço entre as forças de pressão, gravidade e tensão superficial.

Royalty-Free/CORBIS

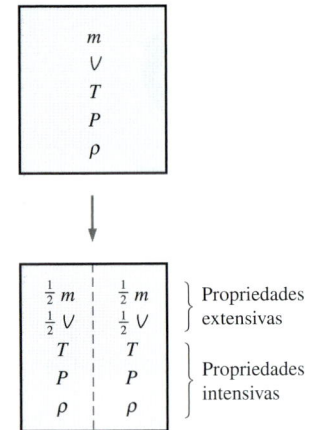

FIGURA 2–1 Critérios para diferenciar propriedades intensivas e extensivas.

2–1 INTRODUÇÃO

Qualquer característica de um sistema é denominada **propriedade**. Algumas propriedades familiares são pressão P, temperatura T, volume V e massa m. Essa lista pode ser ampliada para incluir propriedades menos familiares, como viscosidade, condutividade térmica, módulo de elasticidade, coeficiente de expansão térmica, resistividade elétrica e até velocidade e altitude.

As propriedades são consideradas *intensivas* ou *extensivas*. As **propriedades intensivas** são aquelas independentes da massa de um sistema, como temperatura, pressão e densidade. As **propriedades extensivas** são aquelas cujos valores dependem do tamanho – ou extensão – do sistema. Massa total, volume total V e momento total são alguns exemplos de propriedades extensivas. Um modo fácil de determinar se uma propriedade é intensiva ou extensiva é dividir o sistema em duas partes iguais com uma partição imaginária, como mostrado na Fig. 2–1. Cada parte terá o mesmo valor das propriedades intensivas que o sistema original, mas apenas a metade do valor das propriedades extensivas.

Geralmente, são usadas letras maiúsculas para indicar propriedades extensivas (sendo a massa m a principal exceção) e letras minúsculas para indicar propriedades intensivas (sendo a pressão P e a temperatura T as exceções óbvias).

Propriedades extensivas por unidade de massa são chamadas de **propriedades específicas**. Alguns exemplos de propriedades específicas são volume específico ($v = V/m$) e energia total específica ($e = E/m$).

O estado de um sistema é descrito por suas propriedades, mas sabemos por experiência que não há necessidade de especificar todas as propriedades para determinar um estado. Uma vez especificada uma quantidade suficiente de propriedades, o restante assume certos valores. Ou seja, especificar certo número de propriedades é suficiente para identificar o estado. A quantidade de propriedades necessária para identificar o estado de um sistema é estabelecida pelo **postulado de estado**: *o estado de um sistema compressível simples é completamente definido por duas propriedades intensivas independentes.*

Duas propriedades são independentes se uma delas puder variar enquanto a outra permanecer constante. Nem todas as propriedades são independentes e algumas são definidas em função de outras, como explicado na Seção 2–2.

Meio contínuo

Um fluido é composto de moléculas que podem estar bem espaçadas, especialmente na fase gasosa. Entretanto, é conveniente desconsiderar a natureza atômica de uma substância e vê-la como uma matéria contínua, homogênea e sem buracos, ou seja, um **meio contínuo**. A idealização do meio contínuo permite-nos considerar as propriedades como funções de pontos e considerar que variam continuamente no espaço sem saltos de descontinuidade. Tal hipótese é válida desde que o sistema considerado seja grande em relação ao espaço entre as moléculas (Fig. 2–2). Isso ocorre em praticamente todos os problemas, exceto em alguns casos específicos. A idealização do meio contínuo está implícita em muitas afirmações que fazemos, tal como "a densidade da água em um copo é a mesma em qualquer ponto".

Para ter uma percepção das distâncias envolvidas a nível molecular, considere um recipiente cheio de oxigênio sob condições atmosféricas. O diâmetro da molécula de oxigênio é de cerca de 3×10^{-10} m e sua massa é $5{,}3 \times 10^{-26}$ kg. Além disso, o *percurso livre médio* do oxigênio sob pressão de 1 atm e a 20°C é de $6{,}3 \times 10^{-8}$ m. Isto é, uma molécula de oxigênio percorre, em média, uma distância de $6{,}3 \times 10^{-8}$ m (cerca de 200 vezes seu diâmetro) antes de colidir com outra molécula.

FIGURA 2–2 A escala de comprimento relacionada a muitos escoamentos, como no caso de gaivotas em voo, é várias ordens de magnitude maior do que o percurso livre médio das moléculas de ar. Portanto, nesse caso e em todos os escoamentos considerados neste livro, a hipótese de meio contínuo é apropriada.

PhotoLink /Getty RF

Além do mais, há cerca de 3×10^{16} moléculas de oxigênio no volume minúsculo de 1 mm³ sob pressão de 1 atm e 20°C (Fig. 2–3). O modelo contínuo é aplicável desde que o comprimento característico do sistema (como seu diâmetro) seja muito maior do que o percurso livre médio das moléculas. Para pressões extremamente baixas, como em altitudes muito elevadas, o percurso livre médio torna-se muito grande (por exemplo, tem cerca de 0,1 m para o ar atmosférico numa altitude de 100 km). Em tais casos deve ser usada a **teoria do escoamento de gases rarefeitos** e ser considerado o impacto de moléculas individuais. Neste livro, limitamos nossas considerações a substâncias que podem ser modeladas como um meio contínuo.

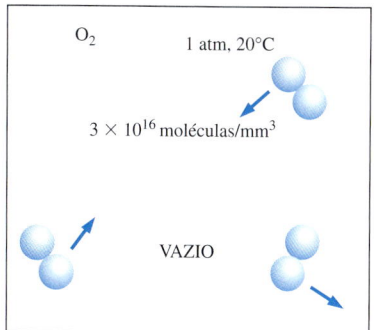

FIGURA 2–3 Apesar das lacunas entre moléculas, em geral um gás pode ser considerado um meio contínuo devido ao grande número de moléculas existentes mesmo em um volume extremamente pequeno.

2–2 DENSIDADE E GRAVIDADE ESPECÍFICA

Densidade é definida como *massa por unidade de volume* (Fig. 2–4). Isto é,

Densidade: $$\rho = \frac{m}{V} \quad (\text{kg/m}^3) \quad (2\text{–}1)$$

O inverso da densidade é o **volume específico** v, definido como *volume por unidade de massa*, $v = V/m = 1/\rho$. Para um elemento diferencial de volume, de massa δm e volume δV, a densidade é expressa por $\rho = \delta m/\delta V$.

A densidade de uma substância depende, em geral, da temperatura e da pressão. A densidade da maioria dos gases é proporcional à pressão e inversamente proporcional à temperatura. Líquidos e sólidos, por outro lado, são substâncias normalmente incompressíveis e a variação de sua densidade com a pressão normalmente é desprezível. A 20°C, por exemplo, a densidade da água muda de 998 kg/m³ a 1 atm para 1003 kg/m³ a 100 atm, uma mudança de apenas 0,5%. A densidade de líquidos e sólidos depende mais da temperatura do que da pressão. A 1 atm, por exemplo, a densidade da água muda de 998 kg/m³ a 20°C para 975 kg/m³ a 75°C, uma mudança de 2,3%, e que ainda pode ser desprezada em muitas análises de engenharia.

Algumas vezes, a densidade de uma substância é dada em relação à densidade de outra substância muito conhecida. Ela é chamada então de **gravidade específica** ou **densidade relativa** e é definida como a *razão entre a densidade de uma substância e a densidade de alguma substância padrão a uma temperatura específica* (usualmente água a 4°C, para a qual $\rho_{H_2O} = 1000$ kg/m³). Isto é,

Gravidade específica: $$GE = \frac{\rho}{\rho_{H_2O}} \quad (2\text{–}2)$$

Observe que a gravidade específica de uma substância é uma quantidade adimensional. Entretanto, em unidades SI, o valor numérico da gravidade específica de uma substância é exatamente igual à sua densidade em g/cm³ ou kg/L (ou 0,001 vezes a densidade em kg/m³) visto que a densidade da água a 4°C é 1 g/cm³ = 1 kg/L = 1000 kg/m³. A gravidade específica do mercúrio a 20°C, por exemplo, é de 13,6. Portanto, sua densidade a 20°C é 13,6 g/cm³ = 13,6 kg/L = 13.600 kg/m³. As gravidades específicas de algumas substâncias a 20°C são dadas na Tabela 2–1. Observe que substâncias com gravidade específica menor do que 1 são mais leves do que a água e, portanto, flutuam nela (se imiscíveis).

O peso da unidade de volume de uma substância é chamado de **peso específico** e é expresso como

Peso específico: $$\gamma_s = \rho g \quad (\text{N/m}^3) \quad (2\text{–}3)$$

onde g é aceleração da gravidade.

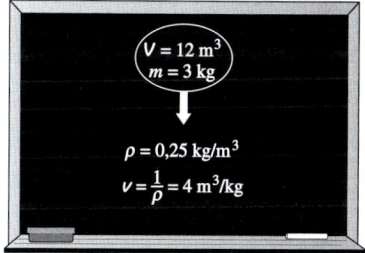

FIGURA 2–4 Densidade é massa por unidade de volume; volume específico é volume por unidade de massa.

TABELA 2–1

Gravidades específicas de algumas substâncias a 20°C e 1atm (a menos que outros valores sejam especificados)

Substância	GE
Água	1,0
Sangue (a 37°C)	1,06
Água do mar	1,025
Gasolina	0,68
Álcool Etílico	0,790
Mercúrio	13,6
Madeira balsa	0,17
Madeira densa de carvalho	0,93
Ouro	19,3
Ossos	1,7–2,0
Gelo (a 0°C)	0,916
Ar	0,001204

Lembre-se, do Capítulo 1, que as densidades dos líquidos são essencialmente constantes e, portanto, estes podem ser considerados substâncias incompressíveis na maioria dos processos, sem sacrificar muito a precisão.

Densidade dos gases ideais ou perfeitos

Tabelas de propriedades oferecem informações exatas e precisas sobre as propriedades, mas às vezes é conveniente ter algumas relações simples entre estas que sejam suficientemente gerais e precisas. Qualquer equação que relacione pressão, temperatura e densidade (ou volume específico) de uma substância é chamada de **equação de estado**. A equação de estado mais simples e conhecida para substâncias na fase gasosa é a **equação de estado dos gases ideais** (ou perfeitos) expressa como

$$P v = RT \quad \text{ou} \quad P = \rho RT \quad (2\text{-}4)$$

onde P é a pressão absoluta, v é o volume específico, T é a temperatura termodinâmica (absoluta), ρ é a densidade e R é a constante do gás. A constante R é diferente para cada gás e é determinada pela expressão $R = R_u/M$, onde R_u é a **constante universal dos gases**, cujo valor é $R_u = 8{,}314$ kJ/kmol·K $= 1{,}986$ Btu/lbmol·R e M é a *massa molar* (também chamada de *peso molecular*) do gás. Os valores de R e M para diversas substâncias são dados na Tabela A–1.

A escala de temperatura termodinâmica no SI é a **escala Kelvin**, e a unidade de temperatura nessa escala é o **kelvin**, designado pela letra K. No sistema inglês, a **escala** é **Rankine** e a unidade de temperatura nessa escala é o **rankine**, R. As várias escalas de temperatura estão relacionadas umas com as outras pelas expressões

$$T(\text{K}) = T(^\circ\text{C}) + 273{,}15 = T(R)/1{,}8 \quad (2\text{-}5)$$

$$T(\text{R}) = T(^\circ\text{F}) + 459{,}67 = 1{,}8\, T(\text{K}) \quad (2\text{-}6)$$

É prática comum arredondar as constantes 273,15 e 459,67 para 273 e 460, respectivamente, mas não encorajamos essa prática.

A Equação 2–4 é chamada de **equação de estado dos gases ideais**, ou simplesmente **relação dos gases ideais** e um gás que obedece esta relação é chamado **gás ideal** (ou perfeito). Para um gás ideal de volume V, massa m e quantidade de moles $N = m/M$, a equação de estado do gás ideal também pode ser escrita como $PV = mRT$ ou $PV = NR_uT$. Para uma massa fixa m, escrevendo a relação dos gases ideais duas vezes e simplificando, as propriedades de um gás ideal em dois estados diferentes são relacionadas entre si pela expressão $P_1V_1/T_1 = P_2V_2/T_2$.

Um gás ideal é uma substância hipotética que obedece à relação $Pv = RT$. Foi observado experimentalmente que a relação do gás ideal é bem similar ao comportamento P-v-T dos gases reais em densidades baixas. Sob pressões baixas e temperaturas altas, a densidade de um gás diminui e ele se comporta como um gás ideal (Fig. 2–5). No âmbito do interesse prático, muitos gases familiares como ar, nitrogênio, oxigênio, hidrogênio, hélio, argônio, neônio e criptônio e mesmo gases mais pesados como o dióxido de carbono podem ser tratados como gases ideais com erro desprezível (geralmente menos de 1%). Gases densos como o vapor de água de usinas de energia elétrica a vapor, e o vapor do refrigerante dos refrigeradores e aparelhos de ar condicionado não devem, entretanto, ser tratados como gases ideais, pois se encontram usualmente num estado próximo à saturação.

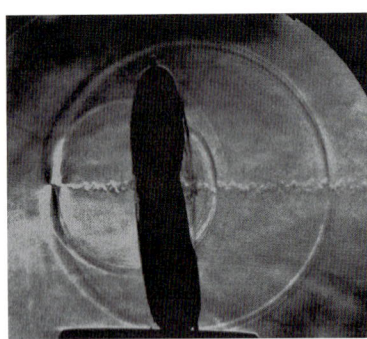

FIGURA 2–5 O ar se comporta como um gás ideal, mesmo em velocidades muito altas. Nessa imagem de Schlieren, um projétil viajando a uma velocidade próxima à do som atravessa ambos os lados de um balão, criando duas ondas de choque. A esteira turbulenta do projétil também é visível.

Fotografia de Gary S. Settles, Penn State Gas Dynamics Lab. Usada com permissão.

EXEMPLO 2–1 Densidade, gravidade específica e massa do ar em uma sala

Determine a densidade, a gravidade específica e a massa do ar em uma sala cujas dimensões são 4 m × 5 m × 6 m, a 100 kPa e 25°C (Figura 2–6).

SOLUÇÃO Devem ser determinadas densidade, gravidade específica e massa do ar na sala.

Hipóteses Sob as condições especificadas, o ar pode ser considerado um gás ideal.

Propriedades A constante de gás do ar é R = 0,287 kPa·m³/kg·K.

Análise A densidade do ar é determinada pela relação dos gases ideais $P = \rho RT$ como

$$\rho = \frac{P}{RT} = \frac{100 \text{ kPa}}{(0,287 \text{ kPa·m}^3/\text{kg·K})(25 + 273,15) \text{ K}} = \mathbf{1{,}17 \text{ kg/m}^3}$$

Então, a gravidade específica do ar torna-se

$$GE = \frac{\rho}{\rho_{H_2O}} = \frac{1{,}17 \text{ kg/m}^3}{1000 \text{ kg/m}^3} = \mathbf{0{,}00117}$$

Finalmente, o volume e a massa de ar na sala são

$$V = (4 \text{ m})(5 \text{ m})(6 \text{ m}) = 120 \text{ m}^3$$

$$m = \rho V = (1{,}17 \text{ kg/m}^3)(120 \text{ m}^3) = \mathbf{140 \text{ kg}}$$

Discussão Observe que convertemos a temperatura em °C para K antes de usá-la na relação do gás ideal.

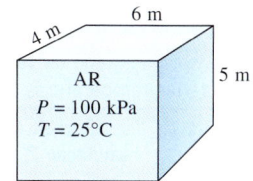

FIGURA 2–6 Esquema do Exemplo 2–1.

2–3 PRESSÃO DE VAPOR E CAVITAÇÃO

Já foi estabelecido que temperatura e pressão são propriedades dependentes em substâncias puras durante os processos de mudança de fase e há uma correspondência biunívoca entre temperaturas e pressões. Sob dada pressão, a temperatura em que uma substância pura muda de fase é chamada de **temperatura de saturação** T_{sat}. De maneira semelhante, numa dada temperatura, a pressão sob a qual uma substância pura muda de fase é denominada **pressão de saturação** P_{sat}. Sob uma pressão absoluta de 1 atmosfera padrão (1 atm ou 101,325 kPa), por exemplo, a temperatura de saturação da água é 100°C. Reciprocamente, a uma temperatura de 100°C, a pressão de saturação da água é 1 atm.

A **pressão de vapor** P_v de uma substância pura é definida como *a pressão exercida por seu vapor em equilíbrio de fase com seu líquido numa dada temperatura* (Fig. 2–7). P_v é uma propriedade da substância pura e é idêntica à pressão de saturação P_{sat} do líquido ($P_v = P_{sat}$). Devemos ter cuidado para não confundir pressão de vapor com *pressão parcial*. A **pressão parcial** é definida como *a pressão de um gás ou vapor numa mistura com outros gases*. Por exemplo, o ar atmosférico é uma mistura de ar seco e vapor de água, e a pressão atmosférica é a soma da pressão parcial do ar seco e da pressão parcial do vapor de água. A pressão parcial do vapor de água é uma pequena fração da pressão atmosférica (geralmente abaixo de 3%) visto que o ar contém mais nitrogênio e oxigênio. A pressão parcial de um vapor deve ser menor ou igual à pressão de vapor se não houver líquido presente. Entretanto, quando ambos, vapor e líquido, estão presentes e o sistema

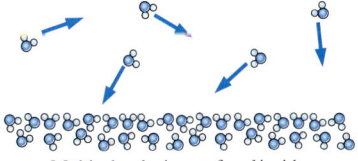

FIGURA 2–7 A pressão de vapor (pressão de saturação) de uma substância pura (por exemplo, água) é a pressão exercida pelas moléculas de vapor quando o sistema está em equilíbrio de fase com suas moléculas de líquido a uma dada temperatura.

TABELA 2-2

Pressão de saturação (ou de vapor) da água a várias temperaturas

Temperatura T °C	Pressão de saturação P_{sat}, kPa
−10	0,260
−5	0,403
0	0,611
5	0,872
10	1,23
15	1,71
20	2,34
25	3,17
30	4,25
40	7,38
50	12,35
100	101,3 (1 atm)
150	475,8
200	1554
250	3973
300	8581

está em equilíbrio, a pressão parcial do vapor deve ser igual à pressão de vapor e o sistema é dito *saturado*. A taxa de evaporação de corpos de água abertos, como lagos, é controlada pela diferença entre a pressão de vapor e a pressão parcial. Por exemplo, a pressão de vapor da água a 20°C é 2,34 kPa. Portanto, um balde de água a 20°C deixado em um compartimento com ar seco sob 1 atm continuará a evaporar até que uma de duas coisas aconteça: a água evapora completamente (não há água suficiente para estabelecer um equilíbrio de fase no compartimento), ou a evaporação pára quando a pressão parcial do vapor de água no compartimento aumenta para 2,34 kPa, ponto em que é estabelecido o equilíbrio de fase.

Para processos de mudança de fase entre as fases de líquido e vapor de uma substância pura, a pressão de saturação e a pressão de vapor são equivalentes visto que o vapor é puro. Note que o valor da pressão seria o mesmo, medido tanto na fase de vapor como de líquido (desde que medida num ponto próximo à interface líquido-vapor para evitar efeitos hidrostáticos). A pressão de vapor aumenta com a temperatura. Portanto, uma substância a pressões mais altas ferve a temperaturas mais altas. Por exemplo, a água ferve a 134°C numa panela de pressão com pressão absoluta de 3 atm, mas ferve a 93°C numa panela comum a uma altitude de 2000 m, onde a pressão atmosférica é 0,8 atm. As pressões de saturação (ou de vapor), para diversas substâncias são fornecidas nos Apêndices 1 e 2. Uma tabela específica para a água é dada na Tabela 2–2 para pronta referência.

A razão do nosso interesse na pressão de vapor é a possibilidade da pressão do líquido nos sistemas de escoamento líquido cair abaixo da pressão de vapor em alguns locais, resultando em vaporização não planejada. Por exemplo, água a 10°C transforma-se em vapor e forma bolhas em locais (como as extremidades de superfície de hélices ou sucção de bombas) onde a pressão cai abaixo de 1,23 kPa. As bolhas de vapor (chamadas de **bolhas de cavitação** já que formam "cavidades" no líquido) entram em colapso à medida que se afastam das regiões de baixa pressão, criando ondas de choque altamente destrutivas e com pressões extremamente altas. Esse fenômeno é uma causa comum de queda de desempenho e mesmo erosão das pás de hélices, e é chamado de cavitação, sendo uma consideração relevante no projeto de turbinas hidráulicas e bombas.

A cavitação deve ser evitada (ou pelo menos minimizada) nos sistemas de escoamento visto que reduz o desempenho, gera vibrações e ruídos irritantes e causa avarias no equipamento. Note que alguns sistemas de escoamentos se beneficiam da cavitação, como torpedos "supercavitantes" de alta velocidade. Os picos de pressão que resultam da grande quantidade de bolhas que se desfazem próximo a uma superfície contínua durante um período longo causam erosão, corrosão na superfície, falha por fatiga e até destruição dos componentes da maquinaria (Fig. 2–8). A presença de cavitação num sistema de escoamento é percebida pelo som sibilante característico.

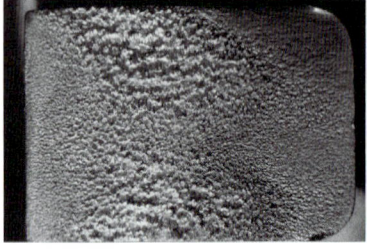

FIGURA 2-8 Avaria por cavitação numa amostra de alumínio de 16 mm por 23 mm testada com velocidade de 60 m/s durante 2,5 h. A amostra foi posicionada na região de colapso à jusante de um gerador de cavitação, projetado especificamente para produzir alto potencial de danos.

Fotografia por David Stinebring, ARL/ Pennsylvania State University. Usada com permissão.

EXEMPLO 2-2 Pressão mínima para evitar cavitação

Num sistema de distribuição de água a temperatura observada é de cerca de 30°C. Determine a pressão mínima permitida no sistema para evitar cavitação.

SOLUÇÃO Determine a pressão mínima para evitar cavitação em um sistema de distribuição de água.

Propriedades A pressão de vapor da água a 30°C é 4,25 kPa (Tabela 2–2).

Análise Para evitar a cavitação, a pressão em qualquer ponto do escoamento não deve cair abaixo da pressão de vapor (ou de saturação) a uma dada temperatura. Ou seja,

$$P_{min} = P_{sat@30°C} = 4,25 \text{ kPa}$$

Portanto, a pressão em qualquer ponto do escoamento deve ser mantida acima de 4,25 kPa.

Discussão Observe que a pressão de vapor aumenta com o aumento da temperatura e assim o risco de cavitação é maior com temperaturas mais altas do fluido.

2-4 ENERGIA E CALORES ESPECÍFICOS

A energia existe sob numerosas formas, como térmica, mecânica, cinética, potencial, elétrica, magnética, química e nuclear. A soma de todas elas constitui a **energia total** E (ou e, por unidade de massa) de um sistema. As formas de energia relacionadas à estrutura molecular do sistema e ao grau de atividade molecular são denominadas *energia microscópica*. A soma de todas as formas de energia microscópica é denominada **energia interna** do sistema e é representada por U (ou u, numa base de massa unitária).

A energia *macroscópica* de um sistema está relacionada ao movimento e à influência de alguns efeitos externos como gravidade, magnetismo, eletricidade e tensão superficial. A energia que um sistema possui como resultado de seu movimento é denominada **energia cinética**. Quando todos os componentes do sistema movem-se com a mesma velocidade, a energia cinética por unidade de massa é expressa pela equação $EC = V^2/2$, onde V é a velocidade do sistema em relação a algum sistema de referência fixo. A energia que um sistema possui como resultado de sua altitude num campo gravitacional é chamada de **energia potencial** e é expressa, por unidade de massa, como $ep = gz$, onde g é a aceleração da gravidade e z é a elevação do centro de gravidade do sistema em relação a algum plano de referência selecionado arbitrariamente.

Na vida cotidiana, frequentemente referimo-nos às formas sensível e latente de energia interna como **calor**, e falamos da quantidade de calor dos corpos. Na engenharia, no entanto, tais formas de energia são geralmente chamadas de **energia térmica** para evitar qualquer confusão com *transferência de calor*.

A unidade internacional de energia é o *joule* (J) ou *kilojoule* (1 kJ = 1000 J). Um Joule é igual a 1 N multiplicado por 1 m. No sistema inglês, a unidade de energia é a *British thermal unit* (Btu), definida como a energia necessária para elevar a temperatura de 1 lbm de água a 68° F em 1° F. As grandezas do kJ e da Btu são quase idênticas (1 Btu = 1,0551 kJ). Outra unidade de energia bastante conhecida é a *caloria* (1 cal = 4,1868 J), definida como a energia necessária para elevar a temperatura de 1 g de água a 14,5°C em 1°C.

Na análise de sistemas que envolvem escoamento de fluidos, frequentemente encontramos a combinação das propriedades u e Pv. Por conveniência, esta combinação é chamada de **entalpia** h. Isto é,

Entalpia: $$h = u + Pv = u + \frac{P}{\rho} \qquad (2\text{-}7)$$

onde P/ρ é a *energia do escoamento*, também chamada de *trabalho do escoamento*, que é a energia por unidade de massa necessária para mover o fluido e manter o escoamento. Na análise de energia dos fluidos em escoamento, é conveniente tratar

(a)

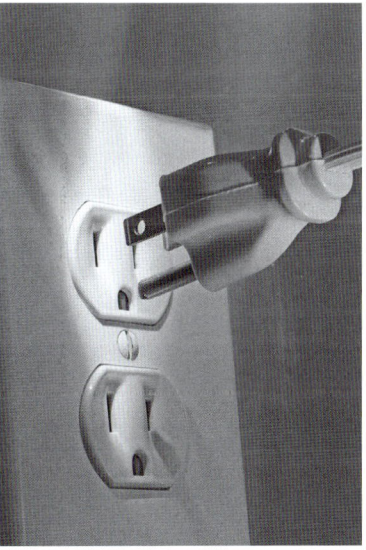

(b)

FIGURA 2–9 Pelo menos seis diferentes formas de energia são encontradas quando a energia de uma planta nuclear é produzida e transmitida para a nossa casa: nuclear, térmica, mecânica, cinética, magnética e elétrica.

(a) © *Creatas/PunchStock RF*
(b) *Comstock Images/Jupiterimages RF*

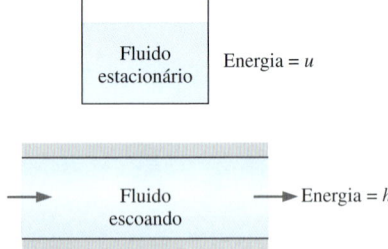

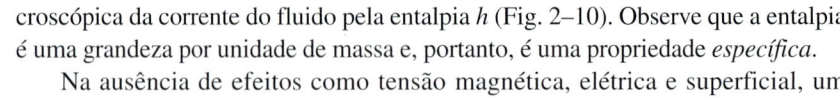

FIGURA 2–10 A *energia interna u* representa a energia microscópica de um fluido em repouso por unidade de massa, enquanto a *entalpia h* representa a energia microscópica de um fluido em movimento por unidade de massa.

a energia do escoamento como parte da energia do fluido e representar a energia microscópica da corrente do fluido pela entalpia h (Fig. 2–10). Observe que a entalpia é uma grandeza por unidade de massa e, portanto, é uma propriedade *específica*.

Na ausência de efeitos como tensão magnética, elétrica e superficial, um sistema é denominado sistema compressível simples. A energia total de um sistema compressível simples consiste em três partes: energia interna, cinética e potencial. Numa base de massa unitária, é expressa por $e = u + \text{ec} + \text{ep}$. O fluido entrando ou saindo de um volume de controle possui uma forma de energia adicional – a *energia de escoamento* P/ρ. Então, a energia total de um **fluido em movimento** numa base de massa unitária torna-se

$$e_{\text{movimento}} = P/\rho + e = h + \text{ec} + \text{ep} = h + \frac{V^2}{2} + gz \quad \text{(kJ/kg)} \quad \text{(2–8)}$$

onde $h = P/\rho + u$ é a entalpia, V é a magnitude da velocidade e z é a elevação do sistema em relação a algum ponto de referência externo.

Ao usar a entalpia em vez da energia interna para representar a energia do escoamento em movimento, não precisamos nos preocupar com o trabalho do escoamento. A energia associada ao empuxo no fluido é automaticamente considerada pela entalpia. Na verdade, essa é a razão principal para definir a propriedade entalpia.

As variações infinitesimais e finitas da energia interna e da entalpia de um *gás ideal* são expressas em termos dos calores específicos como

$$du = c_v \, dT \quad \text{e} \quad dh = c_p \, dT \quad \text{(2–9)}$$

onde c_v e c_p são os calores específicos a volume constante e a pressão constante do gás ideal. Usando valores de calor específico à temperatura média, as variações finitas na energia interna e entalpia são expressas aproximadamente por

$$\Delta u \cong c_{v,\text{médio}} \Delta T \quad \text{e} \quad \Delta h \cong c_{p,\text{médio}} \Delta T \quad \text{(2–10)}$$

Para *substâncias incompressíveis*, os calores específicos a volume constante e pressão constante são idênticos. Portanto, $c_p \cong c_v \cong c$ para líquidos e a variação da energia interna dos líquidos é expressa como $\Delta u = c_{\text{médio}} \Delta T$.

Observando que $\rho = $ constante para substâncias incompressíveis, a diferenciação da entalpia $h = u + P/\rho$ resulta $dh = du + dP/\rho$. Integrando, a variação de entalpia torna-se

$$\Delta h = \Delta u + \Delta P/\rho \cong c_{\text{médio}} \Delta T + \Delta P/\rho \quad \text{(2–11)}$$

Portanto, $\Delta h = \Delta u \cong c_{\text{médio}} \Delta T$ para processos a pressão constante e $\Delta h = \Delta P/\rho$ para processos líquidos a temperatura constante.

2–5 COEFICIENTE DE COMPRESSIBILIDADE E VELOCIDADE DO SOM

Sabemos por experiência que o volume (ou a densidade) de um fluido muda com a variação de sua temperatura ou pressão. Os fluidos, geralmente, expandem-se quando aquecidos ou despressurizados e contraem-se quando resfriados ou pressurizados. Porém, a quantidade de variação de volume é diferente para diferentes fluidos e precisamos definir propriedades que relacionem as variações de volume às variações de pressão e temperatura. Duas de tais propriedades são o módulo de elasticidade κ e o coeficiente de expansão volumétrica β.

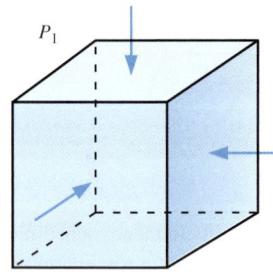

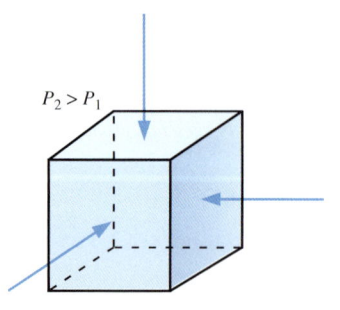

FIGURA 2–11 Os fluidos, como os sólidos, comprimem-se quando a pressão aplicada aumenta de P_1 para P_2.

É de conhecimento geral que um fluido contrai-se quando é aplicada pressão maior sobre ele e expande-se quando a pressão aplicada é reduzida (Fig. 2–11). Ou seja, os fluidos agem como sólidos elásticos com relação à pressão. Portanto, de maneira análoga ao módulo de elasticidade de Young para os sólidos, é apropriado definir um **coeficiente de compressibilidade** κ (também chamado de **módulo de compressibilidade volumétrica** ou **módulo de elasticidade volumétrica**) para fluidos pela expressão

$$\kappa = -v\left(\frac{\partial P}{\partial v}\right)_T = \rho\left(\frac{\partial P}{\partial \rho}\right)_T \quad \text{(Pa)} \qquad (2\text{–}12)$$

Esse coeficiente também pode ser expresso aproximadamente em termos de variações finitas como

$$\kappa \cong -\frac{\Delta P}{\Delta v/v} \cong \frac{\Delta P}{\Delta \rho/\rho} \qquad (T = \text{constante}) \qquad (2\text{–}13)$$

Observando que $\Delta v/v$ ou $\Delta \rho/\rho$ é adimensional, κ deve ter uma unidade de pressão (Pa ou psi). Além disso, o coeficiente de compressibilidade representa a variação de pressão correspondente a uma variação relativa do volume ou da densidade do fluido enquanto a temperatura permanece constante. Conclui-se, então, que o coeficiente de compressibilidade de uma substância verdadeiramente incompressível ($v = $ constante) é infinito.

Um valor grande de κ indica que é preciso uma grande variação de pressão para causar uma pequena variação relativa no volume e, portanto, um fluido com um valor de pressão κ grande é essencialmente incompressível. Isto é típico dos líquidos e explica por que eles são considerados *incompressíveis*. Por exemplo, a pressão da água sob condições atmosféricas normais deve ser aumentada em 210 atm para comprimi-la 1%, correspondendo a um valor de $\kappa = 21.000$ atm.

Pequenas variações na densidade dos líquidos podem ainda causar fenômenos interessantes nos sistemas de tubulação, como o *martelo hidráulico* (ou golpe de aríete) – caracterizado por um som semelhante ao produzido quando o tubo é "martelado". O fenômeno ocorre quando o líquido numa rede de condutos encontra uma restrição súbita no escoamento (como o fechamento de uma válvula) e é comprimido localmente. As ondas acústicas produzidas golpeiam as superfícies curvas e válvulas da tubulação à medida que se propagam e refletem ao longo da tubulação, fazendo com que a tubulação vibre e produza esse som familiar. Além do barulho, o golpe de aríete pode ser bastante destrutivo, causando vazamentos ou até mesmo dano estrutural. O efeito pode ser suprimido usando um *supressor de golpe de aríete* (Fig. 12–2), uma câmara volumétrica contendo um fole ou pistão para absorver o choque. Para tubulações grandes, um tubo vertical chamado de *chaminé de equilíbrio* frequentemente é usado. Uma chaminé de equilíbrio apresenta uma superfície livre na sua parte superior e é virtualmente isenta de cuidados de manutenção.

Note que o volume e a pressão são inversamente proporcionais (o volume diminui à medida que a pressão aumenta e assim $\partial P/\partial v$ é uma grandeza negativa) e que o sinal negativo na definição (Eq. 2–12) assegura que κ seja uma quantidade positiva. Além disso, ao diferenciar $\rho = 1/v$ obtém-se $d\rho = -dv/v^2$, que rearranjada fornece

$$\frac{d\rho}{\rho} = -\frac{dv}{v} \qquad (2\text{–}14)$$

Ou seja, as variações relativas do volume específico e da densidade de um fluido são iguais em módulo, mas de sinais opostos.

(a)

(b)

FIGURA 2–12 Supressores para o golpe de aríete:
(a) Uma chaminé de equilíbrio construída para proteger a tubulação contra danos causados por golpe de aríete.
Fotografia de Arris S. Tijsseling, visitante da Universidade de Adelaide, Austrália. Usada com permissão.
(b) Pequenos supressores usados na linha de fornecimento de água de uma máquina de lavar doméstica.
Fotografia fornecida por cortesia da Oatey Co.

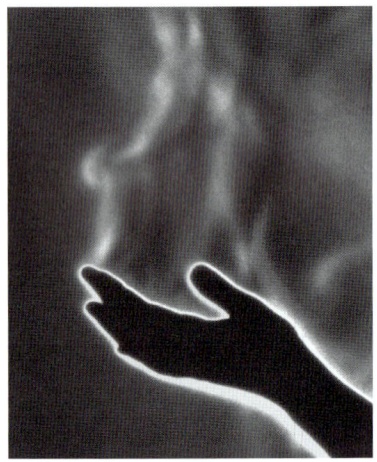

FIGURA 2-13 Convecção natural sobre a mão de uma mulher.

Fotografia de G. S. Settles, Gas Dynamics Lab, Penn State University. Usada com permissão.

Para um gás ideal, $P = \rho RT$ e $(\partial P/\partial \rho)_T = RT = P/\rho$, e assim

$$\kappa_{\text{gás ideal}} = P \quad \text{(Pa)} \tag{2-15}$$

Portanto, o coeficiente de compressibilidade de um gás ideal é igual à sua pressão absoluta, e o coeficiente de compressibilidade do gás aumenta com o aumento de pressão. Substituindo $\kappa = P$ na definição do coeficiente de compressibilidade e rearranjando, obtém-se

Gás ideal: $$\frac{\Delta \rho}{\rho} = \frac{\Delta P}{P} \quad (T = \text{constante}) \tag{2-16}$$

Portanto, o aumento percentual da densidade de um gás ideal durante uma compressão isotérmica é igual ao aumento percentual da pressão.

Para o ar sob pressão de 1 atm, $\kappa = P = 1$ atm, um decréscimo de 1% no volume ($\Delta V/V = -0,01$) corresponde a um aumento de $\Delta P = 0,01$ atm na pressão. Mas para o ar a 1000 atm, $\kappa = 1000$ atm, um decréscimo de 1% no volume corresponde a um aumento de pressão $\Delta P = 10$ atm. Portanto, uma pequena variação relativa no volume do gás causa uma grande variação de pressão sob pressões muito grandes.

O inverso do coeficiente de compressibilidade é chamado de **compressibilidade isotérmica** α e é expresso como

$$\alpha = \frac{1}{\kappa} = -\frac{1}{v}\left(\frac{\partial v}{\partial P}\right)_T = \frac{1}{\rho}\left(\frac{\partial \rho}{\partial P}\right)_T \quad (1/\text{Pa}) \tag{2-17}$$

A compressibilidade isotérmica de um fluido representa a mudança relativa de volume ou densidade correspondente a uma variação unitária na pressão.

Coeficiente de expansão volumétrica

A densidade de um fluido, em geral, depende mais intensamente da temperatura do que da pressão, e a variação da densidade com a temperatura é responsável por inúmeros fenômenos naturais como ventos, correntes nos oceanos, plumas de fumaça nas chaminés, a operação dos balões de ar quente, transferência de calor por convecção natural e até mesmo a subida de ar quente; daí a frase "o calor sobe" (Fig. 2-13). Para quantificar esses efeitos, precisamos de uma propriedade que represente a *variação da densidade de um fluido com a temperatura sob pressão constante*.

A propriedade que fornece essa informação é o **coeficiente de expansão volumétrica** (ou *expansividade volumétrica*) β, definida como (Fig. 2-14)

$$\beta = \frac{1}{v}\left(\frac{\partial v}{\partial T}\right)_P = -\frac{1}{\rho}\left(\frac{\partial \rho}{\partial T}\right)_P \quad (1/\text{K}) \tag{2-18}$$

Esse coeficiente também é expresso aproximadamente em termos de variações finitas por

$$\beta \approx \frac{\Delta v/v}{\Delta T} = -\frac{\Delta \rho/\rho}{\Delta T} \quad \text{(à constante } P\text{)} \tag{2-19}$$

Um valor grande de β para um fluido significa que a densidade varia muito com a temperatura, e o produto $\beta \cdot \Delta T$ representa a fração de variação do volume de um fluido que corresponde a uma variação de temperatura ΔT sob pressão constante.

Pode ser mostrado facilmente que o coeficiente de expansão volumétrica de um gás ideal ($P = \rho RT$) à uma temperatura T é equivalente ao inverso da temperatura:

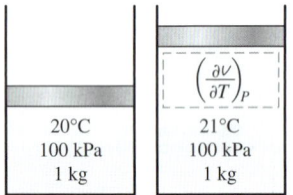

(a) Uma substância com um β grande

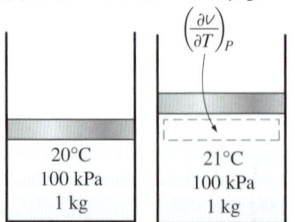

(b) Uma substância com um β pequeno

FIGURA 2-14 O coeficiente de expansão volumétrica é uma grandeza que mede a variação de volume de uma substância com a temperatura sob pressão constante.

$$\beta_{\text{gás ideal}} = \frac{1}{T} \quad (1/\text{K}) \tag{2-20}$$

onde T é a temperatura *absoluta*.

No estudo das correntes de convecção naturais, a condição do corpo principal do fluido que cerca as regiões finitas quentes ou frias é indicada pelo subscrito "infinito" como um lembrete de que este é o valor a uma distância em que a presença da região quente ou fria não é sentida. Em tais casos, o coeficiente de expansão volumétrica é expresso aproximadamente como

$$\beta \approx -\frac{(\rho_\infty - \rho)/\rho}{T_\infty - T} \quad \text{ou} \quad \rho_\infty - \rho = \rho\beta(T - T_\infty) \tag{2-21}$$

onde ρ_∞ é a densidade e T_∞ é a temperatura do fluido em repouso longe do bolsão confinado de fluido quente ou frio.

Veremos no Capítulo 3 que as correntes de convecção naturais têm início com a *força de flutuação*, que é proporcional à *diferença de densidade*, a qual por sua vez, é proporcional à *diferença de temperatura* sob pressão constante. Portanto, quanto maior for a diferença de temperatura entre o bolsão quente ou frio do fluido e o corpo principal do fluido circundante, *maior* será a força de flutuação e portanto as correntes de convecção naturais serão *mais fortes*. Um fenômeno correlato ocorre às vezes quando um avião voa a uma velocidade próxima da velocidade do som. A súbita queda de temperatura produz condensação de vapor de água e uma visível nuvem de vapor (Fig. 2–15).

FIGURA 2–15 Nuvem de vapor ao redor de um F/A-18F Super Hornet quando este voa a uma velocidade próxima da do som.

Fotografia da U.S. Navy, por Jonathan Chandler.

Os efeitos combinados das mudanças de pressão e temperatura na mudança de volume do fluido são determinados considerando que o volume específico seja uma função de T e P. Diferenciando $v = v(T, P)$ e usando as definições dos coeficientes de compressão e expansão α e β, obtém-se:

$$dv = \left(\frac{\partial v}{\partial T}\right)_P dT + \left(\frac{\partial v}{\partial P}\right)_T dP = (\beta\, dT - \alpha\, dP)v \tag{2-22}$$

Dessa forma, a variação relativa de volume (ou densidade) devido a mudanças na pressão e temperatura pode ser expressa aproximadamente por

$$\frac{\Delta v}{v} = -\frac{\Delta \rho}{\rho} \cong \beta\, \Delta T - \alpha\, \Delta P \tag{2-13}$$

EXEMPLO 2–3 Variação da densidade com temperatura e pressão

Considere a água inicialmente a 20°C e 1 atm. Determine a densidade final da água (*a*) se for aquecida para 50°C sob pressão constante de 1 atm e (*b*) se for comprimida até uma pressão de 100 atm a uma temperatura constante de 20°C. Suponha que a compressibilidade isotérmica da água seja $\alpha = 4{,}80 \times 10^{-5}\ \text{atm}^{-1}$.

SOLUÇÃO Considera-se a água a temperatura e pressão dadas. Devem ser determinadas suas densidades depois de aquecida e depois de ser comprimida.

Hipóteses **1** O coeficiente de expansão volumétrica e a compressibilidade isotérmica da água são constantes numa dada faixa de temperatura. **2** É feita uma análise aproximada substituindo as variações diferenciais das quantidades por variações finitas.

Propriedades A densidade da água a 20°C e pressão de 1 atm é $\rho_1 = 998{,}0\ \text{kg/m}^3$. O coeficiente de expansão volumétrica à temperatura média de $(20 + 50)/2 = 35°C$

(*continua*)

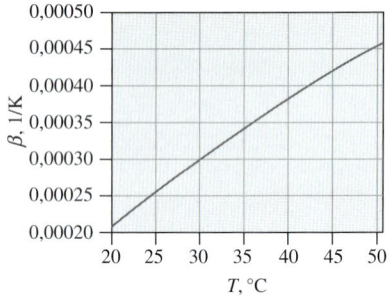

FIGURA 2–16 Variação do coeficiente de expansão volumétrica β da água com a temperatura na faixa de 20°C a 50°C.

Os dados foram gerados e plotados com o programa EES.

(*continuação*)

é $\beta = 0{,}337 \times 10^{-3}$ K^{-1}. A compressibilidade isotérmica da água é dada como $\alpha = 4{,}80 \times 10^{-5}$ atm^{-1}.

Análise Quando as quantidades diferenciais forem substituídas por diferenças e as propriedades α e β forem supostas constantes, a variação de densidade em termos de variações de pressão e temperatura é expressa aproximadamente por (Equação 2–23)

$$\Delta\rho = \alpha\rho\,\Delta P - \beta\rho\,\Delta T$$

(*a*) A variação de densidade em virtude da variação de temperatura de 20°C para 50°C a pressão constante é

$$\Delta\rho = -\beta\rho\,\Delta T = -(0{,}337 \times 10^{-3}\,\text{K}^{-1})(998\,\text{kg/m}^3)(50-20)\,\text{K}$$
$$= -10{,}0\,\text{kg/m}^3$$

Observando que $\Delta\rho = \rho_2 - \rho_1$, a densidade da água a 50°C e 1 atm é

$$\rho_2 = \rho_1 + \Delta\rho = 998{,}0 + (-10{,}0) = \mathbf{988{,}0\ kg/m^3}$$

o que é quase idêntico ao valor 988,1 kg/m³ a 50°C listado na Tabela A–3. Tal constatação deve-se à variação quase linear de β com a temperatura, como mostrado na Figura 2–16.

(*b*) A variação de densidade em virtude da variação de pressão de 1 atm para 100 atm a temperatura constante é

$$\Delta\rho = \alpha\rho\,\Delta P = (4{,}80 \times 10^{-5}\,\text{atm}^{-1})(998\,\text{kg/m}^3)(100-1)\,\text{atm} = 4{,}7\,\text{kg/m}^3$$

Então a densidade da água a 100 atm e 20°C torna-se

$$\rho_2 = \rho_1 + \Delta\rho = 998{,}0 + 4{,}7 = \mathbf{1002{,}7\ kg/m^3}$$

Discussão Note que a densidade da água decresce quando aquecida e aumenta quando é comprimida, como esperado. O problema pode ser resolvido com maior precisão usando análise diferencial quando estão disponíveis formulários funcionais de propriedades.

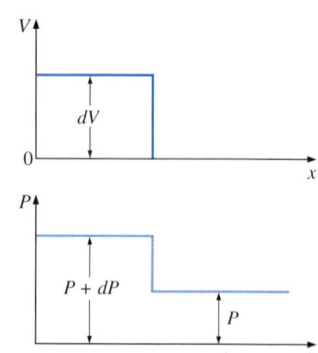

FIGURA 2–17 Propagação de uma pequena onda de pressão ao longo de um duto.

Velocidade do som e número de Mach

Um parâmetro importante no estudo dos escoamentos compressíveis é a **velocidade do som** (ou **velocidade sônica**), definida como a velocidade com que um pulso infinitesimalmente pequeno de pressão viaja em um meio. A onda de pressão pode ser causada por uma perturbação, que cria um pequeno acréscimo de pressão local.

Para obter uma relação para a velocidade do som em um meio, considere um duto cheio de fluido em repouso como na Fig. 2–17. O pistão montado no duto é subitamente movido para a direita com uma velocidade incremental constante dV, criando uma onda sônica. A frente de onda se move para a direita através do fluido com a velocidade do som c e separa o fluido em movimento adjacente ao pistão do fluido ainda em repouso. O fluido à esquerda da frente de onda experimenta uma variação incremental em suas propriedades termodinâmicas, enquanto o fluido à direita mantém suas propriedades originais, como mostrado na Fig. 2–17.

Para simplificar a análise, considere o volume de controle que engloba a frente de onda e se move com ela, como na Fig. 2–18. Para um observador viajando com a frente de onda, o fluido à direita parece estar se movendo em direção da frente com uma velocidade c e o fluido à esquerda parece estar se afastando com uma velocidade $c - dV$. Obviamente, o observador vê o volume de controle que engloba a frente de onda (e ele mesmo) como estacionário, e testemunha um processo em regime permanente. O balanço de massa para esse escoamento permanente com uma única corrente é:

$$\dot{m}_{direita} = \dot{m}_{esquerda}$$

ou

$$\rho A c = (\rho + d\rho)A(c - dV)$$

Cancelando a área A da seção transversal (ou do escoamento) e desprezando os termos de alta ordem, essa equação se reduz a

$$c\,d\rho - \rho\,dV = 0$$

Nenhum calor ou trabalho atravessa as fronteiras do volume de controle durante esse processo permanente, e a variação de energia potencial pode ser desprezada. Então, o balanço de energia do processo permanente $e_{entrada} = e_{saída}$ resulta em:

$$h + \frac{c^2}{2} = h + dh + \frac{(c-dV)^2}{2}$$

de onde se segue que:

$$dh - c\,dV = 0$$

do qual nós desprezamos o termo de segunda ordem dV^2. A amplitude da onda sônica é muito pequena e não provoca qualquer mudança apreciável na pressão e temperatura do fluido. Portanto, a propagação da onda sônica é não apenas adiabática, mas também praticamente isentrópica. Dessa forma, a relação termodinâmica $T\,ds = dh - dP/\rho$ (veja Çengel e Boles, 2011) se reduz a:

$$T\,ds^{\,0} = dh - \frac{dP}{\rho}$$

ou

$$dh = \frac{dP}{\rho}$$

Combinando as expressões acima conseguimos a desejada expressão para a velocidade do som como

$$c^2 = \frac{dP}{d\rho} \quad \text{com } s = \text{constante}$$

ou

$$c^2 = \left(\frac{\partial P}{\partial \rho}\right)_s \qquad (2\text{--}24)$$

Fica como um exercício para o leitor, usando relações de propriedades termodinâmicas, mostrar que a Eq. 2–24 pode também ser escrita como

$$c^2 = k\left(\frac{\partial P}{\partial \rho}\right)_T \qquad (2\text{--}25)$$

onde $k = c_p/c_v$ é a relação entre os calores específicos do fluido. Note que a velocidade do som em um fluido é uma função das propriedades termodinâmicas daquele fluido (Fig. 2–19).

Quando o fluido for um gás ideal ($P = \rho RT$), a diferenciação da Eq. 2.25 resulta pode ser feita, resultando em:

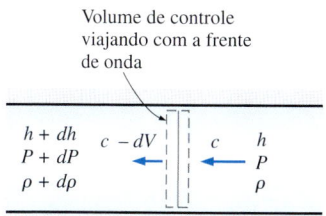

FIGURA 2–18 Volume de controle se movendo com a pequena onda de pressão ao longo do duto.

FIGURA 2–19 A velocidade do som no ar aumenta com a temperatura. Em temperaturas externas típicas, c é por volta de 340m/s. Arredondando, portanto, o som do trovão de um relâmpago viaja 1 km em 3 segundos. Se você vê um raio e então escuta o trovão menos de 3 segundos depois, você sabe que o raio caiu por perto e é hora de entrar em casa!

© *Bear Dancer Studios/Mark Dierker*

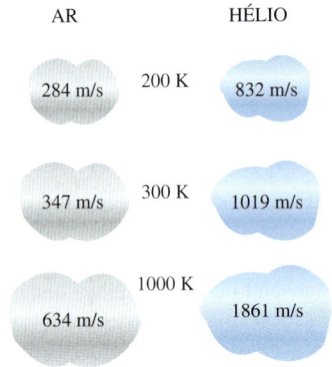

FIGURA 2–20 A velocidade do som varia com a temperatura e com o fluido.

$$c^2 = k\left(\frac{\partial P}{\partial \rho}\right)_T = k\left[\frac{\partial(\rho RT)}{\partial \rho}\right]_T = kRT$$

ou

$$c = \sqrt{kRT} \qquad (2\text{–}26)$$

Observando que a constante do gás R tem um valor fixo para um gás ideal específico e que a relação entre os calores específicos k de um gás ideal é, quando muito, uma função da temperatura, concluímos que a velocidade do som em um gás ideal é uma função apenas da temperatura (Fig. 2–20).

Um segundo parâmetro importante na análise dos escoamentos compressíveis é o **número de Mach Ma**, batizado assim em homenagem ao físico austríaco Ernst Mach (1838-1916). Ele é a razão entre a velocidade do fluido (ou a velocidade de um objeto em um fluido estacionário) e a velocidade do som no mesmo fluido com o mesmo estado termodinâmico:

$$\text{Ma} = \frac{V}{c} \qquad (2\text{–}27)$$

FIGURA 2–21 O número de Mach pode ser diferente em diferentes temperaturas mesmo que a velocidade de voo seja a mesma.

© Alamy RF

Note que o número de Mach depende da velocidade do som, que depende do estado do fluido. Portanto, o número de Mach de um avião com velocidade constante em um fluido estacionário pode ser diferente em diferentes locais (Fig. 2–21).

Diferentes regimes de escoamento são frequentemente descritos em função do número de Mach do escoamento. O escoamento é chamado de **sônico** quando Ma = 1, **subsônico** quando Ma < 1, **supersônico** quando Ma > 1, **hipersônico** quando Ma ≫ 1 e **transônico** quando Ma ≅ 1.

EXEMPLO 2–4 Número de Mach do ar entrando em um difusor

O ar entra em um difusor como mostrado na Fig. 2–22 com uma velocidade de 200m/s. Determine (a) a velocidade do som e (b) o número de Mach na entrada do difusor quando a temperatura do ar é de 30°C.

SOLUÇÃO Ar entra no difusor em alta velocidade. A velocidade do som e o número de Mach devem ser determinados na entrada do difusor.

Hipóteses O ar nas condições especificadas pode ser considerado um gás ideal.

Propriedades A constante do gás para o ar é $R = 0{,}287$ kJ/kg·K, e a relação dos calores específicos a 30°C é $k = 1{,}4$.

Análise Sabemos que a velocidade do som em um gás varia com a temperatura, que é dada como 30°C.

(a) A velocidade do som no ar a 30°C é determinada da Eq. 2–26 como

$$c = \sqrt{kRT} = \sqrt{(1{,}4)(0{,}287 \text{ kJ/kg·K})(303 \text{ K})\left(\frac{1000 \text{ m}^2/\text{s}^2}{1 \text{ kJ/kg}}\right)} = \mathbf{349 \text{ m/s}}$$

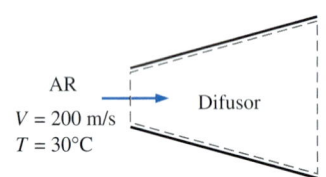

FIGURA 2–22 Esquema para o exemplo 2–4.

(b) Então o número de Mach resulta

$$\text{Ma} = \frac{V}{c} = \frac{200 \text{ m/s}}{349 \text{ m/s}} = \mathbf{0{,}573}$$

Discussão O escoamento na entrada do difusor é subsônico pois Ma < 1.

2–6 VISCOSIDADE

Quando dois corpos sólidos em contato se movimentam um em relação ao outro, desenvolve-se uma força de atrito na superfície de contato, em direção oposta ao movimento. Para movermos uma mesa sobre um piso, por exemplo, temos que aplicar uma força sobre a mesa, na direção horizontal, de intensidade tal que supere a força de atrito. A intensidade da força requerida para movimentar a mesa depende do *coeficiente de atrito* entre a mesa e o piso.

A situação é semelhante quando um fluido se move em relação a um sólido ou quando dois fluidos se movem um em relação ao outro. Nós nos movemos com relativa facilidade no ar, mas não tanto na água. O movimento em óleo é ainda mais difícil, como observamos na descida lenta de uma bola de gude lançada num tubo cheio de óleo. Parece haver uma propriedade que representa a resistência interna do líquido ao movimento ou à "fluidez", e essa propriedade é a **viscosidade**. A força que um fluido em movimento exerce sobre um corpo na direção do escoamento é chamada de **força de arrasto**, e sua intensidade depende, em parte, da viscosidade (Fig. 2–23).

Para obter uma relação para a viscosidade, considere uma camada de fluido entre duas placas paralelas muito grandes (ou, de maneira equivalente, duas placas paralelas imersas em um corpo líquido grande) separadas por uma distância ℓ (Fig. 2–24). Aplica-se então uma força F constante na placa superior, enquanto a placa inferior é mantida fixa. Após os transientes iniciais, observa-se que a placa superior se move continuamente sob a influência da força F, com velocidade constante V. O fluido em contato com a parte superior da placa prende-se à superfície da placa e move-se com ela a mesma velocidade; a tensão de cisalhamento τ que age sobre esta camada fluida é

$$\tau = \frac{F}{A} \quad (2\text{--}28)$$

onde A é a área de contato entre a placa e o fluido. Observe que a camada fluida deforma-se continuamente sob a influência da tensão de cisalhamento.

O fluido em contato com a placa inferior assume a velocidade daquela placa, que é nula (por causa da condição de não escorregamento – veja a Seção 1–2). Em um escoamento laminar estacionário, a velocidade do fluido entre as placas varia linearmente entre 0 e V, e portanto o *perfil da velocidade* e o *gradiente da velocidade* são

$$u(y) = \frac{y}{\ell}V \quad \text{e} \quad \frac{du}{dy} = \frac{V}{\ell} \quad (2\text{--}29)$$

onde y é a distância vertical da placa inferior.

Durante um intervalo de tempo infinitesimal dt, os lados das partículas do fluido ao longo de uma reta vertical MN giram a um ângulo infinitesimal $d\beta$ enquanto a placa superior move-se por uma distância infinitesimal $da = V\,dt$. O deslocamento angular ou deformação (ou cisalhamento) é expresso como

$$d\beta \approx \tan d\beta = \frac{da}{\ell} = \frac{V\,dt}{\ell} = \frac{du}{dy}dt \quad (2\text{--}30)$$

Rearranjando, a taxa de deformação sob a influência da tensão de cisalhamento τ torna-se

$$\frac{d\beta}{dt} = \frac{du}{dy} \quad (2\text{--}31)$$

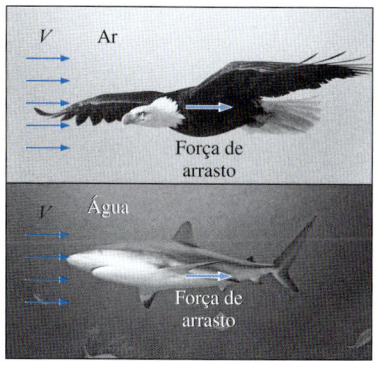

FIGURA 2–23 Um fluido, movendo-se em relação a um corpo, exerce uma força de arrasto sobre o corpo, em parte, devido ao atrito causado pela viscosidade.

© *Digital Vision/Getty RF*

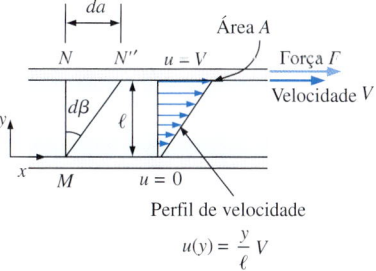

FIGURA 2–24 Comportamento de um fluido em escoamento laminar entre duas placas paralelas quando a placa superior move-se com velocidade constante.

Concluímos então que a taxa de deformação de um elemento fluido é equivalente ao gradiente da velocidade du/dy. Além disso, verifica-se experimentalmente que, para a maioria dos fluidos, a taxa de deformação (e portanto, o gradiente da velocidade) é diretamente proporcional à tensão de cisalhamento τ,

$$\tau \propto \frac{d\beta}{dt} \quad \text{ou} \quad \tau \propto \frac{du}{dy} \tag{2-32}$$

Os fluidos para os quais a taxa de deformação é linearmente proporcional à tensão de cisalhamento são chamados de **fluidos newtonianos**, em homenagem a Sir Isaac Newton, que os definiu primeiro em 1687. A maioria dos fluidos comuns como água, ar, gasolina e óleos são fluidos newtonianos. Sangue e plásticos líquidos são exemplos de fluidos não newtonianos.

No escoamento cisalhante unidimensional de fluidos newtonianos, a tensão de cisalhamento é expressa pela relação linear

Tensão de cisalhamento: $\quad \tau = \mu \dfrac{du}{dy} \quad$ (N/m^2) $\tag{2-33}$

onde a constante de proporcionalidade μ é denominada **coeficiente de viscosidade** ou **viscosidade dinâmica** (ou **absoluta**) do fluido, cuja unidade é kg/m·s, ou de maneira equivalente, N·s/m^2 (ou ainda Pa·s, onde Pa é a unidade de pressão pascal). Uma unidade de viscosidade comum é o **poise**, que é equivalente a 0,1 Pa·s (ou o *centipoise*, que é um centésimo de um poise). A viscosidade da água a 20°C é igual a 1,002 centipoise e, portanto, a unidade centipoise serve como uma referência útil. O gráfico da tensão de cisalhamento contra a taxa de deformação (gradiente de velocidade) de um fluido newtoniano é uma reta cuja declividade é a viscosidade do fluido, como mostrado na Fig. 2–25. Note que a viscosidade é independente da taxa de deformação para fluidos newtonianos. A Fig. 2–25 revela que a viscosidade é, na verdade, um coeficiente da relação tensão-deformação.

A força de cisalhamento que atua sobre uma camada de fluido newtoniano (ou, pela terceira lei de Newton, a força que atua sobre a placa) é

Força de cisalhamento: $\quad F = \tau A = \mu A \dfrac{du}{dy} \quad$ (N) $\tag{2-34}$

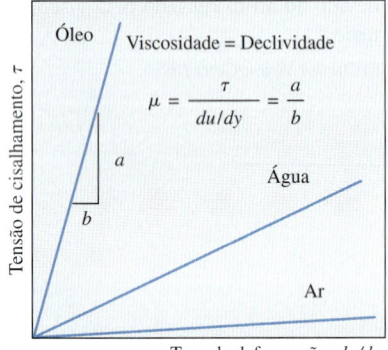

FIGURA 2–25 A taxa de deformação (gradiente de velocidade) de um fluido newtoniano é proporcional à tensão de cisalhamento e a constante de proporcionalidade é a viscosidade.

onde, novamente, A é a área de contato entre a placa e o fluido. Então, a força F necessária para mover a placa superior da Fig. 2–24 com velocidade constante V, enquanto a placa inferior permanece estacionária é

$$F = \mu A \frac{V}{\ell} \quad \text{(N)} \tag{2-35}$$

Essa relação é usada alternativamente para calcular μ quando a força F é medida. Portanto, o arranjo experimental que acabamos de descrever é também usado para medir a viscosidade dos fluidos. Note que, sob condições idênticas, a força F será bem diferente para fluidos distintos.

Para fluidos não newtonianos, a relação entre tensão de cisalhamento e taxa de deformação é não linear, como mostra a Fig. 2–26. A inclinação da curva no gráfico de τ versus du/dy é denominada *viscosidade aparente* do fluido. Fluidos para os quais a viscosidade aparente aumenta com a taxa de deformação (como soluções de amido ou areia em suspensão) são chamados de *fluidos dilatantes* ou *de aumento de cisalhamento* e os que exibem comportamento oposto (com o fluido tornando-se menos viscoso à medida que o cisalhamento aumenta, como certas tintas, soluções de polímeros e fluidos com partículas em suspensão) são denomi-

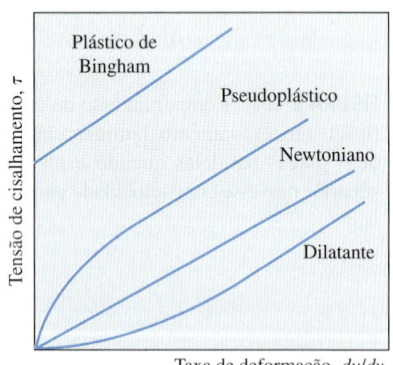

FIGURA 2–26 Variação da tensão de cisalhamento com a taxa de deformação para fluidos newtonianos e não newtonianos (a declividade da curva a um dado ponto é a viscosidade aparente do fluido naquele ponto).

nados *fluidos pseudoplásticos* ou *de redução de cisalhamento*. Alguns materiais, como pastas de dente, resistem a baixas tensões de cisalhamento e, assim, comportam-se inicialmente como sólidos, mas se deformam continuamente quando a tensão de cisalhamento excede um limite de carga, passando então a comportar-se como fluidos. Tais materiais são denominados plásticos de Bingham, em homenagem a E. C. Bingham, responsável por trabalhos pioneiros sobre viscosidade de fluidos no U.S. National Bureau of Standards no início do século XX.

Na mecânica dos fluidos e na transferência de calor, a razão entre viscosidade dinâmica e densidade aparece frequentemente. Por conveniência, essa razão é denominada **viscosidade cinemática** ν e é expressa como $\nu = \mu/\rho$. Duas unidades comuns da viscosidade cinemática são m²/s e **stoke** (1 stoke = 1 cm²/s = 0,0001 m²/s).

Em geral, a viscosidade de um fluido depende da temperatura e da pressão, embora a dependência da pressão seja bastante fraca. Para *líquidos*, tanto a viscosidade dinâmica como a cinemática são praticamente independentes da pressão, então qualquer variação pequena de pressão é normalmente desprezada, exceto nos casos de pressões extremamente altas. Em *gases*, este também é o caso para a viscosidade dinâmica (para pressões baixas e moderadas), mas não para a viscosidade cinemática, uma vez que a densidade de um gás é proporcional à sua pressão (Fig. 2–27).

A viscosidade do fluido é uma medida de sua "resistência à deformação". A viscosidade resulta da força de atrito interno desenvolvida entre as diferentes camadas de fluidos, à medida que são forçadas a se mover uma em relação às outras.

A viscosidade está diretamente relacionada com a potência necessária para transportar um fluido em um duto ou para mover um corpo (como um carro no ar ou um submarino no mar) através de um fluido. A viscosidade é causada pelas forças coesivas entre as moléculas dos líquidos e pelas colisões moleculares nos gases, e varia extremamente com a temperatura. A viscosidade dos líquidos decresce com a temperatura, ao passo que a dos gases aumenta com a temperatura (Fig. 2–28). Isso ocorre porque nos líquidos as moléculas possuem mais energia a temperaturas mais altas e, nesse caso, podem opor-se mais intensamente às forças intermoleculares coesivas. O resultado é que as moléculas energizadas do líquido movem-se mais livremente.

Num gás, por outro lado, as forças intermoleculares são desprezíveis e as moléculas em temperaturas altas movem-se aleatoriamente a velocidades mais altas. Isso resulta em mais colisões moleculares por unidade de volume e por unidade de tempo e, portanto, numa maior resistência ao escoamento. A teoria cinética dos gases prevê que a viscosidade dos gases seja proporcional à raiz quadrada da temperatura. Isto é, $\mu_{\text{gás}} \propto \sqrt{T}$. Essa previsão é confirmada por observações práticas, mas os desvios para gases diferentes precisam ser levados em conta incorporando alguns fatores de correção. A viscosidade dos gases é expressa em função da temperatura pela correlação de Sutherland (do The U.S. Standard Atmosphere) como

Gases: $$\mu = \frac{aT^{1/2}}{1 + b/T} \qquad (2\text{–}36)$$

onde T é a temperatura absoluta e a e b são constantes determinadas experimentalmente. Note que medir as viscosidades em duas temperaturas diferentes é suficiente para determinar as constantes. Para o ar, os valores das constantes são $a = 1{,}458 \times 10^{-6}$ kg/(m·s·K$^{1/2}$) e $b = 110{,}4$ K sob condições atmosféricas. A viscosidade dos gases é independente da pressão sob pressões de baixas a moderadas (de alguns poucos percentuais de 1 atm a várias atm). Porém a viscosidade aumenta sob altas pressões devido ao aumento da densidade.

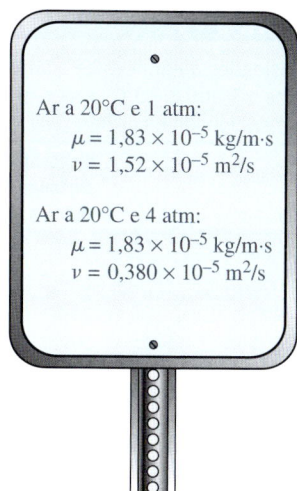

FIGURA 2–27 Em geral, a viscosidade dinâmica não depende da pressão, mas a viscosidade cinemática depende.

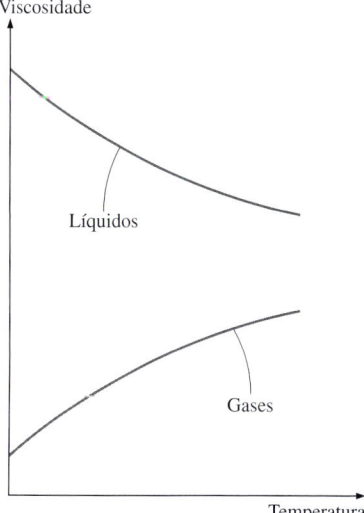

FIGURA 2–28 A viscosidade dos líquidos decresce e a dos gases aumenta com a temperatura.

TABELA 2–3

Viscosidades dinâmicas de alguns fluidos a 1 atm e 20°C (a menos que mencionado o contrário)

Fluido	Viscosidade dinâmica μ, kg/m · s
Glicerina:	
−20°C	134,0
0°C	10,5
20°C	1,52
40°C	0,31
Óleo de motor:	
SAE 10W	0,10
SAE 10W30	0,17
SAE 30	0,29
SAE 50	0,86
Mercúrio	0,0015
Álcool etílico	0,0012
Água:	
0°C	0,0018
20°C	0,0010
100°C (líquido)	0,00028
100°C (vapor)	0,000012
Sangue, 37°C	0,00040
Gasolina	0,00029
Amônia	0,00015
Ar	0,000018
Hidrogênio, 0°C	0,0000088

Para *líquidos*, a viscosidade é aproximada pela expressão

Líquidos: $$\mu = a 10^{b/(T-c)} \quad (2\text{–}37)$$

onde novamente T é a temperatura absoluta e a, b e c são constantes determinadas experimentalmente. Para a água, usando os valores $a = 2{,}414 \times 10^{-5}$ N·s/m², $b = 247{,}8$ K, $c = 140$ K resulta em um erro menor do que 2,5% na viscosidade na faixa de temperatura de 0°C a 370°C (Touloukian et al., 1975).

As viscosidades de alguns fluidos à temperatura ambiente estão listadas na Tabela 2–3. A Fig. 2–29 mostra o gráfico dos valores listados. Observe que as viscosidades de fluidos diferentes diferem várias ordens de grandeza. Note também que é mais difícil mover um objeto num fluido de maior viscosidade, como um óleo de motor, do que num fluido de viscosidade menor, como a água. Os líquidos, em geral, são muito mais viscosos do que os gases.

Considere uma camada de fluido de espessura ℓ numa pequena folga entre dois cilindros concêntricos, como a camada fina de óleo num mancal. A folga entre os cilindros pode ser modelada como duas chapas planas paralelas separadas por um fluido. Considerando que torque é $T = FR$ (força vezes braço de momento, que é o raio R do cilindro interno, neste caso), a velocidade tangencial é $V = \omega R$ (velocidade angular vezes o raio), e tomando a superfície molhada do cilindro interno como $A = 2\pi R L$ (desprezando a tensão de cisalhamento que atua nas duas extremidades do cilindro interno), o torque é expresso por

$$T = FR = \mu \frac{2\pi R^3 \omega L}{\ell} = \mu \frac{4\pi^2 R^3 \dot{n} L}{\ell} \quad (2\text{–}38)$$

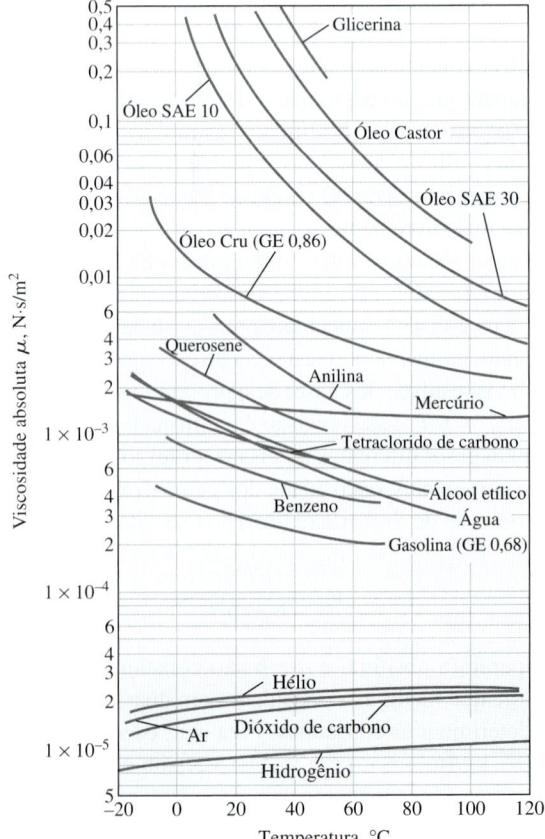

FIGURA 2–29 Variação de viscosidades dinâmicas (absolutas) de fluidos comuns com temperatura a 1 atm (1 N · s/m² = 1 kg/m · s = 0,020886 lbf · s/ft²).

Dados do EES e de F. M. White, Fluid Mechanics 7e. Copyright © 2011 The McGraw-Hill Companies, Inc. Usada com permissão.

onde L é o comprimento do cilindro e $\dot{n}$ é o número de rotações por unidade de tempo, geralmente expresso em rpm (rotações por minuto). Observe que a distância angular percorrida durante uma rotação é de 2π rad e, portanto, a relação entre a velocidade angular em rad/min e a rpm é $\omega = 2\pi\dot{n}$. A Equação 2–38 pode ser usada para calcular a viscosidade de um fluido medindo o torque a uma velocidade angular especificada. Portanto, dois cilindros concêntricos podem ser usados como um *viscosímetro*, um dispositivo que mede viscosidade.

> **EXEMPLO 2–5** **Determinação da viscosidade de um fluido**
>
> A viscosidade de um fluido deve ser medida por um viscosímetro construído com dois cilindros concêntricos de 40 cm de comprimento (Figura 2–30). O diâmetro externo do cilindro interno é de 12 cm e a folga entre os dois cilindros é de 0,15 cm. O cilindro interno é girado a 300 rpm e o torque medido foi de 1,8 N·m. Determine a viscosidade do fluido.
>
> **SOLUÇÃO** O torque e a rotação de um viscosímetro de cilindro duplo são dados. A viscosidade do fluido deve ser determinada.
>
> *Hipóteses* **1** O cilindro interno está completamente imerso em óleo. **2** Os efeitos viscosos nas duas extremidades do cilindro interno são desprezíveis.
>
> *Análise* O perfil de velocidade é linear somente quando os efeitos da curvatura são desprezíveis e neste caso o perfil pode ser aproximado como linear visto que $\ell/R = 0{,}025 \ll 1$. Resolvendo a Eq. 2–38 para a viscosidade e substituindo os valores dados, a viscosidade do fluido é determinada como
>
> $$\mu = \frac{T\ell}{4\pi^2 R^3 \dot{n} L} = \frac{(1{,}8\ \text{N·m})(0{,}0015\ \text{m})}{4\pi^2 (0{,}06\ \text{m})^3 \left(300\ \dfrac{1}{\text{min}}\right)\left(\dfrac{1\ \text{min}}{60\ \text{s}}\right)(0{,}4\ \text{m})} = \mathbf{0{,}158\ N·s/m^2}$$
>
> *Discussão* A viscosidade é uma função que depende fortemente da temperatura, e ter um valor de viscosidade sem a temperatura correspondente é de pouca valia. Portanto, a temperatura do fluido também deveria ter sido medida durante este experimento e registrada com estes cálculos.

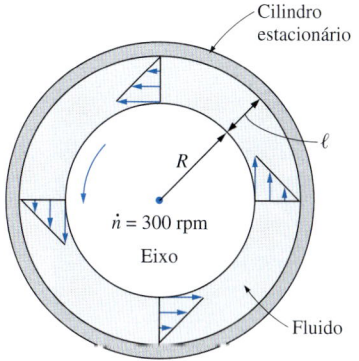

FIGURA 2–30 Esquema do Exemplo 2–5 (não está em escala).

2–7 TENSÃO SUPERFICIAL E EFEITO CAPILAR

Observa-se frequentemente que uma gota de sangue forma um montículo sobre um vidro plano; uma gota do mercúrio forma uma esfera quase perfeita e pode ser rolada sobre uma superfície lisa como uma bola de aço, gotas de chuva ou de orvalho pendem dos ramos ou das folhas das árvores, um combustível líquido injetado em um motor forma uma névoa de gotas esféricas, o gotejamento da água de uma torneira cai em gotas quase esféricas uma bolha do sabão lançada ao ar toma forma aproximadamente esférica e a água forma gotículas sobre as pétalas das flores (Fig. 2–31).

Nessas e em outras observações práticas, as gotas de líquido comportam-se como pequenos balões esféricos cheios com o líquido, e a superfície do líquido age como uma membrana elástica esticada sob tensão. A força de tração que causa tal tensão atua no sentido paralelo à superfície e é decorrente de forças atrativas entre as moléculas do líquido. A intensidade dessa força por unidade de comprimento é denominada **tensão superficial** ou *coeficiente de tensão superficial* σ_s e geralmente é expressa na unidade N/m (ou lbf/ft em unidades inglesas). Tal efeito é também denominado *energia superficial* (por unidade de área) e é

(a)

(b)
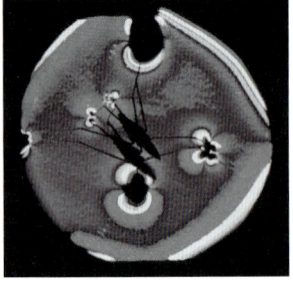
(c)

FIGURA 2–31 Algumas consequências da tensão superficial:
(a) gotas de água sobre uma folha, (b) um inseto-jesus descansando na superfície da água, (c) uma imagem de Schlieren colorida de um inseto-jesus revelando como a superfície da água se inclina para baixo nos pontos de contato com as patas (parecem dois insetos, mas o segundo é apenas uma sombra).

(a) © Don Paulson Photography/Purestock/ SuperStock RF

(b) © NPS Photo by Rosalie LaRue

(c) © Cortesia de G. S. Settles, Gas Dynamics Lab, Penn State University, usada com permissão.

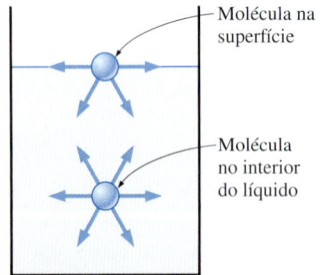

FIGURA 2–32 Forças atrativas atuando sobre a molécula do líquido na superfície e no interior do corpo líquido.

expresso na unidade equivalente N·m/m² ou J/m². Nesse caso, σ_s representa o trabalho de estiramento necessário realizar para aumentar em uma unidade a área da superfície do líquido.

Para visualizarmos como a tensão superficial surge, mostramos na Fig. 2–32 uma vista microscópica de duas moléculas líquidas, uma na superfície e outra dentro do corpo líquido. As forças atrativas aplicadas na molécula que está no interior do líquido pelas moléculas circundantes equilibram-se devido à simetria. Mas as forças atrativas que atuam sobre a molécula da superfície não são simétricas, pois as forças atrativas aplicadas pelas moléculas de gás acima da superfície geralmente são muito pequenas. Portanto, há uma força atrativa resultante atuando sobre a molécula da superfície do líquido que tende a puxar as moléculas da superfície para o interior da massa líquida. Essa força é equilibrada pelas forças repulsivas das moléculas abaixo da superfície que são comprimidas. O resultado é a redução da área de superfície do líquido. Essa é a razão para as gotículas do líquido adquirirem uma forma esférica, com a área de superfície mínima para um dado volume.

Você também deve ter observado, com divertimento, que alguns insetos podem pousar ou até caminhar sobre a água (Fig. 2–31b) e que agulhas de aço pequenas flutuam sobre a água. Tais fenômenos são possíveis por causa da tensão superficial que equilibra o peso desses objetos.

Para melhor compreender o efeito da tensão superficial, considere um filme líquida (como de uma bolha de sabão) suspensa numa armação de arame em forma de U com um lado móvel (Fig. 2–33). Normalmente, o filme líquido tende a puxar o arame móvel para dentro a fim de minimizar sua área de superfície. É necessário aplicar uma força F no sentido oposto para equilibrar o efeito de tração. O fino filme do dispositivo tem duas superfícies (superior e inferior) expostas ao ar e, assim, o comprimento ao longo da direção em que a tração atua neste caso é $2b$. Então, a força de equilíbrio no arame móvel é $F = 2b\sigma_s$ e portanto a tensão superficial é expressa por

$$\sigma_s = \frac{F}{2b} \quad (2\text{–}39)$$

Observe que, para $b = 0,5$ m, a força F medida (em N) é simplesmente a tensão superficial em N/m. Um dispositivo desse tipo, com precisão suficiente, pode ser usado para medir a tensão superficial de vários fluidos.

No arame em forma de U, o arame móvel é puxado para estirar o filme e aumentar sua área superficial. Quando o arame móvel é puxado a uma distância Δx, a área da superfície aumenta em $\Delta A = 2b\,\Delta x$, e o trabalho W realizado durante o processo de estiramento é

$$W = \text{Força} \times \text{Distância} = F\,\Delta x = 2b\sigma_s\,\Delta x = \sigma_s\,\Delta A$$

onde assumimos que a força permanece constante durante o deslocamento. O resultado também pode ser interpretado pensando que *a energia superficial do filme é aumentada em uma quantidade $\sigma_s\,\Delta A$ durante o processo de estiramento*, o que é consistente com a interpretação alternativa de σ_s como energia superficial. Isso seria similar a pensar que um elástico tem mais energia potencial (elástica) depois que está mais esticado. No caso do filme líquido, o trabalho é usado para mover as moléculas do líquido da parte interna para a superfície, contra as forças de atração de outras moléculas. Portanto, a tensão superficial também pode ser definida como *o trabalho realizado por unidade de aumento da área da superfície do líquido*.

A tensão superficial varia grandemente de substância para substância, e com a temperatura de uma dada substância, como mostrado na Tabela 2–4. A 20°C, por exemplo, a tensão superficial é de 0,073 N/m para a água e 0,440 N/m para o mercúrio quando ambos estão em contato com o ar atmosférico. A tensão superficial é tão alta no mercúrio que as gotas deste metal líquido formam esferas que podem ser roladas como uma bola sólida sobre uma superfície lisa, sem molhá-la. Em geral, a tensão superficial de um líquido decresce com a temperatura e torna-se nula no ponto crítico (assim, não há interface distinta entre líquido e vapor em temperaturas acima do ponto crítico). O efeito da pressão na tensão superficial usualmente é desprezível.

A tensão superficial de uma substância muda consideravelmente com *impurezas*. Portanto, certos produtos químicos, chamados de surfactantes (ou *tensoativos*) são adicionados ao líquido para diminuir sua tensão superficial. Por exemplo, sabões e detergentes reduzem a tensão superficial da água e permitem que ela penetre em pequenas aberturas entre as fibras para uma lavagem mais eficiente. Porém, isso também significa que dispositivos cuja operação depende da tensão superficial (como tubulações de aquecimento) podem ser destruídos pela presença de impurezas devidas à mão-de-obra deficiente.

Falamos de tensão superficial de líquidos somente em interfaces líquido-líquido ou líquido-gás. Portanto, é importante especificar o líquido ou gás adjacente para especificar a tensão superficial. Além disso, a tensão superficial determina o tamanho das gotículas que se formam. Uma gotícula que cresce pela adição de mais massa se romperá quando a tensão superficial não puder mais mantê-la unida. É como um balão que estoura ao ser inflado, quando a pressão interna aumenta acima da resistência do material do balão.

Uma interface curva indica diferença de pressão (ou "salto de pressão") ao longo da interface, sendo a pressão maior no lado côncavo. O excesso de pressão ΔP acima da pressão atmosférica no interior de uma gotícula ou bolha, por exemplo, é determinado considerando um diagrama de corpo livre de meia gotícula ou bolha (Fig. 2–34). Observando que a tensão superficial atua ao longo da circunferência e que a pressão atua sobre a área, os equilíbrios da força horizontal da gotícula ou bolha de ar e da bolha de sabão resultam

Gotícula ou bolha de ar:

$$(2\pi R)\sigma_s = (\pi R^2)\Delta P_{gotícula} \rightarrow \Delta P_{gotícula} = P_i - P_o = \frac{2\sigma_s}{R} \quad (2\text{–}40)$$

Bolha de sabão: $\quad 2(2\pi R)\sigma_s = (\pi R^2)\Delta P_{bolha} \rightarrow \Delta P_{bolha} = P_i - P_o = \frac{4\sigma_s}{R}$

$$(2\text{–}41)$$

onde P_i e P_o são as pressões interna e externa, respectivamente, da gotícula ou da bolha. Quando a gotícula ou a bolha estão na atmosfera, P_o é simplesmente a pressão atmosférica. O fator 2 da força de equilíbrio da bolha de sabão é devido à bolha consistir em uma película de duas superfícies (interna e externa) e, portanto, duas circunferências na seção transversal.

O excesso de pressão na gotícula líquida em um gás (ou numa bolha de gás em um líquido) também é determinado considerando o aumento infinitesimal do raio da gotícula devido à adição de uma quantidade infinitesimal de massa e interpretando a tensão superficial como o aumento da energia superficial por unidade de área. Portanto, o aumento da energia superficial da gotícula durante o processo de expansão infinitesimal torna-se

$$\delta W_{superfície} = \sigma_s \, dA = \sigma_s \, d(4\pi R^2) = 8\pi R \sigma_s \, dR$$

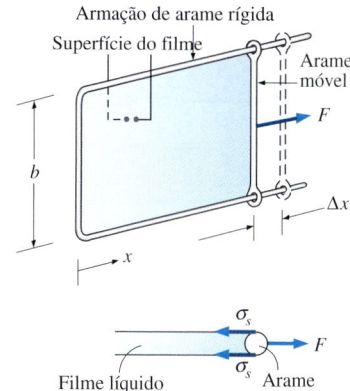

FIGURA 2–33 Estiramento do filme líquido com arame em forma de U e as forças que atuam sobre o arame móvel de comprimento b.

TABELA 2–4

Tensão superficial de alguns fluidos no ar a 1 atm e 20°C (a menos que mencionado o contrário)

Fluido	Tensão superficial σ_s, N/m*
Água:[†]	
0°C	0,076
20°C	0,073
100°C	0,059
300°C	0,014
Glicerina	0,063
Óleo SAE 30	0,035
Mercúrio	0,440
Álcool etílico	0,023
Sangue, 37°C	0,058
Gasolina	0,022
Amônia	0,021
Solução de sabão	0,025
Querosene	0,028

* Multiplique por 0,06852 para converter para lbf/ft.
[†] Veja os apêndices para dados mais precisos para a água.

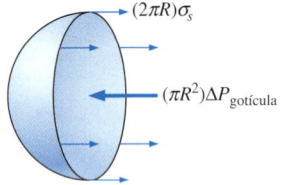

(*a*) Meia gotícula ou meia bolha de ar

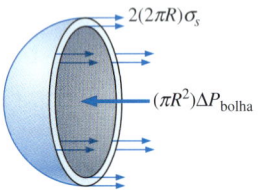

(*b*) Meia bolha de sabão

FIGURA 2–34 Diagrama de corpo livre de meia gotícula (ou bolha de ar) e meia bolha de sabão.

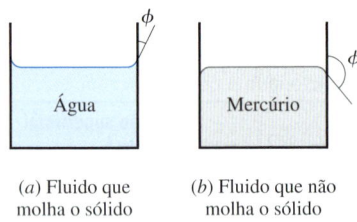

(*a*) Fluido que molha o sólido

(*b*) Fluido que não molha o sólido

FIGURA 2–35 Ângulo de contato de fluidos que molham e não molham o sólido.

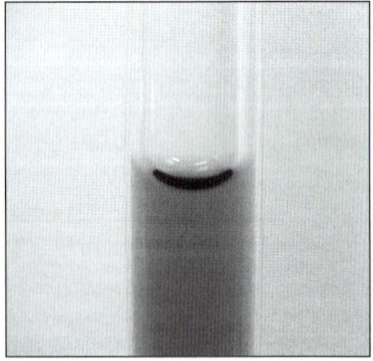

FIGURA 2–36 Menisco de água colorida num tubo de vidro de 4 mm de diâmetro interno. Observe que a borda do menisco encontra a parede do tubo capilar com um ângulo de contato muito pequeno.
Fotografia de Gabrielle Tremblay. Usada com permissão.

O trabalho de expansão realizado durante o processo infinitesimal é determinado multiplicando-se a força pela distância, obtendo-se

$$\delta W_{\text{expansão}} = \text{Força} \times \text{Distância} = F\,dR = (\Delta P A)\,dR = 4\pi R^2\,\Delta P\,dR$$

Resolvendo as duas expressões acima, obtemos $\Delta P_{\text{gotícula}} = 2\sigma_s/R$, que é a mesma relação obtida antes e dada pela Eq. 2–40. Observe que o excesso de pressão na gotícula ou na bolha é inversamente proporcional ao raio.

Efeito capilar

Outra consequência interessante da tensão superficial é o **efeito capilar**, que é a ascensão ou depressão de um líquido num tubo de pequeno diâmetro imerso no líquido. Tais tubos finos ou canais de escoamento confinado são chamados de **capilares**. A subida da querosene por um pavio de algodão inserido no reservatório de uma lamparina de querosene é devido a este efeito. O efeito capilar também é parcialmente responsável pela subida da água até a copa de árvores altas. A superfície livre curva de um líquido num tubo capilar é chamada de **menisco**.

Observa-se comumente que a água num recipiente de vidro curva-se levemente para cima nas bordas, onde encosta na superfície de vidro; mas com o mercúrio ocorre o oposto: ele se curva para baixo nas bordas (Fig. 2–35). Este efeito é geralmente expresso dizendo-se que a água *molha* o vidro (aderindo a ele), enquanto o mercúrio não. A força do efeito capilar é quantificada pelo **ângulo de contato** ϕ, definido como *o ângulo que a tangente à superfície líquida faz com a superfície sólida no ponto do contato*. A força da tensão superficial atua ao longo da reta tangente no sentido da superfície sólida. Diz-se que um líquido molha a superfície quando $\phi < 90°$ e não molha a superfície quando $\phi > 90°$. No ar atmosférico, o ângulo de contato da água (e da maioria de outros líquidos orgânicos) com o vidro é quase nulo, $\phi \approx 0°$ (Fig. 2–36). Portanto, a força da tensão superficial sobre a água num tubo de vidro atua para cima ao longo da circunferência, tendendo a puxar a água para cima. Em consequência, a água sobe no tubo até que seu peso, acima do nível do líquido no reservatório, equilibre a força da tensão superficial. O ângulo de contato é de 130° para mercúrio-vidro e de 26° para querosene-vidro no ar. Note que o ângulo de contato, em geral, é distinto em ambientes diferentes (como outro gás ou líquido em vez de ar).

O fenômeno do efeito capilar é explicado microscopicamente pelas *forças coesivas* (forças entre moléculas semelhantes, como água e água) e *forças adesivas* (forças entre moléculas diferentes, como água e vidro). As moléculas líquidas na interface sólido-líquido são submetidas tanto a forças coesivas por outras moléculas líquidas como a forças adesivas pelas moléculas do sólido. As magnitudes relativas dessas forças determinam se um líquido molha ou não uma superfície sólida. Obviamente, as moléculas de água são atraídas com mais força pelas moléculas de vidro do que pelas outras moléculas de água e, portanto, a água tende a subir pela superfície do vidro. O oposto ocorre com o mercúrio, o que impede a ascensão da superfície do líquido próximo a parede de vidro (Fig. 2–37).

O valor da ascensão capilar num tubo circular é determinado pelo equilíbrio de forças na coluna líquida cilíndrica de altura *h* no tubo (Fig. 2–38). A parte inferior da coluna líquida está no mesmo nível que a superfície livre do reservatório e, assim, a pressão nesse local deve ser a pressão atmosférica, o que equilibra a pressão que atua sobre a superfície superior e, desse modo, esses dois efeitos cancelam-se mutuamente. O peso da coluna líquida é aproximadamente

$$W = mg = \rho Vg = \rho g(\pi R^2 h)$$

Igualando o componente vertical da força de tensão superficial ao peso resulta

$$W = F_{\text{superfície}} \rightarrow \rho g(\pi R^2 h) = 2\pi R \sigma_s \cos \phi$$

O valor de h fornece a ascensão capilar

Ascensão capilar: $\quad h = \dfrac{2\sigma_s}{\rho g R} \cos \phi \quad (R = \text{constante}) \quad$ **(2–42)**

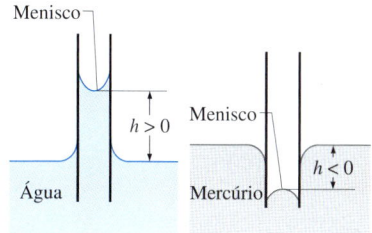

FIGURA 2–37 Ascensão capilar da água e depressão capilar do mercúrio num tubo de vidro de pequeno diâmetro.

Essa equação também é válida para líquidos que não molham o tubo (como o mercúrio no vidro) e resulta na depressão capilar. Nesse caso, $\phi > 90°$ e assim $\cos \phi < 0$, o que resulta em um h negativo. Portanto, um valor negativo de ascensão capilar corresponde a uma depressão capilar (Fig. 2–37).

Observe que a ascensão capilar é inversamente proporcional ao raio do tubo. Quanto mais fino for o tubo, maior será a ascensão (ou depressão) do líquido no tubo. Na prática, o efeito capilar para a água é geralmente desprezível em tubos com diâmetro maior do que 1 cm. Quando as medidas de pressão forem feitas usando-se manômetros e barômetros, é importante usar tubos suficientemente grandes para minimizar o efeito capilar. A ascensão capilar também é inversamente proporcional à densidade do líquido, como esperado. Portanto, líquidos mais leves apresentam ascensão capilar maior. Finalmente, deve-se ter em mente que a Eq. 2–42 é deduzida para tubos de diâmetro constante e não deve ser usada para tubos de seção transversal variável.

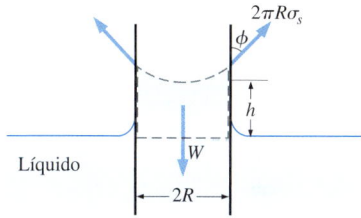

FIGURA 2–38 Forças que atuam sobre uma coluna líquida que subiu num tubo devido ao efeito capilar.

EXEMPLO 2–6 Ascensão capilar da água num tubo

Um tubo de vidro de 0,6 mm de diâmetro é mergulhado num copo com água a 20°C. Determine a ascensão capilar da água no tubo (Figura 2–39).

SOLUÇÃO A ascensão da água num tubo delgado, resultante do efeito capilar, deve ser determinada.

Hipóteses 1 Não há impurezas na água nem contaminação nas superfícies do tubo de vidro. 2 O experimento é realizado em ambiente de ar atmosférico.

Propriedades A tensão superficial da água a 20°C é 0,073 N/m (Tabela 2–4). O ângulo de contato da água com o vidro é 0° (do texto anterior). Consideramos que a densidade da água líquida seja 1000 kg/m³.

Análise A ascensão capilar é determinada diretamente pela Equação 2–42 ao substituir os valores dados, obtendo-se

$$h = \frac{2\sigma_s}{\rho g R} \cos \phi = \frac{2(0{,}073 \text{ N/m})}{(1000 \text{ kg/m}^3)(9{,}81 \text{ m/s}^2)(0{,}3 \times 10^{-3}\text{m})} (\cos 0°)\left(\frac{1 \text{kg} \cdot \text{m/s}^2}{1 \text{ N}}\right)$$

$$= 0{,}050 \text{ m} = \mathbf{5{,}0 \text{ cm}}$$

Portanto, a água sobe no tubo 5 cm acima do nível do líquido no copo.

Discussão Note que se o diâmetro do tubo fosse 1 cm, a ascensão capilar seria 0,3 mm, e dificilmente seria percebida a olho nu. Na verdade, a ascensão capilar num tubo de diâmetro maior ocorre apenas na borda. O centro não sobe nada. Portanto, o efeito capilar pode ser ignorado em tubos de diâmetro maior.

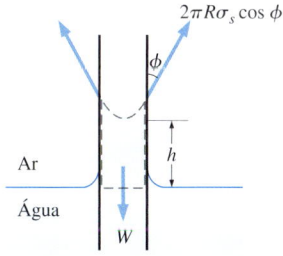

FIGURA 2–39 Esquema do Exemplo 2–6.

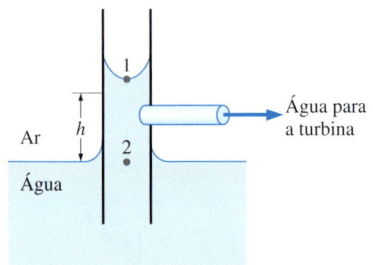

FIGURA 2–40 Esquema do Exemplo 2–7.

EXEMPLO 2–7 Usando a ascensão capilar para gerar potência numa turbina hidráulica

Reconsidere o Exemplo 2–6. Percebendo que a água sobe 5 cm por conta da tensão superficial, sem requerer energia de uma fonte externa, uma pessoa concebe a ideia de que é possível gerar potência ao fazer um furo no tubo logo abaixo do nível da água e usar a água que escapa para alimentar uma turbina hidráulica (Fig. 2–40). A ideia é aperfeiçoada com a sugestão de que é possível usar uma série de tubos numa formação em cascata de forma a atingir valores práticos de vazão e elevação. Determine se essa ideia tem algum mérito prático.

SOLUÇÃO A água ascendendo num tubo por efeito capilar deve ser usada para alimentar uma turbina e gerar potência. A validade dessa proposta deve ser avaliada.

Análise A ideia proposta pode parecer um lance de gênio, uma vez que plantas hidrelétricas geram potência simplesmente usando a energia potencial de água elevada, e a ascensão capilar serve como um mecanismo de elevação sem requerer qualquer fonte de energia.

Quando analisado do ponto de vista da termodinâmica, o sistema proposto imediatamente pode ser rotulado como um moto-perpétuo, uma vez que irá gerar potência elétrica continuamente sem qualquer entrada de energia. Ou seja, o sistema proposto cria energia, o que é uma clara violação da primeira lei da Termodinâmica ou princípio da conservação de energia. Mas esse princípio fundamental não impede muitos de sonhar serem os primeiros a provar que a natureza está errada e viabilizar um truque para resolver permanentemente os problemas energéticos mundiais. Portanto, a impossibilidade do sistema proposto tem que ser demonstrada.

Como você se lembrará das suas aulas de física (e como discutiremos nos próximos capítulos), a pressão num fluido estático varia apenas na direção vertical e aumenta linearmente com a profundidade. Então, a diferença de pressão na coluna de 5 cm de altura é dada por

$$\Delta P_{\text{coluna de água no tubo}} = P_2 - P_1 = \rho_{\text{água}} g h$$
$$= (1000 \text{ kg/m}^2)(9{,}81 \text{ m/s}^2)(0{,}05 \text{ m})\left(\frac{1 \text{ kN}}{1000 \text{ kg·m/s}^2}\right)$$
$$= 0{,}49 \text{ kN/m}^2 \ (\approx 0{,}005 \text{ atm})$$

ou seja, a pressão no topo da coluna de água no tubo é 0,005 atm *menor* do que a pressão na base da coluna. Observando que a pressão na base da coluna é atmosférica (uma vez que está no mesmo nível horizontal que a superfície do reservatório) a pressão em qualquer ponto do tubo estará abaixo da atmosférica, com a diferença chegando a 0,005 atm no topo. Portanto, se um furo é feito no tubo, ar entrará neste ao invés de a água sair.

Discussão A coluna de água no tubo é estacionária, e portanto não podemos ter um desbalanceamento de forças nela (a resultante deve ser nula). A força devida à diferença de pressão através do menisco entre o ar atmosférico e a água no topo da coluna é balanceada pela tensão superficial. Se esta desaparecesse, a água no tubo desceria até o nível da superfície livre por influência da pressão atmosférica.

RESUMO

Neste capítulo foram discutidas várias propriedades comumente usadas na mecânica dos fluidos. As propriedades que dependem da massa de um sistema são chamadas de *propriedades extensivas* e as outras, *propriedades intensivas*. *Densidade* é massa por unidade de volume, e *volume específico* é volume por unidade de massa. A *gravidade específica* é definida como a razão da densidade de uma substância pela densidade da água a 4°C,

$$GE = \frac{\rho}{\rho_{H_2O}}$$

A equação de estado dos gases ideais é expressa como

$$P = \rho RT$$

onde P é a pressão absoluta, T é a temperatura termodinâmica, ρ é a densidade e R é a constante do gás.

Numa dada temperatura, a pressão sob a qual uma substância pura muda de fase é denominada *pressão de saturação*. Para processos de mudança entre as fases de líquido para vapor de uma substância pura, a pressão de saturação é chamada comumente de *pressão de vapor* P_v. Bolhas de vapor que se formam nas regiões de pressão baixa de um líquido (fenômeno denominado *cavitação*) entram em colapso à medida que se afastam das regiões de pressão baixa, gerando ondas de alta pressão altamente destrutivas.

A energia existe sob numerosas formas, e sua soma constitui a *energia total* E (ou e, por unidade de massa) de um sistema. A soma de todas as formas microscópicas de energia é chamada de *energia interna* U de um sistema. A energia que um sistema possui em consequência de seu movimento em relação a algum sistema de referência é chamada de *energia cinética*, sendo expressa por unidade de massa como $ec = V^2/2$, e a energia que um sistema possui em consequência de sua altitude num campo gravitacional é chamada de *energia potencial* e é expressa por unidade de massa como $ep = gz$.

Os efeitos da compressibilidade sobre um fluido são representados pelo *coeficiente de compressibilidade* κ (também chamado de *módulo de elasticidade volumétrica*) definido como

$$\kappa = -v\left(\frac{\partial P}{\partial v}\right)_T = \rho\left(\frac{\partial P}{\partial \rho}\right)_T \cong -\frac{\Delta P}{\Delta v/v}$$

A propriedade que representa a variação da densidade de um fluido com a temperatura sob pressão constante é o *coeficiente de expansão volumétrica* (ou *expansividade volumétrica*) β, definido como

$$\beta = \frac{1}{v}\left(\frac{\partial v}{\partial T}\right)_P = -\frac{1}{\rho}\left(\frac{\partial \rho}{\partial T}\right)_P \cong -\frac{\Delta \rho/\rho}{\Delta T}$$

A velocidade com que um onda de pressão infinitesimal viaja através do meio é a *velocidade do som*. Para um gás ideal, é dada pela expressão

$$c = \sqrt{\left(\frac{\partial P}{\partial \rho}\right)_s} = \sqrt{kRT}$$

O *número de Mach* é a razão entre a velocidade do fluido e a velocidade do som no mesmo estado termodinâmico:

$$Ma = \frac{V}{c}$$

O escoamento é chamado de *sônico* se Ma = 1, *subsônico* se Ma < 1, *supersônico* se Ma > 1, *hipersônico* se Ma ≫ 1 e *transônico* se Ma ≅ 1.

A *viscosidade* do fluido é a medida de sua resistência à deformação. A força tangencial por unidade de área é chamada *tensão de cisalhamento* e é expressa, em um escoamento de cisalhamento simples entre placas (escoamento unidimensional), como

$$\tau = \mu \frac{du}{dy}$$

onde μ é o coeficiente de viscosidade ou *viscosidade dinâmica* (ou *absoluta*) do fluido, u é o componente da velocidade na direção do escoamento, e y é a direção normal à direção do escoamento. Os fluidos que obedecem a essa relação linear são chamados de *fluidos newtonianos*. A razão da viscosidade dinâmica para a densidade é denominada *viscosidade cinemática* ν.

O efeito de tração sobre as moléculas do líquido de uma interface, causado pelas forças atrativas das moléculas por unidade de comprimento, é chamado de *tensão superficial* σ_s. O excesso de pressão ΔP no interior de uma gotícula esférica ou de uma bolha de sabão é dado por

$$\Delta P_{gotícula} = P_i - P_o = \frac{2\sigma_s}{R} \quad e \quad \Delta P_{bolha} = P_i - P_o = \frac{4\sigma_s}{R}$$

onde P_i e P_o são as pressões interna e externa da gotícula ou bolha de sabão. A ascensão ou depressão de um líquido num tubo de diâmetro pequeno imerso no líquido é denominada *efeito capilar*. A ascensão ou depressão capilar é dada por

$$h = \frac{2\sigma_s}{\rho g R}\cos\phi$$

onde ϕ é o *ângulo de contato*. A ascensão capilar é inversamente proporcional ao raio do tubo e, para a água, é desprezível em tubos cujo diâmetro seja maior do que cerca de 1 cm.

Densidade e viscosidade são duas das mais fundamentais propriedades dos fluidos e são usadas extensivamente nos capítulos seguintes. No Capítulo 3, é considerado o efeito da densidade sobre a variação de pressão num fluido e são determinadas as forças hidrostáticas que atuam sobre superfícies. No Capítulo 8, calculamos a queda de pressão causada pelos efeitos viscosos durante o escoamento e a usamos na determinação dos requisitos de potência de bombeamento. A viscosidade também é usada como propriedade-chave na formulação e solução das equações de movimento de um fluido nos Capítulos 9 e 10.

APLICAÇÃO EM FOCO

Cavitação

Autores convidados: G. C. Lauchle e M. L. Billet,
Penn State University

Cavitação é a ruptura da interface de um líquido ou da interface fluido-sólido, causada pela redução da pressão estática local produzida pela ação dinâmica do fluido no interior e/ou fronteiras de um sistema líquido. A ruptura é a formação de uma bolha visível. Os líquidos, como a água, contêm muitos vazios microscópicos que agem como *núcleos de cavitação*. A cavitação ocorre quando tais núcleos crescem até um tamanho visível significativo. Apesar da fervura também formar vazios no líquido, geralmente distinguimos o fenômeno da cavitação porque a fervura é causada por um aumento de temperatura, em vez de redução de pressão. A cavitação pode ser usada de maneira benéfica, como em limpeza ultra-sônica, gravação e corte. Porém, com mais frequência, a cavitação deve ser evitada nas aplicações de escoamento de fluido pois deteriora o desempenho hidrodinâmico, causa ruídos extremamente altos e níveis altos de vibração e danifica (erode) as superfícies que atinge. Quando as bolhas de cavitação passam para regiões de alta pressão e entram em colapso, as ondas de choque submersas algumas vezes criam lampejos. Tal fenômeno é chamado de *sonoluminescência*.

A *cavitação de corpo* é ilustrada na Fig. 2–41. O corpo é um modelo da superfície da região bulbosa submersa da proa do casco de um navio. Seu formato é assim porque contém um sistema de *navegação* e *localização sonoro* (sonar) de formato esférico. Essa parte do casco do navio é chamada de *domo do sonar*. À medida que a velocidade do navio aumenta, alguns desses domos começam a cavitar e o ruído criado pela cavitação torna o sonar inútil. Os arquitetos e engenheiros navais e especialistas em mecânica dos fluidos tentam projetar tais domos de modo que não criem cavitação. Testes com modelos em escala permitem que o engenheiro veja em primeira mão se um determinado projeto oferece um desempenho de cavitação melhorado. Tais testes são realizados em tanques de provas; assim, as condições na água de teste devem ter núcleos suficientes para modelar as condições em que o protótipo opera. Isso assegura que o efeito da tensão do líquido (distribuição de núcleos) seja minimizado. As variáveis importantes são o nível do teor de gás (distribuição dos núcleos) da água, a temperatura e a pressão hidrostática onde o corpo opera. A cavitação aparece primeiro – tanto quando a velocidade V é aumentada como quando a profundidade de submersão h é diminuída – no ponto de pressão mínima $C_{p_{min}}$ do corpo. Assim, um bom projeto hidrodinâmico requer $2(P_\infty - P_v)/\rho V^2 > C_{p_{min}}$, onde ρ é densidade, $P_\infty = \rho g h$ é a referência para a pressão estática, C_p é o coeficiente de pressão (Capítulo 7) e P_v é a pressão de vapor da água.

Referências

Lauchle, G. C., Billet, M. L., and Deutsch, S., "High-Reynolds Number Liquid Flow Measurements," *Lecture Notes in Engineering*, v. 46, *Frontiers in Experimental Fluid Mechanics*, Springer-Verlag, Berlin, editado por M. Gad-el-Hak, Chap. 3, p. 95–158, 1989.

Ross, D., *Mechanics of Underwater Noise*, Peninsula Publ., Los Altos, CA, 1987.

Barber, B. P., Hiller, R. A., Löfstedt, R., Putterman, S. J., and Weninger, K. R., "Defining the Unknowns of Sonoluminescence," *Physics Reports*, v. 281, p. 65–143, 1997.

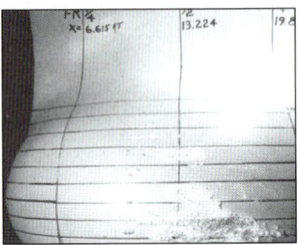

(a)

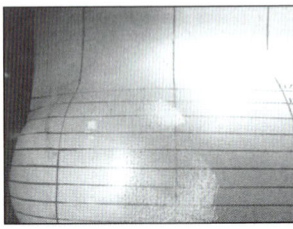

(b)

FIGURA 2–41 (*a*) A *cavitação vaporosa* ocorre em água com muito pouco gás arrastado, como a encontrada em locais muito profundos de uma massa de água. Bolhas de cavitação são formadas quando a velocidade do corpo – neste caso a região bulbosa curva da superfície do domo do sonar do navio – aumenta até o ponto em que a pressão estática local cai abaixo da pressão de vapor da água. As bolhas de cavitação estão essencialmente cheias com vapor de água. Esse tipo de cavitação é muito violento e barulhento. (*b*) Por outro lado, em água rasa, muito mais gás é arrastado pela água, formando mais núcleos de cavitação. Isso ocorre por causa da proximidade do domo com a atmosfera na superfície livre. As bolhas de cavitação aparecem a uma velocidade mais baixa e, portanto, com uma pressão estática maior. Elas estão predominantemente cheias com os gases arrastados pela água, assim esse fenômeno é conhecido como *cavitação gasosa*.

Reimpresso com permissão de G. C. Lauchle e M. L. Billet, Penn State University.

REFERÊNCIAS E LEITURAS SUGERIDAS

1. J. D. Anderson. *Modern Compressible Flow with Historical Perspective*, 3rd ed. New York: McGraw-Hill, 2003.
2. E. C. Bingham. "An Investigation of the Laws of Plastic Flow," *U.S. Bureau of Standards Bulletin*, 13, p. 309–353, 1916.
3. Y. A. Cengel and M. A. Boles. *Thermodynamics: An Engineering Approach*, 7th ed. Nova York: McGraw-Hill, 2011.
4. D. C. Giancoli. *Physics*, 6th ed. Upper Saddle River, NJ: Pearson, 2004.
5. Y. S. Touloukian, S. C. Saxena, and P. Hestermans. *Thermophysical Properties of Matter, The TPRC Data Series*, v. 11, *Viscosity*. Nova York: Plenum, 1975.
6. L. Trefethen. "Surface Tension in Fluid Mechanics." In *Illustrated Experiments in Fluid Mechanics*. Cambridge, MA: MIT Press, 1972.
7. *The U.S. Standard Atmosphere*. Washington, DC: U.S. Government Printing Office, 1976.
8. M. Van Dyke. *An Album of Fluid Motion*. Stanford, CA: Parabolic Press, 1982.
9. C. L. Yaws, X. Lin, and L. Bu. "Calculate Viscosities for 355 Compounds. An Equation Can Be Used to Calculate Liquid Viscosity as a Function of Temperature," *Chemical Engineering*, 101, n. 4, p. 1110–1128, April 1994.
10. C. L. Yaws. *Handbook of Viscosity*. 3 Vols. Houston, TX: Gulf Publishing, 1994.

PROBLEMAS*

Densidade e gravidade específica

2–1C Para uma certa substância, qual é a diferença entre massa e massa molecular? Como as duas propriedades se relacionam?

2–2C Qual é a diferença entre propriedades intensivas e extensivas?

2–3C O que é gravidade específica? Como está relacionada à densidade?

2–4C O peso específico de um sistema é definido como o peso por unidade de volume (note que essa definição viola a forma normal como propriedades específicas são denominadas). O peso específico é um propriedade intensiva ou extensiva?

2–5C O que é o postulado de estado?

2–6C Sob que condições a hipótese do gás ideal é aplicável aos gases reais?

2–7C Qual é a diferença entre R e R_u? Como os dois estão relacionados?

2–8 Um fluido que ocupa um volume de 24 L pesa 225 N em um local onde a aceleração da gravidade é de 9,80 m/s². Determine a massa desse fluido e sua densidade.

2–9 Um contêiner de 100 L está cheio de ar a uma temperatura de 27°C. Qual é a pressão no contêiner?

2–10E Uma massa de 1 lbm de argônio é mantida a 200 psia e 100°F em um tanque. Qual é o volume do tanque?

2–11E Qual é o volume específico do oxigênio a 40 psia e 80°F?

2–12E O ar num pneu de automóvel com um volume de 2,60 ft³ está a 90°F e 20 psig. Determine a quantidade de ar que deve ser adicionada para aumentar a pressão até o valor recomendado de 30 psig. Considere que a pressão atmosférica é de 14,6 psia e que a temperatura e volume permanecem constantes.

Resposta: 0,128 lbm.

2–13 A pressão no pneu de um automóvel depende da temperatura do ar no pneu. Quando a temperatura do ar é de 25°C, o calibrador indica 210 kPa. Se o volume do pneu é de 0,025 m³, determine o aumento de pressão no pneu quando a temperatura do ar no pneu aumenta para 50°C. Determine também a quan-

FIGURA P2–13
Stockbite/GettyImages

---

* Problemas identificados com a letra "C" são questões conceituais e encorajamos os estudantes a responder a todos. Problemas identificados com a letra "E" são em unidades inglesas, e usuários do SI podem ignorá-los. Problemas com o ícone "disco rígido" são resolvidos com o programa EES. Problemas com o ícone ESS são de natureza abrangente e devem ser resolvidos com um solucionador de equações, preferencialmente o programa EES.

tidade de ar que deve ser retirada para restaurar a pressão ao seu valor original nesta temperatura. Considere que a pressão atmosférica seja 100 kPa.

2–14 Um balão esférico com diâmetro de 9 m está cheio de gás hélio a 20°C e 200 kPa. Determine o número de moles e a massa do hélio no balão.

Respostas: 31,3 kmol, 125 kg

2–15 Reconsidere o Problema 2–14. Usando o programa EES (ou outro), investigue o efeito do diâmetro do balão na massa de hélio contida para pressões de (*a*) 100 kPa e (*b*) 200 kPa. Faça o diâmetro variar de 5 m para 15 m. Trace o gráfico da massa de hélio *versus* o diâmetro para ambos os casos.

2–16 Um tanque cilíndrico de metanol tem uma massa de 40kg e um volume de 51 L. determine peso, densidade e gravidade específica do metanol. Considere uma aceleração da gravidade de 9,81 m/s². Estime qual a força necessária para acelerar esse tanque linearmente a 0,25 m/s².

2–17 A densidade do líquido refrigerante 134a saturado para $-20°C \leq T \leq 100°C$ é dada na Tabela A-4. Usando os valores da tabela, obtenha uma expressão na forma $\rho = aT^2 + bT + c$ para a densidade do refrigerante 134a como uma função da temperatura absoluta. Determine também o erro relativo da expressão para cada temperatura.

2–18E Um tanque rígido contém 40 lbm de ar a 20 psia e 70°F. Mais ar é adicionado ao tanque até que a pressão e a temperatura atinjam 35 psia e 90°F, respectivamente. Determine a quantidade adicionada de ar.

Resposta: 27,4 lbm

2–19 A densidade do ar atmosférico varia com a altitude, diminuindo com o aumento da altitude. (*a*) Usando os dados da tabela, obtenha a relação da variação da densidade com a altitude e calcule a densidade na altitude de 7000 m. (*b*) Calcule a massa da atmosfera usando a correlação obtida. Suponha que a Terra seja uma esfera perfeita com raio de 6377 km e considere que a espessura da atmosfera seja de 25 km.

r, km	ρ, kg/m³
6377	1,225
6378	1,112
6379	1,007
6380	0,9093
6381	0,8194
6382	0,7364
6383	0,6601
6385	0,5258
6387	0,4135
6392	0,1948
6397	0,08891
6402	0,04008

Pressão de vapor e cavitação

2–20C O que á cavitação? Qual é a sua causa?

2–21C A água ferve em temperaturas mais altas sob pressões maiores? Explique.

2–22C Se aumentamos a pressão de uma substância durante o processo de ebulição, a temperatura também aumentará ou permanecerá constante? Por quê?

2–23C O que é pressão de vapor? Como está relacionada à pressão de saturação?

2–24E A análise de um propulsor que opera em água a 70°F demonstra que a pressão na extremidade das pás cai para 0,1 psia a altas velocidades. Determine se há o risco de cavitação nesse propulsor.

2–25 Uma bomba é usada para transportar água para um reservatório mais alto. Se a temperatura da água for de 20°C, determine a pressão mais baixa possível da bomba sem cavitação.

2–26 Num sistema de tubulações, a temperatura da água permanece abaixo de 30°C. Determine a pressão mínima permissível no sistema para evitar cavitação.

2–27 A análise de um propulsor que opera em água a 20°C mostra que a pressão nas extremidades da hélice cai para 2 kPa em velocidades altas. Determine se há perigo de cavitação para o propulsor.

Energia e calores específicos

2–28C O que é energia de escoamento? Fluidos em repouso possuem energia de escoamento?

2–29C Como se comparam as energias de um fluido em movimento e de um fluido em repouso? Cite os nomes de formas específicas de energia associadas a cada caso.

2–30C Qual é a diferença entre formas de energia macroscópica e microscópica?

2–31C O que é energia total? Identifique as diferentes formas de energia que constituem a energia total.

2–32C Relacione as formas de energia que contribuem para a energia interna de um sistema.

2–33C Como calor, energia interna e energia térmica estão relacionados entre si?

2–34C Explique, usando calores específicos médios, como as mudanças da energia interna de gases ideais e substâncias incompressíveis podem ser determinadas.

2–35C Explique, usando calores específicos médios, como as mudanças da entalpia de gases ideais e substâncias incompressíveis podem ser determinadas.

2–36 Vapor de água saturado a 150°C (entalpia $h = 2745,9$ kJ/kg) escoa em um duto a 50m/s a uma elevação $z = 10$ m. Determine a energia total do vapor em J/kg.

Compressibilidade

2–37C O que representa o coeficiente de compressibilidade de um fluido? Como ele se diferencia de compressibilidade isotérmica?

2–38C O que representa o coeficiente de expansão volumétrica de um fluido? Como se diferencia do coeficiente de compressibilidade?

2–39C O coeficiente de compressibilidade de um fluido pode ser negativo? E o coeficiente de expansão volumétrica?

2–40 Água a 15°C e pressão de 1 atm é aquecida até 100°C sob pressão constante. Usando dados de coeficiente de expansão volumétrica, determine a mudança na densidade da água.
Resposta: –38,7 kg/m³

2–41 Observa-se que a densidade de um gás ideal aumenta de 10% quando comprimido isotermicamente de 10 atm para 11 atm. Determine o acréscimo percentual de densidade do gás se ele for comprimido isotermicamente de 1000 atm para 1001 atm.

2–42 Usando a definição de coeficiente de expansão volumétrica e a expressão $\beta_{gás\ ideal} = 1/T$, mostre que a percentagem de aumento do volume específico de um gás ideal durante expansão isobárica é igual à percentagem de aumento da temperatura absoluta.

2–43 Água sob pressão de 1 atm é comprimida isotermicamente até a pressão de 400 atm. Determine o aumento da densidade da água. Suponha que a compressibilidade isotérmica da água seja $4,80 \times 10^{-5}$ atm^{-1}.

2–44 O volume de um gás ideal é reduzido pela metade por compressão isotérmica. Determine a variação de pressão necessária.

2–45 Refrigerante 134a saturado líquido a 10°C é resfriado até 0°C a uma pressão constante. Usando os dados do coeficiente de expansão volumétrica, determine a mudança na densidade do refrigerante.

2–46 Um reservatório de água está completamente cheio com água líquida a 20°C. O material do reservatório é tal que pode resistir à tensão causada por uma expansão de volume de 0,8%. Determine o aumento máximo permissível na temperatura sem comprometer a segurança. Para simplicidade, admita que β = constante = β a 40°C.

2–47 Repita o Prob. 2–46 para uma expansão de volume de 1,5% para água.

2–48 A densidade da água do mar em uma superfície livre onde a pressão é de 98 kPa é aproximadamente 1030 kg/m³. Considerando que o módulo de elasticidade volumétrica da água é de $2,34 \times 10^9$ N/m² e expressando a variação da pressão com a profundidade z como $dP = \rho g\ dz$, determine a densidade e a pressão a uma profundidade de 2500 m. Despreze o efeito da temperatura.

2–49E Tomando o coeficiente de compressibilidade da água como 7×10^5 psia, determine o incremento de pressão necessário para reduzir o volume da água (a) em 1% e (b) em 2%.

2–50E Ignorando quaisquer perdas, estime quanta energia (em Btu) é requerida para aumentar a temperatura da água quente em um tanque com 75 galões de 60°F para 110°F.

2–51 Prove que o coeficiente de expansão volumétrica de um gás ideal é $\beta_{gás\ ideal} = 1/T$.

2–52 A equação de estado dos gases ideais é muito simples, mas sua faixa de aplicação é limitada. Uma equação mais precisa, porém mais complicada é a equação de Van der Waals, dada por

$$P = \frac{RT}{v-b} - \frac{a}{v^2}$$

onde a e b são constantes que dependem da pressão crítica e da temperatura crítica do gás. Calcule o coeficiente de compressibilidade do nitrogênio a $T=175$K e $v=0,00375$ m³/kg, assumindo que o nitrogênio obedece à equação de estado de Van der Waals. Compare com o resultado usando a hipótese de gás ideal. Use $a=0,175$ m⁶·kPa/kg² e $b=0,00138$m³/kg para as condições dadas. A pressão do nitrogênio medida experimentalmente é de 10.000 kPa.

2–53 Um conjunto pistão-cilindro sem atrito contém 10 kg de água a 20°C e pressão atmosférica. Uma força externa F é aplicada no pistão até a pressão no cilindro subir para 100 atm. Assumindo que o coeficiente de compressibilidade da água permanece constante durante a compressão, estime a energia necessária para comprimir a água isotermicamente.
Resposta: 29,4 J

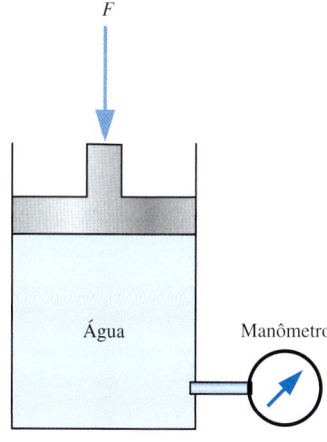

FIGURA P2–53

2–54 Reconsidere o Prob. 2–53. Assumindo um aumento linear de pressão durante a compressão, estime a energia necessária para comprimir a água isotermicamente.

Velocidade do som

2–55C O que é som? Como ele é gerado? Como ele se propaga? O som pode se propagar no vácuo?

2–56C Em qual meio o som se propaga mais rapidamente: ar frio ou ar quente?

2–57C Em qual meio o som se propagará mais rapidamente a uma dada temperatura: ar, hélio ou argônio?

2–58C Em qual meio uma onda sonora se propagará mais rapidamente: ar a 20°C e 1 atm ou ar a 20°C e 5 atm?

2–59C O número de Mach de um gás escoando a velocidade constante permanece constante? Explique.

2–60C É realista aproximar a propagação de ondas sonoras como um processo isentrópico? Explique.

2–61C A velocidade sônica num dado meio é uma quantidade fixa, ou ela varia de acordo com as propriedades do meio? Explique.

2–62 O avião de passageiros Airbus A-340 tem uma massa máxima de decolagem de 260.000 kg, um comprimento de 64 m, uma envergadura de 60 m, uma velocidade máxima de cruzeiro de 945 km/h, capacidade para 271 passageiros, altitude máxima de cruzeiro de 14.000 m e alcance máximo de 12.000 km. A temperatura do ar na altitude de cruzeiro é de –60°C. Determine o número de Mach da aeronave nas condições dadas.

2–63 Dióxido de carbono entra em um bocal adiabático a 1200 K com uma velocidade de 50 m/s e sai a 400 K. Assumindo calores específicos constantes a uma temperatura ambiente, determine o número de Mach (a) na entrada e (b) na saída do bocal. Discuta a precisão da aproximação de calores específicos constantes.

Respostas: (a) 0,0925 (b) 3,73.

2–64 Nitrogênio entra em regime permanente num trocador de calor a 150 kPa, 10°C e 100 m/s, e recebe 120 kJ/kg de calor ao escoar através do trocador. O nitrogênio deixa o trocador de calor a 100 kPa e 200 m/s. Determine o número de Mach do nitrogênio na entrada e na saída do trocador de calor.

2–65 Assumindo comportamento de gás ideal, determine a velocidade de som do refrigerante 134a a 0,9 MPa e 60°C.

2–66 Determine a velocidade do som no ar (a) a 300K e (b) a 800K. Também determine o número de Mach de um avião voando no ar a uma velocidade de 330 m/s para ambos os casos.

2–67E Vapor de água escoa através de um dispositivo com uma pressão de 120 psia, uma temperatura de 700°F e uma velocidade de 900 ft/s. Determine o número de Mach do vapor nesse estado assumindo comportamento de gás ideal e $k = 1,3$.

Resposta: 0,441

2–68E Reconsidere o Prob. 2–67E. Usando EES (ou outro programa similar) compare o número de Mach do escoamento de vapor de água na faixa de temperatura de 350 a 700°F. Plote o número de Mach como função da temperatura.

2–69E Ar se expande isentropicamente de 170 psia e 200°F até 60 psia. Calcule a razão da velocidade do som inicial até a final.

Resposta: 1,16

2–70 Ar se expande isentropicamente de 2,2 MPa e 77°C até 0,4 MPa. Calcule a razão da velocidade do som inicial até a final.

Resposta: 1,28

2–71 Repita o Prob. 2–70 para o hélio.

2–72 O processo isentrópico de um gás ideal é expresso como $Pv^k=$constante. Usando essa expressão e a definição de velocidade do som (Eq. 2–24), obtenha a expressão da velocidade do som para um gás ideal (Eq. 2–26).

Viscosidade

2–73C O que é viscosidade? O que a causa em líquidos e gases? Quem tem a maior viscosidade dinâmica, gases ou líquidos?

2–74C O que é um fluido newtoniano? A água é um fluido newtoniano?

2–75C Como a viscosidade cinemática de (a) líquidos e (b) gases varia com a temperatura?

2–76C Como a viscosidade dinâmica de (a) líquidos e (b) gases varia com a temperatura?

2–77C Considere duas pequenas bolas de vidro idênticas lançadas em dois recipientes idênticos, um cheio de água e o outro de óleo. Qual das bolas atingirá o fundo do recipiente primeiro? Por quê?

2–78E A viscosidade de um fluido deve ser medida por um viscosímetro construído com dois cilindros longos concêntricos de 5 ft de comprimento. O cilindro interno tem um diâmetro de 6 in, e a folga entre os cilindros é de 0,035 in. O cilindro externo é girado com uma rotação de 250 rpm, e mede-se um torque de 1,2 lbf·ft. Determine a viscosidade do fluido.

Resposta: 0,000272 lbf·s/ft²

2–79 Um bloco com dimensões de 50 cm × 30 cm × 20 cm pesando 150 N deve ser deslocado com velocidade constante de 0,8 m/s num plano inclinado com coeficiente de atrito 0,27. (a) Determine a força F que precisa ser aplicada na direção horizontal. (b) Se uma película de óleo de 0,40 mm de espessura com viscosidade dinâmica de 0,012 Pa·s for aplicada entre o bloco e o plano inclinado, determine o percentual de redução na força requerido.

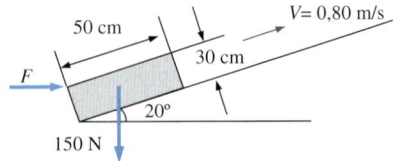

FIGURA P2–79

2–80 Considere o escoamento de um fluido com viscosidade μ através de um tubo circular. O perfil de velocidade no tubo é expresso por $u(r) = u_{máx}(1 - r^n/R^n)$, onde $u_{máx}$ é a velocidade máxima do escoamento, a qual ocorre no eixo central; r é a distância radial do eixo central e $u(r)$ é a velocidade do escoamento em qualquer posição r. Desenvolva uma relação para a força de arrasto exercida sobre a parede do tubo no sentido do escoamento por unidade de comprimento do tubo.

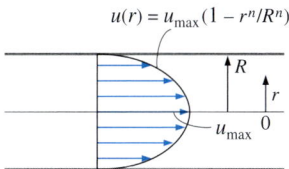

FIGURA P2–80

2–81 Uma chapa plana fina de dimensões 30 cm × 30 cm é puxada horizontalmente com velocidade de 3 m/s sobre uma camada de óleo de 3,6 mm de espessura entre duas chapas planas, uma estacionária e a outra movendo-se com velocidade constante de 0,3 m/s, como mostrado na Fig. P2–81. A viscosidade dinâmica do óleo é 0,027 Pa·s. Considerando que a velocidade em cada camada de óleo varie linearmente, (*a*) trace o perfil da velocidade e determine o ponto em que a velocidade do óleo é nula e (*b*) determine a força que precisa ser aplicada sobre a chapa para manter o movimento.

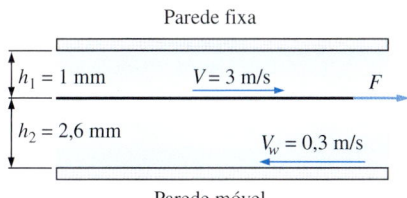

FIGURA P2–81

2–82 Um viscosímetro rotativo é constituído de dois cilindros concêntricos, um cilindro interno de raio R_i e velocidade angular ω_i e um cilindro externo estacionário com diâmetro interno R_o. Na pequena folga entre os dois cilindros temos fluido de viscosidade μ. O comprimento dos cilindros (na direção normal à Fig. P2–82) é *L*. *L* é grande o bastante para considerarmos desprezíveis os efeitos nas extremidades (o problema pode ser considerado bidimensional). Um torque *T* é necessário para girar o cilindro interior com velocidade angular constante. (a) Mostrando toda a álgebra, obtenha uma expressão aproximada para o torque *T* como função das outras variáveis. (b) Explique porque sua solução é apenas uma *aproximação*. Em particular, você espera que o perfil de velocidade continue linear se a folga entre os cilindros se tornar cada vez maior?

2–83 O sistema de embreagem mostrado na Fig. P2–83 é usado para transmitir torque através de uma película de óleo de 2 mm de espessura com $\mu = 0{,}38$ N·s/m^2 entre dois discos idênticos de 30 cm de diâmetro. Quando o eixo de acionamento gira com velocidade de 1450 rpm, o eixo acionado gira a 1398 rpm. Supondo um perfil de velocidade linear para a película de óleo, determine o torque transmitido.

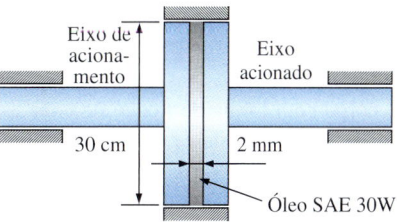

FIGURA P2–83

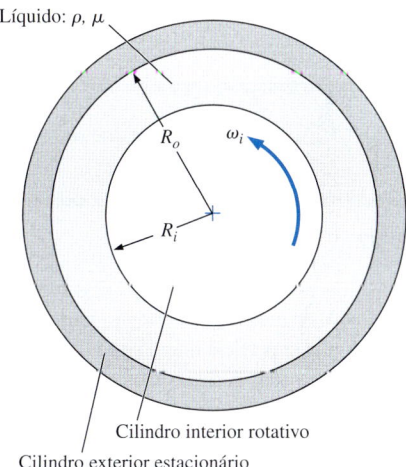

FIGURA P2–82

2–84 Reconsidere o Prob. 2–83. Investigue o efeito da espessura da película de óleo sobre o torque transmitido usando o programa EES (ou outro similar). Suponha que a espessura da película de óleo varie de 0,1 mm a 10 mm. Trace o gráfico dos resultados e explique suas conclusões.

2–85 As viscosidades dinâmicas do dióxido de carbono a 50°C e 200°C são respectivamente $1{,}612 \times 10^{-5}$ Pa·s e $2{,}276 \times 10^{-5}$ Pa·s. Determine as constantes *a* e *b* da correlação de Sutherland para o dióxido de carbono com pressão atmosférica. Depois calcule a viscosidade do dióxido de carbono a 100°C e compare seus resultados com a tabela A-10.

2–86 Uma das expressões mais usadas para descrever a variação da viscosidade dos gases é a lei de potência $\mu/\mu_o = (T/T_o)^n$, onde μ_o e T_o são a viscosidade de referência e a temperatura de referência. Usando a lei de potência e a correlação de Sutherland, examine a variação da viscosidade do ar na faixa de temperaturas de 100°C (373K) a 1000°C (1273K). Trace um gráfico de seus resultados e compare-os com a Tabela A-9. Use como temperatura de referência $T_o = 0°C$ e $n = 0{,}666$ para ar atmosférico.

2–87 Para um escoamento sobre uma placa, a variação vertical de velocidade com distância *y* na direção normal à placa é dada por $u(y) = ay - by^2$, onde *a* e *b* são constantes. Obtenha uma relação para a tensão de cisalhamento na parede em termos de *a*, *b* e μ.

2–88 Em regiões longe da entrada, o escoamento do fluido através de um tubo circular é unidimensional e o perfil de velocidade para o escoamento laminar é dado pela equação $u(r) = u_{máx}(1 - r^2/R^2)$, onde R é o raio do tubo, r é a distância radial do centro do tubo e $u_{máx}$ é a velocidade máxima do escoamento, que ocorre no centro. Obtenha (*a*) a equação da força de arrasto aplicada pelo fluido numa seção do tubo de comprimento L e (*b*) o valor da força de arrasto para escoamento de água a 20°C com $R = 0,08$ m, $L = 30$ m, $u_{máx} = 3$ m/s e $\mu = 0,0010$ kg/m·s.

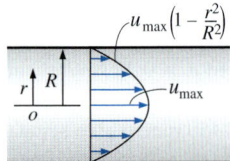

FIGURA P2–88

2–89 Repita o Prob. 2–88 para $u_{máx} = 7$ m/s.

Resposta: (*b*) 2,64 N

2–90 Um corpo com forma de tronco de cone está girando com velocidade angular constante de 200 rad/s num recipiente cheio de óleo SAE 10W a 20°C ($\mu = 0,100$ Pa·s), como mostrado na Fig. P2–90. Se a espessura da película de óleo em todos os lados for de 1,2 mm, determine a potência necessária para manter o movimento. Determine também a redução de potência necessária quando a temperatura do óleo aumenta para 80°C ($\mu = 0,0078$ Pa·s).

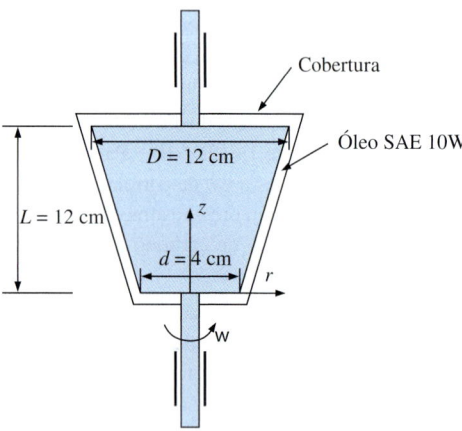

FIGURA P2–90

2–91 Um viscosímetro rotativo é constituído de dois cilindros concêntricos: um cilindro interno estacionário de raio R_i e um outro externo rotativo com diâmetro interno R_o e velocidade angular ω_o. Na folga entre os dois cilindros temos um fluido de viscosidade μ que deve ser medida. O comprimento dos cilindros (na direção normal à Fig. P2–91) é L. L é grande o bastante para considerarmos desprezíveis os efeitos nas extremidades (o problema pode ser considerado bidimensional). Um torque T é requerido para girar o cilindro externo a uma velocidade angular constante. Mostrando toda a álgebra, obtenha uma expressão aproximada para o torque T como função das outras variáveis.

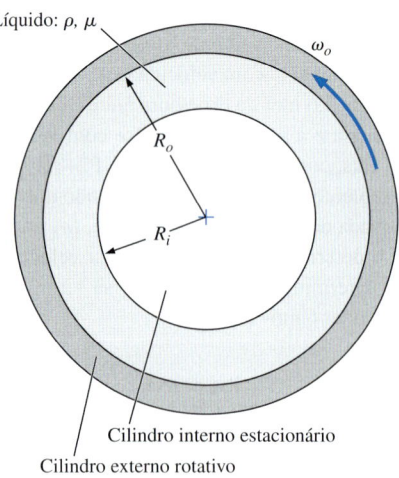

FIGURA P2–91

2–92 Uma placa grande é puxada com uma velocidade constante $U = 4$ m/s sobre uma placa fixa, estando as duas separadas por uma camada de 5 mm de óleo de motor a 20°C. Assumindo um perfil de velocidade de meia parábola, como na figura, determine a tensão de cisalhamento na placa superior e sua direção. O que ocorreria se um perfil linear de velocidade fosse adotado?

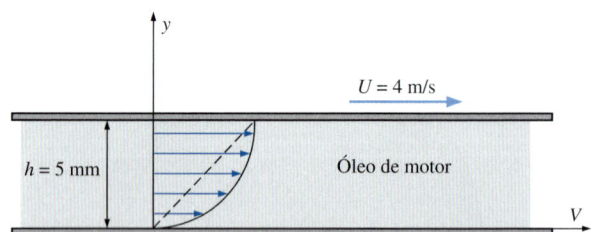

FIGURA P2–92

2–93 Um cilindro de massa m escorrega a partir do repouso em um tubo vertical cuja superfície interna está coberta por uma camada de óleo de espessura h. Se o diâmetro e altura do cilindro são respectivamente D e L, derive uma expressão para a velocidade do cilindro como função do tempo t. Discuta o que acontece quando $t \to \infty$. Esse dispositivo serve como um viscosímetro?

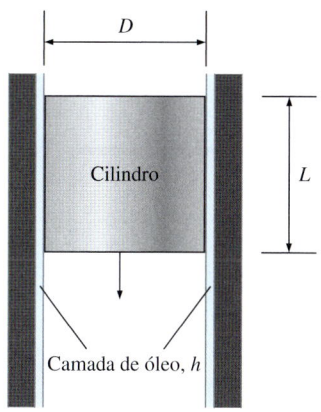

FIGURA P2–93

2–94 Uma placa fina move-se entre duas placas planas horizontais estacionárias com uma velocidade constante de 5 m/s. As duas placas estacionárias estão separadas por uma distância de 4 cm, e o espaço entre elas está cheio de óleo com viscosidade de 0,9 N·s/m². A placa fina tem um comprimento de 2 m e uma largura de 0,5 m. Se ela se move no plano médio em relação às duas placas estacionárias ($h_1=h_2=2$ cm), qual é a força requerida para manter o movimento? Qual seria essa força se $h_2=1$ cm e $h_1=3$ cm?

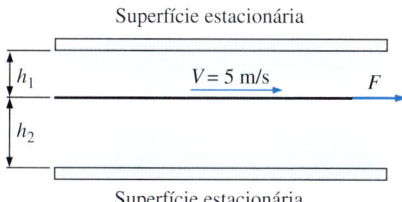

FIGURA P2–94

2–95 Reconsidere o Prob. 2–94. Se a viscosidade do óleo sobre a placa móvel é quatro vezes a viscosidade do óleo abaixo da placa, determine a distância h_2 da placa móvel à superfície estacionária inferior de forma a minimizar a força necessária para puxar a placa móvel com velocidade constante entre os dois óleos.

Tensão superficial e efeito capilar

2–96C O que é tensão superficial? O que a causa? Por que a tensão superficial também é chamada de energia superficial?

2–97C Um tubo de diâmetro pequeno é mergulhado num líquido cujo ângulo de contato é 110°. O nível do líquido no tubo sobe ou desce? Explique.

2–98C O que é efeito capilar? O que o causa? Como é afetado pelo ângulo de contato?

2–99C Considere uma bolha de sabão. A pressão no interior da bolha é maior ou menor do que a pressão externa?

2–100C A ascensão capilar é maior em tubos de diâmetro pequeno ou grande?

2–101 Considere uma bolha de ar com diâmetro de 0,15mm em um líquido. Determine a diferença de pressão entre o lado interno e o lado externo da bolha se a tensão superficial na interface ar-líquido é (a) 0,080 N/m e (b) 0,12 N/m.

2–102E Uma bolha de sabão de 2,4 polegadas de diâmetro deve ser aumentada por um sopro de ar em seu interior. Se a tensão superficial é de 0,0027 lbf/ft, determine o trabalho necessário para inflar a bolha até um diâmetro de 2,7 polegadas.

2–103 Um tubo de 1,2 mm de diâmetro é mergulhado num líquido desconhecido cuja densidade é 960 kg/m³, e observa-se que o líquido sobe 5 mm formando um ângulo de contato de 15°. Determine a tensão superficial do líquido.

2–104 Determine a pressão efetiva (manométrica) dentro de uma bolha de sabão de diâmetro (a) 0,2 cm e (b) 5 cm a 20°C.

2–105E Um tubo de vidro de 0,03 polegadas de diâmetro é inserido em querosene a 68°F. O ângulo de contato do querosene com o vidro é de 26°. Determine a ascensão capilar do querosene no tubo.

Resposta: 0,65 polegadas

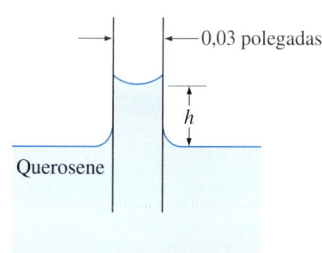

FIGURA P2–105E

2–106 A tensão superficial de um líquido deve ser medida usando-se uma película líquida suspensa numa armação de arame em forma de U com um lado móvel de 8 cm de comprimento. Se a força necessária para mover o arame for de 0,024 N, determine a tensão superficial desse líquido no ar.

2–107 Um tubo capilar de 1,2 mm de diâmetro é inserido verticalmente em água exposta à atmosfera. Determine quão alto a água vai chegar dentro do tubo. Considere o ângulo de contato na parede interna do tubo como 6° e a tensão superficial como 1,00N/m.

Resposta: 0,338 m

2–108 Um tubo capilar é imerso verticalmente num contêiner de água. Sabendo que a água começa a evaporar quando a pressão cai abaixo de 2 kPa, determine a máxima ascensão capilar e o máximo diâmetro para esse caso. Considere um ângulo de contato de 6° e uma tensão superficial de 1,00N/m.

2–109 Ao contrário do que se possa esperar, uma esfera de aço sólida pode flutuar na água devido ao efeito da tensão superficial. Determine o diâmetro máximo de uma esfera de aço para que esta flutue em água a 20°C. Qual seria sua resposta para uma esfera de alumínio? Suponha que as densidades das esferas de aço e de alumínio sejam, respectivamente, 7800 kg/m^3 e 2700 kg/m^3.

2–110 Nutrientes dissolvidos em água são levados para as partes superiores das plantas através de pequenos tubos devido, em parte, ao efeito capilar. Determine a altura que a solução subirá numa árvore por um tubo de 0,0026 mm diâmetro como resultado do efeito capilar. Trate a solução como água a 20°C com ângulo de contato de 15°.

Resposta: 11,1 m

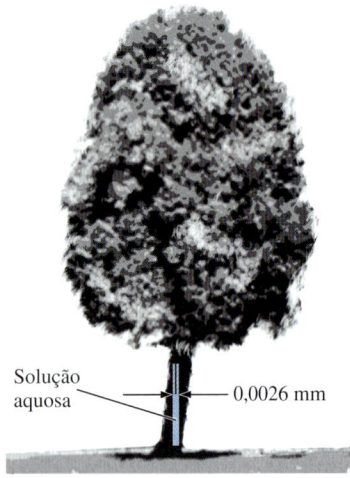

FIGURA P2–110

Problemas de revisão

2–111 Deduza uma expressão para a ascensão capilar de um líquido entre duas placas paralelas grandes, com uma distância t entre si, mergulhadas verticalmente no líquido. Considere que o ângulo do contato seja ϕ.

2–112 Considere um mancal de 55 cm de comprimento lubrificado com óleo cuja viscosidade é 0,1 kg/m·s a 20°C no início da operação e 0,008 kg/m·s na temperatura operacional constante prevista de 80°C. O diâmetro do eixo é de 8 cm, e folga média entre o eixo e o casquilho é de 0,08 cm. Determine o torque necessário para vencer o atrito no início e durante a operação quando o eixo gira a 1500 rpm.

2–113 O diâmetro de um braço de um tubo em "U" é de 5 mm enquanto o outro braço tem um diâmetro grande. O tubo "U" está parcialmente cheio com água, e ambas as superfícies livres estão expostas à atmosfera. Determine a diferença do nível da água entre os dois braços do tubo.

2–114 A combustão de gasolina num motor pode ser aproximada como um processo de adição de calor a um volume constante, e o conteúdo da câmara de combustão tanto antes quanto depois da combustão pode ser considerado como ar. As condições são 1,80 MPa e 450°C antes da combustão e 1300°C depois. Determine a pressão no fim do processo de combustão.

Resposta: 3916 kPa

FIGURA P2–114

2–115 Um tanque rígido contém um gás ideal a 300 kPa e 600 K. Metade do gás é retirado do tanque e o gás está a 100 kPa no fim do processo. Determine (a) a temperatura final do gás e (b) a pressão final se nenhuma massa de gás for retirada e tivermos a mesma temperatura final.

2–116 A pressão absoluta de um pneu de automóvel é medida como 320 kPa antes de uma viagem e como 335 kPa depois da viagem. Supondo que o volume permanece constante em 0,022 m^3, determine a percentagem de aumento da temperatura absoluta do ar no pneu.

2–117E A pressão na área de sucção de uma bomba é tipicamente baixa, e as superfícies dessa região são suscetíveis à cavitação, especialmente se a temperatura do fluido for alta. Se a pressão mínima na sucção da bomba é de 0,95 psia, determine a temperatura máxima da água para evitar a cavitação.

2–118 A composição de um líquido com partículas sólidas em suspensão geralmente é caracterizada pela fração de partículas sólidas tanto por peso ou massa, $C_{s,\text{massa}} = m_s/m_m$ como por volume, $C_{s,\text{vol}} = V_s/V_m$, onde m é massa e V é volume. Os índices s e m indicam sólido e mistura, respectivamente. Deduza uma expressão para a gravidade específica de uma suspensão em água em função de $C_{s,\text{massa}}$ e $C_{s,\text{vol}}$.

2–119 As gravidades específicas dos sólidos e fluidos de uma pasta são usualmente conhecidas, mas a gravidade específica da pasta depende da concentração das partículas sólidas. Demonstre que a gravidade específica de uma pasta baseada em água é expressa em termos da gravidade específica do sólido GE_s e da concentração da massa das partículas sólidas em suspensão $C_{s,\text{massa}}$ pela expressão

$$GE_m = \frac{1}{1 + C_{s,\text{massa}}(1/GE_s - 1)}$$

2–120 Um reservatório de 10 m^3 contém nitrogênio a 25°C e 800 kPa. Permite-se que parte do nitrogênio escape até que a pressão no reservatório caia para 600 kPa. Se a temperatura nesse momento for 20°C, determine a quantidade de nitrogênio que escapou.

Resposta: 21,5 kg

2–121 Um reservatório fechado está parcialmente cheio com água a 60°C. Se o ar acima da água for completamente removido, determine a pressão absoluta no espaço esvaziado. Assuma que a temperatura permaneça constante.

2–122 A variação da viscosidade dinâmica da água em função da temperatura absoluta é dada como

T, K	μ, Pa·s
273,15	$1,787 \times 10^{-3}$
278,15	$1,519 \times 10^{-3}$
283,15	$1,307 \times 10^{-3}$
293,15	$1,002 \times 10^{-3}$
303,15	$7,975 \times 10^{-4}$
313,15	$6,529 \times 10^{-4}$
333,15	$4,665 \times 10^{-4}$
353,15	$3,547 \times 10^{-4}$
373,15	$2,828 \times 10^{-4}$

Usando os dados tabulados, deduza uma expressão para a viscosidade com o formato $\mu = \mu(T) = A + BT + CT^2 + DT^3 + ET^4$. Usando a expressão deduzida faça um prognóstico para a viscosidade dinâmica da água a 50°C na qual o valor registrado é $5,468 \times 10^{-4}$ Pa·s. Compare seu resultado com os da equação de Andrade, dada sob a forma $\mu = D \cdot e^{B/T}$, onde D e B são constantes cujos valores devem ser calculados usando-se os dados de viscosidade fornecidos.

2–123 Um tubo recém-fabricado com diâmetro de 2 m e comprimento de 15 m deve ser testado a 10 MPa com água a 15°C. Depois de selar ambas as extremidades, o tubo é primeiramente enchido com água e, então, a pressão é aumentada bombeando água adicional até alcançar a pressão de teste. Assumindo que não há deformação no tubo, determine a quantidade de água adicional que deve ser bombeada. Considere um coeficiente de compressibilidade de $2,10 \times 10^9$ Pa.

Resposta: 224 kg

2–124 Embora líquidos, em geral, sejam difíceis de comprimir, o efeito de compressibilidade (variação na densidade) pode ser inevitável em grandes profundidades do oceano devido ao grande aumento de pressão. Em uma certa profundidade a pressão é reportada como sendo de 100 MPa e o coeficiente médio de compressibilidade é 2350 MPa.

(a) Tomando a densidade do líquido como $\rho_o = 1030$ kg/m^3 na superfície, obtenha uma relação analítica entre densidade e pressão, e determine a densidade na pressão especificada.

Resposta: 1074 kg/m^3

(b) Use a Eq. 2–13 para estimar a densidade na pressão especificada e compare o resultado com o obtido em (a).

2–125 Considere o escoamento laminar de um fluido newtoniano de viscosidade μ entre duas placas paralelas. O escoamento é unidimensional e o perfil de velocidade é expresso como $u(y) = 4u_{max}[y/h - (y/h)^2]$, onde y é a coordenada vertical, h é a distância entre as duas placas e $u_{máx}$ é a velocidade máxima do escoamento, que ocorre no plano central entre as placas. Desenvolva uma expressão para a força de arrasto exercida em ambas as placas pelo fluido na direção do escoamento por unidade de área das placas.

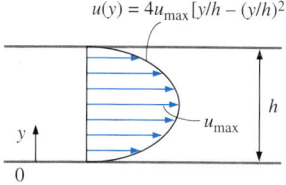

FIGURA P2–125

2–126 Dois líquidos newtonianos imiscíveis escoam em regime permanente entre duas placas paralelas grandes sob a influência de um gradiente de pressão aplicado. A placa inferior é fixa, mas a placa superior é puxada com uma velocidade constante de $U = 10$ m/s. A espessura h de cada camada de fluido é de 0,5 m. Os perfis de velocidades em ambas as camadas são dados por:

$V_1 = 6 + ay - 3y^2, \quad -0,5 \le y \le 0$
$V_2 = b + cy - 9y^2, \quad 0 \le y \le -0,5$

onde a, b e c são constantes.

(a) Determine os valores das constantes a, b e c.
(b) Obtenha uma expressão para a relação entre as viscosidades μ_1/μ_2.
(c) Determine a magnitude e a direção das forças exercidas pelo fluido sobre ambas as placas se $\mu_1 = 10^{-3}$ Pa·s e cada placa tem uma área superficial de 4 m^2.

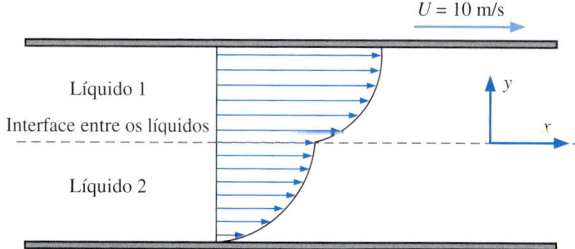

FIGURA P2–126

2–127 Um eixo com diâmetro $D = 80$ mm e comprimento $L = 400$ mm, mostrado na Fig. P2–127, é puxado com velocidade constante $U = 5$ m/s através de um mancal de diâmetro variável. A folga entre o eixo e o mancal varia de $h_1 = 1,2$ mm até $h_2 = 0,4$ mm, e está cheia de um lubrificante newtoniano cuja viscosidade dinâmica é $\mu = 0,10$ Pa·s. Determine a força necessária para manter o movimento axial do eixo.

Resposta: 69 N

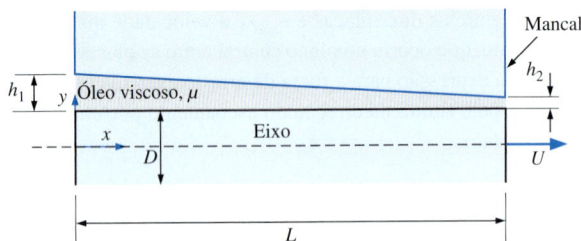

FIGURA P2–127

2–128 Reconsidere o Prob. 2–127. O eixo agora gira com velocidade angular constante de $n=1450$ rpm em um mancal com diâmetro variável. A folga entre o eixo e o mancal varia de $h_1=1,2$ mm até $h_2=0,4$ mm, e está cheia de um lubrificante newtoniano cuja viscosidade dinâmica é $\mu=0,1$ Pa·s. Determine o torque necessário para manter o movimento do eixo.

2–129 Um eixo com 10 cm de diâmetro gira dentro de um mancal com 10,3 cm de diâmetro e 40 cm de comprimento. O espaço entre o mancal e o eixo está preenchido com óleo cuja viscosidade na temperatura de operação é 0,300 N·s/m². Calcule a potência necessária para vencer o atrito quando o eixo gira a (a) 600 rpm e (b) 1200 rpm.

2–130 Algumas pedras e tijolos tem pequenas bolsas de ar dentro de si e são caracterizados por uma estrutura esponjosa. Assumindo que esses espaços cheios de ar formam uma coluna com diâmetro médio de 0,006 mm, determine a que altura a água pode subir nesses materiais. Considere a tensão superficial da interface ar-água nesse material como 0,085 N/m.

Problemas adicionais

2–131 A gravidade específica de um fluido é especificada como 0,82. O volume específico desse fluido é:

(a) 0,00100 m³/kg (b) 0,00122 m³/kg (c) 0,0082 m³/kg (d) 82 m³/kg (e) 820 m³/kg

2–132 A gravidade específica do mercúrio é 13,6. O peso específico do mercúrio é:

(a) 1,36 kN/m³ (b) 9,81 kN/m³ (c) 106 kN/m³
(d) 133kN/m³ (e) 13.600 kN/m³

2–133 Um gás ideal escoa por uma tubulação a 20°C. A densidade do gás é de 1,9 kg/m³ e sua massa molar é de 44 kg/kmol. A pressão do gás é de:

(a) 7 kPa (b) 72 kPa (c) 105 kPa (d) 460 kPa (e) 4630 kPa

2–134 Uma mistura gasosa consiste em 3 kmol de oxigênio, 2 kmol de nitrogênio e 0,5 kmol de vapor de água. A pressão total da mistura é 100 kPa. A pressão parcial do vapor de água nessa mistura é:

(a) 5 kPa (b) 9,1 kPa (c) 10 kPa (d) 22,7 kPa (e) 100 kPa

2–135 Água líquida sofre vaporização ao escoar através dos tubos de uma caldeira. Se a temperatura nos tubos é de 180°C, a pressão de vapor da água é:

(a) 1002 kPa (b) 180 kPa (c) 101,3 kPa
(d) 18 kPa (e) 100 kPa

2–136 Num sistema de distribuição de água a pressão pode ser tão baixa quanto 1,4 psia. A temperatura máxima permissível da água para evitar cavitação é:

(a) 50°F (b) 77°F (c) 100°F (d) 113°F (e) 140°F

2–137 A energia térmica de um sistema está relacionada com:

(a) energia sensível (b) energia latente
(c) energia sensível + energia latente
(d) entalpia (e) energia interna

2–138 A diferença entre a energia de um fluido escoando e a energia de um fluido estacionário, por unidade de massa do fluido, equivale a:

(a) entalpia (b) energia de escoamento (c) energia sensível
(d) energia cinética (e) energia interna

2–139 A pressão da água é aumentada de 100 kPa para 1200 kPa por uma bomba. A temperatura da água aumenta de 0,15°C. A densidade da água é 1kg/L e seu calor específico é $c_p=4,18$ kJ/kg·°C. A variação de entalpia da água durante esse processo é de:

(a) 1100 kJ/kg (b) 0,63 kJ/kg (c) 1,1 kJ/kg
(d) 1,73 kJ/kg (e) 4,2 kJ/kg

2–140 O coeficiente de compressibilidade de uma substância verdadeiramente incompressível é:

(a) 0 (b) 0,5 (c) 1 (d) 100 (e) infinito

2–141 Água à pressão atmosférica deve ter sua pressão aumentada em 210 atm para comprimi-la em 1%. O coeficiente de compressibilidade da água é:

(a) 209 atm (b) 20.900 atm (c) 21 atm
(d) 0,21 atm (e) 210.000 atm

2–142 Quando um líquido numa rede de dutos encontra uma restrição súbita ao escoamento (como o fechamento de uma válvula), ele é localmente comprimido. As ondas acústicas resultantes atingem as superfícies sólidas à medida que se propagam e refletem ao longo dos tubos, causando vibração e produzindo um som familiar. Esse fenômeno é conhecido como:

(a) condensação (b) cavitação (c) golpe de ariete
(d) compressão (e) retenção de água

2–143 A densidade de um fluido decresce de 5% à pressão constante quando sua temperatura aumenta de 10°C. O coeficiente de expansão volumétrica desse fluido é:

(a) 0,01 K^{-1} (b) 0,005 K^{-1} (c) 0,1 K^{-1} (d) 0,5 K^{-1} (e) 5 K^{-1}

2–144 Água é comprimida de 100 kPa para 5000 kPa à temperatura constante. A densidade inicial da água é de 1000 kg/m³ e a sua compressibilidade isotérmica é $\alpha = 4,8\times10^{-5}$ atm^{-1}. A densidade final da água é:

(a) 1000 kg/m³ (b) 1001,1 kg/m³ (c) 1002,3 kg/m³
(d) 1003,5 kg/m³ (e) 997,4 kg/m³

2–145 Uma espaçonave tem uma velocidade de 1250 km/h em ar a -40°C. O número de Mach é:

(a) 35,9 (b) 0,85 (c) 1,0 (d) 1,13 (e) 2,74

2–146 A viscosidade dinâmica do ar a 20°C e 200 kPa é de $1,83 \times 10^{-5}$ kg/m·s. A viscosidade cinemática do ar nesse estado é:

(a) $0,525 \times 10^{-5}$ m²/s (b) $0,77 \times 10^{-5}$ m²/s
(c) $1,47 \times 10^{-5}$ m²/s (d) $1,83 \times 10^{-5}$ m²/s
(e) $0,380 \times 10^{-5}$ m²/s

2–147 Um viscosímetro constituído por dois cilindros concêntricos de 30 cm de comprimento é usado para medir a viscosidade de um fluido. O diâmetro externo do cilindro interno é 9 cm, e a folga entre os cilindros é 0,18 cm. O cilindro interno gira a 250 rpm e o torque medido é de 1,4 N·m. A viscosidade do fluido é:

(a) $0,0084$ N·s/m² (b) $0,017$ N·s/m²
(c) $0,062$ N·s/m² (d) $0,0049$ N·s/m²
(e) $0,56$ N·s/m²

2–148 Qual unidade *não* serve para tensão superficial ou energia superficial por unidade de área?

(a) lbf/ft (b) N·m/m² (c) lbf/ft² (d) J/m² (e) Btu/ft²

2–149 Qual é a pressão manométrica dentro de uma bolha de sabão de 2 cm de diâmetro a 20°C se a tensão superficial é de $\sigma_s = 0,025$ N/m?

(a) 10 Pa (b) 5 Pa (c) 20 Pa (d) 40 Pa (e) 0,5 Pa

2–150 Um tubo de vidro de 0,4 mm de diâmetro é imerso em um recipiente com água a 20°C. A tensão superficial da água a 20°C é 0,073 N/m. O ângulo de contato com a parede interna do tubo pode ser considerado nulo. A ascensão capilar da água no tubo será:

(a) 2,9 cm (b) 7,4 cm (c) 5,1 cm
(d) 9,3 cm (e) 14,0 cm

Problemas de projeto e dissertação

2–151 Projete um experimento para medir a viscosidade de líquidos usando um funil vertical com um reservatório cilíndrico de altura h e uma seção de escoamento estreita de diâmetro D e comprimento L. Considerando as hipóteses apropriadas, deduza uma expressão para viscosidade em função de quantidades facilmente mensuráveis como densidade e vazão volumétrica.

2–152 Escreva uma dissertação sobre ascensão de fluido para o topo das árvores através da capilaridade e de outros efeitos.

2–153 Escreva uma dissertação sobre óleos usados em motores de automóveis nas diferentes estações do ano e suas viscosidades.

2–154 Considere o escoamento de água através de um tubo transparente. As vezes é possível observar cavitação na garganta criada ao contrair o tubo para um diâmetro bem pequeno, como observado na Figura P2–154. Podemos assumir escoamento incompressível com efeitos gravitacionais desprezíveis e sem irreversibilidades. Você aprenderá mais tarde (Cap. 5) que à medida que a seção transversal diminui, a velocidade aumenta e a pressão decresce, respectivamente, de acordo com:

$$V_1 A_1 = V_2 A_2 \quad \text{e} \quad P_1 + \rho \frac{V_1^2}{2} = P_2 + \rho \frac{V_2^2}{2}$$

onde V_1 e V_2 são as velocidades médias nas seções transversais A_1 e A_2. Então, tanto a velocidade máxima quanto a pressão mínima ocorrem na garganta. (a) Se a água está a 20°C, a pressão na entrada é de 20,803 kPa e o diâmetro da garganta é um vigésimo do diâmetro da entrada, estime a velocidade média mínima na entrada para que ocorra cavitação na garganta. (b) repita os cálculos para uma temperatura de água de 50°C. Explique porque a velocidade nesse caso é maior ou menor do que no item (a).

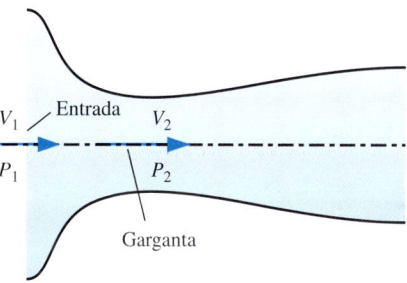

FIGURA P2–154

2–155 Mesmo sendo o aço de sete a oito vezes mais denso do que a água, um clipe de papel de aço pode boiar na água! Explique e discuta. Preveja o que ocorreria se sabão fosse misturado na água.

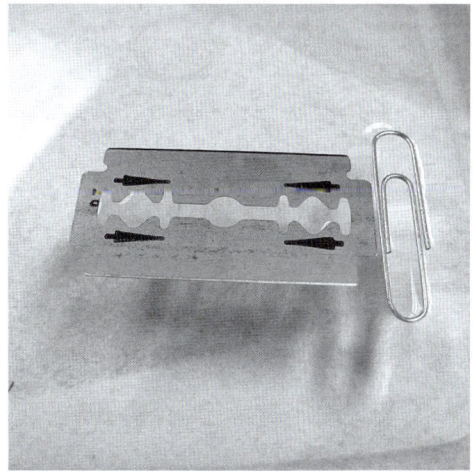

FIGURA P2–155

Fotografia de John M. Cimbala

Capítulo 3

Pressão e Estática dos Fluidos

OBJETIVOS

Ao terminar a leitura deste capítulo você deve ser capaz de:

- Determinar a variação da pressão em um fluido em repouso
- Calcular a pressão utilizando vários tipos de manômetros
- Calcular as forças e momentos exercidos por um fluido em repouso em superfícies submersas planas ou curvas
- Analisar a estabilidade de corpos flutuantes e submersos
- Analisar o movimento de corpo rígido dos fluidos em recipientes durante a aceleração linear ou rotação

Este capítulo trata das forças aplicadas pelos fluidos em repouso ou em movimento de corpo rígido. A propriedade do fluido responsável por essas forças é a *pressão*, que é uma força normal exercida por um fluido por unidade de área. Iniciamos este capítulo com uma discussão detalhada sobre a pressão, incluindo as *pressões absoluta* e *manométrica*, a pressão em um *ponto*, a *variação da pressão com a profundidade* em um campo gravitacional, o *barômetro*, o *manômetro* e outros dispositivos de medição da pressão. A seguir tratamos das *forças hidrostáticas* aplicadas aos corpos submersos com superfícies planas ou curvas. Em seguida, consideramos a *força de flutuação* aplicada pelos fluidos em corpos submersos ou flutuantes e discutimos a *estabilidade* desses corpos. Finalmente, aplicamos a segunda lei de movimento de Newton a um corpo de fluido em movimento que se comporte como um corpo rígido e analisamos a variação da pressão em fluidos que sofrem aceleração linear e naqueles que estão em recipientes giratórios. Este capítulo utiliza extensivamente os balanços de força para corpos em equilíbrio estático e será útil a revisão de tópicos relevantes da estática.

John Ninomiya voando com um conjunto de 72 balões cheios de hélio sobre Temecula, Califórnia, em abril de 2003. Os balões de hélio deslocam aproximadamente 230m^3 de ar, proporcionando a força de empuxo necessária. Não tente isso em casa!

Fotografia de Susan Dawson. Usada com permissão.

3–1 PRESSÃO

A **pressão** é definida como *uma força normal exercida por um fluido por unidade de área*. Só falamos de pressão quando lidamos com um gás ou um líquido. O equivalente da pressão nos sólidos é a *tensão normal*. Como a pressão é definida como a força por unidade de área, ela tem como unidade newtons por metro quadrado (N/m^2), que é denominada **pascal** (Pa). Ou seja:

$$1\, Pa = 1\, N/m^2$$

A unidade de pressão pascal é muito pequena para quantificar a maioria das pressões encontradas na prática. Assim, normalmente são usados seus múltiplos *quilopascal* (1 kPa = 10^3 Pa) e *megapascal* (1 MPa = 10^6 Pa). Outras três unidades de pressão muito usadas na prática, particularmente na Europa, são *bar, atmosfera padrão* e *kilograma-força por centímetro quadrado*:

$$1\, bar = 10^5\, Pa = 0{,}1\, MPa = 100\, kPa$$
$$1\, atm = 101.325\, Pa = 101{,}325\, kPa = 1{,}01325\, bars$$
$$1\, kgf/cm^2 = 9{,}807\, N/cm^2 = 9{,}807 \times 10^4\, N/m^2 = 9{,}807 \times 10^4\, Pa$$
$$= 0{,}9807\, bar$$
$$= 0{,}9679\, atm$$

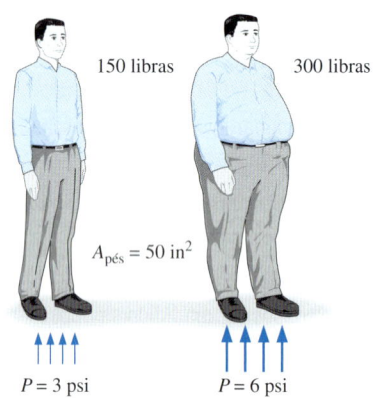

FIGURA 3–1 A tensão normal (ou "pressão") sobre os pés de uma pessoa mais pesada é muito maior do que sobre os pés de uma pessoa esbelta.

Observe que as unidades de pressão bar, atm e kgf/cm^2 são quase equivalentes entre si. No sistema inglês, a unidade de pressão é *libra-força por polegada quadrada* (lbf/in^2 ou psi) e 1 atm = 14,696 psi. As unidades de pressão kgf/cm^2 e lbf/in^2 também são indicadas por kg/cm^2 e lb/in^2, respectivamente, e normalmente são usadas em calibradores de pneus. É possível demonstrar que 1 kgf/cm^2 = 14,223 psi.

A pressão também é usada em sólidos como sinônimo de *tensão normal*, que é a força que age perpendicularmente à superfície por unidade de área. Por exemplo, uma pessoa que pesa 150 libras com uma área total da sola dos pés ou "das pegadas" dos pés de 50 in^2 exerce uma pressão de 150 lbf/50 in^2 = 3,0 psi sobre o solo (Fig. 3–1). Se a pessoa fica sobre um único pé, a pressão dobra. Se a pessoa ganha peso excessivo, pode sentir desconforto nos pés por conta da maior pressão sobre eles (o tamanho do pé não muda com o ganho de peso). Isso também explica o motivo pelo qual uma pessoa pode caminhar sobre neve fresca sem afundar se usar sapatos de neve grandes, e como uma pessoa consegue cortar alguma coisa com pouco esforço usando uma faca afiada.

A pressão real em determinada posição é chamada de **pressão absoluta**, e é medida com relação ao vácuo absoluto (ou seja, a pressão absoluta zero). A maioria dos dispositivos de medição da pressão, porém, é calibrada para ler o zero na atmosfera (Fig. 3–2) e, assim, eles indicam a diferença entre a pressão absoluta e a pressão atmosférica local. Essa diferença é chamada de **pressão manométrica**. A P_{man} pode ser negativa ou positiva, mas as pressões abaixo da pressão atmosférica são chamadas de **pressões de vácuo** e são medidas pelos medidores de vácuo que indicam a diferença entre a pressão atmosférica e a pressão absoluta. As pressões absoluta, manométrica e de vácuo são quantidades positivas e estão relacionadas entre si por:

$$P_{man} = P_{abs} - P_{atm} \tag{3–1}$$

$$P_{vac} = P_{atm} - P_{abs} \tag{3–2}$$

FIGURA 3–2 Alguns medidores de pressão básicos.

Dresser Instruments, Dresser, Inc. Utilização permitida.

Isso é ilustrado na Fig. 3–3.

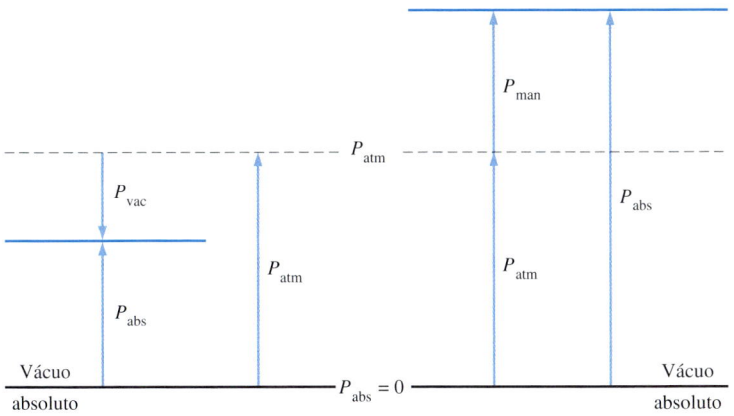

FIGURA 3–3 Pressões absoluta, manométrica e de vácuo.

Assim como outros medidores de pressão, o medidor utilizado para medir a pressão do ar de um pneu de automóvel lê a pressão manométrica. Portanto, a leitura comum de 32 psi (2,25 kgf/cm²) indica uma pressão de 32 psi acima da pressão atmosférica. Em um local onde a pressão atmosférica seja de 14,3 psi, por exemplo, a pressão absoluta do pneu será de 32 + 14,3 = 46,3 psi.

Nas relações e tabelas termodinâmicas, quase sempre é utilizada a pressão absoluta. Ao longo deste livro, a pressão P indicará a *pressão absoluta*, a menos que seja especificado o contrário. Frequentemente, as letras "a" (de pressão absoluta) e "g" (de pressão manométrica) serão adicionadas às unidades de pressão (como em psia e psig) para esclarecer seu sentido.

EXEMPLO 3–1   A pressão absoluta de uma câmara de vácuo

Um medidor de vácuo conectado a uma câmara exibe a leitura de 5,8 psi em um local onde a pressão atmosférica é de 14,5 psi. Determine a pressão absoluta na câmara.

SOLUÇÃO   A pressão manométrica de uma câmara de vácuo é dada. A pressão absoluta da câmara deve ser determinada.

Análise   A pressão absoluta é determinada facilmente pela Equação (3–2) como:

$$P_{abs} = P_{atm} - P_{vac} = 14{,}5 - 5{,}8 = \mathbf{8{,}7 \text{ psi}}$$

Discussão   Observe que o valor local da pressão atmosférica é usado ao determinarmos a pressão absoluta.

Pressão em um ponto

A pressão é a *força de compressão* por unidade de área e parece ser um vetor. Entretanto, a pressão em qualquer ponto de um fluido é igual em todas as direções (Fig. 3–4). Ou seja, ela tem intensidade, mas não uma direção específica e, portanto, é uma quantidade escalar. Isso pode ser demonstrado considerando um elemento fluido em forma de uma pequena cunha de comprimento unitário ($\Delta y = 1$ para dentro da página) em equilíbrio, como mostra a Fig. 3–5. As pressões médias nas três superfícies são P_1, P_2 e P_3 e a força que age sobre uma superfície é o produto da pressão média pela área da superfície. A partir

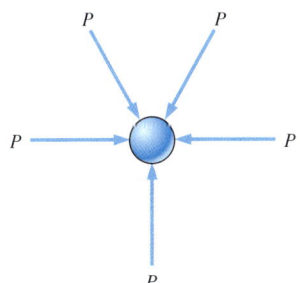

FIGURA 3–4   A pressão é uma quantidade *escalar*, não um vetor; a pressão em um ponto do fluido é a mesma para todas as direções.

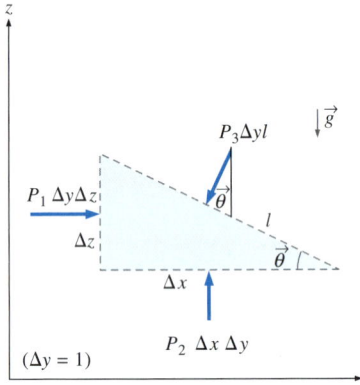

FIGURA 3–5 As forças que agem sobre um elemento fluido em forma de cunha em equilíbrio.

da segunda lei de Newton, sabemos que um balanço de força nas direções x e z resulta em:

$$\sum F_x = ma_x = 0: \qquad P_1 \Delta y \Delta z - P_3 \Delta y l \, \text{sen}\, \theta = 0 \qquad \text{(3–3a)}$$

$$\sum F_z = ma_z = 0: \qquad P_2 \Delta y \Delta x - P_3 \Delta y l \cos \theta - \frac{1}{2} \rho g \, \Delta x \, \Delta y \, \Delta z = 0 \qquad \text{(3–3b)}$$

onde ρ é a densidade e $W = mg = \rho g \, \Delta x \, \Delta y \, \Delta z/2$ é o peso do elemento fluido. Observando que a cunha é um triângulo retângulo, temos que $\Delta x = l \cos \theta$ e $\Delta z = l \, \text{sen}\, \theta$. Substituindo essas relações geométricas e dividindo a Eq. (3–3a) por $\Delta y \, \Delta z$ e a Eq. (3–3b) por $\Delta x \, \Delta y$ temos:

$$P_1 - P_3 = 0 \qquad \text{(3–4a)}$$

$$P_2 - P_3 - \frac{1}{2} \rho g \, \Delta z = 0 \qquad \text{(3–4b)}$$

O último termo da Eq. (3–4b) desaparece quando $\Delta z \to 0$ e a cunha torna-se infinitesimal e, portanto, o elemento fluido encolhe até certo ponto. Em seguida, combinando os resultados dessas duas relações temos:

$$P_1 = P_2 = P_3 = P \qquad \text{(3–5)}$$

independente do ângulo θ. Podemos repetir a análise para um elemento do plano yz e obter um resultado semelhante. Assim, concluímos que *a pressão em um ponto de um fluido tem a mesma intensidade em todas as direções*. Esse resultado se aplica tanto aos fluidos em movimento quanto aos fluidos em repouso, já que a pressão é *escalar*, não um vetor.

Variação da pressão com a profundidade

Não deve ser surpresa o fato de que a pressão em um fluido em repouso não varia na direção horizontal. Isso pode ser facilmente mostrado por uma fina camada horizontal de fluido e um balanço de forças em qualquer direção horizontal. Entretanto, esse não é o caso na direção vertical, na presença de um campo de gravidade. A pressão de um fluido aumenta com a profundidade, porque mais fluido se apoia nas camadas inferiores, e o efeito desse "peso extra" em uma camada mais profunda é equilibrado por um aumento na pressão (Fig. 3–6).

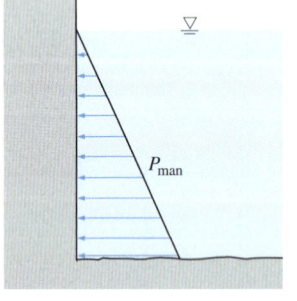

FIGURA 3–6 A pressão de um fluido em repouso aumenta com a profundidade (como resultado do peso adicionado).

Para obter uma relação para a variação da pressão com a profundidade, considere um elemento fluido retangular de altura Δz, largura Δx e profundidade unitária ($\Delta y = 1$ para dentro da página) em equilíbrio, como mostra a Fig 3–7. Considerando que a densidade do fluido ρ seja constante, um balanço de forças na direção vertical z resulta em:

$$\sum F_z = ma_z = 0: \qquad P_1 \Delta x \, \Delta y - P_2 \Delta x \, \Delta y - \rho g \, \Delta x \, \Delta y \, \Delta z = 0$$

onde $W = mg = \rho g \, \Delta x \, \Delta y \, \Delta z$ é o peso do elemento fluido e $\Delta z = z_2 - z_1$. Ao dividir por $\Delta x \, \Delta y$ e reorganizar temos:

$$\Delta P = P_2 - P_1 = -\rho g \, \Delta z = -\gamma_s \, \Delta z \qquad \text{(3–6)}$$

onde $\gamma_s = \rho g$ é o *peso específico* do fluido. Assim, concluímos que a diferença de pressão entre dois pontos em um fluido de densidade constante é proporcional à distância vertical Δz entre os pontos e à densidade ρ do fluido. Observando o sinal negativo, podemos dizer que *a pressão em um fluido estático aumenta linearmente com a profundidade*. É isso o que um mergulhador experimenta ao mergulhar mais fundo em um lago.

Uma equação mais fácil de lembrar e aplicar entre dois pontos quaisquer no mesmo fluido sob condições hidrostáticas é:

$$P_{abaixo} = P_{acima} + \rho g |\Delta z| = P_{acima} + \gamma_s |\Delta z| \quad (3\text{-}7)$$

onde "abaixo" refere-se ao ponto de menor elevação (mais profundo no fluido) e "acima" refere-se ao ponto de maior elevação. Se você usar essa equação consistentemente, deveria evitar erros de sinal.

Para um determinado fluido, a distância vertical Δz às vezes é usada como uma medida de pressão e é chamada de *carga de pressão*.

Concluímos também, pela Eq. (3–6), que para distâncias de pequenas a moderadas, a variação da pressão com a altura é desprezível para os gases, por causa de sua baixa densidade. A pressão em um tanque contendo um gás, por exemplo, pode ser considerada uniforme, uma vez que o peso do gás é muito baixo para fazer uma diferença considerável. Da mesma forma, a pressão em uma sala cheia de ar pode ser considerada constante (Fig. 3–8).

Se considerarmos o ponto "acima" na superfície livre de um líquido aberto para a atmosfera (Fig. 3–9), no qual a pressão é a pressão atmosférica P_{atm}, então a pressão a uma profundidade h da superfície livre torna-se:

$$P = P_{atm} + \rho g h \text{ ou } P_{man} = \rho g h \quad (3\text{-}8)$$

Os líquidos são substâncias essencialmente incompressíveis e, portanto, a variação da densidade com a profundidade é desprezível. Isso também acontece com os gases quando a variação de altura não é muito grande. Entretanto, a variação da massa específica dos líquidos ou dos gases com a temperatura pode ser significativa e precisa ser levada em conta quando a exatidão desejada for alta. Da mesma forma, a profundidades maiores, como em oceanos, a variação na massa específica de um líquido pode ser significativa devido à compressão exercida pelo enorme peso do líquido acima.

A aceleração gravitacional g varia de 9,807 m/s² no nível do mar até 9,764 m/s² a uma altitude de 14.000 m, na qual viajam os grandes aviões de passageiros. A mudança é de apenas 0,4%, mesmo neste caso extremo. Assim, é possível considerar que g é constante com erro desprezível.

Para fluidos cuja densidade varia significativamente com a altitude, a relação para a variação da pressão com a altitude pode ser obtida dividindo a Eq. (3–6) por Δz e considerando o limite $\Delta z \to 0$. Isso resulta em:

$$\frac{dP}{dz} = -\rho g \quad (3\text{-}9)$$

Observe que dP é negativo quando dz é positivo, uma vez que a pressão diminui na direção ascendente. Quando a variação da densidade com a altitude é conhecida, a diferença de pressão entre qualquer par de pontos 1 e 2 pode ser determinada por uma integração:

$$\Delta P = P_2 - P_1 = -\int_1^2 \rho g \, dz \quad (3\text{-}10)$$

Para o caso de densidade e aceleração gravitacional constantes, essa relação se reduz à Eq. (3–6), como era esperado.

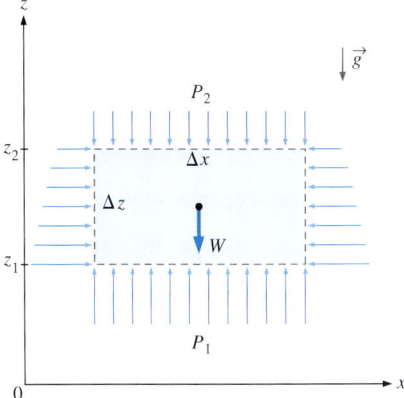

FIGURA 3–7 Diagrama de corpo livre de um elemento fluido retangular em equilíbrio.

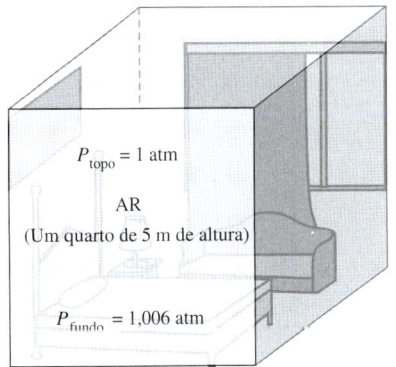

FIGURA 3–8 Em uma sala cheia com um gás, a variação da pressão com a altura é desprezível.

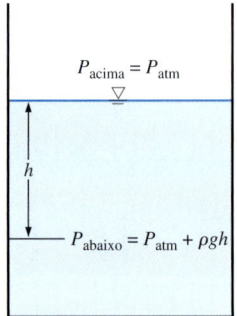

FIGURA 3–9 A pressão em um líquido em repouso aumenta linearmente com a distância da superfície livre.

A pressão em um fluido em repouso não depende da forma ou seção transversal do recipiente. Ela varia com a distância vertical, mas permanece constante nas outras direções. Assim, a pressão é igual em todos os pontos de um plano horizontal para determinado fluido. O matemático holandês Simon Stevin (1548-1620) publicou em 1586 o princípio ilustrado na Fig. 3–10. Observe que as pressões nos pontos A, B, C, D, E, F e G são iguais, uma vez que estão à mesma profundidade, e estão interconectadas pelo mesmo fluido estático. Entretanto, as pressões nos pontos H e I não são iguais, já que estes dois pontos não podem estar interconectados pelo mesmo fluido (ou seja, não podemos desenhar uma curva do ponto I até o ponto H, permanecendo sempre no mesmo fluido), embora eles estejam à mesma profundidade. (Você saberia dizer em qual ponto a pressão é mais alta?) Da mesma forma, a força de pressão exercida pelo fluido é sempre normal à superfície nos pontos especificados.

Uma consequência de a pressão de um fluido permanecer constante na direção horizontal é que *a pressão aplicada a um fluido confinado aumenta a pressão em todo o fluido na mesma medida*. Essa é a **Lei de Pascal**, em homenagem a Blaise Pascal (1623-1662). Pascal também sabia que a força aplicada por um fluido é proporcional à área da superfície. Ele percebeu que dois cilindros hidráulicos com áreas diferentes poderiam estar conectados, e que o maior poderia exercer uma força proporcionalmente maior do que aquela aplicada ao menor. A "máquina de Pascal" tem sido fonte de muitas invenções parte do nosso dia a dia, como os freios e os macacos hidráulicos. É esse conceito que nos permite elevar um automóvel facilmente com um braço, como mostra a Fig. 3–11. Observando que $P_1 = P_2$, já que ambos os pistões estão no mesmo nível (o efeito das pequenas diferenças de altura é desprezível, particularmente a altas pressões), a relação entre a força de saída e a força de entrada é determinada por:

$$P_1 = P_2 \quad \rightarrow \quad \frac{F_1}{A_1} = \frac{F_2}{A_2} \quad \rightarrow \quad \frac{F_2}{F_1} = \frac{A_2}{A_1} \quad (3\text{--}11)$$

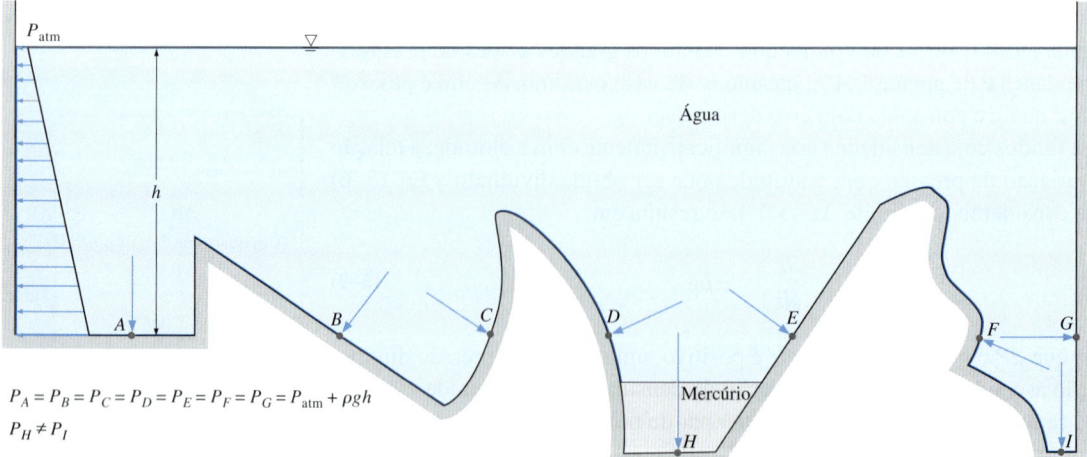

FIGURA 3–10 A pressão é a mesma em todos os pontos de um plano horizontal em um dado fluido, independentemente da geometria, desde que os pontos estejam interconectados pelo mesmo fluido.

A relação entre as áreas A_2/A_1 é chamada de *ganho mecânico ideal* do elevador hidráulico. Usando um macaco hidráulico com uma relação entre as áreas do pistão de $A_2/A_1 = 100$, por exemplo, uma pessoa pode elevar um automóvel de 1.000 kg aplicando uma força de apenas 10 kgf (= 0,98 N).

3–2 DISPOSITIVOS DE MEDIÇÃO DE PRESSÃO

O barômetro

A pressão atmosférica é medida por um dispositivo chamado de **barômetro**. Dessa forma, a pressão atmosférica é com frequência chamada de *pressão barométrica*.

O italiano Evangelista Torricelli (1608-1647) foi o primeiro a provar, de forma conclusiva, que a pressão atmosférica pode ser medida ao inverter um tubo cheio de mercúrio em um recipiente cheio de mercúrio aberto para a atmosfera, como mostra a Figura 3–12. A pressão no ponto *B* é igual à pressão atmosférica, e a pressão em *C* pode ser considerada zero, uma vez que só existe vapor de mercúrio acima do ponto *C* e a pressão é muito baixa com relação a P_{atm}, podendo ser desprezada com uma excelente aproximação. Um equilíbrio de forças na direção vertical resulta em:

$$P_{atm} = \rho g h \quad (3-12)$$

onde ρ é a densidade do mercúrio, g é a aceleração da gravidade local e h é a altura da coluna de mercúrio acima da superfície livre. Observe que o comprimento e a área da seção transversal do tubo não têm efeito sobre a altura da coluna de fluido de um barômetro (Fig. 3–13).

Uma unidade de pressão utilizada com frequência é a *atmosfera padrão*, definida como a pressão produzida por uma coluna de mercúrio com 760 mm de altura a 0°C ($\rho_{Hg} = 13.595$ kg/m³) sob aceleração da gravidade padrão ($g = 9,807$ m/s²). Se fosse usada água em vez de mercúrio para medir a pressão atmosférica padrão, seria necessário uma coluna de água com cerca de 10,3 m. Às vezes a pressão é expressa (particularmente na previsão do tempo) em termos da altura da coluna de mercúrio. A pressão atmosférica padrão, por exemplo, é de 760 mmHg (29,92 inHg) a 0°C. A unidade mmHg também é chamada de **torr** em homenagem a Torricelli. Assim, 1 atm = 760 torr e 1 torr = 133,3 Pa.

A pressão atmosférica P_{atm}, que no nível do mar é de 101,325 kPa, muda para 89,88, 79,50, 54,05, 26,5 e 5,53 kPa a altitudes de 1.000, 2.000, 5.000, 10.000 e 20.000 metros, respectivamente. A pressão atmosférica padrão em Denver (altitude = 1.610 m), por exemplo, é de 83,4 kPa. Lembre-se de que a pressão atmosférica em um lugar é simplesmente o peso do ar sobre aquela localidade por unidade de área de superfície. Assim, a pressão não apenas muda com a altitude, como também com as condições meteorológicas.

O declínio da pressão atmosférica com a altitude tem ramificações de longo alcance na vida diária. Por exemplo, leva mais tempo para cozinhar a altitudes elevadas, uma vez que a água ferve a uma temperatura mais baixa a pressões atmosféricas mais baixas. O sangramento do nariz é uma experiência comum em altitudes elevadas, já que a diferença entre a pressão sanguínea e a pressão atmosférica é maior neste caso, e as delicadas paredes das veias do nariz raramente conseguem suportar essa tensão extra.

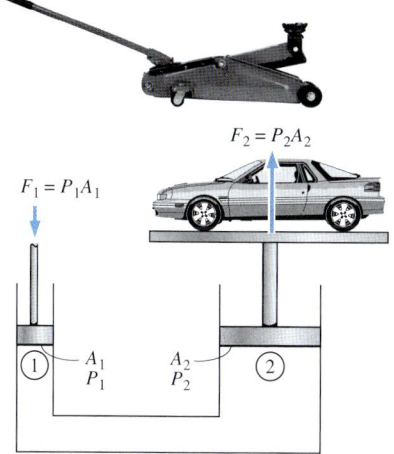

FIGURA 3–11 Elevação de um peso grande por uma força pequena pela aplicação da lei de Pascal. Um exemplo comum é o macaco hidráulico.

(Superior) © *Stockbyte/Getty RF*

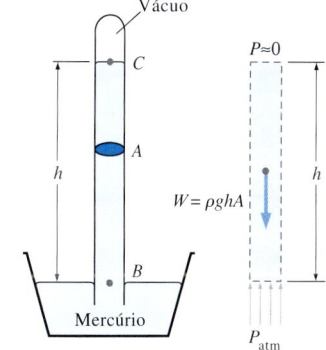

FIGURA 3–12 O barômetro básico.

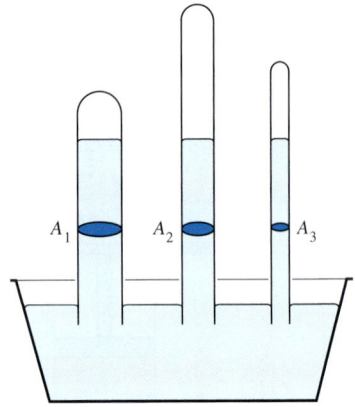

FIGURA 3–13 O comprimento ou a área da seção transversal do tubo não tem efeito sobre a altura da coluna de fluido de um barômetro, desde que o diâmetro do tubo seja suficientemente grande para evitar os efeitos da tensão superficial (capilaridade).

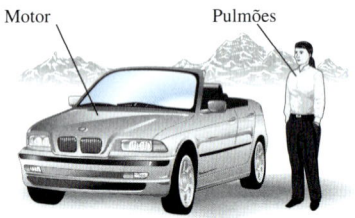

FIGURA 3–14 A altitudes elevadas, o motor de um automóvel gera menos potência e uma pessoa recebe menos oxigênio por conta da menor densidade do ar.

Para uma dada temperatura, a densidade do ar é mais baixa a grandes altitudes e, portanto, um determinado volume contém menos ar e menos oxigênio. Dessa forma, não é surpresa que nos cansemos com mais facilidade e tenhamos problemas respiratórios a grandes altitudes. Para compensar esse efeito, pessoas que moram em altitudes maiores desenvolvem pulmões mais eficientes. Da mesma forma, um motor de automóvel de 2,0 L funcionará como um motor de 1,7 L a uma altitude de 1.500 m (a menos que seja um motor turbo), por causa da queda de 15% na pressão e, portanto, da queda de 15% na densidade do ar (Fig. 3–14). Um ventilador ou compressor deslocará 15% menos ar nessa altitude para a mesma taxa de deslocamento volumétrico. Portanto, ventiladores em altitudes elevadas precisam ser maiores para garantir a vazão mássica especificada. A pressão mais baixa e, portanto, a menor densidade também afetam a sustentação e o arrasto: os aviões precisam de uma pista mais longa em altitudes maiores para desenvolver a sustentação necessária, e viajam a altitudes de cruzeiro muito altas para reduzir o arrasto e, portanto, melhorar a eficiência de combustível.

EXEMPLO 3–2 Medição da pressão atmosférica com um barômetro

Determine a pressão atmosférica em uma localidade na qual a leitura barométrica é de 740 mm Hg e a aceleração gravitacional é de $g = 9,805$ m/s². Considere que a temperatura do mercúrio seja de 10°C, na qual sua densidade é de 13.570 kg/m³.

SOLUÇÃO A leitura barométrica da altura de coluna de mercúrio em uma localidade é fornecida. A pressão atmosférica deve ser determinada.

Hipóteses A temperatura do mercúrio é tomada como 10°C.

Propriedades A densidade do mercúrio é de 13.570 kg/m³.

Análise Da Eq. (3–12), a pressão atmosférica é determinada por:

$$P_{atm} = \rho g h$$

$$= (13.570 \text{ kg/m}^3)(9,805 \text{ m/s}^2)(0,740 \text{ m})\left(\frac{1 \text{ N}}{1 \text{ kg}\cdot\text{m/s}^2}\right)\left(\frac{1 \text{ kPa}}{1000 \text{ N/m}^2}\right)$$

$$= \mathbf{98,5 \text{ kPa}}$$

Discussão Observe que a densidade varia com a temperatura e, portanto, esse efeito deve ser considerado nos cálculos.

EXEMPLO 3–3 Escoamento impulsionado pela gravidade em um frasco intravenoso

As infusões intravenosas em geral são movidas pela gravidade, pendurando-se o frasco com o fluido a uma altura suficiente para contrabalançar a pressão do sangue na veia e forçar o fluido a entrar no corpo (Fig. 3–15). Quanto mais alto o frasco for elevado, maior será a vazão do fluido. (*a*) Se for observado que as pressões do fluido e do sangue se equilibram quando o frasco está a 1,2 m acima do nível do braço, determine a pressão manométrica do sangue. (*b*) Se a pressão manométrica do fluido no nível do braço precisar ser de 20 kPa para que a vazão seja suficiente, determine a que altura o frasco deve ser colocado. Considere a densidade do fluido como 1.020 kg/m³.

SOLUÇÃO É dado que as pressões do fluido em um frasco intravenoso e do sangue na veia se equilibram quando o frasco está a uma certa altura. A pressão manométrica do sangue e a elevação necessária do frasco para manter a vazão em um determinado valor devem ser determinados.

Hipóteses **1** O fluido intravenoso é incompressível. **2** O frasco intravenoso está aberto à atmosfera.

Propriedades A densidade do fluido intravenoso é $\rho = 1.020$ kg/m³.

Análise (*a*) Observando que as pressões do fluido no frasco intravenoso e do sangue na veia se equilibram quando o frasco está a 1,2 m acima do nível do braço, a pressão manométrica do sangue no braço é simplesmente igual à pressão manométrica do frasco intravenoso a uma profundidade de 1,2 m:

$$P_{\text{man, braço}} = P_{\text{abs}} - P_{\text{atm}} = \rho g h_{\text{braço}-\text{frasco}}$$
$$= (1020 \text{ kg/m}^3)(9{,}81 \text{ m/s}^2)(1{,}20 \text{ m})\left(\frac{1 \text{ kN}}{1000 \text{ kg·m/s}^2}\right)\left(\frac{1 \text{ kPa}}{1 \text{ kN/m}^2}\right)$$
$$= \mathbf{12{,}0 \text{ kPa}}$$

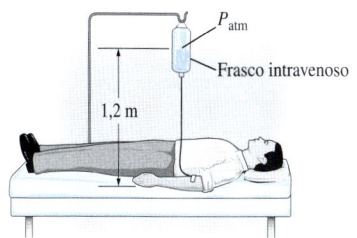

FIGURA 3–15 Esquema do Exemplo 3–3.

(*b*) Para fornecer uma pressão manométrica de 20 kPa no nível do braço, a altura da superfície do fluido do frasco acima do nível do braço é novamente determinada por $P_{\text{man, braço}} = \rho g h_{\text{braço}-\text{frasco}}$, sendo:

$$h_{\text{braço}-\text{frasco}} = \frac{P_{\text{man, braço}}}{\rho g}$$
$$= \frac{20 \text{ kPa}}{(1020 \text{ kg/m}^3)(9{,}81 \text{ m/s}^2)}\left(\frac{1000 \text{ kg·m/s}^2}{1 \text{ kN}}\right)\left(\frac{1 \text{ kN/m}^2}{1 \text{ kPa}}\right)$$
$$= \mathbf{2{,}00 \text{ m}}$$

Discussão Observe que a altura do reservatório pode ser usada para controlar as vazões em escoamentos movidos pela gravidade. Quando há escoamento, a queda de pressão no tubo devido a efeitos de atrito deve ser considerada. Para uma vazão específica, é necessário elevar o frasco um pouquinho a mais para superar a queda de pressão.

EXEMPLO 3–4 Pressão hidrostática em uma poça solar com densidade variável

Poças solares são pequenos lagos artificiais com alguns metros de profundidade usados para armazenar energia solar. A elevação da água aquecida (e, portanto, menos densa) para a superfície é evitada pela adição de sal no fundo do lago. Em uma poça solar com gradiente de sal típico, a densidade da água aumenta na região de gradiente, como mostra a Figura 3–16, e pode ser expressa como:

$$\rho = \rho_0\sqrt{1 + \text{tg}^2\left(\frac{\pi}{4}\frac{s}{H}\right)}$$

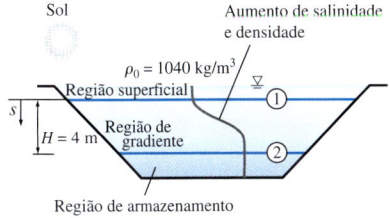

FIGURA 3–16 Esquema do Exemplo 3–4.

onde ρ_0 é a densidade da superfície da água, s é a distância vertical medida de cima para baixo a partir do topo da região de gradiente ($s = -z$) e H é a espessura da região de gradiente. Para $H = 4$ m, $\rho_0 = 1.040$ kg/m³ e uma espessura de 0,8 m para a região superficial, calcule a pressão manométrica no fundo da região de gradiente.

SOLUÇÃO A variação da densidade da água salgada com a profundidade na região de gradiente de uma poça solar é dada. A pressão manométrica no fundo da região de gradiente deve ser determinada.

Hipóteses A densidade na zona superficial da poça é constante.

(continua)

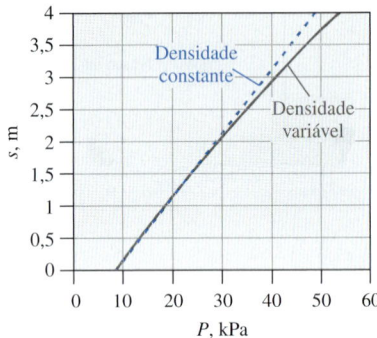

FIGURA 3-17 A variação da pressão manométrica com a profundidade na zona de gradiente da poça solar.

(continuação)

Propriedades A densidade da água salgada na superfície é dada por 1.040 kg/m³.

Análise Chamamos as partes superior e inferior da região de gradiente de 1 e 2, respectivamente. Considerando que a densidade da região superficial é constante, a pressão manométrica no fundo da região superficial (que é o topo da região de gradiente) é:

$$P_1 = \rho g h_1 = (1040 \text{ kg/m}^3)(9{,}81 \text{ m/s}^2)(0{,}8 \text{ m})\left(\frac{1 \text{ kN}}{1000 \text{ kg·m/s}^2}\right) = 8{,}16 \text{ kPa}$$

já que 1 kN/m² = 1 kPa. Como $s = -z$, a variação diferencial de pressão hidrostática em uma distância vertical ds é dada por:

$$dP = \rho g \, ds$$

A integração entre o topo da região de gradiente (o ponto 1 no qual $s = 0$) e qualquer local s da região de gradiente (sem subíndice) resulta em:

$$P - P_1 = \int_0^s \rho g \, ds \quad \rightarrow \quad P = P_1 + \int_0^s \rho_0 \sqrt{1 + \text{tg}^2\left(\frac{\pi}{4}\frac{s}{H}\right)} g \, ds$$

Realizando a integração, temos que a variação da pressão manométrica na região de gradiente é:

$$P = P_1 + \rho_0 g \frac{4H}{\pi} \text{senh}^{-1}\left(\text{tg}\frac{\pi}{4}\frac{s}{H}\right)$$

Dessa forma, a pressão no fundo da região de gradiente ($s = H = 4$ m) torna-se:

$$P_2 = 8{,}16 \text{ kPa} + (1040 \text{ kg/m}^3)(9{,}81 \text{ m/s}^2)\frac{4(4 \text{ m})}{\pi} \text{senh}^{-1}\left(\text{tg}\frac{\pi}{4}\frac{4}{4}\right)\left(\frac{1 \text{ kN}}{1000 \text{ kg·m/s}^2}\right)$$

$$= 54{,}0 \text{ kPa (manométrica)}$$

Discussão A variação da pressão manométrica com a profundidade na região de gradiente é representada na Figura 3-17. A linha tracejada indica a pressão hidrostática para o caso de uma densidade constante a 1.040 kg/m³ e é dada como referência. Observe que a variação da pressão com a profundidade não é linear quando a densidade varia com a profundidade. É por isto que foi necessária a integração.

O manômetro

Observamos na Eq. (3-6) que uma variação de $-\Delta z$ na elevação em um fluido em repouso corresponde a $\Delta P/\rho g$, o que sugere que uma coluna de fluido pode ser usada para medir diferenças de pressão. Um dispositivo baseado nesse princípio é chamado de **manômetro**, e é normalmente usado para medir diferenças de pressão pequenas e moderadas. Um manômetro consiste principalmente em um tubo em forma de U, de vidro ou plástico, contendo um ou mais fluidos como mercúrio, água, álcool ou óleo (Fig. 3-18). Quando se prevê diferenças de pressão elevadas, fluidos pesados como o mercúrio são usados, o que mantém o tamanho do manômetro em um nível gerenciável.

Considere o manômetro mostrado na Fig. 3-19, que é usado para medir a pressão de um tanque. Como os efeitos gravitacionais dos gases são desprezíveis, a pressão em qualquer parte do tanque e na posição 1 tem o mesmo valor. Além disso, como a pressão em um fluido não varia na direção horizontal dentro do fluido, a pressão no ponto 2 é igual à pressão no ponto 1, $P_2 = P_1$.

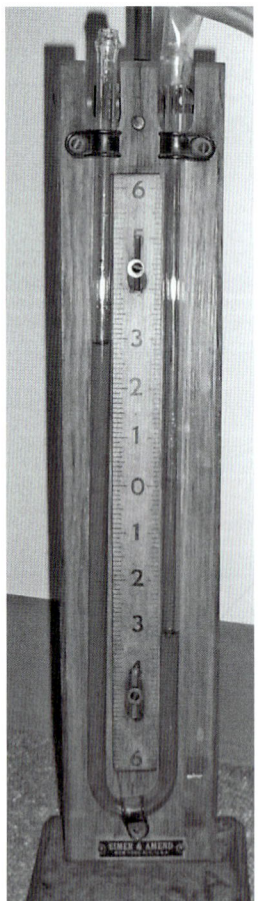

FIGURA 3-18 Um manômetro simples de tubo em U, com alta pressão aplicada no lado direito.

Fotografia de John M. Cimbala.

A coluna de fluido diferencial de altura h está em equilíbrio estático e aberta para a atmosfera. Dessa forma, a pressão no ponto 2 é determinada diretamente pela Eq. (3–7) como:

$$P_2 = P_{atm} + \rho g h \tag{3-13}$$

onde ρ é a densidade do fluido no tubo. Observe que a área da seção transversal do tubo não tem efeito sobre a altura diferencial h e, assim, não tem efeito sobre a pressão exercida pelo fluido. Entretanto, o diâmetro do tubo deve ser suficientemente grande (mais do que alguns milímetros) para garantir que o efeito da tensão superficial e, portanto, da elevação por capilaridade, seja desprezível.

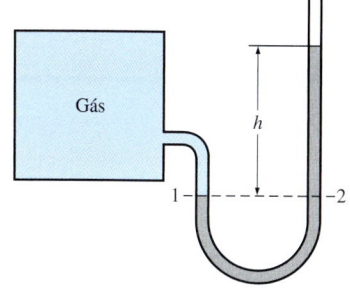

FIGURA 3–19 O manômetro básico.

EXEMPLO 3–5 Medição da pressão com um manômetro

Um manômetro é usado para medir a pressão em um tanque. O fluido usado tem uma gravidade específica de 0,85 e a altura da coluna do manômetro é de 55 cm, como mostra a Figura 3–20. Se a pressão atmosférica local for de 96 kPa, determine a pressão absoluta dentro do tanque.

SOLUÇÃO A leitura de um manômetro acoplado a um tanque e a pressão atmosférica são dadas. A pressão absoluta no tanque deve ser determinada.

Hipóteses O fluido no tanque é um gás cuja densidade é muito menor do que a densidade do fluido manométrico.

Propriedades É dado que a gravidade específica do fluido manométrico é 0,85. Consideramos a densidade padrão da água como 1.000 kg/m³.

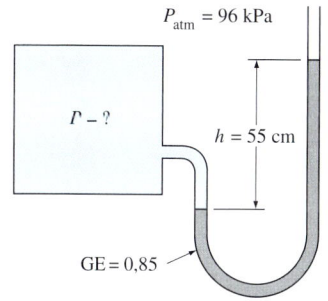

FIGURA 3–20 Esquema do Exemplo 3–5.

Análise A densidade do fluido é obtida multiplicando sua gravidade específica pela densidade da água, que é considerada 1.000 kg/m³:

$$\rho = GE(\rho_{H_2O}) = (0{,}85)(1000 \text{ kg/m}^3) = 850 \text{ kg/m}^3$$

Assim, da Eq. (3–13):

$$\begin{aligned} P &= P_{atm} + \rho g h \\ &= 96 \text{ kPa} + (850 \text{ kg/m}^3)(9{,}81 \text{ m/s}^2)(0{,}55 \text{ m})\left(\frac{1 \text{ N}}{1 \text{ kg·m/s}^2}\right)\left(\frac{1 \text{ kPa}}{1000 \text{ N/m}^2}\right) \\ &= 100{,}6 \text{ kPa} \end{aligned}$$

Discussão Observe que a pressão manométrica no tanque é de 4,6 kPa.

Alguns manômetros usam um tubo oblíquo ou inclinado a fim de aumentar a resolução (precisão) ao ler a altura do fluido. Tais dispositivos são chamados de **manômetros inclinados**.

Muitos problemas de engenharia e alguns manômetros envolvem a sobreposição de vários fluidos imiscíveis de diferentes densidades uns sobre os outros. Tais sistemas podem ser facilmente analisados se lembrarmos de que (1) a variação da pressão em uma coluna de fluido de altura h é $\Delta P = \rho g h$, (2) em determinado fluido, a pressão aumenta para baixo e diminui para cima (ou seja, $P_{fundo} > P_{topo}$) e (3) dois pontos a uma mesma altura em um fluido contínuo em repouso estão a mesma pressão.

O último princípio, que é um resultado da *Lei de Pascal*, permite "pularmos" de uma coluna de fluido para a próxima, em manômetros, sem nos preocuparmos com a variação de pressão, desde que não pulemos para um fluido diferente, e

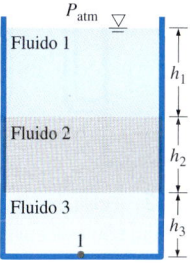

FIGURA 3–21 Em camadas empilhadas de fluidos em repouso, a variação da pressão em cada camada de fluido com densidade ρ e altura h é $\rho g h$.

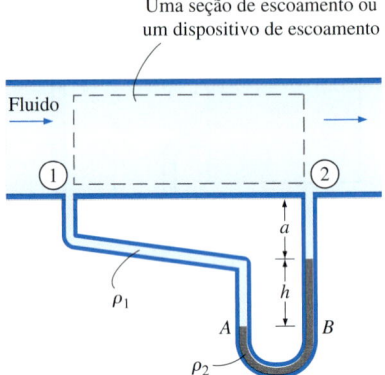

FIGURA 3–22 Medição da queda de pressão em uma seção de escoamento ou em um dispositivo de escoamento com um manômetro diferencial.

desde que o fluido esteja em repouso. Assim, a pressão em qualquer ponto pode ser determinada iniciando com um ponto de pressão conhecida e adicionando ou subtraindo os termos $\rho g h$ à medida que avançamos na direção do ponto de interesse. Por exemplo, a pressão na parte inferior do tanque da Fig. 3–21 pode ser determinada iniciando-se pela superfície livre, onde a pressão é P_{atm}, indo para baixo até atingir o ponto 1 na parte inferior e igualando o resultado a P_1. Isso resulta em:

$$P_{atm} + \rho_1 g h_1 + \rho_2 g h_2 + \rho_3 g h_3 = P_1$$

No caso especial de todos os fluidos possuírem a mesma densidade, essa relação fica reduzida a $P_{atm} + \rho g (h_1 + h_2 + h_3) = P_1$.

Manômetros são particularmente adequados para medir a queda de pressão entre dois pontos específicos de uma seção de escoamento horizontal, devido à presença de um dispositivo como uma válvula, um trocador de calor, ou qualquer resistência ao escoamento. Isso é feito conectando os dois lados do manômetro a esses dois pontos, como mostra a Fig. 3–22. O fluido de trabalho pode ser um gás ou um líquido cuja densidade é ρ_1. A densidade do fluido manométrico é ρ_2 e a altura diferencial do fluido é h. Os dois fluidos devem ser imiscíveis e ρ_2 deve ser maior do que ρ_1.

Uma relação para a diferença de pressão $P_1 - P_2$ pode ser obtida iniciando-se pelo ponto 1 com P_1, movendo-se ao longo do tubo adicionando ou subtraindo os termos $\rho g h$ até atingir o ponto 2, e igualando o resultado a P_2:

$$P_1 + \rho_1 g(a + h) - \rho_2 g h - \rho_1 g a = P_2 \quad (3\text{-}14)$$

Observe que pulamos do ponto A horizontalmente para o ponto B e ignoramos a parte inferior, uma vez que a pressão em ambos os pontos é igual. Simplificando:

$$P_1 - P_2 = (\rho_2 - \rho_1)gh \quad (3\text{-}15)$$

Observe que a distância a não tem efeito sobre o resultado, mas deve ser incluída na análise. Além disso, quando o fluido que escoa no tubo é um gás, então $\rho_1 \ll \rho_2$ e a relação da Eq. (3–15) pode ser simplificada para $P_1 - P_2 \cong \rho_2 g h$.

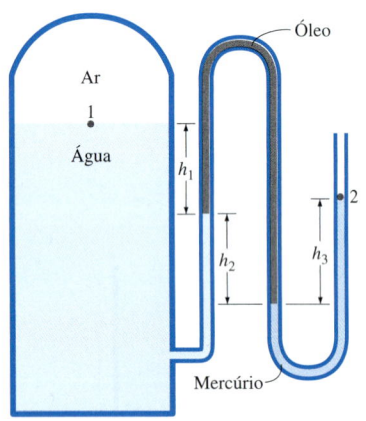

FIGURA 3–23 Esquema do Exemplo 3–3. O desenho não está em escala.

> **EXEMPLO 3–6** Medição da pressão com um manômetro de vários fluidos
>
> A água de um tanque é pressurizada a ar, e a pressão é medida por um manômetro de vários fluidos, como mostra a Fig. 3–23. O tanque está localizado em uma montanha, a uma altitude de 1.400 m, onde a pressão atmosférica é de 85,6 kPa. Determine a pressão do ar no tanque se $h_1 = 0,1$ m, $h_2 = 0,2$ m e $h_3 = 0,35$ m. Considere as densidades da água, do óleo e do mercúrio como 1.000 kg/m³, 850 kg/m³ e 13.600 kg/m³, respectivamente.
>
> **SOLUÇÃO** A pressão de um tanque de água pressurizado é medida por um manômetro de vários fluidos. A pressão de ar no tanque deve ser determinada.
>
> **Hipótese** A pressão do ar no tanque é uniforme (ou seja, sua variação com a elevação é desprezível devido à sua baixa densidade) e, portanto, podemos determinar a pressão na interface entre o ar e a água.
>
> **Propriedades** As densidades da água, do óleo e do mercúrio são dadas por 1.000 kg/m³, 850 kg/m³ e 13.600 kg/m³, respectivamente.
>
> **Análise** Iniciando-se pela pressão no ponto 1 na interface entre ar e água, movendo-se ao longo do tubo, adicionando ou subtraindo os termos $\rho g h$ até atingirmos

o ponto 2, e igualando o resultado a P_{atm}, uma vez que o tubo está aberto para a atmosfera, temos:

$$P_1 + \rho_{água}gh_1 + \rho_{óleo}gh_2 - \rho_{mercúrio}gh_3 = P_2 = P_{atm}$$

Isolando P_1 e substituindo os valores:

$$\begin{aligned} P_1 &= P_{atm} - \rho_{água}\,gh_1 - \rho_{óleo}\,gh_2 + \rho_{mercúrio}gh_3 \\ &= P_{atm} + g(\rho_{mercúrio}h_3 - \rho_{água}h_1 - \rho_{óleo}h_2) \\ &= 85{,}6 \text{ kPa} + (9{,}81 \text{ m/s}^2)[(13.600 \text{ kg/m}^3)(0{,}35 \text{ m}) - (1000 \text{ kg/m}^3)(0{,}1 \text{ m}) \\ &\quad - (850 \text{ kg/m}^3)(0{,}2 \text{ m})]\left(\frac{1 \text{ N}}{1 \text{ kg·m/s}^2}\right)\left(\frac{1 \text{ kPa}}{1000 \text{ N/m}^2}\right) \\ &= \mathbf{130 \text{ kPa}} \end{aligned}$$

Discussão Observe que ao pular horizontalmente de um tubo para o outro, levando em conta que a pressão permanece igual para o mesmo fluido, a análise fica muito mais simples. Observe também que o mercúrio é um fluido tóxico e que os manômetros e termômetros de mercúrio estão sendo substituídos por outros com fluidos mais seguros, por conta do risco da exposição ao vapor de mercúrio em caso de acidente.

EXEMPLO 3–7 **Análise de um manômetro de vários fluidos com o EES**

Reconsidere o manômetro de vários fluidos discutido no Exemplo 3–6. Determine a pressão do ar no tanque usando o EES. Determine também qual seria a altura diferencial h_3 do fluido para a mesma pressão de ar se o mercúrio da última coluna fosse substituído por água do mar com densidade de 1.030 kg/m³.

SOLUÇÃO A pressão em um tanque de água é medida por um manômetro de vários fluidos. A pressão do ar no tanque e a altura diferencial h_3 do fluido, se o mercúrio for substituído por água do mar, devem ser determinadas usando o EES.

Análise Iniciamos o programa EES clicando duas vezes em seu ícone, abrimos um arquivo novo e digitamos o seguinte na tela em branco que aparece (expressamos a pressão atmosférica em Pa para manter a consistência da unidade).

```
g=9.81
Patm=85600
h1=0.1; h2=0.2; h3=0.35
rw=1000; roil=850; rm=13600
P1+rw*g*h1+roil*g*h2−rm*g*h3=Patm
```

Aqui P1 é a única incógnita. Ela é determinada pelo EES como

$$P_1 = 129647 \text{ Pa} \cong \mathbf{130 \text{ kPa}}$$

o que é idêntico ao resultado obtido no Exemplo 3–6. A altura da coluna de fluido h_3, quando o mercúrio é substituído por água do mar, é determinada facilmente substituindo "h3=0.35" por "P1=129647" e "rm=13600" por "rm=1030" e clicando no símbolo da calculadora. Isso resulta em:

$$h_3 = \mathbf{4{,}62 \text{ m}}$$

(continua)

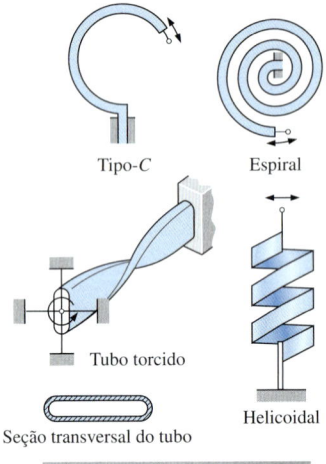

FIGURA 3–24 Diversos tipos de tubos de Bourdon usados para medir a pressão. Eles trabalham com o mesmo princípio que as buzinas (foto inferior) devido à seção de passagem plana do tubo.

(Inferior) Fotografia de John M. Cimbala.

(continuação)

Discussão Observe que usamos a tela como um bloco de papel e escrevemos as informações relevantes juntamente com as relações aplicáveis, de forma organizada. O EES fez o restante. As equações podem ser escritas em linhas separadas ou na mesma linha, separando-as com ponto-e-vírgula, e linhas em branco ou de comentário podem ser inseridas para dar maior clareza. O EES ajuda a fazer as perguntas "e se", e a executar estudos paramétricos.

Outros dispositivos de medição de pressão

Outro tipo de dispositivo mecânico de medição de pressão muito usado é o **tubo de Bourdon**, assim denominado em homenagem ao engenheiro e inventor francês Eugene Bourdon (1808–1884), que consiste em um tubo de metal oco dobrado como um gancho, enrolado ou torcido, cuja extremidade é fechada e conectada a uma agulha indicadora (Fig. 3–24). Quando aberto para a atmosfera, o tubo não se deforma e, nesse estado, a agulha do mostrador está calibrada para a leitura zero (pressão manométrica). Quando o fluido dentro do tubo está pressurizado, o tubo se estica e movimenta a agulha proporcionalmente à pressão aplicada.

A eletrônica está em todos os aspectos da vida, incluindo os dispositivos medidores de pressão. Os sensores de pressão modernos, chamados de **transdutores de pressão**, utilizam diversas técnicas para converter o efeito de pressão em um efeito elétrico, como uma variação de voltagem, resistência ou capacitância. Os transdutores de pressão são menores e mais rápidos, e podem ser mais sensíveis, confiáveis e exatos do que seus equivalentes mecânicos. Eles podem medir pressões de menos de um milionésimo de 1 atm até vários milhares de atm.

Uma ampla variedade de transdutores de pressão está disponível para a medição das pressões manométrica, absoluta e diferencial em uma ampla variedade de aplicações. Os *transdutores de pressão manométricos* utilizam a pressão atmosférica como referência, por meio de uma abertura para a atmosfera na parte traseira do diafragma sensor de pressão. Eles acusam uma saída de sinal zero à pressão atmosférica, independentemente da altitude. Os *transdutores de pressão absolutos* são calibrados para ter uma saída de sinal zero no vácuo absoluto. Os *transdutores de pressão diferenciais* medem diretamente a diferença de pressão entre dois locais, em vez de usar dois transdutores de pressão e tomar a diferença entre eles.

Os **transdutores de pressão extensométricos** (*strain-gages*) funcionam através de um diafragma que se curva entre duas câmaras abertas para entradas de pressão. À medida que o diafragma se estende em resposta a uma mudança na diferença de pressão ao longo dele, o extensômetro se estica e um circuito de ponte Wheatstone amplifica a saída. Um transdutor capacitivo funciona de modo similar, mas à medida que o diagrama se estende, a variação de capacitância é medida em vez da variação de resistência.

Os **transdutores piezelétricos**, também chamados de transdutores de pressão de estado sólido, funcionam de acordo com o princípio de que um potencial elétrico é gerado em uma substância cristalina quando ela é submetida a pressão mecânica. Esse fenômeno, descoberto pelos irmãos Pierre e Jacques Curie em 1880, é chamado de efeito piezelétrico. Os transdutores de pressão piezelétricos têm uma resposta em frequência muito mais rápida do que aquela das unidades de diafragma, e são muito adequados para as aplicações de alta pressão, mas em geral não são tão sensíveis quanto os transdutores do tipo diafragma.

Outro tipo de manômetro mecânico, chamado de **provador de peso morto**, é usado primariamente para a *calibração* e pode medir pressões extremamente

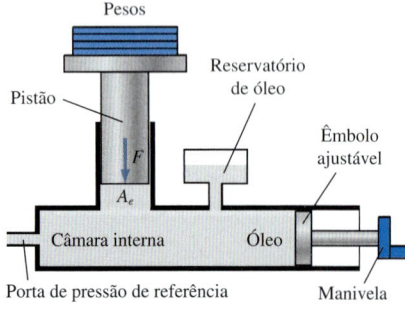

FIGURA 3–25 Um provador de peso morto é capaz de medir pressões extremas (até 10.000 psi em algumas aplicações).

elevadas (Fig. 3–25). Como o próprio nome indica, um provador de peso morto mede a pressão através da aplicação *direta* de um peso que proporciona uma força por unidade de área – a definição fundamental de pressão. É constituído por uma câmara interna cheia de fluido (usualmente óleo), juntamente com um pistão, cilindro e êmbolo firmemente apertados. Os pesos são aplicados à parte superior do pistão, a qual exerce uma força sobre o óleo na câmara. A força total F que atua sobre o óleo na interface óleo-pistão é a soma do peso do pistão, e dos pesos aplicados. Uma vez que a área transversal do pistão A_e é conhecida, a pressão é calculada como $P = F/A_e$. A única fonte de erro significativa ocorre devido ao atrito estático ao longo da interface entre o pistão e o cilindro, mas mesmo este erro geralmente é desprezível. A porta de pressão de referência é conectada a uma pressão desconhecida a ser medida ou a um sensor de pressão a ser calibrado.

3–3 INTRODUÇÃO À ESTÁTICA DOS FLUIDOS

A **estática dos fluidos** trata dos problemas associados aos fluidos em repouso. Um fluido pode ser gasoso ou líquido. A estática dos fluidos em geral é chamada de *hidrostática* quando o fluido é um líquido e de *aerostática* quando o fluido é um gás. Na estática dos fluidos não existe movimento relativo entre as camadas adjacentes de fluido e, portanto, não há tensões de cisalhamento (tangenciais) no fluido, tentando deformá-lo. A única tensão com a qual tratamos na estática dos fluidos é a *tensão normal*, que é a pressão, e a variação da pressão se deve só ao peso do fluido. Assim, o tópico da estática dos fluidos tem significado apenas nos campos gravitacionais, e as relações de força desenvolvidas naturalmente envolvem a aceleração da gravidade g. A força exercida sobre uma superfície por um fluido em repouso é normal à superfície no ponto de contato, uma vez que não há movimento relativo entre o fluido e a superfície sólida e, portanto, nenhuma força de cisalhamento pode agir paralelamente à superfície.

A estática dos fluidos é usada para determinar as forças que agem sobre corpos flutuantes ou submersos, e as forças desenvolvidas por dispositivos como prensas hidráulicas e macacos de automóveis. O projeto de muitos sistemas de engenharia, como represas e tanques de armazenamento de líquidos, exige a determinação das forças que agem sobre as superfícies usando a estática dos fluidos. A descrição completa da força hidrostática resultante sobre uma superfície submersa exige a determinação da intensidade, do sentido e da linha de ação da força. Nas duas seções seguintes consideramos as forças que agem sobre as superfícies planas e curvas de corpos submersos devido à pressão.

FIGURA 3–26 Represa Hoover.
Cortesia do Departamento Americano do Interior, Escritório de Recuperação – Região do Baixo Colorado.

3–4 FORÇAS HIDROSTÁTICAS SOBRE SUPERFÍCIES PLANAS SUBMERSAS

Uma placa exposta a um líquido (como um distribuidor em uma represa, a parede de um tanque de armazenamento de líquido e o casco de um navio em repouso) está sujeita à pressão dos fluidos distribuída sobre sua superfície (Fig. 3–26). Em uma superfície *plana*, as forças hidrostáticas formam um sistema de forças paralelas, e com frequência precisamos determinar a *intensidade* da força e seu *ponto de aplicação*, chamado de **centro de pressão**. Na maioria dos casos, o outro lado da placa está aberto para a atmosfera (como o lado seco de uma comporta) e, portanto, a pressão atmosférica age em ambos os lados da placa, produzindo uma resultante nula. Nesses casos, é conveniente subtrair a pressão atmosférica e trabalhar apenas com a pressão manométrica (Fig. 3–27). Por exemplo, $P_{man} = \rho gh$ na parte inferior do lago.

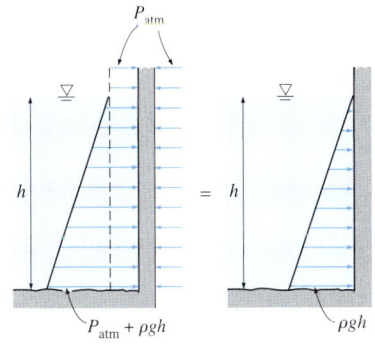

(a) P_{atm} considerada (b) P_{atm} desconsiderada

FIGURA 3–27 Para simplificar, ao analisar as forças hidrostáticas em superfícies submersas, a pressão atmosférica pode ser subtraída quando age em ambos os lados da estrutura.

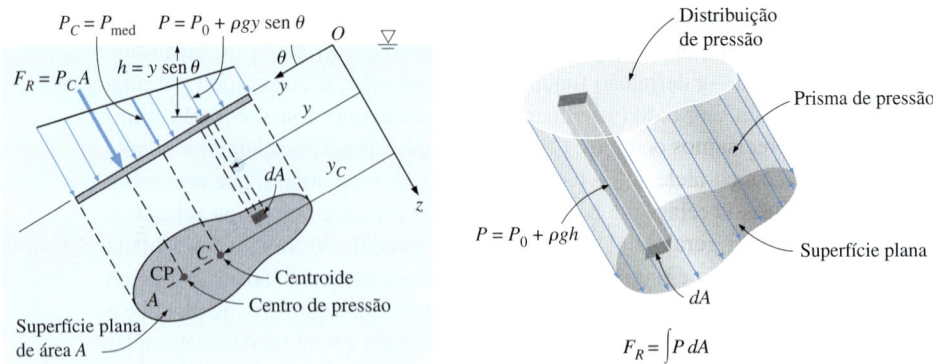

FIGURA 3–28 A força hidrostática em uma superfície plana inclinada completamente submersa em um líquido.

Considere a superfície superior de uma placa plana de forma arbitrária completamente submersa em um líquido, como mostra a Fig. 3–28, juntamente com a visão superior. O plano dessa superfície (normal à página) intercepta a superfície livre horizontal com um ângulo θ, e consideramos a reta de intersecção como o eixo x (fora do papel). A pressão absoluta acima do líquido é P_0, que é a pressão atmosférica local P_{atm} se o líquido estiver aberto para a atmosfera (porém, P_0 pode ser diferente de P_{atm} se o espaço acima do líquido for evacuado ou pressurizado). Assim, a pressão absoluta em qualquer ponto da placa é:

$$P = P_0 + \rho g h = P_0 + \rho g y \operatorname{sen} \theta \qquad (3\text{–}16)$$

onde h é a distância vertical entre o ponto e a superfície livre e y é a distância entre o ponto e o eixo x (do ponto O na Fig. 3–28). A força hidrostática F_R resultante que age sobre a superfície é determinada pela integração da força $P\,dA$ que age em uma área diferencial dA em toda a área da superfície:

$$F_R = \int_A P\,dA = \int_A (P_0 + \rho g y \operatorname{sen}\theta)\,dA = P_0 A + \rho g \operatorname{sen}\theta \int_A y\,dA \qquad (3\text{–}17)$$

Mas o *primeiro momento da área* $\int_A y\,dA$ está relacionado à coordenada y do centroide (ou centro) da superfície por:

$$y_C = \frac{1}{A}\int_A y\,dA \qquad (3\text{–}18)$$

Substituindo:

$$F_R = (P_0 + \rho g y_C \operatorname{sen}\theta)A = (P_0 + \rho g h_C)A = P_C A = P_{med} A \qquad (3\text{–}19)$$

onde $P_C = P_0 + \rho g h_C$ é a pressão no centroide da superfície, que é equivalente à pressão *média* na superfície P_{med} e $h_C = y_C \operatorname{sen}\theta$ é a *distância vertical* entre o centroide e a superfície livre do líquido (Fig. 3–29). Assim, concluímos que:

> A magnitude da força resultante que age sobre uma superfície plana de uma placa completamente submersa em um fluido homogêneo (densidade constante) é igual ao produto da pressão P_C no centroide da superfície e da área A da superfície (Fig. 3–30).

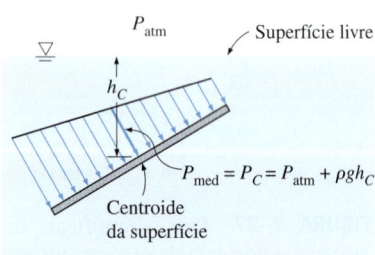

FIGURA 3–29 A pressão no centroide de uma superfície é equivalente à pressão *média* sobre a superfície.

A pressão P_0 em geral é a pressão atmosférica, que pode ser ignorada na maioria dos casos, uma vez que age em ambos os lados da placa. Quando esse não é o caso, uma forma prática de calcular a contribuição de P_0 para a força resultante é simplesmente somar uma profundidade equivalente $h_{equiv} = P_0/\rho g$ a h_C, ou seja, supor a presença de uma camada de líquido adicional com espessura h_{equiv} no alto do líquido, com o vácuo absoluto acima.

A seguir, precisamos determinar a linha de ação da força resultante F_R. Dois sistemas de forças paralelas são equivalentes se tiverem a mesma intensidade e o mesmo momento em relação a qualquer ponto. A linha de ação da força hidrostática resultante, em geral, não passa através do centroide da superfície – ela fica abaixo, onde a pressão é mais alta. O ponto de intersecção entre a linha de ação da força resultante e a superfície é o **centro de pressão**. A posição vertical da linha de ação é determinada igualando o momento da força resultante e o momento da força de pressão distribuída em relação ao eixo x:

$$y_P F_R = \int_A yP\, dA = \int_A y(P_0 + \rho gy \operatorname{sen} \theta)\, dA = P_0 \int_A y\, dA + \rho g \operatorname{sen} \theta \int_A y^2\, dA$$

ou

$$y_P F_R = P_0 y_C A + \rho g \operatorname{sen} \theta\, I_{xx,O} \quad (3\text{--}20)$$

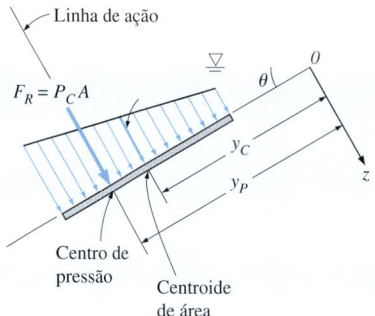

FIGURA 3–30 A força resultante que age sobre uma superfície plana é igual ao produto entre a pressão no centroide da superfície e a área da superfície, e sua linha de ação passa através do centro de pressão.

onde y_P é a distância do centro de pressão ao eixo x (ponto O na Fig. 3–30) e $I_{xx,O} = \int_A y^2\, dA$ é o *segundo momento de área* (também chamado de *momento de inércia de área*) em relação ao eixo x. Os segundos momentos de área estão amplamente disponíveis para formas comuns nos livros de engenharia, mas em geral são dados em relação aos eixos que passam através do centroide da área. Felizmente, os segundos momentos de área em relação aos eixos paralelos estão relacionados entre si pelo *teorema do eixo paralelo*, que, neste caso, é expresso como:

$$I_{xx,O} = I_{xx,C} + y_C^2 A \quad (3\text{--}21)$$

onde $I_{xx,C}$ é o segundo momento de área em relação ao eixo x que passa através do centroide da área e y_C (a coordenada y do centroide) é a distância entre os dois eixos paralelos. Substituindo a relação de F_R da Eq. (3–19) e a relação de $I_{xx,O}$ da Eq. (3–21) na Eq. (3–20) e isolando y_P temos:

$$y_P = y_C + \frac{I_{xx,C}}{[y_C + P_0/(\rho g \operatorname{sen}\theta)]A} \quad (3\text{--}22a)$$

Para $P_0 = 0$, que em geral é o caso quando a pressão atmosférica é ignorada, isso pode ser simplificado para:

$$y_P = y_C + \frac{I_{xx,C}}{y_C A} \quad (3\text{--}22b)$$

Conhecendo y_P, a distância vertical do centro de pressão à superfície livre é determinada por $h_P = y_P \operatorname{sen}\theta$.

Os valores de $I_{xx,C}$ para algumas áreas comuns são dados na Fig. 3–31. Para áreas que possuem simetria em relação ao eixo y, o centro de pressão está no eixo y, diretamente abaixo do centroide. A localização do centro de pressão em tais casos é simplesmente o ponto sobre a superfície do plano de simetria vertical, a uma distância h_P da superfície livre.

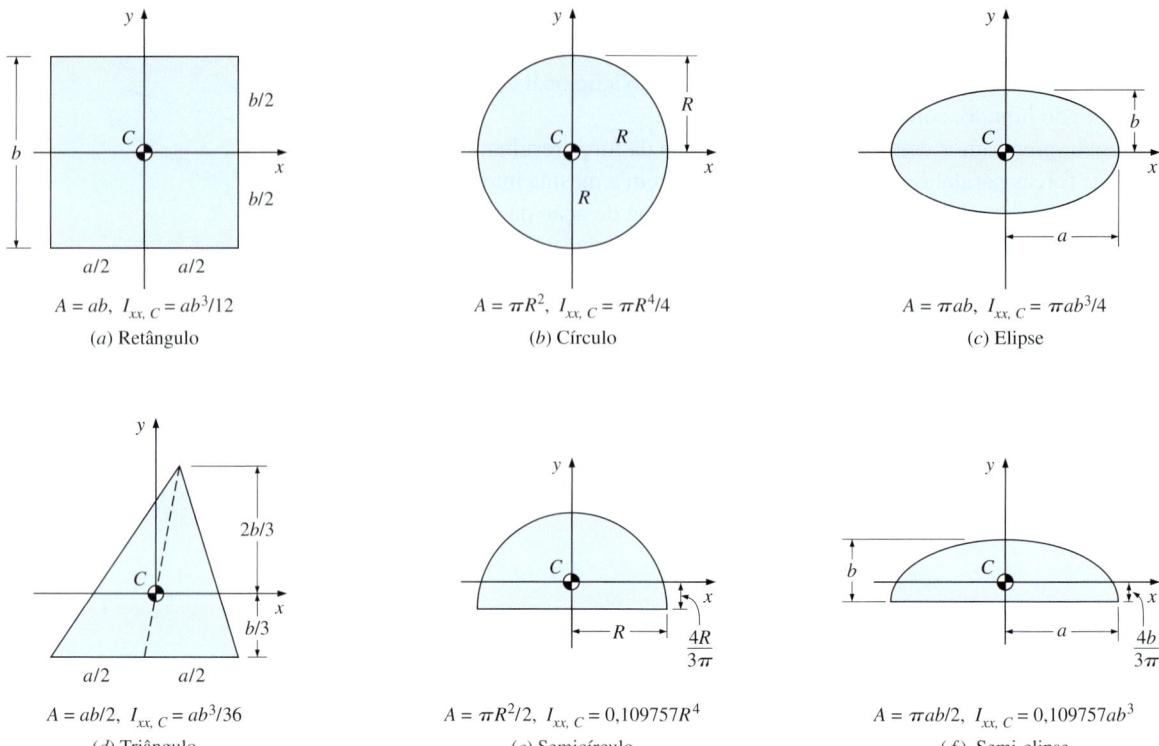

FIGURA 3–31 O centroide e os momentos centroides de inércia de algumas formas geométricas comuns.

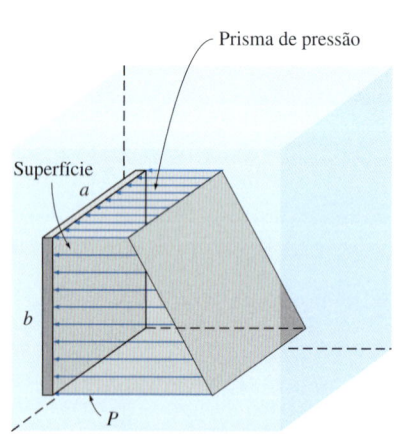

FIGURA 3–32 As forças hidrostáticas que agem sobre uma superfície plana formam um volume cuja base (a face esquerda) é a superfície e cuja altura é a pressão.

A pressão age normal à superfície, e as forças hidrostáticas que agem sobre uma placa plana de qualquer forma compõem um volume cuja base é a área da placa e cuja altura é a pressão que varia linearmente, como mostra a Fig. 3–32. Esse **prisma de pressão** virtual tem uma interpretação física interessante: seu *volume* é igual à *intensidade* da força hidrostática resultante que age sobre a placa uma vez que $F_R = \int P\, dA$, e a linha de ação dessa força passa através do *centroide* desse prisma homogêneo. A projeção do centroide sobre a placa é o *centro de pressão*. Assim, com o conceito do prisma da pressão, o problema de descrever a força hidrostática resultante em uma superfície plana fica reduzido a encontrar o volume e as duas coordenadas do centroide desse prisma de pressão.

Caso especial: placa retangular submersa

Considere uma placa plana retangular completamente submersa de altura b e largura a inclinada em um ângulo θ em relação à horizontal, cuja aresta superior é horizontal e que está a uma distância s da superfície livre ao longo do plano da placa, como mostra a Fig. 3–33a. A força hidrostática resultante na superfície superior é igual à pressão média, que é a pressão no ponto médio da superfície vezes a área da superfície A. Ou seja:

Placa retangular inclinada: $\qquad F_R = P_C A = [P_0 + \rho g(s + b/2)\operatorname{sen}\theta]ab \qquad$ **(3–23)**

A força age a uma distância vertical de $h_P = y_P \operatorname{sen}\theta$ da superfície livre diretamente abaixo do centroide da placa onde, pela Eq. (3–22a):

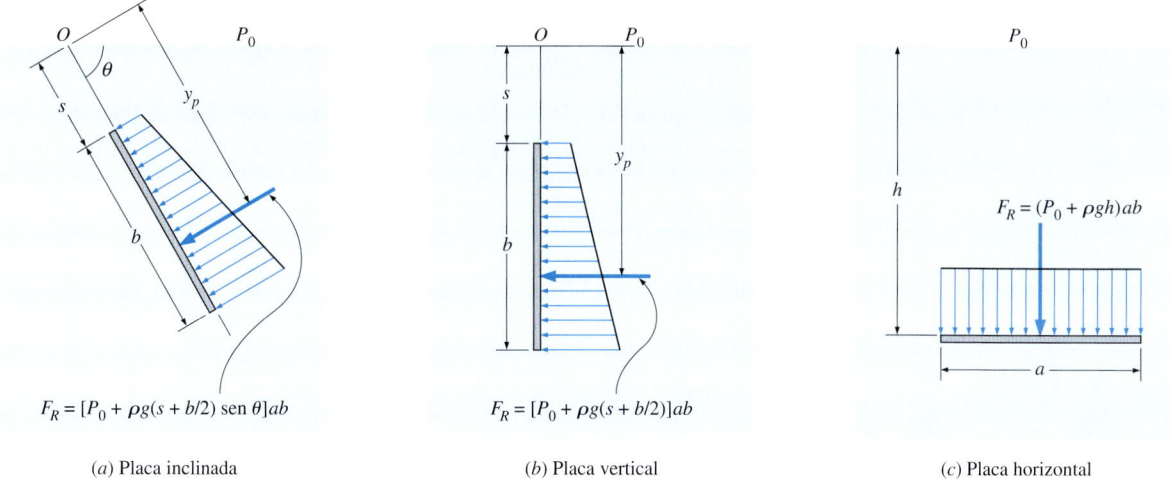

(a) Placa inclinada   (b) Placa vertical   (c) Placa horizontal

FIGURA 3–33 Força hidrostática que age sobre a superfície superior de uma placa retangular submersa nos casos inclinado, vertical e horizontal.

$$y_P = s + \frac{b}{2} + \frac{ab^3/12}{[s + b/2 + P_0/(\rho g \operatorname{sen} \theta)]ab}$$

$$= s + \frac{b}{2} + \frac{b^2}{12[s + b/2 + P_0/(\rho g \operatorname{sen} \theta)]} \quad \text{(3–24)}$$

Quando o lado superior da placa está na superfície livre e, portanto, $s = 0$, a Eq. (3–23) é reduzida a:

Placa retangular inclinada ($s = 0$): $F_R = [P_0 + \rho g(b \operatorname{sen} \theta)/2]ab$ **(3–25)**

Para uma placa *vertical* completamente submersa ($\theta = 90°$) cuja aresta superior é horizontal, a força hidrostática pode ser obtida fazendo sen $\theta = 1$ (Fig. 3–33b):

Placa retangular vertical: $F_R = [P_0 + \rho g(s + b/2)]ab$ **(3–26)**

Placa retangular vertical ($s = 0$): $F_R = (P_0 + \rho g b/2)ab$ **(3–27)**

Quando o efeito de P_0 é ignorado, uma vez que ele age em ambos os lados da placa, a força hidrostática em uma superfície retangular de altura b cuja aresta superior é horizontal e está na superfície livre é $F_R = \rho g a b^2/2$ agindo a uma distância $2b/3$ da superfície livre diretamente abaixo do centroide da placa.

A distribuição da pressão em uma superfície *horizontal* é uniforme e sua intensidade é $P = P_0 + \rho g h$, onde h é a distância entre a superfície e a superfície livre. Assim, a força hidrostática que age sobre uma superfície retangular horizontal é:

Placa retangular horizontal: $F_R = (P_0 + \rho g h)ab$ **(3–28)**

e age no ponto médio da placa (Fig. 3–33c).

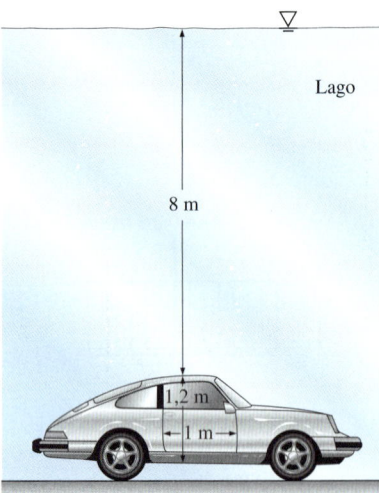

FIGURA 3–34 Esquema do Exemplo 3–8.

EXEMPLO 3–8 Força hidrostática agindo na porta de um carro submerso

Um carro sofre um acidente e mergulha em um lago, assentando no fundo deste sobre as rodas (Figura 3–34). A porta tem 1,2 m de altura e 1 m de largura, e sua parte superior está 8 m abaixo da superfície livre da água. Determine a força hidrostática sobre a porta e o local do centro da pressão e discuta se o motorista conseguiria abrir a porta.

SOLUÇÃO Um carro está submerso na água. A força hidrostática sobre a porta deve ser determinada, e a probabilidade de que o motorista abra a porta deve ser avaliada.

Hipóteses **1** A superfície inferior do lago é horizontal. **2** A cabine de passageiros está bem vedada, de modo que nenhuma água vaza para dentro. **3** A porta pode ser aproximada por uma placa retangular vertical. **4** A pressão na cabine de passageiros permanece com o valor atmosférico, uma vez que não há vazamento de água para dentro e, portanto, nenhuma compressão do ar interno. Assim, a pressão atmosférica se cancela nos cálculos, uma vez que ela age em ambos os lados da porta. **5** O peso do carro é maior do que a força de flutuação que age sobre ele.

Propriedades Tomamos a densidade da água como 1.000 kg/m³ em todo o lago.

Análise A pressão média sobre a porta é o valor da pressão no centroide (ponto médio) da porta e é determinada por:

$$P_{med} = P_C = \rho g h_C = \rho g(s + b/2)$$
$$= (1000 \text{ kg/m}^3)(9,81 \text{ m/s}^2)(8 + 1,2/2 \text{ m})\left(\frac{1 \text{ kN}}{1000 \text{ kg} \cdot \text{m/s}^2}\right)$$
$$= \mathbf{84,4 \text{ kN/m}^2}$$

Dessa forma, a força hidrostática resultante sobre a porta torna-se:

$$F_R = P_{med} A = (84,4 \text{ kN/m}^2)(1 \text{ m} \times 1,2 \text{ m}) = \mathbf{101,3 \text{ kN}}$$

O centro da pressão está diretamente abaixo do ponto médio da porta e sua distância da superfície do lago é determinada pela Eq. (3–24) fazendo $P_0 = 0$, resultando em:

$$y_P = s + \frac{b}{2} + \frac{b^2}{12(s + b/2)} = 8 + \frac{1,2}{2} + \frac{1,2^2}{12(8 + 1,2/2)} = \mathbf{8,61 \text{ m}}$$

Discussão Uma pessoa forte pode levantar 100 kg, cujo peso é 981 N ou cerca de 1 kN. Da mesma forma, essa pessoa pode aplicar a força em um ponto mais distante das dobradiças (1 m distante) para obter o efeito máximo e gerar um momento de 1 kN · m. A força hidrostática resultante age sob o ponto médio da porta e, portanto, a uma distância de 0,5 m das dobradiças. Isso gera um momento de 50,6 kN · m, que é cerca de 50 vezes o momento que o motorista poderia gerar. Assim, é impossível para o motorista abrir a porta do carro. Sua melhor opção é deixar que entre um pouco de água (abrindo um pouco a janela, por exemplo) e manter sua cabeça próxima ao teto. O motorista deve ser capaz de abrir a porta logo depois tão logo o carro se encha de água, uma vez que nesse ponto as pressões em ambos os lados da porta serão quase iguais e abrir a porta dentro da água é quase tão fácil quanto abri-la no ar.

3-5 FORÇAS HIDROSTÁTICAS SOBRE SUPERFÍCIES CURVAS SUBMERSAS

Em várias aplicações práticas, as superfícies submersas não são planas (Fig. 3-35). Para uma superfície curva submersa, a determinação da força hidrostática resultante é mais complicada, uma vez que, em geral, ela exige a integração das forças de pressão que mudam de direção ao longo da superfície curva. O conceito do prisma de pressão neste caso não ajuda muito por conta das complicadas formas envolvidas.

A forma mais fácil de determinar a força hidrostática resultante F_R que age sobre uma superfície curva bidimensional é determinar as componentes horizontal e vertical F_H e F_V separadamente. Isso é feito considerando o diagrama de corpo livre do bloco líquido contido entre a superfície curva e as duas superfícies planas (uma horizontal e outra vertical), passando por duas extremidades da superfície curva, como mostrado na Fig. 3-36. Observe que a superfície vertical do bloco líquido considerado é simplesmente a projeção da superfície curva em um *plano vertical*, e a superfície horizontal é a projeção da superfície curva em um *plano horizontal*. Assim, a força resultante que age sobre a superfície sólida curva é igual e oposta à força que age sobre a superfície líquida curva (pela terceira lei de Newton).

A força que age sobre a superfície do plano imaginário horizontal ou vertical e sua linha de ação podem ser determinadas como foi discutido na Seção 3-4. O peso do bloco de líquido confinado de volume V é apenas $W = \rho g V$, e ele age para baixo através do centroide desse volume. Observando que o bloco de fluido está em equilíbrio estático, os balanços de força nas direções horizontal e vertical resultam em:

Componente da força horizontal na superfície curva: $\quad F_H = F_x \quad$ (3-29)

Componente da força vertical na superfície curva: $\quad F_V = F_y \pm W \quad$ (3-30)

FIGURA 3-35 Em muitas estruturas de aplicação prática, as superfícies submersas não são planas, mas curvas como ocorre na represa de Glen Canyon em Utah e Arizona.
©*Corbis RF*

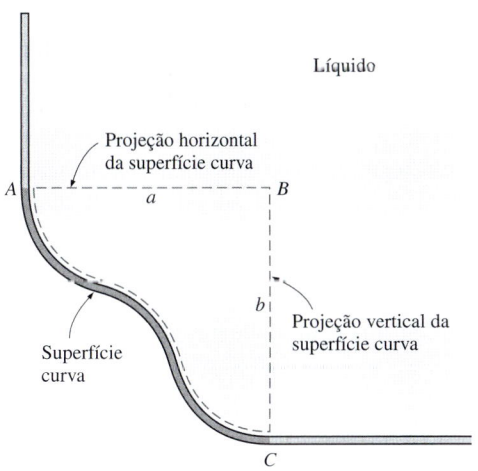
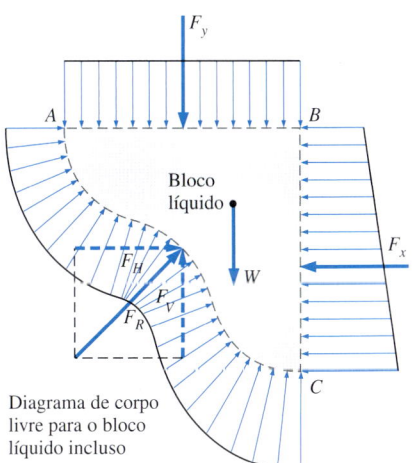

FIGURA 3-36 Determinação da força hidrostática que age sobre uma superfície curva submersa.

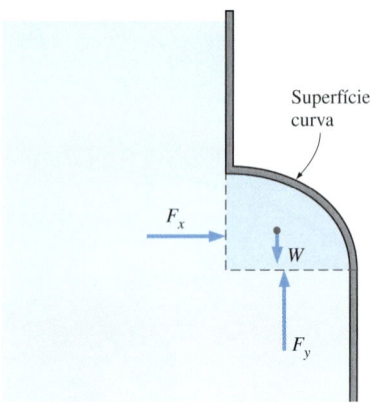

FIGURA 3–37 Quando uma superfície curva está acima do líquido, o peso do líquido e a componente vertical da força hidrostática agem em direções opostas.

onde a soma de $F_y \pm W$ é uma adição vetorial (soma as intensidades se ambas agem na mesma direção e as subtrai se elas agem em direções opostas). Assim, concluímos que:

1. A componente horizontal da força hidrostática que age sobre uma superfície curva é igual (em intensidade e na linha de ação) à força hidrostática que age sobre a projeção vertical da superfície curva.

2. A componente vertical da força hidrostática que age sobre uma superfície curva é igual à força hidrostática que age sobre a projeção horizontal da superfície curva, mais (ou menos, se ela agir na direção oposta) o peso do bloco de fluido.

A intensidade da força hidrostática resultante que age sobre a superfície curva é $F_R = \sqrt{F_H^2 + F_V^2}$, e a tangente do ângulo que ela forma com a horizontal é $\alpha = F_V/F_H$. O local exato da linha de ação da força resultante (por exemplo, sua distância de uma das extremidades da superfície curva) pode ser determinado tomando um momento em relação a um ponto apropriado. Essas discussões são válidas para todas as superfícies curvas, independentemente de estarem acima ou abaixo do líquido. Observe que no caso de uma *superfície curva acima de um líquido*, o peso do líquido é *subtraído* do componente vertical da força hidrostática, uma vez que eles agem em direções opostas (Fig. 3–37).

Quando a superfície curva é um *arco circular* (um círculo completo ou qualquer parte dele), a força hidrostática resultante que age sobre a superfície sempre passa através do centro do círculo. Isso acontece porque as forças de pressão são normais à superfície, e todas as retas normais à superfície de um círculo passam através do centro do círculo. Assim, as forças de pressão formam um sistema de forças concorrentes no centro, as quais podem ser reduzidas a uma única força equivalente naquele ponto (Fig. 3–38).

Finalmente, as forças que agem em um plano ou superfície curva submersos em um **fluido em várias camadas** com densidades diferentes podem ser determinadas considerando partes diferentes das superfícies em fluidos diferentes como superfícies diferentes, encontrando a força de cada parte e, em seguida, somando-as usando a adição vetorial. Para uma superfície plana, isso pode ser expresso como (Fig. 3–39):

Superfície plana de um fluido em várias camadas: $\quad F_R = \sum F_{R,i} = \sum P_{C,i} A_i$

(3–31)

onde $P_{C,i} = P_0 + \rho_i g h_{C,i}$ é a pressão no centroide da superfície do fluido i e A_i é a área da placa naquele fluido. A linha de ação dessa força equivalente pode ser determinada pelo requisito de que o momento da força equivalente em relação a qualquer ponto é igual à soma dos momentos das forças individuais com relação ao mesmo ponto.

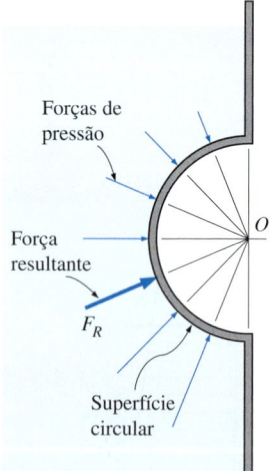

FIGURA 3–38 A força hidrostática que age sobre uma superfície circular sempre passa através do centro do círculo, uma vez que as forças de pressão são normais à superfície e passam através do centro.

> **EXEMPLO 3–9** Uma comporta cilíndrica controlada por gravidade
>
> Um cilindro longo e sólido raio 0,8 m com dobradiças no ponto A é usado como uma comporta automática, como mostra a Figura 3–40. Quando o nível da água atinge 5 m, a comporta se abre, girando na dobradiça no ponto A. Determine: (*a*) a força hidrostática que age sobre o cilindro e sua linha de ação quando a comporta se abre e (*b*) o peso do cilindro por unidade de comprimento do cilindro.
>
> **SOLUÇÃO** A altura de um reservatório de água é controlada por uma comporta cilíndrica com dobradiças que a prendem ao reservatório. A força hidrostática

sobre o cilindro e o peso do cilindro por unidade de comprimento devem ser determinados.

Hipóteses **1** O atrito na dobradiça é desprezível. **2** A pressão atmosférica age em ambos os lados da comporta e, portanto, cancela-se.

Propriedades Consideramos a densidade da água como 1.000 kg/m³ em todo o reservatório.

Análise (*a*) Consideramos o diagrama de corpo livre do bloco líquido incluso na superfície circular do cilindro e suas projeções vertical e horizontal. As forças hidrostáticas que agem sobre as superfícies planas vertical e horizontal, bem como o peso do bloco de líquido, são determinadas por:

Força horizontal sobre a superfície vertical:

$$F_H = F_x = P_{med}A = \rho g h_C A = \rho g(s + R/2)A$$
$$= (1000 \text{ kg/m}^3)(9{,}81 \text{ m/s}^2)(4{,}2 + 0{,}8/2 \text{ m})(0{,}8 \text{ m} \times 1 \text{ m})\left(\frac{1 \text{ kN}}{1000 \text{ kg·m/s}^2}\right)$$
$$= 36{,}1 \text{ kN}$$

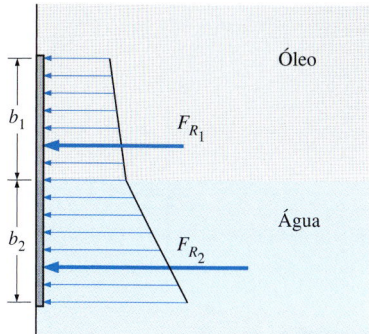

FIGURA 3-39 A força hidrostática em uma superfície submersa em um fluido em várias camadas pode ser determinada considerando-se partes da superfície nos diferentes fluidos como superfícies diferentes.

Força vertical sobre a superfície horizontal (para cima):

$$F_y = P_{med}A = \rho g h_C A = \rho g h_{inferior} A$$
$$= (1000 \text{ kg/m}^3)(9{,}81 \text{ m/s}^2)(5 \text{ m})(0{,}8 \text{ m} \times 1 \text{ m})\left(\frac{1 \text{ kN}}{1000 \text{ kg·m/s}^2}\right)$$
$$= 39{,}2 \text{ kN}$$

Peso do bloco de fluido (para baixo) por unidade de comprimento para dentro do papel:

$$W = mg = \rho g V = \rho g(R^2 - \pi R^2/4)(1 \text{ m})$$
$$= (1000 \text{ kg/m}^3)(9{,}81 \text{ m/s}^2)(0{,}8 \text{ m})^2(1 - \pi/4)(1 \text{ m})\left(\frac{1 \text{ kN}}{1000 \text{ kg·m/s}^2}\right)$$
$$= 1{,}3 \text{ kN}$$

Assim, a força vertical resultante para cima é:

$$F_V = F_y - W = 39{,}2 - 1{,}3 = 37{,}9 \text{ kN}$$

Dessa forma, a intensidade e a direção da força hidrostática que age sobre a superfície cilíndrica torna-se:

$$F_R = \sqrt{F_H^2 + F_V^2} = \sqrt{36{,}1^2 + 37{,}9^2} = \textbf{52,3 kN}$$
$$\text{tg } \theta = F_V/F_H = 37{,}9/36{,}1 = 1{,}05 \rightarrow \theta = 46{,}4°$$

Portanto, a intensidade da força hidrostática que age sobre o cilindro é de 52,3 kN por unidade de comprimento do cilindro, e sua linha de ação passa através do centro do cilindro em um ângulo de 46,4° com a horizontal.

(*b*) Quando o nível da água atingir 5 m de altura, a comporta estará quase abrindo e, portanto, a força de reação na parte inferior do cilindro é zero. Assim, as forças além da dobradiça agindo sobre o cilindro são seu peso, agindo no centro, e a força hidrostática exercida pela água. Tomando um momento em relação ao ponto A no local da dobradiça e igualando-o a zero temos:

$$F_R R \text{ sen } \theta - W_{cil} R = 0 \rightarrow W_{cil} = F_R \text{ sen } \theta = (52{,}3 \text{ kN}) \text{ sen } 46{,}4° = \textbf{37,9 kN}$$

Discussão O peso do cilindro por unidade de comprimento é determinado como 37,9 kN. É possível demonstrar que isso corresponde a uma massa de 3.863 kg por unidade de comprimento e a uma densidade de 1.921 kg/m³ para o material do cilindro.

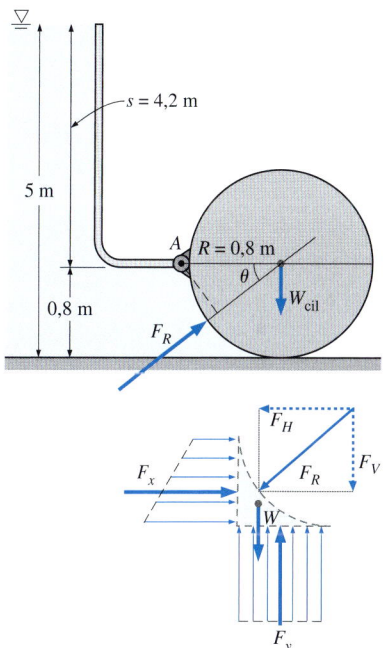

FIGURA 3-40 Esquema do Exemplo 3-9 e o diagrama de corpo livre do fluido abaixo do cilindro.

3–6 FLUTUAÇÃO E ESTABILIDADE

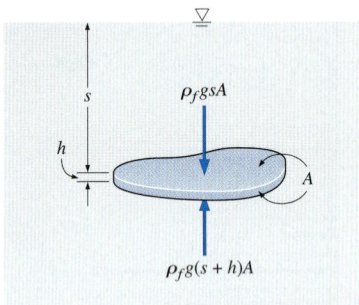

FIGURA 3–41 Uma placa plana com espessura uniforme h submersa em um líquido paralela à superfície livre.

É comum a experiência em que um objeto parece mais leve, com peso menor, em um líquido do que no ar. Isso pode ser facilmente mostrado pesando um objeto na água com uma balança de mola à prova de água. Além disso, objetos feitos de madeira ou de outros materiais leves flutuam na água. Essas e outras observações sugerem que o fluido exerce uma força para cima sobre um corpo imerso nele. Essa força que tende a levantar o corpo é chamada de **força de flutuação** e é indicada por F_B.

A força de flutuação é causada pelo aumento da pressão em um fluido com a profundidade. Considere, por exemplo, uma placa plana com espessura h submersa em um líquido de densidade ρ_f e paralela à superfície livre, como mostra a Fig. 3–41. A área da superfície superior (e também da inferior) da placa é A, e sua distância da superfície livre é s. As pressões das superfícies superior e inferior da placa são $\rho_f g s$ e $\rho_f g(s + h)$, respectivamente. Assim, a força hidrostática $F_{\text{sup}} = \rho_f g s A$ age para baixo na superfície superior, e a força maior $F_{\text{inf}} = \rho_f g(s + h)A$ age para cima na superfície inferior da placa. A diferença entre essas duas forças é uma força resultante para cima, a *força de flutuação*:

$$F_B = F_{\text{inf}} - F_{\text{sup}} = \rho_f g(s + h)A - \rho_f g s A = \rho_f g h A = \rho_f g V \qquad (3\text{–}32)$$

onde $V = hA$ é o volume da placa. Mas a relação $\rho_f g V$ é simplesmente o peso do líquido cujo volume é igual ao volume da placa. Assim, concluímos que a *força de flutuação que age sobre a placa é igual ao peso do líquido deslocado pela placa*. Para um fluido com densidade constante, a força de flutuação é independente da distância do corpo a partir da superfície livre. Ela também não depende da densidade do corpo sólido.

A relação da Equação (3–32) foi deduzida para uma geometria simples, mas é válida para qualquer corpo, independentemente da sua forma. Isso pode ser mostrado matematicamente por um balanço de forças, ou simplesmente por este argumento: considere um corpo sólido de forma arbitrária submerso em um fluido em repouso e compare-o a um corpo de fluido de mesma forma, indicado por linhas tracejadas, a uma mesma distância da superfície livre (Fig. 3–42). As forças de flutuação que agem sobre esses dois corpos são iguais, uma vez que as distribuições das pressões, que dependem apenas da profundidade, são iguais nas fronteiras de ambas. O corpo de fluido imaginário está em equilíbrio estático e, portanto, a força e o momento resultantes que agem sobre ele são nulos. Assim, a força de flutuação para cima deve ser igual ao peso do corpo de fluido imaginário cujo volume é igual ao volume do corpo sólido. Além disso, o peso e a força de flutuação devem ter a mesma linha de ação para ter um momento nulo. Isso é conhecido como **princípio de Arquimedes**, em homenagem ao matemático grego Arquimedes (287–212 a.C.) e é expresso como:

> A força de flutuação sobre um corpo imerso em um fluido é igual ao peso do fluido deslocado pelo corpo, e age para cima no centroide do volume deslocado.

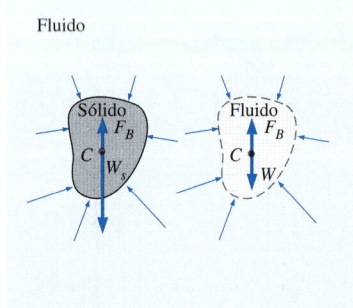

FIGURA 3–42 As forças de flutuação que agem sobre um corpo sólido submerso em um fluido e em um corpo fluido de mesma forma a uma mesma profundidade são idênticas. A força de flutuação F_B age para cima no centroide C do volume deslocado e é igual em intensidade ao peso W do fluido deslocado, mas na direção oposta. Para um sólido com densidade uniforme, seu peso W_s também age no centroide, mas sua intensidade não é necessariamente igual àquela do fluido que ele desloca. (Aqui $W_s > W$ e, portanto, $W_s > F_B$; esse corpo sólido afundaria.)

Para corpos *flutuantes*, o peso de todo o corpo deve ser igual à força de flutuação, que é o peso do fluido cujo volume é igual ao volume da parte submersa do corpo flutuante. Ou seja:

$$F_B = W \rightarrow \rho_f g V_{\text{sub}} = \rho_{\text{med, corpo}} g V_{\text{total}} \rightarrow \frac{V_{\text{sub}}}{V_{\text{total}}} = \frac{\rho_{\text{med, corpo}}}{\rho_f} \qquad (3\text{–}33)$$

Assim, a fração de volume submersa de um corpo flutuante é igual à razão entre a densidade média do corpo e a densidade do fluido. Observe que quando a razão de densidade é igual ou maior do que um, o corpo flutuante torna-se completamente submerso.

Essas discussões levam à conclusão de que um corpo imerso em um fluido (1) permanece em repouso em qualquer ponto do fluido quando sua densidade é igual à densidade do fluido, (2) vai até o fundo quando sua densidade é maior do que a densidade do fluido e (3) sobe à superfície do fluido e flutua quando a densidade do corpo é menor do que a densidade do fluido (Fig. 3–43).

A força de flutuação é proporcional à densidade do fluido e, portanto, podemos pensar que a força de flutuação exercida pelos gases como o ar é desprezível. Esse certamente é o caso geral, mas existem exceções significativas. Por exemplo, o volume de uma pessoa é de cerca de 0,1 m³ e, tomando a densidade do ar como 1,2 kg/m³, a força de flutuação exercida pelo ar sobre a pessoa é:

$$F_B = \rho_f gV = (1{,}2 \text{ kg/m}^3)(9{,}81 \text{ m/s}^2)(0{,}1 \text{ m}^3) \cong 1{,}2 \text{ N}$$

O peso de uma pessoa de 80 kg é 80 × 9,81 = 788 N. Assim, ignorar a flutuação, neste caso, resulta em um erro no peso de apenas 0,15%, que é desprezível. Mas os efeitos da flutuação nos gases dominam alguns fenômenos naturais importantes, como a elevação do ar quente em um ambiente mais frio e, portanto, o início das correntes de convecção naturais, a elevação dos balões de ar quente ou de hélio, e os movimentos do ar na atmosfera. Um balão de hélio, por exemplo, sobe como resultado do efeito da flutuação até atingir uma altitude na qual a densidade do ar (que diminui com a altitude) seja igual à densidade do hélio no balão – considerando que o balão não estoure e ignorando o peso do material do balão. Balões de ar quente (Fig. 3–44) funcionam com princípios similares.

O princípio de Arquimedes também é usado na geologia moderna, considerando que os continentes flutuam em um mar de magma.

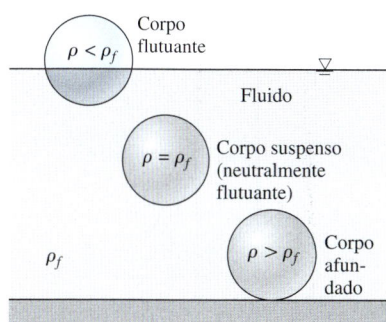

FIGURA 3–43 Um corpo sólido solto em um fluido afundará, flutuará ou permanecerá em repouso em algum ponto do fluido, dependendo de sua densidade com relação à densidade do fluido.

EXEMPLO 3–10 Medição da gravidade específica com um hidrômetro

Se você tivesse um aquário de água do mar, provavelmente usaria um tubo de vidro cilíndrico pequeno com um peso de chumbo no fundo para medir a salinidade da água, simplesmente observando a profundidade até a qual o tubo afunda. Tal dispositivo, que flutua em uma posição vertical, é usado para medir a gravidade específica de um líquido e é chamado de *hidrômetro* (Figura 3–45). A parte superior do hidrômetro se estende acima da superfície do líquido e as suas divisões permitem ler diretamente a gravidade específica. O hidrômetro é calibrado para que na água pura dê a leitura exata de 1,0 na interface entre o ar e a água. (*a*) obtenha uma relação para a gravidade específica de um líquido como função da distância Δz da marca correspondente à água pura e (*b*) determine a massa do chumbo que deve ser despejado em um hidrômetro com 1 cm de diâmetro e 20 cm de comprimento para que ele flutue até a metade (marca de 10 cm) em água pura.

SOLUÇÃO A gravidade específica de um líquido deve ser medida por um hidrômetro. Uma relação entre a gravidade específica e a distância vertical do nível de referência deve ser obtida, e a quantidade de chumbo a ser adicionada ao tubo em um determinado hidrômetro deve ser determinada.

Hipóteses **1** O peso do tubo de vidro é desprezível com relação ao peso do chumbo adicionado. **2** A curvatura da parte inferior do tubo é desconsiderada.

Propriedades Tomamos a densidade da água como 1.000 kg/m³.

(*continua*)

FIGURA 3–44 A altitude de um balão de ar quente é controlada pela diferença de temperatura entre o ar dentro e fora do balão, uma vez que o ar quente é menos denso do que o ar frio. Quando o balão não sobe nem cai, a força de empuxo para cima equilibra exatamente o peso para baixo.

© *PhotoLink / Getty RF*

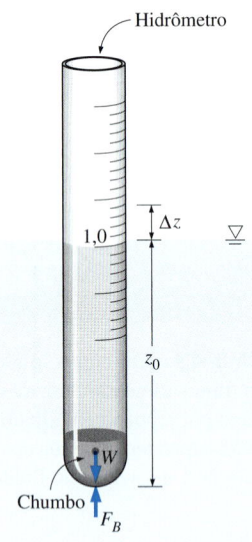

FIGURA 3–45 Esquema do Exemplo 3–10.

(continuação)

Análise (*a*) Observando que o hidrômetro está em equilíbrio estático, a força de flutuação F_B exercida pelo líquido sempre deve ser igual ao peso W do hidrômetro. Em água pura (subscrito w), considere que a distância vertical entre a parte inferior do hidrômetro e a superfície livre da água seja z_0. Fazendo $F_{B,w} = W$ neste caso temos:

$$W_{hidro} = F_{B,w} = \rho_w g V_{sub} = \rho_w g A z_0 \qquad (1)$$

onde A é a área da seção transversal do tubo e ρ_w é a densidade da água pura.

Em um fluido mais leve do que a água ($\rho_f < \rho_w$), o hidrômetro afundará mais e o nível do líquido estará a uma distância Δz acima de z_0. Novamente considerando $F_B = W$ temos:

$$W_{hidro} = F_{B,f} = \rho_f g V_{sub} = \rho_f g A(z_0 + \Delta z) \qquad (2)$$

Essa relação também vale para fluidos mais pesados do que a água tomando Δz abaixo de z_0 como uma quantidade negativa. Igualando as Equações (1) e (2) entre si, uma vez que o peso do hidrômetro é constante, e reorganizando, temos:

$$\rho_w g A z_0 = \rho_f g A(z_0 + \Delta z) \;\;\rightarrow\;\; SG_f = \frac{\rho_f}{\rho_w} = \frac{z_0}{z_0 + \Delta z}$$

que é a relação entre a gravidade específica do fluido e Δz. Observe que z_0 é constante para um dado hidrômetro e Δz é negativo para fluidos mais pesados do que a água pura.

(*b*) Desprezando o peso do tubo de vidro, a quantidade de chumbo a ser adicionada ao tubo é determinada pelo requisito de que o peso do chumbo seja igual à força de flutuação. Quando o hidrômetro está flutuando com metade submersa na água, a força de flutuação sobre ele é:

$$F_B = \rho_w g V_{sub}$$

Igualando F_B ao peso do chumbo temos:

$$W = mg = \rho_w g V_{sub}$$

Igualando m e substituindo, a massa do chumbo é determinada por:

$$m = \rho_w V_{sub} = \rho_w (\pi R^2 h_{sub}) = (1000 \text{ kg/m}^3)[\pi(0,005 \text{ m})^2(0,1 \text{ m})] = \mathbf{0{,}00785 \text{ kg}}$$

Discussão Observe que se o hidrômetro precisasse afundar apenas 5 cm na água, a massa necessária de chumbo seria metade dessa quantidade. Da mesma forma, a hipótese de que o peso do tubo de vidro é desprezível é questionável, uma vez que a massa do chumbo é de apenas 7,85 g.

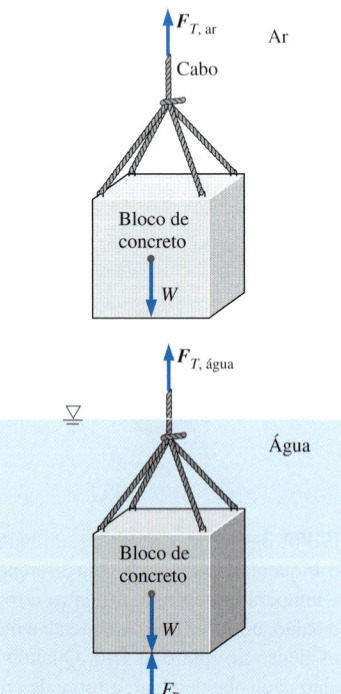

FIGURA 3–46 Esquema do Exemplo 3–11.

EXEMPLO 3–11 Perda de peso de um objeto na água de mar

Um guincho é usado para abaixar pesos no mar (densidade = 1.025 kg/m³) para um projeto de construção submarina (Figura 3–46). Determine a tensão no cabo do guincho devida a um bloco de concreto retangular de 0,4 m × 0,4 m × 3 m (densidade = 2.300 kg/m³) quando ele é (*a*) suspenso no ar e (*b*) completamente imerso na água.

SOLUÇÃO Um bloco de concreto é abaixado no mar. A tensão do cabo deve ser determinada antes e depois de o bloco estar na água.

Hipóteses **1** A flutuação do ar é desprezível. **2** O peso dos cabos é desprezível.

Propriedades As densidades são dadas como 1.025 kg/m³ para a água do mar e 2.300 kg/m³ para o concreto.

Análise (*a*) Considere o diagrama de corpo livre do bloco de concreto. As forças que agem sobre o bloco de concreto no ar são seu peso e a ação de tração para cima (tensão) exercida pelo cabo. Essas duas forças devem se equilibrar e, portanto, a tensão no cabo deve se igualar ao peso do bloco:

$$V = (0{,}4 \text{ m})(0{,}4 \text{ m})(3 \text{ m}) = 0{,}48 \text{ m}^3$$

$$F_{T,\text{ ar}} = W = \rho_{\text{concreto}} g V$$

$$= (2300 \text{ kg/m}^3)(9{,}81 \text{ m/s}^2)(0{,}48 \text{ m}^3)\left(\frac{1 \text{ kN}}{1000 \text{ kg·m/s}^2}\right) = \mathbf{10{,}8 \text{ kN}}$$

(*b*) Quando o bloco é imerso na água, existe a força adicional da flutuação agindo para cima. O balanço de forças neste caso resulta em:

$$F_B = \rho_f g V = (1025 \text{ kg/m}^3)(9{,}81 \text{ m/s}^2)(0{,}48 \text{ m}^3)\left(\frac{1 \text{ kN}}{1000 \text{ kg·m/s}^2}\right) = 4{,}8 \text{ kN}$$

$$F_{T,\text{ água}} = W - F_B = 10{,}8 - 4{,}8 = \mathbf{6{,}0 \text{ kN}}$$

Discussão Observe que o peso do bloco de concreto e, portanto, a tensão no cabo diminui em (10,8 – 6,0)/10,8 = 55% na água.

FIGURA 3–47 Para corpos flutuantes como navios, a estabilidade é uma consideração importante para a segurança.
© *Corbis RF*

Estabilidade de corpos imersos e flutuantes

Uma aplicação importante do conceito de flutuação é a avaliação da estabilidade de corpos imersos e flutuantes sem acessórios externos. Esse tópico é de grande importância para o projeto de navios e submarinos (Fig. 3–47). Aqui fornecemos algumas discussões qualitativas gerais sobre a estabilidade vertical e rotacional.

Utilizamos a analogia clássica da "bola no chão" para explicar os conceitos fundamentais de estabilidade e instabilidade. A Fig. 3–48 mostra três bolas em repouso sobre o piso. O caso (*a*) é **estável**, pois qualquer pequena perturbação (alguém movimenta a bola para a direita ou esquerda) gera uma força de restauração (devido à gravidade) que a retorna à posição inicial. O caso (*b*) é **neutramente estável** porque se alguém movimentar a bola para a direita ou esquerda, ela permanecerá em sua nova localização. Ela não tem a tendência de voltar à posição original, nem de continuar se movimentando para o outro lado. O caso (*c*) é uma situação na qual a bola pode estar em repouso, mas qualquer perturbação, mesmo infinitesimal, faz a bola rolar para baixo – ela não retorna à posição original, mas *diverge* dela. Essa situação é **instável**. E quanto ao caso no qual a bola está em um piso *inclinado*? Não é apropriado discutir aqui a estabilidade desse caso, uma vez que a bola não está em estado de equilíbrio. Em outras palavras, ela não pode estar em repouso e rolaria para baixo mesmo sem perturbação alguma.

Para um corpo imerso ou flutuante em equilíbrio estático, o peso e a força de flutuação que agem sobre o corpo se equilibram, e tais corpos são inerentemente estáveis na *direção vertical*. Se um corpo neutralmente flutuante e imerso for elevado ou abaixado até uma profundidade diferente, o corpo permanecerá em equilíbrio naquele local. Se um corpo flutuante for elevado ou abaixado de alguma forma por uma força vertical, o corpo retornará à sua posição original assim que o efeito externo for removido. Assim, um corpo flutuante pos-

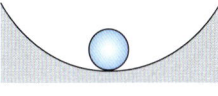
(*a*) Estável

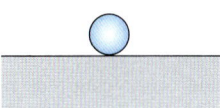
(*b*) Neutralmente estável

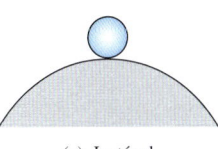
(*c*) Instável

FIGURA 3–48 A estabilidade é facilmente entendida pela análise de uma bola no chão.

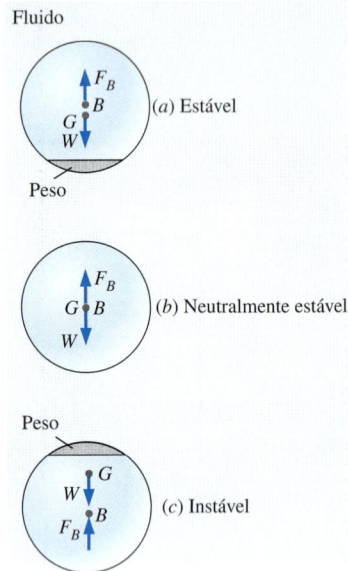

FIGURA 3–49 Um corpo imerso neutralmente flutuante é (a) estável se o centro de gravidade G estiver diretamente abaixo do centro de flutuação B do corpo, (b) neutralmente estável se G e B coincidirem e (c) instável se G estiver diretamente acima de B.

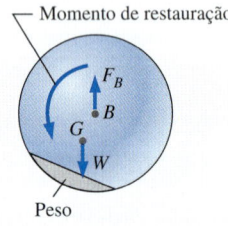

FIGURA 3–50 Quando o centro de gravidade G de um corpo neutralmente flutuante imerso não está verticalmente alinhado com o centro de flutuação B do corpo, ele não está em estado de equilíbrio e gira até seu estado estável, mesmo sem nenhuma perturbação.

sui estabilidade vertical, enquanto um corpo neutralmente flutuante e imerso é neutralmente estável, uma vez que ele não retorna à posição original após um movimento.

A *estabilidade rotacional* de um *corpo imerso* depende dos locais relativos do *centro de gravidade G* do corpo e do *centro de flutuação B*, que é o centroide do volume deslocado. Um corpo imerso é *estável* se tiver o fundo pesado e, portanto, se o ponto G estiver diretamente abaixo do ponto B (Fig. 3–49a). Uma perturbação rotacional do corpo em tais casos produz um *momento de restauração* para retornar o corpo à posição estável original. Assim, um projeto estável de um submarino pede que os motores e as cabines da tripulação estejam localizados na metade inferior, para transferir ao máximo o peso para o fundo. Os balões de ar quente ou hélio (que podem ser considerados imersos no ar) também são estáveis, uma vez que o cesto que carrega a carga está na parte inferior. Um corpo imerso cujo centro de gravidade G está diretamente acima do ponto B é *instável* e qualquer perturbação fará esse corpo virar de cabeça para baixo (Fig. 3–49c). Um corpo no qual G e B coincidem é *neutralmente estável* (Fig. 3–49b). Este é o caso dos corpos cuja densidade é sempre constante. Para tais corpos, não há tendência de virar ou se endireitar.

E no caso de o centro da gravidade não estar verticalmente alinhado com o centro de flutuação, como na Fig. 3–50? Na verdade, não é apropriado discutir a estabilidade desse caso, uma vez que o corpo não está em estado de equilíbrio. Em outras palavras, ele não pode estar em repouso e rolaria na direção de seu estado estável mesmo sem nenhuma perturbação. O momento de restauração no caso mostrado na Fig. 3–50 tem direção anti-horária e faz o corpo girar no sentido anti-horário para alinhar ao ponto G verticalmente com o ponto B. Observe que pode haver alguma oscilação, mas no final o corpo assenta em seu estado de equilíbrio estável [caso (a) da Fig. 3–49]. A estabilidade inicial do corpo da Fig. 3–50 é análoga àquela da bola em um piso inclinado. Você pode prever o que aconteceria se o peso do corpo da Fig. 3–50 estivesse no lado oposto do corpo?

Os critérios da estabilidade rotacional são semelhantes para *corpos flutuantes*. Novamente, se o corpo flutuante tiver o fundo pesado e, portanto, o centro de gravidade G estiver diretamente abaixo do centro de flutuação B, o corpo sempre será estável. Mas, diferente dos corpos submersos, um corpo flutuante ainda pode ser estável quando G está diretamente acima de B (Fig. 3–51). Isso acontece porque o centroide do volume deslocado muda para o lado até um ponto B' durante uma perturbação rotacional, enquanto o centro de gravidade G do corpo permanece inalterado. Se o ponto B' estiver suficientemente longe, essas duas forças criam um momento de restauração e retornam o corpo à posição original. Uma medida da estabilidade dos corpos flutuantes é a **altura metacêntrica** GM, que é a distância entre o centro de gravidade G e o metacentro M – definido como o ponto de intersecção entre as retas de ação da força de flutuação através do corpo antes e após a rotação. O metacentro pode ser considerado um ponto fixo para a maioria das formas de casco de navio com ângulos de rolagem pequenos de até cerca de 20°. Um corpo flutuante é estável se o ponto M estiver acima do ponto G e, portanto, GM for positivo; e instável se o ponto M estiver abaixo do ponto G e, portanto, GM for negativo. Nesse último caso, o peso e a força de flutuação que agem no corpo inclinado geram um momento de inversão em vez de um momento de restauração, fazendo com que o corpo vire. O comprimento da altura metacêntrica GM acima de G é uma medida da estabilidade: quanto maior, mais estável será o corpo flutuante.

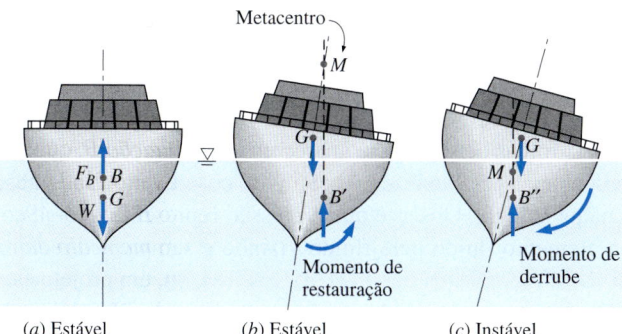

FIGURA 3–51 Um corpo flutuante é *estável* se tiver (*a*) o fundo pesado e, portanto, o centro de gravidade *G* estiver abaixo do centroide *B* do corpo, ou (*b*) se o metacentro *M* estiver acima do ponto *G*. Entretanto, o corpo é (*c*) instável se o ponto *M* estiver abaixo do ponto *G*.

Como já foi discutido, um barco pode inclinar até um ângulo máximo sem emborcar, mas além desse ângulo ele vira (e afunda). Fazemos uma analogia final entre a estabilidade dos objetos flutuantes e a estabilidade de uma bola rolando pelo chão. Imagine uma bola em um uma vala entre duas colinas (Fig. 3–52). A bola retorna à sua posição de equilíbrio estável depois de perturbada – até um limite. Se a amplitude da perturbação for muito grande, a bola rola para o lado oposto da colina e não retorna à sua posição de equilíbrio. Essa situação é descrita como estável até um nível limite de perturbação, mas além dele é instável.

3–7 FLUIDOS EM MOVIMENTO DE CORPO RÍGIDO

Na Seção 3–1 mostramos que a pressão em determinado ponto tem a mesma intensidade em todas as direções e, portanto, é uma função *escalar*. Nesta seção obtemos as relações da variação da pressão dos fluidos que se movem como um corpo sólido com ou sem aceleração na ausência de tensões de cisalhamento (ou seja, não há movimento relativo entre as camadas do fluido).

Muitos fluidos como o leite e a gasolina são transportados em caminhões-tanque. Em um caminhão-tanque em aceleração, o fluido se desloca até a parte traseira e ocorre algum salpico inicial. Mas em seguida uma nova superfície livre (em geral não horizontal) é formada, cada partícula do fluido assume a mesma aceleração e todo o fluido se move como um corpo rígido. Nenhuma tensão de cisalhamento se desenvolve no corpo do fluido, uma vez que não há deformação e, portanto, nenhuma mudança de forma. O movimento de corpo rígido de um fluido também ocorre quando o fluido está contido em um tanque que gira sobre um eixo.

Considere um elemento fluido retangular diferencial com comprimentos laterais dx, dy e dz nas direções x, y e z, respectivamente, com o eixo z para cima na direção vertical (Fig. 3–53). Observando que o elemento fluido diferencial se comporta como um *corpo rígido, a segunda lei do movimento de Newton* para esse elemento pode ser expressa como:

$$\delta\vec{F} = \delta m \cdot \vec{a} \tag{3-34}$$

onde $\delta m = \rho \, dV = \rho \, dx \, dy \, dz$ é a massa do elemento fluido, $\vec{a}$ é a aceleração e $\delta\vec{F}$ é a força resultante que age sobre o elemento.

As forças que agem sobre o elemento de fluido consistem em *forças de volume*, como a gravidade, que agem em todo o corpo do elemento e são proporcionais ao volume do corpo (e também as forças elétrica e magnética, que não serão

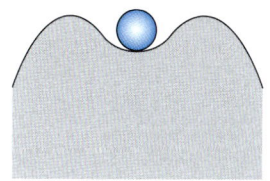

FIGURA 3–52 Uma bola em uma vala entre duas colinas é estável para pequenas perturbações, mas instável para grandes perturbações.

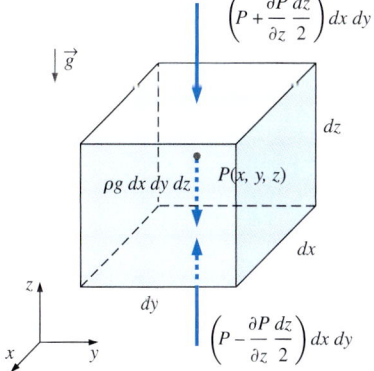

FIGURA 3–53 As forças de superfície e de volume agindo sobre um elemento fluido diferencial na direção vertical.

consideradas neste livro), e *forças de superfície*, como as forças de pressão, que agem sobre a superfície do elemento e são proporcionais à área da superfície (as tensões de cisalhamento também são forças de superfície, mas não se aplicam neste caso, uma vez que as posições relativas dos elementos fluidos permanecem inalteradas). As forças de superfície aparecem quando o elemento fluido é isolado de sua vizinhança para análise, e o efeito do corpo separado é substituído por uma força naquele local. Observe que a pressão representa a força compressiva aplicada ao elemento fluido pelo fluido vizinho e sempre é direcionada para a superfície.

Considerando a pressão no centro do elemento como P, as pressões nas superfícies superior e inferior deste podem ser expressas como $P + (\partial P/\partial z)\, dz/2$ e $P - (\partial P/\partial z)\, dz/2$, respectivamente. Observando que a força de pressão age sobre uma superfície é igual à pressão média multiplicada pela área da superfície, a força de superfície resultante que age sobre o elemento na direção z é a diferença entre as forças de pressão que agem sobre as faces inferior e superior:

$$\delta F_{S,z} = \left(P - \frac{\partial P}{\partial z}\frac{dz}{2}\right) dx\, dy - \left(P + \frac{\partial P}{\partial z}\frac{dz}{2}\right) dx\, dy = -\frac{\partial P}{\partial z} dx\, dy\, dz \quad \text{(3–35)}$$

Da mesma forma, as forças de superfície resultantes nas direções x e y são:

$$\delta F_{S,x} = -\frac{\partial P}{\partial x} dx\, dy\, dz \quad \text{e} \quad \delta F_{S,y} = -\frac{\partial P}{\partial y} dx\, dy\, dz \quad \text{(3–36)}$$

Assim, a força de superfície (que simplesmente é a força de pressão) que age sobre todo o elemento pode ser expressa na forma vetorial como:

$$\delta \vec{F}_S = \delta F_{S,x}\vec{i} + \delta F_{S,y}\vec{j} + \delta F_{S,z}\vec{k}$$

$$= -\left(\frac{\partial P}{\partial x}\vec{i} + \frac{\partial P}{\partial y}\vec{j} + \frac{\partial P}{\partial z}\vec{k}\right) dx\, dy\, dz = -\vec{\nabla}P\, dx\, dy\, dz \quad \text{(3–37)}$$

onde $\vec{i}, \vec{j}$ e $\vec{k}$ são os vetores unitários nas direções x, y e z, respectivamente, e:

$$\vec{\nabla}P = \frac{\partial P}{\partial x}\vec{i} + \frac{\partial P}{\partial y}\vec{j} + \frac{\partial P}{\partial z}\vec{k} \quad \text{(3–38)}$$

é o *gradiente de pressão*. Observe que $\vec{\nabla}$ ou "nabla" é um operador vetorial usado para expressar os gradientes de uma função escalar de forma compacta na forma vetorial. Além disso, o *gradiente* de uma função escalar é expresso em determinada *direção* e, portanto, é uma quantidade *vetorial*.

A única força de corpo que age sobre o elemento fluido é o peso do elemento, que age na direção z negativa, e é expressa como $\delta F_{B,z} = -g\delta m = -\rho g\, dx\, dy\, dz$, ou na forma vetorial como:

$$\delta \vec{F}_{B,z} = -g\delta m \vec{k} = -\rho g\, dx\, dy\, dz\vec{k} \quad \text{(3–39)}$$

Assim, a força total que age sobre o elemento torna-se:

$$\delta \vec{F} = \delta \vec{F}_S + \delta \vec{F}_B = -(\vec{\nabla}P + \rho g\vec{k})\, dx\, dy\, dz \quad \text{(3–40)}$$

Substituindo na segunda lei do movimento de Newton $\delta \vec{F} = \delta m \cdot \vec{a} = \rho\, dx\, dy\, dz \cdot \vec{a}$ e cancelando $dx\, dy\, dz$, a **equação geral do movimento** para um fluido que se comporta como um corpo rígido (sem tensões de cisalhamento) é dada por:

Movimento de corpo rígido dos fluidos: $\quad \vec{\nabla} P + \rho g \vec{k} = -\rho \vec{a} \quad$ (3–41)

Decompondo os vetores em seus componentes, essa relação pode ser expressa de forma mais explícita como:

$$\frac{\partial P}{\partial x}\vec{i} + \frac{\partial P}{\partial y}\vec{j} + \frac{\partial P}{\partial z}\vec{k} + \rho g \vec{k} = -\rho(a_x\vec{i} + a_y\vec{j} + a_z\vec{k}) \quad (3\text{–}42)$$

ou, na forma escalar, nas três direções ortogonais, como:

Fluidos em aceleração: $\quad \dfrac{\partial P}{\partial x} = -\rho a_x, \quad \dfrac{\partial P}{\partial y} = -\rho a_y \quad \text{e} \quad \dfrac{\partial P}{\partial z} = -\rho(g + a_z)$

(3–43)

onde a_x, a_y e a_z são as acelerações nas direções x, y e z, respectivamente.

Caso especial 1: Fluidos em repouso

Para fluidos em repouso ou movimentando-se em uma trajetória reta a velocidade constante, todas as componentes da aceleração são zero e as relações das Equações (3–43) se reduzem a:

Fluidos em repouso: $\quad \dfrac{\partial P}{\partial x} = 0, \quad \dfrac{\partial P}{\partial y} = 0 \quad \text{e} \quad \dfrac{dP}{dz} = -\rho g \quad$ (3–44)

o que confirma que, nos fluidos em repouso, a pressão permanece constante em qualquer direção horizontal (P não depende de x e y) e só varia na direção vertical como resultado da gravidade [e, portanto, $P = P(z)$]. Essas relações se aplicam tanto aos fluidos compressíveis quanto aos incompressíveis (Fig. 3–54).

Caso especial 2: Queda livre de um corpo fluido

Um corpo em queda livre é acelerado pela influência da gravidade. Quando a resistência do ar é desprezível, a aceleração do corpo é igual à aceleração gravitacional e a aceleração em qualquer direção horizontal é nula. Assim, $a_x = a_y = 0$ e $a_z = -g$. Portanto, as equações do movimento para os fluidos em aceleração [Equações (3–43)] se reduzem a:

Fluidos em queda livre: $\quad \dfrac{\partial P}{\partial x} = \dfrac{\partial P}{\partial y} = \dfrac{\partial P}{\partial z} = 0 \quad \to \quad P = \text{constante} \quad$ (3–45)

Assim, em um sistema de referência que se move com o fluido, ele se comporta como se estivesse em um ambiente com gravidade zero (a propósito, esta é a situação em uma espaçonave em órbita; a gravidade *não é zero* lá em cima, apesar do que várias pessoas pensam). Da mesma forma, a pressão manométrica de uma gota de líquido em queda livre é zero em toda a gota. (Na verdade, a pressão manométrica está ligeiramente acima de zero devido à tensão superficial, que mantém a gota intacta.)

Quando a direção do movimento é invertida e o fluido é forçado a acelerar verticalmente com $a_z = +g$ colocando o recipiente do fluido em um elevador ou veículo espacial impulsionado para cima por um motor de foguete, o gradiente de pressão na direção z é $\partial P/\partial z = -2\rho g$. Assim, a diferença de pressão através de uma camada de fluido agora dobra com relação ao caso do fluido fixo (Fig. 3–55).

FIGURA 3–54 Um copo de água em repouso é um caso especial de fluido em movimento de corpo rígido. Se o copo de água estivesse se movendo com velocidade constante em qualquer direção, as equações da hidrostática ainda se aplicariam.

© *Imagestate Media (John Foxx)/ Imagestate RF*

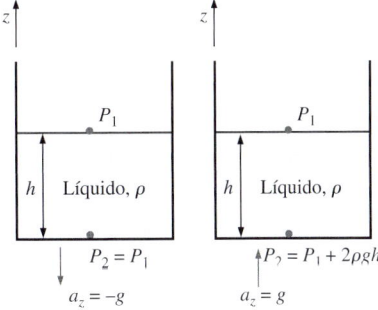

(*a*) Queda livre de um líquido

(*b*) Aceleração para cima de um líquido com $a_z = +g$

FIGURA 3–55 O efeito da aceleração sobre a pressão de um líquido durante a queda livre e a aceleração para cima.

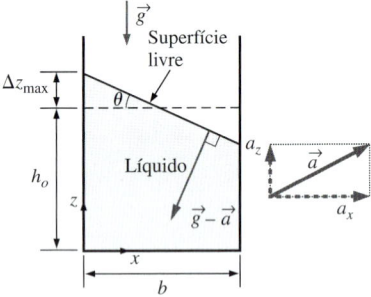

FIGURA 3–56 Movimento de corpo rígido de um líquido em um tanque com aceleração constante. O sistema se comporta como um fluido em repouso, exceto que $\vec{g} - \vec{a}$ substitui $\vec{g}$ nas equações hidrostáticas.

Aceleração em uma trajetória reta

Considere um recipiente parcialmente preenchido com um líquido. O recipiente está se movendo em uma trajetória reta com aceleração constante. Tomamos a projeção da trajetória do movimento no plano horizontal como o eixo x e a projeção no plano vertical como o eixo z, como mostra a Fig. 3–56. As componentes x e z da aceleração são a_x e a_z. Não há movimento na direção y e, portanto, a aceleração naquela direção é zero, $a_y = 0$. Assim, as equações do movimento para fluidos em aceleração [Eq. (3–43)] se reduzem a:

$$\frac{\partial P}{\partial x} = -\rho a_x, \quad \frac{\partial P}{\partial y} = 0 \quad \text{e} \quad \frac{\partial P}{\partial z} = -\rho(g + a_z) \quad \text{(3–46)}$$

Portanto, a pressão não depende de y e o diferencial total de $P = P(x, z)$, que é $(\partial P/\partial x)\,dx + (\partial P/\partial z)\,dz$ torna-se:

$$dP = -\rho a_x\, dx - \rho(g + a_z)\, dz \quad \text{(3–47)}$$

Para $\rho = $ constante, a diferença de pressão entre dois pontos 1 e 2 do fluido é determinada pela integração como:

$$P_2 - P_1 = -\rho a_x(x_2 - x_1) - \rho(g + a_z)(z_2 - z_1) \quad \text{(3–48)}$$

Tomando o ponto 1 como a origem ($x = 0$, $z = 0$), onde a pressão é P_0, e o ponto 2 como qualquer ponto do fluido (sem subscrito), a distribuição da pressão pode ser expressa como:

Variação da pressão: $\qquad P = P_0 - \rho a_x x - \rho(g + a_z)z \quad \text{(3–49)}$

A elevação (ou queda) vertical da superfície livre no ponto 2 com relação ao ponto 1 pode ser determinada pela escolha de 1 e 2 na superfície livre (de modo que $P_1 = P_2$) e resolvendo a Eq. (3–48) para $z_2 - z_1$ (Fig. 3–51):

Elevação vertical da superfície: $\quad \Delta z_s = z_{s2} - z_{s1} = -\dfrac{a_x}{g + a_z}(x_2 - x_1) \quad \text{(3–50)}$

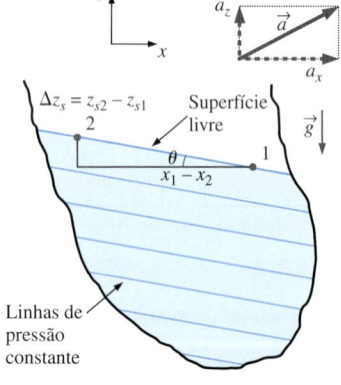

FIGURA 3–57 As linhas de pressão constante (que são as projeções das superfícies de pressão constante sobre o plano xz) de um líquido em aceleração linear. Também é mostrada a elevação vertical.

onde z_s é a coordenada z da superfície livre do líquido. A equação para superfícies com pressão constante, chamadas de **isóbaras**, é obtida da Equação (3–47) definindo $dP = 0$ e substituindo z por $z_{\text{isóbara}}$, que é a coordenada z (a distância vertical) da superfície como função de x. Isso resulta em:

Superfícies com pressão constante: $\quad \dfrac{dz_{\text{isóbara}}}{dx} = -\dfrac{a_x}{g + a_z} = \text{constante} \quad \text{(3–51)}$

Assim, concluímos que as regiões isóbaras (incluindo a superfície livre) de um fluido incompressível com aceleração constante em um movimento linear são superfícies paralelas cuja inclinação no plano *xz* é:

Inclinação das isóbaras: $\quad \text{Inclinação} = \dfrac{dz_{\text{isóbara}}}{dx} = -\dfrac{a_x}{g + a_z} = -\text{tg}\,\theta \quad \text{(3–52)}$

Obviamente, a superfície livre de tal fluido é uma superfície *plana*, e é inclinada a menos que $a_x = 0$ (a aceleração é exercida apenas na direção vertical). Da mesma forma, a conservação da massa juntamente com a hipótese da incompressibilidade ($\rho = $ *constante*) exige que o volume do fluido permaneça constante antes e durante a aceleração. Portanto, a elevação do nível de fluido em um lado deve ser contrabalançada por uma queda do nível de fluido do outro lado.

EXEMPLO 3–12 **Transbordamento de um tanque de água durante a aceleração**

Um aquário com 80 cm de altura e seção transversal de 2 m × 0,6 m que está parcialmente cheio com água deve ser transportado na carroceria de um caminhão (Figura 3–58). O caminhão acelera de 0 a 90 km/h em 10 s. Para que a água não derrame durante a aceleração, determine o peso inicial que a água do tanque pode ter. Você recomendaria que o tanque fosse alinhado com o lado maior ou menor paralelamente à direção do movimento?

SOLUÇÃO Um aquário deve ser transportado em um caminhão. A altura de água permitida para evitar derramamento durante a aceleração, assim como a orientação adequada devem ser determinadas.

Hipóteses **1** A estrada é horizontal durante a aceleração para que esta não tenha nenhum componente vertical ($a_z = 0$). **2** Os efeitos de salpico, frenagem, mudança de marchas, condução sobre obstáculos, subida de ladeiras, etc. são tomados como secundários e não são considerados. **3** A aceleração permanece constante.

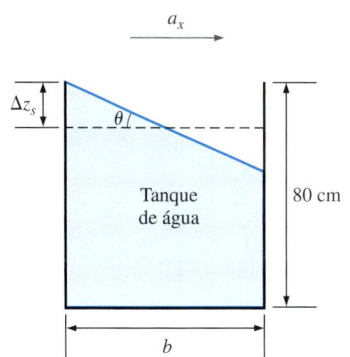

FIGURA 3–58 Esquema do Exemplo 3–12.

Análise Tomamos o eixo x como a direção do movimento, o eixo z como a direção vertical ascendente e a origem como o canto esquerdo inferior do tanque. Observando que o caminhão acelera de 0 a 90 km/h em 10 s, a aceleração do caminhão é:

$$a_x = \frac{\Delta V}{\Delta t} = \frac{(90 - 0) \text{ km/h}}{10 \text{ s}} \left(\frac{1 \text{ m/s}}{3,6 \text{ km/h}}\right) = 2,5 \text{ m/s}^2$$

A tangente do ângulo que a superfície livre faz com a horizontal é:

$$\text{tg } \theta = \frac{a_x}{g + a_z} = \frac{2,5}{9,81 + 0} = 0,255 \quad \text{(e, portanto, } \theta = 14,3°\text{)}$$

A elevação máxima vertical da superfície livre ocorre na parte de trás do tanque e o plano médio vertical não experimenta elevação ou queda durante a aceleração, uma vez que é um plano de simetria. Assim, a elevação vertical na traseira do tanque com relação ao plano médio para as duas orientações possíveis torna-se:

Caso 1: o lado longo é paralelo à direção do movimento:

$$\Delta z_{s1} = (b_1/2) \text{ tg } \theta = [(2 \text{ m})/2] \times 0,255 = 0,255 \text{ m} = \mathbf{25,5 \text{ cm}}$$

Caso 2: o lado curto é paralelo à direção do movimento:

$$\Delta z_{s2} = (b_2/2) \text{ tg } \theta = [(0,6 \text{ m})/2] \times 0,255 = 0,076 \text{ m} = \mathbf{7,6 \text{ cm}}$$

Assim, considerando que tombar não seja uma possibilidade, **sem dúvida o tanque deve ser orientado para que seu lado menor fique paralelo à direção do movimento**. Nesse caso, esvaziar o tanque para que o nível de sua superfície livre caia apenas 7,6 cm irá evitar derramamento durante a aceleração.

Discussão Observe que a orientação do tanque é importante para controlar a elevação vertical. Além disso, a análise é válida para qualquer fluido com densidade constante, não apenas a água, uma vez que para a solução não usamos informações sobre as características da água.

Rotação em um recipiente cilíndrico

Sabemos por experiência que, quando um copo cheio de água é rodado em torno a seu eixo, o fluido é forçado para fora como resultado da chamada força centrífuga e a superfície livre do líquido torna-se côncava. Isso é conhecido como o *movimento de vórtice forçado*.

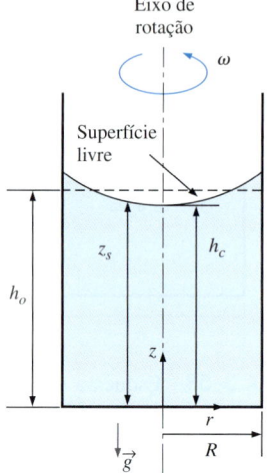

FIGURA 3–59 Movimento de corpo rígido de um líquido em um recipiente cilíndrico vertical em rotação.

Considere um recipiente cilíndrico vertical parcialmente preenchido com um líquido. O recipiente gira em torno de seu eixo a uma velocidade angular constante ω, como mostra a Fig. 3–59. Após transientes iniciais, o líquido se moverá como um corpo rígido juntamente com o recipiente. Não há deformação e, portanto, não há tensão de cisalhamento e toda partícula fluida do recipiente se moverá com a mesma velocidade angular.

Esse problema pode ser melhor analisado em coordenadas cilíndricas (r, θ, z), com z considerado ao longo da linha central do recipiente desde o fundo inferior até a superfície livre, uma vez que a forma do recipiente é cilíndrica, e as partículas de fluido têm um movimento circular. A aceleração centrípeta de uma partícula de fluido girando a velocidade angular constante ω a uma distância r do eixo de rotação é $r\omega^2$ e é direcionada radialmente para o eixo de rotação (direção r negativa). Ou seja, $a_r = -r\omega^2$. Existe simetria em relação ao eixo z, que é o eixo de rotação e, portanto, não há dependência em θ. Assim, $P = P(r, z)$ e $a_\theta = 0$. Da mesma forma, $a_z = 0$ uma vez que não há movimento na direção z.

Então, a equação do movimento de fluidos em aceleração [Eq. (3–41)] se reduz a:

$$\frac{\partial P}{\partial r} = \rho r \omega^2, \quad \frac{\partial P}{\partial \theta} = 0 \quad \text{e} \quad \frac{\partial P}{\partial z} = -\rho g \quad \text{(3–53)}$$

Dessa forma, a diferencial total de $P = P(r, z)$, que é $dP = (\partial P/\partial r)dr + (\partial P/\partial z)dz$, torna-se:

$$dP = \rho r \omega^2 \, dr - \rho g \, dz \quad \text{(3–54)}$$

A equação para superfícies a pressão constante é obtida pela definição de $dP = 0$ e substituição de z por $z_{\text{isóbara}}$, que é o valor z (a distância vertical) da superfície como função de r. Isso resulta em:

$$\frac{dz_{\text{isóbara}}}{dr} = \frac{r\omega^2}{g} \quad \text{(3–55)}$$

Integrando, a equação para as superfícies de pressão constante é determinada como:

Superfícies com pressão constante: $\quad z_{\text{isóbara}} = \dfrac{\omega^2}{2g} r^2 + C_1 \quad$ **(3–56)**

que é a equação de uma *parábola*. Assim, concluímos que as superfícies de pressão constante, incluindo a superfície livre, são *paraboloides de revolução* (Fig. 3–60).

O valor da constante de integração C_1 é diferente para diferentes paraboloides de pressão constante (ou seja, para regiões isobáricas diferentes). Para a superfície livre, fazendo $r = 0$ na Eq. (3–56), temos $z_{\text{isóbara}}(0) = C_1 = h_c$, onde h_c é a distância entre a superfície livre e o fundo do recipiente ao longo do eixo de rotação (Fig. 3–59). Assim, a equação da superfície livre torna-se:

$$z_s = \frac{\omega^2}{2g} r^2 + h_c \quad \text{(3–57)}$$

onde z_s é a distância entre a superfície livre e o fundo do recipiente no raio r. A hipótese subjacente dessa análise é que há líquido suficiente no recipiente para que toda a superfície inferior permaneça coberta com o líquido.

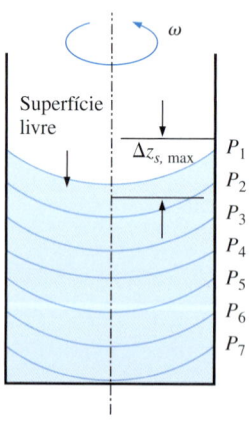

FIGURA 3–60 Superfícies de pressão constante em um líquido girando.

O volume de um elemento de casca cilíndrica de raio r, altura z_s e espessura dr é $dV = 2\pi r z_s\, dr$. Assim, o volume do paraboloide formado pela superfície livre é:

$$V = \int_{r=0}^{R} 2\pi z_s r\, dr = 2\pi \int_{r=0}^{R} \left(\frac{\omega^2}{2g} r^2 + h_c\right) r\, dr = \pi R^2 \left(\frac{\omega^2 R^2}{4g} + h_c\right) \quad \text{(3–58)}$$

Como a massa é conservada e a densidade é constante, esse volume deve ser igual ao volume original do fluido do recipiente que é:

$$V = \pi R^2 h_0 \quad \text{(3–59)}$$

onde h_0 é a altura original do fluido no recipiente sem rotação. Igualando esses dois volumes, a altura do fluido ao longo da linha central do recipiente cilíndrico torna-se:

$$h_c = h_0 - \frac{\omega^2 R^2}{4g} \quad \text{(3–60)}$$

E assim, a equação da superfície livre torna-se:

Superfície livre: $\quad z_s = h_0 - \frac{\omega^2}{4g}(R^2 - 2r^2) \quad \text{(3–61)}$

A forma do paraboloide é independente das propriedades do fluido, de maneira que a mesma equação da superfície livre se aplica a *qualquer* líquido. Por exemplo, mercúrio líquido em rotação forma um espelho parabólico útil para a astronomia (Fig. 3–61).

A altura máxima vertical ocorre na borda quando $r = R$ e a *máxima diferença de altura* entre a borda e o centro da superfície livre é determinada pelo cálculo de z_s em $r = R$ e também em $r = 0$ e tomando sua diferença:

Diferença máxima de altura: $\quad \Delta z_{s,\,\text{max}} = z_s(R) - z_s(0) = \frac{\omega^2}{2g} R^2 \quad \text{(3–62)}$

FIGURA 3–61 O espelho giratório de mercúrio de 6 m do Grande Telescópio Zenith localizado perto de Vancouver, British Columbia.

Fotografia por Paul Hickson, The University of British Columbia. Usada com permissão.

Quando ρ = constante, a diferença de pressão entre dois pontos 1 e 2 do fluido é determinada pela integração de $dP = \rho r \omega^2\, dr - \rho g\, dz$. Isso resulta em:

$$P_2 - P_1 = \frac{\rho \omega^2}{2}(r_2^2 - r_1^2) - \rho g(z_2 - z_1) \quad \text{(3–63)}$$

Tomando o ponto 1 como a origem ($r = 0$, $z = 0$), onde a pressão é P_0, e o ponto 2 como qualquer ponto do fluido (sem subscrito), a distribuição de pressão pode ser expressa como:

Variação da pressão: $\quad P = P_0 + \frac{\rho \omega^2}{2} r^2 - \rho g z \quad \text{(3–64)}$

Observe que em um raio fixo, a pressão varia hidrostaticamente na direção vertical, como em um fluido em repouso. Para uma distância vertical fixa z, a pressão varia com o quadrado da distância radial r, aumentando a partir da linha central até a borda exterior. Em qualquer plano horizontal, a diferença de pressão entre o centro e a borda do recipiente de raio R é $\Delta P = \rho \omega^2 R^2 / 2$.

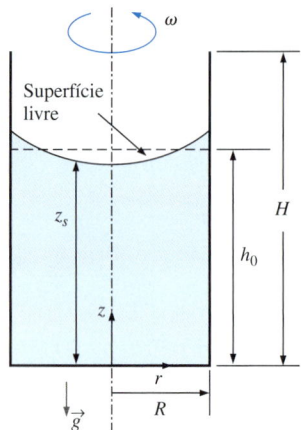

FIGURA 3–62 Esquema do Exemplo 3–13.

EXEMPLO 3–13 Elevação de um líquido durante a rotação

Um recipiente cilíndrico vertical com 20 cm de diâmetro e 60 cm de altura, mostrado na Fig. 3–62, está parcialmente cheio até a altura de 50 cm com líquido cuja densidade é 850 kg/m³. Agora o cilindro é girado com velocidade constante. Determine a velocidade de rotação na qual o líquido começará a derramar da borda do recipiente.

SOLUÇÃO Um recipiente cilíndrico vertical parcialmente preenchido com um líquido é posto a rodar. A velocidade angular na qual o líquido começará a derramar deve ser determinada.

Hipóteses 1 O aumento da velocidade de rotação é lento, de modo que o líquido do recipiente sempre se comporta como um corpo rígido. 2 A superfície inferior do recipiente permanece coberta com líquido durante a rotação (sem regiões secas).

Análise Considerando o centro do fundo do cilindro vertical rotatório como a origem ($r = 0$, $z = 0$), a equação da superfície livre do líquido é dada por:

$$z_s = h_0 - \frac{\omega^2}{4g}(R^2 - 2r^2)$$

Assim, a altura vertical do líquido na borda do recipiente, onde $r = R$, torna-se:

$$z_s(R) = h_0 + \frac{\omega^2 R^2}{4g}$$

onde $h_0 = 0{,}5$ m é a altura original do líquido antes da rotação. Imediatamente antes do líquido começar a vazar, a altura do líquido na borda do recipiente é igual à altura do recipiente e, portanto, $z_s(R) = 0{,}6$ m. Isolando ω na última equação e substituindo, determinamos a velocidade máxima do recipiente como:

$$\omega = \sqrt{\frac{4g(H - h_0)}{R^2}} = \sqrt{\frac{4(9{,}81 \text{ m/s}^2)[(0{,}6 - 0{,}5) \text{ m}]}{(0{,}1 \text{ m})^2}} = \mathbf{19{,}8 \text{ rad/s}}$$

Observando que uma revolução completa corresponde a 2π rad, a velocidade de rotação do recipiente também pode ser expressa em termos de revoluções por minuto (rpm) como:

$$\dot{n} = \frac{\omega}{2\pi} = \frac{19{,}8 \text{ rad/s}}{2\pi \text{ rad/rev}}\left(\frac{60 \text{ s}}{1 \text{ min}}\right) = \mathbf{189 \text{ rpm}}$$

Assim, a velocidade de rotação desse recipiente deve se limitar a 189 rpm para evitar qualquer derrame do líquido como resultado do efeito centrífugo.

Discussão Observe que a análise é válida para qualquer líquido, uma vez que o resultado não depende da densidade ou de qualquer outra propriedade do fluido. Também deveríamos verificar se nossa hipótese de nenhuma região seca é válida. A altura do líquido no centro é:

$$z_s(0) = h_0 - \frac{\omega^2 R^2}{4g} = 0{,}4 \text{ m}$$

Como $z_s(0)$ é positivo, nossa hipótese é validada.

RESUMO

A força normal exercida por um fluido por unidade de área é chamada de *pressão*, e sua unidade é o *pascal*, 1 Pa ≡ 1 N/m². A pressão relativa ao vácuo absoluto é chamada de *pressão absoluta*, e a diferença entre a pressão absoluta e a pressão atmosférica local é chamada de *pressão manométrica*. As pressões abaixo da pressão atmosférica são chamadas de *pressões de vácuo*. As relações entre as pressões absoluta, relativa e de vácuo é:

$$P_{man} = P_{abs} - P_{atm}$$
$$P_{vac} = P_{atm} - P_{abs} = -P_{man}$$

A pressão em um ponto de um fluido tem a mesma intensidade em todas as direções. A variação da pressão com a elevação em um fluido em repouso é dada por:

$$\frac{dP}{dz} = -\rho g$$

onde a direção z é tomada para cima. Quando a densidade do fluido é constante, a diferença de pressão através de uma camada de fluido de espessura Δz é:

$$P_{abaixo} = P_{acima} + \rho g |\Delta z| = P_{acima} + \gamma_s |\Delta z|$$

As pressões absoluta e manométrica de um líquido aberto para a atmosfera a uma profundidade h da superfície livre são:

$$P = P_{atm} + \rho g h \quad \text{e} \quad P_{man} = \rho g h$$

A pressão de um fluido em repouso é constante na direção horizontal. A *lei de Pascal* estabelece que a pressão aplicada a um fluido confinado aumenta a pressão em todos os pontos na mesma quantidade. A pressão atmosférica é medida por um *barômetro* e é dada por:

$$P_{atm} = \rho g h$$

onde h é a altura da coluna de líquido.

A *estática dos fluidos* trata dos problemas associados aos fluidos em repouso e é chamada de *hidrostática* quando o fluido é um líquido. A intensidade da força resultante que age sobre uma superfície plana de uma placa completamente submersa em um fluido homogêneo é igual ao produto da pressão P_C no centroide da superfície pela área A da superfície e é expressa por:

$$F_R = (P_0 + \rho g h_C)A = P_C A = P_{med} A$$

onde $h_C = y_C \operatorname{sen} \theta$ é a *distância vertical* entre o centroide e a superfície livre do líquido. A pressão P_0 em geral é a pressão atmosférica, que pode ser ignorada na maioria dos casos, uma vez que ela age em ambos os lados da placa. O ponto de intersecção entre a linha de ação da força resultante e a superfície é o *centro de pressão*. A localização vertical da linha de ação da força resultante é dada por:

$$y_P = y_C + \frac{I_{xx,C}}{[y_C + P_0/(\rho g \operatorname{sen} \theta)]A}$$

onde $I_{xx,C}$ é o segundo momento da área em relação ao eixo x que passa pelo centroide da área.

Um fluido exerce uma força para cima sobre corpos imersos nele. Essa força é chamada de *força de flutuação* e é expressa por:

$$F_B = \rho_f g V$$

onde V é o volume do corpo. Isso é conhecido como *princípio de Arquimedes*, expresso como: a força de flutuação sobre um corpo imerso em um fluido é igual ao peso do fluido deslocado pelo corpo, agindo para cima no centroide do volume deslocado. Em um fluido com densidade constante, a força de flutuação não depende da distância entre o corpo e a superfície livre. Para corpos *flutuantes*, a fração de volume submersa de um corpo é igual à relação entre a densidade média do corpo e a densidade do fluido.

A *equação geral do movimento* para um fluido que se comporta como um corpo rígido é:

$$\vec{\nabla} P + \rho g \vec{k} = -\rho \vec{a}$$

Quando a gravidade está alinhada na direção $-z$, ela é expressa na forma escalar como:

$$\frac{\partial P}{\partial x} = -\rho a_x, \quad \frac{\partial P}{\partial y} = -\rho a_y \quad \text{e} \quad \frac{\partial P}{\partial z} = -\rho(g + a_z)$$

onde a_x, a_y e a_z são as acelerações nas direções x, y e z, respectivamente. Durante um *movimento linearmente acelerado* no plano xz, a distribuição da pressão é expressa por:

$$P = P_0 - \rho a_x x - \rho(g + a_z)z$$

As superfícies com pressão constante (incluindo a superfície livre) de um líquido com aceleração constante no movimento linear são superfícies paralelas cuja inclinação em um plano xz é:

$$\text{Inclinação} = \frac{dz_{\text{isóbara}}}{dx} = -\frac{a_x}{g + a_z} = -\operatorname{tg} \theta$$

Durante o movimento de corpo rígido de um líquido em um *cilindro girando*, as superfícies de pressão constante são *paraboloides de revolução*. A equação da superfície livre é:

$$z_s = h_0 - \frac{\omega^2}{4g}(R^2 - 2r^2)$$

onde z_s é a distância entre a superfície livre e o fundo do recipiente com raio r, e h_0 é a altura original do fluido no recipiente sem rotação. A variação de pressão no líquido é expressa como:

$$P = P_0 + \frac{\rho \omega^2}{2} r^2 - \rho g z$$

onde P_0 é a pressão na origem ($r = 0$, $z = 0$).

A pressão é uma propriedade fundamental e é difícil imaginar um problema significativo de escoamento de fluido que não envolva a pressão. Assim, você verá essa propriedade em todos os capítulos restantes deste livro. Entretanto, a consideração das forças hidrostáticas que agem sobre superfícies planas e curvas é limitada principalmente a este capítulo.

REFERÊNCIAS E LEITURAS SUGERIDAS

1. F. P. Beer, E. R. Johnston, Jr., E. R. Eisenberg e G. H. Staab. *Vector Mechanics for Engineers, Statics,* 10a ed. Nova Iorque: McGraw-Hill, 2012.

2. D. C. Giancoli. *Physics,* 6a ed. Upper Saddle River, NJ: Prentice Hall, 2012.

PROBLEMAS*

Pressão, manômetro e barômetro

3–1C Alguém diz que a pressão absoluta de um líquido de densidade constante dobra quando a profundidade dobra. Você concorda? Explique.

3–2C Um pequeno cubo de aço está suspenso na água por uma corda. Se os comprimentos das laterais do cubo forem muito pequenos, como você compararia a intensidade das pressões na parte superior, inferior e nas superfícies laterais do cubo?

3–3C Enuncie a lei de Pascal e dê um exemplo do mundo real para ela.

3–4C Considere dois ventiladores idênticos, um no nível do mar e o outro no alto de uma montanha, trabalhando a velocidades idênticas. Como você compararia (*a*) as vazões volumétricas e (*b*) as vazões mássicas desses dois ventiladores?

3–5C Qual é a diferença entre pressão manométrica e pressão absoluta?

3–6C Explique por que algumas pessoas têm sangramento do nariz e outras sentem falta de ar em grandes altitudes.

3–7 O pistão de um dispositivo vertical de pistão-cilindro, que contém um gás, tem uma massa de 40 kg e uma área de secção transversal de 0,012 m² (Fig. P3–7). A pressão atmosférica local é 95 kPa e a aceleração gravitacional é 9,81 m/s². (a) Determine a pressão no interior do cilindro. (b) Se calor é transferido para o gás e o seu volume é dobrado, você espera que a pressão no interior do cilindro varie?

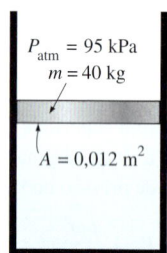

FIGURA P3–7

* Problemas identificados com a letra "C" são questões conceituais e encorajamos os estudantes a responder a todos. Problemas identificados com a letra "E" são em unidades inglesas, e usuários do SI podem ignorá-los. Problemas com o ícone "disco rígido" são resolvidos com o programa EES. Problemas com o ícone ESS são de natureza abrangente e devem ser resolvidos com um solucionador de equações, preferencialmente o programa EES.

3–8 A leitura de um medidor de vácuo conectado a uma câmara é de 36 kPa em um local onde a pressão atmosférica é de 92 kPa. Determine a pressão absoluta na câmara.

3–9E A pressão na saída de um compressor de ar é de 150 psia. Qual é essa pressão em kPa?

3–10E A pressão em uma linha de água é de 1500 kPa. De quanto é essa pressão em (a) unidades de lbf/ft² e (b) unidades de lbf/in² (psi)?

3–11E Um manômetro é usado para medir a pressão do ar em um tanque. O fluido usado tem gravidade específica de 1,25 e a altura diferencial entre os dois braços do manômetro é de 28 in. Se a pressão atmosférica local é de 12,7 psia, determine a pressão absoluta do tanque nos casos em que o braço do manômetro ligado ao tanque tem o nível de fluido (*a*) mais alto e (*b*) mais baixo.

3–12 A água de um tanque é pressurizada a ar, e a pressão é medida por um manômetro de vários fluidos, como mostra a Fig. P3–12. Determine a pressão manométrica do ar no tanque se h_1 = 0,4 m, h_2 = 0,6 m e h_3 = 0,8 m. Considere as densidades da água, do óleo e do mercúrio como 1.000 kg/m³, 850 kg/m³ e 13.600 kg/m³, respectivamente.

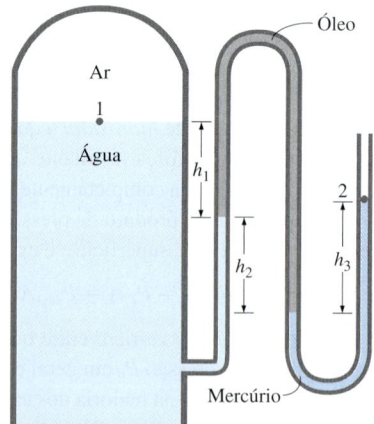

FIGURA P3–12

3–13 Determine a pressão atmosférica em um local onde a leitura barométrica é de 735 mmHg. Considere a densidade do mercúrio como 13.600 kg/m³.

3–14 A leitura da pressão manométrica de um líquido a uma profundidade de 3 m é 28 kPa. Determine a pressão manométrica do mesmo líquido a uma profundidade de 12 m.

3–15 A leitura da pressão absoluta da água a uma profundidade de 8 m é 175 kPa. Determine (a) a pressão atmosférica local e (b) a pressão absoluta a uma profundidade de 8 m um líquido cuja gravidade específica é de 0,78 no mesmo local.

3–16E Mostre que 1 kgf/cm^2 = 14,223 psi.

3–17E Um homem de 200 lb tem uma área de pegada de 72 in^2. Determine a pressão que esse homem exerce sobre o solo se (a) ele ficar sobre ambos os pés e (b) ele ficar sobre um pé.

3–18 Considere uma mulher de 70 kg e com uma área total de pegada de 400 cm^2. Ela deseja caminhar sobre a neve, mas a neve não suporta pressões acima de 0,5 kPa. Determine o tamanho mínimo dos sapatos para neve necessários (área da pegada por sapato) para que ela possa caminhar sobre a neve sem afundar.

3–19 A leitura de um medidor a vácuo conectado a um tanque é de 45 kPa em um local onde a leitura barométrica é de 755 mmHg. Determine a pressão absoluta no tanque. Tome ρ_{Hg} = 13.590 kg/m^3.

Resposta: 55,6 kPa

3–20E A leitura de um medidor a vácuo conectado a um tanque é de 50 psi em um local onde a leitura barométrica é de 29,1 inHg. Determine a pressão absoluta no tanque. Tome ρ_{Hg} = 848,4 lbm/ft^3.

Resposta: 64,3 psia

3–21 A leitura de um medidor de pressão conectado a um tanque é de 500 kPa em um local onde a pressão atmosférica é de 94 kPa. Determine a pressão absoluta no tanque.

3–22 Se a pressão dentro de um balão de borracha é de 1500 mmHg, de quanto é essa pressão em libras-força por polegada quadrada (psi)?

Resposta: 29,0 psi

3–23 A pressão de vácuo de um condensador é dada como 80 kPa. Se a pressão atmosférica é de 98 kPa, qual é a pressão manométrica e a pressão absoluta em kPa, kN/m^2, lbf/in^2, psi, e mmHg?

3–24 Água de um reservatório é elevada em um tubo vertical de diâmetro interno D = 30 cm sob a influência da força de tracção F de um pistão. Determine a força necessária para elevar a água a uma altura de h = 1,5 m acima da superfície livre. Qual seria sua resposta para h = 3 m? Além disso, considerando a pressão atmosférica como 96 kPa, represente graficamente a pressão absoluta da água na face do pistão, conforme h varia de 0 a 3 m.

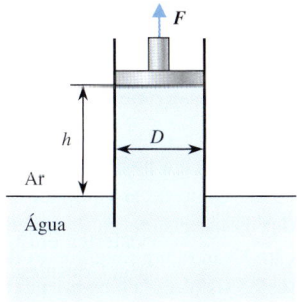

FIGURA P3–24

3–25 A leitura do barômetro de um montanhista indica 980 mbars no início de uma expedição e 790 mbars ao final. Desprezando o efeito da altitude sobre a aceleração da gravidade local, determine a distância vertical percorrida. Considere a densidade média do ar como 1,20 kg/m^3.

Resposta: 1.614 m

3–26 O barômetro básico pode ser usado para medir a altura de um prédio. Se as leituras barométricas nas partes superior e inferior de um prédio são de 730 e 755 mmHg, respectivamente, determine a altura do prédio. Considere a densidade média do ar de 1,18 kg/m^3.

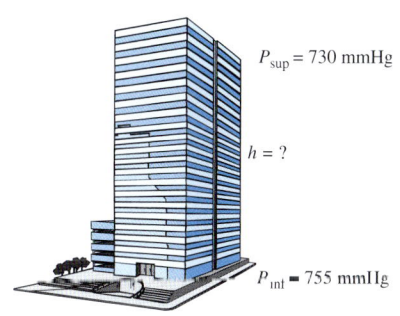

FIGURA P3–26

3–27 Resolva o Problema 3–26 usando o EES (ou outro aplicativo). Imprima toda a solução, incluindo os resultados numéricos com as unidades adequadas e considere a densidade do mercúrio como 13.600 kg/m^3.

3–28 Determine a pressão exercida sobre um mergulhador a 20 m abaixo da superfície livre do mar. Considere uma pressão barométrica de 101 kPa e uma gravidade específica de 1,03 para a água do mar.

Resposta: 303 kPa

3–29E Determine a pressão exercida sobre a superfície de um submarino deslocando-se a 225 ft de profundidade da superfície livre do mar. Considere que a pressão barométrica seja 14,7 psia e que a gravidade específica da água do mar é 1,03.

3–30 Um gás está contido em um dispositivo de cilindro e pistão vertical sem atrito. O pistão tem massa de 4 kg e uma área de seção transversal de 35 cm^2. Uma mola comprimida acima do pistão exerce uma força de 60 N sobre ele. Se a pressão atmosférica for de 95 kPa, determine a pressão dentro do cilindro.

Resposta: 123,4 kPa

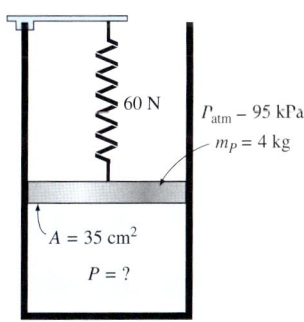

FIGURA P3–30

3–31 Reconsidere o Problema 3–30. Usando o EES (ou outro aplicativo), investigue o efeito da força da mola no intervalo entre 0 e 500 N sobre a pressão dentro do cilindro. Mostre o gráfico da pressão em função da força da mola e discuta os resultados.

3–32 Um medidor e um manômetro são conectados a um tanque de gás para medir sua pressão. Se a leitura do medidor de pressão for 65 kPa, determine a distância entre os dois níveis de fluido do manômetro se o fluido for (a) mercúrio ($\rho = 13.600$ kg/m³) ou (b) água ($\rho = 1.000$ kg/m³).

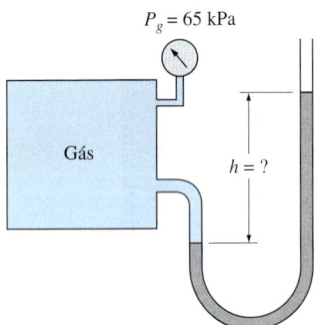

FIGURA P3–32

3–33 Reconsidere o Problema 3–26. Usando o EES (ou outro aplicativo) investigue o efeito da densidade do fluido do manômetro no intervalo entre 800 e 13.000 kg/m³ sobre a diferença de altura do fluido no manômetro. Mostre um gráfico da diferença de altura em função da densidade e discuta os resultados.

3–34 A variação da pressão P em um gás com densidade ρ é dada por $P = C\rho^n$ onde C e n são constantes, com $P = P_0$ e $\rho = \rho_0$ na elevação $z = 0$. Obtenha uma relação para a variação de P com a elevação em termos de z, g, n, P_0 e ρ_0.

3–35 O sistema mostrado na Figura P3–35 é usado para medir com precisão as mudanças de pressão quando a pressão é aumentada em ΔP na tubulação de água. Quando $\Delta h = 70$ mm, qual é a mudança na pressão da tubulação?

3–36 O manômetro mostrado na Figura P3–36 destina-se a medir pressões de no máximo 100 Pa. Se o erro de leitura é estimado em $+/- 0,5$ mm, qual deveria ser razão d/D para que o erro associado à medição de pressão não exceda 2,5% do fundo de escala?

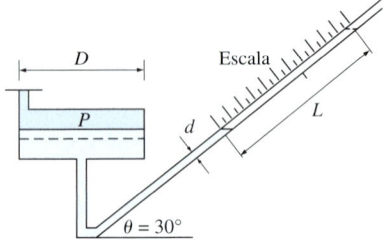

FIGURA P3–36

3–37 Um manômetro contendo óleo ($\rho = 850$ kg/m³) está conectado a um tanque cheio de ar. Se a diferença de nível de óleo entre as duas colunas for de 150 cm e a pressão atmosférica for de 98 kPa, determine a pressão absoluta do ar no tanque.

Resposta: 111 kPa

3–38 Um manômetro a mercúrio ($\rho = 13.600$ kg/m³) está conectado a um duto de ar para medir a pressão interna. A diferença nos níveis do manômetro é de 10 mm e a pressão atmosférica é de 100 kPa. (a) Julgando pela Fig. P3–38, determine se a pressão no duto está acima ou abaixo da pressão atmosférica. (b) Determine a pressão absoluta no duto.

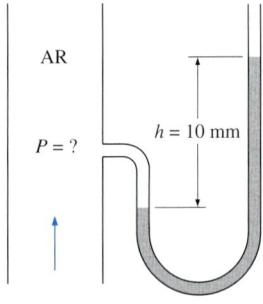

FIGURA P3–38

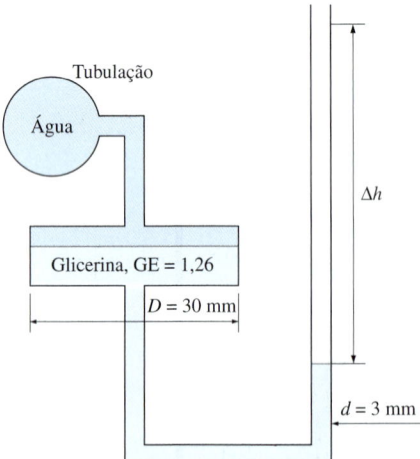

FIGURA P3–35

3–39 Repita o Problema 3–38 para uma diferença de altura de mercúrio de 30 mm.

3–40 A pressão sanguínea é medida usualmente envolvendo um invólucro fechado cheio de ar equipado com um medidor de pressão ao redor da parte superior do braço de uma pessoa, no nível do coração. Usando um manômetro de mercúrio e um estetoscópio, a pressão sistólica (a pressão máxima quando o coração está bombeando sangue) e a pressão diastólica (a pressão mínima quando o coração está em repouso) são medidas em mmHg. As pressões sistólica e diastólica de uma pessoa saudável são de cerca de 120 mmHg e 80 mmHg, respectivamente, e indicadas como 120/80. Expresse essas duas pressões manométricas em kPa, psi e metros de coluna de água.

3–41 A pressão sanguínea máxima na parte superior do braço de uma pessoa saudável é de cerca de 120 mmHg. Se um tubo vertical aberto para a atmosfera estiver conectado à veia do braço da pessoa, determine até onde o sangue subirá no tubo. Considere a densidade do sangue como 1.040 kg/m^3.

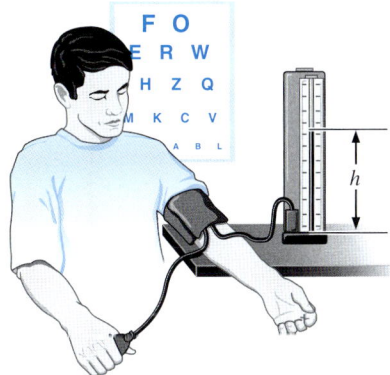

FIGURA P3–41

3–42 Considere um homem de 1,73 m de altura em pé e completamente submerso em uma piscina. Determine a diferença entre as pressões que agem sobre a cabeça e os dedos dos pés desse homem, em kPa.

3–43 Considere um tubo em U cujos braços estão abertos para a atmosfera. Água é despejada no tubo em U por um braço, e óleo leve (ρ = 790 kg/m^3) por outro. Um braço contém 70 cm de altura de água, enquanto o outro braço contém ambos os fluidos com uma razão de altura do óleo para água de 6. Determine a altura de cada fluido neste braço.

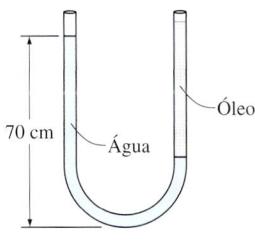

FIGURA P3–43

3–44 O macaco hidráulico de uma oficina de automóveis tem um diâmetro de saída de 40 cm e deve elevar carros de até 1.800 kg. Determine a pressão manométrica do fluido que deve ser mantida no reservatório.

3–45 Água doce e água do mar escoam em tubulações horizontais paralelas conectadas entre si por um manômetro de tubo duplo em U, como mostra a Fig. P3–45. Determine a diferença de pressão entre as duas tubulações. Considere a densidade da água do mar no local como ρ = 1.035 kg/m^3. A coluna de ar pode ser ignorada na análise?

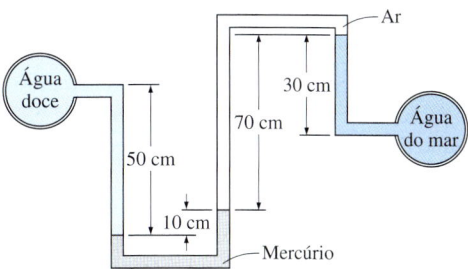

FIGURA P3–45

3–46 Repita o Problema 3–45 substituindo o ar por um óleo cuja gravidade específica é de 0,72.

3–47E A pressão de uma tubulação de gás natural é medida pelo manômetro mostrado na Fig. P3–47E com um dos braços aberto para a atmosfera, onde a pressão atmosférica local é 14,2 psia. Determine a pressão absoluta na tubulação.

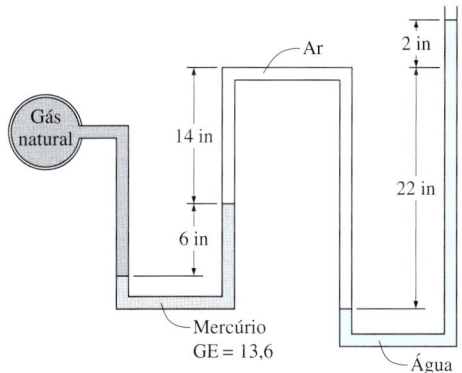

FIGURA P3–47E

3–48E Repita o Problema 3–47E substituindo o ar por um óleo com gravidade específica de 0,69.

3–49 A pressão manométrica do ar no tanque da Fig. P3–49 é medida como 65 kPa. Determine a diferença de altura h da coluna de mercúrio.

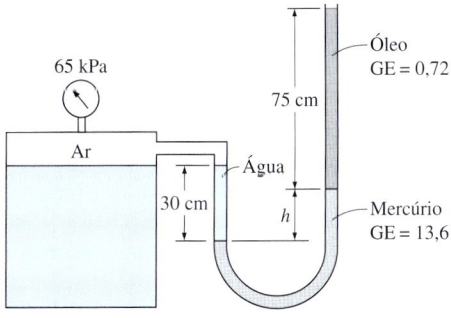

FIGURA P3–49

3–50 Repita o Problema 3–49 para uma pressão manométrica de 45 kPa.

3–51 A carga de 500 kg do macaco hidráulico mostrado na Fig. P3–51 deve ser elevada despejando óleo ($\rho = 780$ kg/m^3) em um tubo fino. Determine quão alto h deve ser para começar a levantar o peso.

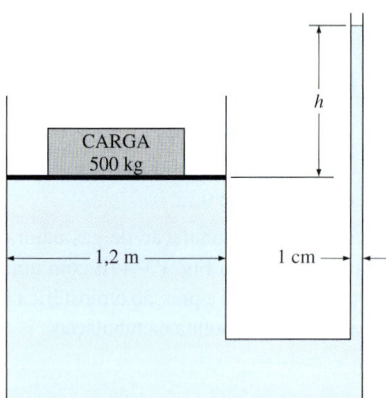

FIGURA P3–51

3–52E Dois tanques de óleo estão conectados entre si por um manômetro. Se a diferença entre os níveis de mercúrio dos dois braços for de 32 in, determine a diferença de pressão entre os dois tanques. As densidades do óleo e do mercúrio são 45 lbm/ft^3 e 848 lbm/ft^3, respectivamente.

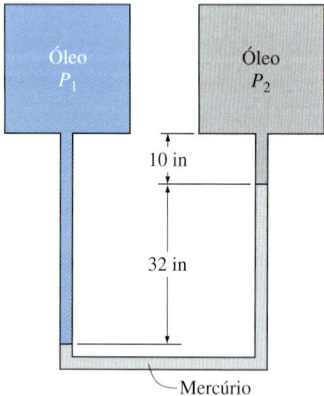

FIGURA P3–52E

3–53 A pressão frequentemente é dada em termos de uma coluna e é expressa como "carga de pressão". Expresse a pressão atmosférica padrão em termos de colunas de (*a*) mercúrio (GE = 13,6), (*b*) água (GE = 1,0) e (*c*) glicerina (GE = 1,26). Explique por que em geral usamos o mercúrio nos manômetros.

3–54 Duas câmaras com o mesmo fluido na base estão separadas por um pistão de 30 cm de diâmetro cujo peso é de 25 N, como mostra a Fig. P3–54. Calcule as pressões manométricas das câmaras *A* e *B*.

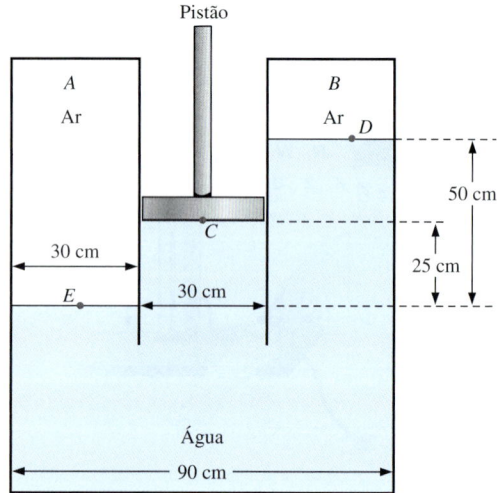

FIGURA P3–54

3–55 Considere um manômetro de fluido duplo conectado a um tubo de ar mostrado na Fig. P3–55. Se a gravidade específica de um fluido for 13,55, determine a gravidade específica do outro fluido para a pressão absoluta indicada do ar. Considere a pressão atmosférica como 100 kPa.

Resposta: 1,34

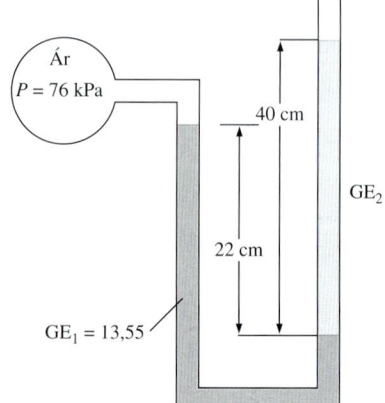

FIGURA P3–55

3–56 A diferença de pressão entre um tubo de óleo e um tubo de água é medida por um manômetro de fluido duplo, como mostra a Fig. P3–56. Para as alturas de fluido e gravidades específicas dadas, calcule a diferença de pressão $\Delta P = P_B - P_A$.

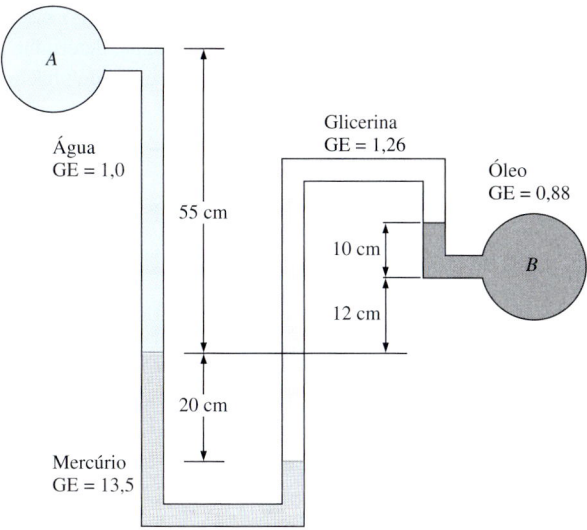

FIGURA P3–56

3–57 Considere o sistema mostrado na Fig. P3–57. Se uma variação de 0,9 kPa na pressão do ar fizer a interface entre a água salgada e o mercúrio da coluna da direita cair em 5 mm o nível de água salgada da coluna da direita, enquanto a pressão do tubo de água salgada permanecer constante, determine a relação A_2/A_1.

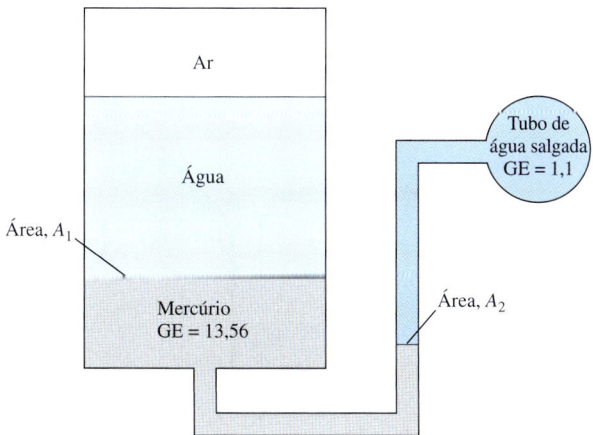

FIGURA P3–57

3–58 Dois tanques de água estão conectados entre si por um manômetro de mercúrio com tubos inclinados, como mostra a Fig. P3–58. Se a diferença de pressão entre os dois tanques for de 20 kPa, calcule a e θ.

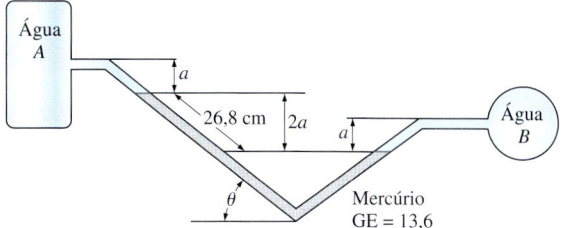

FIGURA P3–58

3–59 Considere um macaco hidráulico usado em uma oficina de carros, como o da Fig. P3–59. Os pistões têm uma área de $A_1 = 0,8$ cm² e $A_2 = 0,04$ m². Óleo hidráulico com uma gravidade específica de 0,870 é bombeado a medida em que o pequeno pistão no lado esquerdo é empurrado para cima e para baixo, elevando lentamente o pistão maior no lado direito. Um carro que pesa 13.000 N deve ser levantado. (*a*) No início, quando ambos os pistões estão na mesma elevação ($h = 0$), calcule a força F_1 em newtons necessária para manter o peso do carro, (*b*) Repita o cálculo depois de o carro ser levantado a dois metros ($h = 2$ m). Compare e discuta.

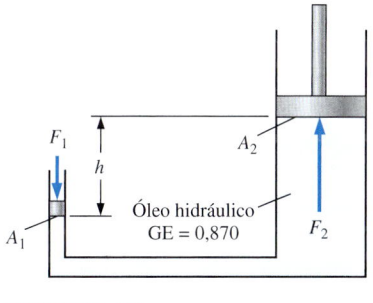

FIGURA P3–59

Estática dos fluidos: forças hidrostáticas em superfícies planas e curvas

3–60C Defina a força hidrostática resultante que age em uma superfície submersa e o centro da pressão.

3–61C Alguém diz que pode determinar a intensidade da força hidrostática que age sobre uma superfície plana submersa na água, independentemente da forma e orientação, se for conhecida a distância vertical do centroide da superfície até a superfície livre e a área da superfície. Essa é uma alegação válida? Explique.

3–62C Uma placa plana horizontal submersa é suspensa na água por uma corda anexada ao centroide de sua superfície superior. A placa é entao girada 45° em relação a um eixo que passa através de seu centroide. Discuta a variação da força hidrostática que age sobre a superfície superior dessa placa como resultado da rotação. Suponha que a placa permaneça submersa durante todo o tempo.

3–63C Você já deve ter notado que a espessura de uma barragem é maior no fundo. Explique por que as barragens são construídas dessa forma.

3–64C Considere uma superfície curva submersa. Explique como você determinaria a componente horizontal da força hidrostática que age sobre essa superfície.

3–65C Considere uma superfície curva submersa. Explique como você determinaria a componente vertical da força hidrostática que age sobre essa superfície.

3–66C Considere uma superfície circular sujeita a forças hidrostáticas por um líquido de densidade constante. Se as magnitudes das componentes horizontal e vertical da força hidrostática resultante forem determinadas, explique como você encontraria a linha de ação dessa força.

3–67 Considere um carro pesado submerso em água em um lago de fundo plano. A porta do motorista tem 1,1 m de altura e 0,9 m de largura, e sua parte superior está 10 m abaixo da superfície da água. Determine a força resultante que age sobre a porta (normal à sua superfície) e o local do centro da pressão se (*a*) o automóvel estiver bem vedado e tiver ar à pressão atmosférica; (*b*) o automóvel estiver cheio de água.

3–68E Um cilindro longo e sólido com raio de 2 ft e articulado no ponto *A* é usado como comporta automática, como mostra a Fig. P3–68E. Quando o nível da água atinge 15 ft, a comporta cilíndrica se abre, girando na dobradiça no ponto *A*. Determine (*a*) a força hidrostática que age sobre o cilindro e sua linha de ação quando a comporta abre e (*b*) o peso do cilindro por unidade de comprimento do cilindro.

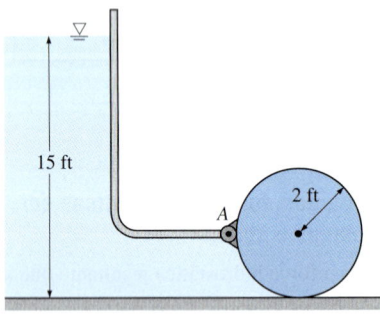

FIGURA P3–68E

3–69 Considere uma piscina de 8 m de comprimento, 8 m de largura e 2 m de altura acima do solo cheia de água até a borda. (*a*) Determine a força hidrostática em cada parede e a distância da linha de ação dessa força ao solo. (*b*) Se o peso das paredes da piscina dobrar e a piscina estiver cheia, a força hidrostática de cada parede dobrará ou quadruplicará? Por quê?

Resposta: (a) 157 kN

3–70E Considere uma represa com 200 ft de altura e 1.200 ft de largura cheia até a capacidade máxima. Determine (*a*) a força hidrostática na barragem e (*b*) a força por unidade de área na barragem perto da parte superior e da parte inferior.

3–71 Uma sala no nível inferior de um navio de cruzeiro tem uma janela circular de 30 cm de diâmetro. Se o ponto médio da janela estiver 4 m abaixo da superfície da água, determine a força hidrostática que age sobre a janela e o centro de pressão. Tome a densidade da água do mar como 1,025.

Respostas: 2.840 N, 4,001 m

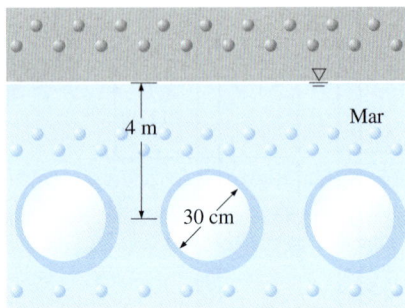

FIGURA P3–71

3–72 O lado em contato com a água da parede de uma represa de 70 m de comprimento é um quarto de círculo com raio de 10 m. Determine a força hidrostática sobre a barragem e sua linha de ação quando ela estiver cheia até a borda.

3–73 Para uma comporta de 2 m de largura dentro do papel (Fig. P3–73), determine a força necessária para manter a comporta *ABC* no lugar.

Resposta: 17,8 kN.

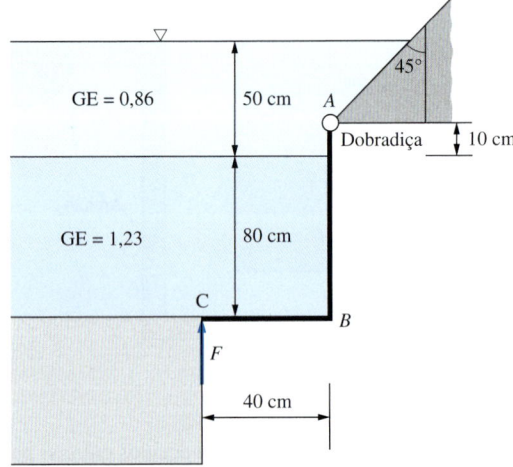

FIGURA P3–73

3–74 Determine a força resultante que atua sobre a comporta triangular de 0,7 m de altura e 0,7 m de largura mostrada na Fig. P3–74 e sua linha de ação.

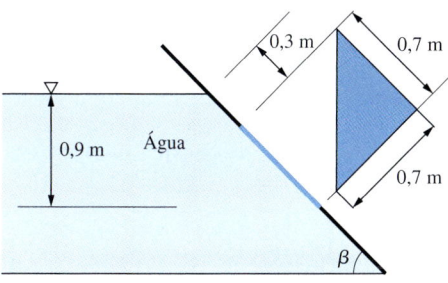

FIGURA P3–74

3–75 Uma placa retangular de 6 m de altura e 5 m de largura bloqueia a lateral de um canal de água doce de 5 m de profundidade, como mostra a Fig. P3–75. A placa está articulada em torno de um eixo horizontal ao longo da borda superior em um ponto A e sua abertura é impedida por uma saliência fixa no ponto B. Determine a força exercida sobre a placa pela saliência.

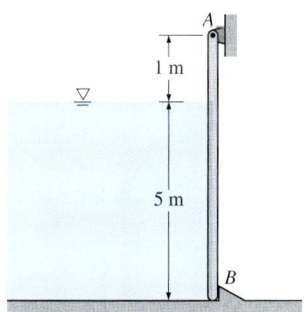

FIGURA P3–75

3–76 Reconsidere o Problema 3–75. Usando o EES (ou outro aplicativo), investigue o efeito da profundidade da água sobre a força exercida na placa pela saliência. Faça a profundidade da água variar de 0 a 5 m em incrementos de 0,5 m. Tabule e mostre graficamente os resultados.

3–77E O escoamento de água de um reservatório é controlado por uma comporta em forma de L de 5 ft de largura articulada no ponto A, como mostra a Fig. P3–77E. Se for desejado que a comporta abra quando a altura da água for de 12 ft, determine a massa do peso W exigido.

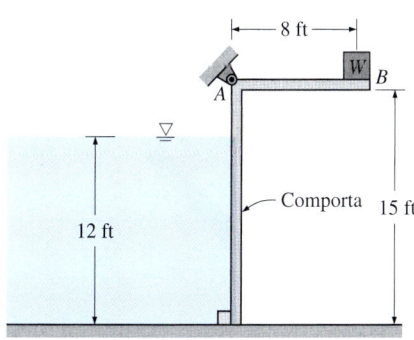

FIGURA P3–77E

Resposta: 30.900 lbm

3–78E Repita Prob. 3–77E para uma altura de água de 8 ft.

3–79 Uma calha de água de seção transversal semicircular com raio de 0,6 m consiste em duas partes simétricas articuladas entre si no fundo, como mostra a Fig. P3–79. As duas partes são mantidas juntas por um cabo e esticador colocados a cada 3 m ao longo do comprimento da calha. Calcule a tensão em cada cabo quando a calha está cheia até a borda.

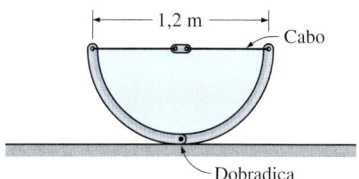

FIGURA P3–79

3–80 Um tanque cilíndrico está totalmente cheio com água (Fig. P3–80). A fim de aumentar o escoamento do tanque, uma pressão adicional é aplicada à superfície da água por um compressor. Para $P_0 = 0$, $P_0 = 3$ bar e $P_0 = 10$ bar, calcule a força hidrostática exercida pela água na superfície A.

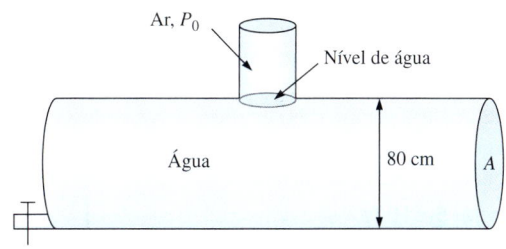

FIGURA P3–80

3–81 Um tanque de decantação aberto mostrado na figura contém uma suspensão líquida. Determine a força resultante sobre a comporta e sua linha de ação, se a densidade do líquido é de 850 kg/m3.

Respostas: 140 kN, 1,64 m do fundo.

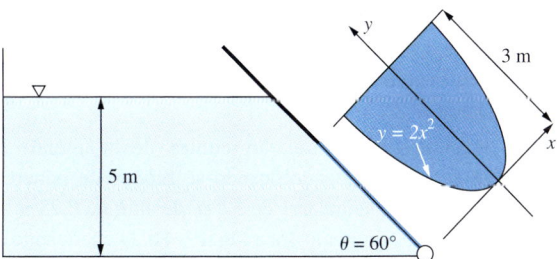

FIGURA P3–81

3–82 Do Prob. 3–81, sabendo que a densidade da suspensão depende da profundidade do líquido e muda linearmente de

800 kg/m³ para 900 kg/m³ na direção vertical, determine a força resultante que atua na comporta e sua linha de ação.

3–83 O tanque de 2,5 m × 8,1 m × 6 m mostrado a seguir é preenchido por óleo de GE = 0,88. Determine (*a*) a magnitude e a localização da linha de ação da força resultante agindo sobre a superfície *AB* e (*b*) a força de pressão sobre a superfície *BD*. A força que atua na superfície *BD* é igual ao peso do óleo no tanque? Explique.

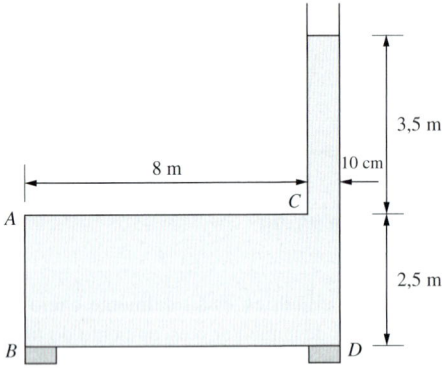

FIGURA P3–83

3–84 Os dois lados de uma calha de água em forma de V estão articulados na parte inferior onde se encontram, como mostra a Fig. P3–84, formando um ângulo de 45° com o solo em ambos os lados. Cada lado tem 0,75 m de largura e as duas partes são mantidas unidas por um cabo e esticador colocados a cada 6 m ao longo do comprimento da calha. Calcule a tensão em cada cabo quando a calha está cheia até a borda.

Resposta: 5.510 N

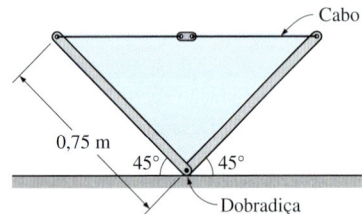

FIGURA P3–84

3–85 Repita o Problema 3–84 para o caso de uma calha parcialmente cheia com água até a altura de 0,4 m diretamente acima da dobradiça.

3–86 Um muro de contenção contra deslizamento de lama deve ser construído colocando-se blocos de concreto (ρ = 2.700 kg/m³) retangulares de 1,2 m de altura e 0,25 m de largura lado a lado, como mostra a Fig. P3–86. O coeficiente de atrito entre o solo e os blocos de concreto é f = 0,4, e a densidade da lama é de cerca de 1.400 kg/m³. Existe a preocupação de que os blocos de concreto deslizem ou escapem da aresta esquerda inferior à medida que o nível de lama suba. Determine a altura da lama na qual (*a*) os blocos superarão o atrito e começarão a deslizar e (*b*) os blocos tombarão.

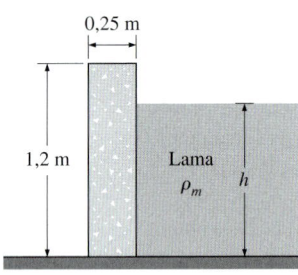

FIGURA P3–86

3–87 Repita o Problema 3–86 para blocos de concreto com 0,4 m de largura.

3–88 Uma comporta na forma de um quarto de círculo de 3 m de raio, 4 m de comprimento e peso desprezível está articulada na sua aresta superior *A*, como mostra a Fig. P3–88. A comporta controla o escoamento de água acima da borda em *B*, onde é pressionada por uma mola. Determine a força mínima da mola necessária para manter a comporta fechada quando o nível da água sobe até *A* na aresta superior da comporta.

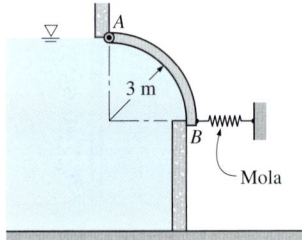

FIGURA P3–88

3–89 Repita o Problema 3–88 para um raio de 4 m para a comporta.

Resposta: 314 kN

3–90 Considere uma placa plana de espessura *t*, largura *w* para dentro do papel e comprimento *b* submerso em água, como na Fig. P3–90. A profundidade de água a partir da superfície ao cen-

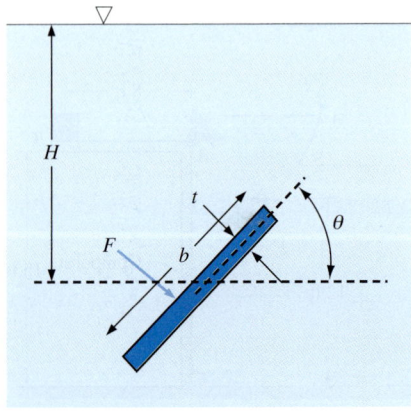

FIGURA P3–90

tro da placa é H, e o ângulo θ é definido em relação ao centro da placa. (*a*) Gere uma equação para a força F sobre a face superior da placa como uma função de (no máximo) H, b, t, w, g, ρ e θ. Ignore a pressão atmosférica. Em outras palavras, calcule a força que existe *além* da força de pressão atmosférica. (*b*) Como um teste de sua equação, seja $H = 1{,}25$ m, $b = 1$ m, $t = 0{,}2$ m, $w = 1$ m, $g = 9{,}807$ m/s^2, $\rho = 998{,}3$ kg/m^3 e $\theta = 30°$. Se sua equação estiver correta, você deve obter uma força de $11{,}4$ kN.

3–91 O peso da comporta que separa dois fluidos é tal que o sistema mostrado na Fig. P3–91 está em equilíbrio estático. Se é sabido que $F_1/F_2 = 1{,}70$, determine h/H.

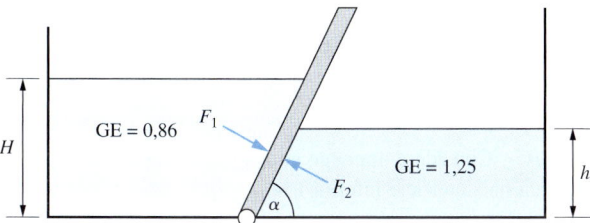

FIGURA P3–91

3–92 Considere uma comporta inclinada de peso desprezível e 1 m de largura que separa a água de outro fluido. Qual seria o volume do bloco de concreto (GE = 2,4) imerso em água para manter a comporta na posição mostrada? Desconsidere quaisquer efeitos de atrito.

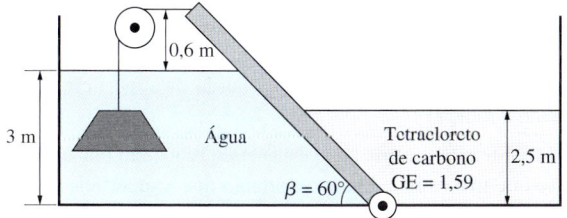

FIGURA P3–92

3–93 A comporta em forma de parábola com uma largura de 2 m mostrada na Fig. P3–93 é articulada no ponto B. Determine a força F necessária para manter a comporta estacionária.

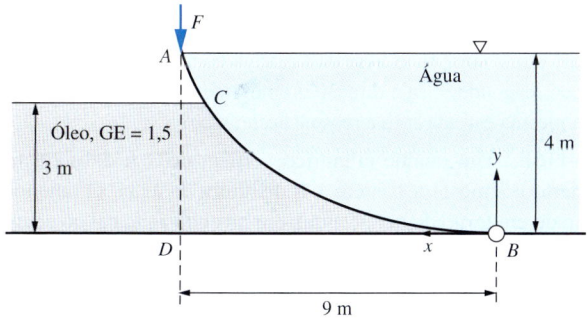

FIGURA P3–93

Flutuação

3–94C O que é força de flutuação? O que a causa? Qual é a intensidade da força de flutuação que age sobre um corpo submerso cujo volume é V? Quais são a direção e a linha de ação da força de flutuação?

3–95C Considere duas bolas esféricas idênticas submersas em água a profundidades diferentes. As forças de flutuação que agem sobre essas duas bolas serão iguais ou diferentes? Explique.

3–96C Considere duas bolas esféricas de 5 cm de diâmetro – uma feita de alumínio e a outra de ferro – submersas em água. As forças de flutuação que agem sobre essas duas bolas serão iguais ou diferentes? Explique.

3–97C Considere um cubo de cobre de 3 kg e uma bola de cobre de 3 kg submersos em líquido. As forças de flutuação que agem sobre essas duas bolas serão iguais ou diferentes? Explique.

3–98C Discuta a estabilidade de um corpo (*a*) submerso e (*b*) flutuante cujo centro de gravidade está acima do centro de flutuação.

3–99 A densidade de um líquido deve ser determinada por um velho hidrômetro cilíndrico de 1 cm de diâmetro cujas marcas de divisão foram completamente apagadas. A princípio o hidrômetro é colocado na água e o nível de água é marcado. Em seguida, o hidrômetro é solto em outro líquido e observa-se que a marca da água eleva-se 0,5 cm acima da interface entre o líquido e o ar (Fig. P3–99). Se a altura da marca original da água for 10 cm, determine a densidade do líquido.

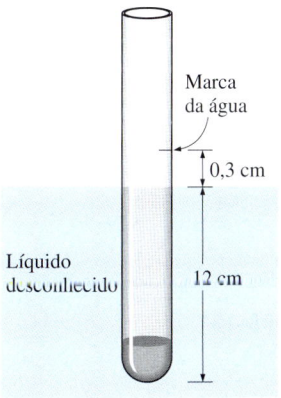

FIGURA P3–99

3–100E Um guindaste é usado para abaixar pesos em um lago para um projeto de construção submersa. Determine a tensão no cabo do guincho devido a um bloco de aço esférico de 3 ft de diâmetro (densidade = 494 lbm/ft^3) quando ele está (*a*) suspenso no ar e (*b*) completamente imerso na água.

3–101 O volume e a densidade média de um corpo de forma irregular devem ser determinados usando-se uma balança de mola. O corpo pesa 7.200 N no ar e 4.790 N na água. Determine o volume e a densidade do corpo. Expresse suas hipóteses.

3–102 Considere um grande bloco de gelo cúbico flutuando na água do mar. As gravidades específicas do gelo e da água do mar são 0,92 e 1,025, respectivamente. Se uma parte de 25 cm de altura do bloco de gelo ficar acima da superfície da água, determine a altura do bloco de gelo abaixo da superfície.

Resposta: 2,19 m

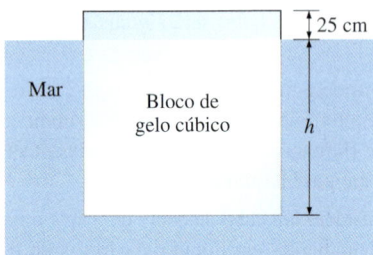

FIGURA P3–102

3–103 Uma casca esférica feita de um material com densidade de 1.600 kg/m^3 é colocada em água. Se os raios interno e externo da casca são $R_1 = 5$ cm, $R_2 = 6$ cm, determine a porcentagem do volume total do reservatório que seria submersa.

3–104 Um cone invertido é colocado num reservatório de água, como mostrado a seguir. Se o peso do cone é de 16,5 N, de quanto é a força de tração no cabo que liga o cone ao fundo do tanque?

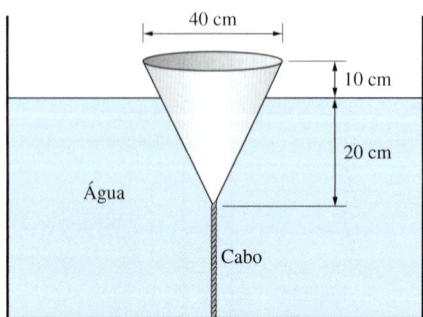

FIGURA P3–104

3–105 O peso de um corpo é geralmente medido desconsiderando a força de flutuação exercida pelo ar. Considere um corpo esférico de 20 cm de diâmetro e densidade 7800 kg/m^3. Qual é o erro percentual relativo a desprezar a flutuabilidade no ar?

3–106 Uma pedra de granito de 170 kg ($\rho = 2.700$ kg/m^3) é solta em um lago. Um homem mergulha e tenta erguer a pedra. Determine quanta força o homem precisa aplicar para levantá-la do fundo do lago. Você acha que ele consegue fazer isso?

3–107 Diz-se que Arquimedes descobriu seu princípio durante um banho enquanto pensava sobre como poderia determinar se a coroa do rei Hiero era feita realmente de ouro puro. Enquanto estava na banheira, ele concebeu a ideia de que poderia determinar a densidade média de um objeto com forma irregular pesando-o no ar e também na água. Se a coroa pesou 3,55 kgf (= 34,8 N) no ar e 3,25 kgf (= 31,9 N) na água, determine se ela é feita de ouro puro. A densidade do ouro é 19.300 kg/m^3. Discuta como é possível resolver este problema sem pesar a coroa na água, mas usando um balde comum sem nenhuma medição do volume. Você pode pesar qualquer coisa no ar.

3–108 O casco de um barco tem um volume de 180 m^3 e a massa total do barco vazio é 8.560 kg. Determine quanta carga esse barco pode carregar sem afundar (*a*) em um lago e (*b*) na água do mar, com uma gravidade específica de 1,03.

Fluidos em movimento de corpo rígido

3–109C Sob quais condições um corpo de fluido em movimento pode ser tratado como um corpo rígido?

3–110C Considere um copo com água. Compare as pressões da água na superfície inferior nos seguintes casos: o copo está (*a*) parado, (*b*) movendo-se para cima a velocidade constante, (*c*) movendo-se para baixo a velocidade constante e (*d*) movendo-se horizontalmente a velocidade constante.

3–111C Considere dois copos idênticos com água, um parado e o outro em movimento em um plano horizontal com aceleração constante. Considerando que não haja derramamento, qual copo terá a pressão mais alta (*a*) na parte da frente, (*b*) no ponto médio e (*c*) na parte de trás da superfície inferior?

3–112C Considere um recipiente cilíndrico vertical parcialmente preenchido com água. Então, o cilindro é posto a rodar em torno a seu eixo a uma velocidade angular específica, e o movimento de corpo rígido é estabelecido. Discuta como a pressão será afetada no ponto médio e na borda da superfície inferior devido à rotação.

3–113 Um tanque de água está sendo rebocado por um caminhão em uma estrada plana e o ângulo que a superfície livre faz com a horizontal é medido como 12°. Determine a aceleração do caminhão.

3–114 Considere dois tanques cheios de água. O primeiro tem 8 m de altura e está parado, o segundo tem 2 m de altura e está se movendo para cima com uma aceleração de 5 m/s^2. Qual tanque terá uma pressão mais alta na parte inferior?

3–115 Um tanque de água está sendo rebocado em uma estrada inclinada em 14° com a horizontal com uma aceleração constante de 5 m/s^2 na direção do movimento. Determine o ângulo que a superfície livre da água faz com a horizontal. O que você responderia se a direção do movimento fosse descendente na mesma estrada com a mesma aceleração?

3–116E Um tanque cilíndrico vertical de 3 ft de diâmetro aberto à atmosfera contém 1 ft de altura de água. O tanque é girado em torno do eixo central, e o nível da água cai no centro e se eleva na borda. Determine a velocidade angular na qual a parte inferior do tanque será primeiramente exposta. Determine também a altura máxima da água nesse momento.

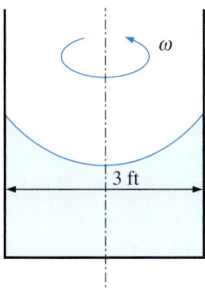

FIGURA P3–116E

3–117 Um tanque cilíndrico de 60 cm de altura e 40 cm de diâmetro com água está sendo transportado em uma estrada plana. A maior aceleração prevista é de 4 m/s². Determine a altura inicial permitida da água no tanque para a água não ser derramada durante a aceleração.

Resposta: 51,8 cm

3–118 Um recipiente cilíndrico vertical de 30 cm de diâmetro e 90 cm de altura está parcialmente preenchido com água até 60 cm de altura. O cilindro é então girado a velocidade angular constante de 180 rpm. Determine quanto o nível do líquido no centro do cilindro cairá como resultado desse movimento de rotação.

3–119 Um aquário que contém água até 60 cm de altura é transportado na cabine de um elevador. Determine a pressão na parte inferior do tanque quando o elevador está (*a*) parado, (*b*) movendo-se para cima com aceleração de 3 m/s² e (*c*) movendo-se para baixo com aceleração de 3 m/s².

3–120 Um tanque de leite cilíndrico vertical de 3 m de diâmetro gira com uma taxa constante de 12 rpm. Se a pressão no centro da parte inferior da superfície for de 130 kPa, determine a pressão na borda da superfície inferior do tanque. Considere a densidade do leite como 1.030 kg/m³.

3–121 Considere um tanque de seção transversal retangular parcialmente preenchido com um líquido colocado sobre uma superfície inclinada, como mostra a figura. Quando os efeitos do atrito são desprezíveis, mostre que a inclinação da superfície do líquido vai ser igual à inclinação da superfície quando o tanque for liberado. O que você pode dizer sobre a inclinação da superfície livre, quando o atrito é significativo?

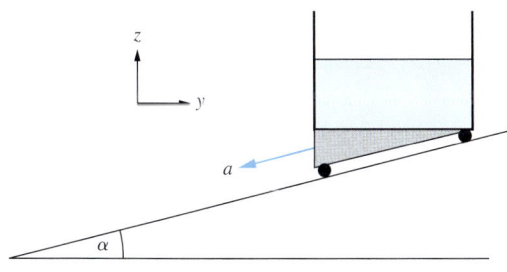

FIGURA P3–121

3–122 A quarta parte inferior de um tanque cilíndrico vertical com altura total de 0,4 m e 0,3 m de diâmetro está preenchido por um líquido (GE > 1, como a glicerina), enquanto o resto está cheio de água. O tanque é então girado em torno de seu eixo vertical a uma velocidade angular constante de *w*. Determine (*a*) o valor da velocidade angular quando o ponto *P* do eixo na interface líquido-líquido chega ao fundo do tanque, e (*b*) a quantidade de água que seria derramada a essa velocidade angular.

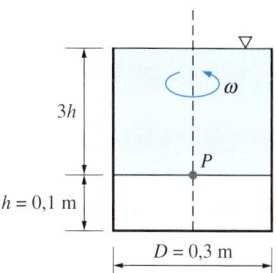

FIGURA P3–122

3–123 Leite com densidade de 1.020 kg/m³ é transportado em uma estrada plana em um tanque cilíndrico de 9 m de comprimento e 3 m de diâmetro. O caminhão-tanque é preenchido completamente com leite (sem espaço para o ar) e acelera a 4 m/s². Se a pressão mínima do caminhão-tanque for de 100 kPa, determine a pressão máxima e sua localização.

Resposta: 66,7 kPa

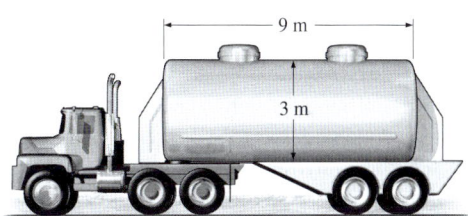

FIGURA P3–123

3–124 Repita o Problema 3–123 para uma desaceleração de 2,5 m/s².

3–125 A distância entre os centros dos dois braços do tubo em U aberto para a atmosfera é de 30 cm e o tubo em U contém 20

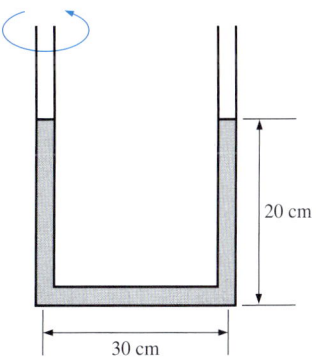

FIGURA P3–125

cm de altura de álcool em ambos os braços. O tubo em U é então posto a rodar em torno do braço esquerdo a 4,2 rad/s. Determine a diferença de altura entre as superfícies do fluido nos dois braços.

3–126 Um cilindro vertical fechado de 1,2 m de diâmetro e 3 m de altura é preenchido completamente com gasolina, cuja densidade é de 740 kg/m³. O tanque é então posto a rodar em torno de seu eixo vertical a uma taxa de 70 rpm. Determine (*a*) a diferença entre as pressões nos centros das superfícies inferior e superior e (*b*) a diferença entre as pressões no centro e na borda da superfície inferior.

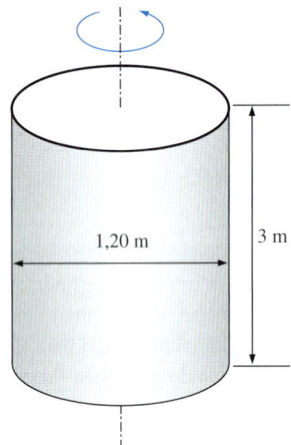

FIGURA P3–126

3–127 Reconsidere o Problema 3–126. Usando o EES (ou outro aplicativo), investigue o efeito da velocidade de rotação sobre a diferença de pressão entre o centro e a borda da superfície inferior do cilindro. Faça a velocidade de rotação variar de 0 até 500 rpm em incrementos de 50 rpm. Tabule e represente graficamente os resultados.

3–128E Um tanque retangular de 15 ft de comprimento e 6 ft de altura aberto à atmosfera é rebocado por um caminhão em uma estrada plana. O tanque está preenchido com água até uma profundidade de 5 ft. Determine a máxima aceleração ou desaceleração permitida para não derramar água durante o rebocamento.

3–129E Um tanque de 8 ft de comprimento aberto à atmosfera inicialmente contém 3 ft de altura de água. Ele está sendo rebocado por um caminhão em uma estrada plana. O motorista do caminhão aciona os freios e o nível da água na frente se eleva até 0,5 ft acima do nível inicial. Determine a desaceleração do caminhão.

Resposta: 4,03 ft/s²

3–130 Um tanque cilíndrico com 3 m de diâmetro e 7 m de comprimento está completamente cheio com água. O tanque é puxado por um caminhão em uma estrada plana com o eixo de 7 m de comprimento na horizontal. Determine a diferença de pressão entre a parte dianteira e traseira do tanque ao longo de uma reta horizontal quando o caminhão (*a*) acelera a 3 m/s² e (*b*) desacelera a 4 m/s².

3–131 Um tanque retangular é preenchido com óleo pesado (como glicerina) na parte inferior e com água na parte superior, como mostrado na figura. O tanque é então deslocado para a direita horizontalmente com uma aceleração constante e, como resultado, ¼ de água é derramada na parte de trás. Usando considerações geométricas, determine quão alto o ponto *A* na parte de trás do tanque na interface óleo-água subirá sob essa aceleração.

Resposta: 0,25 m

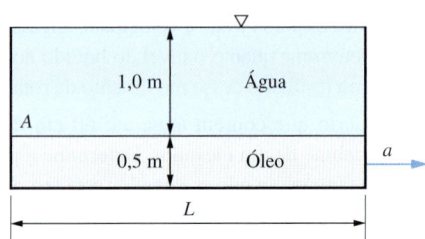

FIGURA P3–131

3–132 Uma caixa fechada cheia com líquido, mostrada na Figura a seguir, pode ser usada para medir a aceleração de veículos através da medição da pressão no ponto superior *A* na parte de trás da caixa, enquanto o ponto *B* é mantido à pressão atmosférica. Obtenha uma relação entre a pressão P_A e a aceleração *a*.

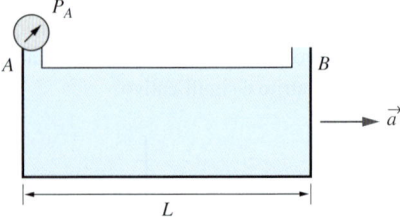

FIGURA P3–132

3–133 Uma bomba centrífuga consiste em um eixo e algumas lâminas fixadas normalmente a ele. Se o eixo é rodado a uma velocidade constante de 2.400 rpm, qual seria a carga teórica de pressão da bomba devido a esta rotação? Considere o diâmetro impulsor como 35 cm e despreze os efeitos de ponta de lâmina.

Resposta: 98,5 m

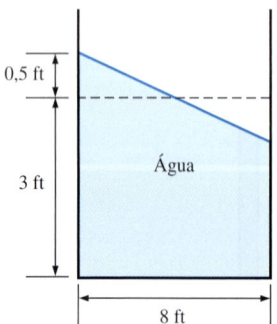

FIGURA P3–129E

3–134 Um tubo em U está girando com uma velocidade angular constante ω. O líquido (glicerina) se eleva aos níveis mostrados na Fig. P3–134. Obtenha uma relação de ω em termos de g, h e L.

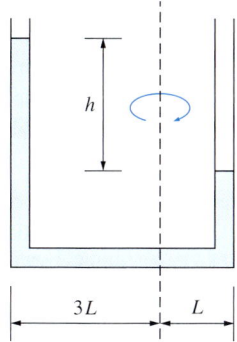

FIGURA P3–134

Problemas para revisão

3–135 Um sistema de ar condicionado requer que um trecho de canalização de 34 m de comprimento e 12 cm de diâmetro seja instalado sob a água. Determine a força para cima que a água exercerá sobre o duto. Tome as densidades do ar e da água como 1,3 kg/m³ e 1.000 kg/m³, respectivamente.

3-136 O portão semicircular de 0,5 m de raio mostrado na figura é articulado através da extremidade superior AB. Encontre a força necessária a ser aplicada no centro de gravidade para manter o portão fechado.

Resposta: 11,3 kN

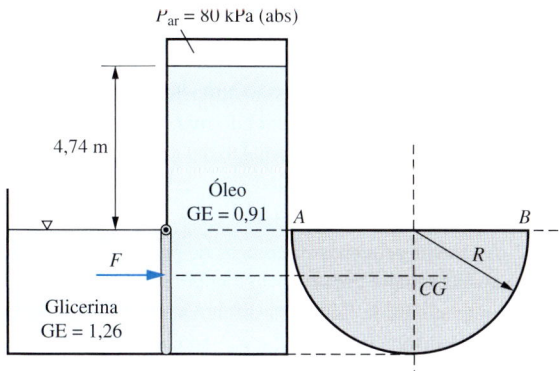

FIGURA P3–136

3-137 Se a velocidade de rotação do sistema de 3 tubos mostrado na Fig. P3-137 é ω = 10 rad /s, determine a altura de água em cada tubo. A que velocidade de rotação o tubo médio estará completamente vazio?

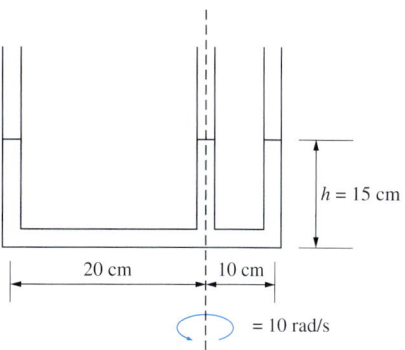

FIGURA P3–137

3-138 Um recipiente cilíndrico vertical de 30 cm de diâmetro é girado em torno do seu eixo vertical a uma velocidade angular constante de 100 rad/s. Se a pressão no ponto médio do lado interno da supefície superior é a pressão atmosférica, assim como no lado externo da superfície, determine a força total para cima atuando sobre toda a superfície superior dentro do cilindro.

3–139 Balões normalmente são cheios com gás hélio porque ele tem apenas um sétimo do peso do ar sob condições idênticas. A força de flutuação, que pode ser expressa como $F_b = \rho_{ar} g V_{balão}$, empurrará o balão para cima. Se o balão tiver um diâmetro de 12 m e transportar duas pessoas de 70 kg cada, determine a aceleração do balão quando ele for solto. Considere a densidade do ar como $\rho = 1,16$ kg/m³ e despreze o peso dos cabos e do cesto.

Resposta: 25,7 m/s²

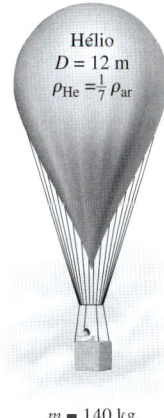

FIGURA P3–139

3–140 Reconsidere o Problema 3–139. Usando o EES (ou outro aplicativo), investigue o efeito do número de pessoas transportadas no balão sobre a aceleração. Mostre graficamente a aceleração como função do número de pessoas e discuta os resultados.

3–141 Determine a quantidade máxima de carga, em kg, que o balão descrito no Problema 3–139 pode transportar.

Resposta: 521 kg

3–142E A pressão de uma caldeira a vapor é dada como 90 kgf/cm^2. Expresse essa pressão em psi, kPa, atm e bars.

3–143 Um barômetro básico pode ser usado como um dispositivo de medição da altitude em aviões. O controle de terra reporta uma leitura barométrica de 760 mmHg enquanto a leitura do piloto é de 420 mmHg. Estime a altitude do avião em relação ao nível do solo se a densidade média do ar é de 1,20 kg/m^3.

Resposta: 3853 m

3–144 A metade inferior de um recipiente cilíndrico de 12 m de altura é preenchida com água (ρ = 1.000 kg/m^3) e a metade superior com óleo de gravidade específica de 0,85. Determine a diferença de pressão entre a parte superior e inferior do cilindro.

Resposta: 109 kPa

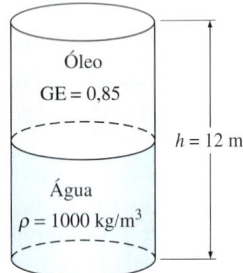

FIGURA P3–144

3–145 Um dispositivo de cilindro e pistão sem atrito e vertical contém um gás a 500 kPa. A pressão atmosférica externa é de 100 kPa e a área do pistão é de 30 cm^2. Determine a massa do pistão.

3–146 Uma panela de pressão cozinha muito mais rápido do que uma panela comum mantendo a pressão e a temperatura internas mais altas. A tampa de uma panela de pressão é bem vedada e o vapor só pode escapar pela abertura no meio da tampa. Uma peça de metal separada, a válvula, fica na parte superior dessa abertura e evita que o vapor escape até que a força da pressão supere o peso da válvula. Esse escape periódico de vapor evita um acúmulo de pressão potencialmente perigoso e mantém a pressão interna com valor constante. Determine a massa da válvula de uma panela de pressão cuja pressão operacional manométrica é de 120 kPa e cuja abertura tem uma seção transversal de 3 mm^2. Considere uma pressão atmosférica de 101 kPa, e desenhe o diagrama de corpo livre da válvula.

Resposta: 36,7 g

3–147 Um tubo de vidro é conectado a um duto de água, como mostra a Fig. P3–147. Se a pressão da água na parte inferior do tubo for de 115 kPa e a pressão atmosférica local for de 98 kPa, determine até que altura a água subirá no tubo, em m. Considere g = 9,8 m/s^2 nesse local e tome a densidade da água como 1.000 kg/m^3.

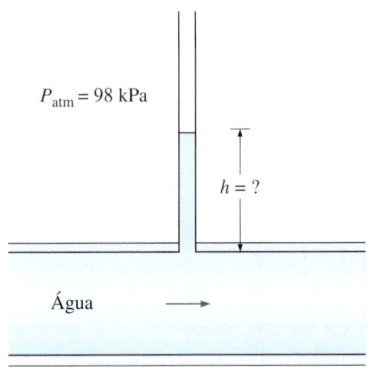

FIGURA P3–147

3–148 A pressão atmosférica média na Terra é aproximada como uma função da altitude pela relação P_{atm} = 101,325 (1 – 0,02256z)^{5,256}, onde P_{atm} é a pressão atmosférica em kPa e z é a altitude em km, com z = 0 no nível do mar. Determine as pressões atmosféricas aproximadas em Atlanta (z = 306 m), Denver (z = 1.610 m), Cidade do México (z = 2.309 m) e no alto do Monte Everest (z = 8.848 m).

3–149 Ao medir pequenas diferenças de pressão com um manômetro, quase sempre um braço do manômetro é inclinado para melhorar a exatidão da leitura (a diferença de pressão ainda é proporcional à distância *vertical*, e não ao comprimento real do

FIGURA P3–146

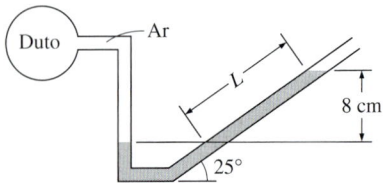

FIGURA P3–149

fluido ao longo do tubo.) A pressão do ar em um duto circular deve ser medida usando um manômetro cujo braço aberto está inclinado a 25° da horizontal, como mostra a Fig. P3–149. A densidade do líquido no manômetro é de 0,81 kg/L, e a distância vertical entre os níveis de fluido dos dois braços do manômetro é de 8 cm. Determine a pressão manométrica do ar no duto e o comprimento da coluna de fluido no braço inclinado acima do nível de fluido no braço vertical.

3–150E Considere um tubo em U cujos braços estão abertos para a atmosfera. Agora, volumes iguais de água e óleo leve ($p = 49{,}3$ lbm/ft^3) são despejados em braços diferentes. Uma pessoa assopra no lado com óleo do tubo em U até que a superfície de contato dos dois fluidos se movimente para a parte inferior do tubo em U tornando, portanto, os níveis de líquido nos dois braços iguais. Se a altura do fluido em cada braço é de 40 in, determine a pressão manométrica que a pessoa exerce soprando sobre o óleo.

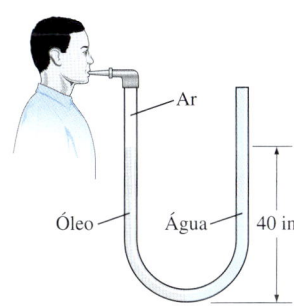

FIGURA P3–150E

3–151 Um balão de ar elástico com um diâmetro de 30 cm é preso à base de um recipiente parcialmente cheio com água a +4°C, como mostrado na Fig. P3–151. Se a pressão do ar acima da água for aumentada gradualmente de 100 kPa até 1,6 MPa, a força no cabo mudará? Se for assim, qual é a variação percentual da força? Assuma que pressão na superfície livre e o diâmetro do balão estão relacionados por $P = CD^n$, onde C é uma constante e $n = -2$. O peso do balão e do ar nele são desprezíveis.

Resposta: 98,4%

3–152 Reconsidere Prob. 3–151. Usando o EES (ou outro *software*), investigue o efeito da pressão de ar acima da água sobre a força no cabo. Faça a pressão variar de 0,5 MPa até 15 MPa. Mostre graficamente a força no cabo *versus* a pressão do ar.

3–153 Uma linha de gasolina está conectada a um medidor de pressão através de um manômetro em U duplo, como mostra a Fig. P3–153. Se a leitura da pressão manométrica for de 260 kPa, determine a pressão manométrica da linha de gasolina.

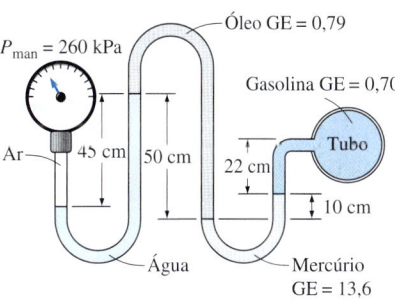

FIGURA P3–153

3–154 Repita o Problema 3–153 para uma leitura de pressão manométrica de 330 kPa.

3–155E Um duto de água está conectado a um manômetro em U duplo, como mostra a Fig. P3–155E, em um local onde a pressão atmosférica local é de 14,2 psia. Determine a pressão absoluta no centro do duto.

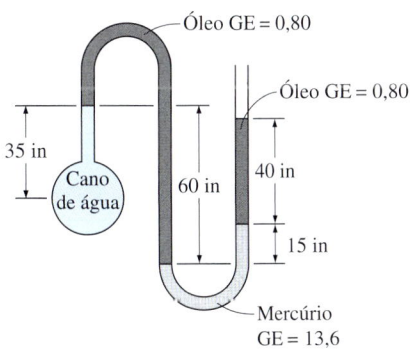

FIGURA P3–155E

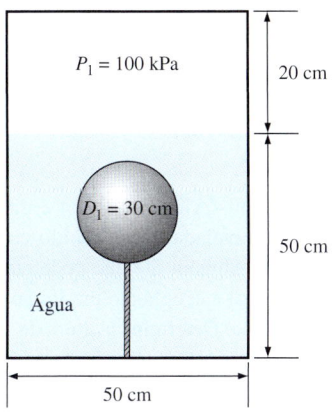

FIGURA P3–151

3–156 A pressão da água escoando através de um duto é medida pelo dispositivo da Fig. P3–156. Para os valores dados, calcule a pressão no duto.

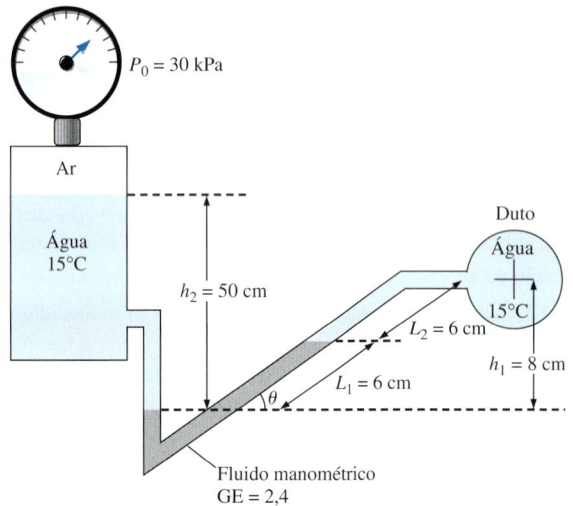

FIGURA P3–156

3–157 Considere um tubo em U preenchido com mercúrio, como mostra a Fig. P3–157. O diâmetro do braço direito do tubo em U é $D = 1,5$ cm e o diâmetro do braço esquerdo é o dobro disso. Óleo pesado com gravidade específica de 2,72 é despejado no braço esquerdo, forçando parte do mercúrio deste braço a passar para o direito. Determine a quantidade máxima de óleo que pode ser adicionada ao braço esquerdo.

Resposta: 0,884 L

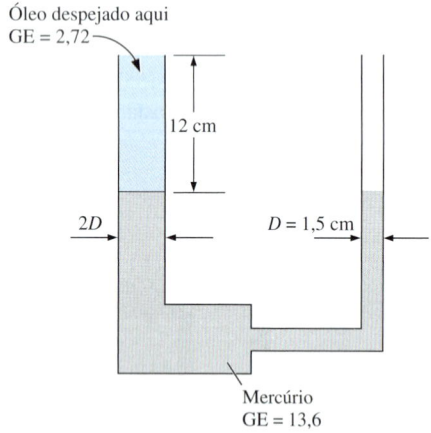

FIGURA P3–157

3–158 É sabido que a temperatura da atmosfera varia com a altitude. Na troposfera, que se estende até uma altitude de 11 km, por exemplo, a variação da temperatura pode ser aproximada por $T = T_0 - \beta z$, onde T_0 é a temperatura no nível do mar, que pode ser tomada como 288,15 K e $\beta = 0,0065$ K/m. A aceleração da gravidade também muda com a altitude: $g(z) = g_0/(1 + z/6.370.320)^2$ onde $g_0 = 9,807$ m/s^2 e z é a altitude com relação ao nível do mar em m. Obtenha uma relação para a variação de pressão na troposfera (*a*) ignorando e (*b*) considerando a variação de g com a altitude.

3–159 A variação da pressão com a densidade em uma camada de gás espessa é dada por $P = C\rho^n$, onde C e n são constantes. Observando que a variação de pressão em uma camada diferencial de fluido de espessura dz na direção vertical z é dada por $dP = -\rho g\, dz$, obtenha uma relação para a pressão como função da elevação z. Considere a pressão e a densidade em $z = 0$ como P_0 e ρ_0, respectivamente.

3–160 Uma comporta retangular de 3 m de altura e 6 m de largura está articulada na parte superior em *A* e é restrita por uma saliência fixa em *B*. Determine a força hidrostática exercida sobre a porta pela água a 5 m de altura e o local do centro de pressão.

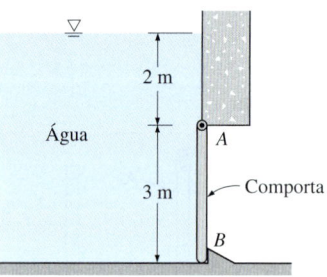

FIGURA P3–160

3–161 Repita o Problema 3–160 para uma altura de água total de 2 m.

3–162E Um túnel semicircular de diâmetro de 40 ft deve ser construído sob um lago de 150 ft de profundidade e 800 ft de comprimento, como mostra a Fig. P3–162E. Determine a força hidrostática total que age sobre o teto do túnel.

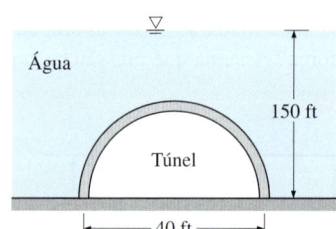

FIGURA P3–162E

3–163 Um domo hemisférico de 30 ton e diâmetro de 4 m sobre uma superfície nivelada é preenchido com água, como mostra a Fig. P3–163. Alguém diz que pode elevar esse domo utilizando a lei de Pascal e acoplando um longo tubo ao topo e preenchendo-o com água. Determine a altura de água necessária no tubo para elevar o domo. Despreze o peso do tubo e da água que ele contém.

Resposta: 0,72 m

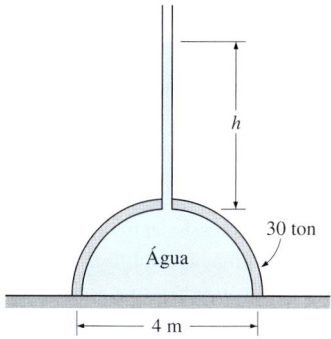

FIGURA P3–163

3–164 A água de um reservatório de 25 m de profundidade é mantida em seu interior por uma parede de 150 m de largura cuja seção transversal é um triângulo equilátero, como mostra a Fig. P3–164. Determine (a) a força total (hidrostática + atmosférica) sobre a superfície interna da parede e sua linha de ação e (b) a magnitude da componente horizontal dessa força. Considere $P_{atm} = 100$ kPa.

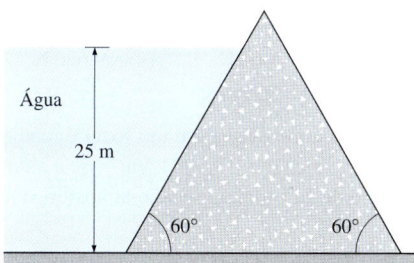

FIGURA P3–164

3–165 Um tubo em U contém água no braço direito e outro líquido no braço esquerdo. Observa-se que, quando o tubo em U gira a 50 rpm em torno do eixo que está a 15 cm do braço direito e 5 cm do braço esquerdo, os níveis de líquido em ambos os braços se igualam. Determine a densidade do fluido no braço esquerdo.

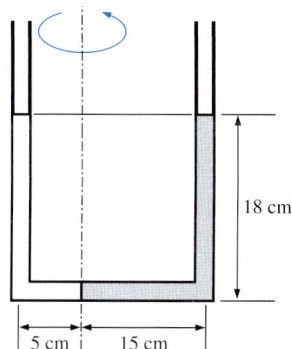

FIGURA P3–165

3–166 Um cilindro vertical de 1 m de diâmetro e 2 m de altura é preenchido completamente com gasolina, cuja densidade é de 740 kg/m³. O tanque é então posto a rodar em torno do seu eixo vertical a uma taxa de 130 rpm, enquanto é acelerado para cima a 5 m/s². Determine (a) a diferença entre as pressões nos centros das superfícies inferior e superior e (b) a diferença entre as pressões no centro e na borda da superfície inferior.

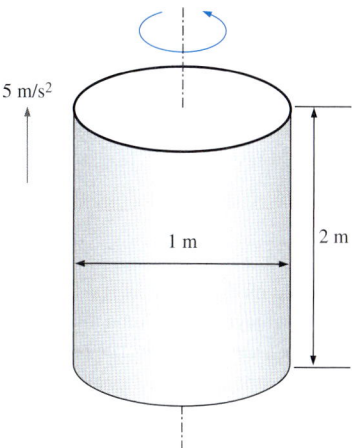

FIGURA P3–166

3–167 Um tanque de 5 m de comprimento e 4 m de altura contém água a uma profundidade de 2,5 m quando não está em movimento e é aberto para a atmosfera através de uma ventilação no meio. O tanque é então acelerado para a direita em uma superfície nivelada a 2 m/s². Determine a pressão máxima do tanque com relação à pressão atmosférica.
Resposta: 29,5 kPa

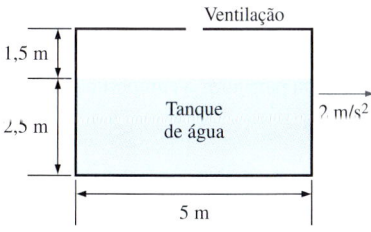

FIGURA P3–167

3–168 Reconsidere o Problema 3–167. Usando o EES (ou outro aplicativo), investigue o efeito da aceleração sobre a inclinação da superfície livre da água no tanque. Faça a aceleração variar de 0 m/s² até 15 m/s² em incrementos de 1 m/s². Tabule e mostre graficamente os resultados.

3–169 Um recipiente cilíndrico cujo peso é de 65 N é invertido e pressionado contra a água, como mostra a Fig. P3–169. Determine a diferença de altura h do manômetro e a força F necessária para manter o recipiente na posição mostrada.

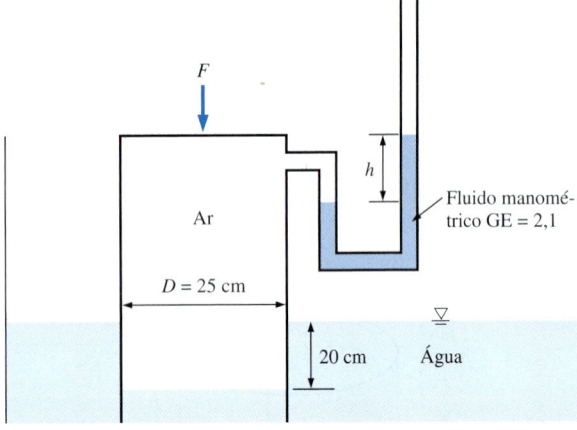

FIGURA P3–169

3–170 A densidade média dos icebergs é cerca de 917 kg/m^3. (a) Determine a percentagem do volume total de um iceberg submerso na água do mar de densidade 1042 kg/m^3. (b) Apesar de os icebergs estarem submersos na sua maior parte, observa-se que eles viram ao contrário. Explique como isso pode acontecer. (*Dica*: considere as temperaturas dos icebergs e da água do mar.)

3–171 A densidade de um corpo flutuante pode ser determinada amarrando pesos ao corpo, até que o corpo e os pesos estejam completamente submersos e, em seguida, pesando-os separadamente no ar. Considere uma tora de madeira que pesa 1540 N no ar. Se são necessários 34 kg de chumbo ($\rho = 11.300$ kg/m^3) para afundar completamente a tora e o chumbo na água, determine a densidade média da tora.
Resposta: 835 kg/m^3

3–172 A comporta retangular de 280 kg e 6 m de largura mostrada na Fig. P3–172 é articulada em *B* e encosta no chão em *A*, formando um ângulo de 45° com a horizontal. A comporta deve ser aberta na sua borda inferior por meio da aplicação de uma força normal no seu centro. Determine a força mínima *F* necessária para abrir a comporta de água.
Resposta: 626 kN

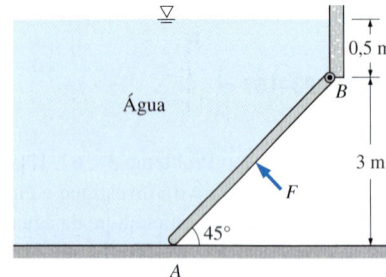

FIGURA P3–172

3–173 Repita o Prob. 3–172 para uma altura de água de 0,8 m acima da dobradiça em *B*.

Problemas adicionais

3–174 A pressão absoluta no tanque é medida como 35 kPa. Se a pressão atmosférica é de 100 kPa, a pressão de vácuo no tanque é:

(a) 35 kPa (b) 100 kPa (c) 135 psi
(d) 0 kPa (e) 65 kPa

3–175 A diferença de pressão entre a parte superior e inferior de um corpo de água a uma profundidade de 10 m é (considere a densidade da água como 1000 kg/m^3):

(a) 98.100 kPa (b) 98,1 kPa (c) 100 kPa
(d) 10 kPa (e) 1,9 kPa

3–176 A pressão manométrica em um tubo é medida por um manômetro contendo mercúrio ($\rho = 13.600$ kg/m^3). O topo do mercúrio é aberto para a atmosfera e a pressão atmosférica é de 100 kPa. Se a altura da coluna de mercúrio é de 24 cm, a pressão manométrica no tubo é:

(a) 32 kPa (b) 24 kPa (c) 76 kPa
(d) 124 kPa (e) 68 kPa

3–177 Considere um macaco hidráulico de carro com uma razão de diâmetro de pistão de 9. Uma pessoa pode levantar um carro de 2000 kg aplicando uma força de:

(a) 2.000 N (b) 200 N (c) 19.620 N
(d) 19,6 N (e) 18.000 N

3–178 A pressão atmosférica em um local é medida por um barômetro de mercúrio ($\rho = 13.600$ kg/m^3). Se a altura da coluna de mercúrio é de 715 mm, a pressão atmosférica nesse local é:

(a) 85,6 kPa (b) 93,7 kPa (c) 95,4 kPa
(d) 100 kPa (e) 101 kPa

3–179 Um manômetro é usado para medir a pressão do gás em um tanque. O fluido manométrico é água ($\rho = 1000$ kg/m^3) e a altura da coluna do manômetro é de 1,8 m. Se a pressão atmosférica local é de 100 kPa, a pressão absoluta dentro do tanque é:

(a) 17.760 kPa (b) 100 kPa (c) 180 kPa
(d) 101 kPa (e) 118 kPa

3–180 Considere a parede retangular vertical de um tanque de água com uma largura de 5 m e uma altura de 8 metros. O outro lado da parede é aberto à atmosfera. A força hidrostática resultante nesta parede é:

(a) 1.570 kN (b) 2.380 kN (c) 2.505 kN
(d) 1.410 kN (e) 404 kN

3–181 Uma parede retangular vertical com uma largura de 20 m e uma altura de 12 m está segurando um corpo de água com 7 metros de profundidade. A força hidrostática resultante sobre essa parede é:

(a) 1.370 kN (b) 4.807 kN (c) 8.240 kN
(d) 9.740 kN (e) 11.670 kN

3–182 Uma parede retangular vertical com largura de 20 m e altura de 12 m está segurando um corpo de água com 7 metros de profundidade. A linha de ação y_p da força hidrostática resultante nesta parede é (desconsidere a pressão atmosférica):

(a) 5 m (b) 4,0 m (c) 4,67 m
(d) 9,67 m (e) 2,33 m

3–183 Uma placa retangular com largura de 16 m e altura de 12 m está localizada 4 m abaixo de uma superfície de água. A placa está inclinada e faz um ângulo de 35° com a horizontal. A força hidrostática resultante atuando sobre a superfície superior dessa placa é:

(a) 10.800 kN (b) 9.745 kN (c) 8.470 kN
(d) 6.400 kN (e) 5.190 kN

3–184 Uma placa retangular horizontal de 2 m de comprimento e 3 m de largura é submersa em água. A distância da superfície superior à superfície livre é de 5 m. A pressão atmosférica é 95 kPa. Considerando a pressão atmosférica, a força hidrostática que age sobre a superfície superior desta placa é:

(a) 307 kN (b) 688 kN (c) 747 kN
(d) 864 kN (e) 2.950 kN

3–185 Um recipiente cilíndrico de 1,8 m de diâmetro e 3,6 m de comprimento contém um fluido com uma gravidade específica de 0,73. O recipiente é posicionado verticalmente e está cheio de fluido. Desconsiderando a pressão atmosférica, a força hidrostática agindo sobre as superfícies superior e inferior deste recipiente, respectivamente, são:

(a) 0 kN e 65,6 kN (b) 65,6 kN e 0 kN
(c) 65,6 kN e 65,6 kN (d) 25,5 kN e 0 kN
(e) 0 kN e 25,5 kN

3–186 Considere uma comporta esférica com 6 m de diâmetro segurando um corpo de água cuja altura é igual ao diâmetro da comporta. A pressão atmosférica atua em ambos os lados da comporta. A componente horizontal da força hidrostática agindo nesta superfície curva é:

(a) 709 kN (b) 832 kN (c) 848 kN
(d) 972 kN (e) 1.124 kN

3–187 Considere uma comporta esférica de 6 m de diâmetro segurando um corpo de água cuja altura é igual ao diâmetro da comporta. A pressão atmosférica actua em ambos os lados da comporta. A componente vertical da força hidrostática agindo nesta superfície curva é:

(a) 89 kN (b) 270 kN (c) 327 kN
(d) 416 kN (e) 505 kN

3–188 Um objeto esférico de 0,75 cm de diâmetro está completamente submerso na água. A força de empuxo agindo sobre este objeto é:

(a) 13.000 N (b) 9.835 N (c) 5.460 N
(d) 2.167 N (e) 1.267 N

3–189 Um objeto de 3 kg com densidade de 7.500 kg/m^3 é colocado na água. O peso deste objeto na água é:

(a) 29,4 N (b) 25,5 N (c) 14,7 N
(d) 30 N (e) 3 N

3–190 Um balão de ar quente de 7 m de diâmetro não está subindo nem descendo. A densidade do ar atmosférico é de 1,3 kg/m^3. A massa total do balão, incluindo as pessoas a bordo, é:

(a) 234 kg (b) 207 kg (c) 180 kg
(d) 163 kg (e) 134 kg

3–191 Um objeto de 10 kg com uma densidade de 900 kg/m^3 é colocado em um fluido com uma densidade de 1.100 kg/m^3. A fração do volume do objeto submerso na água é:

(a) 0,637 (b) 0,716 (c) 0,818
(d) 0,90 (e) 1

3–192 Considere um tanque cúbico de água com um comprimento lateral de 3 m. O tanque é cheio pela metade com água, e é aberto à atmosfera com uma pressão de 100 kPa. Agora, um caminhão carregando este tanque é acelerado a uma taxa de 5 m/s^2. A máxima pressão na água é:

(a) 115 kPa (b) 122 kPa (c) 129 kPa
(d) 137 kPa (e) 153 kPa

3–193 Um recipiente cilíndrico vertical de 15 cm de diâmetro e 40 cm de altura está parcialmente preenchido com 25 cm de altura de água. Então, o cilindro é rodado a uma velocidade constante de 20 rad/s. A diferença máxima de altura entre a borda e o centro da superfície livre é:

(a) 15 cm (b) 7,2 cm (c) 5,4 cm
(d) 9,5 cm (e) 11,5 cm

3–194 Um recipiente cilíndrico vertical de 20 cm de diâmetro e 40 cm de altura está parcialmente preenchido com 25 cm de altura de água. O cilindro é então rodado a uma velocidade constante de 15 rad/s. A altura de água no centro do cilindro é:

(a) 25 cm (b) 19,5 cm (c) 22,7 cm
(d) 17,7 cm (e) 15 cm

3–195 Um recipiente cilíndrico vertical de 15 cm de diâmetro e 50 cm de altura está parcialmente preenchido com 30 cm de altura de água. Então, o cilindro é rodado a uma velocidade constante de 20 rad/s. A diferença de pressão entre a borda e o centro do recipiente na superfície da base é:

(a) 7.327 Pa (b) 8.750 Pa (c) 9.930 Pa
(d) 1.045 Pa (e) 1.125 Pa

Problemas de projeto e dissertação

3–196 É necessário projetar sapatos que permitam a pessoas de até 80 kg caminhar sobre água doce ou água do mar. Os sapatos devem ser feitos de plástico injetado na forma de uma esfera, uma bola de futebol americano, ou na forma de um pão francês. Determine o diâmetro equivalente de cada sapato e comente as formas propostas sob o ponto de vista da estabilidade. Qual é sua avaliação sobre a facilidade de comercialização desses sapatos?

3–197 O volume de uma rocha deve ser determinado sem usar nenhum dispositivo de medição de volume. Explique como você faria isso com uma balança de mola à prova de água.

3–198 A densidade do aço inoxidável é de cerca de 8000 kg/m^3 (oito vezes a densidade da água), mas uma lâmina de barbear pode flutuar na água, mesmo com alguns pesos adicionais. A água está a 20°C. A lâmina mostrada na fotografia tem 4,3 cm de comprimento e 2,2 centímetros de largura. Para simplificar, o corte central da lâmina de barbear foi vedado de modo a que apenas as bordas exteriores da lâmina contribuam com os efeitos de tensão superficial. Devido a uma lâmina de barbear ter cantos afiados, o ângulo de contato não é relevante. Pelo contrário, o caso limite é quando a água toca a lâmina verticalmente como no esquema (o ângulo de contato eficaz ao longo da borda da lâmina é 180°). (*a*) Considerando somente a tensão superficial, estime (em gramas) a massa total (lâmina de barbear + pesos sobre ela) que pode ser suportada. (*b*) Refine a sua análise, considerando que a lâmina de barbear empurra a água para baixo, e assim os efeitos da pressão hidrostática também estão presentes. *Dica:* Também é necessário saber que, devido à curvatura do menisco, a profundidade máxima possível é $h = \sqrt{\dfrac{2\sigma_s}{\rho g}}$.

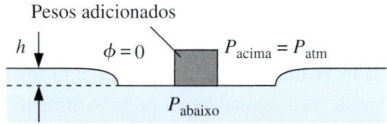

FIGURA P3–198

(Abaixo) Fotografia de John M. Cimbala

Capítulo 4

Cinemática dos Fluidos

OBJETIVOS

Ao terminar a leitura deste capítulo você deve ser capaz de:

- Entender o papel da derivada material na transformação entre as descrições lagrangiana e euleriana
- Distinguir entre diversos tipos de visualizações de escoamento e métodos de representação gráfica das características de um escoamento de fluido
- Ter uma percepção das diversas maneiras pelas quais os fluidos se movem e se deformam
- Distinguir entre regiões rotacionais e irrotacionais de um escoamento com base na propriedade da vorticidade
- Entender a utilidade do teorema de transporte de Reynolds

A *cinemática dos fluidos* trata da descrição do movimento dos fluidos sem necessariamente considerar as forças e os momentos que *causam* o movimento. Neste capítulo, apresentamos diversos conceitos cinemáticos relacionados ao escoamento dos fluidos. Discutimos a *derivada material* e seu papel na transformação das equações de conservação a partir da *descrição lagrangiana do escoamento de fluidos* (seguindo uma *partícula fluida*) até a *descrição euleriana do escoamento dos fluidos* (relativa a um *campo de escoamento*). Em seguida, discutimos as diversas maneiras de visualizar os campos de escoamento – *linhas de corrente, linhas de emissão, linhas de trajetória, linhas de tempo* e os métodos óticos *de Schlieren* e *gráfico de sombras* – e descrevemos três maneiras de representar graficamente os dados do escoamento – *gráficos de perfil, gráficos vetoriais* e *gráficos de curvas de contorno*. Explicamos as quatro propriedades fundamentais da cinemática de movimento e deformação dos fluidos – *taxa de translação, taxa de rotação, taxa de deformação linear* e *taxa de deformação por cisalhamento*. Os conceitos da *vorticidade, rotacionalidade* e *irrotacionalidade* dos escoamentos de fluidos também são discutidos. Finalmente, discutimos o *teorema de transporte de Reynolds (TTR)*, enfatizando seu papel na transformação das equações do movimento a partir daquelas que seguem um *sistema* até aquelas que consideram o escoamento do fluido para dentro e para fora de um *volume de controle*. A analogia entre a derivada material para os elementos fluidos infinitesimais e o TTR para os volumes de controle finitos é explicada.

Imagem de satélite de um furacão perto costa da Flórida; gotículas de água se movem com o ar, permitindo-nos visualizar o movimento giratório no sentido anti-horário. No entanto, na maior porção do furacão o escoamento é na verdade irrotacional, e apenas no núcleo (o olho da tempestade) do escoamento é rotacional.

© *StockTrek / Getty RF*

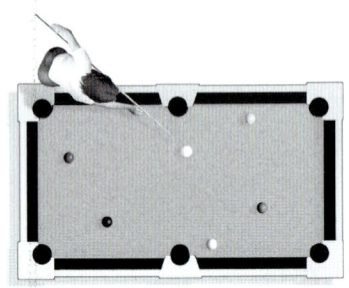

FIGURA 4–1 Com um número pequeno de objetos, como bolas de bilhar em uma mesa de sinuca, objetos individuais podem ser acompanhados.

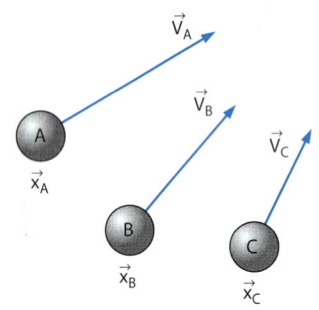

FIGURA 4–2 Na descrição lagrangiana, é preciso acompanhar a posição e a velocidade das partículas individuais.

4–1 DESCRIÇÕES LAGRANGIANA E EULERIANA

A **cinemática** diz respeito ao estudo do *movimento*. Na dinâmica dos fluidos, a *cinemática dos fluidos* é o estudo de como os fluidos escoam e de como descrever seu movimento. Sob um ponto de vista fundamental, há duas formas distintas de descrever o movimento. A primeira e mais familiar é aquela que você aprendeu nas aulas de física do colégio – seguir a trajetória de objetos individuais. Por exemplo, todos já vimos as experiências de física nas quais uma bola em uma mesa de bilhar ou um disco em uma mesa de hóquei colide com outra bola ou outro disco ou com a parede (Fig. 4–1). As leis de Newton são usadas para descrever o movimento desses objetos, e podemos prever com exatidão aonde eles vão e como o momento e a energia cinética são trocados de um objeto para outro. A cinemática dessas experiências envolve acompanhar o **vetor posição** de cada objeto, $\vec{x}_A, \vec{x}_B,\ldots$, e o **vetor velocidade** de cada objeto, $\vec{V}_A, \vec{V}_B,\ldots$, como funções do tempo (Fig. 4–2). Quando esse método é aplicado ao escoamento de um fluido, ele é chamado de **descrição lagrangiana** em homenagem ao matemático italiano Joseph Louis Lagrange (1736–1813). A análise lagrangiana é análoga à **análise de sistemas** (fechados) que você aprendeu em suas aulas de termodinâmica; ou seja, seguimos uma massa de identidade fixa. A descrição de Lagrange nos obriga a seguir a posição e a velocidade de cada parcela individual de fluido, a qual nos referimos como uma **partícula de fluido**, que mantém a identidade fixa.

Como você deve imaginar, esse método de descrever o movimento é muito mais difícil para os fluidos do que para bolas de bilhar! Em primeiro lugar, não podemos definir e identificar facilmente as partículas de fluido à medida que elas se movimentam. Em segundo lugar, um fluido é um **contínuo** (sob o ponto de vista macroscópico), de modo que as interações entre as parcelas do fluido não são tão fáceis de descrever quanto as interações entre objetos distintos como bolas de bilhar ou discos de hóquei. Além disso, as porções de fluido *deformam-se* continuamente à medida que se movimentam no escoamento.

Sob o ponto de vista *microscópico*, um fluido é composto de *bilhões* de moléculas que estão continuamente se chocando, mais ou menos como as bolas de bilhar, mas a tarefa de acompanhar mesmo que um subconjunto dessas moléculas é muito difícil, até para nossos computadores mais rápidos e maiores. No entanto, existem muitas aplicações práticas para a descrição lagrangiana, como o controle de escalares passivos em um escoamento para modelar o transporte de contaminantes, cálculos de dinâmica de gás rarefeito relativos à reentrada de uma nave espacial na atmosfera da Terra, e o desenvolvimento dos sistemas de visualização e medição de escoamento com base no acompanhamento das partículas (como discutido na Seção 4–2).

Um método mais comum para descrever o escoamento de fluidos é a **descrição euleriana** do movimento de fluidos, que recebeu esse nome em homenagem ao matemático suíço Leonhard Euler (1707–1783). Na descrição euleriana do escoamento de fluidos, um volume finito chamado **domínio do escoamento** ou **volume de controle** é definido, e através deste o fluido escoa para dentro e para fora. Em vez de acompanhar partículas de fluido individuais, definimos **variáveis de campo**, funções do espaço e do tempo, dentro do volume de controle. A variável de campo em um determinado local e em um determinado instante é o valor da variável para qualquer partícula de fluido que ocupar essa posição neste determinado instante. Por exemplo, o **campo de pressão** é uma **variável de campo escalar**, para o escoamento tridimensional de fluido não estacionário em coordenadas cartesianas:

Campo de pressão: $\qquad P = P(x, y, z, t) \qquad$ (4–1)

Definimos o **campo de velocidade** como uma **variável de campo vetorial**, e de forma semelhante

Campo de velocidade: $\quad\vec{V} = \vec{V}(x, y, z, t)$ (4–2)

Da mesma forma, o **campo de aceleração** também é uma variável de campo vetorial,

Campo de aceleração: $\quad\vec{a} = \vec{a}(x, y, z, t)$ (4–3)

Juntas, essas (e outras) variáveis de campo definem o **campo de escoamento**. O campo de velocidade da Equação 4–2 pode ser representado em termos de coordenadas cartesianas (x, y, z), $(\vec{i}, \vec{j}, \vec{k})$ como

$$\vec{V} = (u, v, w) = u(x, y, z, t)\vec{i} + v(x, y, z, t)\vec{j} + w(x, y, z, t)\vec{k} \quad (4\text{–}4)$$

Uma representação semelhante pode ser escrita para o campo de aceleração da Equação 4–3. Na descrição euleriana, todas as variáveis de campo podem ser definidas em qualquer local (x, y, z) no volume de controle e em qualquer instante de tempo t (Fig. 4–3). Na descrição euleriana não nos importamos com partículas individuais de fluido. Na verdade, estamos interessados na pressão, velocidade, aceleração e outras propriedades das partículas de fluido que estejam no local de interesse, no momento de interesse.

A diferença entre essas duas descrições fica mais clara quando se imagina uma pessoa em pé ao lado de um rio, medindo suas propriedades. Na abordagem lagrangiana, essa pessoa deve jogar uma sonda que se move a jusante com a água. Na abordagem euleriana, a sonda deve ser ancorada em um local fixo na água.

Embora haja muitas ocasiões em que a descrição lagrangiana é útil, a descrição euleriana quase sempre é mais conveniente para aplicações da mecânica dos fluidos. Além disso, medições experimentais em geral são mais adequadas à descrição euleriana. Em um túnel de vento, por exemplo, sondas de velocidade ou pressão em geral são colocadas em locais fixos do escoamento, medindo $\vec{V}(x, y, z, t)$ ou $P(x, y, z, t)$. Entretanto, embora as equações do movimento da descrição lagrangiana que acompanham partículas individuais de fluido sejam bem conhecidas (por exemplo, a segunda lei de Newton), as equações de movimento do escoamento de fluidos não são tão óbvias na descrição euleriana e devem ser cuidadosamente deduzidas. Fazemos isso para análise de volume de controle (forma integral), através do teorema de transporte de Reynolds no final deste capítulo. As equações de movimento na forma diferencial são obtidas no Cap. 9.

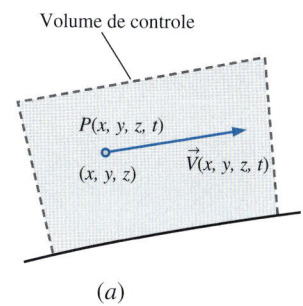

(a)

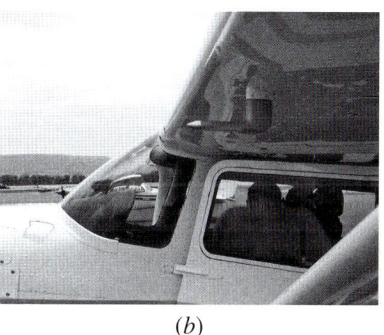

(b)

FIGURA 4–3 (a) Na descrição Euleriana, definimos variáveis de campo, como o campo de pressão e o campo de velocidade, em qualquer local e instante no tempo.

(b) Por exemplo, a sonda para medição de velocidade do ar montada sob a asa de um avião mede a velocidade do ar nesse local.

(Inferior) Foto por John M. Cimbala.

EXEMPLO 4–1 Um campo de velocidade bidimensional estacionário

Um campo de velocidade bidimensional, incompressível e estacionário é dado por

$$\vec{V} = (u, v) = (0,5 + 0,8x)\vec{i} + (1,5 - 0,8y)\vec{j} \quad (1)$$

onde as coordenadas x e y estão em metros e a velocidade está em m/s. Um **ponto de estagnação** é definido como *um ponto no campo de escoamento no qual a velocidade é identicamente zero*. (a) Determine se há algum ponto de estagnação nesse campo de escoamento e se sim, onde? (b) Esboce o vetor velocidade em diversos locais do domínio entre $x = -2$ m a 2 m e $y = 0$ m a 5 m; descreva qualitativamente o campo de escoamento.

SOLUÇÃO Para determinado campo de velocidade, a(s) posição(ões) do(s) ponto(s) de estagnação deve(m) ser determinada(s). Vários vetores velocidade devem ser desenhados e o campo da velocidade deve ser descrito.

Hipóteses **1** O escoamento é estacionário e incompressível. **2** O escoamento é bidimensional, implicando em um componente z nulo de velocidade e nenhuma variação de u ou v com z.

(continua)

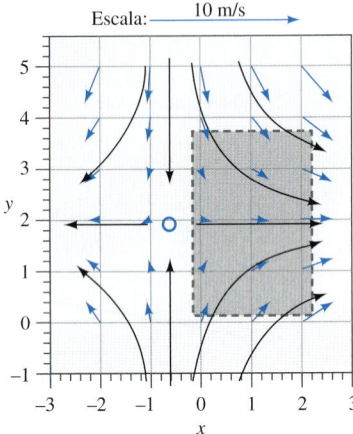

FIGURA 4–4 Vetores velocidade (setas azuis) do campo de velocidade do Exemplo 4–1. A escala é mostrada pela seta no topo da figura e as curvas sólidas pretas representam as formas aproximadas de algumas linhas de corrente, com base nos vetores de velocidade calculados. O ponto de estagnação é indicado pelo círculo azul. A região sombreada representa uma parte do campo de escoamento que pode aproximar o escoamento na vizinhança de uma entrada (Fig. 4–5).

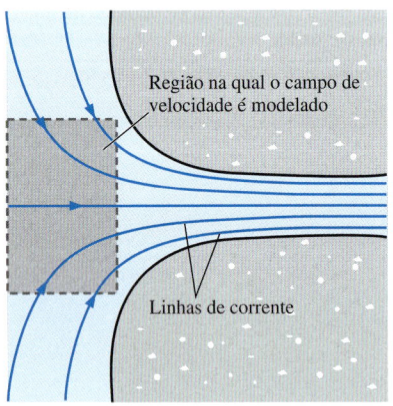

FIGURA 4–5 Campo de escoamento próximo à entrada em forma de boca de sino de uma represa hidroelétrica; uma parte do campo de velocidade do Exemplo 4–1 pode ser usada como aproximação de primeira ordem para esse campo de escoamento físico. A região sombreada corresponde àquela da Fig. 4–4.

(continuação)

Análise (*a*) Como $\vec{V}$ é um vetor, *todas* as suas componentes devem ser iguais a zero para que o próprio $\vec{V}$ seja zero. Usando a Equação 4–4 e considerando a Equação 1 igual a zero:

Ponto de estagnação:
$$u = 0{,}5 + 0{,}8x = 0 \quad \rightarrow \quad x = -0{,}625 \text{ m}$$
$$v = 1{,}5 - 0{,}8y = 0 \quad \rightarrow \quad y = 1{,}875 \text{ m}$$

Sim. Existe um ponto de estagnação localizado em ***x = −0,625 m, y = 1,875 m***.

(*b*) As componentes *x* e *y* da velocidade são calculadas com a Equação 1 para vários locais (*x, y*) da região especificada. Por exemplo, no ponto ($x = 2$ m, $y = 3$ m), $u = 2{,}10$ m/s e $v = -0{,}900$ m/s. O módulo da velocidade (magnitude da *velocidade*) nesse ponto é 2,28 m/s. Nesse e em uma variedade de outros locais, o vetor velocidade é construído com suas duas componentes e os resultados são mostrados na Fig. 4–4. O escoamento pode ser descrito como um escoamento de ponto de estagnação, no qual o escoamento entra pelas partes superior e inferior e se espalha para a direita e esquerda em relação a uma linha horizontal de simetria em $y = 1{,}875$ m. O ponto de estagnação em (*a*) é indicado pelo círculo azul na Fig. 4–4.

Se olharmos apenas a parte sombreada da Fig. 4–4, esse campo de escoamento modela um escoamento convergente com aceleração da esquerda para a direita. Tal escoamento pode ser encontrado, por exemplo, próximo à entrada submersa em forma de boca de sino de uma represa hidroelétrica (Fig. 4–5). A parte útil do campo de velocidade dado pode ser vista como uma aproximação de primeira ordem para a parte sombreada do campo de escoamento físico da Fig. 4–5.

Discussão É possível verificar com o material do Capítulo 9 que esse campo de escoamento é fisicamente válido porque satisfaz a equação diferencial da conservação de massa.

Campo de aceleração

No estudo da termodinâmica você deve ter visto que as leis fundamentais de conservação (como conservação de massa e a primeira lei da termodinâmica) são expressas para um *sistema* de identidade fixa (também chamado de *sistema fechado*). Nos casos em que a análise de um *volume de controle* (também chamado de *sistema aberto*) for mais conveniente do que a análise de sistema, é preciso reescrever essas leis fundamentais de forma que possam ser aplicadas a um volume de controle. O mesmo princípio se aplica aqui. Na verdade, existe uma analogia direta entre sistemas *versus* volumes de controle na termodinâmica e as descrições lagrangeana *versus* euleriana na dinâmica dos fluidos. As equações do movimento do escoamento de fluidos (como a segunda lei de Newton) são escritas para uma partícula de fluido, que tambem chamamos de **partícula material**. Se tivéssemos que seguir o movimento de uma determinada partícula de fluido pelo escoamento, estaríamos usando a descrição lagrangiana e as equações do movimento seriam diretamente aplicáveis. Por exemplo, definiríamos o local da partícula no espaço em termos de um **vetor posição material** ($x_{\text{partícula}}(t)$, $y_{\text{partícula}}(t)$, $z_{\text{partícula}}(t)$). Entretanto, uma certa manipulação matemática seria necessária para converter as equações de movimento em formas aplicáveis à descrição euleriana.

Considere, por exemplo, a segunda lei de Newton aplicada a nossa partícula de fluido:

Segunda lei de Newton: $$\vec{F}_{\text{partícula}} = m_{\text{partícula}} \vec{a}_{\text{partícula}} \quad (4\text{–}5)$$

onde $\vec{F}_{\text{partícula}}$ é a força resultante que age sobre a partícula de fluido, $m_{\text{partícula}}$ é sua massa e $\vec{a}_{\text{partícula}}$ é sua aceleração (Fig. 4–6). Por definição, a aceleração da partícula de fluido é a derivativa no tempo da velocidade da partícula:

Aceleração de uma partícula de fluido: $\quad \vec{a}_{\text{partícula}} = \dfrac{d\vec{V}_{\text{partícula}}}{dt}$ (4–6)

Entretanto, em qualquer instante de tempo t, a velocidade da partícula é igual ao valor do *campo* de velocidade no local $(x_{\text{partícula}}(t), y_{\text{partícula}}(t), z_{\text{partícula}}(t))$ da partícula, uma vez que a partícula de fluido se movimenta com o fluido, por definição. Em outras palavras, $\vec{V}_{\text{partícula}}(t) \equiv \vec{V}(x_{\text{partícula}}(t), y_{\text{partícula}}(t), z_{\text{partícula}}(t), t)$. Para chegar à derivada de tempo da Equação 4–6, devemos usar a *regra da cadeia*, uma vez que a variável dependente ($\vec{V}$) é uma função de *quatro* variáveis independentes ($x_{\text{partícula}}, y_{\text{partícula}}, z_{\text{partícula}}$ e t),

$$\vec{a}_{\text{partícula}} = \dfrac{d\vec{V}_{\text{partícula}}}{dt} = \dfrac{d\vec{V}}{dt} = \dfrac{d\vec{V}(x_{\text{partícula}}, y_{\text{partícula}}, z_{\text{partícula}}, t)}{dt}$$

$$= \dfrac{\partial \vec{V}}{\partial t}\dfrac{dt}{dt} + \dfrac{\partial \vec{V}}{\partial x_{\text{partícula}}}\dfrac{dx_{\text{partícula}}}{dt} + \dfrac{\partial \vec{V}}{\partial y_{\text{partícula}}}\dfrac{dy_{\text{partícula}}}{dt} + \dfrac{\partial \vec{V}}{\partial z_{\text{partícula}}}\dfrac{dz_{\text{partícula}}}{dt}$$

(4–7)

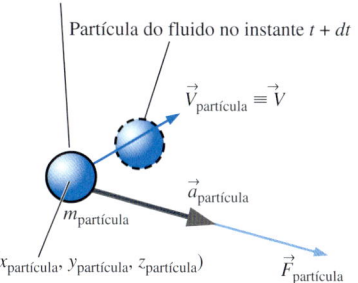

FIGURA 4–6 A segunda lei de Newton aplicada a uma partícula de fluido; o vetor de aceleração (seta preta) fica na mesma direção do vetor de força (seta azul claro), mas o vetor velocidade (seta azul) pode ter uma direção diferente.

Na Equação 4–7, ∂ é o **operador de derivada parcial** e d é o **operador de derivada total**. Considere o segundo termo do lado direito da Equação 4–7. Como a aceleração é definida como aquela obtida seguindo *uma partícula de fluido* (descrição lagrangiana), a taxa de variação da posição x da partícula com relação ao tempo é $dx_{\text{partícula}}/dt = u$ (Fig. 4–7), onde u é a componente x do vetor velocidade definido pela Equação. 4–4. Da mesma forma, $dy_{\text{partícula}}/dt = v$ e $dz_{\text{partícula}}/dt = w$. Além disso, em qualquer instante de tempo considerado, o vetor posição material $(x_{\text{partícula}}, y_{\text{partícula}}, z_{\text{partícula}})$ da partícula de fluido na descrição lagrangiana é igual ao vetor posição (x, y, z) da descrição euleriana. Assim, a Equação 4–7 torna-se:

$$\vec{a}_{\text{partícula}}(x, y, z, t) = \dfrac{d\vec{V}}{dt} = \dfrac{\partial \vec{V}}{\partial t} + u\dfrac{\partial \vec{V}}{\partial x} + v\dfrac{\partial \vec{V}}{\partial y} + w\dfrac{\partial \vec{V}}{\partial z} \quad (4\text{–}8)$$

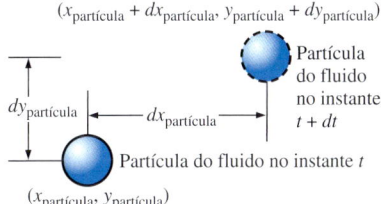

FIGURA 4–7 Ao acompanhar uma partícula de fluido, a componente x da velocidade, u, é definida como $dx_{\text{partícula}}/dt$. Da mesma forma, $v = dy_{\text{partícula}}/dt$ e $w = dz_{\text{partícula}}/dt$. O movimento é mostrado aqui apenas em duas dimensões, por simplicidade.

onde também consideramos que $dt/dt = 1$. Finalmente, em qualquer instante de tempo t, o campo de aceleração da Equação 4–3 deve ser igual à aceleração da partícula de fluido que ocupa o local (x, y, z) naquele instante t, uma vez que a partícula de fluido está, por definição, acelerando com o escoamento do fluido. Dessa forma, *podemos substituir $\vec{a}_{\text{partícula}}$ por $\vec{a}(x, y, z, t)$ nas Equações 4–7 e 4–8 para transformar do sistema de referência lagrangiano para o euleriano*. Na forma vetorial, a Equação 4–8 pode ser escrita como:

Aceleração de uma partícula de fluido expressa como variável de campo:

$$\vec{a}(x, y, z, t) = \dfrac{d\vec{V}}{dt} = \dfrac{\partial \vec{V}}{\partial t} + (\vec{V} \cdot \vec{\nabla})\vec{V} \quad (4\text{–}9)$$

onde $\vec{\nabla}$ é o **operador gradiente** ou o **operador del**, um operador vetorial definido em coordenadas cartesianas como:

Operador gradiente ou del: $\quad \vec{\nabla} = \left(\dfrac{\partial}{\partial x}, \dfrac{\partial}{\partial y}, \dfrac{\partial}{\partial z}\right) = \vec{i}\dfrac{\partial}{\partial x} + \vec{j}\dfrac{\partial}{\partial y} + \vec{k}\dfrac{\partial}{\partial z}$ (4–10)

Em coordenadas cartesianas, portanto, os componentes do vetor aceleração são

Coordenadas cartesianas:

$$a_x = \dfrac{\partial u}{\partial t} + u\dfrac{\partial u}{\partial x} + v\dfrac{\partial u}{\partial y} + w\dfrac{\partial u}{\partial z}$$

$$a_y = \dfrac{\partial v}{\partial t} + u\dfrac{\partial v}{\partial x} + v\dfrac{\partial v}{\partial y} + w\dfrac{\partial v}{\partial z} \quad (4\text{–}11)$$

$$a_z = \dfrac{\partial w}{\partial t} + u\dfrac{\partial w}{\partial x} + v\dfrac{\partial w}{\partial y} + w\dfrac{\partial w}{\partial z}$$

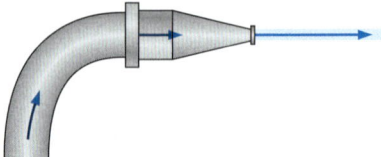

FIGURA 4–8 O escoamento de água através de um bocal de mangueira de jardim ilustra como as partículas de fluido podem acelerar, mesmo no escoamento estacionário. Neste exemplo, a velocidade de saída da água é muito mais alta do que a velocidade da água na mangueira, implicando que as partículas de fluido aceleraram apesar de o escoamento ser estacionário.

O primeiro termo do lado direito da Equação 4–9, $\partial \vec{V}/\partial t$, é chamado de **aceleração local** e é diferente de zero apenas para escoamentos não estacionários. O segundo termo, $(\vec{V} \cdot \vec{\nabla})\vec{V}$, é chamado de **aceleração advectiva** (também chamada de **aceleração convectiva**); *este termo pode ser diferente de zero mesmo para escoamentos estacionários*. Ele representa o efeito de uma partícula de fluido ao se mover (advectiva ou convectivamente) para um novo local no escoamento, onde o campo de velocidade é diferente. Por exemplo, considere o escoamento estacionário da água através do bocal de uma mangueira de jardim (Fig. 4–8). No sistema de referência euleriana, *estacionário* é quando as propriedades em qualquer ponto do campo de escoamento não variam com relação ao tempo. Como a velocidade na saída do bocal é maior do que aquela na entrada do bocal, as partículas de fluido claramente aceleram, embora o escoamento seja estacionário. A aceleração é diferente de zero por conta dos termos da aceleração advectiva da Equação 4–9. Observe que embora o escoamento seja estacionário do ponto de vista de um observador fixo no sistema de referência euleriano, ele *não* é estacionário no sistema de referência lagrangiano, que se move com uma partícula de fluido que entra no bocal e acelera à medida que passa através do mesmo.

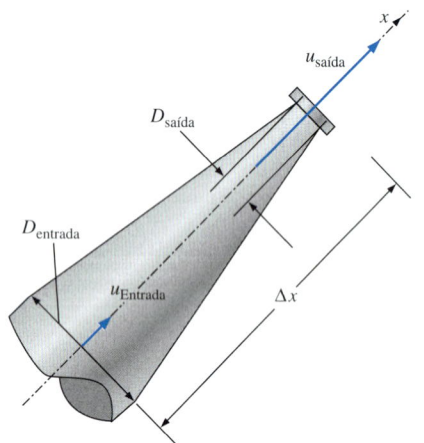

FIGURA 4–9 Escoamento de água através do bocal do Exemplo 4–2.

EXEMPLO 4–2 A aceleração de uma partícula de fluido através de um bocal

Nadeen está lavando seu carro com um bocal semelhante àquele da Fig. 4–8. O bocal tem 3,90 in (0,325 ft) de comprimento, com um diâmetro de entrada de 0,420 in (0,0350 ft) e um diâmetro de saída de 0,182 in (consulte a Fig. 4–9). A vazão de volume através da mangueira de jardim (e através do bocal) é $\dot{V} = 0{,}841$ gal/min (0,00187 ft³/s) e o escoamento é estacionário. Estime o módulo da aceleração de uma partícula de fluido que se movimenta no eixo central do bocal.

SOLUÇÃO A aceleração seguindo uma partícula de fluido no eixo central de um bocal deve ser estimada.

Hipóteses **1** O escoamento é estacionário e incompressível. **2** A direção x é tomada ao longo do eixo central do bocal. **3** Por simetria, $v = w = 0$ ao longo do eixo central, mas u aumenta através do bocal.

Análise O escoamento é estacionário e você pode se sentir tentado a dizer que a aceleração é zero. Entretanto, embora a aceleração local $\partial \vec{V}/\partial t$ seja identicamente zero para este campo de escoamento estacionário, a aceleração advectiva $(\vec{V} \cdot \vec{\nabla})\vec{V}$ não é zero. Primeiramente calculamos a componente x média de velocidade na entrada e saída do bocal, dividindo a vazão de volume pela área da seção transversal:

Velocidade de entrada:

$$u_{\text{entrada}} \cong \frac{\dot{V}}{A_{\text{entrada}}} = \frac{4\dot{V}}{\pi D_{\text{entrada}}^2} = \frac{4(0{,}00187 \text{ ft}^3/\text{s})}{\pi (0{,}0350 \text{ ft})^2} = 1{,}95 \text{ ft/s}$$

Da mesma forma, a velocidade de saída média é $u_{\text{saída}} = 10{,}4$ ft/s. Agora, podemos calcular a aceleração de duas maneiras, com resultados equivalentes. Em primeiro lugar, um simples valor médio de aceleração na direção x é calculado com base na variação da velocidade dividida por uma estimativa do **tempo de residência** de uma partícula de fluido no bocal, $\Delta t = \Delta x/u_{\text{med}}$ (Fig. 4–10). Pela definição fundamental da aceleração como taxa de variação da velocidade,

Método A:

$$a_x \cong \frac{\Delta u}{\Delta t} = \frac{u_{\text{saída}} - u_{\text{entrada}}}{\Delta x/u_{\text{med}}} = \frac{u_{\text{saída}} - u_{\text{entrada}}}{2\Delta x/(u_{\text{saída}} + u_{\text{entrada}})} = \frac{u_{\text{saída}}^2 - u_{\text{entrada}}^2}{2\Delta x}$$

O segundo método usa a equação das componentes do campo de aceleração em coordenadas cartesianas, a Equação 4–11,

Método B: $\quad a_x = \underbrace{\cancel{\frac{\partial u}{\partial t}}}_{\text{Estacionário}} + u\frac{\partial u}{\partial x} + \underbrace{\cancel{v\frac{\partial u}{\partial y}}}_{v=0 \text{ no eixo central}} + \underbrace{\cancel{w\frac{\partial u}{\partial z}}}_{w=0 \text{ no eixo central}} \cong u_{\text{med}}\frac{\Delta u}{\Delta x}$

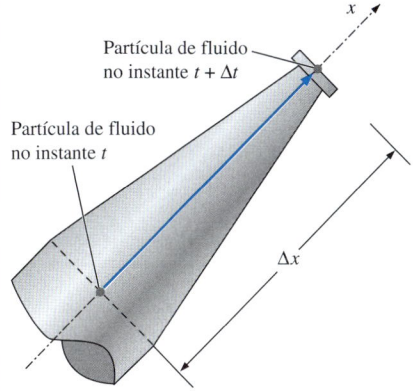

FIGURA 4–10 O *tempo de residência* Δt é definido como o tempo necessário para que uma partícula de fluido percorra todo o bocal da entrada até a saída (distância Δx).

Aqui vemos que apenas um termo advectivo é diferente de zero. Aproximamos a velocidade média através do bocal como a média entre as velocidades de entrada e saída e usamos uma **aproximação por diferença finita de primeira ordem** (Fig. 4–11) para o valor médio da derivada $\partial u/\partial x$ no eixo central do bocal:

$$a_x \cong \frac{u_{\text{saída}} + u_{\text{entrada}}}{2} \frac{u_{\text{saída}} - u_{\text{entrada}}}{\Delta x} = \frac{u_{\text{saída}}^2 - u_{\text{entrada}}^2}{2\,\Delta x}$$

O resultado do método B é idêntico ao do método A. A substituição dos valores dados fornece:

Aceleração axial:

$$a_x \cong \frac{u_{\text{saída}}^2 - u_{\text{entrada}}^2}{2\,\Delta x} = \frac{(10{,}4 \text{ ft/s})^2 - (1{,}95 \text{ ft/s})^2}{2(0{,}325 \text{ ft})} = \mathbf{160 \text{ ft/s}^2}$$

Discussão As partículas de fluido são aceleradas através do bocal com quase cinco vezes a aceleração da gravidade (quase cinco $g's$)! Este exemplo simples ilustra claramente que a aceleração de uma partícula de fluido pode ser diferente de zero, mesmo em escoamento estacionário. Observe que a aceleração, na verdade, é uma **função pontual**, embora tenhamos estimado uma aceleração média simples em todo o bocal.

Derivada material

O operador diferencial total d/dt da Equação 4–9 recebe um nome especial, a **derivada material**; alguns autores também atribuem uma notação especial a ele, D/Dt, para enfatizar que ele é formado ao *seguir uma partícula de fluido à medida que ela se movimenta através do campo de escoamento* (Fig. 4–12). Outros nomes para a derivada material incluem **derivada total**, **de partícula**, **lagrangiana**, **euleriana** e **substancial**.

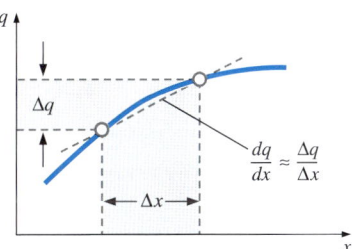

FIGURA 4–11 Uma *aproximação por diferença finita de primeira ordem* para a derivada dq/dx é apenas a variação da variável dependente (q) dividida pela variação da variável independente (x).

Derivada material: $\qquad \dfrac{D}{Dt} = \dfrac{d}{dt} = \dfrac{\partial}{\partial t} + (\vec{V}\cdot\vec{\nabla}) \qquad$ (4–12)

Quando aplicamos a derivada material da Equação 4–12 ao campo de velocidade, o resultado é o campo de aceleração expresso pela Equação 4–9 que, portanto, às vezes é chamado de **aceleração material**.

Aceleração material: $\qquad \vec{a}(x,y,z,t) = \dfrac{D\vec{V}}{Dt} = \dfrac{d\vec{V}}{dt} = \dfrac{\partial \vec{V}}{\partial t} + (\vec{V}\cdot\vec{\nabla})\vec{V} \qquad$ (4–13)

A Equação 4–12 também pode ser aplicada a outras propriedades dos fluidos além da velocidade, tanto escalares quanto vetoriais. Por exemplo, a derivada material da pressão pode ser escrita como:

Derivada material da pressão: $\qquad \dfrac{DP}{Dt} = \dfrac{dP}{dt} = \dfrac{\partial P}{\partial t} + (\vec{V}\cdot\vec{\nabla})P \qquad$ (4–14)

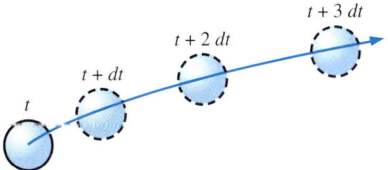

FIGURA 4–12 A derivada material D/Dt é definida acompanhando uma partícula de fluido à medida que ela se movimenta através do campo de escoamento. Nesta ilustração, a partícula de fluido acelera para a direita à medida que se movimenta para cima e para a direita.

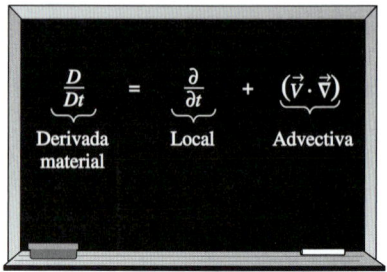

FIGURA 4–13 A derivada material D/Dt é composta de uma parte *local* ou *não estacionária* e de uma parte *convectiva* ou *advectiva*.

A Equação 4–14 representa a taxa de variação da pressão no tempo acompanhando uma partícula à medida que ela se movimenta no escoamento, e contém os componentes local (não estacionário) e advectivo (Fig. 4–13).

EXEMPLO 4–3 Aceleração material de um campo de velocidade estacionário

Considere o campo de velocidade estacionário, incompressível e bidimensional do Exemplo 4–1. (*a*) Calcule a aceleração material no ponto ($x = 2$ m, $y = 3$ m). (*b*) Represente os vetores aceleração material para o mesmo conjunto de valores x e y do Exemplo 4–1.

SOLUÇÃO Para o campo de velocidade dado, o vetor aceleração material deve ser calculado em determinado ponto e então representado graficamente em um conjunto de locais no campo de escoamento.

Hipóteses **1** O escoamento é estacionário e incompressível. **2** O escoamento é bidimensional, implicando em um componente z nulo para a velocidade e nenhuma variação de u ou v com z.

Análise (*a*) Usando o campo de velocidade dado pela Equação 1 do Exemplo 4–1 e a equação para as componentes da aceleração material em coordenadas cartesianas (Equação 4–11), escrevemos as expressões das duas componentes diferentes de zero do vetor aceleração:

$$a_x = \frac{\partial u}{\partial t} + u\frac{\partial u}{\partial x} + v\frac{\partial u}{\partial y} + w\frac{\partial u}{\partial z}$$
$$= 0 + (0{,}5 + 0{,}8x)(0{,}8) + (1{,}5 - 0{,}8y)(0) + 0 = (0{,}4 + 0{,}64x) \text{ m/s}^2$$

e

$$a_y = \frac{\partial v}{\partial t} + u\frac{\partial v}{\partial x} + v\frac{\partial v}{\partial y} + w\frac{\partial v}{\partial z}$$
$$= 0 + (0{,}5 + 0{,}8x)(0) + (1{,}5 - 0{,}8y)(-0{,}8) + 0 = (-1{,}2 + 0{,}64y) \text{ m/s}^2$$

No ponto ($x = 2$ m, $y = 3$ m), $a_x = 1{,}68$ m/s² e $a_y = 0{,}720$ m/s².

(*b*) As equações da parte (*a*) são aplicadas a um conjunto de valores x e y no domínio do escoamento dentro dos limites dados, e os vetores de aceleração estão representados graficamente na Fig. 4–14.

Discussão O campo de aceleração é diferente de zero, embora o escoamento seja *estacionário*. Acima do ponto de estagnação (acima de $y = 1{,}875$ m), os vetores aceleração representados graficamente na Fig. 4–14 apontam para cima, aumentando de módulo a partir desse ponto. À direita do ponto de estagnação (à direita de $x = -0{,}625$ m), os vetores de aceleração apontam para a direita, novamente aumentando de módulo ao se afastar do ponto em questão. Isso corrobora qualitativamente os vetores velocidade da Fig. 4–4 e as linhas de corrente representadas na Fig. 4–14; na parte direita superior do campo de escoamento, as partículas de fluido são aceleradas em direção do canto superior direito e, portanto, giram na direção anti-horária devido à **aceleração centrípeta** na direção do canto superior direito. O escoamento abaixo de $y = 1{,}875$ m é uma imagem especular do escoamento acima da reta de simetria, e o escoamento à esquerda de $x = -0{,}625$ m é uma imagem especular do escoamento à direita dessa reta de simetria.

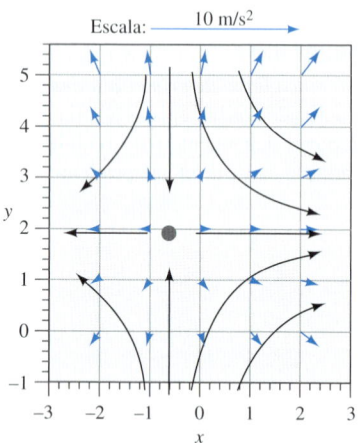

FIGURA 4–14 Vetores de aceleração (setas azuis) para o campo de velocidade dos Exemplos 4–1 e 4–3. A escala é mostrada pela seta no topo da figura, e as curvas sólidas de cor preta representam as formas aproximadas de algumas linhas de corrente, com base nos vetores de velocidade calculados (ver Fig. 4–4). O ponto de estagnação é indicado pelo círculo preto.

4–2 PADRÕES DE ESCOAMENTO E VISUALIZAÇÃO DE ESCOAMENTOS

Embora o estudo quantitativo da dinâmica dos fluidos exija matemática avançada, é possível aprender muito com a **visualização do escoamento** – o exame visual das características do campo de escoamento. A visualização do escoamento não é apenas útil em experimentos físicos (Fig. 4–15), mas também em soluções numéricas [**dinâmica de fluidos computacional (DFC)**]. Na verdade, a primeira coisa que um engenheiro faz após obter uma solução numérica com DFC é simular alguma forma de visualização do escoamento, para poder ver o "quadro geral", em vez de apenas uma lista de números e dados quantitativos. Por quê? Porque a mente humana foi feita para processar rapidamente uma quantidade incrível de informações visuais; como dizem, uma figura vale mil palavras. Existem muitos tipos de padrões de escoamento que podem ser visualizados, seja fisicamente (experimentalmente) e/ou computacionalmente.

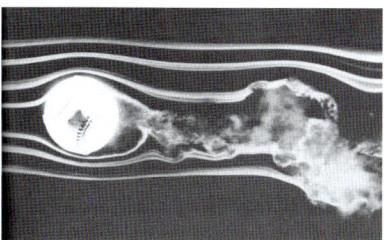

FIGURA 4–15 Bola de beisebol girando. O falecido F. N. M. Brown dedicou muitos anos ao desenvolvimento e uso da visualização por fumaça em túneis de vento na Universidade de Notre Dame. Aqui a velocidade de escoamento é de cerca de 77 ft/s e a bola gira a 630 rpm.

Foto cedida por cortesia de T. J. Mueller.

Linhas de corrente e tubos de corrente

> Uma **linha de corrente** é uma curva tangente em todos os pontos ao vetor velocidade local instantânea.

Linhas de corrente são úteis como indicadores da direção instantânea do movimento do fluido em todo o campo de escoamento. Por exemplo, as regiões de escoamento de recirculação e de separação de um fluido de uma parede sólida são facilmente identificadas pelo padrão das linhas de corrente. Essas linhas não podem ser observadas experimentalmente, exceto nos campos de escoamento estacionário, nos quais elas coincidem com as linhas de trajetória e de emissão, discutidas a seguir. Matematicamente, porém, podemos escrever uma expressão simples para uma linha de corrente com base em sua definição.

Considere um comprimento de arco infinitesimal $d\vec{r} = dx\vec{i} + dy\vec{j} + dz\vec{k}$ ao longo de uma linha de corrente; $d\vec{r}$ deve ser paralelo ao vetor velocidade local $\vec{V} = u\vec{i} + v\vec{j} + w\vec{k}$, segundo a definição de linha de corrente. Por meio de argumentos geométricos simples, usando relações entre triângulos semelhantes, sabemos que as componentes de $d\vec{r}$ devem ser proporcionais àquelas de $\vec{V}$ (Fig. 4–16). Assim,

Equação de uma linha de corrente:
$$\frac{dr}{V} = \frac{dx}{u} = \frac{dy}{v} = \frac{dz}{w} \qquad (4\text{–}15)$$

onde dr é o comprimento de $d\vec{r}$ e V é a velocidade escalar, o módulo de $\vec{V}$. Na Figura 4–16, a Equação 4–15 é ilustrada em duas dimensões por simplicidade. Para um campo de velocidade conhecido podemos integrar a Equação 4–15 para obter as equações das linhas de corrente. Em duas dimensões (x, y), (u, v), a seguinte equação diferencial é obtida:

Linha de corrente no plano xy:
$$\left(\frac{dy}{dx}\right)_{\text{ao longo de uma linha de corrente}} = \frac{v}{u} \qquad (4\text{–}16)$$

Em alguns casos simples a Equação 4–16 pode ser resolvida analiticamente; mas, em caso geral, ela deve ser resolvida numericamente. Em ambos os casos, uma constante arbitrária de integração aparece. A *família* de curvas que satisfaz a Equação 4–16 representa as linhas de corrente do campo de escoamento.

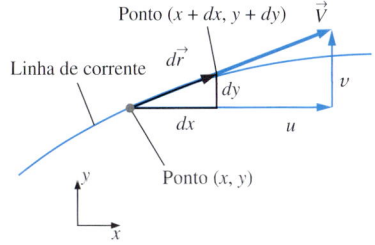

FIGURA 4–16 Para escoamentos bidimensionais no plano xy, o comprimento de arco $d\vec{r} = (dx, dy)$ ao longo de uma *linha de corrente* é tangente ao vetor velocidade instantânea local $\vec{V} = (u, v)$ em todos os pontos.

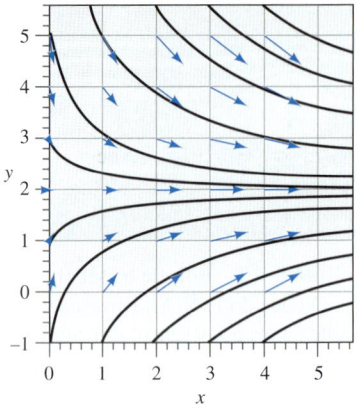

FIGURA 4–17 As linhas de corrente (curvas pretas grossas) do campo de velocidade do Exemplo 4–4; os vetores velocidade da Fig. 4–4 (setas azuis) são superpostos para comparação.

EXEMPLO 4–4 Linhas de corrente no plano *xy* – uma solução analítica

Para o campo de velocidade bidimensional, incompressível e estacionário do Exemplo 4–1 trace várias linhas de corrente na metade direita do escoamento ($x > 0$) e as compare aos vetores velocidade da Fig. 4–4.

SOLUÇÃO Uma expressão analítica das linhas de corrente deve ser gerada e representada graficamente no quadrante direito superior.

Hipóteses **1** O escoamento é estacionário e incompressível. **2** O escoamento é bidimensional, implicando em componente *z* nula para a velocidade e nenhuma variação de *u* ou *v* com *z*.

Análise A Equação 4–16 se aplica aqui e, portanto, ao longo de uma linha de corrente:

$$\frac{dy}{dx} = \frac{v}{u} = \frac{1,5 - 0,8y}{0,5 + 0,8x}$$

Resolvemos essa equação diferencial por separação das variáveis:

$$\frac{dy}{1,5 - 0,8y} = \frac{dx}{0,5 + 0,8x} \rightarrow \int \frac{dy}{1,5 - 0,8y} = \int \frac{dx}{0,5 + 0,8x}$$

Após desenvolver os cálculos (o que deixamos para o leitor), escrevemos *y* como uma função de *x* ao longo de uma linha de corrente:

$$y = \frac{C}{0,8(0,5 + 0,8x)} + 1,875$$

onde *C* é uma constante de integração que pode assumir diversos valores para traçar as linhas de corrente. A Fig. 4–17 mostra várias linhas de corrente do campo de escoamento dado.

Discussão Os vetores de velocidade da Fig. 4–4 são superpostos às linhas de corrente da Fig. 4–17; a concordância é excelente no sentido de que os vetores velocidade apontam em direções tangentes às linhas de corrente em todos os pontos. Observe que a velocidade escalar não pode ser determinada diretamente somente a partir das linhas de corrente.

Um **tubo de corrente** consiste em um conjunto de linhas de corrente (Fig. 4–18), assim como um cabo de comunicação consiste em um conjunto de cabos de fibra ótica. Como as linhas de corrente são paralelas em todos os pontos à velocidade local, o fluido não pode cruzar uma linha de corrente, por definição. Por extensão, o *fluido dentro de um tubo de corrente deve permanecer lá e não pode cruzar a fronteira do tubo de corrente*. Deve ser levado em consideração que ambas as linhas e tubos de corrente são quantidades instantâneas, definidas em um determinado instante no tempo, de acordo com o campo de velocidade naquele instante. Em um *escoamento não estacionário*, o padrão das linhas de corrente pode variar significativamente com o tempo. No entanto, a qualquer instante, a vazão de massa através de qualquer corte seccional de um determinado tubo de corrente deve permanecer a mesma. Por exemplo, em uma parte convergente de um campo de escoamento incompressível, o diâmetro do tubo de corrente deve diminuir à medida que a velocidade aumenta, de modo a conservar a massa (Fig. 4–19a). Da mesma forma, o diâmetro do tubo de corrente aumenta em pontos divergentes de um escoamento incompressível (Fig. 4–19b).

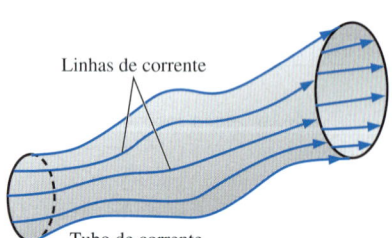

FIGURA 4–18 Um *tubo de corrente* consiste de um conjunto de linhas de corrente individuais.

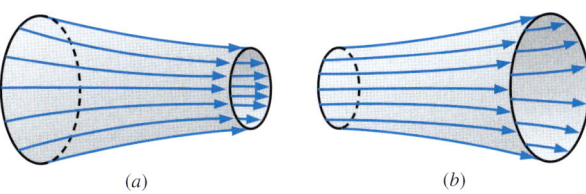

FIGURA 4–19 Em um campo de escoamento incompressível, um tubo de corrente (*a*) diminui de diâmetro à medida que o escoamento acelera ou converge e (*b*) aumenta de diâmetro à medida que o escoamento desacelera ou diverge.

Linhas de trajetória

Uma **linha de trajetória** é a trajetória real percorrida por uma partícula individual de fluido em um determinado período de tempo.

As linhas de trajetória são o padrão de escoamento mais fácil de entender. Uma linha de trajetória é um conceito lagrangiano, pois apenas seguimos o caminho de uma partícula individual de fluido à medida que ela se movimenta ao longo do campo de escoamento (Fig. 4–20). Assim, uma linha de trajetória é igual ao vetor de posição material da partícula de fluido ($x_{\text{partícula}}(t), y_{\text{partícula}}(t), z_{\text{partícula}}(t)$), discutido na Seção 4–1, acompanhado por algum intervalo de tempo finito. Em uma experiência física, você pode imaginar uma partícula de fluido sinalizadora marcada de alguma forma – seja por cor ou brilho – de forma que possa ser facilmente diferenciada das partículas de fluido vizinhas. Agora, imagine uma câmera com o obturador aberto por determinado período, $t_{\text{início}} < t < t_{\text{final}}$, no qual a trajetória da partícula é registrada; a curva resultante é chamada de linha de trajetória. Um exemplo intrigante é mostrado na Fig. 4–21 para o caso de ondas que se movimentam na superfície da água de um tanque. **Partículas sinalizadoras** neutramente flutuantes brancas estão suspensas na água, e uma fotografia de longa exposição é tirada durante um período de onda completo. O resultado são linhas de trajetória de forma elíptica, mostrando que as partículas de fluido agitam-se para cima e para baixo e para frente e para trás, mas retornam à posição original após a conclusão de um período de onda; não existe um movimento resultante para frente. Você já deve ter experimentado algo semelhante ao boiar para cima e para baixo nas ondas do mar.

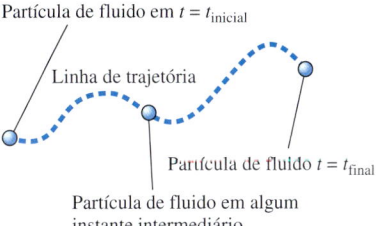

FIGURA 4–20 Uma *linha de trajetória* é formada seguindo a trajetória real de uma partícula de fluido.

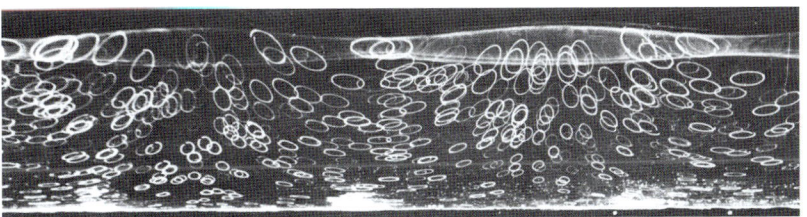

FIGURA 4–21 Linhas de trajetória produzidas pelas partículas sinalizadoras brancas suspensas na água e capturadas por uma fotografia de longa exposição; à medida que as ondas passam na horizontal, cada partícula se movimenta em uma trajetória elíptica durante um período de onda.

Wallet, A. & Ruellan, F. 1950, La Houille Blanche 5:483–489. Usado com permissão.

Uma técnica experimental moderna chamada **velocimetria por imagem de partícula** (**PIV**, *particle image velocimetry*) utiliza as linhas de trajetória de partículas para medir o campo de velocidade ao longo de todo o plano em um escoamento (Adrian, 1991). (Avanços recentes também estendem a técnica para três dimensões.) Na PIV, minúsculas partículas sinalizadoras estão suspensas no fluido, como na Fig. 4–21. Entretanto, o escoamento é iluminado por dois raios de luz (em geral de um laser, como na Fig. 4–22) para produzir dois pontos brilhantes na película ou fotosensor para cada partícula móvel. Assim, tanto o módulo quanto a direção do vetor velocidade na localização de cada partícula pode ser inferido, assumindo que as partículas sinalizadoras sejam suficientemente pequenas para que se movam com o fluido. A moderna fotografia digital e os computadores mais rápidos permitiram que a PIV fosse executada com rapidez suficiente para que as características *não estacionárias* de um campo de escoamento também pudessem ser medidas. A PIV é discutida com mais detalhes no Capítulo 8.

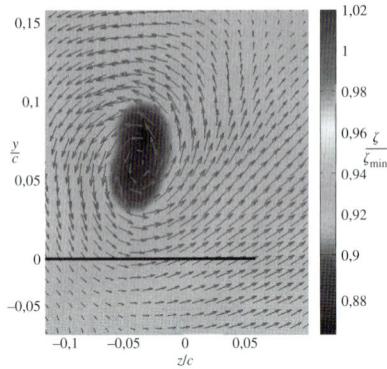

FIGURA 4–22 Medições de PIV estéreo do vórtice de ponta de asa na esteira de um aerofólio NACA-66 com ângulo de ataque. Contornos de diferentes cores denotam a vorticidade local, normalizada pelo valor mínimo, como indicado no mapa de cores. Vetores denotam movimento de fluido no plano de medição. A linha preta indica a localização do bordo de fuga a montante. As coordenadas são normalizadas pela corda do aerofólio e a origem é a raiz da asa.

Foto de Michael H. Krane, ARL-Penn State.

As linhas de trajetória também podem ser calculadas numericamente para um campo de velocidade conhecido. Especificamente, a posição da partícula sinalizadora é integrada ao longo do tempo a partir de uma posição inicial $\vec{x}_{inicial}$ e tempo inicial $t_{inicial}$ até algum momento posterior t.

A posição da partícula sinalizadora no instante t:

$$\vec{x} = \vec{x}_{inicial} + \int_{t_{inicial}}^{t} \vec{V}\,dt \qquad (4\text{–}17)$$

Quando a Equação 4–17 é calculada para t entre $t_{inicial}$ e t_{final}, uma representação gráfica de $\vec{x}(t)$ é a linha de trajetória da partícula de fluido durante aquele intervalo de tempo, como ilustra a Fig. 4–20. Para alguns campos de escoamento simples, a Equação 4–17 pode se integrada analiticamente. Para escoamentos mais complexos, devemos fazer uma integração numérica.

Se o campo da velocidade é estacionário, as partículas individuais de fluido seguirão as linhas de corrente. Assim, para *escoamento estacionário, as linhas de trajetória são idênticas às linhas de corrente.*

Linhas de emissão

Uma **linha de emissão** é o conjunto das posições das partículas de fluido que passaram sequencialmente através de um determinado ponto do escoamento.

As linhas de emissão são o padrão de escoamento mais comum gerado em um experimento físico. Se você inserir um pequeno tubo em um escoamento e introduzir uma corrente de fluido sinalizador (tinta em um escoamento de água ou fumaça em um escoamento de ar), o padrão observado é uma linha de emissão. A Figura 4–23 mostra um sinalizador sendo injetado em um escoamento de corrente livre contendo um objeto, como o nariz de uma asa. Os círculos representam as partículas individuais do fluido sinalizador injetado liberadas em intervalos de tempo uniformes. À medida que essas partículas são forçadas para fora do caminho do objeto, elas aceleram ao redor do ombro do objeto, como indica a maior distância entre as partículas sinalizadoras individuais naquela região. A linha de emissão é formada conectando todos os círculos em uma curva suave. Em experimentos físicos em um túnel de vento ou água, a fumaça ou tinta é injetada *continuamente*, não como partículas individuais, e o padrão de escoamento resultante é, por definição, uma linha de emissão. Na Fig. 4–23, a partícula sinalizadora 1 foi liberada em um instante anterior ao da partícula 2 e assim por diante. A posição de uma partícula sinalizadora individual é determinada pelo campo de velocidade em torno dela partir do instante de sua injeção no escoamento até o instante atual. Se o escoamento é não estacionário, o campo de velocidade na vizinhança muda e não podemos esperar que a linha de emissão resultante se pareça com uma linha de corrente ou com uma linha de trajetória em nenhum instante dado. Entretanto, *se o escoamento é estacionário, as linhas de corrente, as linhas de trajetória e as linhas de emissão são idênticas* (Fig. 4–24).

Com frequência as linhas de emissão são confundidas com linhas de corrente ou linhas de trajetória. Embora os três padrões de escoamento sejam idênticos no escoamento estacionário, elas podem ser bem diferentes no escoamento não estacionário. A principal diferença é que uma linha de corrente representa um padrão de escoamento *instantâneo* em um determinado instante de tempo, enquanto as linhas de emissão e de trajetória têm alguma *idade* e, portanto, um *histórico de tempo* associado a elas. Uma linha de emissão é um instantâneo de um padrão de escoamento *integrado no tempo*. Uma linha de trajetória, por outro lado, é uma fotografia de *longa exposição* da trajetória de uma partícula individual no escoamento por algum período de tempo.

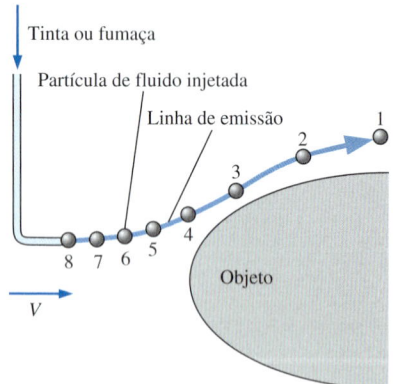

FIGURA 4–23 Uma *linha de emissão* é formada pela introdução contínua de tinta ou fumaça em um ponto do escoamento. As partículas sinalizadoras rotuladas (1 a 8) foram introduzidas sequencialmente.

A propriedade de integração no tempo das linhas de emissão é bem ilustrada em um experimento de Cimbala et al. (1988), reproduzido aqui na Fig. 4–25. Os autores usaram **fio de fumaça** para a visualização do escoamento em um túnel de vento. Em operação, o fio de fumaça é um fio vertical fino coberto com óleo mineral. O óleo se divide em anéis ao longo do comprimento do fio devido aos efeitos da tensão superficial. Quando uma corrente elétrica aquece o fio, cada pequeno anel de óleo gera uma linha de emissão de fumaça. Na Fig. 4–25a, as linhas de emissão são introduzidas a partir de um fio de fumaça localizado a jusante de um cilindro circular de diâmetro D normal ao plano de visão. (Quando várias linhas de emissão são introduzidas ao longo de uma reta, como na Fig. 4–25, são chamadas de **fileira** de linhas de emissão.) O número de Reynolds do escoamento é $Re = \rho VD/\mu = 93$. Devido aos **vórtices** não estacionário lançados em um padrão alternado a partir do cilindro, a fumaça se reúne em um padrão claramente definido chamado de **esteira de vórtices de von Kármán**. Um padrão semelhante de escoamento pode ser visto em uma escala muito maior no escoamento de ar na esteira de uma ilha (Fig. 4-26).

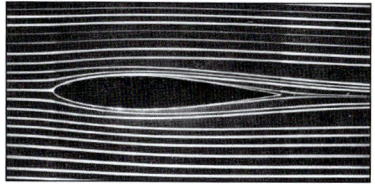

FIGURA 4–24 Linhas de emissão produzidas por fluido colorido introduzido a montante; como o escoamento é estacionário, essas linhas de emissão são iguais às linhas de corrente e linhas de trajetória.

Cortesia ONERA. Fotografia de Werlé.

A partir somente da Fig. 4–25a, seria possível pensar que os vórtices lançados continuam existindo por várias centenas de diâmetros a jusante do cilindro. Entretanto, o padrão da linha de emissão dessa figura é enganoso! Na Fig. 4–25b, o fio de fumaça é colocado 150 diâmetros à jusante do cilindro. As linhas de emissão resultantes são retas, indicando que os vórtices lançados na verdade já desapareceram nessa distância a jusante. O escoamento é estacionário e paralelo nesse local e não há mais vórtices; a difusão viscosa fez os vórtices adjacentes de sinais opostos se cancelarem em torno dos 100 diâmetros do cilindro. Os padrões da Fig. 4–25a próximos a $x/D = 150$ são apenas *remanescentes* da esteira de vórtices que existia a montante. As linhas de emissão da Fig. 4–25b, porém, mostram as características corretas do escoamento naquele local. As linhas de emissão geradas em $x/D = 150$ são idênticas às linhas de corrente ou linhas de trajetória nessa região de escoamento – linhas retas, quase horizontais – uma vez que o escoamento é então estacionário.

Para um campo de velocidade conhecido, uma linha de emissão pode ser gerada numericamente, embora com alguma dificuldade. É preciso seguir as trajetórias de uma corrente contínua de partículas sinalizadoras desde o instante de sua injeção no escoamento até o instante presente usando a Equação 4–17. Matematicamente, a posição de uma partícula sinalizadora é integrada ao longo do tempo a partir do instante de sua injeção $t_{\text{injeção}}$ até o tempo presente t_{presente}. A Equação 4–17 torna-se:

A posição da partícula sinalizadora integrada:

$$\vec{x} = \vec{x}_{\text{injeção}} + \int_{t_{\text{injeção}}}^{t_{\text{presente}}} \vec{V}\, dt \qquad (4\text{–}18)$$

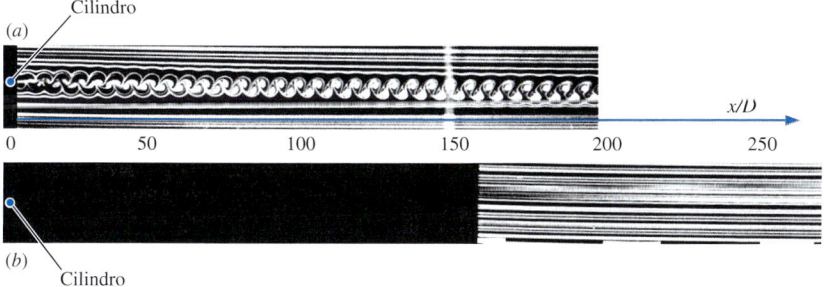

FIGURA 4–25 As linhas de emissão introduzidas por um fio de fumaça em dois locais diferentes na esteira de um cilindro circular: (a) o fio de fumaça logo a jusante do cilindro e (b) o fio de fumaça localizado em $x/D = 150$. A natureza de integração no tempo das linhas de emissão pode ser vista claramente comparando as duas fotos.

Foto de John M. Cimbala.

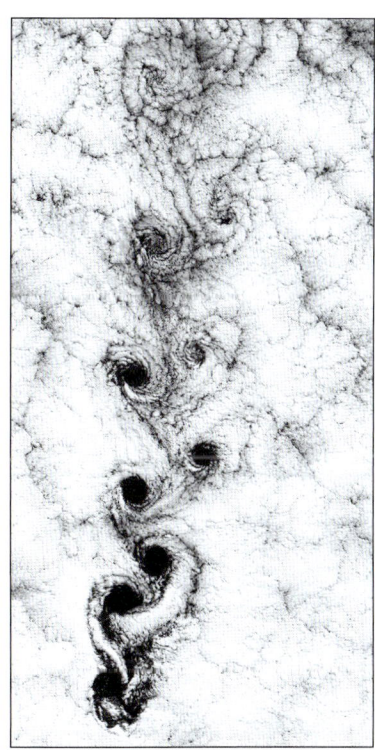

FIGURA 4–26 Vórtices de von Kármán visíveis nas nuvens na esteira da ilha de Alexander Selkirk no Oceano Pacífico sul.

Foto de satélite Landsat 7 WRS Caminho 6 Linha 83, centro: −33,18, −79,99, 15/09/1999, earthobservatory.nasa.gov.

Cortesia NASA

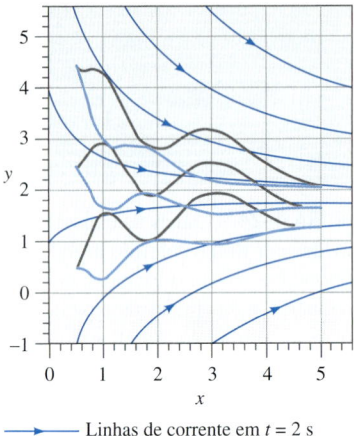

→ Linhas de corrente em $t = 2$ s
— Linhas de trajetória para $0 < t < 2$ s
— Linhas de emissão para $0 < t < 2$ s

FIGURA 4–27 As linhas de corrente, as linhas de trajetória e as linhas de emissão para o campo de velocidade oscilante do Exemplo 4–5. As linhas de emissão e de trajetória são onduladas por conta de seu histórico de integração no tempo, mas as linhas de corrente não são onduladas, uma vez que representam uma fotografia instantânea do campo de velocidade.

Em um escoamento não estacionário complexo, a integração do tempo deve ser executada numericamente à medida que o campo de velocidade muda com o tempo. Quando as posições das partículas sinalizadoras em $t = t_{presente}$ são conectadas por uma curva suave, o resultado é a linha de emissão desejada.

> **EXEMPLO 4–5** Comparação dos padrões em um escoamento não estacionário
>
> Um campo de velocidade bidimensional, incompressível e *não estacionário* é dado por:
>
> $$\vec{V} = (u, v) = (0{,}5 + 0{,}8x)\vec{i} + (1{,}5 + 2{,}5\,\text{sen}(\omega t) - 0{,}8y)\vec{j} \quad (1)$$
>
> onde a frequência angular ω é igual a 2π rad/s (uma frequência física de 1 Hz). Esse campo de velocidade é idêntico ao da Equação 1 do Exemplo 4–1, exceto pelo termo periódico adicional na componente v da velocidade. Na verdade, como o período de oscilação é 1 s, quando o tempo t é qualquer múltiplo inteiro de 1/2 ($t = 0, 1/2, 1, 3/2, 2,...$ s), o termo seno da Equação 1 é zero e o campo de velocidade é instantaneamente idêntico ao do Exemplo 4–1. Fisicamente, imaginamos o escoamento em uma entrada de boca de sino grande que oscila para acima e para abaixo com frequência de 1 Hz. Considere dois ciclos completos de escoamento de $t = 0$ s até $t = 2$ s. Compare as linhas de corrente instantâneas em $t = 2$ s com as linhas de trajetória e linhas de emissão geradas durante o período de $t = 0$ s até $t = 2$ s.
>
> **SOLUÇÃO** As linhas de corrente, de trajetória e de emissão devem ser geradas e comparadas para o campo de velocidade não estacionário dado.
>
> **Hipóteses** 1 O escoamento é incompressível. 2 O escoamento é bidimensional, implicando em uma componente z nula para a velocidade e nenhuma variação de u ou v com z.
>
> **Análise** As linhas de corrente instantâneas em $t = 2$ s são idênticas àquelas da Fig. 4–17, e várias delas são traçadas novamente na Fig. 4–27. Para simular as linhas de trajetória, usamos a técnica de integração numérica Runge–Kutta para variar o tempo de $t = 0$ s a $t = 2$ s, traçando a trajetória das partículas de fluido liberadas em três posições: ($x = 0{,}5$ m, $y = 0{,}5$ m), ($x = 0{,}5$ m, $y = 2{,}5$ m) e ($x = 0{,}5$ m, $y = 4{,}5$ m). Essas linhas de trajetória são mostradas na Fig. 4–27 junto com as linhas de corrente. Finalmente, as linhas de emissão são simuladas seguindo as trajetórias de *muitas* partículas sinalizadoras de fluido liberadas nos três locais determinados nos instantes entre $t = 0$ s e $t = 2$ s, e conectando o local exato de suas posições em $t = 2$ s. Essas linhas de emissão também são traçadas na Fig. 4–27.
>
> **Discussão** Como o escoamento é não estacionário, as linhas de corrente, de trajetória e de emissão *não* são coincidentes. Na verdade, elas diferem significativamente umas das outras. Observe que as linhas de emissão e as linhas de trajetória são onduladas devido ao componente v *ondulatório* da velocidade. Dois períodos completos de oscilação ocorreram entre $t = 0$ s e $t = 2$ s, como pode ser verificado olhando-se cuidadosamente as linhas de trajetória e as linhas de emissão. As linhas de corrente não têm essa ondulação, uma vez que não têm histórico de tempo; elas representam uma fotografia instantânea do campo de velocidade em $t = 2$ s.

Linhas de tempo

Uma **linha de tempo** é um conjunto de partículas de fluido adjacentes que foram marcadas no mesmo instante (anterior) do tempo.

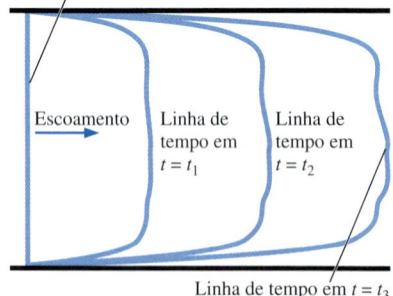

FIGURA 4–28 As linhas de tempo são formadas pela marcação de uma linha de partículas de fluido e, em seguida, observando o movimento (e deformação) da linha através do campo de escoamento; as linhas de tempo são mostradas em $t = 0$, t_1, t_2 e t_3.

As linhas de tempo são particularmente úteis em situações que a uniformidade de um escoamento (ou falta de) deve ser examinada. A Figura 4–28 ilustra as linhas de tempo de um escoamento em um canal entre duas paredes paralelas. Devido ao atrito com as paredes, a velocidade do fluido nesse ponto é zero (condição de não escorregamento), e as partes superior e inferior da linha de tempo são ancoradas em suas posições iniciais. Em regiões de escoamento afastadas das paredes, as partículas de fluido marcadas se movimentam na velocidade local do fluido, deformando a linha de tempo. No exemplo da Fig. 4–28, a velocidade próxima ao centro do canal é bastante uniforme, mas pequenos desvios tendem a aumentar com o tempo à medida que a linha de tempo estica. Linhas de tempo podem ser geradas experimentalmente em um canal de água com o uso de um **fio de bolha de hidrogênio**. Quando um pulso curto de corrente elétrica é enviado através do fio catódico, ocorre a eletrólise da água e minúsculas bolhas de gás hidrogênio se formam no fio. Como as bolhas são muito pequenas, sua flutuação é quase desprezível e as bolhas acompanham bem o escoamento da água (Fig. 4–29).

Técnicas de refração para visualização do escoamento

Outra categoria de visualização do escoamento tem por base a **propriedade de refração** das ondas de luz. Você deve lembrar do estudo da física que a velocidade da luz através de um material pode diferir um pouco da velocidade em outro material ou até no *mesmo* material se a sua densidade variar. À medida que a luz viaja de um fluido para outro com um índice de refração diferente, os raios de luz se curvam (são **refratados**).

Existem duas técnicas primárias de visualização de escoamento que se baseiam no fato de o índice de refração do ar (ou de outros gases) variar com a densidade. Eles são a **técnica do gráfico por sombras** e a **técnica de Schlieren** (Settles, 2001). A **interferometria** é uma técnica de visualização que utiliza a *variação de fase* da luz, à medida que esta passa pelo ar com densidades variadas, como base para a visualização do escoamento e não é discutida aqui (ver Merzkirch, 1987). Todas essas técnicas são úteis para a visualização do escoamento em campos de escoamento onde a densidade varia de um local para outro, como em escoamentos por convecção natural (diferenças de temperatura causam as variações de densidade), mistura de fluidos (as espécies de fluidos causam as variações da densidade) e escoamentos supersônicos (ondas de choque e as ondas de expansão causam as variações da densidade).

Ao contrário das visualizações do escoamento que envolvem linhas de emissão, de trajetória e de tempo, os métodos de gráfico por sombras e de Schlieren não exigem a injeção de um marcador visível (fumaça ou tinta). Ao invés disso,

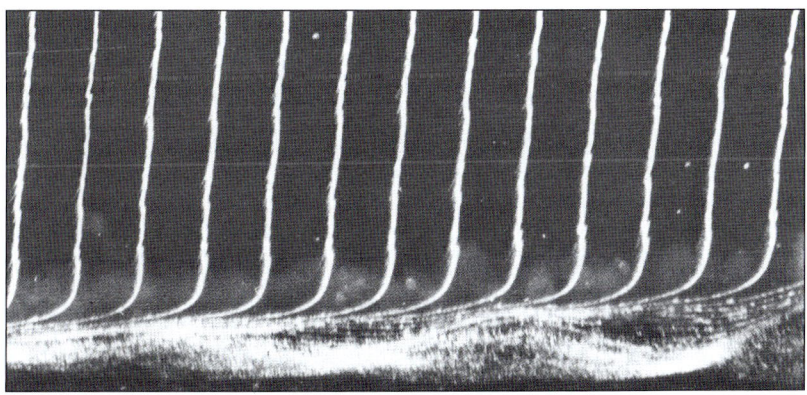

FIGURA 4–29 As linhas de tempo produzidas por um fio de bolhas de hidrogênio são usadas para visualizar a forma do perfil de velocidade da camada limite ao longo de uma placa plana. O escoamento se dá da esquerda para a direita, e o fio de bolhas de hidrogênio está localizado à esquerda do campo de visão. As bolhas próximas à parede revelam uma instabilidade de escoamento que leva à turbulência.

Bippes, H. 1972 Sitzungsber, Heidelb. Akad. Wiss. Math. Naturwiss. Kl., no. 3, 103–180; NASA TM-75243, 1978.

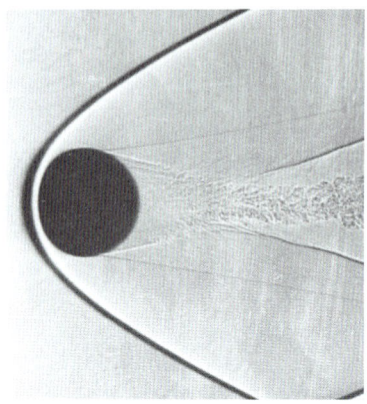

FIGURA 4–30 O gráfico por sombras de uma esfera de 14,3 mm em voo livre através do ar a Ma = 3,0. Uma onda de choque é claramente visível na sombra como uma faixa escura que se curva ao redor da esfera e é chamada de *onda de proa* (veja Capítulo 12).

A. C. Charters, Air Flow Branch, U.S. Army Ballistic Research Laboratory.

as diferenças de densidade e a propriedade refrativa da luz fornecem os meios necessários para visualizar as regiões de atividade do campo de escoamento, nos permitindo "ver o invisível". A imagem (um **gráfico por sombras**) produzida pelo método do gráfico por sombras se forma quando os raios refratados de luz reorganizam a projeção da sombra em uma tela de visualização ou plano focal de câmera, fazendo com que padrões brilhantes ou escuros apareçam na sombra. Padrões escuros indicam o local no qual os raios refratados se *originam,* enquanto padrões brilhantes marcam o local onde esses raios *acabam* e podem ser enganosos. Como resultado, as regiões escuras são menos distorcidas do que as regiões claras e são mais úteis na interpretação do gráfico por sombras. No gráfico por sombras da Fig. 4–30, por exemplo, podemos ter confiança na forma e posição da onda de choque de proa (a faixa escura), mas a luz clara refratada distorceu a parte da frente da sombra da esfera.

Um gráfico por sombras não é uma verdadeira imagem ótica; ele é, afinal de contas, apenas uma sombra. Uma **imagem de Schlieren,** porém, envolve lentes (ou espelhos) e uma lâmina de faca ou outro dispositivo selecionador para bloquear a luz refratada. Essa é uma verdadeira imagem ótica focalizada. A imagem de Schlieren é mais complicada de configurar do que um gráfico por sombras (consulte Settles, 2001, para obter os detalhes), mas tem várias vantagens. Por exemplo, uma imagem de Schlieren não sofre distorção ótica pelos raios de luz refratados, e também é mais sensível a gradientes de densidade fracos, como aqueles causados pela convecção natural (Fig. 4–30) ou por fenômenos graduais, como zonas de expansão no escoamento supersônico. Técnicas de imagem de Schlieren coloridas também foram desenvolvidas. Finalmente, é possível ajustar mais componentes em uma configuração de Schlieren, como o local, a orientação e o tipo de dispositivo selecionador, para produzir uma imagem que seja mais útil para o problema em questão.

Técnicas de visualização do escoamento em superfícies

Por fim, mencionamos brevemente algumas técnicas de visualização de escoamento que são úteis em superfícies sólidas. A direção de um escoamento de fluido imediatamente acima de uma superfície sólida pode ser visualizada com **tufos** – cordões curtos e flexíveis, colados à superfície em uma extremidade, que apontam a direção do escoamento. Os tufos são particularmente úteis para localizar as regiões de separação do escoamento, nas quais a direção do escoamento se reverte repentinamente.

Uma técnica chamada **visualização de óleo em superfície** pode ser usada com a mesma finalidade – o óleo colocado sobre a superfície forma riscas que indicam a direção do escoamento. Se cair uma chuva leve e seu automóvel estiver sujo (particularmente no inverno quando há sal nas estradas dos países onde neva), você já deve perceber riscas ao longo do capô e nas laterais do automóvel, ou mesmo no pára-brisas. Isso é similar ao que observamos na visualização de óleo em superfície.

Finalmente, existem tintas sensíveis à pressão e à temperatura que permitem aos pesquisadores observarem a distribuição da pressão ou da temperatura ao longo das superfícies sólidas.

FIGURA - 4-31 A imagem de Schlieren da convecção natural proveniente de uma churrasqueira.

G. S. Settles, Gas Dynamics Lab, Universidade do Estado da Pennsylvania. Usado com permissão.

4–3 REPRESENTAÇÃO GRÁFICA DOS DADOS DE ESCOAMENTO DE FLUIDOS

Independentemente do modo como os resultados são obtidos (de forma analítica, experimental ou computacional), em geral é preciso *representar graficamente* os dados de escoamento de forma que permitam ao leitor ter uma ideia de como as propriedades de escoamento variam com o tempo e/ou o espaço. Você já deve estar familiarizado com as *representações gráficas de tempo*, as quais são particularmente úteis em escoamentos turbulentos (por exemplo, uma componente da velocidade representada como função do tempo), e as representações gráficas *xy* (por exemplo, a pressão como função do raio). Nesta seção, discutimos três tipos adicionais de representações gráficas úteis na mecânica dos fluidos – gráficos de perfil, gráficos vetoriais e gráficos de contorno.

Gráficos de perfil

Um **gráfico de perfil** indica como o valor de uma propriedade escalar varia ao longo de uma direção escolhida no campo de escoamento.

Os gráficos de perfil são os mais simples de entender pois são como os gráficos *xy* comuns que você faz desde a escola secundária: gráficos de como uma variável *y* varia como função de uma segunda variável *x*. Em mecânica dos fluidos, gráficos de perfil de *qualquer* variável escalar (pressão, temperatura, densidade etc) podem ser criados, mas o mais usado neste livro é o *gráfico de perfil de velocidade*. Observamos que, como a velocidade é uma quantidade vetorial, geralmente traçamos seu módulo ou uma das componentes do vetor de velocidade como função da distância em alguma direção desejada.

Por exemplo, uma das linhas de tempo no escoamento da camada limite da Fig. 4–29 pode ser convertida em um gráfico de perfil de velocidade se reconhecermos que, em determinado instante, a distância horizontal percorrida por uma bolha de hidrogênio em uma posição vertical *y* é proporcional à componente *x* da velocidade *u* local. Traçamos *u* como uma função de *y* na Fig. 4–32. Os valores de *u* para o gráfico também podem ser obtidos analiticamente (ver Capítulos 9 e 10), experimentalmente usando a PIV ou por algum tipo de dispositivo de medição da velocidade local (ver Capítulo 8), ou por computador (ver Capítulo 15). Observe que, neste exemplo, é fisicamente mais significativo representar *u* na *abscissa* (eixo horizontal) ao invés da *ordenada* (eixo vertical), embora ela seja a variável dependente, pois então a posição *y* estará em sua orientação apropriada (para cima) em vez de atravessada.

Finalmente, é comum adicionar setas aos gráficos de perfil de velocidade para que eles tenham mais apelo visual, embora as setas não ofereçam nenhuma informação adicional. Se mais de uma componente da velocidade for representada pela seta, a *direção* do vetor de velocidade local será indicada e o gráfico perfil de velocidade torna-se um gráfico do *vetor* de velocidade.

Gráficos vetoriais

Um **gráfico vetorial** é uma matriz de setas que indicam o módulo e direção de uma propriedade vetorial em um determinado instante de tempo.

Embora as linhas de corrente indiquem a *direção* do campo de velocidade instantâneo, elas não indicam diretamente o *módulo* do vetor velocidade (ou seja, a velocidade). Assim, um padrão de escoamento útil para escoamentos de fluido experimentais e computacionais é o gráfico vetorial, que consiste em uma matriz de setas que indicam tanto o módulo quanto a direção de uma propriedade instantânea vetorial. Já vimos um exemplo de um gráfico vetorial de velocidade na Fig. 4–4 e de um gráfico vetorial de aceleração na Fig. 4–14, ambos gerados analiticamente. Os gráficos vetoriais também podem ser gerados a partir dos dados obtidos experimentalmente (ou seja, das medições da PIV) ou numericamente dos cálculos DFC.

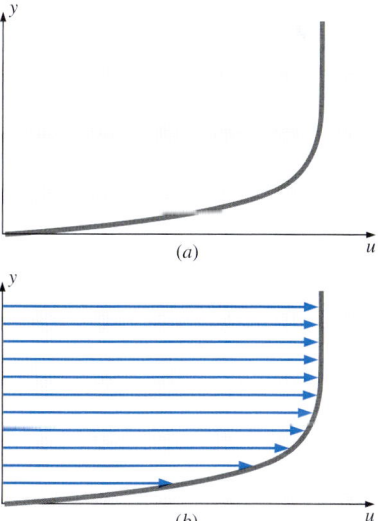

FIGURA 4–32 Os *gráficos de perfil* da componente horizontal da velocidade como função da distância vertical; o escoamento na camada limite cresce ao longo de uma placa plana horizontal. (*a*) Gráfico de perfil padrão e (*b*) gráfico de perfil com setas.

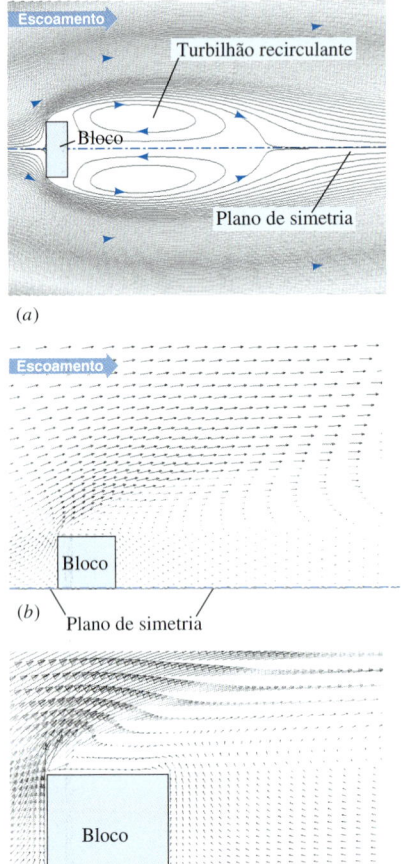

FIGURA 4-33 Os resultados dos cálculos DFC do escoamento incidente em um bloco: (a) linhas de corrente, (b) gráfico vetorial de velocidade da metade superior do escoamento e (c) gráfico vetorial de velocidade, visão mais próxima revelando mais detalhes da região onde ocorre a separação do escoamento.

Para ilustrar melhor os gráficos vetoriais, geramos um campo de escoamento bidimensional que consiste em um escoamento de corrente uniforme incidindo sobre um bloco de seção transversal retangular. Executamos os cálculos DFC e os resultados são mostrados na Fig. 4–33. Observe que esse escoamento é turbulento por natureza, mas apenas os valores médios no tempo são calculados e exibidos aqui. As linhas de corrente são mostradas na Fig. 4–33a; uma visão de todo o bloco e uma parte grande de sua esteira também são mostradas. As linhas de corrente fechadas acima e abaixo do plano de simetria indicam grandes turbilhões recirculantes, um acima e outro abaixo do plano de simetria. Um gráfico vetorial de velocidade é mostrado na Fig. 4–33b. (Apenas a metade superior do escoamento é mostrada por causa da simetria). Esse gráfico deixa claro que o escoamento acelera ao redor do canto a montante do bloco, e prova disso é que a camada limite não consegue vencer o canto agudo e se separa do bloco, produzindo os grandes redemoinhos recirculantes a jusante deste. (Observe que esses vetores velocidade são valores médios no tempo; os vetores instantâneos variam em módulo e direção com o tempo, à medida que os vórtices são emitidos a partir do corpo, como aqueles da Fig. 4–25a.) Uma visão mais próxima da região do escoamento separado é mostrada na Fig. 4–33c, onde verificamos o escoamento reverso na metade inferior do grande redemoinho recirculante.

Os modernos códigos de DFC e pós-processadores podem dar cor a um gráfico vetorial; os vetores podem ser coloridos de acordo com alguma outra propriedade do escoamento, como pressão (vermelho para alta pressão e azul para baixa pressão) ou temperatura (vermelho para quente e azul para frio). Desta forma, pode-se facilmente visualizar, simultaneamente, a magnitude e a direção do escoamento, e outras propriedades.

Gráfico de contornos

> Um **gráfico de contorno** mostra as curvas dos valores constantes de uma propriedade escalar (ou o módulo de uma propriedade vetorial) em determinado instante.

Se você pratica caminhada, já está acostumado aos mapas de contorno das trilhas nas montanhas. Os mapas consistem em uma série de curvas fechadas, cada uma delas indicando uma elevação ou altitude constante. Próximo ao centro de um grupo dessas curvas estará o pico da montanha ou o vale; o pico ou vale real é um *ponto* do mapa, mostrando a elevação mais alta ou mais baixa. Tais mapas são úteis não apenas porque você tem uma visão panorâmica dos riachos e trilhas, entre outros, mas também por poder ver facilmente sua altitude e onde a trilha é plana ou íngreme. Em mecânica dos fluidos, o mesmo princípio se aplica às diversas propriedades escalares do escoamento; gráficos de contorno (também chamados **gráficos de isocurvas**) são gerados para a pressão, temperatura, módulo da velocidade, concentração de espécie, propriedades de turbulência, etc. Um gráfico de contorno pode revelar facilmente regiões com valores altos (ou baixos) da propriedade de escoamento que está sendo estudada.

Um gráfico de contorno pode consistir simplesmente de curvas que indicam os diversos níveis da propriedade, o que é chamado de **gráfico da linha de contorno**. Alternativamente, os contornos podem ser preenchidos com cores ou tons de cinza; isso é chamado de **gráfico de contorno preenchido**. Um exemplo de contornos de pressão é mostrado na Fig. 4–34 para o mesmo escoamento da Fig. 4–33. Na Fig. 4–34a, contornos preenchidos são mostrados usando tons de cinza para identificar regiões com diferentes níveis de pressão – regiões escuras indicam baixa pressão e regiões claras indicam alta pressão. Fica claro, a partir desta figura, que a pressão é mais elevada na face frontal do bloco e mais baixa ao longo da parte superior do bloco, na zona de separação. A pressão também é baixa na esteira do bloco, como esperado. Na Fig. 4–34b, os mesmos contornos de pressão aparecem, mas como um gráfico de linha de contorno com níveis identificados de pressão manométrica em unidades de pascal.

Na DFC os gráficos de contorno em geral são exibidos com cores vibrantes. Normalmente o vermelho indica o valor mais alto do escalar e o azul o mais baixo. Um olho humano saudável pode detectar facilmente uma região vermelha ou azul e, portanto, localizar as regiões nas quais a propriedade de escoamento tem valor alto ou baixo. Devido às bonitas figuras produzidas pela DFC, a dinâmica dos fluidos computacional às vezes recebe o apelido de "dinâmica dos fluidos colorida".

4–4 OUTRAS DESCRIÇÕES CINEMÁTICAS

Tipos de movimento ou deformação dos elementos de fluido

Em mecânica dos fluidos, assim como na mecânica de sólidos, um elemento pode passar por quatro tipos fundamentais de movimento ou deformação, como ilustrado em duas dimensões na Fig. 4–35: (*a*) **translação** (*b*) **rotação** (*c*) **deformação linear** (também chamada de **deformação extensional**) e (*d*) **deformação por cisalhamento**. O estudo da dinâmica dos fluidos complica-se ainda mais pelo fato de que, em geral, todos os quatro tipos de movimento ou deformação ocorrem simultaneamente. Como os elementos de um fluido podem estar em movimento constante, em dinâmica dos fluidos é preferível descrever o movimento e a deformação dos elementos fluidos em termos de *taxas*. Em particular, discutimos a *velocidade* (taxa de translação), a *velocidade angular* (taxa de rotação), a *taxa de deformação linear* e a *taxa de deformação por cisalhamento*. Para que essas **taxas de deformação** sejam úteis no cálculo dos escoamentos de fluidos, devemos expressá-las em termos da velocidade e derivadas da velocidade.

A translação e a rotação são facilmente entendidas, uma vez que são observadas facilmente no movimento das partículas sólidas, como as bolas de bilhar (Fig. 4–1). Um vetor é necessário para descrever totalmente a taxa de translação em três dimensões. O **vetor taxa de translação** é descrito matematicamente como o **vetor velocidade**. Em coordenadas cartesianas

Vetor taxa de translação em coordenadas cartesianas:

$$\vec{V} = u\vec{i} + v\vec{j} + w\vec{k} \qquad (4\text{--}19)$$

Na Fig. 4–35*a*, o elemento fluido se movimentou na direção horizontal positiva (*x*); assim, *u* é positivo, enquanto que *v* e *w* são nulos.

A **taxa de rotação (velocidade angular)** em um ponto é definida como a *taxa de rotação média de duas retas inicialmente perpendiculares que se interceptam nesse ponto*. Na Fig. 4–35*b*, por exemplo, considere o ponto do canto inferior esquerdo do elemento fluido inicialmente quadrado. Os lados esquerdo e inferior do elemento se interceptam nesse ponto e, inicialmente, são perpendiculares. Ambas as retas giram no sentido anti-horário, que é a direção matematicamente positiva. O ângulo entre essas duas retas (ou entre duas retas inicialmente perpendiculares *quaisquer* desse elemento fluido) permanece em 90°, uma vez que a rotação de corpo rígido é ilustrada na figura. Assim, ambas as retas giram com mesma taxa e a taxa de rotação no plano é simplesmente a componente da velocidade angular nesse plano.

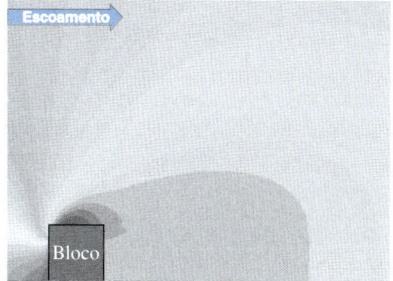

FIGURA 4–34 Gráficos de contornos do campo de pressão devido ao escoamento incidente em um bloco, produzidos pelos cálculos DFC; apenas a metade superior aparece devido à simetria. (*a*) Gráfico de contorno preenchido colorido e (*b*) gráfico de linha de contorno no qual os valores da pressão são exibidos em unidades de pressão manométrica em Pa (pascal).

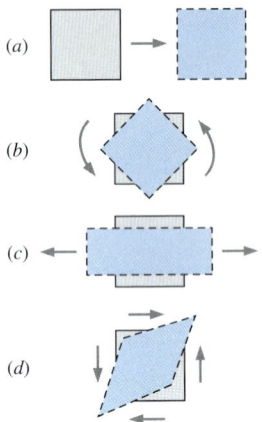

FIGURA 4–35 Tipos fundamentais de movimento ou deformação do elemento de fluido: (*a*) translação (*b*) rotação (*c*) deformação linear e (*d*) deformação de cisalhamento.

Em um caso mais geral, porém ainda bidimensional (Fig. 4–36), a partícula de fluido translada e se deforma à medida que gira, e a taxa de rotação é calculada de acordo com a definição dada no parágrafo anterior. Começamos no instante t_1 com duas retas inicialmente perpendiculares (retas *a* e *b* da Fig. 4–36) que se interceptam no ponto *P* do plano *xy*. Acompanhamos essas retas à medida que elas se movimentam e giram durante um incremento de tempo infinitesimal $dt = t_2 - t_1$.

No instante t_2, a reta *a* girou em um ângulo α_a, e a reta *b* girou em um ângulo α_b, e ambas as retas se movimentaram com o escoamento, como esboçado (ambos os valores dos ângulos são dados em radianos e são mostrados matematicamente positivos no esboço). Assim, o ângulo médio de rotação é $(\alpha_a + \alpha_b)/2$, e a *taxa de rotação* ou velocidade angular no plano *xy* é igual à derivada do tempo desse ângulo de rotação médio:

Taxa de rotação do elemento de fluido com relação ao ponto P da Fig. 4–36:

$$\omega = \frac{d}{dt}\left(\frac{\alpha_a + \alpha_b}{2}\right) = \frac{1}{2}\left(\frac{\partial v}{\partial x} - \frac{\partial u}{\partial y}\right) \quad (4\text{–}20)$$

Deixamos como exercício demonstrar o lado direito da Equação 4–20, onde escrevemos ω em termos das componentes da velocidade u e v em vez dos ângulos α_a e α_b.

Em três dimensões, devemos definir um *vetor* para a taxa de rotação em um ponto do escoamento, uma vez que seu valor pode diferir em cada uma das três dimensões. A dedução do vetor taxa de rotação em três dimensões pode ser encontrada em muitos livros sobre mecânica dos fluidos, como Kundu & Cohen (2011) e White (2005). O **vetor da taxa de rotação** é igual ao **vetor velocidade angular** e é expresso em coordenadas cartesianas como

Vetor taxa de rotação em coordenadas cartesianas:

$$\vec{\omega} = \frac{1}{2}\left(\frac{\partial w}{\partial y} - \frac{\partial v}{\partial z}\right)\vec{i} + \frac{1}{2}\left(\frac{\partial u}{\partial z} - \frac{\partial w}{\partial x}\right)\vec{j} + \frac{1}{2}\left(\frac{\partial v}{\partial x} - \frac{\partial u}{\partial y}\right)\vec{k} \quad (4\text{–}21)$$

A **taxa de deformação linear** é definida como *a taxa de aumento do comprimento por unidade de comprimento*. Matematicamente, a taxa de deformação linear de um elemento de fluido depende da orientação inicial ou da direção do segmento de reta no qual medimos a deformação linear. Assim, não é possível expressá-la como uma quantidade escalar ou vetorial. Em vez disso, definimos a taxa de deformação linear em alguma direção arbitrária, que denotamos por direção x_α. Por exemplo, o segmento de linha *PQ* da Fig. 4–37 tem um comprimento inicial dx_α, e aumenta para o segmento de reta $P'Q'$ como mostrado. Da definição dada e usando os comprimentos marcados na Fig. 4–37, a taxa de deformação linear na direção x_α é

$$\varepsilon_{\alpha\alpha} = \frac{d}{dt}\left(\frac{P'Q' - PQ}{PQ}\right)$$

$$\cong \frac{d}{dt}\left(\frac{\left(u_\alpha + \frac{\partial u_\alpha}{\partial x_\alpha}dx_\alpha\right)dt + dx_\alpha - u_\alpha dt - dx_\alpha}{dx_\alpha}\right) = \frac{\partial u_\alpha}{\partial x_\alpha} \quad (4\text{–}22)$$

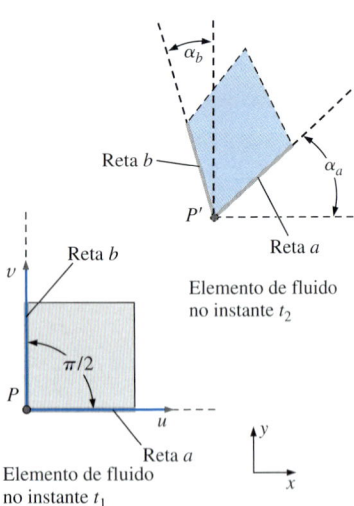

FIGURA 4–36 Para um elemento de fluido que translada e se deforma como na figura, a *taxa de rotação* no ponto *P* é definida como a taxa de rotação média de duas retas inicialmente perpendiculares (retas *a* e *b*).

Em coordenadas cartesianas, normalmente tomamos a direção x_α como a direção de cada um dos três eixos de coordenadas, embora não estejamos restritos a essas direções.

Taxa de deformação linear em coordenadas cartesianas:

$$\varepsilon_{xx} = \frac{\partial u}{\partial x} \quad \varepsilon_{yy} = \frac{\partial v}{\partial y} \quad \varepsilon_{zz} = \frac{\partial w}{\partial z} \quad (4\text{–}23)$$

Para um caso mais geral, o elemento fluido se move e deforma como mostra a Fig. 4–36. Deixamos como exercício mostrar que a Equação 4–23 ainda é válida para o caso geral.

Objetos sólidos como fios, hastes e vigas se esticam quando são puxados. Você deve lembrar do seu estudo de mecânica na engenharia que quando um objeto se estica em uma direção, em geral ele se encolhe na direção ou nas direções normais àquela direção. O mesmo vale para os elementos fluidos. Na Fig. 4–35c, o elemento de fluido originalmente quadrado se estica na direção horizontal e encolhe na direção vertical. A taxa de deformação linear, portanto, é positiva na horizontal e negativa na vertical.

Se o escoamento é *incompressível*, o volume total do elemento fluido deve permanecer constante; portanto, se o elemento se estica em uma direção, ele deve encolher proporcionalmente na outra direção ou direções para compensar. O volume de um elemento de fluido *compressível*, porém, pode aumentar ou diminuir à medida que sua densidade diminui ou aumenta, respectivamente. (A massa de um elemento de fluido deve permanecer constante, mas como $\rho = m/V$, a densidade e o volume são inversamente proporcionais). Considere, por exemplo, uma porção de ar em um cilindro sendo comprimida por um pistão (Fig. 4–38); o volume do elemento de fluido diminui enquanto sua densidade aumenta, de modo que a massa do elemento fluido é conservada. A taxa de aumento do volume de um elemento de fluido por unidade de volume é a sua **taxa de deformação volumétrica** ou **taxa de deformação em volume**. Essa propriedade cinemática é definida como *positiva* quando o volume *aumenta*. Outro sinônimo de taxa de deformação volumétrica é a **taxa de dilatação volumétrica**, que é fácil de lembrar se você pensar sobre como a íris do seu olho dilata (aumenta) quando é exposta a luz fraca. É possível demonstrar que a taxa de deformação volumétrica é a soma das taxas de deformação linear nas três direções mutuamente ortogonais. Em coordenadas cartesianas (Equação 4–23), a taxa de deformação volumétrica é, portanto:

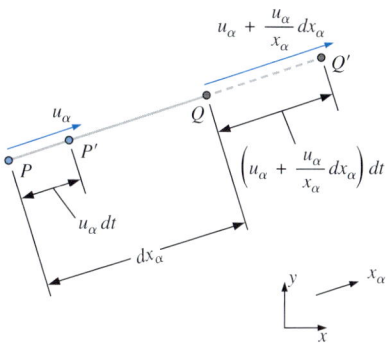

FIGURA 4–37 A *taxa de deformação linear* em alguma direção arbitrária x_α é definida como a taxa de aumento do comprimento por unidade de comprimento naquela direção. A taxa de deformação linear será *negativa* se o comprimento do segmento de reta estiver *diminuindo*. Aqui seguimos o aumento do comprimento do segmento de reta PQ até o segmento de reta $P'Q'$, que resulta em uma taxa de deformação linear positiva. Componentes da velocidade e distâncias são truncadas em primeira ordem, uma vez que dx_α e dt são infinitesimalmente pequenos.

Taxa de deformação volumétrica em coordenadas cartesianas:
$$\frac{1}{V}\frac{DV}{Dt} = \frac{1}{V}\frac{dV}{dt} = \varepsilon_{xx} + \varepsilon_{yy} + \varepsilon_{zz} = \frac{\partial u}{\partial x} + \frac{\partial v}{\partial y} + \frac{\partial w}{\partial z} \qquad (4\text{–}24)$$

Na Equação 4–24, a notação D maiúsculo é usada para enfatizar que estamos falando do volume que *acompanha um elemento de fluido*, ou seja, o *volume material* do elemento de fluido, como na Equação 4–12.

A taxa de deformação volumétrica é zero em um escoamento incompressível.

A taxa de deformação por cisalhamento é uma taxa de deformação mais difícil de descrever e entender. A **taxa de deformação por cisalhamento** em um ponto é definida como *metade da taxa de diminuição do ângulo entre duas retas inicialmente perpendiculares que se interceptam no ponto*. (O motivo para ser metade ficará claro mais tarde, quando combinarmos a taxa de deformação por cisalhamento e a taxa de deformação linear em um único tensor). Na Fig. 4–35d, por exemplo, os ângulos de inicialmente 90° dos cantos inferior esquerdo e superior direito do elemento de fluido quadrado diminuem, o que, por definição, é uma deformação por cisalhamento *positiva*. Entretanto, os ângulos dos cantos superior esquerdo e inferior direito do elemento fluido quadrado aumentam à medida que o elemento fluido inicialmente quadrado se deforma; uma deformação por cisalhamento *negativa*. Obviamente não podemos descrever a taxa de deformação por cisalhamento em termos de apenas uma quantidade escalar ou mesmo em termos de uma quantidade *vetorial*. Em vez disso, uma descrição matemática completa da taxa de deformação por cisalhamento exige sua especifica-

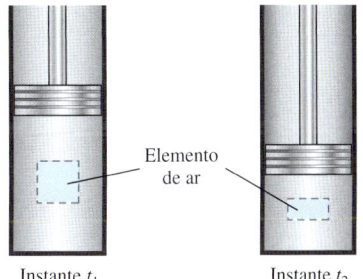

FIGURA 4–38 Ar sendo comprimido por um pistão em um cilindro; o volume de um elemento de fluido no cilindro diminui, correspondendo a uma taxa negativa de dilatação volumétrica.

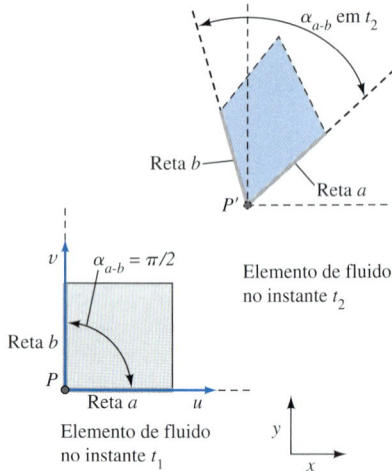

FIGURA 4–39 Para um elemento fluido que translada e se deforma como na figura, a *taxa de deformação por cisalhamento* no ponto P é definida como metade da taxa de diminuição do ângulo entre duas retas inicialmente perpendiculares (retas *a* e *b*).

ção em quaisquer *duas direções mutuamente perpendiculares*. Em coordenadas cartesianas, os próprios eixos são a opção mais óbvia, embora não precisemos nos restringir a eles. Considere um elemento de fluido em duas dimensões no plano *xy*. O elemento translada e se deforma com o tempo como esboçado na Fig. 4–39. Duas retas inicialmente perpendiculares (retas *a* e *b* nas direções *x* e *y*, respectivamente) são acompanhadas. O ângulo entre essas duas linhas diminui de $\pi/2$ (90°) até o ângulo marcado $\alpha_{a\text{-}b}$ em t_2 no esboço. Deixamos como exercício mostrar que a taxa da deformação por cisalhamento no ponto *P* para retas inicialmente perpendiculares nas direções *x* e *y* é dada por:

Taxa de deformação por cisalhamento, retas inicialmente perpendiculares nas direções x e y:

$$\varepsilon_{xy} = -\frac{1}{2}\frac{d}{dt}\alpha_{a\text{-}b} = \frac{1}{2}\left(\frac{\partial u}{\partial y} + \frac{\partial v}{\partial x}\right) \qquad (4\text{-}25)$$

A Equação 4–25 pode ser facilmente estendida para três dimensões. Portanto, a taxa de deformação por cisalhamento é

Taxa de deformação por cisalhamento em coordenadas cartesianas:

$$\varepsilon_{xy} = \frac{1}{2}\left(\frac{\partial u}{\partial y} + \frac{\partial v}{\partial x}\right) \quad \varepsilon_{zx} = \frac{1}{2}\left(\frac{\partial w}{\partial x} + \frac{\partial u}{\partial z}\right) \quad \varepsilon_{yz} = \frac{1}{2}\left(\frac{\partial v}{\partial z} + \frac{\partial w}{\partial y}\right) \qquad (4\text{-}26)$$

Finalmente, podemos combinar matematicamente a taxa de deformação linear e a taxa de deformação por cisalhamento em um tensor simétrico de segunda ordem chamado de **tensor taxa de deformação**, que é uma combinação das Equações 4–23 e 4–26:

Tensor taxa de deformação em coordenadas cartesianas:

$$\varepsilon_{ij} = \begin{pmatrix} \varepsilon_{xx} & \varepsilon_{xy} & \varepsilon_{xz} \\ \varepsilon_{yx} & \varepsilon_{yy} & \varepsilon_{yz} \\ \varepsilon_{zx} & \varepsilon_{zy} & \varepsilon_{zz} \end{pmatrix} = \begin{pmatrix} \dfrac{\partial u}{\partial x} & \dfrac{1}{2}\left(\dfrac{\partial u}{\partial y}+\dfrac{\partial v}{\partial x}\right) & \dfrac{1}{2}\left(\dfrac{\partial u}{\partial z}+\dfrac{\partial w}{\partial x}\right) \\ \dfrac{1}{2}\left(\dfrac{\partial v}{\partial x}+\dfrac{\partial u}{\partial y}\right) & \dfrac{\partial v}{\partial y} & \dfrac{1}{2}\left(\dfrac{\partial v}{\partial z}+\dfrac{\partial w}{\partial y}\right) \\ \dfrac{1}{2}\left(\dfrac{\partial w}{\partial x}+\dfrac{\partial u}{\partial z}\right) & \dfrac{1}{2}\left(\dfrac{\partial w}{\partial y}+\dfrac{\partial v}{\partial z}\right) & \dfrac{\partial w}{\partial z} \end{pmatrix} \qquad (4\text{-}27)$$

O tensor taxa de deformação obedece a todas as leis dos tensores matemáticos, como os invariantes tensoriais, as leis de transformação e dos eixos principais.

A Figura 4–40 mostra uma situação geral (embora bidimensional) em um escoamento de fluido compressível, no qual todos os movimentos e deformações possíveis estão presentes simultaneamente. Em particular, existe translação, rotação, deformação linear e por cisalhamento. Devido à natureza compressível do fluido, também existe deformação volumétrica (dilatação). Com isso deve ter uma melhor apreciação da complexidade inerente da dinâmica dos fluidos e a sofisticação matemática necessária para descrever totalmente o movimento de um fluido.

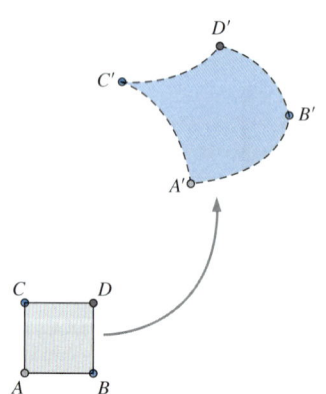

FIGURA 4–40 Um elemento de fluido ilustrando translação, rotação, deformação linear, deformação por cisalhamento e deformação volumétrica.

> **EXEMPLO 4–6** Cálculo das propriedades cinemáticas de um escoamento bidimensional
>
> Considere o campo de velocidade estacionário e bidimensional do Exemplo 4–1:
>
> $$\vec{V} = (u, v) = (0,5 + 0,8x)\vec{i} + (1,5 - 0,8y)\vec{j} \qquad (1)$$
>
> onde os comprimentos estão em unidades de m, o tempo está em s e as velocidades em m/s. Existe um ponto de estagnação em (–0,625, 1,875) como mostra a Fig.

4–41. As linhas de corrente do escoamento também são mostradas nessa figura. Calcule as diversas propriedades cinemáticas, a saber, a taxa de translação, a taxa de rotação, a taxa de deformação linear, a taxa de deformação por cisalhamento e a taxa de deformação volumétrica. Verifique que esse escoamento é incompressível.

SOLUÇÃO Devemos calcular várias propriedades cinemáticas de um determinado campo de velocidade e verificar que o escoamento é incompressível.

Hipóteses **1** O escoamento é estacionário. **2** O escoamento é bidimensional, implicando em componente z nula para a velocidade e nenhuma variação de u ou v com z.

Análise Da Equação 4–19, a taxa de translação é simplesmente o próprio vetor velocidade dado pela Equação 1. Assim

Taxa de translação: $u = \mathbf{0{,}5 + 0{,}8x}$ $v = \mathbf{1{,}5 - 0{,}8y}$ $w = \mathbf{0}$ (2)

A taxa de rotação é dada pela Equação 4–21. Neste caso, como $w = 0$ em todo o escoamento, e como nem u nem v variam com z, a única componente possivelmente não nula da taxa de rotação está na direção z. Assim:

Taxa de rotação: $\vec{\omega} = \dfrac{1}{2}\left(\dfrac{\partial v}{\partial x} - \dfrac{\partial u}{\partial y}\right)\vec{k} = \dfrac{1}{2}(0 - 0)\vec{k} = \mathbf{0}$ (3)

Neste caso, vemos que não há rotação das partículas de fluido à medida que elas se movimentam. (Esta informação é significativa e será discutida com mais detalhes neste capítulo e também no Capítulo 10).

As taxas de deformação linear podem ser calculadas em uma direção arbitrária usando a Equação 4–21. Nas direções x, y e z, as taxas de deformação linear são:

$$\varepsilon_{xx} = \frac{\partial u}{\partial x} = \mathbf{0{,}8 \ s^{-1}} \qquad \varepsilon_{yy} = \frac{\partial v}{\partial y} = \mathbf{-0{,}8 \ s^{-1}} \qquad \varepsilon_{zz} = \mathbf{0} \qquad (4)$$

Assim, prevemos que as partículas de fluido *esticam* na direção x (taxa de deformação linear positiva) e *encolhem* na direção y (taxa de deformação linear negativa). Isso é ilustrado na Fig. 4–42, onde marcamos uma porção inicialmente quadrada de fluido centralizada em (0,25, 4,25). Integrando as Equações 2 no tempo, calculamos a posição dos quatro cantos do fluido marcado após um período de 1,5 s. Sem dúvida, a porção de fluido esticou na direção x e encolheu na direção y, como previsto.

A taxa de deformação por cisalhamento é determinada pela Equação 4–26. Por causa da bidimensionalidade, taxas de deformação por cisalhamento diferentes de zero só podem ocorrer no plano xy. Usando as retas paralelas aos eixos x e y como nossas linhas inicialmente perpendiculares, calculamos ε_{xy}:

$$\varepsilon_{xy} = \frac{1}{2}\left(\frac{\partial u}{\partial y} + \frac{\partial v}{\partial x}\right) = \frac{1}{2}(0 + 0) = \mathbf{0} \qquad (5)$$

Assim, não há deformação por cisalhamento nesse escoamento, como também indicado pela Fig. 4–42. Embora a amostra de fluido do exemplo se deforme, ela permanece retangular; seus ângulos de canto inicialmente de 90° permanecem com 90° durante todo o período do cálculo.

Finalmente, a taxa de deformação volumétrica é calculada com a Equação 4–24:

$$\frac{1}{V}\frac{DV}{Dt} = \varepsilon_{xx} + \varepsilon_{yy} + \varepsilon_{zz} = (0{,}8 - 0{,}8 + 0) \ s^{-1} = \mathbf{0} \qquad (6)$$

Como a taxa de deformação volumétrica é zero em toda a amostra, podemos dizer definitivamente que o volume das partículas de fluido não está se dilatando (expandindo), nem encolhendo (comprimindo). Assim, **verificamos que esse escoamento sem dúvida é incompressível**. Na Fig. 4–42, a área da partícula de fluido sombreada permanece constante (assim como o seu volume, pois o escoamento é bidimensional) à medida que ela se movimenta e deforma no campo de escoamento.

(continua)

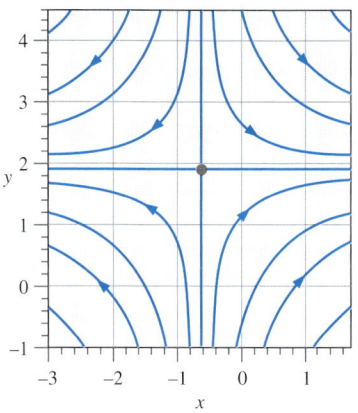

FIGURA 4–41 As linhas de corrente do campo de velocidade do Exemplo 4–6. O ponto de estagnação é indicado pelo círculo em $x = -0{,}625$ m e $y = 1{,}875$ m.

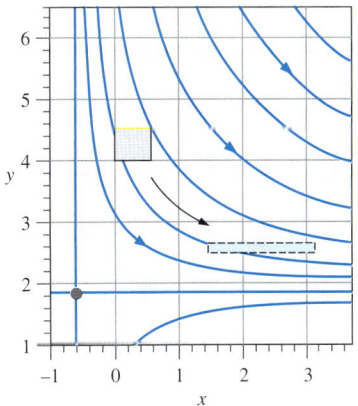

FIGURA 4–42 A deformação de uma parcela inicialmente quadrada de fluido marcado sujeita ao campo de velocidade do Exemplo 4–6 por um, período de 1,5 s. O ponto de estagnação é indicado pelo círculo preto em $x = -0{,}625$ m e $y = 1{,}875$ m e várias linhas de corrente são traçadas.

(continuação)

Discussão Neste exemplo, as taxas de deformação linear (ε_{xx} e ε_{yy}) são diferentes de zero, enquanto que as taxas de deformação por cisalhamento (ε_{xy} e seu simétrico ε_{yx}) são zero. Isso significa que os *eixos x e y desse campo de são os eixos principais*. Assim, o tensor taxa de deformação (bidimensional) nessa orientação é

$$\varepsilon_{ij} = \begin{pmatrix} \varepsilon_{xx} & \varepsilon_{xy} \\ \varepsilon_{yx} & \varepsilon_{yy} \end{pmatrix} = \begin{pmatrix} 0{,}8 & 0 \\ 0 & -0{,}8 \end{pmatrix} s^{-1} \quad (7)$$

Se rodassemos os eixos em um ângulo arbitrário, os novos eixos *não* seriam os eixos principais, e todos os quatro elementos do tensor taxa de deformação seriam diferentes de zero. Você deve se lembrar dos eixos giratórios das aulas de engenharia mecânica no uso dos círculos de Mohr para determinar eixos principais, deformações máximas por cisalhamento, etc. Análises semelhantes podem ser feitas na mecânica dos fluidos.

4-5 VORTICIDADE E ROTACIONALIDADE

Já definimos a taxa do vetor de rotação para um elemento fluido (consultar a Equação 4–21). Uma propriedade cinemática relacionada e de grande importância para a análise dos escoamentos de fluidos é o **vetor vorticidade**, definido matematicamente como o rotacional do vetor de velocidade $\vec{V}$:

Vetor vorticidade: $$\vec{\zeta} = \vec{\nabla} \times \vec{V} = \operatorname{rot}(\vec{V}) \quad (4\text{-}28)$$

Fisicamente, é possível saber a direção do vetor vorticidade usando a regra da mão direita para o produto vetorial (Fig. 4–43). O símbolo ζ usado para a vorticidade é a letra grega *zeta*. Observe que esse símbolo da vorticidade *não* é universal nos livros de mecânica dos fluidos; alguns autores usam a letra grega *omega* (ω) enquanto outros ainda usam a letra *omega* maiúscula (Ω). Neste livro, $\vec{\omega}$ é usado para indicar o vetor taxa de rotação (o vetor da velocidade angular) de um elemento fluido. O vetor taxa de rotação é igual à metade do vetor vorticidade,

Taxa do vetor de rotação: $$\vec{\omega} = \frac{1}{2} \vec{\nabla} \times \vec{V} = \frac{1}{2} \operatorname{rot}(\vec{V}) = \frac{\vec{\zeta}}{2} \quad (4\text{-}29)$$

Assim, a *vorticidade é uma medida da rotação de uma partícula fluida*. Especificamente:

> A **vorticidade** é igual ao dobro da velocidade angular de uma partícula de fluido (Fig. 4–44).

Se a vorticidade em um ponto de um campo de escoamento é diferente de zero, a partícula de fluido que ocupa aquele ponto no espaço está girando, e o escoamento naquela região é chamado de **rotacional**. Da mesma forma, se a vorticidade em uma região do escoamento é zero (ou tão pequena a ponto de ser desprezada), as partículas fluidas dessa região não estão girando, e o escoamento da região é chamado de **irrotacional**. Fisicamente, as partículas de fluido de uma região rotacional do escoamento giram lado a lado à medida que se movem ao longo do escoamento Por exemplo, as partículas de fluido na camada limite viscosa próxima a uma parede sólida são rotacionais (e, portanto, têm vorticidade diferente de zero), enquanto que as partículas de fluido fora da camada limite são irrotacionais (e sua vorticidade é zero). Ambos os casos estão ilustrados na Fig. 4–45.

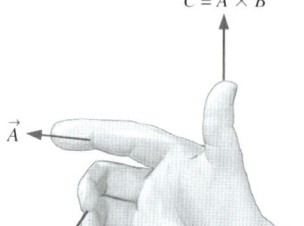

FIGURA 4–43 A direção de um produto vetorial é determinada pela regra da mão direita.

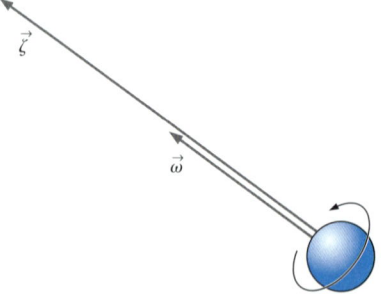

FIGURA 4–44 O *vetor vorticidade* é igual ao dobro do vetor velocidade angular de uma partícula de fluido giratória.

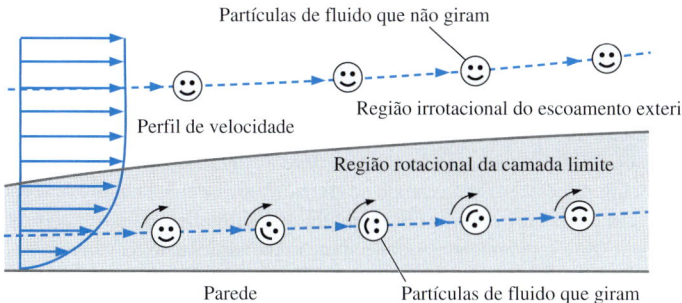

FIGURA 4–45 A diferença entre o escoamento rotacional e irrotacional: os elementos fluidos de uma região rotacional do escoamento giram, mas aqueles de uma região irrotacional não giram.

A rotação dos elementos de fluidos está associada a esteiras, camadas limite, escoamento através de turbomaquinário (ventiladores, turbinas, compressores, etc.) e escoamento com transferência de calor. A vorticidade de um elemento de fluido não pode variar, exceto através da ação da viscosidade, aquecimento não uniforme (gradientes de temperatura) ou outros fenômenos não uniformes. Assim, se um escoamento se origina em uma região irrotacional, ele permanece irrotacional até que algum processo não uniforme o altere. Por exemplo, o ar que entra por uma entrada vindo de uma vizinhança parada é irrotacional e assim permanece, a menos que encontre um obstáculo em sua trajetória ou seja submetido a um aquecimento não uniforme. Se uma região de escoamento puder ser aproximada como irrotacional, as equações do movimento ficam muito simplificadas, como você verá no Capítulo 10.

Em coordenadas cartesianas $(\vec{i}, \vec{j}, \vec{k})$, (x, y, z) e (u, v, w) a Equação 4–28 pode ser expandida da seguinte maneira:

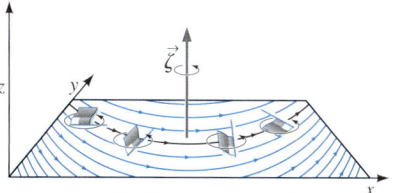

FIGURA 4–46 Para um escoamento bidimensional no plano xy, o vetor vorticidade sempre aponta na direção z ou $-z$. Nessa ilustração, a partícula de fluido em forma de bandeira gira na direção anti-horária ao se mover no plano xy. Sua vorticidade aponta na direção z positiva como foi mostrado.

Vetor vorticidade em coordenadas cartesianas:

$$\vec{\zeta} = \left(\frac{\partial w}{\partial y} - \frac{\partial v}{\partial z}\right)\vec{i} + \left(\frac{\partial u}{\partial z} - \frac{\partial w}{\partial x}\right)\vec{j} + \left(\frac{\partial v}{\partial x} - \frac{\partial u}{\partial y}\right)\vec{k} \qquad (4\text{–}30)$$

Se o escoamento for bidimensional no plano xy, a componente z da velocidade (w) é zero, e nem u nem v variam com z. Assim, as duas primeiras componentes da Equação 4–30 são identicamente nulas e a vorticidade reduz-se a

Escoamento bidimensional em coordenadas cartesianas:

$$\vec{\zeta} = \left(\frac{\partial v}{\partial x} - \frac{\partial u}{\partial y}\right)\vec{k} \qquad (4\text{–}31)$$

Observe que, se um escoamento é bidimensional no plano xy, o vetor vorticidade deve apontar na direção z ou $-z$ (Fig. 4–46).

EXEMPLO 4–7 Contornos de vorticidade em um escoamento bidimensional

Considere o cálculo de DFC do escoamento de corrente uniforme e bidimensional imposto a um bloco de seção transversal retangular, como mostram as Figuras 4–33 e 4–34. Plote os contornos de vorticidade e discuta.

SOLUÇÃO Devemos calcular o campo de vorticidade de um determinado campo de velocidade produzido pela DFC e, em seguida, geramos um gráfico de contorno para a vorticidade.

Análise Como o escoamento é bidimensional, o único componente diferente de zero da vorticidade está na direção z, normal à página, nas Figs. 4–33 e 4–34. Um gráfico

(continua)

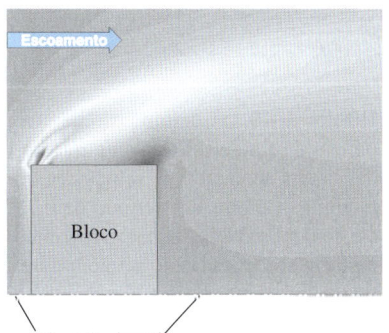

FIGURA 4–47 Gráfico de contorno do campo de vorticidade ζ_z devido ao escoamento atingir um bloco, produzido por cálculos de DFC; apenas a metade superior é mostrada devido à simetria. As regiões escuras representam grande vorticidade negativa e as regiões claras representam grande vorticidade positiva.

(continuação)

de contorno da componente z da vorticidade para esse campo de escoamento é mostrada na Fig. 4–47. A região escura próxima ao canto superior esquerdo do bloco indica grandes valores negativos de vorticidade, implicando em rotação *horária* das partículas de fluido naquela região. Isso se deve aos grandes gradientes de velocidade encontrados nesta parte do campo de escoamento. A camada limite se separa da parede no canto do corpo e forma uma **camada de cisalhamento** fina através da qual a velocidade varia rapidamente. A concentração da vorticidade na camada de cisalhamento diminui à medida que a vorticidade se difunde a jusante. A pequena região ligeiramente sombreada próxima ao canto superior direito do bloco representa uma região de vorticidade *positiva* (rotação no sentido anti-horário) – um padrão de escoamento secundário causado pela separação do escoamento.

Discussão Esperamos que o módulo da vorticidade seja mais alto em regiões nas quais as derivadas espaciais da velocidade são altas (consultar a Equação 4–30). Um exame detalhado revela que a região escura da Fig. 4–47 sem dúvida corresponde aos grandes gradientes de velocidade da Fig. 4–33. Lembre-se que o campo de vorticidade da Fig. 4–47 é uma média temporal. O campo de escoamento instantâneo é, na verdade, turbulento e vórtices são emitidos a partir do corpo.

EXEMPLO 4–8 Determinação da rotacionalidade em um escoamento bidimensional

Considere o seguinte campo de velocidade estacionário, incompressível e bidimensional:

$$\vec{V} = (u, v) = x^2\vec{i} + (-2xy - 1)\vec{j} \quad (1)$$

Esse escoamento é rotacional ou irrotacional? Desenhe algumas linhas de corrente no primeiro quadrante e discuta.

SOLUÇÃO Devemos determinar se um escoamento com determinado campo de velocidade é rotacional ou irrotacional, e devemos desenhar algumas linhas de corrente no primeiro quadrante.

Análise Como o escoamento é bidimensional, a Equação 4–31 é válida. Assim

Vorticidade: $\quad \vec{\zeta} = \left(\dfrac{\partial v}{\partial x} - \dfrac{\partial u}{\partial y}\right)\vec{k} = (-2y - 0)\vec{k} = -2y\vec{k} \quad (2)$

Como a vorticidade não é zero, esse é um escoamento **rotacional**. Na Fig. 4–48 traçamos várias linhas de corrente no primeiro quadrante, e vemos que o fluido se movimenta para baixo e para a direita. A translação e a deformação de uma porção de fluido também é ilustrada: em $\Delta t = 0$, a porção de fluido é quadrada, em $\Delta t = 0{,}25$ s, ela se movimentou e deformou e em $\Delta t = 0{,}50$ s a porção se moveu mais ainda e está mais deformada. Em particular, a extrema direita da porção de fluido se move mais rapidamente para a direita e para baixo em comparação à extrema esquerda, esticando a porção na direção x e amassando-a na vertical. Também é perceptível que há uma rotação *horária* da porção de fluido, o que coincide com o resultado da Equação 2.

Discussão Pela Equação 4–29, partículas de fluido individuais giram a uma velocidade angular de $\vec{\omega} = -y\vec{k}$, metade do vetor vorticidade. Como $\vec{\omega}$ não é constante, esse escoamento *não* é uma rotação de corpo rígido. Em vez disso, $\vec{\omega}$ é uma função linear de y. Uma análise mais detalhada revela que esse campo de escoamento é incompressível, pois as áreas (e volume) sombreadas que representam a porção de fluido da Fig. 4–48 permanecem constantes em todos os três instantes no tempo.

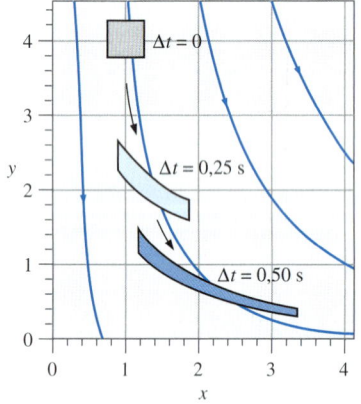

FIGURA 4–48 A deformação de uma porção de fluido inicialmente quadrada, sujeita ao campo de velocidade do Exemplo 4–8 por um período de 0,25 s e de 0,50 s. Várias linhas de corrente também são traçadas no primeiro quadrante. Está claro que esse escoamento é *rotacional*.

Em coordenadas cilíndricas $(\vec{e}_r, \vec{e}_\theta, \vec{e}_z)$, (r, θ, z), e (u_r, u_θ, u_z), a Equação 4–28 pode ser expandida como:

Vetor vorticidade em coordenadas cilíndricas:

$$\vec{\zeta} = \left(\frac{1}{r}\frac{\partial u_z}{\partial \theta} - \frac{\partial u_\theta}{\partial z}\right)\vec{e}_r + \left(\frac{\partial u_r}{\partial z} - \frac{\partial u_z}{\partial r}\right)\vec{e}_\theta + \frac{1}{r}\left(\frac{\partial (ru_\theta)}{\partial r} - \frac{\partial u_r}{\partial \theta}\right)\vec{e}_z \quad (4\text{–}32)$$

Para o escoamento bidimensional no plano $r\theta$ a Equação 4–32 se reduz a:

Escoamento bidimensional em coordenadas cilíndricas:

$$\vec{\zeta} = \frac{1}{r}\left(\frac{\partial (ru_\theta)}{\partial r} - \frac{\partial u_r}{\partial \theta}\right)\vec{k} \quad (4\text{–}33)$$

onde $\vec{k}$ é usado como vetor unitário na direção z no lugar de $\vec{e}_z$. Observe que, se um escoamento é bidimensional no plano $r\theta$, o vetor vorticidade deve apontar na direção z ou $-z$ (Fig. 4–49).

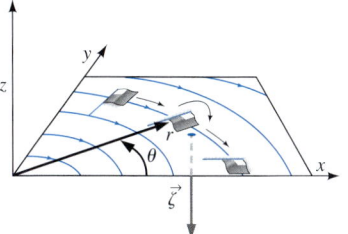

FIGURA 4–49 Para um escoamento bidimensional no plano $r\theta$, o vetor vorticidade sempre aponta na direção z (ou $-z$). Nessa ilustração, a partícula de fluido em forma de bandeira gira na direção horária ao se mover no plano $r\theta$. Sua vorticidade aponta na direção $-z$, como foi mostrado.

Comparação entre dois escoamentos circulares

Nem todos os escoamentos com linhas de corrente circulares são rotacionais. Para ilustrar isto consideramos dois escoamentos incompressíveis, estacionários e bidimensionais, ambos com linhas de corrente circulares no plano $r\theta$:

Escoamento A – rotação de corpo rígido: $\quad u_r = 0 \quad$ e $\quad u_\theta = \omega r \quad$ **(4–34)**

Escoamento B – linha de vórtices: $\quad u_r = 0 \quad$ e $\quad u_\theta = \dfrac{K}{r} \quad$ **(4–35)**

onde ω e K são constantes (os leitores atentos notarão que u_θ na Equação 4–35 é infinito em $r = 0$, o que é fisicamente impossível; nós ignoramos a região próxima à origem para evitar esse problema). Como a componente radial da velocidade é zero em ambos os casos, as linhas de corrente são círculos ao redor da origem. Os perfis de velocidade dos dois escoamentos, juntamente com suas linhas de corrente, são mostrados na Fig. 4–50. Agora, calculamos e comparamos o campo de vorticidade de cada um desses escoamentos, usando a Equação 4–33.

Escoamento A – rotação de corpo rígido: $\quad \vec{\zeta} = \dfrac{1}{r}\left(\dfrac{\partial(\omega r^2)}{\partial r} - 0\right)\vec{k} = 2\omega\vec{k} \quad$ **(4–36)**

Escoamento B – linha de vórtices: $\quad \vec{\zeta} = \dfrac{1}{r}\left(\dfrac{\partial(K)}{\partial r} - 0\right)\vec{k} = 0 \quad$ **(4–37)**

Não é surpresa que a vorticidade para a rotação de corpo rígido seja diferente de zero. Na verdade, ela é uma constante cujo módulo é o dobro da velocidade angular e aponta para a mesma direção (o que coincide com a Equação 4–29). *O escoamento A é rotacional*. Fisicamente, isso significa que as partículas de fluido individuais giram à medida que revolvem ao redor da origem (Fig. 4–50a). Por outro lado, a vorticidade da linha de vórtices é zero em qualquer parte (exceto exatamente na origem, que é uma singularidade matemática). *O escoamento B é irrotacional*. Fisicamente, as partículas de fluido *não* giram enquanto revolvem em círculos em torno da origem (Fig. 4–50b).

Uma analogia simples pode ser feita entre o escoamento A e um carrossel, e entre o escoamento B e uma roda gigante (Fig. 4–51). Quando as crianças giram em torno de um carrossel, elas também rodam com a mesma velocidade angular que o próprio carrossel. Isso é análogo a um escoamento rotacional. Por outro lado, as crianças em uma roda gigante sempre permanecem orientadas na posição vertical enquanto percorrem sua trajetória circular. Isso é análogo a um escoamento irrotacional.

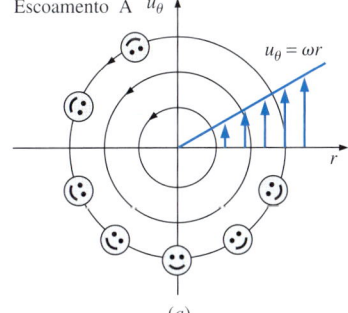

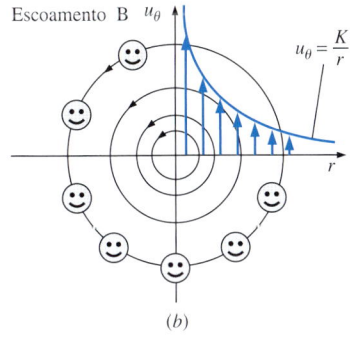

FIGURA 4–50 Linhas de corrente e perfis de velocidade para (a) escoamento A, rotação de corpo rígido e (b) escoamento B, uma linha de vortices. O escoamento A é rotacional, mas o escoamento B é irrotacional em qualquer ponto, exceto na origem.

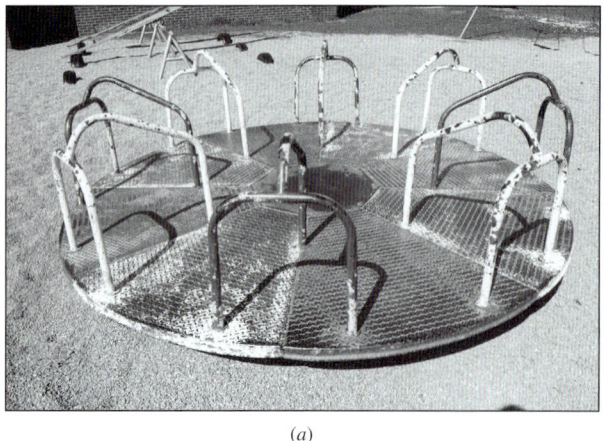

(a) (b)

FIGURA 4–51 Uma analogia simples: (a) o escoamento circular *rotacional* é análogo a um carrossel, enquanto que (b) o escoamento circular *irrotacional* é análogo a uma roda gigante.
(a) Mc Graw-Hill Companies, Inc. Mark Dierker, fotógrafo (b) © DAJ/Getty RF

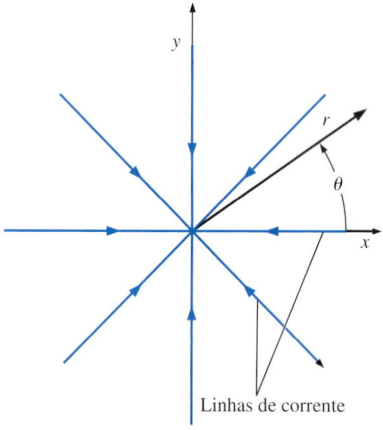

FIGURA 4–52 As linhas de corrente do plano $r\theta$ no caso de uma linha de sorvedouros.

> **EXEMPLO 4–9** Determinação da rotacionalidade de uma linha de sorvedouros
>
> Um campo de velocidade bidimensional simples denominado **linha de sorvedouros** é muito usado para simular fluido sendo sugado em uma reta ao longo do eixo z. Suponhamos que a vazão em volume por unidade de comprimento ao longo do eixo z, $\dot{V}/L$, seja conhecida, o que $\dot{V}$ é uma quantidade negativa. Em duas dimensões, no plano $r\theta$:
>
> *Linha de sorvedouros:* $\quad u_r = \dfrac{\dot{V}}{2\pi L}\dfrac{1}{r} \quad$ e $\quad u_\theta = 0 \qquad$ (1)
>
> Desenhe várias linhas de corrente desse escoamento e calcule a vorticidade. Esse escoamento é rotacional ou irrotacional?
>
> **SOLUÇÃO** As linhas de corrente do campo de escoamento dado devem ser desenhadas e a rotacionalidade do escoamento deve ser determinada.
>
> **Análise** Como só existe escoamento radial e nenhum escoamento tangencial, sabemos imediatamente que todas as linhas de corrente devem ser raios em direção à origem. Várias linhas de corrente estão desenhadas na Fig. 4–52. A vorticidade é calculada a partir da Equação 4–33:
>
> $$\vec{\zeta} = \dfrac{1}{r}\left(\dfrac{\partial(ru_\theta)}{\partial r} - \dfrac{\partial}{\partial \theta}u_r\right)\vec{k} = \dfrac{1}{r}\left(0 - \dfrac{\partial}{\partial \theta}\left(\dfrac{\dot{V}}{2\pi L}\dfrac{1}{r}\right)\right)\vec{k} = 0 \qquad (2)$$
>
> Como o vetor vorticidade em todo o escoamento é zero, esse campo de escoamento é **irrotacional**.
>
> **Discussão** Muitos campos de escoamento práticos envolvendo sucção, como escoamento por entradas e tampas, podem ser aproximados de forma bastante exata supondo um escoamento irrotacional (Heinsohn e Cimbala, 2003).

4–6 O TEOREMA DE TRANSPORTE DE REYNOLDS

Em termodinâmica e mecânica de sólidos quase sempre trabalhamos com um *sistema* (também chamado de *sistema fechado*), definido como uma *quantidade de matéria de identidade fixa*. Em dinâmica dos fluidos, é mais comum trabalhar com um *volume de controle* (também chamado de *sistema aberto*), definido como uma *região no espaço selecionada para estudo*. O tamanho e a forma de um sistema podem mudar durante um processo, mas nenhuma massa cruza suas fronteiras. Um volume de controle, por outro lado, permite que a massa escoe para dentro ou para fora de suas fronteiras, as quais são chamadas de **superfície de controle**. Um volume de controle também pode se movimentar e deformar durante um processo, mas muitas aplicações do mundo real envolvem volumes de controle fixos e não deformáveis.

A Figura 4–53 ilustra tanto um sistema quanto um volume de controle para o caso de um desodorante sendo aplicado com uma lata de spray. Ao analisar o processo do spray, uma opção natural para nossa análise seria o fluido móvel e deformante (um sistema) ou o volume definido pelas superfícies internas da lata (um volume de controle). Essas duas opções são idênticas antes de o desodorante ser aplicado. Quando parte do conteúdo da lata é descarregado, a abordagem via sistema considera a massa descarregada como parte do sistema e esta deve ser seguida (uma tarefa sem dúvida difícil). Assim, a massa do sistema permanece constante. Conceitualmente, isso é equivalente a anexar um balão vazio ao bocal da lata e deixar que o spray infle o balão. A superfície interna do balão agora torna-se parte da fronteira do sistema. A abordagem via volume de controle, porém, não se preocupa com o desodorante que escapou da lata (além de suas propriedades na saída) e, portanto, a massa do volume de controle diminui durante o processo, enquanto seu volume permanece constante. Portanto, a abordagem via sistema trata do processo de spray como uma expansão do volume do sistema, enquanto que a abordagem via volume de controle o considera como uma descarga de fluido através da superfície de controle do volume de controle fixo.

A maioria dos princípios da mecânica dos fluidos são aproveitados da mecânica dos sólidos, onde as leis da física que tratam de taxas de variação no tempo de propriedades extensivas são expressas para sistemas. Na mecânica dos fluidos, em geral é mais conveniente trabalhar com volumes de controle e, portanto, existe a necessidade de relacionar as variações em um volume de controle com as variações em um sistema. A relação entre as taxas de variação no tempo de uma propriedade extensiva para um sistema e para um volume de controle é expressa pelo **teorema de transporte de Reynolds (TTR)**, que oferece a ligação entre as abordagens de sistema e volume de controle (Fig. 4–54). O nome TTR é uma homenagem ao engenheiro inglês, Osborne Reynolds (1842–1912), que fez muito pelo avanço de sua aplicação na mecânica dos fluidos.

A forma geral do teorema de transporte de Reynolds pode ser deduzida considerando um sistema de forma e interações arbitrárias, mas a dedução é bastante complicada. Para ajudá-lo a entender o significado fundamental do teorema, primeiramente ele é deduzido de forma direta usando uma geometria simples e, em seguida, generalizamos os resultados.

Considere o escoamento da esquerda para a direita através de uma parte divergente (em expansão) de um campo de escoamento, como esboçado na Fig. 4–55. Os limites superior e inferior considerados são *linhas de corrente* do escoamento, e assumimos um escoamento uniforme através de qualquer seção transversal entre essas duas linhas de corrente. Escolhemos um volume de controle fixo entre as seções (1) e (2) do campo de escoamento. Tanto (1) quanto (2) são normais à direção do escoamento. Em algum instante inicial t, o sistema coincide com o volume de controle e, portanto, o sistema e o volume de controle são idênticos (a região sombreada da Fig. 4–55). Durante o intervalo de tempo Δt, o sistema se movimenta na direção do escoamento com velocidades uniformes V_1 na seção (1) e V_2 na seção (2). O sistema neste último instante é indicado pela região hachurada. A região descoberta pelo sistema durante esse movimento é designada como seção I (parte do VC) e a nova região coberta pelo sistema é designada como seção II (não

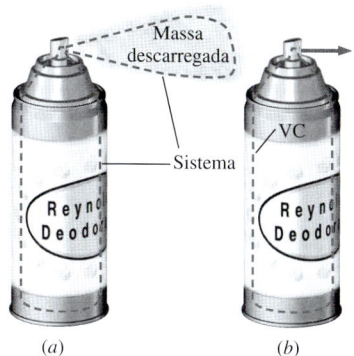

FIGURA 4–53 Dois métodos para analisar a aplicação do desodorante a partir de uma lata de spray: (*a*) Seguimos o fluido à medida que ele se movimenta e se deforma. Essa é a *abordagem via sistema* – nenhuma massa cruza a fronteira e a massa total do sistema permanece fixa. (*b*) Consideramos um volume interior fixo da lata. Essa é a *abordagem via volume de controle* – a massa cruza a fronteira.

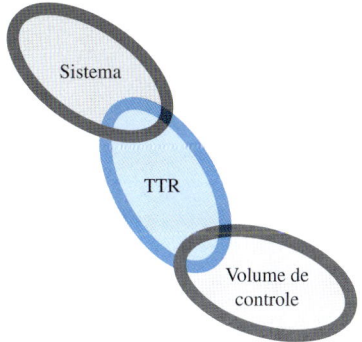

FIGURA 4–54 O *teorema de transporte de Reynolds* (TTR) oferece uma ligação entre a abordagem de sistema e a abordagem de volume de controle.

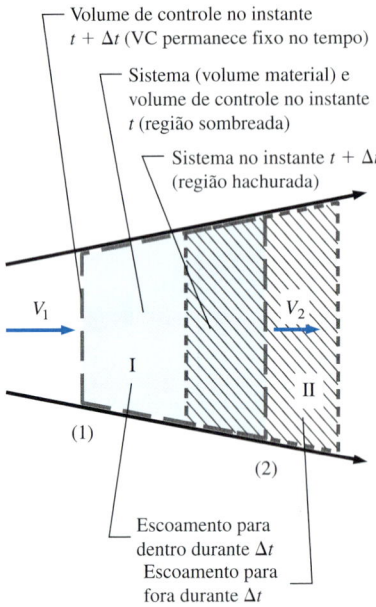

FIGURA 4–55 Um *sistema* móvel (região hachurada) e um *volume de controle* fixo (região sombreada) de uma parte divergente de um campo de escoamento nos instantes t e $t + \Delta t$. Os limites superior e inferior são linhas de corrente do escoamento.

é parte do VC). Assim, no instante $t + \Delta t$, o sistema consiste do mesmo fluido, mas ocupa a região VC − I + II. O volume de controle é fixo no espaço e, portanto, permanece como a região sombreada, demarcada VC, em todos os instantes.

Seja B uma **propriedade extensiva** qualquer (como massa, energia ou momento) e seja $b = B/m$ a **propriedade intensiva** correspondente. Observando que as propriedades extensivas são aditivas, a propriedade extensiva B do sistema, nos instantes t e $t + \Delta t$, pode ser expressa como:

$$B_{\text{sis},\,t} = B_{\text{VC},\,t} \quad (\text{o sistema e VC coincidem em } t = 0)$$
$$B_{\text{sis},\,t+\Delta t} = B_{\text{VC},\,t+\Delta t} - B_{\text{I},\,t+\Delta t} + B_{\text{II},\,t+\Delta t}$$

Subtraindo a primeira equação da segunda e dividindo por Δt temos:

$$\frac{B_{\text{sis},\,t+\Delta t} - B_{\text{sis},\,t}}{\Delta t} = \frac{B_{\text{VC},\,t+\Delta t} - B_{\text{VC},\,t}}{\Delta t} - \frac{B_{\text{I},\,t+\Delta t}}{\Delta t} + \frac{B_{\text{II},\,t+\Delta t}}{\Delta t}$$

Considerando o limite como $\Delta t \rightarrow 0$, e usando a definição de derivada temos:

$$\frac{dB_{\text{sis}}}{dt} = \frac{dB_{\text{VC}}}{dt} - \dot{B}_{\text{entrada}} + \dot{B}_{\text{saída}} \quad (4\text{–}38)$$

ou:

$$\frac{dB_{\text{sis}}}{dt} = \frac{dB_{\text{VC}}}{dt} - b_1\rho_1 V_1 A_1 + b_2\rho_2 V_2 A_2$$

já que:

$$B_{\text{I},\,t+\Delta t} = b_1 m_{\text{I},\,t+\Delta t} = b_1 \rho_1 \mathsf{V}_{\text{I},\,t+\Delta t} = b_1 \rho_1 V_1 \Delta t\, A_1$$
$$B_{\text{II},\,t+\Delta t} = b_2 m_{\text{II},\,t+\Delta t} = b_2 \rho_2 \mathsf{V}_{\text{II},\,t+\Delta t} = b_2 \rho_2 V_2 \Delta t\, A_2$$

e:

$$\dot{B}_{\text{entrada}} = \dot{B}_{\text{I}} = \lim_{\Delta t \to 0} \frac{B_{\text{I},\,t+\Delta t}}{\Delta t} = \lim_{\Delta t \to 0} \frac{b_1\rho_1 V_1 \Delta t\, A_1}{\Delta t} = b_1\rho_1 V_1 A_1$$
$$\dot{B}_{\text{saída}} = \dot{B}_{\text{II}} = \lim_{\Delta t \to 0} \frac{B_{\text{II},\,t+\Delta t}}{\Delta t} = \lim_{\Delta t \to 0} \frac{b_2\rho_2 V_2 \Delta t\, A_2}{\Delta t} = b_2\rho_2 V_2 A_2$$

onde A_1 e A_2 são as seções transversais nos locais 1 e 2. A Equação 4–38 afirma que *a taxa de variação no tempo da propriedade B no sistema é igual à taxa de variação no tempo de B no volume de controle mais o fluxo total de B fora do volume de controle pela massa que atravessa a superfície de controle*. Essa é a relação desejada, uma vez que ela relaciona a variação de uma propriedade de um sistema com a variação dessa propriedade para um volume de controle. Observe que a Equação 4–38 se aplica em qualquer instante, onde se supõe que o sistema e o volume de controle ocupam o mesmo espaço naquele determinado instante de tempo.

O fluxo de entrada $\dot{B}_{\text{entrada}}$ e o fluxo de saída $\dot{B}_{\text{saída}}$ da propriedade B neste caso são fáceis de determinar, uma vez que existe apenas uma entrada e uma saída, e as velocidades são normais às superfícies das seções (1) e (2). Em geral, porém, podemos ter várias portas de entrada e saída e a velocidade pode não ser normal à superfície de controle no ponto de entrada. Da mesma forma, a velocidade pode não ser uniforme. Para generalizar o processo, consideramos a área de uma superfície infinitesimal dA na superfície de controle e indicamos sua **normal unitária exterior** por $\vec{n}$. A vazão da propriedade b através de dA é $\rho b \vec{V} \cdot \vec{n}\, dA$ já que o produto escalar $\vec{V} \cdot \vec{n}$ fornece a componente normal da velocidade. Em seguida, a vazão total através de toda a superfície de controle é determinada por integração como (Fig. 4–56):

$\dot{B}_{\text{total}} = \dot{B}_{\text{saída}} - \dot{B}_{\text{entrada}} = \int_{SC} \rho b \vec{V} \cdot \vec{n} \, dA$ (escoamento para dentro se negativo) **(4–39)**

Um aspecto importante dessa relação é que ela subtrai automaticamente o escoamento entrando do escoamento saindo, como será explicado a seguir. O produto escalar do vetor de velocidade em um ponto da superfície de controle e a normal exterior naquele ponto é $\vec{V} \cdot \vec{n} = |\vec{V}||\vec{n}| \cos \theta = |\vec{V}| \cos \theta$, onde θ é o ângulo entre o vetor velocidade e a normal exterior, como mostra a Fig. 4–57. Para $\theta < 90°$, temos $\cos \theta > 0$ e, portanto, $\vec{V} \cdot \vec{n} > 0$ para o escoamento de massa para fora do volume de controle. Para $\theta > 90°$, temos $\cos \theta < 0$ e, portanto, $\vec{V} \cdot \vec{n} < 0$ para o escoamento para dentro de massa do volume de controle. Assim, a quantidade infinitesimal $\rho b \vec{V} \cdot \vec{n} \, dA$ é positiva para uma massa que escoa para fora do volume de controle e negativa para uma massa que escoa para dentro do volume de controle, e sua integral em toda a superfície de controle dá a taxa de saída total da propriedade B pela massa.

Em geral, as propriedades dentro do volume de controle podem variar com a posição. Nesse caso, a quantidade total da propriedade B dentro do volume de controle deve ser determinada pela integração:

$$B_{CV} = \int_{VC} \rho b \, dV \quad \textbf{(4–40)}$$

O termo dB_{VC}/dt da Equação 4–38, portanto, é igual a $\dfrac{d}{dt} \int_{VC} \rho b \, dV$, e representa a taxa de variação no tempo do conteúdo de propriedade B no volume de controle. Um valor positivo para dB_{VC}/dt indica um aumento de conteúdo B, enquanto um valor negativo indica uma diminuição. Substituindo as Equações 4–39 e 4–40 na Equação 4–38 temos o teorema de transporte de Reynolds, também conhecido como a *transformação de sistema para volume de controle* para um volume de controle fixo:

TTR, VC fixo: $\qquad \dfrac{dB_{\text{sis}}}{dt} = \dfrac{d}{dt} \int_{VC} \rho b \, dV + \int_{SC} \rho b \vec{V} \cdot \vec{n} \, dA \qquad \textbf{(4–41)}$

Como o volume de controle não se movimenta nem se deforma com o tempo, a derivada no tempo no lado direito pode ser movida para dentro da integral, uma vez que o domínio de integração não varia com o tempo (em outras palavras, é irrelevante o fato de diferenciarmos ou integrarmos primeiro). Mas a derivada no tempo, nesse caso, deve ser expressa como derivada *parcial* ($\partial/\partial t$), uma vez que a densidade e a quantidade b podem depender da posição dentro do volume de controle. Assim, uma forma alternativa para o teorema de transporte de Reynolds, para um volume de controle fixo é:

TTR alternativo, VC fixo: $\qquad \dfrac{dB_{\text{sis}}}{dt} = \int_{VC} \dfrac{\partial}{\partial t}(\rho b) \, dV + \int_{SC} \rho b \vec{V} \cdot \vec{n} \, dA \qquad \textbf{(4–42)}$

Acontece que a Eq. 4–42 é também válida para o caso mais geral de um volume de controle movel e/ou que deforma, desde que a velocidade vetorial $\vec{V}$ seja uma velocidade *absoluta* (como visto a partir de um sistema de referência fixo).

Podemos ainda considerar uma outra forma alternativa do TTR. A Equação 4–41 foi deduzida para um volume de controle *fixo*. Entretanto, muitos sistemas práticos como as lâminas de turbina e de propulsor envolvem volumes de controle não fixos. Felizmente a Equação 4–41 também é válida para volumes de controle *móveis* e/ou *deformantes*, desde que a velocidade absoluta do fluido $\vec{V}$ do último termo seja substituída pela **velocidade relativa** $\vec{V}_r$:

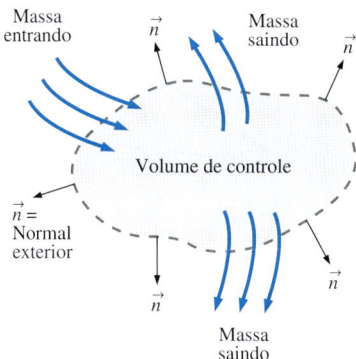

$\dot{B}_{\text{total}} = \dot{B}_{\text{saída}} - \dot{B}_{\text{entrada}} = \int_{SC} \rho b \vec{V} \cdot n \, dA$

FIGURA 4–56 A integral de $\rho b \vec{V} \cdot \vec{n} \, dA$ em uma superfície de controle dá a quantidade total da propriedade B que escoa para fora do volume de controle (para dentro do volume de controle, se for negativa) por unidade de tempo.

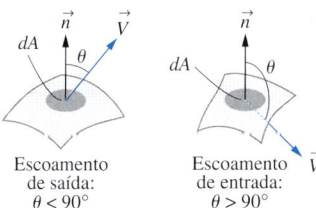

$\vec{V} \cdot \vec{n} = |\vec{V}||\vec{n}| \cos \theta = V \cos \theta$
Se $\theta < 90°$, então $\cos \theta > 0$ (escoamento para fora).
Se $\theta > 90°$, então $\cos \theta < 0$ (escoamento para dentro).
Se $\theta = 90°$, então $\cos \theta = 0$ (sem escoamento).

FIGURA 4–57 Escoamento de saída e de entrada de massa através de um diferencial de área da superfície de controle.

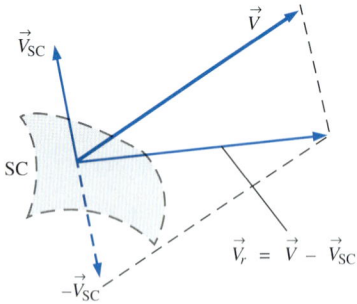

FIGURA 4–58 A *velocidade relativa* através de uma superfície de controle é encontrada pela adição vetorial da velocidade absoluta do fluido com o oposto da velocidade local da superfície de controle.

Velocidade relativa: $\qquad \vec{V}_r = \vec{V} - \vec{V}_{SC}$ \hfill (4–43)

onde $\vec{V}_{SC}$ é a velocidade local da superfície de controle (Fig. 4–58). Assim, a forma mais geral do teorema de transporte de Reynolds é

TTR, VC não fixo: $\qquad \dfrac{dB_{sis}}{dt} = \dfrac{d}{dt}\int_{VC} \rho b \, dV + \int_{SC} \rho b \vec{V}_r \cdot \vec{n} \, dA$ \hfill (4–44)

Observe que, para um volume de controle que se movimenta e/ou se deforma com o tempo, a derivada no tempo deve ser aplicada *após* a integração, como na Equação 4–44. Como um exemplo simples de um volume de controle móvel, considere um carrinho de brinquedo que se move a uma velocidade absoluta constante $\vec{V}_{carro} = 10$ km/h para a direita. Um jato de água de alta velocidade (velocidade relativa = $\vec{V}_{jato}$ para a direita) atinge a parte traseira do carrinho e o impulsiona (Fig. 4–59). Se desenharmos um volume de controle ao redor do carrinho, a velocidade relativa é $\vec{V}_r = 25 - 10 = 15$ km/h para a direita. Isso representa a velocidade na qual um observador que se movimenta com o volume de controle (o carro) observaria o fluido cruzando a superfície de controle. Em outras palavras, $\vec{V}_r$ é a velocidade do fluido expressa em relação a um sistema de coordenadas que se move *com* o volume de controle.

Finalmente, pela aplicação do teorema de Leibniz, é possível mostrar que o teorema de transporte de Reynolds para um volume de controle geral móvel e/ou deformante (Equação 4–44) é equivalente à forma dada na Equação 4–42, repetida aqui:

TTR alternativo, VC não fixo: $\qquad \dfrac{dB_{sis}}{dt} = \int_{VC} \dfrac{\partial}{\partial t}(\rho b) \, dV + \int_{SC} \rho b \vec{V} \cdot \vec{n} \, dA$ \hfill (4–45)

Em contraste com a Equação 4–44, o vetor velocidade $\vec{V}$ da Equação 4–45 deve ser tomado como a velocidade *absoluta* (considerando um sistema de referência fixo) para aplicação em um volume de controle não fixo.

Durante o escoamento em regime permanente, a quantidade da propriedade B dentro do volume de controle permanece constante no tempo e, portanto, a derivada no tempo na Equação 4–44 torna-se zero. Assim, o teorema de transporte de Reynolds se reduz a:

TTR, escoamento em regime permanente: $\qquad \dfrac{dB_{sis}}{dt} = \int_{SC} \rho b \vec{V}_r \cdot \vec{n} \, dA$ \hfill (4–46)

Referencial absoluto:

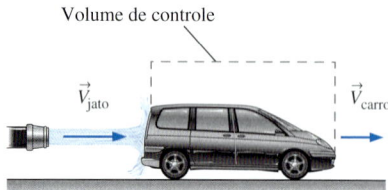

Referencial relativo:

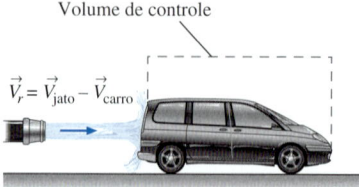

FIGURA 4–59 Teorema de transporte de Reynolds aplicado a um volume de controle que se movimenta a uma velocidade constante.

Observe que, ao contrário de um volume de controle, o conteúdo de propriedade B de um sistema ainda pode variar com o tempo durante um processo em regime permanente. Mas, neste caso, a variação deve ser igual à propriedade total transportada pela massa através da superfície de controle (um efeito advectivo em vez de um efeito não estacionário).

Na maioria das aplicações práticas do TTR em engenharia, o fluido cruza a fronteira do volume de controle em um número finito de entradas e saídas bem definidas (Fig. 4–60). Nesses casos, é conveniente cortar a superfície de controle diretamente através de cada entrada e saída e substituir a integral de superfície da Equação 4–44 pelas expressões algébricas aproximadas em cada entrada e saída com base nos valores *médios* das propriedades de fluido que cruzam a fronteira. Definimos ρ_{med}, b_{med} e $V_{r,med}$ como os valores médios de ρ, b e V_r, respectivamente, através de uma entrada ou saída de seção transversal com área A [por exemplo, $b_{med} = \dfrac{1}{A}\int_A b \, dA$]. As integrais de superfície do TTR (Equação 4–44), quando aplicadas a uma entrada ou saída com área transversal A são *aproximadas* retirando a propriedade b da integral de superfície e a substituindo pela sua média. O resultado é:

$$\int_A \rho b \vec{V}_r \cdot \vec{n} \, dA \cong b_{med} \int_A \rho \vec{V}_r \cdot \vec{n} \, dA = b_{med} \dot{m}_r$$

onde $\dot{m}_r$ é a vazão em massa através da entrada ou saída com relação à superfície de controle (móvel). A aproximação dessa equação é exata quando a propriedade b for uniforme ao longo da seção transversal de área A. A Equação 4–44, portanto, torna-se:

$$\frac{dB_{sis}}{dt} = \frac{d}{dt}\int_{VC} \rho b \, dV + \sum_{s}\underbrace{\dot{m}_r b_{med}}_{\text{para cada saída}} - \sum_{e}\underbrace{\dot{m}_r b_{med}}_{\text{para cada entrada}} \quad (4\text{–}47)$$

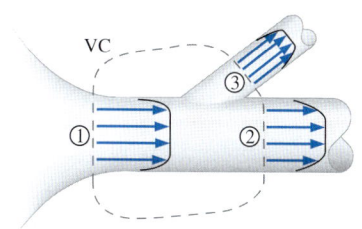

FIGURA 4–60 Um exemplo de volume de controle no qual existe uma entrada bem definida (1) e duas saídas bem definidas (2 e 3). Em tais casos, a integral de superfície de controle do TTR pode ser escrita de forma mais conveniente em termos dos valores médios das propriedades do fluido que atravessam cada entrada e saída.

Em algumas aplicações, podemos querer reescrever a Equação 4–47 em termos da vazão em volume (e não em massa). Nesses casos, fazemos mais uma aproximação, coniderando $\dot{m}_r \approx \rho_{med}\dot{V}_r = \rho_{med}V_{r,med}A$. Essa aproximação é exata quando a densidade do fluido ρ é uniforme em A. A Equação 4–47 então fica reduzida a:

TTR aproximado para entradas e saídas bem definidas:

$$\frac{dB_{sis}}{dt} = \frac{d}{dt}\int_{VC} \rho b \, dV + \sum_s \underbrace{\rho_{med} b_{med} V_{r,med} A}_{\text{para cada saída}} - \sum_s \underbrace{\rho_{med} b_{med} V_{r,med} A}_{\text{para cada entrada}} \quad (4\text{–}48)$$

Observe que essas aproximações simplificam muito a análise, mas nem sempre são exatas, particularmente nos casos em que a distribuição da velocidade através da entrada ou saída não é muito uniforme (por exemplo, escoamentos de tubo; Fig. 4–60). Em particular, a integral de superfície de controle da Equação 4–45 torna-se *não linear* quando a propriedade b contém um termo de velocidade (por exemplo, quando o TTR é aplicado à equação de momento linear, $b = \vec{V}$) e a aproximação da Equação 4–48 leva a erros. Felizmente, podemos eliminar os erros incluindo *fatores de correção* na Equação 4–48, como é discutido nos Capítulos 5 e 6.

As Equações 4–47 e 4–48 se aplicam a volumes de controle fixos *ou* móveis, mas, como já discutimos antes, a *velocidade relativa* deve ser usada para o caso de um volume de controle não fixo. Na Equação 4–47, por exemplo, a vazão de massa $\dot{m}_r$ é relativa à superfície de controle (móvel), o que justifica o subscrito r.

Dedução alternativa do teorema de transporte de Reynolds*

Uma dedução matemática mais elegante do teorema de transporte de Reynolds é possível com a utilização do **teorema de Leibniz** (veja Kundu & Cohen, 2010). Provavelmente você já conhece a versão unidimensional desse teorema, que permite diferenciar uma integral cujos limites de integração são funções da variável que você precisa diferenciar (Fig. 4–61):

Teorema de Leibniz unidimensional:

$$\frac{d}{dt}\int_{x=a(t)}^{x=b(t)} G(x,t)\,dx = \int_a^b \frac{\partial G}{\partial t}\,dx + \frac{db}{dt}G(b,t) - \frac{da}{dt}G(a,t) \quad (4\text{–}49)$$

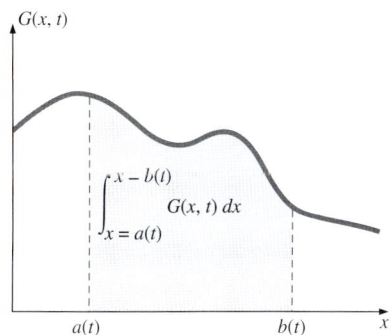

FIGURA 4–61 O *teorema de Leibniz unidimensional* é necessário ao calcular a derivada no tempo de uma integral (com relação a x) na qual os limites da integral são funções do tempo.

---

* Esta seção pode ser omitida sem perda da continuidade.

O teorema de Leibniz leva em conta a variação dos limites $a(t)$ e $b(t)$ com relação ao tempo, bem como às variações não estacionárias do integrando $G(x, t)$ com o tempo.

EXEMPLO 4–10   Integração unidimensional de Leibniz

Reduza o máximo possível a seguinte expressão:

$$F(t) = \frac{d}{dt} \int_{x=0}^{x=Ct} e^{-x^2}\, dx \tag{1}$$

SOLUÇÃO $F(t)$ deve ser calculado a partir da expressão dada.

Análise Poderíamos tentar integrar primeiro e, em seguida, diferenciar, mas como a Equação 1 está na forma da Equação 4–49, usamos o teorema de Leibniz unidimensional. Aqui, $G(x, t) = e^{-x^2}$ (G não é uma função do tempo neste exemplo simples). Os limites da integração são $a(t) = 0$ e $b(t) = Ct$. Assim,

$$F(t) = \int_a^b \underbrace{\frac{\partial G}{\partial t}}_{0}\, dx + \underbrace{\frac{db}{dt}}_{C}\, \underbrace{G(b,t)}_{e^{-b^2}} - \underbrace{\frac{da}{dt}}_{0}\, G(a,t) \rightarrow F(t) = Ce^{-C^2 t^2} \tag{2}$$

Discussão Você pode tentar obter a mesma solução sem usar o teorema de Leibniz.

Em três dimensões, o teorema de Leibniz para uma integral de *volume* é:

Teorema de Leibniz tridimensional:

$$\frac{d}{dt} \int_{V(t)} G(x, y, z, t)\, dV = \int_{V(t)} \frac{\partial G}{\partial t}\, dV + \int_{A(t)} G\vec{V}_A \cdot \vec{n}\, dA \tag{4-50}$$

onde $V(t)$ é um volume móvel e/ou deformante (uma função do tempo), $A(t)$ é sua superfície (fronteira) e $\vec{V}_A$ é a velocidade absoluta dessa superfície (móvel) (Fig. 4–62). A Equação 4–50 é válida para *qualquer* volume que se mova e/ou deforme de modo arbitrário no espaço e no tempo. Por questões de consistência com as análises anteriores, colocamos o integrando G como ρb para aplicação ao escoamento de fluido:

Teorema de Leibniz tridimensional aplicado ao escoamento de fluido:

$$\frac{d}{dt} \int_{V(t)} \rho b\, dV = \int_{V(t)} \frac{\partial}{\partial t}(\rho b)\, dV + \int_{A(t)} \rho b \vec{V}_A \cdot \vec{n}\, dA \tag{4-51}$$

Se aplicarmos o teorema de Leibniz ao caso especial de um **volume material** (um sistema com identidade fixa que se movimenta com o escoamento do fluido), então $\vec{V}_A = \vec{V}$ em toda a superfície material, uma vez que ela se move *com* o fluido. Aqui $\vec{V}$ é a velocidade local do fluido e a Equação 4–51 torna-se:

Teorema de Leibniz aplicado a um volume material:

$$\frac{d}{dt} \int_{V(t)} \rho b\, dV = \frac{dB_{sis}}{dt} = \int_{V(t)} \frac{\partial}{\partial t}(\rho b)\, dV + \int_{A(t)} \rho b \vec{V} \cdot \vec{n}\, dA \tag{4-52}$$

A Equação 4–52 é válida em qualquer instante no tempo t. Definimos nosso volume de controle para que nesse instante t, o volume de controle e o sistema ocupem o mesmo espaço; em outras palavras, eles são *coincidentes*. Em algum tempo posterior $t + \Delta t$, o sistema moveu-se e deformou-se com o escoamento, mas o volume de controle pode ter se movido e deformado de modo diferente (Fig. 4–63). O segredo, porém, é que no *instante t, o sistema (volume material) e o volu-*

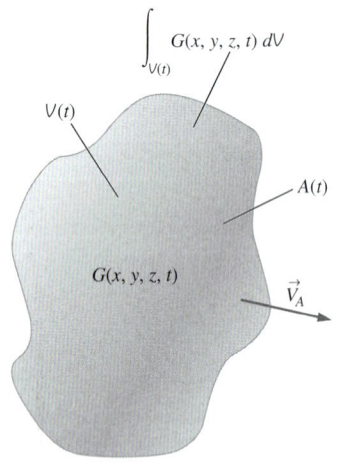

FIGURA 4–62 O *teorema de Leibniz tridimensional* é necessário quando se calcula a derivada de tempo de um integral de volume para o qual o volume propriamente dito se movimenta e/ou deforma com o tempo. A forma tridimensional do teorema de Leibniz pode ser usada em uma derivação alternativa do teorema de transporte de Reynolds.

me de controle são a mesma coisa. Assim, a integral de volume do lado direito da Equação 4–52 pode ser calculada no *volume de controle* no instante *t*, e a integral de superfície pode ser avaliada na *superfície de controle* no instante *t*. Assim,

TTR geral, VC não fixo: $\dfrac{dB_{\text{sis}}}{dt} = \displaystyle\int_{\text{VC}} \dfrac{\partial}{\partial t}(\rho b)\, dV + \int_{\text{SC}} \rho b \vec{V}\cdot\vec{n}\, dA$ (4–53)

Essa expressão é idêntica à da Equação 4–45 e é válida para um volume de controle de forma arbitrária, móvel e/ou deformante no instante *t*. Lembre-se que $\vec{V}$ na Equação 4–53 é a velocidade *absoluta* do fluido.

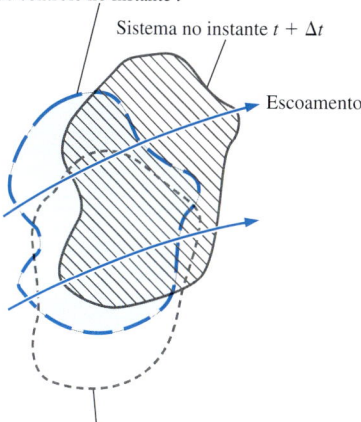

FIGURA 4–63 O volume material (sistema) e o volume de controle ocupam o mesmo espaço no instante *t* (a área sombreada azul), mas se move e se deforma de modo diferente. Em um instante posterior eles *não* são coincidentes.

> **EXEMPLO 4–11** Teorema de transporte de Reynolds em termos da velocidade relativa
>
> Começando com o teorema de Leibniz e com o teorema geral de transporte de Reynolds para um volume de controle arbitrariamente móvel e deformante, Equação 4–53, demonstre que a Equação 4–44 é válida.
>
> **SOLUÇÃO** A Equação 4–44 deve ser demonstrada.
>
> **Análise** A versão geral tridimensional do teorema de Leibniz, Equação 4–50, se aplica a *qualquer* volume. Optamos por aplicá-la ao volume de controle de interesse, que pode se mover e/ou deformar de modo diferente do volume material (Fig. 4–63). Tomando G como ρb, a Equação 4–50 torna-se:
>
> $$\dfrac{d}{dt}\int_{\text{VC}} \rho b\, dV = \int_{\text{VC}} \dfrac{\partial}{\partial t}(\rho b)\, dV + \int_{\text{SC}} \rho b \vec{V}_{\text{SC}}\cdot\vec{n}\, dA \quad (1)$$
>
> Isolamos a integral do volume de controle da Equação 4–53:
>
> $$\int_{\text{VC}} \dfrac{\partial}{\partial t}(\rho b)\, dV = \dfrac{dB_{\text{sis}}}{dt} - \int_{\text{SC}} \rho b \vec{V}\cdot\vec{n}\, dA \quad (2)$$
>
> Substituindo a Equação 2 na Equação 1 obtemos
>
> $$\dfrac{d}{dt}\int_{\text{VC}} \rho b\, dV = \dfrac{dB_{\text{sis}}}{dt} - \int_{\text{SC}} \rho b \vec{V}\cdot\vec{n}\, dA + \int_{\text{SC}} \rho b \vec{V}_{\text{SC}}\cdot\vec{n}\, dA \quad (3)$$
>
> Combinando os dois últimos termos e reorganizando
>
> $$\dfrac{dB_{\text{sis}}}{dt} = \dfrac{d}{dt}\int_{\text{VC}} \rho b\, dV + \int_{\text{SC}} \rho b (\vec{V} - \vec{V}_{\text{SC}})\cdot\vec{n}\, dA \quad (4)$$
>
> Mas lembre-se que a velocidade relativa é definida pela Equação 4–43. Assim:
>
> *TTR em termos de velocidade relativa:*
>
> $$\dfrac{dB_{\text{sis}}}{dt} = \dfrac{d}{dt}\int_{\text{VC}} \rho b\, dV + \int_{\text{SC}} \rho b \vec{V}_r\cdot\vec{n}\, dA \quad (5)$$
>
> **Discussão** A Equação 5, sem dúvida, é idêntica à Equação 4–44, e o poder e a elegância do teorema de Leibniz são demonstrados.

Relação entre a derivada material e o TTR

Você já deve ter notado uma similaridade ou analogia entre a derivada material da Seção 4–1 e o teorema de transporte de Reynolds discutido aqui. Na verdade, ambas as análises representam métodos para transformar conceitos fundamen-

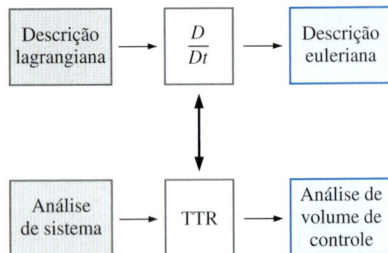

FIGURA 4–64 O teorema de transporte de Reynolds para volumes finitos (análise integral) é análogo à derivada material para volumes infinitesimais (análise diferencial). Em ambos os casos transformamos o ponto de vista lagrangiano ou de sistema no ponto de vista euleriano ou de volume de controle.

talmente lagrangianos em interpretações eulerianas destes conceitos. Embora o teorema de transporte de Reynolds trate de volumes de controle de tamanho finito e a derivada material trate de partículas de fluido infinitesimais, a mesma interpretação física fundamental se aplica a ambos (Fig. 4–64). Na verdade, o teorema de transporte de Reynolds pode ser visto como o equivalente integral da derivada material. Em ambos os casos, a taxa total de variação de alguma propriedade que segue uma parte identificada do fluido consiste de duas partes: Existe uma parte local ou não estacionária responsável pelas variações do campo de escoamento com o tempo (compare o primeiro termo do lado direito da Equação 4–12 com aquele da Equação 4–45). Também existe uma parte advectiva que é responsável pelo movimento do fluido de uma região para outra do escoamento (compare o segundo termo nos lados direitos das Equações 4–12 e 4–45).

Assim como a derivada material pode ser aplicada a qualquer propriedade de fluido, escalar ou vetorial, o teorema de transporte de Reynolds também pode ser aplicado a qualquer propriedade escalar ou vetorial. Nos Capítulos 5 e 6, aplicamos o teorema de transporte de Reynolds à conservação de massa, energia, momento e momento angular ao selecionar o parâmetro B como massa, energia, momento e momento angular, respectivamente. Deste modo podemos converter facilmente as leis fundamentais de conservação de sistema (ponto de vista lagrangiano) em formas válidas e úteis em uma análise de volume de controle (ponto de vista euleriano).

RESUMO

A *cinemática dos fluidos* diz respeito a descrever o movimento dos fluidos, sem necessariamente analisar as forças responsáveis por tal movimento. Existem duas descrições fundamentais do movimento dos fluidos – *lagrangiana* e *euleriana*. Na descrição lagrangiana, acompanhamos as partículas individuais do fluido ou coleções de partículas de fluido, enquanto que na descrição euleriana, definimos um *volume de controle* através do qual o fluido escoa para dentro e para fora. Transformamos as equações do movimento da perspectiva lagrangiana para a euleriana usando a *derivada material* para partículas infinitesimais de fluido e o *teorema de transporte de Reynolds* (*TTR*) para os sistemas com volume finito. Para algumas propriedades extensivas B ou sua propriedade intensiva correspondente b:

Derivada material: $\quad \dfrac{Db}{Dt} = \dfrac{\partial b}{\partial t} + (\vec{V} \cdot \vec{\nabla})b$

TTR geral, VC não fixo:

$$\frac{dB_{sis}}{dt} = \int_{VC} \frac{\partial}{\partial t}(\rho b)\, dV + \int_{SC} \rho b \vec{V} \cdot \vec{n}\, dA$$

Em ambas as equações a variação total da propriedade que acompanha uma partícula de fluido ou um sistema é composta por duas partes: uma parte *local* (não estacionária) e uma parte *advectiva* (movimento).

Existem várias maneiras de visualizar e analisar os campos de escoamento – *linhas de corrente, linhas de emissão, linhas de trajetória, linhas de tempo, imagem de superfície, gráfico por sombras, imagem de Schlieren, gráficos de perfil, gráficos de vetores e gráficos de contorno*. Neste capítulo definimos cada um deles e fornecemos exemplos. Em um escoamento não estacionário geral, as linhas de corrente, de emissão e de trajetória diferem, mas *no escoamento estacionário as linhas de corrente, de emissão e de trajetória são coincidentes*.

Quatro taxas de movimento fundamentais (*taxas de deformação*) são necessárias para descrever totalmente a cinemática de um escoamento fluido: *velocidade* (taxa de translação), *velocidade angular* (taxa de rotação), *taxa de deformação linear* e *taxa de deformação por cisalhamento*. A *vorticidade* é uma propriedade dos escoamentos fluidos que indica a *rotacionalidade* das partículas de fluido.

Vetor vorticidade: $\quad \vec{\zeta} = \vec{\nabla} \times \vec{V} = \mathrm{rot}(\vec{V}) = 2\vec{\omega}$

Uma região do escoamento é *irrotacional* se a vorticidade for nula nessa região.

Os conceitos aprendidos neste capítulo são usados várias vezes no restante do livro. Utilizamos o TTR para transformar as leis de conservação para sistemas fechados em leis de conservação para volumes de controle nos Capítulos 5 e 6 e então no Capítulo 9, na dedução das equações diferenciais do movimento dos fluidos. O papel da vorticidade e irrotacionalidade é revisto com mais detalhes no Capítulo 10, onde mostramos que a aproximação da irrotacionalidade leva a uma redução muito grande de complexidade na solução dos escoamentos de fluidos. Finalmente, usamos diversos tipos de visualização de escoamento e representações gráficas de dados para descrever a cinemática em exemplos de campos de escoamento em quase todos os capítulos deste livro.

APLICAÇÃO EM FOCO

Atuadores fluídicos

Autor convidado: Ganesh Raman,
Illinois Institute of Technology

Os atuadores fluídicos são dispositivos que utilizam circuitos lógicos de fluidos para produzir velocidade oscilatória ou perturbações de pressão em jatos e camadas de cisalhamento para retardar a separação, aumentar a mistura e suprimir o ruído. Por vários motivos, os atuadores fluídicos são potencialmente úteis nas aplicações de controle de escoamentos com cisalhamento: eles não têm partes móveis; podem produzir perturbações com frequência, amplitude e fase controláveis; podem operar em ambientes de condições térmicas severas e não são suscetíveis à interferência eletromagnética, além de serem fáceis de integrar a um dispositivo em operação. Embora a tecnologia fluídica já exista há muitos anos, os avanços recentes na miniaturização e microfabricação tornaram-na muito atraente para a utilização prática. O atuador fluídico produz um escoamento oscilatório auto sustentável utilizando os princípios de efeito de parede e escoamento reverso que ocorrem dentro das passagens em miniatura do dispositivo.

A Figura 4–65 ilustra a aplicação de um atuador fluídico no controle de direção de jatos. Direcionadores de empuxo fluídicos são importantes para projetos futuros de aviões, já que podem melhorar a manobrabilidade sem a complexidade de superfícies adicionais próximas ao bocal de exaustão. Nas três imagens da Fig. 4–65, a exaustão do jato primário é da direita para a esquerda e um único atuador fluídico está localizado na parte superior. A Figura 4–65a mostra o jato sem perturbações. As Figuras 4–65b e c mostram o efeito de mudança de direção em dois níveis de atuação fluídica. As variações no jato primário são caracterizadas usando a velocimetria por imagem de partícula (PIV). Segue uma explicação simplificada: Nessa técnica as partículas sinalizadoras são introduzidas no escoamento e iluminadas por uma fina folha de luz de laser pulsada para congelar o movimento da partícula. A luz de laser espalhada pelas partículas é gravada em duas instâncias de tempo usando uma câmera digital e o vetor do deslocamento local é obtido usando uma correlação espacial cruzada. Os resultados indicam que existe potencial para integrar multiplos sub elementos fluídicos nos componentes do avião para melhorar o desempenho.

A Figura 4–65 é, na verdade, uma combinação dos gráficos vetorial e de contorno. Os vetores velocidade são superpostos aos gráficos de contorno do módulo da velocidade (velocidade escalar). As regiões brancas representam altas velocidades e as regiões escuras representam baixas velocidades.

Referências

Raman, G., Packiarajan, S., Papadopoulos, G., Weissman, C. e Raghu, S., "Jet Thrust Vectoring Using a Miniature Fluidic Oscillator," ASME FEDSM 2001-18057, 2001.

Raman, G., Raghu, S. e Bencic, T. J., "Cavity Resonance Suppression Using Miniature Fluidic Oscillators," AIAA Paper 99-1900, 1999.

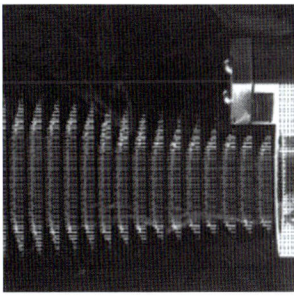

(a)

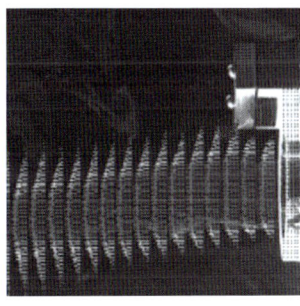

(b)

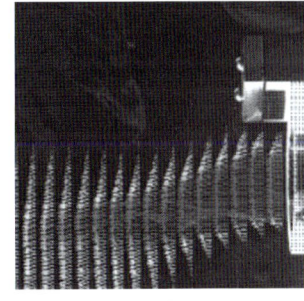

(c)

FIGURA 4–65 Média no tempo do campo de velocidade de um jato atuador fluídico. Os resultados são obtidos a partir de 150 realizações de PIV, sobrepostas em uma imagem do escoamento base. Cada sétimo e segundo vetor velocidade é mostrado nas direções horizontal e vertical respectivamente. As curvas de nível indicam o módulo do campo de velocidade em m/s. (a) Sem atuação (b) atuador único operando a 3 psig (c) atuador único operando a 9 psig.

Cortesia de Ganesh Raman, Illinois Institute of Technology. Usada com permissão.

REFERÊNCIAS E LEITURAS SUGERIDAS

1. R. J. Adrian. "Particle-Imaging Technique for Experimental Fluid Mechanics," *Annual Reviews in Fluid Mechanics*, 23, pg. 261–304, 1991.
2. J. M. Cimbala, H. Nagib e A. Roshko. "Large Structure in the Far Wakes of Two-Dimensional Bluff Bodies," *Journal of Fluid Mechanics*, 190, pg. 265–298, 1988.
3. R. J. Heinsohn e J. M. Cimbala. *Indoor Air Quality Engineering*. New York: Marcel-Dekker, 2003.
4. P. K. Kundu and I. M. cohen. *Fluid Mechanics*. San Diego, Ed. 5, London, England: Elsevier Inc. 2010.
5. W. Merzkirch. *Flow Visualization*, 2a. ed. Orlando, FL: Academic Press, 1987.
6. G. S. Settles. *Schlieren and Shadowgraph Techniques: Visualizing Phenomena in Transparent Media*. Heidelberg: Springer-Verlag, 2001.
7. M. Van Dyke. *An Album of Fluid Motion*. Stanford, CA: The Parabolic Press, 1982.
8. F. M. White. *Viscous Fluid Flow*, 3a. ed. New York: McGraw-Hill, 2005.

PROBLEMAS*

Problemas introdutórios

4–1C O que significa a palavra *cinemática*? Explique o que está envolvido no estudo da *cinemática dos fluidos*.

4–2C Discuta brevemente a diferença entre os operadores de derivada d e ∂. Se a derivada $\partial u/\partial x$ aparece em uma equação, o que isso implica sobre a variável u?

4–3 Considere o escoamento estacionário de água através do bocal assimétrico de uma mangueira de jardim (Fig. P4–3). Ao longo do eixo central do bocal, a velocidade da água aumenta de $u_{entrada}$ para $u_{saída}$ conforme a ilustração. As medições revelam que a velocidade da água no eixo central aumenta parabolicamente através do bocal. Escreva uma equação para a velocidade no eixo central, $u(x)$, com base nos parâmetros dados aqui, de $x = 0$ até $x = L$.

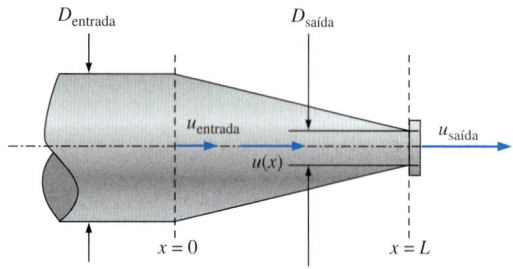

FIGURA P4–3

4–4 Considere o seguinte campo de velocidade estacionário e bidimensional:

$$\vec{V} = (u, v) = (a^2 - (b - cx)^2)\vec{i} + (-2cby + 2c^2xy)\vec{j}$$

---
* Problemas identificados com a letra "C" são questões conceituais e encorajamos os estudantes a responder a todos. Problemas identificados com a letra "E" são em unidades inglesas, e usuários do SI podem ignorá-los. Problemas com o ícone "disco rígido" 💿 são resolvidos com o programa EES. Problemas com o ícone ESS 📖 são de natureza abrangente e devem ser resolvidos com um solucionador de equações, preferencialmente o programa EES.

Existe algum ponto de estagnação nesse campo de escoamento? Se existir, onde está?

1–5 Um campo de velocidade estacionário bidimensional é dado por:

$$\vec{V} = (u, v) = (-0{,}781 - 4{,}67x)\vec{i} + (-3{,}54 + 4{,}67y)\vec{j}$$

Calcule a localização do ponto de estagnação.

4–6 Considere o seguinte campo de velocidade estacionário e bidimensional:

$$\vec{V} = (u, v) = (0{,}66 + 2{,}1x)\vec{i} + (-2{,}7 - 2{,}1y)\vec{j}$$

Existe algum ponto de estagnação nesse campo de escoamento? Se existir, onde está?
Resposta: Sim; $x = -0{,}314$, $y = -1{,}29$

Descrições Lagrangiana e Euleriana

4–7C Qual é a *descrição euleriana* do movimento dos fluidos? Em que ela difere da descrição lagrangiana?

4–8C O método lagrangiano de análise do escoamento fluido é mais semelhante ao estudo de um sistema ou de um volume de controle? Explique.

4–9C Qual é a *descrição lagrangiana* do movimento dos fluidos?

4–10C Uma sonda fixa é colocada em um escoamento fluido e mede a pressão e a temperatura como funções do tempo em determinado local do escoamento (Fig. P4–10C). Essa é uma medição lagrangiana ou euleriana? Explique.

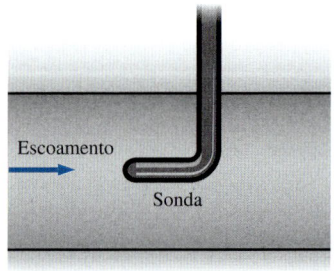

FIGURA P4–10C

4–11C Uma minúscula sonda de pressão eletrônica neutramente flutuante é liberada no tubo de entrada de uma bomba de água e transmite 2.000 leituras de pressão por segundo ao passar através da bomba. Essa é uma medição lagrangiana ou euleriana? Explique.

4–12C Defina *campo de escoamento estacionário* no sistema de referência Euleriano. Em tal escoamento estacionário, é possível que uma partícula de fluido experimente uma aceleração diferente de zero?

4–13C Liste pelo menos outros três nomes para a derivada material, e explique brevemente o porquê de cada nome ser apropriado.

4–14C Um balão meteorológico é lançado na atmosfera. Quando o balão atinge uma altitude na qual é neutramente flutuante, ele transmite informações sobre as condições climáticas para estações de monitoramento no solo (Fig. P4–14C). Essa é uma medição lagrangiana ou euleriana? Explique.

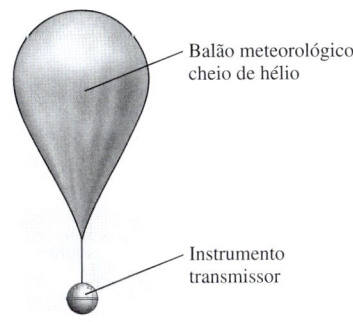

FIGURA P4–14

4–15C Uma sonda estática de Pitot com frequência pode ser vista na parte inferior de um avião (Fig. P4–15C). À medida que o avião voa, a sonda mede a velocidade relativa do vento. Essa é uma medição lagrangiana ou euleriana? Explique.

4–16C O método euleriano de análise do escoamento de fluidos é mais semelhante ao estudo de um sistema ou de um volume de controle? Explique.

4–17 Considere um escoamento estacionário, incompressível e bidimensional através de um duto convergente (Fig. P4–17). Um campo de velocidade aproximado simples para esse escoamento é:

$$\vec{V} = (u, v) = (U_0 + bx)\vec{i} - by\vec{j}$$

onde U_0 é a velocidade horizontal em $x = 0$. Observe que essa equação ignora os efeitos viscosos ao longo das paredes, mas é uma aproximação razoável da maior parte do campo de escoamento. Calcule a aceleração material das partículas de fluido que passam através desse duto. Dê sua resposta de duas maneiras: (1) como componentes da aceleração a_x e a_y e (2) como vetor aceleração $\vec{a}$.

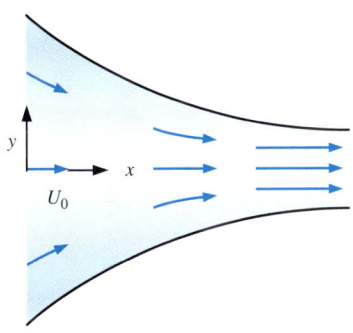

FIGURA P4–17

4–18 Um escoamento de duto convergente é modelado pelo campo de velocidade estacionário e bidimensional do Problema 4–17. O campo de pressão é dado por:

$$P = P_0 - \frac{\rho}{2}\left[2U_0 bx + b^2(x^2 + y^2)\right]$$

onde P_0 é a pressão em $x = 0$. Gere uma expressão para a taxa de variação da pressão *acompanhando uma partícula de fluido*.

4–19 Um campo de velocidade estacionário, incompressível e bidimensional é dado pelas seguintes componentes no plano xy:

$$u = 1{,}85 + 2{,}33x + 0{,}656y$$

$$v = 0{,}754 - 2{,}18x - 2{,}33y$$

Calcule o campo de aceleração (encontre expressões para os componentes da aceleração a_x e a_y), e calcule a aceleração no ponto $(x, y) = (-1, 2)$.

Respostas: $a_x = -0{,}806$, $a_y = 2{,}21$.

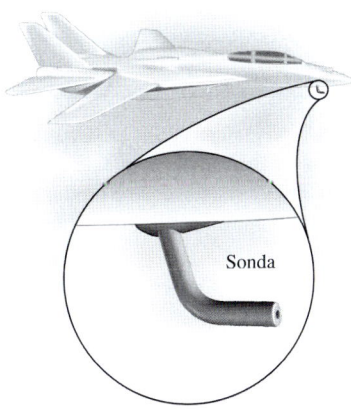

FIGURA P4–15C

4–20 Um campo de velocidade estacionário, incompressível e bidimensional é dado pelos seguintes componentes no plano xy:

$$u = 0{,}205 + 0{,}97x + 0{,}851y$$
$$v = -0{,}509 + 0{,}953x - 0{,}97y$$

Calcule o campo de aceleração (encontre expressões para as componentes da aceleração a_x e a_y), e calcule a aceleração no ponto $(x, y) = (2, 1{,}5)$.

4–21 O campo de velocidade de um escoamento é dado por $\vec{V} = u\vec{i} + v\vec{j} + w\vec{k}$ onde $u = 3x$, $v = -2y$, $w = 2z$. Encontre a linha de corrente que passa pelo ponto $(1, 1, 0)$.

4–22 Considere um escoamento constante de ar através da porção de um túnel de vento que funciona como um difusor (Fig. P4-22). Ao longo da linha de centro do difusor, a velocidade do ar diminui de $u_{entrada}$ para $u_{saída}$ como esboçado. As medições mostram que a velocidade do ar ao longo da linha de centro diminui parabolicamente através do difusor. Escreva uma equação para a velocidade na linha de centro $u(x)$, com base nos parâmetros apresentados aqui, de $x = 0$ até $x = L$.

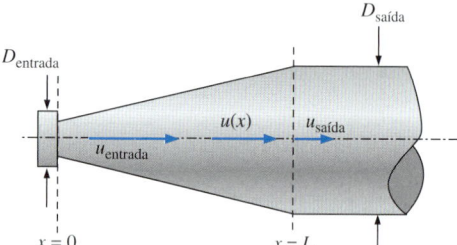

FIGURA P4–22

4–23 Para o campo de velocidade do problema P–22, calcule a aceleração do fluido ao longo da linha de centro do difusor em função de x e dos parâmetros dados. Para $L = 1{,}56$ m, $u_{entrada} = 24{,}3$ m/s, e $u_{saída} = 16{,}8$ m/s, calcule a aceleração em $x = 0$ e $x = 1{,}0$ m.

Respostas: 0, -131 m/s.

4–24 Um campo de velocidades estacionário, incompressível e bidimensional (no plano xy) é dado por:

$$\vec{V} = (0{,}523 - 1{,}88x + 3{,}94y)\vec{i} + (-2{,}44 + 1{,}26x + 1{,}88y)\vec{j}$$

Calcule a aceleração no ponto $(x, y) = (-1{,}55, 2{,}07)$.

4–25 Para o campo de velocidade do Problema 4–3, calcule a aceleração do fluido ao longo do eixo central do bocal como uma função de x e dos parâmetros dados.

Padrões e visualização do escoamento

4–26C Qual é a definição de uma *linha de trajetória*? O que uma linha de trajetória indica?

4–27C Considere a visualização do escoamento ao longo de um cone de 12° ilustrado na fig. P4–27C. Estamos vendo linhas de corrente, linhas de emissão, linhas de trajetória, ou linhas de tempo? Explique.

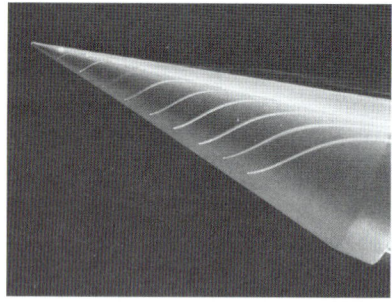

FIGURA P4-27C Visualização do escoamento ao longo de um cone de 12° com um ângulo de ataque de 16° a um número de Reynolds de 15.000. A visualização é produzida por um fluido colorido injetado a partir de orifícios no corpo.

Cortesia ONERA. Fotografia por Werlé.

4–28C Qual é a definição de *linha de corrente*? O que indicam as linhas de corrente?

4–29C Qual é a definição de *linha de emissão*? O que indicam as linhas de emissão?

4–30C Considere a visualização do escoamento ao longo de uma asa delta de 15° ilustrada na Figura P4–30C. Estamos vendo linhas de corrente, linhas de emissão, linhas de trajetória ou linhas de tempo? Explique.

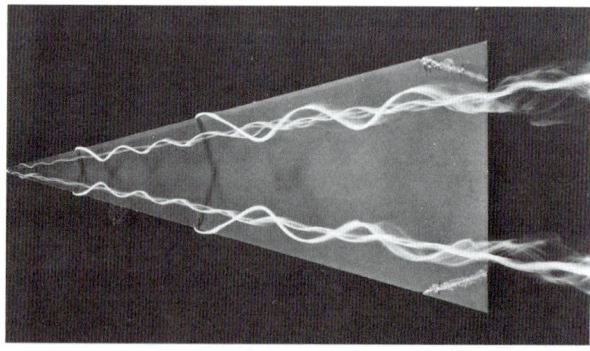

FIGURA P4–30C Visualização do escoamento sobre uma asa delta de 15° com um ângulo de ataque de 20° a um número de Reynolds de 20.000. A visualização é produzida por um fluido colorido injetado na água a partir de orifícios na parte de baixo da asa.

Cortesia ONERA. Fotografia por Werlé.

4–31C Considere a visualização do escoamento em vórtice no solo na Fig. P4–31C. Estamos vendo linhas de corrente, linhas de trajetória, linhas de emissão ou linhas de tempo? Explique.

FIGURA P4-31C Visualização do escoamento em vórtice no solo. O jato de ar de alta velocidade colide com o solo na presença de uma corrente uniforme de ar da esquerda para a direita (o chão está na parte de baixo da imagem). A porção do jato que viaja a montante forma um escoamento recirculatório conhecido como um vórtice no solo ('**ground vortex**'). A visualização é produzida por um fio gerador de fumaça montado verticalmente à esquerda do campo de visão.

Foto por John M. Cimbala.

4-32C Considere a visualização do escoamento sobre uma esfera na Fig. P4-32C. Estamos vendo vendo linhas de corrente, linhas de trajetória, linhas de emissão ou linhas de tempo? Explique.

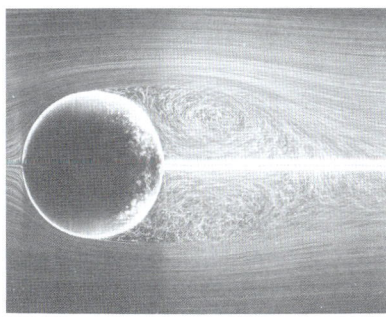

FIGURA P4-32C Visualização de escoamento sobre uma esfera com número de Reynolds de 15.000. A visualização é produzida por uma fotografia com tempo de exposição finito das bolhas de ar na água.

Cortesia ONERA. Fotografia por Werlé.

4-33C Qual é a definição de *linha de tempo*? Como linhas de tempo podem ser produzidas em um canal de água? Cite uma aplicação onde linhas de tempo são mais úteis do que linhas de emissão.

4-34C Considere um corte seccional transversal através de uma matriz de tubos de trocador de calor (Fig. P4-34C). Para cada tipo de informação desejada, escolha o tipo de visualização gráfica do escoamento (linhas de contorno ou gráficos vetoriais) que seria mais adequado, e explique o porquê.

(*a*) A localização de velocidade máxima do fluido deve ser visualizada.

(*b*) A separação do escoamento na parte de trás dos tubos deve ser visualizada.

(*c*) O campo de temperatura em todo o plano deve ser visualizado.

(*d*) A distribuição da componente de vorticidade normal ao plano deve ser visualizada.

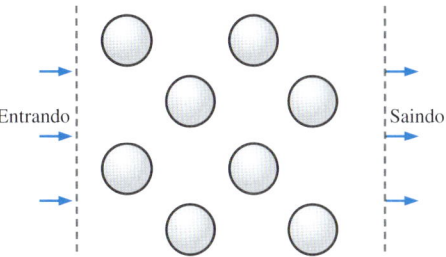

FIGURA P4-34C

4-35 Um escoamento de duto convergente (Fig. P4-17) é modelado pelo campo de velocidade estacionário e bidimensional do Problema 4-17. Gere uma expressão analítica para as linhas de corrente do escoamento.

Resposta: $y = C/(U_0 + bx)$

4-36 O campo de velocidade de um escoamento é descrito por $\vec{V} = (4x)\vec{i} + (5y + 3)\vec{j} + (3t^2)\vec{k}$. Qual é a linha de trajetória de uma partícula na posição (1 m, 2 m, 4 m) no instante $t = 1$ s?

4-37 Considere o seguinte campo de velocidade estacionário, incompressível e bidimensional:

$$\vec{V} = (u, v) = (4{,}35 + 0{,}656x)\vec{i} + (-1{,}22 - 0{,}656y)\vec{j}$$

Gere uma expressão analítica para as linhas de corrente do escoamento e desenhe várias delas no quadrante superior direito de $x = 0$ a 5 e de $y = 0$ a 6.

4-38 Considere o campo de velocidade estacionário, incompressível e bidimensional do Problema 4-37. Gere um gráfico vetorial da velocidade no quadrante superior direito de $x = 0$ a 5 e de $y = 0$ a 6.

4-39 Considere o campo de velocidade estacionário, incompressível e bidimensional do Problema 4-37. Gere um gráfico vetorial do campo de aceleração no quadrante superior direito de $x = 0$ a 5 e de $y = 0$ a 6.

4-40 Um campo de velocidade bidimensional, incompressível e estacionário é dado por:

$$\vec{V} = (u, v) = (1 + 2{,}5x + y)\vec{i} + (-0{,}5 - 3x - 2{,}5y)\vec{j}$$

onde as coordenadas x e y estão em m e o módulo da velocidade está em m/s.

(*a*) Determine se há algum ponto de estagnação nesse campo de escoamento e, neste caso, onde?

(b) Represente graficamente os vetores velocidade em diversos locais do quadrante superior direito de $x = 0$ m a 4 m e de $y = 0$ m a 4 m; descreva qualitativamente o campo de escoamento.

4–41 Considere o campo de velocidade em regime permanente, incompressível e bidimensional do Problema 4–40.

(a) Calcule a aceleração material no ponto ($x = 2$ m, $y = 3$ m).

Respostas: $a_x = 8{,}5$ m/s^2, $a_y = 8{,}0$ m/s^2

(b) Esboce os vetores aceleração material no mesmo intervalo de valores x e y do Problema 4–40.

4–42 O campo da velocidade para a *rotação de corpo rígido* no plano $r\theta$ (Fig. P4–42) é dado por:

$$u_r = 0 \qquad u_\theta = \omega r$$

onde ω é o módulo da velocidade angular ($\vec{\omega}$ aponta para a direção z). No caso de $\omega = 1{,}5$ s^{-1}, esboce o gráfico de contorno do módulo de velocidade (velocidade escalar). Especificamente, desenhe curvas de velocidade constante $V = 0{,}5,\ 1{,}0,\ 1{,}5,\ 2{,}0$ e $2{,}5$ m/s. Verifique se essas velocidades estão rotuladas em sua plotagem. Certifique-se de identificar estas velocidades escalares no seu gráfico.

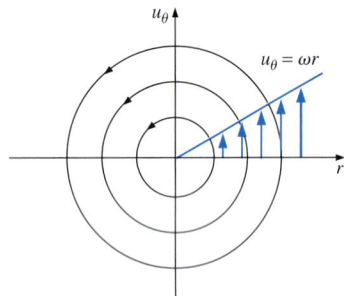

FIGURA P4–42

4–43 O campo da velocidade para uma *linha de vórtices* no plano $r\theta$ (Fig. P4–43) é dado por:

$$u_r = 0 \qquad u_\theta = \frac{K}{r}$$

onde K é a *intensidade da linha de vortices*. No caso de $K = 1{,}5$ m/s^2 faça o gráfico de contorno do módulo da velocidade (velocidade escalar). Especificamente, desenhe curvas de velocidade constante $V = 0{,}5,\ 1{,}0,\ 1{,}5,\ 2{,}0$ e $2{,}5$ m/s. Certifique-se de identificar estas velocidades escalares no seu gráfico.

4–44 O campo de velocidade para uma *linha de fontes* no plano $r\theta$ (Fig. P4–44) é dado por:

$$u_r = \frac{m}{2\pi r} \qquad u_\theta = 0$$

onde m é a intensidade da linha de fontes. No caso de $m/(2\pi) = 1{,}5$ m/s^2, faça um gráfico de contorno do módulo da velocidade. Especificamente, desenhe curvas de velocidade constante $V = 0{,}5,\ 1{,}0,\ 1{,}5,\ 2{,}0$ e $2{,}5$ m/s. Certifique-se de identificar estas velocidades escalares no seu gráfico.

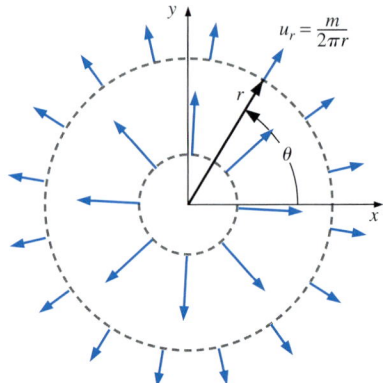

FIGURA P4–44

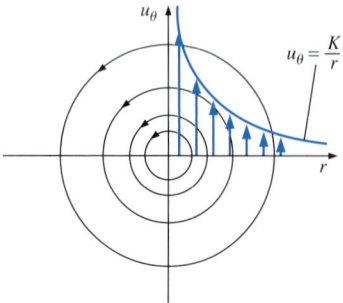

FIGURA P4–43

4–45 Um pequeno cilindro circular de raio R_i gira com velocidade angular ω_i dentro de um cilindro concêntrico de raio R_o muito maior que gira com velocidade angular ω_o. Um líquido de densidade ρ e viscosidade μ é confinado entre os dois cilindros, como na Fig. P4–45. Efeitos gravitacionais e de borda podem ser negligenciados (o escoamento é bidimensional no plano da página). Se $\omega_i = \omega_o$ e um longo tempo passou, gere uma expressão

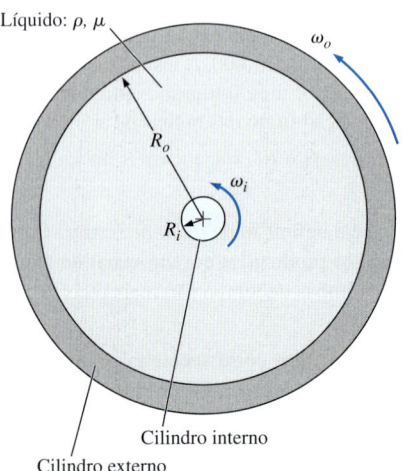

FIGURA P4–45

para o perfil de velocidade tangencial, u_θ como uma função de (no máximo) r, ω, R_i, R_o, ρ e μ, onde $\omega = \omega_i = \omega_o$. Além disso, cálculo o torque exercido pelo fluido no cilindro interior e no cilindro exterior.

4–46 Considere os mesmos dois cilindros concêntricos de Prob. 4–45. Desta vez, contudo, o cilindro interior é rotativo, mas o cilindro exterior é estacionário. No limite, como o cilindro exterior é muito grande em comparação com o cilindro interno (imagine o cilindro interno girando muito rápido, enquanto o seu raio fica muito pequeno), que tipo de escoamento pode ser aproximadamente? Explique. Depois de passado um longo tempo, gere uma expressão para o perfil de velocidade tangencial, ou seja, u_θ como uma função de (no máximo) r, ω_i, R_i, R_o, ρ e μ. *Dica*: A sua resposta pode conter uma constante (desconhecida), que pode ser obtida especificando-se uma condição de contorno na superfície do cilindro interno.

4–47E Um escoamento convergente em um duto é modelado pelo campo de velocidade bidimensional estacionário do Prob. 4–17. Para o caso de $U_0 = 3,56$ ft/s, $b = 7,66$ s^{-1}, desenhe várias linhas de corrente a partir de $x = 0$ ft a 5 ft e $y = -2$ ft a 2 ft. Certifique-se de mostrar *a direção* das linhas de corrente.

Movimento e deformação dos elementos fluidos

4–48C Explique a relação entre vorticidade e rotacionalidade.

4–49C Cite e descreva brevemente os quatro tipos fundamentais de movimento ou deformação das partículas de fluido.

4–50 Um escoamento de duto convergente (Fig. P4–17) é modelado pelo campo de velocidade estacionário e bidimensional do Problema 4–17. Esse campo de escoamento é rotacional ou irrotacional? Mostre todo o seu trabalho.

Resposta: irrotacional

4–51 Um escoamento de duto convergente é modelado pelo campo de velocidade estacionário e bidimensional do Problema 4–17. Uma partícula de fluido (A) está localizada no eixo x em $x = x_A$ no instante $t = 0$ (Fig. P4–51). Em algum instante t posterior, a partícula de fluido moveu-se a jusante com o escoamento até algum novo local $x = x_{A'}$, como mostra a figura. Como o escoamento é simétrico com relação ao eixo x, a partícula de fluido permanece no eixo x em todos os instantes. Gere uma expressão analítica para a posição x da partícula de fluido em qualquer instante t arbitrário em termos de seu instante inicial x_A e das constantes U_0 e b. Em outras palavras, deduza uma expressão para $x_{A'}$. (*Sugestão*: Sabemos que $u = dx_{\text{partícula}}/dt$ seguindo uma partícula de fluido. Substitua u, separe as variáveis e integre).

4–52 Um escoamento de duto convergente é modelado pelo campo de velocidade estacionário e bidimensional do Problema 4–17. Como o escoamento é simétrico com relação ao eixo x, o segmento de reta AB ao longo do eixo x permanece no eixo, mas se estica do comprimento ξ até o comprimento $\xi + \Delta\xi$ ao escoar ao longo do eixo central do canal (Fig. P4–52). Gere uma expressão analítica para a variação de comprimento do segmento de reta $\Delta\xi$. (*Sugestão*: use os resultados do Problema 4–51.)

Resposta: $(x_B - x_A)(e^{bt} - 1)$

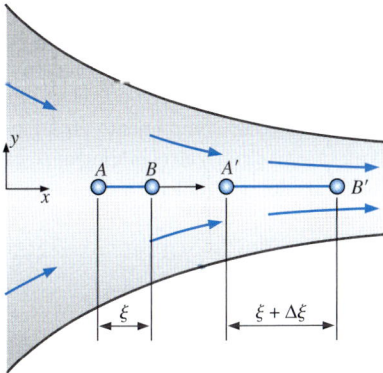

FIGURA P4–52

4–53 Usando os resultados do Problema 4–52 e a definição fundamental da taxa de deformação linear (a taxa de aumento do comprimento por unidade de comprimento), deduza uma expressão para a taxa de deformação linear na direção x (ε_{xx}) das partículas de fluido no eixo central do canal. Compare seu resultado com a expressão geral de ε_{xx} em termos do campo de velocidade, ou seja, $\varepsilon_{xx} = \partial u/\partial x$. (*Sugestão*: Tome o limite como tempo $t \to 0$. Pode ser necessário aplicar uma expansão em série truncada para e^{bt}).

Resposta: b

4–54 Um escoamento de duto convergente é modelado pelo campo de velocidade em regime permanente e bidimensional do Problema 4–17. Uma partícula de fluido (A) está localizada em $x = x_A$ e $y = y_A$ no instante $t = 0$ (Fig. P4–54). Em algum instante t posterior, a partícula de fluido moveu-se a jusante com o escoamento até um local novo $x = x_{A'}$, $y = y_{A'}$, como mostra a figura. Gere uma expressão analítica para a localização y da partícula de fluido em algum instante t arbitrário em termos de sua posição inicial $y = y_A$ e da constante b. Em outras palavras, deduza uma expressão para $y_{A'}$. (*Sugestão*: Sabemos que $v = dy_{\text{partícula}}/dt$ seguindo uma partícula de fluido. Substitua v na equação, separe as variáveis e integre).

Resposta: $y_A e^{-bt}$

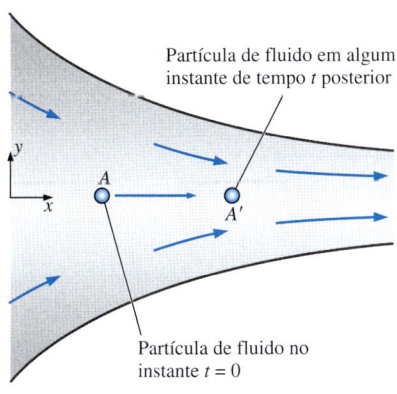

FIGURA P4–51

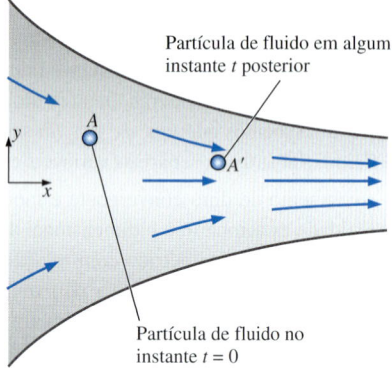

FIGURA P4–54

4–55 Um escoamento de duto convergente é modelado pelo campo de velocidade em regime permanente e bidimensional do Problema 4–17. À medida que o segmento de reta vertical AB se movimenta a jusante, ele encolhe do comprimento η até o comprimento $\eta + \Delta\eta$ conforme a Fig. P4–55. Gere uma expressão analítica para a variação de comprimento do segmento de reta $\Delta\eta$. Observe que a variação $\Delta\eta$ no comprimento é negativa. (*Sugestão*: use os resultados do Problema 4–54.)

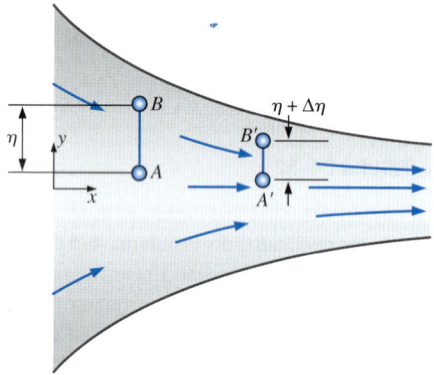

FIGURA P4–55

4–56 Usando os resultados do Problema 4–55 e a definição fundamental de taxa de deformação linear (taxa de aumento do comprimento por unidade de comprimento), desenvolva uma expressão para a taxa de deformação linear na direção y (ε_{yy}) das partículas de fluido que se movimentam no canal. Compare seu resultado com a expressão geral de ε_{yy} em termos do campo de velocidade, ou seja, $\varepsilon_{yy} = \partial v/\partial y$. (*Dica*: Tome o limite como o tempo $t \to 0$. Talvez seja preciso aplicar uma expansão em série truncada para e^{-bt}).

4–57 Um escoamento de duto convergente é modelado pelo campo de velocidade estacionário e bidimensional do Problema 4-17. Use a equação da taxa de deformação volumétrica para verificar se esse campo de escoamento é incompressível.

4–58 Uma equação geral para um campo de velocidade bidimensional e estacionário que é linear nas direções espacial (x e y) é
$$\vec{V} = (u, v) = (U + a_1 x + b_1 y)\vec{i} + (V + a_2 x + b_2 y)\vec{j}$$

onde U e V e os coeficientes são constantes. Assume-se que suas dimensões são definidas apropriadamente. Calcule as componentes x e y do campo de aceleração.

4–59 Para o campo de velocidade do Problema 4–58, qual relação deve existir entre os coeficientes para garantir que o campo de escoamento seja incompressível?

Resposta: $a_1 + b_2 = 0$

4–60 Para o campo de velocidade do Problema 4–58, calcule as taxas de deformação linear nas direções x e y.

Respostas: a_1, b_2

4–61 Para o campo de velocidade do Problema 4–58, calcule a taxa de deformação por cisalhamento no plano xy.

4–62 Combine seus resultados dos Problemas 4–60 e 4–61 para formar o tensor taxa de deformação bidimensional ε_{ij} no plano xy:

$$\varepsilon_{ij} = \begin{pmatrix} \varepsilon_{xx} & \varepsilon_{xy} \\ \varepsilon_{yx} & \varepsilon_{yy} \end{pmatrix}$$

Sob quais condições os eixos x e y seriam eixos principais?

Resposta: $b_1 + a_2 = 0$

4–63 Para o campo de velocidade do Problema 4–58, calcule o vetor vorticidade. Em qual direção aponta esse vetor?

Resposta: $(a_2 - b_1)\vec{k}$ na direção z

4–64 Considere um **escoamento com cisalhamento**, estacionário, incompressível e bidimensional para o qual o campo de velocidade é:

$$\vec{V} = (u, v) = (a + by)\vec{i} + 0\vec{j}$$

onde a e b são constantes. A Fig. P4–64 representa uma pequena partícula de fluido retangular com dimensões dx e dy no instante t. A partícula de fluido se movimenta e deforma com o escoamento, de forma que em um instante posterior ($t + dt$) a partícula não é mais retangular, como também mostra a figura. O local inicial de cada canto da partícula de fluido está marcado na Fig. P4–64. O canto esquerdo inferior está em (x, y) no instante t, onde a componente x da velocidade é $u = a + by$. Mais tarde, esse canto se move para $(x + u\,dt, y)$ ou:

$$(x + (a + by)\,dt, y)$$

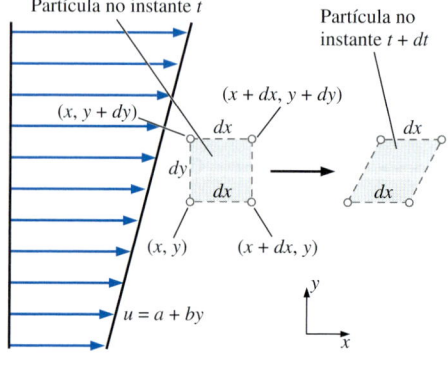

FIGURA P4–64

(a) De forma semelhante, calcule a posição de cada um dos outros três cantos da partícula de fluido no instante $t + dt$.

(b) Partindo da definição fundamental de *taxa de deformação linear* (a taxa de aumento do comprimento por unidade de comprimento) calcule as taxas de deformação linear ε_{xx} and ε_{yy}.

Respostas: 0, 0

(c) Compare seus resultados com aqueles obtidos nas equações para ε_{xx} e ε_{yy} em coordenadas cartesianas, ou seja

$$\varepsilon_{xx} = \frac{\partial u}{\partial x} \quad \varepsilon_{yy} = \frac{\partial v}{\partial y}$$

4–65 Use dois métodos para verificar se o escoamento do Problema 4–64 é incompressível: (a) calculando o volume da partícula de fluido em ambos os instantes e (b) calculando a taxa de deformação volumétrica. Observe que o Problema 4–64 deve ser feito antes deste problema.

4–66 Considere o campo de velocidade estacionário, incompressível e bidimensional do Problema 4–64. Usando os resultados do Problema 4–64(a) faça o seguinte:

(a) A partir da definição fundamental de *taxa de deformação por cisalhamento* (metade da taxa de diminuição do ângulo entre duas retas inicialmente perpendiculares que se interceptam em um ponto) calcule a taxa de deformação por cisalhamento ε_{xy} no plano xy. (*Sugestão*: Use os lados inferior e esquerdo da partícula de fluido, que se interceptam em 90° no canto inferior esquerdo da partícula no instante inicial).

(b) Compare seus resultados com aqueles obtidos pelas equações para ε_{xy} em coordenadas cartesianas, ou seja:

$$\varepsilon_{xy} = \frac{1}{2}\left(\frac{\partial u}{\partial y} + \frac{\partial v}{\partial x}\right)$$

Respostas: (a) b/2 (b) b/2

4–67 Considere o campo de velocidade estacionário, incompressível e bidimensional do Problema 4–64. Usando os resultados do Problema 4–64(a) faça o seguinte:

(a) A partir da definição fundamental de *taxa de rotação* (rotação média de duas retas inicialmente perpendiculares que se interceptam em um ponto), calcule a taxa de rotação da partícula de fluido no plano xy, ω_z. (*Sugestão*: Use os lados inferior e esquerdo da partícula de fluido, que se interceptam em 90° no canto inferior esquerdo da partícula, no instante inicial).

(b) Compare seus resultados com aqueles obtidos pela equação para ω_z em coordenadas cartesianas, ou seja:

$$\omega_z = \frac{1}{2}\left(\frac{\partial v}{\partial x} - \frac{\partial u}{\partial y}\right)$$

Respostas: (a) –b/2, (b) –b/2

4–68 Usando os resultados do Problema 4–67:

(a) Esse escoamento é rotacional ou irrotacional?

(b) Calcule a componente z da vorticidade para esse campo de escoamento.

4–69 Um elemento fluido bidimensional de dimensões dx e dy é transladado e distorcido como mostra a Fig. P4–69 durante o período de tempo infinitesimal $dt = t_2 - t_1$. As componentes da velocidade no ponto P no instante inicial são u e v nas direções x e y, respectivamente. Mostre que o módulo da taxa de rotação (velocidade angular) com relação ao ponto P no plano xy é:

$$\omega_z = \frac{1}{2}\left(\frac{\partial v}{\partial x} - \frac{\partial u}{\partial y}\right)$$

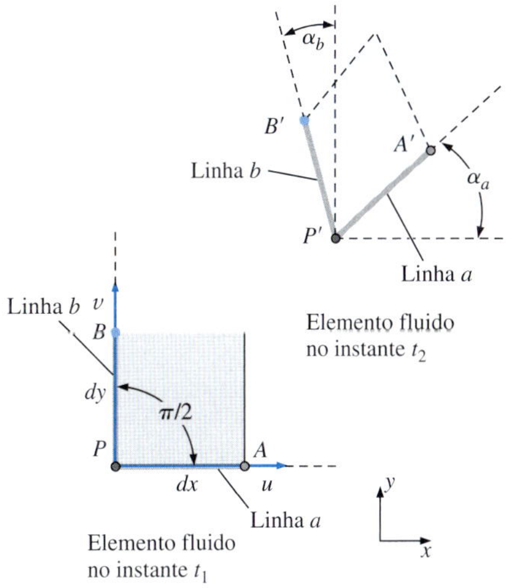

FIGURA P4–69

4–70 Um elemento de fluido bidimensional de dimensões dx e dy é transladado e distorcido como mostra a Fig. P4–69 durante o período de tempo infinitesimal $dt = t_2 - t_1$. As componentes da velocidade no ponto P no instante inicial são u e v nas direções x e y, respectivamente. Considere o segmento de reta PA da Fig. P4–69, e mostre que o módulo da taxa de deformação linear na direção x é:

$$\varepsilon_{xx} = \frac{\partial u}{\partial x}$$

4–71 Um elemento de fluido bidimensional de dimensões dx e dy translada e distorce como mostra a Fig. P4–69 durante o período de tempo infinitesimal $dt = t_2 - t_1$. As componentes da velocidade no ponto P no instante inicial são u e v nas direções x e y, respectivamente. Mostre que o módulo da taxa de deformação por cisalhamento com relação ao ponto P no plano xy é:

$$\varepsilon_{xy} = \frac{1}{2}\left(\frac{\partial u}{\partial y} + \frac{\partial v}{\partial x}\right)$$

4–72 Considere um campo de escoamento estacionário, bidimensional e incompressível no plano xy. A taxa de deformação linear na direção x é de 2,5 s^{-1}. Calcule a taxa de deformação linear na direção y.

4–73 Um tanque cilíndrico de água gira em rotação de corpo rígido, no sentido anti-horário, com relação a seu eixo vertical

(Fig. P4–73) com velocidade angular $\dot{n}$ = 175 rpm. Calcule a vorticidade das partículas de fluido no tanque.

Resposta: 36,7 $\vec{k}$ rad/s

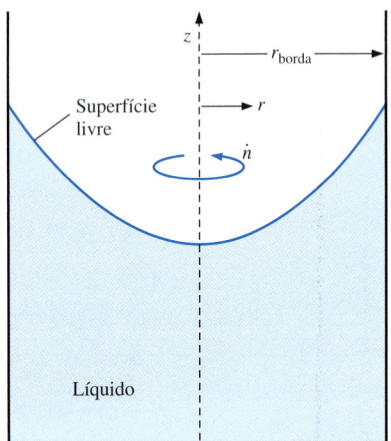

FIGURA P4–73

4–74 Um tanque cilíndrico de água gira com relação ao seu eixo vertical (Fig. P4–73). Um sistema VIP é usado para medir o campo de vorticidade do escoamento. O valor medido na direção z é –45,4 rad/s e é constante até ±0,5% em toda a parte em que foi medido. Calcule a velocidade angular de rotação do tanque em rpm. O tanque gira no sentido horário ou anti-horário com relação ao eixo vertical?

4–75 Um tanque cilíndrico de raio r_{borda} = 0,35 m gira com relação ao seu eixo vertical (Fig. P4–73) e está parcialmente preenchido com óleo. A velocidade da borda é de 3,61 m/s na direção anti-horária (olhando de cima para baixo) e o tanque girou por tempo suficiente para estar em rotação de corpo rigido. Para uma partícula de fluido do tanque, calcule o módulo da componente da vorticidade na direção vertical z.

Resposta: 20,4 rad/s.

4–76 Considere um campo de escoamento bidimensional e incompressível no qual uma partícula de fluido inicialmente quadrada se movimenta e deforma. A dimensão da partícula de fluido é a no instante t e está alinhada aos eixos x e y conforme a Fig. P4–76. Em algum instante posterior, a partícula ainda está alinhada aos eixos x e y, mas se deformou em um retângulo com comprimento horizontal $2a$. Qual é o comprimento vertical da partícula de fluido retangular nesse instante posterior?

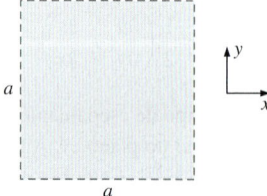

FIGURA P4–76

4–77 Considere um campo de escoamento bidimensional e *compressível* no qual uma partícula de fluido inicialmente quadrada se movimenta e deforma. A dimensão da partícula de fluido é a no instante t e está alinhada aos eixos x e y conforme a Fig. P4–76. Em algum instante posterior, a partícula ainda está alinhada aos eixos x e y, mas se deformou em um retângulo com comprimento horizontal $1,08a$ e comprimento vertical $0,903a$ (a dimensão da partícula na direção z não varia, uma vez que o escoamento é bidimensional). Qual é a porcentagem de aumento ou diminuição da densidade da partícula de fluido?

4–78 Considere o seguinte campo de velocidade estacionário e tridimensional:

$$\vec{V} = (u, v, w)$$
$$= (3,0 + 2,0x - y)\vec{i} + (2,0x - 2,0y)\vec{j} + (0,5xy)\vec{k}$$

Calcule o vetor vorticidade como uma função do espaço (x, y, z).

4–79 Considere o **escoamento de Couette** – o escoamento entre duas placas paralelas infinitas separadas pela distância h, com a placa superior se movendo e a placa inferior fixa, como ilustra a Fig. P4-79. O escoamento é estacionário, incompressível e bidimensional no plano xy. O campo de velocidade é dado por

$$\vec{V} = (u, v) = V\frac{y}{h}\vec{i} + 0\vec{j}$$

Esse escoamento é rotacional ou irrotacional? Se for rotacional, calcule a componente da vorticidade na direção z. As partículas de fluido desse escoamento giram no sentido horário ou anti-horário?

Respostas: Sim, $-V/h$, horário

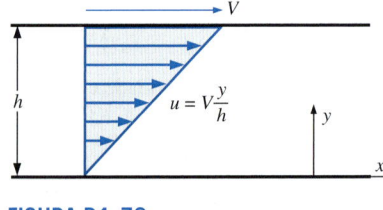

FIGURA P4–79

4–80 Para o escoamento de Couette da Fig. P4–79, calcule as taxas de deformação linear nas direções x e y, e calcule a taxa de deformação por cisalhamento ε_{xy}.

4–81 Combine seus resultados do Problema 4–80 para formar o tensor de taxa de deformação bidimensional ε_{ij},

$$\varepsilon_{ij} = \begin{pmatrix} \varepsilon_{xx} & \varepsilon_{xy} \\ \varepsilon_{yx} & \varepsilon_{yy} \end{pmatrix}$$

Os eixos x e y são principais?

4–82 Um campo de velocidade estacionário, tridimensional é dado por

$$\vec{V} = (u, v, w)$$
$$= (2{,}49 + 1{,}36x - 0{,}867y)\vec{i}$$
$$+ (1{,}95x - 1{,}36y)\vec{j} + (-0{,}458xy)\vec{k}$$

Calcule o vetor de vorticidade como uma função das variáveis espaciais (x, y, z).

4–83 Um campo de velocidade estacionário, bidimensional é dado por que

$$\vec{V} = (u, v)$$
$$= (2{,}85 + 1{,}26x - 0{,}896y)\vec{i}$$
$$+ (3{,}45x + cx - 1{,}26y)\vec{j}$$

Calcule a constante c de forma que o campo de escoamento seja irrotacional.

4–84 Um campo de velocidade estacionário, tridimensional é dado por

$$\vec{V} = (1{,}35 + 2{,}78x + 0{,}754y + 4{,}21z)\vec{i}$$
$$+ (3{,}45 + cx - 2{,}78y + bz)\vec{j}$$
$$+ (-4{,}21x - 1{,}89y)\vec{k}$$

Calcule as constantes b e c de forma que o campo de escoamento seja irrotational.

4–85 Um campo de velocidade estacionário, tridimensional é dado por

$$\vec{V} = (0{,}657 + 1{,}73x + 0{,}948y + az)\vec{i}$$
$$+ (2{,}61 + cx + 1{,}91y + bz)\vec{j}$$
$$+ (-2{,}73x - 3{,}66y - 3{,}64z)\vec{k}$$

Calcule as constantes a, b e c de forma que o campo de escoamento seja irrotational.

4–86E Um escoamento convergente em duto é modelado pelo campo de velocidade estacionário, bidimensional do Prob. 4–17. Para o caso em que $U_0 = 5{,}0$ ft/s e $b = 4{,}6$ s^{-1}, considere uma partícula de fluido inicialmente quadrada com lado de dimensão 0,5 ft, centrada em $x = 0{,}5$ ft e $y = 1{,}0$ ft em $t = 0$ (Fig. P4–86E). Calcule com cuidado e esboce onde a partícula de fluido estará e como será no tempo

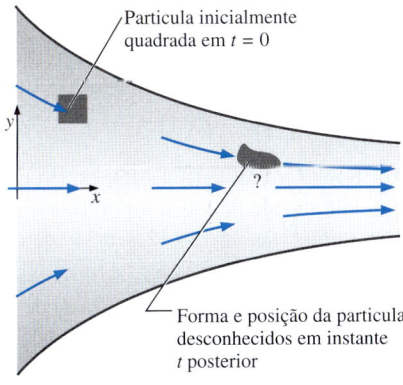

FIGURA P4–86E

$t = 0{,}2$ s depois. Comente sobre a distorção da partícula de fluido. (*Dica*: Use os resultados dos Probs. 4–51 e 4–54.)

4–87E Com base nos resultados de Prob. 4–86E, verifique se esse campo de escoamento no duto convergente é realmente incompreensível.

Teorema de transporte de Reynolds

4–88C Explique brevemente as semelhanças e diferenças entre a derivada material e o teorema do transporte de Reynolds.

4–89C Explique resumidamente o propósito do teorema do transporte de Reynolds (TTR). Escreva o TTR para a propriedade extensiva B como uma "equação em palavras", explicando cada termo com suas próprias palavras.

4–90C Verdadeiro ou falso: Para cada afirmação, decida se ela é verdadeira ou falsa e discuta rapidamente sua resposta.

(a) O teorema de transporte de Reynolds é útil para transformar as equações de conservação de suas formas de volume de controle, naturais, para suas formas de sistema.

(b) O teorema de transporte de Reynolds se aplica apenas aos volumes de controle não deformantes.

(c) O teorema de transporte de Reynolds pode ser aplicado aos campos de escoamento estacionário e não estacionário.

(c) O teorema de transporte de Reynolds pode ser aplicado a quantidades escalares e vetoriais.

4–91 Considere a integral $\dfrac{d}{dt}\displaystyle\int_t^{2t} x^{-2}dx$. Resolva-a de duas maneiras:

(a) Avalie o integral e depois derive no tempo;

(b) Use o teorema de Leibniz. Compare os resultados.

4–92 Resolva a integral $\dfrac{d}{dt}\displaystyle\int_t^{2t} x^x dx$ até o máximo que for capaz.

4–93 Considere a forma geral do teorema de transporte de Reynolds (TTR) dada por

$$\frac{dB_{\text{sis}}}{dt} = \frac{d}{dt}\int_{\text{VC}} \rho b\, dV + \int_{\text{SC}} \rho b \vec{V}_r \cdot \vec{n}\, dA$$

onde $\vec{V}_r$ é a velocidade do fluido com relação à superfície de controle. Considere B_{sis} massa m de um sistema de partículas de fluido. Sabemos que para um sistema $dm/dt = 0$, uma vez que, por definição, nenhuma massa pode entrar ou sair do sistema. Use a equação dada para deduzir a equação de conservação da massa para um volume de controle.

4–94 Considere a forma geral do teorema de transporte de Reynolds (TTR) do Problema 4–93. Considere B_{sis} como o momento linear $m\vec{V}$ de um sistema de partículas de fluido. Sabemos que para um sistema, a segunda lei de Newton é

$$\sum \vec{F} = m\vec{a} = m\frac{d\vec{V}}{dt} = \frac{d}{dt}(m\vec{V})_{\text{sis}}$$

Use a equação do Problema 4–93 e a equação dada por para deduzir a equação de conservação do momento linear para um volume de controle.

4–95 Considere a forma geral do teorema de transporte de Reynolds (TTR) dada no Problema 4–93. Seja B_{sis} o momento angular $\vec{H} = \vec{r} \times m\vec{V}$ de um sistema de partículas de fluido, onde $\vec{r}$ é o braço do momento. Sabemos que para um sistema, a conservação do momento angular pode ser expressa como

$$\sum \vec{M} = \frac{d}{dt}\vec{H}_{sis}$$

onde $\sum \vec{M}$ é o momento total aplicado ao sistema. Use a equação dada no Problema 4–93 e esta equação para deduzir a equação de conservação do momento angular para um volume de controle.

4–96 Reduza ao máximo a seguinte expressão:

$$F(t) = \frac{d}{dt}\int_{x=At}^{x=Bt} e^{-2x^2}\, dx$$

(*Sugestão*: Use o teorema de Leibniz unidimensional).
Resposta: $Be^{-B^2t^2} - Ae^{-A^2t^2}$

Problemas de revisão

4–97 Considere um campo de escoamento estacionário, bidimensional no plano xy cujo componente x da velocidade é dado por

$$u = a + b(x - c)^2$$

onde a, b e c são constantes com dimensões apropriadas. De que forma a componente y da velocidade precisa ser para que o campo de escoamento seja incompressível? Em outras palavras, gere uma expressão de v como uma função de x, y, e das constantes da equação dada de modo a que o escoamento seja incompressível.
Resposta: $-2b(x-c)y + f(x)$

4–98 Em um campo de escoamento estacionário, bidimensional no plano xy, o componente x de velocidade é:

$$u = ax + by + cx^2$$

onde a, b e c são constantes com dimensões apropriadas. Gere uma expressão geral para o componente v da velocidade de modo que o campo de escoamento seja incompressível.

4–99 Considere o **escoamento de Poiseuille** totalmente desenvolvido e bidimensional – o escoamento entre duas placas paralelas finitas separadas pela distância h, com as placas superior e inferior fixas, e um gradiente de pressão forçando dP/dx movendo o escoamento como ilustra a Fig. P4–99 (dP/dx é constante e negativo). O escoamento é incompressível, estacionário e bidimensional no plano xy. As componentes da velocidade são dadas por:

$$u = \frac{1}{2\mu}\frac{dP}{dx}(y^2 - hy) \quad v = 0$$

onde μ é a viscosidade do fluido. Esse escoamento é rotacional ou irrotacional? Se for rotacional, calcule a componente da vorticidade na direção z. As partículas de fluido desse escoamento giram no sentido horário ou anti-horário?

4–100 Para o escoamento de Poiseuille bidimensional do Problema 4–99, calcule as taxas de deformação linear nas direções x e y e calcule a taxa de deformação por cisalhamento ε_{xy}.

4–101 Combine seus resultados do Problema 4–100 para formar o tensor da taxa de deformação bidimensional ε_{ij} no plano xy:

$$\varepsilon_{ij} = \begin{pmatrix} \varepsilon_{xx} & \varepsilon_{xy} \\ \varepsilon_{yx} & \varepsilon_{yy} \end{pmatrix}$$

Os eixos x e y são principais?

4–102 Considere o escoamento de Poiseuille bidimensional do Problema 4–99. O fluido entre as placas é água a 40°C. Seja $h = 1,6$ mm a altura da lacuna e $dP/dx = -230$ N/m³ o gradiente de pressão. Calcule e trace sete *linhas de trajetória* de $t = 0$ a $t = 10$ s. As partículas de fluido são liberadas em $x = 0$ e $y = 0,2, 0,4, 0,6, 0,8, 1,0, 1,2$ e $1,4$ mm.

4–103 Considere o escoamento de Poiseuille bidimensional do Problema 4–99. O fluido entre as placas é água a 40°C. Seja $h = 1,6$ mm a altura da lacuna e $dP/dx = -230$ N/m³ o gradiente de pressão. Calcule e trace sete *linhas de emissão* geradas por uma varredura com tinta que introduz listras de tinta em $x = 0$ e $y = 0,2, 0,4, 0,6, 0,8, 1,0, 1,2$ e $1,4$ mm (Fig. P4–103). A tinta é introduzida de $t = 0$ a $t = 10$ s e as linhas de emissão devem ser traçadas em $t = 10$ s.

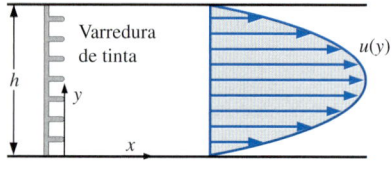

FIGURA P4–103

4–104 Repita o Problema 4–103, exceto que a tinta é introduzida de $t = 0$ a $t = 10$ s e as linhas de emissão devem ser traçadas em $t = 12$ s em vez de 10 s.

4–105 Compare os resultados do Problema 4–103 e 4–104 e comente sobre a taxa de deformação linear na direção x.

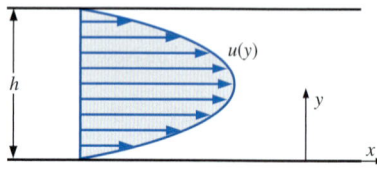

FIGURA P4–99

4–106 Considere o escoamento de Poiseuille bidimensional do Problema 4–99. O fluido entre as placas é água a 40°C. Seja $h = 1,6$ mm a altura da lacuna e $dP/dx = -230$ N/m³ o gradiente de pressão. Imagine um fio de bolha de hidrogênio esticado verticalmente através do canal em $x = 0$ (Fig. P4–106). O fio é pulsado, ligando e desligando, de forma que bolhas são produzidas periodicamente para criar *linhas de tempo*. Cinco linhas de tempo distintas são geradas em $t = 0$, 2,5, 5,0, 7,5 e 10,0 s. Calcule e esboce a aparência dessas cinco linhas de tempo no instante $t = 12,5$ s.

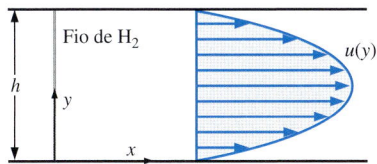

FIGURA P4–106

4–107 O campo de velocidade de um escoamento é dado por $\vec{V} = k(x^2 - y^2)\vec{i} - 2kxy\vec{j}$ onde k é uma constante. Se o raio de curvatura de uma linha de corrente é $R = [1 + y'^2]^{3/2}/|y''|$, determine a aceleração normal de uma partícula (que é normal à linha de corrente) que passa através da posição $x = 1$, $y = 2$.

4–108 O campo de velocidade para um escoamento incompressível é dado como:

$$\vec{V} = 5x^2\vec{i} - 20xy\vec{j} + 100t\vec{k}$$

Determine se esse escoamento é estacionário. Determine também a velocidade e a aceleração de uma partícula em (1, 3, 3) e $t = 0,2$ s.

4–109 Considere um escoamento de Poiseuille com simetria axial totalmente desenvolvido – ecoamento em um tubo redondo de raio R (diâmetro $D = 2R$), com um gradiente de pressão forçada dP/dx movendo o escoamento como ilustra a Fig. P4–109 (dP/dx é constante e negativo). O escoamento é estacionário, incompressível e simétrico com relação ao eixo x. As componentes da velocidade são dadas por:

$$u = \frac{1}{4\mu}\frac{dP}{dx}(r^2 - R^2) \quad u_r = 0 \quad u_\theta = 0$$

onde μ é a viscosidade do fluido. Esse escoamento é rotacional ou irrotacional? Se for rotacional, calcule a componente da vorticidade na direção circunferencial (θ) e discuta o sinal da rotação.

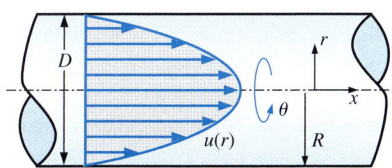

FIGURA P4–109

4–110 Para o escoamento de Poiseuille com simetria axial do Problema 4–109, calcule as taxas de deformação linear nas direções x e r e a taxa de deformação por cisalhamento ε_{xr}. O tensor taxa de deformação em coordenadas cilíndricas (r, θ, x) e (u_r, u_θ, u_x), é

$$\varepsilon_{ij} = \begin{pmatrix} \varepsilon_{rr} & \varepsilon_{r\theta} & \varepsilon_{rx} \\ \varepsilon_{\theta r} & \varepsilon_{\theta\theta} & \varepsilon_{\theta x} \\ \varepsilon_{xr} & \varepsilon_{x\theta} & \varepsilon_{xx} \end{pmatrix}$$

$$= \begin{pmatrix} \frac{\partial u_r}{\partial r} & \frac{1}{2}\left(r\frac{\partial}{\partial r}\left(\frac{u_\theta}{r}\right) + \frac{1}{r}\frac{\partial u_r}{\partial \theta}\right) & \frac{1}{2}\left(\frac{\partial u_r}{\partial x} + \frac{\partial u_x}{\partial r}\right) \\ \frac{1}{2}\left(r\frac{\partial}{\partial r}\left(\frac{u_\theta}{r}\right) + \frac{1}{r}\frac{\partial u_r}{\partial \theta}\right) & \frac{1}{r}\frac{\partial u_\theta}{\partial \theta} + \frac{u_r}{r} & \frac{1}{2}\left(\frac{1}{r}\frac{\partial u_x}{\partial \theta} + \frac{\partial u_\theta}{\partial x}\right) \\ \frac{1}{2}\left(\frac{\partial u_r}{\partial x} + \frac{\partial u_x}{\partial r}\right) & \frac{1}{2}\left(\frac{1}{r}\frac{\partial u_x}{\partial \theta} + \frac{\partial u_\theta}{\partial x}\right) & \frac{\partial u_x}{\partial x} \end{pmatrix}$$

4–111 Combine seus resultados do Problema 4–110 para formar o tensor taxa de deformação simétrico ε_{ij},

$$\varepsilon_{ij} = \begin{pmatrix} \varepsilon_{rr} & \varepsilon_{rx} \\ \varepsilon_{xr} & \varepsilon_{xx} \end{pmatrix}$$

Os eixos x e r são principais?

4–112 Aproximamos o escoamento do ar em um acessório de aspirador de pó seguindo os componentes da velocidade no plano central (o plano xy):

$$u = \frac{-\dot{V}x}{\pi L}\frac{x^2 + y^2 + b^2}{x^4 + 2x^2y^2 + 2x^2b^2 + y^4 - 2y^2b^2 + b^4}$$

e

$$v = \frac{-\dot{V}y}{\pi L}\frac{x^2 + y^2 - b^2}{x^4 + 2x^2y^2 + 2x^2b^2 + y^4 - 2y^2b^2 + b^4}$$

onde b é a distância do acessório acima do piso, L é o comprimento do acessório e $\dot{V}$ é a vazão em volume do ar sendo sugado para dentro da mangueira (Fig. P4–112). Determine o local do(s) ponto(s) de estagnação nesse campo de escoamento.

Resposta: na origem

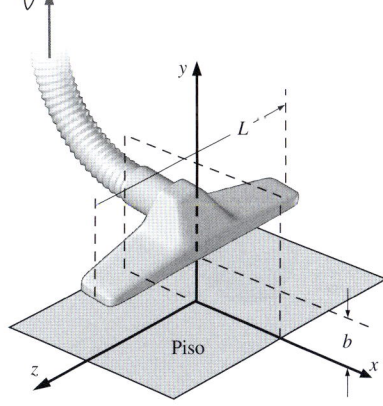

FIGURA P4–112

4–113 Considere o aspirador de pó do Problema 4–112. No caso em que $b = 2{,}0$ cm, $L = 35$ cm e $\dot{V} = 0{,}1098$ m³/s, crie um gráfico vetorial de velocidade da metade superior do plano xy de $x = -3$ cm a 3 cm e de $y = 0$ cm a 2,5 cm. Desenhe tantos vetores quanto forem necessários para ter uma boa ideia do campo de escoamento. *Observação*: A velocidade é infinita no ponto $(x, y) = (0, 2{,}0$ cm$)$, portanto, não tente desenhar um vetor velocidade nesse ponto.

4–114 Considere o campo de velocidade aproximado para o aspirador de pó do Problema 4–112 e calcule a velocidade de escoamento ao longo do piso. As partículas de poeira do piso têm mais chance de serem sugadas pelo aspirador de pó no local de velocidade máxima. Onde fica esse local? Você acha que o aspirador de pó realizará um bom trabalho ao sugar a poeira diretamente abaixo da entrada (na origem)? Por quê sim ou por quê não?

4–115 Considere um campo de escoamento estacionário e bidimensional cuja componente x da velocidade é dada por:

$$u = ax + by + cx^2 - dxy$$

onde a, b, c e d são constantes com dimensões apropriadas. Gere uma expressão para o componente v da velocidade, de forma que o escoamento seja incompressível.

4–116 Em várias ocasiões um escoamento de corrente livre razoavelmente uniforme encontra um cilindro longo normal ao escoamento (Fig. P4–116). Exemplos incluem o ar escoando ao redor de uma antena de automóvel, o vento soprando contra um mastro de bandeira ou um poste de telefone, o vento atingindo fios elétricos e as correntes oceânicas atingindo as vigas redondas e submersas que suportam as plataformas de petróleo. Em todos esses casos, o escoamento na parte traseira do cilindro é separado, não estacionário e em geral turbulento. Entretanto, o escoamento na metade dianteira do cilindro é muito mais estacionário e previsível. Na verdade, exceto por uma camada limite muito fina próxima à superfície do cilindro, o campo de escoamento pode ser aproximado pelas seguintes componentes de velocidade estacionárias e bidimensionais do plano xy ou $r\theta$:

$$u_r = V\cos\theta\left(1 - \frac{a^2}{r^2}\right) \quad u_\theta = -V\sin\theta\left(1 + \frac{a^2}{r^2}\right)$$

Esse campo de escoamento é rotacional ou irrotacional? Explique.

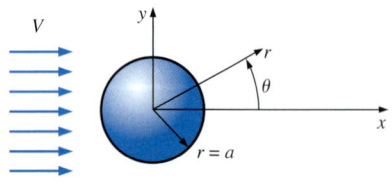

FIGURA P4–116

4–117 Considere o campo de escoamento do Problema 4–116 (escoamento sobre um cilindro circular), considere apenas a metade dianteira do escoamento ($x < 0$). Existe um ponto de estagnação na metade dianteira do campo de escoamento. Onde ele está? Dê a resposta em coordenadas cilíndricas (r, θ) e cartesianas (x, y).

4–118 Considere a metade a montante ($x < 0$) do campo de escoamento do Problema 4–116 (escoamento sobre um cilindro circular). Introduzimos um parâmetro chamado de **função de corrente** ψ, que é *constante ao longo das linhas de corrente* dos escoamentos bidimensionais como aquele considerado aqui (Fig. P4–118). O campo de velocidade do Problema 4–116 corresponde a uma função de corrente dada por:

$$\psi = V \sin\theta\left(r - \frac{a^2}{r}\right)$$

(a) tomando ψ como constante, gere uma equação para uma linha de corrente. (*Sugestão*: Use a fórmula quadrática para solucionar r como função de θ).

(b) Para o caso particular em que $V = 1{,}00$ m/s e o raio do cilindro é $a = 10{,}0$ cm, trace várias linhas de corrente na metade a montante do escoamento ($90° < \theta < 270°$). Por questão de consistência, trace-as no intervalo $-0{,}4$ m $< x < 0$ m, $-0{,}2$ m $< y < 0{,}2$ m, com os valores da função de corrente espaçados uniformemente entre $-0{,}16$ m²/s e $0{,}16$ m²/s.

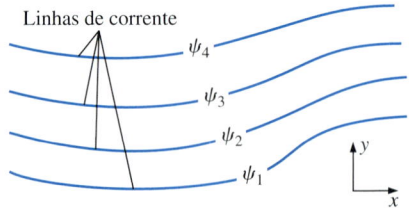

FIGURA P4–118

4–119 Considere o campo de escoamento do Problema 4–116 (escoamento sobre um cilindro circular). Calcule as duas taxas de deformação linear no plano $r\theta$; ou seja, ε_{rr} e $\varepsilon_{\theta\theta}$. Discuta se os segmentos da reta de fluido se esticam (ou encolhem) nesse campo de escoamento. (*Sugestão*: O tensor taxa de deformação em coordenadas cilíndricas é dado no Problema. 4–110.)

4–120 Com base em seus resultados para o Problema 4–119, discuta a compressibilidade (ou incompressibilidade) desse escoamento.

Resposta: o escoamento é incompressível

4–121 Considere o campo de escoamento do Problema 4–116 (escoamento sobre um cilindro circular). Calcule $\varepsilon_{r\theta}$, a taxa de deformação por cisalhamento no plano $r\theta$ e discuta se as partículas de fluido desse escoamento se deformam ou não por cisalhamento. (*Sugestão*: O tensor taxa de deformação em coordenadas cilíndricas é dado no Problema 4–110).

Problemas adicionais

4–122 Um campo de velocidade estacionário, bidimensional e incompressível é dado por:

$$\vec{V} = (u, v) = (2,5 - 1,6x)\vec{i} + (0,7 + 1,6y)\vec{j}$$

onde as coordenadas x e y estão em metros e a magnitude da velocidade está em m/s. Os valores de x e y no ponto de estagnação são, respectivamente:

(a) 0,9375 m, 0,375 m   (b) 1,563 m, $-0,4375$ m
(c) 2,5 m, 0,7 m   (d) 0,731 m, 1,236 m
(e) $-1,6$ m, 0,8 m

4–123 Água está fluindo de uma mangueira de jardim de 3 cm de diâmetro com vazão de 30 L/min. Um bocal de 20 cm é ligado à mangueira, o que diminui o diâmetro para 1,2 centímetros. A magnitude da aceleração de uma partícula de fluido em movimento ao longo da linha de centro do bocal é:

(a) 9,81 m/s²   (b) 14,5 m/s²   (c) 25,4 m/s²
(d) 39,1 m/s²   (e) 47,6 m/s²

4–124 Um campo de velocidade estacionário, bidimensional e incompressível é dado por:

$$\vec{V} = (u, v) = (2,5 - 1,6x)\vec{i} + (0,7 + 1,6y)\vec{j}$$

onde as coordenadas x e y estão em metros e a magnitude da velocidade está em m/s. A componente x do vetor aceleração é:

(a) $0,8y$ (b) $-1,6x$ (c) $2,5x - 1,6$
(d) $2,56x - 4$ (e) $2,56x + 0,8y$

4–125 Um campo de velocidade estacionário, bidimensional e incompressível é dado por:

$$\vec{V} = (u, v) = (2,5 - 1,6x)\vec{i} + (0,7 + 1,6y)\vec{j}$$

onde as coordenadas x e y estão em metros e a magnitude da velocidade está em m/s. As componentes x e y da aceleração material no ponto ($x = 1$ m, $y = 1$ m), respectivamente, em m/s², são:

(a) $-1,44, 3,68$ (b) $-1,6, 1,5$
(c) $3,1, -1,32$ (d) $2,56, -4$ (e) $-0,8, 1,6$

4–126 Um campo de velocidade estacionário, bidimensional e incompressível é dado por:

$$\vec{V} = (u, v) = (0,65 + 1,7x)\vec{i} + (1,3 - 1,7y)\vec{j}$$

onde as coordenadas x e y estão em metros e a magnitude da velocidade está em m/s. O componente y do vetor aceleração é:

(a) $1,7y$ (b) $-1,7y$ (c) $2,89y - 2,21$
(d) $3,0x - 2,73$ (e) $0,84y + 1,42$

4–127 Um campo de velocidade bidimensional, estacionário e incompressível é dado por:

$$\vec{V} = (u, v) = (0,65 + 1,7x)\vec{i} + (1,3 - 1,7y)\vec{j}$$

onde as coordenadas x e y estão em metros e a magnitude da velocidade está em m/s. As componentes x e y da aceleração material a_x e a_y no ponto ($x = 0$ m, $y = 0$ m), respectivamente, em m/s², são:

(a) $0,37, -1,85$ (b) $-1,7, 1,7$ (c) $1,105, -2,21$
(d) $1,7, -1,7$ (e) $0,65, 1,3$

4–128 Um campo de velocidade estacionário, bidimensional e incompressível é dado por

$$\vec{V} = (u, v) = (0,65 + 1,7x)\vec{i} + (1,3 - 1,7y)\vec{j}$$

onde as coordenadas x e y estão em metros e a magnitude da velocidade está em m/s. Os componentes x e y da velocidade u e v no ponto ($x = 1$ m, $y = 2$ m), respectivamente, em m/s, são

(a) $0,54, -2,31$ (b) $-1,9, 0,75$ (c) $0,598, -2,21$
(d) $2,35, -2,1$ (e) $0,65, 1,3$

4–129 O caminho real percorrido por uma partícula individual de fluido durante um certo período é denominado:

(a) linha de trajetória   (b) tubo de corrente
(c) linha de corrente   (d) linha de emissão
(e) linha de tempo

4–130 O lugar geométrico das partículas de fluido que passaram sequencialmente por um ponto prescrito do escoamento é chamado de:

(a) linha de trajetória   (b) tubo de corrente
(c) linha de corrente   (d) linha de emissão
(e) linha de tempo

4–131 A curva que é tangente em toda parte ao vetor velocidade instantâneo local é chamada de:

(a) linha de trajetória   (b) tubo de corrente
(c) linha de corrente   (d) linha de emissão
(e) linha de tempo

4–132 Um conjunto de setas indicando a magnitude e direção de uma propriedade vetorial em um instante no tempo é chamado de:

(a) gráfico de perfil   (b) gráfico vetorial
(c) gráfico de contorno   (d) gráfico de velocidade
(e) gráfico de tempo

4–133 A sigla DFC significa:

(a) dinâmica de fluido compressível
(b) direção de escoamento comprimido
(c) dinâmica de função de corrente
(d) dinâmica de fluidos por convecção
(e) dinâmica de fluidos computacional

4–134 Qual não é um tipo fundamental de movimento ou deformação que um elemento pode sofrer na mecânica dos fluidos?

(a) rotação   (b) convergência   (c) translação
(d) deformação linear   (e) deformação por cisalhamento

4–135 Um campo de velocidade estacionário, bidimensional e incompressível é dado por

$$\vec{V} = (u, v) = (2,5 - 1,6x)\vec{i} + (0,7 + 1,6y)\vec{j}$$

onde as coordenadas x e y estão em metros e a magnitude da velocidade está em m/s. A taxa de deformação linear na direção x em s^{-1} é

(a) $-1,6$ (b) $0,8$ (c) $1,6$ (d) $2,5$ (e) $-0,875$

4–136 Um campo de velocidade estacionário, bidimensional e incompressível é dado por:

$$\vec{V} = (u, v) = (2,5 - 1,6x)\vec{i} + (0,7 + 1,6y)\vec{j}$$

onde as coordenadas x e y estão em metros e a magnitude da velocidade está em m/s. A taxa de deformação por cisalhamento em s^{-1} é

(a) $-1,6$ (b) $1,6$ (c) $2,5$ (d) $0,7$ (e) 0

4–137 Um campo de velocidade estacionário, bidimensional é dado por

$$\vec{V} = (u, v) = (2,5 - 1,6x)\vec{i} + (0,7 + 0,8y)\vec{j}$$

onde as coordenadas x e y estão em metros e a magnitude da velocidade está em m/s. A taxa de deformação volumétrica em s^{-1} é

(a) 0 (b) $3,2$ (c) $-0,8$ (d) $0,8$ (e) $-1,6$

4–138 Se a vorticidade em uma região do escoamento é zero, o escoamento é

(a) imóvel (b) incompressível (c) compressível
(d) irrotacional (e) rotacional

4–139 A velocidade angular de uma partícula do fluido é de 20 rad/s. A vorticidade de tal partícula de fluido é

(a) 20 rad/s (b) 40 rad/s (c) 80 rad/s
(d) 10 rad/s (e) 5 rad/s

4–140 Um campo de velocidade estacionário, bidimensional e incompressível é dado por

$$\vec{V} = (u, v) = (0,75 + 1,2x)\vec{i} + (2,25 - 1,2y)\vec{j}$$

onde as coordenadas x e y estão em metros e a magnitude da velocidade está em m/s. A vorticidade de este escoamento é:

(a) 0 (b) $1,2y\vec{k}$ (c) $-1,2y\vec{k}$ (d) $y\vec{k}$ (e) $-1,2xy\vec{k}$

4–141 Um campo de velocidade estacionário, bidimensional e incompressível é dado por

$$\vec{V} = (u, v) = (2xy + 1)\vec{i} + (-y^2 - 0,6)\vec{j}$$

onde as coordenadas x e y estão em metros e a magnitude da velocidade está em m/s. A velocidade angular deste escoamento é:

(a) 0 (b) $-2y\vec{k}$ (c) $2y\vec{k}$ (d) $-2x\vec{k}$ (e) $-x\vec{k}$

4–142 Um carrinho está se movendo a uma velocidade constante absoluta $\vec{V}_{carrinho}$ = 5 km/h para a direita. Um jato de água de alta velocidade com velocidade absoluta de $\vec{V}_{jato}$ = 15 km/h para a direita atinge a parte de trás do carro. A velocidade relativa da água é

(a) 0 km/h (b) 5 km/h (c) 10 km/h
(d) 15 km/h (e) 20 km/h

Capítulo 5

Equações de Bernoulli e de Energia

Este capítulo aborda três equações muito usadas na mecânica dos fluidos: as equações de massa, de Bernoulli e de energia. A *equação de massa* é uma expressão do princípio de conservação de massa. A equação de *Bernoulli* diz respeito à conservação das energias cinética, potencial e de escoamento em uma corrente de fluido, e à conversão entre estas formas de energia nas regiões de escoamento onde o efeito líquido das forças viscosas for desprezível e outras condições restritivas se aplicam. A *equação da energia* é um enunciado do princípio da conservação de energia. Em mecânica dos fluidos é conveniente separar a *energia mecânica* da *energia térmica* e considerar a conversão da energia mecânica em energia térmica resultante dos efeitos de atrito como *perda de energia mecânica*. Assim, a equação da energia torna-se o *balanço da energia mecânica*.

Iniciamos este capítulo com uma visão geral de princípios de conservação e da relação de conservação de massa. Segue uma discussão sobre as diversas formas de energia mecânica e a eficiência dos dispositivos de trabalho mecânico, como bombas e turbinas. Em seguida, deduzimos a equação de Bernoulli aplicando a Segunda Lei de Newton a um elemento de fluido ao longo de uma linha de corrente e ilustramos seu uso em uma variedade de aplicações. Continuamos com o desenvolvimento da equação de energia até uma forma adequada ao uso na mecânica dos fluidos e apresentamos o conceito da *perda de carga*. Finalmente, aplicamos a equação da energia a diversos sistemas de engenharia.

OBJETIVOS

Ao terminar a leitura deste capítulo você deve ser capaz de:

- Aplicar a equação de conservação de massa para balancear as vazões de entrada e saída de um sistema fluido
- Reconhecer as diversas formas de energia mecânica e trabalhar com as eficiências de conversão de energia
- Entender o uso e as limitações da equação de Bernoulli e aplicá-la na solução de uma variedade de problemas de escoamento de fluidos
- Trabalhar com a equação de energia expressa em termos de cargas e utilizá-la para determinar a potência resultante de turbinas e os requisitos de potência para bombeamento

"Fazendas" de turbinas eólicas estão sendo construídas ao redor do mundo para extrair energia cinética do vento e convertê-la em energia elétrica. Balaços de massa, de energia, da quantidade de movimento linear e angular são utilizados na concepção de uma turbina eólica. A equação de Bernoulli é também útil na fase de projeto preliminar.
© *J. Luke / PhotoLink / Getty RF*

FIGURA 5–1 Muitos dispositivos de escoamento de fluidos, como esta turbina hidráulica com roda de Pelton são analisados pela aplicação dos princípios de conservação de massa, quantidade de movimento linear e energia.

Cortesia da Hydro Tasmania, www.hydro.com.au. Utilizado com permissão.

5–1 INTRODUÇÃO

Você já conhece inúmeras **leis de conservação** como as leis da conservação de massa, da conservação de energia e da conservação da quantidade de movimento linear. Historicamente as leis de conservação são aplicadas primeiro a uma quantidade fixa de matéria chamada *sistema fechado* ou apenas *sistema* e, em seguida, são estendidas a regiões no espaço chamadas *volumes de controle*. As relações de conservação também são chamadas de *equações de balanço,* uma vez que qualquer quantidade conservada deve ser balanceada durante um processo. Agora descreveremos rapidamente as relações de conservação de massa, da quantidade de movimento linear e energia (Fig. 5–1).

Conservação de massa

A relação da conservação de massa para um sistema fechado sofrendo uma mudança é expressa como $m_{sis} = constante$ ou $dm_{sis}/dt = 0$, um enunciado óbvio de que a massa do sistema permanece constante durante um processo. Para um volume de controle (VC), o balanço de massa é expresso na forma de vazão como:

$$\text{Conservação de massa:} \qquad \dot{m}_e - \dot{m}_s = \frac{dm_{VC}}{dt} \qquad (5\text{–}1)$$

onde $\dot{m}_e$ e $\dot{m}_s$ são as vazões totais do escoamento de massa para dentro e para fora do volume de controle, respectivamente, e dm_{VC}/dt é a taxa de variação da massa dentro das fronteiras do volume de controle. Em mecânica dos fluidos, a relação de conservação de massa para um volume de controle diferencial é chamada de *equação da continuidade*. A conservação de massa é discutida na Seção 5–2.

Conservação da quantidade de movimento linear

O produto da massa e da velocidade de um corpo é chamado de *quantidade de movimento linear* ou apenas de *quantidade de movimento* do corpo, e a quantidade de movimento de um corpo rígido de massa m que se move a uma velocidade $\vec{V}$ é $m\vec{V}$. A Segunda Lei de Newton afirma que a aceleração de um corpo é proporcional à força resultante que age sobre ele, e é inversamente proporcional à sua massa, além de que a taxa de variação da quantidade de movimento de um corpo é igual à força resultante que age sobre o corpo. Portanto, a quantidade de movimento de um sistema permanece constante quando a força resultante que age sobre ele é zero e, assim, a quantidade de movimento de tal sistema é conservada. Isso é conhecido como o *princípio de conservação da quantidade de movimento linear*. Em mecânica dos fluidos, a Segunda Lei de Newton geralmente é chamada de *equação da quantidade de movimento linear* e é discutida no Capítulo 6 juntamente com a *equação da quantidade de movimento angular*.

Conservação de energia

A energia pode ser transferida de ou para um sistema fechado por calor ou trabalho, e o princípio de conservação da energia exige que a transferência líquida de energia de ou para um sistema durante um processo seja igual à variação da energia contida no sistema. Volumes de controle também envolvem transferência de energia por meio do escoamento de massa, e o *princípio de conservação da energia,* também chamado de *balanço de energia*, é expresso como

$$\text{Conservação da energia:} \qquad \dot{E}_e - \dot{E}_s = \frac{dE_{VC}}{dt} \qquad (5\text{–}2)$$

onde $\dot{E}_e$ e $\dot{E}_s$ são as taxas totais de transferência de energia para dentro e para fora do volume de controle, respectivamente, e dE_{VC}/dt é a taxa de variação de energia dentro das fronteiras do volume de controle. Em mecânica dos fluidos, geralmente limitamos nossa consideração apenas às formas mecânicas de energia. A conservação da energia é discutida na Seção 5–6.

5–2 CONSERVAÇÃO DE MASSA

O princípio da conservação de massa é um dos princípios mais fundamentais da natureza. Todos o conhecemos, e não é difícil entendê-lo. Uma pessoa não precisa ser cientista para descobrir a quantidade de molho de vinagre e azeite que será obtida ao misturar 100 g de azeite e 25 g de vinagre. Até mesmo as equações químicas são balanceadas com base no princípio da conservação de massa. Quando 16 kg de oxigênio reagem com 2 kg de hidrogênio, 18 kg de água são formados (Fig. 5–2). Em um processo de eletrólise, a água se dissociará em 2 kg de hidrogênio e 16 kg de oxigênio.

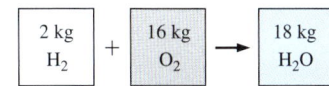

FIGURA 5–2 A massa é conservada mesmo durante as reações químicas.

Tecnicamente, a massa não é exatamente conservada. Acontece que a massa m e a energia E podem ser convertidas uma na outra de acordo com a conhecida fórmula proposta por Albert Einstein (1879-1955):

$$E = mc^2 \quad (5\text{--}3)$$

onde c é a velocidade da luz no vácuo, que é $c = 2,9979 \times 10^8$ m/s. Esta equação sugere que há equivalência entre massa e energia. Todos os sistemas físicos e químicos apresentam interações de energia com seu entorno, mas a quantidade de energia envolvida é equivalente a uma massa extremamente pequena em comparação com a massa total do sistema. Por exemplo, quando um quilograma de água líquida é formada a partir de oxigênio e hidrogênio nas condições atmosféricas normais, a quantidade de energia liberada é de 15,8 MJ, o que corresponde a uma massa de apenas $1,76 \times 10^{-10}$ kg. No entanto, em reações nucleares, a massa equivalente à quantidade de energia de interação é uma fração significativa da massa total envolvida. Portanto, na maioria das análises de engenharia, consideramos massa e energia como quantidades conservadas.

Para *sistemas fechados*, o princípio da conservação de massa é usado implicitamente com a exigência de que a massa do sistema permaneça constante durante um processo. Para os *volumes de controle*, porém, a massa pode cruzar as fronteiras e, assim, devemos controlar a quantidade de massa que entra e sai deles.

Vazões de massa e volume

A quantidade de massa que escoa através de uma seção transversal por unidade de tempo é chamada de **vazão de massa** e é indicada por $\dot{m}$. O ponto sobre o símbolo é usado para indicar a *taxa de variação no tempo*.

Um fluido pode escoar para dentro ou para fora de um volume de controle, geralmente através de tubos ou dutos. A vazão de massa diferencial que escoa através de um pequeno elemento de área dA_c em uma seção transversal de um tubo é proporcional à própria dA_c, à densidade do fluido ρ e à componente da velocidade do escoamento normal a dA_c, indicada por V_n, é expressa como (Fig. 5–3):

$$\delta \dot{m} = \rho V_n dA_c \quad (5\text{--}4)$$

Observe que δ e d são usados para indicar quantidades diferenciais, mas que δ em geral é usado para quantidades (como calor, trabalho e transferência de massa)

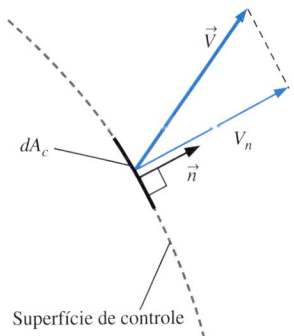

FIGURA 5–3 A velocidade normal V_n para uma superfície é a componente da velocidade perpendicular à superfície.

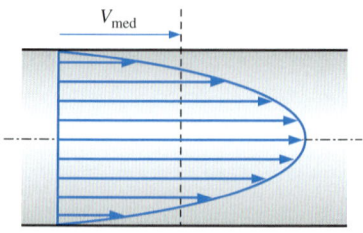

FIGURA 5–4 A velocidade média V_{med} é definida como a velocidade escalar média através de uma seção transversal.

que são *funções de caminho* e têm *diferenciais não exatas,* enquanto d é usado para quantidades (como as propriedades) que são *funções pontuais* e têm *diferenciais exatas.* Para o escoamento através de um anel com raio interno r_1 e raio externo r_2, por exemplo, $\int_1^2 dA_c = A_{c2} - A_{c1} = \pi(r_2^2 - r_1^2)$, mas $\int_1^2 \delta \dot{m} = \dot{m}_{total}$ (a vazão de massa total através do anel), o que é diferente de $\dot{m}_2 - \dot{m}_1$. Para valores específicos de r_1 e r_2, o valor da integral de dA_c é fixo (daí, os nomes função puntual e diferencial exata), mas este não é o caso para a integral de $\delta \dot{m}$ (daí os nomes função de caminho e diferencial não exata).

A vazão de massa através de toda a seção transversal de um tubo ou duto é obtida por integração:

$$\dot{m} = \int_{A_c} \delta \dot{m} = \int_{A_c} \rho V_n \, dA_c \quad (kg/s) \tag{5–5}$$

Embora a Equação 5–5 seja sempre válida (na verdade é *exata*), ela nem sempre é útil para as análises de engenharia por causa da integral. Em vez disso, gostaríamos de expressar a taxa do escoamento de massa em termos de valores médios sobre uma seção transversal do tubo. Para um escoamento geral compressível, ρ e V_n variam através do tubo. Em muitas aplicações práticas, porém, a densidade (ou massa específica) é essencialmente uniforme ao longo da seção transversal do tubo, e podemos colocar ρ fora da integral da Equação 5–5. A velocidade, porém, *nunca* é uniforme ao longo de uma seção transversal de um tubo, devido à condição de não-escorregamento nas paredes. Em vez disso, a velocidade varia de zero nas paredes até algum valor máximo no eixo central do tubo ou perto dele. Definimos a então **velocidade média** V_{med} como o valor médio de V_n sobre toda a seção transversal do tubo (Fig. 5–4),

Velocidade média: $$V_{med} = \frac{1}{A_c} \int_{A_c} V_n \, dA_c \tag{5–6}$$

onde A_c é a área da seção transversal normal à direção do escoamento. Observe que se a velocidade fosse V_{med} ao longo de toda a seção transversal, a vazão de massa seria idêntica àquela obtida pela integração do perfil de velocidade real. Então, para um escoamento incompressível ou mesmo para um escoamento compressível onde ρ é aproximada como uniforme ao longo de A_c, a Equação 5–5 torna-se:

$$\dot{m} = \rho V_{med} A_c \quad (kg/s) \tag{5–7}$$

Para um escoamento compressível, podemos pensar em ρ como a densidade média sobre a seção transversal e, portanto, a Equação 5–7 ainda pode ser usada como uma aproximação razoável. Por questões de simplicidade, tiramos o subscrito da velocidade média. A menos que mencionado contrário, V indica a velocidade média na direção do escoamento. Além disso, A_c indica a área da seção normal à direção do escoamento.

O volume do fluido que escoa através de uma seção transversal por unidade de tempo é chamado de **vazão em volume** $\dot{V}$ (Fig. 5–5) e é dado por:

$$\dot{V} = \int_{A_c} V_n \, dA_c = V_{med} A_c = V A_c \quad (m^3/s) \tag{5–8}$$

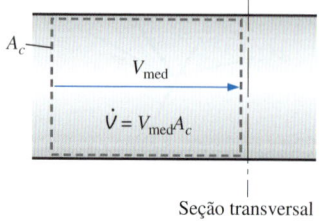

FIGURA 5–5 A vazão em volume é o volume de fluido escoando através de uma seção transversal por unidade de tempo.

Uma versão inicial da Equação 5–8 foi publicada em 1628 pelo monge italiano Benedetto Castelli (1577–1644). Observe que muitos livros sobre mecânica dos fluidos utilizam Q em vez de $\dot{V}$ para a vazão em volume. Utilizamos $\dot{V}$ para evitar confusão com a transferência de calor.

As vazões de massa e de volume estão relacionadas por:

$$\dot{m} = \rho \dot{V} = \frac{\dot{V}}{v} \quad (5\text{-}9)$$

onde v é o volume específico. Essa relação é análoga a $m = \rho V = V/v$, que é a relação entre a massa e o volume de um fluido em um contêiner.

Princípio de conservação de massa

O **princípio de conservação de massa** para um volume de controle pode ser expresso como: *a transferência total de massa para dentro ou para fora de um volume de controle durante um intervalo de tempo Δt é igual à variação total (aumento ou diminuição) da massa total dentro do volume de controle durante Δt*. Ou seja,

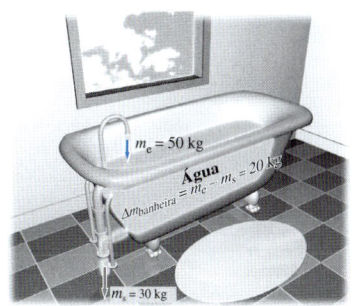

FIGURA 5–6 Princípio da conservação da massa em uma banheira comum.

$$\begin{pmatrix}\text{Massa total entrando} \\ \text{no VC durante } \Delta t\end{pmatrix} - \begin{pmatrix}\text{Massa total deixando} \\ \text{o VC durante } \Delta t\end{pmatrix} = \begin{pmatrix}\text{Variação total da massa} \\ \text{no VC durante } \Delta t\end{pmatrix}$$

ou

$$m_e - m_s = \Delta m_{VC} \quad (\text{kg}) \quad (5\text{-}10)$$

onde $\Delta m_{VC} = m_{final} - m_{inicial}$ é variação da massa dentro do volume de controle durante o processo (Fig. 5–6). Ela também pode ser expressa na *forma de taxa* como:

$$\dot{m}_e - \dot{m}_s = dm_{VC}/dt \quad (\text{kg/s}) \quad (5\text{-}11)$$

onde $\dot{m}_e$ e $\dot{m}_s$ são as vazões totais de massa para dentro e para fora do volume de controle, e dm_{VC}/dt é a taxa de variação de massa dentro das fronteiras do volume de controle. As Equações 5–10 e 5–11 são chamadas de **balanço de massa** e se aplicam a qualquer volume de controle passando por qualquer tipo de processo.

Considere um volume de controle com forma arbitrária, como mostra a Fig. 5–7. A massa de um volume diferencial dV dentro do volume de controle é $dm = \rho\, dV$. A massa total dentro do volume de controle em qualquer momento t é determinada por integração como:

Massa total dentro do VC:
$$m_{VC} = \int_{VC} \rho\, dV \quad (5\text{-}12)$$

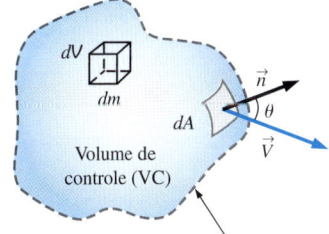

Então, a taxa de variação no tempo da quantidade de massa dentro do volume de controle pode ser expressa como:

Taxa de variação de massa dentro do VC:
$$\frac{dm_{VC}}{dt} = \frac{d}{dt}\int_{VC} \rho\, dV \quad (5\text{-}13)$$

FIGURA 5–7 O volume de controle diferencial dV e a superfície de controle diferencial dA usadas na dedução da relação de conservação de massa.

Para o caso especial de nenhuma massa cruzar a superfície de controle (ou seja, o volume de controle é um sistema fechado), o princípio de conservação de massa pode ser expresso como $dm_{VC}/dt = 0$. Essa relação é válida independentemente de o volume de controle ser fixo, móvel ou deformável.

Agora, considere uma vazão de massa para dentro ou fora do volume de controle através de uma área diferencial dA na superfície de controle de um volume de controle fixo. Considere $\vec{n}$ o vetor unitário na direção exterior dA normal a dA e $\vec{V}$ a velocidade do escoamento em dA em relação a um sistema de coordenadas fixo, como mostra a Fig. 5–7. Em geral, a velocidade pode cruzar dA com um ângulo θ em relação à normal de dA, e a vazão de massa é proporcional à componente normal da velocidade $\vec{V}_n = \vec{V}\cos\theta$, que pode variar entre um valor máximo de saída $\vec{V}$ para $\theta = 0$ (o escoamento é normal a dA) até um mínimo de zero para

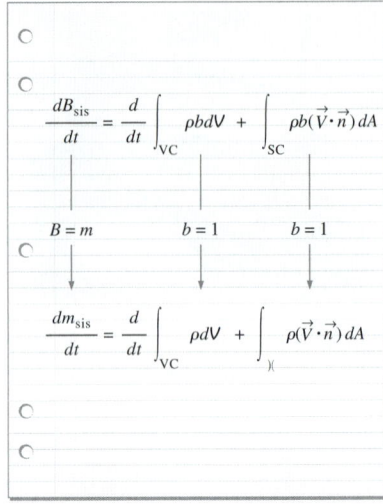

FIGURA 5–8 A equação da conservação de massa é obtida pela substituição de B no teorema de transporte de Reynolds pela massa m e de b por 1 (m por unidade de massa $= m/m = 1$).

$\theta = 90°$ (o escoamento é tangente a dA) e até um valor máximo de *entrada* $\vec{V}$ para $\theta = 180°$ (o escoamento é normal a dA, mas na direção oposta). Utilizando o conceito de produto escalar entre dois vetores, a magnitude da componente normal da velocidade pode ser expressa como:

Componente normal da velocidade: $\qquad V_n = V \cos \theta = \vec{V} \cdot \vec{n}$ (5–14)

A vazão de massa através de dA é proporcional à densidade do fluido ρ, à velocidade normal V_n e à área de escoamento dA, e pode ser expressa como

Vazão de massa diferencial: $\quad \delta \dot{m} = \rho V_n \, dA = \rho(V \cos \theta)\, dA = \rho(\vec{V} \cdot \vec{n})\, dA$ (5–15)

A vazão líquida para dentro ou para fora do volume de controle através de toda a superfície de controle é obtida pela integração de $\delta \dot{m}$. sobre toda a superfície de controle,

Vazão total de massa: $\quad \dot{m}_{\text{total}} = \int_{SC} \delta \dot{m} = \int_{SC} \rho V_n \, dA = \int_{SC} \rho(\vec{V} \cdot \vec{n})\, dA$ (5–16)

Observe que $V_n = \vec{V} \cdot \vec{n} = V \cos \theta$ é positivo para $\theta < 90°$ (vazão para fora) e negativo para $\theta > 90°$ (vazão para dentro). Assim, a direção do escoamento é automaticamente levada em conta e a integral de superfície da Equação 5–16 fornece diretamente a vazão *total* de massa. Um valor positivo para $\dot{m}_{\text{total}}$ indica vazão total para fora, e um valor negativo indica vazão total de massa para dentro.

Reorganizando a Equação 5–11 como $dm_{VC}/dt + \dot{m}_s - \dot{m}_e = 0$, a relação de conservação de massa para um volume de controle fixo pode ser expressa como

Conservação geral de massa: $\quad \dfrac{d}{dt}\int_{VC} \rho \, dV + \int_{SC} \rho(\vec{V} \cdot \vec{n})\, dA = 0$ (5–17)

Ela afirma que *a taxa de variação no tempo da massa dentro do volume de controle mais a vazão total de massa através da superfície de controle é igual a zero.*

A relação geral de conservação de massa de um volume de controle também pode ser deduzida usando o teorema de transporte de Reynolds (TTR), tomando a propriedade B como a massa m (Capítulo 4). Assim, temos $b = 1$, uma vez que ao dividir a massa pela massa para obter a propriedade por unidade de massa o resultado é a unidade. Além disso, a massa de um sistema é constante e, portanto, sua derivativa no tempo é zero. Ou seja, $dm_{sis}/dt = 0$. Assim, a equação de transporte de Reynolds se reduz imediatamente à Equação 5–17, como mostra a Fig. 5–8 e, portanto, ilustra que o teorema de transporte de Reynolds é de fato uma ferramenta muito poderosa.

Dividindo a integral de superfície da Equação 5–17 em duas partes – uma para o escoamento de saída (positiva) e outra para o escoamento de entrada (negativa) – temos que a relação geral da conservação de massa também pode ser expressa como

$$\dfrac{d}{dt}\int_{VC} \rho \, dV + \sum_s \rho |V_n| A - \sum_e \rho |V_n| A = 0 \qquad (5\text{–}18)$$

onde A representa a área de uma entrada ou saída, e os símbolos de soma são usados para enfatizar que *todas* as entradas e saídas devem ser levadas em conta. Usando a definição da vazão de massa, a Equação 5–18 também pode ser expressa como:

$$\dfrac{d}{dt}\int_{VC} \rho \, dV = \sum_e \dot{m} - \sum_s \dot{m} \quad \text{ou} \quad \dfrac{dm_{VC}}{dt} = \sum_e \dot{m} - \sum_s \dot{m} \qquad (5\text{–}19)$$

Existe uma flexibilidade considerável na escolha de um volume de controle ao resolver um problema. Várias opções de volume de controle podem ser corretas, mas trabalhar com algumas delas é mais conveniente. Um volume de controle não deve introduzir complicações desnecessárias. A escolha adequada de um volume de controle pode facilitar bastante a solução de um problema aparentemente complicado. Uma regra simples ao selecionar um volume de controle é sempre que possível tornar a superfície de controle *normal ao escoamento* em todos os locais nos quais ela cruza o escoamento do fluido. Dessa forma, o produto escalar $\vec{V} \cdot \vec{n}$ torna-se simplesmente a magnitude da velocidade, e a integral $\int_A \rho(\vec{V} \cdot \vec{n})\, dA$ torna-se simplesmente ρVA (Fig. 5-9).

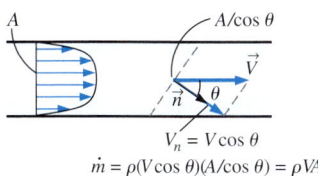

(a) Superfície de controle *oblíqua* ao escoamento

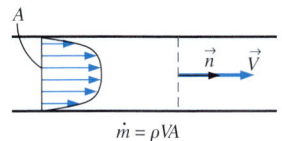

(b) Superfície de controle *normal* ao escalonamento

FIGURA 5–9 Uma superfície de controle deve ser sempre selecionada *normal ao escoamento* em todos os locais onde cruzar o escoamento do fluido para evitar complicações, embora o resultado seja o mesmo.

Volumes de controle móveis ou deformáveis

As Equações 5–17 e 5–19 também valem para os volumes de controle móveis, desde que a *velocidade absoluta* $\vec{V}$ seja substituída pela *velocidade relativa* $\vec{V}_r$, que é a velocidade do fluido em relação à superfície de controle (Capítulo 4). No caso de um volume de controle não deformável, a velocidade relativa é a velocidade do fluido observada por uma pessoa que se move com o volume de controle e é expressa por $\vec{V}_r = \vec{V} - \vec{V}_{SC}$, onde $\vec{V}$ é a velocidade do fluido e $\vec{V}_{SC}$ é a velocidade da superfície de controle, ambas relativas a um ponto externo fixo. Observe que essa é uma subtração de *vetores*.

Alguns problemas práticos (como a injeção de medicação pela agulha de uma seringa com o movimento forçado do êmbolo) envolvem volumes de controle deformáveis. As relações de conservação de massa desenvolvidas ainda podem ser usadas para os volumes de controle deformáveis, desde que a velocidade do fluido ao cruzar uma parte deformável da superfície de controle seja expressa em relação à superfície de controle (ou seja, a velocidade do fluido deve ser expressa em relação a um sistema de referência ligado à parte deformável da superfície de controle). Nesse caso, a velocidade relativa em qualquer ponto da superfície de controle é expressa novamente como $\vec{V}_r = \vec{V} - \vec{V}_{SC}$, onde $\vec{V}_{SC}$ é a velocidade local da superfície de controle naquele ponto em relação a um ponto fixo fora do volume de controle.

Balanço de massa para processos com escoamento estacionário

Durante um processo de escoamento estacionário, a quantidade total de massa dentro de um volume de controle não se altera com o tempo (m_{VC} = constante). Assim, o princípio da conservação da massa exige que a quantidade total de massa que entra em um volume de controle seja igual à quantidade total de massa que sai dele. Para uma mangueira de jardim operando em regime permanente, por exemplo, a quantidade de água que entra no bocal por unidade de tempo é igual à quantidade de água que sai dele por unidade de tempo.

Ao lidarmos com processos de escoamento estacionário, não estamos interessados na quantidade de massa que escoa para dentro ou para fora de um dispositivo ao longo do tempo. Em vez disso, estamos interessados na quantidade de massa que escoa por unidade de tempo, ou seja, na *vazão de massa* $\dot{m}$. O *princípio da conservação de massa* para um sistema geral em escoamento estacionário com várias entradas e saídas pode ser expresso na forma de taxa como (Fig. 5-10):

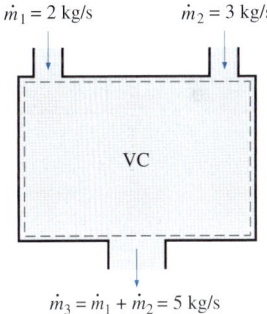

FIGURA 5–10 O princípio da conservação de massa para um sistema de escoamento estacionário com duas entradas e uma saída.

Escoamento estacionário: $\qquad \sum_e \dot{m} = \sum_s \dot{m} \quad \text{(kg/s)}$ (5-20)

Esse princípio afirma que *a vazão total de massa que entra em um volume de controle é igual à vazão total de massa que sai dele.*

Muitos dispositivos de engenharia como bocais, difusores, turbinas, compressores e bombas envolvem uma única corrente (apenas uma entrada e uma saída). Nesses casos, indicamos o estado de entrada com o subscrito 1 e o estado

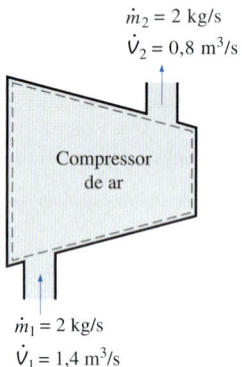

$\dot{m}_2 = 2$ kg/s
$\dot{V}_2 = 0{,}8$ m³/s

Compressor de ar

$\dot{m}_1 = 2$ kg/s
$\dot{V}_1 = 1{,}4$ m³/s

FIGURA 5–11 Durante um processo com escoamento estacionário, as vazões de volume não são necessariamente conservadas, embora as vazões de massa sejam.

de saída com o subscrito 2 e tiramos os sinais de soma. Assim, a Equação 5–20 fica reduzida, para *sistemas com escoamento estacionário e corrente única*, a

Escoamento estacionário (corrente única): $\quad \dot{m}_1 = \dot{m}_2 \quad \rightarrow \quad \rho_1 V_1 A_1 = \rho_2 V_2 A_2$ (5–21)

Caso especial: escoamento incompressível

As relações de conservação de massa podem ser simplificadas ainda mais quando o fluido é incompressível, o que geralmente acontece no caso dos líquidos. Cancelando a densidade em ambos os lados da relação geral para escoamento estacionário temos

Escoamento estacionário, incompressível: $\quad \sum_e \dot{V} = \sum_s \dot{V} \quad$ (m³/s) (5–22)

Para os sistemas com escoamento estacionário e corrente única, essa equação se torna

Escoamento estacionário, incompressível (corrente única):
$$\dot{V}_1 = \dot{V}_2 \rightarrow V_1 A_1 = V_2 A_2$$ (5–23)

É preciso lembrar de que não existe um princípio de "conservação de volume". Assim, as vazões de volume de entrada e saída de um dispositivo com escoamento estacionário podem ser diferentes. A vazão de volume na saída de um compressor de ar é muito menor do que a vazão de entrada, embora a vazão da massa do ar seja constante (Fig. 5–11). Isso acontece devido à densidade do ar ser mais alta na saída do compressor. Para escoamento estacionário de líquidos, porém, as vazões de volume, bem como as vazões de massa, permanecem constantes, uma vez que os líquidos são substâncias essencialmente incompressíveis (de densidade constante). A água que escoa através do bocal de uma mangueira de jardim é um exemplo deste último caso.

O princípio da conservação de massa tem por base observações experimentais e exige que toda a massa seja levada em conta durante um processo. Se você consegue fazer o saldo do seu talão de cheques (controlando depósitos e retiradas, ou simplesmente observando o princípio da "conservação do dinheiro"), não terá dificuldades em aplicar o princípio da conservação de massa aos sistemas de engenharia.

FIGURA 5–12 Esquema para o Exemplo 5–1.
Fotografia por John M. Cimbala.

> **EXEMPLO 5–1** Escoamento de água através do bocal de uma mangueira de jardim
>
> Uma mangueira de jardim conectada a um bocal é usada para encher um balde de 10 galões. O diâmetro interno da mangueira é de 2 cm, e se reduz a 0,8 cm na saída do bocal (Fig. 5–12). Se são necessários 50 s para encher o balde com água, determine (*a*) as vazões de volume e massa de água através da mangueira e (*b*) a velocidade média da água na saída do bocal.
>
> **SOLUÇÃO** Uma mangueira de jardim é usada para encher um balde com água. As vazões de volume e massa da água e a velocidade na saída devem ser determinadas.
>
> *Hipóteses* **1** A água é uma substância praticamente incompressível. **2** O escoamento através da mangueira é estacionário. **3** Não há desperdício de água.
>
> *Propriedades* Tomamos a densidade da água como 1.000 kg/m³ = 1 kg/L.
>
> *Análise* (*a*) Observando que 10 galões de água são descarregados em 50 s, as vazões de volume e de massa da água são

$$\dot{V} = \frac{V}{\Delta t} = \frac{10 \text{ gal}}{50 \text{ s}} \left(\frac{3{,}7854 \text{ L}}{1 \text{ gal}} \right) = \mathbf{0{,}757 \text{ L/s}}$$

$$\dot{m} = \rho \dot{V} = (1 \text{ kg/L})(0{,}757 \text{ L/s}) = \mathbf{0{,}757 \text{ kg/s}}$$

(*b*) A área da seção transversal na saída do bocal é

$$A_e = \pi r_e^2 = \pi (0{,}4 \text{ cm})^2 = 0{,}5027 \text{ cm}^2 = 0{,}5027 \times 10^{-4} \text{ m}^2$$

A vazão de volume através da mangueira e do bocal é constante. Assim, a velocidade média da água na saída do bocal torna-se

$$V_e = \frac{\dot{V}}{A_e} = \frac{0{,}757 \text{ L/s}}{0{,}5027 \times 10^{-4} \text{ m}^2} \left(\frac{1 \text{ m}^3}{1000 \text{ L}} \right) = \mathbf{15{,}1 \text{ m/s}}$$

Discussão É possível mostrar que a velocidade média na mangueira é de 2,4 m/s. Portanto, o bocal aumenta a velocidade da água em mais de seis vezes.

EXEMPLO 5–2 Descarga da água de um tanque

Um tanque cilíndrico de água com 4 pés de altura e 3 pés de diâmetro cuja parte superior está aberta para a atmosfera está inicialmente cheio com água. Então a tampa de descarga próxima à parte inferior do tanque é retirada, resultando em um jato de água cujo diâmetro é de 0,5 in (Fig. 5–13). A velocidade média do jato é dada por $V = \sqrt{2gh}$, onde h é a altura da água no tanque medida a partir do centro do orifício (uma variável) e g é a aceleração da gravidade. Determine o tempo necessário para que o nível da água no tanque caia para 2 ft a partir do fundo.

SOLUÇÃO A tampa próxima à parte inferior de um tanque de água é retirada. O tempo necessário para que metade da água saia do tanque deve ser determinado.

Hipóteses **1** A água é uma substância aproximadamente incompressível. **2** A distância entre a parte inferior do tanque e o centro do orifício é desprezível, comparada à altura total da água. **3** A aceleração da gravidade é 32,2 ft/s².

Análise Tomamos o volume ocupado pela água como o volume de controle. O tamanho do volume de controle neste caso diminui à medida que o nível da água cai e, portanto, é um volume de controle variável (também poderíamos tratá-lo como um volume de controle fixo que consiste no volume interior do tanque, desprezando o ar que substitui o espaço criado pela água que saiu). Obviamente, esse é um problema de escoamento não estacionário, uma vez que as propriedades (como a quantidade de massa) do volume de controle mudam com o tempo.

A relação de conservação de massa para um volume de controle passando por um processo qualquer é dada na forma de taxa como

$$\dot{m}_e - \dot{m}_s = \frac{dm_{VC}}{dt} \quad (1)$$

Durante esse processo nenhuma massa entra no volume de controle ($\dot{m}_e = 0$), e a vazão de massa da água ejetada pode ser expressa como:

$$\dot{m}_s = (\rho V A)_s = \rho \sqrt{2gh} A_{jato} \quad (2)$$

onde $A_{jato} = \pi D_{jato}^2/4$ é a área constante de seção transversal do jato, que é constante. Observando que a densidade da água é constante, a massa de água no tanque em determinado instante é:

$$m_{VC} = \rho V = \rho A_{tanque} h \quad (3)$$

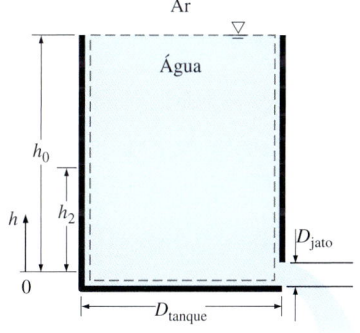

FIGURA 5–13 Esquema para o Exemplo 5–2.

(continua)

(continuação)

onde $A_{tanque} = \pi D^2_{tanque}/4$ é a área da base do tanque cilíndrico. Substituindo as Equações 2 e 3 na relação de balanço de massa (Equação 1), temos

$$-\rho\sqrt{2gh}\,A_{jato} = \frac{d(\rho A_{tanque}h)}{dt} \rightarrow -\rho\sqrt{2gh}(\pi D^2_{jato}/4) = \frac{\rho(\pi D^2_{tanque}/4)dh}{dt}$$

Cancelando as densidades e outros termos comuns e separando as variáveis temos que

$$dt = -\frac{D^2_{tanque}}{D^2_{jato}}\frac{dh}{\sqrt{2gh}}$$

Integrando de $t = 0$, onde $h = h_0$, até $t = t$, onde $h = h_2$, temos que

$$\int_0^t dt = -\frac{D^2_{tanque}}{D^2_{jato}\sqrt{2g}}\int_{h_0}^{h_2}\frac{dh}{\sqrt{h}} \rightarrow t = \frac{\sqrt{h_0}-\sqrt{h_2}}{\sqrt{g/2}}\left(\frac{D_{tanque}}{D_{jato}}\right)^2$$

Substituindo os valores apropriados, o tempo de descarga é determinado por

$$t = \frac{\sqrt{4\,ft}-\sqrt{2\,ft}}{\sqrt{32,2/2\,ft/s^2}}\left(\frac{3\times 12\,in}{0,5\,in}\right)^2 = 757\,s = \mathbf{12,6\,min}$$

Assim, metade do tanque está esvaziado 12,6 min depois de o orifício de descarga ser destampado.

Discussão Usando a mesma relação com $h_2 = 0$, temos $t = 43,1$ min para a descarga de toda a quantidade de água do tanque. Portanto, esvaziar a metade inferior do tanque leva muito mais tempo do que esvaziar a metade superior. Isso se deve à diminuição da velocidade média de descarga da água com o decréscimo de h.

5–3 ENERGIA MECÂNICA E EFICIÊNCIA

Muitos sistemas fluidos foram projetados para transportar um fluido de um local para outro a uma vazão, velocidade e diferença de elevação específicas, e um sistema pode gerar trabalho mecânico em uma turbina, ou pode consumir trabalho mecânico em uma bomba durante esse processo (Fig. 5–14). Esses sistemas não envolvem a conversão de energia nuclear, química ou térmica em energia mecânica. Da mesma forma, não envolvem nenhuma transferência de calor em nenhuma quantidade significativa e operam essencialmente à temperatura constante. Tais sistemas podem ser convenientemente analisados considerando apenas as *formas mecânicas de energia* e os efeitos do atrito que causam a perda de energia mecânica (ou seja, a conversão em energia térmica que em geral não pode ser usada em nenhuma finalidade útil).

A **energia mecânica** pode ser definida como a *forma de energia que pode ser convertida direta e completamente em trabalho mecânico por um dispositivo mecânico ideal como, por exemplo, uma turbina ideal.* As energias cinética e potencial são as formas familiares de energia mecânica. A energia térmica não é energia mecânica, pois não pode ser convertida em trabalho direta e completamente (Segunda Lei da Termodinâmica).

Uma bomba transfere a energia mecânica para um fluido elevando sua pressão, e uma turbina extrai a energia mecânica de um fluido fazendo sua pressão cair. Portanto, a pressão de um fluido em escoamento também está associada à sua energia mecânica. Na verdade, a unidade de pressão Pa é equivalente a $Pa = N/m^2 = N\cdot m/m^3 = J/m^3$, que é a energia por unidade de volume, e o produto Pv ou seu equivalente P/ρ tem como unidade J/kg, que é a energia por unidade de massa. Observe que a pressão em si não é uma forma de energia. Mas

FIGURA 5–14 A energia mecânica é um conceito útil para escoamentos que não envolvem transferência de calor ou conversão de energia significativas, como o escoamento de gasolina de um tanque subterrâneo para um carro.
Royalty-Free/CORBIS

uma força de pressão agindo sobre um fluido ao longo de uma distância produz trabalho, o chamado *trabalho do escoamento,* na quantidade de P/ρ por unidade de massa. O trabalho do escoamento é expresso em termos das propriedades do fluido, e é conveniente visualizá-lo como parte da energia de um fluido em escoamento e chamá-lo de *energia do escoamento.* Portanto, a energia mecânica de um fluido em escoamento pode ser expressa, por unidade de massa, como

$$e_{mec} = \frac{P}{\rho} + \frac{V^2}{2} + gz$$

onde P/ρ é a *energia do escoamento*, $V^2/2$ é a *energia cinética* e gz é a *energia potencial* do fluido, tudo por unidade de massa. Assim, a variação da energia mecânica de um fluido durante escoamentos imcompressíveis torna-se

$$\Delta e_{mec} = \frac{P_2 - P_1}{\rho} + \frac{V_2^2 - V_1^2}{2} + g(z_2 - z_1) \quad \text{(kJ/kg)} \quad (5\text{--}24)$$

Portanto, a energia mecânica de um fluido não varia durante um escoamento se sua pressão, densidade, velocidade e elevação permanecem constantes. Na ausência de perdas, a variação da energia mecânica representa o trabalho mecânico fornecido ao fluido (se $\Delta e_{mec} > 0$) ou extraído do fluido (se $\Delta e_{mec} < 0$). A potência máxima (ideal) gerada por uma turbina, por exemplo, é $\dot{W}_{max} = \dot{m}\Delta e_{mec}$, como mostra a Fig. 5–15.

Considere um contêiner de altura h cheio de água, como mostra a Fig. 5–16, com a superfície do fundo escolhida como nível de referência. A pressão manométrica e a energia potencial por unidade de massa são, respectivamente, $P_{man,A} = 0$ e $ep_A = gh$ no ponto A localizado na superfície livre, e $P_{man,B} = \rho gh$ e $pe_B = 0$ no ponto B no fundo do contêiner. Uma turbina hidráulica ideal no fundo do tanque produziria o mesmo trabalho por unidade de massa $w_{turbina} = gh$ se recebesse água (ou qualquer outro fluido com densidade constante) da parte superior ou inferior do contêiner. Observe que também estamos considerando um escoamento ideal (nenhuma perda irreversível) através do tubo que vai do tanque até a turbina e energia cinética desprezível na saída da turbina. Portanto, a energia mecânica total da água na parte inferior é equivalente àquela da parte superior.

A transferência da energia mecânica, em geral, é realizada por um eixo rotativo e, portanto, o trabalho mecânico quase sempre é chamado de *trabalho de eixo.* Uma bomba ou um ventilador recebem o trabalho de eixo (em geral, de um motor elétrico) e o transferem para o fluido como energia mecânica (menos perdas por atrito). Uma turbina, por outro lado, converte a energia mecânica de um fluido em trabalho de eixo. Devido a fatores irreversíveis como o atrito, a energia mecânica não pode ser totalmente convertida completamente de uma forma mecânica para outra, e a **eficiência mecânica** de um dispositivo ou processo pode ser definida como

$$\eta_{mec} = \frac{\text{Saída de energia mecânica}}{\text{Entrada de energia mecânica}} = \frac{E_{mec,s}}{E_{mec,e}} = 1 - \frac{E_{mec,perda}}{E_{mec,e}} \quad (5\text{--}25)$$

Uma eficiência de conversão menor do que 100% indica que a conversão não é perfeita e que algumas perdas ocorreram durante a conversão. Uma eficiência mecânica de 74% indica que 26% da energia mecânica fornecida é convertida em energia térmica como resultado do aquecimento por atrito (Fig 5–17), e isso se manifesta como uma ligeira elevação da temperatura do fluido.

Em sistemas fluidos, estamos geralmente interessados em aumentar a pressão, a velocidade e/ou a elevação de um fluido. Isso é feito *fornecendo energia mecânica* ao fluido por meio de uma bomba, um ventilador ou um compres-

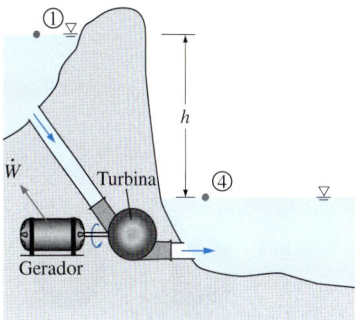

$\dot{W}_{max} = \dot{m}\Delta e_{mec} = \dot{m}g(z_1 - z_4) = \dot{m}gh$
pois $P_1 \approx P_4 = P_{atm}$ e $V_1 = V_4 \approx 0$
(a)

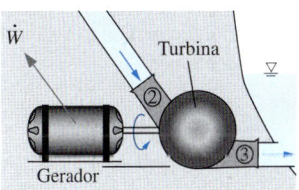

$\dot{W}_{max} = \dot{m}\Delta e_{mec} = \dot{m}\frac{P_2 - P_3}{\rho} = \dot{m}\frac{\Delta P}{\rho}$
pois $V_2 \approx V_3$ e $z_2 \approx z_3$
(b)

FIGURA 5–15 A energia mecânica é ilustrada por uma turbina hidráulica ideal acoplada a um gerador ideal. Na ausência de perdas irreversíveis, a energia máxima produzida é proporcional (*a*) a alteração na elevação da superfície da água do reservatório a montante para o reservatório a jusante ou (*b*) (vista próxima) a queda de pressão da água apenas entre a montante e a jusante da turbina.

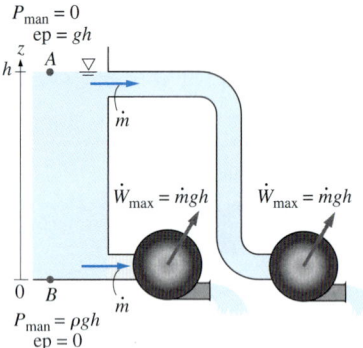

FIGURA 5–16 A energia mecânica da água na parte inferior de um contêiner é igual à energia mecânica em qualquer profundidade, incluindo a superfície livre do contêiner.

sor (nos referiremos a todos eles como bombas). Ou então, estamos interessados no processo inverso de *extração da energia mecânica* de um fluido por uma turbina e na produção de potência mecânica na forma de um eixo rotativo que pode mover um gerador ou qualquer outro dispositivo rotativo. O grau de perfeição do processo de conversão entre o trabalho mecânico fornecido ou extraído e a energia mecânica do fluido é expresso pela **eficiência da bomba** e pela **eficiência da turbina**. Em termos de taxas, estas são definidas como

$$\eta_{bomba} = \frac{\text{Aumento da potência mecânica do fluido}}{\text{Entrada de potência mecânica}} = \frac{\Delta \dot{E}_{mec,\,fluido}}{\dot{W}_{eixo,\,e}} = \frac{\dot{W}_{bomba,\,u}}{\dot{W}_{bomba}} \quad (5\text{–}26)$$

onde $\Delta \dot{E}_{mec,fluido} = \dot{E}_{mec,s} - \dot{E}_{mec,e}$ é a taxa de incremento da energia mecânica do fluido, equivalente à **potência de bombeamento útil** $\dot{W}_{bomba,\,u}$ fornecida ao fluido, e

$$\eta_{turbina} = \frac{\text{Saída de potência mecânica}}{\text{Diminuição da potência mecânica do fluido}} = \frac{\dot{W}_{eixo,\,s}}{|\Delta \dot{E}_{mec,\,fluido}|} = \frac{\dot{W}_{turbina}}{\dot{W}_{turbina,\,e}} \quad (5\text{–}27)$$

onde $|\Delta \dot{E}_{mec,fluido}| = \dot{E}_{mec,e} - \dot{E}_{mec,s}$ é a taxa de decrescimento na energia mecânica do fluido, equivalente à potência mecânica extraída do fluido pela turbina $\dot{W}_{turbina,\,e}$ sendo que utilizamos o valor absoluto para evitar eficiências com valores negativos. Uma eficiência de 100% para uma bomba ou turbina indica uma conversão perfeita entre o trabalho do eixo e a energia mecânica do fluido, e esse valor pode ser aproximado (mas nunca atingido) à medida que os efeitos do atrito são minimizados.

A eficiência mecânica não deve ser confundida com **eficiência do motor** ou **eficiência do gerador**, definidas como

Motor:
$$\eta_{motor} = \frac{\text{Saída de potência mecânica}}{\text{Entrada de energia elétrica}} = \frac{\dot{W}_{eixo,\,s}}{\dot{W}_{elet,\,e}} \quad (5\text{–}28)$$

e

Gerador:
$$\eta_{gerador} = \frac{\text{Saída de energia elétrica}}{\text{Entrada de potência mecânica}} = \frac{\dot{W}_{elet,\,s}}{\dot{W}_{eixo,\,e}} \quad (5\text{–}29)$$

Uma bomba usualmente vem junto com seu motor, e uma turbina com seu gerador. Portanto, geralmente temos interesse na **eficiência combinada** ou **global** das combinações motor-bomba e gerador-turbina (Fig. 5–17), definidas como

$$\eta_{bomba\text{-}motor} = \eta_{bomba}\,\eta_{motor} = \frac{\dot{W}_{bomba,\,u}}{\dot{W}_{elet,\,e}} = \frac{\Delta \dot{E}_{mec,\,fluido}}{\dot{W}_{elet,\,e}} \quad (5\text{–}30)$$

e

$$\eta_{turbina\text{-}ger} = \eta_{turbina}\,\eta_{gerador} = \frac{\dot{W}_{elet,\,s}}{\dot{W}_{turbina,\,e}} = \frac{\dot{W}_{elet,\,s}}{|\Delta \dot{E}_{mec,\,fluido}|} \quad (5\text{–}31)$$

Todas as eficiências que acabamos de definir variam de 0 a 100%. O limite inferior de 0% corresponde à conversão de toda a energia elétrica ou mecânica fornecida em energia térmica, e o dispositivo neste caso funciona como um aquecedor por resistência. O limite superior de 100% corresponde ao caso de uma conversão perfeita sem nenhum atrito ou outras irreversibilidades e, portanto, não ocorre nenhuma conversão de energia mecânica ou elétrica em energia térmica (sem perdas).

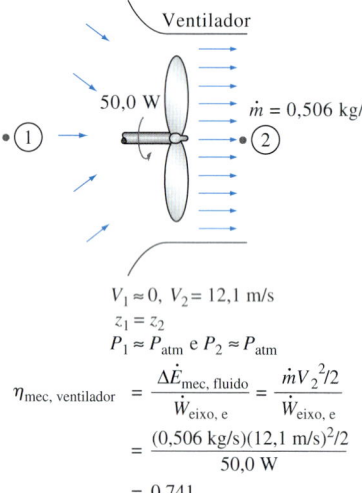

FIGURA 5–17 A eficiência mecânica de um ventilador é a razão entre a energia cinética do ar na saída do ventilador e a potência mecânica fornecida.

EXEMPLO 5–3 Desempenho de um conjunto turbina-gerador hidráulico

A água de um grande lago deve ser utilizada para gerar eletricidade por meio da instalação de um conjunto turbina-gerador hidráulico em um local onde a a diferença de altura da água a montante e a jusante da represa é de 50 m (Fig. 5–19). A água será fornecida à razão de 5.000 kg/s. Se a potência elétrica gerada é medida como 1.862 kW e a eficiência do gerador é de 95%, determine (a) a eficiência global do conjunto turbina-gerador, (b) a eficiência mecânica da turbina e (c) a potência de eixo fornecida pela turbina ao gerador.

SOLUÇÃO Um conjunto turbina-gerador hidráulico deve gerar eletricidade da água de um lago. A eficiência global, a eficiência da turbina e a potência do eixo devem ser determinadas.

Hipóteses **1** A elevação do lago e do ponto de descarga permanecem constantes. **2** Perdas irreversíveis nos tubos são desprezíveis.

Propriedades A densidade da água pode ser tomada como $\rho = 1.000$ kg/m³.

Análises (a) Realizamos nossa análise a partir da entrada (1) na superfície livre do lago até a saída (2) na superfície livre do local de descarga a jusante. Em ambas as superfícies livres a pressão é a pressão atmosférica, e a velocidade é desprezível. A mudança na energia mecânica da água por unidade de massa é, então

$$e_{mec,e} - e_{mec,s} = \underbrace{\frac{P_e - P_s}{\rho}}_{0} + \underbrace{\frac{V_e^2 - V_s^2}{2}}_{0} + g(z_e - z_s)$$

$$= gh$$

$$= (9,81 \text{ m/s}^2)(50 \text{ m})\left(\frac{1 \text{ kJ/kg}}{1000 \text{ m}^2/\text{s}^2}\right) = 0,491 \frac{\text{kJ}}{\text{kg}}$$

Então, a taxa na qual a energia mecânica é fornecida à turbina pelo fluido e a eficiência global tornam-se

$$|\Delta \dot{E}_{mec,fluido}| = \dot{m}(e_{mec,e} - e_{mec,s}) = (5000 \text{ kg/s})(0,491 \text{ kJ/kg}) = 2455 \text{ kW}$$

$$\eta_{global} = \eta_{turbina-ger} = \frac{\dot{W}_{elet,s}}{|\Delta \dot{E}_{mec,fluido}|} = \frac{1862 \text{ kW}}{2455 \text{ kW}} = \mathbf{0,760}$$

(b) Conhecendo a eficiência global e a do gerador, a eficiência mecânica da turbina é determinada por

$$\eta_{turbina-ger} = \eta_{turbina}\,\eta_{gerador} \rightarrow \eta_{turbina} = \frac{\eta_{turbina-ger}}{\eta_{gerador}} = \frac{0,76}{0,95} = \mathbf{0,800}$$

(c) A potência do eixo fornecida é determinada pela definição da eficiência mecânica,

$$\dot{W}_{eixo,s} = \eta_{turbina}|\Delta \dot{E}_{mec,fluido}| = (0,800)(2455 \text{ kW}) = 1964 \text{ kW} \approx \mathbf{1960 \text{ kW}}$$

Discussão Observe que o lago fornece 2.455 kW de energia mecânica à turbina, a qual converte 1.964 kW dessa energia em trabalho do eixo que move o gerador, e este gera 1.862 kW de energia elétrica. Existem perdas irreversíveis em cada componente. Perdas irreversíveis nas tubulações são ignoradas aqui; você vai aprender como contabilizar estas perdas no Capítulo 8.

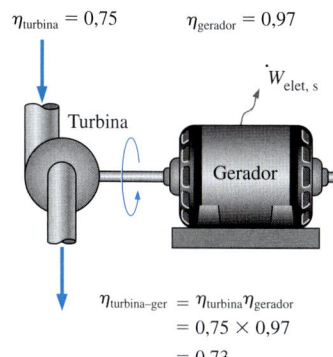

FIGURA 5–18 A eficiência global de uma combinação turbina-gerador é o produto entre a eficiência da turbina e a eficiência do gerador, e representa a fração da potência mecânica do fluido convertida em energia elétrica.

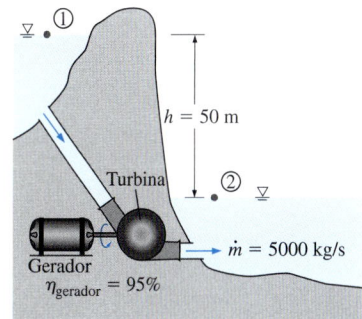

FIGURA 5–19 Esquema do Exemplo 5–3.

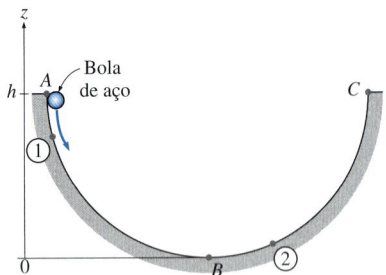

FIGURA 5–20 Esquema do Exemplo 5–4.

EXEMPLO 5–4 Conservação de energia para uma bola de aço oscilante

O movimento de uma bola de aço em uma hemisfera de raio h da Fig. 5–20 deve ser analisado. Inicialmente, a bola é mantida na posição mais alta no ponto A e, em seguida, é liberada. Obtenha as relações para conservação de energia da bola para os casos de movimento sem atrito e movimento real.

SOLUÇÃO Uma bola de aço é liberada em uma hemisfera. As relações de balanço da energia devem ser obtidas.

Hipóteses O movimento ocorre sem atrito e, portanto, o atrito entre a bola, a hemisfera e o ar é desprezível.

Análise Quando a bola é liberada, ela acelera sob influência da gravidade, atinge uma velocidade máxima (e elevação mínima) no ponto B na parte inferior da tigela e se move até o ponto C no lado oposto. No caso de movimento ideal sem atrito, a esfera oscilará entre os pontos A e C. O movimento real envolve a conversão das energias cinética e potencial da esfera entre si, juntamente com a superação da resistência ao movimento devido ao atrito (realizando trabalho de atrito). O balanço da energia global de qualquer sistema que passa por qualquer processo é

$$\underbrace{E_e - E_s}_{\substack{\text{Transferência líquida de} \\ \text{energia por calor, trabalho} \\ \text{e massa}}} = \underbrace{\Delta E_{\text{sistema}}}_{\substack{\text{Variação das energias} \\ \text{interna, cinética, potencial,} \\ \text{etc.}}}$$

Portanto, o balanço da energia da esfera de um processo do ponto 1 até o ponto 2 torna-se

$$-w_{\text{atrito}} = (ec_2 + ep_2) - (ec_1 + ep_1)$$

ou

$$\frac{V_1^2}{2} + gz_1 = \frac{V_2^2}{2} + gz_2 + w_{\text{atrito}}$$

pois não há transferência de energia por calor ou massa, e nenhuma variação na energia interna da esfera (o calor gerado pelo aquecimento por atrito é dissipado no ar ambiente). O termo de trabalho de atrito w_{atrito} é frequentemente expresso como e_{perda} para representar a perda (conversão) de energia mecânica em energia térmica.

Para o caso idealizado do movimento sem atrito, a última relação se reduz a

$$\frac{V_1^2}{2} + gz_1 = \frac{V_2^2}{2} + gz_2 \quad \text{ou} \quad \frac{V^2}{2} + gz = C = \text{constante}$$

onde o valor da constante é $C = gh$. Ou seja, *quando os efeitos do atrito são desprezíveis, a soma das energias cinética e potencial da esfera permanece constante.*

Discussão Essa certamente é uma forma mais intuitiva e conveniente para a equação de conservação da energia neste e em outros processos semelhantes, como o movimento de oscilação de um pêndulo. A relação obtida é análoga à equação de Bernoulli derivada na Seção 5–4.

A maioria dos processos encontrados na prática envolve apenas determinadas formas de energia e em tais casos é mais conveniente trabalhar com as versões simplificadas de balanço de energia. Para sistemas que envolvem apenas *formas mecânicas de energia* e sua transferência como *trabalho de eixo*, o princípio da conservação de energia pode ser expresso de maneira conveniente como

$$E_{\text{mec, e}} - E_{\text{mec, s}} = \Delta E_{\text{mec, sistema}} + E_{\text{mec, perda}} \qquad (5\text{--}32)$$

onde $E_{\text{mec, perda}}$ representa a conversão da energia mecânica em energia térmica devido a fatores irreversíveis como o atrito. Para um sistema em operação estacionária ou em regime permanente o balanço da energia mecânica torna-se $\dot{E}_{\text{mec, e}} = \dot{E}_{\text{mec, s}} + \dot{E}_{\text{mec, perda}}$, (Fig. 5–21).

5–4 A EQUAÇÃO DE BERNOULLI

A **equação de Bernoulli** é uma *relação aproximada entre pressão, velocidade e elevação* e é válida em *regiões de escoamento incompressível e estacionário, onde as forças de atrito resultantes são desprezíveis* (Fig. 5–22). Apesar de sua simplicidade, esta provou ser uma ferramenta muito poderosa na mecânica de fluidos. Nesta seção, deduzimos a equação de Bernoulli aplicando o *princípio da conservação da quantidade de movimento linear* e mostramos sua utilidade e limitações.

A principal aproximação na dedução da equação de Bernoulli é que *os efeitos viscosos são desprezivelmente pequenos quando comparados aos efeitos da inércia, da gravidade e da pressão*. Como todos os fluidos têm viscosidade (não existe um "fluido não viscoso"), essa aproximação não é válida para o todo de um campo de escoamento de interesse prático. Em outras palavras, não podemos aplicar a equação de Bernoulli em *qualquer lugar* de um escoamento, mesmo quando a viscosidade do fluido é pequena. Entretanto, a aproximação é razoável em determinadas *regiões* de muitos escoamentos de caráter prático. Chamamos tais regiões de *regiões do escoamento sem viscosidade,* e enfatizamos que elas *não* são regiões nas quais o próprio fluido não tem viscosidade nem atrito, mas sim que nelas as forças viscosas ou resultantes de atrito são desprezivelmente pequenas quando comparadas a outras forças que atuam sobre as partículas do fluido.

É preciso tomar cuidado ao aplicar a equação de Bernoulli, uma vez que ela é uma aproximação que se aplica apenas às regiões do escoamento não viscosas. Em geral, os efeitos do atrito sempre são importantes em regiões muito próximas de paredes sólidas (*camadas-limite*) e diretamente a jusante de corpos (*esteiras*). Portanto, a aproximação de Bernoulli é geralmente útil em regiões de escoamento fora das camadas-limite e esteiras, onde o movimento do fluido é governado pelos efeitos combinados das forças de pressão e gravidade.

Aceleração de uma partícula de fluido

O movimento de uma partícula e o caminho que ela segue são descritos pelo *vetor velocidade* como função do tempo, das coordenadas espaciais e da posição inicial da partícula. Quando o escoamento é *estacionário* (nenhuma alteração com o tempo em um local específico), todas as partículas que passam através do mesmo ponto seguem o mesmo caminho (que é a *linha de corrente*) e os vetores velocidade permanecem tangentes ao caminho em todos os pontos.

Com frequência é conveniente descrever o movimento de uma partícula em termos de sua distância s ao longo da linha de corrente juntamente com o raio da curvatura ao longo da mesma. A velocidade da partícula está relacionada à distância por $V = ds/dt$, que pode variar ao longo da linha de corrente. Em escoamentos bidimensionais, a aceleração pode ser decomposta em duas componentes: *aceleração na direção da linha de corrente* (a_s) ao longo da linha de corrente e *aceleração normal* (a_n) na direção normal à linha de corrente, que é dada por $a_n = V^2/R$. Observe que a aceleração na direção da linha de corrente ocorre devido a

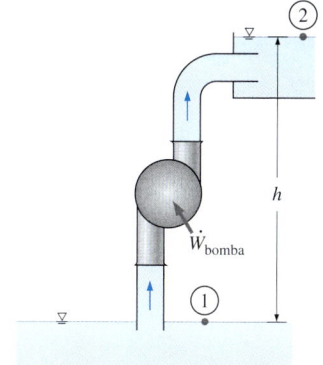

Escoamento estacionário
$V_1 = V_2 \approx 0$
$z_2 = z_1 + h$
$P_1 = P_2 = P_{\text{atm}}$

$\dot{E}_{\text{mec, e}} = \dot{E}_{\text{mec, s}} + \dot{E}_{\text{mec, perda}}$
$\dot{W}_{\text{bomba}} + \dot{m}gz_1 = \dot{m}gz_2 + \dot{E}_{\text{mec, perda}}$
$\dot{W}_{\text{bomba}} = \dot{m}gh + \dot{E}_{\text{mec, perda}}$

FIGURA 5–21 Muitos problemas de escoamento de fluidos envolvem apenas formas mecânicas de energia e tais problemas são solucionados de maneira conveniente com o uso do *balanço da energia mecânica.*

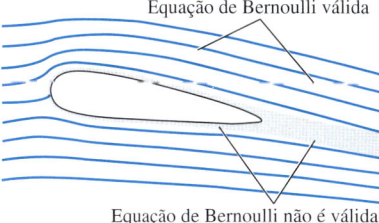

FIGURA 5–22 A *equação de Bernoulli* é uma equação *aproximada* que só é válida em *regiões de escoamento não viscoso*, onde as forças viscosas resultantes são desprezivelmente pequenas se comparadas às forças de inércia, gravidade ou pressão. Tais regiões ocorrem fora das *camadas-limite* e *esteiras*.

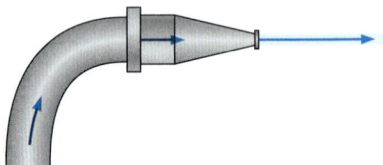

FIGURA 5–23 Durante o escoamento estacionário, um fluido não pode acelerar no tempo em um ponto fixo, mas pode acelerar no espaço.

uma variação da velocidade ao longo da linha de corrente, enquanto a aceleração normal é devida a uma variação na direção. Para as partículas que se movem ao longo de uma *trajetória reta*, $a_n = 0$, uma vez que o raio da curvatura é infinito e, portanto, não há variação na direção. A equação de Bernoulli decorre de um balanço de força ao longo de uma linha de corrente.

É possível se sentir tentado a achar que a aceleração é zero no escoamento estacionário, uma vez que a aceleração é a taxa de variação da velocidade com o tempo, e no escoamento estacionário não há variação com o tempo. Na verdade, um bocal de mangueira de jardim nos mostra que essa ideia não é correta. Mesmo com um escoamento estacionário e, portanto, com vazão de massa constante, a água acelera através do bocal (Fig. 5–23, como discutido no Capítulo 4). *Estacionário* significa apenas que *não há variação com o tempo em um local específico*, mas o valor de uma quantidade pode variar de um local para outro. No caso de um bocal, a velocidade da água permanece constante em um ponto específico, mas varia entre a entrada e a saída (a água acelera ao longo do bocal).

Matematicamente, isso pode ser expresso da seguinte maneira: consideramos a velocidade V de uma partícula do fluido como função de s e t. Considerando a diferencial total de $V(s, t)$ e dividindo ambos os lados por dt temos

$$dV = \frac{\partial V}{\partial s} ds + \frac{\partial V}{\partial t} dt \quad \text{e} \quad \frac{dV}{dt} = \frac{\partial V}{\partial s}\frac{ds}{dt} + \frac{\partial V}{\partial t} \quad \text{(5–33)}$$

No escoamento estacionário $\partial V/\partial t = 0$ e, assim, $V = V(s)$. Portanto, a aceleração na direção de s torna-se

$$a_s = \frac{dV}{dt} = \frac{\partial V}{\partial s}\frac{ds}{dt} = \frac{\partial V}{\partial s} V = V\frac{dV}{ds} \quad \text{(5–34)}$$

onde $V = ds/dt$ se estivermos seguindo uma partícula de fluido à medida que ela se move ao longo de uma linha de corrente. Portanto, a aceleração em um escoamento estacionário é devida à variação da velocidade com a posição.

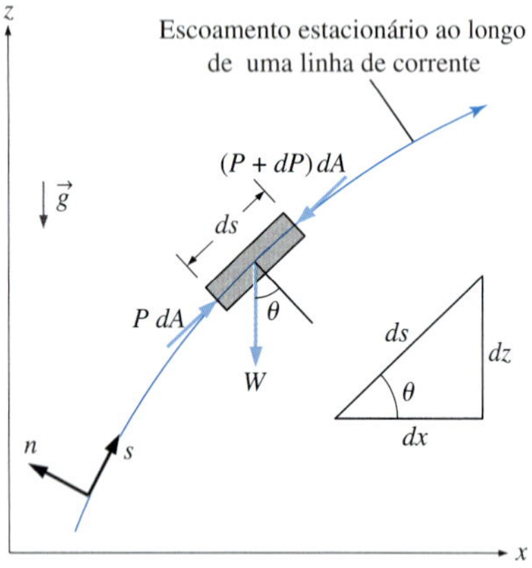

Dedução da equação de Bernoulli

Considere o movimento de uma partícula de fluido em um campo de escoamento estacionário. Aplicando a segunda lei de Newton (chamada de *relação de conservação da quantidade de movimento linear* na mecânica dos fluidos), na direção s a uma partícula que se movimenta ao longo de uma linha de corrente temos

$$\sum F_s = ma_s \quad \text{(5–35)}$$

Nas regiões de escoamento onde as forças resultantes de atrito são desprezíveis, onde não existe bomba ou turbina, e onde não ocorre transferência de calor ao longo da linha de corrente, as forças significativas na direção s são a pressão (agindo em ambos os lados) e a componente do peso da partícula na direção s (Fig. 5–24). Portanto, a Equação 5–35 torna-se

$$P\,dA - (P + dP)\,dA - W \operatorname{sen} \theta = mV\frac{dV}{ds} \quad \text{(5–36)}$$

FIGURA 5–24 As forças que atuam em uma partícula de fluido ao longo de uma linha de corrente.

onde θ é o ângulo entre a normal da linha de corrente e o eixo vertical z naquele ponto, $m = \rho V = \rho\,dA\,ds$ é a massa, $W = mg = \rho g\,dA\,ds$ é o peso da partícula de fluido e $\operatorname{sen} \theta = dz/ds$. Substituindo temos

$$-dP\,dA - \rho g\,dA\,ds\frac{dz}{ds} = \rho\,dA\,ds\,V\frac{dV}{ds} \quad \text{(5–37)}$$

Cancelando dA de cada termo e simplificando, temos,

$$-dP - \rho g\, dz = \rho V\, dV \tag{5-38}$$

Observando que $V\, dV = \tfrac{1}{2} d(V^2)$ e dividindo cada termo por ρ temos

$$\frac{dP}{\rho} + \frac{1}{2} d(V^2) + g\, dz = 0 \tag{5-39}$$

Integrando (Fig. 5–24),

Escoamento estacionário: $\quad \displaystyle\int \frac{dP}{\rho} + \frac{V^2}{2} + gz =$ constante (ao longo de uma linha de corrente) $\quad$ (5–40)

pois os dois últimos termos são diferenciais exatas. No caso de um escoamento incompressível, o primeiro termo também se torna uma diferencial exata e sua integração resulta em:

Escoamento estacionário incompressível $\quad \dfrac{P}{\rho} + \dfrac{V^2}{2} + gz =$ constante (ao longo de uma linha de corrente)
$$\tag{5-41}$$

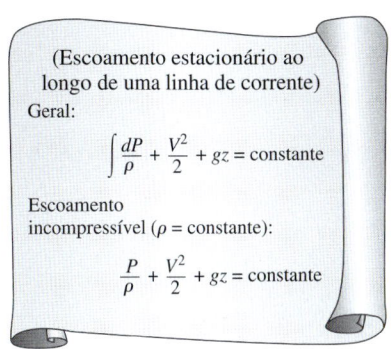

FIGURA 5–25 A equação de Bernoulli é deduzida supondo um escoamento incompressível e, portanto, não deve ser usada para escoamentos com efeitos de compressibilidade significativos.

Essa é a famosa **equação de Bernoulli** (Fig. 5–25), usada normalmente em mecânica dos fluidos para escoamentos estacionários incompressíveis ao longo de uma linha de corrente nas regiões do escoamento sem viscosidade. A equação de Bernoulli foi posta em palavras pela primeira vez pelo matemático suíço Daniel Bernoulli (1700-1782) em um texto datado de 1738, quando ele estava trabalhando em São Petersburgo, Rússia. Mais tarde, a equação de Bernoulli foi derivada em forma de equação por seu associado Leonhard Euler (1707-1783) em 1755.

O valor da constante na Eq. 5–41 pode ser calculado em qualquer ponto da linha de corrente onde a pressão, densidade, velocidade e elevação sejam conhecidas. A equação de Bernoulli também pode ser escrita entre dois pontos quaisquer na mesma linha de corrente como

Escoamento incompressível estacionário: $\quad \dfrac{P_1}{\rho} + \dfrac{V_1^2}{2} + gz_1 = \dfrac{P_2}{\rho} + \dfrac{V_2^2}{2} + gz_2 \quad$ (5–42)

Reconhecemos $V^2/2$ como a *energia cinética*, gz como a *energia potencial* e P/ρ como a *energia de escoamento*, todas por unidade de massa. Portanto, a equação de Bernoulli pode ser vista como uma expressão do *balanço da energia mecânica* e enunciada da seguinte maneira (Fig. 5–26):

> A soma das energias cinética, potencial e de escoamento de uma partícula de fluido é constante ao longo de uma linha de corrente durante um escoamento estacionário quando os efeitos da compressibilidade e do atrito são desprezíveis.

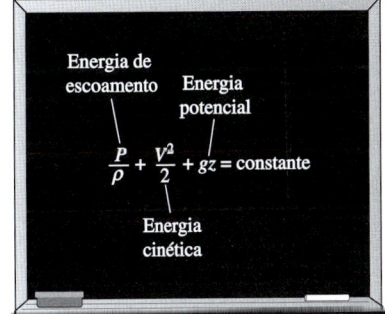

FIGURA 5–26 A equação de Bernoulli afirma que a soma das energias cinética, potencial e de escoamento (todas por unidade de massa) de uma partícula de fluido é constante ao longo de uma linha de corrente durante o escoamento estacionário.

As energias cinética, potencial e de escoamento são as formas mecânicas da energia, discutidas na Seção 5–3, e a equação de Bernoulli pode ser vista como o "princípio da conservação da energia mecânica". Ela é equivalente ao princípio geral da conservação de energia para os sistemas que não envolvem conversão entre energia mecânica e energia térmica, onde, portanto, a energia mecânica e a energia térmica são conservadas separadamente. A equação de Bernoulli afirma que durante um escoamento estacionário com atrito desprezível, as diversas formas de energia mecânica são convertidas entre si, mas sua soma permanece constante. Em outras palavras, não há dissipação de energia mecânica durante tais escoamentos, pois não há atrito que converta a energia mecânica em energia térmica sensível (interna).

Lembre-se de que energia é transferida para um sistema na forma de trabalho quando uma força é aplicada a um sistema ao longo de uma distância. À luz da Segunda Lei de Newton do movimento, a equação de Bernoulli também pode ser vista como: *O trabalho realizado pelas forças de pressão e gravidade sobre a partícula de fluido é igual ao aumento da energia cinética da partícula.*

A equação de Bernoulli é obtida a partir da segunda lei de Newton para uma partícula de fluido que se move ao longo de uma linha de corrente. Ela também pode ser obtida a partir da *Primeira Lei da Termodinâmica* aplicada a um sistema com escoamento estacionário, como mostra a Seção 5–6.

Apesar das aproximações altamente restritivas utilizadas nessa dedução, a equação de Bernoulli é comumente usada na prática, pois uma variedade de problemas práticos de escoamento fluido pode ser analisada com exatidão razoável. Isso acontece porque muitos escoamentos de interesse prático para a engenharia são estacionários (ou pelo menos estacionários em média), os efeitos de compressibilidade são relativamente pequenos e as forças de atrito resultantes são desprezíveis nas regiões de interesse do escoamento.

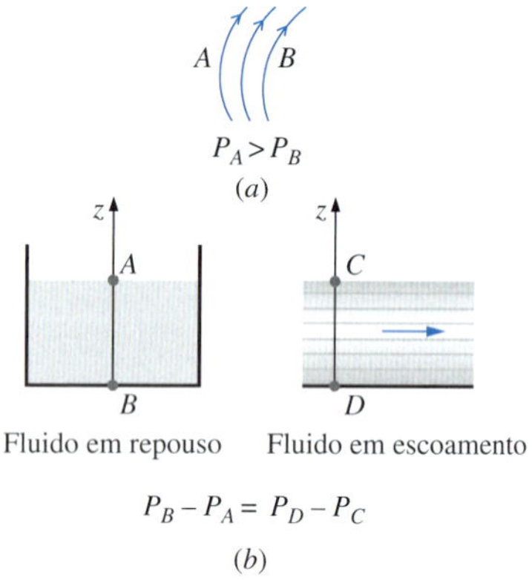

Balanço de forças transversal às linhas de corrente

Como um exercício, mostre que o balanço de forças na direção n normal à linha de corrente resulta na seguinte relação que se aplica *transversalmente* às linhas de corrente para um escoamento estacionário e incompressível:

$$\frac{P}{\rho} + \int \frac{V^2}{R} dn + gz = \text{constante (através da linha de corrente)} \quad (5\text{–}43)$$

onde R é o raio de curvatura da linha de corrente. Para o escoamento ao longo de linhas de corrente curvas (Fig. 5–27a), a pressão *diminui* na direção do centro de curvatura, e partículas de fluido experimentam uma força centrípeta e uma aceleração centrípeta correspondente devido a este gradiente de pressão.

Para um escoamento ao longo de uma linha reta $R \to \infty$ e, portanto, a Equação 5–43 se reduz a $P/\rho + gz = $ constante ou $P = -\rho gz + $ constante, uma expressão da variação da pressão hidrostática com a distância vertical em um corpo de fluido estacionário. Portanto, a variação da pressão com a elevação em um escoamento estacionário incompressível ao longo de uma linha reta em uma região de escoamento não viscosa é igual àquela de um fluido em repouso (Fig. 5–27b).

Escoamento compressível não estacionário

Da mesma forma, usando ambos os termos da expressão de aceleração (Equação 5–33), é possível mostrar que a equação de Bernoulli para *um escoamento compressível em regime transiente* é

Escoamento compressível não estacionário:

$$\int \frac{dP}{\rho} + \int \frac{\partial V}{\partial t} ds + \frac{V^2}{2} + gz = \text{constante} \quad (5\text{–}44)$$

Pressões estática, dinâmica e de estagnação

A equação de Bernoulli afirma que a soma das energias de escoamento, cinética e potencial de uma partícula de fluido ao longo de uma linha de corrente é constante. Assim, as energias cinética e potencial do fluido podem ser convertidas em energia de escoamento (e vice-versa) durante o escoamento, causando variação

FIGURA 5–27 A pressão diminui na direção do centro de curvatura quando linhas de corrente são curvas (*a*), mas a variação da pressão com elevação em um escoamento estacionário e incompressível ao longo de uma linha reta (*b*) é a mesma que em um fluido estacionário.

da pressão. Esse fenômeno fica mais visível multiplicando a equação de Bernoulli pela densidade ρ,

$$P + \rho \frac{V^2}{2} + \rho g z = \text{constante (ao longo da linha de corrente)} \quad (5\text{--}45)$$

Cada termo dessa equação tem unidades de pressão e, portanto, cada termo representa algum tipo de pressão:

- P é a **pressão estática** (não incorpora nenhum efeito dinâmico); ela representa a pressão termodinâmica real do fluido. Essa pressão é igual àquela usada em termodinâmica e nas tabelas de propriedade.
- $\rho V^2/2$ é a **pressão dinâmica**; ela representa o aumento de pressão quando o fluido em movimento é parado de forma isoentrópica.
- $\rho g z$ é a **pressão hidrostática**, que não é uma pressão no sentido real, uma vez que seu valor depende do nível de referência selecionado; ela representa os efeitos na altura, ou seja, do peso do fluido na pressão (tenha cuidado com ao sinal – ao contrário da pressão hidrostática $\rho g h$, que *aumenta* com a profundidade do fluido h, o termo da pressão hidrostática $\rho g z$ diminui com a profundidade do fluido).

A soma das pressões estática, dinâmica e hidrostática é chamada de **pressão total**. Portanto, a equação de Bernoulli afirma que *a pressão total ao longo de uma linha de corrente é constante.*

A soma das pressões estática e dinâmica é chamada de **pressão de estagnação** e é expressa como

$$P_{\text{estag}} = P + \rho \frac{V^2}{2} \quad (\text{kPa}) \quad (5\text{--}46)$$

A pressão de estagnação representa a pressão em um ponto no qual o fluido é parado totalmente de forma isoentrópica. As pressões estática, dinâmica e de estagnação são mostradas na Fig. 5–28. Quando as pressões estática e de estagnação são medidas em um local específico, a velocidade do fluido naquele local pode ser calculada por

$$V = \sqrt{\frac{2(P_{\text{estag}} - P)}{\rho}} \quad (5\text{--}47)$$

A Equação 5–47 é útil na medição da velocidade de um escoamento quando uma combinação de uma tomada de pressão estática e um tubo de Pitot for usada, como ilustra a Fig. 5–28. Uma **tomada de pressão estática** é simplesmente um pequeno orifício feito em uma parede de forma que o plano do orifício fique paralelo à direção do escoamento. Ele mede a pressão estática. Um **tubo de Pitot** é um pequeno tubo com sua extremidade aberta alinhada *perpendicularmente* ao escoamento para sentir o impacto total da pressão de escoamento do fluido. Ele mede a pressão de estagnação. Em situações nas quais a pressão estática e de estagnação de um *líquido* em um escoamento são maiores do que a pressão atmosférica, um tubo transparente vertical chamado de **tubo piezômetro** (ou simplesmente **piezômetro**) pode ser anexado à tomada de pressão e ao tubo de Pitot, como mostra a Fig. 5–28. O líquido se eleva no tubo piezômetro até uma altura de coluna (*carga*) proporcional à pressão sendo medida. Se as pressões medidas estão abaixo da pressão atmosférica, ou se a medição for feita em *gases*, os tubos piezômetros não funcionam. Entretanto, a tomada de pressão estática e o tubo de Pitot ainda podem ser usados, mas devem estar conectados a algum outro tipo de dispositivo de medição de pressão, como um manômetro com tubo em forma de U ou um transdutor de pressão (Capítulo 3). Às vezes é conveniente integrar

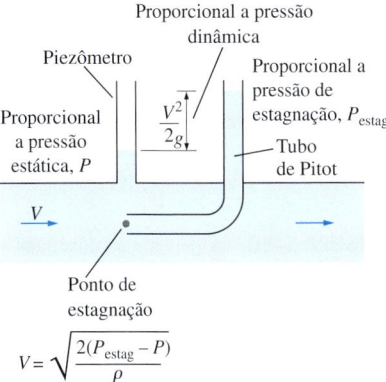

FIGURA 5–28 As pressões estática, dinâmica e de estagnação medidas utilizando tubos piezométricos.

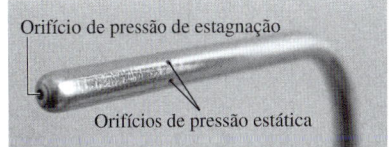

FIGURA 5–29 Detalhe de uma sonda estática de Pitot, mostrando o orifício de pressão de estagnação e dois dos cinco orifícios circunferenciais de pressão estática.

Foto de Po-Ya Abel Chuang. Usada com permissão.

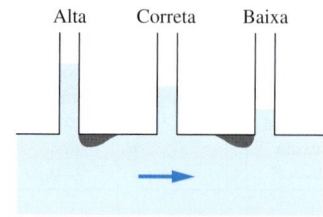

FIGURA 5–30 A perfuração descuidada da tomada de pressão estática pode resultar em erros de leitura da pressão estática.

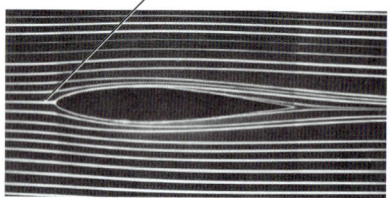

FIGURA 5–31 Linhas de emissão produzidas por um fluido colorido introduzido a montante de um aerofólio. Como o escoamento é estacionário, as linhas de emissão são iguais às linhas de corrente e trajetórias. A linha de corrente de estagnação está marcada.

Cortesia ONERA. Fotografia de Werlé.

orifícios de pressão estática em uma sonda de Pitot. O resultado é uma **sonda estática de Pitot** (tambem chamada de **sonda de Pitot-Darcy**), mostrada na Fig. 5–29 e discutida com mais detalhes no Capítulo 8. Uma sonda estática de Pitot conectada a um transdutor de pressão ou manômetro mede a pressão dinâmica (e, portanto, a velocidade do fluido) diretamente.

Quando a pressão estática é medida pela perfuração de um orifício na parede do tubo, é preciso tomar cuidado para garantir que a abertura do orifício esteja alinhada com a superfície da parede, sem extrusões antes ou depois do orifício (Fig. 5–30). Caso contrário, a leitura incorporará alguns efeitos dinâmicos e, portanto, apresentará erro.

Quando um corpo em repouso é imerso em uma corrente de escoamento, o fluido é parado no nariz do corpo (o **ponto de estagnação**). A linha de corrente do escoamento que se estende da montante até o ponto de estagnação é chamada de **linha de corrente de estagnação** (Fig. 5–31). Para um escoamento bidimensional no plano xy, o ponto de estagnação é, na verdade, uma *reta* paralela ao eixo z, e a linha de corrente de estagnação é, na verdade, uma *superfície* que separa o fluido que escoa *acima* do corpo do fluido que escoa *abaixo* do corpo. Em um escoamento incompressível, o fluido desacelera quase isoentropicamente de seu valor de corrente livre até zero no ponto de estagnação, e a pressão no ponto de estagnação é, portanto, a pressão de estagnação.

Limitações do uso da equação de Bernoulli

A equação de Bernoulli (Equação 5–41) é uma das equações mais frequentemente utilizada e mais *mal empregada* da mecânica dos fluidos. Sua versatilidade, simplicidade e facilidade de uso a tornam uma ferramenta muito valiosa para o uso em análise, mas os mesmos atributos também tornam muito tentadora a sua má utilização. Portanto, é importante entender as restrições de sua aplicabilidade e observar as limitações de seu uso, como explicamos a seguir:

1. **Escoamento estacionário** A primeira limitação da equação de Bernoulli é que ela se aplica somente a um *escoamento estacionário*. Portanto, ela não deve ser usada durante os períodos transientes de início e fechamento de escoamentos, ou durante os períodos de modificação nas condições do escoamento. Observe que existe uma forma não estacionária da equação de Bernoulli (Equação 5–44), cuja discussão está além do escopo deste livro (consulte Panton, 2005).

2. **Escoamento com efeitos viscosos desprezíveis** Cada escoamento envolve um certo atrito, independentemente de quão pequeno seja, e os *efeitos do atrito* podem ou não ser desprezíveis. A situação é complicada ainda mais pela quantidade de erro que pode ser tolerada. Em geral, os efeitos do atrito são desprezíveis para trechos curtos de escoamento com grandes seções transversais, especialmente em baixas velocidades de escoamento. Em geral, os efeitos de atrito são significativos em longas e estreitas passagens de escoamento, na região de esteira a jusante de um objeto, e nas *seções de escoamento divergente* como em difusores, devido a maior possibilidade de separação do escoamento das paredes nessas geometrias. Os efeitos do atrito também são significativos próximos das superfícies sólidas e, portanto, a equação de Bernoulli em geral se aplica ao longo de uma linha de corrente na região central do escoamento, mas não ao longo de uma linha de corrente próxima a uma superfície (Fig. 5–32).

Um componente que atrapalhe a estrutura das linhas de corrente do escoamento e que, portanto, cause mistura e escoamento reverso considerável, como uma entrada abrupta de um tubo ou uma válvula parcialmente fechada em uma seção de escoamento, pode tornar a equação de Bernoulli inaplicável.

3. **Nenhum trabalho de eixo** A equação de Bernoulli foi deduzida a partir do balanço de forças de uma partícula que se move ao longo de uma linha de corrente. Portanto, a equação de Bernoulli não se aplica a uma seção de escoamento envolvendo uma bomba, turbina, ventilador ou qualquer outra máquina ou propulsor, uma vez que tais dispositivos destroem as linhas de corrente e desenvolvem trocas de energia com as partículas do fluido. Quando a seção de escoamento considerada envolve qualquer um desses dispositivos, a equação da energia deve ser usada para levar em conta a entrada ou saída do trabalho de eixo. Entretanto, a equação de Bernoulli ainda pode ser aplicada a uma seção de escoamento antes ou depois da posição da máquina (considerando, obviamente, que outras restrições ao seu uso sejam satisfeitas). Em tais casos, a constante de Bernoulli apresenta diferentes valores a montante e a jusante do dispositivo.

4. **Escoamento incompressível** Uma das hipóteses utilizadas na dedução da equação de Bernoulli é que ρ = constante e, portanto, o escoamento é incompressível. Essa condição é satisfeita por líquidos e também por gases com números de Mach menores do que 0,3, uma vez que os efeitos da compressibilidade e, portanto, as variações de densidade dos gases, são desprezíveis em velocidades relativamente baixas como essas. Observe que existe uma forma compressível da equação de Bernoulli (Equações 5–40 e 5–44).

5. **Transferência de calor desprezível** A densidade de um gás é inversamente proporcional à temperatura e, portanto, a equação de Bernoulli não deve ser usada em seções de escoamento que envolvem variação significativa de temperatura, como seções de aquecimento ou resfriamento.

6. **Escoamento ao longo de uma linha de corrente** A rigor, a equação de Bernoulli $P/\rho + V^2/2 + gz = C$ pode ser aplicada ao longo de uma linha de corrente, e o valor da constante C, em geral, é diferente para diferentes linhas de corrente. Mas quando uma região do escoamento é *irrotacional* e, portanto, não há *vorticidade* no campo de escoamento, o valor da constante C permanece igual para todas as linhas de corrente e, portanto, a equação de Bernoulli aplica-se também *transversalmente* às linhas de corrente (Fig. 5–33). Dessa forma, não precisamos nos preocupar com as linhas de corrente quando o escoamento é irrotacional e podemos aplicar a equação de Bernoulli entre dois pontos quaisquer da região de escoamento irrotacional (Capítulo 10).

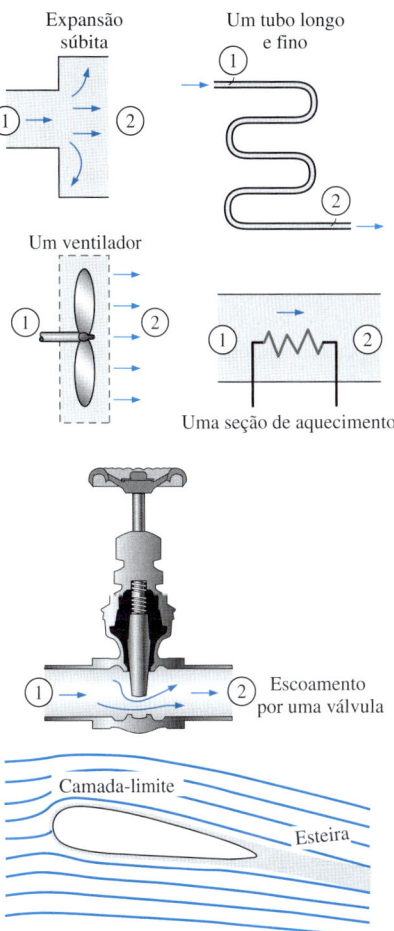

FIGURA 5–32 Os efeitos de atrito, transferência de calor e os componentes que perturbam a estrutura das linhas de corrente de um escoamento tornam inválida a equação de Bernoulli. Ela *não* deve ser utilizada em nenhum dos escoamentos mostrados aqui.

Deduzimos a equação de Bernoulli considerando o escoamento bidimensional no plano xz por questões de simplicidade, mas a equação também é válida para um escoamento geral tridimensional, desde que ela seja aplicada ao longo da mesma linha de corrente. Devemos lembrar sempre as hipóteses utilizadas na dedução da equação de Bernoulli e verificar se não estão sendo violadas.

Linha piezométrica (HGL) e linha de energia (EGL)

Com frequência é conveniente representar o nível de energia mecânica graficamente usando *alturas* para facilitar a visualização dos diversos termos da equação de Bernoulli. Isso é feito dividindo cada termo da equação de Bernoulli por g para obter

$$\frac{P}{\rho g} + \frac{V^2}{2g} + z = H = \text{constante} \quad \text{(ao longo de uma linha de corrente)} \quad (5\text{–}48)$$

Cada termo dessa equação tem a dimensão de comprimento e representa algum tipo de "carga" de um fluido em escoamento da seguinte maneira:

- $P/\rho g$ é a **carga da pressão**; ela representa a altura de uma coluna de fluido que produz a pressão estática P.

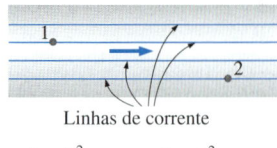

$$\frac{P_1}{\rho} + \frac{V_1^2}{2} + gz_1 = \frac{P_2}{\rho} + \frac{V_2^2}{2} + gz_2$$

FIGURA 5–33 Quando o escoamento é irrotacional, a equação de Bernoulli torna-se aplicável entre dois pontos quaisquer ao longo do escoamento (e não apenas na mesma linha de corrente).

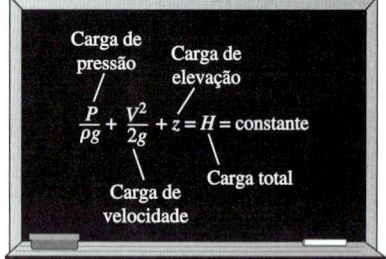

FIGURA 5–34 Uma forma alternativa da equação de Bernoulli é expressa em termos de cargas como: *a soma das cargas da pressão, velocidade e elevação é constante ao longo de uma linha de corrente.*

- $V^2/2g$ é a **carga da velocidade**; ela representa a elevação necessária para que um fluido atinja a velocidade V durante a queda livre sem atrito.
- z é a **carga da elevação**; ela representa a energia potencial do fluido.

Da mesma forma, H é a **carga total** do escoamento. Assim, a equação de Bernoulli pode ser expressa em termos de cargas como: *a soma das cargas da pressão, velocidade e elevação ao longo de uma linha de corrente é constante durante um escoamento estacionário, quando a compressibilidade e os efeitos de atrito são desprezíveis* (Fig. 5–34).

Se um piezômetro (que mede a pressão estática) é colocado em um tubo, como mostra a Fig. 5–35, o líquido sobe a uma altura $P/\rho g$ acima do centro do tubo. A *linha piezométrica* (HGL) é obtida fazendo isso em diversos locais ao longo do tubo e desenhando uma linha através dos níveis de líquido dos piezômetros. A distância vertical acima do centro do tubo é uma medida da pressão dentro do tubo. Da mesma forma, se um tubo de Pitot (que mede a pressão estática e dinâmica) for colocado em um tubo, o líquido sobe a uma altura $P/\rho g + V^2/2g$ acima do centro do tubo ou a uma distância $V^2/2g$ acima de HGL. A *linha de energia* (EGL) é obtida fazendo isso em vários locais ao longo do tubo e desenhando uma linha através dos níveis de líquido nos tubos de Pitot.

Observando que o fluido também tem uma carga de elevação z (a menos que o nível de referência seja tomado como a linha central do tubo), a HGL e a EGL podem ser definidas da seguinte maneira: a linha que representa a soma das cargas de pressão estática e de elevação, $P/\rho g + z$, é chamada de **linha piezométrica**. A linha que representa a carga total do fluido, $P/\rho g + V^2/2g + z$, é chamada de **linha de energia**. A diferença entre as alturas da EGL e da HGL é igual à carga dinâmica $V^2/2g$. Observamos o seguinte sobre a HGL e a EGL:

- Para *corpos em repouso* como reservatórios ou lagos, a EGL e a HGL coincidem com a superfície livre do líquido. A elevação da superfície livre z em tais casos representa a EGL e a HGL, uma vez que a velocidade é zero e a pressão estática (manométrica) também é zero.
- A EGL está sempre a uma distância $V^2/2g$ acima da HGL. Essas duas linhas se aproximam à medida que a velocidade diminui e divergem à medida que a velocidade aumenta. A altura da HGL diminui à medida que a velocidade aumenta e vice-versa.
- Em um *escoamento do tipo Bernoulli idealizado,* a EGL é horizontal e sua altura permanece constante. Esse também seria o caso da HGL quando a velocidade de escoamento é constante (Fig. 5–36).

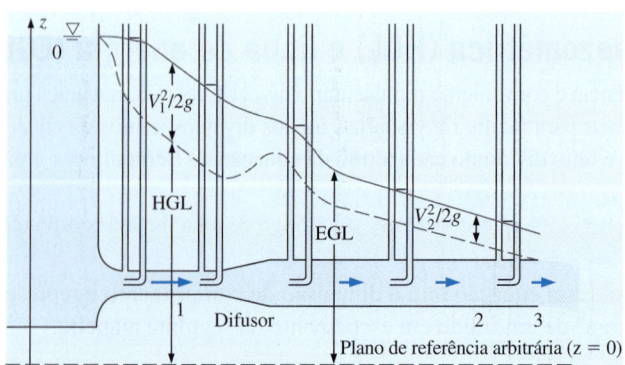

FIGURA 5–35 A *linha piezométrica* (HGL) e a *linha de energia* (EGL) para a descarga livre de um reservatório através de um tubo horizontal com um difusor.

- Para um *escoamento de canal aberto*, a HGL coincide com a superfície livre do líquido e a EGL está a uma distância $V^2/2g$ acima da superfície livre.
- Na *saída de um tubo*, a carga da pressão é zero (pressão atmosférica) e, portanto, a HGL coincide com a saída do tubo (localização 3 na Fig. 5–35).
- A *perda de energia mecânica* devido aos efeitos de atrito (conversão em energia térmica) faz com que a EGL e a HGL se inclinem para baixo na direção do escoamento. A inclinação é uma medida da perda de carga no tubo (discutida com detalhes no Capítulo 8). Um componente que gera efeitos de atrito significativos, como uma válvula, causa uma queda repentina na EGL e na HGL naquele local.
- Um *salto abrupto* ocorre na EGL e na HGL sempre que energia mecânica é adicionada ao fluido (por uma bomba, por exemplo). Da mesma forma, uma *queda brusca* ocorre na EGL e HGL sempre que energia mecânica é removida do fluido (por uma turbina, por exemplo), como mostra a Fig. 5–37.
- A pressão (manométrica) de um fluido é zero nos locais onde a HGL *intercepta* o fluido. A pressão de uma seção de escoamento acima da HGL é negativa e a pressão de uma seção abaixo da HGL é positiva (Fig. 5–38). Portanto, um desenho exato de um sistema de tubos e da HGL pode ser usado para determinar as regiões nas quais a pressão do tubo é negativa (abaixo da pressão atmosférica).

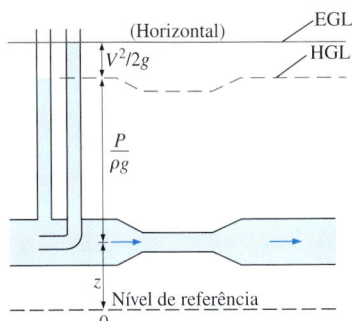

FIGURA 5–36 Em um escoamento do tipo Bernoulli idealizado, a EGL é horizontal e sua altura permanece constante. Esse, porém, não é o caso da HGL quando a velocidade de escoamento varia ao longo do escoamento.

A última observação nos permite evitar situações nas quais a pressão cai abaixo da pressão de vapor do líquido (o que causa a *cavitação*, discutida no Capítulo 2). É preciso considerar adequadamente a colocação de uma bomba de líquido para garantir que a pressão no lado da sucção não caia muito, particularmente em temperaturas elevadas, onde a pressão do vapor é mais alta do que em baixas temperaturas.

Agora examinaremos a Fig. 5–35 com mais detalhes. No ponto 0 (na superfície do líquido), a EGL e a HGL são iguais à superfície do líquido, uma vez que não existe escoamento nesse ponto. A HGL diminui rapidamente à medida que o líquido acelera no tubo. Entretanto, a EGL diminui bem lentamente através da entrada bem arredondada do tubo. A EGL diminui continuamente ao longo da direção do escoamento devido ao atrito e a outras perdas irreversíveis no escoamento. A EGL não pode aumentar na direção do escoamento, a menos que mais energia seja fornecida ao fluido. A HGL pode subir ou cair na direção do escoamento, mas nunca pode exceder a EGL. A HGL sobe na seção do difusor à medida que a velocidade diminui, e a pressão estática é recuperada em parte; a pressão total *não* é recuperada, porém, e a EGL diminui através do difusor. A diferença entre a EGL e a HGL é de $V_1^2/2g$ no ponto 1, e de $V_2^2/2g$ no ponto 2. Como $V_1 > V_2$, a diferença entre as duas linhas de carga é maior no ponto 1 do que no ponto 2. A inclinação para baixo das duas linhas de carga é maior para a seção de menor diâmetro do tubo, uma vez que a perda de carga por atrito é maior. Finalmente, a HGL diminui para a superfície do líquido na saída, uma vez que a pressão nesse ponto é atmosférica. Entretanto, a EGL ainda é mais alta do que a HGL por $V_2^2/2g$, uma vez que $V_3 = V_2$ na saída.

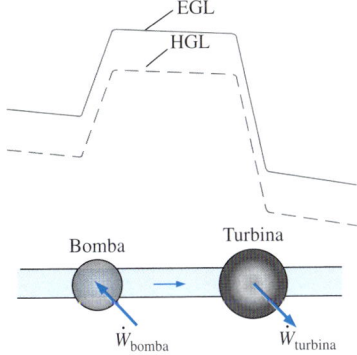

FIGURA 5–37 Um *salto abrupto* ocorre na EGL e HGL sempre que energia mecânica é adicionada ao fluido por uma bomba, e uma *queda abrupta* ocorre sempre que energia mecânica é removida do fluido por uma turbina.

Aplicações da equação de Bernoulli

Até então discutimos os aspectos fundamentais da equação de Bernoulli. Agora, mostraremos seu uso em uma ampla variedade de aplicações, por meio de exemplos.

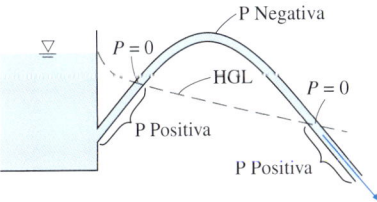

FIGURA 5–38 A pressão (manométrica) de um fluido é zero nos locais onde a HGL *intercepta* o fluido e a pressão é negativa (vácuo) em uma seção de escoamento que está acima da HGL.

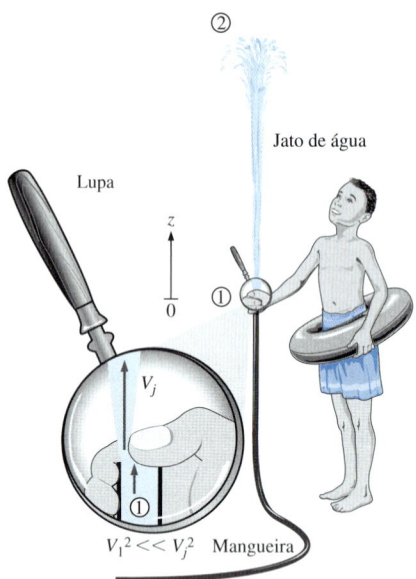

FIGURA 5–39 Esquema do Exemplo 5–5. Inserção mostra uma vista ampliada da região de saída da mangueira.

EXEMPLO 5–5   Água aspergida no ar

A água escoa de uma mangueira (Fig. 5–39). Uma criança coloca o polegar para cobrir a maior parte da saída da mangueira, transformando o escoamento em um fino jato de água à alta velocidade. A pressão na mangueira a montante do dedão da criança é 400kPa. Se a mangueira for mantida para cima, qual é a altura máxima que pode ser atingida pelo jato?

SOLUÇÃO   A água de uma mangueira ligada à tubulação de água é aspergida no ar. A altura máxima à qual o jato d´água pode subir deve ser determinada.

Hipóteses   **1** O escoamento que sai para o ar é estacionário, incompressível e irrotacional (de modo que a equação de Bernoulli se aplica). **2** Os efeitos da tensão superficial são desprezíveis. **3** O atrito entre a água e o ar é desprezível. **4** As irreversibilidades que podem ocorrer na saída da mangueira devido à expansão repentina são desprezíveis.

Propriedades   Tomamos a densidade da água como 1.000 kg/m³.

Análise   Este problema envolve a conversão entre si das energias de escoamento, cinética e potencial sem envolver bombas, turbinas ou componentes que promovem desperdício com grandes perdas por atrito. Portanto, ele é adequado ao uso da equação de Bernoulli. A altura da água será máxima sob as hipóteses enunciadas. A velocidade dentro da mangueira é relativamente baixa ($V_1^2 \ll V_j^2$ e, portanto, $V_1 \cong 0$ quando comparado com V_j) e tomamos a saída da mangueira como o nível de referência ($z_1 = 0$). Na parte superior da trajetória da água $V_2 = 0$ e a pressão é atmosférica. Assim, a equação de Bernoulli pode ser simplificada para

$$\frac{P_1}{\rho g} + \cancelto{0}{\frac{V_1^2}{2g}} + \cancel{z_1} = \frac{P_2}{\rho g} + \cancelto{0}{\frac{V_2^2}{2g}} + z_2 \quad \rightarrow \quad \frac{P_1}{\rho g} = \frac{P_{atm}}{\rho g} + z_2$$

Isolando z_2 e substituindo

$$z_2 = \frac{P_1 - P_{atm}}{\rho g} = \frac{P_{1,\text{gage}}}{\rho g} = \frac{400 \text{ kPa}}{(1000 \text{ kg/m}^3)(9{,}81 \text{ m/s}^2)} \left(\frac{1000 \text{ N/m}^2}{1 \text{ kPa}}\right)\left(\frac{1 \text{ kg·m/s}^2}{1 \text{ N}}\right)$$

$$= \mathbf{40{,}8 \text{ m}}$$

Portanto, o jato d´água pode subir até 40,8 m neste caso.

Discussão   O resultado obtido pela equação de Bernoulli representa o limite superior e deve ser interpretado adequadamente. Ele nos diz que a água não pode subir mais do que 40,8 m e muito provavelmente a elevação será bem menor do que 40,8 m devido às perdas irreversíveis que desprezamos.

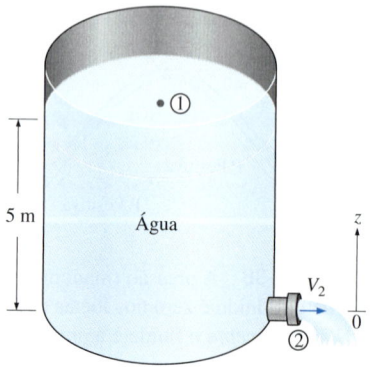

FIGURA 5–40   Esquema do Exemplo 5–6.

EXEMPLO 5–6   Descarga de água de um tanque grande

Um tanque grande aberto para a atmosfera é preenchido com água até uma altura de 5 m da saída de uma torneira (Figura 5–40). Uma torneira próxima à parte inferior do taque é aberta, e a água escoa para fora da saída arredondada e lisa. Determine a velocidade da água na saída.

SOLUÇÃO   Uma torneira próxima da parte inferior de um tanque é aberta. A velocidade de saída da água do tanque deve ser determinada.

Hipóteses   **1** O escoamento é incompressível e irrotacional (exceto muito próximo às paredes). **2** A água drena de forma suficientemente lenta para que o escoamento possa ser aproximado como estacionário (na verdade, quase estacionário quando o tanque começa a drenar). **3** Perdas irreversíveis na região da torneira são desprezadas.

Análise Este problema envolve a conversão entre si das energias de escoamento, cinética e potencial sem envolver bombas, turbinas ou componentes que promovam desperdício com grandes perdas por atrito e, portanto, é adequado ao uso da equação de Bernoulli. Consideramos o ponto 1 como estando na superfície livre da água, de modo que $P_1 = P_{atm}$ (aberto para a atmosfera), $V_1^2 \ll V_j^2$, e então $V_1 \cong 0$ quando comparado a V_2 (o tanque é grande com relação à saída), $z_1 = 5$ m e $z_2 = 0$ (tomamos o nível de referência no centro da saída). Da mesma forma, $P_2 = P_{atm}$ (a água é descarregada na atmosfera). Para um escoamento ao longo de uma linha de corrente de 1 a 2, a equação de Bernoulli pode ser simplificada para

$$\cancel{\frac{P_1}{\rho g}} + \underbrace{\frac{V_1^2}{2g}}_{\approx 0} + z_1 = \cancel{\frac{P_2}{\rho g}} + \frac{V_2^2}{2g} + \cancel{z_2}^{0} \quad \rightarrow \quad z_1 = \frac{V_2^2}{2g}$$

Isolando V_2 e substituindo

$$V_2 = \sqrt{2gz_1} = \sqrt{2(9{,}81 \text{ m/s}^2)(5 \text{ m})} = \mathbf{9{,}9 \text{ m/s}}$$

A relação $V = \sqrt{2gz}$ é chamada de **equação de Toricelli**.

Portanto, a água sai do tanque com uma velocidade inicial máxima de 9,9 m/s. Essa é a mesma velocidade que se manifestaria se um sólido fosse solto a uma distância de 5 m na ausência de arrasto devido ao atrito com o ar (Qual seria a velocidade se a torneira estivesse na parte inferior do tanque em vez de estar na lateral?).

Discussão Se o orifício fosse pontiagudo e não arredondado, o escoamento seria perturbado, e a velocidade seria menor do que 9,9 m/s, particularmente próximo às laterais. É preciso tomar cuidado ao tentar aplicar a equação de Bernoulli às situações nas quais expansões ou contrações abruptas ocorrem, uma vez que o atrito e as perturbações do escoamento em tais casos podem não ser desprezíveis. Da conservação de massa, $(V_1/V_2)^2 = (D_2/D_1)^4$. Assim, por exemplo, se $D_2/D_1 = 0{,}1$, então $(V_1/V_2)^2 = 0{,}0001$, e nossa aproximação de $V_1^2 \ll V_2^2$ se justifica.

EXEMPLO 5–7 Retirando gasolina de um tanque de combustível com um sifão

Durante uma viagem à praia ($P_{atm} = 1$ atm $= 101{,}3$ kPa), um automóvel fica sem gasolina, e é necessário tirar com um sifão a gasolina do carro de um bom samaritano (Fig. 5–41). O sifão é uma mangueira com diâmetro pequeno, e para iniciar o bombeamento é preciso inserir um lado do sifão no tanque de gasolina cheio, encher a mangueira com gasolina por sucção e, em seguida, colocar o outro lado em um galão de gasolina abaixo do nível do tanque de gasolina. A diferença de pressão entre o ponto 1 (na superfície livre de gasolina do tanque) e o ponto 2 (na saída do tubo) faz o líquido escoar da elevação mais alta para a mais baixa. O ponto 2 está localizado 0,75 m abaixo do ponto 1 neste caso, e o ponto 3 está localizado 2 m acima do ponto 1. O diâmetro do sifão é de 5 mm, e as perdas por atrito no sifão devem ser desprezadas. Determine (*a*) o tempo mínimo para retirar 4 L de gasolina do tanque para o galão e (*b*) a pressão no ponto 3. A densidade da gasolina é de 750 kg/m³.

SOLUÇÃO A gasolina deve ser retirada do tanque com um sifão. O tempo mínimo necessário para retirar 4 L de gasolina e a pressão no ponto mais alto do sistema devem ser determinados.

Hipóteses **1** O escoamento é estacionário e incompressível. **2** Embora a equação de Bernoulli não seja válida em todo o tubo, por causa das perdas por atrito, nós empregamos a equação de Bernoulli assim mesmo para obter uma *estimativa do melhor caso*. **3** A variação no nível da superfície de gasolina dentro do tanque é desprezível comparada às elevações z_1 e z_2 durante o período de utilização do sifão.

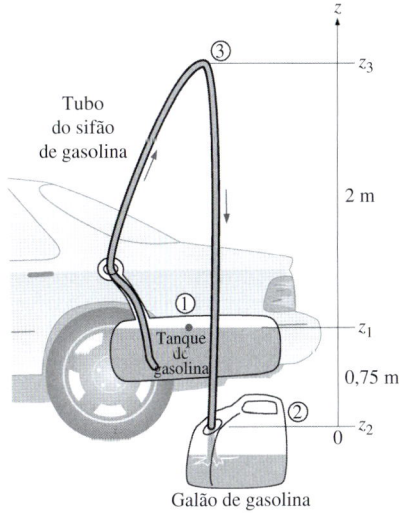

FIGURA 5–41 Esquema do Exemplo 5–7.

(continua)

(continuação)

Propriedades A densidade da gasolina é dada com o 750 kg/m³.

Análise (*a*) Consideramos o ponto 1 como a superfície livre da gasolina do tanque, de modo que $P_1 = P_{atm}$ (aberto para a atmosfera), $V_1 \cong 0$ (o tanque é grande com relação ao diâmetro do tubo) e $z_2 = 0$ (o ponto 2 é tomado como nível de referência). Da mesma forma, $P_2 = P_{atm}$ (descarga de gasolina na atmosfera). Assim, a equação de Bernoulli pode ser simplificada para

$$\cancel{\frac{P_1}{\rho g}} + \cancelto{\approx 0}{\frac{V_1^2}{2g}} + z_1 = \cancel{\frac{P_2}{\rho g}} + \frac{V_2^2}{2g} + \cancelto{0}{z_2} \rightarrow z_1 = \frac{V_2^2}{2g}$$

Isolando V_2 e substituindo

$$V_2 = \sqrt{2gz_1} = \sqrt{2(9{,}81\ m/s^2)(0{,}75\ m)} = 3{,}84\ m/s$$

A área da seção transversal do tubo e a vazão da gasolina são

$$A = \pi D^2/4 = \pi(5 \times 10^{-3}\ m)^2/4 = 1{,}96 \times 10^{-5}\ m^2$$
$$\dot{V} = V_2 A = (3{,}84\ m/s)(1{,}96 \times 10^{-5}\ m^2) = 7{,}53 \times 10^{-5}\ m^3/s = 0{,}0753\ L/s$$

Assim, o tempo necessário para tirar 4 L de gasolina é

$$\Delta t = \frac{V}{\dot{V}} = \frac{4\ L}{0{,}0753\ L/s} = \mathbf{53{,}1\ s}$$

(*b*) A pressão no ponto 3 pode ser determinada escrevendo a equação de Bernoulli ao longo de uma linha de corrente entre os pontos 2 e 3. Observando que $V_2 = V_3$ (pela conservação da massa), $z_2 = 0$, e $P_2 = P_{atm}$,

$$\frac{P_2}{\rho g} + \cancel{\frac{V_2^2}{2g}} + \cancelto{0}{z_2} = \frac{P_3}{\rho g} + \cancel{\frac{V_3^2}{2g}} + z_3 \rightarrow \frac{P_{atm}}{\rho g} = \frac{P_3}{\rho g} + z_3$$

Isolando P_3 e substituindo

$$P_3 = P_{atm} - \rho g z_3$$
$$= 101{,}3\ kPa - (750\ kg/m^3)(9{,}81\ m/s^2)(2{,}75\ m)\left(\frac{1\ N}{1\ kg \cdot m/s^2}\right)\left(\frac{1\ kPa}{1000\ N/m^2}\right)$$
$$= \mathbf{81{,}1\ kPa}$$

Discussão O tempo necessário para retirar a gasolina com um sifão é determinado desprezando-se os efeitos do atrito e, portanto, esse é o *tempo mínimo* necessário. Na verdade, o tempo provavelmente será maior do que 53,1 s por conta do atrito entre a gasolina e a superfície do tubo. Além disso, a pressão no ponto 3 está abaixo da pressão atmosférica. Se a diferença de elevação entre os pontos 1 e 3 for muito alta, a pressão no ponto 3 pode cair abaixo da pressão do vapor da gasolina na temperatura da gasolina, e parte desta pode evaporar (cavitar). Assim, o vapor pode formar um bolsão na parte superior e interromper o escoamento da gasolina.

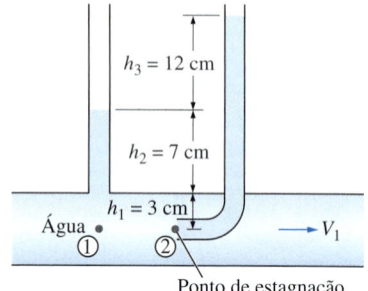

FIGURA 5-42 Esquema do Exemplo 5-8.

EXEMPLO 5-8 Medição da velocidade por um tubo de pitot

Um piezômetro e um tubo de Pitot são colocados em um tubo de água horizontal, como mostra a Fig. 5-42, para medir as pressões estática e de estagnação (estática + dinâmica). Para as alturas de coluna d'água indicadas, determine a velocidade no centro do tubo.

SOLUÇÃO As pressões estática e de estagnação em um tubo horizontal são medidas. A velocidade no centro do tubo deve ser determinada.

Hipóteses **1** O escoamento é estacionário e incompressível. **2** Os pontos 1 e 2 estão suficientemente próximos para que a perda irreversível de energia entre eles seja desprezível e, portanto, podemos usar a equação de Bernoulli.

Análise Tomamos os pontos 1 e 2 ao longo do eixo central do tubo, sendo o ponto 1 diretamente abaixo do piezômetro e o ponto 2 na ponta do tubo de Pitot. Este é um escoamento estacionário com linhas de corrente retas e paralelas, e as pressões de manômetro nos pontos 1 e 2 podem ser expressas como

$$P_1 = \rho g(h_1 + h_2)$$

$$P_2 = \rho g(h_1 + h_2 + h_3)$$

Levando em conta que $z_1 = z_2$, que o ponto 2 é um ponto de estagnação e que, portanto, $V_2 = 0$, a aplicação da equação de Bernoulli entre os pontos 1 e 2 resulta em

$$\frac{P_1}{\rho g} + \frac{V_1^2}{2g} + \cancel{z_1} = \frac{P_2}{\rho g} + \cancel{\frac{V_2^2}{2g}}^0 + \cancel{z_2} \rightarrow \frac{V_1^2}{2g} = \frac{P_2 - P_1}{\rho g}$$

Substituindo as expressões para P_1 e P_2 temos

$$\frac{V_1^2}{2g} = \frac{P_2 - P_1}{\rho g} = \frac{\rho g(h_1 + h_2 + h_3) - \rho g(h_1 + h_2)}{\rho g} = h_3$$

Isolando V_1 e substituindo

$$V_1 = \sqrt{2gh_3} = \sqrt{2(9{,}81 \text{ m/s}^2)(0{,}12 \text{ m})} = \textbf{1{,}53 m/s}$$

Discussão Observe que para determinar a velocidade do escoamento, precisamos apenas medir a altura da coluna de excesso de fluido no tubo de Pitot e compará-lo com a altura do piezômetro.

EXEMPLO 5-9 A elevação do oceano em virtude de um furacão

Um furacão é uma tempestade tropical que se forma acima do oceano devido a baixas pressões atmosféricas. À medida que o furacão se aproxima da terra, vagas descomedidas (marés muito altas) acompanham o furacão. Um furacão de classe 5 apresenta ventos acima de 155 mph, embora a velocidade do vento no centro do "olho" seja muito baixa.

A Figura 5–43 mostra um furacão deslocando-se sobre as vagas do oceano abaixo. A pressão atmosférica a 200 milhas do olho é equivalente a uma coluna com 30,0 polegadas de Hg (no ponto 1, em geral normal para o oceano) e os ventos são calmos. A pressão atmosférica do furacão no olho da tempestade é equivalente a uma coluna com 22,0 polegadas de Hg. Estime a vaga do oceano (*a*) no olho do furacão no ponto 3 e (*b*) no ponto 2, onde a velocidade do vento é de 155 mph. Considere a densidade da água do mar e do mercúrio como, respectivamente, 64 lbm/ft³ e 848 lbm/ft³, e a densidade do ar à temperatura e pressão normal ao nível do mar como 0,076 lbm/ft³.

SOLUÇÃO Um furacão está se movendo sobre o oceano. A altura das vagas no oceano no olho e nas regiões de atividade do furacão devem ser determinadas.

Hipóteses **1** O escoamento de ar dentro do furacão é estacionário, incompressível e irrotacional (de modo que é possível aplicar a equação de Bernoulli). (Certamente essa é uma hipótese bastante questionável para um escoamento altamente turbulento, mas isso é justificado na solução.) **2** O efeito da água sugada no ar é desprezível.

(continua)

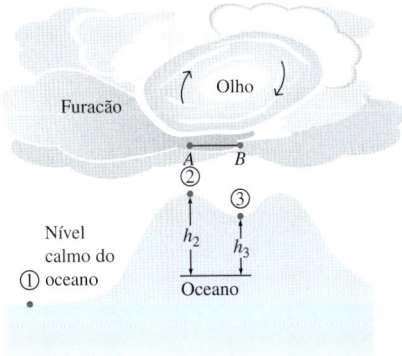

FIGURA 5–43 Esquema do Exemplo 5–9. A escala vertical está bastante exagerada.

FIGURA 5–44 O olho do furacão Linda (1997 no Oceano Pacífico, perto da Baixa Califórnia) é claramente visível nesta foto por satélite.

© Brand X Pictures / PunchStock RF

(continuação)

Propriedades As densidades do ar em condições normais, da água do mar e do mercúrio são dadas por 0,076 lbm/ft^3, 64 lbm/ft^3 e 848 lbm/ft^3, respectivamente.

Análise (*a*) A pressão atmosférica reduzida sobre a água faz a mesma se elevar. Assim, a pressão menor no ponto 2 em relação ao ponto 1 faz a água do oceano se elevar no ponto 2. O mesmo é válido no ponto 3, onde a velocidade do ar da tempestade é desprezível. A diferença de pressão dada em termos da altura de uma coluna de mercúrio pode ser expressa em termos da altura da coluna da água do mar por

$$\Delta P = (\rho g h)_{Hg} = (\rho g h)_{as} \rightarrow h_{as} = \frac{\rho_{Hg}}{\rho_{as}} h_{Hg}$$

Então, a diferença de pressão entre os pontos 1 e 3 em termos da altura da coluna de água do mar torna-se:

$$h_3 = \frac{\rho_{Hg}}{\rho_{as}} h_{Hg} = \left(\frac{848 \text{ lbm/ft}^3}{64,0 \text{ lbm/ft}^3}\right)[(30 - 22) \text{ in Hg}]\left(\frac{1 \text{ ft}}{12 \text{ in}}\right) = \mathbf{8{,}83 \text{ ft}}$$

o que é equivalente ao aumento do nível do mar devido à *tempestade* no *olho do furacão* (Fig. 5–44), uma vez que a velocidade do vento nesse ponto é desprezível e não há efeitos dinâmicos.

(*b*) Para determinamos a elevação adicional da água do oceano no ponto 2 devido aos fortes ventos da região, escrevemos a equação de Bernoulli entre os pontos *A* e *B*, que estão acima dos pontos 2 e 3, respectivamente. Observando que $V_B \cong 0$ (a região do olho do furacão é relativamente calma) e que $z_A = z_B$ (os dois pontos estão na mesma linha horizontal), a equação de Bernoulli pode ser simplificada como

$$\frac{P_A}{\rho g} + \frac{V_A^2}{2g} + \cancel{z_A} = \frac{P_B}{\rho g} + \cancel{\frac{V_B^2}{2g}}^0 + \cancel{z_B} \quad \rightarrow \quad \frac{P_B - P_A}{\rho g} = \frac{V_A^2}{2g}$$

Substituindo:

$$\frac{P_B - P_A}{\rho g} = \frac{V_A^2}{2g} = \frac{(155 \text{ mph})^2}{2(32{,}2 \text{ ft/s}^2)}\left(\frac{1{,}4667 \text{ ft/s}}{1 \text{ mph}}\right)^2 = 803 \text{ ft}$$

onde ρ é a densidade do ar no furacão. Observando que a densidade de um gás ideal a uma temperatura constante é proporcional à pressão absoluta, e que a densidade do ar à pressão atmosférica normal de 14,7 psia $\cong$ 30 polegadas de Hg é de 0,076 lbm/ft^3, a densidade do ar no furacão é:

$$\rho_{ar} = \frac{P_{ar}}{P_{atm\,ar}} \rho_{atm\,ar} = \left(\frac{22 \text{ in Hg}}{30 \text{ in Hg}}\right)(0{,}076 \text{ lbm/ft}^3) = 0{,}056 \text{ lbm/ft}^3$$

Usando a relação desenvolvida na parte (*a*), a altura da coluna de água do mar equivalente aos 803 pés de altura da coluna de ar é determinada como:

$$h_{\text{dinâmica}} = \frac{\rho_{ar}}{\rho_{as}} h_{ar} = \left(\frac{0{,}056 \text{ lbm/ft}^3}{64 \text{ lbm/ft}^3}\right)(803 \text{ ft}) = 0{,}70 \text{ ft}$$

Portanto, a pressão de coluna de água do mar no ponto 2 é 0,70 ft mais baixa do que a pressão no ponto 3 em virtude das altas velocidades dos ventos, fazendo o oceano subir 0,70 ft. Assim, a elevação do nível do mar devido a tempestade no ponto 2 torna-se:

$$h_2 = h_3 + h_{\text{dinâmica}} = 8{,}83 + 0{,}70 = \mathbf{9{,}53 \text{ ft}}$$

Discussão Este problema envolve um escoamento altamente turbulento e uma quebra intensa das linhas de corrente e, portanto, a aplicabilidade da equação de Bernoulli na parte (*b*) é questionável. Além disso, o escoamento no olho da tempestade não é irrotacional, e a constante da equação de Bernoulli varia nas linhas de corrente (consulte o Capítulo 10). A análise de Bernoulli pode ser vista como o caso-limite ideal, e mostra que a elevação do nível do mar em virtude dos ventos de alta velocidade não pode ser maior do que 0,70 ft.

A potência do vento dos furacões não é a única razão dos danos causados às áreas costeiras. Inundações pelo oceâno e a erosão causadas pelas excessivas marés são igualmente sérias, assim como as altas ondas geradas pela turbulência e energia da tempestade.

EXEMPLO 5–10 Equação de Bernoulli para escoamento compressível

Derive a equação de Bernoulli quando os efeitos da compressibilidade não são desprezíveis para um gás ideal que passa por (a) um processo isotérmico e (b) um processo isoentrópico.

SOLUÇÃO A equação de Bernoulli para escoamento compressível deve ser obtida para um gás ideal em processos isotérmicos e isoentrópicos.

Hipóteses 1 O escoamento é estacionário e os efeitos do atrito são desprezíveis. 2 O fluido é um gás ideal, de modo que a relação $P = \rho RT$ se aplica. 3 Os calores específicos são constantes, de modo que P/ρ^k = constante durante um processo isoentrópico.

Análise (a) Quando os efeitos da compressibilidade são significativos e o escoamento não pode ser considerado incompressível, a equação de Bernoulli é dada pela Equação 5–40 como

$$\int \frac{dP}{\rho} + \frac{V^2}{2} + gz = \text{constante (ao longo de uma linha de corrente)} \quad (1)$$

Os efeitos da compressibilidade podem ser adequadamente considerados expressando ρ em termos da pressão e, em seguida, fazendo a integração $\int dP/\rho$ na Equação 1. Porém, isso exige uma relação entre P e ρ para o processo. Para a expansão ou compressão *isotérmica* de um gás ideal, a integral da Equação 1 pode ser feita facilmente observando que T = constante e substituindo $\rho = P/RT$. Isso resulta em

$$\int \frac{dP}{\rho} = \int \frac{dP}{P/RT} = RT \ln P$$

Substituindo na Equação 1, temos a relação desejada

Processo isotérmico: $\quad RT \ln P + \dfrac{V^2}{2} + gz = \text{constante} \quad (2)$

(b) Um caso mais prático de escoamento compressível é o *escoamento isoentrópico dos gases ideais* através de equipamentos que envolvem escoamento de fluido em alta velocidade como bocais, difusores e as passagens entre as pás de turbinas (Fig. 5–45). O escoamento isoentrópico (ou seja, reversível e adiabático) é aproximado por esses dispositivos com relativa precisão, e é caracterizado pela relação $P/\rho^k = C$ = constante, onde k é a taxa de calor específico do gás. Isolando ρ em $P/\rho^k = C$, temos $\rho = C^{-1/k} P^{1/k}$. Fazendo a integração

$$\int \frac{dP}{\rho} = \int C^{1/k} P^{-1/k} dP = C^{1/k} \frac{P^{-1/k+1}}{-1/k+1} = \frac{P^{1/k}}{\rho} \frac{P^{-1/k+1}}{-1/k+1} = \left(\frac{k}{k-1}\right)\frac{P}{\rho} \quad (3)$$

Substituindo, a equação de Bernoulli para um escoamento estacionário, isoentrópico e compressível de um gás ideal torna-se

Escoamento isoentrópico: $\quad \left(\dfrac{k}{k-1}\right)\dfrac{P}{\rho} + \dfrac{V^2}{2} + gz = \text{constante} \quad (4a)$

(continua)

FIGURA 5–45 O escoamento compressível de um gás através de pás de turbinas é frequentemente modelado como isentrópico, e a forma compressível da equação de Bernoulli é uma aproximação razoável.

Royalty-Free/CORBIS

(continuação)

ou

$$\left(\frac{k}{k-1}\right)\frac{P_1}{\rho_1} + \frac{V_1^2}{2} + gz_1 = \left(\frac{k}{k-1}\right)\frac{P_2}{\rho_2} + \frac{V_2^2}{2} + gz_2 \quad \text{(4b)}$$

Uma situação prática comum envolve a aceleração de um gás a partir do repouso (condições de estagnação no estado 1) com variação desprezível de elevação. Nesse caso temos $z_1 = z_2$ e $V_1 = 0$. Observando que $\rho = P/RT$ para gases ideais, que P/ρ^k = constante para um escoamento isoentrópico e que o número de Mach é definido como Ma = V/c, onde $c = \sqrt{kRT}$ é a velocidade local do som para os gases ideais, a Equação 4b é simplificada para

$$\frac{P_1}{P_2} = \left[1 + \left(\frac{k-1}{2}\right)\text{Ma}_2^2\right]^{k/(k-1)} \quad \text{(4c)}$$

onde o estado 1 é o estado de estagnação e o estado 2 é qualquer estado ao longo do escoamento.

Discussão É possível mostrar que os resultados obtidos com as equações compressível e incompressível se desviam não mais do que 2% quando o número de Mach é menor do que 0,3. Portanto, o escoamento de um gás ideal pode ser considerado incompressível quando Ma $\lesssim$ 0,3. Para o ar atmosférico em condições normais, isso corresponde a uma velocidade de escoamento de aproximadamente 100 m/s ou 360 km/h, o que abrange nosso intervalo de interesse.

5–5 EQUAÇÃO GERAL DA ENERGIA

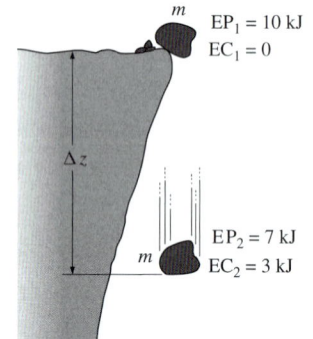

FIGURA 5–46 A energia não pode ser criada nem destruída durante um processo, ela só pode mudar de forma.

Uma das leis mais fundamentais da natureza é a **Primeira Lei da Termodinâmica**, também conhecida como **princípio da conservação de energia**, que oferece uma base sólida para o estudo das relações entre as diversas formas de energia e das interações de energia. Ela afirma que *a energia não pode ser criada nem destruída durante um processo; ela só pode mudar de forma.* Assim, todas as partes da energia devem ser levadas em conta durante um processo.

Uma pedra que cai de um penhasco, por exemplo, adquire velocidade como resultado da conversão de sua energia potencial em energia cinética (Fig. 5–46). Dados experimentais mostram que a diminuição da energia potencial é igual ao aumento da energia cinética quando a resistência do ar é desprezível, confirmando assim o princípio da conservação de energia. Esse princípio também constitui a base da indústria da dieta: uma pessoa com entrada de energia maior (alimento) do que saída de energia (exercício) ganhará peso (armazenará energia na forma de gordura), e uma pessoa com menor entrada de energia do que saída perderá peso. A variação do conteúdo de energia de um sistema é igual à diferença entre a entrada e a saída de energia, e o princípio da conservação da energia de qualquer sistema pode ser expresso simplesmente como $E_e - E_s = \Delta E$.

A transferência de qualquer quantidade (como massa, momento e energia) é reconhecida *na fronteira* à medida que a quantidade *cruza a fronteira*. Uma quantidade *entra* em um sistema se cruzar a fronteira de fora para dentro, e *sai* do sistema ao se mover na direção oposta. Uma quantidade que se move de um local para outro dentro de um sistema não é considerada uma quantidade transferida em uma análise, uma vez que não entra nem sai do sistema. Assim, é importante especificar o sistema e, portanto, identificar claramente suas fronteiras antes de executar uma análise de engenharia.

O conteúdo de energia de uma quantidade fixa de massa (um sistema fechado) pode ser mudado por dois mecanismos: a *transferência de calor Q* e a *trans-*

ferência de trabalho W. Assim, a conservação da energia para uma quantidade fixa de massa pode ser expressa na forma de taxa como (Fig. 5–47)

$$\dot{Q}_{\text{tot e}} + \dot{W}_{\text{tot e}} = \frac{dE_{\text{sis}}}{dt} \quad \text{ou} \quad \dot{Q}_{\text{tot e}} + \dot{W}_{\text{tot e}} = \frac{d}{dt} \int_{\text{sis}} \rho e \, dV \quad \text{(5–49)}$$

onde o ponto sobre as variáveis representa uma derivada em relação ao tempo, e $\dot{Q}_{\text{tot e}} = \dot{Q}_e - \dot{Q}_s$ é a taxa líquida de transferência de calor para o sistema (negativa, se for do sistema), $\dot{W}_{\text{tot e}} = \dot{W}_e - \dot{W}_s$ é a entrada líquida de potência no sistema em todas as formas (negativa, se for saída de potência) e dE_{sis}/dt é a taxa de variação do conteúdo total de energia do sistema. Para sistemas compressíveis simples, a energia total consiste das energias interna, cinética e potencial, e é expressa por unidade de massa como (consulte o Capítulo 2):

$$e = u + \text{ec} + \text{ep} = u + \frac{V^2}{2} + gz \quad \text{(5–50)}$$

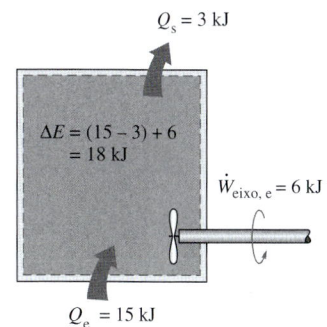

FIGURA 5–47 A variação da energia de um sistema durante um processo é igual ao trabalho e à transferência de calor *líquidos* entre o sistema e sua vizinhança.

Observe que a energia total é uma propriedade, e que seu valor não varia, a menos que o estado do sistema mude.

Transferência de energia por calor, *Q*

Na vida diária, quase sempre nos referimos às formas sensível e latente de energia interna como *calor* e falamos sobre o conteúdo de calor dos corpos. Cientificamente, o nome mais correto para essas formas de energia é *energia térmica*. Em substâncias de fase única, uma variação na energia térmica de uma massa resulta em uma variação de temperatura e, portanto, a temperatura é um bom representante da energia térmica. A energia térmica tende a se mover naturalmente na direção da diminuição da temperatura, e a transferência de energia térmica de um sistema para outro como resultado de uma diferença de temperatura é chamada de **transferência de calor**. Portanto, uma interação de energia é uma transferência de calor apenas se ocorrer por causa de uma diferença de temperatura. O aquecimento de uma bebida em lata em uma sala mais quente, por exemplo, se deve à transferência de calor (Fig. 5–48). A taxa de variação da transferência de calor no tempo é chamada de **taxa de transferência de calor** e é indicada por $\dot{Q}$.

A direção da transferência de calor é sempre do corpo de temperatura mais alta para aquele de temperatura mais baixa. Uma vez estabelecida a igualdade de temperatura, a transferência de calor para. Não ocorre transferência de calor entre dois sistemas (ou entre um sistema e sua vizinhança) que estejam a mesma temperatura.

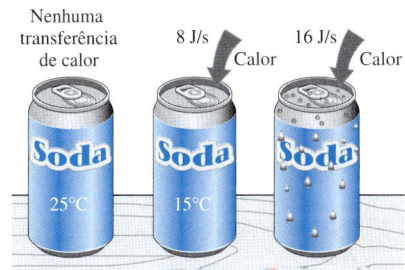

FIGURA 5–48 A diferença de temperatura é a força motriz da transferência de calor. Quanto maior a diferença de temperatura, mais alta a taxa de transferência de calor.

Um processo durante o qual não há transferência de calor é chamado de **processo adiabático**. Existem duas maneiras um processo de ser adiabático: ou o sistema está bem isolado para que apenas uma quantidade desprezível de calor passe através de sua fronteira, ou o sistema e a vizinhança estão à mesma temperatura e, portanto, não há força motriz (diferença de temperatura) para a transferência de calor. Um processo adiabático não deve ser confundido com um processo isotérmico. Embora não haja transferência de calor durante um processo adiabático, o conteúdo de energia e, portanto, a temperatura de um sistema ainda podem variar por outros meios – como a transferência de trabalho.

Transferência de energia por trabalho, *W*

Uma interação de energia é **trabalho** se estiver associada a uma força agindo por uma certa distância. Um pistão que sobe, um eixo giratório e um fio elétrico

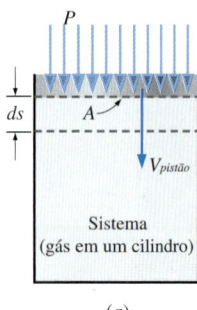

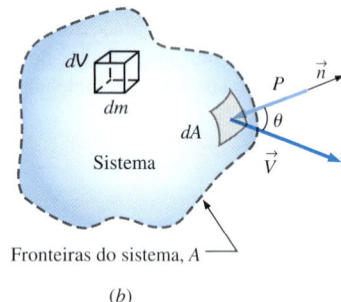

FIGURA 5–49 A força da pressão que age sobre (*a*) a fronteira móvel de um sistema em um cilindro com pistão, e (*b*) o diferencial de área da superfície de um sistema com forma arbitrária.

que cruza a fronteira de um sistema estão todos associados com interações de trabalho. A taxa da realização de trabalho com o tempo é chamada de **potência** e é representada por $\dot{W}$. Motores de automóveis e turbinas hidráulicas a vapor e a gás produzem trabalho ($\dot{W}_{eixo,\,e} < 0$); compressores, bombas, ventiladores e misturadores consomem trabalho ($\dot{W}_{eixo,\,e} > 0$).

Dispositivos que consomem trabalho transferem energia para o fluido e, portanto, aumentam a energia do fluido. Um ventilador em uma sala, por exemplo, mobiliza o ar e aumenta sua energia cinética. A energia elétrica que um ventilador consome é convertida primeiro em energia mecânica pelo seu motor, que força o eixo das lâminas a girar. A energia mecânica é então transferida para o ar, como fica evidente pelo aumento da velocidade do ar. Essa transferência de energia para o ar nada tem a ver com diferença de temperatura e, portanto, não é uma transferência de calor. Portanto, deve ser trabalho. O ar descarregado pelo ventilador eventualmente pára e perde sua energia mecânica como resultado do atrito entre as partículas do ar com diferentes velocidades. Mas essa não é uma "perda" no sentido real da palavra; é apenas a conversão de energia mecânica em uma quantidade equivalente de energia térmica (que é de valor limitado, justificando o termo *perda*) de acordo com o princípio da conservação de energia. Se um ventilador funcionar por um longo período em uma sala vedada, podemos sentir o acúmulo dessa energia térmica por uma elevação da temperatura do ar.

Um sistema pode envolver inúmeras formas de trabalho, e o trabalho total pode ser expresso como:

$$W_{total} = W_{eixo} + W_{pressão} + W_{viscosidade} + W_{outro} \qquad (5\text{–}51)$$

onde W_{eixo} é o trabalho transmitido por um eixo giratório, $W_{pressão}$ é o trabalho realizado pelas forças de pressão sobre a superfície de controle, $W_{viscosidade}$ é o trabalho realizado pelos componentes normais e de cisalhamento das forças viscosas na superfície de controle e W_{outro} é o trabalho realizado por outras forças, como elétrica, magnética e de tensão superficial, as quais são insignificantes nos sistemas compressíveis simples e não são consideradas neste texto. Também não consideramos $W_{viscosidade}$, pois paredes moveis (como as pás de um ventilador ou corredores de turbinas) estão geralmente no *interior* do volume de controle e não fazem parte da superfície de controle. Mas é preciso lembrar que o trabalho realizado pelas forças de cisalhamento à medida que as lâminas interagem com o fluido precisa ser considerado em uma análise refinada de turbomáquinas.

Trabalho de eixo

Muitos sistemas de escoamento envolvem máquinas como uma bomba, uma turbina, um ventilador ou um compressor, cujo eixo atravessa a superfície de controle. A transferência de trabalho associada a todos esses dispositivos é chamada apenas de *trabalho de eixo* W_{eixo}. A potência transmitida por meio de um eixo giratório é proporcional ao torque do eixo T_{eixo} e é expressa por:

$$\dot{W}_{eixo} = \omega T_{eixo} = 2\pi \dot{n} T_{eixo} \qquad (5\text{–}52)$$

onde ω é a velocidade angular do eixo em rad/s e $\dot{n}$ é definido como o número de revoluções do eixo por unidade de tempo, quase sempre expresso em rev/min ou rpm.

Trabalho realizado por forças de pressão

Considere um gás sendo comprimido em um cilindro por um pistão, como mostrado na Fig. 5–49*a*. Quando o pistão se move uma distância diferencial *ds* para baixo sob influência da força de pressão PA, onde A é a área da seção transversal do pistão, o trabalho de fronteira realizado *no* sistema é $\delta W_{\text{fronteira}} = PA\, ds$. Dividindo ambos os lados dessa relação pelo intervalo diferencial de tempo dt temos a taxa de variação no tempo do trabalho de fronteira (ou seja, *potência*).

$$\delta \dot{W}_{\text{pressão}} = \delta \dot{W}_{\text{fronteira}} = PAV_{\text{pistão}}$$

onde $V_{\text{pistão}} = ds/dt$ é a velocidade do pistão, que é a velocidade da fronteira móvel na face do pistão.

Agora, considere uma quantidade material de fluido (um sistema) com forma arbitrária, que se move com o escoamento e pode se deformar sob a influência da pressão, como mostra a Fig. 5–49b. A pressão sempre atua para dentro e é normal à superfície, e a força da pressão agindo sobre a área diferencial dA é $P\, dA$. Novamente observando que trabalho é força vezes distância e que a distância percorrida por unidade de tempo é a velocidade, a taxa de variação no tempo do trabalho realizado pelas forças de pressão sobre essa parte diferencial do sistema é

$$\delta \dot{W}_{\text{pressão}} = -P\, dA\, V_n = -P\, dA(\vec{V}\cdot\vec{n}) \quad (5\text{–}53)$$

já que a componente normal da velocidade através da área diferencial dA é $V_n = V\cos\theta = \vec{V}\cdot\vec{n}$. Observe que $\vec{n}$ é a normal exterior de dA e, portanto, a quantidade $\vec{V}\cdot\vec{n}$ é positiva para a expansão e negativa para a compressão. O sinal negativo na Equação 5–53 garante que o trabalho realizado pelas forças de pressão é positivo quando é realizado *no* sistema, e negativo quando realizado *pelo* sistema, o que está de acordo com nossa convenção de sinais. A taxa líquida de trabalho realizado pelas forças de pressão é obtida pela integração de $\delta \dot{W}_{\text{pressão}}$ ao longo de toda a superfície A

$$\dot{W}_{\text{pressão, líquida e}} = -\int_A P(\vec{V}\cdot\vec{n})\, dA = -\int_A \frac{P}{\rho}\rho(\vec{V}\cdot\vec{n})\, dA \quad (5\text{–}54)$$

Sob essa perspectiva, a transferência de potência líquida pode ser expressa como

$$\dot{W}_{\text{líquida e}} = \dot{W}_{\text{eixo, líquida e}} + \dot{W}_{\text{pressão, líquida e}} = \dot{W}_{\text{eixo, líquida e}} - \int_A P(\vec{V}\cdot\vec{n})\, dA \quad (5\text{–}55)$$

Então, a forma da relação de conservação de energia em termos da taxa de variação no tempo de um sistema fechado torna-se

$$\dot{Q}_{\text{líquida e}} + \dot{W}_{\text{eixo, líquida e}} + \dot{W}_{\text{pressão, líquida e}} = \frac{dE_{\text{sis}}}{dt} \quad (5\text{–}56)$$

Para obter uma relação para a conservação da energia de um *volume de controle*, aplicamos o teorema de transporte de Reynolds, substituindo B pela energia total E, e b pela energia total por unidade de massa e, que é $e = u + \text{ec} + \text{pe} = u + V^2/2 + gz$ (Fig. 5–50). O resultado é

$$\frac{dE_{\text{sis}}}{dt} = \frac{d}{dt}\int_{\text{VC}} e\rho\, dV + \int_{\text{SC}} e\rho(\vec{V}_r\cdot\vec{n})\, A \quad (5\text{–}57)$$

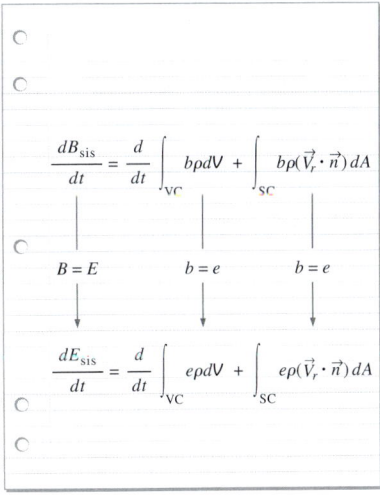

FIGURA 5–50 A equação da conservação de energia é obtida pela substituição de B pela energia E e de b por e no teorema de transporte de Reynolds.

Substituindo o lado esquerdo da Equação 5–56 na Equação 5–57, a forma geral da equação de energia que se aplica a volumes de controle fixos, móveis ou deformáveis se torna:

$$\dot{Q}_{\text{líquida e}} + \dot{W}_{\text{eixo, líquida e}} + \dot{W}_{\text{pressão, líquida e}} = \frac{d}{dt}\int_{\text{VC}} e\rho\, dV + \int_{\text{SC}} e\rho(\vec{V}_r\cdot\vec{n})\, dA \quad (5\text{–}58)$$

que pode ser enunciado como:

$$\begin{pmatrix} \text{A taxa líquida de} \\ \text{transferência de} \\ \text{energia para um VC} \\ \text{por transferência de} \\ \text{calor e trabalho} \end{pmatrix} = \begin{pmatrix} \text{A taxa de variação no} \\ \text{tempo do conteúdo de} \\ \text{energia no VC} \end{pmatrix} + \begin{pmatrix} \text{A taxa de escoamento} \\ \text{líquida da energia para} \\ \text{fora da superfície de} \\ \text{controle por escoamento} \\ \text{de massa} \end{pmatrix}$$

Aqui $\vec{V}_r = \vec{V} - \vec{V}_{SC}$ é a velocidade do fluido com relação à superfície de controle, e o produto $\rho(\vec{V}_r \cdot \vec{n}) dA$ representa a vazão de massa através do elemento de área dA para dentro ou para fora do volume de controle. Novamente, observando que $\vec{n}$ é a normal externa de dA, a quantidade $\vec{V}_r \cdot \vec{n}$ e, portanto, o escoamento de massa são positivos para a saída de escoamento e negativos para a entrada de escoamento.

Substituindo a integral de superfície pela taxa de variação do trabalho de pressão da Equação 5–54 na Equação 5–58, e combinando-a com a integral de superfície no lado direito temos

$$\dot{Q}_{\text{líquido e}} + \dot{W}_{\text{eixo, líquido e}} = \frac{d}{dt} \int_{VC} e\rho \, dV + \int_{SC} \left(\frac{P}{\rho} + e\right) \rho (\vec{V}_r \cdot \vec{n}) dA \quad (5\text{–}59)$$

Essa é uma forma muito conveniente de equação da energia, uma vez que o trabalho de pressão agora é combinado com a energia do fluido que atravessa a superfície de controle e não temos mais que lidar com o trabalho de pressão.

O termo $P/\rho = Pv = w_{\text{esc}}$ é o **trabalho de escoamento**, o trabalho por unidade de massa necessário para empurrar um fluido para fora ou para dentro de um volume de controle. Observe que a velocidade do fluido em uma superfície sólida é igual à velocidade dessa superfície devido à condição de não escorregamento, e é zero para as superfícies imóveis. Como resultado, o trabalho de pressão ao longo de partes da superfície de controle que coincidem com as superfícies sólidas imóveis é zero. Assim, o trabalho de pressão para volumes de controle fixos pode existir apenas ao longo da parte imaginária da superfície de controle, onde o fluido entra e sai do volume de controle, ou seja, nas entradas e saídas.

Para um volume de controle fixo (sem movimento ou deformação do volume de controle) $\vec{V}_r = \vec{V}$ e a equação de energia (Equação 5–59) torna-se

$$\textit{VC fixo:} \quad \dot{Q}_{\text{líquido e}} + \dot{W}_{\text{eixo, líquido e}} = \frac{d}{dt} \int_{VC} e\rho \, dV + \int_{SC} \left(\frac{P}{\rho} + e\right) \rho (\vec{V} \cdot \vec{n}) dA \quad (5\text{–}60)$$

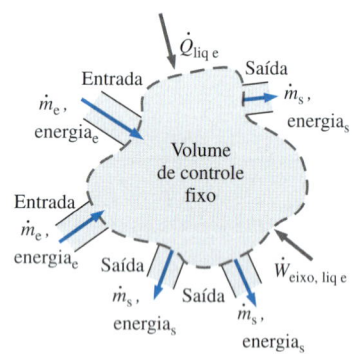

FIGURA 5–51 Em um típico problema de engenharia, o volume de controle pode conter muitas entradas e saídas; a energia escoa para dentro em cada entrada e escoa para fora em cada saída. A energia também entra no volume de controle através da transferência líquida de calor e do trabalho líquido de eixo.

Essa equação não é uma forma conveniente de resolver problemas práticos de engenharia, por causa das integrais e, portanto, é desejável que seja reescrita em termos das velocidades médias e das taxas do escoamento de massa através das entradas e saídas. Se $P/\rho + e$ é quase uniforme através de uma entrada ou saída, podemos simplesmente tirá-la da integral. Observando que $\dot{m} = \int_{A_c} \rho(\vec{V} \cdot \vec{n}) dA_c$ é a vazão de massa na seção transversal na entrada ou saída, a vazão de energia para dentro ou para fora através da entrada ou saída pode ser aproximada por $\dot{m}(P/\rho + e)$. Então, a equação da energia torna-se (Fig. 5–51)

$$\dot{Q}_{\text{líquido e}} + \dot{W}_{\text{eixo, líquido e}} = \frac{d}{dt} \int_{VC} e\rho \, dV + \sum_s \dot{m} \left(\frac{P}{\rho} + e\right) - \sum_e \dot{m} \left(\frac{P}{\rho} + e\right) \quad (5\text{–}61)$$

onde $e = u + V^2/2 + gz$ (Equação 5–50) é a energia total por unidade de massa para o volume de controle e as correntes de escoamento. Assim

$$\dot{Q}_{\text{líquido e}} + \dot{W}_{\text{eixo, líquido e}} = \frac{d}{dt} \int_{VC} e\rho \, dV + \sum_s \dot{m} \left(\frac{P}{\rho} + u + \frac{V^2}{2} + gz\right) - \sum_e \dot{m} \left(\frac{P}{\rho} + u + \frac{V^2}{2} + gz\right)$$

$$(5\text{–}62)$$

ou

$$\dot{Q}_{\text{liq e}} + \dot{W}_{\text{eixo, liq e}} = \frac{d}{dt}\int_{\text{VC}} e\rho\, dV + \sum_s \dot{m}\left(h + \frac{V^2}{2} + gz\right) - \sum_e \dot{m}\left(h + \frac{V^2}{2} + gz\right) \quad (5\text{-}63)$$

onde usamos a definição da entalpia $h = u + Pv = u + P/\rho$. As duas últimas equações são expressões bastante gerais de conservação da energia, mas seu uso ainda é limitado a volumes de controle fixos, escoamentos uniformes nas entradas e saídas, e trabalho devido a forças viscosas e outros efeitos desprezíveis. O subscrito "liq e" significa "entrada líquida" e, portanto, qualquer transferência de calor ou trabalho é positiva se for *para* o sistema e negativa se for *do* sistema.

5–6 ANÁLISE DE ENERGIA DE ESCOAMENTOS ESTACIONÁRIO

Para os escoamentos estacionários, a taxa de variação no tempo do conteúdo de energia do volume de controle é zero e a Equação 5–63 pode ser simplificada como

$$\dot{Q}_{\text{liq e}} + \dot{W}_{\text{eixo, liq e}} = \sum_s \dot{m}\left(h + \frac{V^2}{2} + gz\right) - \sum_e \dot{m}\left(h + \frac{V^2}{2} + gz\right) \quad (5\text{-}64)$$

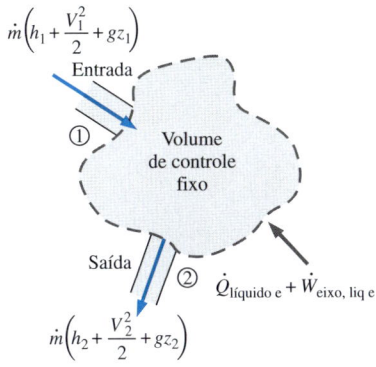

FIGURA 5–52 Um volume de controle com apenas uma entrada e uma saída e interações de energia.

Ela informa que *a taxa líquida de transferência de energia para um volume de controle por transferência de calor e trabalho durante um escoamento estacionário é igual à diferença entre os fluxos de entrada e saída de energia pelo escoamento de massa*.

Muitos problemas práticos envolvem apenas uma entrada e uma saída (Fig. 5–52). A vazão de massa desses **dispositivos de corrente única** é a mesma na entrada e na saida e a Equação 5–64 se reduz a

$$\dot{Q}_{\text{liq e}} + \dot{W}_{\text{eixo, liq e}} = \dot{m}\left(h_2 - h_1 + \frac{V_2^2 - V_1^2}{2} + g(z_2 - z_1)\right) \quad (5\text{-}65)$$

onde os subscritos 1 e 2 significam entrada e saída, respectivamente. A equação da energia para um escoamento estacionário por unidade de massa é obtida pela divisão da Equação 5–65 pela vazão de massa $\dot{m}$,

$$q_{\text{liq e}} + w_{\text{eixo, liq e}} = h_2 - h_1 + \frac{V_2^2 - V_1^2}{2} + g(z_2 - z_1) \quad (5\text{-}66)$$

onde $q_{\text{tot e}} = \dot{Q}_{\text{tot e}}/\dot{m}$ é a transferência líquida de calor para o fluido por unidade de massa e $w_{\text{eixo, tot e}} = \dot{W}_{\text{eixo, tot e}}/\dot{m}$ é a entrada líquida de trabalho do eixo para o fluido por unidade de massa. Usando a definição da entalpia $h = u + P/\rho$ e reorganizando, a equação da energia para escoamentos estacionários também pode ser expressa como

$$w_{\text{eixo, liq e}} = + \frac{P_1}{\rho_1} + \frac{V_1^2}{2} + gz_1 = \frac{P_2}{\rho_2} + \frac{V_2^2}{2} + gz_2 + (u_2 - u_1 - q_{\text{liq e}}) \quad (5\text{-}67)$$

onde u é a *energia interna*, P/ρ é a *energia de escoamento*, $V^2/2$ é a *energia cinética* e gz é a *energia potencial* do fluido, todas por unidade de massa. Essas relações são válidas para os escoamentos compressível e incompressível.

O lado esquerdo da Equação 5–67 representa a entrada de energia mecânica, enquanto que os três primeiros termos do lado direito representam a saída dessa energia. Se o escoamento for ideal sem nenhuma irreversibilidade, como o atrito, a energia mecânica total deve ser conservada, e o termo entre parênteses ($u_2 - u_1 - q_{\text{liq e}}$) deve ser igual a zero. Ou seja,

Escoamento ideal (nenhuma perda de energia mecânica): $\quad q_{\text{liq e}} = u_2 - u_1 \quad$ (5-68)

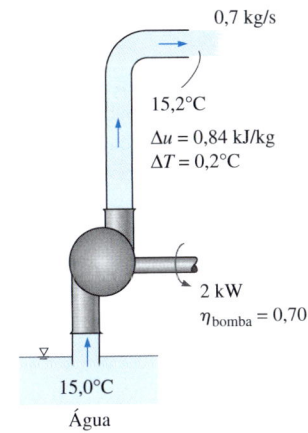

FIGURA 5–53 A energia mecânica perdida por um sistema com escoamento de fluido resulta em um aumento da energia interna do fluido e, portanto, na elevação da sua temperatura.

Qualquer aumento de $u_2 - u_1$ acima de $q_{\text{liq e}}$ se deve à conversão irreversível de energia mecânica em energia térmica e, portanto, $u_2 - u_1 - q_{\text{liq e}}$ representa a perda de energia mecânica (Fig. 5–53). Ou seja,

Escoamento real (com perda de energia mecânica): $\quad e_{\text{mec, perda}} = u_2 - u_1 - q_{\text{liq e}}$ **(5–69)**

Para fluidos de fase única (um gás ou um líquido), temos $u_2 - u_1 = c_v(T_2 - T_1)$ onde c_v é o calor específico a volume constante.

A equação da energia para um escoamento estacionário por unidade de massa pode ser escrita como um balanço da **energia mecânica**:

$$e_{\text{mec, e}} = e_{\text{mec, s}} + e_{\text{mec, perda}} \qquad (5\text{--}70)$$

Ou

$$w_{\text{eixo, liq e}} + \frac{P_1}{\rho_1} + \frac{V_1^2}{2} + gz_1 = \frac{P_2}{\rho_2} + \frac{V_2^2}{2} + gz_2 + e_{\text{mec, perda}} \qquad (5\text{--}71)$$

Observando que $w_{\text{eixo, liq e}} = w_{\text{bomba}} - w_{\text{turbina}}$, o balanço da energia mecânica pode ser escrito de forma mais explícita como:

$$\frac{P_1}{\rho_1} + \frac{V_1^2}{2} + gz_1 + w_{\text{bomba}} = \frac{P_2}{\rho_2} + \frac{V_2^2}{2} + gz_2 + w_{\text{turbina}} + e_{\text{mec, perda}} \qquad (5\text{--}72)$$

onde w_{bomba} é a entrada de trabalho mecânico (devido à presença de uma bomba, ventilador, compressor, etc.) e w_{turbina} é a saída de trabalho mecânico. Quando o escoamento é incompressível, tanto a pressão absoluta quanto a manométrica podem ser usadas para P uma vez que P_{atm}/ρ apareceria em ambos os lados e seria cancelada.

Multiplicando a Equação 5–72 pela vazão de massa $\dot{m}$ temos:

$$\dot{m}\left(\frac{P_1}{\rho_1} + \frac{V_1^2}{2} + gz_1\right) + \dot{W}_{\text{bomba}} = \dot{m}\left(\frac{P_2}{\rho_2} + \frac{V_2^2}{2} + gz_2\right) + \dot{W}_{\text{turbina}} + \dot{E}_{\text{mec, perda}} \qquad (5\text{--}73)$$

onde $\dot{W}_{\text{bomba}}$ é a entrada de potência de eixo através do eixo da bomba, $\dot{W}_{\text{turbina}}$ é a saída de potência de eixo através do eixo da turbina e $\dot{E}_{\text{mec, perda}}$ é a perda *total* de potência mecânica, que consiste nas perdas da bomba e da turbina, bem como nas perdas por atrito na rede de tubulação. Ou seja,

$$\dot{E}_{\text{mec, perda}} = \dot{E}_{\text{mec perda, bomba}} + \dot{E}_{\text{mec perda, turbina}} + \dot{E}_{\text{mec perda, tubulação}}$$

FIGURA 5–54 Uma usina típica tem numerosos tubos, cotovelos, válvulas, bombas e turbinas, todas com perdas irreversíveis.

© Brand X Pictures PunchStock RF

Por convenção, as perdas irreversíveis de bomba e turbina são tratadas separadamente das perdas irreversíveis devido a outros componentes do sistema de tubulação (Fig. 5-54). Assim, a equação da energia pode ser expressa em sua forma mais comum em termos de *cargas* ao dividir cada termo na Eq. 5-73 por $\dot{m}g$. O resultado é:

$$\frac{P_1}{\rho_1 g} + \frac{V_1^2}{2g} + z_1 + h_{\text{bomba}} = \frac{P_2}{\rho_2 g} + \frac{V_2^2}{2g} + z_2 + h_{\text{turbina, e}} + h_L \qquad (5\text{--}74)$$

onde

- $h_{\text{bomba, }u} = \dfrac{w_{\text{bomba, }u}}{g} = \dfrac{\dot{W}_{\text{bomba, }u}}{\dot{m}g} = \dfrac{\eta_{\text{bomba}} \dot{W}_{\text{bomba}}}{\dot{m}g}$ é a *carga útil fornecida ao fluido pela bomba.* Devido às perdas irreversíveis na bomba, $h_{\text{bomba,}u}$ é menor do que $\dot{W}_{\text{bomba}}/\dot{m}g$ pelo fator η_{bomba}.

- De forma semelhante, $h_{\text{turbina, }e} = \dfrac{w_{\text{turbina, }e}}{g} = \dfrac{\dot{W}_{\text{turbina, }e}}{\dot{m}g} = \dfrac{\dot{W}_{\text{turbina}}}{\eta_{\text{turbina}} \dot{m}g}$ é a *carga extraída do fluido pela turbina.* Devido a perdas irreversíveis na turbina, $h_{\text{turbina,}e}$ é *maior* do que $\dot{W}_{\text{turbina}}/\dot{m}g$ pelo fator η_{turbina}.

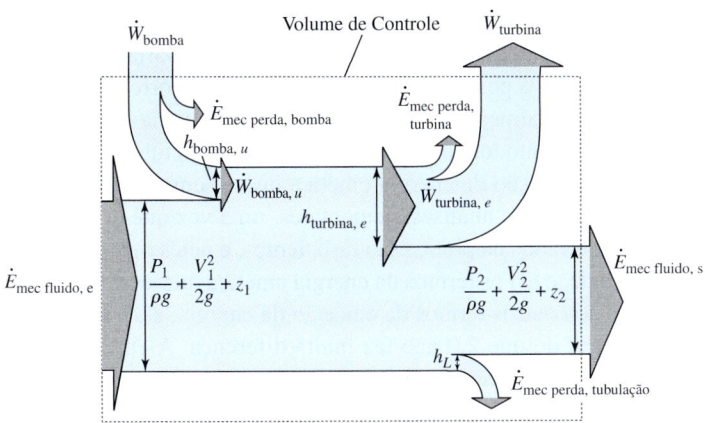

FIGURA 5–55 O gráfico do fluxo de energia mecânica de um sistema com escoamento de fluido envolvendo uma bomba e uma turbina. As dimensões verticais mostram cada termo de energia expresso como uma altura de coluna equivalente do fluido, ou seja, a *carga*, correspondente a cada termo da Equação 5–74.

- Finalmente, $h_L = \dfrac{e_{\text{mec perda, tubulação}}}{g} = \dfrac{\dot{E}_{\text{mec perda, tubulação}}}{\dot{m}g}$ é a *perda de carga irreversível* entre 1 e 2 em virtude de todos os componentes do sistema de tubulação que não a bomba ou a turbina.

Observe que a perda de carga h_L representa as perdas de atrito associadas ao escoamento do fluido na tubulação e não inclui as perdas que ocorrem na bomba ou na turbina devido às ineficiências desses dispositivos – essas perdas são levadas em conta por η_{bomba} e η_{turbina}. A Equação 5–74 é ilustrada de forma esquemática na Fig. 5–55.

A *carga da bomba* é zero se o sistema de tubulação não envolver uma bomba, um ventilador ou um compressor e a *carga da turbina* é zero se o sistema não envolver uma turbina.

Caso especial: escoamento incompressível sem dispositivo de trabalho mecânico e com atrito desprezível

Quando as perdas da tubulação são desprezíveis, há uma dissipação desprezível de energia mecânica em forma de energia térmica e, portanto, $h_L = e_{\text{mec perda, tubulação}}/g \cong 0$, como foi mostrado anteriormente no Exemplo 5–11. Da mesma forma, $h_{\text{bomba},u} = h_{\text{turbina},e} = 0$ quando não há nenhum dispositivo de trabalho mecânico como ventiladores, bombas ou turbinas. Assim, a Equação 5–74 se reduz a:

$$\frac{P_1}{\rho g} + \frac{V_1^2}{2g} + z_1 = \frac{P_2}{\rho g} + \frac{V_2^2}{2g} + z_2 \quad \text{ou} \quad \frac{P}{\rho g} + \frac{V^2}{2g} + z = \text{constante} \quad (5\text{–}75)$$

que é a **equação de Bernoulli** derivada anteriormente usando a Segunda Lei de Newton do movimento. Assim, a equação de Bernoulli pode ser pensada como uma forma degenerada da equação da energia.

Fator de correção da energia cinética, α

A velocidade média de escoamento V_{med} foi definida de modo que a relação $\rho V_{\text{med}} A$ dê a vazão real de massa. Assim, não há um fator de correção para a vazão de massa. Entretanto, como Gaspard Coriolis (1792–1843) mostrou, a energia cinética de uma corrente de fluido obtida de $V^2/2$ não é igual à energia cinética real da corrente de fluido, pois o quadrado de uma soma não é igual à soma dos quadrados de suas componentes (Fig. 5–56). Esse erro pode ser corrigido pela substituição dos ter-

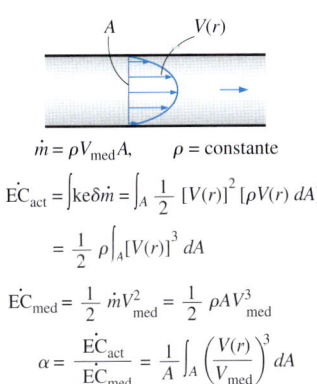

FIGURA 5–56 Determinação do *fator de correção da energia cinética* usando a distribuição real da velocidade $V(r)$ e a velocidade média V_{med} em uma seção transversal.

mos da energia cinética $V^2/2$ por $\alpha V^2_{med}/2$ na equação da energia, onde α é o **fator de correção da energia cinética**. Usando as equações de variação da velocidade com a distância radial, é possível mostrar que o fator de correção é 2,0 para um escoamento laminar totalmente desenvolvido em tubos, e varia de 1,04 a 1,11 para um escoamento turbulento totalmente desenvolvido em um tubo redondo.

Os fatores de correção de energia cinética quase sempre são ignorados (ou seja, α é igualado a 1) em análises elementares, uma vez que (1) a maioria dos escoamentos encontrados na prática são turbulentos, e neles o fator de correção é próximo da unidade, e (2) os termos da energia cinética quase sempre são pequenos com relação aos outros termos da equação da energia, e a sua multiplicação por um fator menor do que 2,0 não faz muita diferença. Além disso, quando a velocidade e, portanto, a energia cinética são altas, o escoamento torna-se turbulento. Entretanto, é preciso levar em consideração que em algumas situações esses fatores *são* significativos, particularmente quando o escoamento for laminar. Assim, recomendamos que você sempre inclua o fator de correção da energia cinética ao analisar problemas de escoamento de fluidos. Quando esses fatores são incluídos, as equações de energia para um *escoamento estacionário incompressível* (Equações 5–73 e 5–74) tornam-se:

$$\dot{m}\left(\frac{P_1}{\rho} + \alpha_1 \frac{V_1^2}{2} + gz_1\right) + \dot{W}_{bomba} = \dot{m}\left(\frac{P_2}{\rho} + \alpha_2 \frac{V_2^2}{2} + gz_2\right) + \dot{W}_{turbina} + \dot{E}_{mec,\,perda} \quad (5\text{–}76)$$

$$\frac{P_1}{\rho g} + \alpha_1 \frac{V_1^2}{2g} + z_1 + h_{bomba,\,u} = \frac{P_2}{\rho g} + \alpha_2 \frac{V_2^2}{2g} + z_2 + h_{turbina,\,e} + h_L \quad (5\text{–}77)$$

Se o escoamento em uma entrada ou saída é um escoamento turbulento totalmente desenvolvido em tubo, recomendamos o uso de $\alpha = 1{,}05$ como estimativa razoável do fator de correção. Isso leva a uma estimativa mais conservadora da perda de carga, e não é preciso muito esforço adicional para incluir α nas equações.

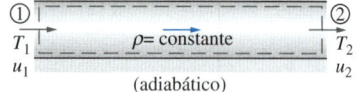

FIGURA 5–57 Esquema do Exemplo 5–11.

EXEMPLO 5–11 Efeito do atrito sobre a temperatura de um fluido e perda de carga

Mostre que durante um escoamento estacionário de um fluido incompressível em uma seção de escoamento adiabático (*a*) a temperatura permanece constante, sem perda de carga quando o atrito é ignorado e (*b*) a temperatura aumenta e alguma perda de carga ocorre quando os efeitos do atrito são considerados. Discuta se é possível que a temperatura do fluido diminua durante tal escoamento (Fig. 5–57).

SOLUÇÃO Um escoamento estacionário e incompressível através de uma seção adiabática é considerado. Os efeitos do atrito sobre a temperatura e a perda de calor devem ser determinados.

Hipóteses **1** O escoamento é estacionário e incompressível. **2** A seção do escoamento é adiabática e, portanto, não há transferência de calor, $q_{liq\,e} = 0$.

Análise A densidade de um fluido permanece constante durante um escoamento incompressível e a variação da sua entropia é:

$$\Delta s = c_v \ln \frac{T_2}{T_1}$$

Essa relação representa a variação da entropia do fluido por unidade de massa quando ele escoa através da seção de escoamento do estado 1 na entrada até o estado 2 na saída. A variação da entropia é causada por dois efeitos: (1) transferência de calor e (2) irreversibilidades. Assim, na ausência de transferência de calor, a variação da entropia é devida apenas às irreversibilidades, cujo efeito sempre é o aumento da entropia.

(*a*) A variação da entropia do fluido em uma seção de escoamento adiabático ($q_{tot\,e}$ = 0) é zero quando o processo não envolve nenhuma irreversibilidade como atrito ou agitamento e, portanto, para um *escoamento reversível* temos:

Variação da temperatura: $\quad\Delta s = c_v \ln \dfrac{T_2}{T_1} = 0 \quad\rightarrow\quad T_2 = T_1$

Perda de energia mecânica:

$$e_{mec\,perda,\,tubulação} = u_2 - u_1 - q_{liq\,e} = c_v(T_2 - T_1) - q_{liq\,e} = 0$$

Perda de carga: $\quad h_L = e_{mec\,perda,\,tubulação}/g = 0$

Assim, concluímos que quando a transferência de calor e os efeitos do atrito são desprezíveis (1) a temperatura do fluido permanece constante, (2) nenhuma energia mecânica é convertida em energia térmica e (3) não há perda irreversível de carga.

(*b*) Quando irreversibilidades como o atrito são levadas em conta, a variação da entropia é positiva e, portanto, temos:

Variação da temperatura: $\quad\Delta s = c_v \ln \dfrac{T_2}{T_1} > 0 \rightarrow T_2 > T_1$

Perda de energia mecânica: $\quad e_{mec\,perda,\,tubulação} = u_2 - u_1 - q_{liq\,e} = c_v(T_2 - T_1) > 0$

Perda de carga: $\quad hL = e_{mec\,perda,\,tubulação}/g > 0$

Assim, concluímos que, quando o escoamento é adiabático e irreversível, (1) a temperatura do fluido aumenta, (2) parte da energia mecânica é convertida em energia térmica e (3) ocorre uma certa perda irreversível de carga.

Discussão É impossível que a temperatura do fluido diminua durante um escoamento estacionário, incompressível e adiabático, uma vez que isso exigiria que a entropia do sistema adiabático diminuísse, o que seria uma violação da Segunda Lei da Termodinâmica.

EXEMPLO 5–12 Potência de bombeamento e aquecimento por atrito em uma bomba

A bomba de um sistema de distribuição de água é alimentada por um motor elétrico de 15 kW cuja eficiência é de 90% (Fig. 5–58). A vazão de água através da bomba é de 50 L/s. Os diâmetros dos tubos de entrada e saída são iguais, e a diferença de elevação através da bomba é desprezível. Se as pressões absolutas na entrada e na saída da bomba são medidas como 100 kPa e 300 kPa, respectivamente, determine (*a*) a eficiência mecânica da bomba e (*b*) a elevação de temperatura da água à medida que ela escoa através da bomba devido à ineficiência mecânica.

SOLUÇÃO As pressões através de uma bomba são medidas. A eficiência mecânica da bomba e a elevação da temperatura da água devem ser determinadas.

Hipóteses **1** O escoamento é estacionário e incompressível. **2** A bomba é movida por um motor externo de forma que o calor gerado pelo motor seja dissipado para a atmosfera. **3** A diferença de elevação entre a entrada e a saída da bomba é desprezível, $z_1 \cong z_2$. **4** Os diâmetros interno e externo são iguais e, portanto, as velocida-

(continua)

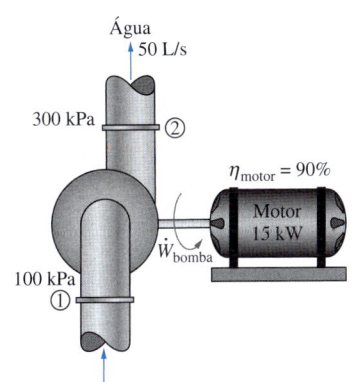

FIGURA 5–58 Esquema do Exemplo 5–12.

(continuação)

des de entrada e saída são iguais: $V_1 = V_2$. **5** Os fatores de correção da energia cinética são iguais, $\alpha_1 = \alpha_2$.

Propriedades Tomamos a densidade da água como 1 kg/L = 1.000 kg/m³ e seu calor específico como 4,18 kJ/kg·°C.

Análise (*a*) A vazão de massa da água através da bomba é

$$\dot{m} = \rho \dot{V} = (1 \text{ kg/L})(50 \text{ L/s}) = 50 \text{ kg/s}$$

O motor consome 15 kW de potência e tem eficiência de 90%. Assim, a potência mecânica (de eixo) que ele fornece à bomba é

$$\dot{W}_{\text{bomba, eixo}} = h_{\text{motor}} \dot{W}_{\text{elétrica}} = (0{,}90)(15 \text{ kW}) = 13{,}5 \text{ kW}$$

Para determinar a eficiência mecânica da bomba, precisamos conhecer o aumento da energia mecânica do fluido à medida que ele escoa através da bomba, que é

$$\Delta \dot{E}_{\text{mec, fluido}} = \dot{E}_{\text{mec, s}} - \dot{E}_{\text{mec, e}} = \dot{m}\left(\frac{P_2}{\rho} + \alpha_2 \frac{V_2^2}{2} + gz_2\right) - \dot{m}\left(\frac{P_1}{\rho} + \alpha_1 \frac{V_1^2}{2} + gz_1\right)$$

Simplificando e substituindo os valores dados, obtemos

$$\Delta \dot{E}_{\text{mec, fluido}} = \dot{m}\left(\frac{P_2 - P_1}{\rho}\right) = (50 \text{ kg/s})\left(\frac{(300-100) \text{ kPa}}{1000 \text{ kg/m}^3}\right)\left(\frac{1 \text{ kJ}}{1 \text{ kPa} \cdot \text{m}^3}\right) = 10{,}0 \text{ kW}$$

Assim, a eficiência mecânica da bomba torna-se

$$\eta_{\text{bomba}} = \frac{\dot{W}_{\text{bomba}, u}}{\dot{W}_{\text{bomba, eixo}}} = \frac{\Delta \dot{E}_{\text{mec, fluido}}}{\dot{W}_{\text{bomba, eixo}}} = \frac{10{,}0 \text{ kW}}{13{,}5 \text{ kW}} = \mathbf{0{,}741} \quad \text{ou} \quad \mathbf{74{,}1\%}$$

(*b*) Da potência mecânica de 13,5 kW fornecida pela bomba, apenas 10 kW são fornecidos ao fluido como energia mecânica. Os 3,5 kW restantes são convertidos em energia térmica devido aos efeitos do atrito, e essa energia mecânica "perdida" se manifesta como um efeito de aquecimento no fluido

$$\dot{E}_{\text{mec, perda}} = \dot{E}_{\text{bomba, eixo}} - \Delta \dot{E}_{\text{mec, fluido}} = 13{,}5 - 10{,}0 = 3{,}5 \text{kW}$$

A elevação de temperatura da água devido a essa ineficiência mecânica é determinada pelo balanço da energia térmica, $\dot{E}_{\text{mec, perda}} = \dot{m}(u_2 - u_1) = \dot{m}c\Delta T$. Isolando ΔT

$$\Delta T = \frac{\dot{E}_{\text{mec, perda}}}{\dot{m}c} = \frac{3{,}5 \text{ kW}}{(50 \text{ kg/s})(4{,}18 \text{ kJ/kg} \cdot ^\circ\text{C})} = \mathbf{0{,}017^\circ\text{C}}$$

Portanto, a água passará por uma elevação de temperatura muito pequena, de 0,017°C, devido à ineficiência mecânica, à medida que escoa através da bomba.

Discussão Em uma aplicação real, a elevação de temperatura da água provavelmente será menor uma vez que parte do calor gerado será transferido para o invólucro da bomba e do invólucro para o ar vizinho. Se todo o motor e a bomba fossem submersos em água, então o 1,5 kW dissipado para o ar devido à ineficiência do motor também seria transferido para a água circundante como calor. Isso faria a temperatura da água subir mais.

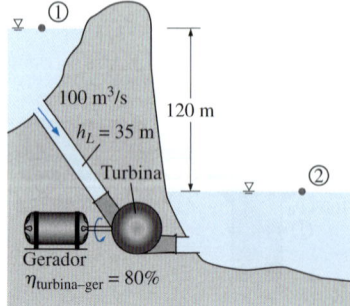

FIGURA 5–59 Esquema do Exemplo 5–13.

EXEMPLO 5–13 Geração de potência hidrelétrica de uma represa

Em uma usina hidrelétrica, 100 m³/s de água escoam de uma elevação de 120 m até uma turbina, onde a energia elétrica é gerada (Fig. 5–59). A perda irreversível de carga total no sistema de tubulação do ponto 1 até o ponto 2 (excluindo a unidade da turbina) é determinada como 35 m. Se a eficiência geral da turbina/gerador for de 80%, estime a saída de potência elétrica.

SOLUÇÃO A carga disponível, a vazão, a perda de carga e a eficiência de uma turbina hidrelétrica são dadas. A saída de potência elétrica deve ser determinada.

Hipóteses **1** O escoamento é estacionário e incompressível. **2** Os níveis de água da represa e do local de descarga permanecem constantes.

Propriedades Tomamos a densidade da água como 1.000 kg/m³.

Análise A vazão de massa da água através da turbina é

$$\dot{m} = \rho \dot{V} = (1000 \text{ kg/m}^3)(100 \text{ m}^3/\text{s}) = 10^5 \text{ kg/s}$$

Tomamos o ponto 2 como o nível de referência e, portanto, $z_2 = 0$. Além disso, os pontos 1 e 2 são abertos para a atmosfera ($P_1 = P_2 = P_{atm}$) e as velocidades de escoamento são desprezíveis nos dois pontos ($V_1 = V_2 = 0$). Dessa forma, a equação da energia para esse escoamento estacionário e incompressível se reduz a

$$\cancel{\frac{P_1}{\rho g}} + \alpha_1 \cancel{\frac{V_1^2}{2g}} + z_1 + \cancel{h_{\text{bomba},u}}^{0} = \cancel{\frac{P_2}{\rho g}} + \alpha_2 \cancel{\frac{V_2^2}{2g}} + \cancel{z_2}^{0} + h_{\text{turbina},e} + h_L$$

ou

$$h_{\text{turbina},e} = z_1 - h_L$$

Substituindo, a carga extraída da turbina e a potência correspondente da turbina são

$$h_{\text{turbina},e} = z_1 - h_L = 120 - 35 = 85 \text{ m}$$

$$\dot{W}_{\text{turbina},e} = \dot{m}gh_{\text{turbina},e} = (10^5 \text{ kg/s})(9{,}81 \text{ m/s}^2)(85 \text{ m})\left(\frac{1 \text{ kJ/kg}}{1000 \text{ m}^2/\text{s}^2}\right) = 83.400 \text{ kW}$$

Assim, uma unidade turbina-gerador perfeita geraria 83.400 kW de eletricidade dessa fonte. A energia elétrica gerada pela unidade real é:

$$\dot{W}_{\text{elétrica}} = \eta_{\text{turbina-ger}} \dot{W}_{\text{turbina},e} = (0{,}80)(83{,}4 \text{ MW}) = \textbf{66{,}7 MW}$$

Discussão Observe que a geração de potência aumentaria em quase 1 MW para cada melhora de 1% na eficiência dessa unidade turbina-gerador. Você vai aprender como determinar h_L no Capítulo 8.

EXEMPLO 5–14 Escolha de um ventilador para o resfriamento do ar em um computador

Deve-se escolher um ventilador para resfriar um gabinete de computador cujas dimensões são 12 cm × 40 cm × 40 cm (Fig. 5–60). Espera-se que metade do volume do gabinete seja preenchido por componentes e a outra metade seja espaço com ar. Um orifício de 5 cm de diâmetro está disponível na parte traseira do gabinete para a instalação do ventilador que substituirá o ar nos espaços vazios do gabinete a cada segundo. Unidades combinadas de ventilador-motor pequenas e de baixo consumo de energia estão disponíveis no mercado e sua eficiência é estimada em 30%. Determine (*a*) a potencia em watts da unidade ventilador-motor a ser comprada e (*b*) a diferença de pressão através do ventilador. Tome a densidade do ar como 1,20 kg/m³.

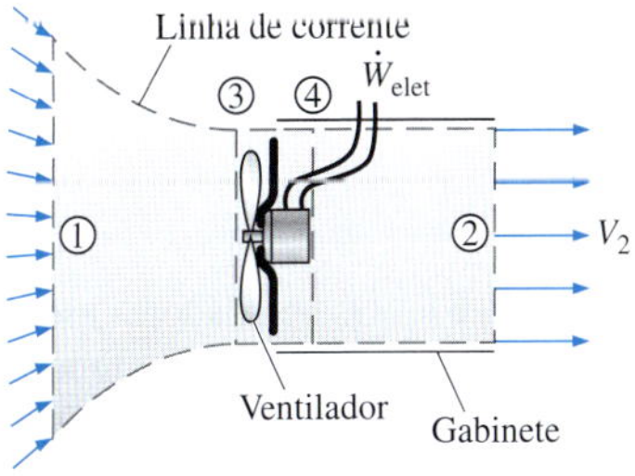

SOLUÇÃO Um ventilador deve resfriar um gabinete de computador substituindo completamente o ar interno uma vez a cada segundo. A potência do ventilador e a diferença de pressão devem ser determinadas.

Hipóteses **1** O escoamento é estacionário e incompressível. **2** As perdas além daquelas devidas à ineficiência da unidade ventilador-motor são desprezíveis. **3** O escoamento na saída é bastante uniforme, exceto próximo ao centro (devido à esteira do motor do ventilador), e o fator de correção da energia cinética na saída é de 1,10.

(continua)

FIGURA 5–60 Esquema do Exemplo 5–14.

(continuação)

Propriedades A densidade do ar é dada como 1,20 kg/m³.

Análise (*a*) Observando que metade do volume do gabinete é ocupado pelos componentes, o volume de ar no gabinete do computador é

$$V = \text{(Volume de ar)(Volume Total do Gabinete)}$$
$$= 0{,}5(12 \text{ cm} \times 40 \text{ cm} \times 40 \text{ cm}) = 9600 \text{ cm}^3$$

Assim, as vazões de volume e massa do ar através do gabinete são

$$\dot{V} = \frac{V}{\Delta t} = \frac{9600 \text{ cm}^3}{1 \text{s}} = 9600 \text{ cm}^3/\text{s} = 9{,}6 \times 10^{-3} \text{m}^3/\text{s}$$

$$\dot{m} = \rho \dot{V} = (1{,}20 \text{ kg/m}^3)(9{,}6 \times 10^{-3} \text{m}^3/\text{s}) = 0{,}0115 \text{ kg/s}$$

A área de seção transversal da abertura do gabinete e a velocidade média do ar através da saída são

$$A = \frac{\pi D^2}{4} = \frac{\pi (0{,}05 \text{ m})^2}{4} = 1{,}96 \times 10^{-3} \text{m}^2$$

$$V = \frac{\dot{V}}{A} = \frac{9{,}6 \times 10^{-3} \text{m}^3/\text{s}}{1{,}96 \times 10^{-3} \text{m}^2} = 4{,}90 \text{ m/s}$$

Desenhamos o volume de controle ao redor do ventilador de forma que a entrada e a saída estejam à pressão atmosférica ($P_1 = P_2 = P_{atm}$), como mostra a Fig. 5–60, e a seção de entrada 1 é grande e distante do ventilador, de modo que a velocidade de escoamento da seção de entrada sejam desprezíveis ($V_1 \cong 0$). Observando que $z_1 = z_2$ e as perdas por atrito do escoamento sejam desprezíveis, as perdas mecânicas consistem apenas nas perdas do ventilador, e a equação da energia (Equação 5–76) pode ser simplificada como,

$$\dot{m}a\cancel{\frac{P_1}{\rho}} + \alpha_1 \cancel{\frac{V_1^2}{2}}^{0} + g\cancel{z_1}b + \dot{W}_{vent} = \dot{m}\left(\cancel{\frac{P_2}{\rho}} + \alpha_2 \frac{V_2^2}{2} + g\cancel{z_2}\right) + \cancel{\dot{W}_{turbina}}^{0} + \dot{E}_{mec\ perda,\ vent}$$

Isolando $\dot{W}_{vent} - \dot{E}_{perda\ mec,vent} = \dot{W}_{vent,u}$ e substituindo

$$\dot{W}_{vent,u} = \dot{m}\alpha_2 \frac{V_2^2}{2} = (0{,}0115 \text{ kg/s})(1{,}10) \frac{(4{,}90 \text{ m/s})^2}{2}\left(\frac{1 \text{ N}}{1 \text{kg·m/s}^2}\right) = 0{,}152 \text{ W}$$

Assim, a entrada de energia elétrica necessária para o ventilador é determinada por:

$$\dot{W}_{elet} = \frac{\dot{W}_{vent,u}}{\eta_{vent-motor}} = \frac{0{,}152 \text{ W}}{0{,}3} = \mathbf{0{,}506 \text{ W}}$$

Portanto, um ventilador-motor com consumo nominal de meio watt é adequado para essa tarefa (Fig. 5–61).

(*b*) Para determinarmos a diferença de pressão através da unidade do ventilador, consideramos os pontos 3 e 4 nos dois lados do ventilador em uma reta horizontal. Desta vez $z_3 = z_4$ novamente e $V_3 = V_4$, uma vez que o ventilador é uma seção transversal estreita, e a equação da energia se reduz a

$$\dot{m}\frac{P_3}{\rho} + \dot{W}_{vent} = \dot{m}\frac{P_4}{\rho} + \dot{E}_{mec\ perda,\ vent} \quad \rightarrow \quad \dot{W}_{vent,u} = \dot{m}\frac{P_4 - P_3}{\rho}$$

Isolando $P_4 - P_3$ e substituindo

$$P_4 - P_3 = \frac{\rho \dot{W}_{vent,u}}{\dot{m}} = \frac{(1{,}2 \text{ kg/m}^3)(0{,}152 \text{ W})}{0{,}0115 \text{ kg/s}}\left(\frac{1\text{Pa·m}^3}{1 \text{ Ws}}\right) = \mathbf{15{,}8 \text{ Pa}}$$

FIGURA 5–61 Os ventiladores usados em computadores e fontes de alimentação de computadores são tipicamente pequenos e consomem apenas alguns watts de energia elétrica.

© *PhotoDisc / Getty RF*

Portanto, a elevação de pressão no ventilador é de 15,8 Pa.

Discussão A eficiência da unidade ventilador-motor é dada como 30%, o que significa que 30% da energia elétrica $\dot{W}_{elétrica}$ consumida pela unidade é convertida em energia mecânica útil, enquanto o restante (70%) se "perde" e é convertido em energia térmica. Além disso, em um sistema real um ventilador mais poderoso é necessário para superar as perdas por atrito dentro do gabinete do computador. Observe que se tivéssemos ignorado o fator de correção da energia cinética na saída, a energia elétrica necessária e a elevação de pressão teriam sido 10% menores neste caso (0,460 W e 14,4 Pa, respectivamente).

EXEMPLO 5–15 Perda de carga e potência durante o bombeamento da água

Uma bomba submersível com uma potência de eixo de 5 kW e uma eficiência de 72% é usada para bombear a água de um lago para uma piscina através de um tubo de diâmetro constante (Fig. 5–62). A superfície livre da piscina está 25 m acima da superfície livre do lago. Se a perda irreversível de carga no sistema de tubulação é de 4 m, determine a vazão de descarga de água e a diferença de pressão através da bomba.

SOLUÇÃO A água de um lago é bombeada para uma piscina em uma determinada altitude. Para uma determinada perda de carga, a vazão e a diferença de pressão através da bomba devem ser determinados.

Hipóteses **1** O escoamento é estacionário e incompressível. **2** Ambos lago e piscina são grandes o suficiente, de modo que a elevação de suas superfícies permanece constantes.

Propriedades Tomamos a densidade da água como 1.000 kg/m³.

Análise A bomba oferece 5 kW de potência no eixo e é 72% eficiente. A energia mecânica útil que ela fornece a água é

$$\dot{W}_{bomba\,u} = \eta_{bomba}\, \dot{W}_{eixo} = (0,72)(5\text{ kW}) = 3,6\text{ kW}$$

Consideramos o ponto 1 na superfície livre do lago, que também é tido como o nível de referência ($z_1 = 0$), e o ponto 2 na superfície livre da piscina. Além disso, ambos os pontos 1 e 2 são abertos para a atmosfera ($P_1 = P_2 = P_{atm}$), e as velocidades são desprezíveis ($V_1 \cong V_2 \cong 0$). Então, a equação de energia para um escoamento estacionário e incompressível através de um volume de controle entre estas duas superfícies que inclui a bomba é expresso como

$$\dot{m}\left(\frac{P_1}{\rho} + \alpha_1\frac{V_1^2}{2} + gz_1\right) + \dot{W}_{bomba,\,u} = \dot{m}\left(\frac{P_2}{\rho} + \alpha_2\frac{V_2^2}{2} + gz_2\right)$$
$$+ \dot{W}_{turbina,\,e} + \dot{E}_{mec\,perda,\,tubulação}$$

Com base nos nas hipotese assumidas, a equação de energia reduz a

$$\dot{W}_{bomba,\,u} = \dot{m}gz_2 + \dot{E}_{mec\,perda,\,tubulação}$$

Observando que $\dot{E}_{mec\,perda,tubulação} = \dot{m}gh_L$, as vazões de massa e volume de água se tornam

(continua)

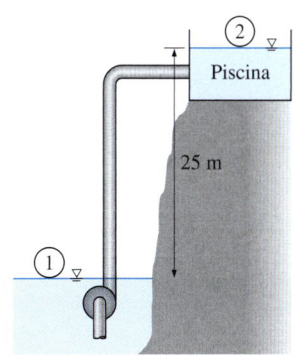

FIGURA 5–62 Esquema para o Exemplo 5-15.

(continuação)

$$\dot{m} = \frac{\dot{W}_{\text{bomba},u}}{gz_2 + gh_L} = \frac{\dot{W}_{\text{bomba},u}}{g(z_2 + h_L)} = \frac{3{,}6\ \text{kJ/s}}{(9{,}81\ \text{m/s}^2)(25 + 4\ \text{m})}\left(\frac{1000\ \text{m}^2/\text{s}^2}{1\ \text{kJ}}\right) = 12{,}7\ \text{kg/s}$$

$$\dot{V} = \frac{\dot{m}}{\rho} = \frac{12{,}7\ \text{kg/s}}{1000\ \text{kg/m}^3} = 12{,}7 \times 10^{-3}\ \text{m}^3/\text{s} = 12{,}7\ \text{L/s}$$

Temos agora de considerar a bomba como o controle de volume. Assumindo que a diferença de elevação e a variação de energia cinética através da bomba são desprezíveis, a equação de energia para este volume de controle resulta:

$$\Delta P = P_s - P_e = \frac{\dot{W}_{\text{pump},u}}{\dot{V}} = \frac{3{,}6\ \text{kJ/s}}{12{,}7 \times 10^{-3}\ \text{m}^3/\text{s}}\left(\frac{1\ \text{kN·m}}{1\ \text{kJ}}\right)\left(\frac{1\ \text{kPa}}{1\ \text{kN/m}^2}\right)$$

$$= 283\ \text{kPa}$$

Discussão Pode-se mostrar que, na ausência de perda de carga ($h_L = 0$) a vazão de água seria de 14,7 L/s, o que representa um aumento de 16%. Portanto, as perdas por atrito em tubos devem ser minimizadas, uma vez que elas sempre fazem a vazão diminuir.

RESUMO

Este capítulo aborda as equações de conservação de massa, de Bernoulli, da energia e suas aplicações. A quantidade de massa que escoa através de uma seção transversal por unidade de tempo é chamada de *vazão de massa* e é expressa como:

$$\dot{m} = \rho V A_c = \rho \dot{V}$$

onde ρ é a densidade, V é a velocidade média, $\dot{V}$ é a vazão do volume do fluido e A_c é a seção transversal normal à direção do escoamento. A relação de conservação da massa de um volume de controle é expressa por:

$$\frac{d}{dt}\int_{\text{VC}} \rho\, dV + \int_{\text{SC}} \rho(\vec{V}\cdot\vec{n})\, dA = 0$$

Ela informa que *a taxa de variação no tempo da massa dentro do volume de controle mais a vazão de massa líquida através da superfície de controle é igual a zero.*
Em termos simples:

$$\frac{dm_{\text{VC}}}{dt} = \sum_e \dot{m} - \sum_s \dot{m}$$

Para dispositivos de escoamento estacionário, o princípio de conservação da massa é expresso por:

Escoamento estacionário:

$$\sum_e \dot{m} = \sum_s \dot{m}$$

Escoamento estacionário (corrente única):

$$\dot{m}_1 = \dot{m}_2 \quad\rightarrow\quad \rho_1 V_1 A_1 = \rho_2 V_2 A_2$$

Escoamento estacionário, incompressível:

$$\sum_e \dot{V} = \sum_s \dot{V}$$

Escoamento estacionário, incompressível (corrente única):

$$\dot{V}_1 = \dot{V}_2 \rightarrow V_1 A_1 = V_2 A_2$$

A *energia mecânica* é a forma de energia associada a velocidade, elevação e pressão do fluido, e pode ser convertida completa e diretamente em trabalho mecânico por um dispositivo mecânico ideal. As eficiências de diversos dispositivos *reais* são definidas por:

$$\eta_{\text{bomba}} = \frac{\Delta \dot{E}_{\text{mec, fluido}}}{\dot{W}_{\text{eixo, e}}} = \frac{\dot{W}_{\text{bomba},u}}{\dot{W}_{\text{bomba}}}$$

$$\eta_{\text{turbina}} = \frac{\dot{W}_{\text{eixo, s}}}{|\Delta \dot{E}_{\text{mec, fluido}}|} = \frac{\dot{W}_{\text{turbina}}}{\dot{W}_{\text{turbina},e}}$$

$$\eta_{\text{motor}} = \frac{\text{Saída de energia mecânica}}{\text{Entrada de energia elétrica}} = \frac{\dot{W}_{\text{eixo, s}}}{\dot{W}_{\text{elet, e}}}$$

$$\eta_{gerador} = \frac{\text{Saída de energia elétrica}}{\text{Entrada de energia mecânica}} = \frac{\dot{W}_{elet,s}}{\dot{W}_{eixo,e}}$$

$$\eta_{bomba-motor} = \eta_{bomba}\eta_{motor} = \frac{\Delta\dot{E}_{mec,fluido}}{\dot{W}_{elet,e}} = \frac{\dot{W}_{bomba,u}}{\dot{W}_{elet,e}}$$

$$\eta_{turbina-ger} = \eta_{turbina}\eta_{gerador} = \frac{\dot{W}_{elet,s}}{|\Delta\dot{E}_{mec,fluido}|} = \frac{\dot{W}_{elet,s}}{\dot{W}_{turbina,e}}$$

A *equação de Bernoulli* é uma relação entre pressão, velocidade e elevação em um escoamento estacionário e incompressível, e é expressa ao longo de uma linha de corrente e nas regiões nas quais as forças viscosas líquidas são desprezíveis, como:

$$\frac{P}{\rho} + \frac{V^2}{2} + gz = \text{constante}$$

Ela também pode ser expressa entre dois pontos quaisquer em uma linha de corrente como:

$$\frac{P_1}{\rho} + \frac{V_1^2}{2} + gz_1 = \frac{P_2}{\rho} + \frac{V_2^2}{2} + gz_2$$

A equação de Bernoulli é uma expressão do balanço de energia mecânica e pode ser enunciada como: *a soma das energias cinética, potencial e de escoamento de uma partícula de fluido é constante ao longo de uma linha de corrente durante um escoamento estacionário quando os efeitos da compressibilidade e do atrito são desprezíveis.* Multiplicando a equação de Bernoulli pela densidade temos:

$$P + \rho\frac{V^2}{2} + \rho gz = \text{constante}$$

onde *P* é a *pressão estática*, a pressão real do fluido; $\rho V^2/2$ é a *pressão dinâmica*, a elevação de pressão quando o movimento do fluido é interrompido, e ρgz é a *pressão hidrostática*, ou seja, os efeitos do peso do fluido sobre a pressão. A soma das pressões estática, dinâmica e hidrostática é chamada de *pressão total*. A equação de Bernoulli afirma que a *pressão total ao longo de uma linha de corrente é constante*. A soma das pressões estática e dinâmica é chamada de *pressão de estagnação*, que é a pressão em um ponto no qual o fluido foi totalmente parado de maneira isoentrópica. A equação de Bernoulli também pode ser representada em termos de "cargas", dividindo cada termo por *g*:

$$\frac{P}{\rho g} + \frac{V^2}{2g} + z = H = \text{constante}$$

onde $P/\rho g$ é a *carga de pressão*, que representa a altura de uma coluna de fluido que produz a pressão estática *P*; $V^2/2g$ é a *carga de velocidade* que representa a elevação necessária para que um fluido atinja a velocidade *V* durante uma queda livre sem atrito, e *z* é a *carga de elevação* que representa a energia potencial do fluido. Além disso, *H* é a *carga total* do escoamento. A linha que representa a soma da pressão estática e das cargas de elevação, $P/\rho g + z$, é chamada de *linha piezométrica* (HGL), e a linha que representa a carga total do fluido, $P/\rho g + V^2/2g + z$, é chamada de *linha de energia* (EGL).

A *equação da energia* do escoamento estacionário e incompressível pode ser expressa como

$$\frac{P_1}{\rho g} + \alpha_1 \frac{V_1^2}{2g} + z_1 + h_{bomba,u}$$
$$= \frac{P_2}{\rho g} + \alpha_2 \frac{V_2^2}{2g} + z_2 + h_{turbina,e} + h_L$$

onde:

$$h_{bomba,u} = \frac{w_{bomba,u}}{g} = \frac{\dot{W}_{bomba,u}}{\dot{m}g} = \frac{\eta_{bomba}\dot{W}_{bomba}}{\dot{m}g}$$

$$h_{turbina,e} = \frac{w_{turbina,e}}{g} = \frac{\dot{W}_{turbina,e}}{\dot{m}g} = \frac{\dot{W}_{turbina}}{\eta_{turbina}\dot{m}g}$$

$$h_L = \frac{e_{mec\,perda,tubulação}}{g} = \frac{\dot{E}_{mec\,perda,tubulação}}{\dot{m}g}$$

$$e_{mec,perda} = u_2 - u_1 - q_{liq\,a}$$

As equações de conservação de massa, de Bernoulli e da energia sao três das relações mais fundamentais da mecânica dos fluidos, e elas serão muito utilizadas nos próximos capítulos. No Capítulo 6, a equação de Bernoulli ou a equação da energia será usada juntamente com as equações de massa e momento para determinar as forças e os torques que atuam sobre os sistemas de fluidos. Nos Capítulos 8 e 14, as equações de massa e energia serão usadas para determinar os requisitos da potência de bombeamento em sistemas de fluidos e no projeto e análise da turbomaquinaria. Nos Capítulos 12 e 13, a equação de energia também será usada até certo ponto na análise de escoamentos compressíveis e de escoamentos de canal aberto.

REFERÊNCIAS E LEITURAS SUGERIDAS

1. R. C. Dorf, ed. chefe. *The Engineering Handbook*. 2 ed. Boca Raton, FL: CRC Press, 2004.
2. R. L. Panton. *Incompressible Flow*, 3. ed. New York: Wiley, 2005.
3. M. Van Dyke. *An Album of Fluid Motion*. Stanford, CA: The Parabolic Press, 1982.

PROBLEMAS*

Conservação de massa

5–1C Cite quatro quantidades físicas que são conservadas e duas quantidades que não são conservadas durante um processo.

5–2C Defina vazões de massa e de volume. Como elas estão relacionadas entre si?

5–3C A quantidade de massa que entra em um volume de controle precisa ser igual à massa que sai durante um processo em um escoamento não estacionário?

5–4C Quando o escoamento através de um volume de controle é estacionário?

5–5C Considere um dispositivo com uma entrada e uma saída. Se as vazões de volume na entrada e na saída são iguais, o escoamento através desse dispositivo é necessariamente estacionário? Por quê?

5–6 Em climas com temperaturas noturnas baixas, uma maneira eficiente em termos de energia para resfriar uma casa é a instalação de um ventilador no teto da casa para puxar o ar a partir do interior da casa e descarregá-lo em um sótão ventilado. Considere uma casa cujo volume de ar no interior é de 720 m³. Se o ar da casa deve ser trocado uma vez a cada 20 minutos, determine (a) a vazão necessária do ventilador e (b) a velocidade média de descarga do ar se o diâmetro do ventilador é de 0,5 m.

5–7E Uma mangueira de jardim ligada a um bocal é usada para encher um balde de 20 galões. O diâmetro interno da mangueira é de 1 in e se reduz a 0,5 in na saída do bocal. Se a velocidade média da mangueira for de 8 ft/s, determine (a) as vazões de massa e volume da água através da mangueira, (b) quanto tempo será necessário para encher o balde com água e (c) a velocidade média da água na saída do bocal.

5–8E Ar, cuja densidade é 0,082 lbm/ft³ entra no duto de um sistema de ar condicionado à vazão de volume de 450 ft³/min. Se o diâmetro do duto for de 16 in determine a velocidade do ar na entrada do duto e a vazão de massa do ar.

5–9 Um tanque rígido de 0,75 m³ contém inicialmente ar, cuja densidade é 1,18 kg/m³. O tanque é conectado a uma linha fornecedora de alta pressão por meio de uma válvula. A válvula é aberta e o ar entra no tanque até que a densidade se eleve a 4,95 kg/m³. Determine a massa do ar que entrou no tanque.

Resposta: 2,83 kg

5–10 Considere o escoamento de um fluido newtoniano incompressível entre duas placas paralelas. Se a placa superior se move para a direita com $u_1 = 3$ m/s, enquanto a placa inferior se move para a esquerda com $u_2 = 0,75$ m/s, qual seria a vazão total em uma seção transversal entre as duas placas? Considere a largura da placa como $b = 5$ cm.

5–11 Considere um tanque totalmente cheio com seção transversal semicircular de raio R e largura b para dentro da página, como mostra a Fig. P5–11. Se a água é bombeada para fora do tanque com vazão $\dot{V} = Kh^2$, onde K é uma constante positiva e h é a profundidade da água no instante t, determine o tempo necessário para que o nível de água caia para um valor de h especificado como h_o em termos de R, K e h_o.

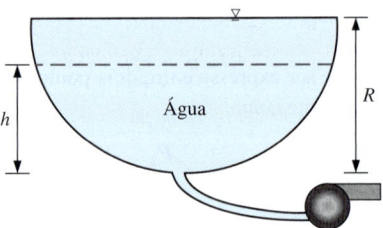

FIGURA P5–11

5–12 Um computador pessoal deve ser resfriado por um ventilador cuja vazão é de 0,40 m³/min. Determine a vazão de massa do ar através do ventilador a uma elevação de 3.400 m, onde a densidade do ar é de 0,7 kg/m³. Da mesma forma, se a velocidade média do ar não exceder 110 m/min, determine o diâmetro do gabinete do ventilador.

Respostas: 0,00467 kg/s, 0,0569 m

5–13 Uma sala de fumantes deve acomodar 40 pessoas que fumam bastante. Os requisitos mínimos de ar fresco para essas salas são especificados como 30 L/s por pessoa (ASHRAE, Standard 62, 1989). Determine a mínima vazão necessária de ar fresco que precisa ser fornecida à sala e o diâmetro do duto se a velocidade do ar não exceder os 8 m/s.

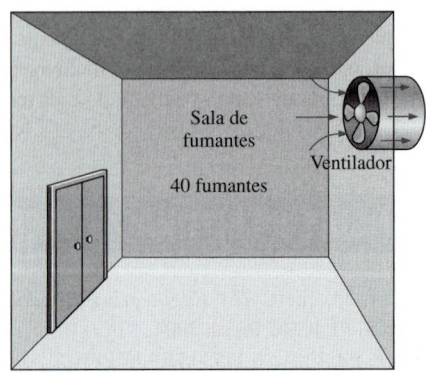

FIGURA P5–13

---

* Problemas identificados com a letra "C" são questões conceituais e encorajamos os estudantes a responder a todos. Problemas identificados com a letra "E" são em unidades inglesas, e usuários do SI podem ignorá-los. Problemas com o ícone "disco rígido" são resolvidos com o programa EES. Problemas com o ícone ESS são de natureza abrangente e devem ser resolvidos com um solucionador de equações, preferencialmente o programa EES.

5–14 Os requisitos mínimos de ar fresco para um prédio residencial são especificados como 0,35 trocas de ar por hora (ASHRAE, Standard 62, 1989). Ou seja, 35% de todo o ar em uma residência deve ser substituído por ar externo fresco a cada hora. Se a necessidade de ventilação de uma residência com 2,7 m de altura e 200 m² deve ser satisfeita completamente por um ventilador, determine a capacidade de escoamento em L/min do ventilador que precisa ser instalado. Determine também o diâmetro do duto se a velocidade média do ar não exceder os 5 m/s.

5–15 Ar entra em um bocal de forma constante a 2,21 kg/m³ e 20 m/s e sai a 0,762 kg/m³ e 150 m/s. Se a área de entrada do bocal é de 60 cm² determine (*a*) a vazão de massa através do bocal e (*b*) a área de saída do bocal.

Respostas: (a) 0,265 kg/s, (b) 23,2 cm²

5–16 Ar a 40°C escoa de maneira constante através do tubo da Fig. P5–16. Se $P_1 = 50$ kPa (manométrica), $P_2 = 10$ kPa (manométrica), $D = 3d$, $P_{atm} \cong 100$ kPa, a velocidade média na seção 2 $V_2 = 30$ m/s, e a temperatura do ar permanece quase constante, determine a velocidade média na seção 1.

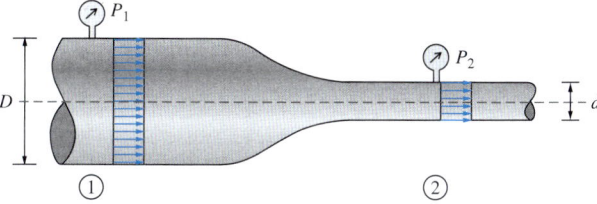

FIGURA P5–16

5–17 Um secador de cabelos é basicamente um duto de diâmetro constante no qual são colocadas algumas camadas de resistores elétricos. Um ventilador pequeno empurra o ar para dentro e o força a passar através dos resistores, onde ele é aquecido. Se a densidade do ar é de 1,20 kg/m³ na entrada e de 1,05 kg/m³ na saída, determine o aumento percentual na velocidade do ar quando ele escoa pelo secador.

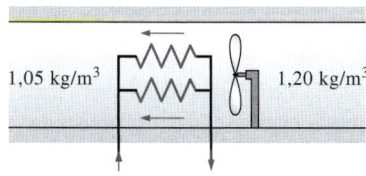

FIGURA P5–17

Energia e eficiência mecânicas

5–18C Defina eficiência de turbina, eficiência de gerador e eficiência combinada de turbina-gerador

5–19C O que é eficiência mecânica? O que uma eficiência mecânica de 100% significa para uma turbina hidráulica?

5–20C Como é definida a eficiência combinada bomba-motor de um sistema de bomba e motor? A eficiência combinada bomba-motor pode ser maior do que a eficiência individual da bomba ou do motor?

5–21C O que é energia mecânica? Em que ela difere da energia térmica? Quais são as formas de energia mecânica de uma corrente de fluido?

5–22 Em determinado local, o vento sopra de forma constante a 8 m/s. Determine a energia mecânica do ar por unidade de massa e o potencial de geração de potência de uma turbina de vento com lâminas de 50 m de diâmetro naquele local. Determine também a geração real de potência elétrica, considerando uma eficiência geral de 30%. Considere a densidade do ar como 1,25 kg/m³.

5–23 Reconsidere o Problema 5–22. Usando o aplicativo EES (ou outro), investigue o efeito da velocidade do vento e do diâmetro de abrangência da lâmina sobre a geração de potência eólica. Faça a velocidade variar de 5 a 20 m/s em incrementos de 5 m/s, e o diâmetro variar de 20 a 80 m em incrementos de 20 m. Tabule os resultados e discuta seu significado.

5–24E Um termopar diferencial com sensores na entrada e na saída de uma bomba indica que a temperatura da água se eleva 0,048°F à medida que ela escoa através da bomba a uma vazão de 1,5 ft³/s. Se a entrada de potência de eixo na bomba é de 23 hp e a perda de calor para o ar circundante é desprezível, determine a eficiência mecânica da bomba.

Resposta: 72,4%

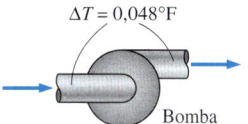

FIGURA P5–24E

5–25 Energia elétrica deve ser gerada pela instalação de uma turbina-gerador hidráulica em um local 110 m abaixo da superfície livre de um grande reservatório de água que pode fornecer água a uma vazão de 900 kg/s de forma constante. Se a geração de potência mecânica da turbina é 800 kW e a geração de potência elétrica é 750 kW, determine a eficiência da turbina e a eficiência combinada do gerador-turbina dessa instalação. Despreze as perdas nos tubos.

5–26 Considere um rio que corre na direção de um lago a uma velocidade média de 4 m/s e vazão de 500 m³/s em um local 70 m acima da superfície do lago. Determine a energia mecânica total da água do rio por unidade de massa e o potencial de geração de energia de todo o rio naquele local.

Resposta: 347 MW

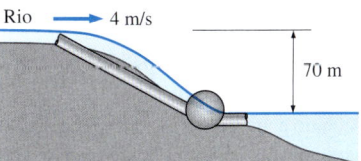

FIGURA P5–26

5–27 Água é bombeada de um lago para um tanque de armazenamento que está 18 m acima a uma vazão de 70 L/s e consome

20,4 kW de energia elétrica. Desprezando as perdas por atrito nos tubos e quaisquer variações da energia cinética, determine (a) a eficiência geral da unidade bomba-motor e (b) a diferença de pressão entre a entrada e a saída da bomba.

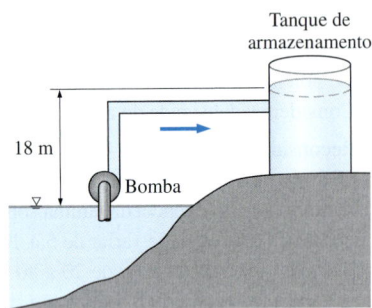

FIGURA P5–27

Equação de Bernoulli

5–28C O que é pressão de estagnação? Explique como ela pode ser medida

5–29C Expresse a equação de Bernoulli de três maneiras diferentes usando (a) as energias, (b) as pressões e (c) as cargas.

5–30C Quais são as três hipóteses principais usadas na dedução da equação de Bernoulli?

5–31C Defina pressão estática, dinâmica e hidrostática. Sob quais condições a soma é constante para uma corrente de escoamento?

5–32C O que é aceleração na direção da linha de corrente? Em que ela difere da aceleração normal? Uma partícula de fluido pode acelerar em um escoamento estacionário?

5–33C Defina a carga de pressão, a carga de velocidade e a carga de elevação para uma corrente de fluido cuja pressão é P, velocidade é V e elevação é z e expresse-as.

5–34C Explique como e por que um sifão funciona. Alguém propõe passar água fria com um sifão sobre uma parede com 7 m de altura. Isso é possível? Explique.

5–35C Como a localização da linha piezométrica é determinada em um escoamento de canal aberto? Como ela é determinada na saída de um cano que descarrega na atmosfera?

5–36C Em determinada aplicação, um sifão deve passar sobre uma parede alta. A água ou um óleo de gravidade específica 0,8 pode passar sobre uma parede mais alta? Por quê?

5–37C O que é uma linha piezométrica? Em que ela difere da linha de energia? Sob quais condições ambas as linhas coincidem com a superfície livre de um líquido?

5–38C Um manômetro de vidro com óleo como fluido de trabalho foi conectado a um duto de ar como mostra a Fig. P5–38C. O óleo do manômetro se moverá como na Fig. P5–38Ca ou b? Explique. Qual seria sua resposta se a direção do escoamento fosse invertida?

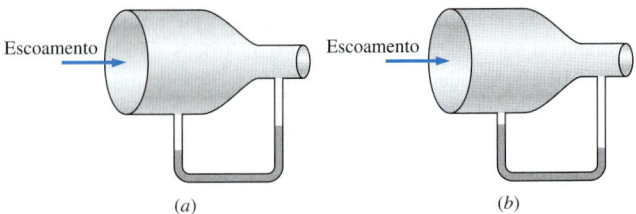

FIGURA P5–38C

5–39C A velocidade de um fluido escoando em um tubo deve ser medida por dois manômetros de mercúrio do tipo Pitot diferentes, mostrados na Fig. P5–39C. Você esperaria a mesma velocidade para o escoamento da água nos dois manômetros? Caso contrário, qual seria a opção mais exata? Explique. Qual seria sua resposta se ar escoasse no tubo em vez de água?

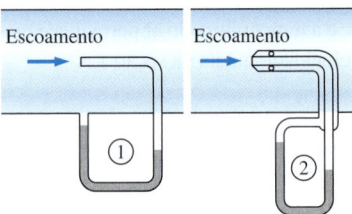

FIGURA P5–39C

5–40C O nível de água de um tanque no telhado de um prédio está 20 m acima do solo. Uma mangueira vai da parte inferior do tanque até o solo, e na sua ponta há um bocal que aponta diretamente para cima. Qual é a altura máxima até onde a água poderia subir? Quais fatores reduziriam essa altura?

5–41C Uma aluna usa um sifão para passar água sobre uma parede de 8,5 m de altura no nível do mar. Em seguida, ela sobe no pico do Monte Shasta (elevação de 4.390 m, P_{atm} = 58,5 kPa) e tenta realizar a mesma experiência. Comente suas perspectivas de sucesso.

5–42 Em uma usina hidrelétrica, a água entra nos bocais da turbina a 800 kPa absoluta com baixa velocidade. Se as saídas dos bocais são expostas a uma pressão atmosférica de 100 kPa, determine a velocidade máxima com a qual a água pode ser acelerada pelos bocais antes de atingir as lâminas da turbina.

5–43 Uma sonda estática de Pitot é usada para medir a velocidade de um avião que voa a 3.000 m. Se a leitura da pressão diferencial for de 3 kPa, determine a velocidade do avião.

5–44 A velocidade do ar no duto de um sistema de aquecimento deve ser medida por uma sonda estática de Pitot inserida nesse duto paralelamente ao escoamento. Se a altura diferencial entre as colunas d'água conectadas às duas saídas da sonda for de 2,4 cm, determine (a) a velocidade de escoamento e (b) a elevação da pressão na ponta da sonda. A temperatura e pressão do ar no duto são de 45°C e 98 kPa, respectivamente.

5–45E As necessidades de água potável de um escritório precisam ser atendidas por garrafões de água. Uma ponta de uma mangueira plástica com diâmetro de 0,25 in é inserida no garrafão colocado em um suporte alto, enquanto o outro lado, com uma válvula liga-desliga, é mantido 2 ft abaixo da parte inferior do garrafão. Se o nível da água do garrafão for de 1,5 ft quando cheio, determine o tempo mínimo para encher um copo de 8 onças (= 0,00835 ft^3) (a) quando o garrafão acabar de ser aberto e (b) quando o garrafão estiver quase vazio. Despreze perdas por atrito.

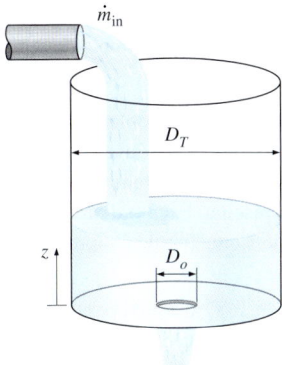

FIGURA P5–49

5–50E Água escoa através de um tubo horizontal a uma vazão de 2,4 gal/s. O tubo consiste em duas seções de diâmetros 4 in e 2 in com uma seção de redução suave. A diferença de pressão entre as seções dos dois tubos é medida por um manômetro de mercúrio. Desprezando os efeitos do atrito, determine a altura diferencial do mercúrio entre as duas seções do tubo.

Resposta: 3,0 in

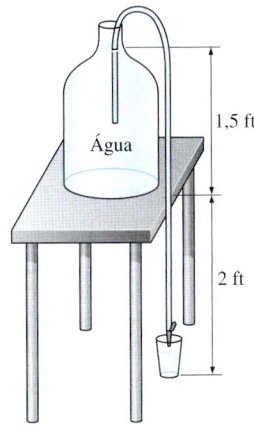

FIGURA P5–45E

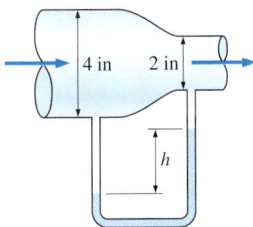

FIGURA P5–50E

5–46 Um piezômetro e um tubo de Pitot são colocados em uma tubulação de água horizontal com 4 cm de diâmetro, e a altura das colunas d'água são medidas em 26 cm no piezômetro e 35 cm no tubo de Pitot (ambas medidas da superfície superior do tubo). Determine a velocidade no centro do tubo.

5–47 O diâmetro de um tanque de água cilíndrico é D_o e sua altura é H. O tanque é preenchido com água e está aberto para a atmosfera. Um orifício de diâmetro D com uma entrada uniforme (ou seja, com perdas desprezíveis) é aberto na parte inferior. Desenvolva uma relação para o tempo necessário até que o tanque (a) esvazie até a metade e (b) esvazie completamente.

5–48E Um sifão bombeia água de um reservatório grande para um tanque mais baixo que inicialmente está vazio. O tanque também tem um orifício arredondado 20 ft abaixo da superfície do reservatório, por onde a água sai do tanque. O sifão e o orifício têm diâmetro de 2 in. Ignorando as perdas por atrito, determine a que altura a água subirá no tanque no equilíbrio.

5–49 A água entra em um tanque com diâmetro D_T de forma constante a uma vazão de massa de $\dot{m}_e$. Um orifício na parte inferior com diâmetro D_o permite que a água escape. O orifício tem uma entrada arredondada, de modo que as perdas por atrito são desprezíveis. Se o tanque está inicialmente vazio, (a) determine a altura máxima que a água atingirá no tanque e (b) obtenha uma relação para a altura z da água como função do tempo.

5–51 Um avião voa a uma altitude de 12.000 m. Determine a pressão manométrica no ponto de estagnação no nariz do avião se a velocidade for de 300 km/h. Como você solucionaria este problema para uma velocidade de 1.050 km/h? Explique.

5–52 Ao viajar por uma estrada suja, a parte inferior de um carro atinge uma pedra, resultando em um pequeno furo na parte inferior do tanque de gasolina. Se altura da gasolina no tanque for de 30 cm, determine a velocidade inicial da gasolina no orifício. Discuta como a velocidade mudará com o tempo e como o escoamento será afetado se a tampa do tanque estiver hermeticamente fechada.

Resposta: 2,43 m/s

5–53 A água de uma piscina com 8 m de diâmetro e 3 m de altura acima do solo deve ser esvaziada destampando um tubo horizontal com 3 cm de diâmetro e 25 m de comprimento anexo à parte inferior da piscina. Determine a vazão máxima de descarga da água através do tubo. Explique também por que a vazão real será menor.

5–54 Reconsidere o Problema 5–53. Determine em quanto tempo a piscina será esvaziada completamente.
Resposta: 15,4 h

5–55 Reconsidere o Problema 5–54. Usando o EES (ou outro aplicativo) investigue o efeito do diâmetro do tubo de descarga sobre o tempo necessário para esvaziar completamente a piscina. Faça o diâmetro variar de 1 a 10 cm em incrementos de 1 cm. Tabule e represente graficamente seus resultados.

5–56 Ar a 105 kPa e 37°C escoa para cima através de um duto inclinado com 6 cm de diâmetro a uma vazão de 65 L/s. O diâmetro do duto é reduzido para 4 cm por meio de um redutor. A variação de pressão através do redutor é medida por um manômetro de água. A diferença de elevação entre os dois pontos do tubo, onde os dois braços do manômetro estão ligados, é de 0,20 m. Determine a altura diferencial entre os níveis de fluido dos dois braços do manômetro.

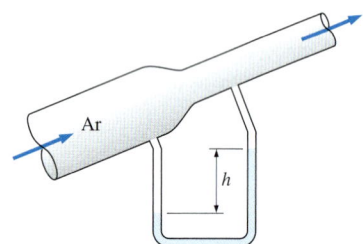

FIGURA P5–56

5–57 Uma bomba de bicicleta portátil pode ser usada como um atomizador para gerar uma fina névoa de tinta ou de pesticida, forçando o ar a uma alta velocidade através de um pequeno orifício e colocando de um tubo curto entre o reservatório de líquido e o jato de ar a alta velocidade. A pressão através de um jacto subsônico exposto à atmosfera é quase atmosférica, e a superfície do líquido no reservatório também está aberta à pressão atmosférica. Em vista disso, explique como o líquido é sugado para cima do tubo. *Dica*: Leia Sec. 5–4 com cuidado.

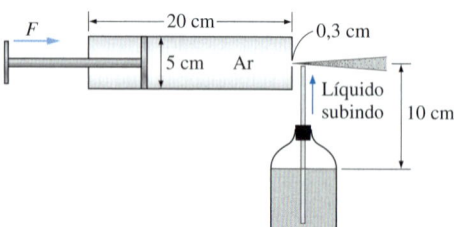

FIGURA P5–57

5–58 Água a 20°C é conduzida por um sifão, a partir de um reservatório, como mostrado na Fig. P5–58. Para d = 10 cm e D = 16 cm, determine (*a*) a vazão mínima que pode ser alcançada sem ocorrer cavitação no sistema de tubos e (*b*) a elevação máxima do ponto mais alto do sistema de tubos para evitar cavitação.

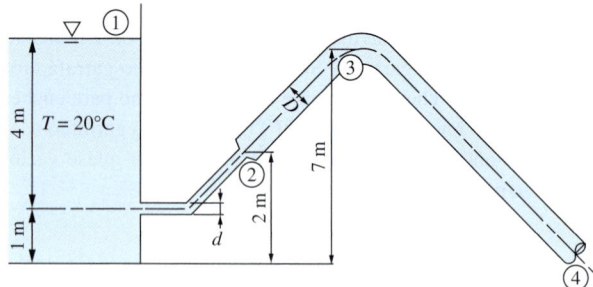

FIGURA P5–58

5–59 A pressão manométrica da água nos reservatórios de uma cidade em determinado local é de 270 kPa. Determine se esse reservatório pode fornecer água para vizinhanças a 25 m acima desse local.

5–60 Um tanque pressurizado de água tem um orifício de 10 cm de diâmetro na parte inferior, onde a água é descarregada para a atmosfera. O nível da água está 2,5 m acima da saída. A pressão do ar no tanque, acima do nível da água, é de 250 kPa (absoluta), enquanto a pressão atmosférica é de 100 kPa. Desprezando os efeitos do atrito, determine a vazão de descarga inicial da água do tanque.
Resposta: 0,147 m³/s

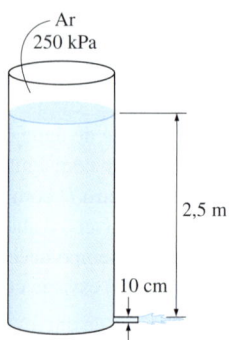

FIGURA P5–60

5–61 Reconsidere o Problema 5–60. Usando o EES (ou outro aplicativo) investigue o efeito da altura da água do tanque sobre a velocidade de descarga. Faça a altura da água variar de 0 a 5 m em incrementos de 0,5 m. Tabule e represente graficamente seus resultados.

5–62E O ar escoa através de um medidor Venturi cujo diâmetro é de 2,6 na entrada (local 1) e 1,8 na garganta (local 2). A pressão manométrica é medida como 12,2 psia na entrada e 11,8 psia na garganta. Desprezando os efeitos do atrito, mostre que a vazão de volume pode ser expressa como

$$\dot{V} = A_2 \sqrt{\frac{2(P_1 - P_2)}{\rho(1 - A_2^2/A_1^2)}}$$

e determine a vazão do ar. Considere a densidade do ar como 0,075 lbm/ft³.

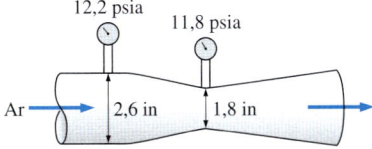

FIGURA P5–62E

5–63 O nível da água em um tanque é de 15 m acima do solo. Uma mangueira está conectada à parte inferior do tanque, e o bocal na ponta desta aponta diretamente para cima. A tampa do tanque é hermética e a pressão manométrica do ar acima da superfície da água é de 3 atm. O sistema está no nível do mar. Determine a altura máxima até a qual a corrente de água pode chegar.

Resposta: 46,0 m

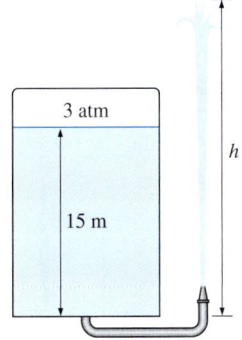

FIGURA P5–63

5–64 Uma sonda estática de Pitot conectada a um manômetro de água é usada para medir a velocidade do ar. Se a deflexão (a distância vertical entre os níveis de fluido nos dois braços) for de 5,5 cm, determine a velocidade do ar, sendo que a sua densidade é de 1,16 kg/m³.

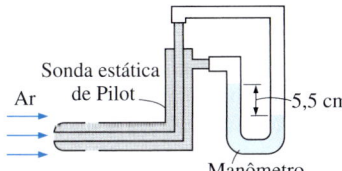

FIGURA P5–64

5–65E A velocidade do ar em um duto é medida por uma sonda estática de Pitot conectada a um medidor manométrico de pressão diferencial. Se o ar está a 13,4 psia absoluta e 70°F, e a leitura da pressão manométrica diferencial é de 0,15 psi, determine a velocidade do ar.

Resposta: 143 ft/s

5–66 Em climas frios, os tubos de água podem congelar e estourar se não forem tomadas medidas preventivas. Nesse caso, a parte exposta de um tubo no solo se rompe, e a água pode subir até 42 m. Estime a pressão manométrica da água no tubo. Defina as suas hipóteses e discuta se a pressão real é maior ou menor do que o valor previsto.

5–67 Um pistão sem folga com 4 pequenos furos dentro de um cilindro selado cheio de água, representado na Fig. P5–67, é empurrado para a direita a uma velocidade constante de 4 mm/s, enquanto a pressão no compartimento direito permanece constante a 50 kPa manométrica. Desconsiderando os atritos, determine a força F que precisa ser aplicada ao êmbolo para manter este movimento.

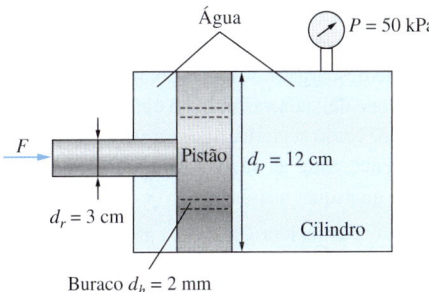

FIGURA P5–67

5–68 Um fluido de densidade ρ e viscosidade μ flui através de uma seção horizontal em um duto convergente-divergente. As áreas das seções transversais do dutos – $A_{entrada}$, $A_{garganta}$ e A_{saida} – são conhecidas na entrada, na garganta (área mínima) e na saída, respectivamente. A pressão média P_{saida} é medida na saída, e a velocidade média $V_{entrada}$ é medida na entrada. (*a*) Negligenciando quaisquer irreversibilidades como fricção, gere expressões para a velocidade média e pressão média na entrada e na garganta em termos das variáveis dadas. (*b*) Em um escoamento real (com irreversibilidades), você espera que a pressão real na entrada seja maior ou menor do que a prevista? Explique.

Equação da energia

5–69C O que é carga útil da bomba? Como ela se relaciona à entrada de potência na bomba?

5–70C Considere o escoamento adiabático estacionário de um fluido incompressível. A temperatura do fluido pode diminuir durante o escoamento? Explique.

5–71C O que é perda irreversível de carga? Como ela se relaciona à perda de energia mecânica?

5–72C Considere o escoamento adiabático estacionário de um fluido incompressível. Se a temperatura do fluido permanecer constante durante o escoamento, é correto dizer que os efeitos do atrito são desprezíveis?

5–73C O que é o fator de correção da energia cinética? Ele é significativo?

5–74C O nível da água de um tanque está 20 m acima do solo. Uma mangueira está conectada à parte inferior do tanque, e o bocal na ponta desta aponta diretamente para cima. Observa-se que a corrente de água do bocal se eleva 25 m acima do solo. Explique o que pode fazer a água da mangueira se elevar acima do nível do tanque.

5–75C Uma pessoa está enchendo um balde na altura do joelho usando uma mangueira de jardim e a mantém de tal forma que a descarga de água ocorre ao nível da cintura. Alguém sugere que o balde vai encher mais rápido se o bocal da mangueira for baixado de modo que a água saia da mangueira ao nível do joelho. Você concorda com esta sugestão? Explique. Desconsidere quaisquer atritos.

5–76C Um tanque de 3 m de altura cheio de água tem uma válvula de descarga na parte inferior e outra perto do topo. (*a*) Se essas duas válvulas são abertas, haverá alguma diferença entre as velocidades de descarga dos dois escoamentos de água? (*b*) Se uma mangueira é deixada vazando no chão for primeiro ligada à válvula inferior e, em seguida, ligada à válvula superior, haverá alguma diferença entre as vazões de água para os dois casos? Desconsidere quaisquer atritos.

5–77E Em uma usina hidroelétrica, a água escoa de uma elevação de 400 ft para uma turbina onde a energia elétrica é gerada. Para uma eficiência geral de turbina-gerador de 85%, determine a vazão mínima necessária para gerar 100 kW de eletricidade.

Resposta: 217 lbm/s

5–78E Reconsidere o Problema 5–77E. Determine a vazão da água se a perda irreversível de carga do sistema de tubulação entre as superfícies livres da fonte e do sumidouro for de 36 ft.

5–79 Uma bomba de óleo consome 25 kW de energia elétrica enquanto bombeia petróleo com $\rho = 860$ kg/m^3 a uma vazão de 0,1 m^3/s. Os diâmetros de entrada e de saída da tubulação são de 8 cm e 12 cm, respectivamente. Se o aumento de pressão do óleo na bomba for medido como 250 kPa e a eficiência do motor for de 90%, determine a eficiência mecânica da bomba. Tome o fator de correção da energia cinética como 1,05.

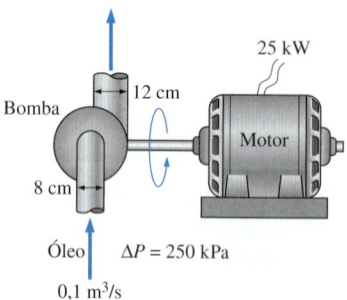

FIGURA P5–79

5–80 Água é bombeada de um grande lago para um reservatório 25 m acima a uma vazão de 25 L/s por uma bomba (eixo) de 10 kW. Se a perda irreversível de carga do sistema de tubulação for de 5 m, determine a eficiência mecânica da bomba.

Resposta: 73,6%

5–81 Reconsidere o Problema 5–80. Usando o EES (ou outro aplicativo) investigue o efeito da perda irreversível de carga sobre a eficiência mecânica da bomba. Faça a perda de carga variar de 0 a 15 m em incrementos de 1 m. Represente graficamente e discuta os resultados.

5–82 Uma bomba (eixo) de 15 hp é usada para elevar água até 45 m de altura. Se a eficiência mecânica da bomba for de 82%, determine a vazão de volume máxima da água.

5–83 Água escoa a uma vazão de 0,035 m^3/s em um tubo horizontal cujo diâmetro é reduzido de 15 cm para 8 cm por um redutor. Se a pressão no eixo central for medida como 480 kPa e 445 kPa antes e depois do redutor, respectivamente, determine a perda irreversível de carga no redutor. Considere os fatores de correção da energia cinética como 1,05.

Resposta: 1,18 m

5–84 O nível da água em um tanque está 20 m acima do solo. Uma mangueira está conectada à parte inferior do tanque, e o seu bocal aponta diretamente para cima. O tanque está no nível do mar e a superfície da água é aberta para a atmosfera. Na tubulação que vai do tanque até o bocal há uma bomba que aumenta a pressão da água. Se o jato de água subir até uma altura de 27 m do solo, determine a elevação mínima de pressão fornecida pela bomba para a tubulação d'água.

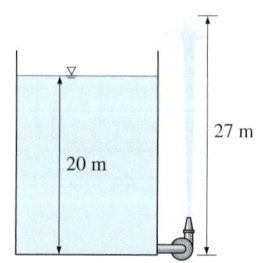

FIGURA P5–84

5–85 Uma turbina hidráulica tem 50 m de carga disponível a uma vazão de 1,30 m^3/s, e sua eficiência geral de turbina-gerador é de 78%. Determine a potencia resultante dessa turbina.

5–86 Um ventilador deve ser selecionado para ventilar um banheiro cujas dimensões são 2 m $\times$ 3 m $\times$ 3 m. A velocidade do ar não deve exceder 8 m/s para minimizar o ruído e a vibração. A eficiência combinada da unidade ventilador-motor pode ser considerada como 50%. Se o ventilador deve substituir todo o volume do ar em 10 min, determine (*a*) a potencia da unidade ventilador-motor a ser comprada, (*b*) o diâmetro do gabinete do ventilador e (*c*) a diferença de pressão através do ventilador. Considere a densidade do ar como 1,25 kg/m^3 e despreze o efeito dos fatores de correção da energia cinética.

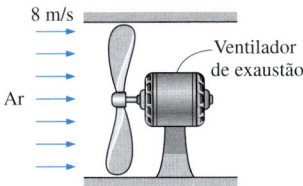

FIGURA P5–86

5–87 Água escoa a uma vazão de 20 L/s através de um tubo horizontal cujo diâmetro, constante, é de 3 cm. A queda de pressão através de uma válvula do tubo é medida como 2 kPa, como mostra a Fig P5–87. Determine a perda irreversível da válvula, e a potência de bombeamento útil necessária para superar a queda de pressão resultante.

Respostas: 0,204 m, 40 W

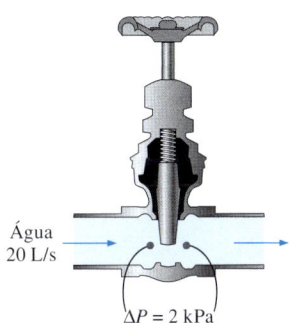

FIGURA P5–87

5–88E O nível de água de um tanque está 34 ft acima do solo. Uma mangueira é conectada à parte inferior do tanque, ao nível do solo, e o bocal aponta diretamente para cima. A tampa do tanque é hermética, mas a pressão sobre a superfície da água é desconhecida. Determine a pressão (manométrica) de ar mínima do tanque que fará uma corrente de água do bocal se elevar até 72 ft acima do solo.

5–89 Um tanque grande inicialmente está preenchido com água até 5 m acima do centro de um orifício com diâmetro de 10 cm e pontas afiadas. A superfície da água do tanque é aberta para a atmosfera e o orifício drena para a atmosfera. Se a perda irreversível total de carga no sistema for 0,3 m, determine a velocidade da descarga inicial de água do tanque. Considere o fator de correção da energia cinética no orifício como 1,2.

5–90 Água entra em uma turbina hidráulica por meio de um tubo com 30 cm de diâmetro a uma vazão de 0,6 m³/s e sai através de um tubo com 25 cm de diâmetro. A queda de pressão na turbina é medida por um manômetro de mercúrio como 1,2 m. Para uma eficiência combinada de turbina-gerador de 83%, determine a saída total de potência elétrica. Despreze o efeito dos fatores de correção da energia cinética.

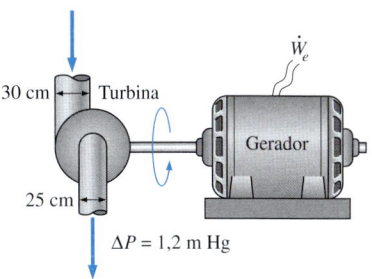

FIGURA P5–90

5–91 O perfil de velocidade de um escoamento turbulento em um tubo circular é aproximado por $u(r) = u_{máx}(1 - r/R)^{1/n}$, onde $n = 9$. Determine o fator de correção da energia cinética para esse escoamento.

Resposta: 1,04

5–92 Água é bombeada a partir de um reservatório inferior para um reservatório superior por uma bomba que fornece 20 kW de potência mecânica útil para a água. A superfície livre do reservatório superior é 45 m mais alta do que a superfície do reservatório inferior. Se a vazão de água é medida como 0,03 m³/s, determine a perda irreversível de carga do sistema e a perda de potência mecânica durante este processo.

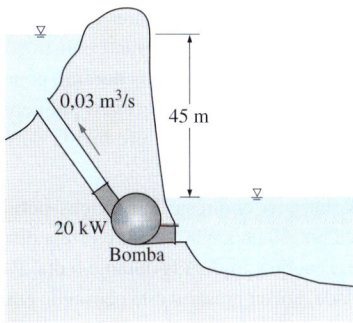

FIGURA P5–92

5–93 Água num tanque grande parcialmente cheio deve ser fornecida para cima do telhado, que está 8 m acima do nível da água no tanque, através de um tubo de 2,5 cm de diâmetro interno, mantendo uma pressão (manométrica) de ar constante de 300 kPa no tanque. Se a perda de carga na tubulação for de 2 m de água, determine a vazão de descarga de água fornecida para cima do telhado.

5–94 Água subterrânea deve ser bombeada por uma bomba submersa de 5 kW e eficiência de 70% para uma piscina cuja superfície livre está 30 m acima do nível da água subterrânea. O diâmetro do tubo é de 7 cm na entrada e 5 cm na saída. Determine (*a*) a vazão máxima da água e (*b*) a diferença de pressão através da bomba. Suponha que a diferença de elevação entre a entrada e a saída da bomba e o efeito dos fatores de correção da energia cinética sejam desprezíveis.

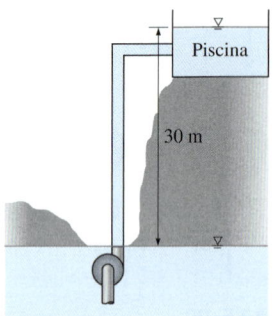

FIGURA P5–94

5–95 Reconsidere o Problema 5–94. Determine a vazão da água e a diferença de pressão através da bomba se a perda irreversível de carga do sistema de tubulação for de 4 m.

5–96E Uma bomba de 12 hp e eficiência de 73% bombeia água de um lago para uma piscina próxima a uma vazão de 1,2 ft³/s por meio de um tubo de diâmetro constante. A superfície livre da piscina está 35 ft acima da superfície do lago. Determine a perda irreversível de carga do sistema de tubulação em ft e a energia mecânica usada para superá-la.

5–97 A demanda de energia elétrica em geral é bem mais alta durante o dia do que à noite, e as empresas de fornecimento de energia costumam vender a energia noturna por preços bem mais baixos para incentivar os consumidores a usar a capacidade de geração de energia disponível, e evitar a construção de novas e caras usinas que serão usadas apenas durante pouco tempo nos períodos de pico. As empresas de serviços públicos também estão dispostas a comprar a energia produzida durante o dia de empresas privadas a um preço alto.

Suponha que uma empresa de serviços públicos venda a energia elétrica por $0,06/kWh à noite e esteja disposta a pagar $0,13/kWh pela energia produzida durante o dia. Para aproveitar essa oportunidade, um empresário está pensando em construir um grande reservatório 50 m acima do nível de um lago, bombeando a água do lago para o reservatório à noite utilizando energia barata e deixando a água escoar do reservatório para o lago durante o dia, produzindo potência enquanto a bomba a motor opera como um gerador à turbina durante o escoamento inverso. A análise preliminar mostra que uma vazão de água de 2 m³/s pode ser usada em qualquer direção, e que a perda irreversível de carga do sistema de tubulação é de 4 m. As eficiências combinadas de bomba-motor e turbina-gerador devem ser de 75% cada uma. Considerando que o sistema opera por 10 h em cada um dos modos de bomba e turbina durante um dia típico, determine a receita potencial que esse sistema de bomba e turbina pode gerar por ano.

5–98 Quando o sistema é submetido a um movimento de corpo rígido linear com aceleração constante linear a ao longo de uma distância L, a equação de Bernoulli modificada toma a forma:

$$\left(\frac{P_1}{\rho} + \frac{V_1^2}{2} + gz_1\right) - \left(\frac{P_2}{\rho} + \frac{V_2^2}{2} + gz_2\right) = aL + \text{Perdas}$$

onde V_1 e V_2 são velocidades relativas a um ponto fixo e "Perdas" representam perdas por atrito que são nulas quando os atritos são desprezíveis. O tanque com dois tubos de descarga representado na Fig. P5–98 acelera para a esquerda com uma aceleração linear constante de 3 m/s². Se as vazões volumétricas de ambos os tubos devem ser idênticas, determine o diâmetro D do tubo inclinado. Desconsidere quaisquer atritos.

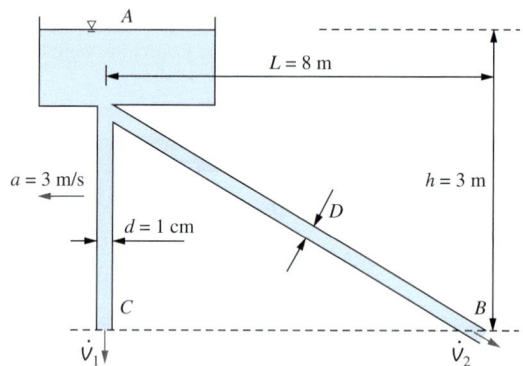

FIGURA P5–98

5–99 Uma embarcação de combate a incêndios deve trabalhar nas áreas costeiras retirando água do mar com densidade de 1.030 kg/m³ por meio de um tubo com 10 cm de diâmetro a uma vazão de 0,04 m³/s e descarregando-a por meio do bocal com diâmetro de saída de 5 cm. A perda irreversível total de carga do sistema é de 3 m, e a posição do bocal está 3 m acima do nível do mar. Para uma bomba de eficiência de 70%, determine a entrada necessária de potência de eixo na bomba e a velocidade de descarga da água.

Respostas: 39,2 kW, 20,4 m/s

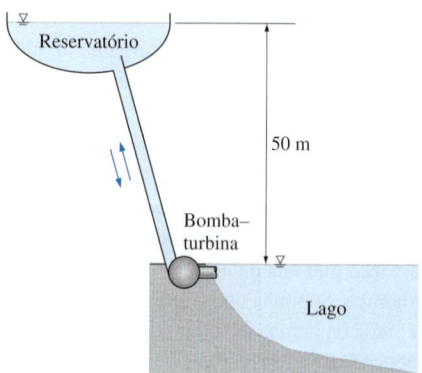

FIGURA P5–97

FIGURA P5–99

Problemas de revisão

5–100 A velocidade de um líquido que escoa num tubo circular de raio R varia de zero na parede até um máximo no centro do tubo. A distribuição de velocidades no tubo pode ser representada como $V(r)$, onde r é a distância radial a partir do centro do tubo. Com base na definição de vazão de massa $\dot{m}$, obtenha uma relação para a velocidade média em termos de $V(r)$, R e r.

5–101 Ar com 2,50 kg/m³ entra em um bocal que tem uma razão entre área de entrada e de saida de 2:1 a uma velocidade de 120 m/s e sai com uma velocidade de 330 m/s. Determine a densidade do ar na saída.

Resposta: 1,82 kg/m³

5–102E O nível de água em um tanque é de 55 ft acima do chão. Uma mangueira está ligada ao fundo do tanque, e o bocal na extremidade do tubo está apontado para cima. O reservatório está ao nível do mar, e a superfície da água é aberta para a atmosfera. Na linha que conduz do reservatório ao bocal, há uma bomba, que aumenta a pressão da água em 10 psia. Determine o valor máximo da altura que a corrente de água pode atingir.

5–103 Um tanque pressurizado de 2 m de diâmetro de água tem um orifício de 10 cm de diâmetro na parte inferior, onde água é descarregada para a atmosfera. O nível da água inicialmente é de 3 m acima da saída. A pressão de ar no tanque acima do nível da água é mantida a 450 kPa absolutos e a pressão atmosférica é de 100 kPa. Desprezando atritos, determine (a) quanto tempo vai demorar para que metade da água no tanque seja descarregada e (b) o nível de água no reservatório depois de 10 s.

5–104 O ar escoa através de um tubo a uma vazão de 120 L/s. O tubo consiste em duas seções de 22 cm e de 10 cm de diâmetro com uma seção de redução suave que as conecta. A diferença de pressão entre as duas secções do tubo é medida por um manômetro de água. Desprezando atritos, determine a altura diferencial de água entre as duas seções da tubulação. Tome a densidade do ar como 1,20 kg/m³.

Resposta: 1,37 cm.

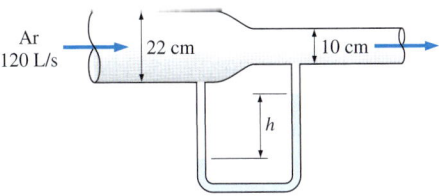

FIGURA P5-104

5–105 Ar a 100 kPa e 25°C escoa em um duto horizontal de seção transversal variável. A coluna d'água do manômetro que mede a diferença entre duas das seções tem um deslocamento vertical de 8 cm. Se a velocidade da primeira seção é baixa e o atrito é desprezível, determine a velocidade na segunda seção. Além disso, se a leitura do manômetro tem um erro possível de ±2 mm, faça uma análise de erro para estimar o intervalo de validade da velocidade encontrada.

5–106 Um grande tanque contém ar a 102 kPa em uma localização onde o ar atmosférico está a 100 kPa e 20°C. Então, um orifício de 2 cm de diâmetro é aberto. Determine a vazão máxima de ar através do orifício. Qual seria sua resposta se o ar fosse descarregado através de um tubo de 2 m de comprimento, 4 cm de diâmetro, com um bocal de 2 cm de diâmetro? Você resolveria o problema da mesma forma, se a pressão no tanque de armazenamento fosse 300 kPa?

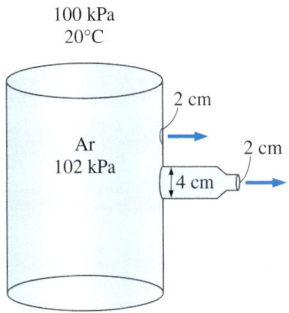

FIGURA P5-106

5–107 Água está escoando através de um medidor de Venturi, cujo diâmetro é de 7 cm na entrada e 4 cm na garganta. A pressão é medida como 380 kPa na entrada e 150 kPa na garganta. Desprezando atritos, determine a vazão de água.

Resposta: 0,0285 m³/s

5–108 Água escoa a uma vazão de 0,011 m³/s em um tubo horizontal cujo diâmetro aumenta 6 para 11 cm por um alargamento de seção. Se a perda de carga através de toda a seção de alargamento for de 0,65 m e o fator de correção da energia cinética, tanto na entrada como na saída for de 1,05, determine a variação de pressão.

5–109 O ar de uma sala de hospital de 6 m × 5 m × 4 m deve ser totalmente substituído por um ar condicionado a cada 20 min. Se a velocidade média do ar no duto circular de ar até a sala não deve exceder 5 m/s, determine o diâmetro mínimo do duto.

5–110 Água subterrânea está sendo bombeada para dentro de uma piscina cuja seção transversal é de 3 m × 4 m, e a água é descarregada através de um orifício de 5 cm de diâmetro, a uma velocidade média constante de 5 m/s. Se o nível de água no tanque se eleva a uma velocidade de 1,5 cm/min, determine a velocidade com que a água é fornecida à piscina, em m³/s.

5–111 Um grande tanque de 3 m de altura é inicialmente preenchido com água. A superfície da água do tanque é aberta para a atmosfera, e um afiado orifício de 10 cm de diâmetro no fundo drena água para a atmosfera através de um tubo horizontal de 80 m de comprimento. Se a perda irreversível total de carga do sistema é determinada como 1,5 m, determine a velocidade inicial da água no tanque. Ignore o efeito do fator de correcção da energia cinética.

Resposta: 5,42 m/s

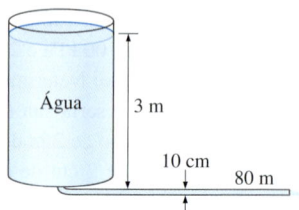

FIGURA P5–111

5–112 Reconsidere Prob. 5–111. Usando EES (ou outro) *software*, investigue o efeito da altura do tanque na velocidade inicial de descarga de água com o tanque completamente preenchido. Deixe a altura do reservatório variar de 2 a 15 m em incrementos de 1 m, e assuma que a perda irreversível de carga permaneça constante. Tabule e represente graficamente os resultados.

5–113 Reconsidere Prob. 5–111. A fim de esvaziar o tanque mais rapidamente, uma bomba é instalada perto da saída do tanque. Determine a carga de entrada da bomba necessária para estabelecer uma velocidade média da água de 6,5 m/s quando o tanque está cheio.

5–114 Um tanque com diâmetro $D_0 = 8$ m está inicialmente cheio com água até 2 m acima do centro de uma válvula com um diâmetro $D = 10$ cm próxima à parte inferior. A superfície do tanque está aberta para a atmosfera e o tanque é drenado por meio de um tubo com comprimento de $L = 80$ m conectado à válvula. O fator de atrito do tubo é dado por $f = 0,015$ e a velocidade de descarga é expressa por $V = \sqrt{\dfrac{2gz}{1,5 + fL/D}}$ onde z é a altura da água acima do centro da válvula. Determine (*a*) a velocidade inicial de descarga do tanque e (*b*) o tempo necessário para esvaziar o tanque. O tanque pode ser considerado vazio quando o nível da água cai até o centro da válvula.

5–115 Em algumas aplicações, medidores de vazão do tipo cotovelo, como o que é mostrado na Fig. P5–115, são usados para medir vazões. O raio do tubo é R, o raio de curvatura do cotovelo é λ, e a diferença de pressão ΔP através da curvatura dentro do tubo é medida. A partir da teoria de escoamento potencial, sabe-se que $Vr = C$, onde V é a velocidade do fluido a uma distância r do centro de curvatura O, e C é uma constante. Assumindo um escoamento estacionário sem atrito e, portanto, que a equação de Bernoulli através de linhas de corrente é aplicável, obtenha uma relação para a vazão em função de ρ, g, ΔP, λ e R.

Resposta: $\dot{V} = \pi \sqrt{\dfrac{2\Delta P}{\rho g \lambda R}} (\lambda^2 - R^2)(\lambda - \sqrt{\lambda^2 - R^2})$

5–116 O tanque cilíndrico de água com uma válvula no fundo na Fig. P5–116 contém ar na parte superior sob pressão atmosférica local de 100 kPa e água, como mostrado. É possível esvaziar completamente esse tanque abrindo totalmente a válvula? Se não, determine a altura da água no tanque quando a água pára de fluir com a válvula totalmente aberta. Suponha que a temperatura do ar no interior do cilindro se mantenha constante durante o processo de descarga.

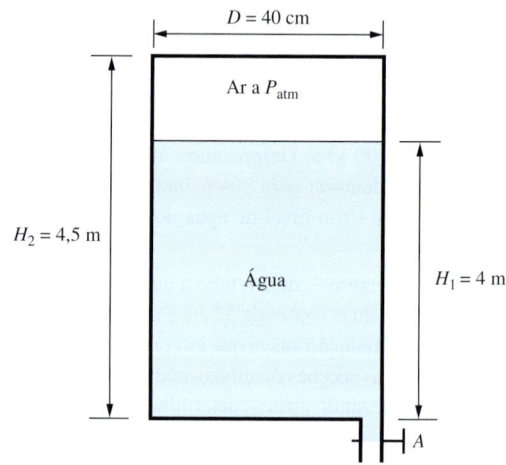

FIGURA P5–116

5–117 Um tanque rígido com volume de 1,5 m³ contém inicialmente ar atmosférico a 20°C e 150 kPa. Então, um compressor é ligado, e o ar atmosférico a uma vazão constante de 0,05 m³/s é fornecido ao tanque. Se a pressão e densidade no tanque variam como $P/\rho^{1,4}$ = constante durante a carga, (*a*) obtenha uma relação para a variação de pressão no tanque com o tempo e (*b*) calcule quanto tempo levará para que a pressão absoluta no tanque triplique.

5–118 Um túnel de vento consome ar atmosférico a 20°C e 101,3 kPa por um grande ventilador localizado próximo à saída do túnel. Se a velocidade de ar no túnel for de 80 m/s, determine a pressão do túnel.

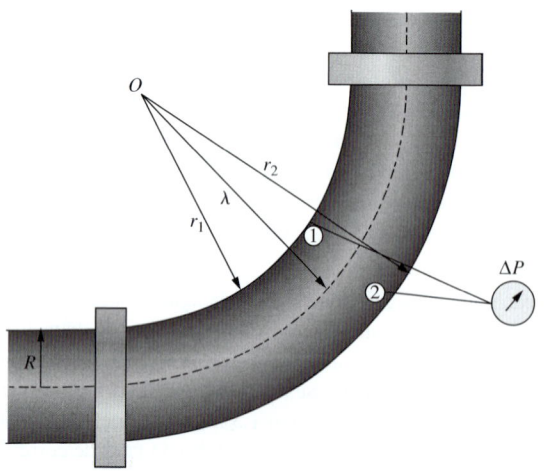

FIGURA P5–115

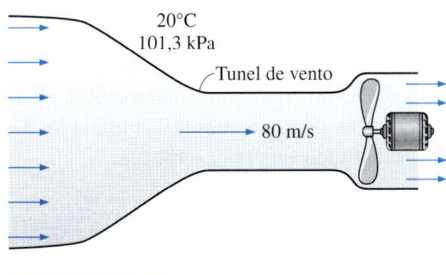

FIGURA P5–118

Problemas adicionais

5–119 Água escoa num tubo de 5 cm de diâmetro, a uma velocidade de 0,75 m/s. A vazão de massa de água no tubo é:

(a) 353 kg/min   (b) 75 kg/min   (c) 37,5 kg/min

(d) 1,47 kg/min   (e) 88,4 kg/min

5–120 Ar a 100 kPa e 20°C escoa em um tubo com diâmetro de 12 cm a uma vazão de 9,5 kg/min. A velocidade do ar no tubo é:

(a) 1,4 m/s   (b) 6,0 m/s   (c) 9,5 m/s

(d) 11,8 m/s   (e) 14,0 m/s

5–121 Um tanque de água contém inicialmente 140 L de água. Então, vazões iguais de água fria e quente entram no tanque por um período de 30 minutos, enquanto a água morna é descarregada a uma vazão de 25 L/min. A quantidade de água no tanque no final deste período de 30 minutos é de 50 L. A vazão da água quente que entra no tanque é:

(a) 33 L/min   (b) 25 L/min   (c) 11 L/min

(d) 7 L/min   (e) 5 L/min

5–122 Água entra em um tubo de 4 cm de diâmetro a uma velocidade de 1 m/s. O diâmetro do tubo é reduzido para 3 cm na saída. A velocidade da água na saída é:

(a) 1,78 m/s   (b) 1,25 m/s   (c) 1 m/s

(d) 0,75 m/s   (e) 0,50 m/s

5–123 A pressão da água é aumentada de 100 kPa para 900 kPa por uma bomba. O aumento da energia mecânica da água é:

(a) 0,9 kJ/kg   (b) 0,5 kJ/kg   (c) 500 kJ/kg

(d) 0,8 kJ/kg   (e) 800 kJ/kg

5–124 Um corpo de 75 m de altura de água aberto para a atmosfera está disponível. Água escoa através de uma turbina a uma vazão de 200 L/s na parte inferior do corpo da água. A diferença de pressão através da turbina é:

(a) 736 kPa   (b) 0,736 kPa   (c) 1,47 kPa

(d) 1470 kPa   (e) 368 kPa

5–125 Uma bomba é usada para aumentar a pressão de água de 100 kPa para 900 kPa, a uma vazão de 160 L/min. Se a potência de eixo fornecida para a bomba é de 3 kW, a eficiência da bomba é:

(a) 0,532   (b) 0,660   (c) 0,711

(d) 0,747   (e) 0,855

5–126 Uma turbina hidráulica é usada para gerar energia usando a água de uma represa. A diferença de elevação entre as superfícies livres a montante e a jusante dessa represa é de 120 m. A água é fornecida à turbina a uma vazão de 150 kg/s. Se a potência de eixo de saída da turbina é de 155 kW, a eficiência da turbina é:

(a) 0,77   (b) 0,80   (c) 0,82

(d) 0,85   (e) 0,88

5–127 O motor de uma bomba consome 1,05 hp de eletricidade. A bomba aumenta a pressão da água de 120 kPa para 1100 kPa, a uma vazão de 35 L/min. Se o rendimento do motor é de 94%, o rendimento da bomba é:

(a) 0,75   (b) 0,78   (c) 0,82

(d) 0,85   (e) 0,88

5–128 A eficiência de uma unidade hidraulica turbina – gerador é especificada como 85%. Se a eficiência do gerador for de 96%, o rendimento da turbina é:

(a) 0.816   (b) 0,850   (c) 0,862

(d) 0,885   (e) 0,960

5–129 Qual parâmetro *não* está relacionado a equação de Bernoulli?

(a) Densidade   (b) Velocidade   (c) Tempo

(d) Pressão   (e) Elevação

5–130 Considere o escoamento incompressível, sem atrito de um fluido em uma tubulação horizontal. A pressão e a velocidade desse fluido é medida como 150 kPa e 1,25 m/s em um ponto específico. A densidade do fluido é de 700 kg/m³. Se a pressão for de 140 kPa em outro ponto, a velocidade do fluido nesse ponto é:

(a) 1,26 m/s   (b) 1,34 m/s   (c) 3,75 m/s

(d) 5,49 m/s   (e) 7,30 m/s

5–131 Considere o escoamento incompressível, sem atrito de água em uma tubulação vertical. A pressão é de 240 kPa a 2 m do nível do solo. A velocidade da água não se altera durante este escoamento. A pressão a 15 m do nível do solo é:

(a) 227 kPa   (b) 174 kPa   (c) 127 kPa

(d) 120 kPa   (e) 113 kPa

5–132 Considere o escoamento de água em uma rede de tubulações. A pressão, velocidade e altitude em um ponto específico (ponto 1) do escoamento é 150 kPa, 1,8 m/s, e 14 m. A pressão e a velocidade no ponto 2 são 165 kPa e 2,4 m/s. Negligenciando efeitos de atrito, a elevação no ponto 2 é:

(a) 12,4 m   (b) 9,3 m   (c) 14,2 m

(d) 10,3 m   (e) 7,6 m

5–133 As pressões estáticas e de estagnação de um fluido em um tubo são medidas por um piezômetro e um tubo de Pitot, resultando em 200 kPa e 210 kPa, respectivamente. Se a densidade do fluido for de 550 kg/m³, a velocidade do fluido é:

(a) 10 m/s   (b) 6,03 m/s   (c) 5,55 m/s

(d) 3,67 m/s   (e) 0,19 m/s

5–134 As pressões estáticas e de estagnação de um líquido em um tubo são medidas por um piezômetro e um tubo de Pitot. As alturas do fluido no tubo de Pitot e no piezômetro são medidas como 2,2 m e 2,0 m, respectivamente. Se a densidade do fluido for 5000 kg/m³, a velocidade do fluido no tubo é:

(a) 0,92 m/s   (b) 1,43 m/s   (c) 1,65 m/s
(d) 1,98 m/s   (e) 2,39 m/s

5–135 A diferença entre as alturas da linha de energia (EGL) e da linha hidráulica (HGL) é igual a:

(a) z (b) $P/\rho g$ (c) $V^2/2g$
(d) $z + P/\rho g$ (e) $z + V^2/2g$

5–136 Água a 120 kPa (manométrica) escoa em uma tubulação horizontal a uma velocidade de 1,15 m/s. O tubo faz um ângulo de 90° na saída e a água sai do tubo verticalmente para o ar. A altura máxima que o jato de água pode subir é:

(a) 6,9 m   (b) 7,8 m   (c) 9,4 m
(d) 11,5 m   (e) 12,3 m

5–137 Água é retirada da parte inferior de um tanque grande aberto para a atmosfera. A velocidade da água é de 6,6 m/s. A altura mínima da água no tanque é:

(a) 2,22 m   (b) 3,04 m   (c) 4,33 m
(d) 5,75 m   (e) 6,60 m

5–138 Água a 80 kPa (manométrica) entra em um tubo horizontal com velocidade de 1,7 m/s. O tubo faz um ângulo de 90° na saída e a água sai do tubo verticalmente para o ar. Considere o fator de correção como 1. Se a perda irreversível de carga entre a entrada e saída do tubo for de 3 m, a altura que o jato de água pode subir é:

(a) 3,4 m   (b) 5,3 m   (c) 8,2 m
(d) 10,5 m   (e) 12,3 m

5–139 Água do mar é bombeada para um tanque grande a uma vazão de 165 kg/min. O tanque é aberto para a atmosfera e a água entra no tanque a partir de altura de 80 m. A eficiência global da unidade motor-bomba é de 75% e o motor consome eletricidade a uma potência de 3,2 kW. Considere o fator de correção como 1. Se a perda irreversível de carga na tubulação for de 7 m, a velocidade da água na entrada do tanque será:

(a) 2,34 m/s   (b) 4,05 m/s   (c) 6,21 m/s
(d) 8,33 m/s   (e) 10,7 m/s

5–140 Água entra numa bomba a 350 kPa a uma vazão de 1 kg/s. A água que sai da bomba entra em uma turbina, onde a pressão é reduzida e electricidade é produzida. A potência de eixo de entrada para a bomba é de 1 kW e a potência de saída de eixo da turbina é de 1 kW. Tanto a bomba e a turbina têm eficiencia de 90%. Se a altura e a velocidade da água permanecem constante ao longo do escoamento e a perda irreversível de carga for de 1 m, a pressão da água na saída da turbina é:

(a) 350 kPa   (b) 100 kPa   (c) 173 kPa
(d) 218 kPa   (e) 129 kPa

5–141 Uma bomba adiabática é usada para aumentar a pressão de água de 100 kPa para 500 kPa a uma vazão de 400 L/min. Se a eficiência da bomba for de 75%, o aumento máximo da temperatura da água através da bomba é:

(a) 0,096°C   (b) 0,058°C   (c) 0,035°C
(d) 1,52°C   (e) 1,27°C

5–142 A potência do eixo de uma turbina 90% eficiente é de 500 kW. Se a vazão de massa através da turbina for 575 kg/s, a carga extraída do fluido através da turbina é:

(a) 48,7 m   (b) 57,5 m   (c) 147 m
(d) 139 m   (e) 98,5 m

Problemas de projeto e dissertação

5–143 Usando um balde grande cujo volume é conhecido e medindo o tempo necessário para preenchê-lo com água por meio de uma mangueira de jardim, determine a vazão de massa e a velocidade média da água através da mangueira.

5–144 Sua empresa está montando uma experiência que envolve a medição da vazão do ar em um duto, e você precisa fornecer a instrumentação necessária. Pesquise as técnicas e dispositivos disponíveis para a medição da vazão de ar, discuta as vantagens e desvantagens de cada técnica e faça uma recomendação.

5–145 Projetos auxiliados por computador, uso de materiais melhores e técnicas de manufatura aperfeiçoadas resultaram em um aumento incrível da eficiência de bombas, turbinas e motores elétricos. Entre em contato com vários fabricantes de bombas, turbinas e motores e obtenha informações sobre a eficiência de seus produtos. Em geral, como a eficiência varia com a potência nominal desses dispositivos?

5–146 Usando uma bomba manual de bicicleta para um gerar jato de ar, uma lata de refrigerante como reservatório de água e um canudinho como o tubo, projete e construa um atomizador. Estude os efeitos de diversos parâmetros como comprimento do tubo, diâmetro do orifício de saída e velocidade de bombeamento sobre o desempenho.

5–147 Usando um canudinho flexível e uma régua, explique como você mediria a velocidade de escoamento da água em um rio.

5–148 A potência gerada por uma turbina de vento é proporcional ao cubo da velocidade do vento. Inspirado pela aceleração de um fluido por um bocal, alguém propõe a instalação de um gabinete redutor para capturar a energia do vento de uma área maior e acelerá-lo antes que ele atinja as lâminas de uma turbina, como mostra a Fig. P5–148. Avalie se a modificação proposta deve receber atenção no projeto de novas turbinas de vento.

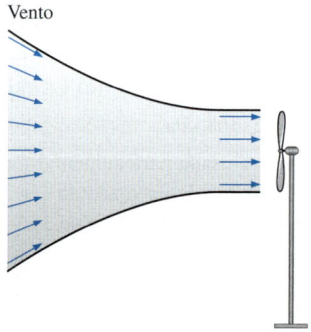

FIGURA P5–148

Capítulo 6

Análise de Momento nos Sistemas de Escoamento

OBJETIVOS

Ao terminar a leitura deste capítulo você deve ser capaz de:

- Identificar os diversos tipos de forças e momentos que atuam sobre um volume de controle
- Usar a análise do volume de controle para determinar as forças associadas ao escoamento de fluidos
- Utilizar a análise do volume de controle para determinar os momentos causados pelo escoamento de fluido e o torque transmitido

Ao lidar com problemas de engenharia, é desejável obter soluções rápidas e exatas com custo mínimo. A maioria desses problemas, incluindo aqueles associados ao escoamento de fluidos, pode ser analisada usando uma de três abordagens básicas: diferencial, experimental e de volume de controle. Nas *abordagens diferenciais,* o problema é formulado com exatidão usando quantidades infinitesimais, mas a solução das equações diferenciais resultantes é difícil e, em geral, exige o uso de métodos numéricos com códigos de computador abrangentes. As *abordagens experimentais* complementadas com a análise dimensional são altamente exatas, mas muitas vezes elas são demoradas e caras. A *abordagem de volume de controle finito* descrita neste capítulo é muito rápida e simples e, em geral, fornece as respostas suficientemente exatas para a maioria das finalidades de engenharia. Assim, apesar das aproximações envolvidas, a análise básica de volume de controle finito executada com papel e lápis tem sido uma ferramenta indispensável para os engenheiros.

O Capítulo 5 apresentou a análise de volume de controle para a massa e energia dos sistemas com escoamento de fluidos. Neste capítulo, apresentamos a análise de volume de controle finito para o momento dos problemas de escoamento de fluido. Em primeiro lugar, damos uma visão geral das leis de Newton e das relações de conservação dos momentos linear e angular. A seguir, usando o teorema de transporte de Reynolds, desenvolvemos as equações dos momentos linear e angular para os volumes de controle e as utilizamos para determinar as forças e os torques associados ao escoamento do fluido.

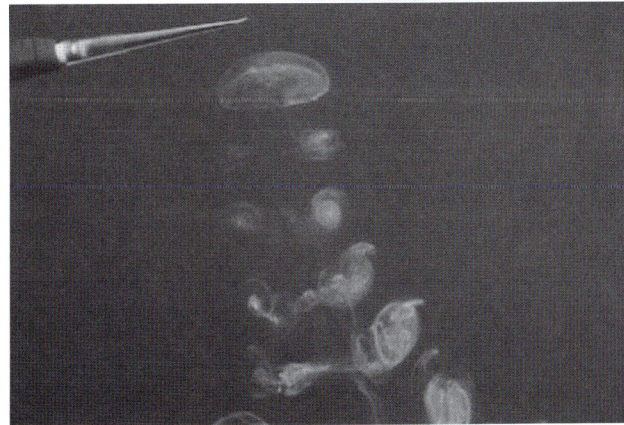

O nado da água viva Aurelia Aurita. Tinta fluorescente injetada diretamente à montante do animal é sugada para a região abaixo deste à medida que o corpo se relaxa, formando anéis de vorticidade quando o animal contrai seu corpo e ejeta fluido. O anel de vorticidade simultaneamente induz escoamento tanto para alimentação quanto para propulsão.
Adaptado de Dabiri et al., J. Exp. Biol. 208: 1257-1265.
Crédito da foto: Sean P. Colin e John H. Costello.

6–1 LEIS DE NEWTON

As leis de Newton são relações entre movimentos dos corpos e as forças que atuam sobre eles. A primeira lei de Newton diz que *um corpo em repouso permanece em repouso, e um corpo em movimento permanece em movimento à mesma velocidade, em uma trajetória retilínea, quando a força resultante que age sobre ele é nula.* Portanto, um corpo tende a preservar seu estado de inércia. A segunda lei de Newton afirma que *a aceleração de um corpo é proporcional à força resultante que atua sobre ele e é inversamente proporcional à sua massa.* A terceira lei de Newton afirma que *quando um corpo exerce uma força em um segundo corpo, o segundo corpo exerce uma força igual e oposta sobre o primeiro corpo.* Portanto, a direção de uma dada força de reação depende do corpo tomado como sistema.

Para um corpo rígido de massa *m*, a segunda lei de Newton é expressa como

Segunda lei de Newton: $$\vec{F} = m\vec{a} = m\frac{d\vec{V}}{dt} = \frac{d(m\vec{V})}{dt} \quad (6\text{–}1)$$

onde $\vec{F}$ é a força resultante que atua sobre o corpo e $\vec{a}$ é a aceleração do corpo sob a influência de $\vec{F}$.

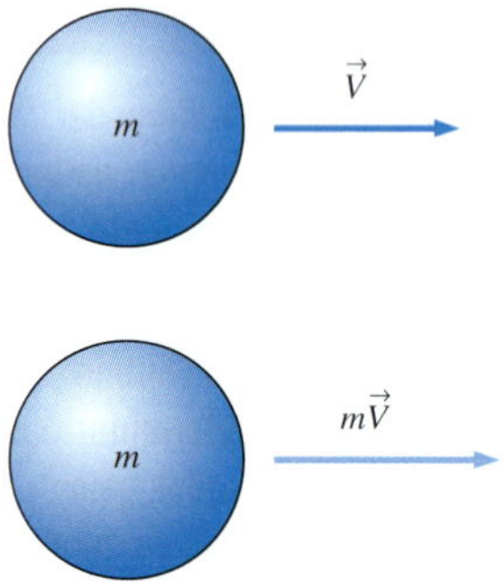

O produto da massa pela velocidade de um corpo é chamado de *momento linear*, ou simplesmente *momento* (ou ainda *quantidade de movimento*) do corpo. O momento de um corpo rígido de massa *m* que se move com uma velocidade $\vec{V}$ é $m\vec{V}$ (Fig. 6–1). A segunda lei de Newton expressa pela Equação 6–1 também pode ser enunciada como *a taxa de variação do momento de um corpo é igual à força que atua sobre o corpo* (Fig. 6–2). Esse enunciado coincide melhor com o enunciado original de Newton para a segunda lei, e é mais apropriado para o uso na mecânica dos fluidos quando se estudam as forças geradas como resultado das variações na velocidade das correntes de fluidos. Assim, em mecânica dos fluidos, a segunda lei de Newton em geral é chamada de *equação do momento linear*.

O momento de um sistema permanece constante quando a força resultante que atua sobre ele é zero e, portanto, o momento desse sistema é conservado. Isso é conhecido como o *princípio de conservação do momento*. Esse princípio provou ser uma ferramenta muito útil na análise das colisões, como aquelas que ocorrem entre bolas, entre bolas e raquetes, pás ou bastões, e entre átomos ou partículas subatômicas e explosões como aquelas que ocorrem em foguetes, mísseis e armas de fogo. Na mecânica dos fluidos, no entanto, a força resultante atuando sobre um sistema *não* é normalmente nula, e preferimos trabalhar com a equação do momento linear em lugar de usar o princípio da conservação do momento.

Observe que a força, a aceleração, a velocidade e o momento são quantidades vetoriais e como tal, elas têm direção e módulo. Da mesma forma, o momento é um múltiplo constante da velocidade e, portanto, a direção do momento é a direção da velocidade, como mostrado na Fig. 6–1. Toda equação vetorial pode ser escrita na forma escalar para uma direção especificada usando as componentes, ou seja, $F_x = ma_x = d(mV_x)/dt$ na direção *x*.

O equivalente da segunda lei da Newton para corpos rígidos em rotação é expresso como $\vec{M} = I\vec{\alpha}$, onde $\vec{M}$ é o torque resultante aplicado ao corpo, *I* é o momento de inércia do corpo em relação ao eixo de rotação e $\vec{\alpha}$ é a aceleração angular. Isso também pode ser expresso em termos de taxa de variação do momento angular $d\vec{H}/dt$ como

Equação do momento angular: $$\vec{M} = I\vec{\alpha} = I\frac{d\vec{\omega}}{dt} = \frac{d(I\vec{\omega})}{dt} = \frac{d\vec{H}}{dt} \quad (6\text{–}2)$$

FIGURA 6–1 O momento linear é o produto da massa pela velocidade e sua direção é a direção da velocidade.

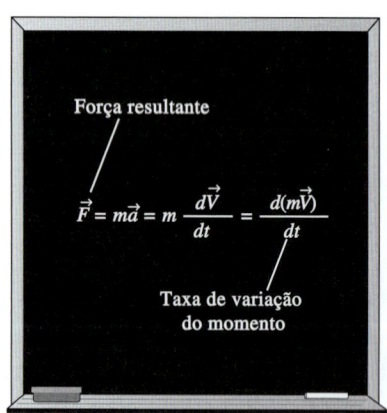

FIGURA 6–2 A segunda lei de Newton também é expressa como *a taxa de variação do momento de um corpo é igual à força líquida que atua sobre ela.*

onde $\vec{\omega}$ é a velocidade angular. Para um corpo rígido que gira em torno de um eixo x fixo, a equação do momento angular pode ser escrita na forma escalar como

Momento angular em relação ao eixo x: $\qquad M_x = I_x \dfrac{d\omega_x}{dt} = \dfrac{dH_x}{dt}$ (6–3)

A equação do momento angular pode ser enunciada como *a taxa de variação do momento angular de um corpo é igual ao torque resultante que atua sobre ele* (Fig. 6–3).

O momento angular total de um corpo em rotação permanece constante quando o torque resultante que atua sobre ele é nulo e, portanto, o momento angular do sistema é conservado. Isso é conhecido como *princípio da conservação do momento angular* e é expresso como $I\omega$ = constante. Muitos fenômenos interessantes, como os patinadores no gelo que giram mais rápido quando colocam os braços perto do corpo, ou os mergulhadores que giram mais rápido quando se curvam após o salto, podem ser explicados facilmente com a ajuda do princípio da conservação do momento angular (em ambos os casos, o momento de inércia I diminui e a velocidade angular ω aumenta quando as partes exteriores do corpo estão mais próximas do eixo de rotação).

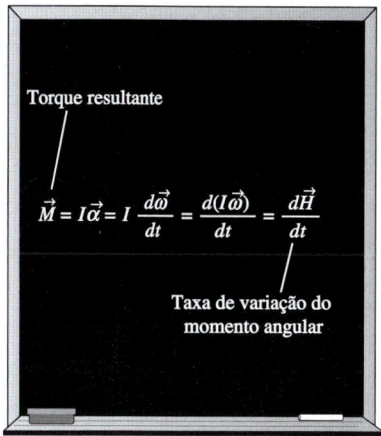

FIGURA 6–3 A taxa de variação do momento angular de um corpo é igual ao torque resultante que atua sobre ele.

6–2 ESCOLHENDO UM VOLUME DE CONTROLE

Agora discutiremos rapidamente como selecionar de forma *sensata* um volume de controle. Um volume de controle pode ser selecionado como uma região arbitrária do espaço através da qual o fluido escoa, e a superfície de controle que o delimita pode ser fixa, móvel e até mesmo deformável durante o escoamento. A aplicação de uma lei básica de conservação é apenas um procedimento sistemático para organizar ou levar em conta a quantidade que está sendo considerada e, portanto, é extremamente importante que as fronteiras do volume de controle sejam bem definidas durante uma análise. Além disso, a taxa de escoamento de qualquer quantidade que entra ou sai de um volume de controle depende da velocidade do escoamento *em relação à superfície de controle* e, portanto, é essencial saber se o volume de controle permanece em repouso durante o escoamento ou se ele se move.

Muitos sistemas de escoamento envolvem equipamentos parados firmemente fixados a uma superfície imóvel, e a análise de tais sistemas fica mais fácil quando se usam os volumes de controle *fixos*. Ao determinar a força de reação que atua sobre um tripé que prende o bocal de uma mangueira, por exemplo, uma opção natural para o volume de controle é aquela que passa perpendicularmente através da saída do escoamento do bocal e através da parte inferior das pernas do tripé (Fig. 6–4*a*). Esse é um volume de controle fixo e a velocidade da água em relação a um ponto fixo do solo é igual à velocidade da água em relação ao plano de saída do bocal.

Ao analisar os sistemas de escoamento que se movem ou se deformam, em geral é mais conveniente permitir que o volume de controle se *mova* ou se *deforme*. Por exemplo, ao determinar o impulso desenvolvido pelo motor a jato de um avião a velocidade constante, uma opção sensata é escolher um volume de controle que inclua o avião e atravesse o plano de saída do bocal (Fig. 6–4*b*). Neste caso, o volume de controle se move à velocidade $\vec{V}_{CV}$, que é idêntica à velocidade de cruzeiro do avião, com relação a um ponto fixo na Terra. Ao determinar a taxa de escoamento dos gases de exaustão que saem do bocal, a velocidade adequada a ser usada é a velocidade dos gases de exaustão com relação ao plano de saída do bocal, ou seja, a *velocidade relativa* $\vec{V}_r$. Como todo o volume de controle se move

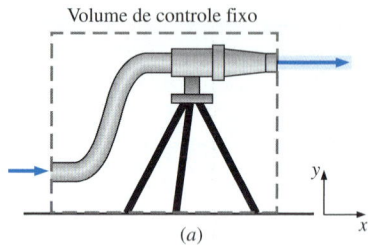

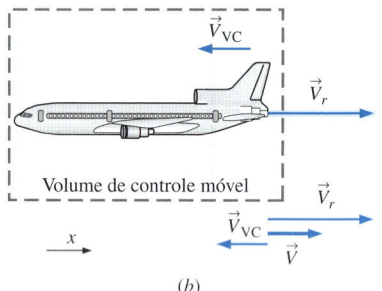

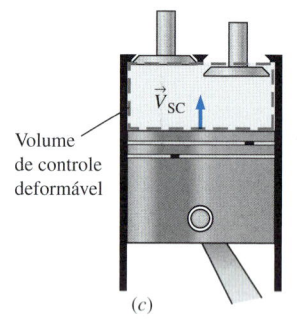

FIGURA 6–4 Exemplos de volume de controle (a) fixo (b) móvel e (c) deformável.

à velocidade $\vec{V}_{VC}$, a velocidade relativa torna-se $\vec{V}_r = \vec{V} - \vec{V}_{VC}$, onde $\vec{V}$ é a *velocidade absoluta* dos gases de exaustão, ou seja, a velocidade com relação a um ponto fixo na Terra. Observe que $\vec{V}_r$ é a velocidade do fluido expressa com relação a um sistema de coordenadas que se move *com* o volume de controle. Além disso, essa é uma equação vetorial, e as velocidades em direções opostas têm sinais opostos. Por exemplo, se o avião estiver se movendo a 500 km/h para a esquerda, e a velocidade dos gases de exaustão for de 800 km/h para a direita com relação ao solo, a velocidade dos gases de exaustão com relação à saída do bocal será

$$\vec{V}_r = \vec{V} - \vec{V}_{VC} = 800\vec{i} - (-500\vec{i}) = 1300\vec{i} \text{ km/h}$$

Ou seja, os gases de exaustão saem do bocal a 1.300 km/h para a direita com relação à saída do bocal (na direção oposta àquela do avião); essa é a velocidade que deve ser usada ao avaliar o escoamento de saída dos gases de exaustão através da superfície de controle (Fig. 6–4b). Observe que os gases de exaustão pareceriam imóveis para um observador no solo se a velocidade fosse igual em módulo à velocidade do avião.

Ao analisar o escape dos gases de exaustão de um motor a combustão interna alternativo, uma opção sensata será usar um volume de controle que compreenda o espaço entre a parte superior do pistão e o cabeçote do cilindro (Fig. 6–4c). Esse é um volume de controle *deformável*, uma vez que parte da superfície de controle se move em relação às outras partes. A velocidade relativa de uma entrada ou saída da parte deformável de uma superfície de controle (não existem essas entradas ou saídas na Fig. 6–4c) é dada por $\vec{V}_r = \vec{V} - \vec{V}_{SC}$, onde $\vec{V}$ é a velocidade absoluta do fluido e $\vec{V}_{SC}$ é a velocidade da superfície de controle com relação a um ponto fixo fora do volume de controle. Observe que $\vec{V}_{SC} = \vec{V}_{VC}$ para volumes de controle móveis, mas não deformáveis, e $\vec{V}_{SC} = \vec{V}_{VC} = 0$ para volumes de controle fixos.

6–3 FORÇAS QUE ATUAM SOBRE UM VOLUME DE CONTROLE

As forças que atuam sobre um volume de controle consistem em **forças de campo** que agem em toda a parte do volume de controle (como as forças da gravidade, elétrica e magnética) e as **forças de superfície** que agem sobre as superfícies de controle (como as forças de pressão e viscosas e as forças de reação nos pontos de contato). Apenas forças externas são consideradas em nossa análise. Forças internas (como a força de pressão entre o fluido e as superfícies internas da seção de escoamento) não são consideradas na análise de volume de controle, a menos que a superfície de controle passe por essa área.

Na análise do volume de controle, a soma de todas as forças que agem sobre o volume de controle em determinado instante de tempo são representadas por $\Sigma \vec{F}$ e expressas como

Força total agindo no volume de controle: $\quad \sum \vec{F} = \sum \vec{F}_{campo} + \sum \vec{F}_{superfície}$ (6–4)

As forças de campo agem em cada parte volumétrica do volume de controle. A força de campo que age sobre um elemento diferencial do fluido de volume dV dentro do volume de controle é mostrada na Fig. 6–5, e devemos calcular uma integral de volume para levar em conta a força de campo resultante sobre todo o volume de controle. As *forças de superfície* agem sobre cada parte da superfície de controle. Um elemento de superfície diferencial, de área dA e normal unitária $\vec{n}$ na superfície de controle é mostrado na Fig. 6–5, juntamente com a força de superfície que age sobre ele. Devemos executar um integral de superfície para obter a força de superfície que age sobre toda a superfície de controle. Como mostrado no esquema, a força de superfície pode agir em uma direção independente daquela do vetor normal unitário.

A força de campo mais comum é a da **gravidade**, que exerce uma força para baixo sobre cada elemento do volume de controle. Embora as outras forças de campo, como as forças elétrica e magnética, sejam importantes para algumas análises, aqui consideramos apenas as forças gravitacionais.

A força gravitacional $d\vec{F}_{campo} = d\vec{F}_{gravidade}$ que age sobre o elemento de fluido pequeno, mostrado na Fig. 6–6, é apenas seu peso,

Força gravitacional que age sobre um elemento de fluido: $\quad d\vec{F}_{gravidade} = \rho \vec{g}\, dV$ (6–5)

onde ρ é a densidade média do elemento e $\vec{g}$ é o vetor gravitacional. Em coordenadas cartesianas, adotamos a convenção que $\vec{g}$ age na direção z negativa, como na Fig. 6–6, para que

Vetor gravitacional em coordenadas cartesianas: $\quad \vec{g} = -g\vec{k}$ (6–6)

Observe que os eixos de coordenadas da Fig. 6–6 foram orientados para que o vetor da gravidade agisse *para baixo* na direção z. Na Terra ao nível do mar, a constante gravitacional g é igual a 9,807 m/s². Como a gravidade é a única força de campo considerada, a integração da Equação 6–5 resulta em

Força de campo total que age sobre o volume de controle:

$$\sum \vec{F}_{campo} = \int_{CV} \rho \vec{g}\, dV = m_{VC}\vec{g} \quad (6-7)$$

Não é tão fácil analisar as forças de superfície, uma vez que elas consistem tanto em componentes *normais* quanto *tangenciais*. Mais além, embora a força física que atua sobre uma superfície seja independente da orientação dos eixos de coordenadas, a *descrição* da força em termos de suas componentes varia com a orientação (Fig. 6–7). Além disso, raramente temos a sorte de ter todas as superfícies de controle alinhadas com um dos eixos de coordenadas. Embora nossa intenção não seja aprofundar o assunto da álgebra de tensores, somos forçados a definir o **tensor de segunda ordem** chamado **tensor de tensão** σ_{ij} para descrever adequadamente as tensões de superfície em determinado ponto do escoamento,

Tensor de tensão em coordenadas cartesianas: $\quad \sigma_{ij} = \begin{pmatrix} \sigma_{xx} & \sigma_{xy} & \sigma_{xz} \\ \sigma_{yx} & \sigma_{yy} & \sigma_{yz} \\ \sigma_{zx} & \sigma_{zy} & \sigma_{zz} \end{pmatrix}$ (6–8)

As componentes diagonais do tensor de tensão, σ_{xx}, σ_{yy} e σ_{zz} são chamadas de **tensões normais**; elas são compostas pelas tensões da pressão (que são sempre tensões normais de compressão) e pelas tensões viscosas. As tensões viscosas são discutidas com mais detalhes no Capítulo 9. As componentes fora da diagonal σ_{xy}, σ_{zx} etc., são chamadas de **tensões de cisalhamento**; uma vez que a pressão pode agir somente na direção normal à superfície, as tensões de cisalhamento são compostas totalmente por tensões viscosas.

Quando a face não está paralela a um dos eixos de coordenadas, as leis da matemática para a rotação de eixos e tensores podem ser usadas para calcular as componentes normal e tangencial que agem na face. Além disso, uma notação alternativa, chamada **notação tensorial**, é conveniente quando se trabalha com tensores, mas em geral é usada apenas na pós-graduação. (Para uma análise mais detalhada dos tensores e da notação de tensor consulte, por exemplo, Kundu e Cohen, 2011.)

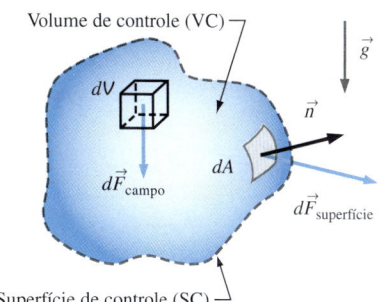

FIGURA 6–5 A força total que age em um volume de controle é composta por forças de campo e forças de superfície; a força gravitacional é mostrada em um elemento de volume diferencial, e a força de superfície é mostrada em um elemento de superfície diferencial.

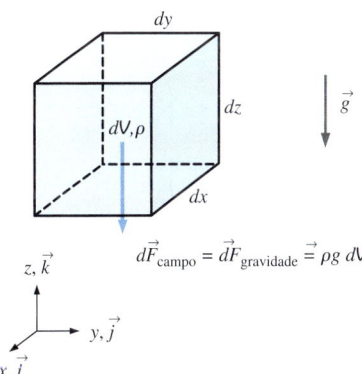

FIGURA 6–6 A força gravitacional que age sobre um elemento de volume diferencial do fluido é igual ao seu peso; os eixos foram orientados para que o vetor da gravidade agisse *para baixo* na direção z negativa.

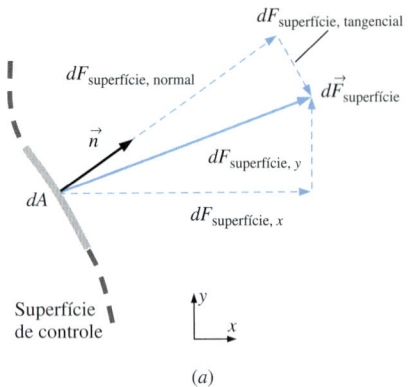

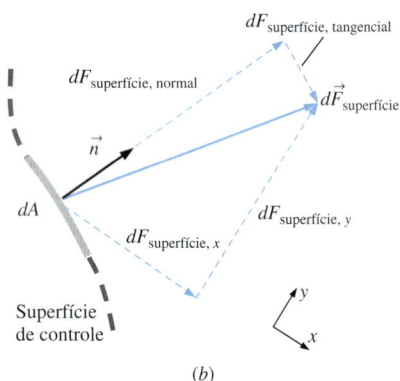

FIGURA 6–7 Quando os eixos coordenados são girados de (*a*) para (*b*), as componentes da força de superfície alteram-se, embora a força propriamente dita permaneça igual; apenas duas dimensões são mostradas aqui.

Na Equação 6–8, σ_{ij} é definido como a tensão (força por unidade de área) na direção *j* agindo sobre uma face cuja normal é na direção *i*. Observe que *i* e *j* são apenas *índices* do tensor e não são iguais aos vetores unitários $\vec{i}$ e $\vec{j}$. Por exemplo, σ_{xy} é definido como positivo para a tensão que aponta na direção *y* em uma face cuja normal exterior está na direção *x*. Essa componente do tensor de tensão é mostrada na Fig. 6–8, juntamente com as outras oito componentes, no caso de um elemento de fluido diferencial alinhado aos eixos em coordenadas cartesianas. Todas as componentes da Fig. 6–8 são mostradas nas faces positivas (direita, superior e frontal) e em sua orientação positiva. As componentes de tensão positivas nas faces *opostas* do elemento de fluido (não mostradas) apontam para direções exatamente opostas.

O produto escalar de um tensor de segunda ordem por um vetor resulta em um segundo vetor; essa operação é chamada de **produto contraído** ou **produto interno** de um tensor por um vetor. No nosso caso, o produto interno do tensor de tensão σ_{ij} pelo vetor normal unitário $\vec{n}$ de um elemento de superfície diferencial resulta em um vetor cujo módulo é a força por unidade de área que age sobre o elemento de superfície e cuja direção está na direção da própria força da superfície. Matematicamente, podemos escrever

Força de superfície agindo sobre um elemento de superfície diferencial:
$$d\vec{F}_{\text{superfície}} = \sigma_{ij} \cdot \vec{n}\, dA \tag{6–9}$$

Finalmente, integramos a Equação 6–9 sobre toda a superfície de controle,

Força total de superfície que age sobre a superfície de controle:
$$\sum \vec{F}_{\text{superfície}} = \int_{CS} \sigma_{ij} \cdot \vec{n}\, dA \tag{6–10}$$

A substituição das Equações 6–7 e 6–10 na Equação 6–4 resulta em

$$\sum \vec{F} = \sum \vec{F}_{\text{campo}} + \sum \vec{F}_{\text{superfície}} = \int_{VC} \rho \vec{g}\, dV + \int_{SC} \sigma_{ij} \cdot \vec{n}\, dA \tag{6–11}$$

Essa é uma equação bastante útil para a dedução da forma diferencial da conservação do momento linear, como discutiremos no Capítulo 9. Para uma análise prática do volume de controle, porém, é raro precisarmos usar a Equação 6–11, particularmente a complicada integral de superfície que ela contém.

Uma seleção cuidadosa do volume de controle permite escrever a força total que age sobre o volume de controle, $\Sigma\vec{F}$, como a soma de quantidades mais facilmente disponíveis como as forças peso, pressão e reação. Recomendamos a seguinte análise do volume de controle:

Força total: $\underbrace{\sum \vec{F}}_{\text{força total}} = \underbrace{\sum \vec{F}_{\text{gravidade}}}_{\text{força de campo}} + \underbrace{\sum \vec{F}_{\text{pressão}} + \sum \vec{F}_{\text{viscosa}} + \sum \vec{F}_{\text{outras}}}_{\text{força de superfície}}$ (6–12)

O primeiro termo do lado direito da Equação 6–12 é a força de campo gravitacional *peso*, uma vez que a gravidade é a única força de campo que estamos considerando. Os três outros termos se combinam para formar a força total de superfície; eles são as forças de pressão, forças viscosas e "outras" forças que atuam na superfície de controle. $\Sigma\vec{F}_{\text{outras}}$ é composta pelas forças de reação necessárias para mudar a direção do escoamento; forças em parafusos, cabos, suportes ou paredes através dos quais a superfície de controle é cortada; etc.

Todas essas forças de superfície surgem à medida que o volume de controle é isolado de sua vizinhança para análise, e o efeito de qualquer objeto separado é levado em conta por uma força naquele local. Isso é como desenhar um diagrama de corpo livre em suas aulas de estática e dinâmica. Devemos selecionar o volume de controle de modo que as forças em que não estamos interessados permaneçam internas e, portanto, não compliquem a análise. Um volume de controle bem selecionado expõe apenas as forças que devem ser determinadas (como as forças de reação) e um número mínimo de outras forças.

Uma simplificação comum da aplicação das leis do movimento de Newton é subtrair a *pressão atmosférica* e trabalhar com pressões manométricas. Isso acontece porque a pressão atmosférica age em todas as direções, e seu efeito é cancelado em todas as direções (Fig. 6–9). Isso significa que também podemos ignorar as forças de pressão nas seções exteriores, onde o fluido é descarregado na atmosfera a velocidades subsônicas, uma vez que as pressões de descarga em tais casos estarão muito próximas da pressão atmosférica.

Como exemplo de como selecionar bem um volume de controle, considere a análise de um volume de controle de água que escoa de forma estacionária através de uma torneira com distribuidor (Fig. 6–10). É preciso calcular a força líquida no flange para garantir que seus parafusos sejam suficientemente fortes. Existem muitas opções possíveis para o volume de controle. Alguns engenheiros restringem seus volumes de controle ao fluido propriamente dito, como indicado pelo VC A (o volume de controle de cor azul) na Fig. 6–10. Nesse volume de controle existem forças de pressão que variam ao longo da superfície de controle, forças viscosas ao longo da parede do tubo e nas localizações dentro da válvula, e existe uma força de campo, a saber, o peso da água no volume de controle. Felizmente, para calcular a força total no flange, *não* precisamos integrar as tensões de pressão e viscosa ao longo da superfície de controle. Em vez disso, podemos juntar a pressão desconhecida e as forças viscosas em uma força de reação representando a força resultante das paredes sobre a água. A soma dessa força com o peso da torneira e da água é igual à força total sobre o flange. (Devemos, obviamente, tomar muito cuidado com os sinais.)

Ao selecionar um volume de controle, você não fica limitado apenas ao fluido. Quase sempre é mais conveniente passar a superfície de controle *através* de objetos sólidos, como paredes, suportes ou parafusos, como ilustra o VC B (o volume de controle tracejado cinza) da Fig. 6–10. Um volume de controle pode cercar todo um objeto, como este mostrado aqui. O volume de controle B é uma boa opção, porque não estamos preocupados com os detalhes do escoamento, nem com a geometria interna do volume de controle. No caso do VC B atribuímos uma força de reação total que age nas partes da superfície de controle que passa pelo flange. Assim, as únicas outras coisas que precisamos saber são a pressão manométrica da água no flange (a entrada no volume de controle) e os pesos da água e do conjunto da torneira. A pressão em todas as outras partes ao longo da superfície de controle é atmosférica (pressão manométrica zero) e é cancelada. Esse problema será revisto na Seção 6–4, Exemplo 6–7.

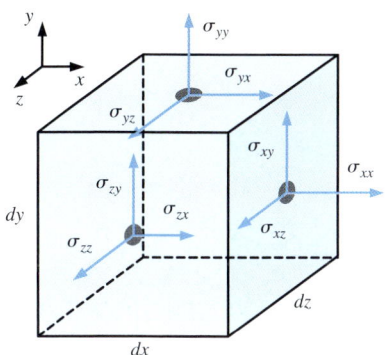

FIGURA 6–8 Componentes do tensor de tensão em coordenadas cartesianas nas faces direita, superior e frontal.

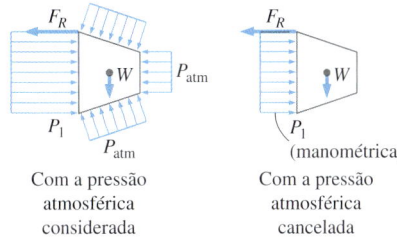

FIGURA 6–9 A pressão atmosférica age em todas as direções e, portanto, pode ser ignorada quando fazemos balanços de força, uma vez que seu efeito é cancelado em todas as direções.

6–4 A EQUAÇÃO DO MOMENTO LINEAR

A segunda lei de Newton para um sistema de massa m sujeito a uma força resultante $\Sigma \vec{F}$ é expressa como

$$\sum \vec{F} = m\vec{a} = m\frac{d\vec{V}}{dt} = \frac{d}{dt}(m\vec{V}) \quad (6\text{–}13)$$

onde $m\vec{V}$ é o **momento linear** do sistema. Observando que a densidade e a velocidade podem variar de um ponto para outro dentro do sistema, a segunda lei de Newton pode ser expressa de forma mais geral como

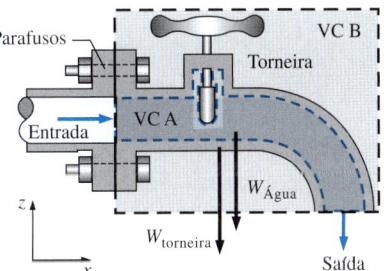

FIGURA 6–10 A seção transversal através do conjunto de uma torneira, ilustrando a importância da seleção bem feita de um volume de controle; é muito mais fácil trabalhar com o VC B do que com o VC A.

$$\sum \vec{F} = \frac{d}{dt}\int_{sys} \rho \vec{V}\, dV \qquad (6\text{–}14)$$

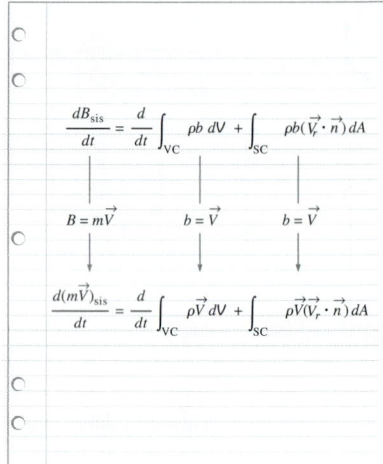

FIGURA 6–11 A equação do momento é obtida pela substituição de B no teorema de transporte de Reynolds pelo momento $m\vec{V}$, e b pelo momento por unidade de massa $\vec{V}$.

onde $\rho\vec{V}\, dV$ é o momento de um elemento diferencial dV, que tem uma massa $\delta m = \rho\, dV$. Assim, a segunda lei de Newton pode ser enunciada como *a soma de todas as forças externas que agem em um sistema é igual à taxa de variação temporal do momento linear do sistema*. Esse enunciado é válido para um sistema de coordenadas em repouso ou se movendo à velocidade constante, chamado *sistema de coordenadas inercial* ou *referencial inercial*. Um sistema em aceleração como um avião durante a decolagem é melhor analisado usando um sistema de coordenadas não inercial (ou em aceleração) fixo no avião. Observe que a Equação 6–14 é uma relação vetorial e, portanto, as quantidades $\vec{F}$ e $\vec{V}$ têm direção e também módulo.

A Equação 6–14 se aplica a uma massa determinada de sólido ou fluido e tem uso limitado na mecânica dos fluidos, uma vez que a maioria dos sistemas de escoamento é analisada usando volumes de controle. O *teorema do transporte de Reynolds* desenvolvido na Seção 4–6 oferece as ferramentas necessárias para mudar da formulação de sistema para a formulação de volume de controle. Tomando $b = \vec{V}$ e, portanto, $B = m\vec{V}$, o teorema de transporte de Reynolds pode ser expresso para o momento linear como (Fig. 6–11)

$$\frac{d(m\vec{V})_{sys}}{dt} = \frac{d}{dt}\int_{VC} \rho\vec{V}\, dV + \int_{SC} \rho\vec{V}(\vec{V}_r \cdot \vec{n})\, dA \qquad (6\text{–}15)$$

O lado esquerdo dessa equação, a partir da Equação 6–13, é igual a $\sum \vec{F}$. Substituindo, a forma geral da equação do momento linear que se aplica a volumes de controle fixos, móveis ou deformáveis é obtida como

Geral:
$$\sum \vec{F} = \frac{d}{dt}\int_{VC} \rho\vec{V}\, dV + \int_{SC} \rho\vec{V}(\vec{V}_r \cdot \vec{n})\, dA \qquad (6\text{–}16)$$

que pode ser explicada em palavras como

(A soma de todas as forças externas agindo no VC) = (A taxa de variação no tempo do momento linear do conteúdo do VC) + (A taxa de escoamento total do momento linear para fora da superfície de controle por escoamento de massa)

Aqui $\vec{V}_r = \vec{V} - \vec{V}_{SC}$ é a velocidade do fluido com relação à superfície de controle (para uso nos cálculos da vazão em massa em todos os locais onde o fluido cruza a superfície de controle) e $\vec{V}$ é a velocidade de fluido observada em um sistema de coordenadas inercial. O produto $\rho(\vec{V}_r \cdot \vec{n})$ representa a vazão em massa através do elemento de área dA para dentro ou para fora do volume de controle.

Para um volume de controle fixo (um volume de controle sem movimento ou deformação) $\vec{V}_r = \vec{V}$ e a equação da quantidade de movimento torna-se

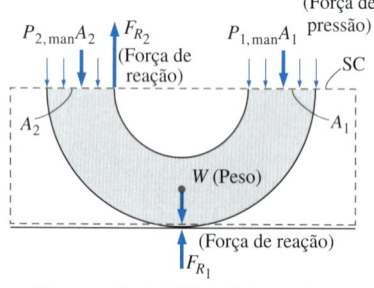

Um cotovelo de 180° apoiado no piso

FIGURA 6–12 Na maioria dos sistemas de escoamento, a força $\sum \vec{F}$ consiste em pesos, forças de pressão e forças de reação. As pressões manométricas são usadas aqui, uma vez que a pressão atmosférica se cancela em todos os lados da superfície de controle.

VC fixo:
$$\sum \vec{F} = \frac{d}{dt}\int_{VC} \rho\vec{V}\, dV + \int_{SC} \rho\vec{V}(\vec{V}\cdot \vec{n})\, dA \qquad (6\text{–}17)$$

Observe que a equação do momento é uma *equação vetorial* e, portanto, cada termo deve ser tratado como um vetor. Além disso, as componentes dessa equação podem ser escritas em coordenadas ortogonais (como x, y e z no sistema de coordenadas cartesianas) por questões de conveniência. Na maioria dos casos a força $\sum \vec{F}$ consiste em pesos, forças de pressão e forças de reação (Fig. 6–12). A equação do momento normalmente é usada para calcular as forças (em geral, em sistemas de suporte ou conectores) induzidas pelo escoamento.

Casos especiais

A maioria dos problemas considerados neste texto é em regime permanente. Durante o *escoamento permanente,* o momento dentro do volume de controle permanece constante e, portanto, a taxa de variação temporal do momento do conteúdo do volume de controle (o segundo termo da Equação 6–16) é zero. Isso resulta em

Escoamento estacionário:
$$\sum \vec{F} = \int_{SC} \rho \vec{V} (\vec{V_r} \cdot \vec{n}) \, dA \quad (6\text{–}18)$$

Para o caso em que um volume de controle não deformável se move com velocidade constante (um sistema de referência inercial), o *primeiro* $\vec{V}$ da Eq. 6–18 *também* tem que ser tomado relativo à superfície de controle móvel

Embora a Equação 6–17 seja exata para volumes de controle fixos, ela nem sempre é conveniente para resolver problemas práticos de engenharia, por causa das integrais. Em vez disso, como fizemos no caso da conservação de massa, gostaríamos de reescrever a Equação 6–17 em termos de velocidades médias e vazões em massa através de entradas e saídas. Em outras palavras, nós queremos reescrever a equação na forma *algébrica* e não na forma *integral*. Em muitas aplicações práticas, o fluido atravessa os limites do volume de controle em uma ou mais entradas e em uma ou mais saídas, e leva com ele parte do momento para dentro ou para fora do volume de controle. Por simplicidade, nós sempre desenhamos nossa superfície de controle de modo que ela faça um corte normal à velocidade de entrada ou saída de escoamento em cada uma dessas entradas ou saídas (Fig. 6–13).

A vazão em massa $\dot{m}$ para dentro ou para fora do volume de controle através de uma entrada ou saída na qual ρ é quase constante é

Taxa de escoamento de massa através de uma entrada ou saída:
$$\dot{m} = \int_{A_c} \rho (\vec{V} \cdot \vec{n}) \, dA_c = \rho V_{med} A_c \quad (6\text{–}19)$$

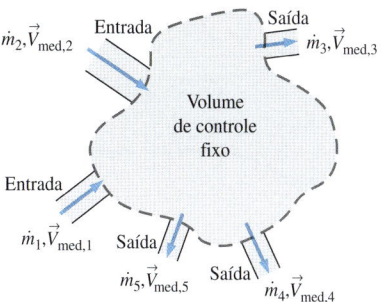

FIGURA 6–13 Em um problema típico de engenharia, o volume de controle pode conter muitas entradas e saídas; em cada entrada ou saída definimos a taxa de escoamento de massa $\dot{m}$ e a velocidade média $\vec{V}_{med}$.

Comparando a Equação 6–19 com a Equação 6–17, observamos uma velocidade extra na integral da superfície de controle da Equação 6–17. Se $\vec{V}$ fosse uniforme ($\vec{V} = \vec{V}_{med}$) através da entrada ou saída, nós poderíamos simplesmente tirá-la para fora da integral. Em seguida, poderíamos escrever a taxa de escoamento do momento através da entrada ou saída na forma algébrica simples

Taxa de escoamento do momento através de uma entrada ou saída uniforme:
$$\int_{A_c} \rho \vec{V} (\vec{V} \cdot \vec{n}) \, dA_c = \rho V_{med} A_c \vec{V}_{med} = \dot{m} \vec{V}_{med} \quad (6\text{–}20)$$

A aproximação uniforme do escoamento é razoável em algumas entradas e saídas, por exemplo, a entrada bem arredondada de um tubo, o escoamento na entrada de uma seção de teste de um túnel de vento e um corte através de um jato de água que se move à velocidade quase uniforme através do ar (Fig. 6–14). Em cada uma dessas entradas ou saídas, a Equação 6–20 pode ser aplicada diretamente.

Fator de correção do fluxo de momento, β

Infelizmente, a velocidade através da maioria das entradas e saídas de interesse prático para a engenharia *não* é uniforme. No entanto, ainda podemos converter a integral na superfície de controle da Equação 6–17 na forma algébrica, mas é necessário um fator de correção adimensional β, chamado de **fator de correção do fluxo de momento**, como mostrou pela primeira vez o cientista francês Joseph

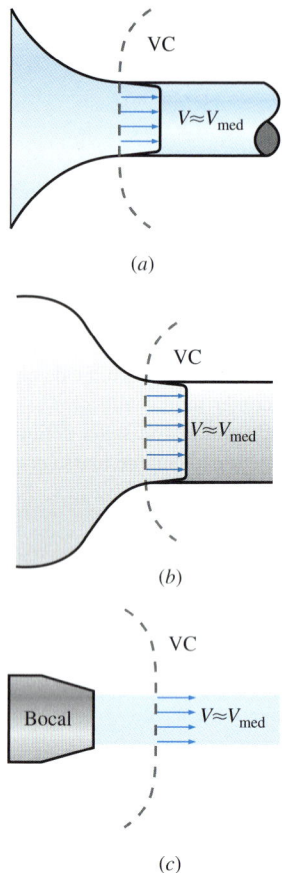

FIGURA 6–14 Exemplos de entradas ou saídas nas quais a aproximação do escoamento uniforme é razoável: (*a*) a entrada bem arredondada de um tubo, (*b*) a entrada de uma seção de teste de um túnel de vento e (*c*) um corte através de um jato de água livre no ar.

Boussinesq (1842–1929). Assim, a forma algébrica da Equação 6–17 para um volume de controle fixo é escrita como

$$\sum \vec{F} = \frac{d}{dt}\int_{VC} \rho\vec{V}\,dV + \sum_{s}\beta\dot{m}\vec{V}_{med} - \sum_{e}\beta\dot{m}\vec{V}_{med} \quad (6\text{–}21)$$

onde um valor único do fator de correção do fluxo de momento é aplicado a cada entrada e saída da superfície de controle. Observe que $\beta = 1$ *no caso de escoamento uniforme* em uma entrada ou saída, como na Fig. 6–14. Para o caso geral, definimos β de modo que a forma integral do fluxo de momento para dentro ou para fora da superfície de controle em uma entrada ou saída, de área de seção transversal A_c, possa ser expressa em termos da vazão em massa $\dot{m}$ e da velocidade média $\vec{V}_{média}$ através da entrada ou saída,

Fluxo de momento através de uma entrada ou saída:

$$\int_{A_c} \rho\vec{V}(\vec{V}\cdot\vec{n})\,dA_c = \beta\dot{m}\vec{V}_{med} \quad (6\text{–}22)$$

No caso em que a densidade é uniforme na entrada ou saída e $\vec{V}$ está na mesma direção de $\vec{V}_{med}$ na entrada ou saída, resolvemos a Equação 6–22 para β,

$$\beta = \frac{\int_{A_c} \rho V(\vec{V}\cdot\vec{n})\,dA_c}{\dot{m}V_{med}} = \frac{\int_{A_c} \rho V(\vec{V}\cdot\vec{n})\,dA_c}{\rho V_{med} A_c V_{med}} \quad (6\text{–}23)$$

onde substituímos $\rho V_{média} A_c$ por $\dot{m}$ no denominador. As densidades são canceladas e como $V_{média}$ é constante, ela pode ser levada para dentro da integral. Além disso, se a superfície de controle fizer o corte normal à área de entrada ou saída temos $(\vec{V}\cdot\vec{n})\,dA_c = V\,dA_c$. Assim, a Equação 6–23 pode ser simplificada para

Fator de correção do fluxo de momento:
$$\beta = \frac{1}{A_c}\int_{A_c}\left(\frac{V}{V_{med}}\right)^2 dA_c \quad (6\text{–}24)$$

Pode ser demonstrado que β será sempre maior do que ou igual à unidade.

EXEMPLO 6–1   Fator de correção do fluxo de momento para o escoamento laminar em um tubo

Considere o escoamento laminar através de uma seção reta muito longa de um tubo arredondado. No Capítulo 8 é mostrado que o perfil de velocidade através de uma área de seção transversal do tubo é parabólico (Fig. 6–15), com o componente da velocidade axial dado por

$$V = 2V_{med}\left(1 - \frac{r^2}{R^2}\right) \quad (1)$$

onde R é o raio da parede interna do tubo e V_{med} é a velocidade média. Calcule o fator de correção do fluxo de momento linear através de uma seção transversal do tubo no caso em que o escoamento do tubo representa uma saída do volume de controle, conforme esquema da Fig. 6–15.

SOLUÇÃO   Para uma dada distribuição de velocidades devemos calcular o fator de correção do fluxo de momento linear.

Hipóteses **1** O escoamento é incompressível e estacionário. **2** O volume de controle corta o tubo num plano normal ao seu eixo, conforme a representação esquemática da Fig. 6–15.

Análise Substituímos o perfil de velocidade dado na Equação 6–24 e integramos, observando que $dA_c = 2\pi r\, dr$,

$$\beta = \frac{1}{A_c}\int_{A_c}\left(\frac{V}{V_{med}}\right)^2 dA_c = \frac{4}{\pi R^2}\int_0^R \left(1 - \frac{r^2}{R^2}\right)^2 2\pi r\, dr \quad (2)$$

Definimos uma nova variável de integração $y = 1 - r^2/R^2$ e, assim, $dy = -2r\, dr/R^2$ (além disso, $y = 1$ em $r = 0$ e $y = 0$ em $r = R$) e fazendo a integração, o fator de correção do fluxo de momento para o escoamento laminar totalmente desenvolvido torna-se

Escoamento laminar: $\quad \beta = -4\int_1^0 y^2\, dy = -4\left[\frac{y^3}{3}\right]_1^0 = \frac{4}{3} \quad (3)$

Discussão Calculamos β para uma saída, mas o mesmo resultado seria obtido se tivéssemos considerado a seção transversal do tubo como uma entrada do volume de controle.

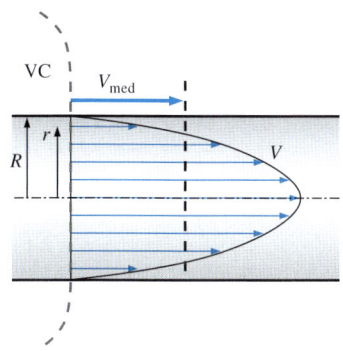

FIGURA 6–15 O perfil de velocidade em uma seção transversal de um tubo no qual o escoamento é totalmente desenvolvido e laminar.

Do Exemplo 6–1, vemos que β não está muito próximo da unidade para o escoamento laminar totalmente desenvolvido em um tubo, e se ignorássemos β poderíamos ser levados a um erro significativo. Se executássemos o mesmo tipo de integração do Exemplo 6–1, só que para escoamento *turbulento* totalmente desenvolvido, em vez de escoamento laminar em um tubo, descobriríamos que β varia de 1,01 a 1,04. Como esses valores estão tão próximos à unidade, na prática muitos engenheiros ignoram completamente o fator de correção do fluxo de momento. Embora a eliminação de β nos cálculos do escoamento turbulento possa ter um efeito insignificante sobre os resultados finais, é bom mantê-lo em nossas equações. Isso não apenas melhora a exatidão de nossos cálculos, mas também nos lembra de incluir o fator de correção do fluxo de momento ao solucionar problemas de volume de controle em escoamento laminar.

Para o escoamento turbulento β pode ter um efeito insignificante em entradas e saídas, mas para o escoamento laminar β pode ser importante e não deve ser desprezado. É bom incluir β em todos os problemas do momento.

Escoamento em regime permanente

Se o escoamento também ocorre *em regime permanente*, o termo da derivada temporal da Equação 6–21 desaparece e ficamos com

Equação permanente de momento linear:
$$\sum \vec{F} = \sum_s \beta \dot{m}\vec{V} - \sum_e \beta \dot{m}\vec{V} \quad (6-25)$$

onde tiramos o subscrito "média" da velocidade média. A Equação 6–25 afirma que *a força total que age sobre o volume de controle durante o escoamento em regime permanente é igual à diferença entre as taxas de fluxo de momento da entrada e da saída.* Essa afirmação é ilustrada na Fig. 6–16. Ela também pode ser expressa para qualquer direção, uma vez que a Equação 6–25 é uma equação vetorial.

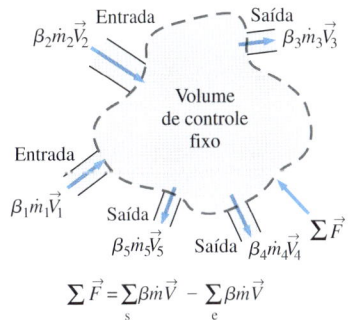

FIGURA 6–16 A força total que age sobre o volume de controle durante o escoamento em regime permanente é igual à diferença entre os fluxos de momento na saída e na entrada.

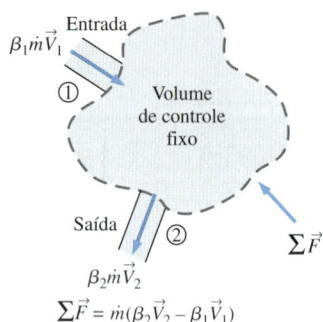

FIGURA 6–17 Um volume de controle com apenas uma entrada e uma saída.

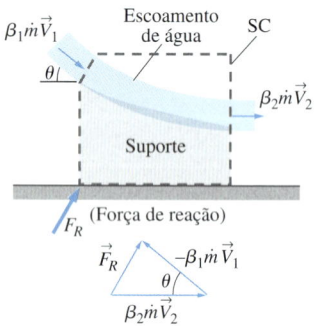

FIGURA 6–18 A determinação pela adição de vetores da força de reação no suporte causada por uma alteração da direção da água.

Escoamento em regime permanente com uma entrada e uma saída

Muitos problemas práticos envolvem apenas uma entrada e uma saída (Fig. 6–17). A vazão em massa para tais **sistemas de corrente única** permanece constante e a Equação 6–25 se reduz a

Uma entrada e uma saída: $$\sum \vec{F} = \dot{m}(\beta_2 \vec{V}_2 - \beta_1 \vec{V}_1)$$ (6–26)

onde adotamos a convenção usual de que o subscrito 1 denota entrada e o subscrito 2 saída, e $\vec{V}_1$ e $\vec{V}_2$ indicam as velocidades *médias* através da entrada e da saída, respectivamente.

Enfatizamos novamente que todas as relações anteriores são equações *vetoriais* e, portanto, todas as adições e subtrações são adições e subtrações *vetoriais*. Lembre-se que a subtração de um vetor é equivalente à sua adição após revertermos sua direção (Fig. 6–18). Além disso, ao escrever a equação do momento ao longo de uma coordenada especificada (como o eixo *x*), usamos as projeções dos vetores naquele eixo. Por exemplo, a Equação 6–26 pode ser escrita, ao longo da coordenada *x*, como

Ao longo da coordenada x: $$\sum F_x = \dot{m}(\beta_2 V_{2,x} - \beta_1 V_{1,x})$$ (6–27)

onde ΣF_x é a soma vetorial das componentes *x* das forças e $V_{2,x}$ e $V_{1,x}$ são, respectivamente, as componentes *x* das velocidades de saída e entrada da corrente de fluido. As componentes de força ou velocidade na direção *x* positiva são quantidades positivas e aquelas na direção *x* negativa são quantidades negativas. Além disso, é boa prática tomar a direção das forças desconhecidas nas direções positivas (a menos que o problema seja muito direto). Um valor negativo obtido para uma força desconhecida indica que a direção assumida está errada e deve ser revertida.

Escoamento sem forças externas

Uma situação interessante surge quando não há forças externas como peso, pressão e forças de reação agindo sobre o corpo na direção do movimento – uma situação comum no caso de veículos espaciais e satélites. Para um volume de controle com várias entradas e saídas, a Equação 6–21 neste caso se reduz a

Nenhuma força externa: $$0 = \frac{d(m\vec{V})_{CV}}{dt} + \sum_s \beta \dot{m}\vec{V} - \sum_e \beta \dot{m}\vec{V}$$ (6–28)

Essa é uma expressão do princípio de conservação do momento, o qual pode ser enunciado dizendo que *na ausência de forças externas, a taxa de variação do momento de um volume de controle é igual à diferença entre os fluxos de momento na entrada e na saída.*

Quando a massa *m* do volume de controle permanece quase constante, o primeiro termo da Equação 6–28 torna-se simplesmente a massa vezes a aceleração, uma vez que

$$\frac{d(m\vec{V})_{VC}}{dt} = m_{VC}\frac{d\vec{V}_{VC}}{dt} = (m\vec{a})_{VC} = m_{VC}\vec{a}$$

Assim, o volume de controle neste caso pode ser tratado como um corpo sólido (ou um sistema de massa fixa), com uma força resultante (ou **empuxo**) de

Empuxo: $$\vec{F}_{empuxo} = m_{campo}\vec{a} = \sum_e \beta \dot{m}\vec{V} - \sum_s \beta \dot{m}\vec{V}$$ (6–29)

agindo sobre o corpo. Na Eq. 6–29, as velocidades são relativas a um sistema de referência inercial – ou seja, a um sistema de referência que está fixo no espaço, ou se movendo em movimento retilíneo uniforme. Quando analisamos o movimento retilíneo uniforme de um corpo é conveniente escolhermos um referencial inercial se movendo junto com o corpo. Nesse caso, a velocidade do fluido em relação ao referencial inercial é igual à velocidade relativa ao corpo, o que simplifica a análise. Essa abordagem, embora não seja estritamente válida para referenciais não inerciais, pode também ser usada para determinar a aceleração *inicial* dos veículos espaciais quando seus foguetes são acionados (Fig. 6–19).

Lembre-se de que o empuxo é uma força mecânica normalmente causada pela reação de um fluido em aceleração. No motor a jato de uma aeronave, por exemplo, os gases quentes de exaustão sofrem uma expansão e escoam pela parte traseira do motor uma força de empuxo na direção oposta é produzida por reação. A geração de empuxo fundamenta-se na terceira lei de Newton do movimento, que afirma que, para cada força de ação em um ponto, existe uma força de reação igual e oposta. No caso de um motor a jato, se o motor exerce uma força de ação sobre os gases de exaustão, os gases exercem uma força igual no motor na direção oposta. Ou seja, a força exercida de ação nos gases de exaustão é igual à força de reação (empuxo) que os gases exercem sobre a massa restante da aeronave na direção oposta $\vec{F}_{empuxo} = -\vec{F}_{ação}$. No diagrama de corpo livre de uma aeronave, o efeito de exaustão dos gases é levado em conta pela inserção de uma força na direção oposta à direção do movimento dos gases de exaustão.

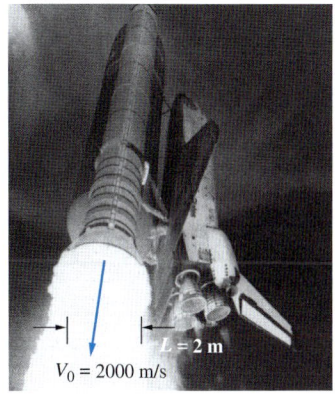

FIGURA 6–19 O empuxo necessário para lançar o ônibus espacial é gerado pelos motores do foguete como resultado da variação do momento do combustível à medida que eles são acelerados de cerca de zero até uma velocidade de saída de cerca de 2.000 m/s após a combustão.

EXEMPLO 6–2 A força para manter um cotovelo defletor no lugar

Um cotovelo redutor é usado para defletir de 30° o escoamento de água com uma vazão de 14 kg/s em um tubo horizontal ao mesmo tempo em que o acelera (Fig. 6–20). O cotovelo descarrega água na atmosfera. A área de seção transversal do cotovelo é de 113 cm² na entrada e 7 cm² na saída. A diferença de elevação entre os centros da saída e da entrada é de 30 cm. O peso combinado do cotovelo e da água contida nele é considerado desprezível. Determine (*a*) a pressão manométrica no centro da entrada do cotovelo e (*b*) a força de ancoragem necessária para manter o cotovelo no lugar.

SOLUÇÃO Um cotovelo redutor deflete a água para cima e a descarrega na atmosfera. A pressão na entrada do cotovelo e a força necessária para manter o cotovelo no lugar devem ser determinadas.

Hipóteses 1 O escoamento é permanente e os efeitos do atrito são desprezíveis. 2 O peso do cotovelo e da água que há nele são desprezíveis. 3 A água é descarregada na atmosfera e, portanto, a pressão manométrica na saída é zero. 4 O escoamento é turbulento e totalmente desenvolvido na entrada e na saída do volume de controle e tomamos o fator de correção do fluxo do momento como $\beta = 1,03$ (como uma estimativa conservadora).

Propriedades Assumimos a densidade da água como 1.000 kg/m³.

Análise (*a*) Assumimos o cotovelo como o volume de controle e designamos a entrada por 1 e a saída por 2. Também assumimos as coordenadas *x* e *z* como mostradas. A equação de continuidade desse sistema com escoamento em regime permanente, com uma entrada e uma saída, é $\dot{m}_1 = \dot{m}_2 = \dot{m} = 14$ kg/s. Observando que $\dot{m} = \rho AV$, as velocidades de entrada e saída da água são

$$V_1 = \frac{\dot{m}}{\rho A_1} = \frac{14 \text{ kg/s}}{(1000 \text{ kg/m}^3)(0,0113 \text{ m}^2)} = 1,24 \text{ m/s}$$

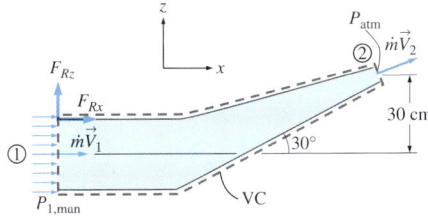

FIGURA 6–20 Representação esquemática do Exemplo 6–2.

(continua)

(continuação)

$$V_2 = \frac{\dot{m}}{\rho A_2} = \frac{14 \text{ kg/s}}{(1000 \text{ kg/m}^3)(7 \times 10^{-4} \text{ m}^2)} = 20,0 \text{ m/s}$$

Utilizamos a equação de Bernoulli (Capítulo 5) como uma primeira aproximação para calcular a pressão. No Capítulo 8 aprenderemos como considerar as perdas por atrito ao longo das paredes. Tomando o centro da seção transversal da entrada como o nível de referência ($z_1 = 0$) e observando que $P_2 = P_\text{atm}$, a equação de Bernoulli para uma linha de corrente que passa através do centro do cotovelo é expressa como

$$\frac{P_1}{\rho g} + \frac{V_1^2}{2g} + z_1 = \frac{P_2}{\rho g} + \frac{V_2^2}{2g} + z_2$$

$$P_1 - P_2 = \rho g \left(\frac{V_2^2 - V_1^2}{2g} + z_2 - z_1 \right)$$

$$P_1 - P_\text{atm} = (1000 \text{ kg/m}^3)(9,81 \text{ m/s}^2)$$

$$\times \left(\frac{(20 \text{ m/s})^2 - (1,24 \text{ m/s})^2}{2(9,81 \text{ m/s}^2)} + 0,3 - 0 \right) \left(\frac{1 \text{ kN}}{1000 \text{ kg} \cdot \text{m/s}^2} \right)$$

$$P_{1,\text{man}} = 202,2 \text{ kN/m}^2 = \textbf{202,2 kPa} \quad \text{(manométrica)}$$

(b) A equação do momento do escoamento permanente é

$$\sum \vec{F} = \sum_s \beta \dot{m} \vec{V} - \sum_e \beta \dot{m} \vec{V}$$

Sendo F_{Rx} e F_{Rz} as componentes x e z da força de ancoragem do cotovelo, assumimos que elas estejam na direção positiva. Também usamos a pressão manométrica, uma vez que a pressão atmosférica age em toda a superfície de controle. Assim, as equações do momento ao longo dos eixos x e z tornam-se

$$F_{Rx} + P_{1,\text{man}} A_1 = \beta \dot{m} V_2 \cos \theta - \beta \dot{m} V_1$$

$$F_{Rz} = \beta \dot{m} V_2 \operatorname{sen} \theta$$

onde fizemos $\beta = \beta_1 = \beta_2$. Isolando F_{Rx} e F_{Rz} e substituindo os valores dados

$$F_{Rx} = \beta \dot{m}(V_2 \cos \theta - V_1) - P_{1,\text{man}} A_1$$

$$= 1{,}03(14 \text{ kg/s})[(20 \cos 30° - 1{,}24) \text{ m/s}] \left(\frac{1 \text{ N}}{1 \text{ kg} \cdot \text{m/s}^2} \right)$$

$$- (202.200 \text{ N/m}^2)(0{,}0113 \text{ m}^2)$$

$$= 232 - 2285 = \textbf{-2053 N}$$

$$F_{Rz} = \beta \dot{m} V_2 \operatorname{sen} \theta = (1{,}03)(14 \text{ kg/s})(20 \operatorname{sen} 30° \text{ m/s}) \left(\frac{1 \text{ N}}{1 \text{ kg} \cdot \text{m/s}^2} \right) = \textbf{144 N}$$

O resultado negativo de F_{Rx} indica que a direção suposta estava errada e deve ser revertida. Portanto, F_{Rx} age na direção x negativa.

Discussão Existe uma distribuição de pressão diferente de zero ao longo das paredes internas do cotovelo, mas como o volume de controle está fora do cotovelo, essas pressões não aparecem em nossa análise. Os pesos do cotovelo e da água poderiam ser levados em conta na força vertical para termos uma maior precisão. O valor real de $P_{1,\text{manométrica}}$ será mais alto do que aquele calculado aqui, por conta das perdas por atrito e outras perdas no cotovelo.

EXEMPLO 6–3 Força para manter um cotovelo de reversão no lugar

O cotovelo defletor do Exemplo 6–2 é substituído por um cotovelo de reversão para que o fluido faça uma volta de 180° antes de ser descarregado, como mostra a Fig. 6–21. A diferença de elevação entre os centros das seções de entrada e saída ainda é de 0,3 m. Determine a força de ancoragem necessária para manter o cotovelo no lugar.

SOLUÇÃO As velocidades de entrada e saída e a pressão na entrada do cotovelo permanecem iguais, mas a componente vertical da força de ancoragem na conexão do cotovelo com o tubo é zero neste caso ($F_{Rz} = 0$), uma vez que não há outra força ou fluxo de momento na direção vertical (estamos desprezando o peso do cotovelo e da água). A componente horizontal da força de ancoragem é determinada com a equação de momento escrita na direção x. Observando que a velocidade de saída é negativa, uma vez que ela está na direção x negativa temos

$$F_{Rx} + P_{1,\,man} A_1 = \beta_2 \dot{m}(-V_2) - \beta_1 \dot{m} V_1 = -\beta \dot{m}(V_2 + V_1)$$

Isolando F_{Rx} e substituindo os valores conhecidos,

$$F_{Rx} = -\beta \dot{m}(V_2 + V_1) - P_{1,\,man} A_1$$
$$= -(1,03)(14 \text{ kg/s})[(20 + 1,24) \text{ m/s}]\left(\frac{1 \text{ N}}{1 \text{ kg·m/s}^2}\right) - (202.200 \text{ N/m}^2)(0,0113 \text{ m}^2)$$
$$= -306 - 2285 = -2591 \text{ N}$$

Portanto, a força horizontal no flange é de 2591 N agindo na direção x negativa (o cotovelo está tentando separar-se do tubo). Essa força é equivalente ao peso de cerca de 260 kg de massa e, portanto, os conectores (como os parafusos) usados devem ser suficientemente resistentes para suportar essa força.

Discussão A força de reação na direção x é maior do que aquela no Exemplo 6–2, uma vez que as paredes mudam a direção da água de um ângulo muito maior. Se o cotovelo de inversão for substituído por um bocal reto (como aquele usado pelos bombeiros) de forma que a água seja descarregada na direção x positiva, a equação do momento na direção x torna-se

$$F_{Rx} + P_{1,\,man} A_1 = \beta \dot{m} V_2 - \beta \dot{m} V_1 \rightarrow F_{Rx} = \beta \dot{m}(V_2 - V_1) - P_{1,\,man} A_1$$

uma vez que V_1 e V_2 estão ambos na direção x positiva. Isso mostra a importância do uso do sinal correto (sinal positivo se a direção for positiva e sinal negativo se a direção for a oposta) nas velocidades e forças.

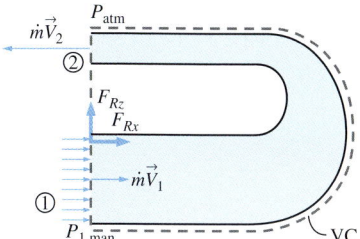

FIGURA 6–21 Representação esquemática do Exemplo 6–3.

EXEMPLO 6–4 Jato de água que atinge uma placa fixa

A água é acelerada por um bocal a uma velocidade média de 20 m/s e atinge uma placa vertical fixa com uma vazão de 10 kg/s e com uma velocidade normal de 20 m/s (Fig. 6–22). Após o choque, a corrente de água se espalha em todas as direções do plano da placa. Determine a força necessária para evitar que a placa se movimente horizontalmente devido à corrente de água.

SOLUÇÃO Um jato de água atinge perpendicularmente uma placa fixa vertical. A força necessária para manter a placa no lugar deve ser determinada.

Hipóteses **1** O escoamento da água na saída do bocal é permanente. **2** A água se espalha nas direções normais à direção do jato de água. **3** O jato de água é exposto

(continua)

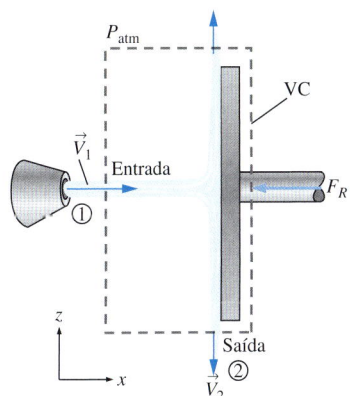

FIGURA 6–22 Representação esquemática do Exemplo 6–4.

(continuação)

à atmosfera e, portanto, a pressão do jato de água e a água espalhada que sai do volume de controle estão à pressão atmosférica, que é desconsiderada uma vez que age em todo o sistema. **4** As forças e fluxos verticais não são considerados, pois não têm efeito sobre a força de reação horizontal. **5** O efeito do fator de correção do fluxo de momento é desprezível e, portanto, $\beta \cong 1$ na entrada.

Análise Nós desenhamos o volume de controle desse problema de forma que ele contenha toda a placa e corte perpendicularmente o jato de água e a barra de suporte. A equação do momento para o escoamento em regime permanente é dada por

$$\sum \vec{F} = \sum_s \beta \dot{m} \vec{V} - \sum_e \beta \dot{m} \vec{V} \tag{1}$$

Escrevendo a Equação 1 para este problema ao longo da direção x (sem esquecer o sinal negativo para as forças e velocidades da direção x negativa) e observando que $V_{1,x} = V_1$ e $V_{2,x} = 0$ temos

$$-F_R = 0 - \beta \dot{m} V_1$$

Substituindo os valores dados

$$F_R = \beta \dot{m} V_1 = (1)(10 \text{ kg/s})(20 \text{ m/s})\left(\frac{1 \text{ N}}{1 \text{ kg} \cdot \text{m/s}^2}\right) = \textbf{200 N}$$

Assim, o suporte deve aplicar uma força horizontal de 200 N (equivalente ao peso de uma massa de cerca de 20 kg) na direção x negativa (a direção oposta ao jato de água) para manter a placa no lugar.

Discussão A placa absorve o total do momento do jato de água, uma vez que o momento na direção x na saída do volume de controle é zero. Se o volume de controle fosse desenhado ao longo da interface entre a água e a placa, haveria forças de pressão adicionais (desconhecidas) na análise. Cortando o volume de controle através do suporte, evitamos lidar com essa complexidade adicional. Esse é um exemplo de uma opção "sensata" para o volume de controle.

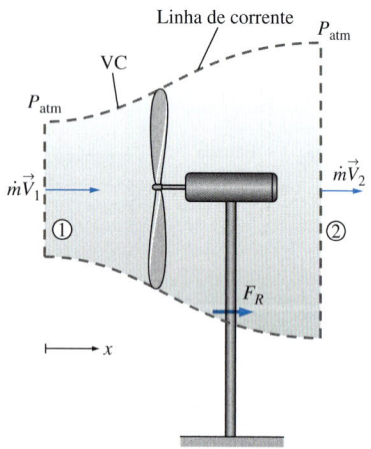

FIGURA 6–23 O escoamento induzido para baixo por um helicóptero é similar ao jato discutido no Exemplo 6–4. Nesse caso, o jato atinge a superfície da água, causando ondas circulares como visto aqui.

©Purestock/SuperStock RF

EXEMPLO 6–5 Geração de energia e carga do vento em uma turbina eólica

Um gerador eólico de energia com um rotor de 30 ft de diâmetro exige uma velocidade mínima do vento para geração de energia de 7 mph, e nessa velocidade a turbina gera 0,4 kW de potência (Fig. 6–24). Determine (*a*) a eficiência da turbina eólica/gerador e (*b*) a força horizontal exercida pelo vento sobre o mastro de suporte da turbina eólica. Qual o efeito sobre a geração de energia e a força exercida se dobrarmos a velocidade do vento para 14 mph? Suponha que a eficiência permanece igual e que a densidade do ar é de 0,076 lbm/ft^3.

SOLUÇÃO A geração de energia e a carga de uma turbina eólica devem ser analisadas. A eficiência e a força exercida sobre o mastro devem ser determinadas e os efeitos de dobrarmos a velocidade do vento devem ser investigados.

Hipóteses **1** O escoamento do vento é permanente e incompressível. **2** A eficiência da turbina/gerador não depende da velocidade do vento. **3** Os efeitos do atrito são desprezíveis e, portanto, nenhuma energia cinética de entrada é convertida em energia térmica. **4** A velocidade média do ar através da turbina eólica é igual à velocidade do vento (na verdade, ela é consideravelmente menor – veja a discussão no Cap. 14). **5** O escoamento do vento é uniforme à montante e à jusante da turbina e, portanto, o fator de correção do fluxo do momento é $\beta = \beta_1 = \beta_2 = \beta \cong 1$.

FIGURA 6–24 Esquema do Exemplo 6–5.

Propriedades A densidade do ar é dada como 0,076 lbm/ft³.

Análise A energia cinética é uma forma mecânica de energia e, portanto, ela pode ser convertida totalmente em trabalho. Assim, o potencial de geração de energia do vento é proporcional à sua energia cinética, que é $V^2/2$ por unidade de massa e, portanto, a potência máxima é $\dot{m}V^2/2$ para uma dada vazão em massa:

$$V_1 = (7 \text{ mph})\left(\frac{1,4667 \text{ ft/s}}{1 \text{ mph}}\right) = 10,27 \text{ ft/s}$$

$$\dot{m} = \rho_1 V_1 A_1 = \rho_1 V_1 \frac{\pi D^2}{4} = (0,076 \text{ lbm/ft}^3)(10,27 \text{ ft/s})\frac{\pi(30 \text{ ft})^2}{4} = 551,7 \text{ lbm/s}$$

$$\dot{W}_{max} = \dot{m}\text{ec}_1 = \dot{m}\frac{V_1^2}{2}$$

$$= (551,7 \text{ lbm/s})\frac{(10,27 \text{ ft/s})^2}{2}\left(\frac{1 \text{ lbf}}{32,2 \text{ lbm·ft/s}^2}\right)\left(\frac{1 \text{ kW}}{737,56 \text{ lbf·ft/s}}\right)$$

$$= 1,225 \text{ kW}$$

(*a*) Assim, a potência disponível para a turbina eólica é 1,225 kW à velocidade do vento de 7 mph. Assim, a eficiência da turbina/gerador torna-se

$$\eta_{\text{turbina eólica}} = \frac{\dot{W}_{act}}{\dot{W}_{max}} = \frac{0,4 \text{ kW}}{1,225 \text{ kW}} = \mathbf{0,327} \quad (\text{ou } \mathbf{32,7\%})$$

FIGURA 6 25 Forças e Momentos no mastro de sustentação de uma turbina eólica podem ser elevados e aumentam proporcionalmente a V^2; por isso o mastro é, normalmente, grande e reforçado.

(*b*) Os efeitos de atrito são supostos como desprezíveis e, assim, a parte da energia cinética de entrada não convertida em energia elétrica sai da turbina eólica como energia cinética de saída. Observando que a vazão em massa permanece constante, a velocidade de saída é determinada por

$$\dot{m}\text{ec}_2 = \dot{m}\text{ec}_1(1 - \eta_{\text{turbina eólica}}) \rightarrow \dot{m}\frac{V_2^2}{2} = \dot{m}\frac{V_1^2}{2}(1 - \eta_{\text{turbina eólica}}) \quad (1)$$

ou

$$V_2 = V_1\sqrt{1 - \eta_{\text{turbina eólica}}} = (10,27 \text{ ft/s})\sqrt{1 - 0,327} = 8,43 \text{ ft/s}$$

Para determinar a força no mastro (Fig. 6–25) nós desenhamos um volume de controle ao redor da turbina eólica de forma que o vento seja normal à superfície de controle na entrada e na saída e para que toda a superfície de controle esteja à pressão atmosférica (Fig. 6–23). A equação do momento para o escoamento em regime permanente é dada por

$$\sum \vec{F} = \sum_s \beta \dot{m}\vec{V} - \sum_e \beta \dot{m}\vec{V} \quad (2)$$

Escrevendo a Equação 2 ao longo da direção *x* e observando que $\beta = 1$, $V_{1,x} = V_1$ e $V_{2,x} = V_2$, temos

$$F_R = \dot{m}V_2 - \dot{m}V_1 = \dot{m}(V_2 - V_1) \quad (3)$$

Substituindo os valores conhecidos na Equação 3, temos

$$F_R = \dot{m}(V_2 - V_1) = (551,7 \text{ lbm/s})(8,43 - 10,27 \text{ ft/s})\left(\frac{1 \text{ lbf}}{32,2 \text{ lbm·ft/s}^2}\right)$$

$$= -31,5 \text{ lbf}$$

(continua)

(continuação)

O sinal negativo indica que a força de reação age na direção x negativa como era esperado. Assim, a força exercida pelo vento sobre o mastro torna-se $F_{mast} = -F_R$ = **31,5 lbf**.

A potência gerada é proporcional a V^3, uma vez que a vazão em massa é proporcional a V e a energia cinética é proporcional a V^2. Dessa forma, dobrando a velocidade do vento para 14 mph aumentamos a geração de potência por um fator de $2^3 = 8$, resultando então $0,4 \times 8 = 3,2$ kW. A força exercida pelo vento sobre o mastro de suporte é proporcional a V^2. Assim, quando dobramos a velocidade do vento para 14 mph aumentamos a força do vento por um fator de $2^2 = 4$, resultando então $31,5 \times 4 = 126$ lbf.

Discussão Turbinas eólicas são tratadas mais detalhadamente no Cap. 14.

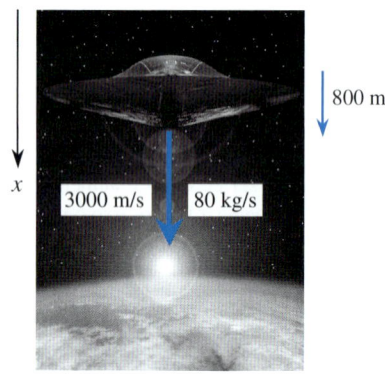

FIGURA 6–26 Esquema para o Exemplo 6–6.
©Brand X Pictures/PunchStock

EXEMPLO 6–6 Desaceleração de uma espaçonave

Uma espaçonave de massa 12.000 kg está descendo verticalmente em direção à superfície de um planeta com velocidade constante de 800 m/s (Fig. 6–26). Para frear a espaçonave, um foguete de combustível sólido em sua parte inferior é acionado, e os gases de combustão deixam o foguete com uma vazão de 80 kg/s e a uma velocidade de 3000 m/s em relação à espaçonave na direção de seu movimento por um período de 5s. Desprezando as variações de massa da espaçonave por conta da queima de combustível, determine: (*a*) a desaceleração da espaçonave durante o período, (*b*) a mudança de velocidade da espaçonave e (*c*) o empuxo sobre a espaçonave.

SOLUÇÃO O foguete da espaçonave é acionado na direção do movimento. A desaceleração, a mudança de velocidade e o empuxo devem ser determinados.

Hipóteses **1** O escoamento dos gases de combustão é permanente e unidimensional. **2** Não há forças externas agindo sobre a espaçonave, e o efeito das forças de pressão no bocal de saída dos gases é desprezível. **3** A massa de combustível queimado é desprezível face à massa da espaçonave e, assim, a espaçonave pode ser tratada como um corpo sólido com massa constante. **4** O bocal é bem desenhado de forma que o efeito do fator de correção do fluxo de momento é desprezível e, assim, $\beta \cong 1$.

Análise (*a*) Por conveniência, escolhemos um referencial inercial que se move com a espaçonave com sua mesma velocidade inicial. Assim, a velocidade do fluido em relação ao referencial é idêntica à velocidade do fluido relativa à espaçonave. Tomamos a direção do movimento da espaçonave como a direção positiva no eixo x. Não há forças externas agindo na espaçonave e sua massa é essencialmente constante. Portanto, a espaçonave pode ser tratada como um sólido com massa constante, e a equação do momento, nesse caso, é da Eq. 6–29,

$$\vec{F}_{empuxo} = m_{espaçonave}\,\vec{a}_{espaçonave} = \sum_e \beta \dot{m} \vec{V} - \sum_s \beta \dot{m} \vec{V}$$

onde a velocidade do fluido em relação ao referencial inercial é igual à velocidade do fluido em relação à espaçonave. Notando que o movimento é retilíneo e os gases se movem na direção x positiva, escrevemos a equação do momento usando magnitudes como

$$m_{espaçonave} a_{espaçonave} = m_{espaçonave} \frac{dV_{espaçonave}}{dt} = -\dot{m}_{gas} V_{gas}$$

Notando que os gases deixam o bocal na direção x positiva e substituindo, a aceleração da espaçonave durante os primeiros 5 segundos é determinada de

$$a_{\text{espaçonave}} = \frac{dV_{\text{espaçonave}}}{dt} = -\frac{\dot{m}_{\text{gas}}}{m_{\text{espaçonave}}}V_{\text{gas}} = -\frac{80 \text{ kg/s}}{12.000 \text{ kg}}(+3000 \text{ m/s}) = -20 \text{ m/s}^2$$

O sinal negativo confirma que a espaçonave está desacelerando na direção positiva de x a uma taxa de 20 m/s².

(*b*) Sabendo a desaceleração, que é constante, a mudança de velocidade da espaçonave durante os primeiros 5 segundos é determinada pela definição da aceleração

$$dV_{\text{espaçonave}} = a_{\text{espaçonave}} dt \rightarrow \Delta V_{\text{espaçonave}} = a_{\text{espaçonave}} \Delta t = (-20 \text{ m/s}^2)(5 \text{ s})$$
$$= -100 \text{ m/s}$$

(*c*) O empuxo sobre a espaçonave é determinado pela Eq. 6–29,

$$F_{\text{empuxo}} = 0 - \dot{m}_{\text{gas}}V_{\text{gas}} = 0 - (80 \text{ kg/s})(+3000 \text{ m/s})\left(\frac{1 \text{ kN}}{1000 \text{ kg·m/s}^2}\right) = -240 \text{ kN}$$

O sinal negativo indica que o empuxo devido ao acionamento do foguete age na espaçonave na direção negativa de x.

Discussão Note que esse foguete, se fixado sobre uma bancada de testes, exerceria uma força de 240 kN (equivalente ao peso de 24 toneladas de massa) ao seu suporte na direção oposta à descarga de gases.

EXEMPLO 6–7 Força total sobre uma flange

A água escoa com uma vazão de 18,5 gal/min através de uma torneira com flange e o registro da torneira parcialmente fechado (Fig. 6–27). O diâmetro interno do tubo no local do flange é de 0,780 in (= 0,0650 ft) e a pressão medida naquele local é de 13,0 psig. O peso total do conjunto da torneira mais a água dentro dela é de 12,8 lbf. Calcule a força total sobre o flange.

SOLUÇÃO O escoamento de água através de uma torneira com flange é considerado. A força total que age sobre o flange deve ser calculada.

Hipóteses 1 O escoamento é permanente e incompressível. 2 O escoamento na entrada e na saída é turbulento e totalmente desenvolvido para que o fator de correção do fluxo de momento seja de cerca de 1,03. 3 O diâmetro do tubo na saída da torneira é igual àquele do flange.

Propriedades A densidade da água à temperatura ambiente é de 62,3 lbm/ft³.

Análise Escolhemos a torneira e sua vizinhança imediata como o volume de controle, como é mostrado na Fig. 6–27, juntamente com todas as forças que agem sobre ela. Essas forças incluem o peso da água e o peso do conjunto da torneira, a força da pressão manométrica da entrada sobre o volume de controle e a força total do flange sobre o volume de controle, que chamamos de $\vec{F}_R$. Usamos a pressão manométrica por questões de conveniência, já que a pressão manométrica no resto da superfície de controle é zero (pressão atmosférica). Observe que a pressão através da saída do volume de controle também é atmosférica, uma vez que estamos assumindo o escoamento como incompressível; assim, a pressão manométrica também é zero em toda a saída.

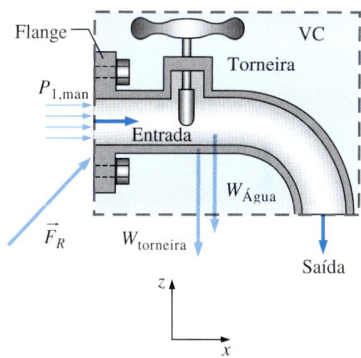

FIGURA 6–27 O volume de controle do Exemplo 6–7 com todas as forças exibidas; a pressão manométrica é utilizada por questões de conveniência.

(continua)

(continuação)

Agora, aplicamos as leis de conservação no volume de controle. A conservação da massa é trivial aqui, uma vez que há apenas uma entrada e uma saída, ou seja, a vazão em massa para dentro do volume de controle é igual à vazão em massa para fora do volume de controle. Da mesma forma, as velocidades médias dos escoamentos de saída e entrada são idênticas, considerando que o diâmetro interno é constante e que a água é incompressível, e são determinadas por

$$V_2 = V_1 = V = \frac{\dot{V}}{A_c} = \frac{\dot{V}}{\pi D^2/4} = \frac{18,5 \text{ gal/min}}{\pi (0,065 \text{ ft})^2/4} \left(\frac{0,1337 \text{ ft}^3}{1 \text{ gal}}\right)\left(\frac{1 \text{ min}}{60 \text{ s}}\right) = 12,42 \text{ ft/s}$$

Da mesma forma,

$$\dot{m} = \rho \dot{V} = (62,3 \text{ lbm/ft}^3)(18,5 \text{ gal/min})\left(\frac{0,1337 \text{ ft}^3}{1 \text{ gal}}\right)\left(\frac{1 \text{ min}}{60 \text{ s}}\right) = 2,568 \text{ lbm/s}$$

A seguir, aplicamos a equação do momento para o escoamento permanente

$$\sum \vec{F} = \sum_s \beta \dot{m} \vec{V} - \sum_e \beta \dot{m} \vec{V} \qquad (1)$$

Sejam F_{Rx} e F_{Rz} as componentes x e z da força que atua sobre o flange e suponhamos que elas estão nas direções positivas. A magnitude da velocidade na direção x é $+V_1$ na entrada, mas é zero na saída. A magnitude da velocidade na direção z é zero na entrada, mas $-V_2$ na saída. Da mesma forma, o peso do conjunto da torneira e da água dentro dela age na direção $-z$ como uma força de campo. Nenhuma pressão ou força viscosa age sobre o volume de controle escolhido na direção z.

As equações de momento ao longo das direções x e z tornam-se

$$F_{Rx} + P_{1,\text{man}} A_1 = 0 - \dot{m}(+V_1)$$
$$F_{Rz} - W_{\text{faucet}} - W_{\text{água}} = \dot{m}(-V_2) - 0$$

Isolando F_{Rx} e F_{Rz} e substituindo os valores dados,

$$F_{Rx} = -\dot{m} V_1 - P_{1,\text{man}} A_1$$
$$= -(2,568 \text{ lbm/s})(12,42 \text{ ft/s})\left(\frac{1 \text{ lbf}}{32,2 \text{ lbm·ft/s}^2}\right) - (13 \text{ lbf/in}^2)\frac{\pi (0,780 \text{ in})^2}{4}$$
$$= -7,20 \text{ lbf}$$
$$F_{Rz} = -\dot{m} V_2 + W_{\text{faucet+water}}$$
$$= -(2,568 \text{ lbm/s})(12,42 \text{ ft/s})\left(\frac{1 \text{ lbf}}{32,2 \text{ lbm·ft/s}^2}\right) + 12,8 \text{ lbf} = 11,8 \text{ lbf}$$

Assim, a força do flange sobre o volume de controle pode ser expressa na forma vetorial como

$$\vec{F}_R = F_{Rx} \vec{i} + F_{Rz} \vec{k} = -7,20 \vec{i} + 11,8 \vec{k} \quad \text{lbf}$$

Da terceira lei de Newton, a força que o conjunto da torneira exerce sobre o flange é a oposta de $\vec{F}_R$,

$$\vec{F}_{\text{faucet on flange}} = -\vec{F}_R = \mathbf{7,20} \vec{i} - \mathbf{11,8} \vec{k} \quad \text{lbf}$$

Discussão O conjunto da torneira empurra o flange para a direita e para baixo e isso está de acordo com nossa intuição. A água exerce uma pressão alta na entrada, mas a pressão da saída é atmosférica. Além disso, o momento da água na entrada na direção *x* se perde na curva, causando uma força adicional à direita sobre as paredes do tubo. O conjunto da torneira pesa muito mais do que o efeito do momento da água, de modo que esperamos que a força seja para baixo. Observe que o rótulo das forças, como "torneira sobre o flange", esclarece a direção da força.

6–5 REVISÃO DO MOVIMENTO DE ROTAÇÃO E DO MOMENTO ANGULAR

O movimento de um corpo rígido pode ser considerado como a combinação do movimento translacional de seu centro de massa e do movimento rotacional ao redor de seu centro de massa. O movimento translacional pode se analisado usando a equação do Momento, a Equação 6–1. Agora, discutimos o movimento rotacional – um movimento durante o qual todos os pontos do corpo se movem em círculos ao redor do eixo de rotação. O movimento rotacional é descrito por quantidades angulares como a distância angular θ, a velocidade angular $\vec{\omega}$ e a aceleração angular $\vec{\alpha}$.

A rotação de um ponto em um corpo é expressa em termos do ângulo θ varrido por um segmento de reta de comprimento r que conecta o ponto ao eixo de rotação e é perpendicular ao eixo. O ângulo θ é expresso em radianos (rad), que é o comprimento do arco correspondente a θ em um círculo de raio unitário. Observando que o comprimento da circunferência de raio r é $2\pi r$, a distância angular percorrida por qualquer ponto em um corpo rígido durante uma rotação completa é 2π rad. A distância física percorrida por um ponto em sua trajetória circular é $l = \theta r$, onde r é a distância normal do ponto ao eixo de rotação e θ é a distância angular em rad. Observe que 1 rad corresponde a 360/$(2\pi) \cong 57,3°$.

A magnitude da velocidade angular ω é a distância angular percorrida por unidade de tempo e a magnitude da aceleração angular α é a taxa de variação da velocidade angular. Elas são expressas como (Fig. 6–28),

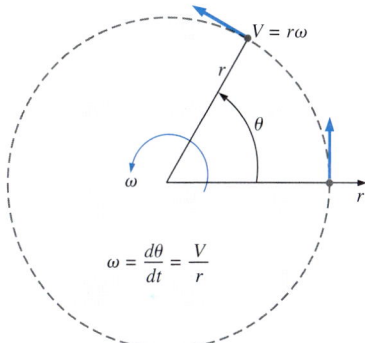

FIGURA 6–28 As relações entre a distância angular θ, a velocidade angular ω e a velocidade linear V.

$$\omega = \frac{d\theta}{dt} = \frac{d(l/r)}{dt} = \frac{1}{r}\frac{dl}{dt} = \frac{V}{r} \quad \text{e} \quad \alpha = \frac{d\omega}{dt} = \frac{d^2\theta}{dt^2} = \frac{1}{r}\frac{dV}{dt} = \frac{a_t}{r} \quad (6\text{–}30)$$

ou

$$V = r\omega \quad \text{e} \quad a_t = r\alpha \quad (6\text{–}31)$$

onde V é a velocidade linear e a_t é a aceleração linear na direção tangencial para um ponto localizado a uma distância r do eixo de rotação. Observe que ω e α são iguais para todos os pontos de um corpo rígido em rotação, mas que V e a_t não são (eles são proporcionais a r).

A segunda lei de Newton exige que haja uma força atuando na direção tangencial para causar a aceleração angular. A intensidade do efeito de rotação, chamada *torque*, é proporcional à magnitude da força e à sua distância ao eixo de rotação. A distância perpendicular do eixo de rotação até a reta de ação da força é chamada de *braço do momento*, e o torque M que age sobre um ponto de massa m a uma distância normal r do eixo de rotação é expresso como

$$M = rF_t = rma_t = mr^2\alpha \quad (6\text{–}32)$$

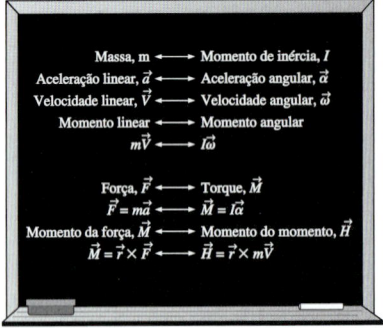

FIGURA 6–29 A analogia entre as quantidades lineares e angulares correspondentes.

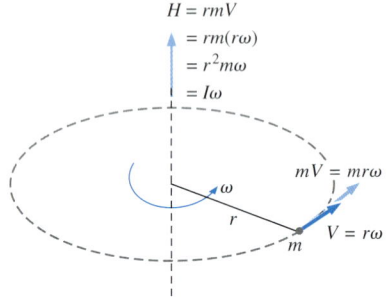

FIGURA 6–30 O momento angular do ponto de massa m girando a uma velocidade angular ω a uma distância r do eixo de rotação.

O torque total que atua sobre um corpo rígido em rotação ao redor de um eixo pode ser determinado pela integração dos torques que agem sobre massas infinitesimais δm de todo o corpo e resulta em

Magnitude do Torque: $$M = \int_{\text{massa}} r^2 \alpha \, \delta m = \left[\int_{\text{massa}} r^2 \, \delta m \right] \alpha = I\alpha \quad \textbf{(6–33)}$$

onde I é o *momento de inércia* do corpo em relação ao eixo de rotação, que é uma medida da inércia de um corpo contra a rotação. A relação $M = I\alpha$ é o equivalente da segunda lei de Newton, com o torque substituindo a força, o momento de inércia substituindo a massa e a aceleração angular substituindo a aceleração linear (Fig. 6–29). Observe que, ao contrário da massa, a inércia rotacional de um corpo também depende da distribuição da massa do corpo com relação ao eixo de rotação. Assim, um corpo cuja massa está concentrada ao redor de seu eixo de rotação tem uma resistência pequena à aceleração angular, enquanto um corpo cuja massa está concentrada em sua periferia tem uma resistência maior à aceleração angular. Um volante é um bom exemplo deste último.

O momento linear de um corpo de massa m com velocidade $\vec{V}$ é $m\vec{V}$, e a direção do momento linear é idêntica à direção da velocidade. Observando que o torque de uma força é igual ao produto da força pela distância normal, o momento do momento, chamado de **momento angular** de um ponto de massa m com relação a um eixo, pode ser expresso como $H = rmV = r^2 m\omega$, onde r é a distância normal do eixo de rotação até a reta de ação do vetor do momento (Fig. 6–30). Assim, o momento angular total de um corpo rígido rotativo pode ser determinado pela integração como

Magnitude de momento angular: $$H = \int_{\text{massa}} r^2 \omega \, \delta m = \left[\int_{\text{massa}} r^2 \, \delta m \right] \omega = I\omega \quad \textbf{(6–34)}$$

onde novamente I é o *momento de inércia* do corpo em relação ao eixo de rotação. Isso também pode ser expresso na forma vetorial como

$$\vec{H} = I\vec{\omega} \quad \textbf{(6–35)}$$

Observe que a velocidade angular $\vec{\omega}$ é igual em cada ponto de um corpo rígido.

A segunda lei de Newton, $\vec{F} = m\vec{a}$, foi expressa em termos da taxa de variação do momento linear na Equação 6–1 como $\vec{F} = d(m\vec{V})/dt$. Da mesma forma, o equivalente à segunda lei de Newton para corpos em rotação $\vec{M} = \vec{\alpha}$ é expresso na Equação 6–2 em termos da taxa de variação do momento angular como

Equação do momento angular: $$\vec{M} = I\vec{\alpha} = I\frac{d\vec{\omega}}{dt} = \frac{d(I\vec{\omega})}{dt} = \frac{d\vec{H}}{dt} \quad \textbf{(6–36)}$$

onde $\vec{M}$ é o torque total aplicado ao corpo em relação ao eixo de rotação.

A velocidade angular de máquinas rotação, em geral, é expressa em rpm (número de revoluções por minuto) e indicada por $\dot{n}$. Observando que a velocidade é a distância percorrida por unidade de tempo e a distância angular percorrida durante cada revolução é 2π, a velocidade angular de máquinas rotação é $\omega = 2\pi \dot{n}$ rad/min ou

Velocidade angular versus rpm: $$\omega = 2\pi \dot{n} \text{ (rad/min)} = \frac{2\pi \dot{n}}{60} \text{ (rad/s)} \quad \textbf{(6–37)}$$

Considere uma força constante F agindo na direção tangencial à superfície externa de um eixo de raio r girando a $\dot{n}$ rpm. Observando que o trabalho W é a força vezes a distância, e que a potência $\dot{W}$ é o trabalho realizado por unidade de tempo e, portanto, a força vezes a velocidade, temos $\dot{W}_{eixo} = FV = Fr\omega = M\omega$. Portanto, a potência transmitida por um eixo em rotação a $\dot{n}$ rpm sob a influência de um torque aplicado M é (Fig. 6–31)

Potência do eixo: $$\dot{W}_{eixo} = \omega M = 2\pi \dot{n} M \qquad (6\text{–}38)$$

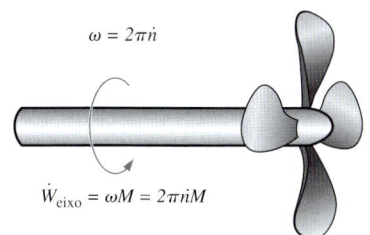

FIGURA 6–31 As relações entre a velocidade angular, rpm e a potência transmitida através de um eixo.

A energia cinética de um corpo de massa m durante o movimento translacional é $EC = \frac{1}{2}mV^2$. Observando que $V = r\omega$, a energia cinética rotacional de um corpo de massa m a uma distância r do eixo de rotação é $EC = \frac{1}{2}mr^2\omega^2$. A energia cinética rotacional total de um corpo rígido em rotação ao redor de um eixo pode ser determinada pela integração das energias cinética rotacional de massas infinitesimais dm em todo o corpo resultando em

Energia cinética rotacional: $$EC_r = \frac{1}{2}I\omega^2 \qquad (6\text{–}39)$$

onde novamente I é o momento de inércia do corpo e ω é a velocidade angular.

Durante o movimento rotacional, a direção da velocidade varia mesmo quando seu módulo permanece constante. A velocidade é uma quantidade vetorial e, portanto, uma variação na direção constitui uma variação da velocidade com o tempo e, portanto, uma aceleração. Isso é chamado de **aceleração centrípeta**. Sua magnitude é

$$a_r = \frac{V^2}{r} = r\omega^2$$

A aceleração centrípeta é direcionada para o eixo de rotação (direção oposta à aceleração radial) e, portanto, a aceleração radial é negativa. Observando que a aceleração é um múltiplo constante da força, a aceleração centrípeta é o resultado de uma força que age sobre o corpo na direção da rotação do eixo, conhecida como **força centrípeta**, cuja intensidade é $F_r = mV^2/r$. As acelerações tangencial e radial são perpendiculares entre si (uma vez que as direções radial e tangencial são perpendiculares), e a aceleração linear total é determinada pela sua soma vetorial, $\vec{a} = \vec{a}_t + \vec{a}_r$. Para um corpo que gira com velocidade angular constante, a única aceleração é a centrípeta. A força centrípeta não produz torque, uma vez que sua linha de ação intercepta o eixo de rotação.

6–6 EQUAÇÃO DO MOMENTO ANGULAR

A equação do momento linear discutida na Seção 6–4 é útil para determinar a relação entre o momento linear do escoamento e as forças resultantes. Muitos problemas de engenharia envolvem o momento do momento linear do escoamento e os efeitos rotacionais resultantes. Tais problemas são analisados melhor pela *equação do momento angular*, também chamada de *equação do momento da quantidade de movimento*. Uma classe importante de dispositivos de fluido, chamada *turbomáquinas*, que inclui as bombas centrífugas, as turbinas e os ventiladores, é analisada pela equação do momento angular.

O *momento de uma força* $\vec{F}$ com relação a um ponto O é o produto vetorial (Fig. 6–32).

Momento de uma força: $$\vec{M} = \vec{r} \times \vec{F} \qquad (6\text{–}40)$$

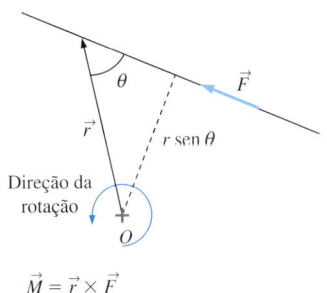

FIGURA 6–32 O momento de uma força $\vec{F}$ com relação a um ponto O é o produto vetorial do vetor de posição $\vec{r}$ e $\vec{F}$.

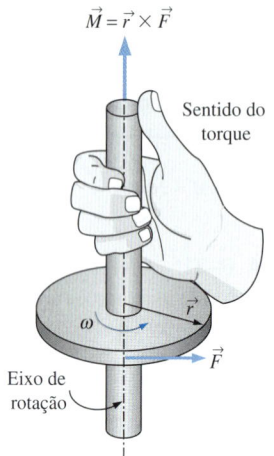

FIGURA 6–33 A determinação da direção do torque pela regra da mão direita.

onde $\vec{r}$ é o vetor de posição do ponto O até qualquer ponto na reta de ação de $\vec{F}$. O produto vetorial de dois vetores é um vetor cuja linha de ação é normal ao plano que contém os vetores multiplicados ($\vec{r}$ e $\vec{F}$ neste caso) e cujo módulo é

Módulo do momento de uma força: $\qquad M = Fr\,\text{sen}\,\theta \qquad$ (6–41)

onde θ é o ângulo entre as linhas de ação dos vetores $\vec{r}$ e $\vec{F}$. Assim, o módulo do torque em relação ao ponto O é igual à intensidade da força multiplicada pela distância normal da linha de ação da força até o ponto O. O sentido do vetor do torque $\vec{M}$ é determinado pela regra da mão direita: quando os dedos da mão direita estão curvados na direção na qual a força tende a causar rotação, o polegar aponta para a direção do vetor torque (Fig. 6–33). Observe que uma força cuja linha de ação passe através do ponto O produz torque zero em relação ao ponto O.

Substituindo o vetor $\vec{r}$ na Equação 6–40 pelo vetor do momento linear $m\vec{V}$ obtemos que o *momento do momento linear*, também chamado de *momento angular*, em relação a um ponto O é

Momento do momento linear: $\qquad \vec{H} = \vec{r} \times m\vec{V} \qquad$ (6–42)

Assim, $\vec{r} \times \vec{V}$ representa o momento angular por unidade de massa, e o momento angular de uma massa diferencial $\delta m = \rho\,dV$ é $d\vec{H} = (\vec{r} \times \vec{V})\rho\,dV$. Portanto, o momento angular de um sistema é determinado por integração como

Momento do momento linear (sistema): $\qquad \vec{H}_{\text{sis}} = \int_{\text{sis}} (\vec{r} \times \vec{V})\rho\,dV \qquad$ (6–43)

A taxa de variação do momento do momento linear é

Taxa de variação do momento do momento linear:

$$\frac{d\vec{H}_{\text{sis}}}{dt} = \frac{d}{dt}\int_{\text{sis}} (\vec{r} \times \vec{V})\rho\,dV \qquad (6\text{–}44)$$

A equação do momento angular de um sistema foi expressa na Eq. 6–2 como

$$\sum \vec{M} = \frac{d\vec{H}_{\text{sis}}}{dt} \qquad (6\text{–}45)$$

onde $\sum \vec{M} = \sum (\vec{r} \times \vec{F})$ é o torque total aplicado ao sistema, que é a soma vetorial dos momentos de todas as forças que agem sobre o sistema e $d\vec{H}_{\text{sistema}}/dt$ é a taxa de variação do momento angular do sistema. A Equação 6–45 afirma que *a taxa de variação do momento angular de um sistema é igual ao torque total que age sobre o sistema.* Essa equação é válida para uma quantidade fixa de massa e um referencial inercial, ou seja, um referencial que seja fixo ou se mova com velocidade constante em uma trajetória retilínea.

A formulação geral da equação do momento angular para volume de controle é obtida tomando de $b = \vec{r} \times \vec{V}$ e, portanto, $B = \vec{H}$ no teorema de transporte geral de Reynolds. Isso resulta em (Fig. 6–34)

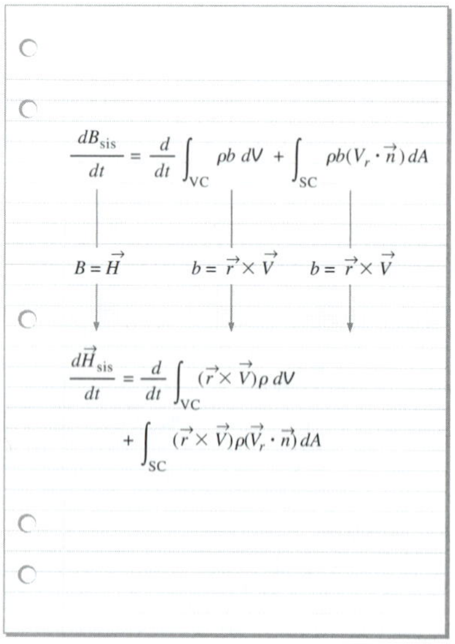

$$\frac{d\vec{H}_{\text{sis}}}{dt} = \frac{d}{dt}\int_{\text{CV}} (\vec{r} \times \vec{V})\rho\,dV + \int_{\text{CS}} (\vec{r} \times \vec{V})\rho(\vec{V}_r \cdot \vec{n})\,dA \qquad (6\text{–}46)$$

FIGURA 6–34 A equação do momento angular é obtida pela substituição de B no teorema de transporte de Reynolds pelo momento angular $\vec{H}$, e pela substituição de b pelo momento angular por unidade de massa $\vec{r} \times \vec{V}$.

Da Equação 6–45, o lado esquerdo dessa última equação é igual a $\sum \vec{M}$. Substituindo, a equação do momento angular para um volume de controle geral (fixo ou móvel, forma fixa ou deformável) é obtida como

Geral: $\quad \sum \vec{M} = \dfrac{d}{dt}\displaystyle\int_{VC}(\vec{r}\times\vec{V})\rho\,dV + \int_{SC}(\vec{r}\times\vec{V})\rho(\vec{V}_r\cdot\vec{n})\,dA \quad$ **(6–47)**

que pode ser enunciada como

$$\begin{pmatrix}\text{A soma de}\\ \text{todos os torques}\\ \text{externos agindo}\\ \text{em um VC}\end{pmatrix} = \begin{pmatrix}\text{A taxa de variação no}\\ \text{tempo do momento}\\ \text{angular do conteúdo do}\\ \text{VC}\end{pmatrix} + \begin{pmatrix}\text{O fluxo líquido de}\\ \text{momento angular}\\ \text{para fora da superfície}\\ \text{de controle devido ao}\\ \text{escoamento de massa}\end{pmatrix}$$

Novamente, $\vec{V}_r = \vec{V} - \vec{V}_{SC}$ é a velocidade do fluido com relação à superfície de controle (para utilização nos cálculos da vazão em massa em todos os locais onde o fluido cruza a superfície de controle) e $\vec{V}$ é a velocidade do fluido vista de um referencial fixo. O produto $\rho(\vec{V}_r\cdot\vec{n})$ representa a vazão em massa através de dA para dentro ou para fora do volume de controle, dependendo do sinal.

Para um volume de controle fixo (nenhum movimento ou deformação do volume de controle), $\vec{V}_r = \vec{V}$ e a equação do momento angular torna-se

VC fixo: $\quad \sum \vec{M} = \dfrac{d}{dt}\displaystyle\int_{VC}(\vec{r}\times\vec{V})\rho\,dV + \int_{SC}(\vec{r}\times\vec{V})\rho(\vec{V}\cdot\vec{n})\,dA \quad$ **(6–48)**

Além disso, observe que as forças que agem sobre o volume de controle consistem em *forças de campo* que agem através de todo o volume de controle, como a gravidade, e em *forças de superfície* que agem nos pontos de contato da superfície de controle, como a pressão e as forças de reação. O torque total consiste nos momentos dessas forças, bem como nos torques aplicados ao volume de controle.

FIGURA 6–35 Um aspersor rotativo de jardim é um bom exemplo de aplicação da equação do momento angular.

© *John A. Rizzo/Getty RF*

Casos especiais

Durante o *escoamento em regime permanente*, o momento angular dentro do volume de controle permanece constante e, portanto, a taxa de variação no tempo do momento angular do conteúdo do volume de controle é zero. Assim,

Escoamento em regime permanente: $\quad \sum \vec{M} = \displaystyle\int_{CS}(\vec{r}\times\vec{V})\rho(\vec{V}_r\cdot\vec{n})\,dA \quad$ **(6–49)**

Em muitas aplicações práticas, o fluido atravessa a fronteira do volume de controle em um número determinado de entradas e saídas, e é conveniente substituir a integral de superfície por uma expressão algébrica escrita em termos das propriedades médias nas áreas das seções transversais nas quais o fluido entra ou sai do volume de controle. Em tais casos, a taxa de fluxo líquido do momento angular pode ser expressa como a diferença entre os momentos angulares das correntes nas saídas e das correntes nas entradas. Além disso, em muitos casos, o braço $\vec{r}$ do momento é constante ao longo da entrada ou da saída (como nas turbomáquinas com escoamento radial) ou é grande comparado ao diâmetro do tubo de entrada ou saída (como nos aspersores rotativos de jardim, Fig. 6–35). Em tais casos, o valor *médio* de $\vec{r}$ é usado em toda a área de seção transversal da entrada ou saída. Em seguida, uma forma aproximada da equação do momento angular em termos das propriedades médias nas entradas e saídas torna-se

$$\sum \vec{M} \cong \dfrac{d}{dt}\int_{VC}(\vec{r}\times\vec{V})\rho\,dV + \sum_{s}(\vec{r}\times\dot{m}\vec{V}) - \sum_{e}(\vec{r}\times\dot{m}\vec{V}) \quad \textbf{(6–50)}$$

Você deve estar se perguntando por que não introduzimos um fator de correção na Equação 6–50, como fizemos para a conservação da energia (Capítulo 5) e

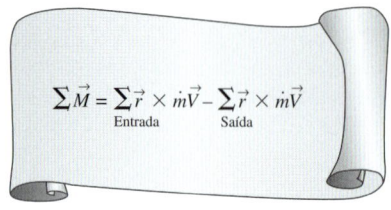

FIGURA 6–36 O torque total que age sobre um volume de controle durante o escoamento em regime permanente é igual à diferença entre os fluxos do momento angular na saída e na entrada.

para a conservação do momento linear (Seção 6–4). O motivo é que tal fator de correção variaria de um problema para outro dependendo da geometria, por causa do produto vetorial entre $\vec{r}$ e $\dot{m}\vec{V}$. Assim, embora possamos calcular facilmente um fator de correção para o fluxo da energia cinética e um fator de correção para o fluxo do momento linear no escoamento desenvolvido em condutos que pode ser aplicado a diversos problemas, não podemos fazer o mesmo para o momento angular. Felizmente, em muitos problemas de interesse prático para a engenharia, o erro associado ao uso de valores médios de raio e velocidade é pequeno, e a aproximação da Equação 6–50 é razoável.

Se o escoamento for *permanente,* a Equação 6–50 pode ser mais reduzida ainda para (Fig. 6–36)

Escoamento em regime permanente: $\quad \sum \vec{M} = \sum_{s}(\vec{r} \times \dot{m}\vec{V}) - \sum_{e}(\vec{r} \times \dot{m}\vec{V})$ **(6–51)**

A Eq. 6–51 afirma que *o torque total que age sobre o volume de controle durante o escoamento em regime permanente é igual à diferença entre os fluxos do momento angular na saída e na entrada.* Esse enunciado também pode ser expresso para qualquer direção especificada.

Em muitos problemas, todas as forças e fluxos de momento linear significativos do escoamento estão no mesmo plano e, portanto, todos provocarão momentos no mesmo plano e em relação ao mesmo eixo. Em tais casos, a Equação 6–51 pode ser expressa na forma escalar como

$$\sum M = \sum_{s} r\dot{m}V - \sum_{e} r\dot{m}V \quad \textbf{(6–52)}$$

onde *r* representa a distância média normal entre o ponto em relação ao qual os momentos são tomados e a linha de ação da força ou velocidade, desde que a convenção de sinais dos momentos seja observada. Ou seja, todos os momentos na direção anti-horária são positivos, e todos os momentos na direção horária são negativos.

Escoamento sem momentos externos

Quando não são aplicados momentos externos, a Equação 6–50 do momento angular é reduzida a

Sem momentos externos: $\quad 0 = \dfrac{d\vec{H}_{VC}}{dt} + \sum_{s}(\vec{r} \times \dot{m}\vec{V}) - \sum_{e}(\vec{r} \times \dot{m}\vec{V})$ **(6–53)**

Essa é uma expressão do princípio da conservação do momento angular, a qual pode ser enunciada como *na ausência de momentos externos, a taxa de variação do momento angular de um volume de controle é igual à diferença entre os fluxos do momento angular na entrada e na saída.*

Quando o momento de inércia *I* do volume de controle permanece constante, o primeiro termo do lado esquerdo da Eq. 6–53 torna-se simplesmente o momento de inércia multiplicado pela aceleração angular, $I\vec{\alpha}$. Assim, o volume de controle neste caso pode ser tratado como um corpo sólido com um torque total de

$$\vec{M}_{corpo} = I_{corpo}\vec{\alpha} = \sum_{e}(\vec{r} \times \dot{m}\vec{V}) - \sum_{s}(\vec{r} \times \dot{m}\vec{V}) \quad \textbf{(6–54)}$$

(devido à variação do momento angular) agindo sobre ele. Essa abordagem pode ser usada para determinar a aceleração angular de naves espaciais e ae-

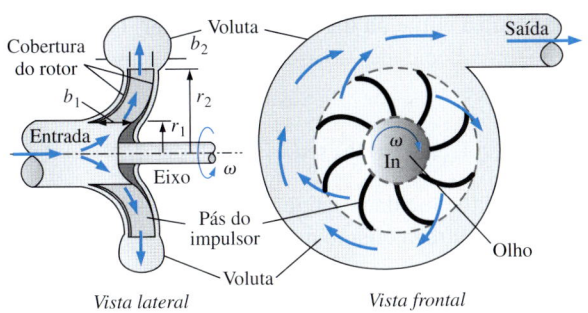

FIGURA 6–37 Vistas lateral e frontal de uma bomba centrífuga típica.

ronaves quando um foguete é disparado em uma direção diferente daquela do movimento.

Dispositivos com escoamento radial

Muitos dispositivos com escoamento rotativo como as bombas centrífugas e os ventiladores envolvem o escoamento na direção radial normal ao eixo de rotação e são chamados de *dispositivos com escoamento radial* (Cap. 14). Em uma bomba centrífuga, por exemplo, o fluido entra no dispositivo na direção axial através da entrada do rotor, gira para fora à medida que escoa através das passagens entre as pás do rotor, e é descarregado na direção tangencial, como mostra a Fig. 6–37. Os dispositivos com escoamento axial são analisados facilmente usando a equação do momento linear. Mas os dispositivos com escoamento radial envolvem grandes variações do momento angular do fluido e são analisados melhor com o auxílio da equação do momento angular.

Para analisar a bomba centrífuga, selecionamos a região anular que inclui a seção do rotor como o volume de controle, como mostra a Fig. 6–38. Observe que, em geral, a velocidade média de escoamento tem as componentes normal e tangencial tanto na entrada quanto na saída da seção do impulsor. Quando o eixo gira a uma velocidade angular ω, as pás do impulsor têm uma velocidade tangencial ωr_1 na entrada e ωr_2 na saída. No escoamento em regime permanente incompressível, a equação de conservação da massa pode ser escrita como

$$\dot{V}_1 = \dot{V}_2 = \dot{V} \quad \rightarrow \quad (2\pi r_1 b_1) V_{1,n} = (2\pi r_2 b_2) V_{2,n} \quad (6\text{–}55)$$

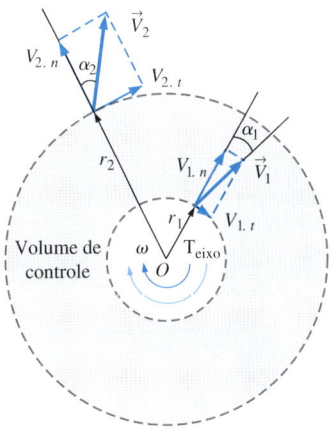

FIGURA 6–38 Um volume de controle anular que inclui a seção do impulsor de uma bomba centrífuga.

onde b_1 e b_2 são as larguras do escoamento na entrada onde $r = r_1$ e na saída onde $r = r_2$, respectivamente. (Observe que as áreas das seções circunferenciais reais são um pouco menores do que $2\pi rb$, uma vez que a espessura da lâmina não é zero.) Então, as componentes normais médias $V_{1,n}$ e $V_{2,n}$ da velocidade absoluta podem ser expressas em termos da vazão volumétrica $\dot{V}$ como

$$V_{1,n} = \frac{\dot{V}}{2\pi r_1 b_1} \quad \text{e} \quad V_{2,n} = \frac{\dot{V}}{2\pi r_2 b_2} \quad (6\text{–}56)$$

As componentes normais da velocidade $V_{1,n}$ e $V_{2,n}$, bem como a pressão que age sobre as áreas circunferenciais interna e externa, passam através do centro do eixo e, portanto, não contribuem para o torque com relação à origem. Assim, apenas as componentes da velocidade tangencial contribuem para o torque e a aplicação da equação do momento angular $\sum M = \sum_s r \dot{m} V - \sum_e r \dot{m} V$ para o volume de controle resulta em

Equação da turbina de Euler $\quad T_{eixo} = \dot{m}(r_2 V_{2,t} - r_1 V_{1,t}) \quad (6\text{–}57)$

que é conhecida como a **equação da turbina de Euler**. Quando os ângulos α_1 e α_2 entre a direção das velocidades do escoamento absoluto e a direção radial são conhecidas, ela torna-se

$$T_{eixo} = \dot{m}(r_2 V_2 \operatorname{sen} \alpha_2 - r_1 V_1 \operatorname{sen} \alpha_1) \qquad (6\text{--}58)$$

No caso idealizado da velocidade tangencial do fluido ser igual à velocidade angular da pá tanto na entrada quanto na saída, temos $V_{1,t} = \omega r_1$ e $V_{2,t} = \omega r_2$, e o torque torna-se

$$T_{eixo,\,ideal} = \dot{m}\omega(r_2^2 - r_1^2) \qquad (6\text{--}59)$$

onde $\omega = 2\pi\dot{n}$ é a velocidade angular das pás. Quando o torque é conhecido, a potência do eixo pode ser determinada como $\dot{W}_{eixo} = \omega T_{eixo} = 2\pi\dot{n} T_{eixo}$.

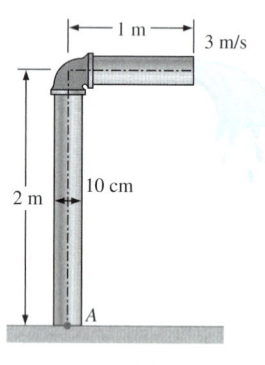

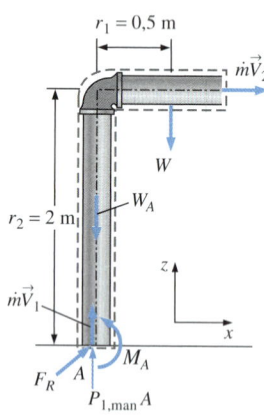

FIGURA 6–39 Representação esquemática do Exemplo 6–8 e o diagrama do corpo livre.

EXEMPLO 6–8 Momento de flexão agindo na base de uma tubulação de água

A água subterrânea é bombeada através de um tubo com 10 cm de diâmetro que consiste em uma seção vertical com 2 m de comprimento e horizontal de 1 m de comprimento, como mostra a Fig. 6–39. A água é descarregada para o ar atmosférico a uma velocidade média de 3 m/s e a massa da seção do tubo horizontal quando preenchido com água é de 12 kg por metro linear. O tubo é ancorado no solo por uma base de concreto. Determine o momento de flexão que age na base do tubo (ponto A) e o comprimento necessário da seção horizontal que tornaria nulo o momento no ponto A.

SOLUÇÃO A água é bombeada através de uma seção da tubulação. O momento que age na base e o comprimento necessário da seção horizontal para tornar esse momento nulo devem ser determinados.

Hipóteses **1** O escoamento é permanente. **2** A água é descarregada na atmosfera e, portanto, a pressão manométrica na saída é zero. **3** O diâmetro do tubo é pequeno comparado ao braço do momento e, portanto, usamos os valores médios do raio e da velocidade na saída.

Propriedades Assumimos a densidade da água como 1000 kg/m³.

Análise Tomamos todo o tubo em forma de L como o volume de controle e designamos a entrada por **1** e a saída por **2**. Também tomamos as coordenadas x e z como mostrado. O volume de controle e o referencial são fixos.
A equação de conservação da massa desse sistema com escoamento em regime permanente, uma entrada e uma saída é $\dot{m}_1 = \dot{m}_2 = \dot{m}$ e $V_1 = V_2 = V$, uma vez que A_c = constante. A vazão em massa e o peso da seção horizontal do tubo são

$$\dot{m} = \rho A_c V = (1000 \text{ kg/m}^3)[\pi(0,10 \text{ m})^2/4](3 \text{ m/s}) = 23,56 \text{ kg/s}$$

$$W = mg = (12 \text{ kg/m})(1 \text{ m})(9,81 \text{ m/s}^2)\left(\frac{1 \text{ N}}{1 \text{ kg·m/s}^2}\right) = 117,7 \text{ N}$$

Para determinar o momento que age sobre o tubo no ponto A, precisamos do momento de todas as forças e fluxos de momento linear com relação àquele ponto. Esse é um problema de escoamento em regime permanente e todas as forças e todos os fluxos de momento linear estão no mesmo plano. Assim, a equação do momento angular neste caso pode ser expressa como

$$\sum M = \sum_s r\dot{m}V - \sum_e r\dot{m}V$$

onde r é o braço médio do momento, V é a velocidade média, todos os momentos na direção anti-horária são positivos e todos os momentos na direção horária são negativos.

O diagrama de corpo livre do tubo em forma de L é dado na Fig. 6–39. Observando que os momentos de todas as forças e fluxos de momento linear que passam através do ponto A são nulos, a única força que resulta em um momento em relação ao ponto A é o peso W da seção horizontal do tubo, e o único fluxo de momento linear que resulta em um momento é o da corrente de saída (ambos são negativos uma vez que ambos os momentos estão na direção horária). Assim, a equação do momento angular em relação ao ponto A torna-se

$$M_A - r_1 W = -r_2 \dot{m} V_2$$

Solucionando M_A e substituindo, temos

$$\begin{aligned} M_A &= r_1 W - r_2 \dot{m} V_2 \\ &= (0{,}5 \text{ m})(118 \text{ N}) - (2 \text{ m})(23{,}56 \text{ kg/s})(3 \text{ m/s})\left(\frac{1 \text{ N}}{1 \text{ kg·m/s}^2}\right) \\ &= -82{,}5 \text{ N·m} \end{aligned}$$

O sinal negativo indica que a direção assumida para M_A está errada e deve ser invertida. Assim, um momento de 82,5 N·m age na base do tubo na direção horária. Ou seja, a base de concreto deve aplicar um momento de 82,5 N·m à base do tubo na direção horária para contrabalançar o momento causado pela corrente de saída.

O peso do tubo horizontal é $w = W/L = 117{,}7$ N por metro linear. Assim, o peso para um comprimento Lm é Lw com um braço de momento $r_1 = L/2$. Definindo $M_A = 0$ e substituindo, o comprimento L do tubo horizontal que fará com que o momento na base do tubo desapareça é determinado como

$$0 = r_1 W - r_2 \dot{m} V_2 \quad \rightarrow \quad 0 = (L/2)Lw - r_2 \dot{m} V_2$$

ou

$$L = \sqrt{\frac{2 r_2 \dot{m} V_2}{w}} = \sqrt{\frac{2(2 \text{ m})(23{,}56 \text{ kg/s})(3 \text{ m/s})}{117{,}7 \text{ N/m}}\left(\frac{\text{N}}{\text{kg·m/s}^2}\right)} = 1{,}55 \text{ m}$$

Discussão Observe que o peso do tubo e o momento da corrente de saída causam momentos opostos no ponto A. Este exemplo mostra a importância de levar em conta os momentos dos fluxos de momento linear do escoamento ao executar uma análise dinâmica e avaliar as tensões sobre os materiais do tubo em seções transversais críticas.

FIGURA 6–40 Aspersores de jardim frequentemente têm cabeças rotativas de forma a espalhar a água sobre uma grande área.

© *Andy Sotiriou/Getty RF*

EXEMPLO 6–9 Geração de potência por um sistema de aspersores

Um grande aspersor de jardim com quatro braços idênticos (Fig. 6–40) deve ser convertido em uma turbina para gerar energia elétrica, anexando um gerador ao cabeçote rotativo, como mostra a Fig. 6–41. A água entra no aspersor pela base ao longo do eixo de rotação, com uma vazão de 20 L/s e sai dos bocais na direção tangencial. O aspersor gira com uma rotação de 300 rpm em um plano horizontal. O diâmetro de cada jato é de 1 cm e a distância normal entre o eixo de rotação e o centro de cada bocal é de 0,6 m. Estime a potência elétrica produzida.

SOLUÇÃO Um aspersor de quatro braços é usado para gerar energia elétrica. Para uma vazão e uma rotação especificadas, a potência produzida deve ser determinada.

(continua)

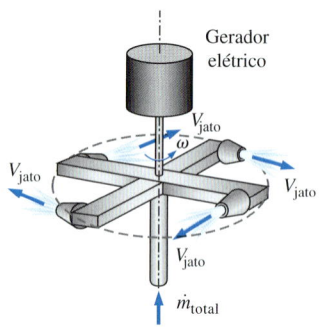

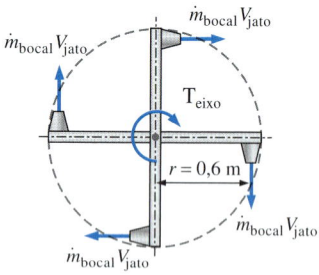

FIGURA 6–41 Representação esquemática do Exemplo 6–9 e o diagrama do corpo livre.

(continuação)

Hipóteses **1** O escoamento é ciclicamente permanente (ou seja, em regime permanente com relação a um referencial que gira com o cabeçote do aspersor). **2** A água é descarregada para a atmosfera e, portanto, a pressão manométrica na saída do bocal é nula. **3** As perdas do gerador e o arrasto do ar dos componentes rotativos são desprezados. **4** O diâmetro do bocal é pequeno comparado ao braço do momento e, portanto, usamos valores médios de raio e velocidade na saída.

Propriedades Tomamos a densidade da água como 1000 kg/m^3 = 1 kg/L.

Análise Tomamos o disco que inclui os braços do aspersor como o volume de controle, que é um volume de controle fixo.

A equação de conservação da massa desse sistema com escoamento em regime permanente é $\dot{m}_1 = \dot{m}_2 = \dot{m}_{total}$. Observando que os quatro bocais são idênticos, temos $\dot{m}_{bocal} = \dot{m}_{total}/4$ ou $\dot{V}_{bocal} = \dot{V}_{total}/4$, uma vez que a densidade da água é constante. A velocidade média de saída do jato relativa ao bocal é

$$V_{jato,r} = \frac{\dot{V}_{bocal}}{A_{jato}} = \frac{5 \text{ L/s}}{[\pi(0,01 \text{ m})^2/4]}\left(\frac{1 \text{ m}^3}{1000 \text{ L}}\right) = 63,66 \text{ m/s}$$

As velocidades angular e tangencial dos bocais são

$$\omega = 2\pi\dot{n} = 2\pi(300 \text{ rev/min})\left(\frac{1 \text{ min}}{60 \text{ s}}\right) = 31,42 \text{ rad/s}$$

$$V_{bocal} = r\omega = (0,6 \text{ m})(31,42 \text{ rad/s}) = 18,85 \text{ m/s}$$

Note que a água do bocal também se move à velocidade de 18,85 m/s na direção oposta quando é descarregada. Assim, a velocidade média absoluta do jato de água (ou velocidade relativa com relação a um local fixo na Terra) é a soma vetorial da velocidade relativa (velocidade do jato em relação ao bocal) e da velocidade absoluta do bocal,

$$\vec{V}_{jato} = \vec{V}_{jato,r} + \vec{V}_{bocal}$$

Essas três velocidades estão na direção tangencial, e tomando a direção do jato como a positiva, a equação vetorial pode ser escrita de forma escalar usando as magnitudes como

$$V_{jato} = V_{jato,r} - V_{bocal} = 63,66 - 18,85 = 44,81 \text{ m/s}$$

Observando que esse é um problema de ciclicamente permanente, e que todas as forças e fluxos de momento linear estão no mesmo plano, a equação do momento angular pode ser aproximada por $\sum M = \sum_s r\dot{m}V - \sum_e r\dot{m}V$, onde r é o braço do momento, todos os momentos na direção anti-horária são positivos e todos os momentos na direção horária são negativos.

O diagrama do corpo livre do disco que contém os braços do aspersor é dado na Fig. 6–41. Observe que os momentos de todas as forças e fluxos de momento linear passando através do eixo de rotação são nulos. Os momentos dos fluxos de momento linear devido aos jatos de água que saem dos bocais resultam em um momento na direção horária e o efeito do gerador sobre o volume de controle também é um momento na direção horária (e, portanto, ambos são negativos). Assim, a equação do momento angular com relação ao eixo de rotação torna-se

$$-T_{eixo} = -4r\dot{m}_{bocal}V_{jato} \quad \text{ou} \quad T_{eixo} = r\dot{m}_{total}V_{jato}$$

Substituindo, o torque transmitido através do eixo é determinado por

$$T_{eixo} = r\dot{m}_{total}V_{jato} = (0,6 \text{ m})(20 \text{ kg/s})(44,81 \text{ m/s})\left(\frac{1 \text{ N}}{1 \text{ kg·m/s}^2}\right) = 537,7 \text{ N·m}$$

uma vez que $\dot{m}_{total} = \rho \dot{V}_{total} = (1 \text{ kg/L})(20 \text{ L/s}) = 20 \text{ kg/s}$.
Então, a potência gerada torna-se

$$\dot{W} = \omega T_{eixo} = (31{,}42 \text{ rad/s})(537{,}7 \text{ N·m}) \left(\frac{1 \text{ kW}}{1000 \text{ N·m/s}} \right) = \mathbf{16{,}9 \text{ kW}}$$

Portanto, essa turbina tipo aspersor tem o potencial de produzir 16,9 kW de potência.

Discussão Para colocar o resultado obtido em perspectiva, consideramos dois casos limite. No primeiro caso limite, o aspersor fica preso e, portanto, a velocidade angular é zero. O torque desenvolvido será máximo neste caso, uma vez que $V_{bocal} = 0$ e, portanto, $V_{jato} = V_{jato,r} = 63{,}66$ m/s, resultando em $T_{eixo,máx} = 764$ N·m. Mas a potência gerada será nula, já que o eixo não gira.

No segundo caso limite, o eixo é desconectado do gerador (e, portanto, o torque útil e a geração de potência são nulos) e o eixo acelera até atingir uma velocidade de equilíbrio. Tomando $T_{eixo} = 0$ na equação do momento angular obtemos a velocidade absoluta dos jatos (velocidade dos jatos em relação a um observador na terra) como nula, $V_{jato} = 0$. Portanto, a velocidade relativa $V_{jato,r}$ e a velocidade absoluta do bocal V_{bocal} são iguais mas em sentidos opostos. Logo, a velocidade tangencial absoluta dos jatos, e portanto o torque, são nulos, e a água cai diretamente para baixo como numa catarata sob gravidade com momento angular nulo (ao redor do eixo de rotação). A velocidade angular do aspersor neste caso é

$$\dot{n} = \frac{\omega}{2\pi} = \frac{V_{bocal}}{2\pi r} = \frac{63{,}66 \text{ m/s}}{2\pi(0{,}6 \text{ m})} \left(\frac{60 \text{ s}}{1 \text{ min}} \right) = 1013 \text{ rpm}$$

Obviamente, a condição de $T_{eixo} = 0$ só é possível para um aspersor ideal sem atrito (ou seja, 100% de eficiência, como uma turbina ideal sem carga). Na verdade, sempre haverá algum torque resistente devido ao atrito da água, atrito no eixo ou resistência do ar.

A variação da potência produzida com velocidade angular é mostrada na Fig. 6-42. Observe que a potência produzida aumenta quando a rpm aumenta, atinge um máximo (em cerca de 500 rpm neste caso) e, em seguida, diminui. A potência real produzida será menor do que essa devido à ineficiência do gerador (Capítulo 5) e outras irreversibilidades como o atrito da água (Cap. 8), atrito no eixo ou arrasto aerodinâmico (Cap. 11).

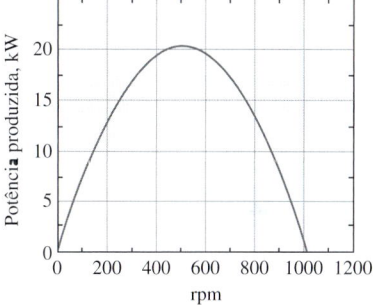

FIGURA 6-42 A variação de potência produzida com a velocidade angular da turbina do Exemplo 6-9.

APLICAÇÃO EM FOCO

Nado de uma arraia-jamanta

Autores convidados: Alexander Smits, Keith Moored e Peter Dewey, Princeton University

Animais aquáticos nadam usando uma grande variedade de técnicas. Muitos peixes batem suas caudas para produzir empuxo e, ao fazer isso, desprendem dois vórtices por ciclo de batimento, criando uma esteira que lembra um esteira de Von Kármán em reverso. O número adimensional que descreve esse desprendimento de vórtices é o número de Strouhal St, onde $St = fA/U_\infty$, onde f é a frequência de atuação, A é a amplitude pico a pico do movimento do bordo de fuga a meia envergadura das nadadeiras, e U_∞ é a velocidade média de natação em regime permanente. Notavelmente, uma grande variedade de peixes e mamíferos nada numa faixa $0{,}20 < St < 0{,}35$.

FIGURA 6-43 A arraia-jamanta é a maior das arraias, alcançando até 8 m de envergadura. Elas nadam com um movimento que é uma combinação dos movimentos de batimento e ondulação de suas grandes nadadeiras peitorais.

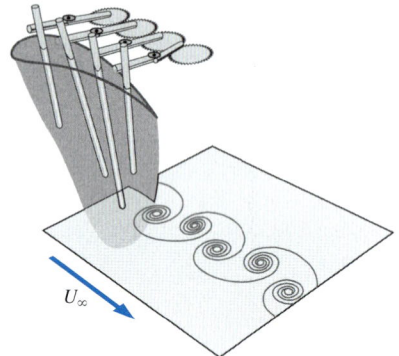

FIGURA 6–44 O mecanismo da nadadeira da arraia-jamanta, mostrando o padrão da esteira de vórtices produzida quando ela nada numa faixa em que dois vórtices são produzidos por ciclo de batimento. Uma barbatana flexível artificial é atuada por quatro hastes rígidas; ao mudar a diferença de fase relativa entre os atuadores, ondulações de diferentes comprimentos de onda podem ser produzidas.

Para as arraias-jamantas (Fig. 6–43), a propulsão é obtida combinando movimentos de batimento e ondulação de suas nadadeiras peitorais. Ou seja, quando a jamanta bate sua nadadeira, ela também gera um movimento de onda ao longo da corda desta, oposto à direção de seu movimento. Esse movimento de ondulação da nadadeira não é imediatamente aparente porque seu comprimento de onda é de 6 a 10 vezes maior que o comprimento da corda da nadadeira. Um movimento similar é observado em arraias de ferrão, mas, nesse caso, o movimento é mais evidente pois seu comprimento de onda é menor que o comprimento da corda. Observações de campo sugerem que várias espécies de arraias são migratórias, e logo são nadadoras muito eficientes. Elas são difíceis de observar em laboratório pois são criaturas muito frágeis. Contudo, é possível estudar muitos aspectos de sua técnica de natação ao simular sua propulsão usando robôs ou dispositivos mecânicos como aquele mostrado na Fig. 6–44. O campo de escoamento gerado por tal nadadeira revela o desprendimento de vórtices observado em outros peixes, e quando são realizadas médias temporais obtém-se um jato de elevado momento linear que contribui para o empuxo (Fig. 6–45). O empuxo e eficiência podem ser medidos diretamente, e, aparentemente, o movimento ondulatório da nadadeira é responsável por parte importante da produção de empuxo e pela alta eficiência da arraia-jamanta.

Referências

G. S. Triantafyllou, M. S. Triantafyllou, and M. A. Grosenbaugh. Optimal thrust development in oscillating foils with application to fish propulsion. *J. Fluid. Struct.*, 7:205-224, 1993.

Clark, R. P. and Smits, A. J., Thrust production and wake structure of batoid-inspired oscillating fin. *Journal of Fluid Mechanics*, 562, 415-429, 2006.

Moored, K. W., Dewey, P. A., Leftwitch, M. C., Bart-Smith, H. and Smits, A. J., "Bio-inspired propulsion mechanism based on lamprey and manta ray locomotion." *The Marine Technology Society Journal*, Vol. 45(4), pp. 110-118, 2011.

Dewey, P. A., Carriou, A. and Smits, A. J., "On the relationship between efficiency and wake structure of a batoid-inspired oscillating fin.", *Journal of Fluid Mechanics*, Vol. 691, pp. 245-266, 2011.

FIGURA 6–45 Medidas realizadas na esteira do mecanismo que replica a nadadeira da arraia-jamanta, com o escoamento vindo de baixo para cima. À esquerda, vemos os vórtices desprendidos na esteira, alternando-se entre vorticidade positiva (vermelha) e negativa (azul). As velocidades induzidas são representadas pelas flechas negras, e nesse caso vemos que empuxo está sendo produzido. À direita, vemos a média temporal do campo de velocidades. O campo não permanente induzido pelos vórtices produz um jato de alta velocidade no campo médio. O fluxo de momento linear associado com esse jato contribui com o empuxo total da nadadeira.

Imagem cortesia de Peter Dewey, Keith Moored e Alexander Smits. Usada com permissão.

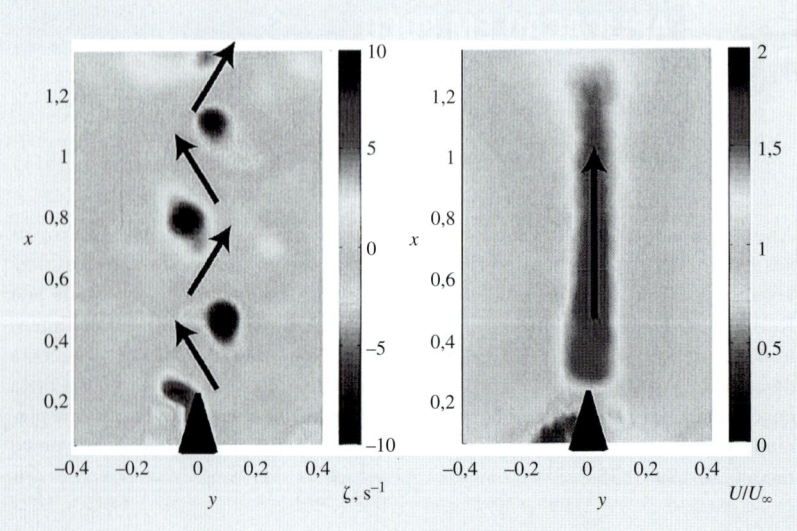

RESUMO

Este capítulo trata principalmente da conservação do momento para os volumes de controle finitos. As forças que agem sobre o volume de controle consistem em *forças de campo* que agem em todo o volume de controle (como as forças da gravidade, elétrica e magnética) e as *forças de superfície* que agem sobre a superfície de controle (como as forças de pressão e as forças de reação nos pontos de contato). A soma de todas as forças que agem sobre o volume de controle em determinado instante é representada por $\Sigma \vec{F}$ e é expressa como

$$\underbrace{\sum \vec{F}}_{\text{força total}} = \underbrace{\sum \vec{F}_{\text{gravidade}}}_{\text{força de campo}} + \underbrace{\sum \vec{F}_{\text{pressão}} + \sum \vec{F}_{\text{viscosa}} + \sum \vec{F}_{\text{outras}}}_{\text{forças de superfície}}$$

A segunda lei de Newton pode ser enunciada como *a soma de todas as forças externas que agem sobre um sistema é igual à taxa de variação no tempo do momento linear do sistema*. Fazendo $b = \vec{V}$ e, portanto, $B = m\vec{V}$ no teorema de transporte de Reynolds e utilizando a segunda lei de Newton temos a *equação do momento linear* de um volume de controle como

$$\sum \vec{F} = \frac{d}{dt} \int_{VC} \rho \vec{V} \, dV + \int_{SC} \rho \vec{V} (\vec{V}_r \cdot \vec{n}) \, dA$$

Isso se reduz aos seguintes casos especiais:

Escoamento em regime permanente: $\sum \vec{F} = \int_{SC} \rho \vec{V} (\vec{V}_r \cdot \vec{n}) \, dA$

Escoamento em regime transiente (forma algébrica):

$$\sum \vec{F} = \frac{d}{dt} \int_{VC} \rho \vec{V} \, dV + \sum_s \beta \dot{m} \vec{V} - \sum_e \beta \dot{m} \vec{V}$$

Escoamento em regime permanente (forma algébrica):

$$\sum \vec{F} = \sum_s \beta \dot{m} \vec{V} - \sum_e \beta \dot{m} \vec{V}$$

Sem forças externas: $0 = \dfrac{d(m\vec{V})_{VC}}{dt} + \sum_s \beta \dot{m} \vec{V} - \sum_e \beta \dot{m} \vec{V}$

onde β é o fator de correção do fluxo de momento linear. Um volume de controle cuja massa m permanece constante pode ser tratado como um corpo sólido, com uma força total ou empuxo de

$$\vec{F}_{\text{empuxo}} = m_{VC} \vec{a} = \sum_e \beta \dot{m} \vec{V} - \sum_s \beta \dot{m} \vec{V}$$

agindo sobre ele.

A segunda lei de Newton também pode ser enunciada como *a taxa de variação do momento angular de um sistema é igual ao torque total que age sobre o sistema*. Tomando $b = \vec{r} \times \vec{V}$ e, portanto, $B = \vec{H}$ no teorema de transporte geral de Reynolds temos a *equação do momento angular* como

$$\sum \vec{M} = \frac{d}{dt} \int_{VC} (\vec{r} \times \vec{V}) \rho \, dV + \int_{SC} (\vec{r} \times \vec{V}) \rho (\vec{V}_r \cdot \vec{n}) \, dA$$

Isso se reduz aos seguintes casos especiais:

Escoamento em regime permanente:

$$\sum \vec{M} = \int_{SC} (\vec{r} \times \vec{V}) \rho (\vec{V}_r \cdot \vec{n}) \, dA$$

Escoamento em regime transiente (forma algébrica):

$$\sum \vec{M} = \frac{d}{dt} \int_{VC} (\vec{r} \times \vec{V}) \rho \, dV + \sum_s \vec{r} \times \dot{m} \vec{V} - \sum_e \vec{r} \times \dot{m} \vec{V}$$

Escoamento em regime permanente e uniforme:

$$\sum \vec{M} = \sum_s \vec{r} \times \dot{m} \vec{V} - \sum_e \vec{r} \times \dot{m} \vec{V}$$

Forma escalar para uma direção: $\sum M = \sum_s r\dot{m}V - \sum_e r\dot{m}V$

Sem momentos externos:

$$0 = \frac{d\vec{H}_{VC}}{dt} + \sum_s \vec{r} \times \dot{m} \vec{V} - \sum_e \vec{r} \times \dot{m} \vec{V}$$

Um volume de controle cujo momento de inércia I permanece constante pode ser tratado como um corpo sólido, com um torque total de

$$\vec{M}_{VC} = I_{VC} \vec{\alpha} = \sum_e \vec{r} \times \dot{m} \vec{V} - \sum_s \vec{r} \times \dot{m} \vec{V}$$

agindo sobre ele. Essa relação pode ser usada para determinar a aceleração angular de uma nave espacial quando um foguete é acionado.

As equações do momento linear e do momento angular são de importância fundamental para a análise de turbomáquinas e são muito usadas no Capítulo 14.

REFERÊNCIAS E LEITURAS SUGERIDAS

1. P. K. Kundu, I. M. Cohen, and D. R. Dowling, *Fluid Mechanics*, ed. 5, San Diego, Ca: Academic Press, 2011.

2. Terry Wright, *Fluid Machinery: Performance, Analysis and Design*, Boca Raton, FL: CRC Press, 1999.

PROBLEMAS*

Leis de Newton e conservação do momento

6–1C Enuncie a primeira, a segunda e a terceira leis de Newton.

6–2C Expresse a segunda lei de Newton para corpos em movimento de rotação. O que você pode dizer sobre a velocidade angular e momento angular de um corpo não rígido de massa constante em movimento de rotação se o torque total agindo sobre o corpo é nulo?

6–3C O momento é um vetor? Em caso afirmativo, para qual direção ele aponta?

6–4C Expresse o princípio da conservação do momento linear. O que você pode dizer sobre o momento linear de um corpo se a força total agindo sobre ele é nula?

Equação do momento linear

6–5C Dois bombeiros estão combatendo um incêndio com mangueiras e bocais de água idênticos, exceto que um segura a mangueira em linha reta para que a água saia do bocal na mesma direção em que entra, enquanto o outro a segura para trás para que a água faça um movimento em U antes de ser descarregada. Qual bombeiro sofrerá maior força de reação?

6–6C Como as forças de superfície surgem na análise do momento de um volume de controle? Como é possível minimizar o número de forças de superfície expostas durante a análise?

6–7C Explique a importância do teorema de transporte de Reynolds na mecânica dos fluidos e descreva como a equação do momento linear é obtida a partir dele.

6–8C Qual é a importância do fator de correção do fluxo do momento linear na análise do momento dos sistemas de escoamento? Para qual tipo de escoamento ele é significativo e deve ser considerado na análise: escoamento laminar, escoamento turbulento ou escoamento de jato?

6–9C Escreva a equação do momento linear do escoamento unidimensional permanente para o caso de ausência de força externa e explique o significado físico de seus termos.

6–10C Na aplicação da equação do momento linear, explique por que, em geral, podemos desprezar a pressão atmosférica e trabalhar apenas com pressões manométricas.

6–11C Um foguete no espaço (sem atrito ou resistência ao movimento) pode expelir gases a uma alta velocidade V em relação a si mesmo. V é o limite superior para a velocidade final do foguete?

---

* Problemas identificados com a letra "C" são questões conceituais e encorajamos os estudantes a responder a todos. Problemas identificados com a letra "E" são em unidades inglesas, e usuários do SI podem ignorá-los. Problemas com o ícone "disco rígido" são resolvidos com o programa EES. Problemas com o ícone ESS são de natureza abrangente e devem ser resolvidos com um solucionador de equações, preferencialmente o programa EES.

6–12C Descreva por que um helicóptero paira no ar em termos do momento e do escoamento de ar.

FIGURA P6–12C
© JupiterImages/ThinkStock/Alamy RF

6–13C Para flutuar no alto de uma montanha, um helicóptero precisa de mais, menos ou da mesma potência que precisaria para flutuar no nível do mar? Explique.

6–14C Em determinado local, um helicóptero exige mais potência no verão ou no inverno para atingir um desempenho especificado? Explique.

6–15C Um jato de água horizontal de um bocal com seção transversal de saída constante atinge normalmente uma placa plana vertical e fixa. Determinada força F é necessária para manter a placa contra a corrente de água. Se a velocidade da água dobrar, a força necessária para segurar a placa também dobrará? Explique.

6–16C Descreva as forças de campo e as forças de superfície e explique como a força resultante que age sobre o volume de controle é determinada. O peso do fluido é uma força de campo ou uma força de superfície? E a pressão?

6–17C Um jato de água horizontal à velocidade constante de um bocal fixo atinge normalmente uma placa plana vertical que é mantida em um trilho quase sem atrito. À medida que o jato de água atinge a placa, ela começa a se mover devido à força da água. A aceleração da placa permanecerá constante ou variará? Explique.

FIGURA P6–17C

6–18C Um jato de água horizontal à velocidade constante V de um bocal fixo atinge normalmente uma placa plana vertical que é mantida em um trilho quase sem atrito. À medida que o jato de água atinge a placa, ela começa a se mover devido à força da água. Qual é a velocidade mais alta que pode ser atingida pela placa? Explique.

6–19 Água entra em um conduto circular de 10 cm de diâmetro em regime permanente com uma distribuição uniforme de velocidade de 3 m/s e sai do conduto com uma distribuição típica do escoamento turbulento dada por $u = u_{max}(1 - r/R)^{1/7}$. Se a perda de pressão ao longo do conduto é de 10 kPa, calcule a força de arrasto da água sobre o conduto.

6–20 Um jato de água horizontal de 2,5 cm de diâmetro com uma velocidade $V_j = 40$ m/s relativa ao chão é defletido por um cone estacionário de 60° cuja base tem um diâmetro de 25 cm. A velocidade da água ao longo do cone varia linearmente de zero na superfície do cone até a velocidade do jato de 40 m/s na superfície livre. Desprezando efeitos da gravidade e tensões de cisalhamento, calcule a força F necessária para manter o cone estacionário.

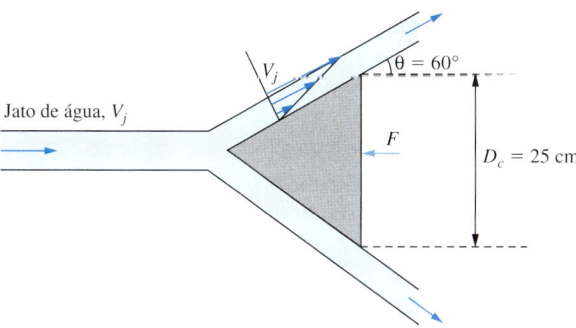

FIGURA P6–20

6–21 Um jato de água horizontal com velocidade constante V atinge normalmente uma placa plana vertical e se espalha no plano vertical. A placa se move na direção da entrada do jato de água com velocidade $\frac{1}{2}V$. Se uma força F é necessária para manter a placa fixa, qual a força adicional necessária para mover a placa na direção do jato de água?

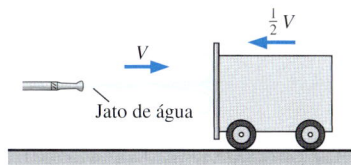

FIGURA P6–21

6–22 Um cotovelo de 90° em um tubo horizontal é usado para direcionar para cima o escoamento da água com uma vazão de 40 kg/s. O diâmetro de todo o cotovelo é de 10 cm. O cotovelo descarrega água na atmosfera e, portanto, a pressão na saída é a pressão atmosférica local. A diferença de elevação entre os centros da saída e da entrada do cotovelo é de 50 cm. Os pesos do cotovelo e da água que há nele são desprezíveis.

Determine (*a*) a pressão manométrica no centro da entrada do cotovelo e (*b*) a força de ancoragem necessária para manter o cotovelo no lugar. Tome o fator de correção do fluxo do momento linear como 1,03 tanto na entrada quanto na saída.

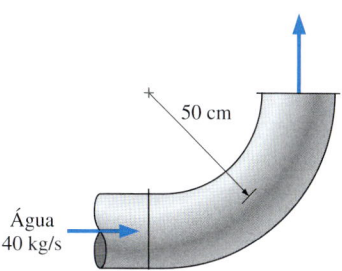

FIGURA P6–22

6–23 Repita o Problema 6–22 para o caso de outro cotovelo (idêntico) anexado ao cotovelo existente, para que o fluido faça uma volta em U.

Respostas: (a) 9,81 kPa (b) 497 N

6–24E Um jato de água horizontal atinge uma placa vertical com velocidade de 25 ft/s e se espalha no plano vertical. Se uma força horizontal de 350 lbf é necessária para manter a placa estacionária contra o jato, determine a vazão volumétrica de água.

6–25 Um cotovelo redutor em um tubo horizontal é usado para defletir para cima de um ângulo $\theta = 45°$ e acelerar o escoamento da água com vazão de 30 kg/s. O cotovelo descarrega água na atmosfera. A área de seção transversal do cotovelo é de 150 cm² na entrada e 25 cm² na saída. A diferença de elevação entre os centros da saída e da entrada é de 40 cm. A massa do cotovelo e da água que há nele é de 50 kg. Determine a força de ancoragem necessária para manter o cotovelo no lugar. Tome o fator de correção do fluxo do momento linear como 1,03 tanto na entrada quanto na saída.

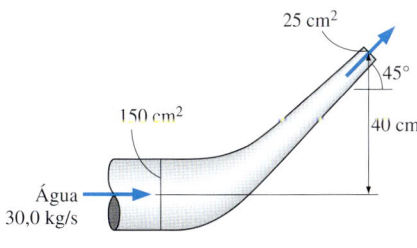

FIGURA P6–25

6–26 Repita o Problema 6–25 para o caso de $\theta = 110°$.

6–27 A água acelerada por um bocal até 35 m/s atinge a superfície traseira vertical de um carrinho que se move horizontalmente a uma velocidade constante de 10 m/s na direção do escoamento. A vazão em massa da água é de 30 kg/s. Após o choque, a corrente de água se espalha em todas as direções no plano da superfície traseira. (*a*) Determine a força que precisa ser aplicada aos freios do carrinho para evitar que ele acelere. (*b*) Se essa força fosse usada para gerar potência em vez de ser desperdiçada nos freios, determine a quantidade máxima de potência que poderia ser gerada.

Respostas: (a) −536 N (b) 5,36 kW

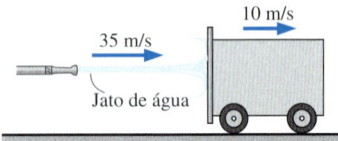

FIGURA P6–27

6–28 Reconsidere o Problema 6–27. Se a massa do carrinho for 400 kg e os freios falharem, determine a aceleração do carrinho quando a água atingi-lo pela primeira vez. Suponha que a massa da água que molha a superfície traseira é desprezível.

6–29E Um jato de água de vazão 100 ft^3/s está se movendo na direção positiva do eixo x com velocidade de 18 ft/s. A água atinge um distribuidor estacionário, de forma que metade do escoamento é desviado para cima a 45° e a outra metade é direcionada para baixo. Ambas as correntes de água tem a mesma velocidade média de 18 ft/s. Desprezando efeitos gravitacionais, calcule as componente x e z da força necessária para manter o distribuidor no lugar.

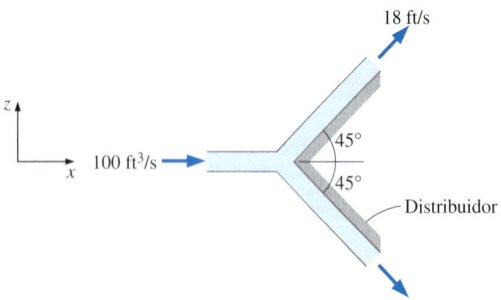

FIGURA P6–29E

6–30E Reconsidere o problema 6–29E. Usando o programa EES (ou outro similar), investigue o efeito do ângulo na componente x da força exercida pelo jato sobre o distribuidor. Faça a metade do ângulo entre os braços do distribuidor variar entre 0° e 180° em incrementos de 10°. Faça uma tabela e um gráfico de seus resultados, acrescentando conclusões.

6–31 Um jato de água horizontal com 5 cm de diâmetro e velocidade de 18 m/s é imposto normalmente a uma placa vertical de massa 1000 kg. A placa é mantida em um trilho quase sem atrito e inicialmente está fixa. Quando o jato atinge a placa, esta começa a se mover na direção do jato. A água sempre se espalha no plano da placa que se afasta. Determine (*a*) a aceleração da placa quando o jato a atinge (tempo = 0), (*b*) o tempo necessário para que a placa atinja uma velocidade de 9 m/s e (*c*) a velocidade da placa 20 s após o jato atingir a placa pela primeira vez. Como simplificação, suponha que a velocidade do jato aumenta à medida que a placa se afasta de forma a manter a força do jato sobre a placa constante.

6–32E Um ventilador com pás de 24 in de diâmetro move 2000 ft^3/minuto de ar com temperatura de 70° F ao nível do mar. Determine (*a*) a força necessária para manter o ventilador estacionário e (*b*) a potência mínima requerida pelo ventilador. Escolha um volume de controle suficientemente grande para conter o ventilador, com a entrada suficientemente distante para poder considerar que a pressão manométrica na entrada é nula. Suponha que o ar se aproxima do ventilador através de uma área grande, de forma a considerar a velocidade do ar desprezível, e que o ar deixa o ventilador com um perfil uniforme de velocidades e a pressão atmosférica através de um cilindro imaginário com o diâmetro das pás.

Respostas: (a) 0,820 lbf (b) 5,91 W

6–33E Um jato horizontal de 3 polegadas de diâmetro com velocidade de 140 ft/s atinge uma placa curvada que deflete a água de 135° da sua direção original. Qual a força necessária para manter a placa no lugar e qual sua direção? Suponha que atrito e efeitos gravitacionais são desprezíveis.

6–34 Os bombeiros seguram um bocal na ponta de uma mangueira enquanto tentam apagar um incêndio. Se o diâmetro de saída do bocal é de 8 cm e a vazão de escoamento da água é de 12 m^3/min, determine (*a*) a velocidade média de saída da água e (*b*) a força de resistência horizontal necessária para que os bombeiros segurem o bocal.

Respostas: (*a*) 39,8 m/s (*b*) 7958 N

FIGURA P6–34

6–35 Um jato de água horizontal com 5 cm de diâmetro e velocidade de 40 m/s atinge uma placa plana que se move na mesma direção do jato à velocidade de 10 m/s. A água se espalha em todas as direções do plano da placa. Qual a força que a corrente de água exerce sobre a placa?

6–36 Reconsidere o Problema 6–35. Usando o EES (ou outro software), investigue o efeito da velocidade da placa sobre a força exercida. Faça a velocidade da placa variar de 0 a 30 m/s em incrementos de 3 m/s. Tabule e represente graficamente os resultados.

6–37E Um jato horizontal de 3 polegadas de diâmetro com uma velocidade de 90 ft/s atinge uma placa curva, que deflete a água 180° com a mesma velocidade. Desprezando efeitos de atrito, determine a força necessária para manter a placa no lugar.

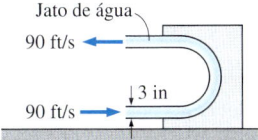

FIGURA P6–37E

6–38 Um helicóptero sem carga de massa 12.000 kg paira ao nível do mar enquanto é carregado. Operando desse modo sem carga, as pás giram a 550 rpm. As pás horizontais acima do helicóptero fazem com que uma massa de ar de 18 m de diâmetro se mova para baixo a uma velocidade média proporcional à velocidade rotacional da lâmina (rpm). Uma carga de 14.000 kg é carregada no helicóptero e o helicóptero se eleva lentamente. Determine (a) a vazão de ar volumétrico escoada para baixo que o helicóptero gera enquanto paira sem carga e a potência necessária e (b) a rotação (em rpm) das pás do helicóptero para pairar com a carga de 14.000 kg e a potência necessária. Tome a densidade do ar atmosférico 1,18 kg/m^3. Assuma que o ar se aproxima das pás pelo alto através de uma área grande com velocidade desprezível, e que o ar é forçado pelas pás a se mover para baixo com velocidade uniforme através de um cilindro imaginário cuja base é a área de envergadura das pás.

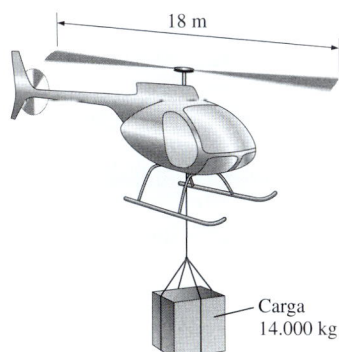

FIGURA P6–38

6–39 Retome o helicóptero do Problema 6–38, considerando agora que ele paira no alto de uma montanha de 2800 m de altitude na qual a densidade do ar é 0,928 kg/m^3. Observando que as pás do helicóptero descarregado devem girar a 550 rpm para pairar no nível do mar, determine a velocidade de rotação da pá para pairar a essa altitude maior. Determine também o aumento percentual da entrada de potência necessária para pairar a uma altitude de 3000 m em relação àquela necessária para pairar ao nível do mar.
Respostas: 620 rpm, 12,8%

6–40 Água escoa através de um tubo de 10 cm de diâmetro com uma vazão de 0,1 m^3/s. Um difusor com um diâmetro de saída de 20 cm está aparafusado ao tubo com o objetivo de diminuir a velocidade do escoamento, como mostrado na Fig. P6–40. Desprezando efeitos de atrito, determine a força exercida nos parafusos devido ao escoamento.

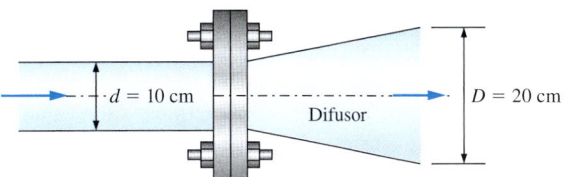

FIGURA P6–40

6–41 O peso de um tanque de água aberto à atmosfera é equilibrado por um contrapeso, como mostrado na Fig. P6–41. Há um furo de 4 cm no fundo do tanque com um coeficiente de descarga 0,90, e o nível de água no tanque é mantido constante em 50 cm por água entrando no tanque horizontalmente. Determine a quantidade de massa que deve ser adicionada ou removida dos contrapesos para manter o equilíbrio quando o furo do tanque é aberto.

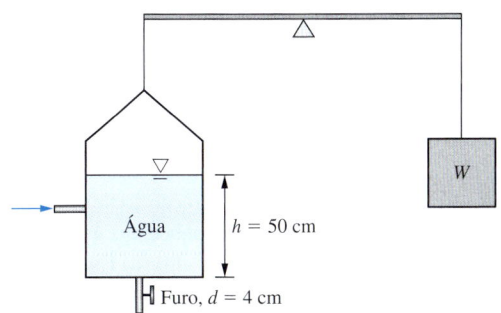

FIGURA P6–41

6–42 As grandes turbinas eólicas disponíveis comercialmente incluem diâmetros de até 100 m e geram mais de 3 MW de potência elétrica em condições ótimas

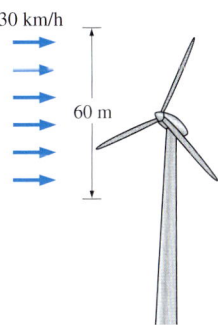

FIGURA P6–42

de projeto. Considere uma turbina eólica com envergadura das pás de 60 m sujeita a ventos constantes de 30 km/h. Se a eficiência combinada do conjunto turbina-gerador for de 32%, determine (a) a potência gerada pela turbina e (b) a força horizontal exercida pelo vento sobre o mastro de suporte da turbina. Tome a densidade do ar como 1,25 kg/m³ e despreze os efeitos do atrito.

6–43 Água entra axialmente em uma bomba centrífuga à pressão atmosférica, com uma vazão de 0,09 m³/s e a uma velocidade de 5 m/s, e sai na direção normal ao longo da carcaça da bomba, como mostra a Fig. P6–43. Determine a força que age sobre o eixo (que também é a força que age sobre o rolamento do eixo) na direção axial.

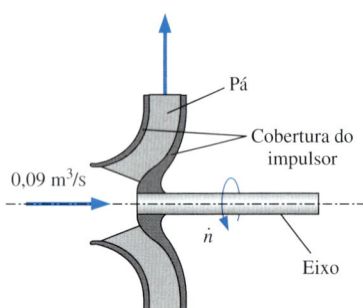

FIGURA P6–43

6–44 Um fluido incompressível de densidade ρ e viscosidade μ escoa através de um duto curvado que muda a direção do escoamento de 180°. A área de seção transversal do duto é constante. A velocidade média, fator de correção do fluxo de momento linear e pressão manométrica são conhecidos na entrada (1) e na saída (2), de acordo com a Fig. P6–44. (a) Escreva uma expressão para a força horizontal F_x do fluido nas paredes do duto em termos das variáveis dadas. (b) Verifique sua expressão pela substituição dos seguintes valores: $\rho=998,2$ kg/m³, $\mu=1,003 \times 10^{-3}$ kg/ms, $A_1=A_2=0,025$ m², $\beta_1=1,01$, $\beta_2=1,03$, $V_1=10$m/s, $P_{1,man}=78,47$ kPa e $P_{2,man}=65,23$ kPa.

Resposta: (b) $F_x=8680$N para a direita

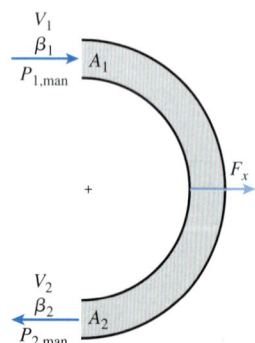

FIGURA P6–44

6–45 Reconsidere o Problema 6–44, desta vez permitindo a variação da área de seção transversal ao longo do duto ($A_1 \neq A_2$). (a) Escreva uma expressão para a força horizontal F_x do fluido nas paredes do duto em termos das variáveis dadas. (b) Verifique sua expressão pela substituição dos seguintes valores: $\rho=998,2$ kg/m³, $A_1=0,025$ m², $A_2=0,015$ m², $\beta_1=1,02$, $\beta_2=1,04$, $V_1=20$m/s, $P_{1,man}=88,34$ kPa e $P_{2,man}=67,48$ kPa.

Resposta: (b) $F_x=30.700$ N para a direita

6–46 Como sequência do problema 6–44 podemos considerar que, para uma relação A_2/A_1 grande o bastante, a pressão na entrada se torna *menor* que a pressão na saída! Explique como isso pode ser verdade à luz do fato de que há atrito e outras irreversibilidades por conta da turbulência, e a pressão pode cair ao longo do eixo do duto para superar essas irreversibilidades.

6–47 Um fluido incompressível de densidade ρ e viscosidade μ escoa através de um duto que muda a direção do fluxo de um ângulo θ. A área da seção transversal também muda ao longo do duto. A velocidade média, fator de correção do fluxo de momento linear, pressão manométrica e área são conhecidos na entrada (1) e na saída (2), mostradas na Fig. P6–47. (a) Obtenha uma expressão para a força horizontal F_x do fluido nas paredes do duto em termos das variáveis dadas. (b) Verifique sua expressão usando os seguintes valores: $\theta=135°$, $\rho=998,2$ kg/m³, $\mu=1,003 \times 10^{-3}$ kg/m·s, $A_1=0,025$ m², $A_2=0,050$ m², $\beta_1=1,01$, $\beta_2=1,03$, $V_1=6$m/s, $P_{1,man}=78,47$ kPa e $P_{2,man}=65,23$ kPa. (Dica: você precisará primeiro obter V_2). (c) Qual ângulo de mudança de direção maximiza a força?

Respostas: (b) $F_x=5500$ N para a direita, (c) 180°

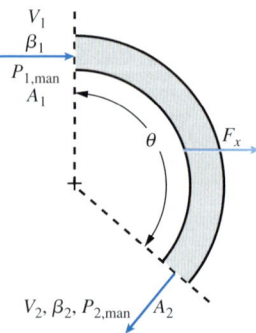

FIGURA P6–47

6–48 Água de densidade $\rho=998,2$ kg/m³ escoa através do bocal da mangueira de um bombeiro – uma seção convergente que acelera o escoamento. O diâmetro da entrada é $d_1=0,100$ m, e o diâmetro da saída é $d_2=0,050$ m. A velocidade média, fator de correção do fluxo de momento linear, pressão manométrica e área são conhecidos na entrada (1) e na saída (2), mostradas na Fig. P6–48. (a) Obtenha uma expressão para a força horizontal F_x do fluido nas paredes do bocal em termos das variáveis dadas. (b) Verifique sua expressão usando os seguintes valores: $\beta_1=1,03$, $\beta_2=1,02$, $V_1=4$ m/s, $P_{1,man}=123.000$ Pa e $P_{2,man}=0$ Pa.

Resposta: (b) $F_x=583$ N para a direita

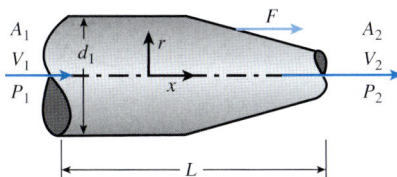

FIGURA P6–48

6–49 A água que escoa em um tubo com 25 cm de diâmetro a 8 m/s e 300 kPa de pressão manométrica entra em uma curva redutora de 90°, a qual se conecta a um tubo vertical com 15 cm de diâmetro. A entrada da curva está 50 cm acima da saída. Desprezando os efeitos do atrito e gravitacionais, determine a força resultante exercida sobre a curva redutora pela água. Tome o fator de correção do fluxo do momento linear como 1,04.

6–50 Uma comporta basculante que controla a vazão de um canal simplesmente levantando ou abaixando uma placa vertical é normalmente usada em sistemas de irrigação. Uma força é exercida sobre a comporta devido à diferença entre as profundidades da água y_1 e y_2 e as velocidades de escoamento V_1 e V_2 à montante e à jusante da comporta, respectivamente. Considere a largura da comporta (normal ao plano da página) como w. Podemos desprezar as tensões de cisalhamento das paredes do canal e supor escoamento permanente e perfis de velocidade uniformes nas seções 1 e 2. Deduza uma relação para a força F_R que age na comporta como função das profundidades y_1 e y_2, da vazão em massa $\dot{m}$, aceleração da gravidade g, largura da comporta w e densidade da água ρ.

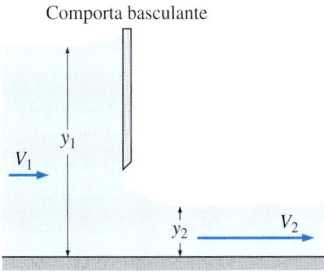

FIGURA P6–50

Equação do momento angular

6–51C Como a equação do momento angular é obtida das equações de transporte de Reynolds?

6–52C Expresse a equação do momento angular na forma escalar com relação a um eixo especificado de rotação para um volume de controle fixo para escoamento em regime permanente e uniforme.

6–53C Expresse a equação do momento angular em regime transiente na forma vetorial para um volume de controle que tem um momento de inércia I constante, nenhum momento externo aplicado, uma corrente de escoamento uniforme de saída com velocidade $\vec{V}$ e vazão em massa $\dot{m}$.

6–54C Considere dois corpos rígidos que têm a mesma massa e velocidade angular. Esses corpos devem ter o mesmo momento angular? Explique.

6–55 Água escoa através de um tubo com 15 cm de diâmetro que consiste em uma seção vertical com 3 m de comprimento e horizontal com 2 m de comprimento com um cotovelo de 90° na saída para forçar a água a ser descarregada para baixo na direção vertical, como mostra a Fig. P6–55. A água é descarregada na atmosfera a uma velocidade de 7 m/s, e a massa da seção do tubo quando preenchida com água é de 15 kg por metro de comprimento. Determine o momento que age na intersecção das seções vertical e horizontal do tubo (ponto A). Qual seria sua resposta se o escoamento fosse descarregado para cima em vez de para baixo?

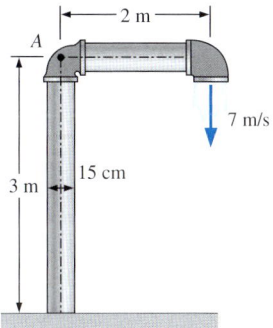

FIGURA P6–55

6–56E Um grande aspersor de jardim com dois braços idênticos é usado para gerar energia ao se conectar um gerador ao seu cabeçote rotativo. Água entra no aspersor a partir da base ao longo do eixo de rotação com uma vazão de 5 gal/s e deixa os bocais na direção tangencial. O aspersor gira com uma rotação de 180 rpm no plano horizontal. O diâmetro de cada jato é de 0,5 polegada, e a distância na direção normal entre o eixo de rotação e o centro de cada bocal é de 2 ft. Determine a potência elétrica máxima produzida.

6–57E Reconsidere o aspersor do Prob. 6–56E. Se o cabeçote emperrar e for imobilizado, determine o momento agindo nele.

6–58 O impulsor de uma bomba centrífuga tem diâmetros interno e externo de 13 e 30 cm, respectivamente, e uma vazão de 0,15 m³/s a uma rotação de 1200 rpm. A largura da pá do impulsor é 8 cm na entrada e 3,5 cm na saída. Se a água entra no impulsor na direção radial e sai a um ângulo de 60° em relação à direção radial, determine a potência mínima exigida pela bomba.

6–59 O rotor de um ventilador centrífugo tem raio de 18 cm e pá com largura de 6,1 cm na entrada, e um raio de 30 cm e uma lâmina com largura de 3,4 cm na saída. O ventilador fornece ar atmosférico a 20°C e 95 kPa. Desprezando as perdas e assumindo que as componentes tangenciais da velocidade do ar na entrada e saída são iguais à velocidade do rotor nas respectivas localizações, determine a vazão volumétrica de ar quando a rotação do eixo é de 900 rpm e o consumo de energia do ventilador é de 120 W. Determine também as componentes normais da velocidade na entrada e na saída do rotor.

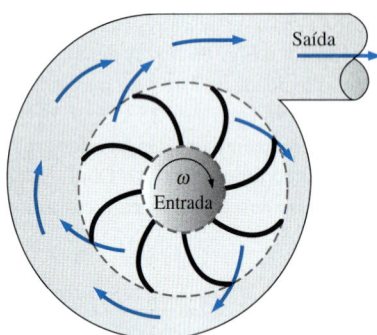

FIGURA P6–59

6–60 Água entra verticalmente em regime permanente com uma vazão de 35 L/s no aspersor da Fig. P6–60 com braços e áreas de descarga desiguais. O jato menor tem uma área de descarga de 3 cm² e uma distância normal em relação ao eixo de rotação de 50 cm. O jato maior tem uma área de descarga de 5 cm² e uma distância normal em relação ao eixo de rotação de 35 cm. Desprezando qualquer atrito, determine (a) a rotação do aspersor em rpm e (b) o torque necessário para impedir o aspersor de girar.

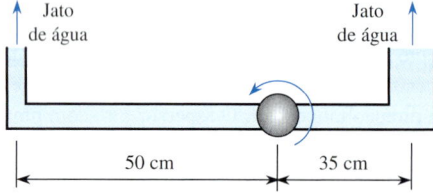

FIGURA P6–60

6–61 Repita o Problema 6–60 para uma vazão de 50 L/s.

6–62 Considere um ventilador centrífugo que tem raio de 20 cm e pá com largura de 8,2 cm na entrada do impulsor, e um raio de 45 cm e uma pá com largura de 5,6 cm na saída. O ventilador fornece ar com vazão de 0,70 m³/s a uma rotação de 700 rpm. Assumindo que o ar entra no impulsor na direção radial e sai com um ângulo de 50° em relação à direção radial, determine o consumo mínimo de potência do ventilador. Tome a densidade do ar como 1,25 kg/m³.

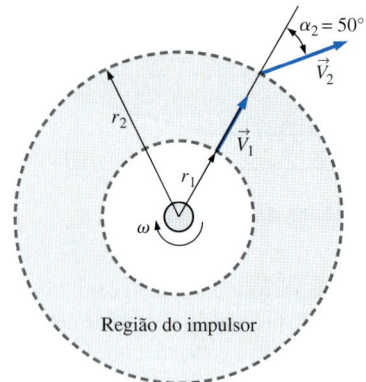

FIGURA P6–62

6–63 Reconsidere o Problema 6–62. Para a vazão especificada, investigue o efeito do ângulo de descarga α_2 sobre a potência mínima requerida. Assuma que o ar entra no impulsor na direção radial ($\alpha_1 = 0°$) e varie α_2 de 0° a 85° em incrementos de 5°. Faça o gráfico da variação da entrada de potência *versus* α_2 e discuta seus resultados.

6–64E Água entra radialmente no impulsor de uma bomba centrífuga com uma vazão de 45 cfm (ft³ por minuto) quando o eixo está girando a 500 rpm. A componente tangencial da velocidade absoluta na saída do impulsor de 2 ft de diâmetro é de 110 ft/s. Determine o torque aplicado no impulsor e a potência mínima requerida pela bomba.

Respostas: 160 lbf·ft, 11,3 kW

6–65 Um aspersor com três braços idênticos é usado para molhar um jardim, girando em um plano horizontal pelo impulso causado pelo escoamento da água. A água entra no aspersor ao longo do eixo de rotação com uma vazão de 60 L/s e sai dos bocais de 1,5 cm de diâmetro na direção tangencial. O rolamento aplica um torque resistente de $T_0 = 50$ N·m devido ao atrito nas velocidades operacionais previstas. Para uma distância normal de 40 cm entre o eixo de rotação e o centro dos bocais determine a velocidade angular do eixo do aspersor.

6–66 As turbinas Pelton normalmente são usadas nas usinas hidroelétricas para gerar energia. Nessas turbinas, um jato em alta velocidade V_j é aplicado sobre as pás, forçando a roda a girar. As pás revertem a direção do jato e ele sai da pá fazendo um ângulo β com a direção do jato, como mostra a Fig. P6–66. Mostre que a potência produzida por uma turbina de Pelton com raio r girando em regime permanente a uma velocidade angular ω é $\dot{W}_{eixo} = \rho \omega r \dot{V}(V_j - \omega r)(1 - \cos \beta)$, onde ρ é a densidade e $\dot{V}$ é a vazão volumétrica do fluido. Obtenha o valor numérico para $\rho = 1000$ kg/m³, $r = 2$ m, $\dot{V} = 10$ m³/s, $\dot{n} = 150$ rpm, $\beta = 160°$ e $V_j = 50$ m/s.

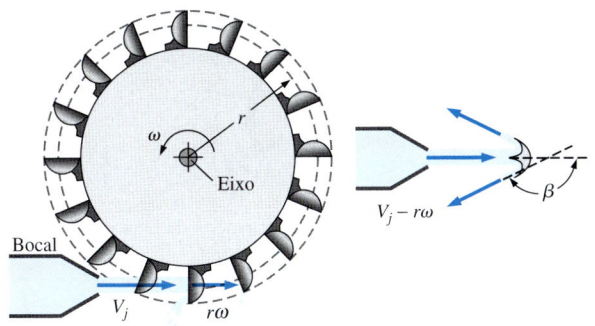

FIGURA P6–66

6–67 Reconsidere o Problema 6–66. A eficiência máxima ocorre quando $\beta = 180°$, mas isso não é prático. Investigue o efeito de β sobre a geração de potência, permitindo que o ângulo varie de 0° a 180°. Você acha que estamos perdendo uma grande parte da potência usando pás com um β de 160°?

Problemas de revisão

6–68 Água escoando em regime permanente com uma vazão de 0,16 m³/s é defletida para baixo por um cotovelo como mostrado na Fig. P6–68. Para $D = 30$ cm, $d = 10$ cm e $h = 50$ cm, determine a força agindo na flange do cotovelo e o ângulo que sua linha de ação faz com a horizontal. Tome o volume interno do cotovelo como 0,03 m³ e despreze o peso do material do cotovelo e os efeitos do atrito.

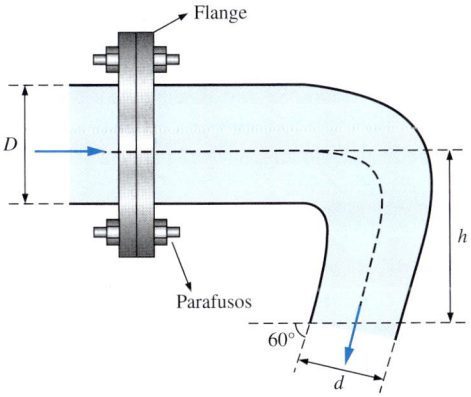

FIGURA P6–68

6–69 Repita o Prob. 6–68 considerando um peso do material do cotovelo de 5 kg.

6–70 Um jato de água horizontal de diâmetro 12 cm e com uma velocidade $V_j = 25$ m/s relativa ao chão é defletido por um cone de 40° que se move para a esquerda com velocidade $V_c = 10$ m/s. Determine a força externa F necessária para manter o movimento do cone. Despreze a gravidade e forças de atrito, e considere que a área de seção transversal do jato normal à direção do escoamento se mantém constante.

Resposta: 3240 N

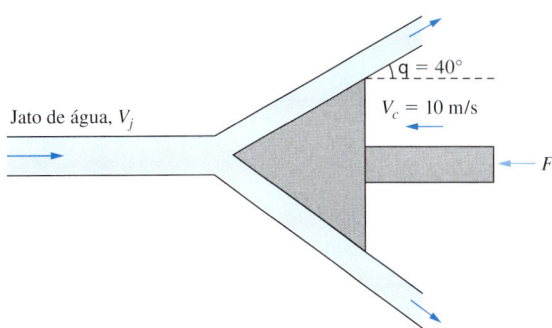

FIGURA P6–70

6–71 Água entra verticalmente em regime permanente com uma vazão de 10 L/s no aspersor da Fig. P6–71. Ambos os jatos de água têm um diâmetro de 1,2 cm. Desprezando todos os atritos, determine (a) a rotação do aspersor em rpm e (b) o torque requerido para impedir o aspersor de girar.

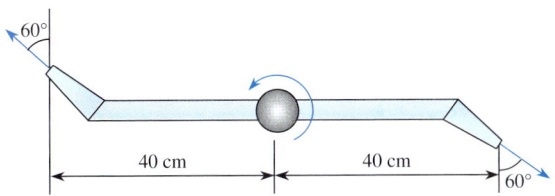

FIGURA P6–71

6–72 Repita o Prob. 6–71 para o caso de braços desiguais – o da esquerda com 60 cm e o da direita com 20 cm de distância em relação ao eixo de rotação.

6–73 Um jato da água horizontal com 6 cm de diâmetro e velocidade de 25 m/s atinge uma placa plana fixa vertical. A água se espalha em todas as direções no plano da placa. Qual a força é necessária para manter a placa contra a corrente de água?

Resposta: 1770 N

6–74 Considere um escoamento laminar permanente de água se desenvolvendo num duto horizontal de diâmetro constante acoplado a um tanque. O fluido entra no duto com velocidade quase uniforme V e pressão P_1. O perfil de velocidades se torna parabólico depois de uma certa distância com um fator de correção do fluxo de momento linear 2 enquanto a pressão cai para P_2. Obtenha a relação para a força horizontal agindo nos parafusos que mantêm o duto acoplado ao tanque.

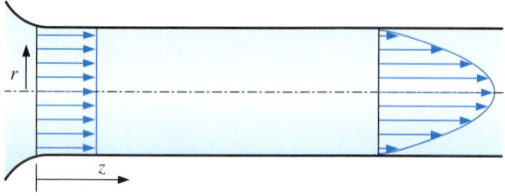

FIGURA P6–74

6–75 Um tripé segurando um bocal que direciona uma corrente de água com 5 cm de diâmetro de uma mangueira é mostrado na Fig. P6–75. A massa do bocal é de 10 kg quando está cheio com água. O tripé deve suportar 1800 N de força. Um bombeiro estava em pé a 60 cm atrás do bocal e foi atingido pelo bocal quando o tripé se quebrou e soltou o bocal. Você foi contratado para reconstituir o acidente e, após testar o tripé, determinou que à medida que a vazão da água aumentou, ele quebrou quando a força chegou a 1800 N. Em seu relatório final, você deve declarar a velocidade da água e a vazão que causaram a quebra do tripé e a velocidade do bocal quando ele atingiu o bombeiro. Para simplificar o problema, ignore a pressão e efeitos de momento linear na parte da mangueira à montante.

Respostas: 30,3 m/s, 0,0595 m³/s, 14,7 m/s

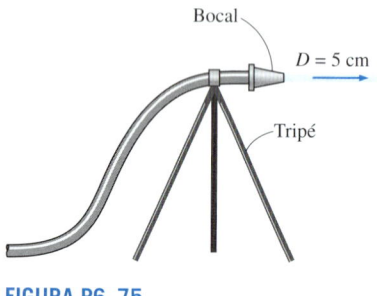

FIGURA P6–75

6–76 Considere um avião com um motor a jato anexado à seção da cauda que expele gases de combustão a uma taxa de 18 kg/s com uma velocidade de $V = 300$ m/s com relação ao avião. Durante a aterrissagem, um reversor de empuxo (que serve como freio para o avião e facilita a aterrissagem em uma pista curta) é abaixado na trajetória do jato de exaustão, defletindo a exaustão traseira de 150°. Determine (*a*) o empuxo (força para frente) que o motor produz antes da inserção do reversor de empuxo e (*b*) a força de frenagem produzida após o reversor de empuxo ser empregado.

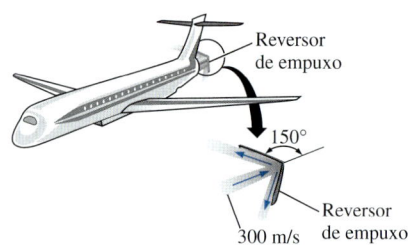

FIGURA P6–76

6–77 Reconsidere o Problema 6–76. Usando o EES (ou outro *software*), investigue o efeito do ângulo do reversor de empuxo sobre a força de frenagem exercida sobre o avião. Faça o ângulo do reversor variar de 0° (nenhuma reversão) até 180° (reversão total) em incrementos de 10°. Tabule e represente graficamente seus resultados e tire conclusões.

6–78E Uma espaçonave viajando no espaço a uma velocidade constante de 2000 ft/s tem uma massa de 25.000 lbm. Para diminuir a velocidade da espaçonave, um foguete de combustível sólido é acionado, e gases de combustão deixam o foguete com vazão constante de 150 lbm/s a uma velocidade de 5000 ft/s na mesma direção da espaçonave por um período de 5 s. Assumindo que a massa da espaçonave permanece constante, determine (*a*) a desaceleração da espaçonave durante esse período de 5 s, (*b*) a mudança de velocidade da espaçonave e (*c*) o empuxo exercido sobre a espaçonave.

6–79 Pesando 60 kg, uma patinadora no gelo está em pé sobre o gelo com patins de gelo (atrito desprezível). Ela segura uma mangueira flexível (essencialmente sem peso) que direciona uma corrente de água com 2 cm de diâmetro paralelamente a seus patins. A velocidade da água na saída da mangueira é 10 m/s relativa à patinadora. Se inicialmente ela estiver parada determine (*a*) a velocidade da patinadora e a distância que ela percorre em 5 s e (*b*) quanto tempo levará para ela se mover 5 m e a velocidade neste momento.

Respostas: (a) 2,62 m/s, 6,54 m (b) 4,4 s, 2,3 m/s

FIGURA P6–79

6–80 Um jato de água horizontal com 5 cm de diâmetro e velocidade de 30 m/s atinge a ponta de um cone horizontal, o qual deflete a água a 45° de sua direção original. Qual a força necessária para manter o cone contra a corrente de água?

6–81 Água escoa e é descarregada de uma seção de tubo em U, como mostra a Fig. P6–81. No flange (1), a pressão absoluta total é 200 kPa e 55 kg/s escoam para dentro do tubo. No flange (2), a pressão total é 150 kPa. Na posição (3), 15 kg/s de água são descarregados para a atmosfera, que está a 100 kPa. Determine as forças totais x e z nos dois flanges que conectam o tubo. Discuta o significado da força da gravidade para este problema. Tome o fator de correção do fluxo do momento linear como 1,03 nos tubos.

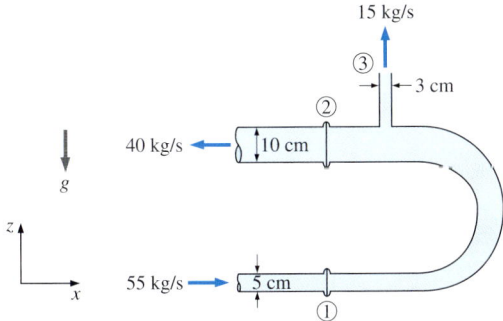

FIGURA P6–81

6–82 Indiana Jones precisa subir em um prédio de 10 m de altura. Existe uma mangueira grande cheia com água pressurizada pendurada no alto do prédio. Ele constrói uma plataforma quadrada e monta quatro bocais com 4 cm de diâmetro que apontam para baixo em cada canto. Conectando os ramais da mangueira, um jato de água com velocidade de 15 m/s pode ser produzido em cada bocal. Jones, a plataforma e os bocais têm uma massa combinada de 150 kg. Determine (a) a velocidade mínima do jato de água necessária para elevar o sistema, (b) quanto tempo será necessário para que o sistema se eleve a 10 m quando a velocidade do jato de água for de 18 m/s e a velocidade da plataforma naquele momento e (c) até onde o momento linear elevará Jones se ele desligar a água no instante em que a plataforma atingir 10 m acima do solo. Quanto tempo ele tem para pular da plataforma para o teto?

Respostas: (a) 17,1 m/s (b) 4,37 s (c) 1,07 m, 0,933 s

6–83E Uma estudante de engenharia deseja usar um ventilador como um dispositivo de levitação. Ela planeja fechar os lados do ventilador de forma que o jato de ar seja direcionado para baixo através da área varrida pelas pás, de 3 ft de diâmetro. O dispositivo pesa 5 lbf, e a estudante vai prender o dispositivo de forma que ele não gire. Aumentando a potência do ventilador, ela espera aumentar a rotação e velocidade de saída do jato de ar de forma a conseguir uma força suficiente para fazer o dispositivo pairar no ar. Determine (a) a velocidade de saída para produzir uma força de 5 lbf, (b) a vazão volumétrica necessária e (c) a potência mínima a ser fornecida para a corrente de fluido. Considere uma densidade do ar de 0,078 lbm/ft^3.

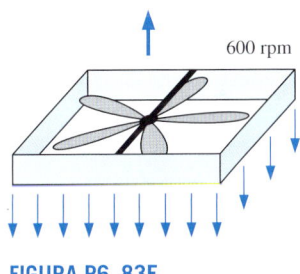

FIGURA P6–83E

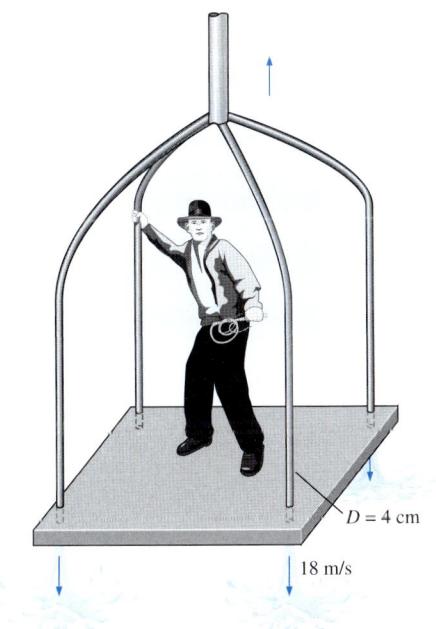

FIGURA P6–82

6–84 Trilhos verticais praticamente desprovidos de atrito mantêm uma placa de massa m_p em posição horizontal, de forma que ela possa deslizar livremente na direção vertical. Um bocal direciona uma corrente de água de área A contra a parte inferior da placa. O jato de água se espalha no plano da placa, aplicando nesta uma força para cima. A vazão de água $\dot{m}$ (kg/s) pode ser controlada. Assuma que as distâncias são curtas, de forma que a velocidade do jato que se eleva pode ser considerada constante com a altura. (a) Determine a vazão em massa mínima $\dot{m}_{min}$ necessária para apenas levitar a placa e obtenha uma relação para a velocidade de regime permanente da placa que se move para cima para $\dot{m} > \dot{m}_{min}$. (b) No instante $t = 0$, a placa está em repouso e um jato de água com $\dot{m} > \dot{m}_{min}$ é repentinamente ligado. Aplique um balanço de força à placa e obtenha a integral que relaciona a velocidade com o tempo (não resolva).

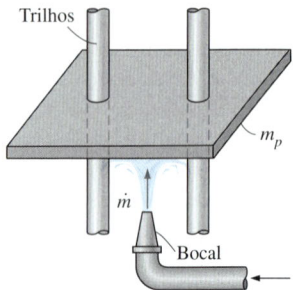

FIGURA P6–84

6–85 Uma noz com uma massa de 50 g requer uma força de 200 N aplicada continuamente durante 0,002 s para ser quebrada. Se queremos quebrar nozes deixando-as cair de um lugar alto sobre uma superfície rígida, determine a altura mínima requerida. Despreze o atrito do ar.

6–86 Um jato de água vertical de 7 cm de diâmetro é lançado verticalmente por um bocal a uma velocidade de 15 m/s. Determine o peso máximo de uma placa plana que pode ser suportada por esse jato a uma altura de 2 m a partir do bocal.

6–87 Repita o Prob. 6–86 para uma altura de 8 m a partir do bocal.

6–88 Mostre que a força exercida por um jato de líquido sobre um bocal estacionário quando o jato deixa o bocal com velocidade V é proporcional a V^2, ou, como alternativa, a $\dot{m}^2$. Assuma que o jato é perpendicular à linha de líquido que alimenta o bocal.

6–89 Um soldado salta de um avião e abre o paraquedas quando sua velocidade atinge a velocidade terminal V_T. O paraque-

FIGURA P6–89
© Corbis RF

das diminui sua velocidade até a velocidade de aterrissagem V_F. Após o uso do paraquedas, a resistência do ar é proporcional à velocidade ao quadrado (ou seja, $F = kV^2$). O soldado, seu paraquedas e seu equipamento têm massa total m. Mostre que $k = mg/V_F^2$ e desenvolva uma relação para a velocidade do soldado depois que ele abre o paraquedas no instante $t = 0$.

Resposta: $V = V_F \dfrac{V_T + V_F + (V_T - V_F)e^{-2gt/V_F}}{V_T + V_F - (V_T - V_F)e^{-2gt/V_F}}$

6–90 Um jato de água horizontal, com taxa de escoamento $\dot{V}$ e área de seção transversal A, movimenta um carrinho coberto de massa m_c ao longo de uma trajetória nivelada e quase sem atrito. O jato entra em um orifício na parte traseira do carrinho e toda a água que entra no carrinho é retida, aumentando a massa do sistema. A velocidade relativa entre o jato de velocidade constante V_J e o carrinho de velocidade variável V é $V_J - V$. Se o carrinho inicialmente estiver vazio e em repouso quando a ação do jato se inicia, desenvolva uma relação (a forma integral é aceitável) para a velocidade do carrinho *versus* o tempo.

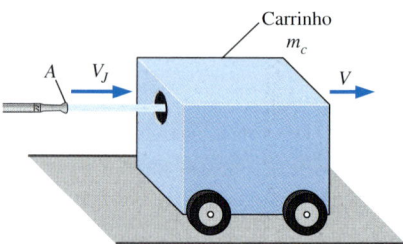

FIGURA P6–90

6–91 A água acelerada por um bocal entra no rotor de uma turbina através de seu lado externo de diâmetro D com velocidade V e vazão em massa $\dot{m}$, fazendo um ângulo α com a direção radial. A água sai do rotor na direção radial. Se a velocidade angular do eixo da turbina for $\dot{n}$, mostre que a potência máxima que pode ser gerada por essa turbina radial será $\dot{W}_{eixo} = \pi \dot{n} \dot{m} DV \operatorname{sen} \alpha$.

6–92 A água entra em um aspersor de jardim com dois braços ao longo do eixo vertical com uma vazão de 75 L/s e sai dos

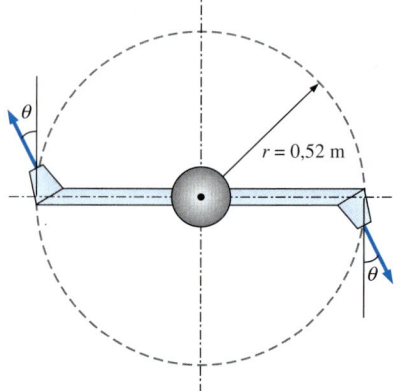

FIGURA P6–92

bocais do aspersor através de jatos de 2 cm de diâmetro com um ângulo θ em relação à direção tangencial, como mostra a Fig. P6–92. O comprimento de cada braço do aspersor é 0,52 m. Desprezando os efeitos do atrito, determine a rotação $\dot{n}$ do aspersor em rev/min para (a) $\theta = 0°$, (b) $\theta = 30°$ e (c) $\theta = 60°$.

6–93 Reconsidere o Problema 6–92. Para a vazão especificada, investigue o efeito do ângulo de descarga θ sobre a rotação $\dot{n}$, variando θ de 0° até 90°, em incrementos de 10°. Faça o gráfico da rotação *versus* θ e discuta os seus resultados.

6–94 Um tanque de água estacionário de diâmetro D está montado sobre rodas e é colocado em uma superfície nivelada quase sem atrito. Um orifício com diâmetro D_o próximo à parte inferior do tanque permite um jato de água horizontal para trás e a força do jato de água empurra o sistema para a frente. A água do tanque é muito mais pesada do que o conjunto de tanque e rodas, de modo que apenas a massa da água que permanece no tanque precisa ser considerada neste problema. Considerando a diminuição da massa de água com o tempo, desenvolva relações para (a) a aceleração, (b) a velocidade e (c) a distância percorrida pelo sistema como função do tempo.

6–95 Um satélite em órbita tem uma massa de 3400 kg e está viajando a uma velocidade constante V_0. Para alterar sua órbita, um foguete acoplado descarrega 100 kg de gases através da combustão de combustível sólido a uma velocidade de 3000 m/s em relação ao satélite, em direção oposta à direção de V_0. A descarga de combustível ocorre a uma taxa constante durante 3s. Determine (a) o empuxo exercido no satélite, (b) a aceleração do satélite durante esse período de 3s e (c) a mudança de velocidade do satélite durante esse período de 3s.

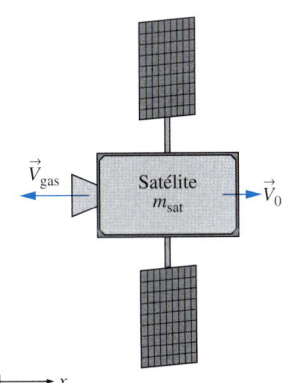

FIGURA P6–95

6–96 Água entra em uma bomba de escoamento misto axialmente com uma vazão de 0,3 m³/s e a uma velocidade de 7 m/s, e é descarregada para a atmosfera a um ângulo de 75° da horizontal, como mostra a Fig. P6–96. Se a área de escoamento da descarga for a metade da área de entrada, determine a força que age sobre o eixo na direção axial.

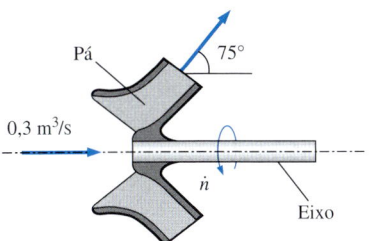

FIGURA P6–96

6–97 Água escoa em regime permanente através do divisor de fluxo como mostrado na Fig. P6–97 com $\dot{V}_1 = 0{,}08$ m³/s, $\dot{V}_2 = 0{,}05$ m³/s, $D_1 = D_2 = 12$ cm e $D_3 = 10$ cm. Se as leituras de pressão na entrada e nas saídas do divisor são $P_1 = 100$ kPa, $P_2 = 90$ kPa e $P_3 = 80$ kPa, determine a força necessária para manter a peça parada. Despreze os pesos.

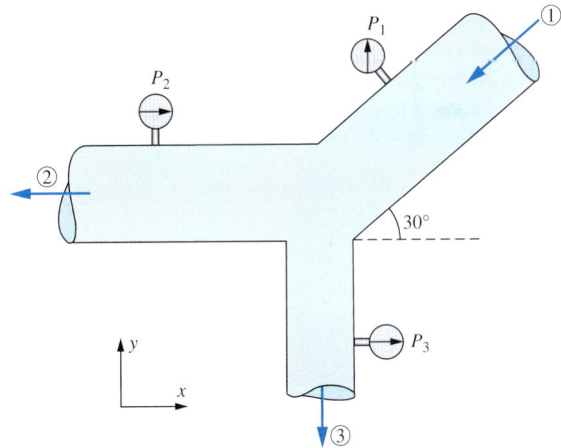

FIGURA P6–97

6–98 Água é descarregada de um tubo através de uma fenda retangular de 1,2 m de comprimento e 5 mm de largura na sua parte inferior. O perfil de velocidades da descarga é parabólico, variando de 3 m/s em um extremo até 7 m/s no outro, como mostrado na Fig. P6–98. Determine (a) a vazão de descarga através da fenda e (b) a força vertical agindo no tubo devido ao processo de descarga.

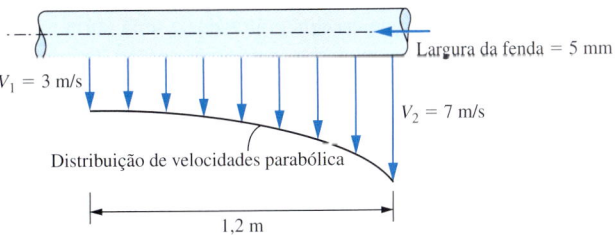

FIGURA P6–98

Problemas adicionais

6–99 Quando se deseja determinar o empuxo desenvolvido por um motor a jato, uma escolha sábia do volume de controle seria:

(a) Volume de controle fixo

(b) Volume de controle móvel

(c) Volume de controle deformável

(d) Volume de controle móvel ou deformável

(e) Nenhuma das alternativas anteriores

6–100 Considere um avião voando a uma velocidade de 850 km/h para a direita. Se a velocidade de exaustão dos gases for de 700 km/h para a esquerda em relação ao solo, a velocidade de exaustão dos gases relativa ao bocal de saída será

(a) 1550 km/h   (b) 850 km/h   (c) 700 km/h

(d) 350 km/h   (e) 150 km/h

6–101 Considere água escoando através de uma curta mangueira de jardim horizontal com uma vazão de 30 kg/min. A velocidade na entrada é de 1,5 m/s e na saída é de 14,5 m/s. Despreze os pesos da mangueira e da água. Tomando o fator de correção do fluxo de momento linear como 1,04 tanto na entrada quanto na saída, a força necessária para manter a mangueira no lugar é

(a) 2,8 N   (b) 8,6 N   (c) 17,5 N

(d) 27,9 N   (e) 43,3 N

6–102 Considere água escoando através de uma curta mangueira de jardim horizontal com uma vazão de 30 kg/min. A velocidade na entrada é de 1,5 m/s e na saída é de 11,5 m/s. A mangueira faz uma curva de 180° antes de descarregar a água. Despreze os pesos da mangueira e da água. Tomando o fator de correção do fluxo de momento linear como 1,04 tanto na entrada quanto na saída, a força necessária para manter a mangueira no lugar é

(a) 7,6 N   (b) 28,4 N   (c) 16,6 N

(d) 34,1 N   (e) 11,9 N

6–103 Um jato de água horizontal atinge uma placa vertical estacionária com uma vazão de 5 kg/s e uma velocidade de 35 km/h. Assuma que a corrente de água se move verticalmente depois de atingir a placa. A força necessária para prevenir o movimento horizontal da placa é de

(a) 15,5 N   (b) 26,3 N   (c) 19,7 N

(d) 34,2 N   (e) 48,6 N

6–104 Considere água escoando através de uma curta mangueira de jardim horizontal com uma vazão de 40 kg/min. A velocidade na entrada é de 1,5 m/s e na saída é de 16 m/s. A mangueira faz uma curva de 90° para a direção vertical antes de descarregar a água. Despreze os pesos da mangueira e da água. Tomando o fator de correção do fluxo de momento linear como 1,04 tanto na entrada quanto na saída, a força de reação na direção vertical necessária para manter a mangueira no lugar é

(a) 11,1 N   (b) 10,1 N   (c) 9,3 N

(d) 27,2 N   (e) 28,9 N

6–105 Considere água escoando através de uma curta tubulação horizontal com vazão de 80 kg/min. A velocidade na entrada é de 1,5 m/s e na saída é de 16,5 m/s. A tubulação faz uma curva de 90° para a direção vertical antes de descarregar a água. Despreze os pesos da tubulação e da água. Tomando o fator de correção do fluxo de momento linear como 1,04 tanto na entrada quanto na saída, a força de reação na direção horizontal necessária para manter a tubulação no lugar é

(a) 73,7 N   (b) 97,1 N   (c) 99,2 N

(d) 122 N   (e) 153 N

6–106 Um jato de água vertical atinge uma placa horizontal estacionária com uma vazão de 18 kg/s e uma velocidade de 24 m/s. A massa da placa é de 10 kg. Assuma que a corrente de água se move horizontalmente depois de atingir a placa. A força necessária para prevenir um movimento vertical da placa é de

(a) 192 N   (b) 240 N   (c) 334 N

(d) 432 N   (e) 530 N

6–107 A medida da velocidade do vento em um turbina eólica é de 6 m/s. O rotor tem um diâmetro de 24 m e a eficiência da turbina é de 29%. A densidade do ar é 1,22 kg/m^3. A força horizontal causada no mastro de suporte da turbina é de

(a) 2524 N   (b) 3127 N   (c) 3475 N

(d) 4138 N   (e) 4313 N

6–108 A medida da velocidade do vento em um turbina eólica é de 8 m/s. O rotor tem um diâmetro de 12 m. A densidade do ar é 1,2 kg/m^3. Se a força horizontal causada no mastro de suporte da turbina é de 1620 N, a eficiência da turbina é de

(a) 27,5 %   (b) 31,7 %   (c) 29,5 %

(d) 35,1 %   (e) 33,8 %

6–109 O eixo de uma turbina gira a 800 rpm. Se o torque no eixo é de 350 N·m, a potência no eixo é de

(a) 112 kW   (b) 176 kW   (c) 293 kW

(d) 350 kW   (e) 405 kW

6–110 Um tubo horizontal de 3 cm de diâmetro engastado numa parede faz uma curva de 90° para a direção vertical ascendente antes da água ser descarregada com uma velocidade de 9 m/s. A seção horizontal tem um comprimento de 5 m e a vertical tem um comprimento de 4 m. Desprezando a massa de água contida no tubo, o momento fletor na base do tubo junto à parede é

(a) 286 N·m   (b) 229 N·m   (c) 207 N·m

(d) 175 N·m   (e) 124 N·m

6–111 Um tubo horizontal de 3 cm de diâmetro engastado numa parede faz uma curva de 90° para a direção vertical ascendente antes da água ser descarregada com uma velocidade de 6 m/s. A seção horizontal tem um comprimento de 5 m e a vertical tem um comprimento de 4 m. Desprezando a massa do tubo e considerando o peso da água contida no tubo, o momento fletor na base do tubo junto à parede é

(a) 11,9 N·m   (b) 46,7 N·m   (c) 127 N·m

(d) 104 N·m   (e) 74,8 N·m

6–112 Um grande aspersor de água com quatro braços idênticos vai ser convertido numa turbina para gerar potência elétrica pelo acoplamento de um gerador a seu cabeçote rotativo. Água entra no aspersor pela base ao longo do eixo de rotação com uma vazão de 15 kg/s e deixa os bocais na direção tangencial a uma velocidade de 50 m/s relativa ao bocal. A distância normal entre o centro de cada bocal e o eixo de rotação é de 30 cm. Estime a potência elétrica produzida.

(a) 5430 W   (b) 6288 W   (c) 6634 W
(d) 7056 W   (e) 7875 W

6–113 Considere o impulsor de uma bomba centrífuga com rotação de 900 rpm e vazão de 95 kg/min. Os raios do impulsor na entrada e na saída são, respectivamente, de 7 cm e 16 cm. Assumindo que a velocidade tangencial do fluido é igual à velocidade tangencial da pá tanto na entrada quanto na saída, a potência requerida pela bomba é de

(a) 83 W   (b) 291 W   (c) 409 W
(d) 756 W   (e) 1125 W

6–114 Água entra no impulsor de uma bomba centrífuga radialmente com vazão de 450 L/min quando o eixo da bomba está girando a 400 rpm. A componente tangencial da velocidade absoluta da água na saída do impulsor de 70 cm de diâmetro é de 55 m/s. O torque aplicado no impulsor é de

(a) 144 N·m   (b) 93,6 N·m   (c) 187 N·m
(d) 112 N·m   (e) 235 N·m

Problemas de projeto e ensaio

6–115 Visite um quartel do Corpo de Bombeiros e obtenha informações sobre as vazões através das mangueiras e diâmetros de descarga. Usando essas informações, calcule a força de impulso à qual os bombeiros estão sujeitos quando estão segurando as mangueiras.

Capítulo 7

Análise Dimensional e Modelagem

Neste capítulo, revisamos os conceitos de *dimensões* e *unidades*. Em seguida, revisamos o princípio fundamental da *homogeneidade dimensional* e mostramos como ele se aplica às equações para *adimensionalizá-las* e identificar *grupos sem dimensões*. Nós discutimos o conceito da *similaridade* entre um *modelo* e um *protótipo*. Também descrevemos uma ferramenta poderosa para engenheiros e cientistas chamada *análise dimensional*, na qual a combinação das variáveis dimensionais, variáveis adimensionais e constantes dimensionais em *parâmetros adimensionais* reduz o número de parâmetros independentes necessários para um problema. Apresentamos um método passo a passo para obter esses parâmetros adimensionais, chamado *método das variáveis repetidas*, que se baseia exclusivamente nas dimensões das variáveis e constantes. Por fim, aplicamos essa técnica a diversos problemas práticos para ilustrar sua utilidade e suas limitações.

OBJETIVOS

Ao terminar a leitura deste capítulo você deve ser capaz de:

- Uma compreensão melhor das dimensões, unidades e homogeneidade dimensional das equações
- Entender os números benefícios da análise dimensional
- Saber utilizar o método das variáveis repetidas para identificar parâmetros adimensionais
- Entender o conceito de similaridade dinâmica e como aplicá-lo à modelagem experimental

Um modelo em escala de 1:46.6 de um destroier da classe Arleigh Burke da Marinha dos EUA que está sendo testado no tanque de provas com 100 m de comprimento na Universidade de Iowa. O modelo tem 3,048 m de comprimento. Em testes como este, o número de Froude é o parâmetro adimensional mais importante.

Fotografia: Cortesia de IIDH-Hydroscience & Engeneering, Universidade do Iowa.

Usado com permissão.

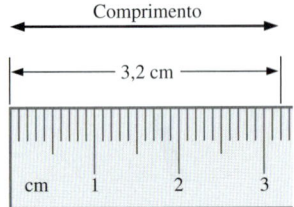

FIGURA 7–1 Uma *dimensão* é uma medida de uma quantidade física sem os valores numéricos, enquanto uma *unidade* é uma forma de atribuir um número à dimensão. Por exemplo, o comprimento é uma dimensão, mas centímetro é uma unidade.

7–1 DIMENSÕES E UNIDADES

Uma **dimensão** é uma medida de uma quantidade física (sem valores numéricos), enquanto uma **unidade** é uma forma de atribuir um *número* àquela dimensão. Por exemplo, o comprimento é uma dimensão medida em unidades como mícron (μm), pés (ft), centímetros (cm), metros (m), quilômetros (km), etc. (Fig. 7–1). Existem sete **dimensões primárias** (também chamadas de **dimensões fundamentais** ou **básicas**)—massa, comprimento, tempo, temperatura, corrente elétrica, quantidade de luz e quantidade de matéria.

> Todas as dimensões não primárias podem ser formadas por alguma combinação das sete dimensões primárias.

Por exemplo, a força tem as mesmas dimensões da massa vezes a aceleração (de acordo com a segunda lei de Newton). Assim, em termos de dimensões primárias

$$\text{Dimensões de força:} \quad \{\text{Força}\} = \left\{\text{Massa}\frac{\text{Comprimento}}{\text{Tempo}^2}\right\} = \{mL/t^2\} \quad (7\text{–}1)$$

onde os colchetes indicam "as dimensões de" e as abreviações são tiradas da Tabela 7–1. Você deve saber que alguns autores preferem força em vez de massa como dimensão primária – nós não adotamos essa prática.

TABELA 7–1

As dimensões primárias e suas unidades SI e inglesas

Dimensão	Símbolo*	Unidade SI	Unidade inglesa
Massa	m	kg (quilograma)	lbm (libra-massa)
Comprimento	L	m (metro)	ft
Tempo†	t	s (segundo)	s (segundo)
Temperatura	T	K (kelvin)	R (rankine)
Corrente elétrica	I	A (ampère)	A (ampère)
Quantidade de luz	C	cd (candela)	cd (candela)
Quantidade de matéria	N	mol (mol)	mol (mol)

*Colocamos os símbolos das variáveis em itálico, mas não os símbolos das dimensões.
†Observe que alguns autores usam o símbolo T para a dimensão de tempo e o símbolo θ para a dimensão de temperatura. Não seguimos essa convenção para evitar confusão entre tempo e temperatura.

FIGURA 7–2 O inseto-jesus é um inseto que pode caminhar sobre as águas devido à tensão superficial.

© *Dennis Drenner/Visuals Unlimited.*

> **EXEMPLO 7–1** Dimensões primárias da tensão superficial
>
> Um engenheiro estuda o modo como alguns insetos podem caminhar sobre a água (Fig. 7–2). Uma propriedade dos fluidos importante para esse problema é a tensão superficial (σ_s), que tem dimensões de força por unidade de comprimento. Escreva as dimensões da tensão superficial em termos de dimensões primárias.
>
> **SOLUÇÃO** As dimensões primárias da tensão superficial devem ser determinadas.
>
> **Análise** Da Equação 7–1, a força tem dimensões de massa vezes aceleração, ou $\{mL/t^2\}$. Assim,
>
> $$\text{Dimensões de tensão superficial:} \{\sigma_s\} = \left\{\frac{\text{Força}}{\text{Comprimento}}\right\} = \left\{\frac{m \cdot L/t^2}{L}\right\} = \{m/t^2\} \quad (1)$$
>
> **Discussão** A utilidade de expressar as dimensões de uma variável ou constante em termos das dimensões primárias ficará mais clara na Seção 7–4, na discussão sobre o método de variáveis repetidas.

7–2 HOMOGENEIDADE DIMENSIONAL

Todos já ouvimos o velho ditado: não é possível somar maçãs e laranjas (Fig. 7–3). Isso, na verdade, é uma expressão simplificada de uma lei matemática mais global e fundamental para as equações, a **lei da homogeneidade dimensional**, enunciada como

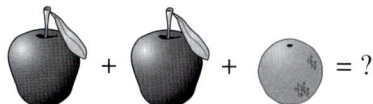

FIGURA 7–3 Não é possível somar maçãs e laranjas!

> Todo termo aditivo de uma equação deve ter as mesmas dimensões.

Considere, por exemplo, a variação na energia total de um sistema fechado compressível simples de um estado e/ou tempo (1) para outro (2) como ilustra a Fig. 7–4. A variação na energia total do sistema (ΔE) é dada por

Variação da energia total de um sistema: $\quad \Delta E = \Delta U + \Delta EC + \Delta EP \quad$ (7–2)

onde E tem três componentes: energia interna (U), energia cinética (EC) e energia potencial (EP). Esses componentes podem ser escritos em termos da massa do sistema (m); quantidades mensuráveis e propriedades termodinâmicas em cada um dos dois estados tais como a velocidade (V), elevação (z) e energia interna específica (u) e a constante de aceleração gravitacional conhecida (g),

$$\Delta U = m(u_2 - u_1) \qquad \Delta EC = \frac{1}{2} m(V_2^2 - V_1^2) \qquad \Delta EP = mg(z_2 - z_1) \quad (7\text{–}3)$$

É fácil verificar que o lado esquerdo da Equação 7–2 e que todos os termos aditivos do lado direito da Equação 7–2 têm as mesmas dimensões – energia. Usando as definições da Equação 7–3 escrevemos as dimensões primárias de cada termo

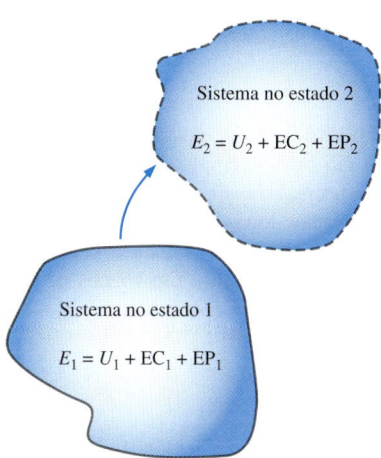

FIGURA 7–4 A energia total de um sistema no estado 1 e no estado 2.

$$\{\Delta E\} = \{\text{Energia}\} = \{\text{Força} \cdot \text{Comprimento}\} \;\rightarrow\; \{\Delta E\} = \{mL^2/t^2\}$$

$$\{\Delta U\} = \left\{ \text{Massa} \; \frac{\text{Energia}}{\text{Massa}} \right\} = \{\text{Energia}\} \;\rightarrow\; \{\Delta U\} = \{mL^2/t^2\}$$

$$\{\Delta EC\} = \left\{ \text{Massa} \; \frac{\text{Comprimento}}{\text{Tempo}^2} \right\} \;\rightarrow\; \{\Delta EC\} = \{mL^2/t^2\}$$

$$\{\Delta EP\} = \left\{ \text{Massa} \; \frac{\text{Comprimento}}{\text{Tempo}^2} \; \text{Comprimento} \right\} \;\rightarrow\; \{\Delta EP\} = \{mL^2/t^2\}$$

Se em algum estágio da análise nos encontrarmos em uma situação na qual dois termos aditivos de uma equação tiverem dimensões *diferentes*, isso é uma indicação clara de que cometemos um erro em algum estágio anterior da análise (Fig. 7–5). Além da homogeneidade dimensional, os cálculos são válidos apenas quando as *unidades* também são homogêneas em cada termo aditivo. Por exemplo, as unidades de energia dos termos acima podem ser J, N·m ou kg·m²/s², sendo que todas são equivalentes. Suponhamos, porém, que kJ fosse usado no lugar de J para um dos termos. Esse termo estaria deslocado por um fator de 1.000 comparado aos outros termos. É sensato escrever *todas* as unidades quando se executam cálculos matemáticos para evitar esses erros.

FIGURA 7–5 Uma equação que não é dimensionalmente homogênea é indicação segura de erro.

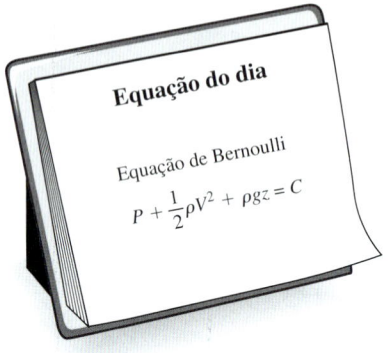

FIGURA 7–6 A equação de Bernoulli é um bom exemplo de uma equação *dimensionalmente homogênea*. Todos os termos aditivos, incluindo a constante, têm as *mesmas* dimensões, a saber aquela da pressão. Em termos de dimensões primárias, cada termo tem as dimensões $\{m/(t^2L)\}$.

EXEMPLO 7–2 Homogeneidade dimensional da equação de Bernoulli

Provavelmente, a equação mais conhecida (e mais mal utilizada) na mecânica de fluidos é a equação de Bernoulli (Fig. 7–6), discutida no Capítulo 5. A forma padrão da equação de Bernoulli para o escoamento irrotacional e fluido incompressível é

Equação de Bernoulli: $\qquad P + \frac{1}{2}\rho V^2 + \rho g z = C \qquad$ (1)

(*a*) Verifique se cada termo aditivo da equação de Bernoulli tem as mesmas dimensões. (*b*) Quais são as dimensões da constante C?

SOLUÇÃO Devemos verificar se as dimensões primária de cada termo aditivo da Equação 1 são iguais e devemos determinar as dimensões da constante C.

Análise (*a*) Cada termo é escrito em termos de dimensões primárias,

$$\{P\} = \{\text{Pressão}\} = \left\{\frac{\text{Força}}{\text{Área}}\right\} = \left\{\text{Massa}\,\frac{\text{Comprimento}}{\text{Tempo}^2}\,\frac{1}{\text{Comprimento}}\right\} = \left\{\frac{m}{t^2 L}\right\}$$

$$\left\{\frac{1}{2}\rho V^2\right\} = \left\{\frac{\text{Massa}}{\text{Volume}}\left(\frac{\text{Comprimento}}{\text{Tempo}}\right)^2\right\} = \left\{\frac{\text{Massa} \times \text{Comprimento}}{\text{Comprimento}^3 \times \text{Tempo}^2}\right\} = \left\{\frac{m}{t^2 L}\right\}$$

$$\{\rho g z\} = \left\{\frac{\text{Massa}}{\text{Volume}}\,\frac{\text{Comprimento}}{\text{Tempo}^2}\,\text{Comprimento}\right\} = \left\{\frac{\text{Massa} \times \text{Comprimento}^2}{\text{Comprimento}^3 \times \text{Tempo}^2}\right\} = \left\{\frac{m}{t^2 L}\right\}$$

Sem dúvida, **todos os três termos aditivos têm as mesmas dimensões**.
(*b*) Pela lei da homogeneidade dimensional, a constante deve ter as mesmas dimensões dos outros termos aditivos da equação. Assim,

Dimensões primárias da constante de Bernoulli: $\qquad \{C\} = \left\{\frac{m}{t^2 L}\right\}$

Discussão Se as dimensões de qualquer termo fossem diferentes das outras, isso indicaria que um erro foi cometido em alguma parte da análise.

Adimensionalização das equações

A lei da homogeneidade dimensional garante que cada termo aditivo de uma equação tem as mesmas dimensões. Se dividirmos cada termo da equação por uma coleção de variáveis e constantes cujo produto tem as mesmas dimensões, a equação se transforma em uma equação **adimensional** (Fig. 7–7). Se, além disso, os termos adimensionais da equação forem da ordem da unidade, a equação é chamada de **normalizada**. A normalização é, portanto, mais restritiva do que a adimensionalização, embora os dois termos às vezes sejam usados (incorretamente) com o mesmo significado.

> Cada termo de uma equação adimensional não tem dimensão.

No processo de adimensionalização de uma equação de movimento, os **parâmetros adimensionais** quase sempre aparecem—o nome da maioria deles é uma homenagem a um cientista ou engenheiro notável (por exemplo, número de Reynolds ou número de Froude). Esse processo é chamado por alguns autores de **análise inspecional**.

Como um exemplo simples, considere a equação do movimento que descreve a elevação z de um objeto que cai pela ação da gravidade através do vácuo

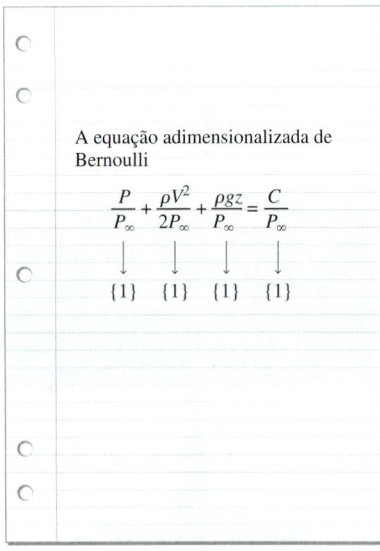

FIGURA 7–7 Uma forma *adimensionalizada* da equação de Bernoulli é formada pela divisão de cada termo aditivo por uma pressão (aqui usamos P_∞). Cada termo resultante *não tem dimensão* (dimensões de $\{1\}$).

(sem arrasto de ar), como na Fig. 7–8. A localização inicial do objeto é z_0 e sua velocidade inicial é w_0 na direção z. Da física do colégio,

Equação do movimento: $$\frac{d^2z}{dt^2} = -g \qquad (7\text{–}4)$$

As **variáveis dimensionais** são definidas como quantidades dimensionais que mudam ou variam no problema. Para a equação diferencial simples dada na Equação 7–4, existem duas variáveis dimensionais: z (dimensão de comprimento) e t (dimensão de tempo). As **variáveis adimensionais** (ou **sem dimensão**) são definidas como quantidades que mudam ou variam no problema, mas não têm dimensões. Um exemplo é o ângulo de rotação, medido em graus ou radianos que são unidades sem dimensão. A constante gravitacional g, embora dimensional, permanece constante e é chamada de **constante dimensional**. Duas constantes dimensionais adicionais são relevantes para este problema em particular, a localização inicial z_0 e a velocidade vertical inicial w_0. Embora as constantes dimensionais possam mudar de um problema para outro, elas são fixas para determinado problema e, portanto, se distinguem das variáveis dimensionais. Utilizamos o termo **parâmetros** para o conjunto combinado de variáveis dimensionais, variáveis não dimensionais e constantes dimensionais do problema.

A Equação 7–4 é solucionada facilmente integrando-se duas vezes e pela aplicação das condições iniciais. O resultado é uma expressão para a elevação z em qualquer tempo t:

Resultado dimensional: $$z = z_0 + w_0 t - \frac{1}{2} g t^2 \qquad (7\text{–}5)$$

A constante $1/2$ e o expoente 2 da Equação 7–5 são resultados sem dimensões da integração. Tais constantes são chamadas de **constantes puras.** Outros exemplos comuns de constantes puras são π e e.

Para adimensionalizar a Equação 7–4, precisamos selecionar **parâmetros de escala**, com base nas dimensões primárias contidas na equação original. Nos problemas de escoamento de fluido, geralmente, há pelo menos *três* parâmetros de escala, por exemplo, L, V e $P_0 - P_\infty$ (Fig. 7–9), uma vez que há pelo menos três dimensões primárias no problema geral (por exemplo, massa, comprimento e tempo). No caso do objeto em queda discutido aqui, existem apenas duas dimensões primárias, comprimento e tempo, e, portanto, estamos limitados à seleção de apenas *dois* parâmetros de escala. Temos algumas opções na seleção dos parâmetros de escala, uma vez que temos três constantes dimensionais disponíveis g, z_0 e w_0. Selecionamos z_0 e w_0. Você está convidado a repetir a análise com g e z_0 e/ou com g e w_0. Com esses dois parâmetros de escala selecionados, nós adimensionalizamos as variáveis dimensionais z e t. A primeira etapa é listar as dimensões primárias de *todas* as variáveis e constantes dimensionais do problema,

Dimensões primárias de todos os parâmetros:

$\{z\} = \{L\} \quad \{t\} = \{t\} \quad \{z_0\} = \{L\} \quad \{w_0\} = \{L/t\} \quad \{g\} = \{L/t^2\}$

A segunda etapa é usar nossos dois parâmetros de escala para adimensionalizar z e t (por inspeção) em variáveis adimensionais z^* e t^*,

Variáveis adimensionalizadas: $$z^* = \frac{z}{z_0} \qquad t^* = \frac{w_0 t}{z_0} \qquad (7\text{–}6)$$

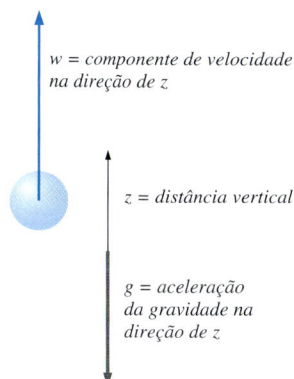

FIGURA 7–8 A queda de um objeto no vácuo. A velocidade vertical é desenhada positivamente e, então, $w < 0$ para um objeto em queda.

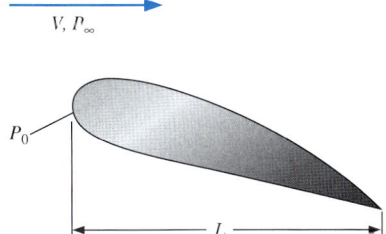

FIGURA 7–9 Em um problema de escoamento de fluido típico, os parâmetros de escala, em geral, incluem um comprimento característico L, uma velocidade característica V e uma diferença de pressão de referência $P_0 - P_\infty$. Os outros parâmetros e propriedades de fluido como a densidade, viscosidade e aceleração gravitacional também entram no problema.

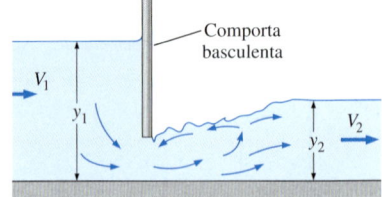

FIGURA 7–10 O *número de Froude* é importante nos escoamentos com superfície livre como o escoamento em canais abertos. Esta figura mostra o escoamento através de uma comporta basculante. O número de Froude a montante da comporta é $\mathrm{Fr}_1 = V_1/\sqrt{gy_1}$ e ele é $\mathrm{Fr}_2 = V_2/\sqrt{gy_2}$ a jusante da comporta.

A substituição da Equação 7–6 na Equação 7–4 resulta em

$$\frac{d^2z}{dt^2} = \frac{d^2(z_0 z^*)}{d(z_0 t^*/w_0)^2} = \frac{w_0^2}{z_0}\frac{d^2z^*}{dt^{*2}} = -g \quad \rightarrow \quad \frac{w_0^2}{gz_0}\frac{d^2z^*}{dt^{*2}} = -1 \quad (7\text{–}7)$$

que é a equação adimensional desejada. O agrupamento das constantes dimensionais na Equação 7–7 é o quadrado de um **parâmetro adimensional** conhecido ou **grupo sem dimensão** chamado de **número de Froude**,

Número de Froude: $$\mathrm{Fr} = \frac{w_0}{\sqrt{gz_0}} \quad (7\text{–}8)$$

O número de Froude também aparece como um parâmetro adimensional nos escoamentos de superfície livre (Capítulo 13), e podem ser vistos como a relação entre a força inercial e a força gravitacional (Fig. 7–10). Você deve observar que em alguns livros mais antigos, Fr é definido como o *quadrado* do parâmetro mostrado na Equação 7–8. A substituição da Equação 7–8 na Equação 7–7 resulta em

Equação do movimento adimensionalizada: $$\frac{d^2z^*}{dt^{*2}} = -\frac{1}{\mathrm{Fr}^2} \quad (7\text{–}9)$$

Na forma adimensional, apenas um parâmetro permanece, a saber, o número de Froude. A Equação 7–9 é solucionada facilmente pela integração duas vezes e aplicação das condições iniciais. O resultado é uma expressão para a elevação z^* adimensional em qualquer tempo t^* adimensional:

Resultado adimensional: $$z^* = 1 + t^* - \frac{1}{2\mathrm{Fr}^2}t^{*2} \quad (7\text{–}10)$$

A comparação das Equações 7–5 e 7–10 revela que elas são equivalentes. Na verdade, para praticar, substitua as Equações 7–6 e 7–8 na Equação 7–5 para verificar a Equação 7–10.

Parece que vimos muita álgebra extra para gerar o mesmo resultado final. *Então, qual é a vantagem de adimensionalizar a equação?* Antes de responder essa pergunta, observamos que as vantagens não são tão claras neste exemplo simples, porque podemos integrar analiticamente a equação diferencial do movimento. Em problemas mais complicados, a equação diferencial (ou, de modo geral, um *conjunto* de equações diferenciais acopladas) *não pode* ser analiticamente integrada, e os engenheiros devem integrar as equações numericamente, ou criar e realizar experimentos físicos para obter os resultados necessários; ambas as opções incorrem em tempo e despesas consideráveis. Em tais casos, os parâmetros adimensionais gerados pela adimensionalização das equações são extremamente úteis e podem economizar esforço e despesas consideráveis no longo prazo.

Existem duas grandes vantagens na adimensionalização (Fig. 7–11). Em primeiro lugar, ela *aumenta nossa visão das relações entre os parâmetros-chave*. A Equação 7–8 revela, por exemplo, que dobrar w_0 surte o mesmo efeito de diminuir z_0 por um fator de 4. Em segundo lugar, *ela reduz o número de parâmetros do problema*. Por exemplo, o problema original contém uma variável dependente, z; uma variável independente, t; e três constantes dimensionais adicionais, g, w_0 e z_0. O problema adimensionalizado contém um parâmetro dependente z^*; um parâmetro independente t^*; e apenas *um* parâmetro adicional, o número de Froude sem dimensão, Fr. O número de parâmetros adicionais foi reduzido de três para um! O Exemplo 7–3 ilustra ainda mais as vantagens da adimensionalização.

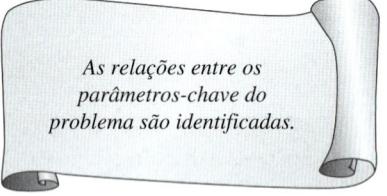

FIGURA 7–11 As duas principais vantagens da adimensionalização de uma equação.

EXEMPLO 7–3 Ilustração das vantagens da adimensionalização

A aula de física do seu irmão mais novo que está no colegial realiza experiências em um tubo vertical grande cujo interior é mantido em condições de vácuo. Os alunos podem liberar remotamente uma bola de aço na posição inicial z_0 entre 0 e 15 m (medidos a partir da parte inferior do tubo) e com velocidade inicial vertical w_0 entre 0 e 10 m/s. Um computador ligado a uma rede de fotossensores ao longo do tubo permite que os alunos tracem a trajetória da bola de aço (altura z traçada como função do tempo t) para cada teste. Os alunos não estão familiarizados com a análise dimensional ou com técnicas de adimensionalização e, portanto, realizam várias experiências de "força bruta" para determinar como a trajetória é afetada pelas condições iniciais z_0 e w_0. Primeiramente, eles mantêm w_0 fixo em 4 m/s e realizam experiências com cinco valores diferentes de z_0: 3, 6, 9, 12 e 15 m. Os resultados experimentais são mostrados na Fig. 7–12a. A seguir, eles mantêm z_0 fixo a 10 m e realizam experiências com cinco valores diferentes de w_0: 2, 4, 6, 8 e 10 m/s. Esses resultados são mostrados na Fig. 7–12b. Naquela noite, seu irmão mostra os dados e os gráficos da trajetória e diz que eles pretendem realizar outros experimentos com valores diferentes para z_0 e w_0. Você explica que adimensionalizando os dados primeiro, o problema pode ser reduzido a apenas *um* parâmetro e que não são necessários outros experimentos. Prepare um gráfico adimencional para provar isso e discuta.

SOLUÇÃO Um gráfico adimensional deve ser gerado para todos os dados de trajetória disponíveis. Especificamente, devemos fazer um gráfico de z^* como função de t^*.

Hipóteses O interior do tubo está sujeito à pressão de vácuo suficientemente forte de modo que o arrasto aerodinâmico sobre a bola é desprezível.

Propriedades A constante gravitacional é 9,81 m/s².

Análise A Equação 7–4 é válida para este problema, assim como a adimensionalização que resultou na Equação 7–9. Com já discutimos antes, este problema combina três dos parâmetros dimensionais originais (g, z_0 e w_0) em um parâmetro adimensional, o número de Froude. Após converter para as variáveis sem dimensão da Equação 7–6, as 10 trajetórias da Fig. 7–12a e b são traçadas no formato sem dimensão da Fig. 7–13. Está claro que todas as trajetórias pertencem à mesma família, com o número de Froude como o único parâmetro restante. Fr² varia de cerca de 0,041 a cerca de 1,0 nesses experimentos. Se algum outro experimento tiver que ser realizado, ele deve incluir combinações de z_0 e w_0 que produzam números de Froude fora desse intervalo. Um grande número de experiências adicionais não seria necessário, uma vez que todas as trajetórias pertenceriam à mesma família daquelas traçadas na Fig. 7–13.

Discussão Em números de Froude baixos, as forças gravitacionais são muito maiores do que as forças inerciais, e a bola cai até o chão em um período relativamente curto. Por outro lado, para valores grandes de Fr, as forças inerciais dominam inicialmente e a bola sobe até uma distância significativa antes de cair; é preciso muito mais tempo para que a bola atinja o solo. Obviamente, os alunos não podem ajustar a constante gravitacional, mas se pudessem, o método da força bruta exigiria muitos outros experimentos para documentar o efeito de g. Se eles fizessem primeiro a adimensionalização, os gráficos da trajetória adimensional já obtidos e mostrados na Figura 7–13 seriam válidos para *qualquer* valor de g; nenhum outro experimento seria necessário, a menos que Fr estivesse fora do intervalo de valores testados.

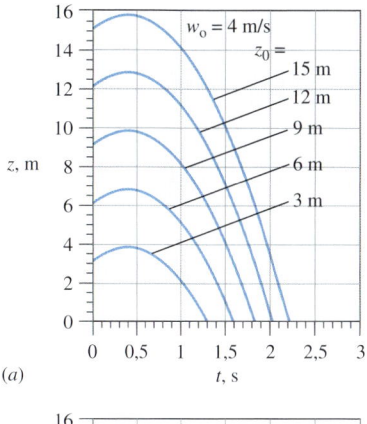

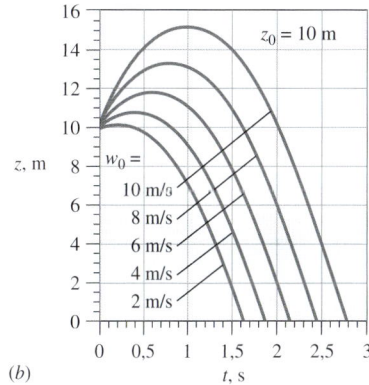

FIGURA 7–12 Trajetórias de uma bola de aço caindo no vácuo: (*a*) w_0 fixo a 4 m/s e (*b*) z_0 fixo a 10 m (Exemplo 7–3).

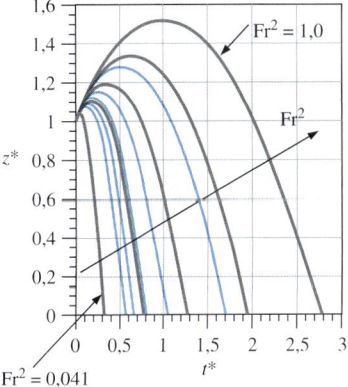

FIGURA 7–13 As trajetórias de uma bola de aço que caem no vácuo: Os dados da Fig. 7–12a e b são adimensionalizados e combinados em um gráfico.

Se ainda não estiver convencido de que a adimensionalização das equações e parâmetros tem muitas vantagens, considere o seguinte: Para documentar de forma razoável as trajetórias do Exemplo 7–3 para o intervalo de todos os três parâmetros dimensionais, g, z_0 e w_0, o método da força bruta exigiria vários (digamos, um mínimo de quatro) gráficos adicionais, como na Fig. 7–12a, para valores diversos (níveis) de w_0, além de vários *conjuntos* adicionais desses gráficos para um intervalo de g. Um conjunto de dados completo para os três parâmetros com cinco níveis de cada parâmetro exigiria $5^3 = 125$ experimentos! A adimensionalização reduz o número de parâmetros de três para um – um total de apenas $5^1 = 5$ experimentos são necessários para a mesma resolução. (Para cinco níveis, apenas cinco trajetórias sem dimensão como aquelas da Fig. 7–13 são necessárias, a valores cuidadosamente escolhidos de Fr.)

Outra vantagem da adimensionalização é que a extrapolação para valores não testados de um ou mais dos parâmetros dimensionais é possível. Por exemplo, os dados do Exemplo 7–3 foram tirados para apenas um valor da aceleração gravitacional. Suponhamos que você queira extrapolar esses dados para um valor diferente de g. O Exemplo 7–4 mostra como isso é realizado facilmente por meio dos dados.

FIGURA 7–14 Jogando uma bola de beisebol na Lua (Exemplo 7–4).

EXEMPLO 7–4 A extrapolação de dados adimensionalizados

A constante gravitacional na superfície da Lua é apenas um sexto daquela da Terra. Um astronauta na Lua joga uma bola de beisebol a uma velocidade inicial de 21,0 m/s a um ângulo de 5° acima do horizonte e a 2,0 m acima da superfície da Lua (Fig. 7–14). (a) Usando os dados sem dimensão do Exemplo 7–3 mostrados na Fig. 7–13, preveja quanto tempo será necessário para que a bola de beisebol caia no chão. (b) Faça um cálculo exato e compare o resultado desse cálculo com aquele da parte (a).

SOLUÇÃO Dados experimentais obtidos na Terra devem ser usados para prever o tempo necessário para que uma bola de beisebol caia até o solo na Lua.

Hipóteses 1 A velocidade horizontal da bola de beisebol é irrelevante. 2 A superfície da Lua é perfeitamente plana próxima ao astronauta. 3 Não há arrasto aerodinâmico sobre a bola, uma vez que não há atmosfera na Lua. 4 A gravidade da Lua é um sexto daquela da Terra.

Propriedades A constante gravitacional na Lua é de $g_{Lua} \cong 9{,}81/6 = 1{,}63$ m/s².

Análise (a) O número de Froude é calculado com base no valor de g_{Lua} e no componente vertical da velocidade inicial,

$$w_0 = (21{,}0 \text{ m/s}) \text{ sen } (5°) = 1{,}830 \text{ m/s}$$

do qual

$$\text{Fr}^2 = \frac{w_0^2}{g_{Lua} z_0} = \frac{(1{,}830 \text{ m/s})^2}{(1{,}63 \text{ m/s}^2)(2{,}0 \text{ m})} = 1{,}03$$

Esse valor de Fr^2 é aproximadamente igual ao maior valor plotado na Fig. 7–13. Assim, em termos de variáveis adimensionais, a bola de beisebol atinge o solo a $t^* \cong 2{,}75$, como determinado a partir da Fig. 7–13. Convertendo novamente para variáveis dimensionais usando a Equação 7–6,

Tempo estimado para atingir o solo: $\quad t = \dfrac{t^* z_0}{w_0} = \dfrac{2{,}75 (2{,}0 \text{ m})}{1{,}830 \text{ m/s}} = \mathbf{3{,}01 \text{ s}}$

(b) Um cálculo exato é obtido definindo z igual a zero na Equação 7–5 e solucionando para o tempo t (usando a fórmula quadrática),

Tempo exato para atingir o solo:

$$t = \frac{w_0 + \sqrt{w_0^2 + 2z_0 g}}{g}$$

$$= \frac{1{,}830 \text{ m/s} + \sqrt{(1{,}830 \text{ m/s})^2 + 2(2{,}0 \text{ m})(1{,}63 \text{ m/s}^2)}}{1{,}63 \text{ m/s}^2} = 3{,}05 \text{ s}$$

Discussão Se o número de Froude tivesse ficado entre duas das trajetórias da Fig. 7–13, a interpolação teria sido necessária. Como alguns dos números são exatos até apenas dois dígitos significativos, a pequena diferença entre os resultados da parte (*a*) e da parte (*b*) não é motivo de preocupação. O resultado final é $t = 3{,}0$ s até dois dígitos significativos.

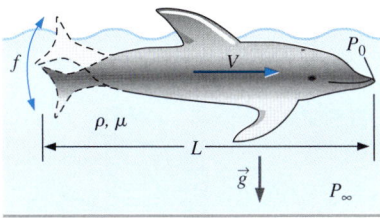

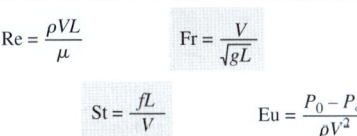

As equações diferenciais do movimento para o escoamento de fluidos são derivadas e discutidas no Capítulo 9. No Capítulo 10, você encontra uma análise semelhante àquela apresentada aqui, mas aplicada a equações diferenciais para o escoamento dos fluidos. Acontece que o número de Froude também aparece naquela análise, assim como os três outros parâmetros adimensionais importantes – o número de Reynolds, o número de Euler e o número de Strouhal (Fig. 7–15).

FIGURA 7–15 Em um problema geral de escoamento de fluido em regime não permanente com uma superfície livre, os parâmetros de escala incluem um comprimento característico L, uma velocidade característica V, uma frequência característica f e uma diferença de pressão de referência $P_0 - P_\infty$. A adimensionalização das equações diferenciais do escoamento de fluido produz quatro parâmetros sem dimensão: o número de Reynolds, o número de Froude, o número de Strouhal e o número de Euler (consulte o Capítulo 10).

7–3 ANÁLISE DIMENSIONAL E SIMILARIDADE

A adimensionalização de uma equação pela análise inspecional só é útil quando se sabe a equação com a qual é preciso começar. Entretanto, em muitos casos na engenharia da vida real, as equações não são conhecidas ou são muito difíceis de serem solucionadas. Quase sempre a *experimentação* é o único método para obter informações confiáveis. Na maioria dos experimentos, para economizar tempo e dinheiro, são executados testes em um **modelo** em escala geométrica, em vez de um **protótipo** em escala natural. Em tais casos, é preciso tomar cuidado para extrapolar adequadamente os resultados. Apresentamos aqui uma técnica poderosa chamada **análise dimensional**. Embora seja ensinada, em geral, na mecânica dos fluidos, a análise dimensional é útil para *todas* as disciplinas, em especial quando é preciso criar e realizar experimentos. Você é incentivado a utilizar essa poderosa ferramenta também em outras matérias e não apenas na mecânica dos fluidos. As três finalidades primárias da análise dimensional são:

- Gerar parâmetros adimensionais que ajudam no projeto dos experimentos (físico e/ou numérico) e no relatório dos resultados experimentais
- Obter as leis de escala para que o desempenho do protótipo possa ser previsto a partir do desempenho do modelo
- Prever (às vezes) as tendências nas relações entre os parâmetros

Antes de discutir a *técnica* da análise dimensional, primeiro explicaremos o *conceito* básico da análise dimensional – o princípio da **similaridade**. Existem três condições necessárias para a similaridade completa entre um modelo e um protótipo. A primeira condição é a **similaridade geométrica** – o modelo deve ter a mesma forma do protótipo, mas pode ser escalonado com algum fator de escala constante. A segunda condição é a **similaridade cinemática**, ou seja, a velocidade em determinado ponto de escoamento do modelo deve ser proporcional (por um fator de escala constante) à velocidade no ponto correspondente de escoamento do protótipo (Fig. 7–16). Especificamente, para a similaridade cinemática, a velocidade nos pontos correspondentes deve ser proporcional em magnitude e deve apontar na mesma direção relativa. Você pode ver a similaridade geométrica como a equivalência em *escala de comprimento* e a similaridade cinemática como a equivalência em *escala de tempo*. *A similaridade geométrica é um pré-requisito para a similaridade cinemática.* O fator de escala de velocidade pode ser menor do que, igual a ou maior do que um, assim como o fator de escala geométrico. Na Fig. 7–16, por exemplo, o fator de escala geométrica é menor do que um (modelo menor do que o protótipo), mas a escala de velocidade é maior do que um (as velocidades ao redor do modelo são maiores do que aquelas ao redor do protótipo). Você deve se lembrar, do Capítulo 4, que as linhas de corrente são fenômenos cinemáticos. Assim, o padrão de linhas de corrente do escoamento de modelo é uma cópia em escala geométrica do padrão de escoamento do protótipo quando a similaridade cinemática é atingida.

A terceira e mais restritiva condição de similaridade é a **similaridade dinâmica**. A similaridade dinâmica é atingida quando todas as *forças* do escoamento do modelo são proporcionais por um fator constante às forças correspondentes do escoamento do protótipo (equivalência de *escala de força*). Assim como na similaridade geométrica e cinemática, o fator de escala das forças pode ser menor do que, igual a ou maior do que um. Na Fig. 7–16, por exemplo, o fator de escala de força é menor do que um, uma vez que a força sobre o prédio modelo é menor do que no protótipo. *A similaridade cinemática é uma condição necessária, mas insuficiente para a similaridade dinâmica.* Portanto, é possível para um escoamento de modelo e um escoamento de protótipo atingir a similaridade geométrica e cinemática, mas não a similaridade dinâmica. Todas as três condições de similaridade existem para garantir a similaridade completa.

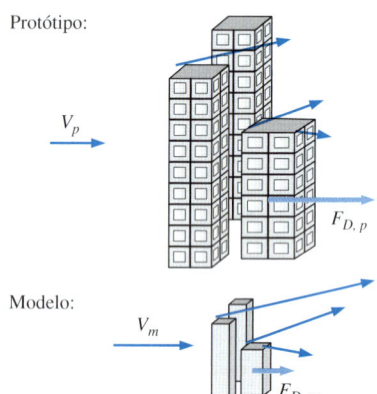

FIGURA 7–16 A *similaridade cinemática* é atingida quando, em todos os locais, a velocidade do escoamento do modelo é proporcional àquela nos locais correspondentes do escoamento do protótipo e aponta na mesma direção.

> Em um campo de escoamento geral, a similaridade completa entre um modelo e um protótipo é atingida apenas quando há similaridade geométrica, cinemática e dinâmica.

Deixamos que a letra grega Pi (Π) indique um parâmetro adimensional. Provavelmente, você está familiarizado com um Π, o número de Froude, Fr. Em um problema de análise dimensional geral existe um Π que chamamos de Π **dependente**, dando a ele a notação Π_1. O parâmetro Π_1, em geral, é uma função de vários outros Π's, os quais chamamos de Π's **independentes**. A relação funcional é

Relacionamento funcional entre Π's: $\qquad \Pi_1 = f(\Pi_2, \Pi_3, \ldots, \Pi_k)$ (7–11)

onde k é o número total de Π's.

Considere um experimento no qual um modelo de escala é testado para simular um protótipo de escoamento. Para garantir a similaridade completa entre o modelo e o protótipo, cada Π independente do modelo (subscrito m) deve ser idêntico ao Π independente correspondente do protótipo (sobrescrito p), ou seja, $\Pi_{2,m} = \Pi_{2,p}, \Pi_{3,m} = \Pi_{3,p}, \ldots, \Pi_{k,m} = \Pi_{k,p}$.

> Para garantir a similaridade completa, o modelo e o protótipo devem ser geometricamente semelhantes e todos os grupos de Π independentes devem coincidir no modelo e no protótipo.

Nessas condições, o Π *dependente* do modelo ($\Pi_{1,m}$) certamente também é igual ao Π dependente do protótipo ($\Pi_{1,p}$). Matematicamente, escrevemos condições para atingir a similaridade.

Se $\quad \Pi_{2,m} = \Pi_{2,p} \quad$ e $\quad \Pi_{3,m} = \Pi_{3,p} \ldots \quad$ e $\quad \Pi_{k,m} = \Pi_{k,p}$,
então $\quad \Pi_{1,m} = \Pi_{1,p}$ (7–12)

Considere, por exemplo, o projeto de um novo automóvel esporte, e que a sua aerodinâmica deve ser testada em um túnel de vento. Para economizar dinheiro é desejável testar um modelo em escala geométrica menor que o automóvel em vez de usar um protótipo em escala real (Fig. 7–17). No caso do arrasto aerodinâmico em um automóvel, se o escoamento é aproximado como incompressível, existem apenas dois Π's no problema

$$\Pi_1 = f(\Pi_2) \quad \text{onde} \quad \Pi_1 = \frac{F_D}{\rho V^2 L^2} \quad \text{e} \quad \Pi_2 = \frac{\rho V L}{\mu} \quad (7\text{–}13)$$

O procedimento utilizado para gerar esses Π's é discutido na Seção 7–4. Na Equação 7–13, F_D é a magnitude do arrasto aerodinâmico do automóvel, ρ é a densidade do ar, V é a velocidade do automóvel (ou a velocidade do ar no túnel de vento), L é o comprimento do automóvel e μ é a viscosidade do ar. Π_1 é uma forma não padronizada do coeficiente de arrasto e Π_2 é o **número de Reynolds**, Re. Você descobrirá que muitos problemas da mecânica dos fluidos envolvem um número de Reynolds (Fig. 7–18).

> O número de Reynolds é o parâmetro sem dimensão mais conhecido e útil de toda a mecânica dos fluidos.

No problema em questão existe apenas um Π independente e a Equação 7–12 garante que se os Π's independentes coincidem (os números de Reynolds coincidem: $\Pi_{2,m} = \Pi_{2,p}$) os Π's dependentes também coincidem ($\Pi_{1,m} = \Pi_{1,p}$). Isso permite aos engenheiros medirem o arrasto aerodinâmico do automóvel mo-

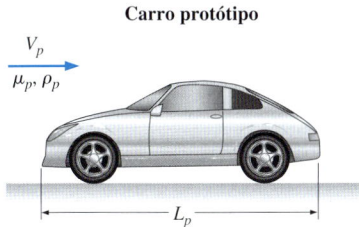
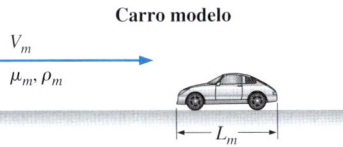

FIGURA 7–17 A similaridade geométrica entre um automóvel protótipo de comprimento L_p e um automóvel modelo de comprimento L_m.

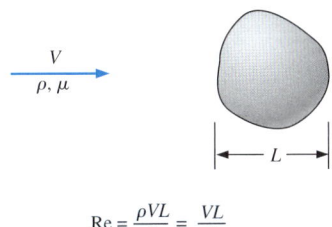

$$\text{Re} = \frac{\rho V L}{\mu} = \frac{V L}{\nu}$$

FIGURA 7–18 O *número de Reynolds* Re é formado pela razão entre densidade, velocidade característica e comprimento característico e a viscosidade. De forma alternativa, essa é a relação entre a velocidade característica e o comprimento com relação à *viscosidade cinemática*, definida como $\nu = \mu/\rho$.

EXEMPLO 7–5 Similaridade entre automóveis modelo e protótipo

O arrasto aerodinâmico de um novo automóvel esportivo deve ser previsto a uma velocidade de 50,0 mi/h em ar com temperatura de 25°C. Os engenheiros automotivos criaram um modelo em escala um para cinco do automóvel para testá-lo em um túnel de vento. É inverno e o túnel de vento está localizado em um prédio sem aquecimento. A temperatura do ar no túnel de vento é de apenas 5°C. Determine a velocidade com a qual os engenheiros devem executar o túnel de vento para atingir a similaridade entre o modelo e o protótipo.

SOLUÇÃO Devemos utilizar o conceito da similaridade para determinar a velocidade do túnel de vento.

Hipóteses 1 A compressibilidade do ar é desprezível (a validade dessa aproximação é discutida posteriormente). 2 As paredes do túnel de vento estão suficientemente distantes para não interferir no arrasto aerodinâmico do automóvel modelo. 3 O modelo é geometricamente similar ao protótipo. 4 O túnel de vento tem uma esteira móvel para simular o solo sob o automóvel, como mostra a Fig. 7–19. (A esteira móvel é necessária para atingir a similaridade cinemática em qualquer parte do escoamento, em especial sob o automóvel.)

Propriedades Para o ar à pressão atmosférica e $T = 25°C$, $\rho = 1{,}184$ kg/m³ e $\mu = 1{,}849 \times 10^{-5}$ kg/m·s. Da mesma forma, a $T = 5°C$, $\rho = 1{,}269$ kg/m³ e $\mu = 1{,}754 \times 10^{-5}$ kg/m·s.

Análise Como só existe um Π independente neste problema, a equação da similaridade (Equação 7–12) é válida se $\Pi_{2,m} = \Pi_{2,p}$, onde Π_2 é dado pela Equação 7–13 e podemos chamá-la de número de Reynolds. Assim, escrevemos

$$\Pi_{2,m} = \text{Re}_m = \frac{\rho_m V_m L_m}{\mu_m} = \Pi_{2,p} = \text{Re}_p = \frac{\rho_p V_p L_p}{\mu_p}$$

(continua)

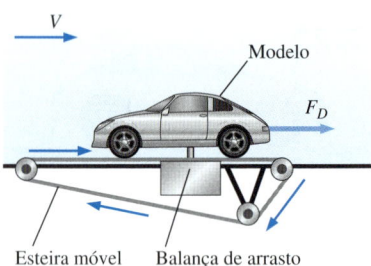

FIGURA 7–19 Uma *balança de arrasto* é um dispositivo usado em um túnel de vento para medir o arrasto aerodinâmico de um corpo. Ao testar modelos de automóveis, quase sempre uma *esteira móvel* é adicionada ao piso do túnel de vento para simular o solo em movimento (em relação ao sistema de referência do automóvel).

(continuação)

que pode ser solucionada para a velocidade desconhecida do túnel de vento para os testes do modelo, V_m,

$$V_m = V_p \left(\frac{\mu_m}{\mu_p}\right)\left(\frac{\rho_p}{\rho_m}\right)\left(\frac{L_p}{L_m}\right)$$

$$= (50,0 \text{ mi/h})\left(\frac{1,754 \times 10^{-5} \text{ kg/m·s}}{1,849 \times 10^{-5} \text{ kg/m·s}}\right)\left(\frac{1,184 \text{ kg/m}^3}{1,269 \text{ kg/m}^3}\right)(5) = \mathbf{221 \text{ mi/h}}$$

Dessa forma, para garantir a similaridade, o túnel de vento deve funcionar a 221 mi/h (até três dígitos significativos). Observe que não tínhamos o comprimento real de nenhum dos automóveis, mas a relação entre L_p e L_m é conhecida porque o protótipo é cinco vezes maior do que o modelo em escala. Quando os parâmetros dimensionais são reorganizados como relações adimensionais (como foi feito aqui), o sistema de unidades é irrelevante. Como as unidades de cada numerador cancelam aquelas de cada denominador, nenhuma conversão de unidade é necessária.

Discussão Essa velocidade é bastante alta (cerca de 100 m/s) e o túnel de vento talvez não possa funcionar nessa velocidade. Além disso, a aproximação incompressível é questionável nessa velocidade tão alta (discutimos isso com mais detalhes no Exemplo 7–8).

delo e, em seguida, usar esse valor para prever o arrasto aerodinâmico no automóvel protótipo.

Depois que estivermos convencidos que a similaridade completa foi atingida entre os testes do modelo e o escoamento do protótipo, a Equação 7–12 pode ser usada novamente para prever o desempenho do protótipo com base nas medições do desempenho do modelo. Isso é ilustrado no Exemplo 7–6.

EXEMPLO 7–6 Previsão da força de arrasto aerodinâmico sobre o automóvel protótipo

Este exemplo é uma sequência do Exemplo 7–5. Suponhamos que os engenheiros façam o túnel de vento funcionar a 221 mi/h para atingir a similaridade entre o modelo e o protótipo. A força de arrasto aerodinâmica sobre o automóvel modelo é medida com uma balança de arrasto (Fig. 7–19). Várias leituras de arrasto são registradas e a força de arrasto média sobre o modelo é de 21,2 lbf. Preveja a força de arrasto aerodinâmico sobre o protótipo (a 50 mi/h e 25°C).

SOLUÇÃO Por causa da similaridade, os resultados do modelo podem ser escalonados para prever a força de arrasto aerodinâmico sobre o protótipo.

Análise A equação da similaridade (Equação 7–12) mostra que como $\Pi_{2,m} = \Pi_{2,p}$, $\Pi_{1,m} = \Pi_{1,p}$, onde Π_1 é dado para este problema pela Equação 7–13. Então, escrevemos

$$\Pi_{1,m} = \frac{F_{D,m}}{\rho_m V_m^2 L_m^2} = \Pi_{1,p} = \frac{F_{D,p}}{\rho_p V_p^2 L_p^2}$$

que pode ser solucionada para a força de arrasto aerodinâmico desconhecido sobre o automóvel protótipo $F_{D,p}$,

$$F_{D,p} = F_{D,m}\left(\frac{\rho_p}{\rho_m}\right)\left(\frac{V_p}{V_m}\right)^2\left(\frac{L_p}{L_m}\right)^2$$

$$= (21,2 \text{ lbf})\left(\frac{1,184 \text{ kg/m}^3}{1,269 \text{ kg/m}^3}\right)\left(\frac{50,0 \text{ mi/h}}{221 \text{ mi/h}}\right)^2 (5)^2 = \mathbf{25,3 \text{ lbf}}$$

Discussão Organizando os parâmetros dimensionais como relações adimensionais, as unidades se cancelam, embora sejam uma combinação entre unidades SI e inglesas. Como a velocidade e o comprimento estão elevados ao quadrado na equação para Π_1, a velocidade mais alta no túnel de vento quase compensa o tamanho menor do modelo, e a força de arrasto do modelo é quase igual àquela do protótipo. Na verdade, se a densidade e a viscosidade do ar no túnel de vento fossem *idênticas* àquelas do ar que escoa sobre o protótipo, as duas forças de arrasto seriam idênticas também (Fig. 7–20).

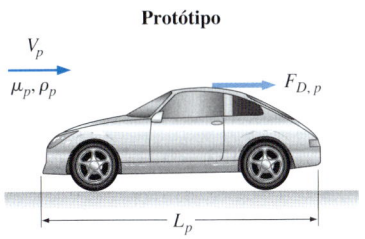
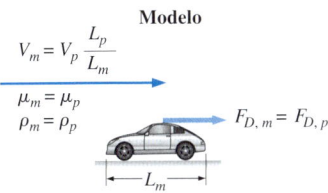

FIGURA 7–20 Para o caso especial do ar no túnel de vento e o do ar que escoa sobre o protótipo terem as mesmas propriedades ($\rho_m = \rho_p$, $\mu_m = \mu_p$), e sob condições de similaridade ($V_m = V_p L_p / L_m$), a força de arrasto aerodinâmico sobre o protótipo é igual àquela que age sobre o modelo em escala. Se os dois fluidos *não* tiverem as mesmas propriedades, as duas forças de arrasto *não* são necessariamente iguais, mesmo sob condições dinamicamente semelhantes.

O poder do uso da análise dimensional e da similaridade para suplementar a análise experimental é ainda ilustrado pelo fato de que os valores reais dos parâmetros dimensionais (densidade, velocidade, etc.) são irrelevantes. Desde que os Π's independentes correspondentes sejam iguais entre si, a similaridade é atingida – *mesmo que sejam usados fluidos diferentes*. Isso explica por que o desempenho de um automóvel ou avião pode ser simulado em um túnel de água, e por que o desempenho de um submarino pode ser simulado em um túnel de vento (Fig. 7–21). Suponhamos, por exemplo, que os engenheiros dos Exemplos 7–5 e 7–6 usem um túnel de água em vez de um túnel de vento para testar seu modelo em escala um para cinco. Usando as propriedades da água à temperatura ambiente (20°C é assumida), a velocidade do túnel de água necessária para atingir a similaridade é facilmente calculada como

$$V_m = V_p \left(\frac{\mu_m}{\mu_p}\right)\left(\frac{\rho_p}{\rho_m}\right)\left(\frac{L_p}{L_m}\right)$$

$$= (50{,}0 \text{ mi/h})\left(\frac{1{,}002 \times 10^{-3} \text{ kg/m·s}}{1{,}849 \times 10^{-5} \text{ kg/m·s}}\right)\left(\frac{1{,}184 \text{ kg/m}^3}{998{,}0 \text{ kg/m}^3}\right)(5) = 16{,}1 \text{ mi/h}$$

Como podem ver, uma vantagem de um túnel de água é que a velocidade necessária no túnel de água é muito mais baixa do que aquela necessária quando se usa um túnel de vento com modelo de mesmo tamanho.

7–4 O MÉTODO DAS VARIÁVEIS REPETIDAS E O TEOREMA PI DE BUCKINGHAM

Temos visto vários exemplos da utilidade e do poder da análise dimensional. Agora estamos prontos para aprender como *gerar* os parâmetros adimensionais, ou seja, os Π's. Existem vários métodos que foram desenvolvidos com essa finalidade, mas o método mais conhecido (e simples) é o **método das variáveis repetidas**, popularizado por Edgar Buckingham (1867-1940). O método foi publicado primeiro pelo cientista russo Dimitri Riabouchinsky (1882–1962) em 1911. Nós podemos imaginar esse método como um procedimento passo a passo ou "receita" para obter parâmetros adimensionais. Existem seis etapas, listadas concisamente na Fig. 7–22, e com mais detalhes na Tabela 7–2. Essas etapas são explicadas ainda com mais detalhes ao mostrarmos vários problemas de exemplo.

Assim como acontece com a maioria dos procedimentos novos, a melhor maneira de aprender é pelo exemplo e prática. Como um primeiro exemplo simples, considere uma bola que cai no vácuo discutido na Seção 7–2. Vamos imaginar que não sabemos que a Equação 7–4 é apropriada para esse problema e que não conhecemos muito sobre a física envolvida nos objetos que caem. Na verdade, suponhamos que sabemos apenas que a elevação instantânea z para a

FIGURA 7–21 A similaridade pode ser atingida mesmo quando o fluido do modelo é diferente do fluido do protótipo. Aqui, um modelo de submarino é testado em um túnel de vento.

Cortesia do NASA Langley Research Center.

O método das variáveis repetidas

Passo 1: Liste os parâmetros do problema e conte o seu número total, n.

Passo 2: Liste as dimensões primárias de cada um dos n parâmetros.

Passo 3: Tome a *redução* j como o número de dimensões primárias. Calcule k, o número esperado de Π's,
$k = n - j$.

Passo 4: Escolha j *parâmetros repetidos*.

Passo 5: Construa os k Π's e manipule se necessário

Passo 6: Escreva a relação funcional final e verifique seus cálculos.

FIGURA 7–22 Um resumo conciso das seis etapas que compreendem o *método das variáveis repetidas*.

TABELA 7–2
Descrição detalhada das seis etapas que compreendem o método das *variáveis repetidas**

Etapa 1:	Liste os parâmetros (variáveis dimensionais, variáveis não dimensionais e constantes dimensionais) e conte-os. Seja n o número total dos parâmetros do problema, incluindo a variável dependente. Verifique se algum parâmetro independente listado é verdadeiramente independente dos outros, ou seja, não pode ser expresso em termos deles. (Por exemplo, não inclua o raio r e a área $A = \pi r^2$, já que r e A *não* são independentes.)
Etapa 2:	Liste as dimensões primárias de cada um dos parâmetros n.
Etapa 3:	Adivinhe a **redução** j. Como primeira opção, defina j igual ao número de dimensões primárias representadas no problema. O número esperado de Π's (k) é igual a n menos j, de acordo com o **teorema Pi de Buckingham**, *O teorema Pi de Buckingham:* $\quad k = n - j \quad$ (7–14) Se nessa etapa ou durante uma etapa subsequente, a análise não funcionar, verifique se você incluiu parâmetros suficientes na etapa 1. Caso contrário, volte e *reduza j em um* e tente novamente.
Etapa 4:	Selecione os **parâmetros repetidos** j que serão usados para construir cada Π. Como os parâmetros repetidos têm potencial de aparecer em cada Π, verifique se os selecionou de forma *sensata* (Tabela 7–3).
Etapa 5:	Gere os Π's um de cada vez agrupando os parâmetros j repetidos com um dos parâmetros restantes, forçando o produto a ser sem dimensão. Dessa forma, construa todos os k Π's. Por convenção, o primeiro Π, designado como Π_1, é o Π dependente (aquele do lado esquerdo da lista). Manipule os Π's necessários para atingir os grupos adimensionais usuais (Tabela 7–5).
Etapa 6:	Verifique se todos os Π's são realmente adimensionais. Escreva a relação funcional final na forma da Equação 7–11.

*Este é um método passo a passo para encontrar os Π grupos adimensionais ao executar uma análise dimensional.

bola deve ser uma função do tempo t, da velocidade vertical inicial w_0, da elevação inicial z_0 e da constante gravitacional g (Fig. 7–23). O ponto forte da análise dimensional é que só precisamos conhecer as dimensões primárias de cada uma dessas quantidades. Ao passarmos em cada etapa do método das variáveis repetidas, explicamos algumas sutilezas da técnica com mais detalhes usando a bola que cai como um exemplo.

Etapa 1

Existem cinco parâmetros (variáveis dimensionais, variáveis não dimensionais e constantes dimensionais) neste problema; $n = 5$. Eles estão listados na forma funcional, com a variável dependente listada como função das variáveis e constantes independentes:

Lista de parâmetros relevantes: $\quad z = f(t, w_0, z_0, g) \quad n = 5$

Etapa 2

As dimensões primárias de cada parâmetro são listadas aqui. Recomendamos que cada dimensão seja escrita com expoentes, uma vez que isso ajuda com a álgebra que virá a seguir.

z	t	w_0	z_0	g
$\{L^1\}$	$\{t^1\}$	$\{L^1 t^{-1}\}$	$\{L^1\}$	$\{L^1 t^{-2}\}$

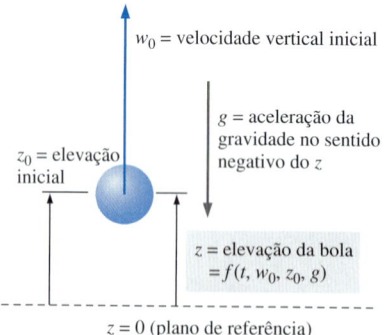

FIGURA 7–23 Configuração para uma análise dimensional de uma bola que cai no vácuo. A elevação z é uma função do tempo t, da velocidade vertical inicial w_0, da elevação inicial z_0 e da constante gravitacional g.

Etapa 3

Como primeira opção, j é definido como 2, o número de dimensões primárias representadas no problema (L e t).

Redução: $$j = 2$$

Se esse valor de j está correto, o número de Π's previstos pelo teorema Pi de Buckingham é

Número de Π's esperados: $$k = n - j = 5 - 2 = 3$$

Etapa 4

Precisamos escolher dois parâmetros repetidos, uma vez que $j = 2$. Como às vezes essa é a parte mais difícil (ou, pelo menos, a mais misteriosa) do método das variáveis repetidas, várias orientações sobre a escolha dos parâmetros repetidos são listadas na Tabela 7–3.

De acordo com as orientações da Tabela 7–3, a opção mais sensata para os dois parâmetros repetidos é w_0 e z_0.

Parâmetros repetidos: $$w_0 \quad \text{e} \quad z_0$$

Etapa 5

Agora combinamos esses parâmetros repetidos em produtos com cada um dos parâmetros restantes, um de cada vez, para criar os Π's. O primeiro Π é sempre o Π *dependente* e é formado com a variável dependente z.

Π dependente: $$\Pi_1 = zw_0^{a_1}z_0^{b_1} \quad (7\text{–}15)$$

onde a_1 e b_1 são expoentes constantes que precisam ser determinados. Aplicamos as dimensões primárias da etapa 2 à Equação 7–15 e *forçamos* o Π a ser adimensional, definindo o expoente de cada dimensão primária como zero:

Dimensões de Π_1: $$\{\Pi_1\} = \{L^0 t^0\} = \{zw_0^{a_1}z_0^{b_1}\} = \{L^1(L^1 t^{-1})^{a_1} L^{b_1}\}$$

Como as dimensões primárias são, por definição, independentes entre si, equacionamos os expoentes de cada dimensão primária de forma independente para solucionar os expoentes a_1 e b_1 (Fig. 7–24).

Tempo: $$\{t^0\} = \{t^{-a_1}\} \quad 0 = -a_1 \quad a_1 = 0$$

Comprimento:
$$\{L^0\} = \{L^1 L^{a_1} L^{b_1}\} \quad 0 = 1 + a_1 + b_1 \quad b_1 = -1 - a_1 \quad b_1 = -1$$

Assim, a Equação 7–15 torna-se

$$\Pi_1 = \frac{z}{z_0} \quad (7\text{–}16)$$

De modo semelhante, criamos o primeiro Π independente (Π_2) combinando os parâmetros repetidos com a variável independente t.

Primeiro Π independente: $$\Pi_2 = tw_0^{a_2}z_0^{b_2}$$

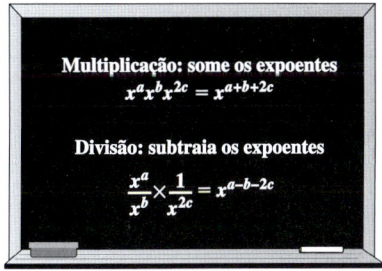

FIGURA 7–24 As regras matemáticas para adicionar e subtrair expoentes durante a multiplicação e divisão, respectivamente.

TABELA 7-3

Orientações para escolher os parâmetros repetidos na etapa 4 do método das *variáveis repetidas**

Orientação	Comentários e aplicação no problema atual
1. Nunca escolha a variável dependente. Caso contrário, ela pode aparecer em todos os Π's, o que não é desejável.	Neste problema não podemos escolher z, mas devemos escolher entre quatro parâmetros restantes. Assim, devemos selecionar dois dos seguintes parâmetros: t, w_0, z_0 e g.
2. Os parâmetros repetidos selecionados não devem *por si mesmos* formar um grupo adimensional. Caso contrário, seria impossível gerar o restante dos Π's.	No problema atual, quaisquer dois parâmetros independentes seriam válidos de acordo com esta orientação. Entretanto, para fins ilustrativos, suponhamos que escolhemos três em vez de dois parâmetros repetidos. Não poderíamos, por exemplo, selecionar t, w_0 e z_0 porque sozinhos todos podem formar um Π (tw_0/z_0).
3. Os parâmetros repetidos selecionados devem representar *todas* as dimensões primárias do problema.	Suponhamos, por exemplo, que houvesse *três* dimensões primárias (m, L e t) e que *dois* parâmetros repetidos tenham sido escolhidos. Você não poderia escolher, digamos, um comprimento e um tempo, uma vez que a dimensão primária massa não estaria representada nas dimensões dos parâmetros repetidos. Uma opção apropriada seria uma densidade e um tempo, os quais juntos representam todas as três dimensões primárias do problema.
4. Nunca escolha parâmetros que já são adimensionais. Eles já são Π's por si mesmos.	Suponhamos que um ângulo θ fosse um dos parâmetros independentes. Não poderíamos ter escolhido θ como parâmetro repetido, já que os ângulos são adimensionais (radianos e grau são unidades sem dimensões). Nesse caso, um dos Π's já é conhecido: θ.
5. Nunca escolha dois parâmetros com as *mesmas* dimensões ou com dimensões que diferem por apenas um expoente.	Neste problema, dois dos parâmetros, z e z_0, têm as mesmas dimensões (comprimento). Não podemos escolher estes dois parâmetros. (Observe que a variável dependente z já foi eliminada pela orientação 1.) Suponhamos que um parâmetro tenha dimensões de comprimento e que outro parâmetro tenha dimensões de volume. Na análise dimensional, o volume contém apenas uma dimensão primária (comprimento) e não é *dimensionalmente distinto do comprimento* – não podemos escolher ambos os parâmetros.
6. Sempre que possível, selecione constantes dimensionais em vez de variáveis dimensionais para que apenas um Π contenha a variável dimensional.	Se escolhermos o tempo t como parâmetro repetido neste problema, ele apareceria em todos os três Π's. Embora isso não esteja *errado*, não seria sensato, pois sabemos que, em última análise, queremos uma altura adimensional como função de um tempo adimensional e outro(s) parâmetro(s) adimensional (adimensionais). Dos quatro parâmetros originais independentes, isso nos deixa w_0, z_0 e g.
7. Escolha parâmetros comuns, já que eles podem aparecer em cada um dos Π's.	Em problemas de escoamento de fluidos, geralmente, ecolhemos um comprimento, uma velocidade e uma massa ou densidade (Figura 7-25). Não é sensato escolher parâmetros menos comuns como viscosidade μ ou tensão superficial σ_s, já que, em geral, não queremos que μ e σ_s apareçam em cada um dos Π's. Neste problema, w_0 e z_0 são opções mais sensatas do que g.
8. Sempre que possível, escolha parâmetros simples em vez de parâmetros complexos.	É melhor escolher parâmetros com apenas uma ou duas dimensões básicas (por exemplo, um comprimento, um tempo, uma massa ou uma velocidade) do que parâmetros que são compostos por várias dimensões básicas (por exemplo, uma energia ou uma pressão).

*Estas orientações, embora não sejam infalíveis, ajudam você a escolher parâmetros repetidos que, em geral, levam aos grupos de Π's adimensionais usuais com um mínimo de esforço.

Dimensões de Π_2: $\qquad \{\Pi_2\} = \{L^0 t^0\} = \{tw_0^{a_2} z_0^{b_2}\} = \{t(L^1 t^{-1})^{a_2} L^{b_2}\}$

Equacionando os expoentes,

Tempo: $\qquad \{t^0\} = \{t^1 t^{-a_2}\} \quad 0 = 1 - a_2 \quad a_2 = 1$

Comprimento: $\quad \{L^0\} = \{L^{a_2} L^{b_2}\} \quad 0 = a_2 + b_2 \quad b_2 = -a_2 \quad b_2 = -1$

Π_2 é

$$\Pi_2 = \frac{w_0 t}{z_0} \qquad (7\text{–}17)$$

Finalmente, criamos o segundo Π independente (Π_3) combinando os parâmetros repetidos com g e *forçando* o Π a ser adimensional (Fig. 7–26).

Segundo Π independente: $\qquad \Pi_3 = gw_0^{a_3} z_0^{b_3}$

Dimensões de Π_3: $\qquad \{\Pi_3\} = \{L^0 t^0\} = \{gw_0^{a_3} z_0^{b_3}\} = \{L^1 t^{-2}(L^1 t^{-1})^{a_3} L^{b_3}\}$

Equacionando os expoentes,

Tempo: $\qquad \{t^0\} = \{t^{-2} t^{-a_3}\} \quad 0 = -2 - a_3 \quad a_3 = -2$

Comprimento:

$\qquad \{L^0\} = \{L^1 L^{a_3} L^{b_3}\} \quad 0 = 1 + a_3 + b_3 \quad b_3 = -1 - a_3 \quad b_3 = 1$

Π_3 é

$$\Pi_3 = \frac{gz_0}{w_0^2} \qquad (7\text{–}18)$$

FIGURA 7–25 É sensato selecionar parâmetros *comuns* como parâmetros repetidos, uma vez que eles aparecem em cada um de seus Π grupos de adimensionais.

Todos os três Π's foram encontrados, mas neste ponto é prudente examiná-los para ver se é necessária alguma manipulação. Vemos imediatamente que Π_1 e Π_2 são iguais às variáveis adimensionais z^* e t^* definidas pela Equação 7–6—nenhuma manipulação é necessária para estes. Entretanto, reconhecemos que o terceiro Π deve ser elevado à potência de $-1/2$ para ter a mesma forma de um parâmetro adimensional usual, a saber, o número de Froude da Equação 7–8:

Π_3 *modificado:* $\qquad \Pi_{3,\text{modificado}} = \left(\frac{gz_0}{w_0^2}\right)^{-1/2} = \frac{w_0}{\sqrt{gz_0}} = \text{Fr} \qquad (7\text{–}19)$

Tal manipulação quase sempre é necessária para colocar os Π's na forma usual adequada. O Π da Equação 7–18 não está *errado*, e certamente não há vantagem matemática da Equação 7–19 com relação à Equação 7–18. Em vez disso, gostamos de dizer que a Equação 7–19 é mais "socialmente aceitável" do que a Equação 7–18, uma vez que esse é um parâmetro adimensional estabelecido, normalmente utilizado na literatura. A Tabela 7–4 relaciona algumas orientações para a manipulação de seus grupos de Π's adimensionais em parâmetros adimensionais usuais.

A Tabela 7–5 lista alguns parâmetros adimensionais usuais, e a maioria deles tem nomes de cientistas ou engenheiros notáveis (consulte a Fig. 7–27 e o Destaque Histórico na pág. 311). Essa lista não é completa. Sempre que possível você deve manipular seus Π's para convertê-los em parâmetros adimensionais estabelecidos.

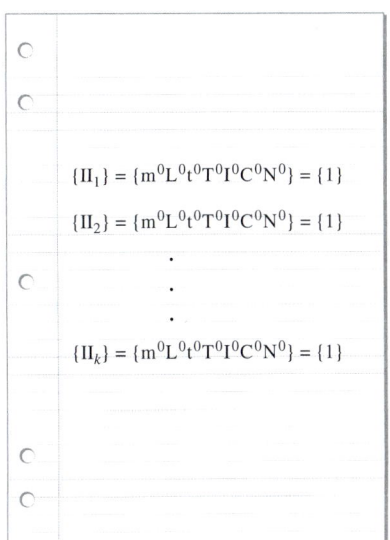

FIGURA 7–26 Os grupos Π que resultam das variáveis repetidas certamente não têm dimensões porque nós *forçamos* que o expoente geral de todas as sete dimensões primárias seja zero.

TABELA 7–4

Orientações para a manipulação dos Π's que resultam do método das variáveis repetidas

Orientação	Comentários e aplicação neste problema
1. Podemos impor um expoente constante (sem dimensão) a um Π ou executar uma operação funcional em um Π.	Podemos elevar um Π a qualquer expoente n (mudando-o para Π^n) sem variar a estatura adimensional do Π. Por exemplo, neste problema, impusemos um expoente $-1/2$ a Π_3. Da mesma forma, podemos executar a operação funcional sen(Π), exp(Π), etc., sem influenciar as dimensões do Π.
2. Podemos multiplicar um Π por uma constante adimensional.	Às vezes, os fatores adimensionais π, $1/2$, 2, 4, etc. são incluídos em um Π por conveniência. Isso é perfeitamente correto, uma vez que tais fatores não influenciam as dimensões de Π.
3. Podemos formar um produto (quociente) de qualquer Π com qualquer outro Π do problema para substituir um dos Π's.	Poderíamos substituir Π_3 por $\Pi_3\Pi_1$, Π_3/Π_2, etc. Às vezes, tal manipulação é necessária para converter nosso Π em um Π usual. Em muitos casos, o Π usual teria sido produzido se tivéssemos escolhido parâmetros repetidos diferentes.
4. Podemos usar qualquer uma das orientações de 1 a 3 em conjunto.	Em geral, podemos substituir qualquer Π por algum novo como $A\Pi_3{}^B\text{sen}(\Pi_1{}^C)$, onde A, B e C são constantes puras.
5. Podemos substituir um parâmetro dimensional no Π por outro(s) parâmetro(s) de mesmas dimensão(ões).	Por exemplo, o Π pode conter o quadrado de um comprimento ou o cubo de um comprimento, no qual podemos substituir por uma área ou por um volume conhecidos, respectivamente, para fazer que o Π coincida com as convenções estabelecidas.

* Estas orientações são úteis na etapa 5 do método de variáveis repetidas e são listadas para ajudá-lo a converter seus grupos de Π adimensionais em parâmetros adimensionais padrões, muitos dos quais estão listados na Tabela 7–5.

Etapa 6

Devemos verificar novamente se os Π's não têm mesmo dimensões (Fig. 7–28). Você pode verificar isso por conta própria para este exemplo. Finalmente, estamos prontos para escrever a relação funcional entre os parâmetros adimensionais. Combinando as Equações 7–16, 7–17 e 7–19 na forma da Equação 7–11,

Relação entre Π's: $\qquad \Pi_1 = f(\Pi_2, \Pi_3) \quad \rightarrow \quad \dfrac{z}{z_0} = f\left(\dfrac{w_0 t}{z_0}, \dfrac{w_0}{\sqrt{gz_0}}\right)$

Ou, em termos das variáveis adimensionais z^* e t^* definidas anteriormente pela Equação 7–6 e da definição do número de Froude,

Resultado final da análise dimensional: $\qquad z^* = f(t^*, \text{Fr}) \qquad$ **(7–20)**

É bom comparar o resultado da análise dimensional, Equação 7–20, com o resultado analítico exato, Equação 7–10. O método das variáveis repetidas prevê adequadamente a relação funcional entre os grupos adimensionais. Entretanto,

> O método das variáveis repetidas não pode prever a forma matemática exata da equação.

FIGURA 7–27 Os parâmetros adimensionais usuais geralmente recebem o nome de um cientista ou engenheiro notável.

Essa é uma limitação fundamental da análise dimensional e do método das variáveis repetidas. Para alguns problemas simples, porém, a forma da equação *pode* ser prevista a menos de uma constante desconhecida, como ilustrado no Exemplo 7–7.

TABELA 7-5

Alguns parâmetros adimensionais comuns estabelecidos ou Π's encontrados na mecânica dos fluidos e na transferência de calor*

Nome	Definição	Relação de significado
Número de Arquimedes	$\mathrm{Ar} = \dfrac{\rho_s g L^3}{\mu^2}(\rho_s - \rho)$	$\dfrac{\text{Força gravitacional}}{\text{Força viscosa}}$
Razão de aspecto	$\mathrm{AR} = \dfrac{L}{W}$ ou $\dfrac{L}{D}$	$\dfrac{\text{Comprimento}}{\text{Largura}}$ ou $\dfrac{\text{Comprimento}}{\text{Diâmetro}}$
Número de Biot	$\mathrm{Bi} = \dfrac{hL}{k}$	$\dfrac{\text{Resistência térmica da superfície}}{\text{Resistência térmica interna}}$
Número de Bond	$\mathrm{Bo} = \dfrac{g(\rho_f - \rho_v)L^2}{\sigma_s}$	$\dfrac{\text{Força gravitacional}}{\text{Força de tensão superficial}}$
Número de cavitação	Ca (às vezes σ_c) $= \dfrac{P - P_v}{\rho V^2}$ $\left(\text{às vezes } \dfrac{2(P - P_v)}{\rho V^2}\right)$	$\dfrac{\text{Pressão} - \text{Pressão de vapor}}{\text{Pressão inercial}}$
Fator de atrito de Darcy	$f = \dfrac{8\tau_w}{\rho V^2}$	$\dfrac{\text{Força de atrito na parede}}{\text{Força inercial}}$
Coeficiente de arrasto	$C_D = \dfrac{F_D}{\frac{1}{2}\rho V^2 A}$	$\dfrac{\text{Força de arrasto}}{\text{Força dinâmica}}$
Número de Eckert	$\mathrm{Ec} = \dfrac{V^2}{c_P T}$	$\dfrac{\text{Energia cinética}}{\text{Entalpia}}$
Número de Euler	$\mathrm{Eu} = \dfrac{\Delta P}{\rho V^2}$ $\left(\text{às vezes } \dfrac{\Delta P}{\frac{1}{2}\rho V^2}\right)$	$\dfrac{\text{Diferença de pressão}}{\text{Pressão dinâmica}}$
Fator de atrito de Fanning	$C_f = \dfrac{2\tau_w}{\rho V^2}$	$\dfrac{\text{Força de atrito na parede}}{\text{Força inercial}}$
Número de Fourier	Fo (às vezes τ) $= \dfrac{\alpha t}{L^2}$	$\dfrac{\text{Tempo físico}}{\text{Tempo de difusão térmica}}$
Número de Froude	$\mathrm{Fr} = \dfrac{V}{\sqrt{gL}}$ $\left(\text{às vezes } \dfrac{V^2}{gL}\right)$	$\dfrac{\text{Força inercial}}{\text{Força gravitacional}}$
Número de Grashof	$\mathrm{Gr} = \dfrac{g\beta|\Delta T|L^3 \rho^2}{\mu^2}$	$\dfrac{\text{Força de flutuação}}{\text{Força viscosa}}$
Número de Jakob	$\mathrm{Ja} = \dfrac{c_p(T - T_{\text{sat}})}{h_{fg}}$	$\dfrac{\text{Energia}}{\text{Energia latente}}$
Número de Knudsen	$\mathrm{Kn} = \dfrac{\lambda}{L}$	$\dfrac{\text{Comprimento do caminho livre médio}}{\text{Comprimento característico}}$
Número de Lewis	$\mathrm{Le} = \dfrac{k}{\rho c_p D_{AB}} = \dfrac{\alpha}{D_{AB}}$	$\dfrac{\text{Difusão térmica}}{\text{Difusão}}$
Coeficiente de sustentação	$C_L = \dfrac{F_L}{\frac{1}{2}\rho V^2 A}$	$\dfrac{\text{Força de sustentação}}{\text{Força dinâmica}}$
Número de Mach	Ma (às vezes M) $= \dfrac{V}{c}$	$\dfrac{\text{Velocidade do escoamento}}{\text{Velocidade do som}}$
Número de Nusselt	$\mathrm{Nu} = \dfrac{Lh}{k}$	$\dfrac{\text{Transferência de calor por convecção}}{\text{Transferência de calor por condução}}$
Número de Peclet	$\mathrm{Pe} = \dfrac{\rho L V c_p}{k} = \dfrac{LV}{\alpha}$	$\dfrac{\text{Transferência de calor}}{\text{Transferência de calor por condução}}$

FIGURA 7-28 É sempre bom fazer uma rápida verificação de sua álgebra.

(continua)

TABELA 7-5

(continuação)

Nome	Definição	Relação de significado
Número de potência	$N_P = \dfrac{\dot{W}}{\rho D^5 \omega^3}$	$\dfrac{\text{Potência}}{\text{Inércia de rotação}}$
Número de Prandtl	$\Pr = \dfrac{\nu}{\alpha} = \dfrac{\mu c_p}{k}$	$\dfrac{\text{Difusão viscosa}}{\text{Difusão térmica}}$
Coeficiente de pressão	$C_p = \dfrac{P - P_\infty}{\frac{1}{2}\rho V^2}$	$\dfrac{\text{Diferença de pressão estática}}{\text{Pressão dinâmica}}$
Número de Rayleigh	$\mathrm{Ra} = \dfrac{g\beta|\Delta T|L^3 \rho^2 c_p}{k\mu}$	$\dfrac{\text{Força de flutuação}}{\text{Força viscosa}}$
Número de Reynolds	$\mathrm{Re} = \dfrac{\rho V L}{\mu} = \dfrac{VL}{\nu}$	$\dfrac{\text{Força inercial}}{\text{Força viscosa}}$
Número de Richardson	$\mathrm{Ri} = \dfrac{L^5 g \Delta \rho}{\rho \dot{V}^2}$	$\dfrac{\text{Força de flutuação}}{\text{Força de inércia}}$
Número de Schmidt	$\mathrm{Sc} = \dfrac{\mu}{\rho D_{AB}} = \dfrac{\nu}{D_{AB}}$	$\dfrac{\text{Difusão viscosa}}{\text{Difusão de espécies}}$
Número de Sherwood	$\mathrm{Sh} = \dfrac{VL}{D_{AB}}$	$\dfrac{\text{Difusão de massa total}}{\text{Difusão de espécies}}$
Taxa de calor específico	$k \text{ (às vezes } \gamma) = \dfrac{c_p}{c_v}$	$\dfrac{\text{Entalpia}}{\text{Energia interna}}$
Número de Stanton	$\mathrm{St} = \dfrac{h}{\rho c_p V}$	$\dfrac{\text{Transferência de calor}}{\text{Capacidade térmica}}$
Número de Stokes	$\mathrm{Stk} \text{ (às vezes St)} = \dfrac{\rho_p D_p^2 V}{18 \mu L}$	$\dfrac{\text{Tempo de relaxamento da partícula}}{\text{Tempo característico de escoamento}}$
Número de Strouhal	$\mathrm{St} \text{ (às vezes S ou Sr)} = \dfrac{fL}{V}$	$\dfrac{\text{Tempo característico do escoamento}}{\text{Período de oscilação}}$
Número de Weber	$\mathrm{We} = \dfrac{\rho V^2 L}{\sigma_s}$	$\dfrac{\text{Força inercial}}{\text{Força de tensão superficial}}$

*A é uma área característica, D é um diâmetro característico, f é uma frequência característica (Hz), L é um comprimento característico, t é um tempo característico, T é uma temperatura (absoluta) característica, V é uma velocidade característica, W é uma largura característica, $\dot{W}$ é uma potência característica, ω é uma velocidade angular característica (rad/s). Os outros parâmetros e propriedades de fluidos desses Π's incluem: c = velocidade do som, c_p, c_v = calores específicos, D_p = diâmetro da partícula, D_{AB} = coeficiente de difusão da espécie, h = coeficiente de transferência de calor por convecção, h_{fg} = calor latente de evaporação, k = condutividade térmica, P = pressão, T_{sat} = temperatura de saturação, $\dot{V}$ = vazão de volume, α = difusão térmica, β = coeficiente de expansão térmica, λ = comprimento do caminho livre médio, μ = viscosidade, ν = viscosidade cinemática, ρ = densidade do fluido, ρ_f = densidade do líquido, ρ_p = densidade de partícula, ρ_s = densidade do sólido, ρ_v = densidade do vapor, σ_s = tensão superficial e τ_w = tensão de cisalhamento ao longo de uma parede.

DESTAQUE HISTÓRICO

Pessoas homenageadas pelos parâmetros adimensionais

Autor convidado: Glenn Brown, Oklahoma State University

Os números adimensionais usuais receberam nomes por questões de conveniência e de homenagem às pessoas que contribuíram para o desenvolvimento da ciência e da engenharia. Em muitos casos, o nome atribuído não é da primeira pessoa que definiu o número, mas de quem utilizou um parâmetro semelhante em seu trabalho. A seguir, listamos algumas dessas pessoas, mas não de todas. Lembre-se de que alguns números podem ter mais de um nome.

Arquimedes (287–212 AC) Matemático grego que definiu a força de flutuação.

Biot, Jean-Baptiste (1774–1862) Matemático francês que realizou um trabalho pioneiro em calor, eletricidade e elasticidade. Ele também ajudou a medir o arco do meridiano como parte do desenvolvimento do sistema métrico.

Darcy, Henry P. G. (1803–1858) Engenheiro francês que executou experimentos extensos de escoamento em tubos e os primeiros testes quantificáveis de filtragem.

Eckert, Ernst R. G. (1904–2004) Engenheiro alemão americano e aluno de Schmidt que realizou os trabalhos pioneiros na área de transferência de calor na camada limite.

Euler, Leonhard (1707–1783) Matemático suíço e colega de Daniel Bernoulli que formulou as equações do movimento dos fluidos e introduziu o conceito da máquina centrífuga.

Fanning, John T. (1837–1911) Engenheiro e escritor americano de livros que publicou em 1877 uma forma modificada da equação de Weisbach com uma tabela de valores de resistência calculados a partir dos dados de Darcy.

Fourier, Jean B. J. (1768–1830) Matemático francês que foi pioneiro no trabalho de transferência de calor e em diversos outros tópicos.

Froude, William (1810–1879) Engenheiro inglês que desenvolveu métodos de ensaios com modelos de navios e a transferência da resistência de onda e de camada limite do modelo ao protótipo.

Grashof, Franz (1826–1893) Engenheiro e educador alemão conhecido como autor prolífico, editor, revisor e produtor de publicações.

Jakob, Max (1879–1955) Físico e engenheiro alemão-americano, escritor e que realizou trabalho pioneiro em transferência de calor.

Knudsen, Martin (1871–1949) Físico holandês que ajudou a desenvolver a teoria cinética dos gases.

Lewis, Warren K. (1882–1975) Engenheiro americano que pesquisou a destilação, a extração e as reações em leitos fluidizados.

Mach, Ernst (1838–1916) Físico austríaco responsável por descobrir que os corpos com velocidade acima da velocidade do som alteram drasticamente as propriedades do fluido. Suas ideias tiveram grande influência sobre o pensamento do século XX, tanto em física quanto em filosofia, e influenciaram o desenvolvimento da teoria da relatividade de Einstein.

Nusselt, Wilhelm (1882–1957) Engenheiro alemão que aplicou pela primeira vez a teoria da similaridade à transferência de calor.

Peclet, Jean C. E. (1793–1857) Educador francês, físico e pesquisador industrial.

Prandtl, Ludwig (1875–1953) Engenheiro alemão que desenvolveu a teoria da camada limite e é considerado o fundador da mecânica dos fluidos moderna.

Lord Raleigh, John W. Strutt (1842–1919) Cientista inglês que investigou a similaridade dinâmica, a cavitação e o colapso das bolhas.

Reynolds, Osborne (1842–1912) Engenheiro inglês que investigou o escoamento em tubos e desenvolveu equações para escoamento de fluido viscoso com base em velocidades médias.

Richardson, Lewis F. (1881–1953) Matemático, físico e psicólogo inglês, pioneiro na aplicação da mecânica dos fluidos à modelagem da turbulência atmosférica.

Schmidt, Ernst (1892–1975) Cientista alemão e pioneiro no campo da transferência de calor e massa. Ele foi o primeiro a medir o campo de velocidade e temperatura em uma camada limite com convecção livre.

Sherwood, Thomas K. (1903–1976) Engenheiro e educador americano. Ele pesquisou a transferência de massa e sua interação com o escoamento, com as reações químicas e com as operações de processos industriais.

Stanton, Thomas E. (1865–1931) Engenheiro inglês e aluno de Reynolds que contribuiu para várias áreas do escoamento de fluidos.

Stokes, George G. (1819–1903) Cientista irlandês que desenvolveu equações de escoamento viscoso e difusão.

Strouhal, Vincenz (1850–1922) Físico tcheco responsável por mostrar que o período de oscilações lançadas por um fio está relacionado à velocidade do ar que passa sobre ele.

Weber, Moritz (1871–1951) Professor alemão que aplicou a análise da similaridade aos escoamentos capilares.

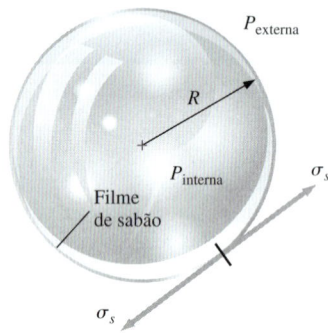

FIGURA 7–29 A pressão dentro de uma bolha de sabão é maior do que a pressão que cerca a bolha de sabão devido à tensão superficial do filme de sabão.

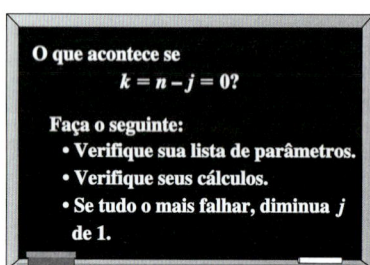

FIGURA 7–30 Se o método das variáveis repetidas indica zero Π's, nós cometemos um erro ou precisamos reduzir j em um e começar novamente.

EXEMPLO 7–7 Pressão em uma bolha de sabão

Algumas crianças estão brincando com bolhas de sabão e você fica curioso quanto à relação entre o raio da bolha de sabão e a pressão dentro da bolha de sabão (Fig. 7–29). Você raciocina que a pressão dentro da bolha de sabão deve ser maior do que a pressão atmosférica, e que a casca da bolha de sabão está sob tensão, assim como a superfície de um balão. Você também sabe que a propriedade tensão superficial deve ser importante neste problema. Sem saber mais nada de física, você resolve abordar o problema usando a análise dimensional. Estabeleça uma relação entre a diferença de pressão $\Delta P = P_{interna} - P_{externa}$, o raio R da bolha de sabão e a tensão superficial σ_s do filme de sabão.

SOLUÇÃO A diferença de pressão entre o interior de uma bolha de sabão e o ar exterior deve ser analisada pelo método das variáveis repetidas.

Hipóteses **1** A bolha de sabão tem flutuação neutra no ar, e a gravidade não é importante. **2** Nenhuma outra variável ou constante é importante neste problema.

Análise O método passo a passo das variáveis repetidas é empregado.

Etapa 1 Existem três variáveis e constantes neste problema; $n = 3$. Elas estão listadas na forma funcional, com a variável dependente listada como função das variáveis e constantes independentes:

Lista de parâmetros relevantes: $\Delta P = f(R, \sigma_s)$ $n = 3$

Etapa 2 As dimensões primárias de cada parâmetro estão listadas. As dimensões da tensão superficial são obtidas a partir do Exemplo 7–1, e as da pressão são obtidas a partir do Exemplo 7–2.

$$\begin{array}{ccc} \Delta P & R & \sigma_s \\ \{m^1 L^{-1} t^{-2}\} & \{L^1\} & \{m^1 t^{-2}\} \end{array}$$

Etapa 3 Como primeira opção, j é definido como 3, o número de dimensões primárias representadas no problema (m, L e t).

Redução (primeira opção): $j = 3$

Se esse valor de j estiver correto, o número esperado de Π's é $k = n - j = 3 - 3 = 0$. Mas como podemos ter zero Π's? Obviamente alguma coisa não está certa (Fig. 7–30). Em momentos como esse, precisamos primeiro voltar e ter certeza de que não estamos nos esquecendo de alguma variável ou constante importante para o problema. Como estamos certos de que a diferença de pressão só deve depender do raio da bolha de sabão e da tensão superficial, reduzimos o valor de j em um,

Redução (segunda opção): $j = 2$

Se esse valor de j estiver correto $k = n - j = 3 - 2 = 1$. Assim, esperamos *um* Π que é fisicamente mais realista do que zero Π's.

Etapa 4 Precisamos selecionar dois parâmetros repetidos, uma vez que $j = 2$. Seguindo as orientações da Tabela 7–3, nossas únicas opções são R e σ_s, uma vez que ΔP é a variável dependente.

Etapa 5 Combinamos esses parâmetros repetidos em um produto com a variável dependente ΔP para criar o Π dependente,

Π dependente: $\Pi_1 = \Delta P R^{a_1} \sigma_s^{b_1}$ (1)

Aplicamos as dimensões primárias da etapa 2 à Equação 1 e forçamos o Π a não ter dimensão.

Dimensões de Π_1:

$$\{\Pi_1\} = \{m^0L^0t^0\} = \{\Delta P R^{a_1}\sigma_s^{b_1}\} = \{(m^1L^{-1}t^{-2})L^{a_1}(m^1t^{-2})^{b_1}\}$$

Equacionamos os expoentes de cada dimensão primária para solucionar a_1 e b_1:

Tempo: $\quad\quad \{t^0\} = \{t^{-2}t^{-2b_1}\} \quad 0 = -2 - 2b_1 \quad b_1 = -1$

Massa: $\quad\quad \{m^0\} = \{m^1m^{b_1}\} \quad 0 = 1 + b_1 \quad b_1 = -1$

Comprimento: $\{L^0\} = \{L^{-1}L^{a_1}\} \quad 0 = -1 + a_1 \quad a_1 = 1$

Felizmente, os dois primeiros resultados concordam entre si e a Equação 1 torna-se

$$\Pi_1 = \frac{\Delta P R}{\sigma_s} \quad\quad (2)$$

Da Tabela 7–5, o parâmetro adimensional usual mais semelhante à Equação 2 é o **número de Weber**, definido como uma pressão (ρV^2) vezes um comprimento dividido pela tensão superficial. Não há necessidade de manipular esse Π ainda mais.

Etapa 6 Escrevemos a relação funcional final. No caso em questão, existe apenas um Π que é uma função de *nada*. Isso só é possível se Π for constante. Colocando a Equação 2 na forma funcional da Equação 7–11,

Relação entre Π's:

$$\Pi_1 = \frac{\Delta P R}{\sigma_s} = f(\text{nada}) = \text{constante} \quad \rightarrow \quad \Delta P = \text{constante}\frac{\sigma_s}{R} \quad\quad (3)$$

Discussão Este é um exemplo de como, às vezes, podemos prever tendências com a análise dimensional, mesmo sem saber muita coisa sobre a física do problema. Por exemplo, sabemos de nosso resultado que se o raio das bolhas de sabão dobrar, a diferença de pressão diminui por um fator de 2. Da mesma forma, se o valor da tensão superficial dobrar, ΔP aumenta por um fator de 2. A análise dimensional não pode prever o valor da constante da Equação 3. Análises posteriores (ou um experimento) revelam que a constante é igual a 4 (Capítulo 2).

EXEMPLO 7–8 Força de sustentação em uma asa

Alguns engenheiros aeronáuticos estão projetando um avião e desejam prever a força de sustentação produzida pelo seu novo projeto de asa (Fig. 7–31). O comprimento da corda L_c da asa é 1,12 m, e sua **área projetada** A (a área vista do alto quando a asa está com ângulo de ataque zero) é 10,7 m². O protótipo deve voar a V = 52,0 m/s próximo ao solo onde T = 25°C. Eles constroem um modelo em escala de um para dez da asa para testá-la em um túnel de vento pressurizado. O túnel de vento pode ser pressurizado até um máximo de 5 atm. A qual velocidade e pressão eles devem fazer funcionar o túnel de vento para atingir a similaridade dinâmica?

SOLUÇÃO Devemos determinar a velocidade e pressão com as quais o túnel de vento deve funcionar para atingir a similaridade dinâmica.

(continua)

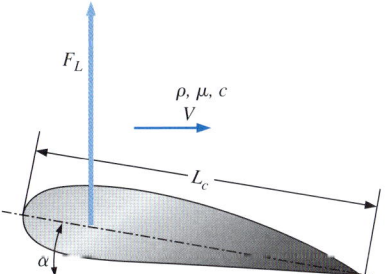

FIGURA 7–31 Força de sustentação em uma asa com corda de comprimento L_c, com ângulo de ataque α em um escoamento com velocidade de corrente uniforme V com densidade ρ, viscosidade μ e velocidade do som c. O ângulo de ataque α é medido em relação à direção do escoamento da corrente uniforme.

Hipóteses 1 A asa protótipo voa através do ar à pressão atmosférica padrão. 2 O modelo é geometricamente similar ao protótipo.

Análise Em primeiro lugar, o método passo a passo das variáveis repetidas é empregado para obter os parâmetros adimensionais. Em seguida, os Π's dependentes do protótipo e do modelo são feitos iguais.

Etapa 1 Existem sete parâmetros (variáveis e constantes) neste problema; $n = 7$. Eles estão listados na forma funcional, com a variável dependente listada como função dos parâmetros independentes:

Lista de parâmetros relevantes: $\qquad F_L = f(V, L_c, \rho, \mu, c, \alpha) \qquad n = 7$

onde F_L é a força de sustentação da asa, V é a velocidade do fluido, L_c é o comprimento da corda, ρ é a densidade do fluido, μ é a viscosidade do fluido, c é a velocidade do som no fluido e α é o ângulo de ataque da asa.

Etapa 2 As dimensões primárias de cada parâmetro estão listadas; o ângulo α não tem dimensão:

$$\begin{array}{ccccccc} F_L & V & L_c & \rho & \mu & c & \alpha \\ \{m^1 L^1 t^{-2}\} & \{L^1 t^{-1}\} & \{L^1\} & \{m^1 L^{-3}\} & \{m^1 L^{-1} t^{-1}\} & \{L^1 t^{-1}\} & \{1\} \end{array}$$

Etapa 3 Como primeira opção, j é definido como 3, o número de dimensões primárias representadas no problema (m, L e t).

Redução: $\qquad\qquad\qquad j = 3$

Se esse valor de j estiver correto, o número esperado de Π's é $k = n - j = 7 - 3 = 4$.

Etapa 4 Precisamos escolher três parâmetros repetidos, uma vez que $j = 3$. De acordo com as orientações da Tabela 7–3, não podemos escolher a variável dependente F_L. Nem podemos escolher α, uma vez que ele já não tem dimensão. Não podemos escolher V e c pois suas dimensões são idênticas. Não seria desejável fazer com que μ apareça em todos os Π's. A melhor opção de parâmetros repetidos é, portanto, V, L_c e ρ ou c, L_c e ρ. Destes, o último é a melhor opção pois a velocidade do som aparece apenas em um dos parâmetros adimensionais usuais da Tabela 7–5, enquanto a escala de velocidade é mais "comum" e aparece em diversos dos parâmetros (Fig. 7–32).

Parâmetros repetidos: $\qquad V, L_c$ e ρ

Etapa 5 O Π dependente é gerado:

$$\Pi_1 = F_L V^{a_1} L_c^{b_1} \rho^{c_1} \quad \to \quad \{\Pi_1\} = \{(m^1 L^1 t^{-2})(L^1 t^{-1})^{a_1}(L^1)^{b_1}(m^1 L^{-3})^{c_1}\}$$

Os expoentes são calculados forçando o Π a não ter dimensão (a álgebra não é mostrada). Obtemos $a_1 = -2$, $b_1 = -2$ e $c_1 = -1$. Assim, o dependente é

$$\Pi_1 = \frac{F_L}{\rho V^2 L_c^2}$$

Da Tabela 7–5, o parâmetro adimensional usual mais semelhante ao nosso Π_1 é o **coeficiente de sustentação**, definido em termos da área projetada A, e não do quadrado do comprimento da corda, e com o fator 1/2 no denominador. Assim, podemos manipular esse Π de acordo com as orientações listadas na Tabela 7-4:

$$\Pi_1 \text{ modificado:} \Pi_{1,\text{modificado}} = \frac{F_L}{\frac{1}{2}\rho V^2 A} = \text{Coeficiente de sustentação} = C_L$$

FIGURA 7–32 Com frequência, ao executar o método das variáveis repetidas, a parte mais difícil do procedimento é escolher os parâmetros repetidos. Com a prática, porém, você aprenderá a selecionar esses parâmetros de forma sensata.

Da mesma forma, o primeiro Π independente é gerado.

$$\Pi_2 = \mu V^{a_2} L_c^{b_2} \rho^{c_2} \quad \rightarrow \quad \{\Pi_2\} = \{(m^1 L^{-1} t^{-1})(L^1 t^{-1})^{a_2}(L^1)^{b_2}(m^1 L^{-3})^{c_2}\}$$

do qual $a_2 = -1, b_2 = -1$ e $c_2 = -1$ e, portanto,

$$\Pi_2 = \frac{\mu}{\rho V L_c}$$

Reconhecemos esse Π como o inverso do número de Reynolds. Desse modo, após a inversão,

Π_2 *modificado:* $\quad\Pi_{2,\text{ modificado}} = \dfrac{\rho V L_c}{\mu} = $ Número de Reynolds $=$ Re

O terceiro Π é formado com a velocidade do som, e os detalhes você deve gerar por conta própria. O resultado é

$$\Pi_3 = \frac{V}{c} = \text{Número de Mach} = \text{Ma}$$

Finalmente, como o ângulo de ataque α não tem dimensão, ele é um grupo Π adimensional por si mesmo (Fig. 7–33). Você deve verificar a álgebra; você descobrirá que todos os expoentes são zero e, portanto,

$$\Pi_4 = \alpha = \text{Ângulo de ataque}$$

Etapa 6 Escrevemos a relação funcional final como

$$C_L = \frac{F_L}{\frac{1}{2}\rho V^2 A} = f(\text{Re}, \text{Ma}, \alpha) \qquad (1)$$

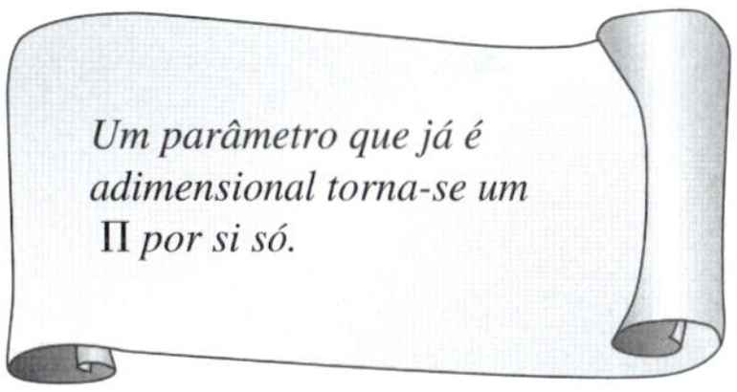

Para atingir a similaridade dinâmica, a Equação 7–12 exige que todos os três parâmetros adimensionais dependentes da Equação 1 coincidam entre o modelo e o protótipo. Embora seja trivial coincidir o ângulo de ataque, não é tão simples coincidir simultaneamente o número de Reynolds e o número de Mach. Por exemplo, se o túnel de vento funcionasse à mesma temperatura e pressão do protótipo, de forma que o ρ, μ e c do ar que escoa sobre o modelo fosse igual ao ρ, μ e c do ar que escoa sobre o protótipo, a similaridade do número de Reynolds seria atingida estabelecendo a velocidade do ar no túnel de vento para ser 10 vezes a velocidade do protótipo (uma vez que o modelo está na escala dez para um). Mas, nesse caso, os números de Mach seriam diferentes por um fator de 10. A 25°C, c é, aproximadamente, 346 m/s e o número de Mach do protótipo de asa de avião é Ma$_p$ = 52,0/346 = 0,15 − subsônico. Na velocidade necessária no túnel de vento, Ma$_m$ seria 1,50 – supersônico! Sem dúvida, isso é inaceitável, uma vez que a física do escoamento varia drasticamente da condição subsônica para a condição supersônica. No outro extremo, se tivéssemos de igualar os números de Mach, o número de Reynolds do modelo seria 10 vezes menor.

O que devemos fazer? Uma regra prática comum é que para os números de Mach menores do que cerca de 0,3, como felizmente é o caso aqui, os efeitos da compressibilidade são quase desprezíveis. Assim, não é preciso coincidir exatamente o número de Mach. Enquanto o número de Mach Ma$_m$ é mantido abaixo de cerca de 0,3, a similaridade dinâmica aproximada pode ser atingida pela coincidência do número de Reynolds. Agora o problema muda para como coincidir o Re e manter um número de Mach baixo. É nesse ponto que entra o recurso de pressurização do túnel de vento. À temperatura constante, a densidade é proporcional à pressão, enquanto a viscosidade e a velocidade do som são funções que variam pouco com a pressão. Se a pressão do túnel de vento pudesse ser bombeada até 10

(continua)

Um parâmetro que já é adimensional torna-se um Π por si só.

FIGURA 7–33 Um parâmetro sem dimensão (como um ângulo) já é um Π adimensional por conta própria—nós conhecemos esse Π sem realizar outros cálculos.

(continuação)

atm, poderíamos executar o teste do modelo à mesma velocidade do protótipo e atingir uma coincidência quase perfeita para Re e Ma. Entretanto, na pressão máxima do túnel de vento de 5 atm, a velocidade necessária do túnel de vento seria o dobro da do protótipo, ou 104 m/s. O número de Mach do modelo do túnel de vento, portanto, seria $Ma_m = 104/346 = 0,301$ – aproximadamente no limite da incompressibilidade de acordo com nossa regra prática. Em resumo, o túnel de vento deveria funcionar a aproximadamente **100 m/s, 5 atm e 25°C**.

Discussão Este exemplo ilustra uma das limitações (frustrantes) da análise dimensional: *em um teste de modelo nem sempre é possível coincidir todos os Π's dependentes simultaneamente*. É preciso fazer concessões nas quais apenas os Π's são comparados. Em muitas situações práticas da mecânica dos fluidos, o número de Reynolds não é crítico para a similaridade dinâmica, desde que o Re seja suficientemente alto. Se o número de Mach do protótipo fosse significativamente maior do que cerca de 0,3, nós deveríamos coincidir precisamente o número de Mach em vez do número de Reynolds para garantir resultados razoáveis. Além disso, se um gás diferente fosse usado para testar o modelo, nós também precisaríamos coincidir a taxa de calor específico (k), uma vez que o comportamento do escoamento compressível depende fortemente de k (Capítulo 12). Discutimos esses problemas de teste do modelo com mais detalhes na Seção 7–5.

Voltamos aos Exemplos 7–5 e 7–6. Lembra-se que a velocidade do ar do automóvel protótipo é de 50,0 mi/h, e que a velocidade do túnel de vento é 221 mi/h. A 25°C, isso corresponde a um número de Mach do protótipo de $Ma_p = 0,065$, e a 5°C o número de Mach do túnel de vento é 0,29 – na fronteira do limite incompressível. Nós deveríamos ter incluído a velocidade do som em nossa análise dimensional, o que teria gerado o número de Mach como um Π adicional. Outra forma de coincidir o número de Reynolds e manter o número de Mach baixo seria usar um *líquido* como a água, já que os líquidos são quase incompressíveis, mesmo a velocidades relativamente altas.

EXEMPLO 7–9 Atrito em um tubo

Considere o escoamento de um fluido incompressível de densidade ρ e viscosidade μ através de uma seção longa e horizontal do tubo redondo com diâmetro D. O perfil de velocidade é representado na Fig. 7–34; V é a velocidade média ao longo da seção transversal do tubo, que por conservação de massa permanece constante em todo o tubo. Para um tubo muito longo, o escoamento finalmente torna-se **totalmente desenvolvido**, ou seja, o perfil de velocidade também permanece uniforme ao longo do tubo. Devido às forças de atrito entre o fluido e a parede do tubo, existe uma tensão de cisalhamento τ_w na parede interna do tubo de acordo com a representação esquemática. A tensão de cisalhamento também é constante na região totalmente desenvolvida do tubo. Assumimos uma certa altura média constante para a rugosidade ε ao longo da parede interna do tubo. Na verdade, o único parâmetro que *não* é constante em todo o comprimento do tubo é a pressão, a qual deve diminuir (linearmente) ao longo do tubo para "empurrar" o fluido através do tubo e superar o atrito. Desenvolva uma relação adimensional entre a tensão de cisalhamento τ_w e os outros parâmetros do problema.

SOLUÇÃO Nós devemos gerar uma relação adimensional entre a tensão de cisalhamento e os outros parâmetros.

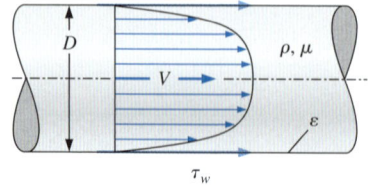

FIGURA 7–34 O atrito na parede interna de um tubo. A tensão de cisalhamento τ_w sobre as paredes do tubo é uma função da velocidade média do fluido V, da altura média da rugosidade da parede ε, da densidade do fluido ρ, da viscosidade do fluido μ e do diâmetro interno do tubo D.

Hipóteses 1 O escoamento é totalmente desenvolvido. 2 O fluido é incompressível. 3 Nenhum outro parâmetro é significativo para o problema.

Análise O método passo a passo das variáveis repetidas é empregado para obter os parâmetros adimensionais.

Etapa 1 Existem seis variáveis e constantes neste problema; $n = 6$. Elas estão listadas na forma funcional, com a variável dependente listada como função das variáveis e constantes independentes:

Lista de parâmetros relevantes: $\qquad \tau_w = f(V, \varepsilon, \rho, \mu, D) \quad n = 6$

Etapa 2 As dimensões primárias de cada parâmetro estão listadas. Observe que a tensão de cisalhamento é uma força por unidade de área e, portanto, tem as mesmas dimensões da pressão.

$$\begin{array}{cccccc} \tau_w & V & \varepsilon & \rho & \mu & D \\ \{m^1L^{-1}t^{-2}\} & \{L^1t^{-1}\} & \{L^1\} & \{m^1L^{-3}\} & \{m^1L^{-1}t^{-1}\} & \{L^1\} \end{array}$$

Etapa 3 Como primeira opção, j é definido como 3, o número de dimensões primárias representadas no problema (m, L e t).

Redução: $\qquad\qquad\qquad j=3$

Se esse valor de j estiver correto, o número esperado de Π's é $k = n - j = 6 - 3 = 3$.

Etapa 4 Nós escolhemos três parâmetros repetidos, uma vez que $j = 3$. De acordo com as orientações da Tabela 7–3, não podemos escolher a variável dependente τ_w. Não podemos escolher ε e D, considerando que suas dimensões são idênticas, e não seria desejável ter μ ou ε aparecendo em todos os Π's. A melhor opção de parâmetros repetidos é, portanto, V, D e ρ.

Parâmetros repetidos: $\qquad\qquad V, D$ e ρ

Etapa 5 O Π dependente é gerado:

$$\Pi_1 = \tau_w V^{a_1} D^{b_1} \rho^{c_1} \quad \rightarrow \quad \{\Pi_1\} = \{(m^1L^{-1}t^{-2})(L^1t^{-1})^{a_1}(L^1)^{b_1}(m^1L^{-3})^{c_1}\}$$

do qual $a_1 = -2$, $b_1 = 0$ e $c_1 = -1$. Assim, o Π dependente é

$$\Pi_1 = \frac{\tau_w}{\rho V^2}$$

Da Tabela 7–5, o parâmetro adimensional usual mais semelhante a esse Π_1 é o **fator de atrito de Darcy**, definido com um fator 8 no numerador (Fig. 7–35). Assim, podemos manipular esse Π de acordo com as orientações listadas na Tabela 7–4:

Π_1 *modificado:* $\qquad \Pi_{1,\text{modificado}} = \dfrac{8\tau_w}{\rho V^2} =$ Fator de atrito de Darcy $= f$

Da mesma forma, dois Π's independentes são gerados, e seus detalhes ficam a cargo do leitor:

$$\Pi_2 = \mu V^{a_2} D^{b_2} \rho^{c_2} \quad \rightarrow \quad \Pi_2 = \frac{\rho V D}{\mu} = \text{Número de Reynolds} = \text{Re}$$

$$\Pi_3 = \varepsilon V^{a_3} D^{b_3} \rho^{c_3} \quad \rightarrow \quad \Pi_3 = \frac{\varepsilon}{D} = \text{Rugosidade adimensional}$$

(continua)

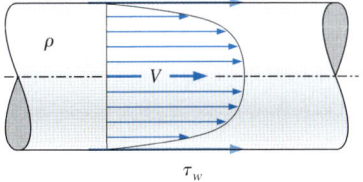

Fator de atrito de Darcy: $\boxed{f = \dfrac{8\tau_w}{\rho V^2}}$

Fator de atrito de Fanning: $\boxed{C_f = \dfrac{2\tau_w}{\rho V^2}}$

FIGURA 7–35 Embora o *fator de atrito de Darcy* para escoamentos de tubo seja mais comum, você deve estar ciente de uma alternativa, o fator de atrito menos comum chamado *fator de atrito de Fanning*. O relacionamento entre os dois é $f = 4C_f$.

(continuação)

Etapa 6 Escrevemos a relação funcional final como

$$f = \frac{8\tau_w}{\rho V^2} = f\left(Re, \frac{\varepsilon}{D}\right) \quad (1)$$

Discussão O resultado se aplica ao escoamento de tubo totalmente desenvolvido laminar e turbulento; acontece, porém, que o segundo Π independente (rugosidade adimensional ε/D) não é tão importante no escoamento laminar quanto no escoamento turbulento ao longo do tubo. Esse problema apresenta uma conexão interessante entre a similaridade geométrica e a análise dimensional. É preciso coincidir ε/D, uma vez que esse é um Π independente do problema. Sob uma perspectiva diferente, pensando na rugosidade como uma propriedade geométrica, é preciso coincidir ε/D para garantir a *similaridade geométrica* entre os dois tubos.

Para verificar a validade da Equação 1 do Exemplo 7–9, usamos a **dinâmica de fluidos computacional (DFC)** para prever os perfis de velocidade e os valores da tensão de cisalhamento das paredes para dois escoamentos fisicamente diferentes em tubos, mas que são dinamicamente semelhantes:

- ***Ar*** a 300 K escoando a uma velocidade média de 14,5 ft/s através de um tubo com diâmetro interno de 1,00 ft e altura média da rugosidade de 0,0010 ft.
- ***Água*** a 300 K escoando a uma velocidade média de 3,09 m/s através de um tubo com diâmetro interno de 0,0300 m e altura média da rugosidade de 0,030 mm.

Claramente os dois tubos são geometricamente semelhantes, uma vez que ambos são tubos redondos. Eles têm a mesma rugosidade adimensional média ($\varepsilon/D = 0,0010$ em ambos os casos). Escolhemos com cuidado os valores da velocidade média e do diâmetro para que os dois escoamentos também sejam *dinamicamente* semelhantes. Especificamente, o outro Π independente (o número de Reynolds) também coincide nos dois escoamentos.

$$Re_{ar} = \frac{\rho_{ar} V_{ar} D_{ar}}{\mu_{ar}} = \frac{(1{,}225 \text{ kg/m}^3)(14{,}5 \text{ ft/s})(1{,}00 \text{ ft})}{1{,}789 \times 10^{-5} \text{ kg/m·s}} \left(\frac{0{,}3048 \text{ m}}{\text{ft}}\right)^2 = 9{,}22 \times 10^4$$

onde as propriedades do fluido são aquelas incorporadas ao código DFC e

$$Re_{água} = \frac{\rho_{água} V_{água} D_{água}}{\mu_{água}} = \frac{(998{,}2 \text{ kg/m}^3)(3{,}09 \text{ m/s})(0{,}0300 \text{ m})}{0{,}001003 \text{ kg/m·s}} = 9{,}22 \times 10^4$$

Assim, de acordo coma Equação 7–12, esperamos que os Π's *dependentes* devam coincidir também nos dois escoamentos. Geramos uma malha computacional para cada um dos dois escoamentos e usamos um código DFC comercial para gerar o perfil de velocidade, a partir do qual a tensão de cisalhamento é calculada. Os perfis de velocidade médios no tempo, turbulentos e totalmente desenvolvidos, próximos à extremidade de ambos os tubos são comparados. Embora os tubos tenham diâmetros diferentes e os fluidos sejam bastante diferentes, as formas do perfil de velocidade é bastante semelhante. Na verdade, quando plotamos a velocidade axial *normalizada* (u/V) como função do raio *normalizado* (r/R), descobrimos que os dois perfis ficam um sobre o outro (Fig. 7–36).

A tensão de cisalhamento de parede também é calculada com os resultados da DFC de cada escoamento, e há uma comparação entre eles mostrada na Tabela 7–6. Existem vários motivos pelos quais a tensão de cisalhamento no tubo d´água é ordens de magnitude maior do que aquela do tubo de ar. A água é 800 vezes mais

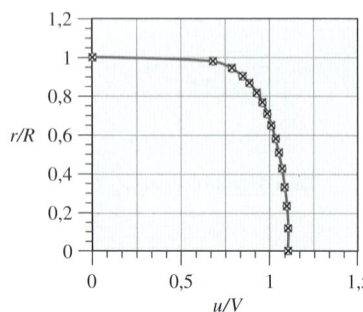

FIGURA 7–36 Perfis de velocidade axial normalizada para escoamento totalmente desenvolvido através de um tubo como prevê a DFC; os perfis de ar (círculos) e água (cruzes) são mostrados no mesmo gráfico.

TABELA 7-6

Comparação entre a tensão de cisalhamento de parede e a tensão de cisalhamento de parede adimensionalizada para o escoamento totalmente desenvolvido através de um tubo de ar e através de um tubo d'água como prevê o DFC*

Parâmetro	Escoamento de ar	Escoamento d'água
Tensão de cisalhamento de parede	$\tau_{w,\,ar} = 0{,}0557\ \text{N/m}^2$	$\tau_{w,\,\text{água}} = 22{,}2\ \text{N/m}^2$
Tensão de cisalhamento de parede adimensional (fator de atrito de Darcy)	$f_{ar} = \dfrac{8\tau_{w,\,ar}}{\rho_{ar}\,V_{ar}^2} = 0{,}0186$	$f_{\text{água}} = \dfrac{8\tau_{w,\,\text{água}}}{\rho_{\text{água}}\,V_{\text{água}}^2} = 0{,}0186$

*Dados obtidos com o ANSYS-FLUENT usando o modelo padrão de turbulência k-ε com funções de parede.

densa do que o ar e mais de 50 vezes mais viscosa. Além disso, a tensão de cisalhamento é proporcional ao *gradiente* de velocidade, e o diâmetro do tubo d'água é menor do que um décimo daquele do tubo de ar, levando a gradientes de velocidade maiores. Entretanto, em termos da tensão de cisalhamento de parede *adimensionalizado*, *f*, a Tabela 7-6 mostra que os resultados são idênticos devido à similaridade dinâmica entre os dois escoamentos. Observe que, embora os valores sejam reportados até três dígitos significativos, a confiabilidade dos modelos de turbulência no CFD é exata no máximo até dois dígitos significativos (Capítulo 15).

7-5 TESTES EXPERIMENTAIS E SIMILARIDADE INCOMPLETA

Uma das aplicações mais úteis da análise dimensional está no projeto de experimentos físicos e/ou numéricos, e no relato dos resultados desses experimentos. Nesta seção, discutimos ambas as aplicações, e destacamos situações nas quais a similaridade dinâmica completa não pode ser atingida.

Configuração de um experimento e correlação dos dados experimentais

Como exemplo genérico, considere um problema no qual existem cinco parâmetros originais (um deles é o parâmetro *dependente*). Um conjunto completo de experimentos (chamado matriz de teste de **fatorial completo**) é realizado pelo teste de todas as combinações possíveis de vários níveis de cada um dos quatro parâmetros independentes. Um teste fatorial completo com cinco níveis de cada um dos quatro parâmetros independentes exigiria $5^4 = 625$ experimentos. Embora as técnicas de projeto experimental (matrizes de teste de **fatorial fracional**; consulte Montgomery, 2013) possam reduzir significativamente o tamanho da matriz de teste, o número de experimentos necessários ainda seria grande. Entretanto, assumindo que três dimensões primárias estão representadas no problema, podemos reduzir o número de parâmetros de cinco para dois ($k = 5 - 3 = 2$ grupos Π de adimensionais) e o número de parâmetros *independentes* de quatro para um. Assim, para a mesma resolução (cinco níveis testados para cada parâmetro independente) nós precisaríamos realizar um total de apenas $5^1 = 5$ experimentos. Não é preciso ser um gênio para perceber que a substituição de 625 experimentos por 5 experimentos é econômica. Você pode ver por que é mais sensato executar uma análise dimensional *antes* de realizar um experimento.

Continuando nossa discussão desse exemplo genérico (um problema de dois Πs), depois que os experimentos estão concluídos, plotamos o parâmetro dependente adimensional (Π_1) como uma função do parâmetro independente adimen-

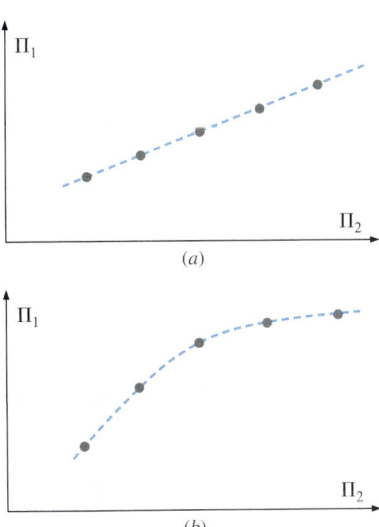

FIGURA 7-37 Para um problema com dois-Π, plotamos o parâmetro dependente adimensional (Π_1) como função do parâmetro independente adimensional (Π_2). A plotagem resultante pode ser (*a*) linear ou (*b*) não linear. Em ambos os casos, as técnicas de regressão e ajuste de curva estão disponíveis para determinar a relação entre os Π's.

sional (Π_2), como na Fig. 7–37. Em seguida, determinamos a forma funcional da relação, realizando uma **análise de regressão** nos dados. Com sorte, os dados podem se correlacionar linearmente. Caso contrário, podemos tentar a regressão linear nas coordenadas log–linear ou log–log, ajuste de curva polinomial, etc., para estabelecer uma relação aproximada entre os dois Π's. Consulte Homan (2001) para obter os detalhes sobre as técnicas de ajuste de curvas.

Se houver mais de dois Π's no problema (por exemplo, um problema com três ou quatro Π's), precisamos configurar uma matriz de teste para determinar a relação entre os Π's dependentes e os Π's independentes. Em muitos casos, descobrimos que um ou mais dos Π's dependentes tem efeitos desprezíveis e podem ser removidos da lista de parâmetros adimensionais necessários.

Como vimos (Exemplo 7–7), a análise dimensional às vezes resulta em apenas *um* Π. Em um problema de um Π, conhecemos a forma da relação entre os parâmetros originais a menos de uma constante conhecida. Em tal caso, apenas *um* experimento é necessário para determinar aquela constante.

Similaridade incompleta

Mostramos vários exemplos nos quais os grupos Π's de adimensionais são facilmente obtidos com papel e lápis através do uso direto do método das variáveis repetidas. Na verdade, após prática suficiente, você deve estar apto a obter os Π's com facilidade – às vezes "de cabeça ou no verso de um envelope". Infelizmente, a história é muito diferente quando aplicamos os resultados de nossa análise dimensional aos dados experimentais. O problema é que nem sempre é possível coincidir *todos* os Π's de um modelo com os Π's correspondentes do protótipo, mesmo que tenhamos cuidado para atingir a similaridade geométrica. Essa situação é chamada de **similaridade incompleta**. Felizmente, em alguns casos de similaridade incompleta, ainda podemos extrapolar os dados dos testes do modelo para obter previsões em escala real razoáveis.

Teste do túnel de vento

Ilustramos a similaridade incompleta com o problema da medição da força de arrasto aerodinâmico em um caminhão modelo em um túnel de vento (Fig. 7–38). Suponhamos que compramos um modelo de ferro fundido em escala um para dezesseis de uma carreta (18 rodas). O modelo é geometricamente semelhante ao protótipo – mesmo nos detalhes como espelhos laterais, para-lamas, etc. A carreta modelo tem 0,991 m de comprimento, correspondendo a um comprimento de 15,9 m para o protótipo completo. A carreta modelo deve ser testada em um túnel de vento que tem velocidade máxima de 70 m/s. A seção de teste do túnel de vento tem 1,0 m de altura e 1,2 m de largura – suficientemente grande para acomodar o modelo sem precisar se preocupar com a interferência das paredes ou os efeitos de bloqueio. O ar no túnel de vento está à mesma temperatura e pressão do ar que escoa ao redor do protótipo. Queremos simular o escoamento a $V_p = 60$ mi/h (26,8 m/s) na carreta protótipo em escala completa.

A primeira coisa que fazemos é comparar os números de Reynolds,

$$\text{Re}_m = \frac{\rho_m V_m L_m}{\mu_m} = \text{Re}_p = \frac{\rho_p V_p L_p}{\mu_p}$$

os quais podem ser solucionados para a velocidade necessária do túnel de vento para os testes do modelo, V_m

$$V_m = V_p \left(\frac{\mu_m}{\mu_p}\right)\left(\frac{\rho_p}{\rho_m}\right)\left(\frac{L_p}{L_m}\right) = (26{,}8 \text{ m/s})(1)(1)\left(\frac{16}{1}\right) = 429 \text{ m/s}$$

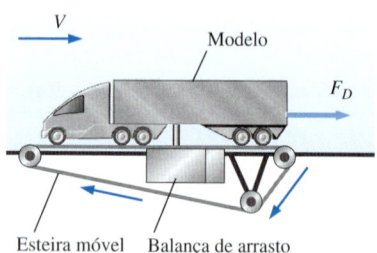

FIGURA 7–38 A medição do arrasto aerodinâmico de uma carreta modelo em um túnel de vento equipado com *balança de arrasto* e plano de solo com *esteira móvel*.

Assim, para comparar o número de Reynolds entre o modelo e o protótipo, o túnel de vento deve funcionar a 429 m/s (até três dígitos significativos). Obviamente temos um problema, já que essa velocidade é mais do que seis vezes maior do que a velocidade máxima que pode ser atingida no túnel de vento. Além disso, se *pudéssemos* fazer funcionar o túnel de vento com aquela velocidade, o escoamento seria *supersônico*, uma vez que a velocidade do som no ar à temperatura ambiente é de cerca de 346 m/s. Embora o número de Mach da carreta protótipo que se move através do ar seja de 26,8/335 = 0,080, o número de Mach do ar no túnel de vento que se move sobre o modelo seria de 429/335 = 1,28 (se o túnel de vento pudesse funcionar tão rápido assim).

Claro que não é possível comparar o número de Reynolds do modelo com o do protótipo com esse modelo e instalação de túnel de vento. O que devemos fazer? Existem várias opções:

- Se tivéssemos um túnel de vento maior, poderíamos testar um modelo maior. Os fabricantes de automóveis, em geral, testam com automóveis modelos em escala de três para oito e caminhões e ônibus modelos em escala de um para oito em túneis de vento muito grandes. Alguns túneis de vento são até mesmo suficientemente grandes para testes de automóveis em escala real (Fig. 7–39a). Como você deve imaginar, porém, quanto maior o túnel de vento e o modelo, mais caros serão os testes. Também devemos ter cuidado para que o modelo não seja grande demais para o túnel de vento. Uma regra prática útil é que o **bloqueio** (a relação entre a área frontal do modelo e a área de seção transversal da seção de teste) seja menor do que 7,5%. Caso contrário, as paredes do túnel de vento afetarão adversamente a similaridade geométrica e cinemática.

- Poderíamos usar um fluido diferente para os testes de modelo. Por exemplo, os túneis de água podem atingir números de Reynolds maiores do que os túneis de vento de mesmo tamanho, mas sua construção e operação é muito mais cara.

- Poderíamos pressurizar o túnel de vento e/ou ajustar a temperatura do ar para aumentar a capacidade máxima do número de Reynolds. Embora essas técnicas ajudem, o aumento do número de Reynolds é limitado.

- Se tudo o mais falhar, podemos fazer funcionar o túnel de vento a diversas velocidades próximas à velocidade máxima e, em seguida, extrapolar nossos resultados até o número de Reynolds em escala total.

Felizmente, para muitos testes em túnel de vento essa última opção é viável. Embora o coeficiente de arrasto C_D seja uma forte função do número de Reynolds a valores baixos para Re, quase sempre o C_D se torna constante para um Re acima de determinado valor. Em outras palavras, para escoamento em muitos objetos, em especial objetos "enganosos" como caminhões, prédios, etc., o escoamento é **independente do número de Reynolds** acima de um valor limite para Re (Fig. 7–40), em geral, quando a camada limite e a esteira são totalmente turbulentas.

(a)

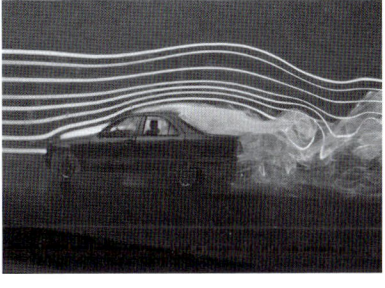

(b)

FIGURA 7–39 (a) O túnel de vento para testes em escala real de Langley (LFST) é suficientemente grande para testar veículos em escala real. (b) Para o modelo de mesma escala e velocidade, túneis de água alcançam maior número de Reynolds do que túneis de vento.

(b) NASA/Eric James

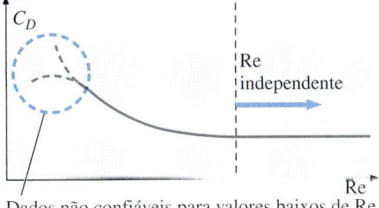

Dados não confiáveis para valores baixos de Re

FIGURA 7–40 Para muitos objetos, os níveis do coeficiente de arrasto se tornam constantes para números de Reynolds acima de um valor limite. Essa situação é chamada de *independência do número de Reynolds*. Ela nos permite extrapolar para números de Reynolds do protótipo que estão fora do intervalo de nossas instalações experimentais.

EXEMPLO 7–10 Medições do túnel de vento para o caminhão modelo

Uma carreta modelo em escala um para dezesseis (18 rodas) é testada em um túnel de vento representado na Fig. 7–38. A carreta modelo tem 0,991 m de comprimento, 0,257 m de altura e 0,159 m de largura. Durante os testes, a velocidade da esteira de solo móvel é ajustada para que sempre coincida com a velocidade do ar que se move através da seção de teste. A força de arrasto aerodinâmico F_D é medida

(continua)

TABELA 7–7

Dados do túnel de vento: força de arrasto aerodinâmico em uma carreta modelo como função da velocidade no túnel de vento

V, m/s	F_D, N
20	12,4
25	19,0
30	22,1
35	29,0
40	34,3
45	39,9
50	47,2
55	55,5
60	66,0
65	77,6
70	89,9

(continuação)

como função da velocidade do túnel de vento; os resultados experimentais estão listados na tabela 7–7. Faça um gráfico do coeficiente de arrasto C_D em função do número Re de Reynolds, onde a área usada para o cálculo de C_D é a área frontal da carreta modelo (a área que você vê ao olhar o modelo a montante), e a escala de comprimento usada para o cálculo do Re é a largura de carreta W. Atingimos a similaridade dinâmica? Nós atingimos a independência do número de Reynolds em nosso teste no túnel de vento? Estime a força de arrasto aerodinâmico sobre a carreta protótipo que percorre a estrada a 26,8 m/s. Assuma que o ar do túnel de vento e o ar que escoa sobre o automóvel protótipo estão a 25°C e à pressão atmosférica padrão.

SOLUÇÃO Devemos calcular e fazer um gráfico de C_D como função do Re para determinado conjunto de medições de túnel de vento e determinar se a similaridade dinâmica e/ou a independência do número de Reynolds foram atingidos. Finalmente, devemos estimar a força de arrasto aerodinâmica que age sobre a carreta protótipo.

Hipóteses **1** A carreta modelo é geometricamente semelhante à carreta protótipo. **2** O arrasto aerodinâmico dos suportes que prendem a carreta modelo é desprezível.

Propriedades Para o ar à pressão atmosférica e $T = 25°C$, $\rho = 1,184$ kg/m³ e $\mu = 1,849 \times 10^{-5}$ kg/m·s.

Análise Calculamos C_D e Re para o último ponto de dados listado na Tabela 7–7 (à velocidade mais rápida do túnel de vento),

$$C_{D,m} = \frac{F_{D,m}}{\frac{1}{2}\rho_m V_m^2 A_m} = \frac{89,9 \text{ N}}{\frac{1}{2}(1,184 \text{ kg/m}^3)(70 \text{ m/s})^2(0,159 \text{ m})(0,257 \text{ m})} \left(\frac{1 \text{ kg·m/s}^2}{1 \text{ N}}\right)$$

$$= 0,758$$

e

$$\text{Re}_m = \frac{\rho_m V_m W_m}{\mu_m} = \frac{(1,184 \text{ kg/m}^3)(70 \text{ m/s})(0,159 \text{ m})}{1,849 \times 10^{-5} \text{ kg/m·s}} = 7,13 \times 10^5 \quad (1)$$

Repetimos esses cálculos para todos os pontos de dados da Tabela 7–7 e plotamos C_D versus Re na Fig. 7–41.

Atingimos a similaridade dinâmica? Bem, temos similaridade *geométrica* entre o modelo e o protótipo, mas o número de Reynolds da carreta protótipo é

$$\text{Re}_p = \frac{\rho_p V_p W_p}{\mu_p} = \frac{(1,184 \text{ kg/m}^3)(26,8 \text{ m/s})[16(0,159 \text{ m})]}{1,849 \times 10^{-5} \text{ kg/m·s}} = 4,37 \times 10^6 \quad (2)$$

onde a largura do protótipo é especificada como 16 vezes a largura do modelo. A comparação das Equações 1 e 2 revela que o número de Reynolds do protótipo é mais do que seis vezes maior do que aquele do modelo. Como não podemos comparar os Π's independentes do problema, a **similaridade dinâmica não foi atingida**.

Nós atingimos a independência do número de Reynolds? Na Fig. 7–41, vemos que a **independência do número de Reynolds sem dúvida foi atingida** – para Re maior do que cerca de 5×10^5, o C_D nivelou-se ao valor de cerca de 0,76 (até dois dígitos significativos).

Como atingimos a independência de número de Reynolds, podemos extrapolar até o protótipo em escala total, assumindo que C_D permanece constante com o aumento do Re até aquele do protótipo em escala real.

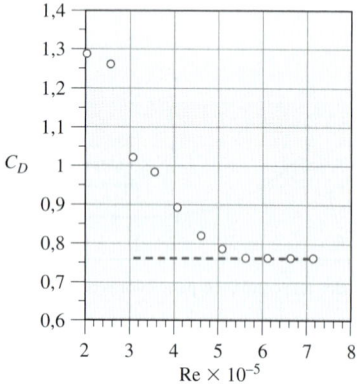

FIGURA 7–41 Coeficiente de arrasto aerodinâmico como função do número de Reynolds. Os valores são calculados a partir dos dados de teste do túnel de vento em uma carreta modelo (Tabela 7–7).

Arrasto aerodinâmico previsto para o protótipo:

$$F_{D,p} = \tfrac{1}{2}\rho_p V_p^2 A_p C_{D,p}$$

$$= \tfrac{1}{2}(1{,}184 \text{ kg/m}^3)(26{,}8 \text{ m/s})^2[16^2(0{,}159 \text{ m})(0{,}257 \text{ m})](0{,}76)\left(\frac{1 \text{ N}}{1 \text{ kg·m/s}^2}\right)$$

$$= \mathbf{3400 \text{ N}}$$

Discussão Nós damos nosso resultado final até dois dígitos significativos. Mais do que isso não se justifica. Como sempre, devemos ter cuidado ao executar uma extrapolação, pois não temos garantias de que os resultados extrapolados estão corretos.

Escoamentos com superfícies livres

No caso de testes de modelos de escoamentos com superfícies livres (barcos e navios, inundações, escoamentos de rios, aquedutos, vertedouros de barragens de hidroelétricas, interação entre ondas e cais, erosão do solo, etc.), surgem complicações que evitam a completa similaridade entre o modelo e o protótipo. Por exemplo, se um rio modelo é construído para estudo das inundações, o modelo quase sempre é centenas de vezes menor do que o protótipo, devido às limitações do espaço de laboratório. Se as dimensões verticais do modelo fossem escalonadas proporcionalmente, a profundidade do rio modelo seria tão pequena que os efeitos da tensão superficial (e o número de Weber) se tornariam importantes, e talvez até dominassem o escoamento do modelo, embora os efeitos da tensão superficial sejam desprezíveis no escoamento do protótipo. Além disso, embora o escoamento do rio real possa ser turbulento, o escoamento do rio modelo pode ser laminar, em especial se a inclinação do leito do rio é geometricamente semelhante àquela do protótipo. Para evitar esses problemas, os pesquisadores usam um **modelo distorcido** no qual a escala vertical do modelo (por exemplo, a profundidade do rio) é exagerada em comparação à escala horizontal do modelo (por exemplo, a largura do rio). Além disso, a inclinação do leito do rio modelo quase sempre é criada de forma proporcionalmente mais inclinada do que aquela do protótipo. Essas modificações resultam em similaridade incompleta devido à falta de similaridade geométrica. Os testes de modelo ainda são úteis nessas circunstâncias, mas outros truques (como tornar deliberadamente as superfícies do modelo mais rugosas) e correções e correlações empíricas se fazem necessários para escalonar apropriadamente os dados do modelo.

Em muitos problemas práticos que envolvem superfícies livres, o número de Reynolds e o número de Froude aparecem como grupos de Π's de mesma relevância para a análise dimensional (Fig. 7–42). É difícil (quase sempre impossível) manter esses dois parâmetros adimensionais do modelo simultaneamente iguais aos do protótipo. Para um escoamento com superfície livre com escala de comprimento L, escala de velocidade V e viscosidade cinemática ν, o número de Reynolds é igualado entre modelo e protótipo quando

$$\text{Re}_p = \frac{V_p L_p}{\nu_p} = \text{Re}_m = \frac{V_m L_m}{\nu_m} \quad (7\text{–}21)$$

O número de Froude é igualado entre modelo e protótipo quando

$$\text{Fr}_p = \frac{V_p}{\sqrt{gL_p}} = \text{Fr}_m = \frac{V_m}{\sqrt{gL_m}} \quad (7\text{–}22)$$

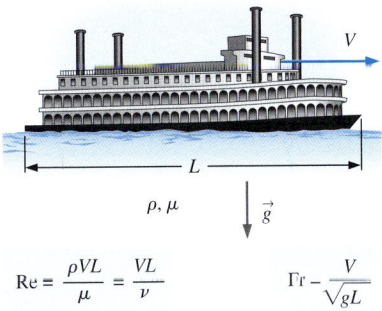

FIGURA 7–42 Em muitos escoamentos que envolvem um líquido com uma superfície livre, o número de Reynolds e o número de Froude são parâmetros adimensionais relevantes. Como nem sempre é possível igualar o Re e o Fr entre o modelo e o protótipo, às vezes somos forçados a aceitar a similaridade incompleta.

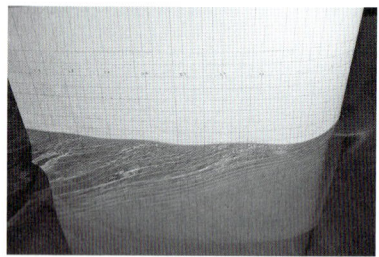

FIGURA 7–43 Um aerofólio NACA 0024 sendo testado em um tanque de provas com Fr = (a) 0,19, (b) 0,37 e (c) de 0,55. Em testes como este, o número de Froude é o mais importante parâmetro adimensional.

Cortesia da fotografia HHR-Hidrocience & Engenharia da Universidade de Iowa. usado com permissão.

Para igualar Re e Fr, solucionamos as Equações 7–21 e 7–22 simultaneamente para o fator de escala de comprimento necessário L_m/L_p,

$$\frac{L_m}{L_p} = \frac{\nu_m}{\nu_p}\frac{V_p}{V_m} = \left(\frac{V_m}{V_p}\right)^2 \quad (7\text{–}23)$$

Eliminando a relação V_m/V_p da Equação 7–23, vemos que

Razão necessária de viscosidades cinemáticas para igualar Re e Fr:

$$\frac{\nu_m}{\nu_p} = \left(\frac{L_m}{L_p}\right)^{3/2} \quad (7\text{–}24)$$

Assim, para garantir a similaridade completa (é possível assumir a similaridade geométrica sem os efeitos indesejados da tensão superficial discutidos anteriormente), precisaríamos usar um líquido cuja viscosidade cinemática atende a Equação 7–24. Embora às vezes seja impossível encontrar um líquido apropriado para uso com o modelo, na maioria dos casos isso não é prático nem possível, como ilustra o Exemplo 7–11. Em tais casos, é mais importante manter a correspondência número de Froude que o número de Reynolds (Fig. 7–43).

EXEMPLO 7–11   Comporta e rio modelo

No final dos anos 90, o Corpo de Engenheiros do Exército dos EUA criaram um experimento para modelar o escoamento do Rio Tennessee a jusante da Comporta e Dique Kentucky (Fig. 7–44). Devido às restrições de espaço do laboratório, eles construíram um modelo em escala com um fator de escala de comprimento de L_m/L_p = 1/100. Sugira um líquido que seria apropriado para o experimento.

SOLUÇÃO   Devemos sugerir um líquido que será usado em um experimento envolvendo um modelo em escala um para cem de um dique, uma comporta e um rio.

Hipóteses   1 O modelo é geometricamente similar ao protótipo. **2** O rio modelo é suficientemente profundo para que os efeitos da tensão superficial não sejam significativos.

Propriedades   Para a água à pressão atmosférica e $T = 20°C$, a viscosidade cinemática do protótipo é $\nu_p = 1{,}002 \times 10^{-6}$ m²/s.

Análise   Na Equação 7–24,

Viscosidade cinemática necessária para o líquido modelo:

$$\nu_m = \nu_p\left(\frac{L_m}{L_p}\right)^{3/2} = (1{,}002 \times 10^{-6}\,\text{m}^2/\text{s})\left(\frac{1}{100}\right)^{3/2} = \mathbf{1{,}00 \times 10^{-9}\,\text{m}^2/\text{s}} \quad (1)$$

Assim, precisamos encontrar um líquido que tenha uma viscosidade $1{,}00 \times 10^{-9}$ m²/s. Uma rápida olhada nos apêndices não resulta nesse líquido. A água quente tem uma viscosidade cinemática mais baixa do que a água fria, mas apenas por um fator de 3. O mercúrio líquido tem uma viscosidade cinemática muito pequena, mas ela é da ordem de 10^{-7} m²/s, duas ordens de magnitude grande demais para satisfazer a Equação 1. Mesmo que o mercúrio líquido funcionasse, ele seria caro e perigoso demais para ser usado em tal teste. O que devemos fazer? O resultado é que *não podemos comparar o número de Froude e o número de Reynolds neste*

FIGURA 7–44 Um modelo em escala 1:100 construído para investigar as condições de navegação na abordagem da comporta inferior para uma distância de 2 milhas a jusante do dique. O modelo inclui uma versão em escala do vertedouro, da casa de força e da comporta existente. Além da navegação, o modelo foi usado para avaliar as questões ambientais associadas ao novo dique e as realocações necessárias da estrada de ferro e pontes da rodovia. A vista aqui olha a jusante na direção do dique e da comporta. Nessa escala, 52,8 ft do modelo representam 1 milha no protótipo. Uma camionete em segundo plano dá uma ideia da escala do modelo.

Fotografia cortesia do Corpo dos Engenheiros do Exército dos EUA, Nashville

teste de modelo. Em outras palavras, neste caso é impossível atingir a similaridade completa entre o modelo e o protótipo. Em vez disso, fazemos o melhor possível em condições de similaridade incompleta. Em geral, a água é usada em tais testes por questões e conveniência.

Discussão Para esse tipo de experimento, a igualdade do número de Froude é mais crítica do que a igualdade do número de Reynolds. Como já discutimos antes para o teste do túnel de vento, a independência do número de Reynolds é atingida a valores suficientemente altos de Re. Mesmo que não seja possível atingir a independência do número de Reynolds, podemos extrapolar nosso número de Reynolds baixo para os dados do modelo e prever o comportamento do número de Reynolds em escala real (Fig. 7–45). Um alto nível de confiança no uso desse tipo de extrapolação vem apenas após muita experiência de laboratório com problemas semelhantes.

Ao fechar esta seção sobre experimentos e similaridade incompleta, mencionamos a importância da similaridade na produção dos filmes de Hollywood nos quais os modelos de barcos, trens, aviões, prédios, monstros e outros, explodem ou são queimados. Os produtores de cinema devem prestar atenção à similaridade dinâmica para fazer com que os incêndios e explosões em pequena escala pareçam o mais realista possível. Você deve se lembrar de alguns filmes de baixo orçamento nos quais os efeitos especiais não são muito convincentes. Na maioria dos casos, isso se deve à falta de similaridade dinâmica entre o modelo pequeno e o protótipo em escala real. Se o número de Froude e/ou o número de Reynolds do modelo diferir muito daqueles do protótipo, os efeitos especiais não ficam bons, mesmo para um olho não treinado. Da próxima vez que assistir um filme, fique alerta para a similaridade incompleta!

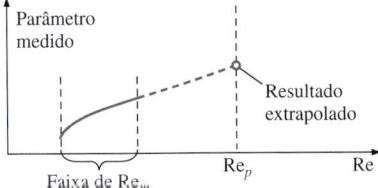

FIGURA 7–45 Em muitos experimentos que envolvem superfícies livres, não podemos comparar o número de Froude e o número de Reynolds. Entretanto, podemos *extrapolar* os dados do teste de modelo de Re baixo para prever o comportamento do protótipo de Re alto.

APLICAÇÃO EM FOCO

Como uma mosca voa

Autor convidado: Michael Dickinson, California Institute of Technology

Uma aplicação interessante da análise dimensional está no estudo de como os insetos voam. O tamanho reduzido e a velocidade da asa de um inseto, como de uma minúscula mosca de fruta, dificultam a medição das forças ou a visualização do movimento do ar criado diretamente pelas asas da mosca. Entretanto, usando princípios da análise dimensional, é possível estudar a aerodinâmica do inseto em escala maior, movendo o modelo robô mecânico lentamente. As forças criadas por uma mosca flutuando e o robô batendo as asas são dinamicamente semelhantes quando o número de Reynolds é igual em ambos os casos. Para uma asa batendo, o Re é calculado como $2\Phi R L_c \omega/\nu$, onde Φ é a amplitude angular da batida da asa, R é o comprimento da asa, L_c é a largura média da asa (comprimento da corda), ω é a frequência angular da batida e ν é a viscosidade cinemática do fluido vizinho. Uma mosca de fruta bate suas asas de 2,5 mm de comprimento e 0,7 mm de largura 200 vezes por segundo em uma batida de 2,8 rad no ar com viscosidade cinemática de $1,5 \times 10^{-5}$ m²/s. O número de Reynolds resultante é de, aproximadamente, 130. Selecionando o óleo mineral com viscosidade cinemática de $1,15 \times 10^{-4}$ m²/s, é possível comparar esse número de Reynolds em uma mosca robô que é 100 vezes maior, batendo suas asas mais de 1.000 vezes mais devagar! Se a mosca não está fixa, mas se move através do ar, é preciso comparar outro parâmetro adimensional para garantir similaridade dinâmica, a frequência reduzida, $\sigma = 2\Phi R\omega/V$, que mede a razão entre a velocidade da batida da ponta da asa ($2\Phi R\omega$) e a velocidade de avanço do corpo (V). Para simular o voo para frente, um conjunto de motores reboca a *mosca robô* através de seu tanque de óleo a uma velocidade apropriadamente escalonada.

Os robôs dinamicamente escalonados ajudaram a mostrar que os insetos usam uma variedade de diferentes mecanismos para produzir forças à medida que voam. Durante cada batida para frente e para trás, as asas do inseto percorrem altos ângulos de ataque, gerando um vórtice de bordo de ataque proeminente. A baixa pressão desse grande vórtice empurra as asas para cima. Os insetos podem aumentar ainda mais a força do vórtice de bordo de ataque, girando as asas ao final de cada batida. Após a asa mudar de direção, esta também pode gerar forças passando rapidamente através da esteira gerada pela batida anterior da asa.

A Figura 7–46a mostra uma mosca real batendo suas asas, e a Figura 7–46b mostra a *mosca robô* batendo suas asas. Devido à maior escala de comprimento e a menor escala de tempo do modelo, as medições e as visualizações de escoamento são possíveis. Os experimentos com insetos modelo escalonados dinamicamente continuam a ensinar os pesquisadores como os insetos manipulam o movimento da asa para direcionar e manobrar.

Referências

Dickinson, M. H., Lehmann, F.-O. e Sane, S., "Wing rotation and the aerodynamic basis of insect flight," *Science*, 284, pág. 1954, 1999.

Dickinson, M. H., "Solving the mystery of insect flight," *Scientific American*, 284, No. 6, págs. 35–41, junho de 2001.

Fry, S. N., Sayaman, R. e Dickinson, M. H., "The aerodynamics of free-flight maneuvers in *Drosophila*," *Science*, 300, págs. 495–498, 2003.

(a)

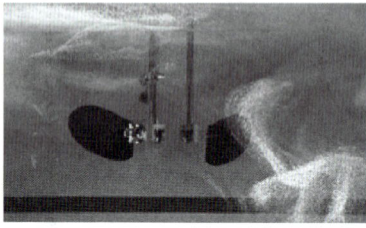

(b)

FIGURA 7–46 (a) A mosca de fruta, *Drosophila melanogaster*, bate suas minúsculas asas para frente e para trás 200 vezes por segundo, criando uma imagem borrada do plano da batida. (b) O modelo escalonado dinamicamente, a *mosca robô*, bate suas asas uma vez a cada 5 s em 2 toneladas de óleo mineral. Os sensores na base das asas registram forças aerodinâmicas, enquanto finas bolhas são usadas para visualizar o escoamento. O tamanho e a velocidade do robô, bem como as propriedades do óleo, foram escolhidos cuidadosamente para coincidir com o número de Reynolds de uma mosca real.

Fotografias © Cortesia de Michael Dickinson, CALTECH.

RESUMO

Existe uma diferença entre *dimensões* e *unidades; dimensão* é uma medida de uma quantidade física (sem valores numéricos); *unidade* é uma forma de atribuir um número àquela dimensão. Existem sete *dimensões primárias* – não apenas na mecânica dos fluidos, mas em todos os campos da ciência e da engenharia. São elas: a massa, o comprimento, o tempo, a temperatura, a corrente elétrica, a quantidade de luz e a quantidade de matéria. *Todas as outras dimensões podem ser formadas pela combinação dessas sete dimensões primárias.*

Todas as equações matemáticas devem ser *dimensionalmente homogêneas;* esse princípio fundamental pode se aplicar às equações para adimensionalizá-las e para identificar os *grupos adimensionais,* também chamados de *parâmetros adimensionais.* Uma ferramenta poderosa para reduzir o número de parâmetros independentes necessários de um problema é chamada de *análise dimensional.* O *método das variáveis repetidas* é um procedimento passo a passo para encontrar os parâmetros adimensionais, ou os Π's, com base apenas nas dimensões das variáveis e nas constantes do problema. As seis etapas do método das variáveis repetidas estão resumidas aqui.

Etapa 1 Liste os parâmetros *n* (variáveis e constantes) do problema.

Etapa 2 Liste as dimensões primárias de cada parâmetro.

Etapa 3 Adivinhe a *redução j*, que, em geral, é igual ao número de dimensões primárias do problema. Se a análise não funcionar reduza *j* em um e tente novamente. O número esperado de Π's (*k*) é igual a *n* menos *j*.

Etapa 4 Selecione com critério os *parâmetros j repetidos* para a construção dos Π's.

Etapa 5 Gere os *k* Π's um de cada vez agrupando os *j* parâmetros repetidos com cada uma das variáveis ou constantes restantes, forçando o produto a não ter dimensão e manipulando os Π's para atingir os parâmetros adimensionais usuais.

Etapa 6 Verifique seu trabalho e escreva a relação funcional final.

Quando todos os grupos adimensionais de um modelo e um protótipo coincidem, a *similaridade dinâmica* é atingida, e podemos prever diretamente o desempenho do protótipo com base nos experimentos do modelo. Entretanto, nem sempre é possível comparar *todos* os grupos de Π's ao tentar atingir a similaridade entre um modelo e um protótipo. Nesses casos, executamos os testes de modelo sob condições de *similaridade incompleta,* igualando os grupos de Π's mais importantes da melhor forma possível e, em seguida, extrapolamos os resultados do teste do modelo para as condições do protótipo.

Usamos os conceitos apresentados neste capítulo em todo o restante do livro. Por exemplo, a análise dimensional é aplicada aos escoamentos totalmente desenvolvidos em tubos do Capítulo 8 (fatores de atrito, coeficientes de perda, etc.). No Capítulo 10, normalizamos as equações diferenciais do escoamento de fluidos derivado no Capítulo 9, produzindo vários parâmetros adimensionais. Os coeficientes de arrasto e de sustentação são muito usados no Capítulo 11 e os parâmetros adimensionais também aparecem nos capítulos sobre escoamento compressível e escoamento de canal aberto (Capítulos 12 e 13). Aprendemos no Capítulo 14 que a similaridade dinâmica é frequentemente a base para projeto e para testes de bombas e turbinas. Por fim, os parâmetros adimensionais também são usados em cálculos numéricos de escoamentos de fluido (Capítulo 15).

REFERÊNCIAS E LEITURAS SUGERIDAS

1. D. C. Montgomery. *Design and Analysis of Experiments,* 8a. ed. New York: Wiley, 2013.
2. J. P. Holman. *Experimental Methods for Engineers,* 7a. ed. New York: McGraw-Hill, 2001.

PROBLEMAS*

Dimensões e unidades, dimensões primárias

7–1C Liste as *sete dimensões primárias*. O que há de significativo nessas sete dimensões?

---

* Problemas identificados com a letra "C" são questões conceituais e encorajamos os estudantes a responder a todos. Problemas identificados com a letra "E" são em unidades inglesas, e usuários do SI podem ignorá-los. Problemas com o ícone "disco rígido" são resolvidos com o programa EES. Problemas com o ícone ESS são de natureza abrangente e devem ser resolvidos com um solucionador de equações, preferencialmente o programa EES.

7–2C Qual é a diferença entre uma *dimensão* e uma *unidade*? Dê três exemplos de cada uma.

7–3 Escreva as dimensões primárias da *constante de gás ideal universal* R_u. (Dica: use a *lei do gás ideal*, $PV = nR_uT$, onde P é pressão, V é volume, T é a temperatura absoluta e n é o número de mols do gás.)

Resposta: $\{m^1 L^2 t^{-2} T^{-1} N^{-1}\}$

7–4 Escreva as dimensões primárias de cada uma das seguintes variáveis da área da termodinâmica, mostrando todo o seu trabalho: (*a*) energia E; (*b*) energia específica $e = E/m$; (*c*) potência $\dot{W}$.

Respostas: (*a*) $\{m^1L^2t^{-2}\}$; (*b*) $\{L^2t^{-2}\}$; (*c*) $\{m^1L^2t^{-3}\}$

7–5 Ao executar uma análise dimensional, uma das primeiras etapas é listar as dimensões primárias de cada parâmetro relevante. É bom ter uma tabela de parâmetros e suas dimensões primárias. Nós iniciamos essa tabela para você (Tabela P7–5), na qual incluímos alguns dos parâmetros básicos normalmente encontrados na mecânica dos fluidos. Ao realizar os problemas deste capítulo, adicione os resultados a essa tabela. Você poderá criar uma tabela com dezenas de parâmetros.

TABELA P7–5

Nome do parâmetro	Símbolo do parâmetro	Dimensões primárias
Aceleração	a	L^1t^{-2}
Ângulo	θ, ϕ, etc.	1 (nenhum)
Densidade	ρ	m^1L^{-3}
Força	F	$m^1L^1t^{-2}$
Frequência	f	t^{-1}
Pressão	P	$m^1L^{-1}t^{-2}$
Tensão superficial	σ_s	m^1t^{-2}
Velocidade	V	L^1t^{-1}
Viscosidade	μ	$m^1L^{-1}t^{-1}$
Vazão de volume	$\dot{V}$	L^3t^{-1}

7–6 Considere a tabela de Prob. 7–5 em que as dimensões primárias de várias variáveis estão listadas no sistema massa-comprimento-tempo. Alguns engenheiros preferem o sistema força-comprimento-tempo (força substitui a massa como uma das principais dimensões). Escreva as dimensões primárias das três (densidade, tensão superficial e viscosidade) no sistema força-comprimento-tempo.

7–7 Em uma tabela periódica dos elementos, a massa molar (*M*), também chamada *peso atômico,* quase sempre é listada como se fosse uma quantidade adimensional (Fig. P7–7). Na verdade, o peso atômico é a massa de 1 mol do elemento. Por exemplo, o peso atômico do nitrogênio $M_{\text{nitrogênio}} = 14,0067$. Interpretamos isso como 14,0067 g/mol de elementos de nitrogênio, ou no sistema inglês, 14,0067 lbm/lbmol de elementos de nitrogênio. Quais são as dimensões primárias do peso atômico?

6	7	8
C	N	O
12,011	14,0067	15,9994
14	15	16
Si	P	S
28,086	30,9738	32,060

FIGURA P7–7

7–8 Alguns autores preferem usar a *força* como a dimensão primária no lugar da massa. Em um típico problema de mecânica dos fluidos, então, as quatro dimensões primárias representadas m, L, t e T são substituídas por F, L, t e T. A dimensão primária da força nesse sistema é {força} = {F}. Usando os resultados do Problema 7–3, reescreva as dimensões primárias da constante do gás universal nesse sistema alternativo de dimensões primárias.

7–9 Definimos a *constante do gás ideal específico* R_{gas} para determinado gás como a relação entre a constante do gás universal e a massa molar (também chamada *peso molecular*) do gás, $R_{\text{gas}} = R_u/M$. Para determinado gás, então, a lei do gás ideal pode ser escrita da seguinte maneira:

$$PV = mR_{\text{gas}}T \quad \text{ou} \quad P = \rho R_{\text{gas}}T$$

onde P é a pressão, V é o volume, m é a massa, T é a temperatura absoluta e ρ é a densidade do gás em particular. Quais são as dimensões primárias de R_{gas}? Para o ar, $R_{\text{ar}} = 287,0$ J/kg $\cdot$ K em unidades SI padrão. Verifique se essas unidades coincidem com seu resultado.

7–10 O *momento da força* ($\vec{M}$) é formado pelo produto vetorial de um braço de momento ($\vec{r}$) e por uma força aplicada ($\vec{F}$), conforme representação da Fig. P7–10. Quais são as dimensões primárias do momento da força? Liste suas unidades em unidades SI primárias e em unidades inglesas primárias.

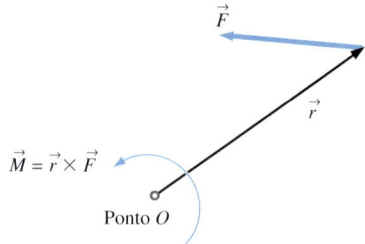

FIGURA P7–10

7–11 Quais são as dimensões primárias da voltagem elétrica (*E*)? (*Dica*: utilize o fato de que a energia elétrica é igual à voltagem vezes a corrente.)

7–12 Provavelmente, você conhece a *lei de Ohm* dos circuitos elétricos (Fig. P7–12), onde ΔE é a diferença de voltagem ou *potencial* no resistor, I é a corrente elétrica que passa através do resistor e R é a resistência elétrica. Quais são as dimensões primárias da resistência elétrica?

Resposta: $\{m^1L^2t^{-3}I^{-2}\}$

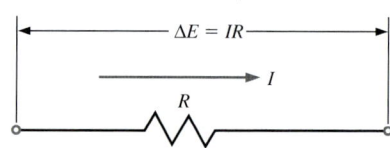

FIGURA P7–12

7–13 Escreva as dimensões primárias de cada uma das seguintes variáveis, mostrando todo o seu trabalho: (*a*) aceleração *a*; (*b*) velocidade angular ω; (*c*) aceleração angular α.

7–14 A *quantidade de movimento angular*, também chamado de *momento da quantidade de movimento angular* ($\vec{H}$), é formado pelo produto vetorial de um braço de momento ($\vec{r}$) e pela quantidade de movimento linear ($m\vec{V}$) de uma partícula de fluido, conforme representação da Fig. P7–14. Quais são as dimensões primárias da quantidade de movimento angular? Liste as unidades da quantidade de movimento angular em unidades SI primárias e em unidades inglesas primárias.

Respostas: {$m^1L^2t^{-1}$}, kg·m²/s, lbm·m²/s, lbm·ft²/s

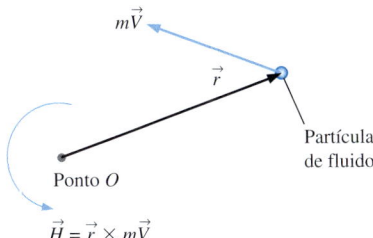

$\vec{H} = \vec{r} \times m\vec{V}$

FIGURA P7–14

7–15 Escreva as dimensões primárias de cada uma das seguintes variáveis, mostrando todo o seu trabalho: (*a*) calor específico à pressão constante c_p; (*b*) peso específico ρg; (*c*) entalpia específica *h*.

7–16 A **condutividade térmica** *k* é uma medida da capacidade de um material de conduzir calor (Fig. P7–16). Para a transferência de calor na direção *x* através de uma superfície normal à direção *x*, a **lei da condução de calor de Fourier** é expressa como

$$\dot{Q}_{condução} = -kA\frac{dT}{dx}$$

onde $\dot{Q}_{condução}$ é a taxa de transferência de calor e *A* é a área normal à direção da transferência de calor. Determine as dimensões primárias da condutividade térmica (*k*). Procure um valor de *k* nos apêndices e verifique se suas unidades SI são consistentes com seu resultado. Em particular, escreva as unidades SI primárias de *k*.

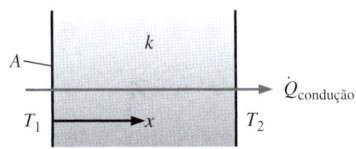

FIGURA P7–16

7–17 Escreva as dimensões primárias de cada uma das seguintes variáveis do estudo da transferência de calor por convecção (Fig. P7–17), mostrando todo o seu trabalho: (*a*) taxa de geração de calor $\dot{g}$. (*Dica*: taxa de conversão da energia térmica por unidade de volume); (*b*) fluxo de calor $\dot{q}$ (*Dica*: taxa de transferência de calor por unidade de área); (*c*) coeficiente de transferência de calor *h* (*Dica*: fluxo de calor por unidade de diferença de temperatura).

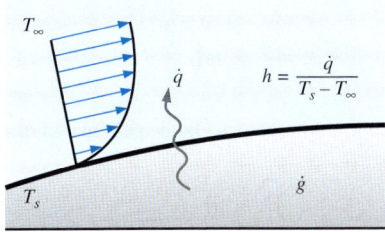

FIGURA P7–17

7–18 Percorra os apêndices do seu livro de termodinâmica e encontre três propriedades ou constantes não mencionadas nos Problemas 7–1 a 7–17. Liste o nome de cada propriedade ou constante e suas unidades SI. Em seguida, escreva as dimensões primárias de cada propriedade ou constante.

7–19E Percorra os apêndices deste livro e/ou do seu livro de termodinâmica e encontre três propriedades ou constantes não mencionadas nos Problemas 7–1 a 7–17. Liste o nome de cada propriedade ou constante e suas unidades inglesas. Em seguida, escreva as dimensões primárias de cada propriedade ou constante.

Homogeneidade dimensional

7–20C Explique a *lei da homogeneidade dimensional* em termos simples.

7–21 No Capítulo 4, definimos a *aceleração material*, ou seja, a aceleração que acompanha uma partícula de fluido,

$$\vec{a}(x, y, z, t) = \frac{\partial \vec{V}}{\partial t} + (\vec{V}\cdot\vec{\nabla})\vec{V}$$

(*a*) Quais são as dimensões primárias do operador gradiente $\vec{\nabla}$?

(*b*) Verifique se cada termo aditivo da equação tem as mesmas dimensões.

Respostas: (*a*) {L^{-1}}; (*b*) {L^1t^{-2}}

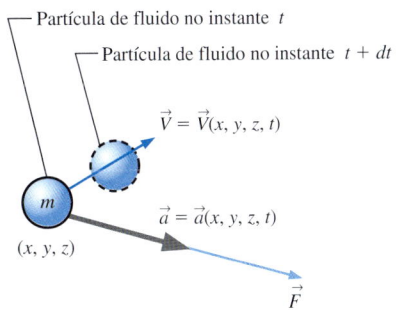

FIGURA P7–21

7–22 A segunda lei de Newton é a base da equação diferencial da conservação da quantidade de movimento linear (a ser discutida no Capítulo 9). Em termos da aceleração material que acompanha uma partícula de fluido (Fig. P7–21), escrevemos a segunda lei de Newton da seguinte maneira:

$$\vec{F} = m\vec{a} = m\left(\frac{\partial \vec{V}}{\partial t} + (\vec{V}\cdot\vec{\nabla})\vec{V}\right)$$

Ou então, dividindo ambos os lados pela massa m da partícula de fluido,

$$\frac{\vec{F}}{m} = \frac{\partial \vec{V}}{\partial t} + (\vec{V}\cdot\vec{\nabla})\vec{V}$$

Escreva as dimensões primárias de cada termo aditivo da (segunda) equação e verifique se a equação é dimensionalmente homogênea. Mostre todo o seu trabalho.

7–23 No Capítulo 9, discutimos a equação diferencial para a conservação de massa, a *equação de continuidade*. Em coordenadas cilíndricas e para o escoamento em regime permanente,

$$\frac{1}{r}\frac{\partial(ru_r)}{\partial r} + \frac{1}{r}\frac{\partial u_\theta}{\partial \theta} + \frac{\partial u_z}{\partial z} = 0$$

Escreva as dimensões primárias de cada termo aditivo da equação e verifique se a equação é dimensionalmente homogênea. Mostre todo o seu trabalho.

7–24 O *teorema de transporte de Reynolds* (RTT) é discutido no Capítulo 4. Para o caso geral de um volume de controle móvel e/ou deformante, escrevemos o RTT da seguinte maneira:

$$\frac{dB_{sis}}{dt} = \frac{d}{dt}\int_{VC} \rho b \, dV + \int_{CS} \rho b \vec{V}_r \cdot \vec{n} \, dA$$

onde $\vec{V}_r$ é a *velocidade relativa*, ou seja, a velocidade do fluido relativa à superfície de controle. Escreva as dimensões primárias de cada termo aditivo da equação e verifique se a equação é dimensionalmente homogênea. Mostre todo o seu trabalho. (Dica: como B pode ser qualquer propriedade do escoamento – escalar, vetorial ou mesmo de tensão –, ele pode ter uma variedade de dimensões. Assim, basta deixar as dimensões de B serem aquelas do próprio B, $\{B\}$. Da mesma forma, b é definido como B por unidade de massa.)

7–25 Uma aplicação importante da mecânica dos fluidos é o estudo da ventilação da sala. Em particular, suponhamos que há uma **fonte** S (massa por unidade de tempo) de poluição do ar em uma sala de volume (Fig. P7–25). Os exemplos incluem o monóxido de carbono da fumaça do cigarro ou um aquecedor a querosene sem ventilação, os gases como a amônia dos produtos de limpeza de uma casa e os vapores liberados pela evaporação dos **compostos orgânicos voláteis** (VOCs) de um contêiner aberto. Deixamos c representar a **concentração de massa** (a massa do contaminante por unidade de volume de ar). $\dot{V}$ é a vazão de volume de ar fresco que entra na sala. Se o ar da sala estiver bem misturado para que a concentração de massa c seja uniforme em toda a sala, mas variando com o tempo, a equação diferencial da concentração de massa da sala como função do tempo é

$$V\frac{dc}{dt} = S - \dot{V}c - cA_s k_w$$

onde k_w é um **coeficiente de adsorção** e A_s é a área de superfície das paredes, pisos, móveis, etc., que absorvem parte do contaminante. Escreva as dimensões primárias dos três primeiros termos aditivos da equação e verifique se esses termos são dimensionalmente homogêneos. Em seguida, determine as dimensões de k_w. Mostre todo o seu trabalho.

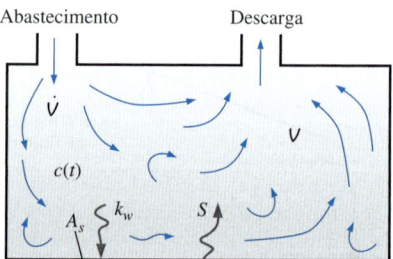

FIGURA P7–25

7–26 No Capítulo 4, definimos a *taxa de deformação volumétrica* como a taxa do aumento de volume de um elemento fluido por unidade de volume (Fig. P7–26). Em coordenadas cartesianas, escrevemos a taxa de deformação volumétrica como

$$\frac{1}{V}\frac{DV}{Dt} = \frac{\partial u}{\partial x} + \frac{\partial v}{\partial y} + \frac{\partial w}{\partial z}$$

Escreva as dimensões primárias de cada termo aditivo e verifique se a equação é dimensionalmente homogênea. Mostre todo o seu trabalho.

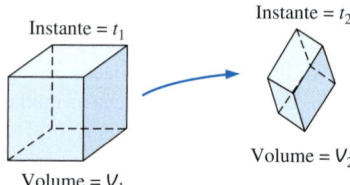

FIGURA P7–26

7–27 A água fria entra em um tubo, onde ela é aquecida por uma fonte de calor externa (Fig. P7–27). As temperaturas de entrada e saída da água são T_e e T_s, respectivamente. A taxa total de transferência de calor $\dot{Q}$ da vizinhança para a água do tubo é

$$\dot{Q} = \dot{m}c_p(T_s - T_e)$$

onde $\dot{m}$ é a vazão de massa através do tubo e c_p é o calor específico da água. Escreva as dimensões primárias de cada termo aditivo da equação e verifique se a equação é dimensionalmente homogênea. Mostre todo o seu trabalho.

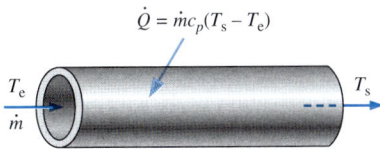

$$\dot{Q} = \dot{m}c_p(T_s - T_e)$$

FIGURA P7–27

Adimensionalização de equações

7–28C Qual é o motivo primário para a *adimensionalização* de uma equação?

7–29 Você se lembra que no Capítulo 4 viu que a taxa de deformação volumétrica é zero para um escoamento incompressível estável? Em coordenadas cartesianas, expressamos isso como

$$\frac{\partial u}{\partial x} + \frac{\partial v}{\partial y} + \frac{\partial w}{\partial z} = 0$$

Suponhamos que a velocidade e o comprimento característicos de determinado campo de escoamento sejam V e L, respectivamente (Fig. P7–29). Defina as seguintes variáveis adimensionais,

$$x^* = \frac{x}{L}, \quad y^* = \frac{y}{L}, \quad z^* = \frac{z}{L},$$

$$u^* = \frac{u}{V}, \quad v^* = \frac{v}{V} \quad \text{e} \quad w^* = \frac{w}{V}$$

Adimensionalize a equação e identifique todos os parâmetros adimensionais usuais (nomeados) que possam aparecer. Discuta.

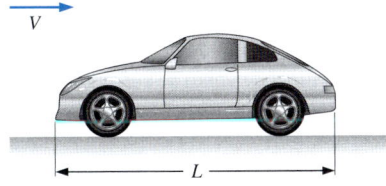

FIGURA P7–29

7–30 Em um campo de escoamento compressível oscilante, a taxa de deformação volumétrica *não* é zero, mas varia com o tempo acompanhando uma partícula de fluido. Em coordenadas cartesianas, expressamos isso como

$$\frac{1}{V}\frac{DV}{Dt} = \frac{\partial u}{\partial x} + \frac{\partial v}{\partial y} + \frac{\partial w}{\partial z}$$

Suponhamos que a velocidade e o comprimento característicos de determinado campo de escoamento sejam V e L, respectiva-

mente. Suponhamos também que f seja uma frequência característica da oscilação (Fig. P7–30). Defina as seguintes variáveis adimensionais:

$$t^* = ft, \quad V^* = \frac{V}{L^3}, \quad x^* = \frac{x}{L}, \quad y^* = \frac{y}{L},$$

$$z^* = \frac{z}{L}, \quad u^* = \frac{u}{V}, \quad v^* = \frac{v}{V} \quad \text{e} \quad w^* = \frac{w}{V}$$

Adimensionalize a equação e identifique todos os parâmetros adimensionais usuais (nomeados) que possam aparecer.

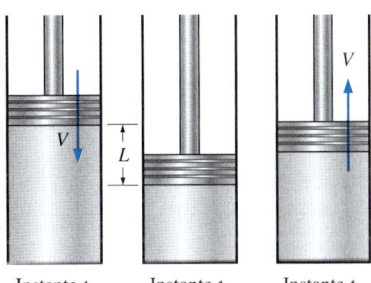

Instante t_1 Instante t_2 Instante t_3
f = frequência de oscilação

FIGURA P7–30

7–31 No Capítulo 9, definimos a **função de corrente** ψ para o escoamento incompressível bidimensional no plano xy

$$u = \frac{\partial \psi}{\partial y} \quad v = -\frac{\partial \psi}{\partial x}$$

onde u e v são os componentes da velocidade nas direções x e y, respectivamente. (*a*) Quais são as dimensões primárias de ψ? (*b*) Suponha que determinado escoamento bidimensional tenha uma escala de comprimento característica L e uma escala de tempo característica t. Defina as formas adimensionais das variáveis x, y, u, v e ψ. (*c*) Reescreva as equações na forma adimensional e identifique todos os parâmetros adimensionais usuais que possam aparecer.

7–32 Em um campo de escoamento incompressível oscilatório, a força por unidade de massa que age sobre uma partícula é obtida da segunda lei de Newton na forma intensiva (consulte o Problema 7–22),

$$\frac{\vec{F}}{m} = \frac{\partial \vec{V}}{\partial t} + (\vec{V} \cdot \vec{\nabla})\vec{V}$$

Suponhamos que a velocidade e o comprimento característicos de determinado campo de escoamento sejam V_∞ e L, respectivamente. Suponhamos também que ω seja uma frequência angular característica (rad/s) da oscilação (Fig. P7–32). Defina as seguintes variáveis adimensionalizadas:

$$t^* = \omega t, \quad \vec{x}^* = \frac{\vec{x}}{L}, \quad \vec{\nabla}^* = L\vec{\nabla} \quad \text{e} \quad \vec{V}^* = \frac{\vec{V}}{V_\infty}$$

Como não há escala característica dada para a força por unidade de massa que age sobre uma partícula de fluido, nós atribuímos uma, observando que $\{\vec{F}/m\} = \{L/t^2\}$. Ou seja, deixamos que

$$(\vec{F}/m)^* = \frac{1}{\omega^2 L} \vec{F}/m$$

Adimensionalize a equação do movimento e identifique todos os parâmetros adimensionais usuais (nomeados) que possam aparecer.

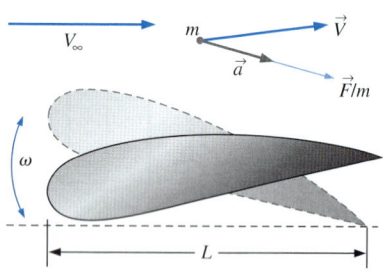

FIGURA P7–32

7–33 Um túnel de vento é usado para medir a distribuição da pressão no escoamento de ar sobre um modelo de avião (Fig. P7–33). A velocidade do ar no túnel de vento é suficientemente baixa para que os efeitos de compressibilidade sejam desprezíveis. Conforme foi discutido no Capítulo 5, a equação de Bernoulli é válida em tal situação de escoamento em toda parte, exceto muito próximo da superfície do corpo ou das superfícies da parede do túnel de vento e na região da esteira atrás do modelo. Longe do modelo, o ar escoa à velocidade V_∞ e pressão P_∞ e a densidade do ar ρ é, aproximadamente, constante. Os efeitos gravitacionais geralmente são desprezíveis nos escoamentos de ar, de modo que escrevemos a equação de Bernoulli como

$$P + \frac{1}{2}\rho V^2 = P_\infty + \frac{1}{2}\rho V_\infty^2$$

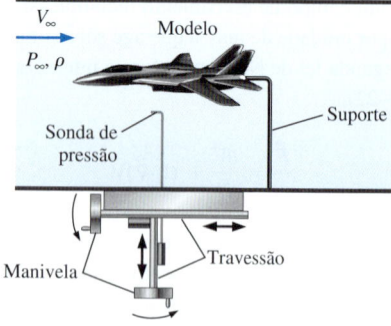

FIGURA P7–33

Adimensionalize a equação e gere uma expressão para o **coeficiente de pressão** C_p em determinado ponto do escoamento, onde a equação de Bernoulli é válida. C_p é definido como

$$C_p = \frac{P - P_\infty}{\frac{1}{2}\rho V_\infty^2}$$

Resposta: $C_p = 1 - V/V_\infty^2$

7–34 Considere a ventilação de uma sala bem combinada como aquela da Fig. P7–25. A equação diferencial para a concentração de massa da sala como função do tempo é dada no Problema 7–25 e repetida aqui por conveniência,

$$V\frac{dc}{dt} = S - \dot{V}c - cA_s k_w$$

Existem três parâmetros característicos em tal situação: L, uma escala de comprimento característica da sala (assuma $L = V^{1/3}$); $\dot{V}$, a vazão de volume do ar fresco para a sala e c_{limite}, a concentração máxima de massa que não é prejudicial. (*a*) Usando esses três parâmetros característicos, defina as formas adimensionais de todas as variáveis da equação. (*Dica*: por exemplo, defina $c^* = c/c_{\text{limite}}$.) (*b*) Reescreva a equação na forma adimensional e identifique todos os grupos usuais adimensionais que possam aparecer.

Análise dimensional e similaridade

7–35C Liste as três finalidades primárias da análise dimensional.

7–36C Liste e descreva as três condições necessárias para a similaridade completa entre um modelo e um protótipo.

7–37 Uma equipe de alunos deve criar um submarino com propulsão humana para um concurso de projetos. O comprimento geral do protótipo do submarino é de 4,85 m e seus projetistas alunos esperam que ele possa viajar totalmente submerso através da água a 0,440 m/s. A água é doce (um lago) a $T = 15°C$. A equipe de projeto constrói um modelo em escala um para cinco para ser testado no túnel de vento de sua universidade (Fig. P7–37). Um escudo cerca o suporte da balança de arrasto para que o

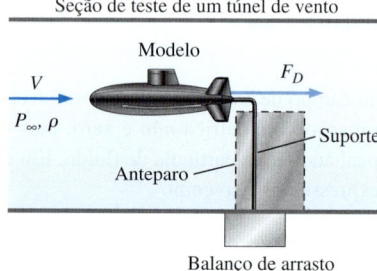

FIGURA P7–37

arrasto aerodinâmico do próprio suporte não influencie o arrasto medido. O ar no túnel de vento está a 25°C e a uma pressão atmosférica padrão. Em qual velocidade do ar eles precisam fazer o túnel de vento funcionar para atingir a similaridade?

Resposta: 30,2 m/s

7–38 Repita o Problema 7–37 com todas as mesmas condições, exceto que a única instalação disponível para os alunos é um túnel de vento muito menor. Seu submarino modelo é um modelo em escala um para vinte e quatro, em vez de um modelo em escala um para oito. Em qual velocidade do ar eles precisam fazer o túnel de vento funcionar para atingir a similaridade? Você notou algo perturbador ou suspeito no seu resultado? Discuta.

7–39 Isso é uma sequência do Problema 7–37. Os alunos medem o arrasto aerodinâmico em seu submarino modelo no túnel de vento (Fig. P7–37). Eles são cuidadosos ao operar o túnel de vento em condições que garantam a similaridade com o submarino protótipo. Sua força de arrasto medida é 5,70 N. Estime a força de arrasto sobre o submarino protótipo nas condições dadas no Problema 7–37.

Resposta: 25,5 N

7–40E Um paraquedas leve está sendo projetado para uso militar (Fig. P7–40E). Seu diâmetro D é 24 ft e o peso total W de carga útil na queda, o paraquedas e o equipamento é de 230 lbf. A *velocidade terminal de operação* de projeto V_t do paraquedas a esse peso é 18 ft/s. Um modelo em escala um para doze do paraquedas é testado em um túnel de vento. A temperatura e a pressão do túnel de vento são iguais àquelas do protótipo, ou seja, 60°F à pressão atmosférica padrão. (*a*) Calcule o coeficiente de arrasto do protótipo. (*Dica*: na velocidade terminal de operação, o peso é balanceado pelo arrasto aerodinâmico.) (*b*) Em qual velocidade o túnel de vento deve funcionar para atingir a similaridade dinâmica? (*c*) Estime o arrasto aerodinâmico do paraquedas modelo no túnel de vento (em lbf).

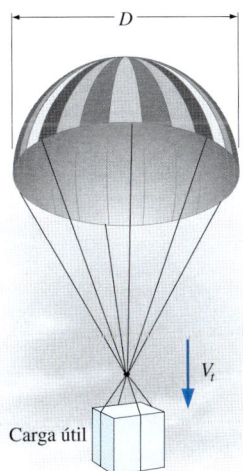

FIGURA P7–40E

7–41 Alguns túneis de vento são *pressurizados*. Discuta por que uma instalação de pesquisa se daria ao trabalho e incorreria nas despesas extras necessárias para pressurizar um túnel de vento. Se a pressão do ar no túnel aumenta por um fator de 1,8, com todo o resto igual (mesma velocidade do vento, mesmo modelo, etc.), por qual fator o número de Reynolds aumentaria?

7–42E O arrasto aerodinâmico de um novo automóvel esporte deve ser previsto a uma velocidade de 60,0 mi/h a uma temperatura do ar de 25°C. Os engenheiros automotivos criaram um modelo em escala um para três do modelo do automóvel (Fig. P7–42E) para testá-lo em um túnel de vento. A temperatura do ar no túnel de vento também é 25°C. A força de arrasto é medida com uma balança de arrasto e a esteira móvel é usada para simular o solo em movimento (do ponto de vista do referencial do automóvel). Determine a velocidade com a qual os engenheiros devem operar o túnel de vento para atingir a similaridade entre o modelo e o protótipo.

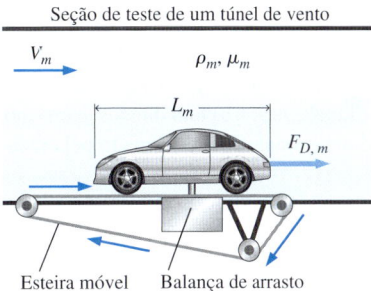

FIGURA P7–42E

7–43E Isso é uma sequência do Problema 7–42E. O arrasto aerodinâmico sobre o modelo no túnel de vento (Fig. P7–42E) é medido como 33,5 lbf quando o túnel de vento é operado à velocidade que garante a similaridade com o automóvel protótipo. Estime a força de arrasto (em lbf) sobre o automóvel protótipo nas condições dadas no Problema 7–42E.

7–44 Considere a situação comum na qual um pesquisador está tentando igualar o número de Reynolds de um grande veículo protótipo com aquele de um modelo em pequena escala em um túnel de vento. É melhor que o ar do túnel de vento esteja frio ou quente? Por quê? Sustente seu argumento comparando o ar do túnel de vento a 10°C e a 40°C, mas com todas as outras condições iguais.

7–45E Alguns alunos querem visualizar o escoamento em uma bola de beisebol em rotação. O laboratório de fluidos deles tem um bom túnel de água no qual eles podem injetar linhas de emissão de tinta multicolorida. Assim, eles resolvem testar uma bola de beisebol girando no túnel de água (Fig. P7–45E). A similaridade exige que eles igualem o número de Reynolds e o número de Strouhal entre o modelo de teste e a bola de beisebol real que se move através do ar a 85 mi/h e gira a 320 rpm. Tanto o ar quanto a água estão a 68°F. Em qual velocidade eles devem fazer a água correr no túnel de água, e em qual rpm eles devem girar a bola de beisebol deles?

Respostas: 5,63 mi/h, 21,2 rpm.

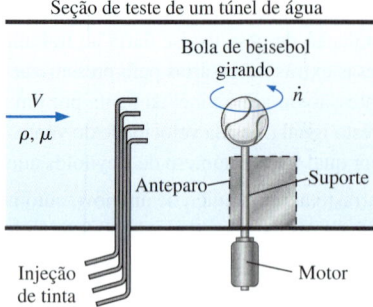

FIGURA P7–45E

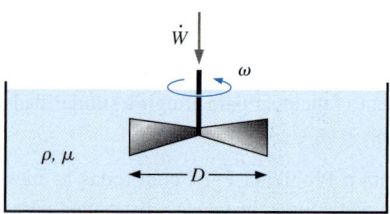

FIGURA P7–49

Parâmetros adimensionais e o método das variáveis repetidas

7–46 Usando as dimensões primárias, verifique se o número de Arquimedes (Tabela 7–5) não tem dimensão mesmo.

7–47 Usando as dimensões primárias, verifique se o número de Grashof (Tabela 7–5) não tem dimensão mesmo.

7–48 Usando as dimensões primárias, verifique se o número de Rayleigh (Tabela 7–5) não tem dimensão mesmo. Qual outro parâmetro adimensional usual é formado pela razão entre Ra e Gr?

Resposta: o número de Prandtl

7–49 Uma *esteira de vórtices alternados de Kármán* é formada quando uma corrente uniforme escoa sobre um cilindro circular (Fig. P7–49). Use o método das variáveis repetidas para gerar uma relação adimensional para a frequência de emissão do vórtice alternado de Kármán f_k como função da velocidade da corrente uniforme V, da densidade do fluido ρ, da viscosidade do fluido μ e do diâmetro D do cilindro. Mostre todo o seu trabalho.

Resposta: St = f(Re)

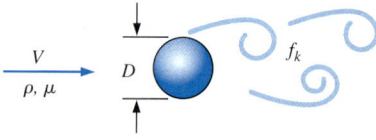

FIGURA P7–49

7–50 Repita o Problema 7–49, mas com um parâmetro independente adicional incluído: a velocidade do som c do fluido. Use o método das variáveis repetidas para gerar uma relação adimensional para a frequência de emissão do vórtice alternado de Kármán f_k como função da velocidade da corrente livre V, da densidade do fluido ρ, da viscosidade do fluido μ, do diâmetro D do cilindro e da velocidade do som c. Mostre todo o seu trabalho.

7–51 Um agitador é usado para misturar produtos químicos em um tanque grande (Fig. P7–51). A potência de eixo $\dot{W}$ fornecida para as lâminas do agitador é uma função do diâmetro do agitador D, da densidade do líquido ρ, da viscosidade do líquido μ e da velocidade angular ω das lâminas do agitador. Use o método das variáveis repetidas para gerar uma relação adimensional entre esses parâmetros. Mostre todo o seu trabalho e tenha certeza em identificar seus grupos Π, modificando-os se necessário.

Resposta: $N_p = f$(Re)

7–52 Repita o Problema 7–51, mas não assuma que o tanque é grande. Em vez disso, deixe que o diâmetro do tanque D_{tanque} e que a profundidade média do líquido h sejam parâmetros adicionais relevantes.

7–53 Albert Einstein está a ponderar sobre a forma de como escrever sua (perto de ser famosa) equação. Ele sabe que a energia E é uma função da massa m e da velocidade da luz c, mas ele não sabe a relação funcional ($E = m^2c$? $E = mc^4$?). Finja que Albert não sabe nada sobre análise dimensional, mas desde que você está assistindo uma aula de mecânica de fluidos, você ajuda Albert a descobrir sua equação. Use o método passo a passo de variáveis repetidas para gerar uma relação adimensional entre esses parâmetros, mostrando todo o seu trabalho. Compare isso com a famosa equação de Einstein – a análise dimensional fornece a forma correta da equação?

FIGURA P7–53

7–54 O *número de Richardson* é definido como

$$\text{Ri} = \frac{L^5 g \, \Delta\rho}{\rho \dot{V}^2}$$

Miguel está trabalhando em um problema que tem uma escala de comprimento característica L, uma velocidade característica V, uma diferença de densidade característica $\Delta\rho$, uma densidade (média) característica ρ, e, claro, a constante gravitacional g, que é sempre disponível. Ele quer definir um número de Richardson, mas não tem vazão de volume característica. Ajude Miguel a definir uma vazão de volume característica com base nos parâmetros disponíveis a ele, e em seguida, defina um número de Richardson apropriado em termos dos parâmetros dados.

7–55 Considere o **escoamento de Couette** totalmente desenvolvido – o escoamento entre duas placas paralelas infinitas separadas pela distância h, com a placa superior se movendo e a placa inferior fixa, como ilustra a Fig. P7–55. O fluido é incompressível e o escoamento é estacionário e bidimensional no plano xy. Use o método das variáveis repetidas para gerar uma relação adimensional para o componente x da velocidade do fluido u como função da viscosidade do fluido μ, da velocidade da placa superior V, da distância h, da densidade do fluido ρ e da distância y. Mostre todo o seu trabalho.

Resposta: $u/V = f(Re, y/h)$

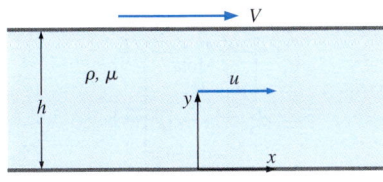

FIGURA P7–55

7–56 Considere o *desenvolvimento* do escoamento de Couette – o mesmo escoamento do Problema 7–55, exceto que o escoamento ainda não é estacionário, mas está se desenvolvendo com o tempo. Em outras palavras, o tempo t é um parâmetro adicional do problema. Gere uma relação adimensional entre todas as variáveis.

7–57 A velocidade do som c de um gás ideal é conhecida como uma função da relação entre os calores específicos k, a temperatura absoluta T e a constante do gás ideal específico R_{gas} (Fig. P7–57). Mostrando todo o seu trabalho, use a análise dimensional para encontrar a relação funcional entre esses parâmetros.

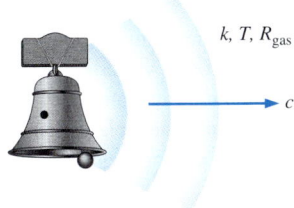

FIGURA P7–57

7–58 Repita o Problema 7–57, exceto que a velocidade do som c de um gás ideal é deixada como função da temperatura absoluta T, da constante do gás ideal universal R_u, da massa molar (peso molecular) M do gás e da taxa dos calores específicos k. Mostrando todo o seu trabalho, use a análise dimensional para encontrar a relação funcional entre esses parâmetros.

7–59 Repita o Problema 7–57, exceto que a velocidade do som c de um gás ideal é deixada como função apenas da temperatura absoluta T e da constante do gás ideal específico R_{gas}. Mostrando todo o seu trabalho, use a análise dimensional para encontrar a relação funcional entre esses parâmetros.

Respostas: $c/\sqrt{R_{gas}T}$ = constante

7–60 Repita o Problema 7–57, exceto que a velocidade do som c de um gás ideal é deixada como função apenas da pressão P e da densidade do gás ρ. Mostrando todo o seu trabalho, use a análise dimensional para encontrar a relação funcional entre esses parâmetros. Verifique se os seus resultados estão consistentes com a equação da velocidade do som de um gás ideal, $c = \sqrt{kR_{gas}T}$.

7–61 Quando pequenas partículas de aerossol ou microorganismos se movem através do ar ou da água, o número de Reynolds é muito pequeno (Re ≪ 1). Tais escoamentos são chamados de **escoamentos lentos**. O arrasto aerodinâmico de um objeto no escoamento lento é uma função apenas de sua velocidade V, de alguma escala de comprimento característica L do objeto e da viscosidade do fluido μ (Fig. P7–61). Use a análise dimensional para gerar uma relação para F_D como função das variáveis independentes.

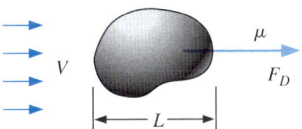

FIGURA P7–61

7–62 Uma pequena partícula de aerossol de densidade ρ_p e diâmetro característico D_p cai no ar de densidade ρ e viscosidade μ (Fig. P7–62). Se a partícula for suficientemente pequena, a aproximação do escoamento lento é válida, e a velocidade terminal da partícula V depende apenas de D_p, μ, da constante gravitacional g e da diferença de densidade $(\rho_p - \rho)$. Use a análise dimensional para gerar uma relação para V como função das variáveis independentes. Cite todos os parâmetros adimensionais usuais que aparecem em sua análise.

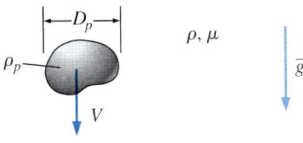

FIGURA P7–62

7–63 Combine os resultados dos Problemas 7–61 e 7–62 para gerar uma equação para a velocidade terminal V de um partícula de aerossol que cai no ar (Fig. P7–62). Verifique se o seu resultado é consistente com a relação funcional obtida no Problema 7–62. Por questões de consistência, use a notação do Problema 7–62. (*Dica*: para uma partícula que cai com velocidade terminal constante, o peso líquido da partícula deve ser igual ao seu arrasto aerodinâmico. Seu resultado final deve ser uma equação para V que seja válida a menos de um fator constante desconhecido.)

7–64 Você precisará dos resultados do Problema 7–63 para resolver este problema. Uma minúscula partícula de aerossol cai com velocidade terminal constante V. O número de Reynolds é suficientemente pequeno para que a aproximação do escoamento de lento seja válida. Se o tamanho da partícula dobrar, com todos os outros dados iguais, por qual fator a velocidade terminal se elevará? Se a diferença de densidade $(\rho_p - \rho)$ dobrar, com todos os outros dados iguais, por qual fator a velocidade terminal se elevará?

7–65 Um fluido incompressível de densidade ρ e viscosidade μ escoa a uma velocidade média V através de uma seção longa e horizontal de tubo redondo de comprimento L, diâmetro interno D e altura de rugosidade da parede interna ε (Fig. P7–65). O tubo é suficientemente longo para que o escoamento seja totalmente desenvolvido, significando que o perfil de velocidade não se altera ao longo do tubo. A pressão diminui (linearmente) ao longo do tubo para "empurrar" o fluido através do tubo e superar o atrito. Usando o método das variáveis repetidas, desenvolva uma relação adimensional entre a queda da pressão $\Delta P = P_1 - P_2$ e os outros parâmetros do problema. Verifique se modificou seus grupos Π adequadamente para atingir os parâmetros adimensionais usuais e cite-os. (*Dica*: por questões de consistência, selecione D em vez de L ou ε como um de seus parâmetros repetidos.)

Resposta: Eu $= f$(Re, ε/D, L/D)

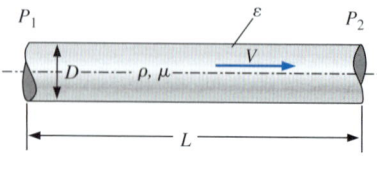

FIGURA P7–65

7–66 Considere o escoamento *laminar* através de uma seção longa do tubo, como na Fig. P7–65. Para o escoamento laminar a rugosidade da parede não é um parâmetro relevante, a menos que ε seja muito grande. A vazão de volume através do tubo é, na verdade, uma função do diâmetro do tubo D, da viscosidade do fluido μ e de um gradiente de pressão axial dP/dx. Se o diâmetro do tubo dobrar, com todas as outras condições iguais, por qual fator a vazão de volume aumentará? Use a análise dimensional.

7–67 Uma das primeiras coisas que você aprende em uma aula de física é a lei da gravitação universal, $F = G\dfrac{m_1 m_2}{r^2}$, onde F é a força de atração entre dois corpos, m_1 e m_2 são as massas dos dois corpos, r é a distância entre os dois corpos e G é a constante gravitacional universal igual a $(6,67428 \pm 0,00067) \times 10^{-11}$ [as unidades de G não são dadas aqui]. (*a*) Calcule as unidades SI de G. Para consistência, dar sua resposta em termos de kg, m e s. (*b*) Suponha que você não se lembra da lei da gravitação universal, mas você é inteligente o suficiente para saber que F é uma função de G, m_1, m_2 e r. Use a análise dimensional e o método das variáveis repetidas (mostrar todo o seu trabalho) para gerar uma expressão adimensional para $F = F(G, m_1, m_2, r)$. Dê a sua resposta como $\Pi_1 = $ função de $(\Pi_2, \Pi_3,...)$. (*c*) Análise dimensional não pode dar a forma exata da função. Entretanto, compare o seu resultado com a lei da gravitação universal para encontrar a forma da função (por exemplo, $\Pi_1 = \Pi_2^2$ ou qualquer outra forma funcional).

7–68 Jen está trabalhando em um sistema massa-mola-amortecedor, como mostrado na Fig. P7–68. Ela lembra de sua aula de sistemas dinâmicos que a razão de amortecimento ζ é uma propriedade adimensional de tais sistemas e que ζ é uma função da constante k da mola, da massa m e do coeficiente de amortecimento c. Infelizmente, ela não se lembra a forma exata da equação para ζ. No entanto, ela está tendo aulas de mecânica de fluidos e decide usar seu conhecimento recém-adquirido sobre a análise dimensional para lembrar a forma de equação. Ajude Jen a desenvolver a equação para ζ usando o método das variáveis repetidas, mostrando todo o seu trabalho. (*Dica*: Unidades típicas para k são N/m e aquelas para c são N·s/m.)

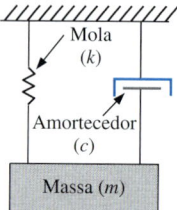

FIGURA P7–68

7–69 Bill está trabalhando em um problema de circuito elétrico. Ele lembra da aula de engenharia elétrica que a queda de tensão ΔE é uma função da corrente elétrica I e da resistência elétrica R. Infelizmente, ele não se lembra a forma exata da equação para ΔE. No entanto, ele está assistindo a um curso de mecânica dos fluidos e decide usar seus novos conhecimentos sobre análise dimensional para recordar a forma da equação. Ajude Bill desenvolver a equação para ΔE, utilizando o método das variáveis repetidas, mostrando todo o seu trabalho. Compare isso com a lei de Ohm – a análise dimensional fornece a forma correta da equação?

7–70 Uma camada limite é uma região fina (em geral, uma parede longa) na qual as forças viscosas são significativas e dentro da qual o escoamento é rotacional. Considere uma camada limite que cresce ao longo de uma placa plana fina (Fig. P7–70). O escoamento é em regime permanente. A espessura da camada

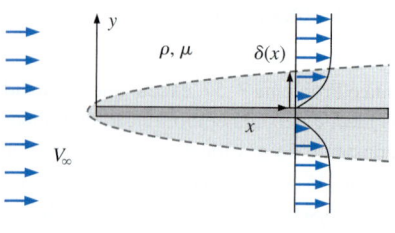

FIGURA P7–70

limite δ em qualquer distância a jusante x é uma função de x, da velocidade de corrente livre V_∞ e das propriedades do fluido ρ (densidade) e μ (viscosidade). Use o método das variáveis repetidas para gerar uma relação adimensional para δ como função dos outros parâmetros. Mostre todo o seu trabalho.

7–71 Um líquido de densidade ρ e viscosidade μ é bombeado com vazão de volume $\dot{V}$ por meio de uma bomba de diâmetro D. As lâminas da bomba giram com velocidade angular ω. A bomba fornece um aumento de pressão ΔP para o líquido. Utilizando a análise dimensional, gere uma relação adimensional para ΔP como uma função dos outros parâmetros do problema. Identifique qualquer parâmetro adimensional estabelecido que aparece em seu resultado. *Dica*: Para consistência (e sempre que possível), é sábio escolher um comprimento, uma densidade e uma velocidade (ou a velocidade angular) como variáveis repetidas.

7–72 Uma hélice de diâmetro D gira à velocidade angular ω em um líquido de densidade ρ e viscosidade μ. O torque requerido T é determinado como uma função de D, ω, ρ e μ. Utilizando a análise dimensional, gere uma relação adimensional. Identifique os parâmetros adimensionais estabelecidos que aparecem em seu resultado. *Dica*: Para manter a consistência (e sempre que possível), é aconselhável escolher um comprimento, uma densidade e uma velocidade (ou a velocidade angular) como variáveis repetidas.

7–73 Repita o Prob. 7–72, para o caso em que a hélice opera em um gás compressível, em vez de um líquido.

7–74 No estudo de escoamento turbulento, a taxa de dissipação viscosa turbulenta ε (taxa de perda de energia por unidade de massa) é conhecida como uma função da escala de comprimento l e da escala de velocidade u' dos vórtices turbulentos de grande escala. Utilizando a análise dimensional (Teorema pi de Buckingham e o método das variáveis repetidas) e mostrando todo o seu trabalho, gere uma expressão para ε como função de l e u'.

7–75 A taxa de transferência de calor para a água que escoa em um tubo foi analisada no Problema 7–27. Vamos abordar esse mesmo problema, mas agora com a análise dimensional. A água fria entra em um tubo, onde ela é aquecida por uma fonte externa de calor (Fig. P7–75). As temperaturas de entrada e saída da água são T_e e T_s, respectivamente. A taxa total de transferência de calor $\dot{Q}$ da vizinhança para a água do tubo é conhecida como a função da vazão de massa $\dot{m}$, do calor específico c_p da água e da diferença de temperatura entre a água de entrada e de saída. Mostrando todo o seu trabalho, use a análise dimensional para encontrar a relação funcional entre esses parâmetros e comparar a equação analítica dada no Problema 7–27. (*Nota*: estamos considerando que não conhecemos a equação analítica.)

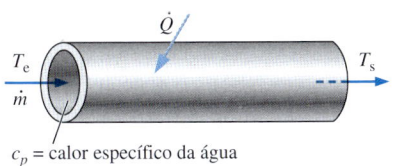

FIGURA P7–75

7–76 Considere um líquido em um contêiner cilíndrico no qual tanto o contêiner quanto o líquido giram como um corpo rígido (rotação de corpo sólido). A diferença de elevação h entre o centro da superfície líquida e o anel da superfície líquida é uma função da velocidade angular ω, da densidade do fluido ρ, da aceleração gravitacional g e do raio R (Fig. P7–76). Use o método das variáveis repetidas para encontrar uma relação adimensional entre os parâmetros. Mostre todo o seu trabalho.

Resposta: $h/R = f(Fr)$

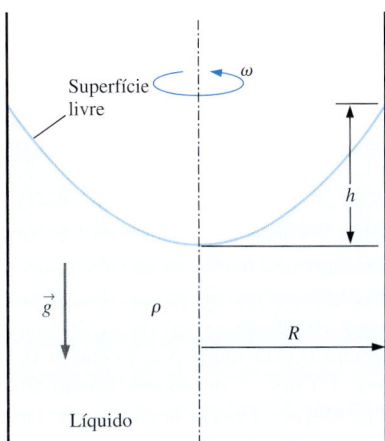

FIGURA P7–76

7–77 Considere o caso no qual o contêiner e o líquido do Problema 7–76 estão inicialmente em descanso. Em $t = 0$, o contêiner começa a girar. É preciso algum tempo para que o líquido gire como um corpo rígido e esperamos que a viscosidade do líquido seja um parâmetro adicional relevante no problema em regime transiente. Repita o Problema 7–76, mas com dois parâmetros independentes adicionais incluídos: a viscosidade do fluido μ e o tempo t. (Estamos interessados no desenvolvimento da altura h como função do tempo e dos outros parâmetros.)

Teste experimental e similaridade incompleta

7–78C Embora, em geral, pensemos em um modelo como menor do que o protótipo, descreva pelo menos três situações nas quais é melhor que o modelo seja *maior* do que o protótipo.

7–79C Discuta a finalidade de uma esteira de solo móvel nos testes do escoamento em túnel de vento com relação aos automóveis modelos. Você consegue encontrar uma alternativa para a falta de uma esteira de solo?

7–80C Considere novamente o exemplo modelo de caminhão discutido na Seção 7–5, exceto que a velocidade máxima do túnel de vento chega a apenas 50 m/s. Dados de força aerodinâmica são tomados para velocidades em túnel de vento entre $V = 20$ e 50 m/s – assumir os mesmos dados para estas velocidades que os listados na Tabela 7–7. Baseado somente nesses dados, os pesquisadores podem ter certeza de que eles chegaram à independência do número de Reynolds?

7–81C Defina *bloqueio do túnel de vento*. Qual é a regra prática com relação ao bloqueio máximo aceitável para um teste de túnel de vento? Explique por que haveria erros de medição se o bloqueio fosse significativamente mais alto do que esse valor.

7–82C Qual é a regra prática sobre o limite do número de Mach para que a aproximação do escoamento incompressível seja razoável? Explique por que os resultados do túnel de vento estariam incorretos se essa regra prática fosse violada.

7–83 Um modelo em escala um para dezesseis de um novo automóvel esporte é testado em um túnel de vento. O automóvel protótipo tem 4,37 m de comprimento, 1,30 m de altura e 1,69 m de largura. Durante os testes, a velocidade da esteira de solo móvel é ajustada para que sempre coincida com a velocidade do ar que se move através da seção de teste. A força de arrasto aerodinâmico F_D é medida como função da velocidade do túnel de vento; os resultados experimentais estão listados na Tabela P7–83. Plote o coeficiente de arrasto C_D como função do número Re de Reynolds, em que a área usada para o cálculo de C_D é a área frontal do automóvel modelo (assuma A = largura × altura) e a escala de comprimento usada para o cálculo do Re é a largura do automóvel W. Atingimos a similaridade dinâmica? Nós atingimos a independência do número de Reynolds em nosso teste do túnel de vento? Estime a força de arrasto aerodinâmico sobre o automóvel protótipo que viaja na rodovia a 31,3 m/s (70 mi/h). Assuma que o ar do túnel de vento e o ar que escoa sobre o automóvel protótipo estão a 25°C e à pressão atmosférica.

Respostas: não, sim, 408 N

TABELA P7–83

V, m/s	F_D, N
10	0,29
15	0,64
20	0,96
25	1,41
30	1,55
35	2,10
40	2,65
45	3,28
50	4,07
55	4,91

7–84 A água a 20°C escoa através de um tubo longo e reto. A queda de pressão é medida ao longo de uma seção do tubo de comprimento L = 1,3 m como função da velocidade média V através do tubo (Tabela P7–84). O diâmetro interno do tubo é D = 10,4 cm. (*a*) Adimensionalize os dados e plote o número de Euler como uma função do número de Reynolds. O experimento foi executado a velocidades suficientemente altas para atingir a independência do número de Reynolds? (*b*) Extrapole os dados experimentais para prever a queda de pressão a uma velocidade média de 80 m/s.

Resposta: 1.940.000 N/m²

TABELA P7–84

V, m/s	ΔP, N/m²
0,5	77,0
1	306
2	1218
4	4865
6	10.920
8	19.440
10	30.340
15	68.330
20	121.400
25	189.800
30	273.200
35	372.100
40	485.300
45	614.900
50	758.700

7–85 No exemplo do caminhão modelo discutido na Seção 7–5, a seção de teste do túnel de vento tem 3,5 m de comprimento, 0,85 m de altura e 0,90 m de largura. Um modelo do caminhão na escala de um para seis tem 0,991 m de comprimento, 0,257 m de altura e 0,159 m de largura. Qual é o bloqueio do túnel de vento deste modelo de caminhão? Está dentro dos limites aceitáveis de acordo com a regra prática?

7–86E Um pequeno túnel de vento de um laboratório de escoamento de fluidos dos alunos de uma universidade tem uma seção de teste com 20 × 20 polegadas na seção transversal e 4,0 pés de comprimento. Sua velocidade máxima é de 145 ft/s. Alguns alunos desejam criar um modelo de 18 rodas para estudar como o arrasto aerodinâmico é afetado pelo arredondamento da parte de trás da carreta. Uma carreta em escala real (protótipo) tem 52 ft de comprimento, 8,33 ft de largura e 12 ft de altura. Tanto o ar do túnel de vento quanto o ar que escoa sobre o protótipo estão a 80°F e à pressão atmosférica. (*a*) Qual é o maior modelo em escala que eles podem construir para permanecer dentro das orientações da regra prática para o bloqueio? Quais são as dimensões da carreta do modelo em polegadas? (*b*) Qual é o número de Reynolds máximo que os alunos podem atingir para a carreta modelo? (*c*) Os alunos podem atingir a independência do número de Reynolds? Discuta.

7–87 Use a análise dimensional para mostrar que em um problema envolvendo ondas em água rasa (Fig. P7–87), tanto o número de Froude quanto o número de Reynolds são parâmetros adimensionais relevantes. A velocidade c das ondas da superfície de um líquido é função da profundidade h, da aceleração gravitacional g, da densidade do fluido ρ e da viscosidade do fluido μ. Manipule seus Π's para obter os parâmetros na seguinte forma:

$$\text{Fr} = \frac{c}{\sqrt{gh}} = f(\text{Re}) \qquad \text{onde} \qquad \text{Re} = \frac{\rho c h}{\mu}$$

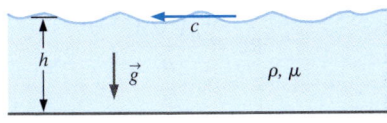

FIGURA P7-87

Problemas de revisão

7–88C Existem muitos parâmetros adimensionais usuais além daqueles listados na Tabela 7–5. Realize uma pesquisa em livros ou na Internet e encontre pelo menos três parâmetros usuais, adimensionais nomeados que *não* estejam listados na Tabela 7–5. Para cada um deles, forneça sua definição e sua importância, seguindo o formato da Tabela 7–5. Caso sua equação contenha algumas variáveis não identificadas na Tabela 7–5, verifique se identificou aquelas variáveis.

7–89C Pense a respeito e descreva um escoamento protótipo e um escoamento de modelo correspondente que tem similaridade geométrica, mas não similaridade cinemática, embora os números de Reynolds coincidam. Explique.

7–90C Para cada declaração, selecione se ela é verdadeira ou falsa e discuta rapidamente sua resposta.

(*a*) A similaridade cinemática é uma condição necessária e suficiente para a similaridade dinâmica.

(*b*) A similaridade geométrica é uma condição necessária para a similaridade dinâmica.

(*c*) A similaridade geométrica é uma condição necessária para a similaridade cinemática.

(*d*) A similaridade dinâmica é uma condição necessária para a similaridade cinemática.

7–91 Escreva as dimensões primárias de cada uma das seguintes variáveis da área da mecânica de sólidos, mostrando todo o seu trabalho: (*a*) momento de inércia I; (*b*) módulo da elasticidade E, também chamado de módulo de Young; (*c*) tensão ε; (*d*) tensão σ. (*e*) Finalmente, mostre que a relação entre a tensão e a deformação (lei de Hooke) é uma equação dimensionalmente homogênea.

7–92 A força F é aplicada à ponta de uma viga em balanço de comprimento L e ao momento de inércia I (Fig. P7–92). O módulo da elasticidade do material da viga é E. Quando a força é aplicada, a deflexão da ponta da viga é z_d. Use a análise dimensional para gerar uma relação para z_d como função das variáveis independentes. Cite todos os parâmetros adimensionais usuais que aparecem em sua análise.

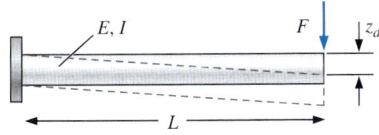

FIGURA P7-92

7–93 Uma explosão ocorre na atmosfera quando um míssil antiaéreo se choca com seu alvo (Fig. P7–93). Uma **onda de choque** (também chamada de **onda de explosão**) se espalha radialmente a partir da explosão. A diferença de pressão através da onda de explosão ΔP e sua distância radial r do centro são funções do tempo t, da velocidade do som c e da quantidade total de energia E liberada pela explosão. (*a*) Gere relações adimensionais entre ΔP e os outros parâmetros e entre r e os outros parâmetros. (*b*) Para uma determinada explosão, se o tempo t desde a explosão dobrar, com todas as outras condições iguais, por qual fator ΔP diminuirá?

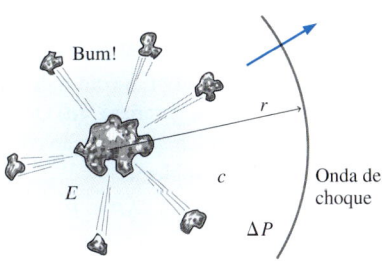

FIGURA P7-93

7–94 O número de Arquimedes listado na Tabela 7–5 é apropriado para *partículas* flutuantes em um fluido. Realize uma pesquisa na literatura ou na Internet e encontre uma definição alternativa para o número de Arquimedes que seja apropriada para os *fluidos* flutuantes (por exemplo, os jatos e os plumos flutuantes, as aplicações de ar condicionado). Forneça essa definição e sua importância, seguindo o formato da Tabela 7–5. Caso sua equação contenha variáveis não identificadas na Tabela 7–5, verifique se identificou essas variáveis. Finalmente, olhe os parâmetros adimensionais usuais listados na Tabela 7–5 e encontre um que seja semelhante a essa forma alternativa do número de Arquimedes.

7–95 Considere o **escoamento de Poiseuille** em regime permanente, laminar e totalmente desenvolvido—o escoamento entre duas placas paralelas finitas separadas pela distância h, com a as placas superior e inferior fixas, e um gradiente de pressão forçada dP/dx movendo o escoamento como ilustra a Fig. P7–95. (dP/dx é constante e negativo). O escoamento é incompressível, estacionário e bidimensional no plano xy. O escoamento também é *totalmente desenvolvido*, significando que o perfil de velocidade não varia com a distância a jusante x. Devido à natureza totalmente desenvolvida do escoamento, não há efeitos inerciais e a densidade não entra no problema. Acontece que u, o componente de velocidade na direção x, é uma função da distância h, do gradiente de pressão dP/dx, da viscosidade do fluido μ e da coordenada vertical y. Execute uma análise dimensional (mostrando todo o seu trabalho) e gere uma relação adimensional entre as variáveis dadas.

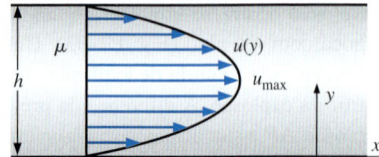

FIGURA P7–95

7–96 Considere o escoamento de Poiseuille estacionário, laminar e totalmente desenvolvido do Problema 7–95. A velocidade máxima u_{max} ocorre no centro do canal. (*a*) Gere uma relação adimensional para u_{max} como função da distância entre as placas h, do gradiente de pressão dP/dx e da viscosidade do fluido μ. (*b*) Se a distância de separação das placas h dobrar, como todas as outras condições iguais, por qual fator u_{max} variará? (*c*) Se o gradiente de pressão dP/dx dobrar, com todas as outras condições iguais, por qual fator u_{max} variará? (*d*) Quantos experimentos são necessários para descrever a relação completa entre u_{max} e os outros parâmetros do problema?

7–97 A queda de pressão $\Delta P = P_1 - P_2$ através de uma seção longa do tubo redondo pode ser escrita em termos da tensão de cisalhamento τ_w ao longo da parede. A tensão de cisalhamento que age na parede do fluido é mostrada na Fig. P7–97. A região sombreada é um volume de controle composto pelo fluido do tubo entre os locais axiais 1 e 2. Existem dois parâmetros adimensionais relacionados à queda de pressão: o número de Euler Eu e o fator de atrito de Darcy f. (*a*) Usando o volume de controle representado na Fig. P7–97, gere uma relação para f em termos do Eu (e de qualquer outra propriedade ou parâmetro do problema que se faça necessário). (*b*) Usando os dados e as condições experimentais do Problema 7–84 (Tabela P7–84), faça um gráfico do fator de atrito de Darcy em função do Re. O f mostra independência do número de Reynolds para grandes valores de Re? Neste caso, qual é o valor de f para um Re muito alto?

Respostas: (*a*) $t = 2\dfrac{D}{L}\text{Eu}$ (*b*) sim, 0,0487

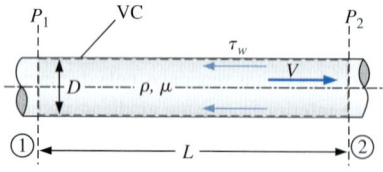

FIGURA P7–97

7–98 Muitas vezes, é desejável trabalhar com um parâmetro adimensional usual, mas as escalas características disponíveis não coincidem com aquelas usadas para definir o parâmetro. Em tais casos, nós *criamos* as escalas características necessárias com base no raciocínio dimensional (em geral, por inspeção). Suponhamos, por exemplo, que temos uma escala de velocidade característica V, uma área característica A, uma densidade de fluido ρ e uma viscosidade de fluido μ e queremos definir um número de Reynolds. Criamos uma escala de comprimento $L = \sqrt{A}$ e definimos

$$\text{Re} = \frac{\rho V \sqrt{A}}{\mu}$$

De modo semelhante, defina o parâmetro adimensional usual desejado para cada caso. (*a*) Defina um número de Froude, dado $\dot{V}'$ = vazão de volume por unidade de profundidade, escala de comprimento L e constante gravitacional g. (*b*) Defina um número de Reynolds, dado $\dot{V}'$ = vazão de volume por unidade de profundidade e viscosidade cinemática ν. (*c*) Defina um número de Richardson dado $\dot{V}'$ = vazão de volume por unidade de profundidade, escala de comprimento L, diferença de densidade característica $\Delta\rho$, densidade característica ρ e constante gravitacional g.

7–99 Um líquido com densidade ρ e viscosidade μ escoa por gravidade através de um orifício com diâmetro d na parte inferior de um tanque com diâmetro D (Fig. P7–99). No início do experimento, a superfície líquida está à altura h acima da parte inferior do tanque, como mostra a representação esquemática. O líquido sai do tanque como um jato com velocidade média V direto para baixo, como mostra a representação esquemática. Usando a análise dimensional, gere uma relação adimensional para V como função dos outros parâmetros do problema. Identifique todos os parâmetros adimensionais estabelecidos que aparecem em seu resultado. (*Dica:* Existem três escalas de comprimento neste problema. Por questões de consistência, selecione h como sua escala de comprimento.)

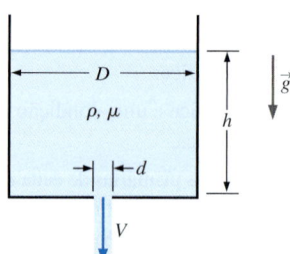

FIGURA P7–99

7–100 Repita o Problema 7–99, exceto por um parâmetro dependente diferente: o tempo necessário para esvaziar o tanque t_{vazio}. Gere uma relação adimensional para t_{vazio} como função dos seguintes parâmetros independentes: diâmetro do orifício d, diâmetro do tanque D, densidade ρ, viscosidade μ, altura inicial da superfície líquida h e aceleração gravitacional g.

7–101 Um sistema de fornecimento de líquido está sendo criado de forma que etileno glicol escoe por um orifício na parte inferior de um tanque grande, como mostra a Fig. P7–99. Os projetistas precisam prever quanto tempo será necessário para que o etileno glicol seja completamente drenado. Com seria muito caro executar testes com um protótipo em escala real usando o etileno glicol, eles resolvem construir um modelo em escala um para quatro para os testes experimentais e pretendem usar *água* como seu líquido de teste. O modelo é geometricamente semelhante ao protótipo (Fig. P7–101). (*a*) A temperatura do etileno glicol no tanque protótipo é de 60°C, à qual $\nu = 4{,}75 \times 10^{-6}$ m²/s. Em

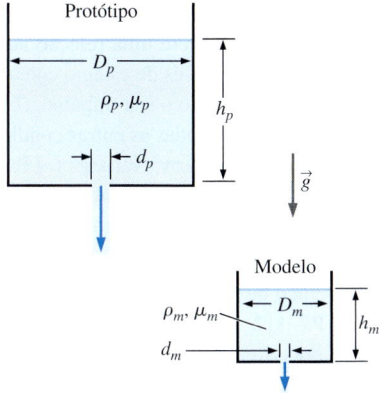

FIGURA P7–101

que temperatura a água do experimento com o modelo deve ser definida para garantir a completa similaridade entre o modelo e o protótipo? (b) O experimento é executado com a água na temperatura adequada calculada na parte (a). São necessários 3,27 min para drenar o tanque modelo. Preveja o tempo que será necessário para drenar o etileno glicol do tanque protótipo.

Respostas: (a) 45,8°C (b) 6,54 min

7–102 O líquido escoa por um orifício na parte inferior de um tanque como mostra a Fig. P7–99. Considere o caso no qual o orifício é muito pequeno comparado ao tanque ($d \ll D$). Os experimentos revelam que a velocidade média do jato V é quase independente de d, D, ρ ou μ. Na verdade, para uma ampla variedade desses parâmetros, V só depende da altura da superfície líquida h e da aceleração gravitacional g. Se a altura da superfície líquida dobrar, com todas as outras condições iguais, por qual fator a velocidade média do jato aumentará?

Resposta: $\sqrt{2}$

7–103 Uma partícula de aerossol de tamanho característico D_p se move em um escoamento de ar de comprimento característico L e velocidade característica V. O tempo característico necessário para que a partícula se ajuste a uma variação repentina na velocidade do ar é chamado de **tempo de relaxamento da partícula** τ_p,

$$\tau_p = \frac{\rho_p D_p^2}{18\mu}$$

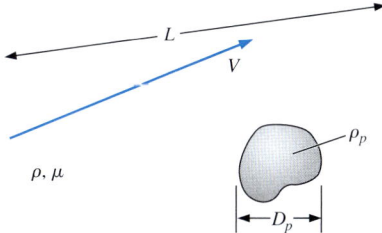

FIGURA P7–103

Verifique se as dimensões primárias de τ_p são tempo. Em seguida, crie uma forma adimensional de τ_p, com base em alguma velocidade característica V e em algum comprimento característico L do escoamento de ar (Fig. P7–103). Qual parâmetro adimensional estabelecido você cria?

7–104 Compare as dimensões primárias de cada uma das seguintes propriedades no sistema de dimensões primárias *baseado na massa* (m, L, t, T, I, C, N) com aquelas do sistema de dimensões primárias *baseado na força* (F, L, t, T, I, C, N): (a) pressão ou tensão; (b) momento ou torque; (c) trabalho ou energia. Com base em seus resultados, explique quando e por que alguns autores preferem utilizar a força como uma dimensão primária no lugar da massa.

7–105 O número de Stanton é listado como um parâmetro adimensional nomeado e estabelecido na Tabela 7–5. Entretanto, uma análise cuidadosa revela que, na verdade, ele pode ser formado por uma combinação entre o número de Reynolds, o número de Nusselt e o número de Prandtl. Encontre a relação entre esses quatro grupos adimensionais, mostrando todo o seu trabalho. Você também pode formar o número de Stanton por alguma combinação de apenas *dois* outros parâmetros adimensionais estabelecidos?

7–106 Considere uma variação do problema do escoamento de Couette totalmente desenvolvido do Problema 7–55 – o escoamento entre duas placas paralelas finitas separadas pela distância h, com a placa superior se movendo à velocidade V_{sup} e a placa inferior se movendo à velocidade $V_{inferior}$, como ilustra a Fig. P7–106. O escoamento é constante, incompressível e bidimensional no plano xy. Gere uma relação adimensional para o componente x da velocidade do fluido u como uma função da viscosidade do fluido μ, das velocidades das placas V_{sup} e $V_{inferior}$, da distância h, da densidade do fluido ρ e da distância y. (*Dica*: Pense cuidadosamente sobre a lista de parâmetros antes de passar para a álgebra.)

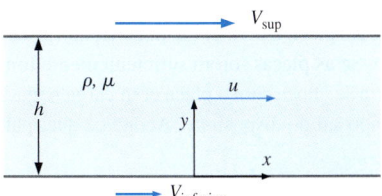

FIGURA P7–106

7–107 Quais são as dimensões primárias da carga elétrica q, sendo que as unidades são **coulombs** (C)? (*Dica*: Procure a definição fundamental de corrente elétrica.)

7–108 Quais são as dimensões primárias da capacitância elétrica C, sendo que as unidades são **farads** (C)? (*Dica*: Procure a definição fundamental de capacitância elétrica.)

7–109 Em muitos circuitos elétricos nos quais algum tipo de escala de tempo está envolvido, como filtros e circuitos de temporização (Fig. P7–109 – um *filtro passa-baixo*), você pode ver

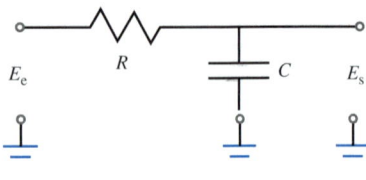

FIGURA P7–109

um resistor (R) e um capacitor (C) em série. Na verdade, o produto de R e C é chamado de *constante elétrica de tempo RC*. Mostrando todo o seu trabalho, quais são as dimensões primárias da RC? Usando o raciocínio dimensional apenas, explique por que um resistor e um capacitor quase sempre estão juntos em circuitos temporizadores.

7–110 Da eletrônica fundamental, sabemos que o escoamento de corrente através de um capacitor em determinado instante é igual à capacitância vezes a taxa de variação da voltagem no tempo através do capacitor,

$$I = C \frac{dE}{dt}$$

Escreva as dimensões primárias de cada lado dessa equação e verifique se a equação é dimensionalmente homogênea. Mostre todo o seu trabalho.

7–111 Um **precipitador eletrostático** (PES) é um dispositivo usado em diversas aplicações para limpar o ar carregado de partículas. Em primeiro lugar, o ar empoeirado passa através do *estágio de carga* do PES, onde as partículas de poeira recebem uma carga positiva q_p (coulombs) dos fios do ionizador carregado (Fig. P7–111). Em seguida, o ar empoeirado entra no *estágio de coletor* do dispositivo, onde escoa entre duas placas com cargas opostas. A *força do campo elétrico* aplicado entre as placas é E_f (a diferença de voltagem por unidade de distância). A Fig. P7–111 mostra uma partícula de poeira carregada com diâmetro D_p. Ela é atraída para a placa com carga negativa e se move na direção daquela placa a uma velocidade chamada de **velocidade de deriva** w. Se as placas forem suficientemente longas, a partícula de poeira se choca com a placa com carga negativa e adere a ela. O ar limpo sai do dispositivo. Acontece que, para partículas muito pequenas, a velocidade de deriva só depende de q_p, E_f, D_p e da viscosidade do ar μ. (a) Gere uma relação adimensional entre a velocidade de deriva através do estágio coletor do PES e os parâmetros dados. Mostre todo o seu trabalho. (b) Se a força do campo elétrico dobrar, com todas as outras condições iguais, por qual fator a velocidade de deriva variará? (c) Para determinado PES, se o diâmetro da partícula dobrar, com todas as outras condições iguais, por qual fator a velocidade de deriva variará?

7–112 Experimentos estão sendo projetados para medir a força horizontal F no bico de uma mangueira de bombeiro, como mostrado na Fig. P7–112. A força F é uma função da velocidade V_1, queda de pressão $\Delta P = P_1 - P_2$, densidade ρ, viscosidade μ, área de entrada A_1, área de saída A_2 e comprimento L. Realize uma análise dimensional para $F = f(V_1, \Delta P, \rho, \mu, A_1, A_2, L)$. Para consistência, utilize V_1, A_1 e ρ como os parâmetros de repetição e gere uma relação adimensional. Identifique qualquer parâmetro adimensional estabelecido que aparece em seu resultado.

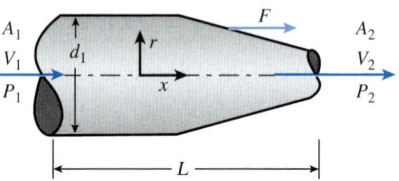

FIGURA P7–112

7–113 Quando um tubo capilar de diâmetro pequeno D é inserido em um contêiner de líquido, o líquido se eleva até a altura h dentro do tubo (Fig. P7–113). h é uma função da densidade do líquido ρ, do diâmetro do tubo D, da constante gravitacional g, do ângulo de contato ϕ e da tensão superficial σ_s do líquido. (a) Gere uma relação adimensional para h como função dos parâmetros dados. (b) Compare seu resultado com a equação analítica exata para h dada no Capítulo 2. Os resultados de sua análise dimensional são consistentes com a equação exata? Discuta.

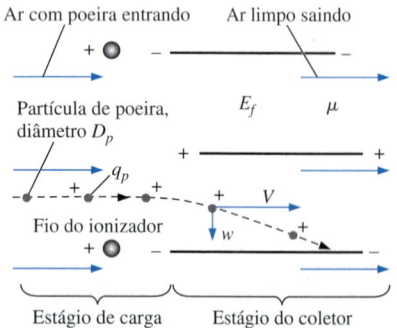

FIGURA P7–111

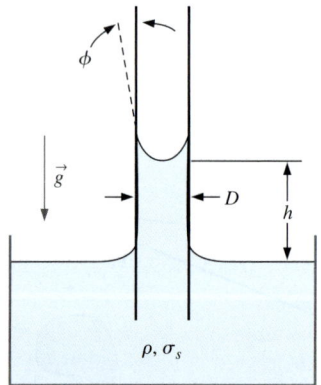

FIGURA P7–113

7–114 Repita a parte (*a*) do Problema 7–113, exceto que em vez da altura *h*, encontre uma relação funcional para a escala de tempo t_{elev} necessária para que o líquido suba até sua altura final no tubo capilar. (*Dica*: Verifique a lista de parâmetros independentes do Problema 7–113. Existe algum outro parâmetro relevante?)

7–115 A **intensidade do som** *I* é definida como a potência acústica por unidade de área que emana de uma fonte sonora. Sabemos que *I* é função do nível de pressão do som *P* (dimensões de pressão) e das propriedades do fluido (densidade) e da velocidade do som *c*. (*a*) Use o método das variáveis repetidas com dimensões primárias com base na massa para gerar uma relação adimensional para *I* como função dos outros parâmetros. Mostre todo o seu trabalho. O que acontece se você escolher três variáveis repetidas? Discuta. (*b*) Repita a parte (*a*), mas use o sistema de dimensões primárias com base na força. Discuta.

7–116 Repita o Problema 7–115, mas com a distância *r* da fonte de som como um parâmetro independente adicional.

7–117 Engenheiros do MIT desenvolveram um modelo mecânico de um atum para estudar sua locomoção. O "Robotuna" mostrado na Fig. P7–117 tem 1,0 m de comprimento e nada a velocidades de até 2,0 m/s. Um atum de galhada azul pode exceder 3,0 m de comprimento e foram cronometrados em velocidades superiores a 13 m/s. Quão rápido o Robotuna com 1,0 m precisa nadar para igualar ao número de Reynolds de um atum real que tem de 2,0 m de comprimento e nada a 10 m/s?

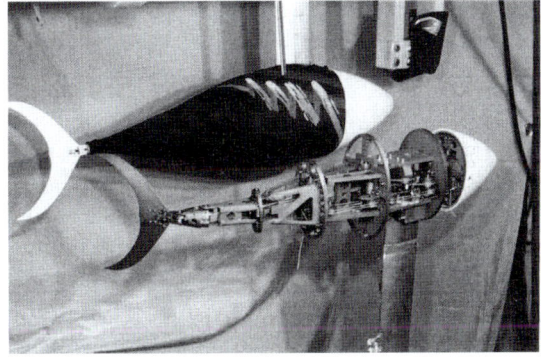

FIGURA P7–117

Foto por David Barrett, do MIT, usada com permissão.

7–118 No Exemplo 7–7, o sistema de dimensões primárias com base na massa foi usado para estabelecer uma relação para a diferença de pressão $\Delta P = P_{interna} - P_{externa}$ entre o interior e o exterior de uma bolha de sabão de raio *R* e a tensão superficial σ_s do filme de sabão (Fig. P7–118). Repita a análise dimensional usando o método das variáveis repetidas, mas utilize o sistema de dimensões primárias com base na *força*. Mostre todo o seu trabalho. Você obtém o mesmo resultado?

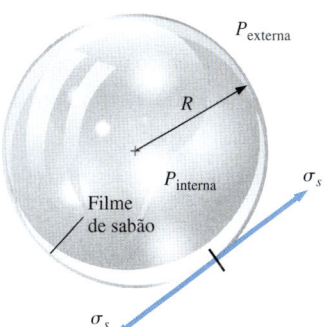

FIGURA P7–118

7–119 Muitos dos parâmetros adimensionais estabelecidos listados na Tabela 7–5 podem ser formados pelo produto ou razão entre dois outros parâmetros adimensionais estabelecidos. Para cada par de parâmetros adimensionais listados, encontre um *terceiro* parâmetro adimensional estabelecido que é formado por alguma manipulação dos dois parâmetros dados: (*a*) número de Reynolds e número de Prandtl (*b*) número de Schmidt e número de Prandtl (*c*) número de Reynolds e número de Schmidt.

7–120 Um dispositivo comum usado em diversas aplicações para limpar o ar carregado de partículas é o **ciclone de escoamento reverso** (Fig. P7–120). O ar com poeira (vazão de volume $\dot{V}$ e densidade ρ) entra tangencialmente através de uma abertura na lateral do ciclone e gira ao redor do tanque. As partículas de poeira são lançadas para fora e caem na parte inferior, enquanto o ar limpo é tirado para a parte superior. Os ciclones de escoamento reverso em estudo são todos geometricamente semelhantes. Assim, o diâmetro *D* representa a única escala de comprimento necessária para especificar completamente toda a geometria do ciclone. Os engenheiros estão preocupados com a queda de pressão δP em todo o ciclone. (*a*) Gere uma relação adimensional entre a queda de pressão através do ciclone e os parâmetros dados. Mostre todo o seu trabalho. (*b*) Se o tamanho do ciclone dobrar, com todas as outras condições iguais, por qual fator a queda de pressão variará? (*c*) Se a vazão de volume dobrar, com todas as outras condições iguais, com qual fator a queda de pressão variará?

Respostas: (*a*) $D^4 \delta P / \rho \dot{V}^2$ = constante; (*b*) 1/16; (*c*) 4

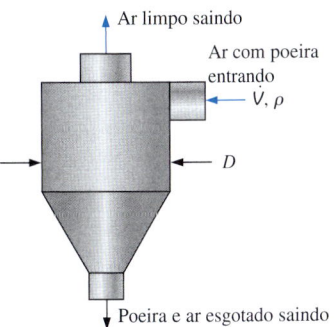

FIGURA P7–120

Problemas adicionais

7–121 Qual *não* é uma dimensão primária?

(a) Velocidade (b) Tempo (c) Corrente elétrica

(d) Temperatura (e) Massa

7–122 As dimensões primárias da viscosidade cinemática são:

(a) m·L/t² (b) m/L·t (c) L²/t

(d) L²/m·t (e) L/m·t²

7–123 A condutividade térmica de uma substância pode ser definida como a taxa de transferência de calor por unidade de comprimento por unidade de diferença de temperatura. As dimensões principais da condutividade térmica são

(a) m²·L/t²·T (b) m²·L²/t·T (c) L²/m·t²·T

(d) m·L/t³·T (e) m·L²/t³·T

7–124 As dimensões primárias da constante do gás sobre a constante universal do gás R/R_u são:

(a) L²/t²·T (b) m·L/N (c) m/t·N·T

(d) m/L³ (e) N/m

7–125 As dimensões primárias da constante universal dos gases R_u são:

(a) m·L/t²·T (b) m²·L/N (c) m·L²/t²·N·T

(d) L²/t²·T (e) N/m·t

7–126 Há quatro termos aditivos em uma equação, e as suas unidades são dadas abaixo. Qual deles não é consistente com esta equação?

(a) J (b) W/m (c) kg·m²/s²

(d) Pa·m³ (e) N·m

7–127 O coeficiente de transferência de calor é um parâmetro adimensional que é uma função da viscosidade μ, do calor específico c_p (kJ/kg · K) e da condutividade térmica k (W/m · K). Este parâmetro adimensional é expresso como

(a) $c_p/\mu k$ (b) $k/\mu c_p$ (c) $\mu/c_p k$

(d) $\mu c_p/k$ (e) $c_p k/\mu$

7–128 O coeficiente de transferência de calor adimensional é uma função do coeficiente de convecção h (W/m²·K), da condutividade térmica k (W/m·K) e do comprimento característico L. Este parâmetro adimensional é expresso como

(a) hL/k (b) h/kL (c) L/hk

(d) hk/L (e) kL/h

7–129 O coeficiente de arrasto C_D é um parâmetro adimensional e é uma função da força de arrasto F_D, da densidade ρ, da velocidade V e da área A. O coeficiente de arrasto é expresso como

(a) $\dfrac{F_D V^2}{2\rho A}$ (b) $\dfrac{2F_D}{\rho VA}$ (c) $\dfrac{\rho VA^2}{F_D}$ (d) $\dfrac{F_D A}{\rho V}$ (e) $\dfrac{2F_D}{\rho V^2 A}$

7–130 Que condição de semelhança está relacionada à equivalência de força-escala?

(a) geométrica (b) cinemática (c) dinâmica

(d) cinemática e dinâmica (e) geométrica e cinemática

7–131 Um modelo de um carro na escala de um terço será testado em um túnel de vento. As condições do carro real são $V = 75$ km/h e $T = 0°C$ e a temperatura do ar no túnel de vento é 20°C.

As propriedades de ar a 1 atm e 0°C: $\rho = 1,292$ kg/m³, $\nu = 1,338 \times 10^{-5}$ m²/s.

As propriedades de ar a 1 atm e 20°C: $\rho = 1,204$ kg/m³, $\nu = 1,516 \times 10^{-5}$ m²/s.

A fim de alcançar similaridade entre o modelo e o protótipo, a velocidade do túnel de vento deve ser:

(a) 255 km/h (b) 225 km/h (c) 147 km/h

(d) 75 km/h (e) 25 km/h

7–132 Um modelo de um carro na escala de um para quatro será testado em um túnel de vento. As condições do carro real são $V = 45$ km/h e $T = 0°C$ e a temperatura do ar no túnel de vento é 20°C. A fim de alcançar similaridade entre o modelo e o protótipo, o túnel de vento é operado a 204 Km/h.

As propriedades de ar a 1 atm e 0°C: $\rho = 1,292$ kg/m³, $\nu = 1,338 \times 10^{-5}$ m²/s.

As propriedades de ar a 1 atm e 20°C: $\rho = 1,204$ kg/m³, $\nu = 1,516 \times 10^{-5}$ m²/s.

Se a força de arrasto média do modelo medida é de 70 N, a força de arrasto no protótipo é de:

(a) 17,5 N (b) 58,5 N (c) 70 N

(d) 93,2 N (e) 280 N

7–133 Um modelo de um avião na escala de um para três será testado em água. O avião tem uma velocidade a 900 km/h no ar a -50 °C. A temperatura da água na seção de ensaio é de 10°C.

As propriedades de ar a 1 atm e -50 °C: $\rho = 1,582$ kg/m³, $\mu = 1,474 \times 10^{-5}$ kg/m·s.

As propriedades da água a 1 atm e 10 °C: $\rho = 999,7$ kg/m³, $\mu = 1,307 \times 10^{-3}$ kg/m·s.

A fim de alcançar similaridade entre o modelo e o protótipo, a velocidade da água sobre o modelo deve ser:

(a) 97 km/h (b) 186 km/h (c) 263 km/h

(d) 379 km/h (e) 450 km/h

7–134 Um modelo de um avião na escala de um para quatro será testado em água. O avião tem uma velocidade a 700 km/h no ar a $-50°C$. A temperatura da água na seção de ensaio é de 10°C. A fim de alcançar similaridade entre o modelo e o protótipo, o teste é feito com uma velocidade de água de 393 Km/h.

As propriedades de ar a 1 atm e –50°C: $\rho = 1,582$ kg/m³, $\mu = 1,474 \times 10^{-5}$ kg/m · s.

As propriedades da água a 1 atm e 10 °C: $\rho = 999{,}7$ kg/m^3, $\mu = 1{,}307 \times 10^{-3}$ kg/m·s.

Se a força de arrasto média no modelo é medida como 13.800 N, a força de arrasto no protótipo é:

(a) 590 N   (b) 862 N   (c) 1.109 N

(d) 4655 N   (e) 3450 N

7–135 Considere uma camada limite que cresce ao longo de uma fina placa plana. Este problema envolve os seguintes parâmetros: espessura da camada limite δ, distância a jusante x, velocidade V da corrente uniforme, a densidade do fluido ρ, viscosidade do fluido μ. O número de parâmetros adimensionais Π's esperados para este problema é:

(a) 5   (b) 4   (c) 3   (d) 2   (e) 1

7–136 Considere escoamento de Couette não estacionário e totalmente desenvolvido entre duas placas paralelas infinitas. Este problema envolve os seguintes parâmetros: componente de velocidade u, distância entre as placas h, distância vertical y, velocidade V da placa superior, densidade do fluido ρ, viscosidade do fluido μ e tempo t. O número de parâmetros adimensionais Π's esperados para este problema é:

(a) 6   (b) 5   (c) 4   (d) 3   (e) 2

7–137 Considere uma camada limite que cresce ao longo de uma fina placa plana. Este problema envolve os seguintes parâmetros: espessura δ da camada, distância x a jusante, velocidade V da corrente uniforme, a densidade do fluido ρ e viscosidade do fluido μ. O número de dimensões primárias representadas neste problema é:

(a) 1   (b) 2   (c) 3   (d) 4   (e) 5

7–138 Considere uma camada limite que cresce ao longo de uma fina placa plana. Este problema envolve os seguintes parâmetros: espessura da camada limite δ, distância a jusante x, velocidade da corrente uniforme V, a densidade do fluido ρ e viscosidade do fluido μ. O parâmetro dependente é δ. Se escolhermos três parâmetros repetidos como x, ρ e V, o Π é dependente:

(a) $\delta x^2/V$ (b) $\delta V^2/x\rho$ (c) $\delta\rho/xV$

(d) $x/\delta V$ (e) δ/x

Capítulo 8

Escoamento Interno

O escoamento de fluido é classificado como *externo* ou *interno*, dependendo do fluido ser forçado a escoar em uma superfície ou em um duto. Os escoamentos interno e externo exibem características muito diferentes. Neste capítulo, consideramos o *escoamento interno* onde o duto é completamente preenchido com o fluido e o escoamento é primariamente impulsionado por uma diferença de pressão. Ele não deve ser confundido com o *escoamento de canal aberto* (Capítulo 13), no qual o duto é parcialmente preenchido pelo fluido e, portanto, o escoamento é parcialmente limitado por superfícies sólidas, como uma vala de irrigação, e o escoamento é impulsionado apenas pela gravidade.

Iniciamos este capítulo com uma descrição física geral do escoamento interno através de tubos e dutos incluindo a *região de entrada* e a região *completamente desenvolvida*. Continuamos com uma discussão do *número de Reynolds*, adimensional, e de seu significado físico. Em seguida, apresentamos as correlações de *queda de pressão* associadas a escoamentos em tubos para escoamentos laminar e turbulento. Após, apresentamos as perdas menores e determinamos a queda de pressão e os requisitos de potência de bombeamento para sistemas de tubulação do mundo real. Por fim, apresentamos uma visão geral dos dispositivos de medição de vazão.

OBJETIVOS

Ao terminar a leitura deste capítulo você deve ser capaz de:

- Ter uma compreensão mais profunda do escoamento laminar e turbulento nos tubos e da análise do escoamento completamente desenvolvido

- Calcular as perdas maiores e menores associadas ao escoamento em dutos nas redes de tubulação e determinar os requisitos de potência de bombeamento

- Entender as diferentes técnicas de medição de velocidade e vazão e aprender sobre suas vantagens e desvantagens

Escoamentos internos através de tubos, cotovelos, tubos em T, válvulas, etc., como em refinarias de petróleo, são encontrados em practicamente toda a indústria.
Royalty Free/CORBIS

8–1 INTRODUÇÃO

O escoamento de líquido ou gás através de *tubos* ou *dutos* normalmente é usado em aplicações de aquecimento e resfriamento e nas redes de distribuição de fluidos. O fluido de tais aplicações, em geral, é forçado por um ventilador ou uma bomba a escoar através de uma seção de escoamento. Prestamos atenção especial ao *atrito*, que está diretamente relacionado à *queda de pressão* e à *perda de carga* durante o escoamento através de tubos e dutos. Em seguida, a queda de pressão é usada para determinar o requisito de potência de bombeamento. Um sistema típico de tubulação envolve tubos de diâmetros diferentes conectados entre si por diversos acessórios ou cotovelos para transportar o fluido, válvulas para controlar a vazão e bombas para pressurizar o fluido.

Os termos *tubo, duto* e *conduto*, em geral, são usados com o mesmo sentido nas seções de escoamento. Muitas vezes, as seções de escoamento de seção transversal circular são chamadas de *tubos* (em especial quando o fluido é um líquido) e as seções de escoamento de seção transversal não circular são chamadas de *dutos* (em especial quando o fluido é um gás). Dada essa incerteza, usaremos expressões mais descritivas (como um *tubo circular* ou um *duto retangular*) sempre que necessário para evitar mal-entendidos.

Você já deve ter percebido que a maioria dos fluidos, particularmente os líquidos, são transportados em *tubos circulares*. Isso acontece porque os tubos com uma seção transversal circular podem suportar grandes diferenças de pressão entre o interior e o exterior sem sofrer distorção significativa. Os *tubos não circulares* geralmente são usados em aplicações como sistemas de aquecimento e refrigeração de prédios, nos quais a diferença de pressão é relativamente pequena, os custos de fabricação e instalação são mais baixos e o espaço disponível para a canalização é limitado (Fig. 8–1).

Embora a teoria do escoamento de fluidos seja razoavelmente bem compreendida, as soluções teóricas são obtidas apenas para alguns poucos casos simples, como o escoamento laminar completamente desenvolvido em um tubo circular. Assim, devemos nos basear nos resultados experimentais e nas relações empíricas na maioria dos problemas de escoamento de fluidos em vez de em soluções analíticas fechadas. Observando que os resultados experimentais são obtidos sob condições de laboratório cuidadosamente controladas, e que não existem dois sistemas exatamente iguais, não devemos ser tão ingênuos a ponto de considerar "exatos" os resultados obtidos. Um erro de 10% (ou mais) nos fatores de atrito calculados usando as relações deste capítulo é a "regra" e não a "exceção".

A velocidade do fluido de um tubo varia do *zero* na superfície, por conta da condição de não escorregamento, até o máximo no centro do tubo. No escoamento de fluidos é conveniente trabalhar com uma velocidade *média* V_{med}, que permanece constante no escoamento incompressível quando a área de seção transversal do tubo for constante (Fig. 8–2). A velocidade média nas aplicações em aquecimento e refrigeração pode variar um pouco devido às variações da densidade com a temperatura. Mas, na prática, calculamos as propriedades do fluido em alguma temperatura média e as tratamos como constantes. A conveniência de trabalhar com propriedades constantes em geral mais do que justifica a ligeira perda de exatidão.

Da mesma forma, o atrito entre as partículas de fluido de um tubo causa uma ligeira elevação na temperatura do fluido como resultado da energia mecânica que é convertida em energia térmica sensível. Mas essa elevação de temperatura devida ao *aquecimento por atrito*, em geral, é pequena demais para merecer qualquer consideração nos cálculos e, portanto, é desprezada. Por exemplo, na ausência de transferência de calor, nenhuma diferença notável pode ser detectada entre as temperaturas de entrada e saída da água que escoa em um tubo. A consequência primá-

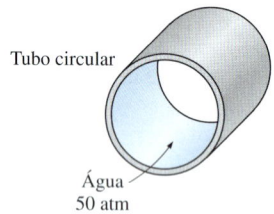
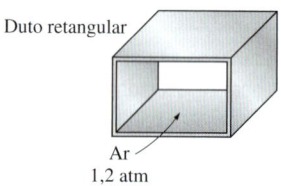

FIGURA 8–1 Os tubos circulares podem suportar grandes diferenças de pressão entre o interior e o exterior sem sofrer distorção significativa, mas os tubos não circulares não podem.

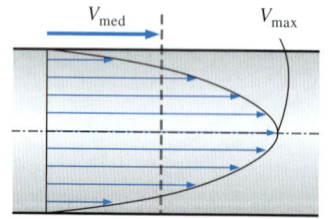

FIGURA 8–2 A velocidade média V_{med} é definida como a média em toda uma seção transversal. Para o escoamento em tubo laminar completamente desenvolvido, V_{med} é metade da velocidade máxima.

ria do atrito no escoamento de fluidos é a queda da pressão e, portanto, qualquer variação significativa da temperatura do fluido é devido à transferência de calor.

O valor da velocidade média V_{med} em alguma seção transversal da corrente é determinado pelo requisito de que o princípio da *conservação da massa* seja satisfeito (Fig. 8–2). Ou seja:

$$\dot{m} = \rho V_{med} A_c = \int_{A_c} \rho u(r)\, dA_c \qquad (8-1)$$

onde $\dot{m}$ é a vazão mássica, ρ é a densidade, A_c é a área de seção transversal e $u(r)$ é o perfil de velocidade. Então, a velocidade média do escoamento incompressível em um tubo circular de raio R pode ser expressa como:

$$V_{med} = \frac{\int_{A_c} \rho u(r)\, dA_c}{\rho A_c} = \frac{\int_0^R \rho u(r) 2\pi r\, dr}{\rho \pi R^2} = \frac{2}{R^2} \int_0^R u(r) r\, dr \qquad (8-2)$$

Assim, quando conhecemos a vazão ou o perfil de velocidade, a velocidade média pode ser determinada com facilidade.

8–2 ESCOAMENTOS LAMINAR E TURBULENTO

Se você convive com fumantes, provavelmente já notou que a fumaça do cigarro sobe em uma coluna suave pelos primeiros centímetros e, em seguida, começa a flutuar aleatoriamente em todas as direções enquanto continua subindo. Outras colunas comportam-se de forma semelhante (Fig. 8–3). Da mesma forma, uma inspeção cuidadosa do escoamento em um tubo revela que o escoamento do fluido é aerodinâmico a baixas velocidades, mas torna-se caótico à medida que a velocidade sobe acima de um valor crítico, como mostra a Fig. 8–4. No primeiro caso, diz-se que o regime de escoamento é **laminar,** caracterizado por *linhas de corrente suaves* e *movimento altamente ordenado*, e é **turbulento** no segundo caso, caracterizado pelas *flutuações* de velocidade e pelo *movimento altamente desordenado*. O escoamento de **transição** do escoamento laminar para turbulento não ocorre repentinamente; ele ocorre em alguma região na qual o escoamento flutua entre os escoamentos laminar e turbulento antes de tornar-se completamente turbulento. A maioria dos escoamentos encontrados na prática é turbulenta. O escoamento laminar é encontrado quando fluidos altamente viscosos como óleos escoam em pequenos tubos ou passagens estreitas.

Podemos verificar a existência desses regimes de escoamento laminares, de transição e turbulentos injetando listras de tinta no escoamento em um tubo de vidro, como o engenheiro britânico Osborne Reynolds (1842–1912) fez há mais de um século. Observamos que as listras de tinta formam uma *linha reta e suave* a baixas velocidades quando o escoamento é laminar (podemos ver alguns borrões por causa da difusão molecular), tem *rajadas de flutuações* no regime de transição, e faz um *zigue-zague rápido e aleatório* quando o escoamento torna-se completamente turbulento. Esses zigue-zagues e a dispersão da tinta indicam as flutuações no escoamento principal e a mistura rápida das partículas de fluidos das camadas adjacentes.

A *mistura intensa* do fluido no escoamento turbulento como resultado das flutuações rápidas incrementa a transferência de quantidade de movimento entre as partículas de fluidos, o que aumenta a força de atrito na superfície e, portanto, a potência de bombeamento necessária. O fator de atrito atinge o máximo quando o escoamento torna-se completamente turbulento.

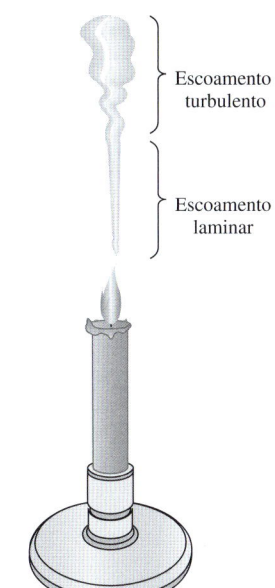

FIGURA 8–3 Regimes de escoamento laminar e turbulento da coluna da fumaça de uma vela.

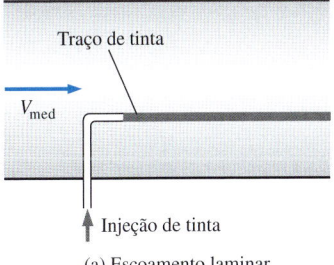

(a) Escoamento laminar

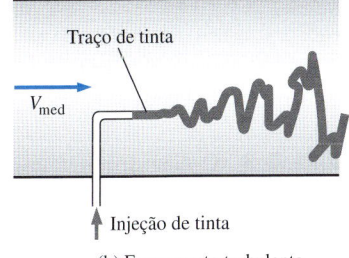

(b) Escoamento turbulento

FIGURA 8–4 O comportamento do fluido colorido injetado nos escoamentos laminares e turbulentos de um tubo.

Número de Reynolds

A transição do escoamento laminar para turbulento depende da *geometria, da rugosidade da superfície, da velocidade de escoamento, da temperatura da superfície* e do *tipo de fluido,* entre outras coisas. Após experimentos exaustivos na década de 1880, Osborne Reynolds descobriu que o regime de escoamento depende principalmente da razão entre as *forças inerciais* e as *forças viscosas* do fluido (Fig. 8–5). Essa razão é chamada de **número de Reynolds** e é expressa para o escoamento interno em um tubo circular por:

$$\text{Re} = \frac{\text{Forças inerciais}}{\text{Forças viscosas}} = \frac{V_{\text{méd}}D}{\nu} = \frac{\rho V_{\text{méd}}D}{\mu} \quad (8\text{–}3)$$

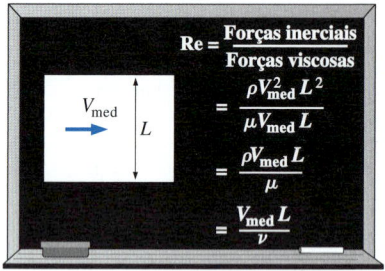

FIGURA 8–5 O número Reynolds pode ser visto como a relação entre as forças inerciais e as forças viscosas que agem sobre um elemento de fluido.

onde $V_{\text{méd}}$ = velocidade média de escoamento (m/s), D = comprimento característico da geometria (diâmetro, neste caso, em m) e $\nu = \mu/p$ = viscosidade cinemática do fluido (m²/s). Observe que o número de Reynolds é uma quantidade *adimensional* (Capítulo 7). Além disso, a viscosidade cinemática tem a unidade m²/s, e pode ser vista como *difusividade viscosa* ou *difusividade e momento*.

Com números de Reynolds grandes, as forças inerciais, que são proporcionais à densidade do fluido e ao quadrado da velocidade do fluido, são grandes com relação às forças viscosas e, portanto, as forças viscosas não podem evitar as flutuações aleatórias e rápidas do fluido. Com números de Reynolds *pequenos* ou *moderados*, porém, as forças viscosas são suficientemente grandes para suprimir essas flutuações e manter o fluido "alinhado". Assim, o escoamento é *turbulento* no primeiro caso e *laminar* no segundo.

O número de Reynolds no qual o escoamento torna-se turbulento é chamado de **número de Reynolds crítico**, Re_{cr}. O valor do número de Reynolds crítico é diferente para geometrias e condições de escoamento diferentes. Para o escoamento interno em um tubo circular, o valor geralmente aceito do número de Reynolds crítico é $\text{Re}_{\text{cr}} = 2300$.

Para o escoamento através de tubos não circulares, o número de Reynolds se baseia no **diâmetro hidráulico** D_h definido como (Fig. 8–6):

Diâmetro hidráulico: $\qquad D_h = \dfrac{4A_c}{p} \qquad (8\text{–}4)$

onde A_c é a área de seção transversal do tubo e p é seu perímetro molhado. O diâmetro hidráulico é definido de forma a reduzir-se ao diâmetro comum D para tubos circulares:

Tubos circulares: $\qquad D_h = \dfrac{4A_c}{p} = \dfrac{4(\pi D^2/4)}{\pi D} = D$

Certamente é desejável ter valores precisos para os números de Reynolds dos escoamentos laminar, de transição e turbulento, mas isso não acontece na prática. Acontece que a transição do escoamento laminar para o turbulento também depende do grau de perturbação do escoamento por *rugosidade superficial, vibrações do tubo* e *flutuações do escoamento a montante*. Nas maioria das condições práticas, o escoamento de um tubo circular é laminar para $\text{Re} \lesssim 2300$, turbulento para $\text{Re} \gtrsim 4000$ e de transição entre esses valores. Ou seja:

$$\begin{aligned}
\text{Re} &\lesssim 2300 & &\text{escoamento laminar} \\
2300 &\lesssim \text{Re} \lesssim 4000 & &\text{escoamento de transição} \\
\text{Re} &\gtrsim 4000 & &\text{escoamento turbulento}
\end{aligned}$$

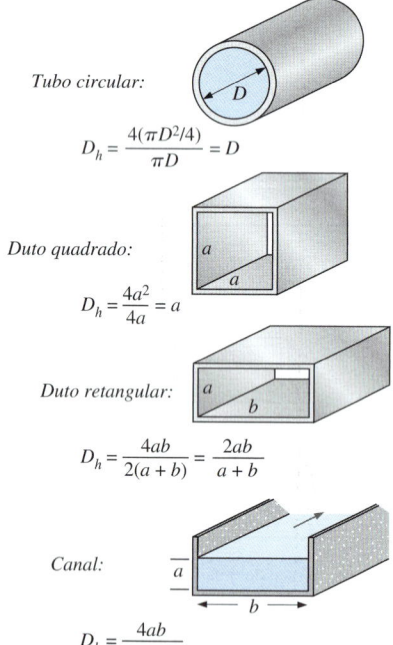

FIGURA 8–6 O diâmetro hidráulico $D_h = 4A_c/p$ é definido de forma a reduzir-se ao diâmetro comum para tubos circulares. Quando existe uma superfície livre, tal como em um escoamento de canal aberto, o perímetro molhado inclui apenas as paredes em contato com o fluido.

No escoamento de transição, o escoamento troca entre laminar e turbulento de forma aleatória (Fig. 8–7). É preciso lembrar que o escoamento laminar pode ser mantido para números de Reynolds muito mais altos em tubos muito lisos, evitando distúrbios no escoamento e vibrações do tubo. Em tais experimentos cuidadosamente controlados, o escoamento laminar tem sido mantido para números de Reynolds de até 100.000.

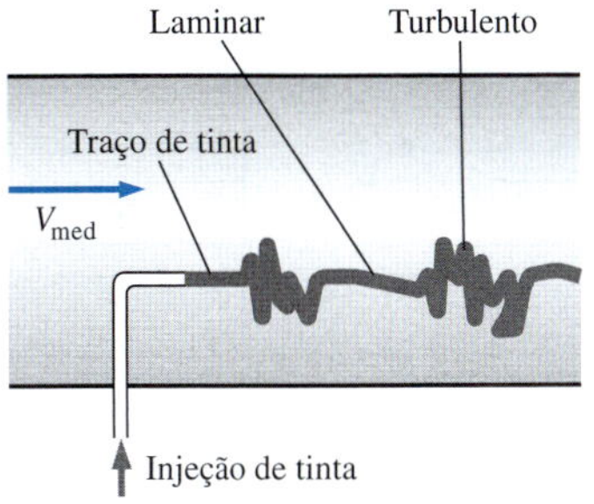

8–3 A REGIÃO DE ENTRADA

Considere um fluido que entra em um tubo circular com velocidade uniforme. Devido à condição de não escorregamento, as partículas do fluido na camada em contato com a superfície do tubo param completamente. Essa camada também faz com que as partículas de fluido das camadas adjacentes gradualmente desacelerem como resultado do atrito. Para compensar essa redução de velocidade, a velocidade do fluido na seção média do tubo tem que aumentar para manter a vazão de massa através do tubo constante. Como resultado, um gradiente de velocidade se desenvolve ao longo do tubo.

A região do escoamento na qual os efeitos das forças de cisalhamento viscosas causadas pela viscosidade do fluido são sentidas é chamada de **camada limite de velocidade** ou apenas camada limite. A superfície da fronteira hipotética divide o escoamento em um tubo em duas regiões: a **região da camada limite**, na qual os efeitos viscosos e as variações de velocidade são significativos, e a **região de escoamento irrotacional (central)**, na qual os efeitos do atrito são desprezíveis e a velocidade permanece essencialmente constante na direção radial.

A espessura dessa camada limite aumenta na direção do escoamento até a camada limite atingir o centro do tubo e, portanto, preencher todo o tubo, como mostra a Fig. 8–8, e velocidade torna-se completamente desenvolvida um pouco mais longe a jusante. A região da entrada do tubo até o ponto no qual o perfil de velocidade está completamente desenvolvido é chamada de **região de entrada hidrodinâmica**, e o comprimento dessa região é chamado de **comprimento de entrada hidrodinâmica** L_h. O escoamento na região da entrada é chamado *escoamento hidrodinamicamente em desenvolvimento*, uma vez que essa é a região na qual o perfil de velocidade se desenvolve. A região além da região de entrada na qual o perfil de velocidade é completamente desenvolvido e permanece inalterado é chamada de **região hidrodinamicamente completamente desenvolvida**. Diz-se que o escoamento é **completamente desenvolvido** quando o perfil de temperatura normalizado também permanece inalterado. O escoamento hidrodinamicamente desenvolvido é equivalente ao escoamento totalmente desenvolvido quando o fluido do tubo não é aquecido ou resfriado, uma vez que a temperatura do fluido neste caso permanece essencialmente constante em todo o

FIGURA 8–7 Na região de escoamento da transição de $2.300 \leq Re \leq 4.000$, o escoamento troca entre laminar e turbulento aleatoriamente.

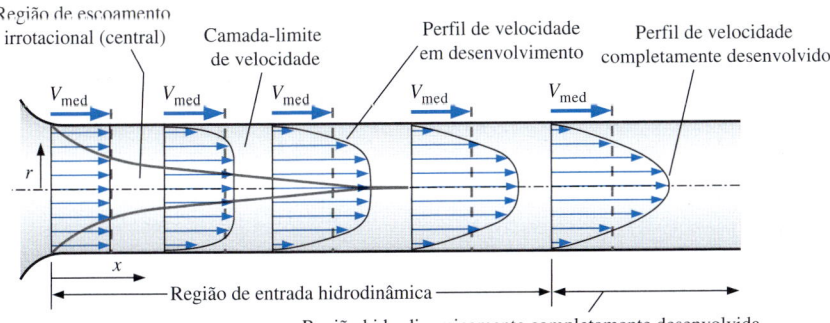

FIGURA 8–8 O desenvolvimento de camada limite da velocidade em um tubo. (O perfil desenvolvido de velocidade é parabólico no escoamento laminar, como foi mostrado, mas um pouco mais plano ou mais cheio no escoamento turbulento.)

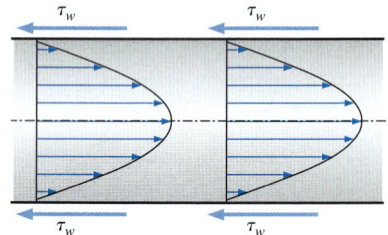

FIGURA 8–9 Na região de escoamento completamente desenvolvido de um tubo, o perfil de velocidade não muda a jusante e, portanto, a tensão de cisalhamento da parede também permanece constante.

tubo. O perfil de velocidade na região completamente desenvolvida é *parabólico* no escoamento laminar e um pouco *mais plano* (ou *mais cheio*) no escoamento turbulento devido ao movimento de redemoinho e à mistura mais vigorosa na direção radial. A média no tempo do perfil de velocidade permanece inalterada quando o escoamento é completamente desenvolvido e, portanto:

Hidrodinamicamente completamente desenvolvido:
$$\frac{\partial u(r, x)}{\partial x} = 0 \quad \rightarrow \quad u = u(r) \tag{8–5}$$

A tensão de cisalhamento na parede do tubo τ_w está relacionada à inclinação do perfil da velocidade na superfície. Observando que o perfil de velocidade permanece inalterado na região hidrodinamicamente completamente desenvolvida, a tensão de cisalhamento da parede também permanece constante naquela região (Fig. 8–9).

Considere o escoamento de fluido na região de entrada hidrodinâmica de um tubo. A tensão de cisalhamento na parede é *mais alta* na entrada do tubo, onde a espessura da camada limite é menor, e diminui gradualmente até o valor completamente desenvolvido, como mostra a Fig. 8–10. Assim, a queda de pressão é *mais alta* nas regiões de entrada de um tubo e o efeito da região de entrada é sempre o *aumento* do fator de atrito médio de todo o tubo. Esse aumento pode ser significativo para tubos curtos, mas é desprezível nos tubos longos.

Comprimentos de entrada

O comprimento de entrada hidrodinâmica geralmente é tomado como a distância da entrada do tubo até o lugar onde a tensão de cisalhamento da parede (e, portanto, o fator de atrito) chega até cerca de 2% do valor completamente desenvolvido. No *escoamento laminar*, o comprimento da entrada hidrodinâmica é dado, aproximadamente, por [veja Kays e Crawford (2004) e Shah e Bhatti (1987)]:

$$\frac{L_{h,\text{ laminar}}}{D} \cong 0{,}05\text{Re} \tag{8–6}$$

Para Re = 20, o comprimento de entrada hidrodinâmica é de cerca do tamanho do diâmetro, mas aumenta linearmente com a velocidade. No caso laminar limite de Re = 2300, o comprimento da entrada hidrodinâmica é de 115D.

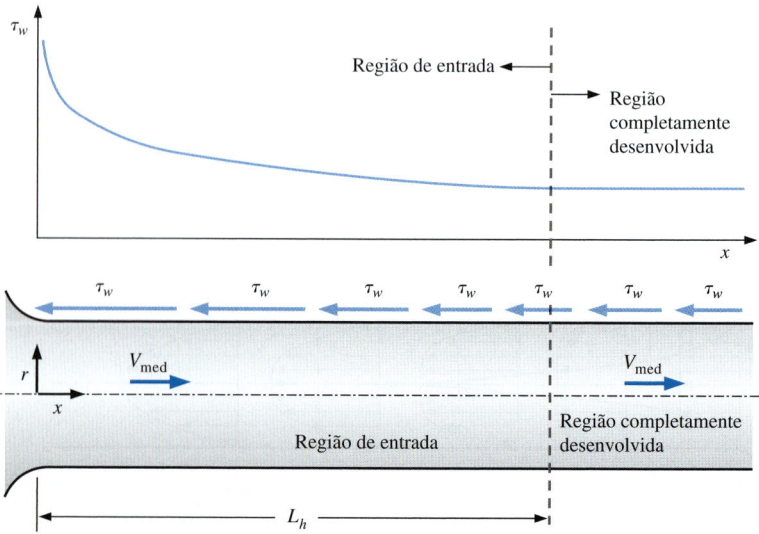

FIGURA 8–10 A variação da tensão de cisalhamento da parede na direção do escoamento de um tubo desde a região de entrada na região completamente desenvolvida.

No *escoamento turbulento*, a mistura intensa durante as flutuações aleatórias geralmente supera os efeitos da difusão molecular. O comprimento de entrada hidrodinâmica do escoamento turbulento pode ser aproximado como [veja Bhatti e Shah (1987) e Zhi-qing (1982)]:

$$\frac{L_{h,\text{turbulento}}}{D} = 1{,}359 \text{Re}^{1/4} \qquad (8\text{-}7)$$

O comprimento de entrada é muito mais curto no escoamento turbulento, como esperado, e sua dependência do número de Reynolds é mais fraca. Em muitos escoamentos de tubo de interesse prático para a engenharia, os efeitos da entrada tornam-se insignificantes além de um comprimento de tubo de 10 diâmetros, e o comprimento de entrada hidrodinâmica é aproximado como:

$$\frac{L_{h,\text{turbulento}}}{D} \approx 10 \qquad (8\text{-}8)$$

Correlações precisas para o cálculo das perdas de carga por atrito nas regiões de entrada estão disponíveis na literatura. Entretanto, os tubos utilizados na prática, em geral, têm várias vezes o comprimento da região de entrada e, portanto, o escoamento através dos tubos quase sempre é considerado como completamente desenvolvido para todo o comprimento do tubo. Essa abordagem simplista permite resultados *razoáveis* para tubos longos, mas, às vezes, tem resultados ruins para tubos curtos, pois subestima a tensão de cisalhamento na parede e, assim, o fator de atrito.

8–4 ESCOAMENTO LAMINAR EM TUBOS

Mencionamos na Seção 8–2 que o escoamento em tubos é laminar para $\text{Re} \lesssim 2300$ e que o escoamento é completamente desenvolvido se o tubo for suficientemente longo (em relação ao comprimento de entrada), de modo que os efeitos da entrada são desprezíveis. Nesta seção, consideramos o escoamento laminar estacionário de um fluido incompressível com propriedades constantes na região completamente desenvolvida de um tubo circular reto. Obtemos a equação de momento aplicando um balanço de momento a um elemento de volume diferencial e obtemos o perfil de velocidade resolvendo-a. Em seguida, usamos essa equação para obter uma relação para o fator de atrito. Um aspecto importante dessa análise é o fato de ela ser uma das poucas disponíveis para o escoamento viscoso.

No escoamento laminar completamente desenvolvido, cada partícula de fluido se move a uma velocidade axial constante ao longo de uma linha de corrente e o perfil de velocidade $u(r)$ permanece inalterado na direção do escoamento. Não há movimento na direção radial e, portanto, a componente da velocidade na direção normal ao escoamento é zero em toda parte. Não há aceleração, uma vez que o escoamento é estacionário e completamente desenvolvido.

Agora considere um elemento de volume diferencial em forma de anel de raio r, espessura dr e comprimento dx orientado coaxialmente com o tubo, como mostra a Fig. 8–11. O elemento de volume envolve apenas os efeitos da pressão e viscosos e, portanto, as forças de pressão e de cisalhamento devem se contrabalançar. A força da pressão agindo em uma superfície plana submersa é o produto da pressão no centroide da superfície pela área da superfície. Um balanço de força do elemento de volume na direção do escoamento resulta em:

$$(2\pi r\, dr\, P)_x - (2\pi r\, dr\, P)_{x+dx} + (2\pi r\, dx\, \tau)_r - (2\pi r\, dx\, \tau)_{r+dr} = 0 \qquad (8\text{-}9)$$

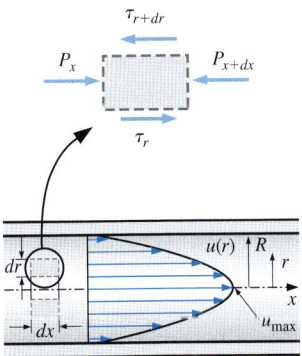

FIGURA 8–11 Diagrama de corpo livre de um elemento de fluido diferencial em forma de anel de raio r, espessura dr e comprimento dx orientado coaxialmente a um tubo horizontal no escoamento laminar completamente desenvolvido. (O tamanho do elemento de fluido é bastante exagerado para maior clareza.)

354 Mecânica dos Fluidos

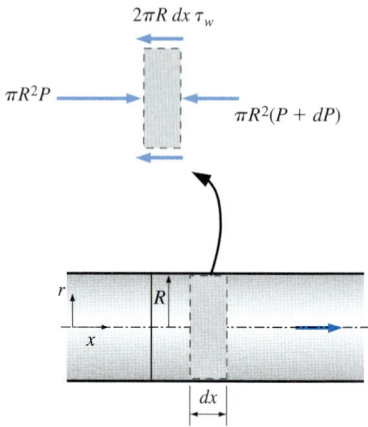

Balanço de força:
$$\pi R^2 P - \pi R^2 (P + dP) - 2\pi R\, dx\, \tau_w = 0$$

Simplificando:
$$\frac{dP}{dx} = -\frac{2\tau_w}{R}$$

FIGURA 8–12 Diagrama de corpo livre de um elemento de disco de fluido de raio R e comprimento dx no escoamento laminar completamente desenvolvido de um tubo horizontal.

indicando que no escoamento completamente desenvolvido em um tubo horizontal, as forças viscosas e de pressão se contrabalançam. Dividindo por $2\pi dr dx$ e reorganizando:

$$r\frac{P_{x+dx} - P_x}{dx} + \frac{(r\tau)_{r+dr} - (r\tau)_r}{dr} = 0 \qquad (8\text{–}10)$$

Tomando o limite quando $dr, dx \to 0$, temos:

$$r\frac{dP}{dx} + \frac{d(r\tau)}{dr} = 0 \qquad (8\text{–}11)$$

Substituindo $\tau = -\mu(du/dr)$, dividindo-se por r e tomando μ = constante, temos a equação desejada:

$$\frac{\mu}{r}\frac{d}{dr}\left(r\frac{du}{dr}\right) = \frac{dP}{dx} \qquad (8\text{–}12)$$

A quantidade du/dr é negativa no escoamento de tubo, e o sinal negativo é incluído para obter valores positivos para τ. (Ou $du/dr = -du/dy$, se definimos que $y = R - r$.) O lado esquerdo da Equação 8–12 é uma função de r e o lado direito é uma função de x. A igualdade deve ser mantida para todo valor de r e x, e uma igualdade da forma $f(r) = g(x)$ pode ser satisfeita apenas se $f(r)$ e $g(x)$ forem iguais a uma mesma constante. Assim, concluímos que a dP/dx = constante. Isso pode ser verificado escrevendo um balanço de força em um elemento de volume de raio R e espessura dx (uma fatia do tubo, como na Fig. 8–12) que resulta em:

$$\frac{dP}{dx} = -\frac{2\tau_w}{R} \qquad (8\text{–}13)$$

Aqui τ_w é constante, uma vez que a viscosidade e o perfil de velocidade são constantes na região completamente desenvolvida. Assim, dP/dx = constante.

A Equação 8–12 pode ser resolvida reorganizando e integrando duas vezes, resultando em:

$$u(r) = \frac{r^2}{4\mu}\left(\frac{dP}{dx}\right) + C_1 \ln r + C_2 \qquad (8\text{–}14)$$

O perfil de velocidade $u(r)$ é obtido aplicando as condições de contorno $\partial u/\partial r = 0$ em $r = 0$ (por causa da simetria com relação ao eixo central) e $u = 0$ em $r = R$ (a condição de não escorregamento na superfície do tubo). Obtemos:

$$u(r) = -\frac{R^2}{4\mu}\left(\frac{dP}{dx}\right)\left(1 - \frac{r^2}{R^2}\right) \qquad (8\text{–}15)$$

Portanto, o perfil de velocidade no escoamento laminar completamente desenvolvido de um tubo é *parabólico* com um máximo na linha central e um mínimo (zero) na parede do tubo. Da mesma forma, a velocidade axial u é positiva para qualquer r e, portanto, o gradiente de pressão axial dP/dx deve ser negativo (ou seja, a pressão deve diminuir na direção do escoamento por conta dos efeitos viscosos – é preciso pressão para empurrar o fluido através do tubo).

A velocidade média é determinada de sua definição pela substituição da Equação 8–15 na Equação 8–2 e fazendo a integração. Isso resulta em:

$$V_{\text{med}} = \frac{2}{R^2}\int_0^R u(r)r\,dr = \frac{-2}{R^2}\int_0^R \frac{R^2}{4\mu}\left(\frac{dP}{dx}\right)\left(1 - \frac{r^2}{R^2}\right)r\,dr = -\frac{R^2}{8\mu}\left(\frac{dP}{dx}\right) \qquad (8\text{–}16)$$

Combinando as duas últimas equações, o perfil de velocidade é reescrito como:

$$u(r) = 2V_{\text{med}}\left(1 - \frac{r^2}{R^2}\right) \qquad (8\text{–}17)$$

Essa é uma forma conveniente para o perfil da velocidade, uma vez que V_{med} pode ser determinada facilmente com as informações da vazão.

A velocidade máxima ocorre no eixo central e é determinada da Equação 8–17 substituindo $r = 0$:

$$u_{max} = 2V_{med} \qquad (8\text{–}18)$$

Assim, a *velocidade média do escoamento laminar completamente desenvolvido em um tubo é metade da velocidade máxima.*

Queda de pressão e perda de carga

Uma quantidade de interesse para a análise do escoamento em tubo é a *queda de pressão* ΔP, considerando que ela está diretamente relacionada aos requisitos de potência do ventilador ou da bomba para manter o escoamento. Observamos que $dP/dx = $ constante, e que a integração de $x = x_1$, onde a pressão é P_1 a $x = x_1 + L$, onde a pressão é P_2 resulta em:

$$\frac{dP}{dx} = \frac{P_2 - P_1}{L} \qquad (8\text{–}19)$$

Substituindo a Equação 8–19 na expressão de V_{med} na Equação 8–16, a queda de pressão pode ser expressa como:

Escoamento laminar: $\qquad \Delta P = P_1 - P_2 = \dfrac{8\mu L V_{med}}{R^2} = \dfrac{32\mu L V_{med}}{D^2} \qquad (8\text{–}20)$

O símbolo Δ geralmente é usado para indicar a diferença entre os valores final e inicial, como em $\Delta y = y_2 - y_1$. Mas, no escoamento de fluidos, ΔP é usado para designar a queda de pressão e, portanto, ela é $P_1 - P_2$. Uma queda de pressão devido aos efeitos viscosos representa uma perda irreversível de pressão e é chamada de **perda de pressão** ΔP_L para enfatizar que isso é uma *perda* (assim como a perda de carga h_L, que é proporcional a ela).

Observe na Equação 8–20 que a queda de pressão é proporcional à viscosidade μ do fluido e que ΔP seria zero se não houvesse atrito. Portanto, a queda de pressão de P_1 para P_2 neste caso é devida totalmente aos efeitos viscosos, e a Equação 8–20 representa a queda de pressão ΔP_L quando um fluido de viscosidade μ escoa através de um tubo de diâmetro constante D e comprimento L à velocidade média V_{med}.

Na prática, considera-se conveniente expressar a perda de pressão para todos os tipos de escoamentos internos completamente desenvolvidos (escoamentos laminar e turbulento, tubos circulares e não circulares, superfícies lisas ou rugosas, tubos horizontais ou inclinados) como (Fig. 8–13):

Perda de pressão: $\qquad \Delta P_L = f \dfrac{L}{D} \dfrac{\rho V_{med}^2}{2} \qquad (8\text{–}21)$

onde $\rho V_{med}^2/2$ é a *pressão dinâmica* e f é o **fator de atrito de Darcy**:

$$f = \frac{8\tau_w}{\rho V_{med}^2} \qquad (8\text{–}22)$$

Ele também é chamado de **fator de atrito de Darcy–Weisbach**, em homenagem ao francês Henry Darcy (1803–1858) e ao alemão Julius Weisbach (1806–1871), os dois engenheiros que forneceram a maior contribuição para seu desenvolvimento. Ele não deve ser confundido com o *coeficiente de atrito Cf* [também chamado de *fator de atrito de Fanning*, em homenagem ao engenheiro norte-americano John Fanning (1837–1911)], que é definido como $Cf = 2\tau_w/(\rho V_{med}^2) = f/4$.

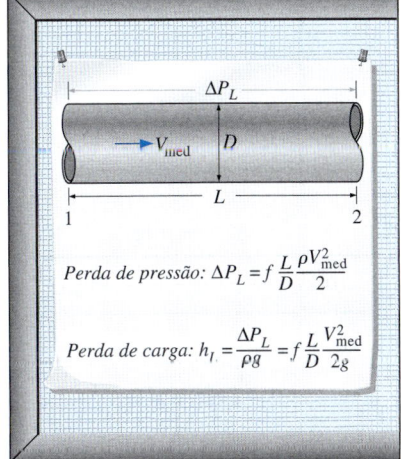

FIGURA 8–13 A relação da perda de pressão (e perda de carga) é uma das relações mais gerais da mecânica dos fluidos, e ela é válida para escoamentos laminares ou turbulentos, tubos circulares ou não circulares e tubos com superfícies lisas ou rugosas.

Igualando as Equações 8–20 e 8–21 e isolando f temos o fator de atrito do escoamento laminar completamente desenvolvido em um tubo circular:

Tubo circular, laminar: $$f = \frac{64\mu}{\rho D V_{\text{med}}} = \frac{64}{\text{Re}} \quad (8\text{–}23)$$

Esta equação mostra que *no escoamento laminar, o fator de atrito é uma função do número de Reynolds e é independente da rugosidade da superfície do tubo* (supondo, é claro, que a rugosidade não é extrema).

Na análise do sistema de tubos, as perdas de pressão normalmente são expressas em termos da *altura equivalente da coluna de fluido*, chamada de **perda de carga** h_L. Observando, da estática dos fluidos, que $\Delta P = \rho g h$ e que, portanto, uma diferença de pressão de ΔP corresponde a uma altura de fluido de $h = \Delta P/\rho g$, a *perda de carga do tubo* é obtida pela divisão de ΔP_L por ρg resultando em:

Perda de carga: $$h_L = \frac{\Delta P_L}{\rho g} = f \frac{L}{D} \frac{V_{\text{med}}^2}{2g} \quad (8\text{–}24)$$

A perda de carga h_L representa *a altura adicional a que o fluido precisa ser elevado por uma bomba para superar as perdas por atrito do tubo*. A perda de carga é causada pela viscosidade e está relacionada diretamente à tensão de cisalhamento na parede. As Equações 8–21 e 8–24 são válidas para os escoamentos laminar e turbulento nos tubos circulares e não circulares, mas a Equação 8–23 só é válida para o escoamento laminar completamente desenvolvido em tubos circulares.

Depois que a perda de pressão (ou perda de carga) for conhecida, a potência de bombeamento necessária *para superar a perda de pressão* é determinada por:

$$\dot{W}_{\text{bomba}, L} = \dot{V}\Delta P_L = \dot{V}\rho g h_L = \dot{m} g h_L \quad (8\text{–}25)$$

onde $\dot{V}$ é a vazão volumétrica e $\dot{m}$ é a vazão mássica.

A velocidade média do escoamento laminar em um tubo horizontal é, da Equação 8–20,

Tubo horizontal: $$V_{\text{med}} = \frac{(P_1 - P_2)R^2}{8\mu L} = \frac{(P_1 - P_2)D^2}{32\mu L} = \frac{\Delta P D^2}{32\mu L} \quad (8\text{–}26)$$

Assim, a vazão volumétrica do escoamento laminar através de um tubo horizontal de diâmetro D e comprimento L torna-se

$$\dot{V} = V_{\text{med}} A_c = \frac{(P_1 - P_2)R^2}{8\mu L}\pi R^2 = \frac{(P_1 - P_2)\pi D^4}{128\mu L} = \frac{\Delta P \pi D^4}{128\mu L} \quad (8\text{–}27)$$

Essa equação é conhecida como **lei de Poiseuille**, e esse escoamento é chamado de *escoamento de Hagen-Poiseuille* em homenagem aos trabalhos realizados por G. Hagen (1797-1884) e J. Poiseuille (1799-1869) sobre o assunto. Observe na Equação 8–27 que *para uma vazão especificada, a queda de pressão e, portanto, a potência necessária de bombeamento, é proporcional ao comprimento do tubo e à viscosidade do fluido, mas é inversamente proporcional à quarta potência do raio (ou diâmetro) do tubo.* Assim, o requisito de potência de bombeamento de um sistema de tubos pode ser reduzida por um fator de 16, dobrando o diâmetro do tubo (Fig. 8–14). Obviamente, os benefícios da redução dos custos da energia devem ser ponderados com relação ao maior custo de construção acarretado pelo uso de um tubo com diâmetro maior.

A queda de pressão ΔP é igual à perda de pressão ΔP_L no caso de um tubo horizontal, mas esse não é o caso dos tubos inclinados ou dos tubos com uma

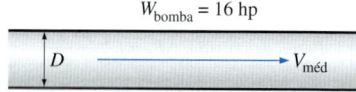
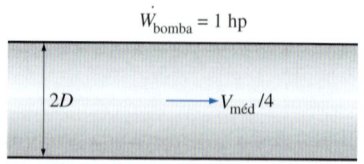

FIGURA 8–14 O requisito de potência de bombeamento de um sistema de tubos com escoamento laminar pode ser reduzida por um fator de 16, dobrando o diâmetro do tubo.

área de seção transversal variável. Isso pode ser mostrado escrevendo a equação da energia para escoamento estacionário, incompressível e unidimensional em termos das cargas como (veja o Capítulo 5):

$$\frac{P_1}{\rho g} + \alpha_1 \frac{V_1^2}{2g} + z_1 + h_{\text{bomba}, u} = \frac{P_2}{\rho g} + \alpha_2 \frac{V_2^2}{2g} + z_2 + h_{\text{turbina}, e} + h_L \quad (8\text{-}28)$$

onde $h_{\text{bomba}, u}$ é a altura útil da bomba fornecida ao fluido, $h_{\text{turbina}, e}$ é a altura da turbina extraída do fluido, h_L é a perda de altura irreversível entre as seções 1 e 2, V_1 e V_2 são as velocidades médias nas seções 1 e 2, respectivamente, e α_1 e α_2 são os *fatores de correção da energia cinética* nas seções 1 e 2 (é possível mostrar que $\alpha = 2$ para o escoamento laminar completamente desenvolvido e cerca de 1,05 para o escoamento turbulento completamente desenvolvido). A Equação 8–28 pode ser reorganizada como:

$$P_1 - P_2 = \rho(\alpha_2 V_2^2 - \alpha_1 V_1^2)/2 + \rho g[(z_2 - z_1) + h_{\text{turbina}, e} - h_{\text{bomba}, u} + h_L] \quad (8\text{-}29)$$

Assim, a queda de pressão $\Delta P = P_1 - P_2$ e a perda de pressão $\Delta P_L = \rho g h_L$ para determinada seção de escoamento são equivalentes se (1) a seção de escoamento é horizontal para que não haja efeitos hidrostáticos ou de gravidade ($z_1 = z_2$), (2) a seção de escoamento não envolve nenhum dispositivo de trabalho, como uma bomba ou uma turbina, uma vez que eles alteram a pressão do fluido ($h_{\text{bomba}, u} = h_{\text{turbina}, e} = 0$), (3) a área de seção transversal da seção de escoamento é constante e, portanto, a velocidade média de escoamento é constante ($V_1 = V_2$) e (4) os perfis de velocidade das seções 1 e 2 têm a mesma forma ($\alpha_1 = \alpha_2$).

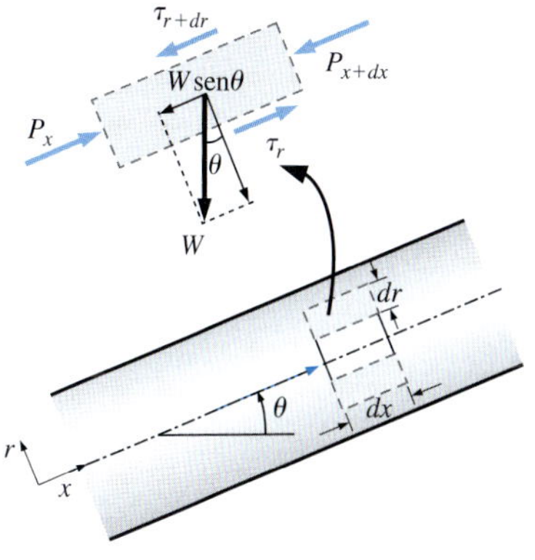

FIGURA 8–15 Diagrama de corpo livre de um elemento diferencial de fluido em forma de anel de raio r, espessura dr e comprimento dx orientado coaxialmente com um tubo inclinado no escoamento laminar completamente desenvolvido.

Efeito da gravidade na velocidade e na vazão em escoamento laminar

A gravidade não tem efeito sobre o escoamento em tubos horizontais, mas tem um significativo efeito sobre a velocidade e a vazão em tubos em subida ou descida. As relações para os tubos inclinados podem ser obtidas de modo semelhante a partir de um balanço de força na direção do escoamento. A única força adicional neste caso é a componente do peso do fluido na direção do escoamento, cuja magnitude é:

$$W_x = W \operatorname{sen} \theta = \rho g V_{\text{elemento}} \operatorname{sen} \theta = \rho g (2\pi r \, dr \, dx) \operatorname{sen} \theta \quad (8\text{-}30)$$

onde θ é o ângulo entre a direção horizontal e a direção do escoamento (Fig. 8–15). O balanço de forças da Equação 8–9 agora torna-se:

$$(2\pi r \, dr \, P)_x - (2\pi r \, dr \, P)_{x+dx} + (2\pi r \, dx \, \tau)_r \\ - (2\pi r \, dx \, \tau)_{r+dr} - \rho g(2\pi r \, dr \, dx) \operatorname{sen} \theta = 0 \quad (8\text{-}31)$$

que resulta na equação diferencial:

$$\frac{\mu}{r} \frac{d}{dr}\left(r \frac{du}{dr}\right) = \frac{dP}{dx} + \rho g \operatorname{sen} \theta \quad (8\text{-}32)$$

Seguindo o mesmo procedimento de solução, pode ser mostrado que o perfil de velocidade é:

$$u(r) = -\frac{R^2}{4\mu}\left(\frac{dP}{dx} + \rho g \operatorname{sen} \theta\right)\left(1 - \frac{r^2}{R^2}\right) \quad (8\text{-}33)$$

Da Equação 8–33, as relações da *velocidade média* e da *vazão volumétrica* para o escoamento laminar através dos tubos inclinados são, respectivamente,

$$V_{\text{med}} = \frac{(\Delta P - \rho g L \operatorname{sen} \theta)D^2}{32\mu L} \quad \text{e} \quad \dot{V} = \frac{(\Delta P - \rho g L \operatorname{sen} \theta)\pi D^4}{128\mu L} \quad (8\text{-}34)$$

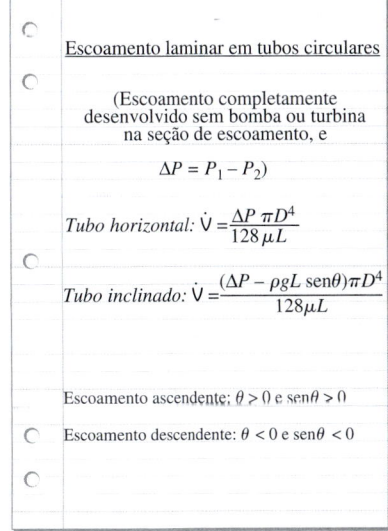

Escoamento laminar em tubos circulares

(Escoamento completamente desenvolvido sem bomba ou turbina na seção de escoamento, e

$\Delta P = P_1 - P_2$)

Tubo horizontal: $\dot{V} = \dfrac{\Delta P \, \pi D^4}{128 \mu L}$

Tubo inclinado: $\dot{V} = \dfrac{(\Delta P - \rho g L \operatorname{sen} \theta)\pi D^4}{128 \mu L}$

Escoamento ascendente: $\theta > 0$ e $\operatorname{sen} \theta > 0$

Escoamento descendente: $\theta < 0$ e $\operatorname{sen} \theta < 0$

FIGURA 8–16 As relações desenvolvidas para o escoamento laminar completamente desenvolvido através dos tubos horizontais também podem ser usadas nos tubos inclinados, substituindo ΔP por $\Delta P \, \rho g L \operatorname{sen} \theta$.

que são idênticas às relações correspondentes para os tubos horizontais, exceto que ΔP é substituído por $\Delta P - \rho g L$ sen θ. Assim, os resultados já obtidos para os tubos horizontais também podem ser usados para os tubos inclinados, desde que ΔP seja substituído por $\Delta P - \rho g L$ sen θ (Fig. 8–16). Observe que $\theta > 0$ e, portanto, sen $\theta > 0$ para o escoamento ascendente e $\theta < 0$ e, portanto, sen $\theta < 0$ para o escoamento descendente.

Nos tubos inclinados, o efeito combinado da diferença de pressão e gravidade movimenta o escoamento. A gravidade ajuda o escoamento descendente, mas se opõe ao escoamento ascendente. Assim, diferenças de pressão muito maiores precisam ser aplicadas para manter uma vazão especificada no escoamento ascendente, embora isso torne-se importante apenas para os líquidos, já que a massa específica dos gases geralmente é baixa. No caso especial de *não haver escoamento* ($\dot{V} = 0$), temos $\Delta P = \rho g L$ sen θ, que é o que obtemos da estática dos fluidos (Capítulo 3).

Escoamento laminar em tubos não circulares

As relações do fator de atrito f são dadas na Tabela 8–1 para o *escoamento laminar completamente desenvolvido* em tubos de diversas seções transversais. O número de Reynolds desses tubos tem por base o diâmetro hidráulico $D_h = 4A_c/p$, onde A_c é a área de seção transversal do tubo e p é seu perímetro molhado.

TABELA – 8–1
Fator de atrito do escoamento laminar completamente desenvolvido de diversas seções transversais ($D_h = 4A_c/p$ e Re $= V_{med} D_h/v$)

Geometria do tubo	a/b ou $\theta°$	Fator de atrito f
Círculo	—	64,00/Re
Retângulo	a/b	
	1	56,92/Re
	2	62,20/Re
	3	68,36/Re
	4	72,92/Re
	6	78,80/Re
	8	82,32/Re
	∞	96,00/Re
Elipse	a/b	
	1	64,00/Re
	2	67,28/Re
	4	72,96/Re
	8	76,60/Re
	16	78,16/Re
Triângulo isósceles	θ	
	10°	50,80/Re
	30°	52,28/Re
	60°	53,32/Re
	90°	52,60/Re
	120°	50,96/Re

EXEMPLO 8–1 Escoamento laminar em tubos horizontais e inclinados

Considere o escoamento completamente desenvolvido de glicerina a 40° C por meio de um tubo circular horizontal de 4 cm de diâmetro e 70 m de comprimento. Se a velocidade na linha central é medida como 6 m/s, determine o perfil de velocidade e a diferença de pressão através dessa seção de 70 m de comprimento do tubo, e a potência útil de bombeamento necessária para manter esse escoamento. Para a mesma potência útil de bombeamento de entrada, determine a percentagem de aumento da vazão se o tubo for inclinado 15° para baixo, e a percentagem de diminuição se for inclinado 15° para cima. A bomba está localizada fora dessa seção do tubo.

SOLUÇÃO A velocidade na linha central em um tubo horizontal com um escoamento completamente desenvolvido é medida. O perfil de velocidade, a diferença de pressão através do tubo e a potência de bombeamento devem ser determinados. Os efeitos da inclinação do tubo para cima e para baixo sobre o escoamento devem ser investigados.

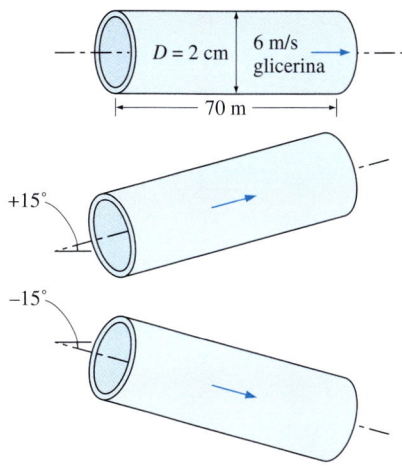

FIGURA 8–17 Esquema do Exemplo 8–1.

Hipóteses 1 O escoamento é permanente, laminar, incompressível e completamente desenvolvido. 2 Não há bombas ou turbinas na seção de escoamento. 3 Não há válvulas, cotovelos ou outros dispositivos que podem causar perdas locais.

Propriedades A densidade e viscosidade dinâmica de glicerina a 40° C são $\rho = 1252$ kg/m^3 e $\mu = 0{,}3073$ kg/m·s, respectivamente.

Análise O perfil de velocidade em escoamento laminar completamente desenvolvido em um tubo circular é expresso como:

$$u(r) = u_{max}\left(1 - \frac{r^2}{R^2}\right)$$

Substituindo, o perfil de velocidade é:

$$u(r) = (6 \text{ m/s})\left(1 - \frac{r^2}{(0{,}02 \text{ m})^2}\right) = 6(1 - 2500r^2)$$

onde u é em m/s e r é em m. A velocidade média, a vazão e o número de Reynolds são:

$$V = V_{med} = \frac{u_{max}}{2} = \frac{6 \text{ m/s}}{2} = 3 \text{ m/s}$$

$$\dot{V} = V_{med}A_c = V(\pi D^2/4) = (3 \text{ m/s})[\pi(0{,}04 \text{ m})^2/4] = 3{,}77 \times 10^{-3} \text{ m}^3/\text{s}$$

$$\text{Re} = \frac{\rho V D}{\mu} = \frac{(1252 \text{ kg/m}^3)(3 \text{ m/s})(0{,}04 \text{ m})}{0{,}3073 \text{ kg/m·s}} = 488{,}9$$

que é inferior a 2300. Portanto, o escoamento é laminar. Em seguida, o fator de atrito e perda de carga tornam-se:

$$f = \frac{64}{\text{Re}} = \frac{64}{488{,}9} = 0{,}1309$$

$$h_L = f\frac{L}{D}\frac{V^2}{2g} = 0{,}1309 \frac{(70 \text{ m})}{(0{,}04 \text{ m})} \frac{(3 \text{ m/s})^2}{2(9{,}81 \text{ m/s}^2)} = 105{,}1 \text{ m}$$

O balanço de energia para o escoamento unidimensional permanente e incompressível é dado pela Equação 8–28 como:

$$\frac{P_1}{\rho g} + \alpha_1 \frac{V_1^2}{2g} + z_1 + h_{bomba,u} = \frac{P_2}{\rho g} + \alpha_2 \frac{V_2^2}{2g} + z_2 + h_{turbina,e} + h_L$$

(continua)

(continuação)

Para escoamento completamente desenvolvido em um tubo de diâmetro constante, sem bombas ou turbinas, reduz-se a:

$$\Delta P = P_1 - P_2 = \rho g(z_2 - z_1 + h_L)$$

Em seguida, a diferença de pressão e a potência de bombeamento útil necessária para o caso horizontal tornam-se:

$$\Delta P = \rho g(z_2 - z_1 + h_L)$$
$$= (1252 \text{ kg/m}^3)(9{,}81 \text{ m/s}^2)(0 + 105{,}1 \text{ m})\left(\frac{1 \text{ kPa}}{1000 \text{ kg/m} \cdot \text{s}^2}\right)$$
$$= \mathbf{1291 \text{ kPa}}$$

$$\dot{W}_{\text{bomba},u} = \dot{V}\Delta P = (3{,}77 \times 10^3 \text{ m}^3/\text{s})(1291 \text{ kPa})\left(\frac{1 \text{ kW}}{\text{kPa} \cdot \text{m}^3/\text{s}}\right) = \mathbf{4{,}87 \text{ kW}}$$

A diferença de elevação e a diferença de pressão para um tubo inclinado 15° para cima é:

$$\Delta z = z_2 - z_1 = L\text{sen}15° = (70 \text{ m})\text{sen}15° = 18{,}1 \text{ m}$$

$$\Delta P_{\text{asc}} = (1252 \text{ kg/m}^3)(9{,}81 \text{ m/s}^2)(18{,}1 \text{ m} + 105{,}1 \text{ m})\left(\frac{1 \text{ kPa}}{1000 \text{ kg/m} \cdot \text{s}^2}\right)$$

$$= 1366 \text{ kPa}$$

Em seguida, a vazão através do tubo inclinado para cima torna-se:

$$\dot{V}_{\text{asc}} = \frac{\dot{W}_{\text{bomba},u}}{\Delta P_{\text{asc}}} = \frac{4{,}87 \text{ kW}}{1366 \text{ kPa}}\left(\frac{1 \text{ kPa} \cdot \text{m}^3/\text{s}}{1 \text{ kW}}\right) = 3{,}57 \times 10^{-3} \text{ m}^3/\text{s}$$

que representa uma diminuição de **5,6%** na vazão. Pode ser mostrado similarmente que quando o tubo está inclinado 15° para baixo a partir da horizontal, a vazão vai aumentar em **5,6%**.

Discussão Observe que o escoamento é impulsionado pelo efeito combinado da potência de bombeamento e a gravidade. Como esperado, a gravidade se opõe ao escoamento ascendente, aumenta o escoamento descendente e não tem qualquer efeito sobre o escoamento horizontal. Escoamento descendente pode ocorrer mesmo na ausência de uma diferença de pressão aplicada por uma bomba. Para o caso de $P_1 = P_2$ (ou seja, nenhuma diferença de pressão aplicada), a pressão em toda a tubulação permaneceria constante e o fluido escoaria através do tubo sob a influência da gravidade com uma vazão que depende do ângulo de inclinação, atingindo seu valor máximo quando o tubo é vertical. Ao resolver problemas de escoamento em tubos, é sempre uma boa ideia calcular o número de Reynolds para verificar o regime de escoamento – laminar ou turbulento.

EXEMPLO 8–2 Queda de pressão e perda de carga em um tubo

A água a 40°F ($\rho = 62{,}42 \text{ lbm/ft}^3$ e $\mu = 1{,}038 \times 10^{-3} \text{ lbm/ft} \cdot \text{s}$) escoa em estado permanente através de um tubo horizontal com diâmetro de 0,12 in (= 0,010 ft) e 30 ft de comprimento a uma velocidade média de 3,0 ft/s (Fig. 8–18). Determine (*a*) a perda de carga, (*b*) a queda de pressão e (*c*) o requisito de potência de bombeamento para superar essa queda de pressão.

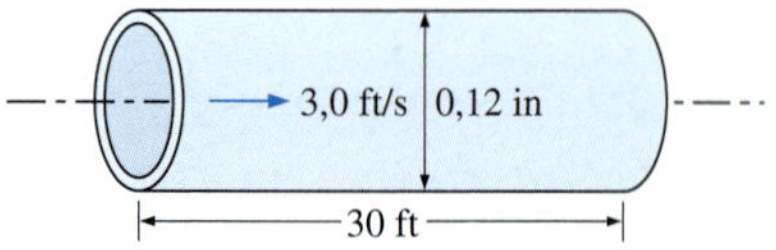

SOLUÇÃO A velocidade média de escoamento em um tubo é dada. A perda de carga, a queda de pressão e a potência de bombeamento devem ser determinadas.

FIGURA 8–18 Esquema do Exemplo 8–2.

Hipóteses **1** O escoamento é permanente e incompressível. **2** Os efeitos da entrada são desprezíveis e, portanto, o escoamento é completamente desenvolvido. **3** O tubo não envolve nenhum componente tais como curvas, válvulas e conectores.

Propriedades A densidade e a viscosidade dinâmica da água são dadas por $\rho = 62{,}42$ lbm/ft^3 e $\mu = 1{,}038 \times 10^{-3}$ lbm/ft·s, respectivamente.

Análise (*a*) Em primeiro lugar, precisamos determinar o regime de escoamento. O número de Reynolds é:

$$\mathrm{Re} = \frac{\rho V_{\mathrm{med}} D}{\mu} = \frac{(62{,}42\ \mathrm{lbm/ft^3})(3\ \mathrm{ft/s})(0{,}01\ \mathrm{ft})}{1{,}038 \times 10^{-3}\ \mathrm{lbm/ft \cdot s}} = 1803$$

que é menor do que 2.300. Assim, o escoamento é laminar. Então, o fator de atrito e a perda de carga tornam-se:

$$f = \frac{64}{\mathrm{Re}} = \frac{64}{1803} = 0{,}0355$$

$$h_L = f\frac{L}{D}\frac{V_{\mathrm{med}}^2}{2g} = 0{,}0355\,\frac{30\ \mathrm{ft}}{0{,}01\ \mathrm{ft}}\,\frac{(3\ \mathrm{ft/s})^2}{2(32{,}2\ \mathrm{ft/s^2})} = \mathbf{14{,}9\ ft}$$

(*b*) Observando que o tubo é horizontal e que seu diâmetro é constante, a queda de pressão no tubo é totalmente devido às perdas por atrito e é equivalente à perda de pressão:

$$\Delta P = \Delta P_L = f\frac{L}{D}\frac{\rho V_{\mathrm{med}}^2}{2} = 0{,}0355\,\frac{30\ \mathrm{ft}}{0{,}01\ \mathrm{ft}}\,\frac{(62{,}42\ \mathrm{lbm/ft^3})(3\ \mathrm{ft/s})^2}{2}\left(\frac{1\ \mathrm{lbf}}{32{,}2\ \mathrm{lbm \cdot ft/s^2}}\right)$$

$$= \mathbf{929\ lbf/ft^2 = 6{,}45\ psi}$$

(*c*) A vazão de volume e os requisitos de potência de bombeamento são:

$$\dot{V} = V_{\mathrm{med}} A_c = V_{\mathrm{med}}(\pi D^2/4) = (3\ \mathrm{ft/s})[\pi(0{,}01\ \mathrm{ft})^2/4] = 0{,}000236\ \mathrm{ft^3/s}$$

$$\dot{W}_{\mathrm{bomba}} = \dot{V}\Delta P = (0{,}000236\ \mathrm{ft^3/s})(929\ \mathrm{lbf/ft^2})\left(\frac{1\ \mathrm{W}}{0{,}737\ \mathrm{lbf \cdot ft/s}}\right) = \mathbf{0{,}30\ W}$$

Assim, uma potência de entrada na quantidade de 0,30 W é necessária para superar as perdas por atrito no escoamento devido à viscosidade.

Discussão A elevação de pressão fornecida por uma bomba é quase sempre dada por um fabricante de bombas em unidades de carga (Capítulo 14). Assim, a bomba desse escoamento precisa fornecer 14,9 ft de carga de água para superar a perda irreversível de carga.

(a)

(b)

(c)

FIGURA 8–19 Água que sai de um tubo: (a) escoamento laminar à baixa vazão, (b) escoamento turbulento à vazão elevada, e (c) o mesmo que (b) mas com uma exposição do obturador curta para capturar os redemoinhos individuais.

Fotografias de Alex Wouden.

8-5 ESCOAMENTO TURBULENTO EM TUBOS

A maioria dos escoamentos encontrados na prática da engenharia é turbulento e, portanto, é importante entender como a turbulência afeta a tensão de cisalhamento da parede. Porém, o escoamento turbulento é um mecanismo complexo dominado por flutuações e, apesar da tremenda quantidade de trabalho realizado nessa área pelos pesquisadores, a teoria do escoamento turbulento ainda não é completamente entendida. Assim, devemos nos apoiar nos experimentos e nas correlações empíricas ou semiempíricas desenvolvidas para diversas situações.

O escoamento turbulento é caracterizado por flutuações aleatórias e rápidas de regiões em redemoinho de fluido, chamadas de **vórtices**, em todo o escoamento (Fig. 8–19). Essas flutuações fornecem um mecanismo adicional para transferência de momento e energia. No escoamento laminar, as partículas de fluido escoam de forma ordenada ao longo de linhas de trajetória, e o momento e a energia são transferidos através das linhas de corrente pela difusão molecular. No escoamento

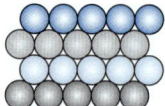

(a) Antes da turbulência   (b) Depois da turbulência

FIGURA 8–20 A mistura intensa do escoamento turbulento coloca em contato partículas de fluido com momentos diferentes e, portanto, incrementa a transferência de momento.

turbulento, os vórtices em redemoinho transportam massa, momento e energia para outras regiões do escoamento muito mais rapidamente do que a difusão molecular, aumentando muito a transferência de massa, momento e calor. Como resultado, o escoamento turbulento é associado a valores muito mais altos de coeficientes de atrito, transferência de calor e transferência de massa (Fig. 8–20).

Mesmo quando o escoamento médio é estacionário, o movimento dos vórtices em escoamento turbulento causa flutuações significativas nos valores da velocidade, da temperatura, da pressão e até mesmo da densidade (no escoamento compressível). A Figura 8–21 mostra a variação da componente da velocidade instantânea u com o tempo em um local especificado, como pode ser medida com uma sonda de anemômetro de fio quente ou com outro dispositivo sensível. Observamos que os valores instantâneos da velocidade flutuam com relação a um valor médio, sugerindo que a velocidade pode ser expressa como a soma de um *valor médio* $\bar{u}$ e uma *componente flutuante* u':

$$u = \bar{u} + u' \tag{8-35}$$

Esse também é o caso para outras propriedades como a componente da velocidade v na direção y e, portanto, $v = \bar{v} + v'$, $P = \bar{P} + P'$ e $T = \bar{T} + T'$. O valor médio de uma propriedade em algum local é determinado pela média ao longo de um intervalo de tempo que seja suficientemente grande para que a média de tempo se estabilize como constante. Assim, a média no tempo das componentes flutuantes é zero, isto é, $\overline{u'} = 0$. A magnitude de u', em geral, é apenas alguns pontos percentuais de $\bar{u}$, mas as altas frequências dos vórtices (na ordem de um milhar por segundo) os torna muito efetivos para o transporte de momento, energia térmica e massa. No escoamento turbulento com média temporal *estacionária*, os valores médios das propriedades (indicados por uma barra em cima) são independentes do tempo. As flutuações caóticas das partículas do fluido têm um papel dominante na queda da pressão, e esses movimentos aleatórios devem ser levados em conta na análise juntamente com a velocidade média.

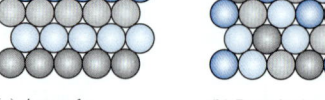

FIGURA 8–21 Flutuações da componente da velocidade u com o tempo em um local especificado no escoamento turbulento.

Talvez a primeira ideia que venha à mente seja determinar a tensão de cisalhamento de forma análoga ao escoamento laminar com $\tau = -\mu\, d\bar{u}/dr$, onde $\bar{u}(r)$ é o perfil de velocidade média do escoamento turbulento. Mas os estudos experimentais mostram que esse não é o caso, e a tensão de cisalhamento é muito maior devido às flutuações turbulentas. Assim, é conveniente pensar na tensão de cisalhamento turbulento consistindo em duas partes: a *componente laminar*, que contribui para o atrito entre as camadas na direção do escoamento (expresso por $\tau_{\text{lam}} = -\mu\, d\bar{u}/dr$), e a *componente turbulenta*, que representa o atrito entre as partículas de fluido flutuante e o corpo do fluido (denotado por τ_{turb} e relacionado às componentes de flutuação da velocidade). Assim, a *tensão de cisalhamento total* no escoamento turbulento pode ser expressa por:

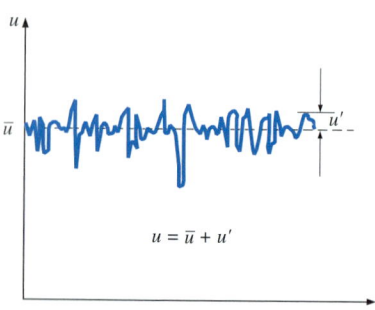

$$\tau_{\text{total}} = \tau_{\text{lam}} + \tau_{\text{turb}} \tag{8-36}$$

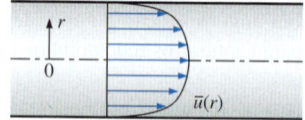

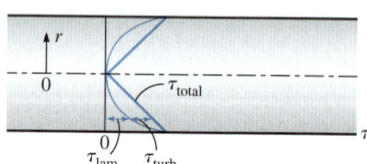

FIGURA 8–22 O perfil de velocidade e a variação da tensão de cisalhamento com a distância radial do escoamento turbulento em um tubo.

O perfil típico da velocidade média e os valores relativos das componentes laminar e turbulenta da tensão de cisalhamento para o escoamento turbulento em um tubo são dados na Fig. 8–22. Observe que embora o perfil de velocidade é aproximadamente parabólico no escoamento laminar, ele torna-se mais achatado ou "mais cheio" no escoamento turbulento, com uma queda brusca próxima à parede do tubo. Esta característica aumenta com o número de Reynolds e o perfil de velocidade torna-se mais uniforme, justificando a aproximação geralmente utilizada de de perfil de velocidade uniforme para escoamento turbulento completamente desenvolvido em um tubo. Tenha em mente, porém, que a velocidade do escoamento na parede de um tubo fixo é sempre zero (condição de não escorregamento).

Tensão de cisalhamento turbulenta

Considere o escoamento turbulento em um tubo horizontal, e o movimento de vórtice ascendente das partículas de fluido em uma camada de velocidade mais baixa até uma camada adjacente de velocidade mais alta através de uma área diferencial dA como resultado da flutuação da velocidade v', como mostra a Fig. 8–23. A vazão mássica das partículas de fluido que se elevam através de dA é $\rho v' dA$, e seu efeito total sobre a camada acima de dA é uma redução de sua velocidade de escoamento média por conta da transferência de momento para as partículas de fluido com velocidade de escoamento média mais baixa. Essa transferência de momento faz com que a velocidade horizontal das partículas de fluido aumente em u' e, portanto, que seu momento na direção horizontal aumente a uma taxa $(\rho v' dA)u'$, que deve ser igual à diminuição do momento na camada de fluido superior. Observando que a força em determinada direção é igual à taxa de variação do momento naquela direção, a força horizontal que age sobre um elemento de fluido acima de dA devido à passagem das partículas de fluido através de dA é $\delta F = (\rho \delta' dA)(-u') = -\rho u' \delta' dA$. Portanto, a força de cisalhamento por unidade de área devida ao movimento de vórtice das partículas de fluido $\delta F/dA = -\rho u'v'$ pode se vista como a tensão de cisalhamento turbulento instantânea. Assim, a **tensão de cisalhamento turbulenta** pode ser expressa por:

$$\tau_{\text{turb}} = -\rho \overline{u'v'} \quad (8\text{–}37)$$

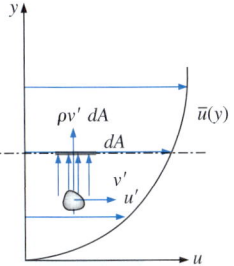

FIGURA 8–23 Partícula de fluido movendo-se na direção ascendente através de uma área diferencial dA como resultado da flutuação da velocidade v'.

onde $\overline{u'v'}$ é a média temporal do produto das componentes da velocidade de flutuação u' e v'. Observe que $\overline{u'v'} \neq 0$ mesmo que $\overline{u'} = 0$ e $\overline{v'} = 0$ (e, assim, $\overline{u'}\ \overline{v'} = 0$), e os resultados experimentais mostram que $\overline{u'v'}$, em geral, é uma quantidade negativa. Termos tais como $-\rho\overline{u'v'}$ ou $-\rho\overline{u'^2}$ são chamados de **tensões de Reynolds** ou **tensões turbulentas**.

Várias formulações semiempíricas foram desenvolvidas para modelar a tensão de Reynolds em termos dos gradientes de velocidade média para fornecer *fechamento* matemático para as equações do movimento. Tais modelos são chamados de **modelos de turbulência** e são discutidos com mais detalhe no Capítulo 15.

O movimento aleatório de vórtice de grupos de partículas se parece com o movimento aleatório das moléculas de um gás – colidindo entre si após percorrer determinada distância e trocar momento no processo. Assim, o transporte de momento pelos vórtices nos escoamentos turbulentos é como a difusão do momento molecular. Em muitos dos modelos de turbulência mais simples, a tensão de cisalhamento turbulento é expressa de forma análoga, como sugeriu o matemático francês Joseph Boussinesq (1842-1929) em 1877:

$$\tau_{\text{turb}} = -\rho \overline{u'v'} = \mu_t \frac{\partial \overline{u}}{\partial y} \quad (8\text{–}38)$$

onde μ_t é a **viscosidade de vórtice** ou **viscosidade turbulenta**, que contribui para o transporte de momento pelos vórtices turbulentos. Assim, a tensão de cisalhamento total pode ser expressa de forma conveniente como:

$$\tau_{\text{total}} = (\mu + \mu_t) \frac{\partial \overline{u}}{\partial y} = \rho(\nu + \nu_t) \frac{\partial \overline{u}}{\partial y} \quad (8\text{–}39)$$

onde $\nu_t = \mu_t/\rho$ é a **viscosidade cinemática de vórtice** ou **viscosidade cinemática turbulenta** (também chamada de *difusidade de vórtice de momento*). O conceito da viscosidade de vórtice é muito interessante, mas não tem uso prático, a menos que seu valor possa ser determinado. Em outras palavras, a viscosidade de vórtice deve ser modelada como função das variáveis do escoamento médio; podemos chamar isso de *fechamento da viscosidade de vórtice*. Por exemplo, no

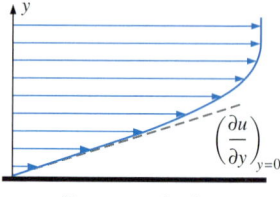
Escoamento laminar

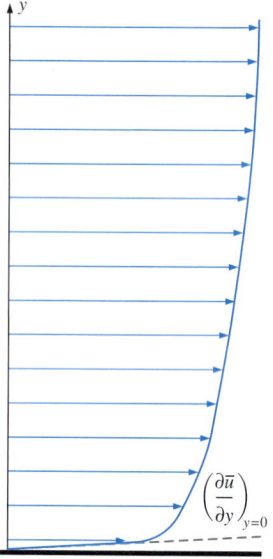
Escoamento turbulento

FIGURA 8–24 Os gradientes de velocidade na parede e, portanto, a tensão de cisalhamento da parede, são muito maiores para o escoamento turbulento do que para o escoamento laminar, embora a camada limite turbulenta seja mais espessa do que a laminar para o mesmo valor da velocidade de corrente livre.

início do século XIX, o engenheiro alemão L. Prandtl introduziu o conceito do **comprimento de mistura** l_m, que está relacionado ao tamanho médio dos vórtices que são primariamente responsáveis pela mistura e expressou a tensão do cisalhamento turbulento como:

$$\tau_{\text{turb}} = \mu_t \frac{\partial \overline{u}}{\partial y} = \rho l_m^2 \left(\frac{\partial \overline{u}}{\partial y}\right)^2 \qquad (8\text{–}40)$$

Mas esse conceito também tem uso limitado, uma vez que l_m não é uma constante para determinado escoamento (na vizinhança da parede, por exemplo, l_m é quase proporcional à distância da parede) e sua determinação não é fácil. O fechamento matemático final é obtido apenas quando l_m é escrito como função das variáveis médias do escoamento, distância da parede, etc.

O movimento de vórtice e, portanto, as difusividades, são muito maiores do que seus equivalentes moleculares na região central de uma camada limite turbulenta. O movimento de vórtice perde sua intensidade próximo à parede e diminui na parede, por causa da condição de não escorregamento (u' e v' são identicamente nulas em uma parede fixa). Assim, o perfil de velocidade varia muito lentamente na região central de uma camada limite turbulenta, mas muito rapidamente na fina camada adjacente à parede, resultando em gradientes de velocidade grandes na superfície da parede. Assim, não é surpresa o fato de que a tensão de cisalhamento da parede é muito maior no escoamento turbulento do que no escoamento laminar (Fig. 8–24).

Observe que a difusividade molecular do momento ν (bem como μ) é uma propriedade do fluido e seu valor está listado nos manuais de fluidos. A difusividade de vórtices ν_t (bem com o μ_t), porém, *não* é uma propriedade do fluido e seu valor depende das condições do escoamento. A difusividade de vórtices ν_t diminui na direção da parede, tornando-se zero na parede. Seu valor varia de zero na parede até vários milhares de vezes o valor da difusividade molecular na região central.

Perfil da velocidade turbulenta

Ao contrário do escoamento laminar, as expressões do perfil de velocidade em um escoamento turbulento baseiam-se tanto na análise quanto nas medições e, portanto, elas têm natureza semiempírica, com constantes determinadas por dados experimentais. Considere o escoamento turbulento completamente desenvolvido em um tubo e seja u a velocidade média no tempo na direção axial (e, portanto, tire a barra de $\overline{u}$, por simplicidade).

Os perfis de velocidade típicos para os escoamentos laminar e turbulento totalmente desenvolvidos são dados na Fig. 8–25. Observe que o perfil de velocidade é parabólico no escoamento laminar, mas é muito mais cheio no escoamento turbulento, com uma queda brusca próximo à parede do tubo. O escoamento turbulento ao longo de uma parede pode ser considerado com quatro regiões, caracterizadas pela distância da parede. A camada muito fina próxima à parede na qual os efeitos viscosos dominam é a subcamada **viscosa** (ou **laminar** ou **linear** ou **de parede**). O perfil de velocidade nessa camada está muito próximo do *linear*, e o escoamento é suave. Ao lado da subcamada viscosa está a **camada amortecedora**, na qual os efeitos turbulentos estão se tornando significativos, mas o escoamento ainda é dominado pelos efeitos viscosos. Acima da camada amortecedora está a **camada de superposição** (ou **transição**), também chamada de **subcamada inercial**, na qual os efeitos turbulentos são muito mais significativos, mas ainda não são dominantes. Acima dela está a **camada externa** (ou **turbulenta**) na parte restante do escoamento, na qual os efeitos turbulentos dominam sobre os efeitos (viscosos) da difusão molecular.

As características de escoamento são bastante diferentes nas diferentes regiões e, portanto, é difícil chegar a uma relação analítica para o perfil de velocidade em todo o escoamento, como fizemos para o escoamento laminar. A melhor abordagem no caso turbulento é a identificação das principais variáveis e formas funcionais usando a análise dimensional e, em seguida, os dados experimentais para determinar os valores numéricos de quaisquer constantes.

A espessura da subcamada viscosa é muito pequena (em geral, muito menor do que 1% do diâmetro do tubo), mas essa fina camada próxima à parede tem papel dominante nas características do escoamento por conta dos grandes gradientes de velocidade que ela envolve. A parede amortece o movimento de vórtice e, portanto, o escoamento nessa camada é essencialmente laminar e a tensão de cisalhamento consiste na tensão de cisalhamento laminar que é proporcional à viscosidade do fluido. Considerando que a velocidade muda de zero até quase o valor da região central através de uma camada que às vezes não é mais espessa do que um fio de cabelo (quase como uma função degrau), esperamos que o perfil de velocidade dessa camada seja quase linear e os experimentos confirmam isso. Assim, o gradiente de velocidade na subcamada viscosa permanece quase constante em $du/dy = u/y$, e a tensão de cisalhamento da parede pode ser expressa como:

$$\tau_w = \mu \frac{u}{y} = \rho\nu \frac{u}{y} \quad \text{ou} \quad \frac{\tau_w}{\rho} = \frac{\nu u}{y} \quad (8\text{-}41)$$

onde y é a distância da parede (observe que $y = R - r$ para um tubo circular). A quantidade τ_w/ρ é frequentemente encontrada na análise dos perfis de velocidade turbulenta. A raiz quadrada de τ_w/ρ tem as dimensões de velocidade e, portanto, é conveniente vê-la como uma velocidade fictícia chamada de **velocidade de atrito** expressa como $u_* = \sqrt{\tau_w/\rho}$. Substituindo isso na Equação 8–41, o perfil de velocidade na subcamada viscosa pode ser expresso na forma adimensional como:

Subcamada viscosa: $$\frac{u}{u_*} = \frac{yu_*}{\nu} \quad (8\text{-}42)$$

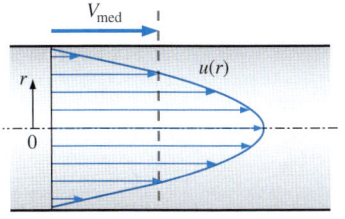

Escoamento laminar

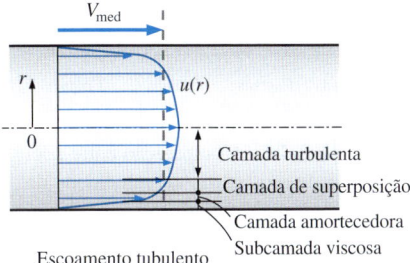

Escoamento turbulento

FIGURA 8–25 O perfil de velocidade no escoamento completamente desenvolvido em um tubo é parabólico no escoamento laminar, mas muito mais cheio no escoamento turbulento. Observe que $u(r)$ no caso turbulento é a *média temporal* do componente na direção axial (a barra superior em u foi tirada por simplicidade).

Essa equação é conhecida como a **lei da parede**, e se correlaciona satisfatoriamente com os dados experimentais das superfícies lisas para $0 \le yu_*/\nu \le 5$. Assim, a espessura da subcamada viscosa é de aproximadamente:

Espessura da subcamada viscosa: $$y = \delta_{\text{subcamada}} = \frac{5\nu}{u_*} = \frac{25\nu}{u_\delta} \quad (8\text{-}43)$$

onde u_δ é a velocidade de escoamento na borda da subcamada viscosa, que está intimamente relacionada à velocidade média em um tubo. Assim, concluímos que *a espessura da subcamada viscosa é proporcional à viscosidade cinemática e inversamente proporcional à velocidade de escoamento média*. Em outras palavras, a subcamada viscosa é comprimida e fica mais fina à medida que a velocidade (e o número de Reynolds) aumenta. Consequentemente, o perfil de velocidade torna-se quase plano e, portanto, a distribuição da velocidade torna-se mais uniforme para números de Reynolds muito altos.

A quantidade ν/u^* tem dimensões de comprimento e é chamada de **comprimento viscoso**. Ela é usada para adimensionalizar a distância y da superfície. Na análise da camada limite, é conveniente trabalhar com a distância e a velocidade adimensionalizadas definidas como:

Variáveis adimensionalizadas: $$y^+ = \frac{yu_*}{\nu} \quad \text{e} \quad u^+ = \frac{u}{u_*} \quad (8\text{-}44)$$

Assim, a lei da parede (Equação 8–42) torna-se simplesmente:

Lei normalizada da parede: $$u^+ = y^+ \quad (8\text{-}45)$$

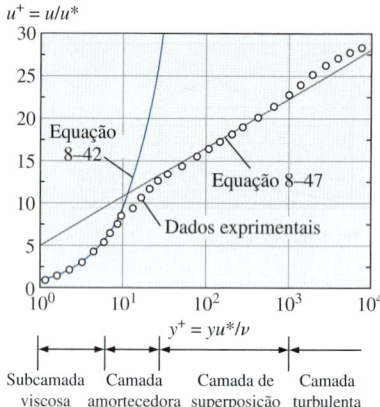

FIGURA 8–26 Comparação entre a lei da parede e os perfis de velocidade da lei logarítmica com dados experimentais para escoamento turbulento completamente desenvolvido em um tubo.

Observe que a velocidade do atrito u_* é usada para adimensionalizar tanto y quanto u e que y^+ se parece com a expressão do número de Reynolds.

Na camada de superposição, observa-se que os dados experimentais da velocidade se alinham em uma linha reta quando mostrados em um gráfico com relação ao logaritmo da distância à parede. A análise dimensional indica e os experimentos confirmam que a velocidade na camada de superposição é proporcional ao logaritmo da distância, e o perfil da velocidade pode ser expresso por:

$$A\text{ lei logarítmica:} \quad \frac{u}{u_*} = \frac{1}{\kappa} \ln \frac{y u_*}{\nu} + B \quad (8\text{–}46)$$

onde κ e B são constantes cujos valores são determinados experimentalmente como algo em torno de 0,40 e 5,0, respectivamente. A Equação 8–46 é conhecida como a **lei logarítmica**. Substituindo os valores das constantes, o perfil de velocidade é determinado por:

$$\text{Camada de superposição:} \quad \frac{u}{u_*} = 2{,}5 \ln \frac{y u_*}{\nu} + 5{,}0 \quad \text{ou} \quad u^+ = 2{,}5 \ln y^+ + 5{,}0 \quad (8\text{–}47)$$

Verifica-se que a lei logarítmica da Equação 8–47 representa satisfatoriamente os dados experimentais de toda a região de escoamento, exceto nas regiões muito próximas à parede e ao centro do tubo, como mostra a Fig. 8–26 e, portanto, ela é vista como o *perfil de velocidade universal* para o escoamento turbulento nos tubos ou sobre as superfícies. Observe na figura que o perfil de velocidade da lei logarítmica é bastante exato para $y^+ > 30$, mas nenhum perfil de velocidade é exato na camada de amortecimento, ou seja, na região $5 < y^+ < 30$. Além disso, a subcamada viscosa aparece muito maior na figura do que ela realmente é, já que usamos uma escala logarítmica para a distância à parede.

Uma boa aproximação para a camada turbulenta exterior do escoamento do tubo pode ser obtida pelo cálculo da constante B da Equação 8–46 a partir do requisito de que a velocidade máxima em um tubo ocorre na linha central onde $r = 0$. Isolando B na Equação 8–46 fazendo $y = R - r = R$ e $u = u_{max}$ e substituindo novamente na Equação 8–46 juntamente com $\kappa = 0{,}4$, temos:

$$\text{Camada turbulenta exterior:} \quad \frac{u_{max} - u}{u_*} = 2{,}5 \ln \frac{R}{R - r} \quad (8\text{–}48)$$

O desvio da velocidade do valor da linha central $u_{max} - u$ é chamado de **defeito de velocidade** e a Equação 8–48 é chamada de **lei do defeito da velocidade**. Essa relação mostra que o perfil de velocidade normalizado na região central e o escoamento turbulento em um tubo dependem da distância do eixo central e não depende da viscosidade do fluido. Isso não é surpreendente, uma vez que o movimento de vórtice é dominante nessa região e o efeito da viscosidade do fluido é desprezível.

Existem inúmeros outros perfis de velocidade empíricos para o escoamento turbulento em tubos. Entre eles, o mais simples e conhecido é o **perfil de velocidade da lei de potência**, expresso por:

$$\text{Perfil de velocidade da lei de potência:} \quad \frac{u}{u_{max}} = \left(\frac{y}{R}\right)^{1/n} \quad \text{ou} \quad \frac{u}{u_{max}} = \left(1 - \frac{r}{R}\right)^{1/n}$$
$$(8\text{–}49)$$

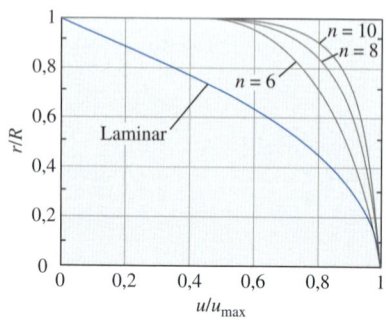

FIGURA 8–27 Os perfis de velocidade da lei de potência para o escoamento turbulento completamente desenvolvido em um tubo para diferentes expoentes e sua comparação com o perfil de velocidade laminar.

onde o expoente n é uma constante cujo valor depende do número de Reynolds. O valor de n aumenta quando o número de Reynolds aumenta. O valor $n = 7$, em geral, aproxima muitos escoamentos na prática, dando origem ao termo *lei de potência um sétimo para o perfil de velocidade*.

A Fig. 8–27 mostra diversos perfis de velocidade da lei de potência para $n = 6$, 8 e 10 juntamente com o perfil de velocidade do escoamento laminar completamente desenvolvido para uma comparação. Observe que o perfil de velocidade turbulento é mais cheio do que o laminar, e torna-se mais plano à medida que n (e, portanto, o número de Reynolds) aumenta. Observe também que o perfil da lei de potência não pode ser usado para calcular a tensão de cisalhamento de parede, uma vez que lá ele dá um gradiente de velocidade infinito, e não consegue dar uma inclinação zero no eixo central. Mas essas regiões de discrepância constituem uma pequena parte do escoamento e o perfil da lei de potência oferece resultados altamente precisos para o escoamento turbulento através de um tubo.

Apesar da espessura reduzida da subcamada viscosa (em geral, muito menor do que 1% do diâmetro do tubo), as características do escoamento nessa camada são muito importantes, uma vez que arma o cenário do escoamento no restante do tubo. Qualquer irregularidade ou rugosidade na superfície perturba essa camada e afeta o escoamento. Assim, ao contrário do escoamento laminar, o fator de atrito no escoamento turbulento é uma função importante da rugosidade da superfície.

É preciso ter em mente que a rugosidade é um conceito relativo e tem significado quando sua altura ε é comparável à espessura da subcamada laminar (que é uma função do número de Reynolds). Todos os materiais parecem ser "rugosos" em um microscópio com ampliação suficiente. Na mecânica dos fluidos, uma superfície é caracterizada como rugosa quando os picos da rugosidade se estendem para fora da subcamada laminar. Diz-se que uma superfície é *hidrodinamicamente lisa* quando a subcamada submerge os elementos de rugosidade. As superfícies de vidro e plástico, em geral, são consideradas hidrodinamicamente lisas.

O diagrama de Moody e a equação de Colebrook

O fator de atrito no escoamento turbulento completamente desenvolvido em um tubo depende do número de Reynolds e da **rugosidade relativa** ε/D, que é a razão entre a altura média da rugosidade do tubo e o diâmetro do tubo. A forma funcional dessa dependência não pode ser obtida de uma análise teórica, e todos os resultados disponíveis são obtidos de experimentos meticulosos usando superfícies artificialmente enrugadas (em geral, colando grãos de areia de tamanho conhecido nas superfícies internas dos tubos). A maioria dos experimentos foi realizada por um aluno de Prandtl, J. Nikuradse, em 1933, seguido pelos trabalhos de outros. O fator de atrito foi calculado com medições da vazão e da queda da pressão.

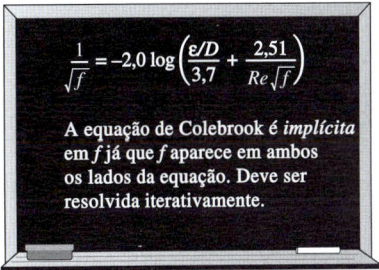

FIGURA 8–28 A equação de Colebrook.

Os resultados experimentais obtidos são apresentados nas formas tabular, gráfica e funcional, obtidas pelo ajuste de curva dos dados experimentais. Em 1939, Cyril F. Colebrook (1910-1997) combinou os dados disponíveis para escoamento de transição e turbulento, tanto para tubos lisos quanto para tubos rugosos, na seguinte relação implícita (Fig. 8–28) conhecida como **equação de Colebrook**:

$$\frac{1}{\sqrt{f}} = -2,0 \log\left(\frac{\varepsilon/D}{3,7} + \frac{2,51}{Re\sqrt{f}}\right) \quad \text{(escoamento turbulento)} \quad (8\text{–}50)$$

Observamos que o logaritmo da Equação 8–50 está na base 10 em vez de ser um logaritmo natural. Em 1942, o engenheiro norte-americano Hunter Rouse (1906–1996) confirmou a equação de Colebrook e produziu um gráfico de f como função do Re e do produto $Re\sqrt{f}$. Ele também apresentou a relação do escoamento laminar e uma tabela de rugosidade do tubo comercial. Dois anos mais tarde, Lewis F. Moody (1880-1953) recriou o diagrama de Rouse na forma usada hoje. O agora famoso **diagrama de Moody** é dado no apêndice como Fig. A-12. Ele apresenta o fator de atrito de Darcy para o escoamento em um tubo como uma função do número de Reynolds e de ε/D em um amplo intervalo. Provavelmente,

TABELA 8–2

Valores equivalentes de rugosidade para tubos comerciais novos*

Material	Rugosidade, ε	
	ft	mm
Vidro, plástico	0 (lisa)	
Concreto	0,003–0,03	0,9–9
Bastão de madeira	0,0016	0,5
Borracha, uniformizada	0,000033	0,01
Tubulação de cobre ou latão	0,000005	0,0015
Ferro fundido	0,00085	0,26
Ferro galvanizado	0,0005	0,15
Ferro forjado	0,00015	0,046
Aço inoxidável	0,000007	0,002
Aço comercial	0,00015	0,045

*A incerteza desses valores pode chegar a ±60%.

Rugosidade relativa, ε/D	Fator de atrito, f
0,0*	0,0119
0,00001	0,0119
0,0001	0,0134
0,0005	0,0172
0,001	0,0199
0,005	0,0305
0,01	0,0380
0,05	0,0716

*Superfície lisa. Todos os valores são para Re = 10^6 e foram calculados a partir da equação de Colebrook.

FIGURA 8–29 O fator de atrito é mínimo para um tubo liso e aumenta com a rugosidade.

esse é um dos diagramas mais aceitos e usados na engenharia. Embora seja desenvolvido para tubos circulares, ele também pode ser usado para tubos não circulares, substituindo o diâmetro pelo diâmetro hidráulico.

Os tubos disponíveis comercialmente diferem daqueles usados nos experimentos, pois a rugosidade dos tubos do mercado não é uniforme e é difícil descrevê-la com precisão. Os valores de rugosidade equivalentes da maioria dos tubos comerciais são dados na Tabela 8–2, assim como no diagrama de Moody. Mas deveria ser lembrado que esses valores são para tubos novos, e a rugosidade relativa dos tubos pode aumentar com o uso, como resultado da corrosão, acúmulo de resíduos e precipitação. Como resultado, o fator de atrito pode aumentar por um fator de 5 a 10. As condições reais de operação devem ser consideradas no projeto dos sistemas de tubulação. Da mesma forma, os diagramas de Moody e sua equação equivalente de Colebrook envolvem várias incertezas (o tamanho da rugosidade, o erro experimental, o ajuste de curva dos dados, etc.) e, portanto, os resultados obtidos não devem ser tratados como "exatos". Em geral, eles são considerados exatos até ±15% sobre todo o intervalo da figura.

A equação de Colebrook é implícita em f e, portanto, a determinação do fator de atrito exige alguma iteração. Uma relação *explícita* aproximada para f foi dada por S. E. Haaland em 1983 como:

$$\frac{1}{\sqrt{f}} \cong -1,8 \log\left[\frac{6,9}{\text{Re}} + \left(\frac{\varepsilon/D}{3,7}\right)^{1,11}\right] \tag{8–51}$$

Os resultados obtidos dessa relação estão dentro de 2% daqueles obtidos da equação de Colebrook. Se forem desejados resultados mais exatos, a Equação 8–51 pode ser usada como boa *primeira estimativa* em uma iteração de Newton ao usar uma calculadora programável ou uma planilha eletrônica para determinar f com a Equação 8–50.

Fazemos as seguintes observações a partir do diagrama de Moody:

- Para o escoamento laminar, o fator de atrito diminui quando o número de Reynolds diminui, e é independente da rugosidade da superfície.

- O fator de atrito é mínimo para um tubo liso (mas ainda não é zero por causa da condição de não escorregamento) e aumenta com a rugosidade (Fig. 8–29). Neste caso, a equação de Colebrook ($\varepsilon = 0$) se reduz à **equação de Prandtl,** expressa por $1/\sqrt{f} = 2,0 \log(\text{Re}\sqrt{f}) - 0,8$.

- A região de transição do regime laminar para o turbulento (2300 < Re < 4000) é indicada pela área sombreada do diagrama de Moody (Figs. 8–30 e A-12). O escoamento nessa região pode ser laminar ou turbulento, dependendo das perturbações no escoamento, ou pode alternar entre laminar e turbulento e, portanto, o fator de atrito também pode alternar entre os valores de escoamento laminar ou turbulento. Os dados desse intervalo são os menos confiáveis. Com rugosidade relativamente pequena, o fator de atrito aumenta na região de transição e se aproxima do valor para os tubos lisos.

- Com números de Reynolds muito grandes (à direita da linha tracejada do diagrama), as curvas do fator de atrito correspondentes às curvas de rugosidade relativas especificadas são quase horizontais e, portanto, os fatores de atrito não dependem do número de Reynolds (Fig. 8–30). O escoamento nessa região é chamado de *escoamento turbulento completamente rugoso* ou apenas *escoamento completamente rugoso,* porque a espessura da subcamada viscosa diminui com o aumento do número de Reynolds, e torna-se tão fina que pode ser desprezada em uma comparação com a altura da rugosidade da superfície. Os efeitos viscosos neste caso são produzidos no

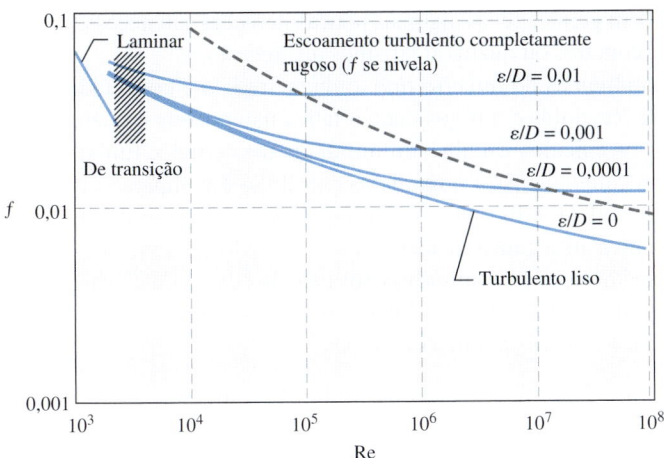

FIGURA 8–30 Para números de Reynolds muito grandes, as curvas do fator de atrito do diagrama de Moody são quase horizontais e, portanto, os fatores de atrito não dependem do número de Reynolds. Veja a Fig. A-12 para um gráfico de Moody de página inteira.

escoamento principal primariamente pelos elementos protuberantes da rugosidade, e a contribuição da subcamada laminar é desprezível. A equação de Colebrook na zona *completamente rugosa* (Re → ∞) se reduz à **equação de von Kármán** expressa por $1/\sqrt{f} = -2,0 \log[(\varepsilon/D)/3,7]$ que é explícita em f. Alguns autores chamam essa zona de *escoamento completamente (ou totalmente) turbulento,* mas isso é enganoso, já que o escoamento para a esquerda da linha azul tracejada da Fig. 8–30 também é completamente turbulento.

Nos cálculos, devemos ter certeza de usarmos o diâmetro interno real do tubo, que pode ser diferente do diâmetro nominal. Por exemplo, o diâmetro interno de um tubo de aço cujo diâmetro nominal é 1 in é 1,049 in (Tabela 8–3).

Tipos de problemas de escoamento de fluidos

No projeto e análise dos sistemas de tubos que envolva o uso do diagrama de Moody (ou da equação de Colebrook), em geral, encontramos três tipos de problemas (o fluido e a rugosidade do tubo são supostos especificados em todos os casos) (Fig. 8–31):

1. Determinar a **queda de pressão** (ou a perda de carga) quando o comprimento e o diâmetro do tubo são dados, para uma vazão (ou velocidade) especificada.

2. Determinar a **vazão** quando o comprimento e o diâmetro do tubo são dados, para uma queda de pressão (ou perda de carga) especificada.

3. Determinar o **diâmetro do tubo** quando o comprimento do tubo e a vazão são dados, para a queda de pressão (ou perda de carga) especificada.

Os problemas do *primeiro tipo* são simples e podem ser resolvidos diretamente usando o diagrama de Moody. Os problemas do *segundo* e *terceiro tipo* normalmente são encontrados em projeto de engenharia (na seleção do diâmetro de tubo, por exemplo, que minimize os custos totais de construção e de tubulação), mas o uso do diagrama de Moody nesses problemas exige uma abordagem iterativa – um resolvedor de equações (tal como EES) é recomendado.

Nos problemas do *segundo tipo,* o diâmetro é dado, mas a vazão é desconhecida. Uma boa estimativa para o fator de atrito nesse caso é obtida da região de escoamento completamente turbulento para a rugosidade fornecida. Isso é válido para os números de Reynolds grandes, o que quase sempre ocorre na prática. Após obter a vazão, o fator de atrito pode ser corrigido usando o diagrama de Moody ou a equação de Colebrook, e o processo se repete até que a solução

TABELA 8–3

Tamanhos padrão para os tubos de aço da Série 40

Tamanho nominal, in	Diâmetro interior real, in
$\frac{1}{8}$	0,269
$\frac{1}{4}$	0,364
$\frac{3}{8}$	0,493
$\frac{1}{2}$	0,622
$\frac{3}{4}$	0,824
1	1,049
$1\frac{1}{2}$	1,610
2	2,067
$2\frac{1}{2}$	2,469
3	3,068
5	5,047
10	10,02

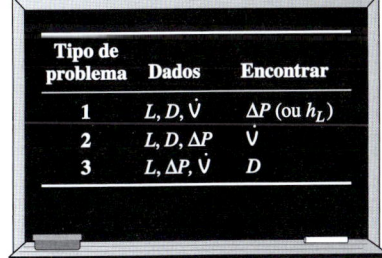

FIGURA 8–31 Os três tipos de problemas encontrados no escoamento em um tubo.

convirja. (Em geral, apenas algumas poucas iterações são necessárias para a convergência com três ou quatro algarismos de precisão.)

Nos problemas do *terceiro tipo*, o diâmetro não é conhecido e, portanto, o número de Reynolds e a rugosidade relativa não podem ser calculados. Assim, iniciamos os cálculos escolhendo um diâmetro de tubo. Em seguida, a queda de pressão calculada para o diâmetro escolhido é comparada com a queda de pressão específica, e os cálculos são repetidos com outro diâmetro de tubo de forma iterativa até a convergência.

Para evitar iterações cansativas nos cálculos da perda de carga, vazão e diâmetro, Swamee e Jain (1976) propuseram as seguintes relações explícitas, que são exatas até 2% do diagrama de Moody:

$$h_L = 1{,}07 \frac{\dot{V}^2 L}{gD^5} \left\{ \ln\left[\frac{\varepsilon}{3{,}7D} + 4{,}62\left(\frac{\nu D}{\dot{V}}\right)^{0{,}9}\right]\right\}^{-2} \qquad \begin{array}{l} 10^{-6} < \varepsilon/D < 10^{-2} \\ 3000 < Re < 3 \times 10^8 \end{array} \qquad (8\text{-}52)$$

$$\dot{V} = -0{,}965 \left(\frac{gD^5 h_L}{L}\right)^{0{,}5} \ln\left[\frac{\varepsilon}{3{,}7D} + \left(\frac{3{,}17\nu^2 L}{gD^3 h_L}\right)^{0{,}5}\right] \qquad Re > 2000 \qquad (8\text{-}53)$$

$$D = 0{,}66\left[\varepsilon^{1{,}25}\left(\frac{L\dot{V}^2}{gh_L}\right)^{4{,}75} + \nu\dot{V}^{9{,}4}\left(\frac{L}{gh_L}\right)^{5{,}2}\right]^{0{,}04} \qquad \begin{array}{l} 10^{-6} < \varepsilon/D < 10^{-2} \\ 5000 < Re < 3 \times 10^8 \end{array} \qquad (8\text{-}54)$$

Observe que todas as quantidades são dimensionais e que as unidades são simplificadas para a unidade desejada (por exemplo, para m ou ft na última relação) quando são usadas unidades consistentes. Observando que o diagrama de Moody é exato até dentro de 15% dos dados experimentais, não devemos ter reserva em usar essas relações aproximadas no projeto dos sistemas de tubulações.

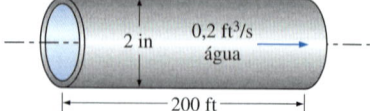

FIGURA 8–32 Esquema do Exemplo 8–3.

EXEMPLO 8–3 Determinação da perda de carga em um tubo de água

Água a 60°F ($\rho = 62{,}36$ lbm/ft^3 e $\mu = 7{,}536 \times 10^{-4}$ lbm/ft·s) escoa estacionariamente em um tubo horizontal de 2 in de diâmetro feito de aço inoxidável a uma vazão de 0,2 ft^3/s (Fig. 8–32). Determine a queda de pressão, a perda de carga e a potência de bombeamento de entrada necessária para o escoamento em uma seção do tubo com 200 ft de comprimento.

SOLUÇÃO A vazão através de um tubo especificado com água é dada. A perda de pressão, a perda de carga e os requisitos de potência de bombeamento devem ser determinados.

Hipóteses **1** O escoamento é estacionário e incompressível. **2** Os efeitos de entrada são desprezíveis e, portanto, o escoamento é completamente desenvolvido. **3** O tubo não envolve nenhum componente, como curvas, válvulas e conectores. **4** A seção da tubulação não envolve dispositivos de trabalho como uma bomba ou turbina.

Propriedades É dado que a densidade e a viscosidade dinâmica da água são $\rho = 62{,}36$ lbm/ft^3 e $\mu = 7{,}536 \times 10^{-4}$ lbm/ft·s, respectivamente.

Análise Reconhecemos que este é um problema do primeiro tipo, uma vez que a vazão, o comprimento e o diâmetro do tubo são conhecidos. Em primeiro lugar, calculamos a velocidade média e o número de Reynolds para determinar o regime de escoamento:

$$V = \frac{\dot{V}}{A_c} = \frac{\dot{V}}{\pi D^2/4} = \frac{0{,}2 \text{ ft}^3/\text{s}}{\pi (2/12 \text{ ft})^2/4} = 9{,}17 \text{ ft/s}$$

$$Re = \frac{\rho V D}{\mu} = \frac{(62{,}36 \text{ lbm/ft}^3)(9{,}17 \text{ ft/s})(2/12 \text{ ft})}{7{,}536 \times 10^{-4} \text{ lbm/ft·s}} = 126.400$$

Como Re é maior do que 4.000, o escoamento é turbulento. A rugosidade relativa do tubo é calculada usando a Tabela 8–2:

$$\varepsilon/D = \frac{0{,}000007 \text{ ft}}{2/12 \text{ ft}} = 0{,}000042$$

O fator de atrito correspondente a essa rugosidade relativa e a este número de Reynolds pode ser determinado de forma simples com o diagrama de Moody. Para evitar erros de leitura, determinamos f com a equação de Colebrook, na qual é baseado o gráfico de Moody:

$$\frac{1}{\sqrt{f}} = -2{,}0 \log\left(\frac{\varepsilon/D}{3{,}7} + \frac{2{,}51}{\text{Re}\sqrt{f}}\right) \rightarrow \frac{1}{\sqrt{f}} = -2{,}0 \log\left(\frac{0{,}000042}{3{,}7} + \frac{2{,}51}{126.400\sqrt{f}}\right)$$

Usando um resolvedor de equações ou um esquema iterativo, o fator de atrito é determinado como $f = 0{,}0174$. Então, a queda de pressão (que neste caso é equivalente à perda de pressão), a perda de carga e a potência de entrada necessária tornam-se:

$$\Delta P = \Delta P_L = f\frac{L}{D}\frac{\rho V^2}{2} = 0{,}0174 \frac{200 \text{ ft}}{2/12 \text{ ft}} \frac{(62{,}36 \text{ lbm/ft}^3)(9{,}17 \text{ ft/s})^2}{2}\left(\frac{1 \text{ lbf}}{32{,}2 \text{ lbm·ft/s}^2}\right)$$

$$= \mathbf{1700 \text{ lbf/ft}^2 = 11{,}8 \text{ psi}}$$

$$h_L = \frac{\Delta P_L}{\rho g} = f\frac{L}{D}\frac{V^2}{2g} = 0{,}0174 \frac{200 \text{ ft}}{2/12 \text{ ft}} \frac{(9{,}17 \text{ ft/s})^2}{2(32{,}2 \text{ ft/s}^2)} = \mathbf{27{,}3 \text{ ft}}$$

$$\dot{W}_{\text{bomba}} = \dot{V}\, \Delta P = (0{,}2 \text{ ft}^3/\text{s})(1700 \text{ lbf/ft}^2)\left(\frac{1 \text{ W}}{0{,}737 \text{ lbf·ft/s}}\right) = \mathbf{461 \text{ W}}$$

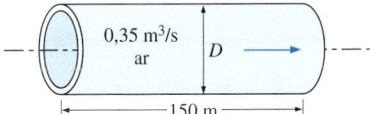

FIGURA 8–33 Esquema do Exemplo 8–4.

Assim, a potência de entrada necessária para superar as perdas por atrito no tubo é 461 W.

Discussão É prática comum escrever nossas respostas finais até três algarismos significativos, embora saibamos que os resultados são exatos até no máximo dois algarismos significativos, por conta das imprecisões inerentes da equação de Colebrook, como já foi discutido. O fator de atrito também poderia ser determinado facilmente com a relação explícita de Haaland (Equação 8–51). Ela nos daria $f = 0{,}0172$, que está suficientemente próximo de 0,0174. Além disso, o fator de atrito correspondente a $\varepsilon = 0$ neste caso é 0,0171, indicando que os tubos de aço inoxidável podem ser considerados lisos com erro desprezível.

EXEMPLO 8–4 Determinação do diâmetro de um duto de ar

Ar aquecido a 1 atm e 35°C deve ser transportado em um duto plástico circular de 150 m de comprimento a uma vazão de 0,35 m³/s (Fig. 8–33). Se a perda de carga no tubo não deve exceder os 20 m, determine o diâmetro mínimo do duto.

SOLUÇÃO A vazão e a perda de carga em um duto de ar são dadas. O diâmetro do duto deve ser determinado.

Hipóteses **1** O escoamento é estacionário e incompressível. **2** Os efeitos de entrada são desprezíveis e, portanto, o escoamento é completamente desenvolvido. **3** O duto não envolve nenhum componente, como curvas, válvulas e conectores. **4** O ar é um gás ideal. **5** O duto é liso, uma vez que é feito de plástico. **6** O escoamento é turbulento (a ser verificado).

Propriedades A densidade, a viscosidade dinâmica e a viscosidade cinemática do ar a 35°C são $\rho = 1{,}145 \text{ kg/m}^3$, $\mu = 1{,}895 \times 10^{-5} \text{ kg/m·s}$ e $\nu = 1{,}655 \times 10^{-5} \text{ m}^2/\text{s}$.

(continua)

(continuação)

Análise Esse é um problema do terceiro tipo, uma vez que envolve a determinação do diâmetro para vazão e perda de carga específicas. É possível resolver esse problema por meio de três abordagens diferentes: (1) uma abordagem iterativa considerando um diâmetro de tubo, calculando a perda de carga, comparando o resultado com a perda de carga especificada e repetindo os cálculos até que a perda de carga calculada coincida com o valor especificado; (2) escrevendo todas as equações relevantes (deixando o diâmetro como incógnita) e resolvendo-as simultaneamente usando um resolvedor de equações e (3) usando a terceira fórmula de Swamee–Jain. Ilustraremos o uso das duas últimas abordagens.

A velocidade média, o número de Reynolds, o fator de atrito e as relações de perda de carga podem ser expressas por (D está em m, V está em m/s e Re e f são adimensionais):

$$V = \frac{\dot{V}}{A_c} = \frac{\dot{V}}{\pi D^2/4} = \frac{0{,}35 \text{ m}^3/\text{s}}{\pi D^2/4}$$

$$\text{Re} = \frac{VD}{\nu} = \frac{VD}{1{,}655 \times 10^{-5} \text{ m}^2/\text{s}}$$

$$\frac{1}{\sqrt{f}} = -2{,}0 \log\left(\frac{\varepsilon/D}{3{,}7} + \frac{2{,}51}{\text{Re}\sqrt{f}}\right) = -2{,}0 \log\left(\frac{2{,}51}{\text{Re}\sqrt{f}}\right)$$

$$h_L = f\frac{L}{D}\frac{V^2}{2g} \quad \rightarrow \quad 20 \text{ m} = f\frac{150 \text{ m}}{D}\frac{V^2}{2(9{,}81 \text{ m/s}^2)}$$

A rugosidade é aproximadamente zero para um tubo de plástico (Tabela 8–2). Assim, este é um conjunto de quatro equações em quatro incógnitas, e a sua solução com um resolvedor de equações, como o EES, resulta em:

$$D = \mathbf{0{,}267 \text{ m}}, \quad f = 0{,}0180, \quad V = 6{,}24 \text{ m/s} \quad \text{e} \quad \text{Re} = 100.800$$

Assim, o diâmetro do duto deve ser maior do que 26,7 cm se a perda de carga não exceder 20 m. Observe que Re > 4.000 e, portanto, a hipótese do escoamento turbulento é satisfeita.

O diâmetro também pode ser determinado diretamente com a terceira fórmula de Swamee-Jain como:

$$D = 0{,}66\left[\varepsilon^{1{,}25}\left(\frac{L\dot{V}^2}{gh_L}\right)^{4{,}75} + \nu\dot{V}^{9{,}4}\left(\frac{L}{gh_L}\right)^{5{,}2}\right]^{0{,}04}$$

$$= 0{,}66\left[0 + (1{,}655 \times 10^{-5} \text{ m}^2/\text{s})(0{,}35 \text{ m}^3/\text{s})^{9{,}4}\left(\frac{150 \text{ m}}{(9{,}81 \text{ m/s}^2)(20 \text{ m})}\right)^{5{,}2}\right]^{0{,}04}$$

$$= \mathbf{0{,}271 \text{ m}}$$

Discussão Observe que a diferença entre os dois resultados é menor do que 2%. Assim, a relação simples de Swamee-Jain pode ser usada com confiança. Finalmente, a primeira abordagem (iterativa) exige uma estimativa inicial para D. Se usarmos o resultado de Swamee-Jain como nossa estimativa inicial, o diâmetro converge rapidamente para $D = 0{,}267$ m.

EXEMPLO 8–5 Determinação da vazão de ar de um duto

Reconsidere o Exemplo 8–4. Agora, o comprimento do duto dobra enquanto seu diâmetro é mantido constante. Se a perda de carga total deve permanecer constante, determine a queda na vazão através do duto.

SOLUÇÃO O diâmetro e a perda de carga de um duto de ar são dados. A queda na vazão deve ser determinada.

Análise Esse é um problema do segundo tipo, uma vez que envolve a determinação da vazão de um tubo com diâmetro e perda de carga especificados. A solução envolve uma abordagem iterativa, uma vez que a vazão (e, portanto, a velocidade de escoamento) não é conhecida.

A velocidade média, o número de Reynolds, o fator de atrito e as relações de perda de carga podem ser expressas por (D está em m, V está em m/s e Re e f são sem dimensão):

$$V = \frac{\dot{V}}{A_c} = \frac{\dot{V}}{\pi D^2/4} \rightarrow V = \frac{\dot{V}}{\pi(0,267 \text{ m})^2/4}$$

$$\text{Re} = \frac{VD}{\nu} \rightarrow \text{Re} = \frac{V(0,267 \text{ m})}{1,655 \times 10^{-5} \text{ m}^2/\text{s}}$$

$$\frac{1}{\sqrt{f}} = -2,0 \log\left(\frac{\varepsilon/D}{3,7} + \frac{2,51}{\text{Re}\sqrt{f}}\right) \rightarrow \frac{1}{\sqrt{f}} = -2,0 \log\left(\frac{2,51}{\text{Re}\sqrt{f}}\right)$$

$$h_L = f\frac{L}{D}\frac{V^2}{2g} \rightarrow 20 \text{ m} = f\frac{300 \text{ m}}{0,267 \text{ m}}\frac{V^2}{2(9,81 \text{ m/s}^2)}$$

Este é um conjunto de quatro equações em quatro incógnitas, e a sua solução com um resolvedor de equações, como o EES (Fig. 8–34), resulta em:

$$\dot{V} = 0,24 \text{ m}^3/\text{s}, \quad f = 0,0195, \quad V = 4,23 \text{ m/s} \quad \text{e} \quad \text{Re} = 68.300$$

Assim, a queda da vazão torna-se:

$$\dot{V}_{\text{queda}} = \dot{V}_{\text{velha}} - \dot{V}_{\text{nova}} = 0,35 - 0,24 = \mathbf{0,11 \text{ m}^3/\text{s}} \quad \text{(uma queda de 31\%)}$$

Portanto, para uma perda de carga especificada (ou carga disponível ou potência de bombeamento do ventilador), a vazão cai em cerca de 31%, de 0,35 até 0,24 m³/s quando o comprimento do duto dobra.

Solução alternativa Se um computador não estiver disponível (como em uma situação de exame), outra opção seria definir um *laço de iteração manual*. Descobrimos que a melhor convergência, em geral, é realizada primeiramente estimando o fator de atrito f e, em seguida, determinando a velocidade V. A equação de V como função de f é:

Velocidade média através do tubo: $\quad V = \sqrt{\dfrac{2gh_L}{fL/D}}$

Agora que V foi calculada, o número de Reynolds pode ser calculado, a partir do qual um fator de atrito corrigido pode ser obtido dos diagramas de Moody ou da equação de Colebrook. Repetimos os cálculos com o valor corrigido de f até a convergência. Usamos $f = 0,04$ como estimativa inicial, para fins de ilustração:

Iteração	f (estimativa)	V, m/s	Re	f corrigido
1	0,04	2,955	$4,724 \times 10^4$	0,0212
2	0,0212	4,059	$6,489 \times 10^4$	0,01973
3	0,01973	4,207	$6,727 \times 10^4$	0,01957
4	0,01957	4,224	$6,754 \times 10^4$	0,01956
5	0,01956	4,225	$6,756 \times 10^4$	0,01956

Observe que a iteração convergiu para três algarismos em apenas três iterações e para quatro algarismos em apenas quatro iterações. Os resultados finais são idênticos àqueles obtidos com o EES, embora não exijam um computador.

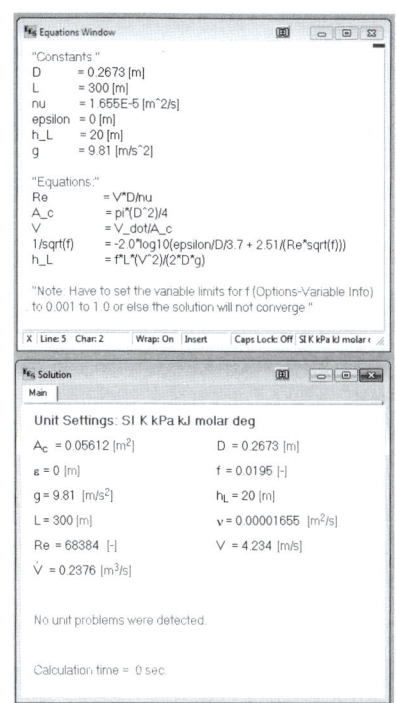

FIGURA 8–34 Solução de EES para o Exemplo 8–5.

(continua)

(continuação)

Discussão A nova vazão também pode ser determinada diretamente da segunda fórmula de Swamee-Jain como:

$$\dot{V} = -0,965\left(\frac{gD^5 h_L}{L}\right)^{0,5} \ln\left[\frac{\varepsilon}{3,7D} + \left(\frac{3,17\nu^2 L}{gD^3 h_L}\right)^{0,5}\right]$$

$$= -0,965\left(\frac{(9,81 \text{ m/s}^2)(0,267 \text{ m})^5(20 \text{ m})}{300 \text{ m}}\right)^{0,5}$$

$$\times \ln\left[0 + \left(\frac{3,17(1,655 \times 10^{-5} \text{ m}^2/\text{s})^2(300 \text{ m})}{(9,81 \text{ m/s}^2)(0,267 \text{ m})^3(20 \text{ m})}\right)^{0,5}\right]$$

$$= 0,24 \text{ m}^3/\text{s}$$

Observe que o resultado da relação de Swamee-Jain é igual (até dois algarismos significativos) àquele obtido com a equação Colebrook usando o ESS ou usando nossa técnica de iteração manual. Assim, a relação simples de Swamee-Jain pode ser usada com confiança.

8–6 PERDAS MENORES

O fluido de um sistema de tubulação típico passa através de diversas conexões, válvulas, curvas, cotovelos, tês, entradas, saídas, extensões e reduções além das seções retas de tubos. Esses componentes interrompem o escoamento suave do fluido e causam perdas adicionais devido à separação do escoamento e à mistura que eles induzem. Em um sistema típico com tubos longos, essas perdas são menores se comparadas à perda total de carga dos tubos (as **grandes perdas**) e são chamadas de **perdas menores**. Embora, em geral, isso seja verdadeiro, em alguns casos as perdas menores podem ser maiores do que as grandes perdas. Este é caso, por exemplo, nos sistemas com várias curvas e válvulas em uma distância curta. A perda de carga introduzida por uma válvula completamente aberta, por exemplo, pode ser desprezível. Mas uma válvula parcialmente fechada pode causar a maior perda de carga no sistema, como deixa claro a queda da vazão. O escoamento através de válvulas e conexões é muito complexo e, muitas vezes, uma análise teórica não é plausível. Assim, as perdas menores são determinadas experimentalmente, em geral pelos fabricantes dos componentes.

As perdas menores, em geral, são expressas em termos do **coeficiente de perda** K_L (também chamado de **coeficiente de resistência**), definido por (Fig. 8–35):

Coeficiente de perda: $$K_L = \frac{h_L}{V^2/(2g)} \quad (8\text{–}55)$$

onde h_L é a perda de carga irreversível *adicional* no sistema de tubulação causada pela inserção do componente, e é definida por $h_L = \Delta P_L/\rho g$. Por exemplo, imagine a substituição da válvula da Fig. 8–35 por uma seção de tubo com diâmetro constante do local 1 até o local 2. ΔP_L é definido como a queda de pressão de 1 para 2 para o caso *com* a válvula, $(P_1 - P_2)_{\text{válvula}}$, *menos* a queda de pressão que ocorreria na seção de tubo reta imaginária de 1 para 2 *sem* a válvula, $(P_1 - P_2)_{\text{tubo}}$ à mesma vazão. Embora a maioria da perda de carga irreversível ocorra localmente próximo à válvula, parte dela ocorre a jusante da válvula devido aos vórtices turbulentos de redemoinho induzido que são produzidos na válvula e continuam a jusante. Esses vórtices "desperdiçam" energia mecânica porque finalmente são dissipados em calor, enquanto o escoamento na seção a jusante do tubo eventual-

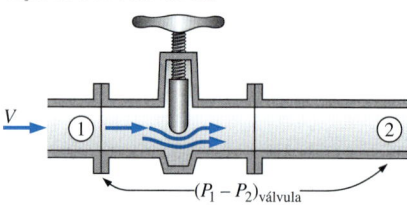

Seção de tubo com válvula:

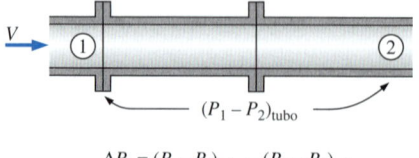

Seção de tubo sem válvula:

$\Delta P_L = (P_1 - P_2)_{\text{tubo}} - (P_1 - P_2)_{\text{tubo}}$

FIGURA 8–35 Para uma seção de um tubo com diâmetro constante e um componente de perda menor, o coeficiente de perda do componente (como a válvula de gaveta mostrada) é determinado pela medição da perda de pressão adicional que ele causa e dividindo-a pela pressão dinâmica no tubo.

mente retorna às condições completamente desenvolvidas. Ao medir as perdas menores de alguns componentes de perda menor, como os *cotovelos*, por exemplo, o local 2 deve estar consideravelmente longe a jusante (dezenas de diâmetros de tubo) para levar totalmente em conta as perdas irreversíveis adicionais devido a esses vórtices em decaimento.

Quando o diâmetro do tubo a jusante do componente *varia*, a determinação da perda menor é mais complicada ainda. Em todos os casos, porém, ela se baseia na perda irreversível *adicional* da energia mecânica que de outra forma não existiria se o componente da perda menor não estivesse lá. Por questões de simplicidade, você pode imaginar a perda menor ocorrendo *localmente* através do componente de perda menor, mas tenha em mente que o componente influencia o escoamento por vários diâmetros de tubo a jusante. Por falar nisso, esse é o motivo pelo qual a maioria dos fabricantes de medidores de vazão recomendam a instalação de seus medidores em um local pelo menos entre 10 e 20 diâmetros de tubo a jusante de qualquer cotovelo ou válvula – isso permite que os vórtices turbulentos em redemoinho gerados pelo cotovelo ou pela válvula desapareçam em maior medida e o perfil de velocidade se torne completamente desenvolvido antes de entrar no medidor de vazão. (A maioria dos medidores de vazão é calibrada com um perfil de velocidade completamente desenvolvido na entrada do medidor de vazão, e produzem a melhor exatidão quando tais condições também existem na aplicação real.)

Quando o diâmetro de entrada é igual ao diâmetro de saída, o coeficiente de perda de um componente também pode ser determinado pela medição da perda de pressão através do componente e pela sua divisão pela pressão dinâmica $K_L = \Delta P_L/(\rho V^2)$. Quando o coeficiente de perda de um componente é disponível, a perda de carga daquele componente é determinada por:

Perda menor: $$h_L = K_L \frac{V^2}{2g} \quad (8\text{-}56)$$

O coeficiente de perda, em geral, depende da geometria do componente e do número de Reynolds, assim como o fator de atrito. Entretanto, em geral, ele é considerado como independente do número de Reynolds. Essa é uma aproximação razoável, uma vez que a maioria dos escoamentos na prática tem números de Reynolds grandes e os coeficientes de perda (incluindo o fator de atrito) tendem a ser independentes do número de Reynolds no caso de números de Reynolds grandes.

As perdas menores também são expressas em termos do **comprimento equivalente** L_{equiv}, definido por (Fig. 8–36):

Comprimento equivalente: $$h_L = K_L \frac{V^2}{2g} = f \frac{L_{equiv}}{D} \frac{V^2}{2g} \rightarrow L_{equiv} = \frac{D}{f} K_L \quad (8\text{-}57)$$

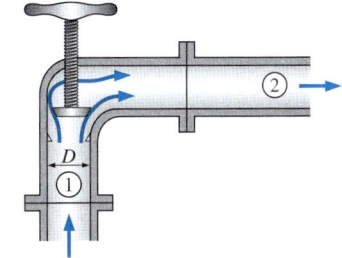

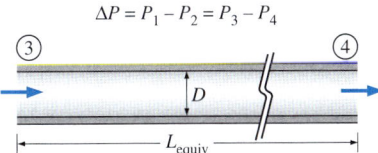

FIGURA 8–36 A perda de carga causada por um componente (como a válvula de angular mostrada) é equivalente à perda de carga causada por uma seção do tubo cujo comprimento é o comprimento equivalente.

onde f é o fator de atrito e D é o diâmetro do tubo que contém o componente. A perda de carga causada pelo componente é equivalente à perda de carga causada por uma seção do tubo cujo comprimento seja L_{equiv}. Assim, a contribuição de um componente para a perda de carga pode ser calculada simplesmente pela adição de L_{equiv} e ao comprimento total do tubo.

As duas abordagens são usadas na prática, mas o uso dos coeficientes de perda é mais comum. Portanto, também usaremos essa abordagem neste livro. Depois que todos os coeficientes de perda estão disponíveis, a perda total de carga de um sistema de tubos é determinada a partir de:

Perda total de carga (geral):
$$h_{L,\text{total}} = h_{L,\text{maior}} + h_{L,\text{menor}}$$
$$= \sum_i f_i \frac{L_i}{D_i} \frac{V_i^2}{2g} + \sum_j K_{L,j} \frac{V_j^2}{2g} \quad (8\text{-}58)$$

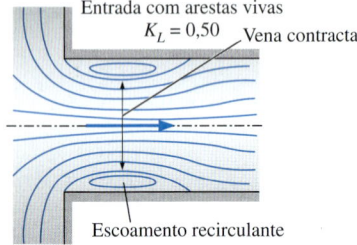

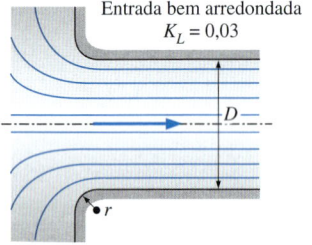

FIGURA 8–37 A perda de carga na entrada de um tubo é quase desprezível para entradas bem arredondadas ($K_L = 0{,}03$ para $r/D > 0{,}2$), mas aumenta até cerca de 0,50 para entradas com arestas vivas.

onde *i* representa cada seção do tubo com diâmetro constante e *j* representa cada componente que causa uma perda menor. Se todo o sistema de tubulação analisado tem um diâmetro constante, a Equação 8–58 se reduz a:

Perda total de carga (D = constante): $\quad h_{L,\,total} = \left(f\dfrac{L}{D} + \sum K_L\right)\dfrac{V^2}{2g}$ (8–59)

onde *V* é velocidade de escoamento média através de todo o sistema (observe que $V = $ constante, já que $D = $ constante).

Coeficientes de perda representativos K_L são dados na Tabela 8–4 para entradas, saídas, curvas, variações de área repentinas e graduais e válvulas. Existe uma incerteza considerável nesses valores, uma vez que os coeficientes de perda, em geral, variam com o diâmetro do tubo, com a rugosidade da superfície, com o número de Reynolds e com os detalhes do projeto. Os coeficientes de perda de duas válvulas aparentemente idênticas de dois fabricantes diferentes, por exemplo, podem diferir por um fator de 2 ou mais. Assim, os dados do fabricante escolhido devem ser consultados no projeto final dos sistemas de tubulação, em vez de serem usados valores representativos dos manuais.

A perda de carga na entrada de um tubo é uma função importante da geometria. Ela é quase desprezível para entradas bem arredondadas ($K_L = 0{,}03$ para $r/D > 0{,}2$), mas aumenta até cerca de 0,50 para entradas com arestas vivas (Fig. 8–37). Ou seja, uma entrada com arestas vivas faz com que metade da carga de velocidade se perca à medida que o fluido entra no tubo. Isso acontece porque o fluido não pode fazer curvas bruscas de 90° facilmente, em especial a altas velocidades. Como resultado, o escoamento separa-se nos cantos, e o escoamento fica restrito à região **vena contracta** formada na seção média do tubo (Fig. 8–38). Assim, uma entrada com arestas vivas age como uma restrição de escoamento. A velocidade aumenta na região de contração de seção (e a pressão diminui) por conta da área de escoamento efetivo reduzida e, em seguida, diminui à medida que o escoamento preenche toda a seção transversal do tubo. Haveria uma perda desprezível quando a pressão fosse aumentada de acordo com a equação de Bernoulli (a carga de velocidade simplesmente seria convertida em carga de pressão). Entretanto, esse processo de desaceleração está longe de ser ideal e a dissipação viscosa causada pela mistura intensa e pelos vórtices turbulentos converte parte da energia cinética em aquecimento por atrito, como fica evidente por uma ligeira elevação da temperatura do fluido. O resultado final é uma queda da velocidade sem muita recuperação de pressão, e a perda de entrada é uma medida dessa queda de pressão irreversível.

Até mesmo o ligeiro arredondamento das bordas pode resultar em redução significativa do K_L, como mostra a Fig. 8–39. O coeficiente de perda se eleva bruscamente (até cerca de $K_L = 0{,}8$) quando o tubo se projeta para o reservatório, pois parte do fluido próximo à lateral, neste caso, é forçado a fazer uma curva de 180°.

O coeficiente de perda de uma saída de tubo submersa quase sempre é listado nos manuais como $K_L = 1$. Mais precisamente, porém, K_L é igual ao fator de correção da energia cinética α na saída do tubo. Embora α esteja próximo de 1 para escoamento de tubo *turbulento* completamente desenvolvido, ele é igual a 2 para escoamento de tubo *laminar* completamente desenvolvido. Assim, para evitar possíveis erros ao analisar o escoamento de tubo laminar, é melhor sempre tomar $K_L = \alpha$ em uma saída de tubo submersa. Em qualquer dessas saídas, seja ela laminar ou turbulenta, o fluido que sai do tubo perde *toda* a sua energia cinética ao se misturar com o fluido do reservatório e, eventualmente, atinge o repouso pela ação irreversível da viscosidade. Isso é verdadeiro, independente da forma da saída (Tabela 8–4 e Fig. 8–40). Assim, não há necessidade de arredondar as saídas do tubo.

TABELA 8–4

Coeficientes de perda K_L dos diversos componentes para escoamento turbulento em um tubo (para uso na relação $h_L = K_L V^2/(2g)$, onde V é a velocidade média no tubo que contém o componente)*

Entrada do tubo

Reentrante:
$K_L = 0,80$
($t \ll D$ e $l \approx 0,1D$)

Arestas vivas: $K_L = 0,50$

Bem arredondado ($r/D > 0,2$): $K_L = 0,03$
Ligeiramente arredondado ($r/D = 0,1$): $K_L = 0,12$
(consulte a Fig. 8–36)

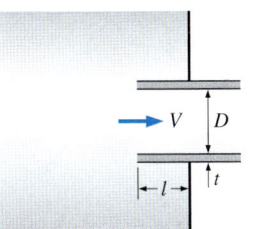
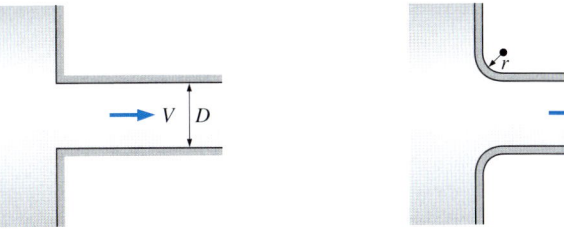

Saída do tubo

Reentrante: $K_L = \alpha$ Arestas vivas: $K_L = \alpha$ Arredondada: $K_L = \alpha$

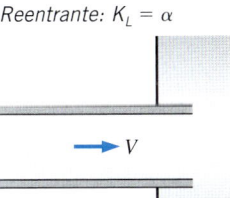
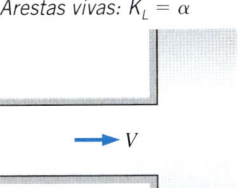
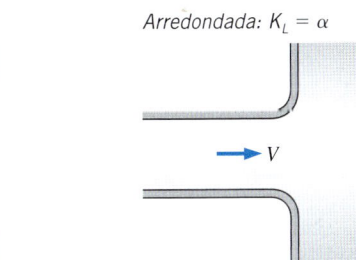

Nota: O fator de correção da energia cinética é $\alpha = 2$ para o escoamento laminar completamente desenvolvido e $\alpha \approx 1,05$ para o escoamento turbulento completamente desenvolvido.

Expansão e Contração Repentinas (com base na velocidade no tubo de diâmetro menor)

Expansão repentina: $K_L = \alpha \left(1 - \dfrac{d^2}{D^2}\right)^2$

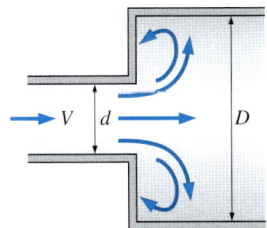

Contração repentina. Consultar diagrama.

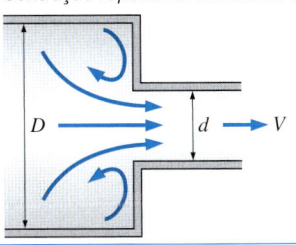

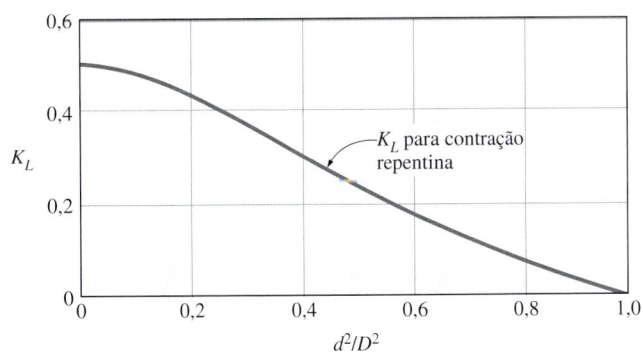

Expansão e Contração Graduais (com base na velocidade do tubo de diâmetro menor)

Expansão (para $\theta = 20°$):
$K_L = 0,30$ para $d/D = 0,2$
$K_L = 0,25$ para $d/D = 0,4$
$K_L = 0,15$ para $d/D = 0,6$
$K_L = 0,10$ para $d/D = 0,8$

Contração:
$K_L = 0,02$ para $\theta = 20°$
$K_L = 0,04$ para $\theta = 45°$
$K_L = 0,07$ para $\theta = 60°$

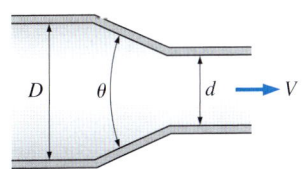

TABELA 8–4
(conclusão)

Curvas e desvios

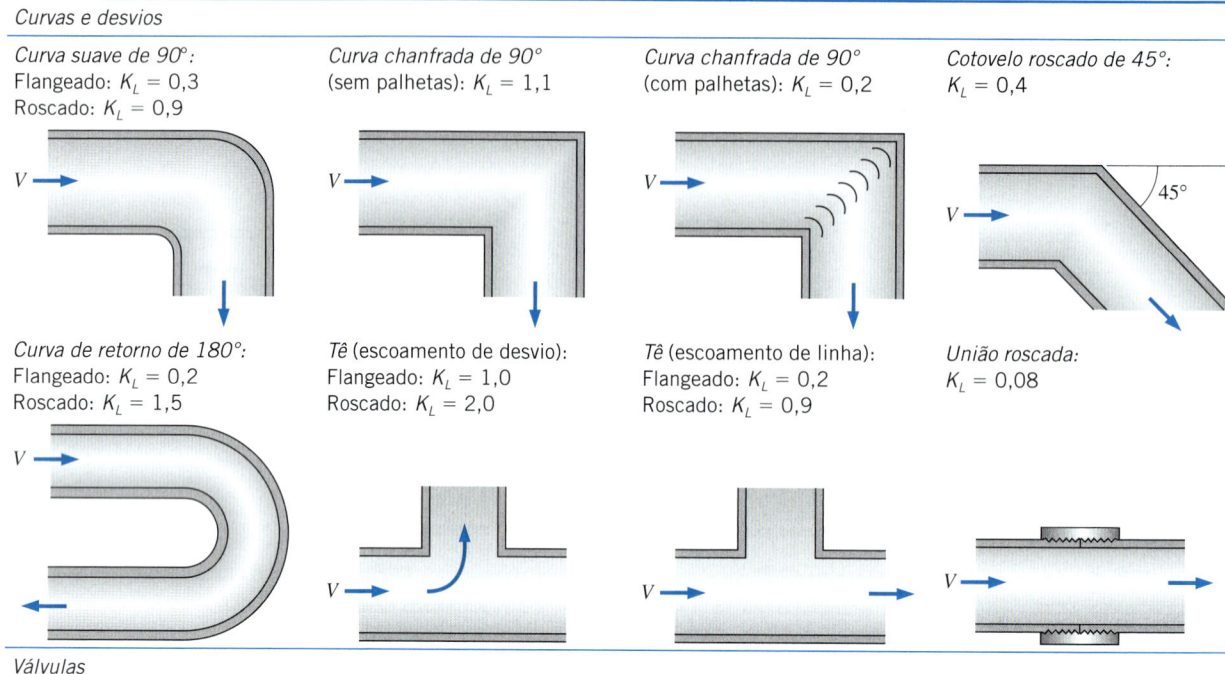

Curva suave de 90°:
Flangeado: $K_L = 0{,}3$
Roscado: $K_L = 0{,}9$

Curva chanfrada de 90°
(sem palhetas): $K_L = 1{,}1$

Curva chanfrada de 90°
(com palhetas): $K_L = 0{,}2$

Cotovelo roscado de 45°:
$K_L = 0{,}4$

Curva de retorno de 180°:
Flangeado: $K_L = 0{,}2$
Roscado: $K_L = 1{,}5$

Tê (escoamento de desvio):
Flangeado: $K_L = 1{,}0$
Roscado: $K_L = 2{,}0$

Tê (escoamento de linha):
Flangeado: $K_L = 0{,}2$
Roscado: $K_L = 0{,}9$

União roscada:
$K_L = 0{,}08$

Válvulas

Válvula de globo, totalmente aberta: $K_L = 10$
Válvula de ângulo, totalmente aberta: $K_L = 5$
Válvula de esfera, totalmente aberta: $K_L = 0{,}05$
Válvula de retenção de batente: $K_L = 2$

Válvula de gaveta, totalmente aberta: $K_L = 0{,}2$
$1/4$ fechada: $K_L = 0{,}3$
$1/2$ fechada: $K_L = 2{,}1$
$3/4$ fechada: $K_L = 17$

*Esses valores são representativos para os coeficientes de perda. Os valores reais dependem muito do projeto e da fabricação dos componentes e podem diferir dos valores dados de forma considerável (especialmente para as válvulas). Os dados reais do fabricante devem ser usados no projeto final.

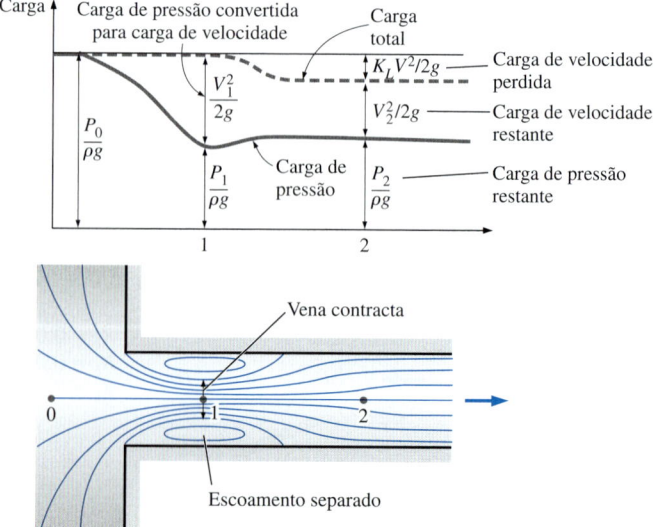

FIGURA 8–38 Representação gráfica da contração do escoamento e da perda associada de carga na entrada de um tubo com arestas vivas.

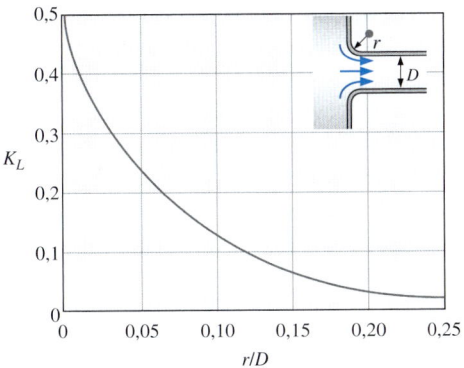

FIGURA 8–39 O efeito do arredondamento de uma entrada de tubo sobre o coeficiente de perda.
Dados de ASHRAE Handbook of Fundamentals.

Os sistemas de tubulações, muitas vezes, envolvem seções de expansão ou contração *repentinas* ou *graduais* para acomodar variações nas vazões ou nas propriedades como densidade e velocidade. As perdas, em geral, são muito maiores no caso de expansão e contração *repentina* (ou expansão em ângulo amplo) por causa da separação do escoamento. Combinando as equações de conservação da massa, momento e energia, o coeficiente de perda no caso de **expansão repentina** é aproximado por

$$K_L = \alpha \left(1 - \frac{A_{pequena}}{A_{grande}}\right)^2 \quad \text{(expansão repentina)} \quad (8\text{-}60)$$

onde $A_{pequena}$ e A_{grande} são as áreas de seção transversal dos tubos pequenos e grandes, respectivamente. Observe que $K_L = 0$ quando não há variação de área ($A_{pequena} = A_{grande}$) e $K_L = \alpha$ quando um tubo descarrega em um reservatório ($A_{grande} \gg A_{pequena}$). Não existe tal relação para uma contração repentina, e os valores de K_L naquele caso podem ser lidos do diagrama da Tabela 8–4. As perdas provocadas pela expansão e contração podem ser significativamente reduzidas pela instalação de modificadores de área graduais cônicos (bocais e difusores) entre os tubos pequenos e grandes. Os valores de K_L dos casos representativos de expansão e contração gradual são dados na Tabela 8–4. Observe que nos cálculos de perda de carga, a velocidade no *tubo pequeno* deve ser usada como velocidade de referência na Equação 8–56. As perdas durante a expansão, em geral, são muito mais altas do que as perdas durante a contração por causa da separação do escoamento.

Os sistemas de tubulação também envolvem variações na direção sem uma variação no diâmetro, e tais seções de escoamento são chamadas de *curvas* ou *cotovelos*. As perdas nesses dispositivos são decorrentes da separação do escoamento (assim como um carro que é jogado para fora da estrada quando entra muito rápido em uma curva) no lado interno e aos escoamentos secundários em redemoinho resultantes. As perdas durante as variações de direção podem ser minimizadas "facilitando" a curva no fluido usando arcos circulares (como o cotovelo de 90°), em vez de curvas agudas (como curvas chanfradas) (Fig. 8–41). Mas o uso de curvas agudas (e, portanto, o sofrimento da penalização no coeficiente de perda) pode ser necessário quando o espaço para a curva é limitado. Em tais casos, as perdas podem ser minimizadas pela utilização de aletas de guia convenientemente localizadas que ajudam o escoamento a fazer a curva de forma ordenada sem ser tirado do curso. Os coeficientes de perda de alguns cotovelos e curvas chanfradas, bem como dos tês, são dados na Tabela 8–4. Esses coeficientes não incluem as perdas por atrito ao longo da curva do tubo. Tais perdas devem ser calculadas como nos tubos retos (usando o comprimento do eixo central como o comprimento do tubo) e somadas às outras perdas.

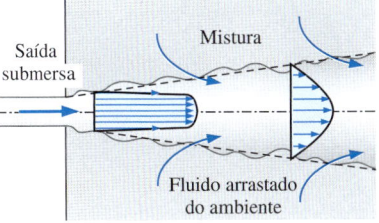

FIGURA 8–40 Toda a energia cinética do escoamento é "perdida" (transformada em energia térmica) através do atrito, à medida que o jato desacelera e se mistura a jusante com o fluido ambiente de uma saída submersa.

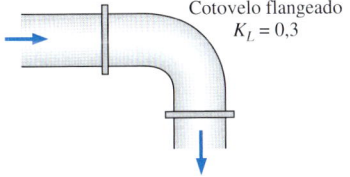
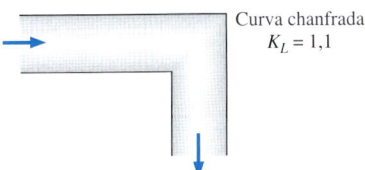

FIGURA 8–41 As perdas durante as variações de direção podem ser minimizadas "facilitando" a curva do fluido com o uso de arcos circulares, em vez de curvas fechadas.

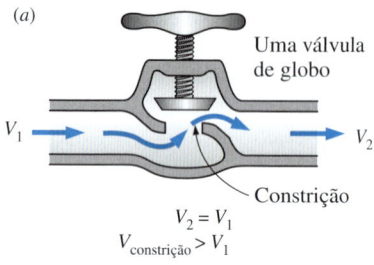

As *válvulas*, em geral, são usadas nos sistemas de tubulações para controlar as vazões, simplesmente alterando a perda de carga até que a vazão desejada seja atingida. Nas válvulas é desejável ter um coeficiente de perda muito baixo quando elas estão totalmente abertas, tal como em uma válvula de esfera, para que causem perda de carga mínima durante a operação a toda carga (Fig. 8–42b). Hoje, normalmente, são usados vários projetos de válvula diferentes, cada um com suas vantagens e desvantagens. A *válvula de gaveta* desliza para cima e para baixo como uma barreira, a *válvula de globo* (Fig. 8–42a) fecha um orifício colocado na válvula, a *válvula de ângulo* é uma válvula de globo com uma curva de 90°, e a *válvula de retenção* permite que o fluido escoe apenas em uma direção, como um diodo em um circuito elétrico. A Tabela 8–4 lista os coeficientes de perda representativos dos projetos mais populares. Observe que o coeficiente de perda aumenta drasticamente à medida que a válvula é fechada. Além disso, o desvio dos coeficientes de perda dos vários fabricantes é maior nas válvulas por conta de suas geometrias complexas.

FIGURA 8–42 (*a*) A grande perda de carga em uma válvula de globo parcialmente fechada deve-se à desaceleração irreversível, separação do escoamento e mistura do fluido de alta velocidade que chega da passagem estreita da válvula. (*b*) A perda de carga através de uma válvula esférica completamente aberta, por outro lado, é bem pequena.

EXEMPLO 8–6 Perda de carga e elevação de pressão durante uma expansão gradual

Um tubo de água horizontal de 6 cm de diâmetro se expande gradualmente até um tubo de 9 cm de diâmetro (Fig. 8–43). As paredes da seção de expansão têm um ângulo de 10° em relação ao eixo. A velocidade média e a pressão da água antes da seção de expansão são de 7 m/s e 150 kPa, respectivamente. Determine a perda de carga na seção de expansão e a pressão no tubo de diâmetro maior.

SOLUÇÃO Um tubo de água horizontal se expande gradualmente para um tubo de diâmetro maior. A perda de carga e a pressão após a expansão devem ser determinadas.

Hipóteses **1** O escoamento é estacionário e incompressível. **2** O escoamento nas seções 1 e 2 é completamente desenvolvido e turbulento com $\alpha_1 = \alpha_2 \cong 1{,}06$.

Propriedades Assumimos a massa específica da água como $\rho = 1.000$ kg/m³. O coeficiente de perda da expansão gradual para um ângulo total incluído $\theta = 20°$ e uma razão de diâmetros $d/D = 6/9$ é $K_L = 0{,}133$ (por interpolação usando a Tabela 8–4).

Análise Observando que a densidade da água permanece constante, a velocidade a jusante da água é determinada da conservação de massa como:

$$\dot{m}_1 = \dot{m}_2 \rightarrow \rho V_1 A_1 = \rho V_2 A_2 \rightarrow V_2 = \frac{A_1}{A_2} V_1 = \frac{D_1^2}{D_2^2} V_1$$

$$V_2 = \frac{(0{,}06 \text{ m})^2}{(0{,}09 \text{ m})^2} (7 \text{ m/s}) = 3{,}11 \text{ m/s}$$

Então, a perda de carga irreversível na seção de expansão torna-se:

$$h_L = K_L \frac{V_1^2}{2g} = (0{,}133) \frac{(7 \text{ m/s})^2}{2(9{,}81 \text{ m/s}^2)} = \mathbf{0{,}333 \text{ m}}$$

Observando que $z_1 = z_2$ e que não há bombas ou turbinas envolvidas, a equação da energia para a seção de expansão pode ser expressa em termos de cargas como:

$$\frac{P_1}{\rho g} + \alpha_1 \frac{V_1^2}{2g} + \cancel{z_1} + \cancel{h_{\text{bomba},u}}^{0} = \frac{P_2}{\rho g} + \alpha_2 \frac{V_2^2}{2g} + \cancel{z_2} + \cancel{h_{\text{turbina},e}}^{0} + h_L$$

ou

$$\frac{P_1}{\rho g} + \alpha_1 \frac{V_1^2}{2g} = \frac{P_2}{\rho g} + \alpha_2 \frac{V_2^2}{2g} + h_L$$

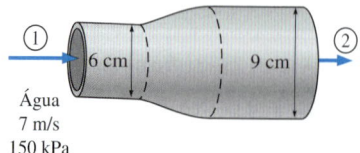

FIGURA 8–43 Esquema do Exemplo 8–6.

Resolvendo P_2 e substituindo:

$$P_2 = P_1 + \rho\left\{\frac{\alpha_1 V_1^2 - \alpha_2 V_2^2}{2} - gh_L\right\} = (150 \text{ kPa}) + (1000 \text{ kg/m}^3)$$

$$\times \left\{\frac{1,06(7 \text{ m/s})^2 - 1,06(3,11 \text{ m/s})^2}{2} - (9,81 \text{ m/s}^2)(0,333 \text{ m})\right\}$$

$$\times \left(\frac{1 \text{ kN}}{1000 \text{ kg·m/s}^2}\right)\left(\frac{1 \text{ kPa}}{1 \text{ kN/m}^2}\right)$$

$$= \mathbf{168 \text{ kPa}}$$

Assim, apesar da perda de carga (e de pressão), a pressão aumenta de 150 até 168 kPa após a expansão. Isso se deve à conversão da pressão dinâmica em pressão estática quando a velocidade do escoamento médio diminui no tubo maior.

Discussão É de conhecimento geral que uma pressão mais alta a montante é necessária para causar o escoamento, e talvez você se surpreenda ao saber que, apesar da perda, a pressão a jusante *aumentou* após a expansão. Isso acontece porque o escoamento é impulsionado pela soma das três cargas que compreendem a carga total (a saber, carga de pressão, carga de velocidade e carga de elevação). Durante a expansão do escoamento, a carga de velocidade maior a montante é convertida em carga de pressão a jusante e esse aumento supera a perda de carga que não é recuperável. Da mesma forma, você pode se sentir tentado a solucionar esse problema usando a equação de Bernoulli. Tal solução ignoraria a perda de carga (e de pressão associada) e resultaria em uma pressão mais alta incorreta para o fluido a jusante.

8-7 REDES DE TUBULAÇÕES E SELEÇÃO DE BOMBA
Tubos em série e em paralelo

A maioria dos sistemas de tubulações encontrados na prática, como os sistemas de distribuição de água das cidades ou dos estabelecimentos comerciais ou residenciais envolvem inúmeras conexões paralelas e em série, bem como várias fontes (suprimento de fluido para o sistema) e cargas (descargas de fluido do sistema) (Fig. 8–44). Um projeto de tubulação pode envolver a criação de um novo sistema ou a expansão de um sistema existente. O objetivo da engenharia em tais projetos é criar um sistema de tubulação que forneça as vazões especificadas às pressões especificadas de forma confiável com custo total mínimo (custo inicial mais operacional e de manutenção). Depois que a configuração do sistema é preparada, a determinação dos diâmetros do tubo e das pressões em todo o sistema, embora permanecendo dentro das restrições do orçamento, em geral, exige a resolução repetida do sistema até que a solução ótima seja atingida. A modelagem e análise por computador desses sistemas facilitam essa tediosa tarefa.

Em geral, os sistemas de tubulações envolvem vários tubos conectados uns aos outros em série ou em paralelo, como mostram as Figs. 8–45 e 8–46. Quando os tubos são conectados **em série**, a vazão através de todo o sistema permanece constante independentemente dos diâmetros dos tubos individuais do sistema. Essa é uma consequência natural do princípio de conservação da massa para um escoamento estacionário incompressível. A perda de carga total neste caso é igual à soma das perdas de carga dos tubos individuais do sistema, incluindo perdas menores. As perdas por expansão ou contração nas conexões

FIGURA 8–44 Uma rede de tubulações de uma instalação industrial.
Cortesia da UMDE Engineering, Contracting, and Trading. Usado com permissão.

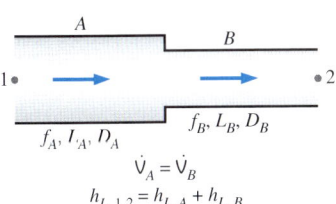

FIGURA 8–45 Para tubos *em série*, a vazão é igual em todos os tubos, e a perda de carga total é a soma das perdas de carga dos tubos individuais.

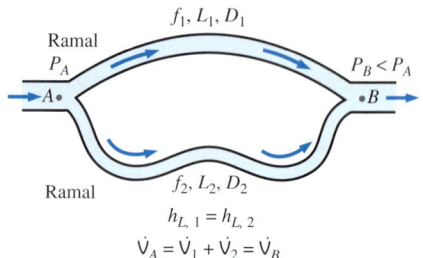

FIGURA 8–46 Para tubos em paralelo, a perda de carga é igual em todos os tubos, e a vazão total é a soma das vazões dos tubos individuais.

são atribuídas ao tubo de diâmetro menor, uma vez que os coeficientes de perda por expansão e contração são definidos com base na velocidade média do tubo de menor diâmetro.

Para um tubo que se divide em dois (ou mais) **tubos paralelos** e, em seguida, é reunido em uma junção a jusante, a vazão total é a soma das vazões dos tubos individuais. A queda de pressão (ou perda de carga) de cada tubo individual conectado em paralelo deve ser igual, uma vez que $\Delta P = P_A - P_B$ e as pressões nas junções P_A e P_B são iguais para todos os tubos individuais. Para um sistema de dois tubos paralelos 1 e 2 entre as junções A e B com perdas menores desprezíveis, isso pode ser expresso por:

$$h_{L,1} = h_{L,2} \quad \rightarrow \quad f_1 \frac{L_1}{D_1} \frac{V_1^2}{2g} = f_2 \frac{L_2}{D_2} \frac{V_2^2}{2g}$$

Assim, a razão das velocidades médias e das vazões dos dois tubos paralelos tornam-se:

$$\frac{V_1}{V_2} = \left(\frac{f_2}{f_1} \frac{L_2}{L_1} \frac{D_1}{D_2}\right)^{1/2} \quad \text{e} \quad \frac{\dot{V}_1}{\dot{V}_2} = \frac{A_{c,1} V_1}{A_{c,2} V_2} = \frac{D_1^2}{D_2^2} \left(\frac{f_2}{f_1} \frac{L_2}{L_1} \frac{D_1}{D_2}\right)^{1/2}$$

Portanto, as vazões relativas dos tubos paralelos são estabelecidas do requisito de que a perda de carga de cada tubo seja a mesma. Esse resultado pode ser estendido a qualquer número de tubos conectados em paralelo. O resultado também será válido para tubos nos quais as perdas menores são significativas se os comprimentos equivalentes dos componentes que contribuem para perdas menores forem somados ao comprimento do tubo. Observe que a vazão de um dos ramais paralelos é proporcional a seu diâmetro à potência 5/2, e é inversamente proporcional à raiz quadrada de seu comprimento e fator de atrito.

A análise das redes de tubulações, independentemente de sua complexidade, se baseia em dois princípios simples:

1. *A conservação da massa em todo o sistema deve ser satisfeita.* Isso é feito exigindo que o escoamento total que entra em uma junção seja igual ao escoamento total para fora desta junção, em todas as junções do sistema. Além disso, a vazão deve permanecer constante nos tubos conectados em série, independentemente das variações nos diâmetros.

2. *A queda de pressão (e, portanto, a perda de carga) entre duas junções deve ser igual em todas as trajetórias entre as duas junções.* Isso acontece porque a pressão é uma função puntual e não pode ter dois valores distintos em um ponto especificado. Na prática, essa regra é usada exigindo que a soma algébrica das perdas de carga de um laço (para todos os laços) seja zero. (Uma perda de carga é tomada como positiva para o escoamento na direção horária e negativa para o escoamento na direção anti-horária).

Assim, a análise das redes de tubulação é muito semelhante à análise dos circuitos elétricos, com a vazão correspondendo à corrente elétrica e a pressão correspondendo ao potencial elétrico. Entretanto, a situação é muito mais complexa aqui, já que, ao contrário da resistência elétrica, a "resistência ao escoamento" é uma função altamente não linear. Assim, a análise das redes de tubulação exige a solução simultânea de um sistema de equações não lineares, que requer um software tal como o EES, Mathcad, Matlab, etc, ou software disponível comercialmente no mercado, projetado especificamente para tais aplicações.

Sistemas de tubulações com bombas e turbinas

Quando um sistema de tubulação envolve uma bomba e/ou turbina, a equação da energia para escoamento estacionário por unidade de massa pode ser expressa como (consulte a Seção 5–6):

$$\frac{P_1}{\rho} + \alpha_1 \frac{V_1^2}{2} + gz_1 + w_{bomba,u} = \frac{P_2}{\rho} + \alpha_2 \frac{V_2^2}{2} + gz_2 + w_{turbina,e} + gh_L \quad (8\text{–}61)$$

ou em termos de cargas como:

$$\frac{P_1}{\rho g} + \alpha_1 \frac{V_1^2}{2g} + z_1 + h_{bomba,u} = \frac{P_2}{\rho g} + \alpha_2 \frac{V_2^2}{2g} + z_2 + h_{turbina,e} + h_L \quad (8\text{–}62)$$

onde $h_{bomba,u} = w_{bomba,u}/g$ é a carga de bomba útil fornecida ao fluido, $h_{turbina,e} = w_{turbina,e}/g$ é a carga da turbina extraída do fluido, α é o fator de correção da energia cinética cujo valor é aproximadamente 1,05 para a maioria dos escoamentos (turbulentos) encontrados na prática e h_L é a perda de carga total da tubulação (incluindo as perdas menores se elas forem significativas) entre os pontos 1 e 2. A carga da bomba é zero se o sistema de tubulação não envolver uma bomba ou um ventilador, a carga da turbina é zero se o sistema não envolver uma turbina, e ambas são zero se o sistema não envolver nenhum dispositivo produtor de trabalho mecânico ou consumidor de trabalho.

Muitos sistemas de tubulação práticos envolvem uma turbina para movimentar um fluido de um reservatório para outro. Tomando os pontos 1 e 2 como estando nas *superfícies livres* dos reservatórios (Fig. 8–47), a equação da energia neste caso é resolvida para a carga útil exigida da bomba, resultando:

$$h_{bomba,u} = (z_2 - z_1) + h_L \quad (8\text{–}63)$$

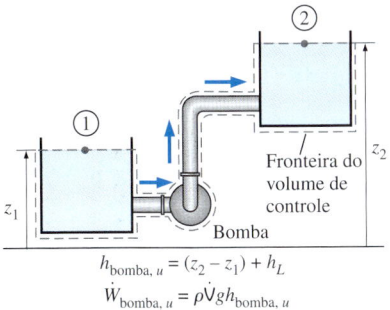

FIGURA 8–47 Quando uma bomba movimenta um fluido de um reservatório para outro, os requisitos de carga útil da bomba são iguais à diferença de elevação entre os dois reservatórios mais a perda de carga.

uma vez que as velocidades nas superfícies livres são desprezíveis e as pressões são atmosféricas. Assim, a carga de bomba útil é igual à diferença de elevação entre os dois reservatórios mais a perda de carga. Se a perda de carga for desprezível comparada a $z_2 - z_1$, a carga de bomba útil é simplesmente igual à diferença de elevação entre os dois reservatórios. No caso de $z_1 > z_2$ (o primeiro reservatório está a uma elevação maior do que o segundo) sem nenhuma bomba, o escoamento é feito por gravidade a uma vazão que causa uma perda de carga igual à diferença de elevação. Um argumento semelhante pode ser usado para a carga da turbina de uma usina hidroelétrica pela substituição de $h_{bomba,u}$ da Equação 8–63 por $-h_{turbina,e}$.

Depois que a carga de bomba útil é conhecida, a *potência mecânica que precisa ser fornecida pela bomba ao fluido* e a *energia elétrica consumida pelo motor da bomba* para uma vazão especificada são determinadas por:

$$\dot{W}_{bomba,eixo} = \frac{\rho \dot{V} g h_{bomba,u}}{\eta_{eixo}} \quad \text{e} \quad \dot{W}_{elet} = \frac{\rho \dot{V} g h_{bomba,u}}{\eta_{bomba\,motor}} \quad (8\text{–}64)$$

onde $\eta_{bomba-motor}$ é a *eficiência da combinação bomba-motor*, que é o produto das eficiências da bomba e do motor (Fig. 8–48). A eficiência bomba-motor é definida como a razão entre a energia mecânica líquida fornecida ao fluido pela bomba e a energia elétrica consumida pelo motor da bomba, e, em geral, ela varia entre 50% e 85%.

A perda de carga de um sistema de tubulação aumenta (em geral, quadraticamente) com a vazão. Um gráfico da carga de bomba útil necessária $h_{bomba,u}$ como função da vazão é chamada de **curva de sistema** (ou **de demanda**). A carga pro-

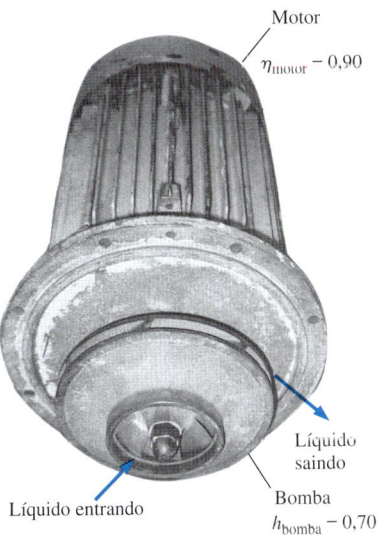

FIGURA 8–48 A eficiência da combinação bomba/motor é o produto das eficiências da bomba e do motor.

Fotografia de Yunus Çengel

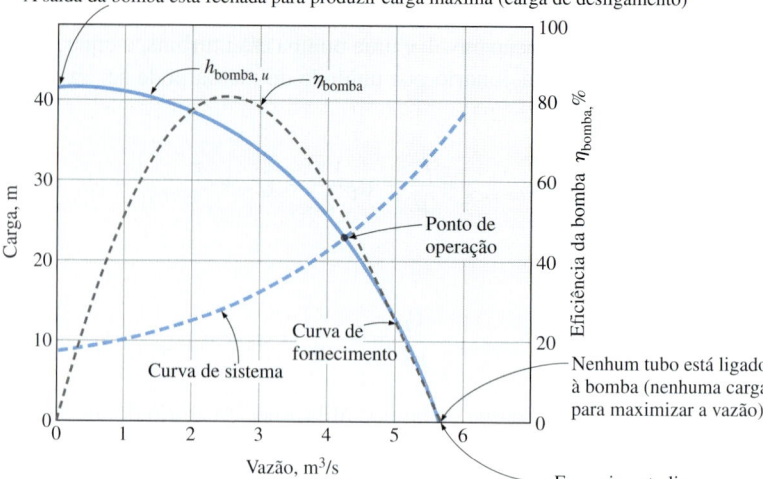

FIGURA 8–49 Curvas características de bomba para bombas centrífugas, a curva de um sistema de tubulações e o ponto operacional.

duzida por uma bomba, porém, não é uma constante. Tanto a carga quanto a eficiência da bomba variam com a vazão e os fabricantes de bombas oferecem essa variação na forma tabular ou gráfica, como mostra a Fig. 8–49. As curvas desses dados determinados experimentalmente para $h_{bomba,\,u}$ e $\eta_{bomba,\,u}$ versus $\dot{V}$ são chamadas de **curvas características** (ou **de fornecimento** ou **de desempenho**). Observe que a vazão de uma bomba aumenta à medida que a carga necessária diminui. O ponto de intersecção da curva de carga de bomba com o eixo vertical, em geral, representa a *carga máxima* (chamada de **carga de desligamento**) que a bomba pode fornecer, enquanto o ponto de intersecção com o eixo horizontal indica a *vazão máxima* (chamada de **fornecimento livre**) que a bomba pode fornecer.

A *eficiência* de uma bomba é maior para uma certa combinação de vazão e carga. Assim, uma bomba que pode fornecer a carga e a vazão necessárias não é necessariamente uma boa opção para um sistema de tubulação, a menos que a eficiência da bomba nessas condições seja suficientemente alta. A bomba instalada em um sistema de tubulação operará no ponto onde a *curva do sistema* e a *curva característica* se cruzam. Esse ponto de intersecção é chamado de **ponto operacional**, como mostra a Fig. 8–49. A carga útil produzida pela bomba nesse ponto coincide com os requisitos de carga do sistema para aquela vazão. Além disso, a eficiência da bomba durante a operação é o valor correspondente àquela vazão.

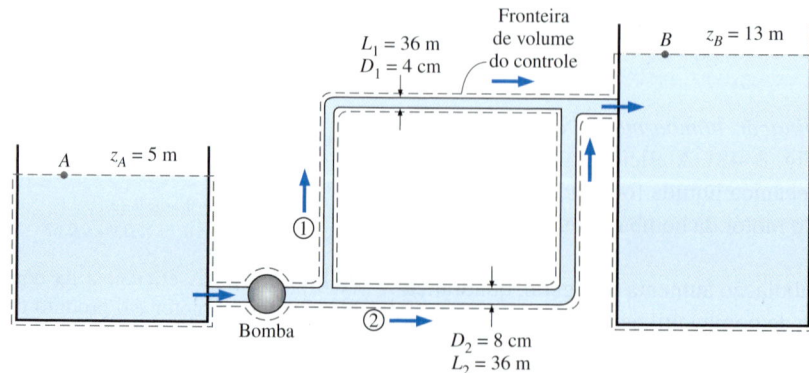

FIGURA 8–50 O sistema de tubulações discutido no Exemplo 8–7.

EXEMPLO 8–7 Bombeamento de água através de dois tubos paralelos

Água a 20°C deve ser bombeada de um reservatório ($z_A = 5$ m) para outro a uma elevação maior ($z_B = 13$ m) através de dois tubos de 36 m de comprimento conectados em paralelo, como mostra a Fig. 8–50. Os tubos são feitos de aço comercial, e os diâmetros dos dois tubos são de 4 e 8 cm. A água deve ser bombeada por uma combinação de motor e bomba com eficiência de 70% que consome 8 kW de energia elétrica durante a operação. As perdas menores e a perda de carga dos tubos que conectam os tubos paralelos aos dois reservatórios são consideradas desprezíveis. Determine a vazão total entre os reservatórios e a vazão através de cada um dos tubos paralelos.

SOLUÇÃO A potência de entrada de bombeamento de um sistema de tubulação com dois tubos paralelos é dada. As vazões devem ser determinadas.

Hipóteses **1** O escoamento é estacionário e incompressível. **2** Os efeitos da entrada são desprezíveis e, portanto, o escoamento é completamente desenvolvido. **3** As elevações dos reservatórios permanecem constantes. **4** As perdas menores e a perda de carga dos outros tubos além dos paralelos são desprezíveis. **5** Os escoamentos através dos tubos são turbulentos (a ser verificado).

Propriedades A densidade e a viscosidade dinâmica da água a 20°C são $\rho = 998$ kg/m³ e $\mu = 1{,}002 \times 10^{-3}$ kg/m·s. A rugosidade do tubo de aço comercial é $\varepsilon = 0{,}000045$ m (Tabela 8–2).

Análise Este problema não pode ser resolvido diretamente pois as velocidades (ou as vazões) nos tubos não são conhecidos. Assim, normalmente, usaríamos aqui uma abordagem de tentativa e erro. Entretanto, hoje, os resolvedores de equações, como o EES, estão amplamente disponíveis e, portanto, definirmos simplesmente as equações a serem solucionadas por um resolvedor de equações. A carga útil fornecida pela bomba ao fluido é determinada por:

$$\dot{W}_{\text{elect}} = \frac{\rho \dot{V} g h_{\text{bomba},u}}{\eta_{\text{bomba-motor}}} \rightarrow 8000 \text{ W} = \frac{(998 \text{ kg/m}^3)\dot{V}(9{,}81 \text{ m/s}^2)h_{\text{bomba},u}}{0{,}70} \quad (1)$$

Escolhemos os pontos A e B nas superfícies livres dos dois reservatórios. Observando que o fluido em ambos os pontos é aberto para a atmosfera (e, portanto, $P_A = P_B = P_{\text{atm}}$) e que as velocidades do fluido em ambos os pontos são zero ($V_A \approx V_B \approx 0$), a equação da energia de um volume de controle entre esses dois pontos pode ser simplificada como:

$$\cancelto{0}{\frac{P_A}{\rho g}} + \alpha_A \cancelto{0}{\frac{V_A^2}{2g}} + z_A + h_{\text{bomba},u} = \cancelto{0}{\frac{P_B}{\rho g}} + \alpha_B \cancelto{0}{\frac{V_B^2}{2g}} + z_B + h_L$$

ou

$$h_{\text{bomba},u} = (z_B - z_A) + h_L$$

ou

$$h_{\text{bomba},u} = (13 \text{ m} - 5 \text{ m}) + h_L \quad (2)$$

onde

$$h_L = h_{L,1} = h_{L,2} \quad (3)(4)$$

(continua)

(continuação)

Designamos o tubo de 4 cm de diâmetro como 1 e o tubo de 8 cm de diâmetro como 2. A velocidade média, o número de Reynolds, o fator de atrito e a perda de carga de cada tubo são expressos por:

$$V_1 = \frac{\dot{V}_1}{A_{c,1}} = \frac{\dot{V}_1}{\pi D_1^2/4} \quad \rightarrow \quad V_1 = \frac{\dot{V}_1}{\pi (0{,}04 \text{ m})^2/4} \tag{5}$$

$$V_2 = \frac{\dot{V}_2}{A_{c,2}} = \frac{\dot{V}_2}{\pi D_2^2/4} \quad \rightarrow \quad V_2 = \frac{\dot{V}_2}{\pi (0{,}08 \text{ m})^2/4} \tag{6}$$

$$\text{Re}_1 = \frac{\rho V_1 D_1}{\mu} \quad \rightarrow \quad \text{Re}_1 = \frac{(998 \text{ kg/m}^3) V_1 (0{,}04 \text{ m})}{1{,}002 \times 10^{-3} \text{ kg/m·s}} \tag{7}$$

$$\text{Re}_2 = \frac{\rho V_2 D_2}{\mu} \quad \rightarrow \quad \text{Re}_2 = \frac{(998 \text{ kg/m}^3) V_2 (0{,}08 \text{ m})}{1{,}002 \times 10^{-3} \text{ kg/m·s}} \tag{8}$$

$$\frac{1}{\sqrt{f_1}} = -2{,}0 \log\left(\frac{\varepsilon/D_1}{3{,}7} + \frac{2{,}51}{\text{Re}_1 \sqrt{f_1}}\right)$$

$$\rightarrow \quad \frac{1}{\sqrt{f_1}} = -2{,}0 \log\left(\frac{0{,}000045}{3{,}7 \times 0{,}04} + \frac{2{,}51}{\text{Re}_1 \sqrt{f_1}}\right) \tag{9}$$

$$\frac{1}{\sqrt{f_2}} = -2{,}0 \log\left(\frac{\varepsilon/D_2}{3{,}7} + \frac{2{,}51}{\text{Re}_2 \sqrt{f_2}}\right)$$

$$\rightarrow \quad \frac{1}{\sqrt{f_2}} = -2{,}0 \log\left(\frac{0{,}000045}{3{,}7 \times 0{,}08} + \frac{2{,}51}{\text{Re}_2 \sqrt{f_2}}\right) \tag{10}$$

$$h_{L,1} = f_1 \frac{L_1}{D_1} \frac{V_1^2}{2g} \quad \rightarrow \quad h_{L,1} = f_1 \frac{36 \text{ m}}{0{,}04 \text{ m}} \frac{V_1^2}{2(9{,}81 \text{ m/s}^2)} \tag{11}$$

$$h_{L,2} = f_2 \frac{L_2}{D_2} \frac{V_2^2}{2g} \quad \rightarrow \quad h_{L,2} = f_2 \frac{36 \text{ m}}{0{,}08 \text{ m}} \frac{V_2^2}{2(9{,}81 \text{ m/s}^2)} \tag{12}$$

$$\dot{V} = \dot{V}_1 + \dot{V}_2 \tag{13}$$

Esse é um sistema de 13 equações com 13 incógnitas e sua solução simultânea com um resolvedor de equações resulta em:

$$\dot{V} = \mathbf{0{,}0300 \text{ m}^3/\text{s}}, \quad \dot{V}_1 = \mathbf{0{,}00415 \text{ m}^3/\text{s}}, \quad \dot{V}_2 = \mathbf{0{,}0259 \text{ m}^3/\text{s}}$$

$$V_1 = 3{,}30 \text{ m/s}, \quad V_2 = 5{,}15 \text{ m/s}, \quad h_L = h_{L,1} = h_{L,2} = 11{,}1 \text{ m}, \quad h_{\text{bomba}} = 19{,}1 \text{ m}$$

$$\text{Re}_1 = 131.600, \quad \text{Re}_2 = 410.000, \quad f_1 = 0{,}0221, \quad f_2 = 0{,}0182$$

Observe que Re > 4.000 para ambos os tubos e, portanto, a hipótese do escoamento turbulento é verificada.

Discussão Os dois tubos paralelos têm o mesmo comprimento e rugosidade, mas o diâmetro do primeiro tubo é a metade do diâmetro do segundo. No entanto, apenas 14% da água escoa através do primeiro tubo. Isso mostra a forte dependência da vazão (e a perda de carga) com o diâmetro. Além disso, é possível mostrar que se as superfícies dos dois reservatórios estivessem à mesma elevação (e, portanto, $z_A = z_B$), a vazão aumentaria em 20% de 0,0300 para 0,0361 m³/s. Como alternativa, se os reservatórios fossem como dados, mas as perdas de carga irreversíveis fossem desprezíveis, a vazão seria 0,0715 m³/s (um aumento de 138%).

EXEMPLO 8–8 Escoamento de água impulsionado pela gravidade em um tubo

A água a 10°C escoa de um reservatório grande para um menor através de um sistema de tubos de ferro fundido de 5 cm de diâmetro, como mostra a Fig. 8–51. Determine a elevação z_1 para uma vazão de 6 L/s.

SOLUÇÃO A vazão através de um sistema de tubos que conecta dois reservatórios é dada. A elevação da fonte deve ser determinada.

Hipóteses 1 O escoamento é estacionário e incompressível. 2 As elevações dos reservatórios permanecem constantes. 3 Não há bombas ou turbinas na linha.

Propriedades A densidade e a viscosidade dinâmica da água a 10°C são $\rho = 999{,}7$ kg/m^3 e $\mu = 1{,}307 \times 10^{-3}$ kg/m·s. A rugosidade do tubo de ferro fundido é $\varepsilon = 0{,}00026$ m (Tabela 8–2).

Análise O sistema de tubos envolve 89 m de tubos, uma entrada com arestas vivas ($K_L = 0{,}5$), dois cotovelos com flange padrão ($K_L = 0{,}3$ cada), uma válvula de gaveta totalmente aberta ($K_L = 0{,}2$) e uma saída submersa ($K_L = 1{,}06$). Escolhemos os pontos 1 e 2 nas superfícies livres dos dois reservatórios. Observando que o fluido em ambos os pontos é aberto para a atmosfera (e, portanto, $P_1 = P_2 = P_{atm}$) e que as velocidades do fluido em ambos os pontos são zero ($V_1 \approx V_2 \approx 0$), a equação da energia de um volume de controle entre esses dois pontos pode ser simplificada para:

$$\frac{\cancel{P_1}}{\rho g} + \alpha_1 \frac{\cancel{V_1^2}^{\,0}}{2g} + z_1 = \frac{\cancel{P_2}}{\rho g} + \alpha_2 \frac{\cancel{V_2^2}^{\,0}}{2g} + z_2 + h_L \quad \rightarrow \quad z_1 = z_2 + h_L$$

onde

$$h_L = h_{L,\,total} = h_{L,\,maior} + h_{L,\,menor} = \left(f \frac{L}{D} + \sum K_L\right) \frac{V^2}{2g}$$

uma vez que o diâmetro do sistema de tubos é constante. A velocidade média do tubo e o número de Reynolds são:

$$V = \frac{\dot{V}}{A_c} = \frac{\dot{V}}{\pi D^2/4} = \frac{0{,}006 \text{ m}^3/\text{s}}{\pi(0{,}05 \text{ m})^2/4} = 3{,}06 \text{ m/s}$$

$$\text{Re} = \frac{\rho V D}{\mu} = \frac{(999{,}7 \text{ kg/m}^3)(3{,}06 \text{ m/s})(0{,}05 \text{ m})}{1{,}307 \times 10^{-3} \text{ kg/m·s}} = 117.000$$

O escoamento é turbulento, já que Re > 4.000. Observando que $\varepsilon/D = 0{,}00026/0{,}05 = 0{,}0052$, o fator de atrito pode ser determinado com a equação de Colebrook (ou o diagrama de Moody):

(continua)

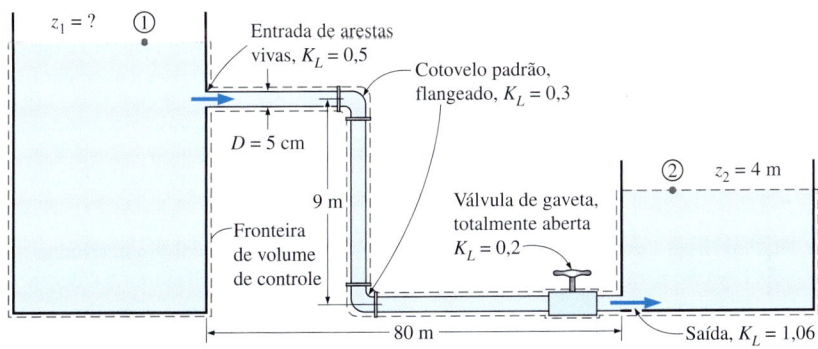

FIGURA 8–51 O sistema de tubulações discutido no Exemplo 8–8.

(continuação)

$$\frac{1}{\sqrt{f}} = -2,0 \log\left(\frac{\varepsilon/D}{3,7} + \frac{2,51}{\text{Re}\sqrt{f}}\right) \rightarrow \frac{1}{\sqrt{f}} = -2,0 \log\left(\frac{0,0052}{3,7} + \frac{2,51}{117.000\sqrt{f}}\right)$$

Isso resulta em $f = 0,0315$. A soma dos coeficientes de perda é:

$$\sum K_L = K_{L,\text{entrada}} + 2K_{L,\text{cotovelo}} + K_{L,\text{válvula}} + K_{L,\text{saída}}$$

$$= 0,5 + 2 \times 0,3 + 0,2 + 1,06 = 2,36$$

Assim, a perda de carga total e a elevação da fonte tornam-se:

$$h_L = \left(f\frac{L}{D} + \sum K_L\right)\frac{V^2}{2g} = \left(0,0315\frac{89\text{ m}}{0,05\text{ m}} + 2,36\right)\frac{(3,06\text{ m/s})^2}{2(9,81\text{ m/s}^2)} = 27,9\text{ m}$$

$$z_1 = z_2 + h_L = 4 + 27,9 = \mathbf{31,9\text{ m}}$$

Portanto, a superfície livre do primeiro reservatório deve estar a 31,9 m acima do nível do solo para garantir o escoamento da água entre os dois reservatórios à vazão especificada.

Discussão Observe que $fL/D = 56,1$ neste caso, que é cerca de 24 vezes o coeficiente de perdas menores total. Portanto, se as fontes de perdas menores fossem ignoradas, o resultado teria cerca de 4% de erro.

É possível mostrar que, para a mesma vazão, a perda total de carga seria de 35,9 m (em vez de 27,9 m) se houvesse um fechamento de três quartos da válvula e cairia para 24,8 m se o tubo entre os dois reservatórios fosse reto no nível do solo (eliminando, assim, os cotovelos e a seção vertical do tubo). A perda de carga se reduziria ainda mais (de 24,8 até 24,6 m) pelo arredondamento da entrada. A perda de carga pode ser reduzida de modo significativo (de 27,9 para 16,0 m) substituindo os tubos de ferro fundido por tubos lisos como aqueles feitos de plástico.

EXEMPLO 8–9 Efeito da descarga sobre a vazão de um chuveiro

O encanamento do banheiro de um prédio consiste em tubos de cobre de 1,5 cm de diâmetro com conectores parafusados, como mostra a Fig. 8–52. (*a*) Se a pressão manométrica da entrada do sistema for de 200 kPa durante um banho e o reservatório da descarga está cheio (sem escoamento naquele ramal), determine a vazão da água através da cabeça do chuveiro. (*b*) Determine o efeito da descarga do vaso sobre a vazão na cabeça do chuveiro. Considere os coeficientes de perda na cabeça do chuveiro e do reservatório como 12 e 14, respectivamente.

SOLUÇÃO O sistema de encanamento de água fria de um banheiro é dado. A vazão através do chuveiro e o efeito da descarga do vaso sobre a vazão devem ser determinados.

Hipóteses **1** O escoamento é estacionário e incompressível. **2** O escoamento é turbulento e completamente desenvolvido. **3** O reservatório é aberto para a atmosfera. **4** As cargas de velocidade são desprezíveis.

Propriedades As propriedades da água a 20°C são $\rho = 998\text{ kg/m}^3$, $\mu = 1,002 \times 10^{-3}\text{ kg/m·s}$ e $\nu = \mu/\rho = 1,004 \times 10^{-6}\text{ m}^2/\text{s}$. A rugosidade dos tubos de cobre é $\varepsilon = 1,5 \times 10^{-6}\text{ m}$.

Análise Esse é um problema do segundo tipo, uma vez que envolve a determinação da vazão para um diâmetro de tubo e perda de carga especificados. A solução

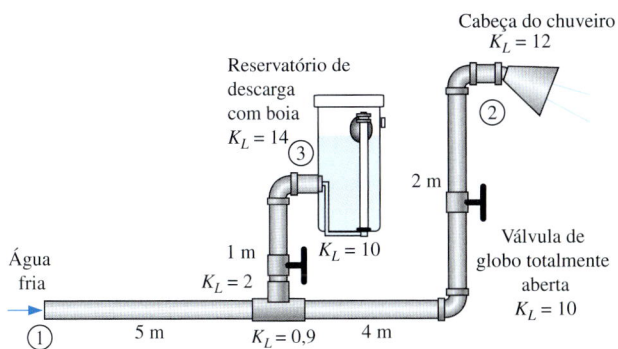

FIGURA 8-52 Esquema do Exemplo 8-9.

envolve uma abordagem iterativa, uma vez que a vazão (e, portanto, a velocidade de escoamento) não é conhecida.

(*a*) o sistema de tubos do chuveiro sozinho envolve 11 m de tubos, um tê com escoamento em linha ($K_L = 0{,}9$), dois cotovelos padrão ($K_L = 0{,}9$ cada), uma válvula de globo totalmente aberta ($K_L = 10$) e uma saída de chuveiro ($K_L = 12$). Portanto, $\Sigma K_L = 0{,}9 + 2 \times 0{,}9 + 10 + 12 = 24{,}7$. Observando que a carga do chuveiro está aberta para a atmosfera, e que as cargas de velocidade são desprezíveis, a equação da energia de um volume de controle entre os pontos 1 e 2 pode ser simplificada como:

$$\frac{P_1}{\rho g} + \alpha_1 \frac{V_1^2}{2g} + z_1 + h_{\text{bomba},\,u} = \frac{P_2}{\rho g} + \alpha_2 \frac{V_2^2}{2g} + z_2 + h_{\text{turbina},\,e} + h_L$$

$$\rightarrow \quad \frac{P_{1,\,\text{man}}}{\rho g} = (z_2 - z_1) + h_L$$

Assim, a perda de carga é:

$$h_L = \frac{200.000 \text{ N/m}^2}{(998 \text{ kg/m}^3)(9{,}81 \text{ m/s}^2)} - 2 \text{ m} = 18{,}4 \text{ m}$$

Além disso,

$$h_L = \left(f \frac{L}{D} + \Sigma K_L\right) \frac{V^2}{2g} \quad \rightarrow \quad 18{,}4 = \left(f \frac{11 \text{ m}}{0{,}015 \text{ m}} + 24{,}7\right) \frac{V^2}{2(9{,}81 \text{ m/s}^2)}$$

uma vez que o diâmetro do sistema de tubos é constante. A velocidade média do tubo, o número de Reynolds e o fator de atrito são:

$$V = \frac{\dot{V}}{A_c} = \frac{\dot{V}}{\pi D^2/4} \quad \rightarrow \quad V = \frac{\dot{V}}{\pi (0{,}015 \text{ m})^2/4}$$

$$\text{Re} = \frac{VD}{\nu} \quad \rightarrow \quad \text{Re} = \frac{V(0{,}015 \text{ m})}{1{,}004 \times 10^{-6} \text{ m}^2/\text{s}}$$

$$\frac{1}{\sqrt{f}} = -2{,}0 \log\left(\frac{\varepsilon/D}{3{,}7} + \frac{2{,}51}{\text{Re}\sqrt{f}}\right)$$

$$\rightarrow \quad \frac{1}{\sqrt{f}} = -2{,}0 \log\left(\frac{1{,}5 \times 10^{-6} \text{ m}}{3{,}7(0{,}015 \text{ m})} + \frac{2{,}51}{\text{Re}\sqrt{f}}\right)$$

Este é um conjunto de quatro equações em quatro incógnitas, e a sua solução com um resolvedor de equações, como o EES, resulta em:

(continua)

(continuação)
$$\dot{V} = 0{,}00053 \text{ m}^3/\text{s}, \quad f = 0{,}0218, \quad V = 2{,}98 \text{ m/s} \quad \text{e} \quad Re = 44.550$$

Assim, a vazão da água através do chuveiro é **0,53 L/s**.

(*b*) Quando a descarga do vaso é acionada, a boia se movimenta e abre a válvula. A água descarregada começa a encher o reservatório, resultando em um escoamento paralelo após a conexão tê. A perda de carga e os coeficientes de perda menores do ramal do chuveiro foram determinados em (*a*) como $h_{L,2} = 18{,}4$ m e $\sum K_{L,2} = 24{,}7$, respectivamente. As quantidades correspondentes no ramal do reservatório podem ser determinadas da mesma forma por:

$$h_{L,3} = \frac{200.000 \text{ N/m}^2}{(998 \text{ kg/m}^3)(9{,}81 \text{ m/s}^2)} - 1 \text{ m} = 19{,}4 \text{ m}$$

$$\sum K_{L,3} = 2 + 10 + 0{,}9 + 14 = 26{,}9$$

As equações relevantes neste caso são:

$$\dot{V}_1 = \dot{V}_2 + \dot{V}_3$$

$$h_{L,2} = f_1 \frac{5 \text{ m}}{0{,}015 \text{ m}} \frac{V_1^2}{2(9{,}81 \text{ m/s}^2)} + \left(f_2 \frac{6 \text{ m}}{0{,}015 \text{ m}} + 24{,}7\right) \frac{V_2^2}{2(9{,}81 \text{ m/s}^2)} = 18{,}4$$

$$h_{L,3} = f_1 \frac{5 \text{ m}}{0{,}015 \text{ m}} \frac{V_1^2}{2(9{,}81 \text{ m/s}^2)} + \left(f_3 \frac{1 \text{ m}}{0{,}015 \text{ m}} + 26{,}9\right) \frac{V_3^2}{2(9{,}81 \text{ m/s}^2)} = 19{,}4$$

$$V_1 = \frac{\dot{V}_1}{\pi (0{,}015 \text{ m})^2/4}, \quad V_2 = \frac{\dot{V}_2}{\pi (0{,}015 \text{ m})^2/4}, \quad V_3 = \frac{\dot{V}_3}{\pi (0{,}015 \text{ m})^2/4}$$

$$Re_1 = \frac{V_1 (0{,}015 \text{ m})}{1{,}004 \times 10^{-6} \text{m}^2/\text{s}}, \quad Re_2 = \frac{V_2 (0{,}015 \text{ m})}{1{,}004 \times 10^{-6} \text{m}^2/\text{s}}, \quad Re_3 = \frac{V_3 (0{,}015 \text{ m})}{1{,}004 \times 10^{-6} \text{m}^2/\text{s}}$$

$$\frac{1}{\sqrt{f_1}} = -2{,}0 \log\left(\frac{1{,}5 \times 10^{-6} \text{ m}}{3{,}7(0{,}015 \text{ m})} + \frac{2{,}51}{Re_1 \sqrt{f_1}}\right)$$

$$\frac{1}{\sqrt{f_2}} = -2{,}0 \log\left(\frac{1{,}5 \times 10^{-6} \text{ m}}{3{,}7(0{,}015 \text{ m})} + \frac{2{,}51}{Re_2 \sqrt{f_2}}\right)$$

$$\frac{1}{\sqrt{f_3}} = -2{,}0 \log\left(\frac{1{,}5 \times 10^{-6} \text{ m}}{3{,}7(0{,}015 \text{ m})} + \frac{2{,}51}{Re_3 \sqrt{f_3}}\right)$$

Resolvendo essas 12 equações com 12 incógnitas simultaneamente usando um resolvedor de equações, as vazões são determinadas por:

$$\dot{V}_1 = 0{,}00090 \text{ m}^3/\text{s}, \quad \dot{V}_2 = 0{,}00042 \text{ m}^3/\text{s} \quad \text{e} \quad \dot{V}_3 = 0{,}00048 \text{ m}^3/\text{s}$$

Assim, a descarga do vaso **reduz a vazão da água fria através do chuveiro em 21%**, de 0,53 para 0,42 L/s, fazendo com que a água do chuveiro fique repentinamente muito quente (Fig. 8–53).

Discussão Se as cargas de velocidade fossem consideradas, a vazão através do chuveiro seria 0,43 em vez de 0,42 L/s. Assim, a hipótese das cargas de velocidade desprezíveis é razoável neste caso.

Observe que um vazamento em um sistema de tubos causará o mesmo efeito e, portanto, uma queda inexplicável na vazão em um ponto final pode sinalizar um vazamento no sistema.

FIGURA 8–53 A vazão da água fria através de um chuveiro pode ser afetada de modo significativo pela descarga de um vaso próximo.

8–8 MEDIÇÃO DE VAZÃO E VELOCIDADE

Uma importante área de aplicação da mecânica dos fluidos é a determinação da vazão dos fluidos, e inúmeros dispositivos foram desenvolvidos ao longo dos anos com a finalidade de medir o escoamento. Os medidores de vazão variam amplamente em seu nível de sofisticação, tamanho, custo, exatidão, versatilidade, capacidade, queda de pressão e princípio operacional. Damos uma visão geral dos medidores mais usados para medir a vazão dos líquidos e gases que escoam através de tubos ou dutos. Limitamos nossa consideração ao escoamento incompressível.

Alguns medidores de vazão medem a vazão diretamente, descarregando e recarregando uma câmara de medição de volume conhecido continuamente e controlando o número de descargas por unidade de tempo. Porém, a maioria dos medidores de vazão mede indiretamente a vazão – eles medem a velocidade média V ou uma quantidade que está relacionada à velocidade média tal como pressão e arrasto, e determinam a vazão volumétrica $\dot{V}$ de:

$$\dot{V} = VA_c \tag{8–65}$$

onde A_c é a área de seção transversal do escoamento. Portanto, a medição da vazão, em geral, é feita medindo a velocidade do escoamento e a maioria dos medidores de vazão são apenas velocímetros usados com a finalidade de medir o escoamento.

A velocidade em um tubo varia de zero na parede até um máximo no centro, e é importante ter em mente isso ao tomar medições de velocidade. Para o escoamento laminar, por exemplo, a velocidade média é metade da velocidade da linha central. Mas isso não acontece com o escoamento turbulento, e talvez seja preciso tomar a média ponderada ou a integral de diversas medições de velocidades locais para determinar a velocidade média.

As técnicas de medição de vazão variam de muito rústicas até muito elegantes. A vazão da água através de uma mangueira de jardim, por exemplo, pode ser medida simplesmente coletando a água em um balde com volume conhecido e dividindo a quantidade coletada pelo tempo de coleta (Fig. 8–54). Uma maneira rústica de estimar a velocidade de escoamento de um rio é soltar uma boia no rio e medir o tempo de deriva entre dois locais especificados. No outro extremo, alguns medidores de vazão usam a propagação do som nos fluidos dos escoamentos, enquanto outros usam a força eletromotriz gerada quando um fluido passa através de um campo magnético. Nesta seção, discutimos os dispositivos que normalmente são utilizados para medir a velocidade e a vazão, começando pela sonda estática de Pitot, apresentada no Capítulo 5.

FIGURA 8–54 Uma forma primitiva (mas relativamente exata) de medir a vazão da água através de uma mangueira de jardim envolve a coleta de água em um balde e o registro do tempo de coleta.

Sonda de Pitot e sonda estática de Pitot

As **sondas de Pitot** (também chamadas de *tubos de Pitot*) e as **sondas estáticas de Pitot**, em homenagem ao engenheiro francês Henri de Pitot (1695-1771), são muito utilizadas para medição da vazão. Uma sonda de Pitot é simplesmente um tubo com uma tomada de pressão no ponto de estagnação que mede a pressão de estagnação, enquanto uma sonda estática de Pitot tem a tomada de pressão de estagnação e várias tomadas de pressão estáticas na circunferência, e mede tanto a estagnação quanto as pressões estáticas (Figuras 8–55 e 8–56). Pitot foi a primeira pessoa a medir a velocidade com o tubo apontado a montante, enquanto o engenheiro francês Henri Darcy (1803-1858) desenvolveu a maioria das características dos instrumentos que utilizamos hoje, incluindo o uso de pequenas aberturas e a colocação do tubo estático na mesma montagem. Assim, é mais apropriado chamar as sondas estáticas de Pitot de **sondas de Pitot-Darcy**.

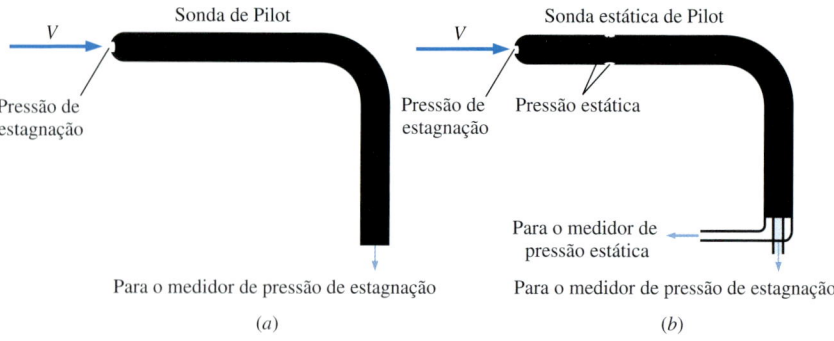

FIGURA 8–55 (*a*) Uma sonda de Pitot mede a pressão de estagnação no nariz da sonda enquanto (*b*) uma sonda estática de Pitot mede a pressão de estagnação e a pressão estática, da qual a velocidade de escoamento pode ser calculada.

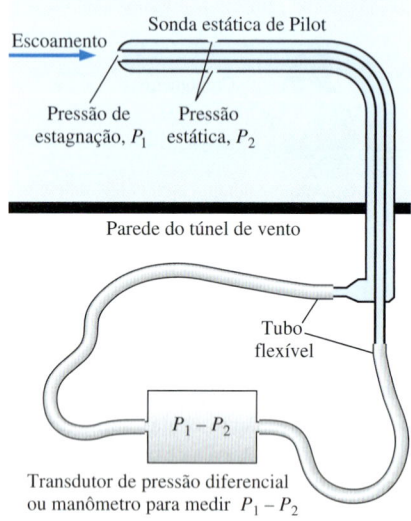

FIGURA 8–56 Medição da velocidade de escoamento com uma sonda estática de Pitot. (Um manômetro também pode ser usado no lugar do transdutor de pressão diferencial.)

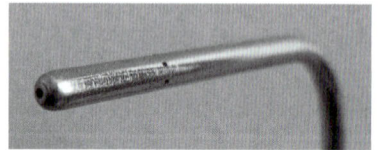

FIGURA 8–57 Detalhe de uma sonda estática de Pitot, mostrando o orifício da pressão de estagnação e dois dos cinco orifícios de pressão estática na circunferência.

Fotografia de Po-Ya Abel Chuang.

A sonda estática de Pitot mede a velocidade local, medindo a diferença de pressão usada juntamente com a equação de Bernoulli. Ela consiste em um tubo duplo fino alinhado ao escoamento e conectado a um medidor de pressão diferencial. O tubo interno está totalmente aberto para o escoamento no nariz e, portanto, ele mede a pressão de estagnação naquele local (ponto 1). O tubo externo é vedado no nariz, mas ele tem orifícios na lateral da parede externa (ponto 2) e, portanto, mede a pressão estática. Para o escoamento incompressível com velocidades suficientemente altas (de modo que os efeitos do atrito entre os pontos 1 e 2 sejam desprezíveis), a equação de Bernoulli se aplica e pode ser expressa como:

$$\frac{P_1}{\rho g} + \frac{V_1^2}{2g} + z_1 = \frac{P_2}{\rho g} + \frac{V_2^2}{2g} + z_2 \tag{8-66}$$

Observando que $z_1 \cong z_2$, já que os orifícios da pressão estática da sonda estática de Pitot estão arranjados em uma circunferência em torno do tubo, e $V_1 = 0$ por causa das condições de estagnação, a velocidade de escoamento $V = V_2$ torna-se:

Fórmula de Pitot: $$V = \sqrt{\frac{2(P_1 - P_2)}{\rho}} \tag{8-67}$$

que é conhecida como **fórmula de Pitot**. Se a velocidade é medida em um local onde a velocidade local é igual à velocidade de escoamento média, a vazão volumétrica pode ser determinada por $\dot{V} = VA_c$.

A sonda estática de Pitot é um dispositivo simples, barato e altamente confiável, uma vez que não tem partes móveis (Fig. 8–57). Ela também causa uma queda de pressão muito pequena e, em geral, não perturba muito o escoamento. Entretanto, é importante que ela seja adequadamente alinhada ao escoamento para evitar erros significativos que possam ser causados por mal alinhamento. Da mesma forma, a diferença entre as pressões estática e de estagnação (que é a pressão dinâmica) é proporcional à densidade do fluido e ao quadrado da velocidade de escoamento. Ela pode ser usada para medir a velocidade de líquidos e gases. Observando que os gases têm densidades baixas, a velocidade de escoamento deve ser suficientemente alta quando a sonda estática de Pitot é usada para escoamento de gás, de forma que se desenvolva uma pressão dinâmica mensurável.

Medidores de vazão por obstrução: medidores de orifício, Venturi e bocal

Considere o escoamento em regime permanente incompressível em um tubo horizontal de diâmetro D que é restrito a uma área de escoamento de diâmetro d, como mostra a Fig. 8–58. As equações de balanço de massa e de Bernoulli entre um local antes da constrição (ponto 1) e o local onde a constrição ocorre (ponto 2) podem ser escritas como

Balanço de Massa: $\quad \dot{V} = A_1 V_1 = A_2 V_2 \quad \rightarrow \quad V_1 = (A_2/A_1)V_2 = (d/D)^2 V_2 \quad$ (8-68)

Equação de Bernoulli $(z_1 = z_2)$: $\quad \dfrac{P_1}{\rho g} + \dfrac{V_1^2}{2g} = \dfrac{P_2}{\rho g} + \dfrac{V_2^2}{2g} \quad$ (8-69)

Combinando as Equações 8–68 e 8–69 e isolando a velocidade V_2, temos:

Obstrução (sem perda): $\quad V_2 = \sqrt{\dfrac{2(P_1 - P_2)}{\rho(1 - \beta^4)}} \quad$ (8-70)

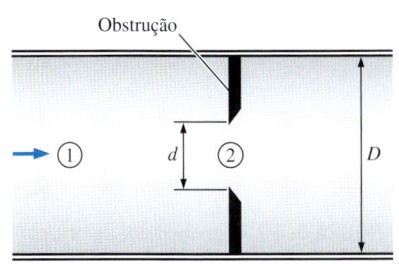

FIGURA 8–58 Escoamento através de uma constrição em um tubo.

onde $\beta = d/D$ é a razão do diâmetro. Depois que V_2 é conhecido, a vazão pode ser determinada por $\dot{V} = A_2 V_2 = (\pi d^2/4)V_2$.

Essa análise simples mostra que a vazão através de um tubo pode ser determinada restringindo o escoamento e medindo a diminuição na pressão devida ao aumento da velocidade no local da constrição. Observando que a queda de pressão entre dois pontos ao longo do escoamento pode ser medida facilmente por um transdutor de pressão diferencial ou manômetro, é claro que um dispositivo simples de medição da vazão pode ser criado com a obstrução do escoamento. Os medidores de vazão com base nesse princípio são chamados de **medidores de vazão por obstrução**. Eles são muito usados para medir vazões de gases e líquidos.

A velocidade da Equação 8–70 é obtida assumindo que não haja perda e, portanto, essa é a velocidade máxima que pode ocorrer no local da constrição. Na verdade, é inevitável que haja alguma perda de pressão devido aos efeitos do atrito e, portanto, a velocidade será menor. Além disso, a corrente de fluido continua se contraindo após a obstrução, e a área da seção de contração é menor do que a área de escoamento da obstrução. As duas perdas podem ser calculadas pela incorporação de um fator de correção chamado **coeficiente de descarga** C_d cujo valor (que é menor do que 1) é determinado experimentalmente. Assim, a vazão dos medidores de vazão por obstrução pode ser expressa como:

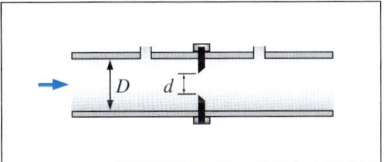

(a) Medidor de orifício

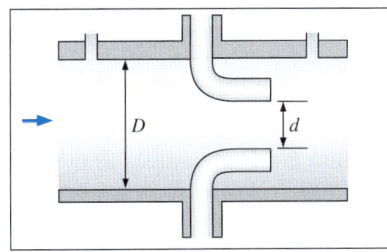

(b) Medidor de bocal

Medidores de vazão por obstrução: $\quad \dot{V} = A_0 C_d \sqrt{\dfrac{2(P_1 - P_2)}{\rho(1 - \beta^4)}} \quad$ (8-71)

onde $A_0 = A_2 = \pi d^2/4$ é a área de seção transversal do orifício e $\beta = d/D$ é a razão entre o diâmetro do orifício e o diâmetro do tubo. O valor de C_d depende de β e do número de Reynolds $\mathrm{Re} = V_1 D/\nu$, e gráficos e correlações para C_d estão disponíveis para os diversos tipos de medidores por obstrução.

Dos inúmeros tipos de medidores por obstrução disponíveis, aqueles mais usados são os medidores de orifício, bocais de escoamento e medidores Venturi (Fig. 8–59). Os dados determinados experimentalmente para os coeficientes de descarga são expressos por (Miller, 1997):

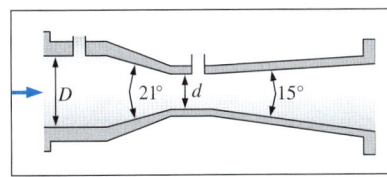

(c) Medidor de Venturi

FIGURA 8–59 Tipos comuns de medidores de obstrução.

Medidores de orifício: $\quad C_d = 0{,}5959 + 0{,}0312\beta^{2,1} - 0{,}184\beta^8 + \dfrac{91{,}71\beta^{2,5}}{\mathrm{Re}^{0,75}} \quad$ (8-72)

Medidores de bocal: $\quad C_d = 0{,}9975 - \dfrac{6{,}53\beta^{0,5}}{\mathrm{Re}^{0,5}} \quad$ (8-73)

Essas relações são válidas para $0{,}25 < \beta < 0{,}75$ e $10^4 < \mathrm{Re} < 10^7$. Os valores exatos de C_d dependem do projeto particular da obstrução e, portanto, os dados do fabricante devem ser consultados quando estiverem disponíveis. Da mesma

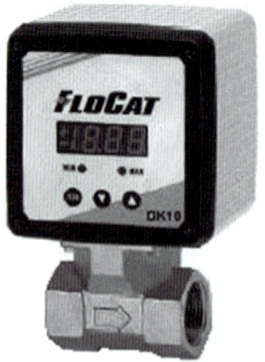
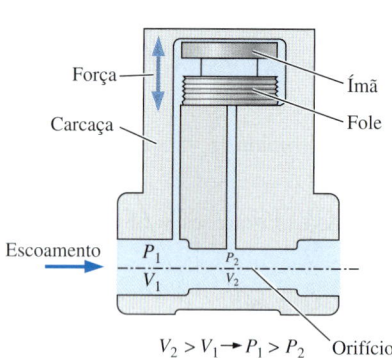

FIGURA 8–60 Um medidor de orifício e um esquema mostrando seu transdutor de pressão incorporado e leitura digital.

Cortesia da KOBOLD Instruments, Pittsburgh, PA. www.koboldusa.com. Utilizado com permissão.

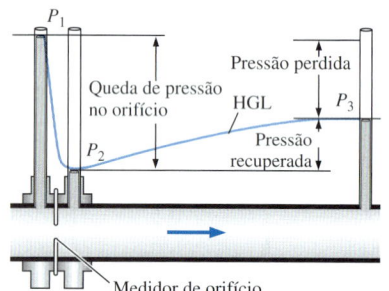

FIGURA 8–61 A variação de pressão ao longo de uma seção de escoamento com um medidor de orifício medida com tubos de transmissão de pressão; a pressão perdida e a pressão recuperada são mostradas.

forma, o número de Reynolds depende da velocidade do escoamento, que não é conhecido *a priori*. Assim, a solução tem natureza iterativa quando as correlações de ajuste de curva são usadas para C_d. Para escoamentos com números de Reynolds altos (Re > 30.000), o valor de C_d pode ser tomado como 0,96 para os bocais de escoamento e 0,61 para os orifícios.

Devido ao seu projeto aerodinâmico, os coeficientes de descarga dos medidores Venturi são muito altos, variando entre 0,95 e 0,99 (os valores mais altos são para os números de Reynolds mais altos) na maioria dos escoamentos. Na falta de dados específicos, podemos tomar $C_d = 0,98$ para os medidores Venturi. O medidor de orifício tem o projeto mais simples e ocupa espaço mínimo, já que consiste em uma placa com um orifício no meio, mas existem variações consideráveis de projeto (Fig. 8–60). Alguns medidores de orifício têm arestas vivas, enquanto outros são chanfrados ou arredondados. A variação repentina na área de escoamento nos medidores de orifício causa um redemoinho considerável e, portanto, perda de carga significativa ou perda de pressão permanente, como mostra a Fig. 8–61. Nos medidores de bocal, a placa é substituída por um bocal e, portanto, o escoamento no bocal é aerodinâmico. Como resultado, a seção de contração praticamente é eliminada e a perda de carga é pequena. Entretanto, os medidores de bocal de escoamento são mais caros do que os medidores de orifício.

O medidor Venturi, inventado pelo engenheiro americano Clemens Herschel (1842–1930) e batizado por ele em homenagem ao italiano Giovanni Venturi (1746–1822) pelo seu trabalho pioneiro em seções cônicas de escoamento, é o medidor de vazão mais exato desse grupo, mas também é o mais caro. Sua contração e expansão gradual evita a separação do escoamento e turbilhões, e ele sofre perdas apenas por atrito nas superfícies da parede interna. Os medidores Venturi causam perdas de carga muito baixas e, portanto, eles devem ser escolhidos para aplicações que não permitem grandes quedas de pressão.

Quando um medidor de vazão de obstrução é colocado em um sistema de tubulação, o efeito resultante no sistema é semelhante ao de uma perda menor. O mínimo coeficiente de perda de um medidor de vazão está disponível do fabricante e deve ser incluído quando são somadas as perdas menores no sistema. Em geral, os medidores de orifícios têm os maiores coeficientes de perdas menores, enquanto os medidores Venturi têm os menores. Note-se que a queda de pressão $P_1 - P_2$ medida para calcular a vazão *não* é a mesma que a queda de pressão total causada pelo medidor de vazão por obstrução, por causa das localizações das tomadas de pressão.

Finalmente, os medidores de vazão por obstrução também são usados para medir vazões de gás compressível, mas um fator de correção adicional deve ser inserido na Eq. 8–71 para levar em conta os efeitos de compressibilidade. Em tais casos, a equação é escrita para a *vazão mássica* em vez da volumétrica, e o fator de correção compressível é, normalmente, uma equação empírica ajustada para uma curva (como a de C_d) e está disponível a partir do fabricante do medidor de vazão.

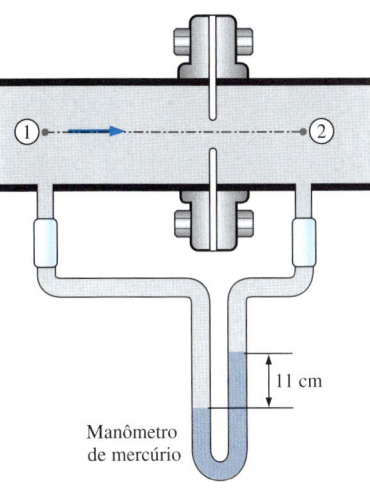

FIGURA 8–62 Esquema do medidor de orifício considerado no Exemplo 8–10.

EXEMPLO 8–10   Medição da vazão com um medidor de orifício

A vazão de metanol a 20°C ($\rho = 788{,}4$ kg/m³ e $\mu = 5{,}857 \times 10^{-4}$ kg/m·s) através de um tubo de 4 cm de diâmetro deve ser medida com um medidor de orifício, de 3 cm de diâmetro, equipado com um manômetro de mercúrio através da placa do orifício, como mostra a Fig. 8–62. Se a leitura da altura diferencial do manômetro for 11 cm, determine a vazão do metanol através do tubo e a velocidade de escoamento média.

SOLUÇÃO   A vazão do metanol deve ser medida com um medidor de orifício. Para uma dada queda de pressão através da placa de orifício, a vazão e a velocidade média do escoamento devem ser determinadas.

Hipóteses **1** O escoamento é estacionário e incompressível. **2** O coeficiente de descarga do medidor de orifício é $C_d = 0{,}61$.

Propriedades A densidade e a viscosidade dinâmica do metanol são dadas por $\rho = 788{,}4$ kg/m³ e $\mu = 5{,}857 \times 10^{-4}$ kg/m·s, respectivamente. Tomamos a densidade do mercúrio como 13.600 kg/m³.

Análise A razão dos diâmetros e a área da garganta do orifício são:

$$\beta = \frac{d}{D} = \frac{3}{4} = 0{,}75$$

$$A_0 = \frac{\pi d^2}{4} = \frac{\pi (0{,}03 \text{ m})^2}{4} = 7{,}069 \times 10^{-4} \text{ m}^2$$

A queda de pressão através da placa do orifício pode ser expressa por:

$$\Delta P = P_1 - P_2 = (\rho_{Hg} - \rho_{met})gh$$

Assim, a relação da vazão para os medidores por obstrução torna-se:

$$\dot{V} = A_0 C_d \sqrt{\frac{2(P_1 - P_2)}{\rho(1 - \beta^4)}} = A_0 C_d \sqrt{\frac{2(\rho_{Hg} - \rho_{met})gh}{\rho_{met}(1 - \beta^4)}} = A_0 C_d \sqrt{\frac{2(\rho_{Hg}/\rho_{met} - 1)gh}{1 - \beta^4}}$$

Substituindo, a vazão é determinada por:

$$\dot{V} = (7{,}069 \times 10^{-4} \text{ m}^2)(0{,}61)\sqrt{\frac{2(13.600/788{,}4 - 1)(9{,}81 \text{ m/s}^2)(0{,}11 \text{ m})}{1 - 0{,}75^4}}$$

$$= 3{,}09 \times 10^{-3} \text{ m}^3/\text{s}$$

que é equivalente a 3,09 L/s. A velocidade de escoamento média do tubo é determinada pela divisão da vazão pela área da seção transversal do tubo:

$$V = \frac{\dot{V}}{A_c} = \frac{\dot{V}}{\pi D^2/4} = \frac{3{,}09 \times 10^{-3} \text{ m}^3/\text{s}}{\pi (0{,}04 \text{ m})^2/4} = 2{,}46 \text{ m/s}$$

Discussão O número de Reynolds do escoamento através do tubo é:

$$\text{Re} = \frac{\rho V D}{\mu} = \frac{(788{,}4 \text{ kg/m}^3)(2{,}46 \text{ m/s})(0{,}04 \text{ m})}{5{,}857 \times 10^{-4} \text{ kg/m·s}} = 1{,}32 \times 10^5$$

(continua)

FIGURA 8-63 Um medidor de vazão por deslocamento positivo com projeto de duplo impulsor de três lóbulos helicoidais.

Cortesia da Flow Technology, Inc. Fonte: www.ftimeters.com.

(continuação)
Substituindo $\beta = 0{,}75$ e $Re = 1{,}32 \times 10^5$ na relação do coeficiente de descarga do orifício:

$$C_d = 0{,}5959 + 0{,}0312\beta^{2,1} - 0{,}184\beta^8 + \frac{91{,}71\beta^{2,5}}{Re^{0,75}}$$

temos $C_d = 0{,}601$, que está muito próximo do valor suposto de 0,61. Usando esse valor refinado de C_d, a vazão torna-se 3,04 L/s, que difere de nosso resultado original em apenas 1,6%. Depois de um par de iterações, a vazão convergida é **3,04 L/s**, e a velocidade média é de **2,42 m/s** (para três algarismos significativos).

Se o problema for resolvido usando um resolvedor de equações como o EES, então pode ser formulado usando a fórmula de ajuste da curva para C_d (que depende do número de Reynolds) e todas as equações podem ser resolvidas simultaneamente fazendo o resolvedor de equações executar as iterações necessárias.

Medidores de vazão por deslocamento positivo

Quando compramos gasolina para um automóvel, estamos interessados na quantidade total de gasolina que escoa através do bocal durante o período em que o tanque é enchido e não na vazão da gasolina. Da mesma forma, estamos interessados na quantidade total de água ou gás natural que usamos em nossas casas durante um período de faturamento. Nessas e em muitas outras aplicações, a quantidade de interesse é a quantidade total de massa ou o volume de um fluido que passa através de uma seção transversal de um tubo ao longo de determinado período, em vez do valor instantâneo da vazão, e os **medidores de vazão por deslocamento positivo** são adequados para tais aplicações. Existem inúmeros tipos de medidores de deslocamento e eles se baseiam no preenchimento e na descarga contínuos da câmara de medição. Eles operam prendendo determinada quantidade de fluido de entrada, deslocando-o para o lado de descarga do medidor, e contando o número desses ciclos de descarga–recarga para determinar a quantidade total de fluido deslocado.

A Figura 8–63 mostra um medidor de vazão por deslocamento positivo com dois impulsores giratórios impulsionados pelo líquido do escoamento. Cada impulsor tem três lóbulos de engrenagem e um sinal de saída pulsado é gerado sempre que um lóbulo passa por um sensor não intrusivo. Cada pulso representa um volume conhecido de líquido que é capturado entre os lóbulos dos impulsores, e um controlador eletrônico converte os pulsos em unidades de volume. O espaço entre o impulsor e sua carcaça deve ser cuidadosamente controlado para evitar vazamento e, assim, evitar erros.

Esse medidor em particular tem exatidão cotada de 0,1%, tem queda de pressão baixa e pode ser usado com líquidos de viscosidade alta ou baixa, a temperaturas de até 230°C e pressões de até 7 MPa, para vazões de até 700 gal/min (ou 50 L/s).

Os medidores de vazão mais usados para medir volumes de líquido são os **medidores de vazão com disco de nutação**, mostrados na Fig. 8–64. Normalmente, eles são usados como medidores de água e gasolina. O líquido entra no medidor com disco de nutação através da câmara (A). Isso faz com que o disco (B) nute ou oscile e resulte na rotação de um eixo (C) e no estímulo de um magneto (D). Esse sinal é transmitido através da carcaça do medidor para um segundo magneto (E). O volume total é obtido pela contagem do número desses sinais durante um processo de descarga.

Quantidades de escoamentos de gás, como a quantidade de gás natural usada nos prédios, normalmente são medidas usando medidores de vazão de foles que deslocam determinada quantidade de volume de gás durante cada revolução.

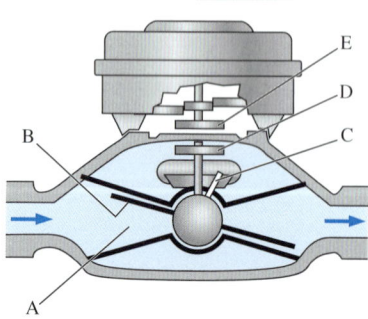

FIGURA 8-64 Um medidor de vazão com disco de nutação.

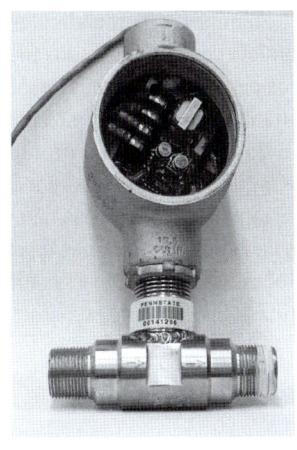 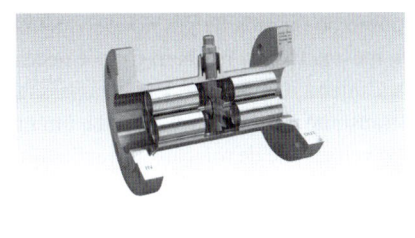 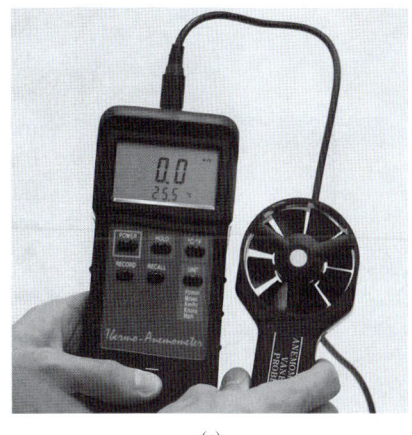

(a)　　　　　　　　(b)　　　　　　　　(c)

Medidores de vazão tipo turbina

Todos sabemos por experiência própria que uma hélice mantida contra o vento gira, e a taxa de rotação aumenta à medida que a velocidade do vento aumenta. Você também já deve ter visto que as lâminas das turbinas de vento giram bem lentamente com ventos fracos, mas muito rapidamente com ventos fortes. Essas observações sugerem que a velocidade do escoamento em um tubo pode ser medida pela colocação de uma hélice que gira livremente dentro da seção de um tubo e fazendo a calibragem necessária. Os dispositivos de medição de escoamento que funcionam de acordo com esse princípio são chamados de **medidores de vazão tipo turbina** ou também de **medidores de vazão de hélice**, embora este último não seja muito correto, já que, por definição, as hélices aumentam a energia de um fluido, enquanto as turbinas extraem energia de um fluido.

Um medidor de vazão tipo turbina consiste em uma seção de escoamento cilíndrica que abriga uma turbina (um rotor com aletas) que gira livremente, aletas fixas adicionais na entrada para retificar o escoamento e um sensor que gera um pulso sempre que um ponto marcado na turbina passa por ele para determinar a taxa de rotação. A velocidade de rotação da turbina é, aproximadamente, proporcional à vazão do fluido. Os medidores de vazão tipo turbina dão resultados altamente exatos (tão exatos quanto 0,25%) em uma ampla variedade de vazões quando calibrados de modo adequado para as condições de escoamento previstas. Os medidores de vazão tipo turbina têm um número pequeno de lâminas (às vezes, apenas duas lâminas) quando usados para medir o escoamento de líquidos, mas têm diversas lâminas quando usados para medir o escoamento de gás para garantir a geração adequada de torque. A perda de carga causada pela turbina é muito pequena.

Os medidores de vazão tipo turbina foram muito usados para medição de escoamento desde os anos 40 por causa de sua simplicidade, custo baixo e exatidão em uma ampla variedade de condições de escoamento. Eles foram disponibilizados comercialmente para líquidos e gases e para tubos de quase todos os tamanhos. Os medidores de vazão tipo turbina também são muito usados para medir velocidades de escoamento em escoamentos não confinados, como vento, rios e correntes oceânicas. O dispositivo de mão mostrado na Fig. 8–65c é usado para medir a velocidade do vento.

Medidores de vazão com roda de pás

Os medidores de vazão com roda de pás são alternativas de baixo custo para os medidores de vazão onde não é necessária uma exatidão muito alta. Nos medidores

FIGURA 8–65 (a) Um medidor de vazão tipo turbina em linha para medir o escoamento de líquidos, com escoamento da esquerda para a direita, (b) Uma vista em corte das lâminas da turbina dentro do medidor de vazão, olhando o eixo de cima com escoamento para dentro da página e (c) Um medidor de vazão tipo turbina de mão para medir a velocidade do vento, sem medir nenhum escoamento no instante em que a foto foi tirada para que as lâminas da turbina fiquem visíveis. O medidor de vazão em (c) também mede a temperatura do ar, por conveniência.

Fotografias (a) e (c) de John M. Cimbala. Fotografia (b) Cortesia da Hoffer Flow Controls.

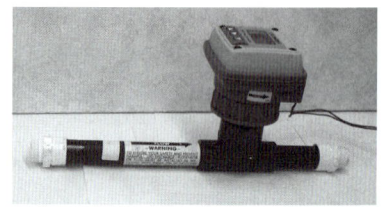

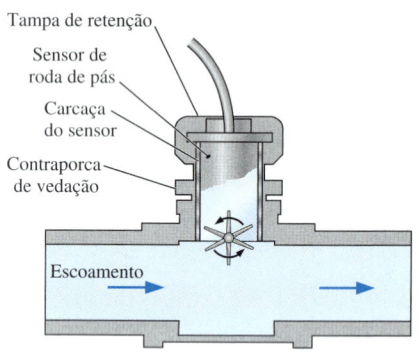

FIGURA 8–66 O medidor de vazão de roda de pás para medir o escoamento líquido, com o escoamento da esquerda para a direita, e um diagrama esquemático de sua operação.

Fotografia de John M. Cimbala.

de vazão com roda de pás, a roda de pás (o rotor e as lâminas) é perpendicular ao escoamento, como mostra a Fig. 8–66, em vez de paralela como no caso dos medidores de vazão tipo turbina. As pás cobrem apenas uma parte da seção transversal do escoamento (em geral, menos do que a metade) e, portanto, a perda de carga é muito menor se comparada àquela dos medidores de vazão tipo turbina, mas a profundidade da inserção da roda de pás no escoamento tem importância crítica para a exatidão. Da mesma forma, nenhum filtro é necessário, já que as rodas de pás não são sensíveis à sujeira. Um sensor detecta a passagem de cada uma das lâminas da roda de pás e transmite um sinal. Em seguida, um microprocessador converte essas informações de velocidade de rotação em vazões ou quantidade integrada de escoamento.

Medidores de vazão de área variável (rotâmetros)

Um medidor de vazão simples, confiável, barato e fácil de instalar, com queda de pressão baixa e sem conexões elétricas que permite uma leitura direta da vazão para uma ampla variedade de líquidos e gases é o **medidor de vazão de área variável**, também chamado de **rotâmetro** ou **medidor de flutuação**. Um medidor de flutuação de área variável consiste em um tubo transparente cônico afunilado vertical, feito de vidro ou plástico, com um flutuador dentro que se movimenta livremente, com mostra a Fig. 8–67. À medida que o fluido escoa através do tubo afilado, o flutuador sobe dentro do tubo até um local onde o peso do flutuador, a força de arrasto e a força de flutuação se equilibrem e a força resultante que age sobre o flutuador seja zero. A vazão é determinada simplesmente pela comparação entre a posição do flutuador e a escala de escoamento graduada na parte de fora do tubo transparente afunilado.

Sabemos por experiência própria que ventos fortes derrubam árvores, quebram linhas de força e fazem voar chapéus e guarda-chuvas. Isso acontece porque a força de arrasto aumenta com a velocidade do escoamento. O peso e a força de flutuação que agem sobre o flutuador são constantes, mas a força de arrasto muda com a velocidade do escoamento. Da mesma forma, a velocidade ao longo do tubo afunilado diminui na direção do escoamento por conta do aumento da área de seção transversal. Existe uma determinada velocidade que gera arrasto suficiente para equilibrar o peso do flutuador e a força de flutuação, e o local onde essa velocidade ocorre ao redor do flutuador é o local no qual o flutuador se ajusta. O grau de afunilamento do tubo pode ser tal que a elevação vertical mude linearmente com a vazão e, portanto, o tubo pode ser calibrado linearmente de acordo com as vazões. O tubo transparente também permite que o fluido seja visto durante o escoamento.

Existem inúmeros tipos de medidores de vazão com área variável. O medidor de vazão baseado na gravidade mostrado na Fig. 8–67a deve ser posicionado verticalmente, com o fluido entrando na parte inferior e saindo da parte superior. Nos medidores de vazão de mola oposta (Fig. 8–67b), a força de arrasto é balanceada pela força da mola e tais medidores podem ser instalados horizontalmente. A exatidão dos medidores de vazão de área variável é, normalmente, de $\pm 5\%$. Assim, esses medidores de vazão não são apropriados para aplicações que exigem medições de precisão. Entretanto, alguns fabricantes citam exatidões da ordem de 1%. Da mesma forma, esses medidores dependem da verificação visual do local do flutuador e, portanto, não podem ser usados para medir a vazão dos fluidos que são opacos ou sujos, ou dos fluidos que cobrem o flutuador, uma vez que tais fluidos bloqueiam o acesso visual. Finalmente, os tubos de vidro são propensos à quebra e, portanto, não são seguros para manusear fluidos tóxicos. Em tais aplicações, os medidores de vazão de área variável devem ser instalados em locais com tráfego mínimo.

Medidores de vazão ultrassônicos

É fácil observar quando uma pedra é solta sobre águas calmas, as ondas geradas se espalham em círculos concêntricos suaves em todas as direções. Mas quando uma pedra é jogada em água corrente, como um rio, as ondas se movem muito mais rapidamente na direção do escoamento (as velocidades da onda e do escoamento são somadas, já que estão na mesma direção) comparadas às ondas que se movimentam a montante (as velocidades da onda e do escoamento são subtraídas, pois estão em direções opostas). Como resultado, as ondas parecem se espalhar a jusante, enquanto parecem bem compactadas a montante. A diferença entre o número de ondas das partes a montante e a jusante do escoamento por unidade de comprimento é proporcional à velocidade de escoamento e isso sugere que a velocidade de escoamento pode ser medida comparando a propagação das ondas nas direções à frente e atrás do escoamento. Os **medidores de vazão ultrassônicos** operam dentro desse princípio, usando ondas de som no intervalo ultrassônico (em geral, a uma frequência de 1 MHz).

Os medidores de vazão ultrassônicos (ou acústicos) operam gerando ondas de som com um transdutor e medindo a propagação daquelas ondas através de um fluido escoando. Existem dois tipos básicos de medidores de vazão ultrassônicos: medidores de vazão *por tempo de trânsito* e *por efeito Doppler* (ou *variação de frequência*). O medidor de vazão por tempo de trânsito transmite as ondas de som nas direções a montante e jusante e mede a diferença do tempo de percurso. Um medidor ultrassônico de tempo de trânsito típico é mostrado de forma esquemática na Fig. 8–68. Ele envolve dois transdutores que, alternadamente, transmitem e recebem ondas ultrassônicas, uma na direção do escoamento e a outra na direção oposta. O tempo de viagem para cada direção pode ser medido com exatidão, e a diferença no tempo de viagem pode ser calculada. A velocidade média de escoamento V no tubo é proporcional a essa diferença no tempo de percurso Δt, e pode ser determinada por:

$$V = KL \, \Delta t \quad (8\text{–}74)$$

onde L é a distância entre os transdutores e K é uma constante.

FIGURA 8–67 Dois tipos de medidores de vazão de área variável: (*a*) Um medidor comum baseado na gravidade e (*b*) Um medidor de mola oposta.

(a) Fotografia de Luke A. Cimbala e (b) Cortesia de Insite, Universal Flow Monitors, Inc. Utilizado com permissão.

Medidores de vazão ultrassônicos de efeito Doppler

Provavelmente, você já notou que quando um automóvel em alta velocidade se aproxima tocando a buzina, o som de tom alto da buzina diminui para um tom mais baixo à medida que o carro passa. Isso se deve às ondas sônicas que estão sendo comprimidas na frente do automóvel e se espalhando atrás dele. Essa mudança de frequência é chamada de **efeito Doppler**, e forma a base da operação da maioria dos medidores de vazão ultrassônicos.

Os **medidores de vazão ultrassônicos de efeito Doppler** medem a velocidade média ao longo da trajetória sônica. Isso é feito prendendo um transdutor piezelétrico na superfície externa de um tubo (ou pressionando o transdutor contra o tubo nas unidades de mão). O transdutor transmite uma onda de som a uma frequência fixa através da parede do tubo e para o líquido escoando. As ondas refletidas pelas impurezas, como partículas sólidas em suspensão ou bolhas de gás arrastadas são retransmitidas para um transdutor receptor. A variação na frequência das ondas refletidas é proporcional à velocidade de escoamento, e um microprocessador determina a velocidade de escoamento, comparando a variação de frequência entre os sinais transmitidos e refletidos (Figs. 8–69 e 8–70). A vazão e a quantidade total de escoamento também podem ser determinadas usando a velocidade medida, configurando adequadamente o medidor de vazão para o tubo e as condições de escoamento dados.

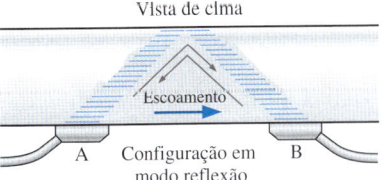

FIGURA 8–68 A operação de um medidor de vazão ultrassônico por tempo de trânsito equipado com dois transdutores.

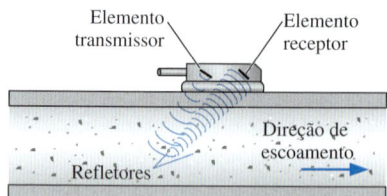

FIGURA 8–69 A operação de um medidor de vazão ultrassônico de efeito Doppler equipado com um transdutor pressionado na superfície externa de um tubo.

A operação dos medidores de vazão ultrassônicos depende das ondas de ultrassom serem refletidas pelas descontinuidades da densidade. Os medidores de vazão ultrassônicos comuns exigem que o líquido tenha impurezas em concentrações acima de 25 partes por milhão (ppm) e sejam maiores do que um mínimo de 30 μm. Entretanto, as unidades ultrassônicas avançadas também podem medir a velocidade dos líquidos limpos, detectando as ondas refletidas dos turbilhões e vórtices da corrente de escoamento, desde que sejam instalados em locais onde tais distúrbios não sejam simétricos e ocorram a um nível alto, tal como uma seção de escoamento logo após um cotovelo de 90°.

Os medidores de vazão ultrassônicos têm as seguintes vantagens:

- Eles são fáceis e rápidos de instalar. Basta prendê-los na parte externa de tubos de 0,6 cm até mais de 3 m de diâmetro (Fig. 8–70), e mesmo em canais abertos.
- Eles não são intrusivos. Como os medidores são presos externamente, não há necessidade de interromper a operação e fazer orifícios na tubulação e, portanto, não há paralisação da produção.
- Não há queda de pressão, uma vez que os medidores não interferem no escoamento.
- Como não há contato direto com o fluido, não há perigo de corrosão ou entupimento.
- Eles são adequados para uma ampla variedade de fluidos, desde produtos químicos tóxicos até pastas fluidas e líquidos limpos, permitindo a medição temporária ou permanente do escoamento.
- Não há partes móveis e, portanto, os medidores oferecem operação confiável e sem manutenção.
- Eles também podem medir quantidades de escoamento no escoamento reverso.
- As exatidões cotadas são de 1 a 2%.

Os medidores de vazão ultrassônicos são dispositivos não intrusivos e os transdutores ultrassônicos podem transmitir efetivamente sinais através de paredes de tubo de cloreto de polivinil (PVC), aço, ferro e vidro. Entretanto, os tubos

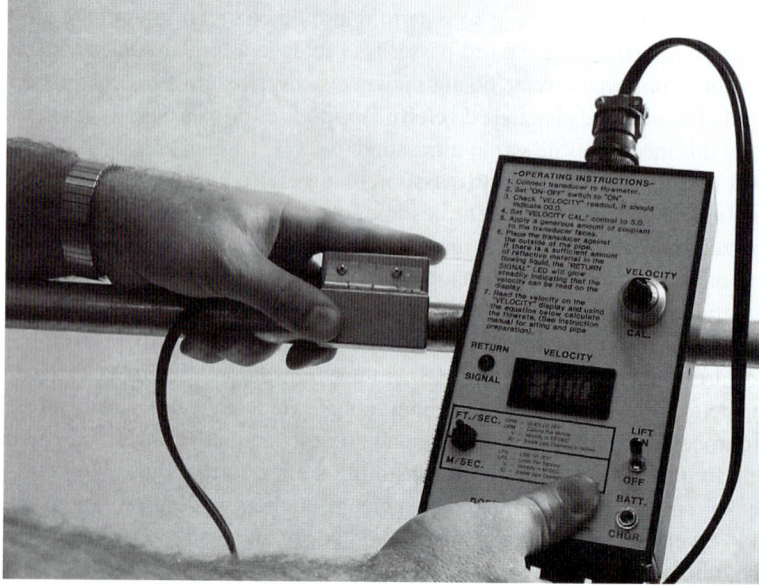

FIGURA 8–70 Os medidores de vazão ultrassônicos permitem a medição da velocidade de escoamento sem sequer entrar em contato com (ou perturbando) o fluido, simplesmente pressionando um transdutor na superfície externa do tubo.

Fotografia de J. Matthew Deepe.

revestidos e de concreto não são adequados para essa técnica de medição, uma vez que eles absorvem ondas ultrassônicas.

Medidores de vazão eletromagnéticos

Desde os experimentos de Faraday, em 1830, sabe-se que quando um condutor é movimentado em um campo magnético, uma força eletromotriz se desenvolve através daquele condutor como resultado da indução magnética. A lei de Faraday diz que a voltagem induzida através de um condutor à medida que ele se movimenta perpendicularmente por um campo magnético é proporcional à velocidade daquele condutor. Isso sugere que podemos determinar a velocidade de escoamento, substituindo o condutor sólido por um fluido condutor, e os **medidores de vazão eletromagnéticos** fazem exatamente isso. Os medidores de vazão eletromagnéticos são usados desde a metade dos anos 50 e têm diversos projetos, tais como os tipos de escoamento total e de inserção.

Um *medidor de vazão eletromagnético de escoamento total* é um dispositivo não intrusivo que consiste em uma bobina magnética que circunda o tubo, e dois eletrodos perfurados no tubo ao longo de um diâmetro, com as extremidades alinhadas com a superfície interna do tubo, de modo que os eletrodos estejam em contato com o fluido, mas não interfiram com o escoamento e, portanto, não causem perda de carga (Fig. 8–71a). Os eletrodos estão conectados a um voltímetro. As bobinas geram um campo magnético quando estão sujeitas a uma corrente elétrica e o voltímetro mede a diferença do potencial elétrico entre os eletrodos. Essa diferença de potencial é proporcional à velocidade de escoamento do fluido condutor e, portanto, a velocidade de escoamento pode ser calculada relacionando-a à voltagem gerada.

Os *medidores de vazão eletromagnéticos de inserção* operam de modo semelhante, mas o campo magnético é confinado dentro do canal de escoamento na ponta de uma haste inserida no escoamento, como mostra a Fig. 8–71b.

Os medidores de vazão eletromagnéticos são adequados para a medição da velocidade de fluido dos metais líquidos, como o mercúrio, sódio e potássio que são usados em algumas usinas nucleares. Eles também podem ser usados para líquidos que são condutores ruins, como a água, desde que contenham uma quantidade adequada de partículas carregadas. O sangue e a água do mar, por exemplo, contêm quantidades suficientes de íons e, portanto, os medidores de vazão eletromagnéticos podem ser usados para medir suas vazões. Os medidores de vazão eletromagnéticos também podem ser usados para medir as vazões de produtos químicos, farmacêuticos, cosméticos, líquidos corrosivos, bebidas, fertilizantes e

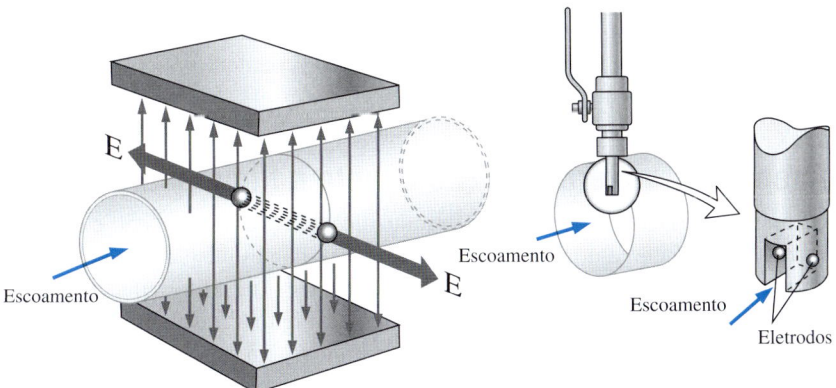

(a) Medidor de vazão eletromagnético de escoamento total   (b) Medidor de vazão eletromagnético de inserção

FIGURA 8–71 Medidores de vazão eletromagnéticos (*a*) de escoamento total e (*b*) de inserção. www.flocat.com.

inúmeras pastas fluidas e lamas, desde que as substâncias tenham condutividades elétricas suficientemente altas. Os medidores de vazão eletromagnéticos não são adequados para o uso com água destilada ou desionizada.

Os medidores de vazão eletromagnéticos medem indiretamente a velocidade do escoamento e, portanto, uma calibração cuidadosa é importante durante a instalação. Seu uso é limitado pelo seu custo relativamente alto, pelo consumo de energia e pelas restrições aos tipos de fluidos adequados com os quais eles podem ser usados.

Medidores de vazão de vórtice

Provavelmente, você já notou que quando uma corrente de escoamento, como um rio, encontra uma obstrução como uma pedra, o fluido se separa e contorna a pedra. Mas a presença da pedra é sentida por alguma distância a jusante através dos redemoinhos gerados por ela.

A maioria dos escoamentos encontrados na prática é turbulenta, e um disco ou cilindro curto colocado no escoamento coaxialmente desprende vórtices (veja também o Capítulo 4). Observa-se que esses vórtices são desprendidos periodicamente e a sua frequência é proporcional à velocidade média de escoamento. Isso sugere que a vazão pode ser determinada pela geração de vórtices no escoamento, colocando uma obstrução ao longo do escoamento e medindo a frequência do desprendimento. Os dispositivos de medição de escoamento que funcionam de acordo com esse princípio são chamados de **medidores de vazão de vórtice**. O *número de Strouhal*, definido por $St = fd/V$, onde f é a frequência de irradiação de vórtices, d é o diâmetro característico ou largura da obstrução e V é a velocidade do escoamento incidente na obstrução, também permanece constante nesse caso, desde que a velocidade do escoamento seja suficientemente alta.

Um medidor de vazão de vórtice consiste em um corpo rombudo de arestas vivas (suporte) colocado no escoamento e que serve como gerador de vórtices, e um detector (como um transdutor de pressão que registra a oscilação da pressão) colocado a uma distância curta a jusante da superfície interna do invólucro para medir a frequência de desprendimento. O detector pode ser um sensor ultrassônico, eletrônico ou de fibra ótica que monitora as variações do padrão de vórtices e transmite um sinal de saída pulsante (Fig. 8–72). Em seguida, um microprocessador usa as informações de frequência para calcular e exibir a velocidade de escoamento ou vazão. A frequência de desprendimento dos vórtices é proporcional à velocidade média em um intervalo amplo de números de Reynolds, e os medidores de vazão de vórtices operam de forma confiável e com exatidão para números de Reynolds entre 10^4 e 10^7.

O medidor de vazão de vórtice tem a vantagem de não ter partes móveis e, portanto, é inerentemente confiável, versátil e muito exato (em geral, ±1% em uma ampla faixa de vazões), mas ele obstrui o escoamento e, portanto, causa perda de carga considerável.

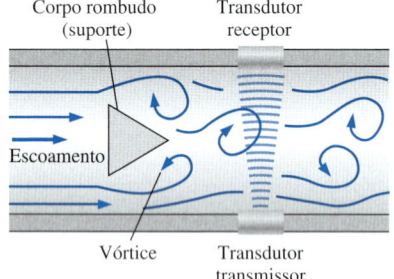

FIGURA 8–72 A operação de um medidor de vazão de vórtice. www.flocat.com.

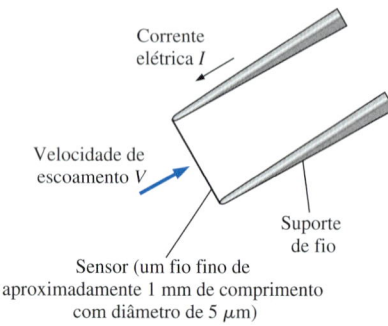

FIGURA 8–73 O sensor aquecido eletricamente e seu suporte, os quais são os componentes de uma sonda de fio quente.

Anemômetros térmicos (fio quente e filme quente)

Os **anemômetros térmicos** foram introduzidos no final dos anos 50 e têm sido usados desde então em instalações e laboratórios de pesquisa de fluidos. Como o nome implica, os anemômetros térmicos envolvem um sensor aquecido eletricamente, como mostra a Fig. 8–73, e utilizam um efeito térmico para medir a velocidade do escoamento. Os anemômetros térmicos têm sensores extremamente pequenos e, portanto, podem ser usados para medir a velocidade instantânea em qualquer ponto do escoamento sem perturbar de modo significativo o escoamento. Eles podem fazer milhares de medições de velocidade por segundo com excelente resolução espacial e temporal e, portanto, podem ser usados para estudar os detalhes das flutuações no escoamento turbulento. Eles podem medir velocidades de líquidos e gases com exatidão em um amplo intervalo – de alguns centímetros até mais de 100 metros por segundo.

Um anemômetro térmico é chamado de **anemômetro de fio quente** se o elemento sensor for um fio, e de **anemômetro de filme quente** se o sensor for um filme metálico fino (menor do que 0,1 μm de espessura), em geral, montado em um suporte de cerâmica espesso com diâmetro de cerca de 50 μm. O anemômetro de fio quente é caracterizado por seu fio sensor muito pequeno – normalmente, de alguns mícrons de diâmetro e um par de milímetros de comprimento. Em geral, o sensor é feito de platina, tungstênio ou ligas de platina e irídio, e é ligado à sonda por meio de suportes. O fino sensor de fio de um anemômetro de fio quente é muito frágil devido ao seu tamanho reduzido e pode quebrar facilmente se o líquido ou gás tiver quantidades excessivas de contaminantes ou material particulado. Isso é especialmente importante a altas velocidades. Em tais casos, devem ser usadas as sondas mais robustas de filme quente. Mas o sensor da sonda de filme quente é maior, tem resposta de frequência significativamente mais baixa e interfere mais no escoamento; assim, nem sempre ele é adequado para o estudo dos detalhes mais finos do escoamento turbulento.

O princípio operacional de um anemômetro de temperatura constante (CTA), o tipo mais comum, é mostrado esquematicamente na Fig. 8–74: o sensor é aquecido eletricamente até uma temperatura especificada (em geral, em torno de 200°C). O sensor tende a se resfriar à medida que perde calor para o fluido escoando na vizinhança, mas os controles eletrônicos mantêm o sensor a uma temperatura constante variando a corrente elétrica (o que é feito variando a voltagem). Quanto maior a velocidade de escoamento, mais alta será a taxa de transferência de calor do sensor e, portanto, maior será a voltagem que precisa ser aplicada ao sensor para mantê-lo à temperatura constante. Existe uma forte correlação entre a velocidade de escoamento e a voltagem, e a velocidade de escoamento pode ser determinada medindo a voltagem aplicada por um amplificador ou pela corrente elétrica que passa através do sensor.

O sensor é mantido à temperatura constante durante a operação e, portanto, seu conteúdo de energia térmica permanece constante. O princípio da conservação de energia exige que o aquecimento elétrico de Joule $\dot{W}_{elétrico} = I^2 R_w = E^2/R_w$ do sensor seja igual à taxa total de perda de calor do sensor $\dot{Q}_{total}$, que consiste na transferência de calor por convecção, uma vez que a condução para os suportes de fio e a radiação para as superfícies da vizinhança são pequenas e podem ser desprezadas. Usando as relações adequadas da convecção forçada, o balanço de energia pode ser expresso pela **lei de King** como:

$$E^2 = a + bV^n \qquad (8\text{–}75)$$

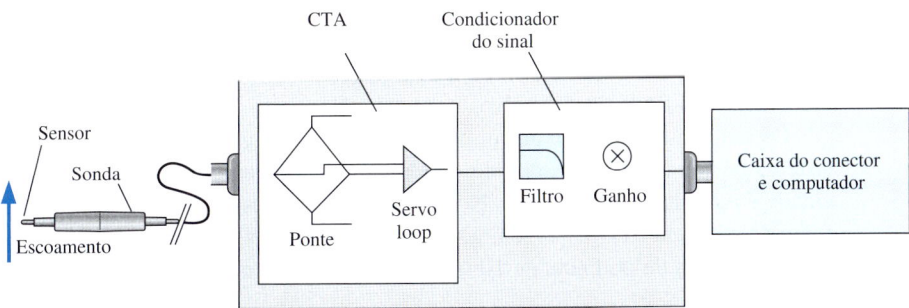

FIGURA 8–74 Esquema de um sistema de anemômetro térmico.

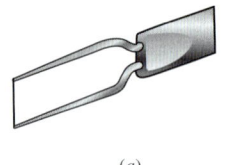 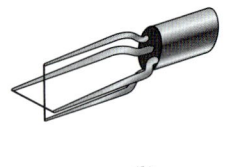 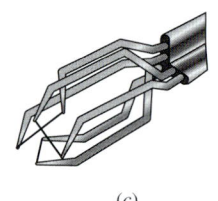

FIGURA 8–75 As sondas de anemômetro térmico com sensores simples, duplos e triplos para medir simultaneamente componentes de velocidade (a) uni (b) bi e (c) tridimensionais.

(a)   (b)   (c)

onde E é a voltagem e os valores das constantes a, b e n são calibrados para determinada sonda. Depois que a voltagem for medida, essa relação dá diretamente a velocidade de escoamento V.

A maioria dos sensores de fio quente tem um diâmetro de 5 μm e um comprimento aproximado de 1 mm e são feitos de tungstênio. O fio é soldado por ponto aos pinos em forma de agulha incorporados no corpo de sonda, a qual é conectada à eletrônica do anemômetro. Os anemômetros térmicos podem ser usados para medir componentes de velocidade bi ou tridimensionais simultaneamente usando sondas com dois ou três sensores, respectivamente (Fig. 8–75). Ao selecionar sondas, é preciso considerar o tipo e o nível de contaminação do fluido, o número das componentes de velocidade a serem medidas, a resolução espacial e temporal necessária e o local da medição.

Velocimetria laser Doppler

A **velocimetria laser Doppler (LDV)**, também chamada de **velocimetria laser (LV)** ou **anemometria laser Doppler (LDA)**, é uma técnica ótica para medir a velocidade de escoamento em um ponto desejado sem atrapalhar o escoamento. Ao contrário da anemometria, a LDV não envolve sondas ou fios inseridos no escoamento e, portanto, ela é um método não intrusivo. Assim como a anemometria térmica, ela pode medir com exatidão a velocidade de um volume muito pequeno e, portanto, também pode ser usada para estudar os detalhes do escoamento em um local, incluindo as flutuações turbulentas, e pode varrer todo o campo de escoamento sem intrusão.

A técnica LDV foi desenvolvida em meados dos anos 60 e teve ampla aceitação por causa da alta exatidão que fornece para escoamentos de gases e líquidos; a alta resolução espacial que oferece; e, nos últimos anos, sua capacidade de medir todas as três componentes de velocidade. Suas desvantagens são o custo relativamente alto; o requisito de transparência suficiente entre a fonte de laser, o local alvo do escoamento e o fotodetector, e o requisito de alinhamento cuidadoso dos raios emitidos e refletidos para obter exatidão. Esta última desvantagem é eliminada no caso de um sistema LDV de fibra ótica, uma vez que ele é alinhado na fábrica.

O princípio operacional da LDV se baseia no envio de um raio de luz monocromático altamente coerente (todas as ondas estão em fase e no mesmo comprimento de onda) para o alvo, coletando a luz refletida pelas pequenas partículas da área alvo, determinando a variação na frequência da radiação refletida devido ao efeito Doppler, e relacionando essa mudança de frequência com a velocidade de escoamento do fluido na área alvo.

Os sistemas LDV estão disponíveis em muitas configurações diferentes. Um sistema básico LDV de raio duplo para medir uma única componente da velocidade é mostrado na Fig. 8–76. No coração de todos os sistemas LDV há uma fonte de potência a laser que, em geral, é um laser de hélio-néon ou argônio-íon com uma saída de potência de 10 mW a 20 W. Os lasers são a opção preferida

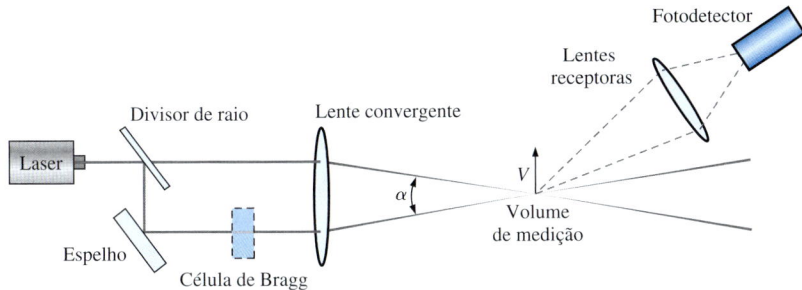

FIGURA 8–76 Um sistema LDV de raio duplo no modo de dispersão para diante.

em vez das outras fontes de luz, já que os raios laser são altamente coerentes e focalizados. O laser de hélio-néon, por exemplo, emite radiação a um comprimento de onda de 0,6328 μm, que está no intervalo de cores vermelho-alaranjado. O raio laser é primeiramente dividido em dois raios paralelos de igual intensidade por um espelho semiprateado chamado de *divisor de raio*. Ambos os raios passam através de uma lente convergente que focaliza os raios em um ponto do escoamento (o *alvo*). O pequeno volume de fluido no qual os dois raios se interceptam é a região na qual a velocidade é medida e é chamado de *volume de medição* ou *volume focal*. O volume de medição se parece com um elipsoide, em geral, com 0,1 mm de diâmetro e 0,5 mm de comprimento. A luz laser é espalhada pelas partículas que passam através desse volume de medição e a luz espalhada em determinada direção é coletada por lentes receptoras e passada através de um fotodetector que converte as flutuações na intensidade de luz em flutuações de um sinal de voltagem. Finalmente, um processador de sinal determina a frequência do sinal de voltagem e, portanto, a velocidade do escoamento.

As ondas dos dois raios laser que se cruzam no volume de medição são mostradas esquematicamente na Fig. 8–77. As ondas dos dois raios interferem no volume de medição, criando uma franja clara na qual eles estão em fase e, portanto, suportam um ao outro, e criando uma franja escura na qual eles estão fora de fase e, portanto, cancelam um ao outro. As franjas claras e escuras formam linhas paralelas ao plano médio entre os dois raios laser incidentes. Usando a trigonometria, pode ser mostrado que o espaçamento s entre as linhas das franjas, que podem ser vistas como comprimento de onda das franjas, é dado por $s = \lambda/[2\,\text{sen}(\alpha/2)]$, onde λ é o comprimento de onda do raio laser e α é o ângulo entre os dois raios laser. Quando uma partícula atravessa essas linhas de franja à velocidade V, a frequência das linhas de franjas espalhadas é:

$$f = \frac{V}{s} = \frac{2V\,\text{sen}(\alpha/2)}{\lambda} \quad (8\text{--}76)$$

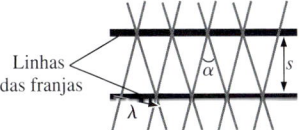
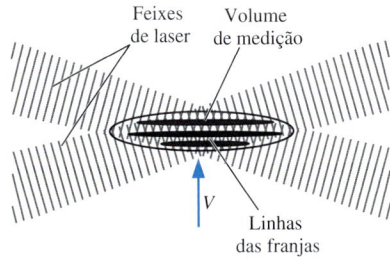

FIGURA 8–77 As franjas que se formam como resultado da interferência na intersecção dos dois raios laser de um sistema LDV (as linhas representam picos de ondas). O diagrama superior é uma visão detalhada de duas franjas.

Essa relação fundamental mostra que a velocidade do escoamento é proporcional à frequência e é conhecida como a **equação LDV**. Quando uma partícula passa através do volume de medição, a luz refletida é clara, depois escura, em seguida clara, etc., por causa do padrão da franja, e a velocidade de escoamento é determinada medindo-se a frequência da luz refletida. O perfil de velocidade de uma seção transversal de um tubo pode ser obtido pelo mapeamento do escoamento transverso ao tubo (Fig. 8–78).

O método LDV obviamente depende da presença de linhas de franjas espalhadas e, portanto, o escoamento deve conter uma quantidade suficiente de pequenas partículas chamadas *sementes* ou *partículas de semeadura*. Essas partículas devem

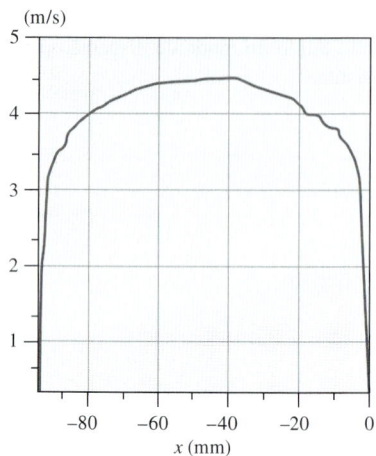

FIGURA 8-78 Um perfil de média temporal de velocidade no escoamento em um tubo turbulento obtido por um sistema LDV.

Cortesia da Dantec Dynamics, Inc. www.dantecmt.com. Usado com permissão.

ser suficientemente pequenas para acompanhar de perto o escoamento de modo que a velocidade da partícula seja igual à velocidade do escoamento, mas suficientemente grande (com relação ao comprimento de onda da luz laser) para espalhar uma quantidade adequada de luz. As partículas com diâmetro de 1 μm, em geral, servem bem a essa finalidade. Alguns fluidos como a água de torneira contêm naturalmente uma quantidade adequada de tais partículas, e nenhuma semeadura é necessária. Gases como o ar, muitas vezes, são semeados com fumaça ou com partículas feitas de látex, óleo ou outros materiais. Usando três pares de raio laser com comprimentos de onda diferentes, o sistema LDV também é usado para obter todas as três componentes da velocidade em qualquer ponto do escoamento.

Velocimetria por imagem de partícula

A **velocimetria por imagem de partícula (PIV** – *particle image velocimetry*) é uma técnica a laser duplamente pulsado para medir a distribuição da velocidade instantânea em um plano do escoamento pela determinação fotográfica do deslocamento das partículas no plano durante um intervalo de tempo muito curto. Ao contrário de métodos como a anemometria de fio quente e a LDV, que medem a velocidade em um ponto, a PIV fornece valores de velocidade simultaneamente em toda uma seção transversal e, portanto, é uma técnica de campo inteiro. A PIV combina a exatidão da LDV com a capacidade de visualização do escoamento e fornece mapeamento de campo de escoamento instantâneo. Todo o perfil de velocidade instantâneo de uma seção transversal de um tubo, por exemplo, pode ser obtido com uma única medição da PIV. Um sistema PIV pode ser visualizado como uma câmara que pode tirar uma instantânea da distribuição da velocidade em qualquer plano desejado de um escoamento. A visualização comum do escoamento dá um quadro qualitativo dos detalhes do escoamento. A PIV também oferece uma descrição *quantitativa* exata das diversas quantidades do escoamento, tal como o campo de velocidade e, portanto, a capacidade de analisar o escoamento numericamente usando os dados de velocidade fornecidos. Devido a essa capacidade de campo inteiro, a PIV também é usada para validar os códigos de dinâmica de fluidos computacional (CFD) (Capítulo 15).

A técnica PIV tem sido usada desde meados dos anos 80, e seu uso e capacidades cresceram nos últimos anos com aperfeiçoamentos das tecnologias de câmera de captura rápida de quadros (*frame grabber*) e de dispositivo de carga acoplada (*charge-coupled device* – CCD). A exatidão, flexibilidade e versatilidade dos sistemas PIV com sua capacidade de capturar imagens de campo inteiro com tempo de exposição de menos do que microssegundos os tornaram ferramentas extremamente valiosas no estudo dos escoamentos supersônicos, explosões, propagação de chamas, crescimento e colapso de bolhas, turbulência e escoamento não estacionário.

A técnica PIV para a medição da velocidade consiste em duas etapas principais: visualização e processamento da imagem. A primeira etapa é semear o escoamento com partículas adequadas para controlar o movimento do fluido. Em seguida, um pulso de luz laser em forma de lâmina ilumina uma fatia fina do campo de escoamento no plano desejado, e as posições das partículas naquele plano são determinadas pela detecção da luz dispersa pelas partículas em uma câmara de vídeo ou fotográfica digital posicionada formando ângulos retos com a chapa de luz (Fig. 8-79). Após um curto período de tempo Δt (normalmente, em μs), as partículas são iluminadas novamente por um segundo pulso de luz laser em forma de lâmina e suas novas posições são registradas. Usando as informações nessas duas imagens de câmara superpostas, os deslocamentos de partículas Δs são determinados para todas as partículas, e velocidade escalar das partículas

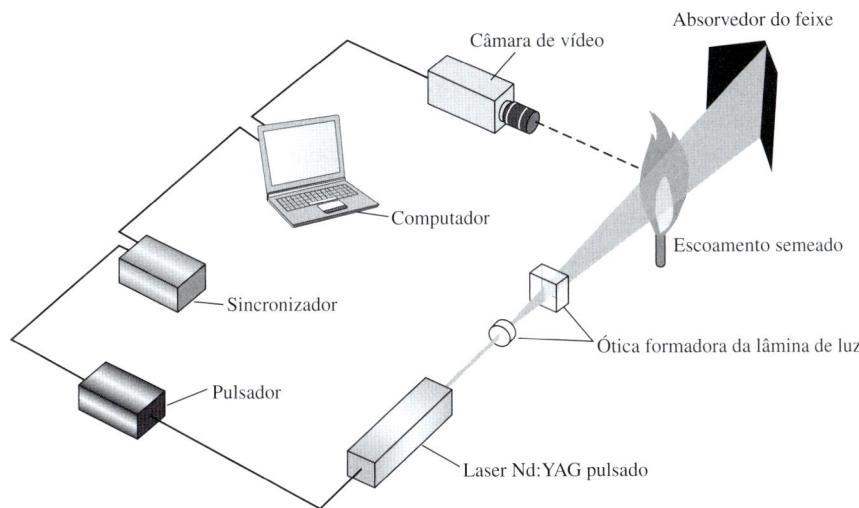

FIGURA 8–79 Um sistema PIV para estudar estabilização de chama.
Cortesia da TSI Incorporated (www.tsi.com). Usado com permissão.

no plano da chapa de luz a laser é determinada por $\Delta s/\Delta t$. A direção do movimento das partículas também é determinada com duas posições, de modo que duas componentes da velocidade no plano são calculadas. Os algoritmos incorporados dos sistemas PIV determinam as velocidades em milhares de elementos de área chamados *regiões de interrogação* em todo o plano e exibem o campo de velocidade no monitor do computador em qualquer forma desejada (Fig. 8–80).

A técnica PIV se baseia na luz laser dispersa pelas partículas e, portanto, o escoamento deve ser semeado, se necessário, com partículas, também chamadas *marcadores*, para obter um sinal refletido adequado. As partículas sementes devem poder acompanhar as linhas de trajetória do escoamento para que seu movimento seja representativo do escoamento, e isso exige que a densidade da partícula seja igual à densidade do fluido (de modo que elas tenham flutuação neutra) ou que as partículas sejam tão pequenas (normalmente, com tamanho de μm) para que seu movimento relativo ao fluido seja insignificante. Uma varieda-

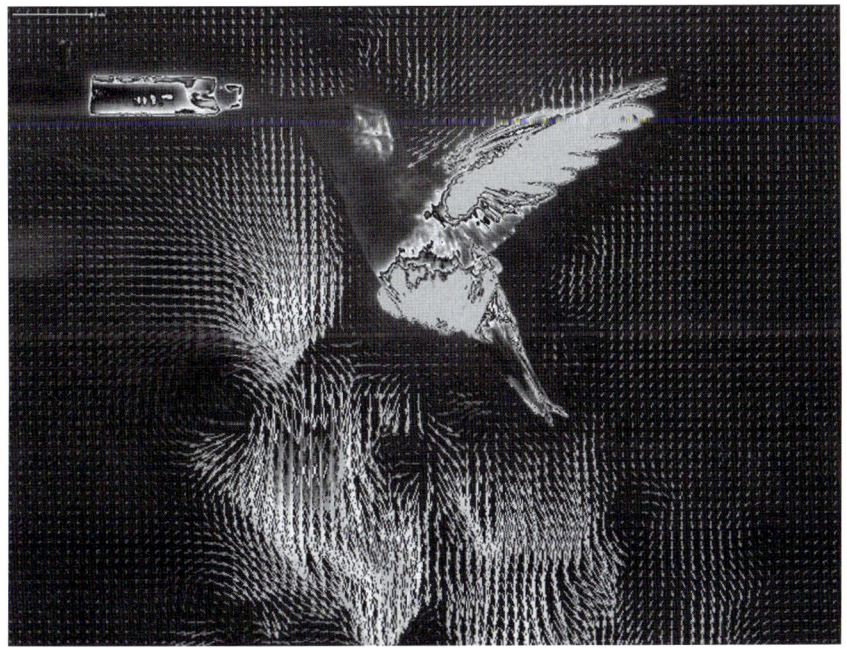

FIGURA 8–80 Vetores instantâneos de velocidade PIV sobreposto a um beija-flor pairando.
Foto por Douglas Warrick. Usado com permissão.

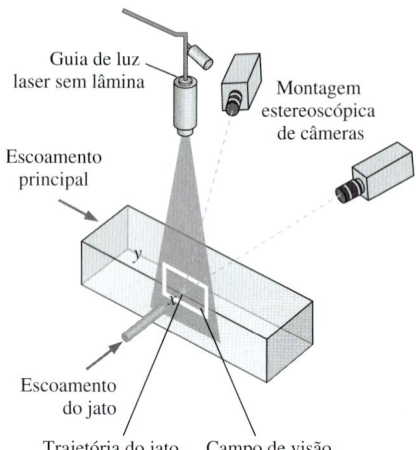

FIGURA 8–81 Um sistema PIV tridimensional configurado par estudar a mistura de um jato de ar com um escoamento transversal em um duto.

Cortesia da TSI Incorporated (www.tsi.com). Usado com permissão.

de dessas partículas está disponível para semear escoamento de gás ou líquido. Partículas muito pequenas devem ser usadas em escoamentos de alta velocidade. As partículas de carboneto de silício (diâmetro de 1,5 μm) são adequadas para o escoamento de líquidos e gases, as partículas de dióxido de titânio (diâmetro médio de 0,2 μm), geralmente, são usadas para o escoamento de gases e são adequadas para aplicações de alta temperatura, e as partículas de látex de poliestireno (diâmetro nominal de 1,0 μm) são adequadas para aplicações de baixa temperatura. As partículas metálicas revestidas (diâmetro médio de 9,0 μm) também são usadas para semear escoamentos de água para medições LDV por conta de sua alta refletividade. As bolhas de gás, bem como as gotas de alguns líquidos, como o óleo de oliva ou silicone, também são usadas como partículas de semeadura após serem atomizadas até esferas com tamanho da ordem de micra.

Uma variedade de fontes de luz laser como argônio, vapor de cobre e Nd:YAG podem ser usadas com os sistemas PIV, dependendo dos requisitos para a duração de pulsos, potência e tempo entre os pulsos. Os lasers Nd:YAG, normalmente, são usados nos sistemas PIV em uma ampla variedade de aplicações. Um sistema de fornecimento de raio, tal como um braço de luz ou um sistema de fibra ótica, é usado para gerar e fornecer um laser pulsado de lâmina de alta energia a uma espessura especificada.

Com a PIV, as outras propriedades do escoamento, como a vorticidade e as taxas de deformação, também podem ser obtidas e os detalhes da turbulência podem ser estudados. Os avanços recentes na tecnologia PIV possibilitaram a obtenção de perfis de velocidade tridimensionais em uma seção transversal de um escoamento usando duas câmeras (Fig. 8–81). Isso é feito registrando as imagens do plano alvo simultaneamente por ambas as câmeras e ângulos diferentes, processando as informações para produzir dois mapas de velocidade bidimensionais separados, e combinando esses dois mapas para gerar o campo de velocidade tridimensional instantâneo.

Introdução à mecânica dos biofluidos[*]

A mecânica dos biofluídos pode abranger uma série de sistemas fisiológicos no corpo humano, mas o termo também se aplica a todas as espécies animais, uma vez que existem um número de sistemas de fluido básicos que são, essencialmente, uma série de redes de tubulação que transportam um fluido (seja líquido ou gás, ou, talvez, ambos). Se nos focamos em seres humanos, os sistemas de fluidos são o cardiovascular, respiratório, linfático, ocular e gastrointestinal, para citar alguns. Devemos ter em mente que todos esses sistemas são semelhantes a outras redes mecânicas de tubulação, em que os constituintes fundamentais da rede incluem uma bomba, tubos, válvulas e um fluido. Para nossos propósitos, vamos concentrar-nos mais sobre o sistema cardiovascular para demonstrar os conceitos básicos de uma rede de tubulação dentro de um ser humano.

A Figura 8–82 ilustra o sistema cardiovascular, mais especificamente, a circulação sistêmica ou os vasos (tubos) que carregam o sangue (fluido) do coração, especificamente o ventrículo esquerdo (bomba), para o resto do corpo. Tenha em mente que há uma rede separada de vasos do ventrículo direito para os pulmões para oxigenar o sangue novamente. O que é único acerca da série de tubos na circulação sistêmica é que a geometria ou a seção transversal não é circular mas sim elíptica e, de fato, ao contrário dos sistemas mecânicos típicos para redes

---

[*] Esta seção foi uma contribuição do Professor Keefe Manning da Penn State University.

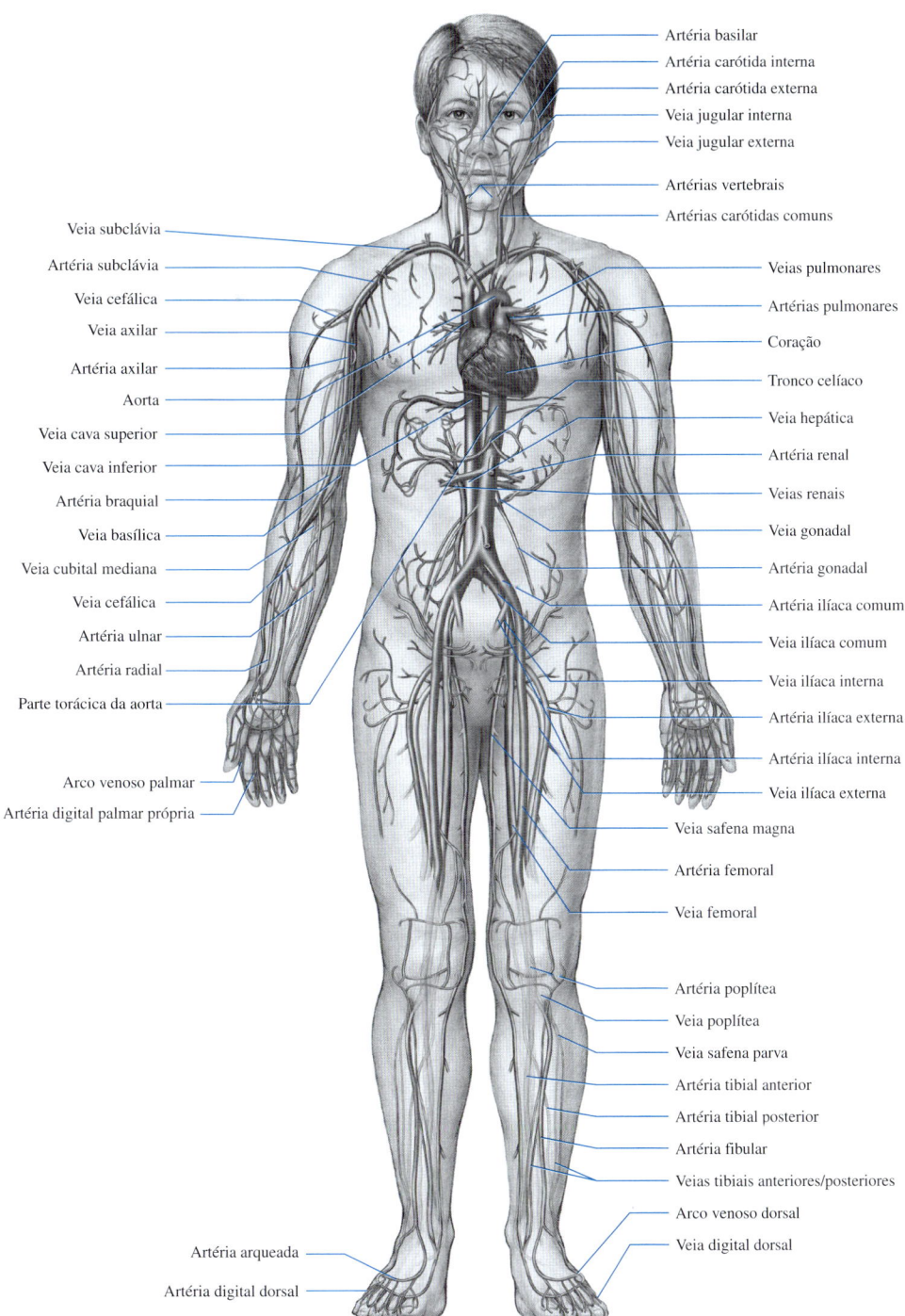

FIGURA 8–82 O sistema cardiovascular.
McGraw-Hill Companies, Inc.

de tubulações, que têm acessórios para a transição de tubo de um tamanho para um tubo de outro tamanho, o sistema cardiovascular, começando com a aorta (o primeiro vaso a partir do ventrículo esquerdo) afunila continuamente a partir de cerca de 25 milímetros de diâmetro a 5 micras de diâmetro a nível capilar e, em seguida, gradualmente, aumenta em diâmetro a aproximadamente 25 mm na veia cava, que é o vaso ligado ao ventrículo direito. Outro elemento importante da circulação e especificamente dos vasos é que eles são resilientes e podem expandir-se para acomodar o volume de sangue, conforme necessário para regular variações de pressão para manter a homeostase.

O sistema cardiovascular é uma rede complexa de tubos em que eles mesmos estão vivendo e respondem a tensões como o fazem os elementos do sangue, que reagem quando o padrão foi alterado. Mesmo com essa rede, o sistema é ainda mais intricado, dado que o fluxo está continuamente movendo baseado em pulsos iniciados no coração para conduzir o sangue através da rede. Essa pulsatilidade se propaga através do sangue e da parede do vaso criando uma interação de ondas e reflexões dentro do sistema. Devido às descontinuidades associadas com as ramificações, bifurcações e curvatura, como visto na Fig. 8–82, as condições de contorno e iniciais não são diretas. A compreensão do escoamento do sangue é uma tarefa desafiadora, considerando a complexidade da rede de vasos e dos próprios componentes.

Técnicas de medição do escoamento, como PIV e LDV, são extremamente úteis na caracterização do escoamento dentro e perto de dispositivos médicos, em especial aqueles implantados no sistema cardiovascular. Muito pode ser determinado, e mudanças podem ser feitas no projeto, usando essas técnicas no que diz respeito à forma como o sangue pode fluir através de ou perto desses dispositivos cardiovasculares. Além disso, podemos até mesmo usar essas medidas para, em seguida, estimar os níveis de dano no sangue e o potencial de coagulação. Para garantir que tenhamos uma representação precisa do sistema cardiovascular em funcionamento, os engenheiros têm projetado laços circulatórios simulados ou bancadas de escoamento que permitem ao experimentalista simular o escoamento cardíaco e formas de ondas de pressão para os estudos de bancada.

Por exemplo, o Dr. Gus Rosenberg desenvolveu em Penn State a bancada de circulação simulada no início de 1970 (Rosenberg *et al*., 1981). Nós também precisamos simular sangue para essas técnicas particulares de medição de vazão para garantir que o líquido seja transparente mas também mimetize o comportamento do sangue como um fluido não newtoniano. Temos desenvolvido um análogo de sangue que faz isso e também coincide com o índice de refração dos modelos de acrílico, que representam os dispositivos cardiovasculares, permitindo assim que a luz laser passe através do acrílico para campo de escoamento sem qualquer refração. O circuito simulado e o fluido são cruciais para garantir que as medições são adquiridas sob condições fisiológicas controláveis e com precisão suficiente.

A Universidade Estadual da Pensilvânia tem desenvolvido dispositivos mecânicos de apoio circulatório (bombas de sangue) desde 1970. São dispositivos que ajudam os pacientes a se manterem vivos enquanto aguardam um transplante de coração (o ex-vice-presidente Dick Cheney usou essa tecnologia enquanto aguardava um transplante de coração).

Ao longo dos anos, PIV e LDV têm sido utilizados com bastante sucesso para medir o escoamento e fazer alterações de projeto que reduzem a coagulação. Nosso foco recente foi o desenvolvimento de um dispositivo pediátrico de assistência ventricular pulsátil (PVAD), que ajuda as crianças a se manterem vivas até que elas possam receber um coração do doador.

Capítulo 8 ■ Escoamento Interno 411

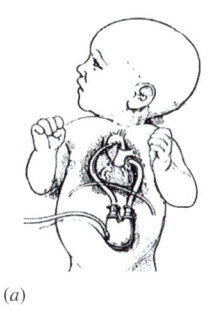
(a)

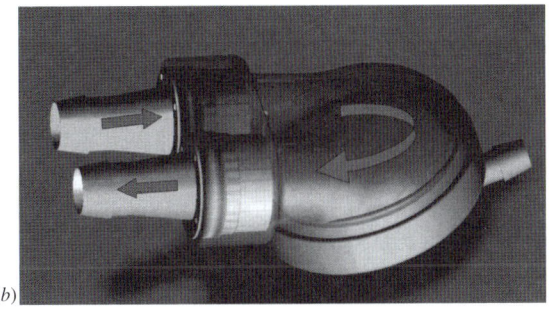
(b)

FIGURA 8–83 (a) Uma representação artística do dispositivo pediátrico de assistência ventricular pulsátil de 12 cc da Penn State, com a entrada ligada ao átrio esquerdo e a saída ligada à aorta ascendente (b) A direção do sangue através do PVAD.

Fotografia (b) Permissão concedida da ASME, Cooper et al. JBME, 2008.

O dispositivo funciona pneumaticamente com ar pulsando para uma câmara que, em seguida, faz com que um diafragma infle contra um saco de ureia de poliuretano (a superfície de contato com o sangue dentro do PVAD). O escoamento é conduzido para o dispositivo a partir de um tubo ligado ao ventrículo esquerdo, passa através de uma válvula mecânica cardíaca no PVAD e, em seguida, flui através da descarga do dispositivo através de outra válvula mecânica cardíaca para um tubo que está ligado à aorta ascendente, como mostrado na Fig. 8–83a. A Fig. 8–83b mostra a trajetória do escoamento através do PVAD, e deve ser observado que ele pode ser colocado no interior da palma da mão de um adulto. Um dos primeiros estudos PIV PVAD foi determinar qual tipo de válvula

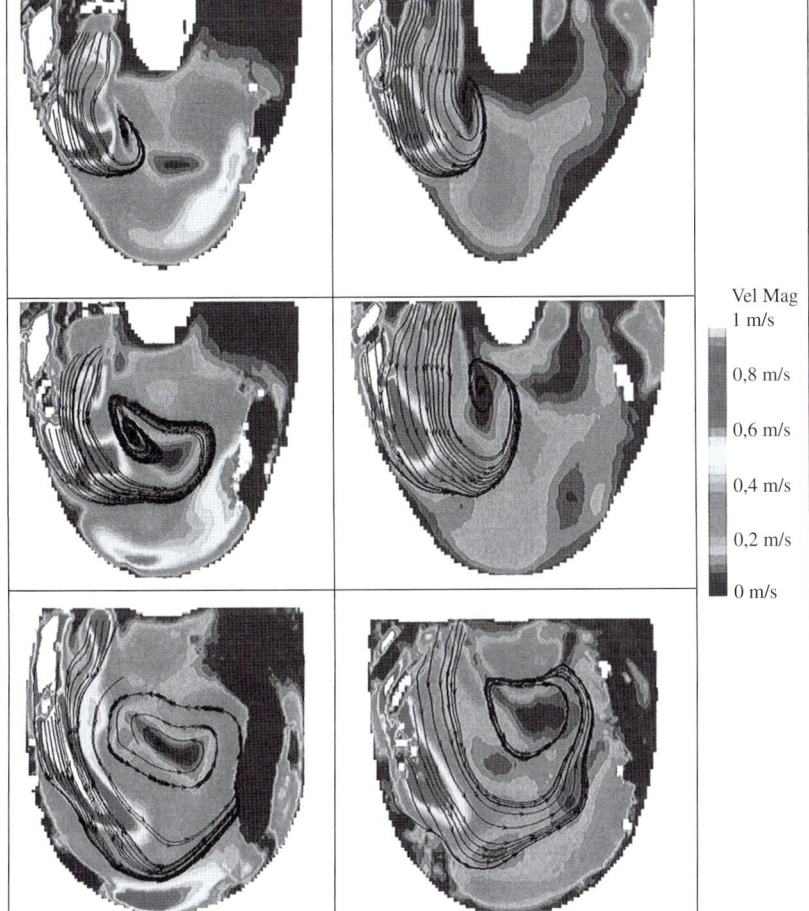

FIGURA 8–84 Traços de partículas para a configuração da válvula BSM em 250 ms (coluna da esquerda) e para a configuração da válvula de CM em 350 ms (coluna da direita) para os planos em 7 mm (linha superior), 8,2 mm (linha do meio) e 11 mm (linha inferior). Estas imagens realçam o primeiro passo de tempo em que o padrão do escoamento rotacional está completamente desenvolvido.

Permissão concedida da ASME, Cooper et al. JBME, 2008.

cardíaca mecânica (inclinação do disco ou de duplo folheto) seria utilizada com o dispositivo. A Fig. 8–84 ilustra parte dos resultados do estudo PIV (Cooper et al., 2008). Aqui, utilizamos traços de partículas como uma maneira de examinar como a estrutura de vórtices se desenvolveria dentro do dispositivo, que para essa tecnologia é uma forma de garantir uma adequada lavagem da parede (suficiente cisalhamento na parede) para evitar a coagulação do sangue em contato com superfícies no interior do dispositivo. A rotação mais apertada levaria a mais momento ao longo de todo o ciclo cardíaco e criaria uma estrutura de vórtice maior.

Nosso grupo de pesquisa também olhou para a caracterização do escoamento através de válvulas cardíacas mecânicas. Em um estudo (Manning *et al.*, 2008), nos focamos no escoamento no interior do invólucro de uma válvula cardíaca mecânica monosoporte de Bjork–Shiley (BSM) (válvula de disco basculante), como mostrado na Fig. 8–85*b*. Removemos parte da carcaça e inserimos uma janela óptica para permitir o acesso para o sistema LDV. Em vez de usar uma bancada de escoamento circulante para este estudo, foi utilizada uma câmara de um único disparo (Fig. 8–85*a*), que imitou a posição da válvula mitral, já que estamos mais interessados na dinâmica de fluidos no fechamento. A válvula mitral fica entre o átrio esquerdo e o ventrículo esquerdo. As válvulas nativas do coração, como a válvula mitral, são passivas, semelhantes a uma válvula de retenção, e respondem às mudanças de pressão dentro de diferentes estruturas do coração. Neste estudo, medimos o quão rápido o líquido escoa através do pequeno espaço entre o disco basculante e a carcaça da válvula, e

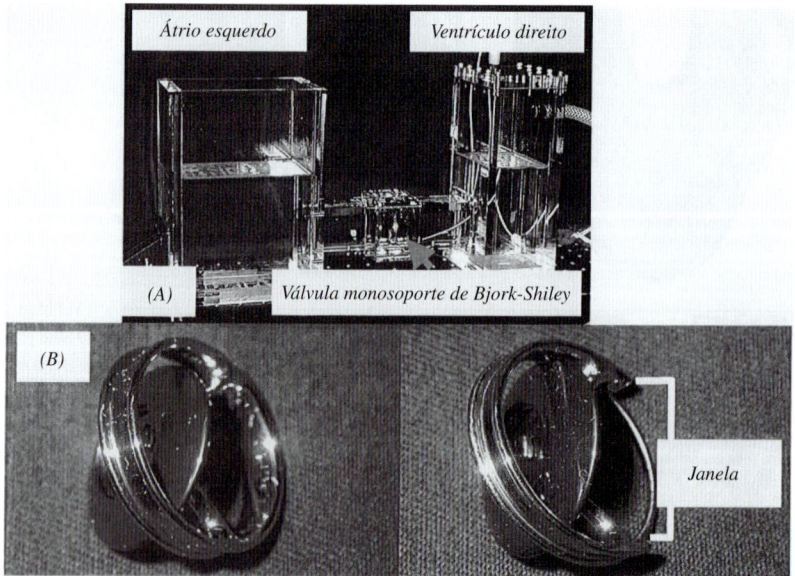

FIGURA 8–85 (*a*) A câmara de único disparo imita a dinâmica do fechamento da válvula monosoporte de Bjork-Shiley. (*b*) No lado esquerdo há uma vista da válvula cardíaca mecânica monosoporte de Bjork-Shiley intacta. Na direita, é exibida a modificação do invólucro da válvula. A janela foi depois preenchida com acrílico para manter padrões dinâmicos de fluidos e rigidez similares.

Permissão concedida da ASME, Manning et al. JBME, 2008.

também quão grande é o vórtice criado quando o disco basculante fecha. A Figura 8–86 é uma ilustração esquemática do escoamento, e a Figura. 8–87 é uma sequência temporal do escoamento que foi medida usando LDV dentro de um par de milissegundos em torno do impacto do invólucro da válvula, durante o fechamento. O vórtice intenso pode ser medido direito no momento do impacto. Esses dados foram coletados ao longo de centenas de batimentos simulados do coração. Em seguida, usamos essas medições de velocidade para estimar a quantidade de dano arterial potencial, relacionando o tempo de duração e amplitude de cisalhamento.

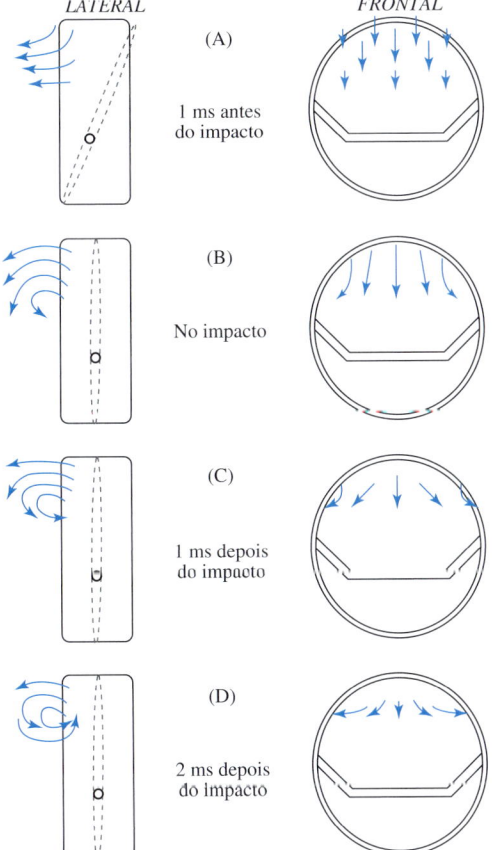

FIGURA 8–86 Estes esquemas mostram vistas laterais e frontais da estrutura de escoamento global gerada pelo oclusor fechando em quatro tempos sucessivos.
Permissão concedida da ASME, Manning et al. JBME, 2008.

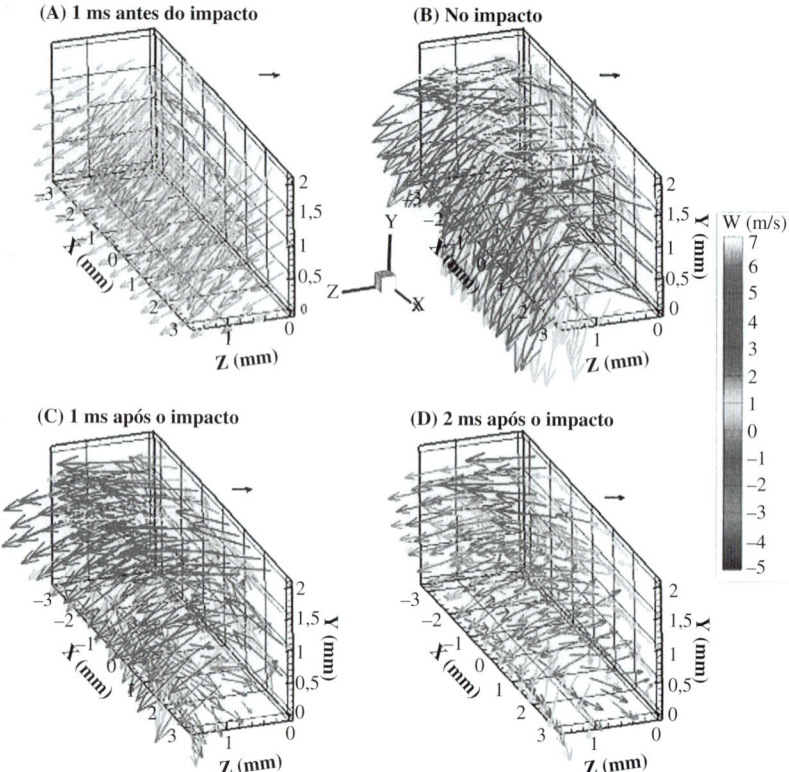

FIGURA 8–87 Estruturas tridimensionais do escoamento são construídas com os vetores indicando a direção e a cor significando a força da velocidade axial. A válvula fecha da direita para a esquerda, com $x = 0$ representando a linha central do folheto. Os quatro gráficos mostram o escoamento (*a*) 1 ms antes do impacto, (*b*) no impacto, (*c*) 1 ms após o fechamento e (*d*) 2 ms após o fechamento.

Permissão concedida da ASME, Manning et al. JBME, 2008.

EXEMPLO 8–11   Fluxo de sangue através da bifurcação aórtica

O sangue flui desde o coração (especificamente, o ventrículo esquerdo) na aorta para alimentar o resto do corpo de oxigênio. À medida que o escoamento sanguíneo se move da aorta ascendente e desce para a aorta abdominal, parte do volume é dirigido através de uma rede de ramificação. À medida que o sangue chega à região pélvica, há uma bifurcação (ver Fig. 8–88) para as artérias ilíacas comuns esquerda e direita. Essa bifurcação é simétrica mas os vasos ilíacos comuns não são do mesmo diâmetro. Dado que a viscosidade cinemática do sangue é de 4 cSt (centistokes), o diâmetro da aorta abdominal é de 15 mm, o diâmetro da artéria ilíaca comum direita é de 10 mm, e o diâmetro da artéria ilíaca comum esquerda é de 8 mm, determine a vazão média através da artéria ilíaca comum direita se a velocidade média da aorta abdominal é de 30 cm/s e a velocidade média da artéria ilíaca comum esquerda é de 40 cm/s.

SOLUÇÃO   As velocidades médias de dois dos três vasos são fornecidas, junto com os diâmetros de todos os três vasos. Aproximar os vasos como tubos rígidos.

Hipóteses   **1** O escoamento é estacionário, mesmo que o coração se contraia e relaxe, aproximadamente, a 75 batimentos por minuto, criando um fluxo pulsátil. **2** Os efeitos de entrada são desprezíveis e o escoamento é considerado completamente desenvolvido. **3** O sangue age como um fluido newtoniano.

Propriedades   A viscosidade cinemática à temperatura de 37°C é 4 cSt.

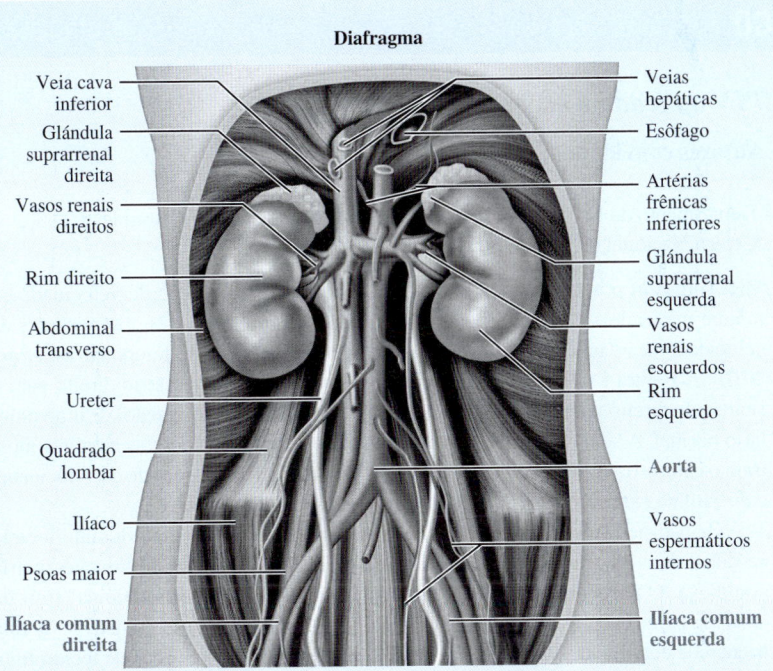

FIGURA 8–88 Anatomia do corpo humano. Observe a aorta e as artérias ilíacas comuns esquerda e direita.

Análise Usando a conservação de massa, podemos dizer que a vazão da aorta abdominal ($\dot{V}_1$) é igual à soma de ambas as artérias ilíacas comuns ($\dot{V}_2$ para a esquerda e $\dot{V}_3$ para a direita). Assim:

$$\dot{V}_1 = \dot{V}_2 + \dot{V}_3$$

Como estamos usando as velocidades médias, sabemos os diâmetros, e a densidade do sangue é a mesma em toda esta seção do sistema circulatório, com o que podemos reescrever a equação como:

$$V_1 A_1 = V_2 A_2 + V_3 A_3$$

onde V são as velocidades médias e A são as áreas. Reorganizando e resolvendo para V_3, a equação torna-se:

$$V_3 = (V_1 A_1 - V_2 A_2)/A_3$$

Inserindo os valores que conhecemos:

$$V_3 = (30 \text{ cm/s} \times (1{,}5 \text{ cm})^2 - 40 \text{ cm/s} \times (0{,}8 \text{ cm})^2)/(1{,}0 \text{ cm})^2$$
$$V_3 = 41{,}9 \text{ cm/s}$$

Discussão Uma vez que assumimos um escoamento constante, as velocidades médias são apropriadas mas, na realidade, haverá uma velocidade máxima positiva e também algum escoamento retrógrado (ou reverso) para o coração, enquanto o ventrículo esquerdo se enche durante a diástole. Os perfis de velocidade através desses vasos e muitas das grandes artérias irá variar ao longo de um ciclo cardíaco. Supõe-se também que o sangue vai se comportar como um fluido newtoniano, embora seja viscoelástico. Muitos pesquisadores usam esse pressuposto, já que nesse local, em particular, a taxa de cisalhamento é suficiente para atingir o valor assintótico para a viscosidade do sangue.

APLICAÇÃO EM FOCO

PIV aplicado a escoamento cardíaco

Autores convidados: Jean Hertzberg[1], Brett Fenster[2],
Jamey Browning[1] e Joyce Schroeder[2]
[1]Departmento de Engenharia Mecânica, University of Colorado, Boulder, CO.
[2]Centro Nacional de Saúde Judaico, Denver, CO

MRI (imagem por ressonância magnética) pode medir o campo de velocidade do sangue movendo-se através do coração humano, incluindo os três componentes da velocidade (u, v, w) com resolução razoável no espaço 3D e no tempo (Bock et al., 2010). A Figura 8–89 mostra sangue em movimento a partir do átrio direito para o ventrículo direito no pico da diástole (a fase de enchimento do coração) de um voluntário normal. A seta preta mostra o eixo longo do ventrículo. As setas menores mostram o campo de vetores de velocidade e são coloridas pela magnitude da velocidade, com azul no extremo lento da escala, até ao vermelho, de 0,5 m/s.

Os padrões de escoamento mudam rapidamente com o tempo durante o ciclo cardíaco de aproximadamente um segundo de duração, e mostram uma geometria complexa. O escoamento do fluido se move em uma trajetória helicoidal sutil da aurícula para o ventrículo, como mostrado pelo tubo de corrente branco. A válvula tricúspide entre a aurícula e o ventrículo é um conjunto de três abas de tecido fino, que não é visível nesse conjunto de dados. O efeito da válvula nos padrões de escoamento pode ser visto como redemoinhos do escoamento em torno de uma das abas, mostrado pelo tubo de corrente amarelo. Espera-se que os detalhes do escoamento (incluindo a *vorticidade*, Capítulo 4) revelem informações sobre a física subjacente da interação entre o coração e os pulmões, e conduzam a melhores diagnósticos para condições patológicas, como hipertensão pulmonar (Fenster et al., 2012).

Após o ventrículo direito encher, a válvula tricúspide se fecha, o ventrículo se contrai e o sangue é ejetado para dentro das artérias pulmonares que levam aos pulmões, onde o sangue é oxigenado. Depois disso, o sangue vai para o lado esquerdo do coração, onde a pressão é elevada pela contração do ventrículo esquerdo. O sangue oxigenado é então ejetado para dentro da aorta e é distribuído para o corpo. Desse modo, o coração funciona como duas bombas separadas de deslocamento positivo.

Já que a calibração desses dados é difícil, é importante verificar a consistência deles. Um teste útil, a conservação da massa no ventrículo ao longo de um ciclo cardíaco, é aplicado através do cálculo do volume do escoamento do sangue que entra no ventrículo durante a diástole, comparando-o com o volume que sai durante a sístole. Da mesma forma, o escoamento resultante através do lado direito do coração deve igualar o escoamento resultante através do lado esquerdo do coração em cada ciclo.

Referências

Bock J, Frydrychowicz A, Stalder AF, Bley TA, Burkhardt H, Hennig J, e Markl M. 2010. 40 phase contrast MRI at 3 T: Effect of standard and bloodpool contrast agents on SNR, PC-MRA, and blood flow visualization. *Magnetic Resonance in Medicine* 63(2):330-338.

Fenster BE, Schroeder JD, Hertzberg JR, e Chung JH. 2012. 4-Dimensional Cardiac Magnetic Resonance in a Patient With Bicuspid Pulmonic Valve: Characterization of Post-Stenotic Flow. *J Am Coll Cardiol* 59(25):e49.

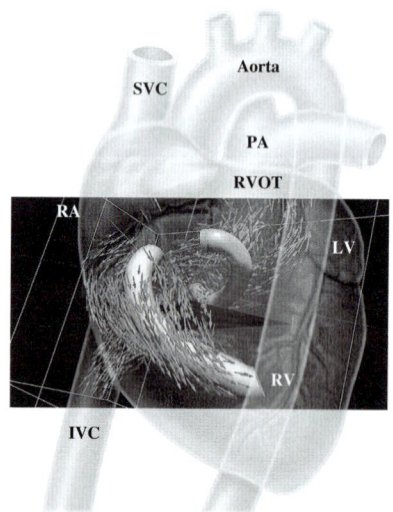

FIGURA 8–89 Medições MRI-PIV do escoamento através de um coração humano.

Fotografia cortesia de Jean Hertzberg.

RESUMO

No *escoamento interno*, um tubo é completamente preenchido com um fluido. O *escoamento laminar* é caracterizado por linhas de corrente suaves e movimento altamente ordenado, e o *escoamento turbulento* é caracterizado por flutuações na velocidade e movimento altamente desordenado. O *número de Reynolds* é definido por:

$$\text{Re} = \frac{\text{Forças inerciais}}{\text{Forças viscosas}} = \frac{V_{med}D}{\nu} = \frac{\rho V_{med} D}{\mu}$$

Na maioria das condições práticas, o escoamento de um tubo é laminar para Re < 2.300, turbulento para Re > 4.000 e de transição entre esses valores.

A região do escoamento na qual os efeitos das forças de cisalhamento viscosas são sentidas é chamada de *camada limite de velocidade*. A região da entrada do tubo até o ponto no qual o escoamento se torna completamente desenvolvido é chamada *região de entrada hidrodinâmica*, e o comprimento dessa região é chamado de *comprimento de entrada hidrodinâmico* L_h. Ele é dado por:

$$\frac{L_{h,\,laminar}}{D} \cong 0{,}05\,\text{Re} \quad \text{e} \quad \frac{L_{h,\,turbulento}}{D} \cong 10$$

O coeficiente de atrito na região de escoamento completamente desenvolvido permanece constante. As velocidades *máxima* e *média* do escoamento laminar completamente desenvolvido em um tubo circular são:

$$u_{max} = 2V_{med} \quad \text{e} \quad V_{med} = \frac{\Delta P D^2}{32\mu L}$$

A *vazão volumétrica* e a *queda de pressão* no escoamento laminar em um tubo horizontal são:

$$\dot{V} = V_{med} A_c = \frac{\Delta P \pi D^4}{128\mu L} \quad \text{e} \quad \Delta P = \frac{32\mu L V_{med}}{D^2}$$

A *perda de pressão* e a *perda de carga* de todos os tipos de escoamentos internos (laminar ou turbulento, em tubos circulares ou não circulares, superfícies lisas ou rugosas) são expressas como:

$$\Delta P_L = f \frac{L}{D} \frac{\rho V^2}{2} \quad \text{e} \quad h_L = \frac{\Delta P_L}{\rho g} = f \frac{L}{D} \frac{V^2}{2g}$$

onde $\rho V^2/2$ é a *pressão dinâmica* e a quantidade adimensional f é o *fator de atrito*. Para escoamento laminar completamente desenvolvido em um tubo circular, o fator de atrito é $f = 64/\text{Re}$.

Para tubos não circulares, o diâmetro nas relações anteriores é substituído pelo *diâmetro hidráulico* definido como $D_h = 4A_c/p$, onde A_c é a área de seção transversal do tubo e p é seu perímetro molhado.

No escoamento turbulento completamente desenvolvido, o fator de atrito depende do número de Reynolds e da *rugosidade relativa* ε/D. O fator de atrito do escoamento turbulento é dado pela *equação de Colebrook*, expressa como:

$$\frac{1}{\sqrt{f}} = -2{,}0 \log\left(\frac{\varepsilon/D}{3{,}7} + \frac{2{,}51}{\text{Re}\sqrt{f}}\right)$$

O gráfico dessa fórmula é conhecido como diagrama de *Moody*. O projeto e a análise dos sistemas de tubos envolvem a determinação da perda de carga, da vazão ou do diâmetro do tubo. As tediosas iterações nesses cálculos podem ser evitadas pelas fórmulas aproximadas de Swamee-Jain expressas como:

$$h_L = 1{,}07 \frac{\dot{V}^2 L}{gD^5}\left\{\ln\left[\frac{\varepsilon}{3{,}7D} + 4{,}62\left(\frac{\nu D}{\dot{V}}\right)^{0{,}9}\right]\right\}^{-2}$$

$$10^{-6} < \varepsilon/D < 10^{-2}$$
$$3000 < \text{Re} < 3 \times 10^8$$

$$\dot{V} = -0{,}965\left(\frac{gD^5 h_L}{L}\right)^{0{,}5} \ln\left[\frac{\varepsilon}{3{,}7D} + \left(\frac{3{,}17\nu^2 L}{gD^3 h_L}\right)^{0{,}5}\right]$$

$$\text{Re} > 2000$$

$$D = 0{,}66\left[\varepsilon^{1{,}25}\left(\frac{L\dot{V}^2}{gh_L}\right)^{4{,}75} + \nu\dot{V}^{9{,}4}\left(\frac{L}{gh_L}\right)^{5{,}2}\right]^{0{,}04}$$

$$10^{-6} < \varepsilon/D < 10^{-2}$$
$$5000 < \text{Re} < 3 \times 10^8$$

As perdas que ocorrem nos componentes da tubulação, como acessórios, válvulas, curvas, cotovelos, tês, entradas, saídas, expansões e contrações são chamadas de *perdas menores*. Em geral, as perdas menores são expressas em termos do *coeficiente de perda* K_L. A perda de carga de um componente é determinada por:

$$h_L = K_L \frac{V^2}{2g}$$

Depois que todos os coeficientes de perda estão disponíveis, a perda total de carga de um sistema de tubos é determinada por:

$$h_{L,\,total} = h_{L,\,maior} + h_{L,\,menor} = \sum_i f_i \frac{L_i}{D_i}\frac{V_i^2}{2g} + \sum_j K_{L,j}\frac{V_j^2}{2g}$$

Se todo o sistema de tubulação tiver um diâmetro constante, a perda de carga total se reduz a:

$$h_{L,\,total} = \left(f\frac{L}{D} + \sum K_L\right)\frac{V^2}{2g}$$

A análise de um sistema de tubulação se baseia em dois princípios simples: (1) a conservação da massa em todo o sistema deve ser satisfeita e (2) a queda de pressão entre dois pontos deve ser igual para todas as trajetórias entre os dois pontos. Quando os tubos estão conectados *em série*, a vazão em todo o sistema permanece constante, independente dos diâmetros dos tubos individuais. Para um tubo que se divide em dois (ou mais) *tubos paralelos* e, em seguida, é reunido em uma junção a jusante, a vazão total é a soma das vazões dos tubos individuais, mas a perda de carga de cada ramificação é a mesma.

Quando um sistema de tubos envolve uma bomba e/ou uma turbina, a equação da energia do escoamento estacionário é expressa como:

$$\frac{P_1}{\rho g} + \alpha_1 \frac{V_1^2}{2g} + z_1 + h_{\text{bomba}, u}$$
$$= \frac{P_2}{\rho g} + \alpha_2 \frac{V_2^2}{2g} + z_2 + h_{\text{turbina}, e} + h_L$$

Quando a carga útil da bomba $h_{\text{bomba}, u}$ é conhecida, a potência mecânica que precisa ser fornecida pela bomba ao fluido e a potência elétrica consumida pelo motor da bomba para uma vazão especificada são determinadas com:

$$\dot{W}_{\text{bomba, eixo}} = \frac{\rho \dot{V} g h_{\text{bomba}, u}}{\eta_{\text{bomba}}} \quad \text{e} \quad \dot{W}_{\text{elect}} = \frac{\rho \dot{V} g h_{\text{bomba}, u}}{\eta_{\text{bomba-motor}}}$$

onde $\eta_{\text{bomba-motor}}$ é a *eficiência da combinação bomba-motor*, que é o produto das eficiências da bomba e do motor.

O gráfico da perda de carga *versus* a vazão $\dot{V}$ é chamado de *curva do sistema*. A carga produzida por uma bomba não é constante, e as curvas $h_{\text{bomba}, u}$ e η_{bomba} *versus* $\dot{V}$ são chamadas *curvas características*. Uma bomba instalada em um sistema de tubulação opera no *ponto operacional*, que é o ponto de intersecção entre a curva do sistema e a curva característica.

As técnicas e os dispositivos de medição de escoamento podem ser consideradas em três grandes categorias: (1) técnicas e dispositivos de medição da vazão volumétrica (ou mássica), como medidores de vazão por obstrução, medidores tipo turbina, medidores de vazão de deslocamento positivo, rotâmetros e medidores ultrassônicos, (2) técnicas de medição de velocidade pontual como as sondas estáticas de Pitot, as sondas de fios quentes e a LDV e (3) técnicas de medição da velocidade de todo o campo, como a PIV.

Este capítulo deu ênfase ao escoamento através dos tubos, incluindo vasos sanguíneos. Um tratamento detalhado dos inúmeros tipos de bombas e turbinas, incluindo seus princípios operacionais e parâmetros de desempenho, é dado no Capítulo 14.

REFERÊNCIAS E LEITURAS SUGERIDAS

1. H. S. Bean (ed.). *Fluid Meters: Their Theory and Applications*, 6a. ed. Nova Iorque: American Society of Mechanical Engineers, 1971.

2. M. S. Bhatti e R. K. Shah. "Turbulent and Transition Flow Convective Heat Transfer in Ducts". Em *Handbook of Single-Phase Convective Heat Transfer*, ed. S. Kakaç, R. K. Shah, and W. Aung. Nova Iorque: Wiley Interscience, 1987.

3. B. T. Cooper, B. N. Roszelle, T. C. Long, S. Deutsch, e K. B. Manning. "The 12 cc Penn State pulsatile pediatric ventricular assist device: fluid dynamics associated with valve selection." *J. of Biomechonicol Engineering*. 130 (2008) pp. 041019.

4. C. F. Colebrook. "Turbulent Flow in Pipes, with Particular Reference to the Transition between the Smooth and Rough Pipe Laws," *Journal of the Institute of Civil Engineers London*. 11 (1939), pp. 133–156.

5. F. Durst, A. Melling, and J. H. Whitelaw. *Principles and Practice of Laser-Doppler Anemometry*, 2a. ed. Nova Iorque: Academic, 1981.

6. *Fundamentals of Orifice Meter Measurement*. Houston, TX: Daniel Measurement and Control, 1997.

7. S. E. Haaland. "Simple and Explicit Formulas for the Friction Factor in Turbulent Pipe Flow," *Journal of Fluids Engineering*, março de 1983, págs. 89–90.

8. I. E. Idelchik. *Handbook of Hydraulic Resistance*, 3a. ed. Boca Raton, FL: CRC Press, 1993.

9. W. M. Kays, M. E. Crawford e B. Weigand. *Convective Heat and Mass Transfer*, 4a. ed. Nova Iorque: McGraw-Hill, 2004.

10. K. B. Manning, L. H. Herbertson, A. A. Fontaine, e S. S. Deutsch. "A detailed fluid mechanics study of tilting disk mechanical heart valve closure and the implications to blood damage." *J. Biomech. Eng*. 130(4) (2008), pp. 041001-1-4.

11. R. W. Miller. *Flow Measurement Engineering Handbook*, 3a. ed. Nova Iorque: McGraw-Hill, 1997.

12. L. F. Moody. "Friction Factors for Pipe Flows," *Transactions of the ASME* 66 (1944), págs. 671–684.

13. G. Rosenberg, W. M. Phillips, D. L. Landis, e W. S. Pierce. "Design and evaluation of the Pennsylvania State University mock circulatory system." *ASAIO J*. 4 (1981) pp. 41–49.

14. O. Reynolds. "On the Experimental Investigation of the Circumstances Which Determine Whether the Motion of Water Shall Be Direct or Sinuous, and the Law of Resistance in Parallel Channels". *Philosophical Transactions of the Royal Society of London*, 174 (1883), págs. 935–982.

15. H. Schlichting. *Boundary Layer Theory*, 7a. ed. Nova Iorque: McGraw-Hill, 2000.

16. R. K. Shah e M. S. Bhatti. "Laminar Convective Heat Transfer in Ducts". Em *Handbook of Single-Phase Convective Heat Transfer*, ed. S. Kakaç, R. K. Shah, and W. Aung. Nova Iorque: Wiley Interscience, 1987.

17. P. L. Skousen. *Valve Handbook*. Nova Iorque: McGraw-Hill, 1998.

18. P. K. Swamee e A. K. Jain. "Explicit Equations for Pipe-Flow Problems", *Journal of the Hydraulics Division. ASCE* 102, no. HY5 (maio de 1976), págs. 657–664.

19. G. Vass. "Ultrasonic Flowmeter Basics", *Sensors*, 14, no. 10 (1997).

20. A. J. Wheeler e A. R. Ganji. *Introduction to Engineering Experimentation*. Englewood Cliffs, NJ: Prentice-Hall, 1996).

21. W. Zhi-qing. "Study on Correction Coefficients of Laminar and Turbulent Entrance Region Effects in Round Pipes", *Applied Mathematical Mechanics*, 3 (1982), pág. 433.

PROBLEMAS*

Escoamento laminar e turbulento

8–1C Considere o escoamento de ar e de água em tubos de mesmo diâmetro, à mesma temperatura e à mesma velocidade média. Qual escoamento tem mais chances de ser turbulento? Por quê?

8–2C Considere o escoamento laminar em um tubo circular. A tensão de cisalhamento da parede τ_w será maior perto da entrada ou da saída do tubo? Por quê? Qual seria sua resposta se o escoamento fosse turbulento?

8–3C O que é o diâmetro hidráulico? Como é definido? A que ele é igual para um tubo circular de diâmetro D?

8–4C Como é definido o comprimento de entrada hidrodinâmico para o escoamento em um tubo? O comprimento de entrada é maior no escoamento laminar ou turbulento?

8–5C Por que os líquidos, em geral, são transportados em tubos circulares?

8–6C Qual é o significado físico do número de Reynolds? Como ele é definido para (*a*) escoamento em um tubo circular de diâmetro interno D e (*b*) escoamento em um duto retangular de seção transversal $a \times b$?

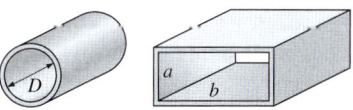

FIGURA P8–6C

8–7C Considere uma pessoa caminhando primeiro no ar e depois na água à mesma velocidade. Para qual movimento o número de Reynolds será mais alto?

8–8C Mostre que o número de Reynolds para o escoamento em um tubo circular de diâmetro D pode ser expresso como $Re = 4\dot{m}/(\pi D \mu)$.

8–9C Qual fluido à temperatura ambiente exige uma bomba maior para escoar a uma velocidade especificada em determinado tubo: água ou óleo de motor? Por quê?

8–10C Qual é o valor geralmente aceito para o número de Reynolds acima do qual o escoamento em tubos lisos é turbulento?

8–11C Como a rugosidade da superfície afeta a queda de pressão em um tubo se o escoamento for turbulento? Qual seria sua resposta se o escoamento fosse laminar?

8–12E É mostrada aqui uma imagem legal de água que está sendo lançada a 300 mil galões por segundo, na primavera de 2008. Isso foi parte de um esforço de revitalização do ecossistema do Grande Canyon e do Rio Colorado. Estime o número de Reynolds do escoamento da tubulação. É laminar ou turbulento? (*Dica*: Para uma escala de comprimento, aproximar a 6 ft a altura do homem indicado pela seta diretamente acima da tubulação.)

---
* Problemas identificados com a letra "C" são questões conceituais e encorajamos os estudantes a responder a todos. Problemas identificados com a letra "E" são em unidades inglesas, e usuários do SI podem ignorá-los. Problemas com o ícone "disco rígido" são resolvidos com o programa EES. Problemas com o ícone ESS são de natureza abrangente e devem ser resolvidos com um solucionador de equações, preferencialmente o programa EES.

FIGURA P8–12E
Cortesia de Don Becker, U.S. Geological Survey

Escoamento completamente desenvolvido em tubos

8–13C Uma pessoa afirma que a vazão volumétrica em um tubo circular com escoamento laminar pode ser determinada medindo a velocidade na linha central da região completamente desenvolvida, multiplicando-a pela área de seção transversal e dividindo o resultado por 2. Você concorda? Explique.

8–14C Uma pessoa afirma que a velocidade média em um tubo circular no escoamento laminar completamente desenvolvido pode ser determinada simplesmente medindo a velocidade em $R/2$ (metade do caminho entre a superfície da parede e o eixo central). Você concorda? Explique.

8–15C Uma pessoa afirma que a tensão de cisalhamento no centro de um tubo circular durante o escoamento laminar completamente desenvolvido é zero. Você concorda com isso? Explique.

8–16C Uma pessoa afirma que no escoamento turbulento completamente desenvolvido em um tubo, a tensão de cisalhamento é máxima na parede do tubo. Você concorda com isso? Explique.

8–17C Como varia a tensão de cisalhamento da parede τ_w ao longo da direção de escoamento na região completamente desenvolvida no (*a*) escoamento laminar e (*b*) escoamento turbulento?

8–18C Qual propriedade de fluido é responsável pelo desenvolvimento da camada limite de velocidade? Para quais tipos de fluidos não há camada limite de velocidade em um tubo?

8–19C Na região completamente desenvolvida do escoamento em um tubo circular, o perfil de velocidade mudará na direção do escoamento?

8–20C Como está relacionado o fator de atrito no escoamento em um tubo com a perda de pressão? Como está relacionada a perda de pressão com o requisito de potência de bombeamento para uma determinada vazão mássica?

8–21C Discuta se o escoamento completamente desenvolvido em um tubo é uni, bi ou tridimensional.

8–22C Considere o escoamento completamente desenvolvido em um tubo circular com efeitos de entrada desprezíveis. Se o comprimento do tubo for dobrado, a perda de carga (*a*) dobrará (*b*) mais do que dobrará (*c*) menos do que dobrará (*d*) será reduzida pela metade ou (*e*) permanecerá constante.

8–23C Considere o escoamento laminar completamente desenvolvido em um tubo circular. Se o diâmetro do tubo for reduzido pela metade enquanto a vazão e o comprimento do tubo forem mantidos constantes, a perda de carga (*a*) dobrará (*b*) triplicará (*c*) quadruplicará (*d*) aumentará por um fator de 8 ou (*e*) aumentará por um fator de 16.

8–24C Explique por que o fator de atrito é independente do número de Reynolds para números de Reynolds muito grandes.

8–25C O que é a viscosidade turbulenta? Qual é sua causa?

8–26C A perda de carga de determinado tubo circular é dada por $h_L = 0{,}0826 fL(\dot{V}^2/D^5)$, onde f é o fator de atrito (adimensional), L é o comprimento do tubo, $\dot{V}$ é a vazão volumétrica e D é o diâmetro do tubo. Determine se 0,0826 é uma constante dimensional ou adimensional. Essa equação é dimensionalmente homogênea como está?

8–27C Considere o escoamento laminar completamente desenvolvido em um tubo circular. Se a viscosidade do fluido é reduzida pela metade por aquecimento enquanto a vazão é mantida constante, como muda a perda de carga?

8–28C Como está relacionada a perda de carga com perda de pressão? Para um determinado fluido, explique como você converteria a perda de carga em perda de pressão.

8–29C Considere o escoamento laminar do ar em um tubo circular com superfícies perfeitamente lisas. Você acha que o fator de atrito desse escoamento é zero? Explique.

8–30C Qual é o mecanismo físico que faz o fator de atrito ser mais alto no escoamento turbulento?

8–31 O perfil de velocidade para o escoamento laminar completamente desenvolvido de um fluido newtoniano entre duas grandes placas paralelas é dado por:

$$u(y) = \frac{3u_0}{2}\left[1 - \left(\frac{y}{h}\right)^2\right]$$

onde $2h$ é a distância entre as duas placas, u_0 é a velocidade no plano central e y é a coordenada vertical a partir do plano central. Para a largura b da placa, obtenha uma relação para a vazão através das placas.

8–32 Água escoa em estado permanente através de uma redução da seção do tubo. O escoamento a montante de raio R_1 é laminar, com um perfil de velocidade $u_1(r) = u_{01}(1 - r^2/R_1^2)$, enquanto o escoamento a jusante é turbulento, com um perfil de velocidade $u_2(r) = u_{02}(1 - r/R_2)^{1/7}$. Para escoamento incompressível com $R_2/R_1 = 4/7$, determine a razão das velocidades na linha central u_{01}/u_{02}.

8–33 Água a 10°C ($\rho = 999,7$ kg/m³ e $\mu = 1,307 \times 10^{-3}$ kg/m·s) escoa estacionariamente em um tubo de 0,12 cm de diâmetro e 15 m de comprimento a uma velocidade média de 0,9 m/s. Determine (*a*) A queda de pressão, (*b*) A perda de carga e (*c*) A potência de bombeamento requisitada para superar essa queda de pressão.

Respostas: (*a*) 392 kPa (*b*) 40,0 m (*c*) 0,399 W

8–34 Considere um coletor solar de ar que tem 1 m de largura e 5 m de comprimento e um espaçamento constante de 3 cm entre a tampa de vidro e a placa do coletor. O ar escoa a uma temperatura média de 45°C com uma vazão de 0,15 m³/s através da borda lateral de 1 m de largura do coletor e ao longo da passagem de 5 m de comprimento. Desprezando os efeitos da entrada, da rugosidade e a curva de 90°, determine a queda de pressão no coletor.

Resposta: 32,3 Pa

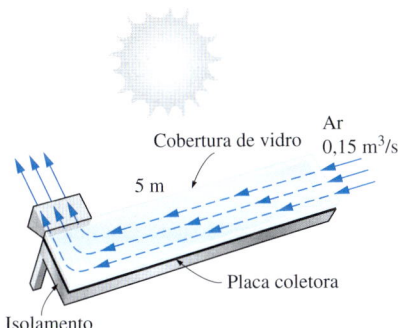

FIGURA P8–34

8–35E Ar aquecido a 1 atm e 100°F deve ser transportado em um duto plástico circular com uma vazão de 12 ft³/s. Se a perda de carga no tubo não deve exceder os 50 ft, determine o diâmetro mínimo do duto.

8–36 No escoamento laminar completamente desenvolvido em um tubo circular, a velocidade em $R/2$ (a meio caminho entre a superfície da parede e o eixo central) é medida como 11 m/s. Determine a velocidade no centro do tubo.

Resposta: 14,7 m/s

8–37 O perfil de velocidade no escoamento laminar completamente desenvolvido em um tubo circular de raio interno $R = 2$ cm, em m/s, é dado por $u(r) = 4(1 - r^2/R^2)$. Determine as velocidades média e máxima do tubo e a vazão volumétrica.

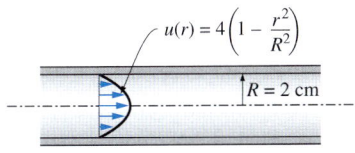

FIGURA P8–37

8–38 Repita o Problema 8–37 para um tubo de raio interno de 7 cm.

8–39 Água a 15°C ($\rho = 999,1$ kg/m³ e $\mu = 1,138 \times 10^{-3}$ kg/m·s) escoa em regime permanente em um tubo horizontal de 5 cm de diâmetro e 30 m de comprimento feito de aço inoxidável com uma vazão de 9 L/s. Determine (*a*) A queda de pressão, (*b*) A perda de carga e (*c*) A potência de bombeamento requisitada para superar essa queda de pressão.

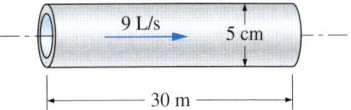

FIGURA P8–39

8–40 Considere o escoamento de óleo com $\rho = 894$ kg/m³ e $\mu = 2,33$ kg/m·s em uma tubulação de 28 cm de diâmetro a uma velocidade média de 0,5 m/s. Uma seção da tubulação de 330 m de comprimento passa através das águas geladas de um lago. Desprezando os efeitos da entrada, determine a potência de bombeamento necessária para superar as perdas e manter o escoamento do óleo no tubo.

8–41 Considere o escoamento laminar de um fluido através de um canal quadrado com superfícies lisas. Agora a velocidade média do fluido é dobrada. Determine a variação da perda de carga do fluido. Assuma que o regime de escoamento permanece inalterado.

8–42 Repita o Problema 8–41 para o escoamento turbulento em tubos lisos para os quais o fator de atrito é dado por $f = 0,184\text{Re}^{-0,2}$. Qual seria sua resposta para um escoamento completamente turbulento em um tubo rugoso?

8–43 Ar entra em uma seção de 10 m de comprimento de um duto retangular de seção transversal de 15 cm × 20 cm, feita de aço comercial, a 1 atm e 35°C, com uma velocidade média de 7 m/s. Desprezando os efeitos da entrada, determine a potência necessária do ventilador para superar as perdas de pressão nessa seção do duto.

Resposta: 7,0 W

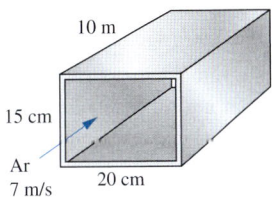

FIGURA P8–43

8–44E Água a 70°F passa através dos tubos de cobre de diâmetro interno de 0,75 in com uma vazão de 0,5 lbm/s. Determine a potência de bombeamento por pé de comprimento de tubo necessária para manter esse escoamento à vazão especificada.

8–45 Óleo com $\rho = 876$ kg/m^3 e $\mu = 0,24$ kg/m·s escoa através de um tubo de 1,5 cm de diâmetro que descarrega na atmosfera a 88 kPa. A medida da pressão absoluta 15 m antes da saída é de 135 kPa. Determine a vazão do óleo através do tubo assumindo que o tubo é (*a*) Horizontal, (*b*) Inclinado 8° para cima e (*c*) Inclinado 8° para baixo em relação à direção horizontal.

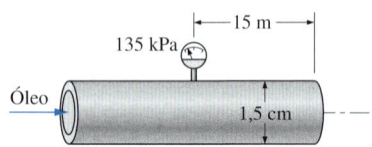

FIGURA P8–45

8–46 Glicerina a 40°C com $\rho = 1.252$ kg/m^3 e $\mu = 0,27$ kg/m·s escoa através de um tubo de 2 cm de diâmetro e 25 m de comprimento que descarrega na atmosfera a 100 kPa. A vazão através do tubo é de 0,048 L/s. (*a*) Determine a pressão absoluta a 25 m antes da saída do tubo. (*b*) Com que ângulo θ o tubo deve ser inclinado para baixo em relação à direção horizontal para que a pressão em todo o tubo seja a pressão atmosférica e a vazão seja a mesma?

8–47E Ar a 1 atm e 60°F escoa através de um duto quadrado de 1 ft × 1 ft feito de aço comercial com uma vazão de 1.600 cfm. Determine a queda de pressão e a perda de carga por pé do duto.

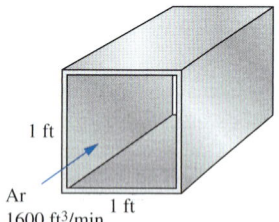

FIGURA P8–47E

8–48 Entra água em um cone de altura H e raio da base R através de um pequeno orifício de área transversal A_h e o coeficiente de descarga na base é C_d com uma velocidade uniforme e constante V. Obtenha uma relação para a variação de altura h de água a partir da base do cone com o tempo. Escapa ar do cone através da ponta na parte superior à medida que a água entra no cone através do fundo.

8–49 O perfil de velocidade para escoamento turbulento incompressível em um tubo de raio R é dada por $u(r) = u_{max}(1 - r/R_2)^{1/7}$. Obtenha uma expressão para a velocidade média no tubo.

8–50 Óleo com densidade de 850 kg/m^3 e viscosidade cinemática de 0,00062 m^2/s é descarregado por um tubo horizontal de 8 mm de diâmetro e 40 m de comprimento de um tanque de armazenamento que está aberto à atmosfera. A altura do nível do líquido acima do centro do tubo é de 4 m. Desprezando as perdas menores, determine a vazão do óleo através do tubo.

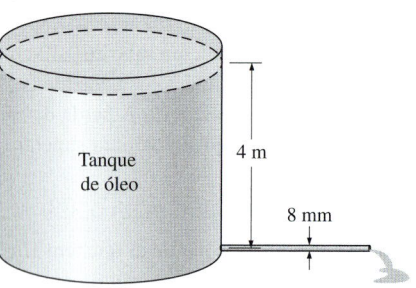

FIGURA P8–50

8–51 Em um sistema de aquecimento de ar, o ar aquecido a 40°C e 105 kPa absoluta é distribuído através de um duto retangular de 0,2 m × 0,3 m feito de aço comercial a uma vazão de 0,5 m^3/s. Determine a queda de pressão e a perda de carga através de uma seção de 40 m de comprimento do duto.

Respostas: 124 Pa, 10,8 m

8–52 Glicerina a 40°C com $\rho = 1.252$ kg/m^3 e $\mu = 0,27$ kg/m·s escoa através de um tubo liso horizontal de 4 cm de diâmetro com uma velocidade média de 3,5 m/s. Determine a queda de pressão para 10 m do tubo.

8–53 Reconsidere o Problema 8–52. Usando o aplicativo EES (ou outro), investigue o efeito do diâmetro do tubo sobre a queda de pressão para a mesma vazão constante. Faça o diâmetro variar de 1 a 10 cm em incrementos de 1 cm. Tabule e mostre os resultados graficamente, e tire conclusões.

8–54E Óleo a 80°F ($\rho = 56,8$ lbm/ft^3 e $\mu = 0,0278$ lbm/ft·s) escoa estacionariamente em um tubo de 0,5 in de diâmetro e 175 ft de comprimento. Durante o escoamento, a medida da pressão na entrada e na saída do tubo é 80 psi e 14 psi, respectivamente. Determine a vazão do óleo através do tubo assumindo que o tubo é (*a*) Horizontal, (*b*) Inclinado 20° para cima e (*c*) Inclinado 20° para baixo.

8–55 Amônia líquida a –20°C escoa através de uma seção de 20 m de comprimento de um tubo de cobre de 5 mm de diâmetro com uma vazão de 0,09 kg/s. Determine a queda de pressão, a perda de carga e a potência de bombeamento necessária para superar as perdas por atrito no tubo.

Respostas: 1240 kPa, 189 m, 0,167 kW

Perdas menores

8–56C Durante um projeto de modernização de um sistema de escoamento de fluido para reduzir a potência de bombeamento, é proposta a instalação de aletas nos cotovelos chanfrados, ou a substituição das curvas agudas dos cotovelos chanfrados de 90° por curvas suaves. Qual abordagem resultará em maior redução da potência de bombeamento necessária?

8–57C Defina o comprimento equivalente para uma perda menor no escoamento em um tubo. Como ela se relaciona com o coeficiente de perda menor?

8–58C O efeito do arredondamento de uma entrada a um tubo sobre o coeficiente de perda é (*a*) desprezível, (*b*) um pouco significativo ou (*c*) muito significativo.

8–59C O efeito do arredondamento de uma saída de um tubo sobre o coeficiente de perda é (*a*) desprezível, (*b*) um pouco significativo ou (*c*) muito significativo.

8–60C Qual tem um maior coeficiente de perda menor durante o escoamento em um tubo: uma expansão gradual ou uma contração gradual? Por quê?

8–61C Um sistema de tubos envolve curvas agudas e, portanto, grandes perdas de carga menores. Uma forma de reduzir a perda de carga é substituir as curvas agudas por cotovelos circulares. Qual é a outra forma?

8–62C O que é uma perda menor em um escoamento em um tubo? Como é definido o coeficiente de perda menor K_L?

8–63 Água deve ser retirada de um reservatório de água de 8 m de altura perfurando um orifício de 2,2 cm de diâmetro na superfície inferior. Desprezando o efeito do fator de correção da energia cinética, determine a vazão da água através do orifício se (*a*) a entrada do orifício for bem arredondada e (*b*) a entrada tiver arestas vivas.

8–64 Considere o escoamento de um reservatório de água através de um orifício circular de diâmetro *D* na parede lateral a uma distância vertical *H* da superfície livre. A vazão através de um orifício real com uma entrada com arestas vivas ($K_L = 0{,}5$) será consideravelmente menor do que a vazão calculada assumindo escoamento "sem atrito" e, portanto, perda zero no orifício. Desprezando o efeito do fator de correção da energia cinética, obtenha uma relação para o "diâmetro equivalente" do orifício com arestas vivas para uso nas relações de escoamento sem atrito.

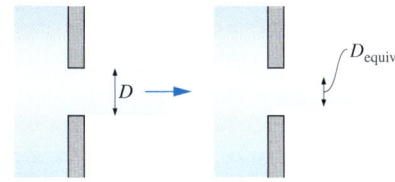

FIGURA P8–64

8–65 Repita o Problema 8–64 para uma entrada ligeiramente arredondada ($K_L = 0{,}12$).

8–66 Um tubo horizontal tem uma expansão abrupta de $D_1 = 8$ cm para $D_2 = 16$ cm. A velocidade da água na seção menor é de 10 m/s e o escoamento é turbulento. A pressão na seção menor é de $P_1 = 410$ kPa. Tomando o fator de correção da energia cinética como 1,06 na entrada e na saída, determine a pressão a jusante P_2 e estime o erro que teria ocorrido se a equação de Bernoulli tivesse sido usada.
Respostas: 432 kPa, 25,4 kPa

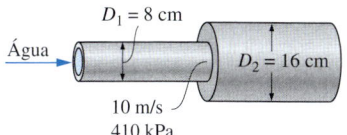

FIGURA P8–66

Sistemas de tubulação e seleção da bomba

8–67C Água é bombeada de um grande reservatório mais baixo para um reservatório mais alto. Alguém afirma que se a perda de carga for desprezível, a carga necessária da bomba é igual à diferença de elevação entre as superfícies livres dos dois reservatórios. Você concorda?

8–68C Um sistema de tubulação equipado com uma bomba opera estacionariamente. Explique como é estabelecido o ponto operacional (a vazão e a perda de carga).

8–69C Uma pessoa enchendo um balde com água usando uma mangueira de jardim de repente lembra que anexar um bocal à mangueira aumenta a velocidade de descarga da água e sepergunta se este aumento da velocidade iria diminuir o tempo de enchimento do balde. O que aconteceria com o tempo de enchimento, se um bocal for anexado à mangueira: aumenta, diminui ou não tem efeito? Por quê?

8–70C Considere dois tanques abertos idênticos de 2 m de altura cheios com água no topo de uma mesa de 1 m de altura. A válvula de descarga de um dos tanques está conectada a uma mangueira, cuja outra extremidade é deixada em aberto no chão, enquanto o outro tanque não tem uma mangueira ligada à sua válvula de descarga. Agora, as válvulas de descarga de ambos os tanques são abertas. Desconsiderando qualquer perda por atrito na mangueira, qual tanque esvazia completamente em primeiro lugar? Por quê?

8–71C Um sistema de bombeamento envolve dois tubos de diâmetros diferentes (mas de idêntico comprimento, material e rugosidade) conectados em série. Como você compara (*a*) as vazões e (*b*) as quedas de pressão nesses dois tubos?

8–72C Um sistema de tubulação envolve dois tubos de diâmetros diferentes (mas de idênticos comprimento, material e rugosidade) conectados em paralelo. Como você compara (*a*) as vazões e (*b*) as quedas de pressão nesses dois tubos?

8–73C Um sistema de tubulação envolve dois tubos de diâmetros idênticos, mas de comprimentos diferentes conectados em paralelo. Como você compara as quedas de pressão nesses dois tubos?

8–74C Para um sistema de tubulação, defina a curva do sistema, a curva característica e o ponto operacional em um diagrama de carga *versus* vazão.

8–75 Um tanque cilíndrico de 4 m de altura com uma área da seção transversal de $A_T = 1{,}5$ m^2 é preenchido com volumes iguais de água e óleo, cuja gravidade específica é GE = 0,75.

Agora, um buraco de 1 cm de diâmetro é aberto no fundo do tanque e a água começa a escoar para fora. Se o coeficiente de descarga do orifício é $C_d = 0{,}85$, determine quanto tempo vai demorar para a água no tanque, que está aberto para a atmosfera, esvaziar completamente.

8–76 Um tanque semiesférico de raio R está completamente preenchido com água. Agora, um buraco de área transversal A_h e coeficiente de descarga C_d no fundo do tanque é completamente aberto e a água começa a escoar para fora. Desenvolva uma expressão para o tempo necessário para esvaziar completamente o tanque.

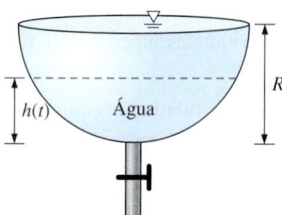

FIGURA P8–76

8–77 As necessidades de água de uma pequena fazenda devem ser satisfeitas pelo bombeamento de água de um poço que pode fornecer água de forma contínua com uma vazão de 4 L/s. O nível da água no poço está 20 m abaixo do nível do solo, e a água deve ser bombeada para um grande tanque em uma colina, que está 58 m acima do nível do solo do poço, utilizando tubos de plástico de 5 cm de diâmetro interno. O comprimento requerido de tubulação é medido como 420 m, e o coeficiente total de perdas menores devido ao uso de cotovelos, palhetas, etc, é estimado como 12. Tomando a eficiência de bombeamento como 75%, determine a potência nominal da bomba que tem de ser comprada, em kW. A densidade e viscosidade da água nas condições esperadas de operação são tomadas como 1000 kg/m³ e 0,00131 kg/m·s, respectivamente. É sábio comprar uma bomba adequada que atenda os requisitos de potência total, ou é necessário também prestar especial atenção para grande carga de elevação neste caso? Explique.
Resposta: 6,0 kW

8–78E Água a 70°F escoa por gravidade de um grande reservatório a uma elevação alta para um reservatório menor, por meio de um sistema de tubulação de ferro fundido de 60 ft de comprimento e 2 in de diâmetro, que inclui quatro cotovelos padrão flangeados, uma entrada bem arredondada, uma saída com arestas vivas e uma válvula de gaveta completamente aberta. Tomando a superfície livre do reservatório mais baixo como nível de referência, determine a elevação z_1 do reservatório mais alto para uma vazão de 10 ft³/min.
Resposta: 12,6 ft

8–79 Um tanque de 2,4 m de diâmetro está inicialmente cheio com água até 4 m acima do centro de um orifício com arestas vivas de 10 cm de diâmetro. A superfície da água do tanque é aberta para a atmosfera e o orifício drena para a atmosfera. Desprezando o efeito do fator de correção da energia cinética, calcule (*a*) a velocidade inicial na saída do tanque e (*b*) o tempo necessário para esvaziar o tanque. O coeficiente de perda do orifício causa um aumento significativo no tempo de drenagem do tanque?

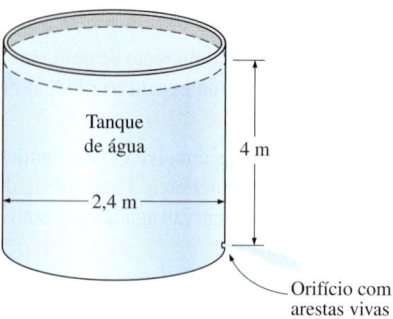

FIGURA P8–79

8–80 Um tanque de 3 m de diâmetro está inicialmente cheio com água até 2 m acima do centro de um orifício com arestas vivas de 10 cm de diâmetro. A superfície da água do tanque é aberta para a atmosfera e o orifício drena para a atmosfera através de um tubo de 100 m de comprimento. O coeficiente de atrito do tubo pode ser considerado como 0,015 e o efeito do fator de correção da energia cinética pode ser desprezado. Determine (*a*) A velocidade inicial na saída do tanque e (*b*) O tempo necessário para esvaziar o tanque.

8–81 Reconsidere o Problema 8–80. Para drenar o tanque mais rapidamente, uma bomba é instalada próxima à saída do tanque, como na Fig. P8–81. Determine quanta potência de entrada na bomba é necessária para estabelecer uma velocidade média da água de 4 m/s quando o tanque está cheio até $z = 2$ m. Assumindo também que o coeficiente de descarga permanece constante, estime o tempo necessário para drenar o tanque.

Alguém sugere que o fato da bomba estar localizada no início ou no final do tubo não faz diferença, e que o desempenho será igual em ambos os casos, mas outra pessoa argumenta que a colocação da bomba perto do final do tubo pode causar cavitação. A temperatura da água é 30°C, de modo que a pressão do vapor da água é $P_v = 4{,}246$ kPa $= 0{,}43$ m-H$_2$O e o sistema está localizado no nível do mar. Investigue se há possibilidade de cavitação e se devemos nos preocupar com a localização da bomba.

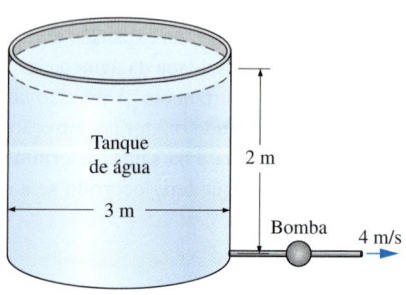

FIGURA P8–81

8–82 Água é transportada para uma área residencial com uma vazão de 1,5 m³/s através de tubos de concreto de 70 cm de diâmetro interno, com uma rugosidade superficial de 3 mm e um comprimento total de 1500 m. De modo a reduzir os requisitos de potência de bombeamento, é proposto forrar as superfícies interiores da tubulação de concreto com um revestimento à base de petróleo de 2 cm de espessura, que tem uma espessura de rugosidade superficial de 0,04 mm. Há uma preocupação de que a redução do diâmetro do tubo a 66 cm e o aumento na velocidade média possa compensar qualquer ganho. Tomando $\rho = 1000$ kg/m³ e $\nu = 1 \times 10^{-6}$ m²/s para a água, determine o aumento ou diminuição percentual dos requisitos de potência de bombeamento devido às perdas por atrito como resultado do revestimento dos tubos de concreto.

8–83E Uma secadora de roupas descarrega ar a 1 atm e 120°F com uma vazão de 1,2 ft³/s quando sua ventilação bem arredondada de 5 in de diâmetro e perda desprezível não está conectada a nenhum duto. Determine a vazão quando a ventilação está conectada a um duto de 15 ft de comprimento e 5 in de diâmetro feito de ferro galvanizado, com três curvas suaves flangeadas de 90°. Tome o fator de atrito do duto como 0,019 in e assuma que a potência de entrada no ventilador permanece constante.

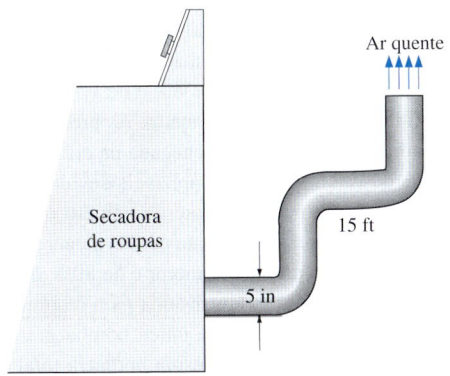

FIGURA P8–83E

8–84 Óleo a 20°C escoa através de um funil de vidro vertical que consiste em um reservatório cilíndrico de 20 cm de altura e um tubo de 1 cm de diâmetro e 40 cm de altura. O funil sempre é mantido cheio pela adição de óleo do tanque. Supondo que os efeitos da entrada são desprezíveis, determine a vazão do óleo através do funil e calcule a "eficácia do funil", que pode ser definida como a razão entre a vazão real através do funil e a vazão máxima para o caso "sem atrito".
Respostas: $3,83 \times 10^{-6}$ m³/s, 1,4.

8–85 Repita o Problema 8–84 supondo que (*a*) o diâmetro do tubo é triplicado e (*b*) o comprimento do tubo é triplicado, enquanto o diâmetro é mantido no mesmo valor.

8–86 Água a 15°C é drenada de um reservatório grande usando dois tubos horizontais de plástico conectados em série. O primeiro tubo tem 20 m de comprimento e 10 cm de diâmetro, enquanto o segundo tubo tem 35 m de comprimento e 4 cm de diâmetro. O nível da água no reservatório é de 18 m acima do eixo central do tubo. A entrada do tubo tem aresta vivas e a contração entre os dois tubos é repentina. Desprezando o efeito do fator de correção de energia cinética, determine a vazão de descarga da água do reservatório.

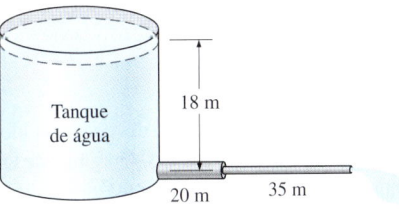

FIGURA P8–86

8–87E Um fazendeiro deve bombear água a 70°F de um rio para um tanque de armazenamento de água nas proximidades usando um tubo de plástico de 125 ft de comprimento e 5 in de diâmetro com três curvas flangeadas suaves de 90°. A velocidade da água perto da superfície do rio é de 6 ft/s e a entrada do tubo está colocada no rio normal à direção de escoamento da água para aproveitar a pressão dinâmica. A diferença de elevação entre o rio e a superfície livre do tanque é de 12 ft. Para uma vazão de 1,5 ft³/s e uma eficiência geral da bomba de 70%, determine a potência elétrica de entrada necessária para a bomba.

8–88E Reconsidere o Problema 8–87E. Usando o aplicativo EES (ou outro), investigue o efeito do diâmetro do tubo sobre a potência elétrica de entrada necessária para a bomba. Faça o diâmetro variar de 1 a 10 in em incrementos de 1 in. Tabule e mostre graficamente os resultados, e tire conclusões.

8–89 Um tanque cheio com água de aquecimento solar a 40°C deve ser usada para chuveiros em um acampamento usando escoamento impulsionado por gravidade. O sistema inclui 35 m de tubulação de ferro galvanizado de 1,5 cm de diâmetro com quatro curvas chanfradas (90°) sem aletas e uma válvula de globo totalmente aberta. Se a água deve escoar com uma vazão de 1,2 L/s através da cabeça do chuveiro, determine qual deve ser a altura do nível da água no tanque em relação ao nível de saída do chuveiro. Desconsidere as perdas na entrada e na cabeça chuveiro, e despreze o efeito do fator de correção da energia cinética.

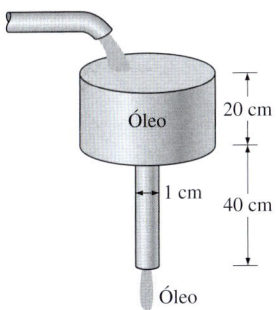

FIGURA P8–84

8–90 Dois reservatórios de água A e B estão conectados entre si através de um tubo de ferro fundido de 40 m de comprimento e 2 cm de diâmetro com uma entrada com arestas vivas. O tubo também envolve uma válvula de retenção de batente e uma válvula de gaveta totalmente aberta. O nível da água em ambos os reservatórios é o mesmo, mas o reservatório A é pressurizado por ar comprimido, enquanto o reservatório B está aberto para a atmosfera a 88 kPa. Se a vazão inicial através do tubo é de 1,2 L/s, determine a pressão absoluta do ar na parte superior do reservatório A. Tome a temperatura da água como 10°C.

Resposta: 733 kPa.

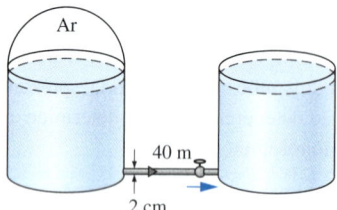

FIGURA P8–90

8–91 Um caminhão cisterna ventilado deve ser enchido com óleo combustível de $\rho = 920$ kg/m³ e $\mu = 0,045$ kg/m·s de um reservatório subterrâneo, usando uma mangueira plástica de 25 m de comprimento e 4 cm de diâmetro, com uma entrada ligeiramente arredondada e duas curvas suaves de 90°. A diferença de elevação entre o nível do óleo do reservatório e a parte superior do tanque onde a mangueira é descarregada é de 5 m. A capacidade da cisterna é de 18 m³ e o tempo de preenchimento é de 30 min. Considerando que o fator de correção da energia cinética na descarga da mangueira é 1,05 e assumindo uma eficiência geral da bomba de 82%, determine a potência de entrada necessária na bomba.

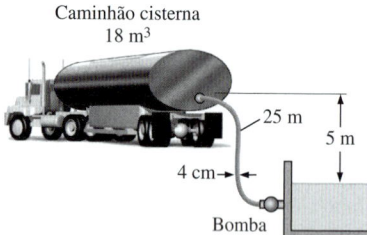

FIGURA P8–91

8–92 Dois tubos de comprimento e materiais idênticos estão conectados em paralelo. O diâmetro do tubo A é o dobro do diâmetro do tubo B. Assumindo o fator de atrito como igual em ambos os casos e desprezando as perdas menores, determine a razão das vazões nos dois tubos.

8–93 Determinada parte da tubulação de ferro fundido de um sistema de distribuição de água envolve uma seção paralela. Ambos os tubos paralelos têm um diâmetro de 30 cm e o escoamento é completamente turbulento. Um dos ramais (tubo A) tem 1.500 m de comprimento, enquanto o outro ramal (tubo B) tem 2.500 m de comprimento. Se a vazão através do tubo A é de 0,4 m³/s, determine a vazão através do tubo B. Desconsidere as perdas menores e assuma que a temperatura da água é de 15°C. Mostre que o escoamento é completamente rugoso e, portanto, o atrito não depende do número de Reynolds.

Resposta: 0,310 m³/s

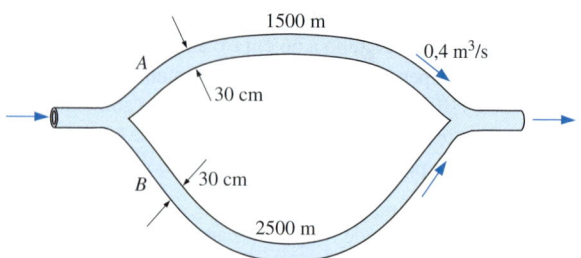

FIGURA P8–93

8–94 Repita o Problema 8–93 assumindo que o tubo A tem uma válvula de gaveta fechada pela metade ($K_L = 2,1$), enquanto o tubo B tem uma válvula de globo totalmente aberta ($K_L = 10$) e que as outras perdas menores são desprezíveis.

8–95 Um sistema de aquecimento distrital geotérmico envolve o transporte de água geotérmica a 110°C de um poço geotérmico para uma cidade com aproximadamente a mesma altitude por uma distância de 12 km, a uma vazão de 1,5 m³/s, em tubos de aço inoxidável de 60 cm de diâmetro. As pressões do fluido na cabeça do poço e no ponto de chegada na cidade devem ser iguais. As perdas menores são desprezíveis devido à grande razão entre comprimento e diâmetro e ao número relativamente pequeno de componentes que causam perdas menores. (a) Assumindo que a eficiência da bomba-motor é de 80%, determine o consumo de potência elétrica do sistema para o bombeamento. Você recomendaria o uso de uma única bomba grande ou de diversas bombas menores com mesma potência total de bombeamento espalhadas pela tubulação? Explique. (b) Determine o custo diário do consumo de potência do sistema se o custo unitário da eletricidade é de $0,06/kWh. (c) A queda da temperatura da água geotérmica é estimada como 0,5°C durante esse escoamento longo. Determine se o aquecimento por atrito durante o escoamento pode compensar essa queda da temperatura.

8–96 Repita o Problema 8–95 para tubos de ferro fundido do mesmo diâmetro.

8–97 Água é transportada por gravidade, através de um tubo de plástico de 12 cm de diâmetro e 800 m de comprimento com um gradiente de altitude de 0,01 (isto é, uma queda de elevação de 1 m por 100 m de comprimento de tubo). Tomando $\rho = 1000$ kg/m³ e $\nu = 1 \times 10^{-6}$ m²/s para água, determine a vazão de água através do tubo. Se o tubo fosse horizontal, quais seriam os requisitos de potência para manter a mesma vazão?

8–98 Gasolina ($\rho = 680$ kg/m³ e $\nu = 4,29 \times 10^{-7}$ m²/s) é transportado com uma vazão de 240 L/s para uma distância de 2 km. A rugosidade da superfície da tubulação é de 0,03 mm. Se a perda de carga devido ao atrito do tubo não deve exceder 10 m, determine o diâmetro mínimo do tubo.

8–99 Em prédios grandes, a água quente de um tanque de água circula através de um laço, para que o usuário não tenha que esperar até que toda a água da tubulação longa drene antes que a água quente comece a sair. Um determinado laço de recirculação envolve tubos de ferro fundido de 40 m de comprimento e 1,2 cm de diâmetro, com seis curvas suaves roscadas de 90° e duas válvulas de gaveta completamente abertas. Se a velocidade média do escoamento através do laço é de 2 m/s, determine a entrada necessária de potência para a bomba de recirculação. Tome a temperatura média da água como 60°C e a eficiência da bomba como 70%.

Resposta: 0,111 kW

8–100 Reconsidere o Problema 8–99. Usando o aplicativo EES (ou outro), investigue o efeito da velocidade média do escoamento sobre a entrada de potência para a bomba de recirculação. Faça a velocidade da água variar de 0 a 3 m/s em incrementos de 0,3 m/s. Tabule e mostre graficamente os resultados.

8–101 Repita o Problema 8–99 para tubos plásticos (lisos).

8–102 Água a 20°C deve ser bombeada de um reservatório ($z_A = 2$ m) para outro reservatório a uma elevação mais alta ($z_B = 9$ m) através de dois tubos de plástico de 25 m de comprimento conectados em paralelo. Os diâmetros dos dois tubos são 3 cm e 5 cm. A água deve ser bombeada por uma unidade de motor e bomba com eficiência de 68%, que consome 7 kW de potência elétrica durante a operação. As perdas menores e a perda de carga dos tubos que conectam os tubos paralelos aos dois reservatórios são consideradas desprezíveis. Determine a vazão total entre os reservatórios e as vazões através de cada um dos tubos paralelos.

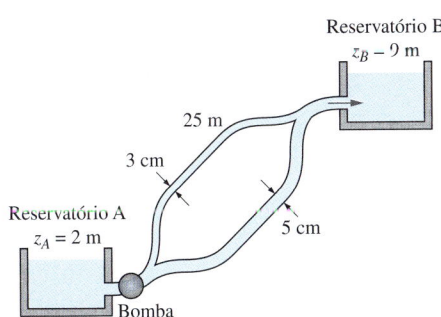

FIGURA P8–102

8–103 Uma chaminé de 6 m de altura mostrada na Fig. P8–103 vai ser projetada para descarregar gases quentes de uma lareira a 180°C com uma vazão constante de 0,15 m³/s quando a temperatura do ar atmosférico é 20°C. Assumindo que não há transferência de calor da chaminé e tomando o coeficiente de perda de chaminé na entrada como 1,5 e o coeficiente de atrito da chaminé como 0,020, determine o diâmetro da chaminé que descarregaria os gases quentes à velocidade desejada. Note-se que $P_3 = P_4 = P_{atm}$ e $P_2 = P_1 = P_{atm} + \rho_{ar\,atm} gh$, e assuma que os gases quentes em toda a chaminé estão a 180°C.

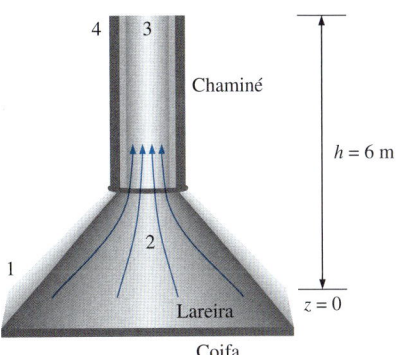

FIGURA P8–103

8–104 Um recipiente cônico invertido de 3 m de altura mostrado na Fig. P8–104 é, inicialmente, cheio com 2 m de altura de água. Para o tempo $t = 0$, uma torneira é aberta para fornecer água para dentro do recipiente com uma vazão de 3 L/s. Ao mesmo tempo, é aberto no fundo do recipiente um orifício de 4 cm de diâmetro, com um coeficiente de descarga de 0,90. Determine quanto tempo levará para que o nível de água no tanque caia a 1 m.

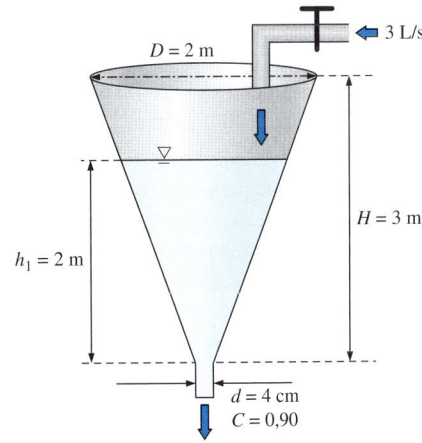

FIGURA P8–104

Medições de vazão e de velocidade

8–105C Qual é a diferença entre os princípios operacionais dos anemômetros térmicos e laser Doppler?

8–106C Qual é a diferença entre a velocimetria laser Doppler (LDV) e a velocimetria por imagem de partícula (PIV)?

8–107C Quais são as principais considerações ao selecionar um medidor de vazão para medir a vazão de um fluido?

8–108C Explique como é medida a vazão com um tubo estático de Pitot e discuta suas vantagens e desvantagens em relação ao custo, queda de pressão, confiabilidade e exatidão.

8–109C Explique como é medida a vazão com medidores de vazão do tipo por obstrução. Compare os medidores de orifício, bocais de escoamento e medidores Venturi em relação ao custo, tamanho, perda de carga e exatidão.

8–110C Como operam os medidores de vazão de deslocamento positivo? Por que eles são usados para medir gasolina, água e gás natural?

8–111C Explique como é medida a vazão com um medidor de vazão tipo turbina e discuta como ele se compara aos outros tipos de medidores de vazão em relação ao custo, perda de carga e exatidão.

8–112C Qual é o princípio operacional dos medidores de vazão de área variável (rotâmetros)? Como eles se comparam aos outros tipos de medidor de vazão em relação ao custo, perda de carga e confiabilidade?

8–113 A vazão da água a 20°C ($\rho = 998$ kg/m^3 e $\mu = 1{,}002 \times 10^{-3}$ kg/m·s) através de um tubo com 60 cm de diâmetro é medida com um medidor de orifício com uma abertura de 30 cm de diâmetro como 400 L/s. Determine a diferença de pressão indicada pelo medidor de orifício e a perda de carga.

8–114 Uma sonda estática de Pitot é montada em um tubo de diâmetro de interior de 2,5 cm em um local onde a velocidade local é aproximadamente igual à velocidade média. O óleo no tubo possui densidade $\rho = 860$ kg/m^3 e viscosidade $\mu = 0{,}0103$ kg/m·s. A diferença de pressão é medida como 95,8 Pa. Calcule a vazão volumétrica através do tubo em metros cúbicos por segundo.

8–115 Calcule o número de Reynolds do escoamento do Problema 8–114. Ele é laminar ou turbulento?

8–116 Um bocal de escoamento equipado com um medidor diferencial de pressão é usado para medir a vazão de água a 10°C ($\rho = 999{,}7$ kg/m^3 e $\mu = 1{,}307 \times 10^{-3}$ kg/m·s) através de um tubo horizontal de 3 cm de diâmetro. O diâmetro de saída do bocal é de 1,5 centímetros e a queda de pressão medida é de 3 kPa. Determine a vazão volumétrica de água, a velocidade média através do tubo e a perda de carga.

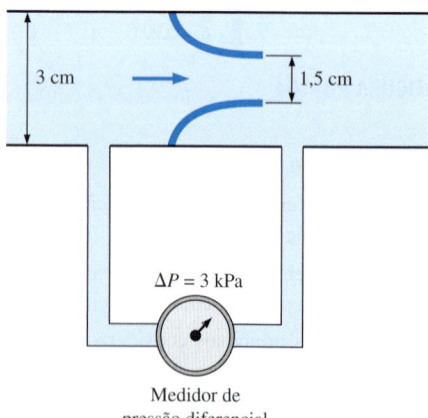

FIGURA P8–116

8–117 A vazão da água através de um tubo de 10 cm de diâmetro deve ser determinada medindo a velocidade da água em diversos locais ao longo de uma seção transversal. Para o conjunto de medidas dadas na tabela, determine a vazão.

r, cm	V, m/s
0	6,4
1	6,1
2	5,2
3	4,4
4	2,0
5	0,0

8–118E Um orifício com abertura de 1,8 in de diâmetro é usado para medir a vazão mássica da água a 60°F ($\rho = 62{,}36$ lbm/ft^3 e $\mu = 7{,}536 \times 10^{-4}$ lbm/ft·s) através de um tubo horizontal de 4 in de diâmetro. Um manômetro de mercúrio é usado para medir a diferença de pressão através do orifício. Se a altura diferencial do manômetro é 7 in, determine a vazão volumétrica da água através do tubo, a velocidade média e a perda de carga causada pelo medidor de orifício.

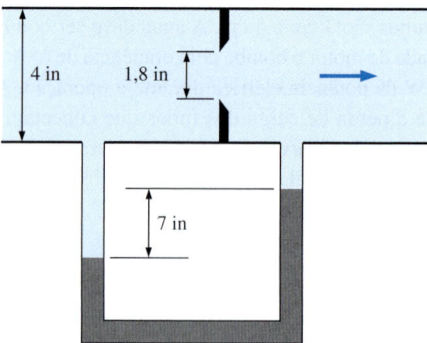

FIGURA P8–118E

8–119E Repita o Problema 8–118E para uma altura diferencial de 10 in.

8–120 Ar ($\rho = 1{,}225$ kg/m^3 e $\mu = 1{,}789 \times 10^{-5}$ kg/m·s) escoa em um túnel de vento, e a velocidade do túnel de vento é medida com uma sonda estática de Pitot. Para uma determinada operação, a pressão manométrica de estagnação é medida como 472,6 Pa e a pressão manométrica estática é 15,43 Pa. Calcule a velocidade do túnel de vento.

8–121 Um medidor Venturi equipado com um medidor de pressão diferencial é usado para medir a vazão da água a 15°C ($\rho = 999{,}1$ kg/m^3) através de um tubo horizontal de 5 cm de diâmetro. O diâmetro do gargalo no Venturi é de 3 cm e a queda de pressão medida é de 5 kPa. Tomando o coeficiente de descarga como 0,98, determine a vazão volumétrica da água e a velocidade média através do tubo.

Respostas: 2,35 L/s e 1,20 m/s

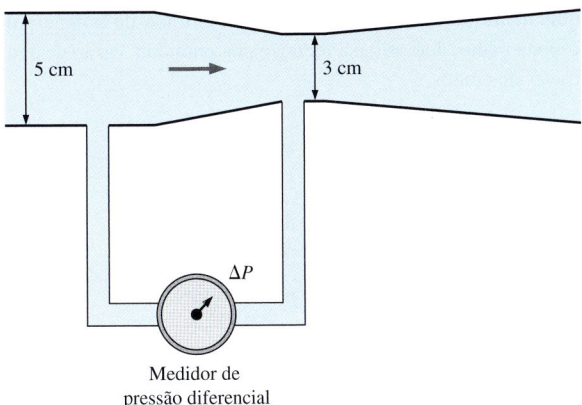

FIGURA P8–121

8–122 Reconsidere o Problema 8–121. Fazendo a queda de pressão variar entre 1 kPa e 10 kPa, calcule a vazão a intervalos de 1 kPa e mostre-a graficamente *versus* a queda de pressao.

8–123 A vazão mássica de ar a 20°C ($\rho = 1{,}204$ kg/m³) através de um duto de 18 cm de diâmetro é medida com um medidor Venturi equipado com um manômetro de água. O gargalo no Venturi tem um diâmetro de 5 cm e o manômetro tem uma altura diferencial máxima de 40 cm. Tomando o coeficiente de descarga como 0,98, determine a vazão mássica de ar que esse medidor/manômetro Venturi pode medir.

Resposta: 0,188 kg/s

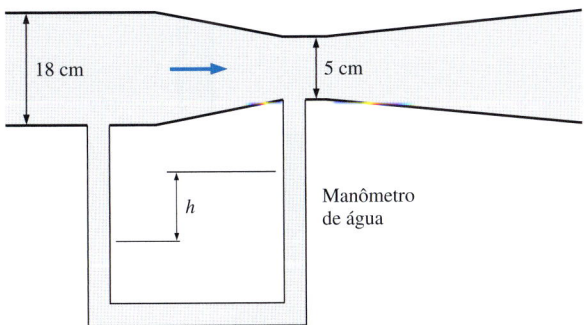

FIGURA P8–123

8–124 Repita o Problema 8–123 para um gargalo no Venturi com diâmetro de 6 cm.

8–125 Um medidor Venturi vertical equipado com um medidor de pressão diferencial mostrado na Fig. P8–125 é usado para medir a vazão de propano líquido a 10°C ($\rho = 514{,}7$ kg/m³) através de um tubo vertical de 10 cm de diâmetro. Para um coeficiente de descarga de 0,98, determine a vazão volumétrica de propano através do tubo.

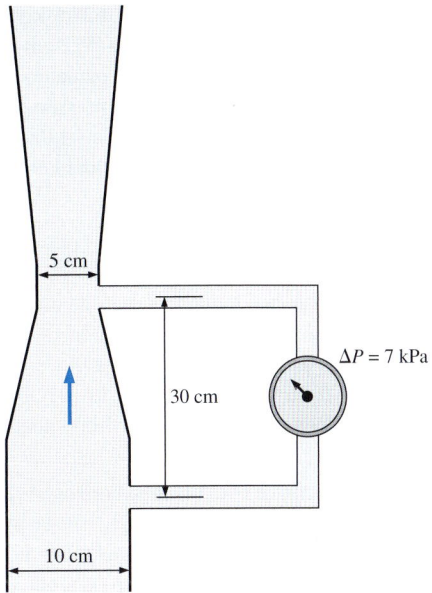

FIGURA P8–125

8–126E A vazão volumétrica do refrigerante líquido 134a a 10°F ($\rho = 83{,}31$ lbm/ft³) deve ser medida com um medidor horizontal de Venturi de diâmetro de 5 in na entrada e 2 in no gargalo. Se um medidor de pressão diferencial indica uma queda de pressão de 6,4 psi, determine a vazão do refrigerante. Suponha que o coeficiente de descarga do medidor Venturi seja 0,98.

8–127 Um tanque de querosene de 22 L ($\rho = 820$ kg/m³) é enchido com uma mangueira de 2 cm de diâmetro equipada com um medidor de bocal de 1,5 cm de diâmetro. Se leva 20 s para encher o tanque, determine a diferença de pressão indicada pelo medidor de bocal.

8–128 A vazão da água a 20°C ($\rho = 998$ kg/m³ e $\mu = 1{,}002 \times 10^{-3}$ kg/m·s) através de um tubo de 4 cm de diâmetro é medida com um medidor de bocal de 2 cm de diâmetro equipado com um manômetro invertido de ar e água. Se o manômetro indicar uma altura diferencial da água de 44 cm, determine a vazão volumétrica da água e a perda de carga causada pelo medidor de bocal.

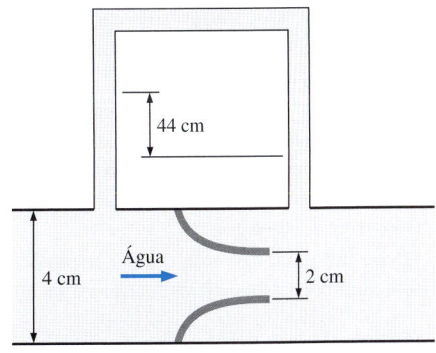

FIGURA P8–128

8–129 A vazão de amônia a 10°C ($\rho = 624{,}6$ kg/m^3 e $\mu = 1{,}697 \times 10^{-4}$ kg/m·s) através de um tubo de 2 cm de diâmetro deve ser medida com um bocal de escoamento de 1,5 cm de diâmetro equipado com um medidor de pressão diferencial. Se o medidor lê uma pressão diferencial de 4 kPa, determine a vazão da amônia através do tubo e a velocidade média do escoamento.

Problemas de revisão

8–130 Em um escoamento laminar através de um tubo circular de raio R, os perfis de velocidade e de temperatura em uma seção transversal são dados por $u = u_0(1 - r^2/R^2)$ e $T(r) = A + Br^2 - Cr^4$, onde A, B e C são constantes positivas. Obtenha uma relação para a temperatura de mistura do fluido naquela seção transversal.

8–131 O recipiente cônico com um tubo horizontal fino ligado na parte inferior, mostrado na Fig. P8–131, vai ser usado para medir a viscosidade de um óleo. O escoamento através do tubo é laminar. O tempo de descarga necessário para que o nível de óleo caia de h_1 para h_2 deve ser medido por um cronômetro. Desenvolver uma expressão para a viscosidade do óleo no recipiente, como uma função do tempo de descarga t.

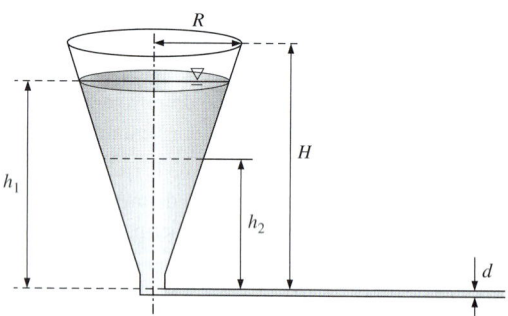

FIGURA P8–131

8–132 Trocadores de calor de carcaça e tubo com centenas de tubos alojados em uma carcaça são muito usados na prática para transferência de calor entre dois fluidos. Um desses trocadores de calor, usado em um sistema ativo de aquecimento solar de água, transfere calor de uma solução anticongelante de água que escoa através da carcaça e do coletor solar para a água fresca, que escoa através dos tubos a uma temperatura média de 60°C com uma vazão de 15 L/s. O trocador de calor contém 80 tubos de latão de 1 cm de diâmetro interno e 1,5 m de comprimento. Desconsiderando as perdas da entrada, saída e no cabelhaço, determine a queda de pressão através de um único tubo e a potência de bombeamento necessária para o fluido no lado do tubo do trocador de calor.

Após operar por um longo tempo, uma crosta de 1 mm de espessura se acumula nas superfícies internas com rugosidade equivalente de 0,4 mm. Para a mesma entrada de potência de bombeamento, determine a redução percentual na vazão de água através dos tubos.

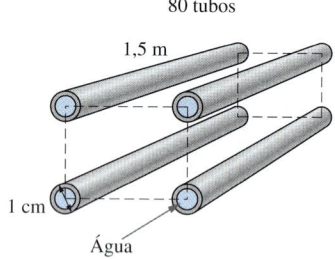

FIGURA P8–132

8–133 Os requisitos de ar comprimido de uma fábrica são atendidos por um compressor de 120 hp que retira ar do exterior através de um duto de 9 m de comprimento e 22 cm de diâmetro feito de folhas finas de ferro galvanizado. O compressor tira ar com uma vazão de 0,27 m^3/s às condições externas de 15°C e 95 kPa. Desconsiderando todas as perdas menores, determine a potência útil usada pelo compressor para superar as perdas por atrito nesse duto.

Resposta: 6,74 W

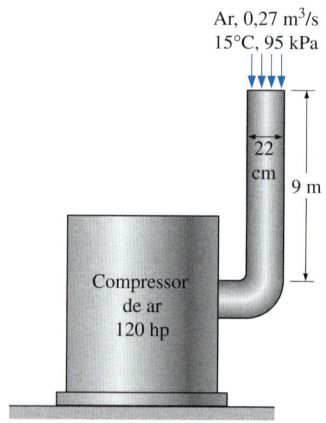

FIGURA P8–133

8–134 Uma casa construída às margens de um rio deve ser resfriada no verão utilizando a água fria do rio. Uma seção de 15 m de comprimento de um duto de aço inoxidável circular de 20 cm de diâmetro passa através da água. Ar escoa através da seção subaquática do duto a 3 m/s a uma temperatura média de 15°C. Para uma eficiência geral do ventilador de 62%, determine a potência de ventilador necessária para superar a resistência ao escoamento nessa seção do duto.

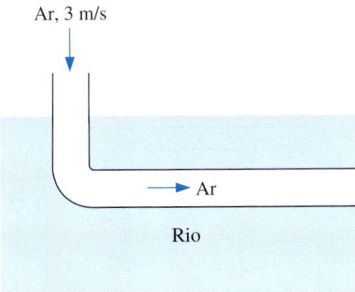

FIGURA P8–134

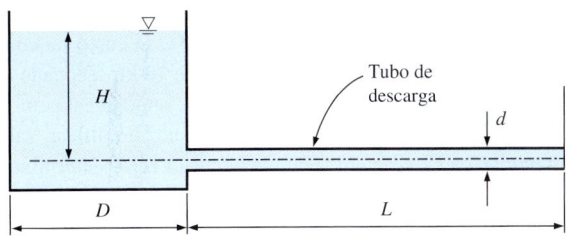

FIGURA P8–140

8–135 O perfil de velocidade no escoamento laminar completamente desenvolvido em um tubo circular é dado em m/s por $u(r) = 6(1 - 100r^2)$, onde r é a distância radial do eixo central do tubo em m. Determine (a) O raio do tubo (b) A velocidade média através do tubo e (c) A velocidade máxima no tubo.

8–136E O perfil de velocidade de um escoamento laminar completamente desenvolvido de água a 40°F em um tubo circular horizontal de 250 ft de comprimento é dado em ft/s por $u(r) = 0,8(1 - 625r^2)$, onde r é a distância radial do eixo central do tubo em ft. Determine (a) A vazão de volume da água através do tubo (b) A queda de pressão através do tubo e (c) A potência de bombeamento útil necessária para superar essa queda de pressão.

8–137E Repita o Problema 8–136E assumindo que o tubo esteja inclinado 12° em relação à horizontal e que o escoamento seja ascendente.

8–138 Óleo a 20°C está escoando em estado permanente através de um tubo longo de 5 cm de diâmetro e 40 m de comprimento. As pressões na entrada e na saída do tubo são medidas como 745 e 97,0 kPa, respectivamente, e o escoamento espera-se que seja laminar. Determinar a vazão de óleo através do tubo, assumindo escoamento completamente desenvolvido e que o tubo é (a) Horizontal, (b) Inclinado para cima 15° e (c) Inclinado 15° para baixo. Além disso, verifique se o escoamento através do tubo é laminar.

8–139 Considere o escoamento de um reservatório através de um tubo horizontal de comprimento L e diâmetro D que penetra na parede lateral a uma distância vertical H da superfície livre. A vazão através de um tubo real com seção reentrante ($K_L = 0,8$) será consideravelmente menor do que a vazão através do orifício calculada assumindo o escoamento "sem atrito" e, portanto, com perda zero. Obtenha uma relação para o "diâmetro equivalente" do tubo reentrante para uso nas relações de escoamento sem atrito através de um orifício e determine seu valor para um fator de atrito no tubo, comprimento e diâmetro de 0,018, 10 m e 0,04 m, respectivamente. Assuma que o fator de atrito no tubo permanece constante e que o efeito do fator de correção da energia cinética é desprezível.

8–140 Um líquido altamente viscoso é descarregado de um grande recipiente através de um tubo de diâmetro pequeno em escoamento laminar. Desconsiderando os efeitos da entrada e as cargas de velocidade, obtenha uma relação para a variação da profundidade do fluido no tanque com o tempo.

8–141 Um aluno deve determinar a viscosidade cinemática de um óleo usando o sistema mostrado no Problema 8–140. A altura inicial do fluido no tanque é $H = 40$ cm, o diâmetro do tubo é $d = 6$ mm, o comprimento do tubo é $L = 0,65$ m e o diâmetro do tanque é $D = 0,63$ m. O aluno observa que são precisos 1.400 s para que o nível do fluido no tanque caia até 34 cm. Encontre a viscosidade do fluido.

8–142 Um tubo circular de água tem uma expansão abrupta do diâmetro $D_1 = 8$ cm para $D_2 = 24$ cm. A pressão e a velocidade média da água no tubo menor são $P_1 = 135$ kPa e 10 m/s, respectivamente, e o escoamento é turbulento. Aplicando as equações da continuidade, do momento e da energia e desconsiderando os efeitos dos fatores de correção para a energia cinética e para o fluxo de momento mostre que o coeficiente de perda para a expansão repentina é $K_L = (1 - D_1^2/D_2^2)^2$ e calcule K_L e P_2 para esse caso.

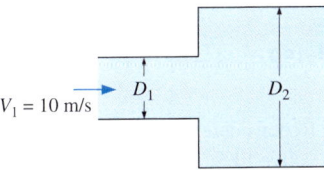

FIGURA P8–142

8–143 Em um sistema de aquecimento distrital geotérmico, 10.000 kg/s de água quente devem ser levados a uma distância de 10 km em um tubo horizontal. As perdas menores são desprezíveis e a única perda de energia significativa é a proveniente do atrito no tubo. O fator de atrito pode ser tomado como 0,015. A especificação de um tubo de diâmetro maior reduziria a velocidade da água, a carga de velocidade, o atrito do tubo e, portanto, o consumo de potência. Mas um tubo maior também teria um custo inicial maior de compra e instalação. Em outras palavras, existe um diâmetro de tubo ideal que minimizará a soma do custo do tubo e do custo da potência elétrica futura.

Assuma que o sistema funcionará 24 h/dia, todos os dias durante 30 anos. Durante esse tempo, o custo da eletricidade permanecerá constante a $0,06/kWh. Assuma que o desempenho do sistema permanece constante durante décadas (isso pode não ser verdadeiro, em especial se água altamente mineralizada passar através da tubulação e a formação de crosta for possível). A bomba tem uma eficiência geral de 80%. O custo da compra, instalação e isolamento de um tubo de 10 km depende do diâmetro D e é dado por $Custo = \$10^6 \, D^2$, onde D está em m. Assumindo inflação e taxas de juros zero para simplificar, valor de recuperação zero e custo de manutenção zero, determine o diâmetro ótimo do tubo.

8–144 Água a 15°C deve ser descarregada de um reservatório com uma vazão de 18 L/s usando dois tubos de ferro fundido horizontais em série e uma bomba entre eles. O primeiro tubo tem 20 m de comprimento e diâmetro de 6 cm, enquanto o segundo tubo tem 35 m de comprimento e 4 cm de diâmetro. O nível da água no reservatório é de 30 m acima do eixo central do tubo. A entrada do tubo tem arestas vivas e as perdas associadas à conexão da bomba são desprezíveis. Desprezando o efeito do fator de correção da energia cinética, determine a carga de bombeamento necessária e a potência de bombeamento mínima para manter a vazão indicada.

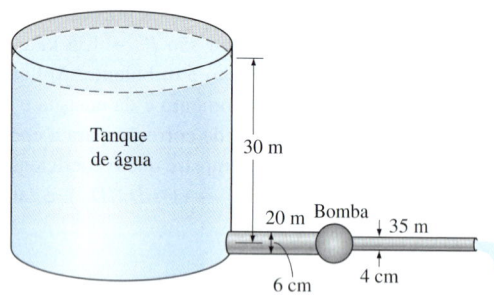

FIGURA P8–144

8–145 Reconsidere o Problema 8–144. Usando o aplicativo EES (ou outro), investigue o efeito do diâmetro do segundo tubo sobre a carga de bombeamento necessária para manter a vazão indicada. Faça o diâmetro variar de 1 a 10 cm em incrementos de 1 cm. Tabule e mostre graficamente os resultados.

8–146 Dois tubos com diâmetro e materiais idênticos estão conectados em paralelo. O comprimento do tubo A é cinco vezes o comprimento do tubo B. Assumindo que o escoamento é completamente turbulento em ambos os tubos e, portanto, que o fator de atrito não dependa do número de Reynolds, e desconsiderando as perdas menores, determine a razão entre as vazões nos dois tubos.

Resposta: 0,447

8–147 Um tubo que transporta óleo a 40°C com uma vazão de 3 m³/s se divide em dois tubos paralelos feitos de aço comercial que se reconectam a jusante. O tubo A tem 500 m de comprimento e 30 cm de diâmetro, enquanto o tubo B tem 800 m de comprimento e 45 cm de diâmetro. As perdas menores são consideradas desprezíveis. Determine a vazão através de cada um dos tubos paralelos.

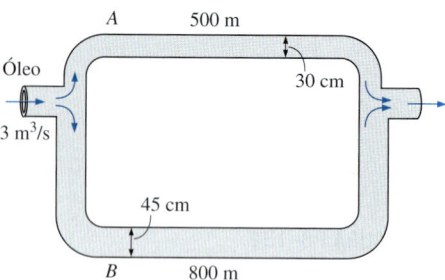

FIGURA P8–147

8–148 Repita o Problema 8–147 para o escoamento de água quente de um sistema de aquecimento distrital a 100°C.

8–149 Um sistema que consiste em dois tanques cilíndricos interconectados com $D_1 = 30$ cm e $D_2 = 12$ cm deve ser usado para determinar o coeficiente de descarga de um orifício curto de diâmetro $D_0 = 5$ mm. No início ($t = 0$ s), as alturas do fluido nos tanques são $h_1 = 50$ cm e $h_2 = 15$ cm, como mostra a Fig. P8–149. Se leva 170 s para que os níveis do fluido dos dois tanques se igualem e o escoamento pare, determine o coeficiente de descarga do orifício. Desconsidere todas as outras perdas associadas a esse escoamento.

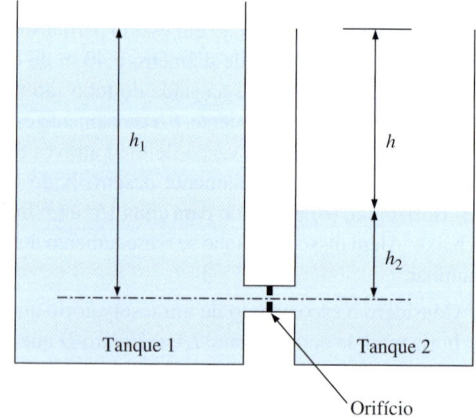

FIGURA P8–149

8–150 Os requisitos de ar comprimido de uma fábrica têxtil são atendidos por um grande compressor que extrai 0,6 m³/s de ar nas condições atmosféricas de 20°C e 1 bar (100 kPa) e consome 300 kW de potência elétrica em funcionamento. Ar é comprimido a uma pressão manométrica de 8 bar (pressão absoluta 900 kPa) e o ar comprimido é transportado para a área de produção através de um tubo de aço galvanizado de diâmetro interno de 15 cm e 83 m de comprimento, com uma rugosidade superficial de 0,15 mm. A temperatura média do ar comprimido na tubulação é de 60°C. A linha de ar comprimido tem 8 cotovelos com um coeficiente de perda de 0,6 cada. Se o rendimento do compressor é 85%, determine a queda de pressão e a energia desperdiçada na linha de transporte.

Respostas: 1,40 kPa, 0.125 kW

8–151 Reconsiderar o Prob. 8–150. A fim de reduzir as perdas na tubulação e, assim, a potência desperdiçada, alguém sugere a duplicação do diâmetro do tubo de ar comprimido de 83 m de comprimento. Calcule a redução da potência desperdiçada e determine se essa é uma ideia que vale a pena. Considerando-se o custo de substituição, essa proposta faz sentido para você?

8–152E Uma fonte de água deve ser instalada em um local remoto ligando um tubo de ferro fundido diretamente a uma adutora através da qual a água escoa a 70°F e 60 psig. A entrada para o tubo tem arestas vivas e o sistema de tubulação de 70 ft de comprimento envolve três curvas chanfradas de 90° sem aletas, uma válvula de gaveta totalmente aberta e uma válvula em ângulo com um coeficiente de perda de 5 quando está totalmente aberta. Se o sistema fornece água com uma vazão de 15 gal/min e a diferença de elevação entre o tubo e a fonte for desprezível, determine o diâmetro mínimo do sistema de tubulação.

Resposta: 0,713 in

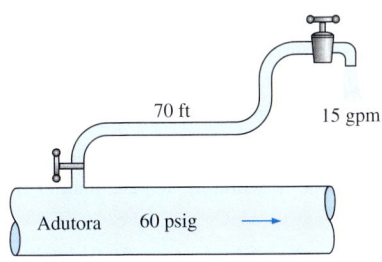

FIGURA P8–152E

8–153E Repita o Problema 8–152E para tubos plásticos.

8–154 Em uma usina hidroelétrica a água a 20°C é fornecida para a turbina com uma vazão de 0,6 m³/s através de um tubo de ferro fundido de 200 m de comprimento e 0,35 m de diâmetro. A diferença de elevação entre a superfície livre do reservatório e a descarga da turbina é de 140 m e a eficiência combinada de turbina-gerador é de 80%. Desconsiderando as perdas menores por conta da razão grande entre comprimento e diâmetro, determine a potência elétrica na saída dessa usina.

8–155 No Problema 8–154, o diâmetro do tubo é triplicado para reduzir as perdas do tubo. Determine o incremento percentual da potência líquida na saída como resultado dessa modificação.

8–156E As necessidades de água potável de um escritório são atendidas por garrafões de água. Um extremo de uma mangueira plástica de diâmetro de 0,35 in e 6 ft de comprimento é inserido no garrafão colocado em um suporte alto, enquanto o outro extremo, com uma válvula liga/desliga, é mantido 3 ft abaixo da parte inferior do garrafão. Se o nível da água do garrafão for de 1 ft quando cheio, determine o tempo que levaria para encher um copo de 8 oz (= 0,00835 ft³) (*a*) quando o garrafão acabou de ser aberto e (*b*) quando o garrafão estiver quase vazio. Considere que o coeficiente de perda menor, incluindo a válvula liga/desliga, seja de 2,8 quando a válvula está totalmente aberta. Assuma que a temperatura da água é igual à temperatura ambiente de 70°F.

Respostas: (*a*) 2,4 s, (*b*) 2,8 s

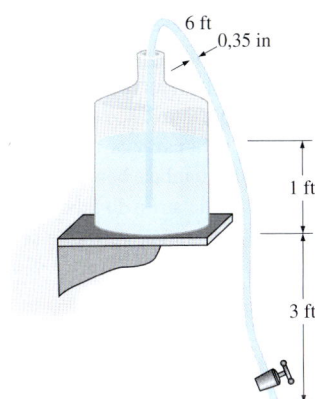

FIGURA P8–156E

8–157E Reconsidere o Problema 8–156E. Usando o aplicativo EES (ou outro), investigue o efeito do diâmetro da mangueira sobre o tempo necessário para encher um copo quando a garrafa está cheia. Faça o diâmetro variar de 0,2 a 2 in em incrementos de 0,2 in. Tabule e mostre graficamente os resultados.

8–158E Reconsidere o Problema 8–156E. O funcionário do escritório que ajusta o sistema de sifão comprou um rolo de 12 ft de tubo plástico e quer usar tudo para evitar cortá-lo em pedaços, pensando que é a diferença de elevação o que faz o sifão funcionar, e que o comprimento do tubo não é importante. Assim, ele usou todo o tubo de 12 ft de comprimento. Assumindo que as curvas ou constrições do tubo não são significativas (sendo muito otimista) e que a mesma elevação é mantida, determine o tempo que leva para encher o copo com água em ambos os casos (garrafão quase cheio e garrafão quase vazio).

8–159 Deve ser retirada água de um reservatório com 7 m de altura de água perfurando um orifício bem arredondado de 4 cm de diâmetro com perda desprezível na superfície inferior e ane-

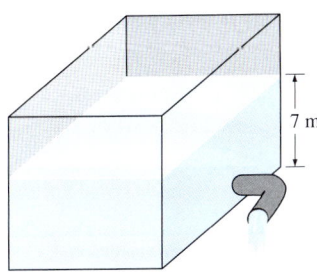

FIGURA P8–159

xando uma curva horizontal de 90° de comprimento desprezível. Tomando o fator de correção da energia cinética como 1,05, determine a vazão da água através da curva se (*a*) a curva for suave e flangeada e se (*b*) a curva for chanfrada e sem aletas.

Respostas: (*a*) 12,7 L/s (*b*) 10 L/s

8–160 A água a 20°C em uma piscina acima do solo, de 10 m de diâmetro e 2 m de altura deve ser esvaziada destampando um tubo plástico horizontal com 5 cm de diâmetro e 25 m de comprimento anexado à parte inferior da piscina. Determine a vazão inicial de descarga da água através do tubo e o tempo necessário (em horas) que levaria para esvaziar a piscina completamente, assumindo que a entrada do tubo é bem arredondada, com perda desprezível. Tome o fator de atrito do tubo como 0,022. Usando a velocidade de descarga inicial, verifique se esse é um valor razoável para o fator de atrito.

Respostas: 3,55 L/s, 24,6 h

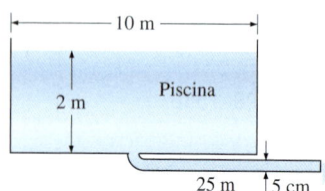

FIGURA P8–160

8–161 Reconsidere o Problema 8–160. Usando o aplicativo EES (ou outro), investigue o efeito do diâmetro do tubo de descarga sobre o tempo necessário para esvaziar completamente a piscina. Faça o diâmetro variar de 1 a 10 cm em incrementos de 1 cm. Tabule e mostre em um gráfico os resultados.

8–162 Repita o Problema 8–160 para uma entrada com arestas vivas no tubo com $K_L = 0,5$. Essa "perda menor" é verdadeiramente "menor" ou não?

8–163 Uma mulher idosa é levada às pressas para o hospital, porque ela está tendo um ataque cardíaco. O médico de emergência informa que ela precisa de cirurgia de bypass imediata da artéria coronária (um vaso que envolve o coração), porque uma artéria coronária tem um bloqueio 75% (causada pela placa de aterosclerose). Essa cirurgia envolve o uso de um enxerto artificial (normalmente feito de Dacron) para desviar o sangue proveniente da artéria coronária em torno do bloqueio e reconectar à artéria coronária além do local do bloqueio, tal como

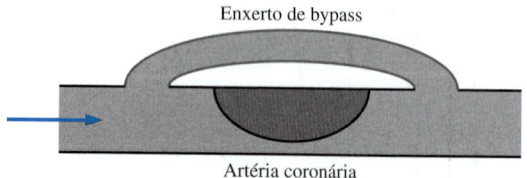

FIGURA P8–163

ilustrado na Figura P8 – 163. O diâmetro da artéria coronária é de 5,0 mm e seu comprimento é de 15,0 mm. O diâmetro do enxerto do bypass é de 4,0 mm e seu comprimento é de 20,0 mm. A vazão dentro do enxerto do baypass é de 0,45 litros por minuto (lembre-se: 1 ml é igual a 1 cm^3). O sangue tem uma densidade de 1.060 kg/m^3 e uma viscosidade dinâmica de 3,5 centipoise. Suponha que o Dacron e a artéria coronária têm as mesmas propriedades do material e ignore qualquer perda menor. Suponha que o fator de atrito é o mesmo em ambos os tubos. Ignorando a placa para determinar a perda de carga para a artéria coronária, calcule a velocidade através do pequeno espaço entre a placa e a artéria coronária.

Problemas adicionais

8–164 A velocidade média para escoamento laminar completamente desenvolvido em um tubo é:

(a) $V_{max}/2$ (b) $V_{max}/3$ (c) V_{max} (d) $2V_{max}/3$ (e) $3V_{max}/4$

8–165 O número de Reynolds não é uma função de

(a) Velocidade do fluido   (b) Densidade do fluido

(c) Comprimento característico

(d) Rugosidade superficial   (e) Viscosidade do fluido

8–166 Ar escoa em um duto de seção transversal retangular de 5 cm por 8 cm a uma velocidade de 4 m/s, a 1 atm e 15°C. O número de Reynolds para este escoamento é:

(a) 13.605 (b) 16.745 (c) 17.690 (d) 21.770 (e) 23.235

8–167 Ar a 1 atm e 20°C escoa em um tubo de 4 cm de diâmetro. A velocidade máxima de ar para manter o escoamento laminar é:

(a) 0,872 m/s   (b) 1,52 m/s   (c) 2,14 m/s

(d) 3,11 m/s   (e) 3,79 m/s

8–168 Considere o escoamento laminar de água em um tubo de 0,8 cm de diâmetro com uma vazão de 1,15 L/min. A velocidade da água na metade do caminho entre a superfície e o centro do tubo é:

(a) 0,381 m/s   (b) 0,762 m/s   (c) 1,15 m/s

(d) 0,874 m/s   (e) 0,572 m/s

8–169 Considere o escoamento laminar de água a 15°C, em um tubo de 0,7 cm de diâmetro com uma velocidade de 0,4 m/s. A queda de pressão da água para um comprimento de tubo de 50 m é

(a) 6,8 kPa   (b) 8,7 kPa   (c) 11,5 kPa

(d) 14,9 kPa   (e) 17,3 kPa

8–170 Óleo do motor a 40°C ($\rho = 876$ kg/m^3, $\mu = 0,2177$ kg/m·s) escoa em um tubo de 20 cm de diâmetro, a uma velocidade de 1,2 m/s. A queda de pressão de óleo para um comprimento de tubo de 20 m é

(a) 4180 Pa   (b) 5044 Pa   (c) 6236 Pa

(d) 7419 Pa   (e) 8615 Pa

8–171 Um fluido escoa em um tubo de 25 cm de diâmetro, a uma velocidade de 4,5 m/s. Se a queda de pressão ao longo do tubo é estimada como 6400 Pa, a potência de bombeamento necessária para superar essa queda de pressão é:

(a) 452 W (b) 640 W (c) 923 W
(d) 1235 W (e) 1508 W

8–172 Água escoa em um tubo de 15 cm de diâmetro, a uma velocidade de 1,8 m/s. Se a perda de carga ao longo do tubo é estimada como 16 m, a potência de bombeamento necessária para superar essa perda de carga é:

(a) 3,22 kW (b) 3,77 kW (c) 4,45 kW
(d) 4,99 kW (e) 5,54 kW

8–173 A queda de pressão de um determinado escoamento é determinada como 100 Pa. Para a mesma vazão caudal, se reduzirmos o diâmetro do tubo pela metade, a queda de pressão será:

(a) 25 Pa (b) 50 Pa (c) 200 Pa (d) 400 Pa (e) 1600 Pa

8–174 Ar a 1 atm e 25°C ($v = 1,562 \times 10^{-5}$ m²/s) escoa em um tubo de ferro fundido de 9 cm de diâmetro a uma velocidade de 5 m/s. A rugosidade do tubo é de 0,26 mm. A perda de carga para um comprimento do tubo de 24 m é:

(a) 8,1 m (b) 10,2 m (c) 12,9 m (d) 15,5 m (e) 23,7 m

8–175 Considere o escoamento de ar em um tubo de 10 cm de diâmetro com alta velocidade, de modo que o número de Reynolds é muito grande. A rugosidade do tubo é de 0,002 mm. O fator de atrito para esse escoamento é:

(a) 0,0311 (b) 0,0290 (c) 0,0247
(d) 0,0206 (e) 0,0163

8–176 Ar a 1 atm e 40°C escoa em um tubo de 8 cm de diâmetro com uma vazão de 2500 L/min. O fator de atrito é determinado a partir do gráfico de Moody como 0,027. A potência de entrada necessária para superar a queda de pressão para um comprimento de tubo de 150 m é:

(a) 310 W (b) 188 W (c) 132 W (d) 81,7 W (e) 35,9 W

8–177 Água a 10°C ($\rho = 999,7$ kg/m³, $\mu = 1,307 \times 10^{-3}$ kg/m·s) deve ser transportada em um tubo circular de 5 cm de diâmetro e 30 m de comprimento. A rugosidade do tubo é de 0,22 milímetros. Se a queda de pressão no tubo não deve exceder 19 kPa, a máxima vazão de água é:

(a) 324 L/min (b) 281 L/min (c) 243 L/min
(d) 195 L/min (e) 168 L/min

8–178 A válvula em um sistema de tubulação causa uma perda de carga de 3,1 m. Se a velocidade do escoamento é de 6 m/s, o coeficiente de perda dessa válvula é:

(a) 0,87 (b) 1,69 (c) 1,25 (d) 0,54 (e) 2,03

8–179 Considere uma saída com arestas vivas de um tubo para um escoamento de fluido completamente desenvolvido. A velocidade do escoamento é de 4 m/s. Essa perda menor é equivalente a uma perda de carga de:

(a) 0,72 m (b) 1,16 m (c) 1,63 m (d) 2,0 m (e) 4,0 m

8–180 Um sistema de escoamento de água envolve uma curva de retorno de 180° (roscada) e uma curva chanfrada de 90° (sem aletas). A velocidade da água é de 1,2 m/s. As perdas menores devido a essas curvas são equivalentes a uma perda de pressão de:

(a) 648 Pa (b) 933 Pa (c) 1255 Pa
(d) 1872 Pa (e) 2600 Pa

8–181 Um sistema de tubulação de diâmetro constante envolve múltiplas restrições ao escoamento, com um coeficiente de perda total de 4,4. O fator de atrito da tubulação é de 0,025 e o diâmetro do tubo é de 7 cm. Essas perdas menores são equivalentes às perdas em um tubo de comprimento:

(a) 12,3 m (b) 9,1 m (c) 7,0 m (d) 4,4 m (e) 2,5 m

8–182 Ar escoa em um tubo de 8 cm de diâmetro e 33 m de comprimento, com uma velocidade de 5,5 m/s. O sistema de tubulação envolve múltiplas restrições ao escoamento com um coeficiente de perda menor total de 2,6. O fator de atrito do tubo é obtido a partir do gráfico de Moody como 0,025. A perda de carga total desse sistema de tubulação é:

(a) 13,5 m (b) 7,6 m (c) 19,9 m
(d) 24,5 m (e) 4,2 m

8–183 Considere um tubo que se ramifica em dois tubos paralelos e depois se junta em uma junção a jusante. Os dois tubos paralelos têm os mesmos comprimentos e fatores de atrito. Os diâmetros dos tubos são de 2 cm e 4 cm. Se a vazão em um tubo é de 10 L/min, a vazão no outro tubo é:

(a) 10 L/min (b) 3,3 L/min (c) 100 L/min
(d) 40 L/min (e) 56,6 L/min

8–184 Considere um tubo que se ramifica em dois tubos paralelos e depois se junta em uma junção a jusante. Os dois tubos paralelos têm os mesmos comprimentos e fatores de atrito. Os diâmetros dos tubos são de 2 cm e 4 cm. Se a perda de carga em um tubo é de 0,5 m, a perda de carga no outro tubo é:

(a) 0,5 m (b) 1 m (c) 0,25 m (d) 2 m (e) 0,125 m

8–185 Uma bomba transfere água de um reservatório para outro reservatório por meio de um sistema de tubulação com uma vazão de 0,15 m³/min. Ambos os reservatórios estão abertos para a atmosfera. A diferença de elevação entre os dois reservatórios é de 35 m e a perda de carga total é estimada como 4 m. Se a eficiência da unidade da motobomba é de 65%, a potência elétrica de entrada para o motor da bomba é:

(a) 1664 W (b) 1472 W (c) 1238 W
(d) 983 W (e) 805 W

8–186 Considere um tubo que se ramifica em três tubos paralelos e depois se junta em uma junção a jusante. Todos os três tubos têm os mesmos diâmetros ($D = 3$ cm) e fatores de atrito ($f = 0,018$). Os comprimentos do tubo 1 e tubo 2 são 5 m e 8 m, respectivamente, enquanto as velocidades do fluido no tubo 2 e 3 são 2 m/s e 4 m/s, respectivamente. O comprimento do tubo 3 é:

(a) 8 m (b) 5 m (c) 4 m (d) 2 m (e) 1 m

Problemas de projeto e dissertação

8–187 Dispositivos eletrônicos, como computadores, normalmente são resfriados por um ventilador. Escreva um ensaio sobre o resfriamento por ar forçado dos caixas eletrônicos e sobre a seleção do ventilador para dispositivos eletrônicos.

8–188 Projete um experimento para medir a viscosidade dos líquidos usando um funil vertical com um reservatório cilíndrico de altura h e uma seção estreita de escoamento de diâmetro D e comprimento L. Elaborando hipóteses apropriadas, obtenha uma relação para a viscosidade em termos de quantidades facilmente mensuráveis, como a densidade e a vazão de volume. Existe necessidade de usar um fator de correção?

8–189 Uma bomba deve ser selecionada para uma queda de água em um jardim. A água é represada em um lago na parte inferior e a diferença de elevação entre a superfície livre do lago e o local onde a água é descarregada é de 3 m. A vazão da água deve ser de pelo menos 8 L/s. Selecione uma unidade de motor-bomba apropriada para essa tarefa e identifique os três fabricantes com números de modelo e preços do produto. Faça uma seleção e explique por que você selecionou aquele determinado produto. Estime também o custo do consumo anual de potência dessa unidade, assumindo operação contínua.

8–190 Durante um acampamento você observa que a água é descarregada de um reservatório alto para um riacho no vale através de um tubo plástico com 30 cm de diâmetro. A diferença de elevação entre a superfície livre do reservatório e o riacho é de 70 m. Você concebe a ideia de gerar potência com essa água. Projete uma usina que produzirá o máximo de potência com esse recurso. Investigue também o efeito da geração de potência sobre a vazão de descarga da água. Qual vazão de descarga maximizará a produção de potência?

Capítulo 9

Análise Diferencial de Escoamento de Fluido

OBJETIVOS

Ao terminar a leitura deste capítulo você deve ser capaz de:

- Entender como são deduzidas e aplicadas as equações diferenciais de conservação da massa e de momento linear
- Calcular a função corrente e o campo de pressão e desenhar linhas de corrente para um campo de velocidade conhecido
- Obter soluções analíticas das equações de movimento para campos de escoamento simples

Neste capítulo, deduzimos as equações diferenciais de movimento de fluido, ou seja, a conservação da massa (a *equação da continuidade*) e a segunda lei de Newton (*equação de Navier-Stokes*). Essas equações se aplicam a todos os pontos no campo de escoamento e, assim, nos fornecem soluções para todos os detalhes do escoamento em qualquer ponto do *domínio do escoamento*. Infelizmente, a maioria das equações diferenciais encontradas na mecânica dos fluidos é muito difícil de resolver e frequentemente requerem o auxílio de um computador. Além disso, essas equações devem ser combinadas, quando necessário, com equações adicionais, tais como uma equação de estado e uma equação para transporte de energia e/ou de espécies. Fornecemos aqui um procedimento passo a passo para resolver esse conjunto de equações diferenciais de movimento de fluido e obter soluções analíticas para vários exemplos simples. Introduzimos também o conceito de *função corrente*; curvas de função corrente constantes tornam-se *linhas de corrente* nos campos de escoamentos bidimensionais.

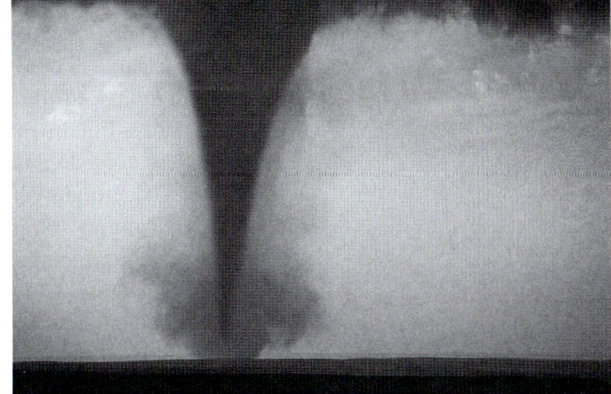

As equações diferenciais fundamentais de movimento de fluidos são deduzidas neste capítulo, e mostramos como resolvê-las analiticamente por alguns escoamentos simples. Escoamentos mais complicados, tais como o escoamento de ar induzido por um tornado mostrado aqui, não podem ser resolvidos exatamente.

Direitos autorais livres/CORBIS

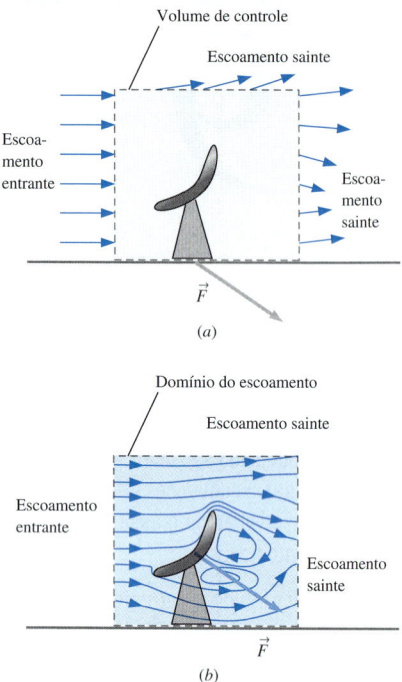

FIGURA 9–1 (a) Na análise de volume de controle, o interior do volume de controle é tratado como uma caixa-preta, mas, (b) na análise diferencial, todos os detalhes do escoamento são resolvidos em *cada* ponto do domínio do escoamento.

9–1 INTRODUÇÃO

No Capítulo 5, deduzimos versões para volume de controle das leis de conservação de massa e energia, e no Cap. 6 fizemos a mesma coisa para o momento. A técnica do volume de controle é útil quando estamos interessados nas características gerais de um escoamento, tais como a vazão mássica que entra e que sai do volume de controle ou as forças aplicadas a corpos. Na Fig. 9–1a, está esboçado um exemplo para o caso do vento escoando ao redor de uma parabólica. É tomado um volume de controle retangular envolvendo as vizinhanças da parabólica, conforme mostra o desenho. Se conhecermos a velocidade do ar ao longo de toda a superfície de controle, podemos calcular a força de reação na parabólica sem nem mesmo conhecer qualquer detalhe sobre sua geometria. O interior do volume de controle é, na verdade, tratado como uma "caixa-preta" na análise do volume de controle – *não podemos* obter um conhecimento detalhado das propriedades do escoamento como velocidade ou pressão em pontos *dentro* do volume de controle.

A **análise diferencial**, por outro lado, envolve a aplicação de equações diferenciais de movimento do fluido *em todos os pontos* no campo de escoamento sobre uma região chamada de **domínio de escoamento**. Você pode pensar na técnica diferencial como a análise de milhões de minúsculos volumes de controle empilhados lado a lado e uns sobre os outros ocupando todo o campo de escoamento. No limite, à medida que o número de minúsculos volumes de controle tende ao infinito e o tamanho de cada volume de controle se aproxima de um ponto, as equações de conservação se simplificam tornando-se um conjunto de equações diferenciais parciais que são válidas em qualquer ponto no escoamento. Ao serem resolvidas, essas equações diferenciais fornecem detalhes sobre a velocidade, massa específica, pressão, etc., em *cada* ponto de *todo* o domínio do escoamento. Por exemplo, na Fig. 9–1b, a análise diferencial do escoamento de ar ao redor da parabólica produz as formas das linhas de corrente, uma distribuição de pressão detalhada ao redor da parabólica, etc. Com base nesses detalhes, podemos integrar para determinar as características gerais do escoamento, tais como a força sobre a parabólica.

Em um problema de escoamento de fluido como aquele ilustrado na Fig. 9–1 no qual as mudanças na densidade e temperatura do ar não são significativas, é suficiente resolver duas equações diferenciais de movimento – conservação da massa e segunda lei de Newton (conservação da quantidade de movimento). Para um fluido incompressível tridimensional, há *quatro incógnitas* (componentes da velocidade u, v, w e pressão P) e *quatro equações* (uma da conservação da massa, que é uma equação escalar, e três da segunda lei de Newton, que é uma equação vetorial). Conforme veremos, as equações são **acopladas**, ou seja, algumas das variáveis aparecem nas quatro equações; o conjunto de equações diferenciais deve ser, portanto, resolvido simultaneamente para as quatro incógnitas. Além disso, as **condições de contorno** para as variáveis devem ser especificadas em *todas as fronteiras do domínio do escoamento*, incluindo entradas, saídas e paredes. Finalmente, se o escoamento for não estacionário, temos que estender nossa solução ao longo do tempo conforme o campo de escoamento varia. Como você pode ver, a análise diferencial do escoamento de um fluido pode se tornar muito complicada e difícil. Os computadores representam uma tremenda ajuda aqui, como discutimos no Cap. 15. No entanto, podemos fazer muito analiticamente, e começaremos deduzindo a equação diferencial para a conservação da massa.

9–2 CONSERVAÇÃO DA MASSA – A EQUAÇÃO DA CONTINUIDADE

Aplicando o teorema de transporte de Reynolds (Cap. 4), temos a seguinte expressão geral para conservação da massa aplicada a um volume de controle:

Conservação da massa para um VC:

$$0 = \int_{VC} \frac{\partial \rho}{\partial t} \, dV + \int_{CS} \rho \vec{V} \cdot \vec{n} \, dA \qquad (9\text{–}1)$$

Lembre-se de que a Eq. 9–1 é válida para volumes de controle fixos e móveis, desde que o vetor velocidade seja a velocidade *absoluta* (vista por um observador fixo). Quando houver entradas e saídas bem definidas, a Eq. 9–1 pode ser reescrita como:

$$\int_{CV} \frac{\partial \rho}{\partial t} \, dV = \sum_e \dot{m} - \sum_s \dot{m} \qquad (9\text{–}2)$$

Em resumo, a taxa de variação total da massa dentro do volume de controle é igual à razão à qual a massa escoa para dentro do volume de controle, menos a taxa na qual a massa escoa para fora do volume de controle. A Eq. 9–2 se aplica a *qualquer* volume de controle, independentemente de seu tamanho. Para gerarmos uma equação diferencial para conservação da massa, imaginamos o volume de controle encolhendo até um tamanho infinitesimal, com dimensões dx, dy e dz (Fig. 9–2). No limite, o volume de controle inteiro encolhe para um *ponto* no escoamento.

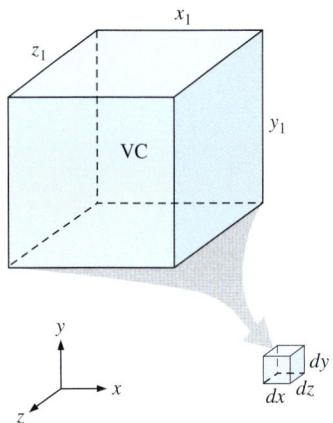

FIGURA 9–2 Para deduzirmos uma equação diferencial para a conservação da massa, imaginamos um volume de controle encolhendo até um tamanho infinitesimal.

Dedução usando o teorema do divergente

A maneira mais rápida e direta de deduzir a forma diferencial da equação de conservação da massa é aplicar o **teorema do divergente** à Eq. 9–1. O teorema do divergente também é chamado de **teorema de Gauss**, em homenagem ao matemático alemão Johann Carl Friedrich Gauss (1777-1855). O teorema do divergente nos permite transformar uma integral de volume do divergente de um vetor em uma integral de área sobre a superfície que define o volume. Para qualquer vetor $\vec{G}$, o **divergente** de $\vec{G}$ é definido por $\vec{\nabla} \cdot \vec{G}$, e o teorema do divergente pode ser escrito como:

Teorema do divergente:
$$\int_V \vec{\nabla} \cdot \vec{G} \, dV = \oint_A \vec{G} \cdot \vec{n} \, dA \qquad (9\text{–}3)$$

O círculo na integral da área é usado para enfatizar o fato de que a integral deve ser calculada sobre *toda a área fechada A* que envolve o volume V. Note que a superfície de controle da Eq. 9–1 é uma área fechada, apesar de nem sempre acrescentarmos o círculo ao símbolo da integral. A Equação 9–3 se aplica a *qualquer* volume, então escolhemos o volume de controle da Eq. 9–1. Também fazemos $\vec{G} = \rho \vec{V}$ já que $\vec{G}$ pode ser qualquer vetor. A substituição da Eq. 9–3 na Eq. 9–1 converte a integral da área em uma integral de volume:

$$0 = \int_{VC} \frac{\partial \rho}{\partial t} \, dV + \int_{VC} \vec{\nabla} \cdot (\rho \vec{V}) \, dV$$

Combinamos agora as duas integrais de volume em uma:

$$\int_{VC} \left[\frac{\partial \rho}{\partial t} + \vec{\nabla} \cdot (\rho \vec{V}) \right] dV = 0 \qquad (9\text{–}4)$$

Finalmente, argumentamos que a Eq. 9–4 deve valer para *qualquer* volume de controle independentemente de seu tamanho ou forma. Isso é possível somente se o integrando (os termos dentro dos colchetes) for identicamente igual a zero. Por isso, temos uma equação diferencial geral para a conservação da massa, mais conhecida como **equação da continuidade**:

Equação da continuidade: $$\frac{\partial \rho}{\partial t} + \vec{\nabla} \cdot (\rho \vec{V}) = 0 \quad (9\text{–}5)$$

A Equação 9–5 é a forma compressível da equação da continuidade, já que nós não consideramos que o escoamento fosse incompressível. Ela é válida em qualquer ponto no domínio do escoamento.

Dedução usando um volume de controle infinitesimal

Deduzimos a equação da continuidade de uma maneira diferente, começando com um volume de controle no qual aplicamos a conservação da massa. Considere um volume de controle infinitesimal com a forma de uma caixa alinhada com os eixos das coordenadas cartesianas (Fig. 9–3). As dimensões da caixa são dx, dy e dz, e o centro da caixa, mostrado na figura, está em algum ponto arbitrário P a partir da origem (a caixa pode estar localizada em qualquer lugar no campo de escoamento). No centro da caixa definimos a densidade como ρ e as componentes da velocidade como u, v e w, conforme mostra a figura. Em localizações distantes do centro da caixa, usamos uma **expansão em séries de Taylor** em relação ao centro da caixa (ponto P). [A expansão em séries tem esse nome em homenagem ao seu criador, o matemático inglês Brook Taylor (1685-1731).] Por exemplo, o centro da face direita da caixa está localizado a uma distância $dx/2$ do meio da caixa na direção x; o valor de ρu naquele ponto é:

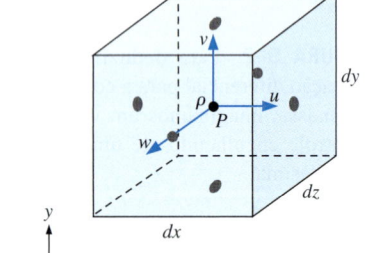

FIGURA 9–3 Um pequeno volume de controle em forma de caixa centrado no ponto P é usado para a dedução da equação diferencial para conservação da massa em coordenadas cartesianas; os pontos vermelhos indicam o centro de cada face.

$$(\rho u)_{\text{centro da face direita}} = \rho u + \frac{\partial(\rho u)}{\partial x}\frac{dx}{2} + \frac{1}{2!}\frac{\partial^2(\rho u)}{\partial x^2}\left(\frac{dx}{2}\right)^2 + \cdots \quad (9\text{–}6)$$

Porém, à medida que a caixa que representa o volume de controle vai se encolhendo, aproximando-se de um ponto, os termos de segunda ordem e de ordem mais alta tornam-se insignificantes. Por exemplo, vamos supor que $dx/L = 10^{-3}$, onde L é algum comprimento característico do domínio do escoamento. Então $(dx/L)^2 = 10^{-6}$, um fator mil vezes menor do que dx/L. Na verdade, quanto menor for dx, melhor é a hipótese de que os termos de segunda ordem são desprezíveis. Aplicando essa expansão truncada em séries de Taylor à densidade vezes a componente normal de velocidade no ponto central de cada uma das seis faces da caixa, temos:

Centro da face direita: $\quad (\rho u)_{\text{Centro da face direita}} \cong \rho u + \dfrac{\partial(\rho u)}{\partial x}\dfrac{dx}{2}$

Centro da face esquerda: $\quad (\rho u)_{\text{Centro da face esquerda}} \cong \rho u - \dfrac{\partial(\rho u)}{\partial x}\dfrac{dx}{2}$

Centro da face frontal: $\quad (\rho w)_{\text{Centro da face frontal}} \cong \rho w + \dfrac{\partial(\rho w)}{\partial z}\dfrac{dz}{2}$

Centro da face detrás: $\quad (\rho w)_{\text{Centro da face detrás}} \cong \rho w - \dfrac{\partial(\rho w)}{\partial z}\dfrac{dz}{2}$

Centro da face superior: $(\rho v)_{\text{Centro da face superior}} \cong \rho v + \dfrac{\partial(\rho v)}{\partial y}\dfrac{dy}{2}$

Centro da face inferior: $(\rho v)_{\text{Centro da face inferior}} \cong \rho v - \dfrac{\partial(\rho v)}{\partial y}\dfrac{dy}{2}$

A vazão mássica que entra ou que sai através de uma das faces é igual à massa específica vezes a componente normal de velocidade no ponto central da face vezes a área da face. Em outras palavras, $\dot{m} = \rho V_n A$ em cada face, onde V_n é o valor da velocidade normal através da face e A é a área da face (Fig. 9–4). A vazão mássica através de cada face de nosso volume de controle infinitesimal está ilustrada na Fig. 9–5. Poderíamos elaborar expansões em séries de Taylor truncadas no centro de cada face para as demais componentes da velocidade (não normal) também, mas isso é desnecessário pois essas componentes são *tangenciais* à face em consideração. Por exemplo, o valor de ρv no centro da face direita pode ser estimado por uma expansão similar, mas como v é tangente à face direita da caixa, ela não contribui para a vazão mássica para dentro e para fora daquela face.

À medida que o volume de controle se encolhe para um ponto, o valor da integral do volume no lado esquerdo da Eq. 9–2 torna-se

Taxa de variação da massa dentro do VC:

$$\int_{\text{VC}} \dfrac{\partial \rho}{\partial t}\, dV \cong \dfrac{\partial \rho}{\partial t}\, dx\, dy\, dz \quad (9\text{–}7)$$

pois o volume da caixa é $dx\, dy\, dz$. Aplicamos agora as aproximações da Fig. 9–5 ao lado direito da Eq. 9–2. Fazemos a soma de todas as vazões de massa que entram e que saem do volume de controle através das faces. As faces esquerda, inferior e detrás contribuem para a vazão mássica *que entra*, e o primeiro termo no lado direito da Eq. 9–2 torna-se:

Vazão mássica para dentro do VC:

$$\sum_e \dot{m} \cong \underbrace{\left(\rho u - \dfrac{\partial(\rho u)}{\partial x}\dfrac{dx}{2}\right) dy\, dz}_{\text{face esquerda}} + \underbrace{\left(\rho v - \dfrac{\partial(\rho v)}{\partial y}\dfrac{dy}{2}\right) dx\, dz}_{\text{face inferior}} + \underbrace{\left(\rho w - \dfrac{\partial(\rho w)}{\partial z}\dfrac{dz}{2}\right) dx\, dy}_{\text{face detrás}}$$

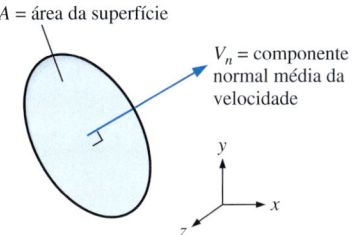

FIGURA 9–4 A vazão mássica através de uma superfície é igual a $\rho V_n A$.

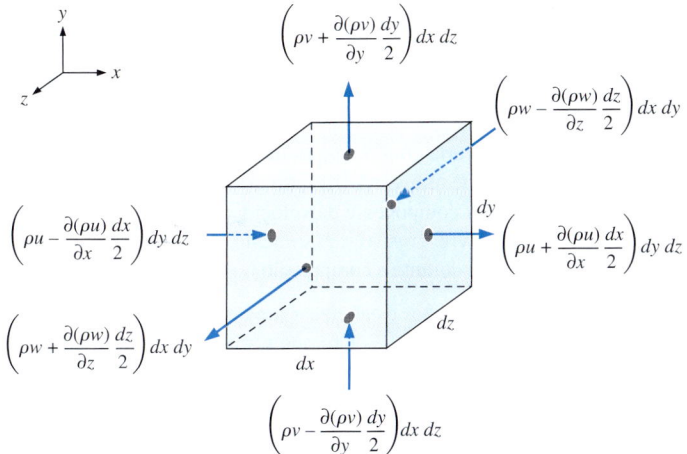

FIGURA 9–5 A vazão mássica que entra e que sai através de cada face do volume de controle diferencial; os pontos vermelhos indicam o centro de cada face.

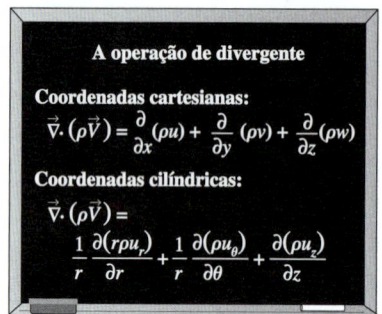

FIGURA 9–6 A operação de divergente em coordenadas cartesianas e cilíndricas.

De modo semelhante, as faces direita, superior e frontal contribuem para a *saída* de massa, e o segundo termo no lado direito da Eq. 9–2 torna-se:

Vazão mássica para fora do VC:

$$\sum_s \dot{m} \cong \underbrace{\left(\rho u + \frac{\partial(\rho u)}{\partial x}\frac{dx}{2}\right)dy\,dz}_{\text{face direita}} + \underbrace{\left(\rho v + \frac{\partial(\rho v)}{\partial y}\frac{dy}{2}\right)dx\,dz}_{\text{face superior}} + \underbrace{\left(\rho w + \frac{\partial(\rho w)}{\partial z}\frac{dz}{2}\right)dx\,dy}_{\text{face frontal}}$$

Substituímos a Eq. 9–7 e essas duas equações para vazão mássica na Eq. 9–2. Muitos termos são cancelados; após combinar e simplificar os termos restantes, ficamos com:

$$\frac{\partial \rho}{\partial t}dx\,dy\,dz = -\frac{\partial(\rho u)}{\partial x}dx\,dy\,dz - \frac{\partial(\rho v)}{\partial y}dx\,dy\,dz - \frac{\partial(\rho w)}{\partial z}dx\,dy\,dz$$

O volume da caixa, $dx\,dy\,dz$, aparece em cada termo e pode ser eliminado. Após um rearranjo, ficamos com a seguinte equação diferencial para conservação da massa em coordenadas cartesianas:

Equação da continuidade em coordenadas cartesianas:

$$\frac{\partial \rho}{\partial t} + \frac{\partial(\rho u)}{\partial x} + \frac{\partial(\rho v)}{\partial y} + \frac{\partial(\rho w)}{\partial z} = 0 \tag{9–8}$$

A Equação 9–8 é a forma compressível da equação da continuidade em coordenadas cartesianas. Ela pode ser escrita em uma forma mais compacta reconhecendo a operação de divergente (Fig. 9–6), resultando em uma equação exatamente igual à Eq. 9–5.

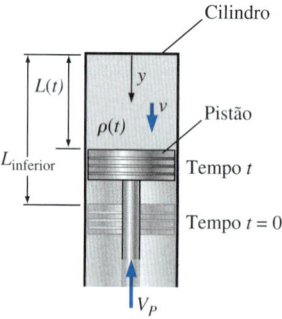

FIGURA 9–7 Combustível e ar sendo comprimidos por um pistão em um cilindro de um motor de combustão interna.

EXEMPLO 9–1 Compressão de uma mistura ar-combustível

Uma mistura ar-combustível é comprimida por um pistão em um cilindro de um motor de combustão interna (Fig. 9–7). A origem da coordenada y está no topo do cilindro, e o eixo y aponta para baixo como ilustra a figura. Supõe-se que o pistão se move para cima com velocidade constante V_P. A distância L entre o topo do cilindro e o pistão decresce com o tempo de acordo com a aproximação linear $L = L_{\text{inferior}} - V_P t$, onde L_{inferior} é a posição do pistão quando ele está na parte inferior de seu ciclo no instante $t = 0$, conforme indica a Fig. 9–7. Em $t = 0$, a densidade da mistura ar-combustível no cilindro é, em qualquer ponto, igual a $\rho(0)$. Estime a densidade da mistura ar-combustível em função do tempo e dos parâmetros fornecidos durante o ciclo de subida do pistão.

SOLUÇÃO A densidade da mistura ar-combustível deve ser estimada em função do tempo e dos parâmetros dados no enunciado do problema.

Hipóteses **1** A densidade varia com o tempo, não com o espaço; em outras palavras, a densidade é uniforme através do cilindro em qualquer instante, mas muda com o tempo: $\rho = \rho(t)$. **2** A componente da velocidade v varia com y e t, mas não com x ou z; em outras palavras, $v = v(y, t)$ somente. **3** $u = w = 0$. **4** Não escapa nenhuma massa do cilindro durante a compressão.

Análise Inicialmente, precisamos estabelecer uma expressão para a componente da velocidade v em função de y e t. É claro que $v = 0$ em $y = 0$ (no ponto onde o cilindro está na altura máxima) e $v = -V_p$ em $y = L$. Para simplificarmos, consideramos que v varia linearmente entre essas duas condições-limite,

Componente vertical da velocidade: $\qquad v = -V_P\dfrac{y}{L} \qquad$ (1)

onde L é uma função do tempo, conforme foi dado. A equação da continuidade compressível em coordenadas cartesianas (Eq. 9–8) é apropriada para a solução deste problema.

$$\frac{\partial \rho}{\partial t} + \underbrace{\frac{\partial(\rho u)}{\partial x}}_{0 \text{ já que } u=0} + \frac{\partial(\rho v)}{\partial y} + \underbrace{\frac{\partial(\rho w)}{\partial z}}_{0 \text{ já que } w=0} = 0 \quad \rightarrow \quad \frac{\partial \rho}{\partial t} + \frac{\partial(\rho v)}{\partial y} = 0$$

Porém, pela hipótese 1, a densidade não é função de y e pode, portanto, ser tirada da derivada em relação a y. Substituindo v da Eq. 1 e L da expressão dada, diferenciando e simplificando, obtemos:

$$\frac{\partial \rho}{\partial t} = -\rho \frac{\partial v}{\partial y} = -\rho \frac{\partial}{\partial y}\left(-V_P \frac{y}{L}\right) = \rho \frac{V_P}{L} = \rho \frac{V_P}{L_{\text{inferior}} - V_P t} \quad (2)$$

Pela hipótese 1, novamente, substituímos $\partial \rho/\partial t$ por $d\rho/dt$ na Eq. 2. Após separarmos as variáveis, obtemos uma expressão que pode ser integrada analiticamente:

$$\int_{\rho=\rho(0)}^{\rho} \frac{d\rho}{\rho} = \int_{t=0}^{t} \frac{V_P}{L_{\text{inferior}} - V_P t} dt \quad \rightarrow \quad \ln \frac{\rho}{\rho(0)} = \ln \frac{L_{\text{inferior}}}{L_{\text{inferior}} - V_P t} \quad (3)$$

Finalmente, temos a expressão desejada para ρ em função do tempo:

$$\rho = \rho(0) \frac{L_{\text{inferior}}}{L_{\text{inferior}} - V_P t} \quad (4)$$

Mantendo a convenção de resultados adimensionais, a Eq. 4 pode ser reescrita como:

$$\frac{\rho}{\rho(0)} = \frac{1}{1 - V_P t/L_{\text{inferior}}} \quad \rightarrow \quad \rho^* = \frac{1}{1 - t^*} \quad (5)$$

onde $\rho^* = \rho/\rho(0)$ e $t^* = V_P t/L_{\text{inferior}}$. O gráfico da Eq. 5 está na Fig. 9–8.

Discussão Em $t^* = 1$, o pistão atinge o topo do cilindro e ρ se torna infinita. Em um motor real de combustão interna, o pistão para antes de alcançar o topo do cilindro, formando aquilo que é chamado de volume de folga, que normalmente constitui 4 a 12% do volume máximo do cilindro. A hipótese de massa específica uniforme dentro do cilindro é a suposição mais fraca nesta análise simplificada. Na realidade, ρ pode ser uma função tanto do espaço quanto do tempo.

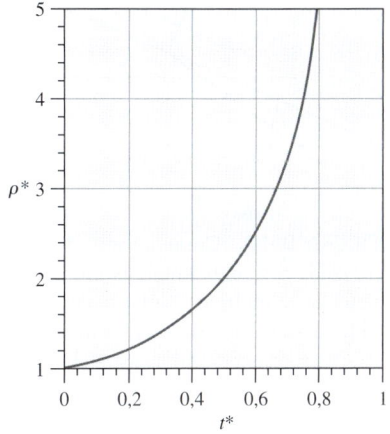

FIGURA 9–8 Densidade adimensional como uma função do tempo adimensional para o Exemplo 9–1.

Forma alternativa da equação da continuidade

Expandimos a Eq. 9–5 usando a regra do produto no termo do divergente:

$$\underbrace{\frac{\partial \rho}{\partial t} + \vec{\nabla} \cdot (\rho \vec{V}) = \frac{\partial \rho}{\partial t} + \vec{V} \cdot \vec{\nabla} \rho}_{\text{Derivada material de } \rho} + \rho \vec{\nabla} \cdot \vec{V} = 0 \quad (9\text{–}9)$$

Identificando a *derivada material* na Eq. 9–9 (veja o Cap. 4), e dividindo por ρ, escrevemos a equação da continuidade compressível em uma forma alternativa:

Forma alternativa da equação da continuidade:

$$\frac{1}{\rho}\frac{D\rho}{Dt} + \vec{\nabla} \cdot \vec{V} = 0 \quad (9\text{–}10)$$

A Eq. 9–10 mostra que à medida que seguimos um elemento de fluido através do campo de escoamento (chamamos isso de **elemento material**), sua densidade muda conforme $\vec{\nabla} \cdot \vec{V}$ muda (Fig. 9–9). Por outro lado, se as mudanças

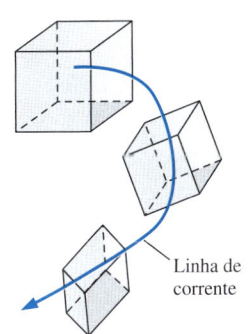

FIGURA 9–9 À medida que um elemento material se move através de um campo de escoamento, sua densidade muda de acordo com a Eq. 9–10.

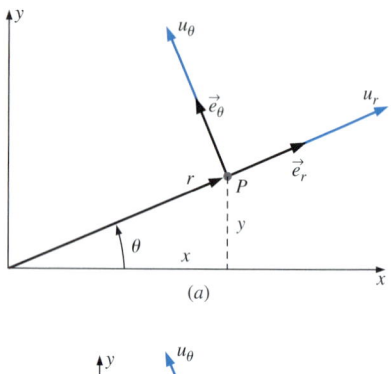

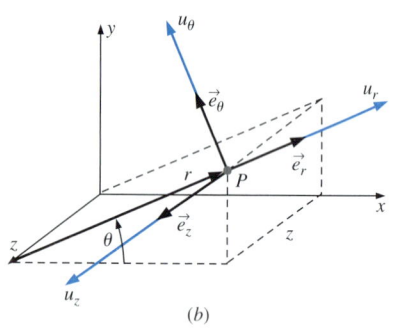

FIGURA 9–10 Componentes da velocidade e vetores unitários em coordenadas cilíndricas: (a) escoamento bidimensional no plano xy ou no plano $r\theta$, (b) escoamento tridimensional.

na densidade do elemento material forem muito pequenas comparadas com os valores dos gradientes de velocidade em $\vec{\nabla}\cdot\vec{V}$ à medida que o elemento se move, $\rho^{-1}D\rho/Dt \cong 0$, e o escoamento é aproximado como **incompressível**.

Equação da continuidade em coordenadas cilíndricas

Muitos problemas em mecânica dos fluidos são resolvidos de forma mais conveniente usando **coordenadas cilíndricas** (r, θ, z) (frequentemente chamadas de **coordenadas polares cilíndricas**) em lugar das coordenadas cartesianas. Para maior simplicidade, introduzimos primeiro as coordenadas cilíndricas em duas dimensões (Fig. 9–10a). Por convenção, r é a distância radial a partir da origem até um ponto qualquer (P), e θ é o ângulo medido em relação ao eixo x (θ é sempre definido como matematicamente positivo na direção anti-horária). As componentes da velocidade, u_r e u_θ, e os vetores unitários, $\vec{e}_r$ e $\vec{e}_\theta$, também são mostrados na Fig. 9–10a. Em três dimensões, imagine um deslocamento de tudo o que está na Fig. 9–10a para fora da página ao longo do eixo z (normal ao plano xy) por uma certa distância z. Tentamos desenhar isso na Fig. 9–10b. Em três dimensões, temos uma terceira componente da velocidade, u_z, e um terceiro vetor unitário, $\vec{e}_z$, também representado na Fig. 9–10b.

As seguintes transformações de coordenadas são obtidas da Fig. 9–10:

Transformações de coordenadas:

$$r = \sqrt{x^2 + y^2} \quad x = r\cos\theta \quad y = r\,\text{sen}\,\theta \quad \theta = \text{tg}^{-1}\frac{y}{x} \quad (9\text{–}11)$$

A coordenada z é a mesma em coordenadas cilíndricas e coordenadas cartesianas.

Para obtermos uma expressão para a equação da continuidade em coordenadas cilíndricas temos duas escolhas. Primeiro, podemos usar a Eq. 9–5 diretamente, já que ela foi deduzida sem levar em conta nossa escolha do sistema de coordenadas. Nós simplesmente procuramos a expressão para o operador divergente em coordenadas cilíndricas em um livro de cálculo vetorial (por exemplo, Spiegel, 1968; veja também Fig. 9–6). Segundo, podemos desenhar um elemento de fluido infinitesimal tridimensional em coordenadas cilíndricas e analisar as vazões em massa que entram e que saem do elemento, similar ao que fizemos antes em coordenadas cartesianas. De qualquer modo, acabamos obtendo:

Equação da continuidade em coordenadas cilíndricas:

$$\frac{\partial \rho}{\partial t} + \frac{1}{r}\frac{\partial(r\rho u_r)}{\partial r} + \frac{1}{r}\frac{\partial(\rho u_\theta)}{\partial \theta} + \frac{\partial(\rho u_z)}{\partial z} = 0 \quad (9\text{–}12)$$

Detalhes do segundo método podem ser encontrados em Fox and McDonald (1998).

Casos especiais da equação da continuidade

Consideramos agora dois casos especiais, ou simplificações, da equação da continuidade. Em especial, consideramos primeiro o escoamento estacionário compressível, e depois o escoamento incompressível.

Caso especial 1: escoamento estacionário compressível

Se o escoamento é compressível mas estacionário, $\partial/\partial t$ de qualquer variável é igual a zero. Assim, a Eq. 9–5 se reduz a:

Equação da continuidade estacionária: $\qquad \vec{\nabla}\cdot(\rho\vec{V}) = 0 \qquad (9\text{–}13)$

Em coordenadas cartesianas, a Eq. 9–13 se reduz a:

$$\frac{\partial(\rho u)}{\partial x} + \frac{\partial(\rho v)}{\partial y} + \frac{\partial(\rho w)}{\partial z} = 0 \qquad (9\text{–}14)$$

Em coordenadas cilíndricas, a Eq. 9–13 se reduz a:

$$\frac{1}{r}\frac{\partial(r\rho u_r)}{\partial r} + \frac{1}{r}\frac{\partial(\rho u_\theta)}{\partial \theta} + \frac{\partial(\rho u_z)}{\partial z} = 0 \qquad (9\text{–}15)$$

Caso especial 2: escoamento incompressível

Se o escoamento é aproximado como incompressível, a densidade não é uma função do tempo ou do espaço. Assim, $\partial\rho/\partial t \cong 0$ na Eq. 9–5, e ρ pode ser tirado para fora do operador divergente. A Equação 9–5, portanto, se reduz a:

Equação da continuidade incompressível: $\qquad \vec{\nabla}\cdot\vec{V} = 0 \qquad (9\text{–}16)$

O mesmo resultado é obtido se iniciarmos com a Eq. 9–10 e admitirmos que, para um escoamento incompressível, a densidade não muda de forma apreciável quando se segue uma partícula de fluido, conforme afirmamos antes. Assim, a derivada material de ρ é aproximadamente zero, e a Eq. 9–10 se reduz imediatamente à Eq. 9–16.

Você deve ter observado que *não restaram derivadas do tempo na Eq. 9–16*. Concluímos assim que, *mesmo o escoamento sendo não estacionário, a Eq. 9–16 se aplica em qualquer instante no tempo*. Fisicamente, isso significa que à medida que o campo de velocidade muda em uma parte de um campo de escoamento incompressível, todo o resto do campo de escoamento se ajusta imediatamente à mudança de maneira que a Eq. 9–16 seja sempre satisfeita. Para um escoamento compressível, isso não ocorre. Na verdade, uma perturbação em uma parte do escoamento não é sequer sentida pelas partículas de fluido a uma certa distância até que a onda sonora da perturbação atinja aquela distância. Ruídos muito intensos, como aqueles produzidos por uma arma de fogo ou explosão, geram uma **onda de choque** que na realidade se propaga *mais rapidamente* do que a velocidade do som. (A onda de choque produzida por uma explosão está ilustrada na Fig. 9–11.) Ondas de choque e outras manifestações do escoamento compressível são discutidas no Cap. 12.

Em coordenadas cartesianas, a Eq. 9–16 é:

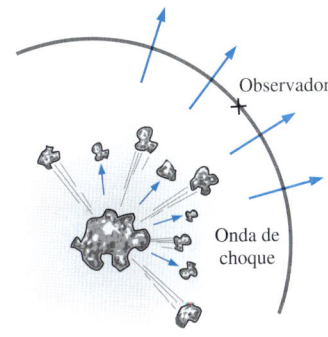

FIGURA 9–11 A perturbação de uma explosão não é sentida até que a onda de choque atinja o observador.

Equação da continuidade incompressível em coordenadas cartesianas:

$$\frac{\partial u}{\partial x} + \frac{\partial v}{\partial y} + \frac{\partial w}{\partial z} = 0 \qquad (9\text{–}17)$$

A Equação 9–17 é a forma da equação da continuidade que você provavelmente encontrará com mais frequência. Ela se aplica ao escoamento estacionário ou não estacionário, incompressível, tridimensional, e seria muito bom você memorizá-la.

Em coordenadas cilíndricas, a Eq. 9–16 é:

Equação da continuidade incompressível em coordenadas cilíndricas:

$$\frac{1}{r}\frac{\partial(r u_r)}{\partial r} + \frac{1}{r}\frac{\partial(u_\theta)}{\partial \theta} + \frac{\partial(u_z)}{\partial z} = 0 \qquad (9\text{–}18)$$

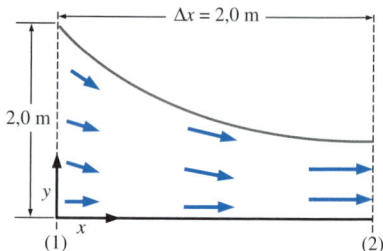

FIGURA 9–12 Duto convergente, projetado para um túnel de vento de alta velocidade (sem escala).

EXEMPLO 9–2 Projeto de um duto convergente compressível

Um duto convergente bidimensional está sendo projetado para um túnel de vento de alta velocidade. A parede inferior do duto deve ser plana e horizontal, e a parede superior deve ser curvada de tal forma que a velocidade axial do vento u aumente de forma aproximadamente linear desde $u_1 = 100$ m/s na seção (1) até $u_2 = 300$ m/s na seção (2) (Fig. 9–12). Ao mesmo tempo, a densidade do ar ρ deve cair de forma aproximadamente linear de $\rho_1 = 1{,}2$ kg/m^3 na seção (1) até $\rho_2 = 0{,}85$ kg/m^3 na seção (2). O duto convergente tem 2,0 m de comprimento e altura de 2,0 m na seção (1). (*a*) Preveja a *componente y* da velocidade, $v(x,y)$, no duto. (*b*) Desenhe o gráfico da forma aproximada do duto, ignorando o atrito nas paredes. (*c*) Qual deverá ser a altura do duto na seção (2), a saída do duto?

SOLUÇÃO Dadas a componente u da velocidade e densidade ρ, devemos prever a componente v da velocidade, desenhar o gráfico da forma aproximada do duto e prever a altura na saída do duto.

Hipóteses **1** O escoamento é estacionário e bidimensional no plano xy. **2** O atrito nas paredes é ignorado. **3** A velocidade axial u aumenta linearmente com x e a densidade ρ diminui linearmente com x.

Propriedades O fluido é ar a temperatura ambiente (25°C). A velocidade do som é aproximadamente 346 m/s, assim, o escoamento é subsônico, mas compressível.

Análise (*a*) Escrevemos expressões para u e ρ, forçando-as a serem lineares em x:

$$u = u_1 + C_u x \quad \text{onde} \quad C_u = \frac{u_2 - u_1}{\Delta x} = \frac{(300 - 100) \text{ m/s}}{2{,}0 \text{ m}} = 100 \text{ s}^{-1} \quad (1)$$

e

$$\rho = \rho_1 + C_\rho x \quad \text{onde} \quad C_\rho = \frac{\rho_2 - \rho_1}{\Delta x} = \frac{(0{,}85 - 1{,}2) \text{ kg/m}^3}{2{,}0 \text{ m}} \quad (2)$$
$$= -0{,}175 \text{ kg/m}^4$$

A equação da continuidade estacionária (Eq. 9–14) para esse escoamento compressível bidimensional se simplifica tornando-se;

$$\frac{\partial(\rho u)}{\partial x} + \frac{\partial(\rho v)}{\partial y} + \underbrace{\frac{\partial(\rho w)}{\partial z}}_{0 \text{ (2-D)}} = 0 \quad \rightarrow \quad \frac{\partial(\rho v)}{\partial y} = -\frac{\partial(\rho u)}{\partial x} \quad (3)$$

Substituindo as Eqs. 1 e 2 na Eq. 3 e observando que C_u e C_ρ são constantes:

$$\frac{\partial(\rho v)}{\partial y} = -\frac{\partial[(\rho_1 + C_\rho x)(u_1 + C_u x)]}{\partial x} = -(\rho_1 C_u + u_1 C_\rho) - 2 C_u C_\rho x$$

A integração com relação a y resulta em:

$$\rho v = -(\rho_1 C_u + u_1 C_\rho)y - 2 C_u C_\rho xy + f(x) \quad (4)$$

Observe que como a integração é uma integração *parcial*, nós acrescentamos uma função arbitrária de x em lugar de simplesmente uma constante de integração. Em seguida, aplicamos as condições de contorno. Concluímos que, como a parede inferior é plana e horizontal, v deve ser igual a zero em $y = 0$ para qualquer x. Isso só é possível se $f(x) = 0$. Isolando v na Eq. 4, obtemos;

$$v = \frac{-(\rho_1 C_u + u_1 C_\rho)y - 2 C_u C_\rho xy}{\rho} \quad \rightarrow \quad v = \frac{-(\rho_1 C_u + u_1 C_\rho)y - 2 C_u C_\rho xy}{\rho_1 + C_\rho x} \quad (5)$$

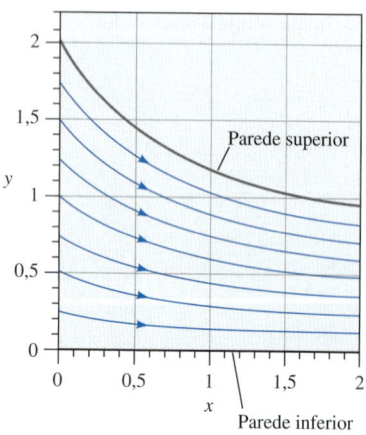

FIGURA 9–13 Linhas de corrente para o duto convergente do Exemplo 9–2.

(b) Usando as Eqs. 1 e 5 e a técnica descrita no Cap. 4, desenhamos várias linhas de corrente entre $x = 0$ e $x = 2,0$ m na Fig. 9–13. A linha de corrente que começa em $x = 0$, $y = 2,0$ m aproxima a parede superior do duto. (c) Na seção (2), a linha de corrente superior cruza $y = 0,941$ m em $x = 2,0$ m. Assim, a altura prevista para o duto na seção (2) é **0,941 m**.

Discussão Você pode verificar que a combinação das Eqs. 1, 2 e 5 satisfaz a equação da continuidade. No entanto, isso, isoladamente, não garante que a densidade e as componentes da velocidade realmente *obedeçam* a essas equações se o duto fosse construído conforme desenhado aqui. O escoamento real depende da *queda de pressão* entre as seções (1) e (2); somente uma única queda de pressão pode desenvolver a aceleração desejada do escoamento. A temperatura também pode mudar consideravelmente nesse tipo de escoamento compressível, no qual o ar acelera aproximando-se das velocidades sônicas.

EXEMPLO 9–3 Incompressibilidade de um escoamento bidimensional não estacionário

Considere o campo de velocidade do Exemplo 4–5 – um campo de velocidade bidimensional não estacionário definido por $\vec{V} = (u, v) = (0,5 + 0,8x)\vec{i} + [1,5 + 2,5 \operatorname{sen}(\omega t) - 0,8y]\vec{j}$, onde a frequência angular ω é igual a 2π rad/s (uma frequência física de 1 Hz). Verifique que esse campo de escoamento pode ser aproximado como incompressível.

SOLUÇÃO Devemos verificar que um dado campo de velocidade é incompressível.

Hipóteses 1 O escoamento é bidimensional, isso implica que não há componente z da velocidade e não há variação de u ou v com z.

Análise As componentes de velocidade nas direções x e y, são, respectivamente:

$$u = 0,5 + 0,8x \quad \text{e} \quad v = 1,5 + 2,5 \operatorname{sen}(\omega t) - 0,8y$$

Se o escoamento for incompressível, vale a Eq. 9–16. Mais especificamente, em coordenadas cartesianas, vale a Eq. 9–17. Vamos verificar:

$$\underbrace{\frac{\partial u}{\partial x}}_{0,8} + \underbrace{\frac{\partial v}{\partial y}}_{-0,8} + \underbrace{\cancel{\frac{\partial w}{\partial z}}}_{0 \text{ pois 2-D}} = 0 \quad \rightarrow \quad 0,8 - 0,8 = 0$$

Assim, vemos que a equação da continuidade incompressível é de fato satisfeita em qualquer instante no tempo, e **esse campo de escoamento pode ser aproximado como incompressível**.

Discussão Embora haja um termo não estacionário em v, ele não depende de y e desaparece na equação da continuidade.

EXEMPLO 9–4 Determinando a componente da velocidade que falta

São conhecidas duas componentes da velocidade de um campo de escoamento tridimensional estacionária, incompressível, que são, $u = ax^2 + by^2 + cz^2$ e $w = axz + byz^2$, onde a, b e c são constantes. Está faltando a componente y da velocidade (Fig. 9–14). Descubra uma expressão para v como uma função de x, y e z.

(continua)

FIGURA 9–14 A equação da continuidade pode ser usada para determinar uma componente de velocidade que falta.

SOLUÇÃO Vamos determinar a componente y da velocidade, v, usando as expressões dadas para u e w.

Hipóteses 1 O escoamento é estacionário. 2 O escoamento é incompressível.

Análise Como o escoamento é estacionário e incompressível, e estamos trabalhando em coordenadas cartesianas, aplicamos a Eq. (9–17) ao campo de escoamento:

Condição para incompressibilidade:

$$\frac{\partial v}{\partial y} = -\underbrace{\frac{\partial u}{\partial x}}_{2ax} - \underbrace{\frac{\partial w}{\partial z}}_{ax + 2byz} \rightarrow \frac{\partial v}{\partial y} = -3ax - 2byz$$

Em seguida, integramos com relação a y. Como a integração é *parcial*, acrescentamos uma função arbitrária de x e z em lugar de uma simples constante de integração.

Solução: $\quad v = -3axy - by^2z + f(x,z)$

Discussão Qualquer função de x e z produz um v que satisfaz a equação da continuidade incompressível, já que não há derivadas de v com relação a x ou z na equação da continuidade.

EXEMPLO 9–5 Escoamento turbilhonar bidimensional, incompressível

Considere um escoamento bidimensional, incompressível em coordenadas cilíndricas; a componente tangencial da velocidade é $u_\theta = K/r$, onde K é uma constante. Isso representa uma classe de escoamentos turbilhonares. Determine uma expressão para a outra componente de velocidade, u_r.

SOLUÇÃO Para uma dada componente de velocidade tangencial, vamos determinar uma expressão para a componente radial da velocidade.

Hipóteses 1 O escoamento é bidimensional no plano xy (rθ) (a velocidade não é uma função de z e $u_z = 0$ em qualquer ponto). 2 O escoamento é incompressível.

Análise A equação da continuidade incompressível (Eq. 9–18) para esse caso bidimensional se simplifica para:

$$\frac{1}{r}\frac{\partial(ru_r)}{\partial r} + \frac{1}{r}\frac{\partial u_\theta}{\partial \theta} + \underbrace{\frac{\partial u_z}{\partial z}}_{0\,(2\text{-}D)} = 0 \quad \rightarrow \quad \frac{\partial(ru_r)}{\partial r} = -\frac{\partial u_\theta}{\partial \theta} \quad (1)$$

A expressão dada para u_θ não depende de θ, e, portanto, a Eq. (1) se reduz a:

$$\frac{\partial(ru_r)}{\partial r} = 0 \quad \rightarrow \quad ru_r = f(\theta, t) \quad (2)$$

onde introduzimos uma função arbitrária de θ e t em lugar de uma constante de integração, pois nós executamos uma integração *parcial* com relação a r. Isolando u_r:

$$u_r = \frac{f(\theta, t)}{r} \quad (3)$$

Portanto, *qualquer componente radial de velocidade da forma dada pela Eq. 3 gera um campo de velocidade bidimensional, incompressível, que satisfaz a equação da continuidade.*

Vamos discutir alguns casos específicos. O caso mais simples é quando $f(\theta,t) = 0$ ($u_r = 0$, $u_\theta = K/r$). Isso produz reta de vórtices (Cap. 4), conforme foi dese-

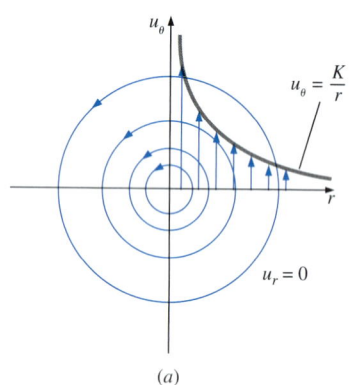

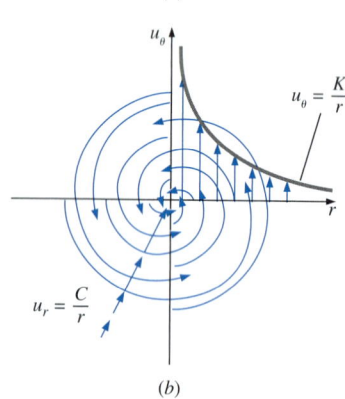

FIGURA 9–15 Linhas de corrente e perfis de velocidade para (a) um escoamento de linha de vórtices e (b) um escoamento em espiral de linha de vórtices-sumidouros.

nhado na Fig. 9–15a. Outro caso simples é quando $f(\theta,t) = C$, onde C é uma constante. Isso resulta em uma velocidade radial cujo módulo diminui com $1/r$. Para C negativo, imagine um escoamento em espiral de reta de vórtices-sumidouros, no qual os elementos do fluido não apenas giram ao redor da origem, mas também são sugados por um sumidouro na origem (na verdade, uma reta de sumidouros ao longo do eixo z). Isso está ilustrado na Fig. 9–15b.

Discussão Outros escoamentos mais complicados podem ser obtidos fazendo $f(\theta, t)$ igual a alguma outra função. Para qualquer função $f(\theta, t)$, o escoamento satisfaz a equação da continuidade bidimensional incompressível em um dado instante no tempo.

EXEMPLO 9–6 Comparação da continuidade e taxa de deformação volumétrica

Lembre-se da *taxa de deformação volumétrica* definida no Cap. 4. Em coordenadas cartesianas,

$$\frac{1}{V}\frac{DV}{Dt} = \varepsilon_{xx} + \varepsilon_{yy} + \varepsilon_{zz} = \frac{\partial u}{\partial x} + \frac{\partial v}{\partial y} + \frac{\partial w}{\partial z} \quad (1)$$

Mostre que a taxa de deformação volumétrica é zero para um escoamento incompressível. Discuta a interpretação física da taxa de deformação volumétrica para escoamentos incompressíveis e compressíveis.

SOLUÇÃO Vamos mostrar que a taxa de deformação volumétrica é zero em um escoamento incompressível e vamos discutir seu significado físico em escoamentos incompressíveis e compressíveis.

Análise Se o escoamento for incompressível, vale a Eq. 9–16. Mais especificamente, vale a Eq. 9–17, em coordenadas cartesianas. Comparando a Eq. 9–17 com a Eq. 1:

$$\frac{1}{V}\frac{DV}{Dt} = 0 \quad \text{para escoamento incompressível}$$

Portanto, a *taxa de deformação volumétrica é zero em um campo de escoamento incompressível*. Na verdade, você pode *definir* incompressibilidade por $DV/Dt = 0$. Fisicamente, à medida que seguimos um elemento de fluido, partes dele podem se esticar enquanto outras partes encolher, e o elemento pode transladar, distorcer e girar, mas seu volume permanece constante ao longo de todo o caminho através do campo de escoamento (Fig. 9–16a). Isso é verdadeiro independentemente de o escoamento ser ou não estacionário, contanto que ele seja incompressível. Se o escoamento fosse compressível, a taxa de deformação volumétrica não seria zero, isso implica que os elementos do fluido podem expandir em volume (dilatar) ou encolher em volume enquanto se movem pelo campo de escoamento (Fig. 9–16b). Especificamente, considere a Eq. 9–10, uma forma alternativa da equação da continuidade para escoamento compressível. Por definição, $\rho = m/V$, onde m é a massa de um elemento de fluido. Para um elemento material (seguindo o elemento de fluido enquanto ele se move através do campo de escoamento), m deve ser constante. Aplicando um pouco de álgebra na Eq. 9–10, obtemos:

$$\frac{1}{\rho}\frac{D\rho}{Dt} = \frac{V}{m}\frac{D(m/V)}{Dt} = -\frac{V}{m}\frac{m}{V^2}\frac{DV}{Dt} = -\frac{1}{V}\frac{DV}{Dt} = -\vec{\nabla}\cdot\vec{V} \rightarrow \frac{1}{V}\frac{DV}{Dt} = \vec{\nabla}\cdot\vec{V}$$

Discussão O resultado é geral – não está limitado a coordenadas cartesianas. Ele se aplica tanto a escoamentos estacionários quanto não estacionários.

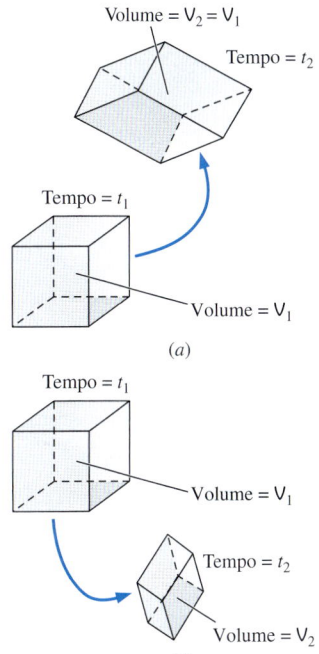

FIGURA 9–16 (a) Em um campo de escoamento incompressível, os elementos de fluido podem transladar, distorcer e girar, mas não crescem nem encolhem em volume; (b) em um campo de escoamento compressível, os elementos de fluido podem crescer ou encolher em volume enquanto transladam, distorcem e giram.

> **EXEMPLO 9–7   Condições para escoamento incompressível**
>
> Considere um campo de velocidade estacionário dado por $\vec{V} = (u, v, w) = a(x^2y + y^2)\vec{i} + bxy^2\vec{j} + cx\vec{k}$, onde a, b e c são constantes. Sob quais condições esse campo de escoamento é incompressível?
>
> **SOLUÇÃO**   Vamos determinar uma relação entre as constantes a, b e c que garanta a incompressibilidade.
>
> *Hipóteses* **1** O escoamento é estacionário. **2** O escoamento é incompressível (sob certas restrições a serem determinadas).
>
> *Análise* Aplicamos a Eq. (9–17) ao campo de velocidade dado:
>
> $$\underbrace{\frac{\partial u}{\partial x}}_{2axy} + \underbrace{\frac{\partial v}{\partial y}}_{2bxy} + \underbrace{\frac{\partial w}{\partial z}}_{0} = 0 \quad \rightarrow \quad 2axy + 2bxy = 0$$
>
> Portanto, para garantir a incompressibilidade, as constantes a e b devem ser iguais em valor, mas com sinais opostos.
>
> *Condição para incompressibilidade*: $\qquad a = -b$
>
> *Discussão* Se a não fosse igual a $-b$, esse ainda poderia ser um campo de escoamento válido, mas a densidade teria que variar com a posição no campo de escoamento. Em outras palavras, o escoamento seria *compressível*, e a Eq. 9–14 precisaria ser satisfeita em lugar da Eq. 9–17.

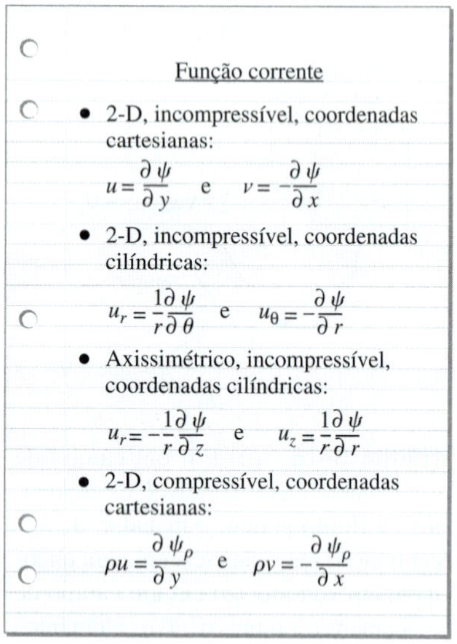

Função corrente

- 2-D, incompressível, coordenadas cartesianas:

  $u = \dfrac{\partial \psi}{\partial y}$ e $v = -\dfrac{\partial \psi}{\partial x}$

- 2-D, incompressível, coordenadas cilíndricas:

  $u_r = \dfrac{1}{r}\dfrac{\partial \psi}{\partial \theta}$ e $u_\theta = -\dfrac{\partial \psi}{\partial r}$

- Axissimétrico, incompressível, coordenadas cilíndricas:

  $u_r = -\dfrac{1}{r}\dfrac{\partial \psi}{\partial z}$ e $u_z = \dfrac{1}{r}\dfrac{\partial \psi}{\partial r}$

- 2-D, compressível, coordenadas cartesianas:

  $\rho u = \dfrac{\partial \psi_\rho}{\partial y}$ e $\rho v = -\dfrac{\partial \psi_\rho}{\partial x}$

FIGURA 9–17 Existem várias definições da função corrente, dependendo do tipo de escoamento sob consideração, bem como do sistema de coordenadas que está sendo utilizado.

9–3 A FUNÇÃO CORRENTE

A função corrente em coordenadas cartesianas

Considere o caso simples de um escoamento incompressível, bidimensional no plano xy. A equação da continuidade (Eq. 9–17) em coordenadas cartesianas se reduz a:

$$\frac{\partial u}{\partial x} + \frac{\partial v}{\partial y} = 0 \qquad (9\text{–}19)$$

Uma transformação inteligente de variáveis nos permite reescrever a Eq. 9–19 em termos de *uma* variável dependente (ψ) em lugar de *duas* variáveis dependentes (u e v). Definimos a **função corrente** ψ como:

Função corrente incompressível, bidimensional em coordenadas cartesianas:

$$u = \frac{\partial \psi}{\partial y} \qquad \text{e} \qquad v = -\frac{\partial \psi}{\partial x} \qquad (9\text{–}20)$$

A função corrente e a função potencial de velocidade correspondente (Cap. 10) foram introduzidas pela primeira vez pelo matemático italiano Joseph Louis Lagrange (1736-1813). A substituição da Eq. 9–20 na Eq. 9–19 resulta em:

$$\frac{\partial}{\partial x}\left(\frac{\partial \psi}{\partial y}\right) + \frac{\partial}{\partial y}\left(-\frac{\partial \psi}{\partial x}\right) = \frac{\partial^2 \psi}{\partial x\, \partial y} - \frac{\partial^2 \psi}{\partial y\, \partial x} = 0$$

que é identicamente satisfeita para qualquer função suave $\psi(x, y)$, porque a ordem da diferenciação (y depois x ou x depois y) é irrelevante.

Você pode perguntar por que resolvemos colocar o sinal negativo em v e não em u. (Poderíamos ter definido a função corrente com os sinais invertidos, e a continuidade ainda seria identicamente satisfeita.) A resposta é que, embora o sinal seja arbitrário, a definição da Eq. 9–20 leva ao escoamento da esquerda para a direita à medida que ψ aumenta na direção y, que normalmente é preferível. Muitos livros de mecânica dos fluidos definem ψ dessa maneira, embora, algumas vezes, ψ seja definido com sinais opostos (por exemplo, em alguns livros de texto ingleses e no campo de controle de qualidade de ar interior, Heinsohn e Cimbala, 2003).

O que ganhamos com essa transformação? Primeiro, conforme já mencionamos, uma única variável (ψ) substitui *duas* variáveis (u e v) – uma vez conhecido ψ, podemos gerar u e v através da Eq. 9–20, e temos a certeza de que a solução satisfaz a continuidade, Eq. 9–19. Em segundo lugar, resulta que a função corrente tem um significado físico útil (Fig. 9–18). Ou seja:

As curvas onde ψ é constante são **linhas de corrente** do escoamento.

Isso é facilmente constatado considerando-se uma linha de corrente no plano xy, como mostra a Fig. 9–19. Lembre-se, como foi visto no Cap. 4, que ao longo de uma linha de corrente como essa:

Ao longo de uma linha de corrente: $\dfrac{dy}{dx} = \dfrac{v}{u} \quad \rightarrow \quad \underbrace{-v\,dx}_{\partial\psi/\partial x} + \underbrace{u\,dy}_{\partial\psi/\partial y} = 0$

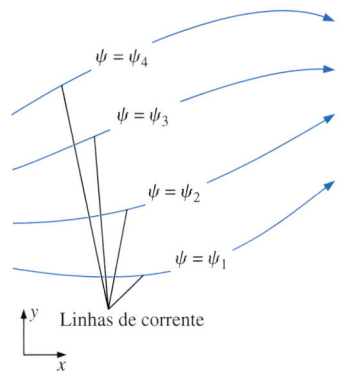

FIGURA 9–18 Curvas onde a função corrente é constante representam linhas de corrente do escoamento.

onde aplicamos a Eq. 9–20, a definição de ψ. Portanto:

Ao longo de uma linha de corrente: $\dfrac{\partial \psi}{\partial x} dx + \dfrac{\partial \psi}{\partial y} dy = 0$ (9–21)

Mas, para qualquer função suave ψ de duas variáveis x e y, sabemos, pela regra da cadeia da matemática, que a variação total de ψ do ponto (x, y) até um outro ponto (x + dx, y + dy) a uma distância infinitesimal é:

Variação total de ψ: $d\psi = \dfrac{\partial \psi}{\partial x} dx + \dfrac{\partial \psi}{\partial y} dy$ (9–22)

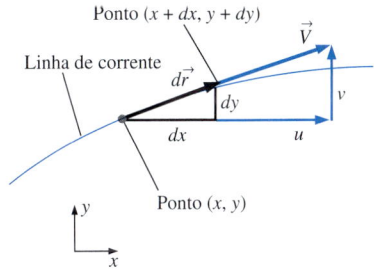

Comparando a Eq. 9–21 com a Eq. 9–22, vemos que dψ = 0 ao longo de uma linha de corrente; portanto, provamos a afirmação de que ψ é constante ao longo das linhas de corrente.

FIGURA 9–19 O comprimento do arco $\vec{dr} = (dx, dy)$ e o vetor velocidade local $\vec{V} = (u, v)$ ao longo de uma linha de corrente bidimensional no plano xy.

EXEMPLO 9–8 Cálculo do campo de velocidade por meio da função corrente

Um campo de escoamento estacionário, bidimensional, incompressível no plano xy tem uma função corrente dada por ψ = ax^3 + by + cx, onde a, b e c são constantes: a = 0,50 $(m \cdot s)^{-1}$, b = –2,0 m/s e c = –1,5 m/s. (a) Obtenha as expressões para as componentes da velocidades u e v. (b) Verifique se o campo de escoamento satisfaz a equação da continuidade incompressível. (c) Faça o gráfico de várias linhas de corrente do escoamento no quadrante superior direito.

SOLUÇÃO Para uma dada função corrente, vamos calcular as componentes de velocidade, verificar a incompressibilidade e desenhar o gráfico das linhas de corrente do escoamento.

Hipóteses 1 O escoamento é estacionário. 2 O escoamento é incompressível (essa hipótese deve ser verificada). 3 O escoamento é bidimensional no plano xy, isso implica que w = 0 e que nem u nem v dependem de z.

Análise (a) Usamos a Eq. 9–20 para obter expressões para u e v diferenciando a função corrente:

$$u = \dfrac{\partial \psi}{\partial y} = b \quad \text{e} \quad v = -\dfrac{\partial \psi}{\partial x} = -3ax^2 - c$$

(continua)

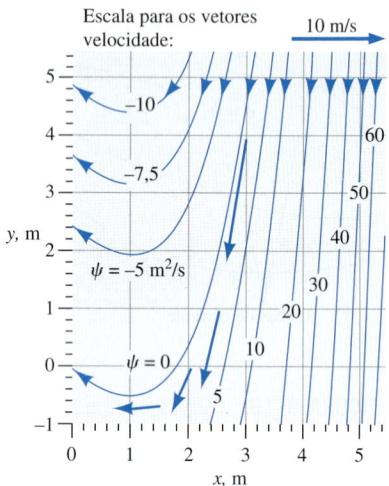

FIGURA 9–20 As linhas de corrente para o campo de velocidade do Exemplo 9–8; o valor da constante ψ é indicado para cada linha de corrente, e são mostrados vetores velocidade em quatro localizações.

(continuação)

(b) Como u não depende de x e v não depende de y, vemos imediatamente que a equação da continuidade incompressível bidimensional (Eq. 9–19) é satisfeita. Na verdade, como ψ é função suave em x e y, a equação da continuidade incompressível bidimensional no plano xy é automaticamente satisfeita pela própria definição de ψ. Concluímos que **o escoamento é de fato incompressível**.

(c) Para fazermos o gráfico das linhas de corrente, resolvemos a equação dada para y como função de x e ψ ou x como uma função de y e ψ. Nesse caso, o primeiro é mais fácil, e temos:

Equação para uma linha de corrente: $\qquad y = \dfrac{\psi - ax^3 - cx}{b}$

O gráfico dessa equação está na Fig. 9–20 para vários valores de ψ e para os valores fornecidos de a, b e c. O escoamento é aproximadamente reto e para baixo, para valores grandes de x, mas se curva para cima para $x < 1$ m.

Discussão Você pode verificar que $v = 0$ em $x = 1$ m. De fato, v é negativa para $x > 1$ m e positiva para $x < 1$ m. A direção do escoamento pode também ser determinada escolhendo-se um ponto arbitrário no escoamento, digamos, ($x = 3$ m, $y = 4$ m), e calculando a velocidade lá. Obtemos $u = -2,0$ m/s e $v = -12,0$ m/s nesse ponto, e qualquer uma delas mostra que o fluido escoa para a parte inferior esquerda nessa região do campo de escoamento. Para maior clareza, é colocado no gráfico da Fig. 9–20 também o vetor velocidade nesse ponto; está claro que ele é paralelo à linha de corrente próxima daquele ponto. São colocados no gráfico também vetores velocidade em três outros pontos.

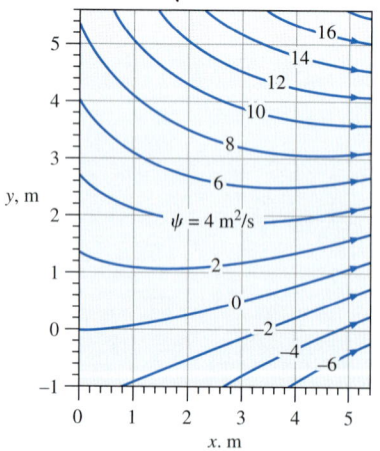

FIGURA 9–21 Linhas de corrente para o campo de velocidade do Exemplo 9–9; o valor da constante ψ é indicado para cada linha de corrente.

EXEMPLO 9–9 Cálculo da função corrente para um campo de velocidade conhecido

Considere um campo de velocidade estacionário, bidimensional, incompressível com $u = ax + b$ e $v = -ay + cx$, onde a, b e c são constantes: $a = 0,50$ s^{-1}, $b = 1,5$ m/s e $c = 0,35$ s^{-1}. Determine uma expressão para a função corrente e faça o gráfico de algumas linhas de corrente do escoamento no quadrante superior direito.

SOLUÇÃO Para um dado campo de velocidade, vamos determinar uma expressão para ψ e vamos fazer o gráfico de várias linhas de corrente para os valores dados das constantes a, b e c.

Hipóteses **1** O escoamento é estacionário. **2** O escoamento é incompressível. **3** O escoamento é bidimensional no plano xy, ou seja, $w = 0$ e nem u nem v dependem de z.

Análise Iniciamos escolhendo uma das duas partes da Eq. 9–20 que define a função corrente (não importa qual parte escolhemos – a solução será idêntica).

$$\frac{\partial \psi}{\partial y} = u = ax + b$$

Em seguida, integramos com relação a y, observando que essa é uma integração parcial, portanto, acrescentamos uma função arbitrária da outra variável, x, em lugar de uma constante de integração:

$$\psi = axy + by + g(x) \qquad (1)$$

Agora, escolhemos a outra parte da Eq. 9–20, diferenciamos a Eq. 1 e rearranjamos da seguinte forma:

$$v = -\frac{\partial \psi}{\partial x} = -ay - g'(x) \qquad (2)$$

onde $g'(x)$ representa dg/dx, já que g é uma função de uma só variável, x. Temos agora duas expressões para a componente de velocidade v: a equação dada no enunciado do problema e a Eq. 2. Igualamos as duas e integramos com relação a x para encontrar $g(x)$:

$$v = -ay + cx = -ay - g'(x) \rightarrow g'(x) = -cx \rightarrow g(x) = -c\frac{x^2}{2} + C \quad (3)$$

Observe que acrescentamos aqui uma constante de integração arbitrária C, já que g é uma função apenas de x. Finalmente, substituindo a Eq. 3 na Eq. 1, obtemos a expressão final para ψ:

Solução: $\quad\quad\quad\quad \psi = axy + by - c\frac{x^2}{2} + C \quad\quad\quad\quad (4)$

Para desenharmos as linhas de corrente, observamos que a Eq. 4 representa uma *família* de curvas, uma única curva para cada valor da constante $(\psi - C)$. Como C é arbitrária, é comum defini-la igual a zero, embora se possa atribuir a ela qualquer valor desejado. Para simplificarmos, fazemos $C = 0$ e resolvemos a Eq. 4 para y como uma função de x, resultando:

Equação para as linhas de corrente: $\quad\quad y = \dfrac{\psi + cx^2/2}{ax + b} \quad (5)$

Para os valores dados das constantes a, b e c, desenhamos o gráfico da Eq. 5 para vários valores de ψ na Fig. 9–21; essas curvas onde ψ é constante são linhas de corrente do escoamento. Na Fig. 9–21, vemos que este é um escoamento suavemente convergente no quadrante superior direito.

Discussão É sempre bom verificar sua álgebra. Neste exemplo, você poderia substituir a Eq. 4 na Eq. 9–20 para verificar que são obtidas as componentes da velocidade corretas.

Há outro fato fisicamente importante sobre a função corrente:

A diferença no valor de ψ de uma linha de corrente para outra é igual à vazão volumétrica por unidade de largura entre as duas linhas de corrente.

Essa afirmação está ilustrada na Fig. 9–22. Considere duas linhas de corrente, ψ_1 e ψ_2, e imagine um escoamento bidimensional no plano xy, de largura unitária para dentro da página (1 m na direção–z). Por definição, *nenhum escoamento pode cruzar uma linha de corrente*. Portanto, o fluido que estiver ocupando o espaço entre essas duas linhas de corrente permanece confinado entre essas duas linhas de corrente. Conclui-se que a vazão mássica através de qualquer fatia de seção transversal entre as linhas de corrente é a mesma em qualquer instante no tempo. A fatia de seção transversal pode ter qualquer forma, contanto que ela comece na linha de corrente 1 e termine na linha de corrente 2. Na Fig. 9–22, por exemplo, a fatia A é um arco suave de uma linha de corrente até a outra, enquanto a fatia B é ondulada. Para um escoamento bidimensional estacionário, incompressível, no plano xy, a vazão volumétrica $\dot{V}$ entre as duas linhas de corrente (por unidade de largura) deve ser, portanto, uma constante. Se as duas linhas de corrente se distanciarem, como ocorre da seção transversal A até a seção transversal B, a velocidade média entre as duas linhas de corrente diminui de forma correspondente, de maneira que a vazão volumétrica permanece a mesma ($\dot{V}_A = \dot{V}_B$). Na Fig. 9–20 do Exemplo 9–8, foram desenhados os gráficos dos vetores velocidade em quatro localizações no campo de escoamento entre as linhas de corrente $\psi = 0$ m²/s e $\psi = 5$ m²/s. Você pode ver claramente que à medida que as linhas de corrente divergem uma da outra, o vetor velocidade diminui em módulo. Da mesma forma, quando as linhas de corrente *convergem*, a velocidade média entre elas deve aumentar.

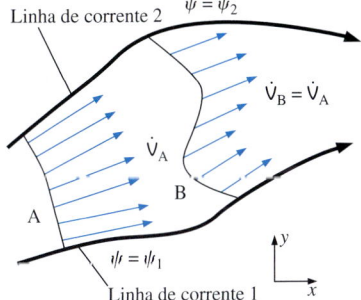

FIGURA 9–22 Para linhas de corrente bidimensionais no plano xy, a vazão volumétrica $\dot{V}$ por unidade de largura entre duas linhas de corrente é a mesma em qualquer fatia de seção transversal.

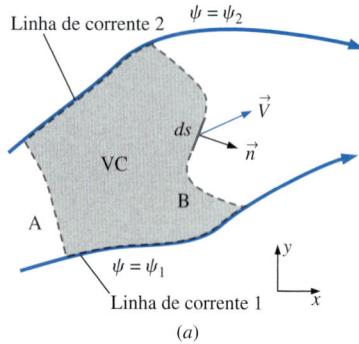

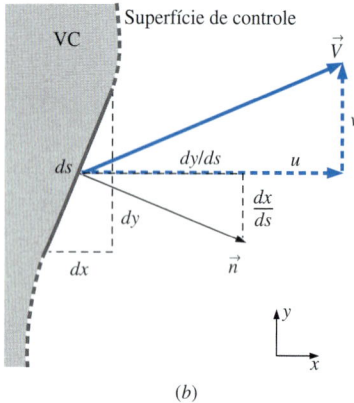

FIGURA 9–23 (a) Volume de controle limitado pelas linhas de corrente ψ_1 e ψ_2 e pelas fatias A e B no plano xy; (b) Vista ampliada da região ao redor do comprimento infinitesimal ds.

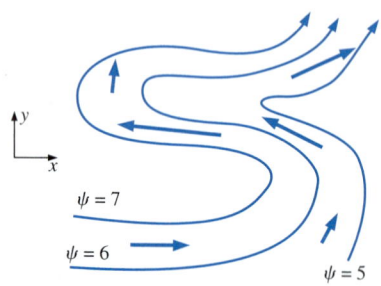

FIGURA 9–24 Ilustração da "convenção do lado esquerdo". No plano xy, o valor da função corrente sempre aumenta à esquerda da direção do escoamento.

Provamos essas afirmações matematicamente considerando um volume de controle limitado pelas duas linhas de corrente da Fig. 9–22 e pela seção transversal A e seção transversal B (Fig. 9–23). Um comprimento infinitesimal ds ao longo da fatia B está ilustrado na Fig. 9–23a, juntamente com seu vetor normal unitário $\vec{n}$. Para maior clareza, uma vista ampliada dessa região está desenhada na Fig. 9–23b. Conforme mostra a figura, as duas components de ds são dx e dy; portanto, o vetor normal unitário é:

$$\vec{n} = \frac{dy}{ds}\vec{i} - \frac{dx}{ds}\vec{j}$$

A vazão volumétrica por unidade de largura através do segmento ds da superfície de controle é:

$$d\dot{V} = \vec{V}\cdot\vec{n}\,dA = (u\vec{i} + v\vec{j})\cdot\left(\frac{dy}{ds}\vec{i} - \frac{dx}{ds}\vec{j}\right)ds \qquad (9\text{--}23)$$

onde $dA = ds$ vezes $1 = ds$, onde o 1 indica uma largura unitária para dentro da página, independentemente do sistema de unidades utilizado. Quando expandimos o produto escalar da Eq. 9–23 e aplicamos a Eq. 9–20, obtemos:

$$d\dot{V} = u\,dy - v\,dx = \frac{\partial \psi}{\partial y}dy + \frac{\partial \psi}{\partial x}dx = d\psi \qquad (9\text{--}24)$$

Encontramos a vazão volumétrica total através da área da seção transversal B integrando a Eq. 9–24 da linha de corrente 1 até a linha de corrente 2:

$$\dot{V}_B = \int_B \vec{V}\cdot\vec{n}\,dA = \int_B d\dot{V} = \int_{\psi=\psi_1}^{\psi=\psi_2} d\psi = \psi_2 - \psi_1 \qquad (9\text{--}25)$$

Portanto, a vazão volumétrica por unidade de largura através da fatia B é igual à diferença entre os valores das duas funções correntes que limitam a fatia B. Considere agora o volume de controle inteiro da Fig. 9–23a. Como sabemos que não há escoamento cruzando as linhas de corrente, a conservação da massa requer que a vazão volumétrica para dentro do volume de controle através da fatia A seja idêntica à vazão volumétrica para fora do volume de controle através da fatia B. Finalmente, como podemos escolher uma fatia de seção transversal de qualquer forma ou posição entre as duas linhas de corrente, a afirmação está provada.

Quando lidamos com funções correntes, a direção do escoamento é obtida por aquilo que podemos chamar de "convenção do lado esquerdo". Ou seja, se você estiver olhando para baixo ao longo do eixo z para o plano xy (Fig. 9–24) e estiver se movendo na direção do escoamento, a função corrente aumentará à sua esquerda.

O valor de ψ aumenta à esquerda da direção do escoamento no plano xy.

Na Fig. 9–24, por exemplo, a função corrente aumenta à esquerda da direção do escoamento, independentemente de quanto o escoamento gira e torce. Observe também que quando as linhas de corrente estão distanciadas (parte inferior direita da Fig. 9–24), o valor da velocidade (velocidade do fluido) naquela vizinhança é pequeno em relação a velocidades em localizações onde as linhas de corrente estão próximas entre si (região do meio da Fig. 9–24). Isso é facilmente explicado pela conservação da massa. À medida que as linhas de corrente convergem, a área da seção transversal entre elas diminui, e a velocidade deve aumentar para manter a vazão entre as linhas de corrente.

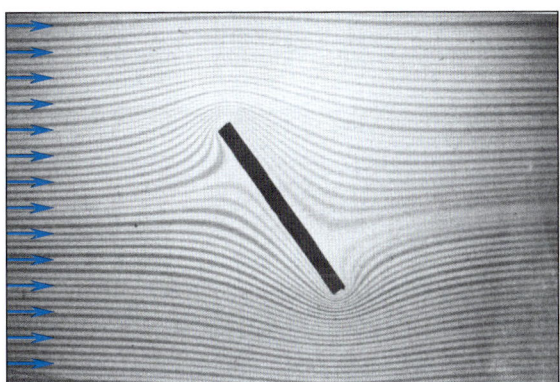

FIGURA 9–25 Linhas de emissão produzidas pelo escoamento de Hele-Shaw sobre uma placa inclinada. As linhas de emissão modelam linhas de corrente de escoamento potencial (Cap. 10) sobre uma placa inclinada bidimensional com a mesma forma de seção transversal.

Cortesia de Howell Peregrine, School of Mathematics, University of Bristol. Usada com permissão.

EXEMPLO 9–10 Velocidade relativa deduzida com base nas linhas de corrente

O **escoamento de Hele-Shaw** é produzido forçando-se um líquido através de um pequeno espaçamento entre placas paralelas. Um exemplo do escoamento de Hele-Shaw está ilustrado na Fig. 9-25 para escoamento sobre uma placa inclinada. As linhas de emissão são geradas introduzindo-se um corante em pontos igualmente espaçados a montante do campo de visão. Como o escoamento é permanente, as linhas de emissão coincidem com as linhas de corrente. O fluido é a água e as placas de vidro estão separadas por uma distância de 1,0 mm. Discuta como você pode afirmar, com base no padrão de linhas de corrente, se a velocidade do escoamento em determinada região do campo de escoamento é (relativamente) grande ou pequena.

SOLUÇÃO Para este conjunto de linhas de corrente, vamos discutir como podemos prever a velocidade relativa do fluido.

Hipóteses 1 O escoamento é permanente. 2 O escoamento é incompressível. 3 O escoamento modela escoamento potencial bidimensional no plano xy.

Análise Quando linhas de corrente igualmente espaçadas de uma função corrente se distanciam umas das outras, isso indica que a velocidade do escoamento diminuiu naquela região. Da mesma forma, se as linhas de corrente se aproximam umas das outras, a velocidade de escoamento aumenta naquela região. Na Fig. 9–25, deduzimos que o escoamento muito a montante da placa é reto e uniforme, porque as linhas de corrente estão igualmente espaçadas. O fluido desacelera à medida que ele se aproxima do lado debaixo da placa, especialmente próximo ao ponto de estagnação, como está indicado pelo amplo espaço entre as linhas de corrente. O escoamento acelera rapidamente atingindo velocidades muito altas ao redor de cantos agudos da placa, conforme indicam as linhas de corrente pouco espaçadas.

Discussão As linhas de emissão do escoamento de Hele-Shaw são similares àquelas do escoamento potencial, que é discutido no Cap. 10.

EXEMPLO 9–11 Vazão volumétrica deduzida com base nas linhas de corrente

Água é sugada através de uma passagem estreita na parede inferior de um canal. A água no canal flui da esquerda para a direita a uma velocidade uniforme $V = 1,0$ m/s. A abertura é perpendicular ao plano xy e se estende ao longo do eixo z por todo o canal, que tem uma largura $w = 2,0$ m. O escoamento é, portanto, aproximadamente bidimensional no plano xy. Várias linhas de corrente do escoamento foram desenhadas e identificadas na Fig. 9–26.

(continua)

FIGURA 9–26 Linhas de corrente para escoamento livre ao longo de uma parede com uma abertura de sucção estreita; valores da linha de corrente são mostrados em unidades de m²/s; a linha de corrente grossa é a linha de corrente divisória. A direção do vetor velocidade no ponto A é determinada pela convenção do lado esquerdo.

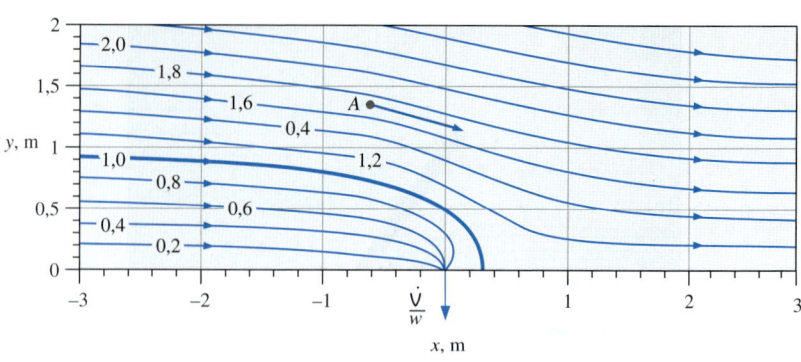

(continuação)

A linha de corrente grossa na Fig. 9–26 é chamada de **linha de corrente divisória** porque ela divide o escoamento em duas partes. Ou seja, toda a água abaixo dessa linha de corrente divisória é sugada para a abertura, enquanto toda a água acima da linha de corrente divisória continua seu caminho a jusante. Qual é a vazão volumétrica da água que está sendo sugada através da abertura? Estime o valor da velocidade no ponto A.

SOLUÇÃO Para um dado conjunto de linhas de corrente, vamos determinar a vazão volumétrica através da abertura e estimar a velocidade do fluido em um ponto.

Hipóteses **1** O escoamento é estacionário. **2** O escoamento é incompressível. **3** O escoamento é bidimensional no plano xy. **4** O atrito ao longo da parede inferior é desprezível.

Análise Pela Eq. 9–25, a vazão volumétrica por unidade de largura entre a parede inferior ($\psi_{parede} = 0$) e a linha de corrente divisória ($\psi_{divisória} = 1,0$ m²/s) é:

$$\frac{\dot{V}}{w} = \psi_{divisória} - \psi_{parede} = (1,0 - 0) \text{ m}^2/\text{s} = 1,0 \text{ m}^2/\text{s}$$

Todo esse escoamento deve passar através da abertura. Como o canal tem 2,0 m de largura, a vazão volumétrica total através da abertura é:

$$\dot{V} = \frac{\dot{V}}{w} w = (1,0 \text{ m}^2/\text{s})(2,0 \text{ m}) = \mathbf{2,0 \text{ m}^3/\text{s}}$$

Para estimarmos a velocidade no ponto A, medimos a distância δ entre as duas linhas de corrente que cercam o ponto A. Vemos que a linha de corrente 1,8 está aproximadamente a 0,21 m de distância da linha de corrente 1,6 na vizinhança do ponto A. A vazão volumétrica por unidade de largura (para dentro da página) entre essas duas linhas de corrente é igual à diferença do valor da função corrente. Podemos, portanto, estimar a velocidade no ponto A por:

$$V_A \cong \frac{\dot{V}}{w\delta} = \frac{1}{\delta}\frac{\dot{V}}{w} = \frac{1}{\delta}(\psi_{1,8} - \psi_{1,6}) = \frac{1}{0,21 \text{ m}}(1,8 - 1,6) \text{ m}^2/\text{s} = \mathbf{0,95 \text{ m/s}}$$

Nossa estimativa se aproxima muito bem à velocidade do escoamento livre conhecido (1.0 m/s), indicando que o fluido nas vizinhanças do ponto A flui aproximadamente à mesma velocidade do escoamento livre, mas aponta ligeiramente para baixo.

Discussão As linhas de corrente da Fig. 9–26 foram geradas por superposição de uma corrente uniforme e uma linha de sumidouro, considerando-se escoamento (potencial) irrotacional. Discutiremos essa superposição no Cap. 10.

A função corrente em coordenadas cilíndricas

Para escoamento bidimensional, podemos também definir a função corrente em coordenadas cilíndricas, o que é mais conveniente para muitos problemas. Observe que por *bidimensional* queremos dizer que há somente duas coordenadas espaciais relevantes independentes – sem dependência na terceira componente. Há duas possibilidades. A primeira é escoamento planar, exatamente como aquele das Eqs. 9–19 e 9–20, mas em termos de (r, θ) e (u_r, u_θ) em lugar de (x, y) e (u, v) (veja a Fig. 9–10a). Nesse caso, não há dependência da coordenada z. Simplificamos a equação da continuidade incompressível, Eq. 9–18, para escoamento planar bidimensional no plano $r\theta$,

$$\frac{\partial (r u_r)}{\partial r} + \frac{\partial (u_\theta)}{\partial \theta} = 0 \qquad (9\text{–}26)$$

Definimos a função corrente da seguinte forma:

Função corrente planar incompressível em coordenadas cilíndricas:

$$u_r = \frac{1}{r}\frac{\partial \psi}{\partial \theta} \quad \text{e} \quad u_\theta = -\frac{\partial \psi}{\partial r} \qquad (9\text{–}27)$$

Observamos novamente que os sinais são invertidos em alguns livros-texto. Você pode substituir a Eq. 9–27 na Eq. 9–26 para se convencer de que a Eq. 9–26 é identicamente satisfeita para qualquer função suave $\psi(r, \theta)$, já que a ordem de diferenciação (r depois θ ou θ depois r) é irrelevante para uma função suave.

O segundo tipo de escoamento bidimensional em coordenadas cilíndricas é o **escoamento axissimétrico**, no qual r e z são as variáveis espaciais relevantes, u_r e u_z são as componentes não nulas da velocidade, e não há dependência de θ (Fig. 9–27). Exemplos de escoamento axissimétrico incluem o escoamento ao redor de esferas, balas e a frente de muitos objetos tais como torpedos e mísseis, que seriam axissimétricos em todos os pontos se não existissem as alhetas. Para um escoamento incompressível axissimétrico, a equação da continuidade é:

$$\frac{1}{r}\frac{\partial (r u_r)}{\partial r} + \frac{\partial (u_z)}{\partial z} = 0 \qquad (9\text{–}28)$$

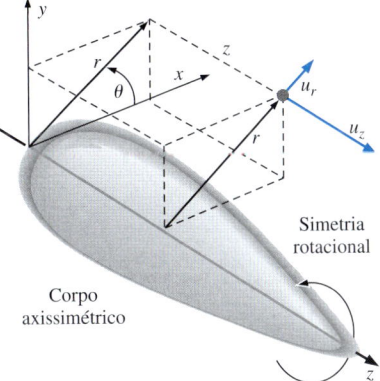

FIGURA 9–27 Escoamento sobre um corpo axissimétrico em coordenadas cilíndricas com simetria rotacional em relação ao eixo z; nem a geometria nem o campo de velocidade dependem de θ, e $u_\theta = 0$.

A função corrente ψ é definida de tal forma que ela satisfaz a Eq. 9–28 exatamente, contanto, é claro, que ψ seja uma função suave de r e z.

Função corrente incompressível, axissimétrica em coordenadas cilíndricas:

$$u_r = -\frac{1}{r}\frac{\partial \psi}{\partial z} \quad \text{e} \quad u_z = \frac{1}{r}\frac{\partial \psi}{\partial r} \qquad (9\text{–}29)$$

Observamos também que há outra maneira de descrever escoamentos axissimétricos, ou seja, usando coordenadas cartesianas (x, y) e (u, v), mas forçando a coordenada x a ser o eixo de simetria. Isso pode causar confusão porque as equações de movimento precisam ser modificadas adequadamente para levar em conta a axissimetria. Contudo, em geral, essa é a abordagem usada em aplicativos de CFD. A vantagem é que uma vez definida uma grade no plano xy, a *mesma* grade pode ser usada tanto para o escoamento planar (escoamento no plano xy sem dependência de z) quanto para o escoamento axissimétrico (escoamento no plano xy com simetria rotacional em relação ao eixo x). Não discutiremos as equações para essa descrição alternativa dos escoamentos axissimétricos.

EXEMPLO 9–12   Função corrente em coordenadas cilíndricas

Considere uma linha de vórtices, definida como um escoamento estacionário, planar, incompressível, no qual as componentes de velocidade são $u_r = 0$ e $u_\theta = K/r$, onde K é uma constante. Esse escoamento está representado na Fig. 9–15a. Deduza uma expressão para a função corrente $\psi(r, \theta)$ e demonstre que as linhas de corrente são círculos.

SOLUÇÃO   Para um dado campo de velocidade em coordenadas cilíndricas, vamos deduzir uma expressão para a função corrente.

Hipóteses   **1** O escoamento é estacionário. **2** O escoamento é incompressível. **3** O escoamento é planar no plano $r\theta$.

Análise   Usamos a definição de função corrente dada pela Eq. 9–27. Podemos escolher qualquer componente para começar; escolhemos a componente tangencial:

$$\frac{\partial \psi}{\partial r} = -u_\theta = -\frac{K}{r} \quad \rightarrow \quad \psi = -K \ln r + f(\theta) \tag{1}$$

Agora usamos a outra componente da Eq. 9–27:

$$u_r = \frac{1}{r}\frac{\partial \psi}{\partial \theta} = \frac{1}{r} f'(\theta) \tag{2}$$

onde a "linha" indica uma derivada com relação a θ. Igualando u_r das informações fornecidas com a Eq. 2, vemos que:

$$f'(\theta) = 0 \quad \rightarrow \quad f(\theta) = C$$

onde C é uma constante de integração arbitrária. A Equação 1 é, portanto:

Solução: $$\psi = -K \ln r + C \tag{3}$$

Finalmente, vemos pela Eq. 3 que as curvas onde ψ é constante são produzidas fazendo r igual a um valor constante. Como as curvas com r constante são círculos, por definição, **as linhas de corrente (curvas com ψ constante) devem, portanto, ser círculos centrados na origem, como mostra a Fig. 9–15a.**

Para valores dados de C e ψ, isolamos r na Eq. 3 para desenhar as linhas de corrente:

Equação para linhas de corrente: $$r = e^{-(\psi - C)/K} \tag{4}$$

Para $K = 10$ m²/s e $C = 0$, as linhas de corrente com $\psi = 0$ a 22 estão no gráfico da Fig. 9–28.

Discussão   Observe que para um incremento uniforme no valor de ψ, as linhas de corrente se aproximam cada vez mais umas das outras, perto da origem, à medida que a velocidade tangencial aumenta. Isso é um resultado direto da afirmação de que a diferença no valor de ψ de uma linha de corrente para outra é igual à vazão volumétrica por unidade de largura entre as duas linhas de corrente.

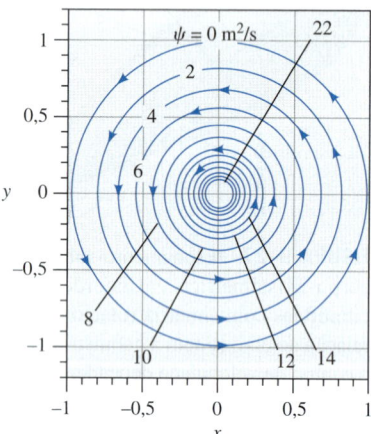

FIGURA 9–28   Linhas de corrente para o campo de velocidade do Exemplo 9–12, com $K = 10$ m²/s e $C = 0$; o valor da constante ψ é indicado para várias linhas de corrente.

A função corrente compressível*

Estendemos o conceito de uma função corrente ao escoamento estacionário, *compressível*, bidimensional no plano xy. A equação da continuidade compressível (Eq. 9–14) em coordenadas cartesianas se reduz ao seguinte para o escoamento bidimensional estacionário:

$$\frac{\partial(\rho u)}{\partial x} + \frac{\partial(\rho v)}{\partial y} = 0 \tag{9-30}$$

Introduzimos uma **função corrente compressível**, que representamos por ψ_ρ,

---

* Esta seção pode ser ignorada sem perda da continuidade.

Função corrente estacionária, compressível, bidimensional em coordenadas cartesianas:

$$\rho u = \frac{\partial \psi_\rho}{\partial y} \quad \text{e} \quad \rho v = -\frac{\partial \psi_\rho}{\partial x} \tag{9-31}$$

Por definição, ψ_ρ da Eq. 9–31 satisfaz a Eq. 9–30 exatamente, desde que ψ_ρ seja uma função suave de x e y. Muitas das características da função corrente compressível são iguais àquelas da função corrente incompressível ψ discutida anteriormente. Por exemplo, curvas com ψ_ρ constante são também linhas de corrente. No entanto, a diferença em ψ_ρ de uma linha de corrente para outra é a *vazão mássica* por unidade de largura e não a vazão volumétrica por unidade de largura. Embora não tão popular quanto sua contraparte incompressível, a função corrente compressível é usada em alguns códigos CFD comerciais.

9–4 CONSERVAÇÃO DA QUANTIDADE DE MOVIMENTO – EQUAÇÃO DE CAUCHY

Com a aplicação do teorema de transporte de Reynolds (Cap. 4), temos a expressão geral para conservação do momento linear quando aplicada a um volume de controle:

$$\sum \vec{F} = \int_{VC} \rho \vec{g}\, dV + \int_{CS} \sigma_{ij} \cdot \vec{n}\, dA = \int_{VC} \frac{\partial}{\partial t}(\rho \vec{V})\, dV + \int_{CS} (\rho \vec{V})\vec{V}\cdot\vec{n}\, dA \tag{9-32}$$

onde σ_{ij} é o **tensor da tensão** introduzido no Cap. 6. As componentes de σ_{ij} nas faces positivas de um volume de controle retangular infinitesimal estão mostradas na Fig. 9–29. A Equação 9–32 se aplica a volumes de controle fixos e móveis, desde que $\vec{V}$ seja a velocidade absoluta (como vista por um observador fixo). Para o caso especial de escoamento com entradas e saídas bem definidas, a Eq. 9–32 pode ser simplificada da seguinte maneira:

$$\sum \vec{F} = \sum \vec{F}_{volume} + \sum \vec{F}_{superfície} = \int_{VC} \frac{\partial}{\partial t}(\rho\vec{V})\, dV + \sum_s \beta \dot{m} \vec{V} - \sum_e \beta \dot{m} \vec{V} \tag{9-33}$$

onde $\vec{V}$, nos dois últimos termos, é tomada como a velocidade média em uma entrada ou saída, e β é o fator de correção de fluxo de momento (Cap. 6). Em outras palavras, a força total agindo no volume de controle é igual à taxa na qual o momento muda dentro do volume de controle mais a taxa na qual o momento flui para fora do volume de controle menos a taxa na qual o momento flui para dentro do volume de controle. A Equação 9–33 se aplica a *qualquer* volume de controle, independentemente de seu tamanho. Para gerar uma equação diferencial para conservação do momento, imaginamos o volume de controle encolhendo até um tamanho infinitesimal. No limite, o volume de controle inteiro encolhe para um ponto no escoamento (Fig. 9–2). Adotamos aqui a mesma abordagem usada para a conservação da massa; ou seja, mostramos mais de uma maneira de deduzir a forma diferencial da conservação da quantidade de movimento.

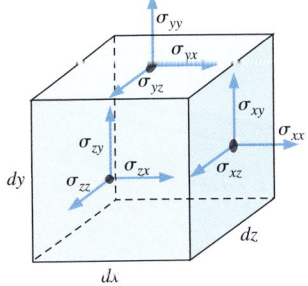

FIGURA 9–29 Componentes positivas do tensor da tensão em coordenadas cartesianas nas faces positivas (direita, superior e frontal) de um volume de controle retangular infinitesimal. Os pontos vermelhos indicam o centro de cada face. As componentes positivas nas faces negativas (esquerda, inferior e traseira) estão na direção oposta àquelas mostradas aqui.

Dedução usando o teorema do divergente

A maneira mais direta (e mais elegante) de deduzir a forma diferencial da conservação do momento é aplicar o teorema do divergente da Eq. 9–3. Uma forma mais geral do teorema do divergente se aplica não somente a vetores, mas também a outras grandezas como os tensores, como ilustra a Fig. 9–30. Especifi-

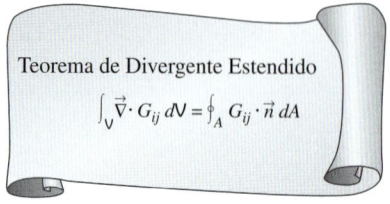

FIGURA 9–30 Uma forma estendida do teorema do divergente é útil não somente para vetores, mas também para tensores. Na equação, G_{ij} é um tensor de segunda ordem, V é um volume e A é a área da superfície que delimita e define o volume.

camente, se substituirmos G_{ij} no teorema do divergente estendido da Fig. 9–30 pela grandeza $(\rho\vec{V})\vec{V}$, um tensor de segunda ordem, o último termo na Eq. 9–32 torna-se:

$$\int_{CS} (\rho\vec{V})\vec{V}\cdot\vec{n}\, dA = \int_{VC} \vec{\nabla}\cdot(\rho\vec{V}\vec{V})\, dV \qquad (9\text{–}34)$$

onde $\vec{V}\vec{V}$ é um vetor produto chamado de *produto exterior* do vetor velocidade por ele mesmo. (O produto exterior de dois vetores *não* é o mesmo que o produto interior ou escalar, nem é o mesmo que o produto vetorial dos dois vetores.) De modo semelhante, se substituirmos G_{ij} na Fig. 9–30 pelo tensor da tensão σ_{ij}, o segundo termo no lado direito da Eq. 9–32 torna-se:

$$\int_{CS} \sigma_{ij}\cdot\vec{n}\, dA = \int_{VC} \vec{\nabla}\cdot\sigma_{ij}\, dV \qquad (9\text{–}35)$$

Portanto, as duas integrais de superfície da Eq. 9–32 tornam-se integrais de volume aplicando as Eqs. 9–34 e 9–35. Combinamos e rearranjamos os termos, e reescrevemos a Eq. 9–32 como:

$$\int_{VC} \left[\frac{\partial}{\partial t}(\rho\vec{V}) + \vec{\nabla}\cdot(\rho\vec{V}\vec{V}) - \rho\vec{g} - \vec{\nabla}\cdot\sigma_{ij}\right] dV = 0 \qquad (9\text{–}36)$$

Finalmente, argumentamos que a Eq. 9–36 deve valer para *qualquer* volume de controle, independentemente de seu tamanho ou forma. Isso é possível somente se o integrando (entre colchetes) for identicamente igual a zero. Assim, temos uma equação diferencial geral para conservação do momento, conhecida como **equação de Cauchy**:

Equação de Cauchy: $$\frac{\partial}{\partial t}(\rho\vec{V}) + \vec{\nabla}\cdot(\rho\vec{V}\vec{V}) = \rho\vec{g} + \vec{\nabla}\cdot\sigma_{ij} \qquad (9\text{–}37)$$

A Equação 9–37 recebe esse nome em homenagem ao engenheiro e matemático francês Augustin Louis de Cauchy (1789-1857). Ela é válida para escoamento compressível e incompressível, pois não fizemos nenhuma hipótese sobre incompressibilidade. Ela é válida em qualquer ponto no domínio do escoamento (Fig. 9–31). Note que a Eq. 9–37 é uma equação *vetorial*, e, portanto, representa três equações escalares, uma para cada eixo de coordenadas nos problemas tridimensionais.

Dedução usando um volume de controle infinitesimal

Vamos deduzir a equação de Cauchy de outra maneira, usando um volume de controle infinitesimal ao qual aplicamos a conservação do momento (Eq. 9–33). Vamos considerar o mesmo volume de controle em forma de caixa usado para deduzir a equação da continuidade (Fig. 9–3). No centro da caixa, como antes, definimos a densidade como ρ e as componentes de velocidade como u, v e w. Definimos também o tensor da tensão como σ_{ij} no centro da caixa. Para simplificar, consideramos a componente x da Eq. 9–33, obtida fazendo-se $\Sigma\vec{F}$ igual à sua componente x, ΣF_x e $\vec{V}$ igual à sua componente x, u. Isso não somente simplifica os diagramas, mas também nos permite trabalhar com uma equação escalar, ou seja:

$$\Sigma F_x = \Sigma F_{x,\,\text{volume}} + \Sigma F_{x,\,\text{superfície}} = \int_{VC} \frac{\partial}{\partial t}(\rho u)\, dV + \sum_s \beta\dot{m}u - \sum_e \beta\dot{m}u \quad (9\text{–}38)$$

À medida que o volume de controle encolhe para um ponto, o primeiro termo no lado direito da Eq. 9–38 torna-se:

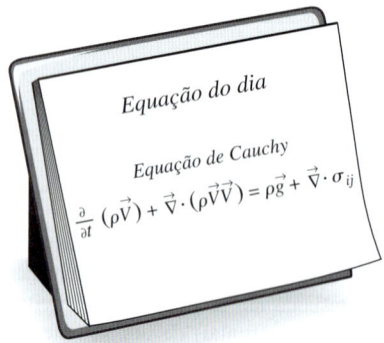

FIGURA 9–31 A *equação de Cauchy* é uma forma diferencial da lei da conservação do momento. Ela se aplica a qualquer tipo de fluido.

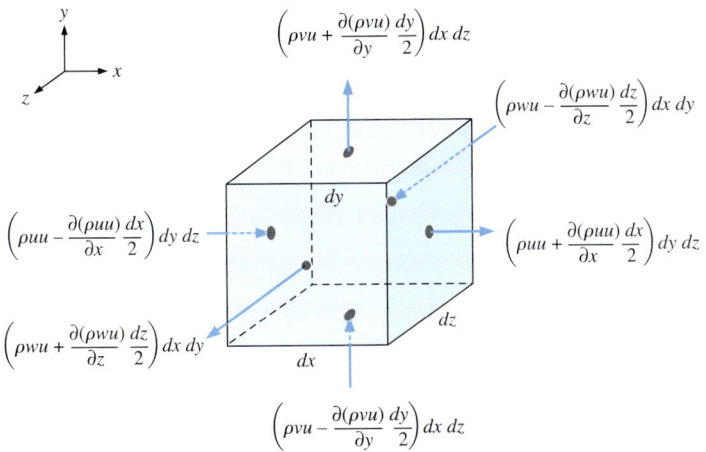

FIGURA 9–32 Fluxo que entra e que sai da componente x do momento através de cada face de um volume de controle infinitesimal; os pontos vermelhos indicam o centro de cada face.

Taxa de mudança do momento na direção x dentro do volume de controle:

$$\int_{VC} \frac{\partial}{\partial t}(\rho u)\, dV \cong \frac{\partial}{\partial t}(\rho u)\, dx\, dy\, dz \qquad (9\text{–}39)$$

pois o volume do elemento infinitesimal é $dx\, dy\, dz$. Aplicamos as expansões truncadas, de primeira ordem das séries de Taylor em pontos distantes do centro do volume de controle para aproximar o fluxo de momento que entra e que sai na direção x. A Figura 9–32 mostra esses fluxos de momento no ponto central de cada uma das seis faces do volume de controle infinitesimal. Somente a componente *normal* de velocidade em cada face precisa ser considerada, pois as componentes de velocidade tangencial não contribuem para a vazão mássica para fora ou para dentro da face, e, portanto, também não há fluxo de momento através da face.

Somando todos os fluxos que saem e subtraindo todos os fluxos que entram mostrados na Fig. 9–32, obtemos uma aproximação para os dois últimos termos da Eq. 9–38:

Fluxo líquido do momento na direção x que sai através da superfície de controle:

$$\sum_s \beta \dot{m} u - \sum_e \beta \dot{m} u \cong \left(\frac{\partial}{\partial x}(\rho u u) + \frac{\partial}{\partial y}(\rho v u) + \frac{\partial}{\partial z}(\rho w u)\right) dx\, dy\, dz \qquad (9\text{–}40)$$

onde β é igual a um em todas as faces, consistente com nossa aproximação de primeira ordem.

Em seguida, somamos todas as forças que estão agindo sobre nosso volume de controle infinitesimal na direção x. Conforme fizemos no Cap. 6, precisamos considerar tanto as forças de volume quanto as forças de superfície. A força da gravidade (peso) é a única força de volume que levamos em conta. Para o caso geral no qual o sistema de coordenadas pode não estar alinhado com o eixo z (ou, aliás, com qualquer eixo de coordenadas), como está esboçado na Fig. 9–33, o vetor gravidade é escrito como:

$$\vec{g} = g_x \vec{i} + g_y \vec{j} + g_z \vec{k}$$

Assim, na direção x, a força de volume sobre o volume de controle é:

$$\sum F_{x,\,\text{volume}} = \sum F_{x,\,\text{gravidade}} \cong \rho g_x\, dx\, dy\, dz \qquad (9\text{–}41)$$

Em seguida, consideramos a força líquida de superfície na direção x. Lembre-se de que o tensor da tensão σ_{ij} tem dimensões de força por unidade de área. Assim,

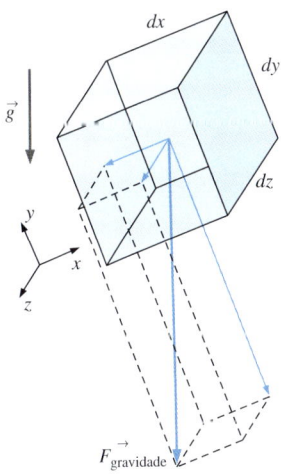

FIGURA 9–33 Em geral, o vetor gravidade não está necessariamente alinhado com qualquer eixo em especial, e há três componentes da força de volume agindo em um elemento infinitesimal de fluido.

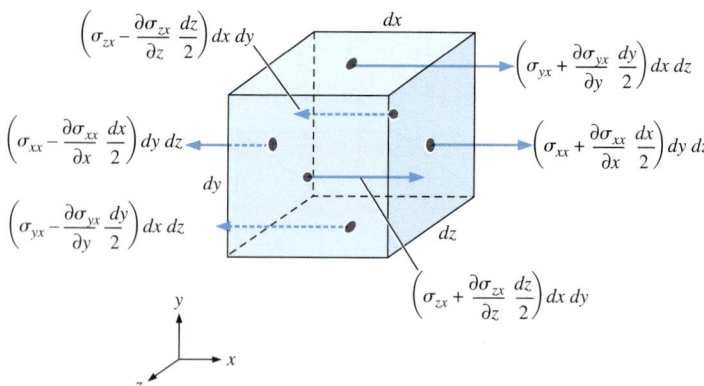

FIGURA 9–34 Esboço ilustrando as forças de superfície agindo na direção x devido à componente apropriada do tensor de tensão em cada face do volume de controle infinitesimal; os pontos vermelhos indicam o centro de cada face.

para obter uma força, temos que multiplicar cada componente de tensão pela área da superfície da face sobre a qual ela age. Precisamos considerar apenas aquelas componentes que apontam na direção x (ou $-x$). (As outras componentes do tensor da tensão, embora possam ser diferentes de zero, não contribuem para a força resultante na direção x.) Usando expansões truncadas da série de Taylor, desenhamos todas as forças de superfície que contribuem para uma componente x de força de superfície agindo sobre nosso elemento infinitesimal de fluido (Fig. 9–34).

Somando todas as forças de superfície ilustradas na Fig. 9–34, obtemos uma aproximação para a força líquida de superfície agindo sobre o elemento infinitesimal de fluido na direção x:

$$\sum F_{x,\,\text{superfície}} \cong \left(\frac{\partial}{\partial x} \sigma_{xx} + \frac{\partial}{\partial y} \sigma_{yx} + \frac{\partial}{\partial z} \sigma_{zx} \right) dx\, dy\, dz \qquad (9\text{–}42)$$

Agora substituímos as Eqs. 9–39 até 9–42 na Eq. 9–38, observando que o volume do elemento infinitesimal de fluido, $dx\, dy\, dz$, aparece em todos os termos e pode ser eliminado. Após alguns rearranjos, obtemos a forma diferencial da equação de momento na direção x:

$$\frac{\partial(\rho u)}{\partial t} + \frac{\partial(\rho uu)}{\partial x} + \frac{\partial(\rho vu)}{\partial y} + \frac{\partial(\rho wu)}{\partial z} = \rho g_x + \frac{\partial}{\partial x} \sigma_{xx} + \frac{\partial}{\partial y} \sigma_{yx} + \frac{\partial}{\partial z} \sigma_{zx} \quad (9\text{–}43)$$

De uma forma similar, geramos formas diferenciais das equações de momento nas direções y e z:

$$\frac{\partial(\rho v)}{\partial t} + \frac{\partial(\rho uv)}{\partial x} + \frac{\partial(\rho vv)}{\partial y} + \frac{\partial(\rho wv)}{\partial z} = \rho g_y + \frac{\partial}{\partial x} \sigma_{xy} + \frac{\partial}{\partial y} \sigma_{yy} + \frac{\partial}{\partial z} \sigma_{zy} \quad (9\text{–}44)$$

e

$$\frac{\partial(\rho w)}{\partial t} + \frac{\partial(\rho uw)}{\partial x} + \frac{\partial(\rho vw)}{\partial y} + \frac{\partial(\rho ww)}{\partial z} = \rho g_z + \frac{\partial}{\partial x} \sigma_{xz} + \frac{\partial}{\partial y} \sigma_{yz} + \frac{\partial}{\partial z} \sigma_{zz} \quad (9\text{–}45)$$

respectivamente. Finalmente, combinamos as Eqs. 9–43 até 9–45 em uma equação vetorial:

Equação de Cauchy: $\qquad \dfrac{\partial}{\partial t}(\rho \vec{V}) + \vec{\nabla} \cdot (\rho \vec{V}\vec{V}) = \rho \vec{g} + \vec{\nabla} \cdot \sigma_{ij}$

Essa equação é idêntica à equação de Cauchy (Eq. 9–37); dessa maneira, confirmamos que nossa dedução usando o elemento infinitesimal de fluido produz o mesmo resultado de nossa dedução usando o teorema do divergente. Note que o produto $\vec{V}\vec{V}$ é um tensor de segunda ordem (Fig. 9–35).

Forma alternativa da equação de Cauchy

Aplicando a regra do produto ao primeiro termo no lado esquerdo da Eq. 9–37, obtemos:

$$\frac{\partial}{\partial t}(\rho\vec{V}) = \rho\frac{\partial \vec{V}}{\partial t} + \vec{V}\frac{\partial \rho}{\partial t} \qquad (9\text{–}46)$$

O segundo termo da Eq. 9–37 pode ser escrito como:

$$\vec{\nabla}\cdot(\rho\vec{V}\vec{V}) = \vec{V}\vec{\nabla}\cdot(\rho\vec{V}) + \rho(\vec{V}\cdot\vec{\nabla})\vec{V} \qquad (9\text{–}47)$$

Assim, eliminamos o tensor de segunda ordem representado por $\vec{V}\vec{V}$. Após alguns rearranjos, substituindo as Eqs. 9–46 e 9–47 na Eq. 9–37, resulta:

$$\rho\frac{\partial \vec{V}}{\partial t} + \vec{V}\left[\frac{\partial \rho}{\partial t} + \vec{\nabla}\cdot(\rho\vec{V})\right] + \rho(\vec{V}\cdot\vec{\nabla})\vec{V} = \rho\vec{g} + \vec{\nabla}\cdot\sigma_{ij}$$

Mas a expressão dentro dos colchetes nessa equação é identicamente igual a zero pela equação da continuidade, Eq. 9–5. Combinando os dois termos restantes no lado esquerdo, escrevemos:

Forma alternativa da equação de Cauchy:

$$\rho\left[\frac{\partial \vec{V}}{\partial t} + (\vec{V}\cdot\vec{\nabla})\vec{V}\right] = \rho\frac{D\vec{V}}{Dt} = \rho\vec{g} + \vec{\nabla}\cdot\sigma_{ij} \qquad (9\text{–}48)$$

onde reconhecemos a expressão entre colchetes como a aceleração material – a aceleração seguindo uma partícula de fluido (veja o Cap. 4).

Dedução usando a segunda lei de Newton

Podemos deduzir a equação de Cauchy ainda por um terceiro método. Ou seja, tomamos o elemento infinitesimal de fluido como um *elemento material* em lugar de um volume de controle. Em outras palavras, pensamos no fluido dentro do elemento diferencial como um minúsculo *sistema* de identidade fixa, movendo-se com o escoamento (Fig. 9–36). A aceleração desse elemento de fluido é $\vec{a} = D\vec{V}/Dt$ por definição da aceleração material. Pela segunda lei de Newton aplicada a um elemento material de fluido:

$$\sum\vec{F} = m\vec{a} = m\frac{D\vec{V}}{Dt} = \rho\,dx\,dy\,dz\,\frac{D\vec{V}}{Dt} \qquad (9\text{–}49)$$

No instante no tempo representado na Fig. 9–36, a força sobre o elemento infinitesimal de fluido é encontrada da mesma maneira como calculamos anteriormente no volume de controle infinitesimal. Assim, a força total agindo sobre o elemento de fluido é a soma das Eqs. 9–41 e 9–42, estendida à forma vetorial. Substituindo-as na Eq. 9–49 e dividindo por $dx\,dy\,dz$, geramos novamente a forma alternativa da equação de Cauchy,

$$\rho\frac{D\vec{V}}{Dt} = \rho\vec{g} + \vec{\nabla}\cdot\sigma_{ij} \qquad (9\text{–}50)$$

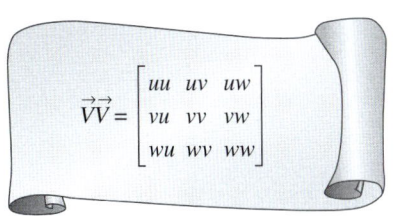

FIGURA 9–35 O produto exterior do vetor $\vec{V} = (u, v, w)$ por si mesmo é um tensor de segunda ordem. O produto mostrado está em coordenadas cartesianas e é ilustrado como uma matriz de nove componentes.

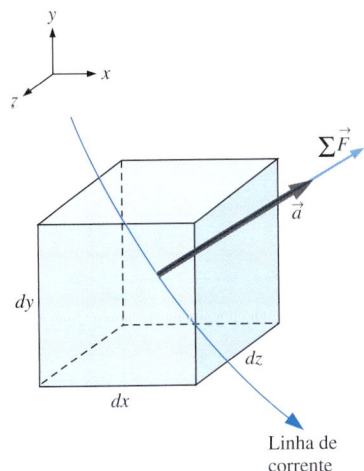

FIGURA 9–36 Se o elemento infinitesimal de fluido é um elemento material, ele se move com o escoamento, e a segunda lei de Newton se aplica diretamente.

A Equação 9–50 é idêntica à Eq. 9–48. Pensando melhor, poderíamos ter começado com a segunda lei de Newton desde o início, evitando alguns cálculos algébricos. No entanto, a dedução da equação de Cauchy pelos três métodos certamente reforça nossa confiança na validade da equação!

Devemos ter muito cuidado ao expandir o último termo da Eq. 9–50, que é o divergente de um tensor de segunda ordem. Em coordenadas cartesianas, as três componentes de equação de Cauchy são:

Componente x:
$$\rho \frac{Du}{Dt} = \rho g_x + \frac{\partial \sigma_{xx}}{\partial x} + \frac{\partial \sigma_{yx}}{\partial y} + \frac{\partial \sigma_{zx}}{\partial z}$$
(9–51a)

Componente y:
$$\rho \frac{Dv}{Dt} = \rho g_y + \frac{\partial \sigma_{xy}}{\partial x} + \frac{\partial \sigma_{yy}}{\partial y} + \frac{\partial \sigma_{zy}}{\partial z}$$
(9–51b)

Componente z:
$$\rho \frac{Dw}{Dt} = \rho g_z + \frac{\partial \sigma_{xz}}{\partial x} + \frac{\partial \sigma_{yz}}{\partial y} + \frac{\partial \sigma_{zz}}{\partial z}$$
(9–51c)

Concluímos esta seção observando que não podemos resolver qualquer problema de mecânica dos fluidos usando a equação de Cauchy isoladamente (mesmo quando combinada com a continuidade). O problema é que o tensor de tensão σ_{ij} precisa ser expresso em termos das incógnitas primárias no problema, ou seja, densidade, pressão e velocidade. Isso é feito para o tipo mais comum de fluido na Seção 9–5.

9–5 A EQUAÇÃO DE NAVIER-STOKES

Introdução

A equação de Cauchy (Eq. 9–37 ou sua forma alternativa Eq. 9–48) não nos é muito útil na forma como está, porque o tensor da tensão σ_{ij} contém nove componentes, dos quais seis são independentes (devido à simetria). Assim, além da densidade e das três componentes da velocidade, há seis incógnitas adicionais, para um total de dez incógnitas. (Em coordenadas cartesianas as incógnitas são ρ, u, v, w, σ_{xx}, σ_{xy}, σ_{xz}, σ_{yy}, σ_{yz} e σ_{zz}.) Por outro lado, até agora discutimos apenas quatro equações – continuidade (uma equação) e equação de Cauchy (três equações). Naturalmente, para que seja possível uma solução matemática, o número de equações deve ser igual ao número de incógnitas, e, portanto, precisamos de mais seis equações. Essas equações são chamadas de **equações constitutivas**, e elas nos permitem escrever as componentes do tensor da tensão em termos do campo de velocidade e do campo de pressão.

A primeira coisa que faremos é separar as tensões de pressão e as tensões viscosas. Quando um fluido está em repouso, a única tensão agindo em *qualquer* superfície de *qualquer* elemento de fluido é a pressão hidrostática local *P*, que sempre age *para dentro* e *normal* à superfície (Fig. 9–37). Assim, independentemente da orientação do eixo de coordenadas, para um fluido em repouso, o tensor da tensão se reduz a:

Fluido em repouso:
$$\sigma_{ij} = \begin{pmatrix} \sigma_{xx} & \sigma_{xy} & \sigma_{xz} \\ \sigma_{yx} & \sigma_{yy} & \sigma_{yz} \\ \sigma_{zx} & \sigma_{zy} & \sigma_{zz} \end{pmatrix} = \begin{pmatrix} -P & 0 & 0 \\ 0 & -P & 0 \\ 0 & 0 & -P \end{pmatrix}$$
(9–52)

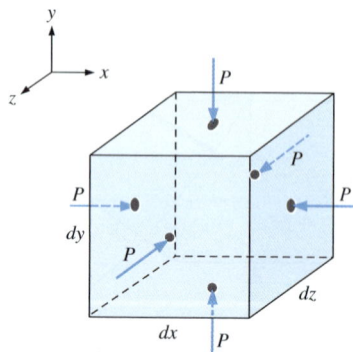

FIGURA 9–37 Para fluidos em repouso, a única tensão sobre um elemento de fluido é a pressão hidrostática, que sempre age para dentro e normal a qualquer superfície.

A pressão hidrostática *P* na Eq. 9–52 é a mesma que a **pressão termodinâmica** com a qual estamos familiarizados no nosso estudo da termodinâmica. *P* está relacionada com a temperatura e a densidade através de algum tipo de **equação de estado** (por exemplo, a lei dos gases ideais). Como observação, podemos dizer que isso complica ainda mais a análise de um escoamento de fluido compressível, porque introduzimos ainda uma outra incógnita, ou seja, a temperatura T. Essa nova incógnita requer uma outra equação – a forma diferencial da equação da energia – que não será discutida neste texto.

Quando um fluido está se *movendo*, a pressão ainda age para dentro e é normal, mas podem existir também tensões viscosas. Generalizamos a Eq. 9–52 para fluidos em movimento por:

Fluidos em movimento:

$$\sigma_{ij} = \begin{pmatrix} \sigma_{xx} & \sigma_{xy} & \sigma_{xz} \\ \sigma_{yx} & \sigma_{yy} & \sigma_{yz} \\ \sigma_{zx} & \sigma_{zy} & \sigma_{zz} \end{pmatrix} = \begin{pmatrix} -P & 0 & 0 \\ 0 & -P & 0 \\ 0 & 0 & -P \end{pmatrix} + \begin{pmatrix} \tau_{xx} & \tau_{xy} & \tau_{xz} \\ \tau_{yx} & \tau_{yy} & \tau_{yz} \\ \tau_{zx} & \tau_{zy} & \tau_{zz} \end{pmatrix} \quad (9\text{–}53)$$

onde introduzimos um novo tensor, τ_{ij}, chamado de **tensor de tensão viscosa** ou **tensor de tensão de desvio**. Matematicamente, não melhoramos a situação porque substituímos as seis componentes desconhecidas de σ_{ij} por seis componentes desconhecidas de τ_{ij}, e acrescentamos *outra* incógnita, a pressão P. Felizmente, no entanto, há equações constitutivas que expressam τ_{ij} em termos do campo de velocidade e propriedades mensuráveis do fluido como a viscosidade. A forma real das relações constitutivas depende do tipo de fluido, conforme discutimos rapidamente.

Como nota à parte, observamos que existem algumas sutilezas associadas com a pressão na Eq. 9–53. Se o fluido é *incompressível*, não temos equação de estado (ela é substituída pela equação ρ = constante) e não podemos mais definir P como pressão termodinâmica. Em vez disso, definimos P na Eq. 9–53 como a **pressão mecânica**,

Pressão mecânica: $\qquad P_m = -\dfrac{1}{3}(\sigma_{xx} + \sigma_{yy} + \sigma_{zz})$ \qquad (9–54)

Vemos pela Eq. 9–54 que *a pressão mecânica é a tensão normal média agindo para dentro em um elemento de fluido*. Ela é chamada também de **pressão média** por alguns autores. Assim, ao lidar com escoamentos de fluido incompressível, a variável pressão P é sempre interpretada como a pressão mecânica P_m. Porém, para campos de escoamento *compressíveis*, a pressão P na Eq. 9–53 *é* a pressão termodinâmica, mas a tensão normal média presente nas superfícies de um elemento de fluido não é necessariamente a mesma que P (a variável pressão P e a pressão mecânica P_m não são necessariamente equivalentes). Você pode consultar Panton (1996) ou Kundu et al. (2011) para uma discussão mais detalhada da pressão mecânica.

Fluidos newtonianos *versus* fluidos não newtonianos

O estudo da deformação de fluidos em escoamento é chamada de **reologia**; o comportamento reológico de vários fluidos está representado na Fig. 9–38. Neste livro, nós nos concentramos nos **fluidos newtonianos**, definidos como *fluidos para os quais a tensão de cisalhamento é linearmente proporcional à taxa de deformação de cisalhamento*. Os fluidos newtonianos (tensão proporcional à taxa de deformação) são análogos aos sólidos elásticos (lei de Hooke: tensão proporcional à deformação). Muitos fluidos comuns, como o ar e outros gases, água, querosene, gasolina, e outros líquidos à base de óleo, são fluidos newtonianos. Fluidos para os quais a tensão de cisalhamento *não* está linearmente relacionada com a taxa de deformação de cisalhamento são chamados de **fluidos não newtonianos**. Como exemplos, podemos incluir lamas e suspensões coloidais, soluções de polímeros, sangue, pasta e massa de bolo. Alguns fluidos não newtonianos

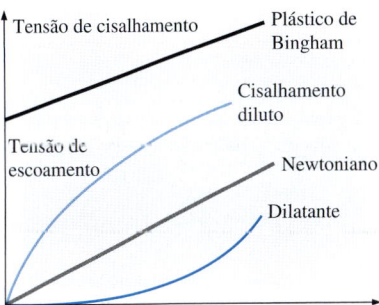

FIGURA 9–38 Comportamento reológico dos fluidos – a tensão de cisalhamento como uma função da taxa de deformação de cisalhamento.

FIGURA 9–39 Quando um engenheiro cai na areia movediça (um *fluido dilatante*), quanto mais rapidamente ele tentar se mover, mais viscoso se torna o fluido.

apresentam uma característica de "memória" – a tensão de cisalhamento depende não somente da taxa de deformação local, mas também de sua *história*. Um fluido que retorna (totalmente ou parcialmente) à sua forma original depois que a tensão aplicada foi removida é chamado de **viscoelástico**.

Alguns fluidos não newtonianos são chamados de **fluidos de cisalhamento diluto** ou **fluidos pseudoplásticos**, porque quanto mais o fluido é cisalhado, menos viscoso ele se torna. Um bom exemplo disso é a tinta. A tinta é muito viscosa quando tirada da lata ou quando apanhada por um pincel, porque a taxa de cisalhamento é pequena. No entanto, quando aplicamos a tinta na parede, a fina camada de tinta entre o pincel e a parede é submetida a uma grande tensão de cisalhamento, e ela se torna muito menos viscosa. **Fluidos plásticos** são aqueles nos quais o efeito de diminuição de cisalhamento é extremo. Em alguns fluidos é necessária uma tensão finita chamada de **tensão de escoamento** para que o fluido comece a fluir; esses fluidos são chamados de **fluidos plásticos de Bingham**. Certas pastas, como o creme antiacne e o creme dental, são exemplos de fluidos plásticos de Bingham. Se você segura o tubo virado para baixo, o creme não flui, apesar de existir uma tensão não nula devido à gravidade. No entanto, se você aperta o tubo (aumentando bastante a tensão), o creme flui como um fluido muito viscoso. Outros fluidos mostram o efeito oposto e são chamados de **fluidos de cisalhamento espessado** ou **fluidos dilatantes**; quanto mais o fluido é cisalhado, *mais* viscoso ele se torna. O melhor exemplo é a areia movediça, uma mistura grossa de areia e água. Como todos nós já vimos nos filmes de Hollywood, é fácil você se mover *lentamente* através da areia movediça, porque a viscosidade é baixa; mas se você entrar em pânico e tentar se mover rapidamente, a resistência viscosa aumenta consideravelmente e você fica "preso" (Fig. 9–39). Os fluidos de cisalhamento espessado são usados em alguns equipamentos de exercício físico – quanto mais rápido você puxa, mais resistência encontra.

Dedução da equação de Navier-Stokes para escoamento incompressível, isotérmico

A partir deste ponto, limitamos nossa discussão aos fluidos newtonianos, em que, por definição, o tensor da tensão é linearmente proporcional ao tensor da taxa de deformação. O resultado geral (para escoamento compressível) é um pouco complicado e não foi incluído aqui. Em vez disso, consideramos escoamento incompressível (ρ = constante). Consideramos também escoamento aproximadamente isotérmico – ou seja, as mudanças locais de temperatura são pequenas ou inexistentes; isso elimina a necessidade de uma equação diferencial de energia. Outra consequência desta última hipótese é que as propriedades do fluido, como por exemplo a viscosidade dinâmica μ e a viscosidade cinemática v, são constantes também (Fig. 9–40). Com essas hipóteses, pode-se demonstrar (Kundu et al., 1990) que o tensor de tensão viscosa se reduz a:

Tensor de tensão viscosa para um fluido newtoniano incompressível com propriedades constantes:

$$\tau_{ij} = 2\mu \varepsilon_{ij} \quad (9\text{--}55)$$

onde ε_{ij} é o tensor da taxa de deformação definido no Cap. 4. A Equação 9–55 mostra que a tensão é linearmente proporcional à deformação. Em coordenadas cartesianas, estão listadas as nove componentes do tensor de tensão viscosa, seis das quais são independentes devido à simetria:

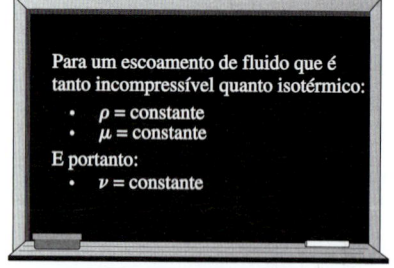

FIGURA 9–40 A aproximação de escoamento incompressível implica em densidade constante e a aproximação isotérmica implica em viscosidade constante.

$$\tau_{ij} = \begin{pmatrix} \tau_{xx} & \tau_{xy} & \tau_{xz} \\ \tau_{yx} & \tau_{yy} & \tau_{yz} \\ \tau_{zx} & \tau_{zy} & \tau_{zz} \end{pmatrix} = \begin{pmatrix} 2\mu\frac{\partial u}{\partial x} & \mu\left(\frac{\partial u}{\partial y}+\frac{\partial v}{\partial x}\right) & \mu\left(\frac{\partial u}{\partial z}+\frac{\partial w}{\partial x}\right) \\ \mu\left(\frac{\partial v}{\partial x}+\frac{\partial u}{\partial y}\right) & 2\mu\frac{\partial v}{\partial y} & \mu\left(\frac{\partial v}{\partial z}+\frac{\partial w}{\partial y}\right) \\ \mu\left(\frac{\partial w}{\partial x}+\frac{\partial u}{\partial z}\right) & \mu\left(\frac{\partial w}{\partial y}+\frac{\partial v}{\partial z}\right) & 2\mu\frac{\partial w}{\partial z} \end{pmatrix} \quad (9\text{--}56)$$

Em coordenadas cartesianas, o tensor de tensão da Eq. 9–53 se torna, então:

$$\sigma_{ij} = \begin{pmatrix} -P & 0 & 0 \\ 0 & -P & 0 \\ 0 & 0 & -P \end{pmatrix} + \begin{pmatrix} 2\mu\frac{\partial u}{\partial x} & \mu\left(\frac{\partial u}{\partial y}+\frac{\partial v}{\partial x}\right) & \mu\left(\frac{\partial u}{\partial z}+\frac{\partial w}{\partial x}\right) \\ \mu\left(\frac{\partial v}{\partial x}+\frac{\partial u}{\partial y}\right) & 2\mu\frac{\partial v}{\partial y} & \mu\left(\frac{\partial v}{\partial z}+\frac{\partial w}{\partial y}\right) \\ \mu\left(\frac{\partial w}{\partial x}+\frac{\partial u}{\partial z}\right) & \mu\left(\frac{\partial w}{\partial y}+\frac{\partial v}{\partial z}\right) & 2\mu\frac{\partial w}{\partial z} \end{pmatrix} \quad (9\text{--}57)$$

Agora substituímos a Eq. 9–57 nas três componentes cartesianas da equação de Cauchy. Vamos primeiro considerar a componente x. A Equação 9–51a torna-se:

$$\rho\frac{Du}{Dt} = -\frac{\partial P}{\partial x} + \rho g_x + 2\mu\frac{\partial^2 u}{\partial x^2} + \mu\frac{\partial}{\partial y}\left(\frac{\partial v}{\partial x}+\frac{\partial u}{\partial y}\right) + \mu\frac{\partial}{\partial z}\left(\frac{\partial w}{\partial x}+\frac{\partial u}{\partial z}\right) \quad (9\text{--}58)$$

Observe que, como a pressão consiste apenas em uma tensão normal, ela contribui com apenas um termo para a Eq. 9–58. No entanto, como o tensor da tensão viscosa consiste em tensão normal e tensão de cisalhamento, ele contribui com *três* termos. (A propósito, esse é um resultado direto quando se toma o divergente de um tensor de segunda ordem.)

Notamos que, enquanto as componentes de velocidade forem funções suaves de x, y e z a ordem de diferenciação é irrelevante. Por exemplo, a primeira parte do último termo na Eq. 9–58 pode ser reescrita como:

$$\mu\frac{\partial}{\partial z}\left(\frac{\partial w}{\partial x}\right) = \mu\frac{\partial}{\partial x}\left(\frac{\partial w}{\partial z}\right)$$

Após alguns rearranjos adequados dos termos viscosos na Eq. 9–58:

$$\rho\frac{Du}{Dt} = -\frac{\partial P}{\partial x} + \rho g_x + \mu\left[\frac{\partial^2 u}{\partial x^2} + \frac{\partial}{\partial x}\frac{\partial u}{\partial x} + \frac{\partial}{\partial x}\frac{\partial v}{\partial y} + \frac{\partial^2 u}{\partial y^2} + \frac{\partial}{\partial x}\frac{\partial w}{\partial z} + \frac{\partial^2 u}{\partial z^2}\right]$$

$$= -\frac{\partial P}{\partial x} + \rho g_x + \mu\left[\frac{\partial}{\partial x}\left(\frac{\partial u}{\partial x}+\frac{\partial v}{\partial y}+\frac{\partial w}{\partial z}\right) + \frac{\partial^2 u}{\partial x^2} + \frac{\partial^2 u}{\partial y^2} + \frac{\partial^2 u}{\partial z^2}\right]$$

O termo entre parênteses é zero devido à equação da continuidade para escoamento incompressível (Eq. 9–17). Reconhecemos também os três últimos termos como o **laplaciano** da componente de velocidade u em coordenadas cartesianas (Fig. 9–41). Assim, escrevemos a componente x da equação do momento como:

$$\rho\frac{Du}{Dt} = -\frac{\partial P}{\partial x} + \rho g_x + \mu\nabla^2 u \quad (9\text{--}59a)$$

De uma maneira similar, escrevemos as componentes y e z da equação do momento como:

$$\rho\frac{Dv}{Dt} = -\frac{\partial P}{\partial y} + \rho g_y + \mu\nabla^2 v \quad (9\text{--}59b)$$

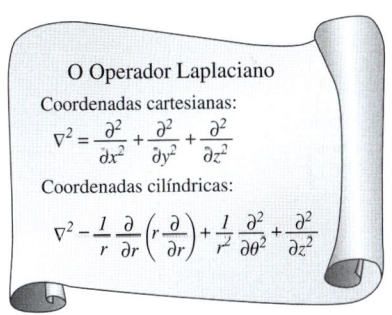

FIGURA 9–41 O operador laplaciano, mostrado aqui em coordenadas cartesianas e cilíndricas, aparece no termo viscoso da equação de Navier-Stokes incompressível.

FIGURA 9–42 A equação de Navier-Stokes é a pedra fundamental da mecânica dos fluidos.

e

$$\rho \frac{Dw}{Dt} = -\frac{\partial P}{\partial z} + \rho g_z + \mu \nabla^2 w \quad (9\text{–}59c)$$

respectivamente. Finalmente, combinamos as três componentes em uma equação vetorial; o resultado é a **equação de Navier-Stokes** para escoamento incompressível com viscosidade constante.

Equação de Navier-Stokes incompressível:

$$\rho \frac{D\vec{V}}{Dt} = -\vec{\nabla} P + \rho \vec{g} + \mu \nabla^2 \vec{V} \quad (9\text{–}60)$$

Embora tenhamos deduzido as componentes da Eq. 9–60 em coordenadas cartesianas, a forma vetorial da Eq. 9–60 é válida em qualquer sistema ortogonal de coordenadas. Essa equação famosa recebeu esse nome em homenagem ao engenheiro francês Louis Marie Henri Navier (1785-1836) e ao matemático inglês Sir George Gabriel Stokes (1819-1903), porque ambos desenvolveram os termos viscosos, embora de forma independente um do outro.

A equação de Navier-Stokes é a pedra fundamental da mecânica dos fluidos (Fig. 9–42). Ela pode parecer muito inofensiva, mas trata-se de uma equação diferencial parcial não estacionária, não linear, de segunda ordem. Se fôssemos capazes de resolver essa equação para escoamentos de qualquer geometria, este livro seria reduzido à metade. Infelizmente, soluções analíticas não podem ser obtidas exceto para campos de escoamento muito simples. Não está muito longe da verdade dizer que o restante deste livro é dedicado à resolução da Eq. 9–60! Realmente, muitos pesquisadores passaram a carreira inteira tentando resolver a equação de Navier-Stokes.

A Equação 9–60 tem quatro incógnitas (três componentes da velocidade e a pressão), embora ela represente apenas três equações (três componentes, porque ela é uma equação vetorial). Obviamente, precisamos de outra equação para tornar o problema resolúvel. A quarta equação é a equação da continuidade incompressível (Eq. 9–16). Antes de tentarmos resolver esse conjunto de equações diferenciais, precisamos escolher um sistema de coordenadas e expandir as equações naquele sistema de coordenadas.

Equações da continuidade e de Navier-Stokes em coordenadas cartesianas

A equação da continuidade (Eq. 9–16) e a equação de Navier-Stokes (Eq. 9–60) são expandidas em coordenadas cartesianas (x, y, z) e (u, v, w):

Equação da continuidade incompressível:

$$\frac{\partial u}{\partial x} + \frac{\partial v}{\partial y} + \frac{\partial w}{\partial z} = 0 \quad (9\text{–}61a)$$

Componente x da equação de Navier-Stokes incompressível:

$$\rho\left(\frac{\partial u}{\partial t} + u\frac{\partial u}{\partial x} + v\frac{\partial u}{\partial y} + w\frac{\partial u}{\partial z}\right) = -\frac{\partial P}{\partial x} + \rho g_x + \mu\left(\frac{\partial^2 u}{\partial x^2} + \frac{\partial^2 u}{\partial y^2} + \frac{\partial^2 u}{\partial z^2}\right) \quad (9\text{–}61b)$$

Componente y da equação de Navier-Stokes incompressível:

$$\rho\left(\frac{\partial v}{\partial t} + u\frac{\partial v}{\partial x} + v\frac{\partial v}{\partial y} + w\frac{\partial v}{\partial z}\right) = -\frac{\partial P}{\partial y} + \rho g_y + \mu\left(\frac{\partial^2 v}{\partial x^2} + \frac{\partial^2 v}{\partial y^2} + \frac{\partial^2 v}{\partial z^2}\right) \quad (9\text{–}61c)$$

Componente z da equação de Navier-Stokes incompressível:

$$\rho\left(\frac{\partial w}{\partial t} + u\frac{\partial w}{\partial x} + v\frac{\partial w}{\partial y} + w\frac{\partial w}{\partial z}\right) = -\frac{\partial P}{\partial z} + \rho g_z + \mu\left(\frac{\partial^2 w}{\partial x^2} + \frac{\partial^2 w}{\partial y^2} + \frac{\partial^2 w}{\partial z^2}\right) \quad (9\text{-}61\text{d})$$

Equações da continuidade e de Navier-Stokes em coordenadas cilíndricas

A equação da continuidade (Eq. 9–16) e a equação de Navier-Stokes (Eq. 9–60) são expandidas em coordenadas cilíndricas (r, θ, z) e (u_r, u_θ, u_z):

Equação da continuidade incompressível:

$$\frac{1}{r}\frac{\partial(ru_r)}{\partial r} + \frac{1}{r}\frac{\partial(u_\theta)}{\partial \theta} + \frac{\partial(u_z)}{\partial z} = 0 \quad (9\text{-}62\text{a})$$

Componente r da equação de Navier-Stokes incompressível:

$$\rho\left(\frac{\partial u_r}{\partial t} + u_r\frac{\partial u_r}{\partial r} + \frac{u_\theta}{r}\frac{\partial u_r}{\partial \theta} - \frac{u_\theta^2}{r} + u_z\frac{\partial u_r}{\partial z}\right)$$

$$= -\frac{\partial P}{\partial r} + \rho g_r + \mu\left[\frac{1}{r}\frac{\partial}{\partial r}\left(r\frac{\partial u_r}{\partial r}\right) - \frac{u_r}{r^2} + \frac{1}{r^2}\frac{\partial^2 u_r}{\partial \theta^2} - \frac{2}{r^2}\frac{\partial u_\theta}{\partial \theta} + \frac{\partial^2 u_r}{\partial z^2}\right] \quad (9\text{-}62\text{b})$$

Componente θ da equação de Navier-Stokes incompressível:

$$\rho\left(\frac{\partial u_\theta}{\partial t} + u_r\frac{\partial u_\theta}{\partial r} + \frac{u_\theta}{r}\frac{\partial u_\theta}{\partial \theta} + \frac{u_r u_\theta}{r} + u_z\frac{\partial u_\theta}{\partial z}\right)$$

$$= -\frac{1}{r}\frac{\partial P}{\partial \theta} + \rho g_\theta + \mu\left[\frac{1}{r}\frac{\partial}{\partial r}\left(r\frac{\partial u_\theta}{\partial r}\right) - \frac{u_\theta}{r^2} + \frac{1}{r^2}\frac{\partial^2 u_\theta}{\partial \theta^2} + \frac{2}{r^2}\frac{\partial u_r}{\partial \theta} + \frac{\partial^2 u_\theta}{\partial z^2}\right]$$
$$(9\text{-}62\text{c})$$

Componente z da equação de Navier-Stokes incompressível:

$$\rho\left(\frac{\partial u_z}{\partial t} + u_r\frac{\partial u_z}{\partial r} + \frac{u_\theta}{r}\frac{\partial u_z}{\partial \theta} + u_z\frac{\partial u_z}{\partial z}\right)$$

$$= -\frac{\partial P}{\partial z} + \rho g_z + \mu\left[\frac{1}{r}\frac{\partial}{\partial r}\left(r\frac{\partial u_z}{\partial r}\right) + \frac{1}{r^2}\frac{\partial^2 u_z}{\partial \theta^2} + \frac{\partial^2 u_z}{\partial z^2}\right] \quad (9\text{-}62\text{d})$$

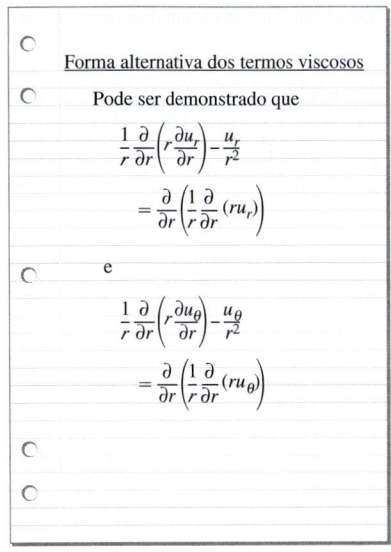

FIGURA 9–43 Uma forma alternativa para os dois primeiros termos viscosos nas componentes r e θ da equação de Navier-Stokes.

Os dois primeiros termos viscosos nas Equações 9–62b e 9–62c podem ser manipulados para uma forma diferente que muitas vezes é mais útil quando resolvemos essas equações (Fig. 9–43). Os termos "extras" em ambos os lados das componentes r e θ da equação de Navier-Stokes (Eqs. 9–62b e 9–62c) aparecem devido à natureza especial das coordenadas cilíndricas. Ou seja, quando nos movemos na direção θ, o vetor unitário $\vec{e}_r$ também muda de direção; portanto, as componentes r e θ estão *acopladas* (Fig. 9–44). (Esse efeito de acoplamento não está presente nas coordenadas cartesianas, e, portanto, não há termos "extras" nas Eqs. 9–61.)

Para completar, as seis componentes independentes do tensor de tensão viscosa são listadas aqui em coordenadas cilíndricas:

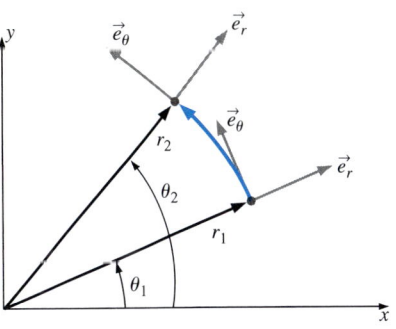

FIGURA 9–44 Os vetores unitários $\vec{e}_r$ e $\vec{e}_\theta$ em coordenadas cilíndricas estão *acoplados*: o movimento na direção θ faz $\vec{e}_r$ mudar de direção e produz termos extras nas componentes r e θ da equação de Navier-Stokes.

Escoamento tridimensional incompressível

Quatro variáveis ou incógnitas:
- Pressão P
- Três componentes da velocidade $\vec{V}$

Quatro equações de movimento:
- Continuidade,
  $\vec{\nabla} \cdot \vec{V} = 0$
- Três componentes de Navier–Stokes,
  $\rho \dfrac{D\vec{V}}{Dt} = -\vec{\nabla}P + \rho\vec{g} + \mu\nabla^2\vec{V}$

FIGURA 9–45 Um campo de escoamento geral tridimensional, mas incompressível com propriedades constantes requer quatro equações para determinar quatro incógnitas.

$$\tau_{ij} = \begin{pmatrix} \tau_{rr} & \tau_{r\theta} & \tau_{rz} \\ \tau_{\theta r} & \tau_{\theta\theta} & \tau_{\theta z} \\ \tau_{zr} & \tau_{z\theta} & \tau_{zz} \end{pmatrix}$$

$$= \begin{pmatrix} 2\mu\dfrac{\partial u_r}{\partial r} & \mu\left[r\dfrac{\partial}{\partial r}\left(\dfrac{u_\theta}{r}\right) + \dfrac{1}{r}\dfrac{\partial u_r}{\partial \theta}\right] & \mu\left(\dfrac{\partial u_r}{\partial z} + \dfrac{\partial u_z}{\partial r}\right) \\ \mu\left[r\dfrac{\partial}{\partial r}\left(\dfrac{u_\theta}{r}\right) + \dfrac{1}{r}\dfrac{\partial u_r}{\partial \theta}\right] & 2\mu\left(\dfrac{1}{r}\dfrac{\partial u_\theta}{\partial \theta} + \dfrac{u_r}{r}\right) & \mu\left(\dfrac{\partial u_\theta}{\partial z} + \dfrac{1}{r}\dfrac{\partial u_z}{\partial \theta}\right) \\ \mu\left(\dfrac{\partial u_r}{\partial z} + \dfrac{\partial u_z}{\partial r}\right) & \mu\left(\dfrac{\partial u_\theta}{\partial z} + \dfrac{1}{r}\dfrac{\partial u_z}{\partial \theta}\right) & 2\mu\dfrac{\partial u_z}{\partial z} \end{pmatrix} \quad \textbf{(9–63)}$$

9–6 ANÁLISE DIFERENCIAL DOS PROBLEMAS DE ESCOAMENTOS DE FLUIDOS

Nesta seção, mostramos como aplicar as equações diferenciais de movimento em coordenadas cartesianas e coordenadas cilíndricas. Há dois tipos de problemas para os quais as equações diferenciais (continuidade e Navier-Stokes) são úteis:

- Cálculo do campo de pressão para um campo de velocidade conhecido e
- Cálculo dos campos de velocidade e pressão para um escoamento de geometria conhecida e condições de contorno conhecidas.

Por simplicidade, consideramos somente o escoamento incompressível, eliminando o cálculo de ρ como variável. Além disso, a forma da equação de Navier-Stokes deduzida na Seção 9–5 é válida somente para fluidos newtonianos com propriedades constantes (viscosidade, condutividade térmica, etc.). Finalmente, consideramos que as variações de temperatura são desprezíveis, de forma que T não é uma variável. Restam-nos quatro variáveis ou incógnitas (pressão mais três componentes de velocidade) e temos quatro equações diferenciais (Fig. 9–45).

Cálculo do campo de pressão para um campo de velocidade conhecido

O primeiro conjunto de exemplos envolve o cálculo do campo de pressão para um campo de velocidade conhecido. Como a pressão não aparece na equação da continuidade, podemos, teoricamente, gerar um campo de velocidade com base somente na conservação da massa. No entanto, como a velocidade aparece na equação da continuidade e na equação de Navier-Stokes, essas duas equações estão *acopladas*. Além disso, a pressão aparece nas três componentes da equação de Navier-Stokes e, portanto, os campos de velocidade e pressão também são acoplados. Esse acoplamento profundo entre velocidade e pressão nos permite calcular o campo de pressão para um campo de velocidade conhecido.

> **EXEMPLO 9–13** Cálculo do campo de pressão em coordenadas cartesianas
>
> Considere o campo de velocidade estacionário, bidimensional, incompressível do Exemplo 9–9, quer dizer, $\vec{V} = (u, v) = (ax + b)\vec{i} + (-ay + cx)\vec{j}$. Calcule a pressão em função de x e y.
>
> **SOLUÇÃO** Para um dado campo de velocidade, vamos calcular o campo de pressão.

Hipóteses 1 O escoamento é estacionário. 2 O fluido é incompressível com propriedades constantes. 3 O escoamento é bidimensional no plano xy. 4 A gravidade não age nas direções x ou y.

Análise Primeiro, verificamos se o campo de velocidade dado satisfaz a equação da continuidade bidimensional incompressível:

$$\underbrace{\frac{\partial u}{\partial x}}_{a} + \underbrace{\frac{\partial v}{\partial y}}_{-a} + \underbrace{\cancel{\frac{\partial w}{\partial z}}}_{0\,(2\text{-D})} = a - a = 0 \tag{1}$$

Portanto, a continuidade é certamente satisfeita para o campo de velocidade dado. Se a continuidade *não* fosse satisfeita, teríamos que interromper aqui a nossa análise, pois aquele campo de velocidade não seria fisicamente possível, e não poderíamos calcular um campo de pressão.

Em seguida, consideramos a componente y da equação de Navier-Stokes:

$$\rho \bigg(\underbrace{\cancel{\frac{\partial v}{\partial t}}}_{0\,(\text{estacionário})} + \underbrace{u\frac{\partial v}{\partial x}}_{(ax+b)c} + \underbrace{v\frac{\partial v}{\partial y}}_{(-ay+cx)(-a)} + \underbrace{\cancel{w\frac{\partial v}{\partial z}}}_{0\,(2\text{-D})} \bigg) = -\frac{\partial P}{\partial y} + \underbrace{\rho g_y}_{0} + \mu \bigg(\underbrace{\cancel{\frac{\partial^2 v}{\partial x^2}}}_{0} + \underbrace{\cancel{\frac{\partial^2 v}{\partial y^2}}}_{0} + \underbrace{\cancel{\frac{\partial^2 v}{\partial z^2}}}_{0\,(2\text{-D})} \bigg)$$

A equação do momento na direção y se reduz a:

$$\frac{\partial P}{\partial y} = \rho(-acx - bc - a^2 y + acx) = \rho(-bc - a^2 y) \tag{2}$$

A equação do momento na direção y é satisfeita, contanto que possamos gerar um campo de pressão que satisfaça a Eq. 2. De maneira similar, a equação do momento na direção x se reduz a:

$$\frac{\partial P}{\partial x} = \rho(-a^2 x - ab) \tag{3}$$

A equação do momento na direção x também é satisfeita, contanto que possamos gerar um campo de pressão que satisfaça a Eq. 3.

Para que exista uma solução de escoamento estacionário, P não pode ser uma função do tempo. Além disso, um campo de escoamento fisicamente realístico estacionário e incompressível requer um campo de pressão $P(x, y)$ que seja uma função suave de x e y (não pode haver uma descontinuidade súbita em P ou nas derivadas de P). Matematicamente, isso significa que a ordem de diferenciação (x depois y ou y depois x) não deve importar (Fig. 9–46). Verificamos se isso ocorre fazendo uma diferenciação cruzada das Eqs. 2 e 3, respectivamente:

$$\frac{\partial^2 P}{\partial x\,\partial y} = \frac{\partial}{\partial x}\bigg(\frac{\partial P}{\partial y}\bigg) = 0 \quad \text{e} \quad \frac{\partial^2 P}{\partial y\,\partial x} = \frac{\partial}{\partial y}\bigg(\frac{\partial P}{\partial x}\bigg) = 0 \tag{4}$$

A Equação 4 mostra que P é uma função suave de x e y. Portanto, *o campo de velocidade dado satisfaz a equação de Navier-Stokes permanente, bidimensional, incompressível.*

Se, neste ponto da análise, a diferenciação cruzada da pressão resultasse em duas relações incompatíveis, em outras palavras, se a equação na Fig. 9–46 não fosse satisfeita, concluiríamos que o campo de velocidade não poderia satisfazer a equação de Navier-Stokes incompressível estacionário, bidimensional e abandonaríamos nossa tentativa de calcular um campo de pressão estacionário.

Para calcular $P(x, y)$, integramos parcialmente a Eq. 2 (com relação a y):

Campo de pressão do momento na direção y:

$$P(x, y) = \rho\bigg(-bcy - \frac{a^2 y^2}{2}\bigg) + g(x) \tag{5}$$

(continua)

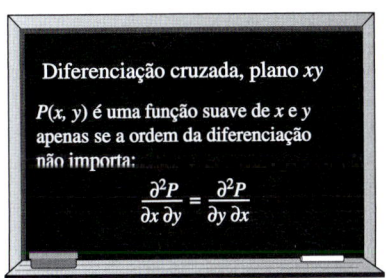

FIGURA 9–46 Para um campo de escoamento bidimensional no plano xy, a diferenciação cruzada revela se a pressão P é uma função suave.

(continuação)

Observe que acrescentamos uma função arbitrária da outra variável x em lugar de uma constante de integração, pois esta é uma integração parcial. Tomamos então a derivada parcial da Eq. 5 com relação a x para obter:

$$\frac{\partial P}{\partial x} = g'(x) = \rho(-a^2 x - ab) \tag{6}$$

onde igualamos nosso resultado com a Eq. 3, por consistência. Agora integramos a Eq. 6 para obter a função $g(x)$:

$$g(x) = \rho\left(-\frac{a^2 x^2}{2} - abx\right) + C_1 \tag{7}$$

onde C_1 é uma constante de integração arbitrária. Finalmente, substituímos a Eq. (7) na Eq. 5 para obter nossa expressão final para $P(x, y)$. O resultado é:

$$P(x, y) = \rho\left(-\frac{a^2 x^2}{2} - \frac{a^2 y^2}{2} - abx - bcy\right) + C_1 \tag{8}$$

Discussão Para praticar, e também para verificar nossos cálculos, você deveria derivar a Eq. 8 com relação a y e x, e comparar com as Eqs. 2 e 3. Além disso, tente obter a Eq. 8 começando com a Eq. 3 em vez da Eq. 2; você deveria obter a mesma resposta.

Observe que a equação final (Eq. 8) para pressão no Exemplo 9–13 contém uma constante arbitrária C_1. Isso ilustra um ponto importante sobre o campo de pressão em um escoamento incompressível; ou seja,

> O campo de velocidade em um escoamento incompressível não é afetado pelo valor absoluto da pressão, mas somente pelas diferenças de pressão.

Isso não deve nos surpreender, se examinarmos a equação de Navier-Stokes, onde P aparece somente como um *gradiente*, nunca por si só. Outra maneira de explicar essa afirmação é que não é o valor absoluto da pressão que importa, mas sim as *diferenças* de pressão (Fig. 9–47). Um resultado direto da afirmação é que podemos calcular o campo de pressão a menos de uma constante arbitrária, mas para determinar aquela constante (C_1 no Exemplo 9–13), temos que medir (ou obter de alguma outra forma) P em algum ponto no campo de escoamento. Em outras palavras, precisamos de uma condição de contorno da pressão.

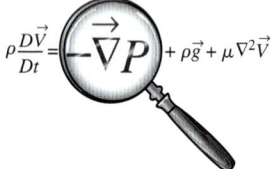

FIGURA 9–47 Como a pressão aparece somente como um gradiente na equação de Navier-Stokes incompressível, o valor da pressão absoluta não é relevante – somente as *diferenças* de pressão é que importam.

Ilustramos esse ponto com um exemplo gerado usando **Dinâmica dos Fluidos Computacional (CFD)**, onde a equação da continuidade e a equação de Navier-Stokes são resolvidas numericamente (Cap. 15). Considere o escoamento descendente de ar através de um canal no qual há um bloqueio não simétrico (Fig. 9–48). (Note que o domínio de escoamento computacional se estende muito além a montante e a jusante do que mostra a Fig. 9–48.) Calculamos dois casos que são idênticos exceto as condições de pressão. No caso 1, definimos como zero a pressão manométrica bem distante a jusante do bloqueio. No caso 2, definimos a pressão manométrica na mesma posição como 500 Pa. A pressão manométrica no centro superior do campo de visão e no centro inferior do campo de visão são mostradas na Fig. 9–48 para ambos os casos, conforme gerado pelas duas soluções de CFD. Você pode ver que o campo de pressão para o caso 2 é idêntico àquele do caso 1, exceto que a pressão em qualquer ponto foi aumentada em 500 Pa. A Fig. 9–48 mostra também um gráfico do vetor velocidade e das linhas de corrente para cada caso. Os resultados são idênticos, confirmando nossa afirmação de que o campo de velocidade não é afetado pelo valor absoluto da pressão, mas somente pelas *diferenças* de pressão. Subtraindo a pressão na parte inferior da pressão na parte superior, vemos que $\Delta P = 12.784$ Pa para ambos os casos.

A afirmação sobre diferenças de pressão *não* é válida para campos de escoamento *compressíveis*, onde P é a pressão termodinâmica e não a pressão mecânica. Nesses casos, P está acoplada com a densidade e com a temperatura através de uma equação de estado, e o valor absoluto da pressão *é* importante. Uma solução de escoamento compressível requer não somente equações de conservação de massa e do momento, mas também uma equação de conservação de energia e uma equação de estado.

Aproveitamos essa oportunidade para comentar um pouco mais os resultados de CFD mostrados na Fig. 9–48. Você pode aprender muito sobre a física do escoamento de fluidos estudando escoamentos relativamente simples como este. Note que a maior parte da queda de pressão ocorre através da garganta do canal, onde o escoamento é rapidamente acelerado. Há também separação do escoamento a jusante do bloqueio; o ar em movimento rápido não pode contornar um canto agudo e o escoamento se separa das paredes quando ele sai pela abertura. As linhas de corrente indicam grandes regiões de recirculação em ambos os lados do canal a jusante do bloqueio. A pressão é baixa nessas regiões de recirculação. Os vetores velocidade indicam um perfil de velocidades em forma de um sino invertido saindo pela abertura – bem semelhante a um jato de saída. Devido à natureza assimétrica da geometria, o jato vira para a direita e o escoamento volta a encostar na parede direita muito antes do que na parede esquerda. A pressão aumenta um pouco na região onde o jato bate na parede direita, como poderíamos prever. Finalmente, observe que à medida que o ar acelera para escapar através do orifício, as linhas de corrente convergem (conforme discutido na Seção 9–3). À medida que o jato de ar se espalha a jusante, as linhas de corrente divergem um pouco. Observe também que as linhas de corrente nas zonas de recirculação estão bastante separadas, indicando que as velocidades são relativamente pequenas lá; isso é confirmado pelos gráficos do vetor velocidade.

Finalmente, observamos que a maioria dos softwares de CFD *não* calculam a pressão pela integração da equação de Navier-Stokes, como fizemos no Exemplo 9–13. Em vez disso, é usado algum tipo de **algoritmo de correção de pressão**. A maioria dos algoritmos normalmente usados funciona combinando a equação da continuidade e a equação de Navier-Stokes de maneira que a pressão apareça na equação da continuidade. Os algoritmos de correção de pressão mais populares resultam em uma forma da **equação de Poisson** para a mudança de pressão ΔP de uma iteração (n) para a próxima ($n + 1$):

Equação de Poisson para ΔP: $\qquad \nabla^2(\Delta P) = \text{RHS}_{(n)}$ \qquad **(9–64)**

Depois, à medida que o computador executa as iterações buscando a solução, a equação da continuidade modificada é usada para "corrigir" o campo de pressão na iteração ($n + 1$) a partir de seus valores na iteração (n):

Correção para P: $\qquad P_{(n+1)} = P_{(n)} + \Delta P$

Os detalhes associados com o desenvolvimento de algoritmos de correção de pressão estão além do escopo deste livro. Um exemplo para escoamentos bidimensionais é desenvolvido em Gerhart, Gross e Hochstein (1992).

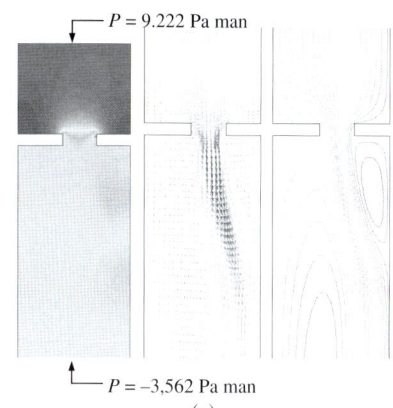

$P = 9.222$ Pa man

$P = -3.562$ Pa man
(*a*)

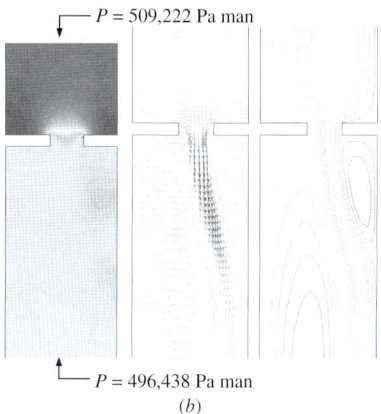

$P = 509.222$ Pa man

$P = 496.438$ Pa man
(*b*)

FIGURA 9–48 Gráfico de contorno de pressão, gráfico do vetor velocidade e linhas de corrente para escoamento descendente de ar através de um canal com bloqueio: (*a*) Caso 1; (*b*) Caso 2 – idêntico ao caso 1, exceto que *P* em todos os pontos foi aumentado de 500 Pa. Nos gráficos de contorno, azul representa baixa pressão e vermelho representa alta pressão.

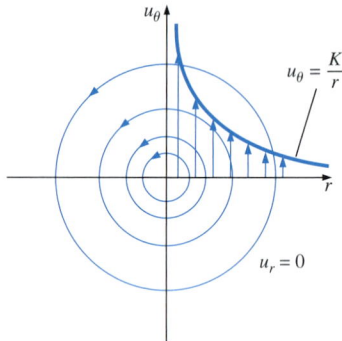

FIGURA 9–49 Linhas de corrente e perfis de velocidade para uma linha de vórtices.

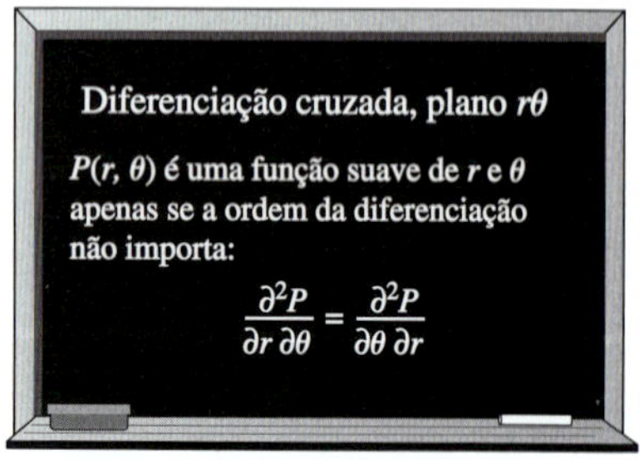

EXEMPLO 9–14 Cálculo do campo de pressão em coordenadas cilíndricas

Considere o campo de velocidade estacionário, bidimensional, incompressível do Exemplo 9–5 com a função $f(\theta, t)$ igual a 0. Isso representa uma linha de vórtices cujo eixo está ao longo da coordenada z (Fig. 9–49). As componentes da velocidade são $u_r = 0$ e $u_\theta = K/r$, onde K é uma constante. Calcule a pressão como uma função de r e θ.

SOLUÇÃO Para um dado campo de velocidade, vamos calcular o campo de pressão.

Hipóteses **1** O escoamento é estacionário. **2** O fluido é incompressível com propriedades constantes. **3** O escoamento é bidimensional no plano $r\theta$. **4** A gravidade não age na direção r nem na direção θ.

Análise O campo de escoamento deve satisfazer as equações da continuidade e do momento, Eqs. 9–62. Para escoamento estacionário, bidimensional, incompressível:

Continuidade incompressível:
$$\frac{1}{r}\underbrace{\frac{\partial(ru_r)}{\partial r}}_{0} + \frac{1}{r}\underbrace{\frac{\partial(u_\theta)}{\partial \theta}}_{0} + \underbrace{\frac{\partial(u_z)}{\partial z}}_{0} = 0$$

Portanto, a equação da continuidade incompressível é satisfeita. Agora examinamos a componente θ da equação de Navier-Stokes (Eq. 9–62c):

$$\rho\left(\underbrace{\frac{\partial u_\theta}{\partial t}}_{0\text{ (estacionário)}} + u_r\underbrace{\frac{\partial u_\theta}{\partial r}}_{(0)\left(-\frac{K}{r^2}\right)} + \frac{u_\theta}{r}\underbrace{\frac{\partial u_\theta}{\partial \theta}}_{\left(\frac{K}{r^2}\right)(0)} + \underbrace{\frac{u_r u_\theta}{r}}_{0} + u_z\underbrace{\frac{\partial u_\theta}{\partial z}}_{0\text{ (2-D)}}\right)$$

$$= -\frac{1}{r}\frac{\partial P}{\partial \theta} + \underbrace{\rho g_\theta}_{0} + \mu\left(\underbrace{\frac{1}{r}\frac{\partial}{\partial r}\left(r\frac{\partial u_\theta}{\partial r}\right)}_{\frac{K}{r^3}} - \underbrace{\frac{u_\theta}{r^2}}_{\frac{K}{r^3}} + \underbrace{\frac{1}{r^2}\frac{\partial^2 u_\theta}{\partial \theta^2}}_{0} + \underbrace{\frac{2}{r^2}\frac{\partial u_r}{\partial \theta}}_{0} + \underbrace{\frac{\partial^2 u_\theta}{\partial z^2}}_{0\text{ (2-D)}}\right)$$

A componente θ da equação do momento se reduz a:

Componente θ do momento:
$$\frac{\partial P}{\partial \theta} = 0 \qquad (1)$$

Portanto, a componente θ da equação do momento será satisfeita, contanto que possamos gerar um campo de pressão apropriado que satisfaça a Eq. 1. De uma forma similar, a componente r da equação do momento (Eq. 9–62b) se reduz a:

Componente r do momento:
$$\frac{\partial P}{\partial r} = \rho\frac{K^2}{r^3} \qquad (2)$$

Portanto, a componente r da equação do momento também é satisfeita, contanto que possamos gerar um campo de pressão que satisfaça a Eq. 2.

Para que exista uma solução de escoamento estacionário, P não pode ser uma função do tempo. Além disso, um campo de escoamento fisicamente realista, estacionário, incompressível requer um campo de pressão $P(r, \theta)$ que seja uma função suave de r e θ. Matematicamente, isso significa que a ordem de diferenciação (r depois θ ou θ depois r) não deve importar (Fig. 9–50). Verificamos se isso é verdade fazendo uma diferenciação cruzada da pressão:

$$\frac{\partial^2 P}{\partial r\, \partial \theta} = \frac{\partial}{\partial r}\left(\frac{\partial P}{\partial \theta}\right) = 0 \quad \text{e} \quad \frac{\partial^2 P}{\partial \theta\, \partial r} = \frac{\partial}{\partial \theta}\left(\frac{\partial P}{\partial r}\right) = 0 \qquad (3)$$

Diferenciação cruzada, plano $r\theta$

$P(r, \theta)$ é uma função suave de r e θ apenas se a ordem da diferenciação não importa:

$$\frac{\partial^2 P}{\partial r\, \partial \theta} = \frac{\partial^2 P}{\partial \theta\, \partial r}$$

FIGURA 9–50 Para um campo de escoamento bidimensional no plano $r\theta$, a diferenciação cruzada revela se a pressão P é uma função suave.

A Equação 3 mostra que P pode ser uma função suave de r e θ. Portanto, *o campo de velocidade dado satisfaz a equação de Navier-Stokes estacionário, bidimensional, incompressível.*

Integramos a Eq. 1 com relação a θ para obter uma expressão para $P(r, \theta)$,

Campo de pressão da componente θ do momento: $\qquad P(r, \theta) = 0 + g(r) \qquad$ (4)

Note que nós acrescentamos uma função arbitrária da outra variável r, em lugar de uma constante de integração, porque esta é uma integração parcial. Tomamos a derivada parcial da Eq. 4 com relação a r para obter:

$$\frac{\partial P}{\partial r} = g'(r) = \rho \frac{K^2}{r^3} \qquad (5)$$

onde igualamos nosso resultado com a Eq. 2 por consistência. Integramos a Eq. 5 para obter a função $g(r)$:

$$g(r) = -\frac{1}{2}\rho \frac{K^2}{r^2} + C \qquad (6)$$

onde C é uma constante de integração arbitrária. Finalmente, substituímos a Eq. 6 na Eq. 4 para obter nossa expressão final para $P(r, \theta)$. O resultado é:

$$P(r, \theta) = -\frac{1}{2}\rho \frac{K^2}{r^2} + C \qquad (7)$$

Assim, o campo de pressão para uma linha de vórtices decresce segundo $1/r^2$ à medida que nos aproximamos da origem. (A própria origem é um ponto de singularidade.) Esse campo de escoamento é um modelo simplificado de um tornado ou furacão, e a baixa pressão no centro é o "olho do furacão" (Fig. 9–51). Notamos que esse campo de escoamento é irrotacional e, portanto, pode ser usada a equação de Bernoulli para calcular a pressão. Assim, se chamamos de P_∞ a pressão muito distante da origem ($r \to \infty$), onde a velocidade local se aproxima de zero, a equação de Bernoulli mostra que a qualquer distância r da origem:

Equação de Bernoulli: $\quad P + \dfrac{1}{2}\rho V^2 = P_\infty \quad \to \quad P = P_\infty - \dfrac{1}{2}\rho \dfrac{K^2}{r^2} \quad$ (8)

A Equação 8 coincide com nossa solução (Eq. 7) da equação completa de Navier-Stokes se considerarmos a constante C igual a P_∞. Uma regiao de escoamento rotacional próxima da origem evitaria a singularidade ali e resultaria em um modelo mais realista de um tornado.

Discussão Para praticar, tente obter a Eq. 7 começando com a Eq. 2 em lugar da Eq. 1; você deveria obter a mesma resposta.

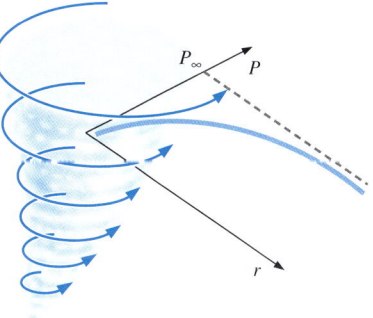

FIGURA 9–51 A linha de vórtices bidimensional é uma aproximação simples de um tornado; a pressão mais baixa está no centro dos vórtices.

Soluções exatas das equações da continuidade e de Navier-Stokes

Os exemplos restantes resolvidos são soluções exatas do conjunto de equações diferenciais formado pela equação da continuidade incompressível e pela equação de Navier-Stokes. Conforme você verá, esses problemas são necessariamente simples, para que possam ser resolvidos. Na maioria deles, são consideradas condições de contorno no infinito e condições totalmente desenvolvidas para que os termos advectivos no lado esquerdo da equação de Navier-Stokes desapareçam. Além disso, o escoamento é laminar, bidimensional e estacionário ou dependente do tempo de uma maneira predefinida. Há seis passos básicos no procedimento usado para resolver esses problemas, conforme está listado na Fig. 9–52. O passo 2 é especialmente crítico, pois as condições de contorno determinam a unicidade da solução. O passo 4 não é possível analiticamente exceto para problemas

Passo 1: Estabeleça o problema e a geometria (esboços são úteis), identificando todas as dimensões e parâmetros relevantes.

Passo 2: Liste todas as hipóteses, aproximações, simplificações e condições de contorno apropriadas.

Passo 3: Simplifique as equações diferenciais (continuidade e Navier-Strokes) tanto quanto possível.

Passo 4: Integre as equações, obtendo uma ou mais constantes de integração.

Passo 5: Aplique as condições de contorno para encontrar constantes de integração.

Passo 6: Verifique seus resultados.

FIGURA 9–52 Procedimento para resolver as equações da continuidade e de Navier-Stokes incompressíveis.

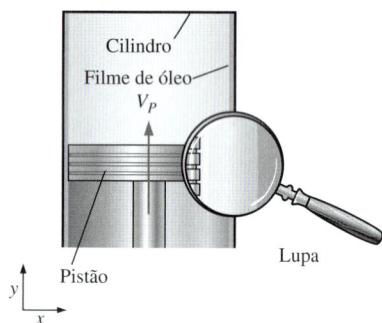

FIGURA 9-53 Um pistão movendo-se com uma velocidade V_P em um cilindro. Um filme fino de óleo é cisalhado entre o pistão e o cilindro; é mostrada uma vista ampliada do filme de óleo. A *condição de contorno de não escorregamento* exige que a velocidade do fluido adjacente a uma parede seja igual à velocidade da parede.

simples. No passo 5, deve haver condições de contorno suficientes para resolver todas as constantes de integração produzidas no passo 4. O passo 6 envolve a verificação de que todas as equações diferenciais e condições de contorno estejam satisfeitas. Nós o aconselhamos a seguir todos esses passos, mesmo em casos onde alguns deles parecem ser triviais, para aprender o procedimento.

Embora os exemplos mostrados aqui sejam simples, eles ilustram adequadamente o procedimento usado para resolver essas equações diferenciais. No Cap. 15, discutimos como os computadores nos ajudaram a resolver a equação de Navier-Stokes *numericamente* para escoamentos muito mais complicados usando CFD. Você verá que as mesmas técnicas são usadas lá – especificação da geometria, aplicação de condições de contorno, integração das equações diferenciais, etc., embora os passos não sejam sempre seguidos na mesma ordem.

Condições de contorno

Considerando que as condições de contorno são tão críticas para uma solução adequada, discutiremos os tipos de condições de contorno normalmente encontradas em análises de escoamento de fluidos. A condição de contorno mais utilizada é a **condição de não escorregamento**, estabelecendo que para um fluido em contato com uma parede sólida, *a velocidade do fluido deve ser igual à velocidade da parede*,

Condição de contorno de não escorregamento: $\quad \vec{V}_{\text{fluido}} = \vec{V}_{\text{parede}} \quad$ (9–65)

Em outras palavras, como está implícito no nome, não há "escorregamento" entre o fluido e a parede. As partículas de fluido adjacentes à parede aderem à superfície da parede e se movem com a mesma velocidade da parede. Um caso especial da Eq. 9–65 é o de uma parede estacionária com $\vec{V}_{\text{parede}} = 0$; *o fluido adjacente a uma parede estacionária tem velocidade zero*. Para os casos nos quais os efeitos da temperatura são também considerados, a temperatura do fluido deve ser igual à temperatura da parede, isto é, $T_{\text{fluido}} = T_{\text{parede}}$. Você deve ter o cuidado de aplicar a condição de não escorregamento de acordo com o seu *sistema de referência* escolhido. Considere, por exemplo, a película fina de óleo entre um pistão e a parede do cilindro (Fig. 9–53). Por meio de um sistema de referência estacionário, o fluido adjacente ao cilindro está em repouso e o fluido adjacente ao pistão em movimento tem velocidade $\vec{V}_{\text{fluido}} = \vec{V}_{\text{parede}} = V_P \vec{j}$. No entanto, por meio de um sistema de referência *movendo-se com o pistão*, o fluido adjacente ao pistão tem velocidade zero, mas o fluido adjacente ao cilindro tem velocidade $\vec{V}_{\text{fluido}} = \vec{V}_{\text{parede}} = -V_P \vec{j}$. Uma exceção à condição de não escorregamento ocorre em escoamentos de gases rarefeitos como, por exemplo, durante a reentrada de uma nave espacial na atmosfera ou no estudo do movimento de partículas extremamente pequenas (menores que um mícron). Nesses tipos de escoamentos, o ar pode realmente deslizar ao longo da parede, mas esses escoamentos estão além do escopo deste livro.

Quando dois fluidos (fluido A e fluido B) se juntam em uma interface, as **condições de contorno de interface** são:

Condições de contorno de interface: $\quad \vec{V}_A = \vec{V}_B \quad$ e $\quad \tau_{s,A} = \tau_{s,B} \quad$ (9–66)

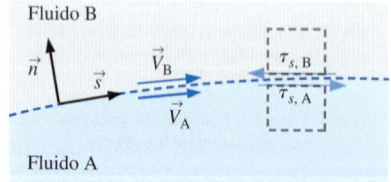

FIGURA 9-54 Em uma interface entre dois fluidos, as velocidades dos dois fluidos devem ser iguais. Além disso, a tensão de cisalhamento paralela à interface deve ser a mesma em ambos os fluidos.

onde, além da condição de que as velocidades dos dois fluidos sejam iguais, a tensão de cisalhamento τ_s agindo sobre uma partícula de fluido adjacente à interface na direção paralela à interface deve também coincidir entre os dois fluidos (Fig. 9–54). Note que, na figura, $\tau_{s,A}$ está desenhada *acima* da partícula de fluido no fluido A, enquanto $\tau_{s,B}$ está desenhada *abaixo* da partícula de fluido no fluido B, e nós levamos em consideração a *direção* do cisalhamento cuidadosamente. Devido à convenção de sinais na tensão de cisalhamento, a direção das setas na Fig. 9–54 é oposta (uma consequência da terceira lei de Newton). Observamos que, embora a velocidade seja contínua através da interface, sua inclinação *não* é. Além disso, se os efeitos da temperatura são considerados, $T_A = T_B$ na interface, pode também haver uma descontinuidade na inclinação da curva de temperatura na interface.

E a pressão em uma interface? Se os efeitos da tensão superficial forem desprezíveis ou se a interface for aproximadamente plana, $P_A = P_B$. No entanto, se a interface for curvada acentuadamente, como ocorre no menisco de um líquido subindo em um tubo capilar, a pressão em um lado da interface pode ser substancialmente diferente da pressão no outro lado. Você deve se lembrar do Cap. 2 que o salto de pressão através de uma interface é inversamente proporcional ao raio de curvatura da interface, como resultado dos efeitos da tensão superficial.

Uma forma degenerada da condição de contorno de interface ocorre na *superfície livre* de um líquido, indicando que o fluido A é um líquido e o fluido B é um gás (normalmente, o ar). Ilustramos um caso simples na Fig. 9–55 onde o fluido A é água líquida e o fluido B é o ar. A interface é plana, os efeitos da tensão superficial são desprezíveis, mas a água está se movendo horizontalmente (como a água fluindo em um rio calmo). Nesse caso, as velocidades do ar e da água devem se igualar na superfície e a tensão de cisalhamento agindo sobre uma partícula de água na superfície da água deve ser igual à tensão de cisalhamento agindo sobre uma partícula de ar logo acima da superfície. De acordo com a Eq. 9–66:

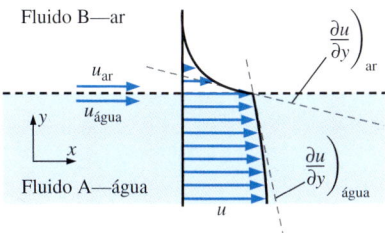

FIGURA 9–55 Ao longo de uma *superfície livre* horizontal de água e ar, as velocidades da água e do ar devem ser iguais e as tensões de cisalhamento devem ser iguais. No entanto, como $\mu_{ar} \ll \mu_{água}$, uma boa aproximação é que a tensão de cisalhamento na superfície da água é desprezivelmente pequena.

Condições de contorno na interface água-ar:

$$u_{água} = u_{ar} \quad e \quad \tau_{s,\,água} = \mu_{água}\frac{\partial u}{\partial y}\bigg)_{água} = \tau_{s,\,ar} = \mu_{ar}\frac{\partial u}{\partial y}\bigg)_{ar} \quad \text{(9–67)}$$

Um rápido exame nas tabelas de propriedades de fluidos revela que $\mu_{água}$ é mais de 50 vezes maior do que μ_{ar}. Para que as tensões de cisalhamento sejam iguais, a Eq. 9–67 exige que a taxa de variação $(\partial u/\partial y)_{ar}$ seja mais de 50 vezes maior do que $(\partial u/\partial y)_{água}$. Portanto, é razoável aproximar a tensão de cisalhamento agindo na superfície da água como desprezivelmente pequena comparada com as tensões de cisalhamento em qualquer outro ponto na água. Outra maneira de dizer isso é que a água em movimento arrasta com ela o ar com pouca resistência por parte do ar; em contrapartida, o ar não consegue retardar o movimento da água de modo significativo. Resumindo, para o caso de um líquido em contato com um gás, e com efeitos de tensão superficial desprezíveis, as **condições de contorno de superfície livre** são:

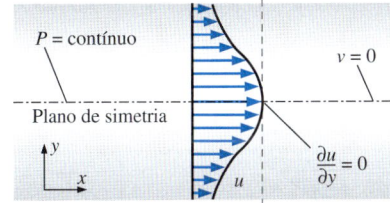

FIGURA 9–56 As condições de contorno ao longo de um plano de simetria são definidas para garantir que o campo de escoamento em um lado do plano de simetria seja uma *imagem espelhada* do campo de escoamento no outro lado, como é mostrado aqui para um plano horizontal de simetria.

Condições de contorno de superfície livre: $\quad P_{líquido} = P_{gás} \quad e \quad \tau_{s,\,líquido} \cong 0 \quad \text{(9–68)}$

Dependendo do tipo de problema, surgem outras condições de contorno. Por exemplo, frequentemente precisamos definir **condições de contorno de entrada** nos limites de um domínio de escoamento onde o fluido entra no domínio. Da mesma forma, definimos **condições de contorno de saída** em uma saída de fluxo. As **condições de contorno simétricas** são úteis ao longo de um eixo ou plano de simetria. Por exemplo, as condições de contorno simétricas apropriadas ao longo de um plano horizontal de simetria estão ilustradas na Fig. 9–56. Para problemas de escoamento não estacionário precisamos definir também **condições iniciais** (no instante de início, normalmente, $t = 0$).

Nos Exemplos 9–15 até 9–19, aplicamos condições de contorno das Eqs. 9–65 até 9–68 onde for necessário. Essas e outras condições de contorno são discutidas com muito mais detalhes no Cap. 15, onde as aplicamos às soluções de CFD.

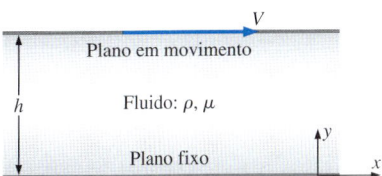

FIGURA 9–57 Geometria do Exemplo 9–15: escoamento viscoso entre duas placas infinitas; a placa superior movendo-se e a placa inferior fixa.

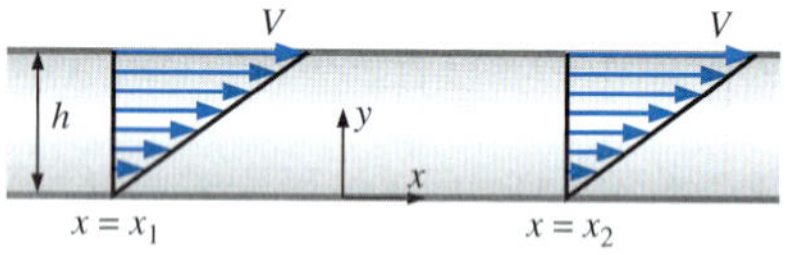

EXEMPLO 9–15   Escoamento Couette completamente desenvolvido

Considere o escoamento estacionário, incompressível, laminar de um fluido newtoniano no espaço estreito entre duas placas paralelas infinitas (Fig. 9–57). A placa superior está se movendo à velocidade V e a placa inferior está fixa. A distância entre essas duas placas é h e a gravidade age na direção negativa do eixo z (para dentro do plano da página na Fig. 9–57). Não há outra pressão aplicada a não ser a pressão hidrostática em virtude da gravidade. Esse escoamento é chamado de **escoamento Couette**. Calcule os campos de velocidade e pressão, e estime a força de cisalhamento por unidade de área agindo na placa inferior.

SOLUÇÃO   Para uma dada geometria e conjunto de condições de contorno, vamos calcular os campos de velocidade e de pressão, e depois estimar a força de cisalhamento por unidade de área agindo na placa inferior.

Hipóteses   **1** As placas são infinitas em x e z. **2** O escoamento é estacionário, isto é, $\partial/\partial t$ de qualquer coisa é zero. **3** Este é um escoamento paralelo (consideramos que a componente y da velocidade, v, é zero). **4** O fluido é incompressível e newtoniano com propriedades constantes, e o escoamento é laminar. **5** A pressão P = constante com relação a x. Em outras palavras, não há gradiente de pressão aplicado empurrando o escoamento na direção x; o escoamento se estabelece por si mesmo devido às tensões viscosas causadas pelo movimento da placa superior. **6** O campo de velocidade é puramente bidimensional, o que significa aqui que $w = 0$ e $\partial/\partial z$ de qualquer componente da velocidade é zero. **7** A gravidade age na direção negativa de z (para dentro do plano da página na Fig. 9–57). Expressamos isso matematicamente como $\vec{g} = -g\vec{k}$ ou $g_x = g_y = 0$ e $g_z = -g$.

Análise   Para obtermos os campos de velocidade e de pressão, seguimos o procedimento passo a passo representado na Fig. 9–52.

Passo 1   *Analisar o problema e a geometria.* Veja Fig. 9–57.

Passo 2   *Listar hipóteses e condições de contorno.* Nós numeramos e listamos sete hipóteses. As condições de contorno vêm da imposição da condição de não escorregamento: (1) Na placa inferior ($y = 0$), $u = v = w = 0$. (2) Na placa superior ($y = h$), $u = V$, $v = 0$ e $w = 0$.

Passo 3   *Simplificar as equações diferenciais.* Começamos com a equação da continuidade incompressível em coordenadas cartesianas, Eq. 9–61a:

$$\frac{\partial u}{\partial x} + \underbrace{\frac{\partial v}{\partial y}}_{\text{hipótese 3}} + \underbrace{\frac{\partial w}{\partial z}}_{\text{hipótese 6}} = 0 \quad \rightarrow \quad \frac{\partial u}{\partial x} = 0 \qquad (1)$$

A Equação 1 nos diz que u não é uma função de x. Em outras palavras, não importa onde colocamos nossa origem – o escoamento é o mesmo em qualquer posição x. A expressão **completamente desenvolvido** é usada frequentemente para descrever essa situação (Fig. 9–58). Isso pode também ser obtido diretamente da hipótese 1, que nos diz que não há nada especial sobre qualquer posição x porque as placas têm comprimento infinito. Além disso, como u não é uma função do tempo (hipótese 2) ou z (hipótese 6), concluímos que u é no máximo uma função de y,

Resultado da continuidade: $\qquad\qquad u = u(y)$ apenas $\qquad\qquad$ (2)

Simplificamos agora a equação do momento na direção x (Eq. 9–61b) o máximo possível. É uma boa prática listar a razão para cancelar um termo, conforme fazemos aqui:

$$\rho\left(\underbrace{\frac{\partial u}{\partial t}}_{\text{hipótese 2}} + \underbrace{u\frac{\partial u}{\partial x}}_{\text{continuidade}} + \underbrace{v\frac{\partial u}{\partial y}}_{\text{hipótese 3}} + \underbrace{w\frac{\partial u}{\partial z}}_{\text{hipótese 6}}\right) = -\underbrace{\frac{\partial P}{\partial x}}_{\text{hipótese 5}} + \underbrace{\rho g_x}_{\text{hipótese 7}}$$

FIGURA 9–58   Uma região *completamente desenvolvida* de um campo de escoamento é uma região onde o perfil de velocidades não muda com a distância a jusante. Escoamentos completamente desenvolvidos são encontrados em canais e tubos longos e retos. O escoamento Couette completamente desenvolvido é mostrado aqui – o perfil de velocidade em x_2 é idêntico ao perfil em x_1.

$$+ \mu\left(\underbrace{\frac{\partial^2 u}{\partial x^2}}_{\text{continuidade}} + \frac{\partial^2 u}{\partial y^2} + \underbrace{\frac{\partial^2 u}{\partial z^2}}_{\text{hipótese 6}}\right) \rightarrow \frac{d^2 u}{dy^2} = 0 \quad (3)$$

Note que a aceleração material (lado esquerdo da Eq. 3) é zero, e isso implica que as partículas de fluido não estão acelerando de forma nenhuma neste campo de escoamento, nem por aceleração local (não estacionário), nem por aceleração advectiva. Como os termos de aceleração advectiva é que tornam a equação de Navier-Stokes não linear, isso simplifica muito o problema. Na verdade, todos os outros termos na Eq. 3 desapareceram exceto um termo viscoso isolado, que deve ser igual a zero. Observe também que mudamos de uma derivada parcial ($\partial/\partial y$) para uma derivada total (d/dy) na Eq. 3 como resultado direto da Eq. 2. Não mostramos os detalhes aqui, mas você pode mostrar de uma forma similar que todos os termos exceto o termo da pressão na equação do momento na direção y (Eq. 9–61c) tornam-se iguais a zero, forçando o termo isolado a ser também zero:

$$\frac{\partial P}{\partial y} = 0 \quad (4)$$

Em outras palavras, P não é uma função de y. Como P também não é uma função do tempo (hipótese 2) ou x (hipótese 5), P é no máximo uma função de z,

Resultado do momento na direção y: $\quad P = P(z)$ apenas $\quad (5)$

Finalmente, pela hipótese 6 a componente z da equação de Navier-Stokes (Eq. 9–61d) é simplificada, tornando-se:

$$\frac{\partial P}{\partial z} = -\rho g \quad \rightarrow \quad \frac{dP}{dz} = -\rho g \quad (6)$$

onde usamos a Eq. 5 para converter de uma derivada parcial para uma derivada total.

Passo 4 *Resolver as equações diferenciais.* As equações da continuidade e da quantidade de movimento y já foram "resolvidas", resultando nas Eqs. 2 e 5, respectivamente. A Equação 3 (momento na direção x) é integrada duas vezes para obter:

$$u = C_1 y + C_2 \quad (7)$$

onde C_1 e C_2 são constantes de integração. A Equação 6 (momento na direção z) é integrada uma vez, resultando em:

$$P = -\rho g z + C_3 \quad (8)$$

Passo 5 *Aplicar condições de contorno.* Começamos com a Eq. 8. Como não especificamos condições de contorno para a pressão, C_3 pode permanecer como uma constante arbitrária. (Lembre-se de que para escoamento incompressível, a pressão absoluta só pode ser especificada se P for conhecida em algum lugar do escoamento.) Por exemplo, se fizermos $P = P_0$ em $z = 0$, então $C_3 = P_0$ e a Eq. 8 torna-se:

Solução final para o campo de pressão: $\quad \mathbf{P = P_0 - \rho g z} \quad (9)$

Os leitores atentos notarão que a Eq. 9 representa uma simples **distribuição de pressão hidrostática** (pressão diminuindo linearmente enquanto z aumenta). Concluímos que, pelo menos para este problema, *a pressão hidrostática age de maneira independente do escoamento.* De forma mais generalizada, podemos fazer a seguinte afirmação (veja também a Fig. 9–59):

Para campos de escoamento incompressíveis sem superfícies livres, a pressão hidrostática não contribui para a dinâmica do campo de escoamento.

(continua)

FIGURA 9–59 Para campos de escoamento incompressíveis *sem superfícies livres*, a pressão hidrostática não contribui para a dinâmica do campo de escoamento.

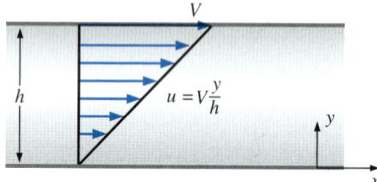

FIGURA 9–60 O perfil de velocidade linear do Exemplo 9–15: escoamento Couette entre placas paralelas.

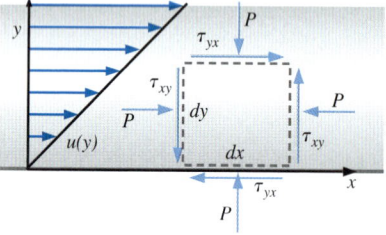

FIGURA 9–61 Tensões agindo sobre um elemento de fluido infinitesimal bidimensional retangular cuja face inferior está em contato com a placa inferior do Exemplo 9–15.

(continuação)

De fato, no Cap. 10, nós mostramos como a pressão hidrostática pode realmente ser *removida* das equações de movimento por meio do uso de uma pressão modificada.

Em seguida, aplicamos condições de contorno (1) e (2) do passo 2 para obter as constantes C_1 e C_2.

Condição de contorno (1): $\quad u = C_1 \times 0 + C_2 = 0 \;\rightarrow\; C_2 = 0$

e

Condição de contorno (2): $\quad u = C_1 \times h + 0 = V \;\rightarrow\; C_1 = V/h$

Finalmente, a Eq. 7 torna-se:

Resultado final para o campo de velocidade: $\quad\quad \boldsymbol{u = V\dfrac{y}{h}} \quad\quad$ (10)

O campo de velocidade revela um perfil simples de velocidade linear de $u = 0$ na placa inferior até $u = V$ na placa superior, conforme está representado na Fig. 9–60.

Passo 6 *Verificar os resultados.* Usando as Eqs. 9 e 10, você pode verificar que todas as equações diferenciais e condições de contorno são satisfeitas.

Para calcular a força de cisalhamento por unidade de área agindo na placa inferior, consideramos um elemento retangular de fluido cuja face inferior está em contato com a placa inferior (Fig 9–61). São mostradas tensões viscosas matematicamente positivas. Nesse caso, essas tensões estão na direção correta, pois o fluido acima do elemento diferencial puxa-o para a direita enquanto a parede abaixo do elemento puxa-o para a esquerda. Pela Eq. 9–56, determinamos as componentes do tensor de tensão viscosa:

$$\tau_{ij} = \begin{pmatrix} 2\mu\dfrac{\partial u}{\partial x} & \mu\left(\dfrac{\partial u}{\partial y}+\dfrac{\partial v}{\partial x}\right) & \mu\left(\dfrac{\partial u}{\partial z}+\dfrac{\partial w}{\partial x}\right) \\ \mu\left(\dfrac{\partial v}{\partial x}+\dfrac{\partial u}{\partial y}\right) & 2\mu\dfrac{\partial v}{\partial y} & \mu\left(\dfrac{\partial v}{\partial z}+\dfrac{\partial w}{\partial y}\right) \\ \mu\left(\dfrac{\partial w}{\partial x}+\dfrac{\partial u}{\partial z}\right) & \mu\left(\dfrac{\partial w}{\partial y}+\dfrac{\partial v}{\partial z}\right) & 2\mu\dfrac{\partial w}{\partial z} \end{pmatrix} = \begin{pmatrix} 0 & \mu\dfrac{V}{h} & 0 \\ \mu\dfrac{V}{h} & 0 & 0 \\ 0 & 0 & 0 \end{pmatrix} \quad (11)$$

Como a dimensão da tensão, por definição, é força por unidade de área, a força por unidade de área agindo na face inferior do elemento de fluido é igual a $\tau_{yx} = \mu V/h$ e ela age na direção negativa de *x*, conforme está representado. A força de cisalhamento por unidade de área na *parede* é igual e oposta a esta (terceira lei de Newton); então:

Força de cisalhamento por unidade de área agindo na parede:

$$\dfrac{\vec{F}}{A} = \mu\dfrac{V}{h}\vec{i} \quad\quad (12)$$

A direção dessa força está de acordo com nossa intuição, isto é, o fluido tenta puxar a parede inferior para a direita, devido aos efeitos viscosos (atrito).

Discussão A componente *z* da equação do momento linear está *desacoplada* das demais equações; isso explica por que obtemos uma distribuição de pressão hidrostática na direção *z*, apesar de o fluido não estar estático, mas movendo-se. A Equação 11 revela que o tensor de tensão viscosa é constante *em todos os pontos* no campo de escoamento, não apenas na parede inferior (note que nenhuma das componentes de τ_{ij} é uma função da posição).

Você pode estar questionando a utilidade dos resultados finais do Exemplo 9–15. Afinal, quando vamos encontrar duas placas paralelas infinitas, uma das quais está se movendo? Na realidade *há* vários escoamentos práticos para os quais a solução do escoamento Couette é uma aproximação muito boa. Um escoamento desse tipo ocorre dentro de um **viscosímetro rotacional** (Fig. 9–62), um instrumento usado para medir viscosidade. Ele consta de dois cilindros concêntricos de comprimento L – um cilindro interno sólido de raio R_i girando dentro de um cilindro externo oco e estacionário de raio R_o. (L está para dentro da página na Fig. 9–62; o *eixo z* está para fora da página.) O espaço entre os dois cilindros é muito pequeno e contém o fluido cuja viscosidade se deseja medir. A região ampliada da Fig. 9–62 é um arranjo aproximadamente idêntico ao da Fig. 9–57, pois o espaço é pequeno: $(R_o - R_i) \ll R_o$. Em uma medida de viscosidade, mede-se a velocidade angular do cilindro interno, w, e mede-se o torque aplicado, $T_{aplicado}$, necessário para girar o cilindro. Pelo Exemplo 9-15, sabemos que a tensão de cisalhamento viscoso agindo sobre um elemento de fluido adjacente ao cilindro interno é, aproximadamente, igual a:

$$\tau = \tau_{yx} \cong \mu \frac{V}{R_o - R_i} = \mu \frac{\omega R_i}{R_o - R_i} \quad (9\text{–}69)$$

onde a velocidade V da placa móvel superior na Fig. 9–57 é substituída pela velocidade anti-horária ωR_i da parede rotativa do cilindro interno. Na região ampliada na parte inferior da Fig. 9–62, τ age para a direita no elemento de fluido adjacente à parede do cilindro interno; por isso, a força por unidade de área agindo no cilindro interno nesta posição age para a esquerda com intensidade dada pela Eq. 9–69. O torque *horário* total agindo sobre a parede do cilindro interno devido à viscosidade do fluido é, portanto, igual a essa tensão de cisalhamento vezes a área da parede, vezes o braço de momento:

$$T_{viscoso} = \tau A R_i \cong \mu \frac{\omega R_i}{R_o - R_i} \left(2\pi R_i L\right) R_i \quad (9\text{–}70)$$

Sob condições permanentes, o torque horário $T_{viscoso}$ é equilibrado pelo torque anti-horário aplicado $T_{aplicado}$. Igualando esses dois torques e resolvendo a Eq. 9–70 para a viscosidade do fluido, resulta:

Viscosidade do fluido:
$$\mu = T_{aplicado} \frac{(R_o - R_i)}{2\pi \omega R_i^3 L}$$

Pode ser feita uma análise similar em um mancal sem carga no qual flui um óleo viscoso no pequeno espaço entre a parte interna rotativa e a carcaça externa estacionária. (Quando o mancal está sob carga, os cilindros interno e externo não são mais concêntricos e, neste caso, é necessária uma análise mais complicada.)

EXEMPLO 9–16 Escoamento Couette com um gradiente de pressão aplicado

Considere a mesma geometria do Exemplo 9–15, mas, em lugar de uma pressão constante com relação a x, é aplicado um gradiente de pressão na direção x (Fig. 9–63). Especificamente, o gradiente de pressão na direção x, $\partial P/\partial x$, tem um valor constante dado por

Gradiente de pressão aplicado:
$$\frac{\partial P}{\partial x} = \frac{P_2 - P_1}{x_2 - x_1} = \text{constante} \quad (1)$$

(continua)

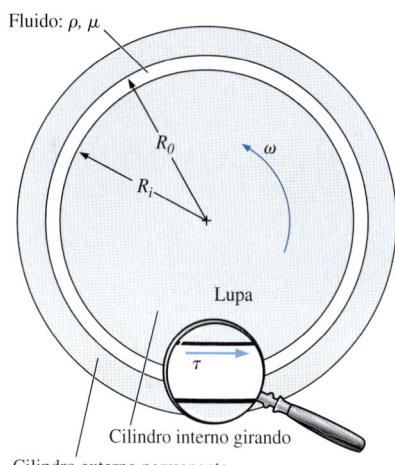

FIGURA 9–62 Um viscosímetro rotacional; o cilindro interno gira a uma velocidade angular ω e é aplicado um torque $T_{aplicado}$, através do qual calcula-se a viscosidade do fluido.

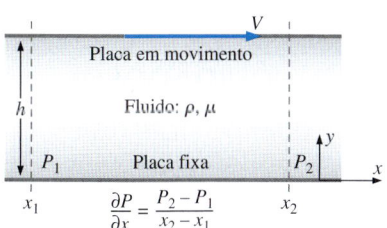

FIGURA 9–63 Geometria do Exemplo 9–16: escoamento viscoso entre duas placas infinitas com um gradiente constante de pressão aplicado $\partial P/\partial x$; a placa superior está se movendo e a placa inferior está estacionária.

(continuação)

onde x_1 e x_2 são duas localizações arbitrárias ao longo do eixo x, e P_1 e P_2 são as pressões naquelas duas localizações. Tudo o mais é igual ao Exemplo 9–15. (*a*) Calcule o campo de velocidade e de pressão. (*b*) Desenhe um gráfico de uma família de perfis de velocidade na forma adimensional.

SOLUÇÃO Vamos calcular o campo de velocidade e de pressão para o escoamento representado na Fig. 9–63 e desenhar uma família de perfis de velocidade na forma adimensional.

Hipóteses As hipóteses são idênticas àquelas do Exemplo 9–15, exceto que a hipótese 5 é substituída pela seguinte: é aplicado um gradiente de pressão constante na direção x de forma que a pressão muda linearmente com relação a x de acordo com a Eq. 1.

Análise (*a*) Seguimos o mesmo procedimento do Exemplo 9–15. A maior parte das operações algébricas é idêntica, portanto, para economizar espaço, discutiremos apenas as diferenças.

Passo 1 Veja a Fig. 9–63.

Passo 2 O mesmo que no Exemplo 9–15, exceto quanto à hipótese 5.

Passo 3 A equação da continuidade é simplificada da mesma maneira que no Exemplo 9–15:

Resultado da continuidade: $\quad u = u(y)$ apenas $\quad$ (2)

A equação do momento na direção x é simplificada da mesma maneira que no Exemplo 9–15, exceto que permanece o termo do gradiente de pressão. O resultado é:

Resultado do momento na direção x: $\quad \dfrac{d^2 u}{dy^2} = \dfrac{1}{\mu}\dfrac{\partial P}{\partial x}$ $\quad$ (3)

Da mesma maneira, as equações do momento nas direções y e z são simplificadas resultando:

Resultado do momento na direção y: $\quad \dfrac{\partial P}{\partial y} = 0$ $\quad$ (4)

e

Resultado do momento na direção z: $\quad \dfrac{\partial P}{\partial z} = -\rho g$ $\quad$ (5)

Não podemos converter de uma derivada parcial para uma derivada total na Eq. 5, porque P é uma função de x e z neste problema, diferentemente do Exemplo 9–15, onde P era uma função apenas de z.

Passo 4 Integramos a Eq. 3 (momento na direção x) duas vezes, observando que $\partial P/\partial x$ é uma constante:

Integração do momento na direção x: $\quad u = \dfrac{1}{2\mu}\dfrac{\partial P}{\partial x} y^2 + C_1 y + C_2$ $\quad$ (6)

onde C_1 e C_2 são constantes de integração. A Equação 5 (momento na direção z) é integrada uma vez, resultando em:

Integração do momento na direção z: $\quad P = -\rho g z + f(x)$ $\quad$ (7)

Note que, como P agora é uma função de x e z, acrescentamos uma função de x em lugar de uma constante de integração na Eq. 7. Essa é uma integração *parcial* em relação a z, e precisamos ter cuidado ao executar integrações parciais (Fig. 9–64).

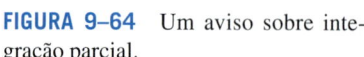

FIGURA 9–64 Um aviso sobre integração parcial.

Passo 5 Pela Eq. 7, vemos que a pressão varia hidrostaticamente na direção z, e nós especificamos uma mudança linear na pressão na direção x. Portanto, a função $f(x)$ deve ser igual a uma constante mais $\partial P/\partial x$ vezes x. Se fizermos $P = P_0$ ao longo da reta $x = 0$, $z = 0$ (o eixo y), a Eq. 7 torna-se:

Resultado final para o campo de pressão: $$P = P_0 + \frac{\partial P}{\partial x} x - \rho g z \quad (8)$$

Em seguida, aplicamos as condições de contorno de velocidade (1) e (2) do passo 2 do Exemplo 9–15 para obtermos as constantes C_1 e C_2.

Condição de contorno (1):

$$u = \frac{1}{2\mu}\frac{\partial P}{\partial x} \times 0 + C_1 \times 0 + C_2 = 0 \quad \rightarrow \quad C_2 = 0$$

e

Condição de contorno (2):

$$u = \frac{1}{2\mu}\frac{\partial P}{\partial x} h^2 + C_1 \times h + 0 = V \quad \rightarrow \quad C_1 = \frac{V}{h} - \frac{1}{2\mu}\frac{\partial P}{\partial x} h$$

Finalmente, a Eq. 6 torna-se:

$$u = \frac{Vy}{h} + \frac{1}{2\mu}\frac{\partial P}{\partial x}(y^2 - hy) \quad (9)$$

A Equação 9 indica que o campo de velocidade consiste na superposição de duas partes: um perfil de velocidade linear de $u = 0$ na placa inferior até $u = V$ na placa superior, e uma distribuição parabólica que depende da intensidade do gradiente de pressão aplicado. Se o gradiente de pressão for zero, a parte parabólica da Eq. 9 desaparece e o perfil é linear, exatamente como no Exemplo 9–15; isso está representado pela linha tracejada na Fig. 9–65. Se o gradiente de pressão for negativo (pressão diminuindo na direção x, fazendo o escoamento ser empurrado da esquerda para a direita), $\partial P/\partial x < 0$ e o perfil de velocidade se parece com aquele desenhado na Fig. 9–65. Um caso especial ocorre quando $V = 0$ (placa superior estacionária); a parte linear da Eq. 9 desaparece e o perfil de velocidade é parabólico e simétrico em relação ao centro do canal ($y = h/2$); isso está representado pela linha pontilhada na Fig. 9–65.

Passo 6 Você pode usar as Eqs. 8 e 9 para verificar que todas as equações diferenciais e condições de contorno estão satisfeitas.

(*b*) Usamos a análise dimensional para gerar os grupos adimensionais (grupos Π). Descrevemos o problema em termos da componente de velocidade u como uma função de y, h, V, μ e $\partial P/\partial x$. Há seis variáveis (incluindo a variável dependente u), e como há três dimensões primárias representadas no problema (massa, comprimento e tempo), esperamos encontrar $6 - 3 = 3$ grupos adimensionais. Quando escolhemos h, V e μ como nossas variáveis repetidas, obtemos o seguinte resultado usando o método das variáveis repetidas (os detalhes ficam por conta do leitor – esta é uma boa revisão do assunto do Cap. 7):

Resultado da análise dimensional: $$\frac{u}{V} = f\left(\frac{y}{h}, \frac{h^2}{\mu V}\frac{\partial P}{\partial x}\right) \quad (10)$$

Usando esses três grupos adimensionais, reescrevemos a Eq. 9 como:

Forma adimensional do campo de velocidade: $u^* = y^* + \frac{1}{2}P^* y^*(y^* - 1)$ (11)

(continua)

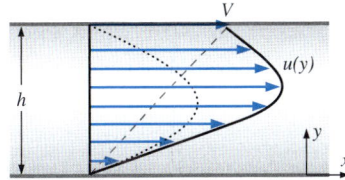

FIGURA 9–65 O perfil de velocidade do Exemplo 9–16: escoamento Couette entre placas paralelas com um gradiente de pressão aplicado negativo; a linha tracejada indica o perfil para um gradiente de pressão zero, e a linha pontilhada indica o perfil para um gradiente de pressão negativo com a placa superior estacionária ($V = 0$).

FIGURA 9–66 Perfis de velocidade adimensionais para o escoamento Couette com um gradiente de pressão aplicado; são mostrados os perfis para vários valores do gradiente de pressão adimensional.

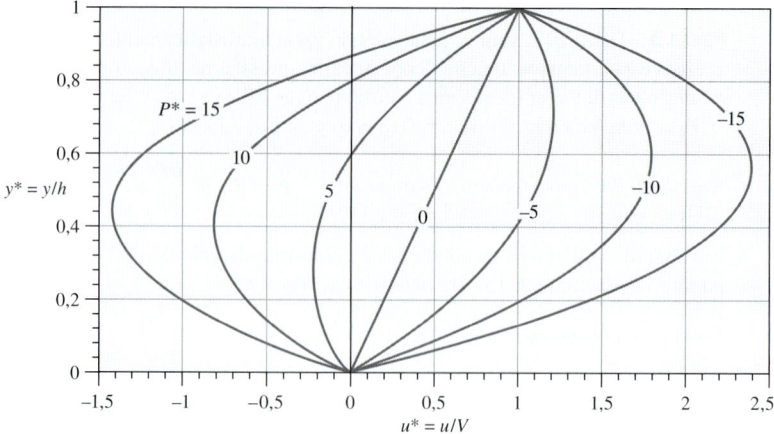

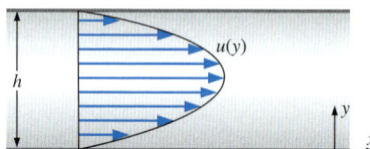

FIGURA 9–67 O perfil de velocidade para o escoamento bidimensional completamente desenvolvido em um canal (escoamento planar de Poiseuille).

(continuação)

onde os parâmetros adimensionais são:

$$u^* = \frac{u}{V} \qquad y^* = \frac{y}{h} \qquad P^* = \frac{h^2}{\mu V}\frac{\partial P}{\partial x}$$

Na Fig. 9–66, u^* é colocada no gráfico como uma função de y^* para vários valores de P^*, usando a Eq. 11.

Discussão Quando o resultado é colocado na forma adimensional, vemos que a Eq. 11 representa uma *família* de perfis de velocidade. Vemos também que quando o gradiente de pressão é *positivo* (escoamento empurrado da direita para a esquerda) e de intensidade suficiente, podemos ter um *escoamento reverso* na parte inferior do canal. Para todos os casos, as condições de contorno se reduzem a $u^* = 0$ em $y^* = 0$ e $u^* = 1$ em $y^* = 1$. Se há um gradiente de pressão, mas ambas as paredes são estacionárias, o escoamento é chamado de escoamento de canal bidimensional, ou **escoamento planar de Poiseuille** (Fig. 9–67). Notamos, no entanto, que muitos autores reservam o nome *escoamento de Poiseuille* para o escoamento completamente desenvolvido em *tubo* – o análogo axissimétrico do escoamento em canal bidimensional (veja o Exemplo 9–18).

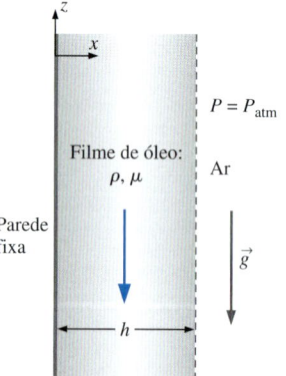

FIGURA 9–68 Geometria do Exemplo 9–17: um filme viscoso de óleo caindo por gravidade ao longo de uma parede vertical.

EXEMPLO 9–17 Filme de óleo escoando para baixo em uma parede vertical por gravidade

Considere um escoamento estacionário, incompressível, paralelo e laminar, de um filme de óleo escoando lentamente para baixo em uma parede vertical infinita (Fig. 9–68). A espessura do filme de óleo é h e a gravidade age na direção negativa de z (para baixo na Fig. 9–68). Não há pressão aplicada (forçada) impulsionando o escoamento – o óleo cai apenas por gravidade. Calcule os campos de velocidades de pressão no filme de óleo e desenhe o perfil de velocidade normalizado. Você pode desprezar as variações na pressão hidrostática do ar ao redor.

SOLUÇÃO Para uma dada geometria e um dado conjunto de condições de contorno, vamos calcular os campos de velocidade e pressão e desenhar o gráfico do perfil de velocidade.

Hipóteses **1** A parede é infinita no plano yz (y está contido no plano da página, para um sistema de coordenadas orientado à direita). **2** O escoamento é estacionário (todas as derivadas parciais com relação ao tempo são nulas). **3** O escoamento é paralelo (a componente x da velocidade, u, é zero em qualquer ponto). **4** O fluido é incompressível e newtoniano com propriedades constantes, e o escoamento é laminar. **5** A pressão $P = P_{atm}$ = constante na superfície livre. Em outras palavras, não há gradiente de pressão aplicado empurrando o escoamento; o escoamento se estabelece por si mesmo devido a um equilíbrio entre as forças gravitacionais e as forças viscosas. Além disso, como não há força de gravidade na direção horizontal, $P = P_{atm}$ *em qualquer ponto*. **6** O campo de velocidade é puramente bidimensional, e isso implica que a componente de velocidade $v = 0$ e todas as derivadas parciais com relação a y são zero. **7** A gravidade age na direção negativa de z. Expressamos isso matematicamente como $\vec{g} = -g\vec{k}$ ou $g_x = g_y = 0$ e $g_z = -g$.

Análise Obtemos os campos de velocidade e pressão seguindo o procedimento passo a passo para as soluções diferenciais de escoamento de fluido (Fig. 9–52).

Passo 1 *Identificar o problema e a geometria.* Veja a Fig. 9–68.

Passo 2 *Listar hipóteses e condições de contorno.* Listamos sete hipóteses. As condições de contorno são: (1) Não há escorregamento na parede; em $x = 0$, $u = v = w = 0$. (2) Na superfície livre ($x = h$), há cisalhamento desprezível (Eq. 9–68), que para uma superfície livre vertical nesse sistema de coordenadas significa $\partial w/\partial x = 0$ em $x = h$.

Passo 3 *Escrever e simplificar as equações diferenciais.* Começamos com a equação da continuidade incompressível em coordenadas cartesianas:

$$\underbrace{\frac{\partial u}{\partial x}}_{\text{hipótese 3}} + \underbrace{\frac{\partial v}{\partial y}}_{\text{hipótese 6}} + \frac{\partial w}{\partial z} = 0 \quad \rightarrow \quad \frac{\partial w}{\partial z} = 0 \qquad (1)$$

A Equação 1 nos diz que w não é uma função de z; isto é, não importa onde colocamos nossa origem – o escoamento é o mesmo em *qualquer* posição z. Em outras palavras, o escoamento é *completamente desenvolvido*. Como w não é uma função do tempo (hipótese 2), z (Eq. 1) ou y (hipótese 6), concluímos que w é, no máximo, uma função de x:

Resultado da continuidade: $\qquad\qquad w = w(x)$ apenas $\qquad (2)$

Agora simplificamos cada componente da equação de Navier-Stokes tanto quanto possível. Como $u = v = 0$ em qualquer ponto e a gravidade não age nas direções x ou y, as equações do momento nas direções x e y são satisfeitas exatamente (na verdade, todos os termos são zero em ambas as equações). A equação do momento na direção z se reduz a:

$$\rho\left(\underbrace{\frac{\partial w}{\partial t}}_{\text{hipótese 2}} + \underbrace{u\frac{\partial w}{\partial x}}_{\text{hipótese 3}} + \underbrace{v\frac{\partial w}{\partial y}}_{\text{hipótese 6}} + \underbrace{w\frac{\partial w}{\partial z}}_{\text{continuidade}}\right) = -\frac{\partial P}{\partial z} + \underbrace{\rho g_z}_{-\rho g}$$
$$+ \mu\left(\frac{\partial^2 w}{\partial x^2} + \underbrace{\frac{\partial^2 w}{\partial y^2}}_{\text{hipótese 6}} + \underbrace{\frac{\partial^2 w}{\partial z^2}}_{\text{continuidade}}\right) \quad \rightarrow \quad \frac{d^2 w}{dx^2} = \frac{\rho g}{\mu} \qquad (3)$$

A aceleração material (lado esquerdo da Eq. 3) é zero, ou seja, as partículas de fluido não estão acelerando neste campo de escoamento, nem por aceleração local, nem por aceleração advectiva. Como os termos da aceleração advectiva tornam a equação de Navier-Stokes não linear, isso simplifica muito o problema. Mudamos de uma derivada parcial ($\partial/\partial x$) para uma derivada total (d/dx) na Eq. 3 como resultado direto da Eq. 2, reduzindo a equação diferencial parcial (EDP) a uma equação diferencial ordinária (EDO). As EDOs (equações diferenciais ordinárias) são, naturalmente, muito mais fáceis de resolver do que as EDPs (equações diferenciais parciais) (Fig. 9–69).

Passo 4 *Resolver as equações diferenciais.* As equações da continuidade e do momento nas direções x e y já foram "resolvidas". A Equação 3 (do momento na direção z) é integrada duas vezes para obter:

(continua)

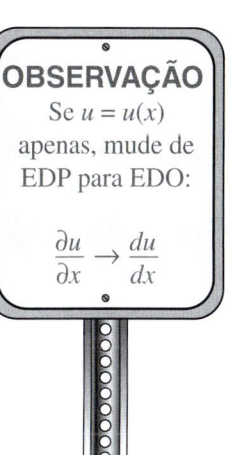

FIGURA 9–69 Nos Exemplos 9–15 até 9–18, as equações de movimento são reduzidas de *equações diferenciais parciais* para *equações diferenciais ordinárias*, tornando-as muito mais fáceis de resolver.

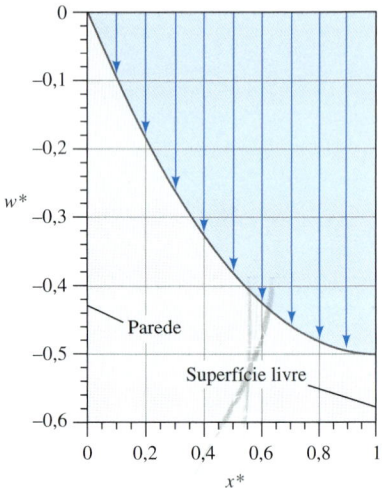

FIGURA 9–70 O perfil de velocidade normalizado do Exemplo 9–17: um filme de óleo descendo por uma parede vertical.

(continuação)

$$w = \frac{\rho g}{2\mu} x^2 + C_1 x + C_2 \quad (4)$$

Passo 5 *Aplicar condições de contorno*. Aplicamos condições de contorno (1) e (2) do passo 2 para obter as constantes C_1 e C_2:

Condição de contorno (1): $\quad w = 0 + 0 + C_2 = 0 \quad C_2 = 0$

e

Condição de contorno (2): $\quad \left.\dfrac{dw}{dx}\right)_{x=h} = \dfrac{\rho g}{\mu} h + C_1 = 0 \;\rightarrow\; C_1 = -\dfrac{\rho g h}{\mu}$

Finalmente, a Eq. 4 torna-se:

Campo de velocidade: $\quad w = \dfrac{\rho g}{2\mu} x^2 - \dfrac{\rho g}{\mu} h x = \dfrac{\rho g x}{2\mu}(x - 2h) \quad (5)$

Como $x < h$ no filme, w é negativo em qualquer ponto, como era esperado (o escoamento é para baixo). O campo de pressão é trivial, ou seja, $P = P_{atm}$ **em qualquer ponto**.

Passo 6 *Verificar os resultados*. Você pode verificar que todas as equações diferenciais e condições de contorno estão satisfeitas.

Normalizamos a Eq. 5 por inspeção: fazemos $x^* = x/h$ e $w^* = w\mu/(\rho g h^2)$. A Equação 5 torna-se:

Perfil de velocidade normalizado: $\quad w^* = \dfrac{x^*}{2}(x^* - 2) \quad (6)$

Desenhamos o gráfico do campo de velocidade normalizado na Fig. 9–70.

Discussão O perfil de velocidade tem uma grande taxa de variação junto à parede devido à condição de não escorregamento ali ($w = 0$ em $x = 0$), mas tem taxa de variação zero na superfície livre, onde a condição de contorno é tensão de cisalhamento zero ($\partial w/\partial x = 0$ em $x = h$). Poderíamos ter introduzido um fator de –2 na definição de w^* de modo que w^* seria igual a 1 em vez de $-1/2$ na superfície livre.

O procedimento de solução usado nos Exemplos 9–15 até 9–17 em coordenadas cartesianas pode também ser usado em qualquer outro sistema de coordenadas. No Exemplo 9–18, apresentamos o problema clássico do escoamento completamente desenvolvido em um tubo redondo, para o qual usamos coordenadas cilíndricas.

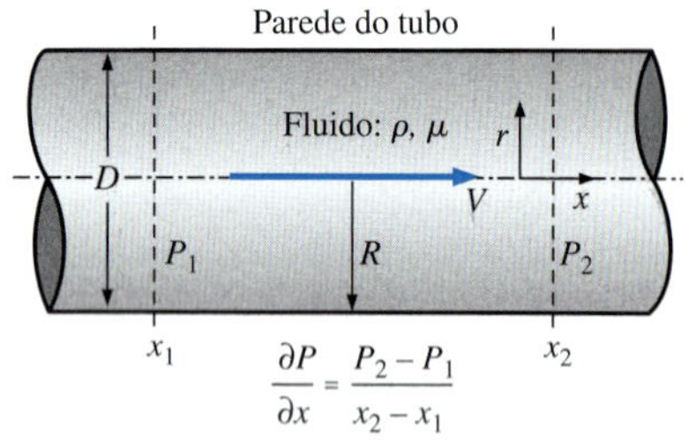

FIGURA 9–71 Geometria do Exemplo 9–18: escoamento permanente laminar em um tubo redondo longo com um gradiente de pressão $\partial P/\partial x$ aplicado empurrando o fluido através do tubo. O gradiente de pressão é normalmente causado por uma bomba e/ou gravidade.

EXEMPLO 9–18 Escoamento completamente desenvolvido em um tubo redondo – Escoamento de Poiseuille

Considere o escoamento laminar, estacionário, incompressível, de um fluido newtoniano em um tubo infinitamente longo de diâmetro D ou raio $R = D/2$ (Fig. 9–71). Ignoramos os efeitos da gravidade. É aplicado um gradiente constante de pressão $\partial P/\partial x$ na direção x,

Gradiente de pressão aplicado: $\quad \dfrac{\partial P}{\partial x} = \dfrac{P_2 - P_1}{x_2 - x_1} = \text{constante} \quad (1)$

onde x_1 e x_2 são duas localizações arbitrárias ao longo do eixo x, e P_1 e P_2 são as pressões naquelas duas localizações. Note que adotamos um sistema de coordenadas cilíndricas modificado com x em lugar de z como componente axial, ou seja, (r, θ, x) e (u_r, u_θ, u). Deduza uma expressão para o campo de velocidade dentro do tubo e estime a força de cisalhamento viscoso por unidade de área de superfície agindo na parede do tubo.

SOLUÇÃO Para o escoamento dentro de um tubo redondo vamos calcular o campo de velocidade e então estimar a tensão de cisalhamento viscoso agindo na parede do tubo.

Hipóteses **1** O tubo é infinitamente longo na direção x. **2** O escoamento é estacionário (todas as derivadas parciais em relação ao tempo são zero). **3** Este é um escoamento paralelo (a componente r da velocidade, u_r, é zero). **4** O fluido é incompressível e newtoniano com propriedades constantes, e o escoamento é laminar (Fig. 9–72). **5** Um gradiente constante de pressão é aplicado na direção x de modo que a pressão muda linearmente com relação a x de acordo com a Eq. 1. **6** O campo de velocidade é axissimétrico sem turbilhão, implicando que $u_\theta = 0$ e todas as derivadas parciais com relação a θ são zero. **7** Ignoramos os efeitos da gravidade.

Análise Para obtermos o campo de velocidade, seguimos o procedimento passo a passo mostrado na Fig. 9–52.

Passo 1 *Identificar o problema e a geometria.* Veja Fig. 9-71.

Passo 2 *Listar hipóteses e condições de contorno.* Listamos sete hipóteses. A primeira condição de contorno vem da imposição da condição de não escorregamento na parede do tubo: (1) em $r = R$, $\vec{V} = 0$. A segunda condição de contorno vem do fato de que o eixo central do tubo é um eixo de simetria: (2) em $r = 0$, $\partial u/\partial r = 0$.

Passo 3 *Escrever e simplificar as equações diferenciais.* Começamos com a equação da continuidade incompressível em coordenadas cilíndricas, uma versão modificada da Eq. 9–62a:

$$\underbrace{\frac{1}{r}\frac{\partial(r\cancel{u_r})}{\partial r}}_{\text{hipótese 3}} + \underbrace{\frac{1}{r}\frac{\partial(\cancel{u_\theta})}{\partial \theta}}_{\text{hipótese 6}} + \frac{\partial u}{\partial x} = 0 \quad \rightarrow \quad \frac{\partial u}{\partial x} = 0 \qquad (2)$$

FIGURA 9–72 Soluções analíticas exatas das equações de Navier-Stokes, como nos exemplos apresentados aqui, não são possíveis se o escoamento é turbulento.

A Equação 2 nos diz que u não é uma função de x. Em outras palavras, não importa onde colocamos nossa origem – o escoamento é o mesmo em qualquer posição x. Isso também pode ser inferido diretamente da hipótese 1, pois ela nos diz que não há nada especial sobre qualquer posição x já que o tubo é infinitamente longo – o escoamento é completamente desenvolvido. Além disso, como u não é uma função do tempo (hipótese 2) ou θ (hipótese 6), concluímos que u é, no máximo, uma função de r,

Resultado da continuidade: $\qquad u = u(r)$ apenas $\qquad (3)$

Agora simplificamos a equação do momento axial (uma versão modificada da Eq. 9–62d) tanto quanto possível:

$$\rho\left(\underbrace{\cancel{\frac{\partial u}{\partial t}}}_{\text{hipótese 2}} + \underbrace{\cancel{u_r\frac{\partial u}{\partial r}}}_{\text{hipótese 3}} + \underbrace{\cancel{\frac{u_\theta}{r}\frac{\partial u}{\partial \theta}}}_{\text{hipótese 6}} + \underbrace{\cancel{u\frac{\partial u}{\partial x}}}_{\text{continuidade}}\right)$$

$$= -\frac{\partial P}{\partial x} + \underbrace{\cancel{\rho g_x}}_{\text{hipótese 7}} + \mu\left(\frac{1}{r}\frac{\partial}{\partial r}\left(r\frac{\partial u}{\partial r}\right) + \underbrace{\cancel{\frac{1}{r^2}\frac{\partial^2 u}{\partial \theta^2}}}_{\text{hipótese 6}} + \underbrace{\cancel{\frac{\partial^2 u}{\partial x^2}}}_{\text{continuidade}}\right)$$

ou

$$\frac{1}{r}\frac{d}{dr}\left(r\frac{du}{dr}\right) = \frac{1}{\mu}\frac{\partial P}{\partial x} \qquad (4)$$

(continua)

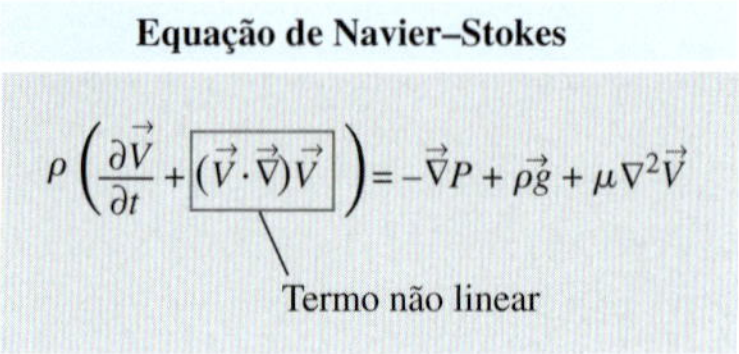

Equação de Navier–Stokes

$$\rho \left(\frac{\partial \vec{V}}{\partial t} + \boxed{(\vec{V} \cdot \vec{\nabla})\vec{V}} \right) = -\vec{\nabla} P + \rho \vec{g} + \mu \nabla^2 \vec{V}$$

Termo não linear

FIGURA 9–73 Para soluções de escoamento incompressível nas quais os termos advectivos na equação de Navier-Stokes são iguais a zero, a equação torna-se *linear*, já que o termo advectivo é o único termo não linear na equação.

(continuação)

Assim como nos Exemplos 9–15 até 9–17, a aceleração material (todo o lado esquerdo da equação do momento na direção x) é zero, implicando que as partículas de fluido não estão acelerando de forma nenhuma nesse campo de escoamento, e linearizando a equação de Navier-Stokes (Fig. 9–73). Substituímos os operadores de derivada parcial das derivadas de u pelos operadores de derivada total devido à Eq. 3.

De uma forma similar, cada termo na componente r da equação do momento (Eq. 9–62b), exceto o termo do gradiente de pressão, é zero, forçando aquele único termo a ser também zero:

Componente r do momento: $\quad \dfrac{\partial P}{\partial r} = 0 \quad$ (5)

Em outras palavras, P não é uma função de r. Como P não é uma função do tempo (hipótese 2) ou θ (hipótese 6), P pode ser, no máximo, uma função de x:

Resultado do momento radial: $\quad P = P(x)$ apenas $\quad$ (6)

Portanto, podemos substituir o operador da derivada parcial para o gradiente de pressão na Eq. 4 pelo operador da derivada total, já que P varia somente com x. Finalmente, todos os termos da componente θ da equação de Navier-Stokes (Eq. 9–62c) se tornam zero.

Passo 4 *Resolver as equações diferenciais*. As equações da continuidade e do movimento radial já foram "resolvidas", resultando nas Eqs. 3 e 6, respectivamente. A componente θ da equação do momento desapareceu, e assim nos resta a Eq. 4 (momento na direção x). Após multiplicar ambos os lados por r, integramos uma vez para obter:

$$r \frac{du}{dr} = \frac{r^2}{2\mu} \frac{dP}{dx} + C_1 \quad (7)$$

onde C_1 é uma constante de integração. Note que o gradiente de pressão dP/dx é uma constante aqui. Dividindo ambos os lados da Eq. 7 por r, integramos uma segunda vez para obter:

$$u = \frac{r^2}{4\mu} \frac{dP}{dx} + C_1 \ln r + C_2 \quad (8)$$

onde C_2 é uma segunda constante de integração.

Passo 5 *Aplicar condições de contorno*. Primeiro, aplicamos a condição de contorno (2) à Eq. 7:

Condição de contorno (2): $\quad 0 = 0 + C_1 \quad \rightarrow \quad C_1 = 0$

Uma maneira alternativa para interpretar essa condição de contorno é que u deve permanecer finita no eixo central do tubo. Isso é possível somente se a constante C_1 for igual a 0, pois $\ln(0)$ não é definido na Eq. 8. Agora aplicamos a condição de contorno (1):

Condição de contorno (1): $u = \dfrac{R^2}{4\mu} \dfrac{dP}{dx} + 0 + C_2 = 0 \quad \rightarrow \quad C_2 = -\dfrac{R^2}{4\mu} \dfrac{dP}{dx}$

Finalmente, a Eq. 8 torna-se:

Velocidade axial: $\quad u = \dfrac{1}{4\mu} \dfrac{dP}{dx}(r^2 - R^2) \quad$ (9)

O perfil de velocidade axial tem, portanto, a forma de um paraboloide, como está representado na Fig. 9–74.

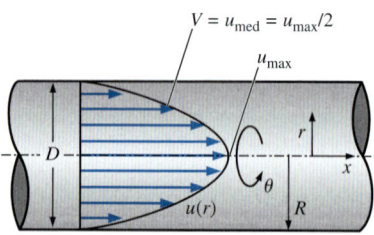

FIGURA 9–74 Perfil de velocidade axial do Exemplo 9–18: escoamento estacionário laminar em um tubo longo redondo com um gradiente constante de pressão dP/dx aplicado, empurrando o fluido através do tubo.

Passo 6 *Verificar os resultados.* Você pode verificar que todas as equações diferenciais e condições de contorno são satisfeitas.

Calculamos também algumas outras propriedades do escoamento laminar completamente desenvolvido em tubo. Por exemplo, a velocidade axial máxima obviamente ocorre no centro do tubo (Fig. 9–74). Fazendo $r = 0$ na Eq. 9 resulta:

Velocidade axial máxima: $$u_{max} = -\frac{R^2}{4\mu}\frac{dP}{dx} \quad (10)$$

A vazão volumétrica através do tubo é encontrada integrando-se a Eq. 9 através de toda a área da seção transversal do tubo:

$$\dot{V} = \int_{\theta=0}^{2\pi}\int_{r=0}^{R} u r\, dr\, d\theta = \frac{2\pi}{4\mu}\frac{dP}{dx}\int_{r=0}^{R}(r^2 - R^2)r\, dr = -\frac{\pi R^4}{8\mu}\frac{dP}{dx} \quad (11)$$

Como a vazão volumétrica é também igual à velocidade axial média vezes a área da seção transversal, podemos facilmente determinar a velocidade axial média V:

Velocidade axial média: $$V = \frac{\dot{V}}{A} = \frac{(-\pi R^4/8\mu)(dP/dx)}{\pi R^2} = -\frac{R^2}{8\mu}\frac{dP}{dx} \quad (12)$$

Comparando as Eqs. 10 e 12 vemos que para escoamento laminar completamente desenvolvido em tubo, a velocidade axial média é igual exatamente à metade da velocidade axial máxima.

Para calcular a força de cisalhamento viscoso por unidade de área agindo na parede do tubo, consideramos um elemento infinitesimal de fluido adjacente à parte inferior da parede do tubo (Fig. 9–75). São mostradas tensões de pressão e tensões viscosas matematicamente positivas. Da Eq. 9–63 (modificada para nosso sistema de coordenadas), escrevemos o tensor de tensão viscosa como:

$$\tau_{ij} = \begin{pmatrix} \tau_{rr} & \tau_{r\theta} & \tau_{rx} \\ \tau_{\theta r} & \tau_{\theta\theta} & \tau_{\theta x} \\ \tau_{xr} & \tau_{x\theta} & \tau_{xx} \end{pmatrix} = \begin{pmatrix} 0 & 0 & \mu\frac{\partial u}{\partial r} \\ 0 & 0 & 0 \\ \mu\frac{\partial u}{\partial r} & 0 & 0 \end{pmatrix} \quad (13)$$

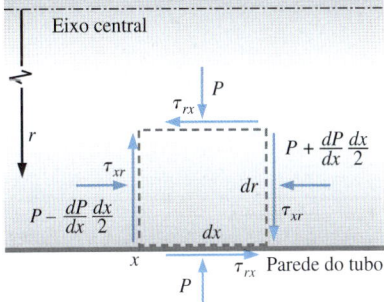

FIGURA 9–75 Pressão e tensões de cisalhamento viscoso agindo em um elemento infinitesimal de fluido cuja face inferior está em contato com a parede do tubo.

Usamos a Eq. 9 para u e fazemos $r = R$ na parede do tubo; a componente τ_{rx} da Eq. 13 se reduz a:

Tensão de cisalhamento viscoso na parede do tubo: $$\tau_{rx} = \mu\frac{du}{dr} = \frac{R}{2}\frac{dP}{dx} \quad (14)$$

Para escoamento da esquerda para a direita, dP/dx é negativo, assim, a tensão de cisalhamento viscoso na parte inferior do elemento de fluido na parede está na direção oposta àquela indicada na Fig. 9–75. (Isso concorda com nossa intuição, já que a parede do tubo exerce uma força de retardamento no fluido.) A força de cisalhamento por unidade de área na *parede* é igual e oposta a esta, portanto:

Força de cisalhamento viscoso por unidade de área agindo na parede:
$$\frac{\vec{F}}{A} = -\frac{R}{2}\frac{dP}{dx}\vec{i} \quad (15)$$

A direção dessa força também concorda com nossa intuição, ou seja, o fluido tenta puxar a parede inferior para a direita, devido ao atrito, quando dP/dx é negativa.

Discussão Como $du/dr = 0$ no eixo central do tubo, $\tau_{rx} = 0$ ali. Sugerimos que você tente obter a Eq. 15 usando uma abordagem de volume de controle, conside-

(continua)

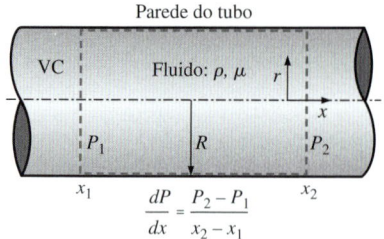

FIGURA 9–76 Volume de controle usado para obter a Eq. 15 do Exemplo 9–18 por um método alternativo.

(continuação)
rando o seu volume de controle como o fluido no tubo entre duas localizações x quaisquer, x_1 e x_2 (Fig. 9–76). Você deveria obter a mesma resposta. (*Dica*: como o escoamento é completamente desenvolvido, o perfil de velocidade axial na posição 1 é idêntico àquele na posição 2.) Note que quando a vazão volumétrica através do tubo excede um valor crítico, ocorrem instabilidades no escoamento, e a solução apresentada aqui não é mais válida. Especificamente, o escoamento no tubo torna-se *turbulento* em vez de laminar; o escoamento turbulento em um tubo é discutido com mais detalhes no Cap. 8. Esse problema também é resolvido no Cap. 8 usando uma abordagem alternativa.

Até aqui, todas as nossas soluções Navier-Stokes foram para escoamento estacionário. Você pode imaginar como as soluções devem ser mais complicadas se permitirmos que o escoamento seja não estacionário, e o termo da derivada em relação ao tempo na equação de Navier-Stokes não desaparecer. No entanto, há alguns problemas de escoamento não estacionário que podem ser resolvidos analiticamente. Apresentamos um desses problemas no Exemplo 9–19.

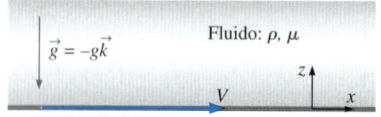

FIGURA 9–77 Geometria e estrutura do Exemplo 9–19; a coordenada y está para dentro da página.

EXEMPLO 9–19 Movimento súbito de uma placa plana infinita

Considere um fluido viscoso newtoniano sobre uma placa plana infinita no plano xy em $z = 0$ (Fig. 9–77). O fluido está em repouso até o instante $t = 0$, quando a placa subitamente começa a se mover com a velocidade V na direção x. A gravidade age na direção $-z$. Determine os campos de pressão e velocidade.

SOLUÇÃO Os campos de velocidade e pressão devem ser calculados para o caso do fluido sobre uma placa plana infinita que subitamente começa a se mover.

Hipóteses **1** A parede é infinita nas direções x e y; portanto, não há nada especial sobre qualquer posição x ou y em particular. **2** O escoamento é *paralelo* em qualquer ponto ($w = 0$). **3** A pressão P = constante com relação a x. Em outras palavras, não há gradiente de pressão aplicado empurrando o escoamento na direção x; o escoamento ocorre devido a tensões viscosas causadas pela placa em movimento. **4** O fluido é incompressível e newtoniano com propriedades constantes, e o escoamento é laminar. **5** O campo de velocidade é bidimensional no plano xz; portanto, $v = 0$, e todas as derivadas parciais com relação a y são iguais a zero. **6** A gravidade age na direção $-z$.

Análise Para obtermos os campos de velocidade e pressão, seguimos o procedimento passo a passo apresentado na Fig. 9–52.

Passo 1 *Identificar o problema e a geometria.* (Veja a Fig. 9–77.)

Passo 2 *Listar hipóteses e condições de contorno.* Listamos seis hipóteses. As condições de contorno são: (1) em $t = 0$, $u = 0$ em qualquer ponto (não há escoamento até que a placa comece a se mover); (2) em $z = 0$, $u = V$ para todos os valores de x e y (condição de não escorregamento na placa); (3) quando $z \to \infty$, $u = 0$ (distante da placa, o efeito do movimento da placa não é sentido); e (4) em $z = 0$, $P = P_{\text{parede}}$ (a pressão na parede é constante em qualquer posição x ou y ao longo da placa).

Passo 3 *Escrever e simplificar as equações diferenciais.* Começamos com a equação da continuidade incompressível em coordenadas cartesianas (Eq. 9–61a):

$$\frac{\partial u}{\partial x} + \underbrace{\frac{\partial \not{v}}{\partial y}}_{\text{hipótese 5}} + \underbrace{\frac{\partial \not{w}}{\partial z}}_{\text{hipótese 2}} = 0 \quad \to \quad \frac{\partial u}{\partial x} = 0 \tag{1}$$

A Equação 1 nos diz que u não é uma função de x. Além disso, como u não é uma função de y (hipótese 5), concluímos que u é, no máximo, uma função de z e t:

Resultado da continuidade: $\quad u = u(z, t)$ apenas (2)

A equação do momento na direção y se reduz a:

$$\frac{\partial P}{\partial y} = 0 \quad (3)$$

pelas hipóteses 5 e 6 (todos os termos com v, a componente y da velocidade, desaparecem, e a gravidade não age na direção y). A Equação 3 simplesmente nos diz que a pressão não é uma função de y; então:

Resultado do momento na direção y: $\quad P = P(z, t)$ apenas (4)

De forma similar, a equação do momento na direção z se reduz a:

$$\frac{\partial P}{\partial z} = -\rho g \quad (5)$$

Simplificamos agora a equação do momento na direção x (Eq. 9–61b) tanto quanto possível.

$$\rho \left(\frac{\partial u}{\partial t} + \underbrace{u \frac{\partial u}{\partial x}}_{\text{continuidade}} + \underbrace{v \frac{\partial u}{\partial y}}_{\text{hipótese 5}} + \underbrace{w \frac{\partial u}{\partial z}}_{\text{hipótese 2}} \right) = -\frac{\partial P}{\partial x} + \underbrace{\rho g_x}_{\text{hipótese 6}}$$
$$\underbrace{\text{hipótese 3}}$$

$$+ \mu \left(\underbrace{\frac{\partial^2 u}{\partial x^2}}_{\text{continuidade}} + \underbrace{\frac{\partial^2 u}{\partial y^2}}_{\text{hipótese 5}} + \frac{\partial^2 u}{\partial z^2} \right) \quad \rightarrow \quad \rho \frac{\partial u}{\partial t} = \mu \frac{\partial^2 u}{\partial z} \quad (6)$$

É conveniente combinar a viscosidade e a densidade na viscosidade cinemática, definida como $\nu = \mu/\rho$. A Equação 6 se reduz à bem conhecida **equação da difusão unidimensional** (Fig. 9–78):

Resultado do momento na direção x: $\quad \dfrac{\partial u}{\partial t} = \nu \dfrac{\partial^2 u}{\partial z^2}$ (7)

Passo 4 *Resolver as equações diferenciais*. As equações da continuidade e do momento na direção y já foram "resolvidas", resultando nas Eqs. 2 e 4, respectivamente. A Equação 5 (momento na direção z) é integrada uma vez, resultando em:

$$P = -\rho g z + f(t) \quad (8)$$

onde acrescentamos uma função do tempo em lugar de uma constante de integração, pois P é uma função de duas variáveis, z e t (veja a Eq. 4). A Equação 7 (momento na direção x) é uma equação diferencial parcial linear cuja solução é obtida combinando-se as duas variáveis independentes z e t em uma variável independente. O resultado é chamado de **solução de similaridade**, cujos detalhes estão além do escopo deste livro. Note que a equação da difusão unidimensional ocorre em muitos outros campos da engenharia, como a difusão de espécies (difusão de massa) e difusão de calor (condução); os detalhes sobre a solução podem ser encontrados em livros sobre esses assuntos. A solução da Eq. 7 está intimamente ligada à condição de contorno de que a placa é movimentada impulsivamente, e o resultado é:

Integração do momento na direção x: $\quad u = C_1 \left[1 - \mathrm{erf}\left(\dfrac{z}{2\sqrt{\nu t}} \right) \right]$ (9)

(continua)

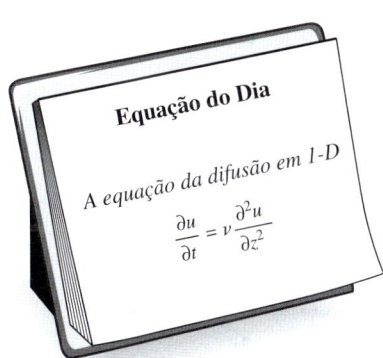

FIGURA 9–78 A equação de difusão unidimensional é *linear*, mas ela é uma *equação diferencial parcial* (EDP). É encontrada em muitos campos da ciência e engenharia.

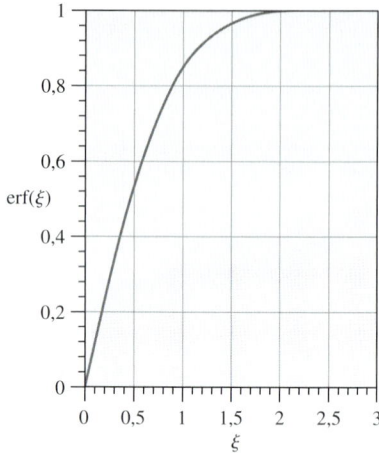

FIGURA 9–79 A função erro varia de 0 em $\xi = 0$ até 1 quando $\xi \to \infty$.

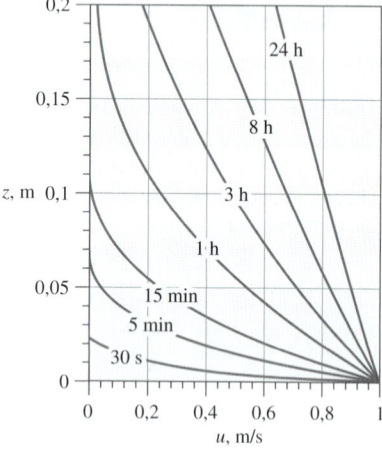

FIGURA 9–80 Perfis de velocidade do Exemplo 9–19: escoamento da água sobre uma placa infinita movida impulsivamente; $\nu = 1{,}004 \times 10^{-6}$ m²/s e $V = 1{,}0$ m/s.

(continuação)

onde **erf** na Eq. 9 é a **função erro** (Çengel, 2010), definida por:

Função erro: $$\operatorname{erf}(\xi) = \frac{2}{\sqrt{\pi}} \int_0^{\xi} e^{-\eta^2} d\eta \quad (10)$$

A função erro é usada normalmente em teoria de probabilidades e está colocada em gráfico na Fig. 9–79. As tabelas da função erro podem ser encontradas em muitos livros-texto, e algumas calculadoras e planilhas podem calcular a função erro diretamente. Ela é fornecida também como uma função no aplicativo EES que vem com o texto.

Passo 5 *Aplicar condições de contorno.* Começamos com a Eq. 8 para a pressão. A condição de contorno (4) requer que $P = P_{parede}$ em $z = 0$ sempre, e a Eq. 8 torna-se:

Condição de contorno (4): $\quad P = 0 + f(t) = P_{parede} \quad \to \quad f(t) = P_{parede}$

Em outras palavras, a função arbitrária do tempo, $f(t)$, acaba não sendo uma função de forma alguma, sendo meramente uma constante. Assim:

Resultado final para o campo de pressão: $\quad\quad P = P_{parede} - \rho g z \quad (11)$

que é simplesmente a pressão hidrostática. Concluímos que a *pressão hidrostática age independentemente do escoamento*. As condições de contorno (1) e (3) do passo 2 já foram aplicadas para obter a solução da equação do momento na direção x no passo 4. Como $\operatorname{erf}(0) = 0$, a segunda condição de contorno resulta em:

Condição de contorno (2): $\quad u = C_1(1 - 0) = V \quad \to \quad C_1 = V$

e a Eq. 9 torna-se:

Resultado final para o campo de velocidade: $u = V\left[1 - \operatorname{erf}\left(\dfrac{z}{2\sqrt{\nu t}}\right)\right] \quad (12)$

Vários perfis de velocidade estão desenhados na Fig. 9–80 para o caso específico da água à temperatura ambiente ($\nu = 1{,}004 \times 10^{-6}$ m²/s) com $V = 1{,}0$ m/s. Em $t = 0$, não há escoamento. Com o tempo, o movimento da placa é sentido cada vez mais longe no fluido, conforme esperávamos. Observe quanto tempo leva para que a difusão viscosa penetre no fluido – após 15 minutos de escoamento, o efeito da placa se movendo não é detectado além de aproximadamente 10 cm acima da placa!

Definimos as variáveis normalizadas u^* e z^* como:

Variáveis normalizadas: $\quad u^* = \dfrac{u}{V} \quad\text{e}\quad z^* = \dfrac{z}{2\sqrt{\nu t}}$

Depois, reescrevemos a Eq. 12 em termos de parâmetros adimensionais:

Campo de velocidade normalizado: $\quad u^* = 1 - \operatorname{erf}(z^*) \quad (13)$

A combinação da unidade menos a função erro ocorre frequentemente em engenharia e ela recebe o nome especial de **função erro complementar** e seu símbolo é **erfc**. Portanto, a Eq. 13 também pode ser escrita como:

Forma alternativa do campo de velocidade: $\quad u^* = \operatorname{erfc}(z^*) \quad (14)$

A beleza da normalização é que *esta equação* para u^* como uma função de z^* é válida para *qualquer* fluido (com viscosidade cinemática ν) acima de uma placa que se move com uma velocidade V qualquer e em *qualquer* posição z no fluido em *qualquer* instante t! O perfil de velocidade normalizado da Eq. 13 está representado na Fig. 9–81. Todos os perfis da Fig. 9–80 se reduzem ao único perfil da Fig. 9–81; um perfil desses é chamado de **perfil de similaridade**.

Passo 6 *Verificar os resultados.* Você pode verificar se todas as equações diferenciais e condições de contorno são satisfeitas.

Discussão O tempo necessário para que o momento se difunda no fluido parece muito maior do que poderíamos esperar baseados na nossa intuição. Isso é porque a solução apresentada aqui é válida somente para escoamento laminar. Ocorre que, se a velocidade da placa for grande o suficiente, ou se houver vibrações significativas na placa ou distúrbios no fluido, o escoamento se tornará turbulento. Em um escoamento turbulento, grandes turbilhões misturam fluido que se move rapidamente próximo da parede, com fluido que se move lentamente, longe da parede. Esse processo de mistura ocorre mais rapidamente, de maneira que a difusão turbulenta é, em geral, ordens de grandeza mais rápida do que a difusão laminar.

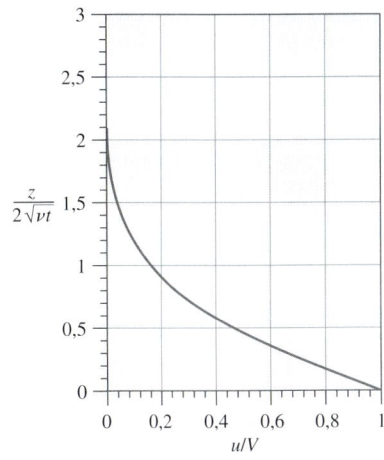

FIGURA 9–81 Perfil de velocidade normalizado do Exemplo 9–19: escoamento laminar de um fluido viscoso acima de uma placa infinita movida impulsivamente.

Os Exemplos 9–15 até 9–19 são para escoamento laminar incompressível. O mesmo conjunto de equações diferenciais (equação da continuidade incompressível e Navier-Stokes) é válido para escoamento incompressível *turbulento*. No entanto, as soluções de escoamento turbulento são muito mais complicadas porque o escoamento contém turbilhões tridimensionais aleatórios, não estacionários, que misturam o fluido. Além disso, esses turbilhões podem variar em tamanho por várias ordens de grandeza. Em um campo de escoamento turbulento, nenhum dos termos das equações pode ser ignorado (com exceção do termo da gravidade em alguns casos) e, portanto, nossa única esperança de obter uma solução é através dos cálculos numéricos em um computador. A Dinâmica de Fluidos Computacional (CFD) é discutida no Cap. 15.

Análise diferencial de escoamentos em mecânica dos biofluidos*

No Exemplo 9–18, deduzimos o escoamento completamente desenvolvido em um tubo redondo, ou o que é normalmente referido como escoamento de Poiseuille. A solução da equação de Navier-Stokes para este exemplo em especial é bastante simples, mas é baseada em uma série de hipóteses e aproximações. Essas aproximações se aplicam para escoamentos padrões de tubulação com a maioria dos sistemas de água, por exemplo. No entanto, quando aplicadas ao escoamento do sangue no corpo humano, as aproximações devem ser cuidadosamente monitoradas e avaliadas quanto à sua aplicabilidade. Tradicionalmente, como uma tentativa de primeira ordem, os dinamicistas de escoamentos cardiovasculares têm usado a dedução do escoamento de Poiseuille para entender o escoamento do sangue nas artérias. Isso pode proporcionar ao engenheiro uma aproximação de primeira ordem para a velocidade e a vazão, mas se o engenheiro estiver interessado em uma compreensão mais sofisticada e realista do escoamento do sangue, é importante examinar as principais aproximações utilizadas para se chegar ao escoamento de Poiseuille.

Antes de aprofundarmos no assunto, vamos manter as aproximações básicas sobre o fluido, ou sangue, nesse caso. O fluido irá permanecer incompressível, o escoamento vai continuar sendo laminar e a gravidade permanece desprezível. A aproximação de escoamento completamente desenvolvido também irá permanecer, apesar de que na realidade este não é o caso no sistema cardiovascular. Com base apenas nessas aproximações, isso deixa as outras principais aproximações

---

* Esta seção foi uma contribuição do Prof. Keefe Manning, da Penn State University.

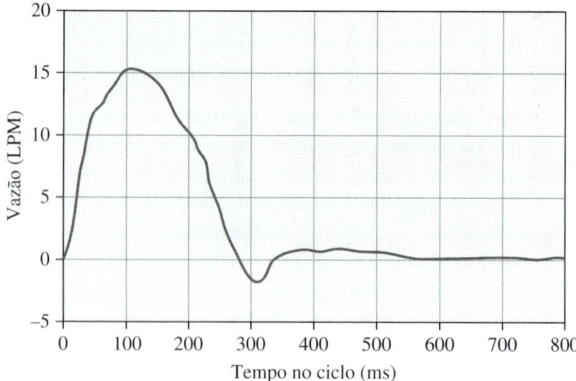

FIGURA 9–82 A forma de onda do escoamento gerada durante a ejeção de um dispositivo de assistência ventricular em um circuito de modelo circulatório. Isso é semelhante à forma de onda criada durante a ejeção ventricular esquerda.

de escoamento newtoniano permanente, paralelo e axissimétrico, e o duto aproximado como um tubo circular rígido.

Lembre-se que o coração bombeia o sangue de forma contínua a uma taxa média de 75 batimentos por minuto para um ser humano adulto saudável em repouso. Como um exemplo da forma de onda do escoamento gerado pela contração ventricular simulado um um modelo do sistema circulatório (Figura 9–82), a vazão muda temporalmente para este ciclo de 800 ms. Portanto, fundamentalmente, para modelar o escoamento de sangue através das artérias, a aproximação de escoamento constante é inapropriada, tornando inadequada a modelagem do escoamento sanguíneo como escoamento de Poiseuille para apenas essa aproximação sozinha. Há uma rápida aceleração e desaceleração de escoamento dentro de um curto período de tempo (~ 300 ms). Contudo, a propagação da onda que é iniciada no coração diminui com a distância a partir dele, e como as artérias tornam-se progressivamente menores até o nível capilar, a magnitude de pulsatilidade diminui. Quando focados no lado venoso à medida que o sangue retorna para o coração, a aproximação de escoamento constante pode ser aplicada com mais confiança, mas deve notar-se que continua a haver interrupção do escoamento, em especial, a partir dos dos membros inferiores, pois válvulas venosas (semelhantes a válvulas cardíacas) ajudam a trazer sangue de volta ao coração.

A aproximação de tubo circular rígido é igualmente inapropriada quando aplicada ao escoamento de sangue cardiovascular. Como mencionado no Capítulo 8, os vasos sanguíneos afunilam continuamente a partir do vaso principal (aorta) para vasos menores (artérias, arteríolas e capilares). Não há mudanças bruscas de diâmetro, como pode ser visto em uma rede de tubulação comercial. Portanto, uma consideração geométrica é o fato de que um segmento de vaso sanguíneo a partir de uma extremidade até a outra extremidade terá uma mudança contínua de diâmetro. No que diz respeito à seção transversal do tubo circular, os vasos não são perfeitamente circulares, mas de preferência mais elípticos em sua seção transversal, de maneira que há um eixo maior e um eixo menor.

A aproximação mais importante aqui que se aplica ao escoamento de Poiseuille é o fato de que os tubos são normalmente considerados rígidos. No entanto, os vasos saudáveis *não* são rígidos; estas estruturas são resilientes e flexíveis. Por exemplo, a aorta que emana do ventrículo esquerdo pode dobrar em diâmetro para acomodar o acentuado aumento no volume de sangue durante a ejeção do ventrículo esquerdo ao longo de um breve período de tempo. Uma das principais exceções ao uso dessa aproximação é quando se estudam estados patológicos, como a aterosclerose, ou quando se estuda o escoamento sanguíneo em idosos. O

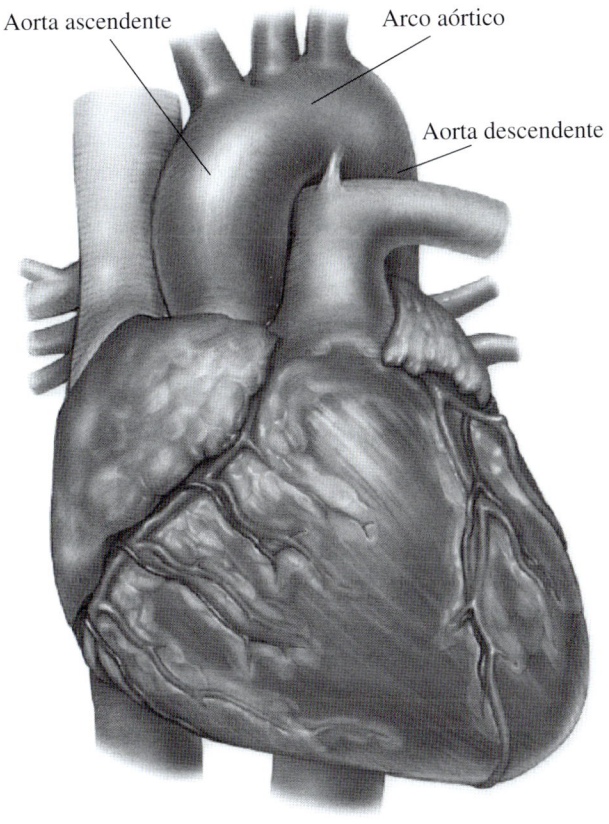

FIGURA 9–83 Uma figura anatômica ilustrando a aorta ascendente, arco aórtico e aorta descendente proveniente do ventrículo esquerdo (na parte de trás do coração nesta vista). A ilustração demonstra como a aorta se move em direção à medula espinhal.

McGraw-Hill Companies, Inc.

resultado básico de ambos é que os vasos irão endurecer. Nesses estudos, a aproximação de rigidez pode ser aplicada. Há também um efeito secundário à medida que os vasos endurecem, ou seja, a pulsatilidade de sangue amortece mais rapidamente, o que pode influenciar a aproximação de escoamento permanente nas arteríolas nessas populações específicas de pacientes.

No que diz respeito ao escoamento paralelo e axissimétrico, igualmente podem ser invalidadas como aproximações inadequadas aplicadas ao escoamento sanguíneo, focando-se em um local do sistema cardiovascular. Considerando a aorta na Figura 9–83 (ascendente do ventrículo esquerdo, o arco aórtico e descendente do arco), há mudanças significativas na geometria que influenciam o campo de escoamento. O que em geral não é exibido nas imagens bidimensionais do sistema cardiovascular (como a Figura 8–82) é o fato de que a aorta não permanece em um plano, como normalmente retratado. Na verdade, a aorta (olhando para outra pessoa) terá início a partir do ventrículo esquerdo e se move para a coluna vertebral (para a parte de trás da pessoa), movendo o escoamento para outros planos, devido à anatomia pura. O que essa geometria faz é criar escoamento de Dean na região. Como resultado, o escoamento que é criado em movimento em torno dessa curva e para trás, é um padrão de redemoinho de dupla hélice (pense na hélice do DNA, mas as hélices são linhas de corrente). Com todo esse turbilhão, as aproximações de escoamento paralelo e axissimétrico são inapropriadas. Esse é o caso mais extremo de escoamento no corpo humano (exceto para os casos de patologia ou com intervenção de dispositivos médicos). As aproximações de escoamento paralelo e axissimétrico podem ser usadas com mais confiança no resto do sistema circulatório.

Deveria ser mencionado que o escoamento dentro dos capilares *não* é escoamento de Poiseuille uma vez que os glóbulos vermelhos do sangue têm que se espremer nesses vasos, o que resulta em um escoamento de duas fases em que um glóbulo vermelho é seguido por plasma, que, por sua vez, é seguido por um glóbulo vermelho; isso continua, criando uma campo de escoamento único para facilitar a troca de oxigênio e nutrientes. Finalmente, o sangue não é newtoniano, como ilustrado no Exemplo 9–20.

EXEMPLO 9–20 **Escoamento completamente desenvolvido em um tubo redondo com um modelo simples de viscosidade do sangue**

Considere o Exemplo 9–18 e todas as aproximações para chegar ao fluxo de Poiseuille e ao perfil de velocidade axial mostrada na Fig. 9–74. Neste exemplo, vamos alterar a hipótese básica de escoamento Newtoniano e, em vez disso, vamos usar um modelo não newtoniano da viscosidade do fluido. O sangue se comporta como um fluido viscoelástico mas, para nossos propósitos, assumimos um modelo de afinamento do cisalhamento ou pseudoplástico e aplicamos um modelo de viscosidade de lei de potência generalizada. O modelo de lei de potência efetivamente vem do tensor de tensão viscoso e é $\tau_{rz} = -\mu\left(\dfrac{du}{dr}\right)^n$ onde introduzimos um sinal negativo para a direção, e onde $0 < n < 1$.

SOLUÇÃO Tomamos o Exemplo 9–18 até a Equação 4 neste exemplo:

$\dfrac{1}{r}\dfrac{d}{dr}\left(r\dfrac{du}{dr}\right) = \dfrac{1}{\mu}\dfrac{dP}{dx}$. Através do rearranjo e uma integração em r, chegamos a $\dfrac{r}{2}\dfrac{dP}{dx} = \mu\dfrac{du}{dr}$, o que é também $\dfrac{r}{2}\dfrac{dP}{dx} = \mu\dfrac{du}{dr} = \tau_{rz}$.

Então, podemos igualar o modelo de lei de potência a isso também, e chegar a uma nova relação, $\dfrac{r}{2}\dfrac{dP}{dx} = -\mu\left(\dfrac{du}{dr}\right)^n$. Quando passamos o sinal negativo para o outro lado, elevamos à $1/n$ ambos os lados, e resolvemos para $\dfrac{du}{dr}$, chegamos a $\dfrac{du}{dr} = \left(-\dfrac{r}{2\mu}\dfrac{dP}{dx}\right)^{\frac{1}{n}}$.

Nós integramos e, em seguida, aplicamos a segunda condição de contorno do Exemplo 9–18 (centro do tubo é um eixo de simetria). Nossa velocidade torna-se, então,

$$u = \dfrac{R^{\left(\frac{n+1}{n}\right)} - r^{\left(\frac{n+1}{n}\right)}}{\left(\dfrac{n+1}{n}\right)}\left(\dfrac{1}{2\mu}\dfrac{dP}{dx}\right)^{\frac{1}{n}}$$

Nós temos agora um perfil de velocidade generalizado para um fluido de lei de potência ou um tipo de fluido não newtoniano, o que pode ser um modelo rudi-

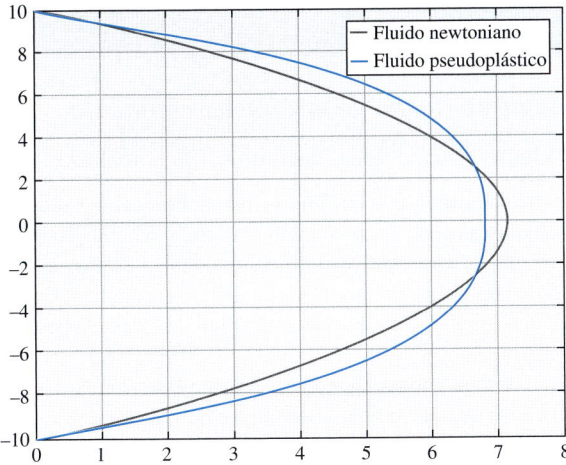

FIGURA 9–84 Supondo que todos os valores são os mesmos nas equações de velocidade e o tubo é do mesmo diâmetro, o fluido pseudoplástico faz com que o perfil de velocidades seja mais arredondado em comparação com o perfil parabólico gerado por um fluido newtoniano.

mentar do sangue. Como mencionado, nos aproximamos o sangue como um fluido pseudoplástico; como tal, definimos de forma arbitrária $n = 0{,}5$. A velocidade real torna-se, então:

$$u = \frac{R^3 - r^3}{3}\left(\frac{1}{2\mu}\frac{dP}{dx}\right)^2$$

Observe que, se tivéssemos usado $n = 1$ em vez disso, teríamos obtido o seguinte:

$$u = (R^2 - r^2)\left(\frac{1}{4\mu}\frac{dP}{dx}\right)$$

que é a velocidade axial de um fluido newtoniano.

Nós traçamos ambos os perfis de velocidade newtoniano e pseudoplástico na Fig. 9–84. Note-se como a viscosidade modifica o perfil do escoamento tornando-o mais arredondado. Para calcular a vazão volumétrica, integramos sobre a seção transversal do tubo usando a equação $\dot{V} = \int_0^R 2\pi r u\, dr$ e usando a forma generalizada para u. Depois de integrar e fazer alguma manipulação algébrica, nossa vazão torna-se

$$\dot{V} = \frac{n\pi R^3}{3n+1}\left(\frac{R}{2\mu}\frac{dP}{dx}\right)^{\frac{1}{n}}$$

Para nosso exemplo de fluido pseudoplástico ($n = 0{,}5$), a vazão se simplifica para

$$\dot{V} = \frac{\pi R^5}{5}\left(\frac{1}{2\mu}\frac{dP}{dx}\right)^2$$

Discussão Quando $n = 1$, a equação geral para a vazão volumétrica reduz a do escoamento de Poiseuille, como deve ser.

APLICAÇÃO EM FOCO

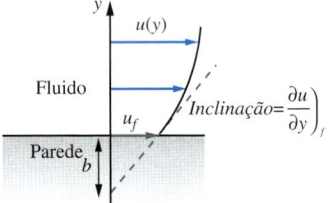

FIGURA 9–85 Condição de contorno de Navier de escorregamento parcial.

A condição de contorno de não escorregamento

Autor convidado: Minami Yoda, Instituto de Tecnologia da Georgia

As condições de contorno para um fluido em contato com um sólido estabelecem que não há "escorregamento" entre o fluido e o sólido. A condição de contorno para um fluido em contato com um fluido diferente também estabelece que não existe escorregamento entre os dois fluidos. No entanto, por que diferentes substâncias (moléculas de fluido e de sólidos, ou moléculas de diferentes fluidos) devem ter o mesmo comportamento?

A condição de contorno de não escorregamento é amplamente aceita porque foi verificada pela observação, e porque as medições de grandezas deduzidas do campo de velocidade, tais como a tensão de cisalhamento, estão de acordo com um perfil de velocidade que assume o componente de velocidade tangencial como zero em uma parede estacionária.

Curiosamente, Navier (das equações de Navier-Stokes) não propôs uma condição de contorno de não escorregamento. Em vez disso, propôs uma condição de contorno de *escorregamento parcial* (Fig. 9–85) para um fluido em contato com um contorno sólido: o componente de velocidade do fluido paralelo à parede na parede, u_f, é proporcional à tensão de cisalhamento do fluido na parede, τ_s:

$$u_f = b\tau_s = b\mu_f \left(\frac{\partial u}{\partial y}\right)_f \qquad (1)$$

onde a constante de proporcionalidade, b, que tem dimensões de comprimento, é chamada *comprimento de escorregamento*. A condição de não escorregamento é o caso especial da Eq. 1 onde $b = 0$. Embora alguns estudos recentes em canais muito pequenos (<0,1 mm de diâmetro) sugerem que a condição de não escorregamento não vale dentro de alguns nanômetros da parede (lembrar que 1 nm = 10^{-9} m = 10 Angstroms), a condição de não deslizamento parece ser a condição de contorno certa para um fluido que é um contínuo em contato com uma parede.

No entanto, os engenheiros também exploram a condição de contorno de não escorregamento para reduzir o arrasto de atrito (ou viscoso). Conforme discutido neste capítulo, a condição de não escorregamento em uma superfície livre, ou uma interface água-ar, faz com que a tensão viscosa τ_s, e, assim, o arrasto de atrito, seja muito pequena no líquido (Eq. 9–68).

Uma maneira de criar uma superfície livre sobre uma superfície sólida, como o casco de um navio, é injetar ar para criar um filme de ar que (pelo menos parcialmente) cobre a superfície do casco (Fig. 9–86). Em teoria, o arrasto no navio e, portanto, seu consumo de combustível, podem ser muito reduzidos através da criação de uma condição de contorno de superfície livre ao longo do casco do navio. No entanto, a manutenção de um filme de ar estável continua sendo um grande desafio de engenharia.

Referências

Lauga, E., Brenner, M. and Stone, H., "Microfluidics: The No-Slip Boundary Condition," Springer Handbook of Experimental Fluid Mechanics (Ed. C. Tropea, A. Yarin, J. F. Foss), Cap.. 19, pp. 1219-1240, 2007.

http://www.nature.com/news/2008/080820/full/454924a.html

FIGURA 9–86 Injeção de bolhas de ar proposta para formar um filme de ar sobre o fundo do casco de um navio de carga [baseado em uma foto cortesia de Y. Murai e Y. Oishi, Universidade de Hokkaido e Instituto de Tecnologia Monohakobi (MTI), Nippon Yusen Kaisha (NYK) e NYK-Hinode Lines].

RESUMO

Neste capítulo, deduzimos as formas diferenciais da conservação da massa (a *equação da continuidade*) e da conservação do momento linear (a equação de *Navier-Stokes*). Para escoamento incompressível de um fluido newtoniano com propriedades constantes, a equação da continuidade é:

$$\vec{\nabla} \cdot \vec{V} = 0$$

e a equação de Navier-Stokes é:

$$\rho \frac{D\vec{V}}{Dt} = -\vec{\nabla} P + \rho \vec{g} + \mu \nabla^2 \vec{V}$$

Para escoamento incompressível bidimensional, definimos também uma função corrente ψ. Em coordenadas cartesianas:

$$u = \frac{\partial \psi}{\partial y} \quad v = -\frac{\partial \psi}{\partial x}$$

Mostramos que a diferença no valor de ψ de uma linha de corrente para outra é igual à vazão volumétrica por unidade de largura entre as duas linhas de corrente e que as curvas com ψ constante são linhas de corrente do escoamento.

Fornecemos vários exemplos mostrando como as equações diferenciais de movimento de fluido são usadas para gerar uma expressão para o campo de pressão para um dado campo de velocidade e para gerar expressões para campos de velocidade e pressão para um escoamento com geometria e condições de contorno especificadas. O procedimento de solução aprendido aqui pode ser estendido para escoamentos muito mais complicados cujas soluções requerem o uso de um computador.

A equação de Navier-Stokes é a pedra fundamental da mecânica dos fluidos. Embora tenhamos as equações diferenciais necessárias que descrevem o escoamento dos fluidos (equação da continuidade e equação de Navier-Stokes), *resolvê-las* é outra história. Para algumas geometrias simples (normalmente infinitas), as equações se reduzem a equações que podemos resolver analiticamente. Para geometrias mais complicadas, as equações são equações diferenciais parciais não lineares, acopladas, de segunda ordem, que não podem ser resolvidas com lápis e papel. Temos então de recorrer a soluções *aproximadas* (Cap. 10) ou soluções *numéricas* (Cap. 15).

REFERÊNCIAS E LEITURAS SUGERIDAS

1. Y. A. Çengel. *Heat Transfer: A Practical Approach*, 4a. ed. Nova York: McGraw-Hill, 2010.
2. R. W. Fox e A. T. McDonald. *Introduction to Fluid Mechanics*, 8. ed. Nova York: Wiley, 2011.
3. P. M. Gerhart, R. J. Gross, e J. I. Hochstein. *Fundamentals of Fluid Mechanics*, 2. ed. Reading, MA: Addison-Wesley, 1992.
4. R. J. Heinsohn e J. M. Cimbala. *Indoor Air Quality Engineering*. Nova York: Marcel-Dekker, 2003.
5. P. K. Kundu, I. M. Cohen., e D. R. Dowling. *Fluid Mechanics*. 5a. ed., San Diego, CA: Academic Press, 2011.
6. R. L. Panton. *Incompressible Flow*, 2. ed. Nova York: Wiley, 2005.
7. M. R. Spiegel. *Vector Analysis, Schaum's Outline Series, Theory and Problems*. Nova York: McGraw-Hill Trade, 1968.
8. M. Van Dyke. *An Album of Fluid Motion*. Stanford, CA: The Parabolic Press, 1982.

PROBLEMAS*

Problemas gerais e de fundamentos matemáticos

9–1C O *teorema do divergente* é expresso como:

$$\int_V \vec{\nabla} \cdot \vec{G} \, dv = \oint_A \vec{G} \cdot \vec{n} \, dA$$

---

* Problemas identificados com a letra "C" são questões conceituais e encorajamos os estudantes a responder a todos. Problemas identificados com a letra "E" são em unidades inglesas, e usuários do SI podem ignorá-los. Problemas com o ícone "disco rígido" são resolvidos com o programa EES. Problemas com o ícone ESS são de natureza abrangente e devem ser resolvidos com um solucionador de equações, preferencialmente o programa EES.

onde $\vec{G}$ é um vetor, V é um volume e A é a área da superfície que delimita e define o volume. Expresse o teorema do divergente em palavras.

9–2C Explique as diferenças fundamentais entre um *domínio de escoamento* e um *volume de controle*.

9–3C O que significa quando dizemos que duas ou mais equações diferenciais são *acopladas*?

9–4C Quantas incógnitas há para um campo de escoamento tridimensional, não estacionário, incompressível, no qual as variações de temperatura são insignificantes? Liste as equações necessárias para encontrar essas incógnitas.

9–5C Quantas incógnitas há para um campo de escoamento bidimensional no plano *x-y*, não estacionário, compressível, no qual as variações de temperatura e densidade *são* significativas? Liste as equações necessárias para encontrar essas incógnitas. (Nota: Suponha que as outras propriedades do escoamento como a viscosidade e a condutividade térmica podem ser tratadas como constantes.)

9–6C Quantas incógnitas há para um campo de escoamento bidimensional no plano *x-y*, não estacionário, incompressível, no qual as variações de temperatura são ignificativas? Liste as equações necessárias para encontrar essas incógnitas.

9–7 Transforme a posição $\vec{x} = (2, 4, -1)$ de coordenadas cartesianas (x, y, z) para coordenadas cilíndricas (r, θ, z), incluindo as unidades. Os valores de $\vec{x}$ estão em unidades de metros.

9–8 Transforme a posição $x = (5 \text{ m}, \pi/3 \text{ radianos}, 1,27 \text{ m})$ de coordenadas cilíndricas (r, θ, z) para coordenadas cartesianas (x, y, z) incluindo as unidades. Escreva os três comoponentes de $\vec{x}$ em unidades de metros.

9–9 Uma *expansão em séries de Taylor* da função $f(x)$ ao redor de alguma posição x_0 é dada por:

$$f(x_0 + dx) = f(x_0) + \left(\frac{df}{dx}\right)_{x=x_0} dx$$
$$+ \frac{1}{2!}\left(\frac{d^2f}{dx^2}\right)_{x=x_0} dx^2 + \frac{1}{3!}\left(\frac{d^3f}{dx^3}\right)_{x=x_0} dx^3 + \cdots$$

Considere a função $f(x) = \exp(x) = e^x$. Suponha que conheçamos o valor de $f(x)$ em $x = x_0$, isto é, sabemos o valor de $f(x_0)$, e queremos estimar o valor dessa função em alguma posição x próxima de x_0. Gere os primeiros quatro termos da expansão em série de Taylor para a função dada (até a ordem dx^3 como na equação acima). Para $x_0 = 0$ e $dx = -0,1$, use a sua expansão truncada em série de Taylor para estimar $f(x_0 + dx)$. Compare o seu resultado com o valor exato de $e^{-0,1}$. Quantos dígitos de precisão você consegue com a sua série truncada de Taylor?

9–10 Seja $\vec{G}$ o vetor dado por $\vec{G} = 2xz\vec{i} - \frac{1}{2}x^2\vec{j} - z^2\vec{k}$. Calcule o divergente de $\vec{G}$ e simplifique o máximo possível. Há alguma coisa especial no seu resultado? *Resposta:* 0

9–11 O produto exterior de dois vetores é um tensor de segunda ordem com nove componentes. Em coordenadas cartesianas, ele é:

$$\vec{F}\vec{G} = \begin{bmatrix} F_xG_x & F_xG_y & F_xG_z \\ F_yG_x & F_yG_y & F_yG_z \\ F_zG_x & F_zG_y & F_zG_z \end{bmatrix}$$

A *regra do produto* aplicada ao divergente do produto de dois vetores $\vec{F}$ e $\vec{G}$ pode ser escrita como $\vec{\nabla} \cdot (\vec{F}\vec{G}) = \vec{G}(\vec{\nabla} \cdot \vec{F}) + (\vec{F} \cdot \vec{\nabla})\vec{G}$. Expanda ambos os lados desta equação em coordenadas cartesianas e verifique se ela está correta.

9–12 Use a regra do produto do Prob. 9–11 para demonstrar que $\vec{\nabla} \cdot (\rho \vec{V}\vec{V}) = \vec{V}\vec{\nabla} \cdot (\rho \vec{V}) + \rho(\vec{V} \cdot \vec{\nabla})\vec{V}$.

9–13 Em muitas ocasiões, precisamos transformar uma velocidade de coordenadas cartesianas (x, y, z) para coordenadas cilíndricas (r, θ, z) (ou vice-versa). Usando a Fig. P9–13 como guia, transforme as componentes cilíndricas de velocidade (u_r, u_θ, u_z) em componentes cartesianas de velocidade (u, v, w). (*Dica*: como a componente *z* da velocidade permanece a mesma nessa transformação, precisamos apenas considerar o plano *xy*, como na Fig. P9–13.)

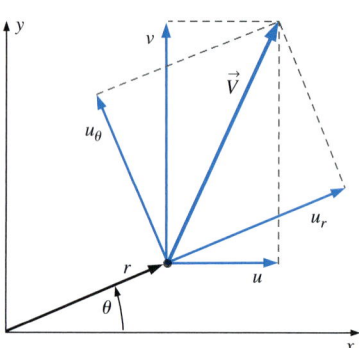

FIGURA P9–13

9–14 Usando a Fig. P9–13 como guia, transforme as componentes de velocidade cartesianas (u, v, w) em componentes cilíndricas de velocidade (u_r, u_θ, u_z). (*Dica*: como a componente *z* da velocidade permanece a mesma nessa transformação, precisamos considerar apenas o plano *xy*.)

9–15 Beth está estudando um escoamento rotante em um túnel de vento. Ela mede as componentes *u* e *v* da velocidade usando um anemômetro de fio quente. Em $x = 0,40$ m e $y = 0,20$ m, $u = 10,3$ m/s e $v = -5,6$ m/s. Infelizmente, o programa de análise de dados requer que os dados estejam em coordenadas cilíndricas (r, θ) e (u_r, u_θ). Ajude Beth a transformar seus dados em coordenadas cilíndricas. Especificamente, calcule r, θ, u_r e u_θ no ponto dado.

9–16 Um campo de velocidade estacionário, bidimensional, incompressível, tem componentes cartesianas de velocidade $u = Cy/(x^2 + y^2)$ e $v = -Cx/(x^2 + y^2)$, onde *C* é uma constante. Transforme essas componentes cartesianas de velocidade em componentes cilíndricas de velocidade u_r e u_θ, simplificando o máximo possível. Você deveria reconhecer esse escoamento. Que tipo de escoamento é ele?

Resposta: 0, $-C/r$, linha de vórtices.

9–17 Considere o escoamento em espiral de linha de vórtices/sumidouros no plano *x-y* ou *r-θ*, conforme representado na Fig. P9–17. As componentes cilíndricas bidimensionais da velocidade (u_r, u_θ) para esse campo de escoamento são $u_r = C/2\pi r$ e $u_\theta = \Gamma/2\pi r$, onde *C* e Γ são constantes (*m* é negativa e Γ é positiva). Transforme essas componentes cilíndricas bidimensionais da velocidade em componentes cartesianas bidimensionais de velocidade (u, v). A sua resposta final não deverá conter *r* ou θ – somente *x* e *y*. Para verificar seus cálculos algébricos, calcule

V^2 usando coordenadas cartesianas e compare com V^2 obtida das componentes de velocidade fornecidas em componentes cilíndricas.

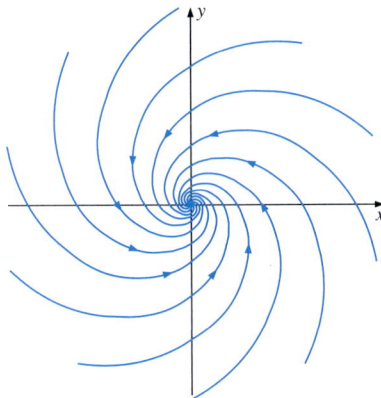

FIGURA P9–17

9–18E Alex está medindo as componentes da velocidade média no tempo em uma bomba usando um velocímetro laser Doppler (LDV). Como os raios do laser estão alinhados com as direções radial e tangencial da bomba, ele mede as componentes de velocidade u_r e u_θ. Em $r = 5,20$ in e $\theta = 30,0°$, $u_r = 2,06$ ft/s e $u_\theta = 4,66$ ft/s. Infelizmente, o programa de análise de dados requer que os dados de entrada estejam em coordenadas cartesianas (x, y) em ft e (u, v) em ft/s. Ajude Alex a transformar seus dados em coordenadas cartesianas. Especificamente, calcule x, y, u e v no ponto dado.

9–19 Seja $\vec{G}$ o vetor dado por $\vec{G} = 4xz\vec{i} - y^2\vec{j} + yz\vec{k}$ e seja V o volume de um cubo de aresta unitária com seu vértice na origem, limitado por $x = 0$ a 1, $y = 0$ a 1 e $z = 0$ a 1 (Fig. P9–19). A área A é a área da superfície do cubo. Execute ambas as integrais do teorema do divergente e verifique se elas são iguais. Mostre todo o seu trabalho.

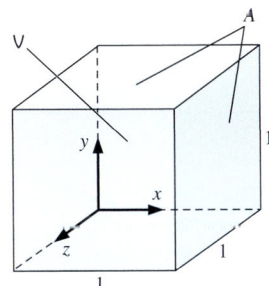

FIGURA P9–19

9–20 A *regra do produto* pode ser aplicada ao divergente do escalar f vezes o vetor $\vec{G}$ como: $\vec{\nabla} \cdot (f\vec{G}) = \vec{G} \cdot \vec{\nabla}f + f\vec{\nabla} \cdot \vec{G}$. Expanda ambos os lados desta equação em coordenadas cartesianas e verifique que ela está correta.

Equação da continuidade

9–21C Neste capítulo, nós deduzimos a equação da continuidade de duas maneiras: usando o teorema do divergente e somando as vazões em massa através de cada face de um volume de controle infinitesimal. Explique por que o primeiro método é muito menos complicado do que o segundo.

9–22C Se um campo de escoamento é compressível, o que podemos dizer sobre a *derivada material* da densidade? E se o campo de escoamento for incompressível?

9–23 Repita o Exemplo 9–1 (gás comprimido em um cilindro por um pistão), mas sem usar a equação da continuidade. Em vez disso, considere a definição fundamental da densidade como a massa dividida pelo volume. Verifique que a Eq. 5 do Exemplo 9–1 está correta.

9–24 A forma compressível da equação da continuidade é $(\partial\rho/\partial t) + \vec{\nabla} \cdot (\rho\vec{V}) = 0$. Expanda essa equação tanto quanto possível em coordenadas cartesianas (x, y, z) e (u, v, w).

9–25 No Exemplo 9–6, deduzimos a equação para taxa de deformação volumétrica, $(1/V)(DV/Dt) = \vec{\nabla} \cdot \vec{V}$. Escreva isso como uma equação em palavras e discuta o que acontece com o volume de um elemento de fluido à medida que ele se move por um campo de escoamento de fluido incompressível (Fig. P9–25).

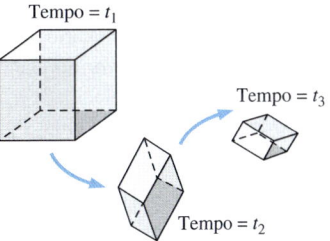

FIGURA P9–25

9–26 Verifique que o escoamento em espiral de linha de vórtices/sumidouros no plano $r\theta$ do Prob. 9–17 satisfaz a equação da continuidade bidimensional incompressível. O que acontece com a conservação da massa na origem? Discuta.

9–27 Verifique que o campo de velocidade bidimensional, incompressível, estacionário do Prob. 9–16 satisfaz a equação da continuidade. Trabalhe em coordenadas cartesianas e mostre todo o seu trabalho.

9–28 Considere o campo de velocidade estacionário, bidimensional dado por $\vec{V} = (u, v) = (1,6 + 1,8x)\vec{i} + (1,5 - 1,8y)\vec{j}$. Verifique que esse campo de escoamento é incompressível.

9–29 Considere o escoamento estacionário de água através de um bocal axissimétrico de mangueira de jardim (Fig. P9–29). A componente axial da velocidade aumenta linearmente de $u_{z,\text{entrada}}$ a $u_{z,\text{saída}}$, conforme está representado na figura. Entre $z = 0$ e $z = L$, a componente é dada por $u_z = u_{z,\text{entrada}} + [(u_{z,\text{saída}} - u_{z,\text{entrada}})/L]z$. Encontre uma expressão para a componente da velocidade *radial* u_r entre $z = 0$ e $z = L$. Você pode ignorar os efeitos de atrito nas paredes.

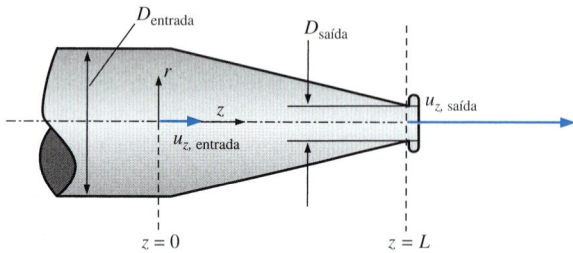

FIGURA P9–29

9–30 Considere o seguinte campo de velocidade estacionário, tridimensional em coordenadas cartesianas: $\vec{V} = (u, v, w) = (axy^2 - b)\vec{i} + cy^3\vec{j} + dxy\vec{k}$, onde a, b, c e d são constantes. Sob que condições esse campo de escoamento é incompressível?

Resposta: $a = 6c$

9–31 Considere o seguinte campo de velocidade estacionário, tridimensional em coordenadas cartesianas: $\vec{V} = (u, v, w) = (ax^2y + b)\vec{i} + cxy^2\vec{j} + dx^2y\vec{k}$, onde a, b, c e d são constantes. Sob que condições esse campo de escoamento é incompressível?

9–32 A componente de velocidade u de um campo de escoamento estacionário, bidimensional, incompressível, é $u = ax + b$, onde a e b são constantes. A componente de velocidade v é desconhecida. Encontre uma expressão para v em função de x e y.

9–33 Imagine um escoamento estacionário, bidimensional, incompressível, que é *puramente circular* no plano xy ou $r\theta$. Em outras palavras, a componente de velocidade u_θ é diferente de zero, mas u_r é zero em qualquer ponto (Fig. P9–33). Qual é a forma mais geral da componente da velocidade u_θ que não viola a conservação da massa?

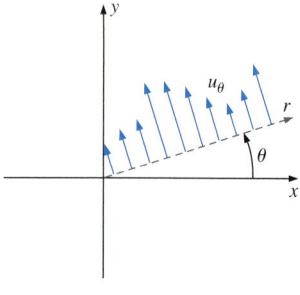

FIGURA P9–33

9–34 A componente da velocidade u de um campo de escoamento estacionário, bidimensional, incompressível, é $u = ax + by$, onde a e b são constantes. A componente da velocidade v é desconhecida. Encontre uma expressão para v como uma função de x e y.

Resposta: $-ay + f(x)$

9–35 A componente da velocidade u de um campo de escoamento estacionário, bidimensional, incompressível, é $u = 3ax^2 - 2bxy$, onde a e b são constantes. A componente da velocidade v é desconhecida. Encontre uma expressão para v como uma função de x e y.

9–36 Imagine escoamento incompressível, permanente, bidimensional, que é *puramente radial* no plano xy ou $r\theta$. Em outras palavras, a componente de velocidade u_r é diferente de zero, mas u_θ é zero em todos os pontos (Fig. P9–36). Qual é a forma mais geral da componente u_r de velocidade que não viola a conservação da massa?

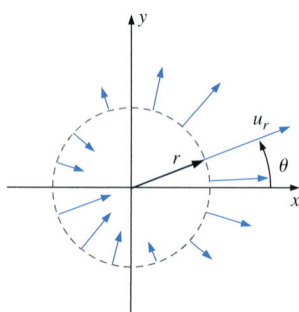

FIGURA P9–36

9–37 São conhecidas duas componentes da velocidade de um campo de escoamento estacionário, incompressível: $u = 2ax + bxy + cy^2$ e $v = axz - byz^2$, onde a, b e c são constantes. Está faltando a componente w. Encontre uma expressão para w como uma função de x, y e z.

9–38 Um duto divergente bidimensional está sendo projetado para difundir o ar que sai em alta velocidade de um túnel de vento. O eixo x é o eixo central do duto (ele é simétrico em relação ao eixo x) e as paredes superior e inferior devem ser curvadas de maneira que a velocidade axial u do vento decresça de forma aproximadamente linear de $u_1 = 300$ m/s na seção 1 para $u_2 = 100$ m/s na seção 2 (Fig. P9–38). Ao mesmo tempo, a densidade ρ do ar deve aumentar de forma aproximadamente linear de $\rho_1 = 0{,}85$ kg/m³ na seção 1 até $\rho_2 = 1{,}2$ kg/m³ na seção 2. O duto divergente tem 2,0 m de comprimento e 1,60 m de altura na seção 1 (na Fig. P9–38 está representada somente a metade superior; a meia-altura na seção 1 tem 0,80 m). (*a*) Calcule a componente y da velocidade, $v(x, y)$, no duto. (*b*) Faça um gráfico da forma aproximada do duto, ignorando o atrito nas paredes. (*c*) Qual deverá ser a meia-altura do duto na seção 2?

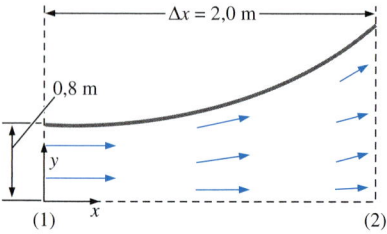

FIGURA P9–38

Função corrente

9–39C Considere o escoamento bidimensional no plano xy. Qual é o significado da diferença do valor da função corrente ψ de uma linha de corrente para outra?

9–40C Em dialeto CFD, a função corrente é, muitas vezes, chamada de variável não primitiva, enquanto a velocidade e pressão são chamadas variáveis primitivas. Por que você acha que é este o caso?

9–41C Que restrições ou condições são impostas na função corrente ψ de maneira que ela satisfaça exatamente a equação da continuidade bidimensional incompressível por definição? Por que essas restrições são necessárias?

9–42C O que é significativo nas curvas com função corrente constante? Explique por que a função corrente é útil na mecânica dos fluidos.

9–43 Considere um campo de escoamento estacionário, bidimensional, incompressível, chamado de **corrente uniforme**. A velocidade do fluido é V em qualquer ponto e o escoamento é alinhado com o eixo x (Fig. P9–43). As componentes cartesianas da velocidade são $u = V$ e $v = 0$. Encontre uma expressão para a função corrente para esse escoamento. Suponha $V = 6{,}94$ m/s. Se ψ_2 for uma reta horizontal em $y = 0{,}5$ m e o valor de ψ ao longo do eixo x for zero, calcule a vazão volumétrica por unidade de largura (para dentro da página da Fig. P9–43) entre essas duas linhas de corrente.

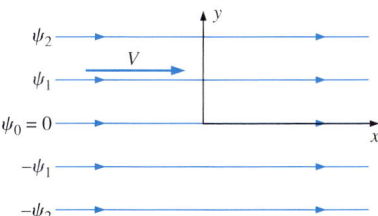

FIGURA P9–43

9–44 Um escoamento comum encontrado na prática é o escoamento cruzado de um fluido aproximando-se de um cilindro longo do raio R em uma corrente livre de velocidade U_∞. Para um escoamento não viscoso incompressível, o campo de velocidade do escoamento é dado como:

$$u_r = U_\infty\left(1 - \frac{R^2}{r^2}\right)\cos\theta$$

$$u_\theta = -U_\infty\left(1 + \frac{R^2}{r^2}\right)\operatorname{sen}\theta$$

Mostre que o campo de velocidade satisfaz a equação da continuidade e determine a função corrente correspondente a este campo de velocidade.

9–45 A função corrente de um campo de escoamento bidimensional transiente é dada por:

$$\psi = \frac{4x}{y^2}t$$

Esboçar algumas linhas de corrente para o escoamento dado no plano xy, e deduzir expressões para as componentes de velocidade $u(x, y, t)$ e $v(x, y, t)$. Determinar também as trajetórias a $t = 0$.

9–46 Considere um *escoamento Couette* completamente desenvolvido, entre duas placas paralelas e infinitas separadas pela distância h, com a placa superior em movimento e a placa inferior fixa conforme está ilustrado na Fig. P9–46. O escoamento é estacionário, incompressível, e bidimensional no plano xy. O campo de velocidade é dado por $\vec{V} = (u, v) = (Vy/h)\vec{i} + 0\vec{j}$. Encontre uma expressão para a função corrente ψ ao longo da reta vertical tracejada na Fig. P9–46. Por conveniência, faça $\psi = 0$ ao longo da parede inferior do canal. Qual é o valor de ψ ao longo da parede superior?

Respostas: $Vy^2/2h$, $Vh/2$

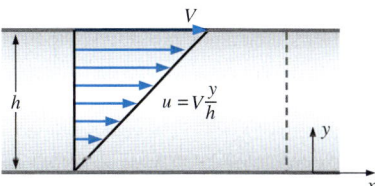

FIGURA P9–46

9–47 Como continuação do Prob. 9–46, calcule a vazão volumétrica por unidade de largura para dentro do plano da página da Fig. P9–46 com base nos primeiros princípios (integração do campo de velocidade). Compare o seu resultado com aquele obtido diretamente de uma função corrente. Discuta.

9–48E Considere o escoamento Couette da Fig. P9–46. Para o caso no qual $V = 10{,}0$ ft/s e $h = 1{,}20$ in, desenhe várias linhas de corrente usando valores igualmente espaçados da função corrente. As linhas de corrente são igualmente espaçadas? Discuta por que sim ou por que não.

9–49 Considere o escoamento em canal, completamente desenvolvido, bidimensional entre duas placas paralelas infinitas separadas pela distância h, com a placa superior e a inferior ambas fixas e um gradiente de pressão dP/dx impulsionando o escoamento conforme ilustra a Fig. P9–49. (dP/dx é constante e negativa.) O escoamento é permanente, incompressível e bidimensional no plano xy. As componentes de velocidade são dadas por $u = (1/2\mu)(dP/dx)(y^2 - hy)$ e $v = 0$, onde μ é a viscosidade do fluido. Encontre uma expressão para a função corrente ψ ao longo da reta vertical tracejada na Fig. P9–49. Por conveniência, faça $\psi = 0$ ao longo da parede inferior do canal. Qual é o valor de ψ ao longo da parede superior?

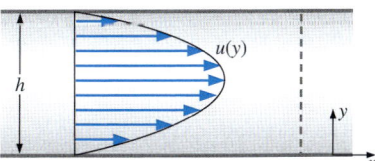

FIGURA P9–49

9–50 Como continuação do Prob. 9–49, calcule a vazão volumétrica por unidade de largura para dentro da página da Fig. P9–49 com base nos primeiros princípios (integração do campo de velocidade). Compare o seu resultado com aquele obtido diretamente da função corrente. Discuta.

9–51 Considere o escoamento em canal da Fig. P9–49. O fluido é água a 20°C. Para o caso no qual $dP/dx = -20.000$ N/m³ e $h = 1,20$ mm, faça o gráfico de várias linhas de corrente usando valores igualmente espaçados da função corrente. As linhas de corrente são igualmente espaçadas? Discuta por que sim e por que não.

9–52 No controle de poluição do ar, precisa-se frequentemente medir a qualidade de uma corrente de ar em movimento. Nessas medições, uma sonda de amostragem é alinhada com o escoamento do ar conforme mostra a Fig. P9–52. Uma bomba de sucção extrai o ar através da sonda a uma vazão volumétrica conforme mostra a figura. Para uma amostragem precisa, a velocidade do ar através da sonda deverá ser a mesma da corrente de ar (*amostragem isocinética*). Porém, se a sucção aplicada for muito forte, como está ilustrado na Fig. P9–52, a velocidade do ar através da sonda é *maior* do que aquela da corrente de ar (*amostragem superisocinética*). Para simplificar considere um caso no qual a altura da sonda de amostragem é $h = 4,58$ mm e sua largura (para dentro da página da Fig. P9–52) é $W = 39,5$ mm. Os valores da função corrente correspondentes às linhas de corrente divisórias superior e inferior são $\psi_l = 0,093$ m²/s e $\psi_u = 0,150$ m²/s, respectivamente. Calcule a vazão volumétrica através da sonda (em unidades de m³/s) e a velocidade média do ar sugado pela sonda.

Respostas: 0,00225 m³/s, 12,4 m/s

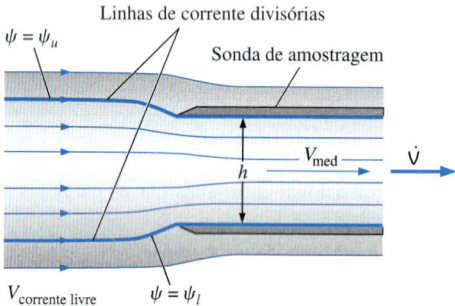

FIGURA P9–52

9–53 Suponha que a sucção aplicada à sonda de amostragem do Prob. 9–52 fosse muito fraca em vez de muito forte. Faça um desenho de como deveriam ser as linhas de corrente nesse caso. Como você chamaria esse tipo de amostragem? Identifique as linhas de corrente divisórias superior e inferior.

9–54 Considere a sonda de amostragem de ar do Prob. 9–52. Se as linhas de corrente superior e inferior estiverem separadas de 6,24 mm na corrente de ar distante, a montante da sonda, faça uma estimativa da velocidade da corrente livre $V_\text{corrente livre}$.

9–55 Há muitas ocasiões em que um escoamento livre razoavelmente uniforme de velocidade V na direção x encontra um longo cilindro circular de raio a alinhado normal ao escoamento (Fig. P9–55). Exemplos desse tipo incluem o escoamento do ar ao redor de uma antena de automóvel, o vento soprando contra o mastro de uma bandeira ou um poste telefônico, o vento atingindo os fios da rede elétrica, e correntes oceânicas batendo sobre vigas redondas submersas que suportam as plataformas de petróleo. Em todos esses casos, o escoamento na parte detrás do cilindro é separado e não estacionário e, normalmente, turbulento. No entanto, o escoamento na metade da frente do cilindro é muito mais estacionário e previsível. Na verdade, exceto em uma camada muito fina próxima à superfície do cilindro, o campo de escoamento pode ser aproximado pela função corrente a seguir, estacionário, bidimensional no plano xy ou plano $r\theta$, com o cilindro centrado na origem: $\psi = V \,\text{sen}\, \theta(r - a^2/r)$. Encontre expressões para as componentes da velocidade radial e tangencial.

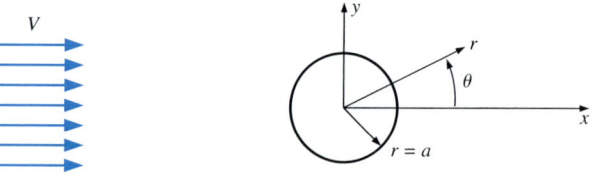

FIGURA P9–55

9–56 Considere o escoamento *axissimétrico* estacionário incompressível (r, z) e (u_r, u_z) para o qual a função corrente é definida por $u_r = -(1/r)(\partial\psi/\partial z)$ e $u_z = (1/r)(\partial\psi/\partial r)$. Verifique que ψ assim definida satisfaz a equação da continuidade. Que condições ou restrições são necessárias para ψ?

9–57 Uma corrente uniforme de velocidade V é inclinada de um ângulo α em relação ao eixo x (Fig. P9–57). O escoamento é estacionário, bidimensional e incompressível. As componentes cartesianas de velocidade são $u = V \cos \alpha$ e $v = V \,\text{sen}\, \alpha$. Encontre uma expressão para função corrente para esse escoamento.

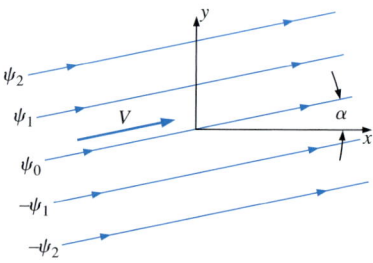

FIGURA P9–57

9–58 Um campo de escoamento estacionário, bidimensional, incompressível no plano xy tem a seguinte função corrente: $\psi = ax^2 + bxy + cy^2$, onde a, b e c são constantes. (*a*) Obtenha expressões para as componentes da velocidade u e v. (*b*) Verifique que o campo de escoamento satisfaz a equação da continuidade incompressível.

9–59 Para o campo de velocidade do Prob. 9–58, faça o gráfico das linhas de corrente $\psi = 0, 1, 2, 3, 4, 5$ e

6 m²/s. Considere as constantes a, b e c com os seguintes valores: $a = 0,50$ s^{-1}, $b = -1,3$ s^{-1} e $c = 0,50$ s^{-1}. Por consistência, desenhe as linhas de corrente entre $x = -2$ e 2 m e $y = -4$ e 4 m. Indique a direção do escoamento com setas.

9–60 Um campo de escoamento estacionário, bidimensional, incompressível no plano xy tem uma função corrente dada por $\psi = ax^2 - by^2 + cx + dxy$, onde a, b, c e d são constantes. (*a*) Obtenha expressões para as componentes da velocidade u e v. (*b*) Verifique que o campo de escoamento satisfaz a equação da continuidade incompressível.

9–61 Repita o Prob. 9–60, criando a sua própria função corrente. Você pode criar qualquer função $\psi(x, y)$ que desejar, desde que ela contenha pelo menos três termos e não seja a mesma de um exemplo ou problema deste livro. Discuta.

9–62 Um cálculo de CFD de escoamento estacionário, incompressível, bidimensional através de uma ramificação de duto assimétrica bidimensional revela o padrão de linhas de corrente desenhado na Fig. P9–62, onde os valores de ψ estão em unidades de m²/s e W é a largura do duto para dentro da página. São mostrados os valores da função corrente ψ nas paredes do duto. Qual é a porcentagem do escoamento que passa através da ramificação *superior* do duto?

Resposta: 53,9%

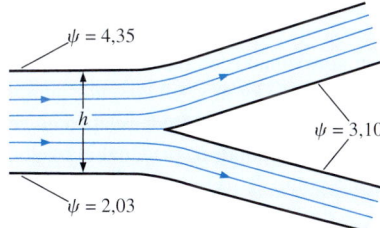

FIGURA P9–62

9–63 Se a velocidade média na ramificação principal do duto do Prob. 9–62 é 13,4 m/s, calcule a altura h do duto em cm. Obtenha o seu resultado de duas maneiras, mostrando todo o seu trabalho. Você pode usar os resultados do Prob. 9–62 apenas em um dos métodos.

9–64E Considere o campo de escoamento estacionário, bidimensional, incompressível para o qual a componente da velocidade u é $u = ax^2 - bxy$, onde $a = 0,45$ (ft·s)$^{-1}$ e $b = 0,75$ (ft·s)$^{-1}$. Faça $v = 0$ para todos os valores de x quando $y = 0$ (ou seja, $v = 0$ ao longo do eixo x). Encontre uma expressão para a função corrente e faça o gráfico de algumas linhas de corrente do escoamento. Por consistência, faça $\psi = 0$ ao longo do eixo x e faça o gráfico no intervalo $0 < x < 3$ ft e $0 < y < 4$ ft

9–65 Considere o bocal de mangueira de jardim do Prob. 9–29. Encontre uma expressão para a função corrente correspondendo a esse campo de escoamento.

9–66E Considere o bocal da mangueira de jardim dos Probs. 9–29 e 9–65. Suponha que os diâmetros de entrada e saída do bocal sejam 0,50 in e 0,14 in, respectivamente, e que o bocal tenha um comprimento de 2,0 in. A vazão volumétrica através do bocal é 2,0 gal/min. (*a*) Calcule as velocidades axiais (ft/s) na entrada do bocal e na saída do bocal. (*b*) Faça o gráfico de várias linhas de corrente no plano rz dentro do bocal e desenhe a forma apropriada para o bocal.

9–67 O escoamento se separa em um canto agudo ao longo de uma parede e forma uma **bolha de separação** recirculante, conforme mostra a Fig. P9–67 (são mostradas as linhas de corrente). O valor da função corrente na parede é zero, o valor na linha de corrente superior mostrada é um valor positivo $\psi_{superior}$. Discuta o valor da função corrente dentro da bolha de separação. Em particular, ele é positivo ou negativo? Por quê? Em que ponto do escoamento ψ é mínimo?

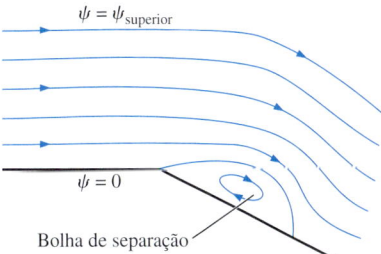

FIGURA P9–67

9–68 Um estudante de graduação está rodando seu código de CFD para seu projeto de pesquisa de mestrado e gera um gráfico das linhas de corrente de um escoamento (contornos de função corrente constante). Os contornos são formados por valores igualmente espaçados da função corrente. O Professor I. C. Flows olha para o gráfico e imediatamente aponta para uma região do escoamento e diz: "Veja como o escoamento está rápido aqui!". O que o Professor Flows notou sobre as linhas de corrente naquela região e como ele sabia que o escoamento era rápido naquela região?

9–69 São mostradas linhas de emissão na Fig. P9–69 para escoamento de água sobre a parte dianteira de um cilindro arredondado, axissimétrico alinhado com o escoamento. As linhas de emissão são geradas introduzindo-se bolhas de ar em pontos igualmente espaçados a montante do campo de visão. É mostrada somente a metade superior, pois o escoamento é axissimétrico em relação ao eixo horizontal. Como o escoamento é estacionário, as linhas de emissão são coincidentes com as linhas de cor-

FIGURA P9–69
Cortesia de ONERA. Fotografia de Werlé.

rente. Discuta como você pode dizer com base em um padrão de linha de corrente se a velocidade do escoamento em uma região em particular do campo de escoamento é (relativamente) grande ou pequena.

9–70E A Fig. P9–70E mostra um desenho das linhas de corrente de um escoamento (contornos de função corrente constante) estacionário, incompressível, bidimensional do ar em um duto curvado. (*a*) Coloque setas nas linhas de corrente para indicar a direção do escoamento. (*b*) Se $h = 1,58$ in, qual é a velocidade aproximada do ar no ponto P? (*c*) Repita a parte (*b*) como se o fluido fosse água em lugar de ar. Discuta.

Respostas: (*b*) 0,99 ft/s, (*c*) 0,99 ft/s

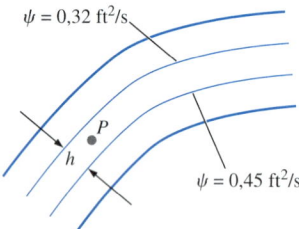

FIGURA P9–70E

9–71 Neste capítulo, mencionamos rapidamente a *função corrente compressível* ψ_ρ, definida em coordenadas cartesianas como $\rho u = (\partial \psi_\rho / \partial y)$ e $\rho v = -(\partial \psi_\rho / \partial x)$. Quais são as dimensões primárias de ψ_ρ? Escreva as unidades de ψ_ρ em unidades primárias SI e em unidades primárias inglesas.

9–72 No Exemplo 9–2 nós fornecemos expressões para u, v e ρ para escoamento através de um duto compressível convergente. Encontre uma expressão para a função corrente compressível ψ_ρ que descreve esse campo de escoamento. Por consistência, faça $\psi_\rho = 0$ ao longo do eixo x.

9–73 No Prob. 9–38, desenvolvemos expressões para u, v e ρ para escoamento através do duto compressível, bidimensional, divergente de um túnel de vento de alta velocidade. Encontre uma expressão para a função corrente compressível ψ_ρ que descreva esse campo de escoamento. Por consistência, faça $\psi_\rho = 0$ ao longo do eixo x. Desenhe o gráfico de várias linhas de corrente e verifique se elas coincidem com aquelas que você desenhou no Prob. 9–38. Qual é o valor de ψ_ρ na parte superior do duto divergente?

9–74 Um escoamento bidimensional estacionário, incompressível, sobre um pequeno hidrofólio cuja corda tem o comprimento $c = 9,0$ mm é modelado com um código comercial de dinâmica de fluidos computacional (CFD). A Fig. P9–74 mostra uma vista ampliada das linhas de corrente (contornos de função corrente constante). Os valores da função corrente estão em unidades de m²/s. O fluido é água a temperatura ambiente. (*a*) Trace uma seta no gráfico para indicar a direção e magnitude relativa da velocidade no ponto A. Repita para o ponto B. Discuta como os seus resultados podem ser usados para explicar como um corpo desses cria sustentação. (*b*) Qual é a velocidade aproximada da água no ponto A? (O ponto A está entre as linhas de corrente 1,65 e 1,66 na Fig. P9–74.)

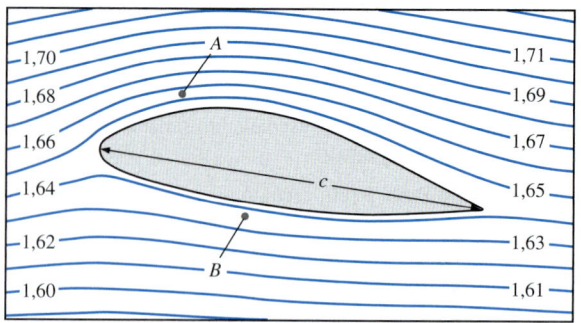

FIGURA P9–74

9–75 A média no tempo de um escoamento bidimensional turbulento, incompressível, sobre um bloco quadrado sentado no chão de dimensão $h = 1$ m é modelado com um aplicativo comercial de dinâmica de fluidos computacional (CFD). Uma vista ampliada das linhas de corrente (contornos de função corrente constante) é mostrada na Fig. P9–75. O fluido é ar à temperatura ambiente. Note que os contornos de *função corrente compressível* constante são mostrados na Fig. P9–75, apesar do próprio escoamento ser aproximado como incompressível. Os valores de ψ_ρ estão em unidades de kg/m·s. (*a*) Desenhe uma seta no gráfico para indicar a direção e magnitude relativa da velocidade no ponto A. Repita para o ponto B. (*b*) Qual é a velocidade aproximada do ar no ponto B? (O ponto B está entre as linhas de corrente 5 e 6 na Fig. P9–75.)

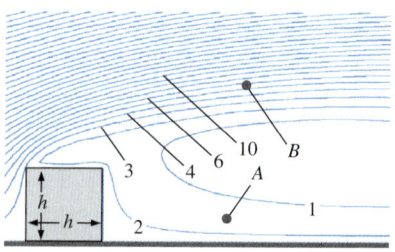

FIGURA P9–75

9–76 Considere o escoamento bidimensional estacionário, incompressível devido a uma *linha de fontes* na origem (Fig. P9–76). O fluido é criado na origem e se espalha rapidamente em todas as direções no plano xy. A vazão total em volume do fluido criado por unidade de largura é $\dot{V}/L$ (para dentro da página da Fig. P9–76), onde L é a largura da linha de fontes entrando na página na Fig. P9–76. Como a massa deve ser conservada em todos os pontos exceto na origem (um ponto de singularidade), a vazão volumétrica por unidade de largura através de um círculo de raio r qualquer também deve ser. Se especificarmos (arbitrariamente) que a função corrente ψ seja zero ao longo do eixo x positivo ($\theta = 0$), qual será o valor de ψ ao longo do eixo y positivo ($\theta = 90°$)? Qual é o valor de ψ ao longo do eixo x negativo ($\theta = 180°$)?

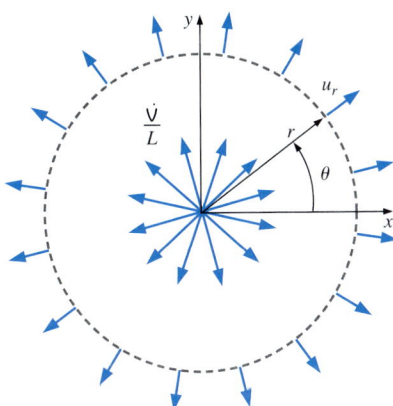

FIGURA P9–76

9–77 Repita o Prob. 9–76 para o caso de uma linha de sumidouros em lugar de uma linha de fontes. Suponha que $\dot{V}/L$ seja um valor positivo, mas o escoamento em todos os pontos é na direção oposta.

Equação do momento linear, condições de contorno e aplicações

9–78C O que é a *pressão mecânica* P_m e como ela é usada em uma solução de escoamento incompressível?

9–79C O que são *equações constitutivas* e a que equação da mecânica dos fluidos elas são aplicadas?

9–80C Um avião voa com velocidade constante $\vec{V}_{avião}$ (Fig. P9–80C). Discuta as condições de contorno de velocidade no ar adjacente à superfície do avião com base em dois sistemas de referência: (*a*) em pé no solo e (*b*) movendo-se com o avião. Da mesma forma, quais são as condições de contorno do campo de velocidade afastado no ar (bem longe do avião) em ambos os sistemas de referência?

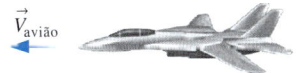

FIGURA P9–80C

9–81C Qual é a principal diferença entre um fluido newtoniano e um fluido não newtoniano? Cite pelo menos três fluidos newtonianos e três não newtonianos.

9–82C Defina ou descreva cada tipo de fluido: (*a*) fluido viscoelástico, (*b*) fluido pseudoplástico, (*c*) fluido dilatante, (*d*) fluido plástico de Bingham.

9–83C A equação geral do volume de controle para a conservação do momento linear é:

$$\underbrace{\int_{VC} \rho \vec{g}\, dV}_{I} + \underbrace{\int_{CS} \sigma_{ij} \cdot \vec{n}\, dA}_{II}$$

$$= \underbrace{\int_{VC} \frac{\partial}{\partial t}(\rho \vec{V})\, dV}_{III} + \underbrace{\int_{CS} (\rho \vec{V})\vec{V} \cdot \vec{n}\, dA}_{IV}$$

Discuta o significado de cada termo nessa equação. Os termos estão identificados por conveniência. Escreva a equação como uma equação em palavras.

9–84 Considere o líquido em um tanque cilíndrico. Tanto o tanque quanto o líquido giram como um corpo rígido (Fig. P9–84). A superfície livre do líquido está exposta ao ar ambiente. Os efeitos da tensão superficial são desprezíveis. Discuta as condições de contorno necessárias para resolver este problema. Especificamente, quais são as condições de contorno da velocidade em termos de coordenadas cilíndricas (r, θ, z) e das componentes da velocidade (u_r, u_θ, u_z) em todas as superfícies, incluindo as paredes do tanque e a superfície livre? Que condições de contorno de pressão são apropriadas para esse campo de escoamento? Escreva equações matemáticas para cada condição de contorno e discuta.

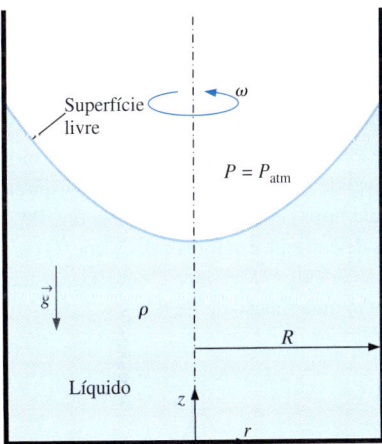

FIGURA P9–84

9–85 A componente $r\theta$ do tensor de tensão viscosa em coordenadas cilíndricas é dada por:

$$\tau_{r\theta} = \tau_{\theta r} = \mu \left[r \frac{\partial}{\partial r}\left(\frac{u_\theta}{r}\right) + \frac{1}{r}\frac{\partial u_r}{\partial \theta} \right] \quad (1)$$

Alguns autores, por outro lado, escrevem essa componente como:

$$\tau_{r\theta} = \tau_{\theta r} = \mu \left[\frac{1}{r} \left(\frac{\partial u_r}{\partial \theta} - u_\theta \right) + \frac{\partial u_\theta}{\partial r} \right] \quad (2)$$

Elas são a mesma coisa? Em outras palavras, a Eq. 2 é equivalente à Eq. 1, ou esses dois autores definem seus tensores de tensão viscosa de forma diferente? Mostre todo o seu trabalho.

9–86 Óleo de motor à temperatura $T = 60°C$ é forçado a escoar entre duas placas planas paralelas, estacionárias, muito grandes separadas por um espaçamento muito pequeno de altura $h = 3{,}60$ mm (Fig. P9–86). As dimensões da placa são $L = 1{,}25$ m e $W = 0{,}550$ m. A pressão de saída é a pressão atmosférica, a pressão de entrada é 1 atm manométrica. Estime a vazão volumétrica do óleo. Calcule também o número de Reynolds do escoamento do óleo, com base na altura h do espaçamento e na velocidade V. O escoamento é laminar ou turbulento?

Respostas: $2{,}39 \times 10^{-3}$ m³/s, 51,8, laminar

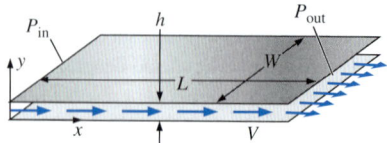

FIGURA P9–86

9–87 Considere o campo de velocidade estacionário, bidimensional, incompressível, $\vec{V} = (u, v) = (ax + b)\vec{i} + (-ay + c)\vec{j}$, onde a, b e c são constantes. Calcule a pressão como uma função de x e y.

9–88 Considere o seguinte campo de velocidade estacionário, bidimensional, incompressível: $\vec{V} = (u, v) = (-ax^2)\vec{i} + (2axy)\vec{j}$, onde a é uma constante. Calcule a pressão como uma função de x e y.

9–89 Considere o escoamento estacionário, bidimensional, incompressível devido a um escoamento em espiral de linha de vórtices/sumidouros centrada no eixo z. Na Fig. P9–89 são mostradas linhas de corrente e vetores velocidade. O campo de velocidade é $u_r = C/r$ e $u_\theta = K/r$, onde C e K são constantes. Calcule a pressão como uma função de r e θ.

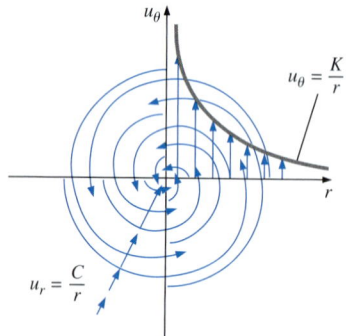

FIGURA P9–89

9–90 Considere o seguinte campo de velocidade estacionário, bidimensional, incompressível: $\vec{V} = (u, v) = (ax + b)\vec{i} + (-ay + cx^2)\vec{j}$, onde a, b e c são constantes. Calcule a pressão como uma função de x e y. *Resposta:* não pode ser determinada

9–91 Considere o escoamento estacionário, incompressível, paralelo, laminar de um fluido viscoso descendo entre duas paredes verticais infinitas (Fig. P9–91). A distância entre as paredes é h e a gravidade age na direção negativa de z (para baixo na figura). Não há pressão (forçada) aplicada impulsionando o escoamento – o fluido desce apenas por gravidade. A pressão é constante em todos os pontos no campo de escoamento. Calcule o campo de velocidade e esboce o perfil de velocidade usando variáveis adimensionais apropriadas.

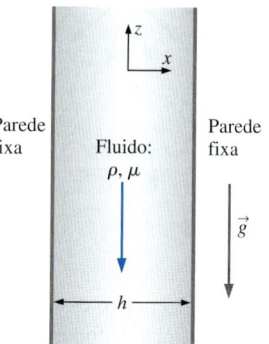

FIGURA P9–91

9–92 Para o fluido descendo entre duas paredes verticais paralelas (Prob. 9–91), encontre uma expressão para a vazão volumétrica por unidade de largura ($\dot{V}/L$) como uma função de ρ, μ, h e g. Compare o seu resultado com aquele do mesmo fluido descendo ao longo de *uma* parede vertical com uma superfície livre substituindo a segunda parede (Exemplo 9–17), e tudo o mais permanecendo igual. Discuta as diferenças e forneça uma explicação física.

Resposta: $\rho g h^3/12\mu$ para baixo

9–93 Repita o Exemplo 9–17, com a diferença de que a parede está inclinada em um ângulo α (Fig. P9–93). Encontre expres-

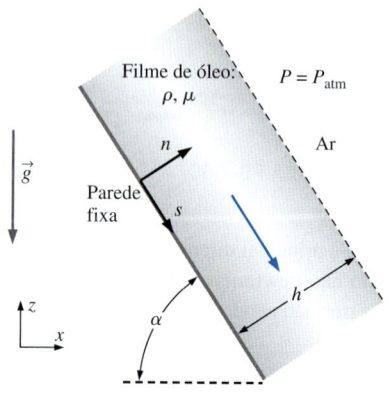

FIGURA P9–93

sões para os campos de pressão e velocidade. Como verificação, certifique-se de que o seu resultado coincida com aquele do Exemplo 9–17 quando α = 90°. [*Dica:* é mais conveniente usar o sistema de coordenadas (*s*, *y*, *n*) com as componentes de velocidade (u_s, v, u_n), onde *y* está para dentro da página na Fig. P9–93. Desenhe o perfil de velocidade adimensional u_s^* versus n^* para o caso no qual α = 60°.]

9–94 Para o filme de óleo em movimento descendente do Prob. 9–93, encontre uma expressão para a vazão volumétrica por unidade de largura do óleo descendo pela parede ($\dot{V}/L$) como uma função de ρ, μ, h e g. Calcule ($\dot{V}/L$) para um filme de óleo de espessura 5,0 mm com ρ = 888 kg/m³ e μ = 0,80 kg/m·s.

9–95 Os dois primeiros termos viscosos na componente θ da equação de Navier-Stokes (Eq. 9–62c) são $\mu\left[\frac{1}{r}\frac{\partial}{\partial r}\left(r\frac{\partial u_\theta}{\partial r}\right) - \frac{u_\theta}{r^2}\right]$. Expanda essa expressão o máximo possível usando a regra do produto, resultando em três termos. Agora combine os três termos em apenas um. (*Dica:* use a regra do produto ao contrário – pode ser necessário um pouco de tentativa e erro.)

9–96 Um líquido newtoniano incompressível está confinado entre dois cilindros concêntricos circulares de comprimento infinito – um cilindro sólido interno de raio R_i e um cilindro oco, estacionário, externo de raio R_o (Fig. P9–95; o *eixo z* está para fora da página). O cilindro interno gira a uma velocidade angular ω_i. O escoamento é permanente, laminar e bidimensional no plano $r\theta$. O escoamento é também *rotacionalmente simétrico*, e isso significa que nada é função da coordenada θ (u_θ e P são funções apenas do raio r). O escoamento também é circular, o que significa que a componente de velocidade u_r = 0 em qualquer lugar. Encontre uma expressão exata para a componente da velocidade u_θ como uma função do raio r e dos outros parâmetros do problema. Você pode ignorar a gravidade. (*Dica:* o resultado do Prob. 9–95 é útil.)

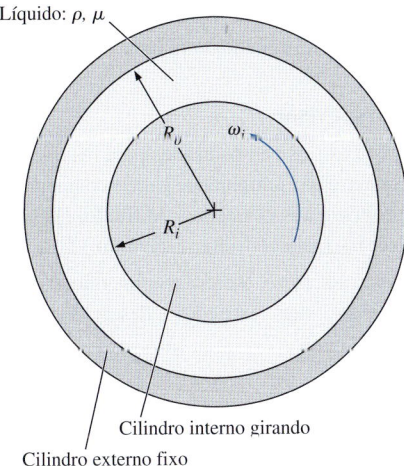

FIGURA P9–96

9–97 Repita Prob. 9–96, mas deixe que o cilindro interno esteja parado e o cilindro exterior rote com velocidade angular ω_0.

Gere uma solução exata para $u_\theta(r)$ usando o procedimento passo a passo discutido neste capítulo.

9–98 Analise e discuta dois casos-limites do Prob. 9–96: (*a*) O espaçamento é muito pequeno. Mostre que o perfil de velocidade se aproxima de uma função linear da parede do cilindro externo até a parede do cilindro interno. Em outras palavras, para um espaçamento muito pequeno o perfil de velocidade se reduz àquele de um escoamento Couette simples bidimensional. (*Dica:* Defina $y = R_o - r$, h = espessura do espaçamento = $R_o - R_i$ e V = velocidade da "placa superior" = $R_i\omega_i$.) (*b*) O raio do cilindro externo se torna infinito enquanto o raio do cilindro interno se torna muito pequeno. Isso é uma aproximação de que tipo de escoamento?

9–99 Repita o Prob. 9–96 para o caso mais geral. Isto é, o cilindro interno girando a uma velocidade angular ω_i e o cilindro externo girando a uma velocidade angular ω_o. Tudo o mais permanece o mesmo que no Prob. 9–96. Gere uma expressão exata para a componente u_θ da velocidade, como uma função do raio r e dos outros parâmetros do problema. Verifique se quando $\omega_o = 0$ o seu resultado se simplifica para o do Prob. 9–96.

9–100 Analise e discuta um caso-limite do Prob. 9–99 no qual não há cilindro interno ($R_i = \omega_i = 0$). Encontre uma expressão para u_θ como uma função de r. Que tipo de escoamento é esse? Descreva como esse escoamento poderia ser implementado experimentalmente. *Resposta:* $\omega_o r$

9–101 Considere o escoamento estacionário, incompressível, laminar de um fluido newtoniano em um tubo anular redondo infinitamente longo com raio interno R_i e raio externo R_o (Fig. P9–101). Ignore os efeitos da gravidade. É aplicado um gradiente constante negativo de pressão $\partial P/\partial x$ na direção x, ($\partial P/\partial x$) = $(P_2 - P_1)/(x_2 - x_1)$, onde x_1 e x_2 são duas localizações arbitrárias ao longo do eixo x, e P_1 e P_2 são as pressões naquelas duas localizações. O gradiente de pressão pode ser causado por uma bomba e/ou gravidade. Note que aqui adotamos um sistema de coordenadas cilíndricas modificado com x em lugar de z para a componente axial, ou seja, (r, θ, x) e (u_r, u_θ, u). Deduza uma expressão para o campo de velocidade no espaço anular do tubo.

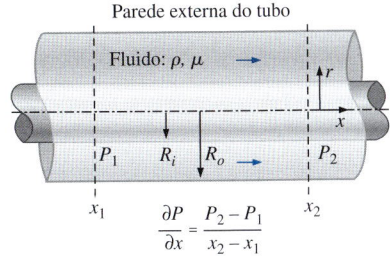

FIGURA P9–101

9–102 Considere novamente o tubo anular representado na Fig. P9–101. Suponha que a pressão seja constante em todos os pontos (não há gradiente de pressão empurrando o escoamento). Porém, suponha que a parede interna esteja se movendo a uma velocidade constante V para a direita. A parede externa ainda está estacionária. (Esse é um tipo de escoamento Couette axissimétrico.) Encontre uma expressão para a componente u da velocidade como uma função de r e dos outros parâmetros do problema.

9–103 Repita o Prob. 9–102 invertendo as paredes estacionária e móvel. Especificamente, faça a parede interna estacionária e a parede do tubo externa se movendo a uma velocidade constante V para a direita, todas as demais condições permanecendo as mesmas. Encontre uma expressão para a componente u da velocidade como uma função de r e dos outros parâmetros do problema.

9–104 Considere a forma modificada do escoamento Couette na qual há dois líquidos imiscíveis entre duas placas planas, paralelas e infinitamente longas (Fig. P9–104). O escoamento é estacionário, incompressível, paralelo e laminar. A placa superior se move a uma velocidade V para a direita e a placa inferior está estacionária. A gravidade age na direção $-z$ (para baixo na figura). Não há gradiente de pressão empurrando os fluidos através do canal – o escoamento se estabelece somente pelos efeitos viscosos criados pela placa superior em movimento. Você pode ignorar os efeitos da tensão superficial e considerar que a interface seja horizontal. A pressão na parte inferior do escoamento ($z = 0$) é igual a P_0. (a) Liste todas as condições de contorno apropriadas de velocidade e pressão. (*Dica:* há seis condições de contorno necessárias.) (b) Resolva para o campo de velocidade. (*Dica:* Divida a solução em duas partes, uma para cada fluido. Encontre expressões para u_1 como uma função de z e u_2 como uma função de z.) (c) Resolva para o campo de pressão. (*Dica:* Divida novamente a solução. Resolva para P_1 e P_2.) (d) Seja o fluido 1 a água e o fluido 2 óleo novo de motor, ambos a 80°C. Faça também $h_1 = 5{,}0$ mm, $h_2 = 8{,}0$ mm e $V = 10{,}0$ m/s. Desenhe o gráfico de u como uma função de z através de todo o canal. Discuta os resultados.

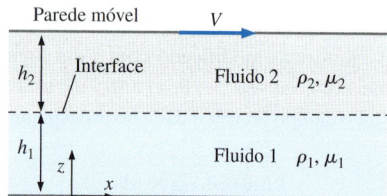

FIGURA P9–104

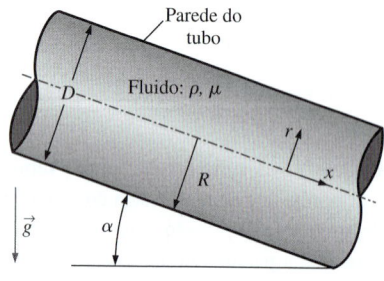

FIGURA P9–105

9–105 Considere um escoamento estacionário, incompressível, laminar de um fluido newtoniano em um tubo redondo infinitamente longo de diâmetro D ou raio $R = D/2$ inclinado em um ângulo α (Fig. P9–105). Não há gradiente de pressão aplicado ($\partial P/\partial x = 0$). Em vez disso, o fluido escoa pelo tubo somente devido à gravidade. Adotamos o sistema de coordenadas mostrado, com x paralelo ao eixo do tubo. Deduza uma expressão para a componente da velocidade u como uma função do raio r e dos outros parâmetros do problema. Calcule a vazão volumétrica e a velocidade axial média através do tubo.

Respostas: $\rho g (\operatorname{sen} \alpha)(R^2 - r^2)/4\mu$, $\rho g (\operatorname{sen} \alpha)\pi R^4/8\mu$, $\rho g (\operatorname{sen} \alpha) R^2/8\mu$

9–106 Um agitador mistura produtos químicos em um grande tanque (Fig. P9–106). A superfície livre do líquido está exposta ao ar ambiente. Os efeitos da tensão superficial são desprezíveis. Discuta as condições de contorno necessárias para resolver este problema. Especificamente, quais são as condições de contorno de velocidade em termos das coordenadas cilíndricas (r, θ, z) e componentes de velocidade (u_r, u_θ, u_z) em todas as superfícies, inclusive nas pás e na superfície livre? Que condições de contorno de pressão são apropriadas para esse campo de escoamento? Escreva as equações matemáticas para cada condição de contorno e discuta.

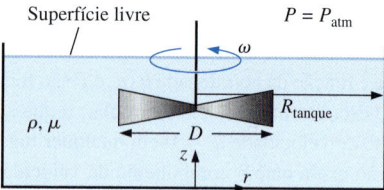

FIGURA P9–106

9–107 Repita o Prob. 9–106, mas para um sistema de referência girando com as pás do agitador com uma velocidade angular ω.

Problemas de revisão

9–108C Liste os seis passos usados para resolver as equações de Navier-Stokes e da continuidade para escoamento incompressível com propriedades constantes do fluido. (Você deveria ser capaz de fazer isso sem consultar o capítulo.)

9–109C Para cada parte, escreva o nome oficial para a equação diferencial, discuta suas restrições e descreva o que a equação representa fisicamente.

(a) $\dfrac{\partial \rho}{\partial t} + \vec{\nabla} \cdot (\rho \vec{V}) = 0$

(b) $\dfrac{\partial}{\partial t}(\rho \vec{V}) + \vec{\nabla} \cdot (\rho \vec{V}\vec{V}) = \rho \vec{g} + \vec{\nabla} \cdot \sigma_{ij}$

(c) $\rho \dfrac{D\vec{V}}{Dt} = -\vec{\nabla} P + \rho \vec{g} + \mu \nabla^2 \vec{V}$

9–110C Explique por que a aproximação de escoamento incompressível e a aproximação da temperatura constante normalmente caminham lado a lado.

9–111C Para cada afirmação, escolha se a afirmação é verdadeira ou falsa e discuta rapidamente sua resposta. Para cada afirmação é assumido que as condições de contorno apropriadas e as propriedades do fluido são conhecidas.

(a) Um problema geral de escoamento incompressível com propriedades constantes do fluido tem quatro incógnitas.

(b) Um problema geral de escoamento compressível tem cinco incógnitas.

(c) Para um problema de mecânica de fluidos incompressível, a equação da continuidade e a equação de Cauchy fornecem equações suficientes para igualar o número de incógnitas.

(d) Para um problema incompressível de mecânica de fluidos envolvendo um fluido newtoniano com propriedades constantes, a equação da continuidade e a equação de Navier-Stokes proporcionam equações em número suficiente para igualar o número de incógnitas.

9–112C Discuta a relação entre taxa de deformação volumétrica e a equação da continuidade. Apoie a sua discussão nas definições fundamentais.

9–113 Repita o Exemplo 9–17, no caso em que a parede está se movendo para cima com velocidade V. Como verificação, certifique-se de que o seu resultado coincida com aquele do Exemplo 9–17 quando $V = 0$. Torne a sua equação do perfil de velocidades adimensional usando a mesma normalização do Exemplo 9–17 e mostre que aparecem um número de Froude e um número de Reynolds. Faça o gráfico do perfil w^* versus x^* para casos em que Fr = 0,5 e Re = 0,5, 1,0 e 5,0. Discuta.

9–114 Para o filme de óleo em movimento descendente no Prob. 9–113, calcule a vazão volumétrica por unidade de largura do óleo descendo pela parede ($\dot{V}/L$) em função da velocidade V da parede e de outros parâmetros do problema. Calcule a velocidade da parede de forma que não haja escoamento total volumétrico de óleo nem para cima nem para baixo. Forneça a sua resposta para V em termos dos outros parâmetros do problema, ou seja, ρ, μ, h e g. Calcule V para vazão volumétrica zero para um filme de óleo de espessura 4,12 mm com $\rho = 888$ kg/m³ e $\mu = 0,801$ kg/m·s.

Resposta: 0,0615 m/s

9–115E Um grupo de estudantes está projetando um pequeno túnel de vento redondo (axissimétrico), de baixa velocidade para seu projeto final (Fig. P9–115E). O projeto especifica que a componente axial da velocidade deve aumentar linearmente na seção de contração de $u_{z,0}$ a $u_{z,L}$. A velocidade do ar através da seção de teste deve ser $u_{z,L} = 120$ ft/s. O comprimento da contração é $L = 3,0$ ft e os diâmetros de entrada e saída da contração são $D_0 = 5,0$ ft e $D_L = 1,5$ ft, respectivamente. O ar está na temperatura e pressão padrão. (a) Verifique que o escoamento pode ser aproximado como incompressível. (b) Encontre uma expressão para a componente u_r radial da velocidade entre $z = 0$ e $z = L$, permanecendo em forma variável. Você pode ignorar os efeitos de atrito (camadas limite) nas paredes. (c) Encontre uma expressão para função corrente ψ como função de r e z. (d) Faça o gráfico de algumas linhas de corrente e desenhe a forma da contração, considerando que os efeitos de atrito ao longo das paredes da contração do túnel de vento sejam desprezíveis.

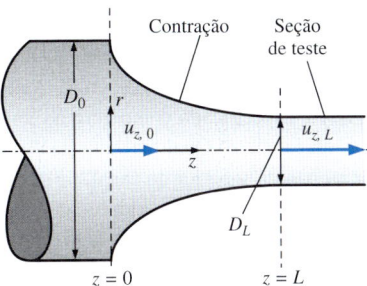

FIGURA P9–115E

9–116 Considere o seguinte campo de velocidade estacionário, tridimensional em coordenadas cartesianas: $\vec{V} = (u, v, w) = (axz^2 - by)\vec{i} + cxyz\vec{j} + (dz^3 + exz^2)\vec{k}$, onde a, b, c, d e e são constantes. Sob quais condições esse campo de escoamento é incompressível? Quais são as dimensões primárias das constantes a, b, c, d e e?

9–117 Simplifique a equação de Navier-Stokes o máximo possível para o caso de um líquido incompressível que está sendo *acelerado como um corpo rígido* em uma direção arbitrária (Fig. P9–117). A gravidade age na direção $-z$. Comece com a forma vetorial incompressível da equação de Navier-Stokes, explique como e por que alguns termos podem ser simplificados e forneça o seu resultado final na forma de uma equação vetorial.

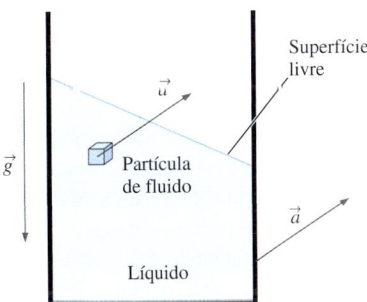

FIGURA P9–117

9–118 Simplifique a equação de Navier-Stokes o máximo possível para o caso da *hidrostática* incompressível, com a gravidade agindo na direção negativa de z. Comece com a forma vetorial incompressível da equação de Navier-Stokes, explique como e por que alguns termos podem ser simplificados e forneça o seu resultado final na forma de uma equação vetorial.

Resposta: $\vec{\nabla} P = -\rho g \vec{k}$

9–119 Bob usa um código de dinâmica de fluidos computacional para modelar o escoamento estacionário de um fluido incompressível através de uma contração brusca bidimensional conforme mostra a Fig. P9–119. A altura do canal muda de H_1 = 12,0 cm para H_2 = 4,6 cm. Deve ser especificada uma velocidade uniforme $\vec{V}_1 = 18,5\vec{i}$ m/s na fronteira esquerda do domínio computacional. O código de CFD usa um esquema numérico no qual uma função corrente deve ser especificada ao longo de todas as fronteiras do domínio computacional. Conforme mostra a Fig. P9–119, ψ é especificado como zero ao longo de toda a parede inferior do canal. (*a*) Qual é o valor de ψ que Bob deverá especificar na parede superior do canal? (*b*) Como Bob deve especificar ψ no lado esquerdo do domínio computacional? (*c*) Discuta como Bob pode especificar ψ no lado direito do domínio computacional.

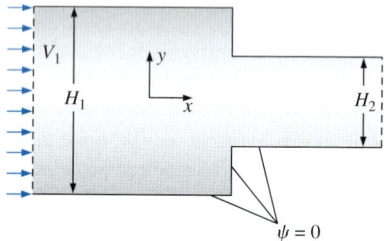

FIGURA P9–119

9–120 Para cada uma das equações listadas, escreva a equação em forma vetorial e decida se ela é linear ou não linear. Se ela for não linear, que termo(s) a faz(em) ser assim? (*a*) Equação da continuidade incompressível, (*b*) Equação da continuidade compressível e (*c*) Equação de Navier-Stokes incompressível.

9–121 Uma **camada-limite** é uma fina região próxima a uma parede na qual as forças viscosas (de atrito) são muito importantes devido à condição de contorno de não escorregamento. A camada-limite estacionária, incompressível, bidimensional, que se desenvolve ao longo de uma placa plana alinhada com o escoamento de corrente-livre está desenhada na Fig. P9–121. O escoamento a montante da placa é uniforme, mas a espessura δ da camada limite cresce com x ao longo da placa devido aos efeitos viscosos. Desenhe algumas linhas de corrente, dentro da camada-limite e acima da camada-limite. $\delta(x)$ é uma linha de corrente? (*Dica*: preste atenção especial ao fato de que, para um escoamento bidimensional estacionário, incompressível, a vazão volumétrica por unidade de largura entre duas linhas de corrente quaisquer é constante.)

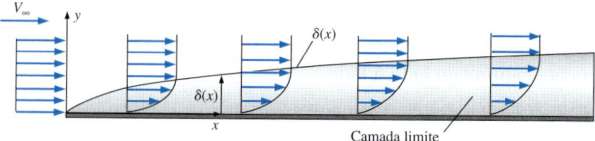

FIGURA P9–121

9–122 Considere o escoamento estacionário, bidimensional, incompressível no plano xz em vez do plano xy. Na Fig. P9–122 são mostradas curvas de função corrente constante. As componentes da velocidade diferentes de zero são (u, w). Defina uma função corrente tal que o escoamento seja da direita para a esquerda no plano xz quando ψ aumenta na direção z.

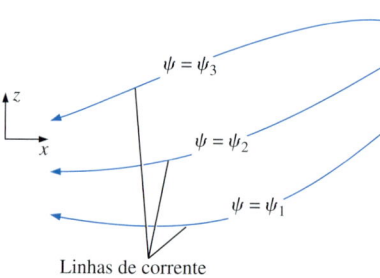

FIGURA P9–122

9–123 Um bloco desliza para baixo em uma parede longa, reta, inclinada, com a velocidade V, sobre um filme fino de óleo de espessura h (Fig. P9–123). O peso do bloco é W e sua área em contato com o filme de óleo é A. Suponha que V seja medida, e W, A, o ângulo α e a viscosidade μ também sejam conhecidos. A espessura h do filme de óleo não é conhecida. (*a*) Encontre uma expressão analítica exata para h como uma função dos parâmetros conhecidos V, A, W, α e μ. (*b*) Use análise dimensional para gerar uma expressão adimensional para h como uma função dos parâmetros dados. Construa uma relação entre os seus Πs que corresponda à expressão analítica exata da parte (*a*).

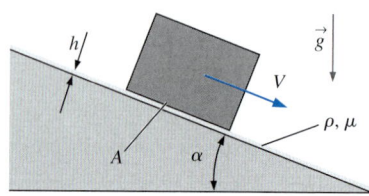

FIGURA P9–123

9–124 Procure a definição da *equação de Poisson* em um dos seus livros de matemática ou na Internet. Escreva a equação de Poisson na forma padrão. Qual é a semelhança da equação de Poisson com a equação de Laplace? Qual é a diferença entre as duas equações?

9–125 Água escoa através de um tubo inclinado, longo e reto, de diâmetro D e comprimento L (Fig. P9–125). Não há gradiente de pressão entre os pontos 1 e 2; em outras palavras, a água flui através do tubo apenas por gravidade e $P_1 = P_2 = P_{atm}$. O escoamento é estacionário, completamente desenvolvido e laminar. Adotamos um sistema de coordenadas no qual x segue o eixo do tubo. (a) Use a técnica do volume de controle do Cap. 8 para encontrar uma expressão para a velocidade média V como uma função dos parâmetros dados $\rho, g, D, \Delta z, \mu$ e L. (b) Use a análise diferencial para encontrar uma expressão para V como uma função dos parâmetros dados. Compare com o seu resultado da parte (a) e discuta. (c) Use a análise dimensional para gerar uma expressão adimensional para V como uma função dos parâmetros dados. Construa uma relação entre os seus Πs que corresponda à expressão analítica exata.

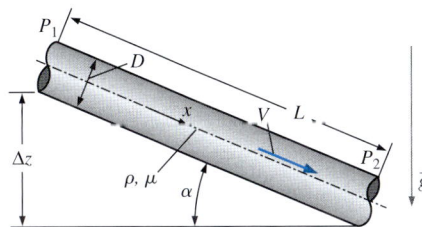

FIGURA P9–125

9–126 Aproximamos o escoamento do ar para dentro do acessório de piso de um aspirador de pó por uma função corrente ψ

$$\psi = \frac{-\dot{V}}{2\pi L} \text{arctg} \frac{\text{sen } 2\theta}{\cos 2\theta + b^2/r^2}$$

no plano central (o plano xy) em coordenadas cilíndricas, onde L é o comprimento do acessório, b é a altura do acessório acima do piso e $\dot{V}$ é a vazão volumétrica do ar que está sendo sugado na mangueira. Na Fig. P9–124 é mostrada uma vista tridimensional com o piso no plano xz; modelamos uma fatia bidimensional do escoamento no plano xy através do eixo central do acessório. Note que estabelecemos (arbitrariamente) $\psi = 0$ ao longo do eixo x positivo ($\theta = 0$). (a) Quais são as dimensões primárias da função corrente dada? (b) Adimensionalize a função corrente definindo $\psi^* = (2\pi L/\dot{V})\psi$ e $r^* = r/b$. (c) Resolva sua equação na forma adimensional para r^* como uma função de ψ^* e θ. Use essa equação para desenhar várias linhas de corrente adimensionais do escoamento. Por consistência, faça o gráfico no intervalo $-2 < x^* < 2$ e $0 < y^* < 4$, onde $x^* = x/b$ e $y^* = y/b$. (Dica: ψ^* deve ser *negativa* para resultar na direção correta do escoamento.)

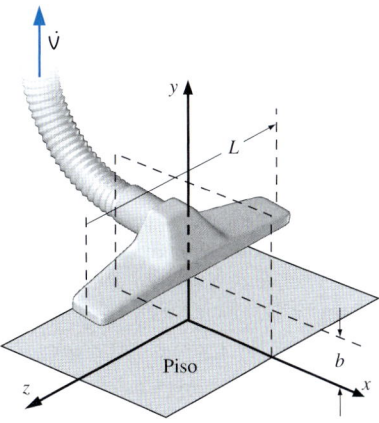

FIGURA P9–126

9–127 Tomando todas as aproximações de fluxo de Poiseuille exceto que o líquido é newtoniano, determinar o perfil de velocidade e a vazão, assumindo que o sangue é um fluido plástico de Bingham baseado na relação de tensão de cisalhamento a seguir. Traçar o perfil de velocidade de um fluido newtoniano, um fluido pseudoplástico e um fluido plástico de Bingham. Como é que eles diferem? Determinar a vazão assumindo um fluido plástico de Bingham.

$$\tau_{rz} = -\mu \frac{du}{dr} + \tau_y$$

Problemas adicionais

9–128 A equação de continuidade é também conhecida como:

(a) Conservação da massa   (b) Conservação da energia
(c) Conservação do momento (d) Segunda lei de Newton
(e) Equação de Cauchy

9–129 A equação de Navier-Stokes é também conhecida como:

(a) Primeira lei de Newton   (b) Segunda lei de Newton
(c) Terceira lei de Newton   (d) Equação da continuidade
(e) Equação de energia

9–130 Que escolha é a forma geral da equação diferencial da equação da continuidade para um volume de controle?

(a) $\int_{CS} \rho \vec{V} \cdot \vec{n} \, dA = 0$ (b) $\int_{VC} \frac{\partial \rho}{\partial t} dV + \int_{CS} \rho \vec{V} \cdot \vec{n} \, dA = 0$

(c) $\vec{V} \cdot (\rho \vec{V}) = 0$ (d) $\frac{\partial \rho}{\partial t} + \vec{\nabla} \cdot (\rho \vec{V}) = 0$

(e) Nenhum destes

9–131 Que escolha é a equação da continuidade diferencial, incompressível, bidimensional em coordenadas cartesianas?

(a) $\int_{CS} \rho \vec{V} \cdot \vec{n} \, dA = 0$ (b) $\frac{1}{r}\frac{\partial (r u_r)}{\partial r} + \frac{1}{r}\frac{\partial (u_\theta)}{\partial \theta} = 0$

(c) $\vec{\nabla} \cdot (\rho \vec{V}) = 0$ (d) $\vec{\nabla} \cdot \vec{V} = 0$

(e) $\frac{\partial u}{\partial x} + \frac{\partial v}{\partial y} = 0$

9–132 Um campo de velocidade permanente é dado por $\vec{V} = (u, v, w) = 2ax^2y\vec{i} + 3bxy^2\vec{j} + cy\vec{k}$, onde a, b e c são constantes. Em que condições é este campo de escoamento incompressível?

(a) $a = b$ (b) $a = -b$ (c) $2a = -3b$
(d) $3a = 2b$ (e) $a = 2b$

9–133 Um campo de escoamento permanente, incompressível e bidimensional no plano xy tem uma função corrente dada por $\psi = ax^2 + by^2 + cy$, onde a, b e c são constantes. A expressão para a componente u da velocidade é:

(a) $2ax$ (b) $2by + c$ (c) $-2ax$
(d) $-2by - c$ (e) $2ax + 2by + c$

9–134 Um campo de escoamento permanente, incompressível e bidimensional no plano xy tem uma função corrente dada por $\psi = ax^2 + by^2 + cy$, onde a, b e c são constantes. A expressão para a componente v da velocidade é:

(a) $2ax$ (b) $2by + c$ (c) $-2ax$
(d) $-2by - c$ (e) $2ax + 2by + c$

9–135 Se um escoamento de fluido é simultaneamente incompressível e isotérmico, que propriedade não se espera que seja constante?

(a) Temperatura   (b) Densidade
(c) Viscosidade dinâmica   (d) Viscosidade cinemática
(e) Calor específico

9–136 Que escolha é a equação de Navier-Stokes incompressível com viscosidade constante?

(a) $\rho \dfrac{D\vec{V}}{Dt} + \vec{\nabla}P - \rho\vec{g} = 0$ (b) $-\vec{\nabla}P + \rho\vec{g} + \mu\vec{\nabla}^2\vec{V} = 0$

(c) $\rho \dfrac{D\vec{V}}{Dt} = -\vec{\nabla}P - \mu\vec{\nabla}^2\vec{V}$

(d) $\rho \dfrac{D\vec{V}}{Dt} = -\vec{\nabla}P + \rho\vec{g} + \mu\vec{\nabla}^2\vec{V}$

(e) $\rho \dfrac{D\vec{V}}{Dt} = -\vec{\nabla}P + \rho\vec{g} + \mu\vec{\nabla}^2\vec{V} + \vec{\nabla}\cdot\vec{V} = 0$

9–137 Qual escolha não é correta em relação à equação de Navier-Stokes?

(a) Equação não linear   (b) Equação transiente
(c) Equação de segunda ordem
(d) Equação diferencial parcial
(e) Nenhuma destas

9–138 Em análises de escoamentos de fluido, que condição de contorno pode ser expressa como $\vec{V}_{fluido} = \vec{V}_{parede}$

(a) Não escorregamento   (b) Interface
(c) Superfície livre   (d) Simetria
(e) Entrada

Capítulo 10

Soluções Aproximadas da Equação de Navier-Stokes

Neste capítulo, examinamos várias aproximações que eliminam termos, reduzindo a equação de Navier-Stokes a uma forma simplificada mais fácil de resolver. Às vezes, essas aproximações são apropriadas em todo o campo de escoamento, mas, na maioria dos casos, elas são apropriadas somente em certas *regiões* do campo de escoamento. Consideraremos primeiro o *escoamento lento*, onde o número de Reynolds é tão baixo que os termos viscosos dominam (e eliminam) os termos inerciais. Em seguida, examinamos as duas aproximações que são apropriadas em regiões de escoamento distantes das paredes e esteiras: *escoamento sem viscosidade* e *escoamento irrotacional* (também chamado de *escoamento potencial*). Nessas regiões, vale o oposto, ou seja, os termos inerciais dominam sobre os termos viscosos. Finalmente, discutimos a *aproximação da camada-limite*, onde permanecem os termos inerciais e os termos viscosos, mas alguns dos termos viscosos são desprezíveis. Essa última aproximação é apropriada para números de Reynolds *muito altos* (o oposto do escoamento lento) e próximo das paredes, o oposto do escoamento potencial.

OBJETIVOS

Ao terminar a leitura deste capítulo você deve ser capaz de:

- Apreciar por que as aproximações são necessárias para resolver muitos problemas de escoamento de fluido e saber quando e onde essas aproximações são apropriadas
- Entender os efeitos da ausência dos termos inerciais na aproximação do escoamento lento, incluindo o desaparecimento da massa específica nas equações
- Entender a superposição como um método para resolver problemas de escoamento potencial
- Predizer a espessura da camada limite e outras propriedades da camada limite

Neste capítulo, discutiremos várias aproximações que simplificam as equações de Navier-Stokes, incluindo escoamento lento, onde os termos viscosos dominam os termos inerciais. O escoamento de lava de um vulcão é um exemplo de escoamento lento – a viscosidade do magma é tão grande que o número de Reynolds é pequeno, embora as escalas de comprimento sejam grandes.

Stocktrek / Getty Images

10–1 INTRODUÇÃO

No Cap. 9, deduzimos a equação diferencial da conservação de momento linear para um fluido newtoniano incompressível com propriedades constantes – a *equação de Navier-Stokes*. Mostramos alguns exemplos de soluções analíticas para essa equação para geometrias simples (normalmente infinitas), nas quais a maioria dos termos nas equações componentes é eliminada e as equações diferenciais resultantes são analiticamente resolúveis. Infelizmente, não há muitas soluções analíticas conhecidas disponíveis na literatura; na verdade, podemos contar nos dedos de alguns estudantes o número de soluções desse tipo. A grande maioria dos problemas práticos de mecânica dos fluidos *não pode* ser resolvida analiticamente e requer (1) outras aproximações ou (2) auxílio de um computador. Consideraremos aqui a opção 1; a opção 2 será discutida no Cap. 15. Para simplificar, consideraremos neste capítulo somente escoamento de fluidos newtonianos incompressíveis.

Primeiro, vamos destacar que a equação de Navier-Stokes não é propriamente *exata*, mas sim um *modelo* de escoamento de fluido envolvendo várias aproximações inerentes (fluido newtoniano, propriedades termodinâmicas e de transporte constantes, etc). No entanto, ela é um modelo *excelente* e é o fundamento da moderna mecânica dos fluidos. Neste capítulo, fazemos distinção entre soluções "exatas" e soluções aproximadas (Fig. 10–1). O termo *exata* é usado quando a solução começa com a equação de Navier-Stokes *completa*. As soluções discutidas no Cap. 9 são soluções exatas porque começamos cada uma delas com a forma completa da equação. Alguns termos são eliminados em um problema específico devido à geometria especificada ou outras hipóteses simplificadoras no problema. Em uma outra solução, os termos a serem eliminados podem não ser os mesmos, mas dependem da geometria e das hipóteses daquele problema em especial. Por outro lado, definimos uma **solução aproximada**, como aquela na qual a equação de Navier-Stokes é *simplificada* em alguma região do escoamento *antes mesmo de iniciarmos a solução*. Em outras palavras, são eliminados termos *a priori* dependendo da classe do problema, que pode diferir de uma região para outra no escoamento.

Por exemplo, já discutimos uma aproximação, ou seja, *estática dos fluidos* (Cap. 3). Isso pode ser considerado como uma aproximação da equação de Navier-Stokes em uma região do campo de escoamento onde a velocidade do fluido não é necessariamente zero, mas o fluido está praticamente estagnado, e desprezamos todos os termos que envolvem velocidade. Nessa aproximação, a equação de Navier-Stokes se reduz a apenas dois termos, pressão e gravidade, ou seja, $\vec{\nabla} P = \rho \vec{g}$. A aproximação é que os termos inerciais e viscosos na equação de Navier-Stokes são muito pequenos comparados com os termos de pressão e gravidade.

Embora as aproximações tornem o problema mais tratável, há um perigo associado com qualquer solução aproximada. Ou seja, se a aproximação não for apropriada logo de início, a solução será incorreta – mesmo se executarmos corretamente toda a matemática. Por quê? Porque começamos com equações que não se aplicam ao problema que temos para resolver. Por exemplo, podemos resolver um problema usando a aproximação do escoamento lento e obter uma solução que satisfaça todas as hipóteses e condições de contorno. No entanto, se o número de Reynolds do escoamento for muito alto, a aproximação do escoamento lento é inadequada desde o princípio, e nossa solução (independentemente de quão orgulhosos possamos estar dela) não é fisicamente correta. Um outro

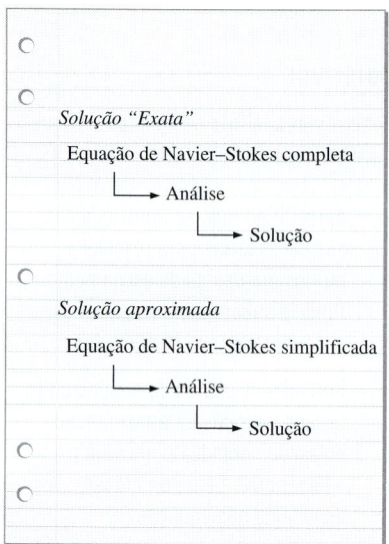

FIGURA 10–1 Soluções "exatas" começam com a equação de Navier--Stokes completa, enquanto as soluções aproximadas começam com uma forma simplificada da equação de Navier--Stokes desde o início.

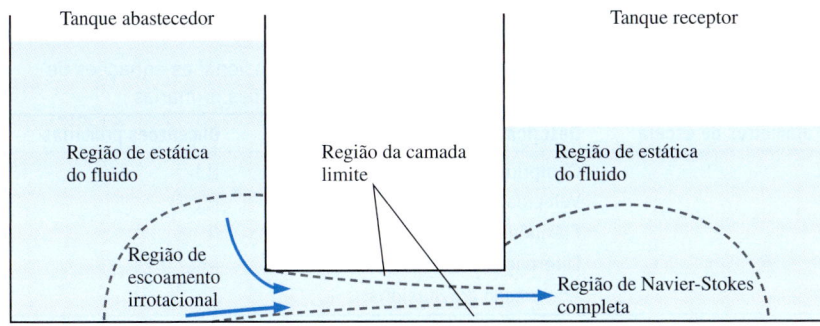

FIGURA 10–2 Uma aproximação em particular da equação de Navier-Stokes é apropriada somente em certas *regiões* do campo de escoamento; outras aproximações podem ser apropriadas em outras regiões do campo de escoamento.

erro comum é supor escoamento irrotacional em regiões do escoamento onde a hipótese da irrotacionalidade não é adequada. *A conclusão final é que devemos ter muito cuidado com as aproximações que aplicamos, e devemos sempre verificar e justificar nossas aproximações onde for possível.*

Finalmente, insistimos no fato de que na maioria dos problemas práticos de escoamento de fluido, uma aproximação em particular pode ser apropriada em uma certa *região* do campo de escoamento, mas não em outras regiões, onde uma outra aproximação pode talvez ser mais apropriada. A Figura 10–2 ilustra esse ponto qualitativamente para o escoamento de um líquido de um tanque para outro. A aproximação da estática dos fluidos é apropriada em uma região do tanque de origem bem distante do tubo que o conecta, e com menos rigor, no tanque de destino. A aproximação do escoamento irrotacional é apropriada próximo da entrada para o tubo de conexão e através da parte média do tubo onde não há efeitos viscosos intensos. Próximo às paredes, é apropriada a aproximação da camada limite. O escoamento em algumas regiões não satisfaz o critério de *nenhuma* aproximação, e nesse caso deve ser resolvida a equação completa de Navier-Stokes (por exemplo, próximo da saída do tubo no tanque de destino). Como determinamos se uma aproximação é apropriada? Fazemos isso comparando as ordens de grandeza dos vários termos nas equações de movimento para ver se alguns termos são muito pequenos comparados com outros termos.

10–2 EQUAÇÕES DE MOVIMENTO ADIMENSIONAIS

Nosso objetivo nesta seção é colocar na forma adimensional as equações de movimento de forma que possamos comparar apropriadamente as ordens de grandeza dos vários termos nas equações. Começamos com a equação da continuidade incompressível,

$$\vec{\nabla} \cdot \vec{V} = 0 \qquad (10\text{–}1)$$

e a forma vetorial da equação de Navier-Stokes, válida para escoamento incompressível de um fluido newtoniano com propriedades constantes,

$$\rho \frac{D\vec{V}}{Dt} = \rho \left[\frac{\partial \vec{V}}{\partial t} + (\vec{V} \cdot \vec{\nabla}) \vec{V} \right] = -\vec{\nabla} P + \rho \vec{g} + \mu \nabla^2 \vec{V} \qquad (10\text{–}2)$$

Introduzimos na Tabela 10–1 alguns *parâmetros de escala* característicos (referência) que são usados para transformar as equações de movimento para a forma adimensional.

TABELA 10–1

Parâmetros de escala usados para colocar na forma adimensional as equações de continuidade e de momento, juntamente com suas dimensões primárias

Parâmetros de escala	Descrição	Dimensões primárias
L	Comprimento característico	$\{L\}$
V	Velocidade característica	$\{Lt^{-1}\}$
f	Frequência característica	$\{t^{-1}\}$
$P_0 - P_\infty$	Diferença de pressão de referência	$\{mL^{-1}t^{-2}\}$
g	Aceleração gravitacional	$\{Lt^{-2}\}$

Coordenadas cartesianas

$$\vec{\nabla} = \left(\frac{\partial}{\partial x}, \frac{\partial}{\partial y}, \frac{\partial}{\partial z}\right)$$

$$= \left(\frac{\partial}{L\partial\left(\frac{x}{L}\right)}, \frac{\partial}{L\partial\left(\frac{y}{L}\right)}, \frac{\partial}{L\partial\left(\frac{z}{L}\right)}\right)$$

$$= \frac{1}{L}\left(\frac{\partial}{\partial x^*}, \frac{1}{\partial y^*}, \frac{\partial}{\partial z^*}\right) = \frac{1}{L}\vec{\nabla}^*$$

Coordenadas cilíndricas

$$\vec{\nabla} = \left(\frac{\partial}{\partial r}, \frac{1}{r}\frac{\partial}{\partial \theta}, \frac{\partial}{\partial z}\right)$$

$$= \left(\frac{\partial}{L\partial\left(\frac{r}{L}\right)}, \frac{1}{L\left(\frac{r}{L}\right)}\frac{\partial}{\partial \theta}, \frac{\partial}{L\partial\left(\frac{z}{L}\right)}\right)$$

$$= \frac{1}{L}\left(\frac{\partial}{\partial r^*}, \frac{1}{r^*}\frac{\partial}{\partial \theta}, \frac{\partial}{\partial z^*}\right) = \frac{1}{L}\vec{\nabla}^*$$

FIGURA 10–3 O operador gradiente é colocado na forma adimensional pela Eq. 10–3, independentemente de nossa escolha do sistema de coordenadas.

Definimos então várias *variáveis adimensionais* e um operador *adimensional* com base nos parâmetros de escala na Tabela 10–1,

$$t^* = ft \qquad \vec{x}^* = \frac{\vec{x}}{L} \qquad \vec{V}^* = \frac{\vec{V}}{V}$$

$$P^* = \frac{P - P_\infty}{P_0 - P_\infty} \qquad \vec{g}^* = \frac{\vec{g}}{g} \qquad \vec{\nabla}^* = L\vec{\nabla} \qquad (10\text{–}3)$$

Observe que nós definimos a variável pressão adimensional em termos de uma *diferença* de pressão, baseados em nossa discussão sobre pressão *versus* diferenças de pressão no Cap. 9. Todas as grandezas destacadas na Eq. 10–3 são adimensionais. Por exemplo, embora cada componente do operador gradiente $\vec{\nabla}$ tenha dimensões de $\{L^{-1}\}$, cada componente de $\vec{\nabla}^*$ tem dimensões de $\{1\}$ (Fig. 10–3). Substituímos a Eq. 10–3 nas Eqs. 10–1 e 10–2, tratando cada termo cuidadosamente. Por exemplo, $\vec{\nabla} = \vec{\nabla}^*/L$ e $\vec{V} = V\vec{V}^*$, assim, o termo da aceleração convectiva na Eq. 10–2 torna-se:

$$\rho(\vec{V}\cdot\vec{\nabla})\vec{V} = \rho\left(V\vec{V}^*\cdot\frac{\vec{\nabla}^*}{L}\right)V\vec{V}^* = \frac{\rho V^2}{L}\left(\vec{V}^*\cdot\vec{\nabla}^*\right)\vec{V}^*$$

Executamos cálculos algébricos similares em cada termo nas Eqs. 10–1 e 10–2. A Equação 10–1 é reescrita em termos de variáveis adimensionais como:

$$\frac{V}{L}\vec{\nabla}^*\cdot\vec{V}^* = 0$$

Após dividir ambos os lados por V/L para tornar a equação adimensional, obtemos:

Equação da continuidade adimensional: $\qquad \vec{\nabla}^*\cdot\vec{V}^* = 0 \qquad (10\text{–}4)$

De forma similar, a Eq. 10–2 é reescrita como:

$$\rho V f \frac{\partial \vec{V}^*}{\partial t^*} + \frac{\rho V^2}{L}\left(\vec{V}^*\cdot\vec{\nabla}^*\right)\vec{V}^* = -\frac{P_0 - P_\infty}{L}\vec{\nabla}^* P^* + \rho g \vec{g}^* + \frac{\mu V}{L^2}\nabla^{*2}\vec{V}^*$$

que, após multiplicação pela coleção de constantes $L/(\rho V^2)$ para tornar todos os termos adimensionais, torna-se:

$$\left[\frac{fL}{V}\right]\frac{\partial \vec{V}^*}{\partial t^*} + \left(\vec{V}^*\cdot\vec{\nabla}^*\right)\vec{V}^* = -\left[\frac{P_0 - P_\infty}{\rho V^2}\right]\vec{\nabla}^* P^* + \left[\frac{gL}{V^2}\right]\vec{g}^* + \left[\frac{\mu}{\rho VL}\right]\nabla^{*2}\vec{V}^* \quad (10\text{–}5)$$

Cada um dos termos dentro dos colchetes na Eq. 10–5 é um agrupamento de parâmetros adimensionais – um *grupo Pi* (Cap. 7). Com a ajuda da Tabela 7–5, damos nome a cada um desses parâmetros adimensionais: aquele da esquerda é o *número de Strouhal*, St = fL/V; o primeiro da direita é o *número de Euler*,

Eu = $(P_0 - P_\infty)/\rho V^2$; o segundo na direita é o inverso do quadrado do *número de Froude*, $\text{Fr}^2 = V^2/gL$; e o último é o inverso do *número de Reynolds*, $\text{Re} = \rho VL/\mu$. A Equação 10–5 torna-se, então:

Equação de Navier-Stokes adimensional:

$$[\text{St}]\frac{\partial \vec{V}^*}{\partial t^*} + (\vec{V}^* \cdot \vec{\nabla}^*)\vec{V}^* = -[\text{Eu}]\vec{\nabla}^* P^* + \left[\frac{1}{\text{Fr}^2}\right]\vec{g}^* + \left[\frac{1}{\text{Re}}\right]\nabla^{*2}\vec{V}^* \quad (10\text{–}6)$$

Antes de discutirmos aproximações específicas em detalhe, há muito a comentar sobre o conjunto de equações adimensionais formado pelas Eqs. 10–4 e 10–6:

- A equação da continuidade adimensional *não* contém outros parâmetros adimensionais. Por isso, a Eq. 10–4 deve ser satisfeita como está – não podemos simplificar mais a equação da continuidade, porque todos os termos são da mesma ordem de grandeza.
- A ordem de grandeza das variáveis adimensionais é a unidade, se elas forem colocadas na forma adimensional usando um comprimento, velocidade, frequência, etc., que são características do campo de escoamento. Assim, $t^* \sim 1$, $\vec{x}^* \sim 1$, $\vec{V}^* \sim 1$, etc., onde usamos a notação $\sim$ para representar a ordem de grandeza. Conclui-se que termos como $(\vec{V}^* \cdot \vec{\nabla}^*)\vec{V}^*$ e $\vec{\nabla}^* P^*$ na Eq. 10–6 são também de ordem de grandeza unitária e são da mesma ordem de grandeza entre si. Assim, *a importância relativa dos termos na Eq. 10–6 depende somente das grandezas relativas dos parâmetros adimensionais* St, Eu, Fr e Re. Por exemplo, se St e Eu forem da ordem de 1, mas Fr e Re forem muito grandes, podemos pensar em ignorar os termos gravitacional e viscoso na equação de Navier-Stokes.
- Como há quatro parâmetros adimensionais na Eq. 10–6, a *similaridade dinâmica* entre um modelo e um protótipo requer que os quatro parâmetros sejam os mesmos para o modelo e o protótipo ($\text{St}_{modelo} = \text{St}_{protótipo}$, $\text{Eu}_{modelo} = \text{Eu}_{protótipo}$, $\text{Fr}_{modelo} = \text{Fr}_{protótipo}$, e $\text{Re}_{modelo} = \text{Re}_{protótipo}$), conforme ilustra a Fig. 10–4.
- Se o escoamento for *permanente*, então $f = 0$ e o número de Strouhal sai da lista de parâmetros adimensionais (St = 0). O primeiro termo no lado esquerdo da Eq. 10–6 então desaparece, como também seu correspondente termo transiente $\partial \vec{V}/\partial t$ na Eq. 10–2. Se a frequência característica f for muito *pequena*, de maneira que St $\ll$ 1, o escoamento é chamado de **quase-permanente**. Isso significa que a qualquer instante no tempo (ou em qualquer fase de um ciclo periódico lento), podemos resolver o problema como se o fluxo fosse permanente, e o termo transiente na Eq. 10–6 novamente se cancela.
- O efeito da gravidade é importante somente em escoamentos com *efeitos de superfície livre* (por exemplo, ondas, movimento de navio, vertedouros de represas hidroelétricas, escoamento de rios). Para muitos problemas de engenharia *não há* superfície livre (escoamento em dutos, escoamento totalmente submerso ao redor de um submarino ou torpedo, movimento de um automóvel, voo de aviões, pássaros, insetos, etc.). Em casos assim, o único efeito da gravidade sobre a dinâmica do escoamento é uma *distribuição de pressão hidrostática* na direção vertical sobreposta ao campo de pressão devido ao escoamento do fluido. Em outras palavras,

Para escoamentos sem efeitos de superfície livre, a gravidade não afeta a dinâmica do fluido – seu único efeito é sobrepor uma pressão hidrostática no campo dinâmico de pressão.

- Definimos uma **pressão modificada** P' que absorve o efeito da pressão hidrostática. Para o caso no qual z é definido verticalmente para cima (oposto

Protótipo
$\text{St}_{protótipo}$, $\text{Eu}_{protótipo}$, $\text{Fr}_{protótipo}$, $\text{Re}_{protótipo}$

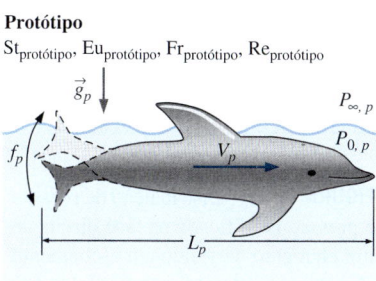

Modelo
St_{modelo}, Eu_{modelo}, Fr_{modelo}, Re_{modelo}

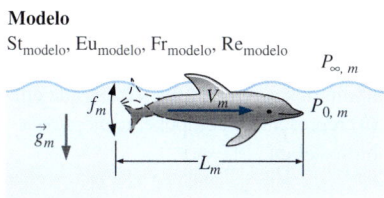

FIGURA 10–4 Para uma similaridade dinâmica completa entre protótipo (subscrito p) e modelo (subscrito m), o modelo deve ser geometricamente similar ao protótipo, e (em geral) os quatro parâmetros adimensionais, St, Eu, Fr e Re, devem ser iguais. Como discutido no Capítulo 7, no entanto, isso nem sempre é possível em um teste de modelo.

(Topo) © James Gritz / Getty RF

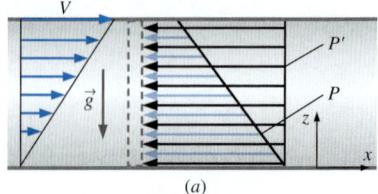

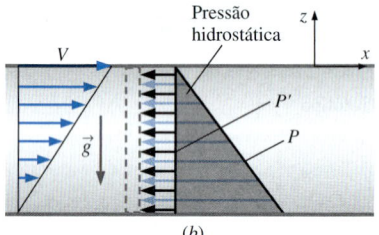

FIGURA 10–5 Distribuição de pressão e pressão modificada na face direita de um elemento de fluido em escoamento Couette entre duas placas paralelas, horizontais e infinitas: (*a*) $z = 0$ na placa inferior e (*b*) $z = 0$ na placa superior. A *pressão modificada P'* é constante, mas a *pressão real P não* é constante em nenhum dos casos. A área sombreada em (*b*) representa o componente da pressão hidrostática.

à direção do vetor gravidade), e no qual definimos algum plano de referência arbitrário em $z = 0$,

Pressão modificada: $\qquad P' = P + \rho g z \qquad$ (10–7)

A ideia é substituir os dois termos $-\vec{\nabla}P + \rho \vec{g}$ na Eq. 10–2 por *um* termo $-\vec{\nabla}P'$ usando a pressão modificada da Eq. 10–7. A equação de Navier-Stokes (Eq. 10–2) é escrita na forma modificada como:

$$\rho \frac{D\vec{V}}{Dt} = \rho \left[\frac{\partial \vec{V}}{\partial t} + (\vec{V} \cdot \vec{\nabla})\vec{V} \right] = -\vec{\nabla}P' + \mu \nabla^2 \vec{V} \qquad (10\text{–}8)$$

Com *P* substituído por *P'*, e com o termo da gravidade removido da Eq. 10–2, o número de Froude sai da lista de parâmetros adimensionais. A vantagem é que podemos resolver uma forma da equação de Navier-Stokes que *não tem nenhum termo da gravidade*. Após resolver a equação de Navier-Stokes em termos da pressão modificada *P'*, é uma simples questão de acrescentar novamente a distribuição de pressão hidrostática usando a Eq. 10–7. A Fig. 10–5 mostra um exemplo para o caso de escoamento Couette bidimensional. A pressão modificada é usada frequentemente em códigos de Dinâmica dos Fluidos Computacional (CFD) para separar os efeitos gravitacionais (pressão hidrostática na direção vertical) dos efeitos (dinâmicos) do escoamento do fluido. Note que a pressão modificada *não* deve ser usada em escoamentos com efeitos de superfície livre.

Agora estamos prontos para fazer algumas aproximações, nas quais eliminamos um ou mais termos na Eq. 10–2 comparando as grandezas relativas dos parâmetros adimensionais associados com os termos correspondentes na Eq. 10–6.

10–3 ■ A APROXIMAÇÃO DE ESCOAMENTO LENTO

Nossa primeira aproximação é a classe de escoamento de fluido chamada **escoamento lento.** Outros nomes para essa classe de escoamento incluem **escoamento de Stokes** e **escoamento com baixo número de Reynolds**. Conforme indica o nome desse último, esses são escoamentos nos quais o número de Reynolds é muito pequeno (Re << 1). Olhando a definição do número de Reynolds, Re = $\rho V L/\mu$, vemos que o escoamento lento ocorre quando p, V ou L é muito pequeno ou a viscosidade é muito grande (ou uma combinação destes). Você encontra o escoamento lento quando despeja xarope (um líquido muito viscoso) sobre as suas panquecas ou quando mergulha uma colher em um pote de mel (também muito viscoso) para colocar no seu chá (Fig. 10–6).

Um outro exemplo de escoamento lento está ao nosso redor e dentro de nós, embora não possamos vê-lo, ou seja, o escoamento ao redor de organismos microscópicos. Os micro-organismos passam a vida inteira no regime de escoamento lento porque eles são muito pequenos, sendo seu tamanho da ordem de um mícron (1 μm = 10^{-6} m), e eles se movem muito lentamente, apesar de eles se moverem no ar ou nadarem na água com uma viscosidade que dificilmente pode ser classificada como "alta" ($\mu_{ar} \cong 1,8 \times 10^{-5}$ N·s/m² e $\mu_{água} \cong 1,0 \times 10^{-3}$ N·s/m² à temperatura ambiente). A Figura 10–7 mostra uma bactéria *Salmonela* nadando na água. O corpo da bactéria tem aproximadamente só 1 μm de comprimento; seus *flagelos* (cauda muito fina) se estendem várias micra para trás do corpo e servem como mecanismo de propulsão. O número de Reynolds associado com seu movimento é muito menor do que 1.

O escoamento lento também ocorre no escoamento de óleo lubrificante em espaços e canais muito pequenos de um mancal lubrificado. Neste caso, as velo-

FIGURA 10–6 O escoamento lento de um líquido muito viscoso como o mel é classificado como escoamento lento.

cidades podem não ser pequenas, mas o espaço é muito pequeno (da ordem de dezenas de micra) e a viscosidade é relativamente grande ($\mu_{óleo} \sim 1$ N·s/m² na temperatura ambiente).

Para simplificar, vamos assumir que os efeitos gravitacionais são desprezíveis, ou que eles contribuem somente para a componente pressão hidrostática, conforme já discutimos anteriormente. Supomos também um escoamento permanente ou oscilante, com um número de Strouhal de aproximadamente um (St $\sim$ 1) ou menor, de forma que o termo da aceleração local [St] $\partial \vec{V}^*/\partial t^*$ é de uma ordem de grandeza muito menor do que o termo viscoso $[1/\text{Re}] \vec{\nabla}^{*2} \vec{V}^*$ (o número de Reynolds é muito pequeno). O termo convectivo na Eq. 10–6 é da ordem de 1, $(\vec{V}^* \cdot \vec{\nabla}^*)\vec{V}^* \sim 1$, assim esse termo sai também. Então, ignoramos o lado esquerdo inteiro da Eq. 10–6, que se reduz a:

Aproximação de escoamento lento: $\quad [\text{Eu}] \vec{\nabla}^* P^* \cong \left[\dfrac{1}{\text{Re}}\right] \nabla^{*2} \vec{V}^*$ (10–9)

Em outras palavras, as forças de pressão no escoamento (lado esquerdo) devem ser suficientemente grandes para equilibrar as forças viscosas relativamente grandes no lado direito. No entanto, como as variáveis adimensionais na Eq. 10–9 são da ordem de 1, a única maneira de equilibrar os dois lados da equação é se Eu for da mesma ordem de grandeza de 1/Re. Comparando esses números:

$$[\text{Eu}] = \dfrac{P_0 - P_\infty}{\rho V^2} \sim \left[\dfrac{1}{\text{Re}}\right] = \dfrac{\mu}{\rho V L}$$

Após algumas operações algébricas:

Escala de pressão para escoamento lento: $\quad P_0 - P_\infty \sim \dfrac{\mu V}{L}$ (10–10)

A Equação 10–10 revela duas propriedades interessantes do escoamento lento. Primeira, estamos habituados com os escoamentos dominados pela inércia, nos quais as diferenças de pressão são da ordem de ρV^2 (por exemplo, a equação de Bernoulli). Aqui, no entanto, as diferenças de pressão são da ordem de $\mu V/L$, já que o escoamento lento é um escoamento *dominado pela viscosidade*. Na verdade, *todos os termos inerciais da equação de Navier-Stokes desaparecem no escoamento lento*. Segunda, a *massa específica foi completamente tirada como parâmetro na equação de Navier-Stokes* (Fig. 10–8). Vemos isso mais claramente escrevendo a forma *dimensional* da Eq. 10–9,

Equação de Navier-Stokes aproximada para o escoamento lento:
$$\vec{\nabla} P \cong \mu \nabla^2 \vec{V} \quad (10\text{–}11)$$

Os leitores mais atentos poderão argumentar que a massa específica ainda desempenha um *pequeno* papel no escoamento lento. Ou seja, ela é necessária no cálculo do número de Reynolds. No entanto, uma vez determinado que Re é muito pequeno, a massa específica não é mais necessária já que ela não aparece na Eq. 10–11. A massa específica também aparece no termo da pressão hidrostática, mas esse efeito, em geral, é desprezível no escoamento lento, pois as distâncias verticais envolvidas frequentemente são medidas em milímetros ou micra. Além disso, se não houver efeitos de superfície livre, podemos usar a pressão modificada em lugar da pressão física na Eq. 10–11.

Vamos discutir a ausência dos termos de inércia na Eq. 10–11 com um pouco mais de detalhe. Você depende da inércia quando nada (Fig. 10–9). Por exemplo, você dá um impulso, e então pode deslizar por uma certa distância até precisar dar outro impulso. Quando você nada, os termos inerciais na equação de Navier-Stokes são muito maiores do que os termos viscosos, pois o número de Reynolds

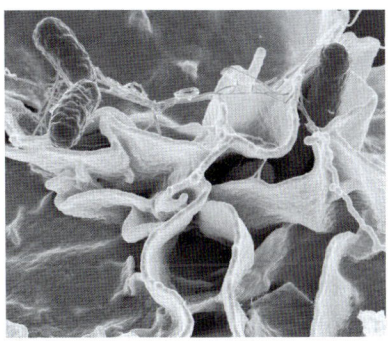

FIGURA 10–7 (a) *Salmonella typhimurium* invadindo células humanas cultivadas. (b) A bactéria *Salmonella abortusequi* nadando na água.

(a) NIAID, NIH, Rocky Mantain Laboratories

(b) De Comparative Physiology Functional Aspects of Structural Materials: Proceedings of the International Conference on Comparative Physiology, Ascona, 1974, publicado por North-Holland Pub. Co., 1975.

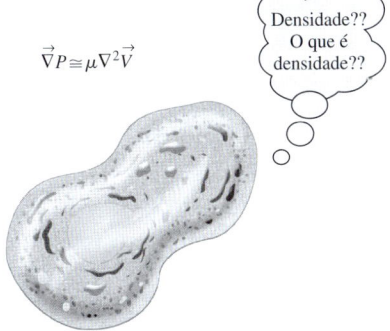

FIGURA 10–8 Na aproximação escoamento lento, a massa específica não aparece na equação do momento.

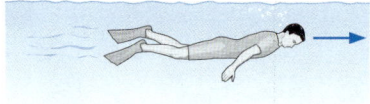

FIGURA 10–9 Uma pessoa nada com um número de Reynolds muito alto e os termos inerciais são grandes; assim, a pessoa pode deslizar por grandes distâncias sem se movimentar.

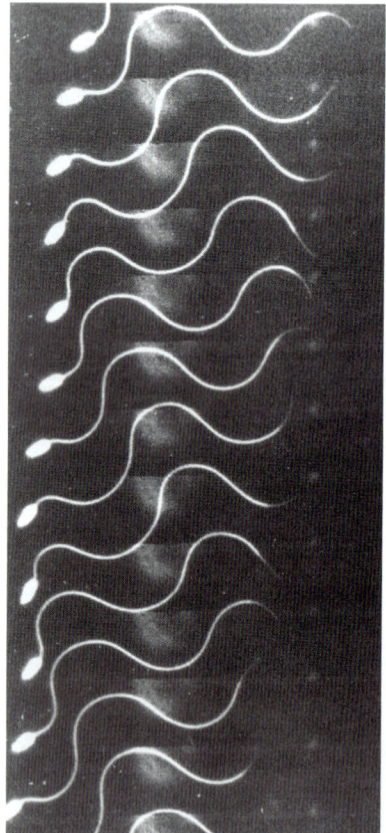

10 μm

FIGURA 10–10 Um esperma do tunicado marinho *Ciona* nadando na água do mar; fotografias com "flash" a 200 quadros por segundo.

Cortesia do Prof. Charlotte Omoto, Universidade Estadual de Washington. Usada com permissão.

é muito grande. (Acredite se quiser, mas o fato é que mesmo nadadores extremamente *lentos* se movimentam com números de Reynolds muito *grandes*!)

No entanto, no caso dos micro-organismos nadando no regime escoamento lento, há uma inércia desprezível, e portanto não é possível o deslizamento. Na verdade, a ausência dos termos inerciais na Eq. 10–11 tem um impacto substancial na maneira como os micro-organismos nadam. Uma cauda oscilante como aquela do golfinho não os levaria a lugar nenhum. Em vez disso, suas caudas longas e finas (*flagelos*) ondulam em um movimento senoidal para impulsioná-los para frente, como está ilustrado na Fig. 10–10 para o caso do esperma. Sem qualquer inércia, o esperma não se move a menos que sua cauda esteja em movimento. No instante em que sua cauda para de se movimentar, o esperma para de se mover. Se você já viu algum clipe de vídeo mostrando um esperma ou outros micro-organismos nadando, deve ter visto como eles devem fazer um grande esforço para se mover por uma curta distância. Essa é a natureza do escoamento lento, e isso é devido à falta de inércia. Um estudo cuidadoso da Fig. 10–10 mostra que a cauda do esperma completou aproximadamente dois ciclos de ondulação, embora a cabeça do esperma tenha se movido para a esquerda somente uma distância equivalente a duas vezes o comprimento da cabeça.

É muito difícil para nós humanos imaginar como seria nosso movimento em condições de escoamento lento, pois estamos muito habituados aos efeitos da inércia. Alguns autores sugerem que você tente imaginar como se estivesse tentando nadar em um tanque de mel. Nós, por outro lado, sugerimos que você vá a um desses restaurantes ou lojas que têm um playground com um daqueles tanques cheios de bolinhas plásticas e observe as crianças tentando nadar no tanque (Fig. 10–11). Quando a criança tenta "nadar" entre as bolas (sem tocar as paredes ou o fundo do tanque) ela só pode se mover para frente fazendo movimentos com o corpo como se fosse uma serpente. No instante em que a criança deixa de se mover, cessa todo o movimento, pois a inércia é desprezível. A criança tem que fazer um grande esforço para se mover para frente por uma pequena distância. Há uma analogia fraca entre uma criança "nadando" nesse tipo de situação e um micro-organismo nadando em condições de escoamento lento.

Agora vamos discutir a ausência da massa específica na Eq. 10–11. Com números de Reynolds altos, o arrasto aerodinâmico sobre um objeto aumenta proporcionalmente com ρ. (Fluidos densos exercem maior pressão sobre o corpo quando o fluido se choca com o corpo.) No entanto, este é, na realidade, um efeito inercial, e a inércia é desprezível no escoamento lento. Na verdade, o arrasto aerodinâmico não pode nem mesmo ser uma *função* da massa específica, pois a massa específica desapareceu da equação de Navier-Stokes. O Exemplo 10–1 ilustra essa situação através do uso da análise dimensional.

EXEMPLO 10–1   **Arrasto em um objeto em escoamento lento**

Como a massa específica desapareceu da equação de Navier-Stokes, o arrasto aerodinâmico sobre um objeto em escoamento lento é uma função somente de sua velocidade V, algum comprimento característico de escala L do objeto e a viscosidade μ do fluido (Fig. 10–12). Use a análise dimensional para gerar uma relação para F_D em função dessas variáveis independentes.

SOLUÇÃO Vamos usar a análise dimensional para gerar uma relação funcional entre F_D e as variáveis V, L e μ.

Hipóteses **1** Assumimos que Re ≪ 1 de modo que pode ser aplicada a aproximação do escoamento lento. **2** Os efeitos gravitacionais são irrelevantes. **3** Não há parâmetro relevante além daqueles listados no enunciado do problema.

Análise Seguiremos o método passo a passo das variáveis de repetição discutido no Cap. 7; os detalhes ficam como exercício. Há quatro parâmetros nesse problema ($n = 4$). Há três dimensões primárias: massa, comprimento e tempo, assim, fazemos $j = 3$ e usamos as variáveis independentes V, L e μ como nossas variáveis de repetição. Esperamos encontrar somente um Pi, pois $k = n - j = 4 - 3 = 1$, e aquele Pi deve ser igual a uma constante. O resultado é:

$$F_D = \text{constante} \cdot \mu V L$$

Assim, demonstramos que para o escoamento lento ao redor de qualquer objeto tridimensional, a força de arrasto aerodinâmico é simplesmente uma constante multiplicada por μVL.

Discussão Esse resultado é importante, porque falta somente determinar a constante, que é uma função apenas da forma do objeto.

FIGURA 10–11 Uma criança tentando se mover em uma piscina de bolinhas plásticas é análogo a um micro-organismo tentando se movimentar sem as vantagens da inércia.

Arrasto em uma esfera em escoamento lento

Como foi mostrado no Exemplo 10–1, a força de arrasto F_D sobre um objeto tridimensional de dimensão característica L movendo-se em condições de escoamento lento à velocidade V através de um fluido com viscosidade μ é $F_D = $ constante $\cdot \mu V L$. A análise dimensional não pode prever o valor da constante, pois ela depende da forma e orientação do corpo no campo de escoamento.

Para o caso especial de uma *esfera*, a Eq. 10–11 pode ser resolvida analiticamente. Os detalhes estão além do escopo deste livro, mas podem ser encontrados em livros no nível de graduação em mecânica dos fluidos (White, 2005; Panton, 2005). Concluímos que a constante na equação de arrasto é igual a 3π se L for o diâmetro D da esfera (Fig. 10–13).

Força de arrasto sobre uma esfera em escoamento lento: $\quad F_D = 3\pi\mu VD \quad$ **(10–12)**

Como observação, podemos dizer que dois terços desse arrasto são devido a forças viscosas e o outro terço é devido a forças de pressão. Isso confirma que os termos viscosos e os termos de pressão na Eq. 10–11 são da mesma ordem de grandeza, conforme mencionamos anteriormente.

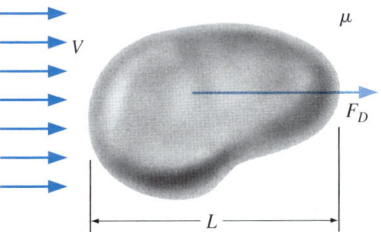

FIGURA 10–12 Para escoamento lento sobre um objeto tridimensional, o arrasto aerodinâmico sobre o objeto não depende da massa específica, mas somente da velocidade V, um comprimento característico L do objeto e a viscosidade μ do fluido.

EXEMPLO 10–2 **Velocidade final de uma partícula de um vulcão**

Um vulcão entrou em erupção, expelindo rochas, vapor e cinzas a milhares de metros de altura na atmosfera (Fig. 10–14). Após algum tempo, as partículas começam a cair na terra. Considere uma partícula aproximadamente esférica de diâmetro igual a 50μm, caindo no ar cuja temperatura é $-50°$C e cuja pressão é 55kPa. A massa específica da partícula é 1240 kg/m³. Estime a velocidade final dessa partícula nessa altitude.

SOLUÇÃO Vamos estimar a velocidade final de uma partícula de cinza que cai.

Hipóteses **1** O número de Reynolds é muito pequeno (precisamos verificar essa hipótese após obter a solução). **2** A partícula é esférica.

Propriedades Na temperatura e pressão dadas, a lei dos gases ideais nos fornece $p = 0{,}8588$ kg/m³. Como a viscosidade é uma função pouco dependente da pressão, usamos o valor a $-50°$C e a pressão atmosférica $\mu = 1{,}474 \times 10^{-5}$kg/m·s.

Análise Tratamos o problema como quasi-permanente. Uma vez que a partícula em queda tenha atingido sua velocidade final, a força resultante para baixo (peso)

(continua)

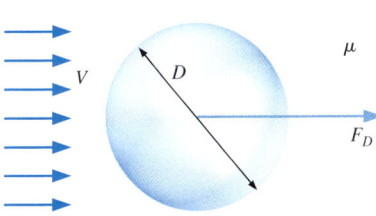

FIGURA 10–13 O arrasto aerodinâmico sobre uma esfera de diâmetro D em escoamento lento é igual a $3\pi\mu VD$.

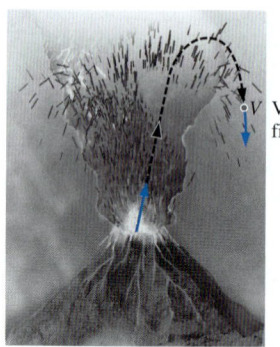

FIGURA 10-14 Pequenas partículas de cinza expelidas por um vulcão descem lentamente para o solo; a aproximação do escoamento lento é razoável para esse tipo de campo de escoamento.

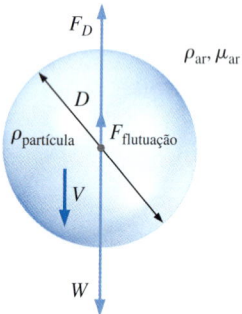

FIGURA 10-15 Uma partícula caindo com uma velocidade terminal constante não tem aceleração; portanto seu peso é equilibrado pelo arrasto aerodinâmico e a força de flutuação agindo sobre a partícula.

(continuação)

equilibra a força resultante para cima (arrasto aerodinâmico + flutuação), como está ilustrado na Fig. 10–15.

Força descendente: $\quad F_{\text{para baixo}} = W = \pi \dfrac{D^3}{6} \rho_{\text{partícula}}\, g \quad$ (1)

A força de arrasto aerodinâmico agindo sobre a partícula é obtida da Eq. 10–12, e a força de flutuação é o peso do ar deslocado. Assim:

Força ascendente: $\quad F_{\text{para cima}} = F_D + F_{\text{flutuação}} = 3\pi\mu V D + \pi \dfrac{D^3}{6} \rho_{\text{ar}}\, g \quad$ (2)

Igualamos as Eqs. 1 e 2, e resolvemos para a velocidade final V:

$$V = \frac{D^2}{18\mu}(\rho_{\text{partícula}} - \rho_{\text{ar}})g$$

$$= \frac{(50 \times 10^{-6}\,\text{m})^2}{18(1{,}474 \times 10^{-5}\,\text{kg/m}\cdot\text{s})}\,[(1240 - 0{,}8588)\,\text{kg/m}^3](9{,}81\,\text{m/s}^2)$$

$$= \mathbf{0{,}115\ m/s}$$

Por fim, verificamos que o número de Reynolds é suficientemente pequeno de forma que a aproximação de escoamento lento é uma aproximação adequada:

$$\text{Re} = \frac{\rho_{\text{ar}} V D}{\mu} = \frac{(0{,}8588\,\text{kg/m}^3)(0{,}115\,\text{m/s})(50 \times 10^{-6}\,\text{m})}{1{,}474 \times 10^{-5}\,\text{kg/m}\cdot\text{s}} = 0{,}335$$

Assim, o número de Reynolds é menor do que 1, mas, certamente, *não muito menor* do que 1.

Discussão Embora a equação para o arrasto do escoamento lento sobre uma esfera (Eq. 10–12) tenha sido deduzida para um caso com Re << 1, concluímos que a aproximação é razoável até Re ≅ 1. Um cálculo mais sofisticado, incluindo uma correção do número de Reynolds e uma correção baseada no caminho livre médio das moléculas do ar, resulta em uma velocidade final de 0,110 m/s (Heinsohn and Cimbala, 2003); o erro da aproximação do escoamento lento é menor do que 5%.

Uma consequência do desaparecimento da massa específica das equações de movimento para o escoamento lento é vista claramente no Exemplo 10–2. Isto é, a massa específica do ar não é importante em nenhum cálculo exceto para verificar que o número de Reynolds é pequeno. (Note que como p_{ar} é muito pequena comparada com $p_{\text{partícula}}$, a força de flutuação poderia ter sido ignorada com uma pequena perda de precisão.) Por outro lado, suponha que a massa específica do ar fosse metade da massa específica verdadeira no Exemplo 10–2, mas todas as outras propriedades permanecessem inalteradas. A velocidade final seria a mesma (até três dígitos significativos), exceto que o número de Reynolds seria menor por um fator de 2. Portanto:

> A velocidade final de uma partícula pequena e densa em condições de escoamento lento é independente da massa específica do fluido, mas altamente dependente da viscosidade do fluido.

Como a viscosidade do ar varia com a altitude apenas, aproximadamente, 25%, uma pequena partícula cai com velocidade aproximadamente constante independentemente da altitude, apesar da massa específica do ar aumentar por um fator maior do que 10 à medida que a partícula cai de uma altitude de 50.000 ft (15.000 m) até o nível do mar.

Para objetos tridimensionais não esféricos, o arrasto aerodinâmico do escoamento lento ainda é dado por F_D = constante$\cdot \mu V L$; no entanto, a constante não é 3π, mas depende da forma e orientação do corpo. A constante pode ser considerada como uma espécie de **coeficiente de arrasto** para o escoamento lento.

10–4 APROXIMAÇÃO PARA REGIÕES INVÍSCIDAS DO ESCOAMENTO

Há muita confusão na literatura de mecânica dos fluidos sobre o termo **"invíscido"** e a expressão **escoamento invíscido**. O significado aparente de invíscido é *sem viscosidade*. Escoamento invíscido parece então se referir ao escoamento de um fluido sem viscosidade. No entanto, *não* é isso que significa a expressão "escoamento invíscido"! Todos os fluidos de importância na engenharia têm viscosidade, independentemente do campo de escoamento. Os autores que usam a expressão escoamento invíscido, na realidade, querem dizer escoamento de um *fluido viscoso* em uma *região* do escoamento na qual as *forças viscosas resultantes são desprezíveis comparadas com as forças de pressão e/ou inerciais* (Fig. 10–16). Alguns autores usam a expressão "escoamento sem atrito" como sinônimo de escoamento invíscido. Isso causa mais confusão, porque mesmo em regiões do escoamento onde as forças viscosas resultantes são desprezíveis, *o atrito ainda age sobre elementos de fluido*, e podem existir ainda *tensões viscosas* significativas. Ocorre que essas tensões se cancelam entre si, não deixando *força viscosa resultante* significativa nos elementos de fluido. Pode-se mostrar que uma *dissipação viscosa* significativa pode também estar presente nessas regiões. Conforme discutido na Seção 10–5, elementos de fluido em uma região *irrotacional* do escoamento também têm *forças viscosas resultantes* desprezíveis – não porque não haja atrito, mas porque as tensões de atrito (viscosas) se cancelam entre si. Devido à confusão causada pela terminologia, os autores atuais desaconselham o uso das expressões "escoamento invíscido" e "escoamento sem atrito". Em vez disso, nós recomendamos o uso das expressões *regiões invíscidas de escoamento* ou *regiões de escoamento com forças viscosas desprezíveis*.

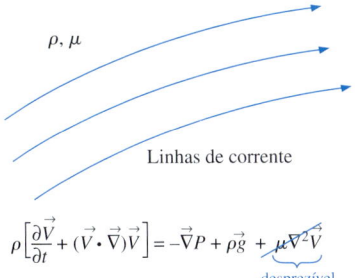

FIGURA 10–16 Uma região invíscida de escoamento é uma região onde as forças viscosas resultantes são desprezíveis comparadas com as forças inerciais e/ou de pressão porque o número de Reynolds é grande; o fluido é, ele próprio, ainda um fluido viscoso.

Independentemente da terminologia usada, se as forças viscosas resultantes forem muito pequenas comparadas com as forças inerciais e/ou de pressão, o último termo no lado direito da Eq. 10–6 é desprezível. Isso é verdade somente se 1/Re for pequeno. Portanto, regiões de escoamento sem viscosidade são regiões de *altos números de Reynolds* – o oposto das regiões de escoamento lento. Nessas regiões, a equação de Navier-Stokes (Eq. 10–2) perde seu termo viscoso e se reduz à **equação de Euler**:

Equação de Euler: $$\rho \left[\frac{\partial \vec{V}}{\partial t} + (\vec{V} \cdot \vec{\nabla})\vec{V} \right] = -\vec{\nabla} P + \rho \vec{g} \qquad (10\text{–}13)$$

A equação de Euler é simplesmente a equação de Navier-Stokes com o termo viscoso ignorado; ela é uma *aproximação* da equação de Navier-Stokes.

Devido à condição de não escorregamento nas paredes sólidas, as forças de atrito *não* são desprezíveis em uma região de escoamento muito próxima de uma parede sólida. Nessa região, chamada de **camada limite**, os gradientes de velocidade normal à parede são suficientemente grandes para compensar o pequeno valor de 1/Re. Uma explanação alternativa é que comprimento de escala característico do corpo (L) não é mais o comprimento de escala apropriado dentro de uma camada limite e deve ser substituído por um comprimento de escala muito menor associado com a distância da parede. Quando definimos o número de Reynolds com esse comprimento de escala menor, Re deixa de ser um valor alto, e o termo viscoso na equação de Navier-Stokes não pode ser desprezado.

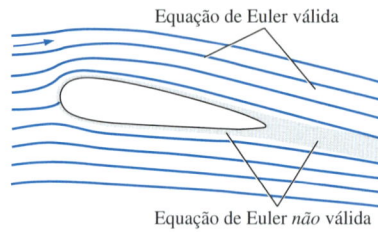

FIGURA 10-17 A equação de Euler é uma aproximação da equação de Navier-Stokes, apropriada somente em regiões do fluxo onde o número de Reynolds é grande e onde as forças viscosas resultantes são desprezíveis comparadas com as forças inerciais e/ou de pressão.

Um argumento similar pode ser apresentado na *esteira* de um corpo, onde os gradientes de velocidade são relativamente grandes e os termos viscosos não são desprezíveis comparados com os termos inerciais (Fig. 10–17). Na prática, portanto, ocorre que:

A aproximação da equação de Euler é apropriada em regiões de alto número de Reynolds do escoamento, onde as forças viscosas resultantes são desprezíveis, muito distante das paredes e esteiras.

O termo que é desprezado na aproximação de Euler da equação de Navier-Stokes ($\mu \nabla^2 \vec{V}$) é o termo que contém as derivadas de ordem mais alta da velocidade. Matematicamente, a perda desse termo reduz o número de condições de contorno que podemos especificar. Ocorre que quando usamos a aproximação da equação de Euler, *não podemos* especificar a condição de contorno de não escorregamento nas paredes sólidas, embora ainda especificamos que o fluido não pode fluir *através* da parede (a parede é *impermeável*). As soluções da equação de Euler, portanto, não têm significado físico próximo a paredes sólidas, pois ali o escoamento pode deslizar. No entanto, conforme mostramos na Seção 10–6, a equação de Euler frequentemente é usada como um *primeiro passo* em uma aproximação da camada limite. Ou seja, a equação de Euler é aplicada sobre todo o campo de escoamento, incluindo regiões próximas a paredes e esteiras, onde sabemos que a aproximação não é apropriada. Então, uma fina camada limite é inserida nessas regiões como uma correção para levar em conta os efeitos viscosos.

Finalmente, cabe ressaltar que a equação de Euler (Eq. 10–13) é, às vezes, utilizada como uma primeira aproximação em cálculos de CFD, a fim de reduzir tempo (e custo) de CPU.

Dedução da equação de Bernoulli em regiões de escoamento sem viscosidade

No Cap. 5, deduzimos a equação de Bernoulli ao longo de uma linha de corrente. Mostramos aqui uma dedução alternativa baseada na equação de Euler. Para simplificar, supomos escoamento permanente incompressível. O termo convectivo na Eq. 10–13 pode ser reescrito através do uso de uma identidade vetorial:

Identidade vetorial: $\quad (\vec{V} \cdot \vec{\nabla})\vec{V} = \vec{\nabla}\left(\dfrac{V^2}{2}\right) - \vec{V} \times (\vec{\nabla} \times \vec{V})$ (10-14)

onde V é o valor do vetor $\vec{V}$. Reconhecemos o segundo termo entre parênteses no lado direito como o *vetor vorticidade* $\vec{\zeta}$ (veja Cap. 4); portanto:

$$(\vec{V} \cdot \vec{\nabla})\vec{V} = \vec{\nabla}\left(\dfrac{V^2}{2}\right) - \vec{V} \times \vec{\zeta}$$

e uma forma alternativa da equação de Euler permanente é escrita como:

$$\vec{\nabla}\left(\dfrac{V^2}{2}\right) - \vec{V} \times \vec{\zeta} = -\dfrac{\vec{\nabla}P}{\rho} + \vec{g} = \vec{\nabla}\left(-\dfrac{P}{\rho}\right) + \vec{g} \quad (10\text{-}15)$$

onde dividimos cada termo pela massa específica e mudamos ρ sob o operador gradiente, já que a massa específica é constante em um escoamento incompressível.

Supomos ainda que a gravidade age somente na direção $-z$ (Fig. 10–18), de modo que:

$$\vec{g} = -g\vec{k} = -g\vec{\nabla}z = \vec{\nabla}(-gz) \quad (10\text{-}16)$$

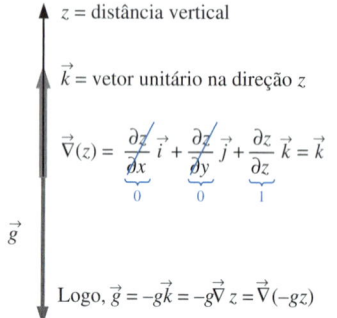

FIGURA 10-18 Quando a gravidade age na direção z, o vetor gravidade $\vec{g}$ pode ser escrito como $\vec{\nabla}(-gz)$.

onde usamos o fato de que o gradiente da coordenada z é o vetor unitário $\vec{k}$ na direção z. Note também que g é uma constante, o que nos permite movê-la (com o sinal negativo) dentro do operador gradiente. Substituímos a Eq. 10–16 na Eq. 10–15, e fazemos um rearranjo combinando três termos dentro de um operador gradiente:

$$\vec{\nabla}\left(\frac{P}{\rho} + \frac{V^2}{2} + gz\right) = \vec{V} \times \vec{\zeta} \qquad (10\text{–}17)$$

Da definição do produto vetorial de dois vetores, $\vec{C} = \vec{A} \times \vec{B}$, o vetor $\vec{C}$ é perpendicular a $\vec{A}$ e $\vec{B}$. O lado esquerdo da Eq. 10–17 deve, portanto, ser um vetor em todos os pontos perpendicular ao vetor velocidade local $\vec{V}$, já que $\vec{V}$ aparece no produto vetorial no lado direito da Eq. 10–17. Considere agora o escoamento ao longo de uma linha de corrente tridimensional (Fig. 10–19) que, por definição, é em todos os pontos *paralela* ao vetor velocidade local. Em todos os pontos ao longo da linha de corrente, $\vec{\nabla}(P/\rho + V^2/2 + gz)$ deve ser perpendicular à linha de corrente. Agora vamos tirar o pó de nosso livro de álgebra vetorial e vamos recordar que o gradiente de um escalar aponta na direção de *aumento máximo* do escalar. Além disso, o gradiente de um escalar é um vetor que aponta perpendicularmente para uma superfície imaginária na qual o escalar é constante. Portanto, afirmamos que o escalar ($P/\rho + V^2/2 + gz$) deve ser *constante ao longo de uma linha de corrente*. Isso é verdade mesmo se o escoamento for *rotacional* ($\vec{\zeta} \neq 0$). Assim, nós deduzimos uma versão da equação de Bernoulli permanente incompressível, apropriada em regiões do escoamento com forças viscosas resultantes desprezíveis, isto é, nas regiões do escoamento invíscido.

Equação de Bernoulli permanente incompressível em regiões de escoamento invíscido:

$$\frac{P}{\rho} + \frac{V^2}{2} + gz = C = \text{constant along streamlines} \qquad (10\text{–}18)$$

Note que a "constante" C de Bernoulli na Eq. 10–18 é constante somente ao longo de uma linha de corrente; a constante pode mudar de uma linha de corrente para outra.

Você deve estar imaginando se é fisicamente possível ter uma região rotacional de escoamento que seja também invíscido, já que a rotacionalidade normalmente é *causada* pela viscosidade. Sim, *é* possível, e daremos um exemplo simples – rotação de corpo sólido (Fig. 10–20). Embora a rotação possa ter sido *gerada* por forças viscosas, uma região de escoamento em rotação de corpo sólido não tem *tensão de cisalhamento* nem *força viscosa resultante*; ela está em uma região do escoamento invíscido, apesar de ser também rotacional. Como consequência da natureza rotacional desse campo de escoamento, a Eq. 10–18 se aplica a toda linha de corrente no escoamento, mas a constante C de Bernoulli difere de uma linha de corrente para outra, conforme ilustra a Fig. 10–20.

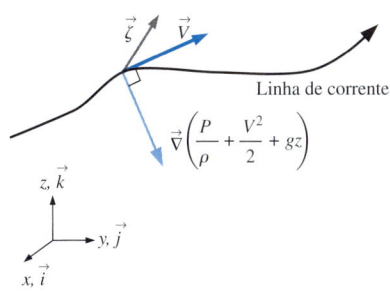

FIGURA 10–19 Ao longo de uma linha de corrente, $\vec{\nabla}(P/\rho + V^2/2 + gz)$, está um vetor em todos os pontos perpendicular à linha de corrente; portanto, $P/\rho + V^2/2 + gz$ é constante ao longo da linha de corrente.

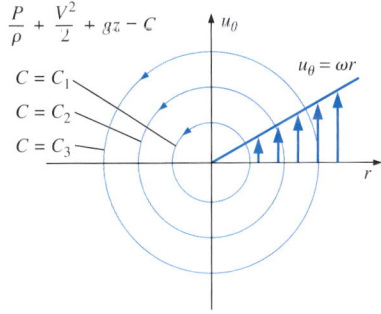

FIGURA 10–20 Rotação de corpo sólido é um exemplo de uma região de escoamento invíscido que também é rotacional. A constante C de Bernoulli difere de uma linha de corrente para outra mas ela é constante ao longo de uma determinada linha de corrente.

EXEMPLO 10–3 Campo de pressão em rotação de corpo sólido

Um fluido está girando como um corpo rígido (rotação de corpo sólido) ao redor do eixo z, como está ilustrado na Fig. 10–20. O campo de velocidade permanente incompressível é dado por $u_r = 0$, $u_\theta = wr$ e $u_z = 0$. A pressão na origem é igual a P_0. Calcule o campo de pressão em todos os pontos no escoamento, e determine a constante de Bernoulli ao longo de cada linha de corrente.

SOLUÇÃO Para um dado campo de velocidade, vamos calcular o campo de pressão e a constante de Bernoulli ao longo de cada linha de corrente.

(continua)

(continuação)

Hipóteses 1 O escoamento é permanente e incompressível. 2 Como não há escoamento na direção z- (vertical), existe uma distribuição de pressão hidrostática na direção vertical. 3 O campo de escoamento inteiro é aproximado como uma região de escoamento invíscido, pois as forças viscosas são iguais a zero. 4 Não há variação de qualquer variável de escoamento na direção θ.

Análise A Equação 10–18 pode ser aplicada diretamente devido à hipótese 3:

Equação de Bernoulli: $\qquad P = \rho C - \dfrac{1}{2}\rho V^2 - \rho g z \qquad$ (1)

onde C é a constante de Bernoulli que varia com o raio conforme está ilustrado na Fig. 10–20. Em qualquer localização radial r, $V^2 = w^2 r^2$, e a Eq. 1 torna-se:

$$P = \rho C - \rho \frac{\omega^2 r^2}{2} - \rho g z \qquad (2)$$

Na origem ($r = 0$, $z = 0$), a pressão é igual a P_0 (da condição de contorno dada). Assim, calculamos $C = C_0$ na origem ($r = 0$):

Condição de contorno na origem: $\qquad P_0 = \rho C_0 \;\rightarrow\; C_0 = \dfrac{P_0}{\rho}$

Mas como podemos determinar C em uma localização radial r arbitrária? A Equação 2 isoladamente é insuficiente porque tanto C quanto P são desconhecidas. A resposta é que devemos usar a equação de Euler. Como não há superfície livre, empregamos a pressão modificada da Eq. 10–7. A componente r da equação de Euler em coordenadas cilíndricas (veja Eq. 9-62b sem os termos viscosos) se reduz a:

Componente r da equação de Euler: $\qquad \dfrac{\partial P'}{\partial r} = \rho \dfrac{u_\theta^2}{r} = \rho \omega^2 r \qquad$ (3)

onde substituímos o valor dado de u_θ. Como a pressão hidrostática já está incluída na pressão modificada, P' não é uma função de z. Pelas hipóteses 1 e 4, respectivamente, P' também não é uma função de t ou θ. Assim, P' é uma função de r apenas, e substituímos a derivada parcial na Eq. 3 por uma derivada total. A integração resulta em:

Campo de pressão modificada: $\qquad P' = \rho \dfrac{\omega^2 r^2}{2} + B_1 \qquad$ (4)

onde B_1 é uma constante de integração. Na origem, a pressão modificada P' é igual à pressão real P, já que $z = 0$ ali. Portanto, a constante B_1 é determinada aplicando-se a condição de contorno de pressão conhecida na origem. Concluímos que B_1 é igual a P_0. Agora convertemos a Eq. 4 de volta para a pressão real usando a Eq. 10–7, $P = P' - \rho g z$:

Campo de pressão real: $\qquad P = \rho \dfrac{\omega^2 r^2}{2} + P_0 - \rho g z \qquad$ (5)

No plano de referência dos dados ($z = 0$), desenhamos o gráfico da pressão adimensional como uma função do raio adimensional, onde uma localização arbitrária $r = R$ é escolhida como comprimento característico de escala no escoamento (Fig. 10–21). A distribuição de pressões é parabólica com relação a r.

Finalmente, igualamos as Eqs. 2 e 5 para resolver para C:

Constante de Bernoulli como uma função de r: $\qquad C = \dfrac{P_0}{\rho} + \omega^2 r^2 \qquad$ (6)

Na origem, $C = C_0 = P_0/\rho$, que está de acordo com nosso cálculo anterior.

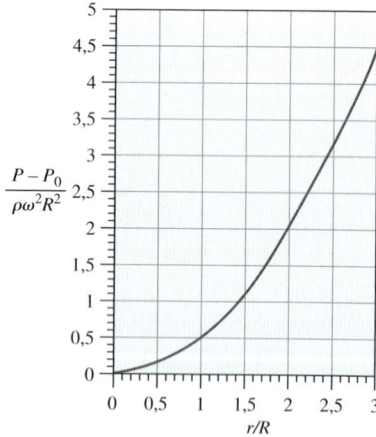

FIGURA 10–21 Pressão adimensional em função da localização radial adimensional na elevação zero para um fluido em rotação de corpo sólido.

Discussão Para um fluido em uma rotação de corpo sólido, a constante de Bernoulli cresce com r^2. Isso não é surpreendente, pois as partículas de fluido se movem mais rapidamente em valores maiores de r, e, portanto, elas possuem mais energia. Na verdade, a Eq. 5 revela que a própria pressão cresce com r^2. Fisicamente, o gradiente de pressão na direção radial proporciona a força centrípeta necessária para manter as partículas de fluido girando em relação à origem.

10–5 A APROXIMAÇÃO DE ESCOAMENTO IRROTACIONAL

Conforme destacamos no Cap. 4, há regiões de escoamento nas quais as partículas de fluido não tem *nenhuma rotação resultante*; essas regiões são chamadas de **irrotacionais**. Você deve ter em mente que a hipótese da irrotacionalidade é uma *aproximação*, que pode ser apropriada em algumas regiões de um campo de escoamento, mas não em outras regiões (Fig. 10–22). Em geral, as regiões de escoamento invíscido distantes das paredes sólidas e esteiras dos corpos são também irrotacionais, embora, conforme foi destacado anteriormente, haja situações nas quais uma região de escoamento sem viscosidade pode *não* ser irrotacional (por exemplo, rotação de corpo sólido). As soluções obtidas para a classe de escoamento definida pela irrotacionalidade são, portanto, *aproximações* das soluções completas da equação de Navier-Stokes. Matematicamente, a aproximação é que a vorticidade é muito pequena:

Aproximação irrotacional: $\qquad \vec{\zeta} = \vec{\nabla} \times \vec{V} \cong 0 \qquad$ **(10–19)**

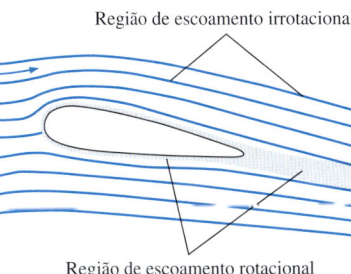

FIGURA 10–22 A aproximação do escoamento irrotacional é apropriada somente em certas regiões do escoamento onde a vorticidade é desprezível.

Examinamos agora o efeito dessa aproximação nas equações de continuidade e de momento.

Equação da continuidade

Tirando mais um pouco de poeira do nosso livro de álgebra vetorial, você encontrará uma identidade vetorial relacionada com o rotacional do gradiente de qualquer função escalar ϕ, e, portanto, o rotacional de qualquer vetor $\vec{V}$,

Identidade vetorial: $\quad \vec{\nabla} \times \vec{\nabla} \phi = 0 \quad$ Assim, se $\vec{\nabla} \times \vec{V} = 0$, então $\vec{V} = \vec{\nabla} \phi$. **(10–20)**

Isso pode ser provado facilmente em coordenadas cartesianas (Fig. 10–23), mas aplica-se a qualquer sistema ortogonal de coordenadas, contanto que ϕ seja uma função contínua. Em outras palavras, se o rotacional de um vetor for zero, o vetor pode ser expresso como o gradiente de uma função escalar ϕ, chamada de **função potencial**. Em mecânica dos fluidos, o vetor $\vec{V}$ é o vetor velocidade, cujo rotacional é o vetor vorticidade $\vec{\zeta}$, e, portanto, chamamos ϕ de **função potencial de velocidade**. Escrevemos:

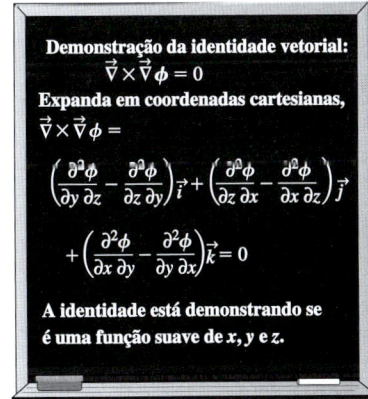

FIGURA 10–23 A identidade vetorial da Eq. 10–20 é facilmente provada expandindo os termos em coordenadas cartesianas.

Para regiões de escoamento irrotacional: $\qquad \vec{V} = \vec{\nabla} \phi \qquad$ **(10–21)**

Devemos destacar que a convenção de sinais na Eq. 10–21 não é universal – em alguns livros-texto de mecânica dos fluidos, é inserido um sinal negativo na definição da função potencial de velocidade. Definimos a Eq. 10–21 em palavras da seguinte forma:

> Em uma região irrotacional de escoamento, o vetor velocidade pode ser expresso como o gradiente de uma função escalar chamada de *função potencial de velocidade*.

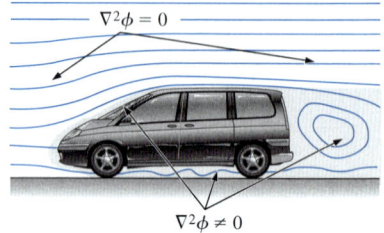

FIGURA 10–24 A equação de Laplace para a função potencial de velocidade ϕ é válida em duas e três dimensões e em qualquer sistema de coordenadas, mas somente em regiões irrotacionais do escoamento (geralmente distante das paredes e esteiras).

Regiões de escoamento irrotacional são, portanto, chamadas também de **regiões de escoamento potencial.** Note que não nos restringimos a escoamentos bidimensionais; a Eq. 10–21 é válida para campos de escoamento totalmente tridimensionais, contanto que a aproximação da irrotacionalidade seja apropriada na região de escoamento em estudo. Em coordenadas cartesianas:

$$u = \frac{\partial \phi}{\partial x} \quad v = \frac{\partial \phi}{\partial y} \quad w = \frac{\partial \phi}{\partial z} \quad (10\text{--}22)$$

e em coordenadas cilíndricas:

$$u_r = \frac{\partial \phi}{\partial r} \quad u_\theta = \frac{1}{r}\frac{\partial \phi}{\partial \theta} \quad u_z = \frac{\partial \phi}{\partial z} \quad (10\text{--}23)$$

A utilidade da Eq. 10–21 torna-se evidente quando ela é substituída na Eq. 10–1, a equação da continuidade incompressível: $\vec{\nabla} \cdot \vec{V} = 0 \rightarrow \vec{\nabla} \cdot \vec{\nabla} \phi = 0$, ou

Para regiões irrotacionais do escoamento: $\quad \nabla^2 \phi = 0 \quad (10\text{--}24)$

onde o **operador Laplaciano** ∇^2 é um operador escalar definido como $\vec{\nabla} \cdot \vec{\nabla}$, e a Eq. 10–24 é chamada de **equação de Laplace.** Insistimos no ponto em que a Eq. 10–24 é válida somente em regiões onde a aproximação do escoamento irrotacional é razoável (Fig. 10–24). Em coordenadas cartesianas:

$$\nabla^2 \phi = \frac{\partial^2 \phi}{\partial x^2} + \frac{\partial^2 \phi}{\partial y^2} + \frac{\partial^2 \phi}{\partial z^2} = 0$$

e em coordenadas cilíndricas:

$$\nabla^2 \phi = \frac{1}{r}\frac{\partial}{\partial r}\left(r\frac{\partial \phi}{\partial r}\right) + \frac{1}{r^2}\frac{\partial^2 \phi}{\partial \theta^2} + \frac{\partial^2 \phi}{\partial z^2} = 0$$

A beleza dessa aproximação está no fato de que nós combinamos três componentes de velocidade desconhecidas (u, v e w, ou u_r, u_θ e u_z, dependendo de nossa escolha do sistema de coordenadas) em *uma* variável escalar desconhecida ϕ, eliminando duas das equações necessárias para uma solução (Fig. 10–25). Uma vez obtida uma solução da Eq. 10–24 para ϕ, podemos calcular as três componentes do campo de velocidade usando a Eq. 10–22 ou 10–23.

A equação de Laplace é bem conhecida pois ela aparece em vários campos da física, matemática aplicada e engenharia. Estão disponíveis na literatura várias técnicas de solução, tanto analíticas quanto numéricas. As soluções da equação de Laplace são dominadas pela *geometria* (isto é, *condições de contorno*). Embora a Eq. 10–24 venha da conservação da massa, a massa propriamente dita (ou a massa específica, que é a massa dividida pelo volume) desapareceu da equação também. Com um dado conjunto de condições de contorno envolvendo toda a região irrotacional do campo de escoamento, podemos então resolver a Eq. 10–24 para ϕ, independentemente das propriedades do fluido. Uma vez calculado ϕ, podemos então calcular $\vec{V}$ em qualquer ponto naquela região do campo de escoamento (usando a Eq. 10–21), sem sequer ter que resolver a equação de Navier-Stokes. A solução é válida para qualquer fluido incompressível, independentemente de sua massa específica ou sua viscosidade, em regiões do escoamento nas quais a aproximação irrotacional é adequada.

A solução é válida até mesmo instantaneamente para um escoamento *não permanente*, pois o tempo não aparece na equação da continuidade incompressível. Em outras palavras, em qualquer instante no tempo, o campo de escoamento incompressível se ajusta instantaneamente de forma a satisfazer a equação de Laplace e as condições de contorno existentes naquele instante.

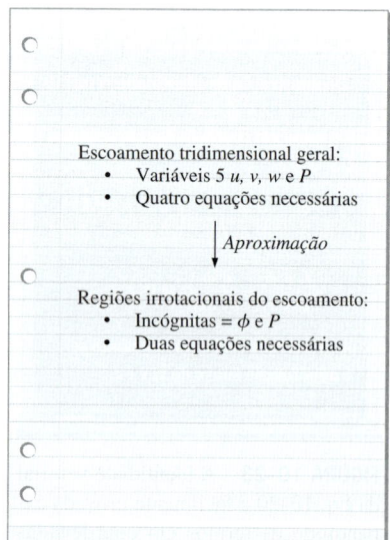

FIGURA 10–25 Em regiões irrotacionais do escoamento, três componentes escalares desconhecidas do vetor velocidade são combinadas em *uma* função escalar desconhecida – a função potencial de velocidade.

Equação do momento

Agora voltamos nossa atenção para a equação diferencial da conservação do momento – a equação de Navier-Stokes (Eq. 10–2). Acabamos de mostrar que em uma região de escoamento irrotacional, podemos obter o campo de velocidades sem a aplicação da equação de Navier-Stokes. Então, por que precisamos dela, afinal? A resposta é uma vez que estabelecemos o campo de velocidade através do uso da função potencial de velocidade, *usamos a equação de Navier-Stokes para obter soluções para o campo de pressão*. Uma forma simplificada da equação de Navier-Stokes é a segunda equação necessária mencionada na Fig. 10–25 para solução de duas incógnitas, ϕ e P, e uma região irrotacional de escoamento.

Começamos nossa análise aplicando a aproximação de escoamento irrotacional, (Eq. 10–21), ao termo viscoso da equação de Navier-Stokes (Eq. 10–2). Desde que ϕ seja uma função contínua, aquele termo torna-se:

$$\mu \nabla^2 \vec{V} = \mu \nabla^2 (\vec{\nabla}\phi) = \mu \vec{\nabla}(\underbrace{\nabla^2 \phi}_{0}) = 0$$

onde aplicamos a Eq. 10–24. Assim, a equação de Navier-Stokes se reduz à *equação de Euler* em regiões irrotacionais do escoamento,

Para regiões irrotacionais do escoamento:

$$\rho\left[\frac{\partial \vec{V}}{\partial t} + (\vec{V}\cdot\vec{\nabla})\vec{V}\right] = -\vec{\nabla}P + \rho\vec{g} \qquad (10\text{–}25)$$

Destacamos que, embora obtenhamos a mesma equação de Euler que obtivemos para uma região de escoamento sem viscosidade (Eq. 10–13), o termo viscoso desaparece aqui por uma *razão diferente*, ou seja, o escoamento nessa região é considerado como irrotacional em vez de ser sem viscosidade (Fig. 10–26).

Dedução da equação de Bernoulli em regiões irrotacionais do escoamento

Na Seção 10–4, deduzimos a equação de Bernoulli ao longo de uma linha de corrente para regiões do escoamento sem viscosidade, baseados na equação de Euler. Agora fazemos uma dedução similar começando com a Eq. 10–25 para regiões irrotacionais do escoamento. Para simplificar, supomos novamente escoamento permanente incompressível. Usamos a mesma identidade vetorial usada anteriormente (Eq. 10–14), resultando na forma alternativa da equação de Euler da Eq. 10–15. Aqui, no entanto, o vetor vorticidade $\vec{\zeta}$ é muito pequeno, pois estamos considerando uma região irrotacional de escoamento (Eq. 10–19). Assim, para a gravidade agindo na direção negativa de z, a Eq. 10–17 se reduz a:

$$\vec{\nabla}\left(\frac{P}{\rho} + \frac{V^2}{2} + gz\right) = 0 \qquad (10\text{–}26)$$

Inferimos que se o gradiente de uma grandeza escalar (a grandeza entre parênteses na Eq. 10–26) for zero em todos os pontos, a grandeza escalar deve ser ela própria uma constante. Assim, geramos a equação de Bernoulli para regiões irrotacionais do escoamento,

Equação de Bernoulli permanente incompressível em regiões irrotacionais do escoamento:

$$\frac{P}{\rho} + \frac{V^2}{2} + gz = C = \text{constante em todos os pontos} \qquad (10\text{–}27)$$

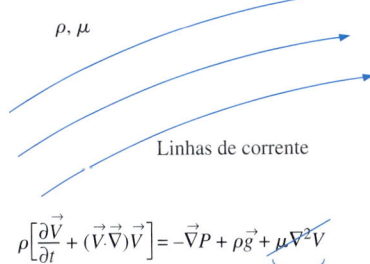

FIGURA 10–26 Uma região irrotacional de escoamento é uma região onde as forças viscosas resultantes são desprezíveis comparadas com as forças inerciais e/ou de pressão devido à aproximação irrotacional. Todas as regiões irrotacionais do escoamento são, portanto, também invíscidas, mas nem todas as regiões do escoamento invíscidas são irrotacionais. O fluido por si só é ainda um fluido viscoso em qualquer dos casos.

532 Mecânica dos Fluidos

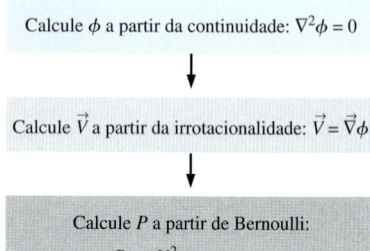

FIGURA 10–27 Fluxograma para obter soluções em uma região irrotacional de escoamento. O campo de velocidade é obtido a partir da continuidade e da irrotacionalidade e, então, a pressão é obtida a partir da equação de Bernoulli.

É útil comparar as Eq. 10–18 e 10–27. Em uma região de escoamento sem viscosidade, a equação de Bernoulli vale ao longo de linhas de corrente, e a constante de Bernoulli pode variar de uma linha de corrente para outra. Em uma região irrotacional de escoamento, a constante de Bernoulli é a mesma em todos os pontos, portanto, a equação de Bernoulli vale em todos os pontos na região irrotacional de escoamento, mesmo através das linhas de corrente. Assim, *a aproximação irrotacional é mais restritiva do que a aproximação invíscida*.

Na Fig. 10–27, fornecemos um resumo das equações e procedimentos de solução relevantes às regiões irrotacionais do escoamento. Em uma região do escoamento irrotacional, o campo de velocidade é obtido primeiro pela solução da equação de Laplace para a função potencial de velocidade ϕ (Eq. 10–24), seguido pela aplicação da Eq. 10–21 para obter o campo de velocidade. Para resolver a equação de Laplace, temos que fornecer condições de contorno para ϕ em todos os pontos ao longo do contorno do campo de escoamento que interessa. Uma vez conhecido o campo de velocidade, usamos a equação de Bernoulli (Eq. 10–27) para obter o campo de pressão, onde a constante C de Bernoulli é obtida a partir de uma condição de contorno sobre P em algum lugar no escoamento.

O Exemplo 10–4 ilustra uma situação na qual o campo de escoamento consiste em duas regiões separadas – uma região sem viscosidade, rotacional, e uma região sem viscosidade, irrotacional.

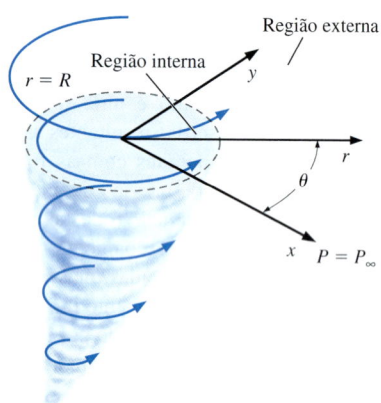

FIGURA 10–28 Uma fatia horizontal de um tornado pode ser modelada por duas regiões – uma região de escoamento interna invíscida mas rotacional ($r < R$) e uma região de escoamento irrotacional externa ($r > R$).

EXEMPLO 10–4 Um modelo de um tornado de duas regiões

Uma fatia horizontal de um tornado (Fig. 10–28) é modelada por duas regiões distintas. A *região interna* ou *região do núcleo* ($0 < r < R$) é modelada pela rotação do corpo sólido – uma região rotacional mas de escoamento invíscido conforme discutimos anteriormente. A *região externa* ($r > R$) é modelada como uma região irrotacional de escoamento. O escoamento é bidimensional no plano $r\theta$, e os componentes do campo de velocidade $\vec{V} = (u_r, u_\theta)$ são dados por:

Componentes de velocidade: $\quad u_r = 0 \quad u_\theta = \begin{cases} \omega r & 0 < r < R \\ \dfrac{\omega R^2}{r} & r > R \end{cases}$ (1)

onde ω é a intensidade da velocidade angular na região interna. A pressão ambiente (bem distante do tornado) é igual a P_∞. Calcule o campo de pressão em uma fatia horizontal do tornado para $0 < r < \infty$. Qual é a pressão em $r = 0$? Faça o gráfico dos campos de pressão e velocidade.

SOLUÇÃO Vamos calcular o campo de pressão $P(r)$ em uma fatia radial horizontal do tornado para a qual as componentes de velocidade são aproximadas pela Eq. 1. Vamos também calcular a pressão nessa fatia horizontal em $r = 0$.

Hipóteses **1** O escoamento é permanente e incompressível. **2** Embora R aumente e ω diminua com o aumento da elevação z, R e ω são consideradas como constantes ao considerar uma determinada fatia horizontal. **3** O escoamento na fatia horizontal é bidimensional no plano $r\theta$ (sem dependência de z e do componente w da velocidade). **4** Os efeitos da gravidade são desprezíveis dentro de uma determinada fatia horizontal (existe, naturalmente, um campo adicional de pressão hidrostática na direção z, mas isso não afeta a dinâmica do escoamento, conforme discutimos anteriormente).

Análise Na região interna, a equação de Euler é uma aproximação adequada da equação de Navier-Stokes, e o campo de pressão é determinado por integração. No Exemplo 10–3 nós mostramos que para a rotação do corpo sólido:

Campo de pressão na região interna ($r < R$): $\quad P = \rho \dfrac{\omega^2 r^2}{2} + P_0$ (2)

onde P_0 é a pressão (desconhecida) em $r = 0$ e desprezamos o termo da gravidade. Como a região externa é uma região de escoamento irrotacional, a equação de Bernoulli é adequada e a constante de Bernoulli é a mesma em qualquer ponto desde $r = R$ para fora até $r \to \infty$. A constante de Bernoulli é encontrada aplicando-se a condição de contorno em um ponto distante do tornado, ou seja, à medida que $r \to \infty$, $u_\theta \to 0$ e $P \to P_\infty$ (Fig. 10–29). A Equação 10–27 resulta em:

À medida que $r \to \infty$: $\qquad \underbrace{\dfrac{P}{\rho}}_{P_\infty/\rho} + \underbrace{\dfrac{V^2}{2}}_{V\to 0 \text{ quando } r\to\infty} + \underbrace{gz}_{\text{hipótese 4}} = C \;\to\; C = \dfrac{P_\infty}{\rho}$ (3)

O campo de pressão em qualquer ponto na região externa é obtido substituindo-se o valor da constante C da Eq. 3 na equação de Bernoulli (Eq. 10–27). Desprezando a gravidade:

Na região externa ($r > R$): $\qquad P = \rho C - \dfrac{1}{2}\rho V^2 = P_\infty - \dfrac{1}{2}\rho V^2$ (4)

Observamos que $V^2 = u_\theta^2$. Após substituição da Eq. 1 para u_θ, a Eq. 4 se reduz a:

Campo de pressão em região externa ($r > R$): $\qquad P = P_\infty - \dfrac{\rho}{2}\dfrac{\omega^2 R^4}{r^2}$ (5)

Em $r = R$, a interface entre as regiões interna e externa, a pressão deve ser contínua (sem mudanças bruscas em P), como ilustra a Fig. 10–30. Igualando as Eqs. 2 e 5 nessa interface, resulta:

Pressão em $r = R$: $\qquad P_{r=R} = \rho\dfrac{\omega^2 R^2}{2} + P_0 = P_\infty - \dfrac{\rho}{2}\dfrac{\omega^2 R^4}{R^2}$ (6)

a partir da qual se determina P_0 em $r = 0$:

Pressão em $r = 0$: $\qquad P_0 = P_\infty - \rho\omega^2 R^2$ (7)

A Equação 7 fornece o valor da pressão no meio do tornado – o olho do tornado. É a menor pressão no campo de escoamento. A substituição da Eq. 7 na Eq. 2 nos permite reescrever a Eq. 2 em termos da pressão ambiente no campo distante dada P_∞:

Na região interna ($r < R$): $\qquad P = P_\infty - \rho\omega^2\left(R^2 - \dfrac{r^2}{2}\right)$ (8)

Em vez de desenharmos o gráfico de P em função de r nessa fatia horizontal, desenhamos o gráfico da distribuição de pressão *adimensional*, para que o gráfico seja válido em *qualquer* fatia horizontal. Em termos de variáveis adimensionais:

Região interna ($r < R$): $\qquad \dfrac{u_\theta}{\omega R} = \dfrac{r}{R} \qquad \dfrac{P - P_\infty}{\rho\omega^2 R^2} = \dfrac{1}{2}\left(\dfrac{r}{R}\right)^2 - 1$

Região externa ($r > R$): $\qquad \dfrac{u_\theta}{\omega R} = \dfrac{R}{r} \qquad \dfrac{P - P_\infty}{\rho\omega^2 R^2} = -\dfrac{1}{2}\left(\dfrac{R}{r}\right)^2$ (9)

A Figura 10–31 mostra a velocidade tangencial adimensional e a pressão adimensional como funções da localização radial adimensional.

Discussão Na região externa, a pressão aumenta à medida que a velocidade diminui – um resultado direto da equação de Bernoulli, que se aplica com a *mesma* constante de Bernoulli em todos os pontos da região externa. Sugerimos que você

(continua)

Dica do Dia
Olhe para o campo distante. Você pode encontrar o que procura.

FIGURA 10–29 Um bom lugar para obter condições de contorno para esse problema é o campo distante; isso vale para muitos problemas em mecânica dos fluidos.

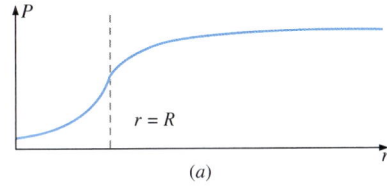

(a)

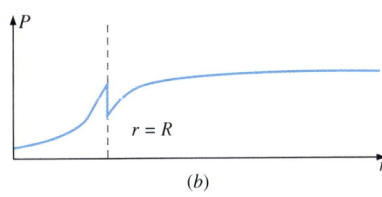

(b)

FIGURA 10–30 Para que o nosso modelo do tornado seja válido, a pressão pode ter uma descontinuidade na *derivada* em $r = R$, mas não pode ter um salto súbito do valor ali; (a) é válida, mas (b) não é.

FIGURA 10–31 Distribuição de velocidade tangencial adimensional (curva azul) e distribuição de pressão adimensional (curva preta) ao longo de uma fatia radial horizontal em um tornado. As regiões de escoamento interna e externa estão marcadas.

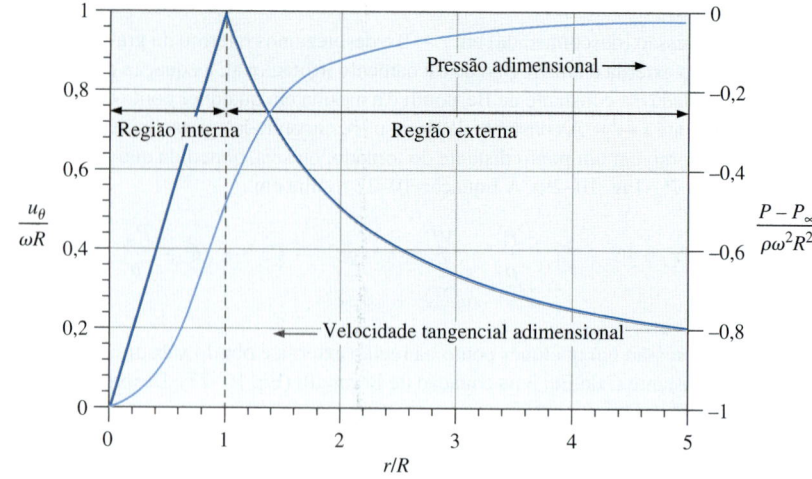

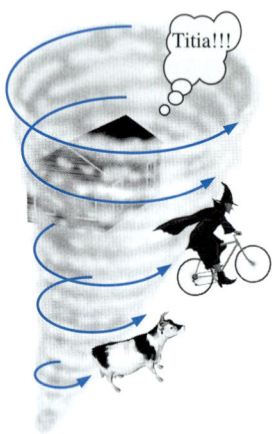

FIGURA 10–32 A pressão mais baixa ocorre no centro do tornado, e o escoamento naquela região pode ser aproximado pela rotação do corpo sólido.

(continuação)

calcule P na região externa por um método alternativo – integração direta da equação de Euler sem usar a equação de Bernoulli; você deverá obter o mesmo resultado. Na região interna, P aumenta parabolicamente com r, apesar da velocidade também aumentar; isso é porque a constante de Bernoulli muda de uma linha de corrente para outra (como também já destacamos no Exemplo 10–3). Note que apesar de haver uma descontinuidade na derivada da velocidade tangencial em $r/R = 1$, a pressão tem uma transição razoavelmente suave entre as regiões interna e externa. A pressão é mais baixa no centro do tornado e aumenta até à pressão atmosférica no campo mais distante (Fig. 10–32). Finalmente, o escoamento na região interna é *rotacional*, mas *invíscido*, porque a viscosidade não desempenha nenhum papel naquela região do escoamento. O escoamento na região externa é *irrotacional* mas *viscoso*. Observe, no entanto, que a viscosidade ainda age sobre as partículas do fluido na região externa. (A viscosidade causa cisalhamento e distorção nas partículas do fluido apesar da *força viscosa resultante* em qualquer partícula de fluido na região externa ser zero.)

Regiões irrotacionais do escoamento bidimensional

Em regiões irrotacionais do escoamento, as Eqs. 10–24 e 10–21 se aplicam para campos de escoamento bidimensionais e tridimensionais, e obtemos a solução para o campo de velocidade nessas regiões resolvendo a equação de Laplace para a função potencial de velocidade ϕ. Se o escoamento for também *bidimensional*, podemos usar também a *função corrente* (Fig. 10–33). A aproximação bidimensional não está limitada ao escoamento no plano xy, nem está limitada às coordenadas cartesianas. Na verdade, podemos assumir a bidimensionalidade em qualquer região do escoamento onde somente *duas* direções de movimento são importantes e onde não há uma variação significativa na terceira direção. Os dois exemplos mais comuns são o **escoamento planar** (escoamento em um plano com variação desprezível na direção normal ao plano) e **escoamento axissimétrico** (escoamento no qual há simetria rotacional em relação a algum eixo). Podemos também optar em trabalhar em coordenadas cartesianas, coordenadas cilíndricas, ou coordenadas polares esféricas, dependendo da geometria do problema que temos para resolver.

Regiões de escoamento irrotacionais planares

Vamos considerar primeiro o escoamento planar, já que ele é o mais simples. Para uma região irrotacional de escoamento permanente, incompressível e planar no plano xy em coordenadas cartesianas (Fig. 10–34), a equação de Laplace para ϕ é:

$$\nabla^2 \phi = \frac{\partial^2 \phi}{\partial x^2} + \frac{\partial^2 \phi}{\partial y^2} = 0 \qquad (10\text{--}28)$$

Para escoamento planar incompressível no plano xy, a função corrente ψ é definida como (Cap. 9):

Função corrente: $\qquad u = \dfrac{\partial \psi}{\partial y} \qquad v = -\dfrac{\partial \psi}{\partial x} \qquad (10\text{--}29)$

Note que a Eq. 10–29 vale independentemente da região do escoamento ser rotacional ou irrotacional. Na verdade, a função corrente é *definida* de forma que ela sempre satisfaz a equação da continuidade, independentemente da rotacionalidade. Se restringirmos nossa aproximação a *regiões irrotacionais do escoamento*, a Eq. 10–19 também deve valer; isto é, a vorticidade é zero ou muito pequena. Para escoamento bidimensional geral no plano xy, o componente z da vorticidade é o único componente diferente de zero. Assim, em uma região irrotacional de escoamento:

$$\zeta_z = \frac{\partial v}{\partial x} - \frac{\partial u}{\partial y} = 0$$

A substituição da Eq. 10–29 nessa equação resulta em:

$$\frac{\partial}{\partial x}\left(-\frac{\partial \psi}{\partial x}\right) - \frac{\partial}{\partial y}\left(\frac{\partial \psi}{\partial y}\right) = -\frac{\partial^2 \psi}{\partial x^2} - \frac{\partial^2 \psi}{\partial y^2} = 0$$

Reconhecemos o operador Laplaciano nessa última equação. Portanto:

$$\nabla^2 \psi = \frac{\partial^2 \psi}{\partial x^2} + \frac{\partial^2 \psi}{\partial y^2} = 0 \qquad (10\text{--}30)$$

Concluímos que a equação de Laplace é aplicável, não somente para ϕ (Eq. 10–28), mas também para ψ (Eq. 10–30) em regiões de escoamento permanente, incompressível, irrotacional, planar.

Curvas de valores constantes de ψ definem *linhas de corrente* do escoamento, enquanto curvas de valores constantes de ϕ definem **linhas equipotenciais**. (Note que alguns autores usam a expressão *linhas equipotenciais* referindo-se tanto a linhas de corrente *quanto a* linhas de ϕ constante e não exclusivamente para linhas de ϕ constante.) Em regiões planares irrotacionais do escoamento, ocorre que as linhas de corrente interceptam linhas equipotenciais em ângulos retos, uma condição conhecida como **ortogonalidade mútua** (Fig. 10–35). Além disso, as funções potencial ψ e ϕ estão intimamente relacionadas uma com a outra – ambas satisfazem a equação de Laplace, e a partir de ψ ou ϕ podemos determinar o campo de velocidade. Os matemáticos chamam as soluções de ψ e ϕ de **funções harmônicas**, e ψ e ϕ são chamados de **conjugados harmônicos** um do outro. Embora ψ e ϕ estejam relacionadas, suas fontes são, de certa forma, opostas; talvez seja melhor dizer que ψ e ϕ são *complementares* uma da outra:

- A função corrente é definida pela continuidade; a equação de Laplace para ψ resulta da irrotacionalidade.
- O potencial de velocidade é definido pela irrotacionalidade; a equação de Laplace para ϕ resulta da continuidade.

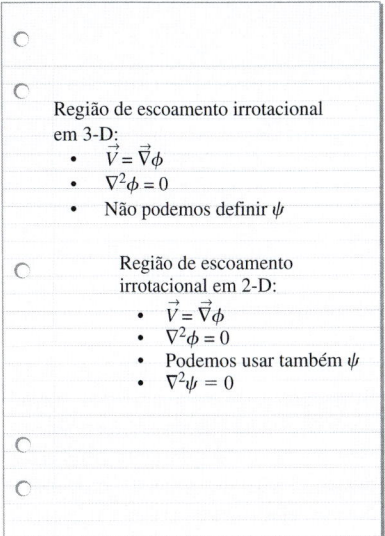

FIGURA 10–33 O escoamento bidimensional é um *subconjunto* do escoamento tridimensional; nas regiões bidimensionais do escoamento podemos definir uma função corrente, mas não podemos fazer isso em escoamento tridimensional. A função potencial de velocidade, no entanto, pode ser definida para qualquer *região irrotacional de escoamento*.

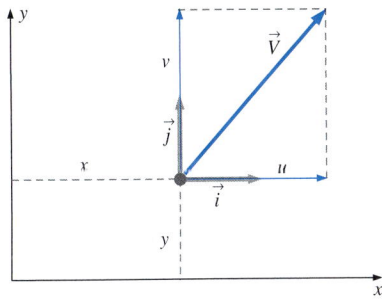

FIGURA 10–34 Componentes de velocidade e vetores unitários em coordenadas cartesianas para escoamento planar bidimensional no plano xy. Não há variação na direção normal a esse plano.

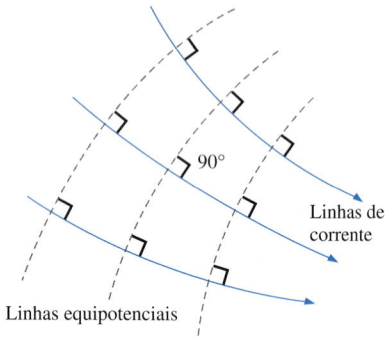

FIGURA 10–35 Em regiões planares irrotacionais do escoamento, as curvas de ϕ constante (linhas equipotenciais) e as curvas de ψ constante (linhas de corrente) são mutuamente ortogonais, ou seja, elas se interceptam em ângulos de 90° em todos os pontos.

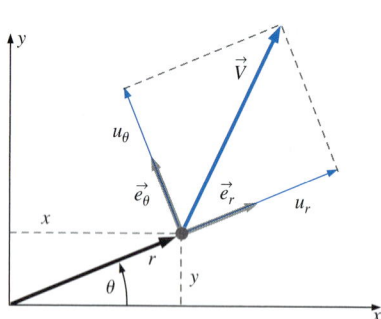

FIGURA 10–36 Componentes de velocidade e vetores unitários em coordenadas cilíndricas para escoamento planar no plano $r\theta$. Não há variação na direção normal a esse plano.

Na prática, podemos executar uma análise de escoamento potencial usando ψ ou ϕ, e deveremos chegar aos mesmos resultados de qualquer forma. No entanto, frequentemente, é mais conveniente usar ψ, pois as condições de contorno sobre ψ, em geral, são mais fáceis de especificar.

O escoamento planar no plano xy também pode ser descrito em coordenadas cilíndricas (r, θ) e (u_r, u_θ), como mostra a Fig. 10–36. Uma vez mais, não há componente z da velocidade, e a velocidade não varia na direção z. Em coordenadas cilíndricas:

Equação de Laplace, escoamento planar em (r, θ):

$$\frac{1}{r}\frac{\partial}{\partial r}\left(r\frac{\partial \phi}{\partial r}\right) + \frac{1}{r^2}\frac{\partial^2 \phi}{\partial \theta^2} = 0 \qquad (10\text{--}31)$$

A função corrente ψ para escoamento planar em coordenadas cartesianas é definida pela Eq. 10–29, e a condição de irrotacionalidade faz com que ψ também satisfaça a equação de Laplace. Em coordenadas cilíndricas executamos uma análise similar. Lembre-se do Cap. 9:

Função corrente: $\qquad u_r = \dfrac{1}{r}\dfrac{\partial \psi}{\partial \theta} \qquad u_\theta = -\dfrac{\partial \psi}{\partial r} \qquad (10\text{--}32)$

Fica como um exercício para você mostrar que a função corrente definida pela Eq. 10–32 também satisfaz a equação de Laplace em coordenadas cilíndricas para regiões de escoamento planar bidimensional irrotacional. (Verifique os seus resultados substituindo ϕ por ψ na Eq. 10–31 para obter a equação de Laplace para a função corrente.)

Regiões irrotacionais do escoamento axissimétrico

O *escoamento axissimétrico* é um caso especial de escoamento bidimensional que pode ser descrito em coordenadas cilíndricas ou coordenadas polares esféricas. Em coordenadas cilíndricas, r e z são as variáveis espaciais relevantes, e u_r e u_z são as componentes de velocidade diferentes de zero (Fig. 10–37). Não existe dependência do ângulo θ, pois a simetria rotacional é definida em relação ao eixo z. Esse é um tipo de escoamento bidimensional porque há somente duas variáveis espaciais independentes, r e z. (Imagine girando o componente radial r na Fig. 10–37 na direção θ em relação ao eixo z sem mudar o valor de r.) Devido à simetria rotacional em relação ao eixo z, as intensidades das componentes de velocidade u_r e u_z permanecem inalteradas após essa rotação. A equação de Laplace para o potencial de velocidade ϕ para o caso de regiões axissimétricas irrotacionais do escoamento em coordenadas cilíndricas é:

$$\frac{1}{r}\frac{\partial}{\partial r}\left(r\frac{\partial \phi}{\partial r}\right) + \frac{\partial^2 \phi}{\partial z^2} = 0$$

Para obter expressões para a função corrente para escoamento axissimétrico, começamos com a equação da continuidade incompressível em coordenadas r e z:

$$\frac{1}{r}\frac{\partial}{\partial r}(ru_r) + \frac{\partial u_z}{\partial z} = 0 \qquad (10\text{--}33)$$

Após algumas operações algébricas, definimos uma função corrente que identicamente satisfaz a Eq. 10–33:

Função corrente: $\qquad u_r = -\dfrac{1}{r}\dfrac{\partial \psi}{\partial z} \qquad u_z = \dfrac{1}{r}\dfrac{\partial \psi}{\partial r}$

Seguindo o mesmo procedimento usado para escoamento planar, geramos uma equação para ψ para regiões irrotacionais do escoamento axissimétrico forçando a vorticidade a ser zero. Neste caso, somente a componente θ da vorticidade é relevante, pois o vetor velocidade está sempre contido no plano rz. Portanto, em uma região irrotacional do escoamento:

$$\frac{\partial u_r}{\partial z} - \frac{\partial u_z}{\partial r} = \frac{\partial}{\partial z}\left(-\frac{1}{r}\frac{\partial \psi}{\partial z}\right) - \frac{\partial}{\partial r}\left(\frac{1}{r}\frac{\partial \psi}{\partial r}\right) = 0$$

Após tirar r para fora da derivada de z (pois r não é uma função de z), obtemos:

$$r\frac{\partial}{\partial r}\left(\frac{1}{r}\frac{\partial \psi}{\partial r}\right) + \frac{\partial^2 \psi}{\partial z^2} = 0 \qquad (10\text{--}34)$$

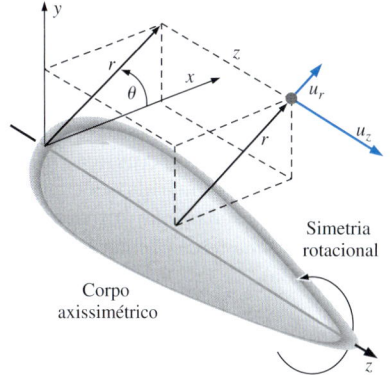

FIGURA 10–37 Escoamento sobre um corpo axissimétrico em coordenadas cilíndricas com simetria rotacional em relação ao eixo z. Nem a geometria, nem o campo de velocidade dependem de θ; e $u_\theta = 0$.

Note que a Eq. 10–34 *não é a mesma* equação de Laplace para ψ. Você não pode usar a equação de Laplace para a função corrente em regiões irrotacionais do escoamento axissimétrico (Fig. 10–38).

> Para regiões irrotacionais do escoamento planar, a equação de Laplace é válida para ϕ e ψ; mas para regiões irrotacionais do escoamento axissimétrico, a equação de Laplace é válida para ϕ mas não para ψ.

Uma consequência direta dessa definição é que as curvas de ψ constante e as curvas de ϕ constante em regiões irrotacionais do escoamento axissimétrico *não são* mutuamente ortogonais. Essa é uma diferença fundamental entre escoamentos planar e axissimétrico. Finalmente, apesar da Eq. 10–34 não ser a mesma coisa que a equação de Laplace, ela é ainda uma equação diferencial parcial *linear*. Isso nos permite usar a técnica da superposição com ψ ou ϕ ao resolver para o campo de escoamento em regiões irrotacionais do escoamento axissimétrico. A superposição será discutida rapidamente.

Resumo das regiões irrotacionais do escoamento bidimensional

As equações para as componentes de velocidade para regiões irrotacionais do escoamento planar e axissimétrico estão resumidas na Tabela 10–2.

FIGURA 10–38 A equação para a função corrente em escoamento irrotacional axissimétrico (Eq. 10–34) *não é* a equação de Laplace.

TABELA 10–2

Componentes de velocidade para regiões de escoamento permanente, incompressível, irrotacional bidimensional em termos da função potencial de velocidade e função corrente em vários sistemas de coordenadas

Descrição e sistema de coordenadas	Componente 1 da velocidade	Componente 2 da velocidade
Planar; coordenadas cartesianas	$u = \dfrac{\partial \phi}{\partial x} = \dfrac{\partial \psi}{\partial y}$	$v = \dfrac{\partial \phi}{\partial y} = -\dfrac{\partial \psi}{\partial x}$
Planar; coordenadas cilíndricas	$u_r = \dfrac{\partial \phi}{\partial r} = \dfrac{1}{r}\dfrac{\partial \psi}{\partial \theta}$	$u_\theta = \dfrac{1}{r}\dfrac{\partial \phi}{\partial \theta} = -\dfrac{\partial \psi}{\partial r}$
Axissimétrico; coordenadas cilíndricas	$u_r = \dfrac{\partial \phi}{\partial r} = -\dfrac{1}{r}\dfrac{\partial \psi}{\partial z}$	$u_z = \dfrac{\partial \phi}{\partial z} = \dfrac{1}{r}\dfrac{\partial \psi}{\partial r}$

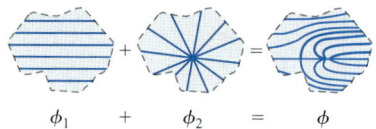

FIGURA 10–39 Superposição é o processo de se somar duas ou mais soluções de escoamento irrotacional para gerar uma terceira solução (mais complicada).

Superposição em regiões irrotacionais do escoamento

Como a equação de Laplace é uma equação diferencial homogênea *linear*, a combinação linear de duas ou mais soluções da equação tem que ser também uma solução. Por exemplo, se ϕ_1 e ϕ_2 são soluções da equação de Laplace, então $A\phi_1$, $(A + \phi_1)$, $(\phi_1 + \phi_2)$ e $(A\phi_1 + B\phi_2)$ são também soluções, onde A e B são constantes arbitrárias. Por extensão, poderíamos combinar *várias* soluções da equação de Laplace, e a combinação certamente é também uma solução. Se uma região de escoamento irrotacional é modelada pela soma de dois ou mais campos de escoamento irrotacionais, por exemplo, uma fonte localizada em um escoamento de corrente livre, podemos simplesmente somar as funções potencial de velocidade para cada escoamento individual para descrever o campo de escoamento combinado. Esse processo de somar duas ou mais soluções conhecidas para criar uma terceira solução, mais complicada, é conhecido como **superposição** (Fig. 10–39).

Para o caso de regiões de escoamento irrotacional bidimensional, pode ser executada uma análise similar usando *função corrente* em lugar da função potencial de velocidade. Insistimos no fato de que o conceito da superposição é útil, mas ele é válido somente para campos de *escoamento irrotacional* para os quais as equações para ϕ e ψ são *lineares*. Você precisa ter o cuidado de se certificar que os dois campos de escoamento que você quer somar vetorialmente sejam ambos irrotacionais. Por exemplo, o campo de escoamento para um jato nunca deverá ser somado ao campo de escoamento para um fluxo de entrada ou escoamento de corrente livre, porque o campo de velocidade associado com um jato é fortemente afetado pela viscosidade, ele não é irrotacional e não pode ser descrito por funções potencial.

Nota-se também que, como a função potencial do campo composto é a soma das funções potenciais dos campos de escoamento individuais, a velocidade em qualquer ponto no campo composto é a *soma vetorial* das velocidades dos campos de escoamento individuais. Provamos isso em coordenadas cartesianas considerando um campo de escoamento irrotacional planar que é a superposição de dois campos de escoamento irrotacionais planares independentes representados pelos subscritos 1 e 2. A função potencial de velocidade composta é dada por

Superposição de dois campos de escoamento irrotacionais: $\quad \phi = \phi_1 + \phi_2$

Usando as equações para escoamento irrotacional planar em coordenadas cartesianas na Tabela 10–2, a componente x da velocidade do escoamento composto é

$$u = \frac{\partial \phi}{\partial x} = \frac{\partial(\phi_1 + \phi_2)}{\partial x} = \frac{\partial \phi_1}{\partial x} + \frac{\partial \phi_2}{\partial x} = u_1 + u_2$$

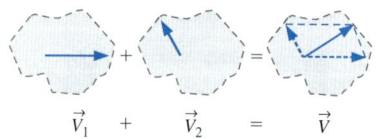

FIGURA 10–40 Na superposição de duas soluções de escoamento irrotacional, os dois vetores velocidade em qualquer ponto na região de escoamento somam-se vetorialmente para produzir a velocidade composta naquele ponto.

Podemos gerar uma expressão análoga para v. Portanto, a superposição nos permite simplesmente adicionar as velocidades individuais vetorialmente em qualquer localização na região de escoamento para obter a velocidade do campo de escoamento composto naquela localização (Fig. 10–40).

Campo de velocidade composta resultante da superposição: $\quad \vec{V} = \vec{V}_1 + \vec{V}_2 \quad$ **(10–35)**

Escoamentos planares irrotacionais elementares

A superposição nos permite somar duas ou mais soluções simples de escoamento irrotacional para criar um campo de escoamento mais complexo (e esperamos que seja mais significativo fisicamente). É útil, portanto, estabelecer uma coleção de escoamentos irrotacionais de *blocos de construção elementares*, com os quais possamos construir uma variedade de escoamentos mais práticos (Fig. 10–41).

Os escoamentos irrotacionais planar elementares são descritos em coordenadas xy e/ou $r\theta$, dependendo de qual par é mais útil em um problema específico.

Bloco de construção 1 – Corrente uniforme

O bloco de construção de escoamento mais simples em que podemos pensar é uma **corrente uniforme** do escoamento movendo-se com velocidade constante V na direção x (esquerda para direita). Em termos de potencial de velocidade e função corrente (Tabela 10–2):

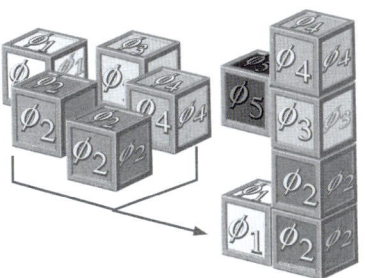

FIGURA 10–41 Com a superposição podemos construir um campo de escoamento irrotacional complicado juntando campos de escoamento irrotacional que sejam "blocos de construção".

Corrente uniforme: $\quad u = \dfrac{\partial \phi}{\partial x} = \dfrac{\partial \psi}{\partial y} = V \quad v = \dfrac{\partial \phi}{\partial y} = -\dfrac{\partial \psi}{\partial x} = 0$

Integrando a primeira dessas equações com relação a x, e depois diferenciando o resultado em relação a y, geramos uma expressão para a função potencial de velocidade para uma corrente uniforme:

$$\phi = Vx + f(y) \quad \rightarrow \quad v = \dfrac{\partial \phi}{\partial y} = f'(y) = 0 \quad \rightarrow \quad f(y) = \text{constante}$$

A constante é arbitrária, já que as componentes de velocidade são sempre derivadas de ϕ. Fazemos a constante igual a zero, sabendo que podemos sempre adicionar uma constante arbitrária mais tarde se desejarmos. Portanto:

Função potencial de velocidade para uma corrente uniforme: $\quad \phi = Vx \quad$ **(10–36)**

De maneira similar, geramos uma expressão para a função corrente para esse escoamento irrotacional planar elementar:

Função corrente para uma corrente uniforme: $\quad \psi = Vy \quad$ **(10–37)**

A Fig. 10–42 mostra várias linhas de corrente e linhas equipotenciais para uma corrente uniforme. Observe a ortogonalidade mútua.

Muitas vezes, é conveniente expressar a função corrente e a função potencial de velocidade em coordenadas cilíndricas em vez de coordenadas retangulares, especialmente quando for sobrepor uma corrente uniforme com algum outro escoamento irrotacional planar. As relações de conversão são obtidas da geometria da Fig. 10–36:

$$x = r \cos\theta \quad y = r \sen\theta \quad r = \sqrt{x^2 + y^2} \quad \textbf{(10–38)}$$

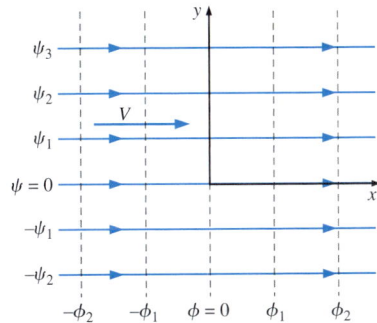

FIGURA 10–42 Linhas de corrente (sólidas) e linhas equipotenciais (tracejadas) para uma corrente uniforme na direção x.

Com a Eq. 10–38 e um pouco de trigonometria, deduzimos relações para u e v em termos de coordenadas cilíndricas:

Transformação: $\quad u = u_r \cos\theta - u_\theta \sen\theta \quad v = u_r \sen\theta + u_\theta \cos\theta \quad$ **(10–39)**

Em coordenadas cilíndricas, as Eqs. 10–36 e 10–37 para ϕ e ψ tornam-se:

Corrente uniforme: $\quad \phi = Vr\cos\theta \quad \psi = Vr\sen\theta \quad$ **(10–40)**

Podemos modificar a corrente uniforme para que o fluido escoe uniformemente à velocidade V com um ângulo de inclinação α em relação ao eixo x. Para essa situação, $u = V\cos\alpha$ e $v = V\sen\alpha$, como mostra a Fig. 10–43. Fica como exercício mostrar que a função potencial de velocidade e a função corrente para uma corrente uniforme inclinada com um ângulo α são:

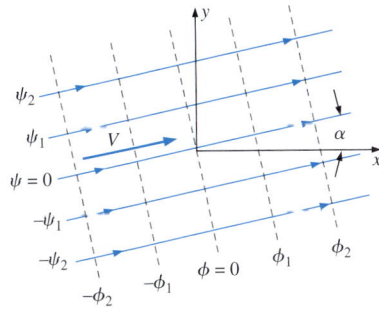

Corrente uniforme inclinada de um ângulo α: $\quad \begin{array}{l} \phi = V(x\cos\alpha + y\sen\alpha) \\ \psi = V(y\cos\alpha - x\sen\alpha) \end{array} \quad$ **(10–41)**

Quando necessário, a Eq. 10–41 pode facilmente ser convertida em coordenadas cilíndricas usando a Eq. 10–38.

FIGURA 10–43 Linhas de corrente (sólidas) e linhas equipotenciais (tracejadas) para uma corrente uniforme inclinada de um ângulo α.

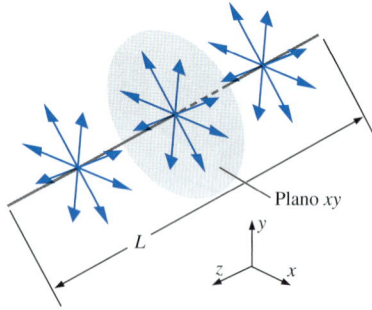

FIGURA 10–44 Fluido emergindo uniformemente de um segmento de linha finito de comprimento L. Quando L se aproxima do infinito, o escoamento torna-se uma linha de fonte e o plano xy é tomado como normal ao eixo da fonte.

Bloco de construção 2 – Linha de fonte ou linha de sumidouro

Nosso segundo bloco de construção de escoamento é uma linha de fonte. Imagine um segmento de linha de comprimento L paralelo ao eixo z, ao longo do qual o fluido emerge e escoa uniformemente para fora em todas as direções normais ao segmento de linha (Fig. 10–44). A vazão volumétrica total é igual a $\dot{V}$. À medida que o comprimento L tende ao infinito, o escoamento torna-se bidimensional em planos perpendiculares à linha, e a linha a partir da qual o fluido escapa é chamada de **linha de fonte**. Para uma linha infinita, $\dot{V}$ também se aproxima do infinito; portanto, é mais conveniente considerar a *vazão volumétrica por unidade de profundidade*, $\dot{V}/L$, chamada de **intensidade da linha de fonte** (geralmente, recebe o símbolo m).

Uma **linha de sumidouro** é o oposto de uma linha de fonte; o fluido escoa *para dentro* da linha vindo de todas as direções em planos normais ao eixo da linha de sumidouro. Por convenção, $\dot{V}/L$ positivo significa uma linha de fonte e $\dot{V}/L$ negativo significa uma linha de sumidouro.

O caso mais simples ocorre quando a linha de fonte está localizada na origem do plano xy, com a própria linha coincidindo com o eixo z. No plano xy, a linha de fonte parece um ponto na origem a partir do qual o fluido é espalhado em todas as direções no plano (Fig. 10–45). A qualquer distância radial r da linha de fonte, a componente da velocidade radial, u_r, pode ser determinada aplicando-se o princípio da conservação da massa. Isto é, toda a vazão volumétrica por unidade de profundidade da linha de fonte deve passar através do círculo definido pelo raio r. Assim:

$$\frac{\dot{V}}{L} = 2\pi r u_r \qquad u_r = \frac{\dot{V}/L}{2\pi r} \qquad (10\text{–}42)$$

Está claro que u_r decresce com o aumento de r, conforme deveríamos esperar. Observe também que u_r é infinito na origem pois r é zero no denominador da Eq. 10–42. Chamamos isso de um **ponto singular** ou uma **singularidade** – que certamente não é uma entidade física, mas tenha em mente que o escoamento irrotacional planar é meramente uma *aproximação*, e a linha de fonte é ainda útil como um bloco de construção para a superposição no escoamento irrotacional. Enquanto nos mantemos fora das vizinhanças imediatas do centro da linha de fonte, o restante do campo de escoamento produzido pela superposição de uma linha de fonte e outro(s) bloco(s) de construção pode ainda ser uma boa representação de uma região do escoamento irrotacional em um campo de escoamento fisicamente realista.

Geramos agora expressões para a função potencial de velocidade e função corrente para uma linha de fonte de intensidade $\dot{V}/L$. Usamos coordenadas cilíndricas, começando com a Eq. 10–42 para u_r e também reconhecendo que u_θ é zero em todos os pontos. Usando a Tabela 10–2, as componentes de velocidade são:

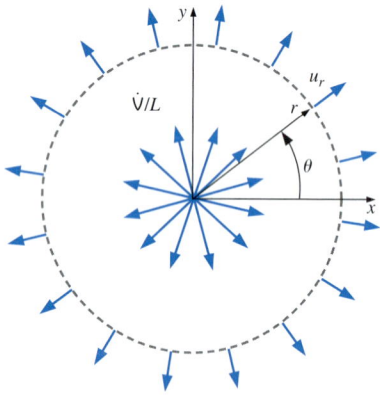

FIGURA 10–45 Linha de fonte de intensidade $\dot{V}/L$ localizada na origem do plano xy; a vazão volumétrica total por unidade de profundidade através de um círculo de qualquer raio r deve ser igual a $\dot{V}/L$ independentemente do valor de r.

Linha de fonte: $\quad u_r = \dfrac{\partial \phi}{\partial r} = \dfrac{1}{r}\dfrac{\partial \psi}{\partial \theta} = \dfrac{\dot{V}/L}{2\pi r} \qquad u_\theta = \dfrac{1}{r}\dfrac{\partial \phi}{\partial \theta} = -\dfrac{\partial \psi}{\partial r} = 0$

Para gerar a função corrente, escolhemos (arbitrariamente) uma dessas equações (escolhemos a segunda), integramos com relação a r e depois diferenciamos com relação à outra variável θ:

$$\frac{\partial \psi}{\partial r} = -u_\theta = 0 \quad \rightarrow \quad \psi = f(\theta) \quad \rightarrow \quad \frac{\partial \psi}{\partial \theta} = f'(\theta) = r u_r = \frac{\dot{V}/L}{2\pi}$$

da qual integramos para obter:

$$f(\theta) = \frac{\dot{V}/L}{2\pi}\theta + \text{constante}$$

Fazemos novamente a constante de integração arbitrária igual a zero, pois podemos acrescentar novamente uma constante quando quisermos sem mudar o escoamento. Após uma análise similar para ϕ, obtemos as seguintes expressões para uma linha de fonte na origem:

Linha de fonte na origem: $$\phi = \frac{\dot{V}/L}{2\pi}\ln r \quad \text{e} \quad \psi = \frac{\dot{V}/L}{2\pi}\theta \quad (10\text{-}43)$$

Várias linhas de corrente e linhas equipotenciais são desenhadas para uma linha de fonte na Fig. 10–46. Conforme esperávamos, as linhas de corrente são *raios* (linhas de θ constante) e as linhas equipotenciais são *círculos* (linhas de r constante). As linhas de corrente e linhas equipotenciais são mutuamente ortogonais em todos os pontos exceto na origem, que é um ponto de singularidade.

Em situações nas quais gostaríamos de colocar uma linha de fonte em algum outro lugar que não a origem, devemos transformar a Eq. 10–43 cuidadosamente. Na Fig. 10–47 está esboçado uma origem localizada em algum ponto arbitrário (a, b) no plano xy. Definimos r_1 como a distância da origem até algum ponto P no escoamento, onde P está localizado em (x, y) ou (r, θ). De forma similar, definimos θ_1 como o ângulo desde a origem até o ponto P, medido a partir de uma linha paralela ao eixo x. Analisamos o escoamento como se a origem estivesse em uma nova origem na localização absoluta (a, b). As Equações 10–43 para ϕ e ψ são ainda utilizáveis, mas r e θ devem ser substituídos por r_1 e θ_1. É necessário um pouco de trigonometria para converter r_1 e θ_1 de volta para (x, y) ou (r, θ). Em coordenadas cartesianas, por exemplo:

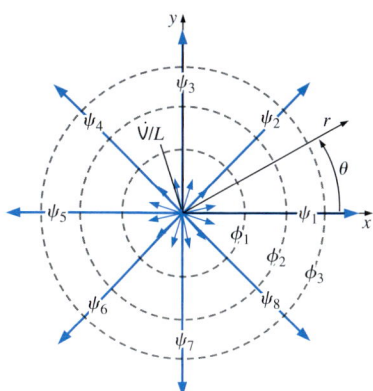

FIGURA 10–46 Linhas de corrente (sólidas) e linhas equipotenciais (tracejadas) para uma linha de fonte de intensidade $\dot{V}/L$ localizada na origem no plano xy.

Linha de fonte no ponto (a, b):

$$\phi = \frac{\dot{V}/L}{2\pi}\ln r_1 = \frac{\dot{V}/L}{2\pi}\ln\sqrt{(x-a)^2 + (y-b)^2}$$
$$\psi = \frac{\dot{V}/L}{2\pi}\theta_1 = \frac{\dot{V}/L}{2\pi}\arctan\frac{y-b}{x-a} \quad (10\text{-}44)$$

EXEMPLO 10–5 Superposição de uma fonte e sumidouro de igual intensidade

Considere uma região irrotacional de escoamento composta de uma linha de fonte de intensidade $\dot{V}/L$ na localização $(-a, 0)$ e uma linha de sumidouro da mesma intensidade (mas de sinal oposto) em $(a, 0)$, conforme está esboçado na Fig. 10–48. Gere uma expressão para a função corrente em coordenadas cartesianas e cilíndricas.

SOLUÇÃO Vamos sobrepor uma fonte e um sumidouro, e gerar uma expressão para ψ em coordenadas cartesianas e cilíndricas.

Hipóteses A região de escoamento em consideração é incompressível e irrotacional.

Análise Usamos a Eq. 10–44 para obter ψ para a fonte:

Linha de fonte em $(-a, 0)$: $\quad \psi_1 = \dfrac{\dot{V}/L}{2\pi}\theta_1 \quad$ onde $\quad \theta_1 = \arctan\dfrac{y}{x+a} \quad (1)$

De modo semelhante para o sumidouro:

Linha de sumidouro em $(a, 0)$: $\quad \psi_2 = \dfrac{-\dot{V}/L}{2\pi}\theta_2 \quad$ onde $\quad \theta_2 = \arctan\dfrac{y}{x-a} \quad (2)$

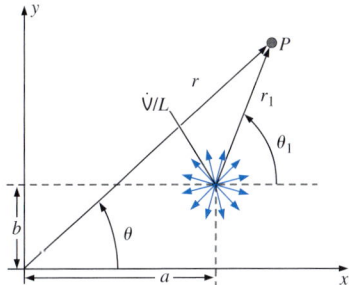

FIGURA 10–47 Linha de fonte de intensidade $\dot{V}/L$ localizada em algum ponto arbitrário (a, b) no plano xy.

A superposição nos permite simplesmente somar as duas funções corrente, Eq. 1 e 2, para obter a função corrente composta,

Função corrente composta: $\quad \psi = \psi_1 + \psi_2 = \dfrac{\dot{V}/L}{2\pi}(\theta_1 - \theta_2) \quad (3)$

(continua)

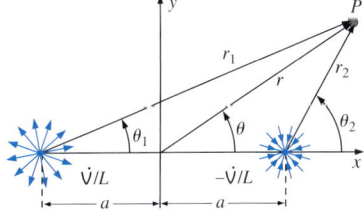

FIGURA 10–48 Superposição de uma linha de fonte de intensidade $\dot{V}/L$ em $(-a, 0)$ e uma linha de sumidouro (fonte de intensidade $-\dot{V}/L$) em $(a, 0)$.

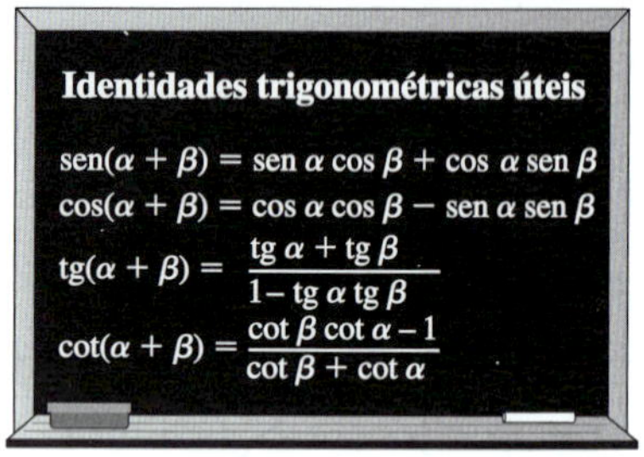

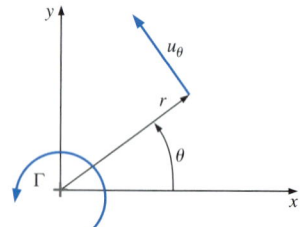

FIGURA 10-49 Algumas identidades trigonométricas úteis.

(continuação)

Rearranjamos a Eq. 3 e tomamos a tangente de ambos os lados para obter:

$$\operatorname{tg} \frac{2\pi\psi}{\dot{V}/L} = \operatorname{tg}(\theta_1 - \theta_2) = \frac{\operatorname{tg}\theta_1 - \operatorname{tg}\theta_2}{1 + \operatorname{tg}\theta_1 \operatorname{tg}\theta_2} \quad (4)$$

onde usamos a identidade trigonométrica (Fig. 10–49).

Substituímos as Eq. 1 e 2 para θ_1 e θ_2 e executamos algumas operações algébricas para obter uma expressão para a função corrente:

$$\operatorname{tg}\frac{2\pi\psi}{\dot{V}/L} = \frac{\dfrac{y}{x+a} - \dfrac{y}{x-a}}{1 + \dfrac{y}{x+a}\dfrac{y}{x-a}} = \frac{-2ay}{x^2 + y^2 - a^2}$$

ou tomando o arco tangente de ambos os lados:

Resultado final, em coordenadas cartesianas:

$$\psi = \frac{-\dot{V}/L}{2\pi} \operatorname{arctg} \frac{2ay}{x^2 + y^2 - a^2} \quad (5)$$

Traduzimos para coordenadas cilíndricas usando a Eq. 10–38:

Resultado final, coordenadas cilíndricas: $\quad \psi = \dfrac{-\dot{V}/L}{2\pi} \operatorname{arctg} \dfrac{2ar\operatorname{sen}\theta}{r^2 - a^2} \quad (6)$

Discussão Se fonte e sumidouro invertessem suas posições, o resultado seria o mesmo, exceto que o sinal negativo no valor da fonte $\dot{V}/L$ desapareceria.

Bloco de construção 3 – Linha de vórtice

Nosso terceiro bloco de construção de escoamento é uma **linha de vórtice** paralelo ao eixo z. Como no bloco de construção anterior, começamos com o caso simples no qual a linha de vórtice está localizada na origem (Fig. 10–50). Uma vez mais usamos coordenadas cilíndricas por conveniência. As componentes da velocidade são:

Linha de vórtice: $\quad u_r = \dfrac{\partial \phi}{\partial r} = \dfrac{1}{r}\dfrac{\partial \psi}{\partial \theta} = 0 \quad u_\theta = \dfrac{1}{r}\dfrac{\partial \phi}{\partial \theta} = -\dfrac{\partial \psi}{\partial r} = \dfrac{\Gamma}{2\pi r}$ **(10–45)**

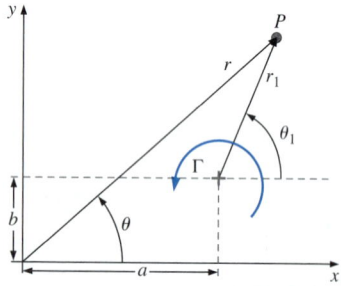

FIGURA 10-50 Linha de vórtice de intensidade Γ localizada na origem no plano xy.

onde Γ é chamado de **circulação** ou **intensidade do vórtice.** Seguindo a convenção padrão da matemática, Γ positivo representa um vórtice no sentido anti-horário, enquanto Γ negativo representa um vórtice no sentido horário. Fica como um exercício integrar a Eq. 10–45 para obter expressões para a função corrente e função potencial de velocidade:

Linha de vórtice na origem: $\quad \phi = \dfrac{\Gamma}{2\pi}\theta \quad \psi = -\dfrac{\Gamma}{2\pi}\ln r$ **(10–46)**

Comparando as Eqs. 10–43 e 10–46, vemos que linha de fonte e linha de vórtice são de certa forma complementares no sentido de que as expressões para ϕ e ψ são inversas.

Em situações nas quais gostaríamos de colocar o vórtice em algum outro lugar que não a origem, devemos transformar a Eq. 10–46 conforme fizemos para uma linha de fonte. Na Fig. 10–51 está desenhado uma linha de vórtice locali-

FIGURA 10-51 Linha de vórtice de intensidade Γ localizada em algum ponto arbitrário (a, b) no plano xy.

zado em algum ponto arbitrário (a, b) no plano xy. Definimos r_1 e θ_1 como antes (Fig. 10–47). Para obter expressões para ϕ e ψ, substituímos r e θ por r_1 e θ_1 nas Eqs. 10–46 e depois transformamos para coordenadas regulares, cartesianas ou cilíndricas. Em coordenadas cartesianas:

Linha de vórtice no ponto (a, b):

$$\phi = \frac{\Gamma}{2\pi}\theta_1 = \frac{\Gamma}{2\pi}\operatorname{arctg}\frac{y-b}{x-a}$$

$$\psi = -\frac{\Gamma}{2\pi}\ln r_1 = -\frac{\Gamma}{2\pi}\ln\sqrt{(x-a)^2 + (y-b)^2}$$

(10–47)

EXEMPLO 10–6 Velocidade em um escoamento composto por três componentes

Uma região irrotacional de escoamento é formada sobrepondo-se uma linha de fonte de intensidade $(\dot{V}/L)_1 = 2,00$ m²/s em $(x, y) = (0, -1)$, uma linha de fonte de intensidade $(\dot{V}/L)_2 = -1,00$ m²/s em $(x, y) = (1, -1)$, e uma linha de vórtice de intensidade $\Gamma = 1,50$ m²/s em $(x, y) = (1, 1)$, onde todas as coordenadas espaciais estão em metros. [Fonte número 2 é, na realidade, um sumidouro, pois $(\dot{V}/L)_2$ é negativo.] As localizações dos três blocos de construção são mostradas na Fig. 10–52. Calcule a velocidade do fluido no ponto $(x, y) = (1, 0)$.

SOLUÇÃO Para a sobreposição das duas linhas de fonte e um vórtice, vamos calcular a velocidade no ponto $(x, y) = (1, 0)$.

Hipóteses 1 A região do escoamento que está sendo modelado é permanente, incompressível e irrotational. 2 A velocidade na localização de cada componente é infinita (são singularidades) e o escoamento na vizinhança de cada uma dessas singularidades não é física; no entanto, essas regiões são ignoradas na análise presente.

Análise Há várias maneiras de se resolver esse problema. Poderíamos somar as três funções corrente usando as Eqs. 10–44 e 10–47, e então tomar as derivadas da função corrente composta para calcular as componentes da velocidade. Como alternativa, poderíamos fazer o mesmo para a função potencial de velocidade. Uma abordagem mais fácil é reconhecer que a *própria* velocidade pode ser superposta; nós simplesmente somamos os vetores velocidade induzidos por cada uma das três singularidades individuais para formar a velocidade composta no ponto dado. Isso está ilustrado na Fig. 10–53. Como o vórtice está localizado 1 m acima do ponto (1, 0), a velocidade induzida pelo vórtice é para a direita e tem uma intensidade de:

$$V_{\text{vórtice}} = \frac{\Gamma}{2\pi r_{\text{vórtice}}} = \frac{1,50 \text{ m}^2/\text{s}}{2\pi(1,00 \text{ m})} = 0,239 \text{ m/s} \quad (1)$$

De modo semelhante, a primeira fonte induz uma velocidade no ponto (1, 0) a um ângulo de 45° em relação ao eixo x, conforme mostra a Fig. 10–53. Sua intensidade é:

$$V_{\text{fonte 1}} = \frac{|(\dot{V}/L)_1|}{2\pi r_{\text{fonte 1}}} = \frac{2,00 \text{ m}^2/\text{s}}{2\pi(\sqrt{2} \text{ m})} = 0,225 \text{ m/s} \quad (2)$$

Finalmente, a segunda fonte (um sumidouro) induz uma velocidade para baixo com intensidade:

$$V_{\text{fonte 2}} = \frac{|(\dot{V}/L)_2|}{2\pi r_{\text{fonte 2}}} = \frac{|-1,00 \text{ m}^2/\text{s}|}{2\pi(1,00 \text{ m})} = 0,159 \text{ m/s} \quad (3)$$

(continua)

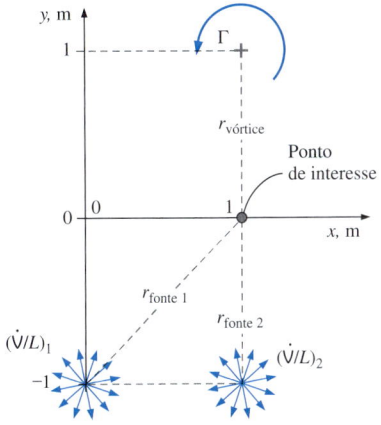

FIGURA 10–52 Superposição de duas linhas de fonte e uma linha de vórtice no plano xy (Exemplo 10–6).

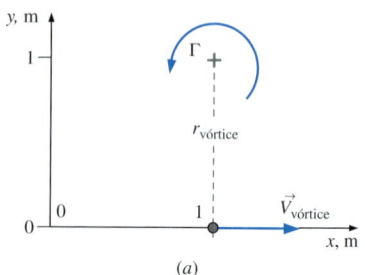

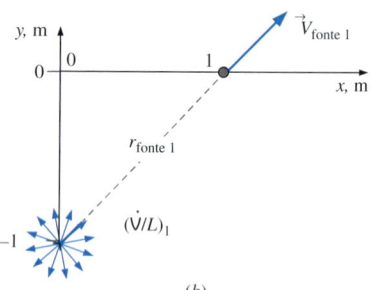

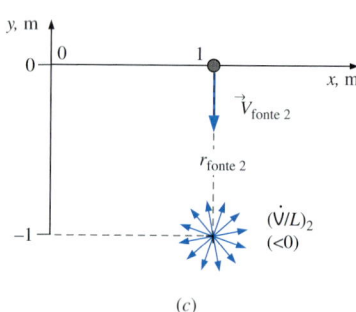

FIGURA 10–53 Velocidade induzida devido a (a) o vórtice, (b) fonte 1 e (c) fonte 2 (observando que fonte 2 é *negativa*) (Exemplo 10–6).

(continuação)

Somamos essas velocidades vetorialmente completando os paralelogramos, conforme está ilustrado na Fig. 10–54. Usando a Eq. 10–35, a velocidade resultante é:

$$\vec{V} = \underbrace{\vec{V}_{\text{vórtice}}}_{0,239\vec{i}\ \text{m/s}} + \underbrace{\vec{V}_{\text{fonte 1}}}_{\left(\frac{0,225}{\sqrt{2}}\vec{i}\ +\ \frac{0,225}{\sqrt{2}}\vec{j}\right)\text{m/s}} + \underbrace{\vec{V}_{\text{fonte 2}}}_{-0,159\vec{j}\ \text{m/s}} = (0,398\vec{i} + 0\vec{j})\ \text{m/s} \quad (4)$$

A velocidade superposta no ponto (1, 0) é 0,398 m/s para a direita.

Discussão Este exemplo demonstra que a velocidade pode ser superposta assim como a função corrente ou a função potencial de velocidade pode ser superposta. A superposição da velocidade é válida em regiões irrotacionais do escoamento porque as equações diferenciais para ϕ e ψ são *lineares*; a linearidade se estende às suas derivadas também.

Bloco de construção 4 – Dipolo

Nosso quarto e último bloco de construção de escoamento é chamado de **dipolo.** Embora o tratemos como um bloco de construção para uso com superposição, o dipolo propriamente dito é gerado pela superposição de dois blocos de construção anteriores, isto é, uma linha de fonte e uma linha de sumidouro de intensidades iguais, conforme discutimos no Exemplo 10–5. A função corrente composta foi obtida naquele problema resolvido e o resultado é repetido aqui:

Função corrente composta: $$\psi = \frac{-\dot{V}/L}{2\pi} \operatorname{arctg} \frac{2ar\ \operatorname{sen}\ \theta}{r^2 - a^2} \quad (10\text{–}48)$$

Imagine agora que a distância a da fonte até à origem e da origem até ao sumidouro se aproxima de zero (Fig. 10–55). Lembre-se que $\arctan \beta$ se aproxima de β para valores muito pequenos de β. Portanto, à medida que a distância a se aproxima de zero, a Eq. 10–48 se reduz a:

Função corrente quando $a \to 0$: $$\psi \to \frac{-a(\dot{V}/L)r\ \operatorname{sen}\ \theta}{\pi(r^2 - a^2)} \quad (10\text{–}49)$$

Se encolhermos a mantendo as mesmas intensidades para fonte e sumidouro ($\dot{V}/L$ e $-\dot{V}/L$), a fonte e o sumidouro se cancelam uma à outra quando $a = 0$, não restando escoamento. No entanto, imagine que, à medida em que a fonte e o sumidouro se aproximam uma da outra, a intensidade $\dot{V}/L$ delas aumenta com o inverso da distância a de forma que o *produto $a(\dot{V}/L)$ permanece constante*. Nesse caso, $r \gg a$ em qualquer ponto P exceto muito perto da fonte, e a Eq. 10–49 se reduz a:

Dipolo ao longo do eixo x: $$\psi = \frac{-a(\dot{V}/L)}{\pi}\frac{\operatorname{sen}\ \theta}{r} = -K\frac{\operatorname{sen}\ \theta}{r} \quad (10\text{–}50)$$

onde definimos a **intensidade do dipolo** $K = a(\dot{V}/L)/\pi$ por conveniência. A função potencial de velocidade é obtida de maneira similar:

Dipolo ao longo do eixo x: $$\phi = K\frac{\cos\ \theta}{r} \quad (10\text{–}51)$$

Várias linhas de corrente e linhas equipotenciais para um dipolo estão mostradas no gráfico da Fig. 10–56. Concluímos que as linhas de corrente são círculos tangentes ao eixo x, e as linhas equipotenciais são círculos tangentes ao eixo y. Os círculos interceptam-se em ângulos de 90° em todos os pontos exceto na origem, que é um ponto de singularidade.

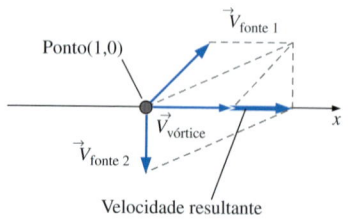

FIGURA 10–54 Soma vetorial das três velocidades induzidas do Exemplo 10–6.

Se K for negativo, o dipolo é "para trás", com o sumidouro localizado em $x = 0^-$ (infinitesimalmente à esquerda da origem) e a fonte localizada em $x = 0^+$ (infinitesimalmente à direita da origem). Nesse caso, todas as linhas de corrente na Fig. 10–56 seriam idênticas na forma, mas o escoamento seria na direção oposta. Fica como exercício criar expressões para um dipolo que esteja alinhado com algum ângulo a em relação ao eixo x.

Escoamentos irrotacionais formados pela superposição

Agora que temos um conjunto de blocos de construção de escoamentos irrotacionais, estamos prontos para criar alguns campos de escoamentos irrotacionais mais interessantes através da técnica da superposição. Limitaremos nossos exemplos a escoamentos planares no plano xy; exemplos de superposição com escoamentos axissimétricos podem ser encontrados em livros-texto mais avançados (por exemplo, Kundu *et al.*, 2011; Panton, 2005; Heinsohn and Cimbala, 2003). Note que apesar de ψ não satisfazer a equação de Laplace para escoamento irrotacional axissimétrico, a equação diferencial para ψ (Eq. 10–34) ainda é *linear*, e portanto, a superposição ainda é válida.

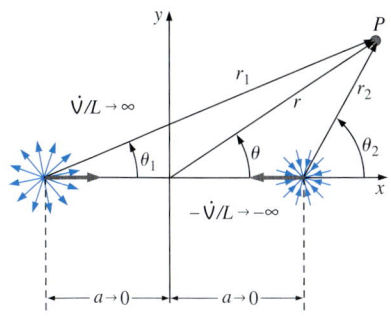

FIGURA 10–55 Um dipolo é formado pela superposição de uma linha de fonte em $(-a, 0)$ e uma linha de sumidouro em $(a, 0)$; a decresce até zero enquanto $\dot{V}/L$ aumenta até o infinito de forma que o produto $a\dot{V}/L$ permanece constante.

Superposição de uma linha de sumidouro e uma linha de vórtice

Nosso primeiro exemplo é a superposição de uma linha de fonte de intensidade $\dot{V}/L$ ($\dot{V}/L$ é uma grandeza negativa neste exemplo) e a linha de vórtice de intensidade Γ, ambas localizadas na origem (Fig. 10–57). Isso representa uma região de escoamento acima de um dreno em um sumidouro ou ralo de banheira onde o fluido faz movimentos espirais ao redor do dreno. Podemos superpor ψ ou ϕ. Escolhemos ψ e geramos a função corrente composta somando ψ para uma fonte (Eq. 10–43) e ψ para uma linha de vórtice (Eq. 10–46),

Superposição: $$\psi = \frac{\dot{V}/L}{2\pi}\theta - \frac{\Gamma}{2\pi}\ln r \qquad (10\text{–}52)$$

Para desenhar o gráfico das linhas de corrente do escoamento, escolhemos um valor de ψ e então resolvemos para r como função de θ ou θ como função de r. Escolhemos a primeira; após alguns cálculos algébricos, temos:

Linhas de corrente: $$r = \exp\left(\frac{(\dot{V}/L)\theta - 2\pi\psi}{\Gamma}\right) \qquad (10\text{–}53)$$

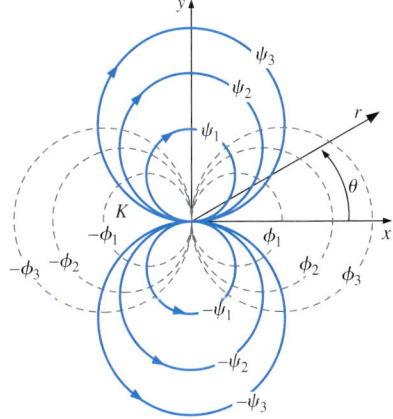

FIGURA 10–56 Linhas de corrente (sólidas) e linhas equipotenciais (tracejadas) para um dipolo de intensidade K localizado na origem no plano xy e alinhado com o eixo x.

Escolhemos alguns valores arbitrários para $\dot{V}/L$ e Γ para podermos gerar um gráfico; isto é, fazemos $\dot{V}/L = -1,00$ m²/s e $\Gamma = 1,50$ m²/s. Note que $\dot{V}/L$ é negativo para um sumidouro. Note também que as unidades para $\dot{V}/L$ e Γ podem ser obtidas facilmente, pois sabemos que as dimensões da função corrente em escoamento planar são, comprimento²/tempo}. As linhas de corrente são calculadas para vários valores de ψ usando a Eq. 10–53 e são colocadas no gráfico na Fig. 10–58.

As componentes de velocidade em qualquer ponto na região irrotacional de escoamento são obtidas diferenciando-se a Eq. 10–52:

Componentes de velocidade: $$u_r = \frac{1}{r}\frac{\partial \psi}{\partial \theta} = \frac{\dot{V}/L}{2\pi r} \qquad u_\theta = -\frac{\partial \psi}{\partial r} = \frac{\Gamma}{2\pi r}$$

Observamos que neste exemplo simples, a componente de velocidade radial é devido inteiramente ao sumidouro, pois não há contribuição para a velocidade radial pelo vórtice. Semelhantemente, a componente de velocidade tangencial é devido inteiramente ao vórtice. A velocidade composta em qualquer ponto no escoamento é a soma vetorial dessas duas componentes, conforme está representado na Fig. 10–57.

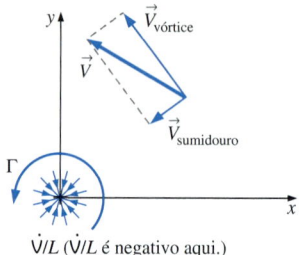

FIGURA 10–57 Superposição de uma linha de fonte de intensidade $\dot{V}/L$ e uma linha de vórtice de intensidade Γ localizadas na origem. A soma vetorial de velocidades é mostrada em alguma localização arbitrária no plano xy.

Superposição de uma corrente uniforme e um dipolo – Escoamento sobre um cilindro circular

Nosso próximo exemplo é um clássico no campo de mecânica dos fluidos, isto é, a superposição de uma corrente uniforme de velocidade V_∞ e um dipolo de intensidade K localizado na origem (Fig. 10–59). Sobrepomos a função corrente juntando a Eq. 10–40 para uma corrente uniforme, com a Eq. 10–50, para um dipolo na origem. A função corrente composta é, então:

Superposição: $\qquad \psi = V_\infty r \operatorname{sen} \theta - K\dfrac{\operatorname{sen}\theta}{r}$ (10-54)

Para conveniência, fazemos $\psi = 0$ quando $r = a$ (a razão disso logo ficará clara). A Equação 10–54 pode então ser resolvida para a intensidade K do dipolo:

Intensidade do dipolo: $\qquad K = V_\infty a^2$

e a Eq. 10–54 torna-se:

Forma alternativa da função corrente: $\qquad \psi = V_\infty \operatorname{sen}\theta \left(r - \dfrac{a^2}{r}\right)$ (10-55)

Está claro pela Eq. 10–55 que uma das linhas de corrente ($\psi = 0$) é um círculo de raio a (Fig. 10–60). Podemos colocar em gráfico essa e outras linhas de corrente resolvendo a Eq. 10–55 para r como uma função de θ ou vice-versa. No entanto, como você já deve ter percebido, normalmente é melhor apresentar os resultados em termos de parâmetros *adimensionais*. Por inspeção, definimos três parâmetros adimensionais:

$$\psi^* = \frac{\psi}{V_\infty a} \qquad r^* = \frac{r}{a} \qquad \theta$$

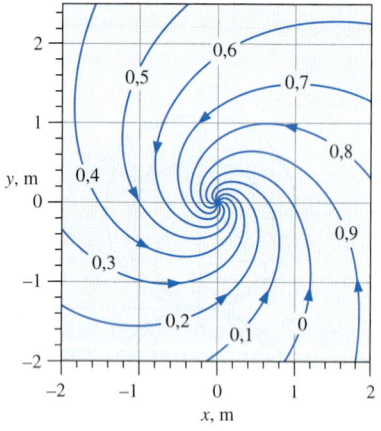

FIGURA 10–58 Linhas de corrente criadas pela superposição de uma linha de sumidouro e uma linha de vórtice na origem. Os valores de ψ estão em unidades de m²/s.

onde o ângulo θ já é adimensional. Em termos desses parâmetros, a Eq. 10–55 é escrita como:

$$\psi^* = \operatorname{sen}\theta\left(r^* - \frac{1}{r^*}\right) \qquad (10\text{-}56)$$

Resolvemos a Eq. 10–56 para r^* como uma função de θ através do uso da regra quadrática:

Linhas de corrente adimensionais: $\qquad r^* = \dfrac{\psi^* \pm \sqrt{(\psi^*)^2 + 4\operatorname{sen}^2\theta}}{2\operatorname{sen}\theta}$ (10-57)

Usando a Eq. 10–57, desenhamos no gráfico várias linhas de corrente adimensionais na Fig. 10–61. Agora você pode entender por que escolhemos o círculo $r = a$ (ou $r^* = 1$) como a linha de corrente zero – essa linha de corrente pode ser vista como uma parede sólida, e esse escoamento representa *o escoamento potencial sobre um cilindro circular*. Não estão mostradas as linhas de corrente *dentro* do círculo – elas existem, mas não são de interesse para nós.

Há dois pontos de estagnação nesse campo de escoamento, um na frente do cilindro e um na traseira. As linhas de corrente próximas dos pontos de estagnação estão separadas umas das outras pois o escoamento é muito lento ali. Ao contrário, as linhas de corrente próximas ao topo e base do cilindro estão juntas umas das outras, indicando regiões de escoamento rápido. Fisicamente, o fluido deve acelerar ao redor do cilindro, pois ele está agindo como uma obstrução ao escoamento.

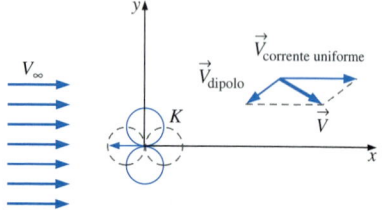

FIGURA 10–59 Superposição de uma corrente uniforme e um dipolo; a soma vetorial das velocidades é mostrada em uma localização arbitrária no plano xy.

Observe também que o escoamento é simétrico em relação aos eixos *x* e *y*. Embora a simetria em acima/abaixo não seja uma surpresa, a simetria frente/atrás é, talvez, uma coisa inesperada, pois sabemos que o escoamento real ao redor de um cilindro gera uma região de esteira atrás do cilindro, e as linhas de corrente *não são* simétricas. No entanto, devemos ter em mente que os resultados aqui são apenas *aproximações* do escoamento real. Nós assumimos que havia irrotacionalidade em todos os pontos no campo de escoamento, e sabemos que essa aproximação não é verdadeira na proximidade das paredes e em regiões de esteira.

Calculamos as componentes de velocidade em todos os pontos no campo de escoamento diferenciando a Eq. 10–55:

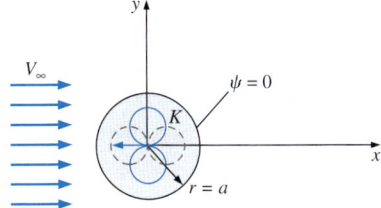

FIGURA 10–60 A superposição de uma corrente uniforme e um dipolo resulta em uma linha de corrente que é um círculo.

$$u_r = \frac{1}{r}\frac{\partial \psi}{\partial \theta} = V_\infty \cos\theta\left(1 - \frac{a^2}{r^2}\right) \quad u_\theta = -\frac{\partial \psi}{\partial r} = -V_\infty \sen\theta\left(1 + \frac{a^2}{r^2}\right) \quad (10\text{–}58)$$

Um caso especial é aquele da própria superfície do cilindro ($r = a$), onde as Eqs. 10–58 se reduzem a:

Na superfície do cilindro: $\quad u_r = 0 \quad u_\theta = -2V_\infty \sen\theta \quad$ **(10–59)**

Como a condição de não escorregamento nas paredes sólidas não pode ser satisfeita ao fazer a aproximação irrotacional, há deslizamento na parede do cilindro. Na verdade, no topo do cilindro ($\theta = 90°$), a velocidade do fluido na parede é *duas vezes* aquela da corrente livre.

EXEMPLO 10–7 Distribuição de pressão em um cilindro circular

Usando a aproximação do escoamento irrotacional, calcule e coloque em gráfico a distribuição de pressão estática adimensional na superfície de um cilindro circular de raio *a* em uma corrente uniforme de velocidade V_∞ (Fig. 10–62). Discuta os resultados. A pressão bem distante do cilindro é P_∞.

SOLUÇÃO Vamos calcular e colocar no gráfico a distribuição de pressão estática adimensional ao longo de uma superfície de um cilindro circular em um escoamento de corrente livre.

Hipóteses **1** A região do escoamento que está sendo modelada é permanente, incompressível e irrotacional. **2** O campo de escoamento é bidimensional no plano *xy*.

Análise Primeiramente, a pressão estática é a pressão que seria medida por uma sonda medidora de pressão movendo-se com o fluido. Experimentalmente, medimos essa pressão em uma superfície usando uma tomada de pressão estática, que é, basicamente, um pequeno furo feito na direção normal à superfície (Fig. 10–63). Na outra extremidade da tomada está um dispositivo medidor de pressão. Na literatura, há disponíveis dados experimentais sobre a distribuição de pressão estática ao longo da superfície de um cilindro, e compararemos nossos resultados com alguns desses dados experimentais.

Do Cap. 7, reconhecemos que a pressão adimensional apropriada é o **coeficiente de pressão**:

Coeficiente de pressão: $\quad C_p = \dfrac{P - P_\infty}{\frac{1}{2}\rho V_\infty^2} \quad$ (1)

Como o escoamento na região de interesse é irrotacional, usamos a equação de Bernoulli (Eq. 10–27) para calcular a pressão em qualquer ponto no campo de escoamento. Ignorando os efeitos da gravidade:

Equação de Bernoulli: $\quad \dfrac{P}{\rho} + \dfrac{V^2}{2} = \text{constante} = \dfrac{P_\infty}{\rho} + \dfrac{V_\infty^2}{2} \quad$ (2)

(continua)

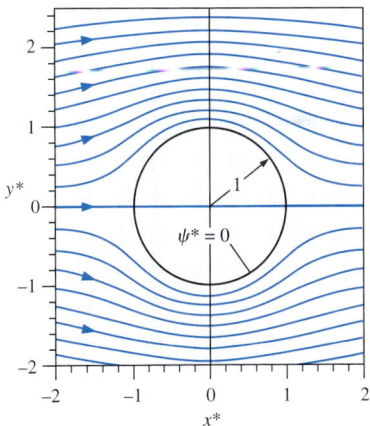

FIGURA 10–61 Linhas de corrente adimensionais criadas pela superposição de uma corrente uniforme e um dipolo na origem; $\psi^* = \psi/(V_\infty a)$, $\Delta\psi^* = 0{,}2$, $x^* = x/a$ e $y^* = y/a$, onde *a* é o raio do cilindro.

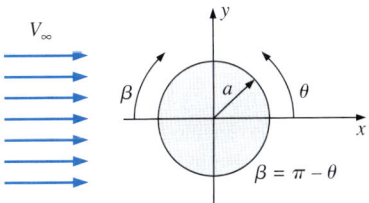

FIGURA 10–62 Escoamento planar sobre um cilindro circular de raio *a* imerso em uma corrente uniforme de velocidade V_∞ no plano *xy*. O ângulo β é definido a partir da frente do cilindro por convenção.

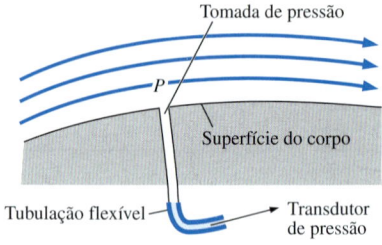

FIGURA 10–63 A pressão estática em uma superfície é medida usando-se uma tomada de pressão estática conectada a um manômetro ou a um transdutor eletrônico de pressão.

(continuação)

Rearranjando a Eq. 2 na forma da Eq. 1, obtemos:

$$C_p = \frac{P - P_\infty}{\frac{1}{2}\rho V_\infty^2} = 1 - \frac{V^2}{V_\infty^2} \quad (3)$$

Substituímos nossa expressão para a velocidade tangencial na superfície do cilindro, Eq. 10–59, pois ao longo da superfície $V^2 = u_\theta^2$; a Eq. 3 torna-se:

Coeficiente de pressão superficial: $\quad C_p = 1 - \dfrac{(-2V_\infty \,\text{sen}\,\theta)^2}{V_\infty^2} = 1 - 4\,\text{sen}^2\,\theta$

Em termos do ângulo β, definido a partir da frente do corpo (Fig. 10–62), usamos a transformação $\beta = \pi - \theta$ para obter

Cp em termos do ângulo β: $\quad\quad\quad C_p = 1 - 4\,\text{sen}^2\,\beta \quad (4)$

Na Fig. 10–64 está o gráfico do coeficiente de pressão na metade superior do cilindro em função do angulo β, a curva sólida azul. (Devido à simetria superior-inferior, não é necessário colocar no gráfico também a distribuição de pressão na metade inferior do cilindro.) A primeira coisa que notamos é que a distribuição de pressão é simétrica na frente e atrás. Isso não é surpresa, pois já sabemos que as *linhas de corrente* também são simétricas na frente e atrás (Fig. 10–61).

Os pontos de estagnação na frente e atrás (em $\beta = 0°$ e 180°, respectivamente) estão marcados na Fig. 10–64. O coeficiente de pressão é unitário ali, e esses dois pontos têm a pressão mais alta em todo o campo de escoamento. Em variáveis físicas, a pressão estática P nos pontos de estagnação é igual a $P_\infty + \rho V_\infty^2/2$. Em outras palavras, a **pressão dinâmica total** (também chamada de **pressão de impacto**) do fluido que chega é sentida como uma pressão estática no nariz do corpo quando o fluido é desacelerado para velocidade zero no ponto de estagnação. Na altura máxima do cilindro ($\beta = 90°$), a velocidade ao longo da superfície é duas vezes maior que a velocidade da corrente livre ($V = 2V_\infty$), e o coeficiente de pressão é o mais baixo ali ($C_p = -3$). Também estão marcadas na Fig. 10–64 as duas localizações em que $C_p = 0$, isto é, em $\beta = 30°$ e 150°. Nessas localizações, a pressão estática ao longo da superfície é igual àquela da corrente livre ($P = P_\infty$).

Discussão Os dados experimentais típicos para escoamento laminar e turbulento sobre a superfície de um cilindro circular estão indicados por círculos azuis e círculos pretos, respectivamente, na Fig. 10–64. Está claro que na proximidade da frente do cilindro, a aproximação do escoamento irrotacional é excelente. No entanto, para β maior do que aproximadamente 60°, e especialmente junto à parte de trás do cilindro (lado direito do gráfico), os resultados do escoamento irrotacional não correspondem de forma alguma aos dados experimentais. Na verdade, concluímos que para escoamento sobre corpos de formas ásperas como esta, a aproximação do escoamento irrotacional normalmente funciona bem na metade dianteira do corpo, mas é muito deficiente na metade traseira do corpo. A aproximação do escoamento irrotacional concorda melhor com dados experimentais turbulentos do que com dados experimentais laminares; isso é porque a separação do escoamento ocorre mais distante a jusante para o caso com uma camada limite turbulenta, conforme discutiremos em mais detalhes na Seção 10–6.

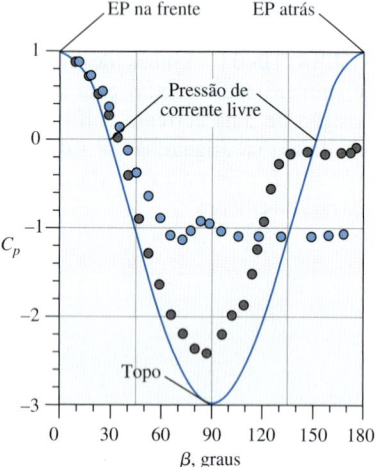

FIGURA 10–64 Coeficiente de pressão em função do ângulo β ao longo da superfície de um cilindro circular; a curva sólida azul é a aproximação do escoamento irrotacional, os círculos azuis são dos dados experimentais com $Re = 2 \times 10^5$ – separação da camada limite laminar, e os círculos pretos são dos dados experimentais com $Re = 7 \times 10^5$ – separação da camada limite turbulenta.

Uma consequência imediata da simetria da distribuição de pressão na Fig. 10–64 é que *não há arrasto resultante de pressão* sobre o cilindro (as forças de pressão na metade dianteira do corpo são exatamente equilibradas por aquelas na metade traseira do corpo). Nessa aproximação de escoamento irrotacional, a pressão é recuperada totalmente no ponto de estagnação de trás, de maneira que a pressão ali é igual à pressão no ponto de estagnação da frente. Prevemos também que não há arrasto viscoso no corpo, pois não podemos satisfazer a condição de não escorregamento na superfície do corpo quando fazemos a aproximação irrotacional. Consequentemente, o arrasto aerodinâmico no cilindro em escoamento irrotacional é identicamente igual a zero. Esse é um exemplo de uma definição mais geral que se aplica a corpos de *qualquer* formato (mesmo a formas assimétricas) quando é feita a aproximação de escoamento irrotacional, isto é, o famoso paradoxo enunciado pela primeira vez por Jean-le-Rond d'Alembert (1717-1783) no ano de 1752:

> **Paradoxo de D'Alembert:** Com a aproximação do escoamento irrotacional, a força de arrasto aerodinâmica sobre qualquer corpo sem sustentação de qualquer forma imerso em uma corrente uniforme é zero.

D'Alembert reconheceu o paradoxo de seu enunciado, naturalmente, sabendo que *há* arrasto aerodinâmico sobre corpos reais imersos em fluidos reais. Em um escoamento real, a pressão na superfície de trás do corpo é significativamente *menor* do que aquela na superfície da frente, levando a um arrasto de pressão diferente de zero sobre o corpo. Essa diferença de pressão é ampliada se o corpo for áspero e houver separação de escoamento, conforme está representado na Fig. 10–65. No entanto, mesmo para corpos aerodinâmicos (como as asas de um avião em baixos ângulos de ataque), a pressao na proximidade da parte de trás do corpo nunca é recuperada totalmente. Além disso, a condição de não deslizamento na superfície do corpo leva também a arrasto viscoso diferente de zero. Assim, a aproximação do escoamento irrotacional fracassa em sua previsão de arrasto aerodinâmico por duas razões: ela prevê que não há arrasto de pressão e prevê que não há arrasto viscoso.

A distribuição de pressão na extremidade da frente de qualquer corpo de forma arredondada é qualitativamente similar àquela do gráfico na Fig. 10–64. Isto é, a pressão no ponto de estagnação (SP) da frente é a pressão mais alta sobre o corpo: $P_{SP} = P_\infty + pV^2/2$, onde V é a velocidade da corrente livre (eliminamos o subscrito ∞) e $C_p = 1$ ali. Movendo-se a jusante ao longo da superfície do corpo, a pressão cai para um valor mínimo para o qual P é menor do que P_∞ ($C_p < 0$). Esse ponto, onde a velocidade logo acima da superfície do corpo é a maior e a pressão é a menor, é chamado, em geral, de **ombro aerodinâmico** do corpo. Além do ombro, a pressão sobe lentamente. Com a aproximação do escoamento irrotacional, a pressão sempre sobe novamente até à pressão dinâmica no ponto de estagnação de trás, onde $C_p = 1$. No entanto, em um escoamento real, a pressão nunca recupera totalmente, levando a um arrasto de pressão conforme já discutimos.

Em algum lugar entre o ponto de estagnação da frente e o **ombro aerodinâmico** está um ponto na superfície do corpo onde a velocidade logo acima do corpo é igual a V, a pressão P é igual a P_∞ e $C_p = 0$. Esse ponto é chamado de **ponto de pressão zero**, onde a frase obviamente se baseia na pressão *manométrica*, não na pressão absoluta. Nesse ponto, a pressão agindo normal à superfície do corpo é a *mesma* ($P = P_\infty$), independentemente de quão rápido o corpo se mova através do fluido. Esse fato é um fator na localização dos olhos do peixe (Fig. 10–66). Se os olhos do peixe estivessem localizados próximos ao nariz, o olho do peixe sentiria um aumento na pressão da água quando o peixe nadasse – quanto mais rápido ele nadasse, maior seria a pressão da água em seus olhos. Isso causaria uma distorção no globo ocular macio do peixe, afetando sua visão. Da mesma forma, se os olhos estivessem localizados muito atrás, próximos do ombro aerodinâmico, os olhos sentiriam uma *sucção* relativa na pressão quando peixe nadasse, distorcendo-lhe a visão neste caso também. Experimentos revelaram que os olhos do peixe estão localizados muito próximos do ponto de pressão zero onde $P = P_\infty$, e o peixe pode nadar em qualquer velocidade sem distorcer sua visão. Por acaso, a parte de trás das brânquias está localizada próximo do

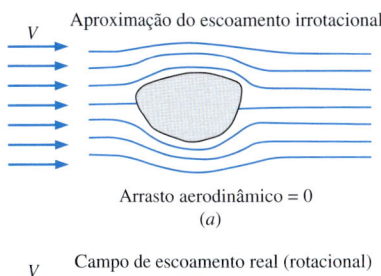

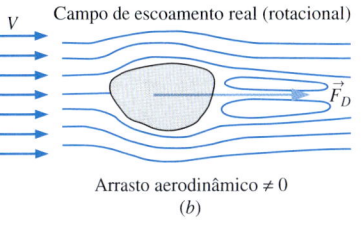

FIGURA 10–65 (*a*) O paradoxo de D'Alembert é que o arrasto aerodinâmico sobre *qualquer* corpo sem sustentação de *qualquer* forma é previsto como zero quando se usa a aproximação do escoamento irrotacional. (*b*) Em escoamentos reais há um arrasto diferente de zero sobre corpos imersos em uma corrente uniforme.

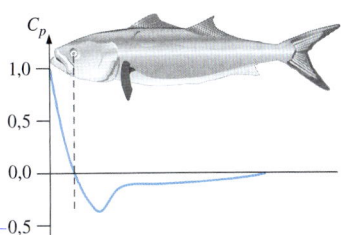

FIGURA 10–66 O corpo de um peixe é criado de forma que seus olhos estejam localizados próximos ao ponto de pressão zero de maneira que sua visão não seja distorcida enquanto ele nada. Os dados apresentados ao longo do lado de uma anchova.

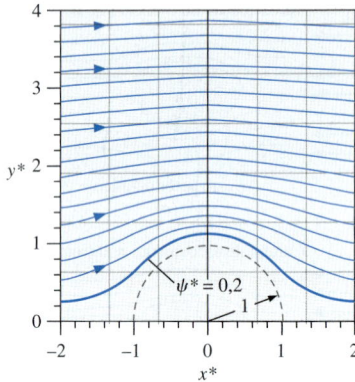

FIGURA 10-67 As mesmas linhas de corrente não dimensionais da Fig. 10-61, exceto a linha de corrente $\psi^* = 0,2$ são modeladas como uma parede sólida. Esse escoamento representa o fluxo do ar sobre uma colina simétrica.

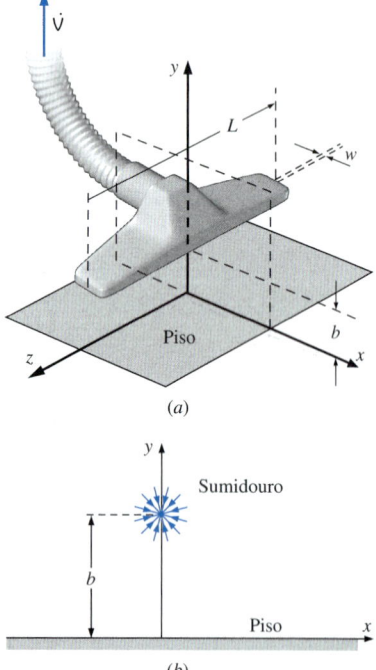

FIGURA 10-68 Mangueira de aspirador com acessório para piso; (*a*) Vista tridimensional com o piso no plano *xz* e (*b*) vista de uma fatia no plano *xy* com a sucção modelada por uma linha de sumidouro.

ombro aerodinâmico para que a pressão de sucção ali ajude o peixe a "exalar". O coração também está localizado perto desse ponto de baixa pressão para aumentar o volume de bombeamento do coração durante o nado rápido.

Se pensarmos com um pouco mais de detalhe sobre a aproximação do escoamento irrotacional, perceberemos que o círculo que modelamos como um cilindro sólido no Exemplo 10-7 não é realmente uma parede sólida de forma nenhuma – é apenas uma linha de corrente no campo de escoamento que nós estamos *modelando* como uma parede sólida. A linha de corrente particular que estamos modelando como uma parede sólida vem a ser apenas um círculo. Poderíamos, com a mesma facilidade, escolher uma *outra* linha de corrente no escoamento para modelar como uma parede sólida. Como, por definição, o escoamento não pode cruzar uma linha de corrente, e como não podemos satisfazer de forma alguma a condição de não escorregamento, definimos o seguinte:

> Na aproximação do escoamento irrotacional, qualquer linha de corrente pode ser considerada como uma parede sólida.

Por exemplo, podemos modelar *qualquer* linha de corrente na Fig. 10-61 como uma parede sólida. Vamos tomar a primeira linha de corrente acima do círculo e vamos modelá-la como uma parede. (Essa linha de corrente tem um valor adimensional de $\psi^* = 0,2$.) Várias linhas de corrente estão representadas em gráfico na Fig. 10-67; não mostramos nenhuma linha de corrente abaixo da linha de corrente $\psi^* = 0,2$ – mas elas estão lá, apenas não nos interessam mais. Que tipo de escoamento isso representa? Bem, imagine o vento soprando sobre uma montanha; a aproximação irrotacional mostrada na Fig. 10-67 representa esse escoamento. Podemos esperar inconsistências muito perto do solo, e talvez no lado jusante da montanha, mas a aproximação é, provavelmente, muito boa no lado da frente da montanha.

Você certamente já notou um problema com esse tipo de superposição. Isto é, executamos a superposição *primeiro* e, então, tentamos definir alguns problemas físicos que podem ser modelados pelo escoamento que geramos. Embora útil como uma ferramenta de aprendizado, essa técnica nem sempre é prática na vida real na engenharia. Por exemplo, é improvável que encontremos uma montanha com a forma exatamente igual àquela que modelamos na Fig. 10-67. Em vez disso, normalmente já *temos* uma geometria e queremos modelar o escoamento sobre ou através dessa geometria. Há técnicas de superposição mais sofisticadas disponíveis que são mais adequadas para projeto e análise de engenharia. Isto é, há técnicas nas quais numerosas fontes e sumidouros são colocadas em localizações apropriadas de forma a modelar o escoamento sobre uma geometria predeterminada. Essas técnicas podem até ser estendidas para campos de escoamento irrotacional tridimensionais completos, mas requerem o uso de um computador devido à grande quantidade de cálculos envolvidos (Kundu *et al.*, 2011). Não discutiremos essas técnicas aqui.

> **EXEMPLO 10-8** **Escoamento em um acessório de aspirador**
>
> Considere o escoamento do ar em um acessório para limpar o piso, em um aspirador doméstico típico (Fig. 10-68*a*). A largura da ranhura do bocal de entrada é $w = 2,0$ mm e seu comprimento é $L = 35,0$ cm. A ranhura é mantida a uma distância $b = 2,0$ cm acima do piso, como mostra a figura. A vazão total volumétrica através da mangueira do aspirador é $\dot{V} = 0,110$ m³/s. Calcule o campo de escoamento no plano do centro do acessório (o *plano xy* na Fig. 10-68*a*). Especificamente, desenhe o gráfico de várias linhas de corrente e calcule a distribuição de velocidade e pressão ao longo do eixo *x*. Qual é a velocidade máxima ao longo do piso e onde ela ocorre? Onde ao longo do piso o aspirador é mais eficiente?

SOLUÇÃO Vamos calcular o campo de escoamento no plano central de um acessório de aspirador, desenhar um gráfico da velocidade e pressão ao longo do piso (eixo x), calcular a localização e valor da velocidade máxima ao longo do piso e calcular em que ponto ao longo do piso o aspirador é mais eficiente.

Hipóteses **1** O escoamento é permanente e incompressível. **2** O escoamento no plano xy é bidimensional (planar). **3** A maior parte do campo de escoamento é irrotacional. **4** A sala é infinitamente grande e isenta de correntes de ar que poderiam influenciar o escoamento.

Análise Fazemos uma aproximação da abertura do acessório considerando-a uma linha de sumidouro (uma linha de fonte com intensidade negativa), localizada a uma distância b acima do eixo x, conforme está representado na Fig. 10–68b. Com essa aproximação, estamos ignorando a largura finita da abertura (w); modelamos o escoamento para dentro da abertura como o escoamento para dentro da linha de sumidouro, que é simplesmente um ponto no plano xy em $(0, b)$. Estamos também ignorando qualquer efeito da mangueira ou do corpo do acessório. A intensidade da linha de fonte é obtida dividindo-se a vazão volumétrica total pelo comprimento L da abertura,

Intensidade da linha de fonte: $\quad \dfrac{\dot{V}}{L} = \dfrac{-0{,}110 \text{ m}^3/\text{s}}{0{,}35 \text{ m}} = -0{,}314 \text{ m}^2/\text{s}$ (1)

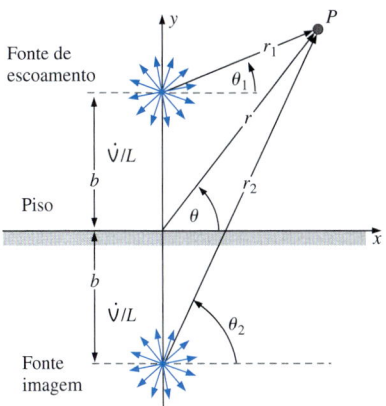

FIGURA 10–69 Superposição de uma linha de fonte de intensidade $\dot{V}/L$ em $(0, b)$ e uma linha de fonte da mesma intensidade em $(0, -b)$. A fonte inferior é uma imagem espelhada da fonte superior, tornando o eixo x uma linha de corrente.

onde incluímos um sinal negativo, pois trata-se de um sumidouro e não de uma fonte.

Está claro que esta linha de sumidouro por si só (Fig. 10–68b) não é suficiente para modelar o escoamento, pois o ar fluiria para o sumidouro de todas as direções, incluindo *acima do piso*. Para contornar esse problema, acrescentamos um outro escoamento irrotacional elementar (bloco de construção) para modelar o efeito do piso. Uma maneira inteligente de fazer isso é através do **método de imagens**. Com essa técnica, colocamos um *segundo* sumidouro idêntico *abaixo* do piso no ponto $(0, -b)$. Chamamos esse segundo sumidouro de **sumidouro imagem**. Como o eixo x é agora uma linha de simetria, o próprio eixo x é uma linha de corrente do escoamento e, portanto, pode ser considerado como o piso. O campo de escoamento irrotacional a ser analisado está representado na Fig. 10–69. São mostradas duas fontes de intensidade $\dot{V}/L$. A fonte superior é chamada de fonte do escoamento e representa sucção para dentro do acessório do aspirador. A fonte de baixo é a fonte imagem. Tenha em mente que a intensidade da fonte $\dot{V}/L$ é negativa neste problema (Eq. 1), de modo que ambas as fontes são, na realidade, sumidouros.

Usamos a superposição para gerar a função corrente para a aproximação irrotacional desse campo de escoamento. As operações algébricas aqui são similares àquelas do Exemplo 10–5; naquele caso, nós tínhamos uma fonte e um sumidouro no eixo x, enquanto aqui temos duas fontes no eixo y. Usamos a Eq. 10–44 para obter ψ para a fonte do escoamento:

Linha de fonte em $(0, b)$: $\quad \psi_1 = \dfrac{\dot{V}/L}{2\pi}\theta_1 \quad$ onde $\quad \theta_1 = \arctan\dfrac{y-b}{x}$ (2)

De forma similar, para a fonte imagem:

Linha de fonte em $(0, -b)$: $\quad \psi_2 = \dfrac{\dot{V}/L}{2\pi}\theta_2 \quad$ onde $\quad \theta_2 = \arctan\dfrac{y+b}{x}$ (3)

A superposição nos possibilita simplesmente somar as duas funções corrente, Eqs. 2 e 3, para obter a função corrente composta,

Função corrente composta: $\quad \psi = \psi_1 + \psi_2 = \dfrac{\dot{V}/L}{2\pi}(\theta_1 + \theta_2)$ (4)

(continua)

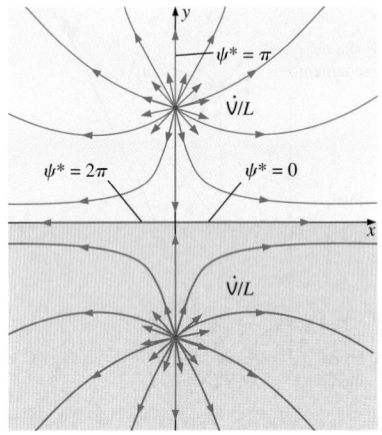

FIGURA 10-70 O eixo x é a linha de corrente divisória que separa o ar produzido pela fonte superior (azul) do ar produzido pela fonte inferior (cinza).

(continuação)

Rearranjamos a Eq. 4 e tomamos a tangente de ambos os lados para obter:

$$\text{tg}\frac{2\pi\psi}{\dot{V}/L} = \text{tg}(\theta_1 + \theta_2) = \frac{\text{tg }\theta_1 + \text{tg }\theta_2}{1 - \text{tg }\theta_1\text{tg }\theta_2} \quad (5)$$

onde novamente usamos uma identidade trigonométrica (Fig. 10–49).

Substituímos as Eqs. 2 e 3 para θ_1 e θ_2 e executamos algumas operações algébricas para obter nossa expressão final para a função corrente em coordenadas cartesianas:

$$\psi = \frac{\dot{V}/L}{2\pi}\text{arctg}\frac{2xy}{x^2 - y^2 + b^2} \quad (6)$$

Transformamos em coordenadas cilíndricas usando a Eq. 10–38 e adimensionalizamos. Após algumas operações algébricas:

Função corrente adimensional: $\quad \psi^* = \text{arctg}\dfrac{\text{sen }2\theta}{\cos 2\theta + 1/r^{*2}} \quad (7)$

onde $\psi^* = 2\pi\psi/(\dot{V}/L)$, $r^* = r/b$, e usamos identidades trigonométricas da Fig. 10–49.

Devido à simetria em relação ao eixo x, todo o ar que é produzido pela linha de fonte superior deve permanecer *acima* do eixo x. Da mesma forma, todo o ar imagem que é produzido na linha de fonte inferior deve permanecer *abaixo* do eixo x. Se fôssemos colorir de azul o ar que vem da fonte superior (norte) e de cinza o ar que vem da fonte inferior (sul) na (Fig. 10–70), todo o ar azul ficaria acima do eixo x, e todo o ar cinza ficaria abaixo do eixo x. Assim, o eixo x age como uma **linha de corrente divisória,** separando o azul do cinza. Além disso, lembre-se do Cap. 9 que a diferença no valor de ψ de uma linha de corrente para a próxima em escoamento planar é igual à vazão volumétrica por unidade de largura escoando entre as duas linhas de corrente. Fazemos ψ igual a zero ao longo da parte positiva do eixo x. Seguindo a *convenção do lado esquerdo*, introduzida no Cap. 9, sabemos que ψ na parte *negativa* do eixo x deve ser igual à vazão volumétrica total por unidade de largura produzido pela linha de fonte superior, isto é, $\dot{V}/L$. Ou:

$$\psi_{-\text{eixo }x} - \underbrace{\psi_{+\text{eixo }x}}_{0} = \dot{V}/L \quad\rightarrow\quad \psi^*_{-\text{eixo }x} = 2\pi \quad (8)$$

Essas linhas de corrente estão identificadas na Fig. 10–70. Além disso, a linha de corrente adimensional $\psi^* = \pi$ também está identificada. Ela coincide com o eixo y, pois há simetria sobre aquele eixo também. A fonte (0, 0) é um ponto de estagnação, pois a velocidade induzida pela fonte inferior cancela exatamente aquela induzida pela fonte superior.

Para o caso do aspirador de pó que está sendo modelado aqui, as intensidades das fontes são *negativas* (elas são *sumidouros*). Portanto, a direção do escoamento é invertida, e os valores de ψ^* têm sinal oposto àqueles da Fig. 10–70. Usando novamente a convenção do lado esquerdo, desenhamos o gráfico da função corrente adimensional para $-2\pi < \psi^* < 0$ (Fig. 10–71). Para isso, resolvemos a Eq. 7 para r^* em função de θ para vários valores de ψ^*:

Linhas de corrente adimensionais: $\quad r^* = \pm\sqrt{\dfrac{\text{tg }\psi^*}{\text{sen }2\theta - \cos 2\theta \text{ tg }\psi^*}} \quad (9)$

Somente a metade superior é colocada no gráfico, pois a metade inferior é simétrica e é meramente a imagem espelhada da metade superior. Para o caso de $\dot{V}/L$ negativo, o ar é sugado para o aspirador de todas as direções conforme indicam as setas nas linhas de corrente.

Para calcular a distribuição de velocidade no piso (o eixo x), podemos diferenciar a Eq. 6 e aplicar a definição de função corrente para escoamento planar (Eq. 10–29)

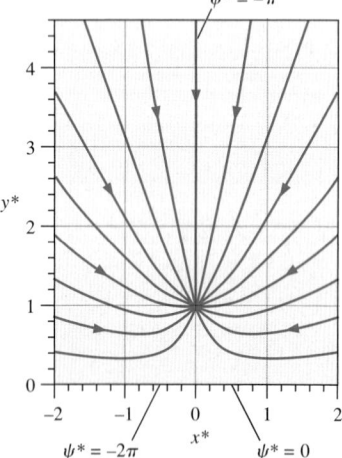

FIGURA 10-71 Linhas de corrente adimensionais para as duas fontes da Fig. 10–69 para o caso no qual as intensidades da fonte são *negativas* (elas são *sumidouros*). ψ^* é incrementada uniformemente de -2π (parte negativa do eixo x) até 0 (parte positiva do eixo x), e é mostrada somente a metade superior do escoamento. O escoamento é *em direção* ao sumidouro na localização (0, 1).

ou podemos fazer uma soma vetorial. Este último caso é mais simples e está ilustrado na Fig. 10–72 para uma localização arbitrária ao longo do eixo x. A velocidade induzida da fonte superior (ou sumidouro) tem intensidade $(\dot{V}/L)/(2\pi r_1)$ e sua direção está em linha com r_1, conforme mostra a figura. Devido à simetria, a velocidade induzida da fonte imagem tem a mesma intensidade, mas sua direção está em linha com r_2. A soma vetorial dessas duas velocidades induzidas está ao longo do eixo x pois as duas componentes horizontais se somam, mas as duas componentes verticais se cancelam uma à outra. Após um pouco de trigonometria, concluímos que:

Velocidade axial ao longo do eixo x: $\qquad u = V = \dfrac{(\dot{V}/L)x}{\pi(x^2 + b^2)}$ (10)

onde V é a intensidade do vetor velocidade resultante ao longo do piso conforme está desenhado na Fig. 10–72. Como usamos a aproximação do escoamento irrotacional, a equação de Bernoulli pode ser usada para gerar o campo de pressão. Ignorando a gravidade:

equação de Bernoulli: $\qquad \dfrac{P}{\rho} + \dfrac{V^2}{2} = \text{constante} = \dfrac{P_\infty}{\rho} + \underbrace{\dfrac{V_\infty^2}{2}}_{0}$ (11)

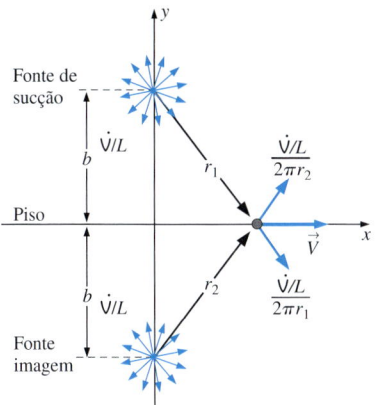

FIGURA 10–72 Soma vetorial das velocidades induzidas pelas duas fontes; a velocidade resultante é horizontal em qualquer localização no eixo x devido à simetria.

Para gerar um coeficiente de pressão, precisamos de uma velocidade de referência para o denominador. Não tendo nenhuma, geramos uma a partir dos parâmetros conhecidos, isto é, $V_{\text{ref}} = -(\dot{V}/L)/b$, onde inserimos um sinal negativo para tornar V_{ref} positiva (pois $\dot{V}/L$ é negativa para nosso modelo de aspirador de pó). Depois definimos C_p como:

Coeficiente de pressão: $\qquad C_p = \dfrac{P - P_\infty}{\frac{1}{2}\rho V_{\text{ref}}^2} = -\dfrac{V^2}{V_{\text{ref}}^2} = -\dfrac{b^2 V^2}{(\dot{V}/L)^2}$ (12)

onde também aplicamos a Eq. 11. Substituindo V pelo seu valor na Eq. 10, obtemos:

$$C_p = -\dfrac{b^2 x^2}{\pi^2(x^2 + b^2)^2} \qquad (13)$$

Introduzimos variáveis adimensionais para a velocidade axial e a distância:

Variáveis adimensionais: $\qquad u^* = \dfrac{u}{V_{\text{ref}}} = -\dfrac{ub}{\dot{V}/L} \qquad x^* = \dfrac{x}{b}$ (14)

Observamos que C_p já é adimensional. Em forma adimensional, as Eqs. 10 e 13 tornam-se:

Ao longo do piso: $\qquad u^* = -\dfrac{1}{\pi}\dfrac{x^*}{1+x^{*2}} \qquad C_p = -\left(\dfrac{1}{\pi}\dfrac{x^*}{1+x^{*2}}\right)^2 = -u^{*2}$ (15)

Na Fig. 10–73 estão desenhadas as curvas mostrando u^* e C_p em função de x^*.

Vemos pela Fig. 10–73 que u^* aumenta lentamente de 0 até $x^* = -\infty$ com um valor máximo de aproximadamente 0,159 em $x^* = -1$. A velocidade é positiva (para a direita) para valores negativos de x^* como era esperado, pois o ar está sendo sugado para dentro do aspirador. À medida que a velocidade aumenta, a pressão diminui; C_p é 0 em $x = -\infty$ e decresce até seu valor mínimo de aproximadamente $-0,0253$ em $x^* = -1$. Entre $x^* = -1$ e $x^* = 0$ a velocidade decresce até zero enquanto a pressão aumenta até zero no ponto de estagnação diretamente abaixo do bico do aspirador. À direita do bico (valores positivos de x^*), a velocidade é anti-simétrica, enquanto a pressão é simétrica.

A velocidade máxima (pressão mínima) ao longo do piso ocorre em $x^* = \pm 1$, que é a mesma distância da altura do bico acima do piso (Fig. 10–74). Em termos

(continua)

FIGURA 10–73 Velocidade axial adimensional (curva azul) e coeficiente de pressão (curva preta) ao longo do piso embaixo de um aspirador de pó modelado como uma região irrotacional de escoamento.

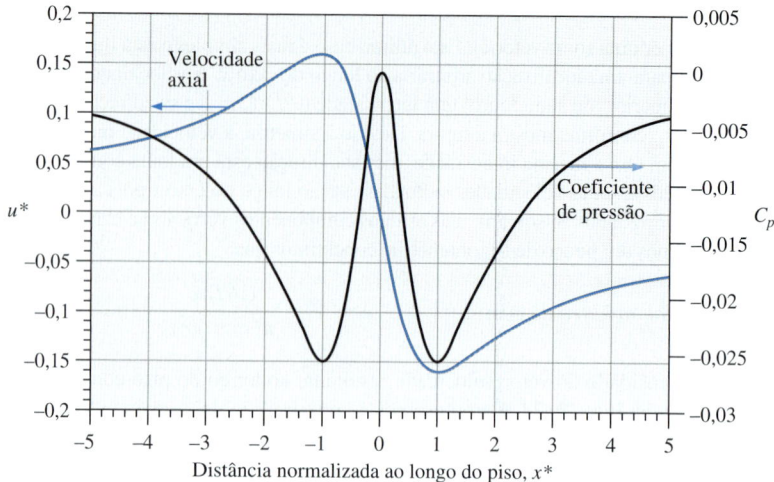

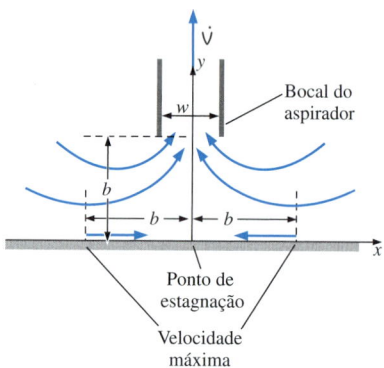

FIGURA 10–74 Com base em uma aproximação do escoamento irrotacional, a velocidade máxima ao longo do piso embaixo do bico de um aspirador de pó ocorre em $x = \pm b$. Ocorre um ponto de estagnação diretamente abaixo do bico.

(continuação)

adimensionais, **a máxima velocidade ao longo do piso ocorre em $x = \pm b$**, e a velocidade ali é:

Velocidade máxima ao longo do piso:

$$|u|_{max} = -|u^*|_{max}\frac{\dot{V}/L}{b} = -0{,}159\left(\frac{-0{,}314\ \text{m}^2/\text{s}}{0{,}020\ \text{m}}\right) = \mathbf{2{,}50\ m/s} \quad (16)$$

Estimamos que o aspirador de pó é mais eficiente para aspirar a poeira do piso onde a velocidade ao longo do piso é maior e a pressão ao longo do piso é mais baixa. Assim, contrário ao que você pode ter pensado, o *melhor desempenho* não ocorre *diretamente abaixo da entrada de sucção, mas em $x = \pm b$*, conforme está ilustrado na Fig. 10–74.

Discussão Observe que nunca usamos a largura w do bico do aspirador em nossa análise, pois uma linha de sumidouro não tem escala de comprimento. Você pode se convencer de que um aspirador de pó funciona melhor em $x \cong \pm b$ fazendo um experimento simples com um aspirador de pó e um pouco de material granulado (como açúcar ou sal) em um piso liso. Concluímos que a aproximação irrotacional é bastante realista para o escoamento para dentro de um aspirador em qualquer lugar, exceto muito perto do piso, porque o escoamento é rotacional ali.

Concluímos essa seção enfatizando que, embora a aproximação do escoamento irrotacional seja matematicamente simples, e a velocidade e os campos de pressão possam ser obtidos facilmente, devemos ter muito cuidado ao aplicá-la. A aproximação do escoamento irrotacional fracassa em regiões de vorticidade não desprezível, especialmente próximo a paredes sólidas, onde as partículas de fluido giram devido às tensões viscosas causadas pela condição de não escorregamento na parede. Isso nos conduz à seção final deste capítulo (Seção 10–6), na qual discutimos a aproximação da camada limite.

10–6 A APROXIMAÇÃO DE CAMADA LIMITE

Conforme discutimos nas Seções 10–4 e 10–5, há pelo menos duas situações de escoamento nas quais os termos viscosos na equação de Navier-Stokes podem ser desprezados. A primeira situação ocorre em regiões de escoamento com altos números de Reynolds, onde se sabe que as forças viscosas resultantes são desprezíveis comparadas com as forças inerciais e/ou de pressão; chamamos essas regiões de *regiões de escoamento invíscido*. A segunda situação ocorre quando a vorticidade é muito pequena; chamamos essas regiões de *irrotacionais* ou *regiões de escoamento potencial*. Em qualquer dos casos, a remoção dos termos viscosos da equação de Navier-Stokes resulta em uma equação de Euler (Eq. 10–13 e também na Eq. 10–25). Embora a matemática fique bastante simplificada quando são eliminados os termos viscosos, há algumas deficiências sérias associadas com a aplicação da equação de Euler nos problemas práticos de escoamento na engenharia. A primeira na lista de deficiências é a incapacidade para especificar a condição de não escorregamento em paredes sólidas. Isso leva a resultados não físicos como, por exemplo, forças de cisalhamento viscoso iguais a zero em paredes sólidas e arrasto aerodinâmico igual a zero em corpos imersos em uma corrente livre. Podemos, portanto, pensar na equação de Euler e na equação de Navier-Stokes como duas montanhas separadas por um enorme abismo (Fig. 10–75a). Formulamos o seguinte enunciado a respeito da aproximação camada limite:

A aproximação da camada limite preenche o espaço entre a equação de Euler e a equação de Navier-Stokes, e entre a condição de escorregamento e a condição de não escorregamento nas paredes sólidas (Fig. 10–75b).

Considerando-se uma perspectiva histórica, em meados de 1800, a equação de Navier-Stokes era conhecida, mas não podia ser resolvida exceto para escoamentos de geometrias muito simples. Enquanto isso, os matemáticos conseguiam obter belas soluções analíticas da equação de Euler e das equações de escoamento potencial para escoamentos de geometria complexa, mas seus resultados frequentemente não tinham significado físico. Então, a única maneira confiável de estudar escoamentos de fluidos era empiricamente, isto é, através de experimentos. Uma grande mudança na mecânica dos fluidos ocorreu em 1904 quando Ludwig Prandtl (1875-1953) introduziu a **aproximação de camada limite**. A ideia de Prandtl era dividir o escoamento em duas regiões: uma **região de escoamento externo** que é sem escoamento e/ou irrotacional, e uma região de escoamento interno chamada de **camada limite** – uma camada muito fina de escoamento próxima a uma parede sólida onde as forças viscosas e a rotacionalidade não podem ser ignoradas (Fig. 10–76). Na região de escoamento externo, usamos as equações da continuidade e de Euler para obter o campo de velocidade do escoamento externo, e a equação de Bernoulli para obter o campo de pressão. Como alternativa, se a região de escoamento externo é irrotacional, podemos usar as técnicas de escoamento potencial discutidas na Seção 10–5 (por exemplo, superposição) para obter o campo de velocidade do escoamento externo. Em qualquer dos casos, resolvemos para a região do escoamento externo *primeiro*, e depois ajustamos uma fina camada limite em regiões nas quais a rotacionalidade e as forças viscosas não podem ser desprezadas. Dentro da camada limite nós resolvemos as **equações da camada limite**, que logo serão discutidas. (Note que as equações da camada limite são elas próprias aproximações da equação de Navier-Stokes completa, conforme veremos.)

A aproximação de camada limite corrige algumas das principais deficiências da equação de Euler, proporcionando uma maneira de impor a condição de não escorregamento em paredes sólidas. Consequentemente, forças de cisalhamento viscoso podem existir ao longo de paredes, corpos imersos em uma corrente livre podem ser submetidos a arrasto aerodinâmico, e a separação do escoamento em regiões de gradiente de pressão adversa pode ser prevista com maior precisão. O conceito de camada limite tornou-se, portanto, o carro-chefe da engenharia de mecânica dos fluidos durante grande parte da década de 1900. Porém, com o aparecimento de computadores rápidos e mais baratos, e os softwares de dinâmica dos fluidos no fim do século XX, foi possível a solução numérica da equação de Navier-Stokes para escoamentos de geometria complexa. Hoje, portanto, não é

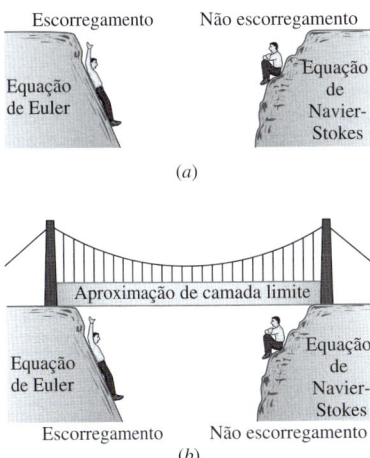

FIGURA 10–75 (a) Existe uma enorme distância entre a equação de Euler (que admite o deslizamento nas paredes) e a equação de Navier-Stokes (que suporta a condição de não escorregamento); (b) a aproximação da camada limite vem preencher esse espaço.

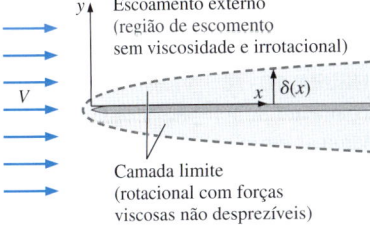

FIGURA 10–76 O conceito de camada limite de Prandtl divide o escoamento em uma região de escoamento externo e uma região de uma camada limite fina (não está em escala).

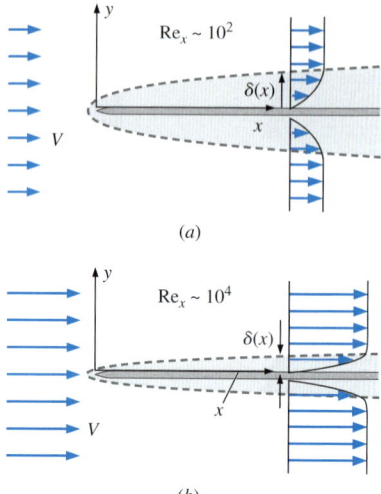

FIGURA 10–77 Escoamento de uma corrente uniforme paralela a uma placa plana (os desenhos não estão em escala): (*a*) $Re_x \sim 10^2$, (*b*) $Re_x \sim 10^4$. Quanto maior o número de Reynolds, mais fina é a camada limite ao longo da placa em uma dada localização x.

mais necessário dividir o escoamento em regiões de escoamento externo e regiões de camada limite – podemos usar os softwares CFD para resolver todo o conjunto de equações de movimento (continuidade e Navier-Stokes) através de todo o campo de escoamento. No entanto, a teoria da camada limite ainda é útil em algumas aplicações de engenharia, pois ela leva muito menos tempo para chegar a uma solução. Além disso, podemos aprender muito sobre o comportamento dos fluidos em escoamento estudando as camadas limite. Voltamos a afirmar que as soluções de camada limite são apenas *aproximações* das soluções completas da equação de Navier-Stokes, e devemos ter critério sobre onde aplicar essa aproximação.

O segredo da aplicação bem-sucedida da aproximação da camada limite é a hipótese de que a camada limite é muito *fina*. O exemplo clássico é uma corrente uniforme fluindo paralela a uma longa placa plana alinhada com o eixo x. A espessura δ da camada limite em alguma localização x ao longo da placa está representada na Fig. 10–77. Por convenção, δ normalmente é definida como a distância em relação à parede, na qual a componente de velocidade paralela à parede é 99% da velocidade do fluido fora da camada limite. Resulta que para um dado fluido e placa, quando mais alta a velocidade V da corrente livre, mais fina é a camada limite (Fig. 10–77). Em termos adimensionais, definimos o número de Reynolds com base na distância x ao longo da parede:

Número de Reynolds ao longo de uma placa plana: $\quad Re_x = \dfrac{\rho V x}{\mu} = \dfrac{V x}{\nu}$ (10–60)

Portanto,

> Em uma dada localização x, quanto mais alto for o número de Reynolds, mais fina é a camada limite.

Em outras palavras, quanto mais alto for o número de Reynolds, mais fina é a camada limite, tudo o mais permanecendo igual, e mais confiável será a aproximação da camada limite. Acreditamos que a camada limite é fina quando $\delta \ll x$ (ou, expressando em forma adimensional, $\delta/x \ll 1$).

A forma do perfil da camada limite pode ser obtida experimentalmente pela visualização do escoamento. Na Fig. 10–78 é mostrado um exemplo para uma camada limite laminar em uma placa plana. Esta fotografia foi tirada há 60 anos por F. X. Wortmann, e é considerada agora uma fotografia clássica de um perfil

FIGURA 10–78 Visualização do escoamento de um perfil camada limite laminar em placa plana. Fotografia tirada por F. X. Wortmann em 1953 visualizada com o método de telúrio. O escoamento é da esquerda para a direita e o bordo de ataque da placa plana está distante à esquerda do campo de visão.

Wortmann, F. X. 1977 AGARD Conf. Proc. no. 224, paper 12.

de uma camada limite laminar sobre uma placa plana. A condição de não deslizamento é claramente verificada na parede, e o aumento uniforme na velocidade do escoamento distante da parede confirma que o escoamento é certamente laminar.

Observe que embora estejamos discutindo camadas limite em conexão com a região fina próxima a uma parede sólida, a aproximação de camada limite *não* está limitada a regiões de escoamento limitadas por paredes. As mesmas equações podem ser aplicadas a **camadas de cisalhamento livre** como jatos, esteiras e camadas de mistura (Fig. 10–79), contanto que o número de Reynolds seja suficientemente alto para que essas regiões sejam *finas*. As regiões desses campos de escoamento com forças viscosas não desprezíveis e vorticidade finita também podem ser consideradas como camadas limite, mesmo que não esteja presente uma parede divisória sólida. A espessura da camada limite $\delta(x)$ é identificada em cada um dos desenhos na Fig. 10–79. Como você pode ver, por convenção, δ é normalmente definido baseado em *metade* da espessura total da camada de cisalhamento livre. Definimos δ como a distância desde a linha de centro até à borda da camada limite onde a mudança em velocidade é 99% da variação máxima em velocidade desde a linha de centro até o escoamento externo. A espessura da camada limite não é constante, mas varia com a distância *x* a jusante. Nos exemplos discutidos aqui (placa plana, jato, esteira e camada de mistura), $\delta(x)$ *aumenta* com *x*. No entanto, há situações de escoamento, como o escoamento externo em rápida aceleração ao longo de uma parede, no qual $\delta(x)$ *diminui* com *x*.

Um engano comum entre os estudantes inexperientes de mecânica dos fluidos é pensar que a curva que representa δ em função de *x* é uma *linha de corrente* do escoamento, mas isso *não* é verdade! Na Fig. 10–80 desenhamos as linhas de corrente e $\delta(x)$ para a camada limite desenvolvendo-se em uma placa plana. À medida que a espessura da camada limite cresce a jusante, as linhas de corrente que passam através da camada limite devem divergir ligeiramente para cima para satisfazer o princípio da conservação da massa. O valor desse deslocamento para cima é menor do que o crescimento de $\delta(x)$. Como as linhas de corrente *cruzam* a curva $\delta(x)$, está claro que $\delta(x)$ *não* é uma linha de corrente (as linhas de corrente não podem se cruzar entre si, pois se isso acontecesse, a massa não seria conservada).

Para uma camada limite laminar desenvolvendo-se sobre uma placa plana, como na Fig. 10–80, a espessura δ da camada limite é, no máximo, uma função de *V*, *x* e das propriedades ρ e μ do fluido. Um exercício simples em análise dimensional é mostrar que δ/x é uma função de Re_x. Na verdade, ocorre que δ não é proporcional à *raiz quadrada* de Re_x. Você deve observar, no entanto, que esses resultados são válidos somente para uma camada limite *laminar* em uma placa plana. À medida em que nos movemos para baixo na placa para valores de *x* cada vez maiores, Re_x aumenta linearmente com *x*. Em algum ponto, começam a surgir distúrbios infinitesimais no escoamento, e a camada limite não pode continuar sendo laminar – ela inicia um processo de **transição** em direção ao escoamento turbulento. Para uma placa plana com uma corrente livre uniforme, o processo de transição começa em um **número de Reynolds crítico,** $Re_{x,\text{crítico}} \cong 1 \times 10^5$, e continua até que a camada limite seja totalmente turbulenta no **número**

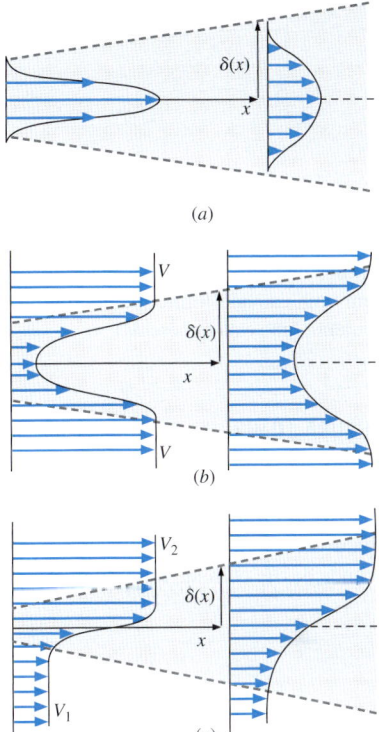

FIGURA 10–79 Três regiões adicionais de escoamento onde a aproximação da camada limite pode ser apropriada: (*a*) jatos, (*b*) esteiras e (*c*) camadas de mistura.

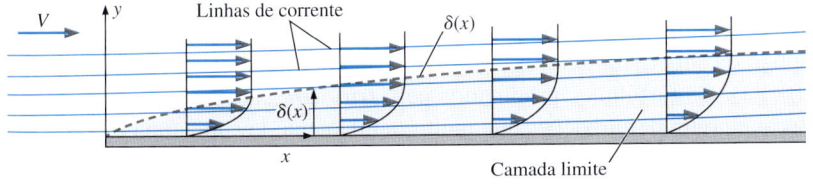

FIGURA 10–80 Comparação de linhas de corrente e as curvas representando δ como uma função de *x* para uma camada limite de uma placa plana. Como as linhas de corrente cruzam a curva $\delta(x)$, $\delta(x)$ não pode ser uma linha de corrente do escoamento.

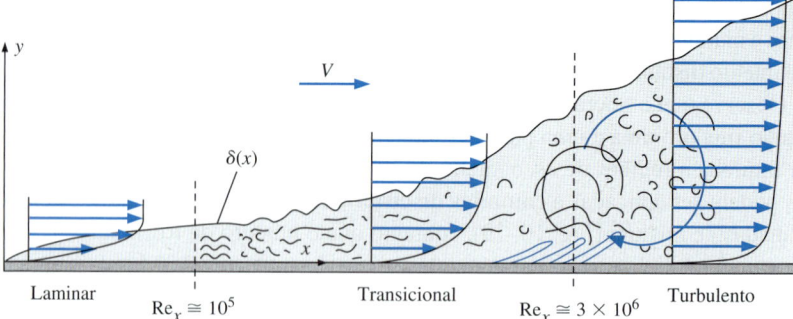

FIGURA 10–81 Transição da camada limite laminar sobre uma placa plana em uma camada limite totalmente turbulenta (não está em escala).

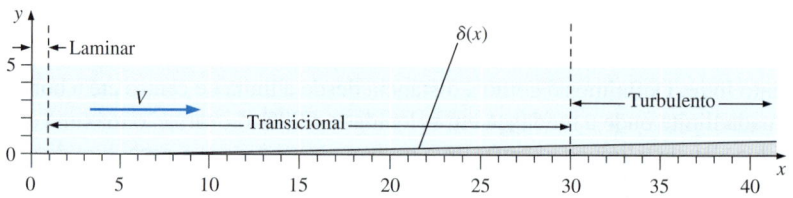

FIGURA 10–82 Espessura da camada limite sobre uma placa plana, desenhado em escala. As regiões laminar, de transição e turbulenta estão indicadas para o caso de uma parede lisa com condições de corrente livre calma.

de Reynolds de transição, $Re_{x,\text{transição}} \cong 3 \times 10^6$ (Fig. 10–81). O processo de transição é bastante complicado, e os detalhes estão além do escopo deste livro.

Note que na Fig. 10–81 a escala vertical foi muito exagerada e a escala horizontal foi encurtada (na realidade, como $Re_{x,\text{transição}} \cong 30$ vezes $Re_{x,\text{crítico}}$, a região de transição é muito maior do que está indicada na figura). Para dar uma ideia melhor de como a camada limite realmente é fina, desenhamos o gráfico de δ em função de x *em escala* na Fig. 10–82. Para gerar o gráfico, selecionamos com cuidado os parâmetros de forma que $Re_x = 100.000x$ independentemente das unidades de x. Assim, $Re_{x,\text{transição}}$ ocorre em $x \cong 1$ e $Re_{x,\text{crítico}}$ ocorre em $x \cong 30$ no gráfico. Note como a camada limite é fina e quão longa é a região de transição quando colocada no gráfico em escala.

Nos escoamentos de engenharia da vida real, a transição para o escoamento turbulento, em geral, ocorre de forma mais abrupta e muito antes (com um valor mais baixo de Re_x) do que os valores dados para uma placa plana e lisa com uma corrente livre calma. Fatores tais como rugosidade ao longo da superfície, perturbações da corrente livre, ruído acústico, instabilidades do escoamento, vibrações e curvatura da parede contribuem para que a transição ocorra mais cedo. Devido a isso, é usado um *número de Reynolds crítico de engenharia* de $Re_{x,\text{cr}} = 5 \times 10^5$ para determinar se uma camada limite tem maior possibilidade de ser laminar ($Re_x < Re_{x,\text{cr}}$) ou mais possibilidade de ser turbulenta ($Re_x > Re_{x,\text{cr}}$). Também é comum em transferência de calor usar esse valor como Re crítico; na verdade, as relações para coeficientes de atrito e de transferência de calor são deduzidas supondo-se que o escoamento seja laminar para Re_x menores do que $Re_{x,\text{cr}}$ e turbulenta para valores maiores. A lógica aqui é ignorar a transição tratando a primeira parte da transição como laminar e a parte restante como turbulenta. Seguiremos essa convenção nesse livro a menos que seja dito o contrário.

O processo de transição, geralmente, é também *instável* e difícil de prever, mesmo com os modernos softwares CFD. Em alguns casos, os engenheiros colocam lixa grossa ou fios chamados de **fios disparadores** (*trip wires*) ao longo da superfície para forçar a transição em uma localização desejada (Fig. 10–83). Os turbilhões produzidos pelo *trip wire* causam uma maior mistura local e criam perturbações que muito rapidamente levam a uma camada limite turbulenta. Aqui, novamente, a escala vertical na Fig. 10–83 está bastante exagerada para fins ilustrativos.

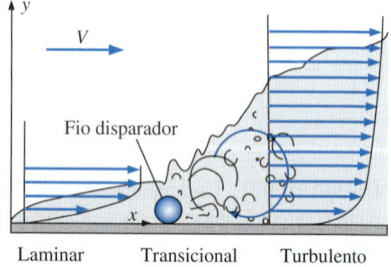

FIGURA 10–83 Um *fio disparador* geralmente é usado para iniciar mais cedo uma transição para turbulência em uma camada limite (não está em escala).

EXEMPLO 10–9 Camada limite laminar ou turbulenta?

Água escoa sobre a barbatana de um pequeno veículo submarino, a uma velocidade de V = 6,0 mi/h (Fig. 10–84). A temperatura da água é 40 °F e o comprimento da corda c da barbatana é 1,6 ft. A camada limite na superfície da barbatana é laminar ou turbulenta ou transicional?

SOLUÇÃO Vamos avaliar se a camada limite na superfície da barbatana é laminar ou turbulenta ou transicional.

Hipóteses **1** O escoamento é permanente e incompressível. **2** A superfície da barbatana é suave.

Propriedades A densidade e viscosidade da água na temperatura $T = 40°F$ é 62,42 lbm/ft^3 e 1,038 × 10^{-3} lbm/(ft·s). A viscosidade cinemática é $\nu = 1,663 \times 10^{-5}$ ft^2/s.

Análise Embora a aleta não seja uma placa plana, os valores de camada limite para placa plana são úteis como uma primeira aproximação razoável para determinar se a camada limite é laminar ou turbulenta. Calculamos o número de Reynolds no bordo de fuga da barbatana, usando c como a distância aproximada na direção da corrente ao longo da placa plana,

$$\text{Re}_x = \frac{Vx}{\nu} = \frac{(6,0 \text{ mi/h})(1,6 \text{ ft})}{1,663 \times 10^{-5} \text{ ft}^2/\text{s}} \left(\frac{5280 \text{ ft}}{\text{mi}}\right)\left(\frac{\text{h}}{3600 \text{ s}}\right) = 8,47 \times 10^5 \quad (1)$$

O número de Reynolds crítico para a transição a turbulência é 1×10^5 para o caso de uma placa lisa e plana com condições de corrente livre muito limpa e de baixo nível de ruído. O nosso número de Reynolds é mais elevado do que este. O valor de engenharia do número de Reynolds crítico para escoamentos reais de engenharia é $\text{Re}_{x,cr} = 5 \times 10^5$. Como Re_x é maior do que $\text{Re}_{x,cr}$, mas menor do que $\text{Re}_{x,\text{transição}}$ (30×10^5), **a camada limite é, mais provavelmente, transicional, mas pode ser totalmente turbulenta no bordo de fuga da barbatana**.

Discussão Em uma situação da vida real, o escoamento na corrente livre não é muito "limpo" – há remoinhos e outras perturbações, a superfície da barbatana não é perfeitamente lisa e o veículo pode estar vibrando. Assim, a transição e turbulência são susceptíveis de ocorrer muito mais cedo do que o previsto para uma placa lisa e plana.

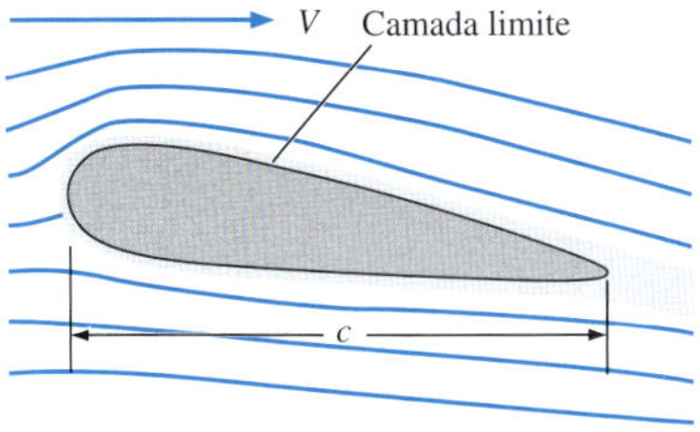

FIGURA 10–84 Camada limite crescendo ao longo da barbatana de um veículo submarino. A espessura da camada limite é exagerada para maior clareza.

As equações da camada limite

Agora que temos uma noção física da camada limite, precisamos gerar as equações de movimento para serem usadas nos cálculos de camada limite – as **equações de camada limite**. Para simplificar, consideramos apenas escoamento permanente, bidimensional no plano xy em coordenadas cartesianas. No entanto, a metodologia usada aqui pode ser estendida para camadas limite axissimétricas ou para camadas limite tridimensionais em qualquer sistema de coordenadas. Desprezamos a ação da gravidade pois não estamos tratando com superfícies livres ou com escoamentos que dependam de flutuação (escoamentos de convecção livre), onde dominam os efeitos gravitacionais. Consideramos somente as camadas limite *laminares*; as equações de camada limite turbulenta estão além do escopo deste livro. Para o caso de uma camada limite ao longo de uma parede sólida, adotamos um sistema de coordenadas no qual x em todos os pontos é paralelo à parede e y em todos os pontos é normal à parede (Fig. 10–85). Esse sistema de coordenadas é chamado de **sistema de coordenadas da camada limite**. Quando resolvemos as equações de camada limite, nós o fazemos em uma localização x a cada vez, usando esse sistema de coordenadas *localmente*, e ele é *localmente ortogonal*. Não é crítico onde definimos $x = 0$, mas para o escoamento sobre um corpo, como na Fig. 10–85, fazemos, normalmente, $x = 0$ no ponto de estagnação da frente.

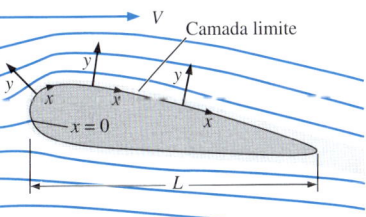

FIGURA 10–85 O sistema de coordenadas da camada limite para escoamento sobre um corpo; x segue a superfície e é normalmente igual a zero no ponto de estagnação da frente do corpo, e y em todos os pontos é normal à superfície localmente.

Começamos com a equação de Navier-Stokes na forma adimensional deduzida no início deste capítulo. Com o termo transiente e o termo da gravidade desconsiderados, a Eq. 10–6 torna-se:

$$(\vec{V}^* \cdot \vec{\nabla}^*)\vec{V}^* = -[\text{Eu}]\vec{\nabla}^* P^* + \left[\frac{1}{\text{Re}}\right]\nabla^{*2}\vec{V}^* \qquad (10\text{–}61)$$

O número de Euler é próximo de um, já que as diferenças de pressão fora da camada limite são determinadas pela equação de Bernoulli e $\Delta P = P - P_\infty \sim \rho V^2$. Notamos que V é uma velocidade característica do escoamento externo, normalmente igual à velocidade da corrente livre para corpos imersos em um escoamento uniforme. O comprimento característico usado nessa adimensionalização é L, um tamanho característico do corpo. Para camadas limite, x é da ordem de grandeza de L, e o número de Reynolds na Eq. 10–61 pode ser considerado como Re_x (Eq. 10–60). Re_x é muito grande em aplicações típicas da aproximação da camada limite. Parece-nos, portanto, que poderíamos desprezar o último termo na Eq. 10–61 em camadas limite. No entanto, fazer isso resultaria na equação de Euler, juntamente com todas as suas deficiências já discutidas aqui. Assim, devemos manter pelo menos *alguns* dos termos viscosos na Eq. 10–61.

Como podemos decidir quais os termos que deverão ser mantidos e quais deverão ser desconsiderados? Para responder a essa questão, refazemos a adimensionalização das equações de movimento com base nas escalas apropriadas de comprimento e velocidade dentro da camada limite. Na Fig. 10–86 está desenhada uma vista ampliada da parte de uma camada limite da Fig. 10–85. Como a ordem de grandeza de x é L, usamos L como uma escala espacial apropriada para distâncias na direção da corrente e para derivadas da velocidade e pressão com relação a x. No entanto, essa escala espacial é muito grande para derivadas com relação a y. Faz mais sentido usar δ como escala espacial para distâncias na direção normal à direção da corrente e para derivadas com relação a y. De modo semelhante, embora a escala de velocidade característica seja V para todo o campo de escoamento, é mais apropriado usar U como escala de velocidade característica para camadas limite, onde U é a intensidade da componente de velocidade paralela à parede na localização logo acima da camada limite (Fig. 10–86). U, em geral, é uma função de x. Assim, dentro da camada limite em algum valor de x, as ordens de grandeza são:

$$u \sim U \qquad P - P_\infty \sim \rho U^2 \qquad \frac{\partial}{\partial x} \sim \frac{1}{L} \qquad \frac{\partial}{\partial y} \sim \frac{1}{\delta} \qquad (10\text{–}62)$$

A ordem de grandeza da componente de velocidade v não está especificada na Eq. 10–62, mas é obtida da equação da continuidade. Aplicando as ordens de grandeza na Eq. 10–62 à equação da continuidade incompressível em duas dimensões:

$$\underbrace{\frac{\partial u}{\partial x}}_{\sim U/L} + \underbrace{\frac{\partial v}{\partial y}}_{\sim v/\delta} = 0 \quad \rightarrow \quad \frac{U}{L} \sim \frac{v}{\delta}$$

Como os dois termos devem se equilibrar entre si, eles devem ter a mesma ordem de grandeza. Assim, obtemos a ordem de grandeza da componente velocidade v:

$$v \sim \frac{U\delta}{L} \qquad (10\text{–}63)$$

Como $\delta/L \ll 1$ em uma camada limite (a camada limite é muito fina), concluímos que $v \ll u$ em uma camada limite (Fig. 10–87). Das Eqs. 10–62 e 10–63, definimos as seguintes variáveis adimensionais dentro da camada limite:

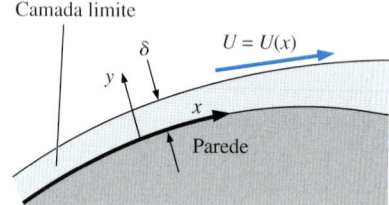

FIGURA 10–86 Vista ampliada da camada limite ao longo da superfície de um corpo, mostrando as escalas espaciais x e δ e escala de velocidade U.

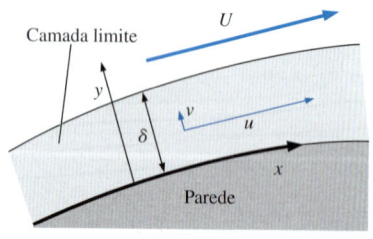

FIGURA 10–87 Vista altamente ampliada da camada limite ao longo da superfície de um corpo, mostrando que a componente de velocidade v é muito menor do que u.

$$x^* = \frac{x}{L} \quad y^* = \frac{y}{\delta} \quad u^* = \frac{u}{U} \quad v^* = \frac{vL}{U\delta} \quad P^* = \frac{P - P_\infty}{\rho U^2}$$

Como usamos escalas apropriadas, todas essas variáveis adimensionais são de ordem de grandeza da unidade – isto é, elas são variáveis *normalizadas* (Cap. 7).

Consideramos agora as componentes x e y da equação de Navier-Stokes. Substituímos essas variáveis adimensionais na componente y da equação de momento resultando:

$$\underbrace{u}_{u^*U} \underbrace{\frac{\partial v}{\partial x}}_{\frac{\partial}{\partial x^*} \frac{v^*U\delta}{L^2}} + \underbrace{v}_{v^*\frac{U\delta}{L}} \underbrace{\frac{\partial v}{\partial y}}_{\frac{\partial}{\partial y^*} \frac{v^*U\delta}{L\delta}} = -\underbrace{\frac{1}{\rho} \frac{\partial P}{\partial y}}_{\frac{1}{\rho} \frac{\partial}{\partial y^*} \frac{P^*\rho U^2}{\delta}} + \underbrace{\nu \frac{\partial^2 v}{\partial x^2}}_{\nu \frac{\partial^2}{\partial x^{*2}} \frac{v^*U\delta}{L^3}} + \underbrace{\nu \frac{\partial^2 v}{\partial y^2}}_{\nu \frac{\partial^2}{\partial y^{*2}} \frac{v^*U\delta}{L\delta^2}}$$

Após algumas operações algébricas, e multiplicando cada termo por $L^2/(U^2\delta)$, obtemos:

$$u^* \frac{\partial v^*}{\partial x^*} + v^* \frac{\partial v^*}{\partial y^*} = -\left(\frac{L}{\delta}\right)^2 \frac{\partial P^*}{\partial y^*} + \left(\frac{\nu}{UL}\right) \frac{\partial^2 v^*}{\partial x^{*2}} + \left(\frac{\nu}{UL}\right)\left(\frac{L}{\delta}\right)^2 \frac{\partial^2 v^*}{\partial y^{*2}} \quad (10\text{-}64)$$

Comparando os termos na Eq. 10–64, o termo do meio do lado direito tem uma ordem de grandeza claramente menor do que qualquer outro termo, já que $Re_L = UL/\nu \gg 1$. Pela mesma razão, o último termo no lado direito é muito menor do que o primeiro termo no lado direito. Desprezando esses dois termos restam os dois termos da esquerda e o primeiro termo da direita. Porém, como $L \gg \delta$, o termo do gradiente de pressão tem uma ordem de grandeza maior do que os termos convectivos no lado esquerdo da equação. Assim, o único termo que resta na Eq. 10–64 é o termo da pressão. Como não há outro termo na equação que possa equilibrar esse termo, não temos outra escolha senão fazê-lo igual a zero. Assim, a equação adimensional de momento y se reduz a:

$$\frac{\partial P^*}{\partial y^*} \cong 0$$

ou, em termos de variáveis físicas:

Gradiente de pressão normal através de uma camada limite: $\quad \dfrac{\partial P}{\partial y} \cong 0 \quad$ (10-65)

Em outras palavras, embora a pressão possa variar *ao longo* da parede (na direção x), há uma alteração desprezível na pressão na direção *normal* à parede. Isso está ilustrado na Fig. 10–88. Em $x = x_1$, $P = P_1$ para todos os valores de y através da camada limite desde a parede até o escoamento externo. Em alguma outra localização x, $x = x_2$, a pressão pode ter mudado, mas $P = P_2$ em todos os valores de y através daquela parte da camada limite.

> A pressão através de uma camada limite (direção y) é aproximadamente constante.

Fisicamente, devido à camada limite ser tão fina, as linhas de corrente dentro da camada limite têm uma *curvatura* desprezível quando observadas na escala de espessura da camada limite. Linhas de corrente curvadas requerem uma *aceleração centrípeta*, que vem de um gradiente de pressão ao longo do raio de curvatura. Como as linhas de corrente não são significativamente curvas em uma camada limite fina, não há um gradiente de pressão significativo através da camada limite.

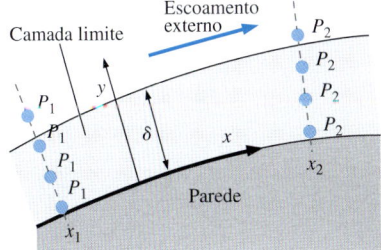

FIGURA 10–88 A pressão pode mudar *ao longo* de uma camada limite (direção x), mas a variação de pressão *através* de uma camada limite (direção y) é desprezível.

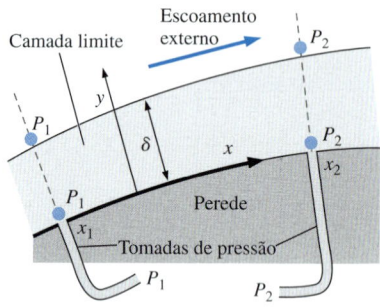

FIGURA 10–89 A pressão na região irrotacional de escoamento fora de uma camada limite pode ser medida por tomadas de pressão estática na superfície da parede. A figura ilustra duas tomadas de pressão desse tipo.

Uma consequência imediata da Eq. 10–65 e do enunciado que acabamos de apresentar é que em qualquer localização x ao longo da parede, a pressão na borda externa da camada limite ($y \cong \delta$) é a *mesma* que aquela na parede ($y = 0$). Isso resulta em uma tremenda aplicação prática; ou seja, a pressão na borda externa de uma camada limite pode ser medida experimentalmente por uma tomada de pressão estática na *parede* diretamente abaixo da camada limite (Fig. 10–89). Os experimentalistas, muitas vezes, aproveitam as vantagens dessa situação, e inúmeras formas de aerofólios para asas de aviões e pás de turbinas foram testadas com tomadas de pressão desse tipo, durante o século passado.

Os dados experimentais de pressão mostrados na Fig. 10–64 para escoamento sobre um cilindro circular foram medidos com tomadas de pressão na superfície do cilindro, são usados ainda para comparar com a pressão calculada pela aproximação do escoamento externo irrotacional. Essa comparação é válida, porque a pressão obtida *fora* da camada limite (através da equação de Euler ou análise do escoamento potencial combinada com a equação de Bernoulli) se aplica totalmente através da camada limite até à parede.

Retornando ao desenvolvimento das equações da camada limite, usamos a Eq. 10–65 para simplificar muito a componente x da equação de momento. Especificamente, como P não é uma função de y, substituímos $\partial P/\partial x$ por dP/dx, onde P é o valor da pressão calculada a partir de nossa aproximação de escoamento externo (usando a equação da continuidade e a equação de Euler, ou as equações de escoamento potencial mais a equação de Bernoulli). A componente x da equação de Navier-Stokes torna-se:

$$\underbrace{u}_{u^*U} \underbrace{\frac{\partial u}{\partial x}}_{\frac{\partial}{\partial x^*} \frac{u^*U}{L}} + \underbrace{v}_{v^* \frac{U\delta}{L}} \underbrace{\frac{\partial u}{\partial y}}_{\frac{\partial}{\partial y^*} \frac{u^*U}{\delta}} = \underbrace{-\frac{1}{\rho}\frac{dP}{dx}}_{\frac{1}{\rho}\frac{\partial}{\partial x^*}\frac{P^*\rho U^2}{L}} + \underbrace{\nu \frac{\partial^2 u}{\partial x^2}}_{\nu \frac{\partial^2}{\partial x^{*2}} \frac{u^*U}{L^2}} + \underbrace{\nu \frac{\partial^2 u}{\partial y^2}}_{\nu \frac{\partial^2}{\partial y^{*2}} \frac{u^*U}{\delta^2}}$$

Após algumas operações algébricas e após multiplicar cada termo por L/U^2, obtemos:

$$u^* \frac{\partial u^*}{\partial x^*} + v^* \frac{\partial u^*}{\partial y^*} = -\frac{dP^*}{dx^*} + \left(\frac{\nu}{UL}\right)\frac{\partial^2 u^*}{\partial x^{*2}} + \left(\frac{\nu}{UL}\right)\left(\frac{L}{\delta}\right)^2 \frac{\partial^2 u^*}{\partial y^{*2}} \quad (10\text{–}66)$$

Comparando os termos na Eq. 10–66, o termo do meio na lado direito é claramente de uma ordem de grandeza menor do que os termos no lado esquerdo, já que $\text{Re}_L = UL/\nu \gg 1$. E o último termo da direita? Se desprezarmos esse termo, anulamos todos os termos viscosos e voltamos à equação de Euler. Está claro que este termo deve permanecer. Além disso, como todos os termos restantes na Eq. 10–66 são próximos de 1, a combinação dos parâmetros entre parênteses no último termo no lado direito da Eq. 10–66 também deve ser de ordem de grandeza da unidade:

$$\left(\frac{\nu}{UL}\right)\left(\frac{L}{\delta}\right)^2 \sim 1$$

Novamente, reconhecendo que $\text{Re}_L = UL/\nu$, vemos imediatamente que:

$$\frac{\delta}{L} \sim \frac{1}{\sqrt{\text{Re}_L}} \quad (10\text{–}67)$$

Isso confirma nosso enunciado anterior de que em uma dada localização na corrente ao longo da parede, quanto maior o número de Reynolds, mais fina será a camada limite. Se substituirmos x por L na Eq. 10–67, concluímos também que para uma camada limite laminar sobre uma placa plana, onde $U(x) = V = $ constante, δ aumenta com a raiz quadrada de x (Fig. 10–90).

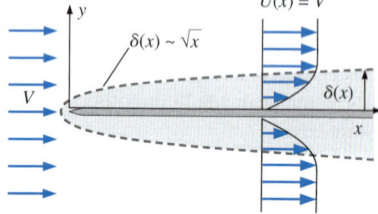

FIGURA 10–90 Uma análise da ordem de grandeza das equações de camada limite laminar ao longo de uma placa plana revela que δ cresce com $\sqrt{x}$ (fora de escala).

Em termos das variáveis originais (físicas), a Eq. 10–66 é escrita como:

Equação da componente x do momento da camada limite:

$$u\frac{\partial u}{\partial x} + v\frac{\partial u}{\partial y} = -\frac{1}{\rho}\frac{dP}{dx} + \nu\frac{\partial^2 u}{\partial y^2} \qquad (10\text{–}68)$$

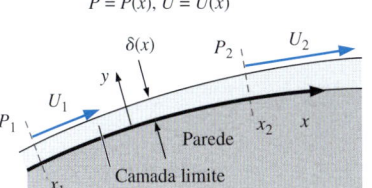

FIGURA 10–91 A velocidade do escoamento externo paralelo à parede é $U(x)$ e é obtida a partir da pressão do escoamento externo, $P(x)$. Essa velocidade aparece no componente x da equação de momento da camada limite, Eq. 10–70.

Observe que o último termo na Eq. 10–68 não é desprezível na camada limite, pois a derivada y do gradiente de velocidade $\partial u/\partial y$ é suficientemente grande para compensar o valor (normalmente pequeno) da viscosidade cinemática ν. Finalmente, como nós sabemos pela nossa análise da componente y da equação da quantidade do momento que a pressão através da camada limite é a mesma que fora da camada limite (Eq. 10–65), aplicamos a equação de Bernoulli à região de escoamento externo. Derivando com relação a x, obtemos:

$$\frac{P}{\rho} + \frac{1}{2}U^2 = \text{constante} \quad \rightarrow \quad \frac{1}{\rho}\frac{dP}{dx} = -U\frac{dU}{dx} \qquad (10\text{–}69)$$

onde notamos que tanto P quanto U são funções apenas de x, como está ilustrado na Fig. 10–91. A substituição da Eq. 10–69 na Eq. 10–68 resulta em:

$$u\frac{\partial u}{\partial x} + v\frac{\partial u}{\partial y} = U\frac{dU}{dx} + \nu\frac{\partial^2 u}{\partial y^2} \qquad (10\text{–}70)$$

e eliminamos a pressão das equações da camada limite.

Resumimos o conjunto de equações de movimento para uma camada limite laminar, permanente, incompressível, no plano xy sem efeitos gravitacionais significativos:

Equações da camada limite:

$$\frac{\partial u}{\partial x} + \frac{\partial v}{\partial y} = 0$$
$$u\frac{\partial u}{\partial x} + v\frac{\partial u}{\partial y} = U\frac{dU}{dx} + \nu\frac{\partial^2 u}{\partial y^2} \qquad (10\text{–}71)$$

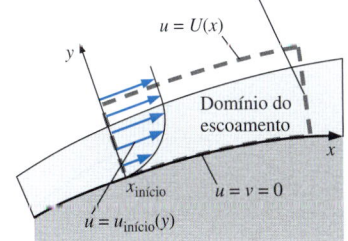

FIGURA 10–92 O conjunto de equações da camada limite é parabólico, assim as condições de contorno precisam ser especificadas apenas em três lados do domínio do escoamento.

Matematicamente, a equação completa de Navier-Stokes é **elíptica** no espaço, ou seja, são necessárias condições de contorno sobre todo o limite do domínio do escoamento. Fisicamente, as informações de escoamento são passadas em todas as direções, tanto a montante quanto a jusante. Por outro lado, a equação da componente x do momento da camada limite (a segunda equação da Eq. 10–71) é **parabólica**. Isso significa que precisamos especificar condições de contorno somente sobre três lados do domínio de escoamento (bidimensional). Fisicamente, as informações de escoamento não são passadas na direção oposta ao escoamento (a jusante). Esse fato reduz muito o nível de dificuldade na solução das equações de camada limite. Especificamente, não precisamos definir condições de contorno *a jusante*, somente montante e no topo e na base do domínio do escoamento (Fig. 10–92). Para um problema típico de camada limite ao longo de uma parede, especificamos a condição de não escorregamento na parede ($u = v = 0$ em $y = 0$), a condição de escoamento externo na borda da camada limite e além [$u = U(x)$ como $y \to \infty$], e um perfil inicial em alguma localização a montante [$u = u_{\text{início}}(y)$ em $x = x_{\text{início}}$, onde $x_{\text{início}}$ pode ou não ser zero]. Com essas condições de contorno, simplesmente caminhamos a jusante na direção x, resolvendo as equações de camada limite à medida que seguimos. Isso é particularmente atrativo para cálculos numéricos de camada limite, porque uma vez que conhecemos o perfil em uma localização x (x_i), podemos passar para a próxima localização x (x_{i+1}), e depois usar esse perfil que acabamos de calcular como perfil de partida para passar à próxima localização x (x_{i+2}), etc.

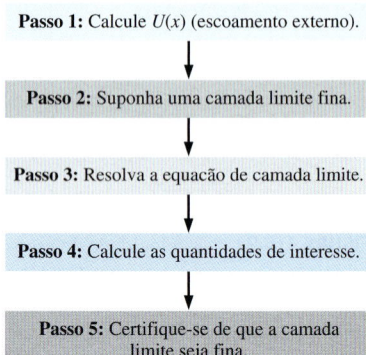

FIGURA 10–93 Resumo do procedimento de camada limite para camadas limite permanentes, incompressíveis, bidimensionais no plano xy.

O procedimento de camada limite

Quando é empregada a aproximação da camada limite, usamos um procedimento geral passo a passo. Resumimos o procedimento aqui e em forma condensada na Fig. 10–93.

Passo 1 Resolva para o escoamento externo, ignorando a camada limite (assumindo que a região de escoamento fora da camada limite é aproximadamente sem escoamento e/ou irrotacional). Transforme as coordenadas, se for necessário, para obter $U(x)$.

Passo 2 Suponha uma camada limite fina – tão fina, na verdade, que ela não afete a solução de escoamento externo do passo 1.

Passo 3 Resolva as equações da camada limite (Eq. 10–71), usando condições de contorno apropriadas: a condição de contorno de não deslizamento na parede, $u = v = 0$ em $y = 0$; a condição conhecida do escoamento externo na borda da camada limite, $u \to U(x)$ na medida em que $y \to \infty$; e algum perfil inicial conhecido, $u = u_{\text{inicial}}(y)$ em $x = x_{\text{inicial}}$.

Passo 4 Calcule valores de interesse no campo de escoamento. Por exemplo, uma vez resolvidas as equações da camada limite (passo 3), podemos calcular $\delta(x)$, a tensão de cisalhamento ao longo da parede, o arrasto total de atrito superficial, etc.

Passo 5 Verifique se as aproximações de camada limite são apropriadas. Em outras palavras, verifique se a camada limite é *fina* – caso contrário, a aproximação não é justificada.

Antes de resolvermos alguns exemplos, listamos aqui algumas das limitações da aproximação da camada limite. São simplesmente *sinais de alerta* para chamar a atenção ao executar cálculos com camada limite:

- A aproximação da camada limite perde a validade se o número de Reynolds não for suficientemente grande. Quão grande é suficientemente grande? Depende da precisão desejada da aproximação. Usando a Eq. 10–67 como diretriz, $\delta/L \sim 0{,}03$ (3%) para $\text{Re}_L = 1000$ e $\delta/L \sim 0{,}01$ (1%) para $\text{Re}_L = 10.000$.

- A hipótese de gradiente de pressão zero na direção y (Eq. 10–65) fica inválida se a curvatura da parede for de grandeza similar a δ (Fig. 10–94). Nesses casos, os efeitos da aceleração centrípeta devido à curvatura da linha de corrente não podem ser ignorados. Fisicamente, a camada limite não é fina o suficiente para que a aproximação seja apropriada quando δ não for $\ll R$.

- Quando o número de Reynolds for muito *alto*, a camada limite não permanece laminar, conforme discutimos anteriormente. A própria aproximação da camada limite pode ainda ser apropriada, mas as Eqs. 10–71 *não* são válidas se o escoamento for de transição ou totalmente turbulento. Conforme observamos antes, a camada limite laminar em uma placa plana sob condições estáveis de escoamento começa sua transição para a turbulência em $\text{Re}_x \cong 1 \times 10^5$. Nas aplicações práticas da engenharia, as paredes podem não ser lisas e pode haver vibrações, ruído e flutuações no escoamento de corrente livre acima da parede, sendo que tudo isso contribui para um início ainda mais antecipado do processo de transição.

- Se ocorrer separação de escoamento, a aproximação da camada limite não é mais apropriada na região de escoamento separado. A razão principal para isso é que uma região de escoamento separado contém *escoamento reverso*, e a natureza parabólica das equações da camada limite é perdida.

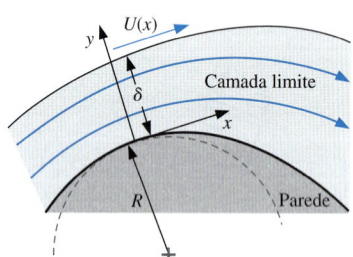

FIGURA 10–94 Quando o raio local de curvatura da parede (R) for suficientemente pequeno para ter a mesma grandeza de δ, os efeitos da aceleração centrípeta não podem ser ignorados e $\partial P/\partial y \neq 0$. A aproximação da camada limite fina não é apropriada nessas regiões.

EXEMPLO 10–10   Camada limite laminar em uma placa plana

Uma corrente livre uniforme de velocidade V escoa paralela a uma placa plana semi-infinita infinitesimalmente fina conforme está representado na Fig. 10–95. O sistema de coordenadas é definido de maneira que a placa começa na origem. Como o escoamento é simétrico em relação ao eixo x, somente a metade superior do escoamento é considerada. Calcule o perfil de velocidade da camada limite ao longo da placa e discuta.

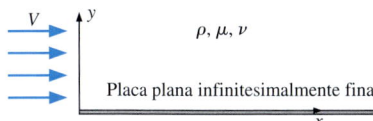

FIGURA 10–95   Cenário para o Exemplo 10–10; escoamento de uma corrente uniforme paralela a uma placa plana semi-infinita ao longo do eixo x.

SOLUÇÃO   Vamos calcular o perfil de velocidade da camada limite (u em função de x e y) à medida que a camada limite laminar cresce ao longo da placa plana.

Hipóteses   **1** O escoamento é permanente, incompressível e bidimensional no plano xy. **2** O número de Reynolds é suficientemente grande para que a aproximação da camada limite seja razoável. **3** A camada limite permanece laminar sobre o intervalo que nos interessa.

Análise   Seguimos o procedimento passo a passo resumido na Fig. 10–93.

Passo 1   O escoamento externo é obtido ignorando-se a camada limite por inteiro, já que se supõe que ela é extremamente fina. Lembre-se que qualquer linha de corrente em um escoamento irrotacional pode ser considerada como uma parede. Nesse caso, o eixo x pode ser considerado como uma linha de corrente de escoamento uniforme de corrente livre, um dos nossos blocos de construção de escoamentos na Seção 10–5; essa linha de corrente pode também ser considerada como uma placa infinitesimalmente fina (Fig. 10–96). Assim:

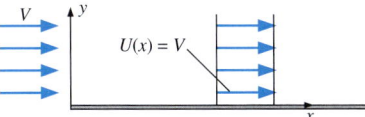

FIGURA 10–96   O escoamento externo do Exemplo 10–10 é trivial, já que o eixo x é uma linha de corrente do escoamento e $U(x) = V$ = constante.

Escoamento externo: $U(x) = V$ = constante   (1)

Para maior conveniência, usamos U em lugar de $U(x)$ de agora em diante, pois esse valor é uma constante.

Passo 2   Supomos uma camada limite muito fina ao longo da parede (Fig. 10–97). O detalhe aqui é que a camada limite é tão fina que ela tem um efeito desprezível sobre o escoamento externo calculado no passo 1.

Passo 3   Agora devemos resolver as equações de camada limite. Vemos pela Eq. 1 que $dU/dx = 0$; em outras palavras, não resta nenhum termo de gradiente de pressão na equação da componente x do momento da camada limite. É por esse motivo que a camada limite sobre uma placa plana frequentemente é chamada de **camada limite de gradiente de pressão zero.** As equações da continuidade e da componente x do momento para a camada limite (Eq. 10–71) tornam-se:

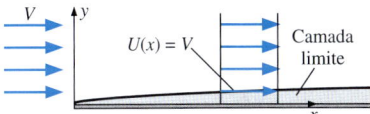

FIGURA 10–97   A camada limite é tão fina que ela não afeta o escoamento externo; a espessura da camada limite está exagerada aqui para maior clareza.

$$\frac{\partial u}{\partial x} + \frac{\partial v}{\partial y} = 0 \qquad u\frac{\partial u}{\partial x} + v\frac{\partial u}{\partial y} = \nu\frac{\partial^2 u}{\partial y^2} \qquad (2)$$

São necessárias quatro condições de contorno:

$$u = 0 \quad \text{em } y = 0 \quad u = U \quad \text{como } y \to \infty$$
$$v = 0 \quad \text{em } y = 0 \quad u = U \quad \text{para todo } y \text{ em } x = 0 \qquad (3)$$

A última das condições de contorno na Eq. 3 é o perfil inicial; assumimos que a placa ainda não exerceu influência sobre o escoamento na localização inicial da placa ($x = 0$).

Essas equações e condições de contorno parecem ser bastante simples, mas, infelizmente, *até agora não foi encontrada nenhuma solução analítica.* No entanto, as Eqs. 2 foram resolvidas pela primeira vez *numericamente* em 1908 por P. R. Heinrich Blasius (1883-1970). Como comentário, Blasius era

(continua)

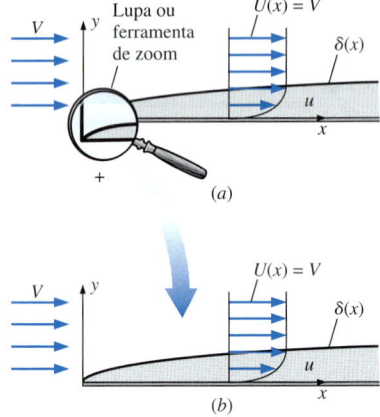

FIGURA 10–98 Um resultado útil da hipótese da similaridade é que o escoamento parece o mesmo (ele é *similar*) independentemente de quanto ampliamos ou reduzimos a vista; (*a*) Vista de uma distância, como uma pessoa veria, (*b*) Vista ampliada, como uma formiga veria.

(*continuação*)

um estudante de doutorado de Prandtl. Naquele tempo, naturalmente, ainda não havia computadores e todos os cálculos foram feitos *manualmente*. Hoje, podemos resolver essas equações em um computador em alguns segundos. O segredo da solução é a hipótese da similaridade. Em palavras mais simples, pode-se supor a similaridade aqui porque não há *comprimento característico* na geometria do problema. Fisicamente, como a placa é infinitamente longa na direção *x*, vemos sempre o *mesmo* padrão de escoamento, não importa se ampliamos ou reduzimos a vista (Fig. 10–98).

Blasius introduziu uma **variável de similaridade** η que combina as variáveis independentes *x* e *y* em uma variável independente adimensional:

$$\eta = y\sqrt{\frac{U}{\nu x}} \qquad (4)$$

e ele resolveu para uma forma adimensional da componente *x* da velocidade:

$$f' = \frac{u}{U} = \text{função de } \eta \qquad (5)$$

Quando substituímos as Eqs. 4 e 5 nas Eqs. 2, submetidas às condições de contorno da Eq. 3, obtemos uma equação diferencial ordinária para velocidade adimensional $f'(\eta) = u/U$ como uma função da variável de similaridade η. Usamos a técnica numérica popular de Runge-Kutta para obter os resultados mostrados na Tabela 10–3 e na Fig. 10–99. Os detalhes dessa técnica estão além do escopo deste livro (veja Heinsohn e Cimbala, 2003). Há também um pequeno componente *y* da velocidade *v* distante da parede, mas $v \ll u$, e não é discutida aqui. A beleza da solução da similaridade é que essa forma única de perfil de velocidade se aplica a *qualquer localização x* quando mostrada em um gráfico em variáveis de similaridade, como na Fig. 10–99. A concordância da forma do perfil calculado na Fig. 10–99 com os dados obtidos experimentalmente (círculos na Fig. 10–99) e com a forma do perfil visualizada da Fig. 10–78 é notável. A solução de Blasius é um sucesso assombroso.

TABELA 10–3
Solução de Blasius da camada limite laminar em placa plana em variáveis de similaridade*

η	f''	f'	f	η	f''	f'	f
0,0	0,33206	0,00000	0,00000	2,4	0,22809	0,72898	0,92229
0,1	0,33205	0,03321	0,00166	2,6	0,20645	0,77245	1,07250
0,2	0,33198	0,06641	0,00664	2,8	0,18401	0,81151	1,23098
0,3	0,33181	0,09960	0,01494	3,0	0,16136	0,84604	1,39681
0,4	0,33147	0,13276	0,02656	3,5	0,10777	0,91304	1,83770
0,5	0,33091	0,16589	0,04149	4,0	0,06423	0,95552	2,30574
0,6	0,33008	0,19894	0,05973	4,5	0,03398	0,97951	2,79013
0,8	0,32739	0,26471	0,10611	5,0	0,01591	0,99154	3,28327
1,0	0,32301	0,32978	0,16557	5,5	0,00658	0,99688	3,78057
1,2	0,31659	0,39378	0,23795	6,0	0,00240	0,99897	4,27962
1,4	0,30787	0,45626	0,32298	6,5	0,00077	0,99970	4,77932
1,6	0,29666	0,51676	0,42032	7,0	0,00022	0,99992	5,27923
1,8	0,28293	0,57476	0,52952	8,0	0,00001	1,00000	6,27921
2,0	0,26675	0,62977	0,65002	9,0	0,00000	1,00000	7,27921
2,2	0,24835	0,68131	0,78119	10,0	0,00000	1,00000	8,27921

* η é a variável de similaridade definida na Eq. 4 acima e a função $f(\eta)$ é resolvida usando a técnica numérica Runge-Kutta. Observe que f'' é proporcional à tensão de cisalhamento τ, f' é proporcional à componente *x* da velocidade na camada limite ($f' = u/U$) e a própria *f* é proporcional à função corrente. f' é colocada em gráfico como função de η na Fig. 10–99.

Passo 4 Em seguida, calculamos várias grandezas de interesse nesta camada limite. Primeiro, baseados em uma solução numérica com uma resolução mais fina do que aquela mostrada na Tabela 10–3, determinamos que $u/U = 0{,}990$ em $\eta \cong 4{,}91$. Essa espessura de camada limite de 99% está representada na Fig. 10–99. Usando a Eq. 4 e a definição de δ, concluímos que $y = \delta$ quando:

$$\eta = 4{,}91 = \sqrt{\frac{U}{\nu x}}\,\delta \quad \rightarrow \quad \frac{\delta}{x} = \frac{4{,}91}{\sqrt{\text{Re}_x}} \tag{6}$$

Esse resultado concorda qualitativamente com a Eq. 10–67, obtida de uma simples análise de ordens de grandeza. A constante 4,91 na Eq. 6 é arredondada para 5,0 por muitos autores, mas nós preferimos expressar o resultado com três dígitos significativos para que haja consistência com outras grandezas obtidas do perfil de Blasius.

Uma outra grandeza de interesse é a tensão de cisalhamento na parede, τ_w:

$$\tau_w = \mu \left.\frac{\partial u}{\partial y}\right)_{y=0} \tag{7}$$

Na Fig. 10–99 está representada a variação do perfil de velocidade adimensional na parede ($y = 0$ e $\eta = 0$). Dos nossos resultados de similaridade (Tabela 10–3), a variação adimensional na parede é:

$$\left.\frac{d(u/U)}{d\eta}\right)_{\eta=0} = f''(0) = 0{,}332 \tag{8}$$

Após a substituição da Eq. 8 na Eq. 7 e algumas operações algébricas (transformação de variáveis de similaridade de volta para variáveis físicas), obtemos:

Tensão de cisalhamento em variáveis físicas: $\quad \tau_w = 0{,}332 \dfrac{\rho U^2}{\sqrt{\text{Re}_x}}$ (9)

Assim, vemos que a tensão de cisalhamento na parede diminui com x segundo a relação $x^{-1/2}$, como está representado na Fig. 10–100. Em $x = 0$, a Eq. 9 estima que τ_w é infinito, o que é fisicamente impossível. A aproximação da camada limite não é apropriada no bordo de ataque ($x = 0$), porque a espessura da camada limite não é pequena comparada com x. Além disso, qualquer placa plana *real* tem espessura finita, e há um ponto de estagnação na frente da placa, com o escoamento externo acelerando rapidamente a $U(x) = V$. Podemos ignorar a região muito próxima de $x = 0$ sem perda de precisão no resto do escoamento.

A Equação 9 é colocada na forma adimensional definido-se um **coeficiente de atrito superficial** (também chamado de **coeficiente de atrito local**).

Coeficiente de atrito local, placa plana, laminar: $\quad C_{f,x} = \dfrac{\tau_w}{\frac{1}{2}\rho U^2} = \dfrac{0{,}664}{\sqrt{\text{Re}_x}}$ (10)

Observe que a Eq. 10 para $C_{f,x}$ tem a mesma forma da Eq. 6 para δ/x, mas com uma constante diferente – ambas decrescem com o inverso da raiz quadrada do número de Reynolds. No Cap. 11, integramos a Eq. 10 para obter o arrasto total de atrito sobre uma placa plana de comprimento L.

(continua)

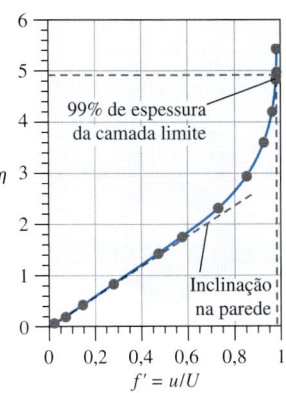

FIGURA 10–99 O perfil de Blasius em variáveis de similaridade para a camada limite crescendo em uma placa plana semi-infinita. Os dados experimentais (círculos) são para $\text{Re}_x = 3{,}64 \times 10^5$.

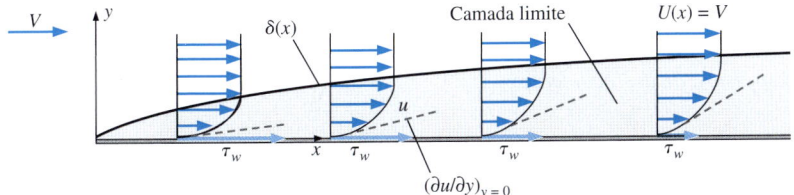

FIGURA 10–100 Para uma camada limite laminar de placa plana, a tensão de cisalhamento na parede diminui segundo a relação $x^{-1/2}$ à medida que a relação $\partial u/\partial y$ na parede decresce a jusante. A parte da frente da placa contribui mais para o arrasto do atrito superficial do que a parte de trás.

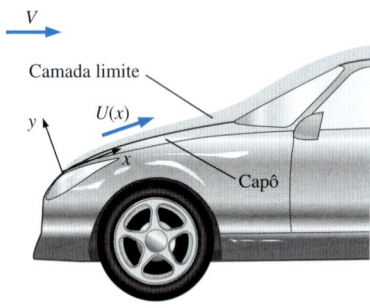

FIGURA 10–101 A camada limite que se desenvolve no capô de um carro. A espessura da camada limite está exagerada para dar maior clareza.

(continuação)

Passo 5 Precisamos verificar se a camada limite é fina. Considere o exemplo prático do escoamento sobre o capô do seu carro (Fig. 10–101) quando você está dirigindo no centro da cidade em um dia quente a 20 mi/h. A viscosidade cinemática do ar é $\nu = 1{,}8 \times 10^{-4}$ ft²/s. Aproximamos o capô do carro como uma placa plana de 3,5 ft de comprimento movendo-se horizontalmente a uma velocidade $V = 20$ mi/h. Primeiro, aproximamos o número de Reynolds no fim do capô usando a Eq. 10–60:

$$\text{Re}_x = \frac{Vx}{\nu} = \frac{(20 \text{ mi/h})(3{,}5 \text{ ft})}{1{,}8 \times 10^{-4} \text{ ft}^2/\text{s}}\left(\frac{5280 \text{ ft}}{\text{mi}}\right)\left(\frac{\text{h}}{3600 \text{ s}}\right) = 5{,}7 \times 10^5$$

Como Re_x é muito próximo ao número de Reynolds crítico, $\text{Re}_{x,cr} = 5 \times 10^5$, a hipótese do escoamento laminar pode ou não ser apropriada. No entanto, usamos a Eq. 6 para estimar a espessura da camada limite, supondo que o escoamento permaneça laminar:

$$\delta = \frac{4{,}91x}{\sqrt{\text{Re}_x}} = \frac{4{,}91(3{,}5 \text{ ft})}{\sqrt{5{,}7 \times 10^5}}\left(\frac{12 \text{ in}}{\text{ft}}\right) = 0{,}27 \text{ in} \qquad (11)$$

No fim do capô, a camada limite tem apenas um quarto de polegada de espessura, e nossa hipótese de uma camada limite muito fina é confirmada.

Discussão A solução de Blasius da camada limite é válida somente para escoamento sobre uma placa plana perfeitamente alinhada com o escoamento. No entanto, ela é usada frequentemente como uma aproximação para a camada limite que se desenvolve ao longo de paredes sólidas que não são necessariamente planas nem exatamente paralelas ao escoamento, como no capô do carro. Conforme foi ilustrado no passo 5, nos problemas práticos de engenharia não é difícil encontrar números de Reynolds maiores do que o valor crítico para a transição à turbulência. Você precisa ter cuidado para não aplicar a solução camada limite laminar apresentada aqui quando a camada limite se torna turbulenta.

Espessura de deslocamento

Conforme foi mostrado na Fig. 10–80, as linhas de corrente dentro e fora de uma camada limite devem se curvar ligeiramente para fora afastando-se da parede para satisfazer ao princípio da conservação da massa na medida em que a espessura da camada limite aumenta a jusante. Isso é porque a componente y da velocidade, v, é pequena mas finita e positiva. Fora da camada limite, o escoamento externo é afetado por essa deflexão das linhas de corrente. Definimos a **espessura de deslocamento** δ^* como a distância em que a linha de corrente fora da camada limite é defletida, conforme está representado na Fig. 10–102.

> Espessura de deslocamento é a distância em que a linha de corrente fora da camada limite é defletida da parede devido ao efeito da camada limite.

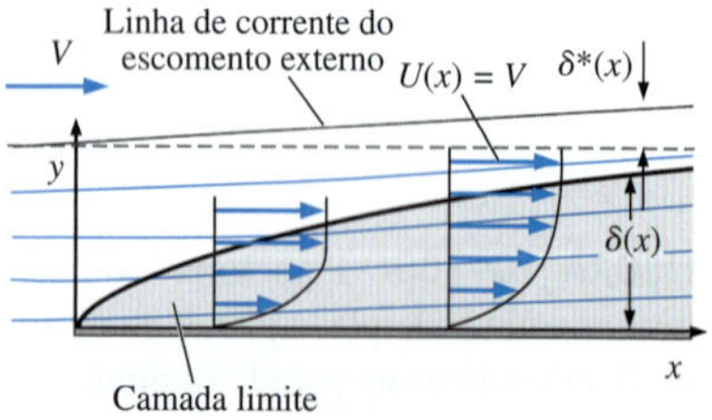

Geramos uma expressão para δ^* para a camada limite ao longo de uma placa plana executando uma análise de volume de controle usando a conservação da massa. Os detalhes ficam como exercício para o leitor; o resultado em qualquer localização x ao longo da placa é:

Espessura de deslocamento: $\qquad \delta^* = \int_0^\infty \left(1 - \frac{u}{U}\right) dy \qquad$ **(10–72)**

Observe que o limite superior da integral na Eq. 10–72 é mostrado como ∞, mas como $u = U$ em todos os pontos acima da camada limite, é necessário inte-

FIGURA 10–102 Espessura de deslocamento definida por uma linha de corrente fora da camada limite. A espessura da camada limite está exagerada.

grar somente até uma distância finita acima de δ. Obviamente, δ* cresce com x à medida que a camada limite cresce (Fig. 10–103). Para uma placa plana laminar, integramos a solução numérica (Blasius) do Exemplo 10–10 para obter:

Espessura de deslocamento, placa plana laminar: $\quad \dfrac{\delta^*}{x} = \dfrac{1{,}72}{\sqrt{Re_x}} \quad$ (10–73)

A equação para δ* é a mesma para δ, mas com uma constante diferente. Na verdade, para escoamento laminar sobre uma placa plana, δ* em qualquer localização x resulta, aproximadamente, três vezes menor do que δ na mesma localização x (Fig. 10–103).

Há uma maneira alternativa de explicar o significado físico de δ* que vem a ser mais útil para as aplicações práticas de engenharia. Isto é, podemos pensar na espessura de deslocamento como um aumento imaginário ou aparente na espessura da parede do ponto de vista de região de escoamento sem viscosidade e/ou região de escoamento irrotacional externo. Para nosso exemplo da placa, o escoamento externo não "vê" mais uma placa plana infinitesimalmente fina; em lugar disso, ele vê uma placa de espessura finita com forma semelhante à espessura de deslocamento da Eq. 10–73, conforme está ilustrado na Fig. 10–104.

> Espessura de deslocamento é o aumento imaginário na espessura da parede, como é visto pelo escoamento externo, devido ao efeito da camada limite que está crescendo.

Se fôssemos resolver a equação de Euler para o escoamento ao redor dessa placa imaginária mais grossa, a componente de velocidade $U(x)$ do escoamento externo seria diferente daquela do cálculo original. Poderíamos então usar essa $U(x)$ aparente para melhorar nossa análise da camada limite. Você pode imaginar uma modificação no procedimento de camada limite da Fig. 10–93 no qual percorremos os primeiros quatro passos, calculamos $\delta^*(x)$ e depois voltamos para o passo 1, desta vez usando a forma imaginária mais cheia do corpo para calcular uma $U(x)$ aparente. Em seguida, resolvemos novamente as equações da camada limite. Poderíamos repetir o laço quantas vezes fosse necessário até chegar à convergência. Dessa forma, o escoamento externo e a camada limite seriam mais consistentes um com o outro.

A utilidade dessa interpretação da espessura de deslocamento torna-se óbvia se considerarmos um escoamento uniforme entrando em um canal limitado por duas paredes paralelas (Fig. 10–105). À medida que as camadas limite crescem nas paredes superior e inferior, o escoamento central irrotacional deve acelerar para satisfazer a conservação da massa (Fig. 10–105a). Do ponto de vista do escoamento central entre as camadas limite, a camada limite faz com que as paredes do canal pareçam convergir – a distância aparente entre as paredes diminui à medida que x aumenta. Esse aumento imaginário na espessura de uma das paredes é igual a $\delta^*(x)$, e a $U(x)$ *aparente* do escoamento central deve aumentar de forma correspondente, como mostra a figura, para satisfazer à conservação da massa.

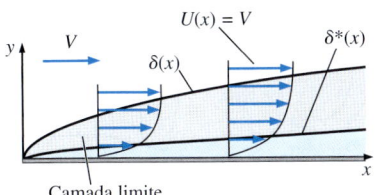

FIGURA 10–103 Para uma camada limite laminar sobre placa plana, a espessura de deslocamento é aproximadamente um terço da espessura de 99% da camada limite.

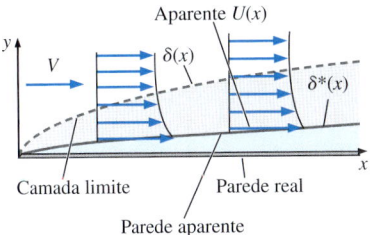

FIGURA 10–104 A camada limite afeta o escoamento externo de uma maneira que a parede parece tomar a forma da espessura de deslocamento. A $U(x)$ aparente difere da aproximação original devido à parede "mais espessa".

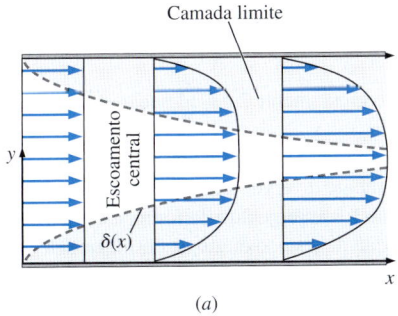
(a)

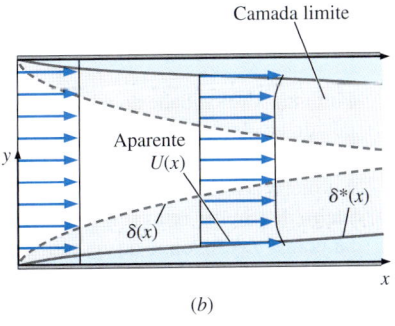
(b)

FIGURA 10–105 O efeito do crescimento da camada limite sobre o escoamento que está entrando em um canal bidimensional: o escoamento irrotacional entre as camadas limite do topo e da base acelera conforme está indicado por (a) perfis reais de velocidade e (b) mudança no escoamento central aparente devido à espessura de deslocamento da camada limite (camadas limite muito exageradas para maior clareza).

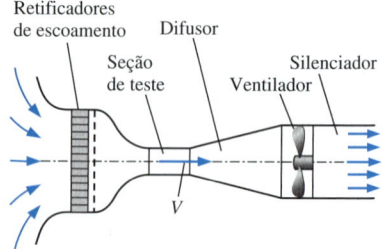

FIGURA 10–106 Diagrama esquemático do túnel de vento do Exemplo 10–11.

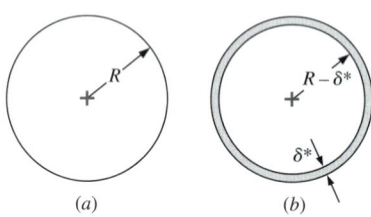

FIGURA 10–107 Vistas em corte da seção de teste do túnel de vento do Exemplo 10–11: (a) início da seção de teste e (b) fim da seção de teste.

EXEMPLO 10–11 Espessura de deslocamento no projeto de um túnel de vento

Um pequeno túnel de vento de baixa velocidade (Fig. 10–106) está sendo desenhado para calibração de fios quentes. O ar está a 19°C. A seção de teste do túnel tem 30 cm de diâmetro e 30 cm de comprimento. O escoamento através da seção de teste deve ser o mais uniforme possível. A velocidade do túnel de vento varia de 1 a 8 m/s, e o projeto deve ser otimizado para uma velocidade do ar de $V = 4,0$ m/s através da seção de teste. (a) Para o caso de escoamento aproximadamente uniforme a 4,0 m/s na entrada da seção de teste, em quanto a velocidade do ar na linha de centro deverá acelerar no fim da seção de teste? (b) Recomende um projeto que produza um escoamento mais uniforme na seção de teste.

SOLUÇÃO Precisa ser calculada a aceleração do ar através da seção de teste circular de um túnel de vento, e deverá ser recomendado um novo projeto da seção de teste.

Hipóteses **1** O escoamento é permanente e incompressível. **2** As paredes são lisas e as perturbações e vibrações são mantidas em um nível mínimo. **3** A camada limite é laminar.

Propriedades A viscosidade cinemática do ar a 19°C é $\nu = 1,507 \times 10^{-5}$ m²/s.

Análise (a) O número de Reynolds no fim da seção de teste é aproximadamente:

$$\text{Re}_x = \frac{Vx}{\nu} = \frac{(4,0 \text{ m/s})(0,30 \text{ m})}{1,507 \times 10^{-5} \text{ m}^2/\text{s}} = 7,96 \times 10^4$$

Como Re_x é menor do que o número de Reynolds crítico da engenharia, $\text{Re}_{x,cr} = 5 \times 10^5$, e é até menor do que o $\text{Re}_{x,\text{crítico}} = 1 \times 10^5$, e como as paredes são lisas e o escoamento é limpo, podemos assumir que a camada limite na parede permanece laminar em todo o comprimento da seção de teste. À medida que a camada limite cresce ao longo da parede da seção de teste do túnel de vento, o ar na região de escoamento irrotacional na parte central da seção de teste acelera como na Fig. 10–105 para satisfazer a conservação da massa. Usamos a Eq. 10–73 para avaliar a espessura de deslocamento no fim da seção de teste:

$$\delta^* \cong \frac{1,72x}{\sqrt{\text{Re}_x}} = \frac{1,72(0,30 \text{ m})}{\sqrt{7,96 \times 10^4}} = 1,83 \times 10^{-3} \text{ m} = 1,83 \text{ mm} \quad (1)$$

Na Fig. 10–107 estão duas vistas em corte da seção de teste, uma no início e outra no fim da seção de teste. O raio efetivo no fim da seção de teste é reduzido por δ^* conforme foi calculado pela Eq. 1. Aplicamos o princípio da conservação da massa para calcular a velocidade média do ar no fim da seção de teste:

$$V_{\text{fim}} A_{\text{fim}} = V_{\text{início}} A_{\text{início}} \rightarrow V_{\text{fim}} = V_{\text{início}} \frac{\pi R^2}{\pi (R - \delta^*)^2} \quad (2)$$

que resulta em:

$$V_{\text{fim}} = (4,0 \text{ m/s}) \frac{(0,15 \text{ m})^2}{(0,15 \text{ m} - 1,83 \times 10^{-3} \text{ m})^2} = \mathbf{4,10 \text{ m/s}} \quad (3)$$

Portanto, a velocidade do ar aumenta em aproximadamente 2,5% na seção de teste, devido ao efeito da espessura de deslocamento.

(b) Que recomendação podemos fazer para um projeto melhor? Uma possibilidade é projetar a seção de teste como um duto levemente divergente, em lugar de um cilindro de paredes retas (Fig. 10–108). Se o raio fosse projetado de forma a aumentar com $\delta^*(x)$ ao longo do comprimento da seção de teste, o efeito de deslocamento da camada limite seria eliminado e a velocidade do ar na seção de teste permaneceria razoavelmente constante. Note que há ainda uma camada limite crescendo na parede, como ilustra a Fig. 10–108. No entanto, a velocidade do escoamento central fora da camada limite permanece constante, diferentemente da situação da Fig. 10–105. A recomendação da parede divergente funcionaria bem na condição de operação de projeto de 4,0 m/s e ajudaria, de certa forma, em outros valores da velocidade do escoamento. Uma outra opção é aplicar sucção ao longo da parede da seção de teste para remover um pouco do ar ao longo da parede. A vantagem desse projeto é que a sucção pode ser cuidadosamente ajustada à medida que varia a velocidade do vento no túnel de forma a garantir velocidade do ar constante através da seção de teste em qualquer condição de operação. Essa recomendação é mais complicada e, provavelmente, uma opção mais cara.

Discussão Têm sido construídos túneis de vento que usam a opção da parede divergente ou a opção de sucção na parede para controlar cuidadosamente a uniformidade da velocidade do ar através da seção de teste do túnel de vento. A mesma técnica de espessura de deslocamento é aplicada a túneis de vento maiores, onde a camada limite é turbulenta; no entanto, é necessária uma equação diferente para $\delta^*(x)$.

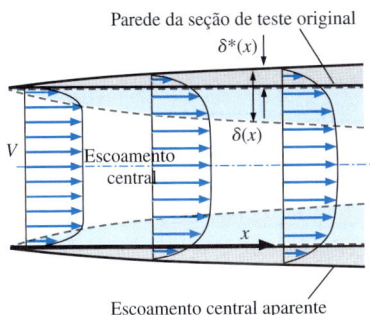

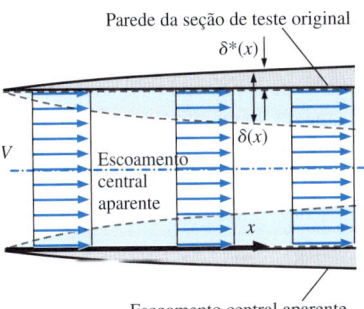

FIGURA 10–108 Uma seção de teste divergente eliminaria a aceleração do escoamento devido ao efeito de deslocamento da camada limite: (*a*) escoamento real e (*b*) escoamento central irrotacional aparente.

Espessura de momento

Outra medida da espessura da camada limite é a **espessura de momento**, para a qual se atribui, normalmente, o símbolo θ. A espessura de momento é melhor explicada analisando-se o volume de controle da Fig. 10–109 para uma camada limite de placa plana. Como a base do volume de controle é a própria placa, nenhuma massa ou momento pode cruzar aquela superfície. O topo do volume de controle é tomado como uma linha de corrente do escoamento externo. Como nenhum fluxo pode cruzar uma linha de corrente, não pode haver fluxo de massa ou momento através da superfície superior do volume de controle. Quando aplicamos o princípio da conservação da massa a esse volume de controle, concluímos que o fluxo de massa entrando no volume de controle pela esquerda (em $x = 0$) deve ser igual ao fluxo de massa saindo pela direita (em alguma localização arbitrária x ao longo da placa):

$$0 = \int_{CS} \rho \vec{V} \cdot \vec{n} \, dA = \underbrace{w\rho \int_0^{Y+\delta^*} u \, dy}_{\text{na localização } x} - \underbrace{w\rho \int_0^Y U \, dy}_{\text{em } x = 0} \quad \text{(10–74)}$$

onde w é a espessura perpendicular à página na Fig. 10–109, que tomamos arbitrariamente como largura unitária, e Y é a distância da placa até à linha de corrente externa em $x = 0$, conforme indicado na Fig. 10–109. Como $u = U =$ constante em todos os pontos ao longo da superfície esquerda do volume de controle, e como $u = U$ entre $y = Y$ e $y = Y + \delta^*$ ao longo da superfície direita do volume de controle, a Eq. 10–74 se reduz a:

$$\int_0^Y (U - u) \, dy = U\delta^* \quad \text{(10–75)}$$

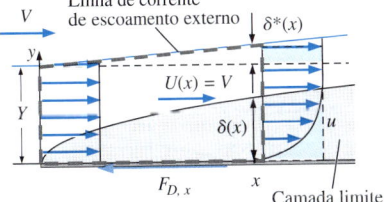

FIGURA 10–109 Um volume de controle é definido pela linha tracejada grossa, limitado acima por uma linha de corrente fora da camada limite, e limitado abaixo pela placa plana; $F_{D,x}$ é a força viscosa da placa agindo sobre o volume de controle.

Fisicamente, o *déficit* de fluxo de massa dentro da camada limite (a região inferior sombreada em azul na Fig. 10–109) é substituído por um pedaço de escoamento de corrente livre de espessura δ^* (a região superior sombreada em azul na Fig. 10–109). A Equação 10–75 verifica que essas duas regiões sombreadas têm a *mesma área*. Ampliamos a figura para mostrar essas áreas mais claramente na Fig. 10–110.

Agora considere a componente x da equação do momento no volume de controle. Como não há momento cruzando as superfícies de controle superior ou

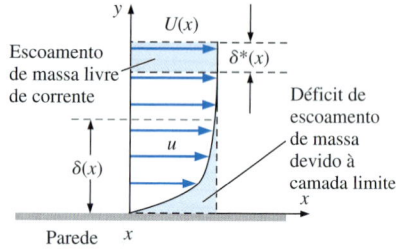

FIGURA 10–110 Comparação da área sob o perfil da camada limite, representando o déficit de fluxo de massa, e a área gerada por um pedaço de fluido de corrente livre de espessura δ^*. Para satisfazer o princípio da conservação da massa, essas duas áreas devem ser idênticas.

inferior, a força resultante agindo sobre o volume de controle deve ser igual ao fluxo de momento saindo do volume de controle menos o fluxo de momento entrando no volume de controle:

Componente x da equação de conservação do momento para o volume de controle:

$$\sum F_x = -F_{D,x} = \int_{CS} \rho u \vec{V} \cdot \vec{n} \, dA = \underbrace{\rho w \int_0^{Y+\delta^*} u^2 \, dy}_{\text{na localização } x} - \underbrace{\rho w \int_0^{Y} U^2 \, dy}_{\text{em } x = 0} \quad (10\text{–}76)$$

na localização em $x = 0$ onde $F_{D,x}$ é a força de arrasto devido ao atrito sobre a placa de $x = 0$ até à localização x. Após algumas operações algébricas, incluindo a substituição da Eq. 10–75, a Eq. 10–76 se reduz a:

$$F_{D,x} = \rho w \int_0^Y u(U - u) \, dy \quad (10\text{–}77)$$

Finalmente, definimos a espessura θ de momento de forma que a força de arrasto viscoso sobre a placa por unidade de largura perpendicular à página é igual a ρU^2 vezes θ, isto é:

$$\frac{F_{D,x}}{w} = \rho \int_0^Y u(U - u) \, dy \equiv \rho U^2 \theta \quad (10\text{–}78)$$

Em outras palavras:

> A espessura de momento é definida como a perda de fluxo de momento por largura unitária dividida por ρU^2 devido à presença da camada limite que está crescendo.

A Equação 10–78 se reduz a:

$$\theta = \int_0^Y \frac{u}{U}\left(1 - \frac{u}{U}\right) dy \quad (10\text{–}79)$$

A altura Y da linha de corrente pode ter qualquer valor, desde que a linha de corrente tomada como superfície superior do volume de controle esteja acima da camada limite. Como $u = U$ para qualquer y maior do que Y, podemos substituir Y por infinito na Eq. 10–79 sem nenhuma alteração no valor de θ:

Espessura de momento: $\quad \theta = \int_0^\infty \frac{u}{U}\left(1 - \frac{u}{U}\right) dy \quad (10\text{–}80)$

Para o caso específico da solução de Blasius para uma camada limite laminar de uma placa plana (Exemplo 10–10), integramos a Eq. 10–80 numericamente para obter:

Espessura de momento, placa plana laminar: $\quad \dfrac{\theta}{x} = \dfrac{0{,}664}{\sqrt{\mathrm{Re}_x}} \quad (10\text{–}81)$

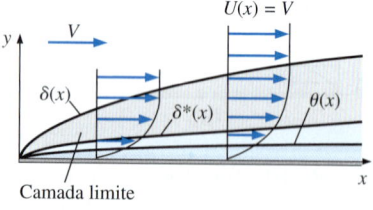

FIGURA 10–111 Para uma camada limite laminar sobre uma placa plana, a espessura de deslocamento é 35,0% de δ, e a espessura de momento é 13,5% de δ.

Notamos que a equação para θ é a mesma de δ ou para δ^* mas com uma constante diferente. De fato, para o fluxo laminar sobre uma placa plana, θ vem a ser aproximadamente 13,5% de δ em qualquer localização x, conforme está indicado na Fig. 10–111. Não é coincidência o fato de que θ/x (Eq. 10–81) é idêntico a $C_{f,x}$ (Eq. 10 do Exemplo 10–10) – ambas são deduzidas do arrasto do atrito superficial sobre a placa.

Camada limite turbulenta sobre placa plana

Está além do escopo deste livro deduzir ou tentar resolver as equações de camada limite de escoamento turbulento. As expressões para a forma do perfil da camada limite e outras propriedades da camada limite turbulenta são obtidas *empiricamente* (ou, no melhor dos casos, *semiempiricamente*), já que não podemos resolver as equações de camada limite para escoamento turbulento. Observe também que os escoamentos turbulentos são inerentemente *transientes* e a forma do perfil de velocidade instantânea varia com o tempo (Fig. 10–112). Portanto, todas as expressões turbulentas discutidas aqui representam *valores médios no tempo*. Uma aproximação empírica comum para o perfil de velocidades médias no tempo, de uma camada limite turbulenta sobre placa plana é a **lei da potência um sétimo**:

$$\frac{u}{U} \cong \left(\frac{y}{\delta}\right)^{1/7} \quad \text{para } y \leq \delta, \quad \rightarrow \quad \frac{u}{U} \cong 1 \quad \text{para } y > \delta \qquad (10\text{–}82)$$

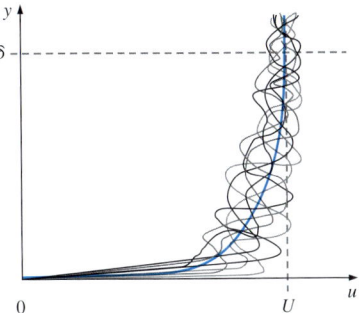

FIGURA 10–112 Ilustração da transitoriedade de uma camada limite turbulenta; as linhas pretas finas e onduladas são perfis instantâneos, e a linha azul grossa é um perfil médio ao longo do tempo.

Note que na aproximação da Eq. 10–82, δ *não* é a espessura de 99% da camada limite, mas sim, a borda real da camada limite, diferentemente da definição de δ para escoamento laminar. O gráfico da Equação 10–82 está ilustrado na Fig. 10–113. Para efeitos de comparação, o perfil da camada limite, laminar sobre placa plana (a solução numérica de Blasius, Fig. 10–99) está representado em gráfico também na Fig. 10–113, usando y/δ para o eixo vertical no lugar da variável de similaridade η. Você pode ver que se as camadas limite laminar e turbulenta, tivessem a mesma espessura, a camada limite turbulenta seria *mais cheia* do que a laminar. Em outras palavras, a camada limite turbulenta iria permanecer mais próxima da parede, preenchendo a camada limite com escoamento de velocidade mais alta próximo da parede. Isso é devido aos grandes redemoinhos turbulentos que transportam fluido em alta velocidade da parte externa da camada limite para as partes inferiores da camada limite (e vice-versa). Em outras palavras, uma camada limite turbulenta tem um grau maior de mistura quando comparada com a camada limite laminar. No caso laminar, o fluido se mistura lentamente devido à difusão viscosa. No entanto, os grandes redemoinhos em um escoamento turbulento promovem uma mistura mais rápida e completa.

A forma do perfil de velocidades da camada limite turbulenta da Eq. 10–82 não tem significado físico muito perto da parede ($y \rightarrow 0$), pois ela prediz que a variação ($\partial u/\partial y$) é infinita em $y = 0$. Embora a variação na parede seja muito grande para uma camada limite turbulenta, ela, no entanto, é finita. Essa grande variação na parede leva a uma tensão de cisalhamento muito grande na parede, $\tau_w = \mu(\partial u/\partial y)_{y=0}$, e, portanto, um atrito superficial correspondente muito alto ao longo da superfície da placa (comparada com uma camada limite laminar da mesma espessura). O arrasto do atrito superficial produzido pelas camadas limite laminar e turbulenta é discutido com mais detalhes no Cap. 11.

Um gráfico adimensional como aquele da Fig. 10–113 é um tanto enganoso, já que a camada limite turbulenta seria, na realidade, muito mais *grossa* do que a camada limite laminar correspondente com o mesmo número de Reynolds. Esse fato está ilustrado em variáveis físicas no Exemplo 10–12.

Na Tabela 10–4 comparamos expressões para δ, δ^*, θ e $C_{f,x}$ para camadas limite laminar e turbulenta sobre uma placa plana lisa. As expressões turbulentas estão baseadas na lei da potência um sétimo da Eq. 10–82. Note que as expressões na Tabela 10–4 para a camada limite turbulenta sobre placa plana são válidas somente para uma superfície muito *lisa*. Mesmo uma pequena rugosidade na superfície afeta muito as propriedades da camada limite turbulenta, como a espessura da quantidade de movimento e coeficiente local de atrito superficial. O efeito da rugosidade da superfície em uma camada limite turbulenta sobre placa plana é discutido com maior detalhe no Cap. 11.

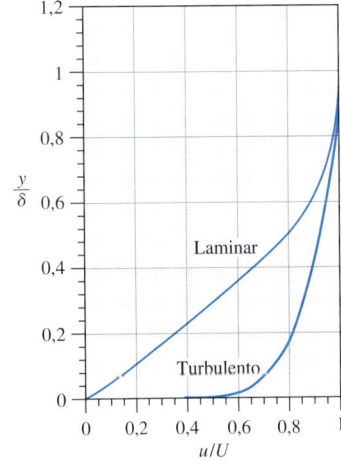

FIGURA 10–113 Comparação dos perfis de camada limite de placa plana, laminar e turbulenta, na forma adimensional, adimensionalizados pela espessura de camada limite.

TABELA 10-4

Resumo das expressões para camadas limite laminar e turbulenta sobre uma placa lisa paralela a uma corrente* uniforme

Propriedade	Laminar	(a) Turbulenta**	(b) Turbulenta***
Espessura da camada limite	$\dfrac{\delta}{x} = \dfrac{4{,}91}{\sqrt{Re_x}}$	$\dfrac{\delta}{x} \cong \dfrac{0{,}16}{(Re_x)^{1/7}}$	$\dfrac{\delta}{x} \cong \dfrac{0{,}38}{(Re_x)^{1/5}}$
Espessura de deslocamento	$\dfrac{\delta^*}{x} = \dfrac{1{,}72}{\sqrt{Re_x}}$	$\dfrac{\delta^*}{x} \cong \dfrac{0{,}020}{(Re_x)^{1/7}}$	$\dfrac{\delta^*}{x} \cong \dfrac{0{,}048}{(Re_x)^{1/5}}$
Espessura de momento	$\dfrac{\theta}{x} = \dfrac{0{,}664}{\sqrt{Re_x}}$	$\dfrac{\theta}{x} \cong \dfrac{0{,}016}{(Re_x)^{1/7}}$	$\dfrac{\theta}{x} \cong \dfrac{0{,}037}{(Re_x)^{1/5}}$
Coeficiente local de atrito superficial	$C_{f,x} = \dfrac{0{,}664}{\sqrt{Re_x}}$	$C_{f,x} \cong \dfrac{0{,}027}{(Re_x)^{1/7}}$	$C_{f,x} \cong \dfrac{0{,}059}{(Re_x)^{1/5}}$

* Os valores laminares são exatos e são listados com três dígitos significativos, mas os valores turbulentos são listados com apenas dois dígitos significativos devido à grande incerteza relacionada com todos os campos de escoamento turbulentos.
** Obtido a partir da lei da potência um sétimo.
*** Obtido a partir da lei da potência um sétimo combinada com dados empíricos para escoamento turbulento através de dutos lisos.

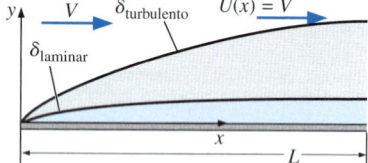

FIGURA 10–114 Comparação de camadas limite laminar e turbulenta para escoamento de ar sobre uma placa plana para o Exemplo 10–12 (a espessura da camada limite está exagerada).

EXEMPLO 10-12 Comparação das camadas limite laminar e turbulenta

Ar a 20°C flui com a velocidade $V = 10{,}0$ m/s sobre uma placa lisa de comprimento $L = 1{,}52$ m (Fig. 10–114). (*a*) Faça o gráfico e compare os perfis de camada limite laminar e turbulenta em variáveis físicas (*u* em função de *y*) em $x = L$. (*b*) Compare os valores do coeficiente local de atrito superficial para os dois casos em $x = L$. (*c*) Faça o gráfico e compare o crescimento das camadas limite laminar e turbulenta.

SOLUÇÃO Vamos comparar perfis de camada limite laminar *versus* turbulenta, coeficiente local de atrito superficial e espessura de camada limite no fim de uma placa plana.

Hipóteses **1** A placa é lisa e a corrente livre é calma e uniforme. **2** O escoamento é permanente na média. **3** A placa é infinitesimalmente fina e está alinhada paralela à corrente livre.

Propriedades A viscosidade cinemática do ar a 20°C é $\nu = 1{,}516 \times 10^{-5}$ m²/s.

Análise (*a*) Primeiro, calculamos o número de Reynolds em $x = L$:

$$Re_x = \frac{Vx}{\nu} = \frac{(10{,}0 \text{ m/s})(1{,}52 \text{ m})}{1{,}516 \times 10^{-5} \text{ m}^2/\text{s}} = 1{,}00 \times 10^6$$

Esse valor de Re_x está na região de transição entre laminar e turbulento, de acordo com a Fig. 10–81. Portanto, é apropriada uma comparação entre perfis de velocidade laminar e turbulento. Para o caso laminar, multiplicamos os valores y/δ da Fig. 10–113 por $\delta_{laminar}$, onde:

$$\delta_{laminar} = \frac{4{,}91x}{\sqrt{Re_x}} = \frac{4{,}91(1520 \text{ mm})}{\sqrt{1{,}00 \times 10^6}} = 7{,}46 \text{ mm} \quad (1)$$

Isto nos dá valores *y* em unidades de mm. De modo semelhante, multiplicamos os valores u/U da Fig. 10–113 por U ($U = V = 10{,}0$ m/s) para obter *u* em unidades de m/s. Apresentamos o gráfico do perfil da camada limite laminar em variáveis físicas na Fig. 10–115.

Calculamos a espessura da camada limite turbulenta nessa mesma localização x usando a equação fornecida na Tabela 10–4, coluna (a):

$$\delta_{\text{turbulenta}} \cong \frac{0{,}16x}{(\text{Re}_x)^{1/7}} = \frac{0{,}16(1520 \text{ mm})}{(1{,}00 \times 10^6)^{1/7}} = \mathbf{34 \text{ mm}} \qquad (2)$$

[O valor de $\delta_{\text{turbulenta}}$ baseado na coluna (b) da Tabela 10–4 é um pouco mais alto, isto é, 36 mm.] Comparando as Eqs. 1 e 2, vemos que a camada limite turbulenta é aproximadamente 4,5 vezes mais grossa do que a camada limite laminar com número de Reynolds de $1{,}0 \times 10^6$. O perfil de velocidade da camada limite turbulenta da Eq. 10–82 é convertido em variáveis físicas e colocado em gráfico na Fig. 10–115 para ser comparado com o perfil laminar. As duas características mais destacadas da Fig. 10–115 são (1) A camada limite turbulenta é mais grossa do que a laminar, e (2) A variação de u com y próximo da parede é muito maior para o caso turbulento. (Tenha em mente, naturalmente, que muito próximo da parede, a lei da potência um sétimo não representa de modo adequado o perfil real da camada limite turbulenta.)

(b) Usamos as expressões na Tabela 10–4 para comparar o coeficiente local de atrito superficial para os dois casos. Para a camada limite laminar:

$$C_{f,x,\text{laminar}} = \frac{0{,}664}{\sqrt{\text{Re}_x}} = \frac{0{,}664}{\sqrt{1{,}00 \times 10^6}} = \mathbf{6{,}64 \times 10^{-4}} \qquad (3)$$

e para a camada limite turbulenta, coluna (a):

$$C_{f,x,\text{turbulenta}} \cong \frac{0{,}027}{(\text{Re}_x)^{1/7}} = \frac{0{,}027}{(1{,}00 \times 10^6)^{1/7}} = \mathbf{3{,}8 \times 10^{-3}} \qquad (4)$$

Comparando as Eqs. 3 e 4, o valor do atrito superficial turbulento é mais de cinco vezes maior do que o valor laminar. Se tivéssemos usado a outra expressão para coeficiente de atrito superficial turbulento, coluna (b) da Tabela 10–4, teríamos obtido $C_{f,x,\text{turbulento}} = 3{,}7 \times 10^{-3}$, muito próximo do valor calculado na Eq. 4.

(c) O cálculo turbulento assume que a camada limite é turbulenta desde o início da placa. Na realidade, há uma região de escoamento laminar, seguida por uma região de transição, e depois, finalmente, por uma região turbulenta, conforme está ilustrado na Fig. 10–81. No entanto, é interessante comparar como δ_{laminar} e $\delta_{\text{turbulento}}$ crescem como funções de x para esse escoamento, assumindo que todo o escoamento é laminar ou todo o escoamento é turbulento. Usando as expressões na Tabela 10–4, ambos os casos estão em gráfico na Fig. 10–116 para comparação.

Discussão A ordenada na Fig. 10–116 está em mm, enquanto a abscissa está em m para maior clareza – a camada limite é incrivelmente fina, mesmo para o caso tur-

(continua)

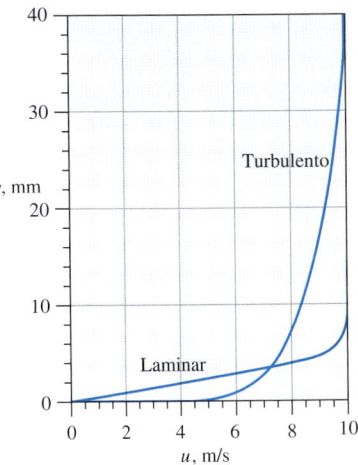

FIGURA 10–115 Comparação dos perfis laminar e turbulento da camada limite sobre placa plana em variáveis físicas na mesma localização x. O número de Reynolds é $\text{Re}_x = 1{,}0 \times 10^6$.

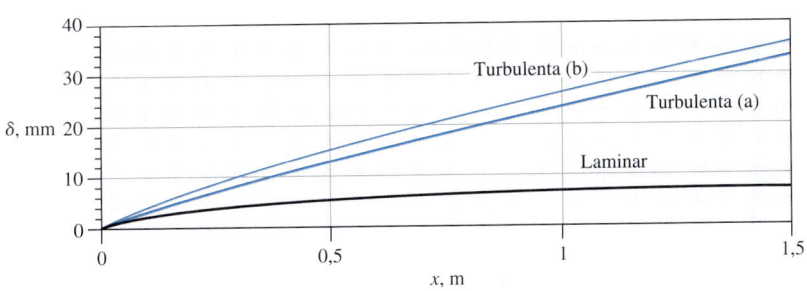

FIGURA 10–116 Comparação do crescimento de uma camada limite laminar e uma camada limite turbulenta para a placa plana do Exemplo 10–12.

> *(continuação)*
> bulento. A diferença entre os casos turbulentos (a) e (b) (veja Tabela 10–4) é explicada por discrepâncias entre ajustes de curva empírica e aproximações semiempíricas usadas para obter as expressões na Tabela 10–4. Isso reforça nossa decisão de representar os valores de camada limite turbulenta com, no máximo, dois dígitos significativos. O valor real de δ muito provavelmente ficará entre os valores laminar e turbulento no gráfico da Fig. 10–116, já que o número de Reynolds no fim da placa está dentro da região de transição.

A lei da potência um sétimo não é a única aproximação da camada limite turbulenta usada pela mecânica dos fluidos. Uma outra aproximação comum é a **lei logarítmica**, uma expressão semiempírica que vem a ser válida não somente para camadas limite sobre placa plana mas também para perfis de velocidade de escoamento turbulento totalmente desenvolvido em tubo (Cap. 8). Na verdade, a lei logarítmica vem a ser aplicável para quase *todas* as camadas limite turbulentas limitadas por paredes, não apenas o escoamento sobre uma placa plana. (Essa situação afortunada nos permite empregar a aproximação de lei logarítmica próximo a paredes sólidas em softwares de Dinâmica dos Fluidos Computacional (CFD), conforme discutimos no Cap. 15.) A lei logarítmica é expressa normalmente em variáveis adimensionais por uma velocidade característica chamada de **velocidade de atrito** u_*. (Note que muitos autores usam u^* em lugar de u_*. Nós usamos um subscrito para distinguir u_*, uma grandeza *dimensional*, de u^*, que usamos para indicar velocidade adimensional.)

A lei logarítmica:
$$\frac{u}{u_*} = \frac{1}{\kappa} \ln \frac{y u_*}{\nu} + B \quad (10\text{–}83)$$

onde:

Velocidade de atrito:
$$u_* = \sqrt{\frac{\tau_w}{\rho}} \quad (10\text{–}84)$$

e κ e B são constantes; seus valores usuais são $\kappa = 0{,}40$ a $0{,}41$ e $B = 5{,}0$ a $5{,}5$. Infelizmente, a lei logarítmica é prejudicada pelo fato de que ela não funciona muito perto da parede (logaritmo de 0 é indefinido). Ela também se desvia dos valores experimentais próximo da borda da camada limite. No entanto, a Eq. 10–83 se aplica através de quase toda a camada limite turbulenta sobre placa plana e é útil porque ela relaciona a forma do perfil de velocidade com o valor local da tensão de cisalhamento na parede através da Eq. 10–84.

Uma expressão inteligente que é válida em todo o percurso até à parede foi criada por D. B. Spalding em 1961 e é chamada de **lei da parede de Spalding**:

$$\frac{y u_*}{\nu} = \frac{u}{u_*} + e^{-\kappa B}\left[e^{\kappa(u/u_*)} - 1 - \kappa(u/u_*) - \frac{[\kappa(u/u_*)]^2}{2} - \frac{[\kappa(u/u_*)]^3}{6} \right] \quad (10\text{–}85)$$

Enquanto a Eq. 10–85 faz um trabalho melhor do que Eq. 10–83 muito perto da parede, nenhuma equação é válida na parte *exterior* da camada limite, muitas vezes chamada a **camada exterior** ou a **camada turbulenta**. Coles (1956) introduziu uma fórmula empírica chamada **função da esteira** ou **lei da esteira**, se ajusta bem aos dados nesta região. A equação de Coles é adicionada à lei logarítmica, produzindo o que alguns chamam de **lei de parede-esteira**,

$$\frac{u}{u^*} = \frac{1}{\kappa} \ln \frac{y u^*}{\nu} + B + \frac{2\Pi}{\kappa} W\left(\frac{y}{\delta}\right) \quad (10\text{–}86)$$

onde $\Pi = 0{,}44$ para uma camada limite de placa plana, e várias expressões para W têm sido sugeridas, todas as quais mudam suavemente de 0 para a parede ($y/\delta = 0$) a 1, na aresta exterior da camada limite ($y/\delta = 1$). Uma expressão popular é:

$$W\left(\frac{y}{\delta}\right) = \text{sen}^2\left(\frac{\pi}{2}\left(\frac{y}{\delta}\right)\right) \quad \text{para} \quad \frac{y}{\delta} < 1 \quad \text{(10–87)}$$

EXEMPLO 10–13 Comparação das equações de perfil da camada limite turbulenta

Ar a 20°C escoa com velocidade $V = 10{,}0$ m/s sobre uma placa lisa de comprimento $L = 15{,}2$ m (Fig. 10–117). Faça o gráfico do perfil da camada limite turbulenta em variáveis físicas (u em função de y) em $x = L$. Compare o perfil gerado pela lei da potência um sétimo, pela lei logarítmica e pela lei da parede de Spalding, assumindo que a camada limite é totalmente turbulenta desde o início da placa.

SOLUÇÃO Vamos fazer o gráfico do perfil médio $u(y)$ da camada limite no fim da placa plana usando três aproximações diferentes.

Hipóteses **1** A placa plana é lisa, mas há flutuações da corrente livre que tendem a fazer a camada limite atingir a transição para turbulência mais cedo do que o usual – a camada limite é turbulenta desde o início da placa. **2** O escoamento é permanente na média. **3** A placa é infinitesimalmente fina e está alinhada paralela à corrente livre.

Propriedades A viscosidade cinemática do ar a 20°C é $\nu = 1{,}516 \times 10^{-5}$ m²/s.

Análise Primeiro, nós calculamos o número de Reynolds em $x = L$,

$$\text{Re}_x = \frac{Vx}{\nu} = \frac{(10{,}0 \text{ m/s})(15{,}2 \text{ m})}{1{,}516 \times 10^{-5} \text{ m}^2/\text{s}} = 1{,}00 \times 10^7$$

Esse valor de Re_x está bem acima do número de Reynolds de transição para uma camada limite sobre placa plana (Fig. 10–81), assim, a hipótese de escoamento turbulento desde o início da placa é razoável.

Usando os valores da coluna (a) da Tabela 10–4, estimamos a espessura da camada limite e o coeficiente local de atrito superficial no fim da placa:

$$\delta \cong \frac{0{,}16x}{(\text{Re}_x)^{1/7}} = 0{,}240 \text{ m} \quad C_{f,x} \cong \frac{0{,}027}{(\text{Re}_x)^{1/7}} = 2{,}70 \times 10^{-3} \quad (1)$$

Calculamos a velocidade de atrito usando sua definição (Eq. 10–84) e a definição de $C_{f,x}$ (parte esquerda da Eq. 10 do Exemplo 10–10):

$$u_* = \sqrt{\frac{\tau_w}{\rho}} = U\sqrt{\frac{C_{f,x}}{2}} = (10{,}0 \text{ m/s})\sqrt{\frac{2{,}70 \times 10^{-3}}{2}} = 0{,}367 \text{ m/s} \quad (2)$$

onde $U = $ constante $= V$ em todos os pontos para uma placa plana. É trivial gerar um gráfico da lei da potência um sétimo (Eq. 10–82), mas a lei logarítmica (Eq. 10–83) é implícita para u como função de y. Em vez disso, resolvemos a Eq. 10–83 para y em função de u:

$$y = \frac{\nu}{u_*} e^{\kappa(u/u_* - B)} \quad (3)$$

Como nós sabemos que u varia de 0 na parede até U na borda da camada limite, podemos fazer o gráfico do perfil de velocidade da lei logarítmica em variáveis físicas usando a Eq. 3. Finalmente, a lei da parede de Spalding (Eq. 10–85) também é escrita em termos de y em função de u. Desenhamos o gráfico dos três perfis no mesmo gráfico para fazer a comparação (Fig. 10–118). As três curvas são próximas e não conseguimos distinguir a lei logarítmica da lei de Spalding nessa escala.

(continua)

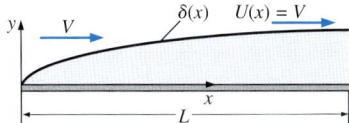

FIGURA 10–117 A camada limite turbulenta gerada pelo escoamento do ar sobre uma placa plana para o Exemplo 10–13 (a espessura da camada limite está exagerada).

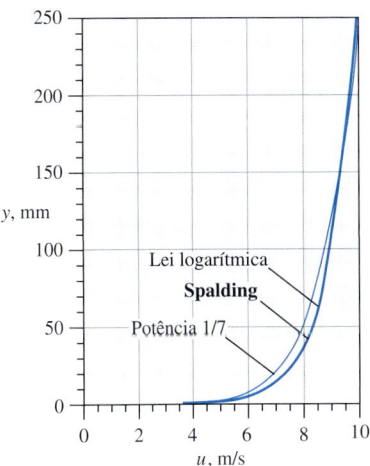

FIGURA 10–118 Comparação das expressões de perfil de camada limite turbulenta sobre placa plana em variáveis físicas em $\text{Re}_x = 1{,}0 \times 10^7$: aproximação da lei da potência um sétimo, lei logarítmica e lei da parede de Spalding.

FIGURA 10–119 Comparação das expressões de perfil de camada limite turbulenta sobre placa plana na lei das variáveis de parede em $Re_x = 1,0 \times 10^7$: aproximação da lei da potência um sétimo, lei logarítmica e lei da parede de Spalding. São mostrados também dados experimentais típicos e a equação da subcamada viscosa ($u^+ = y^+$) para comparação.

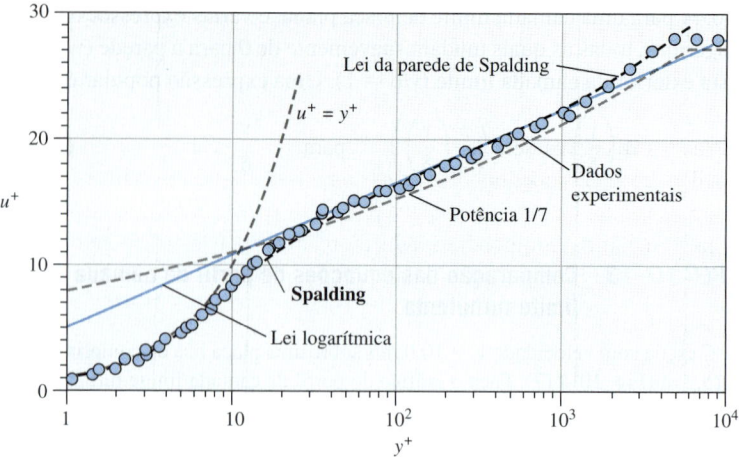

(continuação)

Em lugar de um gráfico de uma variável física com eixos lineares como na Fig. 10–118, frequentemente se faz um gráfico semilogarítmico de variáveis adimensionais para ampliar a região próxima da parede. A notação mais comum na literatura de camada limite para variáveis adimensionais é y^+ e u^+ (**variáveis internas** ou **variáveis da lei da parede**), onde

Variáveis da lei da parede: $\qquad y^+ = \dfrac{y u_*}{\nu} \qquad u^+ = \dfrac{u}{u_*}$ (4)

Como você pode ver, y^+ é um tipo de número de Reynolds e a velocidade de atrito u^* é usada para colocar em forma adimensional y e u. A Figura 10–118 está refeita na Fig. 10–119 usando as variáveis da lei da parede. As diferenças entre as três aproximações, especialmente próximo da parede, ficam muito mais claras quando o gráfico é desenhado dessa forma. Dados experimentais típicos estão também em gráfico na Fig. 10–119 para comparação. A fórmula de Spalding faz o melhor de maneira geral e é a única expressão que segue os dados experimentais nas proximidades da parede. Na parte externa da camada limite, os valores experimentais de u^+ aplanam-se além de algum valor de y^+, como ocorre com a lei da potência um sétimo. Porém, tanto a lei logarítmica quanto a fórmula de Spalding continuam indefinidamente como uma linha reta nesse gráfico semilogarítmico.

Discussão No gráfico da Fig. 10–119 está também a equação linear $u^+ = y^+$. A região *muito* próxima da parede ($0 < y^+ < 5$ ou 6) é chamada de **subcamada viscosa**. Nessa região, as flutuações turbulentas são suprimidas devido à grande proximidade da parede e o perfil de velocidade é aproximadamente *linear*. Outros nomes para essa região são **subcamada linear** e **subcamada laminar**. Vemos que a equação de Spalding captura a subcamada viscosa e se combina suavemente na lei logarítmica. Nem a lei da potência um sétimo, nem a lei logarítmica são válidas nessa proximidade da parede.

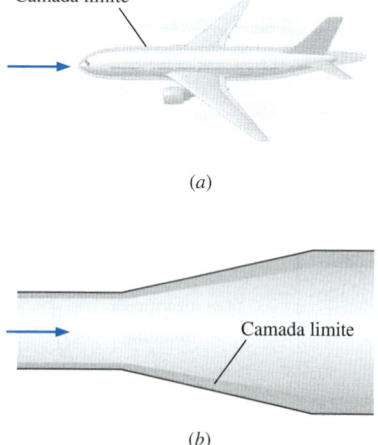

FIGURA 10–120 Camadas limite com gradientes de pressão diferente de zero ocorrem em escoamentos externos e internos: (*a*) Camada limite desenvolvendo-se ao longo da fuselagem de um avião e na esteira, e (*b*) Camada limite desenvolvendo-se na parede de um difusor (a espessura da camada limite foi exagerada em ambos os casos).

Camadas limite com gradientes de pressão

Até aqui, a maior parte da nossa discussão foi sobre camadas limite sobre placa plana. Um conceito de maior utilidade prática para os engenheiros são as camadas limite sobre paredes de forma arbitrária. Essas incluem escoamentos externos sobre corpos imersos em uma corrente livre (Fig. 10–120*a*), bem como alguns escoamentos internos como as paredes de túneis de vento e outros dutos grandes nos quais as camadas limite se desenvolvem ao longo das paredes (Fig. 10–120*b*). Assim como a camada limite sobre placa plana com gradiente de pressão zero discutida anteriormente, camadas limite com gradientes de pressão diferente de zero podem ser laminares ou turbulentas. Frequentemente, usamos os resultados da camada limite sobre placa plana como estimativas aproximadas para coisas como localização da transição para a turbulência, espessura da camada limite, atrito superficial, etc. No entanto, quando é necessária uma maior precisão, temos que resolver as equações da camada limite (Eq. 10–71 para o caso permanente, laminar, bidimensional) usando o procedimento ilustrado na Fig. 10–93. A análise é muito mais difícil do que aquela para a placa plana, pois o termo do gradiente de pressão ($U\,dU/dx$) na equação da componente x do momento é diferente de zero. Uma análise dessas pode facilmente ficar muito complicada, em especial para o caso de escoamentos tridimensionais. Portanto, discutimos somente algumas características *qualitativas* das camadas limite com gradientes de pressão, deixando as soluções detalhadas das equações da camada limite para livros-texto de mecânica dos fluidos em nível mais elevado (por exemplo, Panton, 2005 e White, 2005).

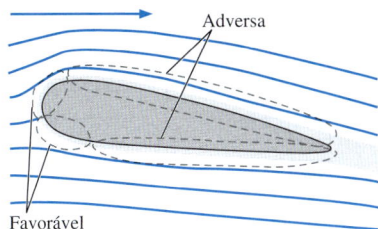

FIGURA 10–121 A camada limite ao longo de um corpo imerso em uma corrente livre é geralmente exposta a um gradiente de pressão favorável na parte da frente do corpo e um gradiente de pressão adverso na parte de trás do corpo.

Primeiro, um pouco de terminologia. Quando o escoamento na região de escoamento externo sem viscosidade e/ou irrotacional (fora da camada limite) *acelera*, $U(x)$ aumenta e $P(x)$ diminui. Chamamos isso de um **gradiente de pressão favorável**. Ele é favorável ou desejável porque a camada limite em um escoamento em aceleração como esse é normalmente fina, permanece próxima da parede e, portanto, não tende a se separar da parede. Quando o escoamento externo *desacelera*, $U(x)$ diminui, $P(x)$ aumenta, temos um **gradiente de pressão desfavorável** ou **adverso**. Como o próprio nome diz, essa condição não é desejável porque a camada limite, em geral, é mais grossa, não permanece próxima da parede e tem muito mais tendência a se separar da parede.

Em um escoamento externo típico, como o escoamento sobre uma asa de avião (Fig. 10–121), a camada limite na parte da frente do corpo está sujeita a um gradiente de pressão favorável, enquanto na parte de trás ela está sujeita a um gradiente de pressão desfavorável. Se o gradiente de pressão adverso for suficientemente forte ($dP/dx = -U\,dU/dx$ é grande), a camada limite tende a se **separar** da parede. Na Fig. 10–122 são mostrados exemplos de separação de escoamento para escoamentos externos e internos. Na Fig. 10–122*a* está desenhado um aerofólio com um ângulo de ataque moderado. A camada limite permanece colada sobre toda a superfície inferior do aerofólio, mas ela se separa em algum ponto perto da superfície de trás ou superfície superior, conforme está no desenho. A linha de corrente fechada indica uma região de escoamento recirculante chamada de **bolha de separação**. Conforme já destacamos anteriormente, as equações da camada limite são parabólicas, ou seja, nenhuma informação pode ser passada a partir do limite a jusante. No entanto, a separação leva ao **escoamento reverso** próximo da parede, destruindo a natureza parabólica do campo de escoamento e tornando inaplicáveis as equações da camada limite.

> As equações da camada limite não são válidas a jusante de um ponto de separação devido ao fluxo reverso na bolha de separação.

Em casos como esse, deve ser usada a equação completa de Navier-Stokes em lugar da aproximação da camada limite. Do ponto de vista do procedimento de camada limite da Fig. 10–93, o procedimento fracassa porque o escoamento externo

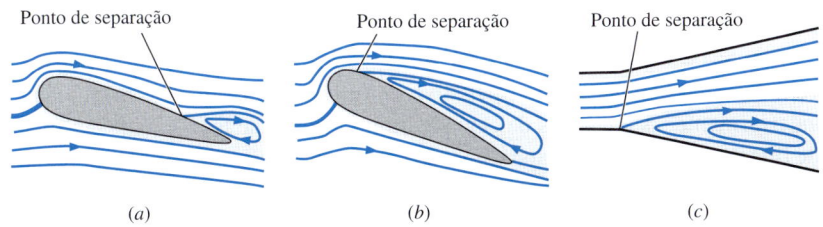

FIGURA 10–122 Exemplos de separação de camada limite em regiões de gradiente de pressão adversa: (*a*) Uma asa de avião a um ângulo de ataque moderado, (*b*) A mesma asa com um alto ângulo de ataque (uma asa entrando em estol) e (*c*) Um difusor de ângulo aberto no qual a camada limite não pode permanecer ligada e se separa em um lado.

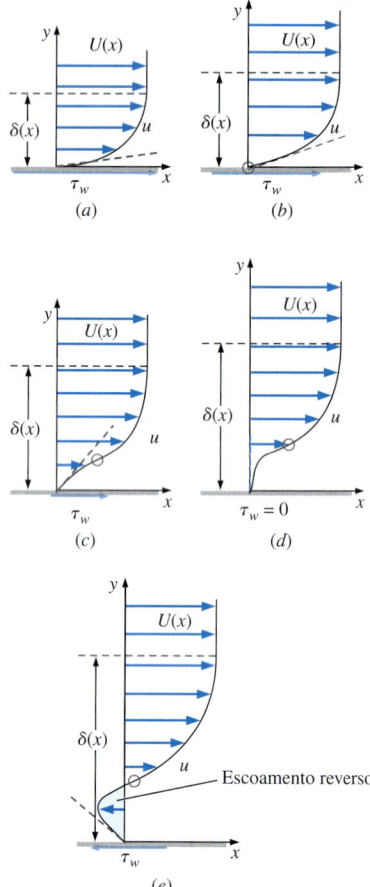

FIGURA 10–123 Comparação da forma do perfil da camada limite em função do gradiente de pressão ($dP/dx = -U\,dU/dx$): (*a*) Favorável, (*b*) Zero, (*c*) Fracamente adversa, (*d*) Criticamente adversa (ponto de separação) e (*e*) Muito adversa; os pontos de inflexão são indicados por círculos, e a tensão de cisalhamento na parede $\tau_w = \mu\,(\partial u/\partial y)_{y=0}$ está representada para cada caso.

calculado no passo 1 não é mais válido quando a separação ocorre, especialmente além do ponto de separação (compare a Fig. 10–121 com a Fig. 10–122*a*).

A Figura 10–122*b* mostra o caso clássico de um aerofólio a um ângulo de ataque muito acentuado, no qual o ponto de separação move-se para perto da frente do aerofólio; a bolha de separação cobre quase toda a superfície do aerofólio – uma condição conhecida como **estol**. O estol é acompanhado por uma perda de sustentação e um grande aumento no arrasto aerodinâmico, conforme será discutido com mais detalhes no Cap. 11. A separação de escoamento pode também ocorrer em escoamentos internos, como ocorre na região de gradiente de pressão adversa de um difusor (Fig. 10–122*c*). Conforme está representado na figura, a separação, em geral, ocorre assimetricamente em um lado do difusor apenas. Como no caso de um aerofólio com separação de escoamento, o cálculo do escoamento externo no difusor não tem mais significado e as equações da camada limite não são válidas. A separação de escoamento em um difusor leva a uma diminuição significativa da recuperação de pressão e condições como essas em um difusor são também chamadas de condições de estol.

Podemos aprender muito sobre forma de perfil de velocidade sob várias condições de gradiente de pressão examinando a equação de momento da camada limite exatamente na parede. Como a velocidade é zero na parede (condição de não escorregamento), todo o lado esquerdo da Eq. 10–71*b* desaparece, restando somente o termo do gradiente de pressão e o termo viscoso, que devem se equilibrar:

Na parede: $$\nu\left(\frac{\partial^2 u}{\partial y^2}\right)_{y=0} = -U\frac{dU}{dx} = \frac{1}{\rho}\frac{dP}{dx} \quad (10\text{–}88)$$

Sob condições de gradiente de pressão favorável (escoamento externo acelerando), dU/dx é positivo, e pela Eq. 10–88, a segunda derivada de *u* na parede é negativa, isto é, $(\partial^2 u/\partial y^2)_{y=0} < 0$. Sabemos que $\partial^2 u/\partial y^2$ deve *permanecer* negativa à medida que *u* de aproxima de $U(x)$ na borda da camada limite. Portanto, esperamos que o perfil de velocidade através da camada limite seja redondo, sem nenhum ponto de inflexão, conforme está representado na Fig. 10–123*a*. Sob condições de gradiente de pressão zero, $(\partial^2 u/\partial y^2)_{y=0}$ é zero, implicando em um crescimento linear de *u* com relação a *y* próximo da parede, conforme está representado na Fig. 10–123*b*. (Isso é verificado pelo perfil de camada limite de Blasius para camada limite com gradiente de pressão zero sobre uma placa plana, como está ilustrado na Fig. 10–99.) Para gradientes de pressão *adversa*, dU/dx é negativo e a Eq. (10–86) exige que $(\partial^2 u/\partial y^2)_{y=0}$ seja positiva. No entanto, como $\partial^2 u/\partial y^2$ deve ser negativa à medida que *u* de aproxima de $U(x)$ na borda da camada limite, deve haver um *ponto de inflexão* ($\partial^2 u/\partial y^2 = 0$) em algum lugar na camada limite, conforme está ilustrado na Fig. 10–123*c*.

A *primeira* derivada de *u* com relação a *y* na parede é diretamente proporcional a τ_w, a tensão de cisalhamento na parede [$\tau_w = \mu\,(\partial u/\partial y)_{y=0}$]. A comparação de $(\partial u/\partial y)_{y=0}$ na Fig. 10–123*a* até *c* revela que τ_w é a maior para gradientes de pressão favoráveis e menor para gradientes de pressão adversa. A espessura da camada limite aumenta quando o gradiente de pressão muda de sinal, como está ilustrado também na Fig. 10–123. Se o gradiente de pressão adversa for suficientemente grande, $(\partial u/\partial y)_{y=0}$ pode se tornar zero (Fig. 10–123*d*); essa localização ao longo da parede é o *ponto de separação*, além do qual há o fluxo reverso e uma bolha de separação (Fig. 10–123*e*). Observe que além do ponto de separação τ_w é *negativo* devido ao valor negativo de $(\partial u/\partial y)_{y=0}$. Conforme mencionamos anteriormente, as equações de camada limite deixam de ter validade em regiões de fluxo reverso. Assim, a aproximação da camada limite pode ser apropriada até o ponto de separação, mas não além deste.

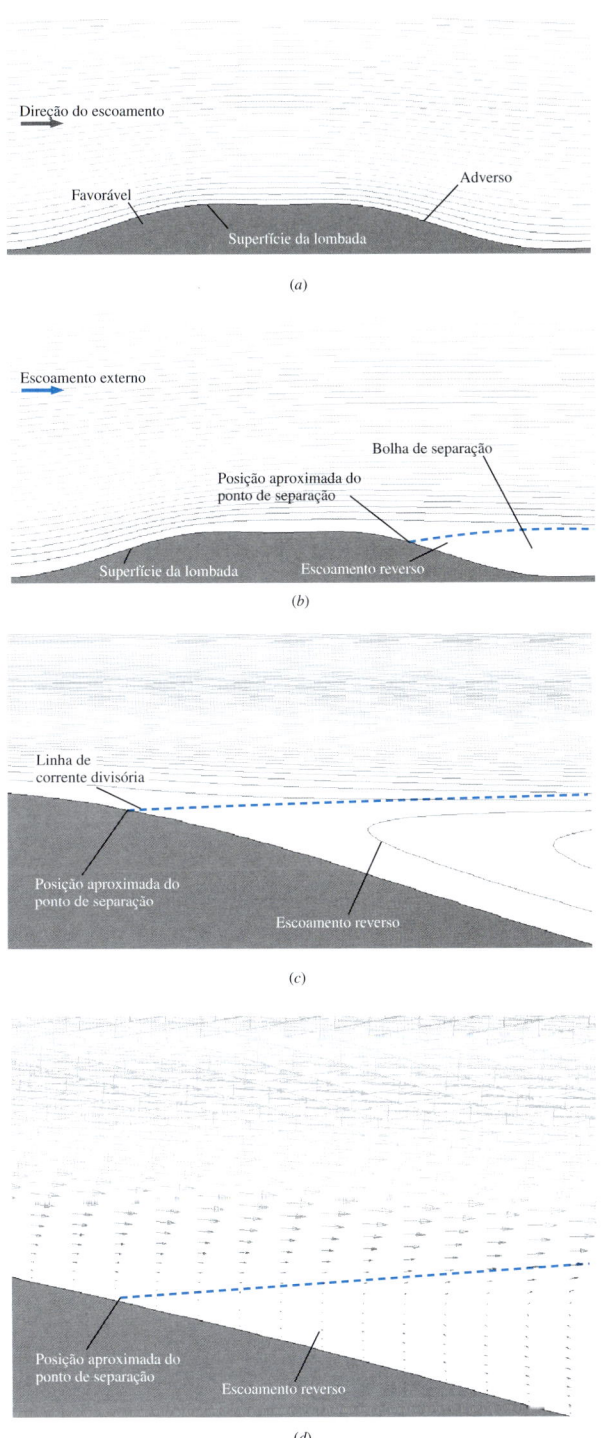

FIGURA 10–124 Cálculos pelo software CFD do escoamento sobre uma lombada: (*a*) solução da equação de Euler com linhas de corrente de escoamento externo no gráfico (sem separação do escoamento), (*b*) solução de escoamento laminar mostrando separação de escoamento no lado a jusante da lombada, (*c*) vista ampliada das linhas de corrente próximo do ponto de separação e (*d*) vista ampliada dos vetores velocidade, igual à vista (*c*).

Usamos o software de Dinâmica dos Fluidos Computacional (CFD) para ilustrar a separação de escoamento para o caso do escoamento sobre uma lombada ao longo da parede. O escoamento é permanente e bidimensional e a Fig. 10–124*a* mostra as linhas de corrente do escoamento externo geradas por uma solução da equação de Euler. Sem os termos viscosos não há separação e as linhas de corrente são simétricas na frente e atrás. Conforme está indicado na figura, a parte da frente da lombada apresenta uma aceleração do escoamento e, consequentemente, um gradiente de pressão favorável. A parte de trás apresenta uma desaceleração do escoamento e um gradiente de pressão adversa. Quando é resolvida a equação completa (laminar) de Navier-Stokes, os termos viscosos levam à separação do escoamento na parte de trás da lombada, como se pode ver na Fig. 10–124b. Tenha em mente que essa é uma solução completa da equação de Navier-Stokes, não uma solução de camada limite; no entanto, ela ilustra o processo de separação de escoamento na camada limite. A localização aproximada do ponto de separação está indicada na Fig. 10–124b, e a linha tracejada é um tipo de **linha de corrente divisória**. O fluido abaixo dessa linha de corrente é capturado na bolha de separação, enquanto o fluido acima dessa linha de corrente continua a jusante. Uma vista ampliada das linhas de corrente é mostrada na Fig. 10–124c, e os vetores velocidade são colocados no gráfico na Fig. 10–124d usando a mesma vista ampliada. O escoamento reverso na parte inferior da bolha de separação é claramente visível. E também há uma forte *componente y* da velocidade além do ponto de separação, e o escoamento externo não é mais quase paralelo à parede. Na verdade, o escoamento separado não é nada semelhante ao escoamento externo original da Fig. 10–124a. Isso é típico e representa uma séria deficiência na aproximação da camada limite. Isto é, as equações da camada limite podem ser capazes de prever a localização do ponto de separação razoavelmente bem, mas não podem prever nada além do ponto de separação. Em alguns casos, o escoamento externo muda significativamente a *montante* do ponto de separação também, e a aproximação da camada limite produz resultados errados.

> A aproximação da camada limite só é tão boa quanto a solução escoamento externo; se o escoamento externo for alterado significativamente pela separação de escoamento, a aproximação da camada limite estará errada.

As camadas limite desenhadas na Fig. 10–123 e os vetores velocidade de separação de escoamento do gráfico da Fig. 10–124 são para escoamento laminar. Camadas limite turbulentas têm um comportamento qualitativamente similar, embora, como discutido anteriormente, o perfil velocidade média de uma camada limite turbulenta seja muito mais cheio do que uma camada limite laminar sob condições similares. Portanto, é necessário um gradiente de pressão adversa mais forte para separar a camada limite turbulenta. Formulamos o seguinte enunciado:

> Camadas limite turbulentas são mais resistentes à separação de escoamento do que as camadas limite laminares expostas ao mesmo gradiente de pressão adversa.

A evidência experimental desse enunciado é ilustrada na Fig. 10–125, na qual o escoamento externo está tentando fazer uma curva fechada através de um ân-

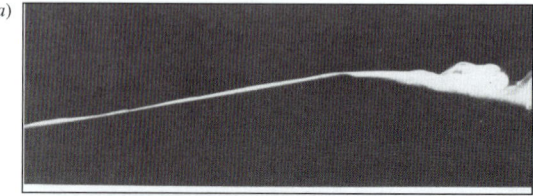

FIGURA 10–125 Comparação da visualização do escoamento das camadas limite laminar e turbulenta em um gradiente de pressão adverso; o escoamento é da esquerda para a direita. (*a*) A camada limite laminar separa-se na curva, mas (*b*) a turbulenta não. As fotografias foram tiradas por M. R. Head em 1982, visualizadas com tetra cloreto de titânio.

Head, M. R. 1982 em Flow Visualization II, W. Merzkirch, ed., 399-403. Washington: Hemisphere.

Capítulo 10 ■ Soluções Aproximadas da Equação de Navier-Stokes

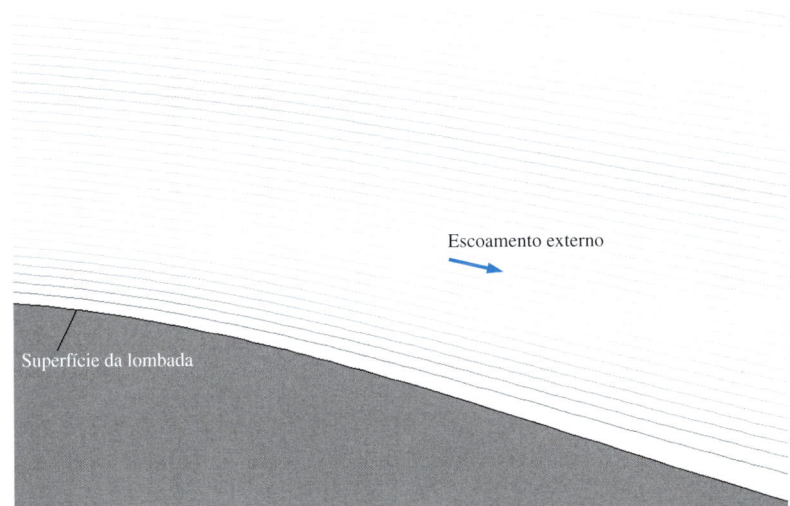

FIGURA 10–126 Cálculo CFD de escoamento turbulento sobre a mesma lombada da Fig. 10–124. Comparando com o resultado laminar da Fig. 10–124b, a camada limite turbulenta é mais resistente à separação do escoamento e não se separa na região do gradiente de pressão adversa na parte posterior da lombada.

gulo de 20°. A camada limite laminar (Fig. 10–125a) não pode negociar a curva fechada, e separa-se na curva. A camada limite turbulenta, por outro lado (Fig. 10–125b), consegue permanecer unida ao redor da curva fechada.

Em um outro exemplo, o escoamento sobre a mesma lombada da Fig. 10–124 é recalculado, mas com a turbulência modelada na simulação. As linhas de corrente geradas pelo cálculo CFD turbulento estão ilustradas na Fig. 10–126. Observe que a camada limite turbulenta permanece ligada (não há separação de escoamento), em contraste com a camada limite laminar que se separa da parte posterior da lombada. No caso turbulento, a solução de escoamento externo de Euler (Fig. 10–124a) permanece válida sobre toda a superfície já que não há separação de escoamento e a camada limite permanece muito fina.

Ocorre uma situação similar para o escoamento sobre objetos rombudos como as esferas. Por exemplo, uma bola de golfe lisa manteria uma camada limite laminar em sua superfície, e a camada limite se separaria com relativa facilidade, levando a um grande arrasto aerodinâmico. As bolas de golfe têm covinhas (um tipo de rugosidade da superfície) para criar uma transição mais rápida para a camada limite turbulenta. O escoamento ainda se separa da superfície da bola de golfe, mas muito mais longe a jusante na camada limite, resultando em uma diminuição significativa no arrasto aerodinâmico. Isso será discutido de forma mais detalhada no Cap. 11.

A técnica integral de momento para camadas limite

Em muitas aplicações práticas de engenharia, não precisamos conhecer todos os detalhes internos da camada limite; em vez disso, procuramos estimativas razoáveis das características gerais da camada limite como sua espessura e coeficiente de atrito superficial. Uma **técnica integral de momento** utiliza uma aproximação de volume de controle para obter essas aproximações quantitativas das propriedades da camada limite ao longo de superfícies com gradientes de pressão zero ou diferente de zero. Uma técnica integral de momento é simples, e em algumas aplicações não requer o uso de um computador. Ela é válida tanto para a camada limite laminar quanto para a turbulenta.

Começamos com o volume de controle desenhado na Fig. 10–127. A parte inferior do volume de controle é a parede em $y = 0$, e a parte superior está em $y = Y$, suficientemente alta para abranger toda a altura da camada limite. O volume de controle é uma fatia infinitesimalmente fina com a espessura dx na direção

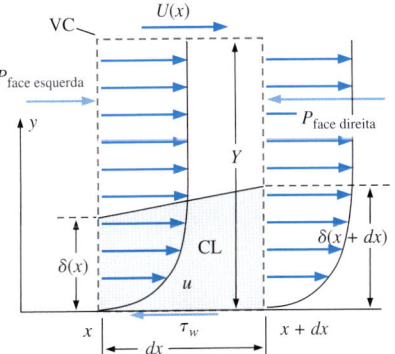

FIGURA 10–127 Volume de controle (linha cinza tracejada) usada na dedução da equação integral de momento.

x. De acordo com a aproximação da camada limite, $\partial P/\partial y = 0$, portanto, assumimos que a pressão P age ao longo de toda a face esquerda do volume de controle:

$$P_{\text{face esquerda}} = P$$

No caso geral com gradiente de pressão diferente de zero, a pressão na face direita do volume de controle é diferente daquela na face esquerda. Usando uma aproximação truncada de primeira ordem da série de Taylor (Cap. 9), obtemos:

$$P_{\text{face direita}} = P + \frac{dP}{dx} dx$$

De forma similar, escrevemos a vazão mássica que entra através da face esquerda como:

$$\dot{m}_{\text{face esquerda}} = \rho w \int_0^Y u \, dy \qquad (10\text{–}89)$$

e a vazão mássica que sai através da face direita como:

$$\dot{m}_{\text{face direita}} = \rho w \left[\int_0^Y u \, dy + \frac{d}{dx}\left(\int_0^Y u \, dy\right) dx \right] \qquad (10\text{–}90)$$

onde w é a largura do volume de controle perpendicular à página na Fig. 10–127. Se você preferir, pode definir w como largura unitária; ela será cancelada mais tarde de qualquer forma.

Como a Eq. 10–90 é diferente da Eq. 10–89, e como nenhum fluxo pode cruzar a base do volume de controle (a parede), a massa tem que fluir para dentro ou para fora pelo topo do volume de controle. Ilustramos isso na Fig. 10–128 para o caso de uma camada limite que está crescendo, na qual $\dot{m}_{\text{face direita}} < \dot{m}_{\text{face esquerda}}$ e $\dot{m}_{\text{topo}}$ é positiva (fluxo de massa para fora). A conservação da massa sobre o volume de controle resulta em:

$$\dot{m}_{\text{topo}} = -\rho w \frac{d}{dx}\left(\int_0^Y u \, dy\right) dx \qquad (10\text{–}91)$$

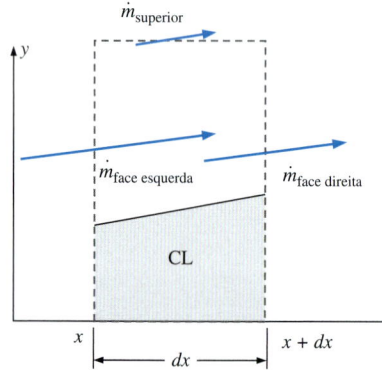

FIGURA 10–128 Balanço de fluxo de massa no volume de controle da Fig. 10–127.

Aplicamos agora o princípio da conservação da componente x do momento para o volume de controle escolhido. A componente x do momento entra pela face esquerda e é removido através das faces direita e do topo do volume de controle. O fluxo líquido de momento para fora do volume de controle deve ser equilibrado pela força devido à tensão de cisalhamento agindo sobre o volume de controle pela parede e a força líquida de pressão na superfície de controle, como ilustra a Fig. 10–127. Uma equação da componente x do momento do volume de controle permanente é, então:

$$\underbrace{\sum F_{x,\text{volume}}}_{\text{ignorando a gravidade}} + \underbrace{\sum F_{x,\text{superfície}}}_{YwP - Yw\left(P + \frac{dP}{dx}dx\right) - w\,dx\,\tau_w}$$

$$= \underbrace{\int_{\text{face esquerda}} \rho u \vec{V} \cdot \vec{n} \, dA}_{-\rho w \int_0^Y u^2 dy} + \underbrace{\int_{\text{face direita}} \rho u \vec{V} \cdot \vec{n} \, dA}_{\rho w \left[\int_0^Y u^2 dy + \frac{d}{dx}\left(\int_0^Y u^2 dy\right)dx\right]} + \underbrace{\int_{\text{topo}} \rho u \vec{V} \cdot \vec{n} \, dA}_{\dot{m}_{\text{topo}} U}$$

onde o fluxo de momento através da superfície do topo do volume de controle é tomado como a vazão mássica através daquela superfície vezes U. Alguns dos termos se cancelam e reescrevemos a equação como:

$$-Y\frac{dP}{dx} - \tau_w = \rho \frac{d}{dx}\left(\int_0^Y u^2 \, dy\right) - \rho U \frac{d}{dx}\left(\int_0^Y u \, dy\right) \qquad (10\text{–}92)$$

onde usamos a Eq. 10–91 para $\dot{m}_{topo}$, e w e dx se cancelam em cada termo restante. Para nossa conveniência, notamos que $Y = \int_0^Y dy$. Do escoamento externo (equação de Euler), $dP/dx = -\rho U \, dU/dx$. Após dividir cada termo da Eq. 10–92 pela densidade ρ, obtemos:

$$U \frac{dU}{dx} \int_0^Y dy - \frac{\tau_w}{\rho} = \frac{d}{dx}\left(\int_0^Y u^2 \, dy\right) - U \frac{d}{dx}\left(\int_0^Y u \, dy\right) \quad (10\text{–}93)$$

Simplificamos a Eq. 10–93 utilizando a regra da diferenciação do produto ao inverso (Fig. 10–129). Após alguns rearranjos, a Eq. (10–93) torna-se:

$$\frac{d}{dx}\left(\int_0^Y u(U - u) \, dy\right) + \frac{dU}{dx} \int_0^Y (U - u) \, dy = \frac{\tau_w}{\rho}$$

onde podemos colocar U dentro dos sinais de integral, pois em qualquer localização x, U é constante com relação a y (U é uma função apenas de x).

Multiplicamos e dividimos o primeiro termo por U^2 e o segundo termo por U para obter:

$$\frac{d}{dx}\left(U^2 \int_0^\infty \frac{u}{U}\left(1 - \frac{u}{U}\right) dy\right) + U \frac{dU}{dx} \int_0^\infty \left(1 - \frac{u}{U}\right) dy = \frac{\tau_w}{\rho} \quad (10\text{–}94)$$

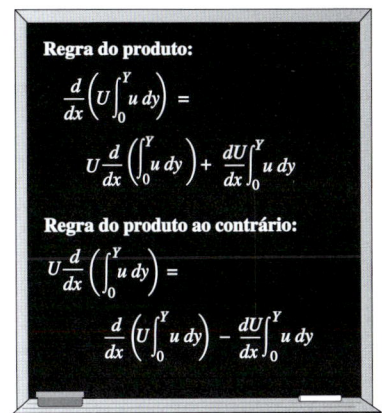

FIGURA 10–129 A regra do produto é utilizada ao contrário na dedução da equação integral do momento.

onde também substituímos o infinito em lugar de Y no limite superior de cada integral, pois $u = U$ para todo y maior que Y, e, portanto, o valor da integral não muda com essa substituição.

Já definimos anteriormente a espessura de deslocamento δ^* (Eq. 10–72) e a espessura de momento θ (Eq. 10–80) para uma camada limite de placa plana. No caso geral com gradiente de pressão diferente de zero, definimos δ^* e θ da mesma maneira, exceto que usamos o valor *local* da velocidade do escoamento externo, $U = U(x)$, em uma dada localização x em lugar da constante U, pois U agora varia com x. A Equação 10–94 pode então ser escrita em uma forma mais compacta como:

Equação integral de Kármán:
$$\frac{d}{dx}(U^2 \theta) + U \frac{dU}{dx} \delta^* = \frac{\tau_w}{\rho} \quad (10\text{–}95)$$

A Equação 10–95 é chamada de **equação integral de Kármán** em homenagem a Theodor von Kármán (1881-1963), um aluno de Prandtl, que foi o primeiro a deduzir a equação em 1921.

Uma forma alternativa da Eq. 10–95 pode ser obtida aplicando-se a regra do produto no primeiro termo, dividindo por U^2 e rearranjando:

Equação integral de Kármán, forma alternativa:
$$\frac{C_{f,x}}{2} = \frac{d\theta}{dx} + (2 + H) \frac{\theta}{U} \frac{dU}{dx} \quad (10\text{–}96)$$

onde definimos o **fator de forma** H como:

Fator de forma:
$$H = \frac{\delta^*}{\theta} \quad (10\text{–}97)$$

e o coeficiente **local de atrito superficial** $C_{f,x}$ como:

Coeficiente local de atrito superficial:
$$C_{f,x} = \frac{\tau_w}{\frac{1}{2}\rho U^2} \quad (10\text{–}98)$$

Note que tanto H quanto $C_{f,x}$ são funções de x para o caso geral de uma camada limite com gradiente de pressão diferente de zero desenvolvendo-se ao longo de uma superfície.

Destacamos novamente que a dedução da equação integral de Kármán e as Eqs. 10–95 até 10–98 são válidas para qualquer camada limite permanente incompressível ao longo de uma parede, independentemente da camada limite ser laminar, turbulenta ou algo entre as duas coisas. Para o caso especial da camada limite sobre uma placa plana, $U(x) = U$ = constante e a Eq. 10–96 se reduz a:

Equação integral de Kármán, camada limite sobre placa plana: $\quad C_{f,x} = 2 \dfrac{d\theta}{dx}$ **(10–99)**

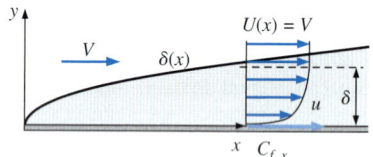

FIGURA 10–130 A camada limite turbulenta gerada pelo escoamento sobre uma placa plana para o Exemplo 10–14 (a espessura da camada limite está exagerada).

EXEMPLO 10–14 Análise da camada limite sobre placa plana usando a equação integral de Kármán

Vamos supor que sabemos apenas duas coisas sobre a camada limite turbulenta sobre uma placa plana, isto é, o coeficiente local de atrito superficial (Fig. 10–130):

$$C_{f,x} \cong \dfrac{0{,}027}{(\mathrm{Re}_x)^{1/7}} \quad (1)$$

e a aproximação da lei da potência um sétimo para a forma do perfil da camada limite:

$$\dfrac{u}{U} \cong \left(\dfrac{y}{\delta}\right)^{1/7} \quad \text{para } y \leq \delta \qquad \dfrac{u}{U} \cong 1 \quad \text{para } y > \delta \quad (2)$$

Usando as definições de espessura de deslocamento e espessura de momento e usando a equação integral de Kármán, estime como δ, δ^* e θ variam com x.

SOLUÇÃO Vamos estimar δ, δ^* e θ baseados nas Eqs. 1 e 2.

Hipóteses **1** O escoamento é turbulento, mas permanente na média. **2** A placa é fina e está alinhada paralela à corrente livre, de modo que $U(x) = V$ = constante.

Análise Primeiro substituímos a Eq. 2 na Eq. 10–80 e integramos para encontrar a espessura de momento:

$$\theta = \int_0^\infty \dfrac{u}{U}\left(1 - \dfrac{u}{U}\right)dy = \int_0^\delta \left(\dfrac{y}{\delta}\right)^{1/7}\left(1 - \left(\dfrac{y}{\delta}\right)^{1/7}\right)dy = \dfrac{7}{72}\delta \quad (3)$$

De forma semelhante, encontramos a espessura de deslocamento integrando a Eq. 10–72:

$$\delta^* = \int_0^\infty \left(1 - \dfrac{u}{U}\right)dy = \int_0^\delta \left(1 - \left(\dfrac{y}{\delta}\right)^{1/7}\right)dy = \dfrac{1}{8}\delta \quad (4)$$

A equação integral de Kármán se reduz à Eq. 10–99 para a camada limite sobre placa plana. Substituímos a Eq. 3 na Eq. 10–99 e rearranjamos para obter:

$$C_{f,x} = 2\dfrac{d\theta}{dx} = \dfrac{14}{72}\dfrac{d\delta}{dx}$$

da qual:

$$\dfrac{d\delta}{dx} = \dfrac{72}{14}C_{f,x} = \dfrac{72}{14}0{,}027(\mathrm{Re}_x)^{-1/7} \quad (5)$$

onde nós substituímos a Eq. 1 pelo coeficiente local de atrito superficial. A Equação 5 pode ser integrada diretamente, resultando em:

Espessura da camada limite: $\quad \dfrac{\delta}{x} \cong \dfrac{0{,}16}{(\mathrm{Re}_x)^{1/7}}$ **(6)**

Finalmente, a substituição das Eqs. 3 e 4 na Eq. 6 nos fornece aproximações para δ^* e θ:

Espessura de deslocamento: $\quad \dfrac{\delta^*}{x} \cong \dfrac{0{,}020}{(\text{Re}_x)^{1/7}} \quad$ (7)

e

Espessura de momento: $\quad \dfrac{\theta}{x} \cong \dfrac{0{,}016}{(\text{Re}_x)^{1/7}} \quad$ (8)

Discussão Os resultados estão de acordo com as expressões dadas na coluna (a) da Tabela 10–4 para dois dígitos significativos. Sem dúvida, muitas das expressões da Tabela 10–4 foram *geradas* com a ajuda da equação integral de Kármán.

FIGURA 10–131 A integração de um perfil de velocidade conhecido (ou suposto) é necessária quando se usa a equação integral de Kármán.

Embora razoavelmente simples de usar, a técnica da integral de momento tem uma deficiência séria. Isto é, precisamos saber (ou adivinhar) a forma do perfil da camada limite para poder aplicar a equação integral de Kármán (Fig. 10–131). Para o caso de camadas limite com gradientes de pressão, a forma da camada limite muda com x (conforme está ilustrado na Fig. 10–123), complicando ainda mais a análise. Felizmente, a forma do perfil de velocidade não precisa ser conhecida com precisão, pois a integração é muito tolerante. Várias técnicas foram desenvolvidas utilizando a equação integral de Kármán para prever características gerais da camada limite. Algumas dessas técnicas, como o método de Thwaite, funcionam muito bem para camadas limite laminares. Infelizmente, as técnicas que têm sido propostas para camadas limite turbulentas não foram tão bem-sucedidas. Muitas das técnicas requerem o uso de um computador e estão além do escopo deste livro.

EXEMPLO 10–15 Arrasto na parede de uma seção de teste de um túnel de vento

Uma camada limite se desenvolve ao longo das paredes de um túnel de vento retangular. O ar está a 20°C e a pressão é atmosférica. A camada limite começa a montante da contração e cresce até à seção de teste (Fig. 10–132). Quando chega à seção de teste, a camada limite é totalmente turbulenta. O perfil da camada limite e sua espessura são medidos tanto no início ($x = x_1$) quanto no fim ($x = x_2$) da parede inferior da seção de teste do túnel de vento. A seção de teste tem 1,8 m de comprimento por 0,50 m de largura (perpendicular à página na Fig. 10–132). São feitas as seguintes medidas:

$$\delta_1 = 4{,}2 \text{ cm} \quad \delta_2 = 7{,}7 \text{ cm} \quad V = 10{,}0 \text{ m/s} \quad (1)$$

Em ambas as localizações, o perfil da camada limite se ajusta melhor a uma aproximação da lei da potência um oitavo do que à aproximação padrão da lei da potência um sétimo.

$$\dfrac{u}{U} \cong \left(\dfrac{y}{\delta}\right)^{1/8} \text{ para } y \leq \delta \quad \dfrac{u}{U} \cong 1 \text{ para } y > \delta \quad (2)$$

Calcule a força total de arrasto do atrito superficial F_D agindo sobre a parede inferior da seção de teste do túnel de vento.

SOLUÇÃO Vamos estimar a força de arrasto do atrito superficial na parede inferior da seção de teste do túnel de vento (entre $x = x_1$ e $x = x_2$).

(continua)

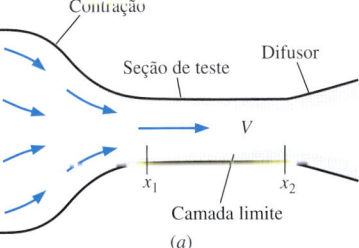

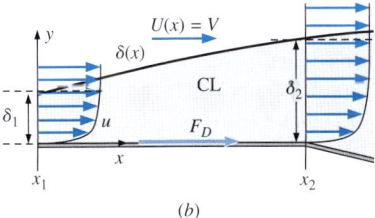

FIGURA 10–132 Camada limite desenvolvendo-se ao longo das paredes do túnel de vento do Exemplo 10–15: (*a*) vista geral e (*b*) vista ampliada da parede inferior da seção de teste (a espessura da camada limite está exagerada).

(continuação)

Propriedades Para o ar a 20°C, $\nu = 1{,}516 \times 10^{-5}$ m²/s e $\rho = 1{,}204$ kg/m³.

Hipóteses **1** O escoamento é permanente na média. **2** As paredes do túnel de vento divergem ligeiramente para garantir que $U(x) = V =$ constante.

Análise Primeiro, substituímos a Eq. 2 na Eq. 10–80 e integramos para encontrar a espessura de momento θ:

$$\theta = \int_0^\infty \frac{u}{U}\left(1 - \frac{u}{U}\right) dy = \int_0^\delta \left(\frac{y}{\delta}\right)^{1/8}\left[1 - \left(\frac{y}{\delta}\right)^{1/8}\right] dy = \frac{4}{45}\delta \quad (3)$$

A equação integral de Kármán se reduz à Eq. 10–97 para uma camada limite sobre placa plana. Em termos de tensão de cisalhamento ao longo da parede, a Eq. 10–97 é:

$$\tau_w = \frac{1}{2}\rho U^2 C_{f,x} = \rho U^2 \frac{d\theta}{dx} \quad (4)$$

Integramos a Eq. 4 de $x = x_1$ até $x = x_2$ para encontrar a força de arrasto do atrito superficial:

$$F_D = w\int_{x_1}^{x_2} \tau_w\, dx = w\rho U^2 \int_{x_1}^{x_2} \frac{d\theta}{dx}\, dx = w\rho U^2(\theta_2 - \theta_1) \quad (5)$$

onde w é a largura da parede perpendicular à página na Fig. 10–132. Após substituição da Eq. 3 na Eq. 5, obtemos:

$$F_D = w\rho U^2 \frac{4}{45}(\delta_2 - \delta_1) \quad (6)$$

Finalmente, a substituição dos valores numéricos fornecidos na Eq. 6 resulta na força de arrasto:

$$F_D = (0{,}50\text{ m})(1{,}204\text{ kg/m}^3)(10{,}0\text{ m/s})^2 \frac{4}{45}(0{,}077 - 0{,}042)\text{ m}\left(\frac{\text{s}^2\cdot\text{N}}{\text{kg}\cdot\text{m}}\right) = \mathbf{0{,}19\text{ N}}$$

Discussão Essa é uma força muito pequena, pois a própria unidade Newton é uma unidade pequena de força. Uma equação integral de Kármán seria muito mais difícil de aplicar se a velocidade $U(x)$ do escoamento externo não fosse constante.

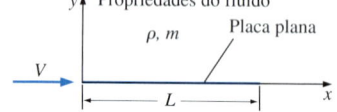

FIGURA 10–133 Escoamento sobre uma placa plana infinitesimalmente fina de comprimento L. Os cálculos CFD foram feitos para Re_L variando de 10^{-1} a 10^5.

Encerramos este capítulo com alguns resultados esclarecedores produzidos pelos cálculos do software CFD de escoamento bidimensional sobre uma placa plana, infinitesimalmente fina, alinhada com a corrente livre (Fig. 10–133). Em todos os casos a placa tem 1 m de comprimento ($L = 1$ m) e o fluido é o ar com propriedades constantes $\rho = 1{,}23$ kg/m³ e $\mu = 1{,}79 \times 10^{-5}$ kg/m·s. Variamos a velocidade V da corrente livre de maneira que o número de Reynolds no fim da placa ($Re_L = \rho VL/\mu$) varie desde 10^{-1} (escoamento lento) até 10^5 (escoamento laminar mas pronto para entrar na transição turbulenta). Todos os casos envolvem soluções da equação de Navier-Stokes para escoamento incompressível, permanente, laminar, geradas por um programa de CFD comercial. Na Fig. 10–134, desenhamos o gráfico dos vetores velocidade para quatro casos de número de Reynolds em três localizações x: $x = 0$ (início da placa), $x = 0{,}5$ m (meio da placa) e $x = 1$ m (fim da placa). Desenhamos o gráfico também das linhas de corrente nas vizinhanças da placa para cada caso.

Na Fig. 10–134a, $Re_L = 0{,}1$ e a *aproximação do escoamento lento* é razoável. O campo de escoamento é aproximadamente simétrico na frente e atrás – tí-

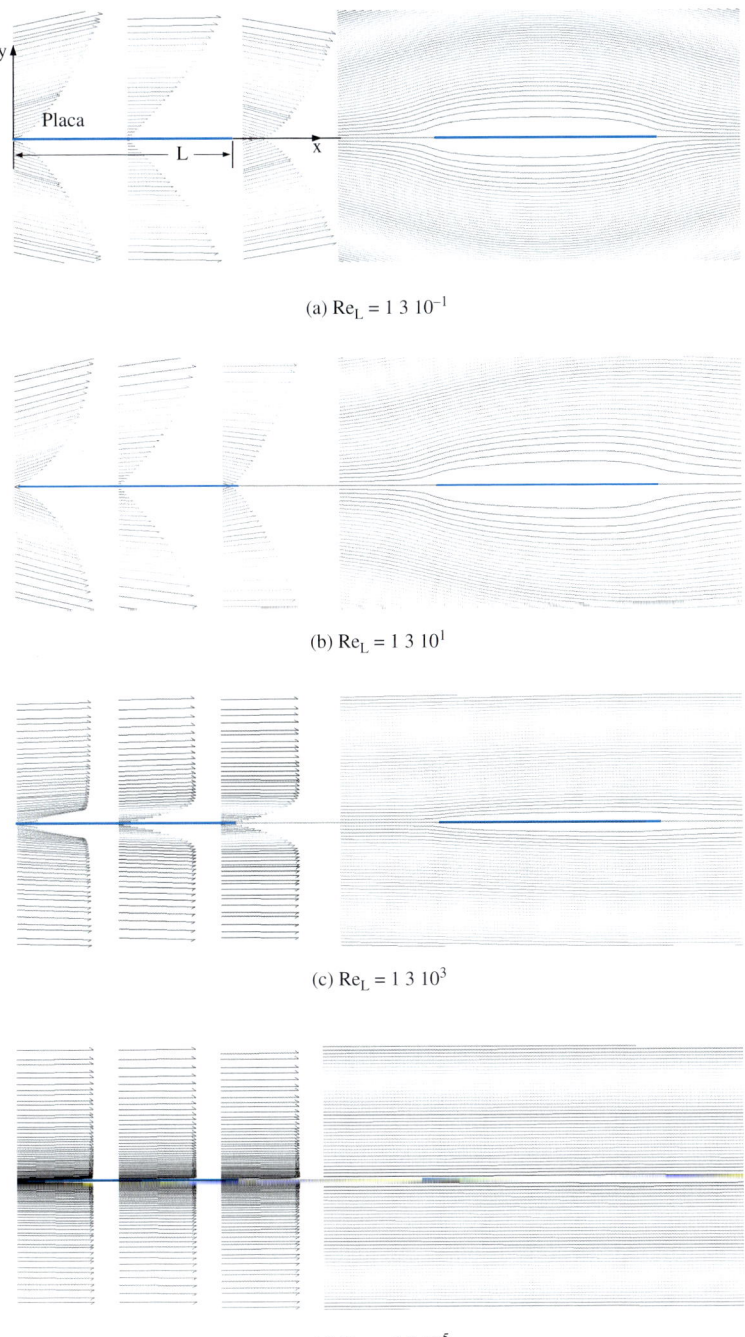

FIGURA 10-134 Cálculos CFD do escoamento laminar permanente, incompressível, bidimensional da esquerda para a direita sobre uma placa plana com 1 m de comprimento e com espessura infinitesimal; os vetores velocidade são mostrados na coluna da esquerda em três localizações ao longo da placa e as linhas de corrente próximas à placa são mostradas na coluna da direita. $Re_L =$ (a) 0,1, (b) 10, (c) 1000 e (d) 100.000; somente a metade superior do campo de escoamento está resolvida – a metade inferior é uma imagem espelhada. O domínio da computação se estende por centenas de comprimentos da placa além do que está mostrado aqui para aproximar as condições de campo distante "infinitas" nas bordas do domínio da computação.

(a) $Re_L = 1\ 3\ 10^{-1}$

(b) $Re_L = 1\ 3\ 10^{1}$

(c) $Re_L = 1\ 3\ 10^{3}$

(d) $Re_L = 1\ 3\ 10^{5}$

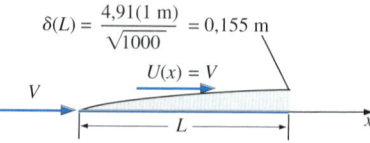

FIGURA 10–135 Cálculo da espessura da camada limite para uma camada limite laminar sobre uma placa plana em $Re_L = 1000$. Esse resultado é comparado com o perfil de velocidades gerado pelo software CFD em $x = L$ mostrado na Fig. 10–134c com esse mesmo número de Reynolds.

pico do escoamento lento sobre corpos simétricos. Observe como o escoamento diverge ao redor da placa como se ela tivesse uma espessura finita. Isso é devido ao grande efeito de deslocamento causado pela viscosidade e pela condição de não escorregamento. Em resumo, a velocidade do escoamento próximo à placa é tão pequena que o restante do escoamento "enxerga" isso como um bloqueio ao redor do qual o escoamento tem que ser desviado. A *componente y* da velocidade é significativa próximo da frente e de trás da placa. Finalmente, a influência da placa se estende por dezenas de comprimentos da placa em todas as direções no resto do escoamento, que é também típico dos escoamentos lentos.

O número de Reynolds é aumentado por duas ordens de grandeza até $Re_L = 10$ nos resultados mostrados na Fig. 10–134b. Esse número de Reynolds é muito alto para ser considerado escoamento lento, mas muito baixo para que a aproximação da camada limite seja apropriada. Observamos algumas das mesmas características do caso de um baixo número de Reynolds, como o grande deslocamento das linhas de corrente e uma *componente y* de velocidade significativa próximo à frente e atrás da placa. No entanto, o efeito do deslocamento não é tão intenso e o escoamento não é mais simétrico na frente e atrás. Estamos vendo os efeitos da *inércia* à medida que o fluido deixa o fim da placa; a inércia varre o fluido na esteira que se forma atrás da placa. A influência da placa sobre o resto do escoamento ainda é grande, mas muito menor para o escoamento com $Re_L = 0,1$.

Na Fig. 10–134c estão ilustrados os resultados dos cálculos CFD com $Re_L = 1000$, um outro aumento de duas ordens de grandeza. Com esse número de Reynolds, os efeitos inerciais estão começando a dominar sobre os efeitos viscosos na maior parte do campo de escoamento, e podemos começar a chamar isso de uma *camada limite* (porém, bastante espessa). Na Fig. 10–135 calculamos a espessura da camada limite usando a expressão laminar dada na Tabela 10–4. O valor previsto de $\delta(L)$ é, aproximadamente, 15% do comprimento da placa em $Re_L = 1000$, que é uma concordância razoável com o gráfico do vetor velocidade em $x = L$ na Fig. 10–134c. Comparado com os casos de baixo número de Reynolds da Fig. 10–134a e b, o efeito de deslocamento é bastante reduzido e qualquer vestígio de simetria frente-atrás desaparece.

Finalmente, o número de Reynolds é aumentado mais uma vez em duas ordens de grandeza, até $Re_L = 100.000$ nos resultados mostrados na Fig. 10–134d. Não há dúvida sobre a adequação da aproximação da camada limite com esse número de Reynolds tão grande. Os resultados dos cálculos CFD mostram uma camada limite extremamente fina com efeito desprezível sobre o escoamento externo. As linhas de corrente da Fig. 10–134d são aproximadamente paralelas em todos os pontos, e você precisa examinar com muito cuidado para ver a fina região da esteira atrás da placa. As linhas de corrente na esteira estão um pouco mais separadas do que no restante do escoamento, porque na região da esteira, a velocidade é significativamente menor do que a velocidade da corrente livre. A *componente y* da velocidade é desprezível, como se espera em uma camada limite muito fina, já que a espessura de deslocamento é tão pequena.

Na Fig. 10–136 estão os gráficos dos perfis da *componente x* da velocidade para cada um dos quatro números de Reynolds da Fig. 10–134, mais alguns casos adicionais com outros valores de Re_L. Usamos uma escala logarítmica para o eixo vertical (y em unidades de m), porque y abrange várias ordens de grandeza. Colocamos a abscissa em forma adimensional como u/U para que as formas dos perfis de velocidade possam ser comparadas. Todos os perfis têm uma forma razoavelmente similar quando colocados no gráfico dessa forma. No entanto, notamos que alguns dos perfis apresentam um **excesso de velocidade** significativo ($u > U$) próximo da parte externa do perfil de velocidade. Isso é um resultado direto do efeito de deslocamento e do efeito da inércia, conforme já discutimos.

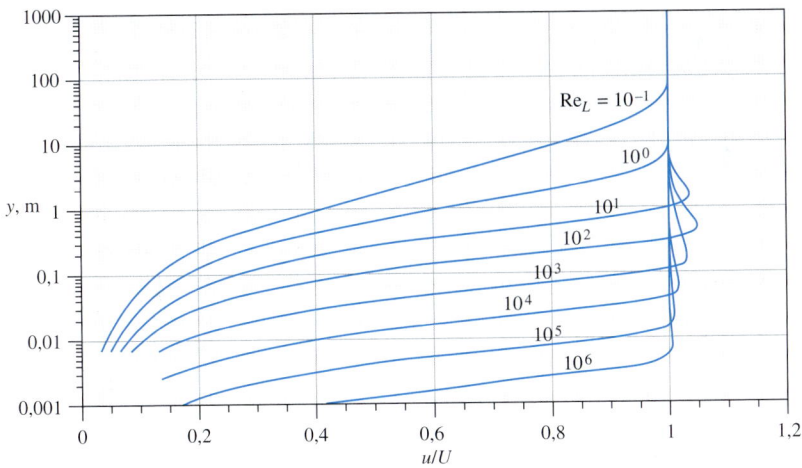

FIGURA 10–136 Cálculos CFD de escoamento laminar permanente, incompressível, bidimensional sobre uma placa plana de espessura infinitesimal: a componente adimensional x da velocidade u/U é colocada no gráfico em relação à distância vertical a partir da placa, y. Observa-se um excesso de velocidade notável com números de Reynolds moderados, mas desaparece com valores muito baixos e muito altos de Re_L.

Em valores muito *baixos* de Re_L ($Re_L \leq 10^0$), onde o efeito do deslocamento é mais destacado, o excesso de velocidade é quase inexistente. Isso pode ser explicado pela falta de inércia nesses baixos números de Reynolds. Sem inércia, não há mecanismo para acelerar o escoamento ao redor da placa; ao contrário, a viscosidade *retarda* o escoamento em todos os pontos nas vizinhanças da placa, e a influência da placa se estende por centenas de vezes o seu comprimento, além da placa em todas as direções. Por exemplo, em $Re_L = 10^{-1}$, u não chega a 99% de U até $y \cong 320$ m – mais de 300 vezes o comprimento da placa, acima da placa! Com valores *moderados* do número de Reynolds (Re_L entre, aproximadamente, 10^1 e 10^4), o efeito do deslocamento é significativo e os termos inerciais não são mais desprezíveis. Por essa razão, o fluido consegue acelerar ao redor da placa e o excesso de velocidade é significativo. Por exemplo, o máximo excesso de velocidade é, aproximadamente, 5% em $Re_L = 10^2$. Em valores muito *altos* do número de Reynolds ($Re_L \geq 10^5$), os termos inerciais dominam sobre os termos viscosos e a camada limite é tão fina que o efeito do deslocamento é quase desprezível. O pequeno efeito de deslocamento leva a um excesso de velocidade muito pequeno. Por exemplo, em $Re_L = 10^6$, o máximo excesso de velocidade é apenas, aproximadamente, 0,4%. Além de $Re_L = 10^6$, o escoamento laminar não é mais possível fisicamente e os cálculos CFD teriam que incluir os efeitos da turbulência.

RESUMO

Como a equação de Navier-Stokes é difícil de resolver, são usadas, frequentemente, as *aproximações* nas análises práticas da engenharia. Porém, como acontece com qualquer aproximação, precisamos ter certeza de que a aproximação é apropriada na região do escoamento que está sendo analisado. Neste capítulo, examinamos várias aproximações e mostramos exemplos de situações de escoamento nas quais elas são úteis. Primeiro, colocamos a equação de Navier-Stokes na forma adimensional, dando origem a vários parâmetros adimensionais: o *número de Strouhal* (St), *número de Froude* (Fr), *número de Euler* (Eu) e *número de Reynolds* (Re). Além disso, para escoamentos sem efeitos de superfície livre, a componente da pressão hidrostática devido à gravidade pode ser incorporada em uma *pressão modificada P'*, eliminando efetivamente o termo da gravidade (e o número de Froude) da equação de Navier-Stokes. A equação de Navier-Stokes na forma adimensional com a pressão modificada é:

$$[\text{St}]\frac{\partial \vec{V}^*}{\partial t^*} + (\vec{V}^* \cdot \vec{\nabla}^*)\vec{V}^* = -[\text{Eu}]\vec{\nabla}^* P'^* + \left[\frac{1}{\text{Re}}\right]\vec{\nabla}^{*2}\vec{V}^*$$

Quando as variáveis adimensionais (indicadas por *) forem da ordem de grandeza da unidade, a importância relativa de cada termo na equação depende da *grandeza relativa* dos parâmetros adimensionais.

Para regiões de escoamento nas quais o número de Reynolds é muito pequeno, o último termo na equação predomina sobre os termos no lado esquerdo e, portanto, as forças de pressão devem equilibrar as forças viscosas. Se ignorarmos as forças inerciais completamente, fazemos a aproximação do *escoamento lento*, e a equação de Navier-Stokes se reduz a:

$$\vec{\nabla} P' \cong \mu \nabla^2 \vec{V}$$

O escoamento lento é estranho às nossas observações diárias, pois nossos corpos, nossos automóveis, etc., movem-se a números de Reynolds relativamente altos. A ausência da inércia na aproximação do escoamento lento leva a algumas peculiaridades muito interessantes, conforme discutimos neste capítulo.

Definimos *regiões de escoamento invíscido* como regiões onde os termos viscosos são desprezíveis comparadas com os termos inerciais (o oposto do escoamento lento). Nessas regiões de escoamento, a equação de Navier-Stokes se reduz à equação de *Euler*:

$$\rho \left(\frac{\partial \vec{V}}{\partial t} + (\vec{V} \cdot \vec{\nabla}) \vec{V} \right) = -\vec{\nabla} P'$$

Em regiões de escoamento sem viscosidade, a equação de Euler pode ser manipulada para deduzir a equação de *Bernoulli*, válida ao longo das linhas de corrente do escoamento.

Regiões de escoamento nas quais as partículas individuais de fluido não rotam são chamadas de *regiões irrotacionais do escoamento*. Nessas regiões, a vorticidade das partículas de fluido é muito pequena e os termos viscosos na equação de Navier-Stokes podem ser ignorados, deixando-nos novamente com a equação de Euler. Além disso, a equação de Bernoulli torna-se menos restritiva, já que a constante de Bernoulli é a mesma em todos os pontos, não apenas ao longo das linhas de corrente. Uma característica interessante do escoamento irrotacional é que as soluções de escoamentos elementares (*blocos de construção de escoamento*) podem ser somadas para gerar soluções de escoamento mais complicadas, um processo conhecido como *superposição*.

Como a equação de Euler não pode suportar a condição de contorno de não deslizamento em paredes sólidas, a *aproximação da camada limite* é útil como uma ponte entre uma aproximação da equação de Euler e uma solução completa da equação de Navier-Stokes. Assumimos que um *escoamento externo* sem viscosidade e/ou irrotacional existe em todos os pontos, exceto em regiões muito finas próximas a paredes sólidas ou dentro de esteiras, jatos e camadas de mistura. A aproximação da camada limite é apropriada para *escoamentos com alto número de Reynolds*. No entanto, reconhecemos que não importa quão grande possa ser o número de Reynolds, os termos viscosos nas equações de Navier-Stokes ainda são importantes dentro da camada limite fina, onde o escoamento é rotacional e viscoso. As *equações da camada limite* para escoamento permanente, incompressível, bidimensional, laminar são:

$$\frac{\partial u}{\partial x} + \frac{\partial v}{\partial y} = 0 \quad \text{e} \quad u \frac{\partial u}{\partial x} + v \frac{\partial u}{\partial y} = U \frac{dU}{dx} + \nu \frac{\partial^2 u}{\partial y^2}$$

Definimos várias medidas de espessura da camada limite, incluindo a *espessura de 99%* δ, a *espessura de deslocamento* δ^* e a *espessura de momento* θ. Essas grandezas podem ser calculadas exatamente para uma camada limite laminar crescendo ao longo de uma placa plana, sob condições de *gradiente de pressão zero*. À medida que o número de Reynolds cresce ao longo da placa, a camada limite tem uma transição para a turbulência; neste capítulo, são dadas equações semiempíricas para uma camada limite turbulenta sobre placa plana.

A *equação integral de Kármán* é válida para camadas limite laminar e turbulenta exposta a gradientes arbitrários de pressão diferente de zero:

$$\frac{d}{dx}(U^2 \theta) + U \frac{dU}{dx} \delta^* = \frac{\tau_w}{\rho}$$

Essa equação é útil para estimativas de propriedades gerais da camada limite, tais como a espessura da camada limite e atrito superficial.

As aproximações apresentadas neste capítulo são aplicadas a muitos problemas práticos de engenharia. A análise do escoamento potencial é útil para cálculos de sustentação de aerofólio (Cap. 11). Utilizamos a aproximação sem viscosidade na análise de escoamento compressível (Cap. 12), escoamento em canal aberto (Cap. 13) e turbomáquinas (Cap. 14). Nos casos em que essas aproximações não são justificadas ou onde são necessários cálculos mais precisos, as equações de Navier-Stokes são resolvidas numericamente usando CFD (Cap. 15).

REFERÊNCIAS E LEITURAS SUGERIDAS

1. D. E. Coles. "The Law of the Wake in the Turbulent Boundary Layer," *J. Fluid Mechanics*, 1, pp. 191–226.
2. R. J. Heinsohn and J. M. Cimbala. *Indoor Air Quality Engineering*. Nova Iorque: Marcel-Dekker, 2003.
3. P. K. Kundu, I. M. Cohen e D. R. Dowling. *Fluid Mechanics*. San Diego, CA: Academic Press, 2011.
4. R. L. Panton. *Incompressible Flow*, 3a ed., Nova Iorque: Wiley, 2005.
5. M. Van Dyke. *An Album of Fluid Motion*. Stanford, CA: The Parabolic Press, 1982.
6. F. M. White. *Viscous Fluid Flow*, 3a ed. Nova Iorque: McGraw-Hill, 2005.
7. G. T. Yates. "How Microorganisms Move through Water," *American Scientist*, 74, pp. 358-365, July-August, 1986.

APLICAÇÃO EM FOCO

Formação de gotículas

Autores convidados: James A. Liburdy e Brian Daniels,
Oregon State University

A formação de gotículas é uma interação complexa de forças inerciais, de tensão superficial e forças viscosas. O desprendimento real de uma gota a partir de uma corrente de líquido, embora estudada por quase 200 anos, ainda não foi totalmente explicada. "Gotículas sob demanda" ou *Droplet-on Demand* (DoD) são usadas para aplicações como impressão por jato de tinta e análise de DNA em dispositivos de microescala "*lab-on-a-chip*". DoD requer tamanhos de gotículas muito uniformes, velocidades e trajetórias controladas e uma alta taxa de formação sequencial de gotículas. Por exemplo, na impressão por jato de tinta, o tamanho típico de uma gotícula é 25 a 50 micra (dificilmente visível a olho nu), as velocidades são da ordem de 10 m/s e a taxa de formação das gotículas pode ser maior que 20.000 por segundo.

O método mais comum para formação de gotículas envolve a aceleração de uma corrente de líquido, deixando depois a tensão superficial induzir uma instabilidade na corrente, que se desfaz em gotículas individuais. Em 1879, Lord Rayleigh desenvolveu uma teoria clássica para a instabilidade associada com esse desprendimento; sua teoria ainda é muito utilizada hoje para definir condições de desprendimento ou formação de gotículas. Uma pequena perturbação na superfície da corrente líquida estabelece um padrão de ondulação ao longo do comprimento da corrente, o que faz a corrente se dividir em gotículas cujo tamanho é determinado pelo raio da corrente e pela tensão superficial do líquido. No entanto, a maioria dos sistemas DoD depende da aceleração da corrente com funções forçantes dependentes do tempo na forma de uma onda de pressão exercida na entrada de um bocal. Se a onda de pressão for muito rápida, os efeitos viscosos nas paredes serão desprezíveis e a aproximação do escoamento potencial pode ser usada para prever o escoamento.

Dois parâmetros adimensionais importantes em DoD são o *número de Ohnesorge* $Oh = \mu/(\rho\sigma_s a)^{1/2}$ e o *número de Weber* $We = \rho V a/\sigma_s$, onde a é o raio da gotícula, σ_s é a tensão superficial e V é a velocidade. O número de Ohnesorge determina quando as forças viscosas são importantes em relação às forças de tensão superficial. Além disso, a pressão adimensional necessária para formar uma corrente fluida instável, $P_c = Pa/\sigma_s$, é chamada de *pressão capilar*, e a escala capilar de tempo associada para que as gotículas se formem é $t_c = (\rho a/\sigma_s)^{1/2}$. Quando Oh é muito pequeno, a aproximação do escoamento potencial é aplicável e a forma da superfície é controlada por um equilíbrio entre a tensão superficial e a aceleração do fluido.

A Fig. 10–137a e b mostra exemplos de superfícies de escoamento emergindo de um bocal. A forma da superfície depende da amplitude da pressão e da escala de tempo da perturbação, e pode ser estimada usando a aproximação do escoamento potencial. Quando a pressão é suficientemente grande e o pulso bem rápido, a superfície fica ondulada e o centro forma uma torrente de jato que, eventualmente, se rompe em uma gotícula (Fig. 10–137c). Uma área a pesquisar é como controlar o tamanho e a velocidade dessas gotículas, enquanto são produzidas milhares delas por segundo.

Referências

Rayleigh, Lord, "On the Instability of Jets," *Proc. London Math. Soc.*, 10, pp. 4-13, 1879.

Daniels, B. J., and Liburdy, J. A., "Oscillating Free-Surface Displacement in an Orifice Leading to Droplet Formation," *J. Fluids Engr.*, 10, pp. 7-8, 2004.

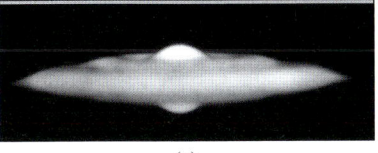

(a)

(b)

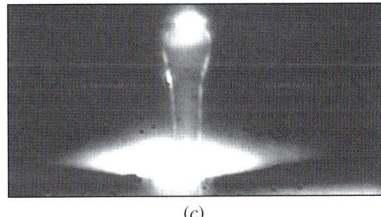

(c)

FIGURA 10–137 A formação de gotículas começa quando uma superfície se torna instável a um pulso de pressão. A figura mostra superfícies da água em (a) um orifício de 800 micra perturbado por um pulso de 5000-Hz e (b) um orifício de 1200 micra perturbado por um pulso de 8100-Hz. A reflexão da superfície faz a imagem aparecer como se a onda superficial fosse para cima e para baixo. A onda é axissimétrica, pelo menos para pulsos de pressão de pequena amplitude. Quanto mais alta a frequência, menor é o comprimento de onda e menor é o nó central. O tamanho do nó central define o diâmetro do jato líquido, que então se rompe em uma gotícula. (c) Formação de gotículas a partir de um pulso de pressão de alta frequência ejetado de um orifício com diâmetro de 50 micra. A corrente líquida central produz a gotícula e tem somente 25% do diâmetro do orifício. No caso ideal, forma-se apenas uma gotícula, mas, geralmente, são geradas gotículas "satélite" indesejadas juntamente com a gotícula principal.

Cortesia de James A. Liburdy e Brian Daniels, Oregon State University. Usado com permissão.

PROBLEMAS*

Problemas introdutórios e pressão modificada

10–1C Discuta como a *adimensionalização* da equação de Navier-Stokes é útil para obter soluções aproximadas. Dê um exemplo.

10–2C Um ventilador do tipo caixa está no chão em uma sala muito grande (Fig. P10–2C). Identifique as as regiões do campo de escoamento que podem ser aproximadas como estáticas. Identifique as regiões nas quais a aproximação irrotacional pode ser apropriada. Identifique as regiões onde a aproximação da camada limite pode ser apropriada. Finalmente, identifique as regiões nas quais a equação completa de Navier-Stokes provavelmente precisa ser resolvida (isto é, regiões onde nenhuma aproximação é adequada).

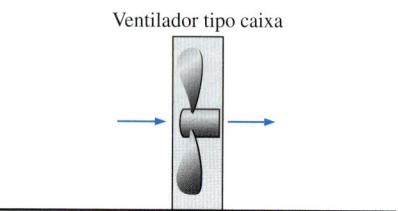

FIGURA P10–2C

10–3C Explique a diferença entre uma "*solução exata*" da equação de Navier-Stokes (discutida no Cap. 9) e uma *solução aproximada* (discutida neste capítulo).

10–4C Qual é o parâmetro adimensional na equação de Navier-Stokes na forma adimensional que é eliminado pelo uso da pressão modificada em lugar da pressão verdadeira? Explique.

10–5C Que critério você pode usar para determinar se uma aproximação da equação de Navier-Stokes é apropriada ou não? Explique.

10–6C Na equação de Navier-Stokes na forma adimensional incompressível (Eq. 10–6), há quatro parâmetros adimensionais. Cite cada um deles, explique seu significado físico (por exemplo, a relação entre as forças de pressão e forças viscosas) e discuta o que ele significa fisicamente, quando o parâmetro é muito pequeno ou muito grande.

10–7C Qual é o critério mais importante para o uso da *pressão modificada* P' em lugar da pressão termodinâmica P em uma solução da equação de Navier-Stokes?

10–8C Qual é o maior perigo associado com uma solução aproximada da equação de Navier-Stokes? Dê um exemplo que seja diferente daqueles dados neste capítulo.

10–9 Escreva as três componentes da equação de Navier-Stokes em coordenadas cartesianas em termos da pressão modificada. Insira a definição de pressão modificada e mostre que as componentes x, y e z são idênticas àquelas em termos de pressão regular. Qual é a vantagem do uso da pressão modificada?

10–10 Considere escoamento Poiseuille permanente, incompressível, laminar, totalmente estabelecido, entre duas placas paralelas horizontais (os perfis de velocidade e pressão são mostrados na Fig. P10–10). Em alguma localização horizontal $x = x_1$, a pressão varia linearmente com a distância vertical z, conforme mostra a figura. Escolha um plano de referência apropriado ($z = 0$), desenhe o perfil da *pressão modificada* ao longo da fatia vertical e escureça a região que representa a componente de pressão hidrostática. Discuta.

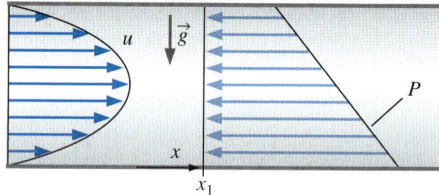

FIGURA P10–10

10–11 Considere o escoamento Poiseuille planar do Prob. 10–10. Discuta como a pressão modificada varia com a distância x a jusante. Em outras palavras, a pressão modificada aumenta, permanece a mesma ou diminui com x? Se P' aumenta ou diminui com x, como isso acontece (por exemplo, linearmente, quadraticamente, exponencialmente)? Use um desenho para ilustrar a sua resposta.

10–12 No Cap. 9 (Exemplo 9–15), nós geramos uma solução "exata" da equação de Navier-Stokes para escoamento Couette totalmente desenvolvido entre duas placas planas horizontais (Fig. P10–12), com a gravidade agindo na direção negativa de z (para dentro da página da Fig. P10–12). Usamos a pressão real naquele exemplo. Repita a solução para a *componente x da velocidade u e pressão P*, mas use a *pressão modificada* nas suas equações. A pressão é P_0 em $z = 0$. Mostre que você obtém o mesmo resultado de antes. Discuta.

Respostas: $u = Vy/h$, $P = P_0 - \rho g z$

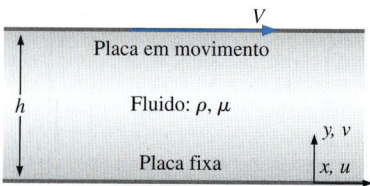

FIGURA P10–12

---

* Problemas identificados com a letra "C" são questões conceituais e encorajamos os estudantes a responder a todos. Problemas identificados com a letra "E" são em unidades inglesas, e usuários do SI podem ignorá-los. Problemas com o ícone "disco rígido" são resolvidos com o programa EES. Problemas com o ícone ESS são de natureza abrangente e devem ser resolvidos com um solucionador de equações, preferencialmente o programa EES.

10–13 Considere o escoamento da água através de um pequeno furo no fundo de um grande tanque cilíndrico (Fig. P10–13). O escoamento é laminar em todos os pontos. O diâmetro d do jato é muito menor do que o diâmetro D do tanque, mas D é da mesma ordem de grandeza da altura H do tanque. Carrie afirma que ela pode usar a aproximação da estática dos fluidos em todos os pontos no tanque, exceto perto do furo, mas ela quer confirmar essa aproximação matematicamente. Ela considera a velocidade característica no tanque como $V = V_{tanque}$. O comprimento característico é a altura H do tanque, o tempo característico é o tempo necessário para drenar o tanque $t_{drenagem}$ e a diferença de pressão de referência é $\rho g H$ (diferença de pressão entre a superfície da água e o fundo do tanque, usando a estática dos fluidos). Substitua todos esses valores de escala na equação de Navier-Stokes na forma adimensional incompressível (Eq. 10–6) e verifique por uma análise de ordem de grandeza que para $d \ll D$, só permanecem os termos de pressão e gravidade. Em particular, compare a ordem de grandeza de cada termo com cada um dos quatro parâmetros adimensionais St, Eu, Fr, e Re. (*Dica:* $V_{jato} \sim \sqrt{gH}$.) Sob qual critério a aproximação de Carrie é adequada?

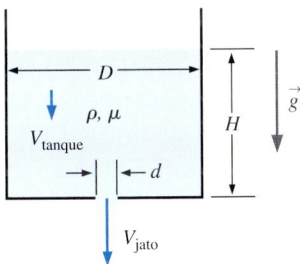

FIGURA P10–13

10–14 Um campo de escoamento é simulado por um programa de Dinâmica dos Fluidos Computacional que usa a pressão modificada em seus cálculos. Na Fig. P10–14 está um perfil da pressão modificada ao longo de uma fatia vertical através do escoamento. É conhecida a pressão real em um ponto médio na fatia, conforme indica a Fig. P10–14. Desenhe o perfil da pressão real ao longo da fatia vertical. Discuta.

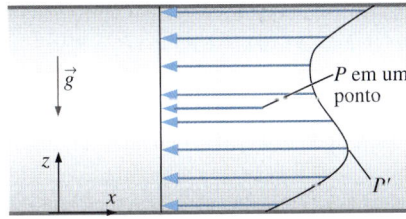

FIGURA P10–14

10–15 No Exemplo 9–18 resolvemos a equação de Navier-Stokes para escoamento laminar permanente, totalmente desenvolvido, em um tubo redondo (escoamento de Poiseuille), desprezando a influência da gravidade. Agora, acrescente novamente o efeito da gravidade resolvendo novamente aquele mesmo problema, mas use a pressão modificada P' em lugar da pressão real P. Especificamente, calcule o campo real de pressão e o campo de velocidade. Suponha que o tubo é horizontal e que seja o plano de referência $z = 0$ a alguma distância arbitrária sob o tubo. A pressão real no topo do tubo é maior, igual ou menor do que aquela na base do tubo? Discuta.

Escoamento lento

10–16 Discuta por que a massa específica do fluido não influencia o arrasto aerodinâmico em uma partícula movendo-se no regime de escoamento lento.

10–17C Coloque uma descrição de uma só palavra para cada um dos cinco termos na equação de Navier-Stokes incompressível:

$$\underbrace{\rho\,\frac{\partial \vec{V}}{\partial t}}_{\text{I}} + \underbrace{\rho(\vec{V}\cdot\vec{\nabla})\vec{V}}_{\text{II}} = \underbrace{-\vec{\nabla}P}_{\text{III}} + \underbrace{\rho\vec{g}}_{\text{IV}} + \underbrace{\mu\nabla^2\vec{V}}_{\text{V}}$$

Quando é usada a aproximação do escoamento lento, somente dois dos cinco termos permanecem. Quais são os dois termos que permanecem e qual é seu significado?

10–18 Uma pessoa solta 3 bolas de alumínio de diâmetros 2 mm, 4 mm e 10 mm em um tanque cheio com glicerina a 22 °C ($\mu = 1$ kg·m/s), e mediu as velocidades terminais como 3,2 mm/s, 12,8 mm/s e 60,4 mm/s, respectivamente. As medições devem ser comparadas com a teoria usando a lei de Stokes para a força de arrasto agindo sobre um objeto esférico de diâmetro D expressa como $F_D = 3\pi\mu\,DV$ para Re $\ll 1$. Compare os valores experimentais das velocidades com aqueles previstos teoricamente.

10–19 Repita o Prob. 10–18, considerando a forma geral da lei de Stokes expressa como $F_D = 3\pi\mu\,DV + (9\pi/16)\rho V^2 D^2$.

10–20 A viscosidade do mel de trevo está listada em função da temperatura na Tabela P10–20. A gravidade específica do mel é aproximadamente 1,42 e não é uma função fortemente dependente da temperatura. O mel é espremido através de um pequeno furo de diâmetro $D = 6,0$ mm na tampa de uma jarra de mel virada para baixo. O ambiente e o mel estão à temperatura $T = 20°C$. Estime a velocidade máxima do mel através do furo

TABELA P10–20

Viscosidade do mel de trevo com conteúdo de umidade de 16%

T, °C	μ, poise*
14	600
20	190
30	65
40	20
50	10
70	3

* Poise = g/cm·s.
Dados fornecidos por Airborne Honey, Ltd., *www.airborne.co.nz*.

de maneira que o escoamento possa ser aproximado como escoamento lento. (Suponha que Re deve ser menos de 0,1 para que a aproximação do escoamento lento seja adequada.) Repita o seu cálculo se a temperatura for 50°C. Discuta.

Respostas: 0,22 m/s, 0,012 m/s

10–21 Um bom nadador nada 100 m em aproximadamente 1 minuto. Se o corpo do nadador tiver 1,8 m de comprimento, quantos comprimentos equivalentes ao seu corpo ele nada por segundo? Repita o cálculo para o esperma da Fig. 10–10. Em outras palavras, quantos comprimentos de corpo o esperma nada por segundo? Use para o cálculo o comprimento total do corpo do esperma, não apenas aquele da cabeça. Compare os dois resultados e discuta.

10–22 Uma gota de água em uma nuvem de chuva tem um diâmetro $D = 42,5$ μm (Fig. P10–22). A temperatura do ar é 25°C e sua pressão é a pressão atmosférica padrão. Com que rapidez o ar tem que se mover verticalmente para que a gota permaneça suspensa no ar?

Resposta: 0,0531 m/s

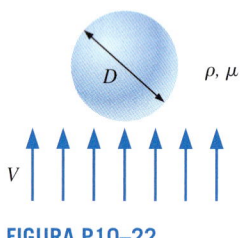

FIGURA P10–22

10–23 Um mancal de sapata deslizante (*slipper-pad bearing*) (Fig. P10–23) é encontrado frequentemente em problemas de lubrificação. O óleo flui entre dois blocos; o bloco superior é estacionário, o inferior está se movendo neste caso. O desenho não está em escala; na realidade, $h \ll L$. O fino espaçamento entre as sapatas converge ao longo de x. Especificamente, a altura da folga h diminui linearmente de h_0 em $x = 0$ até h_L em $x = L$. Normalmente, a escala espacial da folga vertical h_0 é muito menor do que a escala espacial axial L. Esse problema é mais complicado do que um simples escoamento Couette entre placas paralelas devido à mudança de altura do espaçamento. Em particular, a componente da velocidade axial u é uma função de x e y, e a pressão P varia de forma não linear desde $P = P_0$ em $x = 0$ até $P = P_L$ em $x = L$ ($\partial P / \partial x$ não é constante). As forças da gravidade são desprezíveis nesse campo de escoamento, que aproximamos como bidimensional, permanente e laminar. Na verdade, como h é muito pequeno e o óleo é muito viscoso, as aproximações do escoamento lento são usadas na análise desses problemas de lubrificação. Seja L o comprimento característico associado com x e seja h_0 ($x \sim L$ e $y \sim h_0$) aquele associado com y. Seja $u \sim V$. Supondo escoamento lento, gere uma escala característica para a diferença de pressão $\Delta P = P - P_0$ em termos de L, h_0, μ e V.

Resposta: $\mu V L / h_0^2$

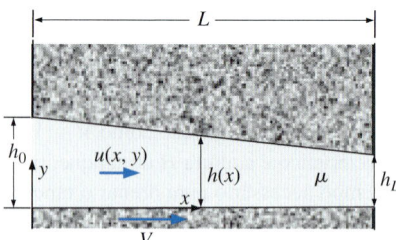

FIGURA P10–23

10–24 Considere o mancal de sapata deslizante do Prob. 10–23. (*a*) Gere uma escala característica para v, a componente y da velocidade. (*b*) Faça uma análise da ordem de grandeza para comparar os termos inerciais com os termos de pressão e viscosidade na equação da componente x do momento. Mostre que quando o espaçamento é pequeno ($h_0 \ll L$) e e número de Reynolds é pequeno (Re $= \rho V h_0 / \mu \ll 1$), a aproximação do escoamento lento é apropriada. (*c*) Mostre que quando $h_0 \ll L$, as equações do escoamento lento podem ainda ser apropriadas mesmo que o número de Reynolds (Re $= \rho V h_0 / \mu$) não seja menor do que 1. Explique. *Resposta:* (*a*) $V h_0 / L$

10–25 Considere novamente o mancal de sapata deslizante do Prob. 10–23. Faça uma análise de ordem de grandeza na equação da componente y do momento e escreva a forma final da equação da componente y do momento. (*Dica:* Você precisará dos resultados dos Probs. 10–23 e 10–24.) O que você pode dizer sobre o gradiente de pressão $\partial P / \partial y$?

10–26 Considere novamente o mancal de sapata deslizante do Prob. 10–23. (*a*) Liste as condições de contorno apropriadas sobre u. (*b*) Resolva a aproximação do escoamento lento da equação da componente x do momento para obter a expressão para u em função de y (e indiretamente como função de x através de h e dP/dx, que são funções de x). Você pode supor que P não é uma função de y. A sua expressão final deverá ser escrita como $u(x, y) = f(y, h, dP/dx, V$ e μ$)$. Nomeie as duas componentes distintas do perfil de velocidade no seu resultado. (*c*) Adimensionalize sua expressão para u usando essas escalas apropriadas: $x^* = x/L$, $y^* = y/h_0$, $h^* = h/h_0$, $u^* = u/V$ e $P^* = (P - P_0)h_0^2 / \mu V L$.

10–27 Considere o mancal de sapata deslizante da Fig. P10–27. O desenho não está em escala; na realidade, $h \ll L$. Esse caso difere daquele do Prob. 10–23 no qual $h(x)$ não é linear; ao contrário, h é alguma função de x arbitrária, conhecida. Escreva uma expressão para a componente u da velocidade axial em função de y, h, dP/dx, V e μ. Discuta qualquer diferença entre esse resultado e aquele do Prob. 10–26.

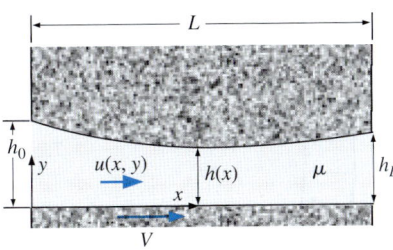

FIGURA P10–27

10–28 Para o mancal de sapata deslizante do Prob. 10–23, use a equação da continuidade, condições de contorno apropriadas e o teorema unidimensional de Leibniz (veja Cap. 4) para mostrar que $\dfrac{d}{dx}\displaystyle\int_0^h u\, dy = 0$.

10–29 Combine os resultados dos Probs. 10–26 e 10–28 para mostrar que para um mancal de sapata deslizante o gradiente de pressão está relacionado com a altura da folga h por $\dfrac{d}{dx}\left(h^3 \dfrac{dP}{dx}\right) = 6\mu U \dfrac{dh}{dx}$. Esta é a forma permanente, bidimensional da **equação de Reynolds** mais geral para lubrificação (Panton, 2005).

10–30 Considere o escoamento através de um mancal de sapata deslizante bidimensional, com altura de espaçamento decrescente de h_0 a h_L (Fig. P10–23), isto é, $h = h_0 + \alpha x$, onde α é a convergência adimensional do espaçamento, $\alpha = (h_L - h_0)/L$. Notamos que tg $\alpha \cong \alpha$ para valores muito pequenos de α. Assim, α é aproximadamente o ângulo de convergência da placa superior na Fig. P10–23 (α é *negativo* para esse caso). Suponha que o óleo está exposto à pressão atmosférica em ambas as extremidades do bloco deslizante, de modo que $P = P_0 = P_{atm}$ em $x = 0$ e $P = P_L = P_{atm}$ em $x = L$. Integre a equação de Reynolds (Prob. 10–29) para esse mancal de sapata deslizante para gerar uma expressão para P em função de x.

10–31E Um mancal de sapata deslizante com altura de espaçamento linearmente decrescente (Fig. P10–23) está sendo projetado para um parque de diversões. Suas dimensões são $h_0 = 1/1000$ in (2,54 × 10^{-5} m), $h_L = 1/2000$ in (1,27 × 10^{-5} m) e $L = 1,0$ in (0,0254 m). A placa inferior move-se à velocidade $V = 10,0$ ft/s (3,048 m/s) relativa à placa superior. O óleo é óleo de motor a 40°C. Ambas as extremidades da sapata deslizante estão expostas à pressão atmosférica, como no Prob. 10–30. (*a*) Calcule a convergência α e verifique que tg $\alpha \cong \alpha$ para esse caso. (*b*) Calcule a pressão manométrica à meia distância ao longo da sapata deslizante (em $x = 0,5$ in). Faça um comentário sobre o valor da pressão manométrica. (*c*) Desenhe um gráfico de P^* em função de x^*, onde $x^* = x/L$ e $P^* = (P - P_{atm})h_0^2/\mu VL$. (*d*) Aproximadamente, quantas libras (lbf) de peso (carga) esse mancal de sapata deslizante pode suportar se ele tiver uma profundidade $b = 6,0$ in (perpendicular à página da Fig. P10–23)?

10–32 Discuta o que acontece quando a temperatura do óleo aumenta significativamente à medida que o mancal de sapata deslizante do Prob. 10–31E é submetido a uso constante no parque de diversões. Particularmente, a capacidade de carga vai aumentar ou diminuir? Por quê?

10–33 O escoamento na sapata deslizante do Prob. 10–31E está no regime de escoamento lento? Discuta. Os resultados são razoáveis?

10–34 Vimos no Prob. 10–31E que um mancal de sapata deslizante pode suportar uma grande carga. Se a carga aumentar, o espaçamento irá *diminuir*, aumentando, assim, a pressão no espaçamento. Neste caso, o mancal de sapata deslizante é "autoajustável" para as cargas variáveis. Se a carga aumentar por um fator de 2, calcule em quanto diminui a altura do espaçamento. Especificamente, calcule o novo valor de h_0 e a alteração percentual. Suponha que a inclinação da placa superior e todos os outros parâmetros e dimensões permanecem os mesmos do Prob. 10–31E.

10–35 Estime a velocidade à qual você precisaria nadar na água à temperatura ambiente para estar no regime de escoamento lento. (Uma estimativa da ordem de grandeza será suficiente.) Discuta.

10–36 Para cada caso, calcule um número de Reynolds apropriado e indique se o escoamento pode ser aproximado pelas equações de escoamento lento. (*a*) Um micro-organismo com diâmetro de 5,0 μm nada na água à temperatura ambiente com a velocidade de 0,25 mm/s. (*b*) Óleo de motor a 140°C flui através de um pequeno espaço em um mancal lubrificado do motor. O espaço é de 0,0012 mm e a velocidade característica é 15,0 m/s. (*c*) Uma gotícula de neblina com diâmetro de 10 μm cai através do ar a 30°C a uma velocidade de 2,5 mm/s.

10–37 Estime a velocidade e o número de Reynolds do esperma mostrado na Fig. 10–10. Esse micro-organismo está nadando sob condições de escoamento lento? Suponha que ele está nadando em água à temperatura ambiente.

Escoamento invíscido

10–38C Qual é a principal diferença entre a equação de Bernoulli permanente, incompressível para regiões irrotacionais do escoamento, e a equação de Bernoulli permanente incompressível para regiões de escoamento rotacional mas invíscido?

10–39C De que maneira a equação de Euler é uma aproximação de uma equação de Navier-Stokes? Onde, em um campo de escoamento, a equação de Euler é uma aproximação apropriada?

10–40 Em uma certa região de escoamento permanente, bidimensional, incompressível, o campo de velocidade é dado por $\vec{V} = (u, v) = (ax + b)\vec{i} + (-ay + cx)\vec{j}$. Mostre que essa região do escoamento pode ser considerada como invíscida.

10–41 Na dedução da equação de Bernoulli para regiões de escoamento sem viscosidade, reescrevemos a equação de Euler permanente, incompressível em uma forma mostrando que o gradiente de três termos escalares é igual ao produto vetorial do vetor velocidade com o vetor vorticidade, observando que z está dirigido verticalmente para cima:

$$\vec{\nabla}\left(\dfrac{P}{\rho} + \dfrac{V^2}{2} + gz\right) = \vec{V} \times \vec{\zeta}$$

Empregamos então alguns argumentos sobre a direção do vetor gradiente e a direção do produto vetorial de dois vetores para mostrar que a soma dos três termos escalares deve ser constante ao longo de uma linha de corrente. Nesse problema, você usará uma abordagem diferente para obter o mesmo resultado. Isto é, tome o produto escalar de ambos os lados da equação de Euler com o vetor velocidade $\vec{V}$ e aplique algumas regras fundamentais sobre o produto escalar de dois vetores. Desenhos podem ajudar.

10–42 Escreva os componentes da equação de Euler tanto quanto possível em coordenadas cartesianas (x, y, z) e (u, v, w). Suponha que a gravidade age em alguma direção arbitrária.

10–43 Escreva os componentes da equação de Euler tanto quanto possível em coordenadas cilíndricas (r, θ, z) e (u_r, μ_θ, u_z). Suponha que a gravidade age em alguma direção arbitrária.

10–44 Água à temperatura $T = 20°C$ gira como um corpo rígido em relação ao eixo z em um recipiente cilíndrico giratório (Fig. P10–44). Não há tensões viscosas, pois a água move-se como um corpo sólido; portanto, a equação de Euler é adequada. (Desprezamos as tensões viscosas causadas pelo ar agindo sobre a superfície da água.) Integre a equação de Euler para gerar uma expressão para a pressão em função de r e z em todos os pontos na água. Escreva uma equação para a forma da superfície livre ($z_{superfície}$ em função de r). (*Dica:* $P = P_{atm}$ em todos os pontos na superfície livre. O escoamento é rotacionalmente simétrico em relação ao eixo z.)

Resposta: $z_{superfície} = \omega^2 r^2/2g$

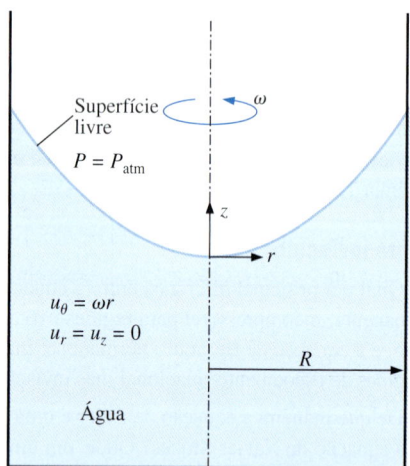

FIGURA P10–44

10–45 Repita o Prob. 10–44, exceto supondo que o fluido em rotação é óleo de motor a 60°C. Discuta.

10–46 Usando os resultados do Prob. 10–44, calcule a constante de Bernoulli como uma função da coordenada radial r.

Resposta: $\dfrac{P_{atm}}{\rho} + \omega^2 r^2$

10–47 Considere o escoamento de um fluido permanente, incompressível, bidimensional em um duto convergente com paredes retas (Fig. P10–47). A vazão volumétrica é $\dot{V}$ e a velocidade é na direção radial somente, com u_r sendo uma função de r apenas. Seja b a largura perpendicular à página. Na entrada do duto

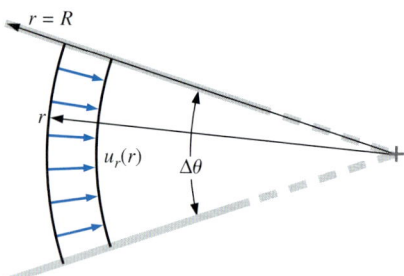

FIGURA P10–47

convergente ($r = R$), $u_r = u_r(R)$. Supondo escoamento invíscido em todos os pontos, gere uma expressão para u_r como uma função de r, R e $u_r(R)$ *somente*. Faça um desenho de como seria o perfil de velocidade no raio r se o atrito não fosse desprezado (isto é, um escoamento real) com a mesma vazão volumétrica.

10–48 Na dedução da equação de Bernoulli para regiões de escoamento invíscido, usamos a identidade vetorial:

$$(\vec{V} \cdot \vec{\nabla})\vec{V} = \vec{\nabla}\left(\dfrac{V^2}{2}\right) - \vec{V} \times (\vec{\nabla} \times \vec{V})$$

Mostre que essa identidade vetorial é satisfeita para o caso do vetor velocidade $\vec{V}$ em coordenadas cartesianas, isto é, $\vec{V} = u\vec{i} + v\vec{j} + w\vec{k}$. Para ter pontuação máxima, expanda cada termo o máximo possível e mostre todo o seu trabalho.

Escoamento (potencial) irrotacional

10–49C O que é o paradoxo de D'Alembert? Por que ele é um paradoxo?

10–50C Considere o campo de escoamento produzido por um secador de cabelo (Fig. P10–50C). Identifique regiões desse campo de escoamento que podem ser aproximadas como irrotacionais e aquelas para as quais a aproximação do escoamento irrotacional não seria apropriada (regiões de escoamento rotacional).

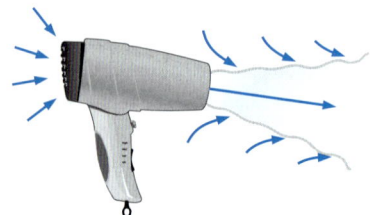

FIGURA P10–50C

10–51C Em uma região irrotacional de escoamento, o campo de velocidade pode ser calculado sem necessidade da equação de momento resolvendo a equação de Laplace para a função potencial de velocidade ϕ, e depois resolvendo para as componentes de $\vec{V}$ a partir da definição de ϕ, isto é, $\vec{V} = \vec{\nabla}\phi$. Discuta o papel desempenhado pela equação de momento em uma região irrotacional de escoamento.

10–52C Um detalhe sutil, muitas vezes esquecido pelos estudantes de mecânica dos fluidos (e até mesmo pelos seus profes-

FIGURA P10–52C

sores!), é que uma região invíscida de escoamento *não* é a mesma coisa que uma região de escoamento irrotacional (potencial) (Fig. P10–52C). Discuta as diferenças e semelhanças entre essas duas aproximações. Dê um exemplo de cada uma.

10–53C Que propriedades do escoamento determinam se uma região do escoamento é rotacional ou irrotacional? Discuta.

10–54 Escreva a equação de Bernoulli e discuta como ela difere entre uma região de escoamento invíscido rotacional e uma região de escoamento viscoso irrotacional. Qual dos casos é mais restritivo (em relação à equação de Bernoulli)?

10–55 Na Fig. P10–55 estão desenhadas linhas de corrente em um campo de escoamento permanente, bidimensional, incompressível. O escoamento na região mostrada é também aproximado como irrotacional. Faça um desenho mostrando como seriam algumas curvas equipotenciais (curvas de função potencial constante) nesse campo de escoamento. Explique como você chegou às curvas que desenhou.

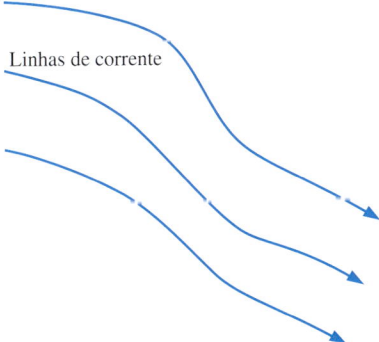

Linhas de corrente

FIGURA P10–55

10–56 Considere o seguinte campo de velocidade permanente, bidimensional, incompressível: $\vec{V} = (u, v) = (ax + b)\vec{i} + (-ay + cx)\vec{j}$. Esse campo de escoamento é irrotacional? Se for, gere uma expressão para função potencial de velocidade.

Respostas: Sim, $a(x^2 - y^2)/2 + bx + cy +$ constante

10–57 Considere o seguinte campo de velocidade permanente, bidimensional, incompressível: $\vec{V} = (u, v) = (\frac{1}{2}ay^2 + b)\vec{i} + (axy + c)\vec{j}$. Esse campo de escoamento é irrotacional? Se for, gere uma expressão para função potencial de velocidade.

10–58 Considere uma linha de fonte irrotacional de intensidade $\dot{V}/L$ no plano xy ou $r\theta$. As componentes da velocidade são $u_r = \frac{\partial \phi}{\partial r} = \frac{1}{r}\frac{\partial \psi}{\partial \theta} = \frac{\dot{V}/L}{2\pi r}$ e $u_\theta = \frac{1}{r}\frac{\partial \phi}{\partial \theta} = -\frac{\partial \psi}{\partial r} = 0$. Neste capítulo, começamos com a equação para u_θ para gerar expressões para a função potencial de velocidade e a função corrente para a linha de fonte. Repita a análise, exceto começando com a equação para u_r, mostrando todo o seu trabalho.

10–59 Considere um campo de velocidade permanente, bidimensional, incompressível, irrotacional especificado por sua função potencial de velocidade, $\phi = 3(x^2 - y^2) + 4xy - 2x - 5y + 2$. (*a*) Calcule as componentes de velocidade u e v. (*b*) Verifique que o campo de velocidade é irrotacional na região na qual ϕ se aplica. (*c*) Gere uma expressão para a função corrente nessa região.

10–60 Considere um campo de velocidade permanente, bidimensional, incompressível, irrotacional especificado por sua função potencial de velocidade, $\phi = 4(x^2 - y^2) + 6x - 4y$. (*a*) Calcule as componentes de velocidade u e v. (*b*) Verifique que o campo de velocidade é irrotacional na região na qual ϕ se aplica. (*c*) Gere uma expressão para a função corrente nessa região.

10–61 Considere uma região irrotacional de escoamento planar no plano $r\theta$. Mostre que a função corrente ψ satisfaz a equação de Laplace em coordenadas cilíndricas.

10–62 Neste capítulo, descrevemos o escoamento irrotacional axissimétrico em termos de coordenadas cilíndricas r e z e componentes de velocidade u_r e u_z. Surge uma descrição alternativa do escoamento axissimétrico se usarmos *coordenadas polares esféricas* e escolhermos o eixo x como o eixo de simetria. As duas componentes direcionais relevantes são agora r e θ, e suas componentes de velocidade correspondentes são u_r e u_θ. Nesse sistema de coordenadas, a localização radial r é a distância da origem, e o ângulo polar θ é o ângulo de inclinação entre o vetor radial e o eixo de simetria rotacional (o eixo x), conforme está representado na Fig. P10–62; é mostrada uma fatia definindo o plano $r\theta$. Este é um tipo de escoamento bidimensional porque há somente duas variáveis espaciais independentes, r e θ. Em outras

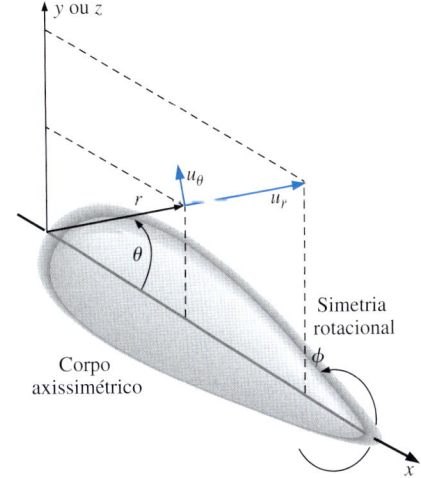

FIGURA P10–62

palavras, uma solução dos campos de velocidade e pressão em *qualquer* plano $r\theta$ é suficiente para caracterizar toda a região de escoamento irrotacional axissimétrico. Escreva a equação de Laplace para ϕ em coordenadas polares esféricas, válida em regiões de escoamento irrotacional axissimétrico. (*Dica:* Você pode consultar um livro-texto sobre análise vetorial.)

10–63 Mostre que a equação da continuidade incompressível para escoamento axissimétrico em coordenadas polares esféricas, $\frac{1}{r}\frac{\partial}{\partial r}(r^2 u_r) + \frac{1}{\operatorname{sen}\theta}\frac{\partial}{\partial \theta}(u_\theta \operatorname{sen}\theta) = 0$, é identicamente satisfeita por uma função corrente definida como $u_r = -\frac{1}{r^2 \operatorname{sen}\theta}\frac{\partial \psi}{\partial \theta}$ e $u_\theta = \frac{1}{r \operatorname{sen}\theta}\frac{\partial \psi}{\partial r}$, desde que ψ seja uma função suave de r e θ.

10–64 Considere uma corrente uniforme de intensidade V inclinada com um ângulo α (Fig. P10–64). Supondo escoamento irrotacional incompressível planar, determine a função potencial de velocidade e a função corrente. Mostre todo o seu trabalho.

Respostas: $\phi = Vx \cos\alpha + Vy \operatorname{sen}\alpha$, $\psi = Vy \cos\alpha - Vx \operatorname{sen}\alpha$

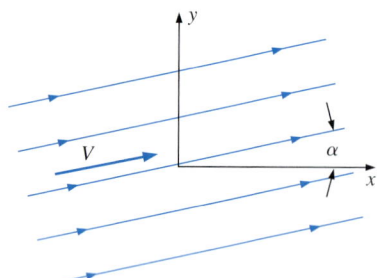

FIGURA P10–64

10–65 Considere o seguinte campo de velocidade permanente, bidimensional, incompressível: $\vec{V} = (u, v) = (\frac{1}{2}ay^2 + b)\vec{i} + (axy^2 + c)\vec{j}$. Esse campo de escoamento é irrotacional? Se for, gere uma expressão para a função potencial de velocidade.

10–66 Em uma região irrotacional de escoamento, podemos escrever o vetor velocidade como o gradiente da função potencial velocidade escalar, $\vec{V} = \vec{\nabla}\phi$. As componentes de $\vec{V}$ em coordenadas cilíndricas, (r, θ, z) e (u_r, u_θ, u_z), são

$$u_r = \frac{\partial \phi}{\partial r} \quad u_\theta = \frac{1}{r}\frac{\partial \phi}{\partial \theta} \quad u_z = \frac{\partial \phi}{\partial z}$$

Do Cap. 9, podemos também escrever as componentes do vetor vorticidade em coordenadas cilíndricas como $\zeta_r = \frac{1}{r}\frac{\partial u_z}{\partial \theta} - \frac{\partial u_\theta}{\partial z}$, $\zeta_\theta = \frac{\partial u_r}{\partial z} - \frac{\partial u_z}{\partial r}$ e $\zeta_z = \frac{1}{r}\frac{\partial}{\partial r}(r u_\theta) - \frac{1}{r}\frac{\partial u_r}{\partial \theta}$. Substitua as componentes de velocidade no lugar das componentes de vorticidade para mostrar que as três componentes do vetor vorticidade são realmente zero em uma região irrotacional de escoamento.

10–67 Substitua as componentes do vetor velocidade dadas no Prob. 10–66 na equação de Laplace em coordenadas cilíndricas.

Mostrando todos os seus conhecimentos de álgebra, verifique que a equação de Laplace é válida em uma região irrotacional de escoamento.

10–68 Considere uma linha de vórtice irrotacional de intensidade Γ no plano xy ou $r\theta$. As componentes da velocidade são $u_r = \frac{\partial \phi}{\partial r} = \frac{1}{r}\frac{\partial \psi}{\partial \theta} = 0$ e $u_\theta = \frac{1}{r}\frac{\partial \phi}{\partial \theta} = -\frac{\partial \psi}{\partial r} = \frac{\Gamma}{2\pi r}$. Gere expressões para a função potencial de velocidade e função corrente para a linha de vórtice, mostrando todo o seu trabalho.

10–69 Água à pressão e temperatura atmosférica ($\rho = 998{,}2$ kg/m^3 e $\mu = 1{,}003 \times 10^{-3}$ kg/m·s) em escoamento livre de velocidade $V = 0{,}100481$ m/s escoa ao longo de um cilindro circular bidimensional de diâmetro $d = 1{,}00$ m. Aproximar o escoamento como potencial. (*a*) Calcular o número de Reynolds, baseado no diâmetro do cilindro. É Re suficientemente grande para que escoamento potencial seja uma aproximação razoável? (*b*) Estime a rapidez mínima e máxima $|V|_{min}$ e $|V|_{max}$ (rapidez é a magnitude da velocidade) e as diferenças de pressão máxima e mínima $P - P_\infty$ no escoamento, juntamente com seus respectivos locais.

10–70 A função corrente para escoamento bidimensional permanente, incompressível, sobre um cilindro circular de raio a e velocidade da corrente livre V_∞ é $\psi = V_\infty \operatorname{sen}\theta(r - a^2/r)$ para o caso no qual o campo de escoamento é aproximado como irrotacional (Fig. P10–70). Gere uma expressão para função potencial de velocidade ϕ para esse escoamento como uma função de r e θ, e parâmetros V_∞ e a.

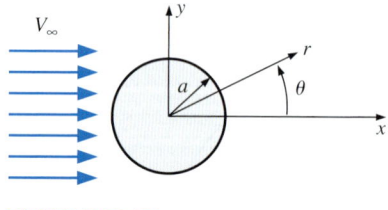

FIGURA P10–70

10–71 Sobreponha um escoamento uniforme de velocidade V_∞ e uma linha de fonte de intensidade $\dot{V}/L$ na origem. Isso gera um escoamento potencial sobre um semicorpo bidimensional chamado de semicorpo de Rankine (Fig. P10–71). Uma única linha de corrente é a **linha de corrente divisória** que forma uma linha divisória entre o fluido da corrente livre proveniente da esquerda e o fluido proveniente da fonte. (*a*) Gere uma equação para a função de corrente divisória ψ_{div} como uma função de $\dot{V}/L$ (*Dica:* a linha de corrente divisória cruza o ponto de estagnação no nariz do corpo.) (*b*) Gere uma expressão para a meia-altura b como uma função de V_∞ e $\dot{V}/L$. (*Dica:* considere o escoamento longe a jusante.) (*c*) Gere uma equação para a função de corrente divisória na forma de r como uma função de θ, V_∞ e $\dot{V}/L$. (*d*) Gere uma expressão para a distância do ponto de estagnação como uma função de V_∞ e $\dot{V}/L$. (*e*) Gere uma expressão para $(V/V_\infty)^2$ (o quadrado da magnitude da velocidade adimensional) em qualquer parte no escoamento, como uma função de a, r e θ.

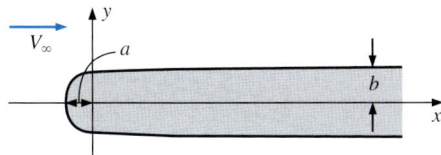

FIGURA P10–71

Camadas limite

10–72C Normalmente, pensamos nas camadas limite como se elas estivessem ocorrendo ao longo de paredes sólidas. No entanto, há outras situações de escoamento nas quais a aproximação da camada limite também é apropriada. Cite três desses escoamentos e explique por que a aproximação da camada limite é apropriada.

10–73C Para cada afirmativa, escolha se ela é verdadeira ou falsa e discuta a sua resposta brevemente. Essas afirmativas se referem à camada limite laminar sobre uma placa plana (Fig. P10–73C).

(a) Em uma dada localização x, se o número de Reynolds fosse aumentado, a espessura da camada limite também aumentaria.

(b) À medida que a velocidade do escoamento externo aumenta, aumenta também a espessura da camada limite.

(c) À medida que viscosidade do fluido aumenta, aumenta também a espessura da camada limite.

(d) À medida que a massa específica do fluido aumenta, aumenta também a espessura da camada limite.

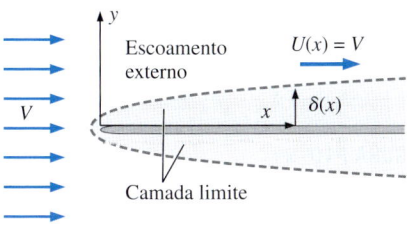

FIGURA P10–73C

10–74C Neste capítulo, afirmamos que a aproximação da camada limite estabelece uma "ponte" entre a equação de Euler e a equação de Navier-Stokes. Explique.

10–75C Uma camada limite laminar que cresce ao longo de uma placa plana está desenhada na Fig. P10–75C. São mostrados também vários perfis de velocidade e espessuras $\delta(x)$ de camada limite. Desenhe várias linhas de corrente nesse campo de escoamento. A curva representando $\delta(x)$ é uma linha de corrente?

10–76C O que é um *trip wire* e qual é a sua finalidade?

10–77C Discuta a implicação de um ponto de inflexão em um perfil de camada limite. Especificamente, a existência de um ponto de inflexão infere um gradiente de pressão favorável ou adverso? Explique.

10–78C Compare a separação de escoamento para uma camada limite laminar *versus* camada limite turbulenta. Especificamente, qual dos casos é mais resistente à separação de escoamento? Por quê? Com base na sua resposta, explique por que as bolas de golfe possuem covinhas.

10–79C Com suas palavras, faça um resumo dos cinco passos do procedimento da camada limite.

10–80C Com suas palavras, liste pelo menos três "alertas" para chamar a atenção ao executar cálculos de camada limite laminar.

10–81C Neste capítulo, são dadas duas definições de espessura de deslocamento. Escreva ambas as definições, com suas palavras. Para a camada limite laminar que cresce sobre uma placa plana, qual é maior – a espessura δ da camada limite ou a espessura de deslocamento δ^*? Discuta.

10–82C Expique a diferença entre um gradiente de pressão *favorável* e *adverso* em uma camada limite. Em qual dos casos a pressão aumenta a jusante? Por quê?

10–83 Em um dia quente ($T = 30\ °C$), um caminhão se move ao longo da rodovia a 29,1 m/s. O lado plano do caminhão é tratado como uma camada limite simples em uma placa suave, como primeira aproximação. Estimar a posição x ao longo da placa onde a camada limite começa a transição para turbulência. A que distância a jusante desde o início da placa você espera que a camada se torne completamente turbulenta? Dê ambas as respostas com um dígito significativo.

10–84E Um barco se move através da água ($T = 40\ °F$), a 26,0 mi/h. A parte plana do casco da embarcação é de 2,4 ft de comprimento, e é tratado como uma camada limite simples em uma placa plana suave, como primeira aproximação. A camada limite nesta parte plana do casco é laminar, transicional ou turbulenta? Discuta.

10–85 Ar escoa paralelo a uma placa de limite de velocidade ao longo de uma rodovia a uma velocidade $V = 8,5$ m/s. A temperatura do ar é 25 °C e a largura W da placa paralela à direção do escoamento (isto é, seu comprimento) é 0,45 m. A camada limite na placa é laminar, turbulenta ou transicional?

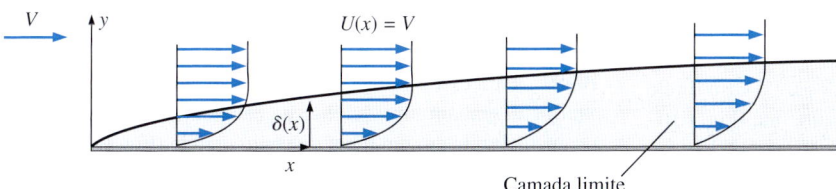

FIGURA P10–75C

10–86E Ar escoa através da seção de teste de um pequeno túnel de vento à velocidade $V = 7{,}5$ ft/s. A temperatura do ar é 80°F e o comprimento da seção de teste do túnel de vento é 1,5 ft. Suponha que a espessura da camada limite é desprezível antes do início da seção de teste. A camada limite ao longo da parede da seção de teste é laminar, turbulenta ou transicional?

Resposta: laminar

10–87 A pressão estática P é medida em duas localizações ao longo da parede de uma camada limite laminar (Fig. P10–87). As pressões medidas são P_1 e P_2, e a distância entre as tomadas de pressão é pequena comparada com a dimensão característica do corpo ($\Delta x = x_2 - x_1 \ll L$). A velocidade do escoamento externo acima da camada limite no ponto 1 é U_1. A massa específica e a viscosidade do fluido são ρ e μ, respectivamente. Gere uma expressão aproximada para U_2, a velocidade do escoamento externo acima da camada limite no ponto 2, em termos de P_1, P_2, Δx, U_1, ρ e μ.

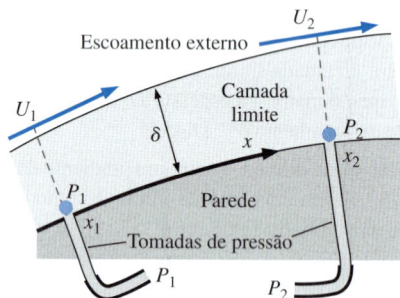

FIGURA P10–87

10–88 Considere duas tomadas de pressão ao longo da parede de uma camada limite laminar como na Fig. P10–87. O fluido é ar à temperatura de 25°C, $U_1 = 10{,}3$ m/s e a pressão estática P_1 é 2,44 Pa acima da pressão estática P_2, medida por um transdutor de pressão diferencial muito sensível. A velocidade do escoamento externo U_2 é maior, igual a ou menor do que a velocidade do escoamento externo U_1? Explique. Estime U_2.

Respostas: Menor, 10,1 m/s

10–89 Considere a solução de Blasius para uma camada limite laminar sobre uma placa plana. A inclinação adimensional na parede é dada pela Eq. 8 do Exemplo 10–10. Transforme esse resultado em variáveis físicas e mostre que a Eq. 9 do Exemplo 10–10 está correta.

10–90E Para o pequeno túnel de vento do Prob. 10–86E, suponha que o escoamento permanece laminar e estime a espessura da camada limite, a espessura de deslocamento e a espessura de momento da camada limite no fim da seção de teste. Dê as suas respostas em polegadas, compare os três resultados e discuta.

10–91 Calcule o valor do fator de forma H para o caso limite de uma camada limite que é infinitesimalmente fina (Fig. P10–91). Esse valor de H é o valor mínimo possível.

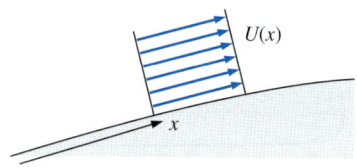

FIGURA P10–91

10–92 Um túnel de vento de escoamento laminar tem uma seção de teste de 30 cm de diâmetro e 80 cm de comprimento. O ar está a 20°C. Com uma velocidade uniforme do ar de 2,0 m/s na entrada da seção de teste, quanto irá acelerar a velocidade do ar na linha de centro no fim da seção de teste?

Resposta: Aprox. 6%

10–93 Repita os cálculos do Prob. 10–92, exceto que a seção de teste é quadrada e não redonda, com seção transversal de 30 cm × 30 cm e comprimento de 80 cm. Compare o resultado com aquele do Prob. 10–92 e discuta.

10–94 Ar a 20°C escoa com uma velocidade $V = 8{,}5$ m/s paralelo a uma placa plana (Fig. P10–94). A frente da placa é bem arredondada e a placa tem 40 cm de comprimento. A espessura da placa é $h = 0{,}75$ cm mas, devido aos efeitos de deslocamento da camada limite, o escoamento fora da camada limite "enxerga" uma placa com espessura aparente maior. Calcule a espessura aparente da placa (inclua ambos os lados) a uma distância a jusante $x = 10$ cm.

Resposta: 0,895 cm

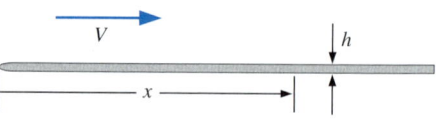

FIGURA P10–94

10–95E Um pequeno túnel de vento axissimétrico de baixa velocidade é construído para calibrar fios quentes. O diâmetro da seção de teste é 6,68 in e seu comprimento é 10,0 in. O ar está a 70°F. A uma velocidade uniforme do ar igual a 5,0 ft/s na entrada da seção de teste, quanto a velocidade do ar na linha de centro irá acelerar no fim da seção de teste? O que os engenheiros poderiam fazer para eliminar essa aceleração?

10–96E Ar a 70°F escoa paralelo a uma placa plana, fina e lisa a 15,5 ft/s. A placa tem 10,6 ft de comprimento. Determine se a camada limite na placa tem mais tendência a ser laminar, turbulenta ou algo entre as duas (transicional). Compare a espessura da camada limite no fim da placa para dois casos: (*a*) a camada limite é laminar em todos os pontos e (*b*) a camada limite é turbulenta em todos os pontos. Discuta.

10–97 Para evitar a interferência da camada limite, os engenheiros desenham uma "colher de camada limite" para afinar a camada limite em um túnel de vento grande (Fig. P10–97). A

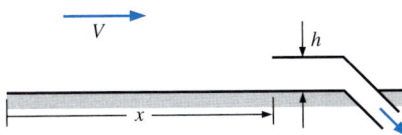

FIGURA P10–97

colher é construída com chapa fina de metal. O ar está a 20°C e escoa com velocidade $V = 45{,}0$ m/s. A que altura (dimensão h) deverá estar a colher em uma distância a jusante $x = 1{,}45$ m?

10–98 Ar a 20°C escoa com velocidade $V = 80{,}0$ m/s sobre uma placa plana lisa de comprimento $L = 17{,}5$ m. Faça um gráfico do perfil da camada limite turbulenta em variáveis físicas (u em função de y) à distância $x = L$. Compare o perfil gerado pela lei da potência um sétimo, pela lei logarítmica e pela lei de Spalding da parede, supondo que a camada limite é totalmente turbulenta desde o início da placa.

10–99 A componente de velocidade na direção da corrente de uma camada limite sobre placa plana permanente, incompressível, laminar, de espessura δ é aproximada pela expressão linear simples, $u = Uy/\delta$ para $y < \delta$ e $u = U$ para $y > \delta$ (Fig. P10–99). Gere expressões para espessura de deslocamento e espessura de momento em função de δ, baseado nessa aproximação linear. Compare os valores aproximados de δ^*/δ e θ/δ com os valores de δ^*/δ e θ/δ obtidos da solução de Blasius.

Respostas: 0,500, 0,167

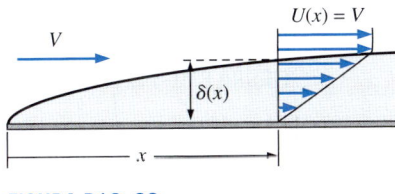

FIGURA P10–99

10–100 Para a aproximação linear do Prob. 10–99, use a definição de coeficiente local de atrito superficial e a equação integral de Kármán para gerar uma expressão para δ/x. Compare o seu resultado com a expressão de Blasius para δ/x. (Nota: Para resolver esse problema você precisará dos resultados do Prob. 10–99.)

10–101 Compare o *fator de forma* H (definido na Eq. 10–95) para uma camada limite laminar *versus* camada limite turbulenta sobre uma placa plana, assumindo que a camada limite turbulenta é turbulenta desde o início da placa. Discuta. Especificamente, por que você acha que H é chamado de "fator de forma"?

Respostas: 2,59, 1,25 a 1,30

10–102 Uma dimensão de uma placa retangular é o dobro da outra dimensão. Ar a uma velocidade uniforme flui paralelo à placa e a camada limite laminar se forma em ambos os lados da placa. Qual a orientação – dimensão mais longa paralela ao vento (Fig. P10–102a) ou dimensão mais curta paralela ao vento (Fig. P10–102b) – apresenta um arrasto maior? Explique.

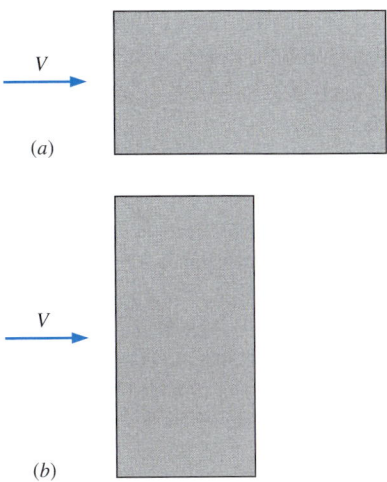

FIGURA P10–102

10–103 Integre a Eq. 5 para obter a Eq. 6 do Exemplo 10–14, mostrando todo o seu trabalho.

10–104 Considere uma camada limite turbulenta sobre uma placa plana. Suponha que somente duas coisas são conhecidas: $C_{f,x} \cong 0{,}059 \cdot (\mathrm{Re}_x)^{-1/5}$ e $\theta \cong 0{,}097\delta$. Use a equação integral de Kármán para gerar uma expressão para δ/x e compare o seu resultado com a coluna (b) da Tabela 10–4.

10–105 Ar a 30°C escoa a uma velocidade uniforme de 35,0 m/s ao longo de uma placa plana e lisa. Calcule a localização x aproximada ao longo da placa onde a camada limite começa o processo de transição para a turbulência. Aproximadamente, em que localização x ao longo da placa a camada limite provavelmente se torna totalmente turbulenta?

Respostas: 4 a 5 cm, 1 a 2 m

10–106E Uma canoa de alumínio se move horizontalmente ao longo da superfície de um lago de 3,5 mi/h (Fig. P10–106E). A temperatura da água do lago é 50°F. O fundo da canoa tem 20 ft de comprimento e é plana. É a camada limite na parte inferior da canoa laminar ou turbulenta?

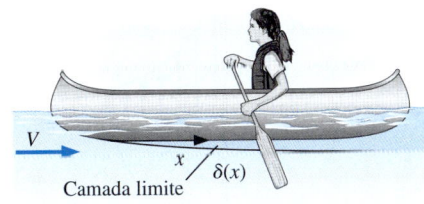

FIGURA P10–106E

Problemas de revisão

10–107C Para cada afirmativa, escolha se ela é verdadeira ou falsa e discuta brevemente a sua resposta.

(a) A função potencial de velocidade pode ser definida para escoamentos tridimensionais.

(b) A vorticidade deve ser zero para que a função corrente seja definida.

(c) A vorticidade deve ser zero para que a função potencial de velocidade seja definida.

(d) A função corrente pode ser definida somente para campos de escoamento bidimensionais.

10–108 Neste capítulo, discutimos a rotação de corpo sólido (Fig. P10–108) como um exemplo de um escoamento sem viscosidade que é também rotacional. As componentes de velocidade são $u_r = 0$, $u_\theta = wr$ e $u_z = 0$. Calcule o termo viscoso da componente θ da equação de Navier-Stokes e discuta. Verifique que esse campo de velocidade é realmente rotacional calculando a componente z da vorticidade.

Resposta: $\zeta_z = 2\omega$

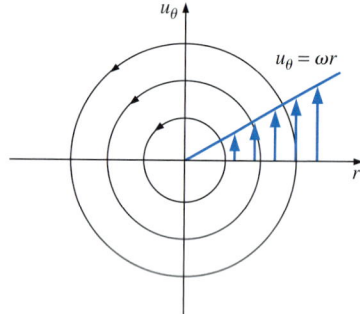

FIGURA P10–108

10–109 Calcule as nove componentes do tensor de tensão viscosa em coordenadas cilíndricas (veja Cap. 9) para o campo de velocidade do Prob. 10–108. Discuta seus resultados.

10–110 Neste capítulo, discutimos a linha de vórtice (Fig. P10–110) como um exemplo de um campo de escoamento irrotacional. As componentes de velocidade são $u_r = 0$, $u_\theta = \Gamma/(2\pi r)$ e $u_z = 0$. Calcule o termo viscoso da componente θ da equação de Navier-Stokes e discuta. Verifique que esse campo de velocidade é realmente irrotacional calculando a componente z da vorticidade.

10–111 Calcule as nove componentes do tensor de tensão viscosa em coordenadas cilíndricas (veja Cap. 9) para o campo de velocidade do Prob. 10–110. Discuta.

10–112 Água desce por um tubo vertical *apenas por gravidade*. O escoamento entre as localizações verticais z_1 e z_2 é completamente desenvolvido e os perfis de velocidade nessas duas localizações estão representados na Fig. P10–112. Como não há gradiente de pressão forçada, a pressão P é constante em todos os pontos no escoamento ($P = P_{atm}$). Calcule a *pressão modificada* nas localizações z_1 e z_2. Desenhe perfis de pressão modificada nas localizações z_1 e z_2. Discuta.

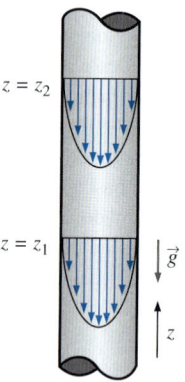

FIGURA P10–112

10–113 Suponha que o tubo vertical do Prob. 10–112 agora é *horizontal*. Para obter a mesma vazão volumétrica do Prob. 10–112, precisamos fornecer um gradiente de pressão forçado. Calcule a queda de pressão necessária entre duas localizações axiais no tubo que estejam separadas por distâncias como z_2 e z_1 da Fig. P10–112. Como a pressão modificada P' muda entre os casos vertical e horizontal?

10–114 O perfil de Blasius da camada limite é uma solução exata das equações da camada limite para escoamento sobre uma placa plana. No entanto, os resultados são um pouco embaraçosos de usar, pois os dados aparecem em forma tabular (a solução é numérica). Assim, uma aproximação de uma onda senoidal simples (Fig. P10–114) é usada frequentemente no lugar da solução de Blasius, isto é, $u(y) \cong U \operatorname{sen}\left(\dfrac{\pi}{2}\dfrac{y}{\delta}\right)$ para $y < \delta$ e $u = U$ para $y \ll \delta$, onde δ a espessura da camada limite. Coloque em um mesmo gráfico o perfil de Blasius e a aproximação da onda senoidal, na forma adimensional (u/U versus y/δ), e compare. O perfil da onda senoidal é uma aproximação razoável?

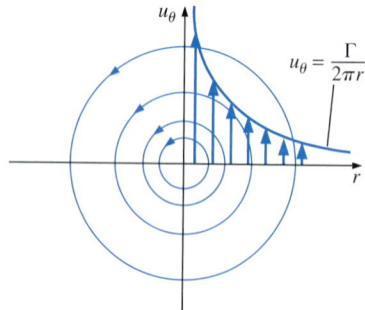

FIGURA P10–110

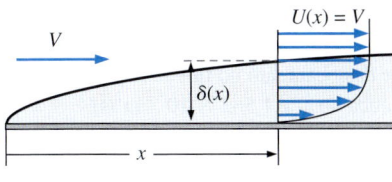

FIGURA P10–114

10–115 A componente de velocidade na direção da corrente de uma camada limite sobre placa plana permanente, incompressível, laminar, com espessura δ é aproximada pelo perfil de onda senoidal do Prob. 10–114. Gere expressões para a espessura de deslocamento e espessura de momento em função de δ, com base nessa aproximação da onda senoidal. Compare os valores aproximados de δ^*/δ e θ/δ com os valores de δ^*/δ e θ/δ obtidos pela solução de Blasius.

10–116 Para a aproximação da onda senoidal do Prob. 10–114, use a definição de coeficiente local de atrito superficial e a equação integral de Kármán para gerar uma expressão para δ/x. Compare o seu resultado com a expressão de Blasius para δ/x. (Nota: Para resolver esse problema você precisará dos resultados do Prob. 10–114.)

Problemas adicionais

10–117 Se a velocidade do fluido é igual a zero num campo de escoamento, a equação de Navier-Stokes se torna:

(a) $\vec{\nabla} P - \rho \vec{g} = 0$
(b) $-\vec{\nabla} P + \rho \vec{g} + \mu \vec{\nabla}^2 \vec{V} = 0$
(c) $\rho \dfrac{D\vec{V}}{Dt} = -\vec{\nabla} P + \mu \vec{\nabla}^2 \vec{V}$
(d) $\rho \dfrac{D\vec{V}}{Dt} = -\vec{\nabla} P + \rho \vec{g} + \mu \vec{\nabla}^2 \vec{V}$
(e) $\rho \dfrac{D\vec{V}}{Dt} + \vec{\nabla} P - \rho \vec{g} = 0$

10–118 Qual escolha não é um parâmetro de escala usada para adimensionalizar as equações de movimento?

(a) Comprimento característico, L
(b) Velocidade característica, V
(c) Viscosidade característica, μ
(d) Frequência característica, f
(e) Aceleração gravitacional, g

10–119 Qual escolha não é uma variável adimensional definida para adimensionalizar as equações de movimento?

(a) $t^* = ft$ (b) $\vec{x}^* = \dfrac{\vec{x}}{L}$ (c) $\vec{V}^* = \dfrac{\vec{V}}{V}$
(d) $\vec{g}^* = \dfrac{\vec{g}}{g}$ (e) $P^* = \dfrac{P}{P_0}$

10–120 Que parâmetro adimensional não aparece na equação de Navier-Stokes adimensional?

(a) Número de Reynolds (b) Número de Prandtl
(c) Número de Strouhal (d) Número de Euler
(e) Número de Froude

10–121 Que parâmetro adimensional é zero na equação de Navier-Stokes adimensional quando o escoamento é quase permanente?

(a) Número de Euler (b) Número de Prandtl
(c) Número de Froude (d) Número de Strouhal
(e) Número de Reynolds

10–122 Se a pressão P é substituída pela pressão modificada $P' = P + \rho g z$ na equação de Navier-Stokes adimensional, que parâmetro adimensional cai fora?

(a) Número de Froude (b) Número de Reynolds
(c) Número de Strouhal (d) Número de Euler
(e) Número de Prandtl

10–123 Em escoamento lento, o valor do número de Reynolds é, normalmente,

(a) Re < 1 (b) Re << 1 (c) Re > 1
(d) Re >> 1 (e) Re = 0

10–124 Que equação é a aproximação adequada da equação de Navier-Stokes para escoamento lento?

(a) $\vec{\nabla} P - \rho \vec{g} = 0$
(b) $-\vec{\nabla} P + \mu \vec{\nabla}^2 \vec{V} = 0$
(c) $-\vec{\nabla} P + \rho \vec{g} + \mu \vec{\nabla}^2 \vec{V} = 0$
(d) $\rho \dfrac{D\vec{V}}{Dt} = -\vec{\nabla} P + \rho \vec{g} + \mu \vec{\nabla}^2 \vec{V}$
(e) $\rho \dfrac{D\vec{V}}{Dt} + \vec{\nabla} P - \rho \vec{g} = 0$

10–125 Para escoamento lento ao longo de um objeto tridimensional, o arrasto aerodinâmico sobre o objeto não depende de:

(a) Velocidade, V (b) Viscosidade do fluido, μ
(c) Comprimento característico, L
(d) Densidade do fluido, ρ (e) Nenhuma destas

10–126 Considere uma partícula esférica de cinza de 65 μm de diâmetro, caindo de um vulcão em uma altitude elevada no ar, cuja temperatura é −50 °C e cuja pressão é de 55 kPa. A densidade do ar é 0,8588 kg/m³ e a sua viscosidade é $1{,}474 \times 10^{-5}$ kg/m·s. A densidade da partícula é de 1.240 kg/m³. A força de arrasto em uma esfera em escoamento lento é dada por $F_D = 3\pi\mu V D$. A velocidade terminal desta partícula a esta altitude é

(a) 0,096 m/s (b) 0,123 m/s (c) 0,194 m/s
(d) 0,225 m/s (e) 0,276 m/s

10–127 Qual afirmação não é correta a respeito de regiões invíscidas de escoamento?

(a) As forças de inércia não são desprezíveis.
(b) As forças de pressão não são desprezíveis.
(c) O número de Reynolds é grande.
(d) Não é válida em camadas limite e esteiras.
(e) Rotação do corpo sólido de um fluido é um exemplo.

10–128 Para que regiões do escoamento é a equação de Laplace $\vec{\nabla}^2 \phi = 0$ aplicável?

(a) Irrotacional (b) Invíscida (c) Camada limite

(d) Esteira (e) Escoamento lento

10–129 Uma região muito fina do escoamento perto de uma parede sólida onde as forças viscosas e rotacionalidade não podem ser ignoradas é chamada

(a) Região invíscida de escoamento

(b) Escoamento irrotacional

(c) Camada limite

(d) Região de escoamento externo

(e) Escoamento lento

10–130 Qual das seguintes não é uma região do escoamento onde a aproximação de camada limite pode ser apropriada?

(a) Jato (b) Região invíscida (c) Esteira

(d) Camada de mistura

(e) Fina região perto de uma parede sólida

10–131 Qual afirmação não está correta em relação à aproximação de camada limite?

(a) O maior número de Reynolds, mais fina a camada limite.

(b) A aproximação de camada limite pode ser apropriada para camadas de corte livres.

(c) As equações de camada limite são aproximações da equação de Navier-Stokes.

(d) A curva que representa a espessura da camada limite δ como uma função de x é uma linha de corrente.

(e) A aproximação de camada limite preenche a lacuna entre a equação de Euler e a equação de Navier-Stokes.

10–132 Para uma camada limite laminar crescendo em uma placa plana horizontal, a espessura da camada limite δ não é uma função de

(a) Velocidade, V (b) Distância a partir da borda, x

(c) Densidade do fluido, ρ (d) Viscosidade do fluido, μ

(e) Aceleração gravitacional, g

10–133 Para o escoamento ao longo de uma placa plana, com x sendo a distância a partir da borda de ataque, a espessura da camada limite cresce como

(a) x (b) $\sqrt{x}$ (c) x^2 (d) $1/x$ (e) $1/x^2$

10–134 Ar escoa a 25 °C com uma velocidade de 3 m/s em um túnel de vento cuja seção de teste é de 25 cm de comprimento. A espessura de deslocamento no fim da seção de teste é (a viscosidade cinemática do ar é $1,562 \times 10^{-5}$ m²/s):

(a) 0,955 mm (b) 1,18 mm (c) 1,33 mm

(d) 1,70 mm (e) 1,96 mm

10–135 Ar escoa a 25 °C com uma velocidade de 6 m/s sobre uma placa plana, cujo comprimento é de 40 cm. A espessura de momento no centro da placa é (a viscosidade cinemática do ar é $1,562 \times 10^{-5}$ m²/s):

(a) 0,479 mm (b) 0,678 mm (c) 0,832 mm

(d) 1,08 mm (e) 1,34 mm

10–136 Água escoa a 20 °C com uma velocidade de 1,1 m/s sobre uma placa plana, cujo comprimento é de 15 cm. A espessura da camada limite no final da placa é (a densidade e viscosidade da água é 998 kg/m³ e $1,002 \times 10^3$ kg/m·s, respectivamente):

(a) 1,14 mm (b) 1,35 mm (c) 1,56 mm

(d) 1,82 mm (e) 2,09 mm

10–137 Ar escoa a 15 °C com uma velocidade de 12 m/s ao longo de uma placa plana cujo comprimento é de 80 cm. Usando a lei de potência um sétimo do escoamento turbulento, qual é a espessura da camada limite no final da placa? (A viscosidade cinemática do ar é $1,470 \times 10^{-5}$ m²/s.)

(a) 1,54 cm (b) 1,89 cm (c) 2,16 cm

(d) 2,45 cm (e) 2,82 cm

10–138 Ar a 15 °C escoa a 10 m/s sobre uma placa plana de comprimento 2 m. Usando a lei de potência um sétimo do escoamento turbulento, qual é a razão entre o coeficiente de atrito superficial local, para os casos turbulento e laminar? (A viscosidade cinemática do ar é $1,470 \times 10^{-5}$ m²/s.)

(a) 1,25 (b) 3,72 (c) 6,31

(d) 8,64 (e) 12,0

Problema de projeto e dissertação

10–139 Explique por que há um excesso de velocidade significativo para os valores intermediários do número de Reynolds nos perfis de velocidade da Fig. 10–136, mas não para os valores muito pequenos de Re ou para os valores muito grandes de Re.

Capítulo 11

Escoamento Externo: Arrasto e Sustentação

OBJETIVOS

Ao terminar a leitura deste capítulo você deve ser capaz de:

- Entender intuitivamente os vários fenômenos físicos como arrasto, arrasto de fricção e arrasto de pressão, redução de arrasto e sustentação
- Calcular a força de arrasto associada com o escoamento sobre geometrias comuns
- Entender os efeitos do regime de escoamento sobre os coeficientes de arrasto associados com o escoamento sobre cilindros e esferas
- Entender os fundamentos do escoamento sobre aerofólios e calcular as forças de arrasto e de sustentação agindo sobre aerofólios

Neste capítulo, consideramos o escoamento sobre corpos que estão imersos em um fluido, chamado de *escoamento externo*, com ênfase sobre as forças resultantes de sustentação e arrasto. No escoamento externo, os efeitos viscosos estão confinados a porções do escoamento tais como a camada limite e a esteira, cercadas por uma região de escoamento externo que envolve pequenos gradientes de velocidade e temperatura.

Quando um fluido se move sobre um corpo sólido, ele exerce forças de pressão normais à superfície e forças de cisalhamento paralelas à superfície ao longo da fronteira externa do corpo. Normalmente, estamos interessados na *resultante* das forças de pressão e cisalhamento agindo sobre o corpo e não nos detalhes das distribuições dessas forças ao longo de toda a superfície do corpo. A componente das forças resultantes de pressão e cisalhamento que age na direção do escoamento é chamada de *força de arrasto* (ou apenas *arrasto*) e a componente que age na direção normal à direção do escoamento é chamada de *força de sustentação* (ou apenas *sustentação*).

Iniciamos este capítulo com uma discussão sobre arrasto e sustentação, e exploramos os conceitos de arrasto de pressão, arrasto de fricção e separação de escoamento. Continuamos com os coeficientes de arrasto das várias geometrias bidimensionais e tridimensionais encontradas na prática e determinamos a força de arrasto usando coeficientes de arrasto determinados experimentalmente. Examinamos, então, o desenvolvimento da camada limite dinâmica durante o escoamento paralelo a uma superfície plana, e desenvolvemos relações para a fricção superficial e coeficientes de arrasto para escoamento sobre placas planas, cilindros e esferas. Finalmente, discutimos a sustentação desenvolvida por aerofólios e os fatores que afetam as características de sustentação dos corpos.

A esteira de um Boeing 767 perturba o topo de uma nuvem e claramente mostra os vórtices contra-rotativos de ponta de asa.

Fotografia de Steve Morris, usada com permissão.

11-1 INTRODUÇÃO

O escoamento de fluidos sobre corpos sólidos ocorre frequentemente na prática, e ele é responsável por numerosos fenômenos físicos tais como a *força de arrasto* que age sobre os automóveis, linhas de transmissão de energia, árvores e tubulações de água submersas; a *sustentação* desenvolvida pelas asas de um avião ou pássaro; *ascensão* da chuva, neve, granizo e partículas de pó em ventos fortes; o transporte das células vermelhas do sangue pela corrente sanguínea; o espalhamento de gotículas líquidas pelos sprays; a vibração e o ruído gerado por corpos movendo-se em um fluido; e a força gerada pelas turbinas eólicas (Fig. 11-1). Portanto, é importante entender muito bem o escoamento externo no projeto de muitos sistemas de engenharia como aviões, automóveis, prédios, navios, submarinos e todos os tipos de turbinas. Os modelos mais recentes de automóveis, por exemplo, foram projetados com ênfase especial na aerodinâmica. Isso resultou em reduções significativas no consumo de combustível e no nível de ruído, e considerável melhora na operação.

Às vezes, um fluido move-se sobre um corpo estacionário (como o vento soprando sobre um prédio) e, outras vezes, um corpo move-se através de um fluido quiescente (como um carro movendo-se através do ar). Esses dois processos aparentemente diferentes são equivalentes um ao outro; o que importa é o movimento relativo entre o fluido e o corpo. Esses movimentos são convenientemente analisados fixando-se o sistema de coordenadas no corpo e são chamados de **escoamento sobre corpos** ou **escoamento externo**. Os aspectos aerodinâmicos dos diferentes desenhos de asas de avião, por exemplo, são estudados convenientemente em um laboratório colocando-se as asas em um túnel de vento e soprando ar sobre elas por meio de grandes ventiladores. Além disso, um escoamento pode ser classificado como permanente ou não permanente, dependendo do sistema de referência selecionado. Por exemplo, o escoamento ao redor de um avião é sempre não-permanente com relação ao solo, mas é permanente com relação a um sistema de referência que se move com o avião nas condições de cruzeiro.

Os campos de escoamento e geometrias para a maioria dos problemas de escoamento externo são muito complicados para serem resolvidos analiticamente, e, portanto, temos que lançar mão de correlações baseadas em dados experimentais. A disponibilidade de computadores de alta velocidade tornou possível executar séries de "experimentos numéricos" rapidamente, resolvendo numericamente as equações que governam tais fenômenos (Cap. 15), executando-se os testes experimentais caros e demorados somente nos estágios finais do projeto. Esses testes são feitos em túneis de vento. H. F. Phillips (1845-1912) construiu o primeiro túnel de vento em 1894 e mediu sustentação e arrasto. Neste capítulo, usaremos na maior parte do tempo relações desenvolvidas experimentalmente.

A velocidade de um fluido que se aproxima de um corpo é chamada de **velocidade de corrente livre** e é representada por V. Ela é representada também por u_∞ ou U_∞ quando o escoamento é alinhado com o eixo x, pois u é usada para representar a componente x da velocidade. A velocidade do fluido varia de zero na superfície (a condição de não escorregamento) até o valor da corrente livre longe da superfície, e o subscrito "infinito" serve como um lembrete de que este é o valor a uma distância onde a presença do corpo não é percebida. A velocidade de corrente livre pode variar com a localização e com o tempo (por exemplo, o vento que sopra através de um prédio). Mas no projeto e análise, a velocidade da corrente livre, em geral, é considerada como *uniforme* e *permanente* por conveniência, e isto é o que faremos neste capítulo.

A forma de um corpo tem uma profunda influência no escoamento sobre o corpo e no campo de velocidades. Dizemos que o escoamento sobre um corpo é **bidimensional** quando o corpo é muito longo, tem seção transversal constante

Capítulo 11 ■ Escoamento Externo: Arrasto e Sustentação

FIGURA 11-1 O escoamento sobre corpos é normalmente encontrado na prática.
(a) Royalty-Free/CORBIS; (b) Imagestate Media/John Foxx RF; (c) © IT Stock/age Fotostock RF; (d) Royalty-Free/CORBIS; (e) StockTrek/Superstock RF; (f) Royalty-Free/CORBIS; (g) © Roy H. Photography/Getty RF

Cilindro longo (2-D)
(a)

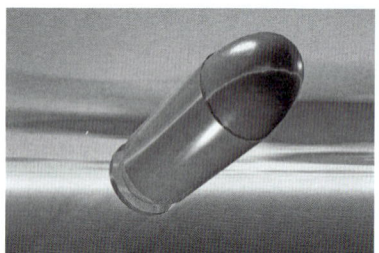

Bala (axissimétrico)
(b)

Carro (3-D)
(c)

FIGURA 11–2 Escoamentos bidimensionais, axissimétrico e tridimensional.
(a) Fotografia de John M. Cimbala; (b) CorbisRF; (c) Hannu Liivaar/Alamy.

e o escoamento é normal ao corpo. O vento soprando sobre um longo tubo perpendicularmente ao seu eixo é um exemplo de escoamento bidimensional. Note que a componente de velocidade na direção axial é zero neste caso, e, portanto, a velocidade é bidimensional.

A idealização bidimensional é apropriada quando o corpo é suficientemente longo, de maneira que os efeitos de extremidade são desprezíveis e o escoamento ao longe é uniforme. Ocorre uma outra simplificação quando o corpo possui simetria rotacional sobre um eixo na direção do escoamento. O escoamento neste caso é também bidimensional e dizemos que ele é **axissimétrico**. A trajetória de uma bala através do ar é um exemplo de escoamento axissimétrico. A velocidade neste caso varia com a distância axial x e com a distância radial r. O escoamento sobre um corpo que não pode ser modelado como bidimensional ou axissimétrico, como o escoamento sobre um carro, é **tridimensional** (Fig. 11–2).

Os escoamentos sobre corpos podem também ser classificados como **escoamentos incompressíveis** (por exemplo, escoamentos sobre automóveis, submarinos e prédios) e **escoamentos compressíveis** (por exemplo, escoamentos sobre aviões em alta velocidade, foguetes e mísseis). Os efeitos da compressibilidade são desprezíveis em baixas velocidades (escoamentos com Ma ≲ 0,3) e esses escoamentos podem ser tratados como incompressíveis. O escoamento compressível é discutido no Cap. 12 e os escoamentos que envolvem corpos parcialmente imersos com uma superfície livre (como um navio movendo-se sobre a água) estão além do escopo deste livro introdutório.

Corpos submetidos a escoamento de fluido são classificados como carenados ou rombudos, dependendo de sua forma geral. Dizemos que um corpo é **carenado** se é feito um esforço consciente para alinhar sua forma com as linhas de corrente que se espera encontrar no escoamento. Corpos carenados, como carros de corrida e aviões, parecem ser arredondados e perfilados. Caso contrário, se um corpo (por exemplo um prédio) tende a bloquear o escoamento dizemos que ele é **rombudo.** Normalmente, é muito mais fácil forçar um corpo carenado através de um fluido, e, portanto, o carenamento tem tido uma grande importância no desenho de veículos e aviões (Fig. 11–3).

11–2 ARRASTO E SUSTENTAÇÃO

É uma experiência comum o fato de que um corpo encontra resistência quando é forçado a se mover através de um fluido, especialmente um líquido. Conforme você já observou, é muito difícil caminhar na água devido à resistência muito maior que a água oferece ao movimento, comparada com o ar. Além disso, você já deve ter visto ventos fortes derrubando árvores, linhas de transmissão de energia e até mesmo caminhões-baú e deve ter sentido o forte "empurrão" que o vento exerce no seu corpo (Fig. 11–4). Você experimenta a mesma sensação quando estende o braço para fora da janela do seu carro quando este está em movimento. Um fluido pode exercer forças e momentos sobre um corpo em várias direções. A força que um fluido em movimento exerce sobre um corpo na direção do escoamento é chamada de **arrasto**. A força de arrasto pode ser medida diretamente apenas prendendo-se o objeto que está submetido ao escoamento do fluido a uma mola calibrada e medindo o deslocamento na direção do escoamento (é como medir o peso de um objeto com uma balança de mola). Dispositivos mais sofisticados para medição de arrasto, chamados de balanças de arrasto, usam barras flexíveis equipadas com medidores de deformação para medir o arrasto eletronicamente.

O arrasto, em geral, é um efeito indesejado, assim como o atrito, e fazemos o melhor possível para minimizá-lo. A redução do arrasto está intimamente associada com a redução do consumo de combustível nos automóveis, submarinos e aviões; uma melhor segurança e durabilidade das estruturas submetidas a ventos fortes; e redução do ruído e vibração. Mas, em alguns casos, o arrasto produz um efeito muito benéfico e tentamos maximizá-lo. Por exemplo, o atrito é um "salva--vidas" nos freios dos automóveis. Da mesma forma, é o arrasto que torna possível às pessoas saltar com paraquedas, permite que o pólen das flores seja levado a locais distantes e nos permite desfrutar das ondas dos oceanos e os movimentos relaxantes das folhas das árvores.

Um fluido estacionário exerce somente forças de pressão normais na superfície de um corpo imerso nele. No entanto, um fluido em movimento também exerce forças tangenciais de cisalhamento na superfície devido à condição de não escorregamento causada por efeitos viscosos. Ambas as forças, em geral, têm componentes na direção do escoamento e, portanto, a força de arrasto é devido aos efeitos combinados das forças de pressão e cisalhamento na parede na direção do escoamento. As componentes da pressão e forças de cisalhamento na parede na direção *normal* ao escoamento tendem a mover o corpo naquela direção, e sua soma é chamada de **sustentação**.

Para escoamentos bidimensionais, a resultante das forças de pressão e cisalhamento pode se dividir em duas componentes: uma na direção do escoamento, que é a força de arrasto, e a outra na direção normal ao escoamento, que é a sustentação, como mostra a Fig. 11–5. Para escoamentos tridimensionais, há também uma componente de força lateral na direção normal à página que tende a mover o corpo naquela direção.

As forças do fluido também podem gerar momentos e podem fazer o corpo girar. O momento em relação a um eixo na direção do escoamento é chamado de *momento de rolagem,* o momento em relação a um eixo na direção da sustentação é chamado de *momento de guinada,* e o momento em relação a um eixo na direção da força lateral é chamado de *momento de arfagem.* Para corpos que possuem simetria em relação ao plano sustentação-arrasto como carros, aviões e navios, a força lateral, o momento de guinada e o momento de rolagem são iguais a zero quando as forças do vento e das ondas estão alinhadas com o corpo. O que resta para esses corpos são as forças de arrasto e sustentação e o momento de arfagem. Para corpos axissimétricos alinhados com o escoamento, como, por exemplo, uma bala, a única força exercida pelo fluido no corpo é a força de arrasto.

As forças de pressão e cisalhamento agindo sobre uma área diferencial dA na superfície são $P dA$ e $\tau_w dA,$ respectivamente. As forças de arrasto e sustentação diferenciais agindo sobre dA no escoamento bidimensional são (Fig. 11–5)

$$dF_D = -P\, dA \cos\theta + \tau_w\, dA\, \text{sen}\,\theta \quad (11\text{–}1)$$

e

$$dF_L = -P\, dA\, \text{sen}\,\theta - \tau_w\, dA \cos\theta \quad (11\text{–}2)$$

onde θ é o ângulo que a normal externa de dA faz com a direção positiva do escoamento. As forças totais de arrasto e sustentação agindo sobre o corpo são determinadas integrando as Eqs. 11–1 e 11–2 sobre toda a superfície do corpo,

Força de arrasto: $\quad F_D = \int_A dF_D = \int_A (-P\cos\theta + \tau_w\, \text{sen}\,\theta)\, dA \quad (11\text{–}3)$

e

Força de sustentação: $\quad F_L = \int_A dF_L = -\int_A (P\, \text{sen}\,\theta + \tau_w \cos\theta)\, dA \quad (11\text{–}4)$

Essas são as equações usadas para estimar as forças líquidas de arrasto e sustentação sobre corpos quando o escoamento é simulado em um computador (Cap. 15). No entanto, quando executamos análises experimentais, as Eqs. 11–3 e 11–4

FIGURA 11–3 É muito mais fácil forçar um corpo carenado do que um corpo rombudo através de um fluido.

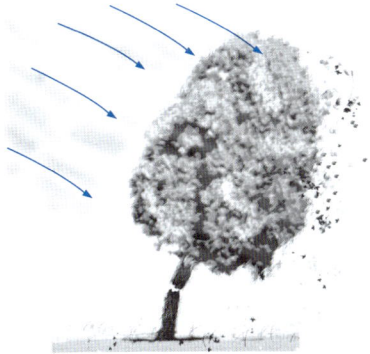

FIGURA 11–4 Ventos fortes derrubam árvores, linhas de transmissão e até pessoas, devido à força de arrasto.

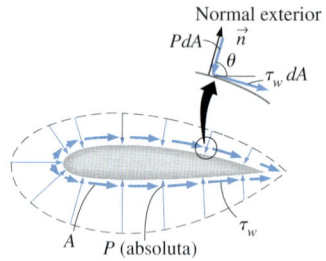

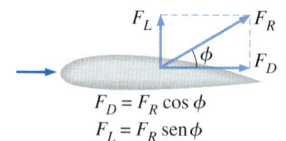

$F_D = F_R \cos\phi$
$F_L = F_R \operatorname{sen}\phi$

FIGURA 11–5 As forças de pressão e forças viscosas agindo em um corpo bidimensional e as forças resultantes de sustentação e arrasto.

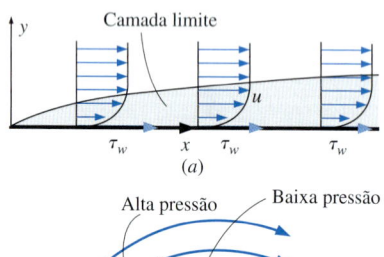

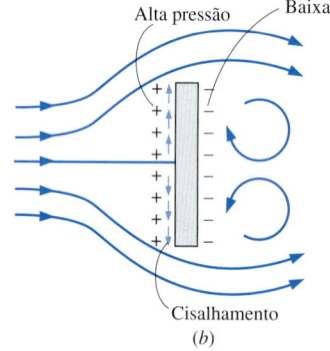

FIGURA 11–6 (a) A força de arrasto agindo sobre uma placa plana paralela ao escoamento depende somente do cisalhamento na parede. (b) A força de arrasto agindo sobre uma placa plana normal ao escoamento depende somente da pressão e é independente do cisalhamento na parede, que age na direção normal ao escoamento da corrente livre.

não são práticas, pois as distribuições detalhadas de forças de pressão e cisalhamento são difíceis de obter por medições. Felizmente, essa informação, em geral, não é necessária. Normalmente, tudo o que precisamos saber são as forças de arrasto e sustentação resultantes agindo sobre todo o corpo, que podem ser medidas direta e facilmente em um túnel de vento.

As Equações 11–1 e 11–2 mostram que tanto o atrito superficial (cisalhamento na parede) quanto a pressão, em geral, contribuem para o arrasto e para a sustentação. No caso especial de uma *placa plana* fina alinhada paralelamente à direção do escoamento, a força de arrasto depende somente do cisalhamento na parede e é independente da pressão, já que $\theta = 90°$. No entanto, quando a placa plana é colocada em posição normal à direção do escoamento, a força de arrasto depende somente da pressão e é independente do cisalhamento na parede, já que a tensão de cisalhamento neste caso age na direção normal ao escoamento e $\theta = 0°$ (Fig. 11–6). Se a placa plana é inclinada a um ângulo relativo à direção do escoamento, então a força de arrasto depende tanto da pressão quanto da tensão de cisalhamento.

As asas dos aviões são modeladas e posicionadas especificamente para gerar sustentação com um mínimo de arrasto. Isso é feito mantendo-se um ângulo de ataque durante o voo de cruzeiro, como mostra a Fig. 11–7. Tanto a sustentação quanto o arrasto são funções que dependem muito do ângulo de ataque, conforme discutimos mais adiante neste capítulo. A diferença de pressão entre as superfícies superior e inferior da asa gera uma força para cima que tende a levantar a asa e, portanto, o avião ao qual ela está presa. Para corpos delgados como as asas, a força de cisalhamento age aproximadamente paralela à direção do escoamento e, portanto, sua contribuição para a sustentação é pequena. A força de arrasto para esses corpos delgados é devido, principalmente, às forças de cisalhamento (o atrito superficial).

As forças de arrasto e sustentação dependem da densidade ρ do fluido, da velocidade a montante V e do tamanho, forma e orientação do corpo, entre outras coisas, e não é prático listar essas forças para uma variedade de situações. Em vez disso, considera-se conveniente trabalhar com números adimensionais apropriados que representam as características de arrasto e sustentação do corpo. Esses números são o **coeficiente de arrasto** C_D e o **coeficiente de sustentação** C_L, e eles são definidos como

Coeficiente de arrasto: $$C_D = \frac{F_D}{\frac{1}{2}\rho V^2 A} \quad (11\text{–}5)$$

Coeficiente de sustentação: $$C_L = \frac{F_L}{\frac{1}{2}\rho V^2 A} \quad (11\text{–}6)$$

onde A é ordinariamente a **área frontal** (a área projetada sobre um plano normal à direção do escoamento) do corpo. Em outras palavras, A é a área vista por uma pessoa que está olhando para o corpo a partir da direção do fluido que se aproxima. A área frontal de um cilindro de diâmetro D e comprimento L, por exemplo, é $A = LD$. Em cálculos de sustentação de alguns corpos delgados, como aerofólios, A é considerada como a **área planiforme**, ou seja, a área vista por uma pessoa que está olhando para o corpo a partir de cima em uma direção normal ao corpo. Os coeficientes de arrasto e sustentação são primariamente funções da forma do corpo, mas, em alguns casos, eles também dependem do número de Reynolds e da rugosidade da superfície. O termo $\frac{1}{2}\rho V^2$ nas Eqs. 11–5 e 11–6 é a **pressão dinâmica**.

Os coeficientes locais de arrasto e sustentação variam ao longo da superfície como resultado das mudanças na camada limite dinâmica na direção do escoamento. Normalmente estamos interessados nas forças de arrasto e sustentação para a superfície *inteira*, que podem ser determinadas usando os coeficientes *médios* de arrasto e sustentação. Portanto, apresentamos correlações tanto para os coeficientes locais de arrasto e sustentação (identificados com o subscrito x)

quanto para os coeficientes médios. Quando há disponibilidade de relações para coeficientes locais de arrasto e sustentação para uma superfície de comprimento L, os coeficientes *médios* de arrasto e sustentação para a superfície inteira podem ser determinados por integração a partir de

$$C_D = \frac{1}{L}\int_0^L C_{D,x}\,dx \quad (11\text{-}7)$$

e

$$C_L = \frac{1}{L}\int_0^L C_{L,x}\,dx \quad (11\text{-}8)$$

As forças agindo num corpo em queda livre são, em geral, o arrasto, a força de flutuação e o peso. Quando deixamos cair um corpo na atmosfera ou em um lago, ele primeiro acelera sob a influência de seu próprio peso. O movimento do corpo encontra uma resistência, a força de arrasto, que age na direção oposta ao movimento. À medida que a velocidade do corpo aumenta, aumenta também a força de arrasto. Isso continua até que todas as forças se equilibrem umas às outras e a força resultante agindo sobre o corpo (e, portanto, sua aceleração) seja nula. Então, a velocidade do corpo permanece constante durante o resto de sua queda se as propriedades do fluido no caminho do corpo permanecerem essencialmente constantes. Essa é a velocidade máxima que um corpo em queda pode atingir e é chamada de **velocidade terminal** (Fig. 11–8).

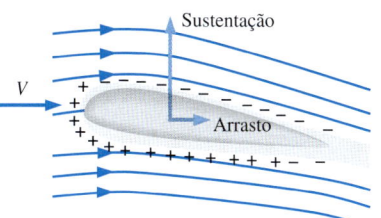

FIGURA 11–7 As asas dos aviões são modeladas e posicionadas para gerar sustentação suficiente durante o voo mantendo ao mesmo tempo o arrasto no mínimo. As pressões acima e abaixo da pressão atmosférica são indicadas por sinais de mais e de menos, respectivamente.

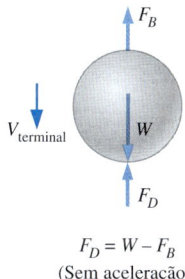

FIGURA 11–8 Durante a queda livre, um corpo alcança sua *velocidade terminal* quando a força de arrasto se torna igual ao peso do corpo menos a força de flutuação.

EXEMPLO 11–1 Medindo o coeficiente de arrasto de um carro

O coeficiente de arrasto de um carro nas condições de projeto de 1 atm, 70°F e 60 mi/h deve ser determinado experimentalmente em um grande túnel de vento em um teste em escala real (Fig. 11–9). A área frontal do carro é 22,26 ft². Se a medida da força que age sobre o carro na direção do escoamento for 68 lbf, determine o coeficiente de arrasto desse carro.

SOLUÇÃO A força de arrasto que age sobre um carro é medida em um túnel de vento. O coeficiente de arrasto do carro nas condições de teste deve ser determinado.

Hipóteses 1 O escoamento do ar é permanente e incompressível. 2 A seção transversal do túnel é larga o suficiente para simular o escoamento livre sobre o carro. 3 A parte inferior do túnel também está se movendo à velocidade do ar para aproximar as condições reais em que se dirige o carro ou esse efeito é desprezível.

Propriedades A densidade do ar a 1 atm e 70°F é $\rho = 0{,}07489$ lbm/ft³.

Análise A força de arrasto agindo sobre um corpo e o coeficiente de arrasto são dados por

$$F_D = C_D A \frac{\rho V^2}{2} \quad \text{e} \quad C_D = \frac{2 F_D}{\rho A V^2}$$

onde A é a área frontal. Substituindo e observando que 1 mi/h = 1,467 ft/s, o coeficiente de arrasto do carro é determinado como

$$C_D = \frac{2 \times (68\text{ lbf})}{(0{,}07489\text{ lbm/ft}^3)(22{,}26\text{ ft}^2)(60 \times 1{,}467\text{ ft/s})^2}\left(\frac{32{,}2\text{ lbm·ft/s}^2}{1\text{ lbf}}\right) = \mathbf{0{,}34}$$

Discussão Note que o coeficiente de arrasto depende das condições de projeto e seu valor pode ser diferente em diferentes condições como, por exemplo, quando variamos o número de Reynolds. Portanto, os coeficientes de arrasto publicados para vários veículos diferentes podem ser comparados de forma significativa somente se eles forem determinados sob condições dinamicamente similares ou se a independência em relação ao número de Reynolds for demonstrada (Cap. 7). Isso mostra a importância de se desenvolver procedimentos padronizados de testes na indústria.

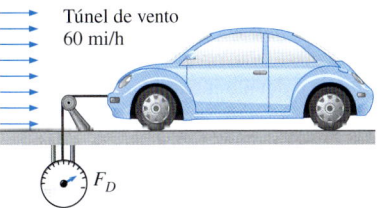

FIGURA 11–9 Esquema para o Exemplo 11–1.

11-3 ARRASTOS DE ATRITO E PRESSÃO

Conforme mencionamos na Seção 11–2, a força de arrasto é a força total exercida por um fluido sobre um corpo na direção do escoamento devido aos efeitos combinados de forças de cisalhamento na parede e forças de pressão. Frequentemente, é esclarecedor separar os dois efeitos e estudá-los separadamente.

A parte do arrasto que é devido diretamente à tensão de cisalhamento na parede τ_w é chamada de **arrasto de atrito superficial** (ou apenas *arrasto de atrito* $F_{D,\text{atrito}}$), pois ela é causada por efeitos de atrito, e a parte que é devido diretamente à pressão P é chamada de **arrasto de pressão** (também chamado de *arrasto de forma* devido à sua forte dependência da forma ou formato do corpo). Os coeficientes de arrasto de atrito e pressão são definidos como

$$C_{D,\text{atrito}} = \frac{F_{D,\text{atrito}}}{\frac{1}{2}\rho V^2 A} \quad \text{e} \quad C_{D,\text{pressão}} = \frac{F_{D,\text{pressão}}}{\frac{1}{2}\rho V^2 A} \quad (11\text{-}9)$$

Quando estão disponíveis os coeficientes ou forças de atrito e pressão, o coeficiente total de arrasto ou força de arrasto pode ser determinado simplesmente somando-os,

$$C_D = C_{D,\text{atrito}} + C_{D,\text{pressão}} \quad \text{e} \quad F_D = F_{D,\text{atrito}} + F_{D,\text{pressão}} \quad (11\text{-}10)$$

O *arrasto de atrito* é a componente da força de cisalhamento da parede na direção do escoamento, e, portanto, ele depende da orientação do corpo bem como da intensidade da tensão de cisalhamento na parede, τ_w. O arrasto de atrito é *zero* para uma superfície plana normal ao escoamento e *máximo* para uma superfície plana paralela ao escoamento, já que o arrasto de atrito nesse caso é igual à força de cisalhamento total na superfície. Portanto, para escoamento paralelo sobre uma superfície plana, o coeficiente de arrasto é igual ao *coeficiente de arrasto de atrito,* ou, simplesmente, o *coeficiente de atrito*. O arrasto de atrito é uma função que depende muito da viscosidade e aumenta com o aumento da viscosidade.

O número de Reynolds é inversamente proporcional à viscosidade do fluido. Portanto, a contribuição do arrasto de atrito para o arrasto total para corpos rombudos é menor com números de Reynolds mais altos e pode ser desprezível com números de Reynolds muito altos. O arrasto nesses casos é devido, principalmente, ao arrasto de pressão. Com números de Reynolds baixos, a maior parte do arrasto é devido ao arrasto de atrito. Esse é especialmente o caso para corpos altamente carenados como os aerofólios. O arrasto de atrito é também proporcional à área superficial. Portanto, corpos com uma área superficial maior sofrem um arrasto de atrito maior. Por exemplo, os grandes aviões comerciais reduzem sua área superficial total e, portanto, o arrasto, retraindo as extensões da asa quando atingem altitudes de cruzeiro para economizar combustível. O coeficiente de arrasto de atrito é independente da *rugosidade superficial* no escoamento laminar, mas é uma função que depende muito da rugosidade superficial no escoamento turbulento devido aos elementos de rugosidade superficial que se projetam na camada limite. O *coeficiente de arrasto de atrito* é análogo ao *fator de atrito* em escoamento em tubos discutido no Cap. 8, e seu valor depende do regime de escoamento.

O arrasto de pressão é proporcional à área frontal e à *diferença* entre as pressões que agem na frente e atrás do corpo imerso. Portanto, o arrasto de pressão é normalmente dominante para corpos rombudos, pequeno para corpos carenados como os aerofólios e nulo para placas planas e finas paralelas ao escoamento

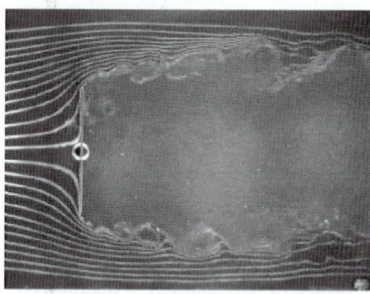

FIGURA 11–10 O arrasto é devido inteiramente ao *arrasto de atrito* para uma placa plana paralela ao escoamento; ele é devido inteiramente ao arrasto de pressão para uma placa plana normal ao escoamento; e é devido a *ambos* (mas, principalmente, ao *arrasto de pressão*) para um cilindro normal ao escoamento. O coeficiente de arrasto total C_D é mais baixo para uma placa plana paralela, mais alto para uma placa plana vertical e intermediário (mas próximo àquele de uma placa plana vertical) para um cilindro.
De G. M. Homsy, et al. (2004).

(Fig. 11–10). O arrasto de pressão torna-se mais significativo quando a velocidade do fluido é muito alta para o fluido seguir a curvatura do corpo, e, portanto, o fluido se *separa* do corpo em algum ponto e cria uma região de pressão muito baixa na sua parte traseira. O arrasto de pressão nesse caso é devido à grande diferença de pressão entre os lados da frente e de trás do corpo.

Reduzindo o arrasto pelo carenamento

A primeira ideia que vem em mente quando se pensa em reduzir o arrasto é carenar um corpo para reduzir a separação do escoamento e, portanto, reduzir o arrasto de pressão. Até mesmo os vendedores de automóveis são bastante eficientes em apontar os baixos coeficientes de arrasto de seus carros, devido ao carenamento. Mas o carenamento tem efeitos opostos sobre arrastos de pressão e de atrito. Ele diminui o arrasto de pressão retardando a separação da camada limite e reduzindo assim a diferença de pressão entre a parte da frente e de trás do corpo, e aumenta o arrasto de atrito porque aumenta a área superficial. O resultado final depende de qual efeito predomina. Portanto, qualquer estudo de otimização para reduzir o arrasto de um corpo deve levar em consideração ambos os efeitos e deve tentar diminuir a *soma* dos dois, como está ilustrado na Fig. 11–11. O arrasto total mínimo ocorre em $D/L = 0,25$ para o caso mostrado na Fig. 11–11. Para o caso de um cilindro circular com a mesma espessura da forma carenada da Fig. 11–11, o coeficiente de arrasto seria, aproximadamente, cinco vezes maior. Portanto, é possível reduzir o arrasto de um componente cilíndrico para um quinto usando-se carenagens apropriadas.

O efeito do carenamento sobre o coeficiente de arrasto pode ser descrito melhor considerando-se cilindros elípticos longos com diferentes relações de aspecto (ou comprimento dividido pela espessura) L/D, onde L é o comprimento na direção do escoamento e D é a espessura, como mostra a Fig. 11–12. Note que o coeficiente de arrasto diminui drasticamente à medida que a elipse se torna mais fina. Para o caso especial de $L/D = 1$ (um cilindro circular), o coeficiente de arrasto é $CD \cong 1$ com esse número de Reynolds. À medida que a relação de aspecto diminui e o cilindro se assemelha a uma placa plana, o coeficiente de arrasto aumenta para 1,9, o valor para uma placa plana normal ao escoamento. Note que a curva se torna quase chata para relações de aspecto maiores do que aproximadamente 4. Portanto, para um dado diâmetro D, formas elípticas com uma relação de aspecto de aproximadamente $L/D \cong 4$ normalmente oferecem um bom compromisso entre o coeficiente de arrasto total e o comprimento L. A redução no coeficiente de arrasto com altas razões de aspecto é devido, principalmente, à camada limite ligada à superfície por mais tempo e à recuperação de pressão resultante. O arrasto de atrito sobre um cilindro elíptico com uma relação de aspecto de 4 é desprezível (menos de 2% do arrasto total com esse número de Reynolds).

À medida que a relação de aspecto de um cilindro elíptico é aumentada quando ele é achatado (isto é, diminuindo D e conservando L constante), o coeficiente de arrasto começa a aumentar e tende ao infinito à medida que $L/D \to \infty$ (isto é, à medida que a elipse se torna semelhante a uma placa plana paralela ao escoamento). Isso é devido à área frontal, que aparece no denominador na definição de C_D, aproximando-se de zero. Isso não quer dizer que a força de atrito aumenta drasticamente (na realidade, a força de atrito diminui) à medida que o corpo se torna plano. Isso mostra que a área frontal é inadequada para uso nas relações de força de arrasto para corpos delgados como aerofólios finos e placas planas. Nesses casos, o coeficiente de arrasto é definido com base na *área planiforme*,

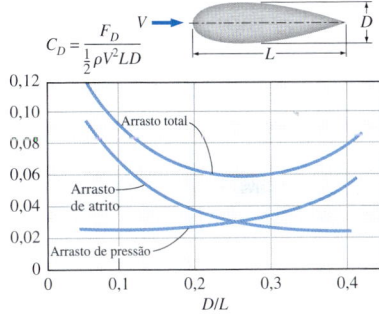

FIGURA 11–11 A variação dos coeficientes de atrito, pressão e arrasto total de uma estrutura carenada com a relação entre espessura e comprimento da corda para $Re = 4 \times 10^4$. Note que C_D para aerofólios e outros corpos finos é baseado na área *planiforme* e não na área total.
De Abbott e von Doenhoff (1959).

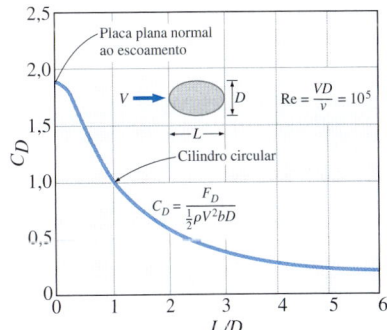

FIGURA 11–12 A variação do coeficiente de arrasto de um cilindro elíptico longo com a relação de aspecto. Aqui C_D é baseado na área frontal bD onde b é a largura do corpo.
De Blevins (1984).

que é simplesmente a área superficial para uma placa plana paralela ao escoamento. Isso é bastante apropriado pois para corpos delgados o arrasto é quase inteiramente devido ao arrasto de atrito, que é proporcional à área da superfície.

O carenamento acrescenta a vantagem da *redução da vibração e ruído*. O carenamento deve ser considerado somente para corpos rombudos que estejam submetidos a escoamento de fluido em alta velocidade (e, portanto, altos números de Reynolds) para os quais a separação do escoamento é uma possibilidade real. Não é necessário para corpos que normalmente envolvam escoamentos com baixo número de Reynolds (por exemplo, escoamentos lentos nos quais Re < 1), conforme discutido no Cap. 10, já que o arrasto nesses casos é quase inteiramente devido ao arrasto de atrito, e o carenamento somente aumentará a área da superfície e, por isso, o arrasto total. Portanto, um carenamento descuidado pode, na realidade, aumentar o arrasto em vez de diminuí-lo.

Separação de escoamento

Quando dirigimos em estradas do interior, uma medida comum de segurança é diminuir bastante a velocidade nas curvas fechadas para não ser jogado para fora da estrada. Muitos motoristas já constataram da forma mais penosa que um carro não obedece aos comandos quando é forçado a fazer uma curva em velocidade muito alta. Podemos visualizar esse fenômeno como a "separação dos carros" da estrada. Esse fenômeno é observado também quando veículos em alta velocidade saltam nas lombadas. Em baixas velocidades, as rodas do veículo sempre se mantêm em contato com a superfície da estrada. Mas em altas velocidades, o veículo é muito rápido para seguir a curvatura da estrada e salta na lombada, perdendo contato com a estrada.

Um fluido age de maneira muito semelhante quando é forçado a escoar sobre uma superfície curva em altas velocidades. O fluido sobe a parte ascendente da superfície curva sem problemas, mas tem dificuldade em permanecer em contato com a superfície no lado da descida. Em velocidades suficientemente altas a corrente de fluido se separa da superfície do corpo. Isso é chamado de **separação do escoamento** (Fig. 11–13). O escoamento pode se separar da superfície mesmo que esta esteja totalmente submersa em um líquido ou imersa em um gás (Fig. 11–14). A localização do ponto de separação depende de vários fatores como, por exemplo, o número de Reynolds, a rugosidade da superfície e o nível de flutuações na corrente livre, e, normalmente, é difícil prever com exatidão onde ocorrerá a separação, a menos que haja curvas agudas ou mudanças bruscas na forma da superfície sólida.

Quando um fluido se separa de um corpo, ele forma uma região separada entre o corpo e a corrente de fluido. Essa região de baixa pressão atrás do corpo onde ocorrem recirculações e fluxos de retorno é chamada de **região de separação**. Quanto maior a região separada, maior é o arrasto de pressão. Os efeitos da separação do escoamento são sentidos a jusante do corpo na forma de uma redução na velocidade (em relação à velocidade a montante). A região do escoamento na traseira do corpo onde são sentidos os efeitos do corpo sobre a velocidade é chamada de **esteira** (Fig. 11–15). A região separada termina quando as duas correntes de escoamento se juntam novamente. Portanto, a região separada é um volume fechado, uma vez que a esteira continua crescendo atrás do corpo até que o fluido na região de esteira recupere sua velocidade e o perfil de velocidades se torne quase uniforme novamente. Os efeitos viscosos e rotacionais são os mais significativos na camada limite, na região separada e na esteira.

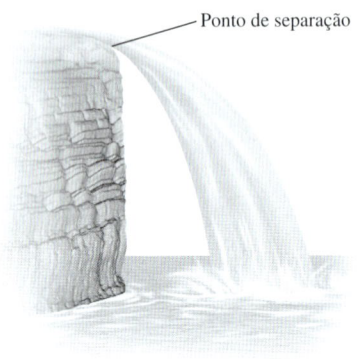

FIGURA 11–13 Separação do escoamento em uma queda de água.

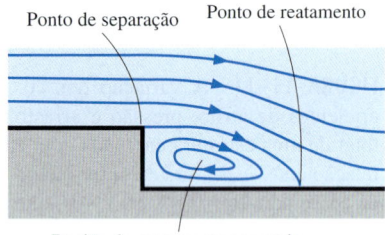

FIGURA 11–14 Separação do escoamento em um degrau de uma parede.

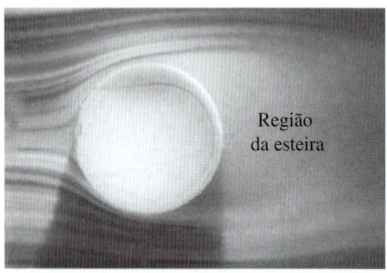

FIGURA 11–15 Separação do escoamento e região da esteira para uma bola de tênis.

Cortesia da NASA e Cislunar Aerospace, Inc.

A ocorrência da separação não está limitada a corpos rombudos. Separação completa sobre toda a superfície de trás também pode ocorrer em um corpo carenado como uma asa de avião a um **ângulo de ataque** suficientemente alto (mais de 15° para a maioria dos aerofólios), que é o ângulo que a corrente de fluido forma com a **corda** (a linha que conecta os bordos de ataque e de fuga) da asa. A separação do escoamento na superfície superior de uma asa reduz a sustentação drasticamente e pode fazer o avião entrar em **estol**. O efeito estol tem sido o culpado por muitos acidentes aeronáuticos e pela perda de eficiência em turbomáquinas (Fig. 11–16).

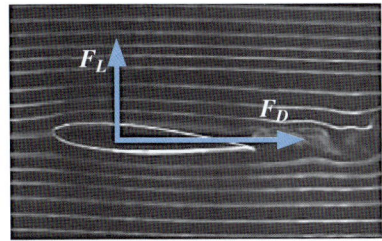
(a) 5°

Note que o arrasto e a sustentação são fortemente dependentes da forma do corpo, e qualquer efeito que faça a forma se alterar tem um profundo efeito sobre o arrasto e a sustentação. Por exemplo, o acúmulo de neve e a formação de gelo nas asas do avião pode mudar a forma das asas suficientemente para causar uma perda significativa da sustentação. Esse fenômeno tem feito muitos aviões perderem altitude e cair e muitos outros abortarem a decolagem. Portanto, já se tornou uma medida de segurança rotineira a verificação quanto à formação de gelo ou neve em componentes críticos dos aviões antes da decolagem com mau tempo. Isso é especialmente importante para aviões que permanecem longo tempo em espera na pista antes de decolar devido ao tráfego intenso.

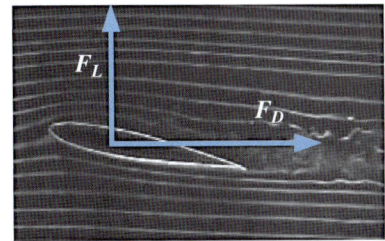
(b) 15°

Uma consequência importante da separação de escoamento é a formação e desprendimento de porções de fluido em rotação, chamadas de **vórtices**, na região da esteira. A geração periódica desses vórtices a jusante de um corpo é conhecida como **desprendimento de vórtices**. Esse fenômeno ocorre, normalmente, durante o escoamento normal sobre cilindros longos ou esferas para $Re \gtrsim 90$. As vibrações geradas pelos vórtices próximo ao corpo podem fazer o corpo entrar em ressonância atingindo níveis perigosos de vibração se a frequência dos vórtices estiver próxima da frequência natural do corpo – uma situação que deve ser evitada no desenho de equipamentos que estão sujeitos ao escoamento de fluido em alta velocidade como as asas dos aviões e pontes suspensas sujeitas a ventos fortes e constantes.

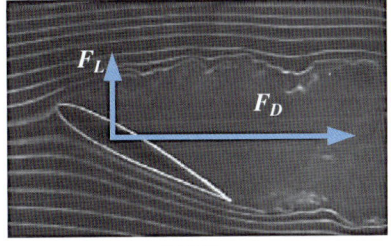
(c) 30°

FIGURA 11–16 Em grandes ângulos de ataque (normalmente, maiores do que 15°), o escoamento pode se separar completamente da superfície superior de um aerofólio, reduzindo a sustentação drasticamente e fazendo o aerofólio entrar em regime de estol.
De G. M. Homsy, et al. (2004).

11–4 COEFICIENTES DE ARRASTO DE GEOMETRIAS COMUNS

O conceito de arrasto tem consequências importantes na vida diária e o comportamento do arrasto de vários corpos naturais e feitos pelo homem é caracterizado pelos seus coeficientes de arrasto medidos sob condições típicas de operação. Embora o arrasto seja causado por dois efeitos diferentes (atrito e pressão), em geral, é difícil determiná-los separadamente. Além disso, em muitos casos, estamos interessados no arrasto *total* e não nos componentes individuais do arrasto, e, portanto, normalmente, se registra o coeficiente de arrasto *total*. A determinação dos coeficientes de arrasto tem sido o tópico de numerosos estudos (principalmente experimentais) e há uma enorme quantidade de dados sobre coeficientes de arrasto na literatura para qualquer geometria de interesse prático.

O coeficiente de arrasto, em geral, depende do *número de Reynolds,* especialmente para números de Reynolds abaixo de aproximadamente 10^4. Com números de Reynolds mais altos, os coeficientes de arrasto para a maioria das geometrias permanece essencialmente constante (Fig. 11–17). Isso é devido ao fato de que o escoamento em altos números de Reynolds torna-se totalmente turbulento. No entanto, esse não é o caso para corpos arredondados como cilindros circulares

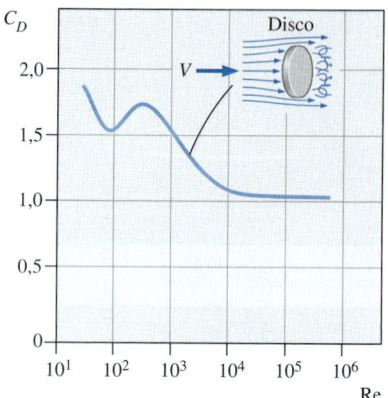

FIGURA 11-17 Os coeficientes de arrasto para a maioria das geometrias (mas nem todas) permanece essencialmente constante com números de Reynolds acima de, aproximadamente, 10^4.

e esferas, conforme discutiremos mais adiante nesta seção. Os coeficientes de arrasto listados, em geral, são aplicáveis somente a escoamentos com altos números de Reynolds.

O coeficiente de arrasto exibe comportamento diferente nas regiões de número de Reynolds baixo (escoamento lento), moderado (laminar) e alto (turbulento). Os efeitos de inércia são desprezíveis em escoamentos com baixos números de Reynolds (Re ≲ 1), chamados de *escoamentos lentos,* e o fluido se distribui ao redor do corpo uniformemente. O coeficiente de arrasto nesse caso é inversamente proporcional ao número de Reynolds, e para uma esfera ele é determinado como

Esfera: $$C_D = \frac{24}{\text{Re}} \quad (\text{Re} \lesssim 1) \quad (11\text{-}11)$$

Então, a força de arrasto que age sobre um objeto esférico com baixos números de Reynolds se torna

$$F_D = C_D A \frac{\rho V^2}{2} = \frac{24}{\text{Re}} A \frac{\rho V^2}{2} = \frac{24}{\rho V D/\mu} \frac{\pi D^2}{4} \frac{\rho V^2}{2} = 3\pi\mu VD \quad (11\text{-}12)$$

que é conhecida como **Lei de Stokes**, em homenagem ao matemático e físico Britânico G. G. Stokes (1819-1903). Essa relação mostra que, com números de Reynolds muito baixos, a força de arrasto que age sobre objetos esféricos é proporcional ao diâmetro, à velocidade e viscosidade do fluido. Essa relação frequentemente é aplicável a partículas de poeira no ar e partículas sólidas suspensas na água.

Os coeficientes de arrasto para escoamentos com baixo número de Reynolds sobre outras geometrias são dados na Fig. 11–18. Note que, com números de Reynolds baixos, a forma do corpo não tem uma influência muito importante no coeficiente de arrasto.

Os coeficientes de arrasto para vários corpos bidimensionais e tridimensionais são dados nas Tabelas 11–1 e 11–2 para altos números de Reynolds. Podemos fazer várias observações a partir dessas tabelas sobre o coeficiente de arrasto com altos números de Reynolds. Em primeiro lugar, a *orientação* do corpo em relação à direção do escoamento tem uma grande influência sobre o coeficiente de arrasto. Por exemplo, o coeficiente de arrasto para escoamento sobre um hemisfério é 0,4 quando o lado esférico está voltado para o escoamento, mas aumenta três vezes atingindo 1,2 quando o lado chato está voltado para o escoamento (Fig. 11–19).

Para corpos rombudos com arestas agudas como, por exemplo, o escoamento sobre um bloco retangular ou uma placa plana normal ao escoamento, a separação ocorre nas bordas das superfícies da frente e de trás, sem uma alteração significativa nas características do escoamento. Portanto, o coeficiente de arrasto desses corpos é mais ou menos independente do número de Reynolds. Observe que o coeficiente de arrasto de uma barra retangular longa pode ser reduzido quase pela metade, de 2,2 para 1,2, pelo arredondamento das arestas.

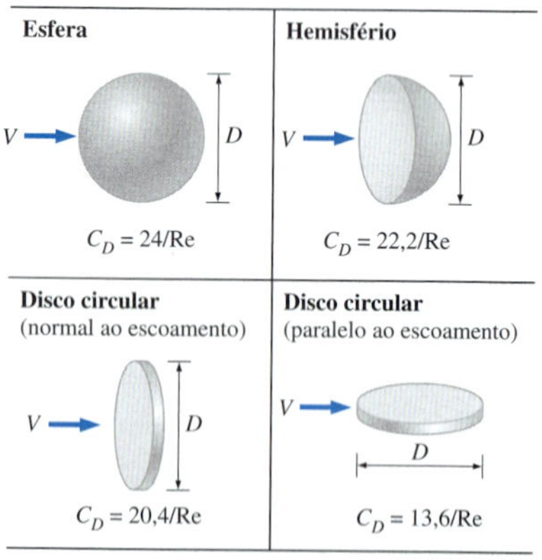

Sistemas biológicos e arrasto

O conceito de arrasto também tem consequências importantes para os sistemas biológicos. Por exemplo, os corpos dos *peixes* e *mamíferos marinhos*, especial-

FIGURA 11-18 Coeficientes de arrasto C_D em baixos números de Reynolds (Re ≲ 1 onde Re = VD/ν e $A = \pi D^2/4$).

TABELA 11-1

Coeficientes de arrasto C_D de vários corpos bidimensionais para Re > 10^4 com base na área frontal $A = bD$, onde b é o comprimento na direção normal à página (para uso na relação da força de arrasto $F_D = C_D A \rho V^2 / 2$ onde V é a velocidade a montante)

Barra quadrada

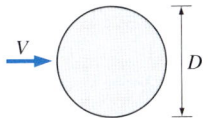

Cantos agudos:
$C_D = 2{,}2$

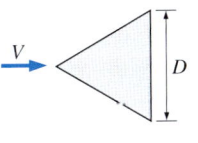

Cantos arredondados
$(r/D = 0{,}2)$:
$C_D = 1{,}2$

Barra retangular

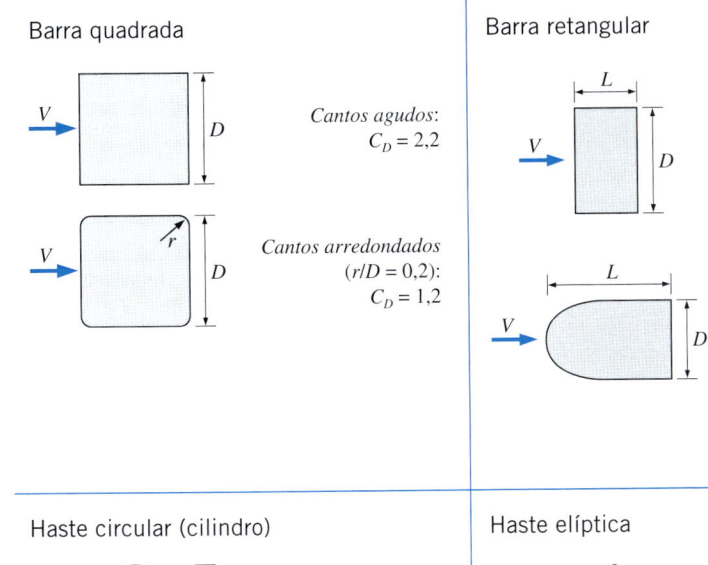

Cantos agudos:

L/D	C_D
0,0*	1,9
0,1	1,9
0,5	2,5
1,0	2,2
2,0	1,7
3,0	1,3

* Corresponde a uma placa fina

Frente arredondada:

L/D	C_D
0,5	1,2
1,0	0,9
2,0	0,7
4,0	0,7

Haste circular (cilindro)

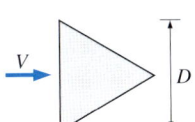

Laminar:
$C_D = 1{,}2$
Turbulento:
$C_D = 0{,}3$

Haste elíptica

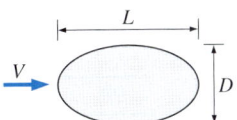

	C_D	
L/D	Laminar	Turbulento
2	0,60	0,20
4	0,35	0,15
8	0,25	0,10

Haste triangular equilátera

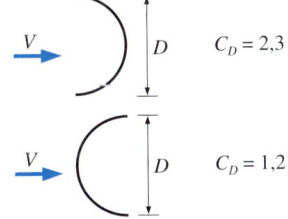

$C_D = 1{,}5$

$C_D = 2{,}0$

Casca semicircular

$C_D = 2{,}3$

$C_D = 1{,}2$

Haste semicircular

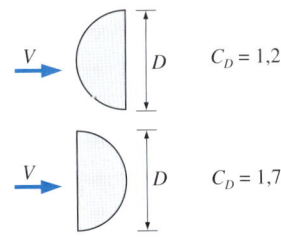

$C_D = 1{,}2$

$C_D = 1{,}7$

---

mente aqueles que nadam muito rápido por longas distâncias (como o caso dos golfinhos), são altamente carenados para minimizar o arrasto (o coeficiente de arrasto dos golfinhos com base na área superficial molhada é aproximadamente 0,0035, comparável com o valor para uma placa plana em escoamento turbulento). Portanto, não surpreende o fato de que construímos submarinos que imitam o corpo de grandes peixes. Por outro lado, os peixes tropicais com sua fascinante beleza e elegância nadam graciosamente apenas por curtas distâncias. Obviamente a graça, não a alta velocidade e arrasto, foi a consideração primária no projeto de seus corpos. Os pássaros nos ensinam uma lição sobre redução de arrasto estendendo o bico para a frente e dobrando os pés para trás durante o voo (Fig. 11-20). Os aviões, que de certa forma se assemelham a grande pássaros,

TABELA 11–2

Coeficientes de arrasto C_D representativos para vários corpos tridimensionais para $Re > 10^4$ (menos que dito o contrário) com base na área frontal (para uso na relação da força de arrasto $F_D = C_D A \rho V^2/2$ onde V é a velocidade a montante)

Cubo, $A = D^2$

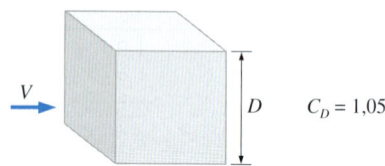

$C_D = 1,05$

Disco circular fino, $A = \pi D^2/4$

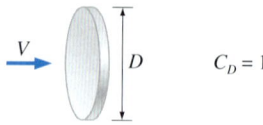

$C_D = 1,1$

Cone (para $\theta = 30°$), $A = \pi D^2/4$

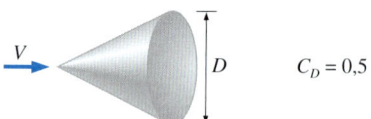

$C_D = 0,5$

Esfera, $A = \pi D^2/4$

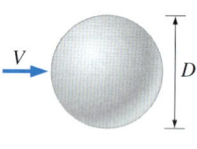

Laminar:
$Re \lesssim 2 \times 10^5$
$C_D = 0,5$
Turbulento:
$Re \gtrsim 2 \times 10^6$
$C_D = 0,2$

Veja Fig. 11–36 para C_D vs Re para esferas rugosas e lisas

Elipsoide, $A = \pi D^2/4$

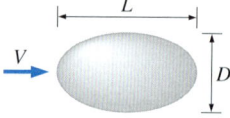

		C_D	
		Laminar	Turbulento
L/D		$Re \lesssim 2 \times 10^5$	$Re \gtrsim 2 \times 10^6$
0,75		0,5	0,2
1		0,5	0,2
2		0,3	0,1
4		0,3	0,1
8		0,2	0,1

Hemisfério, $A = \pi D^2/4$

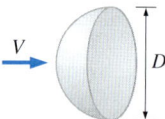

$C_D = 0,4$

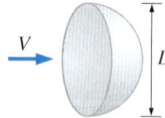

$C_D = 1,2$

Cilindro curto, vertical, $A = LD$

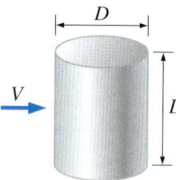

L/D	C_D
1	0,6
2	0,7
5	0,8
10	0,9
40	1,0
∞	1,2

Valores são para escoamento laminar ($Re \lesssim 2 \times 10^5$)

Cilindro curto, horizontal, $A = \pi D^2/4$

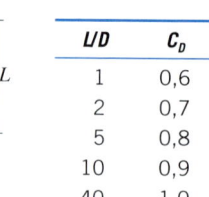

L/D	C_D
0,5	1,1
1	0,9
2	0,9
4	0,9
8	1,0

Corpo carenado, $A = \pi D^2/4$

$C_D = 0,04$

Placa retangular, $A = LD$

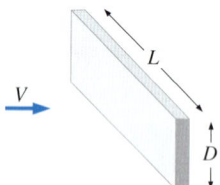

$C_D = 1,10 + 0,02\,(L/D + D/L)$
para $1/30 < (L/D) < 30$

Paraquedas, $A = \pi D^2/4$

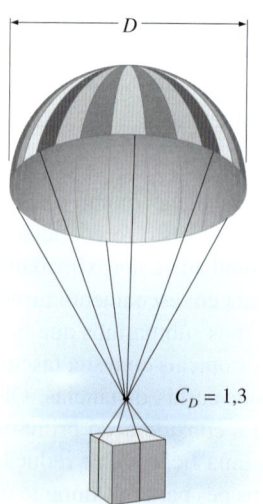

$C_D = 1,3$

Árvore, $A =$ área frontal

$A =$ área frontal

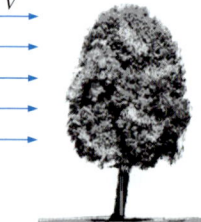

V, m/s	C_D
10	0,4–1,2
20	0,3–1,0
30	0,2–0,7

(continua)

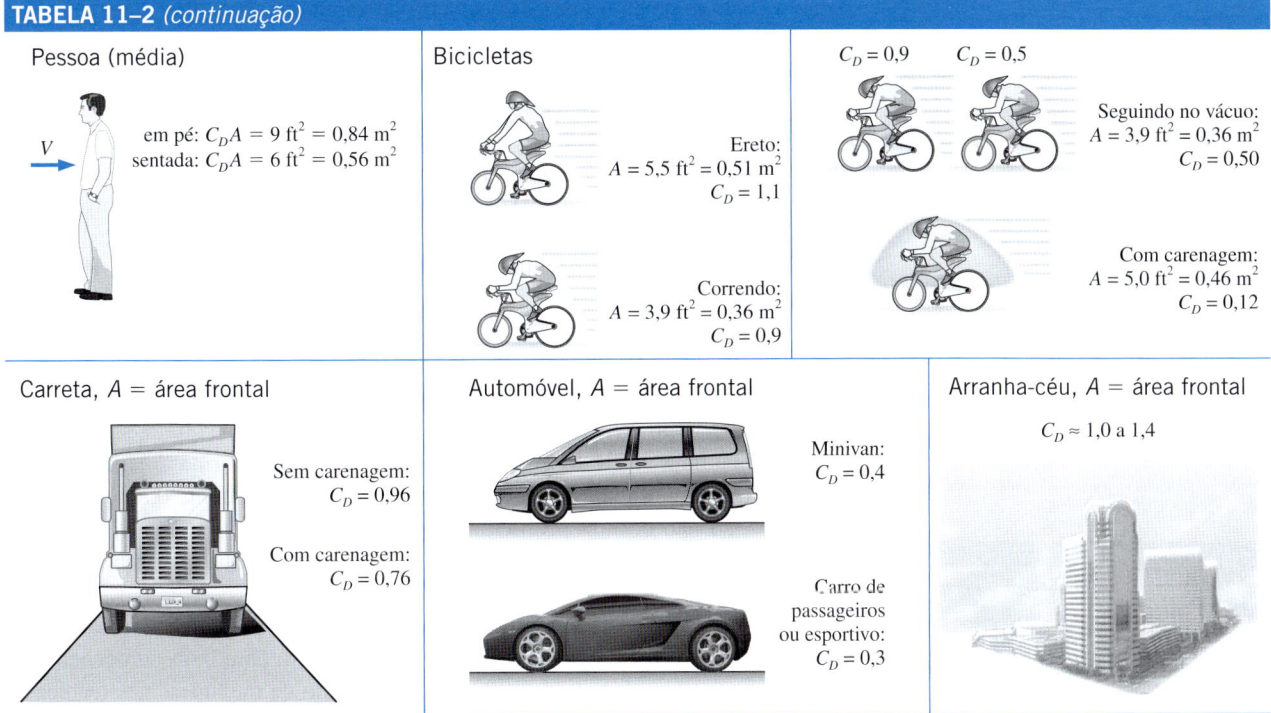

TABELA 11-2 (continuação)

recolhem as rodas após a decolagem para reduzir o arrasto e, assim, economizar combustível.

A estrutura flexível nas plantas permite que elas reduzam o arrasto durante ventos fortes mudando suas formas. Por exemplo, folhas largas se enrolam em uma forma cônica de baixo coeficiente de arrasto durante ventos fortes e os galhos se juntam para reduzir o arrasto. Os caules flexíveis dobram sob a influência do vento para reduzir o arrasto e o momento fletor é diminuído reduzindo a área frontal.

Se você já assistiu aos jogos Olímpicos, provavelmente, já observou muitas ocorrências de um esforço consciente dos competidores para reduzir o arrasto. Veja alguns exemplos: Durante a corrida de 100 metros, os corredores mantêm seus dedos unidos e retos e movem suas mãos paralelas à direção do movimento para reduzir o arrasto em suas mãos. Os nadadores que têm cabelos compridos, cobrem a cabeça com uma touca apertada e lisa para reduzir o arrasto da cabeça. Eles usam também trajes de natação apertados de uma única peça. Pessoas que cavalgam ou que andam de bicicleta inclinam o corpo para a frente o máximo possível para reduzir o arrasto (reduzindo tanto o coeficiente de arrasto quanto a área frontal). Esquiadores fazem o mesmo.

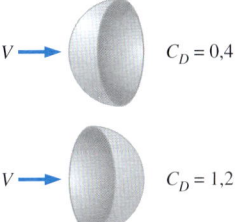

Um hemisfério em duas orientações diferentes para $Re > 10^4$

FIGURA 11–19 O coeficiente de arrasto de um corpo pode mudar drasticamente mudando-se a orientação do corpo (e, portanto, a forma) em relação à direção do escoamento.

Coeficiente de arrasto de veículos

O termo *coeficiente de arrasto* é usado normalmente, em várias áreas da vida diária. Os fabricantes de automóveis tentam atrair os consumidores destacando os *baixos coeficientes de arrasto* de seus carros (Fig. 11–21). Os coeficientes de arrasto dos veículos variam de aproximadamente 1,0 para grandes carretas a 0,4 para minivans e 0,3 para carros de passageiros. Em geral, quanto mais rombudo for o veículo, maior é o coeficiente de arrasto. A instalação de uma carenagem

FIGURA 11-20 Os pássaros nos ensinam uma lição sobre redução de arrasto estendendo o bico para a frente e dobrando os pés para trás durante o voo.
Photodisc/Getty Images

FIGURA 11-21 Este elegante Toyota Prius tem um coeficiente de arrasto 0,26 – um dos menores para automóveis de passageiros.
Cortesia Toyota.

FIGURA 11-22 As linhas de fluxo ao redor de um carro moderno projetado aerodinamicamente se assemelham às linhas de fluxo ao redor do carro no escoamento potencial ideal (supondo atrito desprezível), exceto na proximidade da extremidade traseira, resultando em um baixo de arrasto.
De G. M. Homsy, et al. (2004).

reduz o coeficiente de arrasto das carretas de carga em aproximadamente 20% tornando a área frontal mais carenada. Como regra prática, a porcentagem de economia de combustível devido à redução do arrasto é de aproximadamente metade da porcentagem de redução do arrasto.

Quando é desconsiderado o efeito da estrada no movimento do ar, a forma ideal de um *veículo* é a forma básica de uma *gota de água*, com um coeficiente de arrasto de aproximadamente 0,1 para o caso do escoamento turbulento. Mas essa forma precisa ser modificada para acomodar vários componentes externos necessários como rodas, espelhos retrovisores, eixos e maçanetas de portas. Além disso, o veículo deve ser alto o suficiente para que seja confortável e deve haver uma altura mínima do chão. Além disso, o veículo não pode ser muito longo para que possa caber nas garagens e estacionamentos. O controle de material e fabricação requer uma minimização ou eliminação de qualquer volume "morto" que não possa ser utilizado. O resultado é uma forma que se assemelha muito mais a uma caixa do que a uma gota, e essa era a forma dos primeiros automóveis com um coeficiente de arrasto de aproximadamente 0,8 na década de 1920. Isso não era um problema naqueles tempos, porque as velocidades eram baixas, o combustível era barato e o arrasto não era uma preocupação importante no projeto.

Os coeficientes de arrasto médios dos carros caíram para aproximadamente 0,70 na década de 1940, para 0,55 na década de 1970, para 0,45 na década de 1980 e para 0,30 na década de 1990 como resultado de melhorias nas técnicas de fabricação na moldagem da chapa de aço e prestando mais atenção à forma do carro e ao carenamento (Fig. 11–22). O coeficiente de arrasto para carros de corrida bem projetados é de aproximadamente 0,2, mas isso é conseguido considerando-se o conforto do motorista secundário. Observando que o limite inferior teórico de C_D é aproximadamente 0,1 e o valor para os carros de corrida é 0,2, parece que há poucas possibilidades de melhoria no coeficiente de arrasto para automóveis de passageiros em relação ao valor atual que é aproximadamente 0,3. O coeficiente de arrasto de um Mazda 3 é 0,29, por exemplo. Para caminhões e ônibus, o coeficiente de arrasto pode ser reduzido ainda mais otimizando-se os contornos da frente e de trás (por exemplo, arredondando-os) até o limite prático mantendo inalterado o comprimento total do veículo.

Quando se viaja em um grupo, uma maneira esperta de reduzir o arrasto é "pegar o vácuo" ou ***drafting***, um fenômeno bem conhecido pelos corredores de bicicleta e de corrida de carros. Esse fenômeno consiste em se aproximar de um corpo em movimento por trás e ser *sugado* pela região de baixa pressão na traseira do corpo. O coeficiente de arrasto de um ciclista de corrida, por exemplo, pode ser reduzido de 0,9 para 0,5 pelo *drafting*, como mostram a Tabela 11–2 e a Fig. 11–23.

Podemos também ajudar a reduzir o coeficiente de arrasto de um veículo e, consequentemente, reduzir o consumo de combustível sendo motoristas mais conscientes. Por exemplo, a força de arrasto é proporcional ao quadrado da velocidade. Portanto, andar acima dos limites de velocidade nas estradas não só aumenta as chances de ser multado ou causar um acidente, mas também aumenta o consumo de combustível por km rodado. Por isso, dirigir em velocidades moderadas é seguro e econômico. Além disso, qualquer coisa que se estenda para fora do carro, mesmo um braço, aumenta o coeficiente de arrasto. Dirigir com os vidros abertos também aumenta o arrasto e o consumo de combustível. Nas rodovias, pode-se economizar combustível em dias quentes usando o ar-condicionado em lugar de rodar com os vidros abertos. Normalmente, a turbulência e o arrasto adicional gerado pelos vidros abertos consome mais combustível do que o ar-condicionado.

Superposição

As formas de muitos corpos encontrados na prática não são simples. Mas esses corpos podem ser tratados convenientemente nos cálculos de força de arrasto considerando-os como compostos por dois ou mais corpos simples. Por exemplo, uma antena parabólica de satélite montada sobre um teto com uma barra cilíndrica pode ser considerada como uma combinação de um corpo hemisférico e um cilindro. Então, o coeficiente de arrasto do corpo pode ser determinado aproximadamente usando-se a **superposição**. Uma abordagem simplista como essa não leva em conta os efeitos dos componentes uns sobre os outros, e, portanto, os resultados obtidos deverão ser interpretados adequadamente.

FIGURA 11–23 Os coeficientes de arrasto de corpos que seguem de perto outros corpos em movimento podem ser reduzidos consideravelmente devido ao drafting (isto é, entrando na região de baixa pressão criada pelo corpo que vai na frente).

Getty Images

EXEMPLO 11–2 **Efeito da área frontal no consumo de combustível de um automóvel**

Dois métodos usuais para diminuir o consumo de combustível de um veículo são reduzir o coeficiente de arrasto e a área frontal de um veículo. Considere um carro (Fig. 11–24) cuja largura (W) e altura (H) são 1,85 m e 1,70 m, respectivamente, com coeficiente de arrasto 0,30. Determine a quantidade de combustível e dinheiro economizados por ano como o resultado de diminuir a altura para 1,55 m mantendo a mesma largura. Considere que o carro roda 18.000 km por ano a uma velocidade média de 95 km/h. Considere a densidade e preço da gasolina como 0,74 kg/L e \$0,95/L, respectivamente. Também considere uma densidade do ar de 1,2 kg/m³, o poder calorífico da gasolina de 44.000 kJ/kg e a eficiência global do carro como 30%.

FIGURA 11–24 Esquema para o Exemplo 11–2.

SOLUÇÃO A área frontal do carro é redesenhada para ser diminuída. A economia resultante de combustível e dinheiro deve ser determinada.

Hipóteses **1** O carro roda 18.000 km por ano a uma velocidade média de 95 km/h. **2** O efeito da redução da área frontal no coeficiente de arrasto é desprezível.

Propriedades As densidades do ar e da gasolina são dadas como 1,20 kg/m³ e 0,74 kg/L, respectivamente. O poder calorífico da gasolina é de 44.000 kJ/kg.

Análise A força de arrasto agindo no corpo é

$$F_D = C_D A \frac{\rho V^2}{2}$$

onde A é a área frontal do corpo. A força de arrasto no corpo antes do redesenho é de

$$F_D = 0,3(1,85 \times 1,70 \text{ m}^2) \frac{(1,20 \text{ kg/m}^3)(95 \text{ km/h})^2}{2} \left(\frac{1 \text{ m/s}}{3,6 \text{ km/h}}\right)^2 \left(\frac{1 \text{ N}}{1 \text{ kg·m/s}^2}\right)$$

$$= 394 \text{ N}$$

(continua)

(continuação)

Notando que o trabalho é força multiplicada pela distância, o trabalho realizado para vencer a força de arrasto e a energia necessária para percorrer 18.000 km são

$$W_{arrasto} = F_D L = (394 \text{ N})(18.000 \text{ km/ano})\left(\frac{1000 \text{ m}}{1 \text{ km}}\right)\left(\frac{1 \text{ kJ}}{1000 \text{ N·m}}\right)$$

$$= 7,092 \times 10^6 \text{ kJ/ano}$$

$$E_e = \frac{W_{arrasto}}{\eta_{carro}} = \frac{7,092 \times 10^6 \text{ kJ/ano}}{0,30} = 2,364 \times 10^7 \text{ kJ/ano}$$

A quantidade e custo do combustível necessário para suprir essa energia são

$$\text{Quantidade do combustível} = \frac{m_{combustível}}{\rho_{combustível}} = \frac{E_e/HV}{\rho_{combustível}} = \frac{(2,364 \times 10^7 \text{ kJ/ano})/(44.000 \text{ kJ/kg})}{0,74 \text{ kg/L}}$$

$$= 726 \text{ L/ano}$$

$$\text{Custo} = (\text{Quantidade do combustível})(\text{Custo unitário}) = (726 \text{ L/ano})(\$0,95/\text{L}) = \$690/\text{ano}$$

Ou seja, o carro gasta, aproximadamente, 730 litros de gasolina com um custo total de $690 por ano para vencer o arrasto.

A força de arrasto e o trabalho são diretamente proporcionais à área frontal. Então, a redução percentual no consumo de combustível devido à redução de área frontal é igual à redução percentual de área frontal:

$$\text{Taxa de redução} = \frac{A - A_{nova}}{A} = \frac{H - H_{nova}}{H} = \frac{1,70 - 1,55}{1,70} = 0,0882$$

$$\text{Redução} = (\text{Taxa de redução})(\text{Quantidade})$$

Redução de consumo de combustível = 0,0882 (726 L/ano) = **64 L/ano**

Redução de custo = (Taxa de redução)(Custo) = 0,0882 ($690/ano) = **$61/ano**

Portanto, reduzindo a altura do carro reduzimos o consumo de combustível devido ao arrasto de aproximadamente 9%.

Discussão Respostas foram dadas com dois dígitos significativos. Este exemplo demonstra que reduções significativas no arrasto e consumo de combustível podem ser obtidas pela redução da área frontal de um veículo tanto quanto pela redução de seu coeficiente de arrasto.

O Exemplo 11–2 é um indicativo do tremendo esforço feito nos anos recentes no redesenho de várias partes dos carros, como a forma dos vidros, as maçanetas das portas, o para-brisa e as extremidades da frente e de trás para reduzir o arrasto aerodinâmico. Para um carro que se move em uma estrada nivelada à velocidade constante a potência desenvolvida pelo motor é usada para vencer a resistência de rolagem, o atrito entre as partes móveis, o arrasto aerodinâmico e o acionamento de equipamentos auxiliares. O arrasto aerodinâmico é desprezível em baixas velocidades, mas torna-se significativo em velocidades acima de 30 mi/h. A redução da área frontal dos carros (com o desconforto para os motoristas de estatura maior) tem contribuído muito para a redução do arrasto e do consumo de combustível.

11-5 ESCOAMENTO PARALELO SOBRE PLACAS PLANAS

Considere o escoamento de um fluido sobre uma *placa plana*, como mostra a Fig. 11–25. Superfícies levemente contornadas como as pás de uma turbina também podem ser aproximadas como placas planas com precisão razoável. A coordenada x é medida ao longo da superfície da placa desde o *bordo de ataque* da placa na direção do escoamento e y é medido a partir da superfície na direção normal. O fluido se aproxima da placa na direção x com uma velocidade uniforme V, que é equivalente à velocidade sobre a placa em um ponto distante da superfície.

Para simplificar a discussão, podemos considerar que o fluido é formado por camadas adjacentes umas sobre as outras. A velocidade das partículas na primeira camada de fluido adjacente à placa se torna zero devido à condição de não escorregamento. Essa camada sem movimento retarda as partículas da camada vizinha de fluido devido ao atrito entre as partículas dessas duas camadas de fluido adjacentes com diferentes velocidades. Essa camada de fluido, então, retarda as moléculas da próxima camada, e assim por diante. Assim, a presença da placa é sentida até uma certa distância normal δ da placa além da qual a velocidade da corrente livre permanece virtualmente inalterada. Consequentemente, a componente x da velocidade u do fluido, varia desde 0 em $y = 0$ até aproximadamente V (em geral, 0,99 V) em $y = \delta$ (Fig. 11–26).

A região do escoamento acima da placa limitada por δ na qual são sentidos os efeitos das forças de cisalhamento viscoso causadas pela viscosidade do fluido é chamada de **camada limite dinâmica**. *A espessura δ da camada limite* é definida, normalmente, como a distância y a partir da superfície na qual $u = 0,99V$.

A linha hipotética de $u = 0,99V$ divide o escoamento sobre uma placa em duas regiões: a **região da camada limite**, na qual os efeitos viscosos e as alterações de velocidade são significativas, e a **região de escoamento irrotacional**, na qual os efeitos de atrito são desprezíveis e a velocidade permanece essencialmente constante.

Para o escoamento paralelo sobre uma placa plana, o arrasto de pressão é zero, e, portanto, o coeficiente de arrasto é igual ao *coeficiente de arrasto de atrito*, ou, simplesmente, *o coeficiente de atrito* (Fig. 11–27). Ou seja,

Placa plana: $$C_D = C_{D,\text{atrito}} = C_f \tag{11-13}$$

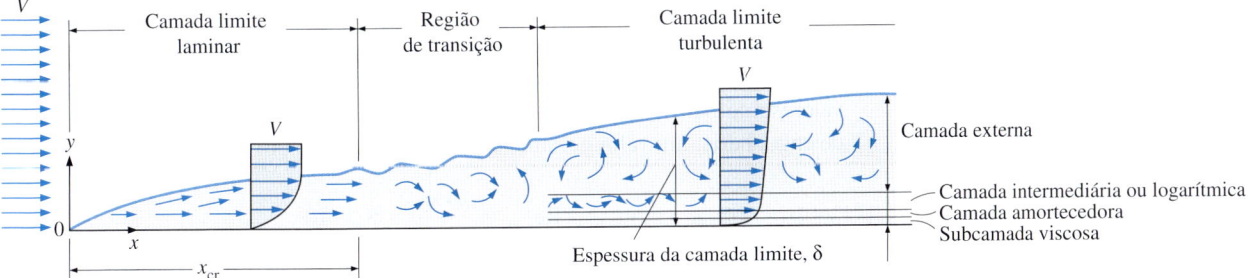

FIGURA 11–25 O desenvolvimento da camada limite para escoamento sobre uma placa plana e os diferentes regimes de escoamento. Não está em escala.

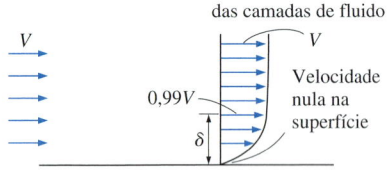

FIGURA 11–26 O desenvolvimento de uma camada limite em uma superfície é devido à condição de não escorregamento e ao atrito.

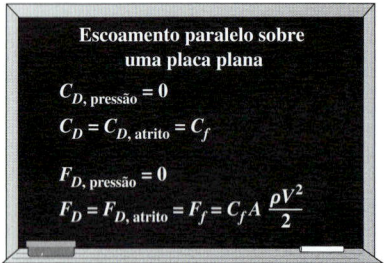

FIGURA 11–27 Para escoamento paralelo sobre uma placa plana, o arrasto de pressão é zero, e, portanto, o coeficiente de arrasto é igual ao coeficiente de atrito e a força de arrasto é igual à força de atrito.

Uma vez disponível o coeficiente médio de atrito C_f, a força de arrasto (ou atrito) sobre a superfície pode ser determinada a partir de

Força de atrito sobre uma placa plana: $\qquad F_D = F_f = \frac{1}{2} C_f A \rho V^2 \qquad$ (11–14)

onde A é a área superficial da placa exposta ao escoamento do fluido. Quando ambos os lados de uma placa fina são submetidos ao escoamento, A torna-se a área total das superfícies superior e inferior. Note que o valor local do coeficiente de atrito $C_{f,x}$, em geral, varia com a localização ao longo da superfície.

Na Fig. 11–25 são dados também perfis típicos de velocidade média em escoamento laminar e turbulento. Note que o perfil de velocidade em escoamento turbulento é muito mais uniforme do que aquele no escoamento laminar, com uma queda brusca junto à superfície. A camada limite turbulenta pode ser considerada como formada por quatro regiões, caracterizadas pela distância em relação à parede. A camada muito fina junto à parede onde os efeitos viscosos são dominantes é a **subcamada viscosa**. O perfil de velocidade nesta camada é aproximadamente *linear* e o escoamento é retilíneo. Em seguida à subcamada viscosa está a **camada amortecedora**, na qual os efeitos turbulentos vão se tornando significativos, mas o escoamento ainda é dominado por efeitos viscosos. Acima da camada amortecedora está a **camada intermediária** ou **logarítmica**, na qual os efeitos turbulentos são muito mais significativos, mas ainda não dominantes. Acima desta está a **camada externa** na qual os efeitos turbulentos dominam sobre os efeitos viscosos. Note que o perfil da camada limite turbulenta sobre uma placa plana se assemelha muito ao perfil da camada limite no escoamento totalmente desenvolvido turbulento em um tubo.

A transição do escoamento laminar para turbulento depende da *geometria da superfície,* da *rugosidade da superfície,* da *velocidade ao longe,* da *temperatura da superfície* e do *tipo de fluido,* entre outras coisas, e é melhor caracterizado pelo número de Reynolds. O número de Reynolds a uma distância x do bordo de ataque de uma placa plana é expresso como

$$\text{Re}_x = \frac{\rho V x}{\mu} = \frac{V x}{\nu} \qquad (11\text{–}15)$$

onde V é a velocidade ao longe e x é o comprimento característico da geometria, que, para uma placa plana, é o comprimento da placa na direção do escoamento. Note que, diferentemente do escoamento em tubo, o número de Reynolds varia para uma placa plana ao longo do escoamento, chegando ao valor $\text{Re}_L = VL/\nu$ no fim da placa. Para qualquer ponto em uma placa plana, o comprimento característico é a distância x do ponto a partir do bordo de ataque na direção do escoamento.

Para o escoamento sobre uma placa plana, a transição do escoamento laminar para o turbulento começa aproximadamente com $\text{Re} \cong 1 \times 10^5$, mas o escoamento não se torna totalmente turbulento enquanto o número de Reynolds não atingir valores muito mais altos, normalmente em torno de 3×10^6 (Cap. 10). Em análise de engenharia, um valor geralmente aceito para o número de Reynolds crítico é

$$\text{Re}_{x,\text{cr}} = \frac{\rho V x_{\text{cr}}}{\mu} = 5 \times 10^5$$

O valor real do número de Reynolds crítico da engenharia para uma placa plana pode variar desde, aproximadamente, 10^5 até 3×10^6 dependendo da rugosidade da superfície, do nível de turbulência e da variação de pressão ao longo da superfície, conforme foi discutido em mais detalhes no Cap. 10.

Coeficiente de atrito

O coeficiente de atrito para escoamento laminar sobre uma placa plana pode ser determinado teoricamente resolvendo numericamente as equações de conservação da massa e conservação da quantidade de movimento (Cap. 10). No entanto, para escoamento turbulento, ele deve ser determinado experimentalmente e expresso por correlações empíricas.

O coeficiente de atrito local *varia* ao longo da superfície da placa plana em consequência das alterações na camada limite dinâmica na direção do escoamento. Normalmente, estamos interessados na força de arrasto sobre a superfície *inteira*, que pode ser determinada usando o coeficiente de atrito *médio*. Mas, às vezes, estamos interessados também na força de arrasto em uma certa localização, e nesses casos, precisamos saber o valor *local* do coeficiente de atrito. Tendo isso em mente, apresentamos correlações para coeficientes de atrito local (identificado com um subscrito x) e coeficientes de atrito médios sobre uma placa plana para condições de escoamento *laminar, turbulento* e *laminar e turbulento combinados*. Uma vez disponíveis os valores locais, o coeficiente de atrito *médio* para a placa inteira pode ser determinado por integração a partir de

$$C_f = \frac{1}{L} \int_0^L C_{f,x}\, dx \quad (11\text{--}16)$$

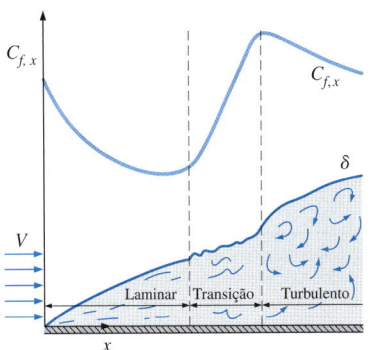

FIGURA 11–28 A variação do coeficiente de atrito local para escoamento sobre uma placa plana. Note que a escala vertical da camada limite está bastante exagerada neste desenho.

Com base em análise, a espessura da camada limite e o coeficiente de atrito local na localização x do escoamento laminar sobre uma placa plana foram determinados no Cap. 10 como

Laminar: $\quad \delta = \dfrac{4{,}91x}{\text{Re}_x^{1/2}} \quad$ e $\quad C_{f,x} = \dfrac{0{,}664}{\text{Re}_x^{1/2}}, \quad \text{Re}_x \lesssim 5 \times 10^5 \quad (11\text{--}17)$

As relações correspondentes para escoamento turbulento são

Turbulento: $\quad \delta = \dfrac{0{,}38x}{\text{Re}_x^{1/5}} \quad$ e $\quad C_{f,x} = \dfrac{0{,}059}{\text{Re}_x^{1/5}}, \quad 5 \times 10^5 \lesssim \text{Re}_x \lesssim 10^7 \quad (11\text{--}18)$

onde x é a distância a partir do bordo de ataque da placa e $\text{Re}_x = Vx/\nu$ é o número de Reynolds na localização x. Note que $C_{f,x}$ é proporcional a $1/\text{Re}_x^{1/2}$ e, portanto, a $x^{-1/2}$ para escoamento laminar, e é proporcional a $x^{-1/5}$ para escoamento turbulento. Em qualquer dos casos, $C_{f,x}$ é infinito no bordo de ataque ($x = 0$), e, portanto, as Eqs. 11–17 e 11–18 não são válidas na proximidade do bordo de ataque. A variação da espessura δ da camada limite e do coeficiente de atrito $C_{f,x}$ ao longo de uma placa plana é mostrada na Fig. 11–28. Os coeficientes de atrito locais são mais altos em escoamento turbulento do que no escoamento laminar devido à mistura intensa que ocorre na camada limite turbulenta. Note que $C_{f,x}$ alcança seus valores mais altos quando o escoamento se torna totalmente turbulento e, então, diminui por um fator de $x^{-1/5}$ na direção do escoamento, como está ilustrado na figura.

O coeficiente de atrito *médio* sobre toda a placa é determinado substituindo-se as Eqs. 11–17 e 11–18 na Eq. 11–16 e fazendo as integrações (Fig. 11–29). Obtemos

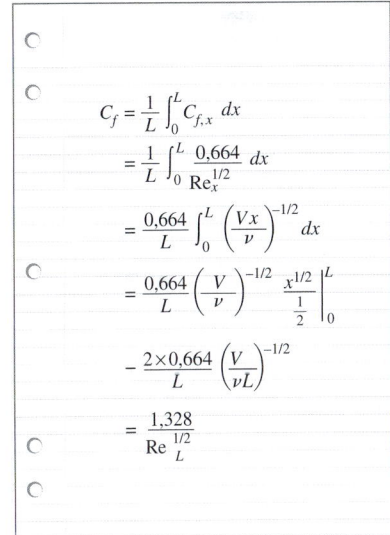

FIGURA 11–29 O coeficiente de atrito médio sobre uma superfície é determinado integrando-se o coeficiente de atrito local sobre a superfície inteira. Os valores mostrados aqui são para camada limite laminar sobre placa plana.

Laminar: $\quad C_f = \dfrac{1{,}33}{\text{Re}_L^{1/2}} \quad \text{Re}_L \lesssim 5 \times 10^5 \quad (11\text{--}19)$

Turbulento: $\quad C_f = \dfrac{0{,}074}{\text{Re}_L^{1/5}} \quad 5 \times 10^5 \lesssim \text{Re}_L \lesssim 10^7 \quad (11\text{--}20)$

Rugosidade relativa, ε/L	Coeficiente de atrito, C_f
0,0*	0,0029
1×10^{-5}	0,0032
1×10^{-4}	0,0049
1×10^{-3}	0,0084

* Superfície lisa para Re = 10^7. Outros dados calculados pela Equação 11–23 para escoamento completamente rugoso.

FIGURA 11–30 Para escoamento turbulento, a rugosidade da superfície pode fazer o coeficiente de atrito aumentar várias vezes.

A primeira dessas relações nos dá o coeficiente de atrito médio para a placa inteira quando o escoamento é *laminar* sobre a placa *inteira*. A segunda relação nos dá o coeficiente de atrito médio para a placa inteira somente quando o escoamento é *turbulento* sobre a placa *inteira*, ou quando a região de escoamento laminar da placa é muito pequena em relação à região de escoamento turbulento (ou seja, $x_{cr} \ll L$, onde o comprimento da placa x_{cr} sobre o qual o escoamento é laminar pode ser determinado a partir de $Re_{cr} = 5 \times 10^5 = V x_{cr}/\nu$).

Em alguns casos, uma placa plana é suficientemente longa para o escoamento se tornar turbulento, mas não longa o bastante para se desprezar a região de escoamento laminar. Nesses casos, o coeficiente de atrito *médio* sobre a placa inteira é determinado executando-se a integração na Eq. 11–16 sobre duas partes: a região laminar $0 \leq x \leq x_{cr}$ e a região turbulenta $x_{cr} < x \leq L$, resultando

$$C_f = \frac{1}{L}\left(\int_0^{x_{cr}} C_{f,x,\text{laminar}}\, dx + \int_{x_{cr}}^{L} C_{f,x,\text{turbulento}}\, dx \right) \quad (11\text{–}21)$$

Note que incluímos a região de transição com a região turbulenta. Uma vez mais, tomando o número de Reynolds crítico como $Re_{cr} = 5 \times 10^5$ e executando essas integrações após substituir as expressões indicadas, o coeficiente de atrito *médio* sobre *toda* a placa é determinado como

$$C_f = \frac{0{,}074}{Re_L^{1/5}} - \frac{1742}{Re_L} \qquad 5 \times 10^5 \lesssim Re_L \lesssim 10^7 \quad (11\text{–}22)$$

As constantes nessa relação serão diferentes para diferentes números de Reynolds críticos. E também supomos que as superfícies são *lisas* e que a corrente livre tenha uma turbulência com intensidade muito baixa. Para o escoamento laminar, o coeficiente de atrito depende somente do número de Reynolds, e a rugosidade da superfície não tem efeito. No entanto, para escoamento turbulento, a rugosidade da superfície faz o coeficiente de atrito aumentar várias vezes, até o ponto em que no regime totalmente turbulento o coeficiente de atrito é uma função apenas da rugosidade da superfície e é independente do número de Reynolds (Fig. 11–30). Isso é análogo ao escoamento em tubos.

Uma curva de ajuste de dados experimentais para o coeficiente de atrito médio nesse regime é dada por Schlichting (1979) como

Regime totalmente turbulento: $\qquad C_f = \left(1{,}89 - 1{,}62 \log \frac{\varepsilon}{L}\right)^{-2{,}5}$ (11–23)

onde ε é a rugosidade da superfície e L é o comprimento da placa na direção do escoamento. Na falta de coisa melhor, essa relação pode ser usada para escoamento turbulento em superfícies rugosas para $Re > 10^6$, especialmente quando $\varepsilon/L > 10^{-4}$.

Coeficientes de atrito C_f para escoamento paralelo sobre placas planas lisas e rugosas são plotados na Fig. 11–31 para escoamentos laminar e turbulento. Note que C_f aumenta várias vezes com a rugosidade no escoamento turbulento. Note também que C_f é independente do número de Reynolds na região totalmente rugosa. Esse ábaco é o análogo da placa plana do ábaco de Moody para escoamentos em tubo.

EXEMPLO 11–3 Escoamento de óleo quente sobre uma placa plana

Óleo de motor a 40°C escoa sobre uma placa plana de 5 m de comprimento com uma velocidade de corrente livre de 2 m/s (Fig. 11–32). Determine a força de arrasto que age sobre a placa por unidade de largura.

SOLUÇÃO Óleo de motor escoa sobre uma placa plana. Deve ser determinada a força de arrasto por unidade de largura da placa.

Hipóteses **1** O escoamento é permanente e incompressível. **2** O número de Reynolds crítico é $Re_{cr} = 5 \times 10^5$.

Propriedades A densidade e a viscosidade cinemática do óleo de motor a 40°C são $\rho = 876$ kg/m³ e $\nu = 2,485 \times 10^{-4}$ m²/s.

Análise Observando que $L = 5$ m, o número de Reynolds no fim da placa é

$$Re_L = \frac{VL}{\nu} = \frac{(2 \text{ m/s})(5 \text{ m})}{2,485 \times 10^{-4} \text{ m}^2/\text{s}} = 4,024 \times 10^4$$

que é menor do que o número de Reynolds crítico. Portanto, temos *escoamento laminar* sobre toda a placa, e o coeficiente de atrito médio é (Fig. 11–29)

$$C_f = 1,328 Re_L^{-0,5} = 1,328 \times (4,024 \times 10^4)^{-0,5} = 0,00662$$

Observando que o arrasto de pressão é nulo e, portanto, $C_D = C_f$ para escoamento paralelo sobre uma placa plana, a força de arrasto que age na placa por unidade de largura torna-se

$$F_D = C_f A \frac{\rho V^2}{2} = 0,00662(5 \times 1 \text{ m}^2) \frac{(876 \text{ kg/m}^3)(2 \text{ m/s})^2}{2} \left(\frac{1 \text{ N}}{1 \text{ kg·m/s}^2}\right) = \mathbf{58,0 \text{ N}}$$

A força de arrasto total que age sobre a placa inteira pode ser determinada multiplicando-se o valor que acabamos de obter pela largura da placa.

Discussão A força por unidade de largura corresponde ao peso de uma massa de aproximadamente 6 kg. Portanto, uma pessoa que aplique uma força igual e oposta à placa para impedir que ela se mova, terá a sensação de que está usando a força necessária para impedir a queda de uma massa de 6 kg.

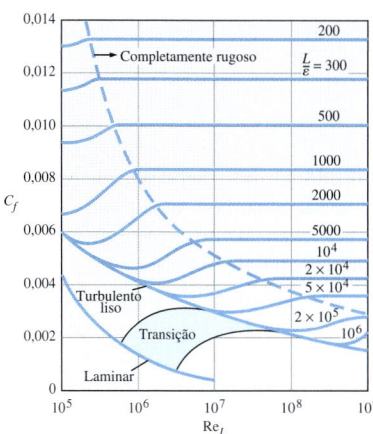

FIGURA 11–31 Coeficiente de atrito para escoamento paralelo sobre placas planas lisas e rugosas.

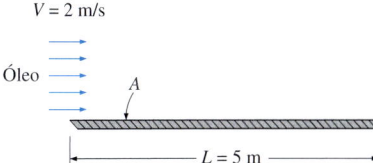

FIGURA 11–32 Esquema para o Exemplo 11–3.

11–6 ESCOAMENTO SOBRE CILINDROS E ESFERAS

Na prática, encontramos frequentemente escoamento sobre cilindros e esferas. Por exemplo, os tubos em um trocador de calor do tipo casco-e-tubo envolvem tanto o *escoamento interno* através dos tubos quanto o *escoamento externo* sobre os tubos, e ambos os escoamentos devem ser considerados na análise do trocador de calor. Além disso, muitos esportes como o futebol, tênis e golfe envolvem escoamento sobre objetos esféricos.

O comprimento característico para um cilindro circular ou uma esfera é tomado como o *diâmetro externo D*. Assim, o número de Reynolds é definido como $Re = VD/\nu$, onde V é a velocidade uniforme do fluido quando ele se aproxima do cilindro ou esfera. O número de Reynolds crítico para escoamento através de um cilindro circular ou de uma esfera é, aproximadamente, $Re_{cr} \cong 2 \times 10^5$. Ou seja, a camada limite permanece totalmente laminar para $Re \lesssim 2 \times 10^5$, é de transição para $2 \times 10^5 \lesssim Re \lesssim 2 \times 10^6$, e torna-se totalmente turbulenta para $Re \gtrsim 2 \times 10^6$.

O escoamento transversal sobre um cilindro apresenta padrões de escoamento complexos, como está ilustrado na Fig. 11–33. O fluido que se aproxima do cilindro se divide e envolve o cilindro, formando uma camada limite que envolve o cilindro. As partículas de fluido no plano de simetria atingem o cilindro no ponto de estagnação, fazendo o fluido parar completamente aumentando, assim,

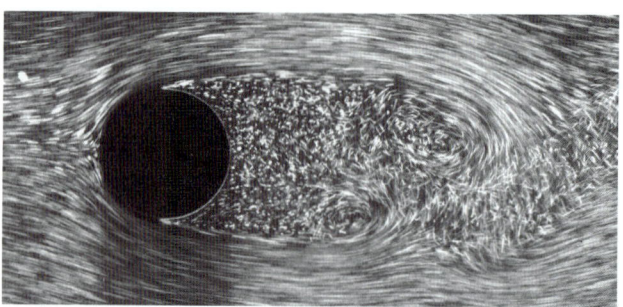

FIGURA 11–33 Separação da camada limite laminar com uma esteira turbulenta; escoamento sobre um cilindro circular com Re = 2000.

Cortesia de ONERA, fotografia por Werlé.

a pressão naquele ponto. A pressão diminui na direção do escoamento enquanto a velocidade do fluido aumenta.

Em velocidades ao longe muito baixas (Re ≲ 1), o fluido envolve completamente o cilindro e os dois ramos do escoamento voltam a se encontrar no lado de trás do cilindro de uma forma bem ordenada. Assim, o fluido segue a curvatura do cilindro. Em velocidades mais altas, o fluido ainda envolve o cilindro no lado da frente, mas é muito rápido para permanecer ligado à superfície à medida que ele se aproxima do topo (ou base) do cilindro. Consequentemente, a camada limite se separa da superfície, formando uma região de separação atrás do cilindro. O escoamento na região da esteira é caracterizado por formação periódica de vórtices e pressões muito mais baixas do que a pressão do ponto de estagnação.

A natureza do escoamento ao redor de um cilindro ou esfera afeta fortemente o coeficiente de arrasto total C_D. Tanto o *arrasto de atrito* quanto o *arrasto de pressão* podem ser significativos. A pressão alta nas vizinhanças do ponto de estagnação e a pressão baixa no lado oposto na esteira produzem uma força resultante no corpo na direção do escoamento. A força de arrasto é devido, principalmente, ao arrasto de atrito com baixos números de Reynolds (Re ≲ 10) e ao arrasto de pressão com altos números de Reynolds (Re ≳ 5000). Ambos os efeitos são significativos em números de Reynolds intermediários.

Os coeficientes de arrasto C_D médios para escoamento transversal sobre um cilindro circular simples liso e uma esfera são dados na Fig. 11–34. As curvas mostram comportamentos diferentes em intervalos diferentes de números de Reynolds:

- Para Re ≲ 1, temos o escoamento lento (Cap. 10), e o coeficiente de arrasto diminui com número de Reynolds cada vez maior. Para uma esfera, ele é $C_D = 24/Re$. Não há separação de escoamento nesse regime.

- Para Re ≅ 10, começa a ocorrer a separação na parte de trás do corpo com desprendimento de vórtices começando em Re ≅ 90. A região de separação aumenta com o aumento do número de Reynolds até, aproximadamente, Re ≅ 10^3. Nesse ponto, o arrasto é devido, principalmente (aproximadamente 95%), ao arrasto de pressão. O coeficiente de arrasto continua a diminuir com o aumento do número de Reynolds nesse intervalo de 10 ≲ Re ≲ 10^3. (Uma diminuição no coeficiente de arrasto não indica necessariamente uma diminuição no arrasto. A força de arrasto é proporcional ao quadrado da velocidade, e o aumento na velocidade com números de Reynolds mais altos, em geral, mais que compensa a diminuição no coeficiente de arrasto.)

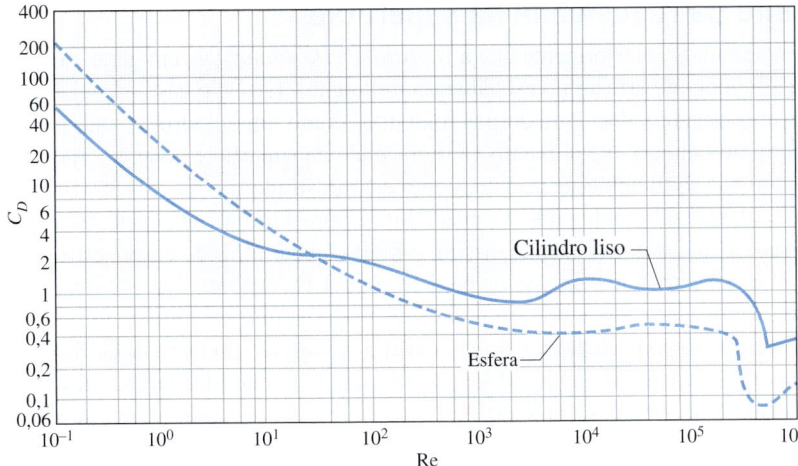

FIGURA 11–34 Coeficiente de arrasto médio para escoamento transversal sobre um cilindro circular liso e uma esfera lisa.
Dados de H. Schlichting.

- No intervalo moderado de $10^3 \leq Re \leq 10^5$, o coeficiente de arrasto permanece relativamente constante. Esse comportamento é característico de corpos rombudos. O escoamento na camada limite é laminar nesse intervalo, mas o escoamento na região separada depois do cilindro ou da esfera é altamente turbulento com uma ampla esteira turbulenta.

- Há uma queda brusca no coeficiente de arrasto em algum ponto no intervalo de $10^5 \leq Re \leq 10^6$ (normalmente, ao redor de 2×10^5). Essa grande redução no valor de C_D é devido ao escoamento na camada limite que vai se tornando *turbulento,* movendo ainda mais o ponto de separação na parte de trás do corpo, reduzindo o tamanho da esteira e reduzindo, assim, a intensidade do arrasto de pressão. Isso está em contraste com os corpos carenados, que experimentam um aumento no coeficiente de arrasto (principalmente, devido ao arrasto de atrito) quando a camada limite se torna turbulenta.

- Há um regime "de transição" para $2 \times 10^5 \leq Re \leq 2 \times 10^6$, no qual C_D alcança um valor mínimo e então, lentamente, cresce para seu valor turbulento.

A separação de escoamento ocorre, aproximadamente, em $\theta \cong 80°$ (medido a partir do ponto de estagnação da frente de um cilindro) quando a camada limite é *laminar* e, aproximadamente, em $\theta \cong 140°$ quando ela é *turbulenta* (Fig. 11–35). O atraso da separação no escoamento turbulento é causado pelas rápidas flutuações do fluido na direção transversal, permitindo que a camada limite turbulenta avance mais ao longo da superfície antes de ocorrer a separação, resultando em uma esteira mais estreita e um arrasto de pressão menor. Tenha em mente que o escoamento turbulento tem um perfil de velocidade mais uniforme comparado com o caso laminar, e assim, ele requer um gradiente adverso de pressão mais forte para superar a quantidade de movimento adicional junto à parede. No intervalo de números de Reynolds onde o escoamento muda de laminar para turbulento, até a força de arrasto F_D diminui à medida que a velocidade (e, portanto, o número de Reynolds) aumenta. Isso resulta em uma diminuição brusca no arrasto de um corpo em voo (às vezes, chamado de *crise de arrasto*) e causa instabilidades no voo.

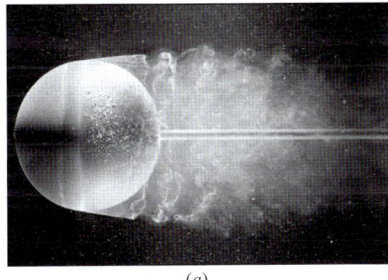

(a)

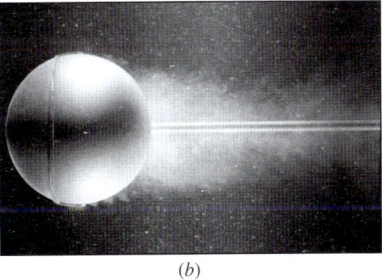

(b)

FIGURA 11–35 Visualização do escoamento sobre (*a*) uma esfera lisa com Re = 15.000 e (*b*) uma esfera com Re = 30.000 com um indutor de turbulência. O retardo na separação da camada limite é visto claramente comparando-se as duas fotografias.
Cortesia ONERA, fotografia por Werlé.

Efeito da rugosidade da superfície

Mencionamos anteriormente que a *rugosidade da superfície*, em geral, aumenta o coeficiente de arrasto no escoamento turbulento. Esse é o caso especialmente dos corpos carenados. Para corpos rombudos como um cilindro circular ou uma esfera, no entanto, um aumento na rugosidade da superfície pode, na realidade, *diminuir* o coeficiente de arrasto, como está ilustrado na Fig. 11–36 para uma esfera. Isso é feito induzindo a camada limite para a turbulência a um número de Reynolds mais baixo, fazendo, assim, o fluido fechar atrás do corpo, estreitando a esteira e reduzindo o arrasto de pressão consideravelmente. Isso resulta em um coeficiente de arrasto e, portanto, força de arrasto muito menor para um cilindro ou esfera com superfície rugosa em um certo intervalo do número de Reynolds em comparação com outros de superfície lisa e tamanho idêntico na mesma velocidade. Por exemplo, em $Re = 2 \times 10^5$, $C_D \cong 0,1$ para uma esfera rugosa com $\varepsilon/D = 0,0015$, enquanto $C_D \cong 0,5$ para uma esfera lisa. Portanto, o coeficiente de arrasto nesse caso é reduzido por um fator de 5 simplesmente acrescentando rugosidade à superfície. Note, no entanto, que com $Re = 10^6$, $C_D \cong 0,4$ para uma esfera muito rugosa enquanto $C_D \cong 0,1$ para uma outra esfera lisa. Obviamente, o fato de tornar a esfera rugosa nesse caso aumentará o arrasto por um fator de 4 (Fig. 11–37).

A discussão anterior mostra que o aumento na rugosidade da superfície pode ser usado com grande vantagem para reduzir o arrasto, mas pode também se voltar contra nós se não formos cuidadosos – especificamente, se não operarmos no intervalo correto do número de Reynolds. Com essa consideração, são introduzidas rugosidades intencionalmente nas bolas de golfe para induzir a *turbulência* com um número de Reynolds mais baixo de modo a tirar vantagem da *queda* brusca no coeficiente de arrasto devido ao aparecimento de turbulência na camada limite (o intervalo de velocidades típico das bolas de golfe é 15 a 150 m/s e o número de Reynolds é menor que 4×10^5). O número de Reynolds crítico das bolas de golfe com cavidades é, aproximadamente, 4×10^4. A ocorrência do escoamento turbulento nesse número de Reynolds reduz o coeficiente de arrasto de uma bola de golfe para aproximadamente a metade, como está ilustrado na Fig. 11–36. Para uma certa tacada, isso significa uma distância mais longa a ser

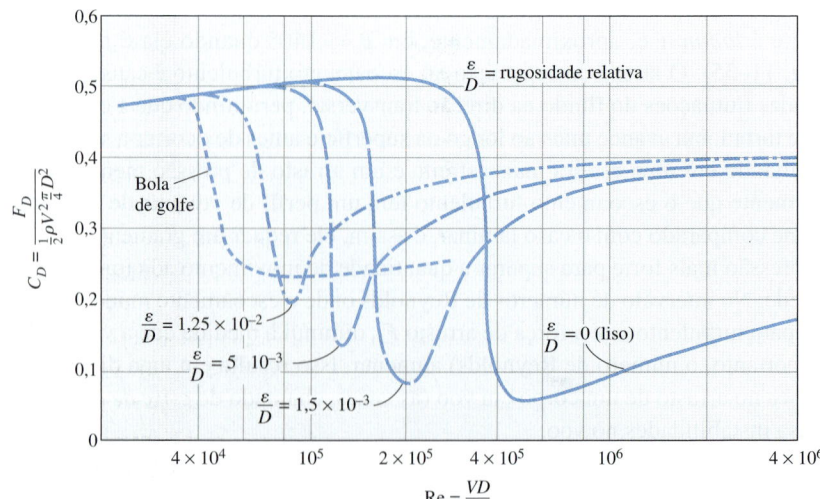

FIGURA 11–36 O efeito da rugosidade da superfície sobre o coeficiente de arrasto de uma esfera.
De Blevins (1984).

percorrida pela bola. Os jogadores de golfe experientes também causam uma rotação da bola durante a tacada, o que ajuda a bola rugosa a desenvolver uma sustentação e, assim, ir mais alto e mais longe. Pode-se apresentar um argumento similar para uma bola de tênis. No entanto, para uma bola de tênis de mesa, as distâncias são muito curtas e as bolas nunca atingem as velocidades no intervalo turbulento. Portanto, as superfícies das bolas de tênis de mesa são lisas.

Uma vez disponível o coeficiente de arrasto, a força de arrasto que age sobre um corpo em escoamento transversal pode ser determinada a partir da Eq. 11–5 onde A é a *área frontal* ($A = LD$ para um cilindro de comprimento L e $A = \pi D^2/4$ para uma esfera). Deve-se ter em mente que a turbulência da corrente livre e os distúrbios causados por outros corpos no escoamento (como, por exemplo, o escoamento sobre feixes de tubos) podem afetar significativamente os coeficientes de arrasto.

	C_D	
RE	Superfície lisa	Superfície rugosa $\varepsilon/D = 0{,}0015$
2×10^5	0,5	0,1
10^6	0,1	0,4

FIGURA 11–37 A rugosidade da superfície pode aumentar ou diminuir o coeficiente de arrasto de um objeto esférico, dependendo do valor do número de Reynolds.

EXEMPLO 11–4   Força de arrasto agindo em um tubo em um rio

Um tubo com diâmetro externo de 2,2 cm deve atravessar um rio em um ponto onde a largura do rio é 30 m, ficando completamente imerso na água (Fig. 11–38). A velocidade média do escoamento da água é 4 m/s e a temperatura da água é 15°C. Determine a força de arrasto exercida sobre o tubo pelo rio.

SOLUÇÃO   Um tubo é submerso em um rio. Deve ser determinada a força de arrasto que age sobre o tubo.

Hipóteses **1** A superfície externa do tubo é lisa, de modo que a Fig. 11–34 pode ser usada para determinar o coeficiente de arrasto. **2** O escoamento da água no rio é permanente. **3** A direção do escoamento da água é normal ao tubo. **4** A turbulência no escoamento do rio não é levada em consideração.

Propriedades A densidade e a viscosidade dinâmica da água a 15°C são $\rho = 999{,}1$ kg/m³ e $\mu = 1{,}138 \times 10^{-3}$ kg/m·s.

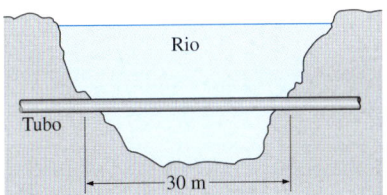

FIGURA 11–38 Esquema para o Exemplo 11–4.

Análise Observando que $D = 0{,}022$ m, o número de Reynolds é

$$\text{Re} = \frac{VD}{\nu} = \frac{\rho VD}{\mu} = \frac{(999{,}1 \text{ kg/m}^3)(4 \text{ m/s})(0{,}022 \text{ m})}{1{,}138 \times 10^{-3} \text{ kg/m·s}} = 7{,}73 \times 10^4$$

O coeficiente de arrasto correspondente a esse valor é, pela Fig. 11–34, $C_D = 1{,}0$. E, também, a área frontal para o escoamento pelo cilindro é $A = LD$. Então, a força de arrasto que age sobre o tubo torna-se

$$F_D = C_D A \frac{\rho V^2}{2} = 1{,}0(30 \times 0{,}022 \text{ m}^2)\frac{(999{,}1 \text{ kg/m}^3)(4 \text{ m/s})^2}{2}\left(\frac{1 \text{ N}}{1 \text{ kg·m/s}^2}\right)$$

$$= 5275 \text{ N} \cong \mathbf{5300 \text{ N}}$$

Discussão Note que essa força é equivalente ao peso de uma massa de mais de 500 kg. Portanto, a força de arrasto que o rio exerce sobre o tubo é equivalente a pendurar uma massa total de mais de 500 kg sobre o tubo suportado em suas extremidades que estão 30 m distantes uma da outra. Devem ser tomadas as precauções necessárias se o tubo não puder suportar essa força. Se o rio tivesse uma velocidade de escoamento maior ou se as flutuações turbulentas no rio fossem mais significativas, a força de arrasto seria ainda maior. As forças *variáveis* sobre o tubo podem, então, ser significativas.

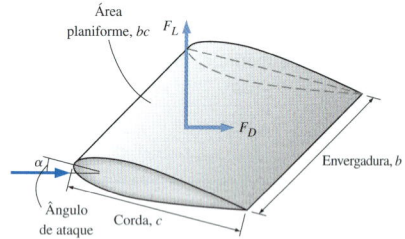

FIGURA 11–39 Definição de vários termos associados com um aerofólio.

11–7 SUSTENTAÇÃO

A sustentação foi definida anteriormente como a componente da força total (devido a forças viscosas e de pressão) que é perpendicular à direção do escoamento e o coeficiente de sustentação foi expresso na Eq. 11–6 como

$$C_L = \frac{F_L}{\frac{1}{2}\rho V^2 A}$$

onde A neste caso é, normalmente, a *área planiforme,* ou seja, a área que seria vista por uma pessoa que estivesse olhando para o corpo de cima, em uma direção normal ao corpo, e V é a velocidade a montante do fluido (ou, de forma equivalente, a velocidade de um corpo voando em um fluido quiescente). Para um aerofólio com largura (ou envergadura) b e comprimento de corda igual a c (o comprimento entre os bordos de ataque e de fuga), a área planiforme é $A = bc$. A distância entre as duas extremidades de uma asa ou aerofólio é chamada de **envergadura**. Para um avião, a envergadura é tomada como a distância total entre as pontas das duas asas, que inclui a largura da fuselagem entre as asas (Fig. 11–39). A sustentação média por área planiforme unitária F_L/A é chamada de **carga da asa**, e é simplesmente a relação entre o peso do avião e a área planiforme das asas (pois a sustentação é igual ao peso do avião durante o voo a uma altitude constante).

O voo dos aviões é baseado na sustentação, e, portanto, um melhor entendimento da sustentação, bem como uma melhora nas características de sustentação de corpos, tem sido o foco de numerosos estudos. Nossa ênfase nesta seção está nos dispositivos como os *aerofólios* que são desenhados especificamente para gerar sustentação mantendo ao mesmo tempo o arrasto em um nível mínimo. Mas deve-se ter em mente que alguns dispositivos como os *spoilers* e os *aerofólios invertidos* nos carros de corrida são desenhados com a finalidade oposta de evitar sustentação ou mesmo gerar uma sustentação negativa para melhorar a tração e o controle (alguns dos primeiros carros realmente "decolavam" ao atingir altas velocidades em consequência da sustentação produzida, o que alertou os engenheiros a procurarem maneiras de reduzir a sustentação nos seus projetos).

Para dispositivos que se destinam a gerar sustentação, como é o caso dos aerofólios, a contribuição dos *efeitos viscosos* para a sustentação, em geral, é desprezível, já que tais corpos são carenados, e o cisalhamento na parede é paralelo às suas superfícies e, portanto, normal à direção da sustentação (Fig. 11–40). Por isso, a sustentação na prática pode ser considerada como devido, inteiramente, à distribuição de pressão nas superfícies do corpo, e, assim, a forma do corpo tem uma influência primária sobre a sustentação. Então, a consideração principal no projeto de aerofólios é minimizar a pressão média na superfície superior e ao mesmo tempo maximizá-la na superfície inferior. A equação de Bernoulli pode ser usada como um guia na identificação das regiões de pressão alta e baixa: *A pressão é baixa em localizações onde a velocidade do escoamento é alta, e a pressão é alta em localizações onde a velocidade do escoamento é baixa.* Além disso, a sustentação é praticamente independente da rugosidade da superfície, pois a rugosidade afeta o cisalhamento na parede, não a pressão. A contribuição do cisalhamento para a sustentação, normalmente, só é significativa para corpos muito pequenos (leves) que podem voar a baixas velocidades (e, portanto, com números de Reynolds muito baixos).

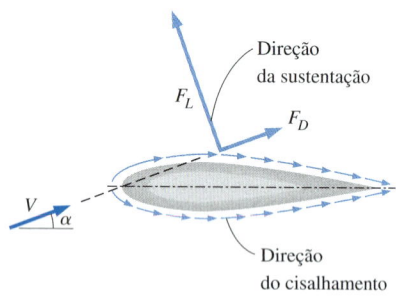

FIGURA 11–40 Para aerofólios, a contribuição dos efeitos viscosos para a sustentação é geralmente desprezível, já que o cisalhamento na parede é paralelo à superfície e, portanto, praticamente normal à direção da sustentação.

Observando que a contribuição dos efeitos viscosos para a sustentação é desprezível, podemos determinar a sustentação que age sobre um aerofólio simplesmente integrando a distribuição de pressão ao seu redor. A pressão muda na direção do escoamento ao longo da superfície, mas ela permanece essencialmente constante através da camada limite em uma direção normal à superfície (Cap.

10). Portanto, parece razoável ignorar a camada limite muito fina no aerofólio e calcular a distribuição de pressão ao seu redor a partir da teoria relativamente simples do escoamento potencial (vorticidade nula, escoamento irrotacional) para a qual as forças viscosas são nulas.

Os campos de escoamento obtidos através desses cálculos estão desenhados na Fig. 11-41 para aerofólios simétricos e não simétricos ignorando a fina camada limite. Com ângulo de ataque zero, a sustentação produzida pelo aerofólio simétrico é zero, como se esperava devido à simetria, e os pontos de estagnação estão nos bordos de ataque e de fuga. Para o aerofólio não simétrico, que está em um pequeno ângulo de ataque, o ponto de estagnação da frente moveu-se para baixo do bordo de ataque, e o ponto de estagnação de trás moveu-se para cima da superfície superior para perto do bordo de fuga. Para nossa surpresa, o cálculo da sustentação produzida resulta novamente em zero – uma clara contradição das observações e medidas experimentais. Obviamente, a teoria precisa ser modificada para que fique alinhada com o fenômeno observado.

A fonte da inconsistência está no fato de que o ponto de estagnação de trás está na superfície superior em lugar de estar no bordo de fuga. Isso exige que o fluido do lado inferior faça uma curva praticamente em U e escoe ao redor do bordo de fuga em direção ao ponto de estagnação permanecendo ao mesmo tempo ligado à superfície, o que é uma impossibilidade física, já que o fenômeno observado é a separação do escoamento em curvas fechadas (imagine um carro tentando fazer essa curva em alta velocidade). Portanto, o fluido do lado inferior separa-se do bordo de fuga, e o fluido do lado superior responde empurrando o ponto de estagnação traseiro para a jusante. Na verdade, o ponto de estagnação na superfície superior move-se totalmente para o bordo de fuga. Dessa forma, as duas correntes de escoamento dos lados de cima e de baixo do aerofólio se encontram no bordo de fuga, gerando um escoamento a jusante paralelo ao bordo de fuga. É gerada sustentação porque a velocidade do escoamento na superfície superior é mais alta, e, portanto, a pressão naquela superfície é menor devido ao efeito Bernoulli.

A teoria do escoamento potencial e o fenômeno observado podem ser reconciliados da seguinte forma: O escoamento se inicia conforme previsto pela teoria, sem sustentação, mas a corrente de fluido inferior separa-se no bordo de fuga quando a velocidade atinge um certo valor. Isso força a corrente separada de fluido superior a fechar no bordo de fuga, iniciando uma circulação no sentido horário ao redor do aerofólio. Essa circulação no sentido horário aumenta a velocidade da corrente superior ao mesmo tempo em que diminui aquela da corrente inferior, gerando a sustentação. Um **vórtice inicial** de sinal contrário (circulação no sentido anti-horário) é então desprendido a jusante (Fig. 11-42), e é estabelecido sobre o aerofólio um fluxo paralelo à parede. Quando a teoria do escoamento potencial é modificada pela adição de uma quantidade apropriada de circulação para mover o ponto de estagnação para o bordo de fuga, obtém-se uma excelente concordância entre a teoria e a experimentação para o campo de escoamento e para a sustentação.

É desejável que os aerofólios gerem o máximo de sustentação produzindo ao mesmo tempo um mínimo de arrasto. Portanto, uma medida do desempenho para aerofólios é a **relação sustentação-arrasto,** que é equivalente à relação dos coeficientes sustentação-arrasto C_L/C_D. Essas informações são obtidas fazendo o gráfico de C_L versus C_D para diferentes valores do ângulo de ataque (um gráfico polar sustentação-arrasto) ou fazendo o gráfico da relação C_L/C_D versus ângulo de ataque. Este último é feito para um desenho particular de aerofólio na Fig. 11-43. Note que a relação C_L/C_D aumenta com o ângulo de ataque até que o aerofólio entre em regime de estol, e o valor da relação sustentação-arrasto pode ser da ordem de 100 para um aerofólio bidimensional.

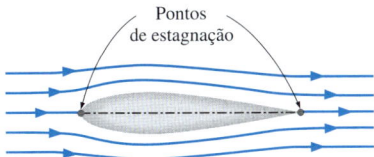

(a) Escoamento irrotacional ao redor de um aerofólio simétrico (sustentação nula)

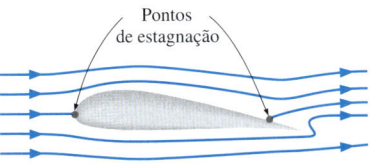

(b) Escoamento irrotacional ao redor de um aerofólio não simétrico (sustentação nula)

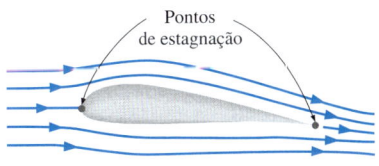

(c) Escoamento real ao redor de um aerofólio não simétrico (sustentação positiva)

FIGURA 11-41 Escoamento irrotacional e real ao redor de aerofólios bidimensionais simétricos e não simétricos.

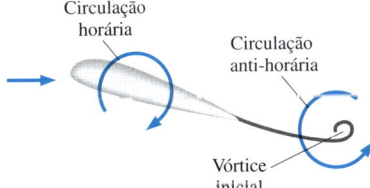

FIGURA 11-42 Logo após um aumento brusco no ângulo de ataque, um vórtice inicial anti-horário é formado a partir do aerofólio, enquanto aparece a circulação no sentido horário ao redor do aerofólio, causando o aparecimento da sustentação.

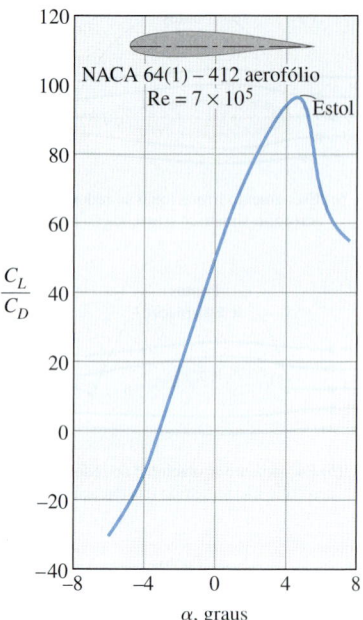

FIGURA 11-43 A variação da relação sustentação-arrasto com o ângulo de ataque para um aerofólio bidimensional.
De Abbott, von Doenhoff, e Stivers (1945).

Uma maneira óbvia de alterar as características de sustentação e arrasto de um aerofólio é mudar o ângulo de ataque. Nas manobras de um avião, por exemplo, levanta-se o nariz do avião para aumentar a sustentação, pois as asas estão fixas em relação à fuselagem. Outra abordagem é mudar a forma do aerofólio utilizando-se flaps móveis nos *bordos de ataque* e *de fuga,* como se faz nos modernos aviões comerciais (Fig. 11–44). Os flaps são usados para alterar a forma das asas durante a decolagem e pouso para maximizar a sustentação e permitir o pouso e a decolagem com baixas velocidades. O aumento do arrasto durante a decolagem e pouso não é levado muito em consideração devido ao tempo relativamente curto envolvido. Uma vez atingida a altitude de cruzeiro, os flaps são recolhidos e as asas voltam à sua forma "normal" com coeficiente de arrasto mínimo e coeficiente de sustentação adequado para minimizar o consumo de combustível voando a uma altitude constante. Note que mesmo um pequeno coeficiente de sustentação pode gerar uma grande força de sustentação durante a operação normal devido à alta velocidade de cruzeiro do avião e à proporcionalidade da sustentação com o quadrado da velocidade do escoamento.

Os efeitos dos flaps sobre os coeficientes de sustentação e arrasto estão ilustrados na Fig. 11–45 para um aerofólio. Note que o coeficiente de sustentação máximo aumenta de aproximadamente 1,5 para o aerofólio sem flaps para 3,5 para o caso do flap com slot duplo. Mas observe também que o coeficiente de arrasto máximo aumenta de aproximadamente 0,06 para o aerofólio sem flaps para aproximadamente 0,3 para o caso do flap com slot duplo. Isso é um aumento de cinco vezes no coeficiente de arrasto, e os motores devem desenvolver uma potência muito maior para proporcionar o empuxo necessário para vencer esse arrasto. O ângulo de ataque dos flaps pode ser aumentado para maximizar o coeficiente de sustentação. Além disso, os bordos de ataque e de fuga aumentam o comprimento da corda e, assim, aumentam a área *A* da asa. O Boeing 727 usa um flap de slot triplo no bordo de fuga e um flap de um slot no bordo de ataque.

A velocidade de voo mínima pode ser determinada a partir do requisito de que o peso total *W* do avião deve ser igual à sustentação e $C_L = C_{L,\text{max}}$. Ou seja,

$$W = F_L = \tfrac{1}{2} C_{L,\text{max}} \rho V_{\text{min}}^2 A \quad \rightarrow \quad V_{\text{min}} = \sqrt{\frac{2W}{\rho C_{L,\text{max}} A}} \qquad (11\text{-}24)$$

Para um dado peso, a velocidade de pouso ou decolagem pode ser minimizada maximizando-se o produto do coeficiente de sustentação e a área da asa, $C_{L,\text{max}} A$. Uma maneira de fazer isso é usando os flaps, conforme já discutimos. Outra maneira é controlar a camada limite, o que pode ser conseguido simplesmente deixando seções de escoamento (slots) entre os flaps, como está ilustrado na Fig. 11–46. Os slots são usados para impedir a separação da camada limite da superfície superior das asas e dos flaps. Isso é feito deixando o ar passar da região de alta pressão sob a asa para a região de baixa pressão na superfície superior. Note que o coeficiente de

FIGURA 11-44 As características de sustentação e arrasto de um aerofólio durante a decolagem e o pouso podem ser alteradas mudando a forma do aerofólio utilizando flaps móveis.
Fotografia de Yunus Çengel.

(*a*) Flaps estendidos (decolagem)

(*b*) Flaps recolhidos (cruzeiros)

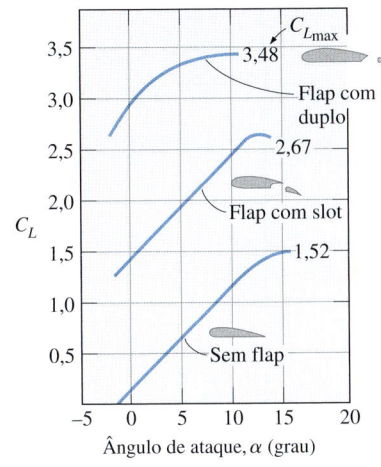
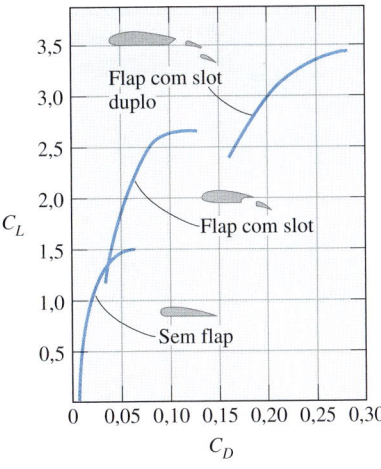

FIGURA 11–45 Efeito dos flaps sobre os coeficientes de sustentação e arrasto de um aerofólio.

De Abbott e von Doenhoff, para NACA 23012 (1959).

sustentação alcança seu valor máximo $C_L = C_{L,max}$, e, assim, a velocidade de voo alcança seu valor mínimo, nas condições de estol, que é uma região de operação instável e deve ser evitada. A Federal Aviation Administration (FAA) não permite a operação abaixo de 1,2 vezes a velocidade de estol por questão de segurança.

Uma outra coisa que notamos nessa equação é que a velocidade mínima de decolagem ou pouso é inversamente proporcional à raiz quadrada da densidade. Notando que a densidade do ar diminui com a altitude (em aproximadamente 15% a 1500 m), são necessárias pistas mais longas em aeroportos situados a maiores altitudes, como, por exemplo, em Denver, para atender às velocidades mínimas de decolagem e pouso que são maiores. A situação torna-se ainda mais crítica em dias quentes de verão, pois a densidade do ar é inversamente proporcional à temperatura.

O desenvolvimento de aerofólios eficientes (com baixo arrasto) foi alvo de pesquisa experimental extensa nos anos 1930. Esses aerofólios foram padronizados pelo Comitê Consultivo Nacional para Aeronáutica (NACA, hoje chamada de NASA) e uma lista extensa de dados de coeficientes de sustentação foi publicada. A variação do coeficiente de sustentação C_L com o ângulo de ataque para dois aerofólios bidimensionais (envergadura infinita), os aerofólios NACA 0012 e NACA 2412, é dada na Fig. 11–47. Nós fazemos as seguintes observações a respeito da figura:

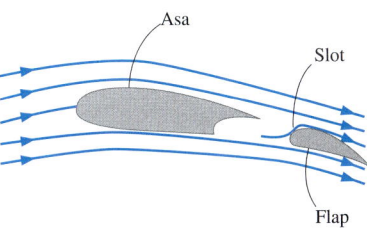

FIGURA 11–46 Um aerofólio com flap e com um slot para evitar a separação da camada limite da superfície superior e para aumentar o coeficiente de sustentação.

- O coeficiente de sustentação aumenta quase linearmente com o ângulo de ataque α, atinge um máximo em $\alpha = 16°$ e, então, começa a decrescer bruscamente. Esse decréscimo da sustentação com o aumento continuado do ângulo de ataque é chamado de estol (*stall*) e é causado pela separação da camada limite e formação de uma vasta região de esteira na região superior do aerofólio. O estol é altamente indesejável uma vez que aumenta o arrasto.

- Para um ângulo de ataque nulo ($\alpha = 0°$) o coeficiente de sustentação é nulo para aerofólios simétricos e não nulo para aerofólios não simétricos com curvatura na superfície superior. Portanto, aviões com seções de asa simétricas devem voar com suas asas a ângulos de ataque maiores para produzir a mesma sustentação.

- O coeficiente de sustentação aumenta várias vezes quando ajustamos o ângulo de ataque (de 0,25 com $\alpha = 0°$ para 1,25 com $\alpha = 10°$ no caso do aerofólio não simétrico).

- O coeficiente de arrasto também aumenta com o ângulo de ataque, às vezes, exponencialmente (Fig. 11–48). Portanto, altos ângulos devem ser usados raramente por pequenos períodos de tempo para evitar aumento no gasto de combustível.

FIGURA 11–47 A variação do coeficiente de sustentação com o ângulo de ataque para um aerofólio simétrico e para um aerofólio não simétrico.

De Abbot (1945, 1959).

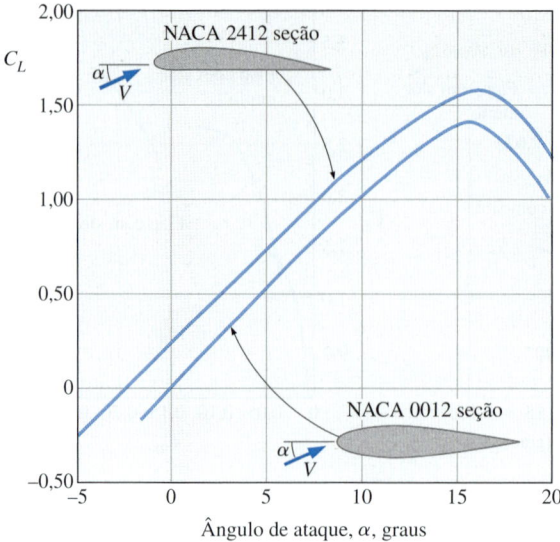

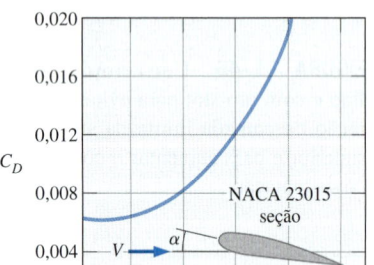

FIGURA 11–48 A variação do coeficiente de arrasto de um aerofólio com o ângulo de ataque.

De Abbot e von Doenhoff (1959).

Asas finitas e arrasto induzido

Nas asas dos aviões e outros aerofólios de tamanho finito, os efeitos de extremidade nas pontas das asas tornam-se importantes devido ao escoamento de fluido entre as superfícies inferior e superior. A diferença de pressão entre a superfície inferior (região de alta pressão) e a superfície superior (região de baixa pressão) dirige o fluido para cima nas pontas enquanto ele é varrido para trás devido ao movimento relativo entre o fluido e a asa. Isso resulta em um movimento em turbilhão que forma espirais ao longo do escoamento, chamadas de **vórtices de ponta**, nas pontas de ambas as asas. Vórtices também são formados ao longo do aerofólio entre as pontas das asas. Esses vórtices distribuídos se movem na direção das extremidades após serem desprendidos pelos bordos de fuga das asas e se combinarem com os vórtices das pontas para formar duas esteiras de vórtices de fuga ("**trailing vortices**") muito fortes ao longo das pontas das asas (Fig. 11–49). Os vórtices de fuga gerados por um avião grande continuam a existir por um longo tempo por longas distâncias (mais de 10 km) até desaparecerem gradualmente devido à dissipação viscosa. Esses vórtices e sua corrente induzida são fortes o bastante para fazer um avião pequeno perder o controle se ele voar na esteira de um avião maior. Portanto, seguir um avião grande muito de perto (dentro de 10 km) representa um grande perigo para um avião pequeno. Esse problema é o fator controlador que especifica o espaçamento dos aviões na decolagem, limitando a capacidade dos aeroportos. Na natureza, esse efeito é usado com vantagem pelos pássaros que migram voando em formação V utilizando a corrente ascendente gerada pelo pássaro que está à frente. Já se sabe que os pássaros voando em grupo podem chegar ao seu destino voando em formação V com um terço a menos de energia. Os jatos militares, ocasionalmente, voam em formação V pela mesma razão (Fig. 11–50).

Os vórtices das pontas que interagem com a corrente livre exercem forças nas pontas das asas em todas as direções, incluindo a direção do escoamento. A componente da força na direção do escoamento é somada ao arrasto e é chamada de **arrasto induzido**. O arrasto total de uma asa é, então, a soma do arrasto induzido (efeitos tridimensionais) e o arrasto da seção do aerofólio (efeitos bidimensionais).

A relação entre o quadrado da envergadura média de um aerofólio e a área planiforme é chamada de **razão de aspecto**. Para um aerofólio com uma área planiforme retangular de corda c e envergadura b, ela é expressa como

$$AR = \frac{b^2}{A} = \frac{b^2}{bc} = \frac{b}{c} \qquad (11\text{--}25)$$

Portanto, a razão de aspecto é uma medida de quão estreito é um aerofólio na direção do escoamento. O coeficiente de sustentação das asas, em geral, aumenta enquanto o coeficiente de arrasto diminui com o aumento da relação de aspecto. Isso é porque uma asa longa e estreita (relação de aspecto alta) tem um comprimento de ponta menor e, portanto, menor perda nas pontas e menor arrasto induzido do que uma asa curta e larga com a mesma área planiforme. Portanto, corpos com maior relação de aspecto voam de forma mais eficiente, mas são menos manobráveis devido ao seu maior momento de inércia (devido à maior distância do centro). Corpos com menor relação de aspecto manobram melhor, pois as asas estão mais próximas da parte central. Assim, não é surpresa o fato de que *aviões de caça* (e aves de rapina, como os falcões) têm asas curtas e largas enquanto os *grandes aviões comerciais* (e pássaros enormes, como os albatrozes) têm asas longas e estreitas.

Os efeitos das extremidades podem ser minimizados acrescentando-se **placas** ou **aletas** ("winglets") nas pontas das asas perpendiculares à superfície superior. As aletas funcionam bloqueando parte do vazamento ao redor das pontas das asas, resultando em uma redução considerável na intensidade dos vórtices de ponta e do arrasto induzido. As penas das pontas das asas dos pássaros se estendem com a mesma finalidade (Fig. 11–51).

Sustentação gerada pela rotação

Provavelmente, você já fez a experiência de aplicar uma rotação a uma bola de tênis ou aplicar um efeito em uma bola de tênis ou de pingue-pongue aplicando uma rotação para alterar as características de sustentação e fazer a bola percorrer uma trajetória melhor e cair repentinamente. Os jogadores de golfe, futebol e beisebol também utilizam a rotação em suas jogadas. O fenômeno de se produzir sustentação pela rotação de um corpo sólido é chamado de **efeito Magnus**, em homenagem ao cientista alemão Heinrich Magnus (1802-1870), que foi o primeiro a estudar a sustentação de corpos em rotação, que está ilustrada na Fig. 11–52 para o caso simplificado do escoamento irrotacional (potencial). Quando a bola não está girando, a sustentação é zero devido à simetria vertical. Mas quando o cilindro gira sobre seu próprio eixo, o cilindro arrasta um pouco de fluido ao redor dele devido à condição de não escorregamento e o campo de escoamento reflete a superposição dos escoamentos com rotação e sem rotação. Os pontos de estagnação são desviados para baixo e o escoamento não é mais simétrico em relação ao plano horizontal que passa através do centro do cilindro. A pressão média na metade superior é menor do que a pressão média na metade inferior devido ao efeito Bernoulli, e portanto, há uma *força líquida para cima* (sustentação) agindo sobre o cilindro. Um argumento similar pode ser dado para a sustentação gerada em uma bola em rotação.

O efeito da velocidade de rotação nos coeficientes de sustentação e de arrasto de uma esfera lisa é mostrado na Fig. 11–53. Note que o coeficiente de sustentação depende muito da velocidade de rotação, especialmente em baixas velocidades angulares. O efeito da velocidade de rotação sobre o coeficiente de arrasto é pequeno. A rugosidade também afeta os coeficientes de sustentação e de arrasto. Em um certo intervalo do número de Reynolds, a rugosidade produz o efeito desejável de aumento do coeficiente de sustentação ao mesmo tempo em que dimi-

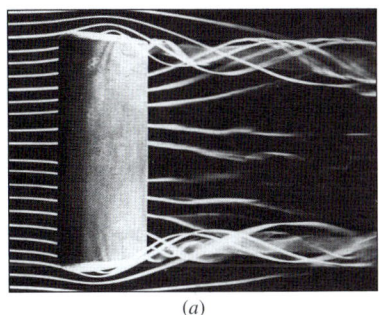

(a)

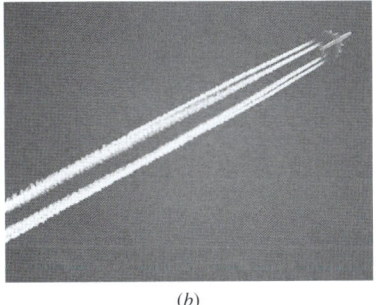

(b)

(c)

FIGURA 11–49 Vórtices de fuga visualizados de várias maneiras: (*a*) linhas de emissão de fumaça e um túnel de vento mostram os vórtices deixando o bordo de fuga de uma asa retangular; (*b*) linhas de condensação de água causadas pela baixa pressão na região atrás dos motores acabam se juntando e formando os dois vórtices contra-rotativos de fuga que persistem a jusante da aeronave; (*c*) um avião agrícola voa através de ar esfumaçado que forma um dos vórtices de ponta de asas.

(a) Cortesia de The Parabolic Press, Stanford, California, (b) Geostock/Getty Images; (c) Nasa Langley Research Center.

nui o coeficiente de arrasto. Portanto, bolas de golfe com a rugosidade correta atingem altitudes e distâncias maiores do que as bolas lisas com a mesma tacada.

(a)

(b)

FIGURA 11-50 (a) Gansos voando em sua característica formação em V para economizar energia. (b) Jatos militares imitando a natureza.

(a) ©Royalty-Free/Corbis
(b) ©Charles Smith/Corbis RF

(a) Um abutre com as penas da asa levantadas durante o voo.

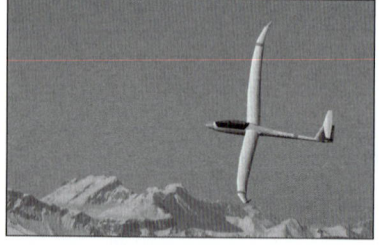

(b) Winglets são usadas por este planador para reduzir o arrasto induzido.

FIGURA 11-51 O arrasto induzido é reduzido (a) por penas nas pontas das asas dos pássaros e (b) aletas ou outros dispositivos nas asas dos aviões.

(a) © Jeremy Woodhouse/Getty RF; (b) Cortesia de Jacques Noel, Schempp-Hirst. Usada com permissão.

EXEMPLO 11-5 Sustentação e arrasto de um avião comercial

Um avião comercial tem uma massa total de 70.000 kg e uma área planiforme de asa de 150 m² (Fig. 11-54). O avião tem uma velocidade de cruzeiro de 558 km/h e uma altitude de cruzeiro de 12.000 m, onde a densidade do ar é 0,312 kg/m³. O avião tem flaps com slot duplo para usar durante a decolagem e pouso, mas ele viaja com todos os flaps recolhidos. Supondo que as características de sustentação e arrasto das asas podem ser aproximadas pela NACA 23012 (Fig. 11-45), determine (a) a velocidade mínima segura para decolagem e pouso com e sem os flaps estendidos, (b) o ângulo de ataque para voo estável na altitude de cruzeiro e (c) a potência que deve ser fornecida pelos motores para produzir empuxo suficiente para vencer o arrasto da asa.

SOLUÇÃO São dadas as condições de voo de cruzeiro de um avião de passageiros e as características de suas asas. Devem ser determinadas as velocidades seguras mínimas de pouso e decolagem, o ângulo de ataque durante o voo de cruzeiro e a potência necessária.

Hipóteses **1** O arrasto e a sustentação produzidos pelas partes do avião exceto as asas, como por exemplo, o arrasto da fuselagem, não são considerados. **2** Supomos que as asas são seções de aerofólios bidimensionais e os efeitos das pontas das asas não são considerados. **3** As características de sustentação e arrasto das asas podem ser aproximadas pela NACA 23012 de modo que se aplica à Fig. 11-45. **4** A densidade média do ar no solo é 1,20 kg/m³.

Propriedades As densidades do ar são 1,20 kg/m³ no solo e 0,312 kg/m³ na altitude de cruzeiro. Os coeficientes de sustentação máxima $C_{L,max}$ das asas são 3,48 e 1,52 com e sem flaps, respectivamente (Fig. 11-45).

Análise (a) O peso e a velocidade de cruzeiro do avião são

$$W = mg = (70.000 \text{ kg})(9,81 \text{ m/s}^2)\left(\frac{1 \text{ N}}{1 \text{ kg·m/s}^2}\right) = 686.700 \text{ N}$$

$$V = (558 \text{ km/h})\left(\frac{1 \text{ m/s}}{3,6 \text{ km/h}}\right) = 155 \text{ m/s}$$

As velocidades mínimas correspondentes às condições de estol sem os flaps e com os flaps, respectivamente, são obtidas da Eq. 11-24,

$$V_{min\,1} = \sqrt{\frac{2W}{\rho C_{L,max\,1} A}} = \sqrt{\frac{2(686.700 \text{ N})}{(1,2 \text{ kg/m}^3)(1,52)(150 \text{ m}^2)}}\left(\frac{1 \text{ kg·m/s}^2}{1 \text{ N}}\right) = 70,9 \text{ m/s}$$

$$V_{min\,2} = \sqrt{\frac{2W}{\rho C_{L,max\,2} A}} = \sqrt{\frac{2(686.700 \text{ N})}{(1,2 \text{ kg/m}^3)(3,48)(150 \text{ m}^2)}}\left(\frac{1 \text{ kg·m/s}^2}{1 \text{ N}}\right) = 46,8 \text{ m/s}$$

Então, as velocidades mínimas "seguras" para evitar a região de estol são obtidas multiplicando os valores acima por 1,2:

Sem flaps: $V_{min\,1,\,segura} = 1,2 V_{min\,1} = 1,2(70,9 \text{ m/s}) = 85,1 \text{ m/s} = $ **306 km/h**

Com flaps: $V_{min\,2,\,segura} = 1,2 V_{min\,2} = 1,2(46,8 \text{ m/s}) = 56,2 \text{ m/s} = $ **202 km/h**

pois 1 m/s = 3,6 km/h. Note que o uso dos flaps permite ao avião decolar e pousar com velocidades consideravelmente menores, e, portanto, em uma pista mais curta.

(b) Quando o avião está em voo estável a uma altitude constante, a sustentação deve ser igual ao peso do avião, $F_L = W$. Então, os coeficientes de sustentação são determinados obtendo-se

$$C_L = \frac{F_L}{\frac{1}{2}\rho V^2 A} = \frac{686.700 \text{ N}}{\frac{1}{2}(0{,}312 \text{ kg/m}^3)(155 \text{ m/s})^2(150 \text{ m}^2)}\left(\frac{1 \text{ kg}\cdot\text{m/s}^2}{1 \text{ N}}\right) = 1{,}22$$

Para o caso de não usar os flaps, o ângulo de ataque correspondente a esse valor de C_L é determinado a partir da Fig. 11–45 sendo $\alpha \cong \mathbf{10°}$.

(c) Quando o avião está em voo estável a uma altitude constante, a força resultante que age sobre o avião é zero, e, portanto, o empuxo produzido pelos motores deve ser igual à força de arrasto. O coeficiente de arrasto correspondente ao coeficiente de sustentação de cruzeiro de 1,22 é determinado a partir da Fig. 11–45 sendo $C_D \cong 0{,}03$ para o caso de não usar os flaps. Então, a força de arrasto que age nas asas torna-se

$$F_D = C_D A \frac{\rho V^2}{2} = (0{,}03)(150 \text{ m}^2)\frac{(0{,}312 \text{ kg/m}^3)(155 \text{ m/s})^2}{2}\left(\frac{1 \text{ kN}}{1000 \text{ kg}\cdot\text{m/s}^2}\right)$$

$$= 16{,}9 \text{ kN}$$

Lembrando que potência é força multiplicada pela velocidade (distância por unidade de tempo), a potência necessária para vencer esse arrasto é igual ao empuxo multiplicado pela velocidade de cruzeiro:

$$\text{Potência} = \text{Empuxo} \times \text{Velocidade} = F_D V = (16{,}9 \text{ kN})(155 \text{ m/s})\left(\frac{1 \text{ kW}}{1 \text{ kN}\cdot\text{m/s}}\right)$$

$$= \mathbf{2620 \text{ kW}}$$

Portanto, os motores devem fornecer 2620 kW de potência para vencer o arrasto nas asas durante o voo de cruzeiro. Para uma eficiência de 30% na propulsão (isto é, 30% da energia do combustível é utilizada para manter o avião voando), o avião necessita de 8733 kJ/s.

Discussão A potência determinada é a potência para vencer o arrasto que age nas asas somente e não inclui o arrasto que age sobre as demais partes do avião (a fuselagem, a cauda, etc.). Portanto, a potência total necessária durante o voo de cruzeiro será muito maior. Além disso, não foi considerado o arrasto induzido, que pode ser dominante durante a decolagem quando o ângulo de ataque é alto (a Fig. 11–45 é para um aerofólio 2-D, e não inclui os efeitos 3-D).

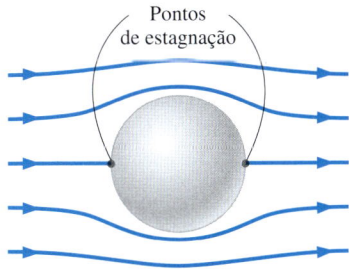

(a) Escoamento potencial sobre um cilindro estacionário

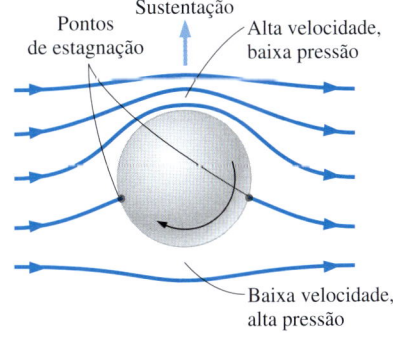

(b) Escoamento potencial sobre um cilindro em rotação

FIGURA 11–52 Geração de sustentação em um cilindro circular em rotação para o caso "idealizado" do escoamento potencial (o escoamento real envolve separação de escoamento na região da esteira).

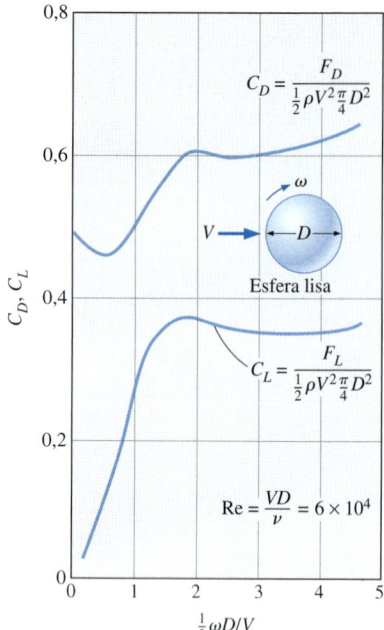

FIGURA 11–53 A variação dos coeficientes de sustentação e arrasto de uma esfera lisa com a razão adimensional da rotação para $Re = VD/\nu = 6 \times 10^4$.
De Goldstein (1938).

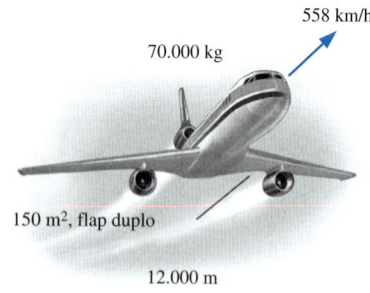

FIGURA 11–54 Esquema para o Exemplo 11–5.

EXEMPLO 11–6 Efeito da rotação sobre uma bola de tênis

Uma bola de tênis com uma massa de 0,125 lbm e diâmetro de 2,52 é lançada a 45 mi/h com uma rotação de 4800 rpm (Fig. 11–55). Determine se a bola irá cair ou subir sob o efeito combinado da gravidade e sustentação devido à rotação logo após ter sido lançada no ar a 1 atm e 80°F.

SOLUÇÃO Uma bola de tênis é lançada com uma rotação. Deve-se determinar se ela irá cair ou subir após ser lançada.

Hipóteses 1 As superfícies da bola são lisas o bastante para que a Fig. 11–53 possa ser aplicável. 2 A bola é lançada horizontalmente de forma que ela começa seu movimento horizontalmente.

Propriedades A densidade e a viscosidade cinemática do ar a 1 atm e 80°F são $\rho = 0{,}07350$ lbm/ft^3 e $\nu = 1{,}697 \times 10^{-4}$ ft^2/s.

Análise A bola é lançada horizontalmente, e, portanto, normalmente ela cairia sob o efeito da gravidade sem a rotação. A rotação gera uma sustentação e a bola subirá se a sustentação for maior do que o peso da bola. A sustentação pode ser determinada a partir de

$$F_L = C_L A \frac{\rho V^2}{2}$$

onde A é a área frontal da bola, que é $A = \pi D^2/4$. As velocidades de translação e angular da bola são

$$V = (45 \text{ mi/h})\left(\frac{5280 \text{ ft}}{1 \text{ mi}}\right)\left(\frac{1 \text{ h}}{3600 \text{ s}}\right) = 66 \text{ ft/s}$$

$$\omega = (4800 \text{ rev/min})\left(\frac{2\pi \text{ rad}}{1 \text{ rev}}\right)\left(\frac{1 \text{ min}}{60 \text{ s}}\right) = 502 \text{ rad/s}$$

Então, a taxa de rotação adimensional é

$$\frac{\omega D}{2V} = \frac{(502 \text{ rad/s})(2{,}52/12 \text{ ft})}{2(66 \text{ ft/s})} = 0{,}80 \text{ rad}$$

Da Fig. 11–53, o coeficiente de sustentação correspondente a esse valor é $C_L = 0{,}21$. Então, a força de sustentação agindo sobre a bola é

$$F_L = (0{,}21)\frac{\pi(2{,}52/12 \text{ ft})^2}{4}\frac{(0{,}0735 \text{ lbm/ft}^3)(66 \text{ ft/s})^2}{2}\left(\frac{1 \text{ lbf}}{32{,}2 \text{ lbm} \cdot \text{ft/s}^2}\right)$$

$$= 0{,}036 \text{ lbf}$$

O peso da bola é

$$W = mg = (0{,}125 \text{ lbm})(32{,}2 \text{ ft/s}^2)\left(\frac{1 \text{ lbf}}{32{,}2 \text{ lbm} \cdot \text{ft/s}^2}\right) = 0{,}125 \text{ lbf}$$

que é mais do que a sustentação. Portanto, a bola **cairá** sob o efeito combinado da gravidade e sustentação devido à rotação com uma força resultante de $0{,}125 - 0{,}036 = 0{,}089$ lbf.

Discussão Esse exemplo mostra que a bola pode ser lançada muito mais longe se for aplicada a ela uma rotação. Note que uma rotação em sentido contrário tem o efeito oposto (sustentação negativa) e acelera a queda da bola até o chão. Além disso, o número de Reynolds para esse problema é 8×10^4, que é suficientemente próximo de 6×10^4 para o qual foi preparada a Fig. 11–53.

Tenha em mente também que, embora uma determinada rotação possa aumentar a distância percorrida pela bola, há uma rotação ótima que é função do ângulo de lançamento, como muitos jogadores de golfe já sabem. Rotação muito alta diminui a distância introduzindo mais arrasto induzido.

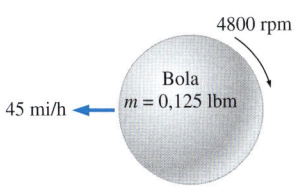

FIGURA 11–55 Esquema para o Exemplo 11–6.

Nenhuma discussão sobre sustentação e arrasto seria completa sem mencionar as contribuições de Wilbur (1867-1912) e Orville (1871-1948) Wright. Os Irmãos Wright são, realmente, a mais impressionante equipe de engenharia de todos os tempos. Autodidatas, eles estavam bem informados sobre as teorias e práticas contemporâneas em aeronáutica. Eles se correspondiam com outros pesquisadores nesse campo e publicavam artigos em revistas técnicas. Embora não possa ser creditado a eles o desenvolvimento dos conceitos de sustentação e arrasto, eles utilizaram esses conceitos para construir o primeiro objeto voador controlado mais pesado do que o ar (Fig. 11–56). Eles foram bem-sucedidos enquanto muitos outros que vieram antes deles falharam, porque eles avaliaram e projetaram as partes separadamente. Antes dos Wrights, muitos aviões completos foram construídos e testados pelos seus inventores. Embora intuitivamente interessante, a abordagem não permitia determinar como fazer um avião voar melhor. Quando um voo durava somente por alguns momentos, não se conseguia determinar exatamente quais as fraquezas do projeto. Assim, um novo projeto de avião não funcionava necessariamente melhor do que seu antecessor. Os testes eram simplesmente um pouso de barriga após outro. Os Wrights mudaram tudo isso. Eles estudaram cada parte usando modelos em escala e em tamanho real em túneis de vento e no campo. Bem antes de montarem o primeiro avião, eles conheciam a área necessária para a sua melhor forma de asa de modo a suportar um avião transportando um homem e a potência do motor necessária para produzir o empuxo adequado com a hélice que tinham aperfeiçoada. Os Irmãos Wright não apenas mostraram ao mundo como voar, eles também mostraram aos engenheiros como usar as equações apresentadas aqui para projetar aviões ainda melhores.

FIGURA 11–56 Os Irmãos Whright alçam voo em Kitty Hawk.
Library of Congress Prints & Photographs Division [LC-DIG-pppr s-00626].

RESUMO

Neste capítulo, nós estudamos o escoamento dos fluidos sobre corpos imersos com ênfase nas forças de arrasto e sustentação resultantes. Um fluido pode exercer forças e momentos em um corpo em várias direções. A força que um fluido em escoamento exerce sobre um corpo na direção do escoamento é chamada de *arrasto*, enquanto aquela força que age na direção normal ao escoamento é chamada de *sustentação*. A parte do arrasto que é devido diretamente à tensão de cisalhamento na parede, τ_w, é chamada de *arrasto de atrito superficial*, já que ele é causado por efeitos de atrito, e a parte que é devido diretamente à pressão P é chamada de *arrasto de pressão* ou *arrasto de forma* devido à grande dependência da forma do corpo.

O *coeficiente de arrasto* C_D e o *coeficiente de sustentação* C_L são números adimensionais que representam as características de arrasto e sustentação de um corpo e são definidos como

$$C_D = \frac{F_D}{\frac{1}{2}\rho V^2 A} \quad \text{e} \quad C_L = \frac{F_L}{\frac{1}{2}\rho V^2 A}$$

onde A é, normalmente, a *área frontal* (a área projetada em um plano normal à direção do escoamento) do corpo. Para placas e aerofólios, A é considerada como a *área planiforme*, ou seja, a área que seria vista por uma pessoa que estivesse olhando para o corpo diretamente acima dele. O coeficiente de arrasto, em geral, depende do *número de Reynolds*, especialmente para números de Reynolds abaixo de 10^4. Com números de Reynolds mais altos, os coeficientes de arrasto para a maioria das geometrias permanecem essencialmente constantes.

Dizemos que um corpo é *carenado* quando é feito um esforço para alinhar sua forma com as linhas de corrente que se espera encontrar no escoamento para reduzir o arrasto. Por outro lado, se um corpo (como, por exemplo, um edifício) tende a bloquear o escoamento dizemos que ele é *rombudo*. Em velocidades suficientemente altas, a corrente de fluido se separa da superfície do corpo. Isso é chamado de *separação de escoamento*. Quando uma corrente de fluido se separa do corpo, ela forma uma *região separada* entre o corpo e a corrente de fluido. A separação também pode ocorrer em um corpo carenado como uma asa de avião com um *ângulo de ataque* suficientemente alto, que é o ângulo que a corrente de fluido que se aproxima faz com a *corda* (a linha que conecta as extremidades) do corpo. A separação de escoamento na superfície superior de uma asa reduz a sustentação drasticamente e pode fazer o avião entrar em regime de *estol*.

A região de escoamento acima da superfície na qual são sentidos os efeitos das forças de cisalhamento viscoso causadas pela viscosidade do fluido é chamada de *camada limite de velocidade* ou apenas *camada limite*. A *espessura* δ da camada limite é definida como a distância a partir da superfície para a qual a velocidade é $0{,}99V$. A linha hipotética de velocidade $0{,}99V$ divide o escoamento sobre uma placa em duas regiões: a *região da camada limite*, na qual os efeitos viscosos e as mudanças de velocidade são significativas, e a *região de escoamento externo irrotacional*, na qual os efeitos de atrito são desprezíveis e a velocidade permanece essencialmente constante.

Para escoamento externo, o número de Reynolds é expresso como

$$\mathrm{Re}_L = \frac{\rho V L}{\mu} = \frac{V L}{\nu}$$

onde V é a velocidade ao longe e L é o comprimento característico da geometria, que é o comprimento da placa na direção do escoamento para uma placa plana e o diâmetro D para um cilindro ou esfera. Os coeficientes *médios* de atrito sobre toda a placa plana são

Escoamento laminar: $\quad C_f = \dfrac{1{,}33}{\mathrm{Re}_L^{1/2}} \quad \mathrm{Re}_L \lesssim 5 \times 10^5$

Escoamento turbulento: $\quad C_f = \dfrac{0{,}074}{\mathrm{Re}_L^{1/5}} \quad 5 \times 10^5 \lesssim \mathrm{Re}_L \lesssim 10^7$

Se o escoamento é aproximado como laminar até o número crítico de engenharia de $\mathrm{Re}_{cr} = 5 \times 10^5$, e depois turbulento além dele, o coeficiente de atrito médio sobre toda a placa plana torna-se

$$C_f = \frac{0{,}074}{\mathrm{Re}_L^{1/5}} - \frac{1742}{\mathrm{Re}_L} \quad 5 \times 10^5 \lesssim \mathrm{Re}_L \lesssim 10^7$$

O ajuste de uma curva de dados experimentais para o coeficiente médio de atrito no regime totalmente turbulento rugoso é

Superfície rugosa: $\quad C_f = \left(1{,}89 - 1{,}62 \log \dfrac{\varepsilon}{L}\right)^{-2{,}5}$

onde ε é a rugosidade da superfície e L é o comprimento da placa na direção do escoamento. Na falta de algo melhor, essa relação pode ser usada para escoamento turbulento sobre superfícies rugosas para $\mathrm{Re} > 10^6$, especialmente quando $\varepsilon / L > 10^{-4}$.

A rugosidade da superfície, em geral, aumenta o coeficiente de arrasto no escoamento turbulento. No entanto, para corpos rombudos como um cilindro circular ou uma esfera, um aumento na rugosidade da superfície pode *diminuir* o coeficiente de arrasto. Isso é feito provocando o aparecimento de turbulência no escoamento para um número de Reynolds mais baixo, fazendo, assim, o fluido se fechar atrás do corpo, estreitando a esteira e reduzindo o arrasto de pressão consideravelmente.

Nos aerofólios deseja-se produzir a maior sustentação e ao mesmo tempo o menor arrasto. Portanto, uma medida do desempenho dos aerofólios é a *relação sustentação-arrasto*, C_L/C_D.

A velocidade mínima de segurança de voo para um avião pode ser determinada a partir de

$$V_{\min} = \sqrt{\frac{2W}{\rho C_{L,\max} A}}$$

Para um dado peso, a velocidade de pouso e decolagem pode ser minimizada maximizando-se o produto do coeficiente de sustentação e a área da asa, $C_{L,\max} A$.

Para asas de avião e outros aerofólios de tamanho finito, a diferença de pressão entre as superfícies inferior e superior impulsiona o fluido para cima nas pontas. Isso resulta em um turbilhão chamado de *vórtice de ponta*. Os vórtices das pontas que interagem com a corrente livre geram forças nas pontas das asas em todas as direções, incluindo a direção do escoamento. A componente da força na direção do escoamento soma-se ao arrasto e é chamada de *arrasto induzido*. O arrasto total de uma asa é, então, a soma do arrasto induzido (efeitos tridimensionais) e o arrasto da seção do aerofólio (efeitos bidimensionais).

Observa-se que a sustentação se desenvolve quando um cilindro ou esfera no escoamento é rotacionada com uma velocidade suficientemente alta. O fenômeno pelo qual se produz sustentação pela rotação de um corpo sólido é chamado de *efeito Magnus*.

Alguns escoamentos externos, completos com detalhes do escoamento incluindo gráficos dos campos de velocidade, são resolvidos usando dinâmica dos fluidos computacional e apresentados no Cap. 15.

REFERÊNCIAS E LEITURAS SUGERIDAS

1. I. H. Abbott. "The Drag of Two Streamline Bodies as Affected by Protuberances and Appendages," *NACA Report* 451, 1932.

2. I. H. Abbott and A. E. von Doenhoff. *Theory of Wing Sections, Including a Summary of Airfoil Data*. New York: Dover, 1959.

3. I. H. Abbott, A. E. von Doenhoff, and L. S. Stivers. "Summary of Airfoil Data," *NACA Report* 824, Langley Field, VA, 1945.

4. J. D. Anderson. *Fundamentals of Aerodynamics,* 5th ed. New York: McGraw-Hill, 2010.

APLICAÇÃO EM FOCO

Redução de arrasto

Autor convidado: Werner J. A. Dahm,
The University of Michigan

Uma pequena redução percentual no arrasto que age sobre um veículo no ar, um veículo na superfície do mar ou um veículo submarino pode se traduzir em grandes reduções no consumo de combustível e nos custos operacionais, ou um aumento no alcance do veículo e na capacidade de carga. Uma abordagem para se conseguir essa redução de arrasto é o controle ativo dos vórtices alinhados com a direção da corrente que ocorrem naturalmente na subcamada viscosa da camada limite turbulenta na superfície do veículo. A fina subcamada viscosa na base de qualquer camada limite turbulenta é um poderoso sistema não linear, capaz de amplificar pequenas perturbações induzidas por microatuadores em grandes reduções no arrasto do veículo. Numerosos estudos experimentais, computacionais e teóricos têm mostrado que são possíveis reduções de 15 a 25% na tensão de cisalhamento da parede controlando adequadamente essas estruturas de subcamada. O desafio tem sido desenvolver conjuntos grandes e densos de microatuadores que possam manipular essas estruturas para obter a redução de arrasto na prática em veículos aéreos e náuticos (Fig. 11–57). As estruturas de subcamada têm, normalmente, alguns décimos de milímetro e, portanto, se adaptam bem à escala dos *sistemas microeletromecânicos* (MEMS).

A Figura 11–58 mostra um exemplo de um tipo desses conjuntos de atuadores microescala baseados no princípio eletrocinético que é potencialmente adequado para controle ativo da subcamada em veículos reais. O escoamento eletrocinético proporciona uma maneira de movimentar pequenas quantidades de fluido em escalas de tempo muito rápido em dispositivos muito pequenos. Os atuadores deslocam impulsivamente um volume fixo de fluido entre a parede e a subcamada viscosa de uma maneira que age contra o efeito dos vórtices da subcamada. Uma arquitetura de sistema baseada em células unitárias independentes, apropriada para grandes conjuntos desses microatuadores, reduz bastante os requisitos de processamento do controle dentro das células individuais, que consistem em um número relativamente pequeno de sensores e atuadores individuais. A consideração fundamental dos princípios de escala que governam o escoamento eletrocinético, bem como a estrutura de subcamada e dinâmica e tecnologias de microfabricação, foram usadas para desenvolver e produzir conjuntos microatuadores eletrocinéticos em escala real que podem satisfazer muitos dos requisitos para o controle ativo da subcamada de camadas limite turbulentas sob condições reais nos veículos.

Esses atuadores microeletrocinéticos (MEKA), quando fabricados com sensores de tensão de cisalhamento da parede, também baseados em fabricação de sistemas microeletromecânicos, podem futuramente permitir aos engenheiros obter reduções enormes no arrasto que age praticamente em todos os veículos aeronáuticos e náuticos.

Referências

Diez Garias, F. J., Dahm, W. J. A., and Paul, P. H., "Microactuator Arrays for Sublayer Control in Turbulent Boundary Layers Using the Electrokinetic Principle," *AIAA Paper No. 2000-0548*, AIAA, Washington, DC, 2000.

Diez, F. J., and Dahm, W. J. A., "Electrokinetic Microactuator Arrays and System Architecture for Active Sublayer Control of Turbulent Boundary Layers," *AIAA Journal*, Vol. 41, pp. 1906-1915, 2003.

FIGURA 11–57 Conjuntos de microatuadores de redução de arrasto no casco de um submarino. A figura mostra a arquitetura do sistema com matrizes compostas de células unitárias contendo sensores e atuadores.

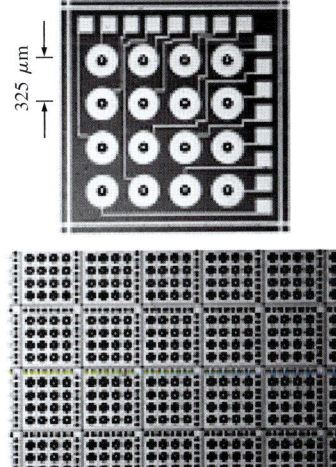

FIGURA 11–58 Conjunto atuador microeletrocinético (MEKA-5) com 25.600 atuadores individuais com um espaçamento de 325 μm para redução de arrasto hidronáutico em escala real. Vista ampliada de uma única célula (*superior*) e vista parcial do conjunto completo (*inferior*).

5. R. D. Blevins. *Applied Fluid Dynamics Handbook.* New York: Van Nostrand Reinhold, 1984.

6. S. W. Churchill and M. Bernstein. "A Correlating Equation for Forced Convection from Gases and Liquids to a Circular Cylinder in Cross Flow," *Journal of Heat Transfer* 99, pp. 300-306, 1977.

7. S. Goldstein. *Modern Developments in Fluid Dynamics.* London: Oxford Press, 1938.

8. J. Happel and H. Brenner. *Low Reynolds Number Hydrodynamics with Special Application to Particulate Media.* Norwell, Ma: Kluwer Academic Publishers, 2003.

9. S. F. Hoerner. *Fluid-Dynamic Drag.* [Publicado pelo autor.] Library of Congress No. 64, 1966.

10. J. D. Holmes, *Wind Loading of Structures* 2nd ed. London: Spon Press (Taylor and Francis), 2007.

11. G. M. Homsy, H. Aref, K. S. Breuer, S. Hochgreb, J. R. Koseff, B. R. Munson, K. G. Powell, C. R. Robertson, S. T. Thoroddsen. *Multi-Media Fluid Mechanics* (CD) 2nd ed. Cambridge University Press, 2004.

12. W. H. Hucho. *Aerodynamics of Road Vehicles* 4th ed. London: Butterworth-Heinemann, 1998.

13. H. Schlichting. *Boundary Layer Theory,* 7th ed. New York: McGraw-Hill, 1979.

14. M. Van Dyke. *An Album of Fluid Motion.* Stanford, CA: The Parabolic Press, 1982.

15. J. Vogel. *Life in Moving Fluids,* 2nd ed. Boston: Willard Grand Press, 1994.

16. F. M. White. *Fluid Mechanics,* 7th ed. New York: McGraw-Hill, 2010.

PROBLEMAS*

Arrasto, coeficientes de arrasto e sustentação

11–1C Qual ciclista deve ser mais rápido: aquele que mantém a cabeça e o corpo na posição vertical ou aquele que inclina o corpo aproximando-o dos joelhos? Por quê?

11–2C Considere escoamento laminar sobre uma placa plana. Como o coeficiente de atrito local varia com a posição?

11–3C Defina a área frontal de um corpo submetido a escoamento externo. Quando é apropriado usar a área frontal nos cálculos de arrasto e sustentação?

11–4C Defina a área planiforme de um corpo submetido a escoamento externo. Quando é apropriado usar a área planiforme nos cálculos de arrasto e sustentação?

11–5C Explique quando um escoamento externo é bidimensional, tridimensional ou axissimétrico. Que tipo de escoamento é o escoamento sobre um carro?

11–6C Qual é a diferença entre a velocidade a montante e a velocidade da corrente livre? Para que tipo de escoamento essas velocidades são iguais entre si?

11–7C Qual é a diferença entre corpos carenados e corpos rombudos? Uma bola de tênis é um corpo carenado ou rombudo?

11–8C Cite o nome de algumas aplicações nas quais é desejável um grande arrasto.

11–9C O que é arrasto? O que causa o arrasto? Por que, normalmente, tentamos minimizá-lo?

11–10C O que é sustentação? O que a causa? O cisalhamento na parede contribui para a sustentação?

11–11C Durante o escoamento sobre um dado corpo, são medidas a força de arrasto, a velocidade a montante e a densidade do fluido. Explique como você determinaria o coeficiente de arrasto. Que área você usaria nos cálculos?

11–12C Durante o escoamento sobre um corpo delgado como, por exemplo, uma asa, são medidos a força de sustentação, a velocidade a montante e a densidade do fluido. Explique como você determinaria o coeficiente de sustentação. Que área você usaria nos cálculos?

11–13C O que é velocidade terminal? Como ela é determinada?

11–14C Qual é a diferença entre arrasto de atrito superficial e arrasto de pressão? Qual deles normalmente é mais significativo para corpos delgados como os aerofólios?

11–15C Qual é o efeito da rugosidade da superfície sobre o coeficiente de arrasto de atrito em escoamentos laminares e turbulentos?

11–16C Qual é o efeito do carenamento no (*a*) arrasto de atrito e (*b*) arrasto de pressão? O arrasto total agindo sobre um corpo necessariamente diminui como resultado do carenamento? Explique.

11–17C O que é separação de escoamento? O que a causa? Qual é o efeito da separação de escoamento sobre o coeficiente de arrasto?

11–18C O que é "drafting"? Como ele afeta o coeficiente de arrasto?

11–19C Em geral, como varia o coeficiente de arrasto com o número de Reynolds em (*a*) números de Reynolds baixo e moderado e (*b*) números de Reynolds altos (Re > 10^4)?

---

* Problemas identificados com a letra "C" são questões conceituais e encorajamos os estudantes a responder a todos. Problemas identificados com a letra "E" são em unidades inglesas, e usuários do SI podem ignorá-los. Problemas com o ícone "disco rígido" são resolvidos com o programa EES. Problemas com o ícone ESS são de natureza abrangente e devem ser resolvidos com um solucionador de equações, preferencialmente o programa EES.

11–20C São fixadas carenagens na frente e atrás de um corpo cilíndrico para fazê-lo parecer mais carenado. Qual é o efeito dessa modificação sobre (a) o arrasto de atrito, (b) arrasto de pressão e (c) arrasto total? Suponha que o número de Reynolds é grande o suficiente de forma que o escoamento é turbulento para ambos os casos.

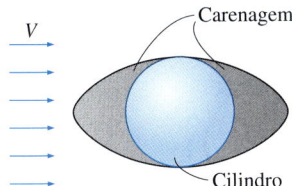

FIGURA P11–20C

11–21 O coeficiente de arrasto de um carro nas condições de projeto de 1 atm, 25°C e 90 km/h deve ser determinado experimentalmente em um grande túnel de vento em um teste em escala real. A altura e largura do carro são 1,25 m e 1,65 m, respectivamente. Se a medida da força horizontal agindo sobre o carro é de 220 N, determine o coeficiente de arrasto total desse carro.

Resposta: 0,29

11–22 A resultante das forças de pressão e cisalhamento na parede agindo sobre um corpo foi medida, resultando em 580 N, formando um ângulo de 35° com a direção do escoamento. Determine as forças de arrasto e sustentação agindo sobre o corpo.

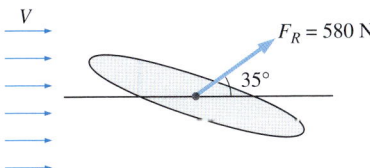

FIGURA P11–22

11–23 Durante um experimento com alto número de Reynolds, a força de arrasto total agindo sobre um corpo esférico de diâmetro $D = 12$ cm submetido a um fluxo de ar a 1 atm e 5°C é medida resultando em 5,2 N. O arrasto de pressão agindo sobre o corpo é calculado integrando-se a distribuição de pressão (medida usando-se sensores de pressão através da superfície) resultando em 4,9 N. Determine o coeficiente de arrasto de atrito da esfera.

Resposta: 0,0115

11–24 Um carro está se movendo a uma velocidade constante de 110 km/h. Determine a velocidade a montante a ser usada na análise de escoamento de fluido se (a) o ar está calmo, (b) o vento está soprando na direção contrária ao movimento do carro a 30 km/h e (c) o vento está soprando na mesma direção do movimento do carro a 30 km/h.

11–25E Para reduzir o coeficiente de arrasto e assim otimizar o consumo de combustível, a área frontal de um carro deve ser reduzida. Determine a quantidade de combustível e o dinheiro economizado por ano resultante da redução da área frontal de 18 para 15 ft². Suponha que o carro rode 12.000 milhas por ano a uma velocidade média de 55 mi/h. Considere a densidade e o preço da gasolina como 50 lbm/ft³ e \$3,10/gal, respectivamente; a densidade do ar como 0,075 lbm/ft³, a capacidade calorífica da gasolina como 20.000 Btu/lbm; e a eficiência global do motor como 30 %.

11–26E Reconsidere o Prob. 11–25E. Usando o software EES (ou outro), estude o efeito da área frontal sobre o consumo anual de combustível do carro. Suponha que a área frontal varie de 10 a 30 ft² em incrementos de 2 ft². Faça uma tabela e um gráfico dos resultados.

11–27 Uma placa de sinalização circular tem um diâmetro de 50 cm e está submetida a ventos normais de até 150 km/h a 10°C e 100 kPa. Determine a força de arrasto que age sobre a placa. Determine também o momento fletor na base do mastro da placa cuja altura da parte inferior da placa até o solo é 1,5 m. Desconsidere o arrasto sobre o mastro.

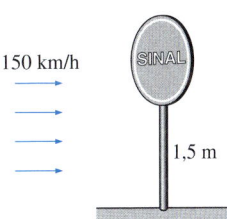

FIGURA P11–27

11–28E Bill arrumou um emprego como entregador de pizza. O empregador fez ele montar uma placa da pizzaria no teto do seu carro. A área frontal da placa é $A = 0,612$ ft² e o coeficiente da arrasto estimado é $C_D = 0,94$ independentemente da velocidade. Estime quanto dinheiro Bill gasta por ano com combustível para guiar com a placa montada no teto em comparação com o gasto que ele teria sem a placa. Use as seguintes informações adicionais: Bill dirige cerca de 10.000 milhas por ano a uma velocidade média de 45 mi/h. A eficiência global do carro é 0,332, $\rho_{combustível} = 50,2$ lbm/ft³ e o poder calorífico do combustível é de $1,53 \times 10^7$ ft·lbf/lbm. O combustível custa \$3,50 por galão. Use os valores padrão para as propriedades do ar. Cuidado com conversões de unidades.

11–29 Os motoristas de táxis geralmente carregam sobre o teto de seus carros painéis de propaganda para obter uma renda extra, mas isso aumenta também o consumo de combustível. Considere um painel que consiste em um bloco retangular de 0,30 m de altura, 0,9 m de largura e 0,9 m de comprimento montado sobre o teto do carro de maneira que o painel tenha uma área frontal de 0,3 m por 0,9 m nos quatro lados. Determine o aumento no custo anual de combustível desse táxi devido a esse display. Suponha que o táxi rode 60.000 km por ano a uma velocidade média de 50 km/h e que a eficiência global do motor seja 28%. Considere a densidade, o preço unitário e o poder calorífico da gasolina como 0,72 kg/L, $1,10/L, e 42.000 kJ/kg, respectivamente, e a densidade do ar sendo 1,25 kg/m³.

FIGURA P11–29

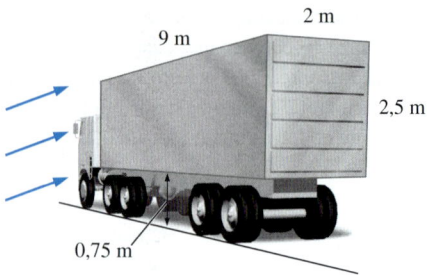

FIGURA P11–33

11–30E Nas velocidades das rodovias, aproximadamente, metade da potência gerada pelo motor do carro é usada para vencer o arrasto aerodinâmico e, portanto, o consumo de combustível é, aproximadamente, proporcional à força de arrasto em uma estrada horizontal. Determine o aumento percentual no consumo de combustível de um carro por unidade de tempo quando uma pessoa que normalmente anda a 55 mi/h agora começa a andar a 75 mi/h.

11–31 Um submarino pode ser considerado como um elipsoide com diâmetro de 5 m e um comprimento de 25 m. Determine a potência necessária para que esse submarino navegue horizontalmente e com velocidade constante de 40 km/h na água do mar cuja densidade é 1025 kg/m³. Determine também a potência requerida para rebocar esse submarino no ar cuja densidade é 1,30 kg/m³. Suponha que o escoamento é turbulento em ambos os casos.

11–34 Uma ciclista de 70 kg está andando com sua bicicleta de 15 kg descendo em uma estrada com inclinação de 8° sem pedalar nem brecar. A ciclista tem uma área frontal de 0,45 m² e um coeficiente de arrasto de 1,1 com o corpo na posição vertical e uma área frontal de 0,4 m² e um coeficiente de arrasto de 0,9 na posição de corrida. Desprezando a resistência de rolagem e o atrito nos rolamentos, determine a velocidade terminal da ciclista para ambas as posições. Considere a densidade do ar como 1,25 kg/m³.

Respostas: 70 km/h, 82 km/h

11–35 Uma turbina eólica com duas ou quatro conchas hemisféricas conectadas a um pivô é usada normalmente para medir a velocidade do vento. Considere uma turbina de vento com quatro conchas de 8 cm de diâmetro com uma distância de centro a centro de 40 cm, conforme mostra a Fig. P11–35. O pivô está preso devido a um defeito mecânico e as conchas não estão girando. Para um vento com velocidade de 15 m/s e densidade do ar de 1,25 kg/m³, determine o torque máximo que a turbina aplica ao pivô.

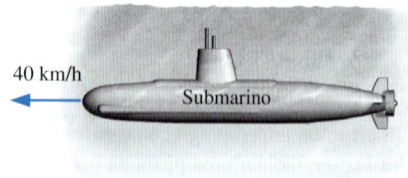

FIGURA P11–31

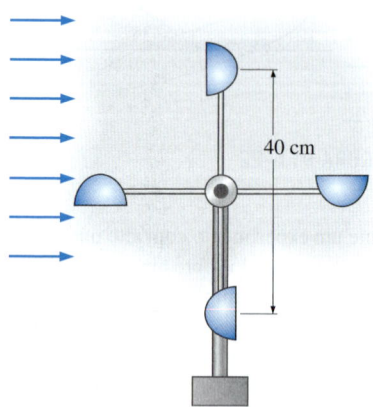

FIGURA P11–35

11–32E A força do vento é uma consideração primária no projeto de suportes de placas publicitárias, como demonstram muitas delas que já foram derrubadas por ventos fortes. Determine a força do vento agindo sobre uma placa com 12 ft de altura, 20 ft de largura e ventos de 55 mi/h na direção normal quando as condições atmosféricas são 14,3 psia e 40°F.

Resposta: 2170 lbf

11–33 Durante tempestades com ventos fortes, veículos altos como os caminhões-baú e carretas podem ser jogados para fora da estrada e vagões de trens podem sair dos trilhos, especialmente quando estão vazios e em áreas abertas. Considere uma carreta de 5.000 kg com 9 m de comprimento, 2,5 m de altura e 2 m de largura. A distância entre o assoalho do veículo e a estrada é 0,75 m. Ela está exposta a ventos laterais. Determine a velocidade do vento que fará a carreta tombar lateralmente. Considere a densidade do ar como 1,1 kg/m³ e suponha que o peso esteja distribuído uniformemente.

11–36 Reconsidere o Prob. 11–35. Usando o software EES (ou outro), verifique o efeito da velocidade do vento sobre o torque aplicado ao pivô. Suponha que a velocidade do vento varie de 0 a 50 m/s em incrementos de 5 m/s. Faça uma tabela e um gráfico dos resultados.

11–37E Um tanque esférico com 5 ft de diâmetro completamente submerso em água à temperatura ambiente está sendo rebocado por um barco a 12 ft/s. Supondo que o escoamento seja turbulento, determine a potência requerida para rebocá-lo.

11–38 Durante o movimento de um veículo com velocidade constante em uma estrada nivelada, a potência fornecida às rodas é usada para vencer o arrasto aerodinâmico e a resistência de rolagem (o produto do coeficiente da resistência de rolagem e o peso do veículo), supondo que o atrito nos rolamentos das rodas é desprezível. Considere um carro que tenha uma massa total de 950 kg, um coeficiente de arrasto de 0,32, uma área frontal de 1,8 m^2 e um coeficiente de resistência de rolagem de 0,04. A potência máxima que o motor pode fornecer para as rodas é 80 kW. Determine (a) a velocidade na qual a resistência de rolagem é igual à força de arrasto aerodinâmico e (b) a velocidade máxima desse carro. Considere a densidade do ar como 1,20 kg/m^3.

11–39 Reconsidere o Prob. 11–38. Usando o software EES (ou outro), verifique o efeito da velocidade do carro sobre a potência necessária para vencer (a) a resistência de rolagem, (b) o arrasto aerodinâmico e (c) o efeito combinado. Suponha que a velocidade do carro varie de 0 até 150 km/h em incrementos de 15 km/h. Faça uma tabela e um gráfico dos resultados.

11–40 Suzy gosta de dirigir com um enfeite engraçadinho em formato de bola espetado na sua antena. A área frontal da bola é $A = 2,08 \times 10^{-3}$ m^2. À medida que o preço da gasolina sobe, seu marido fica preocupado que ela esteja desperdiçando combustível devido ao arrasto adicional devido ao enfeite. Ele faz um rápido experimento na universidade e mede o coeficiente de arrasto do enfeite, resultando $C_D=0,87$ para qualquer velocidade. Estime quantos litros de combustível ela desperdiça por ano por ter esse enfeite na antena. Use as seguintes informações adicionais: ela dirige 15.000 km por ano a uma velocidade média de 20,8 m/s. A eficiência global do automóvel é 0,312, $\rho_{gasolina} = 0,802$ kg/L e o poder calorífico da gasolina é de 44.020 kJ/kg. Use valores padrão para as propriedades do ar. A quantidade de gasolina desperdiçada é relevante?

FIGURA P11–40
Foto de Suzanne Cimbala.

11–41 Uma lata de lixo de 0,90 m de diâmetro e 1,1 m de altura foi encontrada de manhã tombada devido a ventos fortes durante a noite. Supondo que a densidade média do lixo que estava dentro é 150 kg/m^3 e considerando a densidade do ar como 1,25 kg/m^3, calcule a velocidade do vento durante a noite quando a lata de lixo foi tombada. Considere o coeficiente de arrasto da lata de lixo como 0,7.

Resposta: 159 km/h

11–42 Uma esfera de plástico de 6 mm de diâmetro cuja densidade é 1150 kg/m^3 é jogada na água a 20°C. Determine a velocidade terminal da esfera na água.

11–43 Um balão de ar quente de 7m de diâmetro tem uma massa total de 350 kg e está amarrado e parado no ar atmosférico em um dia sem vento. Subitamente, o balão é atingido por ventos de 40 km/h. Determine a aceleração inicial do balão na direção horizontal.

11–44E O coeficiente de arrasto de um veículo aumenta quando os vidros são abaixados ou o teto solar é aberto. Um carro esportivo tem uma área frontal de 18 ft^2 e um coeficiente de arrasto de 0,32 quando os vidros e o teto solar estão fechados. O coeficiente de arrasto aumenta para 0,41 quando o teto solar é aberto. Determine o consumo adicional de potência do carro quando o teto solar está aberto a (a) 35 mi/h e (b) 70 mi/h. Considere a densidade do ar como 0,075 lbm/ft^3.

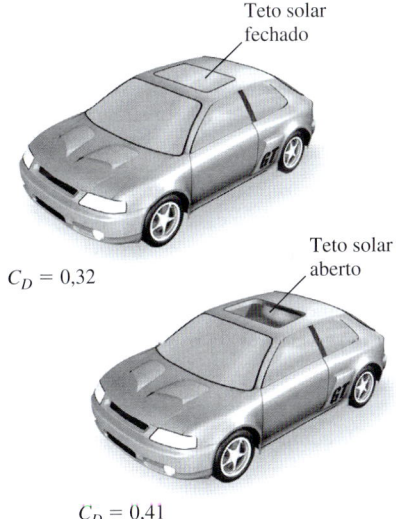

FIGURA P11–44E

11–45 Como parte dos esforços contínuos para reduzir o coeficiente de arrasto e assim aumentar a eficiência dos carros no consumo de combustível, o projeto dos espelhos retrovisores laterais tem sido alterado drasticamente desde uma simples placa circular até uma forma carenada. Determine a quantidade de combustível e o dinheiro economizado por ano como resultado da substituição de um espelho retrovisor plano de 13 cm de diâmetro por um outro com formato arredondado. Suponha que o carro percorre 24.000 km por ano a uma velocidade média de 95 km/h. Considere a densidade e o preço da gasolina como 0,75 kg/L e $0,90/L, respectivamente, sendo o poder calorífico da gasolina 44.000 kJ/kg; e a eficiência global do motor 30%.

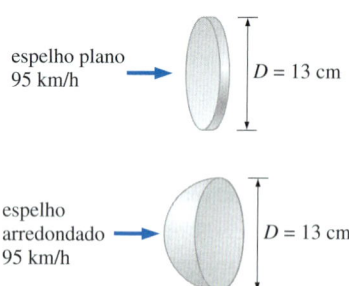

FIGURA P11–45

Escoamento sobre placas planas

11–46C Como é determinado o coeficiente médio de atrito em escoamento sobre uma placa plana?

11–47C Que propriedade dos fluidos é responsável pelo desenvolvimento da camada limite dinâmica? Qual é o efeito da velocidade sobre a espessura da camada limite?

11–48C O que o coeficiente de atrito representa no escoamento sobre uma placa plana? Como ele está relacionado com a força de arrasto que age sobre a placa?

11–49 Considere o escoamento laminar de um fluido sobre uma placa plana. Agora a velocidade da corrente livre do fluido é triplicada. Determine a alteração na força de arrasto na placa. Suponha que o escoamento permaneça laminar.

Resposta: Um aumento de 5,2 vezes.

11–50 A pressão atmosférica local em Denver, Colorado (altitude 1610 m) é 83,4 kPa. Ar a essa pressão e a 25°C escoa com uma velocidade de 9 m/s sobre uma placa plana de 2,5 m × 5 m. Determine a força de arrasto que age sobre a superfície superior da placa se o escoamento do ar é paralelo (*a*) ao lado de 5 m de comprimento e (*b*) ao lado de 2,5 m de comprimento.

11–51 A superfície superior de um vagão de passageiros de um trem movendo-se a uma velocidade de 95 km/h tem 2,1 m de largura e 8 m de comprimento. Se o ar externo estiver a 1 atm e 25°C, determine a força de arrasto que age sobre a superfície superior do vagão.

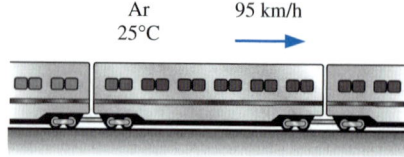

FIGURA P11–51

11–52E Ar a 70°F escoa sobre uma placa plana de 10 ft de comprimento a 25 ft/s. Determine o coeficiente de atrito local a intervalos de 1 ft e faça um gráfico dos resultados *versus* a distância em relação ao bordo de ataque.

11–53 A seção de laminação de uma fábrica de plásticos produz uma folha contínua de plástico que tem 1,2 m de largura e 2 mm de espessura a uma razão de 18 m/min. A folha de plástico está sujeita a um fluxo de ar de resfriamento com uma velocidade de 4 m/s em ambos os lados ao longo de suas superfícies e normal à direção do movimento da folha. A largura da seção de resfriamento é tal que um ponto fixo na folha de plástico passa através daquela seção em 2 s. Usando propriedades do ar a 1 atm e 60°C, determine a força de arrasto que o ar exerce sobre a folha de plástico na direção do escoamento do ar.

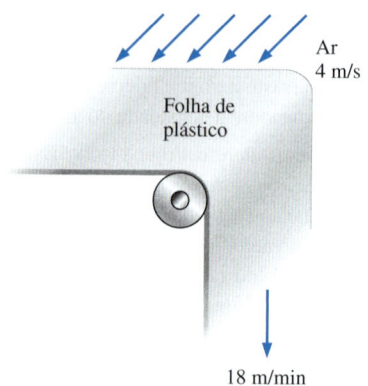

FIGURA P11–53

11–54E Óleo fino a 75°F escoa sobre uma placa plana de 22 ft de comprimento com uma velocidade de corrente livre de 6 ft/s. Determine a força de arrasto total por unidade de largura da placa.

11–55E Considere um caminhão frigorífico viajando a 70 mi/h em uma localidade onde a temperatura do ar é 80°F e a pressão é 1 atm. O compartimento refrigerado do caminhão pode ser considerado como uma caixa retangular com 9 ft de largura, 8 ft de altura e 20 ft de comprimento. Supondo que o escoamento do ar sobre toda a superfície externa seja turbulento e que não há separação de escoamento, determine a força de arrasto que age sobre as superfícies superior e laterais e a potência necessária para vencer esse arrasto.

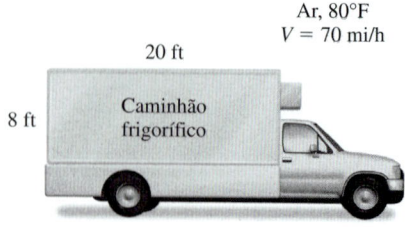

FIGURA P11–55E

11–56E Reconsidere o Prob. 11–55E. Usando o software EES (ou outro), investigue o efeito da velocidade do caminhão sobre a força de arrasto total que age sobre as superfícies superior e laterais e a potência necessária para vencê-la. Suponha que a velocidade do caminhão varie de 0 a 100 mi/h em incrementos de 10 mi/h. Coloque os resultados em uma tabela e faça um gráfico.

11–57 Ar a 25°C e 1 atm está escoando sobre uma longa placa plana com a velocidade de 8 m/s. Determine a distância a partir do bordo de ataque da placa onde o escoamento se torna turbulento e a espessura da camada limite naquela localização.

11–58 Repita o Prob. 11–57 para água.

11–59 Durante um dia de inverno temos um vento com 55 km/h, 5°C e 1 atm soprando paralelamente à parede de uma casa com 4 m de altura e 10 m de comprimento. Supondo que as superfícies das paredes sejam lisas, determine o arrasto de atrito que age sobre a parede. Qual seria a sua resposta se a velocidade do vento dobrasse? Quão realístico é tratar o escoamento sobre paredes laterais como um escoamento sobre uma placa plana?
Respostas: 16 N, 58 N

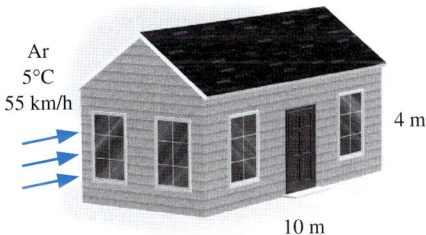

FIGURA P11–59

11–60 O peso de uma placa plana fina com tamanho de 50 cm × 50 cm é equilibrado por um contrapeso que tem uma massa de 2 kg, como mostra a Fig. P11–60. Repentinamente, é ligado um ventilador, e ar a 1 atm e 25°C flui para baixo sobre ambas as superfícies da placa com uma velocidade de corrente livre de 10 m/s. Determine a massa do contrapeso que precisa ser acrescentada para equilibrar a placa neste caso.

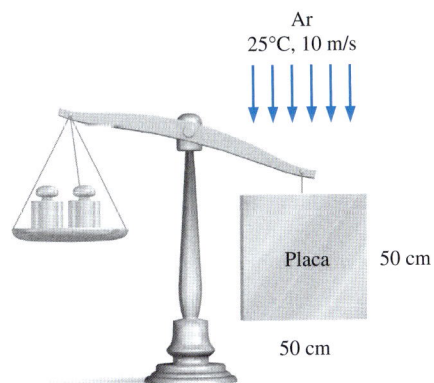

FIGURA P11–60

Escoamento transversal a cilindros e esferas

11–61C Por que a separação de escoamento no escoamento sobre cilindros é retardada no escoamento turbulento?

11–62C No escoamento sobre corpos rombudos como um cilindro, como o arrasto de pressão difere do arrasto de atrito?

11–63C No escoamento sobre cilindros, por que o coeficiente de arrasto cai subitamente quando o escoamento se torna turbulento? Não se supõe que a turbulência aumenta o coeficiente de arrasto em vez de diminuí-lo?

11–64 Observa-se que uma partícula de pó com 0,1 mm de diâmetro cuja densidade é 2,1 g/cm^3 está suspensa no ar a 1 atm e 25°C em um ponto fixo. Estime a velocidade ascendente do ar naquele local. Suponha que a lei de Stokes seja aplicável. Essa hipótese é válida?
Resposta: 0,62 m/s.

11–65 Um longo tubo de vapor com 5 cm de diâmetro passa através de uma área que está aberta aos ventos. Determine a força de arrasto que age sobre o tubo por unidade de seu comprimento quando o ar está a 1 atm e 10°C e o vento está soprando sobre o tubo a uma velocidade de 50 km/h.

11–66 Considere o granizo de 0,8 cm de diâmetro que está caindo livremente no ar a 1 atm e 5°C. Determine a velocidade terminal do granizo. Considere a densidade do granizo 910 kg/m^3.

11–67E Um tubo com diâmetro externo de 1,2 in deve ser estendido transversalmente a um rio em um ponto onde a largura do mesmo é 140 ft ficando completamente imerso na água. A velocidade média de escoamento da água é 10 ft/s e a temperatura da água é 70°F. Determine a força de arrasto exercida pelo rio sobre o tubo.
Resposta: 1490 lbf

11–68 Partículas de pó com diâmetro de 0,06 mm e densidade de 1,6 g/cm^3 são levantadas pelo ar durante ventos fortes e sobem até uma altitude de 200 m quando o vento se acalma. Estime quanto tempo levará para que as partículas de pó caiam de volta à terra em ar parado a 1 atm e 30°C, e sua velocidade. Desconsidere o período de transiente inicial durante o qual as partículas de pó aceleram até atingir sua velocidade terminal e suponha que a lei de Stokes seja aplicável.

11–69 Um tronco de pinho cilíndrico de 2 m de comprimento e 0,2 m de diâmetro (densidade = 513 kg/m^3)

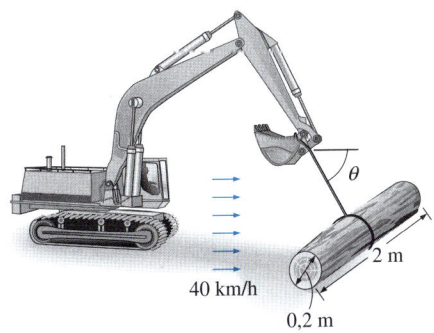

FIGURA P11–69

é suspenso por um guindaste na posição horizontal. O tronco está sujeito a ventos normais de 40 km/h a 5°C e 88 kPa. Desconsiderando o peso do cabo e seu arrasto, determine o ângulo θ que o cabo fará com a horizontal e a tensão no cabo.

11–70 Uma linha de transmissão de energia elétrica com diâmetro de 6 mm está exposta ao vento. Determine a força de arrasto exercida sobre uma seção do cabo de 160 m de comprimento durante um dia com ventos quando o ar está a 1 atm e 15°C e o vento está soprando sobre a linha de transmissão com velocidade de 65 km/h.

11–71E Uma pessoa ao ar livre estende seus braços descobertos em uma corrente de vento a 1 atm e 60°F e 25 mi/h para poder sentir mais de perto a natureza. Considerando que o braço tenha um comprimento de 2 ft e diâmetro de 4 in, determine a força de arrasto combinada em ambos os braços.

Resposta: 2,12 lbf

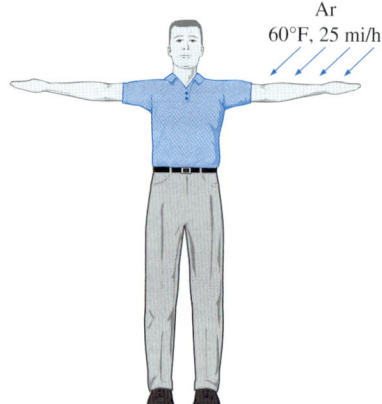

FIGURA P11–71E

11–72 Uma das demonstrações populares em feiras de ciências envolve a suspensão de uma bola de pingue-pongue por um jato de ar dirigido para cima. As crianças ficam encantadas observando que a bola sempre retorna para o centro do jato de ar quando ela é empurrada para o lado com o dedo. Explique esse fenômeno usando a equação de Bernoulli. Determine também a velocidade do ar se a bola tiver uma massa de 3,1 g e um diâmetro de 4,2 cm. Suponha que o ar está a 1 atm e 25°C.

Sustentação

11–73C Por que a contribuição dos efeitos viscosos para a sustentação normalmente é desprezível nos aerofólios?

11–74C O ar está escoando por um aerofólio simétrico com um ângulo de ataque de 5°. Serão (*a*) a sustentação e (*b*) o arrasto que agem sobre o aerofólio iguais a zero ou não?

11–75C O que é estol? O que faz um aerofólio entrar em estol? Por que os aviões comerciais não podem voar em condições próximas do estol?

11–76C O ar está escoando por um aerofólio não simétrico com um ângulo de ataque nulo. Serão (*a*) a sustentação e (*b*) o arrasto que agem sobre o aerofólio iguais a zero ou não?

11–77C O ar está escoando por um aerofólio simétrico com um ângulo de ataque nulo. Serão (*a*) a sustentação e (*b*) o arrasto que agem sobre o aerofólio iguais a zero ou não?

11–78C Tanto a sustentação quanto o arrasto de um aerofólio aumentam com um aumento no ângulo de ataque. Em geral, o que aumenta a uma taxa maior, a sustentação ou o arrasto?

11–79C Por que são usados os flaps nos bordos de ataque e de fuga das asas de grandes aviões durante a decolagem e o pouso? Pode um avião decolar ou pousar sem eles?

11–80C O ar está escoando sobre uma bola. A sustentação exercida na bola é zero ou diferente de zero? Responda à mesma questão se a bola estiver girando.

11–81C Qual é o efeito dos vórtices das pontas das asas (a circulação de ar da parte inferior das asas para a parte superior) sobre o arrasto e a sustentação?

11–82C O que é arrasto induzido nas asas? Pode o arrasto induzido ser minimizado usando-se asas longas e estreitas ou asas curtas e largas?

11–83C Explique por que winglets são adicionados às asas de alguns aviões.

11–84C Como os flaps afetam a sustentação e o arrasto das asas?

11–85 Um pequeno avião tem uma asa com área de 35 m^2, um coeficiente de sustentação de 0,45 nos parâmetros de decolagem e uma massa total de 4000 kg. Determine (*a*) a velocidade de decolagem desse avião ao nível do mar nas condições atmosféricas padrão, (*b*) a carga da asa e (*c*) a potência requerida para manter uma velocidade de cruzeiro constante de 300 km/h para um coeficiente de arrasto de cruzeiro de 0,035.

11–86 Considere um avião que decola a 260 km/h com sua carga total. Se o peso do avião for aumentado em 10 % em razão de uma sobrecarga, determine a velocidade na qual o avião sobrecarregado irá decolar.

Resposta: 273 km/h

11–87 Considere um avião cuja velocidade de decolagem é 220 km/h e que leva 15 segundos para decolar ao nível do mar.

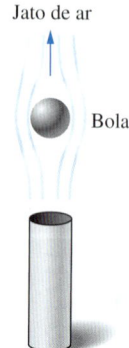

FIGURA P11–72

Para um aeroporto que está a uma altitude de 1600 m (como, por exemplo, Denver), determine (*a*) a velocidade de decolagem, (*b*) o tempo de decolagem e (*c*) o comprimento adicional da pista necessária para esse avião. Suponha aceleração constante em ambos os casos.

FIGURA P11–87

11–88E Um avião está consumindo combustível à razão de 7 gal/min voando a uma altitude constante de 10.000 ft com uma velocidade constante. Supondo que o coeficiente de arrasto e a eficiência dos motores permaneçam as mesmas, determine a taxa de consumo de combustível a uma altitude de 30.000 ft voando com a mesma velocidade.

11–89 Um jumbo jet tem uma massa de aproximadamente 400.000 kg quando totalmente lotado com mais de 400 passageiros e decola com uma velocidade de 250 km/h. Determine a velocidade de decolagem quando o avião estiver com 100 assentos vazios. Suponha que cada passageiro com sua bagagem pesa 140 kg e os ajustes de asa e flaps permaneçam os mesmos.

Resposta: 246 km/h

11–90 Reconsidere o Prob. 11–89. Usando o software EES (ou outro), investigue o efeito do número de passageiros na velocidade de decolagem do avião. Faça o número de passageiros variar de 0 até 500 em incrementos de 50. Faça uma tabela e um gráfico dos resultados.

FIGURA P11–91

11–91 Uma bola de tênis com uma massa de 57 g e diâmetro de 6,4 cm é lançada com uma velocidade inicial de 105 km/h e uma rotação de 4200 rpm de acordo com a Fig. P11–91. Determine se a bola cairá ou subirá sob o efeito combinado da gravidade e sustentação devido à rotação logo após ser lançada. Suponha que o ar está a 1 atm e 25°C.

11–92E Uma bola lisa com 2,4" de diâmetro girando a 500 rpm é jogada em uma corrente de água a 60°F escoando a 4 ft/s. Determine as forças de sustentação e arrasto que agem sobre a bola quando ela é jogada na água.

11–93 O aerofólio NACA 64(1)-412 tem uma relação sustentação-arrasto de 50 com ângulo de ataque 0°, como mostra a Fig. 11–43. Em que ângulo de ataque essa relação aumenta para 80?

11–94 Considere um avião leve com um peso total de 11.000 N e uma área de asa de 39 m², e suas asas são semelhantes ao aerofólio NACA 23012 sem flaps. Usando dados da Fig. 11–45, determine a velocidade de decolagem a um ângulo de ataque de 5° ao nível do mar. Determine também a velocidade de estol.

Respostas: 99,7 km/h, 62,7 km/h

11–95 Um pequeno avião tem massa total de 1800 kg e uma área de asa de 42 m². Determine os coeficientes de sustentação e arrasto desse avião enquanto viaja a uma altitude de 4000 m com uma velocidade constante de 280 km/h e gerando 190 kW de potência.

11–96 Um avião tem uma massa de 50.000 kg e 300 m² de área de asa, um coeficiente de sustentação máximo de 3,2 e um coeficiente de arrasto em velocidade de cruzeiro de 0,03 a uma altitude de 12.000 m. Determine (*a*) a velocidade de decolagem ao nível do mar, supondo que ela é 20 % acima da velocidade de estol e (*b*) o empuxo que os motores precisam fornecer para uma velocidade de cruzeiro de 700 km/h.

Problemas de revisão

11–97 Um dirigível pode ser considerado como um elipsoide de 3m de diâmetro e 8m de comprimento, e está amarrado ao solo. Num dia sem vento, a tensão na corda devido ao efeito de flutuação é de 120 N. Determine a tensão na corda quando há um vento de 50 km/h soprando ao longo de uma direção paralela ao eixo do dirigível.

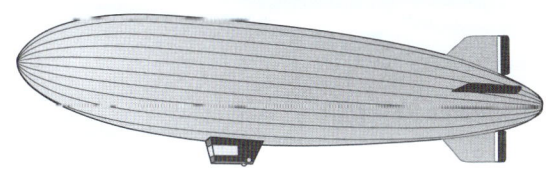

FIGURA P11–97

11–98 Um tanque esférico com diâmetro externo de 1,2 m está localizado ao ar livre a 1 atm e 25°C e está sujeito a ventos de 48 km/h. Determine a força de arrasto exercida sobre ele pelo vento.

Resposta: 16,7 N

11–99 Um painel de anúncio retangular de 2 m de altura e 4 m de largura está preso a um bloco de concreto retangular de 4 m de largura e 0,15 m de altura (densidade = 2300 kg/m³) por dois mastros de 5 cm de diâmetro e 4 m de altura (parte exposta), como mostra a Fig. P11–99. Se o anúncio deve resistir a ventos de 150 km/h de qualquer direção, determine (*a*) a máxima força de arrasto no painel, (*b*) a força de arrasto que age nos mastros e (*c*) o comprimento mínimo *L* do bloco de concreto para que o painel resista aos ventos. Considere a densidade do ar como 1,30 kg/m³.

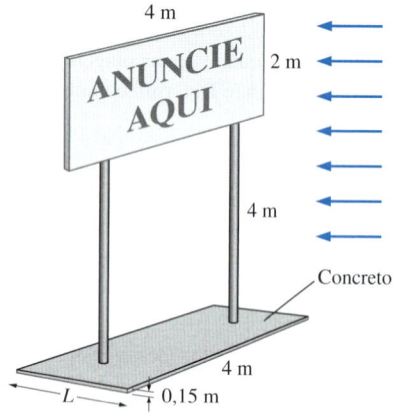

FIGURA P11–99

11–100 Um barco plástico cujo fundo pode ser aproximado como uma superfície plana de 1,5 m de largura e 2 m de comprimento deve se mover através da água a 15°C com velocidades de até 45 km/h. Determine o arrasto de atrito no barco causado pela água e a potência necessária para vencê-lo.

FIGURA P11–100

11–101 Reconsidere o Prob. 11–100. Usando o software EES (ou outro), estude o efeito da velocidade sobre a força de arrasto que age na superfície do fundo do barco e a potência necessária para vencê-lo. Faça a velocidade do barco variar de 0 até 100 km/h em incrementos de 10 km/h. Faça uma tabela e um gráfico dos resultados.

11–102 A chaminé cilíndrica de uma fábrica tem um diâmetro externo de 1,1 m e 20 m de altura. Determine o momento fletor em sua base quando ventos de 110 km/h estão soprando. As condições atmosféricas são 20°C e 1 atm.

11–103E O compartimento de passageiros de uma minivan viajando a 50 mi/h com o ar externo a 1 atm e 80°F pode ser modelado como uma caixa retangular com 4,5 ft de altura, 6 ft de largura e 11 ft de comprimento. O escoamento do ar sobre as superfícies exteriores pode ser considerado como turbulento devido às intensas vibrações envolvidas. Determine a força de arrasto que age sobre a superfície superior e as duas superfícies laterais da van e a potência necessária para vencer essa força de arrasto.

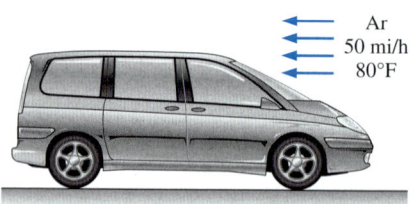

FIGURA P11–103E

11–104E Um avião comercial tem uma massa total de 150.000 lbm e uma área planiforme de asa de 1800 ft². O avião tem uma velocidade de cruzeiro de 550 mi/h e uma altitude de cruzeiro de 38.000 ft onde a densidade do ar é 0,0208 lbm/ft³. O avião tem flaps com slot duplo para uso durante a decolagem e o pouso, mas em voo de cruzeiro os flaps estão recolhidos. Supondo que as características de sustentação e arrasto das asas podem ser aproximadas pela NACA 23012, determine (*a*) a velocidade de segurança mínima para decolagem e pouso com e sem os flaps estendidos, (*b*) o ângulo de ataque para voo estável na altitude de cruzeiro e (*c*) a potência que deve ser fornecida para produzir o empuxo suficiente para vencer o arrasto. Considere a densidade do ar no solo como 0,075 lbm/ft³.

11–105 Um motor de automóvel pode ser considerado aproximadamente como um bloco retangular com 0,4 m de altura, 0,60 m de largura e 0,7 m de comprimento. O ar ambiente está a 1 atm e 15°C. Determine a força de arrasto que age sobre a superfície inferior do bloco do motor quando o carro está a uma velocidade de 120 km/h. Suponha que o escoamento seja turbulento sobre a superfície do motor devido à constante agitação do bloco do motor.

Resposta: 1,22 N

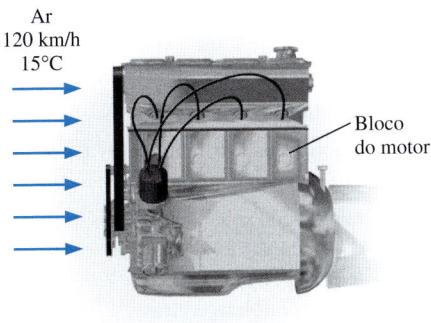

FIGURA P11–105

11–106 Um paraquedista e seu paraquedas de 8 m de diâmetro pesam 950 N. Considerando a densidade média do ar como 1,2 kg/m³, determine a velocidade terminal do paraquedista.
Resposta: 4,9 m/s

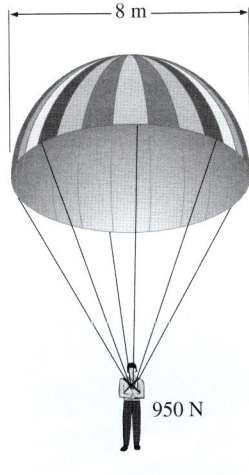

FIGURA P11–106

11–107 Pretende-se suprir as necessidades de água de um trailer instalando um tanque cilíndrico de 3 m de comprimento e 0,5 m de diâmetro sobre o teto do veículo. Determine a potência adicional necessária do trailer a uma velocidade de 80 km/h quando o tanque está instalado de forma que suas superfícies circulares estão voltadas para (*a*) a frente e traseira do veículo (como desenhado) e (*b*) os lados do veículo. Suponha que as condições atmosféricas são 87 kPa e 20°C.
Respostas: (a) 1,05 kW, (b) 6,77 kW

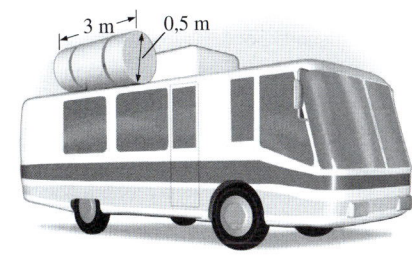

FIGURA P11–107

11–108 Uma bola lisa de 9 cm de diâmetro tem uma velocidade de 36 km/h durante um lançamento típico. Determine o aumento percentual no coeficiente de arrasto se for aplicada à bola uma rotação de 3500 rpm no ar a 1 atm e 25°C.

11–109 Calcule a espessura da camada limite durante o escoamento sobre uma placa de 2,5 m de comprimento em intervalos de 25 cm e faça um gráfico da camada limite sobre a placa para o escoamento de (*a*) ar, (*b*) água e (*c*) óleo de motor a 1 atm e 20°C e com uma velocidade a montante de 3 m/s.

11–110 Um caminhão-baú de 17.000 kg tem uma área frontal de 9,2 m², um coeficiente de arrasto de 0,96, um coeficiente de resistência de rolagem de 0,05 (multiplicando-se o peso de um veículo pelo coeficiente de resistência de rolagem, obtemos a resistência de rolagem), uma resistência de atrito nos mancais de 350 N e uma velocidade máxima de 110 km/h em uma estrada nivelada com velocidade constante em tempo calmo com a densidade do ar igual a 1,25 kg/m³. Instala-se uma carenagem na frente do reboque para eliminar a separação e para carenar o escoamento na superfície superior, e o coeficiente de arrasto é reduzido para 0,76. Determine a velocidade máxima com a carenagem.
Resposta: 133 km/h

11–111E Janie gosta de dirigir com uma bola de tênis espetada na antena. O diâmetro da bola é $D = 2,62$ e sua rugosidade é $\varepsilon/D = 1,5 \times 10^{-3}$. Seu amigo lhe diz que está desperdiçando gasoli-

FIGURA P11–111E

na por causa do arrasto adicional da bola. Estime quanto dinheiro ela está desperdiçando por ano sabendo que ela dirige 16.000 milhas por ano a uma velocidade média de 55 mi/h. A eficiência global do carro é 0,308, $\rho_{gasolina} = 50{,}2$ lbm/ft^3 e o poder calorífico da gasolina é $1{,}47 \times 10^7$ ft·lbf/lbm. A gasolina custa $4,00 por galão. Use propriedades padrão para o ar. Cuidado com as conversões de unidades. Janie deveria retirar a bola?

11–112 Durante um experimento, três bolas de alumínio ($\rho_s = 2600$ kg/m^3) com diâmetros de 2, 4 e 10 mm, respectivamente, são jogadas em um tanque cheio com glicerina a 22°C ($\rho_f = 1274$ kg/m^3 e $\mu = 1$ kg/m·s). As velocidades terminais de descida das bolas são medidas resultando em 3,2, 12,8 e 60,4 mm/s, respectivamente. Compare esses valores com as velocidades previstas pela lei de Stokes para a força de arrasto $F_D = 3\pi\mu DV$, que é válida para números de Reynolds muito baixos (Re << 1). Determine o erro envolvido em cada caso e avalie a precisão da lei de Stokes.

11–113 Repita o Prob. 11–112 considerando a forma geral da lei de Stokes expressa como $F_D = 3\pi\mu DV + (9\pi/16)\rho V^2 D^2$ onde ρ é a densidade do fluido.

11–114 Uma pequena bola de alumínio com $D = 2$ mm e $\rho_s = 2700$ kg/m^3 é jogada em um grande recipiente cheio com óleo a 40°C ($\rho_f = 876$ kg/m^3 e $\mu = 0{,}2177$ kg/m·s). Espera-se que o número de Reynolds seja baixo e, portanto, que a lei de Stokes para a força de arrasto, $F_D = 3\pi\mu DV$ seja aplicável. Mostre que a variação de velocidade com o tempo pode ser expressa como $V = (a/b)(1 - e^{-bt})$ onde $a = g(1 - \rho_f/\rho_s)$ e $b = 18\mu/(\rho_s D^2)$. Faça um gráfico da variação da velocidade com o tempo e calcule o tempo necessário para que a bola alcance 99 % de sua velocidade terminal.

11–115 [EES] Óleo de motor a 40°C está escoando sobre uma longa placa plana com a velocidade de 6 m/s. Determine a distância x_{cr} a partir do bordo de ataque da placa onde o escoamento se torna turbulento, calcule e coloque em um gráfico a espessura da camada limite sobre um comprimento de $2x_{cr}$.

11–116 A lei de Stokes pode ser usada para determinar a viscosidade de um fluido fazendo cair um objeto esférico no fluido e medindo a velocidade terminal do objeto naquele fluido. Isso pode ser feito desenhando-se um gráfico da distância percorrida *versus* tempo e observando quando a curva se torna linear. Durante um experimento desses, uma bola de vidro de 3 mm de diâmetro ($\rho = 2.500$ kg/m^3) é jogada no fluido cuja densidade é 875 kg/m^3, e a velocidade terminal resultante é 0,12 m/s. Desprezando os efeitos de parede, determine a viscosidade do fluido.

Problemas adicionais

11–117 Que quantidades são fenômenos físicos associados com o escoamento sobre um corpo?

I. Força de arrasto agindo sobre automóveis
II. A sustentação gerada por asas de aeronaves
III. A elevação de chuva ou neve
IV. Potência gerada por turbinas eólicas

(a) I e II (b) I e III (c) II e III
(d) I, II e III (e) I, II, III e IV

11–118 A soma das componentes da pressão e cisalhamento na parede na direção normal ao escoamento é chamada de:

(a) arrasto (b) atrito
(c) sustentação (d) rombudo (e) delgado

11–119 Um carro viaja a 70 km/h em ar a 20°C. A área frontal do carro é de 2,4 m^2. Se a força de arrasto sobre o carro é de 205 N, o coeficiente de arrasto é de:

(a) 0,312 (b) 0,337 (c) 0,354
(d) 0,375 (e) 0,391

11–120 Um pessoa está pilotando sua motocicleta a uma velocidade de 110 km/h em ar a 20°C. A área frontal da motocicleta e do piloto é de 0,75 m^2. Se o coeficiente de arrasto estimado é 0,90, a força de arrasto na direção do movimento agindo sobre o veículo é:

(a) 379 N (b) 220 N (c) 283 N
(d) 308 N (e) 450 N

11–121 O fabricante de um carro reduz o coeficiente de arrasto de seu veículo de 0,38 para 0,33 como resultado de algumas modificações no desenho. Se, em média, o arrasto aerodinâmico responde por 20% do consumo de combustível, a redução percentual no consumo de combustível por conta da redução no coeficiente de arrasto será

(a) 15 % (b) 13 % (c) 6,6 %
(d) 2,6 % (e) 1,3 %

11–122 A região do escoamento atrás de um corpo onde a presença do corpo é sentida é chamada de

(a) Esteira (b) Região de separação
(c) Estol (d) Vórtice (e) Irrotacional

11–123 A camada limite turbulenta consiste em quatro regiões. Qual não é parte da camada limite turbulenta?

(a) camada amortecedora (b) camada intermediária
(c) camada de transição (d) camada viscosa
(e) camada externa

11–124 Água a 10°C escoa sobre um lado de uma placa plana de 1,1 m de comprimento com uma velocidade de 0,55 m/s. Se a largura da placa é de 2,5 m, calcule a força de arrasto sobre a superfície molhada da placa. As propriedades da água a 10°C são: $\rho = 999{,}7$ kg/m^3, $\mu = 1{,}307 \times 10^{-3}$ kg/m·s.

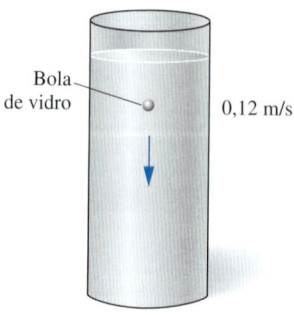

FIGURA P11–116

(a) 0,46 N (b) 0,81 N (c) 2,75 N
(d) 4,16 N (e) 6,32 N

11–125 Água a 10°C escoa sobre um lado de uma placa plana de 3,75 m de comprimento com uma velocidade de 1,15 m/s. Se a largura da placa é de 6,5 m, calcule o coeficiente de atrito médio sobre a superfície molhada da placa. As propriedades da água a 10°C são: $\rho = 999,7$ kg/m^3, $\mu = 1,307 \times 10^{-3}$ kg/ms.

(a) 0,00508 (b) 0,00447 (c) 0,00302
(d) 0,00367 (e) 0,00315

11–126 Ar a 30°C escoa sobre um tubo com diâmetro externo de 3 cm e comprimento de 45 m com uma velocidade de 6 m/s. Calcule a força de arrasto exercida pelo ar sobre o tubo. As propriedades do ar a 30°C são: $\rho = 1,164$ kg/m^3, $\nu = 1,608 \times 10^{-5}$ m^2/s.

(a) 19,3 N (b) 36,8 N (c) 49,3 N
(d) 53,9 N (e) 60,1 N

11–127 Um tanque esférico de 0,8 m de diâmetro externo é completamente submerso numa corrente de água de 2,5 m/s. Calcule a força de arrasto no tanque. As propriedades da água são: $\rho = 998,0$ kg/m^3, $\mu = 1,002 \times 10^{-3}$ kg/m·s.

(a) 878 N (b) 627 N (c) 545 N
(d) 356 N (e) 220 N

11–128 Um avião tem uma massa total de 18000 kg e uma área planiforme de 35 m^2. A densidade do ar no solo é de 1,2 kg/m^3. O coeficiente de sustentação máximo é 3,48. A velocidade mínima segura para decolagem e pouso é:

(a) 305 km/h (b) 173 km/h (c) 194 km/h
(d) 212 km/h (e) 246 km/h

11–129 Um avião tem uma massa total de 35000 kg e uma área planiforme de 65 m^2. Voa em cruzeiro a 10000 m de altitude com velocidade de 1100 km/h. A densidade do ar na altitude de cruzeiro é de 0,414 kg/m^3. O coeficiente de sustentação desse avião na altitude de cruzeiro é:

(a) 0,273 (b) 0,290 (c) 0,456
(d) 0,874 (e) 1,22

11–130 Um avião voa em cruzeiro a 800 km/h em ar de densidade 0,526 kg/m^3. A área planiforme é de 90 m^2. Os coeficientes estimados de sustentação e arrasto nessa condição de cruzeiro são 2,0 e 0,06, respectivamente. A potência que deve ser fornecida para vencer o arrasto das asas é

(a) 9760 kW (b) 11.300 kW (c) 15.600 kW
(d) 18.200 kW (e) 22.600 kW

Problemas de projeto e dissertação

11–131 Escreva um relatório sobre a história da redução dos coeficientes de arrasto dos carros e obtenha os dados de coeficientes de arrasto para alguns modelos mais modernos de carros através dos catálogos dos fabricantes.

11–132 Escreva um relatório sobre os flaps usados nos bordos de ataque e de fuga das asas dos grandes aviões comerciais. Discuta como os flaps afetam os coeficientes de arrasto e sustentação durante a decolagem e pouso.

11–133 Os grandes aviões comerciais voam a grandes altitudes (até aproximadamente 40.000 ft) para economizar combustível. Discuta como o voo em grandes altitudes reduz o arrasto e economiza combustível. Discuta também por que os pequenos aviões voam a altitudes relativamente baixas.

11–134 Muitos motoristas desligam o ar-condicionado do carro e abrem os vidros das janelas esperando que com isso estarão economizando combustível. Mas há quem diga que esse aparente "resfriamento gratuito", na realidade, aumenta o consumo de combustível do carro. Investigue esse assunto e escreva um relatório sobre qual a prática que economizará gasolina e em que condições.

Capítulo 12

Escoamento Compressível

OBJETIVOS

Ao terminar a leitura deste capítulo você deve ser capaz de:

- Apreciar as consequências da compressibilidade sobre o escoamento de um gás
- Entender o motivo pelo qual um bocal deve ter uma seção divergente para acelerar um gás até velocidades supersônicas
- Prever a ocorrência de choques e calcular as variações das propriedades através de uma onda de choque
- Entender os efeitos do atrito e da transferência de calor sobre os escoamentos compressíveis.

Em geral, limitamos até agora nossas considerações a escoamentos para os quais os efeitos das variações da densidade e, portanto, da compressibilidade são desprezíveis. Neste capítulo, suprimimos essa limitação e consideramos os escoamentos que envolvem variações significativas da densidade. Tais escoamentos são chamados *escoamentos compressíveis*, e frequentemente, podem ser encontrados em dispositivos que envolvem o escoamento de gases a velocidades muito altas. O escoamento compressível combina a dinâmica dos fluidos e a termodinâmica, já que as duas são necessárias para o desenvolvimento do fundamento teórico necessário. Neste capítulo, desenvolvemos as relações gerais associadas aos escoamentos compressíveis de um gás ideal com calores específicos constantes.

Iniciamos este capítulo apresentando os conceitos do *estado de estagnação, velocidade do som* e *número de Mach* para os escoamentos compressíveis. As relações entre as propriedades estáticas e de estagnação dos fluidos são desenvolvidas para os escoamentos isentrópicos dos gases ideais, e são expressas como funções das razões de calores específicos e do número de Mach. Os efeitos das variações de área para os escoamentos isentrópicos unidimensionais subsônicos e supersônicos são discutidos. Esses efeitos são ilustrados levando-se em conta o escoamento isentrópico através de *bocais convergentes* e *convergentes-divergentes*. O conceito de *ondas de choque* e da variação das propriedades do escoamento através de ondas de choque normais e oblíquas é discutido. Finalmente, consideramos os efeitos do atrito e da transferência de calor sobre os escoamentos compressíveis e desenvolvemos relações para as variações de propriedades.

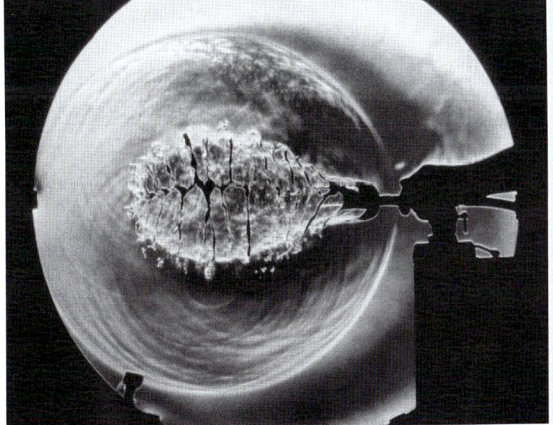

Imagem Schlieren de alta velocidade do rompimento de um balão de festa preenchido com ar comprimido. Essa exposição de 1 microssegundo captura a superfície despedaçada do balão e revela a bolha interna de ar comprimido no momento em que ela começa a se expandir. O rompimento do balão também cria uma onda de choque esférica fraca, visível no círculo ao redor do balão. No centro da imagem, à direita, é possível ver a silhueta da mão do fotógrafo na válvula de ar.

Foto de G. S. Settles, Penn State University. Usada com permissão.

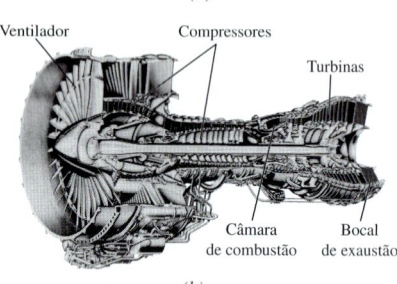

FIGURA 12–1 Os motores de aeronaves e motores a jato envolvem altas velocidades e, portanto, o termo de energia cinética sempre deve ser considerado ao analisá-los.

(a) © Corbis RF (b) Fotografia cedida por United Technologies Corporation / Pratt & Whitney. Usado com permissão. Todos os direitos reservados.

12–1 PROPRIEDADES DE ESTAGNAÇÃO

Ao analisar os volumes de controle, descobrimos que é muito conveniente combinar a *energia interna* e a *energia de escoamento* de um fluido em um único termo, a *entalpia*, definida por unidade de massa como $h = u + P/\rho$. Sempre que as energias cinética e potencial do fluido sejam desprezíveis, como acontece frequentemente, a entalpia representa a *energia total* de um fluido. Para escoamentos a alta velocidade, como aqueles encontrados em motores a jato (Fig. 12–1), a energia potencial do fluido ainda é desprezível, mas não a energia cinética. Em tais casos, é conveniente combinar a entalpia e a energia cinética do fluido em um único termo chamado **entalpia de estagnação** (ou **total**) h_0, definida por unidade de massa como

$$h_0 = h + \frac{V^2}{2} \quad \text{(kJ/kg)} \tag{12-1}$$

Quando a energia potencial do fluido é desprezível, a entalpia de estagnação representa a *energia total de um escoamento de fluido* por unidade de massa. Assim, isso simplifica a análise termodinâmica dos escoamentos de alta velocidade.

Em todo este capítulo, a entalpia comum h é denominada **entalpia estática** sempre que necessário, para distingui-la da entalpia de estagnação. Observe que a entalpia de estagnação é uma propriedade combinada de um fluido, assim como a entalpia estática, e essas duas entalpias tornam-se idênticas quando a energia cinética do fluido é desprezível.

Considere o escoamento permanente de um fluido através de um duto, como um bocal, um difusor ou alguma outra passagem de escoamento na qual o escoamento ocorre de forma adiabática e sem trabalho de eixo ou elétrico, como mostra a Fig. 12–2. Assumindo que o fluido experimenta uma pequena ou nenhuma variação em sua elevação e em sua energia potencial, a relação de balanço de energia ($\dot{E}_e = \dot{E}_s$) para esse dispositivo de corrente única em escoamento permanente se reduz a:

$$h_1 + \frac{V_1^2}{2} = h_2 + \frac{V_2^2}{2} \tag{12-2}$$

ou

$$h_{01} = h_{02} \tag{12-3}$$

Ou seja, na ausência de qualquer interação de calor e trabalho e de variações na energia potencial, a entalpia de estagnação de um fluido permanece constante durante um processo de escoamento permanente. Os escoamentos através de bocais e difusores em geral atendem essas condições, e qualquer aumento da velocidade do fluido nesses dispositivos cria uma diminuição equivalente da entalpia estática do fluido.

Se o fluido fosse parado completamente, a velocidade no estado 2 seria zero e a Equação 12–2 se tornaria:

$$h_1 + \frac{V_1^2}{2} = h_2 = h_{02}$$

Assim, a *entalpia de estagnação* representa a *entalpia de um fluido quando ele é levado ao repouso de forma adiabática*.

Durante um processo de estagnação, a energia cinética de um fluido é convertida em entalpia (energia interna + energia de escoamento), o que resulta em um aumento da temperatura e da pressão do fluido. As propriedades de um fluido no estado de estagnação são chamadas de **propriedades de estagnação** (temperatura

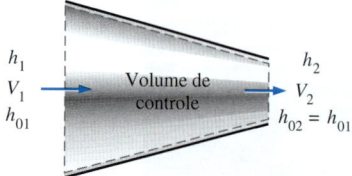

FIGURA 12–2 O escoamento permanente de um fluido através de um duto adiabático.

de estagnação, pressão de estagnação, densidade de estagnação, etc.). O estado de estagnação e as propriedades de estagnação são indicados pelo subscrito 0.

O estado de estagnação é chamado de **estado de estagnação isentrópico** quando o processo de estagnação é reversível e também adiabático (ou seja, isentrópico). A entropia de um fluido permanece constante durante um processo de estagnação isentrópico. Os processos de estagnação real (irreversível) e isentrópico são mostrados no diagrama h-s da Fig. 12–3. Observe que a entalpia de estagnação do fluido (e a temperatura de estagnação caso o fluido seja um gás ideal) é igual nos dois casos. Entretanto, a pressão de estagnação real é mais baixa do que a pressão de estagnação isentrópica, uma vez que a entropia aumenta durante o processo de estagnação real como resultado do atrito no fluido. Muitos processos de estagnação são aproximados como isentrópicos, e as propriedades de estagnação isentrópica são chamadas simplesmente de propriedades de estagnação.

Quando o fluido é aproximado como um *gás ideal* com calores específicos constantes, sua entalpia pode ser substituída por $c_p T$ e a Equação 12–1 pode ser expressa como:

$$c_p T_0 = c_p T + \frac{V^2}{2}$$

ou

$$T_0 = T + \frac{V^2}{2c_p} \tag{12-4}$$

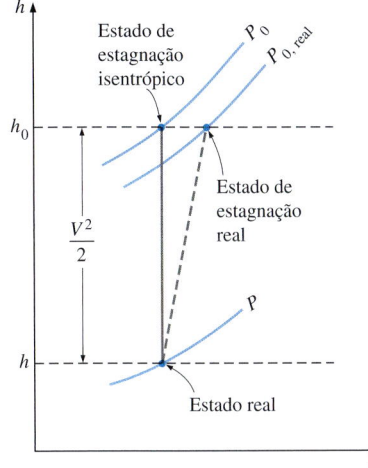

FIGURA 12–3 O estado real, o estado de estagnação real e o estado de estagnação isentrópico de um fluido em um diagrama h-s.

Aqui, T_0 é chamada de **temperatura de estagnação** (ou **total**), e representa *a temperatura que um gás ideal atinge quando é levado ao repouso de forma adiabática*. O termo $V^2/2c_p$ corresponde à elevação de temperatura durante tal processo e é chamada de **temperatura dinâmica**. Por exemplo, a temperatura dinâmica do ar que escoa a 100 m/s é $(100 \text{ m/s})^2/(2 \times 1{,}005 \text{ kJ/kg·K}) = 5{,}0$ K. Assim, quando o ar a 300 K e 100 m/s é levado ao repouso de forma adiabática (na ponta de uma sonda de temperatura, por exemplo), sua temperatura se eleva até o valor de estagnação de 305 K (Fig. 12–4). Observe que os escoamentos de baixa velocidade, as temperaturas de estagnação e estática (ou comum) praticamente são iguais. Mas, para escoamentos de alta velocidade, a temperatura medida por uma sonda estacionária colocada no fluido (a temperatura de estagnação) pode ser significativamente mais alta do que a temperatura estática do fluido.

A pressão que um fluido atinge quando é levado ao repouso de forma isentrópica é chamada de **pressão de estagnação** P_0. Para os gases ideais com calores específicos constantes, P_0 está relacionada à pressão estática do fluido por:

$$\frac{P_0}{P} = \left(\frac{T_0}{T}\right)^{k/(k-1)} \tag{12-5}$$

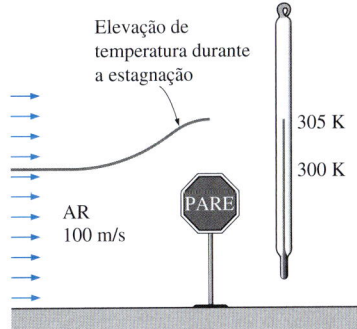

FIGURA 12–4 A temperatura de um gás ideal que escoa a uma velocidade V se eleva em $V^2/2c_p$ quando ele é totalmente freado.

Observando que $\rho = 1/v$ e usando a relação isentrópica $Pv^k = P_0 v_0^k$, a relação entre a densidade de estagnação e a densidade estática pode ser expressa como:

$$\frac{\rho_0}{\rho} = \left(\frac{T_0}{T}\right)^{1/(k-1)} \tag{12-6}$$

Quando as entalpias de estagnação são usadas, não há necessidade de se referir explicitamente à energia cinética. Em seguida, o balanço de energia $\dot{E}_e = \dot{E}_s$ de um dispositivo de corrente única em escoamento permanente pode ser expresso como:

$$q_e + w_e + (h_{01} + gz_1) = q_s + w_s + (h_{02} + gz_2) \tag{12-7}$$

onde h_{01} e h_{02} são as entalpias de estagnação nos estados 1 e 2, respectivamente. Quando o fluido é um gás ideal com calores específicos constantes, a Equação 12–7 torna-se:

$$(q_e - q_s) + (w_e - w_s) = c_p(T_{02} - T_{01}) + g(z_2 - z_1) \quad (12\text{–}8)$$

onde T_{01} e T_{02} são as temperaturas de estagnação.

Observe que os termos da energia cinética não aparecem explicitamente nas Equações 12–7 e 12–8, mas os termos da entalpia de estagnação dão conta de sua contribuição.

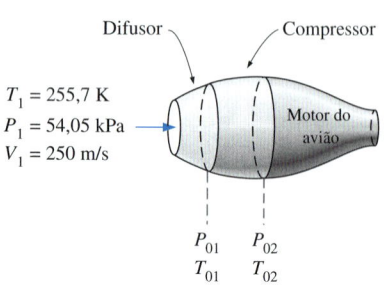

FIGURA 12–5 Esquema do Exemplo 12–1.

EXEMPLO 12–1 Compressão do ar a alta velocidade em um avião

Um avião voa à velocidade de cruzeiro de 250 m/s, altitude de 5.000 m na qual a pressão atmosférica é de 54,05 kPa, e a temperatura do ar ambiente é 255,7 K. O ar ambiente, primeiramente, é desacelerado em um difusor antes de entrar no compressor (Fig. 12–5). Assumindo que o difusor e o compressor sejam isentrópicos, determine (a) A pressão de estagnação na entrada do compressor e (b) O trabalho do compressor por unidade de massa requerido se a razão de pressão de estagnação do compressor for 8.

SOLUÇÃO O ar a alta velocidade entra no difusor e no compressor de um avião. A pressão de estagnação do ar e o trabalho introduzido no compressor devem ser determinados.

Hipóteses **1** Tanto o difusor quanto o compressor são isentrópicos. **2** O ar é um gás ideal com calores específicos constantes à temperatura ambiente.

Propriedades O calor específico à pressão constante, c_p, e a razão de calor específico k do ar à temperatura ambiente são:

$$c_p = 1{,}005 \text{ kJ/kg·K} \quad \text{e} \quad k = 1{,}4$$

Análise (a) Em condições isentrópicas, a pressão de estagnação na entrada do compressor (saída do difusor) pode ser determinada com a Equação 12–5. Entretanto, primeiro, precisamos encontrar a temperatura de estagnação T_{01} na entrada do compressor. Dentro das hipóteses declaradas, T_{01} pode ser determinada com a Equação 12–4 como:

$$T_{01} = T_1 + \frac{V_1^2}{2c_p} = 255{,}7 \text{ K} + \frac{(250 \text{ m/s})^2}{(2)(1{,}005 \text{ kJ/kg·K})}\left(\frac{1 \text{ kJ/kg}}{1000 \text{ m}^2/\text{s}^2}\right)$$

$$= 286{,}8 \text{ K}$$

Assim, da Equação 12–5:

$$P_{01} = P_1\left(\frac{T_{01}}{T_1}\right)^{k/(k-1)} = (54{,}05 \text{ kPa})\left(\frac{286{,}8 \text{ K}}{255{,}7 \text{ K}}\right)^{1{,}4/(1{,}4-1)}$$

$$= \mathbf{80{,}77 \text{ kPa}}$$

Ou seja, a temperatura do ar aumentaria em 31,1°C e a pressão em 26,72 kPa à medida que o ar é desacelerado de 250 m/s até a velocidade zero. Esses aumentos da temperatura e pressão do ar são devido à conversão da energia cinética em entalpia. (b) Para determinar o trabalho do compressor, precisamos conhecer a temperatura de estagnação do ar na saída do compressor T_{02}. A razão da pressão de estagnação através do compressor, P_{02}/P_{01}, é especificada como 8. Como o processo de compressão é assumido como isentrópico, T_{02} pode ser determinada da relação isentrópica do gás ideal (Equação 12–5):

$$T_{02} = T_{01}\left(\frac{P_{02}}{P_{01}}\right)^{(k-1)/k} = (286{,}8 \text{ K})(8)^{(1{,}4-1)/1{,}4} = 519{,}5 \text{ K}$$

Desprezando as variações da energia potencial e a transferência de calor, o trabalho do compressor por unidade de massa de ar é determinado com a Equação 12–8:

$$w_e = c_p(T_{02} - T_{01})$$
$$= (1{,}005 \text{ kJ/kg·K})(519{,}5 \text{ K} - 286{,}8 \text{ K})$$
$$= \mathbf{233{,}9 \text{ kJ/kg}}$$

Assim, o trabalho fornecido ao compressor é 233,9 kJ/kg.

Discussão Observe que o uso das propriedades de estagnação leva em conta automaticamente todas as variações da energia cinética de uma corrente de fluido.

12–2 ESCOAMENTO ISENTRÓPICO UNIDIMENSIONAL

Um parâmetro importante no estudo do escoamento compressível é a **velocidade do som** c, mostrada no Capítulo 2, que está relacionada com outras propriedades do fluido como:

$$c = \sqrt{(\partial P/\partial \rho)_s} \qquad (12\text{–}9)$$

ou

$$c = \sqrt{k(\partial P/\partial \rho)_T} \qquad (12\text{–}19)$$

Para um gás ideal, se simplifica como:

$$c = \sqrt{kRT} \qquad (12\text{–}11)$$

onde k é a razão de calores específicos do gás e R é a constante do gás específico. A razão entre a velocidade de escoamento e a velocidade do som é o número adimensional de Mach, Ma:

$$\text{Ma} = \frac{V}{c} \qquad (12\text{–}12)$$

Durante o escoamento do fluido através de muitos dispositivos, como bocais, difusores e passagens de palhetas de turbina, as quantidades de escoamento variam primariamente apenas na direção do escoamento, e o escoamento pode ser aproximado como escoamento isentrópico unidimensional com um bom nível de exatidão. Assim, ele merece consideração especial. Antes de apresentar uma discussão formal sobre o escoamento isentrópico unidimensional, nós ilustramos alguns de seus aspectos importantes com um exemplo.

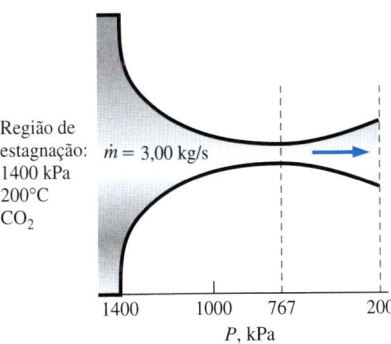

FIGURA 12–6 Esquema do Exemplo 12–2.

EXEMPLO 12–2 Escoamento de gás através de um duto convergente-divergente

O dióxido de carbono escoa de forma permanente através de um duto de área de seção transversal variável, como o bocal mostrado na Fig. 12–6 a uma vazão mássica de 3 kg/s. O dióxido de carbono entra no duto a uma pressão de 1.400 kPa e 200°C com velocidade baixa, e se expande no bocal até uma pressão de 200 kPa. O duto foi criado para que o escoamento possa ser aproximado como isentrópico. Determine a densidade, velocidade, área de escoamento e número de Mach em cada local ao longo do duto que corresponde a uma queda de pressão de 200 kPa.

(continua)

(continuação)

SOLUÇÃO O dióxido de carbono entra em um duto de área de seção transversal variável a condições especificadas. As propriedades do escoamento ao longo do duto devem ser determinadas.

Hipóteses **1** O dióxido de carbono é um gás ideal com calores específicos constantes à temperatura ambiente. **2** O escoamento através do duto é permanente, unidimensional e isentrópico.

Propriedades Para simplificar usamos $c_p = 0{,}846$ kJ/kg·K e $k = 1{,}289$ em todos os cálculos, que são os valores de calor específico à pressão constante e razão de calores específicos do dióxido de carbono à temperatura ambiente. A constante de gás do dióxido de carbono é $R = 0{,}1889$ kJ/kg·K.

Análise Observamos que a temperatura de entrada é quase igual à temperatura de estagnação, uma vez que a velocidade de entrada é pequena. O escoamento é isentrópico e, portanto, as temperaturas de estagnação e pressão através do duto permanecem constantes. Portanto:

$$T_0 \cong T_1 = 200°C = 473 \text{ K}$$

e

$$P_0 \cong P_1 = 1400 \text{ kPa}$$

Para ilustrar o procedimento de solução, calculamos as propriedades desejadas no local onde a pressão é 1.200 kPa, o primeiro local que corresponde a uma queda de pressão de 200 kPa.

Da Equação 12–5:

$$T = T_0\left(\frac{P}{P_0}\right)^{(k-1)/k} = (473 \text{ K})\left(\frac{1200 \text{ kPa}}{1400 \text{ kPa}}\right)^{(1{,}289-1)/1{,}289} = 457 \text{ K}$$

Da Equação 12–4:

$$V = \sqrt{2c_p(T_0 - T)}$$

$$= \sqrt{2(0{,}846 \text{ kJ/kg·K})(473 \text{ K} - 457 \text{ K})\left(\frac{1000 \text{ m}^2/\text{s}^3}{1 \text{ kJ/kg}}\right)}$$

$$= 164{,}5 \text{ m/s} \cong \mathbf{164 \text{ m/s}}$$

Da relação de gás ideal:

$$\rho = \frac{P}{RT} = \frac{1200 \text{ kPa}}{(0{,}1889 \text{ kPa·m}^3/\text{kg·K})(457 \text{ K})} = \mathbf{13{,}9 \text{ kg/m}^3}$$

Da relação da vazão mássica:

$$A = \frac{\dot{m}}{\rho V} = \frac{3{,}00 \text{ kg/s}}{(13{,}9 \text{ kg/m}^3)(164{,}5 \text{ m/s})} = 13{,}1 \times 10^{-4} \text{ m}^2 = \mathbf{13{,}1 \text{ cm}^2}$$

Das Equações 12–11 e 12–12:

$$c = \sqrt{kRT} = \sqrt{(1{,}289)(0{,}1889 \text{ kJ/kg·K})(457 \text{ K})\left(\frac{1000 \text{ m}^2/\text{s}^2}{1 \text{ kJ/kg}}\right)} = 333{,}6 \text{ m/s}$$

$$\text{Ma} = \frac{V}{c} = \frac{164{,}5 \text{ m/s}}{333{,}6 \text{ m/s}} = \mathbf{0{,}493}$$

Os resultados para outros degraus de pressão são resumidos na Tabela 12–1 e são mostrados no gráfico da Fig. 12–7.

Discussão Observe que à medida que a pressão diminui, a temperatura e a velocidade do som diminuem enquanto a velocidade do fluido e o número de Mach aumentam na direção do escoamento. A densidade diminui lentamente no princípio e depois rapidamente à medida que a velocidade do fluido aumenta.

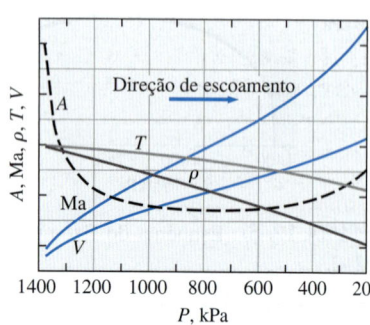

FIGURA 12–7 Variação das propriedades normalizadas dos fluidos e da área de seção transversal à medida que a pressão cai de 1.400 para 200 kPa.

TABELA 12-1
Variação das propriedades do fluido na direção do escoamento do duto descrito no Exemplo 12-2 para $\dot{m} = 3$ kg/s = constante

P, kPa	T, K	V, m/s	ρ, kg/m³	c, m/s	A, cm²	Ma
1400	473	0	15,7	339,4	∞	0
1200	457	164,5	13,9	333,6	13,1	0,493
1000	439	240,7	12,1	326,9	10,3	0,736
800	417	306,6	10,1	318,8	9,64	0,962
767*	413	317,2	9,82	317,2	9,63	1,000
600	391	371,4	8,12	308,7	10,0	1,203
400	357	441,9	5,93	295,0	11,5	1,498
200	306	530,9	3,46	272,9	16,3	1,946

*767 kPa é a pressão crítica quando o número de Mach do local é a unidade.

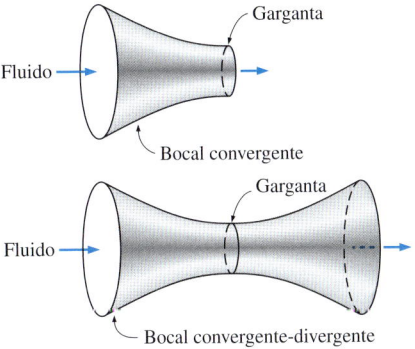

FIGURA 12-8 A seção transversal de um bocal na mínima área de escoamento é chamada de *garganta*.

Observamos pelo Exemplo 12-2 que a área de escoamento diminui com a diminuição da pressão até um valor de pressão crítica, no qual o número de Mach é a unidade e, em seguida, começa a aumentar à medida que a pressão é reduzida. O número de Mach é a unidade no local da menor área de escoamento, chamado **garganta** (Fig. 12-8). Observe que a velocidade do fluido continua aumentando após passar pela garganta, embora a área de escoamento aumente rapidamente naquela região. Esse aumento da velocidade após a garganta deve-se à rápida diminuição da densidade do fluido. A área de escoamento do duto considerada nesse exemplo primeiramente diminui e, em seguida, aumenta. Tais dutos são chamados de **bocais convergentes-divergentes**. Esses bocais são usados para acelerar os gases até velocidades supersônicas e não devem ser confundidos com os *bocais de Venturi*, que são usados exclusivamente para o escoamento incompressível. O primeiro uso de tal bocal ocorreu em 1893 em uma turbina a vapor desenvolvida pelo engenheiro sueco Carl G. B. de Laval (1845–1913) e, portanto, os bocais convergentes-divergentes também são chamados de *bocais de Laval*.

Variação da velocidade do fluido com a área de escoamento

O Exemplo 12-2 deixa claro que as conexões entre a velocidade, densidade e área de escoamento para escoamentos isentrópicos em dutos são bastante complexas. No restante desta seção investigamos essas conexões com mais detalhes e desenvolvemos relações para a variação das razões entre as propriedades estática e de estagnação com o número de Mach para a pressão, a temperatura e a densidade.

Começamos nossa investigação buscando relações entre a pressão, temperatura, densidade, velocidade, área de escoamento e o número de Mach para o escoamento isentrópico unidimensional. Considere o balanço de massa de um processo para escoamento permanente:

$$\dot{m} = \rho A V = \text{constante}$$

Diferenciando e dividindo a equação resultante pela vazão mássica, obtemos:

$$\frac{d\rho}{\rho} + \frac{dA}{A} + \frac{dV}{V} = 0 \quad (12\text{-}13)$$

Desprezando a energia potencial, o balanço de energia de um escoamento isentrópico sem interações de trabalho pode ser expresso na forma diferencial como (Fig. 12-9):

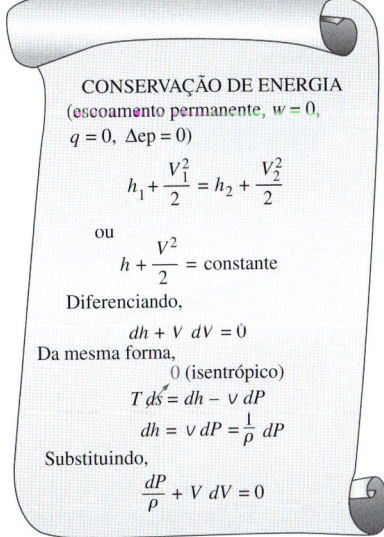

CONSERVAÇÃO DE ENERGIA
(escoamento permanente, $w = 0$, $q = 0$, $\Delta ep = 0$)

$$h_1 + \frac{V_1^2}{2} = h_2 + \frac{V_2^2}{2}$$

ou

$$h + \frac{V^2}{2} = \text{constante}$$

Diferenciando,

$$dh + V\,dV = 0$$

Da mesma forma,

$$T\,ds = dh - v\,dP \quad 0 \text{ (isentrópico)}$$

$$dh = v\,dP = \frac{1}{\rho}\,dP$$

Substituindo,

$$\frac{dP}{\rho} + V\,dV = 0$$

FIGURA 12-9 Dedução da forma diferencial da equação da energia para o escoamento isentrópico permanente.

$$\frac{dP}{\rho} + V\,dV = 0 \qquad (12\text{–}14)$$

Essa relação também é a forma diferencial da equação de Bernoulli quando as variações da energia potencial são desprezíveis, que é uma forma da segunda lei de movimento de Newton para os volumes de controle com escoamento permanente. Combinando as Equações 12–13 e 12–14 resulta em:

$$\frac{dA}{A} = \frac{dP}{\rho}\left(\frac{1}{V^2} - \frac{d\rho}{dP}\right) \qquad (12\text{–}15)$$

Reorganizando a Equação 12–9 como $(\partial \rho/\partial P)_s = 1/c^2$ e substituindo na Equação 12–15 temos que:

$$\frac{dA}{A} = \frac{dP}{\rho V^2}(1 - \mathrm{Ma}^2) \qquad (12\text{–}16)$$

Essa é uma relação importante para o escoamento isentrópico em dutos, uma vez que descreve a variação da pressão com a área de escoamento. Observamos que A, ρ e V são quantidades positivas. Para o escoamento *subsônico* ($\mathrm{Ma} < 1$), o termo $1 - \mathrm{Ma}^2$ é positivo e, portanto, dA e dP devem ter o mesmo sinal. Ou seja, a pressão do fluido deve aumentar à medida que a área de escoamento do duto aumenta, e deve diminuir à medida que a área de escoamento do duto diminui. Assim, a velocidades subsônicas, a pressão diminui nos dutos convergentes (bocais subsônicos) e aumenta nos dutos divergentes (difusores subsônicos).

Para o escoamento *supersônico* ($\mathrm{Ma} > 1$), o termo $1 - \mathrm{Ma}^2$ é negativo e, portanto, dA e dP devem ter sinais opostos. Ou seja, a pressão do fluido deve aumentar à medida que a área de escoamento do duto diminui, e deve diminuir à medida que a área de escoamento do duto aumenta. Assim, a velocidades supersônicas, a pressão diminui nos dutos divergentes (bocais supersônicos) e aumenta nos dutos convergentes (difusores supersônicos).

Outra relação importante para o escoamento isentrópico de um fluido é obtida pela substituição de $\rho V = -dP/dV$ da Equação 12–14 na Equação 12–16:

$$\frac{dA}{A} = -\frac{dV}{V}(1 - \mathrm{Ma}^2) \qquad (12\text{–}17)$$

Esta equação determina a forma de um bocal ou difusor no escoamento isentrópico subsônico ou supersônico. Observando que A e V são quantidades positivas, concluímos o seguinte:

Para escoamento subsônico ($\mathrm{Ma} < 1$), $\quad \dfrac{dA}{dV} < 0$

Para escoamento supersônico ($\mathrm{Ma} > 1$), $\quad \dfrac{dA}{dV} > 0$

Para escoamento sônico ($\mathrm{Ma} = 1$), $\quad \dfrac{dA}{dV} = 0$

Assim, a forma adequada de um bocal depende da mais alta velocidade desejada em relação à velocidade sônica. Para acelerar um fluido, devemos utilizar um bocal convergente a velocidades subsônicas e um bocal divergente a velocidades supersônicas. As velocidades encontradas nas aplicações mais conhecidas estão bem abaixo da velocidade sônica e, portanto, é natural visualizarmos um bocal

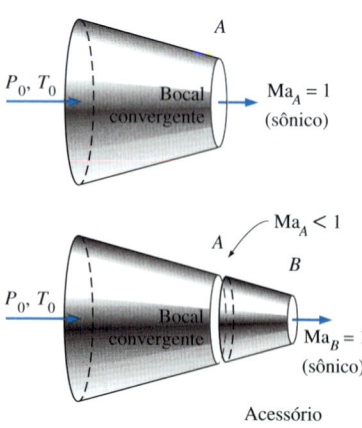

FIGURA 12–10 Não podemos obter velocidades supersônicas, anexando uma seção convergente a um bocal convergente. Isso só moverá a seção transversal sônica ainda mais a jusante e diminuirá a vazão mássica.

como um duto convergente. Porém, a mais alta velocidade que pode ser atingida por um bocal convergente é a velocidade sônica, que ocorre na saída do bocal. Se estendermos o bocal convergente ainda mais, diminuindo a área de escoamento, esperando acelerar o fluido até velocidades supersônicas, como mostra a Fig. 12–10, muito provavelmente vamos nos desapontar. Agora a velocidade sônica ocorrerá na saída da extensão convergente, em vez da saída do bocal original, e a vazão mássica através do bocal diminuirá por causa da área de saída reduzida.

Com base na Equação 12–16, que é uma expressão da conservação de massa e princípios de energia, devemos adicionar uma seção divergente a um bocal convergente para acelerar um fluido até velocidades supersônicas. O resultado é um bocal convergente-divergente. No princípio, o fluido passa através de uma seção subsônica (convergente), na qual o número de Mach aumenta à medida que a área de escoamento do bocal diminui e, em seguida, atinge o valor de unidade na garganta do bocal. O fluido continua acelerando à medida que passa através de uma seção supersônica (divergente). Observando que $\dot{m} = \rho A V$ para o escoamento permanente, vemos que a diminuição grande da densidade torna possível a aceleração na seção divergente. Um exemplo desse tipo de escoamento é o escoamento dos gases quentes de combustão através de um bocal em uma turbina a gás.

O processo oposto ocorre na entrada do motor de um avião supersônico. O fluido é desacelerado quando é passado primeiramente através de um difusor supersônico, que tem uma área de escoamento que diminui na direção do escoamento. Idealmente, o escoamento atinge um número de Mach de unidade na garganta do difusor. O fluido desacelera ainda mais em um difusor subsônico, que tem uma área de escoamento que aumenta na direção do escoamento, como mostra a Fig. 12–11.

Relações de propriedades para escoamento isentrópico de gases ideais

A seguir, desenvolvemos relações entre as propriedades estáticas e de estagnação de um gás ideal em termos da razão de calor específico k e do número de Mach Ma. Assumimos que o escoamento é isentrópico e que o gás tem calores específicos constantes.

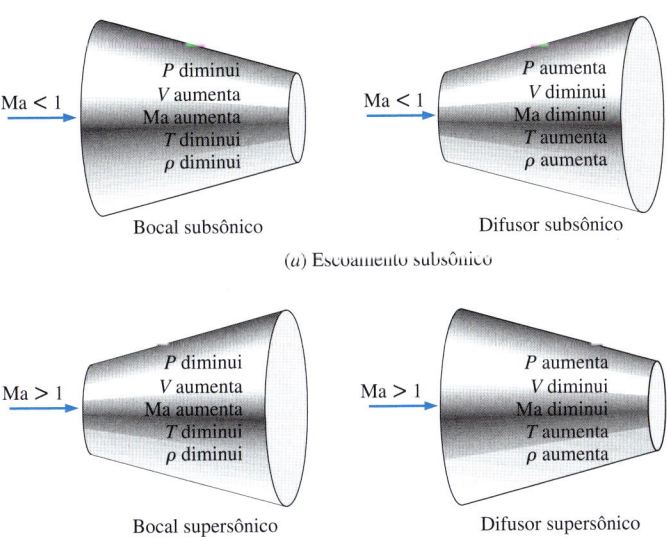

FIGURA 12–11 Variação das propriedades do escoamento em bocais e difusores subsônicos e supersônicos.

A temperatura T de um gás ideal em qualquer parte do escoamento está relacionada com a temperatura de estagnação T_0 por meio da Equação 12–4:

$$T_0 = T + \frac{V^2}{2c_p}$$

ou

$$\frac{T_0}{T} = 1 + \frac{V^2}{2c_p T}$$

Observando que $c_p = kR/(k-1)$, $c^2 = kRT$ e $\text{Ma} = V/c$, vemos que:

$$\frac{V^2}{2c_p T} = \frac{V^2}{2[kR/(k-1)]T} = \left(\frac{k-1}{2}\right)\frac{V^2}{c^2} = \left(\frac{k-1}{2}\right)\text{Ma}^2$$

Substituindo, temos:

$$\frac{T_0}{T} = 1 + \left(\frac{k-1}{2}\right)\text{Ma}^2 \qquad (12\text{–}18)$$

que é a relação desejada entre T_0 e T.

A razão entre a pressão de estagnação e a pressão estática é obtida substituindo a Equação 12–18 na Equação 12–5:

$$\frac{P_0}{P} = \left[1 + \left(\frac{k-1}{2}\right)\text{Ma}^2\right]^{k/(k-1)} \qquad (12\text{–}19)$$

A razão entre a densidade de estagnação e a densidade estática é obtida substituindo a Equação 12–18 na Equação 12–6:

$$\frac{\rho_0}{\rho} = \left[1 + \left(\frac{k-1}{2}\right)\text{Ma}^2\right]^{1/(k-1)} \qquad (12\text{–}20)$$

Os valores numéricos de T/T_0, P/P_0 e ρ/ρ_0 são listados em função do número de Mach na Tabela A–13 para $k = 1,4$ e são muito úteis para os cálculos práticos do escoamento compressível que envolve o ar.

As propriedades de um fluido em um local onde o número de Mach é a unidade (a garganta) são chamadas de **propriedades críticas** e as razões das Equações 12–18 a 12–20 são chamadas de **razões críticas** (Fig. 12–12). É prática comum na análise do escoamento compressível deixar que o asterisco sobrescrito (*) represente os valores críticos. Definindo $\text{Ma} = 1$ nas Equações 12–18 a 12–20 temos:

$$\frac{T^*}{T_0} = \frac{2}{k+1} \qquad (12\text{–}21)$$

$$\frac{P^*}{P_0} = \left(\frac{2}{k+1}\right)^{k/(k-1)} \qquad (12\text{–}22)$$

$$\frac{\rho^*}{\rho_0} = \left(\frac{2}{k+1}\right)^{1/(k-1)} \qquad (12\text{–}23)$$

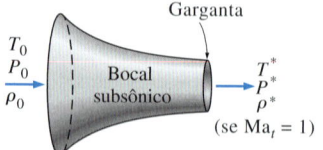
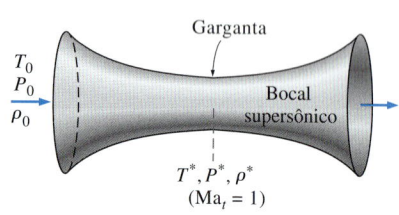

FIGURA 12–12 Quando $\text{Ma}_t = 1$, as propriedades na garganta do bocal tornam-se as propriedades críticas.

Essas razões são avaliadas para diversos valores de k e estão listadas na Tabela 12–2. As propriedades críticas do escoamento compressível não devem ser confundidas com as propriedades termodinâmicas das substâncias no *ponto crítico* (como a temperatura crítica T_c e a pressão crítica P_c).

TABELA 12–2

As razões entre pressão crítica, temperatura crítica e densidade crítica para o escoamento isentrópico de alguns gases ideais.

	Vapor superaquecido, $k = 1,3$	Produtos quentes da combustão, $k = 1,33$	Ar, $k = 1,4$	Gases monoatômicos, $k = 1,667$
$\dfrac{P^*}{P_0}$	0,5457	0,5404	0,5283	0,4871
$\dfrac{T^*}{T_0}$	0,8696	0,8584	0,8333	0,7499
$\dfrac{\rho^*}{\rho_0}$	0,6276	0,6295	0,6340	0,6495

EXEMPLO 12–3 **Temperatura e pressão críticas no escoamento de gás**

Calcule a pressão e temperatura críticas do dióxido de carbono para as condições de escoamento descritas no Exemplo 12–2 (Fig. 12–13).

SOLUÇÃO Para o escoamento discutido no Exemplo 12–2, a pressão e a temperatura críticas devem ser calculadas.

Hipóteses 1 O escoamento é permanente, adiabático e unidimensional. 2 O dióxido de carbono é um gás ideal com calores específicos constantes.

Propriedades A razão de calor específico do dióxido de carbono à temperatura ambiente é $k = 1,289$.

Análise As razões entre valores crítico e de estagnação para a temperatura e a pressão são determinadas como:

$$\frac{T^*}{T_0} = \frac{2}{k+1} = \frac{2}{1,289+1} = 0,8737$$

$$\frac{P^*}{P_0} = \left(\frac{2}{k+1}\right)^{k/(k-1)} = \left(\frac{2}{1,289+1}\right)^{1,289/(1,289-1)} = 0,5477$$

Observando que a temperatura e pressão de estagnação são, do Exemplo 12–2, $T_0 = 473$ K e $P_0 = 1.400$ kPa, vemos que a temperatura e pressão críticas neste caso são:

$$T^* = 0,8737 T_0 = (0,8737)(473 \text{ K}) = \mathbf{413 \text{ K}}$$
$$P^* = 0,5477 P_0 = (0,5477)(1400 \text{ kPa}) = \mathbf{767 \text{ kPa}}$$

Discussão Observe que esses valores coincidem com aqueles listados na quinta linha da Tabela 12–1, como já era esperado. Da mesma forma, outros valores diferentes de propriedades na garganta indicariam que o escoamento não é crítico e que o número de Mach não é igual a um.

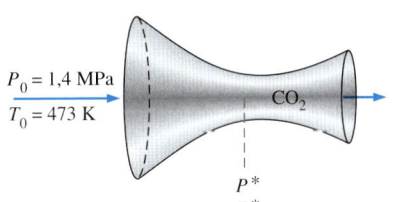

FIGURA 12–13 Esquema do Exemplo 12–3.

12–3 ESCOAMENTO ISENTRÓPICO ATRAVÉS DE BOCAIS

Os bocais convergentes ou convergentes-divergentes encontram-se em muitas aplicações da engenharia, incluindo as turbinas a vapor e gás, os aviões e os sistemas de propulsão de naves espaciais, e até mesmo os bocais de jato de areia industriais e os bocais de maçarico. Nesta seção, consideramos os efeitos da **contrapressão**

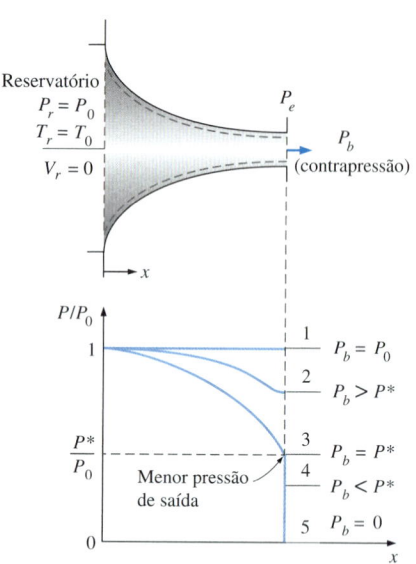

FIGURA 12–14 O efeito da contrapressão sobre a distribuição da pressão ao longo de um bocal convergente.

(ou seja, a pressão aplicada na região de descarga do bocal) sobre a velocidade de saída, a vazão mássica e a distribuição da pressão ao longo do bocal.

Bocais convergentes

Considere o escoamento subsônico através de um bocal convergente, como mostra a Fig. 12–14. A entrada do bocal é ligada a um reservatório à pressão P_r e temperatura T_r. O reservatório é suficientemente grande para que a velocidade de entrada do bocal seja desprezível. Como a velocidade do fluido no reservatório é zero e o escoamento através do bocal é aproximado como isentrópico, a pressão e a temperatura de estagnação do fluido em qualquer seção transversal através do bocal são iguais à pressão e à temperatura do reservatório, respectivamente.

Agora começamos a reduzir a contrapressão e a observar os efeitos resultantes sobre a distribuição da pressão ao longo do comprimento do bocal, como mostra a Fig. 12–14. Se a contrapressão P_b for igual a P_1, que é igual a P_r, não há escoamento e a distribuição da pressão é uniforme ao longo do bocal. Quando a contrapressão é reduzida para P_2, a pressão no plano de saída P_e também cai para P_2. Isso faz com que a pressão ao longo do bocal diminua na direção do escoamento.

Quando a contrapressão é reduzida para P_3 (= P^* que é a pressão necessária para aumentar a velocidade do fluido até a velocidade do som no plano de saída ou garganta), a vazão mássica atinge um valor máximo e diz-se que o escoamento está **bloqueado**. Uma maior redução da contrapressão até o nível P_4 ou abaixo dele não resulta em variações adicionais na distribuição da pressão ou em qualquer outra coisa ao longo do comprimento do bocal.

Sob condições de escoamento permanente, a vazão mássica através do bocal é constante e pode ser expressa como:

$$\dot{m} = \rho A V = \left(\frac{P}{RT}\right) A (\text{Ma}\sqrt{kRT}) = PA\text{Ma}\sqrt{\frac{k}{RT}}$$

Resolvendo T da Equação 12–18 e P da Equação 12–19 e substituindo, temos:

$$\dot{m} = \frac{A\text{Ma}P_0\sqrt{k/(RT_0)}}{[1 + (k-1)\text{Ma}^2/2]^{(k+1)/[2(k-1)]}} \quad (12\text{–}24)$$

Assim, a vazão mássica de determinado fluido através de um bocal é uma função das propriedades de estagnação do fluido, da área de escoamento e do número de Mach. A Equação 12–24 é válida em qualquer seção transversal e, portanto, $\dot{m}$ pode ser avaliado em qualquer local ao longo do comprimento do bocal.

Para uma área de escoamento especificada A e propriedades de estagnação T_0 e P_0, a taxa de escoamento máxima de massa pode ser determinada pela diferenciação da Equação 12–24 em relação a Ma e igualando o resultado a zero. Isso resulta em Ma = 1. Como o único local de um bocal onde o número de Mach pode ser a unidade é o local de mínima área de escoamento (a garganta), a vazão mássica através de um bocal é máxima quando Ma = 1 na garganta. Indicando essa área como A^*, obtemos uma expressão para a máxima vazão mássica substituindo Ma = 1 na Equação 12–24:

$$\dot{m}_{\text{max}} = A^* P_0 \sqrt{\frac{k}{RT_0}} \left(\frac{2}{k+1}\right)^{(k+1)/[2(k-1)]} \quad (12\text{–}25)$$

Assim, para um gás ideal particular, a vazão mássica máxima através de um bocal com determinada área de garganta é fixada pela pressão e temperatura de estagnação do escoamento de entrada. A vazão mássica pode ser controlada pela variação da pressão ou temperatura de estagnação e, portanto, um bocal convergente pode ser usado como um medidor de vazão. A vazão também pode ser controlada, obviamente, variando a área da garganta. Esse princípio é de importância vital para os processos químicos, dispositivos médicos, medidores de vazão e em toda parte onde o fluxo de massa de um gás deve ser conhecido e controlado.

Um gráfico de $\dot{m}$ versus P_b/P_0 para um bocal convergente é mostrado na Fig. 12–15. Observe que a vazão mássica aumenta com a diminuição de P_b/P_0, atinge um máximo em $P_b = P^*$ e permanece constante para valores de P_b/P_0 menores do que essa razão crítica. Essa figura também ilustra o efeito da contrapressão sobre a pressão de saída do bocal P_e. Observamos que:

$$P_e = \begin{cases} P_b & \text{para } P_b \geq P^* \\ P^* & \text{para } P_b < P^* \end{cases}$$

Resumindo, para todas as contrapressões abaixo da pressão crítica P^*, a pressão no plano de saída do bocal convergente P_e é igual a P^*, o número de Mach no plano de saída é a unidade e a vazão mássica é a vazão máxima (ou bloqueada). Como a velocidade do escoamento é sônica na garganta para a vazão máxima, uma contrapressão mais baixa do que a pressão crítica não pode ser sentida no escoamento a montante do bocal, e não afeta a vazão.

Os efeitos da temperatura de estagnação T_0 e da pressão de estagnação P_0 sobre a vazão mássica através de um bocal convergente são ilustrados na Fig. 12–16, na qual a vazão está mostrada graficamente para a razão entre pressão estática e de estagnação na garganta P_t/P_0. Um aumento de P_0 (ou uma diminuição de T_0) aumentará a vazão mássica através do bocal convergente, enquanto uma diminuição de P_0 (ou um aumento de T_0) a diminuirá. Também poderíamos concluir isso observando com cuidado as Equações 12–24 e 12–25.

Uma relação para a variação da área de escoamento A através do bocal com relação à área de garganta A^* pode ser obtida pela combinação entre as Equações 12–24 e 12–25 para a mesma vazão mássica e pelas propriedades de estagnação de determinado fluido. O resultado é:

$$\frac{A}{A^*} = \frac{1}{\text{Ma}}\left[\left(\frac{2}{k+1}\right)\left(1 + \frac{k-1}{2}\text{Ma}^2\right)\right]^{(k+1)/[2(k-1)]} \quad (12\text{–}26)$$

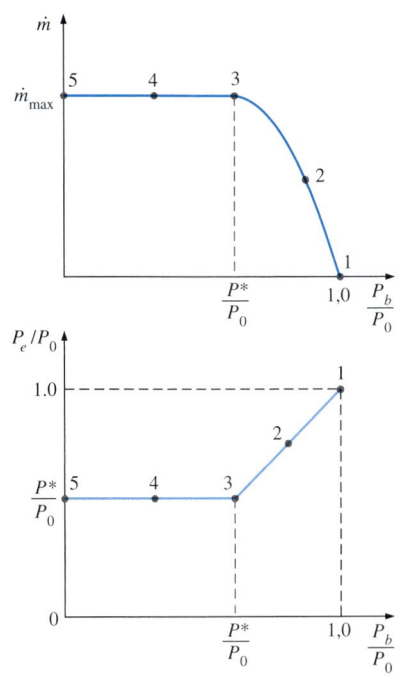

FIGURA 12–15 O efeito da contrapressão P_b sobre a vazão mássica $\dot{m}$ e sobre a pressão de saída P_e de um bocal convergente.

A Tabela A–13 fornece os valores de A/A^* como função do número de Mach para o ar ($k = 1{,}4$). Existe um valor de A/A^* para cada valor do número de Mach, mas existem dois valores possíveis do número de Mach para cada valor de A/A^* – um para escoamento subsônico e outro para escoamento supersônico.

Outro parâmetro também utilizado na análise do escoamento isentrópico unidimensional dos gases ideais é Ma*, que é a relação entre a velocidade local e a velocidade do som na garganta:

$$\text{Ma}^* = \frac{V}{c^*} \quad (12\text{–}27)$$

Ele também pode ser expresso como:

$$\text{Ma}^* = \frac{V}{c}\frac{c}{c^*} = \frac{\text{Ma}\,c}{c^*} = \frac{\text{Ma}\sqrt{kRT}}{\sqrt{kRT^*}} = \text{Ma}\sqrt{\frac{T}{T^*}}$$

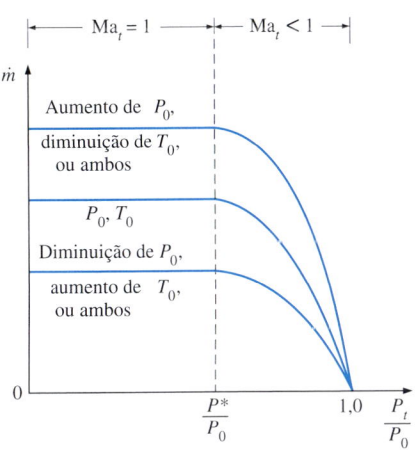

FIGURA 12–16 A variação da vazão mássica através de um bocal com propriedades de estagnação de entrada.

Ma	Ma*	$\frac{A}{A^*}$	$\frac{P}{P_0}$	$\frac{\rho}{\rho_0}$	$\frac{T}{T_0}$
⋮	⋮	⋮	⋮	⋮	⋮
0,90	0,9146	1,0089	0,5913		
1,00	1,0000	1,0000	0,5283		
1,10	1,0812	1,0079	0,4684		
⋮	⋮	⋮	⋮	⋮	⋮

FIGURA 12–17 Diversas razões de propriedade para escoamento isentrópico através de bocais e difusores são listadas na Tabela A-13 para $k = 1,4$ (ar) por questões de conveniência.

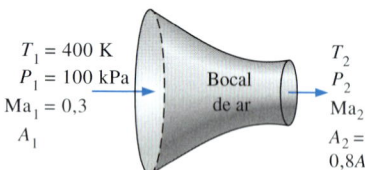

FIGURA 12–18 Esquema do Exemplo 12–4.

onde Ma é o número de Mach local, T é a temperatura local e T^* é a temperatura crítica. Resolvendo T da Equação 12–18 e T^* da Equação 12–21 e substituindo, temos:

$$\text{Ma}^* = \text{Ma}\sqrt{\frac{k+1}{2+(k-1)\text{Ma}^2}} \quad (12\text{–}28)$$

Os valores de Ma* também estão listados na Tabela A–13 *versus* o número de Mach para $k = 1,4$ (Fig. 12–17). Observe que o parâmetro Ma* difere do número de Mach, pois Ma* é a velocidade local adimensionalizada com relação à velocidade sônica da *garganta*, enquanto Ma é a velocidade local adimensionalizada com relação à velocidade sônica *local*. (Lembre-se que a velocidade sônica de um bocal varia com a temperatura e, portanto, com a localização.)

EXEMPLO 12–4 Efeito da contrapressão sobre a vazão mássica

Ar a 1 MPa e 600°C entra em um bocal convergente, mostrado na Fig. 12–18, com velocidade de 150 m/s. Determine a vazão mássica através do bocal para uma área de garganta de bocal de 50 cm² quando a contrapressão é (*a*) 0,7 MPa e (*b*) 0,4 MPa.

SOLUÇÃO Ar entra em um bocal convergente. A vazão mássica do ar através do bocal deve ser determinada para diferentes contrapressões.

Hipóteses 1 O ar é um gás ideal com calores específicos constantes à temperatura ambiente. 2 O escoamento através do bocal é permanente, unidimensional e isentrópico.

Propriedades O calor específico à pressão constante e a razão de calor específico do ar são $c_p = 1,005$ kJ/kg·K e $k = 1,4$.

Análise Usamos os subscritos *i* e *t* para representar as propriedades na entrada do bocal e na garganta, respectivamente. A temperatura e pressão de estagnação na entrada do bocal são determinadas com as Equações 12–4 e 12–5:

$$T_{0i} = T_i + \frac{V_i^2}{2c_p} = 873 \text{ K} + \frac{(150 \text{ m/s})^2}{2(1,005 \text{ kJ/kg·K})}\left(\frac{1 \text{ kJ/kg}}{1000 \text{ m}^2/\text{s}^2}\right) = 884 \text{ K}$$

$$P_{0i} = P_i\left(\frac{T_{0i}}{T_i}\right)^{k/(k-1)} = (1 \text{ MPa})\left(\frac{884 \text{ K}}{873 \text{ K}}\right)^{1,4/(1,4-1)} = 1,045 \text{ MPa}$$

Esses valores de temperatura e pressão de estagnação permanecem constantes através do bocal, uma vez que o escoamento é assumido como isentrópico. Ou seja:

$$T_0 = T_{0i} = 884 \text{ K} \quad \text{e} \quad P_0 = P_{0i} = 1,045 \text{ MPa}$$

A razão de pressão crítica é determinada da Tabela 12–2 (ou da Equação 12–22) como $P^*/P_0 = 0,5283$.

(*a*) A razão de contrapressão neste caso é:

$$\frac{P_b}{P_0} = \frac{0,7 \text{ MPa}}{1,045 \text{ MPa}} = 0,670$$

que é maior do que a razão de pressão crítica, 0,5283. Assim, a pressão no plano de saída (ou a pressão de garganta P_t) é igual à contrapressão neste caso. Ou seja, $P_t = P_b = 0,7$ MPa e $P_t/P_0 = 0,670$. Portanto, o escoamento não está bloqueado. Na Tabela A–13 para $P_t/P_0 = 0,670$, vemos que $\text{Ma}_t = 0,778$ e $T_t/T_0 = 0,892$.

A vazão mássica através do bocal pode ser calculada pela Equação 12–24. Mas ela também pode ser determinada passo a passo como segue:

$$T_t = 0{,}892 T_0 = 0{,}892(884 \text{ K}) = 788{,}5 \text{ K}$$

$$\rho_t = \frac{P_t}{RT_t} = \frac{700 \text{ kPa}}{(0{,}287 \text{ kPa·m}^3/\text{kg·K})(788{,}5 \text{ K})} = 3{,}093 \text{ kg/m}^3$$

$$V_t = \text{Ma}_t c_t = \text{Ma}_t \sqrt{kRT_t}$$

$$= (0{,}778)\sqrt{(1{,}4)(0{,}287 \text{ kJ/kg·K})(788{,}5 \text{ K})\left(\frac{1000 \text{ m}^2/\text{s}^2}{1 \text{ kJ/kg}}\right)}$$

$$= 437{,}9 \text{ m/s}$$

Assim:

$$\dot{m} = \rho_t A_t V_t = (3{,}093 \text{ kg/m}^3)(50 \times 10^{-4} \text{ m}^2)(437{,}9 \text{ m/s}) = 6{,}77 \text{ kg/s}$$

(b) A razão de contrapressão neste caso é:

$$\frac{P_b}{P_0} = \frac{0{,}4 \text{ MPa}}{1{,}045 \text{ MPa}} = 0{,}383$$

que é menor do que a razão de pressão crítica, 0,5283. Portanto, existem condições sônicas no plano de saída (garganta) do bocal e Ma = 1. O escoamento é bloqueado neste caso, e a vazão mássica através do bocal pode ser calculada da Equação 12–25:

$$\dot{m} = A^* P_0 \sqrt{\frac{k}{RT_0}} \left(\frac{2}{k+1}\right)^{(k+1)/[2(k-1)]}$$

$$= (50 \times 10^{-4} \text{ m}^2)(1045 \text{ kPa})\sqrt{\frac{1{,}4}{(0{,}287 \text{ kJ/kg·K})(884 \text{ K})}} \left(\frac{2}{1{,}4+1}\right)^{2{,}4/0{,}8}$$

$$= \mathbf{7{,}10 \text{ kg/s}}$$

uma vez que kPa·m²$\sqrt{\text{kJ/kg}} = \sqrt{1000}$ kg/s.

Discussão Esta é a máxima vazão mássica através do bocal para as condições especificadas de entrada e área da garganta do bocal.

EXEMPLO 12–5   Perda de ar através de um pneu furado

Ar em um pneu de automóvel é mantido à pressão de 220 kPa (manométrica) em um ambiente no qual a pressão atmosférica é 94 kPa. O ar do pneu está à temperatura ambiente de 25°C. Após um acidente surge um vazamento de 4 mm de diâmetro no pneu (Fig. 12–19). Assumindo o escoamento isentrópico, determine a vazão mássica inicial do ar através do vazamento.

SOLUÇÃO   Um vazamento acontece em um pneu de automóvel, como resultado de um acidente. A vazão mássica inicial de ar através do vazamento deve ser determinada.

Hipóteses **1** ar é um gás ideal com calores específicos constantes. **2** O escoamento de ar através do orifício é isentrópico.

Propriedades A constante do gás específico do ar é $R = 0{,}287$ kPa·m³/kg·K. A razão de calor específico do ar à temperatura ambiente é $k = 1{,}4$.

(*continua*)

FIGURA 12–19   Esquema do Exemplo 12–5.

(continuação)

Análise A pressão absoluta no interior do pneu é:

$$P = P_{man} + P_{atm} = 220 + 94 = 314 \text{ kPa}$$

A pressão crítica é (da Tabela 12–2)

$$P^* = 0,5283 P_o = (0,5283)(314 \text{ kPa}) = 166 \text{ kPa} > 94 \text{ kPa}$$

Portanto, o escoamento está bloqueado e a velocidade na saída do orifício é a velocidade do som. Em seguida, as propriedades de fluxo na saída resultam:

$$\rho_0 = \frac{P_0}{RT_0} = \frac{314 \text{ kPa}}{(0,287 \text{ kPa·m}^3/\text{kg·K})(298 \text{ K})} = 3,671 \text{ kg/m}^3$$

$$\rho^* = \rho\left(\frac{2}{k+1}\right)^{1/(k-1)} = (3,671 \text{ kg/m}^3)\left(\frac{2}{1,4+1}\right)^{1/(1,4-1)} = 2,327 \text{ kg/m}^3$$

$$T^* = \frac{2}{k+1}T_0 = \frac{2}{1,4+1}(298 \text{ K}) = 248,3 \text{ K}$$

$$V = c = \sqrt{kRT^*} = \sqrt{(1,4)(0,287 \text{ kJ/kg·K})\left(\frac{1000 \text{ m}^2/\text{s}^2}{1 \text{ kJ/kg}}\right)(248,3 \text{ K})}$$

$$= 315,9 \text{ m/s}$$

Em seguida, a vazão mássica inicial através do orifício é:

$$\dot{m} = \rho A V = (2,327 \text{ kg/m}^3)[\pi(0,004 \text{ m})^2/4](315,9 \text{ m/s}) = 0,00924 \text{ kg/s}$$
$$= \mathbf{0,554 \text{ kg/min}}$$

Discussão A vazão mássica diminui com o tempo à medida que a pressão dentro do pneu cai.

Bocais convergentes-divergentes

Quando pensamos em bocais, normalmente pensamos nas passagens de escoamento cuja área de seção transversal diminui na direção do escoamento. Entretanto, a mais alta velocidade com a qual um fluido pode ser acelerado em um bocal convergente é limitada à velocidade sônica (Ma = 1), que ocorre no plano de saída (garganta) do bocal. A aceleração de um fluido a velocidades supersônicas (Ma > 1) pode ser atingida apenas pela agregação de uma seção de escoamento divergente ao bocal subsônico na garganta. A seção de escoamento combinado resultante é um bocal convergente-divergente, que é o equipamento padrão na aviação supersônica e na propulsão de foguetes (Fig. 12–20).

Forçar um fluido através de um bocal convergente-divergente não é garantia de que o fluido será acelerado até uma velocidade supersônica. Na verdade, o fluido pode ser desacelerado na seção divergente em vez de ser acelerado quando a contrapressão não estiver dentro do intervalo correto. O estado do escoamento do bocal é determinado pela razão de pressões P_b/P_0. Assim, para determinadas condições de entrada, o escoamento através de um bocal convergente-divergente é governado pela contrapressão P_b, como será explicado a seguir.

Considere o bocal convergente-divergente da Fig. 12–21. Um fluido entra no bocal com velocidade baixa à pressão de estagnação P_0. Quando $P_b = P_0$ (caso A)

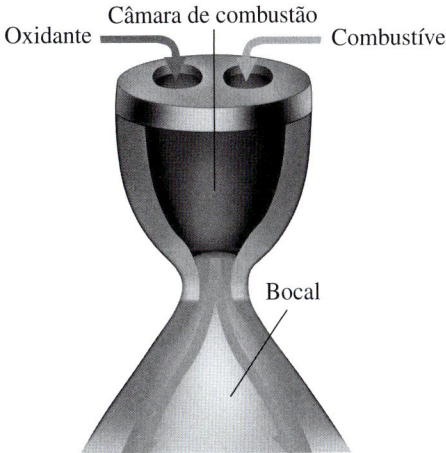

FIGURA 12-20 Os bocais convergentes-divergentes normalmente são usados nos motores de foguetes para fornecer alto empuxo.
(Direita) NASA

não haverá escoamento através do bocal. Isso é esperado, uma vez que o escoamento em um bocal é movido pela diferença de pressão entre a entrada e a saída do bocal. Agora vamos examinar o que acontece à medida que a contrapressão diminui.

1. Quando $P_0 > P_b > P_C$, o escoamento permanece subsônico em todo o bocal, e o escoamento de massa é menor do que aquele do escoamento bloqueado. A velocidade do fluido aumenta na primeira seção (convergente) e atinge o máximo na garganta (mas Ma < 1). Entretanto, a maior parte do ganho de velocidade se perde na segunda seção (divergente) do bocal que age como um difusor. A pressão diminui na seção convergente, atinge um mínimo na garganta e aumenta às custas da velocidade na seção divergente.

2. Quando $P_b = P_C$, a pressão da garganta torna-se P^* e o fluido atinge a velocidade sônica na garganta. Mas a seção divergente do bocal ainda age como um difusor, diminuindo a velocidade do fluido até velocidades subsônicas. A vazão mássica que diminuía com a diminuição de P_b também atinge seu valor máximo. Lembre-se de que P^* é a pressão mais baixa que pode ser obtida na garganta e a velocidade sônica é a mais alta velocidade que pode ser atingida com um bocal convergente. Assim, a diminuição adicional de P_b não tem influência sobre o escoamento de fluido da parte convergente do bocal ou sobre a vazão mássica através do bocal. Entretanto, ela influencia o caráter do escoamento na seção divergente.

3. Quando $P_C > P_b > P_E$, o fluido que atingiu uma velocidade sônica na garganta continua acelerando até velocidades supersônicas na seção divergente à medida que a pressão diminui. Entretanto, essa aceleração para repentinamente à medida que um **choque normal** se forma em uma seção entre a garganta e o plano de saída, causando uma queda repentina da velocidade até níveis subsônicos e um aumento repentino da pressão. Em seguida, o fluido continua desacelerando ainda mais na parte restante do bocal convergente-divergente. O escoamento através do choque é altamente irreversível

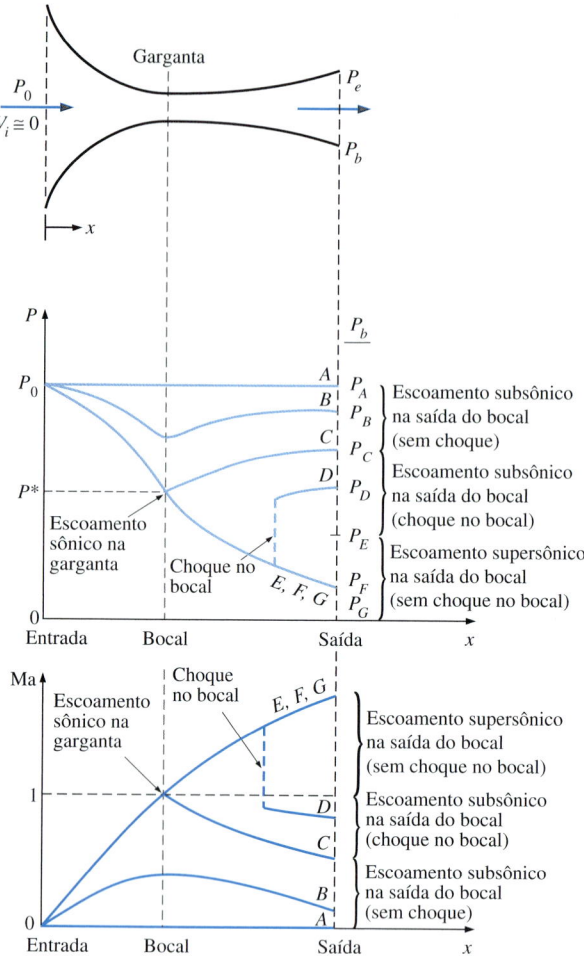

FIGURA 12–21 Os efeitos da contrapressão sobre o escoamento através de um bocal convergente-divergente.

e, portanto, ele não pode ser aproximado como isentrópico. O choque normal move-se a jusante para longe da garganta à medida que P_b diminui e se aproxima do plano de saída do bocal à medida que P_b se aproxima de P_E.

Quando $P_b = P_E$ o choque normal forma-se no plano de saída do bocal. O escoamento é supersônico em toda a seção divergente neste caso e pode ser aproximado como isentrópico. Entretanto, a velocidade do fluido cai até níveis subsônicos imediatamente antes de sair do bocal ao cruzar o choque normal. As ondas de choque normal são discutidas na Seção 12–4.

4. Quando $P_E > P_b > 0$, o escoamento na seção divergente é supersônico e o fluido se expande até P_F na saída do bocal sem a formação de choque normal dentro do bocal. Assim, o escoamento através do bocal pode ser aproximado como isentrópico. Quando $P_b = P_F$, nenhum choque ocorre dentro ou fora do bocal. Quando $P_b < P_F$, ondas irreversíveis de mistura e expansão ocorrem a jusante do plano de saída do bocal. Quando $P_b > P_F$, porém, a pressão do fluido aumenta de P_F até P_b de forma irreversível na esteira da saída do bocal, criando o que se chama de *choques oblíquos*.

EXEMPLO 12–6 O escoamento de ar através de um bocal convergente-divergente

Ar entra em um bocal convergente-divergente, mostrado na Fig. 12–22, a 1,0 MPa e 800 K com velocidade desprezível. O escoamento é permanente, unidimensional e isentrópico com $k = 1,4$. Para um número de Mach de saída Ma = 2 e uma área de garganta de 20 cm², determine (a) As condições na garganta (b) As condições no plano de saída, incluindo a área de saída e (c) A vazão mássica através do bocal.

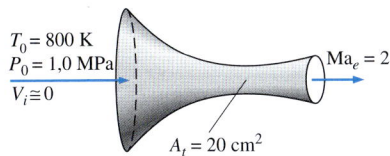

FIGURA 12–22 Esquema do Exemplo 12–6.

SOLUÇÃO Ar escoa através de um bocal convergente-divergente. As condições na garganta e na saída e a vazão mássica devem ser determinadas.

Hipóteses **1** O ar é um gás ideal com calores específicos constantes à temperatura ambiente. **2** O escoamento através do bocal é permanente, unidimensional e isentrópico.

Propriedades A razão de calor específico do ar é dada como $k = 1,4$. A constante de gás do ar é 0,287 kJ/kg·K.

Análise O número de saída de Mach é dado como 2. Assim, o escoamento deve ser sônico na garganta e supersônico na seção divergente do bocal. Como a velocidade de entrada é desprezível, a pressão e a temperatura de estagnação são iguais à temperatura e pressão da entrada, $P_0 = 1,0$ MPa e $T_0 = 800$ K. Assumindo o comportamento do gás ideal, a densidade de estagnação é:

$$\rho_0 = \frac{P_0}{RT_0} = \frac{1000 \text{ kPa}}{(0,287 \text{ kPa·m}^3/\text{kg·K})(800 \text{ K})} = 4,355 \text{ kg/m}^3$$

(a) Na garganta do bocal Ma = 1 e na Tabela A–13 lemos:

$$\frac{P^*}{P_0} = 0,5283 \quad \frac{T^*}{T_0} = 0,8333 \quad \frac{\rho^*}{\rho_0} = 0,6339$$

Assim:

$$P^* = 0,5283 P_0 = (0,5283)(1,0 \text{ MPa}) = \mathbf{0,5283 \text{ MPa}}$$
$$T^* = 0,8333 T_0 = (0,8333)(800 \text{ K}) = \mathbf{666,6 \text{ K}}$$
$$\rho^* = 0,6339 \rho_0 = (0,6339)(4,355 \text{ kg/m}^3) = \mathbf{2,761 \text{ kg/m}^3}$$

Da mesma forma:

$$V^* = c^* = \sqrt{kRT^*} = \sqrt{(1,4)(0,287 \text{ kJ/kg·K})(666,6 \text{ K})\left(\frac{1000 \text{ m}^2/\text{s}^2}{1 \text{ kJ/kg}}\right)}$$
$$= \mathbf{517,5 \text{ m/s}}$$

(b) Como o escoamento é isentrópico, as propriedades no plano de saída também podem ser calculadas usando os dados da Tabela A–13. Para Ma = 2 lemos que:

$$\frac{P_e}{P_0} = 0,1278 \quad \frac{T_e}{T_0} = 0,5556 \quad \frac{\rho_e}{\rho_0} = 0,2300 \quad \text{Ma}_e^* = 1,6330 \quad \frac{A_e}{A^*} = 1,6875$$

Assim:

$$P_e = 0,1278 P_0 = (0,1278)(1,0 \text{ MPa}) = \mathbf{0,1278 \text{ MPa}}$$
$$T_e = 0,5556 T_0 = (0,5556)(800 \text{ K}) = \mathbf{444,5 \text{ K}}$$
$$\rho_e = 0,2300 \rho_0 = (0,2300)(4,355 \text{ kg/m}^3) = \mathbf{1,002 \text{ kg/m}^3}$$
$$A_e = 1,6875 A^* = (1,6875)(20 \text{ cm}^2) = \mathbf{33,75 \text{ cm}^2}$$

(continua)

(continuação)

e

$$V_e = \text{Ma}_e^* c^* = (1{,}6330)(517{,}5 \text{ m/s}) = \mathbf{845{,}1 \text{ m/s}}$$

A velocidade de saída do bocal também poderia ser determinada com $V_e = \text{Ma}_e c_e$, onde c_e é a velocidade do som às condições de saída:

$$V_e = \text{Ma}_e c_e = \text{Ma}_e \sqrt{kRT_e} = 2\sqrt{(1{,}4)(0{,}287 \text{ kJ/kg·K})(444{,}5 \text{ K})\left(\frac{1000 \text{ m}^2/\text{s}^2}{1 \text{ kJ/kg}}\right)}$$
$$= 845{,}2 \text{ m/s}$$

(c) Como o escoamento é permanente, a vazão mássica do fluido é a mesma em todas as seções do bocal. Assim, ela pode ser calculada usando as propriedades de qualquer seção transversal do bocal. Usando as propriedades na garganta, encontramos que a vazão mássica é:

$$\dot{m} = \rho^* A^* V^* = (2{,}761 \text{ kg/m}^3)(20 \times 10^{-4} \text{ m}^2)(517{,}5 \text{ m/s}) = \mathbf{2{,}86 \text{ kg/s}}$$

Discussão Observe que essa é a mais alta vazão mássica possível que pode escoar através desse bocal para as condições de entrada especificadas.

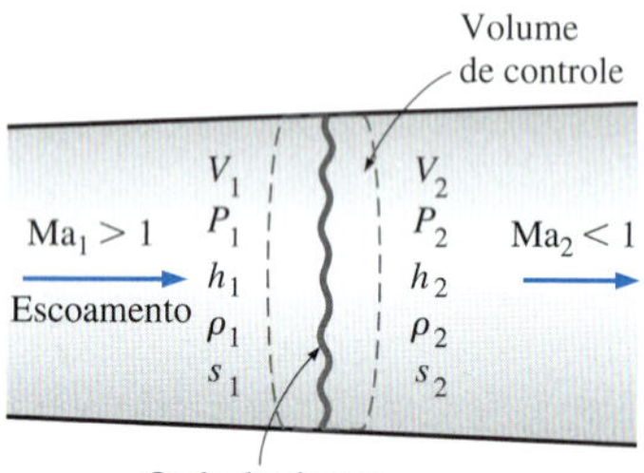

12–4 ONDAS DE CHOQUE E ONDAS DE EXPANSÃO

Vimos, no Capítulo 2, que as ondas de som são causadas por perturbações de pressão infinitesimalmente pequenas e viajam através de um meio à velocidade do som. Também vimos, neste capítulo, que para os mesmos valores de contrapressão, variações bruscas nas propriedades do fluido ocorrem em uma seção muito fina de um bocal convergente-divergente sob condições de escoamento supersônico, criando uma **onda de choque**. É interessante estudar as condições sob as quais as ondas de choque se desenvolvem e como elas afetam o escoamento.

Choques normais

Em primeiro lugar, consideramos as ondas de choque que ocorrem em um plano normal à direção do escoamento, chamadas de **ondas de choque normais**. O processo de escoamento através da onda de choque é altamente irreversível e *não pode* ser aproximado como isentrópico.

A seguir, acompanhamos os passos de Pierre Laplace (1749–1827), G. F. Bernhard Riemann (1826–1866), William Rankine (1820–1872), Pierre Henry Hugoniot (1851–1887), Lord Rayleigh (1842–1919) e G. I. Taylor (1886–1975) e desenvolvemos relações para as propriedades de escoamento antes e após o choque. Fazemos isso aplicando a conservação da massa, a quantidade de movimento e as relações de energia, bem como algumas relações entre as propriedades e um volume de controle fixo que contém o choque, como mostra a Fig. 12–23. As ondas de choque normais são extremamente finas, de modo que as áreas de escoamento de entrada e saída do volume de controle são aproximadamente iguais (Fig. 12–24).

Assumimos o escoamento permanente sem interação de calor e trabalho nem variação da energia potencial. Indicando as propriedades a montante do choque pelo subscrito 1 e aquelas a jusante do choque por 2, temos:

Conservação de massa: $\qquad \rho_1 A V_1 = \rho_2 A V_2 \qquad$ **(12–29)**

ou

$$\rho_1 V_1 = \rho_2 V_2$$

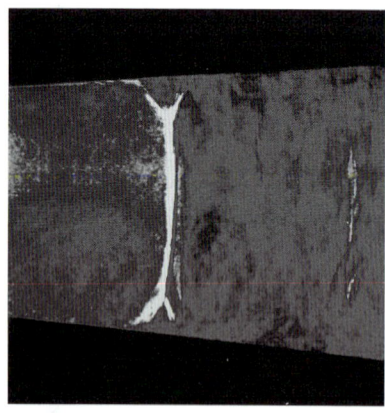

FIGURA 12–23 O volume de controle para o escoamento através de uma onda de choque normal.

FIGURA 12–24 Imagem Schlieren de um choque normal em um bocal de Laval. O número de Mach do bocal a montante (à esquerda) da onda de choque é de cerca de 1,3. As camadas limite distorcem a forma do choque normal próximo às paredes e levam à separação do escoamento abaixo do choque.

Foto de G. S. Settles, Universidade do Estado da Pensilvânia. Usado com permissão.

Conservação da energia:
$$h_1 + \frac{V_1^2}{2} = h_2 + \frac{V_2^2}{2} \qquad (12\text{–}30)$$

ou

$$h_{01} = h_{02} \qquad (12\text{–}31)$$

Conservação da quantidade de movimento: Reorganizando a Equação 12–14 e integrando, temos:

$$A(P_1 - P_2) = \dot{m}(V_2 - V_1) \qquad (12\text{–}32)$$

Aumento de entropia:
$$s_2 - s_1 \geq 0 \qquad (12\text{–}33)$$

Podemos combinar as relações de conservação da massa e da energia em uma única equação e fazer um gráfico em um diagrama h-s, usando as relações entre propriedades. A curva resultante é chamada de **linha de Fanno**, e é o lugar geométrico dos estados que têm o mesmo valor de entalpia de estagnação e fluxo de massa (vazão mássica por unidade de área de escoamento). Da mesma forma, combinando as relações de conservação de massa e de momento linear em uma única equação e fazendo um gráfico no diagrama h-s temos uma curva chamada **linha de Rayleigh**. Ambas as linhas são mostradas no diagrama h-s da Fig. 12–25. Como será provado no Exemplo 12–7, os pontos de entropia máxima dessas linhas (pontos a e b) correspondem a Ma = 1. O estado da parte superior de cada curva é subsônico e na parte inferior é supersônico.

As linhas de Fanno e Rayleigh intersectam-se em dois pontos (pontos 1 e 2), que representam os dois estados nos quais todas as três equações de conservação são atendidas. Um deles (o estado 1) corresponde ao estado anterior ao choque, e o outro (o estado 2) corresponde ao estado após o choque. Observe que o escoamento é supersônico antes do choque e subsônico após o choque. Assim, se ocorre um choque, o escoamento deve variar de supersônico a subsônico. Quanto maior for o número de Mach antes do choque, mais forte será o choque. No caso limite de Ma = 1, a onda de choque simplesmente torna-se uma onda de som. Observe na Fig. 12–25 que a entropia aumenta, $s_2 > s_1$. Isso é esperado, uma vez que o escoamento através do choque é adiabático, porém, irreversível.

O princípio de conservação da energia (Equação 12–31) exige que a entalpia de estagnação permaneça constante através do choque; $h_{01} = h_{02}$. Para os gases ideais $h = h(T)$ e, portanto:

$$T_{01} = T_{02} \qquad (12\text{–}34)$$

Ou seja, a temperatura de estagnação de um gás ideal também permanece constante através do choque. Observe, porém, que a pressão de estagnação diminui através do choque por causa das irreversibilidades, enquanto a temperatura comum (estática) sobe drasticamente por causa da conversão da energia cinética em entalpia, devido a uma grande queda na velocidade do fluido (veja Fig. 12–26).

Agora desenvolvemos relações entre as diversas propriedades antes e após o choque para um gás ideal com calores específicos constantes. Uma relação entre as razões de temperaturas estáticas T_2/T_1 é obtida pela aplicação da Equação 12–18 duas vezes:

$$\frac{T_{01}}{T_1} = 1 + \left(\frac{k-1}{2}\right)\text{Ma}_1^2 \quad \text{e} \quad \frac{T_{02}}{T_2} = 1 + \left(\frac{k-1}{2}\right)\text{Ma}_2^2$$

Dividindo a primeira equação pela segunda e observando que $T_{01} = T_{02}$, temos:

$$\frac{T_2}{T_1} = \frac{1 + \text{Ma}_1^2(k-1)/2}{1 + \text{Ma}_2^2(k-1)/2} \qquad (12\text{–}35)$$

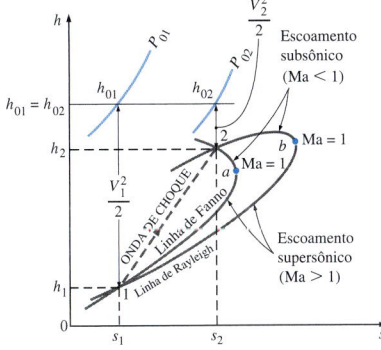

FIGURA 12–25 O diagrama h-s do escoamento através de um choque normal.

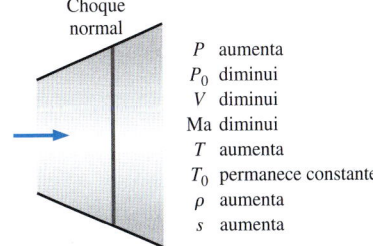

FIGURA 12–26 Variação das propriedades de escoamento através de um choque normal em um gás ideal.

Da equação de estado do gás ideal:

$$\rho_1 = \frac{P_1}{RT_1} \quad \text{e} \quad \rho_2 = \frac{P_2}{RT_2}$$

Substituindo na relação da conservação de massa $\rho_1 V_1 = \rho_2 V_2$ e observando que $\text{Ma} = V/c$ e $c = \sqrt{kRT}$, temos que:

$$\frac{T_2}{T_1} = \frac{P_2 V_2}{P_1 V_1} = \frac{P_2 \text{Ma}_2 c_2}{P_1 \text{Ma}_1 c_1} = \frac{P_2 \text{Ma}_2 \sqrt{T_2}}{P_1 \text{Ma}_1 \sqrt{T_1}} = \left(\frac{P_2}{P_1}\right)^2 \left(\frac{\text{Ma}_2}{\text{Ma}_1}\right)^2 \quad (12\text{–}36)$$

Combinando as Equações 12–35 e 12–36 temos a razão de pressão através do choque:

Linha de Fanno: $\quad \dfrac{P_2}{P_1} = \dfrac{\text{Ma}_1 \sqrt{1 + \text{Ma}_1^2(k-1)/2}}{\text{Ma}_2 \sqrt{1 + \text{Ma}_2^2(k-1)/2}} \quad (12\text{–}37)$

A Equação 12–37 é uma combinação entre as equações de conservação da massa e da energia. Assim, ela também é a equação da linha de Fanno para um gás ideal com calores específicos constantes. Uma relação semelhante para a linha de Rayleigh pode ser obtida combinando as equações da conservação da massa e do momento linear. Da Equação 12–32:

$$P_1 - P_2 = \frac{\dot{m}}{A}(V_2 - V_1) = \rho_2 V_2^2 - \rho_1 V_1^2$$

Entretanto,

$$\rho V^2 = \left(\frac{P}{RT}\right)(\text{Ma}\, c)^2 = \left(\frac{P}{RT}\right)(\text{Ma}\sqrt{kRT})^2 = Pk\,\text{Ma}^2$$

Assim,

$$P_1(1 + k\text{Ma}_1^2) = P_2(1 + k\text{Ma}_2^2)$$

ou

Linha de Rayleigh: $\quad \dfrac{P_2}{P_1} = \dfrac{1 + k\text{Ma}_1^2}{1 + k\text{Ma}_2^2} \quad (12\text{–}38)$

Combinando as Equações 12–37 e 12–38 temos:

$$\text{Ma}_2^2 = \frac{\text{Ma}_1^2 + 2/(k-1)}{2\text{Ma}_1^2 k/(k-1) - 1} \quad (12\text{–}39)$$

Isso representa as intersecções das linhas de Fanno e Rayleigh e relaciona o número de Mach a montante do choque com aquele a jusante do choque.

A ocorrência de ondas de choque não se limita aos bocais supersônicos. Esse fenômeno também é observado na entrada do motor de um avião supersônico, onde o ar passa através de um choque e desacelera até velocidades subsônicas antes de entrar no difusor do motor (Fig. 12–27). As explosões também produzem poderosos choques normais esféricos de expansão, os quais podem ser bastante destrutivos (Fig. 12–28).

FIGURA 12–27 A entrada de ar de um avião de caça supersônico é projetado de tal forma que uma onda de choque na entrada desacelera o ar a velocidades subsônicas, aumentando a pressão e temperatura do ar antes de ele entrar no motor.

© *Stock Trek / Getty RF*

FIGURA 12–28 A imagem Schlieren da onda provocada por uma explosão (choque normal esférico em expansão) produzida pela explosão de um fogo de artifício. O choque expandiu radialmente para fora em todas as direções a uma velocidade supersônica que diminui com o raio a partir do centro da explosão. Um microfone detectou a mudança repentina da pressão da onda de choque de passagem e disparou o flash de microssegundo que expôs a fotografia.
StockTrek /Getty Images

As diversas razões de propriedade de escoamento através do choque são listadas na Tabela A–14 para um gás ideal com $k = 1{,}4$. A inspeção dessa tabela revela que Ma_2 (o número de Mach após o choque) sempre é menor do que 1, e que quanto maior for o número de Mach supersônico antes do choque, menor será o número de Mach subsônico após o choque. Da mesma forma, vemos que a pressão estática, a temperatura e a densidade aumentam após o choque, enquanto a pressão de estagnação diminui.

A variação da entropia através do choque é obtida pela aplicação da equação de variação da entropia de um gás ideal através do choque:

$$s_2 - s_1 = c_P \ln \frac{T_2}{T_1} - R \ln \frac{P_2}{P_1} \quad (12\text{--}40)$$

que pode ser expressa em termos de k, R e Ma_1 usando as relações desenvolvidas anteriormente nesta seção. Um gráfico adimensional da variação de entropia através do choque normal $(s_2 - s_1)/R$ versus Ma_1 é mostrado na Fig. 12–29. Como o escoamento através do choque é adiabático e irreversível, a segunda lei exige que a entropia aumente através da onda de choque. Assim, uma onda de choque não pode existir para os valores de Ma_1 menores do que a unidade, nos quais a variação da entropia seria negativa. Para os escoamentos adiabáticos, as ondas de choque podem existir apenas para os escoamentos supersônicos, $Ma_1 > 1$.

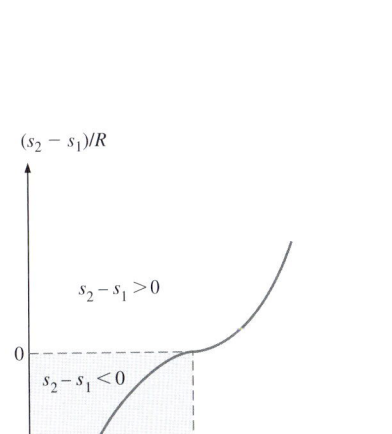

FIGURA 12–29 Variação da entropia através do choque normal.

EXEMPLO 12–7 O ponto de entropia máxima na linha de Fanno

Mostre que o ponto de entropia máxima na linha de Fanno (ponto a da Fig. 12–25) para o escoamento permanente adiabático de um fluido em um duto corresponde à velocidade sônica $Ma = 1$.

SOLUÇÃO Demonstrar que o ponto de entropia máxima da linha de Fanno para o escoamento adiabático permanente corresponde à velocidade sônica.

Hipótese O escoamento é permanente, adiabático e unidimensional.

(continua)

(continuação)

Análise Na falta de interações de calor e trabalho e de variações de energia potencial, a equação da energia de escoamento permanente se reduz a:

$$h + \frac{V^2}{2} = \text{constante}$$

Diferenciando, resulta em:

$$dh + V\, dV = 0$$

Para um choque muito fino com variação desprezível da área do duto através do choque, a equação da continuidade do escoamento permanente (conservação da massa) pode ser expressa como:

$$\rho V = \text{constante}$$

Fazendo a diferenciação, obtemos:

$$\rho\, dV + V\, d\rho = 0$$

Resolvendo dV, resulta:

$$dV = -V\frac{d\rho}{\rho}$$

Combinando isso à equação da energia, temos:

$$dh - V^2\frac{d\rho}{\rho} = 0$$

que é a equação da linha de Fanno na forma diferencial. No ponto a (o ponto de entropia máxima) $ds = 0$. Assim, para a segunda relação $T\, ds$ ($T\, ds = dh - v\, dP$) temos $dh = v\, dP = dP/\rho$. Substituindo, resulta:

$$\frac{dP}{\rho} - V^2\frac{d\rho}{\rho} = 0 \quad \text{em } s = \text{constante}$$

Resolvendo V, temos:

$$V = \left(\frac{\partial P}{\partial \rho}\right)_s^{1/2}$$

que é a relação para a velocidade do som, Equação 12–9. Deste modo, $V = c$ e a prova é concluída.

EXEMPLO 12–8 Onda de choque em um bocal convergente-divergente

Se o ar que escoa através do bocal convergente-divergente do Exemplo 12–6 experimenta uma onda de choque normal no plano de saída do bocal (Fig. 12–30), determine o seguinte após o choque: (*a*) A pressão de estagnação, a pressão estática, a temperatura estática e a densidade estática (*b*) A variação da entropia através do choque (*c*) A velocidade de saída e (*d*) A vazão mássica através do bocal. Vamos assumir o escoamento permanente, unidimensional e isentrópico com $k = 1{,}4$ da entrada do bocal até o local do choque.

SOLUÇÃO O ar que escoa através de um bocal convergente-divergente exprimenta um choque normal na saída. O efeito da onda de choque sobre as diversas propriedades deve ser determinado.

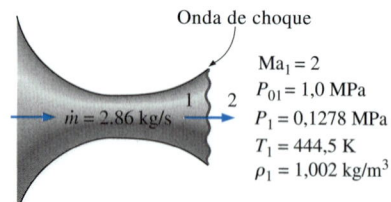

FIGURA 12–30 Esquema do Exemplo 12–8.

Hipóteses **1** O ar é um gás ideal com calores específicos constantes à temperatura ambiente. **2** O escoamento através do bocal é permanente, unidimensional e isentrópico antes do choque ocorrer. **3** A onda de choque ocorre no plano de saída.

Propriedades O calor específico à pressão constante e a razão de calores específicos do ar são $c_p = 1{,}005$ kJ/kg·K e $k = 1{,}4$. A constante de gás do ar é 0,287 kJ/kg·K.

Análise (*a*) As propriedades do fluido na saída do bocal imediatamente antes do choque (indicado pelo subscrito 1) são aquelas avaliadas no Exemplo 12–6 na saída do bocal como:

$$P_{01} = 1{,}0 \text{ MPa} \quad P_1 = 0{,}1278 \text{ MPa} \quad T_1 = 444{,}5 \text{ K} \quad \rho_1 = 1{,}002 \text{ kg/m}^3$$

As propriedades do fluido após o choque (indicados pelo subscrito 2) estão relacionadas àquelas anteriores ao choque através das funções listadas na Tabela A–14. Para $\text{Ma}_1 = 2{,}0$, lemos:

$$\text{Ma}_2 = 0{,}5774 \quad \frac{P_{02}}{P_{01}} = 0{,}7209 \quad \frac{P_2}{P_1} = 4{,}5000 \quad \frac{T_2}{T_1} = 1{,}6875 \quad \frac{\rho_2}{\rho_1} = 2{,}6667$$

Em seguida, a pressão de estagnação P_{02}, a pressão estática P_2, a temperatura estática T_2 e densidade estática ρ_2 após o choque são:

$$P_{02} = 0{,}7209 P_{01} = (0{,}7209)(1{,}0 \text{ MPa}) = \textbf{0,721 MPa}$$
$$P_2 = 4{,}5000 P_1 = (4{,}5000)(0{,}1278 \text{ MPa}) = \textbf{0,575 MPa}$$
$$T_2 = 1{,}6875 T_1 = (1{,}6875)(444{,}5 \text{ K}) = \textbf{750 K}$$
$$\rho_2 = 2{,}6667 \rho_1 = (2{,}6667)(1{,}002 \text{ kg/m}^3) = \textbf{2,67 kg/m}^3$$

(*b*) A variação da entropia através do choque é:

$$s_2 - s_1 = c_p \ln \frac{T_2}{T_1} - R \ln \frac{P_2}{P_1}$$
$$= (1{,}005 \text{ kJ/kg·K}) \ln (1{,}6875) - (0{,}287 \text{ kJ/kg·K}) \ln (4{,}5000)$$
$$= \textbf{0,0942 kJ/kg·K}$$

Assim, a entropia do ar aumenta à medida que ele passa por um choque normal, que é altamente irreversível.

(*c*) A velocidade do ar após o choque pode ser determinada com $V_2 = \text{Ma}_2 c_2$, onde c_2 é a velocidade do som às condições de saída após o choque:

$$V_2 = \text{Ma}_2 c_2 = \text{Ma}_2 \sqrt{kRT_2}$$
$$= (0{,}5774)\sqrt{(1{,}4)(0{,}287 \text{ kJ/kg·K})(750{,}1 \text{ K})\left(\frac{1000 \text{ m}^2/\text{s}^2}{1 \text{ kJ/kg}}\right)}$$
$$= \textbf{317 m/s}$$

(*d*) A vazão mássica através de um bocal convergente-divergente com condições sônicas na garganta não é afetada pela presença das ondas de choque no bocal. Portanto, a vazão mássica neste caso é igual àquela determinada no Exemplo 12–6:

$$\dot{m} = \textbf{2,86 kg/s}$$

Discussão Este resultado pode ser facilmente verificado, usando os valores das propriedades na saída do bocal após o choque para todos os números de Mach significativamente maiores do que a unidade.

FIGURA 12–31 Quando um domador de leões estala seu chicote, uma onda de choque esférica fraca se forma perto da ponta e se espalha radialmente; a pressão no interior da onda de choque em expansão é maior que a pressão do ar ambiente, e é isso que causa o estalo quando a onda de choque atinge a orelha do leão.

© *Joshua Ets-Hokin/Getty RF*

O Exemplo 12–8 ilustra que a pressão de estagnação e a velocidade diminuem enquanto a pressão estática, a temperatura, a densidade e a entropia aumentam através do choque (Fig. 12–31). A elevação da temperatura do fluido a jusante de uma onda de choque é uma das grandes preocupações da engenharia aeroespacial, porque ela cria problemas de transferência de calor sobre as bordas de ataque das asas e cones do nariz nos veículos de reentrada espacial e nos aviões espaciais hipersônicos que estão sendo propostos recentemente. Na verdade, o superaquecimento levou à trágica perda do ônibus espacial *Columbia*, em fevereiro de 2003, durante a reentrada na atmosfera terrestre.

Choques oblíquos

Nem todas as ondas de choque são choques normais (perpendiculares à direção do escoamento). Por exemplo, quando o ônibus espacial viaja a velocidades supersônicas através da atmosfera, ele produz um padrão de choque complicado que consiste em ondas de choque inclinadas chamadas de **choques oblíquos** (Fig. 12–32). Como você pode ver, algumas partes de um choque oblíquo são curvas, enquanto outras partes são retas.

Em primeiro lugar, consideramos os choques oblíquos retos, como aqueles produzidos quando um escoamento supersônico uniforme ($Ma_1 > 1$) colide com uma cunha delgada e bidimensional em semiângulo δ (Fig. 12–33). Como as informações sobre a cunha não podem viajar a montante em um escoamento supersônico, o fluido não "sabe" nada sobre a cunha até atingir o nariz. Nesse ponto, como o fluido não pode escoar *através* da cunha, ele gira repentinamente através de um ângulo chamado de **ângulo de virada** ou **ângulo de deflexão** θ. O resultado é uma onda de choque oblíqua reta, alinhada ao **ângulo de choque** ou **ângulo de onda** β, medido em relação ao escoamento incidente (Fig. 12–34). Para conservar a massa, β, obviamente, deve ser maior do que δ. Como o número de Reynolds para os escoamentos supersônicos em geral é grande, a camada limite que cresce ao longo da cunha é muito fina e ignoramos seus efeitos. Portanto, o escoamento gira com o mesmo ângulo da cunha, isto é, o ângulo de deflexão θ é igual ao semiângulo da cunha δ. Se levarmos em conta o efeito da espessura de deslocamento da camada limite (Capítulo 10), o ângulo de deflexão θ do choque oblíquo é ligeiramente maior do que o semiângulo da cunha δ.

Assim como os choques normais, o número de Mach diminui através de um choque oblíquo, e os choques oblíquos são possíveis apenas se o escoamento

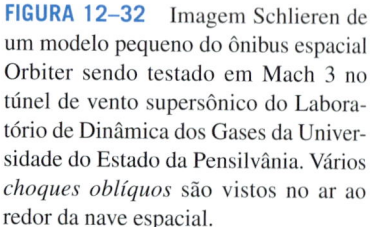

FIGURA 12–32 Imagem Schlieren de um modelo pequeno do ônibus espacial Orbiter sendo testado em Mach 3 no túnel de vento supersônico do Laboratório de Dinâmica dos Gases da Universidade do Estado da Pensilvânia. Vários *choques oblíquos* são vistos no ar ao redor da nave espacial.

Joshua Ets-Hokin/Getty Images

a montante for supersônico. Entretanto, ao contrário dos choques normais, nos quais o número de Mach a jusante sempre é subsônico, Ma_2 a jusante de um choque oblíquo pode ser subsônico, sônico ou supersônico, dependendo do número de Mach a montante Ma_1 e do ângulo de deflexão.

Analisamos um choque oblíquo reto na Figura 12–34 decompondo os vetores de velocidade a montante e jusante do choque nos componentes normal e tangencial, e considerando um volume de controle pequeno ao redor do choque. A montante do choque todas as propriedades do fluido (velocidade, densidade, pressão, etc.) ao longo da face esquerda inferior do volume de controle são idênticas àquelas ao longo da face direita superior. O mesmo vale para a montante do choque. Assim, as vazões mássicas que entram e saem daquelas duas faces cancelam umas às outras e a conservação de massa se reduz a:

$$\rho_1 V_{1,n} A = \rho_2 V_{2,n} A \quad \rightarrow \quad \rho_1 V_{1,n} = \rho_2 V_{2,n} \quad (12\text{–}41)$$

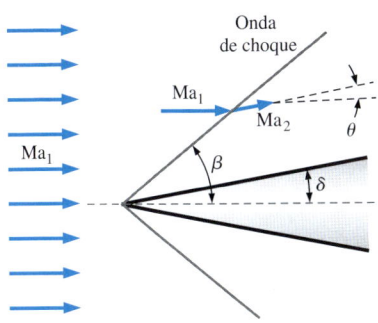

FIGURA 12–33 Um choque oblíquo de *ângulo de choque* β formado por uma cunha delgada e bidimensional de semiângulo δ. O escoamento é girado com o *ângulo de deflexão* θ a jusante do choque e o número de Mach diminui.

onde A é a área da superfície de controle que é paralela ao choque. Como A é igual em ambos os lados do choque, ela foi deixada de fora na Equação 12–41.

Como você esperava, o componente tangencial da velocidade (paralela ao choque oblíquo) não varia através do choque, ou seja, $V_{1,t} = V_{2,t}$. Isso é comprovado facilmente pela aplicação da componente tangencial da equação de momento linear no volume de controle.

Quando aplicamos a conservação do momento linear na direção *normal* ao choque oblíquo, as únicas forças são as forças da pressão, e obtemos:

$$P_1 A - P_2 A = \rho V_{2,n} A V_{2,n} - \rho V_{1,n} A V_{1,n} \quad \rightarrow \quad P_1 - P_2 = \rho_2 V_{2,n}^2 - \rho_1 V_{1,n}^2 \quad (12\text{–}42)$$

Finalmente, como não há trabalho realizado pelo volume de controle e nenhuma transferência de calor para dentro ou para fora do volume de controle, a entalpia de estagnação *não* varia através de um choque oblíquo e o resultado da conservação da energia é:

$$h_{01} = h_{02} = h_0 \quad \rightarrow \quad h_1 + \frac{1}{2} V_{1,n}^2 + \frac{1}{2} V_{1,t}^2 = h_2 + \frac{1}{2} V_{2,n}^2 + \frac{1}{2} V_{2,t}^2$$

Mas como $V_{1,t} = V_{2,t}$, essa equação se reduz a:

$$h_1 + \frac{1}{2} V_{1,n}^2 = h_2 + \frac{1}{2} V_{2,n}^2 \quad (12\text{–}43)$$

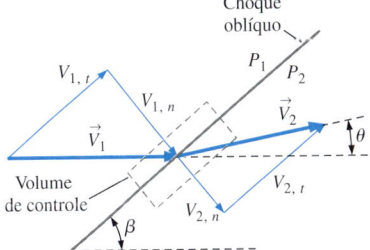

FIGURA 12–34 Os vetores de velocidade através de um choque oblíquo com ângulo de choque β e ângulo de deflexão θ.

Uma comparação cuidadosa revela que as equações para a conservação de massa, quantidade de movimento e energia (Equações 12–41 a 12–43) através de um choque oblíquo são idênticas àquelas de um choque normal, exceto que são escritas em termos apenas da componente *normal* da velocidade. Assim, as relações de choque normais deduzidas anteriormente aplicam-se aos choques oblíquos também, mas devem ser escritas em termos de números de Mach $Ma_{1,n}$ e $Ma_{2,n}$ normais ao choque oblíquo. Isso pode ser visualizado melhor girando os vetores de velocidade da Fig. 12–34 com o ângulo $\pi/2 - \beta$, para que o choque oblíquo pareça estar na vertical (Fig. 12–35). A trigonometria resulta em:

$$Ma_{1,n} = Ma_1 \operatorname{sen} \beta \quad \text{e} \quad Ma_{2,n} = Ma_2 \operatorname{sen}(\beta - \theta) \quad (12\text{–}44)$$

onde $Ma_{1,n} = V_{1,n}/c_1$ e $Ma_{2,n} = V_{2,n}/c_2$. Sob o ponto de vista da Fig. 12–35, vemos aquilo que se parece com um choque normal, mas com algum escoamento tangencial sobreposto "que vem de carona". Assim:

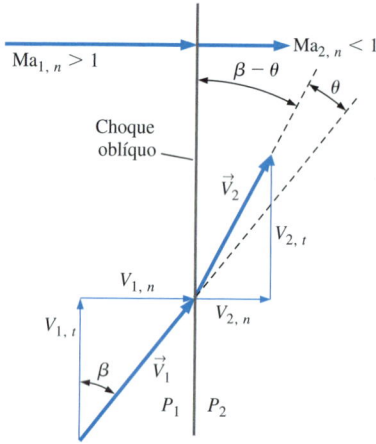

FIGURA 12–35 Os mesmos vetores de velocidade da Fig. 12–34, mas rotados com o ângulo $\pi/2 - \beta$, para que o choque oblíquo seja vertical. Os números normais de Mach $Ma_{1,n}$ e $Ma_{2,n}$ também são definidos.

Todas as equações, tabelas de choque e outras informações para os choques normais aplicam-se também aos choques oblíquos, desde que usemos apenas os componentes **normais** do número de Mach.

Na verdade, você pode imaginar os choques normais como choques oblíquos especiais nos quais o ângulo do choque $\beta = \pi/2$ ou 90°. Reconhecemos imediatamente que um choque oblíquo pode existir apenas se $Ma_{1,n} > 1$ e $Ma_{2,n} < 1$. As equações do choque normal que são adequadas para os choques oblíquos de um gás ideal são resumidas na Fig. 12–36 em termos de $Ma_{1,n}$.

Para o ângulo de choque β conhecido e o número de Mach a montante conhecido Ma_1 usamos a primeira parte da Equação 12–44 para calcular $Ma_{1,n}$ e, em seguida, utilizamos a tabela de choques normais (ou suas equações correspondentes) para obter $Ma_{2,n}$. Se também for conhecido o ângulo de deflexão θ, poderíamos calcular Ma_2 com a segunda parte da Equação 12–44. Mas, em uma aplicação normal, conhecemos β ou θ, mas não ambos. Felizmente, um pouco mais de álgebra nos oferece uma relação entre θ, β e Ma_1. Começamos observando que $tg\,\beta = V_{1,n}/V_{1,t}$ e $tg(\beta - \theta) = V_{2,n}/V_{2,t}$ (Fig. 12–35). Mas como $V_{1,t} = V_{2,t}$, combinamos essas duas expressões e temos:

$$\frac{V_{2,n}}{V_{1,n}} = \frac{tg(\beta - \theta)}{tg\,\beta} = \frac{2 + (k-1)Ma_{1,n}^2}{(k+1)Ma_{1,n}^2} = \frac{2 + (k-1)Ma_1^2 \, sen^2\beta}{(k+1)Ma_1^2 \, sen^2\beta} \quad \text{(12–45)}$$

onde também usamos a Equação 12–44 e a quarta equação da Fig. 12–36. Aplicamos as identidades trigonométricas a $\cos 2\beta$ e $tg(\beta - \theta)$, a saber:

$$\cos 2\beta = \cos^2\beta - sen^2\beta \quad \text{e} \quad tg(\beta - \theta) = \frac{tg\,\beta - tg\,\theta}{1 + tg\,\beta\,tg\,\theta}$$

Após alguma álgebra, a Equação 12–45 se reduz a:

A relação θ-β-Ma:
$$tg\,\theta = \frac{2\cot\beta(Ma_1^2\,sen^2\beta - 1)}{Ma_1^2(k + \cos 2\beta) + 2} \quad \text{(12–46)}$$

A Equação 12–46 fornece o ângulo de deflexão θ como uma função exclusiva do ângulo de choque β, da razão de calor específico k e do número de Mach a montante Ma_1. Para o ar ($k = 1,4$), fazemos um gráfico de θ versus β para diversos valores de Ma_1 na Fig. 12–37. Observamos que esse gráfico quase sempre é apresentado com os eixos invertidos (β versus θ) nos livros sobre escoamento compressível, uma vez que fisicamente o ângulo de choque β é determinado pelo ângulo de deflexão θ.

É possível aprender muita coisa estudando a Fig. 12–37, e listamos algumas observações abaixo:

- A Figura 12–37 exibe a variedade completa de possíveis ondas de choque, da mais fraca para a mais forte, para um determinado número de Mach de uma corrente livre. Para um valor qualquer do número de Mach Ma_1 maior do que 1, os valores possíveis de θ variam de $\theta = 0°$ para algum valor de β entre 0 e 90° até um valor máximo $\theta = \theta_{max}$ para um valor intermediário de β e, em seguida, voltando a $\theta = 0°$ para $\beta = 90°$. Os choques oblíquos retos para θ ou β fora desse intervalo *não podem existir* e *não existem*. A $Ma_1 = 1,5$, por exemplo, os choques oblíquos retos não podem existir no ar com o ângulo de choque β menor do que cerca de 42°, nem com o ângulo de deflexão θ maior do que cerca de 12°. Se o semiângulo da cunha for maior do que θ_{max}, o choque torna-se curvo e se separa do nariz da cunha, formando o que chamamos

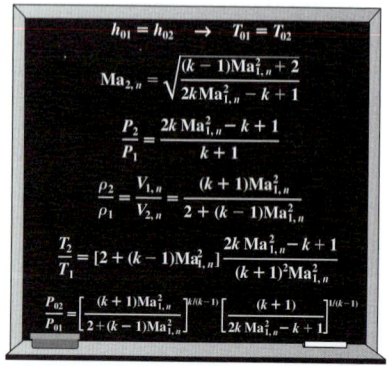

FIGURA 12–36 Relações através de um choque oblíquo para um gás ideal em termos do componente normal do número de Mach a montante $Ma_{1,n}$.

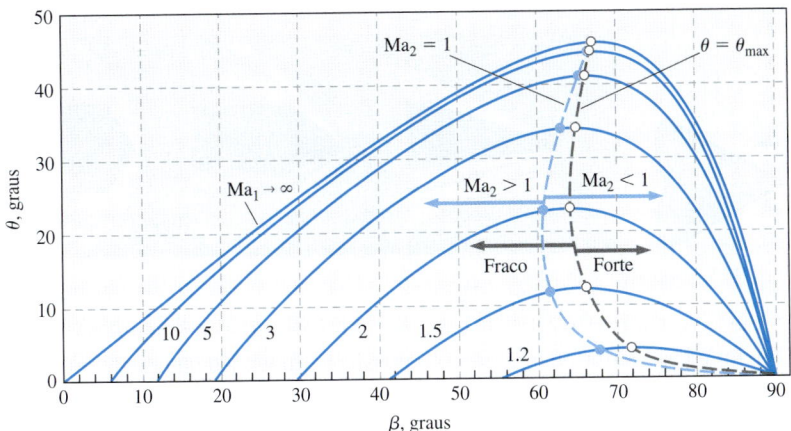

FIGURA 12–37 A dependência do ângulo de deflexão de choque oblíquo reto θ sobre o ângulo de choque β para diversos valores do número de Mach a montante Ma_1. Os cálculos referem-se a um gás ideal com $k = 1,4$. A linha cinza tracejada conecta os pontos de ângulo de deflexão máxima ($\theta = \theta_{máx}$). Os *choques oblíquos fracos* estão à esquerda dessa linha, enquanto os *choques oblíquos fortes* estão à direita dessa linha. A linha azul tracejada conecta os pontos nos quais o número de Mach a jusante é *sônico* ($Ma_2 = 1$). O *escoamento supersônico a jusante* ($Ma_2 > 1$) está à esquerda dessa linha, enquanto o *escoamento subsônico a jusante* ($Ma_2 < 1$) está à direita dessa linha.

de **choque oblíquo separado** ou uma **onda de proa** (Fig. 12–38). O ângulo de choque β do choque separado é 90° no nariz, mas β diminui à medida que o choque se curva a jusante. É muito mais complicado analisar os choques destacados do que os choques oblíquos retos simples. Na verdade, não existem soluções simples e a previsão dos choques destacados exige métodos computacionais (Capítulo 15).

- Um comportamento similar de choque oblíquo é observado no *escoamento axissimétrico* sobre cones, como mostra a Fig. 12–39, embora a relação θ-β-Ma para os escoamentos axissimétricos seja diferente daquela da Equação 12–46.

- Quando o escoamento supersônico colide com um corpo rombudo (ou grosso) – um corpo *sem* um nariz com ponta afiada, o semiângulo da cunha δ no nariz é 90°, e não pode existir um choque oblíquo ligado, independentemente do número de Mach. Na verdade, um choque oblíquo separado ocorre na frente de *todos* esses corpos com nariz rombudo, sejam eles bidimensionais, axissimétricos ou totalmente tridimensionais. Por exemplo, um choque oblíquo destacado é visto na frente do modelo do ônibus espacial da Fig. 12–32 e na frente de uma esfera na Fig. 12–40.

- Embora θ seja uma função exclusiva de Ma_1 e de β para determinado valor de k, existem *dois* valores possíveis de β para $\theta < \theta_{max}$. A linha cinza tracejada da Fig. 12–37 passa através do local dos valores θ_{max}, dividindo os choques em **choques oblíquos fracos** (o menor valor de β) e **choques oblíquos fortes** (o maior valor de β). A determinado valor de θ, o choque fraco é mais comum e é "preferido" pelo escoamento, a menos que as condições de pressão a jusante sejam suficientemente altas para a formação de um choque forte.

- Para determinado número de Mach a montante Ma_1 existe um valor exclusivo de θ para o qual o número de Mach a jusante Ma_2 é exatamente 1. A linha azul tracejada da Fig. 12–37 passa através do local dos valores onde $Ma_2 = 1$. À esquerda dessa linha $Ma_2 > 1$ e à direita dessa linha $Ma_2 < 1$. As condições sônicas a jusante ocorrem no lado do choque fraco do gráfico, com θ muito próximo de θ_{max}. Assim, o escoamento a jusante de um choque oblíquo forte *sempre* é *subsônico* ($Ma_2 < 1$). O escoamento a jusante de um choque oblíquo fraco permanece *supersônico*, exceto por um intervalo estreito de θ abaixo de θ_{max}, onde ele é subsônico, embora ainda seja chamado de choque oblíquo fraco.

- À medida que o número de Mach a montante se aproxima de infinito, os choques oblíquos retos tornam-se possíveis para qualquer β entre 0 e 90°, mas o ângulo máximo possível de virada para $k = 1,4$ (ar) é $\theta_{max} \cong 45,6°$,

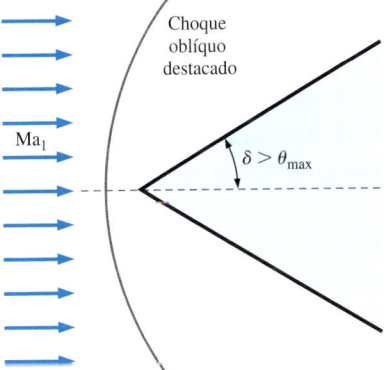

FIGURA 12–38 Um *choque oblíquo separado* ocorre a montante de uma cunha bidimensional de semiângulo δ quando δ é maior do que o ângulo máximo possível de deflexão θ. Um choque desse tipo é chamado de *onda de proa*, por causa de sua semelhança com a onda de água que se forma na proa de um navio.

FIGURA 12–39 Quadros fixos de vídeo Schlieren ilustrando a separação de um choque oblíquo de um cone com o aumento de semiângulo do cone no ar a Mach 3. A (a) $\delta = 20°$ e (b) $\delta = 40°$ o choque oblíquo permanece colado, mas a (c) $\delta = 60°$, o choque oblíquo se separou, formando uma onda de proa.

Fotografia de G. S. Settles, Universidade do Estado da Pensilvânia. Usada com permissão.

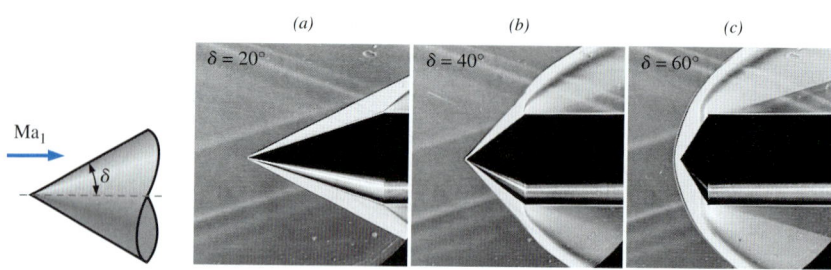

que ocorre a $\beta = 67{,}8°$. Os choques oblíquos retos com ângulos de virada acima desse valor de $\theta_{máx}$ não são possíveis, independentemente do número de Mach.

- Para determinado valor do número de Mach a montante, existem dois ângulos de choque nos quais *não há virada do escoamento* ($\theta = 0°$): o caso forte, $\beta = 90°$, corresponde a um *choque normal*, e o caso fraco, $\beta = \beta_{mín}$, representa o choque oblíquo mais fraco possível naquele número de Mach que é chamado de **onda de Mach**. As ondas de Mach são causadas, por exemplo, por não uniformidades muito pequenas nas paredes de um túnel de vento supersônico (várias delas podem ser vistas nas Figuras 12–32 e 12–29). As ondas de Mach não têm efeito sobre o escoamento, uma vez que o choque é tão fraco que tende a desaparecer. Na verdade, no limite, as ondas de Mach são *isentrópicas*. O ângulo de choque das ondas de Mach é uma função exclusiva do número de Mach e recebe o símbolo μ, que não deve ser confundido com o coeficiente de viscosidade. O ângulo μ é chamado de **ângulo de Mach** e é encontrado definindo θ como zero na Equação 12–46, resolvendo $\beta = \mu$, e tomando a menor raiz. Obtemos:

Ângulo de Mach: $\qquad \mu = \text{sen}^{-1}(1/\text{Ma}_1) \qquad$ (12–47)

Como a razão de calor específico aparece apenas no denominador da Equação 12–46, μ é independente de k. Assim, podemos estimar o número de Mach de qualquer escoamento supersônico simplesmente medindo o ângulo de Mach e aplicando a Equação 12–47.

Ondas de expansão de Prandtl–Meyer

Agora tratamos das situações nas quais o escoamento supersônico é girado na direção *oposta*, como na parte superior de uma cunha bidimensional a um ângulo de ataque maior do que seu semiângulo δ (Fig. 12–41). Chamamos esse tipo de escoamento de **escoamento de expansão**, enquanto um escoamento que produz um choque oblíquo pode ser chamado de **escoamento de compressão**. Como anteriormente, o escoamento muda de direção para conservar massa. Entretanto, ao contrário de um escoamento de compressão, um escoamento em expansão *não* resulta em uma onda de choque. Em vez disso, uma região em expansão contínua chamada de **leque de expansão** aparece, composta por um número infinito de ondas de Mach chamadas **ondas de expansão de Prandtl–Meyer**. Em outras palavras, o escoamento não gira repentinamente, como se fosse por um choque, mas sim *gradualmente* – cada onda sucessiva de Mach gira o escoamento por uma quantidade infinitesimal. Como cada onda de expansão individual é isentrópica, o escoamento através de todo o leque de expansão também é isentrópico.

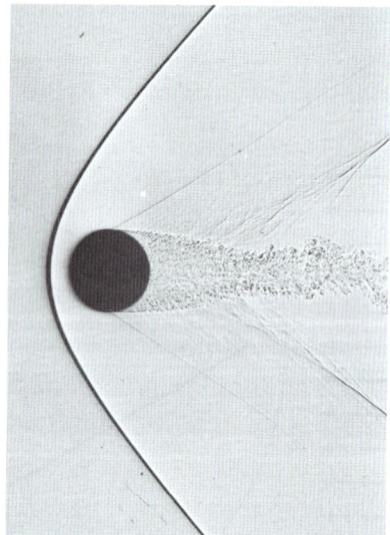

FIGURA 12–40 O gráfico de sombras de uma esfera de 1/2 in de diâmetro em voo livre através do ar a Ma = 1,53. O escoamento é subsônico atrás da parte da onda de proa que está à frente da esfera e sobre a superfície de volta a cerca de 45°. A cerca de 90° a camada limite laminar se separa através de uma onda de choque oblíqua e torna-se rapidamente turbulenta. A esteira flutuante gera um sistema de perturbações fracas que se combinam na segunda onda de choque de "re-compressão".

Fotografia de A. C. Charters, encontrada em Van Dyke (1982).

O número de Mach a jusante da expansão *aumenta* ($Ma_2 > Ma_1$), enquanto a pressão, densidade e temperatura *diminuem*, assim como na parte supersônica (em expansão) de um bocal convergente-divergente.

As ondas de expansão de Prandtl–Meyer são inclinadas no ângulo local de Mach μ, representado na Fig. 12–41. O ângulo de Mach da primeira onda de expansão é determinado facilmente como $\mu_1 = \text{sen}^{-1}(1/Ma_1)$. Da mesma forma, $\mu_2 = \text{sen}^{-1}(1/Ma_2)$, onde devemos ter atenção e medir cuidadosamente o ângulo relativo à *nova* direção do escoamento a jusante da expansão, a saber, paralelo à parede superior da cunha da Fig. 12–41 se deprezamos a influência da camada limite ao longo da parede. Mas como determinamos Ma_2? Acontece que o ângulo de virada θ através do leque de expansão pode ser calculado por integração, utilizando as relações de escoamento isentrópico. Para um gás ideal, o resultado é (Anderson, 2003):

Ângulo de virada através de um leque de expansão: $\quad \theta = \nu(Ma_2) - \nu(Ma_1) \quad$ **(12–48)**

onde $\nu(Ma)$ é um ângulo chamado **função de Prandtl–Meyer** (não confundir com a viscosidade cinemática):

$$\nu(Ma) = \sqrt{\frac{k+1}{k-1}} \, \text{tg}^{-1}\left(\sqrt{\frac{k-1}{k+1}(Ma^2-1)} \right) - \text{tg}^{-1}\left(\sqrt{Ma^2-1} \right) \quad \text{(12–49)}$$

Observe que $\nu(Ma)$ é um ângulo e pode ser calculado em graus ou radianos. Fisicamente, $\nu(Ma)$ é o ângulo através do qual o escoamento deve se expandir, começando com $\nu = 0$ a $Ma = 1$, para atingir um número de Mach supersônico $Ma > 1$.

Para encontrar Ma_2 para valores conhecidos de Ma_1, k e θ, calculamos $\nu(Ma_1)$ da Equação 12–49, $\nu(Ma_2)$ da Equação 12–48 e, em seguida, Ma_2 da Equação 12–49, observando que a última etapa envolve a solução de uma equação implícita para Ma_2. Como não há transferência de calor ou trabalho e o escoamento pode ser aproximado como isentrópico através da expansão, T_0 e P_0 permanecem constantes e utilizamos as relações de escoamento isentrópico deduzidas anteriormente para calcular outras propriedades de escoamento a jusante da expansão, como T_2, p_2 e P_2.

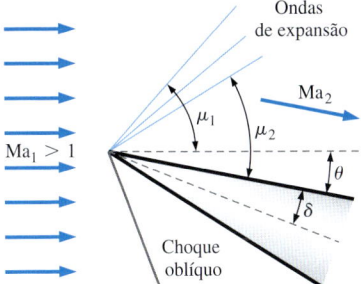

FIGURA 12–41 Um leque de expansão na parte superior do escoamento formado por uma cunha bidimensional com um ângulo de ataque em um escoamento supersônico. O escoamento é girado com o ângulo θ e o número de Mach aumenta através do leque de expansão. Os ângulos de Mach a montante e a jusante do leque de expansão são indicados. Apenas três ondas de expansão são mostradas por questões de simplicidade mas, na verdade, existe um número infinito delas. (Um choque oblíquo está presente na parte inferior desse escoamento.)

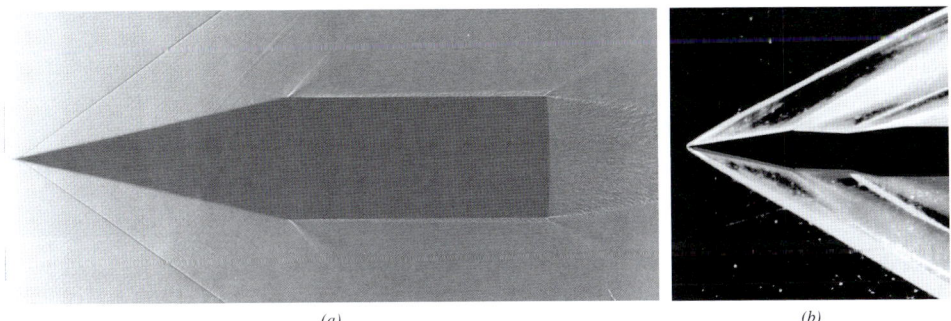

(a) (b)

FIGURA 12–42 *(a)* Um cilindro cônico de semiângulo de 12,5° em um escoamento com número de Mach de 1,84. A camada limite torna-se turbulenta logo a jusante do nariz, gerando ondas de Mach que são visíveis neste gráfico por sombras. As ondas de expansão são vistas nos cantos e nas bordas de fuga do cone. *(b)* Um padrão similar para escoamento de Ma 3 em uma cunha 2-D de 11°.

Fotografia de A. C. Charters, encontrada em Van Dyke (1982). (b) Fotografia de G. S. Settles, Universidade do Estado da Pensilvânia. Usada com autorização.

Os leques de expansão de Prandtl–Meyer também ocorrem nos escoamentos supersônicos axissimétricos, como nos cantos e bordas de fuga de um cilindro cônico (Fig. 12–42). Algumas interações bastante complexas e, para alguns de nós, muito bonitas que envolvem as ondas de choque e as ondas de expansão ocorrem no jato supersônico produzido por um bocal "superexpandido", como na Fig. 12–43. Quando tais configurações são visíveis no escape de um motor de um avião a jato, os pilotos o chamam de "rabo de tigre". A análise de tais escoamentos está além do escopo deste texto; os leitores interessados devem consultar livros sobre escoamento compressível, como Thompson (1972), Leipmann e Roshko (2001) e Anderson (2003).

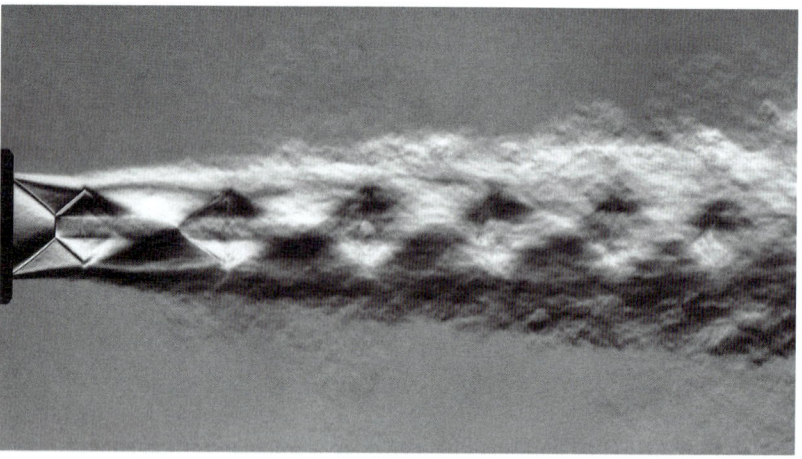

(a)

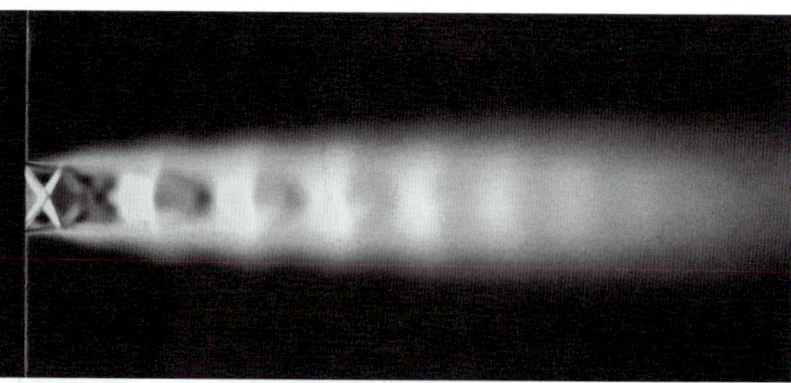

(b)

(c)

FIGURA 12–43 As interações complexas entre as ondas de choque e as ondas de expansão em um jato supersônico "superexpandido". (*a*) O escoamento é visualizado por um interferograma diferencial do tipo Schlieren. (*b*) Imagem Schlieren. (*c*) Configuração de choque de "rabo de tigre".

(a) Foto de H. Oertelsen. Reproduzida por cortesia do Instituto de Pesquisa Franco Germânico em Saint Louis, ISL. Usado com permissão. (b) Foto de G. S. Settles, Universidade do Estado da Pensilvânia. Usada com permissão. (c) Foto cortesia do Joint Strike Fighter Program, Departamento de Defesa.

EXEMPLO 12–9 Estimativa do número de Mach pelas linhas de Mach

Estime o número de Mach do escoamento de corrente livre a montante do ônibus espacial da Fig. 12–32 somente olhando a figura. Compare com o valor conhecido do número de Mach fornecido na legenda da figura.

SOLUÇÃO Devemos estimar o número de Mach pela figura e compará-lo com o valor conhecido.

Análise Usando um transferidor, medimos o ângulo das linhas de Mach no escoamento de corrente livre: $\mu \cong 19°$. O número de Mach é obtido com a Equação 12–47:

$$\mu = \text{sen}^{-1}\left(\frac{1}{\text{Ma}_1}\right) \rightarrow \text{Ma}_1 = \frac{1}{\text{sen } 19°} \rightarrow \text{Ma}_1 = 3{,}07$$

Nosso número de Mach estimado coincide com o valor experimental de $3{,}0 \pm 0{,}1$.

Discussão O resultado não depende das propriedades do fluido.

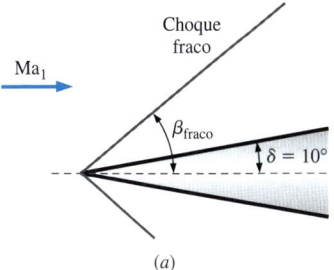

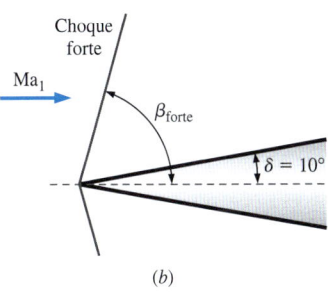

FIGURA 12–44 Dois ângulos de choque oblíquo possíveis (a) β_{fraco} e (b) β_{forte}, formados por uma cunha bidimensional de semiângulo $\delta = 10°$.

EXEMPLO 12–10 Cálculos de choque oblíquo

Ar supersônico a $\text{Ma}_1 = 2{,}0$ e $75{,}0$ kPa incide em uma cunha bidimensional de semiângulo $\delta = 10°$ (Fig. 12–44). Calcule os dois ângulos de choque oblíquo possíveis, β_{fraco} e β_{forte}, que poderiam ser formados por essa cunha. Para cada caso, calcule a pressão e o número de Mach a jusante do choque oblíquo, compare e discuta.

SOLUÇÃO Devemos calcular o ângulo de choque, o número de Mach e a pressão a jusante dos choques oblíquos fraco e forte formados por uma cunha bidimensional.

Hipóteses **1** O escoamento é permanente. **2** A camada limite na cunha é muito fina.

Propriedades O fluido é o ar com $k = 1{,}4$.

Análise Devido à hipótese 2, aproximamos a deflexão do choque oblíquo como sendo igual ao semiângulo da cunha, ou seja, $\theta \cong \delta = 10°$. Com $\text{Ma}_1 = 2{,}0$ e $\theta = 10°$ resolvemos a Equação 12–46 para os dois valores possíveis do ângulo de choque oblíquo β: $\beta_{\text{fraco}} = 39{,}3°$ e $\beta_{\text{forte}} = 83{,}7°$. A partir desses valores, usamos a primeira parte da Equação 12–44 para calcular o número de Mach normal a montante $\text{Ma}_{1,n}$,

Choque fraco: $\text{Ma}_{1,n} = \text{Ma}_1 \text{ sen } \beta \rightarrow \text{Ma}_{1,n} = 2{,}0 \text{ sen } 39{,}3° = 1{,}267$

e:

Choque forte: $\text{Ma}_{1,n} = \text{Ma}_1 \text{ sen } \beta \rightarrow \text{Ma}_{1,n} = 2{,}0 \text{ sen } 83{,}7° = 1{,}988$

Substituímos esses valores de $\text{Ma}_{1,n}$ na segunda equação da Fig. 12–36 para calcular o número de Mach normal a jusante $\text{Ma}_{2,n}$. Para o choque fraco $\text{Ma}_{2,n} = 0{,}8032$ e para o choque forte $\text{Ma}_{2,n} = 0{,}5794$. Calculamos também a pressão a jusante para cada caso, usando a terceira equação da Figura 12–36 que resulta em:

(continua)

(continuação)

Choque fraco:

$$\frac{P_2}{P_1} = \frac{2k\,\mathrm{Ma}_{1,n}^2 - k + 1}{k + 1} \rightarrow P_2 = (75{,}0\text{ kPa})\frac{2(1{,}4)(1{,}267)^2 - 1{,}4 + 1}{1{,}4 + 1} = \mathbf{128\text{ kPa}}$$

e

Choque forte:

$$\frac{P_2}{P_1} = \frac{2k\,\mathrm{Ma}_{1,n}^2 - k + 1}{k + 1} \rightarrow P_2 = (75{,}0\text{ kPa})\frac{2(1{,}4)(1{,}988)^2 - 1{,}4 + 1}{1{,}4 + 1} = \mathbf{333\text{ kPa}}$$

Finalmente, usamos a segunda parte da Equação 12–44 para calcular o número de Mach a jusante:

Choque fraco: $\quad \mathrm{Ma}_2 = \dfrac{\mathrm{Ma}_{2,n}}{\mathrm{sen}(\beta - \theta)} = \dfrac{0{,}8032}{\mathrm{sen}(39{,}3° - 10°)} = \mathbf{1{,}64}$

e

Choque forte: $\quad \mathrm{Ma}_2 = \dfrac{\mathrm{Ma}_{2,n}}{\mathrm{sen}(\beta - \theta)} = \dfrac{0{,}5794}{\mathrm{sen}(83{,}7° - 10°)} = \mathbf{0{,}604}$

As variações no número de Mach e a pressão através do choque forte são muito maiores do que a variação através do choque fraco, como era esperado.

Discussão Como a Equação 12–46 é implícita em β, nós a resolvemos por uma abordagem interativa ou com um resolvedor de equações como o EES. Para os casos de choque oblíquo fraco e forte $\mathrm{Ma}_{1,n}$ é supersônico e $\mathrm{Ma}_{2,n}$ é subsônico. Entretanto, Ma_2 é *supersônico* através do choque oblíquo fraco, mas *subsônico* através do choque oblíquo forte. Poderíamos também ter usado as tabelas de choque normal no lugar das equações, mas com perda de precisão.

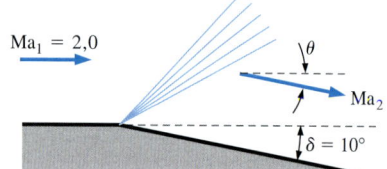

FIGURA 12–45 Um leque de expansão causado pela repentina expansão de uma parede com δ = 10°.

EXEMPLO 12–11 Cálculos de onda de expansão de Prandtl–Meyer

Ar supersônico a $\mathrm{Ma}_1 = 2{,}0$ e 230 kPa escoa paralelamente a uma parede plana que se expande repentinamente com δ = 10° (Fig. 12–45). Ignorando todos os efeitos causados pela camada limite ao longo da parede, calcular o número de Mach a jusante Ma_2 e a pressão P_2.

SOLUÇÃO Devemos calcular o número de Mach e a pressão a jusante de uma expansão repentina ao longo de uma parede.

Hipóteses **1** O escoamento é permanente. **2** A camada limite na parede é muito fina.

Propriedades O fluido é o ar com k = 1,4.

Análise Devido à hipótese 2, aproximamos o ângulo de deflexão total como igual ao ângulo de expansão da parede, ou seja, θ ≅ δ = 10°. Com $\mathrm{Ma}_1 = 2{,}0$ resolvemos a Equação 12–49 para a função de Prandtl–Meyer a montante:

$$\nu(\mathrm{Ma}) = \sqrt{\frac{k+1}{k-1}}\,\mathrm{tg}^{-1}\left(\sqrt{\frac{k-1}{k+1}(\mathrm{Ma}^2 - 1)}\right) - \mathrm{tg}^{-1}\left(\sqrt{\mathrm{Ma}^2 - 1}\right)$$

$$= \sqrt{\frac{1{,}4+1}{1{,}4-1}}\,\mathrm{tg}^{-1}\left(\sqrt{\frac{1{,}4-1}{1{,}4+1}(2{,}0^2 - 1)}\right) - \mathrm{tg}^{-1}\left(\sqrt{2{,}0^2 - 1}\right) = 26{,}38°$$

A seguir, usamos a Equação 12–48 para calcular a função de Prandtl–Meyer a jusante:

$$\theta = \nu(Ma_2) - \nu(Ma_1) \rightarrow \nu(Ma_2) = \theta + \nu(Ma_1) = 10° + 26{,}38° = 36{,}38°$$

Ma_2 é encontrado resolvendo a Equação 12–49, que é implícita – um resolvedor de equações é útil. Obtemos $Ma_2 = \mathbf{2{,}38}$. Existem também calculadores de escoamento compressível na Internet, os quais resolvem essas equações implícitas, juntamente com as equações de choque normal e oblíquo. Por exemplo, consulte www.aoe.vt.edu/~devenpor/aoe3114/calc.html.

Utilizamos as relações isentrópicas para calcular a pressão a jusante:

$$P_2 = \frac{P_2/P_0}{P_1/P_0} P_1 = \frac{\left[1 + \left(\frac{k-1}{2}\right)Ma_2^2\right]^{-k/(k-1)}}{\left[1 + \left(\frac{k-1}{2}\right)Ma_1^2\right]^{-k/(k-1)}} (230 \text{ kPa}) = \mathbf{126 \text{ kPa}}$$

Como essa é uma expansão, o número de Mach aumenta e a pressão diminui como esperado.

Discussão Também poderíamos resolver a temperatura, densidade e outros dados a jusante usando as relações isentrópicas apropriadas.

12–5 ESCOAMENTO EM DUTO COM TRANSFERÊNCIA DE CALOR E ATRITO DESPREZÍVEL (ESCOAMENTO DE RAYLEIGH)

Até agora limitamos nossa consideração principalmente ao *escoamento isentrópico*, também chamado de *escoamento adiabático reversível*, uma vez que ele não envolve transferência de calor e nenhuma irreversibilidade como atrito. Muitos problemas de escoamento compressível encontrados na prática envolvem reações químicas, como combustão, reações nucleares, evaporação e condensação, bem como ganho de calor ou perda de calor através da parede do duto. Tais problemas são difíceis de analisar com exatidão, já que podem envolver variações significativas da composição química durante o escoamento e a conversão de energias latentes, químicas e nucleares em energia térmica (Fig. 12–46).

As características essenciais desses escoamentos complexos ainda podem ser capturadas com uma análise simples, modelando a geração ou absorção da energia térmica como transferência de calor através da parede do duto com a mesma taxa e desprezando todas as variações da composição química. Esse problema simplificado ainda é muito complicado para receber um tratamento elementar neste tópico, pois o escoamento pode envolver atrito, variações da área do duto e efeitos multidimensionais. Nesta seção, limitamos nossa consideração ao escoamento unidimensional em um duto com área da seção transversal constante e com efeitos de atrito desprezíveis.

Considere o escoamento unidimensional permanente de um gás ideal com calores específicos constantes através de um duto com área constante e transferência de calor, mas com atrito desprezível. Tais escoamentos são chamados de **escoamentos de Rayleigh** em homenagem a Lord Rayleigh (1842–1919). As

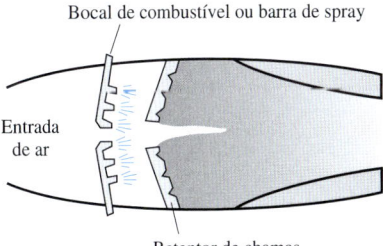

FIGURA 12–46 Muitos problemas práticos de escoamento compressível envolvem combustão, a qual pode ser modelada como um ganho de calor através da parede do duto.

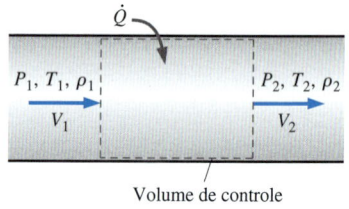

FIGURA 12–47 Volume de controle para o escoamento em um duto com área constante com transferência de calor e atrito desprezível.

equações de conservação da massa, momento linear e energia para o volume de controle mostrado na Fig. 12–47 podem ser escritas da seguinte maneira:

Equação de continuidade Observando que a área de seção transversal A é constante, a relação $\dot{m}_1 = \dot{m}_2$ ou $\rho_1 A_1 V_1 = \rho_2 A_2 V_2$ se reduz a:

$$\rho_1 V_1 = \rho_2 V_2 \qquad (12\text{–}50)$$

Equação do momento linear – x Observando que os efeitos do atrito são desprezíveis e, portanto, que não há forças de cisalhamento, e assumindo que não haja forças externas e de volume, a equação do momento linear $\sum \vec{F} = \sum_s \beta \dot{m} \vec{V} - \sum_e \beta \dot{m} \vec{V}$ na direção do escoamento (ou x-) torna-se um equilíbrio entre as forças de pressão estática e a transferência de momento linear. Observando que os escoamentos têm alta velocidade e são turbulentos, e que estamos desprezando o atrito, o fator de correção do fluxo de quantidade de movimento é de aproximadamente 1 ($\beta \cong 1$) e, portanto, pode ser desprezado. Assim:

$$P_1 A_1 - P_2 A_2 = \dot{m} V_2 - \dot{m} V_1 \rightarrow P_1 - P_2 = (\rho_2 V_2) V_2 - (\rho_1 V_1) V_1$$

ou

$$P_1 + \rho_1 V_1^2 = P_2 + \rho_2 V_2^2 \qquad (12\text{–}51)$$

Equação da energia O volume de controle não envolve trabalho de cisalhamento, eixo ou outras formas de trabalho, e a variação da energia potencial é desprezível. Se a taxa de transferência de calor é $\dot{Q}$ e a transferência de calor por unidade de massa do fluido é $q = \dot{Q}/\dot{m}$, o balanço de energia de escoamento permanente $\dot{E}_e = \dot{E}_s$ torna-se:

$$\dot{Q} + \dot{m}\left(h_1 + \frac{V_1^2}{2}\right) = \dot{m}\left(h_2 + \frac{V_2^2}{2}\right) \rightarrow q + h_1 + \frac{V_1^2}{2} = h_2 + \frac{V_2^2}{2} \qquad (12\text{–}52)$$

Para um gás ideal com calores específicos constantes $\Delta h = c_p \Delta T$ e, portanto:

$$q = c_p(T_2 - T_1) + \frac{V_2^2 - V_1^2}{2} \qquad (12\text{–}53)$$

ou:

$$q = h_{02} - h_{01} = c_p(T_{02} - T_{01}) \qquad (12\text{–}54)$$

Assim, a entalpia de estagnação h_0 e a variação da temperatura de estagnação T_0 mudam durante o escoamento de Rayleigh (ambas aumentam quando o calor é transferido para o fluido e, portanto, q é positivo, e ambas diminuem quando o calor é transferido do fluido e, portanto, q é negativo).

Variação da entropia Na falta de qualquer irreversibilidade, como atrito, a entropia de um sistema varia apenas por transferência de calor: ela aumenta com o ganho de calor e diminui com a perda de calor. A entropia é uma propriedade e, portanto, uma função do estado, e a variação da entropia de um gás ideal com calores específicos constantes durante uma variação do estado 1 para o estado 2 é dada por:

$$s_2 - s_1 = c_p \ln \frac{T_2}{T_1} - R \ln \frac{P_2}{P_1} \qquad (12\text{–}55)$$

A entropia de um fluido pode aumentar ou diminuir durante o escoamento de Rayleigh, dependendo da direção da transferência de calor.

Equação de estado Observando que $P = \rho RT$, as propriedades P, ρ e T de um gás ideal nos estados 1 e 2 estão relacionadas entre si por:

$$\frac{P_1}{\rho_1 T_1} = \frac{P_2}{\rho_2 T_2} \quad (12\text{--}56)$$

Considere um gás com propriedades conhecidas R, k e c_p. Para um estado de entrada especificado 1, as propriedades de entrada P_1, T_1, ρ_1, V_1 e s_1 são conhecidas. As cinco propriedades de saída P_2, T_2, ρ_2, V_2 e s_2 podem ser determinadas com as cinco Equações 12–50, 12–51, 12–53, 12–55 e 12–56 para qualquer valor especificado de transferência de calor q. Quando a velocidade e a temperatura são conhecidas, o número de Mach pode ser determinado de $Ma = V/c = V/\sqrt{kRT}$.

Obviamente, existe um número infinito de estados 2 a jusante possíveis que correspondem a um determinado estado 1 a montante. Uma forma prática de determinar esses estados a jusante é assumir diversos valores para T_2 e calcular todas as outras propriedades, bem como a transferência de calor q de cada T_2 assumida com as Equações 12–50 a 12–56. O gráfico dos resultados em um diagrama T-s resulta em uma curva que passa através do estado de entrada especificado, como mostra a Fig. 12–48. O gráfico do escoamento de Rayleigh em um diagrama T-s é chamado de **linha de Rayleigh**, e várias observações importantes podem ser feitas com base nesse gráfico e nos resultados dos cálculos:

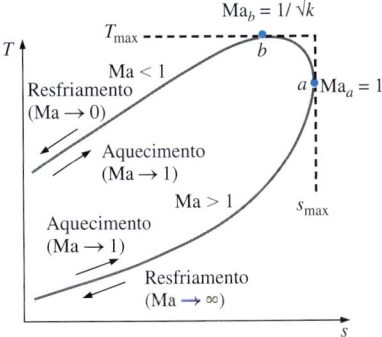

FIGURA 12–48 Digrama T-s do escoamento em um duto de área constante com transferência de calor e atrito desprezível (escoamento de Rayleigh).

1. Todos os estados que satisfazem as equações de conservação de massa, momento linear e energia, bem como as relações de propriedades, estão na linha de Rayleigh. Assim, para determinado estado inicial, o fluido não pode existir em nenhum estado a jusante fora da linha de Rayleigh de um diagrama T-s. Na verdade, a linha de Rayleigh é o local de todos os estados a jusante que podem ser atingidos fisicamente correspondendo a um estado inicial.

2. A entropia aumenta com o ganho de calor e, portanto, continuamos para a direita da linha de Rayleigh à medida que o calor é transferido para o fluido. O número de Mach é $Ma = 1$ no ponto a, que é o ponto de máxima entropia (consultar o Exemplo 12–12 para obter a prova). Os estados no braço superior da linha de Rayleigh acima do ponto a são subsônicos e os estados no braço inferior abaixo do ponto a são supersônicos. Assim, um processo se desenvolve à direita da linha de Rayleigh com a adição de calor e à esquerda com a rejeição de calor independentemente do valor inicial do número de Mach.

3. O aquecimento aumenta o número de Mach para o escoamento subsônico, mas o diminui para o escoamento supersônico. O número de Mach do escoamento se aproxima de $Ma = 1$ em ambos os casos (de 0 no escoamento subsônico e de infinito no escoamento supersônico) durante o aquecimento.

4. O balanço da energia $q = c_p(T_{02} - T_{01})$ deixa claro que o aquecimento aumenta a temperatura de estagnação T_0 para os escoamentos subsônico e supersônico, e que o resfriamento a diminui. (O valor máximo de T_0 ocorre a $Ma = 1$.) Isso também acontece para a temperatura estática T, exceto para o intervalo de número de Mach estreito de $1/\sqrt{k} < Ma < 1$ no escoamento subsônico (consulte o Exemplo 12–12). Tanto a temperatura quanto o número de Mach aumentam com o calor no escoamento subsônico, mas T atinge um máximo $T_{máx}$ a $Ma = 1/\sqrt{k}$ (que é 0,845 para o ar) e, em seguida, diminui. O fato de que a temperatura de um fluido cai à medida que o calor é transferido

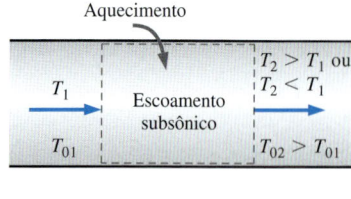

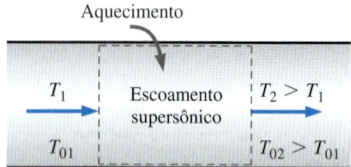

FIGURA 12–49 Durante o aquecimento, a temperatura do fluido sempre aumenta se o escoamento de Rayleigh é supersônico, mas a temperatura pode na verdade cair se o escoamento é subsônico.

para ele pode parecer peculiar. Mas isso não é mais peculiar do que a velocidade do fluido aumentar na seção divergente de um bocal convergente-divergente. O efeito do resfriamento nessa região é devido ao grande aumento da velocidade do fluido e à consequente queda da temperatura de acordo com a relação $T_0 = T + V^2/2c_p$. Observe também que a rejeição de calor na região $1/\sqrt{k} <$ Ma < 1 faz a temperatura do fluido aumentar (Fig. 12–49).

5. A equação de momento linear $P + KV =$ constante, onde $K = \rho V =$ constante (da equação de continuidade), revela que a velocidade e a pressão estática seguem tendências opostas. Assim, a pressão estática diminui com o ganho de calor no escoamento subsônico (uma vez que a velocidade e o número de Mach aumentam), mas aumenta com o ganho de calor no escoamento supersônico (uma vez que a velocidade e o número de Mach diminuem).

6. A equação da continuidade $\rho V =$ constante indica que a densidade e a velocidade são inversamente proporcionais. Assim, a densidade diminui com a transferência de calor para o fluido no escoamento subsônico (uma vez que a velocidade e o número de Mach aumentam), mas aumenta com o ganho de calor no escoamento supersônico (uma vez que a velocidade e o número de Mach diminuem).

7. Na metade esquerda da Fig. 12–48, o braço inferior da linha de Rayleigh é mais íngreme (em termos de s como uma função de T), indicando que a variação da entropia correspondente a uma variação especificada de temperatura (e, portanto, uma determinada quantidade de transferência de calor) é maior no escoamento supersônico.

Os efeitos do aquecimento e resfriamento sobre as propriedades do escoamento de Rayleigh estão listados na Tabela 12–3. Observe que o aquecimento ou o resfriamento têm efeitos opostos sobre a maioria das propriedades. Da mesma forma, a pressão de estagnação diminui durante o aquecimento e aumenta durante o resfriamento, independentemente do escoamento ser subsônico ou supersônico.

TABELA 12–3
Os efeitos do aquecimento e resfriamento sobre as propriedades do escoamento de Rayleigh

	Aquecimento		Resfriamento	
Propriedade	**Subsônico**	**Supersônico**	**Subsônico**	**Supersônico**
Velocidade, V	Aumenta	Diminui	Diminui	Aumenta
Número de Mach, Ma	Aumenta	Diminui	Diminui	Aumenta
Temperatura de estagnação, T_0	Aumenta	Aumenta	Diminui	Diminui
Temperatura, T	Aumenta para Ma $< 1/k^{1/2}$	Aumenta	Diminui para Ma $< 1/k^{1/2}$	Diminui
	Diminui para Ma $> 1/k^{1/2}$		Aumenta para Ma $> 1/k^{1/2}$	
Densidade, ρ	Diminui	Aumenta	Aumenta	Diminui
Pressão de estagnação, P_0	Diminui	Diminui	Aumenta	Aumenta
Pressão, P	Diminui	Aumenta	Aumenta	Diminui
Entropia, s	Aumenta	Aumenta	Diminui	Diminui

EXEMPLO 12–12 Extremos da linha de Rayleigh

Considere o diagrama T-s do escoamento de Rayleigh, mostrado na Fig. 12–50. Usando as formas diferenciais das equações de conservação e as relações de propriedades, mostre que o número de Mach é $Ma_a = 1$ no ponto de entropia máxima (o ponto a) e $Ma_b = 1/\sqrt{k}$ no ponto de temperatura máxima (o ponto b).

SOLUÇÃO Deve ser mostrado que $Ma_a = 1$ no ponto de entropia máxima e $Ma_b = 1/\sqrt{k}$ no ponto de temperatura máxima na linha de Rayleigh.

Hipóteses As hipóteses associadas ao escoamento de Rayleigh (ou seja, escoamento unidimensional permanente de um gás ideal com propriedades constantes através de um duto com área transversal constante e efeitos de atrito desprezíveis) são válidas.

Análise As formas diferenciais das equações da massa (ρV = constante), momento linear (reorganizado como $P + (\rho V)V$ = constante), gás ideal ($P = \rho RT$) e variação da entalpia ($\Delta h = c_p \Delta T$) podem ser expressas como:

$$\rho V = \text{constante} \rightarrow \rho\, dV + V\, d\rho = 0 \rightarrow \frac{d\rho}{\rho} = -\frac{dV}{V} \quad (1)$$

$$P + (\rho V)V = \text{constante} \rightarrow dP + (\rho V)\, dV = 0 \rightarrow \frac{dP}{dV} = -\rho V \quad (2)$$

$$P = \rho RT \rightarrow dP = \rho R\, dT + RT\, d\rho \rightarrow \frac{dP}{P} = \frac{dT}{T} + \frac{d\rho}{\rho} \quad (3)$$

A forma diferencial da relação da variação da entropia (Equação 12–40) de um gás ideal com calores específicos constantes é:

$$ds = c_p \frac{dT}{T} - R\frac{dP}{P} \quad (4)$$

Substituindo a Equação 3 na Equação 4 temos:

$$ds = c_p\frac{dT}{T} - R\left(\frac{dT}{T} + \frac{d\rho}{\rho}\right) = (c_p - R)\frac{dT}{T} - R\frac{d\rho}{\rho} = \frac{R}{k-1}\frac{dT}{T} - R\frac{d\rho}{\rho} \quad (5)$$

uma vez que:

$$c_p - R = c_V \rightarrow kc_V - R = c_V \rightarrow c_V = R/(k-1)$$

Dividindo ambos os lados da Equação 5 por dT e combinando com a Equação 1:

$$\frac{ds}{dT} = \frac{R}{T(k-1)} + \frac{R}{V}\frac{dV}{dT} \quad (6)$$

Dividindo a Equação 3 por dV e combinando-a às Equações 1 e 2, temos, após a reorganização:

$$\frac{dT}{dV} = \frac{T}{V} - \frac{V}{R} \quad (7)$$

Substituindo a Equação 7 na Equação 6 e reorganizando:

$$\frac{ds}{dT} = \frac{R}{T(k-1)} + \frac{R}{T - V^2/R} = \frac{R(kRT - V^2)}{T(k-1)(RT - V^2)} \quad (8)$$

Definindo $ds/dT = 0$ e resolvendo a equação resultante $R(kRT - V^2) = 0$ para V temos a velocidade no ponto a como:

$$V_a = \sqrt{kRT_a} \quad \text{e} \quad Ma_a = \frac{V_a}{c_a} = \frac{\sqrt{kRT_a}}{\sqrt{kRT_a}} = 1 \quad (9)$$

Assim, existem condições sônicas no ponto a e, portanto, o número de Mach é 1.

(continua)

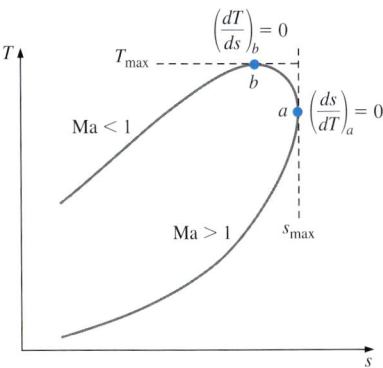

FIGURA 12–50 O diagrama T-s de um escoamento de Rayleigh considerado no Exemplo 12–12.

(continuação)

Definindo $dT/ds = (ds/dT)^{-1} = 0$ e resolvendo a equação resultante $T(k-1)(RT - V^2) = 0$ para a velocidade no ponto b temos:

$$V_b = \sqrt{RT_b} \quad \text{e} \quad \text{Ma}_b = \frac{V_b}{c_b} = \frac{\sqrt{RT_b}}{\sqrt{kRT_b}} = \frac{1}{\sqrt{k}} \quad (10)$$

Assim, o número de Mach no ponto b é $\text{Ma}_b = 1\sqrt{k}$. Para o ar, $k = 1{,}4$ e, portanto, $\text{Ma}_b = 0{,}845$.

Discussão Observe que no escoamento de Rayleigh, as condições sônicas são atingidas à medida que a entropia atinge seu valor máximo e a temperatura máxima ocorre durante o escoamento subsônico.

EXEMPLO 12–13 **Efeito da transferência de calor sobre a velocidade do escoamento**

Começando com a forma diferencial da equação da energia, mostre que a velocidade do escoamento aumenta com a adição de calor no escoamento subsônico de Rayleigh, mas diminui no escoamento de Rayleigh supersônico.

SOLUÇÃO Deve ser mostrado que a velocidade do escoamento aumenta com a adição de calor no escoamento de Rayleigh subsônico, e que o oposto ocorre no escoamento supersônico.

Hipóteses **1** As hipóteses associadas ao escoamento de Rayleigh são válidas. **2** Não há interações de trabalho e as variações da energia potencial são desprezíveis.

Análise Considere a transferência de calor para o fluido na quantidade diferencial de δq. A forma diferencial da equação da energia pode ser expressa como:

$$\delta q = dh_0 = d\left(h + \frac{V^2}{2}\right) = c_p\, dT + V\, dV \quad (1)$$

Dividindo por $c_p T$ e fatorando dV/V temos:

$$\frac{\delta q}{c_p T} = \frac{dT}{T} + \frac{V\, dV}{c_p T} = \frac{dV}{V}\left(\frac{V}{dV}\frac{dT}{T} + \frac{(k-1)V^2}{kRT}\right) \quad (2)$$

onde também usamos $c_p = kR/(k-1)$. Observando que $\text{Ma}^2 = V^2/c^2 = V^2/kRT$ e usando a Equação 7 para dT/dV do Exemplo 12–12, temos:

$$\frac{\delta q}{c_p T} = \frac{dV}{V}\left(\frac{V}{T}\left(\frac{T}{V} - \frac{V}{R}\right) + (k-1)\text{Ma}^2\right) = \frac{dV}{V}\left(1 - \frac{V^2}{TR} + k\,\text{Ma}^2 - \text{Ma}^2\right) \quad (3)$$

Cancelando os dois termos do meio na Equação 3, uma vez que $V^2/TR = k\text{Ma}^2$, e reorganizando, temos a relação desejada:

$$\frac{dV}{V} = \frac{\delta q}{c_p T}\frac{1}{(1 - \text{Ma}^2)} \quad (4)$$

No escoamento subsônico $1 - \text{Ma}^2 > 0$ e, portanto, a transferência de calor e a variação da velocidade têm o mesmo sinal. Como resultado, o aquecimento do fluido ($\delta q > 0$) aumenta a velocidade do escoamento enquanto o resfriamento a diminui. No escoamento supersônico, porém, $1 - \text{Ma}^2 < 0$, a transferência de calor e a variação da velocidade têm sinais opostos. **Como resultado, o aquecimento do fluido ($\delta q > 0$) diminui a velocidade do escoamento enquanto o resfriamento a diminui** (Fig. 12–51).

Discussão Observe que o aquecimento do fluido tem efeitos opostos sobre a velocidade do escoamento nos escoamentos subsônicos e supersônicos de Rayleigh.

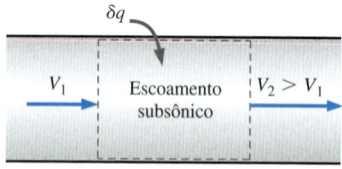

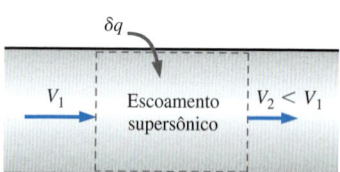

FIGURA 12–51 O aquecimento aumenta a velocidade de escoamento no escoamento subsônico, mas a diminui no escoamento supersônico.

Relações de propriedades para o escoamento de Rayleigh

Quase sempre é desejável expressar as variações das propriedades em termos do número de Mach Ma. Observando que $\mathrm{Ma} = V/c = V/\sqrt{kRT}$ e, portanto, $V = \mathrm{Ma}\sqrt{kRT}$:

$$\rho V^2 = \rho k R T \mathrm{Ma}^2 = k P \mathrm{Ma}^2 \qquad (12\text{-}57)$$

como $P = \rho RT$. Substituindo na equação do momento linear (Equação 12–51) temos $P_1 + kP_1\mathrm{Ma}_1^2 = P_2 + kP_2\mathrm{Ma}_2^2$, que pode ser reorganizada como:

$$\frac{P_2}{P_1} = \frac{1 + k\mathrm{Ma}_1^2}{1 + k\mathrm{Ma}_2^2} \qquad (12\text{-}58)$$

Mais uma vez, utilizando $V = \mathrm{Ma}\sqrt{kRT}$, a equação da continuidade $\rho_1 V_1 = \rho_2 V_2$ pode ser expressa como:

$$\frac{\rho_1}{\rho_2} = \frac{V_2}{V_1} = \frac{\mathrm{Ma}_2\sqrt{kRT_2}}{\mathrm{Ma}_1\sqrt{kRT_1}} = \frac{\mathrm{Ma}_2\sqrt{T_2}}{\mathrm{Ma}_1\sqrt{T_1}} \qquad (12\text{-}59)$$

Em seguida, a relação do gás ideal (Equação 12–56) torna-se:

$$\frac{T_2}{T_1} = \frac{P_2}{P_1}\frac{\rho_1}{\rho_2} = \left(\frac{1 + k\mathrm{Ma}_1^2}{1 + k\mathrm{Ma}_2^2}\right)\left(\frac{\mathrm{Ma}_2\sqrt{T_2}}{\mathrm{Ma}_1\sqrt{T_1}}\right) \qquad (12\text{-}60)$$

Resolvendo a Equação 12–60 para a razão da temperatura T_2/T_1 temos:

$$\frac{T_2}{T_1} = \left(\frac{\mathrm{Ma}_2(1 + k\mathrm{Ma}_1^2)}{\mathrm{Ma}_1(1 + k\mathrm{Ma}_2^2)}\right)^2 \qquad (12\text{-}61)$$

Substituindo essa relação na Equação 12–59, temos a razão da densidade ou velocidade como:

$$\frac{\rho_2}{\rho_1} = \frac{V_1}{V_2} = \frac{\mathrm{Ma}_1^2(1 + k\mathrm{Ma}_2^2)}{\mathrm{Ma}_2^2(1 + k\mathrm{Ma}_1^2)} \qquad (12\text{-}62)$$

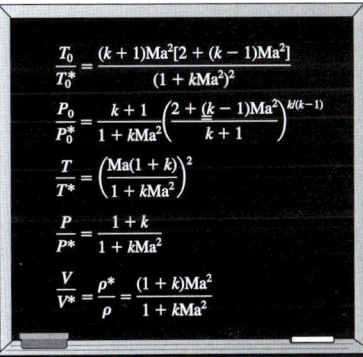

FIGURA 12–52 Resumo das relações do escoamento de Rayleigh.

As propriedades de escoamento na condição sônica, em geral, são fáceis de determinar e, portanto, o estado crítico correspondente a Ma = 1 serve como um ponto de referência conveniente no escoamento compressível. Tomando o estado 2 como o estado sônico (Ma$_2$ = 1 e o subscrito * é usado) e o estado 1 como qualquer estado (sem subscrito), as relações de propriedades das Equações 12–58, 12–61 e 12–62 se reduzem a (Fig. 12–52):

$$\frac{P}{P^*} = \frac{1+k}{1+k\mathrm{Ma}^2} \quad \frac{T}{T^*} = \left(\frac{\mathrm{Ma}(1+k)}{1+k\mathrm{Ma}^2}\right)^2 \quad \text{e} \quad \frac{V}{V^*} = \frac{\rho^*}{\rho} = \frac{(1+k)\mathrm{Ma}^2}{1+k\mathrm{Ma}^2} \qquad (12\text{-}63)$$

Relações semelhantes podem ser obtidas para a temperatura de estagnação adimensional e para a pressão de estagnação da seguinte maneira:

$$\frac{T_0}{T_0^*} = \frac{T_0}{T}\frac{T}{T^*}\frac{T^*}{T_0^*} = \left(1 + \frac{k-1}{2}\mathrm{Ma}^2\right)\left(\frac{\mathrm{Ma}(1+k)}{1+k\mathrm{Ma}^2}\right)^2\left(1 + \frac{k-1}{2}\right)^{-1} \qquad (12\text{-}64)$$

que pode ser simplificado como:

$$\frac{T_0}{T_0^*} = \frac{(k+1)\mathrm{Ma}^2[2 + (k-1)\mathrm{Ma}^2]}{(1 + k\mathrm{Ma}^2)^2} \qquad (12\text{-}65)$$

Da mesma forma:

$$\frac{P_0}{P_0^*} = \frac{P_0}{P}\frac{P}{P^*}\frac{P^*}{P_0^*} = \left(1 + \frac{k-1}{2}\text{Ma}^2\right)^{k/(k-1)}\left(\frac{1+k}{1+k\text{Ma}^2}\right)\left(1+\frac{k-1}{2}\right)^{-k/(k-1)} \quad \text{(12–66)}$$

que pode ser simplificado como:

$$\frac{P_0}{P_0^*} = \frac{k+1}{1+k\text{Ma}^2}\left(\frac{2+(k-1)\text{Ma}^2}{k+1}\right)^{k/(k-1)} \quad \text{(12–67)}$$

As cinco relações das Equações 12–63, 12–65 e 12–67 permitem calcular a pressão adimensional, a temperatura, a densidade, a velocidade, a temperatura e a pressão de estagnação para um escoamento de Rayleigh de um gás ideal com um k especificado para determinado número de Mach. Resultados representativos são dados na forma tabular e gráfica na Tabela A–15 para $k = 1,4$.

Escoamento bloqueado de Rayleigh

Fica claro nas discussões anteriores que o escoamento subsônico de Rayleigh em um duto pode acelerar até a velocidade sônica (Ma = 1) com o aquecimento. O que acontece se continuarmos aquecendo o fluido? O fluido continua acelerando até velocidades supersônicas? Um exame da linha de Rayleigh indica que o fluido no estado crítico de Ma = 1 não pode ser acelerado até velocidades supersônicas pelo aquecimento. Portanto, o escoamento é *estrangulado*. Isso é análogo a não conseguir acelerar um fluido até velocidades supersônicas em um bocal convergente estendendo-do a seção do escoamento convergente. Se mantivermos o aquecimento do fluido, simplesmente movemos o estado crítico mais a jusante e reduzimos a vazão, uma vez que a densidade do fluido no estado crítico agora será mais baixa. Assim, para determinado estado de entrada, o estado crítico correspondente fixa a transferência de calor máxima possível para o escoamento permanente (Fig. 12–53). Ou seja:

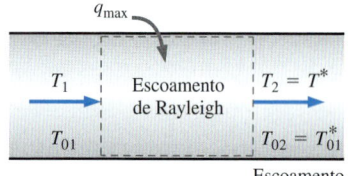

FIGURA 12–53 Para determinado estado de entrada, a transferência de calor máxima possível ocorre quando as condições sônicas são atingidas no estado de saída.

$$q_{max} = h_0^* - h_{01} = c_p(T_0^* - T_{01}) \quad \text{(12–68)}$$

Uma transferência maior de calor causa bloqueio e, portanto, o estado de entrada varia (por exemplo, a velocidade de entrada diminui) e o escoamento não segue mais a mesma linha de Rayleigh. O resfriamento do escoamento subsônico de Rayleigh e o número de Mach se aproximam do zero à medida que a temperatura se aproxima do zero absoluto. Observe que a temperatura de estagnação T_0 é máxima no estado crítico de Ma = 1.

No escoamento supersônico de Rayleigh o aquecimento diminui a velocidade do escoamento. Um aquecimento maior simplesmente aumenta a temperatura e move o estado crítico mais ainda a jusante, resultando em uma redução da vazão mássica do fluido. Pode parecer que o escoamento supersônico de Rayleigh pode ser resfriado indefinidamente, mas existe um limite. Tomando o limite da Equação 12–65 à medida que o número de Mach se aproxima do infinito resulta:

$$\lim_{\text{Ma}\to\infty}\frac{T_0}{T_0^*} = 1 - \frac{1}{k^2} \quad \text{(12–69)}$$

que resulta em $T_0/T_0^* = 0,49$ para $k = 1,4$. Assim, se a temperatura de estagnação crítica é 1.000 K, o ar não pode ser resfriado abaixo de 490 K no escoamento de Rayleigh. Fisicamente, isso significa que a velocidade do escoamento atinge o infinito no momento em que a temperatura atinge 490 K – uma impossibilidade física. Quando o escoamento supersônico não pode ser sustentado, o escoamento passa por uma onda de choque normal e torna-se subsônico.

EXEMPLO 12–14   Escoamento de Rayleigh em um combustor tubular

Uma câmara de combustão consiste em combustores tubulares de 15 cm de diâmetro. Ar comprimido entra nos tubos a 550 K, 480 kPa e 80 m/s (Fig. 12–54). Combustível com um valor de aquecimento de 42.000 kJ/kg é injetado no ar e queimado com uma relação entre a massa do ar e do combustível de 40. Aproximando a combustão como um processo de transferência de calor para o ar, determine a temperatura, pressão, velocidade e o número de Mach na saída da câmara de combustão.

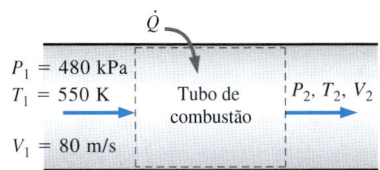

FIGURA 12–54 Esquema do tubo do combustor analisado no Exemplo 12–14.

SOLUÇÃO   O combustível é queimado em uma câmara de combustão tubular com ar comprimido. A temperatura de saída, pressão, velocidade e o número de Mach devem ser determinados.

Hipóteses **1** As hipóteses associadas ao escoamento de Rayleigh (ou seja, escoamento unidimensional permanente de um gás ideal com propriedades constantes através de um duto com área transversal constante e efeitos de atrito desprezíveis) são válidas. **2** A combustão é completa e é tratada como um processo de adição de calor, sem que haja variação na composição química do escoamento. **3** O aumento na vazão mássica devido à injeção de combustível é desprezado.

Propriedades Assumimos as propriedades do ar como $k = 1{,}4$, $c_p = 1{,}005$ kJ/kg·K e $R = 0{,}287$ kJ/kg·K.

Análise A densidade de entrada e a vazão mássica do ar são:

$$\rho_1 = \frac{P_1}{RT_1} = \frac{480 \text{ kPa}}{(0{,}287 \text{ kJ/kg·K})(550 \text{ K})} = 3{,}041 \text{ kg/m}^3$$

$$\dot{m}_{ar} = \rho_1 A_1 V_1 = (3{,}041 \text{ kg/m}^3)\,[\pi(0{,}15 \text{ m})^2/4](80 \text{ m/s}) = 4{,}299 \text{ kg/s}$$

A vazão mássica do combustível e a taxa de transferência de calor são:

$$\dot{m}_{combustível} = \frac{\dot{m}_{ar}}{AF} = \frac{4{,}299 \text{ kg/s}}{40} = 0{,}1075 \text{ kg/s}$$

$$\dot{Q} = \dot{m}_{combustível}\,\text{HV} = (0{,}1075 \text{ kg/s})(42.000 \text{ kJ/kg}) = 4514 \text{ kW}$$

$$q = \frac{\dot{Q}}{\dot{m}_{ar}} = \frac{4514 \text{ kJ/s}}{4{,}299 \text{ kg/s}} = 1050 \text{ kJ/kg}$$

A temperatura de estagnação e o número de Mach na entrada são:

$$T_{01} = T_1 + \frac{V_1^2}{2c_p} = 550 \text{ K} + \frac{(80 \text{ m/s})^2}{2(1{,}005 \text{ kJ/kg·K})}\left(\frac{1 \text{ kJ/kg}}{1000 \text{ m}^2/\text{s}^2}\right) = 553{,}2 \text{ K}$$

$$c_1 = \sqrt{kRT_1} = \sqrt{(1{,}4)(0{,}287 \text{ kJ/kg·K})(550 \text{ K})\left(\frac{1000 \text{ m}^2/\text{s}^2}{1 \text{ kJ/kg}}\right)} = 470{,}1 \text{ m/s}$$

$$\text{Ma}_1 = \frac{V_1}{c_1} = \frac{80 \text{ m/s}}{470{,}1 \text{ m/s}} = 0{,}1702$$

A temperatura de estagnação de saída é, da equação da energia, $q = c_p(T_{02} - T_{01})$:

$$T_{02} = T_{01} + \frac{q}{c_p} = 553{,}2 \text{ K} + \frac{1050 \text{ kJ/kg}}{1{,}005 \text{ kJ/kg·K}} = 1598 \text{ K}$$

(continua)

(continuação)

O valor máximo da temperatura de estagnação T_0^* ocorre a Ma = 1 e seu valor pode ser determinado pela Tabela A–15 ou com a Equação 12–65. A $Ma_1 = 0{,}1702$, lemos que $T_0/T_0^* = 0{,}1291$. Portanto:

$$T_0^* = \frac{T_{01}}{0{,}1291} = \frac{553{,}2\ K}{0{,}1291} = 4284\ K$$

Da Tabela A-15 temos que a razão da temperatura de estagnação no estado de saída e o número de Mach correspondente são:

$$\frac{T_{02}}{T_0^*} = \frac{1598\ K}{4284\ K} = 0{,}3730 \rightarrow Ma_2 = 0{,}3142 \cong \mathbf{0{,}314}$$

As relações do escoamento de Rayleigh correspondentes aos números de Mach de entrada e saída são (Tabela A–15):

$$Ma_1 = 0{,}1702:\quad \frac{T_1}{T^*} = 0{,}1541 \quad \frac{P_1}{P^*} = 2{,}3065 \quad \frac{V_1}{V^*} = 0{,}0668$$

$$Ma_2 = 0{,}3142:\quad \frac{T_2}{T^*} = 0{,}4389 \quad \frac{P_2}{P^*} = 2{,}1086 \quad \frac{V_2}{V^*} = 0{,}2082$$

A temperatura de saída, pressão e velocidade são determinadas como:

$$\frac{T_2}{T_1} = \frac{T_2/T^*}{T_1/T^*} = \frac{0{,}4389}{0{,}1541} = 2{,}848 \rightarrow T_2 = 2{,}848 T_1 = 2{,}848(550\ K) = \mathbf{1570\ K}$$

$$\frac{P_2}{P_1} = \frac{P_2/P^*}{P_1/P^*} = \frac{2{,}1086}{2{,}3065} = 0{,}9142 \rightarrow P_2 = 0{,}9142 P_1 = 0{,}9142(480\ kPa) = \mathbf{439\ kPa}$$

$$\frac{V_2}{V_1} = \frac{V_2/V^*}{V_1/V^*} = \frac{0{,}2082}{0{,}0668} = 3{,}117 \rightarrow V_2 = 3{,}117 V_1 = 3{,}117(80\ m/s) = \mathbf{249\ m/s}$$

Discussão Observe que a temperatura e a velocidade aumentam e a pressão diminui durante esse escoamento subsônico de Rayleigh, como já era esperado. Esse problema pode ser resolvido usando relações apropriadas em vez de valores tabulados, os quais também podem ser codificados para a obtenção de soluções convenientes com o auxílio do computador.

12–6 ESCOAMENTO ADIABÁTICO EM DUTO COM ATRITO (ESCOAMENTO DE FANNO)

O atrito da parede associado ao escoamento de alta velocidade através de dispositivos curtos com grandes áreas de seção transversal, como os bocais grandes, quase sempre é desprezível, e o escoamento através de tais dispositivos pode ser aproximado como sem atrito. Mas o atrito da parede é significativo e deve ser considerado quando se estudam os escoamentos através das seções de escoamento, como dutos longos, especialmente quando a área de seção transversal é pequena. Nesta seção, consideramos o escoamento compressível com atrito de parede significativo, mas transferência de calor desprezível em dutos de área de seção transversal constante.

Considere o escoamento unidimensional permanente de um gás ideal com calores específicos constantes através de um duto com área constante e efeitos de atrito significativos. Tais escoamentos são chamados de **escoamentos de Fanno**. As equações de conservação da massa, momento linear e energia no volume de controle mostradas na Fig. 12–55 podem ser escritas da seguinte maneira:

Equação de continuidade Observando que a área de seção transversal A do duto é constante (e, portanto, $A_1 = A_2 = A_c$), a relação $\dot{m}_1 = \dot{m}_2$ ou $\rho_1 A_1 V_1 = \rho_2 A_2 V_2$ se reduz a:

$$\rho_1 V_1 = \rho_2 V_2 \rightarrow \rho V = \text{constante} \quad (12\text{-}70)$$

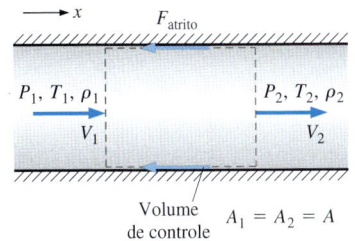

FIGURA 12–55 Volume de controle para o escoamento adiabático em um duto de área constante com atrito.

Equação de momento linear – x Indicando a força de atrito exercida sobre o fluido pela superfície interna do duto como F_{atrito} e assumindo que não há outra força externa e de volume, a equação de momento linear $\sum \vec{F} = \sum_s \beta \dot{m} \vec{V} - \sum_e \beta \dot{m} \vec{V}$ na direção do escoamento pode ser expressa como:

$$P_1 A - P_2 A - F_{\text{atrito}} = \dot{m} V_2 - \dot{m} V_1 \rightarrow P_1 - P_2 - \frac{F_{\text{atrito}}}{A}$$
$$= (\rho_2 V_2) V_2 - (\rho_1 V_1) V_1$$

onde, embora haja atrito nas paredes e os perfis de velocidade não sejam uniformes, aproximamos o fator de correção de escoamento de quantidade de movimento β como 1 por questões de simplicidade, já que o escoamento, em geral, é completamente desenvolvido e turbulento. A equação pode ser escrita novamente como:

$$P_1 + \rho_1 V_1^2 = P_2 + \rho_2 V_2^2 + \frac{F_{\text{atrito}}}{A} \quad (12\text{-}71)$$

Equação da energia O volume de controle não envolve interações de calor ou trabalho, e a variação da energia potencial é desprezível. Em seguida, o balanço da energia de escoamento permanente $\dot{E}_e = \dot{E}_s$ torna-se:

$$h_1 + \frac{V_1^2}{2} = h_2 + \frac{V_2^2}{2} \rightarrow h_{01} = h_{02} \rightarrow h_0 = h + \frac{V^2}{2} = \text{constante} \quad (12\text{-}72)$$

Para um gás ideal com calores específicos constantes, $\Delta h = c_p \Delta T$ e, portanto:

$$T_1 + \frac{V_1^2}{2c_p} = T_2 + \frac{V_2^2}{2c_p} \rightarrow T_{01} = T_{02} \rightarrow T_0 = T + \frac{V^2}{2c_p} = \text{constante} \quad (12\text{-}73)$$

Assim, a entalpia de estagnação h_0 e a temperatura de estagnação T_0 permanecem constante durante o escoamento de Fanno.

Variação da entropia Na ausência de transferência de calor, a entropia de um sistema pode variar apenas por irreversibilidades como atrito, cujo efeito sempre é aumentar a entropia. Assim, a entropia do fluido deve aumentar durante o escoamento de Fanno. A variaçao da entropia neste caso é equivalente ao aumento ou geração da entropia, e para um gás ideal com calores específicos constantes ela é expressa como:

$$s_2 - s_1 = c_p \ln \frac{T_2}{T_1} - R \ln \frac{P_2}{P_1} > 0 \quad (12\text{-}74)$$

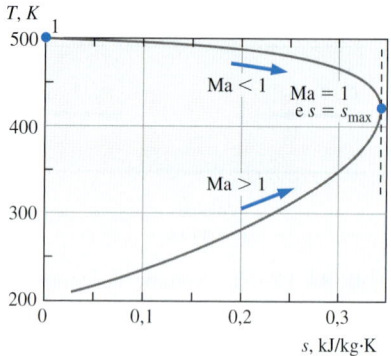

FIGURA 12–56 Diagrama T-s para o escoamento adiabático com atrito em um duto de área constante (escoamento de Fanno). Os valores numéricos são para $k = 1,4$ e condições de entrada $T_1 = 500$ K, $P_1 = 600$ kPa, $V_1 = 80$ m/s e um valor atribuído de $s_1 = 0$.

Equação de estado Observando que $P = \rho RT$, as propriedades P, ρ e T de um gás ideal nos estados 1 e 2 estão relacionadas entre si por:

$$\frac{P_1}{\rho_1 T_1} = \frac{P_2}{\rho_2 T_2} \quad (12\text{–}75)$$

Considere um gás com propriedades conhecidas R, k e c_p que escoa em um duto com área de seção transversal A. Para um estado de entrada especificado 1, as propriedades de entrada P_1, T_1, ρ_1, V_1 e s_1 são conhecidas. As cinco propriedades de saída P_2, T_2, ρ_2, V_2 e s_2 podem ser determinadas com as Equações 12–70 a 12–75 para qualquer valor especificado da força de atrito F_{atrito}. Conhecendo a velocidade e a temperatura, também podemos determinar o número de Mach na entrada e na saída com a relação Ma $= V/c = V\sqrt{kRT}$.

Obviamente, existe um número infinito de estados 2 a jusante possíveis que correspondem a um determinado estado 1 a montante. Uma forma prática de determinar esses estados a jusante é assumir diversos valores para T_2, e calcular todas as outras propriedades, bem como a força de atrito para cada T_2 assumido das Equações 12–70 a 12–75. O gráfico dos resultados em um diagrama T-s resulta em uma curva que passa através do estado de entrada especificado, como mostra a Fig. 12–56. O gráfico do escoamento de Fanno em um diagrama T-s é chamado de **linha de Fanno**, e várias observações importantes podem ser feitas com base nesse gráfico e nos resultados dos cálculos:

1. Todos os estados que satisfazem as equações de conservação da massa, momento linear e energia, bem como as relações de propriedades, estão na linha de Fanno. Assim, para um determinado estado inicial, o fluido não pode existir em nenhum estado a jusante fora da linha de Fanno em um diagrama T-s. Na verdade, a linha de Fanno é o local de todos os estados a jusante possíveis correspondentes a um estado inicial. Observe que se não houvesse atrito, as propriedades de escoamento permaneceriam constantes ao longo do duto durante o escoamento de Fanno.

2. O atrito faz com que a entropia aumente e, portanto, um processo sempre continue à direita ao longo da linha de Fanno. No ponto de entropia máxima, o número de Mach é Ma = 1. Todos os estados da parte superior da linha de Fanno são subsônicos, e todos os estados da parte inferior são supersônicos.

3. O atrito aumenta o número de Mach para o escoamento subsônico de Fanno, mas o diminui para o escoamento supersônico de Fanno. O número de Mach se aproxima da unidade (Ma = 1) em ambos os casos.

4. O balanço de energia exige que a temperatura de estagnação $T_0 = T + V^2/2c_p$ permaneça constante durante o escoamento de Fanno. Mas a temperatura real pode variar. A velocidade aumenta e, portanto, a temperatura diminui durante o escoamento subsônico, mas o contrário ocorre durante o escoamento supersônico (Fig. 12–57).

5. A equação da continuidade $\rho V =$ constante indica que a densidade e a velocidade são inversamente proporcionais. Assim, o efeito do atrito diminui a densidade no escoamento subsônico (uma vez que a velocidade e o número de Mach aumentam), mas a aumenta no escoamento supersônico (uma vez que a velocidade e o número de Mach diminuem).

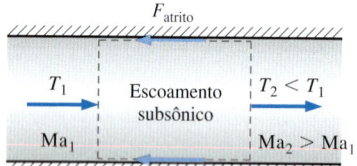

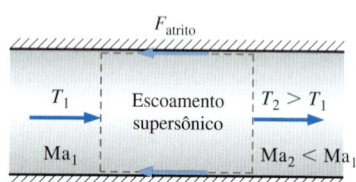

FIGURA 12–57 O atrito faz com que o número de Mach aumente e a temperatura diminua no escoamento de Fanno subsônico, mas faz o contrário no escoamento de Fanno supersônico.

Os efeitos do atrito sobre as propriedades do escoamento de Fanno estão listados na Tabela 12–4. Observe que os efeitos do atrito sobre a maioria das pro-

TABELA 12–4
Os efeitos do atrito sobre as propriedades do escoamento de Fanno

Propriedade	Subsônico	Supersônico
Velocidade, V	Aumenta	Diminui
Número de Mach, Ma	Aumenta	Diminui
Temperatura de estagnação, T_0	Constante	Constante
Temperatura, T	Diminui	Aumenta
Densidade, ρ	Diminui	Aumenta
Pressão de estagnação, P_0	Diminui	Diminui
Pressão, P	Diminui	Aumenta
Entropia, s	Aumenta	Aumenta

priedades do escoamento subsônico são opostos àqueles do escoamento supersônico. Entretanto, o efeito do atrito é sempre diminuir a pressão de estagnação, independentemente do escoamento ser subsônico ou supersônico. Mas o atrito não tem nenhum efeito sobre a temperatura de estagnação, uma vez que o atrito simplesmente faz com que a energia mecânica seja convertida em uma quantidade equivalente de energia térmica.

Relações de propriedades para o escoamento de Fanno

No escoamento compressível, é conveniente expressar a variação das propriedades em termos do número de Mach, e o escoamento de Fanno não é exceção. Entretanto, o escoamento de Fanno envolve a força de atrito que é proporcional ao quadrado da velocidade, mesmo quando o fator de atrito é constante. Mas no escoamento compressível, a velocidade varia de modo significativo ao longo do escoamento e, portanto, é preciso realizar uma análise diferencial para levar em conta adequadamente a variação da força de atrito. Começamos obtendo as formas diferenciais das equações de conservação e as relações de propriedade.

Equação da continuidade A forma diferencial da equação da continuidade é obtida diferenciando a relação de continuidade $\rho V = $ constante e reorganizando:

$$\rho\, dV + V\, d\rho = 0 \quad \rightarrow \quad \frac{d\rho}{\rho} = -\frac{dV}{V} \qquad (12\text{-}76)$$

Equação de momento linear – x Observando que $\dot{m}_1 = \dot{m}_2 = \dot{m} = \rho A V$ e $A_1 = A_2 = A$, aplicando a equação de momento linear

$$\sum \vec{F} = \sum_s \beta \dot{m} \vec{V} - \sum_e \beta \dot{m} \vec{V}$$

ao volume de controle diferencial da Fig. 12–58, temos:

$$PA_c - (P + dP)A - \delta F_{\text{atrito}} = \dot{m}(V + dV) - \dot{m}V$$

onde novamente aproximamos o fator de correção do fluxo de momento linear β como 1. Essa equação pode ser simplificada como:

$$-dPA - \delta F_{\text{atrito}} = \rho A V\, dV \quad \text{ou} \quad dP + \frac{\delta F_{\text{atrito}}}{A} + \rho V\, dV = 0 \qquad (12\text{-}77)$$

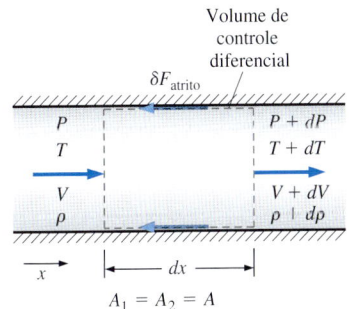

FIGURA 12–58 Volume de controle diferencial para o escoamento adiabático em um duto de área constante com atrito.

A força de atrito está relacionada à tensão de cisalhamento da parede τ_w e ao fator de atrito local f_x por:

$$\delta F_{\text{atrito}} = \tau_w \, dA_s = \tau_w p \, dx = \left(\frac{f_x}{8}\rho V^2\right)\frac{4A}{D_h}dx = \frac{f_x}{2}\frac{A\,dx}{D_h}\rho V^2 \quad (12\text{--}78)$$

onde dx é o comprimento da seção de escoamento, p é o perímetro e $D_h = 4A/p$ é o diâmetro hidráulico do duto (observe que D_h se reduz ao diâmetro comum D de um duto de seção transversal circular). Substituindo:

$$dP + \frac{\rho V^2 f_x}{2D_h}dx + \rho V \, dV = 0 \quad (12\text{--}79)$$

Observando que $V = \text{Ma}\sqrt{kRT}$ e $P = \rho RT$, temos $\rho V^2 = \rho kRT\text{Ma}^2 = kP\text{Ma}^2$ e $\rho V = kP\text{Ma}^2/V$. Substituindo na Equação 12–79:

$$\frac{1}{k\text{Ma}^2}\frac{dP}{P} + \frac{f_x}{2D_h}dx + \frac{dV}{V} = 0 \quad (12\text{--}80)$$

Equação da energia Observando que $c_p = kR/(k-1)$ e $V^2 = \text{Ma}^2 kRT$, a equação da energia $T_0 = $ constante ou $T + V^2/2c_p = $ constante pode ser expressa como:

$$T_0 = T\left(1 + \frac{k-1}{2}\text{Ma}^2\right) = \text{constante} \quad (12\text{--}81)$$

Diferenciando e reorganizando temos:

$$\frac{dT}{T} = -\frac{2(k-1)\text{Ma}^2}{2 + (k-1)\text{Ma}^2}\frac{d\text{Ma}}{\text{Ma}} \quad (12\text{--}82)$$

que é uma expressão para a variação diferencial da temperatura em termos de uma variação diferencial do número de Mach.

Número de Mach A relação do número de Mach para os gases ideais pode ser expressa como $V^2 = \text{Ma}^2 kRT$. Diferenciando e reorganizando temos:

$$2V\,dV = 2\text{Ma}kRT\,d\text{Ma} + kR\text{Ma}^2\,dT \rightarrow \quad (12\text{--}83)$$

$$2V\,dV = 2\frac{V^2}{\text{Ma}}d\text{Ma} + \frac{V^2}{T}dT$$

Dividindo cada termo por $2V^2$ e reorganizando:

$$\frac{dV}{V} = \frac{d\text{Ma}}{\text{Ma}} + \frac{1}{2}\frac{dT}{T} \quad (12\text{--}84)$$

Combinando a Equação 12–84 com a Equação 12–82 temos a variação da velocidade em termos do número de Mach como:

$$\frac{dV}{V} = \frac{d\text{Ma}}{\text{Ma}} - \frac{(k-1)\text{Ma}^2}{2+(k-1)\text{Ma}^2}\frac{d\text{Ma}}{\text{Ma}} \quad \text{ou} \quad \frac{dV}{V} = \frac{2}{2+(k-1)\text{Ma}^2}\frac{d\text{Ma}}{\text{Ma}} \quad (12\text{--}85)$$

Gás ideal A forma diferencial da equação do gás ideal é obtida pela diferenciação da equação $P = \rho RT$:

$$dP = \rho R\,dT + RT\,d\rho \rightarrow \frac{dP}{P} = \frac{dT}{T} + \frac{d\rho}{\rho} \quad (12\text{--}86)$$

Combinando com a equação de continuidade (Equação 12–76), temos:

$$\frac{dP}{P} = \frac{dT}{T} - \frac{dV}{V} \tag{12–87}$$

Agora combinando com as Equações 12–82 e 12–84, temos:

$$\frac{dP}{P} = -\frac{2 + 2(k-1)\text{Ma}^2}{2 + (k-1)\text{Ma}^2}\frac{d\text{Ma}}{\text{Ma}} \tag{12–88}$$

que é uma expressão para as variações diferenciais de P com Ma.

Substituindo as Equações 12–85 e 12–88 na equação 12–80 e simplificando temos a equação diferencial para a variação do número de Mach com x como:

$$\frac{f_x}{D_h}dx = \frac{4(1 - \text{Ma}^2)}{k\text{Ma}^3[2 + (k-1)\text{Ma}^2]}d\text{Ma} \tag{12–89}$$

Considerando que todos os escoamentos de Fanno tendem a Ma = 1, mais uma vez é conveniente usar o ponto crítico (ou seja, o estado sônico) como o ponto de referência e expressar as propriedades de escoamento em relação às propriedades do ponto crítico, mesmo que o escoamento real nunca atinja o ponto crítico. Integrando a Equação 12–89 de qualquer estado (Ma = Ma e $x = x$) ao estado crítico (Ma = 1 e $x = x_{cr}$), temos:

$$\frac{fL^*}{D_h} = \frac{1 - \text{Ma}^2}{k\text{Ma}^2} + \frac{k+1}{2k}\ln\frac{(k+1)\text{Ma}^2}{2 + (k-1)\text{Ma}^2} \tag{12–90}$$

onde f é o fator de atrito médio entre x e x_{cr}, que é assumido como constante, e $L^* = x_{cr} - x$ é o comprimento do canal necessário para que o número de Mach atinja a unidade sob a influência do atrito da parede. Assim, L^* representa a distância entre determinada seção na qual o número de Mach é Ma e uma seção (uma seção imaginária se o duto não é suficientemente longo para atingir Ma = 1) na qual ocorrem as condições sônicas (Fig. 12–59).

Observe que o valor de fL^*/D_h é fixo para determinado número de Mach e, portanto, os valores de fL^*/D_h podem ser tabulados em relação a Ma para um k especificado. Da mesma forma, o valor do comprimento do duto L^* necessário para atingir as condições sônicas (ou o "comprimento sônico") é inversamente proporcional ao fator de atrito. Assim, para determinado número de Mach, L^* é grande para dutos com superfícies uniformes e pequeno para dutos com superfícies rugosas.

O comprimento de duto real L entre duas seções nas quais os números de Mach são Ma_1 e Ma_2 pode ser determinado com:

$$\frac{fL}{D_h} = \left(\frac{fL^*}{D_h}\right)_1 - \left(\frac{fL^*}{D_h}\right)_2 \tag{12–91}$$

Em geral, o fator de atrito médio f é diferente nas diferentes partes do duto. Se f for assumido como constante para todo o duto (incluindo a parte da extensão hipotética do estado sônico), então, a Equação 12–91 pode ser simplificada como:

$$L = L_1^* - L_2^* \quad (f = \text{constante}) \tag{12–92}$$

Portanto, a Equação 12–90 pode ser usada para dutos curtos que nunca atingem Ma = 1, bem como para os longos com Ma = 1 na saída.

O fator de atrito depende do número de Reynolds $\text{Re} = \rho V D_h/\mu$, que varia ao longo do duto e da razão de rugosidade ε/D_h da superfície. Entretanto, a variação de Re é suave, uma vez que ρV = constante (da continuidade) e toda variação de Re é devido à variação da viscosidade com a temperatura. Assim, é razoável avaliar f com o gráfico de Moody ou com a equação de Colebrook discutidos no Capítulo 8 para o número de Reynolds médio e tratá-lo como uma constante. Este é o caso

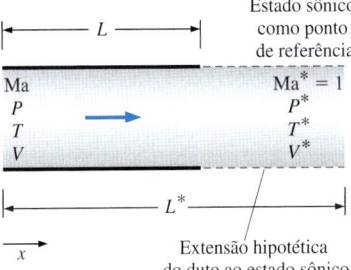

FIGURA 12–59 O comprimento L^* representa a distância entre determinada seção na qual o número de Mach é Ma e uma seção real ou imaginária na qual $\text{Ma}^* = 1$.

do escoamento subsônico, uma vez que as variações de temperatura envolvidas são relativamente pequenas. O tratamento do fator de atrito para o escoamento supersônico vai além do escopo deste texto. A equação de Colebrook é implícita em f e, portanto, é mais conveniente usar a relação explícita de Haaland expressa como:

$$\frac{1}{\sqrt{f}} \cong -1{,}8 \log\left[\frac{6{,}9}{\text{Re}} + \left(\frac{\varepsilon/D}{3{,}7}\right)^{1{,}11}\right] \quad (12\text{-}93)$$

Os números de Reynolds encontrados no escoamento compressível geralmente são altos, e em números de Reynolds muito altos (escoamento turbulento totalmente rugoso) o fator de atrito não depende do número de Reynolds. Para $\text{Re} \to \infty$, a equação de Colebrook se reduz a $1\sqrt{f} = -2{,}0 \log[(\varepsilon/D_h)/3{,}7]$.

As relações para outras propriedades de escoamento podem ser determinadas pela integração das relações dP/P, dT/T e dV/V das Equações 12–79, 12–82 e 12–85, respectivamente, de qualquer estado (sem subscrito e número de Mach Ma) até o estado sônico (com sobrescrito asterisco e Ma = 1) com os seguintes resultados (Fig. 12–60):

$$\frac{P}{P^*} = \frac{1}{\text{Ma}}\left(\frac{k+1}{2+(k-1)\text{Ma}^2}\right)^{1/2} \quad (12\text{-}94)$$

$$\frac{T}{T^*} = \frac{k+1}{2+(k-1)\text{Ma}^2} \quad (12\text{-}95)$$

$$\frac{V}{V^*} = \frac{\rho^*}{\rho} = \text{Ma}\left(\frac{k+1}{2+(k-1)\text{Ma}^2}\right)^{1/2} \quad (12\text{-}96)$$

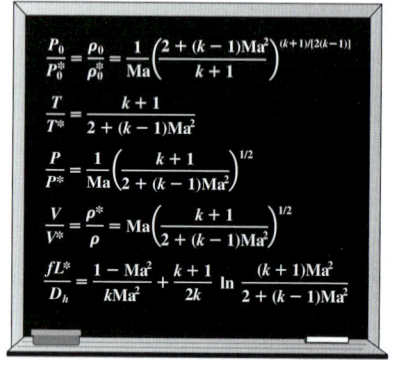

FIGURA 12–60 Resumo das relações do escoamento de Fanno.

Uma relação semelhante pode ser obtida para a pressão de estagnação adimensional da seguinte maneira:

$$\frac{P_0}{P_0^*} = \frac{P_0}{P}\frac{P}{P^*}\frac{P^*}{P_0^*} = \left(1 + \frac{k-1}{2}\text{Ma}^2\right)^{k/(k-1)} \frac{1}{\text{Ma}}\left(\frac{k+1}{2+(k-1)\text{Ma}^2}\right)^{1/2}\left(1 + \frac{k-1}{2}\right)^{-k/(k-1)}$$

que pode ser simplificado como:

$$\frac{P_0}{P_0^*} = \frac{\rho_0}{\rho_0^*} = \frac{1}{\text{Ma}}\left(\frac{2+(k-1)\text{Ma}^2}{k+1}\right)^{(k+1)/[2(k-1)]} \quad (12\text{-}97)$$

Observe que a temperatura de estagnação T_0 é constante para o escoamento de Fanno e, portanto, $T_0/T^*_0 = 1$ em toda a parte ao longo do duto.

As Equações 12–90 a 12–97 permitem calcular a pressão adimensional, a temperatura, a densidade, a velocidade, a pressão de estagnação e o fL^*/D_h do escoamento de Fanno de um gás ideal com um k especificado para determinado número de Mach. Resultados representativos são dados na forma tabular e em gráfico na Tabela A–16 para $k = 1{,}4$.

Escoamento de Fanno bloqueado

As discussões acima deixam claro que o atrito faz com que o escoamento subsônico de Fanno em um duto de área constante se acelere na direção da velocidade sônica, e que o número de Mach torna-se exatamente a unidade na saída para determinado comprimento de duto. Esse comprimento de duto é chamado de **comprimento máximo**, **comprimento sônico** ou **comprimento crítico**, e é indicado por L^*. Você deve estar curioso para saber o que acontece quando estendemos o comprimento do duto além de L^*. Em particular, o escoamento é acelerado até velocidades supersônicas? A resposta para essa pergunta é um *não* definitivo, uma vez que a Ma = 1 o escoamento está no ponto de máxima entropia, e a continuidade ao longo da linha de Fanno até a região supersônica exigiria que a entropia do fluido diminuísse – o que seria uma violação da segunda lei da termodinâmica. (Observe que o estado de saída deve permanecer na linha de Fanno para atender todos os requisitos de conservação). Portanto, o escoamento é bloqueado. Mais uma vez, isso é análogo a não conseguir acelerar um gás até velocidades supersônicas em um bocal convergente simplesmente estendendo a seção do escoamento convergente. Se estendermos o comprimento do duto além de L^* de qualquer forma, estaremos simplesmente movendo o estado crítico mais além a jusante e reduzindo a vazão. Isso faz com que o estado de entrada se altere (por exemplo, a velocidade de entrada diminui) e o escoamento mude para uma linha de Fanno diferente. Um aumento maior no comprimento do duto diminui a velocidade de entrada e, portanto, a vazão mássica.

O atrito faz com que o escoamento de Fanno supersônico de um duto com área constante se desacelere e o número de Mach diminua na direção da unidade. Assim, mais uma vez, o número de saída de Mach torna-se Ma = 1 se o comprimento do duto for L^*, como no escoamento subsônico. Mas, ao contrário do escoamento subsônico, o aumento do comprimento do duto além de L^* não pode bloquear o escoamento, uma vez que ele já está bloqueado. Em vez disso, ele faz com que ocorra um choque normal em tal local para que o escoamento subsônico torne-se outra vez sônico exatamente na saída do duto (Fig. 12–61). À medida que o comprimento do duto aumenta, o local do choque normal se movimenta mais a montante. Eventualmente, o choque ocorre na entrada do duto. Um aumento maior no comprimento do duto movimenta o choque para a seção divergente do bocal convergente-divergente que, originalmente, gera o escoamento supersônico, mas a vazão mássica ainda permanece inalterada, já que a taxa de massa é fixa pelas condições sônicas na garganta do bocal, e não se altera a menos que as condições da garganta mudem.

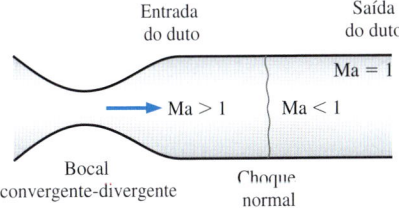

FIGURA 12–61 Se o comprimento L do duto é maior de L^*, o escoamento supersônico de Fanno sempre é sônico na saída do duto. A extensão do duto apenas moverá o local do choque normal mais a montante.

EXEMPLO 12–15 Escoamento bloqueado de Fanno em um duto

Ar entra em um duto adiabático uniforme de 3 cm de diâmetro a $Ma_1 = 0,4$, $T_1 = 300$ K e $P_1 = 150$ kPa (Fig. 12–62). Se o número de Mach na saída do duto for 1, determine o comprimento do duto e a temperatura, pressão e velocidade na saída do duto. Determine também a porcentagem da pressão de estagnação perdida no duto.

SOLUÇÃO Ar entra em um duto adiabático de área constante a um estado especificado e sai no estado sônico. O comprimento do duto, a temperatura de saída, pressão, velocidade e porcentagem da pressão de estagnação perdida no duto devem ser determinados.

Hipóteses **1** As hipóteses associadas ao escoamento de Fanno (ou seja, escoamento com atrito e permanente de um gás ideal com propriedades constantes através de um duto adiabático com área transversal constante) são válidas. **2** O fator de atrito é constante ao longo do duto.

Propriedades Assumimos as propriedades do ar como $k = 1,4$, $c_p = 1,005$ kJ/kg·K, $R = 0,287$ kJ/kg·K e $\nu = 1,58 \times 10^{-5}$ m²/s.

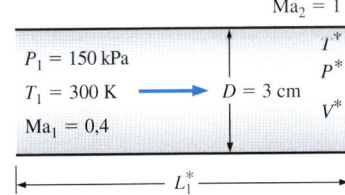

FIGURA 12–62 Esquema do Exemplo 12–15.

Análise Primeiramente, determinamos a velocidade e o número de Reynolds na entrada:

$$c_1 = \sqrt{kRT_1} = \sqrt{(1,4)(0,287 \text{ kJ/kg·K})(300 \text{ K})\left(\frac{1000 \text{ m}^2/\text{s}^2}{1 \text{ kJ/kg}}\right)} = 347 \text{ m/s}$$

$$V_1 = Ma_1 c_1 = 0,4(347 \text{ m/s}) = 139 \text{ m/s}$$

$$Re_1 = \frac{V_1 D}{\nu} = \frac{(139 \text{ m/s})(0,03 \text{ m})}{1,58 \times 10^{-5} \text{ m}^2/\text{s}} = 2,637 \times 10^5$$

(continua)

(continuação)

O fator de atrito é determinado com a equação de Colebrook:

$$\frac{1}{\sqrt{f}} = -2{,}0\log\left(\frac{\varepsilon/D}{3{,}7} + \frac{2{,}51}{\mathrm{Re}\sqrt{f}}\right) \rightarrow \frac{1}{\sqrt{f}} = -2{,}0\log\left(\frac{0}{3{,}7} + \frac{2{,}51}{2{,}637\times 10^5\sqrt{f}}\right)$$

Sua solução é:

$$f = 0{,}0148$$

As funções do escoamento de Fanno correspondentes aos números de Mach de entrada de 0,4 são (Tabela A–16):

$$\frac{P_{01}}{P_0^*} = 1{,}5901 \quad \frac{T_1}{T^*} = 1{,}1628 \quad \frac{P_1}{P^*} = 2{,}6958 \quad \frac{V_1}{V^*} = 0{,}4313 \quad \frac{fL_1^*}{D} = 2{,}3085$$

Observando que * indica condições sônicas, que existem no estado de saída, o comprimento do duto e a temperatura de saída, pressão e velocidade são determinados como:

$$L_1^* = \frac{2{,}3085 D}{f} = \frac{2{,}3085(0{,}03\text{ m})}{0{,}0148} = \mathbf{4{,}68\text{ m}}$$

$$T^* = \frac{T_1}{1{,}1628} = \frac{300\text{ K}}{1{,}1628} = \mathbf{258\text{ K}}$$

$$P^* = \frac{P_1}{2{,}6958} = \frac{150\text{ kPa}}{2{,}6958} = \mathbf{55{,}6\text{ kPa}}$$

$$V^* = \frac{V_1}{0{,}4313} = \frac{139\text{ m/s}}{0{,}4313} = \mathbf{322\text{ m/s}}$$

Assim, para o fator de atrito dado, o comprimento do duto deve ser de 4,68 m para que o número de Mach chegue a Ma = 1 na saída do duto. A fração da pressão de estagnação de entrada P_{01} perdida no duto devido ao atrito é:

$$\frac{P_{01} - P_0^*}{P_{01}} = 1 - \frac{P_0^*}{P_{01}} = 1 - \frac{1}{1{,}5901} = 0{,}371 \quad \text{ou} \quad \mathbf{37{,}1\%}$$

Discussão Este problema também pode ser resolvido usando relações apropriadas em vez dos valores tabulados das funções de Fanno. Da mesma forma, determinamos o fator de atrito às condições de entrada e assumimos que ele permanece constante ao longo do duto. Para verificar a validade dessa hipótese, calculamos o fator de atrito às condições de saída. É possível mostrar que o fator de atrito na saída do duto é 0,0121 – uma queda de 18%. Esse é um valor grande. Assim, devemos repetir o cálculo usando o valor médio do fator de atrito (0,0148 + 0,0121)/2 = 0,0135. Isso daria um comprimento de duto de L^*_1 = 2,3085(0,03m)/0,0135 = **5,13 m**, e assumiríamos esse como o comprimento necessário do duto.

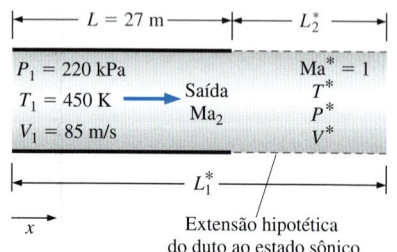

FIGURA 12–63 Esquema do Exemplo 12–16.

EXEMPLO 12–16 Condições de saída do escoamento de Fanno em um duto

Ar entra em um duto adiabático uniforme de 27 m de comprimento e 5 cm de diâmetro a V_1 = 85 m/s, T_1 = 450 K e P_1 = 220 kPa (Fig. 12–63). O fator de atrito médio do duto é estimado como 0,023. Determine o número de Mach na saída do duto e a vazão mássica do ar.

SOLUÇÃO Ar entra em um duto adiabático com área constante e comprimento determinado a um estado especificado. O número de saída de Mach e a vazão mássica devem ser determinados.

Hipóteses 1 As hipóteses associadas ao escoamento de Fanno (ou seja, escoamento com atrito e permanente de um gás ideal com propriedades constantes através de um duto adiabático com área transversal constante) são válidas. 2 O fator de atrito é constante ao longo do duto.

Propriedades Assumimos as propriedades do ar como $k = 1,4$, $c_p = 1,005$ kJ/kg·K e $R = 0,287$ kJ/kg·K.

Análise A primeira coisa que precisamos saber é se o escoamento é bloqueado na saída ou não. Assim, primeiramente, determinamos o número de entrada de Mach e o valor correspondente da função fL^*/D_h:

$$c_1 = \sqrt{kRT_1} = \sqrt{(1,4)(0,287 \text{ kJ/kg·K})(450 \text{ K})\left(\frac{1000 \text{ m}^2/\text{s}^2}{1 \text{ kJ/kg}}\right)} = 425 \text{ m/s}$$

$$\text{Ma}_1 = \frac{V_1}{c_1} = \frac{85 \text{ m/s}}{425 \text{ m/s}} = 0,200$$

Correspondendo a esse número de Mach nós lemos, na Tabela A–16, $(fL^*/D_h)_1 = 14{,}5333$. Da mesma maneira, usando o comprimento real do duto L, temos:

$$\frac{fL}{D_h} = \frac{(0,023)(27 \text{ m})}{0,05 \text{ m}} = 12,42 < 14,5333$$

Portanto, o escoamento *não* é bloqueado e o número de saída de Mach é menor do que 1. A função fL^*/D_h no estado de saída é calculada com a Equação 12–91:

$$\left(\frac{fL^*}{D_h}\right)_2 = \left(\frac{fL^*}{D_h}\right)_1 - \frac{fL}{D_h} = 14,5333 - 12,42 = 2,1133$$

O número de Mach correspondente a esse valor de fL^*/D é 0,42, obtido da Tabela A–16. Assim, o número de Mach na saída do duto é:

$$\text{Ma}_2 = \mathbf{0{,}420}$$

A vazão mássica do ar é determinada com as condições de entrada como:

$$\rho_1 = \frac{P_1}{RT_1} = \frac{220 \text{ kPa}}{(0,287 \text{ kJ/kg·K})(450 \text{ K})}\left(\frac{1 \text{ kJ}}{1 \text{ kPa·m}^3}\right) = 1,703 \text{ kg/m}^3$$

$$\dot{m}_{ar} = \rho_1 A_1 V_1 = (1,703 \text{ kg/m}^3)[\pi(0,05 \text{ m})^2/4](85 \text{ m/s}) = \mathbf{0{,}284 \text{ kg/s}}$$

Discussão Observe que é necessário um comprimento de duto de 27 m para que o número de Mach aumente de 0,20 até 0,42, mas apenas 4,6 m para aumentar de 0,42 para 1. Assim, o número de Mach se eleva a uma taxa muito mais alta à medida que as condições sônicas são atingidas.

Para ter uma ideia, vamos determinar os comprimentos correspondentes aos valores fL^*/D_h dos estados de entrada e saída. Observando que f é assumido como constante para todo o duto, os comprimentos máximos (ou sônicos) do duto nos estados de entrada e saída são:

$$L_{\text{max},1} = L_1^* = 14,5333 \frac{D_h}{f} = 14,5333 \frac{0,05 \text{ m}}{0,023} = 31,6 \text{ m}$$

$$L_{\text{max},2} = L_2^* = 2,1133 \frac{D_h}{f} = 2,1133 \frac{0,05 \text{ m}}{0,023} = 4,59 \text{ m}$$

(ou $L_{\text{max},2} = L_{\text{max},1} - L = 31,6 - 27 = 4,6$ m). Assim, o escoamento atingiria as condições sônicas se uma seção com 4,6 m de comprimento fosse adicionada ao duto existente.

APLICAÇÃO EM FOCO

Interações onda de choque/camada limite

Autor convidado: Gary S. Settles,
The Pennsylvania State University

As ondas de choque e as camadas limite estão entre os fenômenos mais incompatíveis da natureza. As camadas limite, descritas no Capítulo 10, são suscetíveis à separação das superfícies aerodinâmicas sempre que ocorrem gradientes de pressão adversos fortes. As ondas de choque, por outro lado, produzem gradientes de pressão muito fortes, já que uma elevação finita da pressão estática ocorre através de uma onda de choque em uma distância na direção da corrente curta e desprezível. Assim, quando uma camada limite encontra uma onda de choque, um complicado padrão de escoamento se desenvolve e a camada limite quase sempre se separa da superfície na qual ela está colada.

Existem casos importantes em voos de alta velocidade e testes em túnel de vento nos quais tal conflito é inevitável. Por exemplo, um avião a jato comercial de carga viaja na margem inferior do regime de escoamento transônico, onde o escoamento de ar sobre as asas na realidade fica supersônico e depois retorna ao escoamento subsônico por meio de uma onda de choque normal (Fig. 12–64). Se tal avião voar de modo significativamente mais rápido do que seu número de Mach de cruzeiro projetado, sérias perturbações aerodinâmicas surgem devido às interações onda de choque/camada limite causando a separação do escoamento nas asas. Esse fenômeno, portanto, limita a velocidade dos aviões de passageiros ao redor do mundo. Alguns aviões militares foram projetados para evitar esse limite e voar supersonicamente, mas as interações onda de choque/camada limite ainda são fatores limitantes nas entradas de ar de seus motores.

FIGURA 12–64 A onda de choque normal acima da asa de um avião a jato comercial L-1011 em voo transônico, visível pela distorção de fundo de nuvens baixas sobre o Oceano Pacífico.

Foto do governo dos EUA de Carla Thomas, Centro de Pesquisa da NASA em Dryden.

A interação entre uma onda de choque e uma camada limite é um tipo de *interação viscosa/não viscosa* na qual o escoamento viscoso da camada limite encontra a onda de choque essencialmente não viscosa gerada na corrente livre. A camada limite é retardada e torna-se mais espessa pelo choque e pode se separar. O choque, por outro lado, bifurca-se quando ocorre a separação do escoamento (Fig. 12–65). As variações mútuas do choque e da camada limite continuam até que seja atingida uma condição de equilíbrio. Dependendo das condições de contorno, a interação pode variar em duas ou três dimensões e pode ser permanente ou temporária.

É difícil analisar um escoamento com interação tão forte e não existem soluções simples. Além disso, na maioria dos problemas de interesse prático, a camada limite em questão é turbulenta. Os métodos modernos de cálculo conseguem prever muitas características desses escoamentos com soluções de supercomputadores para as equações médias de Navier-Stokes ou RANS (*Reynolds-averaged Navier-Stokes equations*). As experiências em túneis de vento têm um papel importante na orientação e validação de tais cálculos. A interação onda de choque / camada limite tornou-se um dos problemas de vanguarda da pesquisa moderna em dinâmica dos fluidos.

Referências

Knight, D. D., et al., "Advances in CFD Prediction of Shock Wave Turbulent Boundary Layer Interactions," *Progress in Aerospace Sciences* 39(2-3), páginas 121–184, 2003.

Alvi, F. S. e Settles, G. S., "Physical Model of the Swept Shock Wave/Boundary-Layer Interaction Flowfield," *AIAA Journal* 30, páginas 2252–2258, setembro de 1992.

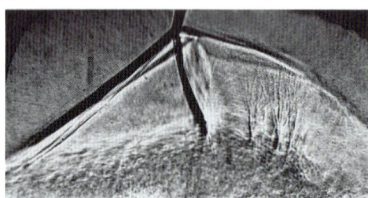

FIGURA 12–65 Gráfico de sombras da interação de varredura gerada por uma aleta montada em uma placa plana com número de Mach 3.5. A onda de choque oblíqua gerada pela aleta (na parte superior da imagem) se bifurca em um "pé em forma de λ" abaixo do qual a camada limite se separa e se enrola. O escoamento de ar através do pé em λ acima da zona de separação forma um "jato" supersônico que se curva para baixo e colide com a parede. Essa interação tridimensional exigiu uma técnica ótica especial conhecida como gráfico de sombras cônico para que o escoamento fosse visualizado.

Foto de F. S. Alvi e G. S. Settles.

RESUMO

Neste capítulo, foram examinados os efeitos da compressibilidade sobre o escoamento de gás. Ao lidar com o escoamento compressível, é conveniente combinar a entalpia e a energia cinética do fluido em um único termo chamado *entalpia de estagnação* (ou *total*) h_0, definida como:

$$h_0 = h + \frac{V^2}{2}$$

As propriedades de um fluido no estado de estagnação são chamadas de *propriedades de estagnação* e são indicadas pelo subscrito zero. A *temperatura de estagnação* de um gás ideal com calores específicos constantes é:

$$T_0 = T + \frac{V^2}{2c_p}$$

que representa a temperatura que um gás ideal atingiria se ele fosse levado ao repouso de forma adiabática. As propriedades de estagnação de um gás estão relacionadas com as propriedades estáticas do fluido por:

$$\frac{P_0}{P} = \left(\frac{T_0}{T}\right)^{k/(k-1)} \quad \text{e} \quad \frac{\rho_0}{\rho} = \left(\frac{T_0}{T}\right)^{1/(k-1)}$$

A velocidade com a qual uma onda de pressão infinitesimalmente pequena viaja através de um meio é a *velocidade do som*. Para um gás ideal ela é expressa como:

$$c = \sqrt{\left(\frac{\partial P}{\partial \rho}\right)_s} = \sqrt{kRT}$$

O *número de Mach* é a razão entre a velocidade real do fluido e a velocidade do som no mesmo estado:

$$\text{Ma} = \frac{V}{c}$$

O escoamento é chamado de *sônico* quando Ma = 1, *subsônico* quando Ma < 1, *supersônico* quando Ma > 1, *hipersônico* quando Ma $\gg$ 1 e *transônico* quando Ma $\cong$ 1.

Os bocais cuja área de escoamento diminui na direção do escoamento são chamados de *bocais convergentes*. Os bocais cuja área de escoamento diminui primeiro e, em seguida, aumenta, são chamados de *bocais convergentes-divergentes*. O local da menor área de escoamento de um bocal é chamado de *garganta*. A mais alta velocidade com a qual um fluido pode ser acelerado em um bocal convergente é a velocidade sônica. A aceleração de um fluido até velocidades supersônicas só é possível nos bocais convergentes-divergentes. Em todos os bocais supersônicos convergentes-divergentes, a velocidade de escoamento na garganta é a velocidade do som.

As razões entre as propriedades de estagnação e estáticas dos gases ideais com calores específicos constantes podem ser expressas em termos do número de Mach como:

$$\frac{T_0}{T} = 1 + \left(\frac{k-1}{2}\right)\text{Ma}^2$$

$$\frac{P_0}{P} = \left[1 + \left(\frac{k-1}{2}\right)\text{Ma}^2\right]^{k/(k-1)}$$

e

$$\frac{\rho_0}{\rho} = \left[1 + \left(\frac{k-1}{2}\right)\text{Ma}^2\right]^{1/(k-1)}$$

Quando Ma = 1, as relações resultantes entre as propriedades estática e de estagnação para a temperatura, pressão e densidade são chamadas de *relações críticas* e são indicadas pelo sobrescrito asterisco:

$$\frac{T^*}{T_0} = \frac{2}{k+1} \quad \frac{P^*}{P_0} = \left(\frac{2}{k+1}\right)^{k/(k-1)}$$

e

$$\frac{\rho^*}{\rho_0} = \left(\frac{2}{k+1}\right)^{1/(k-1)}$$

A pressão fora do plano de saída de um bocal é chamada de *contrapressão*. Em todas as contrapressões abaixo de P^*, a pressão no plano de saída do bocal convergente é igual a P^*, o número de Mach no plano de saída é unidade e a vazão mássica é a vazão máxima (ou bloqueada).

Em alguns intervalos da contrapressão, o fluido que atingiu uma velocidade sônica na garganta de um bocal convergente-divergente e é acelerado a velocidades supersônicas na seção divergente experimenta um *choque normal*, que causa uma elevação repentina da pressão e temperatura e uma queda repentina da velocidade até níveis subsônicos. O escoamento através do choque é altamente irreversível e, portanto, ele não pode ser aproximado como isentrópico. As propriedades de um gás ideal com calores específicos constantes antes (subscrito 1) e depois (subscrito 2) de um choque estão relacionadas por:

$$T_{01} = T_{02} \quad \text{Ma}_2 = \sqrt{\frac{(k-1)\text{Ma}_1^2 + 2}{2k\text{Ma}_1^2 - k + 1}}$$

$$\frac{T_2}{T_1} = \frac{2 + \text{Ma}_1^2(k-1)}{2 + \text{Ma}_2^2(k-1)}$$

e

$$\frac{P_2}{P_1} = \frac{1 + k\text{Ma}_1^2}{1 + k\text{Ma}_2^2} = \frac{2k\text{Ma}_1^2 - k + 1}{k+1}$$

Essas equações também são válidas através de um choque oblíquo, desde que o componente do número de Mach *normal* ao choque oblíquo seja usado no lugar do número de Mach.

O escoamento unidimensional permanente de um gás ideal com calores específicos constantes através de um duto com área constante e transferência de calor, mas com atrito desprezível, é chamado de *escoamento de Rayleigh*. As relações entre propriedades e as curvas para o escoamento de Rayleigh são dadas na Tabela A–15. A transferência de calor durante o escoamento de Rayleigh pode ser determinada com:

$$q = c_p(T_{02} - T_{01}) = c_p(T_2 - T_1) + \frac{V_2^2 - V_1^2}{2}$$

O escoamento permanente, adiabático e com atrito de um gás ideal com calores específicos constantes através de um duto de área constante é chamado de *escoamento de Fanno*. O comprimento de canal necessário para que o número de Mach atinja a unidade sob influência do atrito da parede é indicado por L^* e expresso como:

$$\frac{fL^*}{D_h} = \frac{1 - Ma^2}{kMa^2} + \frac{k+1}{2k} \ln \frac{(k+1)Ma^2}{2 + (k-1)Ma^2}$$

onde f é o fator de atrito médio. O comprimento de duto entre duas seções nas quais os números de Mach são Ma_1 e Ma_2 é determinado com:

$$\frac{fL}{D_h} = \left(\frac{fL^*}{D_h}\right)_1 - \left(\frac{fL^*}{D_h}\right)_2$$

Durante o escoamento de Fanno, a temperatura de estagnação T_0 permanece constante. As outras relações de propriedade e curvas do escoamento de Fanno são dadas na Tabela A-16.

Este capítulo oferece uma visão geral do escoamento compressível e destina-se a motivar o aluno interessado em empreender um estudo mais aprofundado sobre esse assunto. Alguns escoamentos compressíveis são analisados no Capítulo 15 usando a Dinâmica de Fluidos Computacional (CFD).

REFERÊNCIAS E LEITURAS SUGERIDAS

1. J. D. Anderson. *Modern Compressible Flow with Historical Perspective.* McGraw-Hill, 2003.
2. Y. A. Çengel e M. A. Boles. *Thermodynamics: An Engineering Approach,* 7a. edição Nova Iorque: McGraw-Hill, 2011.
3. H. Cohen, G. F. C. Rogers e H. I. H. Saravanamuttoo. *Gas Turbine Theory.* 3a. edição, Nova Iorque, Wiley, 1987.
4. W. J. Devenport. Compressible Aerodynamic Calculator, http://www.aoe.vt.edu/~devenpor/aoe3114/ calc.html.
5. R. W. Fox e A. T. McDonald. *Introduction to Fluid Mechanics,* 8a. ed. Nova Iorque: Wiley, 2011.
6. H. Liepmann e A. Roshko. *Elements of Gas Dynamics,* Dover Publications, Mineola, NY, 2001.
7. C. E. Mackey, executivo responsável e curador da NACA. *Equations, Tables, and Charts for Compressible Flow.* Relatório NACA 1135.
8. A. H. Shapiro. *The Dynamics and Thermodynamics of Compressible Fluid Flow.* vol. 1. Nova Iorque: Ronald Press Company, 1953.
9. P. A. Thompson. *Compressible-Fluid Dynamics.* McGraw-Hill, 1972.
10. United Technologies Corporation. *The Aircraft Gas Turbine Engine and Its Operation,* 1982
11. Van Dyke, *An Album of Fluid Motion.* Stanford, CA: The Parabolic Press,1982.
12. F. M. White. *Fluid Mechanics,* 7a. ed. Nova Iorque: McGraw-Hill, 2010.

PROBLEMAS*

Propriedades de estagnação

12–1C Um avião de alta velocidade voa à velocidade de cruzeiro em ar em repouso. Como a temperatura do ar no nariz do avião difere da temperatura do ar que está a uma certa distância do avião?

12–2C O que é temperatura dinâmica?

12–3C Nas aplicações de ar condicionado, a temperatura do ar é medida pela inserção de uma sonda na corrente do escoamento. Assim, na verdade, a sonda mede a temperatura de estagnação. Isso causa um erro significativo?

12–4 Ar escoa através de um dispositivo de forma que a pressão de estagnação é de 0,6 MPa, a temperatura de estagnação é de 400 °C e a velocidade é de 570 m/s. Determine a pressão e temperatura estáticas do ar neste estado.

Respostas: 519 K, 0,231 MPa

12–5 Ar a 320 K escoa em um duto à velocidade de (*a*) 1, (*b*) 10, (*c*) 100 e (*d*) 1000 m/s. Determine a temperatura medida por uma sonda fixa inserida no duto em cada caso.

12–6 Calcule a temperatura e pressão de estagnação das seguintes substâncias que escoam através de um duto: (*a*) hélio a 0,25 MPa, 50°C e 240 m/s; (*b*) nitrogênio a 0,15 MPa, 50°C e 300 m/s e (*c*) vapor a 0,1 MPa, 350°C e 480 m/s.

---

* Problemas identificados com a letra "C" são questões conceituais e encorajamos os estudantes a responder a todos. Problemas identificados com a letra "E" são em unidades inglesas, e usuários do SI podem ignorá-los. Problemas com o ícone "disco rígido" são resolvidos com o programa EES. Problemas com o ícone ESS são de natureza abrangente e devem ser resolvidos com um solucionador de equações, preferencialmente o programa EES.

12–7 Determine a temperatura e pressão de estagnação do ar que está escoando a 36 kPa, 238 K e 325 m/s.
Respostas: 291 K, 72,4 kPa

12–8E Vapor escoa através de um dispositivo com uma pressão de estagnação de 120 psia, temperatura de estagnação de 700°F e velocidade de 900 ft/s. Assumindo comportamento de gás ideal, determine a pressão e temperatura estáticas do vapor nesse estado.

12–9 Ar entra em um compressor com uma pressão de estagnação de 100 kPa e temperatura de estagnação de 35°C e é comprimido até uma pressão de estagnação de 900 kPa. Assumindo que o processo de compressão seja isentrópico, determine a potência de entrada no compressor para uma vazão mássica de 0,04 kg/s.
Resposta: 10,8 kW

12–10 Produtos da combustão entram em uma turbina a gás com uma pressão de estagnação de 0,75 MPa e temperatura de estagnação de 690°C e se expandem até uma pressão de estagnação de 100 kPa. Assumindo $k = 1,33$ e $R = 0,287$ kJ/kg·K para os produtos da combustão e assumindo que o processo de expansão seja isentrópico, determine a potência de saída da turbina por unidade de vazão mássica.

Escoamento isentrópico unidimensional

12–11C É possível acelerar um gás até uma velocidade supersônica em um bocal convergente? Explique.

12–12C Um gás inicialmente a uma velocidade subsônica entra em um duto divergente adiabático. Discuta o modo como isso afeta (*a*) A velocidade (*b*) A temperatura (*c*) A pressão e (*d*) A densidade do fluido.

12–13C Um gás com temperatura e pressão de estagnação especificadas é acelerado até Ma = 2 em um bocal convergente-divergente e a Ma = 3 em outro bocal. O que é possível dizer sobre as pressões nas gargantas desses dois bocais?

12–14C Um gás inicialmente a uma velocidade supersônica entra em um duto convergente adiabático. Discuta o modo como isso afeta (*a*) A velocidade (*b*) A temperatura (*c*) A pressão e (*d*) A densidade do fluido.

12–15C Um gás inicialmente a uma velocidade supersônica entra em um duto divergente adiabático. Discuta o modo como isso afeta (*a*) A velocidade (*b*) A temperatura (*c*) A pressão e (*d*) A densidade do fluido.

12–16C Considere um bocal convergente com velocidade sônica no plano de saída. Agora a área da saída do bocal é reduzida e as condições de entrada do bocal são mantidas constantes. O que acontecerá à (*a*) velocidade de saída e (*b*) vazão mássica através do bocal?

12–17C Um gás inicialmente a uma velocidade subsônica entra em um duto convergente adiabático. Discuta o modo como isso afeta (*a*) a velocidade, (*b*) a temperatura, (*c*) a pressão e (*d*) a densidade do fluido.

12–18 Hélio entra em um bocal convergente-divergente a 0,7 MPa, 800 K e 100 m/s. Qual é a temperatura e pressão mais baixa que podem ser obtidas na garganta do bocal?

12–19 Considere um grande avião comercial voando a uma velocidade de 1050 km/h em ar a uma altitude de 10 km, onde a temperatura padrão do ar é −50°C. Determine se a velocidade do avião é subsônica ou supersônica.

12–20 Calcule a temperatura, pressão e densidade críticas do (*a*) Ar a 200 kPa, 100°C e 250 m/s e (*b*) Hélio a 200 kPa, 40°C e 300 m/s.

12–21E Ar a 25 psia, 320°F e número de Mach Ma = 0,7 escoa através de um duto. Calcule a velocidade e a pressão, temperatura e densidade de estagnação do ar.
Respostas: 958 ft/s, 856 R, 34,7 psia, 0,109 lbm/ft^3

12–22 Ar entra em um bocal convergente-divergente a uma pressão de 1200 kPa com velocidade desprezível. Qual é a pressão mais baixa que pode ser obtida na garganta do bocal?
Resposta: 634 kPa

12–23 Em março de 2004, a NASA lançou com sucesso um motor experimental a jato de combustão supersônica (chamado *scramjet*) que chegou a um número de Mach recorde de 7. Supondo a temperatura do ar como −20°C, determine a velocidade deste motor.
Resposta: 8.040 km/h

12–24E Reconsidere o motor a jato discutido no Problema 12–23. Determine a velocidade deste motor em milhas por hora, correspondente a um número de Mach de 7 em ar a uma temperatura de 0 °F.

12–25 Ar a 200 kPa, 100°C e número de Mach Ma = 0,8 escoa através de um duto. Calcule a velocidade e a pressão, temperatura e densidade de estagnação do ar.

12–26 Reconsidere o Problema 12–25. Usando o EES (ou outro software), estude o efeito dos números de Mach no intervalo entre 0,1 e 2 sobre a velocidade e pressão, temperatura e densidade de estagnação do ar. Faça um gráfico de cada parâmetro como função do número de Mach.

12–27 Um avião foi projetado para voar a um número de Mach Ma = 1,1 a 12.000 m, onde a temperatura atmosférica é de 236,15 K. Determine a temperatura de estagnação sobre a borda de ataque da asa.

12–28 Dióxido de carbono imóvel a 1200 kPa e 600 K é acelerado de forma isentrópica até um número de Mach de 0,6. Determine a temperatura e pressão do dióxido de carbono após a aceleração.
Respostas: 570 K, 957 kPa

Escoamento isentrópico através de bocais

12–29C É possível acelerar um fluido até velocidades supersônicas com uma velocidade diferente da velocidade do som na garganta? Explique.

12–30C O que aconteceria se tentássemos acelerar ainda mais um fluido supersônico com um difusor divergente?

12–31C Como difere o parâmetro Ma* do número de Mach Ma?

12–32C Considere o escoamento subsônico em um bocal convergente com condições de entrada especificadas e pressão crítica na saída do bocal. Qual é o efeito da diminuição da contrapressão bem abaixo da pressão crítica sobre (*a*) a velocidade de saída, (*b*) a pressão de saída e (*c*) a vazão mássica através do bocal?

12–33C Considere um bocal convergente e um bocal convergente-divergente com mesmas áreas de garganta. Para as mesmas condições de entrada, como você compararia as vazões mássicas através desses dois bocais?

12–34C Considere o escoamento de gás através de um bocal convergente com condições de entrada especificadas. Sabemos que a velocidade mais alta que o fluido pode atingir na saída do bocal é a velocidade sônica, ponto em que a vazão mássica através do bocal é máxima. Se fosse possível atingir velocidades hipersônicas na saída do bocal, como isso afetaria a vazão mássica através do bocal?

12–35C Considere o escoamento subsônico em um bocal convergente com condições especificadas na entrada do bocal. Qual é o efeito da diminuição da contrapressão até a pressão crítica sobre (*a*) a velocidade de saída, (*b*) a pressão de saída e (*c*) a vazão mássica através do bocal?

12–36C Considere o escoamento isentrópico de um fluido através de um bocal convergente-divergente com velocidade subsônica na garganta. Como a seção divergente afeta (*a*) a velocidade, (*b*) a pressão e (*c*) a vazão mássica do fluido?

12–37C O que aconteceria se tentássemos desacelerar um fluido supersônico com um difusor divergente?

12–38 Nitrogênio entra em um bocal convergente-divergente a 700 kPa e 400 K com velocidade desprezível. Determine a velocidade, pressão, temperatura e densidade críticas no bocal.

12–39 Para um gás ideal obtenha uma expressão para a razão entre a velocidade do som, na qual Ma = 1, e a velocidade do som baseada na temperatura de estagnação, c^*/c_0.

12–40 Ar entra em um bocal convergente-divergente a 1,2 MPa com velocidade desprezível. Assumindo o escoamento isentrópico, determine a contrapressão que resultará em um número de Mach de saída de 1,8.

Resposta: 209 kPa

12–41E Ar entra em um bocal a 30 psia, 630 R e a uma velocidade de 450 ft/s. Assumindo o escoamento isentrópico, determine a pressão e a temperatura do ar em um local onde a velocidade do ar é igual à velocidade do som. Qual é a relação entre a área desse local e a área da entrada?

Respostas: 539 R, 17,4 psia, 0,574

12–42 Um gás ideal escoa através de uma passagem que primeiramente converge e, em seguida, diverge durante um processo de escoamento adiabático, reversível e permanente. Para escoamento subsônico na entrada, represente a variação da pressão, velocidade e o número de Mach ao longo do comprimento do bocal quando o número de Mach na área de escoamento mínimo for igual à unidade.

12–43 Repita o Problema 12–42 para escoamento supersônico na entrada.

12–44 Explique por que a máxima vazão mássica por unidade de área para um determinado gás depende apenas de $P_0/\sqrt{T_0}$. Para um gás ideal com $k = 1,4$ e $R = 0,287$ kJ/kg·K, encontre a constante a de forma que $\dot{m}/A^* = aP_0/\sqrt{T_0}$.

12–45 Um gás ideal com $k = 1,4$ escoa através de um bocal de forma que o número de Mach é 1,8 onde a área de escoamento é 36 cm². Aproximando o escoamento como isentrópico, determine a área de escoamento no local onde o número de Mach é 0,9.

12–46 Repita o Problema 12–45 para um gás ideal com $k = 1,33$.

12–47E Ar entra em um bocal convergente-divergente de um túnel de vento supersônico a 150 psia e 100°F com velocidade baixa. A área de escoamento da seção de teste é igual à área de saída do bocal que é de 5 ft². Calcule a pressão, temperatura, velocidade e vazão mássica na seção de teste para um número de Mach Ma = 2. Explique por que o ar deve ser muito seco nessa aplicação.

Respostas: 19,1 psia, 311 R, 1729 ft/s, 1435 lbm/s

12–48 Ar entra um bocal a 0,5 MPa, 420 K e uma velocidade de 110 m/s. Aproximando o escoamento como isentrópico, determine a pressão e a temperatura do ar no local onde a velocidade do ar é igual à velocidade do som. Qual é a razão entre a área nesta localização e a área de entrada?

Respostas: 355 K, 278 kPa, 0,428

12–49 Repita Prob. 12–48 supondo que a velocidade de entrada é desprezível.

12–50 Ar a 900 kPa e 400 K entra em um bocal convergente com velocidade desprezível. A área de garganta do bocal é de 10 cm². Aproximando o escoamento como isentrópico, calcule e faça um gráfico da pressão de saída, da velocidade de saída e da vazão mássica *versus* a contrapressão P_b para $0,9 \geq P_b \geq 0,1$ MPa.

12–51 Reconsidere o Problema 12–50. Usando o EES (ou outro software), resolva o problema para as condições de entrada de 0,8 MPa e 1200 K.

Ondas de choque e ondas de expansão

12–52C As relações isentrópicas dos gases ideais se aplicarão aos escoamentos através de (*a*) ondas de choque normais, (*b*) ondas de choque oblíquas e (*c*) ondas de expansão de Prandtl–Meyer?

12–53C O que representam os estados da linha de Fanno e de Rayleigh? O que representam os pontos de intersecção dessas duas curvas?

12–54C Alega-se que é possível analisar um choque oblíquo como um choque normal, desde que a componente normal da velocidade (normal à superfície do choque) seja utilizada na análise. Você concorda com essa alegação?

12–55C Como o choque normal afeta (*a*) a velocidade do fluido, (*b*) a temperatura estática, (*c*) a temperatura de estagnação, (*d*) a pressão estática e (*e*) a pressão de estagnação?

12–56C Como ocorre o choque oblíquo? Em que os choques oblíquos são diferentes dos choques normais?

12–57C Para que um choque oblíquo ocorra, o escoamento a montante precisa ser supersônico? O escoamento a jusante de um choque oblíquo precisa ser subsônico?

12–58C O número de Mach de um fluido pode ser maior do que 1 após uma onda de choque normal? Explique.

12–59C Considere o escoamento de ar supersônico que se aproxima do nariz de uma cunha bidimensional e experimenta um choque oblíquo. Sob quais condições um choque oblíquo se separa do nariz da cunha e forma uma onda de proa? Qual é o valor numérico do ângulo de choque do choque separado no nariz?

12–60C Considere o escoamento supersônico que colide no nariz arredondado de um avião. O choque oblíquo que se forma na frente do nariz será um choque ligado ou separado? Explique.

12–61C Uma onda de choque pode se desenvolver na seção convergente de um bocal convergente-divergente? Explique.

12–62 Ar entra em um choque normal a 26 kPa, 230 K e 815 m/s. Calcule a pressão de estagnação e o número de Mach a montante do choque, bem como a pressão, temperatura, velocidade, número de Mach e pressão de estagnação a jusante do choque.

12–63 Calcule a variação da entropia do ar através da onda de choque normal no Problema 12–62.
Resposta: 0,242 kJ/kg·K

12–64 Para um gás ideal que escoa através de um choque normal, desenvolva uma relação para V_2/V_1 em termos de k, Ma_1 e Ma_2.

12–65 Ar entra em um bocal convergente-divergente com velocidade baixa a 2,0 MPa e 100°C. Se a área de saída do bocal for 3,5 vezes a área da garganta, qual é a contrapressão necessária para produzir um choque normal no plano de saída do bocal?
Resposta: 0,661 MPa

12–66 Qual deve ser a contrapressão do Problema 12–65 para que um choque normal ocorra em um local onde a área de seção transversal é o dobro da área da garganta?

12–67E Ar que escoa de forma permanente em um bocal experimenta um choque normal a um número de Mach Ma = 2,5. Se a pressão e a temperatura do ar a montante do choque são, respectivamente, 10,0 psia e 440,5 R K, calcule a pressão, temperatura, velocidade, número de Mach e pressão de estagnação a jusante do choque. Compare esses resultados com aqueles para o hélio que sofre um choque normal nas mesmas condições.

12–68E Reconsidere o Problema 12–67E. Usando o EES (ou outro software), estude os efeitos do ar e do hélio escoando de forma permanente em um bocal no qual há um choque normal a um número de Mach no intervalo 2 < Ma_1 < 3,5. Além das informações requisitadas, calcule a variação da entropia do ar e do hélio através do choque normal. Tabule os resultados em uma tabela paramétrica.

12–69 Ar entra em um bocal convergente-divergente de um túnel de vento supersônico a 1 MPa e 300 K com velocidade baixa. Se uma onda de choque normal ocorre no plano de saída do bocal a Ma = 2,4, determine a pressão, temperatura, número de Mach, velocidade e pressão de estagnação após a onda de choque.
Respostas: 448 kPa, 284 K, 0,523, 177 m/s, 540 kPa

12–70 Usando o EES (ou outro software), calcule e faça um gráfico da variação de entropia do ar através do choque normal para números de Mach a montante entre 0,5 e 1,5 em incrementos de 0,1. Explique por que as ondas de choque normais só podem ocorrer para números de Mach a montante maiores do que Ma = 1.

12–71 Considere o escoamento de ar supersônico que se aproxima do nariz de uma cunha bidimensional com um número de Mach 5. Usando a Fig. 12–37, determine o ângulo de choque mínimo e o ângulo de deflexão máximo que um choque oblíquo reto pode ter.

12–72 Ar que escoa a 32 kPa, 240 K e Ma_1 = 3,6 é forçado a sofrer uma curva de expansão de 15°. Determine o número de Mach, a pressão e temperatura do ar após a expansão.
Respostas: 4,81, 6,65 kPa, 153 K

12–73 Considere o escoamento supersônico às condições a montante de 70 kPa, 260 K e número de Mach 2,4 sobre uma cunha bidimensional de semiângulo 10°. Se o eixo da cunha for inclinado em 25° com relação ao escoamento de ar a montante (Fig. P12–73), determine o número de Mach a jusante, a pressão e temperatura acima da cunha.
Respostas: 3,105, 23,8 kPa, 191 K

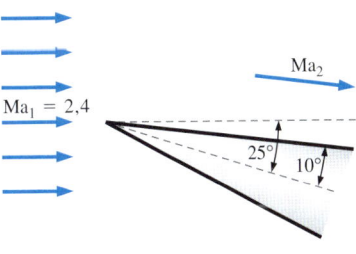

FIGURA P12–73

12–74 Reconsidere o Problema 12–73. Para um número de Mach a montante de 5, determine o número de Mach a jusante, a pressão e temperatura abaixo da cunha para um choque oblíquo forte.

12–75E Ar a 12 psia, 30°F e número de Mach 2.0 é forçado a virar para cima por uma rampa que faz um ângulo de 8° com a direção do escoamento. Como resultado, forma-se um choque oblíquo fraco. Determine o ângulo da onda, o número de Mach, a pressão e temperatura após o choque.

12–76E Ar que escoa a 8 psia, 480 R e Ma_1 = 2,0 é forçado a passar por uma curva de compressão de 15°. Determine o número de Mach, a pressão e temperatura do ar após a compressão.

12–77 Ar que escoa a 60 kPa, 240 K e número de Mach 3,4 colide uma cunha bidimensional de semiângulo 8°. Determine os dois ângulos de choque oblíquo possíveis, β_{fraco} e β_{forte}, que poderiam ser formados por essa cunha. Para cada caso, calcule a pressão, temperatura e o número de Mach a jusante do choque oblíquo, compare e discuta.

12–78 Ar que escoa de forma permanente em um bocal experimenta um choque normal a um número de Mach Ma = 2,6. Se a pressão e a temperatura do ar a montante do choque são, respectivamente, 58 kPa e 270 K, calcule a pressão, temperatura, velocidade, número de Mach e pressão de estagnação a jusante do choque. Compare esses resultados com aqueles para hélio que sofre um choque normal nas mesmas condições.

12–79 Calcule a variação da entropia do ar e do hélio através do choque normal no Problema 12–78.

Escoamento em duto com transferência de calor e atrito desprezível (escoamento de Rayleigh)

12–80C Qual é o efeito do aquecimento do fluido sobre a velocidade do escoamento no escoamento subsônico de Rayleigh? Responda a mesma pergunta para o escoamento supersônico de Rayleigh.

12–81C Em um diagrama T-s do escoamento de Rayleigh, o que representam os pontos na linha de Rayleigh?

12–82C Qual é o efeito do ganho de calor e perda de calor sobre a entropia do fluido durante o escoamento de Rayleigh?

12–83C Considere o escoamento subsônico de Rayleigh do ar com um número de Mach de 0,92. Agora, calor é transferido para o fluido e o número de Mach aumenta para 0,95. A temperatura T do fluido aumenta, diminui ou permanece constante durante esse processo. E a temperatura de estagnação T_0?

12–84C Qual é o aspecto característico do escoamento de Rayleigh? Quais são as principais hipóteses associadas ao escoamento de Rayleigh?

12–85C Considere o escoamento subsônico de Rayleigh que é acelerado até a velocidade sônica (Ma = 1) na saída do duto pelo aquecimento. Se o fluido continuar sendo aquecido, o escoamento na saída do duto será supersônico, subsônico ou permanecerá sônico?

12–86 Gás argônio entra em um duto de área de seção transversal constante a $Ma_1 = 0,2$, $P_1 = 320$ kPa e $T_1 = 400$ K com uma vazão de 1,2 kg/s. Desprezando as perdas por atrito, determine a taxa mais alta de transferência de calor para o argônio sem reduzir a vazão mássica.

12–87 Ar é aquecido à medida que escoa de modo subsônico através de um duto. Quando a quantidade de calor transferido atinge 67 kJ/kg, observa-se que o escoamento é bloqueado e que a velocidade e pressão estática medidas são 680 m/s e 270 kPa. Desprezando as perdas por atrito, determine a velocidade, temperatura estática e pressão estática na entrada do duto.

12–88 Ar comprimido do compressor de uma turbina de gás entra na câmara de compressão a $T_1 = 700$ K, $P_1 = 600$ kPa e $Ma_1 = 0,2$ a uma vazão de 0,3 kg/s. Por meio da combustão, o calor é transferido para o ar a uma taxa de 150 kJ/s à medida que escoa através do duto com atrito desprezível. Determine o número de Mach na saída do duto e a queda da pressão de estagnação $P_{01} - P_{02}$ durante esse processo.

Respostas: 0,271, 12,7 kPa

12–89 Repita o Problema 12–88 para uma taxa de transferência de calor de 300 kJ/s.

12–90E Ar escoa com atrito desprezível através de um duto com diâmetro de 4 in a uma vazão de 5 lbm/s. A temperatura e pressão na entrada são $T_1 = 800$ R e $P_1 = 30$ psia, e o número de Mach na saída é $Ma_2 = 1$. Determine a taxa de transferência de calor e a queda de pressão dessa seção do duto.

12–91 Ar entra em um duto aproximadamente sem atrito com $V_1 = 70$ m/s, $T_1 = 600$ K e $P_1 = 350$ kPa. Deixando a temperatura de saída T_2 variar de 600 a 5.000 K, avalie a variação da entropia a intervalos de 200 K e faça um gráfico da linha de Rayleigh em um diagrama T-s.

12–92E Ar é aquecido à medida que escoa através de um duto quadrado de 6 in × 6 in com atrito desprezível. Na entrada, o ar está a $T_1 = 700$ R, $P_1 = 80$ psia e $V_1 = 260$ ft/s. Determine a taxa com a qual o calor deve ser transferido para o ar para bloquear o escoamento na saída do duto e a variação da entropia do ar durante esse processo.

12–93 Ar entra em um duto retangular a $T_1 = 300$ K, $P_1 = 420$ kPa e $Ma_1 = 2$. Calor é transferido para o ar na quantidade de 55 kJ/kg, à medida que escoa através do duto (Fig. P12–93). Desprezando as perdas por atrito, determine a temperatura e o número de Mach na saída do duto.

Respostas: 386 K, 1,64

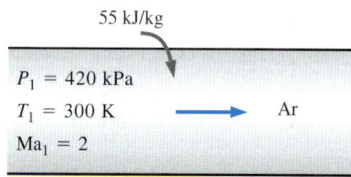

FIGURA P12–93

12–94 Repita o Problema 12–93 assumindo que o ar é resfriado na quantidade de 55 kJ/kg.

12–95 Considere uma câmara de combustão tubular de 16 cm de diâmetro. O ar entra no tubo a 450 K, 380 kPa e 55 m/s. Combustível com valor de aquecimento de 39.000 kJ/kg é queimado quando é pulverizado no ar (Fig. P12–95). Se o número de saída de Mach é 0,8, determine a taxa com a qual o combustível é queimado e a temperatura de saída. Assuma a combustão completa e despreze o aumento da vazão mássica devido à massa do combustível.

12–96 Considere o escoamento supersônico do ar através de um duto com 7 cm de diâmetro e atrito desprezível. O ar entra no duto a $Ma_1 = 1,8$, $P_{01} = 140$ kPa e $T_{01} = 600$ K, e é desacelerado pelo aquecimento. Determine a mais alta temperatura com a qual o ar possa ser aquecido pela adição de calor enquanto a vazão mássica permanece constante.

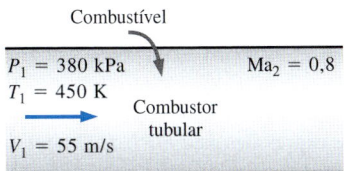

FIGURA P12–95

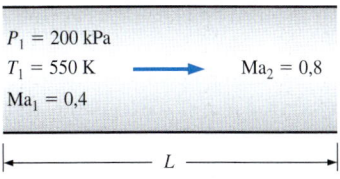

FIGURA P12–105

Escoamento em duto adiabático com atrito (escoamento de Fanno)

12–97C Qual é o efeito do atrito sobre a velocidade do escoamento no escoamento subsônico de Fanno? Responda a mesma pergunta para o escoamento supersônico de Fanno.

12–98C Em um diagrama T-s do escoamento de Fanno, o que representam os pontos na linha de Fanno?

12–99C Qual é o efeito do atrito sobre a entropia do fluido durante o escoamento de Fanno?

12–100C Considere o escoamento supersônico de Fanno que é desacelerado até a velocidade sônica (Ma = 1) na saída do duto como resultado dos efeitos do atrito. Se o comprimento do duto aumentar mais, o escoamento na saída do duto será supersônico, subsônico ou permanecerá sônico? A vazão mássica do fluido aumentará, diminuirá ou permanecerá constante como resultado do aumento do comprimento do duto?

12–101C Considere o escoamento supersônico de Fanno do ar com número de Mach na entrada de 1,8. Se o número de Mach diminui para 1,2 na saída do duto como resultado do atrito, a (a) temperatura de estagnação T_0, (b) pressão de estagnação P_0 e (c) entropia s do fluido aumenta, diminui ou permanece constante durante esse processo?

12–102C Qual é o aspecto característico do escoamento de Fanno? Quais são as principais hipóteses associadas ao escoamento de Fanno?

12–103C Considere o escoamento subsônico de Fanno acelerado até a velocidade sônica (Ma = 1) na saída do duto como resultado dos efeitos do atrito. Se o comprimento do duto aumentar mais, o escoamento na saída do duto será supersônico, subsônico ou permanecerá sônico? A vazão mássica do fluido aumentará, diminuirá ou permanecerá constante como resultado do aumento do comprimento do duto?

12–104C Considere o escoamento subsônico de Fanno do ar com número de entrada de Mach 0,70. Se o número de Mach aumentar para 0,90 na saída do duto como resultado do atrito, a (a) Temperatura de estagnação T_0, (b) Pressão de estagnação P_0 e (c) Entropia s do fluido aumentará, diminuirá ou permanecerá constante durante esse processo?

12–105 Ar entra em um duto adiabático de 12 cm de diâmetro a $Ma_1 = 0{,}4$, $T_1 = 550$ K e $P_1 = 200$ kPa (Fig. P12–105). O fator de atrito médio do duto é estimado como 0,021. Se o número de Mach na saída do duto é 0,8, determine o comprimento do duto, a temperatura, pressão e velocidade na saída do duto.

12–106 Ar entra em um duto adiabático de 15 m de comprimento, 4 cm de diâmetro a $V_1 = 70$ m/s, $T_1 = 500$ K e $P_1 = 300$ kPa. O fator de atrito médio do duto é estimado como 0,023. Determine o número de Mach na saída do duto e a vazão mássica do ar.

12–107 Ar entra em um duto adiabático de 5 cm de diâmetro, 4 m de comprimento e condições de entrada de $Ma_1 = 2{,}8$, $T_1 = 380$ K e $P_1 = 80$ kPa. Observa-se que um choque normal ocorre em um local que está a 3 m da entrada (Fig. P12–107). Tomando o fator médio de atrito como 0,007, determine a velocidade, temperatura e pressão na saída do duto.

Respostas: 572 m/s, 813 K, 328 kPa

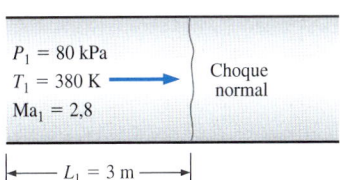

FIGURA P12–107

12–108E Gás hélio com $k = 1{,}667$ entra em um duto de 6 in de diâmetro a $Ma_1 = 0{,}2$, $P_1 = 60$ psia e $T_1 = 600$ R. Para um fator médio de atrito de 0,025, determine o comprimento máximo do duto que não reduzirá a vazão mássica do hélio.

Resposta: 291 ft

12–109 Ar entra em um duto adiabático de 15 cm de diâmetro com condições de entrada $V_1 = 150$ m/s, $T_1 = 500$ K e $P_1 = 200$ kPa. Para um fator de atrito médio de 0,014, determine o comprimento de duto desde a entrada na qual a velocidade de entrada é o dobro. Determine também a queda de pressão ao longo daquela seção do duto.

12–110E Ar escoa através de um duto adiabático de 6 in de diâmetro, 50 ft de comprimento e condições de entrada $V_1 = 500$ ft/s, $T_{01} = 650$ R e $P_1 = 50$ psia. Para um fator de atrito médio de 0,02, determine a velocidade, temperatura e pressão na saída do duto.

12–111 Considere o escoamento subsônico de ar através de um duto adiabático de 20 cm de diâmetro com condições de entrada $T_1 = 330$ K, $P_1 = 180$ kPa e $Ma_1 = 0{,}1$. Assumindo um fator de atrito médio de 0,02, determine o comprimento do duto necessário para acelerar o escoamento até um número de Mach de unidade. Calcule também o comprimento do duto a intervalos do número de Mach de 0,1 e faça um gráfico do comprimento do duto em função do número de Mach para $0{,}1 \leq Ma \leq 1$. Discuta os resultados.

12–112 Repita o Problema 12–111 para gás hélio.

12–113 Gás argônio com $k = 1{,}667$, $c_p = 0{,}5203$ kJ/kg·K e $R = 0{,}2081$ kJ/kg·K entra em um duto adiabático de 8 cm de diâmetro com $V_1 = 70$ m/s, $T_1 = 520$ K e $P_1 = 350$ kPa. Assumindo o fator de atrito médio como 0,005 e deixando a temperatura de saída T_2 variar de 540 a 400 K, avalie a variação da entropia a intervalos de 10 K, e faça um gráfico da linha de Fanno em um diagrama T-s.

12–114 Ar de uma sala a $T_0 = 300$ K e $P_0 = 100$ kPa é retirado de forma constante por uma bomba a vácuo através de um tubo adiabático de 1,4 cm de diâmetro, 35 cm de comprimento equipado com um bocal convergente na entrada (Fig. P12–114). O escoamento na seção do bocal pode ser aproximado como isentrópico, e o fator de atrito médio do duto pode ser assumido como 0,018. Determine a máxima vazão mássica de ar que pode ser sugado através desse tubo e o número de Mach na entrada do tubo.

Respostas: 0,0305 kg/s, 0,611

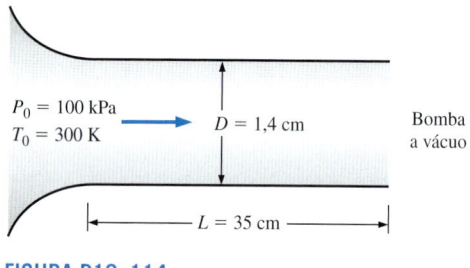

FIGURA P12–114

12–115 Repita o Problema 12–114 para um fator de atrito de 0,025 e um comprimento de tubo de 1 m.

Problemas de revisão

12–116 O empuxo desenvolvido pelo motor de um Boeing 777 é de cerca de 380 kN. Assumindo o escoamento bloqueado nos bocais, determine a vazão mássica do através do bocal. Assuma as condições ambientais 220 K e 40 kPa.

12–117 Uma sonda fixa de temperatura inserida em um duto no qual o ar escoa a 190m/s marca 85°C. Qual é a temperatura real do ar? *Resposta:* 67,0°C

12–118 Nitrogênio entra em um trocador de calor em escoamento permanente a 150 kPa, 10°C e 100 m/s, e recebe calor na quantidade de 150 kJ/kg à medida que escoa através dele. O nitrogênio sai do trocador de calor a 100 kPa com uma velocidade de 200 m/s. Determine a pressão e temperatura de estagnação do nitrogênio nos estados de entrada e saída.

12–119 Faça um gráfico do parâmetro de vazão mássica $\dot{m}\sqrt{RT_0}/(AP_0)$ em função do número de Mach para $k = 1{,}2$, 1,4 e 1,6 no intervalo $0 \leq \text{Ma} \leq 1$.

12–120 Obtenha a Equação 12–10 começando pela Equação 12–9 e usando a regra cíclica e as relações de propriedades termodinâmicas:

$$\frac{c_p}{T} = \left(\frac{\partial s}{\partial T}\right)_P \quad \text{e} \quad \frac{c_v}{T} = \left(\frac{\partial s}{\partial T}\right)_v.$$

12–121 Para gases ideais que sofrem escoamentos isentrópicos, obtenha as expressões para P/P^*, T/T^* e ρ/ρ^* como funções de k e Ma.

12–122 Usando as Equações (12–4), (12–13) e (12–14), verifique que para o escoamento permanente dos gases ideais $dT_0/T = dA/A + (1 - \text{Ma}^2)\, dV/V$. Explique o efeito do aquecimento e as variações de área sobre a velocidade de um gás ideal em escoamento permanente para (*a*) Escoamento subsônico e (*b*) Escoamento supersônico.

12–123 Um avião subsônico voa a 5.000 m de altitude, onde as condições atmosféricas são 54 kPa e 256 K. Uma sonda estática de Pitot mede a diferença entre as pressões estática e de estagnação como 16 kPa. Calcule a velocidade do avião e o número de Mach de voo.

Respostas: 199 m/s, 0,620

12–124 Deduza uma expressão para a velocidade do som baseada na equação de estado de van der Waals $P = RT(v - b) - a/v^2$. Usando essa relação, determine a velocidade do som no dióxido de carbono a 80°C e 320 kPa, e compare o resultado com aquele obtido assumindo comportamento de gás ideal. As constantes de van der Waals do dióxido de carbono são $a = 364{,}3$ kPa·m^6/kmol^2 e $b = 0{,}0427$ m^3/kmol.

12–125 Hélio entra em um bocal a 0,6 MPa, 560 K e uma velocidade de 120 m/s. Assumindo o escoamento isentrópico, determine a pressão e a temperatura do hélio em um local onde a velocidade é igual à velocidade do som. Qual é a razão entre a área desse local e a área da entrada?

12–126 Repita o Problema 12–125 assumindo que a velocidade de entrada é desprezível.

12–127 Ar a 0,9 MPa e 400 K entra em um bocal convergente com uma velocidade de 180 m/s. A área de garganta é 10 cm^2. Assumindo escoamento isentrópico, calcule e faça um gráfico da vazão mássica através do bocal, da velocidade de saída, do número de Mach de saída e da razão entre a pressão de saída e de estagnação *versus* a razão entre a contrapressão e a pressão de estagnação para o intervalo de contrapressão $0{,}9 \geq P_b \geq 0{,}1$ MPa.

12–128 Nitrogênio entra em um duto com área de escoamento variável a 400 K, 100 kPa e um número de Mach 0,3. Assumindo um escoamento isentrópico permanente, determine a temperatura, pressão e número de Mach em um local em que a área de escoamento foi reduzida em 20%.

12–129 Repita o Problema 12–128 para um número de Mach na entrada de 0,5.

12–130 Nitrogênio entra em um bocal convergente–divergente a 620 kPa e 310 K com uma velocidade desprezível e experimenta um choque normal em um local no qual o número de Mach é Ma = 3,0. Calcule a pressão, temperatura, velocidade, número de Mach e pressão de estagnação a jusante do choque. Compare esses resultados com aqueles para o ar sofrendo um choque normal nas mesmas condições.

12–131 Uma aeronave voa com um número de Mach $Ma_1 = 0{,}9$ a uma altitude de 7.000 m, na qual a pressão é 41,1 kPa e a temperatura é 242,7 K. O difusor na entrada do motor tem um número de saída de Mach de $Ma_2 = 0{,}3$. Para uma vazão mássica de 38 kg/s, determine o aumento da pressão estática através do difusor e a área de saída.

12–132 Considere uma mistura equimolar de oxigênio e nitrogênio. Determine a temperatura pressão e densidade críticas, para a temperatura e pressão de estagnação de 550 K e 350 kPa, respectivamente.

12–133E Hélio se expande em um bocal de 220 psia, 740 R e velocidade desprezível até 15 psia. Calcule as áreas da garganta e da saída para uma vazão mássica de 0,2 lbm/s, assumindo que o bocal é isentrópico. Por que esse bocal deve ser convergente–divergente?

12–134 Usando o software EES e as relações da Tabela A–13, calcule as funções de escoamento compressível unidimensional de um gás ideal com $k = 1{,}667$ e apresente os resultados duplicando a Tabela A–13.

12–135 Usando o software EES e as relações da Tabela A–14, calcule as funções de choque normal unidimensional de um gás ideal com $k = 1{,}667$ e apresente os resultados duplicando a Tabela A–14.

12–136 Hélio se expande em um bocal de 1 MPa, 500 K e velocidade desprezível até 0,1 MPa. Calcule as áreas da garganta e da saída para uma vazão mássica de 0,46 kg/s, assumindo que o bocal é isentrópico. Por que esse bocal deve ser convergente–divergente?

Respostas: 6,46 cm², 10,8 cm²

12–137 Em um escoamento compressível, as medidas de velocidade com uma sonda de Pitot podem apresentar erros grandes caso sejam usadas as relações desenvolvidas para o escoamento incompressível. Assim, é essencial que as relações de escoamento compressível sejam usadas na avaliação da velocidade de escoamento com as medições da sonda de Pitot. Considere o escoamento supersônico do ar através de um canal. Uma sonda inserida no escoamento faz com que uma onda de choque ocorra a montante da sonda, e mede a pressão e a temperatura de estagnação como 620 kPa e 340 K, respectivamente. Se a pressão estática a montante for 110 kPa, determine a velocidade de escoamento.

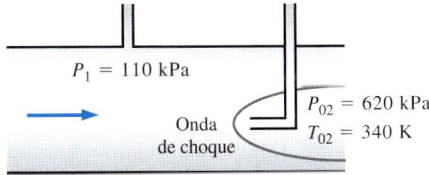

FIGURA P12–137

12–138 Usando o EES (ou outro software) e as relações dadas na Tabela A–14, gere as funções de choque normal unidimensional, variando o número de Mach a montante de 1 a 10 em incrementos de 0,5 para o ar com $k = 1{,}4$.

12–139 Repita o Problema 12–138 para o metano com $k = 1{,}3$.

12–140 Ar de uma sala a $T_0 = 290$ K e $P_0 = 90$ kPa é retirado de forma constante por uma bomba a vácuo através de um duto adiabático de 3 cm de diâmetro, 2 m de comprimento equipado com um bocal convergente na entrada. O escoamento na seção do bocal pode ser aproximado como isentrópico. A pressão estática medida é 87 kPa na entrada do duto e 55 kPa na saída. Determine a vazão mássica de ar através do duto, a velocidade do ar na saída do duto e o fator de atrito médio do duto.

12–141 Ar entra em um duto adiabático de 5,5 cm de diâmetro com condições de entrada de $Ma_1 = 2{,}2$, $T_1 = 250$ K e $P_1 = 70$ kPa, e sai a um número de Mach de $Ma_2 = 1{,}8$. Tomando o fator de atrito médio como 0,03, determine a velocidade, temperatura e pressão na saída.

12–142 Considere o escoamento de ar supersônico através de um duto adiabático de 12 cm de diâmetro com condições de entrada de $T_1 = 500$ K, $P_1 = 80$ kPa e $Ma_1 = 3$. Tomando o fator de atrito médio como 0,03, determine o comprimento do duto necessário para desacelerar o escoamento até um número de Mach de unidade. Calcule também o comprimento do duto a intervalos do número de Mach de 0,25, e faça um gráfico do comprimento do duto em função do número de Mach para $1 \le Ma \le 3$. Discuta os resultados.

12–143 Ar é aquecido à medida que escoa de modo subsônico através de um duto quadrado de 10 cm × 10 cm. As propriedades do ar na entrada são mantidas a $Ma_1 = 0{,}6$, $P_1 = 350$ kPa e $T_1 = 420$ K durante todo o tempo. Desprezando as perdas por atrito, determine a maior taxa de transferência de calor para o ar no duto, sem afetar as condições de entrada.

Resposta: 716 kW

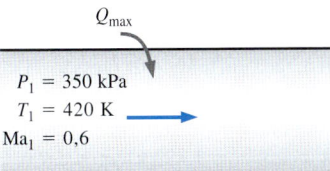

FIGURA P12–143

12–144 Repita o Problema 12–143 para o hélio.

12–145 Ar é acelerado à medida que é aquecido em um duto com atrito desprezível. O ar entra a $V_1 = 100$ m/s, $T_1 = 400$ K e $P_1 = 35$ kPa e sai a um número de Mach de $Ma_2 = 0{,}8$. Determine a transferência de calor para o ar em kJ/kg. Determine também a quantidade máxima de transferência de calor sem reduzir a vazão mássica do ar.

12–146 Ar a condições sônicas e temperatura e pressão estáticas de 340 K e 250 kPa, respectivamente, deve ser acelerado até um número de Mach de 1,6 resfriando à medida que escoa através de um canal com área de seção transversal constante. Desprezando os efeitos do atrito, determine a transferência de calor do ar necessária em kJ/kg.

Resposta: 47,5 kJ/kg

12–147 Gases de combustão com razão de calor específico média de $k = 1,33$ e constante do gás de $R = 0,280$ kJ/kg·K entram em um duto adiabático de 10 cm de diâmetro com condições de entrada de $Ma_1 = 2$, $T_1 = 510$ K e $P_1 = 180$ kPa. Se ocorre um choque normal em um local a 2 m da entrada, determine a velocidade, temperatura e pressão na saída do duto. Tome o fator de atrito médio do duto como 0,010.

12–148 Ar é resfriado à medida que escoa através de um duto de 20 cm de diâmetro. As condições de entrada são $Ma_1 = 1,2$, $T_{01} = 350$ K e $P_{01} = 240$ kPa e o número de Mach de saída é $Ma_2 = 2,0$. Desprezando os efeitos do atrito, determine a taxa de resfriamento do ar.

12–149 Ar escoa através de um duto adiabático de 6 cm de diâmetro e condições de entrada de $V_1 = 120$ m/s, $T_1 = 400$ K e $P_1 = 100$ kPa e número de Mach de saída de $Ma_2 = 1$. Para estudar o efeito do comprimento do duto sobre a vazão mássica e a velocidade de entrada, o duto agora é estendido até seu comprimento duplicar, enquanto P_1 e T_1 são mantidos constantes. Tomando o fator de atrito médio como 0,02, calcule a vazão mássica e a velocidade de entrada para os diversos comprimentos de extensão, e faça um gráfico em função do comprimento da extensão. Discuta os resultados.

12–150 Usando o EES (ou outro software), determine a forma de um bocal convergente-divergente para o ar com vazão mássica de 3 kg/s e condições de estagnação de entrada de 1.400 kPa e 200°C. Aproxime o escoamento como isentrópico. Repita os cálculos para incrementos de queda de pressão de 50 kPa até uma pressão de saída de 100 kPa. Faça um gráfico do bocal em escala. Também calcule e faça um gráfico do número de Mach ao longo do bocal.

12–151 Vapor a 6,0 MPa e 700 K entra em um bocal convergente com velocidade desprezível. A área de garganta do bocal é de 8 cm². Aproximando o escoamento como isentrópico, faça um gráfico da pressão de saída, da velocidade de saída e da vazão mássica através do bocal versus a contrapressão P_b para $6,0 \geq P_b \geq 3,0$ MPa. Trate o vapor como um gás ideal com $k = 1,3$, $c_p = 1,872$ kJ/kg·K e $R = 0,462$ kJ/kg·K.

12–152 Encontre a expressão para razão entre a pressão de estagnação após uma onda de choque e a pressão estática antes da onda de choque como função de k e do número de Mach a montante da onda de choque Ma_1.

12–153 Usando o EES (ou outro software) e as relações dadas na Tabela A–13, calcule as funções de escoamento compressível isentrópico unidimensional, variando o número de Mach a montante de 1 a 10 em incrementos de 0,5 para o ar com $k = 1,4$.

12–154 Repita o Problema 12–153 para o metano com $k = 1,3$.

Problemas adicionais

12–155 Uma aeronave está voando no ar quieto a 5°C a uma velocidade de 400 m/s. A temperatura do ar no nariz da aeronave onde ocorre estagnação é:

(a) 5°C (b) 25°C (c) 55°C (d) 80°C (e) 85°C

12–156 Ar está escoando em um túnel de vento a 25°C, 80 kPa e 250 m/s. A pressão de estagnação no local de uma sonda inserida na seção de escoamento é:

(a) 87 kPa (b) 93 kPa (c) 113 kPa
(d) 119 kPa (e) 125 kPa

12–157 Uma aeronave voa em ar quieto −20 °C e 40 kPa com um número de Mach 0,86. A velocidade da aeronave é:

(a) 91 m/s (b) 220 m/s (c) 186 m/s
(d) 280 m/s (e) 378 m/s

12–158 Ar está escoando em um túnel de vento a 12°C e 66 kPa com uma velocidade de 230 m/s. O número Mach do escoamento é:

(a) 0,54 (b) 0,87 (c) 3,3 (d) 0,36 (e) 0,68

12–159 Considere um bocal convergente com uma velocidade baixa, na entrada e velocidade do som no plano de saída. Agora, o diâmetro de saída do bocal é reduzido pela metade, enquanto a temperatura de entrada do bocal e a pressão são mantidas as mesmas. A velocidade na saída do bocal:

(a) Permanecerá a mesma (b) Duplicará
(c) Quadruplicará (d) Descerá pela metade
(e) Descerá a quarta parte

12–160 Ar está se aproximando de um bocal convergente-divergente com uma velocidade baixa a 12°C e 200 kPa, e deixa o bocal a uma velocidade supersônica. A velocidade do ar na garganta do bocal é:

(a) 338 m/s (b) 309 m/s (c) 280 m/s
(d) 256 m/s (e) 95 m/s

12–161 Gás argônio se aproxima de um bocal convergente-divergente com uma velocidade baixa a 20 °C e 120 kPa, e deixa o bocal a uma velocidade supersônica. Se a área da seção transversal da garganta é de 0,015 m², a vazão mássica de argônio através do bocal é:

(a) 0,41 kg/s (b) 3,4 kg/s (c) 5,3 kg/s
(d) 17 kg/s (e) 22 kg/s

12–162 Dióxido de carbono entra em um bocal convergente-divergente a 60 m/s, 310 °C e 300 kPa, e sai do bocal a uma velocidade supersônica. A velocidade do dióxido de carbono na garganta do bocal é:

(a) 125 m/s (b) 225 m/s (c) 312 m/s
(d) 353 m/s (e) 377 m/s

12–163 Considere o escoamento de gás através de um bocal convergente-divergente. Das cinco afirmações a seguir, selecione a que é incorreta:

(a) A velocidade do fluido na garganta nunca pode exceder a velocidade do som.
(b) Se a velocidade do fluido na garganta é inferior à velocidade do som, a seção divergente agirá como um difusor.

(c) Se o fluido entra na seção divergente com um número Mach maior do que um, o fluxo na saída do bocal será supersônico.

(d) Não haverá escoamento através do bocal se a contrapressão é igual à pressão de estagnação.

(e) A velocidade do fluido diminui, a entropia aumenta e a entalpia de estagnação permanece constante durante o escoamento através de um choque normal.

12–164 Gases de combustão com $k = 1,33$ entram em um bocal convergente com uma temperatura e pressão de estagnação de 350 °C e 400 kPa, e são descarregados no ar atmosférico a 20 °C e 100 kPa. A menor pressão que vai ocorrer dentro do bocal é:

(a) 13 kPa (b) 100 kPa (c) 216 kPa
(d) 290 kPa (e) 315 kPa

Problemas de projeto e dissertação

12–165 Averigue se existe um túnel de vento supersônico em sua universidade. Se houver, consiga as dimensões do túnel de vento, as temperaturas e pressões, bem como o número de Mach em diversos locais durante a operação. Para quais experimentos típicos o túnel de vento é usado?

12–166 Assumindo que você tem um termômetro e um dispositivo de medição da velocidade do som em um gás, explique como é possível determinar a fração molar do hélio em uma mistura de gás hélio e ar.

12–167 Projete um túnel de vento cilíndrico com 1 m de comprimento, cujo diâmetro é de 25 cm e que opera a um número de Mach de 1,8 (Fig. P12–167). Ar atmosférico entra no túnel de vento através de um bocal convergente-divergente no qual ele é acelerado a velocidades supersônicas. O ar sai do túnel através de um difusor convergente-divergente, no qual é desacelerado até uma velocidade muito baixa antes de entrar na seção do ventilador. Despreze todas as irreversibilidades. Especifique as temperaturas e pressões em diversos locais, bem como a vazão mássica do ar em condições de escoamento permanente. Por que, às vezes, é preciso desumidificar o ar antes dele entrar no túnel de vento?

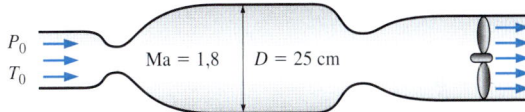

FIGURA P12–167

Capítulo 13

Escoamento em Canal Aberto

OBJETIVOS

Ao terminar a leitura deste capítulo você deve ser capaz de:

- Entender em quê o escoamento em canais abertos difere do escoamento em tubos
- Aprender os diferentes regimes de escoamento em canais abertos e suas características
- Prever se devem ocorrer saltos hidráulicos durante o escoamento e calcular a fração de energia dissipada durante os saltos hidráulicos
- Aprender como as vazões em canais abertos são medidas usando comportas basculantes e reservatórios

O *escoamento em canal aberto* implica o escoamento em um canal aberto para a atmosfera, mas o escoamento em um conduite também é um escoamento em canal aberto se o líquido não preencher completamente o conduite e, portanto, há uma superfície livre. Um escoamento em canal aberto envolve apenas líquidos (em geral, água ou água servida) expostos a um gás (em geral, ar à pressão atmosférica).

O escoamento em tubos é movido por gravidade e/ou uma diferença de pressão, enquanto o escoamento em um canal é movido naturalmente pela gravidade. O escoamento da água em um rio, por exemplo, é movido pela diferença de elevação a montante e a jusante. A vazão em um canal aberto é estabelecida pelo balanço dinâmico entre a gravidade e o atrito. A inércia do líquido que escoa também se torna importante no escoamento intermitente. A superfície livre coincide com a linha piezométrica (HGL) e a pressão é constante ao longo da superfície livre. Mas a altura da superfície livre em relação ao fundo do canal e, portanto, todas as dimensões da seção transversal do escoamento ao longo do canal não são conhecidas *a priori* – elas variam juntamente com a velocidade média do escoamento.

Neste capítulo, apresentamos os princípios básicos dos escoamentos em canal aberto e as correlações associadas ao escoamento unidimensional e estacionários em canais com seções transversais comuns. Vários livros sobre o assunto trazem informações detalhadas, e alguns deles estão listados na seção de referências.

Qualquer escoamento de um líquido com uma superfície livre é um tipo de escoamento em canal aberto. Nesta fotografia, o rio Nicholson serpenteia através do norte da Austrália.

© *Digital Vision / Getty RF*

FIGURA 13–1 Os escoamentos de canal aberto naturais e feitos pelo homem se caracterizam por uma superfície livre aberta para a atmosfera.

(a) © Doug Sherman / Geofile RF;

(b) Royalty-Free/CORBIS

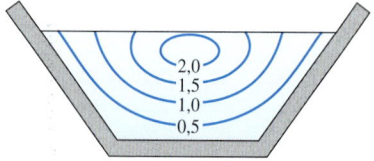

FIGURA 13–2 As curvas de velocidade relativas constantes típicas de um canal aberto de seção transversal trapezoidal.

13–1 CLASSIFICAÇÃO DOS ESCOAMENTOS EM CANAL ABERTO

O *escoamento em canal aberto* se refere ao escoamento de líquidos em canais abertos para a atmosfera ou em conduites parcialmente preenchidos e é caracterizado pela presença de uma interface líquido-gás chamada *superfície livre* (Fig. 13–1). Os escoamentos mais naturais encontrados na prática, como o escoamento da água em córregos, rios e correntes de água, bem como a drenagem da água da chuva nas estradas, estacionamentos e telhados são escoamentos em canal aberto. Os sistemas de escoamento em canal aberto feitos pelo homem incluem sistemas de irrigação, linhas de esgoto, valas de drenagem e calhas, e o projeto desses sistemas é uma área de aplicação importante da engenharia.

Em um canal aberto, a velocidade de escoamento é zero nas superfícies laterais e no fundo por causa da condição de não escorregamento, e máxima no plano médio para geometrias simétricas, normalmente abaixo da superfície livre, como mostrado na Fig. 13–2. (Devido a escoamentos secundários significativos, que existem mesmo em canais retos, a velocidade máxima ocorre abaixo da superfície livre em algum lugar dentro dos 25% superiores da profundidade.) Além disso, a velocidade de escoamento também varia na direção do escoamento na maioria dos casos. Assim, a distribuição da velocidade (e, portanto, do escoamento) nos canais abertos, em geral, é tridimensional. Na prática da engenharia, porém, as equações são escritas em termos da velocidade média na seção transversal do canal. Como a velocidade média varia apenas com a distância na direção da corrente x, V é uma variável **unidimensional**. A unidimensionalidade possibilita a solução de problemas significativos do mundo real de maneira simples por meio de cálculos manuais, e restringimos nossa consideração neste capítulo aos escoamentos com velocidade média unidimensional. Apesar de sua simplicidade, as equações unidimensionais oferecem resultados excepcionalmente exatos e, em geral, são usados na prática.

A condição de não escorregamento nas paredes do canal permite gradientes de velocidade, e a tensão de cisalhamento de parede τ_w se desenvolve ao longo das superfícies molhadas. A tensão de cisalhamento da parede varia ao longo do perímetro molhado em determinada seção transversal e oferece resistência ao escoamento. A magnitude dessa resistência depende da viscosidade do fluido e também dos gradientes de velocidade na superfície da parede que, por sua vez, dependem da rugosidade da parede.

Os escoamentos de canal aberto também são classificados como estacionários ou não estacionários. Um escoamento é **estacionário** se não houver variação com o tempo em determinado local. A quantidade representativa nos escoamentos de canal aberto é a **profundidade do escoamento** (ou, como alternativa, a velocidade média) que pode variar ao longo do canal. O escoamento é *estacionário* se a profundidade do escoamento não variar com o tempo em determinado local ao longo do canal (embora ela possa variar de um local para outro). Caso contrário, o escoamento é *não estacionário*. Neste capítulo, lidamos apenas com o escoamento estacionário.

Escoamentos uniformes e variados

O escoamento em canais abertos também é classificado como *uniforme* ou *não uniforme* (também chamado de *variado*), dependendo de como a profundidade de escoamento y (a distância até a superfície livre do fundo do canal medida na direção vertical) varia ao longo do canal. O escoamento em um canal é **uniforme** se a profundidade de escoamento (e, portanto, a velocidade média) permanece constante. Caso contrário, o escoamento é **não uniforme** ou **variado**, indicando que a profundidade do escoamento varia com a distância na direção do escoamento. As condições de escoamento uniforme normalmente são encontradas na prática em seções longas e retas de canais com inclinação constante, rugosidade constante e seção transversal constante.

Em canais abertos de inclinação constante e seção transversal, o líquido acelera até que a perda de carga devido aos efeitos do atrito seja igual à queda da elevação. Nesse ponto, o líquido atinge sua velocidade terminal e o escoamento uniforme é estabelecido. O escoamento permanece uniforme enquanto a inclinação, a seção transversal e a rugosidade da superfície do canal permanecem inalteradas. A profundidade do escoamento uniforme é chamada de **profundidade normal** y_n, que é um parâmetro característico importante para os escoamentos de canal aberto (Fig. 13–3).

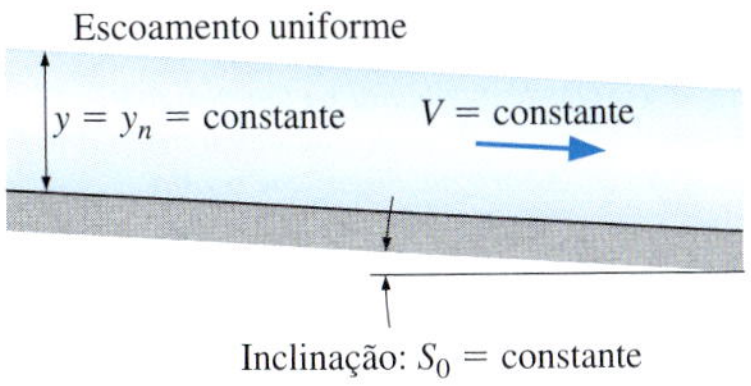

A presença de uma obstrução do canal, como uma comporta ou uma variação na inclinação ou na seção transversal, faz com que a profundidade de escoamento varie e, portanto, o escoamento torne-se **variado** ou **não uniforme**. Tais escoamentos variados são comuns nos canais abertos naturais ou feitos pelo homem como rios, sistemas de irrigação e linhas de esgoto. O escoamento variado é chamado de **escoamento rapidamente variado (ERV)** se a profundidade de escoamento varia notadamente em uma distância relativamente curta (como o escoamento da água após uma comporta parcialmente aberta ou sobre uma queda), e **escoamento gradualmente variado (EGV)** se a profundidade do escoamento variar gradualmente por uma distância grande ao longo do canal. Uma região de escoamento gradualmente variado, em geral, ocorre entre regiões de escoamento rapidamente variado e uniforme, como mostra a Fig. 13–4.

Em escoamentos gradualmente variados, podemos trabalhar com a velocidade média unidimensional, assim como nos escoamentos uniformes. Entretanto, a velocidade média nem sempre é o parâmetro mais útil ou apropriado para escoamentos com variação rápida. Assim, a análise de escoamentos rapidamente variáveis é bastante complicada, em especial quando o escoamento é não estacionário (como a quebra das ondas do mar na praia). Para uma vazão de descarga desconhecida, a altura do escoamento em uma região de escoamento gradualmente variada (ou seja, o perfil da superfície livre) em um canal aberto especificado pode ser determinado passo a passo iniciando a análise em uma seção transversal na qual as condições de escoamento são conhecidas e avaliando a perda de carga, a queda de elevação e, em seguida, a velocidade média de cada etapa.

Escoamentos laminar e turbulento em canais

Assim como o escoamento em tubos, o escoamento em canal aberto pode ser laminar, transicional ou turbulento, dependendo do valor do **número de Reynolds** expresso como

$$\text{Re} = \frac{\rho V R_h}{\mu} = \frac{V R_h}{\nu} \quad (13\text{--}1)$$

FIGURA 13–3 Para o escoamento uniforme em um canal aberto, a profundidade do escoamento y e a velocidade média do escoamento V permanecem constantes.

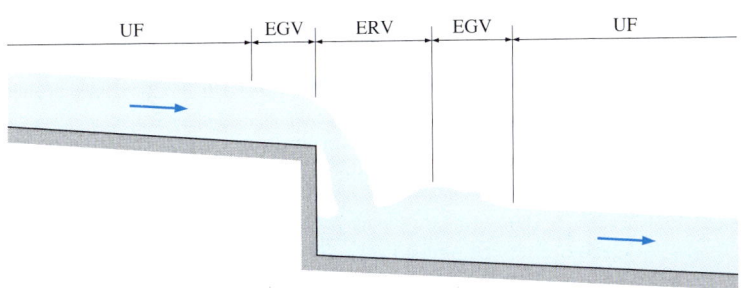

FIGURA 13–4 Escoamento uniforme (UF), escoamento gradualmente variado (EGV) e escoamento rapidamente variado (ERV) em um canal aberto.

Aqui, V é a velocidade líquida média, v é a viscosidade cinemática e R_h é o **raio hidráulico** definido como a relação entre a área de escoamento transversal A_c e o perímetro molhado p,

Raio hidráulico: $$R_h = \frac{A_c}{p} \quad (m) \tag{13-2}$$

Considerando que os canais abertos vêm com seções transversais bastante irregulares, o raio hidráulico serve como a dimensão característica e traz uniformidade ao tratamento dos canais abertos. Da mesma forma, o número de Reynolds é constante em toda a seção de escoamento uniforme de um canal aberto.

Você poderia esperar que o raio hidráulico fosse definido como metade do diâmetro hidráulico, mas, infelizmente, esse não é o caso. Lembre-se que o diâmetro hidráulico D_h do escoamento de tubo é definido como $D_h = 4A_c/p$, de modo que o diâmetro hidráulico se reduz ao diâmetro do tubo para tubos circulares. Em seguida, a relação entre o raio hidráulico e o diâmetro hidráulico é

Diâmetro hidráulico: $$D_h = \frac{4A_c}{p} = 4R_h \tag{13-3}$$

Assim, vemos que o raio hidráulico, na verdade, é de *um quarto,* e não metade, do diâmetro hidráulico (Fig. 13-5).

Assim, um número de Reynolds com base no raio hidráulico é de um quarto do número de Reynolds com base no diâmetro hidráulico como dimensão característica. Não é surpresa, portanto, que o escoamento é laminar para Re ≲ 2.000 no escoamento em tubos, mas para Re ≲ 500 em escoamento em canal aberto. Da mesma forma, o escoamento em canal aberto, geralmente, é turbulento para Re ≳ 2.500 e transicional para 500 ≲ Re ≲ 2.500. O escoamento laminar é encontrado quando uma camada fina de água (como a água da chuva drenada para fora de uma estrada ou estacionamento) escoa à baixa velocidade.

A viscosidade cinemática da água a 20°C é de $1,00 \times 10^{-6}$ m²/s, e a velocidade de escoamento média em canais abertos, em geral, está acima de 0,5 m/s. Da mesma forma, o raio hidráulico é maior do que 0,1 m. Assim, o número de Reynolds associado ao escoamento de água em canais abertos, geralmente, está acima de 50.000 e, portanto, o escoamento é quase sempre turbulento.

Observe que o perímetro molhado inclui as laterais e o fundo do canal em contato com o líquido – ele não inclui a superfície livre e as partes das laterais expostas ao ar. Por exemplo, o perímetro molhado e a área da seção transversal de escoamento de um canal retangular de altura h e largura b contendo água com profundidade y são $p = b + 2y$ e $A_c = yb$, respectivamente. Assim

Canal retangular: $$R_h = \frac{A_c}{p} = \frac{yb}{b + 2y} = \frac{y}{1 + 2y/b} \tag{13-4}$$

Como outro exemplo, o raio hidráulico da drenagem da água de profundidade y para fora de um estacionamento de largura b é (Fig. 13-6):

Camada de líquido de espessura y: $$R_h = \frac{A_c}{p} = \frac{yb}{b + 2y} \cong \frac{yb}{b} \cong y \tag{13-5}$$

uma vez que $b \gg y$. Desse modo, o raio hidráulico do escoamento de um filme líquido sobre uma grande superfície é simplesmente a espessura da camada de líquido.

FIGURA 13-5 A relação entre o raio hidráulico e o diâmetro hidráulico não é aquilo que você poderia esperar.

Desde o colegial eu aprendi que o raio é metade do diâmetro. Agora me dizem que o raio hidráulico é um quarto do diâmetro hidráulico!

FIGURA 13-6 Relações de raio hidráulico para diversas geometrias de canal aberto.

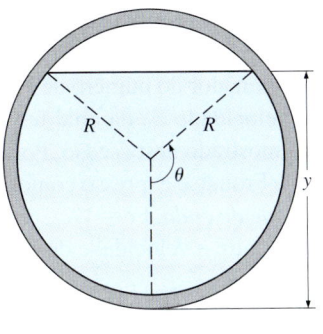

$A_c = R^2(\theta - \text{sen}\,\theta \cos\theta)$
$p = 2R\theta$
$R_h = \dfrac{A_c}{p} = \dfrac{\theta - \text{sen}\,\theta \cos\theta}{2\theta} R$

(a) Canal circular (θ em rad)

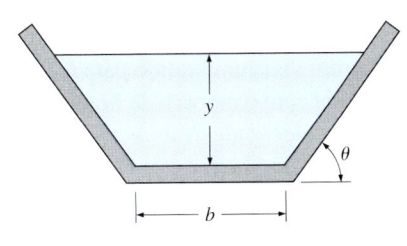

$R_h = \dfrac{A_c}{p} = \dfrac{y(b + y/\text{tg}\,\theta)}{b + 2y/\text{sen}\,\theta}$

(b) Canal trapezoidal

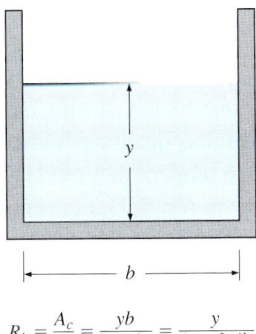

$R_h = \dfrac{A_c}{p} = \dfrac{yb}{b + 2y} = \dfrac{y}{1 + 2y/b}$

(c) Canal retangular

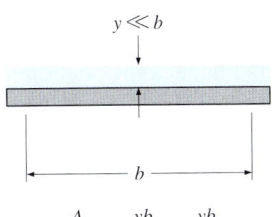

$R_h = \dfrac{A_c}{p} = \dfrac{yb}{b + 2y} \cong \dfrac{yb}{b} \cong y$

(d) Filme líquido de espessura y

13-2 NÚMERO DE FROUDE E VELOCIDADE DE ONDA

O escoamento em canal aberto também é classificado como *subcrítico, crítico* ou *supercrítico*, dependendo do valor do número de Froude sem dimensão, discutido no Capítulo 7 e definido como

Número de Froude: $\quad\quad \text{Fr} = \dfrac{V}{\sqrt{gL_c}} \quad\quad$ (13-6)

onde g é a aceleração gravitacional, V é a velocidade média do líquido em uma seção transversal e L_c é o comprimento característico, que é assumido como a profundidade do escoamento y para canais retangulares largos, e $\text{Fr} = V/\sqrt{gy}$. O número de Froude é um parâmetro importante que governa o caráter do escoamento nos canais abertos. O escoamento é classificado como

$\quad\quad$ Fr < 1 Escoamento subcrítico ou tranquilo

$\quad\quad$ Fr = 1 Escoamento crítico

$\quad\quad$ Fr > 1 Escoamento supercrítico ou rápido $\quad\quad$ (13-7)

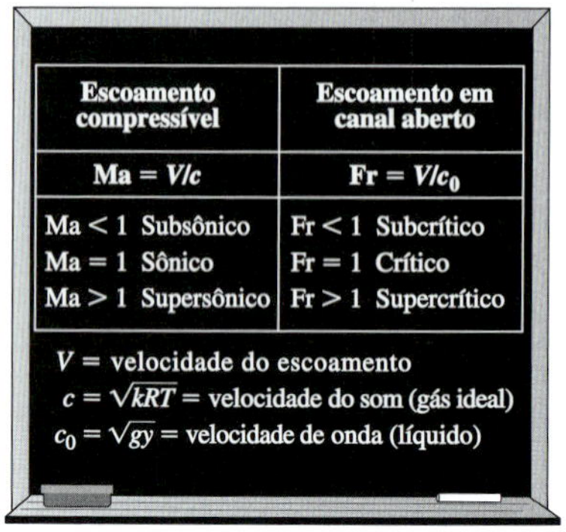

Escoamento compressível	Escoamento em canal aberto
$Ma = V/c$	$Fr = V/c_0$
$Ma < 1$ Subsônico	$Fr < 1$ Subcrítico
$Ma = 1$ Sônico	$Fr = 1$ Crítico
$Ma > 1$ Supersônico	$Fr > 1$ Supercrítico

V = velocidade do escoamento
$c = \sqrt{kRT}$ = velocidade do som (gás ideal)
$c_0 = \sqrt{gy}$ = velocidade de onda (líquido)

FIGURA 13–7 A analogia entre o número de Mach no escoamento compressível e o número de Froude no escoamento em canal aberto.

Isso se parece com a classificação do escoamento compressível com relação ao número de Mach: subsônico para $Ma < 1$, sônico para $Ma = 1$ e supersônico para $Ma > 1$ (Fig. 13–7). Sem dúvida, o denominador do número de Froude tem as dimensões da velocidade e representa a velocidade c_0, na qual um pequeno distúrbio viaja em líquido parado, como será mostrado nesta seção. Portanto, em analogia com o número de Mach, o número de Froude é expresso como a *relação entre a velocidade de escoamento e a velocidade de onda*, $Fr = V/c_0$, assim como o número de Mach é expresso como a relação entre a velocidade de escoamento e a velocidade do som $Ma = V/c$.

O número de Froude também pode ser visto como a raiz quadrada da razão entre a força de inércia (ou dinâmica) e a força da gravidade (ou peso). Isso pode ser demonstrado multiplicando o numerador e o denominador do quadrado do número de Froude V^2/gL_c por ρA, onde ρ é a densidade e A é uma área representativa que resulta em

$$Fr^2 = \frac{V^2}{gL_c}\frac{\rho A}{\rho A} = \frac{2(\frac{1}{2}\rho V^2 A)}{mg} \propto \frac{\text{Força de inércia}}{\text{Força da gravidade}} \quad (13\text{–}8)$$

Aqui, $L_c A$ representa o volume, $\rho L_c A$ é a massa do volume do fluido e mg é o peso. O numerador é o dobro da força inercial $\frac{1}{2}\rho V^2 A$, que pode ser visto como a pressão dinâmica $\frac{1}{2}\rho V^2$ multiplicada pela área transversal A. Assim, o escoamento em um canal aberto é dominado pelas forças inerciais quando o número de Froude é grande e pelas forças da gravidade quando o número de Froude é pequeno.

Assim, para *baixas velocidades de escoamento* ($Fr < 1$), um pequeno distúrbio viaja à montante (com uma velocidade $c_0 - V$ relativa a um observador fixo) e afeta as condições a montante. Isso é chamado de escoamento **tranquilo** ou **subcrítico**. Mas para *altas velocidades de escoamento* ($Fr > 1$), um pequeno distúrbio não pode viajar a montante (na verdade, a onda é varrida a jusante a uma velocidade $V - c_0$ com relação a um observador fixo) e, portanto, as condições a montante não podem ser influenciadas pelas condições a jusante. Isso é chamado de escoamento **rápido** ou **supercrítico** e o escoamento nesse caso é controlado pelas condições a montante. Assim, uma onda de superfície viaja a montante quando $Fr < 1$, é varrida a jusante quando $Fr > 1$ e parece estar congelada na superfície quando $Fr = 1$. Da mesma forma, a velocidade da onda de superfície aumenta com a profundidade do escoamento y e, portanto, um distúrbio de superfície se propaga muito mais rapidamente em canais profundos do que em canais rasos.

Considere o escoamento de um líquido em um canal retangular aberto de área de seção transversal A_c com uma vazão de volume $\dot{V}$. Quando o escoamento é crítico, $Fr = 1$ e a velocidade de escoamento média é $V = \sqrt{gy_c}$, e y_c é a **profundidade crítica**. Observando que $\dot{V} = A_c V = A_c \sqrt{gy_c}$, a profundidade crítica pode ser expressa como

Profundidade crítica (geral):
$$y_c = \frac{\dot{V}^2}{gA_c^2} \quad (13\text{–}9)$$

Para um canal retangular de largura b, temos $A_c = by_c$, e a relação de profundidade crítica se reduz a

Profundidade crítica (retangular):
$$y_c = \left(\frac{\dot{V}^2}{gb^2}\right)^{1/3} \quad (13\text{–}10)$$

A profundidade do líquido é $y > y_c$ para o escoamento subcrítico e $y < y_c$ para o escoamento supercrítico (Fig. 13–8).

Assim como no escoamento compressível, um líquido pode acelerar do escoamento subcrítico para o supercrítico. Obviamente, ele também pode desacelerar

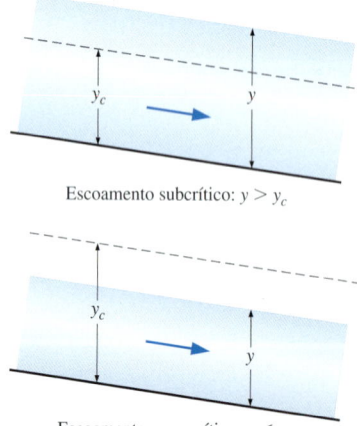

Escoamento subcrítico: $y > y_c$

Escoamento supercrítico: $y < y_c$

FIGURA 13–8 Definições de escoamento subcrítico e supercrítico em termos de profundidade crítica.

do escoamento supercrítico para o subcrítico, mas, para fazer isso, precisa sofrer um choque. O choque neste caso é chamado de **salto hidráulico**, que corresponde a um *choque normal* no escoamento compressível. Portanto, a analogia entre escoamento de canal aberto e escoamento compressível é notável.

Velocidade das ondas de superfície

Todos estamos familiarizados com as ondas que se formam nas superfícies livres dos oceanos, lagos, rios e até mesmo piscinas. As ondas de superfície podem ser muito altas, como aquelas que vemos nos oceanos ou que mal podem ser notadas. Algumas são suaves, outras quebram na superfície. Uma compreensão básica do movimento das ondas é necessária para o estudo de determinados aspectos do escoamento em canal aberto, e aqui fazemos uma breve descrição. Um tratamento detalhado do movimento das ondas pode ser encontrado em vários livros escritos sobre o assunto.

Um parâmetro importante no estudo do escoamento de canal aberto é a **velocidade de onda** c_0, que é a velocidade com a qual um distúrbio na superfície viaja através de um líquido. Considere um canal longo e largo que inicialmente contém um líquido parado de altura y. Um lado do canal é movimentado com a velocidade δV, gerando uma onda de superfície de altura δy propagando-se a uma velocidade c_0 no líquido parado, como mostra a Fig. 13–9a.

Agora, considere um volume de controle que inclui a parte dianteira da onda e se movimenta com ela, como mostra a Fig. 13–9b. Para um observador que viaja com a parte dianteira da onda, o líquido à direita parece estar se movendo na direção da frente da onda à velocidade c_0 e o líquido da esquerda parece estar se movendo para longe da frente da onda à velocidade $c_0 - \delta V$. Obviamente, o observador pensaria que o volume de controle que inclui a frente da onda (e ele mesmo) está fixo, e ele estaria testemunhando um processo de escoamento em regime permanente.

O balanço de massa do escoamento em regime permanente $\dot{m}_1 = \dot{m}_2$ (ou a relação de continuidade) desse volume de controle de largura b pode ser expresso como

$$\rho c_0 y b = \rho(c_0 - \delta V)(y + \delta y)b \quad \rightarrow \quad \delta V = c_0 \frac{\delta y}{y + \delta y} \quad (13\text{--}11)$$

Assumimos a seguintes hipóteses: (1) a velocidade é quase constante através do canal e, portanto, os fatores de correção do fluxo de quantidade de movimento linear (β_1 e β_2) são um, (2) a distância através da onda é curta e, portanto, o atrito na superfície inferior e o arrasto do ar na parte superior são desprezíveis, (3) os efeitos dinâmicos são desprezíveis e, portanto, a pressão no líquido varia hidrostaticamente em termos da pressão manométrica $P_{1,\,med} = \rho g h_{1,\,med} = \rho g(y/2)$ e $P_{2,\,med} = \rho g h_{2,\,med} = \rho g(y + \delta y)/2$, (4) a vazão de massa é constante com $\dot{m}_1 = \dot{m}_2 = \rho c_0 y b$ e (5) não há forças exteriores ou forças de campo e, portanto, as únicas forças que agem sobre o volume de controle na direção x horizontal são as forças de pressão. Em seguida, a equação do momento $\sum \vec{F} = \sum_s \beta \dot{m} \vec{V} - \sum_e \beta \dot{m} \vec{V}$ na direção x torna-se um balanço entre as forças de pressão hidrostática e a transferência de quantidade de movimento linear

$$P_{2,\,med} A_2 - P_{1,\,med} A_1 = \dot{m}(-V_2) - \dot{m}(-V_1) \quad (13\text{--}12)$$

Observe que as velocidades médias de entrada e saída são negativas, uma vez que elas estão na direção negativa de x. Substituindo

$$\frac{\rho g(y + \delta y)^2 b}{2} - \frac{\rho g y^2 b}{2} = \rho c_0 y b(-c_0 + \delta V) - \rho c_0 y b(-c_0) \quad (13\text{--}13)$$

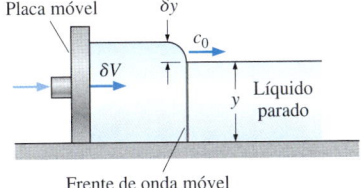

(a) Geração e propagação de uma onda

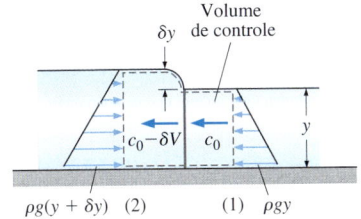

(b) Volume de controle relativo a um observador viajando com a onda, mostrando a distribuição de pressão manométrica

FIGURA 13–9 A geração e análise de uma onda em um canal aberto.

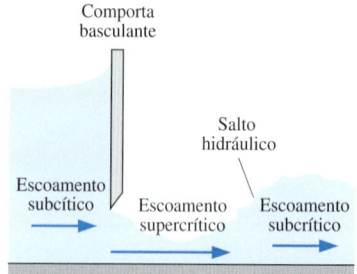

FIGURA 13–10 Escoamento supercrítico através de uma comporta basculante.

ou

$$g\left(1 + \frac{\delta y}{2y}\right)\delta y = c_0 \, \delta V \qquad (13\text{–}14)$$

Combinando as relações de variação de quantidade linear e continuidade e reorganizando, temos

$$c_0^2 = gy\left(1 + \frac{\delta y}{y}\right)\left(1 + \frac{\delta y}{2y}\right) \qquad (13\text{–}15)$$

Assim, a velocidade de onda c_0 é proporcional à altura de onda δy. Para ondas de superfície infinitesimais, $\delta y \ll y$ e, portanto,

Ondas de superfície infinitesimais: $\qquad c_0 = \sqrt{gy} \qquad (13\text{–}16)$

Dessa forma, a velocidade das ondas de superfície infinitesimais é proporcional à raiz quadrada da profundidade do líquido. Observe mais uma vez que essa análise é válida apenas para corpos de água rasos, como aqueles encontrados em canais abertos. Caso contrário, a velocidade da onda não depende da profundidade do líquido para corpos de água profunda, como os oceanos. A velocidade da onda também pode ser determinada usando a relação de balanço de energia, em vez da equação de conservação da quantidade de movimento linear, juntamente com a relação de continuidade. Observe que as ondas acabam morrendo por causa dos efeitos viscosos que são negligenciados na análise. Da mesma forma, para o escoamento em canais com seção transversal não retangular, a **profundidade hidráulica** definida como $y_h = A_c/L_t$, onde L_t é a *largura superior* da seção de escoamento, deve ser usada no cálculo do número de Froude no lugar da profundidade do escoamento y. Para um canal circular meio cheio, por exemplo, a profundidade hidráulica é $y_h = (\pi R^2/2)/2R = \pi R/4$.

Nós sabemos, por experiência, que quando uma pedra é jogada em um lago, as ondas concêntricas que são formadas se propagam de modo uniforme em todas as direções e desaparecem após uma certa distância. Mas quando a pedra é jogada em um rio, o lado a montante da onda se move a montante se o escoamento é tranquilo ou subcrítico ($V < c_0$), se move a jusante se o escoamento é rápido ou supercrítico ($V > c_0$) e permanece fixo no local onde ele é formado se o escoamento é crítico ($V = c_0$).

Você deve estar se perguntando por que prestamos tanta atenção ao fato do escoamento ser subcrítico ou supercrítico. O motivo é que o caráter do escoamento é fortemente influenciado por esse fenômeno. Por exemplo, uma pedra no leito do rio pode fazer com que o nível da água naquele local se eleve ou caia, dependendo do escoamento ser subcrítico ou supercrítico. Da mesma forma, o nível do líquido cai gradualmente na direção do escoamento no escoamento subcrítico, mas uma elevação repentina no nível de líquido, chamada salto hidráulico, pode ocorrer no escoamento supercrítico (Fr > 1) à medida que o escoamento desacelera até velocidades subcríticas (Fr < 1).

Esse fenômeno pode ocorrer a jusante de uma comporta basculante como mostra a Fig. 13–10. O líquido se aproxima da comporta com uma velocidade subcrítica, mas o nível do líquido a montante é suficientemente alto para acelerar o líquido até um nível supercrítico à medida que ele passa através da comporta (assim como um gás que escoa em um bocal convergente/divergente). Mas se a seção a jusante do canal não é suficientemente inclinada para baixo, ela não pode manter essa velocidade supercrítica e o líquido salta para cima até um nível mais alto com uma área transversal maior e, portanto, até uma velocidade subcrítica mais baixa. Finalmente, o escoamento de rios, canais e sistemas de irrigação, em geral, é subcrítico. Mas o escoamento após as comportas basculantes e vertedouros, em geral, é supercrítico.

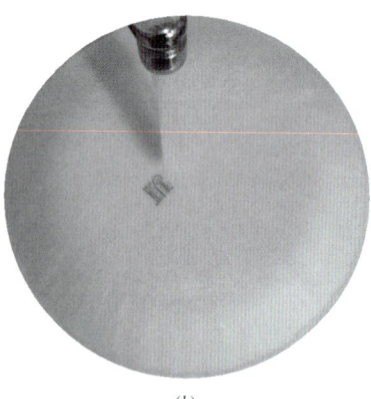

FIGURA 13–11 Um salto hidráulico pode se observado em um prato quando *(a)* ele está virado para cima, mas não quando *(b)* está virado para baixo.

Foto de Abel Po-Ya Chuang. Usado com permissão.

Você pode criar um lindo salto hidráulico da próxima vez que lavar os pratos (Fig. 13–11). Deixe a água da torneira atingir um prato na sua metade. À medida que a água se espalha radialmente, sua profundidade diminui e o escoamento é supercrítico. Eventualmente, ocorre um salto hidráulico, que pode ser visto como um aumento repentino da profundidade da água. Experimente fazer isso!

13–3 ENERGIA ESPECÍFICA

Considere o escoamento de um líquido em um canal de uma seção transversal na qual a profundidade do escoamento é y, a velocidade média do escoamento é V e a elevação do fundo do canal naquele local com relação a algum dado de referência é z. Por questões de simplicidade, ignoramos a variação da velocidade do líquido em uma seção transversal e assumimos a velocidade como V em todas as partes. A energia mecânica total desse líquido no canal em termos de cargas é expressa como (Fig. 13–12)

$$H = z + \frac{P}{\rho g} + \frac{V^2}{2g} = z + y + \frac{V^2}{2g} \quad (13\text{-}17)$$

onde z é a *carga de elevação*, $P/\rho g = y$ é a *carga da pressão manométrica* e $V^2/2g$ é a carga de *velocidade* ou *dinâmica*. A energia total expressa na Equação 13–17 não é uma representação realista da verdadeira energia de um fluido escoando, uma vez que a opção do dado de referência e, portanto, o valor da carga de elevação z é bastante arbitrária. A energia intrínseca de um fluido em uma seção transversal pode ser representada de forma mais realista se o dado de referência for assumido como o fundo do canal, de modo que $z = 0$. Em seguida, a energia mecânica total de um fluido em termos de cargas torna-se a soma das cargas de pressão e dinâmica. A soma das cargas de pressão e dinâmica de um líquido em um canal aberto é chamada de **energia específica** E_s e é expressa como (Bakhmeteff, 1932)

$$E_s = y + \frac{V^2}{2g} \quad (13\text{-}18)$$

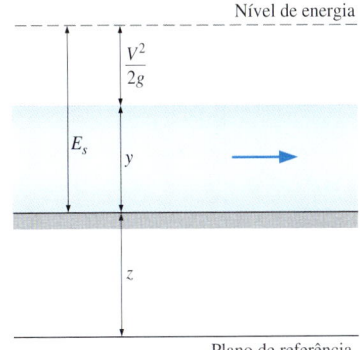

FIGURA 13–12 A energia específica E_s de um líquido em um canal aberto é a energia mecânica total (expressa como uma carga) com relação ao fundo do canal.

como mostra a Fig. 13–12.

Considere o escoamento em um canal aberto de seção transversal retangular e largura constante b. Observando que a vazão em volume é $\dot{V} = A_c V = ybV$, a velocidade média de escoamento é

$$V = \frac{\dot{V}}{yb} \quad (13\text{-}19)$$

Substituindo na Equação 13–18, a energia específica se torna

$$E_s = y + \frac{\dot{V}^2}{2gb^2y^2} \quad (13\text{-}20)$$

Essa equação é muito instrutiva, uma vez que mostra a variação da energia específica com a profundidade de escoamento. Durante o escoamento estacionário em um canal aberto, a vazão é constante, e um gráfico de E_s versus y para $\dot{V}$ e b constantes é dada na Fig. 13–13. Observamos o seguinte nessa figura:

- A distância entre um ponto no eixo vertical y e a curva representa a energia específica naquele valor y. A parte entre a linha $Es = y$ e a curva corresponde à carga dinâmica (ou energia cinética) do líquido e a parte restante corresponde à carga de pressão (ou carga de energia potencial).

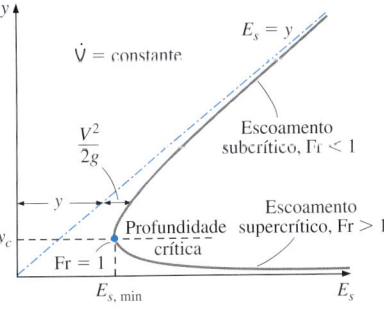

FIGURA 13–13 Variação da energia específica E_s com a profundidade y para uma vazão de escoamento especificada.

- A energia específica tende ao infinito quando $y \to 0$ (devido à velocidade se aproximar do infinito), e torna-se igual à profundidade de escoamento y para valores grandes de y (porque a velocidade e, portanto, a energia cinética, torna-se muito pequena). A energia específica atinge um valor mínimo $E_{s,\text{mín}}$ em algum ponto intermediário, chamado **ponto crítico**, caracterizado pela **profundidade crítica** y_c e pela **velocidade crítica** V_c. A energia específica mínima também é chamada de **energia crítica**.

- Existe uma energia específica mínima $E_{s,\text{mín}}$ necessária para suportar a vazão $\dot{V}$ especificada. Assim, E_s não pode ficar abaixo de $E_{s,\text{mín}}$ para determinada $\dot{V}$.

- Uma linha horizontal intersecta a curva de energia específica apenas em um ponto e, portanto, um valor fixo de profundidade de escoamento corresponde a um valor fixo de energia específica. Isso é esperado, já que a velocidade tem um valor fixo quando $\dot{V}$, b e y são especificados. Entretanto, para $E_s > E_{s,\text{mín}}$, uma linha vertical intersecta a curva em *dois* pontos, indicando que um escoamento pode ter duas profundidades diferentes (e, portanto, duas velocidades diferentes) correspondendo a um valor fixo de energia específica. Essas duas profundidades são chamadas de **profundidades alternativas**. Para o escoamento através de uma comporta basculante com perdas por atrito desprezíveis (e, portanto, com E_s = constante), a profundidade superior corresponde ao escoamento a montante e a profundidade inferior ao escoamento a jusante (Fig. 13–14).

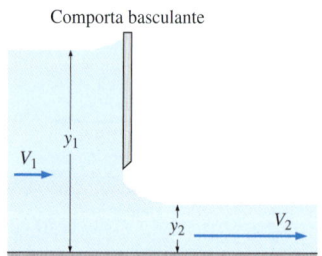

FIGURA 13–14 A comporta basculante ilustra profundidades alternativas – o líquido fundo a montante da comporta e o líquido raso a jusante da comporta.

- Uma pequena variação na energia específica próximo ao ponto crítico causa uma grande diferença entre as profundidades alternativas e pode causar flutuações violentas no nível do escoamento. Portanto, no projeto de canais abertos, a operação próxima ao ponto crítico deve ser evitada.

O valor da energia específica mínima e a profundidade crítica na qual ela ocorre podem ser determinados diferenciando E_s dada pela Equação 13–20 com relação a y para b e $\dot{V}$ constantes, e impondo a derivada como zero:

$$\frac{dE_s}{dy} = \frac{d}{dy}\left(y + \frac{\dot{V}^2}{2gb^2y^2}\right) = 1 - \frac{\dot{V}^2}{gb^2y^3} = 0 \qquad (13\text{–}21)$$

Solucionando para y, que é a profundidade de escoamento crítica y_c, temos

$$y_c = \left(\frac{\dot{V}^2}{gb^2}\right)^{1/3} \qquad (13\text{–}22)$$

A vazão no ponto crítico pode ser expressa como $\dot{V} = y_c b V_c$. Substituindo, a velocidade crítica é determinada como

$$V_c = \sqrt{gy_c} \qquad (13\text{–}23)$$

que é a velocidade da onda. O número de Froude nesse ponto é

$$\text{Fr} = \frac{V}{\sqrt{gy}} = \frac{V_c}{\sqrt{gy_c}} = 1 \qquad (13\text{–}24)$$

indicando que *o ponto de energia mínima específica é, sem dúvida, o ponto crítico e o escoamento torna-se crítico quando a energia específica atinge seu valor mínimo*.

O escoamento é subcrítico para velocidades de escoamento mais baixas e, portanto, para profundidades de escoamento mais altas (o braço superior da curva), supercrítico para velocidades mais altas e, portanto, para profundidades de escoamento mais baixas (o braço inferior da curva) e crítico no ponto crítico (o ponto da energia específica mínima).

Observando que $V_c = \sqrt{gy_c}$, a energia específica (ou crítica) mínima pode ser expressa em termos apenas da profundidade crítica como

$$E_{s,\text{min}} = y_c + \frac{V_c^2}{2g} = y_c + \frac{gy_c}{2g} = \frac{3}{2} y_c \qquad (13\text{–}25)$$

No escoamento uniforme, a profundidade e a velocidade do escoamento e, portanto, a energia específica, permanecem constantes, uma vez que $E_s = y + V^2/2g$. A perda de carga é contrabalançada pela diminuição da elevação (o canal é inclinado para baixo na direção do escoamento). No escoamento não uniforme, porém, a energia específica pode aumentar ou diminuir, dependendo da inclinação do canal e das perdas por atrito. Se a diminuição da elevação através de uma seção de escoamento for maior do que a perda de carga naquela seção, por exemplo, a energia específica aumenta em uma quantidade igual à diferença entre a queda de elevação e a perda de carga. O conceito da energia específica torna-se uma ferramenta especialmente útil quando se estudam os escoamentos variados.

EXEMPLO 13–1   Caráter do escoamento e profundidade alternativa

A água escoa em regime permanente em um canal aberto retangular com 0,4 m de largura a uma vazão de 0,2 m³/s (Fig. 13–15). Se a profundidade do escoamento for de 0,15 m, determine a velocidade do escoamento e se o escoamento é subcrítico ou supercrítico. Determine também a profundidade do escoamento alternativo se o caráter do escoamento precisasse mudar.

SOLUÇÃO O escoamento da água em um canal aberto retangular é considerado. O caráter do escoamento, a velocidade do escoamento e a profundidade alternativa devem ser determinados.

Hipótese A energia específica é constante.

Análise A velocidade de escoamento média é determinada com

$$V = \frac{\dot{V}}{A_c} = \frac{\dot{V}}{yb} = \frac{0{,}2 \text{ m}^3/\text{s}}{(0{,}15 \text{ m})(0{,}4 \text{ m})} = \mathbf{3{,}33 \text{ m/s}}$$

A profundidade crítica desse escoamento é

$$y_c = \left(\frac{\dot{V}^2}{gb^2}\right)^{1/3} = \left(\frac{(0{,}2 \text{ m}^3/\text{s})^2}{(9{,}81 \text{ m/s}^2)(0{,}4 \text{ m})^2}\right)^{1/3} = 0{,}294 \text{ m}$$

Assim, o escoamento é **supercrítico**, já que a profundidade do escoamento real é $y = 0{,}15$ m e $y < y_c$. Outra forma de determinar o caráter do escoamento é calcular o número de Froude

$$\text{Fr} = \frac{V}{\sqrt{gy}} = \frac{3{,}33 \text{ m/s}}{\sqrt{(9{,}81 \text{ m/s}^2)(0{,}15 \text{ m})}} = 2{,}75$$

Novamente, o escoamento é supercrítico também porque Fr > 1. A energia específica para as condições dadas é

$$E_{s1} = y_1 + \frac{\dot{V}^2}{2gb^2y_1^2} = (0{,}15 \text{ m}) + \frac{(0{,}2 \text{ m}^3/\text{s})^2}{2(9{,}81 \text{ m/s}^2)(0{,}4 \text{ m})^2(0{,}15 \text{ m})^2} = 0{,}7163 \text{ m}$$

Em seguida, a profundidade alternativa é determinada de como

$$E_{s2} = y_2 + \frac{\dot{V}^2}{2gb^2y_2^2} \quad \rightarrow \quad 0{,}7163 \text{ m} = y_2 + \frac{(0{,}2 \text{ m}^3/\text{s})^2}{2(9{,}81 \text{ m/s}^2)(0{,}4 \text{ m})^2 y_2^2}$$

(continua)

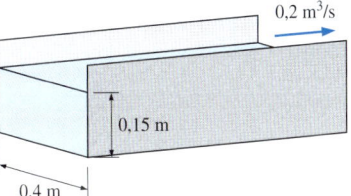

FIGURA 13–15 Representação esquemática do Exemplo 13–1.

(continuação)

Solucionando para y_2 temos a profundidade alternativa $y_2 = \mathbf{0{,}69\ m}$. Portanto, se o caráter do escoamento precisasse mudar de supercrítico para subcrítico, mantendo a energia específica constante, a profundidade do escoamento se elevaria de 0,15 para 0,69 m.

Discussão Observe que se a água passou por um salto hidráulico a uma energia específica constante (com as perdas por atrito iguais à queda da elevação), a profundidade de escoamento subiria para 0,69 m, assumindo, é claro, que as paredes laterais do canal sejam suficientemente altas.

13–4 EQUAÇÕES DE CONTINUIDADE E ENERGIA

Os escoamentos de canal aberto envolvem líquidos cujas densidades são quase constantes e, portanto, a conservação de massa do escoamento permanente e unidimensional pode ser expressa como

$$\dot{V} = A_c V = \text{constante} \tag{13-26}$$

Ou seja, o produto entre a área da seção transversal de escoamento e a velocidade média do escoamento permanece constante em todo o canal. A equação da continuidade entre duas seções ao longo do canal é expressa como

Equação da continuidade: $\quad A_{c1} V_1 = A_{c2} V_2 \tag{13-27}$

que é idêntica à equação da continuidade de escoamento estacionário de um líquido em um tubo. Observe que a seção transversal do escoamento e a velocidade média do escoamento podem variar durante o escoamento, mas como foi dito, seu produto permanece constante.

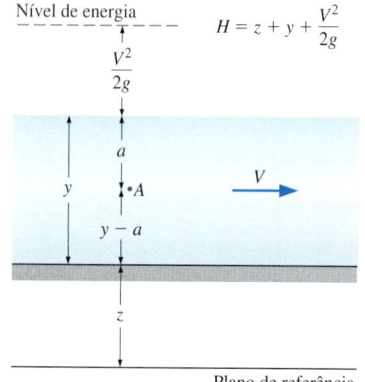

FIGURA 13–16 A energia total de um líquido que escoa em um canal aberto.

Para determinar a energia total de um líquido que escoa em um canal aberto com relação a um dado de referência, como mostra a Fig. 13–16, considere um ponto A do líquido a uma distância a da superfície livre (e, portanto, uma distância $y - a$ do fundo do canal). Observando que a elevação, pressão (pressão hidrostática relativa à superfície livre) e velocidade no ponto A são $z_A = z + (y - a)$, $P_A = \rho g a$, e $V_A = V$, respectivamente, a energia total do líquido em termos de cargas é

$$H_A = z_A + \frac{P_A}{\rho g} + \frac{V_A^2}{2g} = z + (y - a) + \frac{\rho g a}{\rho g} + \frac{V^2}{2g} = z + y + \frac{V^2}{2g} \tag{13-28}$$

que independe do local do ponto A em uma seção transversal. Assim, a energia mecânica total de um líquido em qualquer seção transversal de um canal aberto pode ser expressa em termos de cargas como

$$H = z + y + \frac{V^2}{2g} \tag{13-29}$$

onde y é a profundidade de escoamento, z é a elevação do fundo do canal e V é a velocidade média de escoamento. Assim, a equação da energia unidimensional para o escoamento em canal aberto entre uma seção a montante 1 e uma seção a jusante 2 pode ser escrita como

Equação da energia: $\quad z_1 + y_1 + \dfrac{V_1^2}{2g} = z_2 + y_2 + \dfrac{V_2^2}{2g} + h_L \tag{13-30}$

A perda de carga h_L devido aos efeitos do atrito é expressa, assim como no escoamento em tubos, como

$$h_L = f \frac{L}{D_h} \frac{V^2}{2g} = f \frac{L}{R_h} \frac{V^2}{8g} \tag{13-31}$$

onde f é o fator médio de atrito e L é o comprimento do canal entre as seções 1 e 2. A relação $D_h = 4R_h$ deve ser observada ao usar o raio hidráulico, em vez do diâmetro hidráulico.

O escoamento em canais abertos é movido à gravidade e, portanto, um canal típico é ligeiramente inclinado para baixo. A inclinação do fundo do canal é expressa como

$$S_0 = \text{tg } \alpha = \frac{z_1 - z_2}{x_2 - x_1} \cong \frac{z_1 - z_2}{L} \quad (13\text{–}32)$$

onde α é o ângulo que o fundo do canal faz com a horizontal. Em geral, a inclinação do fundo S_0 é muito pequena e, portanto, o fundo do canal é quase horizontal. Assim, $L \cong x_2 - x_1$, onde x é a distância na direção horizontal. Da mesma forma, a profundidade de escoamento y, que é medida na direção vertical, pode ser assumida como normal ao fundo do canal com erro desprezível.

Se a parte inferior do canal é reta, de modo que a inclinação da parte inferior é constante, a queda vertical entre as seções 1 e 2 pode ser expressa como $z_1 - z_2 = S_0 L$. Assim a equação da energia (Equação 13–30) torna-se

Equação da energia: $\quad y_1 + \dfrac{V_1^2}{2g} + S_0 L = y_2 + \dfrac{V_2^2}{2g} + h_L \quad (13\text{–}33)$

Essa equação tem a vantagem de não depender de um dado de referência para a elevação.

No projeto de sistemas de canal aberto, a inclinação do fundo é selecionada de forma a oferecer uma queda de elevação adequada para superar a perda de carga por atrito e, portanto, manter o escoamento na vazão desejada. Assim, existe uma conexão próxima entre a perda de carga e a inclinação do fundo, e faz sentido expressar a perda de carga como uma inclinação (ou a tangente de um ângulo). Isso é feito definindo uma **inclinação de atrito** como

Inclinação por atrito: $\quad S_f = \dfrac{h_L}{L} \quad (13\text{–}34)$

Assim, a equação da energia pode ser escrita como

Equação da energia: $\quad y_1 + \dfrac{V_1^2}{2g} = y_2 + \dfrac{V_2^2}{2g} + (S_f - S_0)L \quad (13\text{–}35)$

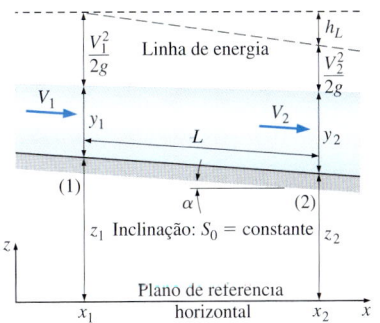

FIGURA 13–17 A energia total de um líquido em duas seções de um canal aberto.

Observe que a inclinação de atrito é igual na inclinação do fundo quando a perda de carga é igual à queda de elevação. Ou seja, $S_f = S_0$ quando $h_L = z_1 - z_2$.

A Figura 13–17 também mostra a linha de energia, que é uma distância $z + y + V^2/2g$ (energia mecânica total do líquido expressa como carga) acima do dado de referência horizontal. A linha de energia, em geral, é inclinada para baixo como o próprio canal como resultado de perdas por atrito, e a queda vertical é igual à perda de carga h_L. A inclinação, então, é igual à inclinação por atrito. Observe que se *nao* houvesse perda de carga, a linha de energia seria horizontal mesmo quando o canal não fosse. Nesse caso, a elevação e as cargas de velocidade ($z + y$ e $V^2/2g$) poderiam ser convertidas umas nas outras durante o escoamento, mas sua soma permaneceria constante.

13–5 ESCOAMENTO UNIFORME EM CANAIS

Mencionamos na Seção 13–1 que o escoamento em um canal é chamado de *escoamento uniforme* se a profundidade de escoamento (e, portanto, a velocidade média do escoamento, uma vez que $\dot{V} = A_c V = $ constante no escoamento em re-

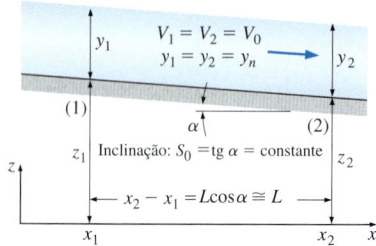

FIGURA 13–18 No escoamento uniforme, a profundidade de escoamento y, a velocidade de escoamento média V, e a inclinação inferior S_0 permanecem constantes, e a perda de carga é igual à perda de elevação $h_L = z_1 - z_2 = S_f L = S_0 L$.

gime permanente) permanecer constante. As condições de escoamento uniforme normalmente são encontradas na prática em seções longas e retas de canais com inclinação, seção transversal e revestimento de superfície constantes. No projeto de canais abertos, é muito desejável ter escoamento uniforme na maioria do sistema, uma vez que isso significa ter um canal com altura constante, que é mais fácil de projetar e construir.

A profundidade de escoamento no escoamento uniforme é chamada de **profundidade normal** y_n e a velocidade de escoamento média é chamada de **velocidade de escoamento uniforme** V_0. O escoamento permanece uniforme enquanto a inclinação, a seção transversal e a rugosidade da superfície do canal permanecerem inalteradas (Fig. 13–18). Quando a inclinação da parte inferior aumenta, a velocidade do escoamento aumenta e a profundidade do escoamento diminui. Assim, um novo escoamento uniforme será estabelecido com uma nova profundidade de escoamento (inferior). O oposto ocorre quando a inclinação do fundo diminui.

Durante o escoamento em canais abertos com inclinação constante S_0, seção transversal constante A_c e fator de atrito de superfície constante f, a velocidade de terminal é atingida e, portanto, o escoamento uniforme é estabelecido quando a perda de carga é igual à queda de elevação. Portanto,

$$h_L = f \frac{L}{D_h} \frac{V^2}{2g} \quad \text{ou} \quad S_0 L = f \frac{L}{R_h} \frac{V_0^2}{8g} \quad (13\text{–}36)$$

uma vez que $h_L = S_0 L$ no escoamento uniforme e $D_h = 4R_h$. Solucionando a segunda relação para V_0, a velocidade de escoamento uniforme e a vazão são determinadas como

$$V_0 = C\sqrt{S_0 R_h} \quad \text{e} \quad \dot{V} = CA_c\sqrt{S_0 R_h} \quad (13\text{–}37)$$

onde

$$C = \sqrt{8g/f} \quad (13\text{–}38)$$

é chamado de **coeficiente de Chezy**. A Equação 13–37 e o coeficiente C são nomeados em homenagem ao engenheiro francês Antoine Chezy (1718–1798), que foi o primeiro a propor uma relação semelhante em 1769. O coeficiente Chezy é uma quantidade dimensional, e seu valor varia de cerca de 30 m$^{1/2}$/s para canais pequenos com superfície rugosas até 90 m$^{1/2}$/s para canais grandes com superfícies uniformes (ou, 60 ft$^{1/2}$/s a 160 ft$^{1/2}$/s, em unidades inglesas).

O coeficiente Chezy pode ser determinado de modo direto com a Equação 13–38 determinando primeiro o fator de atrito f como foi feito para o escoamento em tubos no Capítulo 8 a partir do diagrama de Moody ou da equação de Colebrook no limite turbulento totalmente rugoso (Re $\to \infty$),

$$f \to [2{,}0 \log(14{,}8R_h/\varepsilon)]^{-2} \quad (13\text{–}39)$$

Aqui, ε é a rugosidade de superfície média. Observe que o escoamento em canal aberto geralmente é turbulento, e o escoamento é *totalmente desenvolvido* no momento em que o escoamento uniforme é estabelecido. Assim, é razoável usar a relação de fator de atrito para o escoamento turbulento totalmente desenvolvido. A números de Reynolds muito altos, as curvas do fator de atrito correspondentes à rugosidade relativa especificada são quase horizontais e, portanto, o fator de atrito não depende do número de Reynolds. O escoamento naquela região é chamado de *escoamento turbulento totalmente rugoso*.

Desde a introdução das equações de Chezy, muito esforço foi dedicado por inúmeros investigadores no desenvolvimento de relações empíricas mais simples para a velocidade média e a vazão. A equação mais usada foi desenvolvida independentemente pelo francês Philippe-Gaspard Gauckler (1826–1905) em 1868 e pelo irlandês Robert Manning (1816–1897) em 1889.

Tanto Gauckler quanto Manning fizeram recomendações para que a constante da equação de Chezy fosse expressa como

$$C = \frac{a}{n} R_h^{1/6} \qquad (13\text{--}40)$$

onde n é chamado de **coeficiente de Manning**, cujo valor depende da rugosidade das superfícies do canal. Substituindo na Equação 13–37, temos as seguintes relações empíricas como **equações de Manning** (também chamadas de **equações de Gauckler–Manning**, uma vez que foram propostas por Philippe-Gaspard Gauckler) para a velocidade do escoamento uniforme e para a vazão

Escoamento uniforme: $\quad V_0 = \dfrac{a}{n} R_h^{2/3} S_0^{1/2} \quad$ e $\quad \dot{V} = \dfrac{a}{n} A_c R_h^{2/3} S_0^{1/2} \qquad (13\text{--}41)$

O fator a é uma constante dimensional cujo valor em unidades SI é $a = 1 \text{ m}^{1/3}/\text{s}$. Observando que $1 \text{ m} = 3{,}2808$ pés, seu valor em unidades inglesas é

$$a = 1 \text{ m}^{1/3}/\text{s} = (3{,}2808 \text{ ft})^{1/3}/\text{s} = 1{,}486 \text{ ft}^{1/3}/\text{s} \qquad (13\text{--}42)$$

Observe que a inclinação do fundo S_0 e o coeficiente de Manning n são quantidades sem dimensão e as Equações 13–41 dão a velocidade em m/s e a vazão em m³/s em unidades SI quando R_h é expresso em m. (As unidades correspondentes em unidades inglesas são ft/s e ft³/s quando R_h é expresso em pés.)

Os valores determinados experimentalmente para n são dados na Tabela 13–1 para inúmeros canais naturais e artificiais. A literatura dispõe de tabelas mais extensas. Observe que o valor de n varia de 0,010 para um canal de vidro a 0,150 para uma zona sujeita a inundações cheia de árvores (15 vezes o valor de um canal de vidro). Como seria de esperar, existe uma incerteza considerável sobre o valor de n, particularmente em canais naturais, uma vez que não existem dois canais exatamente iguais. A dispersão pode ser de 20% ou mais. Apesar disso, o coeficiente n é aproximado como independe do tamanho e forma do canal, ele varia somente com a rugosidade da superfície.

Escoamento crítico uniforme

O escoamento através de um canal aberto torna-se escoamento crítico quando o número de Froude Fr = 1 e, portanto, a velocidade do escoamento é igual à velocidade da onda $V_c = \sqrt{gy_c}$, onde y_c é a profundidade de escoamento, crítica definida anteriormente (Equação 13–9). Quando a vazão de volume $\dot{V}$, a inclinação do canal S_0 e o coeficiente de Manning n são conhecidos, a profundidade do escoamento normal y_n pode ser determinada com a equação de Manning (Equação 13–41). Entretanto, como A_c e R_h são funções de y_n, a equação frequentemente acaba sendo implícita em y_n e sua solução exige uma abordagem numérica (ou por tentativa e erro). Se $y_n = y_c$, o escoamento é um *escoamento crítico uniforme*, e a inclinação do fundo S_0 é igual à inclinação crítica S_c nesse caso. Quando a profundidade de escoamento y_n é conhecida em vez da vazão $\dot{V}$, a vazão pode ser determinada com a equação de Manning e a profundidade do escoamento crítico com a Equação 13–9. O escoamento é crítico apenas se $y_n = y_c$.

Durante o escoamento crítico uniforme, $S_0 = S_c$ e $y_n = y_c$. Substituindo $\dot{V}$ e S_0 na equação de Manning por $\dot{V} = A_c\sqrt{gy_c}$ e S_c, respectivamente, e resolvendo para S_c, temos a seguinte relação geral para a inclinação crítica

Inclinação crítica (geral): $\qquad S_c = \dfrac{gn^2 y_c}{a^2 R_h^{4/3}} \qquad (13\text{--}43)$

TABELA 13–1

Valores médios do coeficiente de Manning n para o escoamento da água em canais abertos*
De Chow (1959).

Material da parede	n
A. Canais revestidos artificialmente	
Vidro	0,010
Latão	0,011
Aço, macio	0,012
Aço, pintado	0,014
Aço, rebitado	0,015
Ferro fundido	0,013
Concreto, polido	0,012
Concreto, não polido	0,014
Madeira, aplainada	0,012
Madeira, não aplainada	0,013
Telha de barro	0,014
Alvenaria	0,015
Asfalto	0,016
Metal corrugado	0,022
Alvenaria de borracha	0,025
B. Canais escavados na terra	
Limpo	0,022
Empedrado	0,025
Coberto de vegetação rasteira	0,030
Remendado com pedras	0,035
C. Canais naturais	
Limpos e retos	0,030
Lento com piscinas profundas	0,040
Rios principais	0,035
Riachos de montanha	0,050
D. Zonas sujeitas a inundações (várzeas)	
Pastos, fazendas	0,035
Arbustos rasteiros	0,050
Arbustos grandes	0,075
Árvores	0,150

* A incerteza de n pode estar entre ±20% ou mais.

Para o escoamento de filme ou escoamento em um canal retangular largo com $b \gg y_c$, a Equação 13–43 pode ser simplificada para

Inclinação crítica $(b \gg y_c)$: $\quad S_c = \dfrac{gn^2}{a^2 y_c^{1/3}}$ (13–44)

Essa equação permite a inclinação necessária para manter um escoamento crítico de profundidade y_c em um canal retangular largo com um coeficiente de Manning n.

Método da superposição para perímetros não uniformes

A rugosidade da superfície e, portanto, o coeficiente de Manning para a maioria dos canais naturais e feitos pelo homem variam ao longo do perímetro molhado e até mesmo ao longo do canal. Um rio, por exemplo, pode ser pedregoso no leito regular, mas ter uma superfície coberta com arbustos na zona sujeita a inundações. Existem vários métodos para solucionar esses problemas, seja encontrando um coeficiente de Manning efetivo n para toda a seção transversal do canal, ou considerando o canal em subseções e aplicando o princípio da superposição. Por exemplo, uma seção transversal de canal pode ser dividida em N subseções, cada uma com seu próprio coeficiente de Manning uniforme e vazão. Ao determinar o perímetro de uma seção, apenas a parte molhada da fronteira daquela seção é considerada e as fronteiras imaginárias são ignoradas. A vazão através do canal é a soma das vazões através de todas as seções, como ilustrado no exemplo 13–4.

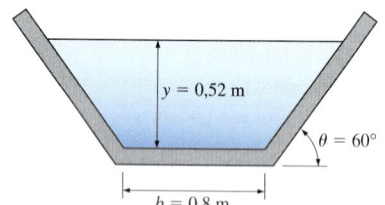

FIGURA 13–19 Representação esquemática do Exemplo 13–2.

EXEMPLO 13–2 Vazão em um canal aberto com escoamento uniforme

A água escoa em um canal escavado na terra coberto de vegetação rasteira com seção transversal trapezoidal e largura da parte inferior de 0,8 m, ângulo trapezoidal de 60° e ângulo de inclinação do fundo de 0,3°, como mostra a Fig. 13–19. Se a profundidade do escoamento medida for de 0,52 m, determine a vazão da água através do canal. O que você responderia se o ângulo do fundo fosse de 1°?

SOLUÇÃO A água escoa em um canal trapezoidal com vegetação rasteira com dimensões dadas. A vazão correspondente a um valor medido de profundidade de escoamento deve ser determinada.

Hipóteses **1** O escoamento é permanente e uniforme. **2** A inclinação do fundo é constante. **3** A rugosidade da superfície molhada do canal e, portanto, o coeficiente de atrito, são constantes.

Propriedades O coeficiente de Manning para um canal aberto com superfícies com vegetação rasteira é $n = 0,030$.

Análise A área transversal, o perímetro e o raio hidráulico do canal são

$$A_c = y\left(b + \dfrac{y}{\tan\theta}\right) = (0,52\text{ m})\left(0,8\text{ m} + \dfrac{0,52\text{ m}}{\tan 60°}\right) = 0,5721\text{ m}^2$$

$$p = b + \dfrac{2y}{\text{sen }\theta} = 0,8\text{ m} + \dfrac{2 \times 0,52\text{ m}}{\text{sen }60°} = 2,001\text{ m}$$

$$R_h = \dfrac{A_c}{p} = \dfrac{0,5721\text{ m}^2}{2,991\text{ m}} = 0,2859\text{ m}$$

A inclinação do fundo do canal é

$$S_0 = \text{tg }\alpha = \text{tg }0,3° = 0,005236$$

Assim, a vazão através do canal é determinada com a equação de Manning como

$$\dot{V} = \frac{a}{n} A_c R_h^{2/3} S_0^{1/2} = \frac{1 \text{ m}^{1/3}/\text{s}}{0,030} (0,5721 \text{ m}^2)(0,2859 \text{ m})^{2/3}(0,005236)^{1/2} = \mathbf{0,60 \text{ m}^3/\text{s}}$$

A vazão para um ângulo da parte inferior de 1° pode ser determinada usando S_0 = tg α = tg 1° = 0,01746 na última relação. Isso resulta em $\dot{V} = \mathbf{1,1 \text{ m}^3/\text{s}}$.

Discussão Observe que a vazão é uma forte função do ângulo do fundo. Da mesma forma, existe incerteza considerável no valor do coeficiente de Manning e, portanto, na vazão calculada. Uma incerteza de 10% em *n* resulta em uma incerteza de 10% na vazão. Respostas finais são dadas apenas até dois dígitos significativos.

EXEMPLO 13–3 A altura de um canal retangular

A água deve ser transportada em um canal retangular de concreto não polido com uma largura da parte inferior de 4 ft a uma vazão de 51 ft³/s. O terreno é tal que a parte inferior do canal cai 2 ft a cada 1.000 ft de comprimento. Determine a altura mínima do canal para condições de escoamento uniforme (Fig. 13–20). Qual seria sua resposta se a queda da parte inferior fosse de apenas 1 ft em 1.000 ft de comprimento?

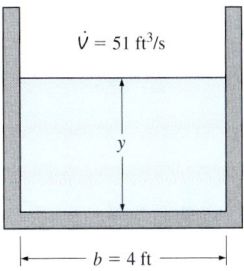

FIGURA 13–20 Representação esquemática do Exemplo 13–3.

SOLUÇÃO A água escoa em um canal retangular de concreto não polido com largura da parte inferior especificada. A altura mínima do canal correspondente a uma vazão especificada deve ser determinada.

Hipóteses **1** O escoamento é permanente e uniforme. **2** A inclinação do fundo é constante. **3** A rugosidade da superfície molhada do canal e, portanto, o coeficiente de atrito, são constantes.

Propriedades O coeficiente de Manning para um canal aberto com superfícies de concreto não polido é $n = 0,014$.

Análise A área transversal, o perímetro e o raio hidráulico do canal são

$$A_c = by = (4 \text{ ft})y \quad p = b + 2y = (4 \text{ ft}) + 2y \quad R_h = \frac{A_c}{p} = \frac{4y}{4 + 2y}$$

A inclinação do fundo do canal é $S_0 = 2/1.000 = 0,002$. Usando a equação de Manning, a vazão através do canal pode ser expressa como

$$\dot{V} = \frac{a}{n} A_c R_h^{2/3} S_0^{1/2}$$

$$51 \text{ ft}^3/\text{s} = \frac{1,486 \text{ ft}^{1/3}/\text{s}}{0,014} (4y \text{ ft}^2)\left(\frac{4y}{4 + 2y} \text{ ft}\right)^{2/3} (0,002)^{1/2}$$

que é uma equação não linear em *y*. Usando um software para solução de equações, como o EES, ou uma abordagem interativa, a profundidade de escoamento é determinada como

$$y = \mathbf{2,5 \text{ ft}}$$

Se a queda do fundo fosse de apenas 1 ft em 1.000 ft lineares, a inclinação do fundo seria de $S_0 = 0,001$, e a profundidade de escoamento seria de $y = 3,3$ ft.

Discussão Observe que *y* é a profundidade de escoamento e, portanto, esse é o valor mínimo para a altura do canal. Da mesma forma, existe incerteza considerável no valor do coeficiente de Manning *n*, e isso deve ser levado em conta ao decidir a altura do canal a ser construído.

FIGURA 13–21 Representação esquemática do Exemplo 13–4.

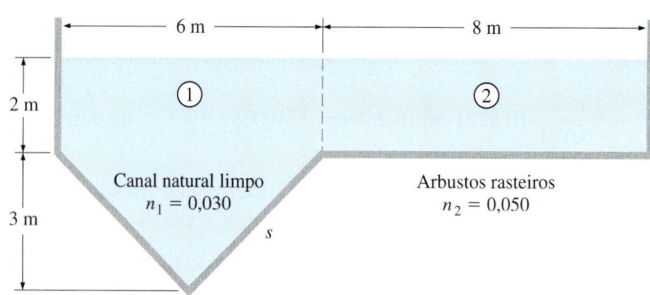

EXEMPLO 13–4   Canais com rugosidade não uniforme

A água escoa em um canal cuja inclinação do fundo é de 0,003 e cuja seção transversal é mostrada na Fig. 13–21. As dimensões e os coeficientes de Manning para as superfícies das diferentes subseções também são dadas na figura. Determine a vazão através do canal e o coeficiente de Manning efetivo para o canal.

SOLUÇÃO   Água escoa através de um canal com superfícies com propriedades não uniformes. A vazão e o coeficiente de Manning efetivo devem ser determinados.

Hipóteses **1** O escoamento é permanente e uniforme. **2** A inclinação do fundo é constante. **3** Os coeficientes de Manning não variam ao longo do canal.

Análise O canal envolve duas partes com rugosidades diferentes e, portanto, é apropriado dividir o canal nas duas subseções indicadas na Fig. 13–21. A vazão de cada subseção pode ser determinada com a equação de Manning e a vazão total pode ser determinada somando-as.

O comprimento da lateral do canal triangular é $s = \sqrt{3^2 + 3^2} = 4{,}243$ m. Assim, a área de escoamento, o perímetro e o raio hidráulico de cada subseção e de todo o canal tornam-se

Subseção 1:

$$A_{c1} = 21 \text{ m}^2 \quad p_1 = 10{,}486 \text{ m} \quad R_{h1} = \frac{A_{c1}}{p_1} = \frac{21 \text{ m}^2}{10{,}486 \text{ m}} = 2{,}00 \text{ m}$$

Subseção 2:

$$A_{c2} = 16 \text{ m}^2 \quad p_2 = 10 \text{ m} \quad R_{h2} = \frac{A_{c2}}{p_2} = \frac{16 \text{ m}^2}{10 \text{ m}} = 1{,}60 \text{ m}$$

Todo o canal:

$$A_c = 37 \text{ m}^2 \quad p = 20{,}486 \text{ m} \quad R_h = \frac{A_c}{p} = \frac{37 \text{ m}^2}{20{,}486 \text{ m}} = 1{,}806 \text{ m}$$

Usando a equação de Manning para cada subseção, a vazão total através do canal é determinada como

$$\dot{V} = \dot{V}_1 + \dot{V}_2 = \frac{a}{n_1} A_{c1} R_{h1}^{2/3} S_0^{1/2} + \frac{a}{n_2} A_{c2} R_{h2}^{2/3} S_0^{1/2}$$

$$= (1 \text{ m}^{1/3}/\text{s}) \left[\frac{(21 \text{ m}^2)(2 \text{ m})^{2/3}}{0{,}030} + \frac{(16 \text{ m}^2)(1{,}60 \text{ m})^{2/3}}{0{,}050} \right] (0{,}003)^{1/2}$$

$$= 84{,}8 \text{ m}^3/\text{s} \cong \mathbf{85 \text{ m}^3/\text{s}}$$

Conhecendo a vazão total, o coeficiente de Manning efetivo de todo o canal pode ser determinado com a equação de Manning como

$$n_{ef} = \frac{aA_cR_h^{2/3}S_0^{1/2}}{\dot{V}} = \frac{(1\ m^{1/3}/s)(37\ m^2)(1,806\ m)^{2/3}(0,003)^{1/2}}{84,8\ m^3/s} = \mathbf{0,035}$$

Discussão O coeficiente de Manning efetivo n_{ef} do canal está entre os dois valores de n, como era previsto. A média ponderada do coeficiente de Manning do canal é $n_{med} = (n_1p_1 + n_2p_2)/p = 0,040$, que é bastante diferente de n_{ef}. Assim, usando uma média ponderada do coeficiente de Manning para todo o canal pode ser algo tentador, mas não seria tão exato.

13-6 MELHORES SEÇÕES TRANSVERSAIS HIDRÁULICAS

Os sistemas de canais abertos, em geral, foram criados para transportar um líquido até um local a uma elevação menor e vazão especificada sob a influência da gravidade e ao menor custo possível. Observando que nenhuma entrada de energia é necessária, o custo de um sistema de canais abertos consiste primariamente no custo da construção inicial, que é proporcional ao tamanho físico do sistema. Portanto, para determinado comprimento de canal, o perímetro do mesmo é representativo para o custo do sistema, e deve ser mantido em um mínimo para minimizar o tamanho e, portanto, o custo do sistema.

Sob outra perspectiva, a resistência ao escoamento é devido à tensão de cisalhamento da parede τ_w e à área da parede, que é equivalente ao perímetro molhado por unidade de comprimento do canal. Assim, para determinada área transversal do escoamento dado A_c, quanto menor o perímetro molhado p, menor será a força de resistência e, portanto, maior será a velocidade média e a vazão.

Sob outra perspectiva ainda, para uma geometria de canal especificada com uma inclinação do fundo S_0 e revestimento de superfície (e, portanto, coeficiente de rugosidade n), a velocidade de escoamento é dada pela fórmula de Manning como $V = aR_h^{2/3}S_0^{1/2}/n$. Assim, a velocidade de escoamento aumenta com o raio hidráulico e o raio hidráulico deve ser maximizado (e, portanto, o perímetro deve ser minimizado, já que $R_h = A_c/p$) para maximizar a velocidade média de escoamento ou a vazão por unidade de área seccional. Dessa forma, concluímos o seguinte:

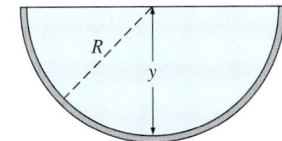

FIGURA 13–22 A melhor seção transversal hidráulica para um canal aberto é um semicírculo, uma vez que ele tem o perímetro molhado mínimo para uma seção transversal especificada e, portanto, a mínima resistência ao escoamento.

> A melhor seção transversal hidráulica para um canal aberto é aquela com o raio hidráulico máximo ou, de modo equivalente, aquela com o mínimo perímetro molhado para uma seção transversal especificada.

A forma com o perímetro mínimo por unidade de área é um círculo. Portanto, com base na resistência mínima ao escoamento, a melhor seção transversal para um canal aberto é um semicírculo (Fig. 13–22). Entretanto, geralmente, é mais econômico construir um canal aberto com lados retos (como os canais com seções transversais trapezoidais ou retangulares), em vez de semicirculares, e a forma geral do canal pode ser especificada *a priori*. Portanto, faz sentido analisar cada forma geométrica separadamente para obter a melhor seção transversal.

Como um exemplo motivacional, considere um canal retangular de concreto polido ($n = 0,012$) de largura b e profundidade de escoamento y com inclinação do fundo de 1° (Fig. 13–23). Para determinar os efeitos da razão de aspecto y/b sobre o raio hidráulico R_h e a vazão $\dot{V}$ para uma seção transversal de área de 1 m², R_h e $\dot{V}$ são avaliados com a fórmula de Manning. Os resultados são tabulados na Tabela 13-2 e ilustrados na Fig. 13-24 para razões de aspecto de 0,1 a 5. Ob-

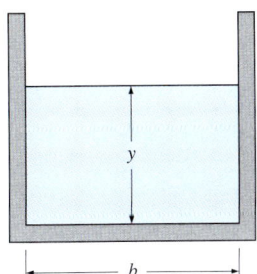

FIGURA 13–23 Um canal retangular aberto de largura b e profundidade de escoamento y. Para uma dada área seccional, a maior vazão ocorre quando $y = b/2$.

TABELA 13-2

A variação do raio hidráulico R_h e a vazão $\dot{V}$ com a razão de aspecto y/b para um canal retangular com $A_c = 1 \text{ m}^2$, $S_0 = \text{tg } 1°$ e $n = 0{,}012$

Razão de aspecto y/b	Largura do canal b, m	Profundidade do escoamento y, m	Perímetro p, m	Raio Hidráulico R_h, m	Vazão $\dot{V}$, m³/s
0,1	3,162	0,316	3,795	0,264	4,53
0,2	2,236	0,447	3,130	0,319	5,14
0,3	1,826	0,548	2,921	0,342	5,39
0,4	1,581	0,632	2,846	0,351	5,48
0,5	1,414	0,707	2,828	0,354	5,50
0,6	1,291	0,775	2,840	0,352	5,49
0,7	1,195	0,837	2,869	0,349	5,45
0,8	1,118	0,894	2,907	0,344	5,41
0,9	1,054	0,949	2,951	0,339	5,35
1,0	1,000	1,000	3,000	0,333	5,29
1,5	0,816	1,225	3,266	0,306	5,00
2,0	0,707	1,414	3,536	0,283	4,74
3,0	0,577	1,732	4,041	0,247	4,34
4,0	0,500	2,000	4,500	0,222	4,04
5,0	0,447	2,236	4,919	0,203	3,81

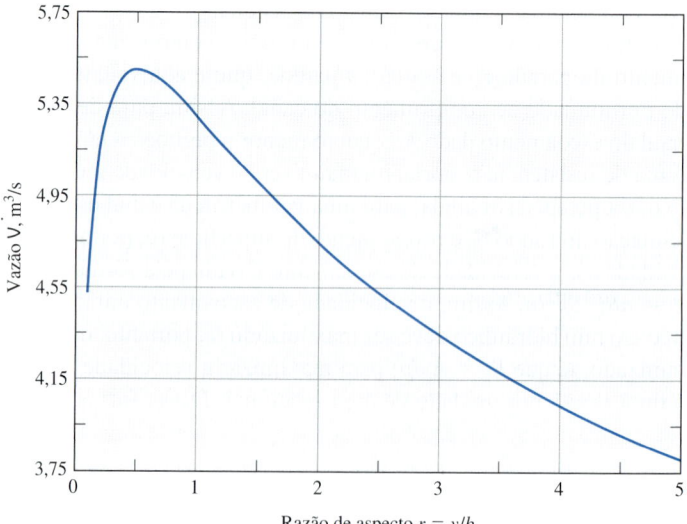

FIGURA 13-24 Variação da vazão em um canal retangular com razão de aspecto $r = y/b$ para $A_c = 1 \text{ m}^2$ e $S_0 = \text{tg } 1°$.

servamos nessa tabela e no gráfico que a vazão $\dot{V}$ aumenta à medida que a razão de aspecto do escoamento y/b aumenta, atinge o máximo em $y/b = 0{,}5$ e, em seguida, começa a diminuir (os valores numéricos de $\dot{V}$ também podem ser interpretados como as velocidades de escoamento em m/s, uma vez que $A_c = 1 \text{ m}^2$). Vemos a mesma tendência para o raio hidráulico, mas a tendência oposta para o perímetro molhado p. Esses resultados confirmam que a melhor seção transversal para determinada forma é aquela com o raio hidráulico máximo, ou, de forma equivalente, aquela com o perímetro mínimo.

Canais retangulares

Considere o escoamento de líquido em um canal aberto com seção transversal retangular de largura b e profundidade de escoamento y. A seção transversal e o perímetro molhado em uma seção de escoamento são

$$A_c = yb \quad \text{e} \quad p = b + 2y \quad (13\text{-}45)$$

Resolvendo a primeira relação da Equação 13–45 para b e substituindo-a na segunda relação, temos

$$p = \frac{A_c}{y} + 2y \quad (13\text{-}46)$$

Agora, aplicamos o critério que declara a melhor seção transversal hidráulica para um canal aberto como aquela com o perímetro molhado mínimo para determinada seção transversal. Avaliando a derivativa de p com relação a y mantendo A_c constante, temos

$$\frac{dp}{dy} = -\frac{A_c}{y^2} + 2 = -\frac{by}{y^2} + 2 = -\frac{b}{y} + 2 \quad (13\text{-}47)$$

Impondo $dp/dy = 0$ e resolvendo para y, o critério da melhor seção transversal hidráulica é determinado como

Melhor seção transversal hidráulica (canal retangular): $\quad y = \dfrac{b}{2} \quad (13\text{-}48)$

Portanto, um canal aberto retangular deve ser projetado de forma que a altura do líquido seja metade da largura do canal para minimizar a resistência ao escoamento ou para maximizar a vazão para determinada área da seção transversal. Isso também minimiza o perímetro e, portanto, os custos de construção. Esse resultado confirma a constatação da Tabela 13–2 de que $y = b/2$ oferece a melhor seção transversal.

Canais trapezoidais

Agora, considere o escoamento líquido em um canal aberto de seção transversal trapezoidal com largura da parte inferior b, profundidade de escoamento y e ângulo trapezoidal θ medido da horizontal, como mostra a Fig. 13–25. A área transversal e o perímetro molhado de uma seção de escoamento são

$$A_c = \left(b + \frac{y}{\text{tg}\,\theta}\right)y \quad \text{e} \quad p = b + \frac{2y}{\text{sen}\,\theta} \quad (13\text{-}49)$$

Solucionando a primeira relação da Equação 13–49 para b e substituindo-a na segunda relação, temos

$$p = \frac{A_c}{y} - \frac{y}{\text{tg}\,\theta} + \frac{2y}{\text{sen}\,\theta} \quad (13\text{-}50)$$

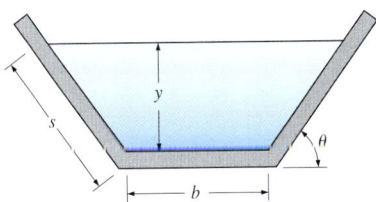

$$R_h = \frac{A_c}{p} = \frac{y(b + y/\text{tg}\,\theta)}{b + 2y/\text{sen}\,\theta}$$

FIGURA 13–25 Parâmetros de um canal trapezoidal.

Assumindo a derivativa de p com relação a y mantendo A_c e θ constantes, temos

$$\frac{dp}{dy} = -\frac{A_c}{y^2} - \frac{1}{\text{tg}\,\theta} + \frac{2}{\text{sen}\,\theta} = -\frac{b + y/\text{tg}\,\theta}{y} - \frac{1}{\text{tg}\,\theta} + \frac{2}{\text{sen}\,\theta} \quad (13\text{-}51)$$

Definindo $dp/dy = 0$ e solucionando y, o critério da melhor seção transversal hidráulica para qualquer ângulo trapezoidal θ é determinado como

Melhor seção transversal hidráulica (canal trapezoidal): $\quad y = \dfrac{b\,\text{sen}\,\theta}{2(1 - \cos\theta)} \quad (13\text{-}52)$

Para o caso especial de $\theta = 90°$ (um canal retangular), essa relação se reduz a $y = b/2$, como era esperado.

O raio hidráulico R_h de um canal trapezoidal pode ser expresso como

$$R_h = \frac{A_c}{p} = \frac{y(b + y/\text{tg } \theta)}{b + 2y/\text{sen } \theta} = \frac{y(b \text{ sen } \theta + y \cos \theta)}{b \text{ sen } \theta + 2y} \quad \text{(13–53)}$$

Reorganizando a Equação 13–52 como $b \text{ sen } \theta = 2y(1 - \cos \theta)$, substituindo na Equação 13–53 e simplificando, temos que o raio hidráulico para um canal trapezoidal com a melhor seção transversal torna-se

Raio hidráulico para a melhor seção transversal: $\quad R_h = \dfrac{y}{2}$ (13–54)

Portanto, o raio hidráulico é metade da profundidade do escoamento para os canais trapezoidais com a melhor seção transversal, independentemente do ângulo trapezoidal θ.

Da mesma forma, o ângulo trapezoidal para a melhor seção transversal hidráulica é determinado assumindo a derivada de p (Equação 13–50) com relação a θ, mantendo A_c e y constantes, impondo $dp/d\theta = 0$ e resolvendo a equação resultante para θ. Isso resulta em

Melhor ângulo trapezoidal: $\quad \theta = 60°$ (13–55)

Substituindo o melhor ângulo trapezoidal $\theta = 60°$ na melhor relação de seção transversal hidráulica $y = b \text{ sen } \theta/(2 - 2 \cos \theta)$, temos

Melhor profundidade de escoamento para $\theta = 60°$: $\quad y = \dfrac{\sqrt{3}}{2} b$ (13–56)

Assim, o comprimento da lateral da seção de escoamento e a área de escoamento tornam-se

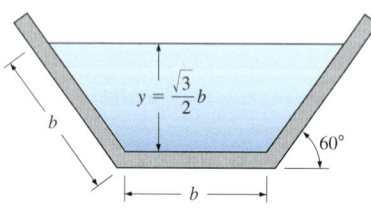

$$s = \frac{y}{\text{sen } 60°} = \frac{b\sqrt{3}/2}{\sqrt{3}/2} = b \quad \text{(13–57)}$$

$$p = 3b \quad \text{(13–58)}$$

$$A_c = \left(b + \frac{y}{\text{tg } \theta}\right) y = \left(b + \frac{b\sqrt{3}/2}{\text{tg } 60°}\right)(b\sqrt{3}/2) = \frac{3\sqrt{3}}{4} b^2 \quad \text{(13–59)}$$

$R_h = \dfrac{y}{2} = \dfrac{\sqrt{3}}{4} b \qquad A_c = \dfrac{3\sqrt{3}}{4} b^2$

FIGURA 13–26 A melhor seção transversal para os canais trapezoidais é a *metade de um hexágono*.

pois tg $60° = \sqrt{3}$. Portanto, a melhor seção transversal para os canais trapezoidais é a *metade de um hexágono* (Fig. 13–26). Isso não é surpresa, uma vez que um hexágono se aproxima bastante de um círculo, e meio hexágono tem o menor perímetro por área transversal de todos os canais trapezoidais.

As melhores seções transversais hidráulicas para outras formas de canal podem ser determinadas de modo semelhante. Por exemplo, a melhor seção transversal para um canal circular de diâmetro D pode ser mostrada como $y = D/2$.

EXEMPLO 13–5 **Melhor seção transversal de um canal aberto**

A água deve ser transportada a uma vazão de 2 m³/s no escoamento uniforme em um canal aberto cujas superfícies são asfaltadas. A inclinação do fundo é 0,001. Determine as dimensões da melhor seção transversal se a forma do canal for (*a*) retangular e (*b*) trapezoidal (Fig. 13–27).

SOLUÇÃO A água deve ser transportada em um canal aberto a uma vazão especificada. As dimensões do melhor canal devem ser determinadas para formas retangulares e trapezoidais.

Hipóteses 1 O escoamento é permanente e uniforme. 2 A inclinação do fundo é constante. 3 A rugosidade da superfície molhada do canal e, portanto, o coeficiente de atrito, são constantes.

Propriedades O coeficiente de Manning para um canal aberto asfaltado é $n = 0,016$.

Análise (a) A melhor seção transversal de um canal retangular ocorre quando a altura do escoamento é metade da largura do canal, $y = b/2$. Em seguida, a seção transversal, o perímetro e o raio hidráulico do canal são

$$A_c = by = \frac{b^2}{2} \quad p = b + 2y = 2b \quad R_h = \frac{A_c}{p} = \frac{b}{4}$$

Substituindo na equação de Manning

$$\dot{V} = \frac{a}{n} A_c R_h^{2/3} S_0^{1/2} \quad \rightarrow \quad b = \left(\frac{2n\dot{V}4^{2/3}}{a\sqrt{S_0}}\right)^{3/8} = \left(\frac{2(0,016)(2 \text{ m}^3/\text{s})4^{2/3}}{(1 \text{ m}^{1/3}/\text{s})\sqrt{0,001}}\right)^{3/8}$$

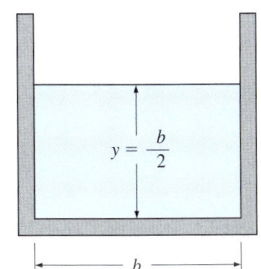

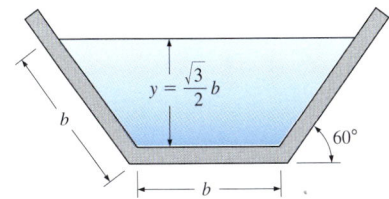

FIGURA 13–27 Representação esquemática do Exemplo 13–5.

que resulta em $b = 1,84$ m. Assim, $A_c = 1,70$ m², $p = 3,68$ m e as dimensões do melhor canal retangular são

$$b = \mathbf{1,84 \text{ m}} \quad \text{e} \quad y = \mathbf{0,92 \text{ m}}$$

(b) A melhor seção transversal de um canal trapezoidal ocorre quando o ângulo trapezoidal é de 60° e a altura do escoamento é $y = b\sqrt{3}/2$. Assim,

$$A_c = y(b + b\cos\theta) = 0,5\sqrt{3}b^2(1 + \cos 60°) = 0,75\sqrt{3}b^2$$

$$p = 3b \quad R_h = \frac{y}{2} = \frac{\sqrt{3}}{4}b$$

Substituindo na equação de Manning

$$\dot{V} = \frac{a}{n} A_c R_h^{2/3} S_0^{1/2} \quad \rightarrow \quad b = \left(\frac{(0,016)(2 \text{ m}^3/\text{s})}{0,75\sqrt{3}(\sqrt{3}/4)^{2/3}(1 \text{ m}^{1/3}/\text{s})\sqrt{0,001}}\right)^{3/8}$$

que resulta em $b = 1,12$ m. Assim, $A_c = 1,64$ m², $p = 3,37$ m e as dimensões do melhor canal trapezoidal são

$$b = \mathbf{1,12 \text{ m}} \quad y = \mathbf{0,973 \text{ m}} \quad \text{e} \quad \theta = \mathbf{60°}$$

Discussão Observe que a seção transversal trapezoidal é melhor, uma vez que ela tem um perímetro menor (3,37 versus 3,68 m) e, portanto, menor custo de construção. Esta é a razão por que muitos canais feitos pelo homem têm a forma trapezoidal (Fig. 13–28). Entretanto, a velocidade média através do canal trapezoidal é maior, pois A_c é menor.

13–7 ESCOAMENTO GRADUALMENTE VARIADO

Até este ponto, consideramos o *escoamento uniforme* durante o qual a profundidade de escoamento y e a velocidade do escoamento V permanecem constantes. Nesta seção, consideramos o *escoamento gradualmente variado* (EGV), que é uma forma de escoamento não uniforme permanente caracterizado por variações graduais da profundidade de escoamento e velocidade (pequenas inclinações e nenhuma variação abrupta) e uma superfície livre que sempre permanece uni-

(a)

(b)

FIGURA 13–28 Muitos canais feitos pelo homem têm forma trapezoidal devido ao baixo custo de construção e ao bom desempenho.

(a) © Pixtal/AGE Fotostock RF;
(b) Photo by Bryan Lewis.

forme (sem descontinuidades ou zigue-zagues). Os escoamentos que envolvem variações rápidas em profundidade e velocidade, chamados *escoamentos rapidamente variados* (ERV), são considerados na Seção 13–8. Uma variação na inclinação do fundo ou seção transversal de um canal ou uma obstrução no caminho do escoamento podem fazer com que o escoamento uniforme de um canal torne-se um escoamento gradual ou rapidamente variado.

Os escoamentos rapidamente variados ocorrem em uma seção curta do canal com área superficial relativamente pequena e, portanto, as perdas por fricção associadas ao cisalhamento de parede são desprezíveis. As perdas de carga do ERV são altamente localizadas e são devido à agitação e turbulência intensas. Por outro lado, as perdas do EGV devem-se, principalmente, aos efeitos do atrito ao longo do canal e podem ser determinadas com a fórmula de Manning.

No escoamento gradualmente variado, a profundidade e velocidade do escoamento variam lentamente e a superfície livre é estável. Isso possibilita a formulação da variação da profundidade do escoamento ao longo do canal com base na conservação de massa e nos princípios de energia, e a obtenção de relações para o perfil da superfície livre.

No escoamento uniforme, a inclinação da linha de energia é igual à inclinação da superfície do fundo. Assim, a inclinação do atrito é igual à inclinação do fundo $S_f = S_0$. No escoamento gradualmente variado, porém, essas inclinações são diferentes (Fig. 13–29).

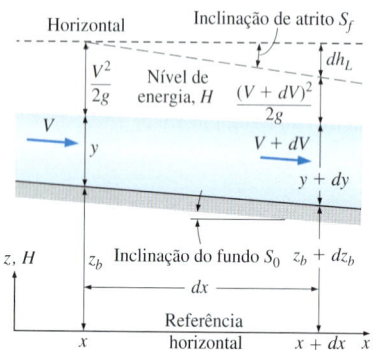

FIGURA 13–29 Variação das propriedades com relação a uma seção diferencial de escoamento em um canal aberto sob condições de escoamento gradualmente variado (EGV).

Considere o escoamento permanente em um canal aberto retangular de largura b e assuma qualquer variação na inclinação do fundo e na profundidade da água como bastante gradual. Escrevemos novamente as equações em termos da velocidade média V e assumimos a distribuição da pressão como hidrostática. Na Equação 13–17, a carga total do líquido em qualquer seção transversal é $H = z_b + y + V^2/2g$, onde z_b é a distância vertical entre a superfície do fundo e o dado de referência. Diferenciando H com relação a x temos

$$\frac{dH}{dx} = \frac{d}{dx}\left(z_b + y + \frac{V^2}{2g}\right) = \frac{dz_b}{dx} + \frac{dy}{dx} + \frac{V}{g}\frac{dV}{dx} \quad \text{(13–60)}$$

Mas H é a energia total do líquido e, portanto, dH/dx é a inclinação da linha de energia (quantidade negativa), que é igual à negativa da inclinação do atrito, como mostra a Fig. 13–29. Da mesma forma, dz_b/dx é a negativa da inclinação do fundo. Portanto,

$$\frac{dH}{dx} = -\frac{dh_L}{dx} = -S_f \quad \text{e} \quad \frac{dz_b}{dx} = -S_0 \quad \text{(13–61)}$$

Substituindo a Equação 13–61 na Equação 13–60, resulta em

$$S_0 - S_f = \frac{dy}{dx} + \frac{V}{g}\frac{dV}{dx} \quad \text{(13–62)}$$

A equação de continuidade para o escoamento permanente em um canal retangular é $\dot{V} = ybV =$ constante. Diferenciando com relação a x, temos

$$0 = bV\frac{dy}{dx} + yb\frac{dV}{dx} \rightarrow \frac{dV}{dx} = -\frac{V}{y}\frac{dy}{dx} \quad \text{(13–63)}$$

Substituindo a Equação 13–63 na Equação 13–62 e observando que $V/\sqrt{gy}$ é o número de Froude,

$$S_0 - S_f = \frac{dy}{dx} - \frac{V^2}{gy}\frac{dy}{dx} = \frac{dy}{dx} - \text{Fr}^2\frac{dy}{dx} \quad \text{(13–64)}$$

Resolvendo para dy/dx, temos a relação desejada para a taxa de variação da profundidade de escoamento (ou o perfil da superfície) no escoamento gradualmente variado em um canal aberto

A equação EGV: $$\frac{dy}{dx} = \frac{S_0 - S_f}{1 - \text{Fr}^2} \qquad (13\text{-}65)$$

que é análogo à variação da área de escoamento como função do número Mach no escoamento compressível. Essa relação é derivada para um canal retangular, mas também é válida para canais de outras seções transversais constantes desde que o número de Froude seja expresso adequadamente. Uma solução analítica ou numérica dessa equação diferencial resulta na profundidade de escoamento y como função de x para determinado conjunto de parâmetros e a função $y(x)$ é o *perfil de superfície*.

A tendência geral da profundidade de escoamento – seja aumentando, diminuindo ou permanecendo constante ao longo do canal – depende do sinal de dy/dx, que depende dos sinais do numerador e do denominador da Equação 13–65. O número de Froude é sempre positivo e, portanto, também é a inclinação do atrito S_f (exceto pelo caso idealizado de escoamento com efeitos de atrito desprezíveis para o qual tanto h_L quanto S_f são zero). A inclinação do fundo S_0 é positiva para as seções de inclinação para baixo (normalmente é o caso), zero para seções horizontais e negativa para seções de inclinação para cima de um canal (escoamento adverso). A profundidade de escoamento aumenta quando $dy/dx > 0$, diminui quando $dy/dx < 0$ e permanece constante (e, portanto, a superfície livre é paralela ao fundo do canal como no escoamento uniforme) quando $dy/dx = 0$ e, assim, $S_0 = S_f$ (Fig. 13–30). Para valores especificados de S_0 e S_f, o termo dy/dx pode ser positivo ou negativo, dependendo do número de Froude ser menor ou maior do que 1. Assim, o comportamento do escoamento é oposto nos escoamentos subcríticos e supercríticos. Para $S_0 - S_f > 0$, por exemplo, a profundidade de escoamento aumenta na direção do escoamento no escoamento subcrítico, mas diminui no escoamento supercrítico.

A determinação do sinal do denominador $1 - \text{Fr}^2$ é fácil: ele é positivo para o escoamento subcrítico ($\text{Fr} < 1$) e negativo para o escoamento supercrítico ($\text{Fr} > 1$). Mas o sinal do numerador depende das magnitudes relativas de S_0 e S_f. Observe que a inclinação do atrito S_f é sempre positiva, e seu valor é igual à inclinação do canal S_0 no escoamento uniforme, $y = y_n$. A inclinação de atrito é uma quantidade que varia na direção da corrente, e é calculada a partir da equação de Manning, baseada na profundidade em cada posição na direção da corrente, como demonstrado no Exemplo 13–6. Observando que a perda de carga aumenta com o aumento da velocidade, e que a velocidade é inversamente proporcional à profundidade do escoamento para determinada vazão, $S_f > S_0$ e, portanto, $S_0 - S_f < 0$ quando $y < y_n$ e $S_f < S_0$ e, assim, $S_0 - S_f > 0$ quando $y > y_n$. O numerador $S_0 - S_f$ sempre é negativo para os canais horizontais ($S_0 = 0$) e com inclinação para cima ($S_0 < 0$) e, portanto, a profundidade de escoamento diminui na direção do escoamento durante os escoamentos subcríticos em tais canais.

FIGURA 13–30 Um rio lento de profundidade e seção transversal aproximadamente constante, como o Rio Chicago mostrado aqui, é um exemplo de escoamento uniforme com $S_0 \approx S_f$ e $d_y/d_x \approx 0$.

© Hisham F. Ibrahim / Getty RF

Perfis de superfície do líquido em canais abertos, $y(x)$

Os sistemas de canais abertos foram projetados e construídos com base nas profundidades de escoamento projetadas ao longo do canal. Assim, é importante poder prever a profundidade do escoamento para uma vazão e uma geometria de canal especificadas. Um gráfico da profundidade de escoamento *versus* a distância a jusante resulta no **perfil de superfície** $y(x)$ do escoamento. As características gerais dos perfis de superfície para o escoamento gradualmente variado dependem da inclinação do fundo e da profundidade de escoamento relativa às profundidades crítica e normal.

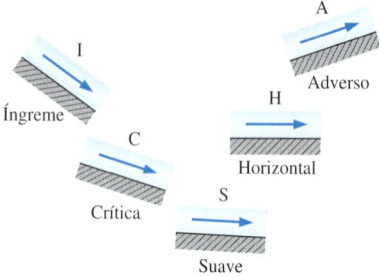

FIGURA 13–31 Designação das letras I, C, S, H e A para os perfis de superfície líquida para diferentes tipos de inclinações.

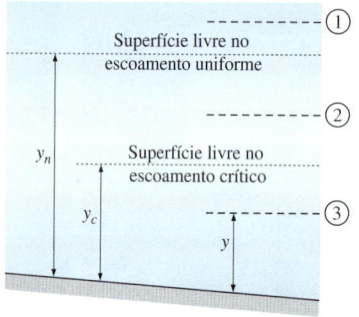

FIGURA 13–32 Designação dos números 1, 2 e 3 para os perfis de superfície líquida com base no valor da profundidade do escoamento com relação às profundidades normal e crítica.

Um canal aberto típico envolve diversas seções com inclinações do fundo S_0 diferentes e diferentes regimes de escoamento e, então, as várias seções com diferentes perfis de superfície. Por exemplo, a forma geral do perfil de superfície em uma seção de inclinação para baixo de um canal é diferente daquela de uma seção com inclinação para cima. Da mesma forma, o perfil do escoamento subcrítico é diferente daquele do escoamento supercrítico. Ao contrário do escoamento uniforme, que não envolve as forças de inércia, o escoamento gradualmente variado envolve a aceleração e desaceleração do líquido, e o perfil de superfície reflete o balanço dinâmico entre o peso do líquido, a força de cisalhamento e os efeitos inerciais.

Cada perfil de superfície é identificado por uma letra que indica a inclinação do canal e por um número que indica a profundidade do escoamento com relação à profundidade crítica y_c e à profundidade normal y_n. A inclinação do canal pode ser suave (S), crítica (C), íngreme (I), horizontal (H) ou adversa (A) (Fig 13–31). A inclinação do canal é suave se $y_n > y_c$, íngreme se $y_n < y_c$, crítica se $y_n = y_c$, horizontal se $S_0 = 0$ (inclinação do fundo nula) e adversa se $S_0 < 0$ (inclinação negativa). Observe que um líquido escoa para cima em um canal que tem uma inclinação adversa.

A classificação de uma seção de canal depende da vazão e da seção transversal do canal, bem como da inclinação do fundo do canal. Uma seção de canal que é classificada com uma inclinação suave para um escoamento pode ter uma inclinação íngreme para outro escoamento e mesmo uma inclinação crítica para um terceiro escoamento. Portanto, precisamos calcular a profundidade crítica y_c e a profundidade normal y_n antes de podermos avaliar a inclinação.

A designação numérica indica a posição inicial da superfície líquida para determinada inclinação de canal com relação aos níveis de superfície dos escoamentos crítico e uniforme, como mostra a Fig. 13–32. Um perfil de superfície é designado por 1 se a profundidade do escoamento está acima das profundidades crítica e normal ($y > y_c$ e $y > y_n$), por 2 se a profundidade de escoamento está entre os dois ($y_n > y > y_c$ ou $y_n < y < y_c$) e por 3 se a profundidade de escoamento estiver abaixo das profundidades crítica e normal ($y < y_c$ e $y < y_n$).

Portanto, três perfis diferentes são possíveis para um tipo especificado de inclinação de canal. Mas, para os canais com inclinações zero ou adversas, o escoamento do tipo 1 não pode existir, já que o escoamento nunca pode ser uniforme nos canais horizontal e para cima e, portanto, a profundidade normal não é definida. Da mesma forma, o escoamento do tipo 2 não existe para os canais com inclinação crítica, uma vez que as profundidades normal e crítica são idênticas nesse caso.

As cinco classes de inclinações e os três tipos de posições iniciais discutidos permitem um total de 12 configurações distintas para os perfis de superfície na EGV, todos tabulados e representados na Tabela 13–3. O número de Froude também é dado para cada caso, com Fr > 1 para $y < y_c$, bem como o sinal da inclinação dy/dx do perfil de superfície determinado com a Equação 13–65, $dy/dx = (S_0 - S_f)/(1 - \text{Fr}^2)$. Observe que $dy/dx > 0$ e, portanto, a profundidade do escoamento aumenta na direção do escoamento quando $S_0 - S_f$ e $1 - \text{Fr}^2$ são positivos ou negativos. Caso contrário, $dy/dx < 0$ e a profundidade do escoamento diminui. Nos escoamentos do tipo 1, a profundidade do escoamento aumenta na direção do escoamento e o perfil da superfície se aproxima do plano horizontal assintoticamente. Nos escoamentos do tipo 2, a profundidade do escoamento diminui e o perfil de superfície se aproxima do mais baixo entre y_c e y_n. Nos escoamentos do tipo 3, a profundidade do escoamento diminui e o perfil de superfície se aproxima do mais baixo entre y_c e y_n. Essas tendências dos perfis de superfície continuam enquanto não há variações na inclinação do fundo ou rugosidade.

Considere o primeiro caso da Tabela 13–3 designado como S1 (inclinação suave de canal e $y > y_n > y_c$). O escoamento é subcrítico, uma vez que $y > y_c$ e, portanto, Fr < 1 e $1 - \text{Fr}^2 > 0$. Da mesma forma, $S_f < S_0$ e, portanto, $S_0 - S_f > 0$,

TABELA 13–3
Classificação dos perfis de superfície no escoamento gradualmente variado

Inclinação do canal	Notação para o perfill	Profundidade do escoamento	Número de Froude	Inclinação do perfil
Ingreme (I) $y_c > y_n$ $S_0 < S_c$	I1	$y > y_c$	Fr < 10	$\dfrac{dy}{dx} > 0$
	I2	$y_n < y < y_c$	Fr > 1	$\dfrac{dy}{dx} < 0$
	I3	$y < y_n$	Fr > 1	$\dfrac{dy}{dx} > 0$
Crítico (C) $y_c = y_n$ $S_0 < S_c$	C1	$y > y_c$	Fr < 1	$\dfrac{dy}{dx} > 0$
	C3	$y < y_c$	Fr > 1	$\dfrac{dy}{dx} > 0$
Suave (S) $y_c < y_n$ $S_0 < S_c$	S1	$y > y_n$	Fr < 1	$\dfrac{dy}{dx} > 0$
	S2	$y_c < y < y_n$	Fr < 1	$\dfrac{dy}{dx} < 0$
	S3	$y < y_c$	Fr > 1	$\dfrac{dy}{dx} > 0$
Horizontal (H) $y_n \to \infty$ $S_0 = 0$	H2	$y > y_c$	Fr < 1	$\dfrac{dy}{dx} < 0$
	H3	$y < y_c$	Fr > 1	$\dfrac{dy}{dx} > 0$
Adverso (A) $S_0 < 0$ y_n: não existe	A2	$y > y_c$	Fr < 1	$\dfrac{dy}{dx} < 0$
	A3	$y < y_c$	Fr > 1	$\dfrac{dy}{dx} > 0$

já que $y > y_n$, e, assim, a velocidade do escoamento é menor do que a velocidade no escoamento normal. Portanto, a inclinação do perfil de superfície $dy/dx = (S_0 - S_f)/(1 - Fr^2) > 0$ e a profundidade de escoamento y aumentam na direção do escoamento. Mas, à medida em que y aumenta, a velocidade de escoamento diminui e, portanto, S_f e Fr se aproximam de zero. Consequentemente, dy/dx se aproxima de S_0 e a taxa de aumento da profundidade de escoamento torna-se igual à inclinação do canal. Isso exige que o perfil de superfície torne-se horizontal quando y é grande. Em seguida, concluímos que o perfil de superfície S1, primeiramente, se eleva na direção do escoamento e depois tende a uma assíntota horizontal.

Como $y \to y_c$ no escoamento subcrítico (como S2, H2 e A2), temos Fr $\to$ 1 e $1 - Fr^2 \to 0$ e, portanto, a inclinação dy/dx tende ao infinito negativo. Mas como $y \to y_c$ no escoamento supercrítico (como S3, H3 e A3), temos Fr $\to$ 1 e $1 - Fr^2 \to 0$ e, portanto, a inclinação dy/dx é uma quantidade positiva, tendendo ao infinito. Ou seja, a superfície livre se levanta quase verticalmente e a profundidade de escoamento aumenta com muita rapidez. Isso não pode ser fisicamente sustentado, e a superfície livre se quebra. O resultado é um salto hidráulico. A hipótese unidimensional não se aplica mais quando isso acontece.

Alguns perfis de superfície representativos

Um sistema típico de canal aberto envolve várias seções com diferentes inclinações, com conexões chamadas *transições* e, portanto, o perfil de superfície global do escoamento é um perfil contínuo formado pelos perfis individuais descritos anteriormente. Alguns perfis de superfície representativos, em geral, encontrados nos canais abertos, incluindo alguns perfis compostos, são dados na Fig. 13–33. Para cada caso, a variação no perfil de superfície é causada por uma variação na geometria do canal, como uma variação abrupta na inclinação ou uma obstrução no escoamento como uma comporta basculante. Outros perfis compostos podem ser encontrados em livros especializados relacionados nas referências. Um ponto em um perfil de superfície representa a altura do escoamento naquele ponto que satisfaz as relações de conservação de massa, momento e energia. Observe que $dy/dx \ll 1$ e $S_0 \ll 1$ no escoamento gradualmente variado, e as inclinações de ambos os canais e os perfis de superfície nessas representações são muito exagerados para facilitar a visualização. Muitos canais e perfis de superfície apareceriam quase horizontais se fossem desenhados em escala.

A Figura 13–33a mostra o perfil de superfície para o escoamento gradualmente variado em um canal com inclinação suave e uma comporta basculante. O escoamento subcrítico a montante (observe que o escoamento é subcrítico já que a inclinação é suave) fica mais lento à medida que se aproxima da comporta (como um rio que se aproxima de uma represa) e o nível do líquido se eleva. O escoamento após a comporta é supercrítico (uma vez que a altura da abertura é menor do que a profundidade crítica). Assim, o perfil de superfície é S1 antes da comporta e S3 após a comporta e antes do salto hidráulico.

Uma seção de um canal aberto pode ter uma inclinação negativa e envolver o escoamento para cima, como mostra a Fig. 13–33b. O escoamento com uma inclinação adversa não pode ser mantido, a menos que as forças inerciais superem as forças de gravidade e viscosas que se opõem ao movimento do fluido. Assim, uma seção do canal para cima deve ser acompanhada por uma seção para baixo ou por uma queda livre. Para o escoamento subcrítico com uma inclinação adversa que se aproxima de uma comporta basculante, a profundidade do escoamento diminui à medida que a comporta se aproxima, resultando em um perfil A2. O escoamento após a comporta, em geral, é supercrítico, resultando em um perfil A3 antes do salto hidráulico.

A seção de canal aberto da Fig. 13–33c envolve uma variação da inclinação de íngreme para menos íngreme. A velocidade de escoamento na parte menos

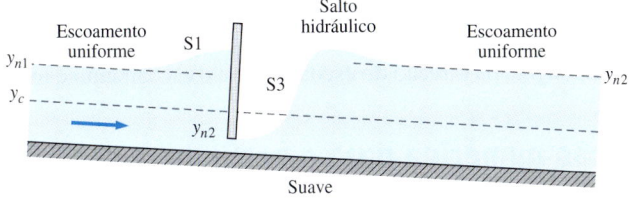
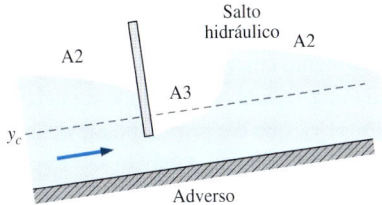
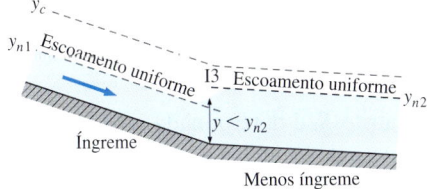
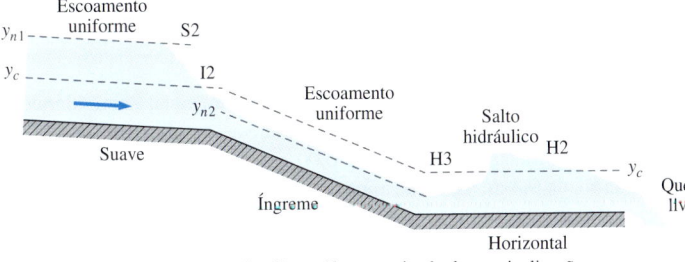

FIGURA 13-33 Alguns perfis de superfície comuns encontrados no escoamento de canal aberto. Todos os escoamentos são da esquerda para a direita.

(a) Escoamento através de uma comporta basculante em um canal aberto com inclinação suave

(b) Escoamento através de uma comporta basculante em um canal aberto com inclinação adversa seguida de queda livre

(c) Escoamento supercrítico uniforme variando de uma inclinação íngreme para uma menos íngreme

(d) Escoamento subcrítico uniforme variando de uma inclinação suave para íngreme para horizontal seguido de queda livre

íngreme é mais baixa (uma queda menor da elevação para mover o escoamento) e, portanto, a profundidade do escoamento é mais alta quando o escoamento uniforme é restabelecido. Observando que o escoamento uniforme com inclinação íngreme deve ser supercrítico ($y < y_c$), a profundidade do escoamento aumenta de inicial para o novo nível uniforme de modo constante em todo um perfil I3.

A Figura 13-33d mostra um perfil de superfície composta para um canal aberto que envolve diversas seções de escoamento. Inicialmente, a inclinação é suave e o escoamento é uniforme e subcrítico. Em seguida, a inclinação muda para íngreme e o escoamento torna-se supercrítico quando o escoamento uniforme é estabelecido. A profundidade crítica ocorre na mudança de inclinação. A variação da inclinação é acompanhada por uma diminuição uniforme da profundidade do escoamento através de um perfil S2 ao final da seção suave, e através de um perfil I2 no início da seção íngreme. Na seção horizontal, a profundidade de escoamento aumenta primeiro suavemente no perfil H3 e, em seguida, rapidamente durante um salto hidráulico. Em seguida, a profundidade de escoamento diminui através do perfil H2 à medida que o líquido acelera na direção do final do canal até uma queda livre. O escoamento torna-se crítico antes de atingir o final do canal, e a queda controla o escoamento a montante após o salto hidráulico. A corrente de escoamento na queda é supercrítica. Observe que o escoamento uniforme não pode ser estabelecido em um canal horizontal, uma vez que a força de gravidade não tem componente na direção do escoamento e o escoamento é movido pela inércia.

Solução numérica para o perfil de superfície

A previsão do perfil de superfície $y(x)$ é parte importante do projeto dos sistemas de canal aberto. Um bom ponto de partida para a determinação do perfil de superfície é a identificação dos pontos ao longo do canal, chamados **pontos de controle**, nos quais a profundidade de escoamento pode ser calculada com a vazão. Por exemplo, a profundidade de escoamento em uma seção de um canal retangular onde ocorre o escoamento crítico, chamado *ponto crítico*, pode ser determinada com $y_c = (\dot{V}^2/gb^2)^{1/3}$. A *profundidade normal* y_n, que é a profundidade de escoamento atingida quando o escoamento uniforme é estabelecido, também serve como ponto de controle. Depois que as profundidades de escoamento dos pontos de controle estão disponíveis, o perfil de superfície a montante ou a jusante, geralmente, pode ser determinado pela integração numérica da equação diferencial não linear (Eq. 13–65, repetida aqui):

$$\frac{dy}{dx} = \frac{S_0 - S_f}{1 - \mathrm{Fr}^2} \quad (13\text{--}66)$$

A inclinação de atrito S_f é determinada a partir das condições do escoamento uniforme, e o número de Froude a partir de uma relação apropriada para a seção transversal do canal.

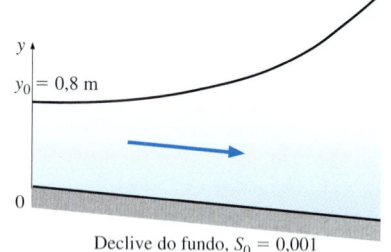

FIGURA 13–34 Representação esquemática para o Exemplo 13–6.

EXEMPLO 13–6   Escoamento gradualmente variado com perfil de superfície S1

Escoamento gradualmente variado de água em um canal retangular com vazão por unidade de largura de 1 m³/s·m e um coeficiente de Manning de $n = 0,02$ é considerado. A inclinação do canal é de 0,001, e na localização $x = 0$, a profundidade medida foi de 0,8 m. (*a*) Determine a profundidade normal e crítica do escoamento e classifique o perfil da superfície da água, e (*b*) cálcule a profundidade do escoamento em $x = 1000$ m através da integração numérica da equação EGV no intervalo $0 \leq x \leq 1000$ m. Repita a parte (*b*) para obter a profundidade do escoamento para diferentes valores de x e faça um gráfico do perfil da superfície (Fig. 13–34).

SOLUÇÃO Escoamento gradualmente variado de água em um canal retangular largo é considerado. As profundidades normal e crítica do escoamento, o tipo de escoamento e a profundidade do escoamento numa localização especificada devem ser determinados, e o gráfico do perfil da superfície deve ser construído.

Hipóteses **1** O canal é largo e o escoamento é gradualmente variado. **2** O declive do fundo é constante. **3** A rugosidade da superfície molhada do canal e, então, o coeficiente de atrito, são constantes.

Propriedades O coeficiente de Manning do canal é dado como $n = 0,02$.

Análise (*a*) O canal é dito largo, e, portanto, o raio hidráulico é igual à profundidade do escoamento, $R_h \cong y$. Conhecendo a vazão por unidade de largura ($b = 1$ m), a profundidade normal é determinada a partir da equação de Manning como

$$\dot{V} = \frac{a}{n} A_c R_h^{2/3} S_0^{1/2} = \frac{a}{n}(yb)y^{2/3}S_0^{1/2} = \frac{a}{n}by^{5/3}S_0^{1/2}$$

$$y_n = \left(\frac{(\dot{V}/b)n}{aS_0^{1/2}}\right)^{3/5} = \left(\frac{(1\,\mathrm{m^2/s})(0,02)}{(1\,\mathrm{m^{1/3}/s})(0,001)^{1/2}}\right)^{3/5} = \mathbf{0,76\ m}$$

A profundidade crítica para este escoamento é

$$y_c = \frac{\dot{V}^2}{gA_c^2} = \frac{\dot{V}^2}{g(by)^2} \rightarrow y_c = \left(\frac{(\dot{V}/b)^2}{g}\right)^{1/3} = \left(\frac{(1\,\text{m}^2/\text{s})^2}{(9{,}81\,\text{m/s}^2)}\right)^{1/3} = \mathbf{0{,}47\ m}$$

Observando que $y_c < y_n < y$ em $x = 0$, vemos a partir da Tabela 13–3 que o perfil da superfície da água durante esse EGV é classificada como **S1**.

(b) Sabendo que a condição inicial $y(0) = 0{,}8$ m, a profundidade do escoamento y em qualquer localização x é determinada pela integração numérica da equação EGV

$$\frac{dy}{dx} = \frac{S_0 - S_f}{1 - \text{Fr}^2}$$

onde o número de Froude para um canal retangular largo é

$$\text{Fr} = \frac{V}{\sqrt{gy}} = \frac{\dot{V}/by}{\sqrt{gy}} = \frac{\dot{V}/b}{\sqrt{gy^3}}$$

e a inclinação de atrito é determinada a partir da equação para escoamento uniforme impondo-e $S_0 = S_f$

$$\dot{V} = \frac{a}{n}by^{5/3}S_f^{1/2} \rightarrow S_f = \left(\frac{(\dot{V}/b)n}{ay^{5/3}}\right)^2 = \frac{(\dot{V}/b)^2 n^2}{a^2 y^{10/3}}$$

Substituindo, a equação EGV para um canal retangular largo se torna

$$\frac{dy}{dx} = \frac{S_0 - (\dot{V}/b)^2 n^2/(a^2 y^{10/3})}{1 - (\dot{V}/b)^2/(gy^3)}$$

que é altamente não linear, e, portanto, é difícil (se não impossível) de se integrar analiticamente. Felizmente, hoje a resolução de equações diferenciais não lineares através da integração de tais equações não lineares numericamente usando um programa como EES ou Matlab é fácil. Com esse espírito, a solução da equação diferencial não linear de primeira ordem sujeita à condição inicial $y(x_1) = y_1$ é expressa como

$$y = y_1 + \int_{x_1}^{x_2} f(x,y)dx \quad \text{onde} \quad f(x,y) = \frac{S_0 - (\dot{V}/b)^2 n^2/(a^2 y^{10/3})}{1 - (\dot{V}/b)^2/(gy^3)}$$

e onde $y = y(x)$ é a profundidade da água no local especificado x. Para valores numéricos dados, este problema pode ser resolvido usando EES:

Vol = 1 "m^3/s, a vazão de volume por unidade de largura, b = 1 m"
b = 1 "m, a largura do canal"
n = 0.02 "coeficiente de Manning"
S_0 = 0.001 "inclinação do canal"
g = 9.81 "aceleração da gravidade, m/s^2"

x1 = 0; y1 = 0.8 "m, condição inicial"
x2 = 1000 "m, comprimento do canal"

f_xy = (S_0-((Vol/b)^2*n^2/y(10/3)))/(1-(Vol/b)^2/(g*y^3)) "a equação EGV para ser integrado"
y = y1 + integral (f_xy, x, x1, x2) "equação integral com tamanho de passo automático."

Copiando o miniprograma acima em uma tela do EES e calculando a profundidade da água no local de 1.000 m,

$$y(x_2) = y(1000\,\text{m}) = \mathbf{1{,}44\ m}$$

(continua)

Distância ao longo do canal, m	Profundidade da água, m
0	0,80
100	0,82
200	0,86
300	0,90
400	0,96
500	1,03
600	1,10
700	1,18
800	1,26
900	1,35
1000	1,44

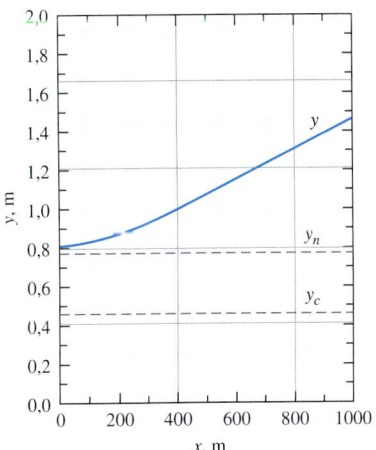

FIGURA 13–35 Perfil da superfície e profundidade de escoamento para o problema discutido no Exemplo 13–6.

```
clear all
domain=[0 1000]; % limits on integral
s0=.001; % channel slope
n=.02; % Manning roughness
q=1; % per-unit-width flowrate
g=9.81; % gravity (SI)
y0=.8; % initial condition on depth
[X,Y]=ode45('simple_flow_derivative',
[domain(1) domain (end)],y0,
[],s0,n,q,g,domain);

plot (X, Y, 'k')
axis([0 1000 0 max(Y)])
xlabel('x (m)');ylabel('y (m)');
**************

function
yprime=simple_flow_
derivative(x,y,flag,s0, n,q,g, (domain)
yprime=(s0-n.^2*q.^2./y.^(10/3))./(1-
q.^2/g./y.^3);
```

FIGURA 13–36 Programa em Matlab para resolver o escoamento EGV do Exemplo 13–6.

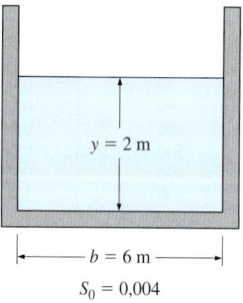

FIGURA 13–37 Representação esquemática para o Exemplo 13–7.

(continuação)

Note que a função interna "integral" realiza integrações numericamente entre os limites especificados usando um tamanho de passo ajustado automaticamente. Profundidades da água em locais diferentes ao longo do canal são obtidos repetindo os cálculos com diferentes valores de x_2. Traçando os resultados, obtém-se o perfil da superfície, como mostrado na Fig. 13–34. Usando o recurso de ajuste de curva do EES, podemos até ajustar os dados de profundidade do escoamento no seguinte polinômio de segunda ordem:

$$y_{approx}(x) = 0{,}7930 + 0{,}0002789x + 3{,}7727 \times 10^{-7}x^2$$

Pode-se mostrar que os resultados de profundidade do escoamento obtidos a partir desta fórmula de ajuste de curva não diferem dos dados tabulados por mais do que 1%.

Discussão O resultado gráfico confirma a previsão quantitativa da Tabela 13–3 que um perfil S1 deve produzir o aumento da profundidade da água na direção a jusante. Este problema também pode ser resolvido com outros programas, como Matlab, usando o código dado na Fig. 13–36.

EXEMPLO 13–7 Classificação da inclinação do canal

A água escoa de modo uniforme em um canal aberto retangular com superfícies de concreto não polido. A largura do canal é 6 m, a profundidade do canal é 2 m e a inclinação do fundo é 0,004. Determine se o canal deve ser classificado como suave, crítico ou íngreme para esse escoamento (Fig. 13–37).

SOLUÇÃO A água escoa em um canal aberto de modo uniforme. É preciso determinar se a inclinação do canal é suave, crítica ou íngreme para esse escoamento.

Hipóteses 1 O escoamento é permanente e uniforme. 2 A inclinação do fundo é constante. 3 A rugosidade da superfície molhada do canal e, portanto, o coeficiente de atrito, são constantes.

Propriedades O coeficiente de Manning para um canal aberto com superfícies de concreto não acabado é $n = 0{,}014$.

Análise A área da seção transversal, o perímetro e o raio hidráulico do canal são

$$A_c = yb = (2\text{ m})(6\text{ m}) = 12\text{ m}^2$$
$$p = b + 2y = 6\text{ m} + 2(2\text{ m}) = 10\text{ m}$$
$$R_h = \frac{A_c}{p} = \frac{12\text{ m}^2}{10\text{ m}} = 1{,}2\text{ m}$$

A vazão é determinada pela equação de Manning como

$$\dot{V} = \frac{a}{n} A_c R_h^{2/3} S_0^{1/2} = \frac{1\text{ m}^{1/3}/\text{s}}{0{,}014}(12\text{ m}^2)(1{,}2\text{ m})^{2/3}(0{,}004)^{1/2} = \mathbf{61{,}2\text{ m}^3/\text{s}}$$

Observando que o escoamento é uniforme na vazão determinada, a profundidade é normal e, portanto, $y = y_n = 2$ m. A profundidade crítica desse escoamento é

$$y_c = \frac{\dot{V}^2}{gA_c^2} = \frac{(61{,}2\text{ m}^3/\text{s})^2}{(9{,}81\text{ m/s}^2)(12\text{ m}^2)^2} = 2{,}65\text{ m}$$

Esse canal nessas condições de escoamento é classificado como íngreme, uma vez que $y_n < y_c$, e o escoamento é supercrítico.

Discussão Se a profundidade de escoamento fosse maior do que 2,65 m, a inclinação do canal seria suave. Assim, a inclinação do fundo apenas não é suficiente para classificar um canal descendente como suave, crítico ou íngreme.

13–8 ESCOAMENTO RAPIDAMENTE VARIADO E SALTO HIDRÁULICO

Lembre-se que o escoamento nos canais abertos é chamado de **escoamento rapidamente variado (ERV)** se a profundidade do escoamento variar de forma marcante ao longo de uma distância relativamente curta na direção do escoamento (Fig. 13–38). Tais escoamentos ocorrem em comportas basculantes, vertedouros amplos ou de soleira espessa, quedas d'água e nas seções de transição dos canais para expansão e contração. Uma variação na seção transversal do canal é um motivo importante para a ocorrência de escoamento rapidamente variado. Mas alguns escoamentos rapidamente variáveis, como o escoamento através de uma comporta basculante, ocorrem mesmo em regiões nas quais a seção transversal do canal é constante.

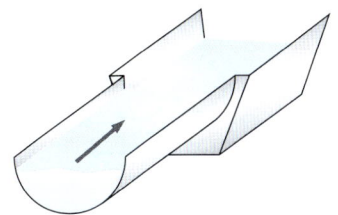

FIGURA 13–38 O escoamento rapidamente variado ocorre quando existe uma variação rápida no escoamento, como uma mudança brusca na seção transversal.

Os escoamentos rapidamente variados, geralmente, são complicados pelo fato de que podem envolver efeitos significativos multidimensionais e transientes, escoamento inverso e separação de escoamento. Assim, os escoamentos rapidamente variados, em geral, são estudados experimental ou numericamente. Mas, apesar dessas complexidades, ainda é possível analisar alguns escoamentos rapidamente variados usando a aproximação do escoamento unidimensional com exatidão razoável.

O escoamento em canais íngremes pode ser supercrítico, e o escoamento pode variar até subcrítico se o canal não puder mais sustentar o escoamento supercrítico devido a uma inclinação reduzida do canal ou efeitos de atrito maiores. Essas variações de escoamento supercrítico para subcrítico ocorrem através de um *salto hidráulico*. Um salto hidráulico envolve mistura e agitação consideráveis e, portanto, uma quantidade significativa de dissipação de energia mecânica.

Considere o escoamento permanente através de um volume de controle que inclui o salto hidráulico, como mostra a Fig. 13–39. Para possibilitar uma análise simples, levantamos as seguintes hipóteses:

1. A velocidade é quase constante em todo o canal nas seções 1 e 2 e, portanto, os fatores de correção de fluxo de momento são $\beta_1 = \beta_2 \cong 1$.
2. A pressão do líquido varia hidrostaticamente, e consideramos apenas a pressão manométrica, uma vez que a pressão atmosférica age em todas as superfícies e seu efeito é cancelado.
3. A tensão de cisalhamento da parede e as perdas associadas são desprezíveis com relação às perdas que ocorrem durante o salto hidráulico devido à agitação intensa.
4. O canal é largo e horizontal.
5. Não há forças externas ou de campo além da gravidade.

FIGURA 13–39 Ao navegar as corredeiras, um navegador com um kayak encontra várias características de ambos escoamento gradualmente variada (EGV) e escoamento rapidamente variou (ERV), com o último sendo mais emocionante.

© *Karl Weatherly / Getty RF*

Para um canal de largura b, a conservação de massa ou relação de continuidade $\dot{m}_2 = \dot{m}_1$ pode ser expressa como $\rho y_1 b V_1 = \rho y_2 b V_2$ ou

$$y_1 V_1 = y_2 V_2 \qquad (13\text{-}67)$$

Observando que apenas as forças que agem sobre o volume de controle na direção x horizontal são forças de pressão, a equação de momento $\sum \vec{F} = \sum_s \beta \dot{m} \vec{V} - \sum_e \beta \dot{m} \vec{V}$ na direção x torna-se um balanço entre as forças de pressão hidrostática e a transferência de quantidade de movimento linear,

$$P_{1,\text{med}} A_1 - P_{2,\text{med}} A_2 = \dot{m} V_2 - \dot{m} V_1 \qquad (13\text{-}68)$$

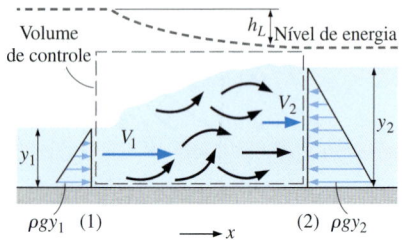
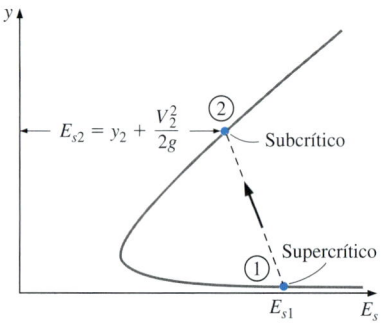

FIGURA 13–40 Representação esquemática e diagrama da energia específica da profundidade do escoamento de um salto hidráulico (a energia específica diminui).

onde $P_{1,med} = \rho g y_1/2$ e $P_{2,med} = \rho g y_2/2$. Para uma largura de canal b, temos $A_1 = y_1 b$, $A_2 = y_2 b$ e $\dot{m} = \dot{m}_2 = \dot{m}_1 = \rho A_1 V_1 = \rho y_1 b V_1$. Substituindo e simplificando, a equação de momento se reduz a

$$y_1^2 - y_2^2 = \frac{2y_1 V_1}{g}(V_2 - V_1) \tag{13–69}$$

Eliminando V_2 usando $V_2 = (y_1/y_2)V_1$ a partir da Eq. 13–67, temos

$$y_1^2 - y_2^2 = \frac{2y_1 V_1^2}{g y_2}(y_1 - y_2) \tag{13–70}$$

Cancelando o fator comum $y_1 - y_2$ de ambos os lados e reorganizando, temos

$$\left(\frac{y_2}{y_1}\right)^2 + \frac{y_2}{y_1} - 2\text{Fr}_1^2 = 0 \tag{13–71}$$

onde $\text{Fr}_1 = V_1/\sqrt{g y_1}$. Essa é a equação quadrática de y_2/y_1 e ela tem duas raízes – uma negativa e outra positiva. Observando que y_2/y_1 não pode ser negativo, uma vez que y_2 e y_1 são quantidades positivas, a relação de profundidade y_2/y_1 é determinada como

Razão de profundidade: $$\frac{y_2}{y_1} = 0{,}5\left(-1 + \sqrt{1 + 8\text{Fr}_1^2}\right) \tag{13–72}$$

A equação da energia (Eq. 13–30) para esta seção de escoamento horizontal é

$$y_1 + \frac{V_1^2}{2g} = y_2 + \frac{V_2^2}{2g} + h_L \tag{13–73}$$

Observando que $V_2 = (y_1/y_2)V_1$ e $\text{Fr}_1 = V_1/\sqrt{g y_1}$, a perda de carga associada ao salto hidráulico é expressa como

$$h_L = y_1 - y_2 + \frac{V_1^2 - V_2^2}{2g} = y_1 - y_2 + \frac{y_1 \text{Fr}_1^2}{2}\left(1 - \frac{y_1^2}{y_2^2}\right) \tag{13–74}$$

A linha de energia de um salto hidráulico é mostrada na Fig 13–40. A queda da linha de energia através do salto representa a perda de carga h_L associada ao salto.

Para determinado Fr_1 e y_1, a profundidade do escoamento a jusante y_2 e a perda de carga h_L podem ser calculadas com as Equações 13–72 e 13–74, respectivamente. Realizando um gráfico de h_L em função de Fr_1 temos que h_L torna-se negativo para $\text{Fr}_1 < 1$, o que é impossível (isso corresponderia a uma geração de entropia negativa, que seria uma violação da segunda lei da termodinâmica). Assim, concluímos que o escoamento a montante deve ser supercrítico ($\text{Fr}_1 > 1$) para que ocorra um salto hidráulico. Em outras palavras, é impossível para o escoamento subcrítico passar por um salto hidráulico. Isso é como se o escoamento tivesse que ser supersônico (número de Mach maior do que 1) para passar por uma onda de choque.

A perda de carga é uma medida da energia mecânica dissipada por meio do atrito interno do fluido, e, geralmente, ela não é desejável, uma vez que representa o desperdício da energia mecânica. Mas, às vezes, os saltos hidráulicos são projetados juntamente com as bacias de sedimentação e os vertedouros das represas, e é desejável desperdiçar o máximo de energia mecânica possível para minimizar a energia mecânica da água e, portanto, seu potencial de causar danos. Isso é feito, primeiramente, produzindo escoamento supercrítico convertendo alta pressão em alta velocidade linear e, em seguida, permitindo que o escoamento agite e dissipe parte de sua energia cinética à medida que quebra e desacelera até uma velocidade subcrítica. Assim, uma medida do desempenho de um salto hidráulico é sua fração de dissipação de energia.

A energia específica do líquido antes do salto hidráulico é $E_{s1} = y_1 + V_1^2/2g$. Em seguida, a **taxa de dissipação de energia** (Fig. 13–41) é definida como

Taxa de dissipação de energia: $\quad = \dfrac{h_L}{E_{s1}} = \dfrac{h_L}{y_1 + V_1^2/2g} = \dfrac{h_L}{y_1(1 + \mathrm{Fr}_1^2/2)}$ (13–75)

A fração da dissipação de energia varia de apenas poucos porcentos para os saltos hidráulicos fracos ($\mathrm{Fr}_1 < 2$) até 85% para saltos fortes ($\mathrm{Fr}_1 > 9$).

Ao contrário de um choque normal em escoamento de gás, que ocorre em uma seção transversal e, portanto, tem espessura desprezível, o salto hidráulico ocorre em um comprimento de canal considerável. No intervalo do número de Froude de interesse prático, o comprimento do salto hidráulico é observado como sendo de 4 a 7 vezes a profundidade do escoamento a jusante y_2.

Estudos experimentais indicam que os saltos hidráulicos podem ser considerados em cinco categorias, como mostra a Tabela 13–4, dependendo principalmente do valor do número de Froude a montante Fr_1. Para Fr_1 um pouco mais alto do que 1, o líquido se eleva ligeiramente durante o salto hidráulico produzindo ondas estacionárias. Com um Fr_1 maior, ondas oscilatórias danosas ocorrem. A variação desejável do número de Froude é $4{,}5 < \mathrm{Fr}_1 < 9$, que produz ondas estáveis e permanentes bem balanceadas com altos níveis de dissipação de energia dentro do salto. O saltos hidráulicos com $\mathrm{Fr}_1 > 9$ produzem ondas bastante abruptas. A razão de profundidade y_2/y_1 varia de ligeiramente acima de 1 para *saltos ondulatórios*, que são suaves e envolvem pequenas elevações no nível da superfície, e para mais de 12 para *saltos fortes*, que são abruptos e envolvem altas elevações no nível da superfície.

Nesta seção, limitamos nossa consideração aos canais retangulares horizontais, de modo que os efeitos de borda e gravitacionais sejam desprezíveis. Saltos hidráulicos em canais não retangulares e inclinados comportam-se de modo semelhante, mas as características do escoamento e, portanto, as relações de razão de profundidade, perda de carga e taxa de dissipação são diferentes.

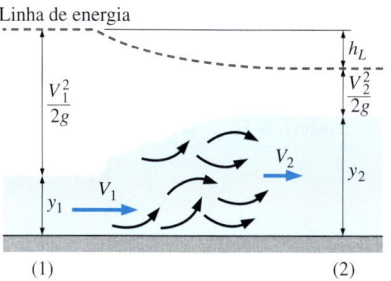

Taxa de dissipação $= \dfrac{h_L}{E_{S1}} = \dfrac{h_L}{y_1 + V_1^2/2g}$

FIGURA 13–41 A taxa de dissipação de energia representa a fração da energia mecânica dissipada durante um salto hidráulico.

EXEMPLO 13–8 Salto hidráulico

Observou-se que água sendo descarregada em um canal horizontal retangular com 10 m de largura a partir de uma comporta basculante passa por um salto hidráulico. A profundidade de escoamento e a velocidade antes do salto são de 0,8 m e 7 m/s, respectivamente. Determine (*a*) a profundidade do escoamento e o número de Froude após o salto, (*b*) a perda de carga e a taxa de dissipação, e (*c*) o potencial de produção de desperdício de potência devido ao salto hidráulico (Fig. 13–42).

SOLUÇÃO A água a uma profundidade e velocidade especificadas sofre um salto hidráulico em um canal horizontal. A profundidade e o número de Froude após o salto, a perda de carga e a taxa de dissipação, assim como o potencial de desperdício de potência devem ser determinados.

Hipóteses **1** O escoamento é permanente ou quase permanente. **2** O canal é suficientemente largo para que os efeitos finais sejam desprezíveis.

Propriedades A densidade da água é de 1.000 kg/m^3.

(continua)

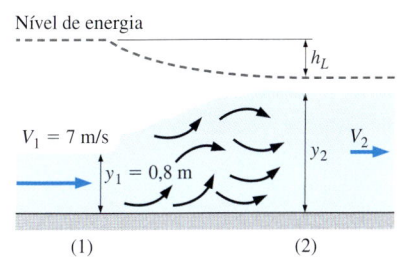

FIGURA 13–42 Representação esquemática do Exemplo 13–8.

TABELA 13-4
Classificação dos saltos hidráulicos

Número de Froude a montante Fr_1	Razão de profundidade y_2/y_1	Fração de dissipação energia	Descrição	Perfil da superfície
<1	1	0	*Salto impossível*. Violaria a segunda lei da termodinâmica	
1–1,7	1–2	<5%	*Salto ondulado* (ou *onda estacionária*). Elevação pequena no nível da superfície. Baixa dissipação de energia. Rolos de superfície se desenvolvem próximo a Fr = 1,7.	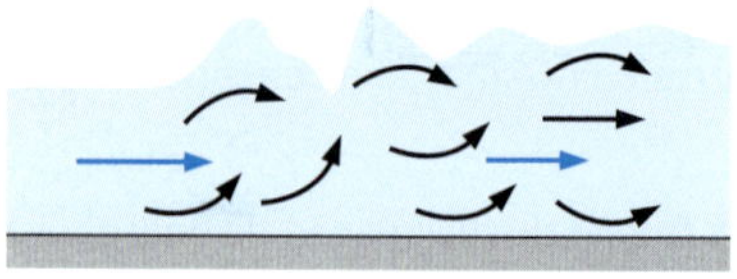
1,7–2,5	2–3,1	5–15%	*Salto fraco*. Superfície elevando-se suavemente, com rolos pequenos. Baixa dissipação de energia.	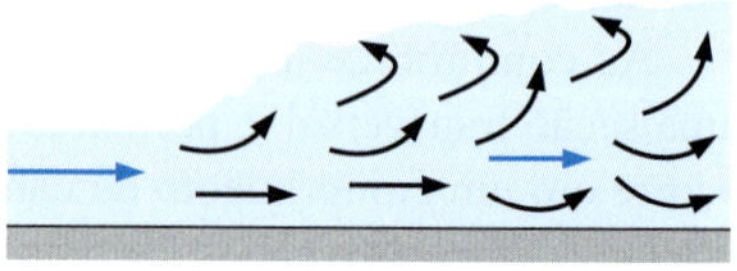
2,5–4,5	3,1–5,9	15–45%	*Salto oscilatório*. Pulsações causadas pela entrada de jatos no fundo geram grandes ondas que podem viajar por milhas e danificar os bancos de terra. Deve ser evitado no projeto das bacias de sedimentação.	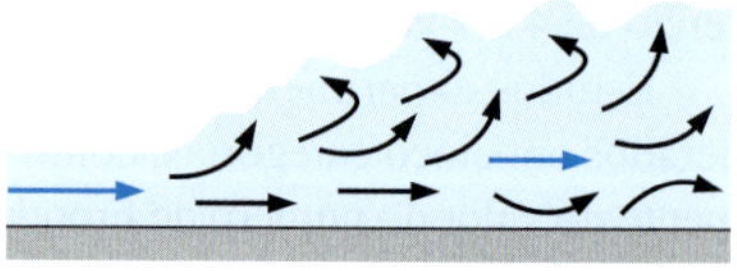
4,5–9	5,9–12	45–70%	*Salto estacionário*. Estável, bem balanceado e insensível às condições a jusante. Movimento de turbilhão intenso e alto nível de dissipação de energia dentro do salto. Intervalo de projeto recomendado.	
>9	>12	70–85%	*Salto forte*. Abrupto e intermitente. Dissipação muito efetiva de energia, mas pode ser pouco econômico quando comparado a outros projetos devido às altas alturas de água alcançadas.	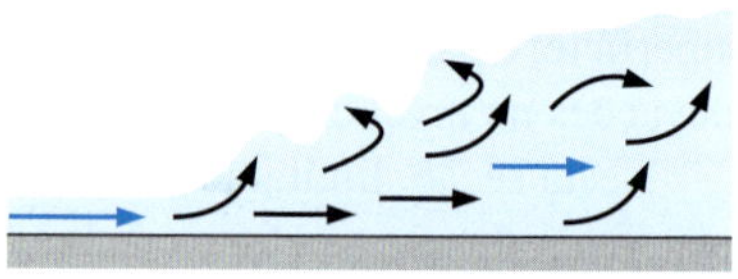

Fonte: U.S. Bureau of Reclamation (1955).

(continuação)

Análise (*a*) O número de Froude antes do salto hidráulico é

$$Fr_1 = \frac{V_1}{\sqrt{gy_1}} = \frac{7 \text{ m/s}}{\sqrt{(9,81 \text{ m/s}^2)(0,8 \text{ m})}} = 2,50$$

que é maior do que 1. Assim, o escoamento sem dúvida é supercrítico antes do salto. A profundidade do escoamento, velocidade e o número de Froude após o salto são

$$y_2 = 0,5y_1\left(-1 + \sqrt{1 + 8Fr_1^2}\right) = 0,5(0,8 \text{ m})\left(-1 + \sqrt{1 + 8 \times 2,50^2}\right) = \mathbf{2,46 \text{ m}}$$

$$V_2 = \frac{y_1}{y_2}V_1 = \frac{0,8 \text{ m}}{2,46 \text{ m}}(7 \text{ m/s}) = 2,28 \text{ m/s}$$

$$Fr_2 = \frac{V_2}{\sqrt{gy_2}} = \frac{2,28 \text{ m/s}}{\sqrt{(9,81 \text{ m/s}^2)(2,46 \text{ m})}} = \mathbf{0,464}$$

Observe que a profundidade de escoamento triplica e o número de Froude é reduzido até cerca de um quinto após o salto.

(b) A perda de carga é determinada a partir da equação de energia como

$$h_L = y_1 - y_2 + \frac{V_1^2 - V_2^2}{2g} = (0{,}8 \text{ m}) - (2{,}46 \text{ m}) + \frac{(7 \text{ m/s})^2 - (2{,}28 \text{ m/s})^2}{2(9{,}81 \text{ m/s}^2)}$$

$$= \mathbf{0{,}572 \text{ m}}$$

A energia específica da água antes do salto e a taxa de dissipação é

$$E_{s1} = y_1 + \frac{V_1^2}{2g} = (0{,}8 \text{ m}) + \frac{(7 \text{ m/s})^2}{2(9{,}81 \text{ m/s}^2)} = 3{,}30 \text{ m}$$

$$\text{Taxa de dissipação} = \frac{h_L}{E_{s1}} = \frac{0{,}572 \text{ m}}{3{,}30 \text{ m}} = \mathbf{0{,}173}$$

Assim, 17,3% da carga disponível (ou energia mecânica) do líquido é desperdiçada (convertida em energia térmica) como resultado dos efeitos da fricção durante esse salto hidráulico.

(c) A vazão de massa da água é

$$\dot{m} = \rho \dot{V} = \rho b y_1 V_1 = (1000 \text{ kg/m}^3)(0{,}8 \text{ m})(10 \text{ m})(7 \text{ m/s}) = 56{.}000 \text{ kg/s}$$

Em seguida, a potência dissipada correspondente a uma perda de carga de 0,572 m torna-se

$$\dot{E}_{\text{dissipada}} = \dot{m} g h_L = (56{.}000 \text{ kg/s})(9{,}81 \text{ m/s}^2)(0{,}572 \text{ m})\left(\frac{1 \text{ N}}{1 \text{ kg·m/s}^2}\right)$$

$$= 314{.}000 \text{ N·m/s} = \mathbf{314 \text{ kW}}$$

Discussão Os resultados mostram que o salto hidráulico é um processo altamente dissipativo, desperdiçando 314 kW do potencial de produção de potência nesse caso. Ou seja, se a água fosse direcionada para uma turbina hidráulica em vez de ser liberada da comporta basculante, até 314 kW de potência poderiam ser gerados. Mas esse potencial é convertido em energia térmica inútil, em vez de potência útil, causando uma elevação de temperatura de

$$\Delta T = \frac{\dot{E}_{\text{dissipada}}}{\dot{m} c_p} = \frac{314 \text{ kJ/s}}{(56{.}000 \text{ kg/s})(4{,}18 \text{ kJ/kg·°C})} = 0{,}0013°\text{C}$$

Observe que um aquecedor elétrico de 314 kW causaria a mesma elevação de temperatura para a água escoando a uma vazão de 56.000 kg/s.

13–9 CONTROLE E MEDIÇÃO DO ESCOAMENTO

A vazão em tubos e dutos é controlada por diversos tipos de válvulas. O escoamento de líquidos em canais abertos, porém, não é confinado e, portanto, a vazão é controlada bloqueando parcialmente o canal. Isso é feito permitindo que o líquido escoe *sobre* a obstrução ou *abaixo* dela. Uma obstrução que permite ao líquido escoar sobre ela é chamada de **vertedouro** (Fig. 13–43), e uma obstrução com uma abertura ajustável na parte inferior que permite ao líquido escoar abaixo dela é chamada de **comporta de fundo**. Tais dispositivos podem ser usados para controlar a vazão através do canal, bem como para medi-la.

(a)

(b)

FIGURA 13–43 Um vertedouro é um dispositivo de controle de escoamento no qual a água escoa *sobre* a obstrução.

(a) © Design Pics RF / The Irish Image Coleção / Getty RF. (b) Foto cedida de Bryan Lewis

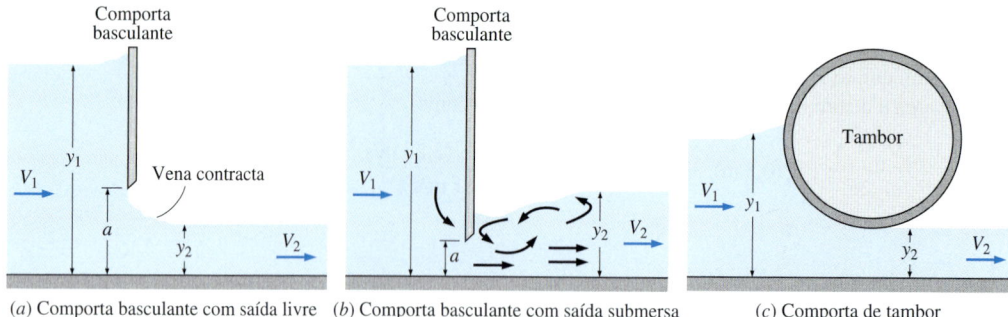

(a) Comporta basculante com saída livre (b) Comporta basculante com saída submersa (c) Comporta de tambor

FIGURA 13–44 Tipos comuns de comportas de fundo para controlar a vazão.

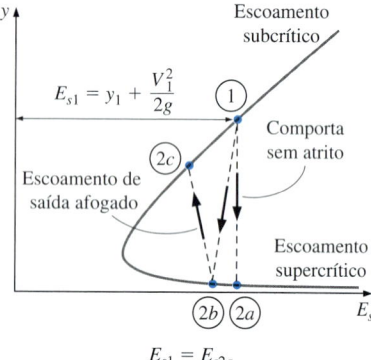

FIGURA 13–45 Diagrama esquemático e específico da profundidade do escoamento para o escoamento através de comportas de fundo.

Comportas de fundo

Existem inúmeros tipos de comportas de fundo para controlar vazão, cada um com determinadas vantagens e desvantagens. Comportas de fundo estão localizados no fundo de uma parede, dique ou canal aberto. Dois tipos comuns dessas comportas, a **comporta basculante** e a **comporta de tambor**, são mostrados na Fig. 13–44. Uma comporta basculante é normalmente vertical e tem uma superfície plana, enquanto uma comporta de tambor tem uma seção transversal circular com uma superfície hidrodinâmica.

Quando a comporta se abre, o líquido a montante acelera à medida que se aproxima da comporta, atinge a velocidade crítica na comporta e acelera mais ainda até velocidades supercríticas depois da comporta. Assim, uma comporta subterrânea é análoga a um bocal convergente/divergente na dinâmica dos gases. A descarga de uma comporta de fundo é chamada de *escoamento livre* se o jato de líquido que sai da comporta está aberto para a atmosfera (Fig. 13–44a), e é chamada de *escoamento afogado* (ou *submerso*) se o líquido descarregado retorna e submerge o jato (Fig. 13–44b). No escoamento afogado, o jato de líquido passa por um salto hidráulico e, portanto, o escoamento a jusante é subcrítico. Da mesma forma, o escoamento afogado envolve um alto nível de turbulência e escoamento reverso e, portanto, uma grande perda de carga h_L.

O diagrama de energia específica da profundidade para escoamento através de comportas com escoamento livre e afogado é dado na Fig. 13–45. Observe que a energia específica permanece constante para as comportas idealizadas que têm efeitos de atrito desprezíveis (do ponto 1 ao ponto 2a), mas diminui para as comportas reais. O escoamento a jusante é supercrítico para uma comporta com escoamento livre (ponto 2b), mas é subcrítico para uma comporta com escoamento afogado (ponto 2c), uma vez que o escoamento afogado também envolve um salto hidráulico para o escoamento subcrítico, que envolve mistura e dissipação de energia consideráveis.

Assumindo que os efeitos do atrito são desprezíveis e que a velocidade a montante (ou reservatório) é baixa, é possível mostrar, usando a equação de Bernoulli, que a velocidade de descarga de um jato livre é (consulte o Capítulo 5 para obter os detalhes):

$$V = \sqrt{2gy_1} \qquad (13\text{–}76)$$

Os efeitos do atrito podem ser calculados modificando essa relação com um **coeficiente de descarga** C_d. Em seguida, a velocidade de descarga da comporta e a vazão tornam-se

$$V = C_d\sqrt{2gy_1} \qquad \text{e} \qquad \dot{V} = C_d ba\sqrt{2gy_1} \qquad (13\text{–}77)$$

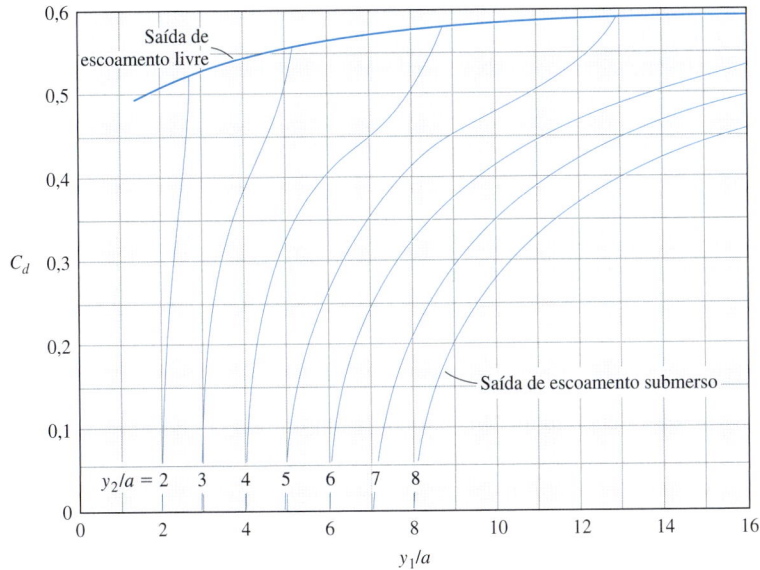

FIGURA 13–46 Coeficientes de descarga para descargas afogada e livre das comportas afogadas.

Dados de Henderson, Open Channel Flow, 1st Edition, © 1966. Reimpresso com permissão da Pearson Education, Inc., Upper Saddle River, NJ.

onde b e a são a largura e a altura de abertura da comporta, respectivamente.

O coeficiente de descarga é $C_d = 1$ para o escoamento idealizado, mas é $C_d < 1$ para o escoamento real através das comportas. Os valores de C_d determinados experimentalmente para comportas de fundo são mostrados em gráficos na Fig. 13–46 como funções do coeficiente de contração y_2/a e a razão de profundidade y_1/a. Observe que a maioria dos valores de C_d para o escoamento livre de uma comporta basculante vertical varia entre 0,5 e 0,6. Os valores para C_d caem bruscamente para o escoamento afogado, como era de esperar, e a vazão diminui para as mesmas condições a montante. Para determinado valor de y_1/a, o valor de C_d diminui com o aumento de y_2/a.

EXEMPLO 13–9 Comporta basculante com escoamento afogado

A água é liberada de um reservatório com 3 m de profundidade em um canal aberto com 6 m de largura através de uma comporta basculante com uma abertura de 0,25 m de altura na parte inferior do canal. A profundidade de escoamento após toda a turbulência baixar é medida como 1,5 m. Determine a vazão de descarga (Fig. 13–47).

SOLUÇÃO A água é liberada de um reservatório através de uma comporta basculante para um canal aberto. Para as profundidades de escoamento especificadas, a vazão de descarga deve ser determinada.

Hipóteses **1** O escoamento é permanente na média. **2** O canal é suficientemente largo, de modo que os efeitos finais sejam desprezíveis.

Análise A razão de profundidade y_1/a e o coeficiente de contração y_2/a são

$$\frac{y_1}{a} = \frac{3 \text{ m}}{0,25 \text{ m}} = 12 \quad \text{e} \quad \frac{y_2}{a} = \frac{1,5 \text{ m}}{0,25 \text{ m}} = 6$$

(continua)

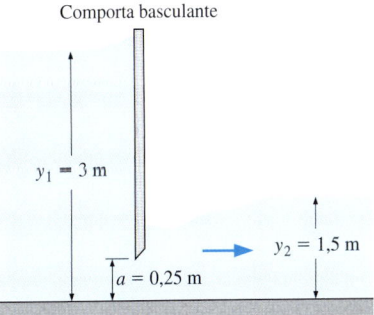

FIGURA 13–47 Representação esquemática do Exemplo 13–9.

(continuação)

O coeficiente de descarga correspondente é determinado a partir da Fig. 13–46 como $C_d = 0{,}47$. Em seguida, a vazão de descarga torna-se

$$\dot{V} = C_d ba\sqrt{2gy_1} = 0{,}47(6\text{ m})(0{,}25\text{ m})\sqrt{2(9{,}81\text{ m/s}^2)(3\text{ m})} = \mathbf{5{,}41\ m^3/s}$$

Discussão No caso do escoamento livre, o coeficiente de descarga seria $C_d = 0{,}59$, com uma vazão correspondente de 6,78 m³/s. Assim, a vazão diminui consideravelmente quando o escoamento de saída é afogado.

Comportas de vertedouro

Lembre-se que a energia mecânica total de um líquido em qualquer seção transversal de um canal aberto pode ser expressa em termos de cargas como $H = z_b + y + V^2/2g$, onde y é a profundidade de escoamento, z_b é a elevação do fundo do canal e V é a velocidade média do escoamento. Durante o escoamento com efeitos de atrito desprezíveis (perda de carga $h_L = 0$), a energia mecânica total permanece constante, e a equação da energia unidimensional para o escoamento de canal aberto entre a seção a montante 1 e a seção a jusante 2 pode ser escrita como

$$z_{b1} + y_1 + \frac{V_1^2}{2g} = z_{b2} + y_2 + \frac{V_2^2}{2g} \quad \text{ou} \quad E_{s1} = \Delta z_b + E_{s2} \quad (13\text{–}78)$$

onde $E_s = y + V^2/2g$ é a energia específica e $\Delta z_b = z_{b2} - z_{b1}$ é a elevação do ponto do fundo do escoamento na seção 2 com relação àquela da seção 1. Assim, a energia específica de uma corrente líquida aumenta de $|\Delta z_b|$ durante o escoamento para baixo (observe que Δz_b é negativo para os canais inclinados para baixo), diminui de Δz_b durante o escoamento para cima e permanece constante durante o escoamento horizontal. (A energia específica também diminui de h_L para todos os casos se os efeitos do atrito não forem desprezíveis.)

Para um canal com largura constante b, $\dot{V} = A_c V = byV$ = constante no escoamento permanente e $V = \dot{V}/A_c$. Assim, a energia específica pode ser expressa como

$$E_s = y + \frac{\dot{V}^2}{2gb^2y^2} \quad (13\text{–}79)$$

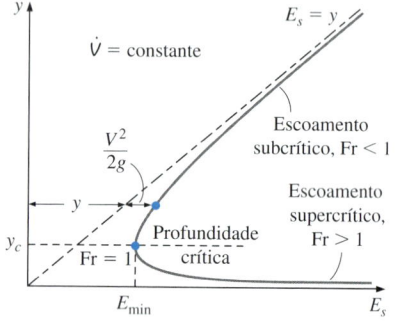

FIGURA 13–48 Variação da energia específica E_s com a profundidade y para uma vazão especificada em um canal com largura constante.

A variação da energia específica E_s com profundidade do escoamento y para o escoamento permanente em um canal de largura constante b é traçada novamente na Fig. 13–48. Esse diagrama é extremamente valioso, uma vez que mostra os estados permitidos durante o escoamento. Depois que as condições a montante de uma seção de escoamento 1 são especificadas, o estado do líquido em qualquer seção 2 em um diagrama E_s–y deve cair em um ponto da curva de energia específica que passa através do ponto 1.

Escoamento sobre uma saliência com atrito desprezível

Agora, considere o escoamento constante com atrito desprezível sobre uma saliência de altura Δz_b de um canal horizontal com largura constante b, como mostra a Fig. 13–47. A equação da energia nesse caso pela Equação 13–78,

$$E_{s2} = E_{s1} - \Delta z_b \quad (13\text{–}80)$$

Assim, a energia específica do líquido diminui de Δz_b à medida que escoa sobre a saliência, e o estado do líquido no diagrama E_s–y muda para a esquerda de Δz_b, como mostra a Fig. 13–49. A equação de conservação de massa para um canal com grande largura é $y_2 V_2 = y_1 V_1$ e, portanto, $V_2 = (y_1/y_2)V_1$. Em seguida, a energia específica do líquido sobre a saliência pode ser expressa como

$$E_{s2} = y_2 + \frac{V_2^2}{2g} \quad \rightarrow \quad E_{s1} - \Delta z_b = y_2 + \frac{V_1^2}{2g}\frac{y_1^2}{y_2^2} \qquad (13\text{–}81)$$

Reorganizando,

$$y_2^3 - (E_{s1} - \Delta z_b)y_2^2 + \frac{V_1^2}{2g}y_1^2 = 0 \qquad (13\text{–}82)$$

que é uma equação polinomial de terceiro grau em y_2 e, portanto, tem três soluções. Desprezando a solução negativa, parece que a profundidade de escoamento sobre a saliência pode ter dois valores.

Agora, a pergunta interessante é: o nível do líquido sobe ou desce na saliência? Nossa intuição diz que todo o corpo de líquido acompanhará a saliência e, portanto, a superfície do líquido aumentará sobre a saliência, mas isso não precisa ser necessariamente verdadeiro. Observando que a energia específica é a soma da profundidade de escoamento e da carga dinâmica, qualquer cenário é possível dependendo da variação da velocidade. O diagrama E_s-y da Fig. 13–49 nos dá a resposta definitiva: Se o escoamento antes da saliência é *subcrítico* (estado 1*a*), a profundidade do escoamento y_2 diminui (estado 2*a*). Se a diminuição da profundidade de escoamento for maior do que a altura da saliência (ou seja, $y_1 - y_2 > \Delta z_b$), a superfície livre é suprimida. Mas se o escoamento é *supercrítico* à medida que se aproxima da saliência (estado 1*b*), a profundidade do escoamento aumenta sobre a saliência (estado 2*b*), criando uma saliência maior sobre a superfície livre.

A situação é inversa se o canal tiver uma depressão de profundidade Δz_b em vez de uma saliência: A energia específica nesse caso aumenta (de modo que o estado 2 está à direita do estado 1 no diagrama E_s-y), uma vez que Δz_b é negativo. Assim, a profundidade de escoamento aumenta se o escoamento de aproximação é subcrítico e diminui se ele for supercrítico.

Agora, consideremos o escoamento sobre uma saliência com atrito desprezível, como já foi discutido anteriormente. À medida que a altura da saliência Δz_b aumenta, o ponto 2 (ou 2*a* ou 2*b* para o escoamento sub ou supercrítico) continua mudando para a esquerda no diagrama E_s-y, até, finalmente, atingir o ponto crítico. Ou seja, o escoamento sobre a saliência é *crítico* quando a altura da saliência é $\Delta z_c = E_{s1} - E_{sc} = E_{s1} - E_{min}$, e a energia específica do líquido atinge seu nível mínimo.

A pergunta que nos vem à mente é: o que acontece se a altura da saliência aumentar ainda mais? A energia específica do líquido continua diminuindo? A resposta para essa pergunta é um sonoro *não*, uma vez que o líquido já está no seu nível mínimo de energia e sua energia não pode diminuir mais. Em outras palavras, o líquido já está no ponto mais à esquerda do diagrama E_s-y e nenhum ponto mais à esquerda pode atender a conservação de massa, momento e energia. Assim, o escoamento deve permanecer crítico. Diz-se que o escoamento nesse estado é **estrangulado**. Na dinâmica dos gases, isso é análogo ao escoamento de um bocal convergente que acelera à medida que a pressão a jusante diminui e atinge a velocidade do som na saída do bocal quando a pressão a jusante atinge a pressão crítica. Mas a velocidade de saída do bocal permanece no nível sônico independentemente de quanto a pressão a jusante diminua. Aqui, novamente, o escoamento é estrangulado.

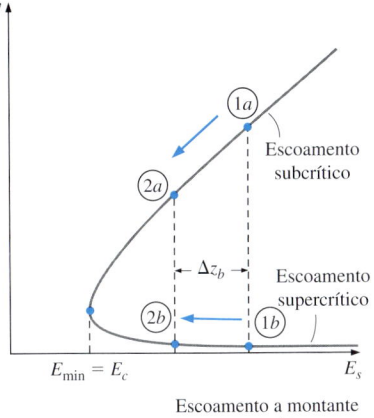

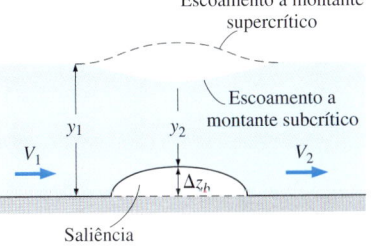

FIGURA 13–49 Diagrama esquemático e energia específica da profundidade do escoamento sobre uma saliência para os escoamentos a montante subcríticos e supercríticos.

Vertedouro de soleira espessa

As discussões sobre o escoamento sobre uma saliência alta podem ser resumidas da seguinte maneira: *O escoamento sobre uma obstrução suficientemente alta em um canal aberto sempre é crítico.* Tais obstruções colocadas intencionalmente em um canal aberto para medir vazão são chamadas de *vertedouros.* Assim, a velocidade de escoamento sobre um vertedouro suficientemente largo é a velocidade crítica, que é expressa como $V = \sqrt{gy_c}$, onde y_c é a profundidade crítica. Assim, a vazão sobre um vertedouro de largura b pode ser expressa como

$$\dot{V} = A_c V = y_c b \sqrt{gy_c} = bg^{1/2}y_c^{3/2} \quad (13\text{-}83)$$

Um **vertedouro de soleira espessa** é um bloco retangular com altura P_w e comprimento L_w que tem um topo horizontal sobre o qual ocorre o escoamento (Fig. 13-50). A carga a montante acima da superfície superior do vertedouro é chamada de **cabeça do vertedouro** e é indicada por H. Para obter uma relação para a profundidade crítica y_c em termos da carga do vertedouro H, escrevemos a equação da energia entre uma seção a montante e uma seção sobre o vertedouro para o escoamento com atrito desprezível como

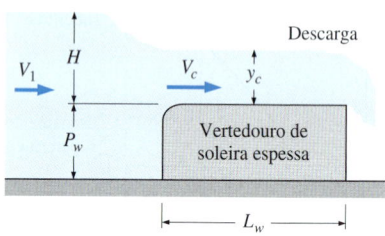

FIGURA 13-50 Escoamento sobre um vertedouro de soleira espessa.

$$H + P_w + \frac{V_1^2}{2g} = y_c + P_w + \frac{V_c^2}{2g} \quad (13\text{-}84)$$

Cancelando P_w em ambos os lados e substituindo $V_c = \sqrt{gy_c}$, temos

$$y_c = \frac{2}{3}\left(H + \frac{V_1^2}{2g}\right) \quad (13\text{-}85)$$

Substituindo na Equação 13-83, a vazão desse caso de escoamento idealizado com atrito desprezível é determinada como

$$\dot{V}_{\text{ideal}} = b\sqrt{g}\left(\frac{2}{3}\right)^{3/2}\left(H + \frac{V_1^2}{2g}\right)^{3/2} \quad (13\text{-}86)$$

Essa relação mostra a dependência funcional da vazão sobre os parâmetros do escoamento, mas prevê em excesso a vazão em vários pontos percentuais, porque não leva em conta os efeitos do atrito. Esses efeitos são normalmente considerados pela modificação da relação teórica (Equação 13-86) por um *coeficiente de descarga do vertedouro* determinado experimentalmente C_{wd} como

Vertedouro de soleira espessa: $\quad \dot{V} = C_{\text{wd, amplo}} b\sqrt{g}\left(\frac{2}{3}\right)^{3/2}\left(H + \frac{V_1^2}{2g}\right)^{3/2} \quad (13\text{-}87)$

onde valores relativamente exatos de coeficientes de descarga para vertedouros de soleira espessa podem ser obtidos de (Chow, 1959)

$$C_{\text{wd, amplo}} = \frac{0{,}65}{\sqrt{1 + H/P_w}} \quad (13\text{-}88)$$

Relações mais exatas, porém, mais complicadas para $C_{\text{wd, amplo}}$ também estão disponíveis na literatura (por exemplo, Ackers, 1978). Da mesma forma, a velocidade a montante V_1, em geral, é muito baixa e pode ser desprezada. Isso é particularmente válido para os vertedouros altos. Assim, vazão pode ser aproximada como

Vertedouro de soleira espessa com V_1 baixa: $\quad \dot{V} \cong C_{\text{wd, amplo}} b\sqrt{g}\left(\frac{2}{3}\right)^{3/2} H^{3/2} \quad (13\text{-}89)$

É preciso não esquecer que o requisito básico para o uso das Equações 13-87 a 13-89 é o estabelecimento do escoamento crítico acima do vertedouro, e isso impõe algumas limitações para o comprimento do vertedouro L_w. Se o vertedouro for muito longo ($L_w > 12H$), os efeitos de cisalhamento da parede dominam e fazem com que o escoamento sobre o vertedouro seja subcrítico. Se o vertedouro for curto demais ($L_w < 2H$), o líquido pode não conseguir acelerar até a velocidade crítica. Com base em observações, o comprimento apropriado do vertedouro de soleira espessa é $2H < L_w < 12H$. Observe que um vertedouro muito longo para um escoamento pode ser muito curto para outro escoamento, dependendo do valor da cabeça do vertedouro H. Assim, o intervalo de vazões deve ser conhecido antes de selecionar um vertedouro.

Vertedouro de soleira delgada

Um vertedouro de soleira delgada é uma placa vertical colocada em um canal para forçar o líquido a escoar através de uma abertura para medir vazão do escoamento. O tipo de vertedouro é caracterizado pela forma da abertura. Uma placa fina vertical com uma lateral superior reta é chamada de vertedouro retangular, uma vez que a seção transversal do escoamento sobre ele é retangular; um vertedouro com uma abertura triangular é chamado de vertedouro triangular e assim por diante.

O escoamento a montante é subcrítico e torna-se crítico à medida que se aproxima do vertedouro. O líquido continua acelerando e é descarregado como uma corrente de escoamento supercrítico que se parece com um jato livre. O motivo da aceleração é o declínio constante na elevação da superfície livre e a conversão dessa carga de elevação em carga de velocidade. As correlações de vazão dadas abaixo se baseiam na queda d'água livre da descarga do líquido depois do vertedouro, chamada **manto de água**, que está sendo tirada do vertedouro. Talvez seja preciso ventilar o espaço abaixo do manto de água para garantir a pressão atmosférica na parte de baixo. As relações empíricas para os reservatórios inundados também estão disponíveis.

Considere o escoamento de um líquido sobre um vertedouro de soleira delgada colocado em um canal horizontal, como mostra a Fig. 13–51. Por questões de simplicidade, a velocidade a montante do vertedouro é aproximada como quase constante através da seção transversal 1. A energia total do líquido a montante expressa como carga com relação ao fundo do canal é a energia específica, que é a soma da profundidade de escoamento e da carga de velocidade. Ou seja, $y_1 + V_1^2/2g$, onde $y_1 = H + P_w$. O escoamento sobre o vertedouro não é unidimensional, uma vez que o líquido sofre grandes variações de velocidade e direção sobre o vertedouro. Mas a pressão dentro do manto de água é atmosférica.

Uma relação simples para a variação da velocidade do líquido sobre o reservatório pode ser obtida assumindo atrito desprezível e escrevendo a equação de Bernoulli entre um ponto do escoamento a montante (ponto 1) e um ponto sobre o vertedouro a uma distância h do nível do líquido a montante como

$$H + P_w + \frac{V_1^2}{2g} = (H + P_w - h) + \frac{u_2^2}{2g} \quad (13\text{–}90)$$

Cancelando os termos comuns e resolvendo para u_2, a distribuição idealizada da velocidade no vertedouro é determinada como

$$u_2 = \sqrt{2gh + V_1^2} \quad (13\text{–}91)$$

Na verdade, o nível da superfície da água cai um pouco acima do vertedouro à medida que a água começa sua queda livre (o efeito de abaixamento na parte de cima) e a separação do escoamento na parte superior do vertedouro estreita ainda mais o manto de água (o efeito de contração no fundo). Como resultado, a altura do escoamento acima do vertedouro é consideravelmente menor do que H. Quando os efeitos de abaixamento de nível e contração são desprezados por questão de simplicida-

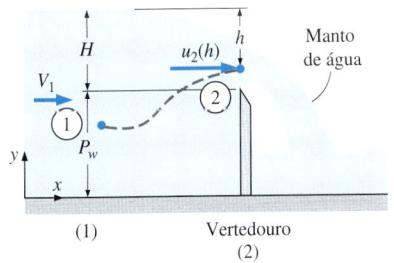

FIGURA 13–51 Escoamento sobre um vertedouro de soleira delgada.

de, a vazão é obtida pela integração do produto entre a velocidade do escoamento e o diferencial de área de escoamento ao longo de toda a área do escoamento,

$$\dot{V} = \int_{A_c} u_2\, dA_{c2} = \int_{h=0}^{H} \sqrt{2gh + V_1^2}\, w\, dh \qquad (13\text{–}92)$$

onde w é a largura da área de escoamento à distância h da superfície livre a montante.

Em geral, w é uma função de h. Mas para um vertedouro retangular, $w = b$, que é constante. Em seguida, a integração pode ser executada facilmente, e a vazão de um vertedouro retangular para o escoamento idealizado com atrito desprezível e efeitos de abaixamento e contração desprezíveis é determinado como

$$\dot{V}_{\text{ideal}} = \frac{2}{3} b \sqrt{2g} \left[\left(H + \frac{V_1^2}{2g}\right)^{3/2} - \left(\frac{V_1^2}{2g}\right)^{3/2} \right] \qquad (13\text{–}93)$$

Quando a altura do vertedouro é grande com relação à carga do vertedouro ($P_w \gg H$), a velocidade a montante V_1 é lenta e a carga da velocidade a montante pode ser desprezada. Ou seja, $V_1^2/2g \ll H$. Então,

$$\dot{V}_{\text{ideal, ret}} \cong \frac{2}{3} b \sqrt{2g} H^{3/2} \qquad (13\text{–}94)$$

Portanto, a vazão pode ser determinada a partir do conhecimento de duas quantidades geométricas: a largura do topo b e a carga do vertedouro H, que é a distância vertical entre o topo do vertedouro e a superfície livre a montante.

Essa análise simplificada resulta na forma geral da relação para a vazão, mas precisa ser modificada para levar em conta os efeitos do atrito e da tensão de superfície, que têm papel secundário, bem como os efeitos de abaixamento de nível e de contração. Novamente, isso é feito multiplicando as relações de vazão para escoamento ideal por um coeficiente de descarga de vertedouro C_{wd} determinado experimentalmente. Em seguida, a vazão de um vertedouro retangular de soleira delgada é expressa como

Vertedouro retangular de soleira delgada: $\quad \dot{V}_{\text{ret}} = C_{\text{wd, ret}} \dfrac{2}{3} b \sqrt{2g} H^{3/2} \qquad (13\text{–}95)$

onde, a partir da Ref. 1 (consultar página 773: Ackers, 1978),

$$C_{\text{wd, ret}} = 0{,}598 + 0{,}0897 \frac{H}{P_w} \quad \text{para} \quad \frac{H}{P_w} \leq 2 \qquad (13\text{–}96)$$

Essa fórmula se aplica ao longo de uma ampla variedade de números de Reynolds a montante definidos como $\text{Re} = V_1 H/\nu$. A literatura traz correlações mais exatas, e também mais complexas. Observe que a Equação 13–95 é válida para vertedouros retangulares de *largura igual à do canal*. Se a largura do vertedouro for menor do que a do canal, de modo que o escoamento é forçado a se contrair, um coeficiente adicional de correção do efeito da contração deve ser incorporado para levar esse efeito em conta adequadamente.

Outro tipo de vertedouro de soleira delgada muito usado para medição do escoamento é o *vertedouro triangular* (também chamado de *vertedouro de calha*), mostrado na Fig. 13–52. O vertedouro triangular tem a vantagem de manter uma carga de vertedouro H alta mesmo para pequenas vazões, porque quando a área de escoamento diminui, o H também diminui e, portanto, ele pode ser usado para medir uma ampla faixa de vazões com exatidão.

Sob o ponto de vista geométrico, a largura da calha pode ser expressa como $w = 2(H - h) \operatorname{tg}(\theta/2)$, onde θ é o ângulo da calha. Substituindo na Equação 13–92 e executando a integração, temos que a vazão ideal de um vertedouro triangular é

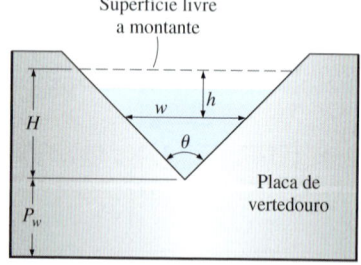

FIGURA 13–52 Geometria de uma placa de vertedouro com soleira delgada triangular (ou de calha). A vista é de jusante olhando para montante.

$$\dot{V}_{ideal, tri} = \frac{8}{15}\tan\left(\frac{\theta}{2}\right)\sqrt{2g}H^{5/2} \quad (13\text{-}97)$$

onde novamente desprezamos a carga da velocidade a montante. Os efeitos do atrito e outros efeitos dissipativos são levados em conta multiplicando-se a vazão ideal por um coeficiente de descarga do vertedouro. Então, a vazão de um vertedouro triangular de soleira delgada torna-se

Vertedouro triangular de soleira delgada: $\dot{V} = C_{wd,tri}\dfrac{8}{15}\tan\left(\dfrac{\theta}{2}\right)\sqrt{2g}H^{5/2}$ (13-98)

onde os valores de $C_{wd, tri}$, normalmente, variam entre 0,58 e 0,62. Portanto, o atrito do fluido, a constrição da área do escoamento e outros efeitos dissipativos fazem com que a vazão através da calha diminua em cerca de 40% em comparação com o caso ideal. Na maioria dos casos práticos ($H > 0,2$ m e $45° < \theta < 120°$), o valor do coeficiente de descarga do reservatório é de cerca de $C_{wd,tri} = 0,58$. A literatura traz valores mais exatos.

EXEMPLO 13-10 Escoamento subcrítico sobre uma saliência

A água que escoa em um canal aberto horizontal largo encontra uma saliência de 15 cm de altura no fundo do canal. Se a profundidade de escoamento for de 0,80 m e a velocidade de 1,2 m/s antes da saliência, determine se a superfície da água sofre uma depressão sobre a saliência (Fig. 13-53).

SOLUÇÃO A água que escoa em um canal aberto horizontal encontra uma saliência. Será determinado se a superfície da água sofre uma depressão sobre a saliência.

Hipóteses **1** O escoamento é permanente. **2** Os efeitos do atrito são desprezíveis e não há dissipação de energia mecânica. **3** O canal é suficientemente largo para que os efeitos de borda sejam desprezíveis.

Análise O número de Froude a montante e a profundidade crítica são

$$\text{Fr}_1 = \frac{V_1}{\sqrt{gy_1}} = \frac{1,2 \text{ m/s}}{\sqrt{(9,81 \text{ m}^2/\text{s})(0,80 \text{ m})}} = 0,428$$

$$y_c = \left(\frac{\dot{V}^2}{gb^2}\right)^{1/3} = \left(\frac{(by_1V_1)^2}{gb^2}\right)^{1/3} = \left(\frac{y_1^2V_1^2}{g}\right)^{1/3} = \left(\frac{(0,8 \text{ m})^2(1,2 \text{ m/s})^2}{9,81 \text{ m/s}^2}\right)^{1/3} = 0,455 \text{ m}$$

O escoamento é subcrítico, uma vez que Fr < 1 e, portanto, a profundidade de escoamento diminui sobre a saliência. A energia específica a montante é

$$E_{s1} = y_1 + \frac{V_1^2}{2g} = (0,80 \text{ m}) + \frac{(1,2 \text{ m/s})^2}{2(9,81 \text{ m/s}^2)} = 0,873 \text{ m}$$

A profundidade do escoamento sobre a saliência pode ser determinada com

$$y_2^3 - (E_{s1} - \Delta z_b)y_2^2 + \frac{V_1^2}{2g}y_1^2 = 0$$

Substituindo,

$$y_2^3 - (0,873 - 0,15 \text{ m})y_2^2 + \frac{(1,2 \text{ m/s})^2}{2(9,81 \text{ m/s}^2)}(0,80 \text{ m})^2 = 0$$

ou

$$y_2^3 - 0,723y_2^2 + 0,0470 = 0$$

Utilizando algum software para resolver a equação, as três raízes dessa equação são determinadas como 0,59 m, 0,36 m e $-0,22$ m. Descartamos a solução negativa

(continua)

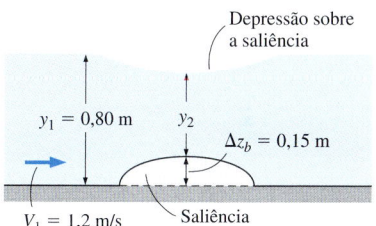

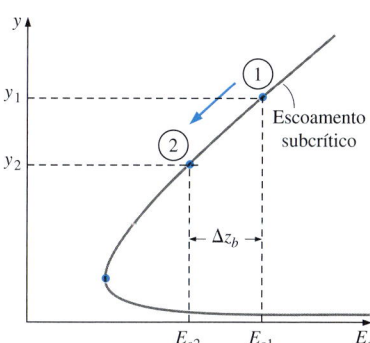

FIGURA 13-53 Diagrama esquemático e de energia específico da profundidade do escoamento para o Exemplo 13-10.

(continuação)
como fisicamente impossível. Também eliminamos a solução 0,36 m, uma vez que ela é menor do que a profundidade crítica e só pode ocorrer no escoamento supercrítico. Assim, a única solução que faz sentido para a profundidade do escoamento sobre a saliência é $y_2 = 0,59$ m. Então, a distância da superfície da água acima da saliência a partir do fundo do canal é $\Delta z_b + y_2 = 0,15 + 0,59 = 0,74$ m, que é menor do que $y_1 = 0,80$ m. Portanto, a superfície da água apresenta uma depressão sobre a saliência na quantidade de

$$\text{Depressão} = y_1 - (y_2 + \Delta z_b) = 0,80 - (0,59 + 0,15) = \mathbf{0,06 \text{ m}}$$

Discussão Observe que $y_2 < y_1$ não indica, necessariamente, que a superfície da água é deprimida (ela pode subir sobre a saliência). A superfície é deprimida sobre a saliência apenas quando a diferença $y_1 - y_2$ é maior do que a altura da saliência Δz_b. Da mesma forma, o valor real da depressão pode ser diferente de 0,06 m por conta dos efeitos do atrito que são desprezados na análise.

EXEMPLO 13–11   Medição da vazão por um vertedouro

A vazão da água em um canal aberto horizontal com 5 m de largura está sendo medida com um vertedouro retangular de soleira delgada com largura igual ao canal. Se a profundidade da água a montante for de 1,5 m, determine a vazão da água (Fig. 13–54).

SOLUÇÃO   A profundidade da água a montante de um canal aberto horizontal com um vertedouro retangular de soleira espessa deve ser medida. A vazão deve ser determinada.

Hipóteses **1** O escoamento é permanente. **2** A carga da velocidade a montante é desprezível. **3** O canal é suficientemente largo para que os efeitos de borda sejam desprezíveis.

Análise   A carga do vertedouro é

$$H = y_1 - P_w = 1,5 - 0,60 = 0,90 \text{ m}$$

O coeficiente de descarga do vertedouro é

$$C_{wd, ret} = 0,598 + 0,0897 \frac{H}{P_w} = 0,598 + 0,0897 \frac{0,90}{0,60} = 0,733$$

A condição $H/P_w < 2$ é satisfeita, uma vez que $0,9/0,6 = 1,5$. Então, a vazão de água através do canal torna-se

$$\dot{V}_{ret} = C_{wd, ret} \frac{2}{3} b \sqrt{2g} H^{3/2}$$

$$= (0,733) \frac{2}{3} (5 \text{ m}) \sqrt{2(9,81 \text{ m/s}^2)} (0,90 \text{ m})^{3/2}$$

$$= \mathbf{9,24 \text{ m}^3/\text{s}}$$

Discussão   A velocidade a montante e a carga da velocidade a montante são

$$V_1 = \frac{\dot{V}}{by_1} = \frac{9,24 \text{ m}^3/\text{s}}{(5 \text{ m})(1,5 \text{ m})} = 1,23 \text{ m/s} \quad \text{e} \quad \frac{V_1^2}{2g} = \frac{(1,23 \text{ m/s})^2}{2(9,81 \text{ m/s}^2)} = 0,077 \text{ m}$$

Isso é 8,6% da carga do vertedouro, o que é significativo. Quando a carga da velocidade a montante é considerada, a vazão torna-se 10,2 m³/s, que é cerca de 10% mais alto do que o valor determinado. Portanto, é uma boa prática considerar a carga da velocidade a montante, a menos que a altura do vertedouro P_w seja muito grande com relação à carga do vertedouro H.

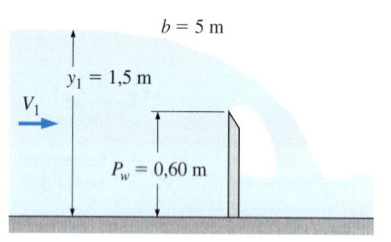

Vertedouro retangular de soleira delgada

FIGURA 13–54   Representação esquemática do Exemplo 13–11.

Capítulo 13 ■ Escoamento em Canal Aberto

APLICAÇÃO EM FOCO

Erosão generalizada junto a pontes

Autor convidado: Peggy A. Johnson, Penn State University

Erosão generalizada junto a pontes é a causa mais comum de falha de pontes nos Estados Unidos (Wardhana e Hadipriono, 2003). Erosão generalizada de pontes é a erosão do leito de um córrego ou do canal de um rio nas proximidades de uma ponte, incluindo a erosão ao redor dos pilares da ponte e encontros, assim como a erosão e abaixamento de todo o leito do canal. Erosão generalizada em torno de fundações de pontes tem sido uma das principais causas de falhas de pontes para as quase 400.000 pontes sobre cursos de água nos Estados Unidos. Alguns exemplos recentes dos danos que podem ser causados por escoamentos rápidos de rios em pontes ilustram a magnitude do problema. Durante a inundação de 1993 na parte superior da bacia hidrográfica do rio Mississippi e na parte inferior da bacia hidrográfica do rio Missouri, pelo menos 22 das 28 falhas de pontes foram devido à erosão generalizada, a um custo estimado de mais de US$ 8 milhões (Kamojjala et al., 1994). Durante a "Super enchente" no Tennessee em 2010, na qual mais de 30 municípios foram declaradas áreas de grande desastre, inundações em rios do Tennessee causaram erosão generalizada e erosão do aterro em 587 pontes e resultou no fechamento de mais de 50 pontes. No outono de 2011, o furacão Irene e a tempestade tropical Lee causaram, na costa do meio Atlântico e do nordeste dos EUA, enchentes nos rios, o que resultou em inúmeras falhas de pontes e danos a pontes, devido à erosão generalizada.

A mecânica da erosão generalizada em pilares de pontes tem sido estudada em laboratórios e através de modelos numéricos. O principal mecanismo é, provavelmente, devido a um vórtice "ferradura" que se forma durante as inundações quando um gradiente de pressão adverso causado pelo pilar dirige uma porção do escoamento que se aproxima para baixo justo em frente do pilar (Arneson et al., 2012). A taxa de erosão na fossa de erosão está diretamente associada com a magnitude do escoamento descendente, que é diretamente relacionado com a velocidade do escoamento do rio que se aproxima. Um forte vórtice levanta o sedimento para fora da fossa de erosão e deposita-o a jusante na esteira do vórtice. O resultado é um buraco profundo a montante do pilar da ponte que pode fazer com que a fundação da ponte se torne instável.

Proteger pilares de pontes sobre rios e córregos contra as águas de enchentes danosas continua a ser um grande desafio para os estados em todo o país. Escoamentos de enchentes em canais têm enorme capacidade de mover sedimentos e rocha; assim, proteção tradicional, tal como enrocamento, muitas vezes, não é suficiente. Houve considerável investigação sobre a utilização de palhetas e estruturas semelhantes no canal de rio para ajudar a direcionar o escoamento em torno dos pilares de pontes e encontros e proporcionar uma transição suave do escoamento através da abertura da ponte (Johnson et al, 2010).

FIGURA 13–55 Uma fossa de erosão desenvolvida em torno desta ponte, perto de San Diego durante rápidos escoamentos no canal do rio.

Foto por Peggy Johnson, Penn State, usado com permissão.

FIGURA 13–56 Erosão generalizada que se desenvolveu em torno da fundação da ponte durante uma enchente em 50 anos em 1996 causou essa falha dessa ponte em PA central. A ponte metálica provisória foi colocada através da abertura, enquanto uma nova ponte estava sendo projetada.

Foto por Peggy Johnson, Penn State, usado com permissão.

Referências

Arneson, L. A., L. W. Zevenbergen, P. F. Lagasse, P. E. Clopper (2012). Hydraulic Engineering Circular 18, Evaluating Scour at Bridges. Federal Highway Administration Report FHWA-HIF-12-003, HEC-18, Washington, D.C.

Johnson, P. A., Sheeder, S. A., Newlin, J. T. (2010). Waterway transitions at US bridges. Water and Environment Journal, 24 (2010), 274–281.

Kamojjala, S., Gattu, N. P. Parola. A. C., Hagerty, D. J. (1994), "Analysis of 1993 Upper Mississippi flood highway infrastructure damage," in ASCE Proceedings of the First International Conference of Water Resources Engineering, San Antonio, TX, pp. 1061–1065.

Wardhana, K., and Hadipriono, F. C., (2003). 17(3). ASCE Journal of Performance of Constructed Facilities, 144–150.

RESUMO

O *escoamento de canal aberto* se refere ao escoamento de líquidos em canais abertos para a atmosfera ou em condutes parcialmente cheios. O escoamento em um canal é *uniforme* quando a profundidade do escoamento (e, portanto, a velocidade média) permanece constante. Caso contrário, o escoamento é *não uniforme* ou *variado*. O *raio hidráulico* é definido como $R_h = A_c/p$. O número de Froude sem dimensão é definido como

$$\text{Fr} = \frac{V}{\sqrt{gL_c}} = \frac{V}{\sqrt{gy}}$$

O escoamento é classificado como subcrítico para Fr < 1, crítico para Fr = 1 e supercrítico para Fr > 1. A profundidade no escoamento crítico é chamada de *profundidade crítica* e é expressa como

$$y_c = \frac{\dot{V}^2}{gA_c^2} \quad \text{ou} \quad y_c = \left(\frac{\dot{V}^2}{gb^2}\right)^{1/3}$$

onde b é a largura do canal para os canais largos.

A velocidade na qual um distúrbio da superfície viaja através de um líquido de profundidade y é a *velocidade de onda* c_0, que é expressa como $c_0 = \sqrt{gy}$. A energia mecânica total de um líquido em um canal é expressa em termos de cargas como

$$H = z_b + y + \frac{V^2}{2g}$$

onde z_b é a carga de elevação, $P/\rho g = y$ é a carga de pressão e $V^2/2g$ é a carga de velocidade. A soma da pressão e das cargas dinâmicas é chamada de *energia específica* E_s,

$$E_s = y + \frac{V^2}{2g}$$

A equação de continuidade é $A_{c1}V_1 = A_{c2}V_2$. A equação da energia é expressa como

$$y_1 + \frac{V_1^2}{2g} + S_0 L = y_2 + \frac{V_2^2}{2g} + h_L$$

Aqui, h_L é a perda da carga e $S_0 = \text{tg}\,\theta$ é a inclinação do fundo de um canal. A *inclinação por atrito* é definida como $S_f = h_L/L$.

A profundidade do escoamento é chamada de *profundidade normal* y_n e a velocidade do escoamento médio é chamada de *velocidade de escoamento uniforme* V_0. A velocidade e a vazão uniforme são dadas por

$$V_0 = \frac{a}{n} R_h^{2/3} S_0^{1/2} \quad \text{e} \quad \dot{V} = \frac{a}{n} A_c R_h^{2/3} S_0^{1/2}$$

onde n é o *coeficiente de Manning* cujo valor depende da rugosidade das superfícies do canal, e $a = 1\,\text{m}^{1/3}/\text{s} = (3{,}2808\,\text{ft})^{1/3}/\text{s} = 1{,}486\,\text{ft}^{1/3}/\text{s}$. Se $y_n = y_c$, o escoamento é crítico uniforme, e a inclinação do fundo S_0 é igual à inclinação crítica S_c expressa como

$$S_c = \frac{gn^2 y_c}{a^2 R_h^{4/3}} \quad \text{que simplifica para} \quad S_c = \frac{gn^2}{a^2 y_c^{1/3}}$$

para o escoamento de filme ou o escoamento em um canal retangular largo com $b \gg y_c$.

A melhor seção transversal hidráulica de um canal aberto é aquela com o raio hidráulico máximo, ou, de modo equivalente, aquela com o perímetro molhado mínimo para uma seção transversal especificada. O critério para a melhor seção transversal hidráulica de um canal retangular é $y = b/2$. A melhor seção transversal dos canais trapezoidais é *metade de um hexágono*.

Em escoamento gradualmente variado (EGV), a profundidade do escoamento muda gradual e suavemente com a distância a jusante. O perfil da superfície $y(x)$ é calculada integrando a equação EGV,

$$\frac{dy}{dx} = \frac{S_0 - S_f}{1 - \text{Fr}^2}$$

No *escoamento rapidamente variado* (ERV), a profundidade do escoamento varia bastante ao longo de uma distância relativamente curta na direção do escoamento. Qualquer variação do escoamento de supercrítico para o escoamento subcrítico ocorre através de um *salto hidráulico*, que é um processo altamente dissipativo. A razão de profundidade y_2/y_1, a perda de carga e a taxa de dissipação de energia durante o salto hidráulico são expressas como

$$\frac{y_2}{y_1} = 0{,}5\left(-1 + \sqrt{1 + 8\text{Fr}_1^2}\right)$$

$$h_L = y_1 - y_2 + \frac{V_1^2 - V_2^2}{2g}$$

$$= y_1 - y_2 + \frac{y_1 \text{Fr}_1^2}{2}\left(1 - \frac{y_1^2}{y_2^2}\right)$$

$$\text{Taxa de dissipação} = \frac{h_L}{E_{s1}} = \frac{h_L}{y_1 + V_1^2/2g}$$

$$= \frac{h_L}{y_1(1 + \text{Fr}_1^2/2)}$$

Uma obstrução que permite ao líquido escoar sobre ele é chamada de *vertedouro*, e uma obstrução com uma abertura ajustável na parte inferior que permite ao líquido escoar abaixo dele é chamada de *comporta de fundo*. A vazão através de uma *comporta basculante* é dada por

$$\dot{V} = C_d b a \sqrt{2gy_1}$$

onde b e a são a largura e a altura da abertura da comporta, respectivamente, e C_d é o *coeficiente de descarga*, que leva em conta os efeitos de atrito.

Um *vertedouro de soleira espessa* é um bloco retangular que tem um topo horizontal sobre o qual ocorre o escoamento crítico. A carga a montante acima da superfície superior do vertedouro é chamada de *carga de vertedouro*, H. A vazão é expressa como

$$\dot{V} = C_{\text{wd, amplo}}\, b \sqrt{g}\left(\frac{2}{3}\right)^{3/2}\left(H + \frac{V_1^2}{2g}\right)^{3/2}$$

onde o coeficiente de descarga é

$$C_{wd,amplo} = \frac{0,65}{\sqrt{1 + H/P_w}}$$

A vazão de um vertedouro retangular de soleira espessa é expressa como

$$\dot{V}_{ret} = C_{wd,ret} \frac{2}{3} b \sqrt{2g} H^{3/2}$$

onde

$$C_{wd,ret} = 0,598 + 0,0897 \frac{H}{P_w} \quad \text{para} \quad \frac{H}{P_w} \leq 2$$

Para um vertedouro triangular de soleira delgada a vazão é dada como

$$\dot{V} = C_{wd,tri} \frac{8}{15} \operatorname{tg}\left(\frac{\theta}{2}\right) \sqrt{2g} H^{5/2}$$

onde os valores de $C_{wd,tri}$ normalmente variam entre 0,58 e 0,62. A análise de escoamento em canal aberto, em geral, é usada no projeto de sistemas de esgoto, sistemas de irrigação, rotas de enchentes e diques. Alguns escoamentos de canal aberto são analisados no Capítulo 15 usando a dinâmica dos fluidos computacional (DFC).

REFERÊNCIAS E LEITURAS SUGERIDAS

1. P. Ackers et al. *Weirs and Flumes for Flow Measurement*. New York: Wiley, 1978.
2. B. A. Bakhmeteff. *Hydraulics of Open Channels*. New York: McGraw-Hill, 1932.
3. M. H. Chaudhry. *Open Channel Flow*. Upper Saddle River, NJ: Prentice-Hall, 1993).
4. V. T. Chow. *Open Channel Hydraulics*. New York: McGraw-Hill, 1959.
5. R. H. French. *Open Channel Hydraulics*. New York: McGraw-Hill, 1985.
6. F. M. Henderson. *Open Channel Flow*. New York: Macmillan, 1966.
7. C. C. Mei. *The Applied Dynamics of Ocean Surface Waves*. New York: Wiley, 1983.
8. U. S. Bureau of Reclamation. "Research Studies on Stilling Basins, Energy Dissipaters, and Associated Appurtenances", Hydraulic Lab Report Hyd.-399, 1º de junho de 1955.

PROBLEMAS*

Classificação, número de Froude e velocidade de onda

13–1C O que é a profundidade normal? Explique como ela é estabelecida em canais abertos.

13–2C Como a variação da pressão muda ao longo da superfície livre em um escoamento em canal aberto?

13–3C Considere o escoamento permanente totalmente desenvolvido em um canal aberto de seção transversal retangular com uma inclinação constante de 5° para a superfície do fundo. A inclinação da superfície livre também será de 5°? Explique.

13–4C O que faz o escoamento em um canal aberto ser variado (ou não uniforme)? Em quê o escoamento rapidamente variado difere do escoamento gradualmente variado?

13–5C Qual é a força motriz do escoamento em um canal aberto? Como é estabelecida a vazão em um canal aberto?

13–6C Em que o escoamento uniforme difere do escoamento não uniforme nos canais abertos? Em quais tipos de canais o escoamento uniforme é observado?

13–7C Dada a velocidade média e a profundidade do escoamento, explique como você determinaria se o escoamento em canais abertos é tranquilo, crítico ou rápido.

13–8C Observa-se que o escoamento em um canal aberto sofreu um salto hidráulico. O escoamento a montante do salto é necessariamente supercrítico? O escoamento a jusante do salto é necessariamente subcrítico?

13–9C Qual é a profundidade crítica no escoamento em canal aberto? Para determinada velocidade média de escoamento, como ela é determinada?

13–10C O que é o número de Froude? Como ele é definido? Qual é o seu significado físico?

---

* Problemas identificados com a letra "C" são questões conceituais e encorajamos os estudantes a responder a todos. Problemas identificados com a letra "E" são em unidades inglesas, e usuários do SI podem ignorá-los. Problemas com o ícone "disco rígido" são resolvidos com o programa EES. Problemas com o ícone ESS são de natureza abrangente e devem ser resolvidos com um solucionador de equações, preferencialmente o programa EES.

13–11 Uma única onda é iniciada em um mar por um choque forte durante um terremoto. Assumindo a profundidade média da água como 2 km e a densidade da água do mar como 1,030 kg/m^3, determine a velocidade de propagação dessa onda.

13–12 Considere o escoamento da água em um canal largo. Determine a velocidade de um pequeno distúrbio no escoamento se a profundidade de escoamento é (a) 25 cm e (b) 80 cm. Qual seria sua resposta se o fluido fosse óleo?

13–13 Água a 15°C escoa de modo uniforme em um canal retangular com 2 m de largura a uma velocidade média de 1,5 m/s. Se a profundidade da água é 24 cm, determine se o escoamento é subcrítico ou supercrítico.

Resposta: subcrítico

13–14 Após chuva forte, a água escoa em uma superfície de concreto a uma velocidade média de 1,3 m/s. Se a profundidade da água é 2 cm, determine se o escoamento é subcrítico ou supercrítico.

13–15E Água a 70°F escoa de modo uniforme em um canal largo e retangular a uma velocidade de 6 ft/s. Se a profundidade da água for 0,5 ft, determine (a) se o escoamento é laminar ou turbulento e (b) se o escoamento é subcrítico ou supercrítico.

13–16 Água a 20°C escoa de modo uniforme em um canal largo e retangular a uma velocidade de 1,5 m/s. Se a profundidade da água for 0,16 m, determine (a) se o escoamento é laminar ou turbulento e (b) se o escoamento é subcrítico ou supercrítico.

13–17 Água a 10°C escoa em um canal circular parcialmente cheio de 3 m de diâmetro a uma velocidade média de 2,5 m/s. Determine o raio hidráulico, o número de Reynolds e o regime do escoamento (laminar ou turbulento).

13–18 Repita o Problema 13–17 para um canal com diâmetro de 2 m.

13–19 Água a 20°C escoa em um canal circular com 3 m de diâmetro meio cheio a uma velocidade média de 2 m/s. Determine o raio hidráulico, o número de Reynolds e o regime de escoamento (laminar ou turbulento).

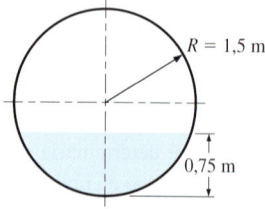

FIGURA P13–19

Energia específica e a equação da energia

13–20C Considere o escoamento permanente da água através de dois canais retangulares idênticos abertos a vazões idênticas. Se o escoamento em um canal é subcrítico e no outro é supercrítico, é possível que as energias específicas da água desses dois canais seja idêntica? Explique.

13–21C Como a energia específica de um fluido que escoa em um canal aberto é definida em termos de cargas?

13–22C Considere o escoamento permanente de um líquido através de um canal retangular largo. Diz-se que a linha de energia do escoamento é paralela ao fundo do canal quando as perdas por atrito são desprezíveis. Você concorda?

13–23C Considere o escoamento permanente unidimensional através de um canal retangular largo. Alguém diz que a energia mecânica total do fluido na superfície livre de uma seção transversal é igual àquela do fluido na parte inferior do canal de mesma seção transversal. Você concorda? Explique.

13–24C Como a energia mecânica total de um fluido durante o escoamento permanente unidimensional através de um canal retangular largo é expressa em termos de cargas? Como ela se relaciona com a energia específica do fluido?

13–25C Expresse a equação da energia unidimensional para o escoamento de canal aberto entre uma seção a montante 1 e uma seção a jusante 2 e explique como a perda de carga pode ser determinada.

13–26C Para determinada vazão através de um canal aberto, a variação da energia específica com a profundidade do escoamento é estudada. Uma pessoa diz que a energia específica do fluido será mínima quando o escoamento é crítico, mas outra diz que a energia específica será mínima quando o escoamento é subcrítico. Qual é a sua opinião?

13–27C Considere o escoamento permanente supercrítico da água através de um canal retangular aberto a uma vazão constante. Alguém diz que quanto maior for a profundidade de escoamento, maior será a energia específica da água. Você concorda? Explique.

13–28C Durante o escoamento permanente e uniforme através de um canal aberto de seção transversal retangular, uma pessoa diz que a energia específica do fluido permanece constante. Uma segunda pessoa diz que a energia específica diminui ao longo do escoamento por causa dos efeitos do atrito e, portanto, da perda de carga. Com qual pessoa você concorda? Explique.

13–29C Como a inclinação do atrito é definida? Sob quais condições ela é igual à inclinação do fundo de um canal aberto?

13–30 Água a 15°C escoa a uma profundidade de 0,4 m com velocidade média de 6 m/s em um canal retangular. Determine (a) a profundidade crítica, (b) a profundidade alternativa e (c) a energia mínima específica.

13–31 Água a 10°C escoa em um canal retangular com 6 m de largura a uma profundidade de 0,55 m e uma vazão de 12 m^3/s. Determine (a) a profundidade crítica, (b) se o escoamento é subcrítico ou supercrítico e (c) a profundidade alternativa.

Respostas: (a) 0,742 m (b) supercrítico (c) 1,03 m

13–32E Água a 65°F e profundidade de 1,4 ft com velocidade média de 20 ft/s em um canal retangular largo. Determine (a) o número de Froude, (b) a profundidade crítica e (c) se o escoamento é subcrítico ou supercrítico. Qual seria a resposta se a profundidade de escoamento fosse 0,2 ft?

13–33E Repita o Problema 13–32E para uma velocidade média de 10 ft/s.

13–34 Água escoa de modo permanente em um canal retangular de 1,4 m de largura a uma vazão de 0,7 m³/s. Se a profundidade do escoamento for 0,4 m, determine a velocidade de escoamento e se o escoamento é subcrítico ou supercrítico. Determine também a profundidade alternativa de escoamento se o caráter do escoamento mudar.

13–35 Água a 20°C escoa a uma profundidade de 0,4 m com velocidade média de 4 m/s em um canal retangular. Determine a energia específica da água e se o escoamento é subcrítico ou supercrítico.

13–36 Água escoa a meia carga através de um canal hexagonal com largura inferior de 2 m a uma vazão de 60 m³/s. Determine (a) a velocidade média e (b) se o escoamento é subcrítico e supercrítico.

13–37 Repita o Problema 13–36 para uma vazão de 30 m³/s.

13–38 Água escoa a meia carga através de um canal de aço com 50 cm de diâmetro a uma velocidade média de 2,8 m/s. Determine a vazão de volume e se o escoamento é subcrítico ou supercrítico.

13–39 Água escoa através de um canal retangular com 2 m de largura e velocidade média de 5 m/s. Se o escoamento é crítico, determine a vazão de água.
Resposta: 25,5 m³/s

Escoamento uniforme e melhores seções transversais hidráulicas

13–40C Quando podemos dizer que o escoamento em um canal aberto é uniforme? Sob quais condições o escoamento em um canal aberto permanece uniforme?

13–41C Qual é a melhor seção transversal hidráulica para um canal aberto: uma com raio hidráulico pequeno ou grande?

13–42C Qual é a melhor seção transversal hidráulica para um canal aberto: (a) circular, (b) retangular, (c) trapezoidal ou (d) triangular?

13–43C A melhor seção transversal hidráulica para um canal aberto retangular é aquela cuja altura do fluido é (a) metade, (b) o dobro, (c) igual a ou (d) um terço da largura do canal.

13–44C A melhor seção transversal hidráulica para um canal trapezoidal com base de largura b é aquela para a qual o comprimento da lateral da seção do escoamento é (a) b, (b) $b/2$, (c) $2b$ ou (d) $\sqrt{3}b$.

13–45C Durante o escoamento uniforme em um canal aberto, alguém diz que a perda de carga pode ser determinada simplesmente multiplicando a inclinação do fundo pelo comprimento do canal. Isso pode ser simples assim? Explique.

13–46C Considere o escoamento uniforme através de um canal retangular largo. Se a inclinação do fundo aumentar, a profundidade do escoamento (a) aumentará, (b) diminuirá ou (c) permanecerá constante?

13–47 Considere o escoamento uniforme através de um canal aberto recoberto com tijolos e com coeficiente de Manning de $n = 0,015$. Se o coeficiente de Manning dobrar ($n = 0,030$) como resultado do crescimento de algas na superfície enquanto a seção transversal do escoamento permanece constante, a vazão (a) dobrará, (b) diminuirá por um fator de $\sqrt{2}$, (c) permanecerá inalterada, (d) diminuirá pela metade ou (e) diminuirá por um fator de $2^{1/3}$?

13–48 Água escoa de modo uniforme a meia carga em um canal circular com 2 m de diâmetro que é assentado com uma declividade de 1,5 m/km. Se o canal for feito de concreto polido, determine a vazão de água.

13–49 Água escoa de modo uniforme em um canal de concreto polido de seção transversal trapezoidal com fundo de largura de 0,8 m, ângulo trapezoidal de 50° e ângulo do fundo de 0,4°. Se a profundidade de escoamento for medida como 0,52 m, determine a vazão de água através do canal.

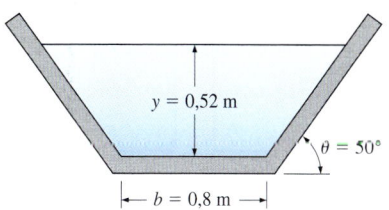

FIGURA P13–49

13–50E Um canal semicircular com 3 ft de diâmetro feito de concreto não polido deve transportar água a uma distância de 1 milha de modo uniforme. Para que a vazão atinja 90 ft³/s quando o canal está cheio, determine a diferença mínima de elevação em todo o canal.

13–51 Durante o escoamento uniforme em canais abertos, a velocidade de escoamento e a vazão podem ser determinadas com as equações de Manning expressas como $V_0 = (a/n)R_h^{2/3}S_0^{1/2}$ e $\dot{V} = (a/n)A_c R_h^{2/3}S_0^{1/2}$. Qual é o valor e a dimensão da constante a nessas equações em unidades SI? Explique também como o coeficiente de Manning n pode ser determinado quando o fator de atrito f é conhecido.

13–52 Mostre que para o escoamento crítico uniforme, a relação geral de inclinação crítica $S_c = \dfrac{gn^2 y_c}{a^2 R_h^{4/3}}$ se reduz a $S_c = \dfrac{gn^2}{a^2 y_c^{1/3}}$ para o escoamento de filme com $b \gg y_c$.

13–53 Um canal trapezoidal com uma largura inferior de 6 m, largura de superfície livre de 12 m e profundidade de escoamento de 2,2 m descarrega água a uma vazão de 120 m³/s. Se

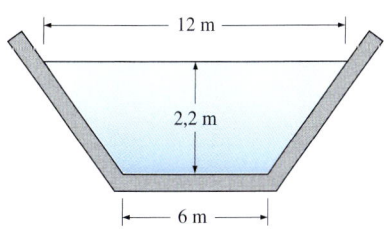

FIGURA P13–53

as superfícies do canal estiverem revestidas com asfalto ($n = 0,016$), determine a queda de elevação do canal por km.

Resposta: 5,61 m

13–54 Reconsidere o Problema 13–53. Se a altura do escoamento máximo que o canal consegue acomodar é 3,2 m determine a vazão máxima através do canal.

13–55 Considere o escoamento de água através de dois canais idênticos com seções de escoamento quadradas de 4 m × 4 m. Agora, os dois canais são combinados, formando um canal com 8 m de largura. A vazão é ajustada para que a profundidade do escoamento permaneça constante a 4 m. Determine o aumento percentual na vazão como resultado da combinação dos canais.

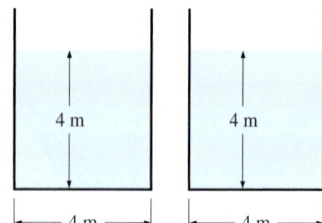

FIGURA P13–55

13–56 Um canal de água de ferro fundido em forma de V mostrado na Fig. P13–56 tem fundo com uma inclinação de 0,5°. Para uma profundidade de escoamento de 0,75 m no centro, determine a vazão de descarga no escoamento uniforme.

Resposta: 1,03 m³/s

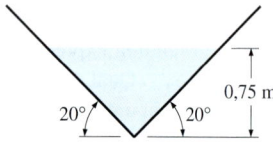

FIGURA P13–56

13–57E Água deve ser transportada em um canal retangular de ferro fundido com fundo de largura de 6 ft a uma vazão de 70 ft³/s. O terreno faz com que o fundo do canal caia 1,5 ft a cada 1.000 ft percorridos. Determine a altura mínima do canal em condições de escoamento uniforme.

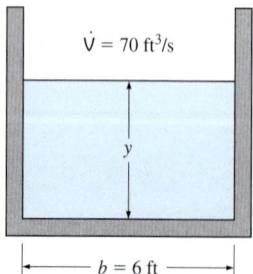

FIGURA P13–57E

13–58 Um canal trapezoidal de terra limpo com fundo de largura de 1,8 m e inclinação da superfície lateral de 1:1 deve drenar água de modo uniforme a uma vazão de 8 m³/s até uma distância de 1 km. Para que a profundidade do escoamento não exceda 1,2 m, determine a queda de elevação necessária.

Resposta: 3,90 m

13–59 Um sistema de drenagem de água com inclinação constante de 0,0025 deve ser construído com três canais circulares feitos de concreto acabado. Dois dos canais têm diâmetro de 1,8 m e drenam para um terceiro canal. Se todos os canais devem correr a meia carga e as perdas na junção são desprezíveis, determine o diâmetro do terceiro canal.

Resposta: 2,33 m

13–60 Água escoa em um canal cuja inclinação inferior é de 0,002 e cuja seção transversal é aquela mostrada na Fig. P13–60. As dimensões e os coeficientes de Manning para as superfícies de diferentes subseções também são dadas na figura. Determine a vazão através do canal e o coeficiente de Manning efetivo para o canal.

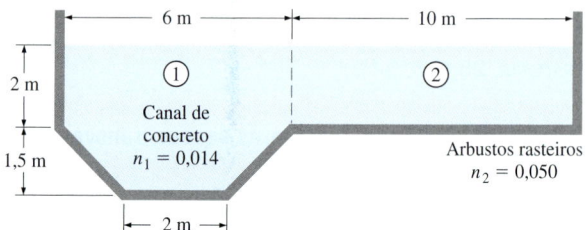

FIGURA P13–60

13–61 Um dreno de chuvas de aço com seção circular com 2 m de diâmetro interno ($n = 0,012$) deve levar a água de maneira uniforme a uma vazão de 12 m³/s a uma distância de 1 km. Se a profundidade máxima é de 1,5 m, determine a queda de elevação necessária.

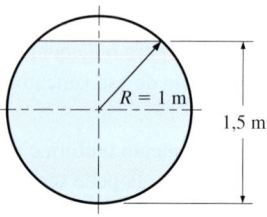

FIGURA P13–61

13–62 Água deve ser transportada em um canal aberto, cujas superfícies são revestidas com asfalto, a uma vazão de 10 m³/s em escoamento uniforme. A inclinação do fundo é 0,0015. Determine as dimensões da melhor seção transversal se a forma do canal for (*a*) circular de diâmetro *D*, (*b*) retangular com fundo de largura *b* e (*c*) trapezoidal com fundo de largura *b*.

13–63 Considere o escoamento uniforme em um canal retangular revestido com asfalto com área de escoamento de 2 m² e fundo com inclinação de 0,0003. Variando a relação entre profundidade e largura y/b de 0,1 a 2,0, calcule e faça um gráfico da vazão e confirme se a melhor seção transversal de escoamento ocorre quando a relação entre profundidade e largura do escoamento é 0,5.

13–64E Um canal retangular com fundo com inclinação de 0,0004 deve ser construído para transportar água a uma taxa de 750 ft³/s. Determine as melhores dimensões do canal se ele for feito de (a) concreto não polido e (b) concreto polido.

Resposta: (a) 16.6 ft × 8.28 ft, (b) 15.6 ft × 7.81 ft

13–65E Repita o problema 13–64E para uma vazão de 650 ft³/s.

13–66 Um canal trapezoidal de concreto não polido tem uma inclinação inferior de 1°, largura de base de 5 m e uma inclinação de superfície lateral de 1:1, como mostra a Fig. P13–66. Para uma vazão de 25 m³/s determine a profundidade normal h.

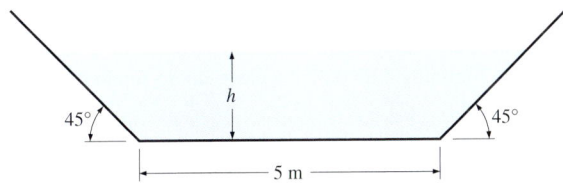

FIGURA P13–66

13–67 Repita o Problema 13–66 para um canal de terra escavado coberto de vegetação com $n = 0,030$.

Escoamentos gradual e rapidamente variados e salto hidráulico

13–68C Como o escoamento gradualmente variado (EGV) difere do escoamento rapidamente variado (ERV)?

13–69C Como o escoamento não uniforme ou variado difere do escoamento uniforme?

13–70C Alguém diz que as perdas por atrito associadas ao cisalhamento de parede em superfícies podem ser desprezadas na análise do escoamento rapidamente variado, mas devem ser consideradas na análise do escoamento gradualmente variado. Você concorda com essa alegação? Justifique sua resposta.

13–71C Considere o escoamento permanente da água em um canal inclinado para cima de seção transversal retangular. Se o escoamento é supercrítico, a profundidade do escoamento (a) aumentará, (b) permanecerá constante ou (c) diminuirá na direção do escoamento?

13–72C É possível que o escoamento subcrítico sofra um salto hidráulico? Explique.

13–73C Por que o salto hidráulico às vezes é usado para dissipar a energia mecânica? Como é definida a taxa de dissipação de energia de um salto hidráulico?

13–74C Considere o escoamento permanente da água em um canal horizontal de seção transversal retangular. Se o escoamento é subcrítico, a profundidade do escoamento (a) aumentará, (b) permanecerá constante ou (c) diminuirá na direção do escoamento?

13–75C Considere o escoamento permanente da água em um canal inclinado para baixo de seção transversal retangular. Se o escoamento é subcrítico, a profundidade do escoamento é maior do que a profundidade normal ($y > y_n$), a profundidade do escoamento (a) aumentará, (b) permanecerá constante ou (c) diminuirá na direção do escoamento.

13–76C Considere o escoamento permanente da água em um canal horizontal de seção transversal retangular. Se o escoamento é supercrítico, a profundidade do escoamento (a) aumentará, (b) permanecerá constante ou (c) diminuirá na direção do escoamento?

13–77C Considere o escoamento permanente da água em um canal inclinado para baixo de seção transversal retangular. Se o escoamento é subcrítico e a profundidade do escoamento é menor do que a profundidade normal ($y < y_n$), a profundidade do escoamento (a) aumentará, (b) permanecerá constante ou (c) diminuirá na direção do escoamento?

13–78 Água escoa em um canal de ferro fundido em forma de V com 90° e inclinação inferior de 0,002 a uma vazão de 3 m³/s. Determine se a inclinação desse canal deve ser classificada como suave, crítica ou íngreme para esse escoamento.

Resposta: suave

13–79 Considere o escoamento de água uniforme em um canal largo de tijolos com inclinação de 0,4°. Determine o intervalo da profundidade de escoamento no qual o canal é classificado como íngreme.

13–80E Considere o escoamento da água através de um canal retangular de concreto não polido com 12 ft de largura e fundo com inclinação de 0,5°. Se a vazão é de 300 ft³/s, determine se a inclinação desse canal é suave, crítica ou íngreme. Da mesma forma, para uma profundidade de escoamento de 3 ft, classifique o perfil da superfície enquanto o escoamento se desenvolve.

13–81 Água escoa de modo uniforme em um canal retangular com superfícies de concreto polido. A largura do canal é 3 m, a profundidade do escoamento é 1,2 m e a inclinação do fundo é 0,002. Determine se o canal deve ser classificado como suave, crítico ou íngreme para esse escoamento.

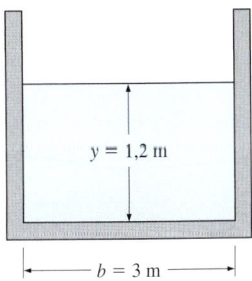

FIGURA P13–81

13–82 Observou-se que água descarregada em um canal retangular com 8 m de largura a partir de uma comporta basculante passou por um salto hidráulico. A profundidade de escoamento e a velocidade antes do salto são de 1,2 m e 9 m/s, respectivamente. Determine (a) a profundidade do escoamento e o número de Froude após o salto (b) a perda de carga e a taxa de dissipação e (c) a energia mecânica dissipada pelo salto hidráulico.

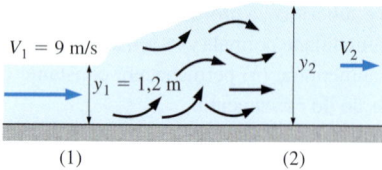

FIGURA P13-82

13-83 Considere o escoamento da água em um canal com 10 m de largura a uma vazão de 70 m^3/s e uma profundidade de escoamento de 0,50 m. Agora, a água sofre um salto hidráulico e a profundidade de escoamento medida após o salto é 4 m. Determine a potência mecânica desperdiçada durante esse salto.

Resposta: 4,35 MW

13-84 A profundidade do escoamento e a velocidade da água medidas após um salto hidráulico são 1,1 m e 1,75 m/s, respectivamente. Determine a profundidade e velocidade de escoamento antes do salto, e a fração de energia mecânica dissipada.

13-85E Água que escoa em um canal largo a uma profundidade de 2 ft e velocidade de 40 ft/s sofre um salto hidráulico. Determine a profundidade e velocidade do escoamento e o número de Froude após o salto, e a perda de carga associada ao salto.

13-86 Considere um escoamento uniforme da água em um largo canal retangular com vazão por unidade de largura de 1,5 m^3/s·m e um coeficiente de Manning de 0,03. A inclinação do canal é de 0,0005. (a) Calcule as profundidades normal e crítica do escoamento e determine se o escoamento uniforme é subcrítico ou supercrítico. (b) Em seguida,
uma barragem é instalada (em $x = 0$) de modo a formar um reservatório de água a montante. Isso levanta o perfil da superfície da água a montante, criando um novo perfil de superfície (Fig. P13-86). A nova profundidade da água a montante da barragem é de 2,5 m. Determine o quão longe a montante da barragem o reservatório se estende. Você pode considerar o limite do reservatório como o ponto no qual a profundidade da água é de 5% da profundidade uniforme da água original.

Resposta: 3500m

13-87 Água escoando em um canal largo horizontal a uma profundidade de escoamento de 56 cm e uma velocidade média de 9 m/s sofre um salto hidráulico. Determine a perda de carga associada ao salto hidráulico.

13-88 Durante um salto hidráulico em um canal largo, a profundidade do escoamento aumenta de 0,6 até 3 m. Determine as velocidades dos números de Froude antes e após o salto e a taxa de dissipação de energia.

13-89 Considere um escoamento gradualmente variado sobre uma lombada em um largo canal, como mostrado na Fig. P13-89. A velocidade inicial do escoamento é de 0,75 m/s, a profundidade inicial do escoamento é de 1 m, o parâmetro Manning é de 0,02 e a elevação do fundo do canal é prescrito como

$$z_b = \Delta z_b \exp[-0,001(x-100)^2]$$

onde a altura máxima da lombada Δz_b é igual a 0,15 m e a crista da lombada está localizada em $x = 100$ m. (a) Calcule e trace a profundidade crítica do escoamento e (quando existir) a profundidade normal do escoamento. (b) Integre a equação EGV sobre o intervalo $0 \le x \le 200$ m e comente sobre o comportamento observado da superfície livre em função do esquema de classificação apresentado na Tabela 13-3.

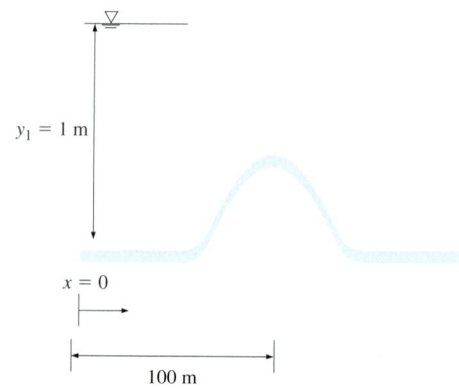

FIGURA P13-89

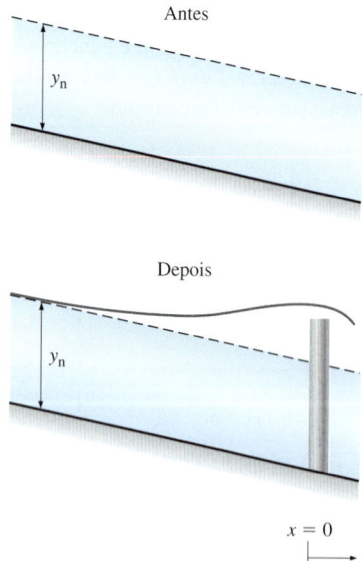

FIGURA P13-86

13-90 Considere um canal de água retangular largo com uma vazão por unidade de comprimento de 5m^3/s·m e um coeficiente de Manning de $n = 0,02$. O canal é formado por um trecho com comprimento de 100 m tendo uma inclinação de $S_{01} = 0,01$ seguido por um trecho de comprimento de 100 m tendo um declive de $S_{02} = 0,02$. (a) Calcule as profundidades normais e críticas para os dois segmentos de canal. (*b*) Dada uma profundidade de água inicial de 1,25 m, calcule e represente graficamente o perfil da superfície da água ao longo de todos os 200 m de extensão do canal. Também classifique o escoamento nos dois segmentos do canal (S1, A2, etc).

FIGURA P13–90

13–91 Repita o Problema 13–90 para o caso de uma profundidade inicial de 0,75 m em vez de 1,25 m.

13–92  Embora a equação EGV não possa ser utilizada para prever um salto hidráulico diretamente, ela pode ser acoplada com a equação para a razão de profundidade de salto hidráulico ideal, a fim de ajudar a localizar a posição em que um salto vai ocorrer em um canal. Considere-se um salto criado em uma ampla ($R_h \approx y$) calha horizontal ($S_0 = 0$) de laboratório tendo um comprimento de 3 m e um coeficiente de Manning de 0,009. O escoamento supercrítico sob a cabeça da comporta tem uma profundidade inicial de 0,01 m em $x = 0$. A comporta traseira resulta numa profundidade de transbordamento de 0,08 m em $x = 3$ m. A vazão por unidade de largura é de 0,025m³/s·m. (*a*) Calcule a profundidade crítica e verifique se os escoamentos iniciais e finais são supercrítico e subcrítico, respectivamente. (*b*) Determine a localização do salto hidráulico. *Dica*: Integre a equação EGV a partir de $x = 0$ até uma "suposta" posição do salto, aplique a equação de razão entre profundidade e salto e integre a equação EGV usando essa nova condição inicial a partir da posição do salto até $x = 3$ m. Se você não obter a profundidade de transbordo desejada, tente um novo local de salto.

Resposta: 1,80 m

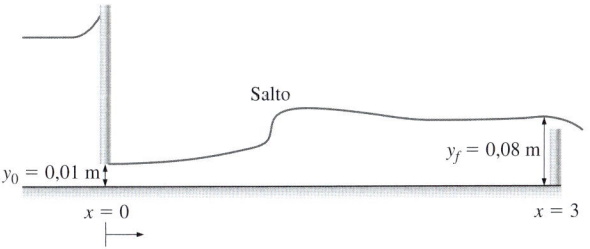

FIGURA P13–92

13–93 Considere a equação para escoamento gradualmente variado,

$$\frac{dy}{dx} = \frac{S_0 - S_f}{1 - \text{Fr}^2}$$

Para o caso de um largo canal retangular, mostre que este pode ser reduzido para a seguinte forma, que demonstra claramente a importância da relação entre y, y_n e y_c:

$$\frac{dy}{dx} = \frac{S_0[1 - (y_n/y)^{10/3}]}{1 - (y_c/y)^3}$$

13–94E Considere o escoamento gradualmente variado de água em um canal retangular com 20 ft de largura e vazão de 300 ft³/s e um coeficiente de Manning de 0,008. A inclinação do canal é de 0,01 e, na localização $x = 0$, a velocidade média do escoamento é medido como 5,2 m/s. Determine a classificação do perfil da superfície da água, e, por meio da integração numérica da equação EGV, calcule a profundidade do escoamento y em (*a*) $x = 500$ ft, (*b*) 1.000 ft e (*c*) 2000 ft.

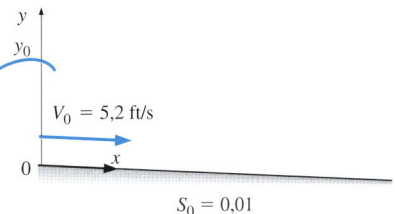

FIGURA P13–94E

13–95 Considere o escoamento gradualmente variado de água em um grande canal de irrigação retangular com vazão por unidade de largura de 5m³/s·m, uma inclinação de 0,01 e um coeficiente de Manning de 0,02. O escoamento tem, inicialmente, profundidade uniforme. Num dado local, $x = 0$, o escoamento entra em um canal com 200 m de comprimento, onde a falta de manutenção resultou em um canal com rugosidade de 0,03. Após este trecho do canal, a rugosidade retorna para o valor inicial (mantida). (*a*) Calcule as profundezas normais e críticas do escoamento dos dois segmentos distintos. (*b*) Resolva numericamente a equação para escoamento gradualmente variado sobre o domínio $0 \leq x \leq 400$ m. Faça um gráfico da sua solução (ou seja, y versus x) e comente sobre o comportamento da superfície da água.

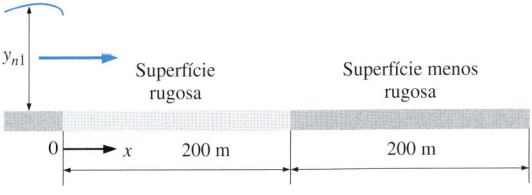

FIGURA P13–95

Controle de escoamento e medição em canais

13–96C O que é um reservatório de soleira delgada? Qual é a base de classificação dos reservatórios de soleira delgada?

13–97C Qual é o princípio básico da operação de um reservatório de soleira espessa utilizado para medir a vazão através de um canal aberto?

13–98C Como é definido o coeficiente de descarga C_d das comportas basculantes? Quais são os valores normais de C_d para as comportas basculantes com escoamento livre? Qual é o valor de C_d para o escoamento idealizado sem atrito através da comporta?

13–99C Considere o escoamento permanente sem atrito sobre uma saliência de altura Δz em um canal horizontal com largura constante b. A profundidade de escoamento y aumenta, diminui ou permanece constante à medida que o fluido escoa sobre a saliência? Assuma o escoamento como subcrítico.

13–100C Considere o escoamento de um líquido sobre uma saliência durante o escoamento subcrítico em um canal aberto. A energia específica e a profundidade do escoamento diminuem sobre a saliência à medida que a sua altura aumenta. Qual será o caráter do escoamento quando a energia específica atingir seu valor mínimo? O escoamento se tornará supercrítico se a altura da saliência aumentar ainda mais?

13–101C Desenhe um diagrama de energia específico de profundidade para o escoamento através de comportas submersas e indique o escoamento através da comporta para os seguintes casos (*a*) comporta sem atrito, (*b*) comporta basculante com escoamento livre e (*c*) comporta basculante com escoamento afogado (incluindo o salto hidráulico de volta ao escoamento subcrítico).

13–102 Considere um escoamento de água uniforme em um canal largo retangular com profundidade de 2 m e feito de concreto não polido em uma inclinação de 0,0022. Determine a vazão de água por m de largura do canal. Agora, a água escoa sobre uma saliência com 15 cm de altura. Se a superfície da água sobre a saliência permanecer plana (sem elevação ou queda), determine a variação da vazão de descarga da água por metro de largura do canal. (*Dica*: Investigue se uma superfície plana sobre a saliência é fisicamente possível.)

13–103 A água que escoa em um canal largo encontra uma saliência de 22 cm de altura no fundo do canal. Se a profundidade de escoamento for de 1,2 m e a velocidade de 2,5 m/s antes da saliência, determine se o escoamento é afogado sobre a saliência e discuta.

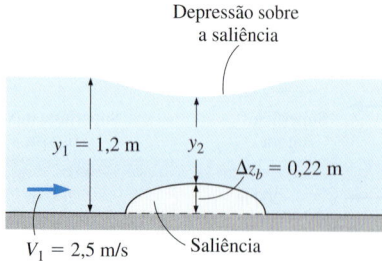

FIGURA P13–103

13–104 Considere o escoamento uniforme da água em um canal largo com uma velocidade de 8 m/s e profundidade de escoamento de 0,8 m. Agora, a água escoa sobre uma saliência com 30 cm de altura. Determine a variação (aumento ou diminuição) no nível da superfície da água sobre a saliência. Determine também se o escoamento sobre a saliência é subcrítico ou supercrítico.

13–105 A água é liberada de um reservatório com 12 m de profundidade em um canal aberto com 6 m de largura através de uma comporta basculante com uma abertura de 1 m de altura no fundo do canal. Se a profundidade do escoamento a jusante dessa comporta for medido como 3 m, determine a vazão através da comporta.

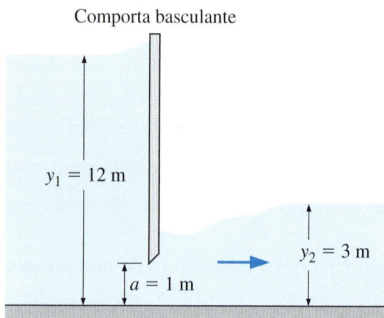

FIGURA P13–105

13–106E Um vertedouro de soleira espessa com largura total igual à do canal deve ser usado para medir a vazão de um canal retangular com 7 ft de largura. A vazão máxima de escoamento através do canal é 180 ft³/s e a profundidade de escoamento a montante do vertedouro não deve exceder 3 ft. Determine a altura apropriada do vertedouro.

13–107 A vazão da água em um canal largo horizontal com 10 m de largura está sendo medida com um vertedouro retangular de soleira espessa de 1,3 m de altura que abrange todo o canal. Se a profundidade da água a montante for de 3,4 m, determine a vazão de água.

Resposta: 66,8 m³/s

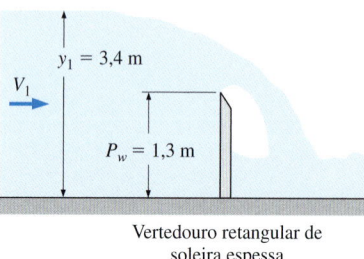

FIGURA P13–107

13–108 Repita o Problema 13–107 para o caso de um reservatório com 1,6 m de altura.

13–109 A água escoa sobre um vertedouro retangular de soleira delgada com 2 m de altura. A profundidade do escoamento a montante do vertedouro é 3 m e a água é descarregada do reservatório em um canal de concreto não polido com largura igual, no qual são estabelecidas as condições de escoamento uniforme. Caso nenhum salto hidráulico ocorra no escoamento a jusante, determine a inclinação máxima do canal a jusante.

13–110E Água escoa através de uma comporta basculante com uma abertura de 1,1 ft de altura e é descarregada com escoamento livre. Se o escoamento a montante for de 5 ft, determine a vazão por unidade de largura e o número de Froude a jusante da comporta.

13–111E Repita o Problema 13–110E para o caso de uma comporta afogada com profundidade de escoamento a jusante de 3,3 ft.

13–112 Água deve ser liberada de um reservatório com 8 m de profundidade em um canal através de uma comporta basculante com uma abertura de 5 m de largura e 0,6 m de altura no fundo. Se a profundidade do escoamento a jusante dessa comporta for medido como 4 m, determine a vazão de descarga através da comporta.

13–113E Considere o escoamento da água através de um canal largo a uma profundidade de escoamento de 8 ft. Agora, a água escoa através de uma comporta basculante com uma abertura de 1 ft de altura e depois o escoamento descarregado livremente sofre um salto hidráulico. Desprezando as perdas associadas à própria comporta basculante, determine a profundidade de escoamento e as velocidades antes e após o salto, e a fração de energia mecânica dissipada durante o salto.

13–114 A vazão de água que escoa em um canal com 5 m de largura deve ser medida com um vertedouro triangular de soleira delgada que está 0,5 m acima do fundo do canal com um ângulo de abertura de 80°. Se a profundidade de escoamento a montante da água do vertedouro for de 1,5 m, determine a vazão da água através do canal. Assuma o coeficiente de descarga do reservatório de 0,60.

Resposta: 1,19 m³/s

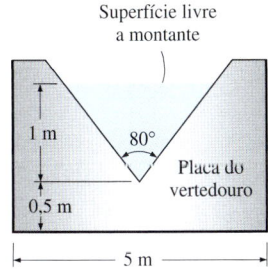

FIGURA P13–114

13–115 Repita o Problema 13–114 para uma profundidade de escoamento a montante de 0,90 m.

13–116 Um vertedouro triangular com soleira delgada e ângulo de abertura de 100° é usado para medir a vazão de descarga da água de um grande lago para um escoadouro. Se, em vez disso, for usado um vertedouro com metade do ângulo de abertura (θ = 50°), determine a redução percentual na vazão. Assuma que a profundidade da água no lago e o coeficiente de descarga do reservatório permanecem inalterados.

13–117 Um reservatório de soleira espessa com 0,80 m de altura é usado para medir a vazão da água em um canal retangular com 5 m de largura. A profundidade de escoamento bem a montante do reservatório é de 1,8 m. Determine a vazão através do canal e a profundidade de escoamento mínima acima do vertedouro.

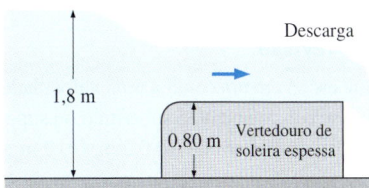

FIGURA P13–117

13–118 Repita o Problema 13–117 para uma profundidade de escoamento a montante de 1,4 m.

13–119 Considere o escoamento uniforme da água em um canal largo feito de concreto não polido assentado sobre um relevo com inclinação de 0,0022. Agora, a água escoa sobre uma saliência com 15 cm de altura. Se o escoamento sobre a saliência for exatamente crítico (Fr = 1), determine a vazão e a profundidade do escoamento sobre a saliência por m de largura.

Respostas: 20,3 m³/s, 3,48 m

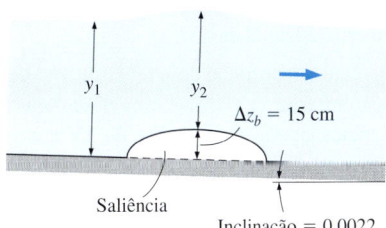

FIGURA P13–119

13–120 Considere o escoamento da água em um vertedouro de soleira espessa com 0,80 m de altura e suficientemente longo. Se a profundidade mínima de escoamento acima do vertedouro for medida como 0,50 m, determine a vazão por m de largura do canal e a profundidade de escoamento a montante do reservatório.

13–121 A vazão de água através de um canal com 8 m de largura (para o papel) é controlada por uma comporta basculante. Se as profundidades de escoamento são medidas como 0,9 e 0,25 m a montante e jusante, respectivamente, das comportas, determine a vazão e o número de Froude a jusante da comporta.

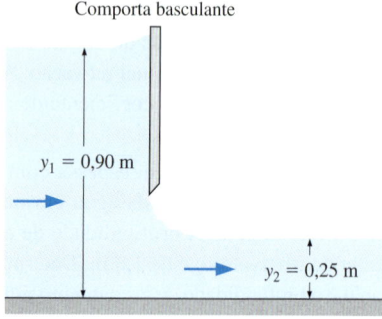

FIGURA P13–121

Problemas de revisão

13–122 Água escoa em um canal a uma velocidade média de 4 m/s. Determine se o escoamento é subcrítico ou supercrítico para profundidades de escoamento de (*a*) 0,2 m, (*b*) 2 m e (*c*) 1,63 m.

13–123 Um canal trapezoidal com largura inferior de 4 m e inclinação lateral de 45° descarrega água a uma vazão de 18 m^3/s. Se a profundidade do escoamento for 0,6 m, determine se o escoamento é subcrítico ou supercrítico.

13–124 Um canal retangular com 5 m de largura revestido com concreto acabado deve ser projetado para transportar água até uma distância de 1 km a uma vazão de 12 m^3/s. Usando o EES (ou outro software), investigue o efeito da inclinação inferior sobre a profundidade de escoamento (e, portanto, sobre a altura necessária do canal). Deixe que o ângulo inferior varie de 0,5 a 10° em incrementos de 0,5°. Tabule e faça um gráfico da profundidade de escoamento em função do ângulo do fundo e discuta os resultados.

13–125 Repita o Problema 13–124 para um canal trapezoidal que tem uma largura de base de 5 m e um ângulo de superfície lateral de 45°.

13–126 Um canal trapezoidal com revestimento de tijolos tem uma inclinação inferior de 0,001 e uma base com largura de 4 m, e as superfícies laterais têm ângulos de 25° em relação à horizontal, como mostra a Fig. P13–126. Se a profundidade normal for medida como 1,5 m, estime a vazão da água através do canal.

Resposta: 22,5 m^3/s

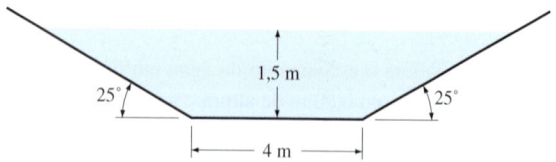

FIGURA P13–126

13–127 Água escoa através de um canal retangular com 2,2 m de largura com um coeficiente de Manning de $n = 0,012$. Se a profundidade da água for 0,9 m e a inclinação do fundo do canal for 0,6°, determine a vazão de descarga do canal no escoamento uniforme.

13–128 Um canal retangular com largura do fundo de 7 m descarrega água a uma vazão de 45 m^3/s. Determine a profundidade de escoamento abaixo da qual o escoamento é supercrítico.

Resposta: 1,62 m

13–129 Considere um canal de água circular com diâmetro interno de 1 m com acabamento de concreto polido ($n = 0,012$). A inclinação do canal é 0,002. Para uma profundidade de escoamento de 0,32 m no centro do canal, determine a vazão de água através do canal.

Resposta: 0,258 m^3/s

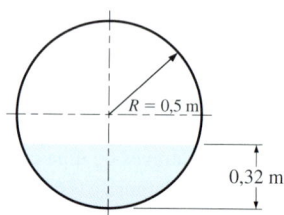

FIGURA P13–129

13–130 Reconsidere o Problema 13–129. Variando a razão entre a profundidade e o raio y/R de 0,1 a 1,9 enquanto a área seccional de escoamento é mantida constante, e avaliando a vazão, mostre que a melhor seção transversal para o escoamento em um canal circular ocorre quando o canal está metade cheio. Tabule e faça um gráfico com os seus resultados.

13–131 Considere o escoamento da água através do desfiladeiro parabólico mostrado na Fig. P13–131. Desenvolva uma relação para a vazão e calcule seu valor numérico para o caso ideal no qual a velocidade de escoamento é dada pela equação de Torricelli $V = \sqrt{2g(H - y)}$.

Resposta: 0,123 m^3/s

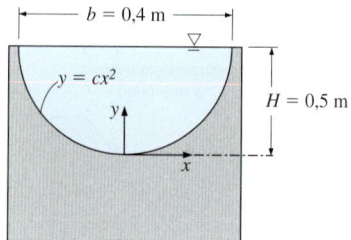

FIGURA P13–131

13–132 Água escoa em um canal cuja inclinação do fundo é de 0,5° e cuja seção transversal é aquela mostrada na Fig. P13–132. As dimensões e os coeficientes de Manning para as superfícies das diferentes subseções também são dadas na figura. Determine a vazão através do canal e o coeficiente de Manning efetivo para o canal.

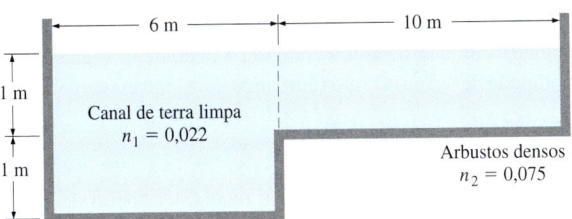

FIGURA P13–132

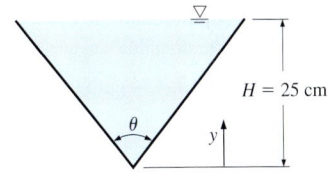

FIGURA P13–139

13–133 Considere dois canais idênticos, um retangular com largura inferior b e outro circular com diâmetro D e vazões, inclinações do fundo e revestimentos de superfície idênticos. Se a altura do escoamento no canal retangular também é b e o canal circular escoa à meia carga, determine a relação entre b e D.

13–134 Considere o escoamento de água através de um canal em forma de V. Determine o ângulo θ que o canal faz com a horizontal para o qual o escoamento é mais eficiente.

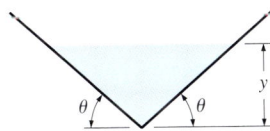

FIGURA P13–134

13–135 A vazão de água em um canal retangular com 6 m de largura deve ser medida usando um vertedouro de soleira espessa de 1,1 m de altura que abrange todo o canal. Se a carga acima da soleira do vertedouro for de 0,60 m a montante do vertedouro, determine a vazão de água.

13–136E Um canal retangular com superfícies de concreto não polido deve ser construído para descarregar água de modo uniforme a uma vazão de 200 ft³/s. No caso da melhor seção transversal, determine a largura do fundo do canal se a queda vertical disponível é de (a) 5 e (b) 10 ft por milha.

Respostas: (a) 8,58 ft e (b) 7,54 ft

13–137E Repita o Problema 13–136E para o caso de um canal trapezoidal com a melhor seção transversal.

13–138E Considere dois canais retangulares idênticos com 15 ft de largura, equipados com um vertedouro de largura do canal e com 3 ft de altura, exceto pelo fato de que o vertedouro tem soleira delgada em um canal e soleira espessa no outro. Para uma profundidade de escoamento de 5 ft em ambos os canais, determine a vazão através de cada canal.

Respostas: 149 ft³/s, 66,0 ft³/s

13–139 Na prática, o desfiladeiro em V normalmente é usado para medir a vazão dos canais abertos. Utilizando a equação idealizada de Torricelli $V = \sqrt{2g(H-y)}$ para a velocidade, desenvolva uma relação para a vazão através do desfiladeiro em V em termos do ângulo θ. Mostre também a variação da vazão com θ, avaliando a vazão para $\theta = 25, 40, 60$ e 75° e traçando um gráfico para os resultados.

13–140 Água escoa de modo uniforme à meia carga em um canal circular com 3,2 m de diâmetro assentado com uma inclinação de 0,004. Se a vazão da água for medida como 4,5 m³/s, determine o coeficiente de Manning do canal e o número de Froude.

Resposta: 0,0487, 0,319

13–141 Considere o escoamento de água através de um canal retangular largo que sofre um salto hidráulico. Mostre que a relação entre os números de Froude antes e depois do salto pode ser expressa em termos das profundidades de escoamento y_1 e y_2 antes e depois do salto, respectivamente, como

$$\mathrm{Fr}_1/\mathrm{Fr}_2 = \sqrt{(y_2/y_1)^3}.$$

13–142 Uma comporta basculante com escoamento livre é usada para controlar a vazão de descarga da água através de um canal. Determine a vazão por unidade de largura quando a comporta está levantada resultando em uma lacuna de 50 cm e quando a profundidade de escoamento a montante é medida como 2,8 m. Determine também a profundidade de escoamento e a velocidade a jusante.

13–143 Água escoando em um canal largo a uma profundidade de escoamento de 45 cm e uma velocidade média de 8 m/s sofre um salto hidráulico. Determine a fração de energia mecânica do fluido dissipada durante esse salto.

Resposta: 36,9%

13–144 Água escoando através de uma comporta basculante passa por um salto hidráulico, como mostra a Fig. P13–144. A velocidade da água é 1,25 m/s antes de atingir a comporta e 4 m/s após o salto. Determine a vazão de água através da comporta

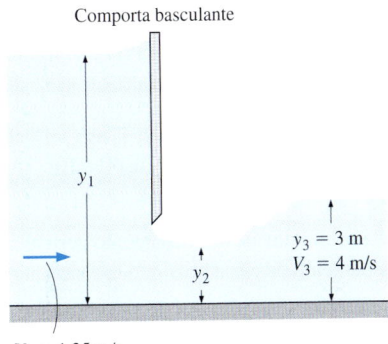

FIGURA P13–144

por metro de largura, as profundidades de escoamento y_1 e y_2 e a taxa de dissipação de energia do salto.

13–145 Repita o Problema 13–144 para uma velocidade de 3,2 m/s após o salto hidráulico.

13–146 Água é descarregada de um lago com 5 m de profundidade em um canal de concreto polido com uma inclinação do fundo de 0,004 através de uma comporta basculante com uma abertura de 0,5 m de altura no fundo. Logo após o estabelecimento das condições de escoamento uniforme supercrítico, a água sofre um salto hidráulico. Determine a profundidade do escoamento, a velocidade e o número de Froude após o salto. Despreze a inclinação do fundo ao analisar o salto hidráulico.

13–147 Água é descarregada de um dique em um vertedouro largo para evitar o transbordamento e reduzir o risco de inundação. Uma grande fração da potência destrutiva da água é dissipada por um salto hidráulico durante o qual a profundidade da água sobe de 0,70 para 5 m. Determine as velocidades da água antes e depois do salto e a potência mecânica dissipada por metro de largura do vertedouro.

13–148 Água escoando em um canal horizontal largo se aproxima de uma saliência com 20 cm de altura a uma velocidade de 1,25 m/s e profundidade de escoamento de 1,8 m. Determine a velocidade, a profundidade de escoamento e o número de Froude sobre a saliência.

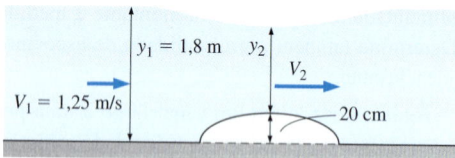

FIGURA P13–148

13–149 Reconsidere o Problema 13–148. Determine a altura da saliência para a qual o escoamento sobre a mesma é crítico (Fr = 1).

Problemas adicionais

13–150 Que escolhas são exemplos de fluxo de canal aberto?
I. Escoamento de água em rios
II. Drenagem de águas pluviais para fora de rodovias
III. Projeto ascendente de chuva e neve
IV. Tubulações de esgoto

(a) I e II   (b) I e III   (c) II e III
(d) I, II e IV   (e) I, II, III e IV

13–151 Se a profundidade do escoamento permanece constante em um escoamento de canal aberto, o escoamento é chamado
(a) Fluxo uniforme   (b) Fluxo constante
(c) Variado   (d) Fluxo instável
(e) Fluxo laminar

13–152 Considere o escoamento de água em um canal aberto retangular de 2 m de altura e largura 5 m contendo água de profundidade de 1,5 m. O raio hidráulico para este escoamento é
(a) 0,47 m   (b) 0,94 m   (c) 1,5 m
(d) 3,8 m   (e) 5 m

3–153 Água escoa em um canal retangular aberto de largura 5 m a uma vazão de 7,5 m³/s. A profundidade crítica para este escoamento é
(a) 5 m   (b) 2,5 m   (c) 1,5 m
(d) 0,96 m   (e) 0,61 m

13–154 Água escoa em um canal retangular aberto de largura 0,6 m, a uma vazão de 0,25 m³/s. Se a profundidade do escoamento é de 0,2 m, o que é a profundidade de escoamento alternativa se o caráter de escoamento tiver de mudar?
(a) 0,2 m   (b) 0,26 m   (c) 0,35 m
(d) 0,6 m   (e) 0,8 m

13–155 Água escoa em um canal aberto de 6 m de largura retangular a uma vazão de 55 m³/s. Se a profundidade do escoamento é de 2,4 m, o número de Froude é
(a) 0,531   (b) 0,787   (c) 1,0
(d) 1,72   (e) 2,65

13–156 Água escoa em um canal natural limpo e reto de seção retangular com uma largura do fundo de 0,75 m e um ângulo de inclinação inferior de 0,6°. Se a profundidade do escoamento é de 0,15 m, a vazão de água através do canal é
(a) 0,0317 m³/s   (b) 0,05 m³/s
(c) 0,0674 m³/s   (d) 0,0866 m³/s
(e) 1,14 m³/s

13–157 Água tem de ser transportada em um canal retangular de concreto acabado com um fundo de largura de 1,2 m a uma vazão de 5 m³/s. O fundo do canal cai 1 m por 500 m de comprimento. A altura mínima do canal sob condições de escoamento uniforme é
(a) 1,9 m   (b) 1,5 m   (c) 1,2 m
(d) 0,92 m   (e) 0,60 m

13–158 Água é para ser transportada em um canal aberto retangular de 4 m de largura. A profundidade do escoamento para maximizar a vazão é de
(a) 1 m   (b) 2 m   (c) 4 m
(d) 6 m   (e) 8 m

13–159 Água deve ser transportada em um canal retangular forrado com barro de telha com uma vazão de 0,8 m³/s. O fundo do canal tem inclinação de 0,0015. A largura do canal para a melhor seção transversal é
(a) 0,68 m   (b) 1,33 m   (c) 1,63 m
(d) 0,98 m   (e) 1,15 m

13–160 Água deve ser transportada por um canal trapezoidal forrado com barro de telha com uma vazão de 0,8 m³/s. O fundo do canal tem inclinação de 0,0015. A largura do canal para a melhor seção transversal é

(a) 0,48 m (b) 0,70 m (c) 0,84 m
(d) 0,95 m (e) 1,22 m

13–161 A água escoa de maneira uniforme em um canal retangular de concreto acabado com fundo de largura 0,85 m. A profundidade do escoamento é de 0,4 m e a inclinação do fundo é de 0,003. O canal deve ser classificado como

(a) Íngreme (b) Crítico (c) Suave
(d) Horizontal (e) Adverso

13–162 Água é descarregada em um canal horizontal retangular a partir de uma comporta basculante sofre um salto hidráulico. O canal tem 25 m de largura e a profundidade do escoamento e a velocidade antes do salto são 2 m e 9 m/s, respectivamente. A profundidade do escoamento após o salto é

(a) 1,26 m (b) 2 m (c) 3,61 m
(d) 4,83 m (e) 6,55 m

13–163 Água é descarregada em um canal horizontal retangular a partir de uma comporta basculante e sofre um salto hidráulico. A profundidade do escoamento e a velocidade antes do salto são de 1,25 m e 6 m/s, respectivamente. O percentual disponível de perda de carga devido ao salto hidráulico é

(a) 4,7% (b) 6,2% (c) 8,5%
(d) 13,9% (e) 17,4%

13–164 Água é descarregada em um canal horizontal de 7 m de largura a partir de uma comporta basculante e sofre um salto hidráulico. A profundidade do escoamento e a velocidade antes do salto são 0,65 m e 5 m/s, respectivamente. A potência desperdiçada devido ao salto hidráulico é

(a) 158 kW (b) 112 kW (c) 67,3 kW
(d) 50,4 kW (e) 37,6 kW

13–165 A água é liberada a partir de um reservatório de 0,8 m de profundidade em um canal aberto de 4 m de largura através de uma comporta basculante com um 0,1 m de altura de abertura, no fundo do canal. A profundidade do escoamento após a turbulência subsidiar é de 0,5 m. A vazão de descarga é

(a) 0,92 m^3/s (b) 0,79 m^3/s (c) 0,66 m^3/s
(d) 0,47 m^3/s (e) 0,34 m^3/s

13–166 A vazão de água em um canal horizontal aberto com 3 m de largura está sendo medida com um vertedouro retangular de 0,4 m de altura com soleira afiada de largura igual à do canal. Se a profundidade da água a montante é 0,9 m, a vazão de água é

(a) 1,37 m^3/s (b) 2,22 m^3/s (c) 3,06 m^3/s
(d) 4,68 m^3/s (e) 5,11 m^3/s

Problemas de projeto e dissertação

13–167 Usando catálogos ou sites, obtenha informações de três fabricantes diferentes de vertedouro. Compare os projetos dos diferentes vertedouros e discuta as vantagens e desvantagens de cada um. Indique para quais aplicações cada projeto é mais adequado.

13–168 Considere o escoamento da água no intervalo entre 10 e 15 m^3/s através da seção horizontal de um canal retangular com 5 m de largura. Um vertedouro retangular ou triangular com chapa fina deve ser instalado para medir a vazão. Para que a profundidade da água permaneça abaixo de 2 m em todos os momentos, especifique o tipo e as dimensões de um vertedouro apropriado. Qual seria sua resposta se o intervalo de escoamento estivesse entre 0 e 15 m^3/s?

Capítulo 14

Turbomáquinas

Neste capítulo, discutimos os princípios básicos de um equipamento comum e importante da mecânica dos fluidos, a *turbomáquina*. Em primeiro lugar, classificamos as turbomáquinas em duas categorias amplas, *bombas* e *turbinas*. Em seguida, discutimos essas turbomáquinas com mais detalhes, em especial, qualitativamente, explicando os princípios básicos de sua operação. Enfatizamos o projeto preliminar e o desempenho geral de turbomáquinas, em vez do projeto detalhado. Além disso, discutimos como combinar adequadamente os requisitos de um sistema de escoamento de fluido com as características de desempenho de uma turbomáquina. Uma parte significativa deste capítulo é dedicada às *leis de semelhança das turbomáquinas* – uma aplicação prática da análise dimensional. Mostramos como as leis de semelhança são usadas no projeto das novas turbomáquinas que são geometricamente semelhantes às existentes.

OBJETIVOS

Ao terminar a leitura deste capítulo você deve ser capaz de:

- Identificar os diversos tipos de bombas e turbinas e entender como eles funcionam
- Aplicar a análise dimensional ao projeto de bombas ou turbinas novas que sejam geometricamente semelhantes às bombas e turbinas existentes
- Executar a análise vetorial básica no estudo do escoamento em bombas e turbinas
- Utilizar a velocidade específica para o projeto preliminar e seleção de bombas e turbinas

Os motores a jato de modernos aviões comerciais são turbomáquinas altamente complexas.
© *Stockbyte/PunchStock RF*

14–1 CLASSIFICAÇÕES E TERMINOLOGIA

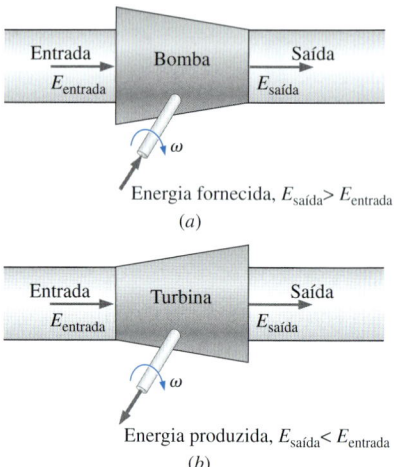

FIGURA 14–1 (*a*) Uma bomba fornece energia para um fluido enquanto (*b*) uma turbina extrai energia de um fluido.

Existem duas categorias amplas de turbomáquinas, **bombas** e **turbinas**. A palavra *bomba* é um termo geral para qualquer máquina de fluido que *adiciona* energia a um fluido. Alguns autores chamam as bombas de **dispositivos que absorvem energia**, uma vez que a energia é fornecida *para* elas, e elas transferem a maior parte daquela energia para o fluido, em geral, por meio de um eixo giratório (Fig. 14–1*a*). O aumento da energia do fluido normalmente é sentido como um aumento da pressão. As turbinas, por outro lado, são **dispositivos produtores de energia** – eles extraem energia *do* fluido e transferem a maior parte dessa energia para alguma forma de saída de energia mecânica, em geral, na forma de um eixo giratório (Fig. 14–1*b*). O fluido na saída de uma turbina sofre uma perda de energia, muitas vezes, na forma de uma perda de pressão.

Uma pessoa comum pode pensar que a energia fornecida para uma bomba aumenta a velocidade do fluido passando através da bomba, e que uma turbina extrai energia do fluido deixando-o mais lento. Esse não é necessariamente o caso. Considere um volume de controle ao redor de uma bomba (Fig. 14–2). Assumimos condições de regime permanente. Com isso, queremos dizer que nem a vazão em massa nem a velocidade de rotação das pás rotativas se modificam com o tempo. (Obviamente, o campo de escoamento detalhado próximo às pás rotativas dentro da bomba *não* é permanente, mas a análise do volume de controle não leva em conta os detalhes dentro do volume de controle.) Pela conservação de massa, sabemos que a vazão em massa na entrada da bomba deve ser igual à vazão em massa na saída. Se o escoamento é incompressível, as vazões volumétricas na entrada e na saída também devem ser iguais. Além disso, se o diâmetro da saída for igual àquele da entrada, a conservação de massa exige que a velocidade média através da saída deve ser idêntica à velocidade média através da entrada. Em outras palavras, a bomba não aumenta necessariamente a *velocidade* do fluido que passa através dele, mas aumenta a *pressão* do fluido. Claramente, se a bomba fosse desligada, não haveria escoamento. Assim, a bomba aumenta a velocidade do fluido comparada à situação de um sistema sem bomba. Entretanto, em termos de variações entre entrada e saída *através* da bomba, a velocidade do fluido não aumenta necessariamente. (A velocidade de saída pode até mesmo ser *menor* do que a velocidade de entrada se o diâmetro da saída for maior do que aquele da entrada.)

FIGURA 14–2 No caso do escoamento em regime permanente, a conservação de massa exige que a vazão em massa para fora de uma bomba seja igual à vazão em massa na entrada da bomba; para o escoamento incompressível com áreas de seção transversal de entrada e saída ($D_{saída} = D_{entrada}$), concluímos que $V_{saída} = V_{entrada}$, mas $P_{saída} > P_{entrada}$.

> A finalidade de uma bomba é adicionar energia a um fluido, resultando em um aumento da pressão do fluido, não necessariamente em um aumento da velocidade do fluido através da bomba.

De modo análogo, podemos dizer com relação à finalidade de uma turbina:

> A finalidade de uma turbina é extrair energia de um fluido, resultando em uma diminuição da pressão do fluido, não necessariamente em uma diminuição da velocidade do fluido através da turbina.

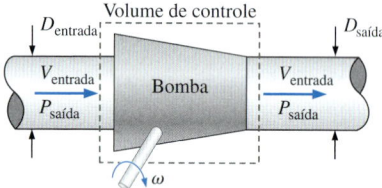

FIGURA 14–3 Quando utilizadas com gases, as bombas são chamadas de *ventiladores, sopradores* ou *compressores*, dependendo dos valores relativos da elevação de pressão e da vazão volumétrica.

As máquinas que movimentam líquidos são chamadas de **bombas**, mas existem vários outros nomes para as máquinas que movimentam gases (Fig. 14–3). Um **ventilador** é uma bomba de gás com elevação de pressão relativamente baixa e vazão alta. Os exemplos incluem os ventiladores de teto, os ventiladores domésticos e as hélices. Um tipo de ventilador, chamado de **soprador**, é uma bomba de gás com elevação de pressão moderada ou alta e vazão moderada ou alta. Os exemplos incluem os ventiladores centrífugos e os ventiladores dos sistemas de ventilação automotivos e de fornos e as máquinas de soprar folhas. Um **compressor** é uma bomba de gás desenvolvida para fornecer uma elevação de pressão muito alta, em geral, com vazões baixas ou moderadas. Os exemplos incluem os compressores de ar que acionam ferramentas pneumáticas ou que enchem pneus nos postos de gasolina, e os compressores utilizados nas bombas de calor, nos refrigeradores e nos condicionadores de ar.

Bombas e turbinas nas quais a energia é fornecida ou extraída por um eixo giratório são chamadas adequadamente de **turbomáquinas**, uma vez que o prefixo latino *turbo* significa "giro". Entretanto, nem todas as bombas ou turbinas utilizam um eixo giratório. A bomba manual operada a ar que você usa para encher os pneus de sua bicicleta é um dos principais exemplos (Fig. 14–4a). O movimento intermitente para cima e para baixo de um êmbolo substitui o eixo giratório desse tipo de bomba, e é mais adequado chamá-lo simplesmente de **máquina de fluxo**, em vez de turbomáquina. Uma bomba de poço antiga opera de modo similar para bombear a água, em vez do ar (Fig. 14–4b). Entretanto, a palavra *turbomáquina* é muito usada na literatura para se referir a *todos* os tipos de bombas e turbinas, independentemente de utilizarem um eixo giratório ou não.

As máquinas de fluxo também podem ser classificadas de forma geral como máquinas de *deslocamento positivo* ou máquinas *dinâmicas*, com base no modo como ocorre a transferência de energia. Em **máquinas de deslocamento positivo**, o fluido é direcionado para um volume fechado. A transferência de energia para o fluido é realizada pelo movimento da fronteira do volume fechado, fazendo com que o volume expanda ou contraia, sugando fluido para dentro ou esguichando fluido para fora, respectivamente. Seu coração é um bom exemplo de uma **bomba de deslocamento positivo** (Fig. 14–5a). Ela foi criada com válvulas de uma via que se abrem para deixar o sangue das câmaras do coração se expandir, e outras válvulas de uma via que se abrem à medida que o sangue é empurrado para fora dessas câmaras quando elas se contraem. Um exemplo de uma **turbina de deslocamento positivo** é o medidor comum da água de sua casa (Fig. 14–5b), no qual a água preenche e, em seguida, abandona uma câmara de volume conhecido para cada rotação do eixo do mostrador. O medidor de água registra cada rotação de 360° do eixo de saída e o medidor é ajustado precisamente com o volume conhecido do fluido na câmara.

Em **máquinas dinâmicas**, não há volume fechado; em vez disso, pás rotativas fornecem ou extraem energia do fluido. Nas bombas, essas pás rotativas são chamadas de **pás propulsoras**, enquanto nas turbinas as pás rotativas são chamadas de **pás da roda** ou **baldes**. Os exemplos de **bombas dinâmicas** incluem

(a) (b)

FIGURA 14–4 Nem todas as bombas têm um eixo giratório; (a) a energia é fornecida para essa bomba manual de pneus pelo movimento para cima e para baixo do braço de uma pessoa bombeando o ar; (b) um mecanismo similar é usado para bombear água com uma antiga bomba de poço.

(a) Foto de Andrew Cimbala, com permissão. (b) © Bear Dancer Studios/Mark Dierker

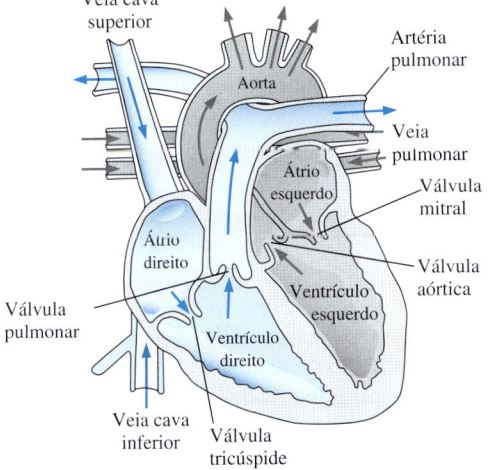

FIGURA 14–5 (a) O coração humano é um exemplo de *bomba de deslocamento positivo*, o sangue é bombeado por expansão e contração das câmaras do coração chamadas *ventrículos*. (b) O medidor comum da água de sua casa é um exemplo de uma *turbina de deslocamento positivo;* a água preenche e sai de uma câmara com volume conhecido a cada revolução do eixo de saída.

Foto cortesia da Badger Meter, Inc. Usada com permissão.

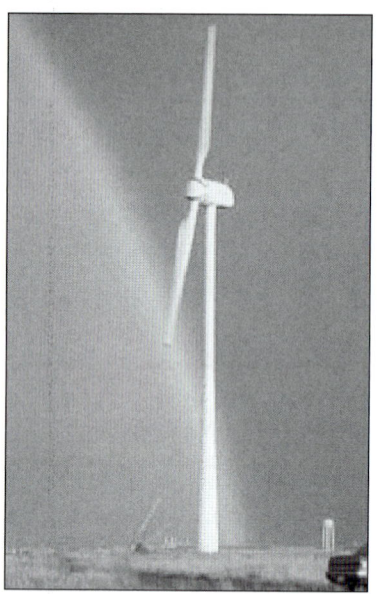

FIGURA 14–6 Uma turbina eólica é um bom exemplo de máquina dinâmica do tipo aberto; o ar gira as pás e o eixo de saída faz funcionar um gerador elétrico.

The Wind Turbine Company. Usado com permissão.

bombas confinadas e **bombas em duto** (aquelas com carcaças ao redor das pás, como a bomba de água do motor do carro), e **bombas abertas** (aquelas sem carcaça, como o ventilador de teto de uma casa, o propulsor de um avião ou o rotor de um helicóptero). Os exemplos de **turbinas dinâmicas** incluem as **turbinas confinadas**, como a turbina hidráulica que extrai energia da água em uma represa hidroelétrica, e **turbinas abertas**, como a turbina eólica que extrai energia do vento (Fig. 14–6).

14–2 BOMBAS

Alguns parâmetros fundamentais são utilizados na análise do desempenho de uma bomba. A **vazão em massa** $\dot{m}$ do fluido através da bomba é um óbvio parâmetro principal de desempenho. Para o escoamento incompressível, é mais comum usar a **vazão volumétrica** do que a vazão em massa. Na indústria de turbomáquinas, a vazão volumétrica é chamada de **capacidade** e nada mais é do que a vazão em massa dividida pela densidade do fluido,

Vazão volumétrica (capacidade): $\quad \dot{V} = \dfrac{\dot{m}}{\rho}$ (14–1)

O desempenho de uma bomba é caracterizado também pela sua **carga líquida** H, definida como a variação da **carga de Bernoulli** entre a entrada e a saída da bomba,

Carga líquida: $\quad H = \left(\dfrac{P}{\rho g} + \dfrac{V^2}{2g} + z\right)_s - \left(\dfrac{P}{\rho g} + \dfrac{V^2}{2g} + z\right)_e$ (14–2)

A dimensão da carga líquida é comprimento e, com frequência, é listada como uma altura de coluna de água equivalente, mesmo para uma bomba que não bombeia água.

No caso em que um *líquido* é bombeado, a carga de Bernoulli na entrada é equivalente à **linha de energia** na entrada, EGL$_{entrada}$, obtida pelo alinhamento de uma sonda de Pitot no centro do escoamento como ilustra a Fig. 14–7. A linha piezométrica de energia na saída EGL$_{saída}$ é obtida do mesmo modo, como também ilustra a figura. No caso geral, a saída da bomba pode estar a uma elevação diferente da entrada, e seu diâmetro e velocidade média podem não ser iguais àqueles da entrada. Independentemente dessas diferenças, a carga líquida H é igual à diferença entre EGL$_{saída}$ e EGL$_{entrada}$,

Carga líquida de uma bomba hidráulica: $\quad H = \text{EGL}_{saída} - \text{EGL}_{entrada}$

Considere o caso especial do escoamento incompressível através de uma bomba na qual os diâmetros de entrada e saída são idênticos e que não sofre variação da elevação. A Equação 14–2 se reduz a

Caso especial com $D_{saída} = D_{entrada}$ *e* $z_{saída} = z_{entrada}$: $\quad H = \dfrac{P_s - P_e}{\rho g}$

Neste caso simplificado, a carga líquida é simplesmente a elevação de pressão através da bomba expressa como uma carga (altura da coluna de fluido).

A carga líquida é proporcional à potência útil efetivamente fornecida ao fluido. É tradicional chamar essa potência de **potência hidráulica**, mesmo que o fluido bombeado não seja água. Por raciocínio dimensional, devemos multiplicar a carga líquida da Equação 14–2 pela vazão em massa e aceleração gravitacional para obter as dimensões da potência. Assim,

Potência hidráulica $\qquad \dot{W}_{\text{potência hidráulica}} = \dot{m}gH = \rho g \dot{V} H$ $\qquad$ (14–3)

Todas as bombas sofrem perdas irreversíveis devido ao atrito, vazamento interno, separação de escoamento nas superfícies das pás, dissipação turbulenta, etc. Assim, a energia mecânica fornecida à bomba deve ser *maior* do que a potência $\dot{W}_{\text{potência hidráulica}}$. Na terminologia das bombas, a potência externa fornecida à bomba é chamada de **potência no eixo**, que é abreviada como bhp. No caso típico de um eixo rotativo que fornece a potência no eixo,

Potência no eixo: $\qquad \text{bhp} = \dot{W}_{\text{eixo}} = \omega T_{\text{eixo}}$ $\qquad$ (14–4)

onde ω é a velocidade rotacional do eixo (rad/s) e T_{eixo} é o torque fornecido ao eixo. Definimos **eficiência da bomba** η_{bomba} como a relação entre a taxa de potência útil e a potência fornecida,

Eficiência da bomba: $\qquad \eta_{\text{bomba}} = \dfrac{\dot{W}_{\text{potência hidráulica}}}{\dot{W}_{\text{eixo}}} = \dfrac{\dot{W}_{\text{potência hidráulica}}}{\text{bhp}} = \dfrac{\rho g \dot{V} H}{\omega T_{\text{eixo}}}$ $\qquad$ (14–5)

Curvas de desempenho da bomba e escolha de uma bomba para um sistema de tubulações

A vazão máxima de escoamento em volume através de uma bomba ocorre quando sua carga líquida é zero, $H = 0$; essa vazão é chamada de **fornecimento livre** (ou *free delivery*) da bomba. As condições de fornecimento livre são atingidas quando não há restrição de escoamento na entrada ou saída da bomba – em outras palavras, quando não há **carga** na bomba. Neste ponto da operação, $\dot{V}$ é grande, mas H é zero; a eficiência da bomba é zero porque a bomba não está realizando trabalho útil, como fica claro na Equação 14–5. No outro extremo, a **carga de fechamento** (ou **carga de** *shutoff*) é a carga líquida que ocorre quando a vazão volumétrica é zero, $\dot{V} = 0$, e é atingida quando a saída da bomba é bloqueada. Nessas condições, H é grande, mas é zero; a eficiência da bomba (Equação 14–5) novamente é zero, porque a bomba não está realizando trabalho útil. Entre esses dois extremos, do fechamento até o fornecimento livre, a carga líquida da bomba pode aumentar um pouco com relação a seu valor de fechamento à medida que a vazão aumenta, mas H finalmente diminui até zero à medida que a vazão volumétrica aumenta até seu valor de fornecimento livre. A eficiência da bomba atinge seu valor máximo em algum ponto entre a condição de fechamento e a condição de fornecimento livre; esse ponto de operação de máxima eficiência é chamado adequadamente de **ponto ótimo de eficiência** (*best efficiency point* ou BEP) e é indicado por um asterisco ($H^*, \dot{V}^*$, bhp*). As curvas de H, η_{bomba}, e bhp como funções de $\dot{V}$ são chamadas de **curvas de desempenho de bomba** (ou *curvas características*, Capítulo 8); as curvas típicas para uma velocidade de rotação são mostradas na Fig. 14–8. As curvas de desempenho da bomba mudam com a velocidade de rotação.

É importante entender que *para condições permanentes, uma bomba pode operar apenas ao longo de sua curva de desempenho*. Assim, o ponto de operação de um sistema de tubulações é determinado quando os requisitos do sistema (a carga líquida *necessária*) coincidem com o desempenho da bomba (carga líquida *disponível*). Em uma aplicação típica, $H_{\text{necessária}}$ e $H_{\text{disponível}}$ coincidem em

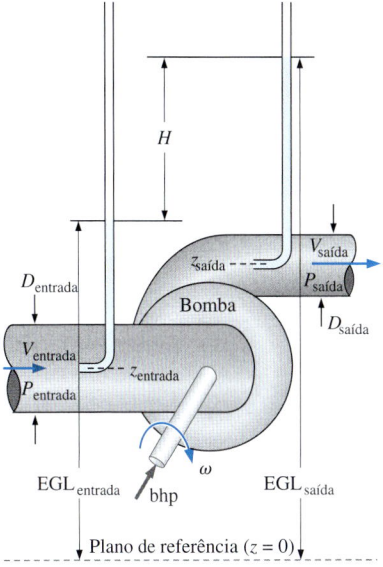

FIGURA 14–7 A *carga líquida* de uma bomba, H, é definida como a variação na carga de Bernoulli entre a entrada e a saída; para um líquido, isso equivale à variação da linha da energia, $H = \text{EGL}_{\text{saída}} - \text{EGL}_{\text{entrada}}$, com relação a algum plano de referência arbitrário; bhp é o *potência no eixo,* a potência externa fornecida para a bomba.

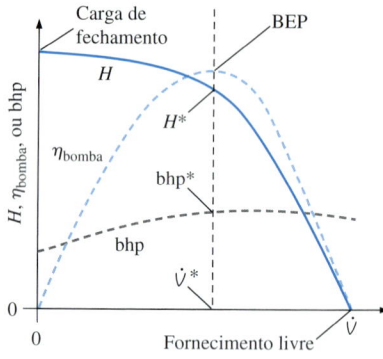

FIGURA 14–8 As *curvas de desempenho de bomba* características para uma bomba centrífuga com pás inclinadas para trás; a forma das curvas para outros tipos de bombas podem diferir, e as curvas variam junto com a velocidade de rotação.

um valor exclusivo da vazão – esse é o **ponto de operação** ou **ponto de funcionamento** do sistema.

O ponto operacional constante de um sistema de tubulações é estabelecido para a vazão volumétrica na qual $H_{necessária} = H_{disponível}$.

Para um dado sistema de tubulações com suas perdas distribuídas e localizadas, variações de elevação, etc., a carga líquida necessária *aumenta* com a vazão volumétrica. Por outro lado, a carga líquida disponível da maioria das bombas *diminui* com a vazão, como na Fig. 14–8, pelo menos na maioria de seu intervalo operacional recomendado. Assim, a curva de sistema e a curva de desempenho da bomba se cruzam como mostra a Fig. 14–9, e isso estabelece o ponto de operação. Com sorte, o ponto de operação está próximo do ponto de eficiência ótima da bomba. Na maioria dos casos, porém, como ilustra a Fig. 14–9, a bomba não funciona com sua eficiência ótima. Se a eficiência é importante, a bomba deve ser selecionada com cuidado (ou, então, uma nova bomba deve ser projetada), para que o ponto operacional esteja o mais próximo possível do ponto de eficiência ótima. Em alguns casos, pode ser possível alterar a velocidade de rotação do eixo, para que uma bomba existente possa operar muito próxima a seu ponto de projeto (o ponto de eficiência ótima).

Existem situações nas quais a curva do sistema e a curva do desempenho da bomba se cruzam em mais de um ponto operacional. Isso pode ocorrer quando uma bomba que tem um vale em sua curva de carga disponível é aplicada a um sistema que tem uma curva de sistema de carga requerida relativamente plana, como ilustra a Fig. 14–10. Embora raras, tais situações são possíveis e devem ser evitadas, porque o sistema pode oscilar entre os possíveis pontos de operação, levando a uma situação de escoamento transiente.

A adequação de um sistema de tubos a uma bomba é um processo relativamente direto, depois que percebemos que o termo para **carga de bomba útil** ($h_{bomba,u}$) que usamos na forma de carga da equação da energia (Capítulo 5) é igual à *carga líquida* (H) usada neste capítulo. Considere, por exemplo, um sistema geral de tubos com variação de elevação, perdas distribuídas e localizadas e aceleração de fluido (Fig. 14–11). Começamos solucionando a equação da energia da **carga líquida necessária** $H_{necessária}$,

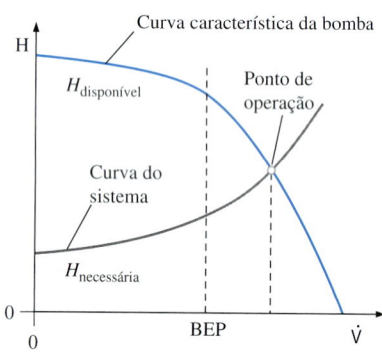

FIGURA 14–9 O *ponto de operação* de um sistema de tubos é estabelecido como a vazão volumétrica, na qual a curva do sistema e a curva do desempenho da bomba se cruzam.

$$H_{necessária} = h_{bomba,u} = \frac{P_2 - P_1}{\rho g} + \frac{\alpha_2 V_2^2 - \alpha_1 V_1^2}{2g} + (z_2 - z_1) + h_{L,total} \quad (14\text{–}6)$$

na qual assumimos que não há uma turbina no sistema, embora esse termo possa ser adicionado novamente se necessário. Também incluímos os fatores de correção da energia cinética na Equação 14–6 para aumentar a exatidão, embora seja comum na indústria das turbomáquinas ignorá-los (α_1 e α_2 são assumidos como unitários, já que o escoamento é turbulento).

A Equação 14–6 é avaliada da entrada do sistema de tubos (ponto 1 à montante da bomba) para a saída do sistema de tubos (ponto 2 à jusante da bomba). A Equação 14–6 confirma nossa intuição, porque ela nos diz que a carga útil da bomba fornecida ao fluido faz quatro coisas:

- Ela aumenta a *pressão estática* do fluido do ponto 1 até o ponto 2 (primeiro termo da direita).

- Ela aumenta a *pressão dinâmica* (energia cinética) do fluido do ponto 1 até o ponto 2 (segundo termo da direita).

- Ela aumenta a *elevação* (energia potencial) do fluido do ponto 1 até o ponto 2 (terceiro termo da direita).

- Ela supera as *perdas de carga irreversíveis* no sistema de tubos (o último termo da direita).

Em um sistema geral, as variações da pressão estática, da pressão dinâmica e da elevação podem ser positivas ou negativas, enquanto as perdas de carga irreversíveis *sempre* são positivas. Em muitos problemas da engenharia mecânica e civil nos quais o fluido é um líquido, o termo da elevação é importante, mas quando o fluido é um gás, tal como nos problemas que envolvem ventilação e controle da poluição do ar, o termo da elevação quase sempre é desprezível.

Para encontrar uma bomba para um sistema, e para determinar o ponto de operação, equacionamos $H_{necessária}$ na Equação 14–6 como $H_{disponível}$, que é a carga líquida (em geral, conhecida) da bomba como função da vazão volumétrica.

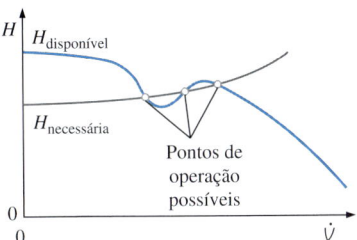

FIGURA 14–10 As situações nas quais existe mais de um único ponto de operação devem ser evitadas. Em tais casos uma bomba diferente deve ser usada.

Ponto de operação: $\qquad H_{necessária} = H_{disponível} \qquad$ (14–7)

A situação mais comum é aquela na qual um engenheiro seleciona uma bomba que é mais potente do que aquela realmente necessária. Assim, a vazão volumétrica através do sistema de tubulação é um pouco maior do que o necessário, e uma válvula (ou registro) é instalada na linha para que a vazão possa ser diminuída se for preciso.

EXEMPLO 14–1   Ponto de operação de um ventilador em um sistema de ventilação

Um *sistema de ventilação local* (coifa e duto de exaustão) é usado para remover o ar e os contaminantes produzidos por uma operação de limpeza a seco (Fig. 14–12). O duto é circular e construído de aço galvanizado com costuras longitudinais e juntas a cada 30 in (0,76 m). O diâmetro interno (ID) do duto é $D = 9,06$ in (0,230 m) e seu comprimento total é $L = 44,0$ ft (13,4 m). Existem cinco cotovelos CD3-9 ao longo do duto. A altura da rugosidade equivalente desse duto é 0,15 mm, e cada cotovelo tem um coeficiente de perda localizada de $K_L = C_0 = 0,21$. Observe a notação C_0 para o coeficiente de perda localizada, normalmente usada na indústria da ventilação (ASHRAE, 2001). Para garantir a ventilação adequada, a vazão volumétrica mínima necessária através do duto é $\dot{V} = 600$ cfm (ft^3 por minuto) ou 0,283 m^3/s a 25°C. A literatura do fabricante da coifa lista o coeficiente de perda na entrada como 1,3 com base na velocidade do duto. Quando o registro está totalmente aberto, seu coeficiente de perda é de 1,8. Um ventilador centrífugo com diâmetros de entrada e saída de 9,0 in está disponível. Os dados de desempenho listados pelo fabricante são mostrados na Tabela 14–1. Preveja o ponto de operação desse sistema de ventilação local e desenhe um gráfico das elevações de pressão necessária e disponível do ventilador em função da vazão volumétrica. O ventilador selecionado é adequado?

SOLUÇÃO   Devemos estimar o ponto de operação de determinado ventilador e do sistema de dutos e plotar as elevações de pressão necessária e disponível do ventilador em função da vazão volumétrica. Em seguida, devemos determinar se o ventilador selecionado é adequado.

Hipóteses   **1** O escoamento é permanente. **2** A concentração dos contaminantes do ar é baixa; as propriedades do fluido são apenas aquelas do ar. **3** O escoamento na saída é o escoamento turbulento totalmente desenvolvido num tubo com $\alpha = 1,05$.

Propriedades   Para o ar a 25°C, $\nu = 1,562 \times 10^{-5}$ m^2/s e $\rho = 1,184$ kg/m^3. A pressão atmosférica padrão é $P_{atm} = 101,3$ kPa.

(continua)

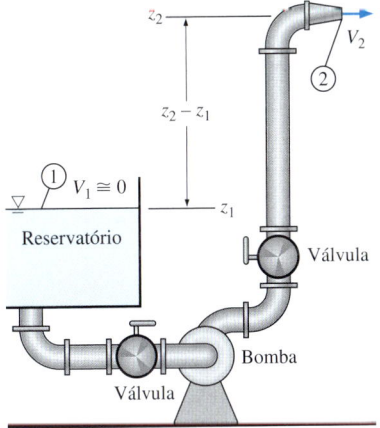

FIGURA 14–11   A Equação 14–6 enfatiza o papel de uma bomba em um sistema de tubos, ou seja, ela aumenta (ou diminui) a pressão estática, a pressão dinâmica e a elevação do fluido e supera as perdas irreversíveis.

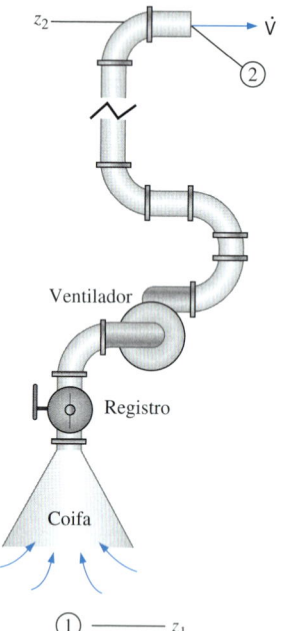

FIGURA 14–12 O sistema de ventilação local do Exemplo 14–1, mostrando o ventilador e todas as perdas localizadas.

TABELA 14–1

Os dados de desempenho do fabricante para o ventilador do Exemplo 14–1*

$\dot{V}$, cfm	$H_{disponível}$, polegadas H_2O
0	0,90
250	0,95
500	0,90
750	0,75
1000	0,40
1200	0,0

* Observe que os dados de elevação da pressão estão listados como polegadas de *água*, embora o *ar* seja o fluido de trabalho. Essa é prática comum na indústria da ventilação.

(continuação)

Análise Aplicamos a equação da energia permanente na forma de carga (Equação 14–6) do ponto 1 na região do ar estagnado da sala até o ponto 2 da saída do duto,

$$H_{necessária} = \frac{P_2 - P_1}{\rho g} + \frac{\alpha_2 V_2^2 - \alpha_1 V_1^2}{2g} + (z_2 - z_1) + h_{L,\text{total}} \quad (1)$$

Na Equação 1, podemos ignorar a velocidade do ar no ponto 1, uma vez que ela foi selecionada (com critério) suficientemente longe da entrada da tampa, para que o ar seja quase estagnado. No ponto 1, $P_1 = P_{atm}$. No ponto 2, P_2 também é igual a $P_{atm} - \rho g (z_2 - z_1)$, uma vez que o jato é descarregado para o ar exterior no telhado do prédio. Assim, os termos de pressão se cancelam e a Equação 1 se reduz a

Carga líquida necessária: $\qquad H_{necessária} = \dfrac{\alpha_2 V_2^2}{2g} + h_{L,\text{total}} \quad (2)$

A perda de carga total da Equação 2 é uma combinação de perdas distribuídas e localizadas e depende da vazão volumétrica. Como o diâmetro do duto é constante,

Perda de carga irreversível total: $\qquad h_{L,\text{total}} = \left(f\dfrac{L}{D} + \sum K_L\right)\dfrac{V^2}{2g} \quad (3)$

O fator de rugosidade adimensionais é $\varepsilon/D = (0{,}15 \text{ mm})/(230 \text{ mm}) = 6{,}52 \times 10^{-4}$. O número de Reynolds do ar que escoa através do duto é

Número de Reynolds: $\qquad \text{Re} = \dfrac{DV}{\nu} = \dfrac{D}{\nu}\dfrac{4\dot{V}}{\pi D^2} = \dfrac{4\dot{V}}{\nu \pi D} \quad (4)$

O número de Reynolds varia com a vazão volumétrica. Na vazão mínima necessária, a velocidade do ar através do duto é $V = V_2 = 6{,}81$ m/s e o número de Reynolds é

$$\text{Re} = \frac{4(0{,}283 \text{ m}^3/\text{s})}{(1{,}562 \times 10^{-5} \text{ m}^2/\text{s})\pi(0{,}230 \text{ m})} = 1{,}00 \times 10^5$$

Do diagrama de Moody (ou da equação de Colebrook), para esse número de Reynolds e fator de rugosidade, o fator de atrito é $f = 0{,}0209$. A soma de todos os coeficientes de perda localizada é

Perdas localizadas: $\qquad \sum K_L = 1{,}3 + 5(0{,}21) + 1{,}8 = 4{,}15 \quad (5)$

Substituindo esses valores à vazão mínima necessária na Equação 2, a carga líquida necessária do ventilador à vazão mínima é

$$H_{necessária} = \left(\alpha_2 + f\frac{L}{D} + \sum K_L\right)\frac{V^2}{2g}$$

$$= \left(1{,}05 + 0{,}0209\,\frac{13{,}4 \text{ m}}{0{,}230 \text{ m}} + 4{,}15\right)\frac{(6{,}81 \text{ m/s})^2}{2(9{,}81 \text{ m/s}^2)} = 15{,}2 \text{ m do ar} \quad (6)$$

Observe que a carga é expressa, naturalmente, em unidades de altura de coluna equivalente do fluido bombeado que, neste caso, é o ar. Convertemos em uma altura de coluna equivalente de *água* multiplicando a relação entre a densidade do ar e a densidade da água,

$$H_{\text{necessária, polegadas de água}} = H_{\text{necessária, ar}} \frac{\rho_{\text{ar}}}{\rho_{\text{água}}}$$

$$= (15,2 \text{ m}) \frac{1,184 \text{ kg/m}^3}{998,0 \text{ kg/m}^3} \left(\frac{1 \text{ in}}{0,0254 \text{ m}} \right)$$

$$= 0,709 \text{ polegadas de água} \quad (7)$$

Repetimos os cálculos com diversos valores de vazão volumétrica, e comparamos com a carga líquida disponível do ventilador da Fig. 14–13. O ponto de operação está a uma vazão volumétrica de cerca de **650 cfm**, para a qual a carga líquida necessária e disponível é igual a cerca de **0,83 polegada de água**. Concluímos que **o ventilador selecionado é mais do que adequado para o trabalho**.

Discussão O ventilador comprado é um pouco mais poderoso do que o necessário, resultando em uma vazão mais alta do que o necessário. A diferença é pequena e aceitável; a válvula borboleta do registro poderia ser parcialmente fechada para reduzir a vazão até 600 cfm se necessário. Por questões de segurança, sem dúvida é melhor superdimensionar do que subdimensionar um ventilador usado com um sistema de controle de poluição do ar.

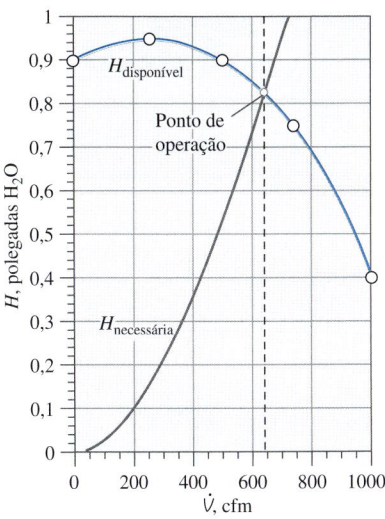

FIGURA 14–13 Carga líquida como função da vazão volumétrica para o sistema de ventilação do Exemplo 14–1. O ponto no qual as curvas para os valores disponível e necessário de H se cruzam é o ponto de operação.

É prática comum na indústria das bombas oferecer várias opções de diâmetro do rotor para uma única carcaça de bomba. Existem vários motivos para isso: (1) para economizar custos de fabricação, (2) para permitir o aumento de capacidade pela simples substituição do rotor, (3) para padronizar as bases da instalação e (4) para permitir a reutilização do equipamento em uma aplicação diferente. Ao plotar o desempenho dessa "família" de bombas, os fabricantes de bombas não plotam curvas separadas de H, η_{bomba} e o bhp de cada diâmetro de rotor na forma representada na Fig. 14–8. Em vez disso, eles preferem combinar as curvas de desempenho de toda uma família de bombas com diâmetros de rotor diferente em um único gráfico (Fig. 14–14). Especificamente, eles plotam uma curva de H como função de $\dot{V}$ para cada diâmetro de rotor da mesma forma que na Fig. 14–8, mas criam *linhas de curvas* com eficiência constante, desenhando curvas suaves através dos pontos que têm o mesmo valor de η_{bomba} para as diversas opções de diâmetro do rotor. As linhas de curva de bhp constante, geralmente, são desenhadas na mesma figura e de forma semelhante. A Fig. 14–15 oferece um exemplo para uma família de bombas centrífugas fabricadas pela Taco, Inc. Neste caso, cinco diâmetros de rotor estão disponíveis, mas uma carcaça de bomba idêntica é usada para todas as cinco opções. Como foi visto na Fig. 14–15, os fabricantes de bombas nem sempre plotam as curvas de desempenho de suas bombas totalmente até o ponto de fornecimento livre. Isso acontece porque as bombas, em geral, não são operadas nesse ponto devido aos baixos valores da carga líquida e da eficiência. Se são necessários valores mais altos da vazão e da carga líquida, o cliente deve usar o próximo maior tamanho de carcaça, ou considerar o uso de bombas adicionais em série ou em paralelo.

Fica claro pelo gráfico de desempenho da Fig 14–15 que para determinada carcaça de bomba, quanto maior o rotor, mais alta a eficiência máxima que pode ser atingida. Por que, então, alguém compraria uma bomba de rotor menor? Para responder essa pergunta, devemos reconhecer que a aplicação do cliente exige determinada combinação entre vazão e carga líquida. Se os requisitos coincidem com o diâmetro de determinado rotor, talvez seja mais econômico sacrificar a eficiência da bomba para atender esses requisitos.

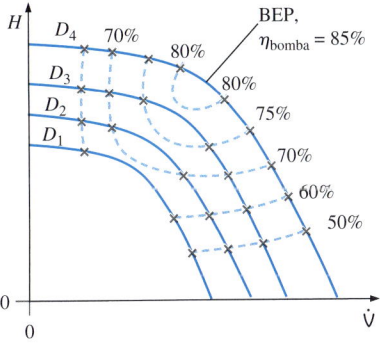

FIGURA 14–14 Curvas de desempenho típicas para uma *família* de bombas centrífugas com mesmo diâmetro de carcaça, mas com diâmetros de rotor diferentes.

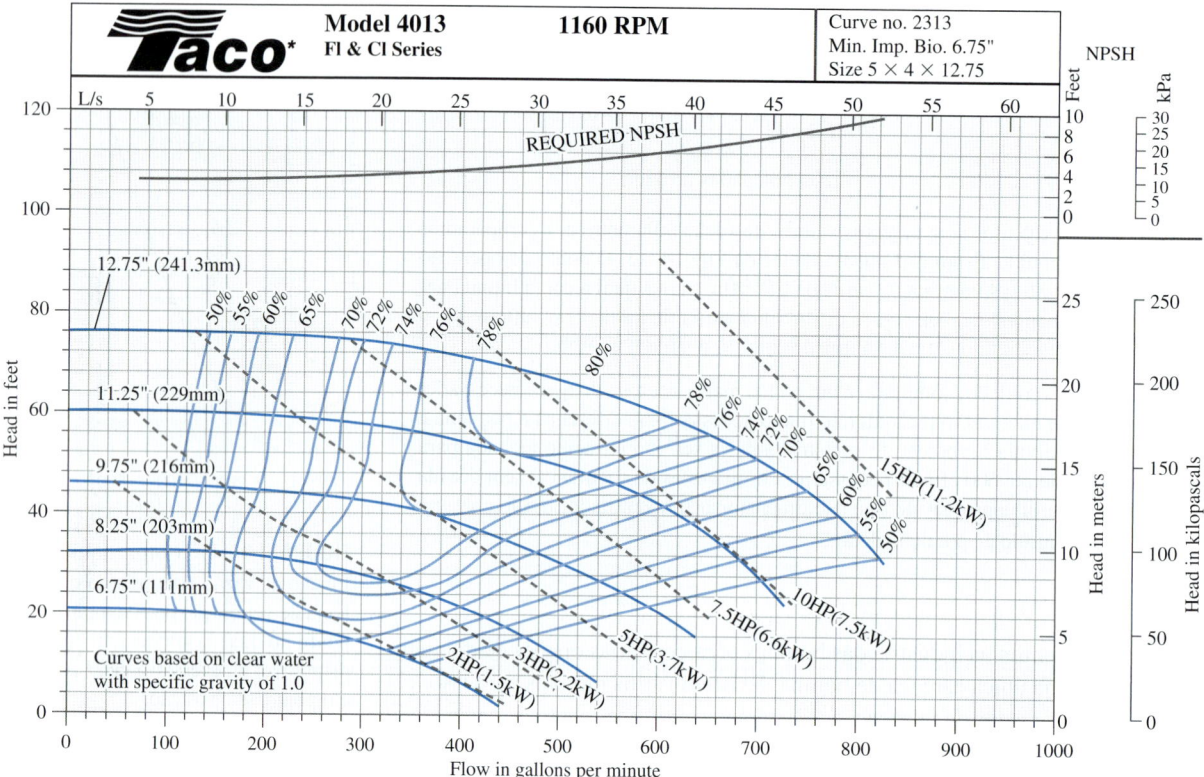

FIGURA 14–15 Exemplo de gráfico de desempenho de um fabricante para uma família de bombas centrífugas. Cada bomba tem a mesma carcaça, mas um diâmetro de rotor diferente.

Cortesia da Taco, Inc., Cranston, RI. Uso com permissão.

EXEMPLO 14–2 Seleção do tamanho do rotor da bomba

Uma operação de lavagem em uma usina de energia exige 370 galões por minuto (gpm) de água. A carga líquida necessária é de cerca de 24 ft nessa vazão. Uma engenheira recém-contratada examina alguns catálogos e resolve comprar a opção de rotor de 8,25 in da bomba centrífuga da Série FI, Modelo 4013 da Taco, mostrada na Fig. 14–15. Ela calcula que se a bomba operar a 1.160 rpm, como especifica o gráfico de desempenho, a curva de desempenho cruza os 370 gpm com $H = 24$ ft. O engenheiro chefe, que é muito preocupado com a eficiência, olha as curvas de desempenho e nota que a eficiência dessa bomba em seu ponto operacional é de apenas 70%. Ele vê que a opção de rotor de 12,75 in atinge uma eficiência mais alta (cerca de 76,5%) com a mesma vazão. Ele observa que uma válvula pode ser instalada a jusante da bomba para aumentar a carga líquida necessária, para que a bomba opere com sua eficiência mais alta. Ele pede que a engenheira júnior justifique sua opção pelo diâmetro do rotor. Ele pede que ela calcule qual opção de rotor (8,25 in ou 12,75 in) precisaria da menor quantidade de eletricidade para operar (Fig. 14–16). Execute a comparação e discuta.

SOLUÇÃO Para determinadas vazão e carga líquida, devemos calcular qual tamanho de rotor utiliza a menor quantidade de energia, e devemos discutir nossos resultados.

Hipóteses **1** A água está a 70°F. **2** Os requisitos de escoamento (vazão volumétrica e carga) são constantes.

Propriedades Para água a 70°F, $\rho = 62{,}30$ lbm/ft^3.

Análise Das curvas da potência no eixo que são mostradas no gráfico de desempenho da Fig. 14–15, a engenheira júnior estima que a bomba com menor rotor exige cerca de 3,2 hp do motor. Ela verifica essa estimativa usando a Equação 14–5,

Bhp necessário para a opção de rotor de 8,25 in:

$$\text{bhp} = \frac{\rho g \dot{V} H}{\eta_{\text{bomba}}} = \frac{(62{,}30 \text{ lbm/ft}^3)(32{,}2 \text{ ft/s}^2)(370 \text{ gal/min})(24 \text{ ft})}{0{,}70}$$

$$\times \left(\frac{0{,}1337 \text{ ft}^3}{\text{gal}}\right)\left(\frac{\text{lbf}}{32{,}2 \text{ lbm·ft/s}^2}\right)\left(\frac{1 \text{ min}}{60 \text{ s}}\right)\left(\frac{\text{hp·s}}{550 \text{ ft·lbf}}\right) = 3{,}20 \text{ hp}$$

Da mesma forma, a opção do rotor de diâmetro maior exige

Bhp necessário para a opção de rotor de 12,75 in: bhp = 8,78 hp

usando o ponto de operação daquela bomba, a saber, $\dot{V} = 370$ gpm, $H = 72{,}0$ ft e $\eta_{\text{bomba}} = 76{,}5\%$ (Fig. 14–15). Sem dúvida, **a opção do rotor de menor diâmetro é a melhor opção, apesar de sua eficiência menor, porque será utilizada menos da metade da energia.**

Discussão Embora a bomba com o rotor maior opere a um valor mais alto de eficiência, ela forneceria cerca de 72 ft de carga líquida à vazão necessária. Isso é um exagero, e a válvula seria necessária para formar a diferença entre essa carga líquida e a carga de escoamento necessária de 24 ft de água. Entretanto, uma válvula nada mais é do que energia mecânica desperdiçada. Assim, o ganho de eficiência da bomba é mais do que compensado pelas perdas através da válvula. Se a carga de escoamento ou os requisitos de capacidade aumentarem em algum momento futuro, um rotor maior pode ser comprado para a mesma carcaça.

FIGURA 14–16 Em algumas aplicações, uma bomba menos eficiente da mesma família de bombas pode exigir menos energia para operar. Uma opção melhor ainda seria uma bomba cujo ponto de eficiência ótima ocorresse no ponto de operação necessário da bomba, mas tal bomba nem sempre seria encontrada comercialmente.

Cavitação nas bombas e carga de sucção líquida positiva

Ao bombear líquidos é possível que a pressão local dentro da bomba caia abaixo da **pressão de vapor** do líquido, P_v. (P_v também é chamada de **pressão de saturação** P_{sat} e é listada nas tabelas de termodinâmica como uma função da temperatura de saturação.) Quando $P < P_v$, as bolhas cheias de vapor chamadas **bolhas de cavitação** aparecem. Em outras palavras, o líquido *ferve* localmente, em geral, no lado de sucção das pás do rotor giratório onde a pressão é mais baixa (Fig. 14–17). Após as bolhas de cavitação se formarem, elas são transportadas através da bomba até regiões nas quais a pressão é mais alta, causando um rápido colapso das bolhas. Esse *colapso* das bolhas é indesejável, já que ele causa ruído, vibração, eficiência reduzida e, mais importante, danos às pás do rotor. O colapso repetido de bolhas próximo a uma superfície de pá leva à corrosão ou erosão da pá e, eventualmente, a uma falha catastrófica da pá.

Para evitar a cavitação, devemos garantir que a pressão local em toda parte dentro da bomba permaneça *acima* da pressão de vapor. Como a pressão é medida (ou estimada) mais facilmente na entrada da bomba, os critérios de cavitação, em geral, são especificados na *entrada da bomba*. É útil empregar um parâmetro de escoamento chamado de **carga de sucção positiva** (*net positive suction head,*

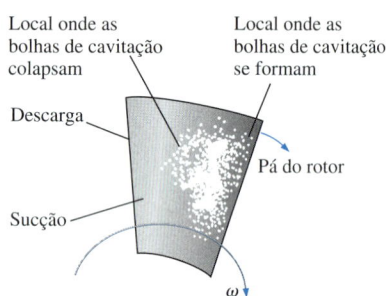

FIGURA 14–17 As bolhas de cavitação que se formam e o colapso no lado de sucção de uma pá de rotor.

NPSH), definido como *a diferença entre a pressão de estagnação da entrada da bomba e a carga da pressão do vapor*,

Carga de sucção positiva líquida: $\quad \text{NPSH} = \left(\dfrac{P}{\rho g} + \dfrac{V^2}{2g} \right)_{\text{entrada da bomba}} - \dfrac{P_v}{\rho g}$ (14–8)

Os fabricantes de bombas testam a cavitação de suas bombas em uma instalação de testes, variando a vazão volumétrica e a pressão de entrada de modo controlado. Especificamente, em determinada vazão e temperatura de líquido, a pressão na entrada da bomba é diminuída lentamente até que a cavitação ocorra em alguma parte dentro da bomba. O valor de NPSH é calculado usando a Equação 14–8 e é registrado nessa condição operacional. O processo se repete para diversas outras vazões, e o fabricante da bomba publica um parâmetro de desempenho chamado de **carga de sucção positiva líquida requerida (NPSH$_{\text{requerida}}$)**, definido como o *NPSH mínimo requerido para evitar a cavitação na bomba*. O valor medido do NPSH$_{\text{requerido}}$ varia com a vazão volumétrica e, portanto, o NPSH$_{\text{requerido}}$ quase sempre é plotado na mesma curva de desempenho da carga líquida (Fig. 14–18). Quando expresso adequadamente em unidades de carga do líquido que está sendo bombeado, o NPSH$_{\text{requerido}}$ não depende do tipo de líquido. Entretanto, se a carga de sucção positiva líquida requerida é expressa para determinado líquido em unidades de pressão como pascal ou psi, o engenheiro deve ter cuidado e converter essa pressão para a altura de coluna equivalente do líquido real que está sendo bombeado. Observe que como o NPSH$_{\text{requerido}}$, em geral, é muito menor do que H ao longo da maior parte da curva de desempenho, ele quase sempre é plotado em um eixo vertical expandido por questões de clareza (consulte a Fig. 14–15) ou como linhas de contorno para uma família de bombas. Em geral, o NPSH$_{\text{requerido}}$ aumenta com a vazão, embora para algumas bombas diminua com $\dot{V}$ a vazões baixas, nas quais a bomba não opera com muita eficiência, como está representado na Fig. 14–18.

Para garantir que uma bomba não cavite, o NPSH real ou disponível deve ser maior do que o NPSH$_{\text{requerido}}$. É importante notar que o valor de NPSH varia não apenas com a vazão, mas também com a temperatura do líquido, uma vez que P_v é uma função da temperatura. A NPSH também depende do tipo de líquido que está sendo bombeado, uma vez que há um P_v exclusivo *versus* uma curva T para cada líquido. Como as perdas de carga irreversíveis através do sistema de tubos a montante da entrada *aumentam* com a vazão, a carga da pressão de estagnação na entrada da bomba *diminui* com a vazão. Assim, o valor de NPSH disponível *diminui* com $\dot{V}$, como está representado na Fig. 14–19. Identificando a vazão volumétrica na qual as curvas do NPSH disponível e do NPSH$_{\text{requerido}}$ se cruzam, estimamos a vazão máxima em volume de escoamento que pode ser fornecida à bomba sem cavitação (Fig. 14–19).

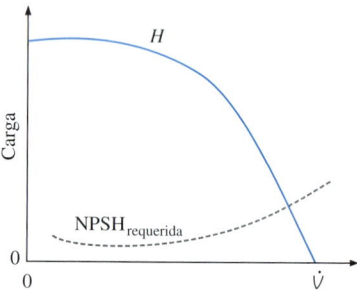

FIGURA 14–18 A curva de desempenho típica na qual a carga líquida e a sucção positiva líquida necessária são plotadas com relação à vazão volumétrica.

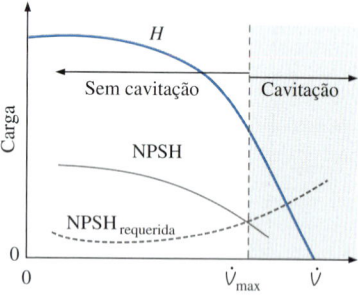

FIGURA 14–19 A vazão volumétrica para a qual a NPSH real e a NPSH requerida são iguais (ponto de cruzamento das duas curvas) representa a vazão máxima de escoamento que pode ser fornecida pela bomba sem a ocorrência da cavitação.

EXEMPLO 14–3 Vazão máxima para evitar cavitação numa bomba

A opção do rotor de 11,25 in da bomba centrífuga Série FI, Modelo 4013 da Taco, da Fig. 14–15, é usada para bombear água a 25°C de um reservatório cuja superfície está 4,0 ft acima da linha central da entrada da bomba (Fig. 14–20). O sistema de tubos do reservatório até a bomba consiste em 10,5 ft de tubos de ferro fundido com diâmetro interno de 4,0 in e altura de rugosidade interna média de 0,02 in. Existem várias perdas localizadas: uma entrada de aresta viva (K_L = 0,5), três cotovelos regulares e uniformes de 90° (K_L = 0,3 cada) e uma válvula globo com flange totalmente aberta (K_L = 6,0). Estime a vazão volumétrica máxima (em unidades de gpm) que pode ser bombeada sem cavitação. Se a água fosse mais quente, essa vazão máxima aumentaria ou diminuiria? Por quê? Discuta como você aumentaria a taxa máxima de escoamento evitando a cavitação.

SOLUÇÃO Para determinada bomba e sistema de tubulações devemos estimar a vazão volumétrica máxima que pode ser bombeada sem cavitação. Também discutiremos o efeito da temperatura da água e como podemos aumentar a vazão máxima.

Hipóteses **1** O escoamento é permanente. **2** O líquido é incompressível. **3** O escoamento na entrada da bomba é turbulento e totalmente desenvolvido com $\alpha = 1{,}05$.

Propriedades Para a água a $T = 25°C$, $\rho = 997{,}0$ kg/m³, $\mu = 8{,}91 \times 10^{-4}$ kg/m·s e $P_v = 3{,}169$ kPa. A pressão atmosférica padrão é $P_{atm} = 101{,}3$ kPa.

Análise Aplicamos a equação da energia permanente na forma de carga ao longo de uma linha de corrente do ponto 1 na superfície do reservatório até o ponto 2 na entrada da bomba,

$$\frac{P_1}{\rho g} + \frac{\alpha_1 V_1^2}{2g} + z_1 + h_{pump,u} = \frac{P_2}{\rho g} + \frac{\alpha_2 V_2^2}{2g} + z_2 + h_{turbina,e} + h_{L,total} \quad (1)$$

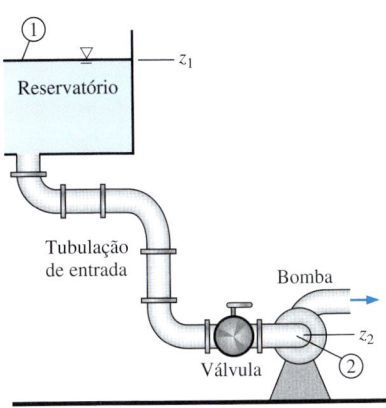

FIGURA 14-20 Sistema de tubos que vai do reservatório (1) para a entrada da bomba (2) do Exemplo 14-3.

Na Equação 1, ignoramos a velocidade da água na superfície do reservatório ($V_1 \cong 0$). Não existe turbina no sistema de tubos. Da mesma forma, embora exista uma bomba no sistema, não existe bomba entre os pontos 1 e 2 e, portanto, o termo de carga da bomba também desaparece. Solucionamos a Equação 1 para $P_2/\rho g$, que é a pressão de entrada da bomba expressa como uma carga,

Carga de pressão na entrada da bomba:

$$\frac{P_2}{\rho g} = \frac{P_{atm}}{\rho g} + (z_1 - z_2) - \frac{\alpha_2 V_2^2}{2g} - h_{L,total} \quad (2)$$

Observe que na Equação 2 reconhecemos que $P_1 = P_{atm}$, uma vez que a superfície do reservatório está exposta à pressão atmosférica.

A carga de sucção positiva líquida disponível na entrada da bomba é obtida da Equação 14-8. Após a substituição da Equação 2, obtemos

NPSH disponível: $\quad \text{NPSH} = \dfrac{P_{atm} - P_v}{\rho g} + (z_1 - z_2) - h_{L,total} - \dfrac{(\alpha_2 - 1)V_2^2}{2g} \quad (3)$

Como conhecemos P_{atm}, P_v e a diferença de elevação, tudo o que resta é estimar a perda de carga irreversível total através do sistema de tubos, que depende da vazão volumétrica. Como o diâmetro do tubo é constante

Perda de carga irreversível: $\quad h_{L,total} = \left(f\dfrac{L}{D} + \sum K_L\right)\dfrac{V^2}{2g} \quad (4)$

O restante do problema é mais fácil de resolver em um computador. Para determinada vazão volumétrica, calculamos a velocidade V e o número de Reynolds Re. Com Re e a rugosidade de tubo conhecida, usamos o diagrama de Moody (ou a equação de Colebrook) para obter o fator de atrito f. A soma de todos os coeficientes de perda localizada é

Perdas localizadas: $\quad \sum K_L = 0{,}5 + 3 \times 0{,}3 + 6{,}0 = 7{,}4 \quad (5)$

Fazemos um cálculo manual para ilustrar. Para $\dot{V} = 400$ gpm (0,02523 m³/s), a velocidade média da água através do tubo é

$$V = \frac{\dot{V}}{A} = \frac{4\dot{V}}{\pi D^2} = \frac{4(0{,}02523 \text{ m}^3/\text{s})}{\pi(4{,}0 \text{ in})^2}\left(\frac{1 \text{ in}}{0{,}0254 \text{ m}}\right)^2 = 3{,}112 \text{ m/s} \quad (6)$$

(continua)

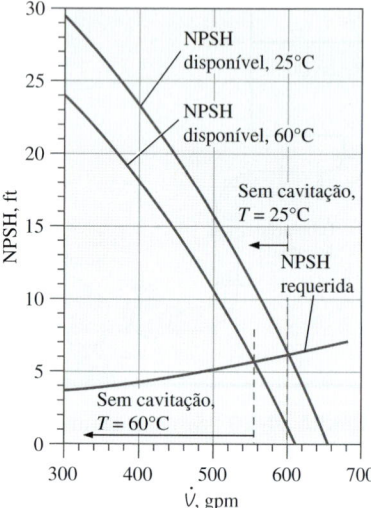

FIGURA 14–21 A carga de sucção positiva como função da vazão volumétrica para a bomba do Exemplo 14–3 a duas temperaturas. A cavitação deve ocorrer a vazões maiores do que o ponto no qual os valores disponível e necessário da NPSH se intersectam.

(continuação)

que produz um número de Reynolds de $Re = \rho VD/\mu = 3,538 \times 10^5$. Nesse número de Reynolds, e com o fator de rugosidade $\varepsilon/D = 0,005$, a equação de Colebrook resulta em $f = 0,0306$. Substituindo as propriedades dadas, juntamente com f, D, L e as Equações 4, 5 e 6 na Equação 3, calculamos a carga de sucção positiva líquida disponível para essa vazão,

$$NPSH = \frac{(10.300 - 3169) \text{ N/m}^2}{(997,0 \text{ kg/m}^3)(9,81 \text{ m/s}^2)}\left(\frac{\text{kg·m/s}^2}{\text{N}}\right) + 1,219 \text{ m}$$

$$- \left(0,0306 \frac{10,5 \text{ ft}}{0,3333 \text{ ft}} + 7,4 - (1,05 - 1)\right)\frac{(3,112 \text{ m/s})^2}{2(9,81 \text{ m/s}^2)}$$

$$= 7,148 \text{ m} = 23,5 \text{ ft} \tag{7}$$

A carga de sucção positiva líquida requerida é obtida da Fig. 14–15. Em nossa vazão de exemplo de 400 gpm, o $NPSH_{requerido}$ está acima de 4,0 ft. Como a NPSH disponível é muito mais alta do que isso, não precisamos nos preocupar com a cavitação nessa vazão. Utilizamos o EES (ou uma planilha eletrônica) para calcular a NPSH como função da vazão volumétrica, e os resultados são plotados na Fig. 14–21. O gráfico deixa claro que a 25°C a **cavitação ocorre a vazões acima de aproximadamente 600 gpm** – próximo do fornecimento livre.

Se a água fosse mais quente do que 25°C, a pressão do vapor aumentaria, a viscosidade diminuiria e a densidade diminuiria ligeiramente. Os cálculos são repetidos a $T = 60°C$, na qual $\rho = 983,3$ kg/m³, $\mu = 4,67 \times 10^{-4}$ kg/m·s e $P_v = 19,94$ kPa. Os resultados também são plotados na Fig. 14–21, onde vemos que **a vazão volumétrica máxima sem cavitação diminui com a temperatura** (até cerca de 555 gpm a 60°C). Essa diminuição confirma nossa intuição, uma vez que a água mais quente já está mais próxima de seu ponto de ebulição desde o começo.

Finalmente, como podemos aumentar a vazão máxima de escoamento? *Qualquer modificação que aumente a NPSH disponível ajuda*. Podemos elevar a altura da superfície do reservatório (aumentar a carga hidrostática). Podemos projetar novamente a tubulação, para que apenas um cotovelo seja necessário, e substituir a válvula globo por uma válvula de retenção de esfera (para diminuir as perdas localizadas). Podemos aumentar o diâmetro do tubo e diminuir a rugosidade da superfície (para diminuir as perdas distribuídas). Neste problema, em particular, as perdas localizadas têm a maior influência mas, em muitos problemas, as perdas distribuídas são significativas e o aumento do diâmetro do tubo é mais efetivo. Esse é outro motivo pelo qual muitas bombas centrífugas têm um diâmetro de entrada maior do que o diâmetro de saída.

Discussão Observe que o $NPSH_{requerido}$ não depende da temperatura da água, mas a NPSH real ou disponível aumenta com a temperatura (Fig. 14–21).

Bombas em série e paralelo

Ao enfrentar a necessidade de aumentar ligeiramente a vazão volumétrica ou a elevação de pressão, você deve considerar a inclusão de uma bomba pequena adicional em série ou em paralelo com a bomba original. Embora o arranjo em série ou em paralelo seja aceitável para algumas aplicações, o arranjo de bombas *dissimilares* em série ou em paralelo pode levar a problemas, especialmente se uma bomba for muito maior do que a outra (Fig. 14–22). Um procedimento melhor é aumentar a velocidade e/ou potência de entrada (motor elétrico maior) original da bomba, substituir o rotor por outro maior ou substituir toda a bomba

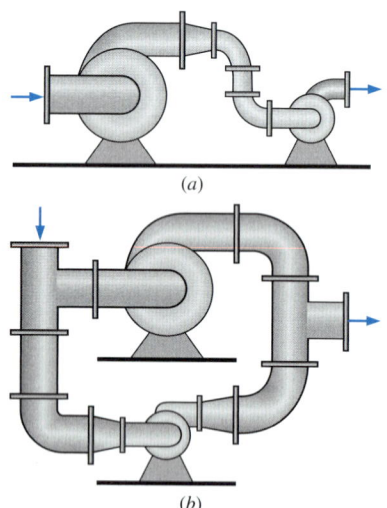

FIGURA 14–22 O arranjo de duas bombas bastante diferentes (*a*) em série ou (*b*) em paralelo pode, na verdade, levar a problemas.

por outra maior. A lógica dessa decisão pode ser vista nas curvas de desempenho de bomba, considerando que a *elevação da pressão e a vazão volumétrica estão relacionadas*. O arranjo de bombas diferentes em série pode criar problemas, porque a vazão volumétrica através de cada bomba deve ser igual, mas a elevação geral da pressão é igual à elevação da pressão de uma bomba mais a de outra. Se as bombas tiverem curvas de desempenho diferentes, a bomba menor pode ser forçada a operar além da vazão de fornecimento livre, modo de operação no qual ela age como uma *perda* de carga, reduzindo a taxa total de escoamento do volume. O arranjo de bombas diferentes em paralelo pode criar problemas, porque a elevação geral da pressão deve ser igual, mas a vazão volumétrica líquida é a sua soma através de cada ramal. Se as bombas não forem dimensionadas adequadamente, a bomba menor pode não conseguir processar a grande carga imposta a ela, e o escoamento em seu ramal poderia, na verdade, ser *revertido*; isso reduziria inadvertidamente a elevação geral da pressão. Em ambos os casos, a potência fornecida à bomba menor seria desperdiçada.

Com essas precauções em mente, existem muitas aplicações nas quais duas ou mais bombas semelhantes (em geral, idênticas) são operadas em série ou em paralelo. Quando operadas em *série*, a carga líquida combinada é simplesmente a soma das cargas líquidas de cada bomba (para uma determinada vazão volumétrica).

Carga líquida combinada para n bombas em série: $\quad H_{\text{combinada}} = \sum_{i=1}^{n} H_i \quad$ (14-9)

A Equação 14-9 é ilustrada na Fig. 14-23 para três bombas em série. Neste exemplo, a bomba 3 é a mais forte e a bomba 1 é a mais fraca. A carga de fechamento das três bombas combinadas em série é igual à soma da carga de fechamento de cada bomba individual. Para valores baixos da vazão volumétrica, a carga líquida das três bombas em série é igual a $H_1 + H_2 + H_3$. Além do fornecimento livre da bomba 1 (à direita da primeira linha preta tracejada vertical da Fig. 14-23), a *bomba 1 deve ser desligada e contornada.* Caso contrário, ela estaria funcionando além de seu ponto de operação máximo projetado, e a bomba ou seu motor poderiam se danificar. Além disso, a carga líquida através dessa bomba seria *negativa,* como já foi discutido, contribuindo para uma perda líquida do sistema. Com a bomba 1 contornada, a carga líquida combinada torna-se $H_2 + H_3$. Da

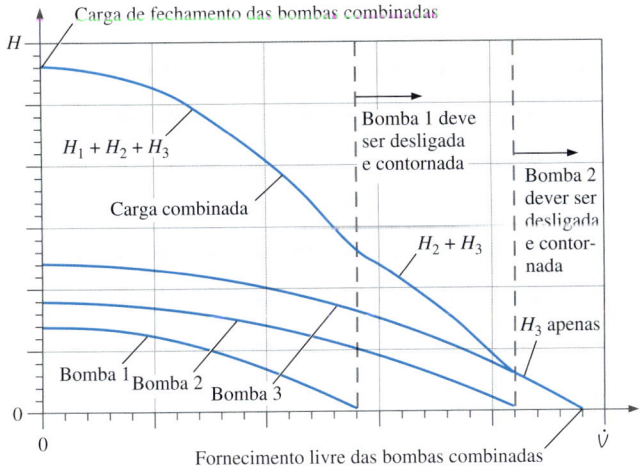

FIGURA 14-23 A curva de desempenho (azul escura) para três bombas diferentes em *série*. Para valores baixos de vazão volumétrica, a carga líquida combinada é igual à soma das cargas líquidas de todas as bombas individuais. Entretanto, para evitar danos a uma dada bomba e perda da carga líquida combinada, toda bomba individual deve ser desligada e contornada (sofrer *bypass*) para vazões maiores do que aquela de seu ponto de fornecimento livre, conforme indicado pelas linhas pretas tracejadas verticais. Se as três bombas fossem idênticas, não seria preciso desligar nenhuma das bombas, uma vez que o ponto de fornecimento livre de todas as bombas ocorreria para a mesma vazão volumétrica.

mesma forma, além do ponto de fornecimento livre da bomba 2, essa bomba também deve ser desligada e contornada, e a carga líquida combinada será igual a H_3 apenas, como está indicado à direita da segunda linha preta tracejada vertical na Fig. 14–23. Neste caso, o fornecimento livre combinado é igual àquele da bomba 3 sozinha, assumindo que as duas outras bombas foram contornadas.

Quando duas ou mais bombas idênticas (ou semelhantes) são operadas em *paralelo,* suas vazões individuais (em vez das cargas líquidas) são somadas

Capacidade combinada para n bombas em paralelo: $\quad \dot{V}_{combinada} = \sum_{i=1}^{n} \dot{V}_i \quad$ **(14–10)**

Como exemplo, considere as três *mesmas* bombas, mas organizadas em paralelos e não em série. A curva de desempenho das bombas combinadas é mostrada na Fig. 14–24. O fornecimento livre das três bombas combinadas é igual à soma dos fornecimentos livres de todas as bombas. Para valores baixos de carga líquida, a capacidade das três bombas em paralelo é igual a $\dot{V}_1 + \dot{V}_2 + \dot{V}_3$. Acima da carga de fechamento da bomba 1 (acima da primeira linha preta tracejada horizontal da Fig. 14–24), a *bomba 1 deve ser fechada e seu ramal deve ser bloqueado* (com uma válvula). Caso contrário, ela estaria funcionando além de seu ponto de operação máximo projetado, e a bomba ou seu motor poderiam se danificar. Além disso, a vazão volumétrica através dessa bomba seria *negativa*, como já foi discutido, contribuindo para uma perda líquida do sistema. Com a bomba 1 fechada e bloqueada, a capacidade combinada torna-se $\dot{V}_2 + \dot{V}_3$. Da mesma forma, acima da carga de fechamento da bomba 2, essa bomba também deve ser fechada e bloqueada. A capacidade combinada fica igual a $\dot{V}_3$ apenas, como indicado pela segunda linha preta tracejada horizontal da Fig. 14–24. Nesse caso, a carga de fechamento combinada fica igual à da bomba 3 sozinha, assumindo que as duas outras bombas estão fechadas e seus ramais bloqueados.

Na prática, várias bombas podem ser combinadas em paralelo para fornecer uma vazão volumétrica grande (Fig. 14–25). Os exemplos incluem os bancos de bombas utilizados para circulação de água em torres de arrefecimento e circuitos de água gelada (Wright, 1999). Idealmente, todas as bombas devem ser idênticas para que não precisemos nos preocupar em desligá-las (Fig. 14–24). Da mesma forma, é sensato instalar válvulas de controle em cada ramal para que quando

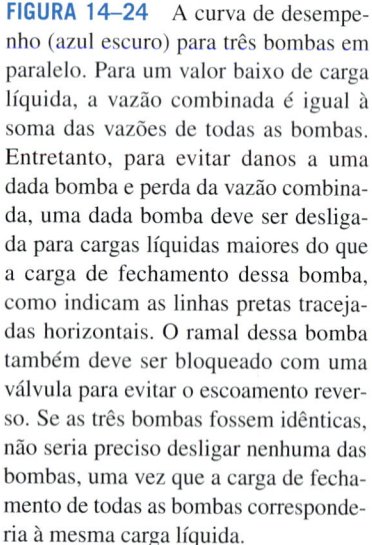

FIGURA 14–24 A curva de desempenho (azul escuro) para três bombas em paralelo. Para um valor baixo de carga líquida, a vazão combinada é igual à soma das vazões de todas as bombas. Entretanto, para evitar danos a uma dada bomba e perda da vazão combinada, uma dada bomba deve ser desligada para cargas líquidas maiores do que a carga de fechamento dessa bomba, como indicam as linhas pretas tracejadas horizontais. O ramal dessa bomba também deve ser bloqueado com uma válvula para evitar o escoamento reverso. Se as três bombas fossem idênticas, não seria preciso desligar nenhuma das bombas, uma vez que a carga de fechamento de todas as bombas corresponderia à mesma carga líquida.

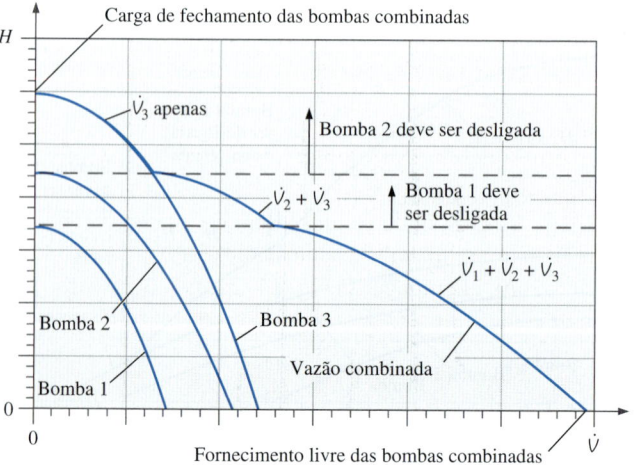

FIGURA 14–25 Várias bombas idênticas quase sempre funcionam em uma configuração paralela, para que uma vazão volumétrica grande possa ser atingida quando necessário. Três bombas paralelas são mostradas.

Cortesia da Goulds Pumps, ITT Industries. Uso com permissão.

uma bomba precisar ser desligada (para manutenção ou quando a vazão necessária for baixa), o retorno através da bomba seja evitado. Observe que as válvulas extras e a tubulação necessária para uma rede de bombas paralelas aumentam as perdas de carga do sistema. Assim, o desempenho geral das bombas combinadas é prejudicado.

Bombas de deslocamento positivo

Inúmeras bombas de deslocamento positivo foram criadas através dos séculos. Em cada projeto, o fluido é sugado para um volume em expansão e, em seguida, é empurrado à medida que esse volume se contrai, mas o mecanismo que causa essa variação do volume difere bastante entre os diversos projetos. Alguns projetos são bastante simples, como a *bomba peristáltica* de tubo flexível (Fig. 14–26a), que comprime um tubo com pequenas rodas, empurrando o fluido. (Esse mecanismo é mais ou menos semelhante ao movimento peristáltico de nosso esôfago ou intestino, onde os músculos, em vez de rodas, comprimem o tubo.) Outros são mais complexos, usando cames giratórios com lóbulos sincronizados (Fig. 14–26b), engrenagens (Fig. 14–26c) ou parafusos (Fig. 14–26d). As bombas de deslocamento positivo são ideais para aplicações de alta pressão, como líquidos viscosos ou pastas fluidas espessas, e para aplicações nas quais quantidades precisas de líquido devem ser distribuídas ou medidas, como nas aplicações médicas.

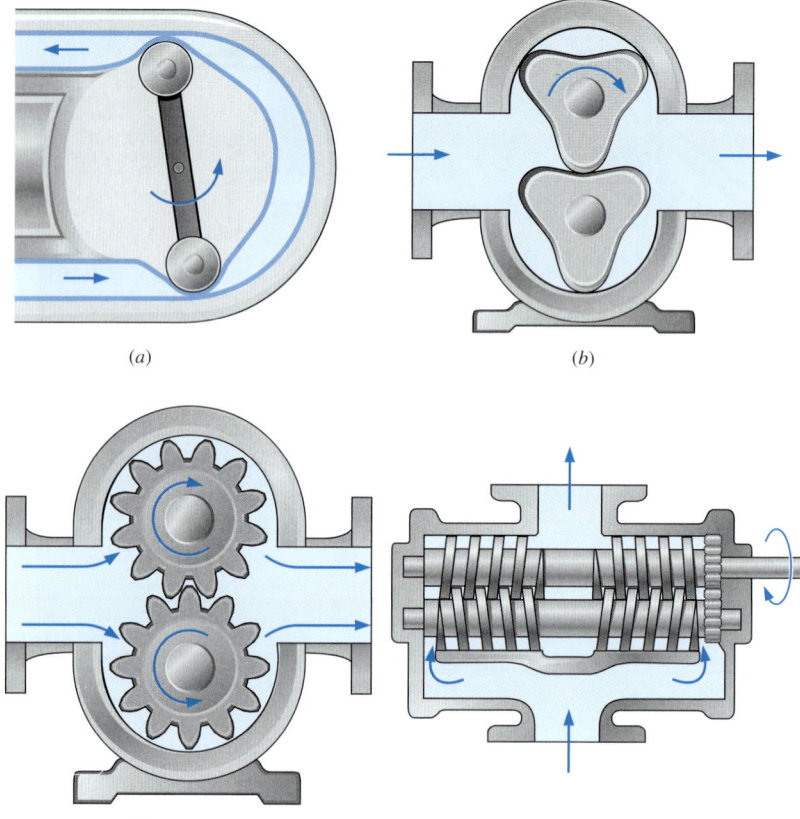

FIGURA 14–26 Exemplos de bombas de deslocamento positivo: (*a*) bomba peristáltica de tubo flexível (*b*) bomba rotativa de três lóbulos (*c*) bomba de engrenagens e (*d*) bomba de parafuso duplo.

Adaptado de F. M. White, Fluid Mechanics 4ª edição Copyright © 1999. The McGraw-Hill Companies, Inc. Com permissão.

FIGURA 14–27 Quatro fases (um oitavo de uma volta) na operação de uma bomba rotativa de dois lóbulos, um tipo de bomba de deslocamento positivo. A região azul representa uma parte do fluido empurrado através do rotor superior, enquanto a cinza escura representa uma parte do fluido empurrada através do rotor inferior, que gira na direção oposta. O escoamento se dá da esquerda para a direita.

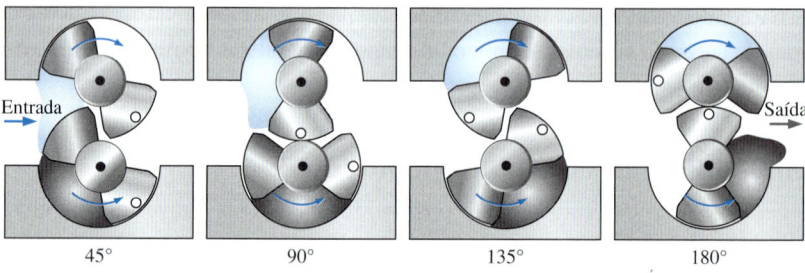

Para ilustrar a operação de uma bomba de deslocamento positivo, fazemos um diagrama das quatro fases de metade de um ciclo de uma **bomba rotativa** simples com dois lóbulos em cada rotor (Fig. 14–27). Os dois rotores são sincronizados por uma caixa de engrenagem externa, de modo a girar à mesma velocidade angular, mas em direções opostas. No diagrama, o rotor superior gira na direção horária e o rotor inferior gira na direção anti-horária, sugando fluido da esquerda e descarregando-o na direita. Um ponto branco é desenhado em um lobo de cada rotor para ajudá-lo a visualizar a rotação.

Existem folgas entre os rotores e a carcaça e entre os lóbulos dos próprios rotores, como está ilustrado (e exagerado) na Fig. 14–27. O fluido pode vazar através dessa folgas, reduzindo a eficiência da bomba. Os fluidos de alta viscosidade não podem penetrar nas folgas tão facilmente; assim, a carga líquida (e a eficiência) de uma bomba rotativa, em geral, *aumenta* com a viscosidade do fluido, como mostra a Fig. 14–28. Esse é um motivo pelo qual as bombas rotativas (e outros tipos de bombas de deslocamento positivo) são uma boa opção para bombear fluidos altamente viscosos e pastas fluidas. Elas são usadas, por exemplo, como bombas de óleo no motor de automóveis e na indústria dos alimentos para bombear os líquidos pesados como molho, pasta de tomate e de chocolate, e de sopas também.

A curva de desempenho da bomba (carga líquida *versus* capacidade) de uma bomba rotativa é quase vertical em todo o seu intervalo operacional recomendado, uma vez que a vazão é quase constante independentemente da carga em determinada velocidade de rotação (Fig. 14–28). Entretanto, como indica a linha azul tracejada da Fig. 14–28, para valores muito altos de carga líquida, que correspondem a pressões de saída da bomba muito altas, os vazamentos podem se tornar mais sérios, mesmo para fluidos com viscosidade alta. Além disso, o motor que faz a bomba funcionar não pode superar o grande torque causado por essa pressão de saída alta, e começa a perder velocidade ou sofrer sobrecarga, o que pode queimá-lo. Assim, os fabricantes de bombas rotativas não recomendam a operação da bomba acima de determinada carga líquida máxima que, em geral, está bem abaixo da carga de fechamento. As curvas de desempenho da bomba fornecidas pelo fabricante nem sempre mostram o desempenho da bomba fora do intervalo operacional recomendado.

As bombas de deslocamento positivo podem ter muitas vantagens com relação às bombas dinâmicas. Por exemplo, uma bomba de deslocamento positivo pode processar melhor os líquidos sensíveis ao cisalhamento, já que o cisalhamento induzido é muito menor do que aquele de uma bomba dinâmica que opera a pressão e vazão semelhante. O sangue é um líquido sensível ao cisalhamento e esse é o motivo pelo qual as bombas de deslocamento positivo são usadas nos corações artificiais. Uma bomba de deslocamento positivo bem vedada pode criar uma pressão de vácuo significativa em sua entrada, mesmo quando seca, e pode elevar um líquido que está a vários metros abaixo da bomba. Esse tipo de bomba é chamado de **bomba autoescorvante** (Fig. 14–29). Finalmente, o(s) rotor(es) de uma bomba de deslocamento positivo funciona a velocidades mais baixas do que o rotor (propulsor) de uma bomba dinâmica a cargas semelhantes, estendendo a vida útil das vedações e de outros componentes.

As bombas de deslocamento positivo também apresentam algumas desvantagens. Sua vazão volumétrica não pode ser alterada, a menos que a taxa de rotação seja alterada. (Isso não é tão simples quanto parece, pois a maioria dos motores elétricos AC foi desenvolvida para operar a uma ou mais velocidades de rotação *fixas*.) Essas bombas também geram pressões muito altas no lado da saída, e se esta é bloqueada, podem ocorrer rupturas ou superaquecimento dos motores elétricos como já foi discutido. Por esse motivo, é necessário ter proteção contra o excesso de pressão (por exemplo, uma válvula de alívio de pressão). Devido ao seu projeto, as bombas de deslocamento positivo podem fornecer um escoamento pulsante, o que pode ser inaceitável em algumas aplicações.

A análise das bombas de deslocamento positivo é bastante direta. Pela geometria da bomba, calculamos o **volume fechado** ($V_{fechado}$) que é preenchido (e expelido) para cada n rotações do eixo. Assim, a vazão volumétrica é igual à taxa de rotação $\dot{n}$ vezes $V_{fechado}$ dividido por n,

Vazão volumétrica, bomba de deslocamento positivo: $\quad \dot{V} = \dot{n} \dfrac{V_{fechado}}{n} \quad$ (14–11)

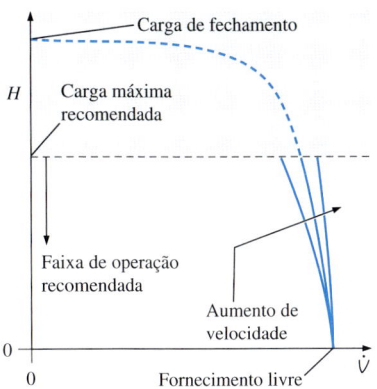

FIGURA 14–28 Comparação entre as curvas de desempenho de uma bomba rotativa que opera à mesma velocidade, mas com fluidos de várias viscosidades. Para evitar sobrecarga do motor a bomba não deve ser operada dentro da região sombreada.

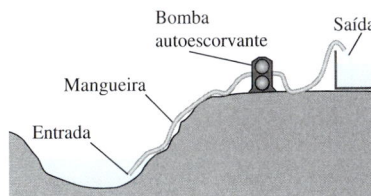

FIGURA 14–29 Uma bomba que pode elevar um líquido mesmo quando a bomba em si está "vazia" é chamada de bomba autoescorvante.

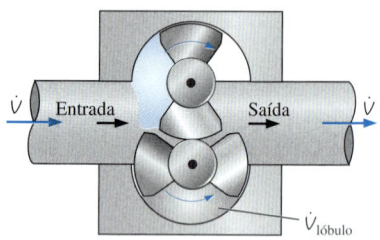

FIGURA 14–30 A bomba rotativa de dois lóbulos do Exemplo 14–4. O escoamento se dá da esquerda para a direita.

EXEMPLO 14–4 Vazão volumétrica através de uma bomba de deslocamento positivo

Uma bomba de deslocamento positivo rotativa de dois lóbulos, como aquela da Fig. 14–27, movimenta 0,45 cm³ de óleo para motor SAE 30 em cada volume de lóbulo $V_{\text{lóbulo}}$, conforme representação da Fig. 14–30. Calcule a vazão volumétrica do óleo para o caso em que $\dot{n} = 900$ rpm.

SOLUÇÃO Devemos calcular a vazão volumétrica do óleo através de uma bomba de deslocamento positivo para os valores dados para o volume do lóbulo e a taxa de rotação.

Hipóteses **1** O escoamento é permanente na média. **2** Não há vazamentos nas folgas entre os lóbulos ou entre os lóbulos e o corpo. **3** O óleo é incompressível.

Análise Estudando a Fig. 14–27, vemos que para metade de uma rotação (180° para $n = 0,5$ rotação) dos dois eixos, o volume total de óleo bombeado é $V_{\text{fechado}} = 2V_{\text{lóbulo}}$. A vazão volumétrica é calculada com a Equação 14–11,

$$\dot{V} = \dot{n}\frac{V_{\text{fechado}}}{n} = (900 \text{ rot/min})\frac{2(0,45 \text{ cm}^3)}{0,5 \text{ rot}} = \mathbf{1620 \text{ cm}^3/\text{min}}$$

Discussão Se houvesse vazamentos na bomba, a vazão volumétrica seria mais baixa. A densidade do óleo não é necessária para o cálculo da vazão volumétrica. Entretanto, quanto mais alta a densidade do fluido, mais alto será o torque necessário e a potência no eixo.

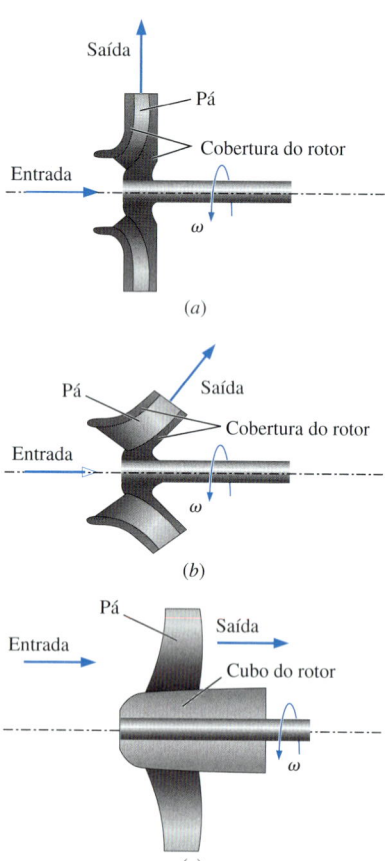

FIGURA 14–31 O *rotor* (parte rotativa) das três categorias principais de bombas dinâmicas: (*a*) *escoamento centrífugo*, (*b*) *escoamento misto* e (*c*) *escoamento axial*.

Bombas dinâmicas

Existem três tipos principais de *bombas dinâmicas* que envolvem pás rotativas chamadas **pás de rotor**, que transmitem momento ao fluido. Por esse motivo, elas também são chamadas de **bombas rotodinâmicas** ou simplesmente de **bombas rotativas** (não confundir com bombas de deslocamento positivo, que utilizam o mesmo nome). Existem também algumas bombas dinâmicas não rotativas, como as bombas de jato e as bombas eletromagnéticas, mas elas não serão discutidas neste livro. As bombas rotativas são classificadas pelo modo como o escoamento sai da bomba: *escoamento centrífugo, escoamento axial* e *escoamento misto* (Fig. 14–31). Em uma **bomba de escoamento centrífugo**, o fluido entra axialmente (na mesma direção do eixo da haste rotativa) no centro da bomba, mas é descarregado radialmente (ou tangencialmente) ao longo do raio externo da carcaça da bomba. Por esse motivo, as bombas centrífugas também são chamadas de **bombas de escoamento radial**. Em uma **bomba de escoamento axial**, o fluido entra e sai axialmente, em geral, ao longo da parte externa da bomba, por causa do bloqueio exercido pelo eixo, motor, cubo, etc. Uma **bomba de escoamento misto** é intermediária entre as bombas centrífuga e axial, com o escoamento entrando axialmente, não necessariamente no centro, mas saindo com algum ângulo entre a direção radial e a direção axial.

Bombas centrífugas

As bombas centrífugas e os compressores podem ser identificados facilmente pelo seu corpo em forma de caracol, chamado **voluta** (Fig. 14–32). Elas se encontram em toda a sua casa – em lavadoras de pratos, banheiras de água quente, lavadoras e secadoras de roupas, secadores de cabelo, aspiradores de pó, coifas de cozinha, ventiladores de exaustão de banheiros, máquinas de recolher folhagem, fornos, etc. Elas são usadas em automóveis – a bomba de água do motor, o compressor de ar da unidade de aquecedor/condicionador de ar, etc. As bombas centrífugas também são onipresentes na indústria. Elas são usadas nos sistemas de ventilação de prédios, nas operações de lavagem, nos lagos de resfriamento e torres de arrefecimento e em inúmeras outras operações industriais nas quais os fluidos são bombeados.

Uma representação esquemática de uma bomba centrífuga é dada na Fig. 14–33. Observe que uma **cobertura** sempre cerca as pás do propulsor para aumentar a rigidez da pá. Em terminologia de bombas, o conjunto rotativo que consiste no eixo, cubo de roda, pás do rotor e na cobertura do rotor é chamado simplesmente de **impulsor** ou **rotor**. O fluido entra axialmente através da parte vazia no centro da bomba (a **sucção**), após a qual ele encontra as pás. Ele adquire velocidade tangencial e radial por transferência de momento com as pás do rotor, e adquire velocidade radial adicional pelas chamadas forças centrífugas que, na verdade, representam a falta de forças *centrípetas* suficientes para sustentar o movimento circular. O escoamento sai do rotor após ganhar velocidade e pressão à medida que é lançado radialmente para fora na direção da voluta. De acordo com a representação da Fig. 14–33, a voluta é um **difusor** em forma de caracol cuja finalidade é desacelerar o fluido que sai rapidamente dos bordos de fuga das pás do rotor, aumentando mais a pressão do fluido, e para combinar e orientar o escoamento de todas as passagens de pás na direção de uma saída comum. Como já foi mencionado, se o escoamento é permanente na média, se o fluido é incompressível e se os diâmetros de entrada e saída são iguais, a velocidade média do escoamento na saída é idêntica àquela da entrada. Assim, não é necessariamente a velocidade, mas sim a *pressão* que aumenta da entrada para a saída através de uma bomba centrífuga.

Existem três tipos de bomba centrífuga, como representa a Fig. 14–34: bomba com *pás inclinadas para trás,* bomba com *pás radiais* e bomba com *pás inclinadas para a frente*. As bombas centrífugas com **pás inclinadas para trás** (Fig. 14–34a) são as mais comuns. Elas são as mais eficientes entre as três categorias, porque o fluido escoa para dentro e para fora das passagens da pá com um mínimo de mudança de direção. Às vezes, as pás têm forma de aerofólio, resultando em desempenho semelhante, porém, com eficiência maior ainda. A elevação da pressão é intermediária entre os dois outros tipos de bombas centrífugas. As bombas centrífugas com **pás radiais** (também chamadas de **pás retas** – Fig. 14–34b) têm a geometria mais simples e produzem a maior elevação de

FIGURA 14–32 Um compressor centrífugo típico com sua característica voluta em forma de caracol.

Cortesia do The New York Blower Company, Willowbrook, IL. Usado com permissão.

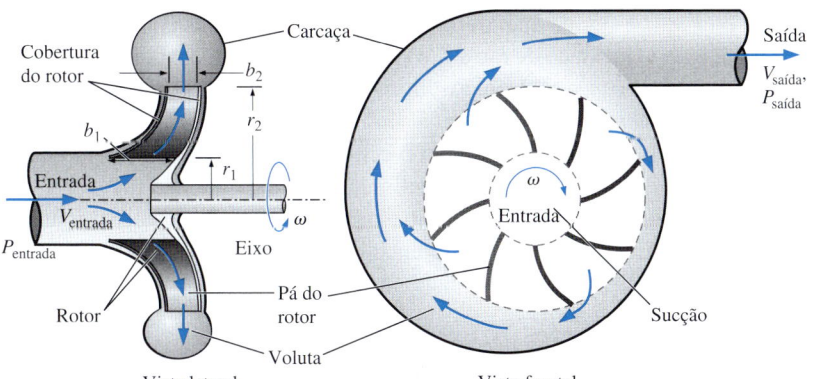

FIGURA 14–33 Vistas lateral e frontal de uma *bomba centrífuga* comum. O fluido entra axialmente pelo centro da bomba (a sucção), é arremessado para o exterior pelas pás rotativas (*rotor*), sofre expansão no difusor (*voluta*) e é descarregado na saída da bomba. Definimos r_1 e r_2 como os locais radiais, respectivamente, de entrada e saída das pás do rotor, enquanto b_1 e b_2 são as larguras na direção axial, respectivamente, na entrada e saída das pás do rotor.

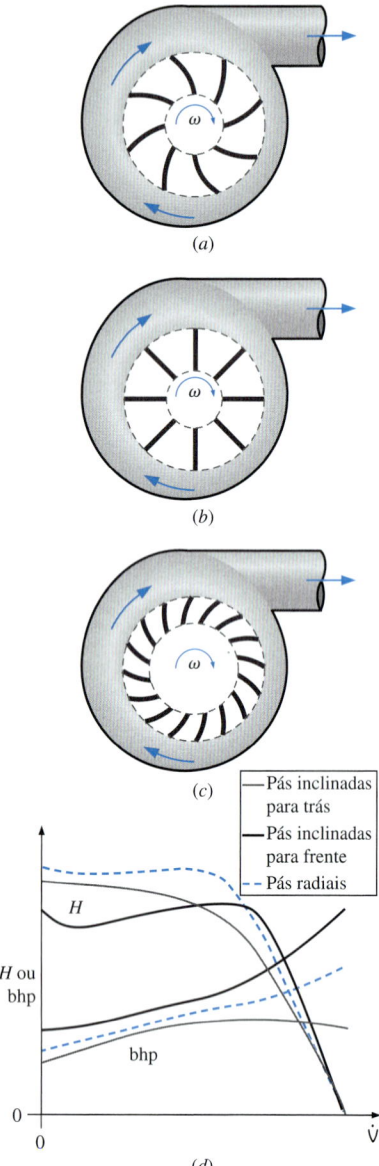

FIGURA 14-34 Os três tipos principais de bombas centrífugas são aqueles com (a) *pás inclinadas para trás*, (b) *pás radiais* e (c) *pás inclinadas para a frente*; (d) comparação entre as curvas de carga líquida e potência no eixo para os três tipos de bombas centrífugas.

pressão das três para uma ampla faixa de vazões volumétricas, mas a elevação da pressão diminui rapidamente após o ponto de eficiência máxima. As bombas centrífugas com **pás inclinadas para frente** (Fig. 14–34c) produzem uma elevação de pressão que é quase constante, apesar de ser mais baixa do que aquela das pás radiais ou inclinadas para trás, em uma ampla faixa de vazões volumétricas. As bombas centrífugas com pás inclinadas para frente, em geral, têm mais pás, mas as pás são menores, como mostra a Fig. 14–34c. As bombas centrífugas com pás inclinadas para a frente, em geral, têm uma eficiência máxima mais baixa do que as bombas com pás retas. As bombas centrífugas com pás retas e com pás inclinadas para trás são preferidas para aplicações nas quais é preciso fornecer vazão volumétrica e elevação de pressão em um intervalo estreito de valores. Se for desejável um intervalo mais amplo de vazões volumétricas e/ou elevações de pressão, o desempenho das bombas com pás retas e com pás inclinadas para trás talvez não consiga atender os novos requisitos. Esses tipos de bombas são menos flexíveis. O desempenho das bombas com pás inclinadas para frente é mais flexível e acomoda variações maiores, às custas de menor eficiência e elevação de pressão por unidade de potência de entrada. Se uma bomba precisar produzir uma grande elevação de pressão em uma ampla variedade de vazões de volume, a bomba centrífuga com pás inclinada para frente é uma opção atraente.

As curvas de desempenho de carga líquida e potência no eixo para esses três tipos de bombas centrífugas são dadas na Fig. 14–34d. As curvas foram ajustadas de forma que cada bomba atinja o mesmo fornecimento livre (a vazão volumétrica máxima com carga líquida zero). Observe que essas são representações qualitativas com finalidades apenas comparativas – a forma das curvas de desempenho realmente medidas podem diferir significativamente, dependendo dos detalhes do projeto da bomba.

Para qualquer inclinação das pás do rotor (para trás, radial ou para a frente) podemos analisar os vetores da velocidade através das pás. O campo de escoamento real é transiente, totalmente tridimensional e talvez compressível. Por questões de simplicidade, em nossa análise, consideramos o escoamento permanente no sistema de referência absoluto e no sistema de referência relativo que gira com o rotor. Consideramos o escoamento incompressível, e apenas as componentes da velocidade radial ou normal (subscrito n) e circunferencial ou tangencial (subscrito t) da entrada para a saída da pá. Não consideramos a componente da velocidade axial (à direita, na Fig. 14–35, e para dentro da página, na vista frontal da Fig. 14–33). Em outras palavras, embora exista uma componente de velocidade diferente de zero através do rotor, ela não entra em nossa análise. Uma vista lateral mais próxima de uma bomba centrífuga simplificada é representada na Fig. 14–35, na qual definimos $V_{1,n}$ e $V_{2,n}$ como as componentes normais médias da velocidade de raios r_1 e r_2, respectivamente. Embora seja mostrada uma folga entre a pá e o corpo, assumimos, em nossa análise simplificada, que não ocorre vazamento nessa folga.

A vazão volumétrica $\dot{V}$ que entra no centro da bomba passa através da área de seção transversal circunferencial definida pela largura b_1 de raio r_1. A conservação da massa exige que essa mesma vazão volumétrica deva passar através da área de seção transversal circunferencial definida pela largura b_2 de raio r_2. Usando as componentes de velocidade normais médias $V_{1,n}$ e $V_{2,n}$, definidas na Fig. 14–35, escrevemos

Vazão volumétrica: $\qquad \dot{V} = 2\pi r_1 b_1 V_{1,n} = 2\pi r_2 b_2 V_{2,n}$ (14–12)

da qual obtemos

$$V_{2,n} = V_{1,n} \frac{r_1 b_1}{r_2 b_2} \quad (14\text{--}13)$$

Está claro, da Equação 14–13, que $V_{2,n}$ pode ser menor do que, igual a ou maior do que $V_{1,n}$, dependendo dos valores de b e r nos dois raios.

Fazemos um diagrama detalhado da vista frontal de uma pá de rotor na Fig. 14–36, no qual mostramos as componentes da velocidade radial e tangencial. Desenhamos uma pá inclinada para trás, mas a mesma análise vale para as pás de *qualquer* inclinação. A entrada da pá (de raio r_1) se move com velocidade tangencial ωr_1. Da mesma forma, a saída da pá se move à velocidade tangencial ωr_2. Está claro, na Fig. 14–36, que essas duas velocidades tangenciais diferem não apenas em magnitude, mas também em direção, por causa da inclinação da pá. Definimos o **ângulo do bordo de ataque** β_1 como o ângulo da pá relativo à direção tangencial reversa de raio r_1. Definimos o **ângulo do bordo de fuga** β_2 como o ângulo da pá relativo à direção tangencial reversa de raio r_2.

Agora, fazemos uma aproximação simplificadora significativa. Assumimos que o escoamento é imposto sobre a pá *paralelo ao bordo de ataque* e sai *paralelo ao bordo de fuga da pá*. Em outras palavras,

> Assumimos que o escoamento é sempre tangente à superfície da pá quando visualizado sob uma estrutura de referência que gira com a pá.

Na entrada, essa aproximação também é chamada de **condição de entrada sem choque**, que não deve ser confundida com ondas de choque (Capítulo 12). Em vez disso, a terminologia implica escoamento uniforme para a pá do rotor sem um "choque" de rotação repentino. Inerente a essa aproximação está a hipótese de que *não há separação de escoamento* em nenhuma parte ao longo da superfície da pá. Se a bomba centrífuga opera em ou próximo de suas condições de projeto, essa hipótese é válida. Entretanto, quando a bomba opera muito fora das condições de projeto, o escoamento pode se separar da superfície da pá (em geral, no lado da sucção onde existem gradientes de pressão adversos) e nossa análise simplificada não funciona.

Os vetores de velocidade $\vec{V}_{1,\text{relativa}}$ e $\vec{V}_{2,\text{relativa}}$ são desenhados na Fig. 14–36 paralelos à superfície da pá, de acordo com nossa hipótese simplificada. Esses são os vetores de velocidade vistos no sistema de referência relativo por um observador que se movimenta com a pá rotativa. Quando adicionarmos vetorialmente a velocidade tangencial ωr_1 (a velocidade da pá no raio r_1) a $\vec{V}_{1,\text{relativa}}$, completando o paralelogramo representado na Fig. 14–36, o vetor resultante é a velocidade *absoluta* do fluido $\vec{V}_1$ na entrada da pá. Exatamente da mesma maneira, obtemos $\vec{V}_2$, a velocidade absoluta do fluido na saída da pá (também representada na Fig. 14–36). Por questões de exatidão, as componentes da velocidade normal $V_{1,n}$ e $V_{2,n}$ também são mostradas na Fig. 14–36. Observe que essas componentes da velocidade normal não dependem do sistema de referência que usamos, seja ele absoluto ou relativo.

Para avaliar o torque no eixo rotativo, aplicamos a relação do momento angular a um volume de controle, como discutimos no Capítulo 6. Selecionamos um volume de controle que cerca as pás, do raio r_1 até o raio r_2, representado na Fig. 14–37. Também apresentamos na Fig. 14–37 os ângulos α_1 e α_2, definidos como os ângulos de diferença do vetor de velocidade absoluta em relação à direção normal nos raios r_1 e r_2, respectivamente. Mantendo o conceito do tratamento de um volume de controle como uma "caixa-preta", ignoramos os detalhes das pás individuais do rotor. Em vez disso, assumimos que o escoamento entra

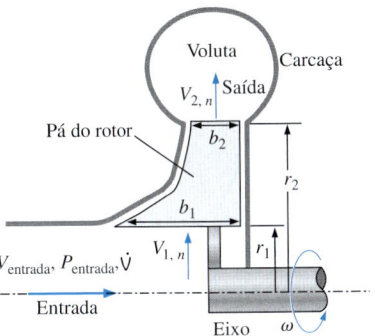

FIGURA 14–35 Vista lateral em detalhe da bomba de escoamento centrífugo simplificada usada para a análise elementar dos vetores da velocidade; $V_{1,n}$ e $V_{2,n}$ são definidas como as componentes normais (radiais) médias da velocidade de raios r_1 e r_2, respectivamente.

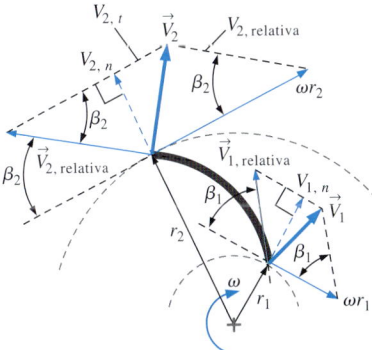

FIGURA 14–36 Vista frontal detalhada da bomba de escoamento centrífugo detalhada usada para a análise elementar dos vetores de velocidade. Os vetores de velocidade absoluta do fluido são mostrados como setas em negrito. Assume-se que o escoamento é tangente em toda a superfície da pá sob o ponto de vista de um sistema de referência que gira com a pá, como indicam os vetores de velocidade relativa.

810 | Mecânica dos Fluidos

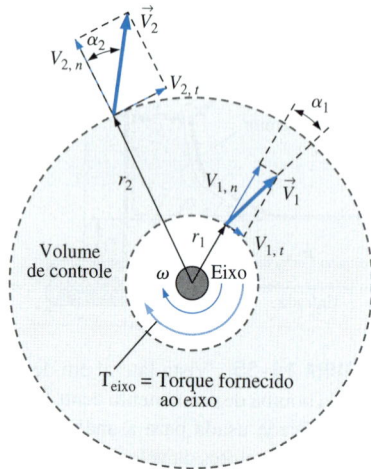

FIGURA 14–37 O volume de controle (sombreado) usado para a análise do momento angular de uma bomba centrífuga.

no volume de controle com velocidade absoluta uniforme $\vec{V}_1$ ao redor de toda a circunferência ao raio r_1, e sai com velocidade absoluta uniforme $\vec{V}_2$ ao redor de toda a circunferência ao raio r_2.

Como o momento do momento linear é definido como o produto vetorial $\vec{r} \times \vec{V}$, apenas as componentes *tangenciais* de $\vec{V}_1$ e $\vec{V}_2$ são relevantes para o torque no eixo. Elas são mostradas como $V_{1,t}$ e $V_{2,t}$ na Fig. 14–37. Acontece que o torque no eixo é igual à variação no momento do momento linear entre a entrada e a saída, como é dado pela **equação de turbomáquina de Euler** (também chamada de **fórmula da turbina de Euler**), derivada no Capítulo 6,

Equação de turbomáquina de Euler: $\qquad T_{eixo} = \rho \dot{V}(r_2 V_{2,t} - r_1 V_{1,t})$ $\qquad$ (14–14)

Ou, em termos dos ângulos α_1 e α_2, e das magnitudes dos vetores da velocidade absoluta,

Forma alternativa, equação da turbomáquina de Euler:

$$T_{eixo} = \rho \dot{V}(r_2 V_2 \operatorname{sen} \alpha_2 - r_1 V_1 \operatorname{sen} \alpha_1) \qquad (14\text{–}15)$$

Em nossa análise simplificada não existem perdas irreversíveis. Assim, a eficiência da bomba $\eta_{bomba} = 1$, implicando o fato de que a potência hidráulica $\dot{W}_{hidráulica}$ e a potência no eixo são iguais. Usando as Equações 14–3 e 14–4,

$$bhp = \omega T_{eixo} = \rho \omega \dot{V}(r_2 V_{2,t} - r_1 V_{1,t}) = \dot{W}_{hidráulica} = \rho g \dot{V} H \qquad (14\text{–}16)$$

que é solucionada para a carga líquida H,

Carga líquida: $\qquad H = \dfrac{1}{g}(\omega r_2 V_{2,t} - \omega r_1 V_{1,t})$ $\qquad$ (14–17)

EXEMPLO 14–5 Desempenho idealizado de um soprador

Um soprador centrífugo gira a $n = 1750$ rpm (183,3 rad/s). O ar entra no rotor na direção normal às pás ($\alpha_1 = 0°$) e sai com um ângulo de 40° em relação à direção radial ($\alpha_2 = 40°$), como representa a Fig. 14–38. O raio de entrada é $r_1 = 4{,}0$ cm e a largura da pá de entrada é $b_1 = 5{,}2$ cm. O raio de saída é $r_2 = 8{,}0$ cm e a largura da pá de saída é $b_2 = 2{,}3$ cm. A vazão volumétrica é de 0,13 m³/s. Assumindo 100% de eficiência, calcule a carga líquida produzida por esse compressor em milímetros equivalentes de altura de coluna de água. Calcule também a potência no eixo em watts.

SOLUÇÃO Devemos calcular o potência no eixo e a carga líquida de um soprador idealizado com determinada vazão volumétrica e rotação.

Hipóteses **1** O escoamento é permanente na média. **2** Não há vazamentos nas folgas entre as pás do rotor e a carcaça do soprador. **3** O ar é incompressível. **4** A eficiência do soprador é de 100% (sem perdas irreversíveis).

Propriedades Assumimos a densidade do ar como $\rho_{ar} = 1{,}20$ kg/m³.

Análise Como a vazão volumétrica (capacidade) é dada, calculamos as componentes da velocidade normal na entrada e na saída usando a Equação 14–12,

$$V_{1,n} = \dfrac{\dot{V}}{2\pi r_1 b_1} = \dfrac{0{,}13 \text{ m}^3/\text{s}}{2\pi(0{,}040 \text{ m})(0{,}052 \text{ m})} = 9{,}947 \text{ m/s} \qquad (1)$$

$V_1 = V_{1,n}$ e $V_{1,t} = 0$, uma vez que $\alpha_1 = 0°$. Da mesma forma, $V_{2,n} = 11{,}24$ m/s e

$$V_{2,t} = V_{2,n} \operatorname{tg} \alpha_2 = (11{,}24 \text{ m/s}) \operatorname{tg}(40°) = 9{,}435 \text{ m/s} \qquad (2)$$

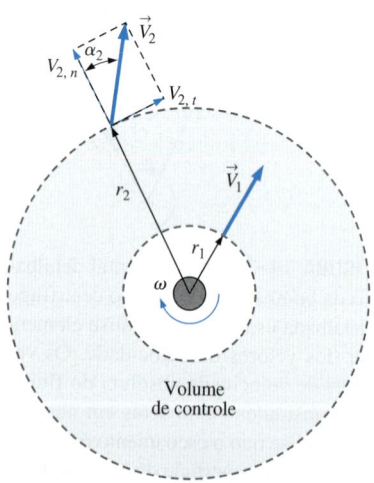

FIGURA 14–38 Volume de controle e vetores de velocidade absoluta para o soprador centrífugo do Exemplo 14–5. Vista ao longo do eixo do soprador.

Agora, usamos a Equação 14–17 para prever a carga líquida

$$H = \frac{\omega}{g}(r_2 V_{2,t} - r_1 \underbrace{V_{1,t}}_{0}) = \frac{183,3 \text{ rad/s}}{9,81 \text{ m/s}^2}(0,080 \text{ m})(9,435 \text{ m/s}) = 14,1 \text{ m} \quad (3)$$

Observe que a carga líquida da Equação 3 está em metros de *ar*, o fluido bombeado. Para converter a pressão para unidades de milímetros equivalentes de coluna de água, multiplicamos o resultado pela relação entre a densidade do ar e a densidade da água,

$$H_{\text{coluna de água}} = H \frac{\rho_{\text{ar}}}{\rho_{\text{água}}}$$

$$= (14,1 \text{ m}) \frac{1,20 \text{ kg/m}^3}{998 \text{ kg/m}^3}\left(\frac{1000 \text{ mm}}{1 \text{ m}}\right) = \mathbf{17{,}0 \text{ mm de água}} \quad (4)$$

Finalmente, usamos a Equação 14–16 para prever a potência necessária no eixo,

$$\text{bhp} = \rho g \dot{V} H = (1,20 \text{ kg/m}^3)(9,81 \text{ m/s}^2)(0,13 \text{ m}^3/\text{s})(14,1 \text{ m})\left(\frac{\text{W·s}}{\text{kg·m/s}^2}\right)$$

$$= \mathbf{21{,}6 \text{ W}} \quad (5)$$

Discussão Observe a conversão de unidades da Equação 5 de quilogramas, metros e segundos em watts; essa conversão é útil em muitos cálculos de turbomáquina. A carga líquida real fornecida para o ar será mais baixa do que aquela prevista pela Equação 3 devido a ineficiências. Da mesma forma, a potência real no eixo real será mais alta do que aquela prevista pela Equação 5 devido às ineficiências no soprador, atrito do eixo, etc.

Para projetar a forma das pás do rotor, devemos usar a trigonometria para obter as expressões de $V_{1,t}$ e $V_{2,t}$ em termos dos ângulos de pá β_1 e β_2. Aplicando a *lei dos cossenos* (Fig. 14–39) ao triângulo da Fig. 14–36 formado pelo vetor da velocidade absoluta $\vec{V}_2$, o vetor da velocidade relativa $\vec{V}_{2,\text{relativa}}$ e a velocidade tangencial da pá com raio r_2 (de magnitude ωr_2), obtemos

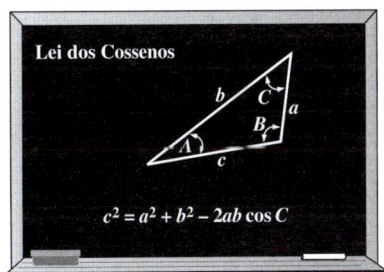

FIGURA 14–39 A lei dos cossenos é utilizada na análise de uma bomba centrífuga.

$$V_2^2 = V_{2,\text{relativa}}^2 + \omega^2 r_2^2 - 2\omega r_2 V_{2,\text{relativa}} \cos \beta_2 \quad (14\text{--}18)$$

Mas também vemos na Fig. 14–36 que

$$V_{2,\text{relativa}} \cos \beta_2 = \omega r_2 - V_{2,t}$$

Substituindo essa equação na Equação 14–18, temos

$$\omega r_2 V_{2,t} = \frac{1}{2}(V_2^2 - V_{2,\text{relativa}}^2 + \omega^2 r_2^2) \quad (14\text{--}19)$$

Para a entrada da pá obtemos um resultado semelhante (basta mudar todos os subscritos 2 da Equação 14–19 pelo subscrito 1). Substituindo esses resultados na Equação 14–17, temos

Carga líquida:

$$H = \frac{1}{2g}[(V_2^2 - V_1^2) + (\omega^2 r_2^2 - \omega^2 r_1^2) - (V_{2,\text{relativa}}^2 - V_{1,\text{relativa}}^2)] \quad (14\text{--}20)$$

Em palavras, a Equação 14–20 diz que no caso ideal (sem perdas irreversíveis), a carga líquida é proporcional à variação da energia cinética absoluta mais a va-

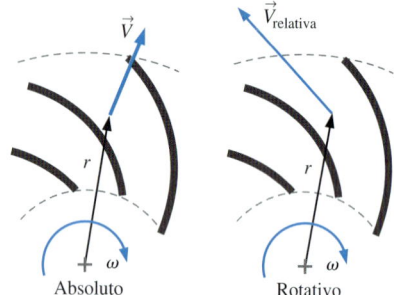

FIGURA 14–40 Para a aproximação do escoamento através de um rotor sem perdas irreversíveis é mais conveniente trabalhar com um sistema de referência relativo que gira com o rotor. Nesse caso, a equação de Bernoulli ganha um termo extra, indicado na Equação 14–22.

riação da energia cinética nas extremidades do rotor menos a variação da energia cinética entre a entrada e a saída do rotor. Finalmente, equacionando a Equação 14–20 e a Equação 14–2, onde definimos o subscrito 2 como relativo ao escoamento de saída e o subscrito 1 como relativo ao escoamento de entrada, vemos que

$$\left(\frac{P}{\rho g} + \frac{V_{relativa}^2}{2g} - \frac{\omega^2 r^2}{2g} + z\right)_s = \left(\frac{P}{\rho g} + \frac{V_{relativa}^2}{2g} - \frac{\omega^2 r^2}{2g} + z\right)_e \quad (14\text{--}21)$$

Observe que não limitamos a análise apenas à entrada e saída. Na verdade, podemos aplicar a Equação 14–21 a dois raios *quaisquer* ao longo do rotor. Assim, em geral, escrevemos uma equação que normalmente é chamada de **equação de Bernoulli em um sistema de referência rotativo**:

$$\frac{P}{\rho g} + \frac{V_{relativa}^2}{2g} - \frac{\omega^2 r^2}{2g} + z = \text{constante} \quad (14\text{--}22)$$

Vemos que a Equação 14–22 é igual à equação normal de Bernoulli exceto que, como a velocidade utilizada é a velocidade *relativa* (no sistema de referência rotativo), um termo "extra" (o terceiro termo da esquerda na Equação 14–22) aparece na equação para considerar os efeitos rotacionais (Fig. 14–40). Enfatizamos que a Equação 14–22 é uma aproximação, válida apenas para o caso ideal no qual não há perdas irreversíveis através do rotor. No entanto, ela é valiosa como aproximação de primeira ordem para o escoamento através do rotor de uma bomba centrífuga.

Agora, examinamos a Equação 14–17, a equação da carga líquida, com mais detalhes. Como o termo que contém $V_{1,t}$ tem um sinal negativo, obtemos o H máximo definindo $V_{1,t}$ como zero. (Estamos assumindo que não há mecanismo no centro da bomba que possa gerar um valor *negativo* de $V_{1,t}$.) Assim, uma aproximação de primeira ordem para a **condição de projeto** da bomba é definida como $V_{1,t} = 0$. Em outras palavras, selecionamos o ângulo de entrada da pá β_1 de forma que o escoamento para a pá do rotor seja puramente radial em um sistema de referência absoluto e $V_{1,n} = V_1$. Os vetores da velocidade para $r = r_1$ na Fig. 14–36 são ampliados e redesenhados na Fig. 14–41. Usando alguma trigonometria, vemos que

$$V_{1,t} = \omega r_1 - \frac{V_{1,n}}{\tan \beta_1} \quad (14\text{--}23)$$

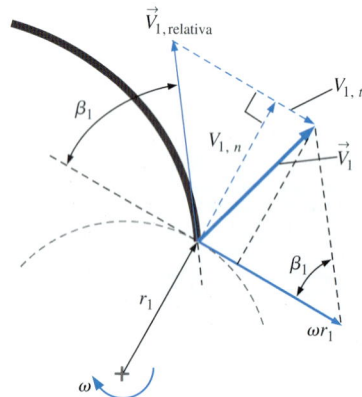

FIGURA 14–41 Vista frontal detalhada dos vetores de velocidade na entrada da pá do rotor. O vetor de velocidade absoluta é mostrado como uma seta em negrito.

Uma expressão semelhante é obtida para $V_{2,t}$ (basta substituir o subscrito 1 por 2) ou, na verdade, por qualquer raio entre r_1 e r_2. Quando $V_{1,t} = 0$ e $V_{1,n} = V_1$,

$$\omega r_1 = \frac{V_{1,n}}{\tan \beta_1} \quad (14\text{--}24)$$

Finalmente, combinando a Equação 14–24 com a Equação 14–12, temos uma expressão para a vazão volumétrica como função do ângulo de entrada da pá β_1 e da velocidade rotacional

$$\dot{V} = 2\pi b_1 \omega r_1^2 \, \text{tg} \, \beta_1 \quad (14\text{--}25)$$

A Equação 14–25 pode ser usada para um projeto preliminar da forma da pá do rotor, como ilustra o Exemplo 14–6.

EXEMPLO 14–6 **Projeto preliminar de uma bomba centrífuga**

Uma bomba centrífuga está sendo projetada para bombear líquido refrigerante R-134a na temperatura ambiente e pressão atmosférica. Os raios de entrada e saída do rotor são $r_1 = 100$ e $r_2 = 180$ mm, respectivamente (Fig. 14–42). As larguras de entrada e saída do rotor são $b_1 = 50$ e $b_2 = 30$ mm (para dentro da página na Fig. 14–42). A bomba deve fornecer 0,25 m³/s do líquido a uma carga líquida de 14,5 m quando o rotor gira a 1720 rpm. O projeto da forma da pá no caso em que essas condições operacionais são as *condições de projeto* da bomba ($V_{1,t} = 0$ representada na figura); especificamente, calcule os ângulos β_1 e β_2 e discuta a forma da pá. Preveja também a potência necessária para a bomba.

SOLUÇÃO Para determinada vazão, carga líquida e dimensões de uma bomba centrífuga, devemos projetar a forma da pá (ângulos dos bordos de fuga e ataque). Também devemos estimar a potência necessária para a bomba.

Hipóteses **1** O escoamento é permanente. **2** O líquido é incompressível. **3** Não existem perdas irreversíveis através do rotor. **4** Este é apenas um projeto preliminar.

Propriedades Para o refrigerante R-134a a $T = 20°C$, $v_f = 0,0008157$ m³/kg. Assim, $\rho = 1/v_f = 1226$ kg/m³.

Análise Calculamos a potência da água necessária com a Equação 14–3,

$$\dot{W}_{hidráulica} = \rho g \dot{V} H$$
$$= (1226 \text{ kg/m}^3)(9,81 \text{ m/s}^2)(0,25 \text{ m}^3/\text{s})(14,5 \text{ m})\left(\frac{\text{W·s}}{\text{kg·m/s}^2}\right)$$
$$= 43.600 \text{ W}$$

A potência necessária no eixo será maior do que isso em uma bomba real. Entretanto, ao manter as aproximações para esse projeto preliminar, assumimos eficiência de 100%, de modo que o *bhp* seja aproximadamente igual à potência hidráulica $\dot{W}_{hidráulica}$

$$\text{bhp} \cong \dot{W}_{hidráulica} = 43.600 \text{ W}\left(\frac{\text{hp}}{745,7 \text{ W}}\right) = 58,5 \text{ hp}$$

Reportamos o resultado final até dois dígitos significativos para manter a exatidão das quantidades dadas e, assim, **bhp ≅ 59 hp**.

Em todos os cálculos com rotação, precisamos converter a velocidade rotacional de $\dot{n}$ (rpm) para ω (rad/s), como ilustra a Fig. 14–43,

$$\omega = 1720 \frac{\text{rot}}{\text{min}}\left(\frac{2\pi \text{ rad}}{\text{rot}}\right)\left(\frac{1 \text{ min}}{60 \text{ s}}\right) = 180,1 \text{ rad/s} \quad (1)$$

Calculamos o ângulo de entrada da pá usando a Equação 14–25,

$$\beta_1 = \arctan\left(\frac{\dot{V}}{2\pi b_1 \omega r_1^2}\right) = \arctan\left(\frac{0,25 \text{ m}^3/\text{s}}{2\pi(0,050 \text{ m})(180,1 \text{ rad/s})(0,10 \text{ m})^2}\right) = 23,8°$$

Encontramos β_2 utilizando as equações derivadas anteriormente em nossa análise elementar. Em primeiro lugar, para a condição de projeto na qual $V_{1,t} = 0$, a Equação 14–17 se reduz a

Carga líquida: $$H = \frac{1}{g}(\omega r_2 V_{2,t} - \omega r_1 \underbrace{V_{1,t}}_{0}) = \frac{\omega r_2 V_{2,t}}{g}$$

da qual calculamos a componente tangencial da velocidade,

$$V_{2,t} = \frac{gH}{\omega r_2} \quad (2)$$

(continua)

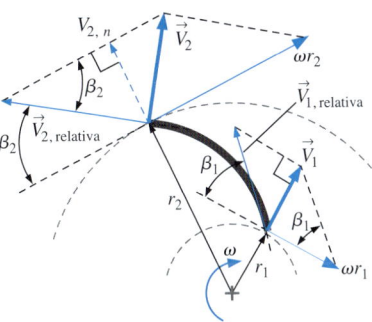

FIGURA 14–42 Os vetores de velocidade relativa e absoluta e a geometria do projeto do rotor de bomba centrífuga do Exemplo 14–6.

FIGURA 14–43 A conversão adequada de unidades exige que as unidades da rotação estejam em rad/s.

(continuação)
Usando a Equação 14–12, calculamos a componente normal da velocidade,

$$V_{2,n} = \frac{\dot{V}}{2\pi r_2 b_2} \quad (3)$$

A seguir, realizamos a mesma trigonometria utilizada para derivar a Equação 14–23, mas no *bordo de fuga* da pá e não no bordo de ataque. O resultado é

$$V_{2,t} = \omega r_2 - \frac{V_{2,n}}{\tan \beta_2}$$

do qual finalmente solucionamos β_2,

$$\beta_2 = \arctan\left(\frac{V_{2,n}}{\omega r_2 - V_{2,t}}\right) \quad (4)$$

Após a substituição das Equações 2 e 3 na Equação 4 e a inserção dos valores numéricos, obtemos

$$\beta_2 = 14{,}7°$$

Reportamos os resultados finais até apenas dois dígitos significativos. Assim, nosso projeto preliminar exige pás de rotor *inclinadas para trás* com $\beta_1 \cong \mathbf{24°}$ e $\beta_2 \cong \mathbf{15°}$. Depois que sabemos os ângulos da pá nos bordos de ataque e de fuga, criamos a *forma* detalhada da pá do rotor variando uniformemente o ângulo da pá β de β_1 até β_2 à medida que o raio aumenta de r_1 até r_2. Como está representado na Fig. 14–44, a pá pode ter várias formas e ainda manter $\beta_1 \cong 24°$ e $\beta_2 \cong 15°$, dependendo de como variamos β com o raio. Na figura, todas as três pás começam no mesmo local (ângulo zero absoluto) no raio r_1; o ângulo do bordo de ataque de todas as três pás é $\beta_1 = 24°$. A pá de comprimento médio (a pá marrom na Fig. 14–44) é construída variando β *linearmente* com r. Seu bordo de fuga intercepta o raio r_2 em um ângulo absoluto de aproximadamente 93°. A pá mais longa (a pá preta da figura) é construída variando β mais rapidamente perto de r_1 do que de r_2. Em outras palavras, a curvatura da pá é mais pronunciada perto de seu bordo de ataque do que de seu bordo de fuga. Ela intercepta o raio exterior em um ângulo absoluto de cerca de 114°. Finalmente, a pá mais curta (a pá azul da Fig. 14–44) tem menos curvatura de pá próximo a seu bordo de ataque, mas uma curvatura mais pronunciada próximo a seu bordo de fuga. Ela intercepta r_2 em um ângulo absoluto de aproximadamente 77°. *Não fica imediatamente óbvio qual forma de pá é melhor.*

Discussão Lembre-se que este é um projeto preliminar no qual as perdas irreversíveis são ignoradas. Uma bomba real teria perdas, e a potência no eixo necessária seria mais alta (talvez de 20 a 30% mais alta) do que o valor estimado aqui. Em uma bomba real com perdas, uma pá mais curta tem menos arrasto de atrito superficial, mas as tensões normais sobre a pá são maiores, porque o escoamento fica mais complexo próximo ao bordo de fuga, onde as velocidades são maiores. Isso pode levar a problemas estruturais se as pás não forem muito espessas, particularmente ao bombear líquidos densos. Uma pá mais longa tem arrasto de atrito superficial mais alto, mas tensões normais mais baixas. Além disso, você pode ver uma estimativa simples do volume de pá da Fig 14–44 que, para o mesmo número de pás, quanto mais longas as pás maior o bloqueio do escoamento, uma vez que as pás têm espessura finita. Além disso, o efeito de espessura do deslocamento das camadas limite que aumentam ao longo das superfícies da pá (Capítulo 10) leva a um bloqueio mais pronunciado ainda para as pás longas. Obviamente, alguma otimização de engenharia é necessária para determinar a forma exata da pá.

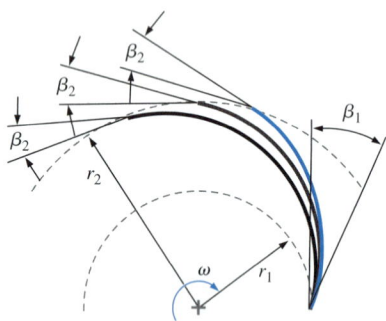

FIGURA 14–44 Três formas de pás possíveis para o projeto do rotor de bomba centrífuga do Exemplo 14–6. Todas as três pás têm ângulo de bordo de ataque $\beta_1 = 24°$ e ângulo de bordo de fuga $\beta_2 = 15°$, mas diferem no modo como β varia com o raio. O desenho está em escala.

Quantas pás devemos usar em um rotor? Se usarmos um número muito pequeno de pás, a **perda de escoamento circulatório** será alta. A perda de escoamento circulatório ocorre porque existe um número finito de pás. Em nossa análise preliminar, assumimos uma velocidade tangencial uniforme $V_{2,t}$ ao redor de toda a circunferência da saída do volume de controle (Fig. 14-37). Isso é estritamente correto apenas se tivermos um número infinito de pás infinitesimalmente finas. Em uma bomba real, obviamente, o número de pás é finito e as pás não são infinitesimalmente finas. Como resultado, a componente tangencial do vetor de velocidade absoluta não é uniforme, mas cai nos espaços entre as pás conforme ilustra a Fig. 14-45a. O resultado líquido é um valor efetivamente menor de $V_{2,t}$ que, por sua vez, diminui a carga líquida real. Essa perda de carga líquida (e eficiência de bomba) é chamada de *perda de escoamento circulatório*. Por outro lado, se tivermos muitas pás (como na Fig. 14-45b), haverá perdas de bloqueio de escoamento excessivas e perdas devido ao crescimento das camadas limite, novamente levando a velocidades de escoamento não uniforme no raio exterior da bomba e menor carga líquida e eficiência. Essas perdas são chamadas de **perdas de passagem**. O resultado é que alguma otimização de engenharia se faz necessária para selecionar a forma da pá e o número das pás. Tal análise está além do escopo deste texto. Um exame rápido na literatura sobre turbomáquinas mostra que 11, 14 e 16 são números de pás de rotor comuns para as bombas centrífugas médias.

Depois de projetar a bomba para uma carga líquida e vazão específicas (condições de projeto), podemos estimar sua carga líquida a condições *distantes* das condições de projeto. Em outras palavras, mantendo $b_1, b_2, r_1, r_2, \beta_1, \beta_2$ e ω fixos, variamos a vazão volumétrica acima e abaixo da vazão de projeto. Temos todas as equações: a Equação 14-17 da carga líquida H em termos das componentes de velocidade tangencial absoluta $V_{1,t}$ e $V_{2,t}$, a Equação 14-23 para $V_{1,t}$ e $V_{2,t}$ como funções das componentes normais da velocidade absoluta $V_{1,n}$ e $V_{2,n}$ e a Equação 14-12 para $V_{1,n}$ e $V_{2,n}$ como funções da vazão volumétrica $\dot{V}$. Na Fig. 14-46, combinamos essas equações para gerar uma plotagem de H versus $\dot{V}$ para a bomba criada no Exemplo 14-6. A linha azul cheia é o desempenho previsto, com base em nossa análise preliminar. A curva de desempenho prevista é quase linear acima e abaixo das condições de projeto, uma vez que o termo $\omega r_1 V_{1,t}$ da Equação 14-17 é pequeno quando comparado ao termo $\omega r_2 V_{2,t}$. Lembre-se de que nas condições de projeto previstas, definimos $V_{1,t} = 0$. Para vazões volumétricas maiores do que na condição prevista de projeto, $V_{1,t}$ é previsto pela Equação 14-23 como *negativo*. Mantendo nossas hipóteses anteriores, porém, não é possível ter valores negativos para $V_{1,t}$. Assim, a inclinação da curva de desempenho prevista se altera repentinamente além das condições de projeto.

A Fig. 14-46 também apresenta o desempenho *real* dessa bomba centrífuga. Embora o desempenho previsto esteja próximo do desempenho real nas condições de projeto, as duas curvas diferem substancialmente longe das condições de projeto. Para todas as vazões volumétricas, a carga líquida real é *mais baixa* do que a carga líquida prevista. Isso se deve aos efeitos irreversíveis, como o atrito ao longo das superfícies da pá, vazamento de fluido entre as pás e a carcaça, redemoinho do fluido na região central, separação do escoamento nos bordos de ataque das pás (perdas por choque) ou nas partes em expansão das passagens de escoamento, perda de escoamento circulatório, perda de passagem e dissipação irreversível de vórtices na voluta, entre outras coisas.

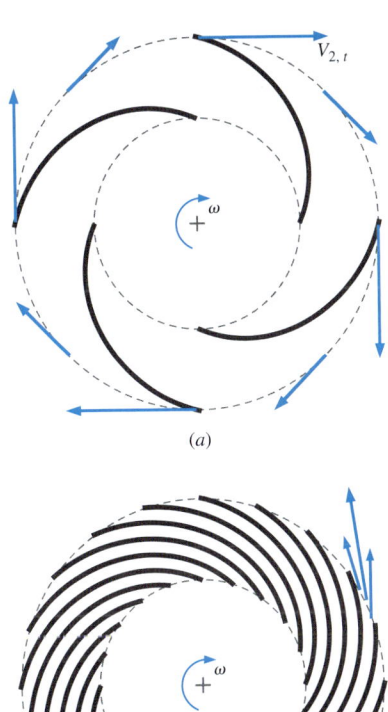

FIGURA 14-45 (*a*) Um rotor de bomba centrífuga com pouquíssimas pás leva à *perda de escoamento circulatório* – a velocidade tangencial no raio externo r_2 é menor nas folgas entre as pás do que nos bordos de fuga das pás (os vetores absolutos da velocidade tangencial são mostrados). (*b*) Por outro lado, como as pás reais do rotor têm espessura finita, um rotor com muitas pás leva a *perdas de passagem* devido ao bloqueio de escoamento excessivo e ao grande arrasto por atrito superficial (os vetores de velocidade de um sistema de referência rotativo com o rotor são mostrados saindo de uma linha de pás). O resultado é que os engenheiros de bombas devem otimizar a forma e o número de pás.

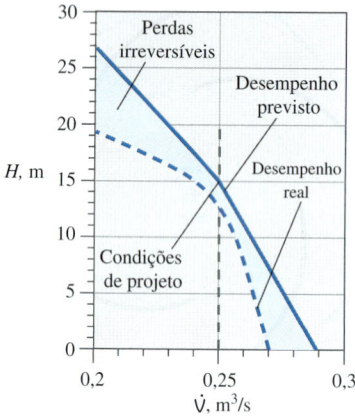

FIGURA 14–46 A carga líquida como função da vazão volumétrica da bomba do Exemplo 14–6. A diferença entre o desempenho previsto e real é devido a irreversibilidades não previstas.

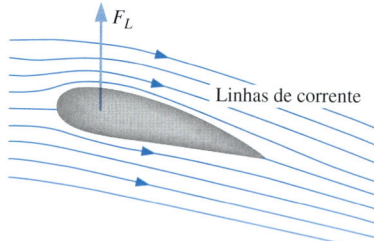

FIGURA 14–47 As pás de uma bomba de escoamento axial se comportam como a asa de um avião. O ar é desviado para baixo pela asa à medida que gera força de sustentação F_L.

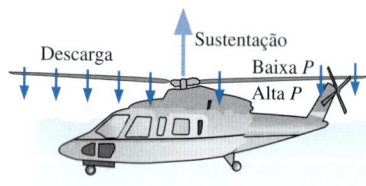

FIGURA 14–48 A descarga para baixo e a elevação de pressão através do plano do rotor de um helicóptero, que é um tipo de bomba com escoamento axial.

Bombas axiais

As bombas axiais não utilizam as chamadas forças centrífugas. Em vez disso, as pás do rotor se comportam muito mais como a asa de um avião (Fig. 14–47), produzindo sustentação pela alteração do momento do fluido à medida que elas giram. O rotor de um helicóptero, por exemplo, é um tipo de bomba de escoamento axial (Fig. 14–48). A força de sustentação sobre a pá é causada pelas diferenças de pressão entre as superfícies superior e inferior da pá, e a variação na direção do escoamento leva à **descarga** (uma coluna de ar descendente) através do plano do rotor. Existe um salto de pressão através do plano do rotor que induz um escoamento de ar para baixo (Fig. 14–48).

Imagine girar o plano do rotor verticalmente; agora temos um **propulsor** (Fig. 14–49a). Tanto o rotor do helicóptero quanto o propulsor do avião são exemplos de **ventiladores abertos com escoamento axial**, uma vez que não há duto ou carcaça ao redor das pontas das pás. O ventilador comum de janela que você instala na janela do quarto no verão opera de acordo com os mesmos princípios, mas o objetivo é soprar ar em vez de fornecer uma força. Tenha certeza, porém, de que *há* uma força líquida que atua sobre o corpo do ventilador. Se o ar é soprado da esquerda para a direita, a força no ventilador age para a esquerda e o ventilador é mantido para baixo pelo caixilho da janela. O corpo ao redor do ventilador de casa também age como um duto curto, o que ajuda a direcionar o escoamento e eliminar algumas perdas nas pontas das pás. O ventilador pequeno que fica dentro do computador, em geral, é um ventilador com escoamento axial; ele se parece com um ventilador de janela em miniatura (Fig. 14–49b) e é um exemplo de **ventilador com escoamento axial em duto**.

Se você olhar mais de perto a pá do propulsor do avião da Fig. 14–49a, a pá do rotor de um helicóptero, a pá do propulsor de um avião de aeromodelismo controlado por rádio, ou mesmo a pá de um ventilador de janela bem projetado, notará uma pequena **torção** da pá. Especificamente, o aerofólio de uma seção transversal próxima ao cubo da roda ou raiz da pá tem um **ângulo de inclinação** (θ) maior do que o aerofólio em uma seção transversal próxima da ponta, $\theta_{raiz} > \theta_{ponta}$ (Fig. 14–50). Isso acontece porque a velocidade tangencial da pá aumenta linearmente com o raio,

$$u_\theta = \omega r \qquad (14\text{–}26)$$

Para um determinado raio, então, a velocidade do ar *com relação à pá* $\vec{V}_{relativa}$ é estimada até a primeira ordem como a soma do vetor da velocidade de entrada $\vec{V}_{entrada}$ e o negativo da velocidade da pá $\vec{V}_{pá}$,

$$\vec{V}_{relativa} \cong \vec{V}_e - \vec{V}_{pá} \qquad (14\text{–}27)$$

onde a magnitude de $\vec{V}_{pá}$ é igual à velocidade tangencial da pá u_θ, dada pela Equação 14–26. A direção de $\vec{V}_{pá}$ é tangencial ao caminho de rotação da pá. Na posição de pá representada na Fig. 14–50, $\vec{V}_{pá}$ está à esquerda.

Na Fig. 14–51, calculamos $\vec{V}_{relativa}$ graficamente usando a Equação 14–27 em dois raios – o raio da raiz e o raio de ponta da pá do rotor representada na Fig. 14–50. Como você pode ver, o ângulo de ataque relativo α é igual em ambos os casos. Na verdade, a quantidade de torção é determinada pela definição do ângulo de torção θ de forma que α seja igual em qualquer raio.

Observe também que a magnitude da velocidade relativa $\vec{V}_{relativa}$ aumenta da raiz para a ponta. Acontece que a pressão dinâmica encontrada pelas seções

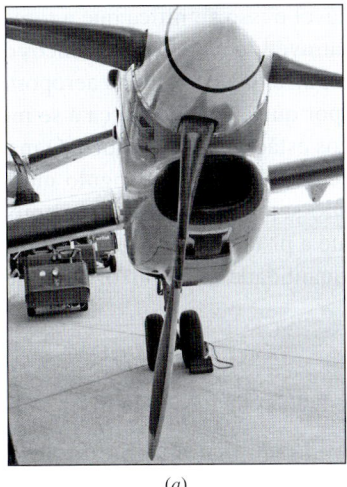

FIGURA 14–49 Os ventiladores com escoamento axial podem ser abertos ou em duto: (*a*) um propulsor é um ventilador aberto e (*b*) um ventilador de computador é um ventilador em duto.

Fotos de John M. Cimbala.

(a)   (b)

transversais da pá aumenta com o raio, e a força de sustentação por unidade de largura para dentro da página na Fig. 14–51 também aumenta com o raio. Os propulsores tendem a ser mais estreitos na raiz e maiores na direção da ponta para aproveitar a contribuição maior da sustentação disponível na direção da ponta. Na extremidade da ponta, porém, a pá, em geral, é arredondada para evitar o *arrasto induzido* excessivo (Capítulo 11) que existiria se a pá fosse simplesmente cortada de forma abrupta, como na Fig. 14–50.

A Equação 14–27 não é exata por diversos motivos. Em primeiro lugar, o movimento giratório do rotor introduz algum **redemoinho** no escoamento de ar (Fig. 14–52). Isso reduz a velocidade tangencial efetiva da pá com relação ao vento. Em segundo lugar, como o cubo de roda do rotor tem tamanho finito, o ar é acelerado ao seu redor, fazendo com que a velocidade do vento aumente localmente nas seções transversais da pá próximo à raiz. Em terceiro lugar, o eixo do rotor ou propulsor pode não ter um alinhamento exatamente paralelo ao movimento do ar de entrada. Finalmente, a velocidade do ar propriamente dito não é determinada com facilidade porque o ar se acelera à medida que se aproxima do rotor que está girando. Existem métodos disponíveis para aproximar esses e outros efeitos secundários, mas eles estão além do escopo deste texto. A aproximação de primeira ordem dada pela Equação 14–27 é adequada para o projeto preliminar de rotores e propulsores, como ilustra o Exemplo 14–7.

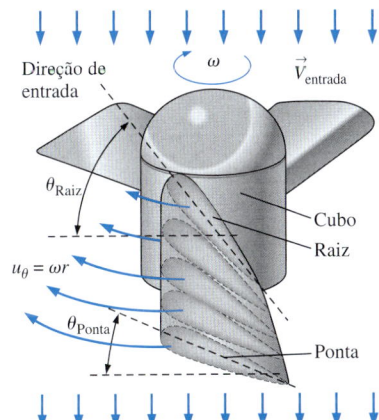

FIGURA 14–50 Uma pá de rotor ou uma pá de propulsor bem desenhada tem uma *torção*, como mostram as fatias azuis de seção transversal através de uma das três pás; o ângulo de torção da pá θ é mais alto na raiz do que na ponta porque a velocidade tangencial da pá aumenta com o raio.

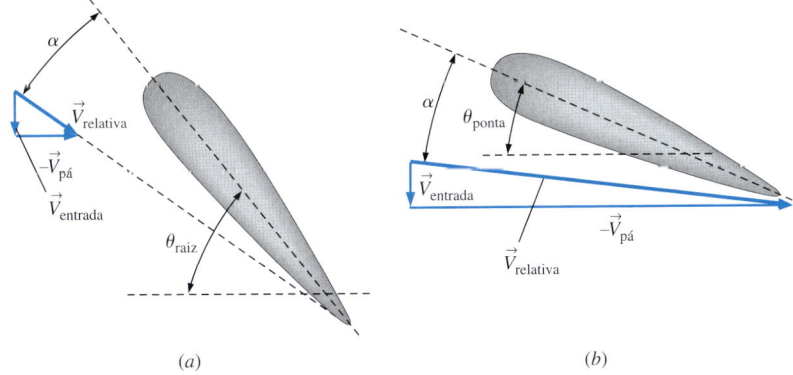

(a)   (b)

FIGURA 14–51 Cálculo gráfico do vetor $\vec{V}_{relativa}$ em dois raios: (*a*) raiz e (*b*) ponta da pá do rotor representada na Fig. 14–50.

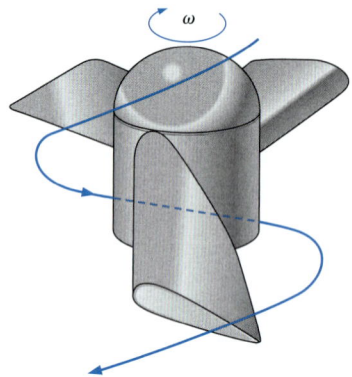

FIGURA 14–52 As pás rotativas de um rotor ou propulsor induzem um turbilhão no fluido ao redor.

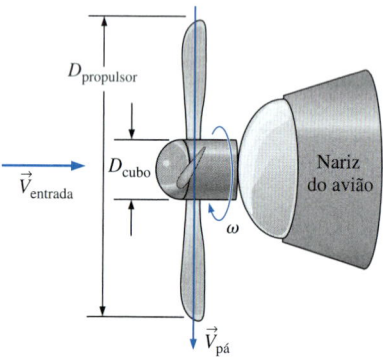

FIGURA 14–53 Configuração do projeto do propulsor do modelo de avião do Exemplo 14–7, fora de escala.

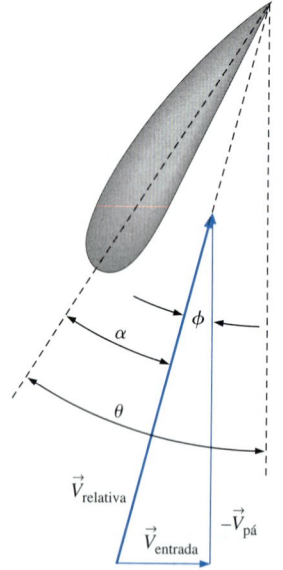

FIGURA 14–54 Os vetores de velocidade em algum raio arbitrário r do propulsor do Exemplo 14–7.

Os propulsores do avião têm **torção** variável e isso significa que a torção de toda a pá pode ser ajustada girando as pás através de vínculos mecânicos do cubo. Por exemplo, quando um avião com propulsor está parado no aeroporto, aquecendo seus motores com uma rpm alta, por que ele não começa a se movimentar? Bem, por um único motivo, os freios estão sendo aplicados. O mais importante é que a torção do propulsor é ajustada para que o ângulo médio de ataque das seções transversais do aerofólio seja nulo – nenhum empuxo líquido é fornecido. Enquanto o avião taxia até a pista de decolagem, a torção é ajustada de modo a produzir uma pequena quantidade de empuxo. À medida

---

EXEMPLO 14–7   Cálculo da torção do propulsor de um avião

Suponhamos que você esteja criando o propulsor de um avião de aeromodelismo controlado por rádio. O diâmetro geral do propulsor é de 34,0 cm e o diâmetro do cubo é 5,5 cm (Fig. 14–53). O propulsor gira a 1.700 rpm e o aerofólio selecionado para a seção transversal do propulsor atinge sua eficiência máxima a um ângulo de ataque de 14°. Quando o avião voa a 30 mi/h (13,4 m/s), calcule o ângulo de torção da pá da raiz até a ponta da pá de forma que $\alpha = 14°$ ao longo da pá do propulsor.

SOLUÇÃO Devemos calcular o ângulo de torção da pá θ da raiz até a ponta do propulsor, de forma que o ângulo de ataque seja $\alpha = 14°$ em todos os raios ao longo da pá do propulsor.

Hipóteses 1 O ar nessas baixas velocidades é incompressível. 2 Desprezamos os efeitos secundários do redemoinho e da aceleração do ar à medida que ele se aproxima do propulsor, ou seja, a magnitude de $\vec{V}_{entrada}$ é assumida como igual à velocidade do avião. 3 O avião voa nivelado, de forma que o eixo do propulsor é paralelo à velocidade do ar.

Análise A velocidade do ar relativa à pá é aproximada até a primeira ordem em qualquer raio usando a Equação 14–27. Uma representação dos vetores de velocidade em algum raio arbitrário r é mostrada na Fig. 14–54. Da geometria, vemos que

O ângulo de torção em um raio arbitrário r: $\quad \theta = \alpha + \phi \quad$ (1)

e

$$\phi = \arctan \frac{|\vec{V}_e|}{|\vec{V}_{pá}|} = \arctan \frac{|\vec{V}_e|}{\omega r} \quad (2)$$

onde também usamos a Equação 14–26 para a velocidade de pá ao raio r. Na raiz ($r = D_{cubo}/2 = 2,75$ cm), a Equação 2 torna-se

$$\theta = \alpha + \phi = 14° + \arctan\left[\frac{13,4 \text{ m/s}}{(1700 \text{ rot/min})(0,0275 \text{ m})}\left(\frac{1 \text{ rot}}{2\pi \text{ rad}}\right)\left(\frac{60 \text{ s}}{\text{min}}\right)\right] = \mathbf{83{,}9°}$$

Da mesma forma, o ângulo de torção na ponta ($r = D_{propulsor}/2 = 17,0$ cm) é

$$\theta = \alpha + \phi = 14° + \arctan\left[\frac{13,4 \text{ m/s}}{(1700 \text{ rot/min})(0,17 \text{ m})}\left(\frac{1 \text{ rot}}{2\pi \text{ rad}}\right)\left(\frac{60 \text{ s}}{\text{min}}\right)\right] = \mathbf{37{,}9°}$$

Nos raios entre a raiz e a ponta, as Equações 1 e 2 são usadas para calcular θ como função de r. Os resultados são plotados na Fig. 14–55.

Discussão O ângulo de torção não é linear por causa da função arco tangente da Equação 2.

que o avião decola, a rpm do motor está alta, e a torção da pá é ajustada de forma que o propulsor fornece o máximo de empuxo. Na maioria dos casos, a torção pode até mesmo ser ajustada "para trás" (ângulo de ataque negativo) para fornecer **impulso invertido** e diminuir a velocidade do avião após a aterrissagem.

Plotamos as curvas de desempenho qualitativas para um propulsor típico na Fig. 14–56. Ao contrário dos ventiladores centrífugos, a potência no eixo tende a *diminuir* com a vazão. Além disso, a curva de eficiência se inclina mais para a direita em comparação à curva dos ventiladores centrífugos (consulte a Fig. 14–8). O resultado é que a eficiência cai rapidamente para vazões volumétricas mais altas do que aquela no ponto de melhor eficiência. A curva de carga líquida também diminui continuamente com a vazão (embora haja algumas ondulações), e sua forma é muito diferente daquela de um ventilador com escoamento centrífugo. Se as necessidades de carga não são tão sérias, os ventiladores propulsores podem ser operados além do ponto de eficiência máxima para atingir vazões volumétricas mais altas. Como o bhp diminui a valores altos de $\dot{V}$, não há penalidade para a potência quando o ventilador funciona com vazões altas. Por esse motivo, é tentador instalar um ventilador ligeiramente *subdimensionado* e fazê-lo funcionar além de seu ponto de melhor eficiência. No outro extremo, se operado *abaixo* de seu ponto de eficiência máximo, o escoamento pode ser ruidoso e instável, indicando que o ventilador pode estar *superdimensionado* (maior do que o necessário). Por esses motivos, em geral, é melhor utilizar um ventilador propulsor no seu ponto de eficiência máxima, ou ligeiramente acima.

Quando usado para movimentar o escoamento em um duto, um ventilador com escoamento axial com um só rotor é chamado de **ventilador tubo-axial** (Fig. 14–57a). Em muitas aplicações práticas da engenharia para os ventiladores com escoamento axial, tais como ventiladores de exaustão em cozinhas, ventiladores de duto de ventilação em prédios, ventiladores com sistema de aspiração e ventiladores de resfriamento em radiador automotivo, o escoamento turbilhonar produzido pelas pás rotativas (Fig. 14–57a) não é problema. Mas o movimento de turbilhão e o aumento da intensidade da turbulência podem continuar por alguma distância a jusante, e não há aplicações nas quais o turbilhão (ou o ruído e turbulência associados a ele) seja altamente indesejável. Os exemplos incluem os ventiladores de túnel de vento, os propulsores de torpedos e alguns ventiladores especializados para ventilação de minas. Existem dois desenhos básicos que eliminam bastante o turbilhão: Um segundo rotor que gira na *direção oposta* pode ser adicionado em série com o rotor existente para formar um par de rotores girando em sentidos contrários. Tal ventilador é chamado de **ventilador axial contrarotativo** (Fig. 14–57b). O turbilhão causado pelo rotor a montante é cancelado por um turbilhão oposto causado pelo rotor a jusante. Como opção, um conjunto de **pás de estator** pode ser adicionado a montante ou a jusante do rotor rotativo. Como o nome implica, as pás de estator são palhetas diretrizes *estacionárias* (não giram) e simplesmente redirecionam o fluido. Um ventilador axial com um conjunto de pás rotativas do rotor *e* um conjunto de pás estacionárias do estator (palhetas diretrizes) é chamado de **ventilador axial de fluxo direcionado** (Fig. 14–57c). O projeto do estator do ventilador axial de fluxo direcionado é de implementação muito mais simples e econômica do que o projeto do ventilador com escoamento axial contrarotativo.

O fluido em turbilhão a jusante de um ventilador tubo-axial desperdiça energia cinética e tem um alto nível de turbulência; o ventilador axial de flu-

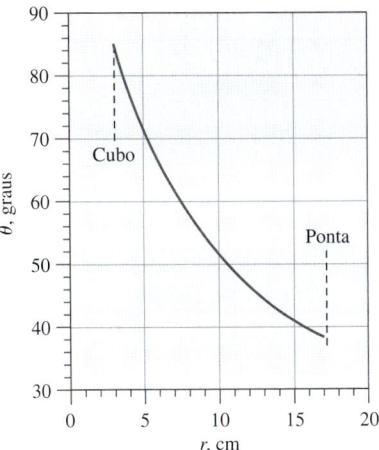

FIGURA 14–55 O ângulo de torção da pá como função do raio para o propulsor do Exemplo 14–7.

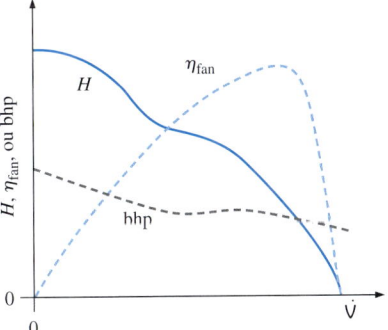

FIGURA 14–56 *Curvas de desempenho* típicas para um ventilador propulsor axial.

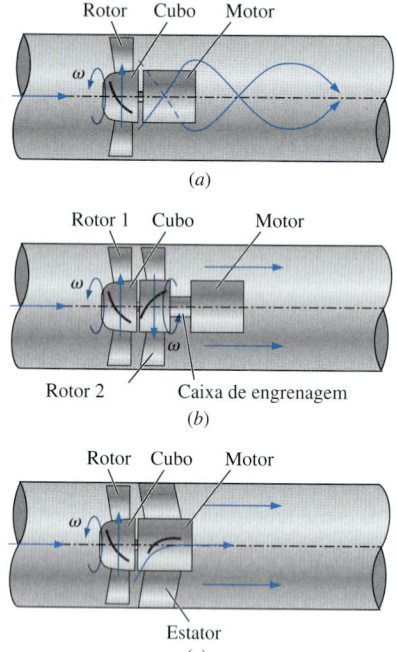

FIGURA 14–57 Um *ventilador tubo-axial* (*a*) impõe um turbilhão ao fluido de saída enquanto (*b*) um *ventilador axial contrarrotativo* e (*c*) um *ventilador axial de fluxo direcionado* foram desenvolvidos para remover o turbilhão.

xo direcionado recupera parcialmente essa energia cinética desperdiçada e reduz o nível de turbulência. Assim, os ventiladores axiais de fluxo direcionado são mais silenciosos e mais eficientes do que os ventiladores tubo-axiais. Um ventilador axial contrarotativo adequadamente projetado pode ser ainda mais silencioso e eficiente. Além disso, como existem dois conjuntos de pás rotativas, uma elevação maior da pressão pode ser obtida com a rotação contrária. A construção de um ventilador com escoamento axial contrarrotativo é mais complexa, obviamente, exigindo dois motores sincronizados ou uma caixa de engrenagens.

Os ventiladores axiais podem ser acionados por correia ou por transmissão direta. O motor de um ventilador axial de fluxo direcionado e transmissão direta é montado no meio do duto. É prática comum (e bom projeto) utilizar as *palhetas do estator* para fornecer suporte físico ao motor. As fotos de um ventilador tubo-axial de transmissão por correia e de um ventilador axial de fluxo direcionado de transmissão direta são fornecidas na Fig. 14–58. As palhetas do estator do ventilador axial de fluxo direcionado podem ser vistas atrás (a jusante) das pás do rotor na Fig. 14–58*b*. Um projeto alternativo seria colocar as palhetas do estator a *montante* do rotor, impondo um **pré-turbilhão** ao fluido. O turbilhão causado pelas pás rotativas do rotor remove esse pré turbilhão.

O modelo da forma das pás é bastante fácil de conceber em modelos de ventiladores axiais, pelo menos em primeira ordem. Por questões de simplicidade, vamos assumir pás finas (por exemplo, pás feitas de chapa de metal) e não pás em forma de aerofólio. Considere, por exemplo, um ventilador axial de fluxo direcionado com rotor a montante das palhetas do estator (Fig. 14–59). A distância entre o rotor e o estator foi exagerada nessa figura para permitir que os vetores de velocidade sejam desenhados entre as pás. Assumimos que o raio do cubo do estator é igual ao raio do cubo do rotor, de modo que a área de escoamento transversal permanece constante. Como já fizemos antes com o rotor, consideramos a seção transversal de uma pá de rotor à medida que ela passa verticalmente na nossa frente. Como existem várias pás, a próxima pá passa logo depois. Para um raio *r* selecionado, fazemos a aproximação bidimensional de que as pás passam por uma *série infinita* de pás bidimensionais chamada de **cascata**. Uma hipótese semelhante é assumida para as palhetas do estator, embora elas sejam fixas. Ambas as fileiras de pás estão representadas na Fig. 14–59.

Na Fig. 14–59*b*, os vetores de velocidade são vistos em um sistema de referência absoluto, ou seja, a referência de um observador fixo que olha hori-

FIGURA 14–58 Ventiladores axiais: (*a*) um ventilador tubo-axial de transmissão por correia sem palhetas de estator e (*b*) um ventilador axial de fluxo direcionado e transmissão direta com palhetas de estator para reduzir o turbilhão e melhorar a eficiência.

(*a*) © PennBarry 2012. Usado com permissão. (*b*) Foto cortesia da Howden. Usado com permissão.

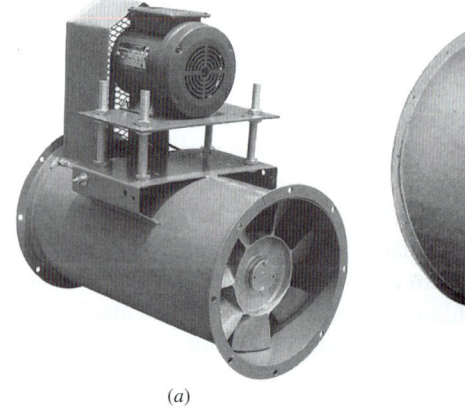
(*a*)

(*b*)

zontalmente o ventilador axial de fluxo direcionado. O escoamento entra pela esquerda à velocidade V_entrada na direção horizontal (axial). A fileira de pás do rotor se move à velocidade constante ωr verticalmente para cima nesse sistema de referência, como está indicado. O escoamento é influenciado por essas pás móveis e sai do bordo de fuga para cima e à direita (como indica a Fig. 14–59b) como o vetor $\vec{V}_\text{rt}$. (A notação de subscrito indica o bordo de fuga do rotor, "*rotor trailing edge*".) Para encontrar a magnitude e direção de $\vec{V}_\text{rt}$, nós redesenhamos as linhas da pá e os vetores em um sistema de referência *relativo* (o sistema de referência da pá rotativa do rotor) na Fig. 14–59c. Esse sistema de referência é obtido pela subtração da velocidade de pá do rotor (adicionando uma magnitude de vetor ωr apontando para baixo verticalmente) de todos os vetores de velocidade. Como mostra a Fig. 14–59c, o vetor de velocidade relativo ao bordo de ataque da pá do rotor é $\vec{V}_\text{entrada, relativa}$, calculado como a soma de $\vec{V}_\text{entrada}$ e o vetor descendente de magnitude ωr. Ajustamos a torção da pá do rotor de forma que $\vec{V}_\text{entrada, relativa}$ seja paralela (tangencial) ao bordo de ataque da pá do rotor nessa seção transversal.

O escoamento é direcionado pela pá do rotor. Assumimos que o escoamento que sai da pá do rotor é paralelo ao bordo de fuga da pá (no sistema de referência relativo), como representado na Fig. 14–59c como o vetor $\vec{V}_\text{rt, relativa}$. Também sabemos que a componente horizontal (axial) de $\vec{V}_\text{rt, relativa}$ deve ser igual a $\vec{V}_\text{entrada}$ para conservar a massa. Observe que estamos assumindo escoamento incompressível e área de escoamento constante e normal à página na Fig. 14–59. Assim, o componente axial da velocidade deve ser sempre igual a V_entrada. Esta informação estabelece a magnitude do vetor $\vec{V}_\text{rt, relativa}$, que não é igual à magnitude de $\vec{V}_\text{entrada, relativa}$. Voltando ao sistema de referência absoluto da Fig. 14–59b, a velocidade absoluta $\vec{V}_\text{rt}$ é calculada como a soma vetorial de $\vec{V}_\text{rt, relativa}$ e o vetor vertical ascendente de magnitude ωr.

Finalmente, a pá do estator deve ser criada de forma que $\vec{V}_\text{rt}$ fique paralela ao bordo de ataque da palheta do estator. O escoamento é direcionado novamente, desta vez pela palheta do estator. Seu bordo de fuga é horizontal, de modo que o escoamento sai axialmente (sem turbilhão). A velocidade final do escoamento de saída deve ser idêntica à velocidade do escoamento de entrada pela conservação de massa se assumirmos o escoamento incompressível e a área de escoamento constante normal à página. Em outras palavras, $\vec{V}_\text{saída} = \vec{V}_\text{entrada}$. Por questões de exatidão, a velocidade do escoamento de saída no sistema de referência relativo é representada na Fig. 14–59c. Também vemos que $\vec{V}_\text{saída, relativa} = \vec{V}_\text{entrada, relativa}$.

Agora, imagine a repetição dessa análise para *todos* os raios do cubo até a ponta. Assim como no rotor, poderíamos criar nossas pás com alguma *torção*, uma vez que o valor de ωr aumenta com o raio. Uma modesta melhoria de eficiência pode ser obtida nas condições de projeto usando aerofólios em vez de pás de chapa de metal; o aperfeiçoamento é mais significativo em condições distantes de condição de projeto.

Se houver, digamos, sete pás de rotor em um ventilador axial de fluxo direcionado, quantas pás de estator deveríamos ter? A princípio, você poderia dizer sete, para que o estator coincidisse com o rotor – mas esse seria um projeto muito ruim! Por quê? Por que no instante em que uma pá do rotor passasse diretamente na frente de uma palheta do estator, todos as outras seis irmãs fariam a mesma coisa. Cada palheta do estator encontraria um escoamento perturbado na esteira de uma pá do rotor. O escoamento resultante seria pulsante e ruidoso, e toda a unidade sofreria sérias vibrações. Em vez disso, uma boa prática de projeto é

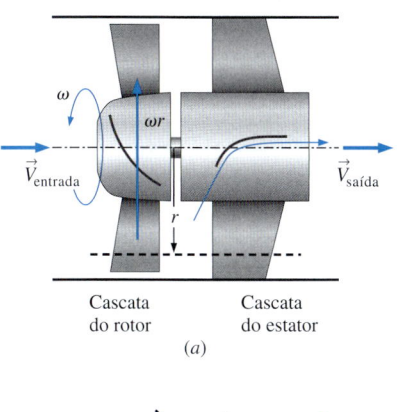
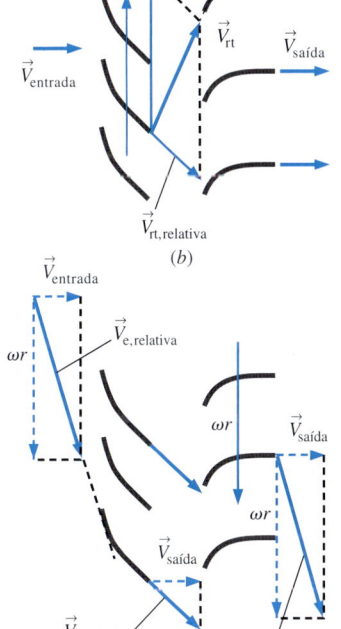

FIGURA 14–59 A análise de um ventilador axial de fluxo direcionado em um raio r usando a aproximação de cascata bidimensional; (*a*) vista geral, (*b*) sistema de referência absoluto e (*c*) sistema de referência relativo às pás rotativas do rotor.

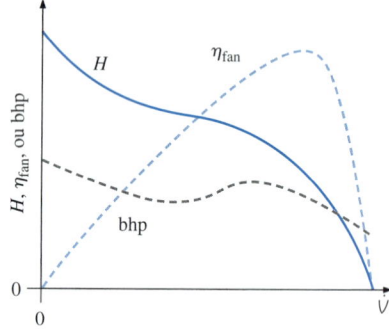

FIGURA 14–60 Curvas de desempenho típicas para um ventilador axial de fluxo direcionado.

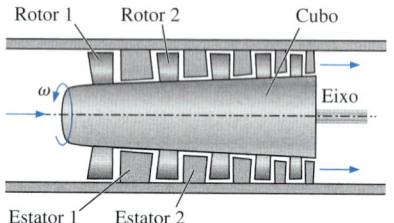

FIGURA 14–61 Uma bomba axial de múltiplos estágios consiste em dois ou mais pares de rotor-estator.

selecionar o número de palhetas do estator de forma a não ter um *denominador comum* com o número de pás do rotor. Combinações como sete e oito, sete e nove, seis e sete ou nove e onze são boas opções. Combinações como oito e dez (denominador comum de dois) ou nove e doze (denominador comum de três) *não* são boas opções.

Plotamos as curvas de desempenho de um ventilador axial de fluxo direcionado na Fig. 14–60. As formas gerais são muito semelhantes àquelas de um ventilador propulsor (Fig. 14–56) e você deve consultar nossa discussão sobre isso. Afinal de contas, um ventilador axial de fluxo direcionado é realmente igual a um ventilador propulsor ou tubo-axial, exceto pelas palhetas do estator adicionais que direcionam o escoamento e tendem a suavizar as curvas de desempenho.

Como já foi discutido, um ventilador com escoamento axial fornece uma vazão volumétrica alta, mas uma elevação de pressão relativamente baixa. Algumas aplicações exigem alta vazão *e* alta elevação de pressão. Em tais casos, vários pares estator-rotor podem ser combinados *em série*, em geral, com eixo e cubo comuns (Fig. 14–61). Quando dois ou mais pares rotor–estator se combinam, nós os chamamos de **bomba axial de múltiplos estágios**. Uma análise da fileira de pás semelhante à mostrada na Fig. 14–59 é aplicada a cada estágio posterior. Os detalhes da análise podem se complicar, porém, por causa dos efeitos da compressibilidade e porque a área de escoamento do cubo para a ponta pode não permanecer constante. Em um **compressor axial de múltiplos estágios**, por exemplo, a área de escoamento diminui a jusante. As pás de cada estágio posterior ficam menores à medida que o ar é mais comprimido. Em uma **turbina axial de múltiplos estágios**, a área de escoamento, em geral, *aumenta* a jusante à medida que a pressão se perde em cada estágio sucessivo da turbina.

Um exemplo conhecido de uma turbomáquina que utiliza os compressores axiais de múltiplos estágios e as turbinas axiais de múltiplos estágios é o **motor turbofan** utilizado na propulsão dos modernos aviões comerciais. Uma representação esquemática em corte de um motor turbofan é mostrada na Fig. 14–62. Parte do ar passa através do ventilador, que fornece empuxo da mesma forma que um propulsor. O restante do ar passa através de um compressor de baixa pressão,

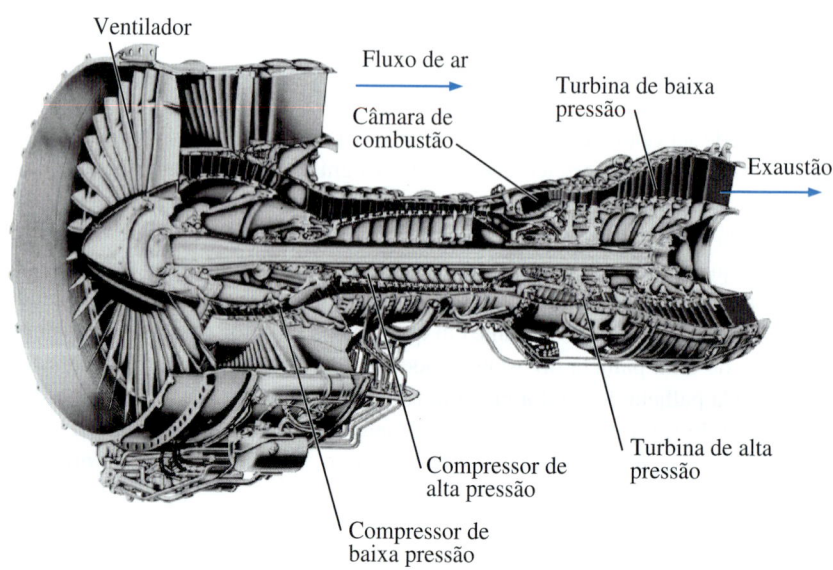

FIGURA 14–62 Motor turbofan Pratt & Whitney PW4000; um exemplo de turbomáquina axial de múltiplos estágios.

Cortesia da United Technologies Corporation/Pratt & Whitney. Usado com permissão. Direitos reservados.

de um compressor de alta pressão, de uma câmara de combustão, de uma turbina de alta pressão e, finalmente, de uma turbina de baixa pressão. O ar e os produtos da combustão são descarregados em alta velocidade para fornecer empuxo maior ainda. Os códigos da dinâmica dos fluidos computacional (CFD), obviamente, são muito úteis no projeto dessas turbomáquinas complexas (Capítulo 15).

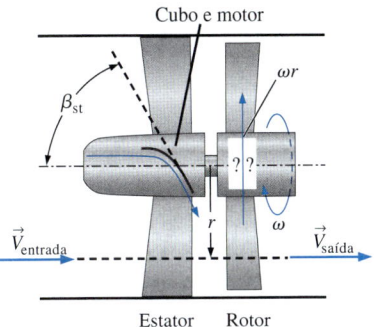

FIGURA 14–63 Diagrama esquemático do ventilador axial de fluxo direcionado do Exemplo 14–8. O estator precede o rotor e a forma das pás do rotor é desconhecida – ele deve ser projetado.

EXEMPLO 14–8 Projeto de um ventilador axial de fluxo direcionado para um túnel de vento

Um ventilador axial de fluxo direcionado é criado para alimentar um túnel de vento. Não deve haver turbilhão no escoamento a jusante do ventilador. Resolve-se que as palhetas do estator devem ficar *a montante* das pás do rotor (Fig. 14–63) para proteger as pás do rotor contra danos por parte de objetos que poderiam ser sugados acidentalmente para dentro do ventilador. Para reduzir as despesas, as pás do estator e do rotor devem ser feitas de chapa de metal. O bordo de ataque de cada pá do estator é alinhado axialmente ($\beta_{sl} = 0{,}0°$) e seu bordo de fuga está a um ângulo de $\beta_{st} = 60{,}0°$ do eixo, como mostra a representação. (A notação de subscrito "sl" indica o bordo de ataque do estator e "st" indica o bordo de fuga do estator.) Existem 16 pás de estator. Nas condições de projeto, a velocidade de escoamento axial através das pás é 47,1 m/s e o rotor gira a 1750 rpm. Para o raio $r = 0{,}40$ m, calcule os ângulos dos bordos de ataque e fuga das pás do rotor e represente a forma da pá. Quantas pás o rotor deve ter?

SOLUÇÃO Para determinadas condições de escoamento e forma das pás do estator em um determinado raio, precisamos projetar as pás do rotor. Devemos calcular especificamente os ângulos dos bordos de ataque e fuga das pás do rotor e representar sua forma. Também precisamos estabelecer quantas pás o rotor deve possuir.

Hipóteses **1** O ar é quase incompressível. **2** A área de escoamento entre o cubo e a ponta das pás é constante. **3** A análise bidimensional da cascata de pás é apropriada.

Análise Em primeiro lugar, analisamos o escoamento através do estator para um sistema de referência absoluto, usando a aproximação bidimensional de uma cascata (fileiras de pás) de pás do estator (Fig. 14–64). O escoamento entra axialmente (horizontalmente) e é direcionado a 60,0° na descendente. Como a componente axial da velocidade deve permanecer constante para conservar a massa, a magnitude da velocidade que sai do bordo de fuga do estator, $\vec{V}_{st}$, é calculada como

$$V_{st} = \frac{V_{in}}{\cos \beta_{st}} = \frac{47{,}1 \text{ m/s}}{\cos(60{,}0°)} = 94{,}2 \text{ m/s} \quad (1)$$

A direção de $\vec{V}_{st}$ é assumida como aquela do bordo de fuga do estator. Em outras palavras, assumimos que o escoamento segue perfeitamente através da fileira de pás e sai paralelamente ao bordo de fuga da pá, como mostra a Fig. 14–64.

Convertemos $\vec{V}_{st}$ para um sistema de referência *relativo* que se move com as pás do rotor. Para o raio de 0,40 m, a velocidade tangencial das pás do rotor é

$$u_\theta = \omega r = (1750 \text{ rot/min})\left(\frac{2\pi \text{ rad}}{\text{rot}}\right)\left(\frac{1 \text{ min}}{60 \text{ s}}\right)(0{,}40 \text{ m}) = 73{,}30 \text{ m/s} \quad (2)$$

Como a cascata do rotor se move na ascendente na Fig. 14–63, adicionamos uma velocidade *descendente* com a magnitude dada pela Equação 2 para obter $\vec{V}_{st}$ no

(continua)

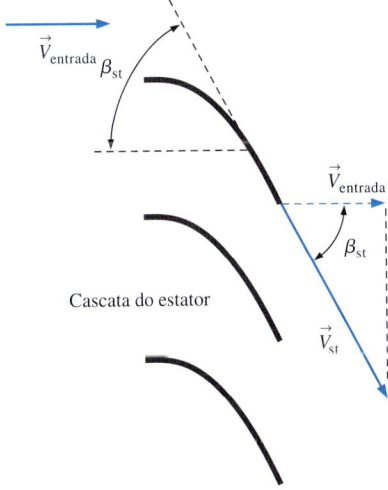

FIGURA 14–64 Análise do vetor de velocidade da fileira de pás do estator do ventilador axial de fluxo direcionado do Exemplo 14–8; sistema de referência absoluto.

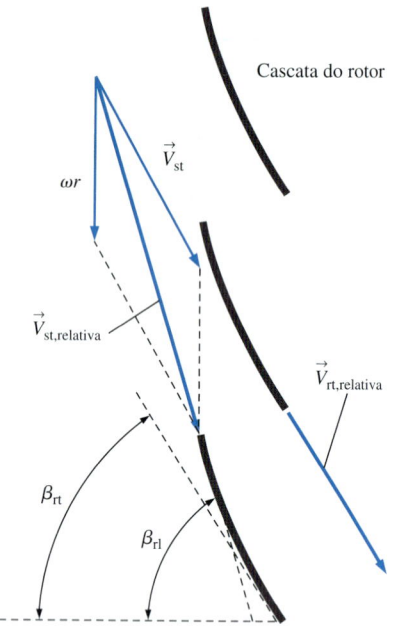

FIGURA 14–65 Análise da velocidade do bordo de ataque do estator do Exemplo 14–8 à medida que ele passa próximo ao bordo de ataque do rotor; sistema de referência relativo.

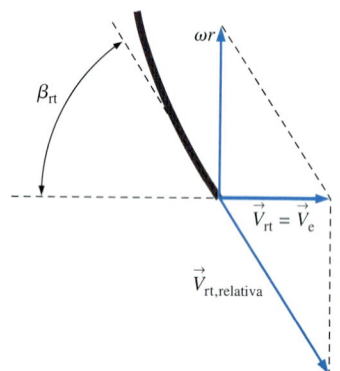

FIGURA 14–66 Análise da velocidade do bordo de fuga do rotor do Exemplo 14–8; sistema de referência absoluto.

(continuação)

sistema de referência rotativo representado na Fig. 14–65. O ângulo do bordo de ataque do rotor, β_{rl}, é calculado usando a trigonometria

$$\beta_{rl} = \arctg \frac{\omega r + V_e \, \tg \beta_{st}}{V_e}$$

$$= \arctg \frac{(73{,}30 \text{ m/s}) + (47{,}1 \text{ m/s}) \tg(60{,}0°)}{47{,}1 \text{ m/s}} = 73{,}09° \quad (3)$$

O ar agora deve ser direcionado pela fileira de pás do rotor de forma a sair do bordo de fuga da pá do rotor com um ângulo nulo (axialmente, sem turbilhão) para um sistema de referência absoluto. Isso determina o ângulo do bordo de fuga do rotor, β_{rt}. Especificamente, quando adicionamos uma velocidade para cima de magnitude ωr (Equação 2) à velocidade relativa que sai do bordo de fuga do rotor, $\vec{V}_{rt,\text{relativa}}$, voltamos para o sistema de referência absoluto e obtemos $\vec{V}_{rt}$, a velocidade de saída do bordo de fuga do rotor. É essa velocidade, $\vec{V}_{rt}$, que deve ser axial (horizontal). Além disso, para conservar massa, $\vec{V}_{rt}$ deve ser igual a $\vec{V}_{\text{entrada}}$, já que assumimos o escoamento incompressível. Trabalhando ao contrário, obtemos a $\vec{V}_{rt,\text{relativa}}$ da Fig. 14–66. A trigonometria revela que

$$\beta_{rt} = \arctg \frac{\omega r}{V_e} = \arctg \frac{73{,}30 \text{ m/s}}{47{,}1 \text{ m/s}} = 57{,}28° \quad (4)$$

Concluímos que a pá do rotor nesse raio tem um ângulo de bordo de ataque de cerca de **73,1°** (Equação 3) e um ângulo de bordo de fuga de cerca de **57,3°** (Equação 4). Uma representação da pá do rotor nesse raio é fornecida na Fig. 14–65; a curvatura total é pequena, sendo menor do que 16° entre os bordos de ataque e de fuga.

Finalmente, para evitar interação entre as esteiras das pás do estator e os bordos de ataque das pás do rotor, selecionamos o número de pás do rotor de forma que ele não seja um denominador comum do número de pás do estator. Como há 16 pás do estator, escolhemos um número como **13**, **15** ou **17** para as pás de rotor. A seleção de 14 não seria apropriada, uma vez que esse número compartilha o denominador comum 2 com o número 16. A seleção de 12 seria pior, pois ela compartilha tanto 2 quanto 4 como denominadores comuns.

Discussão Podemos repetir o cálculo para todos os raios do cubo à ponta das pás, completando o projeto de todo o rotor. Haveria torção, como já foi discutido.

14–3 LEIS DE SEMELHANÇA DE BOMBAS

Análise dimensional

As turbomáquinas oferecem um exemplo muito prático do poder e da utilidade da *análise dimensional* (Capítulo 7). Aplicamos o *método das variáveis repetidas* à relação entre gravidade vezes a carga líquida (gH) e as propriedades das bombas como vazão volumétrica ($\dot{V}$); algum comprimento característico, em geral, o diâmetro das pás do rotor (D); altura da rugosidade da superfície das pás (ε); e a velocidade de rotação do rotor (ω) juntamente com as propriedades do fluido como massa específica (ρ) e viscosidade (μ). Observe que tratamos o grupo gH como uma variável. Os grupos Pi adimensionais são mostrados na Fig. 14–67; o resultado é a seguinte relação envolvendo parâmetros adimensionais:

$$\frac{gH}{\omega^2 D^2} = \text{função de} \left(\frac{\dot{V}}{\omega D^3}, \frac{\rho \omega D^2}{\mu}, \frac{\varepsilon}{D}\right) \quad (14\text{–}28)$$

Uma análise semelhante com potência no eixo como função das mesmas variáveis resulta em

$$\frac{bhp}{\rho \omega^3 D^5} = \text{função de} \left(\frac{\dot{V}}{\omega D^3}, \frac{\rho \omega D^2}{\mu}, \frac{\varepsilon}{D}\right) \quad (14\text{–}29)$$

O segundo parâmetro adimensional (ou grupo Π) no lado direito das Equações 14–28 e 14–29, obviamente, é um *número de Reynolds*, já que ωD é uma velocidade característica,

$$\text{Re} = \frac{\rho \omega D^2}{\mu}$$

O terceiro Π da direita é o *parâmetro adimensional da rugosidade*. Aos três novos grupos adimensionais dessas duas equações são dados símbolos e seus nomes são os seguintes:

Parâmetros de bomba adimensionais:

$$C_H = \text{Coeficiente de carga} = \frac{gH}{\omega^2 D^2}$$

$$C_Q = \text{Coeficiente de capacidade} = \frac{\dot{V}}{\omega D^3} \quad (14\text{–}30)$$

$$C_P = \text{Coeficiente de potência} = \frac{bhp}{\rho \omega^3 D^5}$$

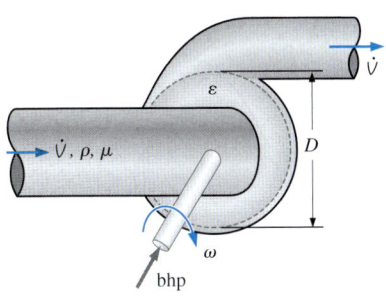

$gH = f(\dot{V}, D, \varepsilon, \omega, \rho, \mu)$
$k = n - j = 7 - 3 = 4$ Π esperados.

$\Pi_1 = \dfrac{gH}{\omega^2 D^2} \quad \Pi_2 = \dfrac{\dot{V}}{\omega D^3}$

$\Pi_3 = \dfrac{\rho \omega D^2}{\mu} \quad \Pi_4 = \dfrac{\varepsilon}{D}$

FIGURA 14–67 Análise dimensional de uma bomba.

Observe o subscrito Q no símbolo para o coeficiente de capacidade. Ele vem da nomenclatura encontrada em muitos livros sobre mecânica dos fluidos e turbomáquinas que utilizam Q, e não $\dot{V}$, como a vazão volumétrica através da bomba. Usamos a notação C_Q por questões de consistência com a convenção usada para as turbomáquinas, embora usemos $\dot{V}$ para a vazão volumétrica para evitar confusão com a transferência de calor.

Quando os líquidos são bombeados, a cavitação pode ser um problema, e precisamos de outro parâmetro adimensional relacionado à carga de sucção positiva líquida requerida. Felizmente, podemos simplesmente substituir a NPSH$_{\text{necessária}}$ no lugar de H na análise dimensional, considerando que elas têm dimensões idênticas (comprimento). O resultado é

$$C_{\text{NPSH}} = \text{Coeficiente de carga de sucção} = \frac{g\text{NPSH}_{\text{necessária}}}{\omega^2 D^2} \quad (14\text{–}31)$$

Se necessário, outras variáveis, como espessura da folga entre as pontas da pá e a carcaça da bomba e espessura da pá podem ser adicionadas à análise dimensional. Felizmente, essas variáveis, em geral, são menos importantes e não são consideradas aqui. Na verdade, você pode argumentar que duas bombas, a rigor, não são nem *geometricamente similares*, a menos que a espessura

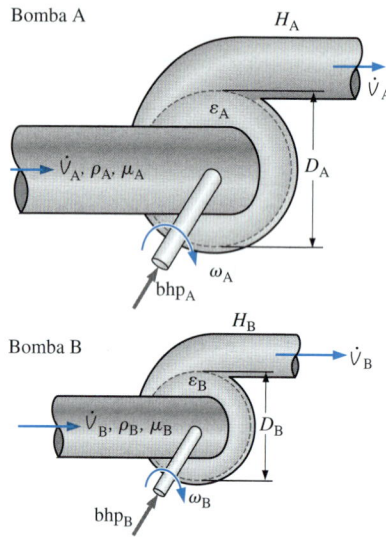

FIGURA 14–68 A análise dimensional é útil para escalar duas bombas *geometricamente similares*. Se todos os parâmetros adimensionais da bomba A forem equivalentes àqueles da bomba B, as duas bombas são *dinamicamente semelhantes*.

das folgas, a espessura das pás e a rugosidade de superfície sejam escaladas geometricamente.

As relações derivadas pela análise dimensional, como as Equações 14–28 e 14–29, podem ser interpretadas da seguinte maneira: caso duas bombas, A e B, sejam *geometricamente similares* (a bomba A é geometricamente proporcional à bomba B, embora elas tenham tamanhos diferentes), e se os Π's *independentes* são iguais entre si (neste caso, se $C_{Q,A} = C_{Q,B}$, $Re_A = Re_B$ e $\varepsilon_A/D_A = \varepsilon_B/D_B$), então os Π's *dependentes* certamente também são iguais entre si. Em particular, $C_{H,A} = C_{H,B}$ da Equação 14–28 e $C_{P,A} = C_{P,B}$ da Equação 14–29. Se tais condições forem estabelecidas, diz-se que as duas bombas são *dinamicamente semelhantes* (Fig. 14–68). Quando a similaridade dinâmica é atingida, diz-se que o ponto operacional da curva de desempenho da bomba A e o ponto operacional correspondente da curva de desempenho da bomba B são **homólogos**.

O requisito de igualdade de todos os três parâmetros independentes tem uma certa elasticidade. Se os números de Reynolds da bomba A e da bomba B excederem vários milhares, existem condições de escoamento dentro da bomba. Acontece que para escoamento turbulento, se os valores de Re_A e Re_B não forem iguais, mas não estiverem muito distantes um do outro, a similaridade entre as duas bombas ainda é uma aproximação plausível. Essa situação é chamada de **independência do número de Reynolds**. (Observe que se as bombas operarem no regime *laminar*, o número de Reynolds, em geral, deve permanecer como um parâmetro de escala.) Na maioria dos casos de análise prática de engenharia relacionados com turbomáquinas, o efeito das diferenças do parâmetro de rugosidade também é pequeno, a menos que as diferenças de rugosidade sejam grandes, como quando se escala de uma bomba muito pequena até uma bomba muito grande (ou vice-versa). Assim, para muitos problemas práticos, podemos negligenciar o efeito de Re e ε/D. As Equações 14–28 e 14–29 podem ser reduzidas a

$$C_H \cong \text{função de } C_Q \quad C_P \cong \text{função de } C_Q \quad (14\text{–}32)$$

Como sempre, a análise dimensional não pode prever a *forma* das relações funcionais da Equação 14–32, mas como essas relações são obtidas para determinada bomba, elas podem ser generalizadas para bombas geometricamente similares com diâmetros diferentes, operando a rotações e vazões diferentes e operando mesmo com fluidos de densidade e viscosidade diferentes.

Transformamos a Equação 14–5 para a eficiência de bomba em uma função dos parâmetros adimensionais da Equação 14–30,

$$\eta_{\text{bomba}} = \frac{\rho(\dot{V})(gH)}{\text{bhp}} = \frac{\rho(\omega D^3 C_Q)(\omega^2 D^2 C_H)}{\rho\omega^3 D^5 C_P} = \frac{C_Q C_H}{C_P} \cong \text{função de } C_Q \quad (14\text{–}33)$$

Como η_{bomba} já não tem dimensão, esse é outro parâmetro adimensional de bomba propriamente dito. Observe que como a Equação 14–33 revela que η_{bomba} pode ser formado pela combinação de três outros Π's, η_{bomba} não é *necessário* para escalar a bomba. Entretanto, certamente, esse é um parâmetro *útil*. Como C_H, C_P e η_{bomba} são funções apenas de C_Q, quase sempre plotamos esses três parâmetros como funções de C_Q no mesmo gráfico, gerando um conjunto de **curvas adimensionais de desempenho de bomba**. Um exemplo é dado na Fig. 14–69 para o caso de uma bomba centrífuga típica. As formas da curva de outros tipos de bombas, obviamente, seriam diferentes.

As leis da similaridade simplificadas das Equações 14–32 e 14–33 falham quando o protótipo em escala total é significativamente maior do que seu modelo (Fig. 14–70); o desempenho do protótipo, em geral, é *melhor*. Existem

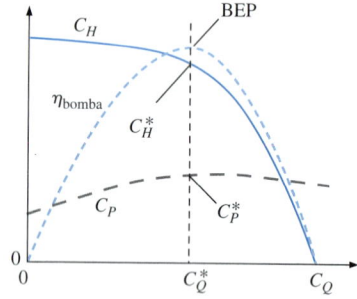

FIGURA 14–69 Quando plotadas em termos de parâmetros de bomba adimensionais, as curvas de desempenho de todas as bombas de uma família de bombas geometricamente semelhantes coincidem em um único conjunto de *curvas adimensionais de desempenho de bomba*. Os valores no ponto de eficiência ótima são indicados por asteriscos.

vários motivos para isso: a bomba protótipo quase sempre opera a números altos de Reynolds que não podem ser atingidos em laboratório. Sabemos pelo diagrama de Moody que o fator de atrito diminui com Re, assim como a espessura da camada limite. Assim, a influência das camadas limite viscosas é menos significativa à medida que o tamanho da bomba aumenta, uma vez que as camadas limite ocupam uma porcentagem menos significativa da trajetória de escoamento através do rotor. Além disso, a rugosidade relativa (ε/D) sobre as superfícies das pás do rotor do protótipo pode ser significativamente menor do que aquela das pás da bomba modelo, a menos que as superfícies sejam micropolidas. Finalmente, as bombas em escala real grande têm folgas menores com relação ao diâmetro do rotor e, portanto, as perdas e os vazamentos nessas folgas são menos significativos. Algumas equações empíricas foram desenvolvidas para considerar o aumento de eficiência entre um modelo pequeno e um protótipo em escala total. Uma dessas equações foi sugerida por Moody (1926) para as turbinas, mas também pode ser usada como correção de primeira ordem no caso de bombas,

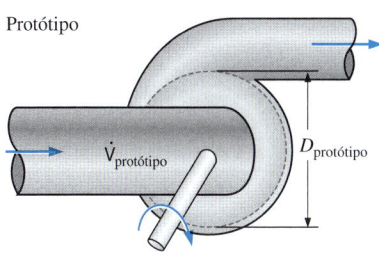

FIGURA 14–70 Quando um modelo em escala reduzida é testado para prever o desempenho de uma bomba protótipo em escala real, a eficiência medida do modelo, em geral, é um pouco *mais baixa* do que aquela do protótipo. As equações empíricas de correção, como a Equação 14–34, foram desenvolvidas para considerar a melhoria da eficiência da bomba com o tamanho da mesma.

Equação de Moody para a correção de eficiência das bombas:

$$\eta_{bomba,\ prot\acute{o}tipo} \cong 1 - (1 - \eta_{bomba,\ modelo})\left(\frac{D_{modelo}}{D_{prot\acute{o}tipo}}\right)^{1/5} \quad (14\text{–}34)$$

Velocidade específica de bomba

Outro parâmetro adimensional útil chamado **velocidade específica de bomba** (N_{Sp}) é formado por uma combinação de parâmetros C_Q e C_H:

Velocidade específica de bomba:
$$N_{Sp} = \frac{C_Q^{1/2}}{C_H^{3/4}} = \frac{(\dot{V}/\omega D^3)^{1/2}}{(gH/\omega^2 D^2)^{3/4}} = \frac{\omega \dot{V}^{1/2}}{(gH)^{3/4}} \quad (14\text{–}35)$$

Se todos os engenheiros observassem suas unidades com cuidado, o N_{Sp} sempre seria listado como um parâmetro adimensional. Infelizmente, os engenheiros acostumaram-se a usar unidades inconsistentes na Equação 14–35, o que transforma o parâmetro adimensional perfeito N_{Sp} em uma quantidade dimensional desajeitada (Fig. 14–71). Mais confusão ainda se forma porque alguns engenheiros preferem unidades de rotações por minuto (rpm) para a velocidade rotacional, enquanto outros utilizam rotações por segundo (Hz), esta última mais comum na Europa. Além disso, os engenheiros dos Estados Unidos, em geral, ignoram a constante gravitacional na definição de N_{Sp}. Neste livro, adicionamos os subscritos "Eur" ou "EUA" para N_{Sp} com a finalidade de distinguir entre as formas dimensional e adimensional da velocidade específica das bombas. Nos Estados Unidos, é comum escrever H em unidades de ft (a carga líquida é expressa como uma altura de coluna equivalente do fluido que está sendo bombeado), $\dot{V}$ em unidades de galões por minuto (gpm) e a rotação em termos de $\dot{n}$ (rpm) em vez de ω (rad/s). Usando a Equação 14–35, definimos

Velocidade específica de bomba, unidades comuns nos EUA:

$$N_{Sp,\ EUA} = \frac{(\dot{n},\ rpm)(\dot{V},\ gpm)^{1/2}}{(H,\ ft)^{3/4}} \quad (14\text{–}36)$$

FIGURA 14–71 Embora a velocidade específica de bomba seja um parâmetro adimensional, é prática comum escrevê-la como uma quantidade dimensional usando um conjunto inconsistente de unidades.

Na Europa, é comum escrever H em unidades de metros (e incluir g = 9,81 m/s² na equação), $\dot{V}$ em unidades de m³/s e a rotação $\dot{n}$ em unidades de rotações por *segundo* (Hz), em vez de ω (rad/s) ou $\dot{n}$ (rpm). Usando a Equação 14–35, definimos

Velocidade específica de bomba, unidades comuns na Europa:

$$N_{Sp, Eur} = \frac{(\dot{n}, Hz)(\dot{V}, m^3/s)^{1/2}}{(gH, m^2/s^2)^{3/4}} \quad (14–37)$$

As conversões entre essas três formas da velocidade específica de bomba são fornecidas na Fig. 14–72. Quando trabalhar como engenheiro você precisará saber com certeza qual forma de velocidade específica de bomba está sendo usada, embora nem sempre isso esteja óbvio.

Tecnicamente, a velocidade específica de bomba poderia ser aplicada a qualquer condição operacional e seria apenas outra função de C_Q. Entretanto, em geral, esse não é o modo como ela é usada. Em vez disso, é comum definir a velocidade específica de bomba em *apenas um ponto operacional*, ou seja, o ponto de eficiência ótima (*best efficiency point*, BEP) da bomba. O resultado é um único número que caracteriza a bomba.

> A velocidade específica da bomba é usada para caracterizar a operação de uma bomba em suas condições ideais (ponto de eficiência ótima) e é útil para a seleção preliminar de bomba.

Como está plotado na Fig. 14–73, as bombas centrífugas têm desempenho ideal para N_{Sp} próximo de 1, enquanto as bombas de escoamento misto e axial têm melhor desempenho a N_{Sp} próximo de 2 e 5, respectivamente. Se N_{Sp} é menor do que cerca de 1,5, uma bomba centrífuga é a melhor opção. Se N_{Sp} estiver entre cerca de 1,5 e 3,5, uma bomba com escoamento misto é uma opção melhor. Quando N_{Sp} é maior do que cerca de 3,5, uma bomba axial deve ser usada. Esses intervalos são indicados na Fig. 14–73 em termos de N_{Sp}, $N_{Sp,EUA}$ e $N_{Sp,Eur}$. O gráfico também oferece representações dos tipos de pás para referência.

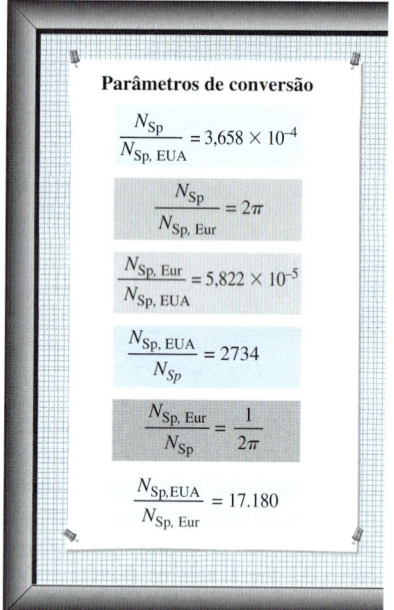

FIGURA 14–72 Conversões entre a definição adimensional, a convencionada nos EUA e a convencionada na Europa para a velocidade específica de bomba. Os valores numéricos são dados até quatro dígitos significativos. As conversões para $N_{Sp,EUA}$ assumem a gravidade padrão da Terra.

EXEMPLO 14–9 **Usando a velocidade específica de bomba para o projeto preliminar de bombas**

Uma bomba está sendo projetada para fornecer 320 gpm de gasolina à temperatura ambiente. A carga líquida necessária é 23,5 ft (de gasolina). Já foi determinado que o eixo da bomba deve girar a 1170 rpm. Calcule a velocidade específica de bomba na forma adimensional e na forma comum nos EUA. Com base em nosso resultado, resolva qual tipo de bomba dinâmica seria a mais adequada para essa aplicação.

SOLUÇÃO Devemos calcular a velocidade específica de bomba e, em seguida, determinar se uma bomba centrífuga, com escoamento misto ou axial seria a melhor opção para esta aplicação em particular.

Hipóteses **1** A bomba opera próximo de seu ponto de melhor eficiência. **2** A eficiência máxima *versus* a curva de velocidade específica segue razoavelmente bem a Fig. 14–73.

Análise Em primeiro lugar, devemos calcular a velocidade específica da bomba em unidades comuns nos EUA

$$N_{Sp, EUA} = \frac{(1170 \text{ rpm})(320 \text{ gpm})^{1/2}}{(23,5 \text{ ft})^{3/4}} = \mathbf{1960} \quad (1)$$

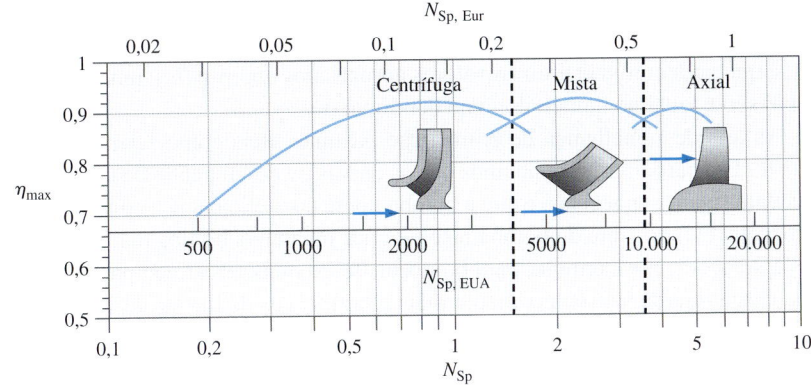

FIGURA 14–73 A eficiência máxima como função da velocidade específica da bomba para os três tipos principais de bombas dinâmicas. As escalas horizontais mostram a velocidade específica de bomba adimensional (N_{Sp}), a velocidade específica de bomba em unidades comuns nos EUA ($N_{Sp,EUA}$) e a velocidade específica de bomba em unidades comuns na Europa ($N_{Sp,Eur}$).

Convertemos em velocidade específica de bomba normalizada usando o fator de conversão dado na Fig. 14–72

$$N_{Sp} = N_{Sp,EUA}\left(\frac{N_{Sp}}{N_{Sp,EUA}}\right) = 1960(3{,}658 \times 10^{-4}) = \mathbf{0{,}717} \quad (2)$$

Usando a Equação 1 ou a Equação 2, a Fig. 14–73 mostra que uma **bomba centrífuga é a opção mais adequada**.

Discussão Observe que as propriedades do fluido nunca entraram em nossos cálculos. O fato de estarmos bombeando gasolina e não algum outro líquido como a água é irrelevante. Entretanto, a potência necessário fazer funcionar a bomba *depende* da densidade do fluido.

Leis de semelhança

Desenvolvemos grupos adimensionais que são úteis para relacionar duas bombas que são geométrica e dinamicamente similares. É conveniente resumir as relações de similaridade. Alguns autores chamam essas relações de **regras de similaridade**, enquanto outros os chamam de **leis de semelhança**. Para dois estados homólogos quaisquer A e B,

Leis de semelhança:

$$\frac{\dot{V}_B}{\dot{V}_A} = \frac{\omega_B}{\omega_A}\left(\frac{D_B}{D_A}\right)^3 \quad (14\text{–}38a)$$

$$\frac{H_B}{H_A} = \left(\frac{\omega_B}{\omega_A}\right)^2\left(\frac{D_B}{D_A}\right)^2 \quad (14\text{–}38b)$$

$$\frac{\text{bhp}_B}{\text{bhp}_A} = \frac{\rho_B}{\rho_A}\left(\frac{\omega_B}{\omega_A}\right)^3\left(\frac{D_B}{D_A}\right)^5 \quad (14\text{–}38c)$$

As Equações 14–38 aplicam-se a bombas e a turbinas. Os estados A e B podem ser dois estados homólogos *quaisquer* entre duas turbomáquinas geometricamente similares *quaisquer*, ou mesmo entre dois estados homólogos da *mesma* máquina. Os exemplos incluem variação da rotação ou bombeamento de um fluido diferente com a mesma bomba. Para o caso simples de determinada bomba na qual ω é variado, mas o mesmo fluido é bombeado, $D_A = D_B$ e $\rho_A = \rho_B$. Em tal caso, as Equações 14–38 se reduzem às formas mostradas na Fig. 14–74. Um

V: Vazão em volume	$\dfrac{\dot{V}_B}{\dot{V}_A} = \left(\dfrac{\omega_B}{\omega_A}\right)^1 = \left(\dfrac{\dot{n}_B}{\dot{n}_A}\right)^1$
H: Carga	$\dfrac{H_B}{H_A} = \left(\dfrac{\omega_B}{\omega_A}\right)^2 = \left(\dfrac{\dot{n}_B}{\dot{n}_A}\right)^2$
P: Potência	$\dfrac{\text{bhp}_B}{\text{bhp}_A} = \left(\dfrac{\omega_B}{\omega_A}\right)^3 = \left(\dfrac{\dot{n}_B}{\dot{n}_A}\right)^3$

FIGURA 14–74 Quando as leis da semelhança são aplicadas a uma bomba simples na qual a única coisa que é variada é a rotação do eixo ω, ou rpm do eixo $\dot{n}$, as Equações 14–38 se reduzem às mostradas acima, para as quais um *jingle* pode ser usado para nos ajudar a lembrar do expoente de ω (ou de $\dot{n}$):

Problemas Muito Difíceis são tão fáceis quanto 1, 2, 3.(Very Hard Problems are as easy as 1, 2, 3).

"jingle" foi desenvolvido para nos ajudar a lembrar do expoente de ω, como indica a figura. Observe também que sempre existe uma relação de duas rotações (ω), e que podemos substituir os valores apropriados em rpm (n.), uma vez que a conversão é igual no numerador e no denominador.

As leis de semelhança de bomba são bastante úteis como *ferramentas de projeto*. Em particular, suponhamos que as curvas de desempenho de uma bomba existente sejam conhecidas, e que a bomba opera com eficiência e confiabilidade razoáveis. O fabricante da bomba resolve criar uma nova bomba maior para outras aplicações, por exemplo, para bombear fluido mais pesado ou para fornecer uma carga líquida substancialmente mais alta. Em vez de iniciar do começo, os *engenheiros simplesmente escalam um projeto existente*. As leis de semelhança da bomba permitem que esse projeto seja realizado com uma quantidade mínima de esforço.

EXEMPLO 14–10 Os efeitos da duplicação da rotação da bomba

O professor Seymour Fluids utiliza um pequeno túnel de água de circuito fechado para realizar sua pesquisa de visualização do escoamento. Ele gostaria de dobrar a velocidade da água na seção de teste do túnel e percebe que a forma mais econômica de fazer isso é dobrar a velocidade de rotação da bomba de escoamento. O que ele não percebe é que o novo motor elétrico terá que ser muito mais poderoso! Se o professor Fluids dobrar a velocidade de escoamento, com qual fator, aproximadamente, a potência do motor terá que ser aumentada?

SOLUÇÃO Para o dobro de ω, devemos calcular com qual fator a potência do motor da bomba deve aumentar.

Hipóteses 1 A água permanece à mesma temperatura. 2 Após dobrar a velocidade da bomba, esta funciona em condições homólogas às condições originais.

Análise Como nem o diâmetro nem a densidade mudaram, a Equação 14–38c se reduz a

Fator da potência requerida no eixo: $\quad \dfrac{\text{bhp}_B}{\text{bhp}_A} = \left(\dfrac{\omega_B}{\omega_A}\right)^3$ (1)

Definindo $\omega_B = 2\omega_A$ na Equação 1 temos $\text{bhp}_B = 8\text{bhp}_A$. Assim, a **potência para o motor da bomba deve ser aumentada por um fator de 8**. Uma análise semelhante usando a Equação 14–38b mostra que a carga líquida da bomba aumenta por um fator de 4. Como pode ser visto na Fig. 14–75, a carga líquida e a potência aumentam rapidamente à medida que a velocidade de rotação da bomba é aumentada.

Discussão O resultado é apenas aproximado, já que não incluímos nenhuma análise do sistema de tubulação. Embora a duplicação da velocidade de escoamento através da bomba aumente a carga disponível por um fator de 4, a duplicação da velocidade de escoamento através do túnel de água não aumenta necessariamente a carga *necessária* do sistema pelo mesmo fator de 4 (por exemplo, o fator de atrito diminui com o número de Reynolds, exceto em valores muito altos de Re). Em outras palavras, nossa hipótese 2 não está necessariamente correta. Obviamente, o sistema se ajustará a um ponto de operação no qual as cargas necessária e disponível coincidem, mas esse ponto não será necessariamente homólogo ao ponto operacional original. No entanto, a aproximação é útil como resultado de primeira ordem. O professor Fluids também precisa se preocupar com a possibilidade de cavitação usando a velocidade mais alta.

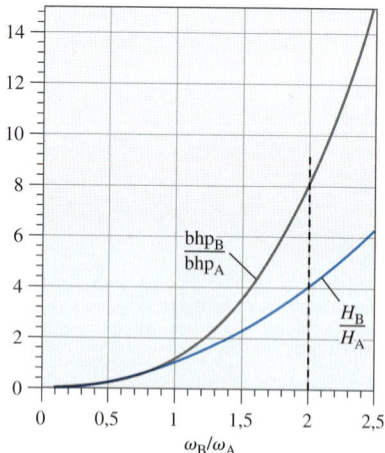

FIGURA 14–75 Quando a velocidade de uma bomba aumenta, a carga líquida aumenta muito rapidamente; a potência no eixo aumenta mais rapidamente ainda.

EXEMPLO 14–11 Projeto de uma nova bomba geometricamente similar

Após a graduação, você vai trabalhar em uma empresa fabricante de bombas. Um dos produtos mais vendidos da sua empresa é uma bomba de água, que chamaremos de bomba A. O diâmetro do seu rotor é $D_A = 6{,}0$ cm e seus dados de desempenho operando a $\dot{n}_A = 1725$ rpm ($\omega_A = 180{,}6$ rad/s) são mostrados na Tabela 14–2. O departamento de pesquisa de marketing recomenda que a empresa crie um produto novo, uma bomba maior (que chamaremos de bomba B) que será usada para bombear líquido refrigerante R-134a à temperatura ambiente. A bomba deve ser criada de forma que seu ponto de melhor eficiência ocorra o mais próximo de uma vazão volumétrica $\dot{V}_B = 2400$ cm³/s e a uma carga líquida $H_B = 450$ cm (de R-134a). O engenheiro chefe (seu chefe) pede para você realizar algumas análises preliminares usando as leis de escala da bomba para determinar se uma bomba escalada geometricamente poderia ser projetada e construída de acordo com os requisitos. (*a*) Plote as curvas de desempenho da bomba A na forma dimensional e adimensional, e identifique o ponto de melhor eficiência. (*b*) Calcule o diâmetro de bomba necessário D_B, a velocidade rotacional $\dot{n}_B$ e a potência bhp_B do novo produto.

SOLUÇÃO (*a*) Para determinada tabela de dados de desempenho de bomba para uma bomba de água, devemos plotar as curvas de desempenho dimensional e adimensional e identificar o BEP (ponto de eficiência ótima). (*b*) Devemos projetar uma bomba geometricamente semelhante para o refrigerante R-134a que opera dentro do seu BEP e das condições de projeto determinadas.

Hipóteses **1** A nova bomba pode ser fabricada de modo a ser geometricamente similar à bomba existente. **2** Ambos os líquidos (água e refrigerante R-134a) são incompressíveis. **3** Ambas as bombas operam sob condições permanente.

Propriedades Na temperatura ambiente (20°C), a densidade da água é $\rho_{água} = 998{,}0$ kg/m³ e do refrigerante R-134a é $\rho_{R\text{-}134a} = 1226$ kg/m³.

Análise (*a*) Em primeiro lugar, aplicamos um ajuste de curva polinomial de mínimos quadrados e segunda ordem aos dados da Tabela 14–2 para obter curvas de desempenho de bomba mais suaves. Elas são plotadas na Fig. 14–76, junto de uma curva para potência no eixo que é obtida da Equação 14–5. Um exemplo de cálculo incluindo conversões de unidades é mostrado na Equação 1 para os dados com $\dot{V}_A = 500$ cm³/s, que é aproximadamente o ponto de melhor eficiência:

$$bhp_A = \frac{\rho_{água} g \dot{V}_A H_A}{\eta_{bomba,A}}$$

$$= \frac{(998{,}0 \text{ kg/m}^3)(9{,}81 \text{ m/s}^2)(500 \text{ cm}^3/\text{s})(150 \text{ cm})}{0{,}81}\left(\frac{1 \text{ m}}{100 \text{ cm}}\right)^4\left(\frac{W \cdot s}{kg \cdot m/s^2}\right)$$

$$= 9{,}07 \text{ W} \qquad (1)$$

Observe que o valor real de bhp_A plotado na Fig. 14–76 para $\dot{V}_A = 500$ cm³/s difere ligeiramente daquele da Equação 1 devido ao fato de que o ajuste de curva de mínimos quadrados suaviza a dispersão dos dados tabulados originais.

A seguir, usamos as Equações 14–30 para converter os dados dimensionais da Tabela 14–2 em parâmetros de similaridade de bomba adimensionais. Exemplos de cálculos são mostrados nas Equações 2 até 4 para o mesmo ponto operacional anterior (no local aproximado do BEP). A $\dot{V}_A = 500$ cm³/s, o coeficiente de capacidade é, aproximadamente,

$$C_Q = \frac{\dot{V}}{\omega D^3} = \frac{500 \text{ cm}^3/\text{s}}{(180{,}6 \text{ rad/s})(6{,}0 \text{ cm})^3} = 0{,}0128 \qquad (2)$$

(continua)

TABELA 14–2
Os dados do fabricante para o desempenho de uma bomba de água que opera a 1725 rpm e temperatura ambiente (Exemplo 14–11)*

$\dot{V}$, cm³/s	H, cm	η_{bomba}, %
100	180	32
200	185	54
300	175	70
400	170	79
500	150	81
600	95	66
700	54	38

* A carga líquida está em centímetros de água.

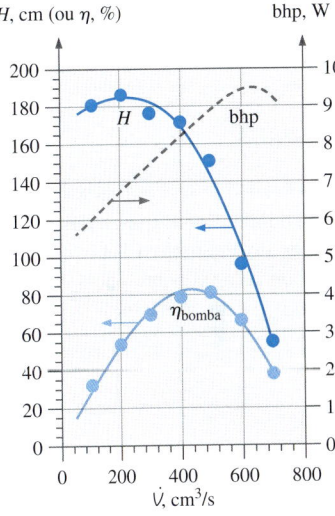

FIGURA 14–76 Curvas de desempenho de bomba dimensionais suavizadas para a bomba de água do Exemplo 14–11.

(continuação)

O coeficiente de carga nessa vazão é, aproximadamente,

$$C_H = \frac{gH}{\omega^2 D^2} = \frac{(9{,}81\text{ m/s}^2)(1{,}50\text{ m})}{(180{,}6\text{ rad/s})^2(0{,}060\text{ m})^2} = 0{,}125 \quad (3)$$

Finalmente, o coeficiente de potência para $\dot{V}_A = 500\text{ cm}^3/\text{s}$ é, aproximadamente,

$$C_P = \frac{\text{bhp}}{\rho\omega^3 D^5} = \frac{9{,}07\text{ W}}{(998\text{ kg/m}^3)(180{,}6\text{ rad/s})^3(0{,}060\text{ m})^5}\left(\frac{\text{kg·m/s}^2}{\text{W·s}}\right) = 0{,}00198 \quad (4)$$

Esses cálculos são repetidos (com o auxílio de uma planilha) para os valores de $\dot{V}_A$ entre 100 e 700 cm³/s. Os dados ajustados à curva são usados para que as curvas de desempenho de bomba normalizada sejam suaves; elas são plotadas na Fig. 14–77. Observe que η_{bomba} é plotada como uma fração e não como uma porcentagem. Além disso, para ajustar todas as três curvas em um gráfico com uma única ordenada, e com a abscissa centralizada quase ao redor da unidade, multiplicamos C_Q por 100, C_H por 10 e C_P por 100. Você verá que esses fatores de escala funcionam bem para uma ampla variedade de bombas, das muito pequenas até as muito grandes. Uma linha vertical no BEP também é representada na Fig. 14–77 com os dados suavizados. Os dados ajustados à curva resultam nos seguintes parâmetros adimensionais de desempenho de bomba no BEP:

$$C_Q^* = 0{,}0112 \quad C_H^* = 0{,}133 \quad C_P^* = 0{,}00184 \quad \eta_{\text{bomba}}^* = 0{,}812 \quad (5)$$

(b) Projetamos a nova bomba para que seu ponto de melhor eficiência seja homólogo ao BEP da bomba original, mas com um fluido diferente, um diâmetro de bomba diferente e uma velocidade rotacional diferente. Utilizando os valores identificados na Equação 5, usamos as Equações 14–30 para obter as condições operacionais da nova bomba. Como $\dot{V}_B$ e H_B são conhecidas (condições de projeto), solucionamos simultaneamente D_B e ω_B. Após um pouco de álgebra, na qual eliminamos ω_B, nós calculamos o diâmetro de projeto da bomba B,

$$D_B = \left(\frac{\dot{V}_B^2 C_H^*}{(C_Q^*)^2 gH_B}\right)^{1/4} = \left(\frac{(0{,}0024\text{ m}^3/\text{s})^2(0{,}133)}{(0{,}0112)^2(9{,}81\text{ m/s}^2)(4{,}50\text{ m})}\right)^{1/4} = \mathbf{0{,}108\text{ m}} \quad (6)$$

Em outras palavras, a bomba A precisa ser escalada até um fator de $D_B/D_A = 10{,}8\text{ cm}/6{,}0\text{ cm} = 1{,}80$. Com o valor de D_B conhecido retornamos às Equações 14–30 para solucionar ω_B, a velocidade rotacional de projeto da bomba B,

$$\omega_B = \frac{\dot{V}_B}{(C_Q^*)D_B^3} = \frac{0{,}0024\text{ m}^3/\text{s}}{(0{,}0112)(0{,}108\text{ m})^3} = 168\text{ rad/s} \quad \rightarrow \quad \dot{n}_B = \mathbf{1610\text{ rpm}} \quad (7)$$

Finalmente, a potência requerida no eixo para a bomba B é calculada pelas Equações 14–30,

$$\text{bhp}_B = (C_P^*)\rho_B \omega_B^3 D_B^5$$

$$= (0{,}00184)(1226\text{ kg/m}^3)(168\text{ rad/s})^3(0{,}108\text{ m})^5\left(\frac{\text{W·s}}{\text{kg·m}^2/\text{s}}\right) = \mathbf{160\text{ W}} \quad (8)$$

Uma abordagem alternativa é usar as leis de semelhança diretamente, eliminando algumas etapas intermediárias. Solucionamos as Equações 14–38a e b para D_B eliminando a relação ω_B/ω_A. Em seguida, ligamos o valor conhecido de D_A e os valores ajustados de curva de $\dot{V}_A$ e H_A no BEP (Fig. 14–78). O resultado coincide com aquele que foi calculado antes. De forma semelhante, podemos calcular ω_B e bhp_B.

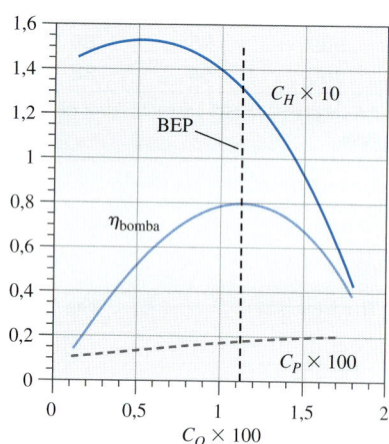

FIGURA 14–77 As curvas de desempenho adimensional suavizadas para as bombas do Exemplo 14–11; o BEP é estimado como o ponto operacional no qual η_{bomba} é um máximo.

Discussão Embora o valor desejado de ω_B tenha sido calculado com exatidão, uma questão prática é que fica difícil (senão impossível) encontrar um motor elétrico que gire exatamente na rpm desejada. Os motores elétricos padrão monofásicos, de 60-Hz e 120-V AC, em geral, funcionam a 1725 ou 3450 rpm. Assim, podemos não conseguir cumprir o requisito de rpm com uma bomba de transmissão direta. Obviamente, se a bomba tiver transmissão por correia, ou se houver uma caixa de engrenagens ou um controlador de frequência, podemos ajustar facilmente a configuração para obter a rotação desejada. Outra opção é que como ω_B é apenas ligeiramente menor do que ω_A, nós operamos a nova bomba à velocidade padrão do motor (1725 rpm), fornecendo uma bomba um pouco mais potente do que o necessário. A desvantagem dessa opção é que a nova bomba operaria a um ponto que não estaria exatamente no BEP.

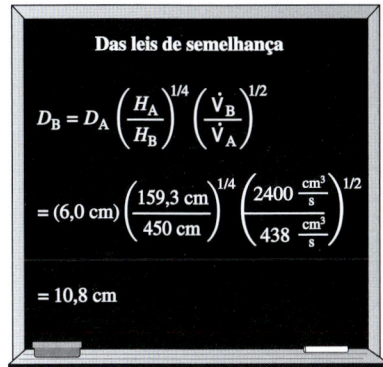

Das leis de semelhança

$$D_B = D_A \left(\frac{H_A}{H_B}\right)^{1/4} \left(\frac{\dot{V}_B}{\dot{V}_A}\right)^{1/2}$$

$$= (6{,}0 \text{ cm}) \left(\frac{159{,}3 \text{ cm}}{450 \text{ cm}}\right)^{1/4} \left(\frac{2400 \frac{\text{cm}^3}{\text{s}}}{438 \frac{\text{cm}^3}{\text{s}}}\right)^{1/2}$$

$$= 10{,}8 \text{ cm}$$

FIGURA 14–78 As leis de semelhança podem ser manipuladas para obter uma expressão para o novo diâmetro da bomba D_B; ω_B e bhp$_B$ podem ser obtidos de forma semelhante (isso não é mostrado).

14–4 TURBINAS

As turbinas têm sido usadas há séculos para converter a energia mecânica livremente disponível de rios e do vento em trabalho mecânico útil, em geral, por meio de um eixo rotativo. A parte rotativa de uma bomba chama-se impulsor e a parte rotativa de uma turbina chama-se **rotor**. Quando o fluido de trabalho é a água, as turbomáquinas são chamadas de **turbinas hidráulicas**. Quando o fluido de trabalho é o ar, e a energia é extraída do vento, a máquina é chamada apropriadamente de **turbina eólica**. O termo **moinho de vento**, tecnicamente, deveria se aplicar apenas quando a saída de energia mecânica fosse usada para moer grãos, como nos velhos tempos (Fig. 14–79). Entretanto, a maioria das pessoas utiliza a palavra *moinho de vento* para descrever qualquer turbina eólica, seja ela usada para moer grãos, bombear água ou gerar eletricidade. Nas usinas de energia a carvão ou nucleares, o fluido de trabalho, em geral, é o vapor e, assim, as turbomáquinas que convertem energia de vapor em energia mecânica de um eixo rotativo são chamadas de **turbinas a vapor**. Um nome mais genérico para as turbinas que empregam um gás compressível como fluido de trabalho é **turbina a gás**. (A turbina de um motor de avião comercial a jato moderno é um tipo de turbina a gás.)

Normalmente, as turbinas que produzem energia têm eficiências um pouco mais altas do que as bombas que absorvem energia. As turbinas hidráulicas grandes, por exemplo, podem atingir eficiências gerais acima de 95%, enquanto a melhor eficiência das grandes bombas atinge um pouco mais de 90%. Existem vários motivos para isso. Em primeiro lugar, geralmente, as bombas operam em rotações mais altas do que as turbinas e, portanto, as tensões de cisalhamento e as perdas por atrito são mais altas. Em segundo lugar, a conversão da energia cinética em energia de escoamento (bombas) tem perdas inerentemente mais altas do que o contrário (turbinas). Você pode fazer a seguinte associação: como a pressão *se eleva* através de uma bomba (gradiente de pressão adversa), mas *cai* através de uma turbina (gradiente de pressão favorável), as camadas limite têm menos chance de se separarem em uma turbina do que em uma bomba. Em terceiro lugar, as turbinas (em especial, as hidráulicas) com frequência são muito maiores do que as bombas, e as perdas por viscosidade tornam-se menos importantes à medida que o tamanho aumenta. Finalmente, enquanto as bombas, em geral, operam em um intervalo amplo de vazões, a maioria das turbinas que geram eletricidade funciona dentro de um intervalo operacional mais estreito e a velocidades constantes controladas. Assim, elas podem ser projetadas para operar com muita eficiência nessas condições. Nos Estados Unidos, o fornecimento de energia AC padrão é 60 Hz

FIGURA 14–79 Um moinho de vento restaurado em Brewster, MA que foi usado nos anos 1800 para moer grãos. (Observe que as pás devem ser cobertas para funcionar.) Os "moinhos" modernos que geram eletricidade são chamados mais adequadamente de *turbinas eólicas*.

©Visions of America/ Joe Sohm/ Photodisc/ Getty Images

(3.600 ciclos por minuto). Portanto, a maioria das turbinas a vento, água e vapor, opera a velocidades que são frações naturais disso, a saber, 7.200 rpm divididos pelo número de polos do gerador, que, em geral, é um número par. As grandes turbinas, normalmente, operam a velocidades baixas como 7.200/60 = 120 rpm ou 7.200/48 = 150 rpm. As turbinas a gás utilizadas para a geração de energia funcionam a velocidades muito mais altas, algumas até 7.200/2 = 3.600 rpm!

Assim como acontece com as bombas, classificamos as turbinas em duas categorias amplas, turbinas de *deslocamento positivo* e turbinas *dinâmicas*. Em sua maior parte, as turbinas de deslocamento positivo são dispositivos pequenos utilizados para medição da vazão volumétrica, enquanto as turbinas dinâmicas variam de minúsculas até enormes e são utilizadas para a medição do escoamento e produção de potência. Oferecemos detalhes sobre essas duas categorias.

Turbinas por deslocamento positivo

Uma **turbina por deslocamento positivo** pode ser comparada a uma bomba de deslocamento positivo que funciona ao contrário – à medida que o fluido é empurrado para um volume fechado, ele gira um eixo ou desloca um êmbolo. Em seguida, o volume fechado do fluido é empurrado para fora à medida que mais fluido entra no dispositivo. Existe uma perda de carga líquida através da turbina com deslocamento positivo. Em outras palavras, a energia é extraída do fluido passante e é transformada em energia mecânica. Entretanto, as turbinas por deslocamento positivo, em geral, *não* são usadas para a produção de potência, mas sim para medir a vazão ou volume de escoamento.

O exemplo mais comum é o medidor de água residencial (Fig. 14–80). Muitos medidores de água comerciais utilizam um **disco nutante** que oscila e gira à medida que a água escoa através do medidor. O disco tem uma esfera no centro com ligações apropriadas que transferem o movimento de giro excêntrico do disco nutante para a rotação de um eixo. O volume do fluido que passa através do dispositivo por rotação de 360° do eixo é conhecido com exatidão e, portanto, o volume total de água utilizado é registrado pelo dispositivo. Quando a água escoa com velocidade moderada de uma torneira residencial, às vezes, é possível ouvir um som borbulhante vindo do medidor de água – esse é o som do disco nutante oscilando dentro do medidor. Obviamente, existem outros projetos de turbina por deslocamento positivo, assim como há diversos projetos de bombas de deslocamento positivo.

Turbinas dinâmicas

As turbinas dinâmicas são usadas tanto como medidores quanto como geradores de potência. Por exemplo, os meteorologistas utilizam um anemômetro de três conchas para medir a velocidade do vento (Fig. 14–81*a*). Os pesquisadores da mecânica de fluidos experimental utilizam pequenas turbinas de várias formas (a maioria delas se parece com pequenos rotores) para medir a velocidade do ar ou da água (Capítulo 8). Nessas aplicações, a saída de potência do eixo e a eficiência da turbina não têm muita importância. Esses instrumentos são projetados de forma que sua velocidade rotacional possa ser calibrada adequadamente com a velocidade do fluido. Em seguida, por contagem eletrônica do número de rotações de pá por segundo, a velocidade do fluido é calculada e exibida pelo dispositivo.

Uma aplicação nova para uma turbina dinâmica é mostrada na Fig. 14–81*b*. Os pesquisadores da NASA montaram turbinas nas pontas das asas de um avião de pesquisa Piper PA28 para extrair energia dos vórtices das pontas das asas (Ca-

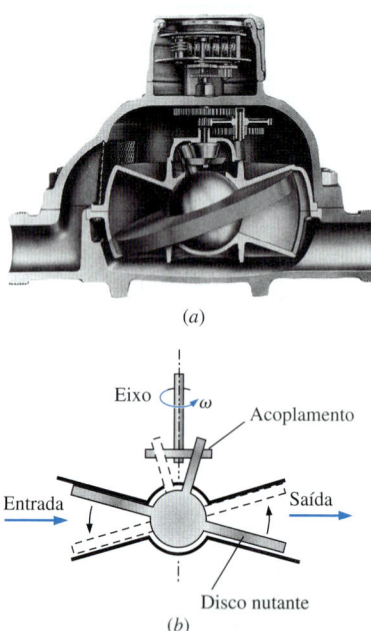

FIGURA 14–80 O *hidrômetro com disco nutante* é um tipo de *turbina com deslocamento positivo* usada para medir a vazão volumétrica: (*a*) vista em corte e (*b*) diagrama mostrando o movimento do disco nutante. Esse tipo de *hidrômetro* normalmente é usado como medidor de consumo de água em residências.

Foto cortesia da Niagara Meters, Spartanburg, SC.

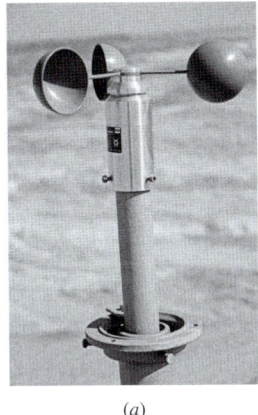

(a) (b)

FIGURA 14–81 Exemplos de turbinas dinâmicas: (*a*) um anemômetro de três conchas comum usado para medir a velocidade do vento e (*b*) um avião de pesquisa Piper PA28 com turbinas projetadas para extrair energia dos vórtices das pontas das asas.

(a) ©matthias engelien/Alamy. (b) NASA Langley Research Center

pítulo 11); a energia extraída foi convertida em eletricidade a ser usada para as necessidades de energia a bordo.

Neste capítulo, enfatizamos as grandes turbinas dinâmicas que são projetadas para produzir eletricidade. A maior parte da nossa discussão diz respeito às turbinas hidráulicas que utilizam a grande variação de elevação de uma represa para gerar eletricidade. Existem dois tipos básicos de turbina dinâmica – *por impulso* e *por reação*, e cada uma delas é discutida com alguns detalhes. Comparando as duas turbinas dinâmicas para produção de energia, vemos que as turbinas por impulso exigem carga maior, mas podem operar com vazão de escoamento menor. As turbinas de reação podem operar com muito menos carga, mas exigem uma vazão volumétrica mais alta.

Turbinas por impulso

Em uma **turbina por impulso**, o fluido é enviado através de um bocal para que a maioria de sua energia mecânica disponível seja convertida em energia cinética. Em seguida, o jato de alta velocidade atinge palhetas em forma de "baldes" que transferem energia para o eixo da turbina, como mostra a representação da Fig. 14–82. O tipo moderno e mais eficiente de turbina por impulso foi inventado por Lester A. Pelton (1829–1908) em 1878, e a turbina agora é chamada **roda Pelton** em sua homenagem. As pás de uma roda Pelton foram criadas para dividir o escoamento em dois e direcionar o escoamento a quase 180° (com relação a um sistema de referência que se movimenta com a pá), como ilustra a Fig. 14–82*b*. De acordo com a lenda, Pelton modelou as palhetas com o divisor de escoamento inspirado nas narinas de uma vaca. A parte mais externa de cada pá é cortada para que a maioria do jato possa passar sem atingir a pá que não está alinhada ao jato (pá *n* + 1 da Fig. 14–82*a*) para atingir a pá mais alinhada (pá *n* da Fig. 14–82*a*). Dessa forma, o máximo de momento linear do jato é utilizado. Esses detalhes podem ser vistos em uma foto de uma roda de Pelton (Fig. 14–83). A Figura 14–84 mostra uma roda Pelton em operação, na qual é possível ver claramente a divisão e mudança de direção do jato de água.

Analisamos a saída de potência de uma turbina com roda Pelton usando a equação de turbomáquina de Euler. A saída de potência do eixo é igual a ωT_{eixo}, onde T_{eixo} é dada pela Equação 14–14,

Equação de turbomáquina de Euler para uma turbina:

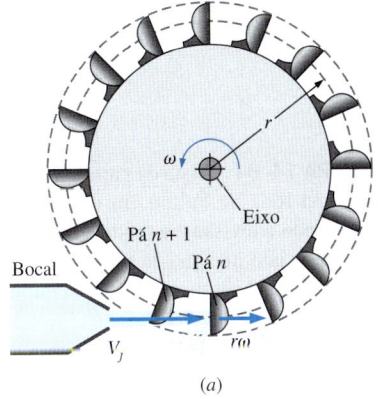
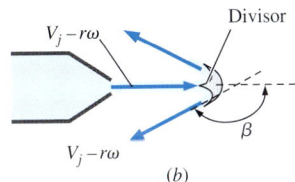

(a)

(b)

FIGURA 14–82 Diagrama representativo de uma *turbina por impulso* do tipo Pelton; o eixo da turbina é girado quando o fluido à alta velocidade de um ou mais jatos atinge as pás montadas no eixo da turbina. (*a*) Vista lateral, sistema de referência absoluto e (*b*) vista inferior de uma seção transversal da pá *n*, sistema de referência rotativo.

FIGURA 14–83 Uma vista detalhada de uma roda de Pelton mostrando o projeto detalhado das pás; o gerador elétrico está à direita. Essa roda Pelton está exposta no Waddamana Power Station Museum próximo a Bothwell na Tasmânia.

Cortesia da Hydro Tasmania, www.hydro.com.au. Utilizado com permissão.

FIGURA 14–84 Vista da parte inferior de uma roda de Pelton em operação, ilustrando a divisão e a mudança de direção do jato de água na pá. O jato de água entra pela esquerda e a roda Pelton gira para a direita.

Cortesia da VA TECH HYDRO. Usado com permissão.

$$\dot{W}_{eixo} = \omega T_{eixo} = \rho \omega \dot{V}(r_2 V_{2,t} - r_1 V_{1,t}) \tag{14-39}$$

Devemos tomar cuidado com os sinais negativos, uma vez que esse é um dispositivo que *produz energia* e não *que absorve energia*. Para turbinas, a convenção é definir o ponto 2 como a entrada e o ponto 1 como a saída. O centro da pá se movimenta com uma velocidade tangencial $r\omega$, como ilustra a Fig. 14–82. Simplificamos a análise assumindo que, como existe uma abertura na parte mais externa de cada pá, todo o jato atinge a pá que, por acaso, está na parte inferior direta do rotor no instante que está sendo considerado (pá n da Fig. 14–82a). Além disso, como tanto o tamanho da pá quanto o diâmetro do jato de água são pequenos comparados ao raio do rotor, aproximamos r_1 e r_2 como sendo iguais a *r*. Finalmente, assumimos que a água muda de direção de um ângulo β sem perder nenhuma velocidade; portanto, no sistema de referência relativo que se movimenta com a pá, a velocidade relativa de saída é $V_j - r\omega$ (igual à velocidade relativa de entrada), como mostra a Fig. 14–82b. Voltando ao sistema de referência absoluto, que é necessário para a aplicação da Equação 14–39, a componente tangencial da velocidade na entrada, $V_{2,t}$, é simplesmente a própria velocidade do jato, V_j. Nós construímos um diagrama de velocidade na Fig. 14–85 como um auxílio para o cálculo da componente tangencial da velocidade absoluta na saída, $V_{1,t}$. Após alguns cálculos trigonométricos, que você pode verificar após observar que $\text{sen}(\beta - 90°) = -\cos\beta$,

$$V_{1,t} = r\omega + (V_j - r\omega)\cos\beta$$

Substituindo essa equação na Equação 14–39, temos

$$\dot{W}_{eixo} = \rho r\omega \dot{V}\{V_j - [r\omega + (V_j - r\omega)\cos\beta]\}$$

que pode ser simplificado como

Potência no eixo de saída: $\quad \dot{W}_{eixo} = \rho r\omega \dot{V}(V_j - r\omega)(1 - \cos\beta) \quad$ **(14–40)**

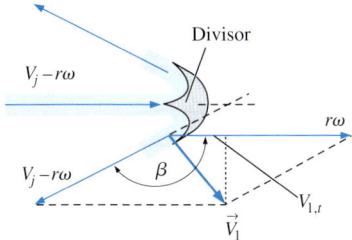

FIGURA 14–85 O diagrama de velocidade do escoamento para dentro e para fora de uma pá de rotor Pelton. Passamos a velocidade do escoamento de saída do sistema de referência móvel para o sistema de referência absoluto somando a velocidade da pá ($r\omega$) para a direita.

Obviamente, a potência máxima é atingida, em teoria, se $\beta = 180°$. Entretanto, se esse fosse o caso, a água que sai de uma pá atingiria a lateral de sua vizinha que vem logo a seguir, reduzindo o torque gerado e a potência. Na prática, a potência máxima é atingida pela redução de β para em torno de 160° a 165°. O fator de eficiência devido a β ser menor do que 180° é

O fator de eficiência devido a β: $\quad \eta_\beta = \dfrac{\dot{W}_{eixo, real}}{\dot{W}_{eixo, ideal}} = \dfrac{1 - \cos\beta}{1 - \cos(180°)} \quad$ **(14–41)**

Quando $\beta = 160°$, por exemplo, $\eta_\beta = 0{,}97$ – uma perda de apenas cerca de 3%.

Finalmente vemos, pela Equação 14–40, que a saída da potência de eixo $\dot{W}_{eixo}$ é zero se $r\omega = 0$ (o rotor não gira). Também é zero se $r\omega = V_j$ (a pá se move à velocidade do jato). Em algum lugar entre esses dois extremos está a velocidade ideal do rotor. Ao definir a derivada da Equação 14–40 com relação à $r\omega$ como zero, descobrimos que isso ocorre quando $r\omega = V_j/2$ (pá se movendo à metade da velocidade do jato, como mostra a Fig. 14–86).

Para uma turbina de rotor Pelton real existem outras perdas além daquelas da Equação 14–41: atrito mecânico, arrasto aerodinâmico nas pás, atrito ao longo das paredes internas das pás, falta de alinhamento entre o jato e as pás à medida que a pá gira e perdas no bocal. Mesmo assim, a eficiência de uma turbina de rotor Pelton bem projetada pode chegar a quase 90%. Em outras palavras, um percentual de até 90% da energia mecânica disponível da água é convertido em energia no eixo giratório.

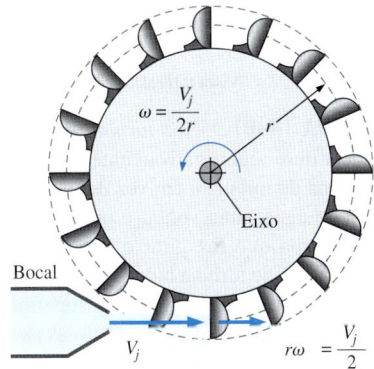

FIGURA 14–86 A potência máxima teórica que pode ser atingida por uma turbina de Pelton ocorre quando o rotor gira com velocidade angular $\omega = V_j/(2r)$, ou seja, quando a pá se move com metade da velocidade do jato de água.

Turbinas de reação

O outro tipo principal de turbina hidráulica para produção de energia é a **turbina de reação**, que consiste em palhetas direcionadoras fixas, palhetas direcionadoras ajustáveis (o distribuidor regulável) e pás rotativas do rotor (Fig. 14–87).

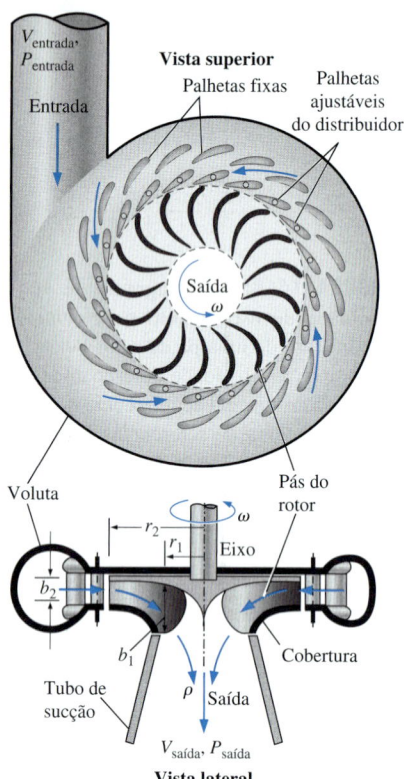

FIGURA 14–87 Uma *turbina de reação* difere significativamente de uma turbina de impulso; em vez de usar jatos de água, uma *voluta* é preenchida com água que faz girar o rotor. Para aplicações de turbina hidráulica, o eixo, em geral, é vertical. As vistas superior e lateral são exibidas, incluindo as *palhetas fixas* e as *palhetas ajustáveis* do distribuidor.

O escoamento entra tangencialmente em alta pressão, é direcionado para o rotor pelas palhetas fixas à medida que se movimenta ao longo da carcaça em espiral ou **voluta** e, em seguida, passa através do distribuidor com uma componente de velocidade tangencial grande. O momento (quantidade de movimento) é trocado entre o fluido e o rotor à medida que o rotor gira e há uma grande queda de pressão. Ao contrário da turbina de impulso, a água preenche completamente a carcaça de uma turbina de reação. Por esse motivo, uma turbina de reação, em geral, produz mais potência do que uma turbina de impulso de mesmo diâmetro, carga líquida e vazão. O ângulo das palhetas do distribuidor é ajustável para controlar a vazão através do rotor. (Na maioria dos projetos, as palhetas ajustáveis podem se fechar umas sobre as outras, cortando o escoamento da água para o rotor.) Nas condições de projeto, o escoamento que sai das palhetas ajustáveis é direcionado paralelamente ao bordo de ataque das pás do rotor (em um sistema de referência rotativo) para evitar perdas por choque. Observe que em um projeto bom, o número de palhetas ajustáveis não compartilha de um denominador comum com o número de pás do rotor. Caso contrário, teríamos séria vibração causada pela imposição simultânea de duas ou mais esteiras da palheta ajustável sobre os bordos de ataque das pás do rotor. Por exemplo, na Fig. 14–87 existem 17 pás de rotor e 20 palhetas ajustáveis. Esses são os números típicos para muitas turbina hidráulicas de reação grandes, como mostram as fotografias das Figs. 14–89 e 14–90. O número de palhetas fixas e de palhetas ajustáveis, em geral, é igual (há 20 palhetas fixas na Fig. 14–87). Isso não é relevante, já que nenhuma delas gira com o rotor, e a interação de esteiras transientes também não é um problema.

Existem dois tipos principais de turbina de reação – a turbina *Francis* e a turbina *Kaplan*. A geometria da **turbina Francis**, de certa forma, é semelhante a uma bomba centrífuga ou de escoamento misto, mas com o escoamento na direção contrária. Observe, porém, que uma bomba típica funcionando ao contrário *não* seria uma turbina muito eficiente. A turbina Francis tem esse nome em homenagem a James B. Francis (1815–1892), que desenvolveu o projeto na década de 1840. A **turbina Kaplan**, por outro lado, é parecida com um ventilador *de escoamento axial* que funciona ao contrário. Se você já viu a rotação inicial de um ventilador de janela quando o vento sopra forte, saberá visualizar o princípio operacional básico de uma turbina Kaplan. A turbina Kaplan tem esse nome em homenagem ao seu inventor, Viktor Kaplan (1876–1934). Na verdade, existem várias subcategorias das turbinas Francis e Kaplan e a terminologia usada na área das turbina hidráulicas nem sempre é padronizada.

Lembre-se que classificamos as bombas dinâmicas de acordo com o ângulo com o qual o escoamento sai da pá do rotor – bombas centrífugas (radiais), bombas de escoamento misto ou bombas axiais (consulte a Fig. 14–31). De modo semelhante, mas inverso, classificamos as turbinas de reação de acordo com o ângulo com o qual o escoamento *entra* no rotor (Fig. 14–88). Se o escoamento entra no rotor radialmente como na Fig. 14–88*a*, a turbina é chamada de **turbina Francis de escoamento radial** (consulte também Fig. 14–87). Se o escoamento entra no rotor com algum ângulo entre radial e axial (Fig. 14–88*b*), a turbina é chamada de **turbina Francis de escoamento misto**. Este último desenho é o mais comum. Alguns engenheiros de turbina hidráulica utilizam o termo "turbina Francis" apenas quando há uma **junta anular** no rotor, como na Fig. 14–88*b*. As turbinas Francis são mais adequadas para as cargas que ficam entre as cargas altas das turbinas Pelton e as cargas baixas das

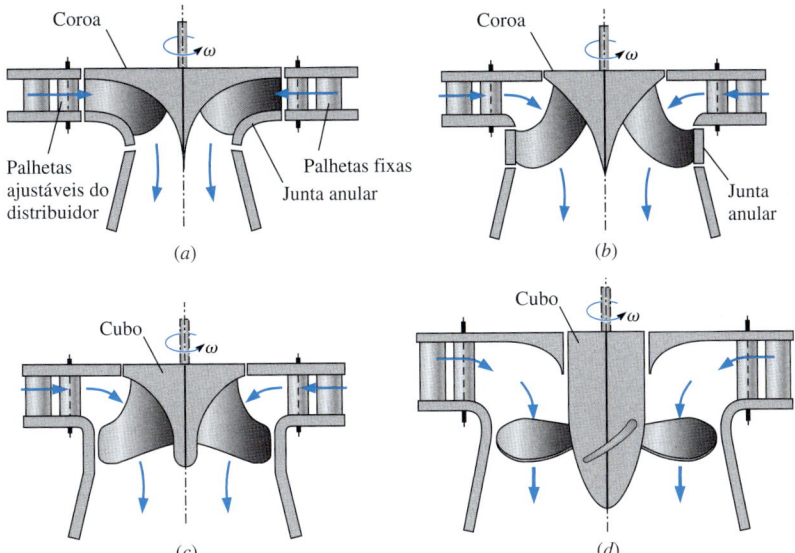

FIGURA 14–88 As características que distinguem quatro subcategorias de turbinas de reação: (*a*) *turbina Francis de escoamento radial* (*b*) *turbina Francis de escoamento misto* (*c*) *turbina propeller de escoamento misto* (*d*) *turbina propeller de escoamento axial*. A principal diferença entre (*b*) e (*c*) é que os rotores Francis de escoamento misto têm uma *cobertura* que gira com o rotor, enquanto os rotores de propulsor com escoamento misto não têm essa cobertura. Existem dois tipos de turbinas de propulsor com escoamento misto: As *turbinas Kaplan* têm pás com inclinação ajustável, enquanto as *turbinas propeller* não têm. Observe que a terminologia utilizada aqui não é universal nos livros sobre turbomáquina, nem entre os fabricantes de turbinas hidráulicas.

turbinas Kaplan. Uma turbina Francis grande típica pode ter 16 ou mais pás no rotor e pode atingir uma eficiência entre 90% e 95%. Se o rotor não tiver cobertura e o escoamento entrar no rotor parcialmente inclinado, ela é chamada de **turbina propeller de escoamento misto** ou simplesmente **turbina de escoamento misto** (Fig. 14–88*c*). Por fim, se o escoamento for inteiramente na direção axial *antes* de entrar no rotor (Fig. 14–88*d*), a turbina é chamada de **turbina de escoamento axial**. Os rotores de uma turbina de escoamento axial, em geral, têm apenas entre três e oito pás, muito menos do que as turbinas Francis. Dessas, existem dois tipos: As turbinas Kaplan e as turbinas propeller. As turbinas Kaplan são chamadas de **duplamente reguladas** porque a vazão é controlada de duas maneiras – regulando as palhetas ajustáveis do distribuidor e ajustando a torção das pás do rotor. As **turbinas de propulsor** são quase idênticas às turbinas Kaplan, exceto que as pás são fixas (o ângulo de ataque não é ajustável) e a vazão é regulada apenas pelas palhetas ajustáveis do distribuidor (**regulagem simples**). Comparadas às turbinas Pelton e Francis, as turbinas Kaplan e as turbinas propeller são mais adequadas para as condições de carga baixa e vazão alta. Suas eficiências se comparam àquelas das turbinas Francis e podem chegar até 94%.

Na Figura 14–89, temos uma foto do rotor de escoamento radial de uma turbina Francis. Os trabalhadores aparecem para que você tenha uma ideia do tamanho das rotores de uma usina hidroelétrica. Na Figura 14–90, temos uma fotografia do rotor de escoamento misto de uma turbina Francis, e na Fig. 14–91, temos uma foto do rotor de escoamento axial de uma turbina propeller. A vista é da entrada (parte superior).

Representamos na Fig. 14–92 uma represa hidrelétrica típica que utiliza as turbinas Francis de reação para gerar eletricidade. A carga geral ou **carga bruta** H_{bruta} é definida como a diferença de elevação entre a superfície do reservatório a montante da represa e a superfície da água que sai da represa $H_{bruta} = z_A - z_E$. Se não houver perdas irreversíveis em *nenhuma parte* do sistema, a quantidade máxima de potência gerada por turbina seria

FIGURA 14–89 O rotor de uma turbina Francis de escoamento radial na hidrelétrica de Round Butte em Madras, Oregon, EUA. O rotor tem 17 pás com diâmetro externo de 11,8 ft (3,60 m). A turbina gira a 180 rpm e produz 119 MW de potência à uma vazão de 127 m³/s e uma carga líquida de 105 m.

Foto cortesia da American Hydro Corporation, York, PA. Usado com permissão.

FIGURA 14–90 O rotor de uma turbina Francis de escoamento misto utilizada na hidrelétrica de Smith Mountain em Roanoke, VA. O rotor tem 17 pás com diâmetro externo de 20,3 ft (6,19 m). A turbina gira a 100 rpm e produz 194 MW de potência com uma vazão de 375 m³/s e uma carga líquida de 54,9 m.

Fotografia cortesia da American Hydro Corporation, York, PA. Usada com permissão.

Produção de potência ideal: $\quad \dot{W}_{ideal} = \rho g \dot{V} H_{bruta}$ \hfill (14–42)

Obviamente, há perdas irreversíveis em todo o sistema, de modo que a potência realmente produzida é mais baixa do que a potência ideal dada pela Equação 14-42.

Acompanhamos o escoamento da água através de todo o sistema da Fig. 14–92, definindo os termos e discutindo as perdas. Começamos no ponto A a montante da represa onde a água é tranquila, à pressão atmosférica e à sua elevação maior z_A. A água escoa com vazão $\dot{V}$ por meio de um tubo através da represa chamado **conduto forçado**. O escoamento para o conduto forçado pode ser cortado pelo fechamento de uma válvula na entrada do conduto focado. Se inseríssemos uma sonda de Pitot no ponto B no final do conduto forçado imediatamente antes da turbina, como ilustra a Fig. 14–92, a água do tubo subiria até uma altura de coluna igual à linha piezométrica de energia $LP_{entrada}$ na entrada da turbina. Essa altura de coluna é menor do que o nível da água no ponto A, devido a perdas irreversíveis do conduto forçado e sua entrada. Em seguida, o escoamento passa através da turbina, que está conectada por um eixo ao gerador elétrico. Observe que o gerador elétrico em si tem perdas irreversíveis. Sob a perspectiva da mecânica dos fluidos, porém, estamos interessados apenas nas perdas através e a jusante da turbina.

Após passar através do rotor da turbina, o fluido de saída (ponto C) ainda tem energia cinética considerável e talvez escoamento turbilhonar. Para recuperar parte dessa energia cinética (que de outra forma seria desperdiçada), o escoamento entra em um difusor de área expandida chamado de **tubo de sucção** que, por sua vez, direciona o escoamento para a horizontal e diminui a sua velocidade, enquanto aumenta a pressão antes da descarga a jusante, chamada **canal de rejei-**

FIGURA 14–91 O rotor com cinco pás de uma turbina propeller usado na hidroelétrica de Warwick em Cordele, GA. O rotor tem cinco pás com diâmetro externo de 12,7 ft (3,87 m). A turbina gira a 100 rpm e produz 5,37 MW de potência com uma vazão de 63,7 m³/s e carga líquida de 9,75 m.

Fotografia cortesia da Weir American Hydro Corporation, York, PA. Usada com permissão.

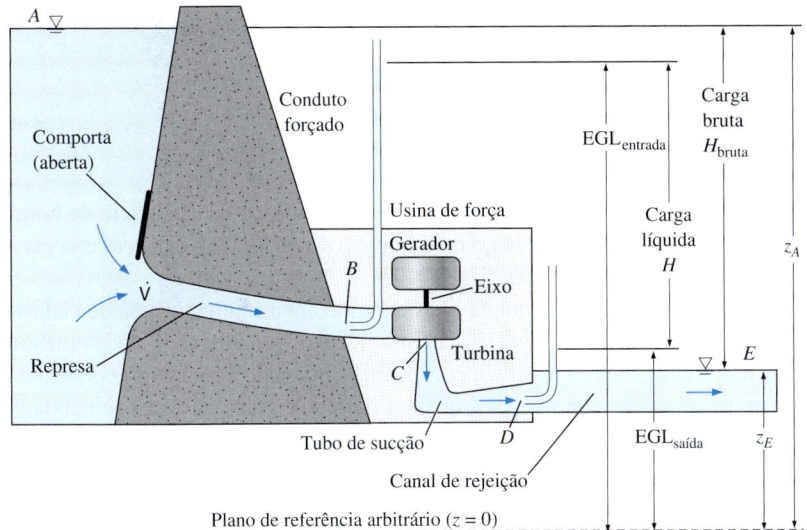

FIGURA 14–92 Configuração e terminologia típicas de uma usina hidrelétrica que utiliza uma turbina Francis para gerar eletricidade; o desenho não está em escala. As sondas de Pitot aparecem apenas com finalidades ilustrativas.

ção. Se tivéssemos que imaginar outra sonda de Pitot no ponto D (a saída do tubo de sucção), a água do tubo subiria até uma altura de coluna igual à linha piezométrica rotulada como $LP_{saída}$ na Fig. 14–92. Como o tubo de sucção é considerado parte integrante da montagem da turbina, a carga líquida através da turbina é especificada como a diferença entre a $LP_{entrada}$ e a $LP_{saída}$

Carga líquida de uma turbina hidráulica: $\quad H = LP_{entrada} - LP_{saída} \quad$ **(14–43)**

Em outras palavras,

> A carga líquida de uma turbina é definida como a diferença entre a linha piezométrica imediatamente a montante da turbina e a linha piezométrica na saída do tubo de sucção.

Na saída do tubo de sucção (ponto D), a velocidade de escoamento é significativamente mais baixa do que no ponto C a montante do tubo de sucção; entretanto, ela é *finita*. Toda a energia cinética que sai do tubo de sucção é dissipada no canal de rejeição. Isso representa uma perda de carga irreversível e é o motivo pelo qual $LP_{saída}$ é maior do que a elevação da superfície do canal de rejeição, z_E. Entretanto, uma recuperação significativa da pressão ocorre em um tubo de sucção bem projetado. O tubo de sucção faz com que a pressão na saída do rotor (ponto C) caia *abaixo* da pressão atmosférica, permitindo, assim, que a turbina utilize a carga disponível com maior eficiência. Em outras palavras, o tubo de sucção faz com que a pressão na saída do rotor seja mais baixa do que seria sem o tubo de sucção – aumentando a variação da pressão entre a entrada e a saída da turbina. Os projetistas devem ter cuidado, porém, porque pressões abaixo de atmosférica podem levar à cavitação, que é indesejável por muitos motivos, como já discutimos anteriormente.

Se estivéssemos interessados na eficiência líquida de toda a usina hidrelétrica, definiríamos essa eficiência como a relação entre a potência elétrica real produzida e a potência ideal (Equação 14–42) com base na carga bruta. Este capítulo está mais preocupado com a eficiência da turbina propriamente dita. Por convenção, a **eficiência da turbina** tem por base a carga líquida H em vez da carga bruta H_{bruta}. Especificamente, $\eta_{turbina}$ é definida como a relação entre a

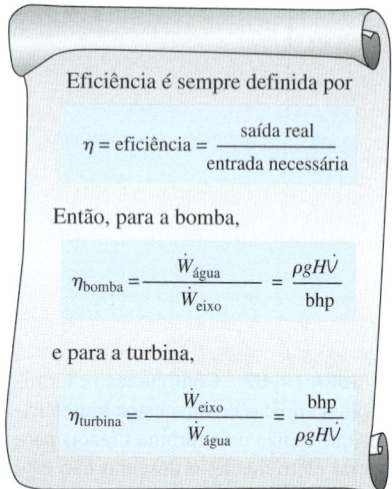

FIGURA 14–93 Por definição, a eficiência sempre deve ser menor do que a unidade. A eficiência de uma turbina é o recíproco da eficiência de uma bomba.

potência no eixo da turbina e a potência extraída da água que escoa através da turbina.

Eficiência da turbina:
$$\eta_{turbina} = \frac{\dot{W}_{eixo}}{\dot{W}_{hidráulica}} = \frac{bhp}{\rho g H \dot{V}} \quad (14\text{–}44)$$

Observe que a eficiência da turbina $\eta_{turbina}$ é o recíproco da eficiência de bomba η_{bomba}, uma vez que a potência no eixo bhp é a *potência de saída real* em vez da *potência de entrada requerida* (Fig. 14–93).

Observe também que estamos considerando apenas uma turbina de cada vez nesta discussão. A maioria das usinas hidrelétricas grandes tem *várias* turbinas organizadas em paralelo. Assim, a companhia fornecedora de energia pode desligar para manutenção algumas das turbinas durante épocas de baixa demanda por energia. A Hoover Dam em Boulder City, Nevada, por exemplo, tem 17 turbinas paralelas, 15 das quais são turbinas Francis grandes idênticas que podem produzir aproximadamente 130 MW de eletricidade cada uma (Fig. 14–94). A carga bruta máxima é de 590 ft (180 m). A produção total de energia de pico da usina excede os 2 GW (2.000 MW).

Realizamos o projeto e a análise preliminares das turbinas da mesma forma que fizemos anteriormente para as bombas, usando a equação de turbomáquina de Euler e os diagramas de velocidade. Na verdade, mantemos a mesma notação, a saber, r_1 para o raio interno e r_2 para o raio externo das pás rotativas. Para uma turbina, porém, a direção do escoamento é oposta àquela de uma bomba, de modo que a entrada está a um raio r_2 e a saída está a um raio r_1. Para uma análise de primeira ordem, assumimos que as pás são infinitesimalmente finas. Também assumimos que as pás estão alinhadas de forma que o escoamento sempre é tangente à superfície da pá e ignoramos os efeitos viscosos (camadas limite) nas superfícies. A melhor maneira de obter as correções de ordem superior é utilizar um código de dinâmica de fluidos computacional.

Considere, por exemplo, a vista superior da turbina Francis da Fig. 14–87. Os vetores de velocidade estão desenhados na Fig. 14–95 tanto para o sistema de referência absoluto quanto para o sistema de referência relativo que gira com o rotor. Começando com a palheta fixa (linha preta grossa da Fig. 14–95), o escoamento é direcionado para atingir a pá do rotor (linha cinza grossa) com velocidade absoluta $\vec{V}_2$. Mas a pá do rotor gira no sentido anti-horário e com um raio r_2 ela se movimenta tangencialmente na direção esquerda para baixo com

FIGURA 14–94 (*a*) Uma vista aérea da Hoover Dam e (*b*) a parte superior (visível) de vários geradores elétricos paralelos movidos por turbinas hidráulicas na Hoover Dam.

(a) © *Corbis RF* *(b)* © *Brand X Pictures RF*

(a) (b)

velocidade ωr_2. Para o sistema de referência rotativo, fazemos a soma vetorial de $\vec{V}_2$ e o *negativo* de ωr_2, como mostra a representação. O resultante é um vetor $\vec{V}_{2,\text{relativa}}$, que é paralelo ao bordo de ataque da pá do rotor (ângulo β_2 em relação à linha tangente ao círculo r_2). A componente tangencial $V_{2,t}$ do vetor de velocidade absoluta $\vec{V}_2$ é necessária para a equação da turbomáquina de Euler (Equação 14–39). Após alguma trigonometria

Bordo de ataque do rotor: $$V_{2,t} = \omega r_2 - \frac{V_{2,n}}{\tan \beta_2} \qquad (14\text{–}45)$$

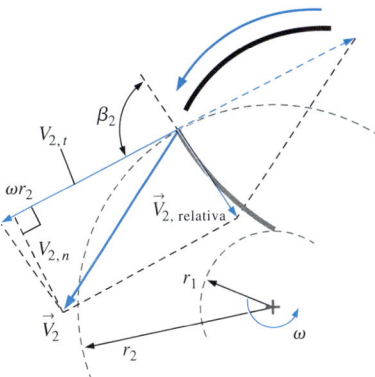

FIGURA 14–95 Vetores de velocidade relativa e absoluta e geometria para o raio externo do rotor de uma turbina Francis. Os vetores de velocidade absolutos estão em negrito.

Seguindo o escoamento ao longo da pá do rotor no sistema de referência relativo (rotativo), vemos que o escoamento é desviado de forma a sair paralelamente ao bordo de ataque da pá do rotor (fazendo um ângulo β_1 em relação à linha tangente ao círculo r_1). Finalmente, para voltar ao sistema de referência absoluto, nós somamos vetorialmente $\vec{V}_{1,\text{relativa}}$ e a velocidade da pá ωr_1, que tem sentido para a esquerda, como representado na Fig. 14–96. A resultante é o vetor absoluto $\vec{V}_1$. Como a massa deve ser conservada, as componentes normais dos vetores da velocidade absoluta $V_{1,n}$ e $V_{2,n}$ se relacionam pela Equação 14–12, onde as larguras de pá axial b_1 e b_2 são definidas na Fig. 14–87. Após alguma trigonometria (que é idêntica àquela do bordo de ataque), nós geramos uma expressão para a componente tangencial $V_{1,t}$ do vetor de velocidade absoluta $\vec{V}_1$ para uso na equação de turbomáquina de Euler,

Bordo de fuga do rotor: $$V_{1,t} = \omega r_1 - \frac{V_{1,n}}{\tan \beta_1} \qquad (14\text{–}46)$$

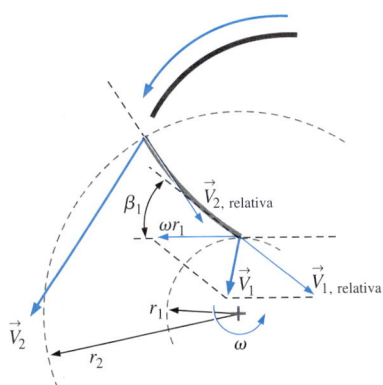

FIGURA 14–96 Vetores de velocidade relativa e absoluta e geometria para o raio interno do rotor de uma turbina Francis. Os vetores de velocidade absolutos estão em negrito.

Os leitores atentos notarão que a Equação 14–46 para uma turbina é idêntica à Equação 14–23 para uma bomba. Isso não é apenas coincidência, mas resulta do fato de que os vetores de velocidade, ângulos, etc., são definidos da mesma forma para uma turbina e para uma bomba, exceto que todo o escoamento acontece na direção oposta.

Para alguns casos em turbinas hidráulicas, condições de operação com alta vazão/alta potência geradas podem resultar em $V_{1,t} < 0$. Nesse caso, a pá do rotor desvia o escoamento de tal forma que o turbilhão na saída do rotor fica na direção *oposta* à rotação do rotor. Essa situação é chamada de **turbilhão reverso** (Fig. 14–97). A equação da turbomáquina de Euler prevê que a potência máxima é obtida quando $V_{1,t} < 0$, logo, é de se pensar que a existência do turbilhão reverso faz parte de um bom projeto. Na prática, contudo, verifica-se que a eficiência é melhorada na maior parte das turbinas quando o rotor induz uma pequena quantidade de turbilhonamento na mesma direção que a direção de rotação do rotor. Isso melhora o desempenho do tubo de sucção. Uma *grande* quantidade de turbilhonamento, tanto reverso quanto na mesma direção da direção de rotação do rotor, não é desejável, pois aumenta as perdas no tubo de sucção (altas velocidades de turbilhonamento representam desperdício de energia cinética). Obviamente, é preciso muito ajuste para criar o sistema hidráulico mais eficiente (incluindo o tubo de sucção como uma de suas partes integrais) dentro das restrições de projeto impostas. Lembre-se também que o escoamento é tridimensional; existe uma componente *axial* de velocidade à medida que o escoamento é direcionado para o tubo de sucção. Não é preciso muito tempo para perceber que as ferramentas de simulação por computador são muito úteis para os projetistas de turbinas. Na verdade, com a ajuda de modernos códigos de CFD, a eficiência das turbina hidráulicas aumentou até o ponto em que as atuali-

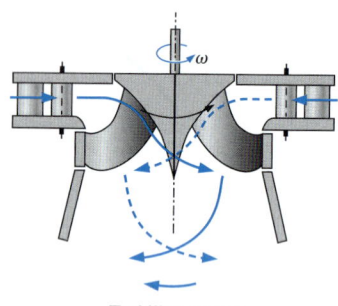

FIGURA 14-97 Em algumas turbinas Francis de escoamento misto, em condições de alta vazão e alta potência, o escoamento que sai do rotor turbilhona em uma direção oposta àquela do próprio rotor. Isso é chamado de *turbilhão reverso*.

zações de antigas turbinas de hidrelétricas são economicamente aconselháveis e comuns. Um exemplo de resultados de CFD é mostrado na Fig. 14-98 para uma turbina Francis de escoamento misto.

EXEMPLO 14-12 Efeito da eficiência das componentes na eficiência de uma usina

Uma usina hidrelétrica está sendo projetada. A carga bruta do reservatório ao canal de rejeição é de 1065 ft, e a vazão volumétrica através de cada turbina é de 203.000 gpm (galões por minuto) a 70°F. Há 12 turbinas idênticas em paralelo, cada uma com eficiência de 95,2%, e todas as outras perdas mecânicas (através dos condutos, etc.) produzem uma perda estimada em 3,5%. O gerador propriamente dito tem eficiência de 94,5%. Estime a potência elétrica produzida em MW.

SOLUÇÃO Devemos estimar a potência produzida por uma usina hidrelétrica.

Propriedades A densidade da água a 70°F é 62,30 lbm/ft^3

Análise A potência ideal produzida por uma turbina hidráulica é

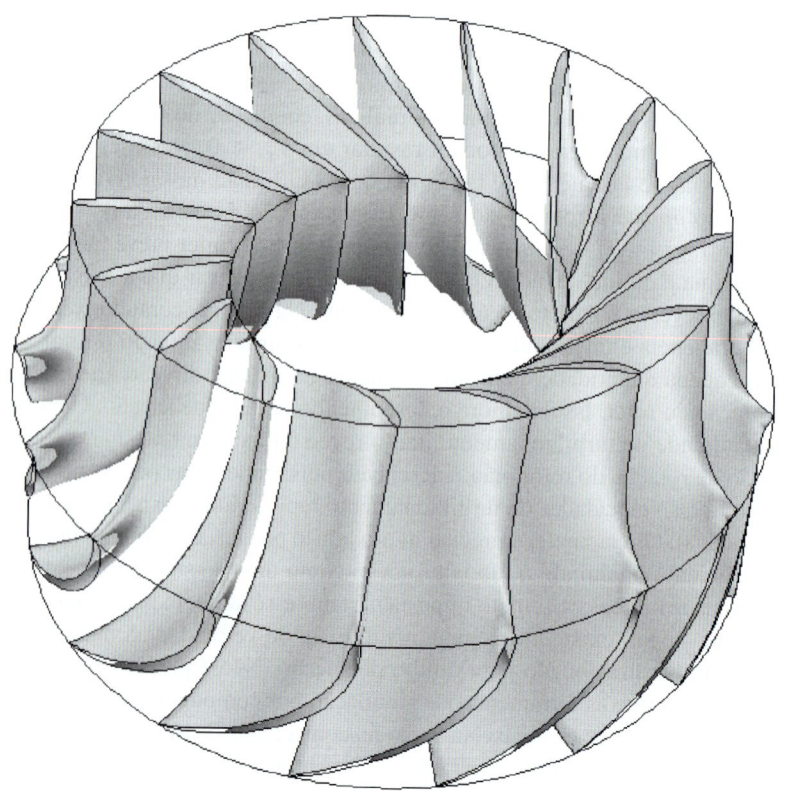

FIGURA 14-98 A distribuição da pressão estática nas superfícies das pás do rotor calculadas por CFD; a pressão está em unidades de pascal. A figura mostra um rotor de turbina Francis de escoamento misto de 17 pás que gira no sentido anti-horário ao redor do eixo *z*. Apenas uma passagem de pá foi modelada, mas a imagem é reproduzida 16 vezes por conta da simetria. As pressões mais altas (regiões claras) são encontradas mais próximo do bordo de ataque da superfície de pressão do rotor, enquanto as pressões mais baixas (regiões escuras) ocorrem na superfície de sucção do rotor próximo ao bordo de fuga.

Foto cortesia da Weir American Hydro Corporation, York, PA. Usado com permissão

$$\dot{W}_{ideal} = \rho g \dot{V} H_{bruta}$$

$$= (62{,}30 \text{ lbm/ft}^3)(32{,}2 \text{ ft/s}^2)(203.000 \text{ gal/min})(1065 \text{ ft})$$

$$\times \left(\frac{\text{lbf·s}^2}{32{,}2 \text{ lbm·ft}}\right)\left(0{,}1337 \frac{\text{ft}^3}{\text{gal}}\right)\left(\frac{1{,}356 \text{ W}}{\text{ft·lbf/s}}\right)\left(\frac{1 \text{ min}}{60 \text{ s}}\right)\left(\frac{1 \text{ MW}}{10^6 \text{ W}}\right)$$

$$= 40{,}70 \text{ MW}$$

Mas as ineficiências na turbina, gerador, e resto do sistema reduzem a potência real produzida. Para cada turbina,

$$\dot{W}_{potência} = \dot{W}_{ideal}\eta_{turbina}\eta_{gerador}\eta_{outra} = (40{,}70 \text{ MW})(0{,}952)(0{,}945)(1 - 0{,}035)$$

$$= 35{,}3 \text{ MW}$$

Finalmente, uma vez que temos 12 turbinas em paralelo, a potência total produzida é

$$\dot{W}_{potência total} = 12\,\dot{W}_{potência} = 12(35{,}3 \text{ MW}) = \mathbf{424 \text{ MW}}$$

Discussão Uma pequena melhoria de eficiência em qualquer dos componentes termina por melhorar a potência real produzida e, assim, aumentar a lucratividade do empreendimento.

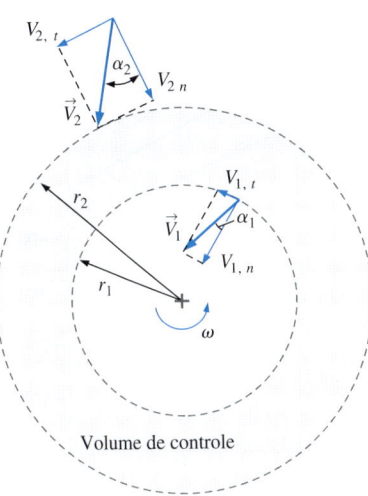

FIGURA 14–99 Vista superior das velocidades absolutas e dos ângulos de escoamento associados ao rotor de uma turbina Francis que está sendo criada para uma represa de hidrelétrica (Exemplo 14–13). O volume de controle é limitado pela entrada e pela saída do rotor.

EXEMPLO 14–13 Projeto de turbina hidráulica

Uma turbina hidráulica Francis de escoamento radial está sendo reprojetada para substituir uma turbina antiga de uma usina hidrelétrica. A nova turbina deve atender as seguinte restrições de projeto para acoplar-se adequadamente à configuração existente: O raio interno do rotor é $r_2 = 8{,}20$ ft (2,50 m) e seu raio externo é $r_1 = 5{,}80$ ft (1,77 m). As larguras das pás do rotor são $b_2 = 3{,}00$ ft (0,914 m) e $b_1 = 8{,}60$ ft (2,62 m) na entrada e na saída, respectivamente. O rotor deve girar a $\dot{n} = 120$ rpm ($\omega = 12{,}57$ rad/s) para fazer funcionar o gerador elétrico de 60 Hz. As palhetas ajustáveis do distribuidor direcionam o escoamento com um ângulo $\alpha_2 = 33°$ em relação à direção radial na entrada do rotor, e o escoamento na saída do rotor deve ter um ângulo α_1 entre $-10°$ e $10°$ em relação à direção radial (Fig. 14–99) para que o escoamento seja adequado através do tubo de sucção. A vazão a condições de projeto é $9{,}50 \times 10^6$ gpm (599 m³/s) e a carga bruta fornecida pela represa é $H_{bruta} = 303$ ft (92,4 m). (a) Calcule os ângulos de entrada e saída da pá do rotor, β_2 e β_1, respectivamente, e preveja a saída de potência e a carga líquida necessária se as perdas irreversíveis forem desprezadas no caso com $\alpha_1 = 10°$ (turbilhonamento na mesma direção de rotação do rotor). (b) Repita os cálculos para o caso com $\alpha_1 = 0°$ (sem turbilhonamento). (c) Repita os cálculos para o caso com $\alpha_1 = -10°$ (turbilhonamento reverso).

SOLUÇÃO Para determinado conjunto de critérios de projeto de turbina hidráulica devemos calcular os ângulos de pá de rotor, a carga líquida necessária e a saída de potência nos três casos – dois com turbilhonamento e um sem turbilhonamento na saída do rotor.

Hipóteses **1** O escoamento é permanente. **2** O fluido é água a 20°C. **3** As pás são infinitesimalmente finas. **4** O escoamento é sempre tangente às pás do rotor. **5** Desprezamos as perdas irreversíveis em toda a turbina.

Propriedades Para água a 20°C, $\rho = 998{,}0$ kg/m³.

(continua)

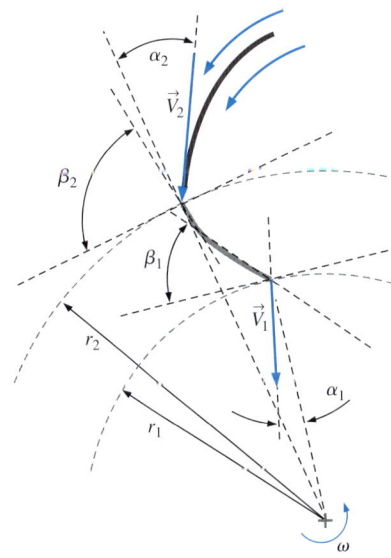

FIGURA 14–100 Representação do projeto da pá de rotor do Exemplo 14–13, vista superior. Uma palheta guia e os vetores de velocidade absoluta também são mostrados.

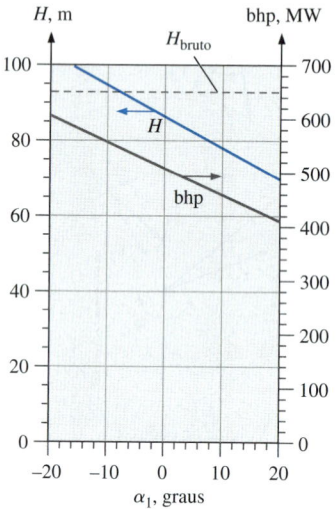

FIGURA 14–101 A carga líquida ideal necessária e a saída de potência no eixo como função do ângulo de escoamento de saída do rotor para a turbina do Exemplo 14–13.

(continuação)

Análise (*a*) Solucionamos a componente normal da velocidade na entrada usando a Equação 14–12,

$$V_{2,n} = \frac{\dot{V}}{2\pi r_2 b_2} = \frac{599 \text{ m}^3/\text{s}}{2\pi(2,50 \text{ m})(0,914 \text{ m})} = 41,7 \text{ m/s} \quad (1)$$

Usando a Fig. 14–99 como guia, a componente da velocidade tangencial na entrada é

$$V_{2,t} = V_{2,n} \tan \alpha_2 = (41,7 \text{ m/s}) \tan 33° = 27,1 \text{ m/s} \quad (2)$$

Solucionamos a Equação 14–45 para o ângulo do bordo de ataque do rotor β_2,

$$\beta_2 = \arctan\left(\frac{V_{2,n}}{\omega r_2 - V_{2,t}}\right)$$

$$= \arctan\left(\frac{41,7 \text{ m/s}}{(12,57 \text{ rad/s})(2,50 \text{ m}) - 27,1 \text{ m/s}}\right) = \mathbf{84,1°} \quad (3)$$

As Equações 1 a 3 são repetidas para a saída do rotor, com os seguintes resultados:

Saída do rotor: $\quad V_{1,n} = 20,6 \text{ m/s}, \quad V_{1,t} = 3,63 \text{ m/s}, \quad \beta_1 = \mathbf{47,9°} \quad (4)$

A vista superior dessa pá de rotor é representada (em escala) na Fig. 14–100.

Usando as Equações 2 e 4, a potência de saída de eixo é estimada com a equação de turbomáquina de Euler, a Equação 14–39,

$$\dot{W}_{\text{eixo}} = \rho\omega\dot{V}(r_2 V_{2,t} - r_1 V_{1,t}) = (998,0 \text{ kg/m}^3)(12,57 \text{ rads/s})(599 \text{ m}^3/\text{s})$$

$$\times [(2,50 \text{ m})(27,2 \text{ m/s}) - (1,77 \text{ m})(3,63 \text{ m/s})]\left(\frac{\text{MW·s}}{10^6 \text{ kg·m}^2/\text{s}^2}\right)$$

$$= 461 \text{ MW} = \mathbf{6,18 \times 10^5 \text{ hp}} \quad (5)$$

Finalmente, calculamos a carga líquida necessária usando a Equação 14–44, assumindo que $\eta_{\text{turbina}} = 100\%$, uma vez que estamos ignorando as irreversibilidades,

$$H = \frac{\text{bhp}}{\rho g \dot{V}} = \frac{461 \text{ MW}}{(998,0 \text{ kg/m}^3)(9,81 \text{ m/s}^2)(599 \text{ m}^3/\text{s})}\left(\frac{10^6 \text{ kg·m}^2/\text{s}^2}{\text{MW·s}}\right) = \mathbf{78,6 \text{ m}} \quad (6)$$

(*b*) Quando repetimos os cálculos sem turbilhonamento na saída do rotor ($\alpha_1 = 0°$), o ângulo do bordo de ataque da pá do rotor se reduz a **42,8°** e a potência de saída aumenta para 509 MW (**6,83 × 10⁵ hp**). A carga líquida necessária aumenta para **86,8 m**.

(*c*) Quando repetimos os cálculos com turbilhonamento *reverso* na saída do rotor ($\alpha_1 = -10°$), o ângulo do bordo de fuga da pá do rotor se reduz a **38,5°** e a potência de saída aumenta para 557 MW (**7,47 × 10⁵ hp**). A carga líquida necessária aumenta para **95,0 m**. Uma plotagem da potência e da carga líquida como função do ângulo de escoamento de saída α_1 é mostrado na Fig. 14–101. Você pode ver que tanto o bhp quanto H aumentam com a diminuição de α_1.

Discussão A potência de saída teórica aumenta em cerca de 10% eliminando o turbilhonamento da saída do rotor, e aumenta em quase outros 10% quando há 10° de turbilhonamento reverso. Entretanto, a carga bruta disponível da represa é de apenas 92,4 m. Assim, o caso de turbilhonamento reverso da parte (*c*) é claramente impossível, já que a carga líquida prevista deve ser maior do que H_{bruta}. Lembre-se que este é um projeto preliminar no qual estamos desprezando as irreversibilidades. A potência de saída real será mais baixa e a carga líquida necessária real será mais alta do que os valores previstos aqui.

Turbinas a gás e a vapor

A maior parte da nossa discussão, até agora, foi relativa a turbinas hidráulicas. Agora, discutiremos turbinas que são desenhadas para usar gases, como produtos de combustão ou vapor. Numa usina térmica ou nuclear, vapor à alta pressão é produzido por uma caldeira e, então, mandado para a turbina para produzir eletricidade. Por conta de reaquecimento, regeneração e outros esforços para aumentar a eficiência, as turbinas a vapor normalmente têm dois estágios (alta pressão e baixa pressão). A maioria das turbinas a vapor usadas em usinas são dispositivos axiais com múltiplos estágios como o mostrado na Fig. 14–102. Não mostramos as palhetas do estator que direciona o fluxo entre cada conjunto de pás da turbina. A análise de turbinas axiais é muito similar à usada para ventiladores axiais, como discutido na Seção 14–2, e não será repetida aqui.

Turbinas axiais similares são usadas em motores de aviões a jato (Fig. 14–62) e turbinas a gás (Fig. 14–103). Uma turbina a gás é similar a um motor a jato, exceto que em vez de fornecer empuxo, a turbina é desenhada para o máximo de energia do combustível para um eixo rotativo, que é conectado com um gerador elétrico. Turbinas a gás usadas em geração de energia são, normalmente, muito maiores do que motores a jato, já que ficam no solo. Como nas turbinas hidráulicas, ganham eficiência à medida que seu tamanho é aumentado.

FIGURA 14–102 As pás da turbina de uma turbina a vapor de dois estágios típica, usada em um usina termelétrica ou nuclear. O escoamento é da esquerda para a direita, com o estágio de alta pressão à esquerda e o de baixa pressão à direita.

© Brand X Pictures/PunchStock

Turbinas eólicas*

À medida que a demanda global por energia aumenta, o suprimento de combustíveis fósseis diminui e os preços da energia continuam a aumentar. Para satisfazer a demanda mundial por energia, formas renováveis de energia como a solar, do vento, das ondas, das marés, hidroelétrica e geotérmica devem ser exploradas mais extensivamente. Nesta seção, nos concentraremos nas turbinas eólicas usadas para geração de energia elétrica. Fazemos uma distinção entre *moinhos de vento* usados para geração de energia mecânica (moer grãos, bombear água, etc.) e turbinas eólicas usadas na geração de energia elétrica, embora, tecnicamente, ambos os artefatos sejam turbinas porque retiram energia de um fluido em movimento. Ainda que o vento seja "grátis" e renovável, turbinas eólicas modernas são caras e sofrem de uma desvantagem óbvia quando comparadas com a maioria dos outros artefatos geradores de energia – elas produzem energia apenas quando o vento está soprando e, portanto, a produção de uma turbina eólica não é constante. Além disso e igualmente óbvio é que turbinas eólicas devem ser localizadas onde o vento sopra com intensidade, o que frequentemente é longe das linhas de distribuição normais, requerendo a construção de novas linhas de transmissão de alta voltagem. Entretanto, espera-se que turbinas eólicas desempenhem um papel crescente no suprimento global de energia num futuro imediato.

Novos desenhos inovadores de turbinas eólicas têm sido propostos e testados ao longo de séculos, como ilustrado na Fig. 14–104. Nós, geralmente, classificamos turbinas eólicas pela orientação de seu eixo de rotação: **turbinas eólicas de eixo horizontal** (*Horizontal Axis Wind Turbines* ou **HAWT**s) e **turbinas eólicas de eixo vertical** (*Vertical Axis Wind Turbines* ou **VAWT**s). Um classificação alternativa é pelo mecanismo que serve para produzir torque no eixo rotativo: sustentação ou arrasto. Até agora, nenhum projeto de VAWT ou

FIGURA 14–103 O conjunto do rotor de turbina a gás MS7001F sendo disposto na parte inferior da carcaça da turbina. O escoamento é da direita para a esquerda, com as pás do rotor a montante fazendo parte do compressor e as pás do rotor a jusante fazendo parte da turbina. Palhetas direcionais do compressor e da turbina são visíveis na metade inferior da carcaça. Essa turbina gira a 3600 rpm e produz mais de 135 MW de potência.

Cortesia da GE Energy.

---

* Muito do material desta seção foi condensado de Manwell et al. (2010), e os autores agradecem aos professores J. F. Manwell, J. G. McGowan e A. L. Rogers por seu auxílio revisando esta seção.

Turbinas de eixo horizontal

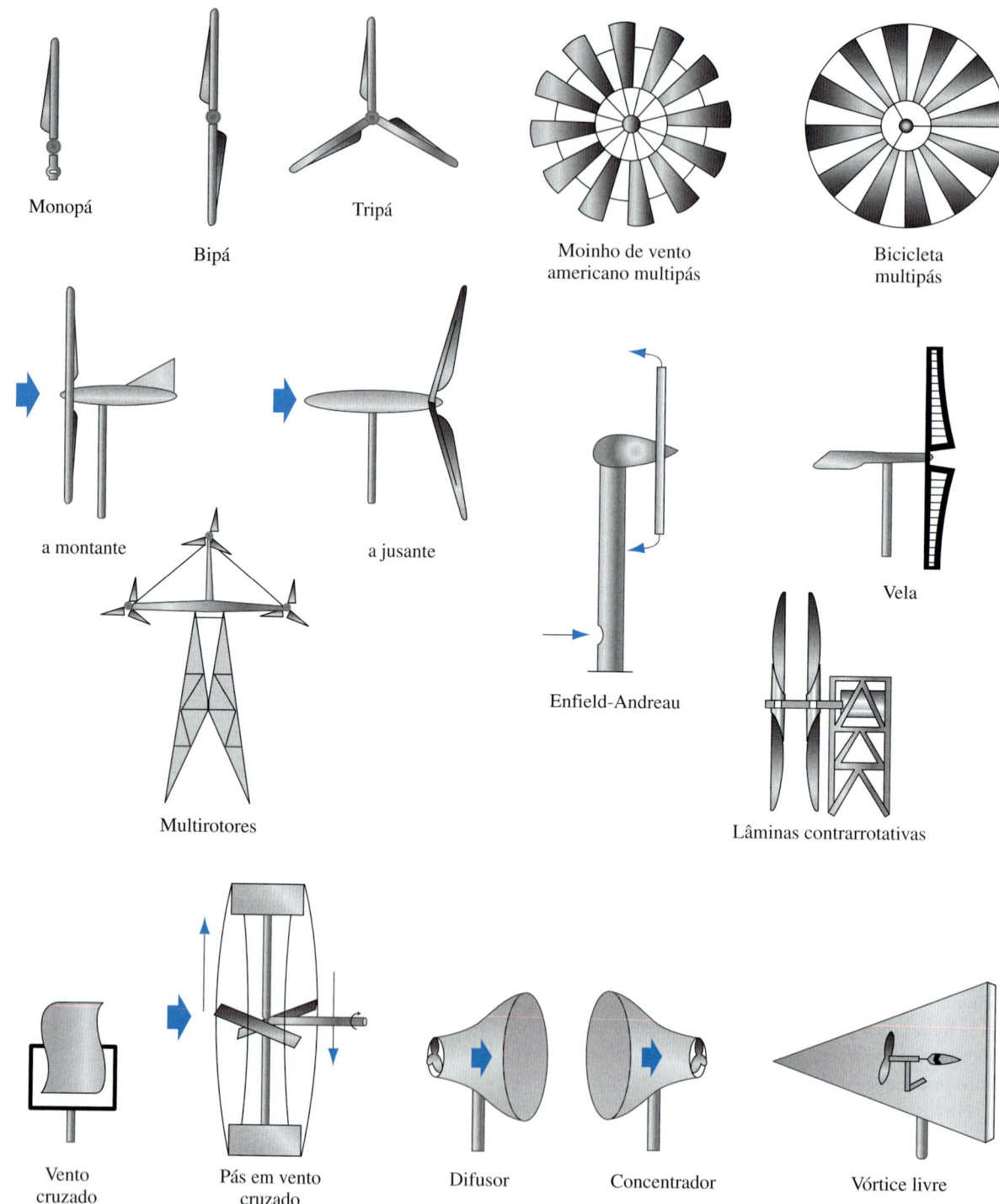

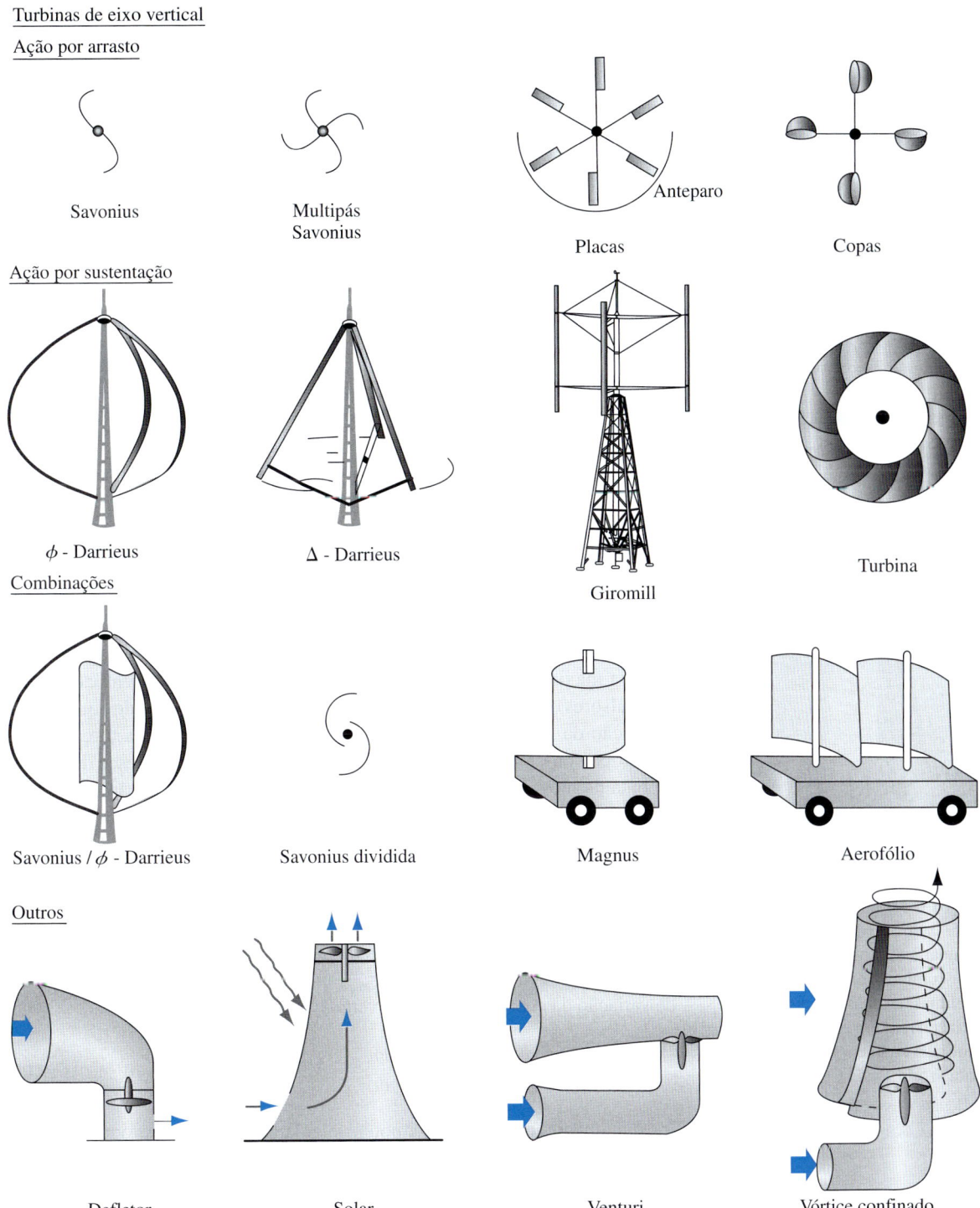

FIGURA 14–104 Vários desenhos de turbinas eólicas e sua classificação. Adaptado de Manwell et al. (2010).

FIGURA 14–105 (*a*) Fazendas eólicas estão aparecendo ao redor do globo para ajudar a diminuir a demanda mundial por combustíveis fósseis.
(*b*) Algumas turbinas eólicas estão até sendo instaladas em edifícios! (Essas três turbinas estão em um edifício do Bahrain World Trade Center.)
(a) © Digital Vision/Punchstock RF
(b) Adam Jam/Getty Images

de turbina de arrasto tem conseguido obter a mesma eficiência e sucesso das turbinas HAWT de sustentação. Por isso, a maioria das turbinas sendo instaladas ao redor do globo são desse tipo, muitas vezes, em agrupamentos chamados de *fazendas eólicas* (*wind farms*) (Fig. 14–105). Por essas razões, a turbina HAWT de sustentação é o único tipo de turbina discutido em detalhes nesta seção. [Veja Manwell et al. (2010) para uma discussão detalhada das razões pelas quais turbinas de arrasto são inerentemente menos eficientes do que as turbinas de sustentação.]

Cada turbina eólica tem um acurva característica de potência; uma curva típica está ilustrada na Fig. 14–106, na qual a potência elétrica no eixo é plotada como uma função da velocidade do vento V na altura do eixo da turbina. Identificamos três pontos na escala da velocidade do vento:

- velocidade de *cut-in* é a velocidade mínima para a qual potência útil pode ser gerada.
- velocidade de projeto (*rated speed*) é a velocidade do vento que produz a potência de projeto, normalmente, a potência máxima.
- velocidade de *cut-out* é a velocidade máxima para a qual a turbina pode produzir energia. Para velocidades maiores do que essa, o rotor é mantido estacionário por algum tipo de freio para evitar danos à turbina e por razões de segurança. A pequena parte de linha tracejada representa a potência que seria produzida se a turbina continuasse funcionando além da velocidade de *cut-out*.

O projeto de turbinas eólicas de eixo horizontal inclui formato e torção da pá para maximizar o desempenho e é similar ao projeto de ventiladores axiais (propulsores), como discutido na Seção 14–2 e não será repetido aqui. O projeto da torção da pá, por exemplo, é quase idêntico ao projeto da torção da pá de um propulsor, como no Exemplo 14–7, e a torção da pá decresce do cubo para a ponta da mesma forma como num propulsor. Embora a mecânica dos fluidos de um projeto de uma turbina eólica seja crítica, a curva de potência também é influenciada pelo gerador elétrico, pela transmissão e por questões estruturais. Ineficiências aparecem em cada uma das componentes, como ocorre em qualquer máquina.

Definimos a **área do disco** A de uma turbina eólica como a área normal à direção do vento que é varrida pelas pás à medida que estas giram (Fig. 14–107). A **potência eólica disponível** $\dot{W}_{disponível}$ na área do disco é calculada como a taxa de variação da energia cinética do vento,

$$\dot{W}_{disponível} = \frac{d(\tfrac{1}{2}mV^2)}{dt} = \frac{1}{2}V^2\frac{dm}{dt} = \frac{1}{2}V^2\dot{m} = \frac{1}{2}V^2\rho VA = \frac{1}{2}\rho V^3 A \qquad (14\text{--}47)$$

Imediatamente, notamos que a potência eólica disponível é proporcional à área do disco – dobrando o diâmetro do rotor expomos a turbina a uma potência disponível quatro vezes maior.

Para comparar várias turbinas eólicas e localizações, é mais útil pensar em termos da potência disponível do vento *por unidade de área*, que chamamos de **densidade de potência eólica**, normalmente, em unidades de W/m²,

Densidade de potência eólica: $\qquad \dfrac{\dot{W}_{disponível}}{A} = \dfrac{1}{2}\rho V^3 \qquad$ **(14–48)**

Assim,

- A densidade de potência eólica é diretamente proporcional à densidade do ar – ar frio tem uma maior densidade de potência eólica que ar quente soprando na mesma velocidade, embora esse efeito não seja tão significativo quanto a velocidade do vento.
- A densidade de potência eólica é diretamente proporcional ao cubo da velocidade do vento – dobrando a velocidade do vento aumentamos a densidade de potência eólica oito vezes. Fica óbvio porque fazendas eólicas são localizadas em locais onde a velocidade do vento é alta!

A Equação 14–48 é uma equação instantânea. Como sabemos, a velocidade do vento varia bastante durante o dia e durante o ano. Por essa razão, é conveniente definir a **densidade média de potência eólica** em termos da velocidade média anual $\overline{V}$,

Densidade média de potência eólica: $$\frac{\overline{\dot{W}_{disponível}}}{A} = \frac{1}{2}\rho_{med}\overline{V}^3 K_e \quad (14\text{--}49)$$

onde K_e é um fator de correção chamado **fator do padrão de energia**. A princípio, ele é um análogo do fator de energia cinética α que foi usado na análise de volumes de controle (Cap. 5). K_e é definido como

$$K_e = \frac{1}{N\overline{V}^3}\sum_{i=1}^{N} V_i^3 \quad (14\text{--}50)$$

onde $N = 8760$, que é o número de horas em um ano. Como uma regra prática, uma localização é considerada de baixo potencial para a construção de turbinas eólicas se a densidade média de potência eólica for menor do que 100 W/m², de bom potencial se for ao redor de 400 W/m², e de grande potencial se for maior que 700 W/m². Outros fatores afetam a escolha de um local para um turbina eólica, tais como intensidade de turbulência atmosférica, terreno, obstáculos (árvores, edifícios, etc.), impacto ambiental, etc. Veja Manwell et al (2010) para mais detalhes.

Para efeito de análise, consideramos uma dada velocidade do vento V e definimos a eficiência aerodinâmica de uma turbina eólica como a fração da potência eólica disponível que é extraída pelas pás do rotor. Essa eficiência é, normalmente, chamada de **coeficiente de potência**, C_p,

Coeficiente de potência: $$C_p = \frac{\dot{W}_{saída\ no\ eixo\ do\ rotor}}{\dot{W}_{disponível}} = \frac{\dot{W}_{saída\ no\ eixo\ do\ rotor}}{\frac{1}{2}\rho V^3 A} \quad (14\text{--}51)$$

É bastante simples calcular o coeficiente de potência máximo possível para uma turbina eólica, e isso foi feito pela primeira vez por Albert Betz (1885-1968) em meados dos anos 1920. Consideramos dois volumes de controle ao redor da área do disco – um volume de controle grande e outro pequeno – como ilustrado na Fig. 14–108, com a velocidade do vento V a montante chamada de V_1.

O tubo de corrente axissimétrico (fechado por linhas de corrente, como desenhado na Fig. 14–108) pode ser imaginado como um "duto" para o escoamento do ar através da turbina. A equação do momento linear para um volume de controle e escoamento permanente, aplicada ao volume de controle grande, é

$$\sum \vec{F} = \sum_s \beta \dot{m}\vec{V} - \sum_e \beta \dot{m}\vec{V}$$

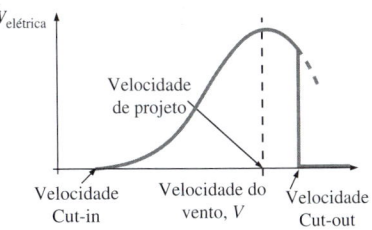

FIGURA 14–106 Uma típica curva característica de potência com as definições das velocidades de *cut-in*, projeto e *cut-out*.

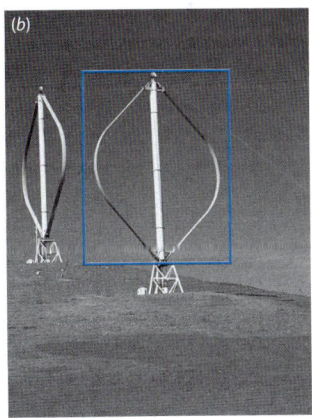

FIGURA 14–107 A área do disco de uma turbina eólica é definida como a área varrida pelo rotor ou área frontal "vista" pelo vento que se aproxima, como ilustrado aqui em azul. A área do disco é (*a*) circular para essa turbina de eixo horizontal e (*b*) retangular para essa turbina de eixo vertical.

(*a*) © Construction Photography/Corbis RF

(*b*) VisionofAmerica/Joe Sohm/Photodisc/Getty RF

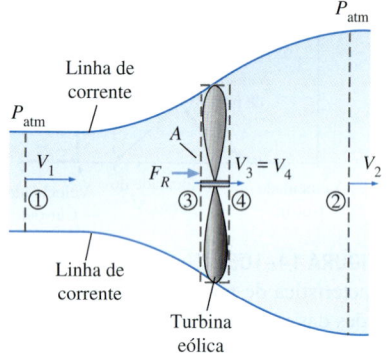

FIGURA 14–108 O volume de controle pequeno e o volume de controle grande usados na análise de desempenho de uma turbina eólica ideal limitada por um tubo de corrente axissimétrico divergente.

e é analisada na direção do escoamento (x). Uma vez que as posições 1 e 2 são suficientemente distantes da turbina, fazemos $P_1 = P_2 = P_{atm}$, o que não resulta qualquer força de pressão no volume de controle. Aproximamos as velocidades na entrada (1) e na saída (2) como velocidades uniformes V_1 e V_2, respectivamente; e os fatores de correção do momento linear são, portanto, $\beta_1 = \beta_2 = 1$. A equação do momento linear se reduz a

$$F_R = \dot{m}V_2 - \dot{m}V_1 = \dot{m}(V_2 - V_1) \quad (14\text{–}52)$$

O volume de controle pequeno na Fig. 14–108 engloba a turbina, mas $A_3 = A_4 = A$, uma vez que o volume de controle é infinitesimalmente pequeno (aproximamos a turbina por um disco). Como o ar é considerado incompressível, $V_3 = V_4$. Entretanto, a turbina extrai energia do ar, causando uma queda de pressão. Assim, $P_3 \neq P_4$. Quando aplicamos a componente na direção do escoamento da equação do momento linear para o volume de controle pequeno, obtemos

$$F_R + P_3 A - P_4 A = 0 \quad \rightarrow \quad F_R = (P_4 - P_3)A \quad (14\text{–}53)$$

A equação de Bernoulli certamente não pode ser aplicada através da turbina, já que esta está extraindo energia, mas pode ser aplicada entre as posições 1 e 3 e também entre as posições 4 e 2:

$$\frac{P_1}{\rho g} + \frac{V_1^2}{2g} + z_1 = \frac{P_3}{\rho g} + \frac{V_3^2}{2g} + z_3 \quad \text{e} \quad \frac{P_4}{\rho g} + \frac{V_4^2}{2g} + z_4 = \frac{P_2}{\rho g} + \frac{V_2^2}{2g} + z_2$$

Nesta análise idealizada, a pressão parte da pressão atmosférica a montante ($P_1 = P_{atm}$), aumenta suavemente de P_1 para P_3, cai subitamente de P_3 para P_4 através do disco da turbina e, então, aumenta suavemente de P_4 para P_2, terminando em pressão atmosférica a jusante ($P_2 = P_{atm}$) (Fig. 14–109). Nós adicionamos as Eqs. 14–52 e 14–53, fazendo $P_1 = P_2 = P_{atm}$ e $V_3 = V_4$. Além disso, uma vez que a turbina é horizontal, $z_1 = z_2 = z_3 = z_4$ (e, de qualquer modo, os efeitos gravitacionais são desprezíveis no ar). Depois de alguma álgebra, resulta

$$\frac{V_1^2 - V_2^2}{2} = \frac{P_3 - P_4}{\rho} \quad (14\text{–}54)$$

Substituindo $\dot{m} = \rho, V_3, A$ na Eq. 14–52 o resultado com as Eqs. 14–53 e 14–54 resulta

$$V_3 = \frac{V_1 + V_2}{2} \quad (14\text{–}55)$$

Assim, concluímos que *a velocidade média do ar através de uma turbina eólica ideal é a média aritmética das velocidades distantes a montante e a jusante*. É claro que a validade desse resultado é limitada pela aplicabilidade de equação de Bernoulli.

Por conveniência, definimos uma nova variável *a* como a perda fracional de velocidade em relação à velocidade distante a montante

$$a = \frac{V_1 - V_3}{V_1} \quad (14\text{–}56)$$

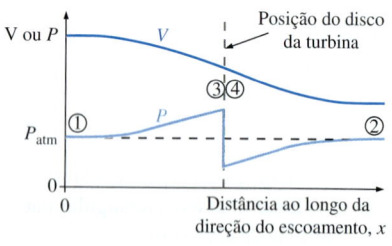

FIGURA 14–109 Ilustração qualitativa das distribuições de velocidade média e pressão através da turbina eólica.

A velocidade através da turbina, assim, fica $V_3 = V_1(1-a)$ e a vazão em massa através da turbina fica $\dot{m} = \rho A V_3 = \rho A V_1(1-a)$. Combinando a expressão para V_3 com a Eq. 14–55, resulta

$$V_2 = V_1(1-2a) \qquad (14\text{–}57)$$

Para uma turbina eólica ideal sem perdas irreversíveis, tais como o atrito, a potência gerada é simplesmente a diferença entre os fluxos de energia cinética de entrada e de saída. Fazendo alguma álgebra, obtemos

$$\dot{W}_{ideal} = \dot{m}\frac{V_1^2 - V_2^2}{2} = \rho A V_1(1-a)\frac{V_1^2 - V_1^2(1-2a)^2}{2} = 2\rho A V_1^3 a(1-a)^2 \qquad (14\text{–}58)$$

FIGURA 14–110 O uso de derivadas para o cálculo de máximos e mínimos é uma das primeiras coisas que os engenheiros aprendem.

Novamente, assumindo que não há perdas irreversíveis na transferência de potência do escoamento para o eixo da turbina, a eficiência de turbina é expressa como o coeficiente de potência definido na Eq. 14–51 como

$$C_P = \frac{\dot{W}_{\text{saída no eixo do rotor}}}{\frac{1}{2}\rho V_1^3 A} = \frac{\dot{W}_{ideal}}{\frac{1}{2}\rho V_1^3 A} = \frac{2\rho A V_1^3 a(1-a)^2}{\frac{1}{2}\rho V_1^3 A} = 4a(1-a)^2 \qquad (14\text{–}59)$$

Finalmente, como qualquer bom engenheiro sabe, calculamos o valor máximo de C_p fazendo $dC_P/da = 0$ e resolvendo essa equação para a (Fig. 14–110). Resulta $a = 1$ e $a = 1/3$, e os detalhes são deixados como exercício. Uma vez que $a = 1$ é o caso trivial em que nenhuma potência é gerada, concluímos que $a = 1/3$ é a resposta para o máximo coeficiente de potência. Substituindo $a = 1/3$ na Eq. 14–59, temos

$$C_{P,\max} = 4\frac{1}{3}\left(1 - \frac{1}{3}\right)^2 = \frac{16}{27} \cong 0{,}5926 \qquad (14\text{–}60)$$

Esse valor de $C_{p,\max}$ representa o *máximo possível coeficiente de potência de qualquer turbina eólica* e é conhecido como **limite de Betz**. Todas as turbinas eólicas reais obtêm um coeficiente de potência máximo abaixo deste devido às perdas irreversíveis que foram ignoradas nesta análise idealizada.

A Fig. 14–111 mostra coeficientes de potência C_p como função da relação entre a velocidade da ponta da pá da turbina ωR e a velocidade do vento V para vários tipos de turbinas eólicas, onde ω é a velocidade angular das pás e R é o raio do rotor. Deste gráfico, vemos que uma turbina tipo propeller ideal se aproxima do limite de Betz quando $\omega R/V$ tende a infinito. No entanto, o coeficiente de potência de turbinas eólicas reais atinge um máximo para algum valor finito de $\omega R/V$ e decai depois disso. Na prática, três fatores principais são a causa de termos um coeficiente máximo de potência abaixo do limite de Betz:

- Rotação da esteira atrás do rotor (turbilhonamento)
- Número finito de pás do rotor e suas perdas associadas nas pontas (vórtices de ponta de pá sao gerados na esteira das pás do rotor de mesma forma que em asas finitas de avião, pois ambas produzem "sustentação") (veja Cap. 11)
- O arrasto aerodinâmico das pás do rotor não é nulo (arrasto de atrito viscoso e arrasto induzido – veja Cap. 11)

FIGURA 14–111 Exemplos de curvas de Coeficiente de potência para vários tipos de turbinas eólicas como função de relação entre a velocidade de ponta de pá e a velocidade do vento. Até agora, nenhum desenho obteve um desempenho melhor que a turbina eólica de eixo horizontal (HAWT). Adaptado de Robinson (1981, Ref. 10).

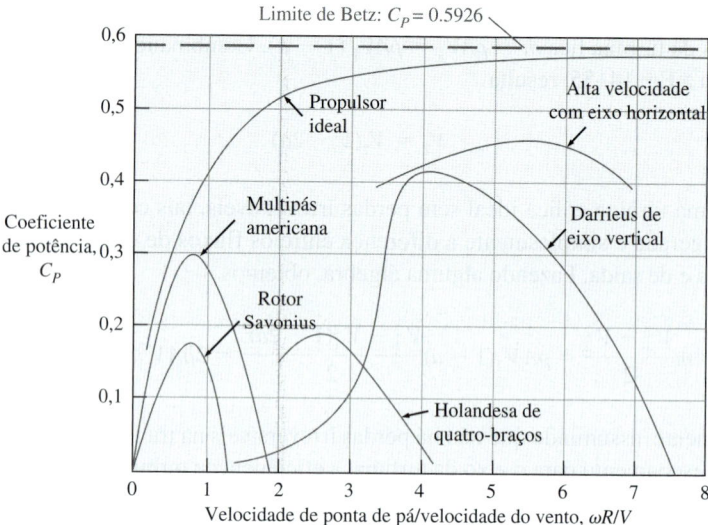

Além disso, perdas mecânicas devido ao atrito no eixo fazem com que o máximo coeficiente de atrito possível seja ainda mais baixo. Outras perdas mecânicas e elétricas na transmissão, gerador, etc., também reduzem a eficiência global de uma turbina eólica, como previamente mencionado. Como visto na Fig. 14–111, a "melhor" turbina eólica é a turbina eólica de eixo horizontal (HAWT) de alta velocidade, e é por isso que vemos essas turbinas serem instaladas ao redor do globo. Em resumo, turbinas eólicas são um alternativa "verde" ao uso de combustíveis fósseis, e à medida que o preço desses combustíveis aumenta, turbinas eólicas se tornarão mais comuns.

EXEMPLO 14–14 Potência gerada por uma turbina eólica

Para economizar dinheiro, uma escola planeja parte de sua própria eletricidade usando uma turbina eólica HAWT no topo de uma colina onde há fortes ventos. Como uma estimativa conservativa baseada nos dados da Fig. 14–111, eles esperam conseguir um coeficiente de potência de 40%. A eficiência combinada da transmissão e do gerador é estimada em 85%. Se o diâmetro do disco da turbina eólica é de 12,5 m, estime a potência elétrica produzida quando o vento sopra a 10,0 m/s.

SOLUÇÃO Temos que estimar a potência gerada por uma turbina eólica.

Hipóteses **1** O coeficiente de potência é de 40% e a eficiência combinada da transmissão e gerador é de 85%. **2** O ar está a 20°C.

Propriedades A 20°C, a densidade do ar é de 1,204 kg/m³.

Análise Da definição do coeficiente de potência,

$$\dot{W}_{\text{saída no eixo do rotor}} = C_P \frac{1}{2} \rho V^3 A = C_P \frac{1}{2} \rho V^3 (\pi D^2/4)$$

Mas a potência elétrica real produzida é menor devido às ineficiências da transmissão e do gerador,

$$\dot{W}_{\text{saída elétrica}} = \eta_{\text{transmissão/gerador}} \frac{C_P \pi \rho V^3 D^2}{8}$$

$$= (0{,}85) \frac{(0{,}40)\pi\left(1{,}204 \frac{\text{kg}}{\text{m}^3}\right)\left(10{,}0 \frac{\text{m}}{\text{s}}\right)^3 (12{,}5 \text{ m})^2}{8} \left(\frac{\text{N}}{\text{kg}\cdot\text{m/s}^2}\right)\left(\frac{\text{W}}{\text{N}\cdot\text{m/s}}\right)$$

$$= 25118 \text{ W} \cong \mathbf{25 \text{ kW}}$$

Discussão A resposta final é dada com dois algarismos significativos, já que não podemos esperar nada melhor com as informações disponíveis e aproximações. Para ter uma sensação de quanto essa potência representa, considere que um secador de cabelos comum consome aproximadamente 1500 W, logo, a turbina produz potência suficiente para alimentar 16 secadores simultaneamente. A escola precisaria fazer uma análise de custos para calcular quanto tempo a turbina demoraria para se pagar, considerando a redução na conta de eletricidade.

14–5 LEIS DE SEMELHANÇA PARA TURBINAS

Parâmetros adimensionais para turbinas

Definimos os grupos adimensionais (grupos Pi) para turbinas da mesma forma que fizemos na Seção 14–3 para as bombas. Desprezando o número de Reynolds e os efeitos da rugosidade, tratamos das mesmas variáveis dimensionais: gravidade vezes carga líquida (gH), vazão ($\dot{V}$), diâmetro das pás do rotor (D), velocidade de rotação do rotor (ω), potência no eixo (bhp) e densidade de fluido (ρ), como ilustra a Fig. 14–112. Na verdade, a análise dimensional é idêntica, seja analisando uma bomba ou uma turbina, exceto pelo fato de que para as turbinas, assumimos bhp em vez de $\dot{V}$ como a variável independente. Além disso, η_{turbina} (Equação 14–44) é usada no lugar de η_{bomba} como a eficiência adimensional. Um resumo dos parâmetros adimensionais são fornecidos aqui:

Parâmetros adimensionais para turbinas:

$$C_H = \text{Coeficiente de carga} = \frac{gH}{\omega^2 D^2} \qquad C_Q = \text{Coeficiente de capacidade} = \frac{\dot{V}}{\omega D^3}$$

(14–61)

$$C_P = \text{Coeficiente de potência} = \frac{\text{bhp}}{\rho \omega^3 D^5} \qquad \eta_{\text{turbina}} = \text{Eficiência da turbina} = \frac{\text{bhp}}{\rho g H \dot{V}}$$

Ao plotar as curvas de desempenho de uma turbina, usamos C_P em vez de C_Q como o parâmetro independente. Em outras palavras, C_H e C_Q são funções de C_P e, portanto, η_{turbina} também é uma função de C_P, já que

$$\eta_{\text{turbina}} = \frac{C_P}{C_Q C_H} = \text{função de } C_P \qquad (14\text{–}62)$$

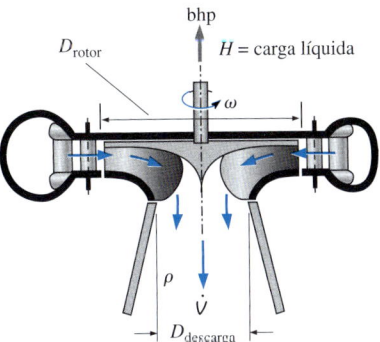

FIGURA 14–112 As principais variáveis usadas para a análise dimensional de uma turbina. Um diâmetro característico D normalmente ou o diâmetro do rotor ou o diâmetro da descarga.

As leis de semelhança (Equações 14–38) podem ser aplicadas às turbinas e também às bombas, permitindo escalar as turbinas para tamanhos maiores ou meno-

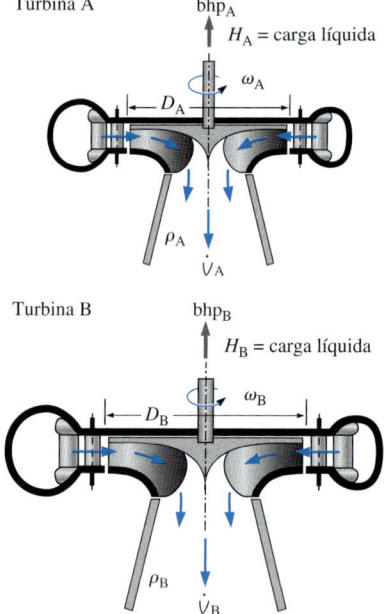

FIGURA 14–113 A análise dimensional é útil para escalar duas turbinas *geometricamente semelhantes*. Se todos os parâmetros adimensionais da turbina A forem equivalentes àqueles da turbina B, as duas turbinas são *dinamicamente semelhantes*.

res (Fig. 14–113). Também usamos as leis de semelhança para prever o desempenho de determinada turbina operando com velocidades e vazões diferentes da mesma forma que fizemos anteriormente para as bombas.

As leis da similaridade simples são estritamente válidas apenas se o modelo e o protótipo operarem a números de Reynolds idênticos, e são exatamente geometricamente semelhantes (incluindo a rugosidade relativa das superfícies e as folgas entre rotor e carcaça). Infelizmente, nem sempre é possível atender a todos esses critérios ao executar os testes de modelos, porque o número de Reynolds que pode ser atingido nos testes de modelos, em geral, é muito menor do que o dos protótipos, e as superfícies de modelos têm rugosidade relativa e folgas maiores. Quando o protótipo em escala real é significativamente maior do que seu modelo, o desempenho do protótipo, em geral, é *melhor*, pelos mesmos motivos discutidos anteriormente para as bombas. Algumas equações empíricas foram desenvolvidas para considerar o aumento de eficiência entre um modelo pequeno e um protótipo em escala real. Uma dessas equações foi sugerida por Moody (1926), e pode ser usada como correção de primeira ordem,

Equação de correção de eficiência de Moody para as turbinas:

$$\eta_{\text{turbina, protótipo}} \cong 1 - (1 - \eta_{\text{turbina, modelo}})\left(\frac{D_{\text{modelo}}}{D_{\text{protótipo}}}\right)^{1/5} \quad (14\text{–}63)$$

Observe que a Equação 14–63 também é usada como correção de primeira ordem ao relacionar *bombas* modelo com bombas em escala real (Equação 14–34).

Na prática, os engenheiros de turbina hidráulica, em geral, acham que o aumento real de eficiência do modelo para o protótipo é de apenas dois terços do aumento dado pela Equação 14–63. Por exemplo, suponhamos que a eficiência de um modelo em escala um para dez seja de 93,2%. A Equação 14–63 prevê uma eficiência em escala real de 95,7% ou um aumento de 2,5%. Na prática, esperamos apenas cerca de dois terços desse aumento ou 93,2 + 2,5(2/3) = 94,9%. Algumas equações de correção mais avançadas estão disponíveis na **International Electrotechnical Commission (IEC),** uma organização mundial para padronização.

EXEMPLO 14–15 Aplicação das leis de semelhança de turbinas

Uma turbina Francis está sendo desenvolvida para uma usina hidrelétrica. Em vez de começar desde o início, os engenheiros resolvem utilizar a semelhança com uma turbina hidráulica já projetada que tem um histórico de desempenho excelente. A turbina existente (turbina A) tem diâmetro $D_A = 2,05$ m e gira com $\dot{n}_A = 120$ rpm ($\omega_A = 12,57$ rad/s). No seu ponto de eficiência ótima, $\dot{V}_A = 350$ m³/s, $H_A = 75,0$ m de água e bhp$_A = 242$ MW. A nova turbina (turbina B) será usada em uma instalação maior. Seu gerador girará com a mesma velocidade (120 rpm), mas sua carga líquida será mais alta ($H_B = 104$ m). Calcule o diâmetro da nova turbina de forma que ela opere com mais eficiência, e calcule $\dot{V}_B$, bhp$_B$ e $\eta_{\text{turbina,B}}$.

SOLUÇÃO Devemos projetar uma nova turbina hidráulica a partir de uma turbina hidráulica existente. Devemos calcular especificamente o diâmetro, a vazão e a potência no eixo da nova turbina.

Hipóteses **1** A nova turbina é geometricamente semelhante à turbina existente. **2** Os efeitos do número de Reynolds e da rugosidade são desprezíveis. **3** O novo conduto forçado também é geometricamente similar ao existente, de modo que o escoamento que entra na nova turbina (perfil de velocidade, intensidade da turbulência, etc.) é similar ao da turbina existente.

Propriedades A densidade da água a 20°C é $\rho = 998{,}0$ kg/m³.

Análise Como a nova turbina (B) é dinamicamente similar à turbina existente (A) nós estamos preocupados apenas com um ponto operacional homólogo, em particular, de ambas as turbinas, a saber, o ponto de eficiência ótima. Solucionamos a Equação 14–38b para D_B,

$$D_B = D_A \sqrt{\frac{H_B}{H_A}} \frac{\dot{n}_A}{\dot{n}_B} = (2{,}05\,\text{m}) \sqrt{\frac{104\,\text{m}}{75{,}0\,\text{m}}} \frac{120\,\text{rpm}}{120\,\text{rpm}} = \mathbf{2{,}41\ m}$$

Em seguida, solucionamos a Equação 14–38a para $\dot{V}_B$,

$$\dot{V}_B = \dot{V}_A \left(\frac{\dot{n}_B}{\dot{n}_A}\right)\left(\frac{D_B}{D_A}\right)^3 = (350\,\text{m}^3/\text{s})\left(\frac{120\,\text{rpm}}{120\,\text{rpm}}\right)\left(\frac{2{,}41\,\text{m}}{2{,}05\,\text{m}}\right)^3 = \mathbf{572\ m^3/s}$$

Finalmente, solucionamos a Equação 14–38c para bhp_B,

$$\text{bhp}_B = \text{bhp}_A \left(\frac{\rho_B}{\rho_A}\right)\left(\frac{\dot{n}_B}{\dot{n}_A}\right)^3 \left(\frac{D_B}{D_A}\right)^5$$

$$= (242\,\text{MW})\left(\frac{998{,}0\,\text{kg/m}^3}{998{,}0\,\text{kg/m}^3}\right)\left(\frac{120\,\text{rpm}}{120\,\text{rpm}}\right)^3\left(\frac{2{,}41\,\text{m}}{2{,}05\,\text{m}}\right)^5 = \mathbf{548\ MW}$$

Como verificação, calculamos os parâmetros adimensionais da turbina da Equação 14–61 para ambas as turbinas para mostrar que esses dois pontos operacionais são, sem dúvida, homólogos (Fig. 14–114). Como já discutimos anteriormente, porém, a similaridade dinâmica total não pode, realmente, ser atingida entre as duas turbinas, por causa dos efeitos de escala (as turbinas maiores, em geral, têm eficiência mais alta). O diâmetro da nova turbina é cerca de 18% maior do que aquele da turbina existente, de modo que o aumento da eficiência devido ao tamanho da turbina não deve ser significativo. Verificamos isso usando a equação de correção da eficiência de Moody (Equação 14–63), considerando a turbina A como o "modelo" e B como o "protótipo",

Correção da eficiência:

$$\eta_{\text{turbina, B}} \cong 1 - (1 - \eta_{\text{turbina, A}})\left(\frac{D_A}{D_B}\right)^{1/5} = 1 - (1 - 0{,}942)\left(\frac{2{,}05\,\text{m}}{2{,}41\,\text{m}}\right)^{1/5} = \mathbf{0{,}944}$$

ou 94,4%. Sem dúvida, a correção de primeira ordem resulta em uma eficiência prevista para a turbina maior que é apenas uma fração de 1% maior do que a eficiência da turbina menor.

Discussão Se o escoamento que entra na nova turbina do conduto forçado não fosse semelhante àquele da turbina existente (por exemplo, o perfil de velocidade e a intensidade de turbulência), não poderíamos esperar similaridade dinâmica exata.

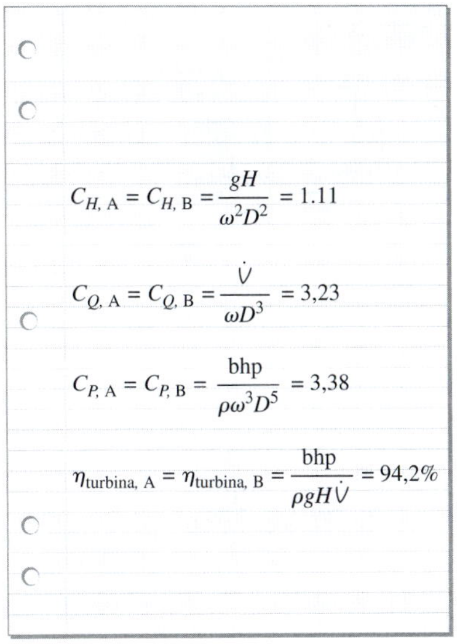

$$C_{H,\,A} = C_{H,\,B} = \frac{gH}{\omega^2 D^2} = 1{,}11$$

$$C_{Q,\,A} = C_{Q,\,B} = \frac{\dot{V}}{\omega D^3} = 3{,}23$$

$$C_{P,\,A} = C_{P,\,B} = \frac{\text{bhp}}{\rho \omega^3 D^5} = 3{,}38$$

$$\eta_{\text{turbina, A}} = \eta_{\text{turbina, B}} = \frac{\text{bhp}}{\rho g H \dot{V}} = 94{,}2\%$$

FIGURA 14–114 Parâmetros adimensionais para ambas as turbinas do Exemplo 14–15. Como as duas turbinas operam em pontos homólogos, seus parâmetros adimensionais devem coincidir.

Velocidade específica de turbina

Em nossa discussão anterior sobre as bombas (Seção 14–3), definimos outro parâmetro adimensional útil, a velocidade específica de bomba (N_{Sp}), com base em C_Q e C_H. Poderíamos usar a mesma definição de velocidade específica para turbinas, mas como C_P e não C_Q é o parâmetro adimensional independente para as turbinas, nós definimos a **velocidade específica de turbina** (N_{St}) de modo diferente, ou seja, em termos de C_P e C_H,

Velocidade específica de turbina:

$$N_{St} = \frac{C_P^{1/2}}{C_H^{5/4}} = \frac{(\text{bhp}/\rho\omega^3 D^5)^{1/2}}{(gH/\omega^2 D^2)^{5/4}} = \frac{\omega(\text{bhp})^{1/2}}{\rho^{1/2}(gH)^{5/4}} \quad (14\text{–}64)$$

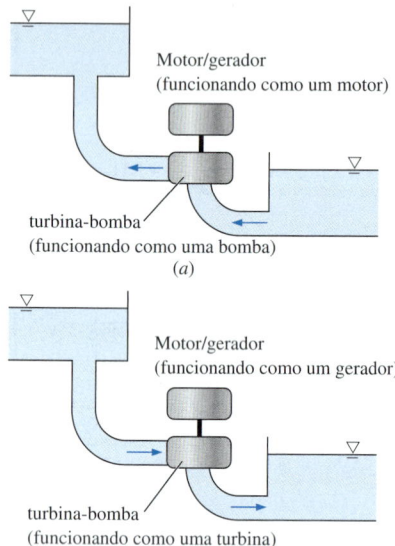

FIGURA 14–115 Uma *turbina-bomba* é usada por algumas usinas para armazenamento de energia: (*a*) a água é bombeada pela turbina-bomba durante períodos de demanda de energia baixa e (*b*) a eletricidade é gerada pela turbina-bomba durante períodos de demanda de energia alta.

A velocidade específica de turbina também é chamada de **velocidade específica de potência** em alguns livros. Propomos o exercício de comparar as definições da velocidade específica de bomba (Equação 14–35) e da velocidade específica da turbina (Equação 14–64) para demonstrar que

Relação entre N_{St} *e* N_{Sp}:
$$N_{St} = N_{Sp}\sqrt{\eta_{turbina}} \quad (14\text{–}65)$$

Observe que a Equação 14–51 *não* se aplica a uma bomba que funciona ao contrário como uma turbina ou vice-versa. *Existem* aplicações nas quais a *mesma* turbomáquina é usada como uma bomba *e* como uma turbina; esses dispositivos são chamados apropriadamente de **turbinas-bombas.** Por exemplo, uma usina termelétrica ou nuclear pode bombear água até uma elevação maior durante épocas de demanda de energia baixa e, em seguida, pode passar aquela água pela mesma turbomáquina (operando como uma turbina) durante épocas de demanda de energia alta (Fig. 14–115). Tais instalações quase sempre aproveitam as diferenças naturais de elevação em locais montanhosos e podem atingir cargas brutas significativas (acima de 1.000 ft) sem exigir a construção de uma represa. Uma fotografia de uma turbina-bomba é mostrada na Fig. 14–116.

Observe que há ineficiências na *turbina-bomba* quando ela opera como uma bomba e também quando opera como turbina. Além disso, como a turbomáquina deve ser criada para operar como bomba *e* como turbina, nem η_{bomba} nem $\eta_{turbina}$ são tão altas quanto seriam para uma bomba ou turbina dedicadas. Entretanto, a eficiência geral desse tipo de armazenamento de energia está em torno de 80% para uma unidade turbina-bomba bem projetada.

Na prática, a turbina-bomba pode operar com vazões e rotações diferentes quando atua como uma turbina, em comparação com a situação em que atua como uma bomba, uma vez que o ponto de eficiência ótima da turbina não é necessariamente igual àquele da bomba. Entretanto, para o caso simples em que a vazão e a rotação são iguais para as operações de bomba e turbina, utilizamos as Equações 14–35 e 14–64 para comparar a velocidade específica da bomba e a velocidade específica da turbina. Após alguma álgebra

Relação de velocidade específica turbina-bomba com a mesma vazão e rotação:

$$N_{St} = N_{Sp}\sqrt{\eta_{turbina}}\left(\frac{H_{bomba}}{H_{turbina}}\right)^{3/4} = N_{Sp}(\eta_{turbina})^{5/4}(\eta_{bomba})^{3/4}\left(\frac{bhp_{bomba}}{bhp_{turbina}}\right)^{3/4} \quad (14\text{–}66)$$

FIGURA 14–116 O rotor de uma turbina-bomba usada na estação de armazenamento bombeado de Yards Creek em Blairstown, NJ. Há sete pás no rotor com diâmetro externo de 17,2 ft (5,27 m). A turbina gira com 240 rpm e produz 112 MW de potência com uma vazão de 56,6 m³/s e uma carga líquida de 221 m.

Foto cortesia da American Hydro Corporation, York, PA. Usado com permissão.

Nós já discutimos alguns problemas das unidades da velocidade específica de bombas. Infelizmente, esses mesmos problemas também ocorrem com a velocidade específica de turbinas. Ou seja, embora N_{St} seja, por definição, um parâmetro adimensional, os engenheiros se acostumaram a usar unidades inconsistentes que transformam N_{St} em uma quantidade dimensional complicada. Nos Estados Unidos, a maioria dos engenheiros de turbina escreve a rotação em rotações por minuto (rpm), bhp em unidades de cavalo-vapor e H em unidades de pé. Além disso, eles ignoram a constante gravitacional g e a densidade ρ na definição de N_{St}. (Assume-se que a turbina opere na terra e que o fluido de trabalho seja a água.) Definimos

Velocidade específica de turbina, unidades comuns nos EUA:

$$N_{St,\,EUA} = \frac{(\dot{n},\,\mathrm{rpm})\,(\mathrm{bhp},\,\mathrm{hp})^{1/2}}{(H,\,\mathrm{ft})^{5/4}} \qquad (14\text{-}67)$$

Existe alguma discrepância na literatura das turbomáquinas com relação às conversões entre as duas formas de velocidade específica de turbina. Para converter $N_{St,EUA}$ em N_{St} dividimos por $g^{5/4}$ e $\rho^{1/2}$ e, em seguida, usamos fatores de conversão para cancelar todas as unidades. Definimos $g = 32,174$ ft/s^2 e assumimos a densidade da água $\rho = 62,40$ lbm/ft^3. Quando realizada adequadamente, convertendo ω em rad/s, a conversão é $N_{St,EUA} = 0,02301 N_{St}$ ou $N_{St} = 43,46 N_{St,EUA}$. Entretanto, alguns autores convertem ω em *rotações* por segundo, introduzindo um fator 2π na conversão, ou seja, $N_{St,EUA} = 0,003662\,N_{St}$ ou $N_{St} = 273,1\,N_{St,EUA}$. A conversão anterior é mais comum e está resumida na Fig. 14–117.

Há uma versão métrica ou SI da velocidade específica de turbina que está ficando mais popular atualmente e é preferida por muitos projetistas. É definida da mesma forma que a costumeira velocidade específica de bomba americana (Eq. 14–36), exceto que unidades do SI são usadas (m^3/s no lugar de gpm e m em vez de pés),

$$N_{St,\,SI} = \frac{(\dot{n},\,\mathrm{rpm})(\dot{V},\,\mathrm{m}^3/\mathrm{s})^{1/2}}{(H,\,\mathrm{m})^{3/4}} \qquad (14\text{-}68)$$

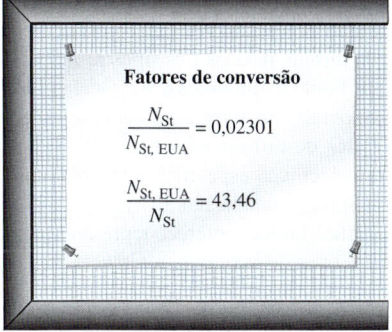

FIGURA 14–117 Conversões entre as definições adimensionais e as definições padrão dos EUA da velocidade específica de turbina. Os valores numéricos são dados até quatro dígitos significativos. As conversões assumem a gravidade da terra e a água como fluido de trabalho.

Podemos chamá-la **velocidade específica de vazão** para distingui-la da velocidade específica de potência (Eq. 14–64). Uma vantagem é que $N_{St,SI}$ pode ser comparada mais diretamente com a velocidade específica de bomba e é, portanto, útil para analisar turbinas-bombas. É menos útil, todavia, comparar $N_{St,SI}$ com valores previamente publicados de N_{St} ou $N_{St,EUA}$, por conta das diferenças fundamentais entre suas definições.

Tecnicamente, a velocidade específica da turbina poderia ser aplicada a qualquer condição operacional e seria apenas outra função de C_P. Em geral, porém, esse não é o modo como ela é usada. Em vez disso, é comum definir a velocidade específica da turbina apenas para o ponto de melhor eficiência (BEP) da turbina. O resultado é um único número que caracteriza a turbina.

> A velocidade específica da turbina é usada para caracterizar a operação de uma turbina em suas condições ótimas (ponto de eficiência ótima) e é útil para a seleção preliminar de turbina.

Como foi plotado na Fig. 14–118, as turbinas de impulso têm desempenho ideal para N_{St} próximo de 0,15, enquanto as turbinas Francis e Kaplan ou propeller têm melhor desempenho com N_{St} próximo de 1 e 2,5, respectivamente. Se N_{St} é menor do que cerca de 0,3 uma turbina de impulso é a melhor opção. Se N_{St} estiver entre cerca de 0,3 e 2, uma turbina Francis é uma opção melhor. Quando

FIGURA 14–118 A eficiência máxima como função da velocidade específica da turbina para os três tipos principais de bombas dinâmicas. As escalas horizontais mostram a velocidade específica de turbina adimensional (N_{St}) e a velocidade específica de turbina em unidades comuns nos EUA ($N_{St,EUA}$). O gráfico também oferece representações dos tipos de rotor para referência.

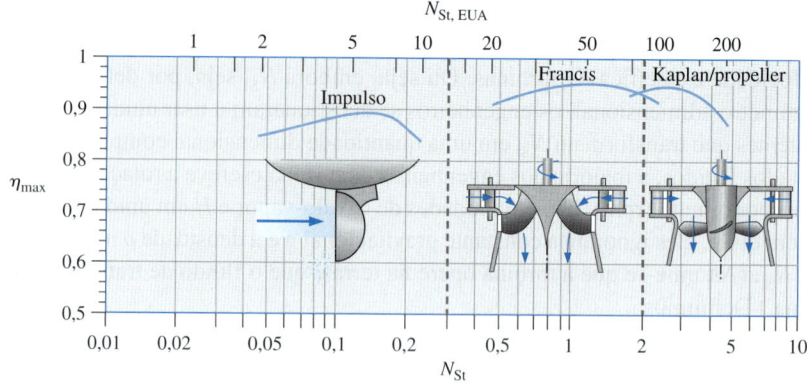

N_{St} é maior do que cerca de 2, uma turbina Kaplan ou propeller deve ser usada. Esses intervalos são indicados na Fig. 14–118 em termos de N_{St} e $N_{St,EUA}$.

EXEMPLO 14–16   Velocidade específica de turbina

Calcule e compare a velocidade específica de turbina para as turbinas pequena (A) e grande (B) do Exemplo 14–15.

SOLUÇÃO A velocidade específica da turbina de duas turbinas dinamicamente semelhantes deve ser comparada.

Propriedades A densidade da água a $T = 20°C$ é $\rho = 998{,}0$ kg/m³.

Análise Calculamos a velocidade específica de turbina adimensional para a turbina A

$$N_{St,A} = \frac{\omega_A (bhp_A)^{1/2}}{\rho_A^{1/2}(gH_A)^{5/4}}$$

$$= \frac{(12{,}57 \text{ rad/s})(242 \times 10^6 \text{ W})^{1/2}}{(998{,}0 \text{ kg/m}^3)^{1/2}[(9{,}81 \text{ m/s}^2)(75{,}0 \text{ m})]^{5/4}} \left(\frac{\text{kg}\cdot\text{m/s}^2}{\text{W}\cdot\text{s}}\right)^{1/2} = 1{,}615 \cong \mathbf{1{,}62}$$

e para a turbina B

$$N_{St,B} = \frac{\omega_B (bhp_B)^{1/2}}{\rho_B^{1/2}(gH_B)^{5/4}}$$

$$= \frac{(12{,}57 \text{ rad/s})(548 \times 10^6 \text{ W})^{1/2}}{(998{,}0 \text{ kg/m}^3)^{1/2}[(9{,}81 \text{ m/s}^2)(104 \text{ m})]^{5/4}} \left(\frac{\text{kg}\cdot\text{m/s}^2}{\text{W}\cdot\text{s}}\right)^{1/2} = 1{,}615 \cong \mathbf{1{,}62}$$

Vemos que as velocidades específicas das duas turbinas são iguais. Como verificação da nossa álgebra, calculamos o N_{St} da Fig. 14–119 de uma forma diferente usando sua definição em termos de C_P e C_H (Equação 14–64). O resultado é igual (exceto por erros de arredondamento). Finalmente, calculamos a velocidade específica da turbina em unidades comuns dos EUA com as conversões da Fig. 14–117

$$N_{St,EUA,A} = N_{St,EUA,B} = 43{,}46 N_{St} = (43{,}46)(1{,}615) = \mathbf{70{,}2}$$

Discussão Como as turbinas A e B operam em pontos homólogos, não é surpresa que suas velocidades específicas de turbina sejam iguais. Na verdade, se elas não fossem iguais, isso seria um sinal certo de erro algébrico ou de cálculo. Da Fig. 14–118, uma turbina Francis, sem dúvida, é a opção apropriada para uma velocidade específica de turbina de 1,6.

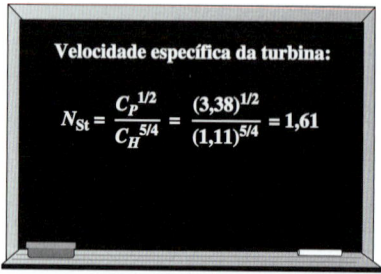

FIGURA 14–119 Cálculo da velocidade específica de turbina usando os parâmetros adimensionais C_P e C_H para o Exemplo 14–16. (Consultar a Fig. 14–114 para obter os valores de C_P e C_H para a turbina A e a turbina B.)

Velocidade específica da turbina:
$$N_{St} = \frac{C_P^{1/2}}{C_H^{5/4}} = \frac{(3{,}38)^{1/2}}{(1{,}11)^{5/4}} = 1{,}61$$

APLICAÇÃO EM FOCO

Atomizadores de combustível rotativos

Autor convidado: Werner J. A. Dahm,
Universidade de Michigan

As velocidades de rotação muito altas nas quais operam os motores das turbinas a gás pequenas, com frequência, se aproximando de 100.000 rpm, permitem aos atomizadores rotativos centrífugos a criação de spray de combustível líquido que é queimado no combustor. Observe que um atomizador de 10 cm de diâmetro girando a 30.000 rpm impõe 490.000 m/s² de aceleração (50.000 g) ao combustível líquido, permitindo que tais atomizadores de combustível produzam potencialmente tamanhos de gota muito pequenos.

Os tamanhos reais das gotas dependem das propriedades do fluido, incluindo as densidades de líquido e gás ρ_L e ρ_G, as viscosidades μ_L e μ_G e a tensão de superfície líquido-gás σ_s. A Figura 14–120 mostra esse atomizador rotativo girando com velocidade ω, com canais radiais no anel com um raio nominal $R \equiv (R_1 + R_2)/2$. O combustível escoa para os canais devido à aceleração $R\omega^2$ e forma um filme líquido sobre as paredes do canal. A aceleração alta leva a uma espessura de filme típica t de apenas 10 μm. A forma do canal é escolhida para produzir o desempenho de atomização desejado. Para determinada forma, os tamanhos resultantes de gotas dependem da velocidade de escoamento transversal $V_c \equiv R\omega$, na qual o filme é emitido na saída do canal, juntamente com as propriedades de líquido e gás. Existem quatro grupos adimensionais que determinam o desempenho da atomização: as relações de densidade e de viscosidade líquido-gás $r \equiv [\rho_L/\rho_G]$ e $m \equiv [\mu_L/\mu_G]$, o número de *Weber* do filme $\text{We}_t \equiv [\rho_G V_c^2 t/\sigma_s]$ e o número de *Ohnesorge* $\text{Oh}_t \equiv [\mu_L/(\rho_L \sigma_s t)^{1/2}]$.

Observe que We_t representa a relação característica entre as forças aerodinâmicas que o gás exerce sobre o filme líquido e as forças de tensão superficial que agem sobre a superfície do líquido, enquanto Oh_t representa a relação entre as forças viscosas do filme líquido e as forças de tensão superficial que agem sobre o filme. Juntos, esses adimensionais expressam a importância relativa dos três principais efeitos físicos envolvidos no processo de atomização: *inércia, difusão viscosa* e *tensão superficial*.

A Figura 14–121 mostra exemplos do processo resultante de quebra do líquido em diversas formas de canal e velocidades de rotação, visualizado usando fotografia a laser pulsada a 10 ns. Os tamanhos de gota são relativamente insensíveis às variações do número de Ohnesorge, uma vez que os valores para os atomizadores de combustível usados na prática estão no limite $\text{Oh}_t \ll 1$ e, portanto, os efeitos viscosos são relativamente desprezíveis. O número de Weber, porém, permanece crucial, já que a tensão superficial e os efeitos da inércia dominam o processo de atomização. Para We_t pequeno, o líquido passa por quebra *subcrítica*, na qual a tensão superficial força o filme líquido fino a formar uma única coluna que, subsequentemente, se quebra para formar gotas relativamente grandes. Para valores *supercríticos* de We_t, o filme líquido fino se rompe aerodinamicamente em tamanhos pequenos de gota da ordem da espessura de filme t. Com resultados como esses, os engenheiros podem desenvolver atomizadores de combustível rotativos para aplicações práticas.

Referência

Dahm, W. J. A., Patel, P. R. e Lerg, B. H., "Visualization and Fundamental Analysis of Liquid Atomization by Fuel Slingers in Small Gas Turbines," *AIAA Paper No. 2002-3183*, AIAA, Washington, DC, 2002.

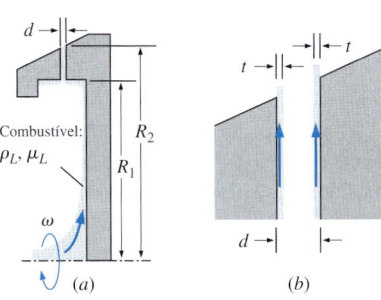

FIGURA 14–120 Diagrama esquemático de (*a*) um atomizador rotativo de combustível, e (*b*) uma vista aproximada do filme de combustível líquido junto às paredes de um canal.

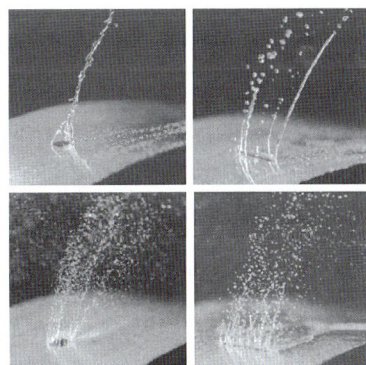

FIGURA 14–121 Visualizações da quebra do líquido pelos atomizadores de combustível rotativos, mostrando quebra subcrítica a valores relativamente baixos de We_t (*superior*), para os quais os efeitos da tensão superficial são suficientemente fortes com relação à inércia para empurrar o filme líquido fino para formar colunas grandes; e a quebra supercrítica a valores mais altos de We_t (*inferior*), para os quais a inércia domina a tensão superficial e o filme fino se quebra em gotas pequenas.

Reimpresso com permissão da Werner J. A. Dahm, Universidade de Michigan.

RESUMO

Classificamos as turbomáquinas em duas categorias amplas, *bombas* e *turbinas*. A palavra *bomba* é um termo geral para qualquer máquina de fluido que *adiciona* energia a um fluido. Explicamos como ocorre essa transferência de energia para os diversos tipos de projetos de bomba – tanto as *bombas por deslocamento positivo* quanto as *bombas dinâmicas*. A palavra *turbina* se refere a uma máquina de fluido que *extrai* energia *de* um fluido. Existem também as *turbinas por deslocamento positivo* e as *turbinas dinâmicas* com diversas variedades.

A equação mais útil para o projeto preliminar de turbomáquinas é a *equação da turbomáquina de Euler*,

$$T_{eixo} = \rho \dot{V}(r_2 V_{2,t} - r_1 V_{1,t})$$

Observe que para as bombas, a entrada e a saída estão nos raios r_1 e r_2, respectivamente, enquanto para as turbinas, a entrada está no raio r_2 e a saída está no raio r_1. Mostramos diversos exemplos nos quais as formas das pás das bombas e turbinas são projetadas com base nas velocidades desejadas de escoamento. Em seguida, usando a equação da turbomáquina de Euler, o desempenho da turbomáquina pode ser previsto.

As *leis de semelhança das turbomáquinas* ilustram uma aplicação prática da análise dimensional. Mostramos como as leis de semelhança são usadas no projeto das novas turbomáquinas que são geometricamente semelhantes às existentes. Para bombas e turbinas, os principais parâmetros adimensionais são o coeficiente de carga, o coeficiente de vazão (ou capacidade) e o coeficiente de potência, que são definidos, respectivamente, como

$$C_H = \frac{gH}{\omega^2 D^2} \quad C_Q = \frac{\dot{V}}{\omega D^3} \quad C_P = \frac{bhp}{\rho \omega^3 D^5}$$

Além desses, definimos a *eficiência de bomba* e *de turbina* como recíprocas entre si,

$$\eta_{bomba} = \frac{\dot{W}_{potência\ hidráulica}}{\dot{W}_{eixo}} = \frac{\rho g \dot{V} H}{bhp}$$

$$\eta_{turbina} = \frac{\dot{W}_{eixo}}{\dot{W}_{potência\ hidráulica}} = \frac{bhp}{\rho g \dot{V} H}$$

Finalmente, dois outros parâmetros adimensionais bastante úteis, chamados *velocidade específica da bomba* e *velocidade específica da turbina* são definidos, respectivamente, como

$$N_{Sp} = \frac{C_Q^{1/2}}{C_H^{3/4}} = \frac{\omega \dot{V}^{1/2}}{(gH)^{3/4}} \quad N_{St} = \frac{C_P^{1/2}}{C_H^{5/4}} = \frac{\omega (bhp)^{1/2}}{\rho^{1/2}(gH)^{5/4}}$$

Esses parâmetros são úteis para a seleção preliminar do tipo de bomba ou turbina mais apropriado para determinada aplicação.

Discutimos as características básicas do desenho de turbinas hidráulicas e eólicas. Para essas últimas, derivamos um limite máximo para o coeficiente de potência, chamado de *limite de Betz*,

$$C_{P,max} = 4\frac{1}{3}\left(1 - \frac{1}{3}\right)^2 = \frac{16}{27} \cong 0,5926$$

O projeto de turbomáquina assimila o conhecimento de várias áreas importantes da mecânica de fluidos, incluindo a análise de continuidade, energia e momento (Capítulos 5 e 6); análise dimensional e modelagem (Capítulo 7); escoamento em tubos (Capítulo 8); análise diferencial (Capítulos 9 e 10); e aerodinâmica (Capítulo 11). Além disso, no caso das turbinas a gás e de outros tipos de turbomáquinas que envolvem gases, a análise do escoamento compressível (Capítulo 12) é necessária. Finalmente, a dinâmica dos fluidos computacional (Capítulo 15) tem um papel cada vez mais importante no projeto de turbomáquinas altamente eficientes.

REFERÊNCIAS E LEITURAS SUGERIDAS

1. ASHRAE (American Society of Heating, Refrigerating and Air Conditioning Engineers, Inc.). *ASHRAE Fundamentals Handbook*, ASHRAE, 1791 Tullie Circle, NE, Atlanta, GA, 30329; edições a cada quatro anos: 1993, 1997, 2001 etc.
2. L. F. Moody. "The Propeller Type Turbine", *ASCE Trans.*, 89, p. 628, 1926.
3. Earl Logan, Jr., ed. *Handbook of Turbomachinery*. New York: Marcel Dekker, Inc., 1995.
4. A. J. Glassman, ed. *Turbine Design and Application*. NASA Sp-290, NASA Scientific and Technical Information Program. Washington, DC, 1994.
5. D. Japikse e N. C. Baines. *Introduction to Turbomachinery*. Norwich, VT: Concepts ETI, Inc. e Oxford: Oxford University Press, 1994.
6. Earl Logan, Jr. *Turbomachinery: Basic Theory and Applications*, 2a. ed. New York: Marcel Dekker, Inc., 1993.
7. R. K. Turton. *Principles of Turbomachinery*, 2a. ed. London: Chapman & Hall, 1995.
8. Terry Wright. *Fluid Machinery: Application, Selection and Design*. Boca Raton, FL: CRC Press, 2009.
9. J. F. Manwell, J. G. McGowan and A. L. Rogers. *Wind Energy Explained – Theory, Design and Application*, 2nd ed. West Sussex, England: John Wiley & Sons, LTC, 2010.
10. M. L. Robinson. *"The Darrieus Wind Turbine for Electrical Power Generation"*, J. Royal Aeronautical Society, Vol. 85, pp. 244-255, June 1981.

PROBLEMAS*

Problemas gerais

14–1C Liste pelo menos dois exemplos comuns de ventiladores, sopradores e compressores.

14–2C Quais são as principais diferenças entre ventiladores, sopradores e compressores? Discuta isso em termos da elevação de pressão e da vazão.

14–3C Qual é o termo mais comum para uma *turbomáquina que produz energia*? E para uma *turbomáquina que absorve energia*? Explique essa terminologia. Em particular, em qual sistema de referência esses termos são definidos – do fluido ou da vizinhança?

14–4C Discuta a principal diferença entre uma *turbomáquina por deslocamento positivo* e uma *turbomáquina dinâmica*. Dê um exemplo de cada para bombas e turbinas.

14–5C Explique por que existe um termo "extra" na equação de Bernoulli em um sistema de referência rotativo.

14–6C Para uma turbina, discuta a diferença entre *potência no eixo* e *potência hidráulica* e defina também a eficiência de turbina em termos dessas quantidades.

14–7C Para uma bomba, discuta a diferença entre *potência no eixo* e *potência hidráulica* e defina também a eficiência de bomba em termos dessas quantidades.

14–8 Um compressor de ar aumenta a pressão ($P_{saída} > P_{entrada}$) e a densidade ($\rho_{saída} > \rho_{entrada}$) do ar que passa através dele (Fig. P14–8). No caso em que os diâmetros de saída e entrada são iguais ($D_{saída} = D_{entrada}$), como a velocidade média do ar varia através do compressor? Em particular, $V_{saída}$ é menor do que, igual a ou maior do que $V_{entrada}$? Explique.

Resposta: menor do que

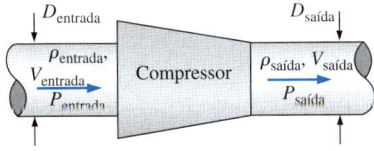

FIGURA P14–8

---

* Problemas identificados com a letra "C" são questões conceituais e encorajamos os estudantes a responder a todos. Problemas identificados com a letra "E" são em unidades inglesas, e usuários do SI podem ignorá-los. Problemas com o ícone "disco rígido" são resolvidos com o programa EES. Problemas com o ícone ESS são de natureza abrangente e devem ser resolvidos com um solucionador de equações, preferencialmente o programa EES.

14–9 Uma bomba de água aumenta a pressão da água que passa através dela (Fig. P14–9). Assume-se que o escoamento seja incompressível. Para cada um dos três casos listados abaixo, como a velocidade média da água varia através da bomba? Em particular, $V_{saída}$ é menor do que, igual a ou maior do que $V_{entrada}$? Mostre suas equações e explique.

(a) O diâmetro de saída é menor do que o diâmetro de entrada ($D_{saída} < D_{entrada}$)

(b) Os diâmetros de entrada e saída são iguais ($D_{saída} = D_{entrada}$)

(c) O diâmetro de saída é maior do que o diâmetro de entrada ($D_{saída} > D_{entrada}$)

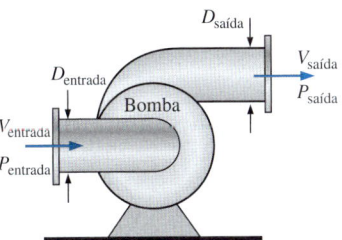

FIGURA P14–9

Bombas

14–10C Defina *carga de sucção líquida positiva* e *carga de sucção líquida positiva requerida,* e explique como essas duas quantidades são usadas para garantir que não haja cavitação em uma bomba.

14–11C Para cada afirmação sobre as bombas centrífugas, diga se ela é verdadeira ou falsa e discuta rapidamente sua resposta.

(a) Uma bomba centrífuga com pás radiais tem eficiência mais alta do que a mesma bomba com pás inclinadas para trás.

(b) Uma bomba centrífuga com pás radiais produz uma elevação de pressão maior do que a mesma bomba com pás inclinadas para trás ou para a frente ao longo de um intervalo amplo de $\dot{V}$.

(c) Uma bomba centrífuga com pás inclinadas para a frente é uma boa opção quando é preciso fornecer uma elevação de pressão grande em um intervalo amplo de vazões.

(d) Uma bomba centrífuga com pás inclinadas para trás deveria ter menos pás do que uma bomba de mesmo tamanho com pás inclinadas para trás ou radiais.

14–12C A Figura P14–12C mostra dois locais possíveis para uma bomba de água em um sistema de tubulações que bombeia água do tanque mais baixo para o tanque mais alto. Qual local é melhor? Por quê?

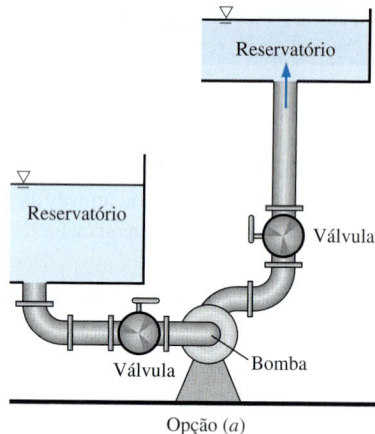

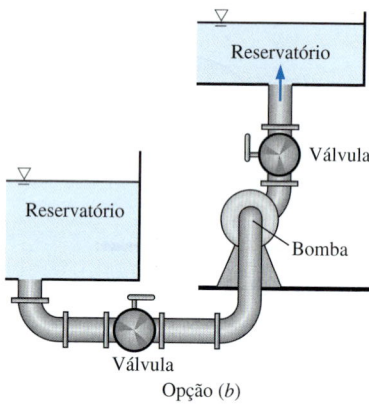

FIGURA P14–12C

14–13C Existem três categorias principais de bombas dinâmicas. Liste e defina essas categorias.

14–14C Considere o escoamento através de uma bomba de água. Para cada afirmação, diga se ela é verdadeira ou falsa e discuta rapidamente sua resposta.

(a) Quanto mais rápido for o escoamento através da bomba, maior a probabilidade de ocorrer cavitação.

(b) À medida que a temperatura da água aumenta, o $NPSH_{requerido}$ também aumenta.

(c) À medida que a temperatura da água aumenta, o NPSH disponível também aumenta.

(d) À medida que a temperatura da água aumenta, a probabilidade de ocorrer cavitação é menor.

14–15C Escreva a equação que define a carga de sucção positiva líquida real (disponível) NPSH. Com essa definição, discuta pelo menos cinco maneiras de diminuir a probabilidade de cavitação numa bomba para o mesmo líquido, temperatura e vazão.

14–16C Considere uma bomba centrífuga típica. Para cada afirmação, diga se ela é verdadeira ou falsa e discuta rapidamente sua resposta.

(a) A vazão do *fornecimento livre* da bomba é maior do que a vazão em seu *ponto de melhor eficiência*.

(b) Para a *carga de fechamento* da bomba, a *eficiência da bomba* é zero.

(c) No *ponto de melhor eficiência* da bomba, sua *carga líquida* está em seu valor máximo.

(d) Para a *situação de fornecimento livre* da bomba, a *eficiência da bomba* é zero.

14–17C Explique por que, em geral, não é sensato organizar duas (ou mais) bombas diferentes em série ou em paralelo.

14–18C Considere o escoamento permanente e incompressível através de duas bombas idênticas (bombas 1 e 2), seja em série ou em paralelo. Para cada afirmação, diga se ela é verdadeira ou falsa e discuta rapidamente sua resposta.

(a) A vazão através das duas bombas em série é igual a $\dot{V}_1 + \dot{V}_2$.

(b) A carga líquida total através das duas bombas em série é igual a $H_1 + H_2$.

(c) A vazão volumétrica através das duas bombas em paralelo é igual a $\dot{V}_1 + \dot{V}_2$.

(d) A carga líquida total através das duas bombas em paralelo é igual a $H_1 + H_2$.

14–19C A Fig. P14–19C mostra um gráfico da carga líquida da bomba como função de sua vazão ou capacidade. Na figura, indique a carga de fechamento, o ponto de fornecimento livre, a curva de desempenho da bomba, a curva do sistema e o ponto de operação.

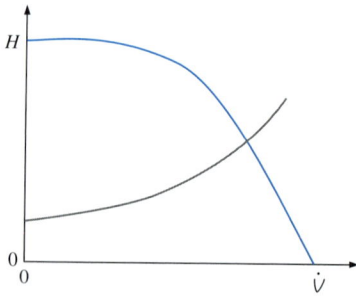

FIGURA P14–19C

14–20 Suponhamos que a bomba da Fig. P14–19C esteja situada entre dois tanques de água com suas superfícies livres abertas para a atmosfera. Qual superfície livre está a uma elevação maior – aquela correspondente ao tanque que fornece água na entrada da bomba ou aquela que corresponde ao tanque conectado à saída da bomba? Justifique sua resposta por meio do uso da equação de energia entre as duas superfícies livres.

14–21 Suponhamos que a bomba da Fig. P14–19C esteja situada entre dois tanques de água grandes com suas superfícies livres abertas para a atmosfera. Explique qualitativamente o que aconteceria com a curva de desempenho da bomba se a elevação da superfície livre no tanque de saída fosse aumentada, com todos os outros dados iguais. Repita isso para a curva de sistema. O que aconteceria ao ponto de operação – a vazão do ponto de operação diminuiria, aumentaria ou permaneceria igual? Indique a variação em um gráfico qualitativo de H versus $\dot{V}$ e discuta. (*Dica:* Use a equação da energia entre a superfície livre do tanque a montante da bomba e a superfície livre do tanque a jusante da bomba.)

14–22 Suponhamos que a bomba da Fig. P14–19C esteja situada entre dois tanques grandes de água com suas superfícies livres abertas para a atmosfera. Explique qualitativamente o que aconteceria com a curva de desempenho da bomba se uma válvula do sistema de tubulação fosse trocada de 100% aberta para 50% aberta, com todos os outros dados iguais. Repita isso para a curva de sistema. O que aconteceria ao ponto de operação – a vazão do ponto de operação diminuiria, aumentaria ou permaneceria igual? Indique a variação em um gráfico qualitativo de H versus $\dot{V}$ e discuta. (*Dica:* Use a equação da energia entre a superfície livre do tanque a montante e a superfície livre do tanque a jusante.)

Resposta: diminuiria

14–23 Considere o sistema de escoamento representado na Fig. P14–23. O fluido é água e a bomba é centrífuga. Faça um *gráfico qualitativo* da carga líquida da bomba como função da vazão da mesma. Na figura, indique a carga de fechamento, o ponto de fornecimento livre, a curva de desempenho da bomba e a curva do sistema e o ponto de operação (*Dica:* Considere atentamente a carga líquida necessária para as condições de vazão nula.)

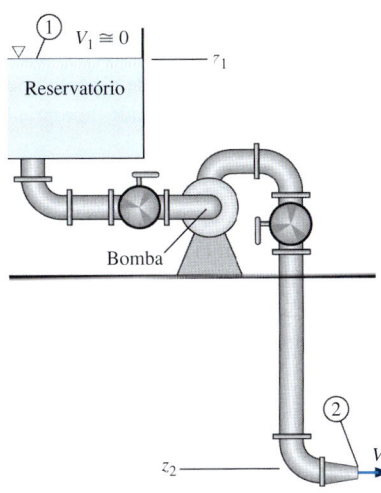

FIGURA P14–23

14–24 Suponhamos que a bomba da Fig. P14–23 opere na *condição de fornecimento livre*. O tubo, tanto a montante quanto a jusante da bomba, tem um diâmetro interno de 2,0 cm e rugosidade próxima a zero. O coeficiente de perda localizada associado à entrada afiada é de 0,50, cada válvula tem um coeficiente de perda localizada de 2,4 e cada um dos três cotovelos tem um coeficiente de perda localizada de 0,90. A contração e a saída reduzem o diâmetro em um fator de 0,60 (60% do diâmetro do tubo) e o coeficiente de perda localizada da contração é de 0,15. Observe que o coeficiente de perda localizada tem por base a velocidade de *saída* média, e não a velocidade média através do tubo propriamente dito. O comprimento total do tubo é de 8,75 m e a diferença de elevação é de ($z_1 - z_2$) = 4,6 m. Estime a vazão através do sistema de tubos.

Resposta: 34,4 L/min

14–25 Repita o Problema 14–24, mas com um tubo rugoso – rugosidade do tubo $\varepsilon = 0,12$ mm. Assuma que uma bomba modificada está sendo usada, de modo que a nova bomba opere na condição de fornecimento livre, assim como no Problema 14–24. Assuma que todas as outras dimensões e parâmetros são iguais aos daquele problema. Seus resultados confirmam sua intuição? Explique.

14–26 Considere o sistema de tubulação da Fig. P14–23, com todas as dimensões, parâmetros, coeficientes de perda localizada, etc., do Problema 14–24. O desempenho da bomba segue um ajuste de curva parabólica, $H_{disponível} = H_0 - a\dot{V}^2$, no qual $H_0 = 19,8$ m é a carga de fechamento da bomba e $a = 0,00426$ m/(L/min)^2 é um coeficiente do ajuste da curva. Estime a vazão de operação $\dot{V}$ em L/min (litros por minuto) e compare com aquela do Problema 14–24. Discuta.

14–27 Repita o Problema 14–26, mas em vez de um conduto liso considere agora uma rugosidade $\varepsilon = 0,12$ mm. Compare com o caso em que o conduto é liso – o resultado confirma sua intuição?

14–28 Os dados de desempenho de uma bomba de água centrífuga aparecem na Tabela P14–28 para água a 20°C (L/min = litros por minuto). (*a*) Para cada linha da tabela calcule a eficiência da bomba (porcentagem). *Mostre todas as unidades e conversões de unidades.* (*b*) Estime a vazão (L/min) e a carga líquida (m) para o ponto de melhor eficiência da bomba.

TABELA P14–28

$\dot{V}$, L/min	H, m	bhp, W
0,0	47,5	133
6,0	46,2	142
12,0	42,5	153
18,0	36,2	164
24,0	26,2	172
30,0	15,0	174
36,0	0,0	174

14–29 Para a bomba hidráulica centrífuga do Problema 14–28, plote os dados de desempenho da bomba: H (m), bhp (W) e η_{bomba} (porcentagem) como funções de $\dot{V}$ (L/min), usando apenas símbolos (sem linhas). Execute ajustes de curvas polinomiais de mínimos quadrados em todos os três parâmetros e plote as curvas ajustadas como linhas (sem símbolos) no mesmo gráfico. Por questões de consistência, use um ajuste de curva de primeira ordem para H como função de $\dot{V}^2$, use um ajuste de curva de segunda ordem para bhp como função de $\dot{V}$ e $\dot{V}^2$ e use um ajuste de curva de terceira ordem para η_{bomba} como função de $\dot{V}$, $\dot{V}^2$ e $\dot{V}^3$. Liste todas as equações de ajuste de curvas e coeficientes (com unidades). Calcule o ponto de melhor eficiência da bomba com base nas curvas ajustadas.

14–30 Suponha que a bomba dos Problemas 14–28 e 14–29 é usada em um sistema de tubulação que tem o requisito de sistema $H_{necessária} = (z_2 - z_1) + b\dot{V}^2$, no qual a diferença de elevação é $z_2 - z_1 = 21{,}7$ m e o coeficiente $b = 0{,}0185$ m/(L/min)^2. Estime o ponto operacional do sistema, ou seja, $\dot{V}_{operacional}$ (L/min) e $H_{operacional}$ (m).

14–31E Os dados de desempenho de uma bomba hidráulica centrífuga aparecem na Tabela P14–31E para água a 77°F (gpm = galões por minuto). (a) Para cada linha da tabela calcule a eficiência da bomba (porcentagem). *Mostre todas as unidades e conversões de unidades.* (b) Estime a vazão (gpm) e a carga líquida (pé) no ponto de melhor eficiência da bomba.

TABELA P14–31E

$\dot{V}^2$, gpm	H, ft	bhp, hp
0,0	19,0	0,06
4,0	18,5	0,064
8,0	17,0	0,069
12,0	14,5	0,074
16,0	10,5	0,079
20,0	6,0	0,08
24,0	0,0	0,078

14–32E Transforme cada coluna dos dados de desempenho da bomba do Problema 14–31E em unidades métricas: $\dot{V}$ em L/min (litros por minuto), H em m e em W. Calcule a eficiência da bomba (porcentagem) usando esses valores métricos e compare-os aos do Problema 14–31E.

14–33E Para a bomba de água centrífuga do Problema 14–31E, plote os dados de desempenho da bomba: H (ft), bhp (hp) e η_{bomba} (porcentagem) como funções de $\dot{V}$ (gpm), usando apenas símbolos (sem linhas). Execute ajustes de curvas polinomiais de mínimos quadrados em todos os três parâmetros, e plote as curvas ajustadas como linhas (sem símbolos) no mesmo gráfico. Por questões de consistência, use um ajuste de curva de primeira ordem para H como função $\dot{V}^2$, use um ajuste de curva de segunda ordem para bhp como função de $\dot{V}$ e $\dot{V}^2$ e use um ajuste de curva de terceira ordem para η_{bomba} como função de $\dot{V}$, $\dot{V}^2$ e $\dot{V}^3$. Liste todas as equações de ajuste de curva e coeficientes (com unidades). Calcule o ponto de melhor eficiência da bomba com base nas curvas ajustadas.

14–34E Suponha que a bomba dos Problemas 14–31E e 14–33E seja usada em um sistema de tubulação que tem o requisito de sistema $H_{necessária} = (z_2 - z_1) + b\dot{V}^2$, no qual a diferença de elevação é $z_2 - z_1 = 11{,}3$ ft e o coeficiente $b = 0{,}00986$ ft/(gpm)^2. Estime o ponto operacional do sistema, ou seja, $\dot{V}_{operacional}$ (gpm) e $H_{operacional}$ (ft).

Respostas: 13,5 gpm, 13,1 ft

14–35 Suponhamos que você esteja considerando a compra de uma bomba de água com os dados de desempenho mostrados na Tabela P14–35. Seu supervisor pede mais informações sobre a bomba. (a) Estime a carga de fechamento H_0 e o fornecimento livre $\dot{V}_{max}$ da bomba. [*Dica:* Execute um ajuste de mínimos quadrados (análise de regressão) de $H_{disponível}$ versus $\dot{V}^2$, e calcule os valores que melhor ajustam os coeficientes H_0 e a da curva $H_{disponível} = H_0 - a\dot{V}^2$ para os dados tabulados da Tabela P14–35.] Com esses coeficientes estime o ponto de fornecimento livre da bomba. (b) A aplicação exige 57,0 L/min de escoamento com uma elevação de pressão na bomba de 5,8 psi. Essa bomba pode atender aos requisitos? Explique.

TABELA P14–35

$\dot{V}^2$, L/min	H, m
20	21,0
30	18,4
40	14,0
50	7,6

14–36 Os dados de desempenho de uma bomba de água seguem o ajuste de curva $H_{disponível} = H_0 - a\dot{V}^2$, no qual a carga de fechamento da bomba $H_0 = 7{,}46$ m, o coeficiente $a = 0{,}0453$ m/(L/min)^2, as unidades da carga da bomba H são metros e as unidades de $\dot{V}$ são litros por minuto (L/min). A bomba é usada para bombear água de um reservatório grande para outro reservatório grande a uma elevação maior. As superfícies livres de ambos os reservatórios estão expostas à pressão atmosférica. A curva do sistema é simplificada como $H_{necessária} = (z_2 - z_1) + b\dot{V}^2$, na qual a diferença de elevação $z_2 - z_1 = 3{,}52$ m e o coeficiente $b = 0{,}0261$ m/(L/min)^2. Calcule o ponto operacional da bomba ($\dot{V}_{operacional}$ e $H_{operacional}$) em unidades apropriadas (L/min e metros, respectivamente).

Respostas: 7,43 L/min, 4,96 m

14–37 Para a aplicação em vista, a vazão do Prob. 14–36 não é adequada. Pelo menos 9 L/min são necessários. Repita o Prob. 14–36 para uma bomba mais potente com $H_0 = 8{,}13$ m e $a = 0{,}0297$ m/(L/min)^2. Calcule o aumento percentual de vazão em relação à bomba original. Esta bomba é capaz de suprir a vazão requerida?

14–38E Um fabricante de bombas de água pequenas lista os dados de desempenho de uma família de suas bombas como um ajuste de curva parabólica, $H_{disponível} = H_0 - a\dot{V}^2$, no qual H_0 é a carga de fechamento da bomba e a é um coeficiente. Tanto H_0 quanto a estão listados em uma tabela para a família de bombas, juntamente com o fornecimento livre da bomba. A carga da bomba é dada em unidades de pés de coluna de água e a vazão é dada em unidades de galões por minuto. (*a*) Quais são as unidades do coeficiente *a*? (*b*) Gere uma expressão para o fornecimento livre da bomba $\dot{V}_{max}$ em função de H_0 e *a*. (*c*) Suponhamos que uma das bombas do fabricante é usada para bombear água de um reservatório grande para outro a uma elevação maior. As superfícies livres de ambos os reservatórios estão expostas à pressão atmosférica. A curva de sistema é simplificada para $H_{necessária} = (z_2 - z_1) + b\dot{V}^2$. Calcule o ponto operacional da bomba ($\dot{V}_{operacional}$ e $H_{operacional}$) em função de H_0, *a*, *b* e da diferença de elevação $z_2 - z_1$.

14–39E Uma bomba é usada para bombear água de um reservatório grande para outro reservatório grande a uma elevação maior. As superfícies livres de ambos os reservatórios estão expostas à pressão atmosférica, conforme representação da Fig. P14–39E. As dimensões e os coeficientes de perda localizada são fornecidos pela figura. O desempenho da bomba é aproximado pela expressão $H_{disponível} = H_0 - a\dot{V}^2$, onde a carga de fechamento $H_0 = 125$ ft de coluna de água, o coeficiente $a = 2,50$ ft/gpm², a carga disponível da bomba $H_{disponível}$ está em unidades de pés de coluna de água e a capacidade está em unidades de galões por minuto (gpm). Estime a vazão fornecida pela bomba.

Resposta: 6,34 gpm

$z_2 - z_1$ = 22,0 ft (diferença de elevação)
D = 1,20 in (diâmetro do tubo)
$K_{L, entrada}$ = 0,50 (entrada do tubo)
$K_{L, válvula 1}$ = 2,0 (válvula 1)
$K_{L, válvula 2}$ = 6,8 (válvula 2)
$K_{L, cotovelo}$ = 0,34 (cada cotovelo – há 3)
$K_{L, saída}$ = 1,05 (saída do tubo)
L = 124 ft (comprimento total do tubo)
ε = 0,0011 in (rugosidade do tubo)

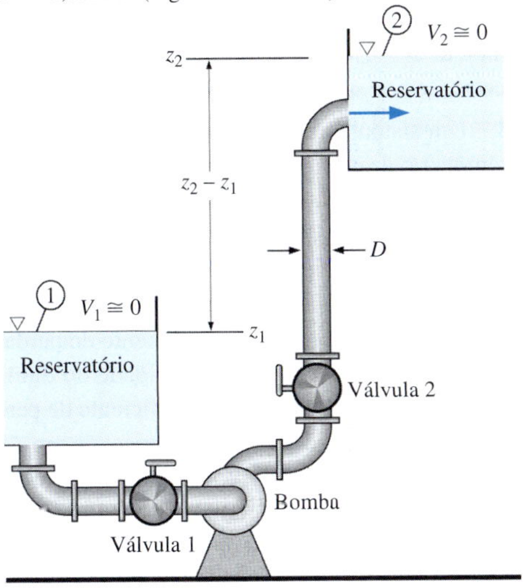

FIGURA P14–39E

14–40E Para a bomba e o sistema de tubulação do Problema 14–39E, plote a carga de bomba necessária $H_{necessária}$ (pé de coluna de água) como função da vazão $\dot{V}$ (gpm). No mesmo gráfico, compare a carga de bomba disponível $H_{disponível}$ versus $\dot{V}$ e marque o ponto de operação. Discuta.

14–41E Suponhamos que os dois reservatórios do Problema 14–39E estejam a 1.000 ft um do outro na horizontal, mas à mesma elevação. Todas as constantes e os parâmetros são idênticos àqueles do Problema 14–39E, exceto que o comprimento total da tubulação é de 562 ft, em vez de 124 ft. Calcule a vazão neste caso e compare com o resultado do Problema 14–39E. Discuta.

14–42E Paul percebe que a bomba usada no Problema 14–39E não é muito adequada para essa aplicação, uma vez que sua carga de fechamento (125 ft) é muito maior do que a carga líquida necessária (menos de 30 ft) e sua vazão é bastante baixa. Em outras palavras, essa bomba foi criada para aplicações de carga alta e baixa vazão, enquanto a aplicação em questão tem carga relativamente baixa e uma vazão alta é desejada. Paul tenta convencer seu supervisor de que uma bomba mais econômica, com carga de fechamento mais baixa, mas fornecimento livre mais alto, resultaria em uma vazão significativamente maior entre os dois reservatórios. Paul consulta alguns folhetos online e encontra uma bomba com os dados de desempenho mostrados na Tabela P14–42E. Seu supervisor pede que ele preveja a vazão entre os dois reservatórios caso a bomba existente seja substituída por uma bomba nova. (*a*) Execute um ajuste de curva de mínimos quadrados (análise de regressão) de $H_{disponível}$ versus $\dot{V}^2$, e calcule os valores dos coeficientes H_0 e *a* que melhor ajustam os dados tabulados da Tabela P14–42E através da expressão parabólica $H_{disponível} = H_0 - a\dot{V}^2$. Plote os dados da tabela como símbolos e a curva ajustada como uma linha para comparar. (*b*) Estime a vazão operacional da nova bomba se ela substituísse a bomba existente, considerando todos os outros dados iguais. Compare com os resultados do Problema 14–39E e discuta. Paul está correto? (*c*) Faça um gráfico da carga líquida necessária e da carga líquida disponível como funções da vazão e indique no gráfico o ponto de operação.

TABELA P14–42E	
$\dot{V}$, gpm	H, ft
0	38
4	37
8	34
12	29
16	21
20	12
24	0

14–43 Uma bomba é usada para bombear água de um reservatório grande para outro reservatório grande a uma elevação maior. As superfícies livres de ambos os reservatórios estão expostas à pressão atmosférica, de acordo com a representação da Fig. P14–43. As dimensões e os coeficientes de perda localizada são fornecidos pela figura. O desempenho da bomba é aproximado pela expressão $H_{disponível} = H_0 - a\dot{V}^2$, onde a carga de fechamento $H_0 = 24,4$ m de coluna de água, o coeficiente $a = 0,0678$ m/(L/min)², a carga disponível da bomba $H_{disponível}$ está em unidades de metros de coluna de água e a capacidade $\dot{V}$ está em unidades de litros por minuto (L/min). Estime a capacidade fornecida pela bomba.

Resposta: 11,6 L/min

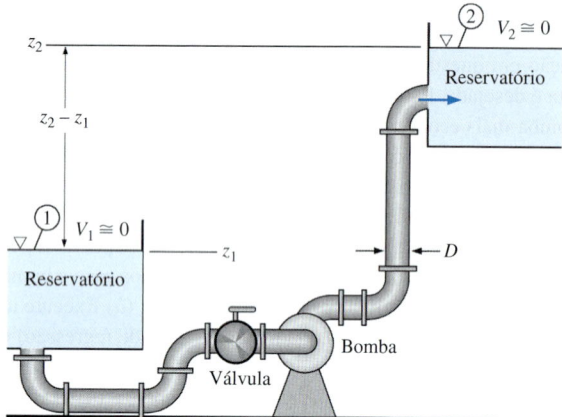

$z_2 - z_1$ = 7,85 m (diferença de elevação)
D = 2,03 cm (diâmetro do tubo)
$K_{L,\text{ entrada}}$ = 0,50 (entrada do tubo)
$K_{L,\text{ válvula}}$ = 17,5 (válvula)
$K_{L,\text{ cotovelo}}$ = 0,92 (cada cotovelo – há 5)
$K_{L,\text{ saída}}$ = 1,05 (saída do tubo)
L = 176,5 m (comprimento total do tubo)
ε = 0,25 mm (rugosidade do tubo)

FIGURA P14–43

14–44 Para a bomba e o sistema de tubulação do Problema 14–43, plote a carga de bomba necessária $H_{\text{necessária}}$ (m de coluna de água) como função da vazão $\dot{V}$ (L/min). No mesmo gráfico, compare a carga de bomba disponível $H_{\text{disponível}}$ versus $\dot{V}$ e marque o ponto operacional. Discuta.

14–45 Suponhamos que a superfície livre do reservatório de entrada do Problema 14–43 esteja 3,0 m abaixo, de forma que $z_2 - z_1 = 10,85$ m. Todas as constantes e os parâmetros são idênticos aos do Problema 14–43 exceto pela diferença de elevação. Calcule a vazão neste caso e compare-a com o resultado do Problema 14–43. Discuta.

14–46 O supervisor de April pede que ela encontre uma bomba substituta que aumente a vazão em todo o sistema de tubulação do Problema 14–43 por um fator 2 ou maior. April procura em alguns catálogos e encontra uma bomba com os dados de desempenho mostrados na Tabela P14–46. Todas as dimensões e parâmetros permanecem iguais aos do Problema 14–43 – apenas a bomba muda. (*a*) Execute um ajuste de curva de mínimos quadrados (análise de regressão) de $H_{\text{disponível}}$ versus $\dot{V}^2$ e calcule os valores dos coeficientes H_0 e a que melhor ajustam os dados da Tabela P14–46 através da expressão parabólica $H_{\text{disponível}} = H_0 - a\dot{V}^2$. Plote os dados como símbolos e a curva ajustada como uma linha para comparar. (*b*) Use a expressão obtida na parte (*a*) para estimar a vazão operacional da nova bomba se ela substituísse a bomba existente, com todos os outros dados iguais. Compare com os resultados do Problema 14–43 e discuta. April atingiu seu objetivo? (*c*) Faça um gráfico da carga líquida necessária e da carga líquida disponível como funções da vazão e indique nele o ponto operacional.

TABELA P14–46

$\dot{V}$, L/min	H, m
0	46,5
5	46
10	42
15	37
20	29
25	16,5
30	0

14–47 Calcule a vazão entre os reservatórios do Problema 14–43 para o caso em que o diâmetro do tubo dobra, com todos os outros dados iguais. Discuta.

14–48 Comparando os resultados dos Problemas 14–43 e 14–47, a vazão aumenta como era de se esperar quando se dobra o diâmetro interno do tubo. Seria de se esperar que o número de Reynolds também aumentasse. Ele aumenta? Explique.

14–49 Repita o Problema 14–43, mas despreze todas as perdas localizadas. Compare a vazão com aquela do Problema 14–43. As perdas localizadas são importantes neste problema? Discuta.

14–50 Considere a bomba e o sistema de tubulação do Problema 14–43. Suponhamos que o reservatório inferior é imenso e a elevação de sua superfície não varia, mas o reservatório superior não é tão grande, e sua superfície sobe lentamente à medida que o reservatório se enche. Gere uma curva da vazão $\dot{V}$(L/min) como função de $z_2 - z_1$ no intervalo entre 0 até o valor de $z_2 - z_1$ em que a bomba cessa de bombear mais água. Para qual valor de $z_2 - z_1$ isso ocorre? A curva é linear? Por quê? O que aconteceria se $z_2 - z_1$ fosse maior do que esse valor? Explique.

14–51 Um sistema de ventilação local (coifa e duto) é usado para remover o ar e os contaminantes produzidos por uma operação de solda (Fig. P14–51). O diâmetro interno do duto é $D = 150$ mm, sua rugosidade média é de 0,15 mm e seu comprimento total é $L = 24,5$ m. Existem três cotovelos ao longo do duto, cada um com um coeficiente de perda localizada de 0,21. A literatura do fabricante relaciona o coeficiente de perda na entrada da coifa como 3,3 com base na velocidade do duto. Quando o registro está totalmente aberto seu coeficiente de perda é de 1,8. O coeficiente de perda localizada na conexão em "T" de 90° é 0,36. Uma válvula de uma via foi instalada para evitar que contaminantes vindos do outro ramal conectado ao "T" retornem para a coifa, e seu coeficiente de perda localizada é 6,6. O ventilador tem uma curva de desempenho que se ajusta a uma curva parabólica com a forma $H_{\text{disponível}} = H_0 - a\dot{V}^2$, na qual a carga de fechamento $H_0 = 60$ mm de coluna de água e o coeficiente $a = 2,50 \times 10^{-7}$ mm de coluna de água por (L/min)^2. A carga disponível $H_{\text{disponível}}$ está em unidades de mm de coluna de água e a vazão está em unidades de litros por minuto (L/min). Estime a vazão em L/min através do sistema de ventilação.

Resposta: 7090 L/min

está em unidades de in de coluna de água e a vazão está em unidades de SCFM. Estime a vazão em SCFM através do sistema de ventilação.

Resposta: 452 SCFM

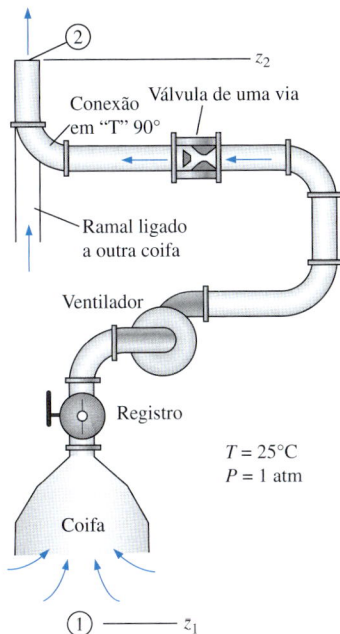

FIGURA P14–51

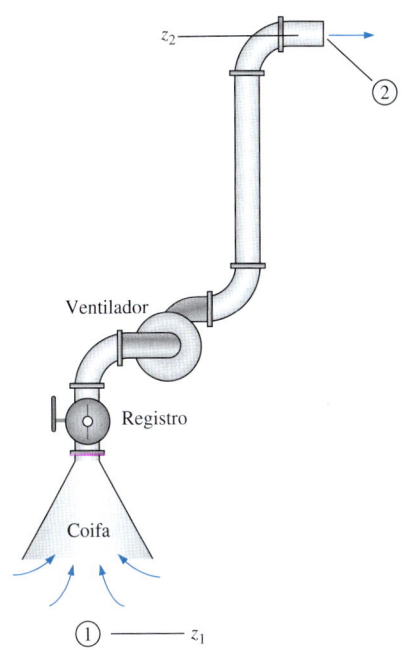

FIGURA P14–55E

14–52 Para o sistema de dutos do Problema 14–51, plote a carga de ventilador necessária $H_{necessária}$ (mm de coluna de água) como função da vazão $\dot{V}$(L/min). No mesmo gráfico, plote a carga de ventilador disponível $H_{disponível}$ versus $\dot{V}$ e marque o ponto operacional. Discuta.

14–53 Repita o Problema 14–51, ignorando todas as perdas localizadas. As perdas localizadas são importantes neste problema? Discuta.

14–54 Suponhamos que a válvula de uma via da Fig. P14–51 sofra mau funcionamento em virtude de corrosão e trave em sua posição totalmente fechada (nenhum ar pode passar). O ventilador está ligado e todas as outras condições são idênticas àquelas do Problema 14–51. Calcule a pressão manométrica (em pascais e em mm de coluna de água) em um ponto imediatamente a jusante do ventilador. Repita para um ponto imediatamente a montante da válvula de uma via.

14–55E Um sistema de ventilação local (coifa e duto) é usado para remover o ar e os contaminantes produzidos por uma operação de solda (Fig. P14–55E). O diâmetro interno do duto é D = 9,06 in, sua rugosidade média é de 0,0059 in e seu comprimento total é L = 34,0 ft. Existem três cotovelos ao longo do duto, cada um com um coeficiente de perda localizada de 0,21. A literatura do fabricante relaciona o coeficiente de perda na entrada da coifa como 4,6 com base na velocidade do duto. Quando o registro está totalmente aberto, seu coeficiente de perda é de 1,8. Um ventilador com uma entrada de 9,0 in é usado. O ventilador tem uma curva de desempenho que se ajusta a uma curva parabólica com a forma $H_{disponível} = H_0 - a\dot{V}^2$, na qual a carga de fechamento H_0 = 2,30 in de coluna de água e o coeficiente a = 8,50 $\times 10^{-6}$ in de coluna de água por (SCFM)^2 [SCFM é ft^3 padrão (à temperatura de 77°F) por minuto]. A carga disponível $H_{disponível}$

14–56E Para o sistema de dutos e ventiladores do Problema 14–55E, o fechamento parcial do abafador diminuiria a vazão. Com todos os outros dados iguais, estime o coeficiente de perda localizada do abafador necessário para diminuir a vazão por um fator de 3.

14–57E Repita o Problema 14–55E ignorando todas as perdas localizadas. As perdas localizadas são importantes neste problema? Discuta.

14–58E Uma bomba centrífuga é usada para bombear água a 77°F de um reservatório cuja superfície está 20,0 ft acima da linha de centro da entrada da bomba (Fig. P14–58E). O sistema de tubulações consiste em 67,5 ft de tubos de PVC com diâmetro interno de 1,2 in e altura de rugosidade interna média desprezível. O comprimento do tubo da parte inferior do reservatório mais baixo até a entrada da bomba é de 12,0 ft. Existem várias perdas localizadas no sistema de tubulação: uma entrada com ponta (K_L = 0,5), dois cotovelos de 90° comuns, uniformes e com flange (K_L = 0,3 cada), duas válvulas de globo com flange totalmente abertas (K_L = 6,0 cada) e uma perda na saída para o reservatório superior (K_L = 1,05). A carga de sucção positiva líquida requerida da bomba é fornecida pelo fabricante através de uma curva ajustada: NPSH$_{requerida}$ = 1,0 ft + (0,0054 ft/gpm^2) $\dot{V}^2$, onde a vazão está em gpm (galões por minuto). Estime a vazão máxima (em unidades de gpm) que pode ser bombeada sem cavitação.

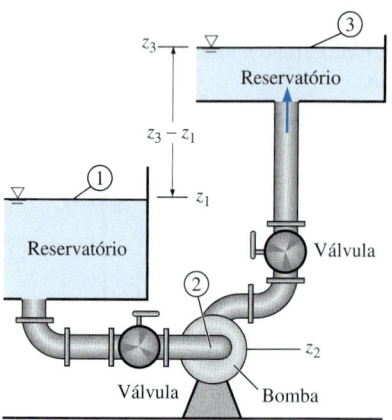

FIGURA P14–58E

14–59E Repita o Problema 14–58E, mas para uma temperatura de água de 113°F. Discuta.

14–60 Uma bomba centrífuga autoescorvante é usada para bombear água a 25°C de um reservatório cuja superfície está 2,2 m acima da linha central da entrada da bomba (Fig. P14–60). O tubo é de PVC com diâmetro interno de 24,0 mm e altura de rugosidade interna média desprezível. O comprimento do tubo da entrada submersa do tubo até a entrada da bomba é de 2,8 m. Existem apenas duas perdas localizadas no sistema de tubulações entre a entrada do tubo e a entrada da bomba: uma entrada com borda reta ($K_L = 0,85$) e um cotovelo de 90° comum, uniforme e com flange ($K_L = 0,3$). A carga de sucção positiva líquida requerida da bomba é fornecida pelo fabricante através de uma curva ajustada $\text{NPSH}_{\text{requerida}} = 2,2$ m + $[0,0013 \text{ m/L/min}^2]$ $\dot{V}^2$, onde a vazão está em L/min. Estime a vazão máxima (em L/min) que pode ser bombeada sem cavitação.

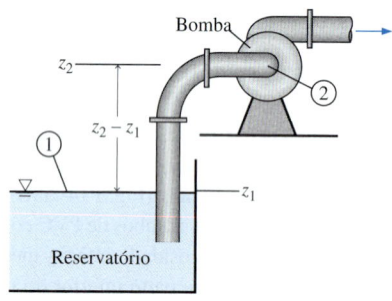

FIGURA P14–60

14–61 Repita o Problema 14–60, mas para uma temperatura de água de 80°C. Repita para 90°C. Discuta.

14–62 Repita o Problema 14–60, mas para um diâmetro de tubo aumentado por um fator de 2 (com todos os outros dados iguais). A vazão com a qual ocorre a cavitação na bomba aumenta ou diminui para um tubo maior? Discuta.

14–63E Uma bomba de deslocamento positivo rotativa de dois lóbulos, semelhante à da Fig. P14–63E, movimenta 0,110 gal de lama em cada volume de lóbulo $\dot{V}_{\text{lóbulo}}$. Calcule a vazão da lama para o caso em que $\dot{n} = 175$ rpm.

Resposta: 77,0 gpm

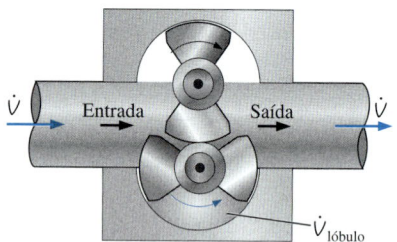

FIGURA P14–63E

14–64E Repita o Problema 14–63E para o caso em que a bomba tem *três* lóbulos em cada rotor em vez de dois e $\dot{V}_{\text{lóbulo}} = 0,0825$ gal.

14–65 Uma bomba de deslocamento positivo rotativa de dois lóbulos, semelhante à da Fig. 14–30, movimenta 3,64 cm³ de pasta de tomate em cada volume de lóbulo $\dot{V}_{\text{lóbulo}}$. Calcule a vazão da pasta de tomate para o caso em que $\dot{n} = 336$ rpm.

14–66 Considere a bomba de engrenagem da Fig. 14–26c. Suponhamos que o volume do fluido confinado entre dois dentes de engrenagem seja de 0,350 cm³. Quanto volume de fluido é bombeado por rotação?

Resposta: 9,80 cm³

14–67 Uma bomba centrífuga gira a $\dot{n} = 750$ rpm. A água entra no rotor normal às pás ($\alpha_1 = 0°$) e sai com um ângulo de 35° da direção radial ($\alpha_2 = 35°$). O raio de entrada é $r_1 = 12,0$ cm, no qual a largura da pá é $b_1 = 18,0$ cm. O raio de saída é $r_2 = 24,0$ cm, no qual a largura da pá é $b_2 = 16,2$ cm. A vazão é 0,573 m³/s. Assumindo eficiência de 100%, calcule a carga líquida produzida por essa bomba em cm de altura de coluna de água. Calcule também a potência no eixo necessária em W.

14–68 Suponha que a bomba do Prob. 14–67 tenha algum turbilhonamento na sua entrada, de modo que $\alpha_1 = 7°$ em vez de 0°. Calcule a carga líquida e potência no eixo e compare com o resultado do Prob. 14–67. Discuta. Em particular, o ângulo com o qual o fluido atinge as pás do rotor é um parâmetro crítico no desenho de bombas centrífugas?

14–69 Suponha que a bomba do Prob. 14–67 tenha algum turbilhonamento reverso na sua entrada, de modo que $\alpha_1 = -10°$ em vez de 0°. Calcule a carga líquida e potência no eixo e compare com o resultado do Prob. 14–67. Discuta. Em particular, o ângulo com o qual o fluido atinge as pás do rotor é um parâmetro crítico no desenho de bombas centrífugas? Uma pequena quantidade de turbilhonamento reverso aumenta ou diminui a carga da bomba – em outras palavras, ele é desejável? *Nota:* lembre-se que estamos desprezando perdas.

14–70 Um ventilador de escoamento axial e palhetas fixas de estator está sendo projetado com as palhetas do estator a montante das pás do rotor (Fig. P14–70). Para reduzir as despesas, as pás do estator e do rotor devem ser feitas de chapa metálica. As palhetas do estator são um arco circular simples com seu bordo de ataque alinhado axialmente e seu bordo de fuga com um ângulo $\beta_{st} = 26,6°$ em relação ao eixo, como mostra a figura. (A notação de subscrito indica o bordo de fuga do estator.) Existem 18 palhetas no estator. Nas condições de projeto, a velocidade de escoamento axial através das pás é 31,4 m/s e o rotor gira a 1800 rpm. Em um raio de 0,50 m, calcule os ângulos dos bordos de ataque e fuga das pás do rotor e represente a forma da pá. Quantas pás o rotor deve ter?

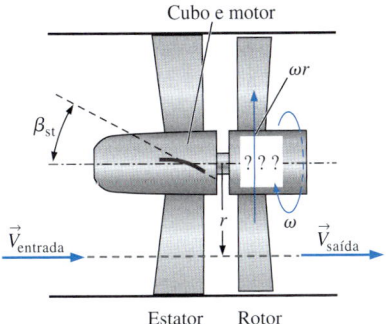

FIGURA P14–70

14–71 Duas bombas de água estão arranjadas em *série*. Os dados de desempenho das duas bombas seguem a curva parabólica $H_{disponível} = H_0 - a\dot{V}^2$. Para a bomba 1, $H_0 = 6,33$ m e o coeficiente $a = 0,0633$ m/(L/min)^2; para a bomba 2, $H_0 = 9,25$ m e o coeficiente $a = 0,0472$ m/(L/min)^2. Em ambos os casos, as unidades da carga líquida de bomba H são m e as unidades de capacidade $\dot{V}$ são L/min. Calcule a carga de fechamento combinada e o fornecimento livre das duas bombas funcionando juntas em série. A qual vazão a bomba 1 deve ser desligada e o escoamento desviado por um by-pass? Explique.

Respostas: 15,6 m, 14,0 L/min, 10,0 L/min

14–72 As mesmas duas bombas de água do Problema 14–71 estão arranjadas em *paralelo*. Calcule a carga de fechamento combinada e o fornecimento livre das duas bombas funcionando juntas em paralelo. Para qual carga líquida combinada a bomba 1 deve ser desligada e o escoamento desviado por um by-pass? Explique.

Turbinas

14–73C O que é um *tubo de sucção*, e qual é sua finalidade? Descreva o que aconteceria se os projetistas de turbomáquina não prestassem atenção ao projeto do tubo de sucção.

14–74C Cite e descreva rapidamente as diferenças entre os dois tipos básicos de turbina dinâmica.

14–75C Discuta o significado de *turbilhão reverso* em turbinas hidráulicas de reação, e explique por que algum turbilhão reverso é desejável. Use uma equação para confirmar sua resposta. Por que *não* é adequado ter um excesso de turbilhonamento reverso?

14–76C Dê pelo menos dois motivos pelos quais as turbinas quase sempre têm eficiências maiores do que as das bombas.

14–77C Discuta rapidamente a principal diferença na forma pela qual as bombas dinâmicas e as turbinas de reação são classificadas como centrífugas (radiais), de escoamento misto ou axiais.

14–78 Uma usina hidrelétrica tem 14 turbinas Francis idênticas, uma carga bruta de 284 m e uma vazão de 13,6 m^3/s através de cada turbina. A água está a 25°C. As eficiências são $\eta_{turbina} = 95,9\%$, $\eta_{gerador} = 94,2$ e $\eta_{outros} = 95,6\%$, onde η_{outros} representa as demais perdas mecânicas. Estime a potência elétrica produzida em MW.

14–79 Uma roda Pelton é usada para produzir potência hidrelétrica. O raio médio da roda é de 1,83 m e a velocidade do jato é de 102 m/s de um bocal com diâmetro de saída igual a 10,0 cm. O ângulo de desvio das pás é $\beta = 165°$. (*a*) Calcule a vazão através da turbina em m^3/s. (*b*) Qual é a rotação ideal (em rpm) do rotor (para obter a potência máxima)? (*c*) Calcule a potência produzida no eixo em MW se a eficiência da turbina for de 82%.

Respostas: (a) 0,801 m^3/s (b) 266 rpm (c) 3,35 MW

14–80 Alguns engenheiros estão avaliando locais em potencial para a instalação de uma pequena usina hidrelétrica. Em um desses locais, a carga bruta é de 340 m e eles estimam que a vazão da água através de cada turbina seria de 0,95 m^3/s. Estime a produção ideal de potência por cada turbina em MW.

14–81 Prove que para determinada velocidade de jato, vazão, ângulo de desvio e raio de roda, a potência máxima no eixo produzida por uma roda Pelton ocorre quando a pá da turbina se movimenta com metade da velocidade de jato.

14–82 Vento ($\rho = 1,204$ kg/m^3) sopra através de uma turbina eólica de eixo horizontal (HAWT). A turbina tem um diâmetro de 45 m. A eficiência combinada da transmissão e gerador é de 88%. (*a*) Para um coeficiente de potência realista de 42%, estime a potência elétrica produzida quando o vento sopra com velocidade de 7,8 m/s. (*b*) Repita os cálculos usando o limite de Betz assumindo o mesmo conjunto transmissão-gerador e compare com o resultado anterior.

14–83 Uma turbina hidráulica Francis de escoamento radial está sendo projetada com as seguintes dimensões: $r_2 = 2,00$ m, $r_1 = 1,42$ m, $b_2 = 0,731$ m e $b_1 = 2,20$ m. O rotor gira a $\dot{n} = 180$ rpm. As palhetas ajustáveis do distribuidor direcionam o escoamento com um ângulo $\alpha_2 = 30°$ da direção radial na entrada do rotor e o escoamento na saída do rotor está a um ângulo $\alpha_1 = 10°$ da direção radial (Fig. P14–83). A vazão na condição de projeto é de 340 m^3/s e a carga bruta fornecida pela represa é $H_{bruta} = 90,0$ m. Para o projeto preliminar, as perdas irreversíveis são desprezadas. Calcule os ângulos de entrada e saída β_2 e β_1 das pás do rotor e preveja a potência produzida (MW) e a carga líquida necessária (m). Esse projeto é possível?

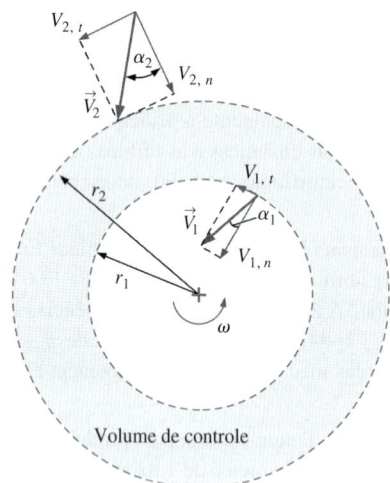

FIGURA P14–83

14–84 Reconsidere o Problema 14–83. Usando o EES (ou outro software), investigue o efeito do ângulo de saída do rotor α_1 sobre a carga líquida necessária e a potência produzida. Faça o ângulo de saída variar de –20° a 20° em incrementos de 1° e plote seus resultados. Determine o valor mínimo possível de α_1 de forma que o escoamento não viole as leis da termodinâmica.

14–85 Uma turbina hidráulica Francis de escoamento radial tem as seguintes dimensões, para as quais o local 2 está na entrada e o local 1 está na saída: $r_2 = 2{,}00$ m, $r_1 = 1{,}30$ m, $b_2 = 0{,}85$ m e $b_1 = 2{,}10$ m. Os ângulos das pás do rotor são $\beta_2 = 71{,}4°$ e $\beta_1 = 15{,}3°$ na entrada e na saída da turbina, respectivamente. O rotor gira a $\dot n = 160$ rpm. A vazão na condição de projeto é de $80{,}0$ m³/s. As perdas irreversíveis são desprezadas nesta análise preliminar. Calcule o ângulo α_2 com o qual o distribuidor de palhetas reguláveis deve direcionar o escoamento, sendo α_2 medido em relação à direção radial na entrada do rotor (Fig. P14–83). Calcule o ângulo de turbilhonamento α_1, onde α_1 é medido em relação à direção radial na saída do rotor (Fig. P14–83). Essa turbina tem turbilhonamento na direção de rotação ou reverso? Preveja a potência produzida (MW) e a carga líquida necessária (m).

14–86E Uma turbina hidráulica Francis de escoamento radial tem as seguintes dimensões, para as quais o local 2 está na entrada e o local 1 está na saída: $r_2 = 6{,}60$ ft, $r_1 = 4{,}40$ ft, $b_2 = 2{,}60$ ft e $b_1 = 7{,}20$ ft. Os ângulos das pás do rotor são $\beta_2 = 82°$ e $\beta_1 = 46°$ na entrada e na saída da turbina, respectivamente. O rotor gira a $\dot n = 120$ rpm. A vazão na condição de projeto é de $4{,}70 \times 10^6$ gpm (galões por minuto). As perdas irreversíveis são desprezadas nesta análise preliminar. Calcule o ângulo α_2 com o qual o distribuidor de palhetas reguláveis deve direcionar o escoamento, sendo α_2 medido em relação à direção radial na entrada do rotor (Fig. P14–83). Calcule o ângulo de turbilhonamento α_1, onde α_1 é medido em relação à direção radial na saída do rotor (Fig. P14–83). Essa turbina tem turbilhonamento na direção de rotação ou reverso? Preveja a potência produzida (hp) e a carga líquida necessária (ft).

14–87E Usando o software EES (ou outro similar), ajuste o ângulo do bordo de fuga da pá β_1 do Prob. 14–86E, mantendo todos os outros parâmetros iguais, de forma que não haja turbilhonamento na saída da turbina. Reporte β_1 e a potência no eixo.

14–88 Uma turbina axial de um estágio está sendo projetada para produzir potência a partir de água escoando num tubo, como mostrado na Fig. P14–88. Consideramos as pás do rotor e do estator como finas (chapa de metal dobradas). As 16 pás do estator tem $\beta_{sl} = 0°$ e $\beta_{st} = 50{,}3°$, onde os subscritos "sl" e "st" são relacionados com os bordos de ataque e de fuga do estator, respectivamente. Nas condições de projeto, a velocidade axial do escoamento é de 8,31 m/s, o rotor gira a $\dot n = 360$ rpm e se deseja que não haja turbilhonamento a jusante da turbina. Para um raio de 0,324 m, calcule os ângulos β_{rl} e β_{rt} (bordos de ataque e de fuga do rotor), faça um desenho das pás do rotor e especifique quantas pás o rotor deve ter.

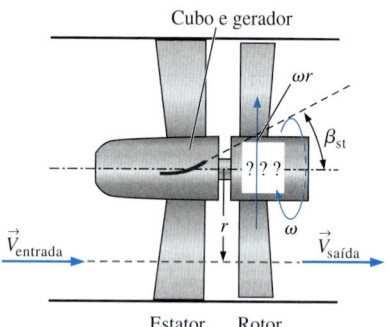

FIGURA P14–88

14–89 Na seção sobre turbinas eólicas, derivamos uma expressão para o coeficiente de potência ideal de uma turbina eólica, $C_p = 4a(1 - a)^2$. Mostre que o máximo coeficiente de potência possível ocorre quando $a = 1/3$.

14–90E Uma usina hidrelétrica está sendo projetada. A carga bruta é de 859 ft e a vazão da água através de cada turbina é de 189.400 gpm a 50°F. Existem 10 turbinas paralelas idênticas, cada uma delas com eficiência de 96,3% e todas as outras perdas mecânicas (através do conduto forçado, etc.) reduzem a potência produzida em 3,6%. O gerador em si tem uma eficiência de 93,9%. Estime a produção de potência elétrica da usina em MW.

14–91 A velocidade média do vento proposta para uma fazenda eólica é de 12,5 m/s. O coeficiente de potência previsto para cada turbina eólica de eixo horizontal (HAWT) é de 0,41 e a eficiência combinada da transmissão mecânica e gerador é de 92%. Cada turbina deve produzir 2,5 MW de potência elétrica quando o vento sopra com 12,5 m/s. (a) Calcule o diâmetro do disco de

cada turbina. Considere a densidade média do ar $\rho = 1,2$ kg/m^3.
(b) Se 30 turbinas forem construídas no local e uma casa na região consome em média 15 kW de eletricidade, estime quantas casas serão abastecidas pela fazenda eólica, considerando uma eficiência adicional de 96% na linha de transmissão elétrica.

Leis de semelhança de bombas e turbinas

14–92C As velocidades específicas de bombas e turbinas são parâmetros "extras" que não são necessários na análise dimensional de bombas e turbinas. Explique sua finalidade.

14–93C Para cada afirmação, diga se ela é verdadeira ou falsa e discuta rapidamente sua resposta.

(a) Se a rpm de uma bomba é dobrada, com todos os outros dados permanecendo iguais, a vazão da bomba é multiplicada por 2.

(b) Se a rpm de uma bomba é dobrada, com todos os outros dados permanecendo iguais, a carga líquida da bomba é multiplicada por 2.

(c) Se a rpm de uma bomba é dobrada, com todos os outros dados permanecendo iguais, a potência necessária no eixo é multiplicada por 4.

(d) Se a rpm de uma turbina dobra, com todos os outros dados permanecendo iguais, a potência produzida no eixo é multiplicada por 8.

14–94C Discuta qual parâmetro adimensional de desempenho de bomba, em geral, é usado como o parâmetro independente. Repita este exercício para turbinas em vez de bombas. Explique.

14–95C Procure pelo significado da palavra *semelhança* em um dicionário. Por que você acha que alguns engenheiros se referem à aplicação da análise dimensional para turbomáquinas como *leis de semelhança*?

14–96 Considere o ventilador do Problema 14–51. O diâmetro do ventilador é de 30,0 cm e ele opera a $\dot{n} = 600$ rpm. Adimensionalize a curva de desempenho da bomba, ou seja, plote C_H versus C_Q. Mostre cálculos de C_H e C_Q para $\dot{V} = 13.600$ L/min.

14–97 Calcule a velocidade específica do ventilador dos Problemas 14–51 e 14–96 no ponto de melhor eficiência para o caso em que esse ponto ocorre numa vazão de 13,600 L/min. Forneça respostas na forma adimensional e em unidades comuns nos EUA. Qual é o tipo desse ventilador?

14–98 Calcule a velocidade específica da bomba do Exemplo 14–11 no ponto de melhor eficiência. Forneça respostas na forma adimensional e em unidades comuns nos EUA. Qual é o tipo dessa bomba?

14–99 Len deve projetar uma pequena bomba de água para um aquário. A bomba deve fornecer 14,0 L/min de água com uma carga líquida de 1,5 m no seu melhor ponto de eficiência. Um motor que gira a 1.200 rpm está disponível. Qual tipo de bomba (centrífuga, mista ou axial) deve ser projetado por Len? Mostre todos os seus cálculos e justifique sua opção. Estime a eficiência máxima que Len pode esperar com essa bomba.

Respostas: centrífuga, 81,0%

14–100 Considere a bomba do Problema 14–99. Suponhamos que a bomba seja modificada pelo uso de um motor diferente, cuja rotação é de 1800 rpm. Se as bombas operarem a pontos homólogos (a saber, no ponto de melhor eficiência) em ambos os casos, preveja a vazão e a carga líquida da bomba modificada. Calcule a velocidade específica da bomba modificada e compare-a com aquela da bomba original. Discuta.

14–101 Uma grande bomba de água está sendo projetada para um reator nuclear. A bomba deve fornecer 2.500 gpm de água com uma carga líquida de 45 ft no seu melhor ponto de eficiência. Um motor que gira a 300 rpm está disponível. Qual tipo de bomba (centrífuga, mista ou axial) deve ser projetado? Mostre todos os seus cálculos e justifique sua opção. Estime a eficiência máxima que pode ser esperada para essa bomba. Estime a potência necessária no eixo para fazer funcionar a bomba.

14–102 Considere a bomba do Problema 14–43. O diâmetro da bomba é de 1,80 cm e ela opera a $\dot{n} = 4.200$ rpm. Adimensionalize a curva de desempenho da bomba, ou seja, plote C_H versus C_Q. Mostre exemplos do cálculo de C_H e C_Q para $\dot{V} = 14,0$ L/min.

14–103 Calcule a velocidade específica da bomba do Problema 14–102 no ponto de melhor eficiência para o caso em que este ocorre com 14,0 L/min. Forneça respostas na forma adimensional e em unidades comuns nos EUA. Qual é o tipo dessa bomba?

Resposta: 0,199, 545, centrífuga

14–104 Verifique se a velocidade específica de turbina e de bomba estão relacionadas da seguinte maneira: $N_{St} = N_{Sp}\sqrt{\eta_{turbina}}$.

14–105 Considere uma turbina-bomba que opera tanto como bomba quanto como turbina. Sob condições nas quais a velocidade rotacional ω e a vazão $\dot{V}$ são iguais para a bomba e a turbina, verifique se as velocidades específicas da turbina e da bomba estão relacionadas como

$$N_{St} = N_{Sp}\sqrt{\eta_{turbina}}\left(\frac{H_{bomba}}{H_{turbina}}\right)^{3/4}$$

$$= N_{Sp}(\eta_{turbina})^{5/4}(\eta_{bomba})^{3/4}\left(\frac{bhp_{bomba}}{bhp_{turbina}}\right)^{3/4}$$

14–106 Aplique os fatores de conversão necessários para provar a relação entre a velocidade específica de turbina adimensional e a velocidade específica da turbina em unidades dos EUA, $N_{St} = 43,46 N_{St,EUA}$. Observe que assumimos a água como fluido e a gravidade padrão da Terra.

14–107 Calcule a velocidade específica da turbina do Problema 14–83. Forneça respostas na forma adimensional e em unidades padrão dos EUA. Elas estão no intervalo normal de uma turbina Francis? Caso não estejam, qual tipo de turbina seria mais adequado?

14–108 Calcule a velocidade específica da turbina hidráulica de Smith Mountain da Fig 14–90. Ela está dentro do intervalo de N_{St} apropriado para esse tipo de turbina?

14–109 Calcule a velocidade específica da turbina hidráulica de Warwick da Fig 14–91. Ela está dentro do intervalo de N_{St} apropriado para esse tipo de turbina?

14–110 Calcule a velocidade específica da turbina do Exemplo 14–13 para o caso em que $\alpha_1 = 10°$. Forneça respostas na forma adimensional e em unidades padrão dos EUA. Elas estão dentro do intervalo normal de uma turbina Francis? Caso não estejam, qual tipo seria mais adequado?

14–111 Calcule a velocidade específica da turbina do Problema 14–85. Forneça respostas na forma adimensional e em unidades padrão dos EUA. Elas estão dentro do intervalo normal de uma turbina Francis? Caso não esteja, qual tipo seria mais adequado?

14–112E Calcule a velocidade específica da turbina do Problema 14–86E usando as unidades padrão dos EUA. Ela está dentro do intervalo normal de uma turbina Francis? Caso não esteja, qual tipo seria mais adequado?

14–113 Calcule a velocidade específica da turbina hidráulica de Round Butte da Fig 14–89. Ela está dentro do intervalo de N_{St} apropriado para aquele tipo de turbina?

14–114 Um modelo em escala um para cinco de uma turbina de água é testado em um laboratório a $T = 20°C$. O diâmetro do modelo é 8,0 cm, sua vazão é de 25,5 m³/h, ele gira a 1.500 rpm e opera com uma carga líquida de 15,0 m. No seu ponto de melhor eficiência ele fornece 720 W de potência no eixo. Calcule a eficiência da turbina modelo. Qual é o tipo mais provável de turbina que está sendo testada?

Respostas: 69,2%, impulso

14–115 A turbina protótipo correspondente a uma turbina modelo em escala um para cinco discutida no Problema 14–114 deve operar com uma carga líquida de 50 m. Determine a rpm e a vazão apropriadas para termos a sua melhor eficiência. Preveja a saída de potência no eixo da turbina protótipo, assumindo a similaridade geométrica exata.

14–116 Prove que a turbina modelo (Problema 14–114) e a turbina protótipo (Problema 14–115) operam em pontos homólogos, comparando a eficiência e a velocidade específica das turbinas em ambos os casos.

14–117 No Problema 14–116, fizemos a semelhança entre os resultados do teste da turbina modelo e os resultados esperados no protótipo em escala real assumindo a similaridade dinâmica exata. Entretanto, como já foi discutido anteriormente, um protótipo grande, em geral, resulta em maior eficiência do que o modelo. Estime a eficiência real da turbina protótipo. Explique rapidamente a razão da eficiência mais alta.

Problemas de revisão

14–118C O que é uma *turbina-bomba*? Discuta uma aplicação na qual uma bomba-turbina é útil.

14–119C O medidor de água comum encontrado na maioria das residências pode ser visto como um tipo de turbina, uma vez que ele extrai energia da água passante para girar o eixo que está conectado ao mecanismo contador do volume (Fig. P14–119C). Sob o ponto de vista de um sistema de tubos, porém (Capítulo 8), qual tipo de dispositivo é um medidor de água? Explique.

Medidor de água

FIGURA P14–119C

14–120 Para cada afirmação, diga se ela é verdadeira ou falsa e discuta rapidamente sua resposta.

(a) Uma bomba de engrenagem é um tipo de bomba de deslocamento positivo.

(b) Uma bomba rotativa é um tipo de bomba de deslocamento positivo.

(c) A curva de desempenho (carga líquida *versus* vazão) de uma bomba de deslocamento positivo é quase vertical em todo o intervalo operacional recomendado para determinada rotação.

(d) A uma determinada rotação, a carga líquida de uma bomba de deslocamento positivo *diminui* com a viscosidade do fluido.

14–121 Para duas bombas dinamicamente similares, manipule os parâmetros de bomba adimensionais para mostrar que $D_B = D_A (H_A/H_B)^{1/4} (\dot{V}_B/\dot{V}_A)^{1/2}$. A mesma relação se aplica a duas *turbinas* dinamicamente similares?

14–122 Para duas turbinas dinamicamente similares, manipule os parâmetros de turbina adimensionais para mostrar que $D_B = D_A (H_A/H_B)^{3/4} (\rho_A/\rho_B)^{1/2} (bhp_B/bhp_A)^{1/2}$. A mesma relação se aplica a duas *bombas* dinamicamente similares?

14–123 Um grupo de engenheiros está projetando uma nova turbina hidráulica, através de uma turbina existente. A turbina existente (turbina A) tem diâmetro $D_A = 1,50$ m e gira a $\dot{n}_A = 150$ rpm. No seu ponto de melhor eficiência, $\dot{V}_A = 162$ m³/s, $H_A = 90,0$ m de água e $bhp_A = 132$ MW. A nova turbina (turbina B) girará a 105 rpm e sua carga líquida será $H_B = 95$ m. Calcule o diâmetro da nova turbina, de forma que ela opere na sua condição mais eficiente, e calcule $\dot{V}_B$ e bhp_B.

Respostas: 2,20 m, 359 m³/s, 308 MW

14–124 Calcule e compare a eficiência das duas turbinas do Problema 14–123. Elas devem ser iguais, uma vez que estamos assumindo a similaridade dinâmica. Entretanto, a turbina maior, na verdade, será ligeiramente mais eficiente do que a turbina menor. Use a equação de correção de eficiência de Moody para prever a eficiência esperada real da nova turbina. Discuta.

14–125 Calcule e compare as velocidades específicas para as duas turbinas do Prob. 14–123, a pequena (A) e a grande (B). Que tipo de turbina devem ser?

Problemas adicionais

14–126 Que turbomáquina é projetada para fornecer um grande aumento de pressão, normalmente, com baixas ou moderadas vazões?

(a) Compressor (b) Soprador (c) Turbina
(d) Bomba (e) Ventilador

14–127 Na indústria de turbomáquinas, o termo capacidade se refere a

(a) Potência (b) Vazão em massa (c) Vazão volumétrica
(d) Carga líquida (e) Linha piezométrica

14–128 Uma bomba aumenta a pressão da água de 100 kPa para 3 MPa com uma vazão de 0,5 m³/min. Os diâmetros de entrada e saída são iguais e não há variação de elevação entre entrada e saída. Se a eficiência de bomba é de 77%, a potência fornecida à bomba é de

(a) 18,5 kW (b) 21,8 kW (c) 24,2 kW
(d) 27,6 kW (e) 31,4 kW

14–129 Uma bomba aumenta a pressão da água de 100 kPa para 900 kPa com uma elevação de 35m. Os diâmetros de entrada e saída são iguais. A carga líquida da bomba é de

(a) 143 m (b) 117 m (c) 91 m
(d) 70 m (e) 35 m

14–130 A potência no eixo e a potência hidráulica de uma bomba são determinadas como 15kW e 12 kW, respectivamente. Se a vazão de água for de 0,05 m³/s, a perda de carga total da bomba será de

(a) 11,5 m (b) 9,3 m (c) 7,7 m
(d) 6,1 m (e) 4,9 m

14–131 Na curva de desempenho de uma bomba, o ponto em que a carga líquida é zero é chamado de

(a) Ponto de melhor eficiência
(b) Fornecimento livre
(c) Carga de fechamento
(d) Ponto de operação
(e) Ponto de serviço

14–132 Uma usina requer 940 L/min de água. A carga líquida requerida é de 5 m nessa vazão. Um exame de várias curvas indica que duas bombas com diâmetros de rotor diferentes podem fornecer essa vazão. A bomba com um rotor de 203 mm de diâmetro tem uma eficiência de 73% e fornece 10 m de carga líquida. A bomba com um rotor de 111 mm de diâmetro tem uma eficiência mais baixa de 67% e fornece uma carga líquida de 5 m. Qual é a relação da potência no eixo da bomba de diâmetro 203 mm para a potência no eixo da bomba de diâmetro 111 mm?

(a) 0,45 (b) 0,68 (c) 0,86 (d) 1,84 (e) 2,11

14–133 Água entra na bomba de uma usina termelétrica a 20 kPa e 50°C com uma vazão de 0,15 m³/s. O diâmetro do tubo na entrada da bomba é de 0,25 m. Qual é a carga líquida positiva de sucção (NPSH) na entrada da bomba?

(a) 2,14 m (b) 1,89 m (c) 1,66 m
(d) 1,42 m (e) 1,26 m

14–134 Quais quantidades são somadas quando duas bombas são conectadas em série e em paralelo?

(a) Série: Variação de pressão. Paralelo: Carga líquida.
(b) Série: Carga líquida. Paralelo: Variação de pressão.
(c) Série: Carga líquida. Paralelo: Vazão.
(d) Série: Vazão. Paralelo: Carga líquida.
(e) Série: Vazão. Paralelo: Variação de pressão.

14–135 Três bombas são conectadas em paralelo. De acordo com as curvas de desempenho, o fornecimento livre de cada uma das bombas é como segue:

Bomba 1: 1600 L/min Bomba 2: 2200 L/min
Bomba 3: 2800 L/min

Se a vazão for de 2500 L/min, quais bombas devem ser desligadas?

(a) Bomba 1 (b) Bomba 2 (c) Bomba 3
(d) Bombas 1 e 2 (e) Bombas 2 e 3

14–136 Três bombas são conectadas em paralelo. De acordo com as curvas de desempenho, a carga de fechamento de cada uma das bombas é como segue:

Bomba 1: 7 m Bomba 2: 10 m Bomba 3: 15 m

Se a carga líquida para o sistema for de 9 m, quais bombas devem ser desligadas?

(a) Bomba 1 (b) Bomba 2 (c) Bomba 3
(d) Bombas 1 e 2 (e) Bombas 2 e 3

14–137 Uma bomba de deslocamento positivo de dois lóbulos move 0,60 cm³ de óleo de motor em cada lóbulo. Para cada 90° de rotação do eixo, o volume de um lóbulo é bombeado. Se a rotação é de 550 rpm, a vazão de óleo é

(a) 330 cm³/min (b) 660 cm³/min
(c) 1320 cm³/min (d) 2640 cm³/min
(e) 3550 cm³/min

14–138 A carcaça em forma de caracol das bombas centrífugas é chamada de

(a) Rotor (b) Rolo (c) Voluta
(d) Impulsor (e) Cobertura

14–139 Um soprador centrífugo gira com 1400 rpm. Ar entra no impulsor normal às pás ($\alpha_1 = 0°$) e sai com um ângulo de 25° ($\alpha_2 = 25°$). O raio na entrada é $r_1 = 6,5$ cm e a largura da pá na entrada é $b_1 = 8,5$ cm. Na saída, o raio e a largura da pá são $r_2 =$

12 cm e b_2 = 4,5 cm. A vazão volumétrica é de 0,22 m³/s. Qual a carga líquida produzida em m de ar?

(a) 12,3 m (b) 3,9 m (c) 8,8 m
(d) 5,4 m (e) 16,4 m

14–140 Uma bomba é projetada para fornecer 9500 L/min de água com uma carga líquida requerida de 8 m. O eixo gira a 1500 rpm. A velocidade específica adimensional dessa bomba é

(a) 0,377 (b) 0,540 (c) 1,13
(d) 1,48 (e) 1,84

14–141 A carga líquida fornecida por uma bomba numa rotação de 1000 rpm é de 10 m. Se dobrarmos a rotação, a carga líquida fornecida será de

(a) 5 m (b) 10 m (c) 20 m (d) 40 m (e) 80 m

14–142 A parte rotativa de uma turbina é chamada de

(a) Propulsor (b) Rolo (c) Cascata
(d) Impulsor (e) Rotor

14–143 Qual a escolha correta para a comparação da operação de turbinas de impulso e de reação?

(a) Impulso: Alta vazão (b) Impulso: Alta carga líquida
(c) Reação: Alta carga líquida (d) reação: Pequena vazão
(e) Nenhuma das alternativas

14–144 Qual dessas turbinas é uma turbina de impulso?

(a) Kaplan (b) Francis (c) Pelton
(d) Propeller (e) Centrífuga

14–145 Uma turbina é instalada no fundo de um corpo de água de 20 m de altura. Água escoa pela turbina com uma vazão de 30 m³/s. Se a potência produzida no eixo é de 5 MW, a eficiência da turbina é de

(a) 85% (b) 79% (c) 88%
(d) 74% (e) 82%

14–146 Uma usina hidrelétrica vai ser construída numa represa com uma carga bruta de 200 m. As perdas na tomada de água e no conduto são estimadas em 6 m. A vazão através da turbina é de 18000 L/min. As eficiências da turbina e do gerador são de 88% e 96%, respectivamente. A eletricidade produzida será de

(a) 6910 kW (b) 6750 kW (c) 6430 kW
(d) 6170 kW (e) 5890 kW

14–147 Numa usina hidrelétrica, a água escoa por um grande tubo através da represa. Esse tubo é chamado de

(a) Canal de fuga (b) Tubo de sucção
(c) Rotor (d) Conduto forçado
(e) Propulsor

14–148 Em turbinas eólicas, a velocidade mínima do vento para a qual pode-se gerar potência útil é chamada de

(a) Velocidade de projeto (b) Velocidade de cut-in
(c) Velocidade de cut-out (d) Velocidade disponível
(e) Velocidade de Betz

14–149 Uma turbina eólica é instalada num local onde o vento sopra com 8 m/s. A temperatura do ar é de 10°C e o diâmetro da turbina é de 30 m. Se a eficiência total do conjunto turbina-gerador é de 35%, a potência elétrica produzida é de

(a) 79 kW (b) 109 kW (c) 142 kW
(d) 154 kW (e) 225 kW

14–150 A potência eólica disponível para uma turbina é de 50 kW quando o vento sopra com 5 m/s. Se a velocidade do vento dobrar, a potência eólica disponível será de

(a) 50 kW (b) 100 kW (c) 200 kW
(d) 400 kW (e) 800 kW

14–151 Uma nova turbina hidráulica deve ser projetada para ser similar a uma turbina existente que tem os seguintes parâmetros em seu ponto de melhor eficiência: D_A = 3 m, $\dot{n}_A$ = 90 rpm, $\dot{V}_A$ = 200 m³/s, H_A = 55 m, bhp$_A$ = 100 MW. A nova turbina terá uma rotação de 110 rpm e carga líquida de 40 m. Qual será a bhp da nova turbina quando ela opera mais eficientemente?

(a) 17,6 MW (b) 23,5 MW (c) 30,2 MW
(d) 40,0 MW (e) 53,7 MW

14–152 Uma turbina hidráulica opera com os seguintes parâmetros em seu ponto de melhor eficiência: $\dot{n}$ = 90 rpm, $\dot{V}$ = 200 m³/s, H = 55 m, bhp = 100 MW. A velocidade específica dessa turbina é

(a) 0,71 (b) 0,18 (c) 1,57
(d) 2,32 (e) 1,15

Problemas de projeto e dissertação

14–153 Desenvolva um aplicativo geral para computador (usando o EES ou outro software) que empregue as leis de semelhança para criar uma nova bomba (B) que seja dinamicamente similar a uma bomba dada (A). As entradas da bomba A são diâmetro, carga líquida, vazão (capacidade), densidade, velocidade rotacional e eficiência da bomba. As entradas da bomba B são densidade (ρ_B pode diferir de ρ_A), carga líquida desejada e vazão (capacidade) desejada. As saídas da bomba B são diâmetro, velocidade rotacional e potência necessária no eixo. Teste seu programa usando as seguintes entradas: D_A = 5,0 cm, H_A = 120 cm, $\dot{V}_A$ = 400 cm³/s, ρ_A = 998,0 kg/m³, $\dot{n}_A$ = 1.725 rpm, $\eta_{bomba,A}$ = 81%, ρ_B = 1.226 kg/m³, H_B = 450 cm e $\dot{V}_B$ = 2400 cm³/s. Verifique seus resultados manualmente.

Respostas: D_B = 8,80 cm, $\dot{n}_B$ = 1898 rpm e bhp$_B$ = 160 W

14–154 Experimentos em uma bomba existente (A) resultaram nos seguintes dados no ponto de melhor eficiência: D_A = 10,0 cm, H_A = 210 cm, $\dot{V}_A$ = 1.350 cm³/s, ρ_A = 998,0 kg/m³, $\dot{n}_A$ = 1.500 rpm, $\eta_{bomba,A}$ = 87%. Você deve projetar uma nova bomba (B) com os seguintes requisitos: ρ_B = 998,0 kg/m³, H_B = 570 cm e $\dot{V}_B$ = 3.670 cm³/s. Aplique o programa de computador que você desenvolveu no Problema 14–153 para calcular D_B (cm), $\dot{n}_B$ (rpm) e bhp$_B$ (W). Calcule também a velocidade específica da bomba. Qual é o tipo mais provável dessa bomba?

14–155 Desenvolva um aplicativo geral para computador (usando o EES ou outro software) que empregue as leis de semelhança para criar uma nova turbina (B) que seja dinamicamente similar a uma turbina dada (A). As entradas da turbina A são diâmetro, carga líquida, capacidade (vazão), densidade, velocidade rotacional e potência no eixo. As entradas da turbina B são densidade (ρ_B pode diferir de ρ_A), carga líquida disponível e velocidade rotacional. As saídas da turbina B são diâmetro, capacidade (vazão) e potência no eixo. Teste seu programa usando as seguintes entradas: $D_A = 1{,}40$ m, $H_A = 80{,}0$ m, $\dot{V}_A = 162$ m³/s, $\rho_A = 998{,}0$ kg/m³, $\dot{n}_A = 150$ rpm, bhp$_A$ = 118 MW, $\rho_B = 998{,}0$ kg/m³, $H_B = 95{,}0$ m e $\dot{n}_B = 120$ rpm. Verifique seus resultados manualmente.

Respostas: $D_B = 1{,}91$ m, $\dot{V}_B = 328$ m³/s e bhp$_B$ = 283 MW

14–156 Experimentos em uma turbina existente (A) resultaram nos seguintes dados: $D_A = 86{,}0$ cm, $H_A = 22{,}0$ m, $\dot{V}_A = 69{,}5$ cm3/s, $\rho_A = 998{,}0$ kg/m³, $\dot{n}_A = 240$ rpm, bhp$_A$ = 11,4 MW. Você deve projetar uma nova turbina (B) com os seguintes requisitos: $\rho_B = 998{,}0$ kg/m³, $H_B = 95{,}0$ m e $\dot{n}_B = 210$ rpm. Aplique o programa de computador que você desenvolveu no Problema 14–155 para calcular D_B (m), $\dot{V}_B$ (m₃/s) e bhp$_B$ (MW). Calcule também a velocidade específica da turbina. Qual é o tipo mais provável dessa turbina?

14–157 Calcule e compare as eficiências das duas turbinas do Prob. 14–156. As duas deveriam ser iguais, uma vez que assumimos semelhança dinâmica. Entretanto, a maior será ligeiramente mais eficiente que a menor. Use a equação de correção de eficiência de Moody para predizer a eficiência real esperada da turbina nova. Discuta o resultado.

Capítulo 15

Introdução à Dinâmica dos Fluidos Computacional

OBJETIVOS

Ao terminar a leitura deste capítulo você deve ser capaz de:

- Compreender a importância de uma malha de alta qualidade e boa resolução
- Aplicar as condições de contorno apropriadas aos domínios computacionais
- Compreender como aplicar a CFD aos problemas básicos de engenharia e como determinar se a saída é fisicamente significativa
- Entender que é preciso ter muito mais estudo e prática com a CFD para usá-la com êxito

Este capítulo apresenta uma breve introdução à dinâmica dos fluidos computacional (CFD). Embora qualquer pessoa inteligente e com conhecimentos de computador possa usar um código de CFD, os resultados obtidos podem não ser fisicamente corretos. Na verdade, se a malha não for gerada adequadamente ou se as condições de contorno ou os parâmetros do escoamento forem aplicados inapropriadamente, os resultados podem estar completamente errados. Assim, o objetivo deste capítulo é apresentar *orientações* sobre como gerar uma malha, como especificar condições de contorno e como determinar se a saída de computador é significativa. Enfatizamos a *aplicação* de CFD aos problemas de engenharia, em vez de apresentar detalhes sobre as técnicas de geração de malha, os esquemas de discretização, os algoritmos de CFD ou a estabilidade numérica.

Os exemplos aqui apresentados foram obtidos com o código **ANSYS-FLUENT** de Dinâmica dos Fluidos Computacional. Outros códigos da CFD dariam resultados similares, porém não idênticos. Exemplos de resultados usando CFD são mostrados para escoamentos incompressíveis e compressíveis tanto laminares quanto turbulentos, escoamentos com transferência de calor e escoamentos com superfície livre.

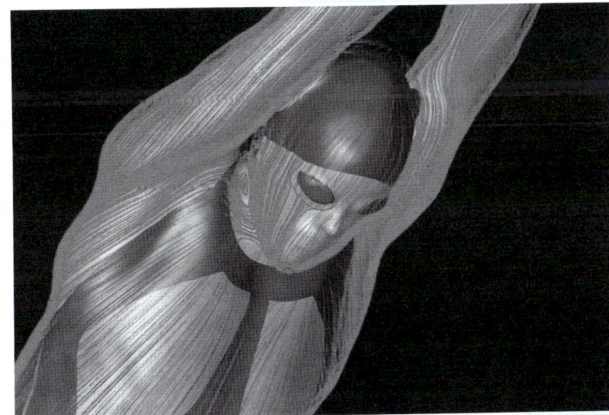

Simulação do escoamento ao redor de um nadador do sexo masculino usando o código de CFD ANSYS-FLUENT. A imagem mostra linhas de tensão de cisalhamento do escoamento ao longo da superfície do corpo. Uma região de separação na região do pescoço é visível.

Figura usada com permissão do proprietário, Speedo International Limited.

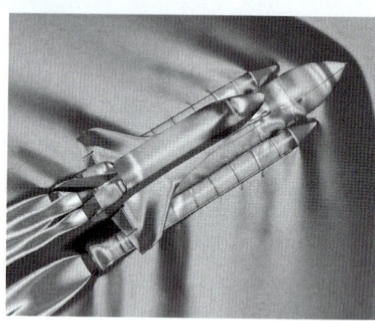

FIGURA 15–1 Cálculos de CFD para a ascensão do veículo de lançamento do ônibus espacial (SSLV). A malha consiste em mais de 16 milhões de pontos e os contornos de pressão são mostrados. As condições de corrente livre são Ma = 1,25 e o ângulo de ataque é –3,3°.
NASA/Figura de Ray J. Gomez. Usada com permissão.

15–1 INTRODUÇÃO E FUNDAMENTOS

Motivação

Existem duas abordagens fundamentais para o projeto e análise dos sistemas de engenharia relacionados com o escoamento de fluidos: experimentação e cálculo. A primeira, em geral, envolve a construção de modelos que são testados em túneis de vento ou em outras instalações (Capítulo 7), enquanto a última envolve a solução de equações diferenciais, seja analiticamente (Capítulos 9 e 10) ou computacionalmente. Neste capítulo, apresentamos uma breve introdução à **dinâmica dos fluidos computacional** (**CFD**), a área de estudos dedicada à solução das equações do escoamento de fluidos com o uso de um computador (ou, mais recentemente, de *vários* computadores funcionando em paralelo). Os engenheiros modernos aplicam as análises experimentais *e* de CFD, e as duas se complementam. Por exemplo, os engenheiros podem obter *propriedades globais* como forças de sustentação e de arrasto, queda de pressão ou de potência de forma experimental, mas usam CFD para obter *detalhes* sobre o campo de escoamento como as tensões de cisalhamento, os perfis de velocidade e pressão (Fig. 15–1) e as linhas de corrente do escoamento. Além disso, os dados experimentais são muito usados para *validar* as soluções de CFD, comparando as quantidades globais determinadas pelos métodos computacional e experimental. Em seguida, CFD é empregada para diminuir o ciclo de projeto através de estudos paramétricos cuidadosamente controlados, reduzindo, assim, a quantidade necessária de testes experimentais.

No estado atual da dinâmica dos fluidos computacional, CFD pode lidar com escoamentos laminares com facilidade, mas é impossível solucionar os escoamentos turbulentos de interesse prático para a engenharia sem invocar os *modelos de turbulência*. Infelizmente, nenhum modelo de turbulência é *universal*, e uma solução de CFD turbulenta só é boa se a adequação do modelo de turbulência também o for. Apesar dessa limitação, os modelos de turbulência padrão têm resultados razoáveis para muitos problemas práticos de engenharia.

Existem vários aspectos da CFD que não são abordados neste capítulo – técnicas de geração de malha, algoritmos numéricos, esquemas de diferenças finitas e de volumes finitos, questões de estabilidade, modelagem de turbulência, etc. É preciso estudar esses tópicos para entender completamente as capacidades e limitações da dinâmica dos fluidos computacional. Neste capítulo, apenas tocamos nesse interessante assunto. Nosso objetivo é apresentar os fundamentos de CFD sob a perspectiva de um *usuário*, oferecendo orientações sobre como gerar uma malha, como especificar condições de contorno e como determinar se a saída do computador é fisicamente significativa.

Iniciamos esta seção apresentando as equações diferenciais do escoamento dos fluidos que devem ser solucionadas e, em seguida, destacamos um procedimento de solução. As seções seguintes deste capítulo são dedicadas às soluções usando CFD de exemplos para o escoamento laminar, o escoamento turbulento, os escoamentos com transferência de calor, o escoamento compressível e o escoamento de canal aberto.

Equações do movimento

Para o escoamento laminar permanente de um fluido viscoso, incompressível e newtoniano sem efeitos de superfície livre, as equações do movimento são a *equação da continuidade,*

$$\vec{\nabla} \cdot \vec{V} = 0 \tag{15-1}$$

e a equação de Navier–Stokes,

$$(\vec{V}\cdot\vec{\nabla})\vec{V} = -\frac{1}{\rho}\vec{\nabla}P' + \nu\nabla^2\vec{V} \qquad (15\text{--}2)$$

Estritamente falando, a Equação 15–1 é uma **equação da conservação** enquanto a Equação 15–2 é uma **equação de transporte** que representa o transporte do momento linear em todo o domínio computacional. Nas Equações 15–1 e 15–2, $\vec{V}$ é a velocidade do fluido, ρ é sua densidade e ν é sua viscosidade cinemática ($\nu = \mu/\rho$). A falta de efeitos de superfície livre permite que usemos a *pressão modificada P'*, eliminando assim o termo da gravidade da Equação 15–2 (consulte o Capítulo 10). Observe que a Equação 15–1 é uma equação *escalar*, enquanto a Equação 15–2 é uma equação *vetorial*. As Equações 15–1 e 15–2 aplicam-se apenas aos escoamentos incompressíveis nos quais assumimos que ρ e ν são constantes. Assim, para o escoamento tridimensional em coordenadas cartesianas existem *quatro* equações diferenciais combinadas para *quatro* incógnitas, u, v, w e P' (Fig. 15–2). Se o escoamento fosse compressível, as Equações 15–1 e 15–2 precisariam ser modificadas adequadamente, como foi discutido na Seção 15–5. Os escoamentos de líquidos quase sempre podem ser tratados como incompressíveis, e para muitos escoamentos de gás, o gás está a um número de Mach suficientemente baixo para se comportar quase como um fluido incompressível.

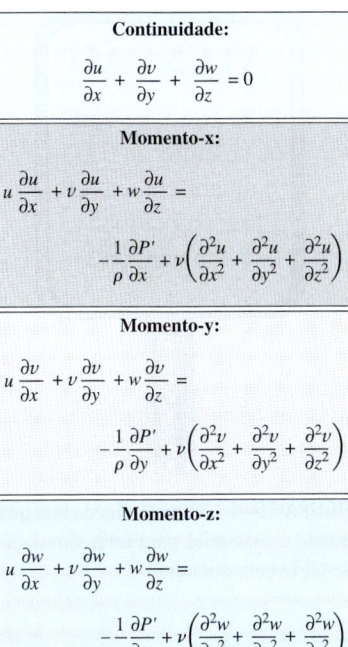

FIGURA 15–2 As equações do movimento a serem solucionadas por CFD no caso do escoamento permanente, incompressível e laminar de um fluido newtoniano com propriedades constantes e sem efeitos de superfície livre. Um sistema de coordenadas cartesiano é usado. Existem quatro equações e quatro incógnitas: u, v, w e P'.

Procedimento de solução

Realizam-se as etapas abaixo para solucionar as Equações 15–1 e 15–2 numericamente. Observe que a ordem de algumas das etapas (particularmente, as etapas 2 até 5) pode ser trocada.

1. Um **domínio computacional** é selecionado e uma **malha** (também chamada de **grade**) é gerada; o domínio se divide em muitos elementos pequenos chamados **células**. Para os domínios bidimensionais (2-D), as células são *áreas*, enquanto para os domínios tridimensionais (3-D) as células são *volumes* (Fig. 15–3). Cada célula pode ser vista como um minúsculo volume de controle onde as versões distintas das equações da conservação são solucionadas. Observe que limitamos nossa discussão, aqui, aos códigos de CFD de volumes finitos aplicados às células. A qualidade de uma solução CFD depende bastante da qualidade da malha. Assim, verifique se a malha é de alta qualidade antes de passar para a próxima etapa (Fig. 15–4).

2. As *condições de contorno* são especificadas em cada **aresta** do domínio computacional (escoamentos 2-D) ou em cada **face** do domínio (escoamentos 3-D).

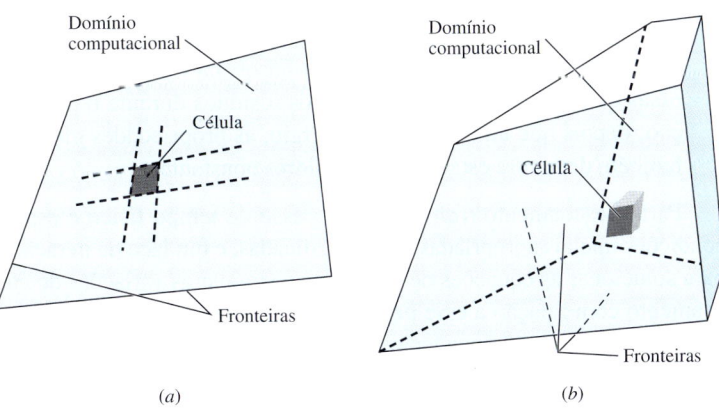

FIGURA 15–3 Um *domínio computacional* é a região do espaço onde as equações do movimento são solucionadas por CFD. Uma *célula* é um pequeno elemento do domínio computacional. São mostrados (*a*) um domínio bidimensional e uma célula com a forma de um quadrilátero e (*b*) um domínio tridimensional e uma célula com a forma de um hexaedro. As fronteiras de um domínio 2-D são chamadas de *arestas*, enquanto as fronteiras de um domínio 3-D são chamadas de *faces*.

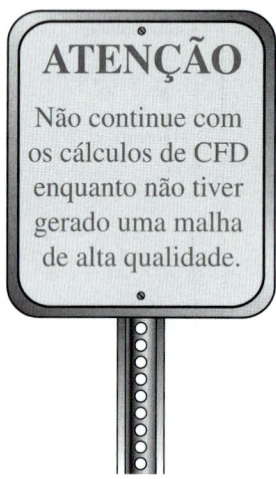

FIGURA 15–4 Uma malha de boa qualidade é essencial para uma simulação de CFD bem-sucedida.

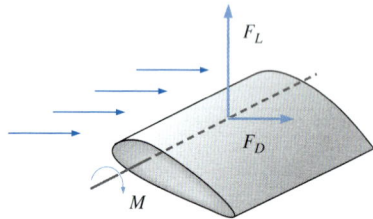

FIGURA 15–5 As *propriedades globais* de um escoamento, como forças e momentos que agem sobre um objeto, são calculadas após uma solução de CFD ter convergido. Elas também podem ser calculadas durante o processo de iteração para monitorar a convergência.

3. O tipo do fluido (água, ar, gasolina, etc.) é especificado juntamente com as propriedades do fluido (temperatura, densidade, viscosidade, etc.). Muitos códigos de CFD têm bancos de dados de propriedades incorporados para fluidos comuns, tornando essa etapa relativamente "indolor".

4. Os parâmetros numéricos e os algoritmos de solução são selecionados. Estes são específicos de cada código de CFD e não são discutidos aqui. As configurações padrão dos códigos de CFD mais modernos são apropriadas para os problemas simples discutidos neste capítulo.

5. Os valores iniciais de todas as variáveis de campo de escoamento são especificados para cada célula. Essas são as *condições iniciais*, que podem ou não estar corretas, mas são necessárias como ponto de partida, para que o processo de iteração possa continuar (etapa 6). Observamos que, para realizar cálculos adequados do escoamento transiente, as condições iniciais *devem* estar corretas.

6. Começando pelas hipóteses iniciais, as formas discretizadas das Equações 15–1 e 15–2 são solucionadas iterativamente, em geral, no centro de cada célula. Se todos os termos da Equação 15–2 fossem colocados em um lado da equação, a solução seria "exata" quando a soma desses termos, definida como **resíduo**, fosse zero para cada célula do domínio. Entretanto, em uma solução de CFD, a soma *nunca* é identicamente nula, mas diminui (esperamos) com iterações progressivas. Um resíduo pode ser visto como uma medida da quantidade com a qual a solução para determinada equação de transporte se desvia da quantidade exata, e o resíduo médio associado a cada equação de transporte é monitorado para ajudar a determinar quando a solução foi atingida. Às vezes, centenas ou mesmo milhares de iterações são necessárias para chegar à solução final, e os resíduos podem diminuir em várias ordens de magnitude.

7. Depois que a solução foi atingida, as variáveis do campo de escoamento, como velocidade e pressão, são plotadas e analisadas graficamente. Os usuários também podem definir e analisar funções personalizadas adicionais que são formadas por combinações algébricas das variáveis do campo de escoamento. A maioria dos códigos de CFD comerciais tem **pós-processadores** incorporados, que foram criados para analisar o campo de escoamento de modo gráfico e rápido. Também existem pacotes de software de pós-processamento independentes disponíveis para essa finalidade. Como a saída gráfica quase sempre é exibida em cores vivas, a CFD ganhou o apelido de *dinâmica dos fluidos colorida*.

8. As *propriedades globais*, como queda de pressão, e as *propriedades integrais*, como forças e momentos (sustentação e arrasto) que agem sobre um corpo, são calculadas a partir da solução convergida (Fig. 15–5). Na maioria dos códigos de CFD, isso também pode ser feito "imediatamente" à medida que as iterações ocorrem. Em muitos casos, na verdade, é sensato monitorar essas quantidades juntamente com os resíduos durante o processo de iteração; depois que uma solução convergiu, as propriedades globais e integrais também devem se estabilizar em valores constantes.

Para o escoamento *transiente*, um passo de tempo físico é especificado, as condições iniciais apropriadas são especificadas, e um laço de iteração é realizado para solucionar as equações de transporte e simular as variações do campo de escoamento com relação a esse pequeno passo de tempo. Como as variações entre os passos de tempo são pequenas, um número relativamente pequeno de iterações (na ordem de dezenas) em geral é necessário em cada passo de tempo. Após a convergência do "laço interno", o código continua para o próximo passo de tempo. Se um escoamento tem uma solução de estado permanente, essa solução quase sempre é mais fácil de encontrar avançando no tempo – após a passagem de tempo suficiente, as variáveis do campo de escoamento se estabilizam em seus valores de estado permanente. A maioria dos códigos de CFD tira proveito desse fato especificando internamente um "passo de tempo fictício" (**tempo artificial**) e avançando na direção de uma solução de estado permanente. Em tais casos, o "passo de tempo fictício" pode até mesmo ser diferente entre as células do domínio computacional e pode ser ajustado adequadamente para diminuir o tempo de convergência.

"Truques" são usados para reduzir o tempo de cálculo, como o **multigridding**, no qual as variáveis do campo de escoamento são resolvidas primeiramente em uma malha grosseira, para que as características aproximadas do escoamento sejam estabelecidas rapidamente. Em seguida, essa solução é interpolada em malhas cada vez mais finas, sendo que a malha final é a especificada pelo usuário (Fig. 15-6). Em alguns códigos de CFD comerciais o processo de resolver o escoamento em várias malhas sucessivamente mais finas antes de resolver o escoamento na malha final pode ocorrer "nos bastidores" durante o processo de iteração, sem participação do usuário. Você pode aprender mais sobre os algoritmos computacionais e outras técnicas numéricas que melhoram a convergência em livros dedicados aos métodos computacionais, como Tannehill, Anderson e Pletcher (2012).

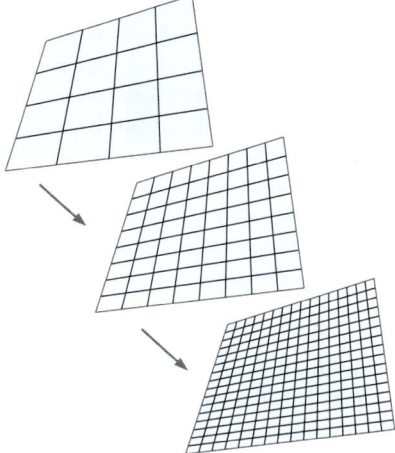

FIGURA 15-6 Com o multigridding, a solução para as equações de movimento é obtida primeiramente em uma malha grosseira, seguida por malhas cada vez mais finas. Isso torna mais rápida a convergência.

Equações adicionais do movimento

Se conversão de energia ou transferência de calor é importante para o problema, outra equação de transporte, a *equação da energia*, também deve ser solucionada. Se as diferenças de temperatura levam a variações de densidade significativas, uma *equação de estado* (como a lei do gás ideal) pode ser usada. Se a flutuação (buoyancy) é importante, o efeito da temperatura sobre a densidade se reflete no termo de gravidade (que deve ser separado do termo da pressão modificada na Equação 15-2).

Para determinado conjunto de condições de contorno, uma solução de CFD para o escoamento laminar aproxima uma solução "exata", limitada apenas pela precisão dos esquemas de discretização utilizados nas equações do movimento, pelo nível de convergência e pelo grau com o qual a malha é solucionada. O mesmo seria válido para uma simulação de escoamento turbulento, se a malha pudesse ser suficientemente fina para solucionar todos os vórtices turbulentos, de natureza tridimensional e transiente. Infelizmente, nem sempre esse tipo de simulação direta do escoamento é possível nas aplicações práticas da engenharia por causa das limitações dos computadores. Em vez disso, aproximações adicionais são feitas na forma de modelos de turbulência para que as soluções de escoamento turbulento sejam possíveis. Os modelos de turbulência geram equações de transporte adicionais que modelam a difusão turbulenta. Essas equações de transporte adicionais devem ser solucionadas juntamente com as equações de conservação da massa e momento linear. A modelagem da turbulência é discutida com mais detalhes na Seção 15-3.

Os códigos de CFD modernos incluem opções para o cálculo de trajetórias de partículas, transporte de contaminantes, transferência de calor e turbulência. Os códigos são fáceis de usar e é possível obter soluções sem conhecer as equações ou suas limitações. Aí é que está o perigo da CFD: pode gerar resultados errados quando em mãos de alguém que não tem conhecimento de mecânica dos fluidos (Fig. 15-7). É importante que os usuários de CFD possuam conhecimento fundamental da mecânica dos fluidos, para poderem perceber se uma solução de CFD faz sentido ou não em termos físicos.

FIGURA 15-7 As soluções de CFD são fáceis de obter, e as saídas gráficas podem ser maravilhosas, mas as respostas corretas dependem de dados de entrada corretos sobre o campo de escoamento.

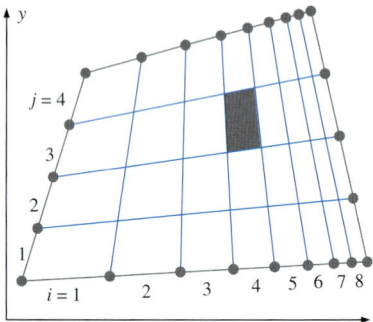

FIGURA 15–8 Exemplo de malha estruturada bidimensional com nove nós e oito intervalos nos lados superior e inferior, e cinco nós e quatro intervalos nos lados esquerdo e direito. Os índices *i* e *j* são mostrados. A célula sombreada está em ($i = 4$, $j = 3$).

Geração e independência de malha

A primeira etapa (e, sem dúvida, a etapa mais importante) de uma solução de CFD é a geração de uma malha que defina em todo o domínio computacional as células nas quais as variáveis de escoamento (velocidade, pressão, etc.) são calculadas. Também estão disponíveis códigos de CFD modernos com seus próprios geradores de malhas, além dos programas geradores de malhas de terceiros. As malhas usadas neste capítulo são geradas com o pacote de geração de malha do ANSYS-FLUENT.

Muitos códigos de CFD podem ser executados com malhas estruturadas ou não. Uma **malha estruturada** consiste em células planares com quatro lados (2-D) ou células volumétricas com seis faces (3-D). Embora as células possam ser distorcidas em relação ao formato retangular, cada célula é numerada de acordo com índices (i, j, k) que não correspondem necessariamente às coordenadas x, y e z. Uma ilustração de uma malha estruturada bidimensional é mostrada na Fig. 15–8. Para construir essa malha, nove **nós** são especificados nos lados superior e inferior; esses nós correspondem a oito **intervalos** ao longo desses lados. Da mesma forma, cinco nós são especificados nos lados esquerdo e direito, correspondentes a quatro intervalos ao longo desses lados. Os intervalos correspondem a $i = 1$ até 8 e $j = 1$ até 4, e estão numerados e marcados na Fig. 15–8. Em seguida, uma malha interna é gerada conectando-se os nós um a um em todo o domínio, de forma que as linhas (j = constante) e as colunas (i = constante) sejam definidas claramente, embora as células propriamente ditas possam ser distorcidas (não necessariamente retangulares). Em uma malha estruturada bidimensional, cada célula é especificada de forma exclusiva por um par de índices (i, j). Por exemplo, a célula sombreada da Fig. 15–8 está em ($i = 4, j = 3$). Você deve ter conhecimento de que alguns códigos de CFD numeram os *nós* em vez dos intervalos.

Uma **malha não estruturada** consiste em diversas formas mas, em geral, são usados triângulos ou quadriláteros (2-D) e tetraedros ou hexaedros (3-D). Duas malhas não estruturadas para o mesmo domínio da Fig. 15–8 são geradas, usando a *mesma* distribuição de intervalo nos lados; essas malhas são mostradas na Fig. 15–9. Ao contrário da malha estruturada, não é possível identificar exclusivamente as células da malha não estruturada pelos índices *i* e *j*; em vez disso, as células são numeradas de alguma outra forma internamente no código de CFD.

Para geometrias complexas, uma malha não estruturada, em geral, é muito mais fácil de ser criada pelo usuário do código de geração de malha. Entretanto, existem algumas vantagens nas malhas estruturadas. Por exemplo, alguns códigos de CFD (normalmente, mais antigos) foram escritos especificamente para as malhas estruturadas; esses códigos convergem mais rapidamente, e quase sempre de forma mais exata, com a utilização do recurso de índice das malhas estruturadas. Entretanto, nos códigos de CFD gerais mais modernos, que podem processar malhas estruturadas e não estruturadas, isso não é mais problema. Mais impor-

FIGURA 15–9 Exemplos de malhas não estruturadas bidimensionais com nove nós e oito intervalos nos lados superior e inferior, e cinco nós e quatro intervalos nos lados esquerdo e direito. Essas malhas utilizam a mesma distribuição de nós da Fig. 15–8: (*a*) malha triangular não estruturada e (*b*) malha quadrilateral não estruturada. A célula sombreada de (*a*) está moderadamente distorcida.

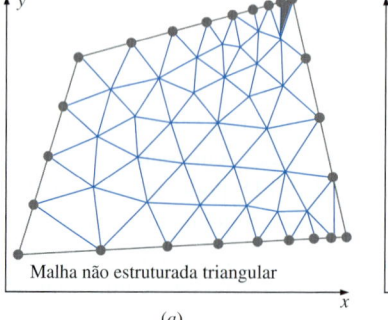

Malha não estruturada triangular

(*a*)

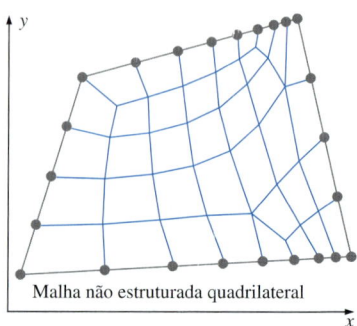

Malha não estruturada quadrilateral

(*b*)

tante ainda é o fato de que *com uma malha estruturada são geradas menos células do que com uma malha não estruturada*. Na Fig. 15–8, por exemplo, a malha estruturada tem 8 × 4 = 32 células, enquanto a malha triangular não estruturada da Fig. 15–9a tem 76 células, e a malha quadrilateral não estruturada tem 38 células, embora uma distribuição de nós idêntica nos contornos seja aplicada nos três casos. Nas camadas limite, onde as variáveis de escoamento mudam rapidamente na direção normal à parede e malhas altamente refinadas são necessárias próximas à parede, as malhas estruturadas permitem resolução mais fina do que as malhas não estruturadas para o mesmo número de células. Isso pode ser visto pela comparação das malhas das Figuras 15–8 e 15–9 próximas à extremidade direita. As células da malha estruturada são finas e fortemente compactas perto do lado direito, enquanto as células das malhas não estruturadas não são.

Devemos enfatizar que, independentemente do tipo de malha selecionado (estruturada ou não estruturada, quadrilateral ou triangular, etc.), o fator mais crítico para produzir soluções de CFD confiáveis é a *qualidade* da malha. Em particular, você sempre deve tomar cuidado para que as células individuais não sejam altamente distorcidas, uma vez que isso pode levar a dificuldades e imprecisão de convergência na solução numérica. A célula sombreada da Fig. 15–9a é um exemplo de célula com **distorção** moderadamente alta, definida como o afastamento da simetria. Existem diversos tipos de inclinação, para células bi e tridimensionais. A inclinação de célula tridimensional vai além do escopo deste livro – o tipo de inclinação mais adequado para as células *bidimensionais* é a **distorção equiangular**, definida como

Distorção equiangular: $\quad Q_{EAS} = \text{MAX}\left(\dfrac{\theta_{max} - \theta_{equal}}{180° - \theta_{equal}}, \dfrac{\theta_{equal} - \theta_{min}}{\theta_{equal}}\right)$ (15–3)

onde $\theta_{mín}$ e $\theta_{máx}$ são os ângulos mínimo e máximo (em graus) entre dois lados da célula e θ_{igual} é o ângulo entre dois lados quaisquer de uma célula equilátera com mesmo número de lados. Para células triangulares $\theta_{igual} = 60°$ e para células quadriláteras $\theta_{igual} = 90°$. É possível demonstrar pela Equação 15–3 que $0 < Q_{EAS} < 1$ para qualquer célula bidimensional. Por definição, um triângulo equilátero tem distorção zero. Da mesma forma, um quadrado ou retângulo tem distorção zero. Um elemento triangular ou quadrilátero grosseiramente distorcido pode ter distorção alta inaceitável (Fig. 15–10). Alguns códigos de geração de malha utilizam esquemas numéricos para suavizar a malha, de modo a minimizar a distorção.

Outros fatores também afetam a qualidade da malha. Por exemplo, variações bruscas no tamanho das células podem provocar dificuldades de convergência ou problemas numéricos no código de CFD. Da mesma forma, células com razão de aspecto muito grande, às vezes, podem causar problemas. Embora, na maioria das vezes, seja possível minimizar o número de células usando uma malha estruturada, em vez de uma malha não estruturada, uma malha estruturada nem sempre é a melhor opção, dependendo da forma do domínio computacional. Você sempre deve estar ciente da qualidade da malha. Lembre-se que uma *malha não estruturada*

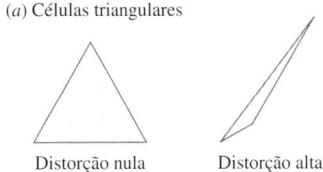

(a) Células triangulares

Distorção nula   Distorção alta

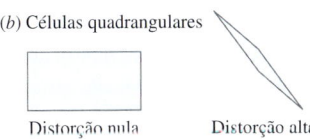

(b) Células quadrangulares

Distorção nula   Distorção alta

FIGURA 15–10 A distorção é mostrada em duas dimensões: (*a*) um triângulo equilátero tem distorção nula, mas o triângulo do lado direito tem distorção alta. (*b*) Da mesma forma, um retângulo tem distorção nula, mas o quadrilátero do lado direito tem distorção alta.

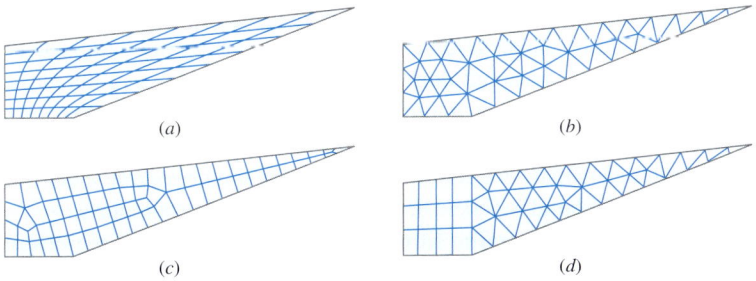

(a)   (b)   (c)   (d)

FIGURA 15–11 Comparação de quatro malhas bidimensionais para um domínio computacional altamente distorcido: (*a*) malha 8 × 8 estruturada com 64 células e $(Q_{EAS})_{máx} = 0{,}83$, (*b*) malha triangular não estruturada com 70 células e $(Q_{EAS})_{máx} = 0{,}76$, (*c*) malha quadrilateral não estruturada com 67 células e $(Q_{EAS})_{máx} = 0{,}87$ e (*d*) malha híbrida com 62 células e $(Q_{EAS})_{máx} = 0{,}76$.

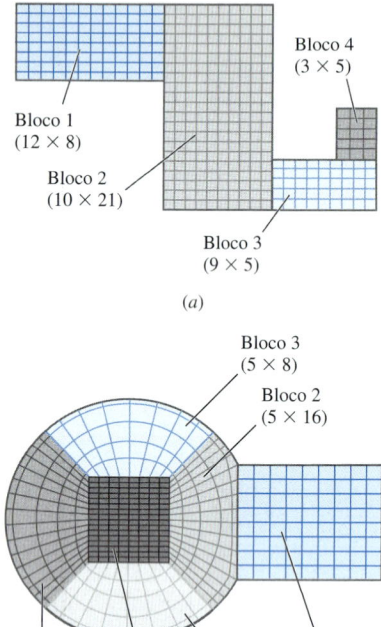

FIGURA 15–12 Exemplos de malhas estruturadas geradas para a análise de CFD usando malhas do tipo multiblocos: (*a*) um domínio computacional bidimensional simples composto por blocos retangulares de quatro lados e (*b*) um domínio bidimensional mais complicado com superfícies curvas, mas também composto por quatro blocos de quatro lados e células quadriláteras. O número de intervalos *i*- e *j*- de cada bloco é mostrado entre parênteses. Obviamente, existem modos alternativos aceitáveis de dividir esses domínios computacionais em blocos.

de alta qualidade é melhor do que uma malha estruturada de má qualidade. Um exemplo é mostrado na Fig. 15–11 no caso de um domínio computacional com um pequeno ângulo agudo no canto superior direito. Nesse exemplo, apenas ajustamos a distribuição dos nós, para que a malha contenha sempre entre 60 e 70 células para comparação direta. A malha estruturada (Fig. 15–11*a*) tem $8 \times 8 = 64$ células; mas mesmo após a suavização, a deformação equiangular é de 0,83 – as células próximas ao canto superior direito são altamente distorcidas. A malha triangular não estruturada (Fig. 15–11*b*) tem 70 células, mas a distorção máxima é reduzida para 0,76. Mais importante ainda é o fato de que a distorção geral é mais baixa em todo o domínio computacional. A malha quadrilateral estruturada (Fig. 15–11*c*) tem 67 células. Embora a distorção geral seja melhor do que a distorção da malha estruturada, a distorção máxima é 0,87 – mais alta do que aquela da malha estruturada. A malha híbrida mostrada na Fig. 15–11*d* é discutida rapidamente.

Surgem situações onde uma malha estruturada é preferida (por exemplo, o código de CFD exige malhas estruturadas, zonas de camadas limite precisam de alta resolução, ou a simulação está pressionando os limites da memória de computador disponível). A geração de uma malha estruturada é um processo direto para as geometrias com lados retos. Tudo o que precisamos fazer é dividir o domínio computacional em quatro **blocos** ou **zonas** de quatro lados (2-D) ou seis (3-D). Dentro de cada bloco, geramos uma malha estruturada (Fig. 15–12*a*). Tal análise é chamada de análise **multiblocos**. Para geometrias mais complicadas com superfícies curvas, precisamos determinar como o domínio computacional pode ser dividido em blocos individuais que podem ou não ter lados (2-D) ou faces (3-D) planos. Um exemplo bidimensional envolvendo arcos circulares é mostrado na Fig. 15–12*b*. A maioria dos códigos de CFD exige que os nós coincidam nos lados e faces comuns entre os blocos.

Muitos códigos de CFD comerciais permitem dividir os lados ou as faces de um bloco e atribuir condições de contorno diferentes a cada segmento do lado ou face. Na Fig. 15–12*a*, por exemplo, a aresta esquerda do bloco 2 é dividida cerca de dois terços acima para acomodar a junção com o bloco 1. O segmento inferior dessa aresta é uma parede e o segmento superior é uma aresta interior. (Essas e outras condições de contorno são discutidas brevemente.) Uma situação semelhante ocorre na aresta direita do bloco 2 e na aresta superior do bloco 3. Alguns códigos de CFD aceitam apenas **blocos elementares**, ou seja, *blocos cujas arestas ou faces não podem ser divididas*. Por exemplo, a malha de quatro blocos da Fig. 15–12*a* exige sete blocos elementares de acordo com essa limitação (Fig. 15–13). O número total de células é o mesmo, como você pode verificar. Finalmente, no caso dos códigos de CFD que permitem blocos com arestas ou faces divididas, às vezes, nós podemos combinar dois ou mais blocos em um só. Por exemplo, faça o exercício de mostrar como a malha estruturada da Fig. 5–11*b* pode ser simplificada em apenas *três* blocos não elementares.

Ao desenvolver a topologia dos blocos com geometrias complicadas como na Fig. 15–12*b*, o objetivo é criar blocos de forma que nenhuma célula da malha fique altamente distorcida. Além disso, o tamanho da célula não deve mudar bruscamente em nenhuma direção, e a topologia dos blocos se prestaria ao agrupamento de células próximas a paredes sólidas, para que as camadas limite possam ser refinadas. Com a prática você pode dominar a arte de criar malhas estruturadas multiblocos sofisticadas. As malhas multiblocos são *necessárias* nas malhas estruturadas de geometrias complexas. Elas também podem ser usadas combinadas com malhas não estruturadas, mas, em geral, nesse caso não são necessárias, uma vez que as malhas não estruturadas podem acomodar as geometrias complexas.

Finalmente, uma **malha híbrida** é aquela que combina regiões ou blocos de malhas estruturadas e não estruturadas. Por exemplo, você pode coincidir um bloco de malha estruturada de uma parede com um bloco de malha não estruturada da região fora da camada limite. Uma malha híbrida é muito usada para permitir a alta resolução perto de uma parede, sem exigir a alta resolução longe da parede (Fig. 15–14). Ao gerar qualquer tipo de malha (estruturada, não estruturada ou híbrida), sempre tenha cuidado para que as células individuais não estejam altamente distorcidas. Por exemplo, nenhuma das células da Fig. 15–14 tem distorção significativa. Outro exemplo de uma malha híbrida aparece na Fig. 15–11d. Aqui, dividimos o domínio computacional em dois blocos. O bloco de quatro lados da esquerda está combinado com uma malha estruturada, enquanto o bloco de três lados da direita está combinado com uma malha triangular não estruturada. A distorção máxima é 0,76, a mesma da malha triangular não estruturada da Fig. 15–11b, mas o número total de células foi reduzido de 70 para 62.

Os domínios computacionais com ângulos muito pequenos como aquele da Fig. 15–11 são difíceis de combinar no canto agudo, independentemente do tipo de células que é usado. Uma forma de evitar valores grandes de distorção em um canto agudo é simplesmente cortar ou arredondar o canto agudo. Isso pode ser feito muito próximo ao canto, para que a modificação geométrica seja imperceptível sob o ponto de vista geral, e tem pouco ou nenhum efeito sobre o escoamento, embora melhore bastante o desempenho do código de CFD reduzindo a distorção. Por exemplo, o canto agudo problemático do domínio computacional da Fig. 15–11 é cortado e redesenhado na Fig. 15–15. Pelo uso de multiblocos e malhas híbridas, a malha mostrada na Fig. 15–15 tem 62 células e distorção máxima de apenas 0,53 – um aperfeiçoamento grande com relação a qualquer uma das malhas da Fig. 15–11.

Os exemplos mostrados aqui são para problemas bidimensionais. Em três dimensões, você ainda pode escolher entre malhas estruturadas, não estruturadas e híbridas. Se uma face de quatro lados com uma malha estruturada é extrudada na terceira dimensão, uma malha estruturada tridimensional é criada, consistindo em **hexaedros** ($n = 6$ faces por célula). Se uma face com uma malha não estruturada triangular é extrudada na terceira dimensão, a malha estruturada tridimensional criada pode consistir em **prismas** ($n = 5$ faces por célula) ou **tetraedros** e pirâmides ($n = 4$ faces por célula). Esses tipos de células estão ilustrados na Fig. 15–16. Quando uma malha hexaédrica é pouco prática (por exemplo, para uma geometria complexa), uma malha tetraédrica (chamada de *tet mesh*) é uma opção comum. Códigos de geração automática de malhas, em geral, usam malhas tetraédricas como alternativa padrão. Entretanto, assim como no caso bidimensional, malhas não estruturadas tridimensionais apresentam uma quantidade maior de células em comparação com uma malha estruturada com a mesma resolução nas fronteiras.

Outro avanço no campo da geração de malhas é o uso de **malhas poliédricas**. Como o nome indica, esse tipo de malha implica no uso de células com muitas faces, chamadas de células poliédricas. Alguns geradores de malhas modernos podem criar malhas não estruturadas formadas pela mistura de elementos variados com n lados, onde n é um número inteiro qualquer maior que três. Um

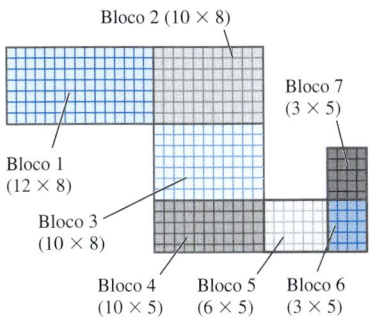

FIGURA 15–13 A malha multiblocos da Fig. 15–12a modificada para um código de CFD que pode lidar apenas com *blocos elementares*.

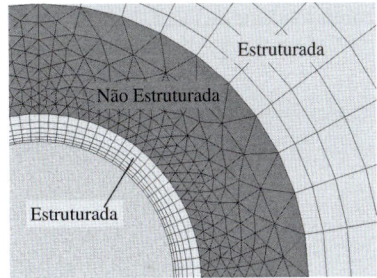

FIGURA 15–14 Exemplo de malha híbrida bidimensional próxima a uma superfície curva; duas regiões estruturadas e uma região não estruturada estão indicadas.

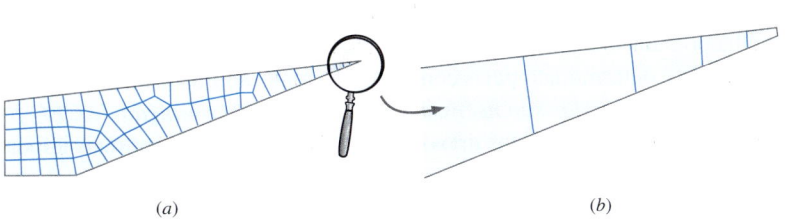

FIGURA 15–15 Malha híbrida para o domínio computacional da Fig. 15–11 com o canto agudo cortado: (a) vista geral – a malha contém 62 células com $(Q_{EAS})_{máx} = 0,53$, (b) vista ampliada do canto cortado.

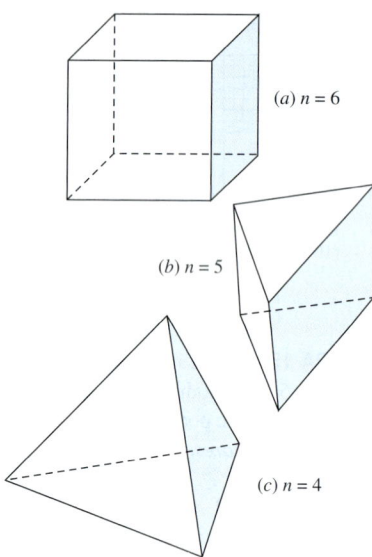

FIGURA 15–16 Exemplos de células tridimensionais: (*a*) hexaedro, (*b*) prisma e (*c*) tetraedro, junto com o número correspondente de faces.

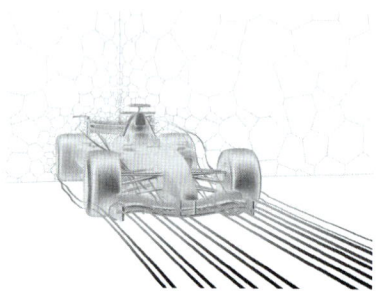

FIGURA 15–17 Este carro de Fórmula 1 foi modelado usando uma malha poliédrica para reduzir o número de células e o custo computacional, e foi simulado usando o código de CFD ANSYS-FLUENT. A imagem mostra contornos de pressão na superfície do carro (a cor vermelha indica pressões mais altas) e trajetórias de partículas de fluido (linhas com a cor indicando o tempo desde que a partícula passou pela posição). Por causa da simetria entre os lados direito e esquerdo do carro, a análise é realizada só com uma metade do veículo; os resultados mostram um espelhamento em relação ao plano de centro do domínio de solução.

Figura cortesia da ANSYS.

exemplo de malha poliédrica pode ser visto na Fig. 15–17. Alguns códigos criam os poliedros pelo amalgama de tetraedros, reduzindo o número de células da malha. Isso economiza memória e torna o processamento mais rápido. A redução no número de células pode chegar a cinco vezes (com um reflexo idêntico no tempo de processamento computacional) sem comprometer a qualidade da solução. Outra vantagem das malhas poliédricas é que a distorção das células é diminuída, melhorando a qualidade da malha e a velocidade de convergência. Finalmente, células poliédricas com um número n grande de faces têm muito mais células vizinhas do que células tetraédricas ou prismáticas. Isso é vantajoso para o cálculo dos gradientes de parâmetros do escoamento – detalhes estão além do objetivo deste texto.

A geração de uma boa malha, em geral, é um processo maçante e demorado; os engenheiros que usam CFD regularmente concordarão que a geração de malhas, em geral, leva mais tempo do que a própria solução de CFD (o tempo do engenheiro, não o tempo de CPU). Entretanto, o *tempo gasto gerando uma boa malha é bem empregado,* uma vez que os resultados de CFD serão mais confiáveis e podem convergir mais rapidamente (Fig. 15–18). Uma malha de alta qualidade é crítica para uma solução de CFD precisa; uma malha mal resolvida ou de baixa qualidade pode até mesmo levar a uma solução *incorreta*. Entretanto, é importante que os usuários de CFD testem a **independência de malha** de sua solução. O método padrão para testar a independência de malha é aumentar a resolução (por um fator de 2 em todas as direções se for possível) e repetir a simulação. Se os resultados não mudarem de forma apreciável, a malha original provavelmente é adequada. Se, por outro lado, existirem diferenças significativas entre as duas soluções, a malha original provavelmente tem resolução inadequada. Nesse caso, uma malha mais fina ainda deve ser tentada até que a malha tenha resolução adequada. Esse método de teste da independência da malha é demorado e, infelizmente, nem sempre é viável, especialmente para problemas de engenharia grandes, nos quais a solução força os recursos do computador até seus limites. Em uma simulação 2-D, se uma pessoa dobrar o número de intervalos em cada lado, o número de células aumenta por um fator de $2^2 = 4$; o tempo de cálculos necessário para a solução de CFD também aumenta em um fator de aproximadamente 4. Para escoamentos tridimensionais, quando o número de intervalos é dobrado em cada direção, a contagem das células aumenta por um fator de $2^3 = 8$. É possível ver como os estudos de independência de malha podem ir facilmente além do intervalo de capacidade de memória de um computador e/ou disponibilidade de CPU. Se você não conseguir dobrar o número de intervalos devido às limitações do computador, uma boa regra prática é testar a independência de malha aumentando o número de intervalo em pelo menos 20% em todas as direções.

Uma última nota sobre a geração de malhas. A tendência atual de CFD é a geração de malhas automatizadas, combinadas ao refinamento da malha automatizada com base em estimativas de erro. Apesar dessas novas tendências, é importante que você entenda o modo como a malha afeta a solução de CFD.

Condições de contorno

Embora as equações do movimento, o domínio computacional e até mesmo a malha possam ser iguais para dois cálculos de CFD, o tipo de escoamento que é modelado é determinado pelas condições de contorno impostas. *As condições de contorno apropriadas são necessárias para obter uma solução de CFD precisa* (Fig. 15–19). Existem vários tipos de condições de contorno; os mais importantes estão listados e são descritos brevemente a seguir. Os nomes são aqueles usados pelo ANSYS-FLUENT; outros códigos de CFD podem usar outra terminologia e os detalhes de suas condições de contorno podem ser diferentes. Na descrição dada, as palavras *face* ou *plano* são usadas, implicando o escoamento tridimensional. Para um escoamento bidimensional, as palavras a*resta* ou *linha* devem ser substituídas por *face* ou *plano*.

Condições de contorno de parede

A condição de contorno mais simples é uma **parede**. Como o fluido não pode passar através de uma parede, a componente normal da velocidade é definida como zero com relação à parede ao longo de uma face na qual a condição de contorno de parede é prescrita. Além disso, devido à condição de não deslizamento, em geral, também definimos o componente tangencial da velocidade em uma parede fixa como zero. Na Fig. 15–19, por exemplo, os lados superior e inferior desse domínio simples são especificados como condições de contorno da parede sem deslizamento. Se a equação da energia está sendo solucionada, a temperatura ou o fluxo de calor da parede também deve ser especificado (mas não ambos; consultar a Seção 15–4). Quando um modelo de turbulência é usado, as equações de transporte de turbulência são solucionadas, e a rugosidade da parede precisa ser especificada, uma vez que as camadas limite turbulentas são muito influenciadas pela rugosidade da parede. Além disso, os usuários devem escolher entre os diversos tipos de tratamentos de turbulência de parede (**funções da parede**, etc.) Essas opções de turbulência estão além do escopo deste livro (consultar Wilcox, 2006); felizmente, as opções padrão da maioria dos códigos de CFD modernos são suficientes para muitas aplicações que envolvem o escoamento turbulento.

As paredes móveis e paredes com tensões de cisalhamento especificadas também podem ser simuladas em muitos códigos de CFD. Existem situações nas quais desejamos deixar o fluido escorregar ao longo da parede (chamamos isso de "parede não viscosa"). Por exemplo, podemos especificar uma condição de contorno de parede com tensão de cisalhamento zero, ao longo da superfície livre de uma piscina ou banheira de água quente quando simulamos tal escoamento (Fig. 15–20). Observe que com essa simplificação, o fluido pode "deslizar" ao longo da superfície, já que a tensão de cisalhamento viscosa causada pelo ar acima dela é desprezivelmente pequena (Capítulo 9). Ao fazer essa aproximação, porém, as ondas de superfície e as flutuações de pressão associadas não podem ser levadas em conta.

Condições de contorno para entrada ou saída de escoamento

Existem várias opções nas fronteiras através das quais o fluido entra no domínio computacional (entrada de escoamento) ou sai do domínio (saída de escoamento). Em geral, elas são categorizadas como *condições especificadas por velocidade* ou *condições especificadas por pressão*. Numa **entrada com imposição de velocidade (*velocity inlet*)**, especificamos a velocidade do escoamento de entrada ao longo da face da entrada. Se as equações da energia e/ou turbulência estão sendo solucionadas, as propriedades de temperatura e/ou turbulência do escoamento de entrada também precisam ser especificadas.

Em uma **entrada com imposição de pressão (*pressure inlet*)**, especificamos a pressão total ao longo da face de entrada (por exemplo, o escoamento que vem do domínio computacional de um tanque pressurizado de pressão conhecida ou do campo distante onde a pressão ambiental é conhecida). Em uma **saída com imposição de pressão (*pressure outlet*)** o fluido escoa *para fora* do domínio computacional. Especificamos a pressão estática ao longo da superfície externa;

FIGURA 15–18 O tempo gasto gerando uma boa malha é tempo bem empregado.

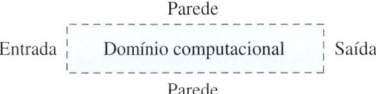

FIGURA 15–19 As condições de contorno devem ser cuidadosamente aplicadas a *todas* as fronteiras do domínio computacional. As condições de contorno apropriadas são necessárias para obter uma solução de CFD acurada.

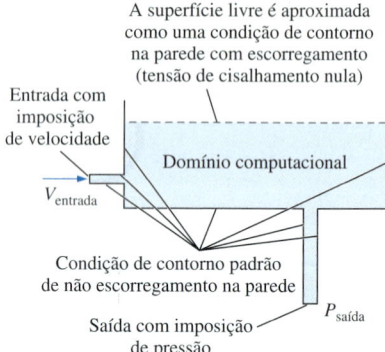

FIGURA 15–20 A condição de contorno de *parede* padrão é imposta às fronteiras sólidas fixas, onde também impomos uma temperatura de parede ou um fluxo de calor. A tensão de cisalhamento ao longo da parede pode ser definida como zero para simular a superfície livre de um líquido, como mostra esta figura no caso de uma piscina. Existe um deslizamento ao longo desta "parede" que simula a superfície livre (em contato com o ar).

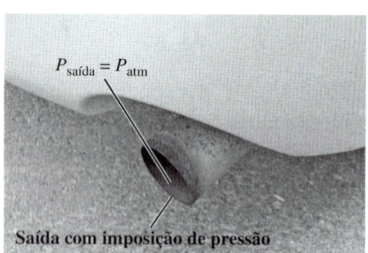

FIGURA 15–21 Ao modelar um campo de escoamento incompressível com a saída de um tubo ou duto exposta ao ar ambiente, a condição de contorno adequada é uma saída com imposição de pressão $P_s = P_{atm}$. Aqui é mostrado o escapamento de um automóvel.

Foto de Po-Ya Abel Chuang. Usado com permissão.

em muitos casos, essa é a pressão atmosférica (pressão manométrica zero). Por exemplo, a pressão é atmosférica na saída de um tubo de exaustão subsônico aberto para o ar ambiente (Fig. 15–21). As propriedades de escoamento, como temperatura, e as propriedades de turbulência também são especificadas nas entradas e saídas com imposição de pressão. No último caso, porém, essas propriedades não são usadas, a menos que a solução exija **escoamento reverso** através da saída. *O escoamento reverso em uma saída de pressão em geral é indicação de que o domínio computacional não é suficientemente grande.* Se os avisos de escoamento reverso continuarem à medida que a solução de CFD for iterada, o domínio computacional deve ser estendido.

A pressão *não é* especificada em uma entrada com imposição de velocidade, pois isso leva a um excesso de especificação matemática, já que a pressão e a velocidade são *acopladas* nas equações do movimento. Em vez disso, a pressão em uma entrada com imposição de velocidade se ajusta de acordo com o restante do campo de escoamento. De forma semelhante, a velocidade não é especificada em uma entrada ou saída com imposição de pressão, uma vez que isso também leva a um excesso de especificação matemática. Em vez disso, a velocidade em uma condição de contorno com imposição de pressão se ajusta de acordo com o restante do campo de escoamento (Fig. 15–22).

Outra opção em uma saída do domínio computacional é a condição de contorno de **saída de escoamento** (*outflow*). Em uma fronteira de saída de escoamento, nenhuma propriedade de escoamento é especificada; em vez disso, propriedades do escoamento como velocidade, propriedades da turbulência e temperatura são forçadas a terem *gradientes normais à face do escoamento de saída nulos* (Fig. 15–23). Por exemplo, se um duto for suficientemente longo para que o escoamento seja *totalmente desenvolvido* na saída, a condição de contorno de saída de escoamento seria apropriada, pois a velocidade não muda na direção normal à face da saída. Observe que a direção do escoamento não se restringe à direção perpendicular à fronteira do escoamento de saída, como também mostrou a Fig. 15–21. Se o escoamento ainda estiver em desenvolvimento, mas a pressão na saída for conhecida, uma condição de contorno de pressão imposta seria mais apropriada do que uma condição de contorno de saída de escoamento. A condição de contorno de saída de escoamento quase sempre é preferida à imposição de pressão no caso dos escoamentos com turbilhão (*swirl*), uma vez que o movimento turbilhonar leva a gradientes de pressão radial que não podem ser representados apropriadamente por uma condição de pressão imposta.

Uma situação comum em uma aplicação simples de CFD é especificar uma ou mais entradas com velocidade imposta ao longo de partes da fronteira do domínio computacional, e uma ou mais saídas com pressão imposta ou saídas de es-

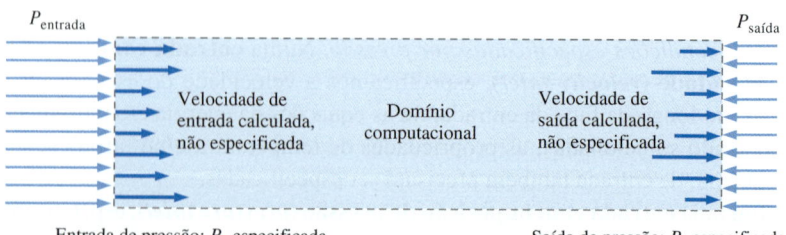

FIGURA 15–22 Em uma *entrada* ou *saída com imposição de pressão,* especificamos a pressão na face, mas não podemos especificar a velocidade através da face. À medida que a solução de CFD converge, a velocidade se ajusta de forma que as condições de contorno prescritas para a pressão sejam atendidas.

coamento em outras partes da fronteira, com as paredes definindo a geometria do restante do domínio computacional. Por exemplo, em nossa piscina (Fig. 15-20), definimos a face da extremidade esquerda do domínio computacional como uma entrada com velocidade imposta e a face na extremidade inferior como a saída com pressão imposta. As faces restantes são paredes, com a superfície livre modelada como uma parede com tensão de cisalhamento nulo.

Finalmente, para simulações de escoamento compressível, as condições de contorno de entrada e saída complicam-se mais ainda com a introdução dos invariantes de Riemann e variáveis características, relacionadas às ondas de entrada e saída. Essa discussão está além do escopo deste livro. Felizmente, muitos códigos de CFD têm uma condição de contorno de **campo de pressão distante** para os escoamentos compressíveis. Essa condição de contorno é usada para especificar o número de Mach, a pressão e a temperatura em uma entrada. A mesma condição de contorno pode ser aplicada a uma saída; quando o escoamento sai do domínio computacional, as variáveis do escoamento da saída são extrapoladas do interior do domínio. Novamente você deve garantir que não haja escoamento reverso em uma saída.

FIGURA 15-23 Numa condição de contorno de *saída de escoamento*, o gradiente da velocidade normal à face da saída é nulo, como ilustra esta figura para u como função de x ao longo de uma linha horizontal. Observe que nem a pressão, nem a velocidade são especificadas numa fronteira de saída de escoamento.

Condições de contorno diversas

Algumas fronteiras de um domínio computacional não são paredes, nem entradas ou saídas, mas representam algum tipo de simetria ou periodicidade. Por exemplo, a condição de contorno **periódica** ou **cíclica** (*periodic* ou *cyclic*) é útil quando a geometria envolve repetição do escoamento. As variáveis de campo de escoamento ao longo de uma face de uma fronteira periódica estão numericamente **vinculadas** a uma segunda face de forma idêntica (e na maioria dos códigos de CFD também a uma *malha* de face idêntica). Assim, o escoamento que sai (atravessa) a primeira fronteira periódica pode ser imaginado como entrando (atravessando) a segunda fronteira periódica com propriedades idênticas (velocidade, pressão, temperatura, etc.). As condições de contorno periódicas sempre ocorrem aos *pares* e são úteis para escoamentos com geometrias repetitivas, como o escoamento entre as lâminas de uma turbomáquina ou através de um conjunto de tubos de trocador de calor (Fig. 15-24). A condição de contorno periódica permite trabalhar com um domínio computacional que é muito menor do que o campo de escoamento completo, economizando assim recursos do computador. Na Fig. 15-24, você pode imaginar um número infinito de domínios repetidos (linhas tracejadas) acima e abaixo do domínio computacional real (a região sombreada em azul claro). As condições de contorno periódicas devem ser especificadas como **translacionais** (periodicidade aplicada a duas faces paralelas, como na Fig. 15-24) ou **rotacionais** (periodicidade aplicada a duas faces orientadas radialmente). A região de escoamento entre duas lâminas vizinhas de um ventilador (uma **passagem de escoamento**) é um exemplo de um domínio rotacionalmente periódico (consulte a Fig. 15-58).

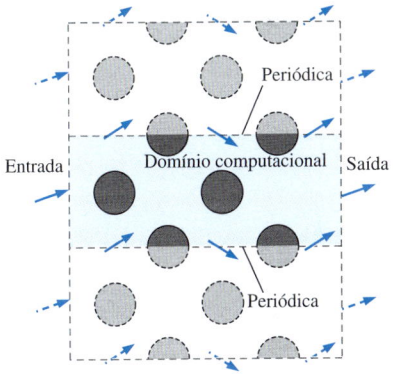

FIGURA 15-24 A condição de contorno *periódica* é imposta em duas faces idênticas. O que acontece em uma das faces também deve acontecer em sua face correspondente, como ilustram os vetores de velocidade que atravessam as duas faces periódicas da figura.

A condição de contorno de **simetria** (*symmetry*) força as variáveis do campo de escoamento a serem *imagens espelhadas* através do plano de simetria. Matematicamente, os *gradientes* da maioria das variáveis do escoamento na direção normal ao plano de simetria são definidos como nulos em todo o plano de simetria. Para escoamentos físicos com um ou mais planos de simetria, essa condição de contorno permite modelar uma *parte* do domínio de escoamento físico, economizando assim recursos de computador. A fronteira de simetria difere da fronteira periódica, pois nenhuma fronteira "correspondente" é necessária no caso da simetria. Além disso, o fluido pode escoar *paralelamente* a uma fronteira de simetria, mas não *através* de uma fronteira de simetria, enquanto o escoamento

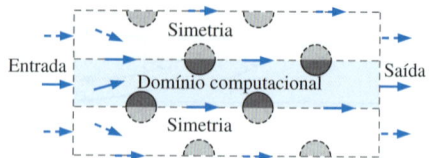

FIGURA 15–25 A condição de contorno de *simetria* é imposta em uma face, para que o escoamento de um lado dessa face seja uma imagem espelhada do escoamento calculado do outro lado. Desenhamos domínios imaginários (linhas tracejadas) acima e abaixo do domínio computacional (a região sombreada em azul-claro) na qual os vetores de velocidade são imagens espelhadas daqueles do domínio computacional. Neste exemplo do trocador de calor, a face esquerda do domínio é uma entrada com velocidade imposta, a face direita é uma saída com pressão imposta ou uma saída de escoamento, os cilindros são paredes e as faces superior e inferior são planos de simetria.

pode *cruzar* uma fronteira periódica. Considere, por exemplo, o escoamento através de um conjunto de tubos de trocador de calor (Fig. 15–24). Se assumirmos que nenhum escoamento atravessa as fronteiras periódicas daquele domínio computacional, podemos usar as condições de contorno de simetria. Os leitores atentos notarão que podemos até mesmo cortar o tamanho do domínio computacional pela metade pela escolha sensata dos planos de simetria (Fig. 15–25).

Para escoamentos *axissimétricos*, a condição de contorno de **eixo de simetria (*axis*)** aplica-se a um lado retilíneo que representa o eixo de simetria (Fig. 15–26a). O fluido pode escoar *paralelamente* ao eixo, mas não pode escoar *através* do eixo. A opção de axissimetria permite solucionar o escoamento apenas em duas dimensões, como está representado na Fig. 15–26b. O domínio computacional é apenas um retângulo no plano *xy*; você pode imaginar a rotação desse plano com relação ao eixo *x* para gerar a axissimetria. No caso de escoamentos axissimétricos com turbilhão (*swirl*), o fluido também pode escoar *tangencialmente* em uma trajetória circular ao redor do eixo de simetria. Os escoamentos axissimétricos com turbilhão são chamados de **rotacionalmente simétricos**.

Condições de contorno internas

As últimas condições de contorno que discutiremos são as impostas às faces ou lados que não definem uma fronteira do domínio computacional, mas que existem *dentro* do domínio. Quando uma condição de contorno **interna (*interior*)** é especificada em uma face, o escoamento cruza a face sem qualquer modificação forçada pelo usuário, assim como cruzaria de uma célula interior para outra (Fig. 15–27). Essa condição de contorno é necessária nas situações onde o domínio computacional é dividido em blocos ou zonas separados, e permite a comunicação entre os blocos. Achamos que essa condição de contorno é útil também para o pós-processamento, uma vez que uma face predefinida está presente no campo de escoamento, em cuja superfície podemos plotar os vetores de velocidade, as curvas de pressão, etc. Nas aplicações de CFD mais sofisticadas, nas quais há uma malha deslizante ou giratória, a interface entre dois blocos é acionada para transferir informações de modo uniforme de um bloco para outro.

A condição de contorno de **ventilador** é especificada em um plano através do qual um repentino aumento (ou uma diminuição) de pressão deve ser atribuído. Essa condição de contorno é semelhante a uma condição de contorno in-

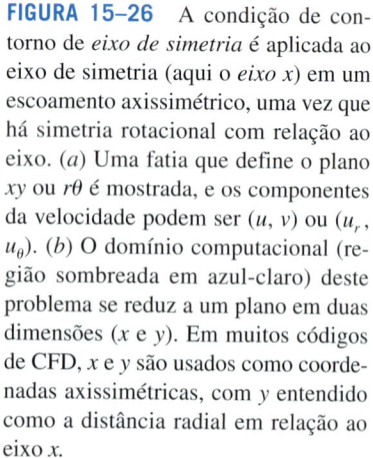

FIGURA 15–26 A condição de contorno de *eixo de simetria* é aplicada ao eixo de simetria (aqui o *eixo x*) em um escoamento axissimétrico, uma vez que há simetria rotacional com relação ao eixo. (*a*) Uma fatia que define o plano *xy* ou *rθ* é mostrada, e os componentes da velocidade podem ser (u, v) ou (u_r, u_θ). (*b*) O domínio computacional (região sombreada em azul-claro) deste problema se reduz a um plano em duas dimensões (*x* e *y*). Em muitos códigos de CFD, *x* e *y* são usados como coordenadas axissimétricas, com *y* entendido como a distância radial em relação ao eixo *x*.

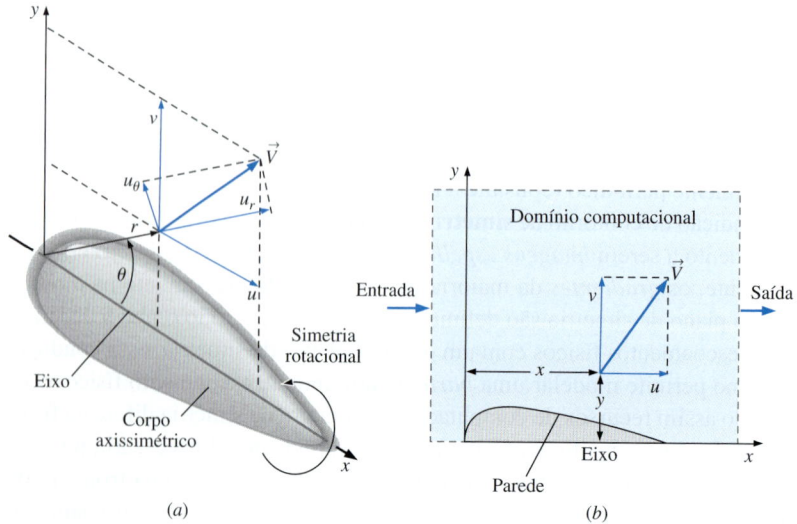

terior, exceto pela elevação forçada da pressão. O código de CFD não resolve o campo de escoamento detalhado e temporário por meio das pás individuais do ventilador, mas simplesmente modela o plano como um ventilador infinitesimalmente fino que muda a pressão através do plano. A condição de contorno de ventilador é útil, por exemplo, como um modelo simples de um ventilador dentro de um duto (Fig. 15–27), um ventilador de teto em uma sala ou um propulsor ou motor a jato que fornece empuxo a um avião. Se a elevação de pressão através do ventilador é especificada como zero, essa condição de contorno se comporta como uma condição de contorno interna.

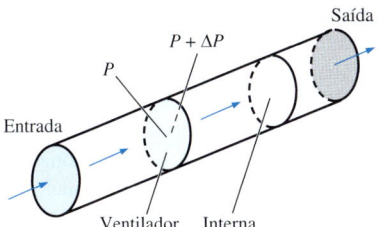

FIGURA 15–27 A condição de contorno de *ventilador* impõe uma mudança brusca da pressão através da face do ventilador para simular um ventilador com escoamento axial em um duto. Quando a elevação da pressão especificada é nula, a condição de contorno do ventilador equivale a uma condição de contorno *interina*.

A prática leva à perfeição

A melhor maneira de aprender dinâmica dos fluidos computacional é utilizar exemplos e *prática*. Você deve experimentar diversas malhas, condições de contorno, parâmetros numéricos, etc., para ter uma compreensão da CFD. Antes de abordar um problema complicado, é melhor solucionar problemas mais simples, particularmente aqueles para os quais existem soluções analíticas ou empíricas conhecidas (para comparação e verificação). Nas próximas seções, solucionamos vários exemplos de problemas com interesse para a engenharia em geral, ilustrando muitas das capacidades e limitações da CFD. Começamos com os escoamentos laminares e, em seguida, oferecemos alguns exemplos iniciais do escoamento turbulento. Finalmente, damos exemplos de escoamentos com transferência de calor, escoamentos compressíveis e escoamentos de líquidos com superfícies livres.

15–2 CÁLCULOS DE CFD LAMINARES

A dinâmica dos fluidos computacional faz um excelente trabalho no caso do cálculo do escoamento laminar, transiente ou permanente e incompressível, desde que a malha esteja bem refinada e as condições de contorno sejam especificadas adequadamente. Mostramos vários exemplos simples de soluções de escoamento laminar, prestando atenção, em especial, à resolução da malha e à aplicação apropriada das condições de contorno. Em todos os exemplos desta seção, os escoamentos são incompressíveis e bidimensionais (ou axissimétricos).

Região de desenvolvimento do escoamento num tubo para Re = 500

Considere o escoamento da água a temperatura ambiente dentro de um tubo circular uniforme de comprimento $L = 40,0$ cm e diâmetro $D = 1,00$ cm. Assumimos que a água entra com velocidade uniforme igual a $V = 0,05024$ m/s. A viscosidade cinemática da água é $\nu = 1,005 \times 10^{-6}$ m²/s, produzindo um número de Reynolds $Re = VD/\nu = 500$. Assumimos o escoamento laminar, permanente e incompressível. Estamos interessados na região de entrada do tubo na qual o escoamento gradualmente se torna totalmente desenvolvido. Devido à axissimetria, definimos um domínio computacional que é uma fatia bidimensional do eixo até a parede, em vez de um volume cilíndrico tridimensional (Fig. 15–28). Geramos seis malhas estruturadas para esse domínio computacional: *muito grosseira* (40 intervalos na direção axial × 8 intervalos na direção radial), *grosseira* (80 × 16), *média* (160 × 32), *fina* (320 × 64), *muito fina* (640 × 128) e *ultrafina* (1280 × 256). (Observe que o número de intervalos dobra em ambas as direções a cada malha sucessiva; o número de células computacionais aumenta por um fator de

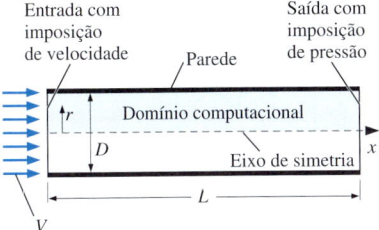

FIGURA 15–28 Devido à axissimetria ao redor do eixo *x*, o escoamento através de um tubo circular pode ser solucionado computacionalmente com uma fatia bidimensional através do tubo de $r = 0$ até $D/2$. O domínio computacional é a região sombreada em azul-claro e o desenho não está em escala. As condições de contorno são indicadas.

FIGURA 15–29 Três das malhas estruturadas geradas para o exemplo do escoamento laminar em um tubo: (a) muito grosseira (40 × 8), (b) grosseira (80 × 16) e (c) média (160 × 32). O número de células computacionais é 320, 1280 e 5120, respectivamente. Em cada figura, a parede do tubo está na parte superior e o eixo do tubo está na parte inferior, como na Fig. 15–28.

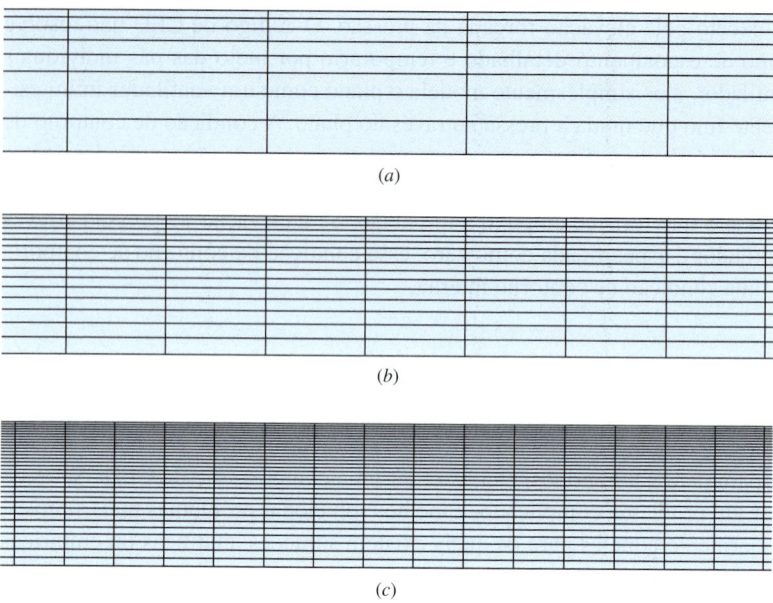

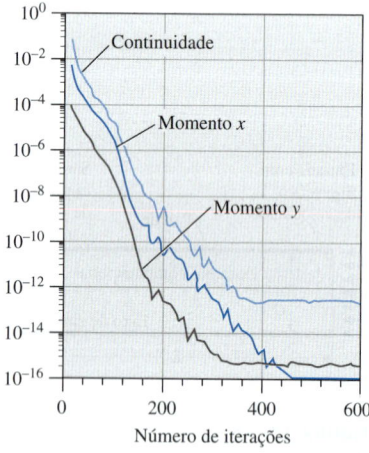

FIGURA 15–30 Decaimento dos resíduos com o número de iteração para a solução de escoamento laminar em um tubo com a malha muito grosseira (aritmética de precisão dupla).

4 para cada malha.) Em todos os casos, os nós são distribuídos axialmente de modo uniforme, mas são concentrados radialmente perto da parede, uma vez que esperamos gradientes de velocidade maiores próximos à parede do tubo. Vistas detalhadas das primeiras três malhas são mostradas na Fig. 15–29.

Executamos o programa de CFD ANSYS-FLUENT com precisão dupla para todos os seis casos. (A aritmética de dupla precisão nem sempre é necessária nos cálculos de engenharia – a utilizamos aqui para obter a melhor precisão possível em nossas comparações.) Como o escoamento é laminar, incompressível e axissimétrico, apenas três equações de transporte são solucionadas – continuidade, momento x e momento y. Observe que a coordenada y é usada no código de CFD, em vez de r, como a distância em relação ao eixo de rotação (Fig. 15–26). O código de CFD é executado até a convergência (todos os resíduos se nivelam). Lembre-se que um resíduo é uma medida do desvio entre uma solução de determinada equação de transporte e a solução exata; quanto menor o resíduo, melhor a convergência. Para o caso de malha muito grosseira, isso ocorre em cerca de 500 iterações e o nível de resíduo se nivela em menos de 10^{-12} (com relação a seus valores iniciais). A diminuição dos resíduos é plotada na Fig. 15–30 para o caso de malha muito grosseira. Observe que nos problemas de escoamento mais complicados com malhas mais finas, nem sempre é possível esperar resíduos tão baixos; em algumas soluções CFD, os resíduos se nivelam em valores muito mais altos, como 10^{-3}.

Definimos P_1 como a pressão média em uma posição axial um diâmetro de tubo a jusante da entrada. Da mesma forma, definimos P_{20} para uma distância de 20 diâmetros da entrada. A queda da pressão axial média da posição de 1 diâmetro para a posição de 20 diâmetros, portanto, é $\Delta P = P_1 - P_{20}$, e é igual a 4,404 Pa (até quatro dígitos significativos de precisão) para o caso de malha muito grosseira. A pressão da linha de centro e a velocidade axial são plotadas na Fig. 15–31a como funções da distância ao longo do tubo. A solução parece ser fisicamente plausível. Vemos que o aumento da velocidade axial da linha de centro preserva massa à medida que a camada limite da parede do tubo aumenta a jusante. Vemos uma queda brusca da pressão perto da entrada do tubo, onde

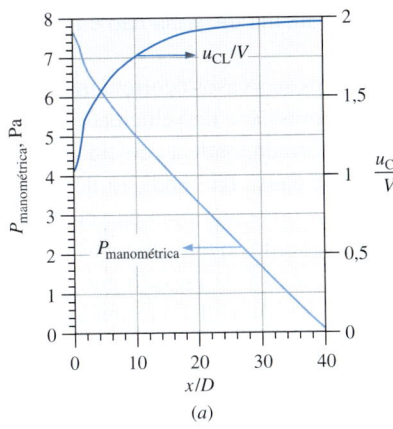
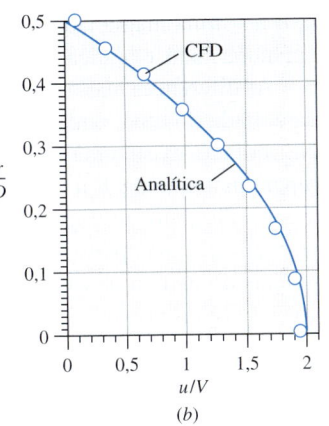

FIGURA 15–31 Resultados de CFD para a simulação de escoamento laminar num tubo com a malha muito grosseira: (*a*) desenvolvimento da pressão e velocidade axial na linha de centro com a distância ao longo do tubo e (*b*) perfil de velocidade axial na saída do tubo comparado com a previsão analítica.

as tensões de cisalhamento viscosas da parede do tubo são mais altas. A queda de pressão se aproxima de uma distribuição linear na direção do final da região de entrada, onde o escoamento é quase totalmente desenvolvido, como era de se esperar. Finalmente, comparamos na Fig. 15–30*b* o perfil de velocidade axial no final do tubo com a solução analítica conhecida para o escoamento laminar totalmente desenvolvido em um tubo (consultar o Capítulo 8). A solução é excelente, em especial, se considerarmos que existem apenas oito intervalos na direção radial.

Esta solução de CFD é independente da malha? Para descobrir isso, repetimos os cálculos usando as malhas grosseira, média, fina, muito fina e ultrafina. A convergência dos resíduos é qualitativamente semelhante àquela da Fig. 15–30 para todos os casos, mas o tempo de CPU aumenta significativamente à medida que a resolução de malha melhora, e os níveis de resíduos finais não são tão baixos quanto aqueles do caso de resolução grosseira. O número de iterações necessário até a convergência também aumenta com a melhor resolução de malha. A queda de pressão de $x/D = 1$ para $x/D = 20$ está listada na Tabela 15–1 para todos os seis casos. ΔP também é plotada como função do número de células da Fig. 15–32. Vemos que mesmo a malha muito grosseira realiza um trabalho razoável ao prever ΔP. A diferença na queda de pressão da malha muito grosseira para a malha ultrafina e menor do que 10%. Assim, a malha muito grosseira pode ser adequada para alguns cálculos de engenharia. Se for necessária maior precisão, devemos usar uma malha mais fina. Vemos a independência de malha até três dígitos significativos observando o caso de malha muito fina. A variação de ΔP da malha muito fina para o resultado da malha ultrafina é menor do que

TABELA 15–1

Queda de pressão de $x/D = 1$ para $x/D = 20$ para os diversos casos de resolução de malha do escoamento laminar num tubo

Caso	Número de células	ΔP, Pa
Muito grosseira	320	4,404
Grosseira	1.280	3,983
Média	5.120	3,998
Fina	20.480	4,016
Muito fina	81.920	4,033
Ultrafina	327.680	4,035

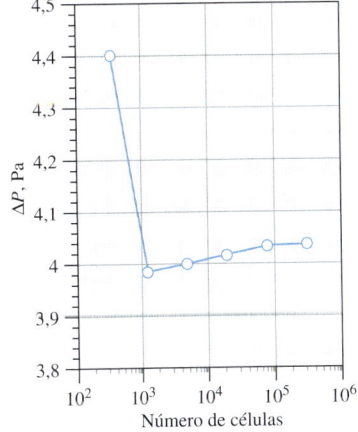

FIGURA 15–32 Queda de pressão de $x/D = 1$ para $x/D = 20$ calculada para o escoamento laminar num tubo como função do número de células

0,07% – uma malha tão refinada quanto a malha ultrafina não é necessária em nenhuma análise prática de engenharia.

As diferenças mais significativas entre os seis casos ocorrem muito próximas da entrada do tubo, onde os gradientes de pressão e de velocidade são maiores. Na verdade, existe uma *singularidade* na entrada, onde a velocidade axial varia repentinamente de V a zero na parede por causa da condição de não deslizamento. Plotamos na Fig. 15–33 os gráficos dos contornos da velocidade axial normalizada, u/V, perto da entrada do tubo. Vemos que, embora as propriedades globais do campo de escoamento (como a queda de pressão geral) variam em apenas alguns pontos percentuais à medida que a malha é refinada, *detalhes* do campo de escoamento (como os contornos de velocidade mostrados aqui) variam consideravelmente com a resolução da malha. É possível ver que à medida que a malha é refinada continuamente, as formas dos contornos de velocidade axial tornam-se mais suaves e mais bem definidas. As maiores diferenças nas formas dos contornos ocorrem perto da parede do tubo.

Escoamento ao redor de um cilindro circular para Re = 150

Para ilustrar que resultados de CFD confiáveis exigem a formulação correta do problema, considere o problema aparentemente simples do escoamento permanente, incompressível e bidimensional ao redor de um cilindro circular de diâmetro $D = 2{,}0$ cm (Fig. 15–34). O domínio computacional bidimensional dessa simulação está representado na Fig. 15–35. Apenas a metade superior do campo de escoamento é

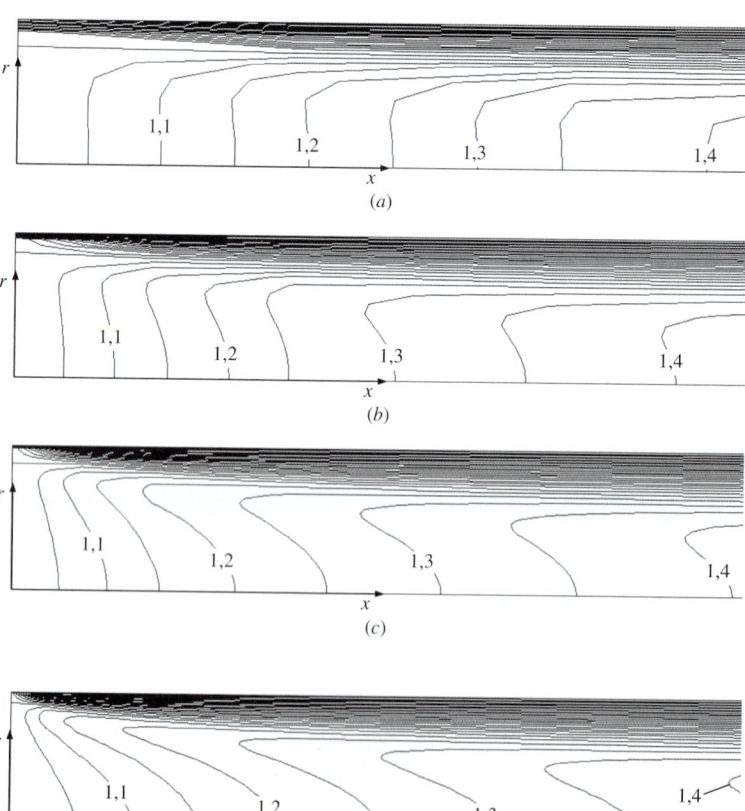

FIGURA 15–33 Contornos da velocidade axial normalizada (u/V) para o exemplo do escoamento laminar em um tubo. Uma visão detalhada da região de entrada do tubo para cada uma das quatro primeiras malhas é mostrada: (*a*) muito grosseira (40 × 8), (*b*) grosseira (80 × 16), (*c*) média (160 × 32) e (*d*) fina (320 × 64).

resolvida, devido à simetria com a parte inferior do domínio computacional; uma condição de contorno de simetria é usada para garantir que nenhum escoamento cruze o plano de simetria. Com essa condição de contorno imposta, o tamanho do domínio computacional necessário é reduzido por um fator de 2. Uma condição de contorno de parede fixa sem deslizamento é aplicada na superfície cilíndrica. A metade esquerda do lado externo do campo distante do domínio tem uma condição de contorno de entrada com imposição de velocidade, na qual as componentes da velocidade $u = V$ e $v = 0$ são especificadas. Uma condição de contorno de saída com imposição de pressão é especificada ao longo da metade direita do lado externo do domínio. (A pressão manométrica é definida como zero, mas como o campo de velocidade de um código de CFD incompressível depende apenas das *diferenças* de pressão, e não do valor absoluto da pressão, o valor da pressão especificado para a condição de contorno de saída de pressão é irrelevante.)

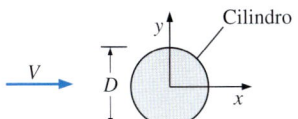

FIGURA 15–34 Escoamento com a velocidade de corrente livre V sobre um cilindro circular bidimensional de diâmetro D.

Três malhas estruturadas bidimensionais são geradas para comparação: *grosseira* (30 intervalos radiais $\times$ 60 intervalos ao longo da superfície cilíndrica = 1.800 células), *média* (60 $\times$ 120 = 7.200 células) e *fina* (120 $\times$ 240 = 28.800 células), como pode ser visto na Fig. 15–36. Observe que apenas uma pequena parte do domínio computacional é mostrada aqui; o domínio total se estende até 15 diâmetros do cilindro para fora da origem, e as células ficam progressivamente maiores ao se distanciarem do cilindro.

Consideramos um escoamento na corrente livre de ar a uma temperatura de 25°C e pressão atmosférica padrão, com velocidade $V = 0{,}1096$ m/s da esquerda para a direita incidindo no cilindro circular. O número de Reynolds do escoamento com base no diâmetro do cilindro ($D = 2{,}0$ cm), portanto, é Re $= \rho V D/\mu =$ 150. Experimentos com esse número de Reynolds revelam que a camada limite é laminar e se separa quase a 10° *antes* da parte superior do cilindro, a $\alpha \cong 82°$ do ponto de estagnação frontal. A esteira também permanece laminar. Os valores experimentalmente medidos do coeficiente de arrasto para esse número de Reynolds e apresentados na literatura apresentam grande variação; o intervalo vai de $C_D \cong 1{,}1$ até 1,4, e as diferenças devem-se muito provavelmente à qualidade dos efeitos da corrente livre e tridimensionais (desprendimento de vórtice oblíquo etc.). (Lembre-se que $C_D = 2 F_D/\rho V^2 A$, onde A é a área frontal do cilindro e $A = D$ multiplicado pela extensão do cilindro, assumida como unitária em cálculos bidimensionais de CFD.)

Soluções de CFD são obtidas para cada uma das três malhas mostradas na Fig. 15–36, assumindo um escoamento laminar permanente. Todos os três casos convergem sem problemas, mas os resultados não correspondem necessariamente à intuição física ou aos dados experimentais. As linhas de corrente são mostradas na Fig. 15–37 para as três resoluções de malha. Em todos os casos a imagem é espelhada com relação à linha de simetria, de modo que embora apenas a metade superior do campo de escoamento seja resolvida, o campo de escoamento completo termina por ser exibido.

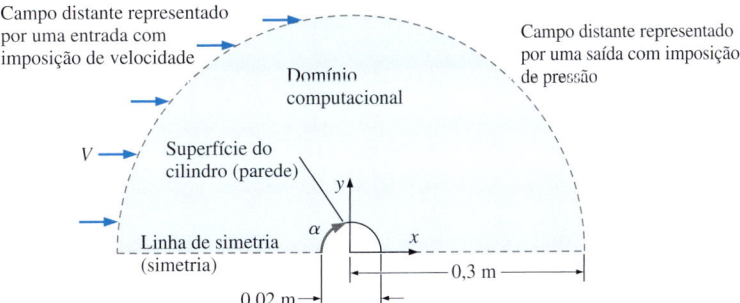

FIGURA 15–35 Domínio computacional (região sombreada em azul-claro) usado para simular o escoamento bidimensional permanente em um cilindro circular (fora de escala). Assume-se que o escoamento é simétrico com relação ao eixo x. As condições de contorno aplicadas são mostradas para cada lado entre parênteses. Definimos também α, o ângulo medido ao longo da superfície cilíndrica em relação ao ponto de estagnação frontal.

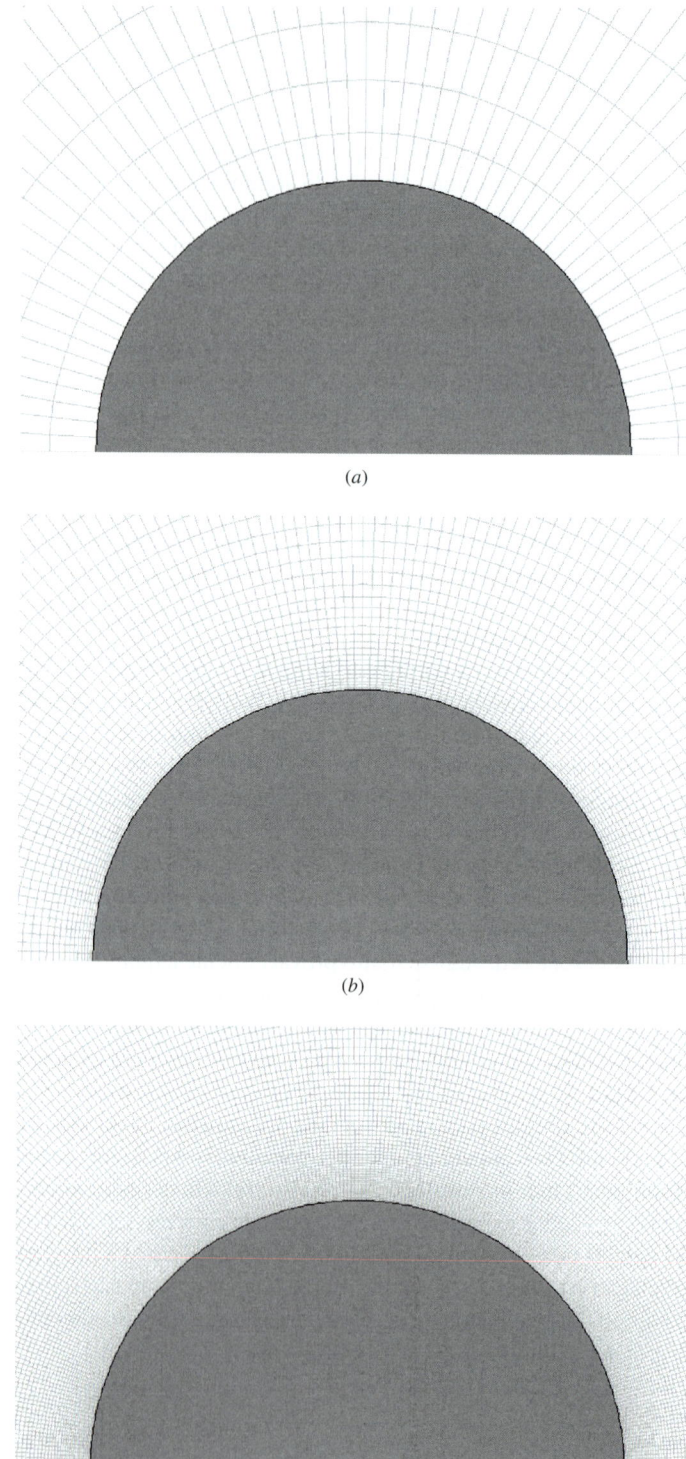

FIGURA 15–36 Malhas bidimensionais estruturadas em torno da metade superior de um cilindro circular: (*a*) grosseira (30 × 60), (*b*) média (60 × 120) e (*c*) fina (120 × 240). O lado inferior é uma linha de simetria. Apenas parte de cada domínio computacional é mostrada – o domínio se estende bem além da parte aqui mostrada.

Para o caso de resolução de malha grosseira (Fig. 15–37a), a camada limite se separa com $\alpha = 120°$, bem além da parte superior do cilindro e C_D é 1,00. A camada limite não está suficientemente bem resolvida para resultar no ponto de separação de camada limite adequado, e o arrasto de certa forma é menor do que deveria ser. Duas bolhas de separação grandes e contrarrotativas são vistas na esteira; elas se estendem vários diâmetros de cilindro a jusante. Para o caso da resolução média (Fig. 15–37b), o campo de escoamento é significativamente diferente. A camada limite separa-se um pouco mais a montante em $\alpha = 110°$, o que está muito mais alinhado com os resultados experimentais, mas C_D diminuiu para cerca de 0,982 – muito longe do valor experimental. As bolhas de separação da esteira do cilindro ficaram muito maiores do que aquelas do caso da malha grosseira. Uma malha mais refinada melhora os resultados numéricos? A Figura 15–37c mostra linhas de corrente para o caso de resolução fina. Os resultados parecem qualitativamente semelhantes aos do caso de resolução média, com $\alpha = 109°$, mas o coeficiente de arrasto é menor ainda ($C_D = 0,977$), e as bolhas de separação são mais longas ainda. Um quarto cálculo (não mostrado aqui) com resolução de malha mais fina ainda mostra a mesma tendência – as bolhas de separação se estendem a jusante e o coeficiente de arrasto diminui um pouco.

A Fig. 15–38 mostra um gráfico da curva da componente de velocidade tangencial (u_θ) para o caso da resolução média. Nós plotamos valores de u_θ em um intervalo muito pequeno em torno de zero, para vermos claramente onde o escoamento muda de direção ao longo do cilindro. Essa é uma maneira inteligente de localizar o ponto de separação ao longo da parede do cilindro. Observe que isso funciona apenas para um cilindro circular por causa de sua geometria particular. Um modo mais geral de determinar o ponto de separação é identificar o ponto ao longo da parede no qual a tensão de cisalhamento na parede τ_w é zero; essa técnica funciona para corpos de qualquer formato. Na Fig. 15–38, vemos que a camada limite separa-se com um ângulo $\alpha = 110°$ do ponto de estagnação frontal, muito além do que o valor obtido experimentalmente de 82°. Na verdade, todos os nossos resultados CFD prevêm a separação da camada limite no lado *traseiro* e não no lado frontal do cilindro.

Esses resultados de CFD não são físicos – essas bolhas de separação alongadas não permaneceriam estáveis em uma situação real de escoamento, o ponto de separação está muito longe daquele obtido experimentalmente, e o coeficiente de arrasto é muito baixo comparado aos dados experimentais. Além disso, o refinamento repetido de malha *não* leva a melhores resultados como seria de esperar; ao contrário, *os resultados ficam piores com o refinamento da malha*. Por que as simulações de CFD e o experimento não coincidem? A resposta tem duas partes:

1. Nós forçamos a solução de CFD a ser permanente, quando na verdade o escoamento sobre um cilindro circular com esse número de Reynolds *não* é permanente. Os experimentos mostram que uma **esteira de vórtices periódica de Kármán** forma-se atrás do cilindro (Tritton, 1977; consultar também a Fig. 4–25 deste livro).
2. Todos os três casos da Fig. 15–37 são resolvidos apenas para a metade superior do plano, e a simetria é implantada com relação ao eixo *x*. Na verdade, o escoamento em um cilindro circular é altamente assimétrico; os vórtices são desprendidos alternadamente das partes superior e inferior do cilindro, formando a esteira de vórtices alternados de Kármán.

Para corrigir esses dois problemas, precisamos realizar uma simulação de CFD *não permanente* com uma malha *completa* (partes superior e inferior) – sem impor a condição de simetria. Repetimos a simulação para um escoamento laminar bidimensional não permanente, usando o domínio computacional representado na Fig.

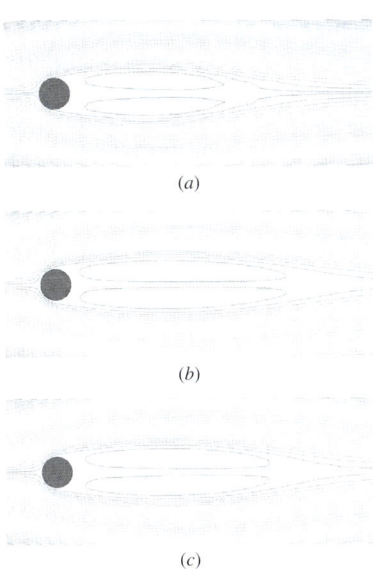

FIGURA 15–37 As linhas de corrente produzidas pelos cálculos de CFD no estado permanente do escoamento ao redor de um cilindro circular com Re = 150: (*a*) malha grosseira (30 × 60), (*b*) malha média (60 × 120) e (*c*) malha fina (120 × 240). Observe que apenas a metade superior do escoamento é resolvida – a metade inferior é exibida como uma imagem espelhada da parte superior.

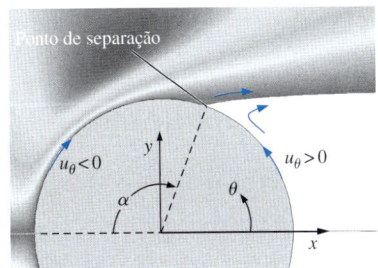

FIGURA 15–38 Gráfico da curva da componente de velocidade tangencial $u\theta$ para o escoamento ao redor de um cilindro circular com Re = 150 para o caso da resolução de malha média (60 × 120). Os valores do intervalo $-10^{-4} < u_\theta < 10^{-4}$ m/s são plotados para revelar o local exato da separação da camada limite, ou seja, onde u_θ muda o sinal na proximidade da parede do cilindro. Neste caso, o escoamento se separa com $\alpha = 110°$.

FIGURA 15–39 Domínio computacional (região sombreada de azul-claro) utilizado para simular o escoamento laminar, bidimensional e não permanente ao redor de um cilindro circular (fora de escala). As condições de contorno aplicadas estão entre parênteses.

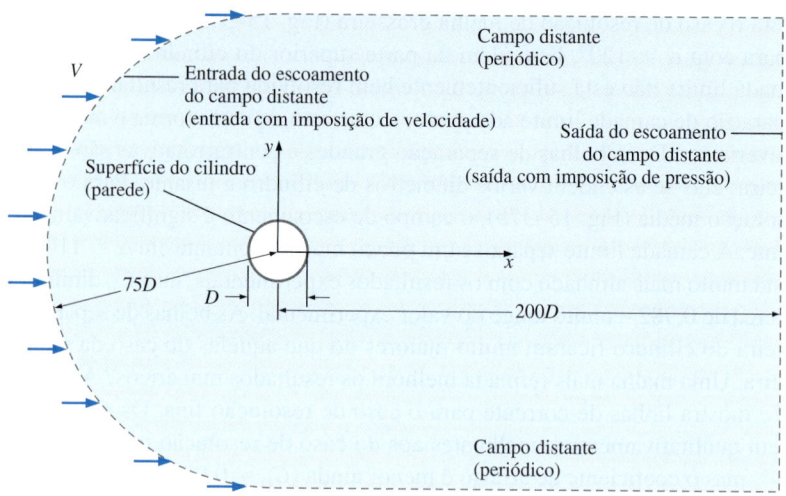

15–39. Os lados superior e inferior (campo distante) são especificados como um par de condições de contorno periódicas, para que as oscilações não simétricas da esteira não sejam suprimidas (o escoamento pode cruzar essas fronteiras se necessário). As fronteiras do campo distante também estão muito longe (75 a 200 diâmetros do cilindro), de modo que seus efeitos sobre os cálculos são insignificantes.

A malha perto do cilindro é muito fina para resolver a camada limite. A malha também é fina na região da esteira para resolver os vórtices desprendidos à medida que eles percorrem sua trajetória a jusante. Nessa simulação, em particular, usamos uma malha híbrida parecida com aquela da Fig. 15–14. O fluido é o ar, o diâmetro do cilindro é de 1,0 m e a velocidade do ar da corrente livre é definida como 0,00219 m/s. Esses valores produzem um número de Reynolds igual a 150 com base no diâmetro do cilindro. Observe que o número de Reynolds é o parâmetro importante deste problema – as opções D, V e o tipo de fluido não são críticos, desde que produzam o número de Reynolds desejado (Fig. 15–40).

Ao avançarmos no tempo, pequenas faltas perturbações no campo de escoamento aumentam, e o escoamento torna-se não permanente e assimétrico com relação ao eixo x. Os vórtices alternados de Kármán formam-se naturalmente. Após tempo de CPU suficiente, o escoamento simulado se estabiliza em um padrão periódico de desprendimento de vórtices, de forma muito parecida com o escoamento real. Um gráfico dos contornos de vorticidade em determinado momento é mostrado na Fig. 15–41, juntamente com uma foto mostrando as linhas de emissão do mesmo escoamento obtidas experimentalmente em um túnel de vento. Fica claro pela simulação de CFD que os vórtices de Kármán diminuem a jusante, uma vez que a magnitude da vorticidade dos vórtices diminui com a distância a jusante. Essa diminuição é parcialmente física (viscosa) e parcialmente artificial (dissipação numérica). No entanto, experimentos físicos verificam o decaimento dos vórtices de Kármán. A queda não é tão óbvia na figura das linhas de emissão (Fig. 15–41b); isso se deve à propriedade de integração de tempo das linhas de emissão, como foi indicado no Capítulo 4. Uma vista detalhada do desprendimento dos vórtices do cilindro em determinado momento é mostrada na Fig. 15–42, novamente com uma comparação entre os resultados de CFD e os resultados experimentais – desta vez, de experimentos em um canal de água. O site deste livro oferece uma versão animada e colorida da Fig. 15–42, para que você possa observar o processo dinâmico do desprendimento de vórtice.

Comparamos os resultados de CFD com os resultados experimentais da Tabela 15–2. O coeficiente de arrasto médio do cilindro é 1,14. Como já men-

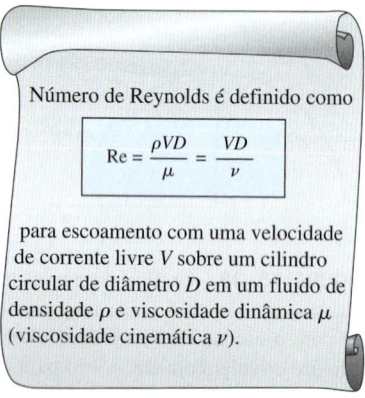

Número de Reynolds é definido como

$$\text{Re} = \frac{\rho VD}{\mu} = \frac{VD}{\nu}$$

para escoamento com uma velocidade de corrente livre V sobre um cilindro circular de diâmetro D em um fluido de densidade ρ e viscosidade dinâmica μ (viscosidade cinemática ν).

FIGURA 15–40 Em uma simulação de CFD incompressível do escoamento em torno de um cilindro, a escolha da velocidade da corrente livre, do diâmetro do cilindro ou mesmo do tipo de fluido não é crítica, desde que o número de Reynolds seja atingido.

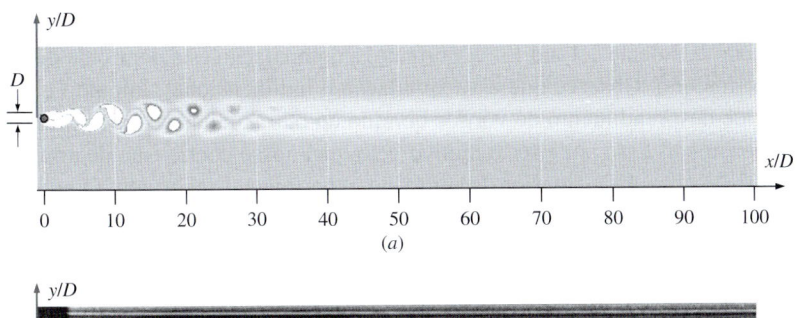
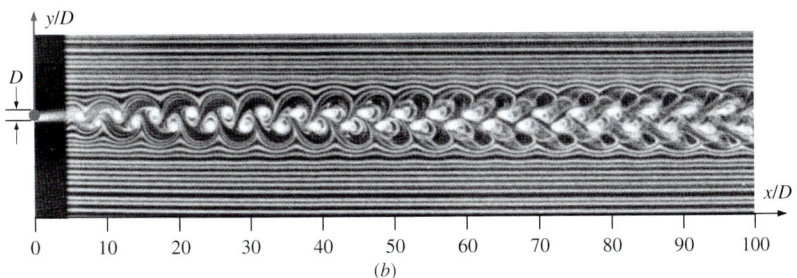

FIGURA 15–41 O escoamento laminar na esteira de um cilindro circular com Re ≅ 150: (a) um instantâneo dos contornos de vorticidade produzidas por CFD e (b) as linhas de emissão produzidas por um fio de fumaça localizado em $x/D = 5$. As curvas de vorticidade mostram que os vórtices de Kármán diminuem rapidamente na esteira, enquanto as linhas de emissão conservam uma "memória" de seu histórico a montante, fazendo com que os vórtices pareçam continuar por uma grande distância a jusante.

Foto de Cimbala et al., 1988.

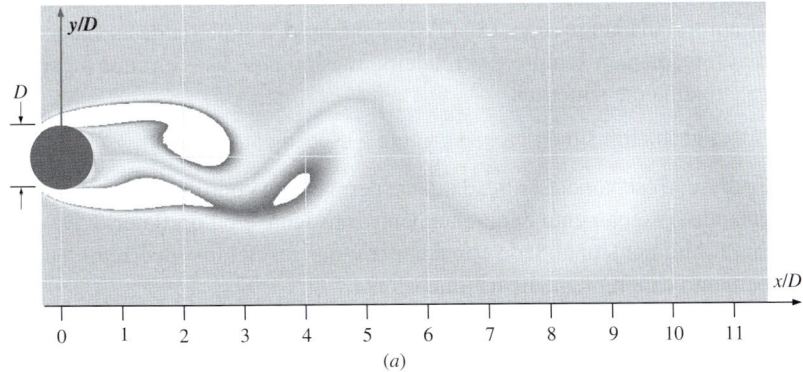
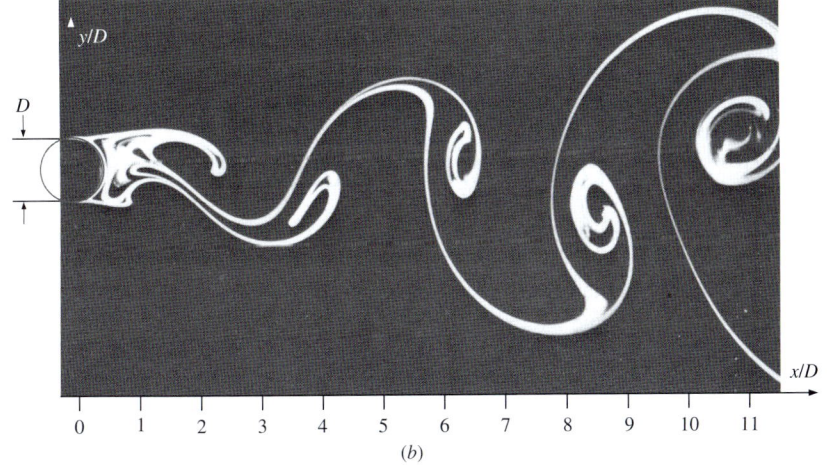

FIGURA 15–42 Vista detalhada do desprendimento de vórtices de um cilindro circular: (a) gráfico dos contornos de vorticidade instantânea produzidos por CFD com Re = 150 e (b) linhas de emissão produzidas por tinta introduzida na superfície do cilindro com Re = 140.

Foto (b) reimpressa com permissão de Sadatoshi Taneda.

TABELA 15-2

Comparação entre os resultados de CFD e experimentais para o escoamento laminar não permanente em um cilindro circular com Re = 150*

	C_D	St
Experimento	1,1 a 1,4	0,18
CFD	1,14	0,16

* A principal causa de desacordo muito provavelmente deve-se aos efeitos tridimensionais, em vez da resolução de malha ou da questão numérica.

FIGURA 15–43 Uma resolução de malha ruim pode produzir resultados incorretos de CFD, mas uma malha mais fina não garante uma solução fisicamente mais correta. Se as condições de contorno não forem especificadas adequadamente, os resultados podem não ser físicos, independentemente da resolução da malha.

cionado, os valores experimentais de C_D neste número de Reynolds variam de aproximadamente 1,1 até 1,4 e, portanto, a comparação está dentro da dispersão experimental. Observe que essa simulação é bidimensional, inibindo qualquer tipo de desprendimento de vórtice oblíquo ou outras faltas de uniformidade tridimensional. Esse pode ser o motivo pelo qual nosso coeficiente de arrasto calculado está no lado inferior do intervalo experimental reportado. O número de Strouhal da esteira de vórtices alternados de Kármán é definido como

Número de Strouhal: $$\text{St} = \frac{f_{\text{desprendimento}} D}{V} \quad (15\text{–}4)$$

onde $f_{\text{desprendimento}}$ é a frequência de desprendimento de vórtices alternados. De nossa simulação de CFD, calculamos St = 0,16. O valor obtido experimentalmente para o número de Strouhal neste número de Reynolds é de cerca de 0,18 (Williamson, 1989), de modo que a comparação é razoável, embora os resultados de CFD sejam um pouco baixos comparados ao experimento. Talvez uma malha mais fina ajudasse um pouco, mas o principal motivo para a discrepância muito provavelmente é devido aos efeitos tridimensionais inevitáveis dos experimentos, que não estão presentes nessas simulações bidimensionais. Em geral, essa simulação de CFD é um sucesso, uma vez que ela captura todos os principais fenômenos físicos no campo de escoamento.

Esse exercício com o escoamento laminar "simples" ao redor de um cilindro circular demonstrou algumas das capacidades da CFD, mas também revelou vários aspectos da CFD com relação aos quais é preciso ter cuidado. Uma resolução de malha ruim pode levar a soluções incorretas, particularmente com relação à separação da camada limite, mas o *refinamento contínuo da malha não leva a resultados mais corretos fisicamente* se as condições de contorno não forem definidas apropriadamente (Fig. 15–43). Por exemplo, a simetria de escoamento numérica forçada nem sempre é verdadeira, mesmo nos casos em que a geometria física é totalmente simétrica.

Uma geometria simétrica não garante o escoamento simétrico.

Além disso, o escoamento forçadamente permanente pode dar resultados incorretos quando o escoamento é inerentemente transiente e/ou oscilatório. Da mesma forma, a bidimensionalidade forçada pode dar resultados incorretos quando o escoamento é inerentemente tridimensional.

Como então podemos garantir que um cálculo de CFD laminar está correto? Apenas por meio do estudo sistemático dos efeitos do tamanho do domínio computacional, da resolução de malha, das condições de contorno, do regime do escoamento (permanente ou não permanente, 2-D ou 3-D etc.), juntamente com a validação experimental. Assim como na maioria das outras áreas da engenharia, a *experiência* é fundamental.

15–3 CÁLCULOS DE CFD TURBULENTOS

As simulações CFD do escoamento turbulento são muito mais difíceis do que aquelas do escoamento laminar, mesmo nos casos em que o campo de escoamento é permanente na média (os estatísticos se referem a essa condição como **estacionária**). O motivo é que as características de menor escala de comprimento do escoamento turbulento *sempre* são não permanentes e tridimensionais – pequenos **vórtices turbulentos** randômicos de todas as orientações surgem em um escoamento turbulento (Fig. 15–44). Alguns cálculos de CFD utilizam uma técnica chamada **simulação numérica direta** (**DNS**, *Direct Numerical Simulation*), na qual tenta-se resolver o movimento transiente de *todas* as escalas do escoamento turbulento. Entretanto, as diferenças de escala de comprimento e de escala de tempo entre os vórtices maiores e menores podem ter várias ordens de magnitude ($L \gg \eta$ na Fig. 15–44). Além disso, essas diferenças aumentam com o número de Reynolds (Tennekes e Lumley, 1972), tornando as simulações DNS de escoamentos turbulentos mais difíceis ainda à medida que o número de Reynolds aumenta. As soluções DNS exigem malhas extremamente finas, totalmente tridimensionais, computadores grandes e uma quantidade enorme de tempo de CPU. Com os computadores atuais, os resultados de DNS ainda não são possíveis para escoamentos práticos, turbulentos e com números de Reynolds altos e que tenham interesse para a engenharia, como o escoamento ao redor de um avião em escala real. Não se espera que essa situação mude nas próximas décadas, mesmo que o ritmo do aperfeiçoamentos de computadores continue fantástico como o atual.

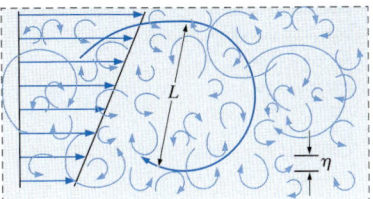

FIGURA 15–44 Todos os escoamentos turbulentos, até mesmo aqueles que são permanentes na média (*estacionários*), contêm *vórtices turbulentos* tridimensionais e transientes de diversos tamanhos. A figura mostra o perfil de velocidade média e alguns dos vórtices; os vórtices turbulentos menores (tamanho η) são ordens de magnitude menores do que os vórtices turbulentos maiores (tamanho L). A *simulação numérica direta* (DNS) é uma técnica de CFD que simula *todos* os vórtices turbulentos relevantes do escoamento.

Assim, achamos que é necessário criar algumas hipóteses de simplificação para simular campos de escoamento complexos, com números de Reynolds altos e turbulentos. O próximo nível abaixo de DNS é a **simulação das grandes escalas** (**LES**, *Large Eddy Simulation*). Com essa técnica, os vórtices turbulentos transientes de grande escala são resolvidos, enquanto os vórtices turbulentos dissipativos em pequena escala são *modelados* (Fig. 15–45). A hipótese básica é que os vórtices turbulentos menores são **isotrópicos**; ou seja, assume-se que os vórtices pequenos não dependem da orientação do sistema de coordenadas e sempre se comportam de forma estatisticamente similar e previsível, independentemente do escoamento turbulento. Uma simulação LES exige recursos de computador significativamente menores do que uma simulação DNS do mesmo escoamento, porque eliminamos a necessidade de resolver os vórtices menores. Apesar disso, os requisitos de computador para a análise de engenharia prática e projeto ainda são enormes mesmo usando a tecnologia atual. Maiores discussões sobre DNS e LES estão além do escopo deste texto, mas essas são as áreas nas quais a pesquisa está mais atualizada.

O próximo nível mais baixo de sofisticação é modelar *todos* os vórtices turbulentos temporários com algum tipo de **modelo de turbulência**. Não tentamos resolver as características temporárias de *qualquer* vórtice turbulento, nem mesmo dos maiores (Fig. 15–46). Em vez disso, modelos matemáticos são empregados para levar em conta a difusão acentuada causada pelos vórtices turbulentos. Por questões de simplicidade, consideramos apenas o escoamento incompressível e permanente (ou seja, *estacionário*). Ao utilizar um modelo de turbulência, a equação de Navier–Stokes permanente (Equação 15–2) é substituída por aquilo que é chamado de equação de **média de Reynolds de Navier-Stokes** (*Reynolds Averaged Navier-Stokes* ou **RANS**), mostrada aqui para o escoamento permanente (estacionário), incompressível e turbulento,

Equação de RANS permanente:

$$(\vec{V} \cdot \vec{\nabla})\vec{V} = -\frac{1}{\rho}\vec{\nabla}P' + \nu \nabla^2 \vec{V} + \vec{\nabla} \cdot (\tau_{ij,\text{turbulento}}) \tag{15–5}$$

Comparada à Equação 15–2, existe um termo adicional no lado direito da Equação 15–5 que representa as flutuações turbulentas. $\tau_{ij,\text{turbulento}}$ é um tensor conhecido como o **tensor de tensão de Reynolds**, que recebeu esse nome porque age de modo semelhante ao tensor de tensão viscosa τ_{ij} (Capítulo 9). Em coordenadas cartesianas, $\tau_{ij,\text{turbulento}}$ é

$$\tau_{ij,\text{turbulento}} = -\begin{pmatrix} \overline{u'^2} & \overline{u'v'} & \overline{u'w'} \\ \overline{u'v'} & \overline{v'^2} & \overline{v'w'} \\ \overline{u'w'} & \overline{v'w'} & \overline{w'^2} \end{pmatrix} \tag{15–6}$$

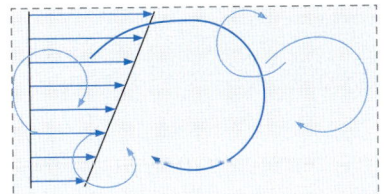

FIGURA 15–45 A *simulação de grandes vórtices* (LES) é uma simplificação da simulação numérica direta na qual apenas os vórtices turbulentos *grandes* são resolvidos – os vórtices pequenos são *modelados*, reduzindo significativamente os requisitos de computador. A figura mostra o perfil de velocidade média e os vórtices resolvidos.

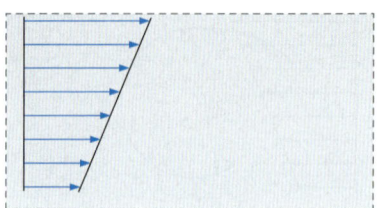

FIGURA 15–46 Quando um *modelo de turbulência* é usado em um cálculo de CFD, *todos* os vórtices turbulentos são modelados, e médias de Reynolds das propriedades do escoamento são calculadas. A figura mostra o perfil de velocidade média. *Não* existem vórtices turbulentos resolvidos.

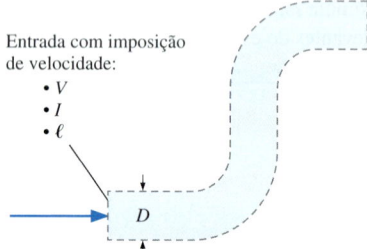

FIGURA 15–47 Uma regra útil para definir as propriedades da turbulência em uma condição de contorno de entrada com imposição de pressão ou de velocidade é especificar uma intensidade de turbulência de 10% e uma escala de comprimento turbulento de metade de alguma escala de comprimento característica do problema ($\ell = D/2$).

onde a barra superior indica a média temporal do produto de duas componentes de flutuação de velocidade e os índices indicam as componentes da flutuação da velocidade. Como o tensor da tensão de Reynolds é um tensor simétrico, seis incógnitas adicionais são introduzidas no problema. Essas novas incógnitas são modeladas de várias maneiras pelos modelos de turbulência Uma descrição detalhada dos modelos de turbulência está além do escopo deste livro; você deve consultar Wilcox (2006) ou Chen e Jaw (1998) para obter maiores detalhes.

Existem muitos modelos de turbulência em uso hoje, incluindo modelos algébricos, modelos de uma equação de transporte para as variáveis da turbulência, modelos de duas equações e modelos de tensão de Reynolds. Três dos modelos de turbulência mais conhecidos são o modelo k-ε, o modelo k-ω e o modelo q-ω. Esses chamados **modelos de turbulência de duas equações** adicionam outras duas equações de transporte, que devem ser solucionadas simultaneamente com as equações de conservação da massa e do momento linear (e também da energia caso essa equação seja utilizada). Juntamente com as duas equações de transporte adicionais que devem ser solucionadas quando se usa o modelo de turbulência de duas equações, duas *condições de contorno* adicionais devem ser especificadas para as propriedades de turbulência nas entradas e nas saídas. (Observe que as propriedades especificadas nas saídas não são usadas, a menos que o escoamento reverso seja encontrado na saída.) Por exemplo, no modelo k-ε você pode especificar k (**energia cinética turbulenta**) e ε (**taxa de dissipação turbulenta**). Entretanto, os valores apropriados dessas variáveis nem sempre são conhecidos. Uma opção mais útil é especificar a **intensidade da turbulência** I (relação entre a flutuação de velocidade característica dos vórtices turbulentos e a velocidade da corrente livre ou alguma outra velocidade média) e a **escala de comprimento da turbulência** ℓ (a escala de comprimento característica dos vórtices turbulentos que contêm o grosso da energia do escoamento turbulento). Se os dados detalhados da turbulência não estiverem disponíveis, uma boa regra prática nas entradas é definir I como 10% e definir ℓ como metade da escala de comprimento característica no campo de escoamento (Fig. 15–47).

Enfatizamos que os modelos de turbulência são *aproximações* que dependem bastante de constantes empíricas para o fechamento matemático das equações. Os modelos são calibrados com o auxílio de simulação numérica direta e dados experimentais obtidos de campos de escoamento simples, como camadas limite de placa plana, camadas de cisalhamento e decaimento da turbulência isotrópica a jusante de telas. Infelizmente, nenhum modelo de turbulência é **universal**. Isso significa que, embora o modelo funcione bem para escoamentos semelhantes àqueles utilizados para a calibração, não é garantido que ele resulte em uma solução fisicamente correta quando aplicado a escoamentos turbulentos geral, particularmente aqueles que envolvem a separação e o recolamento do escoamento e/ou efeitos transientes de grandes escalas.

> As soluções de CFD para o escoamento turbulento são tão boas quanto é a adequação e validade do modelo de turbulência utilizado nos cálculos.

Enfatizamos também que essas afirmações continuam verdadeiras, independentemente do refinamento que podemos dar à malha computacional. Ao aplicar CFD aos escoamentos laminares, podemos melhorar a exatidão física da simulação refinando a malha. Isso *nem* sempre acontece para as análises de CFD do escoamento turbulento usando os modelos de turbulência. Embora uma malha refinada produza melhor *precisão numérica*, a *exatidão física* da solução sempre é limitada pela exatidão física do próprio modelo de turbulência.

Tendo em mente essas advertências, agora apresentamos exemplos mais práticos de cálculos de CFD para os escoamentos turbulentos. Em todos os exemplos de escoamento turbulento discutidos neste capítulo, empregamos o modelo de turbulência k-ε com funções de parede. Esse é o modelo de turbulência padrão de muitos códigos de CFD comerciais como o ANSYS-FLUENT. Em todos os casos, assumimos o escoamento estacionário; nenhuma tentativa é feita de modelar os efeitos transientes do escoamento, como o desprendimento de vórtice na esteira de um corpo rombudo. *Assume-se que o modelo de turbulência representa todos os transientes inerentes devido aos vórtices turbulentos do campo de escoamento.* Observe que os escoamentos turbulentos *transientes* (não estacionários) também podem ser solucionados com modelos de turbulência, com o uso de esquemas de avanço no tempo (cálculos RANS transientes), mas apenas quando a escala de tempo da variação temporal é muito maior do que aquela dos vórtices turbulentos individuais. Por exemplo, suponhamos que você esteja calculando as forças e os momentos de um pequeno dirigível durante uma rajada de vento (Fig. 15–48). Na fronteira da entrada, você imporia a velocidade do vento variável com o tempo e os níveis de turbulência, e uma solução de escoamento turbulento transiente poderia então ser calculada usando os modelos de turbulência. As características gerais em grande escala do escoamento (separação do escoamento, forças e momentos sobre o corpo etc.) seriam não permanentes, mas as características das pequenas escalas da camada limite turbulenta, por exemplo, seriam modeladas pelo modelo de turbulência quase permanente.

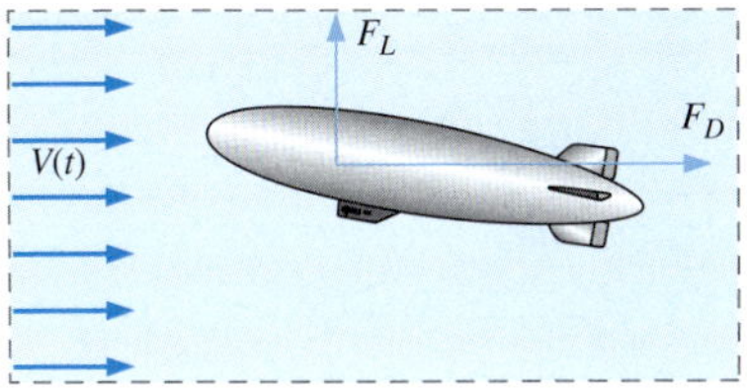

FIGURA 15–48 Embora a maioria dos cálculos de CFD com modelos de turbulência seja *estacionária* (permanente na média), também é possível calcular escoamentos turbulentos *não permanentes* usando modelos de turbulência. No caso do escoamento sobre um corpo, podemos impor condições de contorno não permanentes e avançar no tempo para prever as características globais do escoamento não permanente.

Escoamento ao redor de um cilindro circular em Re = 10.000

Como nosso primeiro exemplo de uma solução de CFD para o escoamento turbulento, calculamos o escoamento ao redor de um cilindro circular com Re = 10.000. Usamos o mesmo domínio computacional bidimensional que foi usado para os cálculos do escoamento ao redor de um cilindro laminar, como representado na Fig. 15–35. Assim como na simulação do escoamento laminar, apenas a metade superior do campo de escoamento é solucionada aqui, devido à simetria com a parte inferior do domínio computacional. Utilizamos as mesmas três malhas usadas para o caso de escoamento laminar – resoluções grosseira, média e fina (Fig. 15–36). Destacamos, porém, que as malhas criadas para os cálculos do escoamento turbulento (particularmente aquelas que empregam modelos de turbulência com funções de parede), em geral, não são iguais àquelas criadas para o escoamento laminar com a mesma geometria, em especial, perto de paredes.

Consideramos um escoamento de corrente livre de ar com uma temperatura de 25°C e com velocidade V = 7,304 m/s da esquerda para a direita em torno desse cilindro circular. O número de Reynolds do escoamento com base no diâmetro do cilindro (D = 2,0 cm) é aproximadamente Re = 10.000. Experimentos com esse número de Reynolds revelam que a camada limite é laminar e se separa vários graus a montante da parte superior do cilindro (a $\alpha \cong 82°$). A esteira, porém, é turbulenta e, portanto, uma mistura de escoamento laminar e turbulento que é particularmente difícil para os códigos de CFD. O coeficiente de arrasto medido para esse número de Reynolds é $C_D \cong 1,15$ (Tritton, 1977). As soluções de CFD são obtidas para cada uma das três malhas, assumindo o escoamento turbulento estacionário (permanente na média). Empregamos o modelo de turbulência k-ε com funções de parede. A intensidade de turbulência na entrada é definida como 10%, com uma escala de comprimento de 0,01 m (metade do diâmetro do cilindro). Todos os três casos convergem muito bem. As linhas de corrente podem ser vistas na Fig. 15–49 para os três casos de resolução de malha. Em cada gráfico, a imagem é espelhada com relação à linha de simetria, de modo que, embora apenas a metade superior do campo de escoamento tenha sido resolvida, o campo de escoamento completo é visualizado.

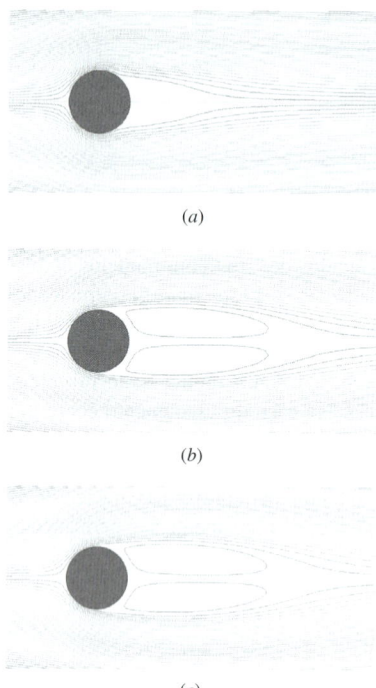

FIGURA 15–49 As linhas de corrente produzidas pelos cálculos de CFD do escoamento turbulento estacionário ao redor de um cilindro circular com Re = 10.000: (a) malha grosseira (30 × 60), (b) malha média (60 × 120) e (c) malha fina (120 × 240). Observe que apenas a metade superior do escoamento foi resolvida – a metade inferior é exibida como uma imagem espelhada da parte superior.

Para o caso de resolução de malha grosseira (Fig. 15–49a), a camada limite se separa bem depois da parte superior do cilindro a $\alpha \cong 140°$. Além disso, o coeficiente de arrasto C_D é de apenas 0,647, quase a metade do que deveria ser. Vejamos se uma malha mais fina melhora a coincidência com os dados experimentais. Para o caso da resolução média (Fig. 15–49b), o campo de escoamento é significativamente diferente. A camada limite separa-se próximo da parte superior do cilindro a $\alpha = 104°$, e C_D aumentou para cerca de 0,742—mais perto, mas ainda significativamente menos do que o valor experimental. Também observamos que os vórtices da esteira do cilindro aumentaram de comprimento quase duas vezes quando comparados aos do caso da malha grosseira. A Figura 15–49c mostra linhas de corrente para o caso da resolução fina. Os resultados parecem muito semelhantes aos do caso da resolução média, e o coeficiente de arrasto aumentou apenas ligeiramente ($C_D = 0,753$). O ponto de separação da camada limite neste caso está a $\alpha = 102°$.

Um maior refinamento da malha (não mostrado) não altera os resultados significativamente em comparação àqueles do caso de malha fina. Em outras palavras, a malha fina parece estar suficientemente resolvida, embora os resultados não coincidam com o experimento. Por quê? Existem vários problemas com nossos cálculos: estamos modelando um escoamento permanente, embora o escoamento físico real seja não permanente; estamos usando a simetria com relação ao eixo x, embora o escoamento físico não seja simétrico (uma esteira periódica de Kármán pode ser observada nos experimentos com esse número de Reynolds); e estamos usando um modelo de turbulência em vez de resolver todos os pequenos vórtices do escoamento turbulento. Outra fonte de erros significativa em nossos cálculos é que o código de CFD é executado com a turbulência ligada, para modelar de forma pertinente a região de esteira, que é turbulenta. Entretanto, a camada limite da superfície do cilindro ainda é realmente *laminar*. O local previsto do ponto de separação a jusante da parte superior do cilindro está mais alinhado à separação da camada limite *turbulenta,* que não ocorre até valores muito mais altos de número de Reynolds (após a "crise de arrasto", em um Re maior do que 2×10^5).

A conclusão é que os códigos de CFD têm problemas no regime de transição entre os escoamentos laminar e turbulento, e quando há uma combinação entre eles no mesmo domínio computacional. Na verdade, a maioria dos códigos de CFD permite que o usuário tenha apenas a opção entre laminar ou turbulento – não há "meio termo". Nos cálculos atuais, modelamos uma camada limite turbulenta, embora a camada limite física seja laminar; não é surpresa, então, que os resultados de nossos cálculos não coincidam com o experimento. Se, por outro lado, especificássemos o escoamento laminar em todo o domínio computacional, os resultados de CFD teriam sido piores ainda (menos físicos).

Existe algum modo de contornar esse problema de má reprodução da física no caso de escoamento misto laminar e turbulento? Talvez. Em alguns códigos de CFD você pode especificar o escoamento como laminar ou turbulento em diferentes regiões do escoamento. Mas mesmo assim, o processo de transição entre os escoamentos laminar e turbulento é meio brusco e, outra vez, não é fisicamente correto. Além disso, você precisaria saber com antecedência onde ocorre a transição – isso destrói a finalidade de um cálculo de CFD para previsão do escoamento do fluido. Modelos avançados de tratamento de parede estão sendo gerados, e algum dia farão um trabalho melhor na região de transição. Além disso, alguns novos modelos de turbulência estão sendo desenvolvidos. Eles estão mais bem sintonizados com a turbulência para números de Reynolds baixos.

Em resumo, não podemos modelar com exatidão o problema do escoamento laminar/turbulento misto em um cilindro circular com Re ~ 10.000 usando mo-

Escoamento ao redor de um cilindro circular com Re = 10^7

Com exemplo final de cilindro, usamos CFD para calcular o escoamento ao redor de um cilindro circular com Re = 10^7 — bem além da crise de arrasto. O cilindro neste caso tem 1,0 m de diâmetro e o fluido é a água. A velocidade de corrente livre é 10,05 m/s. Para esse valor de número de Reynolds o valor do coeficiente de arrasto medido experimentalmente está em torno de 0,7 (Tritton, 1977). A camada limite é turbulenta no ponto de separação que ocorre em torno de 120°. Assim, não temos o problema da camada limite laminar coexistir com uma esteira turbulenta, como no exemplo com o número de Reynolds mais baixo – a camada limite é quase completamente turbulenta, exceto perto do nariz do cilindro, e devemos esperar melhores resultados das previsões de CFD. Usamos uma meia malha bidimensional semelhante à usada no caso da resolução fina dos exemplos anteriores, mas a malha próxima à parede do cilindro está adaptada apropriadamente para esse número de Reynolds alto. Como antes, usamos o modelo de turbulência k-ε com as funções de parede. O nível de turbulência na entrada é definido como 10% com uma escala de comprimento de 0,5 m. Infelizmente, o coeficiente de arrasto é calculado como 0,262 – menos da metade do valor experimental com esse número de Reynolds. As linhas de corrente são mostradas na Fig. 15–50. A camada limite separa-se um pouco a jusante do extremo superior do cilindro, com $\alpha = 129°$. Existem vários motivos para a discrepância. Estamos forçando o escoamento simulado a ser permanente e simétrico, enquanto o escoamento real não é nem um nem outro, devido ao desprendimento de vórtices (os vórtices são desprendidos mesmo a números de Reynolds tão altos). Além disso, o modelo de turbulência e seu tratamento para a parede próxima (funções de parede) podem não estar capturando a física adequada do campo de escoamento. Novamente devemos concluir que resultados mais exatos para o escoamento ao redor de um cilindro circular só podem ser obtidos com o uso de uma malha completa e não com metade da malha, e com soluções não permanentes como RANS não permanente, LES ou DNS, que são ordens de magnitude mais exigentes em termos computacionais.

FIGURA 15–50 Linhas de corrente produzidas pelos cálculos de CFD para o escoamento turbulento estacionário ao redor de um cilindro circular com Re = 10^7. Infelizmente, o coeficiente de arrasto previsto ainda não é muito preciso neste caso.

Projeto do estator de um ventilador axial com palhetas direcionais

O próximo exemplo de CFD para escoamento turbulento envolve o projeto do estator com palhetas direcionais de um ventilador axial que deve ser usado em um túnel de vento. O diâmetro do ventilador é $D = 1,0$ m, e o ponto de projeto do ventilador tem uma velocidade de escoamento axial $V = 50$ m/s. As palhetas do estator se estendem do raio $r = r_{cubo} = 0,25$ m no cubo até $r = r_{ponta} = 0,50$ m na ponta. As palhetas do estator estão a montante das pás do rotor (Fig. 15–51). A forma preliminar da palheta do estator selecionada tem um ângulo de bordo de fuga de $\beta_{st} = 63°$ e um comprimento de corda de 20 cm. Para qualquer valor do raio r, a direção do escoamento depende do número de palhetas do estator – esperamos que quanto menor for o número de palhetas, maior será o ângulo *médio* com o qual o escoamento é direcionado, por causa do maior espaçamento

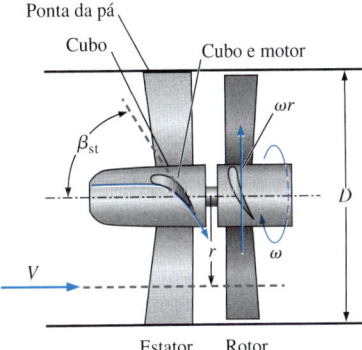

FIGURA 15–51 Diagrama esquemático do ventilador axial que está sendo projetado. O estator precede o rotor e o escoamento através das palhetas do estator deve ser modelado com CFD.

FIGURA 15–52 Definição de *espaçamento entre palhetas s:* (*a*) vista frontal do estator e (*b*) o estator modelado como uma cascata bidimensional. Doze palhetas radiais são mostradas na vista frontal, mas o número real de palhetas deve ser determinado. Três palhetas são mostradas em cascata, mas a cascata real consiste em um número infinito de palhetas, separadas pelo espaçamento *s*, que diminui com o raio *r*. A cascata bidimensional é uma aproximação do escoamento tridimensional para um valor de raio *r* e espaçamento *s*. O comprimento de corda *c* é definido como o comprimento horizontal das palhetas do estator.

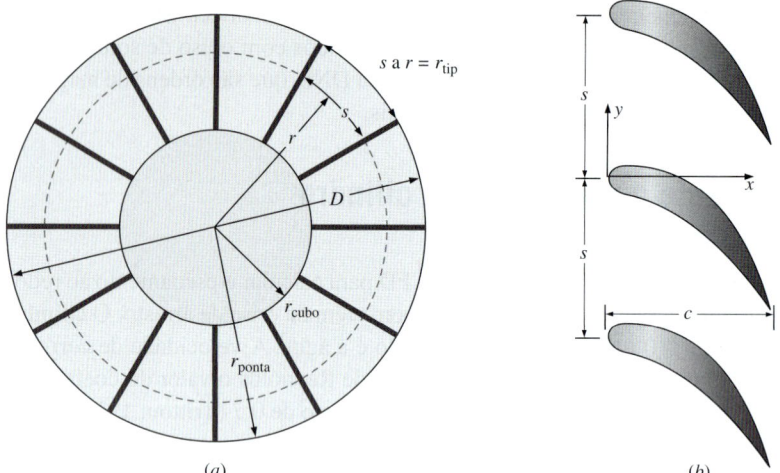

entre elas. Nosso objetivo é determinar o número mínimo necessário de palhetas do estator para que o escoamento imposto aos bordos de ataque das pás do rotor (localizadas num comprimento de uma corda a jusante dos bordos de fuga das palhetas do estator) seja direcionado com um ângulo médio de pelo menos 45°. Também queremos que não haja separação de escoamento significativa nas superfícies das palhetas do estator.

Como primeira aproximação, modelamos as palhetas do estator para qualquer valor desejado de *r* como uma *cascata* bidimensional de palhetas (consulte o Capítulo 14). As palhetas são separadas pelo **espaçamento entre palhetas** *s* para um determinado raio, como define a Fig. 15–52. Nós usamos CFD para prever o valor máximo permitido de *s*, do qual estimamos o número mínimo de palhetas que o estator deve ter para atender os requisitos dados no projeto.

Como o escoamento através da cascata bidimensional das palhetas do estator é infinitamente periódico na direção *y*, precisamos modelar apenas *uma* passagem de escoamento através das palhetas, especificando dois pares de condições de contorno periódicas nas partes superior e inferior do domínio computacional (Fig. 15–53). Executamos seis casos, cada um deles com um valor diferente para o espaçamento entre palhetas. Selecionamos $s = 10, 20, 30, 40, 50$ e 60 cm e geramos uma malha estruturada para cada um desses valores de espaçamento de lâmina. A malha no caso de $s = 20$ cm é mostrada na Fig. 15–54; as outras malhas são semelhantes, mas mais intervalos são especificados na direção *y* à medida que *s* aumenta. Observe como fizemos o espaçamento de malha mais fino próximo às superfícies de pressão e sucção, para que a camada limite dessa superfície pudesse ser mais bem resolvida. Especificamos $V = 50$ m/s na entrada com imposição de velocidade, pressão manométrica zero na saída com imposição de pressão e consideramos paredes lisas sem deslizamento nas superfícies de pressão e sucção. Como estamos modelando o escoamento com um modelo de turbulência (k-ε com funções de parede), devemos também especificar as propriedades de turbulência na entrada. Para essas simulações especificamos uma intensidade de turbulência de 10% e uma escala de comprimento de turbulência de 0,01 m (1,0 cm).

Executamos os cálculos de CFD por tempo suficiente para obter a máxima convergência possível para todos os seis casos e plotamos as linhas de corrente na Fig. 15–55 para os seis espaçamentos entre palhetas: $s = 10, 20, 30, 40, 50$ e 60 cm. Embora solucionemos o escoamento através de apenas uma passagem de escoamento, nós desenhamos várias passagens de escoamento em *duplicata*,

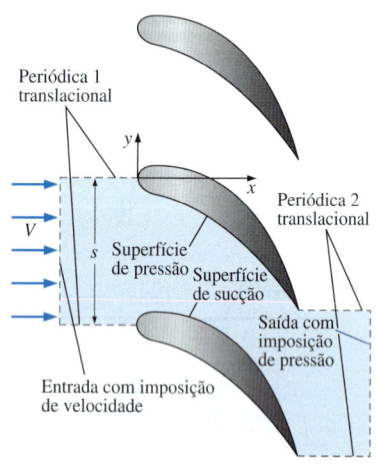

FIGURA 15–53 O domínio computacional (região sombreada em azul-claro) definido por uma passagem de escoamento através de duas palhetas do estator. A parede superior da passagem é a superfície de pressão e a parede inferior é a superfície de sucção. Dois pares de fronteiras com periodicidade translacional são definidas: "periódica 1" a montante e "periódica 2" a jusante.

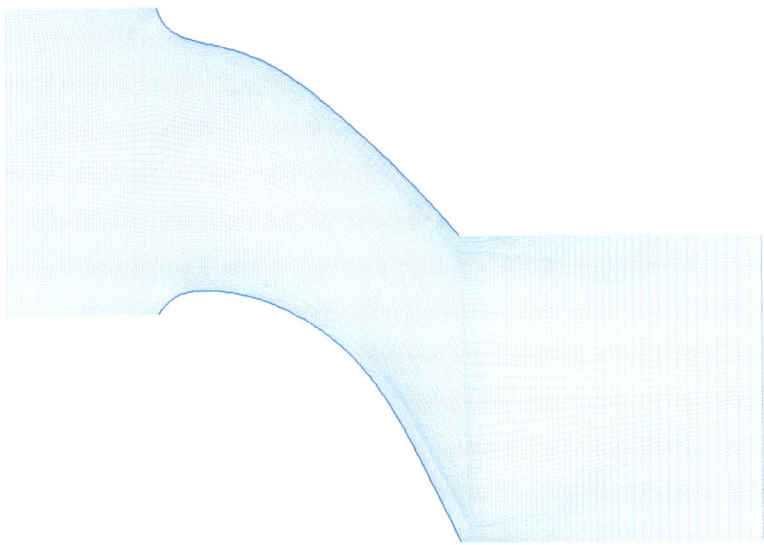

FIGURA 15–54 A malha estruturada para a cascata bidimensional com espaçamento entre as palhetas de $s = 20$ cm. A região do escoamento de saída na esteira das palhetas é intencionalmente mais longa do que aquela na entrada para evitar o escoamento reverso na saída com pressão imposta no caso de separação de escoamento na superfície de sucção da palheta do estator. A saída está em uma distância de um comprimento de corda a jusante dos bordos de fuga da palheta do estator; a saída também é a posição dos bordos de ataque das pás do rotor (não mostrado na figura).

empilhadas umas sobre as outras, para visualizar o campo de escoamento como uma cascata periódica. As linhas de corrente para os três primeiros casos parecem muito semelhantes a princípio, mas uma inspeção mais detalhada revela que o ângulo médio do escoamento a jusante do bordo de fuga da pá do estator *diminui* com s. (Nós definimos o ângulo de escoamento β com relação à direção horizontal como está representado na Fig. 15–55a.) Da mesma forma, o espaçamento entre a parede e a linha de corrente mais próxima na superfície de sucção aumenta de tamanho à medida que s aumenta, indicando que a velocidade do escoamento naquela região diminui. Na verdade, a camada limite da superfície de sucção da palheta do estator deve resistir a um gradiente de pressão cada vez mais adverso (desaceleração da velocidade e gradiente de pressão positivo) à medida que o espaçamento entre lâminas aumenta. Para um s suficientemente grande, a camada limite na superfície de sucção não suporta o gradiente de pressão adverso e se separa da parede. Para $s = 40, 50$ e 60 cm (Fig. 15–55d até f), a separação do escoamento na superfície de sucção é vista claramente nesses gráficos das linhas de corrente. Além disso, a seriedade da separação do escoamento aumenta com s. Isso não é inesperado se imaginarmos o limite $s \to \infty$. Nesse caso, a palheta do estator estará isolada de seus vizinhos, e certamente teremos uma separação maciça do escoamento, já que a palheta tem um alto grau de curvatura.

Listamos o ângulo de escoamento de saída médio β_{med}, a velocidade do escoamento de saída média V_{med} e a força de arrasto prevista em uma palheta do estator por unidade de largura F_D/b na Tabela 15–3 como função do espaçamento entre palhetas s. (A largura b está para dentro da página na Fig. 15–55 e é assumida como 1 m em cálculos bidimensionais como estes.) Embora β_{med} e V_{med} diminuam continuamente com s, F_D/b primeiro se eleva até um máximo para o caso de $s = 20$ cm e, em seguida, diminui a partir desse valor.

Você deve se lembrar dos critérios de projeto enumerados anteriormente, que o ângulo de saída do escoamento médio deve ser maior do que $45°$, e não deve haver nenhuma separação de escoamento significativa. Dos nossos resultados de CFD, parece que esses dois critérios ficam em algum lugar entre $s = 30$ e 40 cm. Obtemos um quadro melhor da separação do escoamento plotando as curvas de vorticidade (Fig. 15–56). Nesses contornos coloridos, o azul representa grande vorticidade negativa (rotação no sentido horário), vermelho

TABELA 15–3

Variação do ângulo β_{med} do escoamento que sai do domínio, da velocidade média V_{med} na saída e da força de arrasto F_D/b nas palhetas por unidade de largura como função do espaçamento s*

S, cm	β_{med}, graus	V_{med}, m/s	F_D/b, N/m
10	60,8	103	554
20	56,1	89,6	722
30	49,7	77,4	694
40	43,2	68,6	612
50	37,2	62,7	538
60	32,3	59,1	489

* Todos os resultados calculados estão reportados com três dígitos significativos. As simulações de CFD foram feitas usando o modelo k-ε e funções de parede.

FIGURA 15–55 As linhas de corrente produzidas pelos cálculos de CFD do escoamento turbulento através de uma passagem de palhetas do estator: (a) espaçamento entre palhetas $s = 10$, (b) 20, (c) 30, (d) 40, (e) 50 e (f) 60 cm. Os cálculos de CFD são realizados usando o modelo de turbulência k-ε com funções de parede. O ângulo de escoamento β é definido na imagem (a) como o ângulo médio do escoamento, com relação à direção horizontal, a jusante do bordo de fuga da palheta do estator.

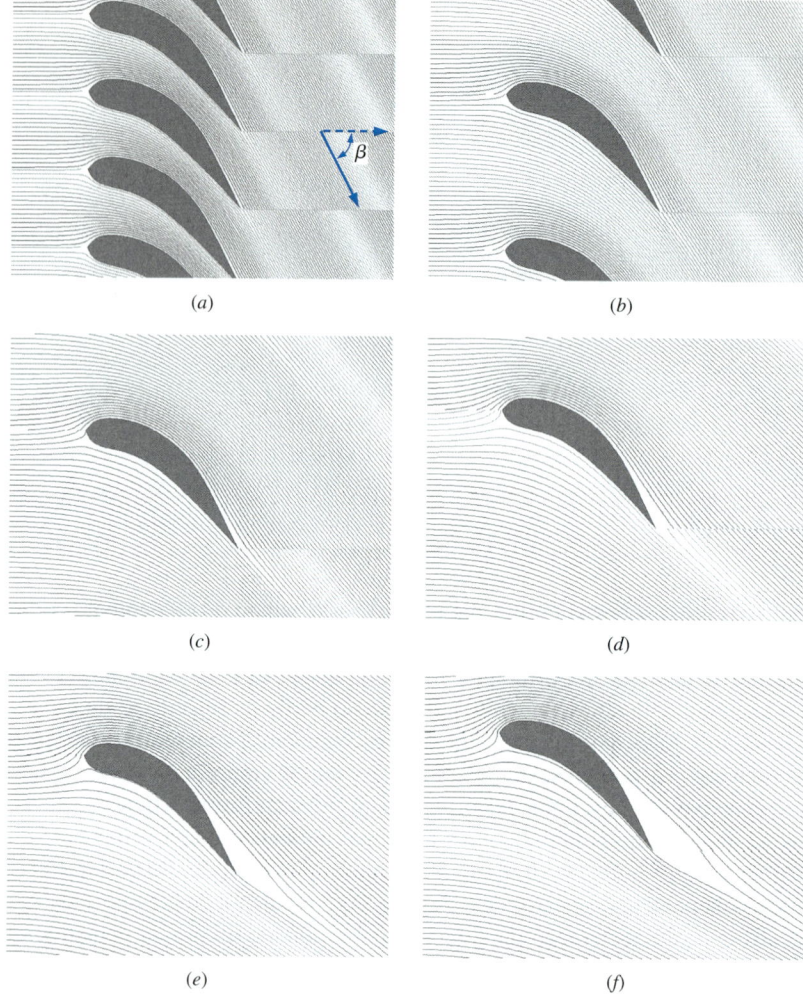

FIGURA 15–56 Contornos de vorticidade produzidos pelas simulações de CFD do escoamento turbulento estacionário através de uma passagem das palhetas do estator: espaçamento entre palhetas (a) $s = 30$ cm e (b) $s = 40$ cm. O campo de escoamento é altamente irrotacional (vorticidade zero), exceto na fina camada limite ao longo das paredes e na região de esteira. Entretanto, quando a camada limite se separa, como no caso (b), a vorticidade se espalha em toda a região de separação.

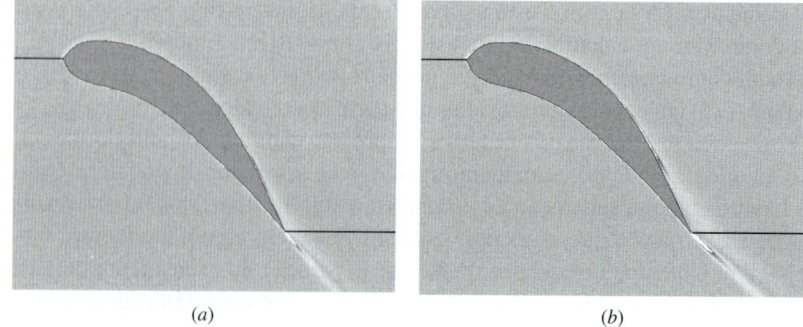

representa grande vorticidade positiva (rotação no sentido anti-horário) e o verde representa vorticidade nula. Se a camada limite permanecer colada à parede, esperamos que a vorticidade se concentre dentro de camadas limite finas ao longo das superfícies das palhetas do estator, como é o caso da Fig. 15–56*a* para *s* = 30 cm. Se a camada limite se separar, porém, a vorticidade se espalha para longe da superfície de sucção, como pode ser visto na Fig. 15–56*b* para *s* = 40 cm. Esses resultados verificam que a separação de escoamento significativa ocorre em algum lugar entre *s* = 30 e 40 cm. Observe como a vorticidade está concentrada não apenas na camada limite, mas também na *esteira* em ambos os casos mostrados na Fig. 15–56.

Finalmente, comparamos os gráficos dos vetores de velocidade na Fig. 15–57 para três casos: *s* = 20, 40 e 60 cm. Geramos várias linhas paralelas espaçadas uniformemente no domínio computacional; cada linha é inclinada de 45° com a horizontal. Em seguida, os vetores de velocidade são plotados ao longo de cada uma dessas linhas paralelas. Quando *s* = 20 cm (Fig. 15–57*a*), a camada limite permanece agarrada nas superfícies de sucção e pressão das palhetas do estator até o seu bordo de fuga. Quando *s* = 40 cm (Fig. 15–57*b*), a separação de escoamento e o escoamento reverso ao longo das superfícies de sucção aparecem. Quando *s* = 60 cm (Fig. 15–57*c*), a bolha de separação e a região de escoamento reverso crescem – essa é uma região de escoamento "morta", onde as velocidades do ar são muito pequenas. Em todos os casos, o escoamento sobre a superfície de pressão das palhetas permanece agarrado.

Quantas palhetas (*N*) são representadas pelo espaçamento *s* = 30 cm? Podemos calcular *N* facilmente, observando que na ponta das palhetas ($r = r_{ponta} = D/2 = 50$ cm), onde *s* é maior, a circunferência disponível total (*C*) é

Circunferência disponível: $\quad C = 2\pi r_{tip} = \pi D$ (15–7)

Assim, o número de palhetas que pode ser incluído nessa circunferência dado um espaçamento entre palhetas *s* = 30 cm é

Número máximo de pás: $\quad N = \dfrac{C}{s} = \dfrac{\pi D}{s} = \dfrac{\pi(100 \text{ cm})}{30 \text{ cm}} = 10,5$ (15 8)

Obviamente, podemos ter apenas um valor inteiro de *N*, e concluímos de nossa análise preliminar que devemos ter pelo menos 10 ou 11 palhetas no estator.

Nossa aproximação do estator como uma cascata bidimensional é boa? Para responder essa pergunta, realizamos uma análise CFD tridimensional do estator. Aproveitamos novamente a periodicidade modelando apenas uma passagem de escoamento – uma passagem tridimensional entre duas pás radiais do estator (Fig. 15–58). Selecionamos *N* = 10 palhetas, especificando um ângulo de periodicidade de 360/10 = 36°. Da Equação 15–8, isso representa *s* = 31,4 nas pontas das palhetas e *s* = 15,7 no cubo, para um valor médio de s_{med} 23,6. Geramos uma malha estruturada hexagonal em um domínio computacional limitado por uma entrada com velocidade imposta, uma saída de escoamento, uma seção da parede cilíndrica no cubo e outra na ponta, a superfície de pressão da pá, a superfície de sucção na pá e dois pares de condições de contorno periódicas. Neste caso tridimensional, as fronteiras periódicas são *rotacionalmente* periódicas, em vez de serem translacionalmente periódicas. Observe que usamos uma condição de contorno com escoamento de saída em vez de uma condição de contorno de saída com imposição de pressão, porque esperamos que o movimento de turbilhão produza uma distribuição da pressão radial na face de saída. A malha é mais fina perto das paredes (como sempre), para resolver melhor a camada limite. A

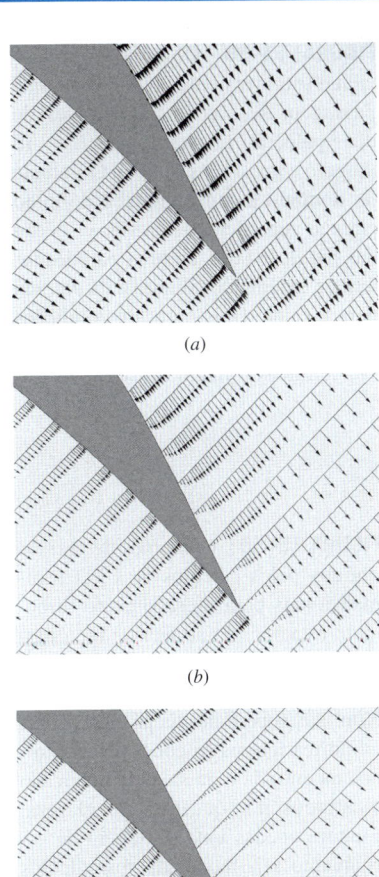

FIGURA 15–57 Os vetores de velocidade produzidos pelos cálculos de CFD do escoamento turbulento através de uma passagem de escoamento de pá do estator: espaçamento da lâmina *s* = (*a*) 20 cm, (*b*) 40 cm e (*c*) 60 cm.

FIGURA 15–58 Domínio computacional tridimensional definido por uma passagem de escoamento através de duas palhetas do estator para $N = 10$ (ângulo entre as pás = 36°). O volume do domínio computacional é definido entre as superfícies de pressão e sucção das pás do estator, entre as paredes interna e externa do cilindro e da entrada para a saída. Dois pares de condições de contorno rotacionalmente periódicas são definidas como mostra a figura.

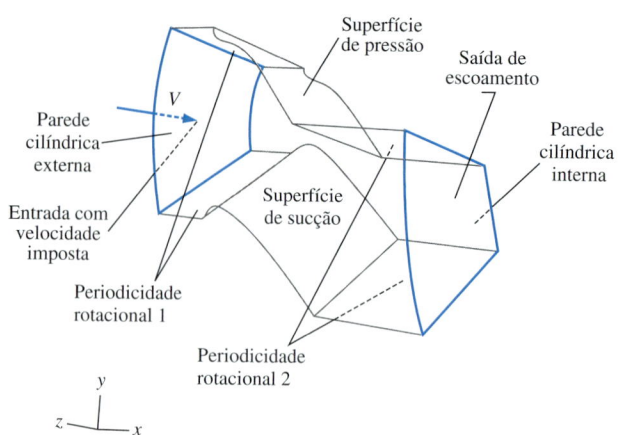

FIGURA 15–59 Contornos de pressão obtidos pelos cálculos de CFD tridimensionais para o escoamento turbulento estacionário através de uma passagem de escoamento das palhetas do estator. Agora a pressão é mostrada em N/m^2 nas superfícies da pá e na parede cilíndrica interna (o cubo). Os contornos na entrada e na saída também são mostrados por questões de clareza. Embora apenas uma passagem de escoamento seja modelada nos cálculos de CFD, repetimos a imagem na direção da circunferência ao redor do eixo x nove vezes, para visualizar todo o campo de escoamento no estator. Nessa imagem colorida, as pressões altas (como nas superfícies de pressão das pás) são claras, enquanto as pressões baixas (como nas superfícies de sucção das pás, particularmente perto do cubo) são escuras.

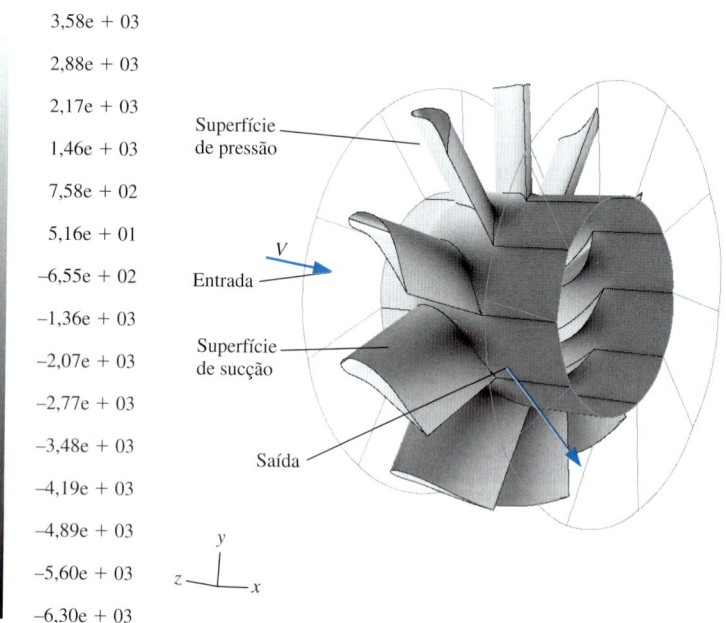

velocidade de entrada, o nível de turbulência, o modelo de turbulência, etc., são todos iguais aos usados para a simulação bidimensional. O número total de células computacionais é de quase 800.000.

Os contornos de pressão sobre as superfícies da palheta do estator e na parede cilíndrica interna são plotados na Fig. 15–59. Essa vista é do mesmo ângulo daquela da Fig. 15–60, mas nós demos *zoom* e duplicamos o domínio computacional nove vezes na direção da circunferência com relação ao eixo de rotação (o eixo x) para um total de 10 passagens de escoamento para auxiliar a visualização do campo completo. É possível ver que a pressão é mais alta (vermelho) sobre a superfície de pressão do que sobre a superfície de sucção (azul). Também é possível ver uma queda geral na pressão ao longo da superfície do cubo indo de montante a jusante do estator. A variação na pressão média da entrada para a saída é calculada como 3,29 kPa.

Para comparar nossos resultados tridimensionais diretamente com a aproximação bidimensional, realizamos um caso bidimensional adicional com espaça-

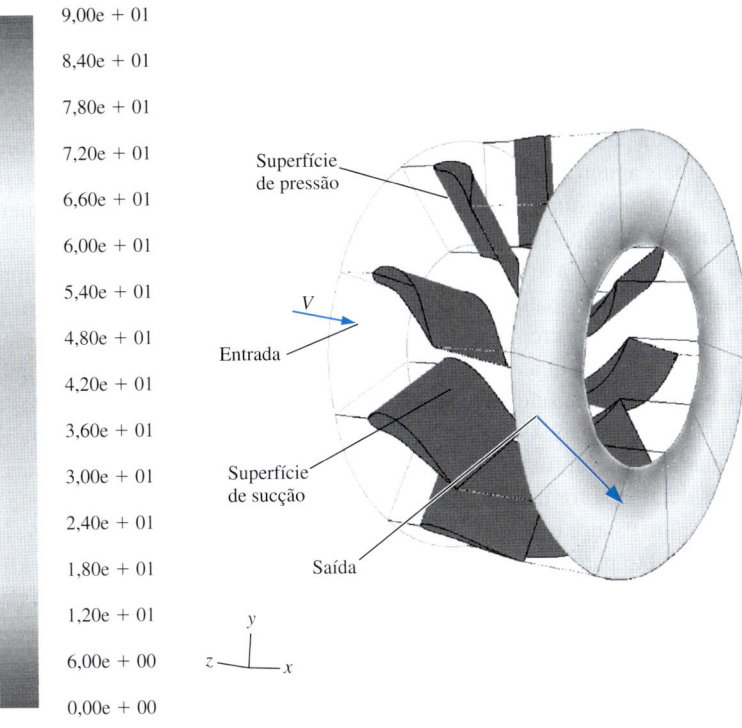

FIGURA 15-60 Contornos da velocidade tangencial produzida pelos cálculos de CFD tridimensionais para o escoamento turbulento estacionário através de uma passagem de escoamento entre as palhetas do estator. A componente da velocidade tangencial é mostrado em m/s na saída do domínio computacional (e também nas superfícies da pá, onde a velocidade é zero). Embora apenas uma passagem do escoamento seja modelada, repetimos a imagem na direção da circunferência ao redor do eixo x nove vezes, para visualizar todo o campo de escoamento. Nessa imagem colorida, a velocidade tangencial varia de 0 (preto) até 90 m/s (branco).

mento entre palhetas dado pelo valor médio, $s = s_{med} = 23,6$ cm. Uma comparação entre os casos bidimensional e tridimensional é mostrada na Tabela 15–4. Do cálculo tridimensional, a força axial em uma palheta do estator é $F_D = 183$ N. Comparamos isso ao valor bidimensional, convertendo em força por unidade de profundidade (força por unidade de largura da palheta do estator). Como a palheta do estator tem uma largura de 0,25 m, $F_D/b = (183$ N$)/(0,25$ m$) = 732$ N/m. O valor bidimensional correspondente da Tabela 15–4 é $F_D/b = 724$ N/m, de modo que o acerto é muito bom ($\cong$ diferença de 1%). A velocidade média na saída do domínio tridimensional é $V_{med} = 84,7$ m/s, quase idêntica ao valor bidimensional de 84,8 m/s da Tabela 15–4. Os resultados da aproximação bidimensional diferem em menos de 1%. Finalmente, o ângulo médio do escoamento de saída β_{med} obtido do cálculo tridimensional é 53,3°, que facilmente atende ao critério de projeto de 45°. Comparamos isso ao resultado da aproximação bidimensional que é 53,9° na Tabela 15–4; o acerto novamente está em torno de 1%.

Contornos da componente da velocidade tangencial na saída do domínio computacional são mostrados na Fig. 15–60. Vemos que a distribuição da velocidade tangencial não é uniforme; ela diminui à medida que nos movemos rapidamente para fora do cubo até a ponta, como era de se esperar, uma vez que o espaçamento entre as palhetas s aumenta do cubo para a ponta. Também verificamos (não mostrado aqui) que a pressão do escoamento de saída aumenta radialmente do cubo para a ponta. Isso também coincide com nossa intuição, pois sabemos que um gradiente de pressão radial é necessário para sustentar um escoamento tangencial – a elevação de pressão com raio crescente causa a aceleração centrípeta necessária para direcionar o escoamento ao redor do eixo x.

Outra comparação pode ser feita entre os cálculos tridimensionais e bidimensionais através da visualização dos contornos de vorticidade em um plano atravessando o domínio computacional dentro da passagem entre as palhetas. Dois desses planos foram criados – um plano próximo ao cubo e um plano próximo

TABELA 15-4

Resultados de CFD para o escoamento através de uma passagem de escoamento nas palhetas do estator: a aproximação em cascata bidimensional para o espaçamento médio entre palhetas ($s = s_{med} = 23,6$ cm) é comparada ao cálculo tridimensional completo*

	2-D, $s = 23,6$ cm	3-D
β_{med}	53,9°	53,3°
V_{med}, m/s	84,8	84,7
F_D/b, N/m	724	732

* Os valores são dados com até três dígitos significativos.

à ponta, e os contornos de vorticidade resultantes são mostrados na Fig. 15–61. Em ambos os planos, a vorticidade é confinada na fina camada limite e na esteira. Não há separação de escoamento perto do cubo, mas vemos que perto da ponta, o escoamento está começando a se separar da superfície de sucção perto do bordo de fuga da palheta. Observe que o ar sai do bordo de fuga da palheta com um ângulo mais agudo no cubo do que na ponta. Isso também está de acordo com nossa aproximação bidimensional (e com nossa intuição), já que o espaçamento entre palhetas s no cubo (15,7 cm) é menor do que na ponta (31,4 cm).

Concluindo, a aproximação desse estator tridimensional como uma cascata bidimensional de palhetas é muito boa, no geral, particularmente para a análise preliminar. As discrepâncias entre os cálculos bidimensionais e tridimensionais para as características gerais do escoamento, como a força sobre a pá, o ângulo do escoamento de saída, etc. estão em torno de 1% ou menos para todas as quantidades reportadas. Assim, não é surpresa que a abordagem da cascata bidimensional seja uma aproximação tão conhecida no projeto de turbomáquinas. Quanto mais detalhada for a análise tridimensional, maior será a confiança que teremos de que um estator com 10 palhetas é suficiente para atender os critérios impostos pelo projeto para esse ventilador axial. Entretanto, nossos cálculos tridimensionais revelaram uma pequena região separada perto da ponta da palheta do estator. Talvez seja sensato aplicar alguma **torção** às pás do estator (reduzindo o ângulo

FIGURA 15–61 Contornos de vorticidade produzidas pelos cálculos de CFD tridimensionais turbulentos e estacionários para o escoamento através de uma passagem entre as palhetas do estator. (*a*) um plano perto do cubo ou raiz das palhetas e (*b*) um plano perto da ponta das palhetas. As curvas de vorticidade z são plotadas, uma vez que as faces são quase perpendiculares ao eixo z. Nessas imagens coloridas, regiões azuis (como na metade superior da esteira e na zona de separação do escoamento) representam a vorticidade z negativa (direção horária), enquanto as regiões vermelhas (como na metade inferior da esteira) representam a vorticidade z positiva (direção anti-horária). Perto do cubo não há sinal de separação de escoamento, mas perto da ponta há alguma indicação de separação do escoamento próxima ao bordo de fuga do lado de sucção da palheta. Da mesma forma, a figura mostra setas indicando como funciona a condição de contorno periódica. O escoamento que sai da parte *inferior* da fronteira periódica entra com a mesma velocidade e direção na parte *superior* da fronteira periódica. O ângulo de escoamento de saída β é maior perto do cubo do que da ponta das palhetas do estator, porque o espaçamento entre palhetas s é menor no cubo do que a ponta, e também devido à suave separação de escoamento perto da ponta.

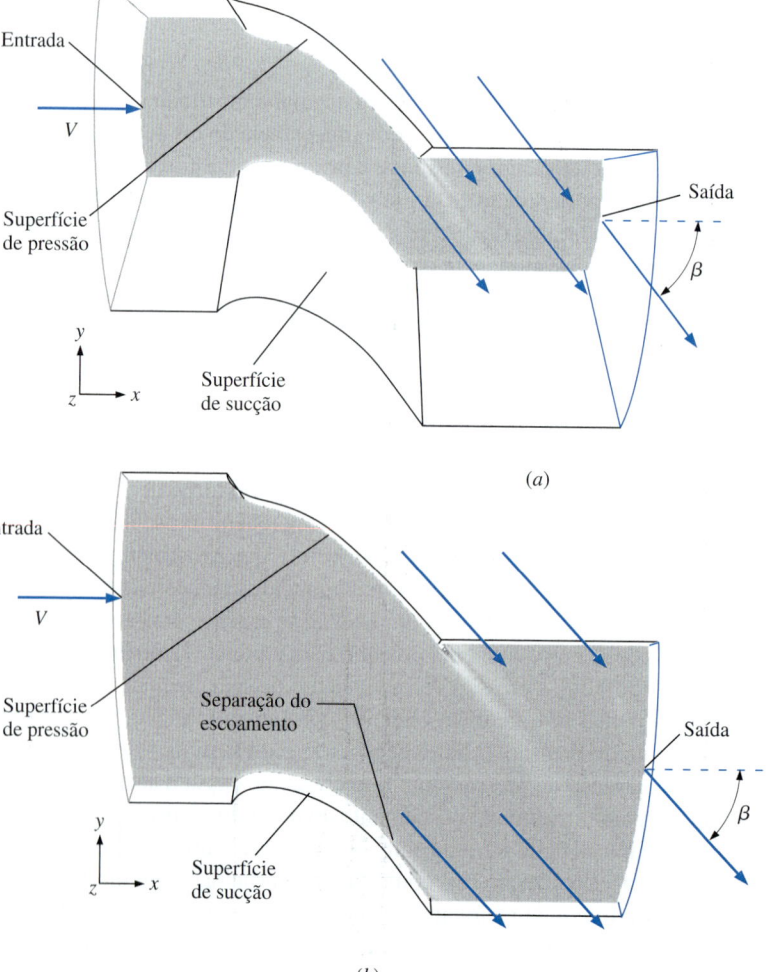

de inclinação ou o ângulo de ataque na direção da ponta) para evitar essa separação. (A torção é discutida com mais detalhes no Capítulo 14.) Como opção, podemos aumentar o número das palhetas do estator para 11 ou 12 e esperar que a separação do escoamento nas pontas das palhetas seja eliminada.

Um comentário final para este exemplo de escoamento: todos os cálculos foram realizados com um sistema de coordenadas fixo. Os modernos códigos de CFD contêm opções para a modelagem de zonas de escoamento com *sistemas de coordenadas rotativos*, para que análises similares sejam realizadas nas pás de *rotor* assim como nas pás do estator.

15–4 CFD COM TRANSFERÊNCIA DE CALOR

Combinando a forma diferencial da equação da energia às equações do movimento do fluido, podemos usar um código de dinâmica dos fluidos computacional para calcular as propriedades associadas à **transferência de calor** (por exemplo, as distribuições de temperatura ou a taxa de transferência de calor de uma superfície sólida para um fluido). Como a equação da energia é uma equação escalar, apenas *uma* equação de transporte extra (em geral, para temperatura ou entalpia) é necessária, e os gastos computacionais (tempo de CPU e requisitos de RAM) não aumentam de forma significativa. A capacidade de resolver problemas de transferência de calor está incorporada à maioria dos códigos de CFD disponíveis, uma vez que muitos problemas práticos da engenharia envolvem o escoamento de fluidos *e* a transferência de calor. Como já foi mencionado, as condições adicionais de contorno relacionadas à transferência de calor precisam ser especificadas. Na fronteira de parede sólida, podemos especificar a temperatura da parede T_{parede} (K) ou o *fluxo de calor da parede* $\dot{q}_{parede}$ (W/m²), definido como taxa de transferência de calor por unidade de área da parede para o fluido (mas não podemos especificar *ambas* as quantidades ao mesmo tempo, como ilustra a Fig. 15–62). Quando modelamos uma zona em um domínio computacional como um corpo sólido que envolve a geração da energia térmica por meio do aquecimento elétrico (como nos componentes eletrônicos) ou as reações químicas ou nucleares (como nas barras de combustível nuclear), podemos especificar a taxa de geração de calor por unidade de volume $\dot{g}$ (W/m³) dentro do sólido, já que a relação entre a taxa total de geração de calor e a área de superfície exposta deve ser igual ao fluxo médio de calor da parede. Nesse caso, nem T_{parede} ou $\dot{q}_{parede}$ são especificados; ambos convergem para valores que satisfazem a taxa de geração de calor interna especificada. Além disso, a distribuição da temperatura dentro do objeto sólido em si pode ser calculada. Outras condições de contorno (como aquelas associadas à transferência de calor por radiação) também podem ser aplicadas aos códigos de CFD.

Nesta seção, não entramos em detalhes sobre as equações do movimento ou as técnicas numéricas usadas para solucioná-las. Em vez disso, mostramos alguns exemplos básicos que ilustram a capacidade que a CFD tem de calcular escoamentos práticos de interesse para a engenharia envolvendo a transferência de calor.

Elevação de temperatura por meio de um trocador de calor com escoamento cruzado

Considere o escoamento de ar frio através de uma série de tubos quentes, como mostra a Fig. 15–63. Na terminologia dos trocadores de calor, essa configuração geométrica é chamada de **trocador de calor com escoamento cruzado**. Se o escoamento de ar tivesse que entrar sempre na direção horizontal ($\alpha = 0$), nós

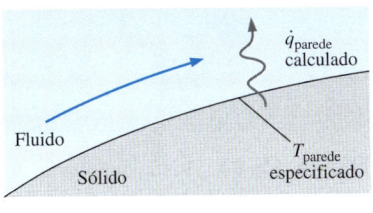
(a)

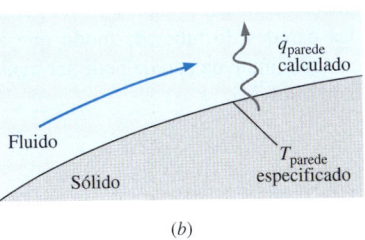
(b)

FIGURA 15–62 Em uma fronteira de parede, podemos especificar (*a*) a temperatura da parede ou (*b*) o fluxo do calor da parede, mas não ambos, uma vez que isso seria excesso de especificação em termos matemáticos.

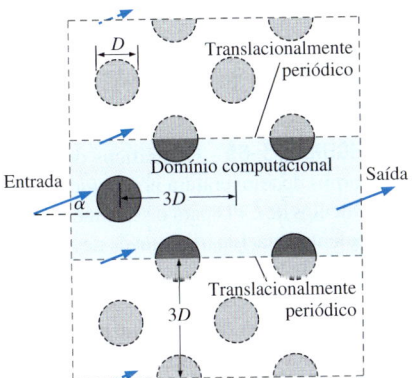

FIGURA 15–63 O domínio computacional (região sombreada em azul-claro) utilizado para modelar o escoamento turbulento através de um trocador de calor com escoamento cruzado. O escoamento entra da esquerda com um ângulo α em relação à horizontal.

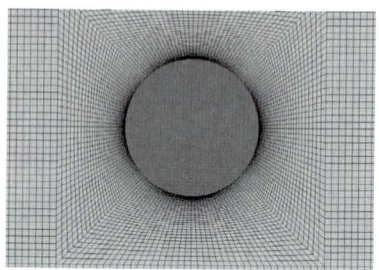

FIGURA 15–64 Vista detalhada da malha estruturada próximo a um dos tubos do trocador de calor com escoamento cruzado. A malha é fina perto das paredes do tubo, de modo que a camada limite da parede pode ser mais bem resolvida.

poderíamos cortar o domínio computacional pela metade e aplicar as condições de contorno de simetria nos lados superior e inferior do domínio (consultar a Fig. 15–25). Neste caso, porém, permitimos que o escoamento de ar entre no domínio computacional com algum ângulo ($\alpha \neq 0$). Assim, impomos condições de contorno *translacionalmente periódicas* nos lados superior e inferior do domínio, como está representado na Fig. 15–63. Definimos a temperatura do ar de entrada como 300 K e a temperatura de superfície de cada tubo como 500 K. O diâmetro dos tubos e a velocidade do ar são selecionados de forma que o número de Reynolds seja aproximadamente 1×10^5 com base no diâmetro do tubo. As superfícies do tubo são assumidas como hidrodinamicamente lisas (rugosidade zero) no primeiro conjunto de cálculos. Os tubos quentes são escalonados como na Fig. 15–63 e espaçados com três diâmetros de distância das direções horizontal e vertical. Assumimos o escoamento turbulento estacionário bidimensional sem efeitos da gravidade e definimos a intensidade da turbulência da entrada de ar como 10%. Simulamos dois casos para efetuar uma comparação: $\alpha = 0$ e $10°$. Nosso objetivo é ver se a transferência de calor para o ar aumenta ou é inibida com um valor diferente de α diferente de zero. Qual caso você acha que oferecerá a maior transferência de calor?

Geramos uma malha bidimensional, multiblocos e estruturada com resolução muito fina próximo das paredes do tubo, como mostra a Fig. 15–64, e executamos o código de CFD até a convergência em ambos os casos. Os contornos de temperatura são mostrados para o caso de $\alpha = 0°$ na Fig. 15–65, e para o caso de $\alpha = 10°$ na Fig. 15–66. A elevação média da temperatura do ar na saída do volume de controle no caso de $\alpha = 0°$ é 5,51 K, enquanto para $\alpha = 10°$ ela é de 5,65 K. Assim, concluímos que o escoamento de entrada inclinado em relação à horizontal leva ao aquecimento mais efetivo do ar, embora o ganho seja de apenas 2,5%. Calculamos um terceiro caso (não mostrado aqui) no qual $\alpha = 0°$, mas a intensidade da turbulência do ar de entrada aumenta para 25%. Isso leva a uma melhor mistura, e a elevação média da temperatura do ar da entrada para a saída aumenta em cerca de 6,5% até 5,87 K.

Finalmente, estudamos os efeitos das superfícies rugosas do tubo. Modelamos as paredes do tubo como superfícies rugosas com uma altura de rugosidade característica de 0,01 m (1% do diâmetro do cilindro). Observe que tivemos de engrossar um pouco a malha perto de cada tubo, para que a distância entre o centro da célula computacional mais próxima e a parede seja maior do que a altura da rugosidade, caso contrário o modelo de rugosidade do código de CFD não seria fisicamente aceitável. O ângulo de entrada do escoamento é definido como $\alpha = 0°$ neste caso, e as condições de escoamento são idênticas àquelas da Fig.

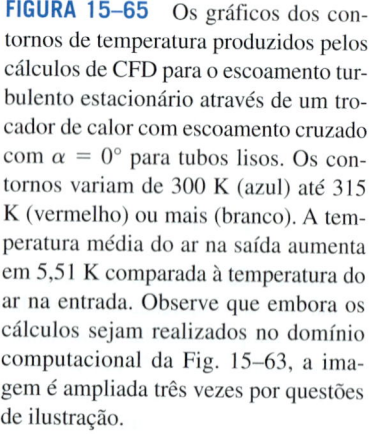

FIGURA 15–65 Os gráficos dos contornos de temperatura produzidos pelos cálculos de CFD para o escoamento turbulento estacionário através de um trocador de calor com escoamento cruzado com $\alpha = 0°$ para tubos lisos. Os contornos variam de 300 K (azul) até 315 K (vermelho) ou mais (branco). A temperatura média do ar na saída aumenta em 5,51 K comparada à temperatura do ar na entrada. Observe que embora os cálculos sejam realizados no domínio computacional da Fig. 15–63, a imagem é ampliada três vezes por questões de ilustração.

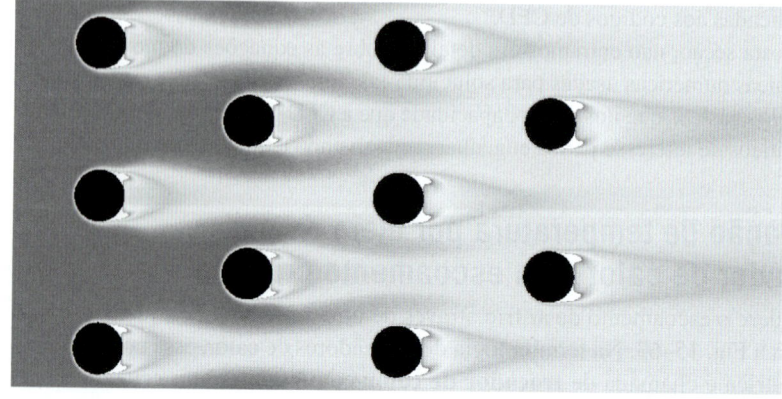

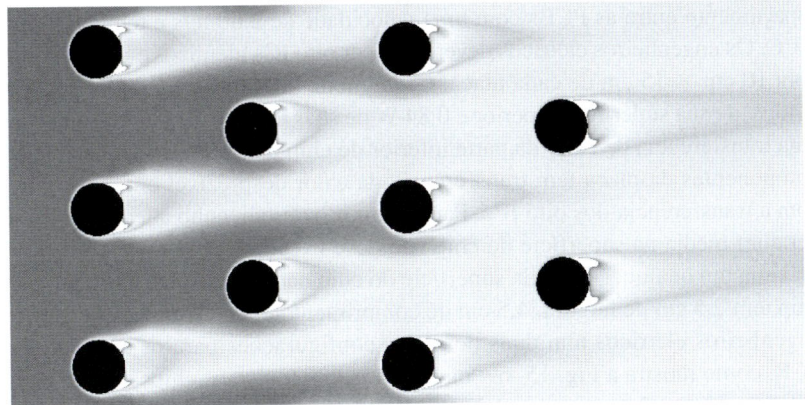

FIGURA 15-66 Os gráficos dos contornos de temperatura produzidos pelos cálculos de CFD para o escoamento turbulento estacionário através de um trocador de calor com escoamento cruzado a $\alpha = 10°$ com tubos lisos. Os contornos variam de 300 K (azul) até 315 K (vermelho) ou mais (branco). A temperatura média do ar na saída aumenta em 5,65 K comparada à temperatura do ar na entrada. Assim, o escoamento de entrada inclinado em relação à horizontal ($\alpha = 10°$) resulta em uma ΔT que é 2,5% mais alta do que aquela do escoamento horizontal ($\alpha = 0°$).

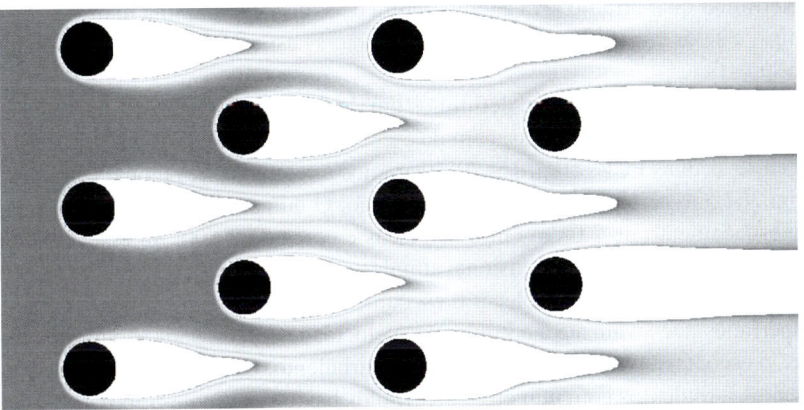

FIGURA 15-67 Os gráficos dos contornos de temperatura produzidos pelos cálculos de CFD do escoamento turbulento estacionário através de um trocador de calor com escoamento cruzado e $\alpha = 0°$ com tubos rugosos (rugosidade média da parede igual a 1% do diâmetro do tubo; funções de parede utilizadas nos cálculos de CFD). Os contornos variam de 300 K (azul) até 315 K (vermelho) ou mais (branco). A temperatura média do ar na saída aumenta em 14,48 K comparada à temperatura do ar na entrada. Assim, mesmo esta pequena quantidade de rugosidade superficial resulta em uma ΔT que é 163% mais alta do que aquela do caso dos tubos lisos.

15-65. Os contornos de temperatura são plotados na Fig. 15-67. As regiões em branco do gráfico dos contornos representam os lugares onde a temperatura do ar é maior do que 315 K. A elevação média da temperatura do ar entre a entrada e a saída é de 14,48 K, representando um aumento de 163% com relação ao caso em que a parede é lisa com $\alpha = 0°$. Assim, vemos que a rugosidade da parede é um parâmetro crítico nos escoamentos turbulentos. Este exemplo oferece uma ideia sobre por que os tubos dos trocadores de calor quase sempre são propositalmente rugosos.

Resfriamento de um conjunto de chips de circuito integrado

Em equipamento eletrônico, instrumentação e computadores, os componentes eletrônicos, como **circuitos integrados** (**ICs** ou "chips"), resistores, transistores, diodos e capacitores são soldados em **placas de circuito impresso** (**PCBs**). As PCBs são empilhadas em fileiras como na Fig. 15-68. Devido ao fato de que muitos desses componentes eletrônicos dissipam calor, em geral, é insuflado ar resfriado através da passagem de ar que existe entre cada par de PCBs, para evitar que os componentes se aqueçam demais. Pense no projeto de uma PCB para aplicação no espaço sideral. Várias PCBs idênticas devem ser empilhadas como na Fig. 15-68. Cada PCB tem 10 cm de altura e 30 cm de comprimento, e o espaçamento entre as placas é de 2,0 cm. O ar de resfriamento entra no

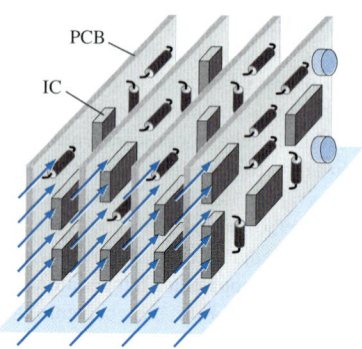

FIGURA 15–68 Quatro placas de circuito impresso (PCBs) empilhadas em filas, com o ar insuflado entre cada PCB para permitir o resfriamento.

espaçamento entre as PCBs com uma velocidade de 2,60 m/s e temperatura de 30°C. Os engenheiros elétricos devem colocar oito ICs idênticos em uma porção com 10 cm × 15 cm de cada placa. Cada um dos ICs dissipa 6,24 W de calor: 5,40 W de sua superfície superior e 0,84 W de suas laterais. (Assume-se que não haja transferência de calor da parte inferior do chip para a PCB.) O restante dos componentes da placa tem transferência de calor desprezível em comparação com a transferência dos oito ICs. Para garantir o desempenho adequado, a temperatura média na superfície do chip não deve exceder 150°C, e a temperatura máxima em qualquer parte da superfície do chip não deve exceder 180°C. Cada chip tem 2,5 cm de largura, 4,5 cm de comprimento e 0,50 cm de espessura. Os engenheiros elétricos têm duas possíveis configurações para os oito chips da PCB, como mostra a Fig. 15–69: na configuração longa, os chips são alinhados com sua dimensão *longa* paralela ao escoamento, e na configuração curta, os chips são alinhados com sua dimensão *curta* paralela ao escoamento. Os chips são escalonados em ambos os casos para aumentar o resfriamento. Devemos determinar qual arranjo leva à temperatura de superfície máxima mais baixa nos chips, e se os engenheiros elétricos atenderão às especificações de temperatura de superfície.

Para cada configuração, definimos um domínio computacional tridimensional que consiste em uma passagem de escoamento única através da passagem de ar entre as duas PCBs (Fig. 15–70). Geramos uma malha hexagonal estruturada com 267.520 células para cada configuração. O número de Reynolds com base no espaçamento de 2,0 cm entre as placas é cerca de 3.600. Se esse fosse um escoamento de canal bidimensional simples, esse número de Reynolds mal seria alto o suficiente para estabelecer o escoamento turbulento. Entretanto, como as superfícies que levam até a entrada com velocidade especificada são muito rugosas, o escoamento muito provavelmente é turbulento. Observamos que os escoamentos turbulentos com número de Reynolds baixo são um desafio para a maioria dos modelos de turbulência, já que os modelos são calibrados para números de Reynolds altos. No entanto, assumimos o escoamento turbulento estacionário e usamos o modelo de turbulência k-ε com funções de parede. Embora a exatidão absoluta desses cálculos possa ser suspeita por conta do baixo número de Reynolds, as comparações entre a configuração longa e a curta devem ser razoáveis. Ignoramos os efeitos de flutuação por diferença de densidade (buoyancy) nos

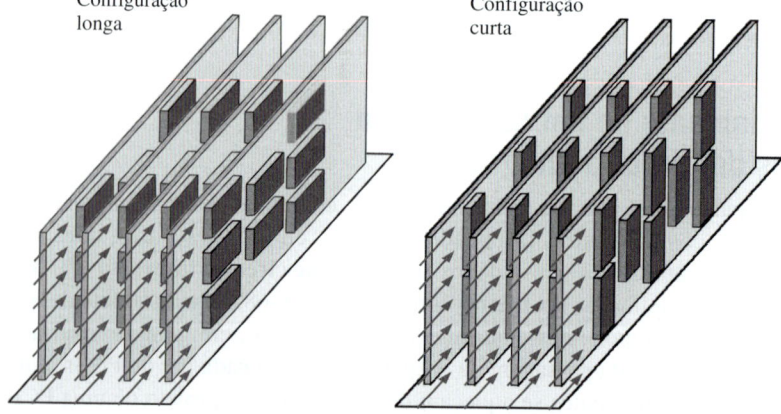

FIGURA 15–69 Duas configurações possíveis para os oito ICs da PCB: configuração longa e configuração curta. Qual configuração você acha que oferecerá o melhor resfriamento para os chips?

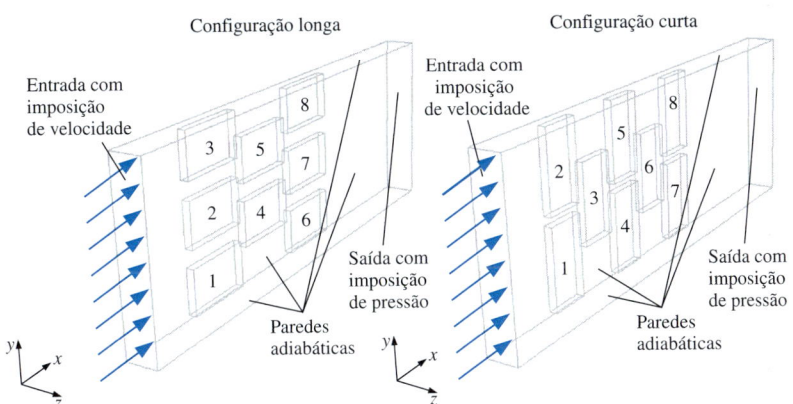

FIGURA 15–70 Domínios computacionais para o exemplo do resfriamento de chip. Simulamos o escoamento da ar através do espaçamento entre os dois PCBs. Duas malhas separadas são geradas, uma para a configuração longa e outra para a configuração curta. Os chips 1 a 8 são indicados para referência. As superfícies desses chips transferem calor para o ar; todas as outras paredes são adiabáticas.

cálculos, já que essa é uma aplicação para o espaço sideral. Na entrada é especificada uma velocidade da ar com $V = 2,60$ m/s e temperatura $T_\infty = 30°C$; definimos uma intensidade da turbulência de entrada de 20% e uma escala de comprimento turbulento de 1,0 mm. A saída é uma saída com pressão especificada com pressão manométrica nula. A PCB é modelada como uma parede adiabática lisa (transferência de calor zero da parede para o ar). Os lados superiores do domínio computacional também são aproximados como paredes adiabáticas lisas.

Com base nas dimensões dadas para os chips, a área da superfície na parte superior de um chip é 4,5 cm × 2,5 cm = 11,25 cm². A área total de superfície dos quatro lados dos chips é 7,0 cm². Com as taxas de transferência de calor dadas, calculamos a taxa de transferência de calor por unidade de área na superfície superior de cada chip,

$$\dot{q}_{superiores} = \frac{5,4 \text{ W}}{11,25 \text{ cm}^2} = 0,48 \text{ W/cm}^2$$

Assim, modelamos a superfície superior de cada chip como uma parede uniforme com um fluxo de calor de superfície de 4.800 W/m² da parede para o ar. Da mesma forma, a taxa de transferência de calor por unidade de área das laterais de cada chip é

$$\dot{q}_{laterais} = \frac{0,84 \text{ W}}{7,0 \text{ cm}^2} = 0,12 \text{ W/cm}^2$$

Como as laterais do chip têm fios elétricos, modelamos cada superfície lateral de cada chip como uma parede rugosa com uma altura de rugosidade equivalente de 0,50 mm e um fluxo de calor de superfície de 1.200 W/m² da parede para o ar.

O código de CFD ANSYS-FLUENT é executado para cada caso até a convergência. Os resultados estão resumidos na Tabela 15–5, e os contornos de temperatura são mostrados nas Figs. 15–71 e 15–72. A temperatura média das superfícies superiores dos chips é mais ou menos igual para todas as configurações (144,4°C para o caso longo e 144,7°C para o caso curto) e está abaixo do limite recomendado de 150°C. Existe uma diferença grande na temperatura média das superfícies *laterais* dos chips (84,2°C para o caso longo e 91,4°C para o caso curto), embora esses valores estejam bem abaixo do limite. As temperaturas

TABELA 15-5
Comparação entre os resultados de CFD para o exemplo de resfriamento de chip, configurações longa e curta

	Longo	Curto
$T_{máxima}$, superfícies superiores dos chips	187,5°C	182,1°C
$T_{média}$, superfícies superiores dos chips	144,5°C	144,7°C
$T_{máxima}$, superfícies laterais dos chips	154,0°C	170,6°C
$T_{média}$, superfícies laterais dos chips	84,2°C	91,4°C
ΔT média, da entrada para a saída	7,83°C	7,83°C
ΔP média, da entrada para a saída	−5,14 Pa	−5,58 Pa

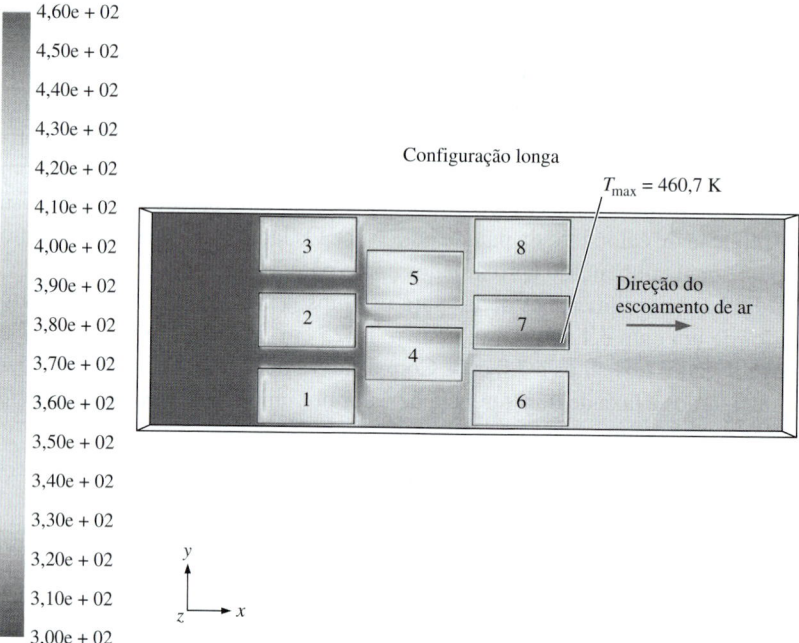

FIGURA 15-71 Resultados de CFD para o exemplo de resfriamento de chip, configuração longa: os contornos de temperatura são vistos diretamente de cima das superfícies do chip, com os valores de T em K na legenda. A localização com temperatura superficial máxima está indicada, ocorrendo perto da lateral do chip 7. As regiões vermelhas perto das bordas de ataque dos chips 1, 2 e 3 também são vistas, indicando temperaturas superficiais altas nessas localizações.

máximas, porém, são preocupantes. Para a configuração longa, $T_{máx} = 187,5°C$ e ocorre na superfície superior do chip 7 (o chip do meio da última fila). Para a configuração curta, $T_{máx} = 182,1°C$ e ocorre perto da metade da placa nas superfícies superiores dos chips 7 e 8 (os dois chips da última fila). Em ambas as configurações esses valores excedem o limite recomendado de 180°C, embora não muito. A configuração curta resfria melhor as superfícies superiores dos chips, mas às custas de uma queda de pressão ligeiramente maior e resfriamento pior ao longo das superfícies laterais dos chips.

Observe na Tabela 15-5 que a variação média na temperatura do ar entre a entrada e a saída é idêntica para ambas as configurações (7,83°C). Isso não deve ser surpresa, porque a taxa total de calor transferido dos chips para o ar é igual independentemente da configuração do chip. Na verdade, em uma análise de CFD é sensato verificar valores como esses – se a ΔT média *não* for igual nas duas configurações, devemos suspeitar que há algum tipo de erro em nossos cálculos.

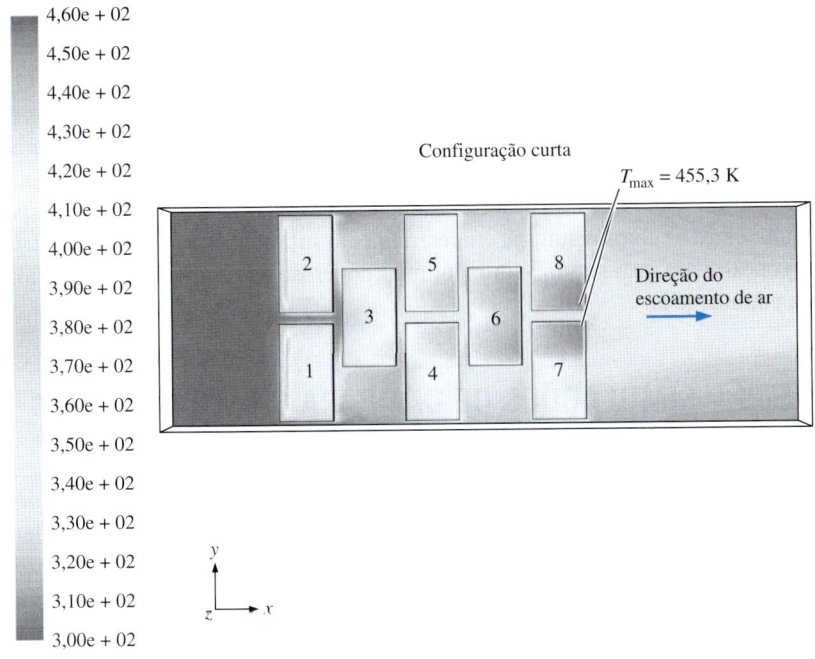

FIGURA 15–72 Resultados de CFD para o exemplo de resfriamento de chip, configuração curta: os contornos de temperatura são vistos diretamente de cima das superfícies do chip, com os valores de T em K na legenda. A mesma escala de temperatura é usada como na Fig. 15–71. As localizações com temperatura superficial máxima são indicadas; elas ocorrem perto das laterais dos chips 7 e 8 próximas ao centro da PCB. As regiões vermelhas perto das bordas de ataque dos chips 1 e 2 também são vistas, indicando temperaturas superficiais altas nessas localizações.

São percebidas muitas outras características interessantes nesses campos de escoamento que podemos destacar. Para ambas as configurações, a temperatura média superficial nos chips a jusante é maior da verificada nos chips a montante. Isso faz sentido fisicamente, considerando que os primeiros chips recebem o ar mais frio, enquanto os chips a jusante são resfriados pelo ar que já foi aquecido de alguma forma. Observamos que os chips da frente (1, 2 e 3 na configuração longa e 1 e 2 na configuração curta) têm regiões de alta temperatura perto de suas bordas de ataque. Uma vista detalhada da distribuição da temperatura em um desses chips é mostrada na Fig. 15–73a. Por que a temperatura é tão alta nesse ponto? O escoamento se separa do canto agudo na frente do chip e forma um vórtice de recirculação chamado de **bolha de separação** na parte superior do chip (Fig. 15–73b). A velocidade do ar é lenta nessa região, particularmente ao longo da **linha de recolamento** onde o escoamento se liga novamente à superfície. A velocidade lenta do ar leva a um "ponto quente" local naquela região da superfície do chip, uma vez que o resfriamento convectivo é mínimo. Finalmente, observamos na Fig. 15–73a que a jusante da bolha de separação, T aumenta ao longo da superfície do chip. Existem dois motivos para isso: (1) o ar se aquece à medida que passa pelo chip e (2) a camada limite na superfície do chip aumenta ao longo desta. Quanto maior for a espessura da camada limite, mais lenta será a velocidade do ar perto da superfície e, portanto, menor será a quantidade de resfriamento convectivo na superfície.

Em resumo, nossos cálculos de CFD previram que a configuração curta leva a um valor mais baixo para a temperatura máxima nas superfícies do chip e, à primeira vista, parece ser a configuração preferida para a transferência de calor. Entretanto, a configuração curta exige uma queda de pressão maior para a mesma vazão volumétrica (Tabela 15–5). Para determinado ventilador, essa queda adicional da pressão mudaria o ponto operacional do ventilador até uma vazão

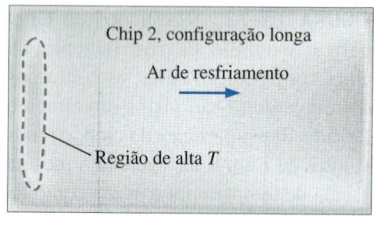

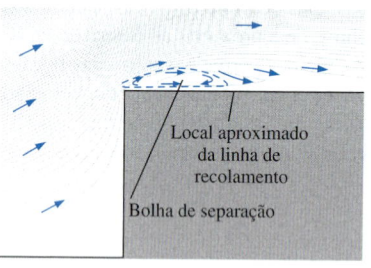

FIGURA 15–73 (*a*) Vista superior detalhada dos contornos de temperatura na superfície do chip 2 da configuração longa. A região de temperatura alta está destacada. Os níveis dos contornos de temperatura são iguais aos da Fig. 15–71. (*b*). Uma vista mais detalhada ainda (uma vista lateral) das linhas de corrente destacando a bolha de separação naquela região. O local aproximado da linha de recolamento na superfície do chip também é mostrado.

volumétrica mais baixa (Capítulo 14), diminuindo o efeito de resfriamento. Não se sabe se essa mudança seria suficiente para a escolha da configuração longa – mais informações sobre o ventilador e mais análises seriam necessárias. O resultado em ambos os casos é que *não há resfriamento suficiente para manter a temperatura da superfície do chip abaixo de 180°C em todo o chip*. Para corrigir a situação, recomenda-se que os projetistas espalhem os oito chips em toda a PCB, em vez de fazer isso na área limitada de 10 cm × 15 cm da placa. O espaço maior entre os chips resultaria em resfriamento suficiente para a vazão dada. Outra opção seria instalar um ventilador mais poderoso que aumentaria a velocidade da entrada de ar.

15–5 ■ SIMULAÇÕES DE CFD PARA O ESCOAMENTO COMPRESSÍVEL

Todos os exemplos discutidos neste capítulo até agora se referem ao escoamento incompressível (ρ = constante). Quando o escoamento é *compressível*, a densidade não é mais uma constante e torna-se uma variável adicional do conjunto de equações. Limitamos nossa discussão aqui aos *gases ideais*. Quando aplicamos a lei do gás ideal, introduzimos *outra incógnita ainda*, a temperatura T. Assim, a equação da energia deve ser solucionada juntamente com as formas compressíveis das equações da conservação de massa e da conservação do momento linear (Fig. 15–74). Além disso, as propriedades dos fluidos, como a viscosidade e a condutividade térmica, não são mais tratadas necessariamente como constantes, já que elas são funções da temperatura. Desse modo, elas aparecem dentro dos operadores de derivada nas equações diferenciais da Fig. 15–74. Embora o conjunto de equações pareça estranho, muitos códigos de CFD comerciais podem processar problemas de escoamento compressível, incluindo as ondas de choque.

Ao solucionar problemas de escoamento compressível com a CFD, as condições de contorno são meio diferentes daquelas do escoamento incompressível. Por exemplo, em uma entrada com imposição de pressão precisamos especificar a pressão de estagnação *e* a pressão estática, juntamente com a temperatura de estagnação. Uma condição de contorno especial [chamada de *pressure far field (campo distante de pressão)* no ANSYS-FLUENT] também está disponível para os escoamentos compressíveis. Com essa condição de contorno, especificamos o número de Mach, a pressão estática e a temperatura; ela pode ser aplicada a entradas *e* saídas e é adequada para os escoamentos externos supersônicos.

As equações da Fig. 15–74 servem para o escoamento laminar, enquanto muitos problemas de escoamento compressível acontecem a velocidades de escoamento altas nas quais o escoamento é *turbulento*. Assim, as equações da Fig. 15–74 devem ser modificadas adequadamente (no âmbito de equações RANS) para incluir um modelo de turbulência, e mais equações de transporte devem ser adicionadas, como já foi discutido. Assim, as equações ficam mais longas e complicadas e não são incluídas aqui. Felizmente, em muitas situações, podemos aproximar o escoamento como *sem viscosidade,* eliminando os termos viscosos das equações da Fig. 15–74 (a equação de Navier–Stokes se reduz à equação de Euler). Como veremos, a aproximação do escoamento sem viscosidade é boa para muitos escoamentos práticos com velocidade alta, uma vez que as camadas limite ao longo das paredes são muito finas para números de Reynolds altos. Na verdade, os cálculos de CFD compressíveis podem prever características do esco-

Continuidade: $\dfrac{\partial(\rho u)}{\partial x} + \dfrac{\partial(\rho v)}{\partial y} + \dfrac{\partial(\rho w)}{\partial z} = 0$ **Lei do gás ideal:** $P = \rho RT$

Momento linear x:

$$\rho\left(u\frac{\partial u}{\partial x} + v\frac{\partial u}{\partial y} + w\frac{\partial u}{\partial z}\right) = \rho g_x - \frac{\partial P}{\partial x} + \frac{\partial}{\partial x}\left(2\mu\frac{\partial u}{\partial x} + \lambda\vec{\nabla}\cdot\vec{V}\right) + \frac{\partial}{\partial y}\left[\mu\left(\frac{\partial u}{\partial y} + \frac{\partial v}{\partial x}\right)\right] + \frac{\partial}{\partial z}\left[\mu\left(\frac{\partial w}{\partial x} + \frac{\partial u}{\partial z}\right)\right]$$

Momento linear y:

$$\rho\left(u\frac{\partial v}{\partial x} + v\frac{\partial v}{\partial y} + w\frac{\partial v}{\partial z}\right) = \rho g_y - \frac{\partial P}{\partial y} + \frac{\partial}{\partial x}\left[\mu\left(\frac{\partial v}{\partial x} + \frac{\partial u}{\partial y}\right)\right] + \frac{\partial}{\partial y}\left(2\mu\frac{\partial v}{\partial y} + \lambda\vec{\nabla}\cdot\vec{V}\right) + \frac{\partial}{\partial z}\left[\mu\left(\frac{\partial v}{\partial z} + \frac{\partial w}{\partial y}\right)\right]$$

Momento linear z:

$$\rho\left(u\frac{\partial w}{\partial x} + v\frac{\partial w}{\partial y} + w\frac{\partial w}{\partial z}\right) = \rho g_z - \frac{\partial P}{\partial z} + \frac{\partial}{\partial x}\left[\mu\left(\frac{\partial w}{\partial x} + \frac{\partial u}{\partial z}\right)\right] + \frac{\partial}{\partial y}\left[\mu\left(\frac{\partial v}{\partial z} + \frac{\partial w}{\partial y}\right)\right] + \frac{\partial}{\partial z}\left(2\mu\frac{\partial w}{\partial z} + \lambda\vec{\nabla}\cdot\vec{V}\right)$$

Energia:

$$\rho c_p\left(u\frac{\partial T}{\partial x} + v\frac{\partial T}{\partial y} + w\frac{\partial T}{\partial z}\right) = \beta T\left(u\frac{\partial P}{\partial x} + v\frac{\partial P}{\partial y} + w\frac{\partial P}{\partial z}\right) + \vec{\nabla}\cdot(k\vec{\nabla}T) + \Phi$$

FIGURA 15–74 As equações de movimento no caso do escoamento permanente, compressível e laminar de um fluido newtoniano em coordenadas cartesianas. Existem seis equações e seis incógnitas: ρ, u, v, w, T e P. Cinco das equações são equações diferenciais parciais não lineares, enquanto a lei do gás ideal é uma equação algébrica. R é a constante do gás ideal, λ é o segundo coeficiente da viscosidade, quase sempre definido como $-2\mu/3$; c_p é o calor específico à pressão constante; k é a condutividade térmica; β é o coeficiente da expansão térmica e Φ é a função da dissipação dada por White (2005) como

$$\Phi = 2\mu\left(\frac{\partial u}{\partial x}\right)^2 + 2\mu\left(\frac{\partial v}{\partial y}\right)^2 + 2\mu\left(\frac{\partial w}{\partial z}\right)^2 + \mu\left(\frac{\partial v}{\partial x} + \frac{\partial u}{\partial y}\right)^2 + \mu\left(\frac{\partial w}{\partial y} + \frac{\partial v}{\partial z}\right)^2 + \mu\left(\frac{\partial u}{\partial z} + \frac{\partial w}{\partial x}\right)^2 + \lambda\left(\frac{\partial u}{\partial x} + \frac{\partial v}{\partial y} + \frac{\partial w}{\partial z}\right)^2$$

amento que são muito difíceis de obter experimentalmente. Por exemplo, muitas técnicas de medição experimental exigem acesso ótico, que é eliminado nos escoamentos tridimensionais e até mesmo em alguns escoamentos axissimétricos. A CFD não sofre essas limitações.

Escoamento compressível através de um bocal convergente-divergente

Para nosso primeiro exemplo, consideramos o escoamento compressível do ar através de um bocal convergente-divergente axissimétrico. O domínio computacional é mostrado na Fig. 15–75. O raio de entrada é 0,10 m, o raio da garganta é 0,075m e o raio de saída é 0,12 m. A distância axial da entrada até a garganta é 0,30 m – igual à distância axial da garganta até a saída. Uma malha estruturada com aproximadamente 12.000 células quadrilaterais é usada nos cálculos. Na fronteira de entrada de pressão, a pressão de estagnação $P_{0,\text{entrada}}$ é definida como 220 kPa (absoluta), a pressão estática P_{entrada} é definida como 210 kPa e a temperatura de estagnação $T_{0,\text{entrada}}$ é definida como 300 K. No primeiro caso, definimos a pressão estática P_b da condição de contorno de saída com 50,0 kPa ($P_b/P_{0,\text{entrada}} = 0,227$) – baixa o suficiente para que o escoamento seja supersônico em toda a seção divergente do bocal, sem nenhum choque normal no bocal. Essa relação de contra-pressão corresponde a um valor entre os casos E e F da Fig. 12–22, para a qual um padrão de choque complexo ocorre a jusante da saída do bocal; essas ondas de choque não influenciam o escoamento no bocal propriamente dito, já que o escoamento que sai do bocal é supersônico. Nós não tentamos modelar o escoamento a jusante da saída do bocal.

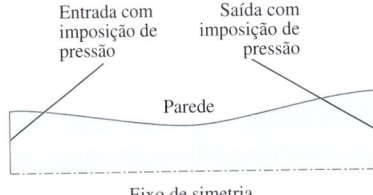

FIGURA 15–75 O domínio computacional do escoamento compressível através de um bocal convergente-divergente. Como o escoamento é axissimétrico, apenas uma fatia bidimensional é necessária para a solução de CFD.

O código de CFD é executado em seu modo de escoamento permanente, não viscoso e compressível. Os valores médios do número de Mach e da relação de pressão $P/P_{0,\text{entrada}}$ são calculados em 25 posições axiais ao longo do bocal convergente-divergente (a cada 0,025 m) e são mostrados na Fig. 15–76a. Os resultados coincidem quase perfeitamente com a teoria do escoamento isentrópico unidimensional (Capítulo 12). Na garganta ($x = 0,30$ m), o número médio de Mach é 0,997 e o valor médio de $P/P_{0,\text{entrada}}$ é 0,530. Uma teoria do escoamento isentrópico unidimensional prevê um Ma = 1 e $P/P_{0,\text{entrada}} = 0,528$ na garganta. As pequenas discrepâncias entre a CFD e a teoria são devido ao fato de que o escoamento calculado *não* é unidimensional, já que há um componente de velocidade radial e, portanto, uma variação radial do número de Mach e da pressão estática. Um exame cuidadoso dos contornos do número de Mach da Fig. 15–76b revela que elas são curvas e não retas, como seria previsto pela teoria isentrópica unidimensional. A linha sônica (Ma = 1) é identificada na figura. Embora Ma = 1 bem na parede da garganta, as condições sônicas ao longo do eixo do bocal não são atingidas até mais ou menos a jusante da garganta.

A seguir, executamos uma série de casos nos quais a contra-pressão P_b é variada, mantendo todas as outras condições de contorno fixas. Os resultados dos três casos são mostrados na Fig. 15–77: P_b = (a) 100, (b) 150 e (c) 200 kPa, ou seja, $P_b/P_{0,\text{entrada}}$ = (a) 0,455, (b) 0,682 e (c) 0,909, respectivamente. Em todos os

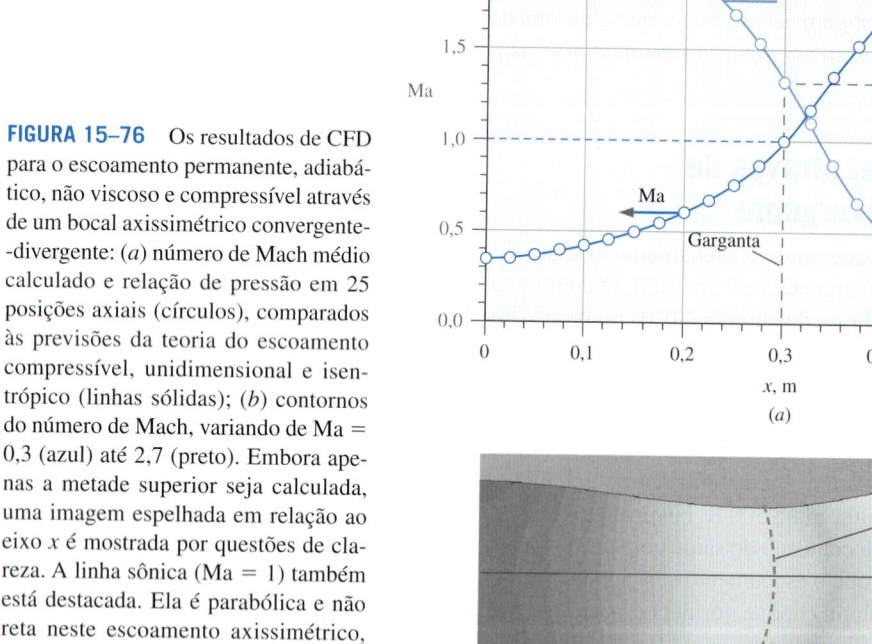

FIGURA 15–76 Os resultados de CFD para o escoamento permanente, adiabático, não viscoso e compressível através de um bocal axissimétrico convergente-divergente: (a) número de Mach médio calculado e relação de pressão em 25 posições axiais (círculos), comparados às previsões da teoria do escoamento compressível, unidimensional e isentrópico (linhas sólidas); (b) contornos do número de Mach, variando de Ma = 0,3 (azul) até 2,7 (preto). Embora apenas a metade superior seja calculada, uma imagem espelhada em relação ao eixo x é mostrada por questões de clareza. A linha sônica (Ma = 1) também está destacada. Ela é parabólica e não reta neste escoamento axissimétrico, devido à componente radial da velocidade, como foi discutido em Schreier (1982).

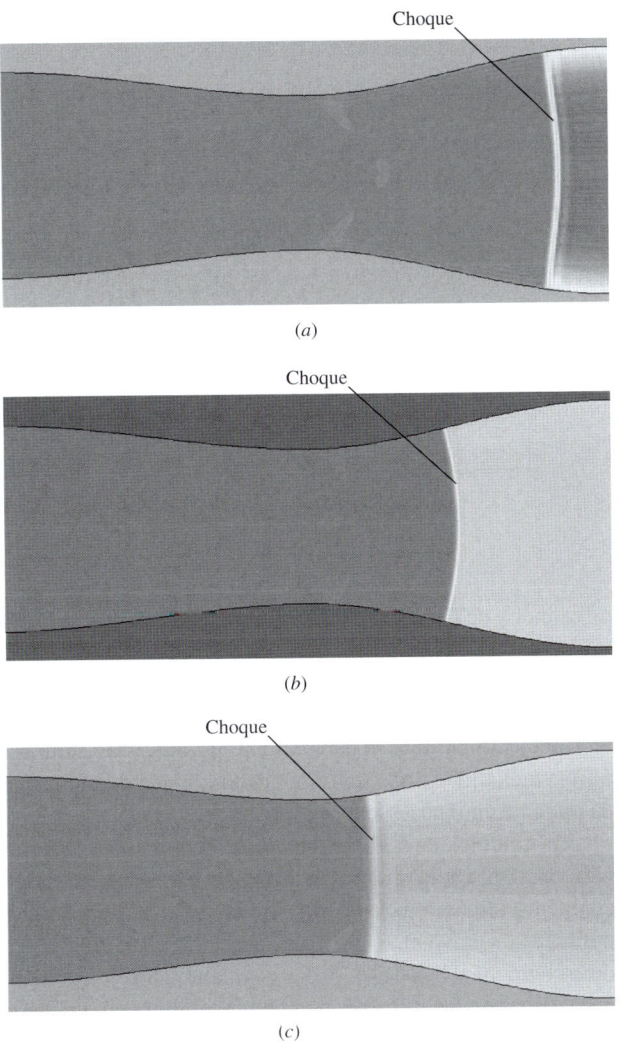

FIGURA 15–77 Os resultados de CFD para o escoamento permanente, adiabático, não viscoso e compressível através de um bocal convergente-divergente: os contornos da relação de pressão de estagnação $P_0/P_{0,\text{entrada}}$ são mostrados para $Pb/P_{0,\text{entrada}} = (a)\ 0{,}455;\ (b)\ 0{,}682$ e $(c)\ 0{,}909$. Como a pressão de estagnação é constante a montante do choque e diminui repentinamente em todo o choque, ela é um indicador conveniente do local e da intensidade do choque normal no bocal. Nesses contornos, $P_0/P_{0,\text{entrada}}$ varia de 0,5 até 1,01. As cores a jusante do choque deixam claro que quanto mais a jusante for o choque, mais intenso ele será (maior magnitude da queda da pressão de estagnação através do choque). Observamos também a forma dos choques – curva em vez de reta, por causa do componente radial da velocidade.

três casos, um choque normal ocorre na parte divergente do bocal. Além disso, à medida que a contra-pressão aumenta, o choque se movimenta a montante na direção da garganta e sua intensidade diminui. Como o escoamento está chocado na garganta, a vazão em massa é idêntica em todos os três casos (e também no caso anterior mostrado na Fig. 15–76). Observamos que o choque normal não é reto, mas sim curvo devido ao componente radial da velocidade, como já foi mencionado.

No caso (b), no qual $P_b/P_{0,\text{entrada}} = 0{,}682$, os valores médios do número de Mach e a relação de pressão $P/P_{0,\text{entrada}}$ são calculados em 25 posições axiais ao longo do bocal convergente-divergente (a cada 0,025 m), e são mostrados na Fig. 15–78. Para comparação com a teoria, as relações do escoamento isentrópico unidimensional são usadas a montante e a jusante do choque, e as relações de choque normais são usadas para calcular o salto de pressão *através* do choque (Capítulo 12). Para a contra-pressão especificada, uma análise unidimensional exige que o choque normal esteja localizado em $x = 0{,}4436$ m, levando às variações de P_0 e A^* em todo o choque. Novamente, o resultado da comparação entre

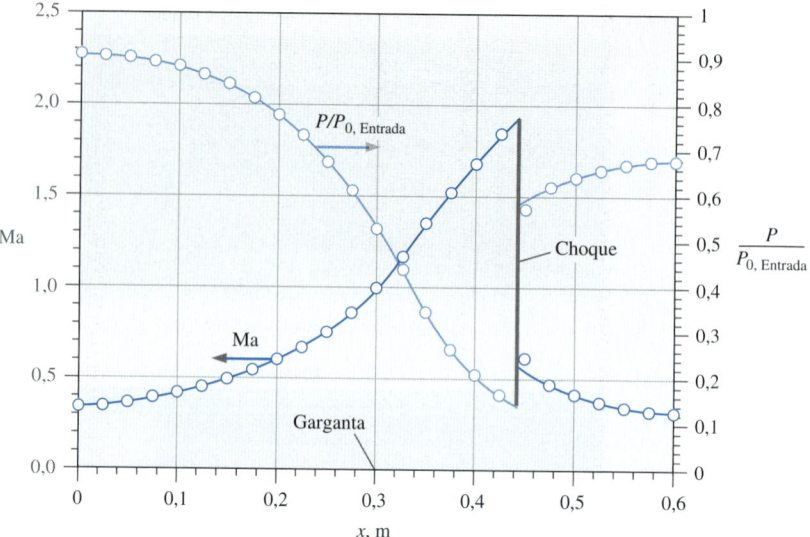

FIGURA 15-78 O número de Mach e a relação de pressões como funções da distância axial ao longo de um bocal convergente-divergente no caso em que $P_b/P_{0,\text{entrada}} = 0{,}682$. Os resultados médios em 25 posições axiais (círculos) para o escoamento permanente, não viscoso, adiabático, compressível são comparados com as previsões da teoria do escoamento compressível unidimensional (linhas sólidas).

os cálculos de CFD e a teoria unidimensional é excelente. A pequena discrepância na pressão e no número de Mach a jusante do choque é atribuída à forma curva do choque (Fig. 15-77b), como já foi discutido. Além disso, o choque nos cálculos de CFD não é infinitesimalmente fino, como é previsto pela teoria unidimensional, mas se espalha em algumas das células computacionais. Esta última inexatidão pode ser um pouco reduzida quando a malha é refinada na área da onda de choque (isso não é mostrado).

Os cálculos de CFD anteriores dizem respeito ao escoamento permanente, não viscoso e adiabático. Quando não há ondas de choque (Fig. 15-76), o escoamento também é *isentrópico,* uma vez que ele é adiabático e reversível (sem perdas irreversíveis). Entretanto, quando existe uma onda de choque no campo de escoamento (Fig. 15-77), o escoamento não é mais isentrópico, já que existem perdas irreversíveis através do choque, embora ele ainda seja adiabático.

Um último caso de CFD é executado no qual duas irreversibilidades adicionais são incluídas: *atrito* e *turbulência*. Modificamos o caso (b) da Fig. 15-77 executando um caso permanente, adiabático e turbulento usando o modelo de turbulência k-ε com as funções de parede. A intensidade da turbulência na entrada é definida como 10% com uma escala de comprimento de turbulência de 0,050 m. Um gráfico da curva de $P/P_{0,\text{entrada}}$ é mostrado na Fig. 15-79, usando a mesma escala de cores da Fig. 15-77. Uma comparação entre as Figs. 15-77b e 15-79 revela que a onda de choque do caso turbulento ocorre mais a montante e, portanto, é um pouco mais fraca. Além disso, a pressão de estagnação é pequena em uma região muito fina ao longo das paredes do canal. Isso se deve às perdas por atrito da fina camada limite. As irreversibilidades turbulentas e viscosas da região da camada limite são responsáveis por essa diminuição da pressão de estagnação. Além disso, a camada limite separa-se logo a jusante do choque, levando a mais irreversibilidades. Uma vista detalhada dos vetores de velocidade na vizinhança do ponto de separação ao longo da parede é mostrada na Fig. 15-80. Observamos que este caso não converge bem e é inerentemente transiente; a interação

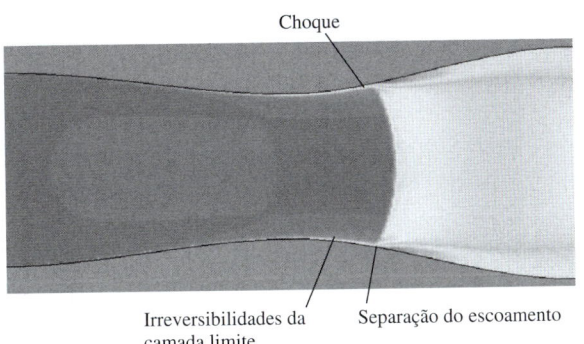

FIGURA 15–79 Os resultados de CFD para o escoamento fixo, adiabático, turbulento e compressível através de um bocal convergente-divergente. Os contornos da relação da pressão de estagnação $P_0/P_{0,\text{entrada}}$ são mostrados no caso com $P_b/P_{0,\text{entrada}} = 0{,}682$, a mesma contra-pressão da Fig. 15–77b. A separação do escoamento e as irreversibilidades na camada limite são indicadas.

entre as ondas de choque e as camadas limite é uma tarefa muito difícil para a CFD. Como usamos as funções de parede, os detalhes do escoamento dentro da camada limite turbulenta não são solucionados neste cálculo de CFD. Entretanto, experimentos revelam que a onda de choque interage de forma muito mais significativa com a camada limite, produzindo "pés λ", como é discutido no Aplicação em foco do Capítulo 12.

Finalmente, comparamos a vazão em massa deste caso viscoso e turbulento com aquela do caso sem viscosidade, e descobrimos que $\dot{m}$ diminuiu cerca de 0,7%. Por quê? Conforme foi discutido no Capítulo 10, uma camada limite ao longo de uma parede afeta o escoamento exterior de forma que a parede pareça ser mais espessa em uma quantidade igual à espessura de deslocamento δ^*. *A área de garganta efetiva é, portanto, um pouco reduzida pela presença da camada limite,* levando a uma redução na vazão em massa através do bocal convergente-divergente. O efeito é pequeno neste exemplo, pois as camadas limite são muito finas em relação às dimensões do bocal, e a aproximação não viscosa é muito boa (erro menor do que 1%).

FIGURA 15–80 Vista detalhada dos vetores de velocidade na vizinhança da região de escoamento separado da Fig. 15–79. A repentina diminuição da magnitude da velocidade através do choque pode ser vista, assim como a região de escoamento reverso a jusante do choque.

Choques oblíquos sobre uma cunha

Em nosso exemplo final de escoamento compressível, modelamos o escoamento de ar permanente, adiabático, bidimensional, sem viscosidade e compressível sobre uma cunha com semi-ângulo θ (Fig. 15–81). Como o escoamento tem simetria de cima para baixo, modelamos apenas a metade superior do escoamento e usamos a condição de contorno de simetria ao longo do lado inferior. Simulamos três casos: θ = 10, 20 e 30° para um número de Mach na entrada de 2,0. Os resultados de CFD são mostrados na Fig. 15–82 para todos os três casos. Nos gráficos dos resultados de CFD, usamos uma imagem espelhada do domínio computacional em relação à linha de simetria por questões de clareza.

Para o caso de θ = 10° (Fig. 15–82a), um choque oblíquo reto que se origina no ápice da cunha é observado, como também prevê a teoria não viscosa. O escoamento se direciona através do choque oblíquo girando de 10°, de modo que fica paralelo à parede da cunha. O ângulo de choque β previsto pela teoria não-viscosa é 39,31°, e o número de Mach previsto a jusante do choque é 1,64. Da Fig. 15–82a obtemos β ≃ 40°, e o cálculo de CFD para o número de Mach a jusante do choque é 1,64; assim, a comparação com a teoria é excelente.

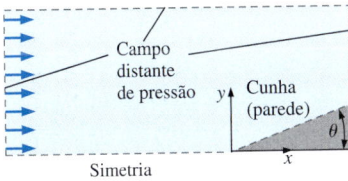

FIGURA 15–81 O domínio computacional e as condições de contorno para o escoamento compressível sobre uma cunha de semi-ângulo θ. Como o escoamento é simétrico com relação ao eixo x, apenas a metade superior é modelada na análise de CFD.

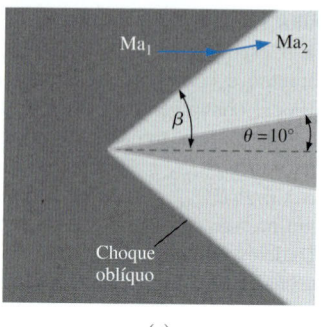 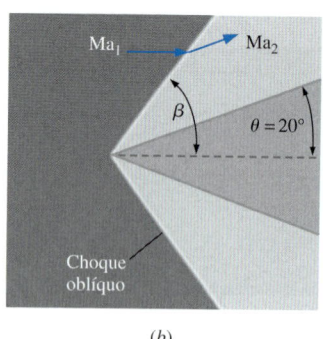 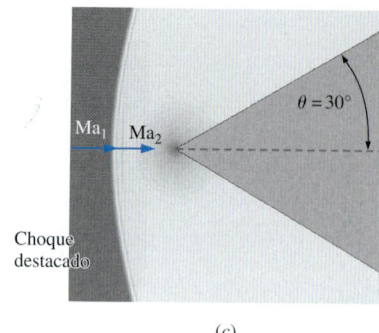

FIGURA 15–82 Os resultados de CFD (contornos coloridos do número de Mach) do escoamento permanente, adiabático, não viscoso e compressível para $Ma_1 = 2{,}0$ sobre uma cunha de semi-ângulo $\theta =$ (a) 10°, (b) 20° e (c) 30°. Os contornos do número de Mach variam de $Ma = 0{,}2$ (azul) até 2,0 (vermelho) em todos os casos. Para os dois semi-ângulos de cunha menores, um choque oblíquo fraco se forma no bordo de ataque da cunha, mas para o caso de 30°, um choque destacado (onda curva) forma-se à frente da cunha. A intensidade do choque aumenta com θ, como indica a mudança de coloração a jusante do choque à medida que θ aumenta.

Para o caso de $\theta = 20°$ (Fig. 15–82b), os cálculos de CFD resultam em um número de Mach 1,21 a jusante do choque. O ângulo de choque medido pelos cálculos de CFD é de cerca de 54°. A teoria não viscosa prevê um número de Mach 1,21 e um ângulo de choque de 53,4°, de modo que novamente a comparação entre teoria e CFD é excelente. Como o choque para o caso de 20° tem um ângulo maior (mais perto de um choque normal), ele é mais forte do que o choque para o caso de 10°, como indica a coloração mais avermelhada dos contornos de Mach a jusante do choque para o caso de 20°.

Para um número de Mach 2,0 do ar, a teoria não viscosa prevê que um choque oblíquo reto pode se formar para um semi-ângulo de cunha máximo de até cerca de 23° (Capítulo 12). Para semi-ângulos de cunha maiores do que isso, o choque deve mover-se a montante da cunha (tornar-se destacado), formando um **choque destacado**, que assume a forma de uma **onda curva** (Capítulo 12). Os resultados de CFD para $\theta = 30°$ (Fig. 15–82c) mostram que esse, sem dúvida, é o caso. O choque destacado a montante do bordo de ataque é um choque normal e, portanto, o escoamento a jusante do choque é subsônico. À medida que o choque se curva para trás, ele torna-se progressivamente mais fraco, e o número de Mach a jusante do choque aumenta, como indica a coloração.

15–6 CÁLCULOS DE CFD PARA O ESCOAMENTO EM CANAL ABERTO

Até agora, todos os nossos exemplos se relacionaram a um fluido com uma única fase (ar ou água). Entretanto, muitos códigos de CFD comerciais podem processar o escoamento de uma mistura de gases (por exemplo, o monóxido de carbono no ar), o escoamento com duas fases do mesmo fluido (por exemplo, vapor e água líquida) e até mesmo o escoamento de dois fluidos em fases diferentes (por exemplo, água líquida e ar gasoso). Este último caso tem interesse para esta seção, a saber, o escoamento da água com uma superfície livre, acima da qual temos ar gasoso, ou seja, o escoamento em canal aberto. Apresentamos aqui alguns exemplos simples de simulações de CFD de escoamentos de canal aberto.

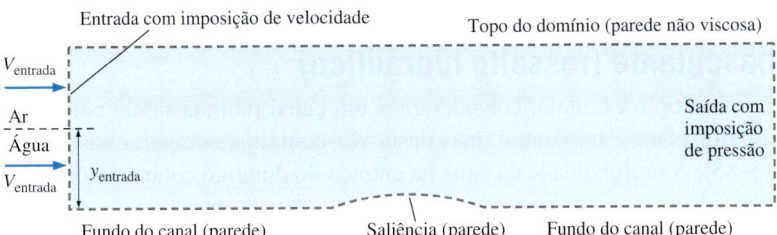

FIGURA 15–83 O domínio computacional do escoamento permanente, incompressível, bidimensional da água sobre uma protuberância ao longo da parte inferior de um canal, com as condições de contorno identificadas. Dois fluidos são modelados no campo de escoamento – a água líquida e o ar acima da superfície livre da água. A profundidade do líquido $y_{entrada}$ e a velocidade de entrada $V_{entrada}$ são especificadas.

Escoamento sobre uma protuberância na parte inferior de um canal

Considere um canal bidimensional com uma parte inferior plana e horizontal. Em determinada localização ao longo da parte inferior do canal existe uma protuberância, com 1,0 m de comprimento e 0,10 m de altura no centro (Fig. 15–83). A entrada com velocidade especificada é dividida em duas partes – a parte inferior para a água líquida e a parte superior para o ar. Nos cálculos de CFD, a velocidade de entrada do ar e da água é especificada como $V_{entrada}$. A profundidade da água na entrada do domínio computacional é especificada como $y_{entrada}$, mas a localização da superfície da água no restante do domínio é calculada. O escoamento é modelado como não viscoso.

Consideramos casos com entradas subcríticas e supercríticas (Capítulo 13). Os resultados dos cálculos de CFD são mostrados na Fig. 15–84 para comparação dos três casos. No primeiro caso (Fig. 15–84a), $y_{entrada}$ é especificada como 0,30 m e $V_{entrada}$ é especificada como 0,50 m/s. O número de Froude correspondente é calculado como

Número de Froude: $\quad \mathrm{Fr} = \dfrac{V_{entrada}}{\sqrt{gy_{entrada}}} = \dfrac{0{,}50 \text{ m/s}}{\sqrt{(9{,}81 \text{ m/s}^2)(0{,}30 \text{ m})}} = 0{,}291$

Como Fr < 1, o escoamento na entrada é *subcrítico*, e a superfície do líquido mergulha ligeiramente acima da protuberância (Fig. 15–84a). O escoamento permanece subcrítico a jusante da protuberância, e a altura da superfície do líquido se eleva ligeiramente de volta ao nível que tinha antes da protuberância. O escoamento, portanto, é inteiramente subcrítico.

No segundo caso (Fig. 15–84a), $y_{entrada}$ é especificada como 0,50 m e $V_{entrada}$ é especificada como 4,0 m/s. O número de Froude correspondente é calculado como 1,81. Como Fr > 1, o escoamento na entrada é *supercrítico*, e a superfície do líquido se *eleva* acima da protuberância (Fig. 15–84b). A jusante a profundidade do líquido retorna ao valor de 0,50 m, e a velocidade média retorna ao valor de 4,0 m/s, resultando em Fr = 1,81 – a mesma da entrada. Assim, esse escoamento é inteiramente supercrítico.

Finalmente, mostramos os resultados de um terceiro caso (Fig. 15–84c) no qual o escoamento que entra no canal é subcrítico ($y_{entrada} = 0{,}50$ m, $V_{entrada} = 1{,}0$ m/s e Fr = 0,452). Neste caso, a superfície da água mergulha sobre a protuberância, como era de se esperar para o escoamento subcrítico. Entretanto, a jusante da protuberância, $y_{saída} = 0{,}25$ m, $V_{saída} = 2{,}0$ m/s e Fr = 1,28. Assim, esse escoamento começa subcrítico, mas muda para supercrítico a jusante da protuberância. Se o domínio tivesse se estendido mais a jusante, provavelmente veríamos um *ressalto hidráulico* que traria o número de Froude de volta para abaixo da unidade (subcrítico).

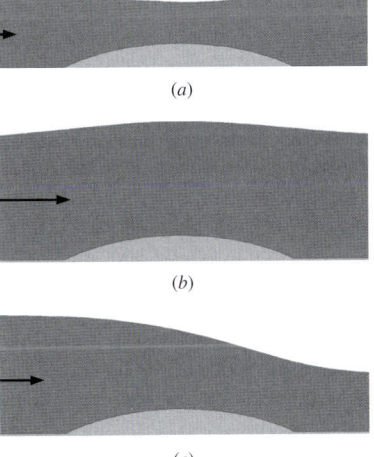

FIGURA 15–84 Os resultados de CFD para o escoamento incompressível e bidimensional da água sobre uma protuberância ao longo da parte inferior do canal. Os contornos de fase estão mostrados; o azul indica a água líquida e o branco indica o ar gasoso: (a) subcrítico a subcrítico (b) supercrítico a supercrítico e (c) subcrítico a supercrítico.

Escoamento através de uma comporta basculante (ressalto hidráulico)

Como último exemplo, consideramos um canal bidimensional com uma parte inferior plana e horizontal, mas desta vez com uma comporta basculante (Fig. 15–85). A profundidade da água na entrada do domínio computacional é especificada como $y_{entrada}$ e a velocidade do escoamento de entrada é especificada como $V_{entrada}$. A parte inferior da comporta basculante está a uma distância a da parte inferior do canal. O escoamento é modelado como não viscoso.

Executamos o código de CFD com $y_{entrada} = 12,0$ m e $V_{entrada} = 0,833$ m/s, resultando em um número de Froude de entrada de $Fr_{entrada} = 0,0768$ (subcrítico). A parte inferior da comporta basculante está a uma distância $a = 0,125$ m da parte inferior do canal. Os resultados dos cálculos de CFD são mostrados na Fig. 15–86. Após a passagem da água sob a comporta basculante, sua velocidade média aumenta para 12,8 m/s, e sua profundidade diminui para $y = 0,78$ m. Assim, $Fr = 4,63$ (supercrítico) a jusante da comporta basculante e a montante do ressalto hidráulico. A alguma distância a jusante, vemos um ressalto hidráulico no qual a profundidade média da água aumenta para $y = 3,54$ m e a velocidade média da água diminui para 2,82 m/s. Assim, o número de Froude a jusante do ressalto hidráulico é $Fr = 0,478$ (subcrítico). Observamos que a profundidade da água a jusante é significativamente mais baixa do que aquela a montante da comporta basculante, indicando dissipação relativamente grande em todo o ressalto hidráulico e a correspondente diminuição da energia específica do escoamento (Capítulo 13). Lembramos a analogia entre a perda da energia específica através do ressalto hidráulico no escoamento em canal aberto e a perda da pressão de estagnação através de uma onda de choque no escoamento compressível.

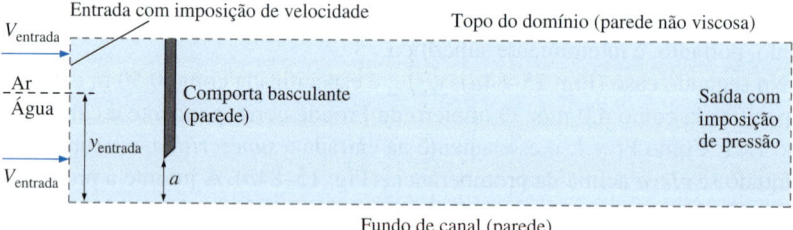

FIGURA 15–85 Domínio computacional do escoamento permanente, incompressível, bidimensional da água através de uma comporta basculante, com as condições de contorno indicadas. Dois fluidos são modelados no campo de escoamento – a água líquida e o ar acima da superfície livre da água. A profundidade do líquido $y_{entrada}$ e a velocidade de entrada $V_{entrada}$ são especificadas.

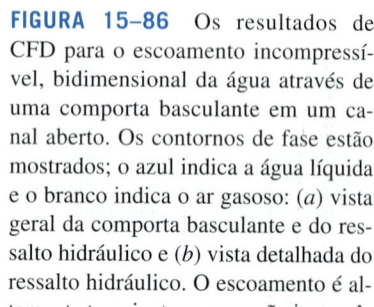

FIGURA 15–86 Os resultados de CFD para o escoamento incompressível, bidimensional da água através de uma comporta basculante em um canal aberto. Os contornos de fase estão mostrados; o azul indica a água líquida e o branco indica o ar gasoso: (a) vista geral da comporta basculante e do ressalto hidráulico e (b) vista detalhada do ressalto hidráulico. O escoamento é altamente transiente, e esses são instantâneos em um momento arbitrário.

APLICAÇÃO EM FOCO

Um estômago virtual

Autor convidado: James G. Brasseur e Anupam Pal,
The Pennsylvania State University

A função mecânica do estômago (chamada "motilidade" gástrica) é central para a nutrição adequada, o fornecimento adequado de medicamentos e muitas disfunções gástricas como a gastroparesia. A Figura 15–87 mostra uma imagem de ressonância magnética (IRM) do estômago. O estômago é um misturador, um moedor, uma câmara de armazenamento e uma sofisticada bomba que controla a liberação do conteúdo gástrico líquido e sólido para o intestino delgado, onde ocorre o aproveitamento dos nutrientes. A liberação dos nutrientes é controlada pela abertura e pelo fechamento de uma válvula no final do estômago (o piloro) e pelas variações temporais da diferença de pressão entre o estômago e o duodeno. A pressão gástrica é controlada pela tensão muscular acima da parede do estômago e pelas ondas de contração peristáltica que passam através do antro (Fig. 15–87). Essas ondas de contração peristáltica do antro também quebram as partículas de alimentos e misturam o material dentro do estômago, seja alimento ou medicação. No momento é impossível medir os movimentos da mistura de fluido no estômago humano. A IRM, por exemplo, permite apenas ter uma ideia do movimento de fluido magnetizado especial dentro do estômago. Para estudar esses movimentos invisíveis dos fluidos e seus efeitos, desenvolvemos, em computador, um modelo do estômago, usando a dinâmica dos fluidos computacional.

A matemática básica de nosso modelo computacional é derivada das leis da mecânica dos fluidos. O modelo é uma forma de estender as medições da IRM da evolução temporal da geometria do estômago para os movimentos do fluido dentro dele. Embora os modelos de computador não possam descrever totalmente a complexidade da fisiologia gástrica, eles têm a grande vantagem de permitir a variação sistemática controlada dos parâmetros e, assim, as suscetibilidades que não podem ser medidas experimentalmente podem ser estudadas computacionalmente. Nosso estômago virtual aplica um método numérico chamado algoritmo de "rede de Boltzmann" que é adequado aos escoamentos de fluido em geometrias complexas, e às condições de contorno obtidas dos dados MRI. Na Fig. 15–88 prevemos os movimentos, a divisão e a mistura no estômago de comprimidos de medicamento de liberação estendida com dimensão de 1 cm. Nesse experimento numérico, o comprimido do medicamento é mais denso do que o alimento altamente viscoso que está ao redor. Prevemos que as ondas peristálticas do antro geram vórtices recirculantes e "jatos" retropropulsivos dentro do estômago, os quais, por sua vez, geram altas tensões de cisalhamento que desgastam a superfície do comprimido e liberam a medicação. Em seguida, a medicação se mistura por esses mesmos movimentos de fluido. Descobrimos que os movimentos e a mistura do fluido gástrico dependem dos detalhes das variações temporais da geometria do estômago e do piloro.

Referências

Indireshkumar, K., Brasseur, J. G., Faas, H., Hebbard, G. S., Kunz, P., Dent, J., Boesinger, P., Feinle, C., Fried, M., Li, M., and Schwizer, W., "Relative Contribution of 'Pressure Pump' and 'Peristaltic Pump' to Slowed Gastric Emptying," *Amer J Physiol*, 278, pp. G604–616, 2000.

Pal, A., Indireshkumar, K., Schwizer, W., Abrahamsson, B., Fried, M., Brasseur, J. G., "2004 Gastric Flow and Mixing Studied Using Computer Simulation," *Proc. Royal Soc. London, Biological Sciences*, October 2004.

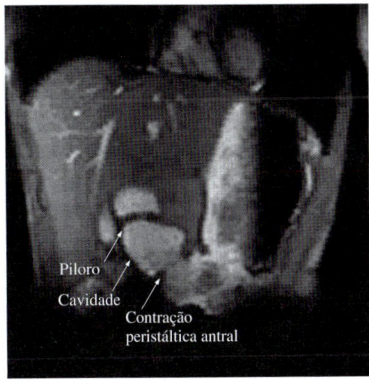

FIGURA 15–87 Uma imagem de ressonância magnética do estômago humano ao vivo em um dado instante mostrando as ondas de contração peristáltica (ou seja, a propagação) na região final do estômago (o antro). O piloro é um esfíncter, ou válvula, que permite a entrada dos nutrientes no duodeno (intestino delgado).

Desenvolvido por Anupam Pal e James Brasseur. Usado com permissão.

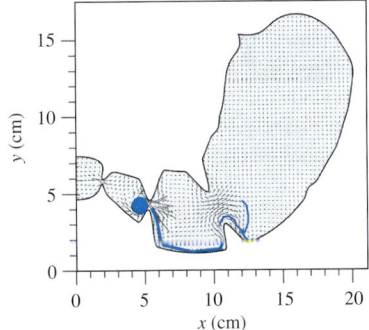

FIGURA 15–88 Simulação em computador dos movimentos do fluido dentro do estômago (vetores de velocidade) com base nas ondas de contração peristálticas do antro (Fig. 15–87), e liberação de um medicamento (trilha azul) de um comprimido de liberação prolongada (círculo azul).

Desenvolvido por Anupam Pal e James Brasseur. Usado com permissão.

RESUMO

Embora não sejam tão onipresentes quanto as planilhas, nem tão fáceis de usar quanto os solucionadores matemáticos, os códigos da dinâmica dos fluidos computacional estão sempre melhorando e se tornando cada vez mais comuns. No passado, eles pertenciam ao domínio de cientistas especializados que escreviam seus próprios códigos e utilizavam supercomputadores, mas agora os códigos de CFD com inúmeros recursos e interfaces amigáveis ao usuário podem ser obtidos para computadores pessoais a um custo razoável e estão disponíveis para engenheiros de todas as disciplinas. Como mostra este capítulo, porém, uma malha ruim, a escolha inadequada entre o escoamento laminar ou turbulento e as condições de contorno inapropriadas dentre vários outros enganos podem levar a soluções de CFD que são fisicamente incorretas, embora a saída colorida do gráfico sempre pareça boa. Assim, é imperativo que os usuários da CFD tenham um bom conhecimento dos fundamentos da mecânica dos fluidos para evitar obter respostas erradas de uma simulação. Além disso, comparações adequadas devem ser feitas com dados experimentais sempre que possível para validar as previsões da CFD. Tendo isso em mente, a CFD tem um potencial enorme para várias aplicações que envolvem os escoamentos de fluidos.

Mostramos exemplos das soluções CFD para o escoamento laminar e o escoamento turbulento. Para o escoamento laminar incompressível a dinâmica dos fluidos computacional realiza um excelente trabalho, mesmo nos escoamentos transientes com separação. Na verdade, as soluções CFD laminares são "exatas" na medida em que são limitadas apenas pela resolução de malha e pelas condições de contorno. Infelizmente, muitos escoamentos de interesse prático para a engenharia são *turbulentos* e não laminares. A *simulação numérica direta* (DNS) tem grande potencial para a simulação de escoamentos turbulentos complexos, e os algoritmos para solucionar as equações do movimento (a continuidade tridimensional e as equações de Navier-Stokes) estão bem estabelecidos. Entretanto, a resolução de todas as escalas pequenas de um escoamento turbulento complexo com número de Reynolds alto exige computadores que precisam ser ordens de magnitude mais rápidos do que as máquinas mais rápidas de hoje. Ainda serão necessárias décadas de aperfeiçoamentos dos computadores para que o DNS seja útil para os problemas práticos da engenharia. Nesse meio tempo, o melhor que podemos fazer é empregar *modelos de turbulência,* que são equações de transporte semiempíricas que modelam (em vez de solucionar) a acentuada difusão causada pelos vórtices turbulentos. Ao executar códigos de CFD que utilizam modelos de turbulência, devemos observar se temos uma malha suficientemente fina e se todas as condições de contorno foram aplicadas adequadamente. Ao final, porém, independentemente da malha, ou da validade das condições de contorno, *os resultados CFD turbulentos só são bons se o modelo de turbulência usado for bom*. No entanto, embora nenhum modelo de turbulência seja *universal* (aplicável a *todos* os escoamentos turbulentos), obtemos um desempenho razoável para muitas simulações de escoamento práticas.

Demonstramos também neste capítulo que a CFD pode fornecer resultados úteis para escoamentos com transferência de calor, escoamentos compressíveis e escoamentos de canal aberto. Em todos os casos, porém, os usuários da CFD devem ter cuidado ao escolher um domínio computacional apropriado, aplicar as condições de contorno adequadas, gerar uma boa malha e utilizar modelos e aproximações adequados. À medida que os computadores continuarem mais rápidos e poderosos, a CFD assumirá um papel cada vez maior no projeto e na análise dos sistemas de engenharia complexos.

Nós apenas tocamos no assunto da dinâmica dos fluidos computacional neste rápido capítulo. Para tornar-se proficiente e competente na CFD, você deve frequentar cursos avançados de estudo nas áreas dos métodos numéricos, mecânica dos fluidos, turbulência e transferência de calor. Esperamos que, senão por outro motivo, este capítulo o tenha incentivado a estudar mais sobre este interessante assunto.

REFERÊNCIAS E LEITURAS SUGERIDAS

1. C-J. Chen and S-Y. Jaw. *Fundamentals of Turbulence Modeling*. Washington, DC: Taylor & Francis, 1998.
2. J. M. Cimbala, H. Nagib, and A. Roshko. "Large Structure in the Far Wakes of Two-Dimensional Bluff Bodies," *Fluid Mech.*, 190, pp. 265–298, 1988.
3. S. Schreier. *Compressible Flow*. New York: Wiley- Interscience, Chap. 6 (Transonic Flow), pp. 285–293, 1982.
4. J. C. Tannehill, D. A. Anderson, and R. H. Pletcher. *Computational Fluid Mechanics and Heat Transfer*, 3rd ed. Washington, DC: Taylor & Francis, 2012.
5. H. Tennekes and J. L. Lumley. *A First Course in Turbulence*. Cambridge, MA: The MIT Press, 1972.
6. D. J. Tritton. *Physical Fluid Dynamics*. New York: Van Nostrand Reinhold Co., 1977.
7. M. Van Dyke. *An Album of Fluid Motion*. Stanford, CA: The Parabolic Press, 1982.
8. F. M. White. *Viscous Fluid Flow*, 3rd ed. New York: McGraw-Hill, 2005.
9. D. C. Wilcox. *Turbulence Modeling for CFD*, 3rd ed. La Cañada, CA: DCW Industries, Inc., 2006.
10. C. H. K. Williamson. "Oblique and Parallel Modes of Vortex Shedding in the Wake of a Circular Cylinder at Low Reynolds Numbers," *J. Fluid Mech.*, 206, pp. 579–627, 1989.
11. Tu, J., Yeoh, G.H., and Liu, C. *Computational Fluid Dynamics: A Practical Approach*. Burlington, MA: Elsevier, 2008.

PROBLEMAS*

Fundamentos, geração de malha e condições de contorno

15–1C Um código de CFD é usado para solucionar um escoamento bidimensional (*x* e *y*), incompressível e laminar sem superfícies livres. O fluido é newtoniano. São usadas condições de contorno apropriadas. Liste as variáveis (incógnitas) do problema, e liste as equações correspondentes a serem solucionadas pelo computador.

15–2C Dê uma breve definição (algumas sentenças) e a descrição de cada um dos itens a seguir e forneça exemplo(s) se for útil: (*a*) domínio computacional (*b*) malha (*c*) equação de transporte (*d*) equações acopladas.

15–3C Qual é a diferença entre um *nó* e um *intervalo* e como eles se relacionam às *células*? Na Fig. P15–3C, quantos nós e quantos intervalos há em cada lado?

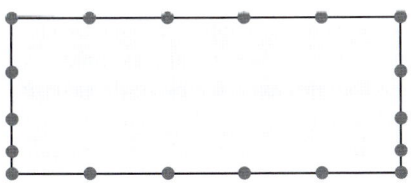

FIGURA P15–3C

15–4C Para o domínio computacional bidimensional da Fig. P15–3C, com a distribuição de nós dada, represente uma malha estruturada simples usando células de quatro lados, e represente uma malha não estruturada simples usando células de três lados. Quantas células há em cada uma? Discuta.

15–5C Para o domínio computacional bidimensional da Fig. P15–3C, com a distribuição de nós dada, represente uma malha estruturada simples usando células de quatro lados, e represente uma malha não estruturada simples usando células poliédricas com pelo menos uma célula de três lados, pelo menos uma célula de quatro lados e pelo menos uma célula de cinco lados. Tente evitar inclinações acentuadas. Compare a quantidade de células para cada caso e discuta seus resultados.

15–6C Resuma as oito etapas envolvidas em uma análise típica de CFD para um campo de escoamento laminar e permanente.

15–7C Suponhamos que você use a CFD para simular o escoamento através de um duto no qual há um cilindro circular como na Fig. P15–7C. O duto é longo, mas para economizar recursos de computador você escolhe um domínio computacional apenas na vizinhança do cilindro. Explique por que o lado a jusante do domínio computacional deve estar mais distante do cilindro do que o lado a montante.

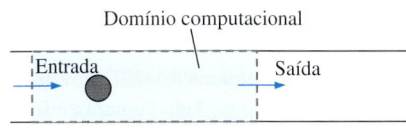

FIGURA P15–7C

15–8C Escreva uma breve discussão (algumas sentenças) sobre o significado de cada um dos itens abaixo com relação a uma solução de CFD iterativa: (*a*) condições iniciais (*b*) resíduo (*c*) iteração (*d*) pós-processamento.

15–9C Discuta brevemente como cada um dos itens abaixo é usado pelos códigos de CFD para agilizar o processo de iteração: (*a*) multigridding e (*b*) tempo artificial.

15–10C Das condições de contorno discutidas neste capítulo, liste todas as condições de contorno que podem ser aplicadas ao lado direito do domínio computacional bidimensional representados na Fig. P15–10C. Por que as *outras* condições de contorno não podem ser aplicadas a este lado?

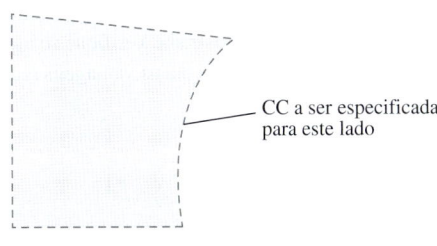

FIGURA P15–10C

15–11C Qual é o método padrão para testar a resolução de malha adequada usando a CFD?

15–12C Qual é a diferença entre uma condição de contorno de entrada com imposição de pressão e uma condição de contorno de entrada com imposição de velocidade? Explique por que você não pode especificar tanto a pressão quanto a velocidade numa entrada.

15–13C Um código de CFD incompressível é usado para simular o escoamento do ar através de um canal retangular bidimensional (Fig. P15–13C). O domínio computacional consiste em quatro blocos, como está indicado. O escoamento entra no bloco 4 pelo canto superior direito e sai do bloco 1 para a esquerda como está mostrado. A velocidade de entrada V é conhecida e a pressão de saída P_s também é conhecida. Indique as condições de contorno que devem ser aplicadas em cada lado de cada bloco desse domínio computacional.

---

* Problemas identificados com a letra "C" são questões conceituais e encorajamos os estudantes a responder a todos. Problemas identificados com a letra "E" são em unidades inglesas, e usuários do SI podem ignorá-los. Problemas com o ícone "disco rígido" são resolvidos com o programa EES. Problemas com o ícone ESS são de natureza abrangente e devem ser resolvidos com um solucionador de equações, preferencialmente o programa EES.

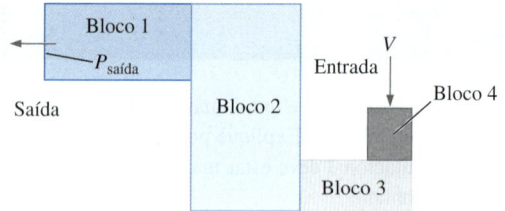

FIGURA P15–13C

15–14C Considere o Problema 15–13C novamente, exceto que a condição de contorno no lado comum entre os blocos 1 e 2 será um *ventilador* com uma elevação de pressão especificada da direita para a esquerda do ventilador. Suponhamos que um código de CFD incompressível seja executado em ambos os casos (com e sem o ventilador). Com todas as condições iguais, a pressão na entrada aumentará ou diminuirá? Por quê? O que acontecerá à velocidade da saída? Explique.

15–15C Liste seis condições de contorno que são usadas com a CFD para solucionar os problemas de escoamento de fluido incompressível. Para cada um, dê uma breve descrição e um exemplo de como essa condição de contorno é usada.

15–16 Um código de CFD é usado para simular o escoamento sobre um aerofólio bidimensional com um ângulo de ataque. Uma parte do domínio computacional perto do aerofólio é representada na Fig. P15–16 (o domínio computacional se estende bem além da região representada pela linha tracejada). Represente uma malha estruturada grosseira usando células de quatro lados, e represente uma malha não estruturada grosseira usando células de três lados na região mostrada. Verifique se agrupou as células nos locais apropriados. Discuta as vantagens e desvantagens de cada tipo de malha.

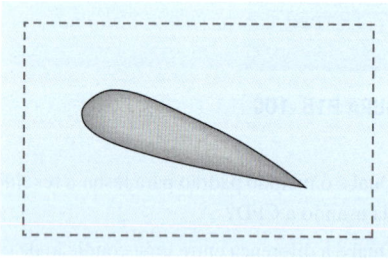

FIGURA P15–16

15–17 Para o aerofólio do Problema 15–16 represente uma malha híbrida grosseira e explique as vantagens de tal malha.

15–18 Um código de CFD incompressível é usado para simular o escoamento da água através de um canal retangular bidimensional no qual existe um cilindro circular (Fig. P15–18). Uma solução do escoamento turbulento com média no tempo é gerada usando um modelo de turbulência. A simetria horizontal com relação ao cilindro é assumida. O escoamento entra à esquerda e sai para a direita como mostra a figura. A velocidade de entrada V é conhecida e a pressão de saída P_s também é conhecida. Gere os blocos de uma malha estruturada usando blocos de quatro lados, e represente uma malha grosseira usando células de quatro lados, tomando o cuidado de agrupar as células perto da parede. Tenha cuidado também para evitar células com inclinação alta. Indique as condições de contorno que devem ser aplicadas a cada lado de cada bloco do seu domínio computacional. (*Dica:* Seis a sete blocos são suficientes.)

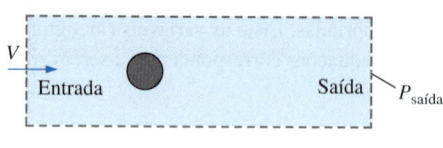

FIGURA P15–18

15–19 Um código de CFD incompressível é usado para simular o escoamento de gasolina através de um canal retangular bidimensional no qual existe um cilindro circular grande (Fig. P15–19). O escoamento entra pela esquerda e sai para a direita como mostra a figura. Uma solução de escoamento turbulento com média de tempo é gerada usando um modelo de turbulência. A simetria vertical é assumida. A velocidade de entrada V é conhecida e a pressão de saída P_s também é conhecida. Gere a distribuição de blocos de uma malha estruturada usando blocos de quatro lados, e represente uma malha grosseira usando células de quatro lados, tomando o cuidado de agrupar as células perto da parede. Tenha cuidado também para evitar células com inclinação alta. Indique as condições de contorno que devem ser aplicadas a cada lado de cada bloco do seu domínio computacional.

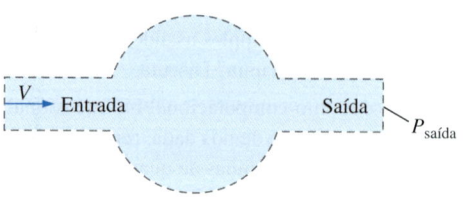

FIGURA P15–19

15–20 Desenhe novamente a malha multiblocos estruturada da Fig. 15–12b para o caso no qual seu código de CFD pode processar apenas *blocos elementares*. Renumere todos os blocos e indique quantos intervalos i e j estão contidos em cada bloco. Com quantos blocos elementares você fica? Some todas as células e verifique se o número total de células não mudou.

15–21 Suponha que nosso código de CFD possa processar blocos *não elementares*. Combine o maior número de blocos da Fig. 15–12b que puder. A única restrição é que em qualquer bloco, o número de intervalos i e o número de intervalos j devem ser constantes. Mostre que você pode criar uma malha estruturada com apenas *três* blocos não elementares. Renumere todos os blocos e indique quantos intervalos i e j estão contidos em cada bloco. Some todas as células e verifique se o número total de células não mudou.

15–22 Um novo trocador de calor está sendo projetado com o objetivo de misturar o fluido a jusante de cada estágio do modo mais completo possível. Anita cria um projeto cuja seção transversal para um estágio está representada na Fig. P15–22. A geometria se estende periodicamente acima e abaixo além da região mostrada. Ela utiliza várias dezenas de tubos retangulares inclinados com um ângulo de ataque alto para garantir que o escoamento se separa e se mistura nas esteiras. O desempenho dessa geometria deve ser testado usando simulações de CFD com média de tempo e bidimensionais com um modelo de turbulência, e os resultados serão comparados aos das geometrias concorrentes. Represente o domínio computacional mais simples possível que pode ser usado para simular esse escoamento. Indique todas as condições de contorno. Discuta.

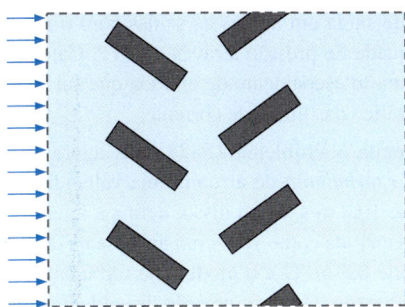

FIGURA P15–25

FIGURA P15–22

15–23 Represente uma malha multiblocos estruturada grosseira com quatro blocos elementares de quatro lados e quatro células de quatro lados para o domínio computacional do Problema 15–22.

15–24 Anita executa um código de CFD usando o domínio computacional e a malha desenvolvida nos Problemas 15–22 e 15–23. Infelizmente, o código de CFD tem dificuldade em convergir, e Anita percebe que existe um *escoamento reverso* na saída (extrema direita do domínio computacional). Explique por que existe o escoamento reverso e discuta o que Anita deve fazer para corrigir o problema.

15–25 Como continuação do projeto do trocador de calor do Problema 15–22, suponhamos que o projeto de Anita seja selecionado com base nos resultados de uma análise de CFD de único estágio. Agora ela deve simular *dois* estágios do trocador de calor. A segunda linha dos tubos retangulares é defasada e inclinada na direção oposta da primeira linha para promover a mistura (Fig. P15–25). A geometria se estende periodicamente acima e abaixo além da região mostrada. Represente o domínio computacional que pode ser usado para simular esse escoamento. Indique todas as condições de contorno. Discuta.

15–26 Represente uma malha multiblocos estruturada com blocos elementares de quatro lados para o domínio computacional do Problema 15–25. Cada bloco deve ter células estruturadas de quatro lados, mas você não precisa representar a malha, apenas a topologia do bloco. Tente deixar todos os blocos com a forma mais retangular possível para evitar células com inclinação alta nos cantos. Assuma que o código de CFD exige que a distribuição de nós nos pares periódicos dos lados seja idêntica (os dois lados de um par periódico estão "ligados" no processo de geração de malha). Assuma também que o código de CFD não permite que os lados de um bloco sejam divididos para a aplicação das condições de contorno.

Problemas gerais em CFD*

15–27 Considere a junção bidimensional em "Y" da Fig. P15–27. As dimensões estão em metros e o desenho não está em escala. O escoamento incompressível entra pela esquerda e se divide em duas partes. Gere três malhas grosseiras, com distribuições de nós idênticas em todos os lados do domínio computacional: (*a*) malha multiblocos estruturada, (*b*) malha triangular não estruturada e (c) malha quadrilateral não estruturada. Compare o número de células de cada caso e comente a qualidade da malha em cada caso.

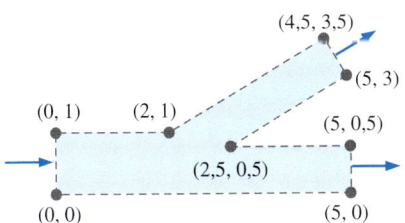

FIGURA P15–27

15–28 Selecione uma das malhas geradas no Problema 15–27 e execute uma solução de CFD para o escoamento laminar de ar com uma velocidade de entrada uniforme de 0,02 m/s. Defina

---
* Estes problemas requerem um código de CFD qualquer. Os estudantes devem executar todas as tarefas, incluindo a geração de malha.

a pressão de saída em ambas as saídas com o mesmo valor e calcule a queda de pressão através do "Y". Calcule também a porcentagem do escoamento de entrada que sai de cada ramal. Gere um gráfico das linhas de corrente.

15–29 Repita o Problema 15–28, mas agora considere um escoamento *turbulento* de ar com uma velocidade de entrada uniforme de 10,0 m/s. Além disso, defina a intensidade de turbulência na entrada como 10% com uma escala de comprimento turbulento de 0,5 m. Use o modelo de turbulência k-ε com as funções de parede. Defina a pressão de saída em ambas as saídas com o mesmo valor e calcule a queda da pressão através do "Y". Calcule também a porcentagem do escoamento de entrada que sai de cada ramal. Gere um gráfico das linhas de corrente. Compare os resultados com aqueles do escoamento laminar (Problema 15–28).

15–30 Gere um domínio computacional para estudar o crescimento da camada limite laminar em uma placa plana com Re = 10.000. Gere uma malha bastante grosseira e, em seguida, refine continuamente essa malha até que a solução se torne independente da malha. Discuta.

15–31 Repita o Problema 15–30, mas agora considere uma camada limite *turbulenta* com Re = 10^6. Discuta.

15–32 Gere um domínio computacional para estudar a ventilação de uma sala (Fig. P15–32). Especificamente, gere uma sala retangular com uma entrada com velocidade especificada no teto para modelar o fornecimento de ar, e uma saída com pressão especificada no teto para modelar o retorno do ar. Você pode fazer uma aproximação bidimensional para simplificar (a sala é infinitamente longa na direção normal à página na Fig. P15–32). Use uma malha retangular estruturada. Plote as linhas de corrente e os vetores de velocidade. Discuta.

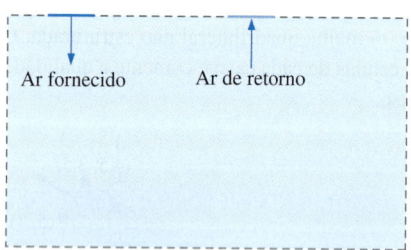

FIGURA P15–32

15–33 Repita o Problema 15–32, mas agora use uma malha triangular não estruturada, mantendo todo o restante igual. Você obtém os mesmos resultados do Problema 15–32? Compare e discuta.

15–34 Repita o Problema 15–32, mas agora muda a posição das aberturas de fornecimento e/ou retorno ao longo do teto. Compare e discuta.

15–35 Selecione uma das geometrias de sala dos Problemas 15–32 e 15–34 e adicione a equação da energia aos cálculos. Em particular, modele uma sala com *condicionamento de ar*, especificando o suprimento de ar como frio (T = 18°C), enquanto as paredes, o piso e o teto estão quentes (T = 26°C). Ajuste a velocidade do suprimento de ar até que a temperatura média da sala esteja o mais próximo possível de 22°C. Quanta ventilação (em termos do número de mudanças do volume de ar na sala por hora) é necessária para resfriar esta sala até uma temperatura média de 22°C? Discuta.

15–36 Repita o Problema 15–35, mas agora crie uma sala *tridimensional*, com fornecimento e retorno do ar no teto. Compare com os dois resultados bidimensionais do Problema 15–35 com os resultados tridimensionais mais realistas deste problema. Discuta.

15–37 Gere um domínio computacional para estudar o escoamento compressível do ar através de um bocal convergente com pressão atmosférica na saída do bocal (Fig. P15–37). As paredes do bocal podem ser aproximadas como não viscosas (tensão de cisalhamento zero). Execute vários casos com diversos valores de pressão de entrada. Quanta pressão de entrada é necessária para bloquear o escoamento? O que acontece se a pressão de entrada é mais alta do que esse valor? Discuta.

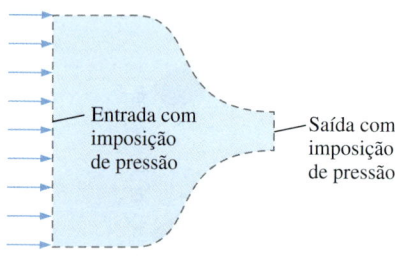

FIGURA P15–37

14–38 Repita o Problema 15–37, mas desconsidere agora a aproximação de escoamento não viscoso. Em vez disso, deixe que o escoamento seja turbulento, com paredes lisas e sem deslizamento. Compare seus resultados com aqueles do Problema 15–37. Qual é o principal efeito do atrito neste problema? Discuta.

15–39 Gere um domínio computacional para estudar o escoamento laminar e incompressível sobre um corpo aerodinâmico bidimensional (Fig. P15–39). Gere diversas formas de corpo e calcule o coeficiente de arrasto para cada forma. Qual é o menor valor de C_D que pode ser atingido? (*Nota:* Por diversão, este problema pode ser transformado em um concurso entre os alunos. Quem pode gerar a forma de corpo com menor arrasto?)

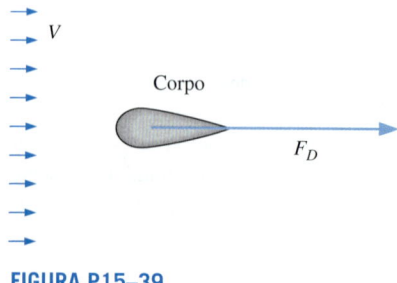

FIGURA P15–39

15–40 Repita o Problema 15–39, mas considerando agora o corpo *axissimétrico* e não bidimensional. Compare com o caso bidimensional. Qual caso tem o menor coeficiente de arrasto? Discuta.

15–41 Repita o Problema 15–40, mas considerando agora o escoamento *turbulento* e não laminar. Compare com o caso laminar. Qual caso tem o menor coeficiente de arrasto? Discuta.

15–42 Gere um domínio computacional para estudar as ondas de Mach em um canal supersônico bidimensional (Fig. P15–42). Especificamente, o domínio deve consistir em um canal retangular simples com uma entrada supersônica (Ma = 2,0) e com uma saliência muito pequena na parede inferior. Usando o ar com a aproximação de escoamento não viscoso, gere uma onda de Mach, como foi representado. Meça o ângulo de Mach, e compare com a teoria (Capítulo 12). Discuta também o que acontece quando a onda de Mach atinge a parede oposta. Ela desaparece ou é refletida? Se refletida, com qual ângulo?

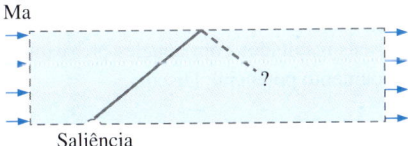

FIGURA P15–42

15–43 Repita o Problema 15–42, mas agora considere diversos valores do número de Mach, variando entre 1,10 e 3,0. Plote o ângulo de Mach calculado como uma função do número de Mach e compare com o ângulo teórico de Mach (Capítulo 12). Discuta.

Problemas de Revisão

15–44C Para cada afirmação diga se ela é verdadeira ou falsa, e discuta sua resposta rapidamente.
(a) A validade física da solução de CFD sempre melhora à medida que a malha é refinada.
(b) O componente *x* da equação de Navier–Stokes é um exemplo de uma equação de transporte.
(c) Para o mesmo número de nós de uma malha bidimensional, uma malha estruturada geralmente tem menos células do que uma malha triangular não estruturada.
(d) Uma solução de CFD para um escoamento turbulento com média de tempo é tão boa quanto o modelo de turbulência usado nos cálculos.

15–45C No Problema 15–19 aproveitamos a simetria entre a parte superior e a inferior ao construir nosso domínio computacional e malha. Por que também não aproveitamos a simetria lateral neste exercício? Repita a discussão para o caso do escoamento potencial.

15–46C Gerry cria o domínio computacional representado na Fig. P15–46C para simular o escoamento através de uma contração repentina em um duto bidimensional. Ele está interessado na média temporal da queda de pressão (coeficiente de perda localizada) criada pela contração repentina. Gerry gera uma malha e calcula o escoamento com um código de CFD, assumindo o escoamento permanente, turbulento e incompressível (com um modelo de turbulência).

(a) Discuta uma forma pela qual Gerry poderia melhorar esse domínio computacional e malha, para obter os *mesmos* resultados com aproximadamente metade do tempo de computador.
(b) Pode haver uma falha fundamental no modo como Gerry definiu seu domínio computacional. Qual é essa falha? Discuta o que deveria ser diferente na formulação do problema de Gerry.

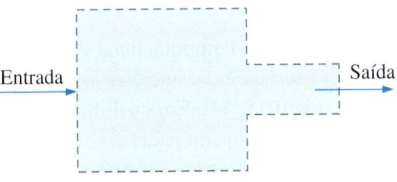

FIGURA P15–46C

15–47C Pense nos modernos sistemas de computadores com grande memória e alta velocidade. Qual recurso de tais computadores se presta a solucionar os problemas de CFD usando uma malha multiblocos com números aproximadamente iguais de células em cada bloco individual? Discuta.

15–48C Qual é a diferença entre *multigridding* e *multiblocos*? Discuta como cada técnica pode ser usada para agilizar um cálculo de CFD. Eles podem ser aplicados juntos?

15–49C Suponhamos que você tenha uma geometria bastante complexa e um código de CFD que pode processar malhas não estruturadas com células triangulares. Seu código de geração de malha pode criar uma malha não estruturada de forma muito rápida. Dê alguns motivos pelos quais seria mais sensato criar uma malha estruturada multiblocos em vez disso. Em outras palavras, isso vale o esforço? Discuta.

15–50 Gere um domínio computacional e uma malha, e calcule o escoamento através do trocador de calor de único estágio do Problema 15–22, com os elementos de aquecimento definidos com um ângulo de ataque de 45° com relação à direção horizontal. Defina a temperatura do ar de entrada como 20°C, e a temperatura da parede dos elementos de aquecimento como 120°C. Calcule a temperatura média do ar na saída.

15–51 Repita os cálculos do Problema 15–50 para diversos ângulos de ataque dos elementos de aquecimento variando de 0° (horizontal) até 90° (vertical). Use condições de entrada e de parede idênticas em cada caso. Qual ângulo de ataque oferece a maior transferência de calor para o ar? Especificamente, qual ângulo de ataque resulta na maior temperatura média de saída?

15–52 Gere um domínio computacional e uma malha, e calcule o escoamento através do trocador de calor de dois estágios do Problema 15–25, com os elementos de aquecimento do primeiro estágio definidos com um ângulo de ataque de 45° com relação à horizontal, e os elementos do segundo estágio definidos com um ângulo de ataque de –45°. Defina a temperatura do ar de entrada como 20°C, e a temperatura da parede dos elementos de aquecimento como 120°C. Calcule a temperatura média do ar na saída.

15–53 Repita os cálculos do Problema 15–52 para diversos ângulos de ataque dos elementos de aquecimento variando de 0° (horizontal) até 90° (vertical). Use condições de entrada e de parede idênticas em cada caso. Observe que o segundo estágio dos elementos de aquecimento sempre deve ser definido com um ângulo de ataque que é o negativo daquele do primeiro estágio. Qual ângulo de ataque oferece a maior transferência de calor para o ar? Especificamente, qual ângulo de ataque resulta na maior temperatura média de saída? Esse é o mesmo ângulo calculado para o trocador de calor de estágio único do Problema 15–51? Discuta.

15–54 Gere um domínio computacional e uma malha, e calcule o escoamento turbulento estacionário sobre um cilindro circular que gira (Fig. P15–54). Em qual direção a força lateral age sobre o corpo – para cima ou para baixo? Explique. Plote as linhas de corrente do escoamento. Onde está o ponto de estagnação frontal?

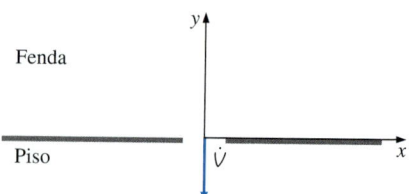

FIGURA P15–56

15–57 Para a fenda do Problema 15–56, altere o escoamento para laminar em vez de não viscoso e calcule o campo de escoamento. Compare seus resultados com o caso do escoamento não viscoso e com o caso do escoamento potencial do Capítulo 10. Plote os contornos de vorticidade. Onde a aproximação de escoamento irrotacional é apropriada? Discuta.

15–58 Gere um domínio computacional e uma malha e calcule o escoamento do ar na sucção do aspirador de pó bidimensional (Fig. P15–58), usando a aproximação de escoamento não viscoso. Compare seus resultados com aqueles previstos no Capítulo 10 para o escoamento potencial. Discuta.

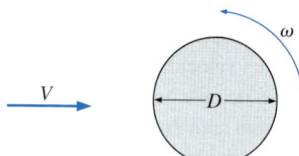

FIGURA P15–54

15–55 Para o cilindro giratório da Fig. P15–54, gere um parâmetro adimensional para a velocidade de rotação com relação à velocidade de corrente livre (combine as variáveis ω, D e V em um grupo Pi não dimensional). Repita os cálculos do Problema 15–54 para diversos valores de velocidade angular ω. Use condições de entrada idênticas em cada caso. Plote os coeficientes de sustentação e arrasto como funções do seu parâmetro adimensional. Discuta.

15–56 Considere o escoamento do ar em uma fenda bidimensional ao longo do piso de uma sala grande, onde o escoamento coincide com o eixo x (Fig. P15–56). Gere um domínio computacional e uma malha apropriados. Usando a aproximação do escoamento não viscoso, calcule o componente da velocidade vertical y como função da distância da fenda ao longo do eixo y. Compare com os resultados do escoamento potencial do Capítulo 10 para o escoamento em um sumidouro. Discuta.

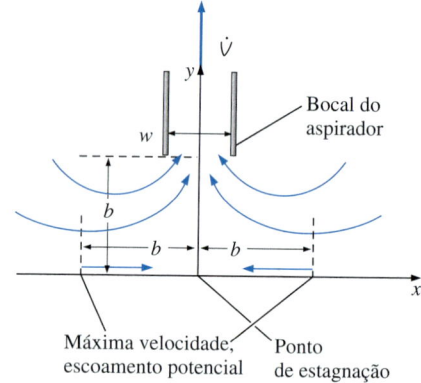

FIGURA P15–58

15–59 Para o aspirador de pó do Problema 15–58, altere o escoamento para laminar em vez de não viscoso e recalcule o campo de escoamento. Compare seus resultados com o caso do escoamento não viscoso e com o caso do escoamento potencial do Capítulo 10. Discuta.

Apêndice 1

Tabelas e Diagramas de Propriedades (em Unidades SI) *

TABELA A–1	Massa molar, constante de gás e calores específicos dos gases de algumas substâncias	940
TABELA A–2	Propriedades dos pontos de ebulição e congelamento	941
TABELA A–3	Propriedades da água saturada	942
TABELA A–4	Propriedades do refrigerante saturado 134a	943
TABELA A–5	Propriedades da amônia saturada	944
TABELA A–6	Propriedades do propano saturado	945
TABELA A–7	Propriedades dos líquidos	946
TABELA A–8	Propriedades dos metais líquidos	947
TABELA A–9	Propriedades do ar à pressão de 1 atm	948
TABELA A–10	Propriedades dos gases à pressão de 1 atm	949
TABELA A–11	Propriedades da atmosfera a grandes altitudes	951
FIGURA A–12	O diagrama de Moody para o fator de atrito do escoamento completamente desenvolvido em tubos circulares	952
TABELA A–13	Funções de escoamento compressível isentrópico unidimensional de um gás ideal com $k = 1,4$	953
TABELA A–14	Funções de choque normal unidimensional para um gás ideal com $k = 1,4$	954
TABELA A–15	Funções de escoamento de Rayleigh para um gás ideal com $k = 1,4$	955
TABELA A–16	Funções de escoamento de Fanno para um gás ideal com $k = 1,4$	956

---

* A maioria das propriedades das tabelas foi obtida do banco de dados de propriedades do EES, e as fontes originais estão listadas abaixo das tabelas. As propriedades quase sempre são listadas até dígitos mais significativos do que a exatidão alegada, com a finalidade de minimizar o erro de arredondamento acumulado dos cálculos feitos à mão, e para garantir uma coincidência mais exata com os resultados obtidos com o EES.

TABELA A–1
Massa molar, constante de gás e calores específicos dos gases de algumas substâncias

Substância	Massa Molar M, kg/kmol	Constante de Gás R, kJ/kg·K*	Dados de Calor Específico a 25°C		
			c_p, kJ/kg·K	c_v, kJ/kg·K	$k = c_p/c_v$
Ar	28,97	0,2870	1,005	0,7180	1,400
Amônia, NH_3	17,03	0,4882	2,093	1,605	1,304
Argônio, Ar	39,95	0,2081	0,5203	0,3122	1,667
Bromo, Br_2	159,81	0,05202	0,2253	0,1732	1,300
Isobutano, C_4H_{10}	58,12	0,1430	1,663	1,520	1,094
n-Butano, C_4H_{10}	58,12	0,1430	1,694	1,551	1,092
Dióxido de carbono, CO_2	44,01	0,1889	0,8439	0,6550	1,288
Monóxido de carbono, CO	28,01	0,2968	1,039	0,7417	1,400
Cloro, Cl_2	70,905	0,1173	0,4781	0,3608	1,325
Clorodifluorometano (R-22), $CHClF_2$	86,47	0,09615	0,6496	0,5535	1,174
Etano, C_2H_6	30,070	0,2765	1,744	1,468	1,188
Etileno, C_2H_4	28,054	0,2964	1,527	1,231	1,241
Flúor, F_2	38,00	0,2187	0,8237	0,6050	1,362
Hélio, He	4,003	2,077	5,193	3,116	1,667
n-Heptano, C_7H_{16}	100,20	0,08297	1,649	1,566	1,053
n-Hexano, C_6H_{14}	86,18	0,09647	1,654	1,558	1,062
Hidrogênio, H_2	2,016	4,124	14,30	10,18	1,405
Criptônio, Kr	83,80	0,09921	0,2480	0,1488	1,667
Metano, CH_4	16,04	0,5182	2,226	1,708	1,303
Néon, Ne	20,183	0,4119	1,030	0,6180	1,667
Nitrogênio, N_2	28,01	0,2968	1,040	0,7429	1,400
Óxido nítrico, NO	30,006	0,2771	0,9992	0,7221	1,384
Dióxido de nitrogênio, NO_2	46,006	0,1889	0,8060	0,6171	1,306
Oxigênio, O_2	32,00	0,2598	0,9180	0,6582	1,395
n-Pentano, C_5H_{12}	72,15	0,1152	1,664	1,549	1,074
Propano, C_3H_8	44,097	0,1885	1,669	1,480	1,127
Propileno, C_3H_6	42,08	0,1976	1,531	1,333	1,148
Vapor, H_2O	18,015	0,4615	1,865	1,403	1,329
Dióxido de enxofre, SO_2	64,06	0,1298	0,6228	0,4930	1,263
Tetraclorometano, CCl_4	153,82	0,05405	0,5415	0,4875	1,111
Tetrafluoretano (R-134a), $C_2H_2F_4$	102,03	0,08149	0,8334	0,7519	1,108
Trifluoretano (R-143a), $C_2H_3F_3$	84,04	0,09893	0,9291	0,8302	1,119
Xenônio, Xe	131,30	0,06332	0,1583	0,09499	1,667

* A unidade kJ/kg · K equivale a kPa · m³/kg · K. A constante de gás é calculada de $R = R_u/M$, onde $R_u = 8,31447$ kJ/kmol · K é a constante de gás universal e M é a massa molar.

Fonte: Os valores de calor específico são obtidos primariamente das rotinas de propriedades preparadas pelo The National Institute of Standards and Technology (NIST), Gaithersburg, MD.

TABELA A–2

Propriedades dos pontos de ebulição e congelamento

Substância	Dados de Ebulição a 1 atm		Dados de Congelamento		Propriedades Líquidas		
	Ebulição Normal Ponto, °C	Calor Latente de Vaporização h_{fg}, kJ/kg	Congelamento Ponto, °C	Calor Latente de Fusão h_{if}, kJ/kg	Temperatura, °C	Densidade ρ, kg/m³	Calor Específico c_p, kJ/kg·K
Amônia	−33,3	1357	−77,7	322,4	−33,3	682	4,43
					−20	665	4,52
					0	639	4,60
					25	602	4,80
Argônio	−185,9	161,6	−189,3	28	−185,6	1394	1,14
Benzeno	80,2	394	5,5	126	20	879	1,72
Água salgada (20% de cloreto de sódio por massa)	103,9	—	−17,4	—	20	1150	3,11
n-Butano	−0,5	385,2	−138,5	80,3	20,5	601	2,31
Dióxido de Carbono	−78,4*	230,5 (at 0°C)	−56,6		0	298	0,59
Etanol	78,2	838,3	−114,2	109	25	783	2,46
Álcool etílico	78,6	855	−156	108	20	789	2,84
Etileno glicol	198,1	800,1	−10,8	181,1	20	1109	2,84
Glicerina	179,9	974	18,9	200,6	20	1261	2,32
Hélio	−268,9	22,8	—	—	−268,9	146,2	22,8
Hidrogênio	−252,8	445,7	−259,2	59,5	−252,8	70,7	10,0
Isobutano	−11,7	367,1	−160	105,7	−11,7	593,8	2,28
Querosene	204–293	251	−24,9	—	20	820	2,00
Mercúrio	356,7	294,7	−38,9	11,4	25	13.560	0,139
Metano	−161,5	510,4	−182,2	58,4	−161,5	423	3,49
					−100	301	5,79
Metanol	64,5	1100	−97,7	99,2	25	787	2,55
Nitrogênio	−195,8	198,6	−210	25,3	−195,8	809	2,06
					−160	596	2,97
Octano	124,8	306,3	−57,5	180,7	20	703	2,10
Óleo (leve)					25	910	1,80
Oxigênio	−183	212,7	−218,8	13,7	−183	1141	1,71
Petróleo	—	230–384			20	640	2,0
Propano	−42,1	427,8	−187,7	80,0	−42,1	581	2,25
					0	529	2,53
					50	449	3,13
Refrigerante-134a	−26,1	216,8	−96,6	—	−50	1443	1,23
					226,1	1374	1,27
					0	1295	1,34
					25	1207	1,43
Água	100	2257	0,0	333,7	0	1000	4,22
					25	997	4,18
					50	988	4,18
					75	975	4,19
					100	958	4,22

*Temperatura de sublimação. (A pressões abaixo da pressão do ponto triplo de 518 kPa, o dióxido de carbono existe como um sólido ou um gás. Da mesma forma, a temperatura de ponto de congelamento do dióxido de carbono é a temperatura de ponto triplo de −56,5°C.)

TABELA A–3
Propriedades da água saturada

Temp. T, °C	Pressão de Saturação P_{sat}, kPa	Densidade ρ, kg/m³ Líquido	Densidade ρ, kg/m³ Vapor	Entalpia de Vaporização h_{fg}, kJ/kg	Calor Específico c_p, J/kg·K Líquido	Calor Específico c_p, J/kg·K Vapor	Condutividade Térmica k, W/m·K Líquido	Condutividade Térmica k, W/m·K Vapor	Viscosidade Dinâmica μ, kg/m·s Líquido	Viscosidade Dinâmica μ, kg/m·s Vapor	Número de Prandtl Pr Líquido	Número de Prandtl Pr Vapor	Coeficiente de Expansão Volumétrica β, 1/K Líquido	Tensão de Superfície, N/m Líquido
0,01	0,6113	999,8	0,0048	2501	4217	1854	0,561	0,0171	$1{,}792 \times 10^{-3}$	$0{,}922 \times 10^{-5}$	13,5	1,00	$-0{,}068 \times 10^{-3}$	0,0756
5	0,8721	999,9	0,0068	2490	4205	1857	0,571	0,0173	$1{,}519 \times 10^{-3}$	$0{,}934 \times 10^{-5}$	11,2	1,00	$0{,}015 \times 10^{-3}$	0,0749
10	1,2276	999,7	0,0094	2478	4194	1862	0,580	0,0176	$1{,}307 \times 10^{-3}$	$0{,}946 \times 10^{-5}$	9,45	1,00	$0{,}733 \times 10^{-3}$	0,0742
15	1,7051	999,1	0,0128	2466	4186	1863	0,589	0,0179	$1{,}138 \times 10^{-3}$	$0{,}959 \times 10^{-5}$	8,09	1,00	$0{,}138 \times 10^{-3}$	0,0735
20	2,339	998,0	0,0173	2454	4182	1867	0,598	0,0182	$1{,}002 \times 10^{-3}$	$0{,}973 \times 10^{-5}$	7,01	1,00	$0{,}195 \times 10^{-3}$	0,0727
25	3,169	997,0	0,0231	2442	4180	1870	0,607	0,0186	$0{,}891 \times 10^{-3}$	$0{,}987 \times 10^{-5}$	6,14	1,00	$0{,}247 \times 10^{-3}$	0,0720
30	4,246	996,0	0,0304	2431	4178	1875	0,615	0,0189	$0{,}798 \times 10^{-3}$	$1{,}001 \times 10^{-5}$	5,42	1,00	$0{,}294 \times 10^{-3}$	0,0712
35	5,628	994,0	0,0397	2419	4178	1880	0,623	0,0192	$0{,}720 \times 10^{-3}$	$1{,}016 \times 10^{-5}$	4,83	1,00	$0{,}337 \times 10^{-3}$	0,0704
40	7,384	992,1	0,0512	2407	4179	1885	0,631	0,0196	$0{,}653 \times 10^{-3}$	$1{,}031 \times 10^{-5}$	4,32	1,00	$0{,}377 \times 10^{-3}$	0,0696
45	9,593	990,1	0,0655	2395	4180	1892	0,637	0,0200	$0{,}596 \times 10^{-3}$	$1{,}046 \times 10^{-5}$	3,91	1,00	$0{,}415 \times 10^{-3}$	0,0688
50	12,35	988,1	0,0831	2383	4181	1900	0,644	0,0204	$0{,}547 \times 10^{-3}$	$1{,}062 \times 10^{-5}$	3,55	1,00	$0{,}451 \times 10^{-3}$	0,0679
55	15,76	985,2	0,1045	2371	4183	1908	0,649	0,0208	$0{,}504 \times 10^{-3}$	$1{,}077 \times 10^{-5}$	3,25	1,00	$0{,}484 \times 10^{-3}$	0,0671
60	19,94	983,3	0,1304	2359	4185	1916	0,654	0,0212	$0{,}467 \times 10^{-3}$	$1{,}093 \times 10^{-5}$	2,99	1,00	$0{,}517 \times 10^{-3}$	0,0662
65	25,03	980,4	0,1614	2346	4187	1926	0,659	0,0216	$0{,}433 \times 10^{-3}$	$1{,}110 \times 10^{-5}$	2,75	1,00	$0{,}548 \times 10^{-3}$	0,0654
70	31,19	977,5	0,1983	2334	4190	1936	0,663	0,0221	$0{,}404 \times 10^{-3}$	$1{,}126 \times 10^{-5}$	2,55	1,00	$0{,}578 \times 10^{-3}$	0,0645
75	38,58	974,7	0,2421	2321	4193	1948	0,667	0,0225	$0{,}378 \times 10^{-3}$	$1{,}142 \times 10^{-5}$	2,38	1,00	$0{,}607 \times 10^{-3}$	0,0636
80	47,39	971,8	0,2935	2309	4197	1962	0,670	0,0230	$0{,}355 \times 10^{-3}$	$1{,}159 \times 10^{-5}$	2,22	1,00	$0{,}653 \times 10^{-3}$	0,0627
85	57,83	968,1	0,3536	2296	4201	1977	0,673	0,0235	$0{,}333 \times 10^{-3}$	$1{,}176 \times 10^{-5}$	2,08	1,00	$0{,}670 \times 10^{-3}$	0,0617
90	70,14	965,3	0,4235	2283	4206	1993	0,675	0,0240	$0{,}315 \times 10^{-3}$	$1{,}193 \times 10^{-5}$	1,96	1,00	$0{,}702 \times 10^{-3}$	0,0608
95	84,55	961,5	0,5045	2270	4212	2010	0,677	0,0246	$0{,}297 \times 10^{-3}$	$1{,}210 \times 10^{-5}$	1,85	1,00	$0{,}716 \times 10^{-3}$	0,0599
100	101,33	957,9	0,5978	2257	4217	2029	0,679	0,0251	$0{,}282 \times 10^{-3}$	$1{,}227 \times 10^{-5}$	1,75	1,00	$0{,}750 \times 10^{-3}$	0,0589
110	143,27	950,6	0,8263	2230	4229	2071	0,682	0,0262	$0{,}255 \times 10^{-3}$	$1{,}261 \times 10^{-5}$	1,58	1,00	$0{,}798 \times 10^{-3}$	0,0570
120	198,53	943,4	1,121	2203	4244	2120	0,683	0,0275	$0{,}232 \times 10^{-3}$	$1{,}296 \times 10^{-5}$	1,44	1,00	$0{,}858 \times 10^{-3}$	0,0550
130	270,1	934,6	1,496	2174	4263	2177	0,684	0,0288	$0{,}213 \times 10^{-3}$	$1{,}330 \times 10^{-5}$	1,33	1,01	$0{,}913 \times 10^{-3}$	0,0529
140	361,3	921,7	1,965	2145	4286	2244	0,683	0,0301	$0{,}197 \times 10^{-3}$	$1{,}365 \times 10^{-5}$	1,24	1,02	$0{,}970 \times 10^{-3}$	0,0509
150	475,8	916,6	2,546	2114	4311	2314	0,682	0,0316	$0{,}183 \times 10^{-3}$	$1{,}399 \times 10^{-5}$	1,16	1,02	$1{,}025 \times 10^{-3}$	0,0487
160	617,8	907,4	3,256	2083	4340	2420	0,680	0,0331	$0{,}170 \times 10^{-3}$	$1{,}434 \times 10^{-5}$	1,09	1,05	$1{,}145 \times 10^{-3}$	0,0466
170	791,7	897,7	4,119	2050	4370	2490	0,677	0,0347	$0{,}160 \times 10^{-3}$	$1{,}468 \times 10^{-5}$	1,03	1,05	$1{,}178 \times 10^{-3}$	0,0444
180	1.002,1	887,3	5,153	2015	4410	2590	0,673	0,0364	$0{,}150 \times 10^{-3}$	$1{,}502 \times 10^{-5}$	0,983	1,07	$1{,}210 \times 10^{-3}$	0,0422
190	1.254,4	876,4	6,388	1979	4460	2710	0,669	0,0382	$0{,}142 \times 10^{-3}$	$1{,}537 \times 10^{-5}$	0,947	1,09	$1{,}280 \times 10^{-3}$	0,0399
200	1.553,8	864,3	7,852	1941	4500	2840	0,663	0,0401	$0{,}134 \times 10^{-3}$	$1{,}571 \times 10^{-5}$	0,910	1,11	$1{,}350 \times 10^{-3}$	0,0377
220	2.318	840,3	11,60	1859	4610	3110	0,650	0,0442	$0{,}122 \times 10^{-3}$	$1{,}641 \times 10^{-5}$	0,865	1,15	$1{,}520 \times 10^{-3}$	0,0331
240	3.344	813,7	16,73	1767	4760	3520	0,632	0,0487	$0{,}111 \times 10^{-3}$	$1{,}712 \times 10^{-5}$	0,836	1,24	$1{,}720 \times 10^{-3}$	0,0284
260	4.688	783,7	23,69	1663	4970	4070	0,609	0,0540	$0{,}102 \times 10^{-3}$	$1{,}788 \times 10^{-5}$	0,832	1,35	$2{,}000 \times 10^{-3}$	0,0237
280	6.412	750,8	33,15	1544	5280	4835	0,581	0,0605	$0{,}094 \times 10^{-3}$	$1{,}870 \times 10^{-5}$	0,854	1,49	$2{,}380 \times 10^{-3}$	0,0190
300	8.581	713,8	46,15	1405	5750	5980	0,548	0,0695	$0{,}086 \times 10^{-3}$	$1{,}965 \times 10^{-5}$	0,902	1,69	$2{,}950 \times 10^{-3}$	0,0144
320	11.274	667,1	64,57	1239	6540	7900	0,509	0,0836	$0{,}078 \times 10^{-3}$	$2{,}084 \times 10^{-5}$	1,00	1,97		0,0099
340	14.586	610,5	92,62	1028	8240	11.870	0,469	0,110	$0{,}070 \times 10^{-3}$	$2{,}255 \times 10^{-5}$	1,23	2,43		0,0056
360	18.651	528,3	144,0	720	14.690	25.800	0,427	0,178	$0{,}060 \times 10^{-3}$	$2{,}571 \times 10^{-5}$	2,06	3,73		0,0019
374,14	22.090	317,0	317,0	0	—	—	—	—	$0{,}043 \times 10^{-3}$	$4{,}313 \times 10^{-5}$				0

Nota 1: A viscosidade cinemática ν e a difusividade térmica α podem ser calculadas de suas definições, $\nu = \mu/\rho$ e $\alpha = k/\rho c_p = \nu/\text{Pr}$. As temperaturas 0,01°C, 100°C, e 374,14°C são as temperaturas tripla, de ebulição e de ponto crítico da água respectivamente. As propriedades listadas acima (exceto pela densidade do vapor) podem ser usadas a qualquer pressão com erro desprezível, exceto a temperaturas próximas do valor do ponto crítico.

Nota 2: A unidade kJ/kg · °C do calor específico é equivalente a kJ/kg · K, e a unidade W/m · °C da condutividade térmica é equivalente a W/m · K.

Fonte: Os dados de viscosidade e condutividade térmica são de J. V. Sengers e J. T. R. Watson, *Journal of Physical and Chemical Reference Data* 15 (1986), pp. 1291–1322. Os outros dados foram obtidos de diversas fontes ou foram calculados.

TABELA A–4
Propriedades do refrigerante saturado-134a

Temp. T, °C	Pressão de Saturação P, kPa	Densidade ρ, kg/m³		Enthalpy of Vaporization h_{fg}, kJ/kg	Entalpia de Vaporização c_p, J/kg·K		Condutividade Térmica k, W/m·K		Viscosidade Dinâmica μ, kg/m·s		Número Prandtl Pr		Coeficiente de Expansão Volumétrica β, 1/K Líquido	Tensão de Superfície, N/m Líquido
		Líquido	Vapor		Líquido	Vapor	Líquido	Vapor	Líquido	Vapor	Líquido	Vapor		
−40	51,2	1418	2,773	225,9	1254	748,6	0,1101	0,00811	$4,878 \times 10^{-4}$	$2,550 \times 10^{-6}$	5,558	0,235	0,00205	0,01760
−35	66,2	1403	3,524	222,7	1264	764,1	0,1084	0,00862	$4,509 \times 10^{-4}$	$3,003 \times 10^{-6}$	5,257	0,266	0,00209	0,01682
−30	84,4	1389	4,429	219,5	1273	780,2	0,1066	0,00913	$4,178 \times 10^{-4}$	$3,504 \times 10^{-6}$	4,992	0,299	0,00215	0,01604
−25	106,5	1374	5,509	216,3	1283	797,2	0,1047	0,00963	$3,882 \times 10^{-4}$	$4,054 \times 10^{-6}$	4,757	0,335	0,00220	0,01527
−20	132,8	1359	6,787	213,0	1294	814,9	0,1028	0,01013	$3,614 \times 10^{-4}$	$4,651 \times 10^{-6}$	4,548	0,374	0,00227	0,01451
−15	164,0	1343	8,288	209,5	1306	833,5	0,1009	0,01063	$3,371 \times 10^{-4}$	$5,295 \times 10^{-6}$	4,363	0,415	0,00233	0,01376
−10	200,7	1327	10,04	206,0	1318	853,1	0,0989	0,01112	$3,150 \times 10^{-4}$	$5,982 \times 10^{-6}$	4,198	0,459	0,00241	0,01302
−5	243,5	1311	12,07	202,4	1330	873,8	0,0968	0,01161	$2,947 \times 10^{-4}$	$6,709 \times 10^{-6}$	4,051	0,505	0,00249	0,01229
0	293,0	1295	14,42	198,7	1344	895,6	0,0947	0,01210	$2,761 \times 10^{-4}$	$7,471 \times 10^{-6}$	3,919	0,553	0,00258	0,01156
5	349,9	1278	17,12	194,8	1358	918,7	0,0925	0,01259	$2,589 \times 10^{-4}$	$8,264 \times 10^{-6}$	3,802	0,603	0,00269	0,01084
10	414,9	1261	20,22	190,8	1374	943,2	0,0903	0,01308	$2,430 \times 10^{-4}$	$9,081 \times 10^{-6}$	3,697	0,655	0,00280	0,01014
15	488,7	1244	23,75	186,6	1390	969,4	0,0880	0,01357	$2,281 \times 10^{-4}$	$9,915 \times 10^{-6}$	3,604	0,708	0,00293	0,00944
20	572,1	1226	27,77	182,3	1408	997,6	0,0856	0,01406	$2,142 \times 10^{-4}$	$1,075 \times 10^{-5}$	3,521	0,763	0,00307	0,00876
25	665,8	1207	32,34	177,8	1427	1028	0,0833	0,01456	$2,012 \times 10^{-4}$	$1,160 \times 10^{-5}$	3,448	0,819	0,00324	0,00808
30	770,6	1188	37,53	173,1	1448	1061	0,0808	0,01507	$1,888 \times 10^{-4}$	$1,244 \times 10^{-5}$	3,383	0,877	0,00342	0,00742
35	887,5	1168	43,41	168,2	1471	1098	0,0783	0,01558	$1,772 \times 10^{-4}$	$1,327 \times 10^{-5}$	3,328	0,935	0,00364	0,00677
40	1017,1	1147	50,08	163,0	1498	1138	0,0757	0,01610	$1,660 \times 10^{-4}$	$1,408 \times 10^{-5}$	3,285	0,995	0,00390	0,00613
45	1160,5	1125	57,66	157,6	1529	1184	0,0731	0,01664	$1,554 \times 10^{-4}$	$1,486 \times 10^{-5}$	3,253	1,058	0,00420	0,00550
50	1318,6	1102	66,27	151,8	1566	1237	0,0704	0,01720	$1,453 \times 10^{-4}$	$1,562 \times 10^{-5}$	3,231	1,123	0,00456	0,00489
55	1492,3	1078	76,11	145,7	1608	1298	0,0676	0,01777	$1,355 \times 10^{-4}$	$1,634 \times 10^{-5}$	3,223	1,193	0,00500	0,00429
60	1682,8	1053	87,38	139,1	1659	1372	0,0647	0,01838	$1,260 \times 10^{-4}$	$1,704 \times 10^{-5}$	3,229	1,272	0,00554	0,00372
65	1891,0	1026	100,4	132,1	1722	1462	0,0618	0,01902	$1,167 \times 10^{-4}$	$1,771 \times 10^{-5}$	3,255	1,362	0,00624	0,00315
70	2118,2	996,2	115,6	124,4	1801	1577	0,0587	0,01972	$1,077 \times 10^{-4}$	$1,839 \times 10^{-5}$	3,307	1,471	0,00716	0,00261
75	2365,8	964	133,6	115,9	1907	1731	0,0555	0,02048	$9,891 \times 10^{-5}$	$1,908 \times 10^{-5}$	3,400	1,612	0,00843	0,00209
80	2635,2	928,2	155,3	106,4	2056	1948	0,0521	0,02133	$9,011 \times 10^{-5}$	$1,982 \times 10^{-5}$	3,558	1,810	0,01031	0,00160
85	2928,2	887,1	182,3	95,4	2287	2281	0,0484	0,02233	$8,124 \times 10^{-5}$	$2,071 \times 10^{-5}$	3,837	2,116	0,01336	0,00114
90	3246,9	837,7	217,8	82,2	2701	2865	0,0444	0,02357	$7,203 \times 10^{-5}$	$2,187 \times 10^{-5}$	4,385	2,658	0,01911	0,00071
95	3594,1	772,5	269,3	64,9	3675	4144	0,0396	0,02544	$6,190 \times 10^{-5}$	$2,370 \times 10^{-5}$	5,746	3,862	0,03343	0,00033
100	3975,1	651,7	376,3	33,9	7959	8785	0,0322	0,02989	$4,765 \times 10^{-5}$	$2,833 \times 10^{-5}$	11,77	8,326	0,10047	0,00004

Nota 1: A viscosidade cinemática ν e a difusividade térmica α podem ser calculadas de suas definições, $\nu = \mu/\rho$ e $\alpha = k/\rho c_p = \nu/\text{Pr}$. As propriedades listadas acima (exceto pela densidade do vapor) podem ser usadas a qualquer pressão com erro desprezível, exceto a temperaturas próximas do valor do ponto crítico.

Nota 2: A unidade kJ/kg · °C do calor específico é equivalente a kJ/kg · K, e a unidade W/m · °C da condutividade térmica é equivalente a W/m · K.

Fonte: Dados gerados pelo software EES desenvolvido pela S. A. Klein e F. L. Alvarado. Fontes originais: R. Tillner-Roth e H. D. Baehr, "An International Standard Formulation for the Thermodynamic Properties of 1,1,1,2-Tetrafluoroethane (HFC-134a) for Temperatures from 170 K to 455 K and Pressures up to 70 MPa," *J. Phys. Chem. Ref. Data*, Vol. 23, No. 5, 1994; M. J. Assael, N. K. Dalaouti, A. A. Griva, e J. H. Dymond, "Viscosity and Thermal Conductivity of Halogenated Methane and Ethane Refrigerants," *IJR*, Vol. 22, pp. 525–535, 1999; programa NIST REFPROP 6 (M. O. McLinden, S. A. Klein, E. W. Lemmon e A. P. Peskin, Physical and Chemical Properties Division, National Institute of Standards and Technology, Boulder, CO 80303, 1995).

TABELA A-5

Propriedades da amônia saturada

Temp. T, °C	Pressão de Saturação P, kPa	Densidade ρ, kg/m³ Líquido	Densidade ρ, kg/m³ Vapor	Entalpia de Vaporização h_{fg}, kJ/kg	Calor Específico c_p, J/kg·K Líquido	Calor Específico c_p, J/kg·K Vapor	Condutividade Térmica k, W/m·K Líquido	Condutividade Térmica k, W/m·K Vapor	Viscosidade Dinâmica μ, kg/m·s Líquido	Viscosidade Dinâmica μ, kg/m·s Vapor	Número Prandtl Pr Líquido	Número Prandtl Pr Vapor	Coeficiente de Expansão Volumétrica β, 1/K Líquido	Tensão de Superfície, N/m Líquido
−40	71,66	690,2	0,6435	1389	4414	2242	—	0,01792	$2,926 \times 10^{-4}$	$7,957 \times 10^{-6}$	—	0,9955	0,00176	0,03565
−30	119,4	677,8	1,037	1360	4465	2322	—	0,01898	$2,630 \times 10^{-4}$	$8,311 \times 10^{-6}$	—	1,017	0,00185	0,03341
−25	151,5	671,5	1,296	1345	4489	2369	0,5968	0,01957	$2,492 \times 10^{-4}$	$8,490 \times 10^{-6}$	1,875	1,028	0,00190	0,03229
−20	190,1	665,1	1,603	1329	4514	2420	0,5853	0,02015	$2,361 \times 10^{-4}$	$8,669 \times 10^{-6}$	1,821	1,041	0,00194	0,03118
−15	236,2	658,6	1,966	1313	4538	2476	0,5737	0,02075	$2,236 \times 10^{-4}$	$8,851 \times 10^{-6}$	1,769	1,056	0,00199	0,03007
−10	290,8	652,1	2,391	1297	4564	2536	0,5621	0,02138	$2,117 \times 10^{-4}$	$9,034 \times 10^{-6}$	1,718	1,072	0,00205	0,02896
−5	354,9	645,4	2,886	1280	4589	2601	0,5505	0,02203	$2,003 \times 10^{-4}$	$9,218 \times 10^{-6}$	1,670	1,089	0,00210	0,02786
0	429,6	638,6	3,458	1262	4617	2672	0,5390	0,02270	$1,896 \times 10^{-4}$	$9,405 \times 10^{-6}$	1,624	1,107	0,00216	0,02676
5	516	631,7	4,116	1244	4645	2749	0,5274	0,02341	$1,794 \times 10^{-4}$	$9,593 \times 10^{-6}$	1,580	1,126	0,00223	0,02566
10	615,3	624,6	4,870	1226	4676	2831	0,5158	0,02415	$1,697 \times 10^{-4}$	$9,784 \times 10^{-6}$	1,539	1,147	0,00230	0,02457
15	728,8	617,5	5,729	1206	4709	2920	0,5042	0,02492	$1,606 \times 10^{-4}$	$9,978 \times 10^{-6}$	1,500	1,169	0,00237	0,02348
20	857,8	610,2	6,705	1186	4745	3016	0,4927	0,02573	$1,519 \times 10^{-4}$	$1,017 \times 10^{-5}$	1,463	1,193	0,00245	0,02240
25	1003	602,8	7,809	1166	4784	3120	0,4811	0,02658	$1,438 \times 10^{-4}$	$1,037 \times 10^{-5}$	1,430	1,218	0,00254	0,02132
30	1167	595,2	9,055	1144	4828	3232	0,4695	0,02748	$1,361 \times 10^{-4}$	$1,057 \times 10^{-5}$	1,399	1,244	0,00264	0,02024
35	1351	587,4	10,46	1122	4877	3354	0,4579	0,02843	$1,288 \times 10^{-4}$	$1,078 \times 10^{-5}$	1,372	1,272	0,00275	0,01917
40	1555	579,4	12,03	1099	4932	3486	0,4464	0,02943	$1,219 \times 10^{-4}$	$1,099 \times 10^{-5}$	1,347	1,303	0,00287	0,01810
45	1782	571,3	13,8	1075	4993	3631	0,4348	0,03049	$1,155 \times 10^{-4}$	$1,121 \times 10^{-5}$	1,327	1,335	0,00301	0,01704
50	2033	562,9	15,78	1051	5063	3790	0,4232	0,03162	$1,094 \times 10^{-4}$	$1,143 \times 10^{-5}$	1,310	1,371	0,00316	0,01598
55	2310	554,2	18,00	1025	5143	3967	0,4116	0,03283	$1,037 \times 10^{-4}$	$1,166 \times 10^{-5}$	1,297	1,409	0,00334	0,01493
60	2614	545,2	20,48	997,4	5234	4163	0,4001	0,03412	$9,846 \times 10^{-5}$	$1,189 \times 10^{-5}$	1,288	1,452	0,00354	0,01389
65	2948	536,0	23,26	968,9	5340	4384	0,3885	0,03550	$9,347 \times 10^{-5}$	$1,213 \times 10^{-5}$	1,285	1,499	0,00377	0,01285
70	3312	526,3	26,39	939,0	5463	4634	0,3769	0,03700	$8,879 \times 10^{-5}$	$1,238 \times 10^{-5}$	1,287	1,551	0,00404	0,01181
75	3709	516,2	29,90	907,5	5608	4923	0,3653	0,03862	$8,440 \times 10^{-5}$	$1,264 \times 10^{-5}$	1,296	1,612	0,00436	0,01079
80	4141	505,7	33,87	874,1	5780	5260	0,3538	0,04038	$8,030 \times 10^{-5}$	$1,292 \times 10^{-5}$	1,312	1,683	0,00474	0,00977
85	4609	494,5	38,36	838,6	5988	5659	0,3422	0,04232	$7,645 \times 10^{-5}$	$1,322 \times 10^{-5}$	1,338	1,768	0,00521	0,00876
90	5116	482,8	43,48	800,6	6242	6142	0,3306	0,04447	$7,284 \times 10^{-5}$	$1,354 \times 10^{-5}$	1,375	1,871	0,00579	0,00776
95	5665	470,2	49,35	759,8	6561	6740	0,3190	0,04687	$6,946 \times 10^{-5}$	$1,389 \times 10^{-5}$	1,429	1,999	0,00652	0,00677
100	6257	456,6	56,15	715,5	6972	7503	0,3075	0,04958	$6,628 \times 10^{-5}$	$1,429 \times 10^{-5}$	1,503	2,163	0,00749	0,00579

Nota 1: A viscosidade cinemática ν e a difusividade térmica a podem ser calculadas de suas definições, $\nu = \mu/r$ e $\alpha = k/\rho c_p = \nu/\text{Pr}$. As propriedades listadas acima (exceto pela densidade do vapor) podem ser usadas a qualquer pressão com erro desprezível, exceto a temperaturas próximas do valor do ponto crítico.

Nota 2: A unidade kJ/kg · °C do calor específico é equivalente a kJ/kg · K, e a unidade W/m · °C da condutividade térmica é equivalente a W/m · K.

Fonte: Dados gerados pelo software EES desenvolvido pela S. A. Klein e F. L. Alvarado. Fontes originais: Tillner-Roth, Harms-Watzenberg e Baehr, "Eine neue Fundamentalgleichung fur Ammoniak", DKV-Tagungsbericht 20:167–181, 1993; Liley e Desai, "Thermophysical Properties of Refrigerants" *ASHRAE*, 1993, ISBN 1-1883413-10-9.

Apêndice 1 ■ Tabelas e Diagramas de Propriedades (em Unidades SI)

TABELA A-6
Propriedades do propano saturado

Temp. T, °C	Pressão de Saturação P, kPa	Densidade ρ, kg/m³ Líquido	Densidade ρ, kg/m³ Vapor	Entalpia de Vaporização h_{fg}, kJ/kg	Calor Específico c_p, J/kg·K Líquido	Calor Específico c_p, J/kg·K Vapor	Condutividade Térmica k, W/m·K Líquido	Condutividade Térmica k, W/m·K Vapor	Viscosidade Dinâmica μ, kg/m·s Líquido	Viscosidade Dinâmica μ, kg/m·s Vapor	Número Prandtl Pr Líquido	Número Prandtl Pr Vapor	Coeficiente de Expansão Volumétrica β, 1/K Líquido	Tensão de Superfície, N/m Líquido
−120	0,4053	664,7	0,01408	498,3	2003	1115	0,1802	0,00589	$6,136 \times 10^{-4}$	$4,372 \times 10^{-6}$	6,820	0,827	0,00153	0,02630
−110	1,157	654,5	0,03776	489,3	2021	1148	0,1738	0,00645	$5,054 \times 10^{-4}$	$4,625 \times 10^{-6}$	5,878	0,822	0,00157	0,02486
−100	2,881	644,2	0,08872	480,4	2044	1183	0,1672	0,00705	$4,252 \times 10^{-4}$	$4,881 \times 10^{-6}$	5,195	0,819	0,00161	0,02344
−90	6,406	633,8	0,1870	471,5	2070	1221	0,1606	0,00769	$3,635 \times 10^{-4}$	$5,143 \times 10^{-6}$	4,686	0,817	0,00166	0,02202
−80	12,97	623,2	0,3602	462,4	2100	1263	0,1539	0,00836	$3,149 \times 10^{-4}$	$5,409 \times 10^{-6}$	4,297	0,817	0,00171	0,02062
−70	24,26	612,5	0,6439	453,1	2134	1308	0,1472	0,00908	$2,755 \times 10^{-4}$	$5,680 \times 10^{-6}$	3,994	0,818	0,00177	0,01923
−60	42,46	601,5	1,081	443,5	2173	1358	0,1407	0,00985	$2,430 \times 10^{-4}$	$5,956 \times 10^{-6}$	3,755	0,821	0,00184	0,01785
−50	70,24	590,3	1,724	433,6	2217	1412	0,1343	0,01067	$2,158 \times 10^{-4}$	$6,239 \times 10^{-6}$	3,563	0,825	0,00192	0,01649
−40	110,7	578,8	2,629	423,1	2258	1471	0,1281	0,01155	$1,926 \times 10^{-4}$	$6,529 \times 10^{-6}$	3,395	0,831	0,00201	0,01515
−30	167,3	567,0	3,864	412,1	2310	1535	0,1221	0,01250	$1,726 \times 10^{-4}$	$6,827 \times 10^{-6}$	3,266	0,839	0,00213	0,01382
−20	243,8	554,7	5,503	400,3	2368	1605	0,1163	0,01351	$1,551 \times 10^{-4}$	$7,136 \times 10^{-6}$	3,158	0,848	0,00226	0,01251
−10	344,4	542,0	7,635	387,8	2433	1682	0,1107	0,01459	$1,397 \times 10^{-4}$	$7,457 \times 10^{-6}$	3,069	0,860	0,00242	0,01122
0	473,3	528,7	10,36	374,2	2507	1768	0,1054	0,01576	$1,259 \times 10^{-4}$	$7,794 \times 10^{-6}$	2,996	0,875	0,00262	0,00996
5	549,8	521,8	11,99	367,0	2547	1814	0,1020	0,01637	$1,195 \times 10^{-4}$	$7,970 \times 10^{-6}$	2,964	0,883	0,00273	0,00934
10	635,1	514,7	13,81	359,5	2590	1864	0,1002	0,01701	$1,135 \times 10^{-4}$	$8,151 \times 10^{-6}$	2,935	0,893	0,00286	0,00872
15	729,8	507,5	15,85	351,7	2637	1917	0,0977	0,01767	$1,077 \times 10^{-4}$	$8,339 \times 10^{-6}$	2,909	0,905	0,00301	0,00811
20	834,4	500,0	18,13	343,4	2688	1974	0,0952	0,01836	$1,022 \times 10^{-4}$	$8,534 \times 10^{-6}$	2,886	0,918	0,00318	0,00751
25	949,7	492,2	20,68	334,8	2742	2036	0,0928	0,01908	$9,702 \times 10^{-5}$	$8,738 \times 10^{-6}$	2,866	0,933	0,00337	0,00691
30	1076	484,2	23,53	325,8	2802	2104	0,0904	0,01982	$9,197 \times 10^{-5}$	$8,952 \times 10^{-6}$	2,850	0,950	0,00358	0,00633
35	1215	475,8	26,72	316,2	2869	2179	0,0881	0,02061	$8,710 \times 10^{-5}$	$9,178 \times 10^{-6}$	2,837	0,971	0,00384	0,00575
40	1366	467,1	30,29	306,1	2943	2264	0,0857	0,02142	$8,240 \times 10^{-5}$	$9,417 \times 10^{-6}$	2,828	0,995	0,00413	0,00518
45	1530	458,0	34,29	295,3	3026	2361	0,0834	0,02228	$7,785 \times 10^{-5}$	$9,674 \times 10^{-6}$	2,824	1,025	0,00448	0,00463
50	1708	448,5	38,79	283,9	3122	2473	0,0811	0,02319	$7,343 \times 10^{-5}$	$9,950 \times 10^{-6}$	2,826	1,061	0,00491	0,00408
60	2110	427,5	49,66	258,4	3283	2769	0,0765	0,02517	$6,487 \times 10^{-5}$	$1,058 \times 10^{-5}$	2,784	1,164	0,00609	0,00303
70	2580	403,2	64,02	228,0	3595	3241	0,0717	0,02746	$5,649 \times 10^{-5}$	$1,138 \times 10^{-5}$	2,834	1,343	0,00811	0,00204
80	3127	373,0	84,28	189,7	4501	4173	0,0663	0,03029	$4,790 \times 10^{-5}$	$1,249 \times 10^{-5}$	3,251	1,722	0,01248	0,00114
90	3769	329,1	118,6	133,2	6977	7239	0,0595	0,03441	$3,807 \times 10^{-5}$	$1,448 \times 10^{-5}$	4,465	3,047	0,02847	0,00037

Nota 1: A viscosidade cinemática ν e a difusividade térmica α podem ser calculadas de suas definições, $\nu = \mu/\rho$ e $\alpha = k/\rho c_p = \nu/\text{Pr}$. As propriedades listadas acima (exceto pela densidade do vapor) podem ser usadas a qualquer pressão com erro desprezível, exceto a temperaturas próximas do valor do ponto crítico.
Nota 2: A unidade kJ/kg · °C do calor específico é equivalente a kJ/kg · K, e a unidade W/m · °C da condutividade térmica é equivalente a W/m · K.
Fonte: Dados gerados pelo software EES desenvolvido pela S. A. Klein e F. L. Alvarado. Fontes originais: Reiner Tillner-Roth, "Fundamental Equations of State", Shaker, Verlag, Aachan, 1998; B. A. Younglove e J. F. Ely, "Thermophysical Properties of Fluids". II Methane, Ethane, Propane, Isobutane, and Normal Butane", *J. Phys. Chem. Ref. Data*, Vol. 16, No. 4, 1987; G.R. Somayajulu, "A Generalized Equation for Surface Tension from the Triple-Point to the Critical--Point," *International Journal of Thermophysics*, Vol. 9, No. 4, 1988.

TABELA A–7
Propriedades dos líquidos

Temp. T, °C	Densidade ρ, kg/m³	Calor Específico c_p, J/kg·K	Condutividade Térmica k, W/m·K	Difusividade Térmica α, m²/s	Viscosidade Dinâmica μ, kg/m·s	Viscosidade Cinemática ν, m²/s	Número de Prandtl Pr	Coeficiente de Expansão Volumétrica β, 1/K
\multicolumn{9}{c}{Metano (CH₄)}
−160	420,2	3492	0,1863	$1,270 \times 10^{-7}$	$1,133 \times 10^{-4}$	$2,699 \times 10^{-7}$	2,126	0,00352
−150	405,0	3580	0,1703	$1,174 \times 10^{-7}$	$9,169 \times 10^{-5}$	$2,264 \times 10^{-7}$	1,927	0,00391
−140	388,8	3700	0,1550	$1,077 \times 10^{-7}$	$7,551 \times 10^{-5}$	$1,942 \times 10^{-7}$	1,803	0,00444
−130	371,1	3875	0,1402	$9,749 \times 10^{-8}$	$6,288 \times 10^{-5}$	$1,694 \times 10^{-7}$	1,738	0,00520
−120	351,4	4146	0,1258	$8,634 \times 10^{-8}$	$5,257 \times 10^{-5}$	$1,496 \times 10^{-7}$	1,732	0,00637
−110	328,8	4611	0,1115	$7,356 \times 10^{-8}$	$4,377 \times 10^{-5}$	$1,331 \times 10^{-7}$	1,810	0,00841
−100	301,0	5578	0,0967	$5,761 \times 10^{-8}$	$3,577 \times 10^{-5}$	$1,188 \times 10^{-7}$	2,063	0,01282
−90	261,7	8902	0,0797	$3,423 \times 10^{-8}$	$2,761 \times 10^{-5}$	$1,055 \times 10^{-7}$	3,082	0,02922
\multicolumn{9}{c}{Metanol [CH₃(OH)]}
20	788,4	2515	0,1987	$1,002 \times 10^{-7}$	$5,857 \times 10^{-4}$	$7,429 \times 10^{-7}$	7,414	0,00118
30	779,1	2577	0,1980	$9,862 \times 10^{-8}$	$5,088 \times 10^{-4}$	$6,531 \times 10^{-7}$	6,622	0,00120
40	769,6	2644	0,1972	$9,690 \times 10^{-8}$	$4,460 \times 10^{-4}$	$5,795 \times 10^{-7}$	5,980	0,00123
50	760,1	2718	0,1965	$9,509 \times 10^{-8}$	$3,942 \times 10^{-4}$	$5,185 \times 10^{-7}$	5,453	0,00127
60	750,4	2798	0,1957	$9,320 \times 10^{-8}$	$3,510 \times 10^{-4}$	$4,677 \times 10^{-7}$	5,018	0,00132
70	740,4	2885	0,1950	$9,128 \times 10^{-8}$	$3,146 \times 10^{-4}$	$4,250 \times 10^{-7}$	4,655	0,00137
\multicolumn{9}{c}{Isobutano (R600a)}
−100	683,8	1881	0,1383	$1,075 \times 10^{-7}$	$9,305 \times 10^{-4}$	$1,360 \times 10^{-6}$	12,65	0,00142
−75	659,3	1970	0,1357	$1,044 \times 10^{-7}$	$5,624 \times 10^{-4}$	$8,531 \times 10^{-7}$	8,167	0,00150
−50	634,3	2069	0,1283	$9,773 \times 10^{-8}$	$3,769 \times 10^{-4}$	$5,942 \times 10^{-7}$	6,079	0,00161
−25	608,2	2180	0,1181	$8,906 \times 10^{-8}$	$2,688 \times 10^{-4}$	$4,420 \times 10^{-7}$	4,963	0,00177
0	580,6	2306	0,1068	$7,974 \times 10^{-8}$	$1,993 \times 10^{-4}$	$3,432 \times 10^{-7}$	4,304	0,00199
25	550,7	2455	0,0956	$7,069 \times 10^{-8}$	$1,510 \times 10^{-4}$	$2,743 \times 10^{-7}$	3,880	0,00232
50	517,3	2640	0,0851	$6,233 \times 10^{-8}$	$1,155 \times 10^{-4}$	$2,233 \times 10^{-7}$	3,582	0,00286
75	478,5	2896	0,0757	$5,460 \times 10^{-8}$	$8,785 \times 10^{-5}$	$1,836 \times 10^{-7}$	3,363	0,00385
100	429,6	3361	0,0669	$4,634 \times 10^{-8}$	$6,483 \times 10^{-5}$	$1,509 \times 10^{-7}$	3,256	0,00628
\multicolumn{9}{c}{Glicerina}
0	1276	2262	0,2820	$9,773 \times 10^{-8}$	10,49	$8,219 \times 10^{-3}$	84.101	
5	1273	2288	0,2835	$9,732 \times 10^{-8}$	6,730	$5,287 \times 10^{-3}$	54.327	
10	1270	2320	0,2846	$9,662 \times 10^{-8}$	4,241	$3,339 \times 10^{-3}$	34.561	
15	1267	2354	0,2856	$9,576 \times 10^{-8}$	2,496	$1,970 \times 10^{-3}$	20.570	
20	1264	2386	0,2860	$9,484 \times 10^{-8}$	1,519	$1,201 \times 10^{-3}$	12.671	
25	1261	2416	0,2860	$9,388 \times 10^{-8}$	0,9934	$7,878 \times 10^{-4}$	8.392	
30	1258	2447	0,2860	$9,291 \times 10^{-8}$	0,6582	$5,232 \times 10^{-4}$	5.631	
35	1255	2478	0,2860	$9,195 \times 10^{-8}$	0,4347	$3,464 \times 10^{-4}$	3.767	
40	1252	2513	0,2863	$9,101 \times 10^{-8}$	0,3073	$2,455 \times 10^{-4}$	2.697	
\multicolumn{9}{c}{Óleo de motor (novo)}
0	899,0	1797	0,1469	$9,097 \times 10^{-8}$	3,814	$4,242 \times 10^{-3}$	46.636	0,00070
20	888,1	1881	0,1450	$8,680 \times 10^{-8}$	0,8374	$9,429 \times 10^{-4}$	10.863	0,00070
40	876,0	1964	0,1444	$8,391 \times 10^{-8}$	0,2177	$2,485 \times 10^{-4}$	2.962	0,00070
60	863,9	2048	0,1404	$7,934 \times 10^{-8}$	0,07399	$8,565 \times 10^{-5}$	1.080	0,00070
80	852,0	2132	0,1380	$7,599 \times 10^{-8}$	0,03232	$3,794 \times 10^{-5}$	499,3	0,00070
100	840,0	2220	0,1367	$7,330 \times 10^{-8}$	0,01718	$2,046 \times 10^{-5}$	279,1	0,00070
120	828,9	2308	0,1347	$7,042 \times 10^{-8}$	0,01029	$1,241 \times 10^{-5}$	176,3	0,00070
140	816,8	2395	0,1330	$6,798 \times 10^{-8}$	0,006558	$8,029 \times 10^{-6}$	118,1	0,00070
150	810,3	2441	0,1327	$6,708 \times 10^{-8}$	0,005344	$6,595 \times 10^{-6}$	98,31	0,00070

Fonte: Dados gerados pelo software EES desenvolvido por S. A. Klein e F. L. Alvarado. Originalmente com base em diversas fontes.

TABELA A-8

Propriedades dos metais líquidos

Temp. T, °C	Densidade ρ, kg/m³	Calor Específico cp, J/kg·K	Condutividade Térmica k, W/m·K	Difusividade Térmica α, m²/s	Viscosidade Dinâmica μ, kg/m·s	Viscosidade Cinemática ν, m²/s	Número de Prandtl Pr	Coeficiente de Expansão Volumétrica β, 1/K
\multicolumn{9}{c}{*Mercúrio (Hg) Ponto de Fusão: −39°C*}
0	13595	140,4	8,18200	$4,287 \times 10^{-6}$	$1,687 \times 10^{-3}$	$1,241 \times 10^{-7}$	0,0289	$1,810 \times 10^{-4}$
25	13534	139,4	8,51533	$4,514 \times 10^{-6}$	$1,534 \times 10^{-3}$	$1,133 \times 10^{-7}$	0,0251	$1,810 \times 10^{-4}$
50	13473	138,6	8,83632	$4,734 \times 10^{-6}$	$1,423 \times 10^{-3}$	$1,056 \times 10^{-7}$	0,0223	$1,810 \times 10^{-4}$
75	13412	137,8	9,15632	$4,956 \times 10^{-6}$	$1,316 \times 10^{-3}$	$9,819 \times 10^{-8}$	0,0198	$1,810 \times 10^{-4}$
100	13351	137,1	9,46706	$5,170 \times 10^{-6}$	$1,245 \times 10^{-3}$	$9,326 \times 10^{-8}$	0,0180	$1,810 \times 10^{-4}$
150	13231	136,1	10,07780	$5,595 \times 10^{-6}$	$1,126 \times 10^{-3}$	$8,514 \times 10^{-8}$	0,0152	$1,810 \times 10^{-4}$
200	13112	135,5	10,65465	$5,996 \times 10^{-6}$	$1,043 \times 10^{-3}$	$7,959 \times 10^{-8}$	0,0133	$1,815 \times 10^{-4}$
250	12993	135,3	11,18150	$6,363 \times 10^{-6}$	$9,820 \times 10^{-4}$	$7,558 \times 10^{-8}$	0,0119	$1,829 \times 10^{-4}$
300	12873	135,3	11,68150	$6,705 \times 10^{-6}$	$9,336 \times 10^{-4}$	$7,252 \times 10^{-8}$	0,0108	$1,854 \times 10^{-4}$
\multicolumn{9}{c}{*Bismuto (Bi) Ponto de Fusão: 271°C*}
350	9969	146,0	16,28	$1,118 \times 10^{-5}$	$1,540 \times 10^{-3}$	$1,545 \times 10^{-7}$	0,01381	
400	9908	148,2	16,10	$1,096 \times 10^{-5}$	$1,422 \times 10^{-3}$	$1,436 \times 10^{-7}$	0,01310	
500	9785	152,8	15,74	$1,052 \times 10^{-5}$	$1,188 \times 10^{-3}$	$1,215 \times 10^{-7}$	0,01154	
600	9663	157,3	15,60	$1,026 \times 10^{-5}$	$1,013 \times 10^{-3}$	$1,048 \times 10^{-7}$	0,01022	
700	9540	161,8	15,60	$1,010 \times 10^{-5}$	$8,736 \times 10^{-4}$	$9,157 \times 10^{-8}$	0,00906	
\multicolumn{9}{c}{*Chumbo (Pb) Ponto de Fusão: 327°C*}
400	10506	158	15,97	$9,623 \times 10^{-6}$	$2,277 \times 10^{-3}$	$2,167 \times 10^{-7}$	0,02252	
450	10449	156	15,74	$9,649 \times 10^{-6}$	$2,065 \times 10^{-3}$	$1,976 \times 10^{-7}$	0,02048	
500	10390	155	15,54	$9,651 \times 10^{-6}$	$1,884 \times 10^{-3}$	$1,814 \times 10^{-7}$	0,01879	
550	10329	155	15,39	$9,610 \times 10^{-6}$	$1,758 \times 10^{-3}$	$1,702 \times 10^{-7}$	0,01771	
600	10267	155	15,23	$9,568 \times 10^{-6}$	$1,632 \times 10^{-3}$	$1,589 \times 10^{-7}$	0,01661	
650	10206	155	15,07	$9,526 \times 10^{-6}$	$1,505 \times 10^{-3}$	$1,475 \times 10^{-7}$	0,01549	
700	10145	155	14,91	$9,483 \times 10^{-6}$	$1,379 \times 10^{-3}$	$1,360 \times 10^{-7}$	0,01434	
\multicolumn{9}{c}{*Sódio (Na) Ponto de Fusão: 98°C*}
100	927,3	1378	85,84	$6,718 \times 10^{-5}$	$6,892 \times 10^{-4}$	$7,432 \times 10^{-7}$	0,01106	
200	902,5	1349	80,84	$6,639 \times 10^{-5}$	$5,385 \times 10^{-4}$	$5,967 \times 10^{-7}$	0,008987	
300	877,8	1320	75,84	$6,544 \times 10^{-5}$	$3,878 \times 10^{-4}$	$4,418 \times 10^{-7}$	0,006751	
400	853,0	1296	71,20	$6,437 \times 10^{-5}$	$2,720 \times 10^{-4}$	$3,188 \times 10^{-7}$	0,004953	
500	828,5	1284	67,41	$6,335 \times 10^{-5}$	$2,411 \times 10^{-4}$	$2,909 \times 10^{-7}$	0,004593	
600	804,0	1272	63,63	$6,220 \times 10^{-5}$	$2,101 \times 10^{-4}$	$2,614 \times 10^{-7}$	0,004202	
\multicolumn{9}{c}{*Potássio (K) Ponto de Fusão: 64°C*}
200	795,2	790,8	43,99	$6,995 \times 10^{-5}$	$3,350 \times 10^{-4}$	$4,213 \times 10^{-7}$	0,006023	
300	771,6	772,8	42,01	$7,045 \times 10^{-5}$	$2,667 \times 10^{-4}$	$3,456 \times 10^{-7}$	0,004906	
400	748,0	754,8	40,03	$7,090 \times 10^{-5}$	$1,984 \times 10^{-4}$	$2,652 \times 10^{-7}$	0,00374	
500	723,9	750,0	37,81	$6,964 \times 10^{-5}$	$1,668 \times 10^{-4}$	$2,304 \times 10^{-7}$	0,003309	
600	699,6	750,0	35,50	$6,765 \times 10^{-5}$	$1,487 \times 10^{-4}$	$2,126 \times 10^{-7}$	0,003143	
\multicolumn{9}{c}{*Sódio–Potássio (%22Na-%78K) Ponto de Fusão: −11°C*}
100	847,3	944,4	25,64	$3,205 \times 10^{-5}$	$5,707 \times 10^{-4}$	$6,736 \times 10^{-7}$	0,02102	
200	823,2	922,5	26,27	$3,459 \times 10^{-5}$	$4,587 \times 10^{-4}$	$5,572 \times 10^{-7}$	0,01611	
300	799,1	900,6	26,89	$3,736 \times 10^{-5}$	$3,467 \times 10^{-4}$	$4,339 \times 10^{-7}$	0,01161	
400	775,0	879,0	27,50	$4,037 \times 10^{-5}$	$2,357 \times 10^{-4}$	$3,041 \times 10^{-7}$	0,00753	
500	751,5	880,1	27,89	$4,217 \times 10^{-5}$	$2,108 \times 10^{-4}$	$2,805 \times 10^{-7}$	0,00665	
600	728,0	881,2	28,28	$4,408 \times 10^{-5}$	$1,859 \times 10^{-4}$	$2,553 \times 10^{-7}$	0,00579	

Fonte: Dados gerados pelo software EES desenvolvido por S. A. Klein e F. L. Alvarado. Originalmente com base em diversas fontes.

TABELA A-9
Propriedades do ar à pressão de 1 atm

Temp. T, °C	Densidade ρ, kg/m³	Calor Específico c_p J/kg·K	Condutividade Térmica k, W/m·K	Difusividade Térmica α, m²/s	Viscosidade Dinâmica μ, kg/m·s	Viscosidade Cinemática ν, m²/s	Número de Prandtl Pr
−150	2,866	983	0,01171	$4{,}158 \times 10^{-6}$	$8{,}636 \times 10^{-6}$	$3{,}013 \times 10^{-6}$	0,7246
−100	2,038	966	0,01582	$8{,}036 \times 10^{-6}$	$1{,}189 \times 10^{-6}$	$5{,}837 \times 10^{-6}$	0,7263
−50	1,582	999	0,01979	$1{,}252 \times 10^{-5}$	$1{,}474 \times 10^{-5}$	$9{,}319 \times 10^{-6}$	0,7440
−40	1,514	1002	0,02057	$1{,}356 \times 10^{-5}$	$1{,}527 \times 10^{-5}$	$1{,}008 \times 10^{-5}$	0,7436
−30	1,451	1004	0,02134	$1{,}465 \times 10^{-5}$	$1{,}579 \times 10^{-5}$	$1{,}087 \times 10^{-5}$	0,7425
−20	1,394	1005	0,02211	$1{,}578 \times 10^{-5}$	$1{,}630 \times 10^{-5}$	$1{,}169 \times 10^{-5}$	0,7408
−10	1,341	1006	0,02288	$1{,}696 \times 10^{-5}$	$1{,}680 \times 10^{-5}$	$1{,}252 \times 10^{-5}$	0,7387
0	1,292	1006	0,02364	$1{,}818 \times 10^{-5}$	$1{,}729 \times 10^{-5}$	$1{,}338 \times 10^{-5}$	0,7362
5	1,269	1006	0,02401	$1{,}880 \times 10^{-5}$	$1{,}754 \times 10^{-5}$	$1{,}382 \times 10^{-5}$	0,7350
10	1,246	1006	0,02439	$1{,}944 \times 10^{-5}$	$1{,}778 \times 10^{-5}$	$1{,}426 \times 10^{-5}$	0,7336
15	1,225	1007	0,02476	$2{,}009 \times 10^{-5}$	$1{,}802 \times 10^{-5}$	$1{,}470 \times 10^{-5}$	0,7323
20	1,204	1007	0,02514	$2{,}074 \times 10^{-5}$	$1{,}825 \times 10^{-5}$	$1{,}516 \times 10^{-5}$	0,7309
25	1,184	1007	0,02551	$2{,}141 \times 10^{-5}$	$1{,}849 \times 10^{-5}$	$1{,}562 \times 10^{-5}$	0,7296
30	1,164	1007	0,02588	$2{,}208 \times 10^{-5}$	$1{,}872 \times 10^{-5}$	$1{,}608 \times 10^{-5}$	0,7282
35	1,145	1007	0,02625	$2{,}277 \times 10^{-5}$	$1{,}895 \times 10^{-5}$	$1{,}655 \times 10^{-5}$	0,7268
40	1,127	1007	0,02662	$2{,}346 \times 10^{-5}$	$1{,}918 \times 10^{-5}$	$1{,}702 \times 10^{-5}$	0,7255
45	1,109	1007	0,02699	$2{,}416 \times 10^{-5}$	$1{,}941 \times 10^{-5}$	$1{,}750 \times 10^{-5}$	0,7241
50	1,092	1007	0,02735	$2{,}487 \times 10^{-5}$	$1{,}963 \times 10^{-5}$	$1{,}798 \times 10^{-5}$	0,7228
60	1,059	1007	0,02808	$2{,}632 \times 10^{-5}$	$2{,}008 \times 10^{-5}$	$1{,}896 \times 10^{-5}$	0,7202
70	1,028	1007	0,02881	$2{,}780 \times 10^{-5}$	$2{,}052 \times 10^{-5}$	$1{,}995 \times 10^{-5}$	0,7177
80	0,9994	1008	0,02953	$2{,}931 \times 10^{-5}$	$2{,}096 \times 10^{-5}$	$2{,}097 \times 10^{-5}$	0,7154
90	0,9718	1008	0,03024	$3{,}086 \times 10^{-5}$	$2{,}139 \times 10^{-5}$	$2{,}201 \times 10^{-5}$	0,7132
100	0,9458	1009	0,03095	$3{,}243 \times 10^{-5}$	$2{,}181 \times 10^{-5}$	$2{,}306 \times 10^{-5}$	0,7111
120	0,8977	1011	0,03235	$3{,}565 \times 10^{-5}$	$2{,}264 \times 10^{-5}$	$2{,}522 \times 10^{-5}$	0,7073
140	0,8542	1013	0,03374	$3{,}898 \times 10^{-5}$	$2{,}345 \times 10^{-5}$	$2{,}745 \times 10^{-5}$	0,7041
160	0,8148	1016	0,03511	$4{,}241 \times 10^{-5}$	$2{,}420 \times 10^{-5}$	$2{,}975 \times 10^{-5}$	0,7014
180	0,7788	1019	0,03646	$4{,}593 \times 10^{-5}$	$2{,}504 \times 10^{-5}$	$3{,}212 \times 10^{-5}$	0,6992
200	0,7459	1023	0,03779	$4{,}954 \times 10^{-5}$	$2{,}577 \times 10^{-5}$	$3{,}455 \times 10^{-5}$	0,6974
250	0,6746	1033	0,04104	$5{,}890 \times 10^{-5}$	$2{,}760 \times 10^{-5}$	$4{,}091 \times 10^{-5}$	0,6946
300	0,6158	1044	0,04418	$6{,}871 \times 10^{-5}$	$2{,}934 \times 10^{-5}$	$4{,}765 \times 10^{-5}$	0,6935
350	0,5664	1056	0,04721	$7{,}892 \times 10^{-5}$	$3{,}101 \times 10^{-5}$	$5{,}475 \times 10^{-5}$	0,6937
400	0,5243	1069	0,05015	$8{,}951 \times 10^{-5}$	$3{,}261 \times 10^{-5}$	$6{,}219 \times 10^{-5}$	0,6948
450	0,4880	1081	0,05298	$1{,}004 \times 10^{-4}$	$3{,}415 \times 10^{-5}$	$6{,}997 \times 10^{-5}$	0,6965
500	0,4565	1093	0,05572	$1{,}117 \times 10^{-4}$	$3{,}563 \times 10^{-5}$	$7{,}806 \times 10^{-5}$	0,6986
600	0,4042	1115	0,06093	$1{,}352 \times 10^{-4}$	$3{,}846 \times 10^{-5}$	$9{,}515 \times 10^{-5}$	0,7037
700	0,3627	1135	0,06581	$1{,}598 \times 10^{-4}$	$4{,}111 \times 10^{-5}$	$1{,}133 \times 10^{-4}$	0,7092
800	0,3289	1153	0,07037	$1{,}855 \times 10^{-4}$	$4{,}362 \times 10^{-5}$	$1{,}326 \times 10^{-4}$	0,7149
900	0,3008	1169	0,07465	$2{,}122 \times 10^{-4}$	$4{,}600 \times 10^{-5}$	$1{,}529 \times 10^{-4}$	0,7206
1000	0,2772	1184	0,07868	$2{,}398 \times 10^{-4}$	$4{,}826 \times 10^{-5}$	$1{,}741 \times 10^{-4}$	0,7260
1500	0,1990	1234	0,09599	$3{,}908 \times 10^{-4}$	$5{,}817 \times 10^{-5}$	$2{,}922 \times 10^{-4}$	0,7478
2000	0,1553	1264	0,11113	$5{,}664 \times 10^{-4}$	$6{,}630 \times 10^{-5}$	$4{,}270 \times 10^{-4}$	0,7539

Nota: Para os gases ideais, as propriedades c_p, k, μ, e Pr não dependem da pressão. As propriedades ρ, ν, e α a uma pressão P (em atm) diferente de 1 atm são determinadas pela multiplicação dos valores de ρ a determinada temperatura por P e dividindo ν e α por P.

Fonte: Dados gerados pelo software EES desenvolvido pela S. A. Klein e F. L. Alvarado. Fontes originais: Keenan, Chao, Keyes, Gas Tables, Wiley, 198; e "Thermophysical Properties of Matter", Vol. 3: "Thermal Conductivity", Y. S. Touloukian, P. E. Liley, S. C. Saxena, Vol. 11: "Viscosity", Y. S. Touloukian, S. C. Saxena e P. Hestermans, IFI/Plenun, NY, 1970, ISBN 0-306067020-8.

TABELA A–10

Propriedades dos gases à pressão de 1 atm

Temp. T, °C	Densidade ρ, kg/m³	Calor Específico c_p J/kg·K	Condutividade Térmica k, W/m·K	Difusividade Térmica α, m²/s	Viscosidade Dinâmica μ, kg/m·s	Viscosidade Cinemática ν, m²/s	Número de Prandtl Pr
Dióxido de Carbono, CO_2							
−50	2,4035	746	0,01051	$5,860 \times 10^{-6}$	$1,129 \times 10^{-5}$	$4,699 \times 10^{-6}$	0,8019
0	1,9635	811	0,01456	$9,141 \times 10^{-6}$	$1,375 \times 10^{-5}$	$7,003 \times 10^{-6}$	0,7661
50	1,6597	866,6	0,01858	$1,291 \times 10^{-5}$	$1,612 \times 10^{-5}$	$9,714 \times 10^{-6}$	0,7520
100	1,4373	914,8	0,02257	$1,716 \times 10^{-5}$	$1,841 \times 10^{-5}$	$1,281 \times 10^{-5}$	0,7464
150	1,2675	957,4	0,02652	$2,186 \times 10^{-5}$	$2,063 \times 10^{-5}$	$1,627 \times 10^{-5}$	0,7445
200	1,1336	995,2	0,03044	$2,698 \times 10^{-5}$	$2,276 \times 10^{-5}$	$2,008 \times 10^{-5}$	0,7442
300	0,9358	1060	0,03814	$3,847 \times 10^{-5}$	$2,682 \times 10^{-5}$	$2,866 \times 10^{-5}$	0,7450
400	0,7968	1112	0,04565	$5,151 \times 10^{-5}$	$3,061 \times 10^{-5}$	$3,842 \times 10^{-5}$	0,7458
500	0,6937	1156	0,05293	$6,600 \times 10^{-5}$	$3,416 \times 10^{-5}$	$4,924 \times 10^{-5}$	0,7460
1000	0,4213	1292	0,08491	$1,560 \times 10^{-4}$	$4,898 \times 10^{-5}$	$1,162 \times 10^{-4}$	0,7455
1500	0,3025	1356	0,10688	$2,606 \times 10^{-4}$	$6,106 \times 10^{-5}$	$2,019 \times 10^{-4}$	0,7745
2000	0,2359	1387	0,11522	$3,521 \times 10^{-4}$	$7,322 \times 10^{-5}$	$3,103 \times 10^{-4}$	0,8815
Monóxido de Carbono, CO							
−50	1,5297	1081	0,01901	$1,149 \times 10^{-5}$	$1,378 \times 10^{-5}$	$9,012 \times 10^{-6}$	0,7840
0	1,2497	1048	0,02278	$1,739 \times 10^{-5}$	$1,629 \times 10^{-5}$	$1,303 \times 10^{-5}$	0,7499
50	1,0563	1039	0,02641	$2,407 \times 10^{-5}$	$1,863 \times 10^{-5}$	$1,764 \times 10^{-5}$	0,7328
100	0,9148	1041	0,02992	$3,142 \times 10^{-5}$	$2,080 \times 10^{-5}$	$2,274 \times 10^{-5}$	0,7239
150	0,8067	1049	0,03330	$3,936 \times 10^{-5}$	$2,283 \times 10^{-5}$	$2,830 \times 10^{-5}$	0,7191
200	0,7214	1060	0,03656	$4,782 \times 10^{-5}$	$2,472 \times 10^{-5}$	$3,426 \times 10^{-5}$	0,7164
300	0,5956	1085	0,04277	$6,619 \times 10^{-5}$	$2,812 \times 10^{-5}$	$4,722 \times 10^{-5}$	0,7134
400	0,5071	1111	0,04860	$8,628 \times 10^{-5}$	$3,111 \times 10^{-5}$	$6,136 \times 10^{-5}$	0,7111
500	0,4415	1135	0,05412	$1,079 \times 10^{-4}$	$3,379 \times 10^{-5}$	$7,653 \times 10^{-5}$	0,7087
1000	0,2681	1226	0,07894	$2,401 \times 10^{-4}$	$4,557 \times 10^{-5}$	$1,700 \times 10^{-4}$	0,7080
1500	0,1925	1279	0,10458	$4,246 \times 10^{-4}$	$6,321 \times 10^{-5}$	$3,284 \times 10^{-4}$	0,7733
2000	0,1502	1309	0,13833	$7,034 \times 10^{-4}$	$9,826 \times 10^{-5}$	$6,543 \times 10^{-4}$	0,9302
Metano, CH_4							
−50	0,8761	2243	0,02367	$1,204 \times 10^{-5}$	$8,564 \times 10^{-6}$	$9,774 \times 10^{-6}$	0,8116
0	0,7158	2217	0,03042	$1,917 \times 10^{-5}$	$1,028 \times 10^{-5}$	$1,436 \times 10^{-5}$	0,7494
50	0,6050	2302	0,03766	$2,704 \times 10^{-5}$	$1,191 \times 10^{-5}$	$1,969 \times 10^{-5}$	0,7282
100	0,5240	2443	0,04534	$3,543 \times 10^{-5}$	$1,345 \times 10^{-5}$	$2,567 \times 10^{-5}$	0,7247
150	0,4620	2611	0,05344	$4,431 \times 10^{-5}$	$1,491 \times 10^{-5}$	$3,227 \times 10^{-5}$	0,7284
200	0,4132	2791	0,06194	$5,370 \times 10^{-5}$	$1,630 \times 10^{-5}$	$3,944 \times 10^{-5}$	0,7344
300	0,3411	3158	0,07996	$7,422 \times 10^{-5}$	$1,886 \times 10^{-5}$	$5,529 \times 10^{-5}$	0,7450
400	0,2904	3510	0,09918	$9,727 \times 10^{-5}$	$2,119 \times 10^{-5}$	$7,297 \times 10^{-5}$	0,7501
500	0,2529	3836	0,11933	$1,230 \times 10^{-4}$	$2,334 \times 10^{-5}$	$9,228 \times 10^{-5}$	0,7502
1000	0,1536	5042	0,22562	$2,914 \times 10^{-4}$	$3,281 \times 10^{-5}$	$2,136 \times 10^{-4}$	0,7331
1500	0,1103	5701	0,31857	$5,068 \times 10^{-4}$	$4,434 \times 10^{-5}$	$4,022 \times 10^{-4}$	0,7936
2000	0,0860	6001	0,36750	$7,120 \times 10^{-4}$	$6,360 \times 10^{-5}$	$7,395 \times 10^{-4}$	1,0386
Hidrogênio, H_2							
−50	0,11010	12635	0,1404	$1,009 \times 10^{-4}$	$7,293 \times 10^{-6}$	$6,624 \times 10^{-5}$	0,6562
0	0,08995	13920	0,1652	$1,319 \times 10^{-4}$	$8,391 \times 10^{-6}$	$9,329 \times 10^{-5}$	0,7071
50	0,07603	14349	0,1881	$1,724 \times 10^{-4}$	$9,427 \times 10^{-6}$	$1,240 \times 10^{-4}$	0,7191
100	0,06584	14473	0,2095	$2,199 \times 10^{-4}$	$1,041 \times 10^{-5}$	$1,582 \times 10^{-4}$	0,7196
150	0,05806	14492	0,2296	$2,729 \times 10^{-4}$	$1,136 \times 10^{-5}$	$1,957 \times 10^{-4}$	0,7174
200	0,05193	14482	0,2486	$3,306 \times 10^{-4}$	$1,228 \times 10^{-5}$	$2,365 \times 10^{-4}$	0,7155
300	0,04287	14481	0,2843	$4,580 \times 10^{-4}$	$1,403 \times 10^{-5}$	$3,274 \times 10^{-4}$	0,7149
400	0,03650	14540	0,3180	$5,992 \times 10^{-4}$	$1,570 \times 10^{-5}$	$4,302 \times 10^{-4}$	0,7179
500	0,03178	14653	0,3509	$7,535 \times 10^{-4}$	$1,730 \times 10^{-5}$	$5,443 \times 10^{-4}$	0,7224
1000	0,01930	15577	0,5206	$1,732 \times 10^{-3}$	$2,455 \times 10^{-5}$	$1,272 \times 10^{-3}$	0,7345
1500	0,01386	16553	0,6581	$2,869 \times 10^{-3}$	$3,099 \times 10^{-5}$	$2,237 \times 10^{-3}$	0,7795
2000	0,01081	17400	0,5480	$2,914 \times 10^{-3}$	$3,690 \times 10^{-5}$	$3,414 \times 10^{-3}$	1,1717

(Continua)

TABELA A-10

Propriedades dos gases à pressão de 1 atm (continuação)

Temp. T, °C	Densidade ρ, kg/m³	Calor Específico c_p J/kg · K	Condutividade Térmica k, W/m · K	Difusividade Térmica α, m²/s	Viscosidade Dinâmica μ, kg/m · s	Viscosidade Cinemática ν, m²/s	Número de Prandtl Pr
\multicolumn{8}{c}{*Nitrogênio, N_2*}
−50	1,5299	957,3	0,02001	$1,366 \times 10^{-5}$	$1,390 \times 10^{-5}$	$9,091 \times 10^{-6}$	0,6655
0	1,2498	1035	0,02384	$1,843 \times 10^{-5}$	$1,640 \times 10^{-5}$	$1,312 \times 10^{-5}$	0,7121
50	1,0564	1042	0,02746	$2,494 \times 10^{-5}$	$1,874 \times 10^{-5}$	$1,774 \times 10^{-5}$	0,7114
100	0,9149	1041	0,03090	$3,244 \times 10^{-5}$	$2,094 \times 10^{-5}$	$2,289 \times 10^{-5}$	0,7056
150	0,8068	1043	0,03416	$4,058 \times 10^{-5}$	$2,300 \times 10^{-5}$	$2,851 \times 10^{-5}$	0,7025
200	0,7215	1050	0,03727	$4,921 \times 10^{-5}$	$2,494 \times 10^{-5}$	$3,457 \times 10^{-5}$	0,7025
300	0,5956	1070	0,04309	$6,758 \times 10^{-5}$	$2,849 \times 10^{-5}$	$4,783 \times 10^{-5}$	0,7078
400	0,5072	1095	0,04848	$8,727 \times 10^{-5}$	$3,166 \times 10^{-5}$	$6,242 \times 10^{-5}$	0,7153
500	0,4416	1120	0,05358	$1,083 \times 10^{-4}$	$3,451 \times 10^{-5}$	$7,816 \times 10^{-5}$	0,7215
1000	0,2681	1213	0,07938	$2,440 \times 10^{-4}$	$4,594 \times 10^{-5}$	$1,713 \times 10^{-4}$	0,7022
1500	0,1925	1266	0,11793	$4,839 \times 10^{-4}$	$5,562 \times 10^{-5}$	$2,889 \times 10^{-4}$	0,5969
2000	0,1502	1297	0,18590	$9,543 \times 10^{-4}$	$6,426 \times 10^{-5}$	$4,278 \times 10^{-4}$	0,4483
\multicolumn{8}{c}{*Oxigênio, O_2*}
−50	1,7475	984,4	0,02067	$1,201 \times 10^{-5}$	$1,616 \times 10^{-5}$	$9,246 \times 10^{-6}$	0,7694
0	1,4277	928,7	0,02472	$1,865 \times 10^{-5}$	$1,916 \times 10^{-5}$	$1,342 \times 10^{-5}$	0,7198
50	1,2068	921,7	0,02867	$2,577 \times 10^{-5}$	$2,194 \times 10^{-5}$	$1,818 \times 10^{-5}$	0,7053
100	1,0451	931,8	0,03254	$3,342 \times 10^{-5}$	$2,451 \times 10^{-5}$	$2,346 \times 10^{-5}$	0,7019
150	0,9216	947,6	0,03637	$4,164 \times 10^{-5}$	$2,694 \times 10^{-5}$	$2,923 \times 10^{-5}$	0,7019
200	0,8242	964,7	0,04014	$5,048 \times 10^{-5}$	$2,923 \times 10^{-5}$	$3,546 \times 10^{-5}$	0,7025
300	0,6804	997,1	0,04751	$7,003 \times 10^{-5}$	$3,350 \times 10^{-5}$	$4,923 \times 10^{-5}$	0,7030
400	0,5793	1025	0,05463	$9,204 \times 10^{-5}$	$3,744 \times 10^{-5}$	$6,463 \times 10^{-5}$	0,7023
500	0,5044	1048	0,06148	$1,163 \times 10^{-4}$	$4,114 \times 10^{-5}$	$8,156 \times 10^{-5}$	0,7010
1000	0,3063	1121	0,09198	$2,678 \times 10^{-4}$	$5,732 \times 10^{-5}$	$1,871 \times 10^{-4}$	0,6986
1500	0,2199	1165	0,11901	$4,643 \times 10^{-4}$	$7,133 \times 10^{-5}$	$3,243 \times 10^{-4}$	0,6985
2000	0,1716	1201	0,14705	$7,139 \times 10^{-4}$	$8,417 \times 10^{-5}$	$4,907 \times 10^{-4}$	0,6873
\multicolumn{8}{c}{*Vapor d'água, H_2O*}
−50	0,9839	1892	0,01353	$7,271 \times 10^{-6}$	$7,187 \times 10^{-6}$	$7,305 \times 10^{-6}$	1,0047
0	0,8038	1874	0,01673	$1,110 \times 10^{-5}$	$8,956 \times 10^{-6}$	$1,114 \times 10^{-5}$	1,0033
50	0,6794	1874	0,02032	$1,596 \times 10^{-5}$	$1,078 \times 10^{-5}$	$1,587 \times 10^{-5}$	0,9944
100	0,5884	1887	0,02429	$2,187 \times 10^{-5}$	$1,265 \times 10^{-5}$	$2,150 \times 10^{-5}$	0,9830
150	0,5189	1908	0,02861	$2,890 \times 10^{-5}$	$1,456 \times 10^{-5}$	$2,806 \times 10^{-5}$	0,9712
200	0,4640	1935	0,03326	$3,705 \times 10^{-5}$	$1,650 \times 10^{-5}$	$3,556 \times 10^{-5}$	0,9599
300	0,3831	1997	0,04345	$5,680 \times 10^{-5}$	$2,045 \times 10^{-5}$	$5,340 \times 10^{-5}$	0,9401
400	0,3262	2066	0,05467	$8,114 \times 10^{-5}$	$2,446 \times 10^{-5}$	$7,498 \times 10^{-5}$	0,9240
500	0,2840	2137	0,06677	$1,100 \times 10^{-4}$	$2,847 \times 10^{-5}$	$1,002 \times 10^{-4}$	0,9108
1000	0,1725	2471	0,13623	$3,196 \times 10^{-4}$	$4,762 \times 10^{-5}$	$2,761 \times 10^{-4}$	0,8639
1500	0,1238	2736	0,21301	$6,288 \times 10^{-4}$	$6,411 \times 10^{-5}$	$5,177 \times 10^{-4}$	0,8233
2000	0,0966	2928	0,29183	$1,032 \times 10^{-3}$	$7,808 \times 10^{-5}$	$8,084 \times 10^{-4}$	0,7833

Nota: Para os gases ideais, as propriedades c_p, k, μ, e Pr não dependem da pressão. As propriedades ρ, ν, e α a uma pressão P (em atm) diferente de 1 atm são determinadas pela multiplicação dos valores de ρ a determinada temperatura por P e dividindo ν e α por P.
Fonte: Dados gerados pelo software EES desenvolvido por S. A. Klein e F. L. Alvarado. Originalmente com base em diversas fontes.

TABELA A–11
Propriedades da atmosfera a grandes altitudes

Altitude, m	Temperatura, °C	Pressão, kPa	Gravidade g, m/s^2	Velocidade do Som, m/s	Densidade, kg/m^3	Viscosidade μ, kg/m · s	Condutividade Térmica, W/m · K
0	15,00	101,33	9,807	340,3	1,225	$1,789 \times 10^{-5}$	0,0253
200	13,70	98,95	9,806	339,5	1,202	$1,783 \times 10^{-5}$	0,0252
400	12,40	96,61	9,805	338,8	1,179	$1,777 \times 10^{-5}$	0,0252
600	11,10	94,32	9,805	338,0	1,156	$1,771 \times 10^{-5}$	0,0251
800	9,80	92,08	9,804	337,2	1,134	$1,764 \times 10^{-5}$	0,0250
1000	8,50	89,88	9,804	336,4	1,112	$1,758 \times 10^{-5}$	0,0249
1200	7,20	87,72	9,803	335,7	1,090	$1,752 \times 10^{-5}$	0,0248
1400	5,90	85,60	9,802	334,9	1,069	$1,745 \times 10^{-5}$	0,0247
1600	4,60	83,53	9,802	334,1	1,048	$1,739 \times 10^{-5}$	0,0245
1800	3,30	81,49	9,801	333,3	1,027	$1,732 \times 10^{-5}$	0,0244
2000	2,00	79,50	9,800	332,5	1,007	$1,726 \times 10^{-5}$	0,0243
2200	0,70	77,55	9,800	331,7	0,987	$1,720 \times 10^{-5}$	0,0242
2400	−0,59	75,63	9,799	331,0	0,967	$1,713 \times 10^{-5}$	0,0241
2600	−1,89	73,76	9,799	330,2	0,947	$1,707 \times 10^{-5}$	0,0240
2800	−3,19	71,92	9,798	329,4	0,928	$1,700 \times 10^{-5}$	0,0239
3000	−4,49	70,12	9,797	328,6	0,909	$1,694 \times 10^{-5}$	0,0238
3200	−5,79	68,36	9,797	327,8	0,891	$1,687 \times 10^{-5}$	0,0237
3400	−7,09	66,63	9,796	327,0	0,872	$1,681 \times 10^{-5}$	0,0236
3600	−8,39	64,94	9,796	326,2	0,854	$1,674 \times 10^{-5}$	0,0235
3800	−9,69	63,28	9,795	325,4	0,837	$1,668 \times 10^{-5}$	0,0234
4000	−10,98	61,66	9,794	324,6	0,819	$1,661 \times 10^{-5}$	0,0233
4200	−12,3	60,07	9,794	323,8	0,802	$1,655 \times 10^{-5}$	0,0232
4400	−13,6	58,52	9,793	323,0	0,785	$1,648 \times 10^{-5}$	0,0231
4600	−14,9	57,00	9,793	322,2	0,769	$1,642 \times 10^{-5}$	0,0230
4800	−16,2	55,51	9,792	321,4	0,752	$1,635 \times 10^{-5}$	0,0229
5000	−17,5	54,05	9,791	320,5	0,736	$1,628 \times 10^{-5}$	0,0228
5200	−18,8	52,62	9,791	319,7	0,721	$1,622 \times 10^{-5}$	0,0227
5400	−20,1	51,23	9,790	318,9	0,705	$1,615 \times 10^{-5}$	0,0226
5600	−21,4	49,86	9,789	318,1	0,690	$1,608 \times 10^{-5}$	0,0224
5800	−22,7	48,52	9,785	317,3	0,675	$1,602 \times 10^{-5}$	0,0223
6000	−24,0	47,22	9,788	316,5	0,660	$1,595 \times 10^{-5}$	0,0222
6200	−25,3	45,94	9,788	315,6	0,646	$1,588 \times 10^{-5}$	0,0221
6400	−26,6	44,69	9,787	314,8	0,631	$1,582 \times 10^{-5}$	0,0220
6600	−27,9	43,47	9,786	314,0	0,617	$1,575 \times 10^{-5}$	0,0219
6800	−29,2	42,27	9,785	313,1	0,604	$1,568 \times 10^{-5}$	0,0218
7000	−30,5	41,11	9,785	312,3	0,590	$1,561 \times 10^{-5}$	0,0217
8000	−36,9	35,65	9,782	308,1	0,526	$1,527 \times 10^{-5}$	0,0212
9000	−43,4	30,80	9,779	303,8	0,467	$1,493 \times 10^{-5}$	0,0206
10.000	−49,9	26,50	9,776	299,5	0,414	$1,458 \times 10^{-5}$	0,0201
12.000	−56,5	19,40	9,770	295,1	0,312	$1,422 \times 10^{-5}$	0,0195
14.000	−56,5	14,17	9,764	295,1	0,228	$1,422 \times 10^{-5}$	0,0195
16.000	−56,5	10,53	9,758	295,1	0,166	$1,422 \times 10^{-5}$	0,0195
18.000	−56,5	7,57	9,751	295,1	0,122	$1,422 \times 10^{-5}$	0,0195

Fonte: U.S. Standard Atmosphere Supplements, U.S. Government Printing Office, 1966. Com base em condições de média anual a 45° de latitude e variações com a época do ano e os padrões meteorológicos. As condições no nível do mar ($z = 0$) foram assumidas como $P = 101.325$ kPa, $T = 15$°C, $\rho = 1.2250$ kg/m^3, $g = 9.80665$ m^2/s.

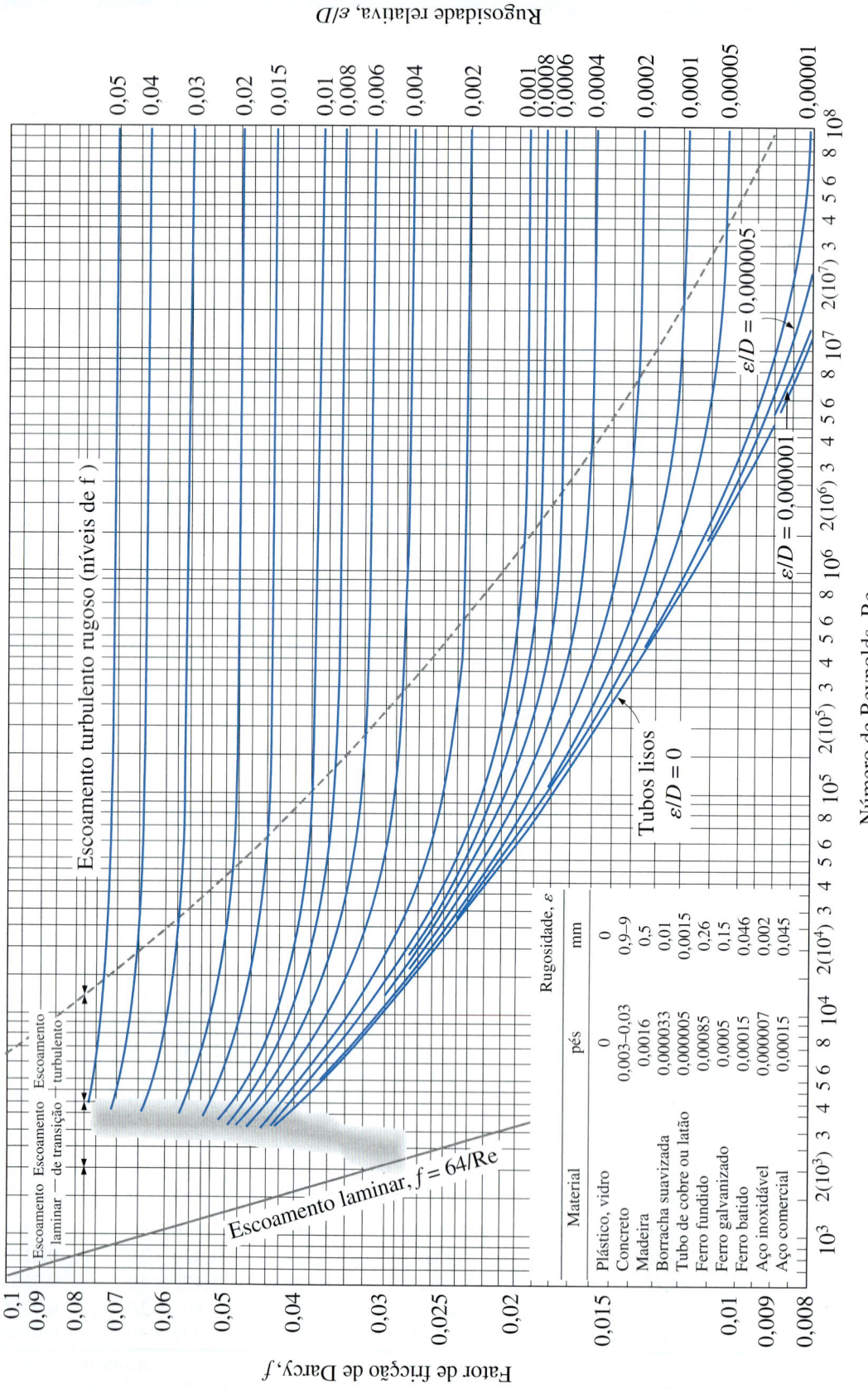

FIGURA A–12 O diagrama de Moody para o fator de atrito do escoamento completamente desenvolvido em tubos circulares para uso na relação de perda de carga $h_L = f \dfrac{L}{D} \dfrac{V^2}{2g}$. Os fatores de atrito do escoamento turbulento são avaliados com a equação de Colebrook $\dfrac{1}{\sqrt{f}} = -2 \log_{10}\left(\dfrac{\varepsilon/D}{3{,}7} + \dfrac{2{,}51}{\mathrm{Re}\sqrt{f}}\right)$.

$$\text{Ma}^* = \text{Ma}\sqrt{\frac{k+1}{2+(k-1)\text{Ma}^2}}$$

$$\frac{A}{A^*} = \frac{1}{\text{Ma}}\left[\left(\frac{2}{k+1}\right)\left(1+\frac{k-1}{2}\text{Ma}^2\right)\right]^{0,5(k+1)/(k-1)}$$

$$\frac{P}{P_0} = \left(1+\frac{k-1}{2}\text{Ma}^2\right)^{-k/(k-1)}$$

$$\frac{\rho}{\rho_0} = \left(1+\frac{k-1}{2}\text{Ma}^2\right)^{-1/(k-1)}$$

$$\frac{T}{T_0} = \left(1+\frac{k-1}{2}\text{Ma}^2\right)^{-1}$$

TABELA A–13

Funções de escoamento compressível isentrópico unidimensional para um gás ideal com k = 1,4

Ma	Ma*	A/A*	P/P0	ρ/ρ_0	T/T_0
0	0	∞	1,0000	1,0000	1,0000
0,1	0,1094	5,8218	0,9930	0,9950	0,9980
0,2	0,2182	2,9635	0,9725	0,9803	0,9921
0,3	0,3257	2,0351	0,9395	0,9564	0,9823
0,4	0,4313	1,5901	0,8956	0,9243	0,9690
0,5	0,5345	1,3398	0,8430	0,8852	0,9524
0,6	0,6348	1,1882	0,7840	0,8405	0,9328
0,7	0,7318	1,0944	0,7209	0,7916	0,9107
0,8	0,8251	1,0382	0,6560	0,7400	0,8865
0,9	0,9146	1,0089	0,5913	0,6870	0,8606
1,0	1,0000	1,0000	0,5283	0,6339	0,8333
1,2	1,1583	1,0304	0,4124	0,5311	0,7764
1,4	1,2999	1,1149	0,3142	0,4374	0,7184
1,6	1,4254	1,2502	0,2353	0,3557	0,6614
1,8	1,5360	1,4390	0,1740	0,2868	0,6068
2,0	1,6330	1,6875	0,1278	0,2300	0,5556
2,2	1,7179	2,0050	0,0935	0,1841	0,5081
2,4	1,7922	2,4031	0,0684	0,1472	0,4647
2,6	1,8571	2,8960	0,0501	0,1179	0,4252
2,8	1,9140	3,5001	0,0368	0,0946	0,3894
3,0	1,9640	4,2346	0,0272	0,0760	0,3571
5,0	2,2361	25,000	0,0019	0,0113	0,1667
∞	2,2495	∞	0	0	0

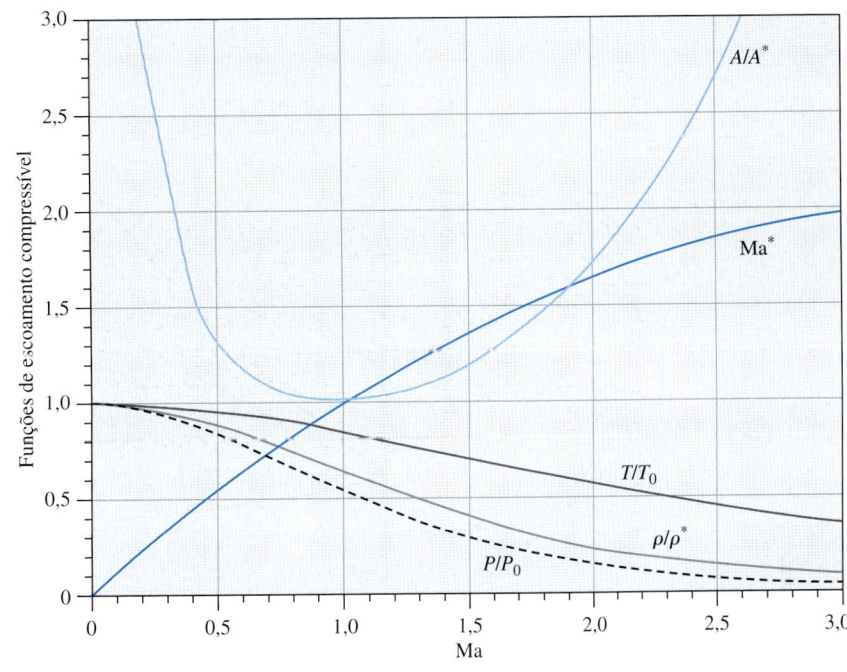

$T_{01} = T_{02}$

$\text{Ma}_2 = \sqrt{\dfrac{(k-1)\text{Ma}_1^2 + 2}{2k\text{Ma}_1^2 - k + 1}}$

$\dfrac{P_2}{P_1} = \dfrac{1 + k\text{Ma}_1^2}{1 + k\text{Ma}_2^2} = \dfrac{2k\text{Ma}_1^2 - k + 1}{k + 1}$

$\dfrac{\rho_2}{\rho_1} = \dfrac{P_2/P_1}{T_2/T_1} = \dfrac{(k+1)\text{Ma}_1^2}{2 + (k-1)\text{Ma}_1^2} = \dfrac{V_1}{V_2}$

$\dfrac{T_2}{T_1} = \dfrac{2 + \text{Ma}_1^2(k-1)}{2 + \text{Ma}_2^2(k-1)}$

$\dfrac{P_{02}}{P_{01}} = \dfrac{\text{Ma}_1}{\text{Ma}_2}\left[\dfrac{1 + \text{Ma}_2^2(k-1)/2}{1 + \text{Ma}_1^2(k-1)/2}\right]^{(k+1)/[2(k-1)]}$

$\dfrac{P_{02}}{P_1} = \dfrac{(1 + k\text{Ma}_1^2)[1 + \text{Ma}_2^2(k-1)/2]^{k/(k-1)}}{1 + k\text{Ma}_2^2}$

TABELA A–14

Funções de choque normal unidimensional para um gás ideal com $k = 1{,}4$

Ma₁	Ma₂	P_2/P_1	ρ_2/ρ_1	T_2/T_1	P_{02}/P_{01}	P_{02}/P_1
1,0	1,0000	1,0000	1,0000	1,0000	1,0000	1,8929
1,1	0,9118	1,2450	1,1691	1,0649	0,9989	2,1328
1,2	0,8422	1,5133	1,3416	1,1280	0,9928	2,4075
1,3	0,7860	1,8050	1,5157	1,1909	0,9794	2,7136
1,4	0,7397	2,1200	1,6897	1,2547	0,9582	3,0492
1,5	0,7011	2,4583	1,8621	1,3202	0,9298	3,4133
1,6	0,6684	2,8200	2,0317	1,3880	0,8952	3,8050
1,7	0,6405	3,2050	2,1977	1,4583	0,8557	4,2238
1,8	0,6165	3,6133	2,3592	1,5316	0,8127	4,6695
1,9	0,5956	4,0450	2,5157	1,6079	0,7674	5,1418
2,0	0,5774	4,5000	2,6667	1,6875	0,7209	5,6404
2,1	0,5613	4,9783	2,8119	1,7705	0,6742	6,1654
2,2	0,5471	5,4800	2,9512	1,8569	0,6281	6,7165
2,3	0,5344	6,0050	3,0845	1,9468	0,5833	7,2937
2,4	0,5231	6,5533	3,2119	2,0403	0,5401	7,8969
2,5	0,5130	7,1250	3,3333	2,1375	0,4990	8,5261
2,6	0,5039	7,7200	3,4490	2,2383	0,4601	9,1813
2,7	0,4956	8,3383	3,5590	2,3429	0,4236	9,8624
2,8	0,4882	8,9800	3,6636	2,4512	0,3895	10,5694
2,9	0,4814	9,6450	3,7629	2,5632	0,3577	11,3022
3,0	0,4752	10,3333	3,8571	2,6790	0,3283	12,0610
4,0	0,4350	18,5000	4,5714	4,0469	0,1388	21,0681
5,0	0,4152	29,000	5,0000	5,8000	0,0617	32,6335
∞	0,3780	∞	6,0000	∞	0	∞

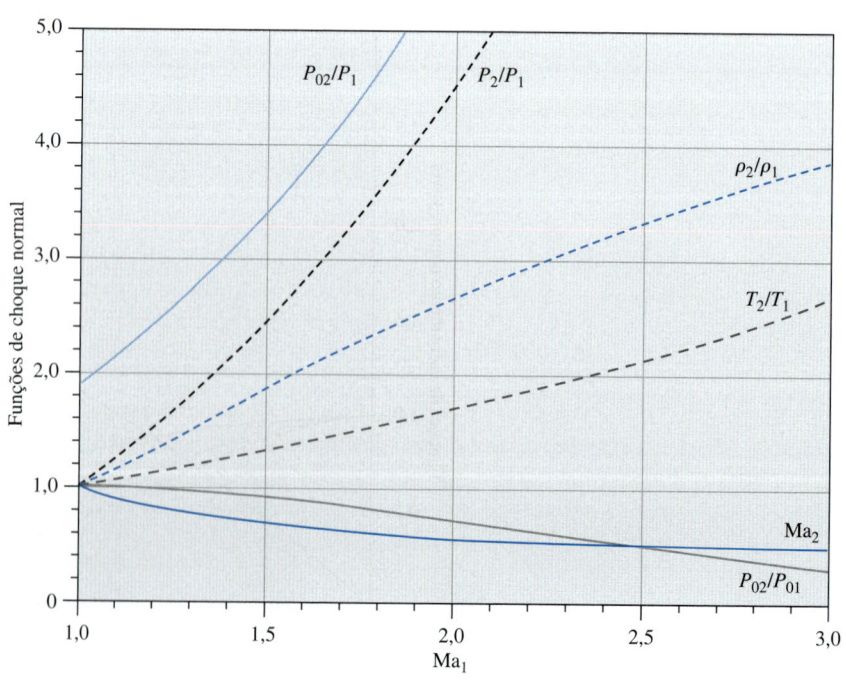

$$\frac{T_0}{T_0^*} = \frac{(k+1)\text{Ma}^2[2+(k-1)\text{Ma}^2]}{(1+k\text{Ma}^2)^2}$$

$$\frac{P_0}{P_0^*} = \frac{k+1}{1+k\text{Ma}^2}\left(\frac{2+(k-1)\text{Ma}^2}{k+1}\right)^{k/(k-1)}$$

$$\frac{T}{T^*} = \left(\frac{\text{Ma}(1+k)}{1+k\text{Ma}^2}\right)^2$$

$$\frac{P}{P^*} = \frac{1+k}{1+k\text{Ma}^2}$$

$$\frac{V}{V^*} = \frac{\rho^*}{\rho} = \frac{(1+k)\text{Ma}^2}{1+k\text{Ma}^2}$$

TABELA A–15

Funções de escoamento de Rayleigh para um gás ideal com k = 1,4

Ma	T_0/T_0^*	P_0/P_0^*	T/T^*	P/P^*	V/V^*
0,0	0,0000	1,2679	0,0000	2,4000	0,0000
0,1	0,0468	1,2591	0,0560	2,3669	0,0237
0,2	0,1736	1,2346	0,2066	2,2727	0,0909
0,3	0,3469	1,1985	0,4089	2,1314	0,1918
0,4	0,5290	1,1566	0,6151	1,9608	0,3137
0,5	0,6914	1,1141	0,7901	1,7778	0,4444
0,6	0,8189	1,0753	0,9167	1,5957	0,5745
0,7	0,9085	1,0431	0,9929	1,4235	0,6975
0,8	0,9639	1,0193	1,0255	1,2658	0,8101
0,9	0,9921	1,0049	1,0245	1,1246	0,9110
1,0	1,0000	1,0000	1,0000	1,0000	1,0000
1,2	0,9787	1,0194	0,9118	0,7958	1,1459
1,4	0,9343	1,0777	0,8054	0,6410	1,2564
1,6	0,8842	1,1756	0,7017	0,5236	1,3403
1,8	0,8363	1,3159	0,6089	0,4335	1,4046
2,0	0,7934	1,5031	0,5289	0,3636	1,4545
2,2	0,7561	1,7434	0,4611	0,3086	1,4938
2,4	0,7242	2,0451	0,4038	0,2648	1,5252
2,6	0,6970	2,4177	0,3556	0,2294	1,5505
2,8	0,6738	2,8731	0,3149	0,2004	1,5711
3,0	0,6540	3,4245	0,2803	0,1765	1,5882

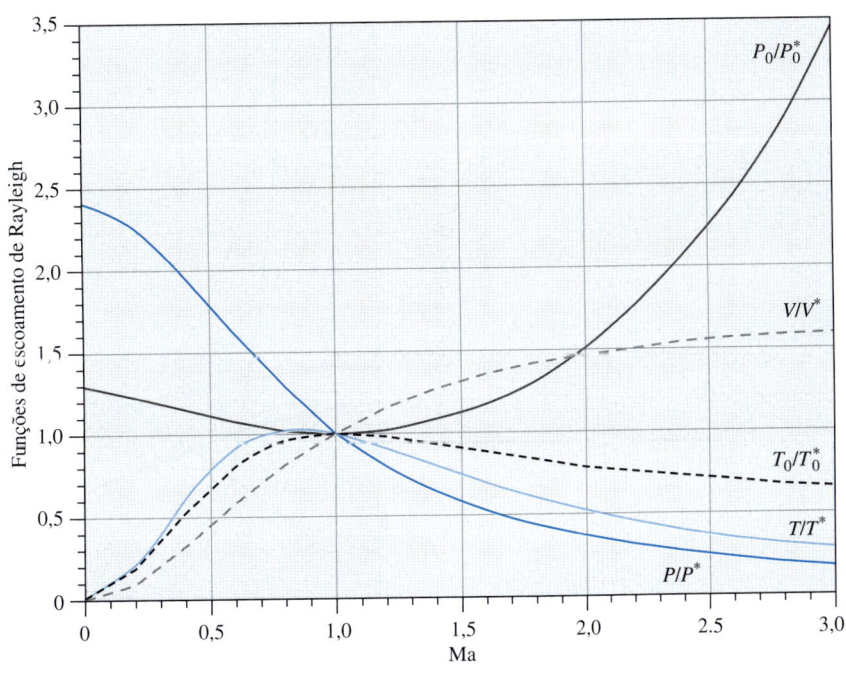

$T_0 = T_0^*$

$\dfrac{P_0}{P_0^*} = \dfrac{\rho_0}{\rho_0^*} = \dfrac{1}{\text{Ma}} \left(\dfrac{2 + (k-1)\text{Ma}^2}{k+1} \right)^{(k+1)/2(k-1)}$

$\dfrac{T}{T^*} = \dfrac{k+1}{2 + (k-1)\text{Ma}^2}$

$\dfrac{P}{P^*} = \dfrac{1}{\text{Ma}} \left(\dfrac{k+1}{2 + (k-1)\text{Ma}^2} \right)^{1/2}$

$\dfrac{V}{V^*} = \dfrac{\rho^*}{\rho} = \text{Ma} \left(\dfrac{k+1}{2 + (k-1)\text{Ma}^2} \right)^{1/2}$

$\dfrac{fL^*}{D} = \dfrac{1 - \text{Ma}^2}{k\text{Ma}^2} + \dfrac{k+1}{2k} \ln \dfrac{(k+1)\text{Ma}^2}{2 + (k-1)\text{Ma}^2}$

TABELA A–16
Funções de escoamento de Fanno para um gás ideal com $k = 1{,}4$

Ma	P_0/P_0^*	T/T^*	P/P^*	V/V^*	fL^*/D
0,0	∞	1,2000	∞	0,0000	∞
0,1	5,8218	1,1976	10,9435	0,1094	66,9216
0,2	2,9635	1,1905	5,4554	0,2182	14,5333
0,3	2,0351	1,1788	3,6191	0,3257	5,2993
0,4	1,5901	1,1628	2,6958	0,4313	2,3085
0,5	1,3398	1,1429	2,1381	0,5345	1,0691
0,6	1,1882	1,1194	1,7634	0,6348	0,4908
0,7	1,0944	1,0929	1,4935	0,7318	0,2081
0,8	1,0382	1,0638	1,2893	0,8251	0,0723
0,9	1,0089	1,0327	1,1291	0,9146	0,0145
1,0	1,0000	1,0000	1,0000	1,0000	0,0000
1,2	1,0304	0,9317	0,8044	1,1583	0,0336
1,4	1,1149	0,8621	0,6632	1,2999	0,0997
1,6	1,2502	0,7937	0,5568	1,4254	0,1724
1,8	1,4390	0,7282	0,4741	1,5360	0,2419
2,0	1,6875	0,6667	0,4082	1,6330	0,3050
2,2	2,0050	0,6098	0,3549	1,7179	0,3609
2,4	2,4031	0,5576	0,3111	1,7922	0,4099
2,6	2,8960	0,5102	0,2747	1,8571	0,4526
2,8	3,5001	0,4673	0,2441	1,9140	0,4898
3,0	4,2346	0,4286	0,2182	1,9640	0,5222

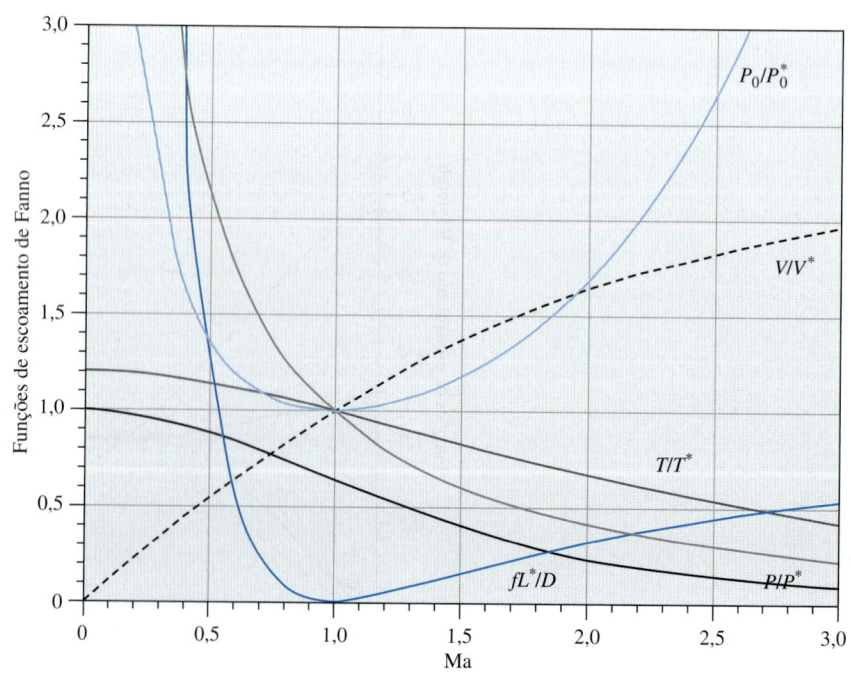

Glossário

Autor convidado: James G. Brasseur, Pennsylvania State University

Observação: os termos do glossário que aparecem em azul correspondem aos termos em negrito azul do texto. O tipo *itálico* indica um termo definido em outra parte do glossário.

Os termos em negrito são conceitos que não são definidos no texto, mas que são definidos ou têm referência cruzada no glossário para que os alunos revisem.

aceleração advectiva Para reduzir a confusão de terminologia nos escoamentos onde *forças de flutuação* geram movimentos convectivos de fluidos, o termo "aceleração convectiva" é frequentemente substituído pelo termo "aceleração advectiva".

aceleração centrípeta A aceleração associada a mudança de direção da velocidade (vetor) de uma partícula material.

aceleração convectiva Sinônimo de *aceleração advectiva*, este termo deve ser adicionado à derivada parcial em relação ao tempo da velocidade para quantificar adequadamente a aceleração de uma *partícula de fluido* em um sistema de referência *euleriano*. Por exemplo, uma partícula de fluido que se movimenta através de uma contração de um *escoamento em regime permanente* acelera ao se movimentar, embora a derivada de tempo seja zero. O termo aceleração convectiva adicional necessário para quantificar a aceleração do fluido (por exemplo, na *Segunda Lei de Newton*) é chamada de *derivada convectiva*. Ver também *descrição euleriana, descrição lagrangiana, derivada material* e *escoamento em regime permanente*.

aceleração material A aceleração de uma *partícula de fluido* no ponto (x, y, z) em um escoamento no instante t. Ela é dada pela *derivada material* da velocidade do fluido: $D\vec{V}(x, y, z, t)/Dt$

adimensionalização O processo de transformar uma variável dimensional em uma variável adimensional dividindo a variável por um *parâmetro de escala* (uma única variável ou combinação de variáveis) que tem as mesmas dimensões. Por exemplo, a pressão na superfície de uma bola em movimento pode ser adimensionalizada dividindo-a por ρV^2, onde ρ é a densidade do fluido e V é a velocidade da corrente livre. Ver também *normalização*.

aerodinâmica A aplicação da *dinâmica dos fluidos* aos veículos que transitam no ar, na terra e na água. Com frequência o termo é aplicado especificamente ao escoamento em torno, a forças e momentos de veículos que voam no ar, ao contrário dos veículos na água ou em outros líquidos (*hidrodinâmica*).

análise diferencial A análise em um ponto do escoamento (em oposição à análise do *volume de controle*).

análise dimensional Um processo de análise com base exclusivamente nas variáveis que são relevantes para o sistema de escoamento em estudo, nas dimensões das variáveis e na homogeneidade dimensional. Após determinar as outras variáveis das quais uma variável de interesse depende (por exemplo, o arrasto de um carro depende da velocidade e do tamanho do carro, da viscosidade do fluido e da rugosidade da superfície), aplica-se o princípio da homogeneidade dimensional com o *teorema Pi de Buckingham* para relacionar apropriadamente uma variável adequadamente adimensionalizada de interesse (por exemplo, o arrasto) com outras variáveis adequadamente adimensionalizadas (por exemplo, os números de Reynolds, a razão de rugosidade e o número de Mach).

anemômetro de filme quente Semelhante a um *anemômetro de fio quente,* exceto pelo uso de um filme metálico em vez de um fio; utilizado principalmente para escoamentos de líquidos. A parte da medição de uma sonda de filme quente geralmente é maior e mais rugosa do que aquela de uma sonda de fio quente.

anemômetro de fio quente Um dispositivo usado para medir uma componente da velocidade localmente em um escoamento de gás com base na relação entre o escoamento ao redor de um fio fino aquecido (o fio quente), a temperatura do fio e o aquecimento do fio resultante de uma corrente. Ver também *anemômetro de filme quente.*

ângulo de ataque O ângulo entre um aerofólio ou asa e o vetor velocidade do escoamento de corrente livre.

arrasto induzido Ver *força de arrasto.*

atrito/por atrito Ver *fluido newtoniano, viscosidade e força viscosa.*

atrito superficial A tensão de cisalhamento superficial tw adimensionalizada por uma *pressão dinâmica* apropriada $\frac{1}{2}\rho V^2$. Também chamada de coeficiente de atrito superficial, Cf.

barômetro Um dispositivo que mede a pressão atmosférica.

bidimensional Ver *dimensionalidade.*

calor Ver *energia.*

camada intermediária A parte de uma camada limite turbulenta, próxima à parede, que fica entre as *subcamadas viscosa* e *inercial.* Essa fina camada é uma transição entre a camada dominada pelo atrito, adjacente à parede, na qual as *tensões viscosas* são grandes, e a camada inercial na qual as *tensões turbulentas* são grandes comparadas às tensões viscosas.

camada limite Para números de Reynolds altos existem "camadas limites" relativamente finas no escoamento adjacente às superfícies nas quais é imposto que o escoamento esteja em repouso (ver *condição de não escorregamento*). As camadas limites se caracterizam por cisalhamento alto, com as maiores velocidades longe da superfície. A *força de atrito, tensão viscosa* e *vorticidade* são significativas nas camadas limites. A forma aproximada das duas componentes da equação de Navier– Stokes, simplificada desprezando os termos que são pequenos dentro da camada limite, são chamadas de *equações da camada limite*. A aproximação associada, com base na existência das camadas limite finas cercadas por escoamento irrotacional ou não viscoso, é chamada de *aproximação da camada limite*.

campo A representação de uma variável de escoamento como uma função das coordenadas eulerianas (x, y, z). Por exemplo, os *campos de velocidade* e *aceleração* são os vetores velocidade e aceleração do fluido $\vec{V}, \vec{a}$ como funções da posição (x,y,z) na *descrição euleriana* em um instante especificado t.

   campo de escoamento O campo das variáveis de escoamento. Em geral, este termo se refere ao campo de velocidade, mas também pode englobar todas as variáveis de campo de um escoamento de fluido.

carga Uma quantidade (pressão, energia cinética etc.) expressa como o equivalente em altura de coluna de um fluido. A *conservação da energia* para *escoamento em regime permanente* escrita para um *volume de controle* que cerca uma *linha de corrente* central com uma entrada e uma saída, ou encolhido para uma linha de corrente, pode ser escrita de forma que cada termo tenha as *dimensões* de comprimento. Cada um destes termos é chamado de carga:

   carga de elevação O termo na forma de carga na equação de *conservação de energia* que envolve a distância na direção oposta ao vetor gravitacional com relação a um plano de referência predefinido (z).

   carga de pressão O termo na forma de carga na equação de *conservação de energia* que envolve a pressão ($P/\rho g$).

   carga de velocidade O termo (*energia cinética*) na forma de carga na equação de *conservação de energia* que envolve a velocidade ($V^2/2g$).

   perda de carga O termo na forma de carga na equação de *conservação de energia* que contém as perdas por atrito e outras irreversibilidades. Sem este termo, a equação da energia para as linhas de corrente torna-se a *equação de Bernoulli* na forma de carga.

cavitação A formação das bolhas de vapor em um líquido como resultado da queda da pressão abaixo da *pressão de vapor*.

centro de pressão O ponto efetivo de aplicação da pressão distribuída ao longo de uma superfície. Esse é o ponto no qual uma força contrária (igual a integral da pressão) deve ser colocada para que o torque resultante em relação àquele ponto seja zero.

cinemática ao contrário da *dinâmica*, os aspectos da cinemática de um escoamento de fluido são aqueles que não envolvem diretamente o balanço de forças da Segunda Lei de Newton. A cinemática se refere às descrições e deduções matemáticas com base apenas na conservação de massa (continuidade) e nas definições relacionadas ao escoamento e à deformação.

cisalhamento Diz respeito aos gradientes (derivadas) das componentes da velocidade nas direções normal à componente da velocidade.

   camada de cisalhamento Uma região de escoamento quase bidimensional com gradiente alto na componente da velocidade na direção da corrente na direção transversal ao escoamento. As camadas de cisalhamento são inerentemente *viscosas* e *turbilhonar* por natureza.

   taxa de cisalhamento O gradiente da velocidade na direção da corrente na direção perpendicular à velocidade. Assim, se a velocidade u na direção da corrente (x) varia em y, a taxa de cisalhamento é du/dy. O termo é aplicado aos *escoamentos de cisalhamento,* nos quais a taxa de cisalhamento é o dobro da *taxa de deformação por cisalhamento*. Ver também *taxa de deformação*.

coeficiente de arrasto Arrasto adimensional dado como a *força de arrasto* de um objeto adimensionalizada pela *pressão dinâmica* do escoamento de corrente livre vezes a área frontal do objeto:

$$C_D \equiv \frac{F_D}{\frac{1}{2}\rho V^2 A}$$

Observe que para alto número de Reynolds (Re $\gg$ 1), C_D é uma variável normalizada, enquanto que para Re $\ll$ 1, C_D é adimensional, mas não é normalizado (ver *normalização*). Ver também *coeficiente de sustentação*.

coeficiente de sustentação Sustentação adimensional dada pela força de sustentação em um objeto em sustentação (como um aerofólio ou uma asa) adimensionalizado pela pressão dinâmica do escoamento de corrente livre vezes a área planiforme do objeto:

$$C_L \equiv \frac{F_L}{\frac{1}{2}\rho V^2 A}$$

Observe que para alto número de Reynolds (Re $\gg$ 1), C_L é uma variável normalizada, enquanto que para Re $\ll$ 1, C_L é adimensional, mas não é normalizado (ver *normalização*).

completamente desenvolvido Usado sozinho, o termo é em geral compreendido como hidrodinamicamente completamente desenvolvido, uma região do escoamento na qual o campo de velocidade é constante ao longo de uma direção especificada no escoamento. Na região completamente desenvolvida do escoamento em um tubo ou duto, o campo de velocidade é constante na direção axial, x (ou seja, ele independe de x), de modo que as derivadas da velocidade em relação a variável x sejam zero na região de escoamento completamente desenvolvida. Também existe o conceito de "termicamente completamente desenvolvido" para o campo de temperatura; entretanto, ao contrário das regiões hidrodinamicamente completamente desenvolvidas onde o módulo e a forma do perfil de velocidade são constantes em x, nas regiões termicamente completamente desenvolvidas apenas a forma do perfil de temperatura é constante em x. Ver também *comprimento de entrada*.

compressibilidade A medida de quanto uma *partícula de fluido* varia de volume quando é submetida a uma variação de pressão ou de temperatura.

coeficiente de compressibilidade A razão entre a variação de pressão e a variação relativa do volume de uma *partícula de fluido*. Esse coeficiente quantifica a compressibilidade em resposta à variação da pressão, um efeito importante nos escoamentos com alto números de Mach.

coeficiente de expansão de volume A razão entre a variação relativa da densidade e a variação da temperatura de uma *partícula de fluido*. Esse coeficiente quantifica a compressibilidade em resposta a variação de temperatura.

módulo de compressibilidade Sinônimo de *coeficiente de compressibilidade*.

comprimento de entrada A região do escoamento na entrada de um tubo ou duto onde as camadas limite da parede aumentam de espessura na direção do centro com a distância axial x no duto, de modo que as derivadas axiais são diferentes de zero. Assim como acontece com a região *completamente desenvolvida*, o *comprimento de entrada hidrodinâmico* envolve o crescimento de uma camada limite de velocidade, e o *comprimento de entrada térmica* envolve o crescimento de uma camada limite de temperatura.

comprimento de mistura Ver *modelos de turbulência*.

condição de contorno Para determinar as variáveis do campo de escoamento (velocidade, temperatura) a partir das equações que regem o escoamento é necessário especificar matematicamente uma função das variáveis nas fronteiras do escoamento. Essas condições matemáticas são chamadas de condições de contorno. A condição de não escorregamento que afirma que a velocidade do escoamento deve ser igual à velocidade da superfície (parede) é um exemplo de uma condição de contorno usada com a equação de Navier–Stokes para determinar o campo de velocidade.

condição de não escorregamento O requisito de que na interface entre um fluido e uma superfície sólida, a velocidade do fluido e a velocidade da superfície sejam iguais. Assim, se a superfície é fixa, o fluido deve obedecer à *condição de contorno* de que a velocidade do fluido = 0 na superfície.

contínuo Tratamento da matéria como uma distribuição contínua (sem buracos) de elementos de *volume infinitesimais* com massa finita. Cada elemento de volume deve conter números enormes de moléculas, para que o efeito macroscópico das moléculas possa ser modelado sem levar em conta as moléculas individualmente.

corpo rombudo Um objeto móvel com a parte traseira achatada, não carenada. Corpos rombudos apresentam *esteiras* resultantes da *separação maciça de escoamento* na parte traseira do corpo.

derivada material Os sinônimos são *derivada total*, *derivada substancial* e *derivada de partícula*. Esses termos significam a taxa de variação no tempo das variáveis de fluido (temperatura, velocidade etc.) que se movimentam com uma *partícula de fluido*. Assim, a derivada material da temperatura em um ponto (x,y,z) no instante t é a derivada no tempo da temperatura associada a uma *partícula de fluido* em movimento localizada no ponto (x,y,z) do escoamento no instante t. Em um sistema de referência *lagrangiano* (ou seja, um sistema de referência anexo à partícula em movimento), a temperatura da partícula $T_{\text{partícula}}$ depende apenas do tempo, de modo que uma derivada no tempo é uma derivada total $dT_{\text{partícula}}(t)/dt$. Em um sistema de referência euleriano, o *campo* de temperatura $T(x,y,z,t)$ depende da posição (x, y, z) e do instante t, de modo que a *derivada material* deve incluir uma derivada parcial no tempo e uma *derivada convectiva*: $dT_{\text{partícula}}(t)/dt \equiv DT(x, y, z, t)/Dt = \partial T/\partial t + \vec{V} \cdot \vec{\nabla} T$. Ver também *campo*.

descrição euleriana Ao contrário de uma *descrição lagrangiana*, uma análise euleriana do escoamento de fluido é desenvolvida a partir de um sistema de referência em relação ao qual as *partículas de fluido* se movimentam. Nesse sistema de referência a aceleração das partículas de fluido não é apenas a derivada em relação ao tempo da velocidade do fluido e deve incluir outro termo, chamado *aceleração convectiva*, para descrever a variação da velocidade das partículas de fluido à medida que elas se movimentam através de um *campo de velocidade*. Observe que os campos de velocidade sempre são definidos em relação a um sistema euleriano de referência.

descrição lagrangiana Em comparação com a descrição euleriana, uma análise lagrangiana é desenvolvida a partir de um sistema de referência ligado às partículas materiais em movimento. Por exemplo, a aceleração de uma partícula sólida na forma padrão da segunda lei de Newton, $\vec{F} = m\vec{a}$ é escrita em relação a um sistema de coordenadas que se movimenta com a partícula de modo que a aceleração a é dada pela derivada no tempo da velocidade da partícula. Esta é a abordagem analítica típica usada para a análise do movimento dos objetos sólidos.

diagrama de contorno Também chamada de *diagrama de isocontorno*, essa é uma maneira de representar graficamente os dados como curvas onde a variável é constante em um *campo de escoamento*. As *linhas de corrente*, por exemplo, podem ser identificadas como curvas onde a *função de corrente é constante* em escoamentos em regime permanente, incompressíveis e *bidimensionais*.

diagrama de isocontorno Ver *diagrama de contorno*.

diagrama de Moody Um gráfico muito usado do *fator de atrito* como função do número de Reynolds e do parâmetro de rugosidade para o escoamento completamente desenvolvido em tubos. O diagrama é uma combinação de teoria de escoamento para o escoamento laminar com uma representação gráfica de uma fórmula empírica de Colebrook obtida a partir de um amplo conjunto de dados experimentais de escoamento turbulento em tubos para diversos valores de rugosidade de uma "lixa".

diagrama de perfil Uma representação gráfica da variação espacial de uma propriedade de fluido (temperatura, pressão, taxa de deformação etc.) e numa região de um escoamento de fluido. Um diagrama de perfil define as variações da propriedade em parte de um *campo* (por exemplo, um perfil de temperatura pode definir a variação da temperatura ao longo de uma reta dentro do campo de temperatura).

perfil de velocidade A variação espacial de uma componente da velocidade ou do vetor velocidade em uma região de um escoamento de fluido. Por exemplo, em um escoamento em tubo, o perfil de velocidade em geral define a variação da velocidade axial com o raio ao longo da seção transversal do tubo, enquanto que um perfil de velocidade de *camada limite* em geral define a variação da velocidade axial normal à superfície. O perfil de velocidade faz parte de um *campo* de velocidade.

dimensão primária Ver *dimensões*.

dimensionalidade O número de coordenadas espaciais em cuja direção as componentes da velocidade e/ou outras variáveis variam em um sistema de coordenadas especificado. Por exemplo, o escoamento *completamente desenvolvido* em um tubo é unidimensional (1-D) na direção radial r, uma vez que a única componente de velocidade diferente de zero (a componente axial ou na direção x) é constante nas direções x e θ, mas varia na direção r. Os *escoamentos planares* são bidimensionais (2-D). Os escoamentos sobre os *corpos rombudos* como automóveis e prédios são tridimensionais (3-D). As derivadas espaciais são diferentes de zero apenas nas direções de dimensionalidade.

dimensões A especificação necessária de uma quantidade física além de seu valor numérico. Ver também *unidades*.

dimensões derivadas (ou secundárias) Combinações de dimensões fundamentais. Exemplos de dimensões derivadas são: velocidade (L/t), tensão ou pressão ($F/L^2 = m/(Lt^2)$), energia ou trabalho ($mL^2/t^2 = FL$), densidade (m/L^3), peso específico (F/L^3) e gravidade específica (sem unidade).

dimensões fundamentais (primárias, básicas) Massa (m), comprimento (L), tempo (t), temperatura (T), corrente elétrica (I), quantidade de luz (C) e quantidade de matéria (N) sem referência a um sistema específico de unidades. Observe que a dimensão da força é obtida pela lei de Newton como $F = mL/t^2$ (portanto, a dimensão de massa pode ser substituída por uma dimensão de força, substituindo m por Ft^2/L).

dinâmica Quando comparada com a *estática*, o termo se refere à aplicação da segunda lei de Newton à matéria em movimento. Quando comparada com a *cinemática*, o termo se refere às forças ou acelerações através da lei de Newton para balanço de forças.

dinâmica dos fluidos computacional (DFC – Computational Fluid Dynamics) A aplicação das leis de conservação com condições de contorno e inicial na forma matematicamente discretizada para estimar quantitativamente as variáveis de campo em uma malha (ou rede) discreta que abrange parte do campo de escoamento.

dinâmica dos gases O estudo e a análise dos gases e vapores por meio das leis de conservação macroscópicas da física (ver *mecânica/dinâmica dos fluidos*).

eficiência Uma razão que descreve os níveis de perdas da potência útil obtida de um dispositivo. Valor de eficiência igual a 1 significa nenhuma perda na função particular do dispositivo para a qual a definição de eficiência foi aplicada. Por exemplo, a eficiência mecânica de uma bomba é definida como a razão entre a potência mecânica útil transferida para o escoamento pela bomba e a energia mecânica, ou trabalho de eixo, necessária para mover a bomba. A eficiência do conjunto motor-bomba é definida como a razão entre a potência mecânica útil transferida para o escoamento e a energia elétrica necessária para fazer funcionar a bomba. A eficiência do conjunto motor-bomba, porém, inclui perdas adicionais e, portanto, é menor do que a eficiência mecânica da bomba.

energia Um estado da matéria descrito pela Primeira Lei da Termodinâmica que pode ser alterado no nível macroscópico pelo trabalho, e no nível microscópico através de ajustes na energia térmica.

calor (transferência) O termo "calor" em geral é usado como sinônimo de energia térmica. A transferência de calor é a transferência da energia térmica de um local físico para outro.

energia cinética Forma macroscópica (ou mecânica) de energia que surge da velocidade da matéria com relação a um sistema de referência inercial.

energia de escoamento Sinônimo de *trabalho de escoamento*. O trabalho associado à *pressão* que age sobre um *fluido* em escoamento.

energia de trabalho A integral da força ao longo da distância na qual uma massa é movimentada pela força. O trabalho é a energia associada ao movimento da matéria por uma força.

energia interna Formas de energia que surgem dos movimentos microscópicos das moléculas e átomos e da estrutura e dos movimentos das partículas subatômicas que formam os átomos e as moléculas que existem dentro da matéria.

energia mecânica As componentes não térmicas de energia; os exemplos incluem a energia cinética e potencial.

energia potencial Uma forma mecânica de energia que varia como resultado do deslocamento macroscópico da matéria com relação ao vetor gravitacional.

energia térmica Energia interna associada aos movimentos microscópicos das moléculas e átomos. Nos sistemas de fase única, essa é a energia representada pela temperatura.

energia total Soma de todas as formas de energia. A energia total é a soma das energias cinética, potencial e interna. De modo equivalente, a energia total é a soma das energias mecânica e térmica.

equação da continuidade Forma matemática da *conservação de massa* aplicada a uma *partícula de fluido* em um escoamento.

equação de Bernoulli Uma simplificação útil da *conservação do momento* (e da *conservação da energia*) que descreve o balanço entre pressão (*trabalho do escoamento*), velocidade (*energia cinética*) e posição das *partículas de fluido* com relação ao vetor gravidade (energia potencial) nas regiões de um fluido onde a força do atrito sobre as partículas do fluido é desprezível comparada à força da pressão naquela região do escoamento (consulte *escoamento não viscoso*). Existem várias formas da equação de Bernoulli para escoamento incompressível *versus* compressível, em regime permanente *versus* em regime não permanente e deduções através da *lei de Newton versus* a *Primeira Lei da Termodinâmica*. As formas mais usadas são aquelas para o escoamento permanente de fluido incompressível deduzidas através da conservação do momento.

equação de Navier–Stokes A *segunda lei de Newton* do movimento de fluidos (ou a *conservação do momento*) escrita para uma partícula de fluido (na forma *diferencial*) com o *tensor de tensão viscosa* substituído pela relação constitutiva entre a *tensão* e a *taxa de deformação* dos fluidos newtonianos. Assim, a equação de Navier–Stokes é simplesmente a lei de Newton escrita para os fluidos newtonianos.

equações constitutivas Uma relação empírica entre uma variável física em uma *lei da conservação da física* e outras variáveis físicas na equação que devem ser previstas. Por exemplo, a equação da energia escrita para a temperatura inclui o vetor fluxo de *calor*. Sabe-se, por experiências, que o fluxo de calor na maioria dos materiais comuns é aproximado com exatidão como proporcional ao gradiente da temperatura (isso é chamado de lei de Fourier). Na *lei de Newton* escrita para uma *partícula de fluido,* o *tensor de tensão viscosa* (ver *tensão*) deve ser escrito como uma função da velocidade para resolver a equação. A relação constitutiva mais comum para a tensão viscosa é aquele de um *fluido newtoniano*. Ver também *reologia.*

escoamento axissimétrico Um escoamento que quando especificado apropriadamente usando coordenadas cilíndricas (r, θ, x) não varia na direção azimutal (θ). Assim, todas as derivadas parciais em relação a θ são nulas. Portanto, o escoamento é unidimensional ou bidimensional (consulte também *dimensionalidade* e *escoamento planar*).

escoamento de Hagen–Poiseuille Ver *escoamento de Poiseuille.*

escoamento de Poiseuille *Escoamento laminar completamente desenvolvido* em um tubo ou duto. Também chamado de *escoamento de Hagen–Poiseuille*. As relações do modelo matemático para o escoamento de Poiseuille que relacionam a vazão e/ou o perfil de velocidade à queda de pressão ao longo do tubo ou duto, à viscosidade do fluido e à geometria, também são as vezes chamados de *lei de Poiseuille* (embora essa não seja estritamente uma "lei" da Mecânica). O perfil de velocidade de todos os escoamentos de Poiseuille é parabólico, e a taxa da queda da pressão axial é constante.

escoamento (em regime) permanente Um escoamento no qual todas as variáveis do fluido (velocidade, pressão, densidade, temperatura etc.) em todos os pontos fixos do escoamento são constantes com o tempo (mas em geral variam de um lugar para outro). Assim, nos escoamentos permanentes todas as derivadas parciais em relação ao tempo são zero. Os escoamentos que não são precisamente permanentes, mas que variam de forma suficientemente lenta com o tempo a ponto dos termos de derivada em relação ao tempo poderem ser desprezados com erro relativamente pequeno são chamados de *quase permanentes.*

escoamento irrotacional (região de) Região de um escoamento com *vorticidade* (ou seja, rotação de *partícula de fluido*) desprezível. Também chamado de *escoamento potencial*. Uma região irrotacional de escoamento também é não viscosa.

escoamento não viscoso (região de) Região de escoamento de um fluido onde as forças viscosas são suficientemente pequenas com relação a outras forças (em geral, a força de pressão) exercidas sobre as *partículas de fluido*, de modo que nessa região do escoamento as forças viscosas podem ser desprezadas na *segunda lei de Newton* do movimento com um bom nível de aproximação (comparar com *escoamento viscoso*). Ver também *escoamento sem atrito*. Uma região não viscosa do escoamento não é necessariamente *irrotacional.*

escoamento viscoso (região de) Regiões de escoamento de um fluido nas quais as *forças viscosas* são significativas com relação a outras forças (em geral, força de pressão) exercidas sobre as *partículas de fluido* nessas região do escoamento e, portanto, não podem ser desprezadas na *segunda lei de Newton* do movimento (comparar com *escoamento não viscoso*).

escoamento forçado O escoamento resultante de uma força aplicada externamente. Os exemplos incluem o escoamento de líquido forçado por uma bomba através de tubos, e o escoamento de ar forçado por ventilador para resfriar os componentes do computador. Os *escoamentos naturais,* por outro lado, resultam de forças internas de flutuação devido a variações de temperatura (ou seja, de densidade) dentro de um fluido na presença de um campo gravitacional. Os exemplos incluem convecção natural ao redor de um corpo humano ou na atmosfera.

escoamento incompressível Um escoamento de fluido no qual as variações da densidade são suficientemente pequenas para serem desprezadas. Os escoamentos geralmente são incompressíveis ou porque o fluido é incompressível (líquidos) ou porque o número de Mach é baixo (aproximadamente $< 0,3$).

escoamento laminar Um estado estável e bem ordenado de escoamento de fluido no qual todos os pares de *partículas de fluido* adjacentes se movimentam ao lado uma da outra formando laminados. Um escoamento que não é laminar é *turbulento* ou *de transição* à turbulência, a qual ocorre acima de um *número de Reynolds crítico.*

escoamento lento Escoamento de fluido no qual as forças de atrito dominam as acelerações do fluido até o ponto em que o escoamento possa ser bem modelado com o termo de aceleração da Segunda Lei de Newton igualado a zero. Tais escoamentos são caracterizados por números de Reynolds pequenos comparados a 1 ($Re \ll 1$). Como o número de Reynolds em geral pode ser escrito como velocidade característica vezes comprimento característico dividido pela viscosidade cinemática (VL/ν), os escoamentos lentos em geral são escoamentos que se movem lentamente ao redor de objetos muito pequenos (por exemplo, sedimentação de partículas de poeira no ar ou movimento de espermatozóides na água), ou com fluidos muito viscosos (por exemplo, escoamentos de geleiras e alcatrão). Também chamado de *escoamento de Stokes.*

escoamento natural Contrastar com *escoamento forçado.*

escoamento não permanente Escoamento no qual pelo menos uma variável em um ponto fixo do escoamento varia com o tempo. Assim, nos escoamentos não permanentes uma derivada parcial em relação ao tempo é diferente de zero para pelo menos um ponto do escoamento.

escoamento planar Um escoamento *bidimensional* com duas componentes não nulas da velocidade em coordenadas cartesianas, que variam apenas nas direções das duas coordenadas do escoamento. Assim, todas as derivadas parciais perpendiculares ao plano do escoamento são nulas. Ver também *escoamento axissimétrico* e *dimensionalidade.*

escoamento potencial Sinônimo de *escoamento irrotacional.* Essa é uma região de um escoamento com *vorticidade* (ou seja, a rotação das *partículas de fluido*) desprezível. Em tais regiões existe uma *função potencial* da velocidade (motivo do nome).

escoamento quase permanente Ver *escoamento permanente.*

escoamento rotacional Sinônimo de *escoamento turbilhonar*; este termo descreve um campo de escoamento, ou uma região de um campo de escoamento, com níveis significativos de *vorticidade.*

escoamento sem atrito Tratamento matemático dos escoamentos de fluidos às vezes usam as equações de conservação do momento e da energia sem os termos do atrito. Tais tratamentos matemáticos "assumem" que o escoamento "não tem atrito", implicando em nenhuma *força viscosa* (*Segunda lei de Newton*) e em nenhuma *dissipação viscosa* (*Primeira Lei da Termodinâmica*). Entretanto, nenhum escoamento real de fluido com interesse para a engenharia pode existir sem as forças viscosas, dissipação e/ou perdas de carga nas regiões de importância prática. O engenheiro sempre deve identificar as regiões de escoamento onde os efeitos do atrito se concentram. Ao desenvolver modelos de previsão, o engenheiro deve considerar o papel dessas regiões viscosas na previsão das variáveis de interesse e deve estimar níveis de erro nos tratamentos simplificados das regiões viscosas. Em escoamentos com *números de Reynolds* altos, as regiões de atrito incluem camadas limites, *esteiras, jatos, camadas de cisalhamento* e regiões de escoamento ao redor de *vórtices*.

escoamento transicional Um escoamento de fluido *turbilhonar* instável com um número de Reynolds acima de um valor crítico que é grande com relação a 1, mas não é suficientemente alto para que o escoamento tenha atingido um estado de *escoamento completamente turbulento*. Os escoamentos transicionais quase sempre oscilam aleatoriamente entre os estados *laminar* e turbulento.

escoamento turbilhonar Sinônimo de *escoamento rotacional*, este termo descreve um campo de escoamento, ou uma região de um campo de escoamento, com níveis significativos de *vorticidade*.

escoamento turbulento Um estado de desordem instável do escoamento de fluido *turbilhonar* que é inerentemente *não permanente* e que contém movimentos em redemoinho em uma ampla gama de tamanhos (ou escalas). O número de Reynolds para escoamentos turbulentos é sempre acima de um valor crítico que é grande com relação a 1. A mistura é muito ampliada, as tensões de cisalhamento de superfície são muito superiores e a perda de carga é grandemente aumentada nos escoamentos turbulentos em comparação com os *escoamentos laminares* correspondentes.

estabilidade Um termo geral que se refere à tendência de uma partícula ou objeto material (fluido ou sólido) se distanciar ou retornar quando ligeiramente deslocado de sua posição original.

    estável Quando ligeiramente deslocada, a partícula ou o objeto retornará à sua posição original.

    instável Quando ligeiramente deslocada, a partícula ou o objeto continuará se distanciando de sua posição original.

    neutramente estável Quando ligeiramente deslocada, a partícula ou o objeto permanecerá em sua posição deslocada.

estática O estudo e a análise mecânica de material que está completamente em repouso em relação a um sistema de referência específico.

esteira A região dominada pelo atrito localizada atrás de um corpo formada pelas camadas limites da superfície que são levadas para trás pela velocidade de corrente livre. As esteiras são caracterizadas pelo alto *cisalhamento* com as velocidades mais baixas no centro da esteira e as velocidades mais altas nas laterais. A *força de atrito, tensão viscosa* e *vorticidade* são significativas nas esteiras.

esteira de vórtices de Kármán O padrão *bidimensional* não permanente alternado dos *vórtices* que normalmente é observado atrás dos cilindros circulares em um escoamento (por exemplo, a esteira de vórtice atrás dos fios ao vento é responsável pelo tom distinto que às vezes ouvimos).

estol O fenômeno de *separação maciça do escoamento* da superfície de uma asa quando o *ângulo de ataque* excede um valor crítico, e a consequente perda significativa de força de sustentação e aumento do arrasto. Um avião em estol cai rapidamente e deve ter seu nariz abaixado para restabelecer o escoamento com camada limite não separada, regenerar a força de sustentação e reduzir o arrasto.

fator de atrito É possível demonstrar a partir da *análise dimensional* e *da conservação do momento linear* aplicado ao escoamento em regime permanente e completamente desenvolvido em um tubo que a contribuição do atrito para a queda de pressão ao longo do tubo, adimensionalizada pela *pressão dinâmica* $\frac{1}{2}\rho V^2_{\text{média}}$ do escoamento, é proporcional à razão entre comprimento e diâmetro (L/D) do tubo. O fator de proporcionalidade f é chamado de fator de atrito. O fator de atrito é quantificado a partir de experiências (escoamento turbulento) e teoria (escoamento laminar) em relações empíricas, e no *diagrama de Moody*, como função do número de Reynolds e da rugosidade adimensional. A conservação do momento linear mostra que o fator de atrito é proporcional à tensão de cisalhamento na parede (ou seja, ao *atrito na superfície*).

fator de correção da energia cinética A análise de *volume de controle* da equação de *conservação da energia* aplicada aos tubos contém integrais de área do fluxo de energia cinética. As integrais com frequência são aproximadas como proporcionais à energia cinética obtida com a média da velocidade por área, V_{med}. A inexatidão dessa aproximação pode ser significativa, de modo que um fator de correção da energia cinética **a** multiplica o termo para melhorar a aproximação. A correção **a** depende da forma do *perfil de velocidade*, é maior para os perfis *laminares* (*escoamento de Poiseuille*) e é mais próxima de 1 nos escoamentos *turbulentos em tubos* com *números de Reynolds* muito altos.

fator de correção de escoamento do momento Um fator de correção que é adicionado para corrigir as aproximações feitas na simplificação dos integrais de área dos termos do escoamento de momento na forma de volume de controle da equação de *conservação do momento*.

fluido Material que, quando submetido a cisalhamento, se deforma continuamente no tempo durante o período de aplicação das forças de cisalhamento. Como contraste, as forças de cisalhamento aplicadas a um *sólido* fazem com que o material se deforme até uma posição estática fixa (após a qual a deformação pára) ou causem a fratura do material. Consequentemente, enquanto as deformações nos sólidos em geral são analisadas usando a tensão e o cisalhamento, os escoamentos de fluidos são analisados usando as taxas de deformação e cisalhamento (ver *taxa de deformação*).

fluido dilatante Ver *fluido não newtoniano*.

fluido ideal Ver *fluido perfeito*.

fluido não newtoniano Um fluido não newtoniano é aquele que se deforma a uma taxa que não é linearmente proporcional à tensão que causa a deformação. Dependendo da maneira pela qual a *viscosidade* varia com a *taxa de deformação*, os fluidos não newtonianos podem ser classificados como pseudoplásticos (*shear thinning*) (a viscosidade diminui com o aumento da taxa de deformação), dilatante (*shear thickening*) (a viscosidade aumenta com o aumento da taxa de deformação) e viscoelástico (quando as forças de cisalhamento são removidas, as partículas de fluido retornam parcialmente a uma forma anterior). As suspensões e os líquidos com moléculas de cadeia longa em geral são não newtonianos. Ver também *fluido newtoniano* e *viscosidade*.

fluido newtoniano Quando um fluido é submetido a uma *tensão de cisalhamento* ele muda continuamente de forma (deformação). Se o fluido for newtoniano, a taxa de deformação é proporcional à tensão de cisalhamento aplicada e a constante de proporcionalidade é chamada de *viscosidade*. Em escoamentos gerais, a taxa de deformação de uma *partícula de fluido* é descrita matematicamente por um tensor de *taxa de deformação* e a *tensão* por um *tensor de tensão*. Em escoamentos de fluidos newtonianos, o tensor de tensão é proporcional ao tensor da taxa de deformação e a constante de proporcionalidade é chamada de *viscosidade*. A maioria dos fluidos comuns (água, óleo, gasolina, ar, a maioria dos gases e vapores) sem partículas ou grandes moléculas em suspensão são newtonianos.

fluido perfeito Também chamado de *fluido ideal*, o conceito de um fluido fictício que pode escoar na ausência de todos os efeitos do atrito. Não existe um fluido perfeito, mesmo por aproximação, e o engenheiro não precisa considerar o conceito com mais detalhes.

fluido pseudoplástico Ver *fluido não newtoniano*.

força de arrasto A força sobre um objeto que se opõe ao movimento do objeto. Em um sistema de referência que se movimenta com o objeto, essa é a força exercida sobre o objeto na direção do escoamento. Existem várias componentes na força de arrasto:

    arrasto induzido A componente da força de arrasto sobre uma asa de envergadura finita que é "induzida" pela força de sustentação e associada aos *vórtices de ponta* que se formam nas pontas da asa e "escoam" para trás da asa.

    arrasto por atrito A parte do arrasto sobre um objeto resultante da integral de superfície da *tensão de cisalhamento* na direção do escoamento com relação ao objeto.

    arrasto por pressão (ou forma) A parte do arrasto sobre um objeto resultante da integral da *pressão* sobre a superfície do objeto na direção do escoamento com relação ao objeto. Pressão maior na frente de um *corpo rombudo* (como um automóvel) do que na traseira do corpo é resultado da *separação maciça do escoamento* e da formação de *esteira* na parte traseira.

força de flutuação A resultante para cima da força de pressão hidrostática que age sobre um objeto submerso ou parcialmente submerso em um fluido.

força de pressão Quando aplicável à segunda lei de Newton, essa é a força que atua sobre uma *partícula de fluido* provocada pelos gradientes espaciais da pressão dentro do fluido. Ver também *tensão, tensão de pressão*.

força de sustentação A força aerodinâmica resultante agindo em um objeto na direção perpendicular ao movimento do objeto.

força viscosa (ou de atrito) Quando aplicada à segunda lei de Newton, essa é a força que atua sobre uma *partícula de fluido* que surge dos gradientes espaciais das tensões viscosas (ou de atrito) dentro do fluido. A força viscosa em uma superfície é a tensão viscosa integrada sobre a superfície. Ver também *tensão, tensão viscosa*.

função de corrente As duas componentes da velocidade de um escoamento incompressível em regime permanente *bidimensional* podem ser definidas em termos de uma única função bidimensional ψ que satisfaz automaticamente a conservação da massa (a equação da continuidade), reduzindo a solução do campo de velocidade de duas componentes à solução dessa única função de corrente. Isso é feito representando as duas componentes da velocidade como derivadas espaciais da função de corrente. Uma ótima propriedade da função de corrente é que as curvas de nível de ψ definem as *linhas de corrente* do escoamento.

função potencial Se uma região de escoamento tem *vorticidade* (a rotação das *partículas de fluido*) zero o vetor velocidade naquela região pode ser escrito como o gradiente de uma função escalar, chamado função potencial da velocidade ou apenas função potencial. Na prática, as funções potenciais são muito usadas para modelar as regiões de escoamento nas quais os níveis de vorticidade são pequenos, mas não necessariamente zero.

gás ideal Um gás a uma densidade suficientemente baixa e/ou a uma temperatura suficientemente alta para que (a) a densidade, pressão e temperatura estejam relacionadas pela equação de estado dos gases ideais $P = \rho RT$ e (b) a energia interna específica e a entalpia sejam funções apenas da temperatura.

gravidade específica Densidade do fluido adimensionalizada pela densidade da água líquida a 4°C e pressão atmosférica (1 g/cm^3 ou 1000 kg/m^3). Assim, a gravidade específica GE $= \rho/\rho_{\text{água}}$.

hidráulica A *hidrodinâmica* do escoamento de líquido e vapor em tubos, dutos e canais abertos. Os exemplos incluem sistemas de tubulação de água e sistemas de ventilação.

hidrodinâmica O estudo e análise dos líquidos através das leis de conservação macroscópica da física (ver *mecânica/dinâmica dos fluidos*). O termo às vezes é aplicado aos escoamentos *incompressíveis* de gás e vapor, mas quando o fluido é o ar, geralmente é usado o termo *aerodinâmica* em seu lugar.

hidrodinamicamente completamente desenvolvido Ver *completamente desenvolvido*.

hipersônico Uma ou mais ordem de grandeza acima da velocidade do som (número de Mach $\gg 1$).

homogeneidade dimensional A exigência de que os termos somados devem ter as mesmas *dimensões* (por exemplo, ρV^2, pressão P e tensão de cisalhamento τ_{xy} são dimensionalmente homogêneas, enquanto *potência*, entalpia específica h e $P\dot{m}$ não o são). A homogeneidade dimensional é a base da *análise dimensional*.

inércia/inercial O termo de aceleração na segunda lei de Newton, ou os efeitos relacionados a esse termo. Assim, um escoamento com inércia maior exige maior desaceleração para ser levado ao repouso.

jato Uma região dominada pelo atrito emitida a partir de um tubo ou orifício e formada por camadas limites de superfície que foram deixadas para trás pelo escoamento médio. Os jatos são caracterizados por alto *cisalhamento* com as velocidades mais altas no centro do jato e as velocidades mais baixas nas laterais. A *força de atrito, tensão viscosa* e *vorticidade* são significativas nos jatos.

lei de Poiseuille Ver *escoamento de Poiseuille*.

leis da conservação Os princípios fundamentais nos quais toda a análise da engenharia se baseia, pelos quais as propriedades materiais de massa, momento, energia e entropia podem variar apenas quando em balanço com outras propriedades físicas envolvendo forças, trabalho e *transferência de calor*. Essas leis se tornam leis de previsão quando escritas na forma matemática e combinadas apropriadamente com condições de contorno, condições iniciais e relações constitutivas.

> **conservação do momento** Essa é a *Segunda Lei do Movimento de Newton*, uma lei fundamental da física que diz que a taxa de variação no tempo do momento de uma massa fixa (*sistema*) é balanceada pela resultante de todas as forças aplicadas à massa.

> **princípio da conservação de energia** Essa é a *Primeira Lei da Termodinâmica*, uma lei fundamental da física que afirma que a taxa de variação da *energia* total no tempo de uma massa fixa (*sistema*) é balanceada pela taxa total de *trabalho* realizado na massa e pela *energia térmica* transferida para a massa. Observação: Para converter matematicamente a derivada no tempo da massa, do momento e da energia de massa de fluido em um sistema na derivada no tempo da massa, do momento e da energia em um *volume de controle*, aplica-se o *teorema de transporte de Reynolds*.

> **princípio da conservação de massa** Uma lei fundamental da física cujo enunciado diz que um volume contendo sempre os mesmos átomos e moléculas (*sistema*) sempre deve conter a mesma massa. Assim, a taxa de variação no tempo da massa de um sistema é zero. Essa lei da física deve ser revisada quando a matéria se movimenta a velocidades que se aproximam da velocidade da luz, para que a massa e a energia possam ser trocadas de acordo com as leis da relatividade de Einstein.

linha de corrente Uma curva que em todos os pontos é tangente ao vetor velocidade de um *campo* de velocidade do fluido em um instante fixo de tempo. Assim, as linhas de corrente indicam a direção dos movimentos do fluido em cada ponto. Em um *escoamento em regime permanente,* as linhas de corrente são constantes com o tempo e as *partículas de fluido* se movimentam ao longo das linhas de corrente. Em um *escoamento não permanente,* as linhas de corrente mudam com o tempo e as *partículas de fluido* não se movem ao longo das linhas de corrente. Comparar com *linha de trajetória*.

linha de emissão Utilizada na visualização dos escoamentos de fluido, essa é a curva definida no tempo pela liberação de um marcador (tinta ou fumaça) de um ponto fixo do escoamento. Comparar com *linha de trajetória* e *linha de corrente*. Em um escoamento em regime permanente, as linhas de corrente, *linhas de trajetória* e *linhas de emissão* coincidem. Em um escoamento não permanente, porém, esses conjuntos de curvas são diferentes uns dos outros.

linha de tempo Usada para visualização dos escoamentos de fluido, essa é uma curva definida em algum momento pela liberação de um marcador a partir de uma linha do escoamento em algum instante anterior. A linha de tempo, quase sempre usada para aproximar um *perfil de velocidade* em um escoamento de laboratório, é muito diferente das *linhas de emissão, linhas de trajetória* e *linhas de corrente*.

linha de trajetória Uma curva que descreve a trajetória de uma *partícula de fluido* à medida que ela viaja através de um escoamento durante um período de tempo. Em termos matemáticos, essa é a curva que passa pelos pontos atingidos pelo *vetor posição material* $[x_{partícula}(t), y_{partícula}(t), z_{partícula}(t)]$ durante um período de tempo definido. Assim, as linhas de trajetória são formadas ao longo do tempo e cada partícula de fluido tem sua própria linha de trajetória. Em um escoamento em regime permanente, as partículas de fluido se movimentam ao longo de linhas de corrente, de modo que as linhas de trajetória e as linhas de corrente coincidem. Em um escoamento não permanente, porém, as linhas de trajetória e as linhas de corrente em geral são muito diferentes. Comparar com *linha de corrente*.

linhas piezométricas As curvas de somas de *carga*.

> **linha piezométrica de energia** Curva que descreve a soma da *carga de pressão, carga de velocidade* e *carga de elevação*. Ver *carga*.

> **linha piezométrica hidráulica** Curva que descreve a soma da *carga de pressão* e a *carga de elevação*. Ver *carga*.

manômetro Um dispositivo que mede a pressão com base nos princípios de pressão hidrostática dos líquidos.

massa de controle Ver *sistema*.

mecânica O estudo e análise da matéria através das leis macroscópicas de conservação da física (massa, momento, energia, Segunda Lei).

mecânica/dinâmica dos fluidos O estudo e a análise dos fluidos através das leis de conservação macroscópicas da física, ou seja, conservação da massa, do momento (*segunda lei de Newton*) e da energia (Primeira Lei da Termodinâmica) e a Segunda Lei da Termodinâmica.

média Uma média na/o área/volume/tempo de uma propriedade do fluido é a integral na/o área/volume/intervalo de tempo da propriedade dividida pela(o) correspondente área/volume/intervalo de tempo.

medidas da espessura da camada limite Diferentes medidas da espessura da camada limite como função da distância a jusante são usadas na análise do escoamento de fluidos. São elas:

> **espessura da camada limite** A espessura total da camada viscosa que define a camada limite, da superfície até a margem. É difícil definir a margem com exatidão, de modo que a "margem" da camada limite quase sempre é definida como o ponto no qual a velocidade da camada limite é uma fração grande da velocidade de corrente livre (ou seja, δ_{99} é a distância entre a superfície e o ponto no qual a componen-

te da velocidade na direção da corrente é 99% da velocidade de corrente livre).

espessura de deslocamento Uma medida da espessura da camada limite que quantifica a deflexão das linhas de corrente do fluido na direção oposta à superfície como resultado da redução da vazão em massa adjacente a superfície induzida pelo atrito. A espessura do deslocamento (δ *) é uma medida da espessura dessa camada de déficit de vazão em massa. Em todas as camadas, limite δ * < δ.

espessura do momento Uma medida da camada de maior déficit na vazão em momento adjacente à superfície, resultante da força de resistência do atrito (tensão de cisalhamento). Como a Segunda Lei de Newton diz que a força é igual à taxa de variação no tempo do momento, a espessura do momento θ é proporcional à tensão de cisalhamento. Em todas as camadas, limites $\theta < \delta$.

modelos de turbulência Modelos de relações constitutivas entre as *tensões de Reynolds* e o campo médio de velocidade dos escoamentos turbulentos. Tais equações modelo são necessárias para resolver a equação para a velocidade média. Um modelo simples e amplamente utilizado para as tensões de Reynolds é representá-las como a relação newtoniana para as tensões viscosas, proporcionais à taxa de deformação média, com a constante de proporcionalidade sendo uma *viscosidade turbulenta* ou *viscosidade turbilhonar*.

Entretanto, ao contrário dos fluidos newtonianos, a viscosidade turbilhonar é uma forte função do próprio escoamento, e as diferentes maneiras pelas quais a viscosidade turbilhonar é modelada como função de outras variáveis calculadas do campo de escoamento constitui os diferentes modelos de viscosidade turbilhonar. Uma abordagem tradicional para modelar a viscosidade turbilhonar é em termos do *comprimento de mistura*, que é considerado como proporcional a um comprimento dependente do escoamento.

módulo de compressibilidade Ver *compressibilidade*.

momento (linear) O momento linear ou simplesmente momento de uma *partícula material* (ou *partícula de fluido*) é a massa da partícula material vezes sua velocidade. O momento de um volume macroscópico de partículas materiais é a integral de volume do momento l por unidade de volume, onde o momento por unidade de volume é a densidade da partícula material vezes sua velocidade.

Observe que o momento é um vetor.

normalização Uma *particular adimensionalização* na qual o *parâmetro de escala* é selecionado de modo que a variável adimensional atinja um valor máximo que é da ordem de 1 (digamos, aproximadamente entre 0,5 e 2). A normalização é mais restritiva (e mais difícil de ser realizada adequadamente) do que a adimensionalização. Por exemplo, $P/(\rho V^2)$ discutido em *adimensionalização*, também é a pressão normalizada no caso de uma bola de beisebol voando (onde o número de Reynolds Re $\gg$ 1), mas é apenas a adimensionalização da pressão na superfície de uma pequena conta de vidro caindo lentamente através do mel (onde Re $\ll$ 1).

número de Froude Uma estimativa da ordem de grandeza da razão entre o termo inercial da lei de movimento de Newton e o termo de força gravitacional. O número de Froude é um grupo adimensional importante em escoamentos com superfícies livres, como em geral é o caso em canais, rios, escoamentos sobre superfícies etc.

número de Mach Razão adimensional entre a velocidade característica do escoamento e a velocidade do som. O número de Mach caracteriza o nível de *compressibilidade* em resposta às variações de pressão do escoamento.

número de Reynolds Uma estimativa da ordem de grandeza para a razão entre os dois seguintes termos da segunda lei de Newton do movimento em uma região do escoamento: o termo *inercial* (ou de aceleração) sobre o termo da força viscosa. A maioria, mas nem todos os números de Reynolds, pode ser escrita como uma velocidade característica apropriada V vezes uma escala de comprimento característica L consistente com a velocidade V, dividido pela viscosidade cinemática v do fluido: Re = VL/v. O número de Reynolds é, sem dúvida, o parâmetro de *similaridade* adimensional mais importante na análise de escoamento de fluido, uma vez que ele permite uma estimativa aproximada da importância geral da força de atrito no escoamento.

Observe que para altos números de Reynolds (Re $\gg$ 1), CL é uma variável normalizada enquanto; para Re $\ll$ 1, CL é adimensional, mas não é normalizado (ver *normalização*). Ver também *coeficiente de arrasto*.

parâmetro de escala Uma única variável, ou uma combinação de variáveis, que é selecionada para adimensionalizar uma variável de interesse. Ver também *adimensionalização* e *normalização*.

partícula material Uma partícula ou elemento *infinitesimal* que sempre contém os mesmos átomos e as mesmas moléculas. Assim, uma partícula material tem massa fixa δm. Em um escoamento de fluido, isso é o mesmo que uma *partícula de fluido*.

partícula/elemento de fluido Uma partícula ou elemento *infinitesimal* imersa em um escoamento de fluido sempre contendo os mesmos átomos e moléculas. Assim, uma partícula de fluido tem massa fixa $\vec{V}$ e se movimenta com o escoamento à velocidade local $\vec{a}_{\text{partícula}} = D\vec{V}/Dt$ e trajetória ($x_{\text{partícula}}(t)$, $y_{\text{partícula}}(t)$, $t_{\text{partícula}}(t)$). Ver também *derivada material*, *partícula material*, *vetor posição material* e *linha de trajetória*.

perdas As *perdas de carga* por atrito nos escoamentos em tubos são separadas em perdas nas regiões de escoamento completamente desenvolvido dos tubos de uma rede de tubos, que são as *perdas majoritárias*, mais as perdas de carga de outras regiões de escoamento da rede, as *perdas minoritárias*. As regiões de perdas minoritárias incluem os *comprimentos de entrada*, as conexões de tubos, curvas, válvulas etc. Não é raro que as perdas minoritárias sejam maiores do que as perdas majoritárias.

perfil de velocidade Ver *diagramas de perfil*.

periódico Um escoamento não permanente no qual o escoamento oscila em torno de um escoamento permanente médio.

período transiente Um período dependente do tempo da evolução de um escoamento que leva a um novo período de equilíbrio que geralmente, mas não necessariamente, é permanente. Um exemplo é o período de inicialização depois que o motor a jato é ligado, levando a um escoamento de jato em regime permanente (de equilíbrio).

peso específico O peso de um fluido por unidade de volume, ou seja, a densidade do fluido vezes a aceleração gravitacional (peso específico, $\gamma \equiv \rho g$).

ponto de estagnação Um ponto de um escoamento de fluido no qual a velocidade se anula. Por exemplo, o ponto da *linha de corrente* que intercepta o nariz de um projétil em movimento é um ponto de estagnação.

potência *Trabalho* por unidade de tempo; a taxa no tempo com a qual o trabalho é realizado.

pressão Ver *tensão*.

pressão absoluta Ver *tensão, tensão de pressão*. Compare com *pressão manométrica*.

pressão de saturação A pressão na qual a fase de uma substância compressível simples varia entre líquido e vapor a uma temperatura fixa.

pressão de vapor A pressão abaixo da qual um fluido, em determinada temperatura, existirá no estado de vapor. Ver também *cavitação* e *pressão de saturação*.

pressão dinâmica Quando a *equação de Bernoulli* pára o *escoamento permanente e incompressível* e/ou a equação da *conservação de energia* ao longo de uma linha de corrente são escritas na forma onde cada termo das equações tem as *dimensões de* força/área, a pressão dinâmica é o termo da *energia cinética* (por unidade de volume) ou seja, $\frac{1}{2}\rho V^2$.

pressão estática Outro termo para *pressão*, usado no contexto com a *equação de Bernoulli* para distingui-lo da *pressão dinâmica*.

pressão hidrostática A componente de variação da *pressão* em um escoamento de fluido que existiria na ausência de escoamento como resultado da força de volume gravitacional. Este termo aparece na equação hidrostática e na *equação de Bernoulli*. Ver também *pressão dinâmica* e *pressão estática*.

pressão manométrica *pressão* (P) relativa à pressão atmosférica (P_{atm}). Ou seja, $P_{man} = P - P_{atm}$. Ver também *tensão, tensão de pressão*. Assim, $P_{man} > 0$ ou $P_{man} < 0$ é apenas a pressão acima ou abaixo da pressão atmosférica.

Primeira Lei da Termodinâmica Ver *leis de conservação, conservação da energia*.

processo adiabático Processo sem nenhuma transferência de calor.

propriedade extensiva Uma propriedade de fluido que depende do volume total ou da massa total (por exemplo, a energia interna total). Ver *propriedade intensiva*.

propriedade intensiva Uma propriedade de fluido que não depende do volume ou da massa totais (ou seja, uma *propriedade extensiva* por unidade de massa ou às vezes por unidade de volume).

reologia O estudo e a representação matemática da deformação dos diferentes fluidos em resposta às forças de superfície ou à *tensão*. As relações matemáticas entre tensão e taxa de deformação são chamadas de *equações constitutivas*. A relação newtoniana entre *tensão* e *taxa de deformação* é o exemplo mais simples de uma equação constitutiva reológica. Ver também *fluido newtoniano* e *não newtoniano*.

rotação Ver *taxa de rotação* e *vorticidade*.

segunda lei de Newton Ver *conservação do momento*.

separação do escoamento Um fenômeno no qual uma *camada limite* adjacente a uma superfície é forçada a sair, ou se "separar", da superfície devido às forças de pressão "adversas" (ou seja, devido ao aumento de pressão) na direção do escoamento. A separação do escoamento ocorre nas regiões da superfície com alta curvatura, por exemplo, na parte traseira de um automóvel e em outros corpos rombudos.

similaridade O princípio que permite relacionar quantitativamente um escoamento a outro quando determinadas condições são satisfeitas. A *similaridade geométrica*, por exemplo, deve ser verdadeira para que a *similaridade cinemática* ou *dinâmica* seja obtida. A relação quantitativa que relaciona um escoamento a outro é deduzida usando uma combinação de análise dimensional e dados (em geral experimentais, mas também numéricos ou teóricos).

similaridade cinemática Se dois objetos são *geometricamente similares*, e se as razões de todas as componentes da velocidade entre um ponto do escoamento que cerca um objeto e o ponto correspondente por uma mudança apropriada de escala no escoamento que cerca o outro objeto são todas iguais em todos os pares de pontos correspondentes, o escoamento é *cinematicamente similar*.

similaridade dinâmica Se dois objetos são *geometricamente* e *cinematicamente similares*, e se as razões de todas as forças (pressão, tensão viscosa, força da gravidade etc.) entre um ponto do escoamento que cerca um objeto e o ponto corresspondente por uma mudança apropriada de escala no escoamento que cerca o outro objeto são todas iguais em todos os pares de pontos correspondentes, o escoamento é *dinamicamente similar*.

similaridade geométrica Dois objetos com tamanhos diferentes são geometricamente similares caso tenham a mesma forma geométrica (ou seja, se todas as dimensões de um são um múltiplo constante das dimensões correspondentes do outro).

sistema Em geral, quando a palavra *sistema* é usada sozinha, o *sistema fechado* está implícito, ao contrário do que acontece com um *volume de controle* ou *sistema aberto*.

sistema aberto Um volume especificado para análise, onde o escoamento atravessa pelo menos parte da superfície do volume. Também chamado de *volume de controle*.

sistema fechado Um volume especificado para análise que sempre inclui as mesmas *partículas de fluido*. Assim, nenhum escoamento atravessa nenhuma parte da superfície do volume e um sistema fechado deve se movimentar com o escoamento. Observe que a análise da lei de Newton das partículas sólidas em geral é uma análise de *sistema fechado*, às vezes também chamada de corpo livre.

sólido Um material que quando submetido a cisalhamento sofre deformações até uma posição estática fixa (após o que a deformação pára) ou sofre fratura. Ver também *fluido*.

sonda estática de Pitot Um dispositivo usado para medir a velocidade do fluido pela aplicação da equação de Bernoulli com medição simultânea das *pressões estática* e *de estagnação*. Também chamada sonda de Pitot-Darcy.

sônico Na velocidade do som (*número de Mach* = 1).

subcamada inercial Uma parte altamente turbulenta de uma camada limite turbulenta, próxima à parede, mas fora da *subcamada viscosa* e da *camada amortecedora*, onde as *tensões turbulentas* são grandes quando comparadas com as *tensões viscosas*.

subcamada viscosa A parte de uma camada limite turbulenta adjacente à superfície que contém as *tensões viscosas* mais altas. O gradiente de velocidade nessa camada adjacente à parede é excepcionalmente alto.

subsônico Abaixo da velocidade do som (*número de Mach* < 1).

supersônico Acima da velocidade do som (*número de Mach* > 1).

taxa de deformação É a taxa com a qual uma *partícula de fluido* se deforma (ou seja, muda de forma) em uma dada posição e instante em um escoamento de fluido. Para quantificar completamente todas as variações de forma possíveis de uma partícula de fluido *tridimensional* são necessários seis números. Em termos matemáticos, eles são as seis componentes independentes de um tensor de taxa de deformação simétrico de segunda ordem, em geral representados como uma matriz simétrica 3 x 3. A deformação é a taxa de deformação integrada no tempo e descreve a deformação de uma partícula de fluido após um período de tempo. Ver *tensão*.

taxa de deformação extensional As componentes da taxa de deformação que descrevem o alongamento ou a compressão de uma *partícula de fluido* em uma das três direções de coordenadas. Elas são os três elementos diagonais do tensor de taxa de deformação. A definição de deformação extensional depende da escolha dos eixos de coordenadas. Também chamada de *taxa de deformação linear*.

taxa de deformação por cisalhamento As componentes da taxa de deformação que descrevem a deformação de uma *partícula de fluido* em resposta ao cisalhamento que causa mudança do ângulo entre planos mutuamente perpendiculares aos três eixos de coordenadas. Estes são os elementos fora da diagonal principal do tensor de taxa de deformação. A definição de deformação por cisalhamento depende da escolha dos eixos de coordenadas.

taxa de deformação volumétrica A taxa de variação do volume de uma *partícula de fluido* por unidade de volume. Também chamada de taxa de deformação da massa e taxa de dilatação volumétrica.

taxa de deformação linear Sinônimo de *taxa de deformação extensional*. Ver *taxa de deformação*.

taxa de rotação A velocidade angular, ou taxa de rotação, de uma *partícula de fluido* (um vetor, com unidades rad/s, dado pela metade do rotacional do vetor velocidade). Ver também *vorticidade*.

técnica do gráfico por sombras Uma técnica experimental para visualizar os escoamentos com base na refração da luz pela variação da densidade do fluido. O nível de luminescência de uma imagem de gráfico por sombras responde à segunda derivada espacial da densidade.

técnica estereoscópica (Schlieren) Uma técnica experimental para visualizar os escoamentos com base na refração da luz pela variação da densidade do fluido. O nível de luminescência de uma imagem estereoscópica responde à primeira derivada espacial da densidade.

temperatura de saturação A temperatura na qual a fase de uma substância compressível simples varia entre líquido e vapor a uma pressão fixa.

tensão Uma componente de uma força distribuída em uma área é escrita como a integral de uma tensão sobre aquela área. Assim, a tensão é a componente de força dF_i em um elemento infinitesimal de área dividido pela área do elemento dA_j (no limite $dA_j \to 0$), onde i e j indicam uma direção de coordenada x, y ou z. A tensão $s_{ij} = dF_i/dA_j$, portanto, é uma componente de força por unidade de área na direção i na superfície j. Para obter a força de superfície a partir da tensão, integra-se a tensão ao longo da área da superfície correspondente. Em termos matemáticos, existem seis componentes independentes de um *tensor de tensão*, em geral representados como uma matriz simétrica 3 x 3.

tensão de cisalhamento Uma tensão (componente de força por unidade de área) que age tangente à área. Assim, σ_{xy}, σ_{yx}, σ_{xz}, σ_{zx}, σ_{yz} e σ_{zy} são tensões de cisalhamento. A força de cisalhamento sobre uma superfície é a força resultante da tensão de cisalhamento, dada pela integração da tensão de cisalhamento sobre a área da superfície. As tensões de cisalhamento são os elementos fora da diagonal principal do *tensor de tensão*.

tensão de pressão Em um fluido em repouso todas as tensões são normais e todas agem de fora para dentro em uma superfície. Em um ponto fixo, as três tensões normais são iguais e o módulo dessas tensões normais iguais é chamada de pressão. Assim, em um fluido estático $\sigma_{xx} = \sigma_{yy} = \sigma_{zz} = -P$, onde P é a pressão. Em um fluido em movimento, as tensões adicionais à pressão são *tensões viscosas*. Uma força de pressão sobre uma superfície é a tensão de pressão integrada sobre a superfície. A força de pressão por unidade de volume em uma *partícula de fluido* para a segunda lei de Newton, porém, é o oposto do gradiente (derivadas espaciais) da pressão naquele ponto.

tensão normal Uma tensão (componente de força por unidade de área) que age perpendicular à área. Portanto, σ_{xx}, σ_{yy} e σ_{zz} são tensões normais. A força normal sobre uma superfície é a força resultante da tensão de cisalhamento, dada pela integração da tensão de cisalhamento sobre a área de superfície. As tensões normais são os elementos diagonais do *tensor de tensão*.

tensão de Reynolds As componentes da velocidade (e outras variáveis) dos escoamentos turbulentos são separadas em uma média mais componentes flutuantes. Quando a equação da componente média de velocidade na direção da corrente é deduzida da *equação de Navier–Stokes*, seis novos termos aparecem dados pela densidade do fluido vezes a média do produto de duas componentes da velocidade.

Como esses termos têm as mesmas unidades que a *tensão* (força/área), eles são chamados de tensões turbulentas ou tensões de Reynolds (em homenagem a Osborne Reynolds que quantificou pela primeira vez variáveis turbulentas como média + flutuação). Assim como as *tensões viscosas* podem ser escritas como um tensor (ou matriz), definimos o tensor da tensão de Reynolds com as componentes da tensão normal de Reynolds e as componentes da tensão de cisalhamento de Reynolds. Embora as tensões de Reynolds não sejam verdadeiramente tensões, elas têm efeitos qualitativamente semelhantes aos das tensões viscosas, mas como resultado dos grandes movimentos *turbilhonares* caóticos da turbulência, em vez dos movimentos moleculares microscópicos que são a base das tensões viscosas.

tensão turbilhonar Ver *tensão de Reynolds*.

tensão viscosa O escoamento cria tensões no fluido que se somam às tensões de pressão hidrostática. Essas tensões adicionais são viscosas, uma vez que surgem das deformações do fluido induzidas pelo atrito dentro do escoamento. Por exemplo, $\sigma_{xx} = -P + \tau_{xx}$, $\sigma_{yy} = -P + \tau_{yy}$ e $\sigma_{zz} = -P + \tau_{zz}$ onde τ_{xx}, τ_{yy} e τ_{zz} são tensões normais viscosas. Todas as tensões de cisalhamento resultam do atrito em um escoamento e, portanto, são tensões viscosas. Uma força viscosa em uma superfície é uma tensão viscosa integrada sobre a superfície. A força viscosa por unidade de volume em uma *partícula de fluido* para a segunda lei de Newton, porém, é o divergente (derivadas espaciais) do tensor de tensão viscosa naquele ponto.

tensão superficial A força por unidade de comprimento em uma interface líquido-vapor ou líquido-líquido resultante do desequilíbrio das forças de atração entre moléculas semelhantes na interface.

tensão turbulenta Ver *tensão de Reynolds*.

tensor de tensão Ver *tensão*.

tensor de tensão de desvio Outro termo para *tensor de tensão viscosa*. Ver *tensão*.

tensor de tensão viscosa Ver *tensão*. Também chamada de *tensor de tensão de desvio*.

teorema de transporte de Reynolds A relação matemática entre a taxa de variação no tempo de uma propriedade do fluido em um *sistema* (volume de massa fixa que se movimenta com o escoamento) e a taxa de variação no tempo desta propriedade do fluido em um *volume de controle* (volume, em geral fixo no espaço, com massa de fluido se movimentando através de sua superfície). Essa expressão em volume finito está intimamente relacionada à *derivada material (tempo)* de uma propriedade do fluido ligada a uma *partícula de fluido* em movimento. Ver também *leis da conservação*.

Teorema Pi de Buckingham Um teorema matemático utilizado na *análise dimensional* que prevê o número de grupos adimensionais que devem estar funcionalmente relacionados a partir de um conjunto de parâmetros dimensionais que são considerados funcionalmente relacionados.

trabalho Ver *energia*.

trabalho de escoamento O termo de trabalho na *Primeira Lei da Termodinâmica* aplicada ao escoamento de fluido associado às forças de pressão no escoamento. Ver *energia, energia de escoamento*.

trabalho de pressão Ver *trabalho de escoamento*.

trajetória Ver *linha de trajetória*.

tubo de corrente Um grupo de linhas de corrente. Um tubo de corrente em geral é visualizado como uma superfície formada por um número infinito de linhas de corrente iniciadas dentro do escoamento a partir de um circuito circular e tendendo a formar uma superfície do tipo tubo em alguma região do escoamento.

unidades Um sistema específico para quantificar numericamente as dimensões de uma quantidade física. Os sistemas mais comuns de unidades são SI (kg, N, m, s), inglês (lbm, lbf, pé, s), BGS (slug, lb, pé, s) e cgs (g, dina, cm, s). Ver também *dimensões*.

unidimensional Ver *dimensões*.

velocidade Um vetor que quantifica a taxa de variação da posição e direção do movimento de uma partícula material.

velocimetria Laser-Dopppler (VLD) Também chamada de anemometria Laser-Doppler (ALD). Uma técnica para medir uma componente da velocidade localmente em um escoamento com base no efeito Doppler associado à passagem de pequenas partículas do escoamento através do pequeno volume alvo formado pelo cruzamento de dois raios laser. Ao contrário da *anemometria de fio quente* e de *filme quente* e como a *velocimetria por imagem de partícula,* não há interferência no escoamento.

velocimetria por imagem de partícula (PIV) Uma técnica para medir uma componente da velocidade localmente em um fluido com base na observação do movimento de pequenas partículas no escoamento em um período curto utilizando lasers pulsados. Ao contrário da *anemometria de fio quente* e de *filme quente* e do mesmo modo que na velocimetria de Doppler, não há interferência no escoamento.

vetor posição material Um vetor $[x_{\text{partícula}}(t), y_{\text{partícula}}(t), z_{\text{partícula}}(t)]$ que define a posição de uma *partícula material* como função do tempo. Assim, o vetor posição material de um escoamento de fluido define a trajetória de uma *partícula de fluido* no tempo.

viscosidade Ver *fluido newtoniano*. A viscosidade é uma propriedade de um fluido que quantifica a razão entre a tensão de cisalhamento e a taxa de deformação de uma *partícula de fluido*. (Portanto, a viscosidade tem as dimensões de tensão/taxa de deformação, ou $Ft/L^2 = m/Lt$.) Qualitativamente, a viscosidade quantifica o nível com o qual um determinado fluido particular resiste à deformação quando sujeito à tensão de cisalhamento (resistência ao atrito ou *atrito*). A viscosidade é uma propriedade medida de um fluido e é uma função da temperatura. Para os fluidos newtonianos, a viscosidade não depende da taxa de tensão aplicada e da taxa de deformação. A natureza viscosa dos *fluidos não newtonianos* é mais difícil de ser quantificada, em parte porque a viscosidade varia com a taxa de deformação. Os termos *viscosidade absoluta, viscosidade dinâmica* e *viscosidade* são sinônimos. Ver também *viscosidade cinemática*.

viscosidade cinemática *Viscosidade* do fluido dividida pela densidade.

volume de controle Um volume especificado para análise no qual o escoamento entra e/ou sai através de alguma(s) parte(s) da superfície do volume. Também chamado de *sistema aberto* (ver *sistema*).

viscosidade de turbulência Ver *modelos de turbulência*.

viscosidade turbulenta Ver *modelos de turbulência*.

volume/área/comprimento infinitesimal Um volume δV, uma área δA ou um comprimento δx pequenos no limite onde volume/área/comprimento se contraem para um ponto. Com frequência, as derivadas são produzidas nesse limite. (Observe que δ às vezes é escrito como Δ ou d.)

vórtice Uma estrutura local de um escoamento de fluido caracterizada por uma concentração de vorticidade (ou seja, giro ou rotação de *partículas de fluido*) em um núcleo tubular com linhas de corrente circulares ao redor do eixo do núcleo. Um tornado, furacão e um vórtice de banheira são exemplos comuns de vórtices. O escoamento turbulento é preenchido com pequenos vórtices de diversos tamanhos, intensidades e orientações. Também chamado *turbilhão*.

vórtice de fuga Ver *vórtice de ponta*.

vórtice de ponta *Vórtice* formado a partir de cada ponta da asa de um avião como subproduto da força de sustentação. Sinônimo de vortice de fuga. Ver também *arrasto induzido*.

vorticidade O dobro da velocidade angular, ou taxa de rotação, de uma *partícula de fluido* (um vetor, com unidades rad/s, dado pelo rotacional do vetor velocidade). Ver também *taxa de rotação*.

Índice

Abordagem analítica, 21–22
Abordagem para problemas experimentais, 21–22
Abscissa, 149
Aceleração (a), 106–107, 135, 136–140, 199–200, 265, 561
  a segunda lei de Newton para, 136
  aceleração na direção da linha de corrente (a_s), 199
  advectiva (convectiva), 137–138
  aproximação por diferença de primeira ordem, 139
  campo (vetor), 135–139
  centrípeta, 265, 561
  como uma função puntual, 139
  convectiva (advectiva), 137–138
  derivada material, 139–140
  descrição euleriana do movimento de fluidos, 135–139
  descrição lagrangiana, 136–139
  equação de Bernoulli e, 199–200
  escoamento de fluidos (material), 135–140, 199–200
  linhas de corrente das partículas (caminhos), 199
  local, 137–138
  movimento de corpo rígido de um fluido, 106–107
  normal (a_n), 199
  operador de derivada parcial (δ), 137–138
  operador de derivada total (d), 137–138
  operador gradiente (del), 137–138
  partículas materiais (de fluido), 136–138
  rotação e, 265
  tempo de residência, 138–139
  trajetória reta, 106–107
  vetor posição material, 136–138
Aceleração material, 139–140
Aerodinâmica, estudo de, 2
Aerofólios, 634–638. *Veja também* Aviões
Água saturada, propriedades da, 942
Algarismos significativos, 28–31
Algoritmos da CFD de correção de pressão, 473
Altura metacêntrica (*GM*), 101–103
Amônia saturada, propriedades de, 944
Ampère (A), unidade de, 16–17
Análise de regressão, 320

Análise diferencial, 32, 437–514, 515–606, 705–708
  aplicações da, 470–497
  cálculo do campo de pressão, 470–475
  condições de contorno para, 438–439, 475–477
  conservação de massa e, 438–450
  coordenadas cartesianas, 440–442, 450–456, 468, 470–472
  coordenadas cilíndricas, 442–445, 457–458, 469, 473–475
  dinâmica dos fluidos computacional (CFD) para, 472–473
  domínio de escoamento, 438–439
  equação da continuidade para, 438–450, 468–469, 475–493
  equação de Cauchy para, 459–464
  equação de Navier–Stokes para, 464–469, 475–493, 515–606
  equação diferencial do momento linear, 459–464
  equações acopladas, 438–439, 470–475
  equações constitutivas, 464–465
  escoamento compressível, 439–445
  escoamento Couette, 477–484
  escoamento de Fanno, efeitos do atrito e, 705–708
  escoamento de Poiseuille, 484–490, 493–496
  escoamento em regime, 470–490
  escoamento incompressível, 443–445, 466–468
  escoamento não estacionário, 490–493
  escoamentos em mecânica dos biofluidos, 493–497
  expansão em séries de Taylor para, 440–441
  função corrente (ψ) para, 450–459
  função erro (erf), 491–492
  solução de similaridade, 491
  soluções aproximadas da, 515–606
  soluções exatas para, 475–493
  tensores de tensão para, 459–460, 465
  teorema do divergente (de Gauss) para, 439–440, 443–444, 459–460
  viscosidade (μ) dos fluidos, 480–481
  volume de controle infinitesimal para, 440–443, 460–463

Análise dimensional, 291–345, 824–827, 855–857
  análise inspecional, 294–299
  bombas, 824–827
  equações adimensionais, 294–299
  Froude (Fr), número de, 296–299, 323–325
  leis de escala, 824–827, 855–857
  método das variáveis repetidas, 303–319
  modelos e protótipos para, 299–303, 320–325
  número de Reynolds (Re) para, 320–326
  parâmetros adimensionais, 294–319
  similaridade cinemática, 299–300
  similaridade de modelos e protótipos, 299–303
  similaridade geométrica, 299–300
  similaridade incompleta, 320–323
  turbinas, 855–857
  unidades e, 292
  variáveis repetidas, método das, 303–319
  voo dos insetos e, 326
Análise do movimento, 243–289
  conservação de momento, 244–245
  de empuxo, 254–255
  desprendimento de vórtices, 273–274
  forças de superfície, 246–249
  forças de volume, 246–249
  forças resultantes e, 244–245
  gravidade e, 247–248
  leis de Newton e, 244–245
  momento angular e, 244–245, 263–273
  movimento de rotação e, 244–245, 247–249, 263–265
  movimento linear e, 244, 249–263
  pressão atmosférica (P_{atm}) e, 249
  regra da mão direita para, 266
  tensores para, 247–249
  teorema de transporte de Reynolds (TTR) para, 250
  torque, 263–264
  volume de controle (VC), forças atuando no, 246–249
Análise inspecional, 294–299
Anemometria laser Doppler (LDA), 404
Anemômetro de filme quente, 403
Anemômetro de fio quente, 403–404

Índice

Anemômetros, 402–404. *Veja também* Vazão
Anemômetros térmicos, 402–404
Ângulo (δ) de onda (de choque), 684–685
Ângulo (θ) de virada (de deflexão), 684–685
Ângulo de ataque (α), 315, 612, 617, 634–637
Ângulo de contato (ϕ), 58
Ângulo de deformação (α), 2
Ângulo de inclinação (θ), 816–819
Ângulo do bordo de ataque, 809, 842–843
Ângulo do bordo de fuga, 809, 842–843
Aproximação por diferença de primeira ordem, 139
Ar (propriedades do) a uma pressão de 1atm, 948
Área, momentos da, 90–91
Área do disco (A), 850–851
Área frontal, 612
Área projetada, 313, 612, 639
Áreas transversais hidráulicas, 728–729
Aresta do domínio computacional (escoamentos 2–D), 881
Arfagem, momento de, 611
Arquimedes (Ar), número de, 309
Arrasto aerodinâmico, 302–303, 548–550
Arrasto de superfície (de fricção), 8–9, 567, 612, 614
Arrasto induzido, 638–639
Asas, 612–613, 617, 634–639
  acúmulo de neve e gelo, 617
  asas finitas, 638–639
  atletas, 639–640
  campo de escoamento, 635
  carga, 634
  eficiência do escoamento externo, 612–613
  envergadura, 634
  flaps, 636–637
  força de sustentação, 612–613, 634–639
  forma, 612–613
  placas, 639–640
  vórtice de ponta, 638
  vórtices de fuga, 638–639
Atmosfera a grandes altitudes, propriedades da, 951
Atomizadores de combustível rotativos, 861
Atrito, 10, 50–52, 199, 204–205, 348–349, 355–356, 358, 365, 367–369, 567, 612, 614–617, 625–629, 702–711, 952
  arrasto de, 612, 614–617, 625–629
  ausência de, 199, 204–205
  carenamento, 615–616
  coeficiente de, 355–356, 614–615, 627–629
  coeficiente de atrito local, 567
  de atrito, 365, 576
  diagrama de Moody para escoamento em tubos, 367–369, 952
  escoamento de Fanno, 702–711

escoamento em tubos e, 348–349, 355–356, 358
escoamento externo, efeitos no, 612, 614–617, 625–629
escoamento interno e, 348–349
escoamento laminar e, 355–356, 358
escoamento paralelo sobre placas planas, 625–629
escoamento turbulento e, 365, 367–368, 576
Fanning (Cf), fator de atrito de, 309, 317, 355–356
fator (f) de, 355–356, 358, 614, 952
fator de atrito de Darcy (f), 355–356, 367–369
força de, 10, 50–52, 199, 204–205
rugosidade da superfície e, 612, 614–615, 628
rugosidade equivalente e, 368
rugosidade relativa (ε/D) e, 367–369
separação de escoamento, 616–617
superficial (cisalhamento na parede), 567, 612, 614
viscosidade (μ) e, 10, 50–52
Atuadores microeletrocinéticos (MEKA), 645
Aviões, 578–583, 612–613, 616–617, 634–643, 662–663, 674–693, 816–819
  aerofólios, 634–638
  ângulo (δ) de choque (onda), 684–685
  ângulo (θ) de virada (de deflexão), 684–685
  ângulo de ataque (α), 612, 617
  ângulo de inclinação (θ), 816–819
  aproximação da camada limite em, 578–583
  arrasto induzido e, 638–639
  asas, 612–613, 617, 634–639
  asas finitas, 638–639
  bocais convergentes–divergentes, 675–678
  bolha de separação, 579–581
  campo de escoamento, 637
  choques normais, 675–676
  choques oblíquos, 676
  compressão do ar em, 662–663
  condições de estol, 580–581, 616, 637
  contrapressão (P_b), efeitos da, 674–678
  desprendimento de vórtices, 617
  efeitos do gradiente de pressão, 578–583
  eficiência de, 637–638
  envergadura, 634
  flaps, 636–637
  força de arrasto em, 612–613
  força de sustentação, 612–613, 634–643
  forças de pressão atuando em, 612–613, 634–635
  forças viscosas atuando em, 612–613, 634–635
  impacto dos Irmãos Wright em, 643
  impulso invertido e, 818–819

ondas de expansão de Prandtl–Meyer, 688–693
padrões da National Advisory Committee for Aeronautics (NACA) para, 637–638
ponto de separação, 580–581
propulsão, 674–678
propulsores (rotor), 816–819
redemoinho no escoamento de ar do rotor, 817–818
relação sustentação-arrasto, 635–636
separação de escoamento, 578–583, 616–617
torção da pá em, 816–818
torção variável, 818–819
velocidades de decolagem e pouso, 636–637
ventiladores abertos com escoamento axial, 816–819
vórtice inicial, 635

Baldes, 789–790
Barômetros, 81–84
Bingham, fluidos plásticos de, 466
Biofluidos, mecânica dos, 408–416, 493–497
  análise diferencial do escoamento, 493–497
  circulação de sangue, estudo da, 410–415
  dispositivo pediátrico de assistência ventricular pulsátil (PVAD) para, 410–411
  escoamento de Poiseuille, comparações com, 493–496
  medida do escoamento e, 408–416
  sistema cardiovascular, 408–410
  velocimetria por imagem de partícula (PIV) para, 410, 416
Biot (Bi), número de, 309
Blasius, variável (η) de similaridade de, 565–567
Bloqueio, 321
Bocais, 379, 665–678, 837–838, 923–927
Bocais convergentes, 665, 670–673
  contrapressão (P_b), efeitos da, 670–674
  escoamento bloqueado, 670
  escoamento isentrópico através, 201, 670, 674
  número de Mach (Ma) e, 665, 670–672
Bocais convergentes–divergentes, 665, 674–678, 923–927
  contrapressão (P_b), efeitos da, 675–678
  escoamento isentrópico através, 201, 674, 678
  escoamento supersônico e, 674, 678–681
Bocais Venturi, 665
Bolha de separação, 579–581, 921–922
Bombas, 196, 221–220, 381–390, 788–833
  abertas, 789–790
  análise dimensional das, 824–827

análise do escoamento para escolha das, 381–382
axiais, 816–824
capacidade (vazão volumétrica) das, 789–790, 804–806
carga, 221–220, 383–384, 792–793
carga de desligamento, 384, 790–792
carga de sucção positiva (NPSH), 797–800
carga líquida de, 789–791
cavitação e, 797–800
centrífugas, 806–815
como dispositivos que absorvem energia, 788
compressores, 788–789
confinadas, 789–790
curva de sistema (ou de demanda), 383–384
curvas características (de desempenho), 383–384, 790–797
curvas de vazão para, 383–384
de deslocamento positivo, 789, 803–806
dinâmicas, 789, 806–824
eficiência das, 196, 383–390, 790–797
em duto, 789–790
escoamento interno e, 381–390
fornecimento livre, 384, 790–791
leis de afinidade, 829–830
leis de escala, 824–833
linha de energia (EGL), 789–790
número de Reynolds (Re) para, 825–826
ponto operacional (de funcionamento), 384, 792–793, 826
ponto ótimo de eficiência (BEP), 790–791
potência no eixo (bhp), 790–791
rotores, 789–790, 806–808, 811–813, 818–822
seleção de, 381–390, 790–797
sistemas de tubulações e, 383–390, 790–797
sistemas em paralelo, 382, 800–803
sistemas em série, 381–382, 800–803
soprador, 788
vazão em massa para, 789–790
vazão volumétrica (capacidade), 789–790
velocidade específica de, 827–829
ventiladores, 788, 816, 818–824
Bombas de escoamento misto, 806
Bombas e turbinas abertas, 789–790
Bombas e turbinas confinadas, 789–790
Bombas rotativas (rotodinâmicas), 806
Veja também Máquinas dinâmicas
Bond (Bo), número de, 309
British thermal unit (Btu), unidade de energia, 18, 43

Calor específico, 43–44, 310, 667–669, 940
energia e, 43–44
escoamento isentrópico de gases e, 667–669

gases ideais, 940
número de Mach (Ma), relações entre, 667–669
Caloria (cal), unidade de, 18, 43
Camada amortecedora, 364–365, 626
Camada de superposição (transição), 364–366, 626
Camada externa (turbulenta), 364–366, 626
Camada limite de velocidade, 351
Camadas de cisalhamento livre, aproximação de, 557
Camadas limite, 7–9, 199, 351–352, 364–367, 525–526, 554–591, 625–627, 712
amortecedoras, 364–365, 626
aproximação, 525–526, 554–591
camada de superposição (transição), 364–366, 626
comparação de perfis, 573–578
condição de não escorregamento e, 525–526, 555
curvatura e, 561–562
dinâmica dos fluidos computacional (CFD), cálculos para, 580–583, 588–591
equação de Bernoulli para, 199
equação de Navier–Stokes para, 525–526, 560–563
equações, 555, 559–563
escoamento externo paralelo, 625–627
escoamento interno, 351–352
escoamento laminar, 557–573
escoamento transicional, 557–559
escoamento turbulento, 364–367, 557–558, 572–578
espessura (δ), 556, 562–564, 574, 625
espessura (θ) de momento, 571–574
espessura de deslocamento (δ^*), 568–571, 574
formas arbitrárias, 578–583
gradiente de pressão para, 561–562, 564–565, 578–583
gradiente de pressão zero, 561, 564–565
interações onda de choque, 712
lei da parede de Spaulding para, 365–366, 576, 578
lei de parede-esteira para, 576–577
lei de potência um sétimo para, 366, 573–574
lei logarítmica (log) para, 366, 576
número de Reynolds (Re) para, 557–559
perfis de velocidade para, 351–352, 364–367
placas planas, 556–558, 572–578, 583–591
procedimento para a aproximação, 564–568
região de escoamento e, 8–9, 526–527
região de escoamento irrotacional (central), 351, 625
regiões, 351–352, 554–591, 625–627
regiões invíscidas do escoamento, 525–526, 554–555

relevância histórica das, 7
sistema de coordenadas, 559
subcamada inercial, 364
subcamada viscosa, 364–367, 626
técnica integral de momento para, 583–591
variável (η) de Blasius para, 565–567
Campo de pressão (escalar), 134
Campo de velocidade (vetorial), 134
Canais, 727–729, 737–759, 771
áreas transversais hidráulicas para, 728–729
diâmetro hidráulico (D_h), 728
escoamento em canal aberto e, 727–729, 737–759, 771
raio hidráulico (R_h) para, 728–729
retangulares, 745
trapezoidais, 745–746
Canal de rejeição, 840
Candela (cd), unidade de, 16–17
Capacidade (vazão volumétrica), 789–790, 804–806
Carga (h), 79, 205–208, 221–220, 383–384, 789–800, 839–842
bruta, 839, 841
cavitação e, 797–800
da bomba, 221–220, 384, 792–793
da turbina, 221–220, 383–384
de Bernoulli, 789–790
de bomba útil, 792
de desligamento, 384, 790–792
de elevação, 205–206
de pressão, 79, 205–206
de sucção positiva, 797–800
desempenho da bomba e, 789–797
desempenho da turbina e, 839–842
eficiência das redes de tubulação e, 383–384, 790–797
linha de energia (EGL) e, 205–208, 789–790, 840–841
linha piezométrica, 205–208
líquida necessária, 792–793
total, 205–206, 789–795, 841–842
velocidade das, 205–206
Carga (H) líquida (total), 205–206, 789–795, 841–842
Carga bruta (H_{bruta}), 839
Carga da velocidade, 206–207
Carga de bomba útil, ($h_{bomba, u}$), 792
Carga de sucção positiva (NPSH), 797–800
Carga líquida necessária ($H_{necessária}$), 792–793
Carga total (H) do escoamento, 205–207
Cavitação (Ca), número de, 309
Cavitação, 41–43, 62, 207–208, 797–800
bolhas, 42, 797–798
bombas e, 797–800
carga de sucção positiva (NPSH) para, 797–800
domo do sonar, estudo do, 63
evitando a, 797–800
pressão de saturação (P_{sat}) e, 41–43, 797–798

Índice

pressão de vapor (P_V) e, 41–43, 797
sonoluminescência, 63
temperatura de saturação (T_{sat}) e, 41–43
vaporosa (gasosa), 63
Cavitação de corpo, 62
Cavitação gasosa, 62
Centroide, 91–92
Chaminé de equilíbrio, 45
Chips de circuito integrado (IC), 917–922
Choque normal, 675–676, 678–684
Choques oblíquos, 676, 684–688, 691–692, 927–928
   ângulo de virada (de deflexão), 684–685
   cálculos de, 691–692
   cálculos de CFD para, 927–928
   contrapressão (P_b) e, 676
   escoamento isentrópico e, 676, 688
   fortes, 687
   número de Mach para, 685–688
   onda de proa, 686–687, 928
   separados, 686–687, 928
   sobre uma cunha, 927–928
Cilindros, 629–633, 896–897–902, 905–907
   diâmetro externo (D), 629
   efeitos da rugosidade da superfície, 632–633
   escoamento externo sobre, 629–633
   escoamento laminar ao redor de, 896–902
   escoamentos turbulentos ao redor de, 905–907
   esteira de vórtices periódica de Kármán, formação do, 899–902
   força de arrasto em, 629–633
   número de Reynolds (Re) para, 629–633
   pontos de estagnação, 629–631
   separação de escoamento, 631
   simulações de CFD para escoamento ao redor de, 896–902, 905–907
Cinemática, leis da, 32
Cinemática dos fluidos, 133–184
   campo de aceleração (vetor), 135–139
   deformação de escoamento, 151–157
   deformação linear, taxa de, 151–153
   derivada material, 139–140, 167–168
   descrição euleriana, 134–140, 167–168
   descrição lagrangiana, 134–140, 167–168
   escoamentos circulares, comparação entre, 159–160
   gráficos, 148–152
   linha de trajetória, 142–144
   linhas de corrente, 141–143
   linhas de emissão, 144–146
   linhas de tempo, 146–147
   movimento do escoamento, 151–160
   rotação, 151–152, 156–160
   teorema de transporte de Reynolds (TTR), 160–168
   translação, 151–152
   velocidade angular (taxa de rotação), 151–152

vetor velocidade (taxa de translação), 134, 151–152
visualização de escoamento em refração, 148
visualização de escoamento por refração, 147–148
vorticidade, 156–160
Circulação de sangue, estudo da, 410–415
Coeficiente de arrasto (C_D), 309, 320–323, 525, 612–625, 630–631
   aerodinâmico, 322–323
   área frontal, 612
   área planiforme, 612
   corpos bidimensionais, 611–612, 619
   corpos tridimensionais, 611, 620–621
   drafting, 622–623
   efeitos da rugosidade da superfície, 612, 614–615, 626–628, 632–633
   efeitos do carenamento no, 615–616
   escoamento externo e, 612–614, 617–625, 630–631
   escoamento lento, 525
   médio, 612–613
   número de Reynolds para, 320–323, 617–618
   pressão dinâmica
   redução de arrasto e, 615–616
   relação de significado, 309
   sistemas biológicos e, 618–621
   sobreposição do, 623–625
   Stokes, lei de, 618
   total, 617–618
   veículos, 621–623
Coeficiente de atrito local, 567
Coeficiente de atrito superficial, 567, 585
Coeficiente de Chezy (C), 738–739
Coeficiente de descarga (C_d), 393–394, 762–764
Coeficiente de Manning (n), 739
Coeficiente de perda (K_L), 374–379
Coeficiente de pressão (C_P), 310, 523, 547–549
Coeficiente de sustentação, 309, 314–315, 612–613, 634–637
Coeficiente do arrasto aerodinâmico, 322–323
Colebrook, equação de, 367–368
Combinação bomba-motor, eficiência da, 383–384
Comitê Consultivo Nacional para Aeronáutica (NACA), padrões da, 637–638
Componentes flutuantes do escoamento turbulento, 361–362
Comporta basculante, 762, 930
Comporta de tambor, 762
Comportas de fundo, 761–764
Comportas de vertedouro, 764–770
Compressibilidade isotérmica (α), 46
Compressores, 788–789
Comprimento de entrada hidrodinâmica (L_h), 351–353

Comprimento de mistura (l_m), 364
Comprimento equivalente (L_{equiv}), 375
Comprimento viscoso, 365
Comprimentos de entrada, 352–353
Condição de continuidade da temperatura, 8–9
Condição de entrada sem choque, 809
Condições de contorno, 438–439, 475–477, 888–893
   análise diferencial, uso da, 438–439, 475–477
   campo de pressão distante, 891
   de entrada, 477
   de interface, 476
   de não escorregamento, 476, 498–500, 525–526, 555
   de saída, 477
   de simetria, 477, 891–892
   de superfície livre, 477
   dinâmica dos fluidos computacional (CFD), uso das, 888–893
   eixo de simetria, 892
   entrada/saída de escoamento, 889–890
   equações da continuidade, 475–477
   equações de Navier–Stokes, 475–477
   escoamento reverso, 890
   funções da parede, 889
   imposição de pressão, entrada/saída com, 889–890
   imposição de velocidade, entrada com, 889
   iniciais, 477
   interface entre ar e água, 477
   internas, 892–893
   passagem de escoamento (ventilador), 891
   periódicas, 891
   rotacionais, 891
   sistema fechado, 14–16
   sistemas abertos, 15–16
   sistemas de escoamento de fluidos e, 14–16
   soluções exatas das equações utilizando, 475–477
   superfície de controle, 161
   transferência de energia e, 214–215
   translacionais, 891
   ventilador, 892
   volume de controle (VC), 15–16, 161
Condições de estol, 580–581, 617, 637
Conduto forçado, 840
Conferência Geral de Pesos e Medidas (CGMP), 16–17
Conservação de energia, *veja* Energia (E)
Conservação de massa, *veja* Equações de continuidade; Massa (m)
Constante universal dos gases (R_u), 40
Constantes puras, 295
Contínuo, 38–39, 134
Contrapressão (P_b), 669–678
Coordenadas cartesianas, 13–15, 157, 247–249, 440–442, 445, 450–456, 468, 470–472
   análise diferencial, uso da, 470–472

dimensões do escoamento de fluidos, 13–15
equação da continuidade em, 440–442, 445, 468
equação de Navier–Stokes em, 468
escoamento rotacional, 157
forças gravitacionais em, 247–248
função corrente em, 450–456
volume de controle (VC) e, 247–249
vorticidade em, 157
Coordenadas cilíndricas, 13–15, 107–110, 158–159, 442–445, 457–458, 469, 473–475
análise diferencial em, 442–445, 457–458, 469, 473–475
dimensões do escoamento de fluidos, 13–15
equação da continuidade em, 442–445, 469
equação de Navier–Stokes em, 469
função corrente em, 457–458
vorticidade em, 158–159
Coordenadas polares, *veja* Coordenadas cilíndricas
Corpos bidimensionais, coeficientes de arrasto (*CA*) para, 612–613, 619
Corpos carenados, 610, 614–616
Corpos imersos, flutuação dos, 101–103
Corpos rombudos, 610
Corpos tridimensionais, coeficientes de arrasto (*CA*) para, 611, 620–621
Corrente divisória, 552, 581–582
Cotovelos, perda dos tubos em, 377–380
Cunhas, ondas de choques oblíquas sobre, 927–928
Curva de sistema (ou de demanda), 383–384
Curvas, perda de tubos em, 377–380
Curvas características (de desempenho), 383–384, 790–797
Curvatura da camada limite, 561–562

Deformação (ε), 2, 151–157
ângulo de (α), 2
deformação linear, taxa de, 151–153
deformação por cisalhamento, taxa de, 153–154
escoamento, taxas de, 2, 151–157
propriedades da cinemática dos fluidos na, 151–157
rotação, taxa de, 151–152
taxa de deformação volumétrica, 153
Deformação de cisalhamento (ε), 153–154
Deformação extensional (linear), 151–152
Deformação linear (ε), taxa de, 151–153
Densidade (ρ), 10–11, 32, 39–41, 46–47, 667–669, 850–851
crítica, 667–669
escoamento compressível e, 10–11, 46–47, 667–669
escoamento isentrópico, 667–669
estrutura do vórtice e, 32
expansão volumétrica (β) e, 46–47

gases ideais, 40–41, 667–669
gravidade específica (GE) e, 39, 41
número de Mach (Ma) e, 11, 668
potência eólica, 850–851
propriedades dos fluidos da, 39–41
Densidade de potência eólica, 850–851
Densidade relativa, 39
Derivada material, 139–140, 167–168, 443–444, 463–464
aceleração, 139–140
análise diferencial utilizando, 443–444, 463–464
equação da continuidade e, 443–444
equação de Cauchy e, 463–464
escoamento de partículas de fluido e, 139–140
pressão, 139–140
teorema de transporte de Reynolds (TTR) e, 167–168
volume de controle e, 167–168
Derivada substancial, *veja* Derivada material
Derivadas, estudo de, 22
Descarga, 816
Descrição euleriana, 134–140, 167–168
campo de aceleração (vetor), 135–139
campo de escoamento, 135
campo de pressão (escalar), 134
campo de velocidade (vetorial), 134
derivada material (substancial), 139–140, 167–168
domínio do escoamento (volume de controle), 134
operador de derivada parcial (δ), 137–138
operador de derivada total (*d*), 137–138
operador gradiente (del), 137–138
teorema de transporte de Reynolds (TTR) e, 167–168
variáveis de campo, 134–136
variáveis vetoriais, 134–135
vetor posição material, 136–138
Descrição lagrangiana, 134–140, 167–168
Deslocamento angular (α), 2
Desprendimento de vórtices, 273–274, 617
Diagramas *T-s*, 695–696, 704–705
Diâmetro externo (*D*, 629
Diâmetro hidráulico (D_h), 350, 728
Difusores para perdas pequenas, 379
Dimensões, 15–17, 292
Dimensões derivadas (secundárias), 15–16
Dimensões fundamentais (primárias), 15–16, 292
Dimensões primárias (fundamentais), 15–17, 292
Dimensões secundárias (derivadas), 15–16
Dinâmica, estudo da, 2
Dinâmica dos fluidos computacional (CFD), 27, 32, 141, 149–152, 318–319, 406, 472–473, 580–583, 588–591, 879–938
algoritmos de correção de pressão para, 473

análise diferencial utilizando, 472–473
aproximação da camada limite, 580–583, 588–591
células, 881–883, 887–888
chips de circuito integrado (IC), 917–922
choques oblíquos, cálculos para, 927–928
cilindros, soluções para escoamentos ao redor de, 896–902, 905–907
condições de contorno para, 888–893
dados de escoamento, gráficos para, 149–152, 916–917, 924–928
domínio computacional para, 881
equação da continuidade, solução da, 472–473
equação de Euler, solução da, 580–581
equações do movimento, solução das, 880–884
escoamento através de um bocal convergente-divergente, soluções para, 923–927
escoamento compressível, simulações para, 922–928
escoamento em canal aberto, cálculos para, 928–930
escoamento em tubos, cálculos para, 893–896
escoamento laminar, cálculos para, 893–902
escoamento lento, aproximação do, 588–591
escoamentos turbulentos, cálculos para, 902–915
excesso de velocidade e, 590–591
gradientes de pressão, 580–583
gráfico de contornos, 150–152, 916–917, 924–928
gráficos dos contornos de pressão, 924–928
gráficos vetoriais, 149–151
imagem de ressonância magnética (IRM),
malhas, 883–888
modelos de turbulência, 903–905
multigridding para, 883–884
pós-processadores para, 882–883
projeto do estator, 907–915
resíduo dos termos, 882–883
ressalto hidráulico, cálculos para, 930
saliências, simulações para o escoamento, 929
separação de escoamento, 580–583, 921–922
simulação numérica direta (DNS), 903
simulações de, 931
software de engenharia, uso de, 27, 32
transferência de calor, cálculos para, 915–922
trocador de calor com escoamento cruzado, 915–917
velocimetria por imagem de partícula (PIV) para, 406
visualização do escoamento e, 141, 582

Índice

Dipolo, 544–547
Discos nutantes, 834
Dispositivo pediátrico de assistência ventricular pulsátil (PVAD), 410–411
Dispositivos com escoamento radial, 269–270, 806–815, 838–839. *Veja também* Bombas centrífugas
Dispositivos de corrente única, 219–220
Dispositivos que absorvem energia, 788. *Veja também* Bombas
Distribuidores reguláveis, 837–838
Divisor de raio, 405
Domínio do escoamento (volume de controle), 134, 438–439
Domo do sonar, 62
Drafting para redução do arrasto, 622–623
Droplet-on Demand – DoD (Gotículas sob demanda), 593
Dutos, 348, 358, 663–665, 693–711. *Veja* Bocais convergentes–divergentes; Escoamento em tubos

Eckert (Ec), número de, 309
Efeito capilar, 58–60
Efeito Magnus, 639–643
Eficiência (η), 195–197, 381–390, 637–638, 790–797, 815, 841–842
    aviões, 637–638
    bombas centrífugas, 815
    combinada, 196–197
    curvas características (de desempenho), 383–384, 790–797
    curvas características (de desempenho) para, 383–384
    da bomba, 196, 383–390, 790–797
    da combinação bomba-motor, 383–384
    de turbinas, 196, 383, 815, 841–842
    de turbinas de reação, 841–842
    do motor (η_{motor}), 196
    escoamento circulatório, perda de, 815
    gerador, 196
    mecânica, 195–197
    pás propulsoras e, 815
    perdas de passagem, 815
    ponto operacional, 384, 792–796
    ponto ótimo de eficiência (BEP), 790–791
    redes de tubulação e seleção de bomba, 381–390, 790–797
Elemento material, 443–444, 463–464
Empuxo (força de), 254–255, 818–819
Energia (E, 38, 43–44, 186–187, 194–199, 214–228, 403–404, 693–703, 733–737
    Veja também Transferência de calor; Potência
    calor (Q, transferência por, 215, 693–702
    calores específicos, 43–44
    conservação de, 186–187, 198–199, 214–228, 736–737
    dispositivos de corrente única, 219–220
    entalpia (h), 43–44

escoamento de Fanno, 703
escoamento de Rayleigh, 694–702
escoamento em canal aberto, 733–737
escoamento estacionário, análise do, 219–220
escoamento incompressível, análise do, 221–222
específica (E), 733–736
fator de correção da energia cinética (α), 221–222
inclinação de atrito (S_f) e, 737
interna (U), 43
macroscópica, 43
microscópica, 43
perda de, 216, 219–220
potencial (ep), 43, 195
primeira lei da termodinâmica, 214
propriedades dos fluidos da, 43–44
térmica, 43
total, 43–44
total específica (e), 38, 44
trabalho, transferência por, 215–220
trabalho do escoamento (P/ρ), 43–44, 194–195, 218–220
unidades de, 43
volume de controle (VC) e, 186, 217–220
Energia cinética (ec), 43, 194–195, 265
Energia cinética turbulenta (k), 904
Energia crítica, 724
Energia mecânica (E_{mec}), 194–199, 201–203, 207–208, 215–228
    conversão de, 195–197
    eficiência, 195–197
    energia cinética e, 194–195
    energia do escoamento, 195
    energia potencial e, 194–195
    escoamento estacionário, análise do, 219–228
    forças de pressão ($W_{pressão}$) e, 216–220
    linha de energia (EGL), 207–208
    linha piezométrica (HGL), 207–208
    perda de, 216, 219–220
    perda de carga, 220–220
    perdas irreversíveis, 220–220
    trabalho de eixo (W_{eixo}) como, 195–196, 199, 216
    trabalho do escoamento, 194–195, 218–129
    transferência da, 195–197, 205–228
    transferência de potência de, 215–217
Engineering Equation Solver (EES), 26–27
Entalpia (h), 43–44, 660–662
    energia e, 43–44
    escoamento compressível e, 660–662
    estagnação e, 660–662
    gás ideal, 661
    total, 660–662
Entalpia estática (h), 660
Entalpia total, (h_0), 660–662
Envergadura, 634
Equação da turbina de Euler, 269–270

Equação de Bernoulli, 199–214, 221–220, 294, 392–393, 526–527, 531–534, 812–813
    aceleração e direção das partículas de fluido, 199–200
    aplicações da, 207–214
    balanço da energia mecânica, 201–203, 207–208
    efeitos viscosos desprezíveis e, 204–205
    equação de Navier–Stokes e, 526–527, 531–534
    escoamento compressível, 200–203
    escoamento compressível não estacionário, 202–203
    escoamento estacionário, 199–205
    escoamento incompressível, 201, 205–206, 221–220
    escoamento sem viscosidade e, 199, 204–205
    homogeneidade dimensional da, 294
    identidade vetorial para, 526–527
    lei da termodinâmica para, 202–203, 221–220
    limitações no uso da, 204–206
    linha de energia (EGL), 205–208
    linha piezométrica (HGL), 205–208
    linhas de corrente e, 199–200, 202–206
    medida da velocidade utilizando, 392–393
    momento linear para, 199–201
    nenhum trabalho de eixo e, 204–206
    pressão de estagnação, 203–205
    região de escoamento irrotacional, 531–534
    regiões de camadas-limite e esteiras para a, 199
    regiões sem viscosidade do escoamento e, 199, 526–527
    representação da pressão, 202–205
    rotação dos propulsores, 812–813
    segunda lei de Newton para, 200–203
    sistema de referência rotativo, 812–813
    soluções aproximadas utilizando a, 526–527, 531–534
    transferência de calor desprezível, 205–206
    vazão interna e, 392–393
Equação de Cauchy, 459–464
Equação da continuidade, 186, 438–450, 468–469, 475–493, 517–518, 529–530, 694, 703, 880
    análise diferencial utilizando, 470–493
    condições de contorno para, 475–477
    conservação de massa e, 186, 438–439–450
    coordenadas cartesianas, 440–442, 468
    coordenadas cilíndricas, 442–445, 469
    dinâmica dos fluidos computacional (CFD), soluções para, 472–473, 880
    elemento material (derivada) para, 443–444, 463–464

equação de Navier–Stokes e, 475–493
escoamento compressível, 439–445
escoamento de Rayleigh, 694
escoamento estacionário compressível, 444–445
escoamento incompressível, 443–445
escoamento irrotacional, 529–530
expansão em séries de Taylor para, 440–443
função potencial da velocidade (ϕ) e, 529–530
operador Laplaciano (∇) para, 530
soluções exatas da, 475–493
teorema do divergente (de Gauss) para, 439–440, 443–444
volume de controle infinitesimal e, 440–443
Equação de Laplace para escoamento irrotacional, 530, 535–537
Equação de Navier–Stokes, 464–469, 475–493, 515–606, 903
adimensionalização das equações para, 517–520
análise diferencial utilizando, 475–493
aproximação da camada limite, 525–526, 560–563
componentes de velocidade para, 467–468
condições de contorno para, 475–477
coordenadas cartesianas do, 468
coordenadas cilíndricas do, 469
dinâmica dos fluidos computacional (CFD), soluções para, 472–473, 580–583
equação da continuidade e, 475–493
equação de Euler para, 525–526, 531, 580–581
equações constitutivas, 464–465
escoamento incompressível isotérmico, 466–468
escoamento irrotacional, 529–554
escoamento lento, 520–525, 588–591
fluidos newtonianos *versus* fluidos não newtonianos, 465–466
média de Reynolds de Navier-Stokes (RANS), equação de, 903
número de Euler para, 519
número de Freud para, 519
número de Reynolds (Re) para, 519–522, 524
número de Strouhal (St) para, 519
operador Laplaciano para, 530
parâmetros de escala para, 517–518
pressão modificada e, 520
regiões invíscidas do escoamento, 525–529
soluções aproximadas da, 515–606
soluções exatas da, 475–493
soluções exatas e aproximadas, comparação entre, 516–517
tensor de tensão viscosa (de desvio) para, 465–467

Equação de turbomáquina de Euler, 810
Equação integral de Kármán, 585–588
Equações, 40, 104–106, 108, 185–242, 244–245, 249–250, 264–267, 269–270, 293–299, 437–514, 517–520, 555, 559–563, 880–884
acopladas, 438–439, 470–475
adimensionalização das, 294–299, 517–520
análise diferencial das, 437–514
análise inspecional de, 294–299
da continuidade, 438–450, 468–469, 475–493, 880
de Bernoulli, 199–214
de camada limite, 555, 559–563
de Cauchy, 459–464
de estado, 40
de Navier–Stokes, 464–469, 475–493, 880
dinâmica dos fluidos computacional (CFD), soluções pela, 880–883
eficiência, 194–199
energia, 186–187, 194–199, 214–228
equação da turbina de Euler, 269–270
expansão em séries de Taylor para, 440–441
gases ideais, 40
homogeneidade dimensional e, 293–299
massa, 186–195
momento angular, 244–245, 264–267
momento linear, 186, 244–245, 249–250
movimento, 104–106, 108, 517–520, 880–884
normalizadas, 294
princípio da conservação de momento, 186
soluções aproximadas das, 517–520
Equações adimensionais, 294–299, 517–520
da continuidade, 517–518
de Navier–Stokes, 519–520
dinâmica dos fluidos computacional (CFD), previsão para, 318–319
Froude (Fr), número de, 296–299, 519
geração de, 303–319
movimento, 517–520
número de Euler (Eu) para, 519
número de Strouhal (St) para, 519
Π (Pi) independente, 300–301
parâmetros de agrupamento Pi (Π), 300–319, 516–517
parâmetros de escala, 295–296, 517–518
parâmetros para, 294–319, 518–519
parâmetros repetidos, 304–306, 312, 314
pessoas homenageadas pelas, 311
processo para (adimensionalização), 294–299, 517–520
relações de significado, 309–310
Reynolds (Re), número de, 301, 315–318
similaridade de modelos e de protótipos utilizando, 300–303
soluções aproximadas para, 517–520
Teorema Pi de Buckingham, 303–319

Equações constitutivas, 464–465 *Veja também* Equação de Navier–Stokes
Equações diferenciais, uso de, 22
Equações diferenciais ordinárias (EDO), 485
Equações diferenciais parciais (EDP), 485
Erosão generalizada junto a pontes, 771
Erro constante, 28
Erro de desvio, 28
Erro de exatidão, 28–30
Erro de precisão, 28–29
Erro sistemático, 28
Erros, 28–31, 88–89, 221–222, 251–253, 491–492
Escala de comprimento da turbulência (l), 904
Escoamento adiabático em duto, 702–711. *Veja também* Escoamento de Fanno
Escoamento adiabático reversível, *veja* Escoamento isentrópico
Escoamento axissimétrico, 14–15, 457, 534, 536–537, 610, 687–688
Escoamento bidimensional, 13–15, 534–537, 608, 610–613
Escoamento bloqueado, 670, 700, 708–711, 765
Escoamento circulatório, perda de, 815
Escoamento com superfície livre, 323–325
Escoamento compressível, 10–11, 44–51, 200–203, 439–445, 610, 659–723, 953–956
adiabático, 702–711
aviões e, 662–663, 674–688
bloqueado, 670, 700, 708–711
bocais convergentes, 665, 670–674
bocais para, 665–678, 923–927
densidade e, 10–11, 46–47, 667–669
dinâmica dos fluidos computacional (CFD) para, 922–928
em regime, 200–201
equação de Bernoulli e, 200–203
equações da continuidade para, 439–445
escoamento de Fanno, 702–711, 956
escoamento de Rayleigh, 693–702, 955
externo, 610
fricção e, 702–711
gases ideais, 45–46, 663, 667–669, 693–702, 953–956
interações viscosa/não viscosa, 712
isentrópico, 663–678, 953
módulo de elasticidade volumétrica (κ), 44–46
número de Mach (Ma) para, 11, 50–51, 663–672
ondas de choque, 675–688, 712, 927–928
ondas de expansão de Prandtl–Meyer, 688–693
propriedades de estagnação do, 660–663, 704–705
simulações de CFD para o, 922–928
sônico, 11, 50–51, 666–667
subsônico, 11, 50–51, 666–667, 687

Índice 977

supersônico, 11, 50–51, 666–667, 687
tabelas de propriedades para, 953–956
transferência de calor (Q) e, 693–702
transônico, 50–51
tridimensional, 610
unidimensional, 663–669, 953–954
velocidade do som (c) e, 11, 48–51, 663–665
Escoamento Couette, 477–484
Escoamento crítico, 729–732, 739–737
Escoamento crítico uniforme, 736–740
Escoamento de ar, 14–15, 40–41. *Veja também* Gases ideais
Escoamento de entrada e saída, 164–165, 251, 254
Escoamento de expansão, 688–693
Escoamento de Fanno, 702–711, 956
  análise diferencial do, 705–708
  bloqueado, 708–711
  comprimento máximo de duto (sônico ou crítico), 707–708
  diagramas T-s para, 704–705
  efeitos do atrito no, 704–705
  equação da continuidade para, 703, 705
  equação da energia para, 703, 705
  equação de estado para, 704
  equação de momento para, 703–705
  funções das propriedades, 956
  gases ideais, 702–711, 956
  número de Mach (Ma) para, 704–705
  número de Reynolds (Re) para, 707–708
  relações de propriedades para, 705–708
  variação da entropia, 703
Escoamento de Rayleigh, 693–702, 955
  bloqueado, 700
  efeitos do aquecimento e do resfriamento no, 696
  efeitos do aquecimento e resfriamento em, 696
  equação da continuidade para, 694
  equação de estado para, 695
  equação de momento para, 694
  equações da energia do volume de controle para, 694–695
  equações de balanço da energia, 694
  funções das propriedades para, 955
  gases ideais, 693–702
  número de Mach (Ma) e propriedades do, 695–696
  relações de propriedades para, 699–700
  transferência de calor e, 693–702
  variação da entropia durante, 694–695
Escoamento de Stokes, 520. *Veja também* Escoamento lento
Escoamento em canal aberto, 10, 725–785, 928–930
  áreas transversais hidráulicas, 743–747
  canais, 727–729, 737–747, 771
  classificação dos, 726–729
  coeficiente de descarga (C_d) para, 762–764
  comportas, 761–770, 930

conservação de massa, 736
controle e medição de escoamento, 761–770
crítico, 729–732, 436–740
determinação entre estacionário e não estacionário, 726
diâmetro hidráulico (D_h), 728
energia específica (E_s) de, 733–736
equações de energia para, 736–737
erosão generalizada junto a pontes, 771
escoamento gradualmente variado (GVF), 727, 747–756
escoamento rapidamente variado (RVF), 727, 757–761
estrangulado, 765
inclinação (S) de, 737, 748–753
inclinação de atrito (S_f) de, 737
laminar, 727–728
número de Froude (F_r) para, 729–730, 929–930
número de Reynolds (Re) para, 727–728
ondas de superfície, 731–733
perda de carga (h_L), 736–737, 758–759
perfis de superfície, 749–756
profundidade crítica (y_c) de, 730, 734
profundidade do escoamento, 726–727
profundidade hidráulica (y_h), 732–733
raio hidráulico (Rh) para, 728–729
saliências, 764–765, 929
salto hidráulico, 731–733, 757–761, 930
simulações de CFD para o, 928–930
subcrítico (tranquilo), 729–732
supercrítico (rápido), 729–732
turbulento, 727–728
uniforme (UF), 726–727, 737–743
variado (não uniforme), 726–727, 740–743
variáveis unidimensionais para, 726
velocidade de onda (c_0), 729–733
vertedouros, 761, 765–770
Escoamento em tubo não circular, 348
Escoamento em tubos, 348–349, 351–390, 790–797, 893–896, 952
  análise de redes para, 381–382
  circulares, 348, 353–357, 952
  coeficiente (K_L) de perda (de resistência), 374–379
  comprimento de entrada, 352–353
  comprimento equivalente, 375
  conservação de massa para, 382
  diagrama de Moody para, 367–374, 952
  efeitos de atrito no, 348–349, 355–356, 367–369
  eficiência (η) do, 381–390, 790–797
  eficiência da bomba e, 383–390, 790–797
  em série, 381–382
  expansão repentina, 379
  fator de atrito de Darcy para, 355–356, 367–368

fator de atrito de para, 355–356, 358, 952
fator de correção da energia cinética para, 357
formas não circulares, 348
inclinados, 357–358
interno, 348–349, 351–390
laminar, 351–361, 893–896
paralelos, 382
perdas pequenas, 374–381
perfis de velocidade para, 351–352, 353–355, 364–367
problemas de diâmetro (D), 369–370
região da vena contracta, 376
região de entrada, 351–352, 893–896
rugosidade equivalente e, 368
rugosidade relativa de, 367–369
seções de cotovelos, 377–380
seções de curvas, 377–380
simulações de CFD para o, 893–896
sistemas (redes), 381–390, 790–797
tamanhos de tubos para, 369
turbulento, 361–374
válvulas para, 374–375, 378, 380
velocidade em, 384–385
Escoamento estacionário, 12–14, 191, 199–205, 219–220, 251, 253–254, 267–268, 444–445, 470–490, 726
  análise da energia do, 219–220
  análise diferencial do, 470–490
  balanço da energia mecânica, 220–220
  balanço de massa para, 191
  compressível, 200–203, 219–220, 444–445
  dispositivos de, 12–13
  dispositivos de corrente única, 219–220
  equação da continuidade para, 444–445
  equação de Bernoulli para, 199–205
  escoamento em canal aberto, 726
  escoamento não estacionário comparado com, 12–14
  ideal (nenhuma perda de energia mecânica), 219–220
  incompressível, 201–203, 221–220
  momento angular do, 267–268
  momento linear de, 251, 253–254
  passagens de entrada e saída, 251, 254
  perda irreversível de carga, 220–220
  perdas de energia em, 219–220
  real (com perda de energia mecânica), 219–220
Escoamento externo, 10, 607–657, 678–693
  ângulo de ataque (α), 612, 617
  atrito e, 612, 614–617, 625–629
  axissimétrico, 610
  campos de escoamento para, 608–610
  coeficiente de arrasto (C_D), 612–614, 617–625, 630–631
  compressível, 610, 678–693
  corpos bidimensionais, 608, 610–612, 619

corpos carenados, 610, 614–616
corpos rombudos, 610
corpos tridimensionais, 610, 611, 620–621
de aviões, 612–613, 616–617, 634–643
efeitos da rugosidade da superfície, 612, 614–615, 626–628, 632–633
escoamento interno comparado com, 10
força de arrasto (F_D), 610–617, 638–639
força de sustentação, 610–613, 634–643
forças resultantes de, 607
incompressível, 610–657
número de Reynolds (Re) para, 612, 617–618, 629–631
ondas de choque, 678–693, 712
ondas de expansão de Prandtl–Meyer, 688–690
paralelo, 625–629
pontos de estagnação, 629–631, 635, 639
redução do arrasto, 610–611, 615–616, 645
separação de escoamento, 616–617, 630–631
sobre cilindros, 629–633
sobre esferas, 629–633
sobre placas planas, 612, 625–629
velocidade de corrente livre, 608
Escoamento forçado, 11
Escoamento gradualmente variado (EGV), 727, 747–756
Escoamento hipersônico, 11, 50–51
Escoamento incompressível, 10–11, 44, 192–195, 201, 205–206, 221–222, 443–445, 466–468, 610–613, 634–643. *Veja também* Escoamento externo
  análise da energia do, 221–222
  análise diferencial do, 443–445, 466–468
  balanço de massa para, 192–195
  bidimensional, 608, 610–612
  calores específicos do, 44
  conservação de massa e, 192–195, 443–445
  corpos carenados, 610, 614–616
  derivada material, 443–444
  determinação do, 44
  efeitos da rugosidade da superfície, 626–628, 632–633
  equação de Bernoulli para, 201–203, 205–206, 221–220
  equação de Navier–Stokes para, 466–468
  equações da continuidade para, 443–445
  escoamento compressível comparado com, 10–11
  estacionário, 201–203, 221–220
  externo, 610–657
  fator de correção da energia cinética (a), 221–222
  força de arrasto e, 610–617, 638–639
  força de sustentação e, 610–613, 634–643

isotérmico, 466–468
separação de, 630–631
tridimensional, 610, 611
Escoamento interno, 10, 347–436
  bombas, 381–390
  comprimento de entrada, 352–353
  diagrama de Moody para, 367–374
  dutos, 348, 358
  efeitos da gravidade no, 357–358
  efeitos do atrito no, 348–349
  equação de Bernoulli para, 392–393
  equação de Colebrook para, 367–374
  escoamento de Hagen-Poiseuille, 356
  escoamento externo comparado com, 10
  laminar, 349–361
  mecânica dos biofluidos, 408–416
  medida da velocidade, 391–408
  número de Reynolds (Re) para, 350–351
  perda de carga (h_L), 348, 356–357, 369–370, 375–376
  perdas pequenas, 374–381
  queda de pressão (ΔP), 348, 355–357, 369
  regiões de entrada, 351–352
  taxa de escoamento, 369–370
  transicional, 349–351
  tubos, 348–349, 351–390
  turbulento, 349–353, 361–374
  válvulas e, 364–365, 367
  velocidade do, 348–349, 357–358, 364–367, 391–408
Escoamento invíscido, 10, 199, 525–529
  aproximação, 525–529
  camadas limite e, 525–526
  efeitos da gravidade no, 526–527
  equação de Bernoulli para, 199, 526–527
  equação de Euler para, 525–526
  equação de Navier–Stokes e, 525–529
Escoamento irrotacional, 156–157, 351, 529–554, 625
  aproximação, 529–554
  arrasto aerodinâmico, 548–550
  camadas limite e, 351, 625
  circulação (intensidade do vórtice) do, 542–543, 545–546
  circular, 156–157
  componentes de velocidade para, 537
  corrente uniforme do, 539, 546–549
  dipolo do, 544–547
  equação da continuidade para, 529–530
  equação de Bernoulli para regiões de, 531–534
  equação de Euler para, 531
  equação de Laplace para, 530, 535–537
  equação de momento para, 531
  equações de Navier–Stokes para, 529–554
  escoamento paralelo externo, 625
  função potencial de velocidade, 529–530, 535–537

funções corrente para, 535–537, 545–547
funções harmônicas para, 535–537
intensidade do dipolo do, 544–545
intensidade do vórtice (circulação) do, 542–543, 545–546
linha de fonte do, 540–542
linha de sumidouro do, 540–542, 545
linha de vórtice do, 542–543, 545
linhas equipotenciais para, 535–536
operador Laplaciano para, 530
paradoxo de D'Alembert, 548–549
ponto de pressão zero do, 549–550
região central, 351
regiões axissimétricas, 534, 536–537
regiões bidimensionais do, 534–537
regiões de escoamento potencial, 351, 529–530
regiões planares, 534–554
sobreposição do, 538, 545–554
vorticidade (ζ) do, 156–157
Escoamento isentrópico, 663–678, 953
Escoamento laminar, 11, 349–361, 556–573, 578–583, 727–729, 893–902
  aproximação da camada limite, 556–573, 578–583
  camada limite de uma placa plana, 556–558
  cilindros, cálculos do CFD para escoamento ao redor de, 896–902
  circular em tubos, 353–357
  coeficiente de atrito superficial (local) para, 567
  comportamento dos fluidos (regime de escoamento) do, 349–351
  comprimento de entrada, 352–353
  comprimento de entrada hidrodinâmica (L_h), 352–353
  diâmetro hidráulico e raio para, 728–729
  dinâmica dos fluidos computacional (CFD), cálculos, 580–583, 893–902
  efeitos do gradiente de pressão, 578–583
  equação de Navier–Stokes para, 559–563
  escoamento em canal aberto, 727–729
  escoamento em tubos, cálculos do CFD para, 893–896
  escoamento turbulento comparado com, 557–559, 580–583
  fator de atrito (f), 355–356, 358
  fator de atrito de Darcy (f), 355–356
  fator de correção da energia cinética (α) para, 357
  gradiente de pressão zero, 561, 564–565
  interno, 349–361
  lei de Poiseuille para, 356
  linha de corrente divisória, 581–582
  número de Reynolds (Re) para, 350–351, 556, 727–729
  perda de carga (h_L), 356–357
  perfis de velocidade para, 351–355
  queda de pressão (ΔP), 355–357
  região de entrada, 351–352, 893–896

separação de escoamento, 580–583
totalmente desenvolvido, 335–355
transição para turbulento, 349–351, 557–558
tubos inclinados, 357–358
tubos não circulares, 358
variável (η) de Blasius para, 565–567
Escoamento lento, 520–525, 588–591
aproximação, 520–525, 588–591
arrasto em uma esfera em, 523–525
equação de Navier–Stokes para, 520–525
número de Reynolds (Re) para, 520–522
simulações de CFD para o, 588–591
velocidade final de, 523–524
Escoamento não estacionário, 12–14, 202–203, 490–493, 726
Escoamento natural (não forçado), 11
Escoamento planar, 457, 484, 534–537, 538–554
bidimensionais, 534–537
corrente uniforme do, 539, 546–549
dipolo do, 544–547
escoamento de Poiseuille, 484
função potencial da velocidade para, 535–537
funções corrente para, 457, 535–537, 545–547
funções harmônicas para, 535–537
linha de fonte do, 540–542
linha de sumidouro do, 540–542, 545
linha de vórtice do, 542–543, 545
ponto singular (singularidade) de, 540–541
regiões irrotacionais de, 534–554
sobreposição do, 538, 545–554
Escoamento potencial, *veja* Escoamento irrotacional
Escoamento quase-permanente, 519
Escoamento rapidamente variado, 727, 757–761
Escoamento reverso, 579–582
Escoamento sem atrito e, 199, 204–205
Escoamento sônico, 11, 50–51, 666–667
Escoamento subcrítico (tranquilo), 729–732
Escoamento subsônico, 11, 50–51, 666–667, 687
a jusante, 687
número de Mach (Ma) para, 11, 50–51, 666–667
Escoamento supercrítico (rápido), 729–732
Escoamento supersônico, 11, 50–51, 666–667, 674, 678–681, 687
a jusante, 687
número de Mach (Ma) para, 11, 50–51, 666–667
ondas de choque pelo, 674, 678–681
Escoamento totalmente desenvolvido, 13–15 *Veja também* Escoamento unidimensional

Escoamento transicional, 11, 349–351, 557–559
Escoamento transiente, 12–13
Escoamento transônico, 50–51
Escoamento tridimensional, 13–15
Escoamento turbulento, 11, 253, 349–353, 361–374, 557–558, 572–583, 727–728, 902–915
aproximação da camada limite, 557–558, 572–583
camada amortecedora, 364–365
camada de superposição (transição), 364–366
camada externa (turbulenta), 364–366
camada limite de uma placa plana, 572–578
camadas de cisalhamento livre, 557
cilindros, cálculos do CFD para escoamento ao redor de, 905–907
componentes flutuantes do, 361–362
comportamento dos fluidos (regime de escoamento) do, 349–351
comprimento de entrada, 352–353
comprimento de entrada hidrodinâmica (L_h), 353
comprimento de mistura, 364
comprimento viscoso, 365
diagrama de Moody para, 367–374
diâmetro hidráulico e raio para, 728–729
dinâmica dos fluidos computacional (CFD), cálculos, 580–583, 902–915
efeitos do gradiente de pressão, 578–583
em tubos, 361–374
equação de Colebrook para, 367–368
equação de Navier–Stokes para, 557–558, 572–578
equação de Prandtl para, 368
equação de von Kármán para, 368–369
escoamento em canal aberto, 727–728
escoamento laminar comparado com, 557–559, 580–583
escoamento transicional para, 349–351, 557–558
fator de atrito de Darcy para, 367–368
fator de correção do fluxo de momento para, 253–253
fios disparadores para transição, 558
interno, 349–353, 361–374
lei da parede, 365–366, 576, 578
lei da parede de Spaulding, 576, 578
lei de potência um sétimo para, 366, 573–574
lei do defeito da velocidade, 366
lei logarítmica (log), 366, 576
modelos de turbulência para, 903–905
número de Reynolds (Re) para, 350–351, 727–728
perda de carga (h_L), 369–370
perfil de velocidade da lei de potência para, 366–367
perfis de velocidade para, 351–352, 364–367

projeto do estator, modelo do CFD para, 907–915
queda de pressão (ΔP), 369
regiões de entrada, 351–352
separação de escoamento, 580–583
simulação das grandes escalas (LES), 903
simulações numéricas diretas (DNS) para, 903
subcamada viscosa, 364–367
tensão de cisalhamento turbulenta (τ_{turb}) do, 363–364
tensões de Reynolds (turbulentas), 363
velocidade de atrito do, 365
ventilador axial com palhetas direcionais, modelo do CFD para, 907–915
viscosidade cinemática de vórtice do, 363–364
viscosidade de vórtice do, 363–364
visualização de escoamento, 582
vórtices, 361–364, 902–903
Escoamento unidimensional (totalmente desenvolvido), 13–15, 351–355, 663–669, 953–954
compressível, 663–669, 953–954
direção radial de, 13–15
funções das propriedades para, 953–954
funções de choque, 954
funções de escoamento, 953
gases ideais, 663–669, 953–954
isentrópico, 663–669, 953
laminar, 353–355
perfis de velocidade para, 13–15, 351–355
região hidrodinamicamente desenvolvida por completo, 351–352
regiões de entrada, 13–14, 351–352
variação da velocidade do fluido, 665–667
Escoamento uniforme, 12–13, 251, 539, 546–549, 726–727, 737–743
coeficiente de Chezy para, 738–739
coeficiente de Manning para, 739
corrente de, 539, 546–549
crítico, 736–740
escoamento em canal aberto, 726–727, 737–743
escoamento irrotacional, 539, 546–549
escoamento variado (não uniforme) comparado com, 726–727
Gauckler-Manning, e equações de, 738–739
momento linear de, 251
profundidade normal para, 727, 738
superposição para perímetros não uniformes do, 740
velocidade (V_0) do, 738
Escoamento variado (não uniforme), 726–727, 740–743
Escoamento viscoso, 10, 612–613, 634–635

Escoamentos circulares, comparação entre, 159–160
Escoamentos de fluidos, 1–35, 52–55, 133–184, 191–195, 199–214, 250–273, 299–303, 312–325, 347–514, 663–669, 726, 880, 882–883
   aceleração do, 135–140, 199–200
   algarismos significativos e, 28–31
   análise, 1–35
   análise diferencial dos, 32, 437–514
   aplicações da equação de Bernoulli para, 199–214
   bidimensionais, 13–15
   camadas limite, 7–9, 351–352, 364–367
   circulares, 159–160
   classificação dos, 8–15
   compressíveis, 10–11, 200–203
   condição de continuidade da temperatura, 8–9
   condição de não escorregamento, 7–9
   descrição euleriana, 134–140
   descrição lagrangiana, 134–140
   estacionários, 12–14, 191, 199–203, 251, 253–254
   estrutura molecular e, 3–4
   exatidão de medidas, 28–30
   externos, 10
   forçados, 11
   forças (F) e, 2–3
   incompressíveis, 10–11, 192–195, 201, 205–206, 221–220
   internos, 10, 347–436
   invíscidos, 10, 199
   irrotacionais, 156–157
   laminares, 349–361
   linhas de corrente, 141–143
   linhas de emissão, 144–146
   mecânica dos biofluidos, 408–416
   modelagem (matemática), 21–23
   não estacionários, 12–14, 202–203, 726
   naturais (não forçado), 11
   pacotes de aplicativos para engenharia para, 25–27
   precisão de medidas, 28–29
   propriedades globais do CFD para, 880, 882–883
   rotacionais (ω) e, 151–152, 156–159
   sem atrito, 199, 204–205
   sistemas de, 563, 14–16
   taxa de deformação e, 2–3
   técnica de resolução de problema, 23–25
   teorema de transporte de Reynolds (TTR) para, 160–168
   totalmente desenvolvidos (unidimensionais), 13–15
   tridimensionais, 13–15
   turbulentos, 11, 349–353, 361–374
   unidades de medida, 15–22
   unidimensionais (totalmente desenvolvido), 13–15, 663–669
   variáveis de campo, 134–136
   viscosos, 10
   volume de controle, 15–16, 160–168
Esferas, 523–525, 629–633
   diâmetro externo (D), 629
   efeitos da rugosidade da superfície, 632–633
   escoamento externo sobre, 629–633
   escoamento lento, aproximação do, 525–525
   força de arrasto em, 523–525, 629–633
   número de Reynolds (Re) para, 524, 629–633
   pontos de estagnação, 629–631
   separação de escoamento, 631
Espessura (δ) das camadas limite, 556, 562–564, 574, 625
Espessura de deslocamento (δ^*), 568–571
Estabilidade, 101–103
   altura metacêntrica, 101–103
   centro de gravidade e, 101–102
   flutuação e, 101–103
   rotacional, 101–102
Estado de vapor, 4
Estagnação, 203–205, 629–631, 635, 639, 660–663, 667–669, 704–705
   calor específico, 667–669
   efeitos do atrito na, 704–705
   entalpia, 660–662
   escoamento externo e, 629–631, 635, 639
   escoamento sobre esferas e, 629–631
   estado isentrópico, 661
   força de sustentação e, 635, 639
   linha de corrente de, 204–205
   número de Mach (Ma), relações entre, 667–669
   pontos de, 204–205, 629–631, 635, 639
   pressão de, 203–205, 661–662, 705
   propriedades dos, 660–663, 705
   propriedades para escoamento isentrópico de gases ideais, 667–669
   temperatura de, 661–662, 705
Estática, estudo da, 2
Estática dos fluidos, 75–131. *Veja também* Pressão
Esteira de vórtices de von Kármán, 145, 900–902
Esteira móvel, 302
Esteiras, regiões de escoamento, 199, 273–274
Euler (Eu), número de, 309, 519
Euler, equação de, 525–526, 531, 580–581
Excesso de velocidade, 590–591
Expansão repentina, 379

Face do domínio computacional (escoamentos 3–D), 881
Fase sólida, 3–4
Fator de atrito de Darcy (f), 309, 317, 355–356, 358, 367–369, 952
   análise dimensional, uso de, 317
   análise do escoamento laminar, 355–356
   análise do escoamento turbulento, 367–369
   diagramas de Moody para, 367–369, 952
   escoamento em tubos e, 952
   relação de significado, 309
   rugosidade relativa (ε/D) e, 367–369
   seções transversais em tubos e, 358
Fator de atrito de Fanning (C_f), 309, 317, 355–356
Fator de correção da energia cinética (α), 221–222, 357
Fator de correção do fluxo de momento (β), 251–253
Fator de forma (H), 585
Fator do padrão de energia (K_e), 851
Fileira de linhas de emissão, 145
Fio de bolha de hidrogênio, 147
Fio de fumaça, 144–145
Fios disparadores, 558
Flaps, efeitos de sustentação dos, 636–637
Flaps nos bordos de ataque, 636
Flaps nos bordos de fuga, 636
Fluido em várias camadas, hidrostática e, 96
Fluido viscoelástico, 465
Fluidos, definição de, 2
Fluidos de cisalhamento diluto e espessado, 466
Fluidos dilatantes (de aumento de cisalhamento), 52–53, 466
Fluidos não newtonianos, 465–466
Fluidos newtonianos, 52–53, 465–466
Fluidos plásticos, 466
Fluidos pseudoplásticos (de redução de cisalhamento), 53–54, 466
Flutuação, 32, 47, 98–103
Força (F), 2–4, 10, 17–19, 50–53, 58–59, 76–81, 89–105, 216–220, 244–250, 254–255, 264–267, 607–617, 634–643
   adesiva, 58
   análise do momento e, 244–250, 254–255, 264–267
   centrípeta, 265
   coesiva, 58
   de arrasto, 51–52, 610–617, 638–639
   de cisalhamento, 52–53
   de compressão, 77–78
   de corpo, 103–105, 246–249
   de empuxo, 254–255
   de superfície, 103–105, 246–249
   de sustentação, 51–52, 610–613, 634–643
   efeito capilar e, 58–59
   escoamento e, 2–4, 249–250, 254–255
   externa, 249–250, 254–255, 265–267
   flutuação, 98–103
   fricção, 10, 50–52
   gravidade como, 18, 247–248
   hidrostática, 89–97
   intermolecular (pressão), 3–4
   momento angular e, 244–245, 264–266
   momento de uma, 265–266
   momento linear e, 249–250, 254–255
   movimento de corpo rígido, 103–105
   peso como, 17–18

Índice

pressão e, 76–81, 216–220
resultante, 90–91, 95–96, 607
tensão e, 2–3
trabalho como, 18–19, 216–220
unidades de, 17–19
viscosidade e, 10, 50–53
volume de controle (VC), atuando sobre, 246–250
Força de arrasto (*FA*), 51–52, 302–303, 523–525, 548–550, 587–588, 610–617, 629–633, 638–639, 645
  aerodinâmica, 302–303, 548–550
  análise diferencial da, 302–303
  ângulo de ataque (α), 612, 617
  aproximação de escoamento lento e, 523–525
  atrito e, 51–52, 612, 614–617
  atrito superficial (cisalhamento na parede), 567, 612, 614
  balança e, 302–303
  carenamento, 615–616
  cilindros com escoamento externo sobre, 629–633
  desenho de asas, 612–613
  efeitos da rugosidade da superfície, 612, 614–615, 626–628, 632–633
  escoamento externo e, 610–617, 638–639
  escoamento incompressível e, 610–617, 638–639
  escoamento irrotacional e, 548–550
  esferas e, 523–525, 629–633
  força de sustentação e, 610–613, 638–639
  induzido, 638–639
  paradoxo de D'Alembert, 548–549
  placas planas com escoamento externo sobre, 612, 625–629
  pressão, 612–617
  relação sustentação-arrasto, 638–639
  separação de escoamento, 616–617
  veículos, 621–623
Força de sustentação, 313–316, 610–613, 634–643
  aerofólios, 634–639
  análise dimensional da, 313–316
  ângulo de ataque, 315, 612, 634–637
  área frontal, 612
  área projetada, 313, 612, 639
  arrasto e, 610–613, 638–639
  arrasto induzido e, 638–639
  asa protótipo para, 313–316
  asas finitas, 638–639
  condição de estol, 637
  efeito Magnus, 639–643
  efeitos da pressão na, 634–635
  efeitos viscosos na, 634–635
  escoamento incompressível e, 610–613, 634–643
  flaps, efeitos dos, 636–637
  gerada pela rotação, 639–643
  número de Mach (Ma) e, 315–316
  pontos de estagnação, 635, 639
  raio de aspecto (AR) para, 639
  relação sustentação-arrasto, 635–636
  velocidades de decolagem e pouso, 636–637
  vórtice inicial, 635
Forças de volume, 103–105, 246–249
Forças resultantes (F_R), 90–91, 95–96, 607
Formação de inundações e danos em vórtices, 771
Fórmula de Pitot para vazão, 392
Fornecimento livre, 384, 790–791
Fourier (Fo), número de, 309
Francis, turbina de, 838–864
Fronteira, 14–16, 161, 214–215
Froude (Fr), número de, 296–299, 309, 323–325, 519, 729–730, 750–751, 929–930
  adimensionalidade utilizando o parâmetro do, 296–299
  análise dimensional utilizando, 323–325
  equação de Navier-Stokes adimensional utilizando, 519
  escoamento com superfície livre, 323–325
  escoamento crítico, 729–730
  escoamento em canal aberto, 729–730, 929–930
  escoamento subcrítico (tranquilo) e, 729–730
  escoamento supercrítico (rápido) e, 729–730
  perfis de superfície, 750–751
  profundidade crítica, 730
  relação de significado, 309
  simulações de CFD utilizando, 929–930
  velocidade de onda (c_0) e, 729–730
Função corrente compressível, 458–459
Função da esteira, 576–577
Função harmônicas, 535–537
Função potencial da velocidade (ϕ), 529–530, 535–537
Funções corrente (ψ), 450–459, 535–537, 545–547
  análise diferencial e, 450–459
  compressível (ψ_ρ), 458–459
  em coordenadas cartesianas, 450–456
  em coordenadas cilíndricas, 457–458
  escoamento axissimétrico, 457, 536–537
  escoamento irrotacional, 535–537, 545–547
  escoamento planar e, 457, 535–537, 545–547
  função potencial da velocidade e, 535–536
  linhas de corrente e, 451–456
  ortogonalidade mútua de, 535–536
Funções de caminho, 187–188

Garganta dos bocais, tamanho da, 665, 668, 672
Gases, 3–4, 53–55, 99, 940, 948. *Veja também* Ar; Gases ideais
Gases, dinâmica dos, 2
Gases ideais, 40–41, 44–46, 661, 663–665, 667–669, 693–711, 940, 953–956
  calor específico dos, 44, 667–669, 940
  compressibilidade de (κ), 45–46
  densidade dos, 40–41
  energia dos, 44
  entalpia dos, 661
  equação da energia para, 694, 703
  equação de estado para, 40, 695, 704
  escoamento através de um duto convergente-divergente, 663–665
  escoamento compressível de, 45–46, 661, 663–665, 667–669, 693–702, 953–956
  escoamento de Fanno, 702–711, 956
  escoamento de Rayleigh, 693–702, 955
  escoamento em duto, 693–702
  escoamento isentrópico, 663–665, 667–669, 953
  expansão volumétrica (β) de, 46
  funções de choque para, 954
  número de Mach (Ma) para, 663–665, 667–669
  propriedades críticas, valores das (*), 668–669
  propriedades dos fluidos da, 44–46
  relações de propriedades, 699–700, 705–708
  tabelas de propriedades para, 940, 953–956
  variação das propriedades do escoamento, 667–669
  velocidade do som (c) para, 663
Gauckler-Manning, equações de, 738–739
Gerador, eficiência do ($\eta_{gerador}$), 196
Gradiente da velocidade, 51–53
Gradiente de pressão, 103–104, 561–562, 564–565, 578–583
  aproximação de camada limite com, 561–562, 564–565, 578–583
  bolha de separação, 579–581
  condição de estol, 580–581
  curvatura e, 561–562
  desfavorável (adverso), 579
  dinâmica dos fluidos computacional (CFD), cálculos de, 580–583
  escoamento reverso e, 579–582
  favorável, 579
  linha de corrente divisória, 581–582
  movimento de corpo rígido, 103–104
  perfil de velocidade do, 580–581
  separação de escoamento, 578–583
  zero, 561, 564–565
Gráfico, 148–152, 916–917, 924–928
  abscissa, 149
  contorno da pressão por CFD, 924–928
  dados de escoamento de fluidos utilizando, 148–152
  de contornos, 150–152, 916–917, 924–928
  de perfil, 149
  de temperatura, 916–917

dinâmica dos fluidos computacional (CFD), uso da, 149–152, 916–917, 924–928
ordenada, 149
vetoriais, 149–151
Grashof (Gr), número de, 309
Gravidade, 18, 39, 41, 101–103, 247–248, 357–358, 461, 519, 526–527
altura metacêntrica, 101–103
centro de, 101–102
efeitos do escoamento laminar na, 357–358
equação de Cauchy e, 461
específica (GE), 39, 41
estabilidade e, 101–103
flutuação e, 101–103
força da, 18, 247–248
pressão hidrostática e, 519
regiões invíscidas do escoamento e, 526–527
volume de controle (VC), atuando sobre, 247–248

Hidráulica, estudo da, 2
Hidrodinâmica, 2
Hidrostática, 83–84, 89–97, 464, 479, 519–520
área, momentos de, 90–91
centro de pressão (ponto de aplicação), 89–91
centroide, 91–92
distribuição de pressão, 479, 519
efeitos da gravidade na, 519
equações adimensionais e, 519–520
fluido em várias camadas e, 96
força da, 89–97
forças resultantes (F_R), 90–91, 95–96
inércia, momentos de, 91–92
magnitude, 90–91, 96
placas retangulares, 92–94
pressão, 83–84, 464
pressão absoluta, 76–77, 90
pressão atmosférica, 89–90
pressão modificada e, 520
prisma de pressão, 91–92
superfícies curvas, 95–97
superfícies planas, 89–92
superfícies submersas, 89–97
Homogeneidade dimensional, 19–20, 293–299
adimensionalização das equações, 294–299
análise inspecional e, 294–299
constantes puras, 295
da equação de Bernoulli, 294
equações normalizadas, 294
Froude (Fr), número de, 296–299
lei da, 293
parâmetros adimensionais, 294–296
parâmetros de escala, 295–296
unidades e, 19–20
Horse power (hp), unidade de, 18–19

Identidade vetorial, 526–527
Imagens Schlieren, 678, 684
Impulso invertido, 818–819
Impurezas, 57
Inclinação (S), 498, 727, 737–740, 748–754
adversa, 750–751, 753
classificação da, 750–751, 756
comprimento, 498
crítica (S_c), 739–740
de atrito (S_f), 737, 751
escoamento em canal aberto, 727, 737–740, 748–753
escoamento gradualmente variado (EGV), 748–750
escoamento uniforme, 727, 738–739, 753
íngreme, 750–751, 753
perfis de superfície e, 749–753
suave, 750–751, 753
transições, 752–754
Inércia, momentos de, 91–92
Intensidade (Γ) do vórtice (circulação), 542–543, 545–546
Intensidade da turbulência (I), 904
Interações viscosa/não viscosa, 712
Interferometria, 147
Isóbaras, 106

Jakob (Ca), número de, 309
Joule (J), unidade de, 18, 43

Kaplan, turbina de, 838–839
Kelvin (°K), escala de temperatura, 16–17, 40
Kilojoule (kj), unidade de, 43
Knudsen (Kn), número de, 309

Laval, bocais de, 665, 678
Lei da parede, 365–366, 576, 578
Lei de parede-esteira, 576–577
Lei de potência um sétimo (perfil de velocidade), 366, 573–574
Lei do defeito da velocidade, 366
Lei logarítmica (log), 366, 576
Leibniz, teorema de, 165–167
Leis de afinidade, 829–830
Leis de semelhança, 824–833, 855–860
análise dimensional para, 824–827, 855–857
bombas, 824–833
curvas de desempenho (característica) para, 826
leis de afinidade, 829–830
número de Reynolds (Re) e, 825–826
pontos operacionais homólogos, 826
relações de similaridade e, 825–826, 829–830
turbinas, 855–860
turbomáquinas, 824–833, 855–860
velocidade específica (N_{Sp} ou N_{St}), 827–829, 857–860

Leis de Newton para movimento, 17, 78, 102–103, 136, 200–203, 244–245, 249–250, 463–464
Leis de Pascal, 80–81, 85–86
Leque de expansão, 688–689
Lewis (Le), número de, 309
Libra-força (lbf), unidade de, 17–18, 76
Libra-massa (lbm), unidade de, 17–18
Ligações intermoleculares (pressão), 3–4
Limite de Betz, 853–854
Linha de ação, 91
Linha de contorno, gráfico da, 150–152
Linha de energia (EGL), 205–208, 789–790, 840–841
Linha de Fanno (curva), 679–682
Linha de fonte, 540–542
Linha de fonte, intensidade da, 540–541
Linha de Rayleigh (curva), 679–680, 695
Linha de recolamento, 921–922
Linha de sorvedouros, 160
Linha de sumidouro, 540–542, 545
Linha de trajetória, 142–144
Linha de vórtice, 542–543, 545
Linha piezométrica (HGL), 205–208
Linhas das franjas, 405
Linhas de corrente, 141–143, 161–162, 199–200, 202–206, 451–456, 552, 615–616
aceleração de partículas e, 199–200
adimensionais, 552
balanço de força transversal às, 202–203
de estagnação, 204–205
divisórias, 552
equação de Bernoulli e, 199–200, 202–206
função corrente e, 451–456
redução de arrasto por, 615–616
sobreposição de escoamento irrotacional e, 552
teorema de transporte de Reynolds (TTR) e, 161–162
visualização de escoamento utilizando, 141–143
Linhas de emissão, 144–146
Linhas de tempo, 146–147
Linhas equipotenciais, 535–536
Líquidos, 3–4, 53–60, 946
propriedades dos, 946
viscosidade dos, 53–55

Mach (Ma), número de, 11, 50–51, 310, 315–316, 663–672, 679–681, 685–689, 691, 695–696, 704
análise da força de sustentação e, 315–316
análise dimensional, uso de, 315–316
bocais convergentes, 665, 670–672
bocais convergentes–divergentes, 665
contrapressão (P_b) e, 669–678
de unidade, 665–665, 668
escoamento compressível, 663–672, 679–681, 685–689

Índice **983**

escoamento de Fanno, 704
escoamento de Rayleigh, 695–696
escoamento hipersônico, 50–51
escoamento isentrópico, 663–669, 672
escoamento sônico, 50–51, 666–667
escoamento subsônico, 50–51, 666–667, 687
escoamento supersônico, 50–51, 666–667, 687
escoamento transônico, 50–51
estimativa do, 691
forma dos bocais, 665–669
gases ideais, 663–665, 667–669, 695–696, 704
ondas de choque e, 679–681, 685–688
propriedades críticas, valores das (*), 668–669
Mach, ângulo de (μ), 688
Mach, onda de, 688
Magnitude, 90–91, 96
Malhas, 881–888
  análise multiblocos utilizando, 886–887
  bidimensionais, 881, 885–887
  distorção, 885
  distorção equiangular, 885
  estruturadas, 884, 886
  face (escoamento tridimensional), 881
  geração de, 883–888
  hexaedros, 887–888
  híbridas, 886–887
  independência de, 888
  intervalos, 884
  não estruturadas, 884–885
  nós, 884
  poliédricas, 887–888
  prismas, 887–888
  tetraedros, 887–888
  tridimensionais, 881, 886–887
Malhas, 883–884
Malhas de CFD bidimensional, 881, 885–887
Malhas de CFD tridimensional, 881, 886–887
Manômetro diferencial, 85–86
Manômetro inclinado, 85
Máquinas de fluido, *veja* Turbomáquinas
Máquinas dinâmicas, 789–790, 806–824, 834–855
Máquinas por deslocamento positivo, 396, 789, 803–806, 834
  bombas, 789, 803–806
  bombas autoescorvantes, 804–805
  bombas peristálticas, 803–804
  bombas rotativas, 804–805
  discos nutantes, 834
  escoamento de fluidos em, 803–806
  medidores de água, 834
  medidores de vazão, 396
  turbinas, 789, 834
  volume fechado para, 804–806
Martelo hidráulico, 45

Massa (m), 21–22, 165, 186–195, 349, 382, 393, 438–450, 670–674, 736, 789–790, 940
  análise diferencial e, 438–450
  análise do escoamento em tubos e, 382
  balanço de, 189, 191–195, 393
  conservação de, 186, 187–195, 349, 382, 438–450, 736
  e bombas, 789–790
  equações da continuidade para, 186, 438–450
  escoamento em canal aberto, 736
  escoamento incompressível, 192–195
  expansão em séries de Taylor para, 440–441
  molar (M), 940
  peso e, 21–22
  princípio da conservação de, 189–191
  processos com escoamento estacionário, 191
  taxa de variação no tempo, 187
  teorema do divergente (de Gauss) para, 439–440
  vazão em volume e, 188–189, 789–790
  velocidade absoluta para, 191
  velocidade média para, 188, 349
  velocidade relativa para, 191
  volume de controle, 186, 189–191, 440–443
Massa de controle, 15–16
Matriz de teste de fatorial completo, 319
Mecânica, estudo da, 2
Mecânica dos fluidos, 2, 4–8, 14–16, 21–31, 185–242, 243–289, 291–345
  equação de Bernoulli, 199–214, 221–220
  categorias da, 2
  análise dimensional, 291–345
  eficiência (η), 195–197
  energia (E), conservação de, 186–187, 198–199, 214–228
  linha de energia, 205–208
  engenharia e, 21–31
  equações para, 185–242
  sistemas de escoamento, 14–16, 243–289, 293
  linha piezométrica, 205–208
  momento linear, 186
  massa (m), conservação de, 186, 187–195
  energia mecânica, 194–199, 201–203, 207–208, 215–228
  análise do momento, 243–289
  aplicações da, 4–5
  história da, 6–8
Média de Reynolds de Navier-Stokes (RANS), equação de, 903
Medidor de bocal, 393–394
Medidor de orifício, 393–394
Medidor Venturi, 393–394
Medidores de água, 834
Medidores de vazão, 392–402 *Veja também* Taxa de escoamento

Medidores de vazão com disco de nutação, 396
Medidores de vazão com roda de pás, 397–398
Medidores de vazão de área variável (rotâmetros), 398
Medidores de vazão de vórtice, 402
Medidores de vazão eletromagnéticos, 401–402
Medidores de vazão eletromagnéticos de inserção, 401
Medidores de vazão por obstrução, 392–396
Medidores de vazão tipo turbina (a hélice), 397
Medidores de vazão ultrassônicos, 399–401
Medidores de vazão ultrassônicos de efeito Doppler, 399–401
Medidores de vazão ultrassônicos por tempo de trânsito, 399
Megapascal (MPa), unidade de, 76
Menisco, 58
Metais líquidos, propriedades dos, 947
Metro (m), unidade de, 16–17
Modelos, 299–303. *Veja também* Análise dimensional; Similaridade
Modelos distorcidos de escoamento, 323–325
Módulo de elasticidade volumétrica (κ), 44–46
Mole (mol), unidade de, 16–17
Momento, 186, 244, 531, 571–573, 583–591, 694, 703–705
  conservação do, 186, 244
  equação, 531, 694, 703–705
  escoamento de Fanno, 703–705
  escoamento de Rayleigh, 694
  escoamento irrotacional, 531
  espessura (θ) do, 571–573
  soluções aproximadas utilizando, 531
  técnica integral de, 583–591
Momento angular, 244–245, 263–273
  análise do momento e, 244–245, 263–265
  conservação do, 245
  controle de volume fixo (CV), 267
  dispositivos com escoamento radial, 269–270
  equação da turbina de Euler para, 269–270
  equações, 244–245, 264–267
  escoamento em regime, 267–268
  forças de (F), 264–265
  forças externas e, 265–268
  momento, 266
  rotação (ω) e, 244–245, 263–265
  segunda lei de Newton e, 244–245
  sem momentos externos, 268
  teorema de transporte de Reynolds e, 266
Momento de uma força (F), 265
Momentos, 90–92, 101–102
  da área, 90–91

de inércia, 91–92
de restauração, 101–102
Moody, diagrama de, 367–374, 952
Motor turbofan, 822–823
Movimento, 102–110, 134–140, 151–168, 199–200, 243–289, 464–465, 880–884. *Veja também* Equação da continuidade; Equação de Navier–Stokes
    aceleração (a) de, 106–107, 135–139, 199–200, 265
    análise do, 243–289
    circular, 159–160
    corpos rígidos, fluidos em, 102–110
    de empuxo, 254–255
    derivada material (substancial), 139–140
    descrição euleriana, 134–140, 167–168
    descrição lagrangiana, 134–140, 167–168
    dinâmica dos fluidos computacional (CFD), solução para, 880–884
    equação de Bernoulli e, 199–200
    equações constitutivas, 464–465
    equações de, 104–106, 108
    escoamento de fluidos, 149–160
    leis de Newton para, 102–103, 136, 244–245
    momento angular, 244–245, 263–273
    movimento linear, 199–200, 244, 249–263
    rotação (ω), 107–110, 151–152, 156–159, 244–245, 247–249, 263–265
    taxas de deformação, 151–157
    teorema de transporte de Reynolds (TTR), 160–168
    torque, 263–264
    translação (vetor velocidade), 134, 151–152
    variáveis de campo, 134–136
    velocidade angular, 151–152
Movimento de corpo rígido, 102–110
    aceleração (a) em uma trajetória reta, 106–107
    equações de movimento para, 104–106, 108
    fluidos em, 102–110
    fluidos em repouso, 104–105
    forças de superfície para, 103–105
    forças de volume para, 103–105
    gradientes de pressão, 103–104
    isóbaras, 106
    movimento de vórtice forçado, 107–108
    paraboloides de revolução, 108–109
    queda livre de um corpo fluido, 104–105
    rotação em recipientes cilíndricos, 107–110
    segunda lei de Newton para, 102–103
Movimento linear, 186, 199–201, 244, 249–263, 459–464
    análise diferencial e, 459–464
    análise do momento e, 244–245, 249–263
    balanço da energia e, 199–200

    conservação do, 199, 244
    de empuxo, 254–255
    equação, 186, 244, 249–250
    equação de Cauchy para, 459–464
    escoamento estacionário, 251, 253–254
    escoamento uniforme, 251
    fator de correção do fluxo de momento (b), 251–253
    forças externas e, 249–250, 254–255
    segunda lei de Newton como, 200, 244, 249–250
    sem forças externas e, 254–255
    teorema ddo divergente para, 459–460
    teorema de transporte de Reynolds, 250
    volume de controle (VC), 250–251, 459–460

Navegação e localização sonoro (sonar), 62
Neutralmente estável, 101–102
Newton (N), unidade de, 16–17
Normal unitária exterior, 162–163
Número de Reynolds de transição, 557–559
Nusselt (Nu), número de, 309

Ohnesorge (Oh), número de, 593
Ombro aerodinâmico, 549–550
Onda de proa, 686–687, 928
Ondas de choque, 32, 445, 675–688, 712, 927–928, 954
    ângulo (δ) de choque (onda), 684–685
    ângulo de virada (de deflexão), 684–685
    aviões e propulsão de foguetes, 675–688
    bocais convergentes–divergentes e, 675–678
    contrapressão (P_b) e, 675–678
    equação da continuidade para, 445
    escoamento axissimétrico, 687–688
    escoamento compressível e, 675–678, 712, 927–928
    escoamento incompressível e, 445
    escoamento isentrópico, 675–678
    funções das propriedades para, 954
    gás ideal, 954
    imagens Schlieren, 678, 684
    interações camada limite, 712
    interações viscosa/não viscosa, 712
    linha de Fanno (curva), 679–682
    linha de Rayleigh (curva), 679–680
    Mach, ângulo de (μ), 688
    normais, 675–676, 678–684
    número de Mach (Ma) para, 679–681, 685–688
    oblíquas, 676, 684–688, 927–928
    oblíquas separadas, 686–687, 928
    onda de proa, 686–687, 928
    simulações de CFD para o, 927–928
    vorticidade, 32
Ondas de expansão de Prandtl–Meyer, 688–693. *Veja também* Escoamento de expansão

Ondas de superfície de escoamento em canal aberto, 731–733
Operador de derivada parcial (δ, 137–138
Operador de derivada total (d), 137–138
Operador gradiente (del), 137–138
Operador Laplaciano (∇, 530
Ordenada, 149
Ortogonalidade mútua, 535–536

Π (Pi) dependente, 300–301
Π (Pi) independente, 300–301
Pacotes de aplicativos para engenharia, 25–27
Palhetas direcionadoras, 818–822, 837–838
Palhetas direcionadoras fixas, 837–838
Paraboloides de revolução, 108–109
Paradoxo de D'Alembert, 548–549
Parâmetros, *veja* Equações adimensionais
Parâmetros de agrupamento Pi (Π), 300–319, 518–519
Parâmetros de escala, 295–296, 517–518
Partículas de semeadura (sementes), 405
Partículas materiais (de fluido), 134, 136–138
Partículas sinalizadoras, 143–144
Pás, 789–790, 833, 837–839, 842–844, 847
    baldes, 789–790, 847
    bordo de ataque (ângulo do), 842–843
    bordo de fuga (ângulo do), 842–843
    da roda, 789–790, 837–839, 842–846
    junta anular, 838–839
    turbilhão reverso, 842–844
    turbilhonamento, 842–844
    turbinas a gás e a vapor, 847
    turbinas de reação, 837–839, 842–844
Pás, 806–809, 815–823, 907–915
Pás de estator (palhetas diretrizes), 818–822, 907–915
Pás inclinadas para frente, 808
Pás inclinadas para trás, 807–808
Pás radiais (retas), 808
Pascal (Pa), unidade de, 52–53, 76
Peclet (Pe), número de, 309
Perda de carga (h_L), 220–220, 348, 356–357, 369–370, 375–376, 736–737, 758–759
    análise de escoamento estacionário e, 220–220
    escoamento em canal aberto, 736–737, 758–759
    escoamento interno, 348, 356–357, 369–370, 375–376
    escoamento laminar, 356–357
    escoamento turbulento, 369–370
    inclinação de atrito (S_f) para, 737
    irreversível, 220–220
    perdas menores, 375–376
    total, 375–376
Perda de energia na transferência, 216, 219–220
Perda de pressão (ΔP_L), 355

Índice

Perda total de carga (h_L), 375–376
Perdas de passagem, 815
Perdas pequenas, 374–381
Perfil de velocidade, 13–15, 51–52, 351–355, 364–367, 573–578, 738
   aproximação da camada limite, 573–578
   comparação entre os perfis das camadas limite, 573–578
   comprimento viscoso, 365
   desenvolvimento da camada limite, 351–352, 364–367
   escoamento interno (em tubos), 351–355, 364–367
   escoamento laminar, 351–355
   escoamento turbulento, 351–352, 364–367, 573–578
   escoamento uniforme, 738
   escoamentos unidimensionais (totalmente desenvolvido), 13–15, 351–352
   lei da parede de Spaulding, 365–366, 576, 578
   lei de parede-esteira, 576–577
   lei de potência um sétimo, 366, 573–574
   lei do defeito da velocidade, 366
   lei logarítmica (log), 366, 576
   parabólico, 351–352, 354
   perfil de velocidade da lei de potência para, 366–367
   plano (cheio), 351–352, 365
   regiões de entrada e, 351–352
   subcamada viscosa, 364–367
   universal, 366
   viscosidade e, 51–52, 364–367
Perfil de velocidade da lei de potência, 366–367, 496–497
Perfis de superfície, 749–756
Peso (W), 17–18, 21–22, 39
Peso específico (γ_s), 17, 39
Piezômetro (tubo), 203–204
Pitot, sondas de, 391–392
Placas planas, análise de, 89–92, 98, 556–558, 572–578, 583–591, 612, 625–629
   aproximação de camada limite e, 556–558, 572–578, 583–591
   atrito superficial, 612
   camada amortecedora, 626
   camada externa, 626
   camada intermediária, 626
   camada limite dinâmica, 625
   coeficiente de atrito, 627–629
   equação integral de Kármán, 585–588
   escoamento externo sobre, 612, 625–629
   escoamento laminar e, 556–558
   escoamento paralelo sobre, 625–629
   escoamento turbulento e, 572–578
   força de arrasto e, 612, 625–629
   força de flutuação em, 98
   forças hidrostáticas em, 89–92
   número de Reynolds (Re) para, 626–628
   região de escoamento irrotacional, 625
   regiões da camada limite, 625–627

rugosidade da superfície e, 628
subcamada viscosa, 626
superfície, 89–92
técnica integral de momento para, 583–591
Poise, unidade de, 52–53
Poiseuille, escoamento de, 484–490, 493–496
Poiseuille, lei de, 356
Poisson, equação de, 473
Ponto de ebulição, propriedades do, 941
Ponto de pressão zero, 549–550
Ponto operacional (de funcionamento), 384, 792–793, 826
Ponto ótimo de eficiência (BEP), 790–791
Ponto singular (singularidade), 540–541
Pontos de congelamento, propriedades dos, 941
Pontos de controle, 754
Pontos operacionais homólogos, 826
Postulado de estado, 38
Potência (N_p), número de, 310
Potência, 18–19, 215–217, 847–855
   coeficiente de, 851, 853–854
   densidade de potência eólica, 850–851
   eólica disponível ($W_{disponível}$) para, 850–851
   fator do padrão de energia, 851
   limite de Betz, 853–854
   turbinas eólicas, 847–855
Potência no eixo (bhp), 790–791
Prandtl (Pr), número de, 310
Prandtl, equação de, 368
Prandtl–Meyer, função de, 689
Pressão (P), 3–4, 41–44, 75–131, 139–140, 202–205, 216–220, 249, 464–465, 470–475, 519–520, 547–550, 593, 612–617, 634–635, 661–662, 667–678, 705, 924–928
   absoluta, 76–77, 90
   aerostática, 89
   análise diferencial dos campos, 470–475
   arrasto aerodinâmico, 548–550
   arrasto afetada pela, 612–617
   atmosférica, 81–83, 89–90, 249
   barométrica, 81–83
   calibração para, 88–89
   capilar, 593
   carenamento, 615–616
   centro de pressão (ponto de aplicação), 89–91
   choque pela, 675–678
   contrapressão, 669–678
   crítica, 667–669
   de estagnação (P_0), 203–205, 661–662, 705
   de saturação e, 41–43
   de vácuo, 76–77
   de vapor, 41–43, 797
   derivada material da, 139–140
   desenho das asas dos aviões e, 612–613
   dinâmica, 202–204, 612

   dinâmica total, 548
   equação de Navier–Stokes e, 464–465, 470–475
   equações adimensionais e, 519–520
   equações constitutivas, 464–465
   escoamento bloqueado devido a, 670
   escoamento compressível, 661–662, 669–678, 705, 924–928
   escoamento de fluidos e, 3–4, 202–205
   escoamento externo e, 612–617, 634–634
   escoamento irrotacional, 547–550
   escoamento isentrópico e, 669–678
   estabilidade e, 98–103
   estática, 202–204
   estática dos fluidos e, 75–131
   fluidos em movimento de corpo rígido e, 102–110
   força como, 76–81, 216–220
   força de compressão como, 77–78
   força de flutuação, 98–103
   força normal como, 76–77
   forças hidrostáticas e, 89–97
   gases ideais, 644–646
   gráficos de contorno da CFD, 924–928
   hidrostática, 83–84, 464, 519–520
   leis de Pascal para, 80–81, 85–86
   manométrica, 76–77, 82–83
   mecânica, 465
   medida da, 4, 81–89, 203–205
   modificada, 520
   número de Mach (Ma) e, 669–678
   parcial, 41
   potência do trabalho da, 216–217
   prisma de, 91–92
   quantidade escalar de, 77–78
   representação da equação de Bernoulli para, 202–205
   separação de escoamento e, 616–617
   sobreposição e, 547–550
   sustentação afetada pela, 612–613, 634–635
   termodinâmica (hidrostática), 464
   total, 203–204
   trabalho do escoamento (P/ρ), 43–44, 218–220
   trabalho por, 216–220
   unidades de, 76–77
   variação da pressão com a profundidade, 78–81
Pressão de flutuação, 98–103
Pressão de impacto, 548
Pressão média (P_{med}), 465
Pré-turbilhão, 819–820
Processo adiabático, 215
Produto contraído/interno, 248–249
Profundidade, variação da pressão com a, 78–81
Profundidade alternativa, 734
Profundidade crítica (y_c), 730, 734
Profundidade do escoamento, 726–727, 751
Profundidade hidráulica (y_h), 732–733

Profundidade normal (y_n), 727, 738
Propriedade, definição de, 38
Propriedades críticas, valores das, 668–669
Propriedades dos fluidos, 37–73
    calores específicos, 43–44
    cavitação, 41–43, 62
    compressibilidade (κ), 44–51
    contínuo, 38–39
    densidade, 39–41
    efeito capilar, 58–60
    energia, 43–44
    equações de estado, 40
    expansão volumétrica, 46–48
    gases ideais, 40–41
    gravidade específica (GE), 39, 41
    postulado de estado para, 38
    pressão de vapor, 41–43
    saturação e, 41–43
    tensão superficial, 55–60
    velocidade do som, 48–51
    viscosidade, 50–55
Propriedades específicas, 38
Propriedades extensivas do escoamento de fluidos, 38, 162
Propriedades globais do escoamento, 880, 882–883
Propriedades integrais do escoamento, 882–883
Propriedades intensivas do escoamento de fluidos, 38, 162
Propulsão de foguetes, 675–688 *Veja também* Aviões; Ondas de choque
Propulsores (rotor), 816–819, 839–840
Protótipos, 299–303. *Veja também* Análise dimensional; Similaridade
Provador de peso morto, 88–89

Queda de pressão (ΔP), 348, 355–357, 369–370, 382
Quilograma (kg), unidade de, 16–17
Quilopascal (kPa), unidade de, 76
Quilowatt-hora (kWh), unidade de, 19

Raio hidráulico (R_h), 728–729
Rankine, escala de temperatura, 40
Rayleigh (Ra), número de, 310
Razão de aspecto (AR), 309, 639
Razões críticas, 668
Razões de conversão de unidades, 20–22
Redemoinho, 817–820, 842–844
Refrigerante saturado-134a, propriedades do, 943
Região da vena contracta, 376
Região de entrada, 694–695, 703
Região de escoamento interno, 555. *Veja também* Camadas limite
Região externa de escoamento, 555 *Veja também* Escoamento invíscido; Escoamento irrotacional
Regiões de entrada hidrodinâmica, 351–352
Regiões de interrogação, PIV, 407

Regiões do campo de escoamento, 8–10, 156–157, 199, 273–274, 350–352, 517, 525–591, 608–610
Regra da mão direita, 266
Relação sustentação-arrasto, 635–636
Restauração, momento de, 101–102
Revolução, *veja* Rotação
Revoluções por minuto, 264–265
Reynolds (Re), número de, 11, 301, 310, 315–318, 320–326, 350–351, 519, 520–522, 524, 557–559, 617–618, 626–633, 707–708, 727–729
    adimensionalização de Navier–Stokes utilizando, 519
    análise dimensional, uso pela, 301, 315–318, 320–326
    aproximação da camada limite, 557–559
    aproximação do escoamento lento e, 520–522, 524
    cilindros, 629–633
    coeficiente de arrasto (C_D) e, 320–303, 617–618
    coeficiente do arrasto aerodinâmico do, 322–323
    crítico, 350, 557–559
    diâmetro hidráulico para, 350, 728
    escoamento com superfície livre, 323–325
    escoamento de Fanno, 707–708
    escoamento em canal aberto, 727–729
    escoamento externo, 612, 617–618, 629–631
    escoamento independente, 321–322
    escoamento interno, 350–351
    escoamento transicional e, 350–351, 557–559
    esferas, 629–633
    número de Mach (Ma) e, 315–316
    placa plana, análise de, 626–628
    raio hidráulico para, 728–729
    relação de significado, 310
    rugosidade da superfície e, 626–628, 632–633
    similaridade incompleta, 320–321
    Stokes, lei de, 618
    transição, 557–559
    voo dos insetos e, 326
Reynolds crítico (Re_{cr}), número de, 350, 557–559
Richardson (Ri), número de, 310
Riscas de atrito, 148
Roda Pelton, 835–837
Rolagem, momento de, 611
Rotação (v), 107–110, 151–152, 156–159, 244–245, 247–249, 263–265
    aceleração e força centrípeta, 265
    análise do momento e, 244–245, 247–249
    coordenadas cartesianas para, 157, 247–249
    coordenadas cilíndricas para, 158–159
    energia cinética e, 265

    fluidos em movimento de corpo rígido, 107–110
    forças de superfície do volume de controle (VC), 247–249
    movimento angular e, 244–245, 263–265
    movimento de vórtice forçado, 107–108
    notação tensorial para, 247–249
    paraboloides de revolução, 108–109
    potência do eixo e, 264–265
    recipientes cilíndricos, fluidos em, 107–110
    taxa de, 151–152
    torque, 263–264
    velocidade angular, 151–152, 264–265
    vorticidade (ζ) e, 156–159
Rotação gerada pela sustentação, 639–643
Rotâmetros (medidores de vazão de área variável), 398
Rotores, 806–808, 811–813, 818–822
    bombas axiais, 818–822
    bombas centrífugas, 806–807, 811–813
    cobertura, 807
    pás de estator para, 818–822
    pás inclinadas para frente, 807–808
    pás inclinadas para trás, 807–808
    pás radiais (retas), 808
Rugosidade da superfície, 612, 614–615, 626–628, 632–633
Rugosidade equivalente (ε), 368
Rugosidade relativa (ε/D), 367–369

Saliências, escoamento em canal aberto, 764–765, 929
Salto hidráulico, 731–733, 757–761, 930
Saturação, 41–43, 797–798, 942–945
    água, propriedades da, 942
    amônia, propriedades da, 944
    cavitação e, 41–43, 797–798
    pressão, 41–43, 797–798
    pressão de vapor e, 41–43
    propano, propriedades do, 945
    propriedades dos fluidos e, 41–43
    refrigerante saturado-134a, propriedades do, 943
    temperatura de, 41–42
Saturação do propano, propriedades da, 945
Schmidt (Sc), número de, 310
Seção transversal hidráulica retangular, 745
Seções transversais hidráulicas (canal trapezoidal), 745–746
Segundo (s), unidade de, 16–17
Separação de escoamento, 8–9, 578–583, 616–617, 630–631, 921–922
    ângulo de ataque (α), 612, 617
    aproximação da camada limite em, 578–583
    arrasto de atrito e, 616–617
    arrasto de pressão e, 616–617
    efeitos do gradiente de pressão, 578–583

Índice

simulações de CFD para o, 921–922
Sherwood (Sh), número de, 310
Similaridade, 299–303, 315–316, 320–323, 491, 565–567, 825–826, 829–830
   análise dimensional para, 299–303, 315–316, 318–319
   bombas similares, 825–826, 829–830
   características da, 299–303
   cinemática, 299–300
   dinâmica, 300–301, 315–316, 318–319
   geométrica, 32, 299–300
   incompleta, 320–323
   leis de semelhança, 825–826, 829–830
   modelos e protótipos, 299–303, 320–323
   relações e, 825–826, 829–830
   solução de, 491
   variável de (η), 565–567
Simulação das grandes escalas (LES), 903
Simulações de imagem de ressonância magnética (IRM), 931
Simulações numéricas diretas (DNS), 903
Sistema aberto, *veja* Volume de controle (VC)
Sistema cardiovascular, 408–410
Sistema inglês das unidades, 16–19, 292
Sistema Internacional (SI) das unidades, 16–19, 292, 939
Sistema Usual dos Estados Unidos (USCS) de unidades, 16–19
Sistemas, 14–22, 160–168, 243–289, 293. *Veja também* Escoamento em tubos
   abertos, 15–16
   análise do movimento do, 243–289
   condições de contorno para, 14–16
   de corrente única, 254
   de volume material, 166–168
   derivada material, 167–168
   dimensões dos, 15–16, 19–20
   energia total dos, 293
   fechados, 14–16
   isolados, 15–16
   massa de controle, 15–16
   relações com os sistemas abertos e fechados, 160–162
   teorema de Leibniz para, 165–167
   teorema de transporte de Reynolds (TTR) para, 160–168
   unidades de, 15–22
   velocidade relativa dos, 163–165
   vizinhança de, 14–15
   volume de controle (VC), 15–16, 160–165
Sistemas biológicos, coeficiente de arrasto (C_D), 618–621
Sistemas microeletromecânicos (MEMS), 645
Situações instáveis, 101–102
Sobreposição, 538, 545–554, 623–625, 740
   arrasto aerodinâmico e, 548–550
   coeficiente de arrasto (C_D), 623–625
   coeficiente de pressão (C_p) para, 547–549
   escoamento bidimensional, 538
   escoamento em canal aberto, 740
   escoamento irrotacional, 538, 545–554
   escoamento planar, 538, 545–554
   escoamento sobre um cilindro circular, 546–554
   escoamento uniforme com parâmetros não uniformes, 740
   linha de corrente divisória para, 552
   linha de corrente uniforme e dipolo, 546–554
   linha de sumidouro e de vórtice, 545
   método de imagens para, 551
   paradoxo de D'Alembert, 548–549
   soluções aproximadas utilizando, 538, 545–554
   velocidade do escoamento composto de campo por, 538
Soluções aproximadas, 515–616. *Veja também* Equação de Navier–Stokes
Sondas estáticas de Pitot, 391–392
Sonoluminescência, 62
Soprador, 788
Stanton (St), número de, 310
Stoke, unidade de, 53–54
Stokes (Stk ou St), número de, 310
Stokes, lei de, 618
Strouhal (St ou Sr), número de, 273, 310, 402, 519, 902
   desprendimento de vórtices e, 273
   equação de Navier-Stokes adimensional utilizando, 519
   esteira de vórtices de Kármán, 902
   medidores de vazão de vórtice e, 402
   relação de significado, 310
Subcamada inercial, 364
Subcamada viscosa, 364–367, 626
Superfícies curvas, forças hidrostáticas sobre, 95–97
Superfícies planas, 89–94, 98
Superfícies submersas, 89–101
   flutuação de, 98–101
   hidrostática de, 89–97
   superfícies curvas, 95–97
   superfícies planas, 89–94, 98
Surfactantes, 57

Taxa de deformação volumétrica, 153
Taxa de dissipação de energia, 759
Taxa de dissipação turbulenta (ε), 904
Taxa de rotação (velocidade angular), 151–152
Taxa de variação no tempo, 187
Taylor, expansão em séries de, 440–441
Técnica de resolução de problema, 23–25
Técnica do gráfico por sombras, 147–148
Técnica estereoscópica, 147–148
Temperatura (T), 16–17, 41–42, 46–47, 667, 661–662, 668–669, 705, 915–922
   absoluta, 46–47
   cavitação e, 41–43
   crítica (T^*), 668–669
   de estagnação, 661–662, 705
   de saturação, 41–42
   dinâmica, 667
   dinâmica dos fluidos computacional (CFD) para, 915–922
   elevação de temperatura por meio de um trocador de calor com escoamento cruzado, 915–917
   expansão volumétrica (β) e, 46–47
   gases ideais, 661–662
   gráficos dos contornos de, 916–917
   Kelvin (°K), escala, 16–17, 40
   número de Mach (Ma) e, 668–669
   Rankine (R), escala, 40
   resfriamento de um conjunto de chips de circuito integrado (CI), 917–922
Tempo de residência, 138–139
Tensão (σ), 2–3, 52–53, 247–249, 363–364, 459–460, 465–467
   análise diferencial e, 459–460, 465–467
   de cisalhamento (τ), 2–3, 52–53, 247–248, 363–364
   de cisalhamento turbulenta, 363–364
   de escoamento, 466
   de Reynolds (turbulenta), 363–364
   escoamento e, 2–3
   normal (σ), 3, 247–248
   tensor (σ), 247–249, 459–460, 465
   tensor de tensão viscosa (de desvio), 465–467
   volume de controle (VC) e, 247–249
Tensão superficial (σ_s), 55–60
   ângulo de contato (ϕ), 58
   efeito capilar e, 58–60
   impurezas e, 57
   menisco, 58
   propriedades dos fluidos da, 55–58
   trabalho de expansão ($W_{expansão}$), 57–58
   visualização da, 56
Tensor de tensão de Reynolds, 903–904
Tensores, 154, 247–249
   deformação de elementos de fluidos, 154
   notação tensorial, 247–248
   produto contraído (interno) de, 248–249
   taxa de deformação, 154
   tensor, 247–249
   volume de controle e, 247–249
Teorema de transporte de Reynolds (TTR), 160–168, 250, 266
   abordagem pelo volume de controle (VC), 160–168
   análise de movimento e, 250, 266
   aplicações no volume material, 165–167
   derivada material, 167–168
   linhas de corrente do escoamento e, 161–162
   movimento angular, 266
   movimento linear, 250
   normal unitária exterior para, 162–163
   passagens de entrada e saída, 164–165
   propriedades extensivas, 162

propriedades intensivas, 162
relações com os sistemas abertos e fechados, 160–162
teorema de Leibniz e, 165–167
transformação de sistema para volume de controle, 163
vazão em massa e, 165
velocidade relativa para, 163–165
volume de controle fixo, 163
volume de controle não fixo, 164
Teorema do divergente (de Gauss), 439–440, 443–444, 459–460
Teorema do divergente (de Gauss) para, 439–440, 443–444, 459–460
Teorema do eixo paralelo, 91
Teorema Pi de Buckingham, 303–319
Teoria do escoamento de gases rarefeitos, 39
Termodinâmica, primeira lei da, 202–203, 221–220
Tomada de pressão estática, 203–204, 547
Torção nas pás do propulsor, 816–818
Torção variável, 818–819
Trabalho (W), 18–19, 43–44, 57–58, 194–195, 215–220
  de eixo, 216
  energia mecânica e, 194–195
  escoamento, 43–44, 194–195, 218–220
  por expansão (P/p), 57–58
  por forças de pressão, 216–220
  potência como, 18–19, 215–216
  tensão superficial e, 57–58
  transferência de energia por, 215–129
  unidades de, 18–19
Trabalho de eixo, 195–196, 199, 204–206, 216, 264–265. *Veja também* Energia mecânica
  eficiência de, 195–196
  energia mecânica como, 195–196, 199
  transferência de energia (W_{eixo} por, 216
Trajetória reta, aceleração de fluidos em uma, 106–107
Transdutores, 88
Transdutores de pressão, 88
Transdutores de pressão manométricos, 88
Transdutores piezelétricos, 88
Transferência de calor (Q), 43, 205–206, 215, 693–702, 915–922
  bolhas de separação, 921–922
  chips de circuito integrado (IC), resfriamento de, 917–922
  efeitos desprezíveis da, 205–206
  energia térmica comparada com 43, 215
  escoamento compressível em duto, 693–702
  escoamento de Rayleigh, 693–702
  gráficos dos contornos de temperatura, 916–917
  linha de recolamento, 921–922
  placas de circuito impresso (PCBs) e, 917–922
  simulações de CFD para o, 915–922

taxa de, 215, 919
transferência de energia (Ee, 43, 215
trocador de calor com escoamento cruzado, 915–917
Transformação de sistema para volume de controle, 163
Transições, 752–754
Translação, taxa de, 151–152
Trocador de calor com escoamento cruzado, 915–917
Torque, 263–264. *Veja também* Momento angular
Tubo de Bourdon, 88
Tubo de Pitot, 203–204
Tubo de sucção, 840
Tubos, 348 *Veja também* Escoamento em tubos
Tubos de corrente, 142–143
Tubos em série, 381–382
Tufos, 148
Túneis de vento, 313–316, 320–323, 823–824
  projeto de ventilador axial com palhetas direcionais para, 823–824
  sustentação determinada pelos, 313–316
  teste dos, 320–323
Turbilhão reverso, 842–844
Turbilhonamento, 842–844
Turbina de escoamento axial, 839
Turbina duplamente regulada, 839
Turbinas, 196, 221–220, 380, 788–790, 833–860
  a gás, 833, 847
  a vapor, 833, 847
  abertas, 789–790
  análise dimensional para, 855–857
  carga ($h_{turbina}$) das, 221–220, 383–384
  carga bruta para, 839
  carga líquida para, 841–842
  coeficiente de potência, 851, 853–854
  como dispositivos produtores de energia, 788
  como turbomáquinas, 788–790, 842–855
  confinadas, 789–790
  de deslocamento positivo, 789–790, 834
  de reação, 837–846
  dinâmicas, 834–855
  eficiência ($\eta_{turbina}$) das, 196, 380, 815, 841–842
  eólicas, 833, 847–855
  hidráulicas, 833
  leis de escala, 855–860
  linha de energia (EGL), 840–841
  pás, 789–790, 833, 837–839
  por impulso, 835–837
  velocidade específica, 857–860
Turbinas a gás, 833, 847
Turbinas a vapor, 833, 847
Turbinas axiais de múltiplos estágios, 822–823, 847
Turbinas com regulagem simples, 839
Turbinas de escoamento misto, 838–840

Turbinas de reação, 837–846
  canal de rejeição, 840
  carga bruta para, 839
  carga líquida, 841–842
  com escoamento radial, 838–839
  com regulagem simples, 839
  de escoamento axial, 839
  de escoamento misto, 838–840
  distribuidores reguláveis, 837–838
  duplamente reguladas, 839
  eficiência de, 841–842
  Francis, 838–864
  Kaplan, 838–839
  linha de energia (EGL), 840–841
  palhetas direcionadoras fixas, 837–838
  pás rotativas (do rotor), 837–839, 842–846
  propulsor, 839–840
  tubo de sucção, 840
  válvula de entrada, 840
  voluta, 838
Turbinas eólicas, 833, 847–855
  área do disco para, 850–851
  coeficiente de potência, 851, 853–854
  densidade de potência eólica, 850–851
  eixo horizontal (HAWTs), 847–850
  eixo vertical (VAWTs), 847, 849
  fator do padrão de energia, 851
  limite de Betz, 853–854
  potência eólica disponível para, 850–851
  velocidade de projeto, 850
Turbinas-bombas, 858
Turbomáquinas, 265, 787–877
  atomizadores de combustível rotativos, 861
  bombas, 788–833
  classificação das, 788–790
  de múltiplos estágios, 822–823, 847
  e turbinas, 788–790, 833–860
  equação de momento angular para, 265
  leis de escala, 824–833, 855–860
  linha de energia (EGL), 789–790, 840–841
  máquinas de deslocamento positivo, 789, 803–806, 834
  máquinas dinâmicas, 789–790, 806–824, 834–855
  turbinas-bombas, 858

Unidades de medida, 15–22, 43, 52–54, 76–77, 292, 827–828, 859–860
  Conferência Geral de Pesos e Medidas (CGMP), 16–17
  dimensões e, 15–16, 292
  energia, 43
  homogeneidade dimensional e, 19–20
  importância das, 15–19
  pressão, 76–77
  razões de conversão de unidades, 20–22
  sistema inglês, 16–19, 292
  Sistema Internacional (SI), 16–19, 292

Sistema Usual dos Estados Unidos (USCS), 16–19
velocidade específica, 827–828, 859–860
viscosidade (μ), 52–54

Válvula angular, 375, 380
Válvula de entrada, 840
Válvula de esfera, 380
Válvula de globo, 380
Válvulas, 761–770, 930. *Veja também* Controle do escoamento
Válvulas de gaveta, 374, 380
Válvulas para escoamento em tubos, 374–375, 378, 380
Variação da entropia, 694–695, 703
Variáveis de campo, 134–136
Variáveis dimensionais, 295
Variáveis repetidas, método das, 303–319
Variáveis sem dimensão (adimensionais), 295
Variáveis unidimensionais, 726
Variáveis vetoriais, 134–135
Vazão, 187–189, 191, 367–370, 391–416, 670–674, 804–806, 808–809
  anemômetros térmicos, 402–404
  capacidade da bomba, 804–806, 808–809
  coeficiente de descarga (C_d) para, 393–394
  comprimento do tubo e, 369–370
  escoamento interno, 367–370, 391–408
  escoamento isentrópico através de bocais, 670–674
  fórmula de Pitot para, 392
  lei de King para o balanço de energia, 403–404
  massa (m), 187–188, 191, 670–674
  medida da velocidade, 391–408
  medidores de vazão, 392–402
  medidores de vazão com roda de pás, 397–398
  medidores de vazão de área variável (rotâmetros), 398
  medidores de vazão de vórtice, 402
  medidores de vazão eletromagnéticos, 401–402
  medidores de vazão por deslocamento positivo, 396
  medidores de vazão por obstrução, 392–396
  medidores de vazão tipo turbina (a hélice), 397
  medidores de vazão ultrassônicos, 399–401
  medidores de vazão ultrassônicos de efeito Doppler, 399–401
  número de Strouhal (St) para, 402
  sondas de Pitot, 391–392
  velocimetria, 404–408
  velocimetria laser Doppler (LDV), 404–406

  velocimetria por imagem de partícula (PIV), 406–408, 410, 416
  volume, 188–189, 391, 804–806, 808–809
Veículos, coeficiente de arrasto (CA) para, 621–623
Velocidade (V), 51–53, 151–152, 163–165, 188, 245–247, 264–265, 348–349, 357–358, 364–367, 391–408, 523–524, 537, 576, 608, 610, 612–613, 665–667, 734
  absoluta, 164, 191, 245–247
  angular (taxa de rotação), 151–152, 264–265
  conservação de massa e, 188, 191, 349
  crítica, 734
  de atrito, 365, 576
  de corrente livre, 608
  escoamento externo, 608, 610, 612–613
  escoamento interno, 348–349, 357–358, 364–367, 391–408
  escoamento irrotacional bidimensional, componentes para, 537
  escoamento isentrópico, variações em, 665–667
  final, 523–524, 613
  forma dos bocais e, 665–667
  média (V_{med}), 188, 348–349
  medida da, 391–408
  movimento dos fluidos e, 151–152
  número de Mach (Ma) e, 665–667
  relativa, 163–165, 191, 245–247
  rotação e, 151–152, 264–265
  teorema de transporte de Reynolds (TTR), 163–165
  vazão e, 391–408
  viscosidade e, 51–53
  volume de controle (VC), 163–165, 245–247
Velocidade da onda (c_0), 729–733
Velocidade de decolagem e pouso, 636–637
Velocidade de projeto, 850
Velocidade do som (c), 11, 48–51, 315–316, 663–665
  análise da, 48–51
  escoamento compressível e, 11, 48–51, 663–665
  escoamento isentrópico, 663–665
  força de sustentação em uma asa e, 315–316
  gás ideal, 663
  número de Mach (Ma) para, 11, 50–51, 663–665
  regime do escoamento de fluidos, 11, 48–51
  variação da direção do escoamento, 665
Velocidade específica (N_{Sp} ou N_{St}), 827–829, 857–860
Velocidade final, 523–524, 613
Velocidade sônica, *veja* Velocidade do som
Velocidades *cut-in* e *cut-out*, 850

Velocimetria, 404–408. *Veja também* Flow rate
Velocimetria laser Doppler (LDV), 404–406, 410
Velocimetria por imagem de partícula (PIV), 143, 406–408, 410, 416
Ventilador axial contrarrotativo, 818–820
Ventilador com escoamento axial em duto, 816–817, 818–824
Ventiladores, 788, 816–824, 907–915
  abertos com escoamento axial, 816
  axiais de fluxo direcionado, 818–820, 907–915
  bombas axiais, 788, 816, 818–824
  cascata, 820–821
  com escoamento axial em duto, 816–824
  contrarrotativo, 818–820
  modelo do CFD para, 907–915
  pás de estator (palhetas diretrizes), 818–822, 907–915
  tubo-axiais, 818–824
Ventiladores axiais com palhetas direcionadoras, 818–820, 907–915
Vertedouro de soleira delgada, 767–770
Vertedouro de soleira espessa, 765–767
Vertedouros, 761, 765–770 *Veja também* Controle do escoamento
Vetor posição, 134
Vetor posição material, 136–138
Vetor velocidade (taxa de translação), 134, 151–152
Viscosidade (μ), 8–9, 11, 50–55, 204–205, 363–364, 480–481, 612
  análise diferencial para, 480–481
  aparente, 52–53
  cinemática, 53–54
  cinemática de vórtice, 363–364
  coeficiente de, 52–55
  condição de não escorregamento e, 8–9, 51–52
  de fluidos dilatantes (de aumento de cisalhamento), 52–53
  de líquidos, 53–55
  de vórtices, 363–364
  dinâmica (absoluta), 52–55
  dos gases, 53–55
  efeitos desprezíveis da, 204–205
  escoamento de fluidos e, 8–9, 11, 52–55
  escoamento turbulento em tubos e, 363–364
  fluidos newtonianos e, 52–53
  fluidos pseudoplásticos (de redução de cisalhamento), 52–53
  força de arrasto e, 51–52, 612
  força de atrito e, 10, 50–52
  força de cisalhamento e, 52–53
  gradiente da velocidade da, 51–53
  número de Reynolds (Re) e, 11
  perfil de velocidade para, 51–52
  propriedades dos fluidos da, 50–55
  unidades para, 52–54
  viscosímetro rotacional para, 480–481

Viscosímetro, 55
Viscosímetro rotacional, 480–481
Visualização de escoamento, 32, 141–148, 582, 631
Visualização de escoamento por refração, 147–148
Visualização de óleo em superfície, 148
Volume (V), 39, 46–47, 165–167, 186, 188–189, 789–790, 804–806. *Veja também* Volume de controle (VC)
   capacidade, 789–790, 804–806
   conservação de massa e, 188–189
   das bombas, 789–790, 804–806, 808–809
   expansão (β), coeficiente de, 46–47
   fechado, 804–806
   material, 166–167
   momento linear e, 186
   teorema de Leibniz para, 165–167
   vazão, 188–189, 789–790, 804–806, 808–809
   volume específico, 39
Volume de controle (VC), 15–16, 32, 134–134, 160–168, 186–187, 189–191, 217–220, 245–251, 267, 440–443, 460–463, 583–591, 809–810, 851–854
   análise, 32
   análise do momento do, 245–249, 267
   conservação de energia e, 186, 217–220
   conservação de massa (m_{VC}) e, 186, 189–191, 440–443
   deformáveis, 191, 245–247
   derivada material, 167–168
   equação da continuidade deduzida utilizando, 440–443
   equação de Cauchy deduzida utilizando, 460–463
   escoamento estacionário, 251
   estruturas do vórtice, 32
   expansão em séries de Taylor para, 440–441, 462
   fixo, 163, 217–220, 245, 250, 267
   forças de superfície, 246–249
   forças de volume, 246–249
   forças que atuam sobre, 246–249
   fronteiras (posição fixa) de, 15–16, 161
   gravidade que atua sobre, 247–248
   infinitesimal, 440–443, 460–463
   normal unitária exterior de, 162–163
   pressão atmosférica atuando em, 249
   propriedade extensiva de, 162
   relação do sistema fechado com, 160–162
   seleção de, 245–247
   tensor de tensão para, 247–249
   teorema de Leibniz para, 165–167
   teorema de transporte de Reynolds (TTR) para, 160–168
   transferência de energia e, 217–220
   turbina eólica, potência da, 851–854
   velocidade (móvel) do, 245–247
   velocidade relativa, 163–165, 191, 245–247
Volume de controle não fixo, 164
Volume específico (v), 39
Voluta (difusor), 806–807
Voluta, 838
von Kármán, equação de, 368–369
Voo dos insetos, análise dimensional e, 326
Vórtice de ponta, 638
Vórtice inicial, 635
Vórtices, 32, 144–145, 900–902
Vórtices, 361–364, 902–903
Vórtices, movimento forçado dos, 107–108
Vórtices de fuga, 638–639
Vorticidade (ζ), 32, 156–159

Watt (W), unidade de, 18–19
Weber (We), número de, 310, 313, 593

Nomenclatura

a	Constante de Manning $m^{1/3}/s$; altura da parte inferior do canal até a parte inferior da comporta basculante, m
$\vec{a}, a$	Aceleração e sua magnitude, m/s^2
A, A_c	Área, m^2; área de seção transversal, m^2
Ar	Número de Arquimedes
RA	Razão de aspecto
b	Largura ou distância, m; propriedade intensiva na análise RTT; largura da lâmina de turbomaquinaria, m
bhp	Potência no eixo, hp ou kW
B	Centro de flutuação; propriedade extensiva na análise RTT
Bi	Número de Biot
Bo	Número de Bond
c	Calor específico para substância incompressível, $kJ/kg \cdot K$; velocidade do som, m/s; velocidade da luz no vácuo, m/s; comprimento da corda de um perfil aerodinâmico, m
c_0	Velocidade de onda, m/s
c_p	Calor específico a pressão constante, $kJ/kg \cdot K$
c_v	Calor específico a volume constante, $kJ/kg \cdot K$
C	Dimensão da quantidade de luz
C	Constante de Bernoulli, m^2/s^2 ou $m/t^2 \cdot L$, dependendo da forma da equação de Bernoulli; coeficiente de Chezy, $m^{1/2}/s$; circunferência, m
Ca	Número de cavitação
$C_D, C_{D,x}$	Coeficiente de arrasto; coeficiente local de arrasto
C_d	Coeficiente de descarga
$C_f, C_{f,x}$	Fator de atrito de Fanning ou coeficiente de atrito; coeficiente de atrito local
C_H	Coeficiente de carga
$C_L, C_{L,x}$	Coeficiente de elevação; coeficiente de elevação local
C_{NPSH}	Coeficiente de carga de sucção
CP	Centro de pressão
C_p	Coeficiente de pressão
C_P	Coeficiente de potência
C_Q	Coeficiente de capacidade
SC	Superfície de controle
VC	Volume de controle
C_{wd}	Coeficiente de descarga de vertedouro
D ou d	Diâmetro, m (em geral um diâmetro d para um diâmetro menor do que D)
D_{AB}	Especifica o coeficiente de difusão, m^2/s
D_h	Diâmetro hidráulico, m
D_p	Diâmetro de partícula, m
e	Energia específica total, kJ/kg
$\vec{e}_r, \vec{e}_\theta$	Vetor unitário nas direções r e θ respectivamente
E	Voltagem, V
$E, \dot{E}$	Energia total, kJ; e taxa de energia, kJ/s
Ec	Número de Eckert
EGL	Linha de energia, m
E_s	Energia específica em escoamentos de canal aberto, m
Eu	Número de Euler
f	Frequência, ciclos/s; camada de fronteira de Blasius dependente da variável de similaridade
f, f_x	Fator de atrito de Darcy; e fator de atrito de Darcy local
$\vec{F}, F$	Força e sua magnitude, N
F_B	Magnitude da força de flutuação, N
F_D	Magnitude da força de arrasto, N
F_f	Magnitude da força de arrasto devida ao atrito, N
F_L	Magnitude da força de elevação, N
Fo	Número de Fourier
Fr	Número de Froude
F_T	Magnitude da força de tensão, N
$\vec{g}, g$	Aceleração gravitacional e sua magnitude, m/s^2
$\dot{g}$	Taxa de geração de calor por volume unitário, W/m^3
G	Centro de gravidade
GM	Altura metacêntrica, m
Gr	Número de Grashof
h	Entalpia específica, kJ/kg; altura, m; carga, m; coeficiente de transferência de calor convectiva, $W/m^2 \cdot K$
h_{fg}	Calor latente de vaporização, kJ/kg
h_L	Perda de carga, m
H	Fator de forma da camada limite; altura, m; carga líquida de uma bomba ou turbina, m; energia total de um líquido no escoamento de canal aberto, expressa como uma carga, m; carga do reservatório, m
$\vec{H}, H$	Momento do momento e sua magnitude, $N \cdot m \cdot s$
HGL	Linha piezométrica, m
H^{bruto}	Carga bruta agindo sobre uma turbina, m
i	Índice dos intervalos de uma grade CFD (em geral na direção x)
$\vec{i}$	Vetor unitário na direção x
I	Dimensão da corrente elétrica
I	Momento de inércia, $N \cdot m \cdot s^2$; corrente, A; intensidade da turbulência
I_{xx}	Segundo momento de inércia, m^4
j	Redução do teorema Pi de Buckingham; índice dos intervalos de uma grade CFD (em geral na direção y)
$\vec{j}$	Vetor unitário na direção y
Ja	Número de Jakob
k	Taxa de calor específico; número esperado de Π no teorema Pi de Buckingham; condutividade térmica, $W/m \cdot K$; energia cinética turbulenta por unidade de massa, m^2/s^2; índice dos intervalos de uma grade CFD (em geral na direção z)
$\vec{k}$	Vetor unitário na direção z
ec	Energia cinética específica, kJ/kg
K	Intensidade do dipolo, m^3/s
EC	Energia cinética, kJ
K_L	Coeficiente de perda menor
Kn	Número de Knudsen
ℓ	Comprimento ou distância, m; escala de comprimento turbulento, m
L	Dimensão do comprimento
L	Comprimento ou distância, m
Le	Número de Lewis
L_c	Comprimento de corda de um perfil aerodinâmico, m; comprimento característico, m

Nomenclatura

L_h	Comprimento de entrada hidrodinâmica, m
L_w	Comprimento de vertedouros
m	Dimensão de massa
$m, \dot{m}$	Massa, kg; taxa de escoamento de massa, kg/s
M	Massa molar, kg/kmol
$\vec{M}, M$	Momento de uma força e sua magnitude, N·m
Ma	Número de Mach
n	Número de parâmetros do teorema Pi de Buckingham; coeficiente de Manning
$n, \dot{n}$	Número de rotações; e taxa de rotação, rpm
$\vec{n}$	Vetor unitário normal
N	Dimensão da quantidade de matéria
N	Número de mols, mol ou kmol; número de lâminas de uma turbomáquina
N_P	Número de potência
NPSH	Carga de sucção líquida positiva, m
N_{Sp}	Velocidade específica de bomba
N_{St}	Velocidade específica de turbina
Nu	Número de Nusselt
p	Perímetro molhado, m
ep	Energia potencial específica, kJ/kg
P, P'	Pressão e pressão modificada, N/m² ou Pa
EP	Energia potencial, kJ
Pe	Número de Peclet
P_{man}	Pressão manométrica, N/m² ou Pa
P_m	Pressão mecânica, N/m² ou Pa
Pr	Número de Prandtl
P_{sat} ou P_v	Pressão de saturação ou pressão de vapor, kPa
P_{vac}	Pressão de vácuo, N/m² ou Pa
P_w	Altura do vertedouro, m
q	Transferência de calor por unidade de massa, kJ/kg
$\dot{q}$	Fluxo de calor (taxa de transferência de calor por unidade de área), W/m²
$Q, \dot{Q}$	Transferência total de calor, e taxa de transferência de calor, W ou kW
Q_{EAS}	Inclinação equiangular de uma grade CFD
$\vec{r}, r$	Braço de momento e sua magnitude, m; coordenada radial, m; raio, m
R	Constante do gás, kJ/kg·K; raio, m; resistência elétrica, Ω
Ra	Número de Rayleigh
Re	Número de Reynolds
R_h	Raio hidráulico, m
Ri	Número de Richardson
R_u	Constantes do gás universal, kJ/kmol·K
s	Distância submersa ao longo do plano de uma placa, m; distância ao longo de uma superfície ou linha de corrente, m; entropia específica, kJ/kg·K; espaçamento da orla em LDV, m; espaçamento da lâmina da turbomáquina
S_0	Inclinação da parte inferior de um canal em escoamento de canal aberto
Sc	Número de Schmidt
S_c	Inclinação crítica em um escoamento de canal aberto
S_f	Inclinação do atrito em escoamento de canal aberto
GE	Gravidade específica
Sh	Número de Sherwood
SP	Propriedade em um ponto de estagnação
St	Número de Stanton; número de Strouhal
Stk	Número de Stokes
t	Dimensão de tempo
t	Tempo, s
T	Dimensão de temperatura
T	Temperatura, °C ou K
$\vec{T}, T$	Torque e sua magnitude, N·m
u	Energia interna específica, kJ/kg; componente de velocidade cartesiano na direção x, m/s
u_*	Energia interna específica, kJ/kg; componente de velocidade cartesiano na direção x, m/s
u_r	Componente de velocidade cilíndrico na direção r, m/s
u_θ	Componente de velocidade cilíndrico na direção θ, m/s
u_z	Componente de velocidade cilíndrico na direção z, m/s
U	Energia interna, kJ; componente x da velocidade fora de uma camada de fronteira (paralela à parede), m/s
v	Componente de velocidade cartesiano na direção y, m/s
$\mathcal{v}$	Volume específico, m³/kg
$V, \dot{V}$	Volume, m³; taxa de escoamento de volume m³/s
$\vec{V}, V$	Velocidade e sua magnitude (velocidade), m/s; velocidade média, m/s
V_0	Velocidade de escoamento uniforme no escoamento em canal aberto, m/s
w	Trabalho por unidade de massa, kJ/kg; componente de velocidade cartesiano na direção z, m/s; largura, m
W	Peso, N; largura, m
$W, \dot{W}$	Transferência de trabalho, kJ; e taxa de trabalho (potência), W ou kW
We	Número de Weber
x	Coordenada cartesiana (em geral à direita), m
$\vec{x}$	Vetor de posição, m
y	Coordenada cartesiana (em geral acima ou na página), m; profundidade do líquido no escoamento em canal aberto, m
y_n	Profundidade normal no escoamento em canal aberto
z	Coordenada cartesiana (em geral acima), m

Letras Gregas

α	Ângulo; ângulo de ataque; fator de correção da energia cinética; difusividade térmica, m²/s; compressibilidade isotérmica, kPa⁻¹ ou atm⁻¹
$\vec{\alpha}, \alpha$	Aceleração angular e sua magnitude, s⁻²
β	Coeficiente de expansão de volume, K⁻¹; fator de correção do fluxo do momento; taxa de diâmetro nos fluxômetros por obstrução; ângulo de choque oblíquo; ângulo da lâmina de turbomáquina
δ	Espessura da camada limite, m; distância entre linhas de corrente, m; ângulo; pequena variação na quantidade
δ*	Espessura de deslocamento da camada limite, m
ε	Rugosidade de superfície média, m; taxa de dissipação turbulenta, m²/s³
ε_{ij}	Tensor de taxa de tensão, s⁻¹
Φ	Função de dissipação, kg/m·s³
ϕ	Ângulo; função potencial de velocidade, m²/s
γ_s	Peso específico, N/m³
Γ	Força de circulação ou vórtice, m²/s
η	Eficiência; variável de similaridade independente da camada limite de Blasius